Gesamtverzeichnis des deutschsprachigen Schrifttums (GV) 1700 – 1910

Bearbeitet unter der Leitung von
Hilmar Schmuck und Willi Gorzny

Bibliographische und redaktionelle Beratung:
Hans Popst und Rainer Schöller

105

Oo – Oz

K · G · Saur München · New York · London · Paris 1984

CIP-Kurztitelaufnahme der Deutschen Bibliothek

Gesamtverzeichnis des deutschsprachigen Schrifttums
(GV). – München, New York, London, Paris : Saur
Bd 1 – 6 bearb. unter d. Leitung von Peter Geils
u. Willi Gorzny.
ISBN 3-598-30000-X

1700 – 1910 / bearb. unter d. Leitung von Hilmar
Schmuck u. Willi Gorzny. Bibliograph. u. red.
Beratung: Hans Popst u. Rainer Schöller

NE: Schmuck, Hilmar [Bearb.]

105. Oo – Oz. – 1984.

Techn. Realisierung und Druck: Norbert Gärtner, Mainz-Kastel
Binden: Karl Schaumann, Darmstadt
Printed in the Federal Republic of Germany
ISBN 3-598-30000-X (Gesamtwerk)

OOG', Das blinde! (Mel Du liebes Aug', du lieber Stern.) (4 sotad. 6zeil Str im Berliner Dialekt, mit 2zeil. Refrain.) Schmal-gr 8° Offenes Bl., einseitig mit lat Lett. gedr
Ich kenn een Oog, det kann nich seh'n, etc

Ooge, Beniamin Leonardus d', civis Civitatium Foederat. Americae De particularum copulativarum apud Caesarem et Pseudo-Caesarianos scriptores usu. *Bonnae 1901: C. Georgi.* (VIII, 67 S.) 8° ¶(Soll fortgesetzt werden.)
Bonn, Phil. Diss. v. 10. Juni 1901

D'Ooge, M. L., On the use of the suffixes τερ, τορ, τηρ, τα in Homer. Diss. 1873. 48 S. 5.—

Oom, Friedr., Chronik der Stadt Barth. Nach dem Tode des Verf. hrsg. gr. 8. (XII und 417 S.) Barth 851. (Stralsund, Rosenkranz.) Thlr. *

Oom, Frdr., († d. 9. Novbr. 1849), Chronik der Stadt Barth. Nach dem Tode des Verf. hrsg. gr. 8. (XII u. 417 S.) Barth 851. (Stralsund, Volkmann.) n. 1 ₰

Oordt, Gabriel van, Apotheker aus Karlsruhe Ueber **Cholesterin.** *Heidelberg 1901: J. Hörning.* (54 S.) 8°
Freiburg i. B., Phil. Diss. v 1901

Oordt, J. F. van, Paul Krüger u. die Entstehung der Südafrikanischen Republik. Autoris. deutsche Ausg. Übers. v. O. Kohlschmidt. 2 Bde. gr. 8. (VIII, 634 S. m. 1 Bildn. u. V, 599 S.) Basel 900. B. Schwabe. n. 15.—; geb. n. 18.—
Erschien auch in 15 Lfgn. à n. 1.—.

van Oordt, J. G. fil., Jo. Fred., Oratio de vero in theologia unice sectando. 8 maj. Lugduni Batav. 840. Luchtmans. (Lipsiae, T. O. Weigel.) n. 1/2 ₰

Oordt, J. W. G. van, Observationes chronologicae in Herodoti et Thucydidis locos nonnullos. Diss 1852. 84 S.

van Oordt, M J. F. E. [app. Arzt aus Karlsruhe]: Beitrag zur Lehre von der apoplectiformen Bulbärparalyse m. bes. Berücks. d. Schlinglähmg u. d. Hemianaesthesie im Anschl. an einen durch Hinterstrangssclerose complicierten Krankheitfall .. Leipzig, Druck v. J. B. Hirschfeld, 1896; 1 Bl., 59 S
Heidelberg, Med. Fak, Inaug.-Diss. v [27 Juni] 1895

Oordt, Marinus von

Oordt, M. van, die Freiluft-Liegebehandlung bei Nervösen, s. a. Sammlung klinischer Vorträge Nr. 364.

Die Freiluft-Liegebehandlung bei Nervösen. Von M[arinus] van **Oordt**, St. Blasien. *Leipzig: Breitkopf & Härtel 1905.* (S. 77–98.) 4°(8°)
= **Sammlung** klinischer Vorträge N F No 364. [04. 80]

— **die Handhabung des Wasserheilverfahrens.** Ein Leitfaden f. Aerzte u. Badewartung. (VIII, 80 S.) kl. 8. Wien 906. Urban & Schwarzenberg. Geb. in Leinw. n. 2. 50

Oort, Abraham Herman

Oort, A. H., über den Einfluss des Alkoholgenusses der Eltern u. Ahnen auf die Kinder, s. a. Beiträge zur Kinderforschung u. Heilerziehung.

Über den Einfluss des Alkoholgenusses der Eltern und Ahnen auf die Kinder. Vortrag, geh. 1908, Den Haag. Von A[braham] H[erman] Oort. Langensalza: Beyer 1909. 20 S. 8°
(Beiträge z. Kinderforschung u. Heilerziehung. H. 57)

Oort, Eduard Daniel van

Oort, E. D. van, ein Beitrag zur Kenntniss von Halitherium, s. a. Sammlungen des geolog. Reichs-Museums in Leiden. II, 3.

Ein Beitrag zur Kenntniß von Halitherium (Lendengegend, Becken u. Zungenbeinkorper) von E D van Oort. Mit 1 Taf. *Leiden. E. J Brill 1903.* (S. 95–105.) 2° (4°)
= **Sammlungen** d. Geologischen Reichs-Museums in Leiden. N. F Bd 2, H 3. [03. 1604]

Oort, Eduard Daniël van. Beitrag zur Osteologie des Vogelschwanzes. Diss. Phil Bern. [Mit 5 Tafeln.] VIII + 144 S. 8. Leiden. Buchh. und Dr vormals E. J Brill, 1904.

E. D van **Oort**, Ueber einen Sirenenwirbel aus dem Serro Colorado auf Aruba. *Leiden: E J Brill 1902.* (S. 164–168.) 8°
= **Sammlungen** d. Geolog. Reichs-Museums in Leiden. II, Bd 2, H. 2, [2] [03. 723]

Oort, H., s.: Textus hebraici emendationes.

Oort, H., der Ursprung der Blutbeschuldigung gegen die Juden. Vortrag beim sechsten Orientalistencongress. gr. 8. (31 S.) Leiden 883. (Leipzig, Harrassowitz.) * 1 —

van Oost, Peter [aus Niederkrüchten '(Rheinl.)']: Über die Bedeutung und Behandlung der Schwielen '(clavi)' an den Füssen, speciell an der Fusssohle . Wurzburg, P. Scheiner's Buchdr., 1890; 20 S. 8.
Würzburg, Med. Fak, Inaug.-Diss. v 1890

Oosten, G. v., e. Sohn Polens, s.: Bachem's Roman-Sammlung.

— **Vannina**, s.: Bachem's Novellen-Sammlung.

Henrik van Oosten

[Den Nederlandsen Hof, beplant met bloemen, ooft en orangerijen, deutsch] Der niederländische Garten, bepflantzet mit Blumen, Obst und Orangerien... Ingleichen auch eine accurate Abhandelung, wie man alle Arten der Bäume solle saen... Hierzu kommen noch die neuen niederländischen Hesperides oder Pflegung der Limonien- und Orangen-Bäume, &c. Alles... eingerichtet... u. ... ausgegeben u. übersehen,... mit neuen Anm. verm. durch Heinrich von Osten [Henrik van Oosten]. Jetzo... aus dem Holl. ins Hochteutsche übers. 4. Aufl. - Wolffenbüttel: Meißner 1728. Getr. Pag. 8°

Angeb.: Krause, Ludwig Philipp: Der kluge und sorgfältige Gärtner. 2. u. verm. Auffl. Langensaltza 1741.

OOSTENDORP, Aloys (Haldern): Ueber das Schicksal verschluckter Fremdkörper.- München: Ernst 1890. 34 S.
19.12.1890 - Chr 1890/91,19; Jv 1890/91,233 (Prom.-Datum: 1891)
Diss. Ingolst.-Landsh.-Mchn.

Ooster, W[ilhelm] A[lexander]. Catalogue des céphalopodes fossiles des Alpes Suisses. Avec la description et les figures des espèces remarquables. 5 Parties. (N Denkschr Schweizer. Ges. für Naturwiss. Band 17–18.) 4. (Zürich 1860–1861.)
1re–3e Partie. [Avec 12 planches.]
4e–5e Partie [Avec 49 planches.]

Ooster, W. A., Pétrifications remarquables des Alpes suisses. Synopsis des Échinodermes fossiles des Alpes suisses. Avec 29 planches lithogr. gr. 4. (131 S.) Basel 865, Georg. * *

Ooster, W. A., pétrifications remarquables des Alpes suisses. Le corallien de Wimmis. Avec une introduction géologique par C. de Fischer-Ooster et 24 planches de fossiles (lith.). Basel 869. Georg. gr. 4. (IX, 52 S.) n.n. 9 ₰ 10 ngr

—— s. a. Protozoe Helvetica.

Ooster, W[ilhelm] A[lexander], und Fischer-Ooster, C[arl] von. Protozoe Helvetica Mittheilungen aus dem Berner Museum der Naturgeschichte über merkwürdige Thier- und Pflanzenreste der schweizerischen Vorwelt. Hrg von W.A. O' und C. von F'-O' 2 Bände 4 Basel & Genf (1869–1871).
Band 1 [Mit 13] Tafeln — Band 2 [Mit 19] Tafeln

Oosterwyk-Hulshoff, W., die Geschichte Josephs, für Kinder; aus d. Holländ. von J. Ad. Jacobi. 8. Erfurt 798. (Otto). 10 gr

Osterzee, Johannes Jakob van

Oosterzee, J. J. van, das Bild Christi nach der Schrift. Uebersetzt u. herausg. von F. Meyeringh. Einzige vom Verf. autoris. Ausg. Hamburg 864. Agentur des Rauhen Hauses. gr. 8. (XVI, 402 S.) n. 1 ℛ 18 ngr.

— und J. P. Lange, der Brief des Jakobus, s. Bibelwerk, theologisch-homiletisches.

Oosterzee, J. J. van, der Brief d. Jakobus, s.: Lange, J. P.

Oosterzee, J. J. van, Christus unter den Leuchtern. Predigten über die Briefe an die sieben Gemeinden in Klein-Asien. Aus dem Holländ. übers. u. mit Vorwort u. Anmerkungen versehen von B. F. L. Petri. Rotterdam 854. Bädeker. gr. 8. (XVI, 215 S.) n. 1 ℛ 5 ngr.

Oosterzee, J. J. van, Christus u. sein Platz in der Geschichte der Welt u. der Menschheit, in der Theologie, insbesondere der Glaubens- u. Sittenlehre, im persönl. u. gemeinschaftl. Leben. Ein apologet. Vortrag, geh. an verschiedenen Orten in Holland in den ersten Monaten d. J. 1871. Aus dem Holländ. übers. v. Wilh. Wortmann. 8. (54 S.) Godesberg 871. Langewiesche. n. — 60

Oosterzee, J. J. van, das Evangelium nach Lukas, s. Bibelwerk, theologisch-homiletisches.

— Geschichte oder Roman? Das Leben Jesu von Ernst Renan vorläufig beleuchtet. Aus dem Holländ. gr. 8. (58 S.) Hamburg 864, Agentur des Rauhen Hauses. *

van Oosterzee, Johannes Jacobus, Disputatio theologica, de Jesu, e virgine Maria nato. 8maj. Trajecti ad Rhenum 1840. (Natan.) n. 1 ℛ

Oosterzee, J. J. van, das Johannesevangelium. Vier Vorträge. Autoris. deutsche Ausg. Gütersloh 867 Bertelsmann. gr. 8. (IV, 150 S.) n. 20 ngr.

— zum Kampf u. Frieden. Vier akadem. Vorträge u. 50 Aphorismen. Ein Beitrag zur Charakteristik der gegenwärt. Bewegungen auf theolog. u. kirchl. Gebiete übers. u. herausg. von F. Meyeringh. Gotha 868. F. A. Perthes. 8. (XII, 180 S.) n. 16 ngr.

— zum Kampf u. Frieden. 7 Vorträge. Ein Beitrag zur Charakteristik der gegenwärt. Beweggn. auf theolog. u. kirchl. Gebiete, übers. u. hrsg. v. F. Meyeringh. 2. Sammlg. gr. 8. (X, 283 S.) Gotha 875. F. A. Perthes. n. 3. 60 (1. u. 2.: n. 5. 20)

— Moses. Zwölf Predigten. Deutsche vom Verf. autoris. Ausg. Bielefeld 860. Velhagen & Klasing. gr. 8. (V, 274 S.) 1 ℛ

— die Pastoralbriefe u. der Brief an Philemon, s.: Bibelwerk, theologisch-homiletisches.

— die Pastoralbriefe u. der Brief an Philemon, neu hrsg. v. K. Knoke, s.: Bibelwerk, theologisch-homiletisches.

— Predigten, s. Zeugnisse des Evangeliums.

— zwei Predigten, Abschiedsrede von Rotterdam und Eintrittsrede in Utrecht. Uebers. von W. W. Elberfeld 864. (Barmen, Langewiesche.) gr. 8. (46 S.) n. 7½ ngr.

— Goethe's Stellung zum Christenthum. Ein literarischer Vortrag. Mit einem einleitenden Vorwort von J. P. Lange. gr. 8. (VIII und 68 S.) Bielefeld 858, Velhagen und Klasing. *

Oosterzee, J. J. van, praktische Theologie. Ein Handbuch für junge Theologen. Autoris. deutsche Ausg. von A. Matthiä und A. Petry. 2 Bde. gr. 8. Heilbronn, Gebr. Henninger. [1. Bd. (VIII, 416 S.) 878. * ℳ 6.; 2. Bd. (VI, 319 S.) 879. * ℳ 4,50.] *

— die Theologie des Neuen Testaments. Ein Handbuch für academ. Vorlesungen und zum Selbststudium. gr. 8. (VI, 268 S.) Barmen 869, Langewiesche's Verlag.

Oosterzee, J. J. van, die Theologie d. Neuen Testaments. Ein Handbuch f. akadem. Vorlesgn. u. zum Selbststudium. 2. Aufl. gr. 8. (XII, 279 S.) Bremen 886. Heinsius. 3. 50

Oosterzee, J. J. van, aus meiner Trostbibel. Für die Stillen im Lande. In das Deutsche übertr. v. G. Holtey-Weber. 12. (167 S.) Herborn 889. Buchhandlg. d. Nassauischen Colportagevereins. n. 1. —

Oosterzee, J. J. van, aus meiner Trostbibel. Für die Stillen im Lande. In das Deutsche übertr. v. G. Holtey-Weber. 2. Aufl. 12. (171 S.) Herborn 894. Buchh. des Nass. Colportagevereins. n. — 60; geb. n. 1. —

— Rom's Ueberwinder. Ein Zeugniß. Nach dem Holländ. Beim Zusammentritt des evangelischen Bundes in Berlin hrsg. mit einer Einleitung und Erläuterungen von J. J. Krebs. gr. 8. (36 S.) Frankfurt a. M. 857, Brönner.

— von dem Werth u. Gebrauch der heiligen Schrift. Aus dem Holländ. übersetzt. 8. (28 S.) Gütersloh 873. Bertelsmann. n. — 25

Oosterzee, J. J., apologetische Zeitstimmen. Aus dem Holländ. übers. u. herausg. von Frdr. u. Ludw. Meyeringh. Gütersloh 868. Bertelsmann. gr. 8. (IV, 319 S.) n. 1 ℛ 10 ngr.

Geschiedenis van Prins Soepêna en van Prinses Sèkar aroem. Eene vertelling in den trant van de verhalen uit de 'Duizend en een nacht' Vrij vertaald uit het Soendasch en van eenige aanteekeningen voorzien door H. J. Oosting Assen e Gorcum & Co 1902 (144 S.) 8° [illegible]

Oostveen, van, Spreekt Gij Hollandsch?, s.: Booch-Arkossy, F.

Oostveen, D. van, Holländisch, s. Meisterschafts-System, das.

Oostveen, D. van, Holländisch f. Deutsche. Zum Selbst-Unterricht bearb. (177 S.) kl. 8. Middelburg 901. F. B. den Boer. Kart. n. 2. —

Oostveen, W. F., s.: Echo de conversations néerlandaises.

— s.: Echo der niederländischen Umgangssprache.

Op het ijs. Winterschetsen uit de portefeuille van Alexander V. H. qu. 4. (13 Lith. u. 12 Bl. Text.) Leijden en Amsterdam 849. (Amersfoort, Gebr. Taats.) n. 2 ℛ

Opacic, [illegible] Die Entwicklung des russischen Eisenbahnnetzes in [illegible] [illegible] auf Grundlage des Allerh[illegible] Erlasses vom 27 Dezember 1865 (a. St.) Aus dem „Russischen [illegible]" Nr. 65, 66 und 67 für 1869) Aus dem Russischen übersetzt Mit einer Uebersichtskarte gr 8. (26 S) Wien Geitler 50 kr
1869

OPALE, Die Ein Jahrbuch für Kunst und Literatur Fur Subskribenten herausgegeben von Dr Franz Blei. Mit Initialen. Titelzeichnung und Vignette von W Tiemann, u. vielen Kunstbeilagen. 1 (einziger) Jahrg (= 4 Hefte). Leipzig, Julius Zeitler, 1907 Fol. Ca. 450 S. mit ca. 25 Bildern Auf englisch Velin br M 36.— In Hlbpgt 2 Bde geb M 40.— In 40 Abzügen auf Kaiserlich Japan br M 65.— In Ganzleder 2 Bde. M 75 — Das Werk wurde nur fur Subskribenten und in der Höhe der Subskription gedruckt. (20 Mk br in den Orig Umschl Adolf Weigel, 1909, 40 Mk. Osk Rauthe, 1908, 50 Mk. Expl. mit dem aus dem Handel zuruckgezog Titel. H Kerler Ulm, 1911)

Geschichtliches uber die Städte, Kloster, Schlösser und adeligen Familien sowie die Rittergüter und ländlichen Ortschaften der Prignitz Von C B. **Opalinsky** Wittstock O Wessoly 1906. (410 S.) 8°(4°) [δ] 07. 19. 8

Opalka, Ladislaus, Beitrag zum Vorkommen der Trichinen beim Menschen, s. a. Arbeiten aus dem hygien. Institut der kgl. tierärztlichen Hochschule zu Berlin. Nr. 3.

Opalka, Ladislaus, Tierarzt a. Berlin: Arbeiten aus dem Hygienischen Institut der Kgl. Tierarztlichen Hochschule zu Berlin. Leiter: Prof. Dr. med. Ostertag. Nr. III. Beitrag zum Vorkommen der Trichinen bei Menschen mit Rücksicht auf die Prophylaxe. Berlin: R. Schoetz 1904. (44 S.) 8°
Gießen, Verein. Med Fak., Ref Olt, Diss. v. 6. Jan. 1905
[Geb. 6. Marz 76 Loban, Wohnort Berlin, Staatsangeh Preußen, Vorbildung Gymn. Culm a. W Reife O. 97, Studium Berlin 8 S.; Coll. 7 Nov 94.]

[Russ.] Rukovodstvo dlja nemeckich i russkich razgovorov s prilož. kratkoj grammatiki i pravil russkago proiznošenija. 2. izd. Vnow' sostavleno po rukovodstvu Eduarda Kurs'e Evgeniej Oparovskoj [Evgenija **Oparovskaja**], učitel'nica v S.-Peterb. Stuttgart P. Neff 1903. (VI, 408 S.) 8°
[Nebent] Handbuch d deutschen u. russ. Umgangs-Sprache nebst e kurzgefaßten Grammatik u. Lautlehre 2. Aufl. Ganzlich neu bearb. nach Coursier-Fuchs' Handbuch von Eugenie v Oparowsky 08. 9589

Oparowsky, Eugenie v., Handbuch d. deutschen u. russischen Umgangs-Sprache, nebst e. kurzgefaßten Grammatik u. Lautlehre. 2. Aufl. Gänzlich neu bearb. nach Coursier-Fuchs' Handbuch. (VI, 408 S.) 12. Stuttgart 903. [P. Neff Verl.] Berlin-Schöneberg, Langenscheidt's Verl. Geb. in Leinw. n. 4. —

Oparowsky, Eugenie v., Handbuch d. deutschen u. russischen Umgangssprache, nebst e. kurzgefaßten Grammatik u. Lautlehre. 2. Aufl. Gänzlich neu bearb. nach Coursier-Fuchs' Handbuch. (Neue [Titel-]Ausg.) (VI, 408 S.) kl. 8. Berlin-Schöneberg [903] 907. Langenscheidt's Verl. Geb. in Leinw. 4. —

Opatophsky, J. H., De malo hypochondriaco. 12 pp. 4°.

1784

Opatów, Stef. z, krótkie curriculum vitae Matyjasza co zwan był kobeźnikiem na wilczéj ustroni. Wedle słów pewnego starego tradytora w rym ujęte i światu przedstawione. (Ein kurzes Curriculum vitae des Matthias, genannt: Auf dem Wolfswinkel. Nach der Erzählung eines Alten in Reime gefasst und der Welt dargestellt.) 16. (56 S.) Berlin 861. [Posen, Jagielski.] *

Opatowski, Heinrich (Saalfeld), De memecyleis ordine naturali a decandolle constituto. Diss. histor.-natur. Berlin (Nietack) 27. II. 1838. 28 S. u. Biogr. (M.: Müller). (3.—) 25591
Oppon.: Klotzsch, C. Loewenstein, Bernhardi. — Gew.: Friedr. Hufeland, Emil Osann.

Opatowski, Wilhelm

Opatowski, Guil. (geb. Saalfeld a. S. 19. 5. 1810) Commentatio historico-naturalis de familia fungorum Boletoideorum. Berolini (1836). (34 S.) 8°
Berlin, Med. Diss. v. 30. Jan. 1836

Op de Hipt, Herm., im letzten Quartier, s.: Theater, kleines.

Op den Hooff, D J „Bemerkungen gegen die deutsche Schrift: Ueber die Handels-Schiffahrt auf dem Rheinstrome, besonders in Beziehung auf das Königreich der Niederlande", Amsterdam 1827

Opderbecke, Adf., der innere Ausbau, s.: Handbuch, das, des Bautechnikers. IV.

Opderbecke, Adf., der Bau hölzerner Treppen, s.: Behse.

— Bauerngehöfte u. ländliche Wohnhäuser. Entwürfe. 20 Taf. m. erläut. Text. (IV S.) gr. Fol. Lübeck (906). Ch. Coleman. n. 12. —

Opderbecke, Adph., die Bauformen des Mittelalters in Sandstein. 36 (lithogr.) Bl. mit Text. Fol. (8 S.) Weimar 882, B. F. Voigt. In Mappe 10 50

Opderbecke, Adph., die Bauformen d. Mittelalters in Sandstein. 2. Aufl. 36 (lith.) Blatt. Fol. (8 S. Text.) Weimar 885. B. F. Voigt. In Mappe. 6. —

— u. Hans Issel, die Bauformenlehre, s. a. Handbuch, das, des Bautechnikers. III.

Opderbecke A und H Issel, Bauformenlehre. (142 S 3 T) (Issel, Handbuch des Bautechnikers 3) Leipzig 1899

— die allgemeine Baukunde, s.: Handbuch, das, des Bautechnikers. VI.

— Der moderne Bau- u. Kunstschlosser, s. a. Bibliothek des prakt. Handwerkes. 1. Bd.

Opderbecke A, d. moderne Bau- u Kunstschlosser. (576 S 100 T) Leipzig 1908

— Dachausmittelungen mit besond. Berücksicht. des bürgerlichen Wohnhauses. Für den Schulgebrauch u. die Baupraxis bearb. 24 Taf. m. erläut. Text. gr. 4. (7 S.) Leipzig 902. B. F. Voigt. 6. —

— der Dachdecker u. Bauklempner, s. a. Handbuch, das, des Bautechnikers. X.

Opderbecke A, der Dachdecker und Bauklempner. (223 S) (Issel H. Handbuch des Bautechnikers 10) Leipzig 1901

— die Dachschiftungen. Zum Gebrauch f. Baugewerkschüler u. ausführ. Zimmermeister. [Aus: „O., der Zimmermann".] gr. 8. (26 S. m. 54 Abbildgn. u. 1 Doppeltaf.) Leipzig 902. B. F. Voigt. — 75

— Die Dachschiftungen. Ein Leitfaden f. Baugewerkschüler u. ausführ. Zimmerer. 2. verb. u. erweit. Aufl. (31 S. m. 69 Abb. u. 1 Doppeltaf.) Lex. 8. Leipzig 908. B. F. Voigt. 1.—; geb. 1. 75

— angewandte darstellende Geometrie f Hochbau- u. Steinmetz-Techniker, umfassend geometr. Projektionen, die Bestimmg. der Schnitte v. Körpern m. Ebenen u. unter sich, das Austragen v. Treppenkrümmlingen u. der Anfängersteine bei Rippengewölben, d. Schatten-Konstruktionen u. die Zentral-Perspektive. Für den Schulgebrauch u. die Baupraxis bearb. 32 Taf. m. erläut. Text. (16 S.) 4 Leipzig 904 B. F. Voigt. 6. 75

Opderbecke, A., die darstellende Geometrie, bearb. f. den Unterricht an techn. Fachschulen u. f. den Selbstunterricht. Fol. (16 S. m. 24 Steintaf.) Höxter 892. C. Buchholtz. In Mappe. n. 4. —

— die darstellende Geometrie, bearb. f. den Unterricht an techn. Fachschulen sowie für den Selbstunterricht. 2. [Titel-] Aufl. (16 S. m. 24 Taf.) 4. Höxter [892] 905. O. Buchholtz. In Mappe n 4. —

— Der Holzbau. Für den Schulgebrauch u. die Baupraxis. (VII, 308 S. m. 736 Abb. u. 30 Taf.) 32×24 cm. Wien, A. Hartleben. 20.—; geb. in Halbldr. 24.—

Opderbecke A. der Holzbau. (311 S 30 T) 4° Wien 1909

— Der Maurer, s. a. Handbuch, das, d. Bautechnikers. 2. Bd.

Opderbecke A. der Maurer (235 S 17 T) (Issel, Handb. d. Bautechn. 2) Leipzig 1900

— Stadt- u. Landkirchen. Nach Entwürfen u. Ausführungszeichngn. hervorrag. Architekten zusammengestellt u. gezeichnet. 24 Taf. m. erläut. Text. (VIII S.) gr. 4. Leipzig 903. B. F. Voigt. 6. —

— u. H. Wittenbecher, der Steinmetz, s. a. Handbuch, das, des Bautechnikers. XV.

Opderbecke A und H Wittenbecher, der Steinmetz. (222 S 7 T) (Issel, Handbuch des Bautechnikers 15) Leipzig 1905

— Das Veranschlagen im Hochbau, s. a. Handbuch, das, des Bautechnikers. 14. Bd.

Opderbecke A. das Veranschlagen im Hochbau. (256 S 22 T) (Issel, Handbuch des Bautechnikers 14) Leipzig 1904

— Der Wasserleitungs-Installateur, umfassend die Beschaffenheit u. Gewinng. des Wassers, die Ermittelg. des Wasserbedarfes, die Materialien, Werkzeuge u. Maschinen, die Einführg. des Wassers in die Gebäude, die Zuflussleitg., die Auslauf- u. Durchlaufhähne, die Abflussleitgn., die Ausgüsse u. Spüleinrichtgn., die Waschtischeinrichtgn., Spülaborte, die Badeeinrichtgn. u. sonst. Warmwasser-Versorgungsanlagen. Ein Lehr- u. Handb. f. Klempner, Kupferschmiede, Techniker u. Wasserleitungs-Installateure. (VI, 162 S. m. 366 Abb. u. 1 Taf.) Lex. 8. Leipzig 910. B. F. Voigt. 6.—; geb. 7.50

— Die Wiederherstellungs- u. Umbauarbeiten des Maurers. Enth.: Die Abbrucharbeiten, das Vergrössern v. Maueröffngn., die Beseitigg. u. Unterstützg. v. Tragemauern, das Unterfahren alter Fundamente u. die Ausbesserg. v. Balkenlagen. Für den Schulgebrauch u. die Baupraxis bearb. [Aus: „O., d. Maurer".] (V, 18 S. m. 22 Abbildgn.) Lex. 8. Ebd. 910. 1.—; geb. 1.75

— der Zimmermann, s. a. Handbuch, das, des Bautechnikers. I.

Opderbecke A. d. Zimmermann. (202 S 17 T) (Issel, Handb. d. Bautechn. 1) Leipzig 1900

Opel

— s. a. Oppel.

Opel, die Kanalfrage. gr. 8. (35 S.) Leipzig 884, Engelmann. * — 6

Opel, Studie, die sachgemässe Behandlung der Flussbetten betreffend. Lex.-8. (28 S. m. 5 Fig.) Berlin 893 E. Wasmuth. n. 1. —

Opel, A Katalog der Automobil-Werke. Rüsselsheim b. Frankfurt a. M. 1904

Opel, A Katalog über Fahrräder Rüsselsheim a. M. 1904

Opel, A Opel Motor-Rad. Rüsselsheim a. M. 1904

Opel, Carl, s. Opel, Karl

Opel, Ed., s. Opel, Friedrich Moritz Eduard

Opel, Friedrich Christoph (Eisleben), De sorte suffragatoria ecclesiae, vom Priester-Loß. Diss. inaug. Präs. Johann Peter Ludewig. Halle / Saale (Chr. A. Zeitler) 13. XI. 1714. 44 S. (5.—) 25592
Gew.: Ehrenfried Durr. — Widm. v.: Christian Ferdinand Wapenhentsch (dtsch.).

— — Dasselbe. Halle/Saale (J. H. Grunert) 13. XI. 1714. 1740. 44 S. (5.—) 25593

Opel, Friedrich Moritz Eduard

Opel, Ed., zur Kenntniß der giftigen u. giftlosen Schlangen Deutschlands. Populär-naturgeschichtl. Abhandlung über die Unterscheidungsmerkmale schädl. u. unschädl. Arten u. die anzuwend. Vorsichtsmaßregeln u. Gegenmittel beim Bisse giftiger. Für Schule u. Haus bearb. Dresden 867. Meinhold & Söhne. gr. 8. (24 S.) 3 ngr.

Opel, F. M. Ed., der Kukuk. Beiträge zur Kenntniss des Cuculus canorus. 2., verm. und verb. Aufl. gr. 8. (63 S.) Dresden 861, Bock's Verlag. *

Opel, F. M. Ed., Lehrbuch der forstlichen Zoologie. Für Forstwirthe, Grundbesitzer u. Jagdberechtigte. Wien 869. Braumüller gr. 8. (VIII, 483 S.) 5 ℳ

Opel, F. M. Ed., Lehrbuch der forstlichen Zoologie. Für Forstwirthe, Grundbesitzer u. Jagdberechtigte. Mit 18 xylogr. Abbildgn. Neue Ausg. gr. 8. (VIII, 483 S.) Berlin 885. Parey. n. 5. —

Opel, F. M. Ed., Wörterbuch zur Pharmacopoea Saxonica für Aerzte u. Apotheker bearb. Meissen 854. Klinkicht u. Sohn. Lex.-8. (VI, 108 S.) n. 20 ngr.

Opel, Fr. M. Ed., vollständiges Wörterbuch zur Pharmacopoea austriaca f. Aerzte u. Apotheker nach den neuesten Anforderungen der Wissenschaft. gr. 8. (182 S.) Wien 874. Manz. n. 4. —

—— vollständiges Wörterbuch zur 2. Ausg. der Pharmacopoea Germaniae für Aerzte und Apotheker. gr. 8. (VIII, 164 S.) Dresden [Bremen] 868, Heinsius. *

Opel, Jul. Otto, die Anfänge der deutschen Zeitungspresse 1609—1650, s. a. Publikationen des Börsen-Vereins der deutschen Buchhändler.

Opel, Juls Otto, Die Anfänge der deutschen Zeitungspresse. 1609—1650. (Leipzig 1879.) 8.
A. u. d. T. Publikationen d. Börsenver. d. deut. Buchhändler. III. . . . (D.; RPA.)

Opel, Jul. Otto, Annales Vetero-Cellenses, s. Mittheilungen der deutschen Gesellschaft zur Erforschung vaterländ. Sprache und Alterthümer.

Opel, Jul. Otto, das Chronicon Montis Sereni kritisch erläutert. gr. 8. (IV und 148 S.) Halle 859, Buchh. des Waisenhauses. *

Opel, Jul., Denkwürdigkeiten des Hallischen Rathsmeisters Spittendorff, s. Geschichtsquellen der Prov. Sachsen und angrenzender Gebiete.

Opel, J. O., zur Erinnerung an Gustav Adolf, s.: Flugschriften des Evangelischen Bundes.

Opel, J. O. Die ersten Jahrzehnte der Oper zu Leipzig. („Neues Archiv für sächs. Geschichte und Alterthumskunde", 5. Band.) Dresden 1884.

Opel, Jul. Otto, Onno Klopp und die Geschichte des 30jährigen Krieges. Halle 862. Buchhdlg. des Waisenhauses. gr. 8. (84 S.) n. 15 ngr.

—— min guoter klôsenaere. Ein erklärungsversuch. gr. 8. (40 S.) Halle 860, Buchh. des Waisenhauses.
Aus: Mützell's Zeitschrift für Gymnasialwesen, besonders abgedruckt.

—— und Adf. Cohn, der 30jährige Krieg. Eine Sammlung von historischen Gedichten und Prosadarstellungen. gr. 8. (XIV und 507 S.) Halle (861)62, Buchh. des Waisenhauses. *

Opel, Jul. Otto, der niedersächsisch-dänische Krieg. 1. Bd.: Der niedersächs. Krieg bis zur Schlacht von Stadtlohn, 1621—1623. gr. 8. (VI, 594 S.) Halle 872, Buchh. des Waisenhauses. *

—— der niedersächsisch-dänische Krieg. 2. Bd.: Der dänische Krieg 1624—1626. gr. 8. (VIII, 616 S.) Magdeburg 878, Faber'sche Buchdruckerei. *
1. Bd. Halle 1872, Buchh. des Waisenhauses. * ℳ 9.

— der niedersächsisch-dänische Krieg. 3. Bd. Der dän. Krieg von 1627 bis zum Frieden v. Lübeck (1629). gr. 8. (VIII, 749 S.) Magdeburg 894. Faber. n. 12. —
(kplt.: n. 30. 75)

Opel, J. O. Mitteilungen zur Geschichte der Familie des Tonkünstlers Händel. („Neue Mitteilungen aus dem Gebiet historisch-antiquarischer Forschungen." Band 27, Heft 1.) Halle 1885.

J. O. OPEL, Naumburg im schmalkaldischen Kriege. Festschrift zur Feier des funfzigjährigen Bestehens des Thüringisch-Sächsischen Geschichts- und Alterthumsvereins in Halle a/S. Halle. 1873. Im Bureau des Thüringisch-Sächsischen Vereins. 8°.*)

— das Tagebuch d. Rathsmeisters Marcus Spickendorff v. Halle. gr. 4. (20 S.) Ebend. 872. n. 1. —

—— die Vereinigung des Herzogth. Magdeburg mit Kurbrandenburg. Festschrift zur Erinnerung an die 200jähr. Vereinigung, hrsg. im Namen der histor. Commission der Prov. Sachsen. Lex.-8. (III, 102 S.) Halle 880, Hendel. cart. 3 —

— die Wahl des Erzherzogs Leopold Wilhelm zum Bischof v. Halberstadt durch lutherische u. katholische Domherren im J. 1628. [Aus: „Neue Mitteilgn. d. Thür.-Sächs. Geschichts- u. Altertumsvereins".] gr. 8. (60 S.) Halle a/S. 891. (E. Anton.) n. 1. 20

Opel, Jul. Otto, Wallenstein im Stift Halberstadt. 1625—1626. Halle 856. Buchh. des Waisenh. gr. 8. (99 S.) n. 15 ngr.

Opel, Jul O. Wallenstein im Stift Halberstadt 1625—26. (99.) 8. Halle 1866. 1.50

—— Wallenstein und die Stadt Halle 1625—1627, s. a. Neujahrsblätter, hrsg. von der histor. Commission der Prov. Sachsen.

Opel, Jul O. Wallenstein und die Stadt Halle 1625—1627 (Neujahrsblätter 1.) (35.) 8. Halle 1877 0.80.

—— Valentin Weigel. Ein Beitrag zur Literatur- und Culturgeschichte Deutschlands im 17. Jahrh. gr. 8. (XII und 364 S.) Leipzig 864, T. O. Weigel. *

Opel, Karl, das Kartenspiel, dargestellt in den beliebtesten, zur geselligen Unterhaltung dienenden Spielen mit der deutschen, französischen u. der Tarok-Karte. 8. (92 S.) Erfurt 880. Bartholomäus. n. 1. 20

Opel, Carl, das Kartenspiel, dargestellt in den beliebtesten, zur gesell. Unterhaltung dienenden Spielen mit der deutschen, französ. und der Tarok-Karte. 8. (92 S.) Erfurt 882, Bartholomäus. * 1 20

—— dass. — 2. Aufl. 8. (92 S.) Oranienburg 884, Freyhoff's Verlag. 1 20

Opel, Karl, der perfekte Kartenspieler m. der deutschen, französischen u. der Tarok-Karte. 3. Aufl., neu bearb. u. m. überrasch. Kartenkunststücken verm. v. Rud. Wellnau. Mit Anh.: Das Salonspiel Macao, nebst Enthüllgn. des Falschspiels. 12. (202 S.) Oranienburg 894. E. Freyhoff. 1. 50

Opel, Paul, appr. Arzt: (Aus d. med. Universitäts-Poliklinik zu Leipzig.) Ueber Menstrualexantheme. [Berlin 1908: Karger.] (22 S.) 8°
Leipzig, Med. Fak., Ref. Zweifel, Diss. v. 6. Febr. 1908
[Geb. 17 Febr. 77 Essen a. R.; Wohnort: Leipzig; Staatsangeh.: Preußen; Vorbildung: Realgymn. Cassel Reife O. 76; Studium: Leipzig 10 S.; Coll. 7 März 08; Approb. 5. Febr. 08.]

Opel, S., Pigment-Verfahren, s. a. Phototheck. Hft. 2.

Pigment Verfahren, Photographieen auf Porzellan, Glas, Emaille etc. zu übertragen u. einzubrennen. Von S. Opel, Porzellanmaler. *Düsseldorf, Ed. Liesegang 1879.* (30 S.) 8°
= Phototheck. II. [illegible]

Opel, Theodor [app. Arzt aus Dresden] Ueber Meningitis nach croupoeser Pneumonie ... Freiburg i. B., Buchdr. v. Chr. Ströcker, 1891; 37 S., 1 Bl. 8.
Freiburg i. B., Med. Fak., Inaug.-Diss. v. 1891

Opel, Wilh., Autharis und Theodelinde. Dichtung in neun Romanzen. Frankfurt a. M. 861. Hermann'sche Buchhdlg. 16. (100 S.) n. 14 ngr.

—— Gedichte. 8. (VI und 150 S.) Darmstadt 857, Leske.

Opel-Motorwagen, der. Rückblick in den Ursprung u. Werdegang, sowie d. heut. Gestaltg. der Opel-Werke, e. Stätte moderner Technik. Genaue Beschreibg. der Motorwagen-Erzeugnisse der Opel-Werke. Winke u. Ratschläge für Motorwagen-Besitzer u. Motorwagen-Lenker. (Text v. Ernst Meeser.) (III, 103 S. m. 100 Abbildgn.) gr. Fol. Rüsselheim a/M. 906. Ernst Meeser. (Nur direkt.) n. 1. 50; geb. n. 2. —

Cantate zum Johannisfeste. Dichtung von H. Waldow, Musik von B. Opelt für Männerchor, Tenor- u. Bassolo mit Begl[eitung] v[on] Klav[ier] od[er] Harmon[ium]. o. O. u. J. 4 Bl. 2°. [Umschlagtit.] [Lith.]
Mit Noten: „Du Stunde hoher Weihe, sei innig uns gegrüsst,“ ...

Opelt, Franz Wilhelm

Opelt, Wilh., über die Natur der Musik. Ein vorläuf. Auszug aus d. bereits auf Unterzeichnung angekündigten „Allgemeinen Theorie der Musik.“ (Mit 1 Kpfrtaf.) 4. Plauen 834. (Leipzig, Hermann.) 5/12 ß

Opelt, F. W., allgemeine Theorie der Musik auf den Rhythmus d. Klangwellenpulse gegrundet u. durch neue Versinnlichungsmittel erlautert. Ein Lehrbuch f. höhere Bildungsanstalten, so wie zum Selbstunterricht f. Freunde der Akustik u. Tonkunst. Mit 3 lith. Taf. gr 4. (VIII u. 80 S.) Leipzig 852, Barth. 1 1/3 ß

Opelt, J. Über Hagelableiter und Hagelschäden-Versicherungsanstalten. Leipzig 1827

Opelt, O. Mor., der Mond. Populäre Darstellung der Verhältnisse und Erscheinungen, welche von diesem Körper bekannt sind. Nebst 1 Karte der sichtbaren Oberfläche des Mondes, in fortschreit. Phase dargestellt, und 1 Namen- und Höhenkarte (beide in Lichtdr.). gr. 8. (47 S.) Leipzig 879, Barth. *

Opelt, Wilhelm, s. Opelt, Franz Wilhelm

OPEN, Joachim Friedrich v.: Anfangsgründe der Arithmetik und Geometrie für diejenigen, welche sich dem Forstwesen widmen. - Berlin 1792 429 S., 5 Taf - 2 Aufl ebd. 1804 432 S., 5 Taf

Openchowski, Thdr., ein Beitrag zur Lehre von den Herznervenendigungen. Inaugural-Dissertation. gr. 8. (24 S. mit 1 Stnt.) Dorpat 884, (Karow.) * 1 —

Openchowski, Thdr., über die Druckverhältnisse im kleinen Kreislaufe. [Aus dem Laboratorium des Hrn. Prof. Stricker.] [Aus: „Sitzungsber. der k. Akad. d. Wiss.“] Lex.-8. (5 S.) Wien 881. (Gerold's Sohn.) n. — 20

Die **Oper** von ihren ersten Anfängen bis zur Mitte des 18. Jahrhunderts. Th. 1–5. Nach d. Quellen hergestellt u. mit e. ausgesetzten Generalbaß vers. von Rob. Eitner (4. von Hans Sommer, 5. von Friedrich Zelle). Berlin: T. Trautwein (3–5. Leipzig: Breitkopf & Härtel) 1881–1893. 5 Bde 2° [Ant. u. F.]

1. Einleitung. Giulio Caccini's Euridice, Marco da Gagliano's Dafne u. Claudio Monteverde's Orfeo. 1881.
2. Francesco Cavalli's Il Giasone (1649) u. Max [vielm. Marc.] Antonio Cesti's La Dori (1663). 1883.
3. Jean Baptiste de Lully's Armide u. Alessandro Scarlatti's La Rosaura. 1885(–86).
4. Georg Caspar Schürmann: Ludovicus Pius. 1890(–92).
5. Reinhard Keiser: Der lächerliche Prinz Jodelet. 1892(–94).

= **Publikation** älterer prakt. u. theor. Musikwerke. Jg. 9. 11. 13/14. 19–22 (Bd 10. 12. 14. 17. 18.) 107. 16876

Oper, Eine komische, ohne Titel in einem halben Aufzuge. Frankf. a. M. 1775. V: *Faber, Johann Heinrich.* (Ky) (ML)

Oper, eine komische, ohne Titel in einem halben Aufzuge, (v. J. H. Faber). 8. Frankf. 775.

Oper, die Münchener. 12 Portraits m. Text v. Felix Phillippi. Die photograph. Orig.-Aufnahmen v. Fr. Müller. 16. (74 S.) München 884. Verlagsanstalt f. Kunst u. Wissenschaft. n. 6. —; geb. m. Goldschn. n. 8. —

Oper u. Operette. Zwei Artikel aus der Encyklopädie der musikal. Wissenschaften (Universal-Lexicon der Tonkunst). Lex.-8. Stuttgart 837. Köhler. 1/6 ß

Oper an dem grossen National-Fest der Krönung Kaiser Leopold II in drey Gesängen. Frankfurt 1790. V: *Schubart, Christian Friedrich Daniel.* (GGr)

Opera, Medicorum Graecorum quae ext. cur. Carl Gottl. Kühn. Vol. I — XIV. A. u. d. T.: Cl. Galeni Opera omnia T. I — XIV. gr. 8. Leipz. 821 — 27, Cnobloch. à 5 Rthl.

Opera Medicorum Graecorum, quae exstant. Edit. cur. C. G. Kühn. Vol. XV—XX. (s. 8 Pts.) — E. s. t.: Cl. Galeni Opera omnia. Tom. XV—XX. (s. 8 Pts.) 8 maj. Lipsiae, Cnobloch. [XV. (58 B.) 828., XVI. (54 B.), XVII. 1. (63½ B.), 2. (56 B.), XVIII. 1. (53 B.) 829., 2. (64½ B.), XIX. (49½ B.) 830., XX. Cont. Indicem in Galeni libr., auct. Fr. Guil. Assmanno. (43½ B.) 833. à 5 Thlr., Schrbp. 6 Thlr. 12 Gr.] 40 Thlr., Schrbp.

— id. lib. Voll. XXI — XXIII. Magni Hippocratis opera omnia. Tom. I — III. gr. 8. Ibid. 826 — 27. à 5 Rthl.

—— id. Vol. XXIV. — E. s. t.: Aretaei Cappadocis Opera omnia, cur. C. G. Kühn. Cum Commentar. Dindorfii. 8 maj. (28 B.) Ibid. 5 Thlr., Schrbp.

—— id. Vol. XXV et XXVI. — E. s. t.: Pedanii Dioscoridis Anazarbei de mater. med. lib. V. Ad fidem Codd. Mss., edit. Aldinae principis usquequaque neglectae, et interpret. priscor. textum recensuit, varias addidit lect., interpret. emend. commentario illustr. C. Sprengel. II Ti. 8 maj. (55, 45 B.) Ibid. 829, 30. à 5 Thlr., Schrbp.
Vol. I—XIV. Cl. Galeni Opera omnia. Tom. I—XIV. — XXI—XXIII. Hippocratis Opera omnia. III Ti. Ebendas. 1821—27. à 5 Thlr., Schrbp. 6 Thlr. 12 Gr. — Vollständig 28 Bde. zusamm. genommen (à 3 Thlr. 8 Gr.) nur 93 Thlr. 8 Gr.

— omnia polemica sanctorum Patrum de veritate relig. christ. contra gentiles et Judaeos. Opera Patrum graecorum graece et latine (ed. Frz. Oberthür.) XXI Tomi. 8maj. Würzb. 777—94. Stahel. 29 ß 9 gr (I—III. P. N. Justini philosphi et Martyris opera omnia, c. A. J. Onymus. III Voll. 777—79. 3 ß IV—VI. Clementis Alexandrini opera. 5 ß VII—XXI. Origenis Adamantii opera ad ed. Paris. C. de la Rue recusa 21 ß 9 gr) (I, II. Sept. Flor. Tertulliani opera omnia 2 ß 12 gr III. IV. S. Caec. Cypriani opera omnia 2 ß 3 gr V. Arnobii Afri adversus gentes lib. VII. et Jul. Firm. Materni libellus de errore profan. relig. 16 gr VI. VII. Luc. Caes. Firm. Lactantii opera omnia. 1 ß 18 gr VIII—XI. S. Hilarii opera omnia. 4 ß 20 gr XII. XIII. Optati Afri de schismate Donatistarum lib. VII. 2 ß 4 gr)

Opera omnia sanctorum Patrum latinorum. Würzburg 1780—91. H: *Oberthür, Franz.* (AarK) (Winer) (Ky)

— omnia sanctorum patrum latinorum. XIII Tmi. 8. maj. ibidem 780–91. (I. II. Sept. Flor. Tertulliani Opera omnia. 2 Rthlr. 12 gr. III. IV. S. Caec. Cypriani opera omnia. 2 Rthlr. 3 gr. V. Arnobii Afri adversus gentes lib. 7. et Jul. Firm. Materni libellus de errore profan. relig. 16 gr. VI. VII. Luc. Caes. Firm. Lactantii opera omnia. 1 Rthlr. 18 gr. VIII–XI. S. Hilarii Opera omnia. 4 Rthlr. 20 gr. XII. XIII. Optati Afri de schismate donatistarum lib. 7. 2 Rthlr. 4 gr.)

Opera patrum apostolicorum. Textum recensuit, adnotationibus criticis, exegeticis, historicis illustravit, versionem latinam, prolegomena, indices addidit Franc. Xav. Funk. 2 vol. gr. 8. Tübingen, Laupp'sche Buchh. * 18 —

Inhalt:

Vol. I. Epistulae Barnabae, Clementis Romani, Ignatii, Polycarpi, Anonymi ad Diognetum; Ignatii et Polycarpi martyria; Pastor Hermae. Ed. post Hefelianam quartam V. (CXXXI, 612 S.) 878. *ℳ 10.

» II. Clementis Romani epistulae de virginitate ejusdemque martyrium; epistulae Pseudoignatii; Ignatii martyria tria: Vaticanum, a S. Metaphraste conscriptum, latinum; Papiae et seniorum apud Irenaeum fragmenta; Polycarpi vita. (LVIII, 371 S.) 881. *ℳ 8.

Opera patrum apostolicorum. Textum recensuit, adnotationibus criticis, exegeticis, historicis illustravit, versionem latinam, prolegomena, indicos addidit Franc. Xav. Funk. Vol. I. Ed. nova, Doctrina duodecim apostolorum adaucta. gr. 8. Tübingen 887. H. Laupp. n. 8. — (kplt.: n. 14. —)

Doctrina duodecim apostolorum; epistulae Barnabae, Clementis Romani, Ignatii, Polycarpi, Anonymi ad Diognetum; Ignatii et Polycarpi martyria; Pastor Hermae. (VIII, CLXXVI, 612 S.)

Patrum apostolicorum opera. Textum ad fidem codicum et graecorum et latinorum adhibitis praestantissimis editionibus rec. Oscar de Gebhardt Adolfus Harnack Theodorus Zahn. Ed. 3. minor *Lipsiae: J. C. Hinrichs 1900* (IV, 220 S.) 8° [oo. 3636 9

Patres apostolici [Opera patrum apostolicorum]. Edidit Franciscus Xaverius Funk Vol. 1. 2 (Ed. II. adaucta et emend.) *Tubingae: H. Laupp 1901* 2 Bde 8°

1 Doctrina duodecim apostolorum. Epistulae Barnabae, Clementis Romani, Ignatii, Polycarpi huiusque martyrium. Papiae, Quadrati presbyterorum apud Irenaeum fragmenta. Epistula ad Diognetum. Pastor Hermae.

2 Clementis Romani epistulae de virginitate eiusdemque martyrium. Epistulae Pseudoignatii. Ignatii martyria. Fragm. Polycarpiana. Polycarpi vita. [o1. 1036

Patrum apostolicorum **Opera**. Textum ad fidem codicum et Graec et Lat. adhibitis praestantissimis editionibus rec Oscar de Gebhardt, Adolfus Harnack, Theodorus Zahn. Ed. 4 minor Indice locorum s. scripturae aucta. Lipsiae: Hinrichs 1902. IV, 232 S. 8° [o1. 1111 11

Opera, Sanctorum patrum, polemica de veritate religionis christianae contra Gentiles, et Judaeos . . . Wirceb. 1777—87. H: *Oberthür, Franc.* (AarK) »1777—79« (BrMm) »1777—91« (Th) »1777—94« (Winer) (Ky) (Schmal)

Opera rariora, quae latitant in Bibliotheca . . . Ecclesiae ad S. Joannem Baptistam in Rebdorf . . . Eichstadii 1790. H: *Strauss, Andreas.* (MGT) (AarK) »1792« (Ky)

Opera rariora, q. latitant in biblioth. can. reg. colleg. eccles. ad S. Jo. Bapt. in Rebdorf, coll. et not. illustr. (Andr. Strauss). 4. Eichstädt 792. (W. Nauck in Lpz.) 1 ℔ 8 gr

Opera scriptorum classicorum

Scriptorum classicorum de praxi medica nonnullorum opera collecta.

Lipsiae: Voss
Vol.4 - 9: Morgagni, Giovanni Battista: De sedibus et causis morborum... Ed.curavit Justus Radius. Tom.1 - 6. 1827 - 1829
Vol.14 -16: Stahl, Georg Ernst: Theoria medica vera... Ed.curavit Ludwig Choulant. Tom.1 - 3. 1831 - 1833

JB 1.139

Opera, non verba! Erstmalig. Abdr. e. soeben aufgefund. interessanten Manuskriptes aus dem J. 1522. (Von E. Schulmann.) (12 S.) gr. 8. Leipzig 909. G. Wigand. — 30

Operalmanach, s. Kotzebue.

Operarii in vinea. Argumentum sacri tridui . . . Oeniponte 1776. V: *Aigner, Phil.* (Jes)

OPERARIUS (ps.), Der Gräul (!) der Verwüstung, eine Missions- Buss- und Sittenpredigt von —. Weisheitsburg 1785.

Weller, fingirte Druckorte, aber nicht im Lex. Ps. — Sehr selten!

Operation, Die letzte, der Nordarmee, 1866. Vom 15. VII. bis zum Eintritt der Waffenruhe. Wien 1905. V: *Steinitz, Eduard Ritter von.* (Charm. Wegw. 88)

Operation, die letzte, der Nordarmee 1866. Vom 15. VII. bis zum Eintritt der Waffenruhe. Fortsetzung v.: Die krit. Tage v. Olmütz im Juli 1866. Mit Benützg. der Feldakten des k. u. k. Kriegsarchivs bearb. v. e. Generalstabsoffizier. Mit 15 Beilagen u. 4 Textskizzen. (XX, 528 S.) Lex.-8. Wien 905. L. W. Seidel & Sohn. n. 10. —

Vergl.: Tage, die kritischen, v. Olmütz im Juli 1866.

Die Letzte **Operation** der Nordarmee 1866. Vom 15. Juli bis z. Eintritt d. Waffenruhe. Forts. von Die kritischen Tage von Olmütz im Juli 1866. Mit Benützung d. Feldakten d. k. u. k. Kriegsarchivs bearb. von e. Generalstabsoffizier. Mit 15 Beilagen u. 4 Textskizzen. Wien. L. W. Seidel & Sohn 1905. (XIX, 528 S.) 4°(8°)
— [**Königgrätz**, Von, bis an d. Donau. 5.] [o7. 3799

Operation, üb. die, des Steinschnitts 2c. 8. Leipz. 798. (W. Nauck). 12 gr

Operationen, die agrarischen, in Mähren (Zusammenlegg., sow. Theilg. gemeinschaftl. Grundstücke u. Bereinigg. d. Waldlandes). s.a. Landesgesetze, mährische. N. F. 13.

Die agrarischen Operationen in Mähren. Gesetze und Verordnungen betr. A. 1. Die Zusammenlegung (Commassation) landwirtschaftlicher Grundstücke; 2. Die Teilung gemeinschaftlicher Grundstücke und die Regulierung der hierauf bezüglichen gemeinschaftlichen Benützungs- und Verwaltungsrechte; Bd. 3. Die Bereinigung des Waldlandes von fremden Enclaven und die Arrondirung der Waldgränzen und Währung. - Brünn 1888. VII, 264 S. - (Mährische Landesgesetze N. F. H. 13)

Operationen, die agrarischen, in Österreich. Veröffentlicht v. k. k. Ackerbau-Ministerium. (III, 49 S. m. 5 farb. Taf.) gr. 8. Wien 908. (W. Frick.) 2. —

Operationen (Die agrarischen) in Oesterreich. Veröffentl. vom k. k. Ackerbau-Ministerium. 8⁰. Wien, W. Frick, 1909.

Operationen d. österr. Armee (Hauptcolonne) gegen die Insurgenten 1879 bis zur Einnahme von Sarajevo. 8. M. 2 Karten. Wien 1879.

— über die, der deutschen Armeen am Rhein 1797. 8. Lpz. (Eßlinger in Frkft.) 797.

—üb. die, der deutschen Armeen am Rhein 1797. 8. Leipz. 797. (Schäfer in Frankf. a. M.) 9 gr

Die Operationen des 8. deutschen Bundescorps im Feldzuge 1866. (IV 146.) 8. M. 10 Beil. Darmstadt 1868. 4.50.

Operationen, die, des 8. deutschen Bundes-Corps im Feldzuge des Jahres 1866. Nach authent. Quellen dargestellt. Mit 10 Beilagen (in hoch- u. Imp.-4. u. Fol.). Darmstadt 869. Zernin. gr. 8. (V, 146 S.) n. 1 ℛ 15 ngr.

Operationen, Chirurgische.
Rostock 1762. V: *Schaarschmidt, August.* (Ky)

Operationen, chirurg., 16 Stück. Onkotomie. 8. Rost. 762. Keppe. 3 gr.

Operationen u. Gefechts-Berichte aus dem Feldzuge in der Rhein-Pfalz u. im Großherzogth. Baden, im J. 1849. 5 Hfte. Mit 1 Karte, 11 Plänen u. 3 Uebersichtskarten (auf 9 lith. Taf. in 4. u. gr. Fol.) [Beihefte zum Militair-Wochenblatt f. Oktbr. 1849 bis Juni 1851.] 4. (290 S.) Berlin 850. 51, Mittler & Sohn in Comm. (1—3: baar 1 ℛ 4 u. 5: baar 1 5/6 ℛ) baar 2 5/6 ℛ

Operationen, grössere, im Kriege 1870/71, s.a. Sanitäts-Bericht über die deutschen Heere im Kriege gegen Frankreich 1870/71

Operationen, grössere, im Kriege 1870/71. Hrsg. v. der Medizinal-Abtheilg. d. kgl. preuss. Kriegsministeriums, unter Mitwirkg. der Militär-Medizinal-Abtheilg. d. kgl. bayer. Kriegsministeriums, der k. sächs. Sanitäts-Direktion u. der Militär-Medizinal-Abtheilg. d. kgl. württemberg. Kriegsministeriums. Imp.-4. (III, S. 193–347 u. S. 174—181 m. 7 lithogr. Taf.) Berl. 890, Mittler u. Sohn. * 10 —

Aus: Sanitäts-Bericht üb. die deutschen Heere im Kriege gegen Frankreich 1870/71, besonders abgedruckt.

— der österreichischen Marine während des Krieges 1866. Die Ereignisse auf dem Gardasee, der italienische Angriff auf die Insel Lissa u. die Seeschlacht bei Lissa. [Aus: Archiv für Seewesen.] Wien 866. (Gerold's Sohn.) Lex.-8. (48 S. mit 3 Steintaff.) n. 10 ngr.

die Operationen der österr. Marine währ. des Krieges 1866. Ereignisse auf dem Garda-See u. bei Lissa. (48.) 8. M. 3 Taf. Wien 1867. 1.00.

—militär., der alliirten u. französ. Armeen bei Paris 1815. Mit Kpf. gr. 4. Leipz. 815. Boß. 8 gr.

Militaerische Operationen der alliierten u. franz. Armeen in der Gegend von Paris im Juni u. Juli 1815. Mit 1 Bl. Leipzig 1815. 8 S.

Operationen, Die militärischen, gegen Wien vom 21 October bis 1 November 1848. Nebst einem grossen color Cernirungsplan. 8. Gratz 1849.

— über die, des Steinschnitts. 8. Leipz. Sommer. 798.

Operationen der Schleswig-Holsteinischen Truppen in der Landschaft Stapelholm und des Sturms auf Friedrichsstadt 1850. Kiel 1852. V: *Gagern, Aug. von.* (Pr)

Operationen der Schleswig-Holsteinischen Truppen in der Landschaft Stapelholm u. der Sturm auf Friedrichstadt, in den Monaten September u. Oktober 1850. Ein Beitrag zur neuesten Kriegsgeschichte (von A. v. Gagern). Mit (lith.) Karte u. Plan (in Fol.) gr. 8. (VIII u. 136 S. m. 2 Tab. in 4. u. qu. Fol.) Kiel 850, Schröder & Co. n. 1 1/4 ℛ

Operationen der schleswig-holsteinischen Truppen in der Landschaft Stapelholm und der Sturm auf Friedrichstadt, in den Monaten Septbr. und Oktbr. 1850. Ein Beitrag zur neuesten Kriegsgeschichte (von A. v. Gagern.) gr. 8. (VII und 136 S. mit 1 lithogr. Karte und Plan, 2 Tab. in 4. und qu. Fol.) Kiel 851(52,) Schröder und Comp. *

— die, gegen Vinoy im Septbr. 1870, s.a. Einzelschriften, kriegsgeschichtl., Hft. 20. 21.

[F.] Die Operationen gegen Vinoy im September 1870. M. 1 Kt., 6 Skizzen u. 4 Textskizzen. *Berlin: E. S. Mittler & Sohn 1897* (VI, 83—268 S., 9 Kt.) 8.
— Einzelschriften, Kriegsgeschichtliche H. 20 21. (97. 3253)

Operationen, die, zur Wiedergewinnung der alten Reichsstadt Metz in ihren Hauptmomenten auf Plänen im Maasstabe von 1:80,000 durch eingezeichnete Truppen dargestellt. hoch 4. (11 Karten in Fol. mit 15 S. Text in 8.) Berlin 872, Schropp'sche Landkartenh. *

Opérations militaires autour de Metz par un officier général prussien. Traduit par un officier français. 1re et 2e édit. gr. 8. (40 S.) Mainz 871, v. Zabern. *

Operations-Karte für das Terrain zwischen Rhein und Seine. Fol. Berlin 870, Heidemann und Comp.

Operationslinien. Die wahrscheinlichen, bei einem Kriege zwischen dem französisch-russischen Bündnisse und dem Dreibund — Au. „Streffleur österr. milit. Ztschrft." 1897 3 Bd Wien 1897.

Grittische Operationsmethode, s. Astoewer, Ludwig.

Operationsplan der Preussisch-Sächsischen Armeen im J. 1806 ... Weimar 1807. V: *Müffling, Frdr. Carl Ferd. Baron von genannt Weiss.* (ADB) (Dn) (Pr)

Operationsplan der preußisch-sächsischen Armeen im Jahre 1806. Schlacht bei Auerstädt, u. Rückzug bis Lübeck. Nebst Beilagen, 1 Karte u. Plan d. Schlacht bei Auerstädt, v. C. v. W. gr. 8. Weimar 807. Ind.-Compt. 1 ℛ 12 gr — Dass. französ.: Plan d'operation de l'Arméo Saxon.-Prussienne etc. 1 ℛ 12 gr

Pleissons Operations- und Dispositions-Plan in der Nacht zum 15 Juni 1848. Druck von E Litfaß (Zeichnung.) 1 Bl. Fol. Flugblatt. Berlin, 15. Juni 1848.

—geheimer, der Franzosen z. Landung in England. Mit 1 Zeichn. 8. Braunschw., Plüchart. 6 gr

(Operationsplan der Reaktion.) Der Oberst von Sommerfeld, welcher den Befehl ausführen mußte — Handschriftlich. 2 Bl. Fol. Flugblatt. Berlin, 18. Nov. 1848.

Operationspläne, Die, Napoleons von der Schlacht bei Gross-Beeren bis zur Schlacht bei Dennewitz. Beihft. z. „Milit.-Wochenblatt" — Berlin 1863.

Applikatorische Operations-Studien. Bearb. i. Großen Generalstabe. (Fing. Tit.) Berlin 1883. 201 S. 4°

Operations-Tafel fur den Thier-Arzt. [1828.]
2^{0} Hs.

Opere anatomiche, e cerusiche di Bertrandi, publicate e accresciute di note di Penchienati e Brugnone. IV Vol. 8. maj. Strasb. Koenig. 788.

Opere dramatiche da Metastasio. VII Vol. 12. Dresden. 753.

Operette, die. Eine Bühnen-Zeitschrift. Hrsg.: Alb. Steinhage. Jahrg. 1906. 24 Nrn. (à ca. 20 S.) 8. Leipzig (Königsplatz 9), Verlag der Operette. à Nr. — 80
Erscheint nicht mehr.

Operetten v. E. G. Bürde. 8. Königsb. Nicolovius. 795.

— von K. Herklots. 8. Berl. Voß. 792.

— von J. C. Michaelis. 1r Thl. 8. Leipz. Dyk. 772.

— aus verschied. Sprachen, s. C. A. Vulpius.

Operetten. Bayreuth 1790. V: *Vulpius, Christian August.* (EE)

— von C. A. Vulpius. 1s Bdchn. 8. Ebend. 790.

Operetten, deutsche, im Auszuge, mit Musik. 4. Flensb. 776. (Hammerich in Alt.) 16 gr

Operetten, deutsche, im Auszuge mit Mustern der besten Componisten. 4. Schleswig, Christiani. 776.

— komische. 3 Thle. 8. Berl. 774. Maurers Buchh. 2 rß

— kom., der Italiener, v. Jh. Ch. Bock. 2 Thle. 8. Leipz. 781. Compt. f. Lit. 14 gr

— kom., für die kurphälz.-deutsche Schaubühne, (von Chr. Fr. Schwan). 2 Thle. 8. Manh. 771. Schwan u. G. 1 rß 8 gr

Operetten, Zwo komische, von H* nebst anderen Gedichten ... Chemnitz 1773. V: *Henisch, Carl Franz* [?]. (Minor, Weisse. Innsbruck 1880. S. 199.) *Kraus, W.* (Haydinger)

— zwei neue komische; 1) d. vorn. Suschen; 2) d. Testament. 8. Chemnitz 773. Stößel. 10 gr

Opern

— komische. 3 Thle. 8. Leipz. Dyk. 768—71.

Opern, komische. 3 Thle. 8. Berl. Maurer. 774. Rthlr.

Opern, kom., d. Ital. von J. C. Bock. 2 Thle. 8. Leipzig, Compt. f. Liter. 781.

Opern, Komische. Leipzig 1768-72. H: *Weisse, Christian Felix.* (BrMm)

— komische, von Chr. F. Weiße. 2 Bde. 8. Augsb. Stage. 769.

— komische für d. churpfälzische deutsche Schaubühne. 2 Thle. 8. Mannh. Schwan. 771. Rthlr.

Opern, Komische, für die churpfälzische deutsche Schaubühne. Mannheim 1773. H: *Schwan, Chn Friedrich.* (MGT)

Opern, neue. Inhalt u. Musik, hrsg. v. Wilh. Kleefeld. 1. Hft. gr. 8. Berlin 898. Harmonie. n. — 80
Odysseus' Heimkehr v. A. Bungert. (34 S.)

Opern, neue. Inhalt u. Musik, hrsg. von Wilh. Kleefeld. 2. Hft. gr. 8. Berlin, Harmonie. n. — 80
Don Quixote v. W. Kienzl. (22 S.) 898.

Opern aus verschiedenen Sprachen übersetzt und für die deutsche Bühne neu bearbeitet. Leipzig 1794. H: *Vulpius, Christian August.* (EE)

— aus versch. Sprachen übersetzt und neu bearbeitet von C. A. Vulpius. 1r Bd. enthält: 1) der betrogene Geitzige. 2) Hochzeit des Figaro. 3) Hokus Pokus. 8. Leipzig, Heinsius. 794.

Opernalmanach, s. A. v. Kotzebue.

Opern-Almanach a. d. J. . . . Hg.: A. v. Kotzebue.
1815. 238 S. M. Titelk.
1817. 250 S. M. Titelk.
Leipzig. Goed. VIII, 129, 10.

Opern-Almanach für das Jahr ... Von August von Kotzebue.
Wien: Ant. Doll in Komm. [1817]. 8°
1817: Die Brilleninsel. Der Kiffhäuser-Berg. Alfred. Der hölzerne Säbel, oder die Heerschau. [1817.] 1 Bl., 274 S., 1 Titelkupf.

[(Walther) Wossidlo's Opern-Bibliothek. No 1.] *Berlin, Leipzig: Rühle & Wendling [1898]* 8° 103. 3779

Opernführer. Textliche u. musikal. Erläutergn. Nr. 1—51. 53—70. 73—75. 78—81. 86. 89. 90. 92. 94. 95. 98 u. 101—104. schmal gr. 8. Leipzig, H. Seemann Nachf. à n. — 50

Inhaltsübersicht in alphabetischer Ordnung:
Batka, Rich., der Corregidor. Oper in 4 Akten. Dichtung nach Pedro's Alarcons Novelle „Der Dreispitz" v. Rosa Mayreder-Obermayer. Musik v. Hugo Wolf. (34 S.) 900. (Nr. 26.)
— Hänsel u. Gretel. Märchenspiel in 3 Bildern. Dichtung von Adelheid Wette. Musik von Engelbert Humperdinck. (30 S.) (901.) (Nr. 37.)
Becher, Gust., Mascagnis Cavalleria rusticana u. die italien. realistische Oper. (35 S.) 900. (Nr. 40.)
Bulthaupt, Heinr., Czaar u. Zimmermann. Komische Oper in 3 Akten v. Albert Lortzing. (44 S.) 900. (Nr. 2.)
— Undine. Romantische Oper in 4 Akten von Albert Lortzing. (40 S.) (901.) (Nr. 46.)
Chevalley, Heinr., Carmen. Oper in 4 Akten. Dichtung nach der Novelle v. Prosper Mérimée v. H. Meilhac u. L. Halévy. Musik v. Georges Bizet. (38 S.) (901.) (Nr. 47.)
— der schwarze Domino. Komische Oper in 3 Akten. Text von Eugène Scribe, Musik v. D. F. E. Auber. (38 S.) (902.) (Nr. 103.)
— Fra Diavolo od. Das Gasthaus in Terracina. Komische Oper in 3 Aufzügen. Text v. Eugène Scribe. (Deutsche Uebersetzg. v. Carl Blum.) Musik v. D. F. E. Auber. (37 S.) (902.) (Nr. 90.)
Chop, Max, „Kirke". Musik-Tragödie von August Bungert. (45 S.) 900. (Nr. 14.)
— das Nachtlager in Granada. Oper in 2 Akten. Dichtung nach Fr. Kind von C. v. Braun. Musik von Conradin Kreutzer. (27 S.) 900. (Nr. 27.)
— Nausikaa. Musik-Tragödie v. August Bungert. (44 S.) 900. (Nr. 15.)
— „Alessandro Stradella" u. „Martha" (od.: „Der Markt zu Richmond"). Dichtungen v. W. Friedrich. Musik von Friedrich v. Flotow. (33 S.) 900. (Nr. 21.)
— „Odysseus' Heimkehr". Musik-Tragödie v. August Bungert. (44 S.) 900. (Nr. 13.)
Haken, Max v., Hoffmanns Erzählungen. Komische Oper in 4 Akten v. Jacques Offenbach. (Text unter Benutzg. mehrerer Erzählgn. Ernst Theodor Amadeus Hoffmanns gedichtet von Jules Barbier, ins Deutsche übers. v. J. Hepp.) (52 S.) (902.) (Nr. 104.)
— der polnische Jude. Volks-Oper in 2 Akten von Carl Weis. Text nach Erckmann-Chatrian v. Vict. Léon u. Rich. Batka. (31 S.) (902.) (Nr. 92.)

— Manru v. J. J. Paderewski. Text v. Alfred Nossig. (39 S.) (902.) (Nr. 73.)

Hartmann, Ludw., das Andreasfest. Romantische Oper in 3 Aufzügen. Dichtung v. Roderich Fels. Musik v. Carl Grammann. (31 S.) 900. (Nr. 32.)

— der Bajazzo. (Il pagliacci.) Musikdrama in 2 Akten u. e. Prolog. Dichtung u. Musik v. Ruggiero Leoncavallo. (40 S.) (901.) (Nr. 50.)

Hartmann, Ludw., die Basoche. Komische Oper in 3 Akten v. Alb. Carré. Musik v. André Messager. (28 S.) (902.) (Nr. 101.)

— „Auf neutralem Boden". Oper in 1 Akt. Dichtung v. Frz. Koppel-Ellfeld. Musik v. Karl Grammann. (op. 40.) (16 S.) 900. (Nr. 33.)

— die verkaufte Braut. (Prodaná nevěsta.) Komische Oper in 4 Akten v. Friedrich Smetana. (37 S.) (901.) (Nr 55.)

— Dürer in Venedig. Oper in 3 Akten. Dichtung v Adf. Bartels. Musik von Waldemar v. Baußnern. (36 S.) (901.) (Nr. 43.)

— Falstaff. Lyrische Komödie in 3 Akten v. Arrigo Boito. Musik v. Giuseppe Verdi. (31 S.) (901.) (Nr. 64.)

— der König hat's gesagt (Le roi l'a dit). Komische Oper von Leo Delibes.) (24 S.) (901.) (Nr. 89.)

— die Königin v. Saba. Oper in 4 Akten v. S. H. Mosenthal. Musik v. Karl Goldmark. Op. 27. (39 S.) (902.) (Nr. 86.)

— der Kuß. Volks-Oper in 2 Akten v. E. Krásnohorská. Musik v. Friedrich Smetana. Einführung in Handlg. u. Musik. (23 S.) (902.) (Nr. 102.)

— das Mädchenherz. (Il cuor delle fanciulle.) Oper in 3 Akten u. e. Epilog v. Luigi Illica. Musik v. Crescenzo Buongiorno. (54 S.) (901.) (Nr. 54.)

— „Die Perlenfischer". — „Djamileh". 2 Opern v. Georges Bizet. Historisch-ästhet. Einführg. (49 S.) (900.) (Nr. 39.)

— die drei Pintos. Komische Oper in 3 Aufzügen. Musik von Carl Maria v. Weber. Historisch, textlich u. musikalisch erläutert. (32 S.) (901.) (Nr. 80.)

— Ratbold. Oper in 1 Akt. Dichtung v. Felix Dahn. Musik v. Reinhold Becker. (12 S.) (901.) (Nr. 56.)

Hehemann, Max, Werther. Ein lyr. Drama v. Jules Massenet. (Dichtung nach Goethe v. Edouard Blau, Paul Milliet und Geo. Hartmann. Für die deutsche Bühne bearb. v. Max Kalbeck.) (30 S.) (902.) (Nr. 98.)

Jordan, Wolfg., Guntram. Musikdrama in 3 Akten v. Richard Strauß. (47 S.) (902.) (Nr. 58.)

Kleefeld, Wilh., der Barbier v. Sevilla. Komische Oper in 3 Akten v. G. Rossini. Historisch-krit. Studie. (39 S.) (901.) (Nr. 63.)

— Don Pasquale v. Gaetano Donizetti. Kritisch-ästhet. Studie. (28 S.) (901.) (Nr. 81.)

— Louise. Musikroman in 4 Akten u. 5 Bildern. Dichtung u. Musik v. Gustave Charpentier. Ins Deutsche übertr. v. Otto Neitzel. Einführg. in Handlg. u. Musik. (62 S.) (902.) (Nr. 75.)

Liliencron, F. Frh. v., die Bettlerin vom Pont des Arts. Lyrische Oper in 3 Akten u. 1 Vorspiel von Karl v. Kaskel. Textdichtung nach Wilh. Hauff's gleichnam. Erzählg. v. F. W. Ludwig. (28 S.) 900. (Nr. 44.)

Mauke, Wilh., Gugeline. Ein Bühnenspiel in 5 Aufzügen. Dichtung v. Otto Julius Bierbaum. Musik v. Ludwig Thuille. (46 S.) (901.) (Nr. 53.)

— Ingwelde. Musikdrama in 3 Aufzügen. Dichtung v. Ferd. Graf Sporck. Musik v. Max Schillings. (36 S.) (900.) (Nr. 29.)

— „Der Pfeifertag". Heitere Oper in 3 Aufzügen. Dichtung v. Ferd. Graf Sporck. Musik v. Max Schillings. Aesthetisch-krit. Einführung. (47 S.) (900.) (Nr. 36.)

Merian, Hans, der Bärenhäuter v. Siegfried Wagner. (35 S. m. 1 Bildnis.) (900.) (Nr. 12.)

— Don Juan v. W. A. Mozart. (81 S.) 900. (Nr. 5. 6.)

— die Hochzeit des Figaro. Oper in 4 Akten nach Beaumarchais v. Lorenzo da Ponte. Musik v. W. A. Mozart. (68 S.) 900. (Nr. 78.)

— die Meistersinger v. Nürnberg. Von Richard Wagner. (128 S.) 900. (Nr. 22. 23.)

— Tannhäuser u. der Sängerkrieg auf der Wartburg. Handlung in 3 Aufzügen v. Richard Wagner. (86 S.) (901.) (Nr. 34. 35.)

— die Zauberflöte. Oper in 2 Akten v. Emanuel Schikaneder. Musik v. W. A. Mozart. Historisch, textlich u. musikalisch erläutert. (77 S.) 900. (Nr. 9. 10.)

Nodnagel, Ernst Otto, Elsi, die seltsame Magd. Musikdrama in 2 Aufzügen. Dichtung nach e. novellist. Skizze des Jeremias Gotthelf (Bitzius) v. Hermann Wette. Musik v. Arnold Mendelssohn. (39 S.) 900. (Nr. 28.)

— Josef in Aegypten. Oper in 3 Aufzügen. Dichtung v. Alexander Duval. Musik v. Etienne Nicolas Méhul. (32 S.) 900. (Nr. 16.)

— Lucia v. Lammermoor. Oper in 3 Akten. Dichtung v. Salvatore Cammarano. Musik v. Gaëtano Donizetti. (36 S.) 900. (Nr. 24.)

— Marie od. die Tochter des Regiments. Komische Oper in 2 Akten. Dichtung v. Jules Vernoy de St. Georges u. J. F. A. Bayard. Musik v. Gaëtano Donizetti. (36 S.) 900. (Nr. 20.)

— der Postillon v. Lonjumeau. Komische Oper in 3 Aufzügen. Dichtung v. Léon Brunswick u. Adolphe de Leuven. Musik v. Adolphe Adam. (31 S.) 900. (Nr. 41.)

— der Wasserträger. (Les deux journées.) Oper in 3 Akten v. Jean Nicolas Bouilly. Musik v. Luigi Cherubini. (35 S.) 900. (Nr. 3.)

Pfohl, Ferd., Fidelio. Oper in 2 Akten. Dichtung nach J. N. Bouilly u. J. Sonnleithner, rev. durch Fr. Treitschke. Musik von Ludw. v. Beethoven. (41 S.) (900.) (Nr. 1.)

— der fliegende Holländer. Romantische Oper in 3 Aufzügen v. Richard Wagner. (55 S.) (901.) (Nr. 57.)

— Lohengrin. Romantische Oper v. Richard Wagner. (60 S.) 900. (Nr. 30.)

— Parsifal. Ein Bühnenweihfestspiel v. Richard Wagner. (78 S.) (901.) (Nr. 69. 70.)

Poppe, Hans, der Freischütz. Romantische Oper in 3 Akten. Dichtung v. Friedrich Kind. Musik von Karl Maria v. Weber. (48 S.) 900. (Nr. 88.)

Raabe, Pet., Margarethe. Große Oper in 5 Akten. Dichtung nach Goethes „Faust" v. Carré u. Barbier. Musik v. Charles Gounod. (32 S.) 900. (Nr. 17.)

— Mignon. Oper in 3 Akten (nach Goethe's „Wilhelm Meister") v. Ambrosius Thomas. (Dichtung v. Carré u. Barbier.) (32 S.) (900.) (Nr. 18.)

Raabe, Pet., Samson u. Dalila. Oper in 3 Akten u. 4 Bildern v. Ferdinand Lemaire. Musik v. Camille Saint-Saëns. (29 S.) (901.) (Nr. 45.)

Sakolowski, Paul, die versunkene Glocke. Musikdrama in 5 Aufzügen nach Gerhart Hauptmanns gleichnam. Märchendichtg. v. Heinrich Zoellner. (30 S.) (901.) (Nr. 42.)

— König Drosselbart. Eine Märchenoper in 3 Akten. Dichtung v. Axel Delmar. Musik v. Gust. Kulenkampff. (23 S.) (901.) (Nr. 49.)

— Herzog Wildfang. In 3 Akten v. Siegfried Wagner. (44 S.) (901.) (Nr. 59. 60.)

Schiedermair, Ludw., Messidor. Lyrisches Drama in 4 Aufzügen. Text v. Emile Zola. Musik v. Alfred Bruneau. (28 S.) (901.) (Nr. 62.)

Schmid, Otto, die Folkunger. Große Oper in 5 Akten v. S. H. v. Mosenthal. Musik v. Edmund Kretschmer (26 S. m. 1 Bildnis.) 900. (Nr. 11.)

Schmidt, Leop., Orpheus u. Eurydike v. Chr. W. v. Gluck. Geschichte des Werkes u. Einführg. in die Dichtg. u. in die Musik desselben. (55 S.) (902.) (Nr. 48.)

Segnitz, Eug., Oberon. Romantische Oper in 3 Akten. Nach dem Engl. v. J. Planché v. Thdr. Hell. Musik von Carl Maria v. Weber. Historisch-ästhet. Einführg. (60 S.) (902.) (Nr. 94.)

Seiffert, Karl, Albert Lortzing's komische Opern. Die beiden Schützen u. Der Wildschütz od. Die Stimme der Natur. (56 S.) (902.) (Nr. 74.)

— der Waffenschmied. Komische Oper in 3 Akten v. Albert Lortzing. (35 S.) (901.) (Nr. 61.)

Smolian, Arth., Eugen d'Albert's Einakter „Kain" (Dichtung v. Heinrich Bulthaupt) u. „Die Abreise". (Dichtung nach A. E. Frhr. v. Steigentesch v. F. Graf Sporck.) (40 S.) (900.) (Nr 19.)

— Benvenuto Cellini v. Hector Berlioz. Historisch-ästhet. Einführg. (54 S.) 900. (Nr. 31.)

— Feuersnot. Ein Singgedicht von Ernst v. Wolzogen. Musik v. Rich. Strauß. (33 S.) (902.) (Nr. 79.)

— der Improvisator. Historisch-romant. Volks-Oper in 3 Aufzügen v. Eugen d'Albert. (48 S.) (902.) Nr. 78.)

— die Trojaner v. Hector Berlioz. I. Die Einnahme v. Troja. II. Die Trojaner in Karthago. Historisch-ästhet. Einführung. (39 S.) 900. (Nr. 4.)

— Richard Wagner's Bühnenfestspiel „Der Ring des Nibelungen". I. Das Rheingold. Mit e. die Werdegeschichte und Bedeutg. der Trilogie behand. Einleitg. Ein Vademecum. (V. 34 u VI S.) (901.) (Nr. 65.)

— Dasselbe. II. Die Walküre. Ein Vademecum. (42 u. XII S.) (901.) (Nr. 66.)

— dasselbe. III. Siegfried. (40 u. XVII S.) (901.) (Nr. 67.)

— dasselbe. IV. Götterdämmerung. (42 u. XXII S.) (901.) (Nr. 68.)

— der Widerspänstigen Zähmung. Oper in 4 Akten. Dichtung nach Shakespeare v. J. V. Widmann. Musik v. Hermann Götz. (36 S.) 900. (Nr. 25.)

Teibler, Herm., Aschenbrödel. (Cenerentola.) Musikalisches Märchen in 3 Akten, frei nach dem bekannten Stoff v. Ermanno Wolf-Ferrari. Deutsche Uebertragg. v. Jul. Schweitzer. (56 S.) (902.) (Nr. 95.)

Wenisch, Jos., der Evangelimann. Musikalisches Schauspiel in 2 Aufzügen. Dichtung u. Musik v. Wilhelm Kienzl. (56 S.) (902.) (Nr. 51.)

Die fehlenden Nrn. sind noch nicht erschienen.

Opernführer. Nr. 71. 72. 76. 83. 105. 108 u. 109. schmal 8. Berlin [H. Seemann Nachf.], Schlesinger'sche Buchh.

à n. — 50

71.72. Tristan u. Isolde. Handlung in 3 Aufzügen von Richard Wagner. In Text u. Musik erläutert. Von Ferd. Pfohl. 2. Aufl. (109 S.) (904.)

76. „Odysseus' Tod". Musik-Tragödie v. August Bungert. Von Max Chop. (54 S.) Leipzig (903).

83. Rienzi, der letzte der Tribunen. Große trag. Oper in 5 Akten (nach Bulwers gleichnam. Roman) v. Richard Wagner Textlich u. musikalisch erläutert. Mit e. Einleitung. „Richard Wagners früheste dramatisch-musikal. Versuche". Von Arth. Smolian. (56 S.) (905.)

105. Manon. Oper in 4 Akten u. 6 Bildern. Text von Henri Meilhac u. Philipp Gille. (Deutsch von Ferd. Gumbert.) Musik v. Jules Massenet. Von Herm. Teibler. (34 S.) Leipzig. (903.)

108. Der Kobold v. Siegfried Wagner. Eine Erläuterg. d. Dichtg. u. Musik. Von Ludw. Karpath. (44 S.) Leipzig (904).

109. Zenobia. Oper in 3 Akten. Nach e. Dichtg. v. Oskar Stein. Musik v. Louis Adolphe Coerne. Textlich u. musikalisch erläutert. Von Arth. Smolian. (38 S.) (905.)

Opernführer. Nr. 77, 100, 106, 110 u. 122. (Schlesinger-sche Musik-Bibliothek.) 21×12 cm. Berlin, Schlesinger-sche Buchh. à — 50
Gräner, Geo., Elektra. Tragödie in 1 Aufzuge von Hugo v. Hofmannsthal. Musik v. Rich. Strauß. Text u. Musik erläut. (26 S.) (909.) (Nr. 122.)
Kleefeld, Wilh., Tosca. Musikdrama in 3 Akten nach Sardou, v Illica u. Giacosa. Musik v. Giacomo Puccini. (22 S.) (907.) (Nr 110.)
Die fehlenden Nrn. sind noch nicht erschienen.
Rychnovsky, Ernst, das war ich. Dorfidylle in 1 Aufzuge nach Johann Hutt v. Richard Batka. Musik v. Leo Blech. Dichtung u. Musik erläutert. (23 S.) (907.) (Nr. 106.)
— Tiefland. Musikdrama in e. Vorspiel u. 2 Aufzügen. Text nach A. Guimera v. Rud. Lothar. Musik v. Eugen d'Albert. (24 S.) (908.) (Nr. 77.)
Schattmann, Alfr., Salome. Musikdrama in 1 Aufzuge nach Oscar Wilde's gleichnam. Dichtg. in deutscher Übersetzg. v Hedwig Lachmann v. Richard Strauß. Dichtung u. Musik erläutert. (33 S.) (907.) (Nr. 100.)

[August] Hoursch's Opern-Führer No 1 *Köln a. Rh. Hoursch & Bechstedt [1903]* 8° [04. 6951

Operngucker, der. Deutsche Halle für Kunst und Künstler. Hrsg. von C. Scherbarth. 1. Jahrg. 1880. 13 Nrn. (Bog.) Fol. Hamburg, Eug. Richter. * 3 —
Nicht weiter erschienen.

Operngucker, der. Deutsche Halle f. Kunst u. Künstler. Hrsg. von C. Scherbarth. 1. Jahrg. 1880/81. 52 Nrn. (B.) Fol. Hamburg, Eug. Richter. n. 12. —

Opernhausball, der. Romantisches Epos von F. v. Ronsens. Berlin 857. J. Springer. 16. (2 Bl., 72 S.) 12 ngr.

Operncomponisten, die beliebtesten, der gegenwärtigen Zeit. (Bildnisse von:) Cherubini, Spontini, Boyeldieu, Rossini, Auber, Paer, Spohr, Bellini, Marschner, Meyerbeer. Gezeichnet v. A. Brandt. 1 Bl. in Roy.-Fol. Leipz... Ind.-Compt. n. 2 ½ ß

Opern-Renaissance. Sammlung älterer Opern in zeitgemäßer Neubearbeitung des Textes u. der Musik. Hrsg. von Wilh. Kleefeld. Nr. 1. schmal gr. 8. Berlin, Schlesinger'sche Buchh. n. — 50
Don Pasquale. Komische Oper in 3 Akten. Von Gaetano Donizetti. Neue Verdeutschg. v. Otto Jul. Bierbaum. (47 S.) (902).

Opern-Renaissance. Sammlung älterer Opern in zeitgemäßer Neubearb. d. Textes u. d. Musik. Hrsg. von Dr Wilhelm Kleefeld. [Text.] Nr. 1. Berlin Schlesinger [1903]. 8° [F.] [08. 14367

Opern-Renaissance. Sammlung älterer Opern in zeitgemäßer Neubearbeitg. des Textes u. der Musik. Hrsg. v. Wilh. Kleefeld. Nr. 2. schmal gr. 8. Berlin, Schlesinger'sche Buchh. n. — 30
Der Herr Kapellmeister od. Antonius u. Kleopatra. Komische Oper in 1 Akt. Neufassung v. Hans Brennert u. Wilh. Kleefeld. (Textbuch.) Von Ferd. Paër. (24 S.) (903.)

Operntext zu Don Juan, Fidelio u. zum Freischütz, s.: Volksbibliothek f. Kunst u. Wissenschaft.

Opern-Text-Bibliothek. Nr. 2, 6, 9, 14, 15, 18, 21, 22, 24, 25, 29—34, 38, 40, 42, 43, 47, 51—55, 57—61, 66, 68, 70, 71, 74, 76, 77, 80, 82, 84—86, 88—90. Ausg. mit farb. Umschlägen und Einleitungen. kl. 8. (à Nr. ca. 24 S.) Wiesbaden 886, Bechtold und Comp. à Nr. — 15

Inhalt:

Nr. 2. Alessandro Stradella.
= 6. Der Barbier von Sevilla.
= 9. Die Entführung aus dem Serail.
= 14. So machen es Alle (Cosi fan tutte).
= 15. Czar und Zimmermann.
= 18. Don Juan.
= 21. Ein Maskenball.
= 22. Ernani.
= 24. Euryanthe.
= 25. Die Favoritin.
= 29. Fidelio.
= 30. Figaro's Hochzeit.
= 31. Fra Diavolo.
= 32. Der Freischütz.
= 33. Gustav oder der Maskenball.
= 34. Hans Heiling.
= 38. Jessonda.
= 40. Johann von Paris.
Nr. 42. Iphigenie in Aulis.
= 43. Die Jüdin.
= 47. Violetta (La traviata).
= 51. Lucia von Lammermoor.
= 52. Lucrezia Borgia.
= 53. Maurer und Schlosser.
= 54. Martha.
= 55. Marie oder die Regimentstochter.
= 57. Nachtlager von Granada.
= 58. Die Nachtwandlerin.
= 59. Norma.
= 60. Der Nordstern.
= 61. Oberon.
= 66. Postillon von Lonjumeau.
= 68. Rigoletto.
= 70. Robert der Teufel.
= 71. Der schwarze Domino.
= 74. Die Stumme von Portici.
= 76. Tell.
= 77 Der Templer und die Jüdin.
= 80. Der Troubadour.
= 82. Undine
= 84. Die Vestalin.
= 85. Die weiße Dame.
= 86. Der Waffenschmied.
= 88. Der Wildschütz.
= 89. Die Zauberflöte
= 90. Zampa oder die Marmorbraut.

Opern-Texte, s.a. Ahn. — Bechtold. — Breitkopf & Härtel. — Lucas. — Mode.

(Otto) Hendels **Operntexte** mit Notenbeispielen. (Hrsg Eduard Mörike) (1) Halle a S Hendel [1909]. 8° [10. 5251

– Dass., s.a. Hendel, Otto

Opet, Ludwig [app. Arzt aus Danzig]: Über angeborene Missbildungen der Extremitäten und deren Entstehungs-Ursache *Freywaldau, Druck v. O. Wünsche, 1893;* 1 Bl., 20 S., 1 Bl. 8.
Leipzig, Med Fak., Inaug.-Diss. v 8 Sept. 1891

Opet, O., Die älteste Venetianische Bergordnung und das Sächsische Bergrecht. Dresden, o. J. 14 S.

Opet, Otto, zum Brautkauf nach altalamannischem Recht, s.: Festgabe der Kieler Juristen-Fakultät, Albert Hänel dargebracht.

— Brauttradition u. Konsensgespräch in mittelalterl. Trauungsritualen. Ein Beitrag zur Geschichte des deutschen Eheschliessungsrechts. (160 S.) 8. Berlin 910. F. Vahlen. 3. 60

— u. W. v. Blume, das Familienrecht, s.a. Kommentar zum bürgerl. Gesetzbuch u. seinen Nebengesetzen.

Das Familienrecht von O[tto] **Opet** u. W[ilh.] v Blume. Th. 1. *Berlin: C. Heymann 1902.* 8°
= Kommentar z. Bürgerl. Gesetzbuche u. s. Nebenges. 1, 4. [00. 684

Opet, Otto, u. W[ilh.] v *Blume,* Das Familienrecht des Bürgerlichen Gesetzbuchs. Erl. Abschn. 1—3. Berlin [1904]—1906. 8°.
1, 2. Bürgerl. Ehe. Verwandtschaft. 1906.
3. Vormundschaft. 1904.
(Kommentar z. B G B u. seinen Nebengesetzen. Bd 4.)

Opet, O., s. Festgabe, Kieler.

Opet, Otto, Geschichte der Prozesseinleitungsformen im ordentlichen deutschen Rechtsgang. 1. Abth. Die Zeit der Volksrechte. gr. 8. (XVI, 192 S.) Breslau 891. Koebner. n. 5. 20

Opet, Otto, ausgew. Rechtsquellen, s.: Zeerleder, Alb.

— die erbrechtliche Stellung der Weiber in der Zeit der Volksrechte, s.a. Untersuchungen zur deutschen Staats- u. Rechtsgeschichte.

Opet, Otto, Die erbrechtliche Stellung der Weiber in der Zeit der Volksrechte. Breslau 1888. gr. 8.
A. u. d. T.: Unterss. z. deut. Staats- u. Rechtsgesch. H. 25. . . . . (D.)

Opet, deutsches Theaterrecht. Unter Berücksicht. d. fremden Rechte systemat. dargest. Berlin 896.

— deutsches Theaterrecht. Unter Berücksicht. der fremden Rechte systemat. dargest. gr. 8. (VIII, 519 S.) Berlin 897. S. Calvary & Co. n. 10. —; geb. in Halbfrz. n. 12. —

Opet, Otto, das Verwandtschaftsrecht des bürgerl. Gesetzbuchs f. das Deutsche Reich. gr. 8. (VIII, 440 S.) Berlin 899. F. Vahlen. n. 7. —; geb. n. 8. —

Opet, Otto [Kammergerichtsreferendar]: Fränkisches Weibererbrecht .... (Aus: „Untersuchungen z. Deutsch. Staats- u. Rechtsgesch., herausg. v. O. Gierke, H. 25".) Breslau, Wilhelm Koebner, 1888; 9 Bl. + 82 S. + 1 Bl. 8°
Berlin, Jur. Fak., Inaug.-Diss. v. 9. Jul. 1888

Opfer, das. Ein Roman v. Regin. Frohberg (sonst Friedländer, geb. Salomon.) 8. Leipz. Brockhaus. 812. Rthlr.

— — dasselbe. 2te Aufl. 8. Wien, Pichler. 811.

Opfer, ein, s. a. Theaterstücke, sozialistische.

Opfer (Ein) oder die Juristerei als Geschäft. Volkstrauerspiel in 5 Aufzügen. Nach dem Roman Otto-Walster's: „Am Webstuhl der Zeit". Für die Bühne bearbeitet von E. S. 8°. Zürich, Volksbuchhdlg. (J Franz) 1876. (Sozialist. Theaterstücke, Nr. 3.)

Opfer (Acht) des Klassenhasses, Leben und und Sterben der verurtheilten Arbeiterführer. 8°. Zürich 1887.

OPFER der Achtung und des Dankes, dem Herrn Daniel von Udránszky des Zipser Capitels und ernannten Ober Studien Director für Ober-Ungarn. Bey seiner Abreise aus Zipsen von durch ihn beglückten Verehrern gewidmet. (Leutschau) 1826. 2 l. - 4°

—— Gottes, das allerheiligste. Ein vollständ. Gebetbuch für Katholiken. 3. Aufl. 12. (IV und 356 S.) Münster 849, Aschendorff'sche Buchh.

Opfer am Altar d. häuslichen Andacht des katholischen Christen in Gott geweihten Stunden. Ausgewählte Morgen- u. Abendgebete aus den Werken der heil. Kirchenväter u. anderer frommer Verfasser auf die Wochentage u. kirchl. Festzeiten, nebst Gebeten für besondere Zeiten, Stände u. Lebensverhältnisse. Herausg. von M. C. Münch. Prachtausg. in 1 Bd. 5 Lfgn. Lex. 8. (495 S. m. 6 Stahlst.) Nürnberg 847. 48, Lotzbeck. (à ½ Thlr.) 2½ Thlr.

Opfer der Andacht. Eine Auswahl kräftiger Gebete und Andachtsübungen aus J. P. Silberts u. a. Erbauungsschriften. 3e Ausg. (Mit 1 Holzschnitt.) 16. Luzern 834. Gebr. Räber; St. Gallen, Scheitlin u. Zollikofer. (Augsburg, M. Rieger; auch Kollmann.) 1/6 Thlr. — 4e Aufl. ... 1/6 Thlr.

—— der Andacht. Ein Gebetbüchlein d. christl. Schuljugend. Mit Morgen- u. Abendgebeten, Beicht- u. Communion-, Fest- u. Kreuzwegandachten rc. 32. (...) Salzburg 836, Mayr'sche Bh.

— der Andacht. Gebete u. Gesänge beim vor- u. nachmittägigen Gottesdienste in der kathol. Kirche u. zum Privatgebrauch. Von e. kathol. Priester. 18. Karlsruhe 840. Müller. n. 1/3 Thlr.

— der Andacht. Gebete u. Gesänge beim Gottesdienste in d. kathol. Kirche u. zum Privatgebrauche. Von einem kathol. Priester. 2. verm. Aufl. 18. Karlsruhe 846, Müller. 6 Ngr.

— der Andacht. Eine Auswahl kräftiger Gebete u. Andachten aus J. P. Silbert's u. andern Erbauungsschriften. 7. Aufl. 8. (160 S. m. 1 Holzschnitt.) Luzern 849, Gebr. Räber. 3½ Ngr.

— der Andacht in Gesängen. (2. verm. Aufl. Besond. Abdruck des Anhangs zu Glatz, Andachtsbuch.) gr. 16. (111 S. m. 1 Kpfr.) Leipzig 847, H. Fritzsche. n. ⅓ Thlr.

— kindlicher Andacht. Ein Gebetbüchlein der christkathol. Schuljugend. Mit Morgen- und Abendgebeten, Beicht-, Kommunions-, Fest- und Kreuzweg-Andachten rc. 32. Salzburg 836. Mayr. 1/8 Thlr.

—— kindlicher Andacht. Ein Gebethbüchlein der christkathol. Jugend. 64. (2¼ B.) Salzburg 843, Mayr'sche Buchh.

Opfer, das, reiner Andacht, ein Erbauungsbuch rc. 12. Wien 808. Rehm. 1 Thlr. 4 Gr.

Opfer, die, des 12. August. Ein Denkmal zur Erinnerung an die in der 2. Woche des Aug. 1845 zu Leipzig vorgefallenen blutigen Ereignisse. Nebst der Grabrede v. Chr. Gottl. Leber. Großmann. gr. 8. (1¾ B.) Leipzig 845, Pönicke u. Sohn, Vrlgsh. Thlr.

— über die, als auf unmittelbare Offenbarungen Gottes beruhend und zu allen Zeiten und bei allen Völkern als Sühnungsmittel unserer Sünden im Allgem., und über die Opfer des alten Bundes insbesondere rc. Nach Maistre v. K. B. Nebst e. Anhange: Die Schilderung Jesu, in d. Briefe des Lentulus eines Heiden, an den römischen Senat. (Mit 1 Kpfrtaf.) 8. Prag 832. v. Mayregg. 5 Gr.

Opfer, die, der Börse. Eine beherzigungswerte Mahng. an alle Kapitalisten. Von *** 1.—6. Aufl gr. 8. (32 S.) Berlin 891. [Issleib.] G. Schuhr. n. — 60

— ein, der „Büffelei" od. Schicksale e. ausgewiesenen Nonne. Dem kathol. Volke erzählt v. M. Renitentus. 8. Aufl. gr. 8. (80 S.) Trier 876. Groppe. n. — 50

—— ein, der „Büffelei" oder Schicksale einer ausgewiesenen Nonne. Dem kathol. Volke erzählt von M. Renitentus. 1.—8. Aufl. gr. 8. (80 S.) Trier 878, Groppe. *

Opfer der Dankbarkeit, Sr. Excellenz dem p. p. Hans Joachim von Ziethen gewidmet. 1786. 8.

— der Dankbarkeit über d. nach einer langen Hungersnoth erfolgte Erndte. gr. 4. Bayreuth, Lübeck. 772.

— der Dankbarkeit, üb. die nach einer langen Hungersnoth erfolgte Erndte. gr. 4. Bayr. 777. Lübeck. 3 Gr.

Opfer der Dankbarkeit bei der allgemeinen Freude des Vaterlandes über die ... gesegnete Erndte ... Erlangen 1772. V: *Lang, Lorenz Johann Jacob.* (Adel) »Baireuth« (AaRK)

Opfer der Dankbarkeit und Freundschaft ... Riga 1812. V: *Bergmann, Liborius von.* (R-N)

Opfer der tiefsten Ehrfurcht, dargebracht dem Hochgebornen Herrn Joseph von Grochmann kk. Staatsrath, bei seiner Durchreise. Iglau 1801. V: *Grün, Milo Joh. Nep.* (GGr VI/726, Nr. 11/9) (BiblPort)

Opfer, ewiges, des Glaubens und der Liebe zu Ehren des allerheiligsten Sacraments des Altars. Betrachtungen und Gebete bei der ewigen Anbetung des heil. Sacramentes, der Kommunion und Feier der heil. Messe. Aus dem Französ. von M. A. Nickel. 8. (XXIII und 505 S. mit 1 Stahlst.) Mainz 859, Kupferberg.

—das feierliche, des Seelsorgers im Zirkel seiner Heerde. 8. Augsb. 800. M. Rieger. 9 ℛ

— das, am Feste Asträens. Singsp. 8. Gött. Bossiegel. 777.

– Dass., s.a. O p f e r , Das, der Grazien, am Feste Asträens.

—der Freude; eine Smml. freundschaftlicher Lieder f. gesellige Kreise. Halle, Dietlein. 4 ℛ

Opfer der Freude und des Dankes Friedrich dem weisen Sieger gebracht ... [Berlin] 1756. V: *Hückel, G. Ch., E. J. v. Manstein* & *J. A. Th. Hecker.* (Cat. d. Stadtbibl. Zürich. Zürich 1864—97.)

Opfer der Freundschaft. Cantate zum Namensfeste des Herrn Wenzel Edlen von Bauer und Adelsbach der Arzneikunde Doktors ... aus inniger Hochachtung und Verehrung geweiht von Wilhelmine Krimer am 28. September 1808. In Musik gesetzt von J. Kucharz. Prag [1808]. V: *Pitschmann, J. A.* (GGr VI/771, Nr. 114/1) (BiblPort)

Opfer der Freundschaft dem fünfzigjährigen Amtsjubiläum ihres Brs. Joh. Christian Anton Theden gewidmet von sämtlichen Mitgliedern der Freimaurerloge zu den drei Weltkugeln und den mit ihr vereinigten vier Logen. Berlin, den 29. Julius 1787. V: *Gedike, Friedrich.* (wolfstieg I, 941)

—Gott gefälliges, eines heilbegierigen Christen. In Gebeten. Von e. Seelsorger. 12. Wien .. Riedl's Wwe. u Sohn. 1/3 ℛ

—— die, des Geizes in d. Feuersbrunst zu Madretsch am 1. Juny 1829. 8. (1¼ B. u. Titvign.) Basel, Schneider.

Opfer, Ein Denen Allerhöchsten Majestäten gewidmetes, ... Bresl. 1741. V: *Jachmann, Gottlieb.* (Kat. d. Druckschr. üb. Breslau. Breslau 1903. S. 13.)

Opfer — Glaubenswerk — Gottesdienst. Falsches 1000jähriges Reich Christi. Wahres 1000jähriges Reich Christi. Ein Wächterruf aus der rechten lutherischen Kirche. Stolp 860. Stein. gr. 8. (26 S.) n. 4 ngr.

Opfer vor Gott. Ein kurzes aber vollständ. Gebetbüchlein. Dülmen A. Laumann 1905. (208 S.) 8° [J.] [s6. 10684

Opfer vor Gott wahrhaftes u. das große Schildwachbüchlein nach der Ursprache v. J. 1509 Ein katholisches Gebetbuch, neu übersetzt, verbessert u. mit vielen Abbildungen der Heiligen als Patronen der Sterbstunde so wie den nöthigsten Gebeten u. Andachten zu den Jahresfesten versehen u. vermehrt von Jos Josef Pohořely 3. Aufl. 16. 377 S. Neuhaus, Landfraß & Sohn. 28 kr
1864

— das, Gottes, in dreyfacher Weis Messe zu hören. 12. Cölln, Haas.

Schreibv.

—das, Gottes, in dreifacher Weis Messe zu hören. 12. Cöln (Münst. 808. Aschendorf). 4 ℛ

— des Herzens, gottgeweihte. Eine Auswahl vorzügl. Andachten m. Meß- u. Vesperandacht, Litaneien ꝛc. in latein. u. deutscher Sprache. 32. (335 S. m. e. Steintaf. u. e. lith. u. color. Titelbl.) Einsiedeln 872. Wyß, Eberle & Co. — 45

Das | grausame und traurige | Opfer | einer gezwungenen Ehe, | oder: | Schwere Prüfung und frohes | Wiedersehen. | (Fig.: *Priester segnet Brautpaar,* 43 × 42) | Zu haben bei A. Kindel.
Kol.: Druck von C. H. Schulze in Gräfenhainichen.
o. J., 4 Bl. n. n., 181 × 110.
LBO Bänkelsängerlit. II, 79.

Opfer, Das, der Grazien, am Feste Asträens. Singspiel. Göttingen 1777. V: *König, Christoph Philipp Ferdinand.* (Ky)

Opfer, das, der Grazien, am Feste Asträens. Singspl., (v. Cph. Ph. Fd. König). 8. Götting. 777. Bossiegel. 2 ℛ

– Dass., s.a. O p f e r , Das, am Feste Asträens

Opfer, Gutherziges, zur Stastistik der Regierung den Adel, die wahre Religion und Irreligion, die Geistlichkeit wie auch das zeitliche und ewige Wohl der Bürger betreffend. O. O. 1781. V: *Cremeri, Bened. Dominik Anton.* (BiblPort)

Opfer, Das, im Hain; der Zukunft eine Überlieferung aus den Tagen der Vorzeit ... Ansbach 1792. V: *Keerl, Johann Heinrich.* (MGT) (BB) (Adel)

— des Herzens. Vollständiges Andachtsbuch in kurzen Gebeten. 24. (318 S. m. 1 Farbendr.) Einsiedeln 893. Benziger & Co. Geb. in Leinw. m. Goldschn. n. — 65

— dasselbe. 32. (318 S. m. 2 Stahlst.) Ebd. 893. Geb. m. Goldschn. n.n. — 65; n. — 80 u. n. — 95

OPFER des Herzens am ersten Tag eines jeden Monats. Pressburg o. J. Alois Schreiber. 11 S. - kl. 8°

Opfer der Hochachtung den wackern Unterwaldnern dargebracht. Zürich 1799 s.a.[Rovéréa, Ferdinand de].

Opfer der Hochachtung den wackern Unterwaldnern dargebracht . . . Zürich 1799. V: *Waser, Joh. Hnr.* (AarK)

— das hochheilige, Jesu Christi, oder die heilige Messe an allen Sonn- und Festtagen des Kirchenjahres, nebst der Messe für die Abgestorbenen. Nach der röm. u. münsterschen Missale bearb. Mit Morgen-, Abend-, Beicht- und Communion-Andachten 2c. Mit 1 Stahlstich. gr. 12. Münster 838. Kathol. Bücher-Verlag. (J. H. Deiters.) 1/2 ₰, Velinp. 3/4 ₰ (NB. Hat mit dem Werke: „Halleluja!" gleichen Inhalt.)

Opfer, Das, des Jephte, ein Singspiel. Tegernsee 1778. V: *Jais, Aegydius.* (MGT) (Hr) (Ky) (Kn)

Opfer, Die, der Insurrection zu Paris im Jahre 1871 aus der Gesellschaft Jesu. Eine aktenmässige Darstellung der Gefangenschaft und des Todes der hochwürdigen Väter Peter Olivaint, Leo Ducoudray, Johann Caubert, Alexis Clerc, und Anatolius de Bengy von P. A. de Podbevoy Priester derselben Gesellschaft. Nach dem französischen Originale. Regensburg 1871. V: *Schmid, Theodor.* (So)

— kindliches, vor Gott. Ein Gebetbüchlein für die liebe christkatholische Jugend. Mit Morgen- u. Abendgebeten, Beicht-, Kommunion- u. Kreuzwegandachten 2c. 18. Salzburg 836. Mayr. 1/8 ₰

— kindliches, vor Gott. Ein Gebetbüchlein für die liebe christkath. Jugend. 2. Aufl. 18. Salzburg 844, Mayr. 1/12 ₰

Opfer, Kleine, dem Deutschen Theater dargebracht. Prag 1779. H: *Fischer, Franz Joseph.* MV: *Steinsberg, Carl Guolfinger Ritter von* (????). (Böhmische Litteratur auf das Jahr 1779. Prag 1779. S. 172. 318) (Theaterkalender 1781. Gotha. S. LXXXVII) (Blass, Theater ... in Böhmen, S. 120) (WrDiar 1779, Nr. 88. 98) (GGr V/349, Nr. 218) (BiblPort)

— ein, geistlicher Corruption. Offene Reclamation wider einige vor 10 Jahren begangene Sünden der Priesterschaft u. ihrer Begünstiger zu Cöln. Ein aktenmäß. Beweis, wie jene Leute selbst in Preußen gehaust haben, so lange sie die Gewalt dazu hatten v. L. 8. (58 S.) Zürich 874. Verlags-Magazin. n. — 90

Opfer, Ein, geistlicher Corruption; offene Reclamation wider einige . . . Sünden der Priesterschaft und ihrer Begünstiger zu Cöln. Zürich 1875. V: *Lempens, Carl Franz.* (CLZür Forts. II)

—— ein, des Culturkampfes oder Schicksale eines gesperrten und ausgewiesenen Priesters. Dem kathol. Volke erzählt von M. Renitentus. 1.—9. Aufl. gr. 16. (71 S.) Trier 875, Groppe. *

— das, der Leidensch. Trauersp. 8. Hamb. (Kaven, A.) 794.

Opfer, Letztes, kindlicher Ehrfurcht, Dankbarkeit u. s. w. ihrer gel. Mutter Sybillen v. Stoll zu Wespach . . . dargebracht . . . Memmingen 1799. V: *Karrer, Philipp Jacob.* (NN) (MGT)

Opfer, Letztes, der Ehrfurcht dem Herrn Bürgermeister v. Seyler . . . Memmingen 1802. V: *Karrer, Philipp Jacob.* (MGT) (NN)

Opfer, Letztes, der Ehrfurcht, der Frau Bürgermeisterin v. Seyler. Memmingen 1802. V: *Karrer, Phil. Jacob.* (NN)

LIEB-BRENNENDES Opfer Das ist: Zwey andächtige Gesänge von dem heiligen und glorreiche Martyrer und Blut-Zeugen Johann v. Nepomuck, als sonderbaren Beschützer der Ehre und guten Namens, auch allgemeinen Hilfs-Patrons. Tyrnau 1825. Gedr bei J. B. Jelinek. 8 f. - 12°

Opfer, Das, der Liebe oder Briefe der Vicomtesse von Senanges und des Chevalier von Versenay. Aus d. Französ. Breslau 1792. V: *Dorat, Claude Joseph.* (BGE V³, 476)

Opfer, das, der Liebe, oder Briefe der Vikomtesse von Senanges und des Chevalier von Versenay, aus dem Franz. 2 Theile, 8. Breslau, 792. Meyer. 1 Rthl.

Opfer, das, d. Liebe, od. Briefe d. Vikomtesse v. Senanges u. d. Chevalier v. Versenay, a. d. Frz. 2 Thle. 8. Breslau, Meyer. 801.

Opfer, das, der Liebe, od. Briefe der Vicomtesse v. Senanges u. d. Chevalier v. Versenay; aus dem Französ. 2 Thle. 8. Bresl. 802. (Gosohorsky). 1 ₰

Opfer der Liebe u. Freundschaft 2c., s. Langbein, C. F. G., der Taschengesellschafter.

Opfer der Liebe dem Meister vom Stuhl geweiht. o. O. u. J. 2 Bl. 8° [Lithogr.] [Umschlagtit.]
Gedicht: „Wir folgen dem schönsten der Triebe..." und ein Lied ohne Noten. 155.

-- der Liebe zu Gott. Vollständiges Gebet- u. Erbauungsbuch f. fromme katholische Christen. Von einem Ordensgeistlichen. 8. (344 S. m. 4 Stahlst.) Würzburg 847, Etlinger. 2/3 ₰

— kindlicher Liebe u. Dankbarkeit 2c. 8. Leipzig 810. (Cnobloch). 8 gr

— — dass. 8. Ebend. 809.

LIEBE, Der, und der Rachsucht Opfer. Roman. Nürnberg, Zeh (ca. 1820.) 8°. 246 S. (6 Mk. Adolf Weigel, 1907.)
Freien Inhalts. — Selten!

— das, der heil. Messe, wie dasselbe der Priester am Altare verrichtet für Kinder u. Erwachsene. Mit (12) metallographischen u. gelatinirten Bildern. 16. (96 S.) München 852, Kaiser. 8 ngr

— einer deutschen u. welschen Muse, am großen deutschen u. welschen Altar. 8. Stuttg. 791. ... 9 gr

Opfer an dem grossen Nationalfest der Krönung Kaiser Leopold's des Zweyten; in drey Gedichten. Frankfurt 1790. V: *Schubart, Christian Friedrich Daniel.* (schstr S. 261)

— das, der Priesterwuth, v. K. Hellmann. 8. Breslau. Korn d. ält. 788.

OPFER, Die, der Prostitution oder der Jungfrauentribut des modernen Babylon. Aus dem Englischen von J. H. Franke. Hottingen (ca. 1875). 8° 120 S.

Opfer der Revolution. Wien 1895. V: *Ballerini, Raffaele.* (EB)

Schreckliche Opfer leidenschaftlicher Liebe Eine wahr Begebenheit, geschehen zu Baltimore in Amerika
Kol Mulhausen, gedruckt bei J. P. Risler und Komp
o. J. (1868), 1 Bl zweiseitig bedruckt 280 2
BNP 4 Z 77
Schenda VoB S. 380 381

Opfer, e., der Sozialdemokratie. Zeitgemälde von F. M. Alsaticus. 12. (XII, 164 S. m. Titelbild.) Straßburg 897. (F. X. Le Roux & Co.) n. — 80

— das tägliche. 12. (250 S.) Neuhaus 860, Landfraß und Sohn.

Opfer, tägliches, eines wahren Christen. 3te verm. Aufl. 12. Prag, Krauß.

— tägliches, eines wahren Christen. 8. Prag 804. Widtmann. 8 gr, 3e Aufl. 12. Ebd. ... 6e Aufl. 820. Haase Söhne. Schrbp. 4 gr

Opfer, Tägliche, eines wahren Christen zum kirchlichen Gebrauch. 6. Aufl. Prag 1820. V: *Seibt, Carl Hnr.* (schmal)

— tägliches, vor Gott meinem Heilande. Andachtsbuch für gute Christen. 8. Glatz 841, Pompejus. 1/4 thlr

— die, des alten Testaments, u. ihre neutestamentl. Bedeutung f. Schriftforscher. 8. (11½ B.) Bremen 832, Kaiser.

Opfer, die, des alten Testaments und ihre neutestamentliche Bedeutung für Schriftforscher. 2. Aufl. Barmen 857. Sartorius. gr. 8. (IV, 113 S.) n. 10 ngr

Opfer, das, des Themistokles. Trauersp. in 5 Akt. v. J. v. Auffenberg. 8. Bamberg, Göbhard. 821.

Opfer, das, der Treue. Vorsp. von Herklots. 8. Berlin, Maurer. 793. Rthlr.

Das Opfer | unverbrüchlicher Treue und wahrer Liebe, | dargebracht von einem Jüngling bei dem herzerschütternden Ende seiner Geliebten. | Gefühlvollen Lesern zur theilnehmenden Unterhaltung und harten Gemüthern zur Warnung. | Hamburg.
Ohne Angabe des Druckers, o. J. (1859?), 4 Bl. n. n., 179 × 105.
LBO Bänkelsängerlit. I, 31 und Jahrmarktlit. R. c. 3, 90.
Ein anderer Druck (ebenda R. c. 3, 108) gibt als Verfasser J. H. Wiedefeldt und als Drucker: A. Kaufmann'sche Buchdruckerei in Leer an.

— das unschuldigste, der zärtlichsten Liebe. Trauersp. 8. Leipz. Compt. f. Liter. 780.

— die verführten, s. a. Thal, C. v.

— die verführten. Romantische Sage der Vorzeit. Von Karl vom Thale. 8. Nordhausen 843, Fürst. 3/4 thlr

Opfer der Wissenschaft. Wien 1891. V: *Stellbogen, Paul.* (EB)

Opfer des Zeitgeistes, von Philipp. Mettingh. 2 Theile. 8. Quedlinburg, Basse. 821.

— die, des Cölibates. Histor. Gemälde aus d. Gegenwart. 12. (2⅓ B.) Neustadt a. d. O. 831, Wagner.

OPFER der Liebe (Zwei), oder Emilian u. Cölestine, ein (satyrisch-empfindsames) Klostergeschichtchen in Briefen. (Ornam. u. Druckerst.) Basel, bei Johann Jacob Flick 1784. 8°.
71 S (incl. Tit. u. 2 Bll. Vorr.) Sehr selten! Nicht in Kayser's Roman-Verz.

Opfer, Felix [aus Berlin] Beitrag zur Lehre von den traumatischen Affectionen des Rückenmarks . Berlin, Buchdr v. Gustav Schade (Otto Francke) (1888): 30 S + 1 Bl. 8°
Berlin, Med. Fak., Inaug. Diss. v. 21 Jul. 1888

Opferblumen niedergelegt auf dem Altare der Liebe und Freundschaft. Leipzig 1829. V: *Sydow, Wilhelmine Friederike Caroline von.* (GGr)

Opferer, Die, oder das Fest der Musen; ein Schauspiel mit Gesang in einem Aufz. Grätz 1783. V: *Schink, Johann Friedrich.* (GGr)

Opferfest, Das unterbrochene. Heroisch-komische Oper in zwei Akten. Passau 1797. V: *Huber, Franz Xaver.* (Ky)

Opferfest, das unterbrochene, Oper von Huber in 2 Aufz. 8. Frankf. Simon. 803.

Opferflamme. Ein Andachtsbuch für gebildete Christen ohne Unterschied des Glaubensbekenntnisses. (Mit Titelkpfr.) 8. Leipzig 834. Leo. 2 thlr

Opferflamme. Andachtsbuch für gebildete Christen ohne Unterschied d. Glaubensbekenntnisses. Neue unveränd. Ausg. 8. (Mit 1 Stahlst.) Leipzig 846, Herm. Fritzsche. 5/6 ₰ geb. m. Goldschn. in Futt.: 1/2 ₰ mehr pr. Einb.

Opfergabe, Eine kleine, auf den Altar der Freundschaft. In einer Auswahl von ... Liedern usw. Zürich 1795/6. II. H: *Meister, Leonhard.* Vgl. GGr XII, 34 f. (DARP)

Opfergebete größtentheils gezogen aus den Schriften u. Offenbarungen der Heiligen, besonders der heil. Gertrudis u. Mechtildis Herög. von einem kathol. Priester. Augsburg 866. (Landsberg, am Lech, Verza.) 16. (34 S.) n. 2 *ngr.*

Opfergeld, F., disposítio des ll. Catechism. und Haustafel Luthers. 8. Magdb. Seidel. 736.

— aufrichtige Nachrichten von jüdischen Lehrern. 8. Halle, Klemm. (Hemmerde und S.) 730.

— d. Wichtigste, w. sich m. d. Schrift und Kirche Gottes im alten und neuen Test. begeben. 8. Magdb. Seidel. 731.

Opfergelt, s.: **Bericht d. XXI. Kommission (des Reichstags) über den Entwurf e. Gesetzes, betr. die Abänderung der Unfallversicherungsgesetze.**

Die Doppelkirche zu Schwarz-Rheindorf von Pfarrer [Hermann] **Opfergelt.** Mit 10 Abb. München: Gesellsch. f. christl. Kunst 1907 27 S. 8°

Opfergelt, die Doppelkirche zu Schwarz-Rheindorf. (27 S. m. 10 Abbildg.) kl. 8. München 907. (Bonn, M. Rahm.) —60

Opferkuch, C., Zusammenstellung der Hauptregeln der Lehre v. den gebrochenen Zahlen zur Repetition f. die Hand der Schüler u. zum Privatunterricht. 8. (16 S.) Eßlingen 894. (W. Langguth.) n.n. — 10

Opferleben u. Opfertod od. kurzgefaßte Lebensbilder berühmter Missionare u. Martyrer der neueren Zeit. Von e. Priester der Gesellschaft des göttl. Wortes. 8. (IV, 253 S. m. Abbildgn. u. Bildn.) Steyl 899. Missionsdruckerei. Geb. in Leinw. n. 1. 40

Opfermann, C., Bauernstolz. Der Försteradjunkt, — Rhöngeschichten, s.: Spamer's, Otto, neue Volksbücher.

— gesammelte Wald- u. Dorfgeschichten v. der Werra u. aus der Rhön. 8. (53, 92, 120 u. 112 S.) Meiningen 891. (L. v. Eye.) n. 1. 60

Opfermann, Erich, aus Kirchheimbolanden, Pfalz (1.) **Beitrag** zur Kenntnis der Semicarbazide. (2.) Einwirkung von Formaldehyd auf Thioharnstoffe. *Erlangen 1904: E. Th. Jacob.* (55 S.) 8°
Erlangen, Phil. Diss. v. 22. Juni 1904

Opfermann, G., aus Mainz: Untersuchungen in der Benzoxazol- und in der Toluoxazolreihe. Erlangen 1905: E. Th. Jacob. (36 S.) 8°
Erlangen, Phil. Fak., Ref. Fischer, Diss. v. 7. Aug. 1905
[Geb. 12. Juli 76 Mainz; Staatsangeh.: Hessen; Vorbildung: Gymn. Mainz Reife 96; Studium: München 9, Erlangen 6 S.; Rig. 23. Juni 05.]

***Opfermann,* Paul, prima philosophia mentis, s. logica. 4 Fulda 758. Fleischer. 8 gr.**

Opffermann, Paul, prima philosophia mentis logica. 8. Fulda, Fleischer. 759.

Opfermann, Paulus, Religionis revelatae veritas testimonii methodo demonstrata. Moguntiae 1779, in 8°. 3 voll., pp. 304, 344, 448.

Opfermann, Rud., Gebäude f. Archive, s.: Handbuch der Architektur.

Opferpriester, Der, ein Altarsgesang. Mietau 1765. V: *Herder, Joh. Gfr. von.* (JL)

Oepfershausen [Schlagwort]

Oepfershausen, s.: Preussen. **Messtischblätter.**

Opfertod, der, Schausp. in 3 Akten von Kotzebue. 8. Leipz. Kummer.

(Opfertod. Der O' des Bezirksarztes Johann Conrad Hirzel...) Njbl. s [Orelli, Heinrich *II* von].

d'Ophalie, Chev., s. v. *Traunpaur.*

Ophelia; ein krit. Roman, a. d. Engl. 2 Thle. 8. Berlin, Pauli. 763. 64.

Ophelienritter, Die. Eine Novelle. Iserlohn 1832. V: *Bernstein, Caroline.* (GGr)

Ophir, das bevölkerte, in d. Geschichte des Prinzen Pirch u. der Prinzessin Pariz. 8. Nürnb. 770. Ammermüller. 8 gr.

Ophoves, Peter [aus Lobberich]: Ein Beitrag zu den Sarcomen der Schleimhäute ... Würzburg, P. Scheiner's Buchdr., 1892; 28 S. 8.
Würzburg, Med. Fak., Inaug.-Diss. v. 1892

Ophthalmologen-Congress, 7. **periodischer internationaler. Heidelberg, den 8.—11. Aug. 1888. Bericht, auf Grund der eingelieferten Manuscripte und der stenograph. Aufzeichnungen zusammengestellt von Otto Becker und Wilh. Hess. gr. 8. (XVI, 538 S. mit 8 Taf. und 50 Abbild. im Texte.) Wiesbaden 888, Bergmann. * 12 — geb. * 13 —**

***Ophthalmologia* pathologica s. de cognoscendis et curandis organi visorii affectionib. Sect. I. 8. Leipz. 800. Er. Fleischer. 20 gr.**

Ophüls, G., Brahms-Texte. Vollst. Sammlg. d. von Johannes Brahms componirten u. musikal. bearbeiteten Dichtgn. 8. (VIII, 527 S. m. 1 Bildn.) Berlin 898. N. Simrock. Geb. in Leinw. n. 6. —

Ophüls, G., Brahms-Texte. Vollständ. Sammlung der v. Johannes Brahms componierten u. musikal. bearb. Dichtungen. 2., durchgeseh. Aufl. (VIII, 406 S.) 8. Berlin 908. Deutsche Brahms-Gesellschaft. 4.—; geb. n 5. —

Ophüls, *Wilhelm* [app. Arzt aus Brooklyn. Amerika]: Beiträge zur Kenntniss der Divertikelbildungen am Darmkanal ... Göttingen, Druck d. Dieterich'schen Univ.-Buchdr., 1895, 75 S., 1 Taf. 8.
Göttingen Med. Fak., Inaug.-Diss. v. [10. Okt.] 1895

Ophüls, W., Beiträge z. Kenntniss d. Divertikelbildungen am Darmkanal. Diss. gr. 8. (75 S. m. 1 Taf.) Göttingen 895. (Vandenhoeck & Ruprecht.) n. 2. 20

Opiate in kleinen Erzählungen. Freiberg 1804-5. V: *Silber, Benjamin.* (GGr)

Opiate, in kleinen Erzählungen. 3 Thle. v. Karl Sebald. 8. Freyberg, Craz u. G. 804. 5.

Opiate für Kopf und Herz in unterhaltende Erzählungen eingekleidet von H. L. Albanus. 2 Thle. 8. Leipzig, Hartmann. 819. (1r 21 Gr. 2r 1 Thlr. 6 Gr.)

Opie, Amelia Alderson

Opie, Mrs., Darstell. aus dem wirkl. Leben, s. a. Bibliothek engl. Romane.

Opie, Amelia Alderson

Darstellungen aus dem wirklichenLeben. Th. 1.2. Nach dem Engl. bearb. von Henriette Schubart.
Leipzig, Altenburg: Brockhaus 1816. 8°

1. Der Schein ist gegen sie.
Augustin und sein Weib.
2. Die geheimnisvolle Fremde.
Lady Anne und Lady Johanne.

Opie, (Mrs.,) Liebe, Geheimniß u. Aberglaube, nach d. Engl. v. K. L. M. Müller. 8. Leipz. 822, Hinrichs.

Opie, A. Männerliebe, Frauenherz. Eine Geschichte nach d. Engl. ... Leipzig 1821. Ü & B: *Reden, Philippine von.* (Ky) (GGr)

— Männerliebe; Frauenherz; aus d. Engl. (von Philippine v. Reden). 8. Leipz. 821. Rein. 1 ß 8 gl

— kleine Romane u. Erzähll., s. a. Bilder aus d. Leben.

Opie, Amelia Alderson
Kleine Romane und Erzählungen. 1819
s. a. Edgeworth, Maria: Auswahl kleiner Erzählungen .

Opie, Amalia. Kleine Romane und Erzählungen. A. d. Engl. Jena 1819. Ü: *Wesselhöft, Elisabeth.* (MGT) (Schl) (GGr)

— s. a. Vater u. Tochter.

Opie, A. Vater und Tochter. Ein Familien-Gemälde. Nach d. Engl. Leipzig 1803. Ü: *Müller, Carl Ludwig Methusalem.* (GGr)

Opielinski, Ign[atz] *(geb. Krotoschin in Pos. 18. 1 1853)* Ueber die Cystengeschwülste der Vulva. Breslau (1876). (29 S. 2 Taf.) 8°
Breslau, Med. Diss. v. 29. Juli 1876

Opificium, Admirandum Globi terraquei. Graecii 1721. V: *Mitterdorffer, Sebastian.* (Jes)

Opificius, Marie, appr. Ärztin a. Frankfurt a. M.: Aus d. Universitäts-Augenklinik u. d. laryngol. Universitäts-Klinik in Freiburg i. B. Zusammenhang zwischen Augen- und Nasenerkrankungen mit besonderer Berücksichtigung der Häufigkeit von Recidiven nach Behandlung der Nasenaffektionen. Frankfurt a. M. 1908. Voigt & Gleiber (35 S.) 8°
Freiburg i. B., Med. Fak., Ref. Axenfeld, Diss. v. 1908
[Geb. 1 Juni 77 Frankfurt a. M., Wohnort Frankfurt a. M., Staatsangeh. Hessen Vorbildung Gymn. Zürich Reife M. 99, Studium Zurich 6, München 2, Freiburg i. B. 3 S. Coll. 2 M. 1905 Approb. 8. Febr 01.]

Opilionis, Alb., elegidia XII saecularia D. Martini Lutheri D. M. consecrata. gr. 8. (16 S.) Erlangen 883. Deichert. — 30

Opiniani Arist. Dialog. de numero apocalyptico 666 nova atque facili methodo expediendo. 8. Wittenberg 769. Zimmermann. 2 gl

Opinio deputationis regnicolaris in Contributionalibus . . . ordinatae super objecto rei Contributionalis. [1793.] 1841. V: *Straussenburg, Daniel von.* (Pk) (Trausch)

Opinio. – Opinio Deputationis regnicolaris systematicae in Cammeralibus et commercialibus ordinatae circa promotionem agriculturae commercuque Transylvanici deprompta,
s. Bedeus von Scharberg, Joachim

Opinio systematicae Deputationis regnicolaris quoad Montanistica. S. l. [18??]. V: *Müller von Reichenstein, Franz Joseph.* (Trausch)

Opis Pogrzebu Cesarza Napoleona w paryżu dnia 15. Grudnia 1840. Z dziewięziu rycinami na stali. gr. 16. (Mit 9 Stahlst. u. Titelvign.) Lipsk 841, Breitkopfa i Haertela. 3/4 ß

Opis autentyczny Rzezi humańskiéj przez cerkę Gubernatora Aumania z Młdanowiczów zamęzną Krebsową z manuskryptów Hr. T. Działynskiego. 16. Posen 841, Stefanski. 1/6 ß

* Opis Xięstwa Warszawskiego z krotkim rysem dzieiów Polskich az do nas zych czasów przez J. B. Flatta. 8. Bresl. Max et Comp 809.
(Beschreibung u. Geographie d. Herzogth. Warschau.)

— zycia, piękny i czytania godny, o cierpliwéj Helenie. Córce Antoniusza Cessarza Krajów wschodnich. 12. Mikołowie 846. (Gleiwitz, Landsberger.) n. 1/12 ß

Opisanie russko-tureckoj vojny na Balkanskom poluostrově,
s. Geschichte des russisch-türkischen Krieges auf der Balkanhalbinsel 1877/78.

– s. Krieg. – Der russisch-türkische Krieg 1877/78 auf der Balkanhalbinsel.

Opisthotomus daemoniacus ... erläutertes historisches Sendschreiben von denen so genannten Begebenheiten an etlichen Knaben zu Annaberg ... Zwickau 1715. V: *Zeidler, Georg Andreas.* (Mp)

Opitius, s. O p i t z

Opitz, Der gemisshandelte, in der Trillerischen Ausfertigung seiner Gedichte. Zürich 1747. V: *Bodmer, Johann Jacob* (GGr) & *Joh. Jac. Breitinger.* (Cat. d. Stadtbibl. Zürich. Zürich 1864—97.)

Opitz

— s. a. **Opiz, Oppitz.**

Opitz, (Pastor zu Heudeber,) nähere Beleuchtung der Streitschrift des Pastors Pistorius zu Süplingen gegen den rechten Standpunkt des Pastors König zu Anderbeck. 8. Halberstadt 845, Lindequist u. Schönrock. 1/6 Thlr

Opitz: Das freiwillige S a n i t ä t s - H ü l f s c o r p s . . , s. P u r i t z

Opitz, d. Schulfrage. Rede u. Replik im böhm. Landtage im März 1897 nach d. stenograph. Protokoll. 12. (24 S.) Warnsdorf 897. A. Opitz. — 05

Opitz, die Stellung der evangelischen Kirche zu den leitenden Ideen unserer Zeit. gr. 8. (24 S.) Dresden 876. Meinhold & Söhne. n. — 40

Opitz, Adlf. C. A., Krankheit, Von der faulen etc., s.: Montigny.

OPITZ, Ambr.

(F) J e s u s m e i n A l l e s ! Gebet und Erbauungsbuch. Von Ambr O p i t z. Mit Approbation des hochw. bischöfl. Ordinariates in Leitmeritz. W a r n s d o r f. 1900. Opitz. 8°. 436 S. mit 1 Tafel. K 1.40. Geb. K 2 80

Opitz, Ambr., J e s u s mein Alles! Gebet- u. Erbauungsbuch. 5. Aufl. 32. (456 S. m. farb. Titel u. Titelbild.) Ebd. 894. n. — 50; geb. in Leinw. n. — 80; m. Goldschn. n. 1. —; in Ldr. n. 1. —; m. Goldschn. n. 1. 40

Opitz, Ambr., Jesus mein Alles! Gebet- u. Erbauungsbuch. 6. Aufl. 16. (456 S. m. Titelbild.) Warnsdorf 899. A. Opitz. Geb. in Leinw. n. — 70

— dasselbe. (Ausg. in Grobdr.) 12. (436 S. m. farb. Titel u. 1 Stahlst.) Ebd. 900. Geb. in Leinw. n. 1. 20; in Ldr. n. 2. 40; m. Goldschn. n. 2. 80

— V e r k e h r m. Gott. Andachtsbuch f. d. christl. Jahr. 32. (400 u. VIII S. m. Titelbild.) Ebd. 897. Geb. in Leinw. n. — 80

Opitz, Aug(ustus) Herm(annus) Ed(uardus) Rara positio latere capitis praevio in pelvibus rachiticis ex parte coarctatis. Halis (1866): Orphanotropheum. 30 S. 8°

Halle-Wittenberg, Med. Diss. v. 18. Mai 1866

Geb. Heudeber (Kr Halberstadt) 13. 2. 1841. V

Der Minister hatte am 15. bzw. 26. 5. 1866 wegen der Mobilmachung des Heeres die Zulassung der Mediziner im 8. Semester zum Examen rigorosum sowie Disputation über gedruckte Thesen und spätere Nachlieferung der Dissertation (nach Min.-Erl. v 17 8. 1866 bis zur Meldung zur Staatsprüfung) gestattet. Diese Ausnahmebestimmung wurde am 28. 8. 1866 aufgehoben.

Die 19 Drd., die vom 6. Juni bis 3. August 1866 über ihre Thesen disputierten (= Nr 1916—1934), durften also ihre Diss. nach Beendigung des Krieges vorlegen, wie auch aus der Praefatio und Vita der Diss. von R. Ackermann ersichtlich ist

Opitz, C Em., s. O p i t z , K. E.

Opitz, Carl ., s. O p i t z , Karl ..

Opitius, Christianus Albertus: De j u r i b u s Anglico, Scotico, Hybernico etc., s. R e y h e r , Samuel [Praes.]

Opitz, Gph. Frz., Worterklärungen in katechet. Form. 8. Lpz 804. Märker. 12 Sgr

Opitz, E., Gedanken über die Vivisection. gr. 8. (35 S.) Hannover 888, Schmorl und v. Seefeld. — 30

Opitz, E., Gesammtbild d. Thierschutzes u. Wandel der Menschheit. gr. 8. (44 S.) Leipzig 891. G. Wigand. n. — 80

Opitz, E., s.: N e i s s e r , A., stereoscop. medicin. Atlas, Lfg. 16.

Opitz, Emil, die Arten des Rustikalbesitzes u. die Laudemien u. Markgroschen in Schlesien, s. a. U n t e r s u c h u n g e n zur deutschen Staats- u. Rechtsgeschichte. 73. Hft.

Opitz, Emil, aus Brätz, Prov. Posen Die **Arten** des **Rustikal**besitzes und die Laudemien und Markgroschen in Schlesien. *Breslau: M. & H. Marcus 1904.* (39 S.) 8° ¶ (Erscheint vollst. als. Untersuchungen zur Deutschen Staats- u. Rechtsgesch., H. 73.)
Breslau, Phil. Diss. v. 23. Apr 1904

Die Arten des Rustikalbesitzes und die Laudemien und Markgroschen in Schlesien von Dr phil. Emil **Opitz**. *Breslau M. & H. Marcus 1904.* (XVI, 420 S.) 8°
[Ein T. erschien als Inaug.-Diss. Breslau 1904.]
= **Untersuchungen** z. Deutschen Staats- u. Rechtsgeschichte. H. 73.

Opitz, Em. De latinitate Senecae 33 S. – Naumburg G , Progr 1871

Opitz: Quaestiones Plinianae 32 S –Naumburg, Progr 1861

Opitz, Emil Quo sermone ei, qui ad Ciceronem litteras dederunt, usi sint. 20 S. **Progr.** G. *Naumburg* 1879.

Opitz, Er August

— s. B e m e r k k. e. Dorfpfarrers üb. Reinhardts Reformations-Predigt

Opitz, Er. Aug., († d. 24. Dec. 1816.) Geschichte u. Charakterzüge Jesu, nach Matthäus u. and. Schriftstellern. Mit 1 Vign. 8. (Weißenf.) 798. Böse. 1 Thlr 2e Aufl. 8. Jena 812 Voigt. 20 Sgr

— Versuch einer pragmatisch erzählten Geschichte Jesus v. seiner Geburt an, bis z. öffentl. Ausbreitung seiner Lehre. 8. Zerbst 812. (Kummer). 12 Sgr

Opitz, *Erich Carl Otto* [app. Arzt aus Breslau]: Aus d. patholog. Institute zu Kiel. Ein Fall von Leber- und Nierencysten ... Kiel, Druck v. H. Fiencke, 1895; 31 S. 8.
Kiel, Med. Fak., Inaug.-Diss. v. [8. Aug.] 1895

Opitz, Ernst

Opitz, E., über die Sprache Luthers. Ein Beitrag zur Geschichte des Neuhochdeutschen. Halle 869. Buchh. des Waisenh. gr. 8. (53 S.) 7½ ngr

Opitz, Ernst Alexander [app. Apotheker aus Dresden]: Über das Fett und ein ätherisches Öl der Sabadillsamen. . . Berlin, Druck d. norddeutschen Buchdr. u. Verlagsanst., 1891; 31 S. 8°
Erlangen, Phil. Fak., Inaug.-Diss. v. 1891

Opitz, Ernst Wilhelm (Pesterwitz/Meißen), De accommodationis Christi et apostolorum didacticae natura. Disput. exeget.-theol. Präs. Michael Weber. Wittenberg (Tzschiedrich) 21. XII. 1789. 28 S. (4.50) 25594
Gew.: Carl Albrecht von Nimptsch. — Widm. v.: Michael Weber.

Opitz, Ewald, die Gebühren u. Sporteln der obern u. untern geistlichen, weltlichen u. Medicinalbehörden, der Sachwalter u. Notare, cum annexis; nebst Darstellung der Grundsätze üb. das Liquidiren u. die Kosten überhaupt zusammengestellt gr. 8. (VIII u. 159 S.) Leipzig 847, Barth. 24 ngr

Opitz, Ewald, die Gebühren und Sporteln der obern und untern geistlichen, weltlichen und Medicinalbehörden, der Sachwalter und Notare, cum annexis; nebst Darstellung der Grundsätze über das Liquidiren und die Kosten überhaupt zusammengestellt. gr. 8. (VIII und 159 S.) Leipzig 851, Barth.

Opitz, F G

— Mittheilung eines neuentdeckten Verfahrens, um auch ohne im Besitz v. Ländereien zu sein auf einem beschränkten Raume eine mehr als gewöhnl. Quantität von Kartoffeln, d. 4fachen Ertrag zu erbauen. gr. 8. (Mit 1 Lith.) Schneeberg 846. (Leipzig, Rein'sche Buchh.) verklebt. n. 18 ngr

Opitz, F. G., Schutz gegen das Erkranken der Kartoffeln, bekannt unter dem Namen der trockenen Fäule, oder Darstellung der Kennzeichen, Ursachen u. Charakteristik derselben, sowie des Verfahrens zur Abwendung des Contagiums selbst. 8. Grimma 843, Gebhardt. verklebt. n. 1/3 ℛ

—— das Wahre der Kartoffelkrankh. neuester Zeit. Charakterist. system. dargest. nach ihrem Entstehen, Verlaufen u. Erlöschen. gr. 8. (1³/₄ B.) Schneeberg 846, (Leipzig, Rein'sche Buchh.) *

Opitz, Fr., Epithalamia. — Samml. v. Orig.-Dichtungen zu Polterabendfesten, mit Beiträgen v. J. F. Bahrdt, G. v. Haselberg, Fr. Kind, E. Ortlepp, K. G. Prätzel u. And. M. 1 Stndr. u. 1 Musikbeil. (gr. 4.) 16. (20¹/₄ B.) Güstrow 834, [Opitz u. Frege.]

Opitz, Fr., Epithalamia. Sammlung von Original-Dichtungen zu Polterabendfesten, mit Beiträgen von J. F. Bahrdt, G. v. Haselberg, Fr. Kind, E. Ortlepp, K. G. Prätzel u. Anderen. Mit 1 Steindruck u. 1 Musikbeil. 16. Güstrow 834. Opitz, jetzt (1839) Dietze in Anclam. 1¹/₂ ℛ

—— Mittheilungen aus d. Leben d. ehemal. poln. jetzt belgischen Generals Langermann. (Mit Bildn. in Stahlst.) gr. 8. (2¹/₄ B.) Güstrow 834, [Opitz u. Frege.]

[Opitz, Fr. Joh.] Vollständige Beschreibung der Königlichen Haupt- u. Residenzstadt Prag von den ältesten bis auf die jetzigen Zeiten nebst einem Anhange. 2 Theile. Prag & Wien, in der Schönfeldschen Handlung 1787
8°
T. 1 416 S.
T. 2 347 S. (7 Bl. 24 Taf. in Kupferst. 1 Karte

Opitz, Fr. Joh., die neue Fassung des Kreuzbrunnens zu Marienbad, vorgenommen im Herbste 1858, und dessen neue Analyse, nebst Bemerkungen über seine Entstehung. 8. (IV und 75 S. mit 1 Tab. in 4.) Prag 859, Calve'sche Universitäts-Buchh. *

Opitz, Fr[iedr.]: Des Maurers Arbeitsstunden. Eine Sammlung von Vorträgen und Reden für alle Logentage und Feste des Jahrs. 1836. 8°
Kl. 1263b.

Opitz, Friedr. Wilh., Beicht- und Communionbuch. Leipzig 855. Haynel. 8. (VII, 288 S. u. 1 Stahlst.) n. 20 ngr.

Opitz, Frdr Wilh., Beicht- u. Kommunionbuch. Ein Beitrag zur häusl. Andacht. 3. Aufl. Mit 1 Kpfr. Leipzig 869. Haynel. 8. (VI, 174 S.) 20 ngr.; in engl. Einb. mit Goldschn. 1 ℛ

Opitz, Fr. Wilh., Erbauungs-Stunden für Frauen, geschrieben für das Leben, als Beitrag zur häusl. Andacht. In 2 Bdn. Mit Titelkpfr. 8. Leipzig 840, 41. Weinedel. (à 1³/₈ ℛ) 2³/₄ ℛ

Opitz, Fr. Wlh., Erbauungs-Stunden für Frauen, geschrieben für das Leben als Beitrag zur häuslichen Andacht. 2. Bd. 8. Leipzig 841, Weinedel. (à) 1³/₈ ℛ — dass. in 2 Bdn. 1. Bd. 2. Aufl. Mit Titelkpf. 8. Ebend. 844. pro 2 Bde. Subscr.-Pr. n. 2 ℛ

Opitz, Friedr. Wilh., Erbauungs-Stunden für Frauen geschrieben für ihr Leben als Beitrag zur häuslichen Andacht. 3. Aufl. 8. (VII und 637 S. mit in Stahl gest. Titel und 1 Titelkpfr.) Leipzig 858, [Purfürst.] 2 Thlr.; geb.

Opitz, Frdr. Wilh., Erbauungs-Stunden f. Frauen, geschrieben f. ihr Leben als Beitrag zur häuslichen Andacht. 3. Aufl. Mit Titelkpfr. 8. (VII, 637 S.) Leipzig 871. Haynel. geb. m. Goldschn. 4. 50

—— Haus u. Schule oder guter Rath für Eltern über die Pflichten, die sie der Schule gegenüber zu erfüllen haben, um ihre Kinder würdig auf dieselbe vorzubereiten u. um in Gemeinschaft mit d. Schule gewissenhaft zu wirken. gr. 8. (8 B.) Leipzig 844, Weinedel.

Opitz, Frdr. Wilh., Haus u. Schule oder guter Rath f. Eltern üb. d. Pflichten, die sie der Schule gegenüber zu erfüllen haben, um ihre Kinder würdig auf dieselbe vorzubereiten u. um in Gemeinschaft mit der Schule gewissenhaft zu wirken. 2. Aufl gr. 8. (XII u. 118 S.) Leipzig 851, Weinedel. 1/2 ℛ

—— das fromme Kind. Ein Beitrag zur häuslichen Erbauung für Kinder bis zur Confirmation. 8. (XII und 112 S.) Leipzig 855, Haynel.

— das fromme Kind. Ein Beitrag zur häuslichen Erbauung für Kinder bis zur Confirmation. Leipzig 856. Haynel. 8. (XII, 112 S.) 12 ngr.

Opitz, Frdr. Wilh., das fromme Kind. Ein Beitrag zur häuslichen Erbauung für Kinder bis zur Confirmation. (Neue Ausg.) Leipzig 861. Purfürst. 8. (XII, 111 S.) 12 ngr.

—— frische, fromme Kinderlieder zur Erweckung des religiösen Gefühles. gr. 16. (XIV, 129 S.) Ebendas. 871. cart.

Opitz, Friedr. Wilh., der Lehrer und der Arzt als Rathgeber für Aeltern bei der Erziehung ihrer Kinder, oder populäre Erziehungslehre. Herausg. im Verein mit Friedr. Ludw. Meißner. Leipzig 853. Fest. (C. F. Winter.) gr. 8. (VIII, 480 S.) 2 ℛ.

—— deutsches Lesebuch für Oberklassen in Töchterschulen. gr. 8. (XII und 332 S.) Leipzig 854(55,) Fr. Fleischer.

— deutsches Lesebuch für Oberklassen in Töchterschulen. Leipzig 855. Fr. Fleischer. gr. 8. (XII, 332 S.) 1 ℛ.

—— heil. Stunden e. Jungfrau bei u. nach d. Feier ihrer Confirmation. Ein Beitr. z. häusl. Andacht. 2., verb. u. verm. Aufl. gr. 12. (7¹/₆ B. u. 1 Stahlst.) Leipzig 841, Weinedel.

— heilige Stunden einer Jungfrau bei u. nach d. Feier ihrer Confirmation. Ein Beitrag zur häusl. Andacht. 3., verb. u. verm. Aufl. 12. (9 B., 1 Kpfr. u. gest. Titel.) Leipzig 845, Weinedel. –

— heilige Stunden einer Jungfrau bei und nach der Feier ihrer Confirmation. Ein Beitrag zur häusl. Andacht. 4., verb. und verm. Aufl. gr. 12. (IX und 229 S. mit 1 Kpfrt. und gest. Titel.) Leipzig 851, Weinedel. –

— heilige Stunden einer Jungfrau bei und nach der Feier ihrer Confirmation. Ein Beitrag zur häuslichen Andacht. 5. Aufl. 855. (VI, 244 S.) — 6. verm. rc. Aufl. Mit 1 Kpfr. Leipzig 858. Haynel. 8. (VIII, 238 S.) 20 ngr.

— heilige Stunden einer Jungfrau bei und nach der Feier ihrer Confirmation. Ein Beitrag zur häusl. Andacht. 6. Aufl. 1858. und 7., verm. und verb. Aufl. 8. (VII und 242 S. mit Titel in Stahlst. und 1 Kpfr.) Leipzig 861, Purfürst. geb.

Opitz', Friedr. Wilh., heilige Stunden einer Jungfrau bei und nach der Feier ihrer Confirmation. Ein Beitrag zur häusl. Andacht. 8. Aufl. 8. (VII und 254 S. mit 1 Kpfr. und Titel in Stahlst.) Leipzig 864, [Haynel.] geb. mit Goldschn. 1 Thlr.; Prachtbd.

— heilige Stunden einer Jungfrau bei u. nach der Feier ihrer Konfirmation. Ein Beitrag zur häusl. Andacht. 9. Aufl. Mit 1 Stahlst. Ebend. 869. 8. (III, 221 S. mit Titelbild in Stahlst.) 20 ngr.; in engl. Einb. mit Goldschn. 1 ℛ

— heilige Stunden einer Jungfrau bei und nach der Feier ihrer Konfirmation. Ein Beitrag zur häusl. Andacht. 9.—12. Aufl. 8. (III, 221 S. mit 1 Stahlst. und Titelbild in Stahlst.) Ebendas. 869—74. geb. mit Goldschn. (M. 3.)

Opitz, Frdr. Wilh., heilige Stunden e. Jungfrau. Eine Konfirmationsgabe. 13., verm. Aufl. 8. (VII, 242 S. m. Titel u. Titelbild in Stahlst.) Emden 893. W. Haynel. Geb. in Leinw. m. Goldschn. 4 —

(—) heil. Stunden e. Jünglings, s. Stunden.

— heilige Stunden eines Jünglings bei u. nach der Feier seiner Confirmation. Ein Beitrag zur häusl. Andacht. 2., verb. u. verm. Aufl. 12. (12⅓ B., 1 Kpfr. u. gest. Titel.) Leipzig 845. Weinedel.

— heilige Stunden eines Jünglings bei u. nach der Feier seiner Confirmation. Ein Beitrag zur häuslichen Andacht. 3. verb. u. verm. Aufl. Mit 1 Kupfer. gr. 12. (X u. 350 S.) Ebd. 852. 1 ℛ

— heilige Stunden eines Jünglings bei und nach der Feier seiner Confirmation. Ein Beitrag zur häusl. Andacht. 4., verm. und verb. Aufl. 8. (VII und 327 S. mit Titel in Stahlst. und 1 Kpfr.) Leipzig 861, Purfürst. 1 Thlr.; geb.

— heilige Stunden eines Jünglings bei und nach der Feier seiner Confirmation. Ein Beitrag zur häusl. Andacht. 5. Aufl. 8. (VII und 209 S. mit 1 Kpfr. und Titel in Stahlst.) Leipzig 864, [Haynel.] 20 Ngr.; geb. mit Goldschn. Prachtbd.

— heilige Stunden eines Jünglings bei u. nach der Feier seiner Konfirmation. Ein Beitrag zur häuslichen Andacht. 6. Aufl. Mit 1 Stahlst. Ebend. 869. 8. (V, 216 S. mit Titelbild in 1 Stahlst.) 20 ngr.; in engl. Einb. mit Goldschn. 1 ℛ

— heilige Stunden eines Jünglings bei und nach der Feier seiner Konfirmation. Ein Beitrag zur häusl. Andacht. 6. Aufl. 8. (V, 216 S. mit 1 Stahlst. und Titelbild in Stahlst.) Ebendas. 872. geb. mit Goldschn. (M. 3.)

Opitz, F. W., heilige Stunden eines Jünglings. Eine Confirmationsgabe. Neu bearb. von Frdr. Geo. Tranzschel. 8. Aufl. Mit 1 Kpfr. 8. (VI, 192 S.) Leipzig 878. Haynel. geb. m. Goldschn. 4. —

— heilige Stunden e. Jünglings. Eine Konfirmationsgabe. Neue (Titel-)Ausg. der 8. Aufl. 8. (V, 192 S. m. Titel u. Titelbild in Stahlst.) Ebd. 893. Geb. in Leinw. m. Goldschn. 3. —

— Thierquälerei im Widerspruche mit Religion, Sittlichkeit u. Würde des Menschen. Allen Vereinen zur Unterdrückung der Thierquälerei gewidmet. 8. (3½ B.) Leipzig 844, Weinedel.

Opitz, Gf., Nachr. v. s. Leben u. 20jähr. Gefangenschaft in der großen Tartarey rc. 2 Thle. 8. Bresl. Seidel. 748–52.

Opitz, Gfr., junge Lieder. Leipzig 869. Scholtze. 4. (VII, 144 S.) 1 ℛ 10 ngr.; in engl. Einb. mit Goldschn. 2 ℛ

Opitz, Georg, Referendar: Die Scheidung der vorsätzlichen Totungsdelikte. Ein Beitrag zur Gesetzgebungsfrage. Breslau 1905: Schlesische Druckerei-Genossenschaft. (70 S.) 8°

Breslau, Jur. Fak., Ref. Gretener, Diss. v. 22. Juni 1905

[Geb. 6. Okt. 77 Landeck i. Schles.; Heimatsort: Landeck; Staatsangeh.: Preußen; Vorbildung: Gymn. Glatz, Gymn. Patschkau Reife O. 99, Studium: Freiburg i. B. 1, Berlin 1, München 1, Breslau 3 S., Rig. 18 Juli 02.]

Opitz, Georg [aus Striegau]: Die stabreimenden Wortbindungen in den Dichtungen Walter Scott's. 1 ... Trebnitz i. Schl., Druck v. Maretzke & Märtin, 1893; 2 Bl., 69 S., 1 Bl. 8.

Breslau, Phil. Fak., Inaug.-Diss. v. 30. Dez. 1893

Opitz, Geo., die stabreimenden Wortbindungen in den Dichtungen Walter Scott's. I. Diss. gr. 8. (69 S.) Trebnitz 894. (Breslau, L. Köhler.) n. 1. —

Opitz, Georg Eman. (wirkl. Name), s. Bohemus (Pseud.)

Opitz, G., Bilder für Geist und Herz aus der bibl. Geschichte. 52 Darstellungen in Steindruck. schmal gr. 4. Leipzig 837. (Friese.) n. 4⅓ ℛ

[Opitz, Georg Emanuel. Figuren aus dem Wiener Volksleben. Wien, bey Joseph Eder 1805—1812.]
28 Bl. Aquatintast. 2°
Vor der Beschriftung. Stecher sind Kilian Ponheimer u. Ben. Piringer

[Dasselbe.,
8 Bl. Aquatintastiche 2°
Bez. Gez. von G. Opitz. Gest. von Ponheimer

OPITZ, G., Folge von 42 Blatt Wiener Volks- und Strassenleben. Gezeichnet von G. Opitz, geätzt v. Piringer u. Ponheimer. Auf das sorgfältigste coloriert. (Wien, um 1805.) Fol. (1500 Mk. [sol], Orig.-Cart., J. Halle, München, c. 1905.)

— allgem. Landes-Adreßbuch f. Sachsen, s. Landes-Adreßbuch.

Opiz, G[eorg Emanuel]. Leipzigermesse. Im Kunstverlag von L. v. Kleist zu Dresden [um 1825]
:8 Tal. in kol. Kupferst. 3 Wiederholungen. ankol. 2°
Erschienen in 3 Lieferungen.

VOLKSTRACHTEN der Deutschen, gezeichnet von Opitz. 6 Bll. Leipzig 1827. Gr. Fol.
P. E. Richter, Bibl. geogr. Germaniae. Lpz. 1896. S. 483. — Rar!

[Opiz, G[eorg Emanuel]. Volks-Trachten der Deutschen. G. Opiz f. Leipzig, Bey Breitkopf & Hartel um 1830.]
6 Taf. in kol. Lithogr. 2°
Vierländer Bauern. Sächsische Landleute. Altenburger. Rhein-Pfälzer. Stock-Böhmen. Tiroler

OPITZENS, Gottfried, merkwürdige Nachrichten, von seinem Leben und 20jährigen Gefangenschaft. 2 Thle. Mit Titelkpf. Breslau 1752. 8° Rar!

Opitz, Gust., s.: Collection of tales and sketches.

Opitz, Gustav [aus Stettin] Ein Fall von Spindelzellen-Sarkom ausgehend von den Fascien des Oberarms . Greifswald, Druck v. J. Abel, 1893; 25 S., 1 Taf. 8.
Greifswald, Med. Fak., Inaug.-Diss. v. 13. Mai 1893

Opitz, G., zur silbernen Hochzeit. Eine Sammlg. v. Prologen, Ansprachen, Scenen, Tafelliedern u. Toasten zu silbernen Hochzeiten. Für e. u. mehrere Personen, sowie f. Kinder hrsg. 8. (64 S.) Hamburg 890. Kramer's Verl. n. — 50

Opitz, Gust., Polterabend u. Hochzeit. Die besten heiteren u. ernsten Gedichte u. Scherze zu Polterabend u. Hochzeit, sowie zu Jubel-Hochzeiten. Für 1 od. mehrere Personen, sowie für Kinder. 8. (64 S.) Hamburg 877. Kramer. n. — 50

Opitz, Gustav Scholiorum Aeschineorum qui fontes fuerint quaeve origo conlatis glossographis Graecis exploratur Pars prior (Umschlagtitel Scholiorum ... exploratur) (24 S.) 4°. Pars altera (24 S.)
Progr. ... Dortmund 1888 (335) 1889 (336)

Opitz, Gust., scholiorum Aeschineorum qui fontes fuerint quaeve origo conlatis glossographis graecis exploratur. Pars I. gr. 4. (19 S.) Leipzig 888, (Fock.) * — 90

Opitz, Gustav: Sommerfahrten in England. Berlin, R. Gaertner, 1895; 28 S. 4.
Berlin, Achte R. (HB). OP 1895 (124)

Opitz, Hans Robert Georg

Opitz, Hans R. G., (Dr.) Über das erste Problem der Dioptrik. Mit 5 Fig. im Text. *Berlin: Weidmann 1903.* (26 S.) 4°
Berlin, Königsstädt. RG, OP 1903 (109)

Opitz, Hans R. G. Studie über die Rudioschen Flächen. *Berlin: R. Gaertner 1901.* (24 S.) 4°
Berlin, Königstädt RG, OP 1901 (103)

Opitz, Hans R. G.: Die Kramp-Laplacesche Transcendente und ihre Umkehrung. *Berlin: R. Gaertner 1900.* (29 S.) 4°
Berlin, Königstädt RG, OP 1900 (101)

Opitz, Hans R. G., die Kramp-Laplacesche Transscendente u. ihre Umkehrung. Progr. 4. (29 S.) Berlin 900. [R. Gaertner.] Weidmann. n. 1. —

Opitz, Heinrich

— חצר לשון הקדש hoc est Atrium linguæ Sanctæ. 2. auctius editum. Jenæ 1674. 4. (M.Tvl.) — 3. nunc vice editum. Lipsiæ. 1681. 4. — 5. nunc vice ab ipso autore recognitum. Sm. St. 1692. 4. — 6. nunc vice ab autore recognitum. Sm. St. 1699. 4. — Ed. IX. prioribus correctior. Sm. St. 1716. 4. — Ed. X prioribus auctior atqve correctior. Sm. St. 1721. 4. — Ed. X. Lipsiæ. 1725. 4. — Ab innumeris vitiis sedulo purgatum, multisqve in locis hac nova editione auctum a JOANNE GEORGIO HAGERO. Lipsiæ. 1740. 4. — Sm. St. 1745. 4.

Opiz, Heinrich. Atrium linguae sanctae. Lipsiae 1769. II: *Degenkolb, Carl Christian.* (MGT)

***Opitii*, Hnr., Atrium linguae sanctae s. grammat. hebr. cura K. Chr. Degenkolb. 4. Leipz. 769. (Brockhaus). 12 gf**

— atrium linguae sanctae hebr. 4. Lips. Heinsius. (Gleditsch) 769.

— s. Biblia Hebraica. 1709.

— biblia parva hebr. lat., vide Biblia.

— Diss. theologica, qua Messias capitis LIII Jesaiæ scopus unicus esse contra Hug. Grotium et Judæos recentiores demonstratur. Kilonii. 1702. 4. [Resp. Joh. Henr. Opitius].

Opitz, Heinr., S. J., die 7 Edelsteine im Brautgeschmeide d. wahren Kirche Jesu Christi, s. d. Broschüren, Wiener. 1.

(F) **Opitz,** P. H., Die sieben Edelsteine im Brautgeschmeide der wahren Kirche Jesu Christi. [Wiener Broschüren. Heft 1.] 8°. (81 S.) K --.08
Wien: „Austria" Doll 1905.

Opitz, Heinr., S. J., Erlebtes u. Erlauschtes. Skizzen. 1.—3. Taus. (VII, 220 S.) kl. 8. Graz 908. Styria. Kart. 1.20; geb. in Leinw. 1. 50

Die Freimaurerei in selbsteigener Beleuchtung. Von H[einr.] Opitz S. J. Wien: Opitz 1907. 24 S. 8°
Wann entstand die Frmrei? Wer ist Frmr?; Welche Schranken besonders die menschl. Glückseligkeit schädigen; Die grosse Aufgabe der Frmrei; Das hauptsächl. Kampfobjekt; D. Religion der Frmr; u. a. m. 358.

Die Freimaurerei in selbsteigener Beleuchtung. Von P[ater] H. Opitz. S. J. Wien: Opitz 1907. 24 S. 8°
Gegnerschrift. 110.

(F) **Opitz,** P. H., Die Freimaurerei in selbsteigener Beleuchtung. 8° (24 S.) K 1
Wien: Reichspost 1907.

— hin zu Rom!, s. a. Sammlung zeitgemäßer Broschüren. Nr. 30.

— Hin zu Rom! Kleine Erzählgn. nach Bisch. Dr. Andr. Räß. (142 S.) kl. 8. Wien 907. St. Norbertus. — 80

— Disp. theol. inaug. de Jacobo dilecto et Esavo rejecto, cum nondum nati essent, nec quicquam boni aut mali egissent, ex ep. Rom. IX. 10—13. Kiloniæ. 1689. 4. P. — Ed. II. Sm. St. 1710. 4. P. [Praes. Cph. Franckius].

Opitz, H., institut. Accentuationis. 8. Hamb. 701.

Opitz, Heinrich [Praes.], s. Kautz, Joahnn Friedrich: De statura et aetate resurgentium, i. e. In was vor Grösse und Alter die Menschen am jüngsten Tage aufferstehen werden, occasione quorundam Scripturae S. dictorum inprimis Apocal. c. XX, 12.

Opitz, Heinr., S. J., Clerus u. Volk. Primiz-Predigt, geh. anläßl. d. Feier d. ersten hl. Meßopfers d. Neopresbyters Ant. Liebisch in d. Decanal-Kirche z. Warnsdorf am 14. VII. 1895. 16 (23 S.) Warnsdorf 895. A. Opitz. n. — 10

— die marianische Kongregation. Eine kurze Einführg. in das Verständnis derselben. 2. verb. Aufl. 11.—20. Tauf. (32 S.) 16. Wien (IX/4, Canisiusgasse 12) 905. Canisius-Kirchenbau-Verein. — 12

— dasselbe. Kurze Einführg. in das Verständnis derselben. 3., verb. Aufl. 21—30. Tauf. (32 S.) kl. 8. Graz 907. Styria. n. — 10

(F) Opitz, P H., Die Marianische Kongregation. 16°. (31 S.) Graz: „Styria" 1908. * K 10.—

— Die marianische Kongregation. Kurze Einführg. in das Verständnis derselben. 5. Aufl. 41.—50. Tauf. (32 S.) kl. 8. Graz 909. Styria. p — 08

— Novum lexicon Hebraeo-Chaldaeo-biblicum, complectens I radices easque saepe deperditas ex Chald., Samar., Syr., Arab. et Æthiopica linguis quantum licuit restitutas. II formas omnes et regulares et irregulares ultra 40000 in S. Codice Vet. Test. occurrentes. Lipsiae. 1692. 4. (M. Portr.). — Ed. 2a priori multo auctior. Lipsiae et Francofurti. 1705. 4. (M. Portr.). — Ed. 2a priori multo auctior. Hamburgi. 1726. 4. (M. Portr.).

— unterm Lilienbanner der marianischen Kongregation. Wesen u. Wirken, Geschichte u. Einrichtg. der marianischen Kongregation. 1.—4. Tauf. (200 S.) 16. Wien (904). (Austria, F. Doll.) Geb. in Leinw. n. 1. 20

— Unterm Lilienbanner der marian. Kongregation. Wesen u. Wirken, Geschichte u. Einrichtg. der marian. Kongregationen. 5.—6. Tauf. (200 S.) 16. Ravensburg (907). F. Alber. Geb. in Leinw. 1 10

— Disp. theol. de Lutheranismo inter Papismum et Calvinismum medio adeoque tutissimo, ubi in plerisque aliis, ita et in articulo de sacra coena demonstrato. Kilonii. 1701. 4. P. [Resp. Nic. Rochow].

— Disp. theol. Fridericiana, qua Lutheranismus inter Papismum medius adeoque tutissimus uti in plerisque aliis, ita et in articulo de sacro baptismate demonstratur. Kilonii. 1707. 4. P. [Resp. Johs. Dan. Selcken].

OPITIUS, HENR., Disp. theol. de humili et mirabili nativitate quam ex Jesaiae cap. LIII commate 2. sistunt Kiloniae. 1706. 4. [Resp. Paul Frid. Opitius].

(F) Opitz, P H., S. J., Petrus in der Leidensgeschichte. Religiöse Vorträge. 8°. (69 S.) † K —.60 Bozen: Tyrolia 1904.

— Petrus in der Leidensgeschichte. Religiöse Vorträge. (71 S.) gr. 8. Wien (904). Ravensburg, F. Alber. n. — 50

— die Schule Mariens. Kleine Lesgn. f. marian. Kongregationen. (VIII, 360 S.) 8. Wien 906. „Austria" F. Doll. n. 2.—; geb. n. 2. 50

— Die Schule Mariens. Kleine Lesgn. f. marian. Kongregationen. 2. Aufl. (VIII, 360 S.) kl. 8. Graz 907. Styria. Geb. in Leinw. 2.10

— Disp. theol. Fridericiana de sepultura Messiae et admiranda Dei circa eam providentia, ex Jes. LIII v. 9 demonstrata. Kilonii. 1703. 4. [Resp. Joh. Henr. Opitius].

— Disp. theol. de statura et aetate resurgentium, occasione quorundam S. S. dictorum, inprimis Apoc. c. XX. 12. Kilonii. 1707. 4. P. [Resp. Joh. Frid. Kautz].

— Theologia exegetica methodo analytica proposita et tabulis X succincte comprehensa. Kiliae. 1704. Fol.

Opitz, H., Am tiefen Weg. Gedichte 2. Aufl. 16°. (102 S.) geb. K 1 — Wien: „Austria" Doll 1903.

(F) Opitz, P. H., Am tiefen Weg. Gedichte. 3. Aufl 16°. (110 S.) Wien: „Austria" Doll 1904. geb. K 1.—

— am tiefen Weg. Gedichte. 6. Aufl. (112 S.) 16. Ravensburg (906). F. Alber. Geb. in Leinw. m. Goldschn. n. 1. —

Opitz, Hermann, Arzt a. Brätz: Beitrag zur Wirkung des Isopral und Veronal. Breslau 1900: A. Favorke. (25 S.) 8° Rostock, Med. Fak., Ref. Schuchardt, Diss. v. 15. April 1906 [Geb. 18. Sept. 81 Brätz, Kr. Meseritz, Wohnort: Brätz; Staatsangeh.: Preußen: Vorbildung: Gymn. Meseritz Reife O. 00; Studium: Berlin 2, Kiel 1, Breslau 4, Rostock 2 S.; Coll. 3. April 05; Approb. 27. März 05.]

Opitz, Herm., das Bekenntnis meines guten Gewissens, Evangelischen u. Katholiken zur Selbstprüfg. empfohlen. (45 S.) 8. Dresden 903. Verlag der Saxonia-Buchdr. n. — 40

Opitz, Herm, Bethlehem und Golgatha. Eine Charfreitagsbetrachtung in der Stadtkirche zu Meißen gehalten. gr. 8. (8 S) Meißen 861, Mosche.

Opitz, Herm., Erkenne dich selbst! Beiträge zu einer einheitl. Welt- und Lebensanschauung. 16. (IV, 95 S.) Leipzig 880, [Mutze.] Knauer. *M 1.; geb. * 1 50

— drei Festbetrachtungen am Sylvester, Charfreitage und Todtensonntage in der Stadtkirche zu Meißen gehalten. gr. 8. (28 S.) Meißen 861, (Mosche.) *

Opitz, Herm., das Gebet des Herrn. Nach Luther's kleinem Katechismus ausgelegt für Kirche, Schule und Haus. 8. (IV und 126 S.) Leipzig 863, Bredt.

Opitz, Herm., das apostolische Glaubensbekenntniß. Eine Mahng. zur Treue. Wider Harnack. 8. (26 S.) Frankfurt a/M. 893. A. Foesser Nachf. n. — 40

—— die Grundgedanken der christlichen Dogmatik in ihrer systematischen Verbindung dargestellt. gr. 8. (VIII und 172 S.) Leipzig 858, [Purfürst.]

Opitz, Herm Heinrich VIII u. Thomas Marus, s.a. Broschüren, Frankfurter zeitgemäße

[F.] Heinrich VIII. und Thomas Morus. E. kirchen-polit. Skizze. Von Hermann Opitz, Superintend. a. D. *Frankfurt a. M.: A. Foesser Nachf. 1895.* (39 S.) 8.
— **Broschüren**, Frankfurter zeitgemässe. N. F Bd 16. H. 9. (96. 1097

Opitz, Herm., Heinrich VIII. und Thomas Morus. Eine kirchenpolitische Skizze. (Frankfurter zeitgemässe Broschüren, N. F. Bd. 16, Heft 9.) gr. 8⁰. Frankfurt 1896.

—— die evangelisch-lutherische Kirche nach Lehre, Bekenntniß und Geschichte für den evangelisch-lutherischen Religionsunterricht dargestellt. 3 Abthlgn. 8. Wurzen 860, Verlags-Comptoir. *

Inhalt:

Abthl. 1. Die Lehre der evangelisch-lutherischen Kirche nach Luthers kleinem Katechismus dargestellt. (61 S.) * 5 Ngr.
" 2. Das Bekenntniß der evangelisch-lutherischen Kirche oder die Unterscheidungslehren der vier christl. Einzelkirchen. (26 S.) * 2½ Ngr.
" 3. Die Geschichte der Gründung der evangelisch-lutherischen Kirche oder die Geschichte der Reformation. (36 S.) * 2½ Ngr.

– Wider d Krieg, für d Frieden, s.a. Broschüren, Frankfurter zeitgemäße.

[F.] Wider den Krieg, für den Frieden. Urtheile z Widerlegg v Vorurtheilen aufgest. v Hermann Opitz. *Frankfurt a M: P Kramer 1898.* (59 S.) 8.
— **Broschüren**, Frankfurter zeitgemässe. N F. Bd 19. H 2 (98. 11060

Opitz, Herm., zur Revision der Luther'schen Uebersetzung d. neuen Testamentes. Ein Urtheil üb. die Probebibel. gr. 8. (69 S.) Leipzig 884. Mutze. n. 1 50

Opitz, Herm., William Shakespeare als Charakter-Dichter, zur Anregung edlen Kunstsinnes dargestellt. I. Hamlet, Prinz v. Dänemark. II. König Lear. III. Othello, der Mohr v. Venedig. gr. 8. (74 S.) Dresden 902. O. V. Böhmert. 1. 50

—— das System des Paulus nach seinen Briefen. gr. 8. (XVI, 359 S.) Gotha 873, F. A. Perthes. *

Opitz, Herm., Christi Wort an die Christen unserer Tage. Predigten. 8. (VIII, 263 S.) Dresden 868, Türk's Verlag. *

— e. Wort zum Frieden in dem confessionellen Kampf der Gegenwart. 3., erweit Aufl. gr. 8. (96 S.) Ebd. 894. n. — 80

Opitz, Hugo Gottfried

Der ländliche Grundbesitz in dem Entwurfe eines bürgerlichen Gesetzbuches für das Deutsche Reich, insbesondere hinsichtlich seiner Verschuldung. Vortrag des Referenten Herrn Rechtsanwalt und Rittergutsbesitzer H. G. OPITZ, Treuen i. V in der XIV General-Versammlung der Vereinigung der Steuer- und Wirthschafts-Reformer zu Berlin am 25. Februar 1889. ib. 1889. — 8°

Opitz, H. G., Grundriss e. Seinswissenschaft. I. Bd. Erscheinungslehre. 1. Abtlg. Erkenntnislehre. gr. 8. (XXVII, 319 S.) Leipzig 897. H. Haacke. n. 7. —

Opitz, H. G., Grundriss e. Seinswissenschaft. I. Bd. Erscheinungslehre. 2. Abtlg. Willenslehre. gr. 8. (XXII, 299 S.) Leipzig 899. H. Haacke. n. 7. —

Opitz, H. G., Grundriss e. Seinswissenschaft. 2. Bd. Wesenslehre. (XI, 233 S.) gr. 8. Leipzig 904. Bad Sachsa. H. Haacke. 7. — (Vollständig: 21. —)

Opitz, H. G., Gutachten üb. den Entwurf e. bürgerlichen Gesetzbuchs f. das Deutsche Reich. Erstattet f. den Landeskulturrath d. Königr. Sachsen. gr. 8. (64 S.) Leipzig 889. Roßberg. n. 2. —

Opitz, H. G., die Moderne auf dem Kriegspfad gegen Gott. Ein Beitrag zur Lehre v. den Ich-Vorstellgn. 1. u. 2. Folge. (103 u. 128 S.) gr. 8. Leipzig 909. 10. F. Eckardt. à 1. 50

— Die Philosophie der Zukunft. (95 S.) gr. 8. Leipzig 910. Quelle & Meyer. 1. 80

Reichswasserrecht? Gutachten über d. Vorschläge d. Deutschen Landwirtsch.-Gesellsch. f. Verbesserung d. Deutschen Wasserrechts, im Auftr d. Kgl. Sächs. Landesculturrates erstattet durch H[ugo] G[ottfried] **Opitz**. Dresden: C. C. Meinhold & Söhne [1893]. (109 S.) 8° [F.]
— **Handbibliothek**, Juristische. Bd 47 (07. 17318

Opitz, H. G., das Staatsrecht d. Königr. Sachsen. 1. Bd. gr. 8. (XI, 291 S. m. 3. Tab.) Leipzig 883. Roßberg. n. 7. —

Opitz, H. G., das Staatsrecht des Königr. Sachsen. 2. Bd. gr. 8. (VII, 291 S.) Leipzig 887, Roßberg'sche Buchh. * 8 —
1. Bd. Ebendas. 1883. * ℳ 7.—.

Opitz, das neue Wasserrecht im Königr. Sachsen. Vortrag, geh. in der ökonom. Gesellschaft im Königr. Sachsen zu Dresden am 8. XII. 1909. (11 S.) gr. 8. Leipzig 910. Fritzsche & Schmidt. — 80

— Auf dem Wege zu Gott. Eine Studie, nebst Anh.: Gibt's e. Philosophie? (VI, 116 S.) gr. 8. Charlottenburg 907. [O. Günther.] Dr. Renner. 1. 80

Opitz, J. C., Schedinsma in tribus Wesselingiis doctis Westphalis. Mindae. 4.

Opitz, J. F., Kriegsspiel. Mit illum. Kpfn. 8. Halle 806. Hendel 16 gr.

Opiz, J. F. Das Opizsche Kriegsspiel, ein Beitrag zur Bildung künftiger und zur Unterhaltung selbst der erfahrensten Taktiker. Hrsg. von seinem Sohne. Mit Abb. ꝛc. Halle 1806. 145 S.

La Roche: **Gruss dem 27. Jan. 1829 als Weihgeschenk denen La Roche und Seidel. [Am Ende:] Mit liebevoller Achtung gewidmet von J. G. Wilh. Opitz. o. O. [1829]. 2⁰ [Kopftit.] Sonett: „Freudig sah' auch ich herniederschweben . . .“ 446.**

Opitz, Joan. August. Armin. (geb. Tempelburg 7. 8. 1825) De phlebitide puerperarum. Berolini 1848. (24 S.) 8°
Berlin, Med. Diss. v. 31. März 1848

Opitz, Jh. Chr., Confirmationsfeier; nebst biograph. Denkmal J. C. Bockshammers. 8. Oels 805.

— **Johann Christian** (Stroppa/Schlesien), De ignoto Judaeorum et Atheniensium Deo אחיה Diss. phil. Präs. Christoph Wollius. Leipzig (Roth) Nov. 1727. 31 S. (4.—) 25595

Opitz, Johann Ferdinand

Opiz, Jh. Fd., († d. 11. Jan. 1812.) Beschreib. d. Haupt- stadt Prag. 8. Prag. 774.

— die Bücherfreiheit. 8. Brünn 784.

– s. E t w a s f. d. Fach d. Staatsklugheit.

F r a g m e n t e
— — e i n e s G e b e t e s a n A m o r (von *Johann Ferdinand Opiz*). Frankfurt und Leipzig 1774 8⁰ Rar!
Anon. Lex. II p. 114 (nach Goedeke u. Meusel).

— allgem. Comptoir f. Deutschlands Gelehrte u. Künstler. 784.

— die Köcher; ein Recipt für mein krankes Vaterland. 8. Prag 782.

Opiz, Louise, über den Tod ihres Vaters. Wetzlar 1779. V: *Opitz* (*Opiz*), *Joh. Ferd.* (Ernst Kraus: Joh. Ferd. Opitz. Prag 1909. S. 82) (GGr VI/717, Nr. 2/19) (BiblPort)

°Der feinere Pfif, ein Parallel des hoeeren Rufs. [Von Johann Ferdinand Opitz.] Wetzlar 1769: Winkler. 8°.

PHILEMON o d e r d e r B e c h e r d e r L i e b e. Eine Idylle (von *Joh. Ferd. Opitz*). Prag bei Thom. Höchenberger. 1781. 8⁰. 23 S. Rar!
Vgl. Literar Magazin 1786. 1, 84. — Goedeke VI, 767, 2, 20; 731, 24 (hier ohne Angabe des Verfassers).

— mein mutâg. Spaziergang. 8. Wetzlar 770.

– s. V e r s c h i e d e n h e i t der Kleidertrachten.

– s.a. W e r war Meichisedecks Vater.

WER w a r u n d w i e h i e ß M e l c h i s e d e c h s V a t e r ? E i n e g e l e h r t e D o r f g e s c h i c h t e i n 3 B ü c h e r n. (Kein Roman, vielmehr e. Sammlung zahmer satyr. Aphorismen u. komischer Expectorationen, von *Joh. Gottfried Opitz* 1741—1812.) Mit satyr TVign. PHILADELPHIA (Triest, Höchenberger), 1792. 8⁰.

Opitz, Johann Theodor Heinrich

Opitz, Realrepertor. d. herzogl. s.-coburgschen Landesges. aus 1801—1818. Koburg 820.

Opitz, Jh. Thdr. Hnr., Realrepertorium d. Herzogl. Sachsen-Coburg-Saalfeldischen Landesgesetze v. d. Jahren 1801—1818 in alphabet. Ordnung. gr. 4. Coburg 821. (Riemann). 4 ℛ 12 gℛ

Opitz, Johannes. Zwanzig Gelegenheitsgedichte auf schlesische (meist Hirschbergische) Personen aus den Jahren 1732-1735. - 42 S. (nicht paginiert) Text und 1 Vorblatt.
Auf dem Vorblatt steht:
Folgende // zwey Zehenden // deutsche Überschrifften, // Übergab // der Hochlöblichen // deutschen Gesellschaft in Leipzig, // zur Beurtheilung, // (an der Oster-Messe im Jahre 1735.:)// derselbigen Verfertiger // M. Johannes Opitz, // von Berndorf bey Schmiedeberg in Schlesien, // des heiligen Predigt-Amts Candidat, // itzund zu Hirschberg, in Mentzelischen Hause, der Sturm- // und Bielerischen Jugend Vorgesetzter. // anbey // wird dieselbe // um gütige Beantwortung // nachfolgender Fragen // gantz gehorsamst und demüthigst gebethen: I. Ob die deutsche Sprache zu Überschrifften, so geschickt // sey, als andere Sprachen ? // II. Ob durch die deutschen Überschriften, die Zierde und // das Aufnehmen unserer Sprache, nicht so wohl beför- //dert werden könne, als durch andere gebundene oder ungebundene Schreib-Arten ? // III. Ob gegenwärtige, von mir verfertigte Zwantzig Über- //schriften, die gehörigen Eigenschafften haben ? oder ob, und was, denselben auszusetzen.
B. S. T. Fol. 29.

Opitz, Johannes, Referendar in Dresden: **Das Recht der Gewässer nach sächsischem Recht. Borna-Leipzig 1907: R. Noske.** (IX, 87 S.) 8° [ℱ.]
Leipzig, Jur. Fak., Diss. v. 17. Jan. 1907
[Geb. 24. Juni 80 Rittergut Auerbach; Wohnort: Dresden; Staatsangeh.: Sachsen; Vorbildung: Gymn. Zwickau i. S. Reife O. 99; Studium: Tübingen 4, Leipzig 6 S.; Rig. 13. Jan. 04.]

Opitz, Johannes. Ein Dutzend // Sonnette, // welche // bey Freud und Leyd // verfertiget // M. Johannes Opitz, // von Berndorf bey Schmiedeberg in Schlesien, // des heiligen Predigt-Amts Candidat. // anitzo zu Hirschberg, // der Sturm- und Bielerischen Jugend Vorgesetzter, // im Mentzelischen Hause. - Handschriftlich. - 14 Blatt (nur auf einer Seite beschrieben).
Auf dem ersten Blatte steht:
Dieses widmete
der Hochlöblichen Deutschen Gesellschaft in Leipzig,
an der Oster-Messe im Jahr 1735.
M. Johannes Opitz.
B. S. T. 4 73/[illegible].

OPITZENS z w ö l f g e s c h r i e b e n e S o n n e t t e
S o im hdschriftl. Cat. der Leipziger Stadtbibl., an K l e i n e r, Gfr, Garten-Lust im Winter Hirschberg 1732 4⁰

Opitz, Josias Heinrich

— Hodegeticum Hebraeo-Chaldæo-Biblicum, in qvo vocabula Hebraica et Chaldaica ordine librorum, capitum et versuum exhibentur. Hamburg. 1702.

Opitz, Jos. H., hodeget. hebraeo-chald. biblicum. 8. Hamb. 711.

— ירמיהו בין נביאים גדולים הראשון De Jeremia inter Prophetas majores primo diss. philologica. R. Don Isaaco Abarbeneli imprimis opposita. Lipsiæ. 1704. 4. P. [Resp. Matth. Melch. Hackenberg].

– Novum l e x i c o n Hebraeo-Chaldaeo-biblicum, s. O p i t z, Heinrich

— ספרים נאבדים כפי הנראה De libris apparenter deperditis diss. I. Lipsiæ. 1704. 4. P. [Resp. Chr. Roth].

Opitius, Josias Heinr., Ode, welche bey Haltung der Lob-Rede über den von Carl XII wieder die Moscowiter d. 20. Nov. 1700 befochtenen Sieg abgesungen worden. Kiel. U. A. Fol. P. (Samme Bog med Titel: Triumph-Ode etc. Sm. St. U. A. Fol.).

— Oratio Carolo XII ob liberatam ab obsidione Narvam et reportatam a Moscis victoriam dicta. Kilonii. 1701. Fol.

Opitz, Josias Heinrich [Praes.], s. Roth, Christian
De libris apparenter deperditis dissertatio prima.

— Diss. philologico-critica de sectionibus Pentateuchi minoribus, Pethuchoth ac Sethumoth vulgo appellatis. Kilonii. 1706. 4. P. [Resp. Eberh. Reimers].

— Disqv. historico-philologica de candelabri Mosaici admirabili structura, ejusdemque positu in sancto. Ad illustrationem plurimorum S. S. locorum, ac cumprimis Exod. XXV. 31—40 et Num. VIII. 2—4. Jenæ. 1708. 4.

Opitz K.: Untersuchungen üb. Bewurzelung u. Bestockung einiger Getreidesorten Diss. (Breslau). Merseb. 1904. 68 S. 4°.

Opitz, K. Em. Specimen Lexicologiae argenteae latinitatis. 18 S. – Naumburg, Progr 1852

Opitz, Karl. Das Aufführungsrecht musikalischer Werke in der Schweiz nach dem 1. Febr. 1892. 1. u. 2. Artikel. gr. 8. (à 8 S.) Zür. 892, Gebr. Hug. à Artikel — 15; — 30
Französ. Ausg. zu gleichen Preisen.
Aus: Schweizer. Musikzeitung, besonders abgedruckt

—— dass. — 2. Aufl. gr. 8. (14 S.) Ebd. 892. — 30

Opitz, Karl, Brunnenhygiene. Anleitung zum Bau gesundheitlich einwandfreier Brunnen. (80 S. m. 26 Abb.) 8. Berlin 910. R. Schoetz. Geb. 2. —

— Le droit d'exécution des œuvres musicales en Suisse après le 1er Février 1892. Second article traduit de l'allemand par l'auteur d'après le No. 17 de la „Schweizerische Musikzeitung". In 8°. 8 p. Zürich, Gebrüder Hug. — 20
1892

Der Kaiser-Wilhelm- oder Nord-Ostsee-Kanal in seiner Vollendung Lageplan des Nord-Ostsee-Kanals nach amtlichem Material bearb. von C. Opitz. 1 110000 Mit erläuterndem Text Leipzig-Neustadt 1895 Farbendr 1 Bl Quer-Fol. 35 94 cm Zusamg in Futteral 8

Karte des Kreises Greifswald und der Insel Usedom. Nach neuesten amtl. Quellen gezeichnet v C Opitz Massst. 1 150000. *Wolgast: F Cleppien 1897* (1 Ktnbl. [illegible]) 1 Bd 8. [98. [illegible]

Opitz, Karl, approb. Arzt aus Dresden: Aus d. pathol. Institute d. Universität Kiel. Ueber Konkretionen im Pankreas. *Kiel 1901: P. Peters.* (37 S.) 8°
Kiel, Med. Diss. v [7 März] 1901

Opitz, Karl, die Medizin im Koran. (VIII, 92 S.) gr. 8. Stuttgart 906. F. Enke. n. 3 —

Opitz, C., d. Neu-Organisation d. preuss. Staatsbahnen, s.: Koch, W.

Opitz, Karl [app. Arzt aus Leipzig]: Oesophaguscarcinom mit Perforation in die Trachea nebst Bemerkgn über d. Häufigkeit solcher Perforationen ... München, Buchdr. Kastner & Lossen, 1896; 29 S., 1 Taf. 8.
München, Med. Fak., Inaug.-Diss. v 1896

Opitz, Carl, prakt. Perspektive. Konstruktion perspektiv. Gebäudeansichten u. Vogelperspektiven. Mit 8 Fig.-Taf. (36 S.) gr. 8. Strassburg 907. Schlesier & Schweikhardt. 1. —

Opitz C, Reise- u Eisenbahnkarte v. Deutschland. 1 2000000. 8° Leipzig 1906

Opitz, C Reisekarte zum Nord-Ostseekanal, Helgoland und den Seebädern von Borkum bis Wismar 1 [illegible]. Leipzig (1895). 1 Bl. [illegible] und ein Ortschaftsverzeichniss.

Spezialkarte vom Fichtelgebirge und dem Steinwald. Nach d. neuesten amtl. Material bearb. u. erg von C Opitz. Massst 1 100,000. *Wunsiedel G. Kohler (1898) Geogr Anst J J Arnd, Leipzig.* (1 Kartenbl. 45×36 cm.) 8° [kol] [02 9269

Spezialkarte vom Fichtelgebirge und dem Steinwald. Nach d. neuesten amtl. Material bearb. u. erg. Bearb. von C[arl] Opitz Maßst. 1 100,000. 3. Aufl. *Wunsiedel: G. Kohler [1904]; Geogr Anst J. J. Arnd in Leipzig.* (1 Kartenbl. 45×30 cm.) 8° [kol.]
[Umschlagt.] Spezialkarte v Fichtelgebirge u. d. Steinwald. [04. [illegible]

— Zimmerarbeiten, s.a. Sammlung Göschen.

Zimmerarbeiten von Carl Opitz. Mit Abb 1 2 Leipzig Göschen 1910. 8°
1 Allg. Balkenlagen Zwischendecken und Deckenbildungen, holzerne Fußboden Fachwerkswände, Hänge- u Sprengewerke 2 Dächer, Wandbekleidungen, Simsschalungen, Block-, Bohlen- u. Bretterwände, Zäune, Türen, Tore, Tribünen u Baugerüste.
(Sammlung Göschen [Bd.] 489. 490.) A12. 13771I

Opitz, Karl Georg

Opitz, Carl Geo., der Fluch des Meineids. Ein Beitrag zur Beförderung der Heilighaltung des Eides. gr. 8. (76 S.) Leipzig 847, Teubner. *

Opitz, Karl Geo., der Fluch des Meineids. Ein Beitrag zur Beförderung der Heilighaltung des Eides. gr. 8. (76 S.) Leipzig 849, Teubner. n. 1/3 ₰

Opitz, Karl Geo., Jeremias 22, 29. „O Land, Land, Land, höre des Herrn Wort!" od.: Die unveränderl. Stimme d. Heil. Schrift an uns. theures Sachsenland ꝛc. Festpredigt bei d. kirchl. Feier d. Uebergabe d. K. S. Verfassungsurkunde d. 4. Sept. 1832 als am ersten Jahrestage dies. denkwürd. Wiedergeburt d. Vaterlandes. gr. 8. (1½ B.) Zittau [Leipzig, Taubert jun.]

Opitz, Karl Geo., kann u. darf die Theologie nach ihren neuesten Ergebnissen f. d. hochheil. Zwecke d. Staats u. d. Kirche noch mit Recht wie sonst auf den Rang u. Namen einer Königin d. Wissenschaften Ansprüche machen? Rede, in d. Prediger-Conferenz zu Löbau am 2. Mai 1838 geh. u. mit denkwürd. Belegen aus d. wichtigsten Zeitschriften u. Landtagsblättern, als e. kleinen Unions-Beitrag f. angeh. Theologen u. wissenschaftl. Nicht-Theologen aller Stände u. Confessionen hrsg. 8. (12¼ B.) Löbau 838, [Dümmler.]

Opitz, Karl Georg, kann u. darf die Theologie nach ihren neuesten Ergebnissen für die hochheil. Zwecke des Staats und der Kirche noch mit Recht wie sonst auf den Rang u. Namen einer Königin der Wissenschaften Ansprüche machen? Rede. 8. Löbau 838. Pannach. 5/8 ₰

Opitz, Karl Gtthlf

— Jeremias XXII, 29. „O Land, Land, Land, höre des Herrn Wort!" oder: Die unveränderliche Stimme d. heil. Schrift an unser theures Sachsenland rc. Festpredigt bei d. kirchl. Feier d. Uebergabe d. Königl. Sächs. Verfassungsurkunde d. 4. Spt. 1832. als am ersten Jahrestage dieser denkwürd. Wiedergeb. d. Vaterlandes. gr. 8. Zittau 832. Taubert. 2 gr.

— der mit d. ewigen Evangelio mitten durch d. Himmel fliegende Engel. 2r Nachtr. z. Uebersicht d. Offenbar. Johannis. gr. 8. Leipz. 818. (Steinacker). 4 gr.

— s. Lehre v. Abendmahle.

Opitz, Karl Gtthlf., Licht in der Dunkelheit, oder Gedanken über die Schöpfungsgeschichte. gr. 8. Leipz. 820. Steinacker. 1 ₰ 4 gr.

— Sendschreiben an die Gläubigen in d. christl. Kirche, eine merkwürdige Ausle[gung] d. Worte Jesu Christi. gr. 8. Leipz. Bruder. (in Comm.) 813.

— Nachtrag zu dies. Schrift. gr. 8. Ebend. 815.

— Sendschreiben an die Gläubigen in d. christl. Kirche, e. denkwürd. Auslegung d. Worte Jesu Christi. gr. 8. Leipz. 814. N. A. 816. (Steinacker). 6 gr.

— kurze Uebersicht d. Offenbarung Johannis f. Christen u. Israeliten. gr. 8. Leipz. 816. (Steinacker). 18 gr.

— und seine Zahl ist 666. Ein Nachtrag z. kurzen Uebersicht d. Offenbarung Johannis. gr. 8. Leipz. 817. Steinacker. 2 gr.

Opitz, Karl Reinhold

Opitz, Carl Reinhold [illegible]
Berlin, Med. Di[ss.] [illegible]

OPITZ, Leopold: Das Genovevamotiv bei Tieck und Hebbel. — 1910. 53 Bl. Diss. Graz, Univ.

Opitzens, Martin, Aristarchus sive de contemptu linguae Teutonicae und Buch von der Deutschen Poeterey. Hrsg. von Geo. Witkowski. gr. 8. (VIII, 217 S.) Leipzig 888, Veit und Comp. * 3 —

Opitz, Mart., Buch von der deutschen Poeterei, s.a. Neudrucke deutscher Litteraturwerke des XVI. und XVII. Jahrh.

Buch von der deutschen Poeterei von Martin Opitz. Abdr d. 1. Ausg. (1624). (Hrsg.: Wilhelm Braune.) (3. Druck.) Halle a. S.: M. Niemeyer 1902. (VI, 60 S.) 8°
= Neudrucke deutscher Litteraturwerke d. 16. u. 17. Jh. No 1. [illegible]

- - , [illegible] ET MIMI // [illegible] // Latino-graeco-germanica. // Id est: // DIONYSII CATONIS, // DE MORIBUS AD FILIUM, // SENTENTIAE & DISTICHA // ET // Publii, Laberii, Agelli, // sententiae singulares, MIMI alias no- //mine communi. // Latina quidem haec omnia ex Origine; Graeca ex // Metaphrasi JOS. SCALIGERI; Germanicè potissimùm, // ex mente ejusdem & CASP. BARTHII // expressa // a // MARTINO OPITIO. // Accedunt praetereà // DICTA SAPIENTUM // Selectiora & insigniora ex optimis // Autoribus collecta, // Interprete // JOHANNE WEBERC. // Francofurti ad Moenum // Apud JOHAN. MAXIMIL. à SANDE. // ANNO M DCC XIX. - 124 Seiten.
Angehängt:
DICTA // SAPIENTUM // Selectiora & insigniora graeco- // latina, ex optimis & probatissimis Autori- //bus hinc inde collecta, & [illegible] rhythmum ger- //manicum ad usum tironum grae- //cissantium redacta. // Interprete // JOHANNE WEBER[O], // Scholae S[illegible] Col., // Verba sapientum [illegible], et // quasi clavi in altum defixi: // [illegible] Seiten.
B. S. T. 8°.503[a].

Opitz, Martin, ausgewählte Dichtungen, s. Dichter, deutsche, des 17. Jahrh.

Opitz, Martin. Gedichte ... Zürich 1745. II: *Bodmer, Joh. Jacob & Joh. Jac. Breitinger.* (Bibl. litt. Verein Stuttg. 218, 450.) (Mn) (JL) (Vetter)

- - , Gedichte, herausgegeben von Bodmer und Breitinger, Zürich (1745). - Das Heft enthält aber nur die Geistlichen Lob-Gedichte, Seite (1)-144. -
Innen im Einbanddeckel steht die Widmung:
Der deutschen Gesellschaft in Leipzig
zur Beurtheilung
die Herausgeber.
B. S. T. 8°.503[b].

Martin Opitzens Von Boberfeld Gedichte. Von J. J. B[odmer]. und J. J. B[reitinger]. besorget. Erster Theil. Zürich, verlegts Conrad Orell und Comp. 1745.

Goedeke 3, 50, 1, 99. No further volumes were published. 22 cm. 16 leaves, 692, 87 pages.

— auserlesene Gedichte, s. a. Bibliothek deutscher Dichter.

Opitz, (M.) auserlesene Gedichte, s. W. Müller, Bibl. deutscher Dichter.

— auserlesene Gedichte, u. G. R. Weckherlin's Gedichte. 16. Zwickau 823. Schumann. 9 gr.

Opitz, M., ausgewählte Gedichte, s.: Universal-Bibliothek.

— Teutsche Gedichte, in vier Bände abgetheilet, Von neuem sorgfältig übersehen, ausgebessert, mit nothigen Anmerkungen erläutert, von Daniel Wilhelm Triller. Und mit Kupfern gezieret durch Martin Tyroff. 4 Bde. in 2 gebunden. Frankfurt aM., Franz Varrentrapp, 1746. Gr. 8° *Frontispiz*, gedr. Titel, 30 Bl. 54. 352 S., *Kupferporträt, 5 Kupfer und 1 Vign. im Text. Frontispiz*, gedr. Titel, S. 353—632 und *1 Kupfer*, *Frontispiz*, gedr. Titel, 400 S. *2 Kupfer*, *Frontispiz*, gedr. Titel, S. 401—925 und *1 Kupfer*. Etwas berieb. Ldbde. d. Z. mit Rv.
G. III. 50, 100. FdF 235 (mit geringfügig abweichender Kollation)

Opitz, Mart., Lobgedichte v. J. J. Bodmer u. J. J. Breitinger besorgt. 8. Zürich 745. N. A. 775. Orell. 1 ₰

Martin Opitzens von Boberfeld Lobgedichte. Von J. J. B und J. J. B. besorget. Zürich 1755.

Opitz, Martin, s. National-Litteratur, deutsche.

Opitz, Mart., Teutsche Poemata. s.a. Neudrucke deutscher Litteraturwerke d. XVI. u. XVII. Jahrh. Nr. 189—192.

Martin Opitz. Teutsche Poemata. Abdr. d. Ausg. von 1624 mit d. Varianten d. Einzeldrucke u. d. späteren Ausgaben. Hrsg. von Georg Witkowski. *Halle a. S. M. Niemeyer 1902* (XLVI, 248 S.) 8°
= Neudrucke deutscher Litteraturwerke d. 16. u. 17. Jhs. No 189-192

Opitz, Martin. PROSODIA GERMANICA, // Oder // Buch von der // Deudschen Poeterey /// In welchem alle ihre Eigenschaft // und Zugehör erzählet / und mit // Exempeln ausgeführet wird /// Verfertiget von // Martin Opitzen. // Jetzo aber von Enoch Hannman an unter- //schiedlichen Orten vermehret / und mit schönen // Anmerckungen verbessert. // Nunmehr zum siebenden mal correct gedruckt / und // mit einem zwiefachen blatweiser gezieret. // Franckfurt am Mäyn bey Christian Klein. - 6 Blatt (nicht paginiert) Titelblatt, und Widmung. - 204 S. und noch 11 Blatt (nicht paginiert) Register.
Auf dem Vorblatt steht die Widmung:
Dem
Bücher Vorrathe
Der löbl. Deutschen Gesellschaft
wiedmet dieses
Joh. Christ. Gotsched.
P. P. O.
1 7 3 4.
B. S. T. 12°.110/1.

Opitz von Boberfeld, Martin. Vorläufer und Probe der Bücherkunde der deutschen Dichtung bis zum Jahre 1700... Leipzig 1858. H: *Hoffmann genannt von Fallersleben, August Heinrich.* (GGr)

Opitz, P., Töpfer (Ofensetzer), s.: Scharf, Th., u. A. Haese, Geschäftsgänge f. den Unterricht in der gewerblichen Buchführung.

— Aus der Werkstatt des Tapezierers u. Dekorateurs, s.: Hillger's, Herm., illustr. Volksbücher.

Opitz, P H, s. Opitz, Heinrich

Opitz, Paul, aus Dresden Anwendung der elliptischen Funktionen auf ein Problem aus der Theorie der Rollkurven. *Dresden 1901: C. Heinrich.* (51 S.) 8°
Rostock, Phil. Diss. v. [11 Dez.] 1903

Opitz, Paul. Kurze Geschichte des Königlichen Domchors in Berlin zum 50jähr. Jubiläum. Berlin 1893.

Opitz, Paul, Raumlehre für Volks- und Bürgerschulen. 8. (44 S. mit 102 Fig.) Danzig 885, Axt. * — 35
—— dass. — Facit-Heft. 16. (8 S.) Ebendas. 885. ** — 25

Opitz, Paul, einige Sätze über die Anziehung in mehrfach ausgedehnten Gaussischen und Riemannschen Räumen. Inaugural-Dissertation. gr. 8. (44 S.) Dresden 881. (Göttingen, Vandenhoeck und Ruprecht's Verlag.) * 1 20

Opitz, Paul (Red.), s. Schulblatt, Preussisches.

— **Paul Ferdinand** (Pesterwitz/Meißen), De tumultu ac seditione praesertim ex novissimo mandato electorali Saxonico. Diss. Präs. Christian Friedrich Wilisch. Wittenberg (Tzschiedrich) 15. XI. 1791. 32 S. (4.50) 25596
Gew.: Georg Reinhard von Wallwitz, Friedrich Wilhelm von Ferber, Johann Georg von Spillner, Carl Albrecht von Nimptsch.

Opitz, Paul Friedrich
— **De amico Israelitarum in Festo Tabernaculorum consortio ps. 133 a Davide celebrato in altero Lutheranæ ecclesiæ jubilæo disp. Kilonii. 1717. 4. [Resp. Petr. Schemann].**

OPITIUS, PAUL. FRID., (autor), Diss. historico-exegetica I—IV de custodia templi ad varia S. Vet. et Novi Testamenti loca illustranda. Kilonii. 1710. 4. [Præs. Henr. Opitius]. — Samme Bog m. Titel: Commentarius hist.-philol. de custodia templi nocturna etc. Sm. St. o. A. 4. (Samme Tryk; med det første Disputatstitelblad bevaret efter Samlingstitelbladet).

Opitz, P Frdr Dissertatio de Hadriani moribus, indole, virtutibus ac vitiis ex scriptis Judaeorum. 4. Coloniae 1722.

— **De Hadriani Imperatoris nomine, indole, virtutibus ac vitiis in supplementum historiæ augustæ ex scriptis Judæorum. Kiliæ. 1722. 4. P. [Resp. Joh. Melch. Wolhat].**

OPITIUS, PAUL FRID., Scholia criticorum in Leviticum, in Anglia et Belgia edita, ad veterem historiam Hebræam revocabunt. Kilonii ad diem Sept. 1707. Recusa. Witenb. 1713. 4. P. [Præs. Theod. Dassovius].

Opitz, Philipp Maximilian, s. Opiz

Opitz, Richard

Opitz, R., De argumentorum metricorum Latinorum arte et origine. Diss. 1883. 49 S. —.80
— — Compl. S.-A. 1883. 122 S. 2.—

Opitz, R., Richard Klotz geb. 1816 gest 1892. S.-A. 1898. 15 S.

Opitz, Rich., das häusliche Leben der Griechen u. Römer, s.a. Kulturbilder aus dem klassischen Altertume.

Opitz R. das häusliche Leben der Griechen und Römer. (302 S) Leipzig 1894

Opitz, R., Quaestiones criticae in Senecae et Quintiliani declamationes, s.a. Commentationes Philologae quibus Ottoni Ribbeckio congratulantur Discipuli Lipsienses.

Opitz, R., Quaest. crit. in Senecae et Quintiliani declamationes. S.-A. s. a. 15 S.

Opitz, R., Schauspiel und Theaterwesen der Griechen und Römer, s.: Kulturbilder aus dem klassischen Altertume.

Opitz, Rich., neues Verfahren für Färber beim Bleichen u. Drucken der Gewebe oder Anleitung zum Abziehen u. Weißbleichen sämmtl. Farben, auch der ächtesten 2c. Weimar 867. B. F. Voigt. 8. (VI, 77 S.) 12 ngr

Opitz, Rich., neues Verfahren f. Färber beim Bleichen u. Drucken der Gewebe od. Anleitg. zum Abziehen u. Weißbleichen sämmtl. Farben, auch der ächtesten, v. bedruckten od. gefärbten baumwollenen u. leinenen Stoffen als Musselinen, Kattunen, Jakonets rc., sowie zum Wiederbedrucken der weißgebleichten Gewebe m. ächten Dampffarben. 2. Aufl. 8. (VI, 77 S. m. eingedr. Holzschn.) Weimar 871. B. F. Voigt. 1. 20

Opitz, Richard: Volkskundliches zur antiken Dichtung besonders zum Margites. Leipzig 1909: Edelmann. 28 S. 4°
Leipzig, König Albert-G OP 1909 (734) [S 09. 345

Opitz, Rich., Volkskundliches zur antiken Dichtung besonders zum Margites. Progr. (28 S.) Lex. 8. Leipzig 909. (J. C. Hinrichs' Verl.) 1. —

Opitz, Richard Paul, Referendar in Leipzig: Der öffentliche Glaube im Falle des § 1155 B.G.B. Leipzig 1908: A. Schmidt. (VI, 50 S.) 8° [F.]
Leipzig, Jur. Fak., Diss. v. 4. Febr. 1908
[Geb. 25. Febr. 80 Leipzig-Schönefeld; Wohnort: Leipzig-Neustadt; Staatsangeh.: Sachsen; Vorbildung: König-Albert-Gymn. Leipzig Reife O. 00; Studium: Leipzig 8 S.; Rig. 18. Febr. 05.]

Opitz, Rudolph Karl Friedrich

– s. G a r d a n e, Geheimniß.

Opitz, Rud. Karl Fr., († d. 1. März 1800.) Geschichte der in Minden eingepfropften Einpfropfung d. Kinderblattern. 8. Minden 774. Körber. 4 gr

Opitz, R. K. F., Gesch. d. in Minden eingef. Einpfropfung d. Kinderblattern. 8. Mind. Körber. 775.

Rudolf Karl Friedrich Opitz

R[udolf] C[arl] F[riedrich] Opitz, Geschichte einer Epidemie galligter, faulender und bösartiger Fieber die in der Stadt Minden in denen Jahren 1771 u. 1772 geherrschet hat, als e. Beytr. zu der Geschichte dieser ganz Teutschland durchgewüteten Epidemie nebst e. Anh. Wetterbeobachtungen von dem Jahr 1772. Berlin & Leipzig: Decker 1775. 135 S. 8°

— Geschichte einer Epidemie gallicht., faul. u. bösart. Fieber, die in Minden geherrscht haben. 8. Berl. 775. Rottmann. 16 gr

– s. K r a n k h e i t d. Viehes.

— Unterricht und Anleitung, über die faulen u. pestartigen Krankheiten. gr. 8. Ebend.

— **Rudolph Carl Friedrich** (Minden), Diss. med. sistens usum venaesectionis in casibus quibusdam dubiis. Präs. Johann Juncker. Halle/Magdeburg (J. Chr. Hilliger) 19. III. 1756. 29 S. (4.50) 25597
Gew.: Rudolph Culemann. — Widm. v.: F. C. Juncker, Julius Philipp Benjamin von Rohr (Oppon.), Johann Friedrich Fritze.

Opitz, Th. H., s. O p i t z, Johann Theodor Heinrich

Opitz, Theod., Bruno Bauer u. seine Gegner. 4 kritische Artikel. gr. 8. (2 B.) Breslau 846, Trewendt. *

Opitz, Thdr., Beiträge zur Geschichte der französ. Revolution. I. 1., Die journalist. Thätigkeit Robespierre's. Nach Leonh. Gallois. 2. Die letzte Rede Robespierre's. gr. 8. (76 S.) Leipzig 847, G. Mayer. n. 1/3 Thlr

Opitz, Theodor, Rekt. Prof. Dr. [**Bericht über seine Einführung als Rektor der Anstalt.**] *Zwickau 1902: R. Zückler.* (S. 25–20.) 4°
Zwickau, G, OP 1902 (668)

Opitz, T., Bericht üb. d. Litteratur zu späteren röm. Geschichtsschreibern 1891— (incl.). S.-A. 1898. 45 S.

— Proudhon's neueste Schrift: Theoretischer und praktischer Beweis des Socialismus. 8°. Leipzig 1849.

Opitz, Thdr., u. Alfr. Weinhold, Chrestomathie aus **Schriftstellern der sogenannten silbernen Latinität, f. den Schulgebrauch zusammengestellt.** gr. 8. (XIV, 477 S.) **Leipzig 893**. B. G. Teubner. n. 2. 80; in 5 Hftn. n. 3. 20
1. **Abschnitte aus Suetonius, Vellejus u. Florus.** (XIV, 128 S.) n. — 80
2. **Abschnitte aus Tacitus, Iustinus, Curtius, Valerius Maximus u. Plinius d. J.** (XIV u. S. 129—204.) n. — 60
3. **Abschnitte aus Plinius d. Ä. u. Vitruvius.** (XIV u. S. 205—310.) n. — 60
4. **Abschnitte aus Seneca u. Celsus.** (XIV u. S. 311—410.) n. — 60
5. **Abschnitte aus Quintilianus.** (XIV u. S. 411—477.) n. — 60

Opitz, Thdr., u. Alfr. Weinhold, Chrestomathie aus Schriftstellern der silbernen Latinität. Für den Schulgebrauch zusammengestellt. 1. Heft u. 2. Heft. A u. B. 2. Aufl. 8. Leipzig, B. G. Teubner. Kart. 2. 30
I. Abschnitte aus Suetonius, Velleius u. Florus. (XIV, 128 S.) 908. Kart. 1. 40
II A. Abschnitte aus Tacitus, Justinus, Curtius u. Valerius Maximus. (XIV u. S. 129—174.) 909. Kart. — 50
II B. Abschnitte aus Plinius d. J. (XIV u. S. 175—204.) 909. Kart. — 40

Opitz, Theodor. Gedichte. In-8°, XIV u. 311 S. Liestal, Druck u. Verlag v. A. Brodbeck. 3 — 1887

Opitz, Thdr., lyrische Gedichte. 8. (VIII und 121 S.) Würzburg 860, Stahel'sche Buchh. * 18 Ngr.; geb. *

Opitz, Thdr., die G e r m a n e n im römischen Imperium vor der grossen Völkerwanderung. Leipzig 867. Hinrichs'sche Sortimentsh. gr. 8. (41 S.) n. 10 ngr.

Opitz, Theodor, Prof. Dr. Das Königliche **Gymnasium** zu Dresden-Neustadt während der ersten 25 Jahre seines Bestehens Ostern 1874 1899. *Dresden 1899: B. G. Teubner.* (58 S.) 4°
Dresden-Neustadt, K G, OP 1899 (507)

— siehe a. H e l d e n, die, der Masse.

—— die H e l d e n der Masse. Charakteristiken. gr. 8. (3½ Bog.) Grünberg 847, Weiß.

— Nikolaus Lenau. Eine ausführliche Charakteristik des Dichters nach seinen Werken. 8. (51 S.) Leipzig 850, Costenoble. n. 8 ngr; herabges. Preis: n. 2 ngr

Opitz, Theodor: Alexander P e t ö f i. (Bern.) Wien: Beck's Verlag 1868. (372 S.) 8°

Opitz, Thdr., Alexander Petöfi. Bern 868. Haller. 8. (IX, 372 S.) n. 1 Thlr 10 ngr.

O p i t z, Theodor. Alexander Petöfi (1823–1849). Von Th. O. Petöfi's Leben – [P e t ö f i's Dichtungen in Deutscher Uebersetzung.] Der Zaubertraum – Salgó – Istók Der Narr – Maria Szécsi. – Patriotische und revolutionäre Lyrik 8. Bern 1868.

— rothes Philistergift. Ein Gedicht. gr. 8. (4 S.) Breslau 848, Kohn. 1 ngr

Opitz, Thdr., Predigt zum Jahresschlusse, am 31. Decbr. 1864 in der Kirche zu Bleicherode gehalten. Bleicherode 865. (Ruediger.) 8 (11 S.) 1½ ngr

Opitz, T., Quaest de Sexto Aur Victore. Diss. 1872. 81 S.

Opitz, Theod. In Julio Floro spicilegium criticum. 24 S.
Progr. G. *Dresden-Neustadt* 1884

Opitz, Thdr. (II.), in Julio Floro spicilegium criticum. gr. 4. (24 S.) Dresden 884, (v. Zahn und Jaensch.) * 1 —

Opitz, Thdr., Maria Stuart. Nach den neuesten Forschungen dargestellt. gr. 8. (VII, 345 S.) Freiburg i. Br. 879, Herder'sche Verlagsh. *

Opitz, Thdr. (I.), Maria Stuart. Nach den neuesten Forschungen dargestellt. 2. (Schluß-)Bd. gr. 8. (VI, 432 S.) Freiburg i. Br. 882, Herder'sche Verlagsh. * 4 50
1. Bd. Ebendas. 1879. *ℳ 4,50.

— Robespierre's Triumph u. Sturz. Ein Beitrag zur Geschichte der franz. Revolution. 8. (VI u. 291 S.) Leipzig 850, Costenoble. n. 1½ ₰; herabges. Preis: n. 6 ngr

Opitz, Thdr., lateinische Vorschule. 1. Cursus. Das Wichtigste der Formenlehre. 1. Aufl. (IV, 176 S.) 866, u. 2. Aufl. Leipzig 870. Brandstetter. gr. 8. (VII, 200 S.) n. 16 ngr

Opitz, Thdr., lateinische Vorschule. Ein Lern- u. Uebungsbuch f. höhere Schulanstalten. 1. Kurs. Das Wichtigste der Formenlehre. 3. Aufl. gr. 8. (VIII, 198 S.) Leipzig 875. Brandstetter. n. 1. 80

— — 2. Kursus. Erweiterte Formenlehre u. die zum Uebersetzen eines latein. Schriftstellers unentbehrlichsten syntakt. Regeln. Ebend. 869. gr. 8. (IV, 244 S.) n. 18 ngr

Opitz, Therese, Adolph, der kleine Oekonom. Erzählung für die Jugend, nach dem Französ. des Frl. Ulliac Tremadeure. 12. Wien 845, Stöckholzer v. Hirschfeld. ¼ ₰

— s. v. Tremadeure, Gustav der kleine Blumengärtner.

Opitz, W.

— die Helden des Deutschtums. I. Folge: Die Eroberer v. Ostdeutschland. (IV, 234 S. m. Abbildgn. u. 1 Taf.) 8. Leipzig 905. F. Brandstetter. Geb. in Leinw. n. 3. 50

Opitz, W., die Helden des Deutschtums. II. Folge: Die Erwerber der deutschen Kolonien. Mit zahlr. Abb. u. 1 Völkerkarte v. Deutsch-Südwestafrika. (V, 207 S.) 8. Leipzig 909. F. Brandstetter. Geb. in Leinw. 4. —
I. Folge. Ebd. 905. Geb. 3.50.

Opitz, Walt., Annalen d. Deutschen Reichs im Zeitalter Heinrichs' V., s.: Kohl, Horst.

Opitz, Walth., Erzählungen aus Paris. 1. u. 2. Taus. (III, 261 S.) 8. Dresden 909. C. Reissner. 3.—; geb. 4. —

Opitz, W., die Fugger u. Welser, s. Handel, Industrie u. Verkehr in Einzeldarstellungen. 3. Bd.

Die Fugger und Welser Zwei Handelsfürstenhäuser d Reformationszeit von Dr W[alter] **Opitz**, Oberl in Zittau. Mit 4 Abb Berlin S. Simon [1906]. (79 S.) 8° [$\widetilde{\text{/5}}$.]
= **Handel**, Industrie u. Verkehr in Einzeldarstellungen. Bd 3. [06. 1631

— Kamar. Schauspiel in 3 Akten. (VII, 184 S.) 8. Ebd. 910. 3. —

Opitz, Walter *Theodor* [aus Chemnitz]: Die Schlacht bei Breitenfeld am 17. September 1631. Tl 1. ... [Erschien vollst. 1892.] Naumburg a S., G. Pätz'sche Buchdr., *1892*; 4 Bl., 36 S. 8.
Berlin, Phil. Fak., Inaug.-Diss. v. 9. März 1892

Opitz, Walt. Die Schlacht bei Breitenfeld am 17. Septbr. 1631. gr. 8. (116 S. m. 2 Karten.) Lpz. 892, Deichert Nachf. * 2 —

Opitz, Walter, Dr Über die Hersfelder Schrift de unitate ecclesiae conservanda. *Zittau 1902: M. Böhme.* (S. 1—18.) 4°
Zittau, k RG m. h. Handels-S, OP 1902 (618)

Opitz, Wlh., Paul Arner u. seine Gesellen, oder: die Räuber-Hochzeit im Höllenthale. Roman für die Lesewelt jetziger Zeit, nach biograph. Skizzen u. Sagen aus d. letzten Jahrzehend des vorigen Jahrhunderts entworfen. 8. Weim. 832. Gräbner. 1 ₰

— Paul Arner und seine Gesellen, oder die Räuberhochzeit ɛc. 8. Weimar 832, jetzt Hennings u. Hopf in Erfurt. 1 ₰

— Wilhelm (Leipzig), De alienis in ductum respiratorium illapsis corporibus. Diss. chir. Moder. Theodor Ruete. Leipzig (C. G. Naumann) 26. II. 1858. 39 S. u. Biogr. (M.: W. Port). (2.50) 25598
Gew.: Gustav Biedermann Günther, Benno Schmidt.

Opitz, Wilh., Ufo von Drachenburg, oder: Die Entweihung der Todtengruft. Ein Roman nach schlesischen Sagen der Vorzeit vom 12n bis 13n Jahrh., in 2 Bdn. 8. Weimar 833. Gräbner, jetzt Hennings u. Hopf in Erfurt. 1⅔ ₰

Opiz, s.a. Opitz

Opiz, Johann Ladislaus (Prag/Böhmen), De cholaemia. Diss. med.-pract. Prag (C. Vetter) 6. XII. 1845. 32 S. (3.—) 25599

Opiz, P. H., s. Opiz, Philipp Maximilian

Opiz, Philipp Maximilian

Opiz, P. M., Agrostotheca europaea. 1. Hundert. gr. Fol. Prag 845, Kronberger u. Rziwnatz. Versiegelt n. 1⅓ ₰

— Agrostotheca universalis. 1. Hundert. gr. Fol. Ebend. 842. Versiegelt n. 1⅓ ₰

—— auf welchem Wege wäre d. Wahrheit, d. höchste Ziel d. reinen Botanik zu erreichen? Ein Wort zur Beherzig. f. jeden Botanikers. 8. (2 B.) Prag 829, Enders.

– s. Candolle, Aug. Pyr. de.

— Dendrotheca universalis. 1.—3. Hundert. gr. Fol. Ebend. 842. Versiegelt à n. 1⅓ ₰

Opiz, P. M., Flora Böhmens, s. Berchtold, F. Graf v.

— genera plantarum exsiccata. 1.—8. Hundert. Ebend. 842—45. Versiegelt à n. 1⅓ ₰

Opiz, (Ph. Maxim.,) Böheims phänerogamische u. kryptogam. Gewächse. gr. 8. Prag 823, Enders.

Opitz, Phlpp Mxmln, Deutschland kryptogamische Gewächse nach ihren natürlichen Standorten. Ein Anhang zu Röhlings Flora Deutschlands. Prag 1816. 8. . . . (D.)
——, —— Leipzig 1817. 8. . . . . (D.)

— Deutschlands cryptogamische Gewächse nach ihren natürl. Standorten geordnet. Ein Anhang z. Flora Deutschlands, v. J. C. Röhling. 8. Leipz. 817. (Barth). 1 ß

— herbarium florae austriacae. 1.—17. Hundert. 1/2 gr. Fol. Ebend. 842—45. Versiegelt 1. 2 ß 2.—17. à n. 1 1/3 ß

Opiz, P. H., Herbarium florae Austriacae. I—XXIV. Hundert. Fol. Prag 849—51. (Kronberger.) Versiegelt. (à n. 1 1/3 ß) n. 32 ß

— herbarium florae bohemicae. 1.—3. Hundert. 1/2 gr. Fol. Ebend. 842, 43. 1. 2 ß 2. 3. à n. 1 1/3 ß

— Herbarium florae Boëmicae. III—XXIII. Hundert. Fol. Ebd. 847—50. Versiegelt. à n. 1 1/3 ß (I—XXIII: n. 30 2/3 ß)

— herbarium florae cryptogamicae austriacae. 1.—11. Hundert. gr. Fol. Ebend. 841—46. Versiegelt à n. 1 1/3 ß

— herbarium florae cryptogamicae europaeae. 2. Hundert. gr. Fol. Ebend. 842. Versiegelt n. 1 1/3 ß — 3. Hundert. Ebend. 844. n. 1 1/3 ß

Opiz, P. M., herbarium florae cryptogamicae universalis. 1.—3. Hundert. gr. Fol. Prag 841—46, Kronberger u. Rziwnatz. Versiegelt à n. 1 1/3 ß

— herbarium florae Germanicae. 1.—5. Hundert. gr. Fol. Ebend. 841—44. à n. 1 1/3 ß

— Herbarium florae Germanicae. VI. Hundert. gr. Fol. Ebd. 850. Versiegelt. n. 1 1/3 ß (I—VI: n. 8 ß)

— Herbarium florae Pragensis. I—III. Hundert. Fol. Ebd. 850. 51. Versiegelt. (à n. 1 1/3 ß) n. 4 ß

— herbarium florae sylvaticae. 1. u. 2. Hundert. gr. Fol. Ebend. 842. Versiegelt à n. 1 1/3 ß

Opiz, P. H., Herbarium hortense oder Sammlung getrockneter Gewächse, welche in Gärten cultivirt werden. I. Hundert. Fol. Prag 849. (Kronberger.) Versiegelt. n. 1 1/3 ß

— herbarium medicinale. 1.—4. Hundert. gr. Fol. Ebend. 842—46. Versiegelt à n. 1 1/3 ß

— herbarium oeconomico-technicum. 1.—4. Hundert. Fol. Ebend. 842—44. Versiegelt à n. 1 1/3 ß

Opiz, Ph. Mart., Herbarium universale. 1s Hundert. gr. Fol. Prag 840. (Kronberger u. Rziwnatz.) Versiegelt n. 1 1/3 ß

— herbarium universale. 2.—4. Hundert. gr. Fol. Ebend. 841—44. Versiegelt à n. 1 1/3 ß

— Herbarium universale. V—XXVI. Hundert. Ebd. 847. 48. Versiegelt. à n. 1 1/3 ß (I—XXVI: n. 34 2/3 ß)

Opiz, Phil. Max., Naturalientausch. Nr. 1—12. gr. 8. (39 1/2 B.) Prag 823—28, (Enders.)
Nr. 12 a. u. d. T.: Beiträge z. Naturgeschichte, als Fortsetzung d. „Naturalientausches."

— die Pelargonien etc., s. de Candolle.

— Verzeichniß jener Pflanzen, welche bei Opiz in Prag zum Tausch od. Kauf unt. den im Krotos u. d. botan. Zeitung bekannt gemachten Bedingnissen vorräthig sind. Nr. 1—12. gr. 8. Prag, Enders. 2 ß

Opizius, Jocoserius [Pseud.],
s. Zaunschliffer, Otto Philipp

Oepke, Gottfr (geb. Neuburg in Ostfriesland 27 3. 1847) Sechs Fälle von Puerperalwahnsinn. Berlin (1872). (31 S.) 8°
Berlin, Med. Diss. v. 17 Aug. 1872

Oepke, Heinr., Erd-, Länder- u. Völkerkunde, s.: Volks-Bücherschatz.

Oepke, Joh. Gfr., etliche Sonntags- u. Missions-Predigten nebst e. kurzen Lebens-Beschreibg., hrsg. v. Geo. Haccius. gr. 8. (VII, 168 S. m. Bildnis.) Hermannsburg 899. Missionshandlg. n. 1. —; geb. n. 1. 40

Oepke, S., Lehrbuch der englischen Sprache. 1. Tl.: Unterstufe. [Im Anschluß an des Verf. engl. Lesebuch. 1. Tl.] A. u. d. T.: Grammatische Ergebnisse der englischen Lektüre, nebst Übungsstücken. gr. 8. (VIII, 134 S.) Goslar 886, Koch. * 1 40

Oepke, S., Lehrbuch der englischen Sprache. 1. Tl Unterstufe. [Im Anschluß an d. Verf. engl. Lesebuch, Tl. I.] gr. 8. Bremen 892. G. Winter. Geb. n. 2. —
Grammatische Ergebnisse der englischen Lektüre, nebst Übungsstücken. 2. Aufl. (XII, 124 S.)

Oepke, S., Lehrbuch d. englischen Sprache. 1. Tl. Unterstufe. (Im Anschl. an d. Verf. engl. Lesebuch, Tl. I.) A. u. d. T.: Grammat. Ergebnisse d. engl. Lektüre nebst Uebungsstücken. 3. Aufl. gr. 8. (XII, 150 S.) Bremen 897. G. Winter. Geb. in Leinw. n. 2. —

Oepke, S., Lehrbuch der engl. Sprache. 1. Tl. Unterstufe. (In Anschluß an des Verf. engl. Lesebuch, Tl. I.) A. u. d. T.: Grammatische Ergebnisse der engl. Lektüre nebst Übungsstücken. 4. Aufl. gr. 8. (XII, 150 S.) Bremen 900. G. Winter. Geb. in Leinw. n. 2. —

Oepke, S., Lehrbuch der englischen Sprache. 1 Tl. gr. 8. Bremen, G. Winter. Geb. in Leinw. n. 2. —
Unterstufe. (Im Anschluß an d. Verf. Englisches Lesebuch, Tl. I.) Grammatische Ergebnisse der engl. Lektüre nebst Uebungsstücken. 5. Aufl. (XII, 150 S.) 903.

Oepke, S., Lehrbuch der engl. Sprache. 1. Tl. 8. Bremen 907. G. Winter, Verl. Geb. 2. —
1. Unterstufe. (Im Anschluß an d. Verf. Englisches Lesebuch, Tl. I.) Grammat. Ergebnisse der engl. Lektüre nebst Übungsstücken. 6. Aufl. (XII, 150 S.)

Oepke, S., Lehrbuch der englischen Sprache. 2. Tl. [In freiem Anschluß an d. Verf. engl. Lesebuch, Tl. II.] Mittelstufe (A) u. Oberstufe (B). gr. 8. Bremen 890. Mühlmann. n. 2. 20 (1. u. 2.: n. 3. 60)
Schulgrammatik der englischen Sprache nebst Übungsstücken. (XII, 225 S.)

Oepke, S., englisches Lesebuch. 3 Thle. gr. 8. Goslar, Koch. * 7 50
geb. * 8 60

Inhalt:
Thl. 1. Unterstufe. (VIII, 136 S.) 882. * ℳ 1,50.; geb. * ℳ 1,80.
" 2. Mittelstufe. (VIII, 181 S.) 882. * ℳ 2.; geb. * ℳ 2,30.
" 3. Oberstufe. (XII, 485 S.) 884. * ℳ 4.; geb. * ℳ 4,50.

— englisches Lesebuch. 1. u. 2. Tl. 2. Aufl gr. 8. Ebd. Geb. in Leinw. à n. 2. 50
1. Unterstufe. (VIII, 164 S.) 891. — 2. Mittelstufe. (VII, 201 S.) 895.

— englisches Lesebuch. 1. Tl. Unterstufe. 4. Aufl. gr. 8. (VIII, 166 S.) Ebd. 898. Geb. in Leinw. n. 2. 50

— englisches Lesebuch. 1. Tl. Unterstufe. 5. Aufl. gr. 8. (VIII, 166 S.) Ebd. 900. Geb. in Leinw. n. 2. 50

— englisches Lesebuch. 1. Tl. Unterstufe. 6. Aufl. (VIII, 168 S.) gr. 8. Ebd. 903. Geb. in Leinw. n. 2. 50

— Kleine englische Vorschule. gr. 8. (VII, 32 S.) Ebd. 890. cart. * — 75

— kleine englische Vorschule. 2. Aufl. gr. 8. (VII, 32 S.) Ebd. 895. Kart. n. — 75

— kleine englische Vorschule. 3. u. 4. unveränd. Aufl. (à VII, 32 S.) gr. 8. Ebd. (903). Geb. n — 75

Opl: Konstruktion der Krümmungslinien auf gewöhnlich vorkommenden Flächen. 32 S. 8° u. Fgt – Laibach OR., Progr 1866

Opl J.: Die Systeme von Kegelschnitten, welche aus der allgemeinen Gleichung des II. Grades mit 2 Veränderlichen durch Einführung variabler Coëfficienten hervorgehen, m. 1 Tafel. 26. Klagenfurt R. 77. Progr.

Opl, J., Uebels ande der Lokali äten der k. k. Obei Realsc in Laibac.. Laibach 1867
Schul-/Univ.-Schrift

Opladen, Peter, a. Flittard b. Mülheim-Rhein: Die Stellung der deutschen Könige zu den Orden im dreizehnten Jahrhundert. Bonn 1908: P. Hauptmann. (114 S.) 8°
Bonn, Phil. Fak., Ref. Schulte, Diss. v. 8. Juli 1908
[Geb. 19. Nov. 76 Flittard; Wohnort: Engelskirchen; Staatsangeh.: Preußen; Vorbildung: Gymn. Neuß Reife O. 97, Studium. Bonn, Münster, Bonn; Rig. 15 Jan. 08.]

Oplatek, J., sieh Über Berg und Thal. III. Wochenblatt f. Kur- u. Bade-Orte. 1888.

Opletal, J (Hrsg.), s. Schuhmacherzeitung, Wiener Allgemeine.

Jan OPLETAL Syntax des Conjunctivs in Hartmanns Iwein
Prag, Phil. Diss. 1898/99.

Opletal, Jos., forstliche Bauinvestitionen im Bereiche der k. k. Direktion der Güter des Bukowiner griech.-oriental. Religionsfondes in Czernowitz. Mit e. Übersichtskarte, 6 Taf. (Pläne u. Zeichngn.) u. 50 Textfig. (V, 84 S.) Lex. 8. Czernowitz 906. (R. Schally.) nn 5. —

Opoix, ..., physikal.-chem. Beobachtt. üb. die Farben; aus d. Französ. übers. v. J. D. Ribini. 8. Wien 786. Hartmann.

Opora. Eine Zeitschrift zur Beförder. des Obstbaues in Deutschland. Herausg. unter Leitung des Obstbau-Vereins in d. Oberlausitz. 1r u. 2r Bd. à 4 Hfte. gr. 8. Zittau 834 — 36. Birr. (à 1 ß) 2 ß — 3r Bd. 4 Hfte. Mit 2 Steintaf. gr. 8. Ebd. 837, 38. n. 1 ß

— — Fortsetzung s.: Für Freunde d. Obstbaues.

Oporin, Joachim

— theol. Bedenk. über d. Grundr. einer Lehrart, erbaulich zu predigen. 8. Hannov. Helwing. 741.

— Der im Alten und Neuen Testament unterschiedene Dienst der guten Engel, nebst augenscheinlicher Rache des Messiæ an dem Teufel. Hamburg. 1735.

— de firmitate ac inspiratione divina novi ex vet. testam. demonstr. 4. Gott. 740.

— Geschichte des an d. Welthreiland. gegründ. Glaubens. 8. Hnnov. Helwing. 749.
Schrelbp.

Oporin, J., Historia critica doctrinae de immortalitate animae mortalium. Hamb. 1735. 8. 12 gr.

Oporin, Joach., († d. 5. Sept. 1753.) Jesus in d. Kirche bis ans Ende d. Welt, gezogen aus d. Offenbar. Johann. 8. Hannov. 753. (Hahn). 8 gr

— die z. zweitenmal ausgearb. Kette d. Weissagung. 8. Götting. 753. Vandenhoeck u. R. 12 gr

— d. Kette der im A. Testam. bef. Vorherverkündigung. v. Hellande. 4. Ebend. 745.

Oporin, Joachim [Praes.], s. Kipp, Heinrich Daniel Simplicitas divina sententiae Paulinae Ephes. VI v 12 de hostibus evangelii non imbecillis tantum pseudodoctoribus, sed malignis etiam spiritibus explanata et vindicata.

— erläut. Lehre d. Hebräer u. Christen v. guten u. bösen Engeln. 8. Hamb. Brand. (Bohn) 735.

Oporin, Joach., erläuterte Lehre der Hebräer und Christen von guten und bösen Engeln. Hamb. 736. 8.

Oporinus, Joach., Historiæ criticæ prodromus, primis lineis exhibens recensionem causarum, fundamentorum et rationum historico-philosophicam doctrinæ de natura et vita animorum perenni. Hamburg. 1730. 4.

— die Religion u. Hoffnung im Tode in ihrem Zusammenhange bewiesen. 8. Götting. 751. Vandenhöck u. R. 6 gr

— alte u. einz. Richtschnur, überzeug. z. predigen, n. Fortf. 8. Gött. 737.

— d. ganze Schicksal des jüdisch. Volks, v. Ausg. a. Babel b. a.. d. Ank. ihres Messias 2c. 4. Gött. Vandenhök. 747.

Oporini, Joachim, Commentatio theol. de usu doctae simplicitatis contra scepticos. In qua primum efficacia illius in demonstranda et vindicanda religionis christianae divina origine explicatur; deinde imitatio huius doctae simplicitatis contra nostrae etiam aetatis Scepticos tanquam sufficiens et necessaria commendatur; denique praestantia eiusdem prae nova V. Cl. M. Jac. Carpouii subtilitate contra Scepticos illustratur. Göttingen (J. M. Fritsch) 1739. 89 S. (5.50) 25600
Gew.: Gerlach Adolph von Munchhausen.

— der Prophet Zacharias, übers. 4. Ebend. 747.

Oporin, Jh., (Chr. Aug. Semler,) Antiperikles, od. Geschichte eines literar. Streits üb. die kräftigsten Mittel z. Beförder. d. schönen Künste. 8. Dresd. 816. Hilscher. 6 gr

O Porto [Schlagwort]

O Porto — Plan von — und Umgegend. Gez. und herausgegeben von C. Brügner. Berlin im Februar 1833. 1:21,500. 1 Bl.

Opp, Joh. Bernard, Lokal-Polizeiverordnungen, Reglements und Regulative etc. der Stadt Trier. Systematisch zusammengestellt und hrsg. 8. (IX, 208 S.) Trier 884, Lintz'sche Buchh. cart. * 3 —

Opp, Max, appr. Arzt aus Mühlhausen ⟨Oberfranken⟩ **Beitrag zu den branchiogenen Geschwülsten.** *Würzburg 1898: A. Boegler.* (33 S.) 8°
Würzburg, Med. Diss. v. 1898

Opp, Osmar Albert, appr. Arzt: Pemphigus syphiliticus adultorum. (Leipzig 1910: Gerstäcker.) 33 S. 8°
Leipzig, Med. Diss. v. 5. Febr. 1910, Ref. Hoffmann
[Geb. 24. April 82 Thum; Wohnort: Leipzig; Staatsangeh.: Sachsen; Vorbildung: Realgymn. Annaberg Reife O. 02; Studium: München 1, Freiburg i. B. 1, Leipzig 8 S.; Coll. 3. März 10; Approb. 5. Aug. 09.] [U 10. 3035

Oppalka, ..., s.a. Gronau, die Familie.

Familie

— — Gronau, Die, oder die Reise auf den Jahrmarkt (von *Oppalka*). Berlin und Leipzig (Erfurt, Hennings) 1806. 8° (3 Mk. Taussig, Prag, c. 1902.)
Titel u. 415 S. Einiges etwas frei. Anon.-Lex. II. p. 240 (nach Kayser u. Meusel).

— — Dasselbe, tit. Reise-Abentheuer und Meß-Scenen. Ebd. 1811 8°
Tit. u. 415 S.

Reise-Abentheuer und Mess-Scenen (Roman von *v. Oppalka*). Berlin und Leipzig (Gotha, Hennings) 1811 8° 415 S. (7 Mk. 50 Pfg., saub. unbeschn. Expl., Adolf Weigel, 1906.)
Zuerst gedr tit „Die Familie Gronau oder die Reise nach dem Jahrmarkt" Ebd. 1806.

Oppe, ..., Pflanzenabdrücke d. Gräser. 1s u. 2s Hft. gr. Fol. Jena 814. (Cröker). 1 Rthlr 20 gr.

Oppé, Alfred: Zur Kenntnis des Morphins und seiner Isomeren. Jena 1908: Vopelius. 34 S. 8°
Jena, Phil. Diss. v. 5. Okt. 1908, Ref. Knorr
[Geb. 19. Dez. 73 Mühlhausen i. Th.; Wohnort: Jena; Staatsangeh.: Sachsen-Weimar; Vorbildung: Gymn. Mühlhausen bis O. 91, Studium: Jena 10 S.; Rig. 2. März 08.] [U 09. 2206

Oppe, E., s. Handbibliothek, juristische.

Oppe, E., die Mobiliar-Feuerversicherung im Königr. Sachsen, s.a. Handbibliothek, juristische.

— Die Mobiliar-Feuerversicherung im Königreich Sachsen. (Landes- und reichsrechtliche Vorschriften.) Leipzig 1910.

Oppe, H V., die Zinn- u. Eisenerzgänge der Eibenstocker Granitpartie, siehe: Gangstudien, Bd. II, Hft. 2.

Oppe, Willib. Aneurysma der Arteria basilaris, s. Abhandlungen, Münchener medicinische.

Oppe, Willib., e. Fall v. Aneurysma der Arteria basilaris bei e. siebenjährigen Knaben, s.a. Abhandlungen, Münchener medicinische.

Oppe, Wilibald [cand. med. aus Zwickau]: Ein Fall von Aneurysma der Arteria basilaris bei einem siebenjährigen Knaben ... München, J. F. Lehmann, 1892; 1 Bl., 16 S., 1 Tab. 8.
München, Med. Fak., Inaug.-Diss. v [17 Dez] 1891

Oppe, W. Ein Fall von Aneuryoma der Arteria basilaris. In-8°. 16 S. München, J. F. Lehmann (Depot für die Schweiz: E. Speidel, Oberstrass-Zürich). 1892 1 35

Oppel

— s. a. **Opel.**

v. **Oppel.** Sammlung von Beiträgen zur Geschichte des kgl. sächs. 1 leichten Reiter Regim. vacant Prinz Clemens. Freiberg 1857

Oppel, Alb., über die gestaltliche Anpassung der Blutgefässe unter Berücksicht. der funktionellen Transplantation, s.a. Vorträge u. Aufsätze üb. Entwickelungsmechanik der Organismen. 10. Heft.

Über die gestaltliche Anpassung der Blutgefässe unter Berücks. d. funktionellen Transplantation von Prof. Dr. Albert **Oppel**. Mit e. Originalbeigabe von Prof. W(ilhelm) Roux enth. s. Theorie d. Gestaltung d. Blutgefässe einschl. d. Kollateralkreislaufs. Leipzig W. Engelmann 1910. IX, 182 S. 8°
(Vorträge u. Aufsätze über Entwickelungsmechanik d. Organismen. H. 10.) (10.6.) 2

— und Ed. **Suess**, über die muthmasslichen Aequivalente der Kössener Schichten in Schwaben. Mit 2 (lith.) Taf. (Aus d. Sitzungsberichten d. k. Akad. d. W.) Wien 856. (Gerold.) gr. 8. (17 S.) n. 7½ ngr.

Atmungsapparat Von Dr Albert **Oppel**, Prof. in Stuttgart Mit 304 Textabb. u. 4 Taf. Jena G. Fischer 1905. (XI, 824 S.) 4°(8°)
= Lehrbuch d. vergleichenden mikroskop. Anatomie d. Wirbeltiere. Hrsg von A. Oppel. T 6. (05. 99)

Oppel, A. Ueber die Brachiopoden des untern Lias. (Aus d. Zeitsch. d. deutsch. geol. Gesellsch.) Berlin. 1861 8.

Oppel, A. Ueber einige Cephalopoden der Juraformation Würtemberg's. (Aus d. würtemb. naturw. Jahresh.) Stuttgart. 1855. 8.

Oppel, Alb., über d. Darm d. Monotremen, ein. Marsupialier u. v. Manis javanica, s.: Denkschriften d. medicin.-naturwissensch. Gesellschaft zu Jena, V.

Oppel, A. Die tithonische Etage 1865.

Oppel, Albert [approb. Arzt]: Ueber einen Fall von Lithopaedion .... (Aus d. Münch. Med. Wochenschr.) München, Verl. d. Münch. Med. Wochenschr., Jos. Ant. Finsterlin, 1888; 1 Bl. + 18 S. u. 1 Tab. 8°
München, Med. Fak., Inaug.-Diss. v. 1888

Oppel, Alb., die Juraformation Englands, Frankreichs und des südwestlichen Deutschlands. Nach ihren einzelnen Gliedern eingetheilt und verglichen. gr. 8. (IV und 858 S. mit 1 Tab. in qu. Imp.-Fol. und 1 chromolithogr. geognost. Karte in Fol.) Stuttgart 856—58, Ebner und Seubert. *
Aus: Württembergische naturwissenschaftl. Jahreshefte, XII—XIV. Jahrg. besonders abgedruckt.

Oppel A Über die weissen und rothen Kalke von Vils in Tyrol. 1860.

Oppel, Alb. Ueber die weissen und rothen Kalke von Vils in Tyrol. (Aus d. Würtemb. nat. Jahrb.) Stuttgart. 1861 8.

— Lehrbuch d. vergleich. mikroskop. Anatomie der Wirbeltiere. 2 Tle. gr. 8. Jena, G. Fischer. n. 34. —
1. Der Magen. (VIII, 543 S. m. 375 Abb., 5 Taf. u. 4 Bl. Erklärgn.) 896. n. 14. —
2. Schlund u. Darm. (VIII, 682 S. m. 343 Textabb., 4 lith. Taf. u. 4 Bl. Erklärgn.) 897. n. 20. —

Oppel, Alb., Lehrbuch der vergleichenden mikroskop. Anatomie der Wirbeltiere. In Verbindg. m. Amann, Ballowitz, Braus u. a. hrsg. 3. Tl. Mundhöhle, Bauchspeicheldrüse u. Leber. Von A. Oppel. gr. 8. (X, 1180 S. m. 679 Abbildgn., 10 lith. Taf. u. 10 Bl. Erklärgn.) Jena 900. G. Fischer. n. 36. —; (kplt. n. 70. —)

Oppel, Alb., Lehrbuch der vergleichenden mikroskopischen Anatomie der Wirbeltiere. In Verbindg. m. Amann, Ballowitz, Braus u. a. hrsg. 4.—6. Tl. Lex.-8. Jena, G. Fischer. n. 52. —

4. Ausführapparat u. Anhangsdrüsen der männlichen Geschlechtsorgane. Von Rud. Disselhorst. (Aus der anat.-phys. Abteilg. des landwirtschaftl. Instituts der königl. Universität.) (X, 432 S. m. 435 Abbildgn., 7 lith. Taf. u. 7 Bl. Erklärgn.) 904. n. 20. —
5. Die Parietalorgane. Von F. K. Studnička. (VIII, 256 S. m. 134 Abbildgn. u. 1 lith. Taf.) 905. n. 8. —
6. Atmungsapparat. Von Alb. Oppel. (XI, 824 S. m. 364 Abbildgn., 4 lith. Taf. u. 4 Bl. Erklärgn.) 905. n. 24. —

— der mittlere Lias Schwabens neu bearbeitet. Mit 4 lith. Taf. (in Fol.). (Abdr. aus d. Württemberg. naturw. Jahresheften.) Stuttgart 853. Ebner u. Seubert. gr. 8. (6 Bl., 92 S.) n. 1 ℛ︎.

— üb. d. Magen d. Monotremen, ein. Marsupialier u. v. Manis javanica, s.: Denkschriften d. medicinisch-naturwissenschaftl. Gesellschaft zu Jena, V.

Oppel, Alb., palaeontologische Mittheilungen aus dem Museum des königl. bayer. Staates. (I. Bd.) Lex.-8. (IV und S. 1—162 mit Stnt. 1—50 und 50 Blatt Erklärungen.) Stuttgart 862, Ebner und Seubert. *

—— dass. — (1.) Fortsetzung. Lex.-8. (S. 163—288 mit Stnt. 51—82 und 32 Blatt Erklärungen.) Ebendas. 863. *

—— dass. — (2.) Fortsetzung. Lex.-8. (S. 289—322 mit Stnt. 83—88 und 6 Blatt Erklärungen.) Ebendas. 865. *
compl. *
Ermässigter Preis für compl. Exempl. *

Oppel, Alb., palaeontologische Mittheilungen aus dem Museum des königl. bayer. Staates. Fortgesetzt von Karl Alfr. Zittel. 2. Bd. 1. Abthl.: Die Cephalopoden der Stramberger Schichten. Lex.-8. (VIII, 119 S. mit 24 Stnt. in Tondr. in gr. Fol. und 3 Bl. Erklärungen.) Stuttgart 869, Ebner und Seubert. [Schickhardt und Ebner.] *
1. Bd. Ebendas. 1862—65. Ermässigter Preis *ℳ 48.

Oppel, Dr. Alb., Paläontologische Mittheilungen aus dem Museum des kgl. bayer. Staates. Stuttg. 1862—65. 1 Bd. Text 8°. 1 Bd. Atlas von 88 Tfln. 8° Fortgesetzt von Dr. C. A. Zittel. Stuttg. 1868—73.
2. Bd. Abth. 1: Die Kephalopoden der Stramberger Schichten. Text 8°. Atlas von 24 Tfln. Fol.
Abth. 2: Die Fauna der älteren Kephalopoden führenden Thitonbildungen. Mit Atl. v. 15 Tfln. Cassel 1870. Fol.
Abth. 3: Die Gastropoden der Stramberger Schichten. Cassel 1873. Text 8°. Atlas Fol. (Die 3 Abtheilungen in 1 Bande.)

Mundhöhle, Bauchspeicheldrüse und Leber. Von Prof. Dr. Albert Oppel. Jena: G. Fischer 1900. (x, 1180 S.) 8°
— Lehrbuch d. vergleichenden mikroskop. Anatomie d. Wirbeltiere. T 3. [97. 6267]

Oppel, Alb., weitere Nachweise der kössener Schichten in Schwaben und in Luxemburg. Lex.-8. (9 S.) Wien 858, (Gerold's Sohn.) Thlr. * *
Aus: Sitzungsberichte der k. Akademie der Wissenschaften, Jahrg. 1857, besonders abgedruckt.

Oppel, A. Tableau résumé de la classification du terrain jurassique. 1858

— Taschenbuch d. mikroskop. Technik, s.: Böhm, Alex.

Oppel, Alb. Die neueren Untersuchungen über die Zone der Avicula contorta, mit besonderer Berücksichtigung der Beobachtungen M. Martin's über das Auftreten dieser Zone im Dep. Côte-d'Or. (Aus d. württemberg. naturw. Jahresheft.) Stuttgart 1859. 8

— Vergleichung d. Entwickelungsgrades der Organe zu verschiedenen Entwicklungszeiten bei Wirbeltieren. gr. 8. (III, 181 S.) Jena 891. G. Fischer. n. 7. —

Oppel, A. Ueber das Vorkommen von jurassischen Posidonomyen-Gesteinen in den Alpen. (Aus d. Zeitsch. d. deutsch. geol. Gesellsch.) Berlin 1863. 8

—— über die Zone des Ammonites transversarius, s. Beiträge, geognostisch-paläontologische.

— über die Zunge der Monotremen, einiger Marsupialier u. v. Manisjavanica, s.: Denkschriften der medic.-naturwiss. Gesellschaft zu Jena. VII. 2.

Oppel, Alwin, die Baumwolle nach Geschichte, Anbau, Verarbeitung u. Handel, sowie nach ihrer Stellung im Volksleben u. in der Staatswirtschaft. Im Auftrage m. Unterstützg. der Bremer Baumwollbörse bearb. u. hrsg. Mit 236 Karten u. Abbildgn. 8. (XV, 745 S.) Leipzig 902. Duncker & Humblot.
Geb. in Leinw. n. 20. —

— Bilderschatz zur Länder- u. Völkerkunde, s.: Hirt, F.

— s.: Blätter, deutsche geographische.

Oppel, Alwin *E. G.* [Dr.]: Terra incognita. Eine kurzgef. Darstellung d. stufenweisen Entwickelung d. Erdkenntnis vom Ausgange d. Mittelalters bis z. Gegenwart u. der derzeitigen Ausdehnung d. unerforschten Gebiete. . Bremen, Druck v. A. Guthe, 1891; 2 Bl., 98 S., 5 Ktn, 8°
Bremen, Handels-S (RG) (Abt. d. Haupt-S), OP 1891 (714 b statt 713)

Oppel, Alw. Einzelbilder aus der Weltwirtschaft. Unter besond. Berücksicht. der geograph., ethnograph. u. kommerziellen Verhältnisse. 1.—5. Heft. gr. 8. Brem., Nößler. à Heft * 1 —
1. Der Tabak in dem Wirtschaftsleben u. der Sittengeschichte der Völker. Mit 4 statist. Diagrammen. (80 S.) 890.
2. Der Reis. Mit 16 Holzschn., meist Abbildgn. birmens. Originale. (IV, 73 S.) 890.
3. Die Baumwolle, in ihren verschied. Beziehgn. z. Weltwirtschaft. (III, 50 S.) 891.
4. Die Wolle, in Bezug auf Erzeugung, Verarbeitung u. Handel. (III, 54 S.) 891.
5. Das Getreide u. die Kartoffel, in ihrer gegenwärt. Bedeutung f. das Völkerleben u. die Weltwirtschaft. (III, 84 S.) 892.

Oppel, Alwin, Entstehung u. Niedergang d. span. Weltreiches u. s. Kolonialhandels, s. a. Sammlung gemeinverständl. wissenschaftl. Vorträge.

(S.) Entstehung und Niedergang des spanischen Weltreiches und seines Kolonialhandels. Von Dr. Alwin Oppel in Bremen. *Hamburg: Verlagsanst. u. Dr. A.-G. 1897.* (54 S.) 8.
= Sammlung gemeinverständl. wiss. Vorträge. N. F. Ser. 12. H. 277. [97. 6,96]

Oppel, Alw. Erdkarte, darstellend die Entwicklung der Erdkenntnis vom Mittelalter bis zur Gegenwart in Stufen v. Jahrhunderten. Aequatorial-Massstab 1 : 20 Mill. 6 Blatt à 85×69 cm. Farbendr. Nebst erläut. Bemerkungen. 8. (24 S.) Winterthur 892, Topogr. Anstalt. Winterthur, J. Schlumpf. * 12 —

— u. Arnold Ludwig, allgem. Erdkunde in Bildern (3. Aufl. v. F. Hirts geograph. Bildertafeln. Tl. I.) M. Berücksicht. d. Völkerkunde u. Kulturgeschichte. Unt. Mitwirkg. v. G. Fritsch, G. Leipoldt, R. Perkmann, R. Waeber u. vielen and. hervorrag. Fachmännern. 30 Taf., enth. 346 Abb. in Schwarzdr. u. 28 Abb. in vielfachem Farbendr., sow. 17 S. erläut. Text. Fol. (20 S.) Breslau 898. F. Hirt. n. 6. 50
geb. in Leinw. n. 8. 50

Oppel, A[lwin], 5. deutscher Geographentag in Hamburg. 8. (24 S.) [Bremen 885.] Leipzig, Rauert und Rocco. * — 60

— s.: Hirt's, Ferd., Bilderschatz z. Länder- u. Völkerkunde.

— Landeskunde des britischen Nordamerika. s.a. Sammlung Göschen.

Landeskunde des Britischen Nordamerika von Prof. Dr. A[lwin] Oppel. Mit 13 Abb. u. 1 Kt. Leipzig: Göschen 1906. 154 S. 8°
(Sammlung Göschen. 284.)

Oppel, Alwin, Landschaftskunde. Versuch einer Physiognomik der gesamten Erdoberfläche in Skizzen, Charakteristiken und Schilderungen, zugleich als erläut. Text zum [II.] landschaftl. Teile von F. Hirt's geograph. Bildertafeln. 12 Lfgn. gr. 8. (XII, 728 S.) Breslau 884, F. Hirt. à Lfg. * M 1.; geb. * 14 50

—— Landschaftskunde. Versuch einer Physiognomik der gesamten Erdoberfläche in Skizzen, Charakteristiken und Schilderungen, zugleich als erläut. Text zum landschaftl. Theile [II.] von F. Hirt's geograph. Bildertafeln. 2. (Titel-)Ausg. Mit einem Nachtrage betr. die 2. Aufl. von F. Hirt's Geograph. Bildertafeln, Tl. II: Typische Landschaften. gr. 8. (XII, 728 S.; Nachtrag 14 S.) Breslau 887, F. Hirt. * 12 —
geb. * 14 50

— Natur u. Arbeit. Eine allgemeine Wirtschaftskunde. 2 Tle. in je 9 Lfgn. Mit 218 Abb. im Text, 23 Kartenbeilagen u. 724 Taf. in Bunt- u. Schwarzdr. (X, 352 u. X, 458 S.) Lex.-8. Leipzig 904. Bibliograph. Institut. n. 18. — ; Einbde. in Leinw. à n.n. 1. —

Oppel, Alwin Der Reis. Mit 16 Abbildungen. Bremen 1890. (II), 73 S. 8° [C 4017

— wirtschaftsgeographische Reise durch die Vereinigten Staaten. Im Auftrage der geograph. Gesellschaft ausgeführt. gr. 8. (138 S.) Bremen 899. (G. A. v. Halem.) n. 2. —
Sonderabdruck aus: „Deutsche geograph. Blätter".

Oppel, Alwin. Der Tabak in dem Wirtschaftsleben und der Sittengeschichte der Völker kurz geschildert. Mit vier statistischen Diagrammen. Bremen 1890. 80 S., 3 Tf. 8°

Oppel, Alwin *E. G.* [Dr.]: Terra incognita. Eine kurzgef. Darstellung d. stufenweisen Entwickelung d. Erdkenntnis vom Ausgange d. Mittelalters bis z. Gegenwart u. der derzeitigen Ausdehnung d. unerforschten Gebiete. . . . Bremen, Druck v. A. Guthe, 1891, 2 Bl., 68 S., 5 Ktn, 8°
Bremen, Handels-S (RG) (Abt. d. Haupt-S), OP 1891 (714b statt 715)

— Wandkarte zur Wirtschaftskunde v. Europa. 1 : 3,200,000 9 Blatt je 62 × 65 cm. Farbdr. Leipzig, G. Lang. 22. —, auf Leinw. m. Stäben 28. —
1909

Oppel, A., Wandkarte zur Wirtschaftskunde des Deutschen Reiches u. seiner Nachbarländer. 1 : 800 000. 6 Blatt je 56,5 × 99,5 cm. Farbdr. Leipzig, G. Lang. 22. —; auf Leinw m. Stäben 28. —
1909

— Wirtschaftsgeographie der Vereinigten Staaten v. Nordamerika, s.a. Geographie, angewandte. III, 2.

Wirtschaftsgeographie der Vereinigten Staaten von Nordamerika von Prof. Dr. A[lwin] Oppel in Bremen. Mit 11 graph. Darstellungen. Halle a. S.: Gebauer-Schwetschke 1907. (159 S.) 8°
— Geographie, Angewandte. Ser. 3. H. 2. [07. 12327

Oppel, Carl, s. Oppel, Karl

Oppel, E. A. G. Quaest. de dialecto Theocritea. Diss. 1874. 64 S. 4.50

Oppel, Friedr.: . . Preisverzeichnis über Münzen und Medaillen. (14: . . . Verzeichnis verkäuflicher, 15—16 . über verkäufliche Münzen und Medaillen.) 12—16. [Verkaufskat.] — (Hamburg 1902: Kampen, 1903—06. Hirschhausen.) 8° [Umschlagt.]

Oppel, Friedrich Wilhelm v

— s.a. Abtheilung d. Gehölze in jährl. Gehaue u. verbess. Oppelt in Oppel

OPPEL, F. W v : Die Abtheilung der Gehölze in jährliche Gehaue, eine Rechnungsaufgabe. - Freyberg 1760. 8 1/4 Bog. - 2. Aufl. Dresden 1770. - 3. Aufl. ebd. 1791. 78 S.

Oppel, F. W. v., Abtheil. d. Gehölze in jährl. Gehaue. E. Rechnungsaufgabe. 4. Dresd. Walther. 791.

(Oppel [de]). Analysis triangulorum. Dresdae et Lipsiae 1746. fol.

v. Oppel, Fr. Wlh., († d. 4. Febr. 1769.) Anleit. z. Markscheidekunst. Mit Tab. u. 13 Kpf. u. e. Anh. gr. 4. Dresd. 749—52.

Oppel, F W v., Anleitung zur Markscheidekunst nach ihren Anfangsgründen und Ausübungen kurtzlich entworfen. Dresden, 1749. 619 S. mit 15 Taf

v. Oppel, H., der Liberalismus der Gegenwart. Ein Zeitthema, vom volksthüml. Standpunkte aus beleuchtet. 12. Grimma 845, Verlags-Comptoir. n. 1/3 ℳ

Oppel, J. J., Leitfaden für den Unterricht in der Elementar-Mathematik an höheren Lehranstalten. 1., geometr. Thl. Frankfurt a. M. 855. Brönner. 8. (XVI, 222 S.) n. 24 ngr.

Oppel, J. J., Leitfaden für den geometrischen Unterricht an Gymnasien u. ähnlichen Lehranstalten, nebst zahlreichen Uebungsaufgaben, Anwendungen u. ausführlichem alphabetischem Inhaltsverzeichnisse. 2., verm. u. verb. Aufl. 8. (XI, 253 S. m. eingedr. Holzschn.) Frankfurt a/M. 878. Winter. n. 3. 50

Oppel, Joh. Joseph, Dr., Ueber die möglichen Lagen optischer Bilder in Bezug auf das Object, mit besonderer Berücksichtigung einiger gewöhnlich nicht besprochenen Fälle. (Abhandlung einer Beglückwünschungsschrift.)
Frankfurt a. M. 1863.

Oppel, Karl, Abenteuer in Feindesland. Eine Soldatengeschichte. Frankfurt a. M. 865. Boselli'sche Buchh. 16. (71 S.) cart. 7½ ngr.

Oppel, Karl, Abenteuer des Kapitän Mago. Eine phönikische Weltfahrt vor 3000 Jahren. Mit Zugrundelegung des französ. Werkes von Cahun bearb. und mit einer geographisch-kulturhistor. Einleitung und einem geschichtl. Schlußkapitel versehen. gr. 8. (X, 376 S. mit 70 Text-Abbild., 7 Tonbildern und 1 Karte.) Leipzig 878, Spamer. * M 5.; geb. *

Oppel, Karl, Abenteuer des Kapitän Mago. Eine phönik. Weltfahrt vor 3000 Jahren. Mit Zugrundelegung des französ. Werkes von Cahun bearb. und mit einer geographisch-kulturhistor. Einleitung und einem geschichtl. Schlußkapitel versehen. 2. (Titel-)Aufl. gr. 8. (X, 376 S. mit 70 Text-Abbild., 7 Tonbildern und 1 Karte.) Leipzig 882, Spamer. geb. * 5 —

Oppel, K., Abenteuer d. Kapitän Mago. Eine phönik. Weltfahrt vor 3000 Jahren. Mit Zugrundlegg. des französ. Werkes von Cahun bearb. u. m. e. geographisch-kulturhistor. Einleitg. u. e. geschichtl. Schlußkapitel versehen. Mit 67 Text-Abbildgn., e. Titelbilde u. e. Karte. 3. Aufl. gr. 8. (IX, 324 S.) Leipzig 889. Spamer. n. 4. 50; geb. n. 6. —

Oppel, Karl, Abenteuer d. Kapitän Mago. E. phönik. Weltfahrt vor 3000 Jahren. M. Zugrundelegg. d. französ. Werkes v. Cahun bearb. u. m. e. geographisch-kulturhistor. Einleitg. u. e. geschichtl. Schlußkapitel versehen. 4 [Titel-]Aufl. M. 67 Text-Abb., e. Titelbilde u. e. Karte. gr. 8. (IX, 324 S.) Leipzig (889) 899. O. Spamer. n. 4. 50; geb. in Leinw. n. 6. —

Oppel, Karl, Abenteuer des Kapitän Mago. Eine phönik. Weltfahrt vor 3000 Jahren. Mit Zugrundelegg. des französ. Werkes v. Cahun bearb. u. m. e. geographisch-kulturhistor. Einleitg. u. e. geschichtl. Schlußkapitel versehen. 5. [Titel-]Aufl. (IX, 324 S. m. 67 Abb., 1 Titelbilde u. 1 Karte.) 8. Leipzig [889.] 909. O. Spamer. 3.—; geb. in Leinw. 4. —

Gutachtlicher Bericht der Grossen Mutterloge des Eklektischen Freimaurerbundes über den Entwurf einer Bundesverfassung der vereinigten deutschen Grosslogen. Zur Mittheilung an die eklektischen Bundeslogen. [Von Karl Oppel.] (Beschlossen in der Grosslogen-Versammlung vom 18. April 1879.) Frankfurt a. M. 1879: Mahlau & Waldschmidt. 19 S. 8⁰ [Umschlagtit.]

Oppel, Karl, Bilder aus der alten Musterschule. Dem Realgymnasium Musterschule in Frankfurt a. M. zu seiner Hundertjahrfeier am 18. IV. 1903 gewidmet. Mit dem Bildnis des Verf. u. 2 Illustr. (126 S.) 8. Frankfurt a/M. 903. F. B. Auffarth. Geb. in Leinw. n. 2 —

Oppel, Karl, die Brautfahrt. Schweinfurter Novelle aus den J. 1790, 1791 u. 1801. 8. (139 S.) Schweinfurt 894. G. J. Giegler. n. 2. —; geb. n. 2. 80

—— das Buch der Eltern. Praktische Anleitung zur häuslichen Erziehung der Kinder beiderlei Geschlechts vom frühesten Alter bis zur Selbstständigkeit. 8 Lfgn. gr. 8. (VI, 504 S.) Frankfurt a. M. 877, Diesterweg. à Lfg. 80 Pf. geb. *

—— das Buch der Eltern. Praktische Anleitung zur häusl. Erziehung der Kinder beiderlei Geschlechts vom frühesten Alter bis zur Selbständigkeit. 2. Aufl. (VI, 504 S.) 1877. *ℳ 6,40.; geb. *ℳ 7,50.; 3. verm. Aufl. 8 Lfgn. gr. 8. (VIII, 416 S.) Frankfurt a. M. 881,82, Diesterweg. à Lfg. 60 Pf. * 4 80 geb. * 5 80

— das Buch d. Eltern. Prakt. Anleitg. zur häusl. Erziehg. d. Kinder v. frühesten Alter b. z. Selbständigkeit 4., wesentl. verb. Aufl. gr. 8. (VI, 368 S.) Frankfurt a/M. 896. M. Diesterweg. n. 3. —; geb. in Leinw. n. 4. —
Erschien auch in 6 Lfgn. à n. — 50.

— das Buch der Eltern. Praktische Anleitg. zur häusl. Erziehg. der Kinder vom frühesten Alter bis zur Selbständigkeit. 5. Aufl. Durchgesehen u. m. Anmerkgn. sowie e. Lebensbilde des Verf. begleitet v. Jul. Ziehen. Buchschmuck v. Edm. Schaefer. (XVII, 391 S.) gr. 8. Frankfurt a/M. 906. M. Diesterweg. n. 3. —; geb. n. 4. —

— Festgabe. Merkwürdige historische Begebenheiten. Zur Unterhaltung der reiferen Jugend erzählt. gr. 8. (III, 347 S.) Ebend. 878. geb. n. 4. 50

— dasselbe. 2. Aufl. Mit 5 Farbendr.-Bildern nach Aquarellen von W. Steinhausen. 8. (347 S.) Ebend. 879. geb. 5. —

Festzeichnung des Br. Karl Oppel, vorgetragen in der Loge Carl zum aufgehenden Licht [in Frankfurt a. M.] am 28. April 1877. Frankfurt a. M. [1877]: Werner & Winter. 8 S. 8⁰ [Umschlagtit.]
Üb. Bruderliebe.

Freimaurerei und ägyptisches Priesterthum. Rede, gehalten beim Jahresschlusse in der Loge Sokrates zur Standhaftigkeit im O.˙. Frankfurt am Main von Karl Oppel. Frankfurt a/M.: Boselli 1860. 20 S. 8⁰ [Umschlagtit.]
Recens: Bh. 3 (1860) S. 126—127 (J. G. Findel); FZ. 14 (1860) S. 134—135.
cf. Bh. 4 (1861) S. 163—164 (H. F. W. Lippert).
Tt. 2140.

Zwei maurerische Gedichte, den Brüdern in Liebe gewidmet von Karl Oppel. o. O. u. J. 14 S. 8⁰ [Umschlagtit.]
1. Schaffen in Liebe ist unsere Bestimmung u. unser Glück; 2. Vom Junker, der ein Weib wollt' suchen.

Zwei maurerische Gedichte, den Brüdern in Liebe gewidmet von Karl Oppel. [Frankfurt a. M. 1849: Heller & Rohm.] 14 S. 8⁰ [Umschlagtit.]
Enth. die Gedichte: „Schaffen in Liebe" u. „Vom Junker, der ein Weib wollt' suchen."

— Hei, Wittelsbach! Wie Pfalzgraf Otto Herzog v. Bayern ward. Historische Erzählg. aus der Zeit des Rothbarts. 12. (50 S.) Erlangen 894. Fr. Junge. — 25

In Freud und Leid Brüder allzeit. Der ehrw. Gr. Loge von Preussen, gen. Royal York zur Freundschaft [in Berlin] zur Einweihung ihres neuen Tempels in Liebe und Verehrung dargebracht von Karl Oppel. Frankfurt a, M.: 1882: Kumpf & Reis. 15 S. 8⁰ [Umschlagtit.]
Abgedr. in: M. 1 (1882—1883) S. 98, 102—103, 106—109, 109—110.
2 kleine Erzählungen, die zeigen sollen, „dass die Frmrei die zu Brüdern macht, die das politische Leben als Todfeinde einander gegenüberstellt, u. dass sie selbst Weltfremde, sobald sie sich als Frmr erkennen, in Bruderliebe einander an das Herz legt."

Johannisfestzeichnung 1872, von Karl **Oppel.** [Frankfurt a. M. 1872: Krebs-Schmitt.] 6 S. 8⁰ [Kopftit.]

Abgedr. in: MitthF. (NF.) 9 (1872) S. 56–61; T. 18 (1872) S. 161—163, 171—172; Z. 2 (1872) S. 104—105.

Üb. die Gefahren, die den Bund bedrohen: Kampf der Katholiken, Hochgradwesen u. das Vorherrschen der praktischen Bestrebungen in den Logen.

— Kemi. Aegyptens Bedeutung für die Kulturentwickelung der Menschheit und Altägyptische Glaubenslehre. Mit 2 (lith.) erläuternden Taf. (in 4.) Frankfurt a. M. 859. Auffarth. 8. (VI, 85 S.) n. 10 ngr.

Oppel, Karl, Johann Heinrich Pestalozzi's Leben, Wollen u. Wirken. gr. 8. Frankfurt a/M. 845, Keßler. n. 1/6 ₰

Oppel, Carl, Johann Heinrich Pestalozzi's Leben, Wollen u. Wirken. gr. 8. (2 1/4 B.) Frankfurt a. M. 845, Varrentrapp's Sorth. *

Pythagoras und die Freimaurerei. Von Karl **Oppel.** Frankfurt a. M.: Boselli 1861. 43 S. 8⁰ [Umschlagtit.]

[Dasselbe.] 2. unveränd. Aufl. Ebendas. 1862. 43 S. 8⁰

Recens: Bh. 4 (1861) S. 71; FZ. 15 (1861) S. 135.

cf. L. 20 (1861) S. 55—56.

Tt. 1718. Leben, Lehre des Pythagoras. Einrichtung, Wirksamkeit des Pythagor. Bundes unter Bezugnahme auf den Frmrbund.

Oppel, Karl, Franz Pyrard's erste und letzte Reise, s. Volksbibliothek, deutsche.

—— Die alten Schweinfurter. Das Ende des 18. Jahrh. in der Freireichsstadt Schweinfurt. Auf Grund der im städt. Archiv befindl. Naßdörfer-Voit'schen handschriftl. Chronik den Vätern zur Ehr den Enkeln zur Lehr geschildert. 8. (138 S.) Schweinf. 892, Giegler. * 2 — geb. * 2 80

— Hannibals Schwert. Schicksale u. Thaten des größten Kriegshelden, der je gelebt. Romantische Erzählg. f. die reifere Jugend. Mit 6 prachtvollen Farbdr.-Bildern nach Aquarellen v. Ed. Kämpffer. gr. 8. (III, 132 S.) Stuttgart 894. Süddeutsches Verlags-Institut. Geb. in Leinw. n. 3. —

Oppel, Karl, Städtegeschichten. Aus allen Gauen d. Vaterlandes. Historische Erzählgn. u. Sittenschildergn. aus deutschen Städten. Mit 42 Text-Abbildgn. u. e. Titelbilde nach Zeichngn. v. Konr. Ermisch u. B. Mörlins. gr. 8. (X, 366 S.) Leipzig 887. Spamer. n. 6. —; geb. n. 7. 50

— Städtegeschichten. Aus allen Gauen d. Vaterlandes. Histor. Erzählgn. u. Sittenschildergn. a. deutschen Städten. 2. Aufl. M. 42 Text-Abb. u. 1 Titelbilde n. Zeichngn. v. Konr. Ermisch. gr. 8. (X, 366 S.) Leipzig 896. O. Spamer. n. 4. —; geb. in Leinw. n. 5. —

— Tambour u. General. Erzählung aus der Geschichte d. amerikan. Freiheitskampfes. Auf Grundlage der Werke v. L. Rousselet, Fr. Kapp, Will. C. Bryant u. Sydney H. Gay nebst andern bearb. Mit 160 Text-Illustr. u. 2 Tonbildern. gr. 8. (VIII, 334 S.) Ebend. 884 n. 6. —; geb. n. 7. —

Die Thätigkeit des Unterstützungs-Comités der vereinigten Frankfurter Logen. Mitte Nov. 1870. [Unterz.:] Karl **Oppel.** [Leipzig 1870: Bär & Hermann.] 8 S. 8⁰ [Kopftit.]

Aus: Bh. 13 (1870) S. 389—391.

Rechenschaftsbericht üb. die Verwendung der zur Unterstützung der im Krieg Verwundeten, Gefangenen etc. gespendeten Gelder.

— Thiergeschichten. Erzählungen u. Schildergn. aus dem Leben der Thiere. Mit 24 (Holzschn.-)Taf. Abbildgn. (in Tondr.) gr. 8. (XX, 636 S.) Wiesbaden 873. Niedner. n. 9. —

—— Tondichter-Album. Leben und Werke der hervorragendsten Meister der Tonkunst. Geschildert unter Mitwirkung seines Bruders Wigand Oppel. 8. (VII, 264 S. mit 8 photogr. Portr.) Ebendas. 879. geb. *

Oppel, Karl, Tondichter-Album. Leben und Werke der hervorragendsten Meister der Tonkunst. Unter Mitwirkung seines Bruders Wigand Oppel. 1.—5. Tausend. 8. (VI, 277 S. mit 7 Lichtdr.-Portr.) Coblenz 886, Groos. geb. mit Metallreliefkopf *

— Tondichter-Album. Leben u. Werke d. hervorrag. Meister d. Tonkunst. M. 7 Porträts. 7.—9. Tausend. 8. (VII, 276 S.) Leipzig 897. Serig. Geb. in Leinw. n. 5. –

— neues Vademecum latomorum. gr. 8. (54 S. m. e. Steintaf.) Frankfurt a. M. 872. (Leipzig, Findel.) n. 1. 50

Neues Vademecum latomorum. Karl Paul zu seinem fünfundzwanzigjährigen Maurerjubiläum, 10. Juni 5872, dargebracht von Karl **Oppel.** Frankfurt a. M.: Werner & Winter 1872. 54 S., 1 Kupfertaf. 8⁰

FZ. 27 (1873) S. 36—37, Z. 3 (1873) S. 38.

Tt. 329. 3 Abhandl.: Die Werkstätten der Mrei, Tempel Salomo's, Symbole u. heilige Worte der Frmr. 23. 25.

Oppel, Carl (Frankfurt/M.)
Ein Wort über Knabenerziehung .In Briefen niedergeschrieben.
Frankfurt/M. 1858.
[Zur Promotion eingereicht.]
Dr. phil. Giessen 14.5.1859. 26 Kriegsverlust.

Oppel, Karl, ein Wort über Knabenerziehung. In Briefen niedergeschrieben. Frankfurt a. M. 858. Meidinger. gr. 8. (78 S.) n. 12 ngr.

— das alte Wunderland der Pyramiden, s. o. Jugend- u. Hausbibliothek.

Oppel, Dr K., das alte Wunderland der Pyramiden. 2. Auflage. Leipzig 1868. 8.

Oppel Karl, das alte Wunderland der Pyramiden. 3. verm. u. verb. Aufl. Mit 176 in d. Text gedr. Abbild. 10 Ton- u. Buntdruckbild., 1 Hieroglyphen Alphabete 1 Karte d. Thales von Piom. sowie 1 Vogelschau-Plane d. Denkmaler im Nilthale. Nach Zeichnungen von *C. F. Klimsch* u. A. Leipzig (Otto Spamer's Jugend- u. Hausbibl. III, 6.) 1875. 8⁰. Lwdb., gebr. X, 412 S

—— das alte Wunderland der Pyramiden. Geographische, geschichtl. und kulturhistor. Bilder aus der Vorzeit, der Periode der Blüte, sowie des Verfalls des alten Aegyptens. 4. umgearb. und verm. Aufl. Mit 200 Text-Abbild. und Karten, 1 Hieroglyphen-Alphabete, sowie 4 Buntbildern. Nach Zeichnungen von C. F. Klimsch u. A. gr. 8. (X, 405 S.) Ebendas. 881. *ℳ 6.; geb. * 7 —

— das alte Wunderland der Pyramiden. Geographische, polit. u. kulturgeschichtl. Bilder aus der Vorzeit, der Periode der Blüte sowie des Verfalls des alten Aegyptens. 5. umgearb. u. verm. Aufl. Mit 250 Text-Abbildgn. u. Karten sowie 4 Taf. in Farbendr. (VIII, 497 S.) gr. 8. Leipzig 906. O. Spamer. n. 7. —; geb. in Leinw. n. 8. 50

— Das alte Wunderland der Pyramiden. Geographische, polit. u. kulturgeschichtl. Bilder aus d. Vorzeit, der Periode der Blüte, sowie des Verfalls des alten Ägyptens. 6. Aufl. (VIII, 497 S. m. 250 Abb. u. 4 farb. Taf.) 8. Ebd. [906] (909). 7.—; geb. in Leinw. 8. 50

Zielbewusst und mit vereinter Kraft. Der Grossen Mutterloge [zu Frankfurt a. M.] zum Feste hundertjährigen Bestehens des Eklektischen Bundes, 18. März 1883, gewidmet von Karl Oppel. Frankfurt a. M. 1883: Kumpf & Reis. 20 S. 8⁰ [Umschlagtit.]
Recens: DrL 12 (1892–1883) S. 912.
Üb. die Frmrei Mexikos und deren Tätigkeit zur Befreiung und zum Wohle des mexikan. Vaterlandes. 23. 25. 281.

Oppel, Mich., († d. 16. Febr. 1820.) die Ordnungen, Familien u. Gattungen d. Reptilien, als Prodrom ein. Naturgeschichte derselben. 8. Münch. 811. (Lindauer). 16 gr. (Franz das.) 9 gr.

— Tanypis, eine Vogelgattung. Mit 1 Kpf. gr. 4. Münch. 813. (Franz). 4 gr. (Auch in d. Denkschriften d. Acad. d. W.)

Oppel, R., über Orgelstücke u. Orgelspiel. I. Betrachtgn. u. Ratschläge üb. Studium u. Vortrag von Tonwerken f. Orgel (m. Notenbeispielen). Op. 9. gr. 8. (24 S.) Bromberg 898. E. Hecht. n. — 80

Oppel, Rhard., Liturgien f. gemischten Chor, zum Gebrauch der evangel. Kirche komponiert. Op. 6, Nr. 3. (IV, 21 S.) Lex. 8. Göttingen 910. Vandenhoeck & Ruprecht. 1.20; Partie-Ausg. (nur Noten) v. 15 Ex. an à — 40

— Sigism. Ehrenfried von (Meißner Adel), De herede in re certa instituto, ad L. XIII. C. de Hered. Instit. Diss. jur. Präs. Jo. Heinrich Berger. Wittenberg (Gerdes) 27. VII. 1709. 32 S. (5.—) 25604

— — Dasselbe. Wittenberg (Gerdes) 27. VII. 1709. Editio Secunda. 1718. 32 S. (5.—) 25605

Oppel, Wigand, die Lehre von der musikalischen Harmonie. Für Musikschulen u. zum Selbstunterrichte dargestellt u. mit zahlreichen Uebungsaufgaben versehen. gr. 8. (307 S.) Frankfurt a/M. 876. Diesterweg. n. 8. —

— Vorkenntnisse zur Harmonielehre. Die wichtigsten Sätze der Tonlehre u. elementaren Rhythmik, in kurzer Fassung zusammengestellt u. mit Uebungen im Schreiben u. Lesen der Noten versehen. 2. Aufl. gr. 8. (28 S.) Ebend. 881. n. 1. 20

Oppelhain [Schlagwort]

Oppelhain, s.: Preussen. Messtischblätter.

Oppeln [Sachliches OW]

Oppeln. 1865 7 S. mit eingedr Holzschn. 4⁰
Schul-/Univ.-Schrift

Oppeln [Schlagwort]

– s.a. Europa Uebersichtskarte

Oppeln, s.a. Heimatskärtchen. 27.

— s.a. Kreiskarten.

– s.a. Radfahrerkarten Ravenstein Strassenprofilkarte

Oppeln, Reg.-Bez. Entfernungskarten, amtliche, des Reg.-Bez. Oppeln. 1 : 75,000. Im Auftrage des königl. Regierungs-Präsidenten hergestellt auf Grund der gedruckten Karten der königl. Landesaufnahme durch die königl. Katasterverwaltg. des Regierungsbezirks. Nr. 2, 3, 5 u. 7—17. Autogr. Breslau, W. G. Korn. n. 14. 50
2. Kreise: Cosel O/S. 57×76,5 cm. (906.) 1. —. – 3. Falkenberg. 56×69 cm. (905.) 1. —. — 5. Grottkau. 64×59,5 cm. (905.) 1. — — 7. Kreuzburg. 58×63 cm. (905.) 1. —. — 8. Leobschütz. 62,5×74,5 cm. (906.) 1. —. — 9. Lublinitz. 59,5×86,5 cm. (906.) 1. —. — 10. Neisse. 56×77,5 cm. (905.) 1. —. — 11. Neustadt. 60,5×80,5 cm. (905.) 1. —. — 12. Oppeln. 75×102 cm. (905.) 1. 50. — 13. Pless. 61,5×88,5 cm. (906.) 1. —. — 14. Ratibor. 61×79,5 cm. (905.) 1. —. — 15. Rosenberg. 64×80,5 cm. (906.) 1. —. — 16. Rybnik. 60,5×76 cm. (906.) 1. —. — 17. Gr.-Strehlitz. 64,5×84 cm. (906.) 1. —.

Oppeln, Reg.-Bez. Entfernungskarten, amtliche, des Reg.-Bez. Oppeln. Im Auftrage des königl. Regierungs-Präsidenten hergestellt auf Grund der gedruckten Karten der königl. Landesaufnahme durch die königl. Katasterverwaltg. des Regierungsbezirks. Nr. 1, 4, 6, 18 u. 19. Autogr. Breslau, W. G. Korn. 6. —
1. Stadtkreise Beuthen u. Königshütte u. Landkreis Beuthen o/S. 1 : 25,000. 66,5×91 cm. (907.) 1. —
4. Stadtkreis Gleiwitz u. Landkreis Tost-Gleiwitz. 1 zu 75,000. 63×81,5 cm. (907.) 1. —
6. Stadt- u. Landkreis Kattowitz. 1 : 30,000. 63,5×100 cm. (907.) 1. 50
18. Kreis Tarnowitz. 1 : 50,000. 65×73 cm. (907.) 1. —
19. Kreis Zabrze. 1 : 25,000. 99×64,5 cm. (907.) 1. 50

Oppeln. Hilscher, A., Karte des Kreises Oppeln. 1 : 150,000. 44,5×35 cm. Farbendr. Oppeln 887. G. Maske. n. — 60

Oppeln, Reg.-Bez. Karte vom Reg.-Bez. Oppeln u. den angrenzenden Gebieten. 1 : 300,000. 59×65 cm. Farbdr. Glogau (904). Berlin, C. Flemming. n. 1, 20; auf Leinw. in Taschenform. n. 2. 50

— Liebenow's, W., Specialkarte des Reg.-Bez. Oppeln, f. Reise, Bureau u. Verkehr. 1 : 300,000. (Volksausg.) 53×64 cm. Farbdr. Frankfurt a/M. (904). L. Ravenstein. n. 1. —

Oppeln [Verfasser]

Oppeln, A. v., Vetter Karl, s.: Familien-Bibliothek.

Oppeln-Bronikowski, Alexander August Ferdinand von
s.a. Bronikowski, Alexander August Ferdinand von

Oppeln-Bronikowski, Alexander August Ferdinand

Beate. Aus einer Chronik ohne Titelblatt. Bd 1-3.
Leipzig: Bruggemann 1832. 8°

Oppeln-Bronikowski, Alexander August Ferdinand

Sammlung neuer Schriften. Bd 9.27.
Leipzig, Pesth: Brüggemann & Wigand 1832- 8°

9. Die Frauen von Neidschütz. Bd 1.2. 1832.
27. Die Briten in der deutschen Hauptstadt. 1834.

Oppeln-Bronikowski, Alexander August Ferdinand

Schriften. Bd 1-4. 10-14. 19-21.
Dresden, Leipzig: Arnold 1825-33. 8°

1-4. Hippolyt Boratynski. Th. 1-4. 1825-26.
10-14. Polen im Eilften Jahrhundert. Th. 1-5. 1828-32.
19-21. Eugenia. Th. 1-3. 1833.

Oppeln-Bronikowski, Friedrich v Die Blaue Blume Eine Anthologie Romant Lyrik von Friedrich v Oppeln-Bronikowski u. Ludwig Jacobowski. Mit Einl der Hrsg Leipzig E Diederichs [1900]. (LXIII, 467 S) 8°

Oppeln-Bronikowski, Frdr. v., u. Ludw. Jacobowski, die blaue Blume. Eine Anthologie romant. Lyrik. Mit Einleitgn. der Hrsg. 8. (LXIII, 467 S. m. Vignetten u. 8 Bildnissen.) Leipzig (900). E. Diederichs. n. 5.—; geb. n. 6.—

Oppeln-Bronikowski, Friedrich v Die blaue Blume Eine Anthologie romantischer Lyrik von Friedrich v Oppeln - Bronikowski u Ludwig Jacobowski. Mit Einl d. Hrsg. Leipzig Diederichs [1901] LXIII, 467 S. 8°

Oppeln-Bronikowski, Fr. v., Erinnerungen an Richard Wrede. Nachtrag zu d. letzten Preß-Vorkommnissen gr. 8. (22 S.) Berlin 897. (J. Sassenbach.) n. —50

Oppeln-Bronikowski, Frdr. v., Fesseln u. Schranken. Dichtung u. Wahrheit aus dem Offizierleben. (431 S.) 8. Berlin 905. Hüpeden & Merzyn. n. 4.—; geb. n. 5.50

— s.a. Frankreich, das junge.

Oppeln-Bronikowski, Frdr. v., das junge Frankreich. Eine Anthologie deutscher Übertraggn. 2. Taus. (123 S. m. 7 Bildnissen.) kl. 8. Berlin 908. Oesterheld & Co. 1.50; kart. n 2.—; geb. in Leinw. n 2.50

— Militaria. Novellen. (V, 152 S.) 8. Dresden 905. E. Pierson. n. 1.50; geb. n. 2.50

Ⓑ — Militaria. 905. (KBL 34.) Jetzt: Berlin, Verlag Berlin-Wien.

— Der Rebell, s.a. Bücher, die, des deutschen Hauses.

Der Rebell. Roman aus d. Offiziersleben von Friedrich v Oppeln-Bronikowski. Ill. von Fr Koch, Gotha. Berlin-Leipzig Buchverl. fürs Deutsche Haus 1908. (320 S.) 8° [F.]
= Bücher, Die, d. Deutschen Hauses. Reihe 2, Bd 31 (08. 13380

[F.] Aus dem Sattel geplaudert und Anderes v. Friedrich v. Oppeln-Bronikowski. Berlin Militär Verlagsanst. [1898]. (1 Bl., 61 S.) 1 Bd 8.
(96. 12493

Friedrich v. Oppeln-Bronikowski. Aus dem Sattel geplaudert. 2., völlig umgearb. u. bedeutend verm. Aufl. Berlin, Leipzig, Paris. Hüpeden & Merzyn 1905. (120 S.) 8° [F.] (05. 5579

— Aus dem Sattel geplaudert. 3. Aufl. (123 S.) 8. Leipzig (908). Grethlein & Co. 2.—; geb. in Leinw. 2.80

Oppeln-Bronikowski, I

v. Oppeln-Bronikowski, Leitfaden der Ernst-Feuerwerkerei. Ein Handbuch für den Offizier jeder Waffe, für den Feuerwerker u. angehenden Feuerwerker. 8. (VIII u. 135 S.) Berlin 847, Stricker in Comm. n. 3/4 Thlr.

Oppelt, A. J., Rübenzucker-Fabrikation, s. Relation.

Oppelt, Augustus (Henr. Rud.) (geb. Naugard 7. 7. 1822) De eclampsia infantum. Berolini (1847). (32 S.) 8°
Berlin, Med Diss v 14 Aug. 1847

Oppelt, B

— christkathol. Betrachtt. z. Förderung d. häusl. Belehrung u. Erbauung. 2 Thle. 8. Prag 827. Buchler. 1 Thlr. — Dass. in 8. Augsb. 828. Schlosser. 12 Gr.

Oppelt, B., bittet! und es wird euch gegeben werden. Gebet- u. Andachtsb. f. kathol. Frauen u. Jungfrauen. gr. 12. (14 B.) Prag 829. (Leipzig, Fr. Fleischer.)

Oppelt, B., kurze Darstell. d. Lehre v. Ablasse, im Geiste d. heil. christkathol. Kirche, nebst Vorbereitungs-, Beicht-, Communion-, Buß-, u. Danksagungsgebeten für das jetzige von Leo XII. ausgeschrieb. Jubiläum. 12. Prag 826. (Wien, J. Mayer). 4 Gr. — Dass. in 32. Augsb., Schlosser. 4 Gr.

— Gastpredigten, in verschiedenen Kirchen Prags vorgetragen. 2 Bde. gr. 8. Prag 826. Buchler. (Ebd.) 1 Thlr. 8 Gr. — Dass. gr. 8. Augsb. 827. Schlosser; (auch Compt. f. Lit. u. Kunst in Cöln). 18 Gr.

—— Glaube, Liebe u. Hoffnung. Ein kathol. Andachtsb. f. Gebildete beiderlei Geschlechts. gr. 12. (8½ B. u. Titkpfr.) Prag 832, Haase Söhne.

—— dass. m. 4 gest. Kpfr. Ebds.
Blnp. 1 Thlr., Schrb.-Blnp. 1 Thlr. 8 Gr., stark Blnp.

Oppelt, B., Glaube, Liebe u. Hoffnung. Ein kathol. Gebet- u. Andachtsbuch für Gebildete beiderlei Geschlechts. 2. Aufl. (Mit 1 Kupfr.) gr. 12. Prag 841, Haase Söhne. 2/3 Thlr. — dass. mit 4 Kupfern. 1 Thlr.

— St. Johann v. Nepomuk. Ein Gebet- u. Erbauungsbuch zur Verehrung dieses Heiligen, f. kathol. Christen. 12. Prag 823. Krauß. (Leipz., Gnobloch); (a. Haase in Wien). 6 Gr. Schreibpap. 10 Gr. Velp. 16 Gr.

Oppelt, B. — Die h. Messe, wie sie der Priester am Altar betrat, mit Erklärung der Ceremonien. Zum Gebrauche kath. Christen aus dem Latein. übers. 8. (84 S.) Prag, Friedr. Rohlicek 1853.

— themat. Predigtentwürfe üb. alle sonn- u. festtägl. Episteln u. Evangelien d. gesammten kathol. Kirchenjahres. Mit Vorrede v. M. Millauer. 1r u. 2r Bd. gr. 8. Prag 830. (Leipz., Fr. Fleischer). 3 Thlr. 2 Gr.

Oppelt, B., thematische Predigt-Entwürfe für die Festtage besonderer Heiligen, nach d. bestehenden eigenen u. gemeinschaftl. Epistel- u. Evangelien-Perikopen und für die Feier besond. Gelegenheiten, nach freigewählten Texten bearb. gr. 8. Prag 838. Haase Söhne. 1½ Thlr.

— Vorbereitungspredigten zu dem v. Leo XII. f. d. Jahr 1826 ausgeschrieb. kirchl. Jubiläum. 8. Prag 826. Calve. 7 Gr.

Oppelt, Eugen Ueber einige Derivate des o-Oxycinnamylphenylketons. (Bern) Berlin, 1895.

Oppelt, E. Über einige Derivate des o-Oxycinnamylphenylketons. In-8⁰. 31 S. Bern. These.
1896

Oppelt, Gotthard Friedrich

Oppelt, Gotthrd. Fr., katechet. Auszug aus d. Lehren d. christl. Religion. 8. Leipz. 792. Reinicke in Halle. 5 gr

— Katechetischer Auszug a. d. Lehren d. christl. Religion, welcher als Glaubens-Bekenntniß f. d. Katechumenen gebraucht werden kann. 8. Halle 793, ist Verl. v. Reinicke u. C. 4 gr. Schreibp.

Oppelt, Gtha. Friedr., Jubelpredigt am 29. April 1829, als am Jubeltage sein. 50jähr. Amtsführung, in d. Stadtkirche zu Pegau gehalten. gr. 8. (1 B.) Leipzig 829, Reclam.

— Predigten z. Beförderung religiöser Gesinnung. 8. Leipz. 792. Reinicke in Halle. 14 gr

Oppelt, Gotthard Friedrich (Pegau), De fidei in Christum justificantis ad emendandae vitae studium usu. Wittenberg (A. Chr. Charisius) o. J. 32 S. (4.—) 25607

OPPELT JOH., S. J. Sammlung Geist- und Sinnreicher Gedancken über Verschiedene aus der Natur, Kunst, und Wissenschafften vorgestellte Sinn-Bilder Durch Alle Gattungen der Hoch-Teutschen Reim-Kunst, theils zur Tugendsamen Lehr theils zu angenehmen Gesang, im Druck heraus gegeben Erster (bis Vierdter) Theil [vollständig in 1 Bde.] Prag gedruckt in der Carolo-Ferdinandeischen Universitäts-Buchdruckerey Soc. Jesu bey St. Clementz durch Jacobum Schweiger Factorn. 1749. Titel (in rot und schwarz), 47, 80, 70 S. 1 Bl. 92 S. 2 Bl. *Mit 58 ganzseitigen, eingedruckten Kupfern von J. C. Sysang.* 4⁰ Etwas abgenutzter, an den Ecken bestoßener Ldbd. d. Z. m. Rv

De B.-S. V 1921. Postume Erstausgabe. Praz² p. 437 kennt nur einen späteren Druck von 1766, ebenfalls mit 58 Illustrationen.

— **Jo. Gotthilf** (Leisnig/Meißen), Quousque colono damnum in fructibus iam perceptis passo merces remittatur. Präs. Augustin Leyser. Wittenberg (E. G. Eichsfeld) 14. XII. 1736. 23 S. (4.—) 25608

Oppelt, Rud., Lehrbuch der organischen, bezw. anorgan. Chemie u. chemischen Technologie f. höhere Handelsschulen, s. a. Lehrbuch der Chemie, chem. Technologie etc. I u. II.

OPPELT, Rudolf
Lehrbuch der organischen Chemie und chemischen Technologie für höhere Handelsschulen und verwandte Lehranstalten. Von Dr. Rudolf Oppelt. Mit 28 Abbildungen und 34 Holzschnitten von Ringformeln. Wien. 1901. Hölder. Gr.-8°. VI, 146 S. Geb. K 2 30

OPPELT, Rudolf
Lehrbuch der unorganischen Chemie und chemischen Technologie für höhere Handelsschulen und verwandte Lehranstalten. Von Dr. Rudolf Oppelt. Mit 40 Abbildungen. Wien. 1900. Hölder. Gr.-8. VI, 166 S. Geb. K 2.40

OPPELT, R
Lehrbuch der Chemie, chemischen Technologie, Waarenkunde und mechanischen Technologie 3 vols. Wien 1900 8vo III

Oppelt, Rud., kleines stenograph. Lesebuch, s.: Eckert, Klara.

— **Trattato di chimica inorganica e tecnologia chimica, s. a. Trattato di chimica, tecnologia chimica etc. I.**

Oppelt, R., Trattato di chimica inorganica e tecnologia chimica per le scuole superiori di commercio e gli istituti affini. Vol. I. (VI, 155 S.) Wien: Hölder 1904. K 2.—

— **Trattato di chimica organica e tecnologia chimica, s. a. Trattato di chimica usw. II.**

Oppelt, R., Trattato di chimica organica e tecnologia chimica per le scuole superiori di commercio e gli istituti affini. II. K 2.—
Wien: Hölder 1905.

Oppelt, Dr. R., Trattato di chimica organica e tecnologia chimica. Versione italiana di G. Medanich. Vienna 1905. Alfred Hölder. Geh K 2.—.

Oppen, Lehrplan f. die Landschulen der Obergrafsch. Bentheim. gr. 8. (20 S. m. 5 Tab.) Berlin 899. F. Zillessen. n. — 80

Oppen, Curt, s. Oppen, Kurt

Oppen, Erich, Diplom-Ingenieur a. Berlin: Untersuchungen über das Eindringen der totalreflektierten elektromagnetischen Strahlen in das dünnere Medium. Rostock 1906: H. Winterberg. (27 S.) 8°
Rostock, Phil. Fak., Ref. Martens, Diss. v. 3. Mai 1906
[Geb. 3. Sept. 79 Berlin; Wohnort: Berlin; Staatsangeh.: Preußen; Vorbildung: Luisenstädt. Gymn. Berlin Prima-Reife O. 98; Studium: T.H. Berlin 11, Univ. Rostock 2 S.; Rig. 26. Apr. 06.]

Oppen, H., Hilfsbuch zum Verständnis u. zur unterrichtlichen Behandlung des Heidelberger Katechismus. (IV, 168 S.) 8. Halle 910. H. Schroedel. 2.—; geb. 2. 80

Oppen, J., ins Leben hinein. Roman. (266 S.) 8. Berlin (906). C. Duncker n. 3. 50

Oppen, J., nicht ebenbürtig. Roman. (245 S.) 8. Berlin (910). C. Duncker. 3. —

— Inge Wilhelmi. Roman. (291 S.) 8. Ebd. (907). 3. —

Oppen, J. F. W., Beschreib. e. neuen Dendrometers od. Baummessers; aus d. Dänischen v. J. A. Markussen. Mit Kpf. gr. 8. Kopenh. 805. Schubothe. 6 gr

v. Oppen, Joach. Fr., († d. 10. Oct. 1815.) Anfangsgründe d. Arithmetik u. Geometrie f. die, welche sich d. Forstwesen widmen. Mit 5 Kpf. gr. 8. Berl. 792. 2e A. 804. (Recht). 1 Thlr 16 gr

* *J. F. von Oppen* Anfangsgründe der Arithmetik und Geometrie für die, welche sich dem Forstwesen widmen. Berlin, Lange. 8 maj. (1 Rthlr. 12 gr.) 1792

v. Oppen, J. F., Arithmetik u. Geometrie für diejenigen, welche sich dem Forstwesen widmen. 2e Aufl. Mit 5 Kpfrtaf. gr. 8. Berlin 804, jetzt Veit u. Comp. n. 1 3/4 Thlr

v. Oppen, (J. F.) Arithmetik u. Geometrie ꝛc. Ist Verl. von Voike in Berlin.

Oppen, Johann Dieterich (Magdeburg), De roborantium differentiis in praxi bene attendendis. Diss. med. Präs. Andreas Elias Büchner. Halle/Saale (Curt) 2. XI. 1768. 21 S. (4.50) 25609
Gew.: Johann Georg Lesser. — Widm. v.: Philipp Caspar Junghans, J. P. H. Prescher (dtsch.), Friedrich Gerhard Hasenbalg, Johann Christian Janus, Joh. George Friedrich Büchner (dtsch., Oppon.), Ernst Ludwig Heim (Oppon.).

Oppen, Kurt

Oppen, Curt v., Aufgaben zum Übersetzen aus dem Deutschen in das Griechische f. Prima im Anschluss an die Lektüre. gr. 8. (VII, 96 S.) Berlin 886. Gaertner. n. 1. 40

— der griechische Unterricht m. Bezugnahme auf den neuen Lehrplan. Nebst Vorlagen zu griech. Extemporalien in den oberen Klassen. gr. 8. (63 S.) Ebend. 885. n. 1. 20

— die Wahl der Lektüre im altsprachlichen Unterricht an Gymnasien, wie sie getroffen wird u. wie sie zu treffen wäre. gr. 8. (64 S.) Ebend. 885. n. 1. 20

Das Tagebuch des Domdechanten und Portenarius des Hochstifts Halberstadt Matthias v Oppen 1596 (1589) 1608 (1602) bearb u. hrsg von George Adalbert v Mülverstedt Mit e Stammtaf *Magdeburg 1894 E Baensch jun* (XXXII, 483 S.) 4°(8) [8.]
= Mülverstedt Geschichte d. Geschlechts v Oppen. Th. 3 Ia2 14953

Oppen, O. v., und L. Bledow, Stamma's hundert Endspiele, s. Bledow.

Oppen, Otto Heinr. Alex. v., Beiträge z. Revision d. Gesetze: Büchernachdruck. — Duell. — Ehe u. Scheidung. — Gesinderecht. gr. 8. (10½ B.) Köln 833, Bachem.
Auch als Nachtrag zu dess. „Vergleichung d. Französ. u. Preuß. Gesetze" zu betrachten.

— Geschworne und Richter. Beitrag zur Revision der Gesetze. gr. 8. Köln 835. Bachem. 5/6 ₰

Oppen, Otto Heinr. Alex. v., die Memoiren der La Farge, Studie f. Richter u. Aerzte. Ein Beitrag zur Revision der Gesetze gr. 8. (3 B.) Berlin 842, [Adolf u. Comp.]

v. Oppen, O. H. A., die Memoiren der La Farge, Studie für Richter u. Aerzte. Ein Beitrag zur Revision d. Gesetze. gr. 8. Berlin 842, Buchhandl. des Berliner Lesekabinets. 1/3 ₰

— über die Frage: Ob und wie Eisenbahnen zu besteuern sind? 8. Köln 837. Du Mont-Schauberg. 1/12 ₰

v. Oppen, O. H. Al., Vergleichung d. französischen u. preußischen Gesetze. Ein Versuch. 1s—3s Hft. gr. 8. Cöln. 828. Bachem. (à 16 Gr.) 2 ₰

v. Oppen, (O. H. Al.,) Vergleichung d. Französ u. Preuß. Gesetze 1s u. 2s Heft. gr. 8. Köln 827, Bachem. à 16 gr.

Oppenau [Schlagwort]

Oppenau, s.: Deutschland. Kürschner-Peip.

Oppenau, s.: Schwarzwald.

Oppenau [Verfasser]

Oppenau, Fr. v., der Hanfbau im Elsaß. G. Geschichte u. Bedeutg., sow. Vorschläge zur Hebg. desselben. 2., verm. u. gänzl. umgearb. Aufl. gr. 8. (32 S. m. 2 Fig.) Straßburg 896. (Ed. van Hauten.) n. — 60

Oppenau, Fr. v., die Hebung der kleinbäuerlichen Milchwirthschaft in Elsaß-Lothringen. Im Auftrage d. landwirthschaftl. Bezirksvereins Unter-Elsaß bearb. 2. verm. u. verb. Aufl. gr. 8. (53 S.) Straßburg 886. Schmidt. n. 1. 20

Oppenau, Fr. v., Christian Philipp Schröder, Pfarrer v Schillersdorf u. Mühlhausen. [1748—1807.] Eine biograph. Skizze als Beitrag zur Entwickelungsgeschichte der niederelsäss. Landwirthschaft. 8. (31 S.) Straßburg 888. Schmidt. n — 50

Oppenfeld-Reinfeld, zur Brennereisteuer-Frage. Berlin 854. F. Schneider. gr. 8. (15 S.) n. 4 ngr.

Oppenheim, Völkerrecht. 2. Aufl. Stuttgart 866.

Oppenheim, A., im Dienst, s. Bloch's, E., Theater-Gartenlaube.

—— Albert Lortzing, s. Kühling's, A., Album für Liebhaber-Bühnen.

Oppenheim, A., eine Stunde Kaiser von Oesterreich, s. Kühling's, A., Album für Liebhaberbühnen. — Theater-Repertoir, Wiener.

— eine Stunde Kaiserin v. Oesterreich, s.: Theater-Repertoir, Wiener.

Oppenheim, A B, s. Oppenheim, Heinrich Bernhard

Oppenheim, Adf., s.: Bosson, A. O. v.

Oppenheim, Adlf, und E. Gettke, Deutsches Theater-Lexikon. Eine Encyklopädie alles Wissenswerthen der Schauspielkunst und Bühnentechnik. Leipzig 1886—89. gr 8.

Oppenheim, Alfred, aus Berlin Ueber **β-Benzoylisobuttersäure** und einige zugehörige Pyridazinderivate. *Berlin (1900): E. Ebering.* (41 S.) 8°
Berlin, Phil. Diss. v 14 Aug 1900

Oppenheim, Alfred [aus Stettin]: Ueber Schrumpfniere im Kindesalter Halle a. S, Hofbuchdr v C. A Kaemmerer & Co., 1891, 43 S, 2 Bl 8°
Halle, Med. Fak., Inaug. Diss. v 19. Jan. 1891

Oppenheim, Alph., Beobachtungen über das Tellur und einige seiner Verbindungen. Inauguraldissertation. gr. 8. (36 S.) Göttingen 857, Vandenhoeck und Ruprecht's Verlagsh. ✦

Oppenheim, Alphons, Gedächtnissworte, in der General Versammlung der Deutschen Chemischen Gesellschaft am 21 December 1877 gesprochen von Aug. Wilh. Hofmann. [Berlin 1878.]

Oppenheim, Arthur [app. Arzt aus Schönlanke '(Posen)']: Beiträge zur Kenntnis der Ovarialsarkome ... Berlin, Druck: Berl. Papierwaaren-Fabr. L. Hirschberg, 1894; 2 Bl., 45 S., 1 Bl., 1 Tab. 8.
Leipzig, Med Fak., Inaug.-Diss v 10. Juli 1894

Oppenheim, August. An meine deutschen Glaubensgenossen! Ein Wort über unsere Rabbiner, Lehrer u. Prediger. In-8°, 16 S. Basel, Chr. Meyri's Buchhandlung. — 50
1880

Oppenheim, Benoit, Originalbildwerke in Holz, Stein-, Elfenbein usw. aus der Sammlung Benoit Oppenheim, Berlin. Hrsg. vom Besitzer. 115 Abbildgn. in Lichtdr. auf 58 Taf. (11 S. Text.) 41×32 cm. Leipzig 907. K. W. Hiersemann. In Leinw.-Mappe 70. —

Originalbildwerke aus meiner Sammlung. Benoit **Oppenheim** Berlin: [Selbstverl.] 1907 (6 Bl., 59 Taf.) 2° 108. 9390

Originalbildwerke aus meiner Sammlung Benoit **Oppenheim.** [Nebst] Nachtrag Berlin [Selbstverl.] 1907—11. 2° U1. 13968

Oppenheim, Bernhard, s. Oppenheim, Heinrich Bernhard

Oppenheim, Bernhard (Hrsg.), s. Pioneer, Der Deutsche.

Oppenheim, Berthold [aus Thorn]: Die syrische Übersetzung des fünften Buches der Psalmen (Psalm 107–150) und ihr Verhältnis zu dem massorotischen Texte und den älteren Übersetzungen, namentlich den LXX, Targ. Leipzig, Druck v. W. Drugulin, 1891. 3 Bl., 70 S., 1 Bl. 8°
Königsberg, Phil. Fak. Inaug. Diss. v. 20. Jul. 1891

Oppenheim, Berth. Die syrische Übersetzung d. 5. Buches der Psalmen [Psalm 107—150] u. ihr Verhältnis zu dem massoret. Texte u. den ältesten Übersetzungen, namentl. den LXX, Targ. Diss. gr. 8. (70 S.) Lpz. 891. (Königsb. i. Pr., Koch.) * 1 —

Oppenheim, Bruno, Referendar, Coburg Begriff und Stellung des Besitzdieners. *Coburg 1900: A. Rossteutscher.* (48 S.) 8° [𝔉.]
Jena, Jur. Diss. v. (1. Nov.) 1900

Oppenheim, Clement, s. Oppenheim, Klement

Oppenheim, Conrad, s. Oppenheim, Konrad

Oppenheim David: Neoptolemos und Pyrrhos.
II. 1904 PN 1734 Diss. Wien, Univ 2594

Oppenheim, Elias (geb. am 25 Febr 1805 in Bonn): De hydrophobia spuria sive rabie canina spuria in hominibus . . . Bonnae, ex off. Thormanni (1830). 5 Bl., 24 S. 8.
Bonn, Med. Fak., Diss. v. 12 Nov. 1830

Oppenheim, Erich A.: Zur Frage der Obliteration des menschlichen Wurmfortsatzes. Würzburg 1908: Stürtz. 42 S. 8° ¶ (Aus: Frankfurter Zeitschr. f. Pathol. Bd 2, H. 1.)
Heidelberg, Med. Diss. v. 1908, Ref. Ernst
[Geb. 6. Mai 81 Berlin Wohnort: Frankfurt a. M. Staatsangeh.: Preußen; Vorbildung: Französ. Gymn. Berlin Reife M. 00; Studium: Berlin 1, Heidelberg 1, Berlin 2, Göttingen 1, München 1, Berlin 4 S.; Coll. 4. Juni 07; Approb. 25. Aug. 08.] [U 09. 1973

Oppenheim, Felix [Referendar]: Verbotswidrig abgeschlossene Handelsgeschäfte. . Göttingen, Druck d. Dieterich'schen Univ.-Buchdr., 1891; 56 S. 8°
Göttingen, Jur. Fak., Inaug.-Diss. v. (18. Jun.) 1891

Oppenheim, Fel. Verbotswidrig abgeschlossene Handelsgeschäfte. Diss. gr. 8. (56 S.) Gött. 891, (Vandenhoeck u. Ruprecht). * 1 40

Oppenheim, Franz (geb. am 13 Juli 1852 in Charlottenburg): Beitrag zur Kenntniss der Basen von der Constitution $C_nH_{2n-3}ClN$, . . Bonn, Druck v. P. Neusser 1877. 2 Bl., 36 S., 1 Bl. 8.
Bonn, Phil. Fak., Diss. v. 5 Okt. 1877

Oppenheim, Friedrich Wilhelm: Die Behandlung der Lustseuche ohne Quecksilber oder die nicht merkuriellen Mittel und Methoden zur Heilung der Lustseuche. Nebst einem kurzen Bericht über die Anwendung der antiphlogistischen Methode gegen diese Krankheit im allgemeinen Krankenhause zu Hamburg. 291 S., gbd., 1 Tab.

Hamburg: Hoffmann & Campe 1827

JB 4.699

Oppenheim, Friedr. Wilh., über den Zustand der Heilkunde u. über die Volkskrankheiten in der europ. u. asiat. Türkei. Ein Beitrag zur Kultur- u. Sittengeschichte. gr. 8. Hamburg 833. Perthes, Besser u. Mauke. 2/3 ₰

Oppenheim, F(riedrich)W(ilhelm) (Hrsg.):

s.: Zeitschrift für die gesammte Medicin mit besonderer Rücksicht auf Hospitalpraxis und ausländische Literatur. Bd 10, 40–45. Hamburg: 1839,1849–51.

JB 6.078

(Oppenheim, Guido.) Neues Stick-Muster-Buch. (Druck und Verlag von Gottlieb & Müller. Frankft. a/M. 1878.)
Tit., 1 Bl., 12 Taf. in Lithogr. 8°

Oppenheim, Guido, neues Stick-Muster-Buch. qu. Fol. (12 Steintaf. m. 1 Bl. Text.) Frankfurt a/M. 879. (Leipzig, Cnobloch.) n. 4. —

Oppenheim, Gustavus [Hassus]: Fabula Josephi et Asenethae apocrypha e libro Syriaco latine versa . . . . Berolini, H. Itzkowsky, 1886, 2 + 50 + 2 S. 8°.
Berlin, Phil. Fak., Inaug.-Diss. v. 9. Aug. 1886.

Oppenheim, Gust., fabula Josephi et Asenethae apogrypha. E libro syriaco latine vertit G. O. gr. 8. (50 S.) Berlin 886, (Mayer und Müller.) *

Oppenheim, Gust., Christoph Hendreich, churfürstlich-brandenburgischer Rat u. Bibliothekar. Progr. (32 S.) 4. Berlin 904. Weidmann. n. 1. —

Oppenheim, Gustav, appr. Arzt a. Frankfurt a. M.: Zur Verbreitung maligner Tumoren auf dem Blutwege und zur Casuistik des retrograden Transports in den Venen. Aus dem Dr. Senckenbergischen Patholog.-anatom. Institut zu Frankfurt a. M. (weil. Dir.: Geheimrat Prof. Dr. Weigert). Frankfurt a. M. 1905: Gebrüder Knauer. (32 S.) 8°
Heidelberg, Med. Fak., Ref. Arnold, Diss. v. 1905
[Geb. 16. Febr 82 Frankfurt a. M., Wohnort: Frankfurt a. M.; Staatsangeh.: Preußen; Vorbildung: Gymn. Frankfurt a. M. Reife O. 00; Studium: Heidelberg 5, München 4, Berlin 1 S.; Coll. 9. Febr. 05; Approb. 12. März 05.]

Oppenheim H. Bahnbestimmung von Komet II des Jahres 1854. 1870. 8.
Diss. Göttingen

Oppenheim, H. L., s. Oppenheim, Heinrich Bernhard

Oppenheim, Hans, appr. Arzt, Assistenzarzt an d. chir. Abt. d. St. Josephs-Krankenh. zu Potsdam: Aus d. chir. Univ.-Klinik Berlin. Die Nachbehandlung bei Prostatektomieen. Berlin 1910: G. Schade. 42 S. 8°
Berlin, Med. Diss. v. 8. Juli 1910, Ref. Bier
[Geb. 7. Mai 85 Berlin; Wohnort: Berlin; Staatsangeh.: Preußen; Vorbildung: Königstädt. Gymn. Berlin Reife M. 03; Studium: Berlin 10 S.; Coll. 5. Juli 10; Approb. 15. Mai 10.] [U 10. 79

Oppenheim, Heinrich Bernhard

Oppenheim, H. B., über Armenpflege u. Heimathsrecht. Berlin 870. L. J. Heymann. gr. 8. (48 S.) n. 10 ngr

Oppenheim, H. B., deutsche Begeisterung und Habsburgischer Kronbesitz. 8. (52 S.) Berlin 859, Huber. *

— staatsrechtliche Betrachtungen über Regierungsfähigkeit u. Regentschaft, mit besond. Beziehung auf die Thronfolge in Hannover. Verm. u. verb. Abdruck aus dem 2. Bde. der „Constitutionellen Jahrbücher." gr. 8. Stuttgart 844, Krabbe. 1/4 ₰

Oppenheim, Heinr. Bernh., Friedensglossen zum Kriegsjahr. gr. 8. (IX, 275 S.) Leipzig 871. Duncker & Humblot. n. 4. 50

Oppenheim, H. B., aus der Geschichte der englischen Kornzölle, s. Zeitfragen, volkswirthschaftliche.

Oppenheim, H. B. Aus der Geschichte der englischen Kornzölle. (Volkswirthschaftliche Zeitfragen, Heft 3.) Berlin 1879.

— die Gewerbefreiheit u. der Arbeitsvertrag, s. Volksschriften, deutsche.

— Die Gewerbefreiheit und der Arbeitsvertrag. 2. Aufl. 8°. Breslau 1875. (Deutsche Volksschriften, Bd. 5.)

Oppenheim, Gewerbefreiheit u. Arbeitsvertrag. Breslau 879.

— Gewerbegericht u. Kontraktbruch. [Zur Revision der deutschen Reichs-Gewerbeordng.] gr. 8. (100 S.) Berlin 874. Oppenheim. 1. 20

Oppenheim, Heinr. Bernh., kaltblütige Glossen zu der Verfassungs-Urkunde vom 5. Dezbr. (Geschrieben am 6. Dezbr. 1848.) gr. 8. (20 S.) Berlin 848, [Stargardt.]

Oppenheim, Heinr. Bernh., praktisches Handbuch der Consulate aller Länder. Lex.-8. (IV und 347 S.) Erlangen 854, Enke's Vrlgsh. *

—— die Hülfs- und Versicherungskassen der arbeitenden Klassen, s. a. Zeit- und Streitfragen, deutsche.

Oppenheim HB, die Hilfs- und Versicherungskassen der arbeitenden Klassen. (Zeit- und Streitfragen 56) Berlin 1875

— der Katheder-Sozialismus. gr. 8. (III, 84 S.) Berlin 872. Oppenheim. n. 1. 50

— dasselbe. 2. Aufl. gr. 8. (III, 84 S.) Ebend. 873. n. 1. —

—— vor und nach dem Kriege. [Der Vermischten Schriften 2. Thl. gr. 8. (VII, 261 S.) Stuttgart 869, Kröner. *
1. Thl. Ebendas. 1866. * M 4.

—— Deutschlands Noth und Aerzte. Nebst einem offenen Briefe an Julius Fröbel. (Vom Verf. des „Juchhe nach Italia.") br. 8. (64 S.) Berlin 859, Huber. *

— Philosophie des Rechts u. der Gesellschaft. [Aus der „neuen Encyklopädie für Wissenschaften u. Künste" Bd. V. abgedr.] Lex 8. (VI u. 201 S.) Stuttgart 850, Franckh. 27 ngr

– (Hrsg.), s. Reform, Die

Oppenheim, Der freie deutsche Rhein. Geschichtliche und staatsrechtliche Entwickelung der Gesetzgebung des Rheins. Lüb. 1842.

— der freie deutsche Rhein. Geschichtliche u. staatsrechtliche Entwickelung der Gesetzgebung des Rheins. 8. Stuttgart u. Tübingen 842. Cotta. 1 ₰

— vermischte Schriften aus bewegter Zeit. Stuttgart 866. Kröner. gr. 8. (IV, 388 S.) n. 1 ₰ 10 ngr

— Vermischte Schriften in bewegter Zeit. 2 Theile. 8°. Stuttgart 1866—69.
Enth. u. A.: Kritik der Demokratie. — Die Lassalle'sche Bewegung im Jahre 1863.

— Vide: Studien (Demokratische).

Oppenheim, Hnr. Bernh., Studien der inneren Politik. gr. 8. Grünberg 842, Levysohn. 1/2 ₰

— System des Völkerrechts. 8. Frankfurt a/M. 845, Literar. Anstalt. 2 ₰

—— System des Völkerrechts. 2., verm. und verb. Aufl. gr. 8. (VI und 349 S.) Stuttgart 866, Kröner. *

— über das Verbot ganzer Verlagsfirmen. gr. 8. Karlsruhe 846, Groos. 6 ngr

– — Wagner, Ad. Offener Brief.

—— Benedikt Franz Leo Waldeck, der Führer der preußischen Demokratie [1848—1870]. gr. 8. (279 S.) Berlin 873, Oppenheim. *

— Benedikt Franz Leo Waldeck, der Führer der preußischen Demokratie. [1848—1870.] [Wohlfeile Volks-(Titel-)Ausg. m. einer Vorrede vom Jan. 1880.] gr. 8. (XIII, 279 S.) Berlin (1873) 880. Oppenheim. n. 2. 50

Beiträge zur Diagnostik und Therapie der Geschwülste im Bereich des zentralen Nervensystems. Von Prof. Dr H[ermann] **Oppenheim** in Berlin. Mit 20 Abb. u. 6 Taf. Berlin · S. Karger 1907 (VIII, 196 S.) 8° (07. 3071

Oppenheim, H., Beiträge zur Diagnostik des Tumor cerebri u. der Meningitis serosa. (S. 135—260 m 2 Taf.) gr 8. Berlin (905). S. Karger. n. 4. —
Sonderabdruck aus: „Monatsschr. f. Psychiatrie u. Neurol."

Oppenheim, Hermann <geb. am 1 Jan. 1858 in Warburg Westf.> Beiträge zur Physiologie und Pathologie der Harnstoffausscheidung. '(Gekrönte Preisschrift.)' Bonn, Univ.-Buchdr v C. Georgi 1881. 1 Bl., 60 S., 1 Bl. 8. ¶ Sonderabdr. aus Pflügers Arch. f. d. ges. Physiol. XXIII 1880 S. 446 ff.
Bonn, Med. Fak., Diss. v 12 März 1881

— psychotherapeutische Briefe. 1. u. 2. unveränd. Aufl. (44 S.) gr. 8. Berlin 906. S. Karger. n. 1. —

— Psychotherapeutische Briefe. 3., unveränd. Aufl. (56 S.) gr. 8. Ebd. 910. 1.20

Oppenheim, H D Encephalitis u. d. Hirnabscess, s.a. Pathologie u. Therapie, spec

Oppenheim, Prof. Dr. H., Die Encephalitis und der Hirnabscess. Mit 7 Abbildungen. Gr.-8. (275 S.) 4.—
Wien: Hölder 1897.

— u. R. Cassirer, die Encephalitis. 2. umgearb. Aufl. (III, 133 S. m. 6 Abbild., 1 Kurventaf. u. 2 farb. Taf.) Lex. 8. Wien 907. A. Hölder. 4. 60

– D syphilit. Erkrankgn. d. Gehirns, s.a. Pathologie u. Therapie, spec.

Die syphilitischen Erkrankungen des Gehirns. Von Prof. Dr. H[erm.] **Oppenheim** in Berlin. M. 17 Abb. *Wien: A. Hölder 1896.* (4 Bl., 196 S.) 8.
= Pathologie, Specielle, u. Therapie. Bd IX. Th. I. Abth. III. Lfg II. (96. 4…

— die syphilitischen Erkrankungen des Gehirns. 2. durchgeseh. Aufl. (III, 200 S. m. 17 Abbildgn.) gr. 8. Wien 903. A. Hölder. n. 5 60

— d. Geschwülste u. d. syphilit. Erkrankgn. d. Gehirns. D. Encephalitis u. d. Hirnabscess. [Aus: „Spec. Pathologie u. Therapie, hrsg. v. H. Nothnagel".] gr. 8. (271; V, 196 u. III, 275 S. m. 38 Abb.) Wien 897 A. Hölder. n. 20. 60; geb. n.n. 23. 10

— die Geschwülste des Gehirns, s.a. Pathologie u. Theraphie, specielle.

Oppenheim, Prof. Dr. H., Die Geschwülste des Gehirns. Mit 14 Abbildungen. (Specielle Pathologie und Therapie. IX. Band. I. Theil. III. Abtheilung.) Gr.-8. (271 S.) 4 80
Wien Hölder 1896.

Oppenheim, H., die Geschwülste des Gehirns. 2., erweit. Aufl. gr. 8. (III, 347 S. m. 32 Abb.) Wien 902. A. Hölder. n. 8. 60

Oppenheim, H., u. R Cassirer

— — Der Hirnabszess. 2., umgearb. Aufl. (III, 305 S. m. 6 Abb. u. 3 farb. Taf.) Lex. 8. Ebd. 909. 9. —

Oppenheim, Herm. Zur Kenntniss der syphilitischen Erkrankungen d. centralen Nervensystems. Vortrag, geh. in der Hufeland'schen Gesellschaft f. Heilkunde am 17. Octbr. 1889. Lex.-8. (III, 48 S. m. 4 Chromolithogr.) Berl. 890, Hirschwald. * 6 —
Aus: Berl. klin. Wochenschr., besonders abgedruckt.

Oppenheim, Prof. Dr. H., Die syphilitischen Krankheiten des Gehirns. Mit 17 Abbildungen. (Specielle Pathologie und Therapie. IX. Band. I. Theil. 3. Abtheilung. 2. Lieferung.) Gr.-8. (VIII, 196 S.) 2.50
Wien: Hölder 1896.

— Lehrbuch der Nervenkrankheiten f. Ärzte u. Studirende. Lex.-8. (X, 870 S. m. 220 Abbildgn.) Berlin 894. S. Karger. n. 20. —; geb. n.n. 22. —

Oppenheim, H., Lehrbuch der Nervenkrankheiten für Aerzte u. Studirende. 2., wesentl. verm. Aufl. gr. 8. (XIV, 985 S. m. 287 Abb.) Berlin 898. S. Karger. n. 23. —

— Lehrbuch der Nervenkrankheiten f. Ärzte u. Studierende. 3. verm. u. verb. Aufl. gr. 8. (XII, 1220 S. m. 369 Abbildgn.) Berlin 902. S. Karger. n. 27. —; geb. n.n. 29. 50

— Lehrbuch der Nervenkrankheiten f. Aerzte u. Studierende. 4. verm. u. verb. Aufl. 2 Bde. (XIV, 1447 S. m. 393 Abbildgn.) Lex.-8. Berlin 905. S. Karger. n. 30. —; geb. n.n. 33. —

— Lehrbuch der Nervenkrankheiten f. Ärzte u. Studierende. 5., verm. u. verb. Aufl. 2 Bde. (XIV, 1641 S. m. 432 Abb. u. 8 Taf.) Lex. 8. Ebd. 908. 37.—; geb. 40. —

— Weitere Mittheilungen in Bezug auf die traumatischen Neurosen m. besond. Berücksicht. der Simulationsfrage. Vortrag, geh. am 12. Jan. 1891 in der Gesellschaft f. Psychiatrie u. Nervenkrankheiten. gr. 8. (54 S.) Ebd. 891. * 1 20

— der Fall N. E. weit. Beitrag zur Lehre v. d. traumat. Neurosen, nebst e. Vorlesg. u. ein. Betrachtgn. üb. dasselbe Kapitel. gr. 8. (42 S.) Berlin 896. S. Karger. n. 1. —

— Nervenkrankheit u. Lektüre. Nervenleiden u. Erziehung. Die ersten Zeichen der Nervosität des Kindes. 3 Vorträge. 2. Aufl. (119 S.) Lex.-8. Ebd. 907. n. 2. —

— Nervenkrankheit u. Lektüre. Nervenleiden u. Erziehung. Die ersten Zeichen der Nervosität des Kindesalters. 3 Vorträge. 3., durchgeseh. Aufl. (111 S.) Lex. 8. Ebd. 909. 2. 40

— Nervenleiden u. Erziehung. Vortrag, geh. im psycholog. Verein zu Berlin am 20. VII. 1899. gr. 8. (56 S.) Ebd. 899. n. 1. 20

— die traumatischen Neurosen, nach den in der Nervenklinik der Charité in den letzten 5 Jahren gesammelten Beobachtgn. bearb. u. dargestellt. gr. 8. (VIII, 146 S.) Ebd. 889 n. 3. 60

— die traumatischen Neurosen, nach den in der Nervenklinik der Charité in den 8 Jahren 1883—1891 gesammelten Beobachtgn. bearb. u. dargestellt. 2., verb. u. erweit. Aufl. gr. 8 (IX, 253 S.) Berlin 892. A. Hirschwald. n. 6. —

— die myasthenische Paralyse (Bulbärparalyse ohne anatomischen Befund). gr. 8. (V, 170 S. m. 4 Abb. u. 3 Taf.) Ebd. 901. n. 6. —

— zur Prognose u. Therapie der schweren Neurosen, s.a. Sammlung zwangl. Abhandlungen a. d. Gebiete der Nerven- u. Geisteskrankheiten. III. 8.

Zur Prognose und Therapie der schweren Neurosen. Von H[ermann] Oppenheim *Halle a. S. E. Marhold 1902* (37 S.) 8°
= Sammlung zwangloser Abhandlungen aus d. Geb. d. Nerven- u. Geisteskrankheiten. Bd 3, H 8. 1 M 3

— die ersten Zeichen der Nervosität des Kindesalters. Nach e. im Verein f. Kinderforschg. am 11. X. 1903 geh. Vortrage. (38 S.) gr. 8. Ebd. 904. n. — 80

Oppenheim, J., Lectures françaises pour le voyageur et l'étudiant. Choix d'articles tirés des ouvrages et des journaux français. Lex.-8. (IV und 32 S.) Frankfurt a. M. 863, Auffarth. *

—— English readings for the traveller and the student, selected from the best English periodicals. Lex.-8. (IV und 32 S.) Frankfurt a. M. 863, Auffarth. *

— Schlüssel zu der Phraseologie und den Uebungen, enthalten in dem Lehrbuche: Die französische Sprache in 140 Lectionen. 1. Thl. Frankfurt a. M. 861. Hermann'sche Buchhdlg. gr. 8. (96 S.) n. 10 ngr.

—— die französische Sprache in 140 Lectionen. Unter Zugrundlegung des Textes von T. Robertson und mit dessen Autorisation für Deutsche bearb. für den Schul-, Privat- und Selbstunterricht. 1. Thl. 1. und 2. Bd. gr. 8. (XV und 144 S., VI und 192 S.) Frankfurt a. M. 861, Hermann'sche Buchh. à Bd. * 15 Ngr. *

—— die französische Sprache in 140 Lectionen. Unter Zugrundelegung des Textes von T. Robertson und mit dessen Autorisation für Deutsche bearb. für den Schul-, Privat- und Selbstunterricht. 2. (Schluß-)Thl. gr. 8. (327 S.) Frankfurt a. M. 865, Hermann'sche Buchh.
Der 1. Thl. Ebendas. 1861. ist jetzt auf 24 Ngr. herabgesetzt.

Oppenheim, J., die französische Sprache in 140 Lectionen. Unter Zugrundelegung des Textes von T. Robertson u. mit dessen Autorisation für Deutsche bearb. 2 Thle. Neue (Titel-)Ausg. gr. 8. Frankfurt a/M. 879. Diesterweg. à n. 2. —
1. 2., verm. u. verb. Aufl. (XVI, 335 S.) (1872.)
2. (172 u. 152 S.) (1865.)

Oppenheim, J., und ihr sollt heiligen das fünfzigste Jahr. Festpredigt über 3. Buch Mose 25, 10 zur Jubelfeier der goldenen Hochzeit Ihrer Majestäten des Kaisers u. der Kaiserin Wilhelm u. Augusta, geh. am 11. Juni 1879. gr. 8. (8 S.) Marienwerder 879. Nax. — 25

Oppenheim, Ida, Dornenwege, s.: Universal-Bibliothek, jüdische.

J. Oppen [d. i. Ida **Oppenheim**]. Nicht ebenbürtig. Roman. Berlin: C. Duncker (1910). 245 S. 8° [10. 16395 11

Oppenheim, Ida, Epheuranken. Erzählungen aus dem jüd. Leben. Novellen, Novelletten, Plaudereien und Skizzen. 8. (240 S.) Thorn 889. (Schwartz.) n. 2. 40

J. Oppen [d. i. Ida **Oppenheim**]. Inge Wilhelmi. Roman. Berlin: C. Duncker [1907]. (291 S.) 8° [J.] [08. 3609

Oppenheim, Joach., zur Geschichte der Mischna. (In hebräischer Sprache.) [Aus: „Beth Talmud".] gr. 8. (IV, 52 S.) Wien 882. (D. Löwy.) n. 1. —

Oppenheim, Isac., Lebensbilder e. fahrenden Sängers. 8. (VIII, 207 S.) Leipzig 873. Mayer. n. 3. —

Oppenheim, Julius [aus Cassel]: Zur Kenntnis der Urogenitaltuberkulose.... Göttingen, Druck d. Univ.-Buchdr. v. W. Fr. Kästner, 1889; 37 S. 8°
Göttingen, Med. Fak., Inaug.-Diss. v. 14. Dez. 1889

Oppenheim, J., zur Kenntniss der Urogenitaltuberkulose. Inaug.-Diss. gr. 8. (37 S.) Göttingen 889. (Vandenhoeck & Ruprecht's Verl.) n. — 80

OPPENHEIM, KENT Ueber die Doppelnitrite einiger Metalle Berlin. 1900.

– Dass., s.a. Oppenheim, Kurt

Oppenheim, Klement

Oppenheim, Clement. L., Dichterblüthen. Illustrirt von Carl Gusenbeth. Lex.-8. (VIII, 84 S.) Frankfurt a. M. 888, Gebr. Knauer. geb. mit Goldschn. *

Oppenheim, Konrad

Oppenheim, Conrad, Referendar: Die Eigenart des Rechts des betreibenden Gläubigers bei der Zwangsversteigerung und Zwangsverwaltung von Grundstücken. Breslau 1910: Breslauer Genossensch.-Buchdr. 87 S. 8°
Breslau, Jur. Diss. v. 19. Juli 1910, Ref. Fischer, Schott
[Geb. 24. Aug. 82 Breslau; Wohnort: Breslau; Staatsangeh.: Preußen; Vorbildung: Real-Gymn. am Zwinger Breslau Reife O. 01; Studium: Breslau 4, Leipzig 1, Breslau 6 S.; Rig. 23. Juli 08.] [U 10. 517

Oppenheim, Kurt, appr. Arzt a. Braunschweig: **Beiträge zur Kenntnis der Conglutinatio und Atresia uteri intra partum.** Leipzig 1904: B. Georgi. (108 S.) 8°
Leipzig, Med. Fak., Ref. Zweifel, Diss. v. 25. Aug. 1904
[Geb. 4. Aug. 76 Braunschweig; Wohnort: Braunschweig; Staatsangeh.: Braunschweig; Vorbildung: Gymn. Martino-Katharineum Braunschweig Reife M. 97; Studium: Würzburg 4, Berlin 2, Leipzig 6 S.; Coll. 28. Okt. 04; Approb. 20. Juli 03.]

Oppenheim, Kurt, aus Breslau **Über die Doppelnitrite einiger Metalle.** *Berlin (1900): G. Schade.* (48 S.) 8°
Berlin, Phil. Diss. v. 1. Aug. 1900

– Dass., s.a. Oppenheim, Kent

Oppenheim, Lassa, s.a. Oppenheim, Ludwig

Oppenheim, L., fahrlässige Behandlung u. fahrlässige Begutachtung v. Ohrenkranken. Rechtsgutachten. Mit e. Einleitung über die Nothwendigkeit e. Examens üb. Ohrenheilkunde in der Approbationsprüfg. der Aerzte v. O. Körner. gr. 8. (44 S.) Wiesbaden 899. J. F. Bergmann. n. — 80
Sonderabdruck aus: „Zeitschrift f. Ohrenheilkunde".

Gerechtigkeit und Gesetz. Akad. Vortrag von Dr. L[assa] **Oppenheim**, Prof. Basel: B. Schwabe 1895. (37 S.) 8° [05. 2511 6

Das Gewissen. Von Dr L[assa] **Oppenheim**, o. ö. Prof. a. D. d. Univ. Basel. *Basel: B. Schwabe 1898* (2 Bl., 50 S.) 1 Bd 8. [98. 10133

Oppenheim, L., zur Lehre v. der Untersuchungshaft. Ein Referat. [Aus: „Blätter f. Gefängnisskunde".] gr. 8. (20 S.) Heidelberg 889. Weiss' Verl. n. — 50

— die Nebenklage im deutschen Strafprozess. Eine Studie. gr. 8. (IV, 87 S.) Breslau 889. Koebner. n. 2. —

Oppenheim, L., die Objekte des Verbrechens. gr. 8. (VIII, 388 S.) Basel 894. B. Schwabe. n. 10. —

Das ärztliche Recht zu körperlichen Eingriffen an Kranken und Gesunden. Von Dr. L[assa] **Oppenheim**, Prof. *Basel: B. Schwabe 1892.* (63 S.) 8° [04. 10178

Oppenheim, L., die Rechtsbeugungsverbrechen [§§ 336, 343, 344] d. deutschen Reichsstrafgesetzbuches. Mit e. Einleitg. üb. das Wesen der Amtsverbrechen. Eine kriminalist. Monographie. gr. 8. (VIII, 329 S.) Leipzig 886. Duncker & Humblot. n. 4. 80

Oppenheim, L., s.: Zeitschrift f. Völkerrecht u. Bundesstaatsrecht.

Oppenheim, Ludwig, s.a. Oppenheim, Lassa

Gerechtigkeit und Gesetz. Akad. Vortrag von Dr. L[udwig] **Oppenheim**, Prof. *Basel: B. Schwabe 1895.* (37 S.) 8° [04. 1185 6

Das ärztliche Recht zu körperlichen Eingriffen an Kranken und Gesunden. Von Dr. L[udwig] **Oppenheim**. Prof. *Basel: B. Schwabe 1892* (63 S.) 8° [04. 1186 6

Oppenheim, M., Beiträge zur Geologie v. Kamerun, s.: Esch, Ernst.

Oppenheim, M., kurzes Repetitorium der Pathologie u. Therapie der venerischen Krankheiten, s.: Breitenstein's Repetitorien. Nr. 27.

Oppenheim, M., **Umrisse zu Goethe's Hermann u. Dorothea. Auf Stein gez. v. A. Lucas. qu. Fol. (10 Bl. u. Dedicat.) Frankfurt a. M. 828, Brönner.**

Oppenheim, Max Frhr. v., s.: Inschriften aus Syrien, Mesopotamien u. Kleinasien.

Rabeh und das Tschadseegebiet. Von Dr. Max Frhr v. **Oppenheim**, Kais. Legationsr. Mit 1 Karte. *Berlin: D. Reimer 1902* (IX, 199 S.) 8° [03. 9926 9

Oppenheim, Max, Kammergerichts-Referendar: **Das Schenkungsversprechen des Bürgerlichen Gesetzbuches.** Berlin 1906: E. Ebering. (70 S.) 8°
Heidelberg, Jur. Fak., Ref. Bekker, Diss. v. 1. Mai 1906
[Geb. 12. Febr 83 Berlin; Wohnort Berlin; Staatsangeh.: Preußen; Vorbildung: Friedrichs-Werdersches Gymn. Berlin Reife O. 02; Studium: Heidelberg 1, München 1, Heidelberg 1, Berlin 3 S.; Rig. 8. März 06.]

— **Der Tell Halaf u. die verschleierte Göttin, s.a. Orient, der alte. X, 1.**

Der Tell Halaf und die verschleierte Göttin. Von Dr. Max F^rh. v **Oppenheim**, Legat. R Mit 1 Kartenskizze u. 15 Abb. Leipzig J. C. Hinrichs 1908. (43 S.) 8° [F.]
= **Orient**, Der alte. Jg 10, H. 1 — 08. 13531

Vom **Mittelmeer** zum Persischen Golf. Durch den Hauran, die Syrische Wüste u. Mesopotamien. Von Dr **Max** F^rh. v. **Oppenheim** Mit Karten u. zahlr Abb. Bd 1 2 *Berlin D. Reimer 1899 1900.* 2 Bde 8° 00. 8180

von Oppenheim, Max Freiherr Vom Mittelmeer bis zum Persischen Golf durch den Hauran die Syrische Wüste und Mesopotamien Mit vier Originalkarten von Richard Kiepert einer Uebersichtskarte und zahlreichen Abbildungen. Bd 1 2 Berlin 1899 1900. 2 Bde. XV 334 XIII, 434 S 8°

Oppenheim, Max, wie erhält u. behält man Stellung? Ein Ratgeber u. Leitfaden f. Stellungsuchende u. Angestellte, männl. u. weibl. Geschlechts, der kaufmänn. u. verwandten Berufsarten, um Stellg. u. Existenz zu finden u. zu behaupten, auf Grund 30jähr. Erfahrgn. verf. (VIII, 122 S.) 8. Berlin (905). Braunschweig, F. Euler. Geb. in Leinw. n. 3.—; erm. Pr. n. 1.50

Oppenheim, Mor., Atlas der venerischen Affektionen der Portio vaginalis uteri u. der Vagina. (VIII, 40 S m. 19 farb. Taf. u. 19 Bl. Erklärgn.) Lex. 8. Wien 908. F. Deuticke. 14 —

Oppenheim, M., Bilder aus dem altjüdischen Familienleben. Nach Orig.-Gemälden photograph. von J. Schäfer. 1. u. 2. Abthl. Frankfurt a. M. 866,68. Keller. hoch 4. (à 6 Blatt). In Mappe. Jede Abthl. n. 2 ℛ𝒷 20 ngr.
Ausg. in Fol. in Mappe. Jede Abthl. n. 4 ℛ𝒷 15 ngr.

— — (Mit Erklärnngen von **Leop. Stein.**) Cabinet-Format. Ebend. 869. (6 S. Text in Fol.) In Carton. n. 6 ℛ𝒷

Oppenheim, Mor., Bilder aus dem altjüdischen Familien-Leben. Photographieen nach Originalgemälden. Mit einführ. Erläuterg. v. **Leop. Stein.** Imp.-4. (67 S. m. 15 Photogr.) Frankfurt a. M. 872. Keller. geb. m. Goldschn. n. 36. —

Oppenheim, Mor., Bilder aus dem altjüdischen Familien-Leben nach Orig.-Gemälden. Mit Einführung u. Erläuterungen von **Leop. Stein.** (Neue Aufl.) 10 Lfgn. Fol. (101 S. m. je 2 Photogr.) Frankfurt a/M. 882. Keller. à n. 3. —

Oppenheim, M., Bilder aus dem altjüdischen Familienleben nach Orig.-Gemälden v. M. O. Mit Einführg. u. Erläutergn. v. L. **Stein.** (Neue Aufl.) Fol. (20 Photogr. m. 22 Bl. Text.) Frankfurt a/M. 886. Keller. geb. m. Goldschn. n. 30. —; in 10 Lfgn. à n. 2. 40

Oppenheim, Mor., Bilder aus dem altjüdischen Familienleben nach Orig.-Gemälden. Mit Einführung u. Erläutergn. v. Leop. Stein. (Neue Aufl.) gr. Fol. (20 Lichtdr.-Taf. m. VII, 15 S. Text.) Frankfurt a/M. 901. H. Keller. Geb. in Leinw. m. Goldschn. n. 25. —

— Die Hautatrophien, s.: **Finger, E.**

Oppenheim, Moritz [aus Rodenberg]: Über die antineuralgische Wirkung des Neurodin ... Würzburg, Becker's Univ.-Buchdr., 1894; 30 S., 1 Bl. 8.
Würzburg, Med. Fak., Inaug.-Diss. v 1894

Oppenheim, Nathan, die Entwicklung des Kindes. Vererbung u. Umwelt. Nach dem engl. Original m. Erlaubnis des Verf. übers. v. **Berta Gassner.** Mit Vorbemerkgn. v. **Wilh. Ament.** (V, 199 S. m. Abbildgn.) gr. 8. Leipzig 905. E. Wunderlich. n. 3. —; geb. n. 3. 80

Oppenheim, O. G., die Verhandlungen des englischen Parlaments über Einführung der Civil-Ehe. gr. 8. (35 S.) Berlin 861, F. Schulze's Buchh.
Aus: Dove's Zeitschrift für Kirchenrecht, besonders abgedruckt.

Oppenheim, Oskar: Beiträge zur Beurteilung saprämischen und septischen Fleisches. Wien 1909. 28 S. 4°

Wien, Vet.-med. Diss. v. 1909
Aus: Tierarztl. Zentralblatt. Jg. 32

(F) **Oppenheim,** O., Die Gefahren des Fleischgenusses und ihre Verhütung. 8°. (95 S.) † K 2.—
Brünn: Winkler 1902.

Oppenheim, Osk., die Gefahren des Fleischgenusses u. ihre Verhütung. In gemeinverständl. Art geschildert. gr. 8. (95 S.) Lundenburg 902. (Leipzig, C. Cnobloch.) n. 1. 70

Oppenheim, Paul Der Abbau des Narceïns. Giessen 1908: v. Münchow. 58 S. 8°
Gießen, Phil. Diss. v. 30. Nov. 1908, Ref. Naumann
[Geb. 15. Juni 85 Frankfurt a. M.; Wohnort: Gießen; Staatsangeh.: Preußen; Vorbildung: Goethe-Gymn. Frankfurt Reife O. 03; Studium: Freiburg i. B. 1, Stuttgart Techn. Hochsch. 2, Gießen 3 S.; Rig. 30. Okt. 08.] [U 09. 1336

Oppenheim, Paul [Berolinensis] Die Ahnen unserer Schmetterlinge in der Sekundär- und Tertiärperiode . . . Berlin, Druck v. R. Gensch (1885); 24 S. 8°
Berlin, Phil. Fak., Inaug.-Diss. v 19. Dez. 1885.

Oppenheim, Paul, die Ahnen unserer Schmetterlinge in der Sekundär- und Tertiärperiode. Diss. Berlin 1885, Mayer & Müller. 8°. 24 S.

Oppenheim, Paul, Referendar in Hamburg: Die Aussteuer nach dem Bürgerlichen Gesetzbuch für das Deutsche Reich. Hamburg 1908: Berngruber & Henning. (VII, 91 S.) 8°
Leipzig, Jur. Fak., Diss. v. 17. März 1908
[Geb. 21. Jan. 83 Hamburg; Wohnort: Hamburg; Staatsangeh.: Hamburg; Vorbildung: Gelehrtensch. d. Johanneums Hamburg Reife M. 01; Studium: München 4, Berlin 2, Kiel 1 S.; Rig. 22. Dez. 05.]

Oppenheim, Paul, Beiträge zur **Binnenfauna** d. provençal. Kreide. [Aus: „Palaeontographica".] gr. 4. (70 S. m. 4 Taf. u. 4 Bl. Erklärgn.) Stuttgart 895. E. Schweizerbart. n. 16. —

— die **Eocaenfauna** d. Monte Postale bei Bolca im Veronesischen. [Aus: „Palaeontographica".] gr. 4. (96 S. m. 8 Taf. u. 8 Bl. Erklärgn.) Ebd. 896. n. 20. —

— die **eocäne Fauna** d. Mt. Pulli bei Valdagno im Vicentino. [Aus: „Zeitschr. d. deutschen geolog. Gesellsch."] gr. 8. (137 S. m. 10 Taf. u. 10 Bl. Erklärgn.) Berlin 894. (R. Friedländer & Sohn.) n.n. 10. —

Oppenheim, Paul, über die Fossilien der Blättermergel v. Theben. (S. 435 – 456 m. 1 Taf.) gr. 8. München 903. (G. Franz' Verl.) n. — 40
Sonderabdruck aus: „Sitzungsber. d. bayer. Akad. d. Wiss."

Oppenheim, Paul. Die Geologie der Insel **Capri.** Ein offener Brief an Hrn. Joh. Walther in Jena. Nebst einigen Bemerkgn. üb. Ausdehng. u. Berechtigg. der bei der Zeitschrift der deutschen geolog. Gesellschaft gehandhabten Censur. gr. 8. (24 S.) Berl. 891, (Dames). — 75

Oppenheim, P., die **Insectenwelt** d. lithographischen Schiefers in Bayern. Mit 2 Taf. [Aus: „Palaeontographica".] gr. 4. (33 S. m. 2 Bl. Erklärgn.) Stuttgart 888. Schweizerbart. n. 6. —

— die Insel der Sirenen von ihrer Entstehung bis zur Gegenwart. Eine populäre Darstellg. der phys. u. polit. Geschichte der Insel Capri. gr. 8. (32 S. m. e. geolog. Karte.) Berlin 890. Lazarus. n. 2. —

— zur Kenntnis alttertiärer Faunen in Aegypten. s.a. Palaeontographica. III.

Zur Kenntnis alttertiärer Faunen in Ägypten. Von Dr. Paul Oppenheim in Charlottenburg. Lfg 1. *Stuttgart: E. Schweizerbart 1903.* 4°
= Palaeontographica. Bd 30, Abt. 3, Lfg 1 [04. 389

— die Land- u. Süsswasserschnecken der Vicentiner Eocänbildungen. Eine paläontologisch-zoogeograph. Studie. [Aus: „Denkschriften d. k. Akad. d. Wiss."] Imp.-4. (38 S. m. 5 Taf.) Wien 890. (Tempsky.) n. 4. —

— üb. d. Nummuliten d. venetian. Tertiärs. Lex.-8. (29 S. m. 1 Taf.) Ebd. 895. n. 3. —

Die Priabonaschichten und ihre Fauna im Zusammenhange m. gleichalterigen u. analogen Ablagerungen vergleichend betrachtet von Dr. Paul Oppenheim. Mit 21 Taf. u. zahlr. Fig. im Text. (In 6 Lfgn.) *Stuttgart: E. Schweizerbart 1900–01* (348 S.) 4°
= Palaeontographica. Bd 47 [01. 397]

— Tertiär und Tertiär fossilien in Nord-Griechenland ..., s. Philippson, Alfred

Oppenheim, Ph., und Fr. Jarchau, vollständiges Lehrbuch der metrologischen Zuschneidekunst für Damen. Zu e. gründlichen Selbstunterricht bearb. 3. verm. rc. Aufl. Paderborn 857. (Junfermann.) 8. (24 S. u. 3 lith. Taf. in Fol.) n. 1 ₰.

Oppenheim, Philipps, der gelbe Crayon, s.a. Kriminal-Romane „Continent".

Der gelbe Crayon. Roman von Philipps Oppenheim. Einzig autor. Uebers. von Adele Achard. Berlin: Continent [1907]. (352 S.) 8° [F.]
= Continent, Kriminal-Romane. 6/7. [08. 11848 11

Der gelbe Crayon. Roman von Philipps Oppenheim. Einzig autor. Uebers. von Adele Achard. 2. Taus. Berlin: Continent [1907]. (352 S.) 8° [F.]
= Continent, Kriminal-Romane. 6/7. [08. 9793

Oppenheim, Rudolf [aus Marburg]: Zur Geschichte der Chinolin-Ammoniumbasen ... Marburg, Univ.-Buchdr. v. J. A. Koch, 1893; 49 S., 1 Bl. 8.
Marburg, Phil. Fak., Inaug.-Diss. v. [15. Aug.] 1893

Oppenheim, Rudolph(us) Mauritius: De angina membranacea. Halis Saxonum (1832): Ruff. 27 S. 8°
Halle-Wittenberg, Med. Diss. v 30. Juni 1832
Geb. Scarnoko (Posen) 1806. V.

Oppenheim, S., & Co.: Preis-Liste über Naxos-Schmirgelscheiben und Schmirgel-Schleif-Maschinen. Braunschweig 1884

— S. Joseph (Frankfurt/Main), Tentamen de haemorrhoidibus. Diss. med. Göttingen (J. Chr. Dieterich) (Dez.) 1798. 24 S. (4.—) 25611

— nonnullae aegrorum historiae in nosocomio observatae de febribus continuis biliosis; acced. tractatus de aetatum vitae humanae morbis. 8. Wien 799. Kaulfuss. 4 gr.

Oppenheim, Samuel

Oppenheim, S., Bahnbestimmung d. Kometen. VIII. 1881. Lex.-8. (25 S.) Wien 885. (Gerold's Sohn.) n.n. — 50

Oppenheim, S., Bahnbestimmung des Kometen 1846, VIII. [Aus: „Sitzungsber. d. k. Akad. d. Wiss."] Lex.-8. (16 S.) Wien 890. (Tempsky.) n. — 30

—— Bestimmung der Bahn d. Planeten [290] Bruna. Lex.-8. (9 S.) (Ebd.) 891. * — 20
Vorstehende Schrift aus: Sitzungsberichte der k. Akad. der Wiss., besonders abgedruckt.

Oppenheim, S., über die Bestimmung der Periode e. periodischen Erscheinung nebst Anwendung auf die Theorie des Erdmagnetismus. (26 S.) gr. 8. Wien 909. A. Hölder. — 75
Sonderabdr. a.: „Sitzungsberichte d. k. Akad. d. Wiss."

— Über die Eigenbewegungen der Fixsterne. D 87 97 . 2.80
Separatabdruck

Oppenheim, *Samuel* Zur Frage nach der Fortpflanzungsgeschwindigkeit der Gravitation. 8 (S. 3—28).
Progr K. k. Akademisches G. *Wien* 1895

Oppenheim, S., Hülfstafeln zur Berechng. der Hauptungleichheiten etc., s.: Gyldén, Hugo.

Oppenheim, S., über eine neue Integration der Differentialgleichungen der Planetenbewegung. Lex.-8. (54 S. mit 1 eingedr. Holzschn.) Wien 883, (Gerold's Sohn.) *
Aus: Sitzungsberichte der k. Akademie der Wissenschaften, besonders abgedruckt.

Oppenheim Dr. Samuel: Kritik des Newtonschen Gravitationsgesetzes. 58. Karolinenthal R. 03.
Progr.

— Zur Lehre von der Centralbewegung in elementarer Darstellung. 24 Arnau 97
Progr.

Oppenheim, Sam., die Natur des Geldes. Mainz 855. v. Zabern. 8. (VIII, 453 S.) n. 2 ₰.

Oppenheim, Sam., die Natur des Capitals u. des Credits. (In 2 Thln.) 1. Thl. Mainz 868. v. Zabern. gr. 8. (VII, 323 S.) n. 1 ₰ 5 ngr.

Oppenheim, Sam., die Natur d. Capitals u. d. Credits. 2. Thl. gr. 8. (VII, 479 S.) Mainz 874. v. Zabern. n. 6. — (cplt.: n. 9. 50)

—— über die Rotation und Präcession eines flüssigen Sphäroids. Lex.-8. (47 S.) (Ebendas.) 885. *
Vorstehende Schrift aus: Sitzungsberichte der k. Akademie der Wissenschaften, besonders abgedruckt.

Oppenheim, S., das astronomische Weltbild im Wandel der Zeit, s.a. Aus Natur u. Geisteswelt.

Das astronomische Weltbild im Wandel der Zeit. Von Prof. Dr. S[amuel] Oppenheim. Mit 24 Abb. Leipzig: B. G. Teubner 1906. (164 S.) 8° [F.]
(Prager Hochschulkurse. Bd 2.)
= Natur, Aus, u. Geisteswelt Bdch. 110. [07. 9054

Oppenheim, Simon (geb. Severin in Meckl. 9. 11. 1832) De syphilidis neonatorum pathogenia. Berolini (1855). (29 S.) 8°
Berlin, Med. Diss. v. 6. Mai 1855

Oppenheim, Stefanie, aus Frankfurt a. M.: Zur Typologie des Primatencraniums. (Aus dem anthropologischen Institut der Universität Zürich.) [Mit 34 Figuren im Text.] Stuttgart, E. Schweizerbart'sche Verlagsbuchhandlung. 1911. IV, 206 S. und 14 Tafeln. 8°
S.-A aus Zeitschrift für Morphologie und Anthropologie Bd. XIV, Heft 1, S. 1 -204. [15. VII. 11.]
Zürich Univ Phil. Diss. II, S 1910/11

Oppenheimer, s. Freundschaft mit England

Oppenheimer, Adph., prakt. Buchführung f. Gewerbetreibende u. Fabrikanten nach neuer vereinf. Methode. Anleitg. zur Einrichtg., Fortführg. u. zum Abschluß d. Geschäftsbücher behufs genauer Ermittelg. d. jährl. Einkommens. Unter Berücksicht. d. gesetzl. Bestimmgn. hrsg. gr. 8. (68 S.) Berlin 896. H. Liebau. n. 1. —

Oppenheimer, Adph., prakt. Jahres-Abschluss der kaufmännischen Bücher. Nach neuer leichtfassl. Methode zum Selbstunterricht sowie f. d. Unterricht in Handelsschulen bearb. (Sammlung kaufmänn. Lehrbücher.) gr. 8. (X, 111 S.) Leipzig (900). Dr. L. Huberti. Geb. in Leinw. n. 2. 75

Oppenheimer, Adph., allgemeines Lehrbuch der Buchführung. Praktische Unterweisg. zum Selbstunterricht in der einfachen u. doppelten [italien.] Buchführg. u. besonders ausführl. Behandlg. d. Jahresabschlusses, sowie der Buchführg. f. Aktien-Gesellschaften, f. Landwirthschaft u. Gewerbe. Unter Berücksicht. der Bestimmgn. d. allgemeinen deutschen u. österreich. Handelsgesetzbuches hrsg. (In 20 Lfgn.) 1—18. Lfg. gr. 8. (S. 1—864.) Berlin 876. Liebau. à — 50

Oppenheimer, Adph., allgemeines Lehrbuch der Buchführung. Praktische Unterweisung zum Selbstunterricht in der einfachen u. doppelten [italien.] Buchführung u. besonders ausführliche Behandlung des Jahresabschlusses sowie der Buchführung f. Actien-Gesellschaften, f. Landwirthschaft u. Gewerbe. Unter Berücksichtigung der Bestimmungen des allgemeinen deutschen u. österreichischen Handelsgesetzbuches hrsg. 19. u. 20. (Schluß-)Lfg. gr. 8. (S. 865—960.) Berlin 877. Liebau. à — 50

Oppenheimer, Adph., allgemeines Lehrbuch der Buchführg. u. der Kontor-Wissenschaften. Praktische Unterweisg. zum Selbstunterricht f. Kaufleute. Unter Berücksicht. der Bestimmgn. des allgemeinen deutschen Handelsgesetzbuches hrsg. 2., neu bearb. Aufl. 1.—13. Lfg. gr. 8. (S. 1—416.) Berlin 890. Liebau. à — 30

Oppenheimer, Adph., allgemeines Lehrbuch der Buchführung u. der Kontor-Wissenschaften. Praktische Unterweisg. zum Selbstunterricht f. Kaufleute. Unter Berücksicht. der Bestimmgn. d. allgemeinen deutschen Handelsgesetzbuches hrsg. 2., neu bearb. Aufl. 14.—28. Lfg. gr. 8. (IV u. S. 417—886.) Berlin 891. 892. H. Liebau. à — 30 (kplt. geb.: n. 10. 50)

Oppenheimer, Alfr., juristisches Handbuch für pract. Aerzte m. spec. Berücksicht. d. bayer. Gesetzgebg. 8. (VIII, 151 S.) Würzburg 898. Gnad & Co. n. 2. 20; geb. n. 2. 80

Oppenheimer, Alfred [Rechtspraktikant]: Der privatrechtliche Schutz der Fischereiberechtigten in öffentlichen Flüssen gegen Verunreinigung des Fischwassers durch die Abwässer der chemischen Fabriken nach gemeinem Rechte ... Würzburg, Druck d. Stahel'schen k. Hofbuchdr., 1896; 37 S. 8.
Erlangen, Jur. Fak., Inaug.-Diss. v. 1896

Oppenheimer, Arthur, Referendar aus Frankfurt a. M.: Die fiduziarische Eigentumsübertragung, insbesondere das Aussonderungsrecht an den zu fiduziarischem Eigentum übertragenen Gegenständen. *Wiesbaden 1903: C. Ritter.* (53 S.) 8°
Marburg, Jur. Diss. v. [16. Okt.] 1903

Oppenheimer, Arthur: Die Stellung der Gläubiger eines überschuldeten Nachlasses zu einer vom Verstorbenen zu Gunsten einer bestimmten Person abgeschlossenen Lebensversicherung. *M Gladbach (1897): M. Scheer.* (63 S.) 8°
Erlangen, Jur. Diss. v. 11. Sept. 1897

Oppenheimer, Carl, s. Oppenheimer, Karl

Oppenheimer. D. H. — Gottesdienstliche Festrede am Tage der hohen Vermählungsfeier Seiner k. k. Apostol. Majestät unseres Glorreichen und Allergnädigsten Herrn und Kaisers Franz Josef I. mit Ihrer königl. Hoheit der durchlauchtigsten Prinzessin Elisabeth, Herzogin in Baiern. Gehalten am 24. April 1854 im israelitischen Kultus-Tempel der inneren Stadt Temesvar, von — —. 8. (8 S.) Temesvar. Buchdruckerei von Beichel's Erben.

Oppenheimer, David

Oppenheimer, (Rabb. D.,) (קהלתדוד) Collectio Davidis ; e Catalogus celeberr. illius Bibliothecae hebraeae, quam indefesso studio magneque pecuniae impensa colleg. Libros hebr. ex omni fere literum genere tam editos quam manu exaratos continens. 8. Hamburg 826 (Perthes et B.)

Oppenheimer, Dav., Gedanken über Universalmittel u. Luftsalz. 8. Berl. 787. Mylius. 5 gr.

Oppenheimer, Eduard [Arzt aus Strassburg i. E.]: Beitrag zur Lehre von der Dystrophia muscularis progressiva. Mannheim, Mannheimer Vereins-Druckerei, 1888; 34 S. 8°
Strassburg, Med. Fak., Inaug.-Diss. v. 1888

Oppenheimer, Eduard, Beitrag zur Lehre von der Dystrophia muscularis progressiva. Diss. Strassburg i. Els. 1888, Trübners Buchh. u. Autiqu. (E.d'Oleire). 8°. 34 S.

Oppenheimer, Ernst, über m-Xylenylamidoxime und Azoxime. Diss. Berlin 1887, Mayer & Müller. 8°. 47 S.

Oppenheimer, Ernst [aus Sprottau i. Schl.] Ueber m-Xylenylamidoxime und Azoxime. Berlin, gedr. bei L. Schumacher, 1887; 47 + 1 S. 8°.
Berlin, Phil. Fak., Inaug.-Diss. v. 29. Jan. 1887.

Oppenheimer, Eugène Henry

Oppenheimer, E. H., Abriss der Brillenkunde, s. a. Graefe, Alfr., u. Thdr. Saemisch, Handbuch der ges. Augenheilkunde.

Abriss der Brillenkunde von E[ugene] H[enry] **Oppenheimer**, Berlin. Mit 66 Fig. Leipzig W. Engelmann 1906. (90 S.) 8°
= **Handbuch** d. gesamten Augenheilkunde. T. 2. Bd 4, Abt. 2, Kap. 3, Nachtr. 2. (08. 2373

Oppenheimer, E. H., der Schiffsarzt, s.: Brenning, M.

— Theorie u. Praxis der Augengläser. (VIII, 200 S. m. 181 Abbildgn.) gr. 8. Berlin 904. A. Hirschwald. n. 5.—

Oppenheimer, F. (Hrsg.), s. Altneuland

Oppenheimer, Fel. Frhr. v., die Wiener Gemeindeverwaltung u. der Fall des liberalen Regimes in Staat u. Kommune. (VII, 95 S.) gr. 8. Wien 905. Manz. n. 1. 50

— englischer Imperialismus. (64 S.) gr. 8. Ebd. 905. n. 1. —

Oppenheimer, Fel. Frhr. v., s.: Rundschau, österreichische.

Oppenheimer, Felix Frhr. v., die Wohnungsnot u. Wohnungsreform in England m. besond. Berücksicht. der neueren Wohnungsgesetzgebung. gr. 8. (VII, 167 S.) Leipzig 900. Duncker & Humblot. n. 4. —

Oppenheimer, Franz, Dr. med., a. Berlin: Rodbertus' Angriff auf Ricardos Renten-Theorie und der Lexis-Diehl'sche Rettungsversuch. Berlin 1908: G. Reimer. (63 S.) 8°
Kiel, Phil. Fak., Ref. Bernhard, Diss. v. 10. Febr. 1908
[Geb. 30. März 64 Pyritz; Wohnort: Berlin-Groß-Lichterfelde; Staatsangeh.: Preußen; Vorbildung: Friedrichs-Gymn. Berlin; Studium: Freiburg i. B. 1, Berlin 8 S.; Rig. 1. Febr. 08.]

Oppenheimer, Frz., die soziale Bedeutung der Genossenschaft. gr. 8. (28 S.) Berlin 899. (Verlag der sozialist. Monatshefte.) n. — 50

Oppenheimer, das Bevölkerungsgesetz des T. R. Malthus u. der neueren Nationalökonomie. Berlin 900.

Oppenheimer, Franz. Das Bevölkerungsgesetz des T[homas] R[obert] Malthus und der neueren Nationalökonomie. Darstellung und Kritik. VIII + 168 S. 8. Berlin-Bern, John Edelheim, 1901. [M. 4. —]

— das Bevölkerungsgesetz des T. R. Malthus u. der neueren Nationalökonomie. Darstellung u. Kritik. gr. 8. (VII, 168 S.) Berlin 901. [Akadem. Verlag f. sociale Wissenschaften.] Vita. n. 4. —

Dr. Franz **Oppenheimer.** Das Bevölkerungsgesetz des T. R. Malthus und der neueren Nationalökonomie. Darstellung u. Kritik. 2. Aufl. *Berlin, Bern: J. Edelheim 1901.* (VII, 168 S.) 8° [oe. 9780

Oppenheimer, Franz (geb. Berlin 30. 3. 1864) Ueber die gelbe Diazo-Reaktion. Berlin (1885). (31 S.) 8°
Berlin, Med. Diss. v 7 März 1885

Oppenheimer, Frz., die Ferienwanderung. Wanderbriefe. 8. (VIII, 143 S.) Berlin 894. F. Fontane & Co. n. 2. —; geb. n.n. 3. —

Oppenheimer, Frz., Freiland in Deutschland. 2. Taus. 8. (VIII, 118 S.) Berlin 895. F. Fontane & Co. n. 1.50

— Grossgrundeigentum u. soziale Frage. Versuch e. neuen Grundlegg. d. Gesellschaftswissenschaft. gr. 8. (XVI, 504 S.) Berlin 898. „Vita", Deutsches Verlagshaus. n. 5. —

Oppenheimer, Frz., das Grundgesetz der Marxschen Gesellschaftslehre. Darstellung u. Kritik. (VI, 148 S.) gr. 8. Berlin 903. G. Reimer. n. 3. —

Oppenheimer, Franz, David Ricardos Grundrententheorie. Darstellg. u. Kritik. (V, 255 S.) gr. 8. Berlin 909. G. Reimer. 6. —

— Detlev v. Liliencron. Aesthet. Studie. 12. (84 S. m. 1 Bildn.) Berlin 898. Schuster & Loeffler. n. 1. —

Dr Franz **Oppenheimer.** Alte und neue Makkabäer. Gedenkrede, geh. auf d. jüd. Gedenkfeier zu Berlin am 22 Jan. 1900. Berlin: Jüd. Rundschau 1906. (15 S.) 8° [oe. 7826

— d. Siedlungsgenossenschaft. Versuch e. positiven Ueberwindg. d. Kommunismus durch Lösg. d. Genossenschaftsproblems u. d. Agrarfrage. gr. 8. (XXIV, 638 S.) Leipzig 896 Berlin, „Vita" Deutsches Verlagshaus. n. 13. —; erm. Pr. n. 8. —

— Der Staat, s. a. Gesellschaft, die.

Der Staat von Franz **Oppenheimer.** Frankfurt am M. Rütten & Loening (1907). (176 S.) 8°
— Gesellschaft, Die. Bd 14/15. [oe. 708

— Theorie der reinen u. politischen Okonomie. Ein Lehr- u. Lesebuch f. Studierende u. Gebildete. (XXVI, 739 S.) gr. 8. Berlin 910. G. Reimer. 14. —; geb. 15. —

— s.: Wohnungsfrage u. Volkswohl.

Oppenheimer, Gustav [aus Heiligenstadt, Prov. Sachsen]: Beitrag zur Rubeolenfrage Halle a. S., Buchdr. v. S. Schlesinger, 1886; 30 S. 8°.
Halle, Med. Fak., Inaug.-Diss. v. 26. März 1886.

Oppenheimer, Heinrich [aus Würzburg]: '(Aus Dr. Lassars Poliklinik f. Hautkrankheiten in Berlin.)' Ueber dauernde Ausfälle nach Syphilis des Centralnervensystems ... Berlin, Buchdr. v. G. Schade, 1892; 35 S. 8.
Heidelberg, Med. Fak., Inaug.-Diss. v [16. Febr.] 1892

Oppenheimer, Heinr., s.: Fracastor's, Girolamo, Gedicht v. der Syphilis.

— s.: Hutten's, Ulr. v., üb. die Heilkraft des Guaiacum u. die Franzosenseuche.

Oppenheimer, Heinrich [Dr. med. aus Würzburg]: Das Ulcus pepticum duodenale hauptsächlich vom ätiologisch-statistischen Standpunkte aus behandelt ... Würzburg, J. M. Richter's Buch- u. Kunstdr., 1891; 79 S. 8.
Würzburg, Med. Fak., Inaug.-Diss. v 1892

Oppenheimer, Hermann [aus Dettensee]: Anwendungen des Amesederschen Nullsystems ... *Horb, Druck v. H. Christian, 1892;* 1 Bl., 30 S. 8.
Jena, Phil. Fak., Inaug.-Diss. v 1892

Oppenheimer, Herm., Anwendungen d. Amesederschen Nullsystems. Diss. gr. 8. (30 S.) Horb 892. (Rudolstadt. H. Dabis.) n. — 60

OPPENHEIMER, Hermann (Hannover): Zur Frühdiagnose des Magencarcinoms. Tryptophanprobe und eine neue Probe mit Essigsäure.- Leipzig: Vogel 1910. 11 S.- S.-Abdr.aus: Deutsches Archiv für klinische Medizin. Bd.101.
28.6.1911 - Chr 1911/12,24; U 11.5704
Diss. Ingolst.-Landsh.-Mchn.

Oppenheimer, Hugo, approb. Arzt aus Elze Ein **Beitrag** zur Pathologie der progressiven Muskelatrophie. *Würzburg 1899: I. Boegler.* (33 S.) 8°
Würzburg, Med. Diss. v 1899

Oppenheimer, Hugo [aus Heidelberg] Beiträge zur Kenntnis des Terephtalaldehydes München, Akad Buchdr. v F Straub, 1886, 29 S. 8°
München, Phil. Fak., Inaug. Diss. v. 1886.

Oppenheimer, Hugo, Referendar in Straßburg: Die beiden **Vereinsklassen** des Bürgerlichen Gesetzbuches ⟨§§ 21, 22⟩. *Jena: G. Fischer 1904.* (94 S.) 8° [F.]
Straßburg, Rechts- u staatswiss. Diss. v 1904

Oppenheimer, Joseph, appr. Arzt aus Fuerth i. B.: ⟨**Aus** d. pharmakol. Institut Würzburg.⟩ **Beitrag** zu den Beobachtungen über die Wirkung des Chinin auf den Gesichts-Sinn. Anhang: Einige Versuche mit Santonin. *Fuerth i. B. 1901: L. Laon.* (21 S.) 8°
Würzburg, Med. Diss. v 1901

Oppenheimer, Jul., die reine Sphäre. Ansprache gehalten im Gotteshause der jüd. Reform-Gemeinde am Vorabend zum Versöhnungstage des J. 1864. gr. 8. (12 S.) Berlin 864, A. Abelsdorff.

Oppenheimer, Karl

Oppenheimer, Carl, s.: Centralblatt, biochemisches.

— s.: Encyklopädie der Hygiene.

— die Fermente u. ihre biologische Bedeutung, s.a. Bibliothek, moderne ärztliche. 16. Hft.

Die Fermente und ihre biologische Bedeutung. Von Dr. Carl Oppenheimer. Berlin. Berlin. L. Simon Nf. 1904. (45 S.) 8°
= Bibliothek, Moderne ärztliche. H. 10. [illegible]

— die Fermente u. ihre Wirkungen. gr. 8. (VIII, 350 S.) Leipzig 900. F. C. W. Vogel. n. 10. —

— die Fermente u. ihre Wirkungen. 2. neubearb. Aufl. (VIII, 430 S.) gr. 8. Leipzig 903. F. C. W. Vogel. n. 12. —; geb. n. 13. 25

Oppenheimer, Carl, Die Fermente u. ihre Wirkgn. 3. völlig neubearbeit. Aufl. Nebst e. Sonderkapitel: Physikal. Chemie der Fermente u. Fermentwirkgn. v. R. O. Herzog. Allgemeiner Tl. (XV, 282 S.) gr. 8. Leipzig 910. F. C. W. Vogel. 10.—; geb. 11. 25

— dasselbe. Spezieller Tl. (XI, 491 S.) gr. 8. Ebd. 909. 16.—; geb. 17. 50

— dasselbe. Bibliographie, zugleich Namenregister. (S. 497—606.) gr. 8. Ebd. 910. 4.—; geb. n 5. —

Oppenheimer, Carl, Grundriss d. Chemie. 1. Tl.: Anorganische Chemie. 8. (VIII, 156 S.) Berlin 897. E. Hesse. n. 3. 20; geb. n.n. 3. 45

— Grundriss der anorganischen Chemie. 2. Aufl. 8. (VIII, 156 S. m. Fig.) Leipzig 901. G. Thieme. Geb. n. 3. 50

— Grundriss der anorganischen Chemie. 3. u. 4. Aufl. (VIII, 168 S.) 8. Leipzig 904. 907. G. Thieme. Kart. n. 3. 50

— Grundriss der anorganischen Chemie. 6. Auflage. (VII, 171 S.) kl. 8. Leipzig 910. G. Thieme. Geb. in Leinw. 3. 50
5. Aufl. (VII, 165 S.) 908. Geb. 3.50.

Grundriss der organischen Chemie. Berlin, 1895. 8vo.

— Grundriss der organischen Chemie. 2. Aufl. 8. (VII, 122 S.) Ebd. 898. Kart. n. 2. 40

— Grundriss der organischen Chemie. 3. Aufl. 8. (VIII, 128 S.) Ebd. 902. Kart. n. 2. 40

— Grundriss der organischen Chemie. 4. Aufl. (VII, 128 S.) 8. Ebd. 905. Geb. n. 2. 40

— Grundriss der organischen Chemie. 7. Aufl. (VIII, 139 S.) kl. 8. Ebd. 910. Geb. in Leinw. 2. 80
5. Aufl. (VII, 131 S.) 907. Geb. 2.40. — 6. Aufl. (VIII, 137 S.) 909. Geb. 2.80.

— s.: Handbuch der Biochemie des Menschen u. der Tiere.

Oppenheimer, Carl [aus Berlin]: Zur Kenntnis der Amidine und ihrer Kondensationsprodukte. Berlin, C. Vogts Buchdr., 1894. 44 S., 2 Bl. 8.
Berlin, Phil. Fak., Inaug.-Diss. v. 6. Juni 1894

Oppenheimer, Carl, Dr. phil., pract. Arzt aus Berlin: Zur Kenntnis der experimentellen Bleivergiftung. Berlin 1898: J. S. Preuss. (30 S.) 8°
Berlin, Med. Diss. v. 11. Okt. 1898

Zur Kenntnis der experimentellen Bleivergiftung von Carl Oppenheimer. Berlin. Bon & Hesse 1899. (30 S.) 8° [illegible]

— zur Kenntniss der experimentellen Bleivergiftung. 8. (30 S.) Berlin 899. [E. Hesse.] Leipzig, G. Thieme. n. — 80

Oppenheimer, Carl, s.: Lehrbuch f. Spirituosenfabrikant.

— über natürliche u. künstl. Säuglingsernährung. (32 S.) gr. 8. Wiesbaden 904. J. F. Bergmann. n. — 80

— chemische Technik f. Aerzte. Ein Vademecum der klin. Chemie f. die Praxis. 12. (VII, 73 S.) Ebd. 899. Geb. in Leinw. n. 2. —

Oppenheimer, Carl, Toxine u. Antitoxine. (VI, 228 S. gr. 8. Jena 904. G. Fischer. n. 6. —

Oppenheimer, Karl [app. Arzt aus Bruchsal]: Aus d. patholog. Institute zu München. Ueber die Wachsthums-Verhältnisse des Körpers und der Organe. München. Druck v. R. Oldenbourg (1888). 31 S. u. 3 Taf. 8°
München, Med. Fak., Inaug.-Diss. v. 1888

— s.: Zentralblatt f. die gesamte Biologie.

Oppenheimer, Leser (geb. am 2 März 1847 in Vreden Westf.): Ueber Erfrierung ... Coesfeld, Druck v. B. Wittneven Vater [1871]. 29 S., 1 Bl. 8.
Bonn, Med. Fak., nachträgl. erschienene Diss. v. 22 Juli 1870

Oppenheimer, Ludwig, Referendar in Darmstadt: Ist die Richtigkeit der Datierung beim eigenhändigen Testament erforderlich? Darmstadt 1908: G. Otto. (62 S.) 8° [J.]
Gießen, Jur. Fak., Ref. Schmidt, Diss. v. 4. Mai 1908
[Geb. 10. Juli 80 Darmstadt, Wohnort: Darmstadt, Staatsangeh.: Hessen; Vorbildung: Neues Gymn. Darmstadt Reife O. 02. Studium: München 1, Berlin 1, Freiburg i. B. 1, Gießen 4 S.; Rig. 3. Dez. 07.]

Oppenheimer, Ludw. Ritter v., über die Leitung der deutschen Auswanderer nach Ungarn. Leipzig 866. Kollmann. gr. 8. (48 S.) n. 10 ngr.

Oppenheimer, Ludw. Ritter v., nach den Wahlen. gr. 8. (24 S.) Prag 870, Calve'sche Universitäts-Buchh. *

Oppenheimer, Ludwig, Referendar: Was heisst 'unternehmen' im Sinne des Reichsstrafgesetzbuches? Berlin (1900): J. S. Preuss. (65 S.) 8
Freiburg i. B., Rechtsw. [illegible] Diss. v. 1900

Oppenheimer, Max, approb. Arzt aus Frankfurt a. M.: Beitrag zur Kasuistik der Nervenchirurgie (Neurolysis und Nervennaht). Kiel 1902: Schmidt & Klaunig. (28 S.) 8°
Kiel, Med. Diss. v. [14. Jan.] 1902

Oppenheimer, Max, aus Heilbronn a. N.: Über die Glykokollverbindungen aromatischer Amido- und Amido-oxysäureester, eine neue Gruppe Anästhesie erzeugender Substanzen, nebst einem Anhange: Untersuchungen über das Anhydroecgonin. München 1899: V. Höfling. (86 S.) 8°
München, Phil. Diss. v. 1900

(Oppenheimer, Moses. offener Brief an Hofprediger Stöcker.) (Ohne Titelbl.) O. O. u. J. (Mannheim 1879). 16°. 14 S. Beibd.

Oppenheimer, Moses, offener Brief an Hrn. Adolph Stoecker, Hofprediger u. Mitglied des Oberkirchenrathes in Berlin. 2. Aufl. 12. (14 S.) Mannheim 880. (Stuttgart, Loebell.) n.n. — 80

— Semiten u. Arier. 2. Brief an Hrn. Adph. Stoecker, Hofprediger u. Mitglied des Oberkirchenrathes in Berlin, zugleich Landtags-Abgeordneter für Bielefeld. 8. (15 S.) Ebend. 880. n. — 50

Oppenheimer, Robert [pr. Arzt aus Mehle '(Prov. Hannover)']: Zur Lehre von der physiol. Bedeutung der Querstreifung des Muskelgewebes ... Mannheim, Druck d. Mannh. Actiendr., 1894; 42 S., 1 Bl. 8.
Strassburg, Med. Fak., Inaug.-Diss. v. 1894

Oppenheimer, Rud., Arbeiten über Infektionskrankheiten, s.: Virchow, Rud., Archiv f. patholog. Anatomie. Beiheft z. 194. Bd.

Oppenheimer, Rudolph, aus Würzburg Über die Aetiologie, Therapie und Prognose des Carcinoma mammae. *Würzburg 1903: Stahel.* (36 S.) 8°
Würzburg, Med. Diss. v. 1903

— Urologische Operationslehre. (XIV, 350 S. mit 113 Abbildgn. u. 12 z. Tl. farb. Taf.) Lex. 8. Wiesbaden 910. J. F. Bergmann. Geb. in Leinw. 24. —

Oppenheimer, S., über d. Resection des Hüftgelenkes. Inaug.-Abhandlung, der medicin. Facultät zu Würzburg vorgelegt. Mit treuen Abbildd. von Präparaten aus den Sammlungen d. Hofraths Textor u. des Prof. B. Heine, auf 1 Taf. in Steinabdruck. gr. 8. Würzburg 840. Etlinger. 7 gr

Oppenheimer, Salomo [cand. med. aus Stuttgart]: Beitrag zur chirurgischen Behandlung des Kropfes München, Buchdr. v. M. Ernst, 1893; 47 S. 8.
München, Med. Fak., Inaug.-Diss. v. 1894

Oppenheimer, Saly: Studien über Derivate des p-Amido- und p-Oxy-Chinolins. *Freiburg i. B. 1897: F. Wagner.* (49 S.) 8°
Freiburg i. B., Phil. Diss. v. 1897

Oppenheimer, Siegfried [app. Arzt aus Darmstadt] Casuistische Beiträge zur Kieferaktinomykose. Freiburg i. B., Buchdr H. Epstein, 1891; 87 S. 8°
Freiburg i. B., Med. Fak., Inaug.-Diss. v. 1891

Oppenheimer, Siegfried, appr. Arzt a. Hannover: Ueber Perforation des Oesophaguscarcinoms in die Aorta. München 1906: C. Wolf & Sohn. (30 S.) 8°
München, Med. Fak., Ref. v. Bollinger, Diss. v. 19. April 1907
[Geb. 16. Okt. 82 Hannover; Wohnort: Frankfurt a. M.; Staatsangeh.: Preußen; Vorbildung: Lyzeum II Hannover Reife O. 01; Studium: München 4, Berlin 3, München 2 S.; Coll. 19. Apr. 07; Approb. 20. März 07.]

Oppenheimer, Zacharias

Oppenheimer, Z., „Bewusstsein — Gefühl", s. a. Grenzfragen des Nerven- u. Seelenlebens. 23. Hft.

'Bewußtsein – Gefühl.' Eine psycho-physiolog. Untersuchung von Dr. Z[acharias] **Oppenheimer,** Prof., Heidelberg. *Wiesbaden: J. F. Bergmann 1903.* (75 S.) 4°(8°)
— Grenzfragen d. Nerven- u. Seelenlebens. H. 23. [03. 1190]

Oppenheimer, Z., üb. den Einfluß d. Klimas auf den Menschen, s. a. Sammlung gemeinverständlicher wissenschaftlicher Vorträge.

Oppenheimer Z, üb. d. Einfluss d. Klimas a. den Menschen. (S. wiss. V 30) Berlin 1867

Oppenheimer, Z, über den Einfluss des Klimas a. d. Menschen. Berl. *35 p.*
Schul-/Univ.-Schrift

Oppenheimer, Z., Lehrbuch der physikalischen Heilmittel für Aerzte und Studirende der Medizin. (In 2 Lfgn.) 1. Lfg. Lex.-8. (IV und 174 S. mit eingedr. Holzschn.) Würzburg 861, Stahel'sche Buchh. *

—— Lehrbuch der physikalischen Heilmittel für Aerzte und Studirende der Medizin. 2. Lfg. Lex.-8. (II und S. 175—431 mit eingedr. Holzschn.) Würzburg 863, Stahel'sche Buchh. *
1. Lfg. Ebendas. 1861. * 1 Thlr.

Oppenheimer, Z., über progressive fettige Muskelentartung. Habilitationsschrift zur Erlangung der venia docendi an der Universität Heidelberg. gr. 8. (31 S.) Heidelberg 855, J. C. B. Mohr. *

Oppenheimer, Z., Physiologie des Gefühls. gr. 8. (XI, 196 S.) Heidelberg 899. C. Winter. n. 4. —

Oppenheimer, Z., Schmerz u. Temperaturempfindung. gr. 8. (128 S.) Berlin 893. G. Reimer. n. 2. —

Oppenheimer-Mærklin, Eugen: Aus dem Laboratorium der dermatologischen Abtheilung (Prof. Jacobi) d. chir. Klinik zu Freiburg i. Br. Ein Fall von halbseitigem Talgdrüsennaevus. *Freiburg i. Br. 1898: H. Epstein.* (34, II S.) 8°
Freiburg i. B. Med. Diss. v. 1898

Oppenhim, Juda, Rede beim Thora-Fest, oder bei der Weihe einer neu-geschriebenen Gesetzesrolle, am Sabbath Bräschith A. M. 5594, (den 12. Oct. 1833) gehalten. 8. Pirmasens 833. (Heidelberg, Oswald.) n. 1/8 ₰

Oppenhoff, F. C., die preußischen Gesetze über das mündliche und öffentliche Verfahren in Strafsachen und über die vorläufigen Straffestsetzungen wegen Uebertretungen erläutert. gr. 8. (VI und 698 S.) Berlin 860, G. Reimer. *

—— s. Rechtsprechung, die, des königl. Ober-Tribunals in Straf-Sachen.

Oppenhoff, F. C., das Strafgesetzbuch f. den norddeutschen Bund. gr. 8. (X, 758 S.) Berlin 871. G. Reimer. n. 9. 60

—— das Strafgesetzbuch für den norddeutschen Bund. 3 Lfgn. gr. 8. Berlin 871, G. Reimer. [1. und 2. Lfg. (S. 1—480.) à Lfg. *M 3.; 3. Lfg. (X, S. 481—758.) *M 3,60.] *

—— das Strafgesetzbuch für das deutsche Reich nebst dem Einführungs-Gesetze vom 31. Mai 1870, — dem Einführungs-Gesetze und den Einführungs-Verordnungen zum preuß. Strafgesetzbuche und dem Einführungs-Gesetze für Elsaß-Lothringen vom 30. Aug. 1871. 2. Aufl. (X, 796 S.) 1872., 3. Aufl. (X, 759 S.) 1873, und 4. wesentlich verb. und bereich. Ausg. gr. 8. (VIII, 789 S.) Ebendas. 874. *

— das Strafgesetzbuch f. das deutsche Reich, nebst dem Einführungs-Gesetze vom 31. Mai 1870, — dem Einführungs-Gesetze u. den Einführungs-Verordgn. zum preuß. Strafgesetzbuche u. dem Einführungs-Gesetze f. Elsaß-Lothringen vom 30. Aug. 1871, erläutert. 5. Ausg., unter Zugrundlegg. d. durch die Novelle vom 26. Febr. 1876 hergestellten Gesetzestextes neu bearb., verb. u. bereichert, hrsg. v. Th. F. Oppenhoff. gr. 8. (VIII, 844 S.) Ebend. 876. n. 13. —

Oppenhoff, F. C., das Strafgesetzbuch f. das deutsche Reich, nebst dem Einführungs-Gesetze vom 31. Mai 1870, — dem Einführungs-Gesetze u. den Einführungs-Verordnungen zum preußischen Strafgesetzbuche u. dem Einführungs-Gesetze f. Elsaß-Lothringen vom 30. Aug. 1871, erläutert. 6. Ausg., unter Zugrundelegung d. durch die Novelle vom 26. Febr. 1876 hergestellten Gesetzestextes neu bearb., verb. u. bereichert, hrsg. v. Th. F. Oppenhoff. gr. 8. (VIII, 888 S.) Berlin 877. G. Reimer. n. 14. —

Oppenhoff, F. C., das Strafgesetzbuch für das deutsche Reich, nebst dem Einführungs-Gesetze vom 31. Mai 1870, — dem Einführungs-Gesetze und den Einführungs-Verordnungen zum preuß. Strafgesetzbuche und dem Einführungs-Gesetze für Elsaß-Lothringen vom 30. Aug. 1871, erläutert. 5. Ausg., unter Zugrundelegung des durch die Novelle vom 26. Febr. 1876 hergestellten Gesetzestextes neu bearb., verb. und bereichert, hrsg. von Th. F. Oppenhoff. (VIII, 844 S.) 1876. * M 13.; 6. Ausg. (VIII, 888 S) 1877; 7. verb. und bereich. Ausg. gr. 8. (VIII, 918 S.) Berlin 879, G. Reimer. *

Oppenhoff, F. C., das Strafgesetzbuch für das deutsche Reich, nebst dem Einführungs-Gesetze vom 31. Mai 1870, — dem Einführungs-Gesetze und den Einführungs-Verordnungen zum preuß. Strafgesetzbuche und dem Einführungs-Gesetze für Elsaß-Lothringen vom 30. Aug. 1871, erläutert. 8. verb. und bereicherte Ausg., hrsg. von Th. F. Oppenhoff. gr. 8. (VIII, 935 S.) Berlin 881, G. Reimer. *

—— das Strafgesetzbuch für das Deutsche Reich, nebst dem Einführungs-Gesetze vom 31. Mai 1870 und dem Einführungs-Gesetze für Elsaß-Lothringen vom 30. Aug. 1871, erläutert. 9. verb. und bereich. Ausg., hrsg. von Th. F. Oppenhoff. gr. 8. (VIII, 952 S.) Ebendas. 883. *

Oppenhoff, F. C., das Strafgesetzbuch f. das Deutsche Reich, nebst dem Einführungs-Gesetze vom 31. Mai 1870 u. dem Einführungs-Gesetze f. Elsaß-Lothringen, erläutert. 10. Ausg., hrsg. v. Th. F. Oppenhoff. gr. 8. (VIII, 952 S.) Berlin 885. G. Reimer. n. 15. —; geb. n. 17. —

Oppenhoff, F., das Strafgesetzbuch f. das Deutsche Reich, nebst dem Einführungs-Gesetze vom 31. Mai 1870 und dem Einführungs-Gesetze für Elsaß-Lothringen vom 30. Aug 1871, erläutert 11, verb. Ausg., hrsg. von Th. Oppenhoff gr 8. (VIII, 996 S.) Berlin 888. G. Reimer n. 15. —; geb. n. 17. 50

Oppenhoff, Friedr. Das Strafgesetzbuch f. das Deutsche Reich, nebst dem Einführungs-Gesetze vom 31. Mai 1870 u. dem Einführungs-Gesetze f. Elsaß-Lothringen vom 30. Aug. 1871, erläutert. 12. verb. u. bereich. Ausg., hrsg. v. Thdr. Oppenhoff. gr. 8. (VIII, 1015 S.) Berl. 891, G. Reimer. * 15 —; geb. * 17 50

Oppenhoff, Frdr., das Strafgesetzbuch für d. Deutsche Reich, nebst d. Einführungs-Gesetze v. 31. Mai 1870 u. d. Einführungs-Gesetze f. Elsaß-Lothringen v. 30. Aug. 1871, erläut. 13., verb. u. bereich. Ausg., hrsg. v. Thdr. Oppenhoff. gr. 8. (VIII, 1016 S.) Berlin 896. G. Reimer. n. 16. —; geb. in Halbfrz. n.n. 18. 50

Oppenhoff, Frdr., das Strafgesetzbuch f. das Deutsche Reich, nebst dem Einführungs-Gesetze vom 31. V. 1870 u. dem Einführungs-Gesetze f. Elsaß-Lothringen vom 30. VIII. 1871, erläutert, fortgeführt v. Thdr. Oppenhoff. 14. verb. u. bereicherte Ausg., hrsg. v. Hans Delius. gr. 8. (IX, 1028 S.) Berlin 901. G. Reimer. n. 18. —; geb. in Halbfrz. n. 20. —

Oppenhoff, F. C., das Strafgesetzbuch für die Preußischen Staaten und das Gesetz über die Einführung desselben, erläutert aus den Materialien, der Rechtslehre und den Entscheidungen des Kgl. Ober-Tribunals. 856. (XII, 487 S.) n. 2 ₰. — 2. bedeutend verm., und bis auf die neueste Zeit fortgeführte Ausg. Berlin 858. G. Reimer. gr. 8. (XII, 563 S.) n. 2 ₰. 5 ngr.

— das Strafgesetzbuch für die Preußischen Staaten und das Gesetz über die Einführung desselben, erläutert aus den Materialien, der Rechtslehre und den Entscheidungen des Königl. Ober-Tribunals. 3. Ausg. 861. — 4. Ausg. Ebend. 864. gr. 8. (IX, 619 S.) n. 2 ₰ 10 ngr.

Oppenhoff, F. C., das Strafgesetzbuch für die preußischen Staaten nebst dem Gesetze u. den Verordnungen über die Einführung desselben. 5., gänzlich umgearb. Ausg. 867. 2 ₰ 15 ngr. u. 6. verb. Ausg. Berlin 869. G. Reimer. gr. 8. (XII. 658 S.) n. 2 ₰ 20 ngr.

Oppenhoff, Th. F., das allgemeine Berggesetz für die preußischen Staaten, unter steter Vergleichung seines Textes mit denjen. des braunschweig., meiningenschen, gothaischen u. bayer. Berggesetzes erläutert. Berlin 870. G. Reimer. gr. 8. (VIII, 415 S.) n. 1 ₰ 25 ngr.

Oppenhoff, Th. F., die preußischen Gesetze über die Ressort-Verhältnisse zwischen den Gerichten und den Verwaltungs-Behörden zusammengestellt und erläutert. Berlin 863. G Reimer. gr 8. (VIII, 592 S.) n. 2 ₰ 10 ngr.

Oppenhoff, Thdr., die Gesetze über die Resortverhältnisse zwischen den Gerichten u. den Verwaltungsbehörden in Preußen, zusammengestellt u. erläutert. 2. Aufl., hrsg. v. Jos. Oppenhoff. (XII, 534 S.) gr. 8. Berlin 904. G. Reimer. n. 12. —

Oppenord, Gille-Marie, l'art décoratif appliqué à l'art industriel. Recueil des œuvres de G.-M. O. Contenant deux mille motifs avec fragments de consoles, agrafes, cartels etc. gr. 4. (120 Taf.) Frankfurt a. M. 888, Baer und Comp. In Mappe *

Oppenort, E. M. Architektonische u. ornamentale Einzelheiten im Style d. Barock. Fol. (85 photolithogr. Taf.) Berl. 891, Hessling u. Spielmeyer. In Mappe * 28 —

Oppenried s.a. Mully v. Oppenried.

*r. *Oppenried, R.* Alters- und Invaliditätssparkasse als Übergang zur allgemeinen Volkswohlfahrt. Wien 1901.

Oppenrieder, J. A., de translationibus ministrorum in vet. ecclesia. Jen. 1745. 4.

Oppenrieder, Jakob Karl Eduard

Oppenrieder, J. K. Ed., Bemerkungen zu der Rede Cicero's für den P. Sestius. 4. (27 S.) Augsburg 870. (Berlin, Calvary und Comp.) *

Dissertatio de Cicerone Proconsule Ciliciae. Scrips. Jac. Carol. Ed. Oppenrieder, IV Class. schol. lat. praeceptor. — 1853. Ibid. — S. 1—36.
Progr. Augsburg

Oppenrieder, J. C. E., De duobus Homeri locis. Pr. 1865. IV, 26 S. 4°.

Quaestiones Lucretianae. Scrips. Jac. Car. Eduardus Oppenrieder, III Cl. schol. lat. praeceptor — 1847 Ibid. S. 1—20.
Progr. Augsburg

Oppenrieder, J C. E., De formulae nemo unus et similium formularum significatione. Pr 1862. 20 S. 4° —.75

Oppenritter, R., comment. sup. iure successionis in terras dom. austriacae. 8. Vien. 751. — 8

Opper, Frdr., Kinder-Lehre, d. i. d. 5 Hauptstücke christl. Lehre, in Frage u. Antwort gestellt f. d. evang. Kirchen u. Schulen in Hessen. 7. Aufl. M. 35 Bild. v. J. Schnorr v. Carolsfeld. 8. (92 S.) Frankfurt a/M. 896. Kesselring. Geb. n. — 60

Opper, Paul, approb. Arzt Septische **Zustände** nach Angina tonsillaris. *Leipzig: G. Fock 1900.* (53 S.) 8°
Leipzig, Med. Diss. v. (8. Juli) 1900

Opperdoes, Nikolaus (Hoorn/Niederl.), Disput. jur. ad legem rhodiam de jactu. Ex Auctor. Johann Jakob Vitriarius. O. O. 30. VI. 1721. 16 S. (4.50) 25612
Gew.: Peter Opperdoes, Simon Opperdoes, Arnold Groot, Johann Groot, Anton Schulting. — Widm. v.: David Blanken.

Oppermann, Hanne Luise, d. Mörderin in ihrem Gefängniß u. auf ihrem Todesgange zu Ehrigsburg. 8. Stendal, Franzen. 805. -

Oppermann, (Rathmann,) das Armen-Wesen u. die milden Stiftungen in Magdeburg. 1e—11e Nachricht. 8. Magdeb. 821 u. ff. Creuz. (à 16 gr.) 7 ₰ 8 gr.

(Oppermann,) 1—11. Nachricht üb. d. Armen-Wesen u. d. milden Stiftungen in Magdeburg 2c. Magdeburg 821—29, Creutz.

[Gedicht] Der Wiedergenesung und Wiederkehr unseres allgeliebten Meisters vom Stuhl, [Alex.] Grafen von Westerholt, gewidmet von der □ Carl zu den drey Schlüsseln, im Orient zu Regensburg 5812. [Unterz.:] O. [d. i. Oppermann.] [Regensburg 1812.] 1 Bl. 4⁰. [Kopftit.]
„Führt nach langer Trennung Schmerzen" . . . 21.

Oppermann. über die in der internationalen Industrie-Ausstellung 1862 zu London ausgestellten Gegenstände d. Militär-Ingenieurwesens. Mit Zeichn. Hannover 1863. 13 Bl. 4⁰

Nro 3. Cantate zur Feyer der glüklichen Rükkunft [!] unseres Durchlauchtigsten Grosmeisters [d. i. Karl Alexander, Fürst von Thurn u. Taxis]. Im Namen der Brüder von Oppermann. [Regensburg] 1804. 8 S. 8⁰ [Umschlagtit.]
Ohne Noten. 23.

Lied zur Aufnahme eines Lehrlings' [Unterz.:] Oppermann. [Regensburg] o. J. 1 Bl. 8⁰. [Kopftit.]
„Seegen Eingeweihter Dir" . . . 21.

Oppermann: Rede an die aus Eines Hochw. Domcapituls Amts Zilly acht Dorfschaften, Zilly, Heudeber, Reddeber, Appenrode, Badersleben, Ströbeck, Athenstedt u. Aspenstedt sich am 17. 11. 1786 zur Huldigung vor dem Amtshause zu Zilly eingefundene angesessene Unterthanen gehalten. Halberstadt (1786).

Oppermann, . . ., s. Tagebuch d. Vorfälle in Hannover.

Oppermann, A., u. Carla Laßmann, Haushaltungsbuch f. den kleinbürgerl. Haushalt. Zum Gebrauche in dem Haushaltungs- u. Kochunterrichte an Volks- u. Fortbildungsschulen, sowie in bürgerl. Haushaltgn. (80 S.) 8. Leipzig 905. J. Klinkhardt. n. — 60

Oppermann, A., u. Carla Laßmann, Haushaltgs.- u. Kochbuch f. den bürgerl. Haushalt. Zum Gebrauche in dem Haushaltgs.- u. Kochunterrichte an Volks- u. Fortbildgs.-Schulen, sowie in bürgerl. Haushaltgn. bearb. 2. Aufl. (90 S.) 8. Leipzig 909. J. Klinkhardt. Kart. 1.—

Oppermann, A., hannoversches Wahlgesetz zur Ständeversammlung. Zusammenstellung derjenigen gesetzlichen Bestimmungen, welche bei den bevorstehenden Wahlen zur Ständeversammlung ins Auge zu fassen sind. Mit erläuternden Anmerkungen herausg. Hannover 863. C. Rümpler. 8. (92 S.) 7½ ngr.

Oppermann, A., „der Wein erfreut des Menschen Herz!?" (Für u. gegen die Abstinenz.) Vortrag im Blaukreuzverein (Hildesheim). (14 S.) 8. Hildesheim (909). H. Helmke. — 25

Oppermann, Albert: Experimentelle Untersuchungen über den Einfluß von Störungslinien auf das Nachzeichnen einer Normalstrecke. Hamburg 1910 Lütcke & Wulff 43 S. 8°
Gießen, Phil. Diss. v. 28. Febr. 1910, Ref. Groos
[Geb. 11 Nov 80 Lesse, Wohnort Hamburg, Staatsangeh. Hamburg, Vorbildung Gymn. Wolfenbuttel Reife O. 99, Studium: Leipzig 2, Gottingen 8 S., Rig. 14 Jan. 10.] [U 10. 1290

Oppermann, Albert: Experimentelle Untersuchungen über den Einfluß von Störungslinien auf das Nachzeichnen einer Normalstrecke. Hamburg 1910: Lütcke & Wulff. 43 S. 8° ¶ (Ersch. auch als Gießener phil. Diss. v. 1910.)
Hamburg, R in St. Pauli OP 1910 (1000) [S 10. 310

Oppermann, Albert E. C. (Benkheim/Ostpreussen). Ueber Carcinoma mammae. Diss. med.-chir. Berlin (Knoll u. Wölbling) 20. VII. 1886. 37 S. u. Biogr. (—.—) 25614
Oppon.: Barth, Leipolz, Schello. — Seiner Mutter gew.

Oppermann, Albertus Ericus Haimo De utero retroverso. Halis Saxonum (1852) Mueller 22 S. 8°
Halle-Wittenberg, Med. Diss. v. 22 Nov 1852
Geb. Lyck (Ostpr.) [15. 2. 1827]. V

Oppermann, Albert H., s. Oppermann, Heinrich Albert

Oppermann, Alwin

Oppermann A.: Beiträge z. Frage d. Schädlichkeit v *Equisetum palustre*. Diss. Bern 1908. 48 S. P

Oppermann, Alwin. Beiträge zur Frage der Schädlichkeit von Equisetum palustre. Diss. Vet.-Med. Bern. II + 48 S. 8. (Magdeburg, Friese & Fuhrmann, [1909].)

Oppermann, Andr., Peter Cornelius, s. Bildungs-Blätter für unser Volk.

Oppermann, Andr., das Leben der Maler, s. Stern, A.

—— Palermo Erinnerungen. 8. (359 S.) Breslau 860 E. Trewendt.

Oppermann, A., der Maler Ludwig Richter, s. Bildungs-Blätter für unser Volk.

Oppermann, Andr., Ernst Rietschel. 8. (VIII und 416 S.) Leipzig 863, Brockhaus. *

—— Ernst Rietschel. 2. durchgeseh. und verm. Aufl. Mit dem Portr. Ernst Rietschel's (in Stahlst.) und einem Anhang: I. Beschreibung des Luther-Denkmals zu Worms. II. Katalog für das Rietschel-Museum zu Dresden. 8. (VII, 357 S.) Leipzig 873, Brockhaus. *ℳ 5.; geb. *

Oppermann, Andr., Aus dem Bregenzer Wald. Breslau 859. Trewendt. 8. (187 S.) 22½ ngr.

Oppermann, Aug. v., Atlas vorgeschichtlicher Befestigungen in Niedersachsen. Orig.-Aufnahmen und Ortsuntersuchungen, im Auftrage des histor. Vereins für Niedersachsen mit Unterstützung des königl. preuss. Ministeriums der geistl., Unterrichts- und Medicinal-Angelegenheiten, des hannover. Provinziallandtags und der Wedekind'schen Preisstiftung zu Göttingen bearb. 1. und 2. Heft. Fol. (8 Taf.; 9 Taf. mit 18 S. Text.) Hannover 887,88, (Hahn'sche Buchh.) à Heft *ℳ 5.—. *

Oppermann, Aug. v. Atlas vorgeschichtlicher Befestigungen in Niedersachsen. Orig.-Aufnahmen u. Ortsuntersuchgn., im Auftrage d. histor. Vereins f. Niedersachsen m. Unterstützg. d. kgl. preuss. Ministeriums der geistl., Unterrichts- u. Medicinal-Angelegenheiten u. d. hannov. Provinziallandtags bearb. 3. Heft. Fol. (8 Taf.) Hannov. 890, Hahn. * 5 —
1. u. 2. Heft. Ebd. 1887,88. * 10 —.

Oppermann, Aug. v., Atlas vorgesch. Befest. in N.-Sachsen. H. 3, bearb. v Carl Schuchardt. H. 4. Hannover 1890—94. Fol.

Atlas vorgeschichtlicher Befestigungen in Niedersachsen Originalaufnahmen und Ortsuntersuchungen im Auftrage des Historischen Vereins für Niedersachsen bearb. v August von **Oppermann** und Carl **Schuchhardt**. Hannover 1888—1916 Fol

Oppermann, Bernhard (geb. am 23 Juli 1853 in Berlin): Ueber die Unterscheidung von Vorbereitung und Versuch ... Bonn, Univ.-Buchdr. v. C. Georgi 1875. 2 Bl., 42 S., 1 Bl. 8.
Bonn, Jur. Fak., Diss. v 9 Okt. 1875

Oppermann, C. C., Geschichte der Stadt Krempe. gr. 8. (15 S.) Altona 881. (Harder.) n. — 60

Oppermann, C. C., ausländische Kulturpflanzen, bearb. f. Schüler. 1. Hft. gr. 8. (64 S.) Krempe 893. (Leipzig, C. F. Tiefenbach.) Kart. n. — 60

Oppermann, Carl, s. Oppermann, Karl

Oppermann, Christian [Gerichtsassessor in Hannover]: Ueber den Rechtszustand in Grenzgebieten bei streitiger oder zweifelhafter Staatsgrenze mit besonderer Ruecksicht auf das preussische Recht Helmstedt, Druck v J. C. Schmidt, 1888, 28 S. 8°
Göttingen, Jur Fak., Inaug.-Diss. v 27 Apr. 1888

Oppermann, Chr., üb. den Rechtszustand in Grenzgebieten bei streitiger od zweifelhafter Staatsgrenze m. besond Rücksicht auf das preussische Recht. Inaug.-Diss. gr 8. (28 S.) Helmstedt 888. (Göttingen, Vandenhoeck & Ruprecht's Verl.) n. — 80

Oppermann, Curt, s. Oppermann, Kurt

Oppermann, E.

Oppermann, das Jagdpolizei-Gesetz vom 7. März 1850, mit den seit der Publikation ergang. Entscheidungen u. Ministerial-Erlassen unter Benutzung amtlicher Quellen hrsg. Berlin 865. v. Decker. gr. 8. (IV, 79 S.) 12 ngr.

Oppermann, [E], das Jagdpolizei-Gesetz vom 7. März 1870 mit den seit der Publikation ergangenen Entscheidungen und Ministerial-Erlassen, unter Benutzung amtl. Quellen hrsg. 2. verm. Aufl. gr. 8. (VI, 101 S.) Berlin 876, v. Decker's Verlag. *

Oppermann, E. Rechenbuch f. Landschulen, s. Töpke, H.

Oppermann, E., der jetzige Stand der Schulkartographie, nachgewiesen an den Bamberg-Chunschen Wandkarten. [Aus: „Blätter f. Schulpraxis".] gr. 8. (34 S.) Berlin 894. C. Chun. Unentgeltlich

Oppermann, E., zum Tagewerk, s.: Heinemann, H.

Auctions-Katalog der Kupferstichsammlungen des Herrn E. F. Oppermann und eines anderen Berliner Kunstfreundes. Mit 8 Tafeln in Lichtdruck (24. Kupferstich-Auction von Amsler & Ruthardt) Berlin 1882. 8°

Oppermann, Ed., Abwege der Satzkürzung, s.: Vorträge u. Abhandlungen zur Gabelsberger'schen Stenographie.

— Festrede zum 60jähr. Jubiläum d. kgl. stenograph. Instituts, s.: Sammlung v. Vorträgen aus d. Gebiete d. Stenographie.

Oppermann, Ed., zum 25jährigen Jubiläum der Dresdner Beschlüsse, s. Sammlung von Vorträgen aus dem Gebiete der Stenographie.

—— Palästina. Für Schule und Haus. 8. (48 S. mit 1 Ansicht Jerusalems in Holzschn. und 1 Karte von Palästina in Farbendr.) Braunschweig 887, Bruhn's Verlag. *

Oppermann, Ed., d. Gabelsberger'sche System. Wortbildg. u. Wortkürzg., nach den Beschlüssen des V. Stenographentages übersichtlich dargest. u. durch zahlr. Beispiele erläut. gr. 8. (IV u. 63 autogr. S.) Leipzig 895. E. Zohl. n. — 75

Oppermann, Edmund

— Friedrich Wilhelm Dörpfeld, s.a. Männer der Wissenschaft. 3.

Friedrich Wilhelm Dörpfeld. Ein kurzes Bild s. Lebens u. Wirkens. Von Edmund **Oppermann**, Schulinsp. Leipzig: W Weicher 1905. (44 S.) 8°
= Männer d. Wissenschaft. H. 3.

Oppermann, Edm., Einführung in die Kartenwerke der königl. preußischen Landesaufnahme nebst Winken f. ihre Benutzung bei Wanderungen u. ihre Verwertung im Unterricht. Mit 5 Kartenbeilagen: Zeichenerklärung der Meßtischblätter u. der Deutschen Reichskarte, Ausschnitte aus beiden Karten u. Uebersichtsblatt der Deutschen Reichskarte. (86 S.) kl. 8. Hannover 906. C. Meyer. Geb. in Leinw. n. 1.—

Oppermann, Edm., Einführg. in die Kartenwerke der kgl. preußischen, bayerischen, württembergischen u. sächsischen Landesaufnahmen, nebst Winken f. ihre Benutzung bei Wanderungen u. ihre Verwertung im Unterricht. Mit 5 Kartenbeilagen: Zeichenerklärung der Meßtischblätter und der Deutschen Reichskarte. Ausschnitte aus beiden Karten u. Übersichtsblatt der Deutschen Reichskarte. 2., verm. u. verb. Aufl. (VII, 106 S.) kl. 8. Hannover 909. C. Meyer. Geb. in Leinw. 1.25

— Dr. Horst Keferstein, s.a. Magazin, pädagogisches.

Dr. Horst Keferstein. Gedenkblatt s. Lebens u. Wirkens. Von Edmund **Oppermann**, Schuldir., Braunschweig. Langensalza: Beyer 1907 41 S. 8°
(Pädagogisches Magazin. H. 314.)

Oppermann, Edm., geographisches Namenbuch. Erklärg. geograph. Namen nebst Aussprachebezeichng. Nach Erdteilen u. Ländern (Flüssen, Gebirgen, Landschaften, Städten u. s. w.) geordnet. gr. 8. (VIII, 167 S.) Hannover 896. C. Meyer. n. 2.—; kart. n. 2.25

— Geographisch. Namenbuch. Erklärung geograph. Namen nebst Aussprachebezeichng. Nach Erdteilen und Ländern (Flüssen, Gebirgen, Landschaften, Städten usw.) geordnet. 2., verb. u. stark verm. Aufl. Nebst alphabet. Namenverzeichnis. (VIII, 248 S.) 8. Hannover 908. C. Meyer. 3.—; geb. 3. 60

— Aug. Hermann Niemeyer, s. d. Klassiker, die pädagogischen. 16.

Aug. Hermann Niemeyer. Sein Leben u. s. pädagog. Werke. Von Edmund Oppermann, Schulinsp. in Braunschweig. *Halle a. S.: H. Schroedel 1904.* (75 S.) 8° [F.]
= Klassiker, Die pädagogischen. Bd 16. [04. ...

Oppermann, Edm., d. Schulbibelfrage. Ihre Geschichte, Bedeutg. u. ihr gegenwärt. Stand. gr. 8. (44 S.) Gera 896. Th. Hofmann. n. —40

Oppermann, Erich, aus Braunschweig: Zur Frage nach der Hydratation gelöster Substanzen. *Göttingen 1901: Dieterich.* (42 S.) 8°
Göttingen, Phil. Diss. v. [10. Juni] 1901

Oppermann, Erich, zur Frage nach der Hydratation gelöster Substanzen. Diss. gr. 8. (42 S.) Göttingen 901. (Vandenhoeck & Ruprecht.) n. 1. —

Oppermann, Ernst [approb. Arzt aus Hannover]. Aus dem Pathologischen Institute zu Kiel. Ueber zwei seltene Anomalien der grossen Gefässstämme. Kiel, Druck v. Schmidt & Klaunig, 1886, 21 + 2 S. u. 3 Taf. 8°
Kiel, Med. Fak., Inaug. Diss. v. 26. Mai 1886.

Oppermann, Ernst, üb. zwei seltene Anomalien der grossen Gefässstämme. gr. 8. (21 S. m. 3 Steintaf.) Kiel 886. (Lipsius & Tischer.) n. 1. —

Oppermann, Fr., die Bedeutung des Zuckers u. Vorschläge, die Runkelrüben-Zucker-Industrie zu retten, auch dieselbe zu einem allgemeinen ländlichen Geschäfte u. den Zucker zu einer allgem. Volksnahrung zu machen. gr. 8. Quedlinburg 846, Basse. 1/4 ₰

Oppermann, Fritz, Referendar in Schwerin: Die wesentlichen und unwesentlichen Bestandteile nach dem Bürgerlichen Gesetzbuch. Sternberg 1904: A. Rohloff. (57 S.) 8°
Rostock, Jur. Fak., Ref. Bernhöft, Diss. v. 20. Okt. 1904
[Geb. 19. Sept. 76 Deutz a. Rh., Wohnort: Schwerin i./M., Staatsangeh.: Mecklenburg-Schw., Vorbildung: Gymn. Doberan Reife M. 98; Studium: Heidelberg 2, Leipzig 2, Rostock 2 S., Rig. 31 Okt. 03.]

— Konradin, der letzte Hohenstaufe. Eine geschichtl. Erzählung für die Jugend bearb. Neu-Ruppin 865. Leipzig, Oehmigke. 8. (183 S.) 12½ ngr.

—— neue Märchen. br. 8. (131 S. mit 8 Chromolithogr.) Neu-Ruppin 864, Oehmigke. cart. –

—— neue Mährchen. 2. Aufl. br. 8. (139 S. mit 4 lithogr. Farbendr.-Bildern nach Zeichnung von W. Schäfer.) Neu-Ruppin [Leipzig] 869, Oehmigke's Verlag. (ℳ 2,25.) *

Oppermann, Gust., s. Schneider, F., Taschenbuch für Consumvereine.

Oppermann, Gust., die doppelte kaufmännische Buchführung, insbesond. für Consum-Vereine (auch leicht anwendbar auf Produktiv- u. Rohstoff-Genossenschaften), nach einer vollständig bewährten, leicht faßl. Methode d. neuen Consum-Vereins, eingetragene Genossenschaft zu Magdeburg. Berlin 869. F. Duncker. gr. 8. (55 S.) n. 10 ngr.

Oppermann, G., u. H. Häntschke, Handbuch für Konsumvereine, s. a. Handbibliothek f. das deutsche Genossenschaftswesen. III.

[F.] Handbuch für Konsumvereine. Prakt. Anweisung zu deren Einrichtung und Gründung v. G. Oppermann u. H. Häntschke. *Breslau: E. Morgenstern 1898.* (XI, 350 S.) 1 Bd 8.
= Handbibliothek f. d. Deutsche Genossenschaftswesen. Bd 3. [98. 7167 Gr

Handbuch für Konsumvereine. Prakt. Anweisung zu deren Einrichtung u. Gründung von G. Oppermann u. H. Häntschke. 2. umgearb. Aufl. *Berlin: J. Guttentag 1899.* (XII, 328 S.) 8° [F.]
= Handbibliothek f. d. Deutsche Genossenschaftswesen. Bd 3. [00. 6659

Oppermann, H., die Magnesia im Dienste der Schwammvertilgung, Reinigung der Effluvien u. Pflanzensäfte, der Desinfection u. Beseitigung v. Pilzbildungen u. der Conservirung, sowie Heilung der Diphteritis. 2. Aufl. 8. (63 S.) Bernburg 886. Bacmeister. n. 1. 50

Oppermann, H. W., theoret.-prakt. Anweisg. zur Erteilg. d. Turnunterrichts in Knaben- u. Mädchenschulen. Kurze Methodik u. 80 method. geordnete Lektionen im Anschluß an d. amtl. Leitfaden f. d. Turnunterr. in d. preuß. Volksschulen. 1895. Zugl. 4., völl. umgearb. u. wesentl. erweit. Aufl. d. „Übungsplans f. d. Turnunterr." v. F. Hupfer. 8. (VIII, 191 S.) Berlin 898. E. S. Mittler & Sohn. n. 1. 75

Oppermann, H. W., Methodik des Schreibunterrichts. Mit e. Schrifttaf. (IV, 62 S.) gr. 8. Hannover 904. C. Meyer. n. 1. —

Oppermann, H. W., Schreibheite. Deutsch. 6 Nrn. 4. (à Nr. 24 S.) Hannover 881, Meyer. à Nr. ** 15 Pf. **

Oppermann, H. W., Schreibhefte. Neue Ausg., nach dem Normal-Duktus. Deutsche Schrift. 6 Hefte. 4. (à Heft 24 S.) Hannover 887, Meyer. à Heft ** 15 Pf. **

—— dass. — Lateinisch. 6 Nrn. 4. (à Nr. 24 S.) Ebendas. 880.81. à Nr. ** 15 Pf. **

—— dass. — Lateinische Schrift. 6 Hefte. 4. (à Heft 24 S.) Ebendas. 887. à Heft ** 15 Pf. **

—— Schreibhefte mit deutschen und lateinischen Vorschriften. 1. und 2. Heft. 4. (à Heft 24 S.) Ebendas. 888. à Heft * 12 Pf. *

—— dass. — Neue Ausg., nach dem Normal-Duktus. Lateinisch. 2. und 3. Heft. 4. (à Heft 24 S.) Ebendas. 888. à Heft * 12 Pf. *

—— Schrift-Wandtafeln (nach dem Normal-Duktus). Imp.-Fol. (8 Bl.) Ebendas. 888. *

Oppermann, Heinrich, s. Oppermann, Joh. Heinrich

Oppermann, Hnr. Albert, die Göttinger gelehrten Anzeigen während einer hundertjähr. Wirksamkeit für Philosophie, schöne Literatur, Politik u. Geschichte. gr. 8. Hannover 844, Kius. 1½ ₰

— Onno Klopp's Auslegung des nicht angenommenen Briefes von König Georg V. an den König von Preußen. Berlin 869. Kortkampf. gr. 8. (40 S.) 7½ ngr.

— Encyklopädie der Philosophie. Zum Gebrauche für obere Gymnasialklassen u. zur ersten Einführung in die Philosophie für alle Gebildete. (Mit 1 lith. Tafel.) gr. 8. Hannover 844, Hahn'sche Hofb. 1 1/6 ₰

Oppermann, H. A., die wichtigsten Ereignisse von der französischen Revolution bis zur Schlacht bei Leipzig mit besonderer Rücksicht auf Hannover. Hannover 863. Krüger in Comm. gr. 8. (33 S.) n. 4 ngr.

Oppermann, Heinr. Albert, Erfahrungen über die Wirksamkeit der hannov. bürgerl. Prozeßordnung vom 8. Novbr. 1850. gr. 8. (103 S.) Heidelberg 855, J. C. B. Mohr.
Aus: Archiv für die civilist. Praxis, Bd. 37. und 38., besonders abgedruckt

—— Geschäfts- und Adreß-Kalender für das Königreich Hannover, s.a. Geschäfts- und Adreß-Kalender.

— Geschäfts- und Adreß-Kalender für das Königreich Hannover auf das Jahr 1853. Die Verwaltungs- und Gerichts-Bezirke in Gemäßheit der neuen Organisation, die Namen sämmtlicher bei denselben Angestellten, so wie der Amtsgehülfen, Voigte, Gerichtsschreiber u. Gerichtsvoigte enthaltend. Göttingen 853. Dieterich. gr. 8. (IV, 135 S.) n. 15 ngr.

— zur Geschichte des Königreichs Hannover von 1832 bis 1860. 1 Bd.: 1832—1848. Leipzig 860. O. Wigand. gr. 8. (XVI, 395 S.) n. 1 ₰ 15 ngr.

—— zur Geschichte des Königreichs Hannover von 1832—1860. II. Thl. 1848—1860. gr. 8. (VIII und 650 S.) Leipzig 862, O. Wigand. *

Oppermann, Heinr. Alb., zur Geschichte des Königreichs Hannover von 1832—1866. 2. (Titel-)Aufl. (In 3 Bdn.) 1. u. 2. Bd. Berlin 868. Kortkampf. 8. (XXIV, 1046 S.) n. 2 ₰ 15 ngr.

—— zur Geschichte des hannöverschen Verfassungsgesetzes vom 5. Septbr. 1848 namentlich in Beziehung auf die Anträge des Reclamationsausschusses vom 15. März betr. die §. 33 und 36 dieses Gesetzes. gr. 8. (VI und 94 S.) Leipzig 855, O. Wigand. *

—— Gesetz die Anordnung eines Mahnverfahrens für geringe Schuldsachen betr., s. Gesetz.

— hundert Jahre 1770—1870. Zeit- u. Lebensbilder aus drei Generationen. 9 Thle. Leipzig 870. Brockhaus. 8. 10 ₰ 10 ngr
1. (XX, 386 S.) 1 ₰ 10 ngr. — 2. (VII, 248 S.) 1 ₰ — 3. (V, 379 S.) 1 ₰ 20 ngr. — 4. (III, 281 S.) 1 ₰ — 5. (V, 359 S.) 1 ₰ 10 ngr. — 6. (IV, 315 S.) 1 ₰ — 7. (III, 289 S.) 1 ₰ — 8. (III, 290 S.) 1 ₰ — 9. (III, 333 S.) 1 ₰

— Pombal u. die Jesuiten. 12. Hannover 845, Kius. n. 1/2 ₰

—— allgemeine bürgerliche Proceßordnung, s.a. Proceßordnung.

Oppermann, Heinr. Alb.: Allgemeine bürgerliche Proceßordnung für das Königreich Hannover und Gesetz die Uebergangsbestimmungen in das neue Proceßverfahren betr. . . . mit Anm. zum prakt. Gebrauche versehen. Gottingen 1852

Oppermann, Henr. Alb., de quaestione an et quatenus absolutio ab instantia in causis criminalibus locum habeat. Comment. praem. reg. ornata. 4 maj. Gottingae 836. Dieterich. n. 2/3 ₰

FORSCH, Herm. (d. i. *Heinr Albert Oppermann*), Studentenbilder, oder Deutschlands Arminen u. Germanen in den Jahren 1830 bis 1833. Hamburg, 1835. Hoffmann u. Campe. 8° (In Hamburg, Bibl. der „Harmonie", auch in Göttingen.)
Titel u. 258 S. Hauptsächlich in Cassel spielender, ziemlich zahmer Studentenroman.

—— der Weg zum J. 1866 und seine Nothwendigkeit für das Heil Deutschlands. Studie zur Belehrung, Verständigung und Versöhnung. gr. 8. (64 S.) Ebendas. 869.

— — eines Studierenden über die Reform der Universitäten (von *Heinrich Albert Oppermann*). Leipzig 1834.
Anon.-Lex. IV p. 414 (nach d. Allg. dtsch. Biogr.), Erman & Horn I. 2139 u. 13, 856 haben „*Wallier*" als Verfasser

Worte

Oppermann, Heinr. Albert, Hannoversche Zustände seit dem 21. Febr. 1848. gr. 8. (VIII u. 182 S.) Bremen 849, Heyse. n. 5/6 ₰

Oppermann, Heinrich Paul

— — De commodis ambiguis ex matrimonio hystericarum. Diss. med. Präs. Johann Juncker Halle/Magdeburg (J. Chr. Hilliger) Febr. 1755. 30 S. (—.—) 25616
Widm. v.: Johann Juncker, F. C. Juncker, A. L. Schüler (dtsch.), R. C. F. Opitz.

— Heinrich Paul (Regensburg), De liberis ab haereditate morbosa parentum legitime excludendis. Diss. med. Präs. Friedrich Christian Juncker. Halle / Magdeburg (Hilliger) 18. V. 1753. 27 S. (—.—) 25615

Oppermann, H[einz], a. Hannover: Beiträge zur Kenntnis der Einwirkung von Hydroxylamin auf ungesättigte Säuren. Greifswald 1905: H Adler. (43 S.) 8°
Greifswald, Phil. Fak., Ref. Auwers, Diss. v. 25. Nov. 1905
[Geb. 16. März 81 Hannover; Wohnort: Hannover; Staatsangeh.: Preußen; Vorbildung: Realgymn. 1 Hannover Reife O. 00; Studium: Würzburg 4, Greifswald 1 S.; Rig. 26. Okt. 05]

Oppermannus, J. C. U., Diss. phys.-med., qua electricitatis et phosphorescentiae phaenomena ad rationes physicas revocantur simulque ejus usus in medicina indicatur. 16 pp. Ratisb. 4°.

1746

Opperman, J. F., Examen miraculi legionis fulminatricis. II. Diss. 1740. 58 S. 4°.

Treue Bauern in Nöthen der Fremdherrschaft. Erinnerungen Heinrich Oppermanns aus Ölper (Erlebnisse eines Braunschweigischen Landmanns unter der französischen Regierung des ehemaligen Königreichs Westphalen. Selbsterzählung von Joh. Heinr. Oppermann. Braunschweig 1855) neu hrsg. von Ludwig Hänselmann. *Braunschweig W. Scholz 1903.* (XXI, 126 S.) 8° [F.] (09. 19.)

Oppermann, Joh. Heinr., Erlebnisse eines braunschweigischen Landmanns unter der französischen Regierung des ehemal. Königreichs Westphalen. Selbsterzählung. 8. (172 S.) Braunschweig 855, (Leibrock.) Thlr. *

— Johann Melchior (Hildesheim), De praxi juris canonici in terris protestantium. Diss. jur. eccles. Präs. Justus Henning Böhmer. Halle/Magdeburg (J. Grunert) 6. VII. 1712. 88 S. (5.50) 25617

Oppermann, Jul(ius) (geb. Pr.-Eylau 12. 12. 1855) Ein Beitrag zur Kenntniss der Amidosäuren, im Besonderen der Amidozimmtsäuren und des Carbostyrils. Berlin 1882 (66 S.) 8°
Berlin, Phil. Diss. v. 14. Aug. 1882

Oppermann, Jul., Freiherr Carl von Stein u. das Kleinstaatenthum. Mit besond. Beziehung auf das Herzogthum Nassau. Wiesbaden 866. Limbarth. gr. 8. (68 S.) 7½ ngr.

— Uebergriffe des katholischen Clerus aus jüngster Zeit. Mit besond. Beziehung auf einige süddeutsche Staaten. 15 Epistel. Berlin 865. A. Jonas. gr. 8. (32 S.) n. 5 ngr.

Oppermann, Karl

Oppermann's (Carl) Lehrbuch der Schaufenster-Dekoration in Wort u. Bild u. farbig-plastischen Modellen. I. Abtlg. Dekoration v. Kleiderstoffen, Seide u. Waschstoffen. Dekoration von Konfektion, Blusen, Röcken usw. usw. Mit 3 Taf. f. Künstler. Dekoration u. 17 Modellbogen in Farbendr. u. 61 Abbildgn. fert. Schaufensterdekorationen. Mit 379 Abbildgn. v. Einzelaufmachgn., d. Zwischenstufen hiervon, Seiten- u. Hinterwänden u. and. Dekorationsgegenständen. 20 Hefte. (III. 222 S.) 23,5×32 cm. Chemnitz (909. 10). H Wilisch. à Heft 1. 50

Oppermann, Karl, s.: Musenalmanach, Hannoverscher.

Oppermann, Karl, die Thäler des Taunus und ihre anthropogeographische Bedeutung. Diss. Marburg 1888, N. G. Elwertsche Univ-.Buchh. 8°. 55 S. mit 2 Taf.

Oppermann, Karl [aus Frankfurt a. M.]: Die Thäler des Taunus und ihre anthropogeographische Bedeutung. Marburg, *Druck v. Gebr. Knauer, Frankfurt a. M.*, 1888. 2 Bl., 55 S. u. 2 Taf. 8°
Marburg, Phil. Fak., Inaug.-Diss. v. [25. Jul. 1888

— Welt u. Seele. (Gedichte.) Umschlagzeichnung v. Oswald Koch. (95 S.) kl. 8. Stuttgart (905). Strecker & Schröder. n. 1. 50; geb. n. 2. 50

Oppermann, Karl F. W., die sicilianische Vesper. Trauerspiel in 5 Aufzügen. 8. (VII, 132 S.) Dresden 902. E. Pierson. n. 1. 50

Oppermann, Kurt

Oppermann, Curt, Referendar: Die Haftung der Miterben für die Erbschaftsschulden nach dem Bürgerlichen Gesetzbuch und ihre praktischen Gründe. Greifswald 1909: Abel. 58 S. 8°
Greifswald, Jur. Diss. v. 5. Aug. 1909, Ref. Walsmann
[Geb. 2. Mai 83 Freyburg a. U.; Wohnort: Seelow; Staatsangeh.: Preußen; Vorbildung: Gymn. Eberswalde Reife M. 04, Studium: Berlin 1, Heidelberg 1, Berlin 1, Greifswald 4 S.; Rig. 22 Okt. 08.] [U 09. 1405

Oppermann L, allgemeine und technische Bedingungen zu Ingenieurbauten. 4° (150 S) Leipzig 1895

Oppermann, L., allgem. u. techn. Bedinggn. f. d. Verdingung u. Ausführg. v. Arbeiten u. Liefergn. zu Ingenieur-Bauten. 2., verb. Aufl. Lex.-8. (XIII, 151 S.) Leipzig 896. W. Engelmann. n. 4. —; geb. n. 5. —

— d. Vorarbeiten f. Schifffahrts-Kanäle od. ähnl. Anlagen u. d. Geschäftsführg. bei deren Ausbau. Lex.-8. (XXII, 292 u. 176 S. m. 6 z. Tl. farb. Taf.) Ebd. 895. n. 18. —

Oppermann, L. W., die reitende Feld-Telegraphie. 8. (Mit 1 Steintaf.) Soest 841, Nasse. (Leipz., Fr. Fleischer.) n. ⅔ ₰

Oppermann, M., der heil. Severus von Ravenna, Patron der Stiftskirche zu Erfurt. Sein Leben, die Geschichte seiner Reliquien, sowie seine Verehrung in Lied und Gebet. Festschrift zur 600jähr. Jubelfeier der Kirche zum heil. Severus in Erfurt. 8. (VIII, 157 S.) Paderborn 878, F. Schöningh. *

— der Weg zum Jahre 1866 u. seine Nothwendigkeit für das Heil Deutschlands. Studie zur Belehrung, Verständigung u. Versöhnung. Ebend. 869. gr. 8. (64 S.) 10 ngr.

Oppermann, M. A., s. Pâtañjali, Yoga-Aphorismen.

Oppermann, M. F., Leitfaden beim Unterrichte in d. Erdkunde. 1e Abthl. Vorbereitender Unterricht. 1r Cursus. Uebersicht des Erdganzen. Mit 1 Charte. gr. 8. Hannover 839. Hahn. ⅓ ₰

Oppermann, M. F., Schulatlas mit besonderer Berücksichtigung der physischen, historischen u. ethnographischen Verhältnisse der Länder entworfen unter Benutzung der Chartenwerke von Berghaus, von Spruner u. a. u. zunächst bestimmt f. des Verf. Leitfaden beim Unterrichte in der Erdkunde. Fol. (15 in Kpfr. gest. u. col. Karten.) Hannover 852, Schmorl & v. Seefeld. n. 2 ₰

Oppermann, Matthias Heinrich. De e o quod iustum est circa vocem vivam in processu civili et criminali,
s. Struve, Friedrich Gottlieb [Praes.]

Oppermann, O., s.: Quellen u. Darstellungen zur Geschichte d. Burschenschaft u. d. deutschen Einheitsbewegg.

Oppermann, O. C., über kunstgemäßes Ausstopfen der Thiere, besonders der Vögel, oder naturgetreues Nachbilden der Vögel, mittelst ihrer abgezogenen Häute, durch eine dazu neu ermittelte Methode und Verfahrungsweise, erläutert durch Zeichnungen. (Mit 6 Steintaf.) gr. 8. Delmenhorst 835. (Bremen, Kaiser.) n. 1½ ₰

Oppermann, Otto (Hrsg.). s. Aschoff, Ludwig Geschichte der Bonner Burschenschaft (1819-1833).

Oppermann, Otto, Gedichte. gr. 16. (VIII, 92 S.) Berlin 896. Concordia, Deutsche Verlags-Anstalt. n. 2. —; geb. in Leinw. n. 3. —

Oppermann, Otto, neue Gedichte. gr. 8. (XII, 103 S.) Dresden 901. E. Pierson. n. 2. —; geb. n. 3. —

Oppermann, Otto, d. sächs. Amt Wittenberg im Anfang d. 16. Jahrh., s. Studien, Leipziger, aus dem Gebiet d. Geschichte.

Oppermann, Otto *Alexander* [aus Blasowitz]: Das kursächsische Amt Wittenberg im Anfang des 16. Jahrhunderts, dargest. auf Grund e. Erbbuches v. Jahre 1513 ... (Erschien vollst. als Heft 2 d. 4. Bds von. Leipz. Stud. aus d. Geb. d. Gesch.) Leipzig, Duncker & Humblot, 1897; 2 Bl., 45 S., 1 Bl. 8.
Leipzig, Phil. Fak., Inaug.-Diss. v. [18. Juni] 1897

Das sächsische Amt Wittenberg im Anfang des 16. Jahrhunderts, dargest. auf Grund e. Erbbuches v. J. 1513. Von Otto Oppermann. *Leipzig: Duncker & Humblot 1897* (4 Bl., 120 S.) 8.
= Studien, Leipziger, aus d. Gebiet d. Geschichte. Bd 4. H. 2.

— **Otto Ernst** (Bodenfeld / Hannover), De natura criseos morborum. Diss. med. Marburg/Hessen (Nov. typogr. acad.) 12. II. 1794. 30 S. (4.—) 25618

Oppermann, Paul, Feierabend, s.: Meißner's Arbeiterbühne.

— Herr Hase u. seine Cousine, s. Vereinstheater

Herr Hase und seine Cousine. Posse in 1 Akt von Paul **Oppermann**. Mühlhausen i. Thur. G. Danner [1907]. (31 S.) [F. u. Ant.]
= **Vereinstheater** 106. [08. 5636 3

— Eine Hochzeitsreise m. Hindernissen, s.: Meißner's Vereinsbühne

Oppermann, Paul, der verheiratete Junggeselle, s.a. Vereins-Theater.

Der verheiratete Junggeselle. Schwank in 1 Akt von Paul **Oppermann**. Mühlhausen i. Th.: G. Danner [1905]. (32 S.) 8° [F.]
= **Vereinstheater**. 147. [05. 19904 3

— d. Meistersinger v. Schafshausen, s.a. Danner's, G., Theater-Abend.

Die Meistersinger von Schafshausen. Schwank mit Gesang in 1 Akt von Paul **Oppermann**. Musik von Max Schröder-Ziegenbalg. Mühlhausen i. Th.: G. Danner [1905]. (32 S.) 8° [F.]
= **Theater-Abend**, G. Danner's. No 31. [05. 13260 3

Oppermann, Paul von. **Das Notverordnungsrecht der Preussischen Verfassung.** *Göttingen 1897: Dieterich.* (61 S.) 8°
Göttingen, Jur. Diss. v. [31. Dez.] 1897

— Jochen Päsel, s.a. Vereinstheater.

Jochen Päsel. Militär. Schwank in 1 Akt von Paul **Oppermann**. Mühlhausen i. Th.: G. Danner [1907]. (32 S.) 8° [F.]
= **Vereinstheater** 171. [08. 6027 3

— der Soldatenfeind, s.a. Vereins-Theater.

Der Soldatenfeind. Schwank in 1 Akt von Paul **Oppermann**. Mühlhausen i. Th. G. Danner [1905]. (32 S.) 8° [F.]
= **Vereinstheater** 151. [05. 19968 3

— Die 1000-Taler-Braut, s.: Vereinstheater.

— 500 unsterbliche Witze, Anekdoten u. andere zwerchfellerschütternde Kleinigkeiten. Gesammelt, gesichtet, gedichtet u. zum besten gegeben. (141 S.) 8. Mühlhausen i/Th. (908). G. Danner. 1. —

Oppermann, Peter Wilh., über Schaalstein u. Kalktrapp, zwei Felsarten, die bisher unter der Benennung Schaalstein zusammengefaßt wurden. Mit besond. Rücksicht auf die bei Amönau aufgefund. derartigen Gesteine. Inaug.-Dissertation. Mit 1 Steintaf. gr. 4. Frankfurt a. M. 836. (Körner.) 1/2 ℔

Oppermann, Richard

Oppermann, R., Monatskalender f. den Obstbau, s.: Lehrmeister-Bibliothek.

Oppermann, R[ichard]: Die zeitgemäße Obst- und Beerenweinbereitung im Haushalt und im Kleinbetriebe, sowie die Herstellung alkoholfreier Moste und Getränke. M. 75 Abb. Wiesbaden: Bechtold 1910. VII, 162 S. — 43°.121

— **Der Schnitt des Kernobstes, s.: Lehrmeister-Bibliothek.**

— **Der Schnitt des Steinobstes, s.: Lehrmeister-Bibliothek.**

Oppermann, Th., unser gelber Hausfreund. (Der Kanarienvogel.) Seine Naturgeschichte, Zucht, Pflege, Versand u. Bezug, sowie als Anh.: Empfehlenswerte Bezugsquellen, die Krankheiten der Kanarien, Behandlg. u. Heilg. derselben. Mit e. Titelbild v. Jean Bungartz. 12. (III, 48 S.) Minden 894. W. Köhler. n. 1. —

Oppermann, Th., die ländliche Nutzgeflügelzucht, s.: Arbeiten der Landwirtschaftskammer f. d. Prov. Hannover. (Ehlers, L.)

Oppermann, Theodor, appr. Tierarzt a. Oelper, z. Zt. **Repetitor a. d. Kgl. Tierärztl. Hochsch. zu Hannover: Aus dem Hygien. Institut d. Kgl. Tierärztl. Hochsch. zu Hannover. Experimentelle Beiträge zur Aetiologie der natürlichen Milzbrandfälle.** Berlin 1905: L. Schumacher. (48 S.) 8°
¶(Aus: Archiv f. wiss. u. prakt. Tierheilkunde Bd 31.)
Gießen, Med. Fak., Ref. Olt, Diss. v. 14. Aug. 1905
[Geb. 1 Jan. 77 Oelper; Wohnort: Hannover; Staatsangeh.: Braunschweig; Vorbildung: Realgymn. Braunschweig Reife O. 96; Studium: Tierärztl. Hochschulen: Stuttgart, Hannover zus. 8 S.; Rig. 18. März 05.]

Oppermann, Thdr., Erheiterungen. Gedichte ernsten u. laun. Inhalts. Gesammelt u. hrsg. 12. (80 S.) Kahla 885. Heyl. n.n. — 50

Oppermann, Walter, Referendar in Leipzig: **Die Schuldlehre der Carolina.** Leipzig 1904: W. Wigand. (46 S.) 8°
Leipzig, Jur. Fak., Diss. v. 19. Nov. 1904
[Geb. 10. Dez. 76 Dresden; Wohnort: Leipzig; Staatsangeh.: Sachsen; Vorbildung: Gymn. Dresden-N. Reife O. 96; Studium: Bonn 3, Leipzig 7 S.; Rig. 12. Juli 01.]

Oppermann, Wilhelm

Oppermann. Anleitung zur Aufstellung der Arbeits-Ordnungen f. gewerbl. Anlagen [Fabriken, Hüttenwerke, Zimmer- u. Bauplätze, Werften, Ziegeleien u. über Tage betriebene Brüche u. Gruben] nach den Erfordernissen der Reichs-Gewerbeordng. in der Fassg. vom 1. Juni 1891. Aufgestellt zum Gebrauche v. Behörden u. Arbeitgebern. gr. 4. (20 S.) Hildesheim 892, Lax. ** — 50

Oppermann, W., Anleitg. zur Aufstellg. u. Prüfg. der Arbeits-Ordnungen f. gewerbl. Anlagen (Fabriken, Hüttenwerke, Zimmerplätze, Bauhöfe, Werften, Ziegeleien u. üb. Tage betrieb. Brüche u. Gruben) nach den Erfordernissen d. Reichs-Gewerbeordng. Zum Gebrauche f. Arbeitgeber, Gewerbeaufsichtsbeamte u. untere Verwaltungsbehörden bearb. u. hrsg. 2., völlig umgearb. Aufl. 8. (VII, 85 S.) Berlin 896. C. Heymann's Verl. Kart. n. 1. —

[F.] Anleitung zur Aufstellung und Prüfung der Arbeits-Ordnungen für gewerbliche Anlagen '(Fabriken, Hüttenwerke, Zimmerplätze ...)' nach d. Erfordernissen d. Reichs-Gewerbeordng. Z. Gebr. f. Arbeitgeber . bearb. u. hrsg. v. W(ilhelm) **Oppermann**, kommissar. Reg.- u. Gewerberath. 2., völlig umgearb. Aufl. *Berlin: R. Oppenheim 1896.* (4 Bl., 85 S.) 1 Bd 8. [97. 6481

Oppermann, Wilh., die Grossenbemessung der Eisenbahn-Werkstatten. Durch Zusätze erweit. Sonderdr. aus „Glaser's Annalen f. Gewerbe und Bauwesen". r. 8. (IV, 40 S.) Berlin 890. Dierig & Siemens. n. 1. 50

— s.: **Handbuch d. prakt. Gewerbehygiene.**

Oppermann, Wilhelm, aus Erfurt: **Zur Kenntnis der primären akuten Encephalitis.** *Erlangen 1900: F. Junge.* (38 S.) 8°
Erlangen, Med. Diss. v. (6. März) 1899

Oppermann, Wilh, die Vorschriften des Bundesrats üb. d. Betrieb der Anlagen der Großeisenindustrie. Nach technischen u. rechtl. Gesichtspunkten erläutert. (IV, 47 S.) 8. Berlin 910. C. Heymann. 1. —

Eine Gewissensfrage: Ist Martin Spahn Zentrumsmann? Material z. Begründung d. Augsburger Briefes d. 14 Reichstagsabgeordneten an d. Reichstagskandidaten Herrn Prof. Dr. M. Spahn in Straßburg von [Hans] Graf v. **Oppersdorff**. Berlin: Heymann 1910. VI, 140 S. 8° [11. 4845

Oppert, Carl ..., s. Oppert, Karl ...

Oppert, Ernst, ein verschlossenes Land. Reisen nach Corea. Nebst Darstellung der Geographie, Geschichte, Producte u. Handelsverhältnisse des Landes, der Sprache u. Sitten seiner Bewohner. Deutsche Orig.-Ausgabe. Mit 38 Abbildungen in Holzschn. u. 2 (lith.) Karten. gr. 8. (XX, 316 S.) Leipzig 880. Brockhaus. n. 8. —; geb. n. 9. 50

Oppert, Ernst, ostasiatische Wanderungen. Skizzen u. Erinnergn. aus Indien, China, Japan u. Korea. 8. (VII, 221 S.) Stuttgart 898. Strecker & Schröder. n. 2. 50; geb. in Leinw. n. 3. 50

Oppert, Ernst, ostasiatische Wanderungen. Skizzen u. Erinnergn. aus Japan, Korea, China u. Indien. Wohlfeile [Titel-]Ausg. (VII, 221 S.) 8. Stuttgart [898] (904). Strecker & Schröder. n. 1. 50

Oppert, Frz.

Oppert, die Einrichtung von Krankenhäusern. Auf wissenschaftlichen Reisen gemachte Studien. gr. 4. (VI und 36 S. mit 19 Abbild. auf 3 Kpfrt. in gr. Fol. und qu. Imp.-Fol. und 8 in den Text gedr. Holzschn.) Berlin 859, Springer's Verlag. +

Oppert, Frz., Hospitäler u. Wohlthätigkeits-Anstalten. Mit 69 Abbildgn. (in eingedr. Holzschn.) Neue (dritte) Aufl. Lex.-8. (XV, 310 S.) Hamburg 872. O. Meissner. n. 12. —

— dasselbe. Mit 69 (eingedr.) Abbildgn. (in Holzschn.) 4., etwas verm. Aufl. gr. 8. (XV, 310 S.) Ebend. 875. 6.—

Oppert, neuere Krankenhäuser, s.a. Taschenbibliothek, deutsche bautechnische.

— Neuere Krankenhäuser Ihre Anlage, Bauart und Einrichtung. Leipzig 1882

Oppert, Fran[illegible] Berlin [illegible] De [illegible] Berolini [illegible] 8°
Berlin, Med. Diss. v. 18. März 1851

Oppert, G. Ferdinand. Flüchtige Betrachtungen über den sogenannten Actien-Schwindel und das bezügliche Gesetz vom 24. Mai 1844. Berlin, Springer 1844. 15 S. 4.

Oppert, Gust., über deutsche Auswanderung mit besonderer Beziehung auf Lycien. Berlin 861. J. Springer. gr. 8. (IV, 39 S.) 7½ ngr.

Oppert, Gust., on the original inhabitants of Bharatavarṣa or India. gr. 8. (XV, 711 S.) Westminster 893. Leipzig, O. Harrassowitz. Geb. n.n. 20. —; on large paper n.n 40. —

Oppert, Gust., der Presbyter Johannes in Sage und Geschichte. Ein Beitrag zur Völker- und Kirchenhistorie und zur Heldendichtung des Mittelalters. gr. 8. (V und 208 S.) Berlin 864, Springer's Verlag. *

Oppert, Gust., der Presbyter Johannes in Sage u. Geschichte. Ein Beitrag zur Völker- u. Kirchenhistorie u. zur Heldendichtung des Mittelalters. 2. verb. Aufl. Berlin 870. Springer's Verlag. gr. 8. (VIII, 228 S.) n. 3 ₰

Oppert, Gust., Tharshish u. Ophir. (VIII, 87 S.) gr. 8. Berlin 903. J. Springer. n. 2. —
Sonderabdruck aus: „Ztschr. f Ethnologie".

[Oppert, Gustavus Salomon] • De Philippo II. Macedonum Rege. 46 Bl 8° (4°)
Halle-Wittenberg, Phil. Diss. v 16. Mai 1860
Geb. [Hamburg 30. 7 1836]

Oppert, Jul., die astronomischen Angaben der assyrischen Keilinschriften. Lex.-8 (13 S.) Wien 885, (Tempsky) **
Aus: Sitzungsberichte der k. Akademie der Wissenschaften, besonders abgedruckt.

Oppert, J. [illegible] 1855

Oppert, Jules, Grammaire sanscrite. gr. 8. (X und 234 S.) Berlin 859, Springer's Verlag. *

Oppert, Jul., Grammaire sanscrite. 2. édit. corrigée et augmentée. gr. 8. (XII und 238 S. mit 1 Tab. in gr. 4.) Berlin 864, Springer's Verlag. *

Oppert, J., Grundzüge der assyrischen Kunst, s.a. Vorträge, öffentliche.

Oppert, J., Prof. Dr., Grundzüge der assyrischen Kunst. 8. Basel, Schweighauserische Vlgshdlg. 1. — 1872

Oppert, Jul., das Lautsystem des Altpersischen. gr. 8. (56 S.) Berlin 847, Springer. n. 5/12 ₰

Oppert, Jules Saṃskṛtabhāṣāvyākaraṇam. Grammaire Sanscrite Berlin. Paris 1859.

Karl Oppert

Carolus Oppert: De Vitiis nervorum organicis. Berolini (1815:) Starck. 44 S. 4°

Berlin, Med. Diss. v. 2. Sept. 1815

Oppert, K(arl) G(ustav) Th(eodor): Bemerkungen über die Angina faucium mercurialis, als Nachkrankheit syphilitischer Uebel. Ein Beitrag zur Cur der Lustseuche. 34 S., gbd.

Berlin: Enslin 1827

JB 4.700

Oppianus

— **la chasse, poëme; trad. en franç. par M. Belin de Balln, avec des remarques, suivie d'un extrait de la grande histoire des animaux d'Eldémiri (par Silv. de Sacy.) gr. 8. Strassb. 787. (Leipz., Hinrichs) 1 ₰**

***Oppiani* cynegetica et halieutica, ad fid. libror. script. emend. J. G. Schneider. Acced. versiones lat. metr. et pros., plur. anecd. et index graecitat. 8maj. Leipz. 813. Weigel. 2 ₰ Schrbp. 2 ₰ 16 gr Velinp. 4 ₰**

Oppian's des Jüngeren Gedicht von der Jagd in 4 Büchern. 1. Buch, metrisch übers. und mit erklär. Bemerkungen versehen von Max Miller. gr. 8. (61 S.) [Amberg 885.] Regensburg, (Habbel.)

Oppians, des Jüngeren, Gedicht v. der Jagd (lib. II, 1—377) metr. übers. u. m. erklär. Bemerkgn. versehen v. M. Miller. — Virgiliana. Die grammat. Schriften d. Galliers Virgilius Maro auf Grund e. erstmal. Vergleichg. der Handschrift v. Amiens u. e. erneuerten der Handschriften v. Paris u. Neapel textkrit. untersucht v. Th. Stangl. 8. (50; IV, 187 S.) Münch. 891, Korff. ** 1 20

— **d. Jagd, e. Lehrgedicht; aus d. Griech. von (C. H. Lieberkühn). 8. Leipz. 755. Schönermark. 4 gr**

Oppianus. Κυνηγετικὰ καὶ Ἁλιευτικά. Cynegetica et Halieutica. Ad fidem scriptorum emendavit J. G. Schneider ... Lips. 1813. Ü: *Pfeifer, David.* (BrMm) (Ebert)

Oppianos: *Κυνηγετικα και ἁλιευτικα* Cynegetica et Halieutica. Ad fidem librorum scriptorum emendavit J G. Schneider Accedunt versiones latinae Lips. 1813. (10), 98, 250 S.
(De 98 S. er d. lat. Overs. af D. Peifer).

— poëmata de Venatione et piscatione ad MSS. Codd. oniendat. et annotat. aux. Belin, de Ballu, gracee et latin. II Vol. 8, maj. Strasb. Acad. 785.
in 4to.
Holl. Pap.

— poëmata de venatione et piscatione ad MSS. Codd. emendav. et annotat. aux. Jak. N. Belin de Ballu, graeco et latin. II Voll. 8maj. Strassb. 786. Treuttel u W. 1 ℳ 20 gr in gr. 4. Ebd. 6 ℳ (Hinrichs in Leipz.) 2 ℳ in 4maj. 4 ℳ Holl. Pap. 13 ℳ

Oppiani de venatione libr. IV et de piscat. libr. V c. paraphrasi gr. libror. de aucupio; gr. et lat. ed. J. G. Schneider. 8maj. Strassb. 776. König. 1 ℳ 20 gr in 4. 6 ℳ Holl. Pap. 14 ℳ 6 gr

(Oppikofer, E[mil], und Herzog, S[iegfried].) Die Elektrizitätswerke der Stadt Bern, erbaut von der Maschinenfabrik Oerlikon ⟨Schweiz⟩. Sonderabdruck aus (*d. i.* Auszug aus einem Artikel von Direktor E. O' und Ingenieur S. H' [in]) «Schweizerische Elektrotechnische Zeitschrift» [Jahrg. 2,] 1905, Heft 13–21. [Mit Figuren und 5 Tafeln.] II + 21 S. 4. Zürich, Fritz Amberger, 1905.

Oppikofer, Ernst. 3 Taubstummen-Labyrinthe. Ein Beitrag zu der Lehre von den Entwicklungsstörungen des häutigen Labyrinthes. Mit 38 Figuren auf 13 Tafeln. *Kopftitel:* Aus der oto-laryngol. Universitätsklinik ⟨Prof [Friedrich] Siebenmann⟩ in Basel. 8. Wiesbaden, J. F Bergmann.
Ausg. A: Diss. Med. Basel. 43 S. 1902.
Ausg. B: ([Sep.-Abdr aus:] Zeitschrift für Ohrenheilkunde. Bd. 43. Bezold-Festgabe.) II S. + S. 177–215. 1903.

Oppikofer, Ernst. Zur Frage der Epiglottiscysten. ⟨Hierzu Tafel IX [nebst 1 Figur].⟩ ⟨Aus dem patholog. Institut Basel... .⟩ ⟨Sonder-Abdruck aus dem Archiv für Laryngologie. Bd. 21. Heft 3.⟩ 11 S. 8. [Berlin, A. Hirschwald, 1909.]

Oppikofer F Herrn Professor Dankelbergs Culturtechnik in Vorarlberg Feldkirch 1879.

Oppikofer, F Schlussbericht über die Sohlen- Wasser und Wuhrhöhen in der ersten Rheinsection. Ragaz 18 9 4

Oppikofer, R., die in der Südschweiz vorkommenden Bienenkrankheiten, s.: Schmidtz, Carl v.

— die Feinde der Biene, s.: Schmidtz, Carl v.

— der deutsche Imker im Tessin, s.: Schmidtz, Carl v.

Oeppis. Politisches vom Chäsmärtruedi vo Sellibirre [Zürich] 18?? V: *Baur, Rud.* (Cat. der Stadtbibl. Zürich. Zürich 1864—97.)

Oeppis ufe Sylvester vom Dr. Bäri. Mit Deckenbildern v Fischer-Hinnen. Textillustr. v. Gehri. 8. (52 S.) Bern 886. (Fiala.) n. 1. —

Oppitz

— s. a. Opitz, Opiz.

Oppitz, Carl, s. Oppitz, Karl

Oppitz, Eman, Geschichte d. k. u. k. Feldjägerbataillons Nr. 16 (1849–1890). Lex.-8. (128 S.) Innsbruck 892. Wagner. n. 1. 60

Oppitz, Hermann. Die wirtschaftliche Bedeutung der Melkviehhaltung im politischen Bezirke Tetschen a/Elbe. Diss. Vet.-Med. Bern. [Mit Figuren und 2 Tafeln.] IV + 94 S. 8. Tetschen a/E., Selbstverlag des Verfassers, Druck von F. W Stopp, 1905.

Oppitz, Karl

Oppitz, Carl, prakt. Arzt in Breslau: Ueber Strumektomie, nebst Beiträgen. Namslau 1906: Opitz. (43 S.) 8°
Leipzig, Med. Fak., Ref. Trendelenburg, Diss. v. 26. Juli 1906
[Geb. 14. Sept. 70 Brzesowie; Wohnort: Breslau; Staatsangeb.: Preußen; Vorbildung: Gymn. Bunzlau Reife O. 93; Studium: Breslau 9, Greifswald 4 S.; Coll. 27 Okt. 06; Approb. 12. Sept. 03.]

Oppitz, Thomas Georg (Olmütz), De encephalitide infantum. Diss. med. Wien (Fr. Ludwig) Jan. 1837. 44 S. (3.50) 25619
Gew.: Johann Nep. Burian.

Oppler, Adph., über die neuen englischen Schulgesetze. Ein Vortrag, geh. im Londoner deutschen Vereine f. Wissenschaft u. Kunst. am 15. April 1871. gr. 8. (32 S.) London 871. (Leipzig, Brockhaus' Sort.) n.n. — 50

Oppler, Anselm. (geb. Glogau 13. 4. 1833) De dyspnoea et vi impedimenti respiratorii ad medullam oblongatam. Berolini (1855) (30 S.) 8°
Berlin, Med. Diss. v. 18. Aug. 1855

Oppler, Berthold [app. Arzt aus Hannover]: Ein grosses Psammon des Gehirns ... München, Buchdr. Kastner & Lossen, 1895; 23 S. 8.
München, Med. Fak., Inaug.-Diss. v. 1895

Oppler, Bruno, der chronische Magenkatarrh u. seine Behandlung, s.a. Klinik, Berliner.

Der chronische Magenkatarrh und seine Behandlung. Von Dr Bruno Oppler, Specialarzt in Breslau. *Berlin: Fischer 1898.* (25 S.) 8.
= Klinik, Berliner. H. 123.

Oppler, Bruno [Volontär-Assist. am Hospital zu Allerheiligen]: Über Pemphigus vegetans. (Aus d. Kgl. Dermatolog. Klinik zu Breslau.) ... Breslau, Druck v. L. Freund, 1892; 28 S., 2 Bl. 8.
Breslau, Med. Fak., Inaug.-Diss. v 8. Juni 1892

Oppler, Bruno, üb. Pemphigus vegetans. Diss. gr. 8. (28 S.) Breslau 892. (L. Köhler.) n. 1. —

Oppler, Bruno, die Wichtigkeit der Prüfg. der motorischen Magenfunction u. ihre Methodik. [Aus: „Allg. med. Central-Zeitg."] gr. 8. (10 S.) Berlin 895. O. Coblentz. n. 1. —

Oppler, Edwin, architektonische Entwürfe. Profan- u. Kultbauten, innere Einrichtgn., Dekorationen, Möbel, kunstgewerbl. Gegenstände, Denkmäler etc. Veröffentlicht v. Ferd. Schorbach. (In 20—25 Lfgn.) 1—9. Lfg. Fol. (à 5 Taf. m. 1 Bl. Text.) Halle 884—86. Knapp. à n. 4. —

Oppler, E., architektonische Entwürfe. Profan- u. Kultbauten, innere Einrichtgn., Decorationen, Möbel, kunstgewerbl. Gegenstände, Denkmäler etc. Veröffentlicht v. F. Schorbach. 10.—19. Lfg. Fol. (à 5 Taf. m. 1—2 Blatt Text.) Halle 887—889. Knapp. à n. 4. —

Oppler, Edwin, s. Kunst, die, im Gewerbe.

Oppler, E., Landhaus f. Herrn A. Cohen in Schlangenbad, s.: Details, architectonische.

— s. Vorlege-Blätter für Gold- und Silberarbeiter.

— s. Vorlege-Blätter für Kunst-Tischler.

Oppler, Geo. Ernest, **Sentences, maximes and proverbs etc. accompanied by German translations. Compiled for his scholars. 12. (16 S.) Berlin 898. (J. Bohne.) — 30**

Oppler, Leo, die Ueberfüllung d. Juristenstandes. 2. (Titel-)Aufl. gr. 8. (24 S.) Leipzig 891. Levien. — 25

Oppler, Paul, s.: **Neisser, A., stereoscop. medicin. Atlas, Lfg. 14.**

Oppler, Pincus gen. Paul. Feinere Anatomie der im Kopf- und Halsteil von Hirudo vorkommenden Drüsen. Diss. Phil. Bern. [Mit 3 Tafeln.] *Kopftitel:* Aus der pathologisch-anatomischen Anstalt des Krankenhauses am Urban in Berlin. IV + 30 S. 8. Neu-Ruppin, Gustav Kühn, 1904.

Oppler, Salomo (Rosenberg/Schlesien), De strychnini nitrici interne adhibiti usu et efficacia. Diss. med. Berlin (Nietack) 22. II. 1834. 32 S. u. Biogr. (3.50) 25620
Oppon.: H. Bamberger, A. Faudel, B. Ginsberg. — Gew.: Johann Wendt.

Oppler, Siegm. (geb. Glogau 18. 1 1839) De calomelanis in organismum efficacitate Berolini (1860). (31 S.) 8°
Berlin, Med. Diss. v. 27. März 1860

Oppler, Thdr., die Fabrikation der künstlichen Brennstoffe insbesond. der gepressten Kohlenziegel oder Briquettes. Nach der preisgekrönten Schrift J. Franquoy's de la fabrication des combustibles agglomérés etc. gr. 8. (IV und 73 S. mit 6 Stnt., enth. 28 Zeichnungen in qu. Fol.) Berlin 864, Springer's Verlag. cart. 1

Oppler, Thdr., Handbuch der Fabrikation mineralischer Oele aus Steinkohlen, Braunkohlen, Holz, Torf, Petroleum und andern bituminösen Substanzen, so wie der Gewinnung von künstlichen Farbstoffen des Anilins und verwandter Produkte des Steinkohlentheers. gr. 8. (XII und 284 S. mit 16 in den Text gedr. Holzschn.) Berlin (861)62, Springer's Verlag. *

Oppler, Th., s.: **Handbuch der praktischen Gewerbehygiene.**

— über die Jodverbindungen des Iridiums. Inaugural-Dissertation. gr. 8. (42 S.) Göttingen 857, (Vandenhoeck und Ruprecht's Verlagsh.) **

Oppler, Therese: Aus d. Kgl. Universitäts-Kinderklinik zu Breslau. Über Säuglingsernährung mit gelabter Vollmilch. *Breslau 1903: Bresl. Genoss.-Buchdr.* (46 S.) 8°
Breslau, Med. Diss. v. 7. Dez. 1903

Oppliger, Alfred. Historisch-kritische Untersuchung über die Theorie der Kugelfunktionen. Diss. Phil. Bern. IV + 62 S. 8. Bern, K. J. Wyss, 1906.

Oppliger, Fritz. von Aarburg (Kt. Aargau) Die Juraspongien von Baden (Schweiz) ([S. A. aus:] Abhandlungen der schweiz. palaeont. Gesellschaft. Vol. XXIV [N. 3]). Zür. Zürcher u. Furrer Dr. [Basel Georg] 1897 2 Bl., 58 S., 11 Taf mit je 1 Bl. Tafelerklärung 4°
Zürich, Phil. Diss. II. S. [v 2. Juli 1897].

Oppliger, Fritz, die Juraspongien v. Baden. [Aus: „Abhandlgn. der schweizer. paläontolog. Gesellsch.", 24. Bd.] gr. 4. (58 S. m. 11 Taf. u. 11 Bl. Erklärgn.) Zürich 897. (Basel, Georg & Co. — Berlin, R. Friedländer & Sohn.) n.n. 16. —

Die Juraspongien von Baden. Von Dr. Fritz **Oppliger** (11 Taf.) *Zürich: Dr. v. Zürcher & Furrer 1897.* (1 Bl., 58 S., 11 Taf. m. je 1 Erl.-Bl.) 4.
= Abhandlungen d. Schweizerischen paläontolog. Gesellschaft Vol. 24, [No] 3. [98. 8703

Oppliger, F[ritz]. Ein Schwammlager in den Kalkschichten von Baden. [Mit 1 Tafel.] (Progr.) 8. (Baden 1895.)

Oppliger, F., Spongien aus dem Argovien I (Birmenstorferschichten) des Département du Jura. Frankreich. (10 S. m. 6 Taf. u. 6 Bl. Erklärgn.) 32×23,5 cm. Zürich 907. (Basel, Georg & Co. — Berlin, R. Friedländer & Sohn.) nn 8. —
Sonderabdruck aus: „Abhandlgn. der schweiz. paläontol. Gesellsch."

Oppliger, F[ritz]. Spongien aus dem Argovien I ⟨Birmenstorferschichten⟩ des Département du Jura. Frankreich. ([Mit] 6 Tafeln [nebst Tafel-Erklärungen].) II + 19 S. 4. Zürich, Zürcher & Furrer, 1907.
Abhandlungen der schweizerischen paläontologischen Gesellschaft. Vol. 34. 1907. (Basel und Genf, Georg & Cie. ..., 1907 [No] 4.)

Oppliger, Fritz. Das Zeichnen an unserer Volksschule. [Mit Figuren und 8 Tafeln.] II + 47 S. 8. Bern, Gustav Grunau, 1907. [fr. 1.50]

Oppliger, N[iclaus]. Meine Hochzeitsreise nach Heustrichbad-Jungfrau-Leukerbad. (Vortrag, gehalten .. im Jahre 1896.) [Illustriert.] 8. Bern 1898

Oppmann, Josef: Über den Einfluss der längeren körperlichen Bettruhe nach Myomoperationen und Geburten bezüglich der Frage des Frühaufstehens. Berlin: Trenkel 1910. 50 S. 8°
Würzburg, Med. Diss. v. 19. Okt. 1910, Ref. Hofmeier
[Geb. 12. Aug. 85 Würzburg; Wohnort: Würzburg; Staatsangeh.: Bayern; Vorbildung: Gymn. Regensburg Reife Juli 04; Studium: Würzburg 5, München 2, Würzburg 3 S.; Coll. 24. Nov 09; Approb. 21. Nov. 09.] [U 11. 4589

Oppmann, M., Bericht über die Weine, s. **Bericht der Beurtheilungs-Commission bei der Industrie-Ausstellung zu München.**

Oppmann, M. Über die offene Gährung des Weinmostes. Würzburg 1846. ..
[Zit. nach BJ]

Oppmann, M., der K. Hofkeller zu Würzburg bildlich dargestellt, mit Text. qu. 4. (20 gespaltene S. m. 4 Lith.) Würzburg 849, Stahel'sche Buchhandlung. n. ⅔ ß

Oppedi, A. B., Nationalökonomische und industrielle Skizzen. 8. (38 S.) Pest, Gebr. Lauffer in Comm. 20 kr.
1867

Oppolzer

— **Vorlesungen über die Krankheiten des Herzens u. der Gefässe, bearb. u. hersg. von Emil Ritter von Stoffella. [Aus: Vorlesungen über specielle Pathologie u. Therapie.] Ebend. 867. Lex.-8. (VIII, 375 S.) n. 2 ß 12 ngr.**

Oppolzer's, v., Vorlesungen üb. die Krankheiten der Mundhöhle, der Speicheldrüsen, d. Rachens u. der Speiseröhre, bearb. u. hrsg. von Emil Ritter v. Stoffella. gr. 8. (III, 107 S.) Stuttgart 872. Enke. n. 4. —

Oppolzer's Vorlesungen über specielle Pathologie u. Therapie bearb. u. hersg. von Emil Ritter von Stoffella. 1. Bd. 4 Liefgn. Erlangen 866—70. Enke's Verlagsh. Lex.-8. (IX, 780 S.) [1. Liefg. n. 1 ß, 2. Liefg. n. 1 ß 10 ngr., 3. Liefg. n. 1 ß, 4. Liefg. n. 1 ß 16 ngr.] n. 4 ß 26 ngr.

— Vorlesungen üb. specielle Pathologie u. Therapie, bearb. u. hrsg. von Emil Ritter v. Stoffella. 2. Bd. 1. Lfg. gr. 8. (III u. S. 1—167.) Ebend. 872. n. 4. — (I—II. 1.: n. 18. 60)

Oppolzer, Egon Ritter v., Erdbewegung u. Äther. gr. 8. (11 S. m. 2 Fig.) Wien 902. (C. Gerold's Sohn.) n. — 30

OPPOLZER, Egon von
Die photographische Extinction von Dr. Egon v. Oppolzer. (Mit 1 Textfigur.) Aus den Sitzungsberichten der kaiserl. Akademie der Wissenschaften in Wien. Mathem.-naturw. Classe; Bd. CVII. Abth. II. a. December. 1898. Wien. 1898. In Comm. Gerold's Sohn. Gr-8°. 17 S. fl. —.20

Oppolzer, Egon Ritter v., Katalog e. Kunstsammlung. Unter Mitwirkg. v. E. Flechsig, C. Hofstede de Groot, R. Frhr. v. Lichtenberg u. A. Mahler bearb. u. hrsg. vom Besitzer, v. O. (48 S. m. Abbildgn. u. 33 [1 farb.] Taf.) 4. München 906. H. Helbing. n. 15. —

Oppolzer, Egon R. v., über die photographische Lichtstärke v. Fernrohren. (13 S. m. 1 Taf.) gr. 8. Wien 907 A. Hölder. — 50
Sonderabdruck aus: „Sitzungsber. d. k. Akad. d. Wiss."

Sammlung Professor Egon Ritter v. **Oppolzer**, Innsbruck. Auktion in München 1909. (München 1909 (Bruckmann) 8 Bl 4° Ar 6757

— **zur Theorie der Scintillation der Fixsterne.** gr. 8. (14 S.) Ebd. 901. n. — 40

Oppolzer, Egon v., üb. die Ursache der Sonnenflecken. [Aus: „Sitzungsber. d. k. Akad. d. Wiss."] Lex-8. (39 S. m. 1 Textfig.) Wien 893. (F. Tempsky.) n. - 80

OPPOLZER, Egon von
Über den Zusammenhang von Refraction und Parallaxe von Dr. Egon v. Oppolzer. (Mit 1 Textfigur.) (Aus den Sitzungsberichten der kaiserl. Akademie der Wissenschaften in Wien. Mathem.-naturw. Classe; Bd. CIX. Abth. II. a Juni 1900.) [Wien. 1900. In Comm. Gerold's Sohn.] Gr.-8°. 5 S. K —.20

Oppolzer, Thdr. v., s.: Arbeiten, astronomische, des k. k. Gradmessungs-Bureau.

Oppolzer, Th. v., üb. die Auflösung d. Kepler'schen Problems. Imp.-4. (59 S.) Wien 885. (Gerold's Sohn.) n. 3. 20

Oppolzer, Th. v., über die Auflösung des Kepler'schen Problems. Imp.-4. (59 S.) Wien 885, (Tempsky.) *
Aus: Denkschriften der k. Akademie der Wissenschaften, besonders abgedruckt.

— über die Bahn d. Planeten (91) Ägina. [Aus: „Sitzungsber. d. k. Akad. d. Wiss."] Lex.-8. (45 S. m. 1 Tabelle in gr. 4.) Ebend. 872. n. — 80

Oppolzer, Thdr. R. v., üb. die Bahn d. Planeten (62) „Erato." 2. Abhandlg. [Aus: „Sitzungsber. d. k. Akad. d. Wiss."] Lex.-8. (35 S.) Wien 871. (Gerold's Sohn.) n. — 60

— Über die Bahn des Kometen I. 1866. S. 53. II. 247 vgr
Separatabdruck

— Über die Bahn des Planeten (64). S. 49. II. 280 vgr.
Separatabdruck

Oppolzer, Thdr. v., Bahnbestimmung des Planeten Cölestina (237). Lex.-8. (7 S.) Wien 884, (Gerold's Sohn.) *

Oppolzer, Th. v., Bahnbestimmung des Planeten (237) Cölestina. Lex.-8. (15 S.) Wien 886. (Tempsky.) ** — 30
Aus: Sitzungsberichte der k. Akademie der Wissenschaften, besonders abgedruckt.

Oppolzer, Thdr., Bahnbestimmung des Planeten (58) „Concordia". (Aus den Sitzungsber. der k. Akad. der Wissensch. abgedr.) Wien 863. Gerold in Comm. gr. 8. (22 S.) n. 4 *ngr.*

— definitive Bahnbestimmung des Planeten (64) „Angelina." [Aus d. Sitzungsber. d. k. Akad. d. Wiss.] Ebend. 870. Lex.-8. (66 S.) n.n. 9 *ngr.*

Oppolzer, Th. Ritter v., definitive Bahnbestimmung des Planeten (58) „Concordia." [Aus den Sitzungsber der k. Akad. der Wiss.] Wien 868. (Gerold's Sohn.) Lex.-8. (41 S.) n. 6 *ngr.*

— definitive Bahnbestimmung des Planeten (59) „Elpis." [Aus den Sitzungsber. der k. Akad. d. Wiss.] Ebend. 870. Lex.-8. (76 S.) n. 12 *ngr.*

— Bahnbestimmung des Kometen I 1861 S 49. II. 393 vgr.
Separatabdruck

—— **Beitrag zur Ermittlung der Reduction auf dem unendlich kleinen Schwingungsbogen.** Lex.-8. (20 S.) (Ebendas.) 882. *
Vorstehende Schrift aus: Sitzungsberichte der k. Akademie der Wissenschaften, besonders abgedruckt.

— Einige Bemerkungen und Zusätze zu Le Verriers Sonnentafeln. S. 53. II. 368 vgr.
Separatabdruck

— **Beobachtung d. Venusdurchganges (1874 Decbr. 8] in Jassy u. Bestimmg. der geograph. Breite d. Beobachtungsortes.** [Aus: „Sitzungsber. d. k. Akad. d. Wiss."] Lex.-8. (6 S.) Ebend. 875. — 15

Oppolzer, Thdr. Ritter v., über die Berechnung der wahren Anomalie in nahezu parabol. Bahnen. [Aus: „Abhandlungen d. k. bayer. Akad. d. Wiss."] gr. 4. (31 S.) München 879. Franz in Comm. n.n. 1. —

— **Bericht über die Sonnenfinsterniss des Jahres 1868, s. Berichte der österr. Expedition.**

— Berichte der zur Beobachtung der totalen Sonnenfinsternis des Jahres 1868 nach Aden unternommenen österreichischen Expedition. 2. Bericht (mit 1 Taf.). S. 58. II. 657 „ —.30
1. Bericht siehe Weiß Edmund, Dr.
— — 4. Bericht C. v. Littrows Methode der Zeitbestimmung durch Zirkummeridianhöhen in ihrer praktischen Anwendung. S. 58. II. 772 vgr.
3. Bericht siehe Říha J.
— — 6. Bericht Geographische Koordinaten von Aden (Leuchtturm). S. 59. II. 689 „ —.30
5. und 7. Bericht siehe Weiß Edmund, Dr.
Separatabdruck

Oppolzer, Dr. Th., Berichte der zur Beobachtung der totalen Sonnenfinsterniss des Jahres 1868 nach Aden unternommenen österreichischen Expedition. VI Bericht Geographische Coordinaten von Aden (Leuchtthurm). (Sonder-Abdr. a. d. Sitzungsber. d. k. Akad. d. Wiss.) gr. 8. (15 S.) Wien, Gerold in Comm. 15 kr
1869

— über die **Bestimmung einer Kometenbahn.** [Aus den Sitzungsber. der k. Akad. der Wiss.] Wien 868. (Gerold's Sohn.) Lex.-8. (27 S.) n. 4 *ngr.*

— — **II. Abhandlung.** [Aus den Sitzungsber. der k. Akad. der Wiss.] Ebend. 869. Lex.-8. (27 S.) n. 4 *ngr.*

— **über die Bestimmung e. Kometenbahn.** [3. Abhandlg.] [Aus: „Sitzungsber. d. k. Akad. d. Wiss."] Lex.-8. (23 S.) Ebend. 872. n. — 40

Oppolzer, Th.v.: Bestimmungen des Längenunterschiedes zwischen den Sternwarten in Leipzig und Wien auf der Türkenschanz, s. Bruhns, K.

—— **Entwickelung** von Differentialformeln zur Verbesserung einer Planeten- und Kometenbahn nach geocentrischen Orten, nebst Anwendung derselben auf die Bahnbestimmung des Planeten (64) und Kometen I. 1861. Lex.-8. (55 S.) Wien 864, (Gerold's Sohn.) *

— zum **Entwurf** e. Mondtheorie gehörende Enwickelung der Differentialquotienten. Nach dessen Tode vollendet unter Leitg. v. R. Schram. [Aus: „Denkschr. d. k. Akad. d. Wiss."] Imp.-4. (188 S.) Ebd. 888. n. 10. —

— **Entwurf** e. Mondtheorie. Imp.-4. (37 S.) Ebend. 886. n. 2. —

—— **Ermittlung** der Störungswerthe in den Coordinaten durch die Variation entsprechend gewählter Constanten. Imp.-4. (31 S.) (Ebendas.) 882. *
Aus: Denkschriften der k. Akademie der Wissenschaften, besonders abgedruckt.

— **Ermittlung** der Störungswerthe in den Coordinaten durch die Variation entsprechend gewählter Constanten. Imp.-4. (31 S.) Ebend. 883. n. 2. —

—— **Canon der Finsternisse.** Hrsg. von der mathematisch-naturwissenschaftl. Classe der kaiserl. Akademie der Wissenschaften als LII. Bd. ihrer Denkschriften. Imp.-4. (XXXVI, 376 S. mit 160 Taf.) (Ebendas.) 887. cart. * 85 -
Vgl.: Wittstein, Armin, ein Beispiel zum Th. v. Oppolzer'schen „Kanon der Finsternisse".

Oppolzer, Th. Über den von Pogson am 2. Dec. aufgefundenen Kometen.

— über den dritten **Kometen** des Jahres 1864. [Aus den Sitzungsber. der k. Akad. der Wiss.] Wien 865. (Gerold's Sohn.) Lex.-8. (11 S.) n. 2 ngr.

—— über den Winnecke'schen **Kometen**. [Komet. III. 1819.] 1. und 2. Abhandlung. Lex.-8. Wien, (Gerold's Sohn.) [1. Abhandlung (21 S.) 871. 30 Pf.; 2. Abhandlung (56 S.) 874. * 80 Pf.] *

— die **Constanten** der Präcession nach Le-Verrier. [Aus den Sitzungsber. der k. Akad. der Wiss.] Ebend. 868. Lex.-8. (15 S. mit eingedr. Holzschn.) 3 ngr.

—— geographische **Coordinaten** von Aden, s. Berichte der zur Beobachtung der totalen Sonnenfinsterniss unternommenen Expedition.

— über die **Kriterien** d. Vorhandenseins dreier Lösungen bei dem Kometenprobleme [Mit 1 (eingedr.) Holzschn.] Lex.-8. (8 S.) Ebend. 882. n.n. — 25

—— über die **Länge** des Siriusjahres und der Sothisperiode. Lex.-8. (28 S. mit 2 eingedr. Holzschn.) (Ebendas.) 884. **
Vorstehende Schrift aus: Sitzungsberichte der k. Akademie der Wissenschaften, besonders abgedruckt.

— **Lehrbuch** zur Bahnbestimmung der Kometen u. Planeten. (In 2 Bdn.) 1. Bd. Leipzig 870. Engelmann. Lex.-8. (VI, 354 S.) n. 4 ₰ 10 ngr.

—— **Lehrbuch** zur Bahnbestimmung der Kometen und Planeten. 2. (Schluss-)Bd. Lex.-8. (VII, 635 S.) Leipzig 880, Engelmann. *
1. Bd. Ebendas. 1870. * M 14.

—— **dass.** — 1. Bd. 2. und völlig umgearb. Aufl. Lex.-8. (XII, 683 S.) Ebendas. 882. *

— **Nachweiss** f. die im Berliner Jahrbuche f. 1874 enthaltenen Ephemeriden der Planeten (58) Concordia, (59) Elpis, (62) Erato, (64) Angelina, (91) Agina u. (113) Amalthea. [Aus: „Sitzungsber. d. k. Akad. d. Wiss."] Lex.-8. (36 S.) Ebend. 872. n. — 60

— **Nachweis** f. die im Berliner Jahrbuche f. 1875 enthaltenen Ephemeriden der Planeten (58) Concordia, (59) Elpis, (62) Erato, (64) Angelina u. (113) Amalthea. [Aus: „Sitzungsber. d. k. Akad. d. Wiss."] Lex.-8. (15 S.) Ebend. 873. n. — 30

— **Nachweis** f. die im Berliner Jahrbuche f. 1876 enthaltenen Ephemeriden der Planeten (58) Concordia, (59) Elpis, (62) Erato, (64) Angelina u. (113) Amalthea. [Aus: „Sitzungsber. d. k. Akad. d. Wiss."] Lex.-8. (31 S.) Ebend. 873. n. — 50

—— **Note** über eine von Archilochus erwähnte Sonnenfinsterniss. Lex.-8. (4 S.) Wien 883, (Gerold's Sohn.)
Aus: Sitzungsberichte der k. Akademie der Wissenschaften, besonders abgedruckt.

—— über die astronomische **Refraction**. Imp.-4. (52 S.) (Ebendas.) 886. * 2 60
Vorstehende Schrift aus: Denkschriften der k. Akademie der Wissenschaften, besonders abgedruckt.

Oppolzer Th. Relationen zwischen den Combinationssummen der Quadrate der geraden und ungeraden Zahlen 1878

— das **Schaltbrett** der österreichischen Gradmessung. [Mit 1 (lith.) Taf.] [Aus: „Sitzungsber. d. k. Akad. d. Wiss."] Lex.-8. (20 S.) Ebend. 874. n. — 50

— **Syzygien-Tafeln** f. den Mond, nebst ausführlicher Anweisung zum Gebrauche derselben. [Publication d. Astronom. Gesellschaft XVI.] gr. 4. (48 u. 53 S. m. 3 Steintaf.) Ebend. 881. n. 7. —

—— **Tafeln** zur Berechnung der Mondesfinsternisse. Imp.-4. (35 S. mit 8 lithogr. Tab.) Wien 883, (Gerold's Sohn.) *

—— **Tafeln** für den Planeten (58) Concordia. Imp.-4. (11 S.) (Ebendas.) 883. *
Vorstehende Schrift aus: Denkschriften der k. Akademie der Wissenschaften, besonders abgedruckt.

— vierstellige logarithmisch-trigonometrische **Tafeln**. Wien 866. Braumüller. gr. 4. (16 S.) n. 10 ngr.

Oppolzer, Theodor von s Unification des longitudes. (Berlin.)

—— **Untersuchung** über die Bahn des Planeten (73) „Clytia". Lex.-8. (25 S.) Wien 864, (Gerold's Sohn.) *
Aus: Sitzungsberichte der k. Akademie der Wissenschaften, besonders abgedruckt.

— über den **Venusdurchgang** des Jahres 1874. [Aus den Sitzungsber. der k. Akad. der Wiss.] Wien 870. (Gerold's Sohn.) Lex.-8. (85 S.) n. 14 ngr.

Opposition, Die. Ein Nachtrag zu der conservativen Parthei ... Halle 1842. V: *Huber, Victor Aimé.* (BrMm)

Opposition, die, ein Nachtrag zu der conservativen Parthei, von V. A. H. gr. 8. Halle 842. (Ed. Anton.) 1/3 ₰

Die Opposition, herausgegeben von K. Heinzen. Mannheim, Hoff 1846. 351 S. 8.

Opposition, die. Ein „Blaubuch" für die öffentl. Meinung. Redig. von W. Marr. 1863. Juli — Dezbr. 6 Hefte. (à 3 —4 Bog.) gr. 8. Hamburg, Fischer. à Heft *

Opposition und Regierung des dreieinigen Königreichs. 1864. V: *Hellenbach, Lazar Baron von*. (Charm. Weg. 107)

Opposition L'opp' républicaine neuchâteloise. De 1853 à 1858. ([Avec] Pièces justificatives et annexes) 8. (Fleurier) *s. d.* [ca. 1860].

Opposition, die staatsrechtliche, in Oesterreich. gr. 8. (III, 36 S.) München 875, literar. Institut von Dr. M. Huttler. *
Aus: Postzeitung, besonders abgedruckt.

Opposition für Volk u. Recht. Red.: J. F. Nitschner. 1—13. Lfg. Red.: J. F. Reinisch. 14—24. Lfg. 5. April —17. Mai 1848. 4. (88 S.) Wien, Schaumburg & Co. 2/3 ß

Oppositionsblatt oder Weimarische Zeitung – 1.I.1817 – 27.XI.1820

Oppositions-Blatt, od. Weimarsche Zeitung. Für d. Jahre 1817—1820. gr. 4. Weimar 817—20. L. Ind.-Compt. (à 10 ℊ) 40 ß

Oppositionsblatt, allgem., (Berliner Staffette.) Eine Zeitschrift f. Literatur u. Kunst. Redig. v. K. J. Coppenhagen u. L. Rellstab. 1. u. 2. Jahrg. 1828 u. 29. à 208 Nrn. Mit Vign. 4. Berlin, Laue. à ?

Oppositionsblätter. –
Leipzig – 3 X 1848 – 31 III 1849
Vorh u.d T Der Republikaner

Oppositionsblätter. Organ der radicalen Partei. Red.: E. Th. Jäkel. 1. Jahrg. 1848. Octbr.—Decbr. 39 Nrn. — Red.: E. Th. Jäkel u. H. Windwart. (2. Jahrg.) 1849. 156 Nrn. hoch. 4. (1/2 Bog.) Leipzig, Expedition. 1848: n. 2/3 ß 1849: n. 2 2/3 ß

Genäherte **Oppositions-Ephemeriden** von 59 kleinen Planeten für 1901 Juli bis December. Unter Mitw. mehrerer Astronomen .. hrsg. von J[ulius] Bauschinger. *Berlin: F. Dümmler 1901* (22 S.) 8°(4°) = Veröffentlichungen d. Königl. Astronom. Rechen-Instituts zu Berlin. No 15. [01. 8510]

Oppositionsschrift, neue, von Lobeg. Lange, s. Lange.

Oppositionsschrift, neue, zur Befestigung u. Fortbildung des Protestantismus für alle Stände. Herausg. von Lobegott Lange. 2. Bd. 3 Hfte. gr. 8. (... S.) Jena 847. Leipzig, Kollmann. 1 ß

Oppre, Anna, das neue Kochbuch für das deutsche Haus. 8 Lfgn. 4. (385 S.) Augsburg 879, Kranzfelder'sche Buchh. à Lfg. * ℳ 1.; compl. geb. von * ℳ 9,50. bis **

Oppre, Frau Anna, das neue Kochbuch für das deutsche Haus. 2. mit einem Anhang verm. Ausg. [Wohlf. Volksausg.] 4. (IV, 385 S.; Anhang 17 S.) Augsburg 886, Kranzfelder'sche Buchh. 3 —
geb. in Calico * ℳ 4.50.; in Halbfrz. * 5 —

Opprecht, Konr., Kalkulationslehre, s.: Walker, Wilhelm, der Mechaniker.

— Gewerbl. Rechnen f. Holzarbeiter (Schreiner, Zimmerleute, Glaser, Küfer rc.). Aufgabensammlg. für den Gebrauch an gewerbl. Fortbildungsschulen. (132 S.) 8. Aarau 910. E. E. Meyer. Geb. 1.50; Lösgn. (54 S.) 1.—

Opprecht, Conrad. Gewerbliches Rechnen für Mechaniker. Aufgabensammlung für den Gebrauch an Gewerbeschulen von K' O'.... [2 Teile.] 8. Zürich, Schulthess & Co., 1908. [*je* cart. fr. —.80]
[Teil 1:] Mit einem Begleitwort von J[acob] Biefer... 101 S.
[Teil 2:] Schlüssel. 63 S.

Oprawil, Alex. F. (Alex. Flinsch), Herbstblumen. Gelegenheitsgedichte. (232 S.) 8. Leipzig 904. F. W. Grunow. n. 3.—

Oprescu, G., s.: Echo der rumänischen Umgangssprache.

Oprescu, Georg [aus R. Vâlcea (Rumänien)]: Descartes Erkenntnisslehre. ... Göttingen, Druck d. Dieterichschen Univ.-Buchdr (W. Fr. Kaestner), 1889, 58 S. + 1 Bl. 8°
Leipzig, Phil. Fak., Inaug.-Diss. v. 31. Jan. 1889

Opsimathes, G. H., γνῶμαι sive thesaurus sententiarum et apophthegmatum ex scriptoribus graecis praecipue poetis. Collegit, disposuit et ed. G. H. O. gr. 8. (VIII, 368 S.) Leipzig 884. T. O. Weigel. n. 10.—

Opstraet, vid. Obstraet

Optatianus Porphyrius, Publilius

Optatiani carmina, s. a. Porfyrius.

Optatiani Porfyrii, Publilii, carmina. Recensuit et praefatus est Lucianus Mueller. Lex.-8. (XLIV, 76 S.) Leipzig 877, Teubner. *

Optatus

Optati milevitani, S., libri, s.: Corpus scriptorum ecclesiasticorum latinorum.

Optati de schismate donatistarum, s. a. Patrum, sanctorum, opuscula.

Optatisti, de schismate Donatistarum. Libr. VII. ed. du Pin. fol. Paris. (Varrentrapp et W, Frft.) 706.

Optatus, Sanctus. De schismate Donatistarum lib. VII. Würzburg 1789—91. II: *Oberthür, Frz.* (Ky) »1780-91« (Th)

Optatus, S. Afer, de schismate Donatistarum lib. VII. (ed. Frz. Oberthür). II Tmi. 8maj. Würzb. 789, 91. Stahel. 2 ß 4 gl. (s. auch *Opera* omn. SS. Patr. lat.)

Opticus, Der, und sein Neffe. (Zur Preisbewerbung): Wiener Zeitschr. 1821, Nr. 7/9. V: *Bärmann, Gg. Nik.* Wiederh. in dessen: Papiere aus meiner bunten Mappe. Berlin 1826 [1825]. S. 1 ff. (DARP)

Optik, s. Denecke.

— **meteorologische**, 1000—1836 (Theodoricus Teutonicus, R. Descartes, I. Newton, G. B. Airy, A. de Ulloa, P. Bouguer, J. Hevel, T. Lowitz, J. Fraunhofer, G. Monge, W. Scoresby, Alhazen, J. de Mairan), s.a. **Neudrucke** v. Schriften u. Karten üb. Meteorologie etc. 14.

Meteorologische Optik 1000 1836. Theodoricus Teutonicus. R Descartes. J Newton. G B. Airy A de Ulloa P Bouguer J Hevel I Lowitz J Fraunhofer G Monge W Scoresby Alhazen. J de Mairan. Mit e. Einl. (von G[ustav] Hellmann). *Berlin: A. Asher & Co. 1902* (14, 106 S.) 4°
= **Neudrucke** v Schriften u. Karten ub. Meteorologie u Erdmagnetismus. No 14.

Optik. Politische O' oder das Wunder-Glas wodurch man die Wahrheit von der Lüge deutlich unterscheiden kann. Ein Gegenstuck zu der Flugschrift „Wahrheit zur Lügenzeit" .. 8 *o O* [1831].

Optiker, der perfekte. Sein Ausbildungsgang in Theorie u. Praxis f. alle Zweige seines Berufes. 1.—8. Liefg. (S. 1—384 m. Abb.) gr. 8. Berlin (909. 10). Verlag d. Central-Ztg. f. Optik u. Mechanik. à Lfg. 1. —

Optimismus, Republikanischer. Mainz 1792. V: *Müller, Nicolaus.* (GGr) (Ky)

Optotypi Siklóssy. Tabulae ad acuitatem determinandam a Dre. Siklóssy constructae. (20 Taf. je 55×33 cm m. 5 Bl. Text in deutscher, engl., französ., latein. u. ungar. Sprache.) 21,5×33 cm. Budapest (907). F. Kilián's Nachf. In Mappe 6. —

Optowitzer, V., Beiträge zur mosaischen Rezeption im armenischen Recht. [Sitzungsber. d. k Akad. d. Wiss., philos.-histor. Klasse. 157. Bd., 4 Abh.] Gr.-8°. (42 S.) † K 1.
Wien: Hölder 1907.

Optowitzer, V., Das Schriftwort in der rabbinischen Literatur. 2. Heft. [Sitzungsber. d. kais. Akad. d. Wiss., philosoph.-histor. Klasse. 160. Bd. 7 Abt.] Gr.-8°. (77 S.) † K 1.85
Wien: Hölder 1909.

Opus Sancti Lucae. Eine Sammlg. class. Andachtsbilder. Geleitet v. Karl Domanig. Hrsg. v. der österr. Leo-Gesellschaft. 6 Lfgn. hoch 4. (60 z. Tl. farb. Bl. m. Goldschn.) Stuttgart (900). München, J. Roth.
à Lfg. n. 5. —; Sammelmappe n.n. 2. 50

— mago-cabalisticum, s. Salwigt.

Opus palatinum. Sinus- u. Cosinus-Tafeln von 10″ zu 10″. Hrsg. v. W. Jordan. gr. 8. (VII, 270 S.) Hannover 897. Hahn. n 7. —

Opus quadripartitum juris consuetudinarii regn. Hungariae. 4. Zagrab. 798. (Eggenberger in Pest). 3 ₰ 12 gr

Opuscoli Scientifici d'una società di Professori della pontifical Università di Bologna. fasc. 1 à 24. con rami. 4. gr. Bologna. (Vienna, Volke.) 817 — 20.

— — l'Associazione per l'Anno 821. fasc. 25 à 30. ibid. (ibid.)

Opuscula anatomica de vasis lymphaticis ... Berolini & Stralsundiae: Langius 1772. 32,62 S. 8°

[Sondert.1:] Meckel, Johannes Fridericus [1724-1774]: Dissertatio epistolaria de vasis lymphaticis glandulisque conglobatis.
[Sondert.2:] Monro, Alexandrus [1733-1817]: De Venis lymphaticis valvulosis. 1760.

Opuscula astronomica ex ephemerid. mediolanens. sel. 8. maj. Mediol. Weidmann. 789.

Opuscula. Opusculorum criticorum contra Justini Febronii Librum singularem de legitima potestate summi Pontificis pars I. Amstelod. [Ulmae] 1765. V: *Kleiner, J.* (Wr)

Dass., s.a. Opusculum

Opuscula duo quorum prius Brunelli Vigilli speculum stultorum, posterius Ovidii libri tres de vetula, ambo ante duo prope secula Coloniae excusa, nunc vero ex illustri quadam Saxoniae inferioris bibliotheca deprompta atque confirmata (cur. Sim. Closius). Wolferbyti 1702. V: *Vigillus, Wilhelmus* oder *Nigillus Wirecker.* (RHMB III, 283)

Opuscula elementaria pro facili aditu ad linguam latinam in gratiam Tironum ejusdem linguae. Moguntiae 1775. V: *Goldhagen, Hermann.* (Jes)

Opuscula Graecorum veterum sententiosa et moralia. Graece et Latine. Collegit, disposuit, emendavit et illustravit Jo. Conr. Orellius. II Tom. 8maj. Leipz. 819, 21. Weidmann. 7 ₰ 8 gr Schrbp. 8 ₰ 6 gr Velinp. 9 ₰ 16 gr

Opuscula historiam medicinae

Opuscula ad medicinae historiam pertinentia. Collegit recensuit edidítque Johann Christian Gottlieb Ackermann. 432 S., gbd., Abb.

Norimbergae: Stein 1797
Bd 1,1: Hundertmark, Karl Friedrich: Exercitatio de principibus diis artis medicae tutelaribus. Lipsiae: 1735
2: Günz, Justus Gottfried u.Jo.Fr.Gottlieb Richter: Diss.qua daduchiais in sacris Aesculapii succincte..Lipsiae: 1737
3: Hundertmark, Karl Friedrich u.Joh. Ben.Carpzov: Dissertatio de artis medicae..incrementis..Lipsiae: 1739
Bd 1,4: Kühn, Karl Gottlob: De philosophis ante Hippocratem medicinae cultoribus Lipsiae: 1781
5: Schlaeger, Julius Karl: Historia litis de medicorum apud veteres Romanos degentium conditione. Helmstadii: 1740
6: Crell, Lud(wig) Christ. u.Jo.Friedr. Crell: Dissertatio exhibens Antonium Musam.. Lipsiae: 1725
7: Rose, Christian: De Augusto contraria medicina curato. Halae: 1741

JB 5.705

Opuscc. juridd. ex observatt. miscellaneis Batavis in unum Vol. collecta; rec., praef. est et animadverss. nonnull. adj. Joh. L. E. Püttmann. *Halle*, Gebauer. 782. gr. 8. (14 Gr.)

Opuscula miscella quaedem juris publici. Lipsiae 1725. V: *Berger*, *Friedrich Ludwig Edler von*. (Pütter, Litt. d. Teutsch. Staatsr. Gött. 1776—91. I, 378.) (Adel)

Opuscula mythologica, philosophica, historica et grammatica, ex codd. graecis maxime Palatinis, nunc primum edidit, eorumque librorum notitiam et animadversiones adjecit Fr. Creuzer. 8maj. Lips. Hahn. 816. Rthlr.

Opuscula mythologica, philosophica, historica et grammatica. Ex codd. edidit et annotationem adiecit Fr. Creuzer Lips. 817. 8. (Ist auch P. I. der Meletemata e disciplina antiquitatis, Fr. Creuzeri.)

Opuscula Nestoriana, syriace tradidit Geo. Hoffmann. ['Nânîšô'nis Hdhaijabheni et Hunaini Hêrtheni liber canonum de aequilitteris. 'Abhdîšô'nis Gâzarteni carmen heptasyllabum de aequilitteris. Anonymi interpretatio vocum difficilium biblicarum. Anonymi scholia biblica.] 4. (XXIII, 163 autogr. S.) Kiel 880. v. Maack. n.n. 20. —

Opuscula Nestoriana, syriace ed. G. Hoffmann. Neue Ausg. 4. (XXIII, 163 S.) Kiel 886. Berlin, Gose & Tetzlaff. n. 10. —

Opuscula Nestoriana, syriace ed. Geo. Hoffmann. Neue Ausg. 4. (XXIII, 163 S.) Kiel 886. C. F. Haeseler. n. 10. —

Opusculorum fasc. II., passionem crucemq. dominic. ex antiquitate illustrantium. cum fig. 12. Duisb. 730.

Opuscula sanctorum patrum selecta, s. Patrum

Opuscula patrum selecta. Praefatus est A. Neander. Berol. 1826—27. H: *Bohl*, *Georg*. (Winer)

— Patrum selecta. Pars I. Praefatus est A. Neander 8. Berl. 826. Reimer. 16 gr — Pars II. A. u. d. T.: S. Augustini Hippon. episcopi opuscula quaedam selecta, ad haeresin Pelagianam pertinentia. 8. Berl. 827. Reimer. 1 ß 8 gr

Opuscula philologica ad Joannem Nicolaum Madvigium per L annos universitatis Hauniensis decus a discipulis missa. gr. 8. (X, 305 S.) Kopenhagen 876. Gyldendal. n. 7. 20

Praestantiora Opuscula illustrationi pacis Westphalicae inservientia. Fasc. 1. Erfordii 1757.

1. Kortholt, Franc Just. Schediion de processu arresti in caussis pacis Westphalicae prohibito.
2. Kortholt, F. J. Diss. iuris publici de abusu doctrinae quod in caussis pacis Westphalicae, exsecutio citra processum locum habeat.
3. Kortholt, F. J. Commentatio de expunctis in pace Westphalica ad illustrandum articul. 4. sect. 1. instrumenti pacis Osnabrugensis.
4. Schmid, Paul. Wilh.. Diss. controversias quasdam circa recessum executionis a. 1649 Norimbergae conclusum exponens eiusque convenientiam cum ipso instrum. pacis Westphal. vindicans.
5. Hoffmann, God. Dan.: Commentatio ad verba I. P. O. art. 5. § 16 (45) et intra terminos territorii cuiusque ius dioecesanum et iurisdictio ecclesiastica se contineat.
— Commentatio iuris publici ecclesiastici de die decretorio Kalendis Jan. anni 1624 omnique ex pace Westphalica restitutione.

Opusculorum, quae in certamin. civium Gymn. Turicens. Carolini annuis nummi aurei praemium tuler., Vol. I. ed. c. praef. J. J. Hottinger. 4. Zürich 787. Orell. 1 ß

Opuscula quaedam satyrica et ludicra tempore Reformationis scripta . . . Francof. et Lips. 1784. V: *Strobel*, *Georg Theodor*. (Ky) (ML)

— quaedam satyrica et ludicra, tempore Reformation. scr. etc. 8. Frankf. 784. (Monath u. K. in Nürnb.) 4 gr

Opuscula, scriptorum ecclesiasticorum, praecipua quaedam. Recensuit, notasque suas et aliorum addidit Martinus Jos. Routh. Edit. II. et aucta. II. Tomi. 8maj. Oxonii 840. (Lipsiae, T. O. Weigel.) n. 8 ß

Opuscula selecta et rariora varii argumenti . . . Francof. et Lipsiae 1742. H: *Fischer*, *Johann Christian*. (BrMm)

Opuscula selecta et rariora. 4. Jenae. 742. Rthlr.

Opuscula

Selecta doctorum virorum Opuscula, in quibus Hippocrates explicatur, denuo ed. Curavit Ernestus Godofredus Baldinger. Gottingae: Kübler 1782. XII, 351 S. 8°

— societatis literar. Duisburg. fasc. I. 8. Duisb. et Düsseld. 759. Böttcher. 6 gr

Opuscula varia de Latinitate Jureconsultorum veterum; iunctim edidit . . . Car. Andr. Dukerus. Lips. 1773. V: *Schmid*, *Johann Peter*. (ML)

— varia de latinitate jurisconsultor. vet. junct. ed. C. A. Ducker. 8. Lips. Jacobaeer. 773. Schreibp.

Opuscules de M. L**. 8. Berne. Typ. 789.

Opusculum criticum contra Febronii librum singularem de legitima potestate Summi Pontificis. Ulm, Stettin, 1765, 4°

Dass., s.a. Opuscula

Opusculum de multiplicatione et divisione sexagesimalibus Diophanto vel Pappo attribuendum, primum ed. et notis illustr. C. Henry. gr. 8. (VIII, 10 S.) Halle 879. Schmidt. n. 1. —

— orthographicum de ratione recte emendateque scribendi et pronunciandi. 8. Ofen 779. Typ. 2 gr

Opusculi illustrat. pacis Westphal. inservientis fasc. I. 4. Götting. 796. (Vandenhöck u. R.) 1 ₰ 8 gr

— tripartitum sacerdotale et sacrificiale accessus et recessus altaris nec non ceremoniae in missam observandae. 12. Bamb. Göbhard.

— tripartitum sacerdotale et sacrificiale accessus et recessus altaris nec non ceremoniae in missa observandae. 12. Bamb. (Wesché in Frankf. a. M.) 3 gr

Opyt, Опытъ областнаго великорусскаго словаря etc. Imp. 4. (XVI u. 275 S.) Санктпетербургъ 852. (Leipzig, Voss.) n. 2 ₰

Oppzoomer, Kornelius Wilhelm

Opzoomer, C. W., Conservatismus u. Reform. Eine Abhandlung über Edm. Burke's Politik. Aus dem Holländ. übertragen von J. H. Hisgen. gr. 8. (72 S.) Utrecht 852, Dannenfelser. n. 1/2 ₰

— die Methode der Wissenschaft. Ein Handbuch der Logik. Aus d. Holländ. übers. v. Geo. Schwindt. gr. 8. (VIII u. 168 S.) Ebd. 852. n. 1 ₰

Opzoomer, Cornel. Wilh., die Religion. Aus dem Holländ. übers. von Frdr. Mook. Vom Verf. corrig. u. revid. Elberfeld 868. Friderichs. gr. 8. (XII, 302 S.) n. 1 ₰ 15 ngr.

Opzoomer, C. W., das Unrecht Frankreichs im Kriege v. 1870. Die Bonapartes u. das Recht Deutschlands auch nach Sedan. Eine holländ. Stimme über den deutsch-französ. Krieg. gr. 8. (VII, 124 S.) Berlin 871. Puttkammer & Mühlbrecht. n. 2. —

Or Chadasch, s.: Goldenberg, B.

Or ha-Jaschar. Responsen und Abhandlungen aus den Jahren 1766—1768 über den Ehescheidebrief zu Cleve. Amsterdam 1769. V: *Ahron Simon ben Jakob Abraham.* (stBFrankf I, 248)

אור לישראל. Or Leisrael. Tom. I—V. gr. 8. Krotoschin; Posen 837. (Leipzig, Kummer.) n. 6 ₰

Or Thora. Monatsschrift für Exegese, Kritik, Geschichte und Belletristik unter Mitwirkung namhafter jüd. Gelehrten hrsg. von J. Kohn-Zedek. 1. Jahrg. 1874. 12 Hefte. gr. 8. (1. Heft 64 S.) Frankfurt a. M., Kauffmann. *

Or, Louis de l', s. L'Or, Louis de.

de l'Or, Louis, auch ein Wort über die Emanzipation der Juden. Zur Beherzigung an alle Sachsen gerichtet. 8. Dresden 837. (Walther.) n. 1/3 ₰

Oer, Franz Frhr. v. (Hrsg.), s. Apis, ascetica

Oer, Frz. Frhr. v., Fürstbischof Johannes Bapt. Zwerger v. Seckau. In s. Leben u. Wirken dargest. gr. 8. (VIII, 464 S. m. Bildn.) Graz 897. U. Moser. n. 6. —

Oer, Frz. Frhr. v., s. o. Zwerger, Johs. B., Skizzen f. Ansprachen an Klosterfrauen.

(F) Skizzen für Ansprachen an Klosterfrauen. Aus den Schriften des Fürstbischof Dr. Johannes B. Zwerger gesammelt und mit einigen kleineren ascetischen Schriften desselben herausgegeben von Msgr. Franz Frhrn. v Oer. Graz. 1900. Moser's Buchh. 8° IV, 393 S. K 2.40

v. Oër, Max., Balladen und Romanzen. gr. 12. Erfurt 837. Müller. 1/2 ₰

— Erzählungen: Der Templer. Treue. Der heimliche Staat. Das Duell. Die Fahrt nach Köln. gr. 12. Erfurt 837. Müller. 1 ₰

Oer, Sebast. v., O. S. B., Daheim. Gedanken üb. die christl. Familie. 1. u. 2. Aufl. (IX, 201 S.) kl. 8. Freiburg i/B. 909. Herder. 1.20; geb. in Leinw. 2. —

Oer, Seb. v., O. S. B., die Oblaten des hl. Vaters Benediktus. Im Auftrage der hochw. Obern. 2. verb. u. verm. Aufl. (VIII, 236 S. m. Titelbild.) kl. 8. Beuron 903. Verlag der Beuroner Kunstschule. Geb. in Leinw. n. 1.60

— unsere Schwächen. Plaudereien. 5., verm. u. verb. Aufl. (VIII, 286 S.) kl. 8. Freiburg i/B. 905. Herder. n. 1.40; geb. in Leinw. n. 2.20
1.—4. Aufl. (VI, 240 S.) 903. Geb. 2.—.

— Unsere Schwächen. Plaudereien. 6.—9. Aufl. (VIII, 286 S.) kl. 8. Ebd. 907—10. 1.50; geb. in Leinw. 2.30

Oer, Sebast. v., O. S. B., ein Tag im Kloster. Bilder aus d. Benedictinerleben. gr. 8. (279 S.) Regensburg 897. Verlagsanstalt vorm. G. J. Manz. n. 2.80; geb. n. 4. —

Oer, Seb. v., O. S. B., ein Tag im Kloster. Bilder aus dem Benediktinerleben. 2., verm. u. verb. Aufl. gr. 8. (329 S.) Regensburg 900. Verlagsanstalt vorm. G. J. Manz. n. 2.80; geb. in Leinw. n. 4. —

Oer, Seb. v., O. S. B., ein Tag im Kloster. Bilder aus dem Benediktinerleben. 4. Aufl. (329 S.) 8. Regensburg 906. Verlagsanstalt vorm. G. J. Manz. n. 2.80; geb. in Leinw. n. 4. —

— Unsere Tugenden. Plaudereien. 3. u. 4. Aufl. (VIII, 305 S.) kl. 8. Ebd. (908. 10). 1.40; geb. in Leinw. 2.20
1. u. 2. Aufl. (VIII, 255 S.) 907. Geb. 2.—.

— Das Vaterunser. Zehn Betrachtgn. 1. u. 2. Aufl. (VII, 255 S.) kl. 8. Ebd. 910. 1.50; geb. in Leinw. 2.30

— Erzabt Placidus Wolter. Ein Lebensbild. (X, 157 S. m. 10 Taf.) 8. Ebd. 909. 2.—; geb. in Leinw. 2. 80

Oracle, l', ou la fête de Vertus et de Grâces. Coméd. gr. 8. Berlin, Rottmann. 772.

L'Oracolo della Sibilla Cusiana. 21. ediz. Lugano 863. (Triest, Coen.) gr. 16. (108 S. mit 1 Holzschntaf.) n. 8 *ngr.*

Oracula Delphica seu Effata Graecorum Poetarum . . . Viennae Austriae 1728. V: *Ritter, Joseph.* (Jes) (So)

Oracula Sibyllina, s. a. Χρησμοί.

Oracula Sibyllina ad fidem codd. mscr. quotquot exstant recensuit, praetextis prolegomenis illustravit, versione Germanica instruxit, annotationes criticas et rerum indicem adjecit Jos. Henr. Friedlieb. A. u. d. T.: Die Sibyllinischen Weissagungen vollständig gesammelt, nach neuer Handschriften-Vergleichung, mit krit. Commentare u. metr. Deutscher Uebersetzung hrsg. gr. 8. (LXXXVI u. 355 S.) Leipzig 852, T. O. Weigel. n. 2⅓ *ℛ*

Oracula Sibyllina, textu ad codices manuscriptos recognito, Majanis supplementis aucto; cum Castalionis versione metrica innumeris paene locis emendata, et, ubi opus fuit, suppleta; commentario perpetuo, excursibus et indicibus; curante C. Alexandre. Vol. II. pars prior, cont. libros IV ultimos, cum curis in omnes libros posterioribus et nova libri quarti recensione. Parisiis 853. Didot. gr. 8. (XVI, 260 S.) n. 3 *ℛ*.

— — Vol. II. pars posterior. (Excursus et indices.) Ibid. 856. gr. 8. (624, 83 S.) n. 3 *ℛ*.
Vol. I. Ebend. 841. n. 2 *ℛ*. 20 *ngr.*

Oracula Sibyllina, rec. Alois. Rzach. gr. 8. (XXI, 321 S.) Prag 891. Tempsky. — Leipzig, Freytag. n. 12. —

Oracula Sibyllina, die, hrsg. v. Joh. Geffcken, s. a. Schriftsteller, die griechischen christlichen, der ersten 3 Jahrhunderte. 8. Bd.

Die Oracula Sibyllina Bearb im Auftr d. Kirchenväter-Commission d. kgl. Preuss. Akad. d. Wiss. von Dr Joh. Geffcken, Oberl. in Hamburg *Leipzig J. C. Hinrichs 1902.* (LV, 240 S.) 8°
= Schriftsteller. Die griechischen christl., d. ersten 3 Jh. Bd 8

Oracula Sibyllina ⟨Weissagungen der zwölf Sibyllen⟩. Nach dem einzigen, in der Stiftsbibliothek von St. Gallen aufbewahrten Exemplare hrg. von P[aul] Heitz. Mit einer Einleitung von W. L. Schreiber. 24 Tafeln [nebst 1 Tafel im Text] und 1 Text illustration. IV + 27 S. 4. Strassburg, J. H. Ed. Heitz, 1903. [M 20. —]

Oracula Sibyllina. (Weissagungen der zwölf Sibyllen.) Nach dem einzigen, in der Stiftsbibliothek v. St. Gallen aufbewahrten Exemplare hrsg. v. P. Heitz. Mit e. Einleitg. v. W. L. Schreiber. 24 Taf. u. 1 Textillustr. (26 S.) gr. 4. Strassburg 904. J. H. E. Heitz. n. 20. —

Oraculum

— allgem. jurist., od. des heil. röm. Reichs Juristen-Facultät, welche das römische, deutsche, bürgerl. u. peinliche Recht nach d. Corpus juris etc. 16 Bde. Fol. Leipz. 746—54. (Brockhaus). 53 *ℛ* 8 *gℛ* Dessen 17r Bd. oder Real- u. Verbalregister. Fol. Ebd. 754. 4 *ℛ*

Oraculum, cabalisticum; oder cabalistische Tabellen. 8. Grätz 794. Tusch. 4 *gℛ*

— verneuertes, od. wohlausgesonnenes Planetenbuch, in welchem allerhand verborgene Sachen, menschliche Zufälle ꝛc. aus d. Grunde der Geometrie kalkulirt ꝛc. sind. 4. Heilbronn 762. Glaß. 3 *gℛ*

*Oraculum geomanticum oder gantz neue Punctirkunst. s. l. 727. 4.

ORACULUM in welchem allerhand verborgene Sachen calculirt und entworffen bey Zusammenkünfften guter Freunde zum Schertz und Kurtzweil dienlich und nützlich. Mit Kpfrn. Bern 1743. 4°. (2 Mk. 50 Pfg., Hprgt., G. Lau, München, 1892, jetzt theurer!)

Oraculum medizinisch-chemisch alchimistisches
Medicinisch-chymisch und alchemistisches Oraculum... 38 S., gbd.

Ulm, Frankfurt u.Leipzig: Stettin 1772
in: Onomatologia medica completa oder medicinisches Lexicon... Bd 1, verbess.u.verm. Johann Peter Eberhard. 1772

JB 513/1

*MEDICINISCH-CHYMISCH UND ALCHEMISTISCHES ORACULUM, darinnen man nicht nur alle Zeichen und Abkürzungen welche so wohl in den Recepten und Büchern der Aerzte und Apotheker als auch in den Schriften der Chemisten und Alchemisten vorkommen findet, sondern deme auch ein sehr rares chymisches Manuscript eines gewissen Reichs . . . beygefüget. Ulm, 1772, bey August Lebrecht Stettin. pp. [vi]–71, 8vo. Plates.

— medizinisch-chemisches u. alchymistisches, darin man alle Zeichen d. Aerzte bei Recepten findet. gr. 8. Ulm 788. Stettin. 8 *gℛ*

ORACULUM, Ein neues, und sehr curioses, oder Glücksrad, womit das Frauenzimmer, und dero Aufwarter den Zustand ihres Liebesglückes erforschen mögen. 1709. 8°.
Wiener Cat. (1774) verbotener Bücher. — Sehr selten!

Neuvermehrtes Oraculum, in welchem allerhand verborgene Sachen aus der Geomantie entworffen. Bern 743. 4.

Oraculum Ex Tripode Crucis Breve dictum . . . Bresl. 1720. V: *Zimmermann, Gottfried Ferdinand.* (Kat. d. Druckschr. üb. Breslau. Breslau 1903. S. 262.)

Oraeus, f. *Orraeus*.

Oradour, Bellot de

d'Oradour, B., Album poétique illustré, choix varié de poésies françaises. Illustré par M.M. G. Gloss et L. Braun. Stuttgart 866. Neff. gr. 16. (XX, 387 S. mit 9 Holzschntaff. in Tondr.) geb. mit Goldschn. 2 *ℛ*

d'Oradour, B., album poétique illustré. Choix varié de poésies françaises. Illustré par G. Closs et L. Braun. Gravé sur bois par Closs et Ruff. 3. éd. gr. 16. (XXII, 384 S. m. 11 Holzschntaf.) Stuttgart 875. Neff. geb. m. Goldschn. 6. —

d'Oradour, Bellot, Album poétique illustré. Choix varié de poésies françaises formant une anthologie du XIXe siècle. Avec 20 illustrations par G. Closs, L. Braun et autres. 4me édit. 12. (XXXI, 390 S.) Stuttgart 887, Neff. geb. mit Goldschn. * 6 —

Oraison funèbre de Beda Angehrn d Hagenwyl [† 1796], Prince-Abbé de Saint-Gall, à prononcer Le 19 Mai 1797 jour de l'anniversaire de sa mort 8 *o O*

Oraison funèbre de Buonaparte, par une Société de Gens de Lettres. 8. Leipz. ... Ed. III. Er. Fleischer. 4 *K*

Oraison, funèbre de Buonaparte, par une société de gens de lettres. gr. 8. à Paris. (Leips. Gerh. Fleischer.) 814.

Oraison funèbre de tres-haut, tres-puissant et tres-excellent prince Frederic II Roi de Prusse. Prononcé dans le temple du Werder le 10. Septembre 1786 par Mr. Reclam a Berlin 8

Oraison funèbre des volontaires catholiques de l'armée pontificale Fribourg 1860 *s.* [Dupanloup, Félix].

Oraisons funebres de Fléchier, Mascaron, Bourdaloue et Massillon. 2 vol. in-18. Didot) (Leipzig, Fr. Fleischer.) - (papier fin, 1 Thlr. papier velin, 2 Thlr. format in 12, papier vélin, 2 Thlr. 16 Gr.)

Orakel

— das, od. d. Wahrsagerstimme in den Höhlen von ... e. schauderhafte Gesch. a. d. afrikan. Wüste. 8. Frkf. Simon.

Orakel, das, od. die Kunst fremde Gedanken zu errathen; ein unterhaltendes Spiel f. die Jugend, nebst e. Beilage mit 72 Figuren zum Nachzeichnen u. Koloriren. Pirna, Friese. 6 *gl*

— das, eine lehrreiche Geschichte. 8. Wien, Gerold. 780. -

— das, eine lehrreiche Geschichte. 8. Leipz. 781. Barth. 4 *gl*

Orakel oder die Antwort der ägyptischen Wahrsager auf 36 der seltsamsten Fragen zur Befriedigung der Neugierde für Jedermann. Laybach 1793. V: *Amos*, Pater. (Marcus a Paduano Bibl. Carniolae, S. 6) (BIBLPORT)

— das, od. Strafe muß seyn, eine Kleinigkeit v. Fr. Laun (Fr. A. Schulz.) 8. Ebend. 802. -

— — dasselbe wohlfeile Ausgabe. 802. -

ORAKEL, Das, oder die Wahrsagerstimme in den Hölen von *** Eine schauderhafte Geschichte aus den Afrikanischen Wüsten Bd. 1 (einz.) in 2 Abtheilgn. Houssa, im Dambergerschen Verlage. (Frankf a M, Simon) 1802 8° 222 u. 327 S Einiges etwas frei.

Orakel, das, od. wie erforscht man die Zukunft. Ein unterhaltendes Spiel f. alle Stände. 8. Posen 806. Kühn. 12 *gl*

Orakel, das, od. die Liebe des Volks. Romant. allegorisches Gemälde in 1 Akt, v. H. Cuno. 8. Leipz. Joachim. (in Comm.) 811.

Orakel, das, oder drei Tage aus Magdalenens Leben, v. Gust. Schilling. 8. Dresd. Arnold. 814.

Orakel, das, oder Blicke in die Zukunft. Ein unterhaltendes Spiel mit 32 Wahrsagerkarten. 32. Schwäb. Hall 841, Haspel'sche Buchh. 1/6 *ẞ*

Orakel, das. Ein Gesellschaftsspiel für Jünglinge und Jungfrauen, in mehr als fünfhundert scherzhaften und ernsten Fragen und Antworten, welche sich auf zukünftiges Geschick beziehen. Nebst Blumensprache, Gesellschaftsspiele, Räthsel etc. Von einer Freundin schuldloser Fröhlichkeit. Quedlinburg 854. Ernst. 16. (VIII, 92 S.) 10 *ngr.*

Orakel, das. Ein Frag- u. Antwortspiel für heitere Kreise. 16. (64 S.) Dresden 879. Jänicke. — 30

—— das. Ein Frag- und Antwortspiel für heitere Kreise. Neue Ausg. 16. (64 S.) Dresden 886, Jaenicke. — 30

Orakel, das. Ein Frag- u. Antwortspiel f. heitere Kreise. Neue Ausg. 16. (64 S.) Dresden 886. Jaenicke. — 30

Orakel. (Ziehkästchen.) 128. (63 Bl.) Schweidnitz 887 Weigmann. n. — 60

Orakel. (Antworten auf allerlei Fragen.) 128. (63 Bl.) Schweidnitz 893. G Brieger. In Ziehkästchen. n. — 60

Orakel, Aberglauben u. Deutungen, allerlei, v. Sophus Quasi. 2. Aufl. gr. 16. (174 S.) Erfurt 898. F. Bartholomäus. n. 1. —

— allerlei, Volksglauben u. Deutungen v. Sophus Quasi. 12. (174 S. m. Abbildgn.) Erfurt 894. F Bartholomäus. n. 1. —; in Leinw. kart. n. 1. 25

— allgem. deutsches, 1797. 1r Bd. 6 Hefte. gr. 8. Frkf. a. M. (Gebhardt u. K.) 1 *ẞ* 16 *gl*

— allgem. deutsches, 1797. 1r Bd. 6 Hefte. gr. 8. Frkf. (Macklot in Carlsruhe.)

— allgem. juristisches, oder d. heil. röm. Reichs Juristen-Facultät. 16 Bde. Fol. Lpz. Heinsius. (Gleditsch) 746 - 54.

Orakel, das, aus der Alservorstadt. Eine Entgegnung dem „Einem Manne aus Oesterreich" auf seine Antwort auf das „Ermanne dich, Oesterreich!" Geschrieben zu Ende Jänner 1861. gr. 8. (10 S) Wien 861, F. Klemm.

Orakel, das, zu Delphi, Gesellschaftsspiel, m. K. Fol. Jena, Voigt. 805.

— delphisches, Kunst, auf alle lateinische Fragen, sogar ohne Kenntniß dieser Sprache, durch einfaches Rechnen eine einem Orakel ähnliche, immer richtige Antwort zu bekommen Herausgeg. vom Prof. K. Mit Tabellen. gr. 8. Stuttgart 812, Griesinger. 1/4 *ẞ*

Orakel, Delphisches, das auf 95 verschiedene Fragen die richtigen Antworten ertheilt ... Quedlinb. 1846. 2. Aufl. 1847. V: *Schuster, Joh. Traugott.* (KU) (Pk)

— delphisches, ein noch nicht existirendes Buch, das auf 95 verschiedene Fragen die richtigen Antworten ertheilt: wenn nämlich der Jüngling seine künftige Laufbahn, die Jungfrau ihren künftigen Stand u. so ein Jeder sein Glück im Voraus wissen will. Zur Erweckung froher u. munterer Laune Einzelner u. ganzer Gesellschaften vom Prof. J. F. S—r. 8. Quedlinburg 846, Ernst. 5/12 *ẞ*

Orakel, Delphisches, ein noch nicht existirendes Buch, das auf 95 verschiedene Fragen die richtige Antwort ertheilt? Zur Erweckung froher u. munterer Laune Einzelner u. ganzer Gesellschaften. Von J. F. S—r. 2. verb. Aufl. 8. (VIII u. 126 S.) Quedlinburg 847, Ernst. 5/12 ℛ

Orakel, delphisches, e. noch nicht existir. Buch, das auf 95 verschiedene Fragen die richt. Antworten ertheilt, wenn nämlich der Jüngling seine künft. Laufbahn, die Jungfrau ihren künft. Stand u. so e. Jeder sein Glück im Voraus wissen will. Zur Erweckg. froher u. munterer Laune Einzelner u. ganzer Gesellschaften. Von J. F. S–r. 2. verb. Aufl. 8. (VIII, 136 S.) Quedlinburg 873. Ernst. 1 25

Das Deutsche Orakel von Cumberland · 1820 · Carlisle, PA
Edited & published by Henrich W Petersen.

Orakel, Das, vom Ehestande. Altenburg 1775. V: *Behrisch, Henrich Wolfgang.* (Behrisch, Wiener Autoren. 1784.) »1777« (Ky)

— das, vom Ehestande, (v. H. W. Berisch). 8. Altenb. 777. Richter. (Hennings in Neiße.) 4 𝒢

ORAKEL, Das, zu Endor Eine uralte Geschichte für den Abend des achtzehnten Jahrhunderts (vom Verf. der Königin Zaura" ([s. d] dramatisch bearbeitet). 2 Thle Mit TKpf u. gestoch Tit Leipzig 1794—95, bey Friedr Aug. Leo. 8°
Nur Th. 1 (4 Bll. u. 395 S.) lag vor — Stellenw freien Inhalts.

Orakel, das, u. der angenehme Gesellschafter. Nebst einem Anh. von Stammbuchaufsätzen. Neuhaus 861. Landfraß & Sohn. 24. (118 S.) n. 7½ ngr.

Orakel der Wienerischen Kirche. Wien 1749. V: *Pankl, Franz Carl.* (EB)

ORAKEL, Die, der Kirchen- u. Schul-Visitation. Ein komisch-kritischer Beitrag zu dem protestant. Kirchen- u. Schulwesen, worinn auch der Liebe gedacht wird. Allen Konsistorien u. Predigern Deutschlands gewidmet von *J. A. S.* Deutschland 1811. 8°. (3 Mk. Mindestgebot, R. Zinke's Dresdner März-Auct. 1906, no. 1474.)

— die, der Kirchen- u. Schulvisitation, ein komisch-krit. Beitrag zu dem protestant. Kirchen- u. Schulwesen, worin auch der Liebe gedacht wird, v. J. A. S. 8. Helmst. 811. Fleckeisen. 12 𝒢

— das, in Kriegs- u. Staatskabinet, oder des Fürst. Stanisl. Lubomirski Betracht. üb. d. Eitelkeit ꝛc. 8. Dresd. Heckel. 746.

Orakel, das landwirthschaftl., oder gründl. Belehrungen u. bewährte Erfahrungen zur Anwendung bedeut. Nachtheile u. zur Verschaffung beträchtl. Gewinnes in d. Oekonomie. 8. Quedlinb. 823, Basse.

— das landwirthschaftl., oder gründl. Belehrungen u. bewährte Erfahrungen zur Abwendung bedeutender Nachtheile u. zur Verschaffung beträchtl. Gewinnes in d. Oekonomie. 8. Quedlinb. 824. Basse. 14 𝒢

— das, der Liebe. Ein Spiel f. Deutschlands gebildete Jünglinge u. Jungfrauen. 8. Leipz. 824, P. Vogel.

— das, der Liebe. Ein scherzhaftes Frag- und Antwort-Spiel zur angenehmen Unterhaltung für Damen. Leipzig 854. Wengler. 16. (37 S.) 5 ngr.

— — Ein scherzhaftes Frag- und Antwort-Spiel zur angenehmen Unterhaltung für Liebende. Mit Anh.: Aus den Handschriften den Charakter, die Liebe und ihre Zukunft zu erkennen. 2. verb. Aufl. Leipzig 858. Wengler. 16. (48 S.) 5 ngr.

— das, der Liebe. Fragen u. Antworten f. lieb. Herzen beiderlei Geschlechts. Nebst e. Anh.: Das Orakel, e. Gesellschaftsspiel. Hrsg. v. Amorosa. 16. (61 S.) Köln 892. J. Püttmann. — 20

Orakel, das, der Liebe. Fragen u. Antworten für lieb. Herzen beiderlei Geschlechts. Nebst e. Anh.: Das Orakel, e. Gesellschaftsspiel. Hrsg. v. Amorosa. (61 S.) 16. Leipzig (906). J. Püttmann. — 20

— das, u. d. Mädchenhofmeister, zusammen in e. wohlf. Ausg. 8. Freyberg, Craz u. G. 802. –

— medicin.-chym.- u. alchymist., darinnen man alle Zeichen der Aerzte bey Recepten findet. gr. 8. Ulm, Stettin. 783. –

Orakel der prophetischen Muse. (Spiel.) gr. 8. Prag 833. Enders. 1/3 ℛ — Auf Pappe und in Etui 2/3 ℛ

— das, der Musen. Ein unterhaltendes Gesellschaftsspiel für junge Damen u. Herren. 16. (55 S.) Quedlinburg 849, Basse. 1/6 ℛ

— mystisch-kabalist., od. d. Kunst, Schicksale zu erforschen. 8. Grätz, Kummer. 792.

— neu vermehrtes, a. d. Geomantie ꝛc. 4. Brem. Haller. 743.

— — Real- u. Verbalregister über alle 16 Bände. Fol. Ebend. 754.

— ökonomisch-technologisches, für städtische u. ländl. Haushaltungen. Ein nützl. u. belehrend. Handbuch f. Jedermann. Mit 1 Kpf. 8. Posen 813. Kühn. 1 ℛ 18 𝒢

Orakel, Das scherzende, am Spieltisch des Frauenzimmers. [Wien] 1777. V: *Hirsch, Michael Christian.* (will) (ML)

— das scherzende, am Spieltische d. Frauenzimmer. 8. Frankf. a. M. 780. (Mayr in Salzb.) 4 𝒢

— das, der norischen Sibille am Berge Scheckel. Mit 1 lithogr. Ansicht. 8. Grätz ... Kienreich. 5/6 ℛ

— die sibyllinischen, s.: Bibliothek der Zauber-, Geheimniß- u. Offenbarungs-Bücher, 11 u. 12. Abthl.

— das, ein unterhaltendes Spiel f. alle Stände. 8. Posen, Kühn.

— das, der Venus, in dem Tempel der Liebe, od. Geschichte d. Durchl. Parthenissia u. großmüth. Artabbantes. 8. 753. –

Orakel, Das weibliche; eine Wochenschrift. Wien 1767. H: *Sonnenfels, Joseph Reichsfreih. von.* (Ky) (MGT)

Orakel, Das, ein Wunderbuch; eine Monatsschrift. Dresden 1777. H: *Mitsching, Ernst Gottlob.* (Adel) (MGT) (OL) (Kläbe, Neuest. Gel. Dresden. Leipz. 1796.)

Das Orakel jetziger Zeit, welches von allen Europäischen Stationen und mancherley Ständen um Rath gefraget wird. Strasburg, gedruckt bey Fausts Urenkel 1758. 4. 56 S. (Voran ein Lied von 32 Str., dann Prosa mit eingelegten Spruchgedichten.) Die ihr gern Alles wissen wollt.

— der Zukunft oder die Zukunft prophetisch vorbestimmt durch die Punktirkunst. 12. Hamburg 844, Hamburg-Altonaer Buchh. 1/12 ß

Orakelspiel, neues, durch welches mancherlei Fragen durch Würfel beantwortet werden. 2e Aufl. 8. Presb. 807. Wiegand. 2 fl

Orakelspiel, neuestes, zur geselligen Erheiterung von L. P. 8. (31 S.) Varel 879, Bültmann und Gerriets Nachf. *

Orakelspiel, neuestes, zur geselligen Erheiterung v. L. P. 2. Aufl 16. (52 S.) Varel 887. Bültmann & Gerriets Nachf. n. — 50

Orakelspiel f. heitere Zirkel, mit 300 Karten nebst Kapsel. Leipz. Ind. Comt. 811.

Orakel-Sprüche, oder: Die enthüllte Zukunft. — L'Oracle, ou l'Avenir devoilé. (100 Kärtch. mit deutscher u. franz. Schrift.) 32. Wien 840. Bermann u. Sohn. In 16.-Etui 13 kr

Orakelsprüche, die, der Panacee. Eine Einladungsschrift zu Ernst Mahner's Vorlesungen. 2. Ausg. 8. Leipzig 815, Pönicke u. Sohn. n. 1/6 ß

Orakelsprüche in Würfeln. Zur Unterhaltung in den Zirkeln junger Damen. Mit Kartenwahrsager. Neue Aufl. 12. Berl. 832. Krause. 6 gr Dass. ohne Kartenprophet. Ebd. 4 gr

Das Orakul eines Schweizers, woraus man deutlich sehen kann, wer von denen kriegenden hohen Mächten bey gegenwärtigen Krieg Vortheil oder Schaden ziehen wird. 1758 gedruckt auf allgemeinen Vorschub. 4. 2 Bl. Tit. u. Vorrede. 31 S.

Oramalka. Eine indianische Erzählung, s. Jugend-Bibliothek in einer Auswahl engl. und französ. Jugendschriften ꝛc.

d'Oramonte, Cornelia; Origin.-Schspl. in 5 A. 8. Wien 810. Rehm. 20 kr

Oran [Schlagwort]

Oran — Wahrhafte Abbildung der Barbarischen Vestung — mit der beyliegenden Küste, und denen darauf befindlichen Oerthern, gelegen in dem Konigreich Telensin, in diesem Jahr von denen Spaniern zum zweyten mahl erobert, nachdem sie solche schon von Ann. 1509 innen gehabt, von denen Algierern aber Ann. 1703 daraus vertrieben worden, nach seinem Grundriss und Prospect accurat verzeichnet von Christian Gephart und edirt von Homannischen Erben Anno 1732 nebst einem Prospecte von der Küste um Oran, auf demselben Blatte. 1 : 155,000. 1 Bl.

v. Orange, Wlh., Lieder, s. v. Eschenbach, Wolfram, Leben u. Dichten.

Orangefelsen, Der, eine Novelle. Nach Bartolotti. [Hamb. 1825.] V: *Meyer, Anton Joh. Friedrich.* (Schr)

Orangen, v. Verf. des Weibes wie es ist. 2 Thle. 8. Dresd. Arnold. 807.

Orangen, von Gust. Schilling. 2te Aufl. in 1 Band. (Der sämmtl. Schriften 47r Bd.) 8. Dresden, Arnold. 818.

Orangenblüthen. Od.: sonderbare Schicksale d. frommen Mutter Cäcilia, u. ihrer guten Tochter Babette. Ein Bildungsb. f. gute Mädchen. Als Gegenstück zu dem neuest. Werkchen d. ꝛc. Chrstph. Schmidt: Hopfenblüthen. Vom Verf. d. „tugendhaft. Mädchen" ꝛc (Frz. Wimmer.) gr. 12. (6 B. u. Titkpfr.) Wien 833, Wimmer

Orangenblüthen. Oder: Sonderbare Schicksale der frommen Mutter Cäcilia u. ihrer guten Tochter Babette. Ein Bildungsbuch für gute Mädchen. Als Gegenstück zu dem neuesten Werkchen Chr. Schmidt's in Augsburg: Hopfenblüthen. (Mit Titelkpfr.) gr. 12. Wien 833. Wimmer. 7 gr — 2e verb. Aufl. Mit Titelkpfr. gr. 12. Ebd. 837. 1/3 ß

Orangerie-Gärtner, der vollkommne, s. Sickler.

Orange-Roman-Bücherei. Bd 1. Berlin: Arens [1910]. 8° [illegible]

Orange Sonntagsblatt : 1882 1901›

Weekly. Dated at Orange Valley 1883 85. Circulation 1890, 500; 1900, 500. Published by A. Kohler

Orange, NJ

Orange Volksbote See GANAP vol 1 **Orange, NJ**

Published by Darnstadt and Erdmann

AnS 1 11 Dec 14 1872 GyHB Jg 2 no 101 Sept 5 1874

Orange Volksbote Oct 5, 1872 1914›

Weekly 1872 79; semi-weekly 1880; weekly 1891 91; semi-weekly 1892 95; weekly 1896 1914. Anti Prohibition. Independent Democratic 1881 89; Democratic 1890 –1910; Independent Republican 1911 14. Circulation 1875, 463; 1880, 450; 1890, 450; 1900, 800; 1910, 700. Edited & published by Ludwig Darmstädt & August Erdmann, 1872- 76; by August Erdmann, 1877 89; by Charles Erdmann 1890- 91; by F. Temme 1892 96; edited by F. Temme & published by F. C. Temme 1897 1910; edited & published by John F. Kern, 1911 –14

Orange, NJ

Orang-Outang, Der, in Europa oder der Pohle nach seiner Beschaffenheit; eine methodische Schrift, welche im Jahr 1779 einen Preis in der Naturgeschichte davongetragen hat. Californien [= Berlin] 1780. V: *Benkowitz, Carl Friedrich.* (BGE VI², 227)

Orang-Utang, der. Eine Reise-Erinnerung, s. Novellen-Sammlung.

Orang-Utang

Der Orang-Utang. Reise-Erinnerung. Aus den Papieren eines Amerikaners. Berlin 1855.

In: Fata Morgana. Bd 5.

Orang-Utang genannt Bessl. (Eigenthümer J. G. Stieglitz.) Art. Anstalt von Reiffenstein und Rösch in Wien. (H. 7'', B. 4''.)

1857.

Oranje-Freistaat [Schlagwort]

Oranje-Freistaat, s.: Afrika, Führer, Horrich, A. Kaart.

Oranje-Freistaat, ehem., s.: Afrika. Herrich. Karte. Körner. — Kriegsschauplatzkarten.

Oranienbaum [Schlagwort]

Oranienbaum. Plan der Stadt Oranienbaum. 1:7,150. 17,5×23,5 cm. Farbdr. Dessau (904). W. Claass. — 20

Oranienburg [Schlagwort]

– s.a. Berlin Karte.

– s.a. Mark.

– s.a. Preussen Messtischblätter

– s.a. Wanderkarten.

Oranienburg, s.a. Deutschland. Kürschner-Peip.

Oranienburg. Strassen-Plan der Stadt Oranienburg, der Obstbau-Kolonie „Eden" u. d. Villen-Kolonie Lehnitz. (Auf Grund amtl. Materials m. Unterstützg. der einschläg. Behörden.) Entworfen im Vermessungsbüro Felix Richter. 1:7750. 52×58 cm. Farbdr. Oranienburg (909). W. Möller. 1. —

Oranienburg. Straube, Jul., Spezialkarte der Umgegend v. Oranienburg, Birkenwerder, Lehnitz, Velten, Kremmen. 1:60,000. 39,5×49,5 cm. Farbdr. Berlin (905). J. Straube. n. — 75

— Straube, Jul., Spezialkarte d. Umgegend v. Oranienburg. (Umschlag: Oranienburg, Birkenwerder, Lehnitz-See.) Entw. u. gez. 1:60,000. 39,5×49,5 cm. Farbdr. Berlin (910). J. Straube. — 75

Oranje-Vrijstaat [Schlagwort]

Oranje-Vrijstaat, s.: Afrika. Kaart.

Oranje-Vrijstaat, s.: Transvaal.

Oranski, B. J. L., Wspomnienia włoch i szwajcaryi. Dzieło posmiertne wydane przez S. Chuchrowskiego. 2 Tomy. gr.8. Poznan 843. (Leipz., Brockh. u. Avenarius.) n. 1²/₃ ℳ

Oransz, M., Distanzkarte von Bosnien und Hercegovina.
24 × 27 *cm* K .20
Wien: Steckler 1903.

Oransz, M., Grado u. seine Heilkräfte, nebst Anleitg. zum Kurgebrauch. Für Arzt u. Laien zusammengefasst. (IV, 74 S.) schmal kl. 8. Triest 905. (F. H. Schimpff.) n. 1. 50

ORANSZ, M.
Nieder-Oesterreich. 200 Tourenbeschreibungen für Radfahrer und Automobilisten, zusammengestellt und bearbeitet im Auftrage des Ö[sterreichischen] T[ouring] C[lubs.] 1. Auflage von Dr. M. Oransz. Wien. 1900. In Comm. R. Lechner (Wilh. Müller.) 8°. Jedes Blatt K —.10

Die ersten 94 Tourenbeschreibungen sind unter dem Titel „Wien und seine Umgebung" erschienen.

Oransz, M., Nieder-Oesterreich. 200 Tourenbeschreibgn. f. Radfahrer u. Automobilisten, zusammengestellt u. bearb. im Auftrage des Ö. T. C. Tour 95—127, 128/129, 130—135, 136/137, 138, 138a, 139a u. b, 140a u. b, 141, 141¹, 142, 143a u. b, 144a, b u. c, 145, 146, 146¹, 147—153, 153a, 153¹, 154, 162, 166, 167, 171, 176, 180, 184—188, 198, 199 u. 200. 4. (66 Blatt.) Wien 899. 900. (R. Lechner's Sort.) Gebrochen in gr. 8. jedes Bl. n. — 10

— dasselbe. Verzeichniss der Touren Nr. 91—200. 4. (2 Bl.) Ebd. 899. 900. Gebrochen in gr. 8. n.n. — 20

— Ober-Oesterreich u. Salzburg m. den anliegenden Gebieten v. Bayern, Böhmen, Steiermark u. Tirol f. Radfahrer u. Automobilisten, zusammengestellt u. bearb. im Auftrage des Ö. T. C. Tour 201, 203, 219, 220, 224, 228, 228a, 230, 230a, 248/249, 251, 253, 253a, 254, 257, 257a, 257b, 289 u. 290. 4. (65 Blatt.) Ebd. (899—901). Gebrochen in gr. 8. à Bl. n. — 10

— dasselbe. Verzeichniss der 90 Tourenbeschreibgn., sowie Erklärg. der Zeichen u. Abkürzgn. 4. (1 Bl.) Ebd. 899. 900. Gebrochen in gr. 8. n. — 10

— auf dem Rade durch Kroatien, Dalmatien, die Herzegowina u. Bosnien. Führer f. Radfahrer u. Automobilisten. Mit 2 Radfahrerkarten, 53 Strassenprofilen, 139 Illustr. u. e. Situationsplan der Plitvicer Seen. (VI, 280 S.) gr. 8. Wien 903. (L. Steckler.) Geb. in Leinw. n. 5. —

— 82 Strassenzüge des Wiener Polizei-Rayons. Hrsg. v. österr. Touring-Club. 8. (5 S.) Ebd. 899. n.n. — 16

— Wien u. seine Umgebung, s.a. Tourenblätter des österreich. Touring-Club.

ORANSZ, M.
Wien und seine Umgebung. Zusammengestellt und ausgearbeitet im Auftrage des Oe[sterreichischen]. T[ouring]. C[lubs]. in 93 Touren von Dr. M. Oransz. Wien. 1899. In Comm. R. Lechner (Wilh. Müller). Gr.-8°. Jedes Blatt fl. —.05

Blatt 1 enthält das Verzeichnis der vorhandenen Touren und die Erklärung der Zeichen und Abkürzungen. Jede Tour bildet ein oder mehrere Blätter.

Orario svizzero, s.: Eisenbahn-Kursbuch, schweizerisches, „Krüsi".

Orate! Katholisches Gebetbuch f. den gemeinsamen Gottesdienst u. die Privaterbauung. 16. (XVI, 533 S. mit 1 Stahlst.) Freiburg i/Br. 880. Herder. 1. 80

— **et Cantate!** Katholisches Gebet- u. Gesang-Buch. Hrsg. von einem kathol. Pfarrer. 16. (XVI, 533 u. IV, 159 S. mit 1 Stahlst. u. farb. lith. Titel.) Ebend. 880. 2. 50; Melodienbüchlein dazu (IV, 104 S.) 1. —

Orate fratres! Libellus precum in usum iuventutis litterarum studiosae. gr. 16. (492 S. m. Titelbild.) Kempten 901. J. Kösel. 2. —; geb. in Ldr. n. 3. 20

l'Orateur, moderne. Eine Sammlung der besseren französischen Parlamentsreden zur Privatlektüre u. für höhere Bildungsanstalten herausgeg. von L. Schipper. 1. Hft. Guizot. — Montalembert. 8. (VI u. 100 S.) Münster 849, Regensberg. n. 6 ngr

Oratio academica Mosen primum libertatis de publicis rebus . . . assertorem religiosissimum sistens. Heid. 1816. V: *Paulus, Heinrich Eberhard Gottlieb.* (MGT)

Oratio academica de rationalismo theologiae catholicae. Vindob. 1820. V: *Ziegler, Gregor Thom.* (Schmal) »theologico« (Th)

—— academica de rationalismo theolog. cathol., evangel. et reformatae ecclesiis pariter adversante, non nisi una, divinitus constituta credendi regula eliminando habita Vindob. pridie nonas Nov. 1817. (Auct. G. Th. Ziegler.) Edit. III. 8 maj. (2¾ B.) Viennae 822, Mechitar.-Congregat.-Buchh.

Oratio in aug. de nobilissimo scientarum genere, ut maxime arduo, ita inprimis populari. Erlangae [1768]. V: *Kraft, Johann Georg.* (ML)

Oratio de Caesaribus Germanicis ... qui Norimbergensem civitatem Imperii liberam fecerunt ... Norimb. 1742. V: *Röder, Johann Paul.* (ML) (will)

Oratio de caussis neglecti aliquamdiu in academia Jenensi studii philologici cum brevi annotatione historica. Jenae 1826. V: *Eichstädt, Heinrich Carl Abraham.* (Erman & Horn, Bibliogr. d. dtsch. Universitäten. Leipz. u. Berl. 1904.)

Oratio ad bonos et cordatos Rei publicae cives. S. l. 1703. V: *Hermelin, Olaus.* (R-N)

Oratio de Sanctissimae Virginis intaminato conceptu ... Tyrnaviae 1752. V: *Ivansics, Joh.* »Viennae 1760.« V: *Mitterpacher von Mitternburg, Ludwig.* »1762.« V: *Zachar, Andr.* »1763.« V: *Takacs, Martin.* (Jes) »1756.« V: *Bernolak, Andr.* (Jes) (Pk)

Oratio ante confessionem nebst oratio post administrationem sacramentorum. 32. (2 S.) Donauwörth 876. Buchh. d. kathol. Erziehungsvereins. n.n. — 5; in 4. zum Aufkleben n. — 10

Oratio ante confessionem etc. 16 (2 S.) Donauwörth 890. Auer. 100 Stück n. 1. —

Oratio de primis Suevorum Caesaribus Conrado III et Friderico I., qui Civitatem Norimbergensem ornarunt et amplificarunt. Norimb. 1741. V: *Röder, Johann Paul.* (ML) (will)

Oratio pro concione pvblice dicta qva Nassoviae, laetissimo natalis avgvstae principis Friedericae Lovisae Gvilielminae nvncio recreatae ... gratulatus est. Herbornae 1771. V: *Fuchs, Joh. Frdr.* (Linde, Nassauer Drucke. Wiesbaden 1882.)

Orationis dominicae versiones fere centum. 8. Lips. 741.

Oratio dominica in CCL linguas versa et CLXXX characterum formis vel nostratibus vel peregrinis expressa curante **Petro Marietti**, equite, typographo pontificio. Romae 870. (Leipzig, Brockhaus' Sort.) 4. (XXVII, 328 S. mit 1 Photogr.) In engl. Einb. n. 16 *ℛ* 20 *ngr.*

Oratio Dominica Polyglotta singular. linguar. characteribus expressa et delineationibus Alb. Düreri cincta. Ed. a Franz. Xav. Stoeger. E Lithographia J. B. Dreselly. ½ Fol. (45 Blätt. mit farb. gedr. Randverzierungen.) Monachii 839, (Literar.-artist. Anstalt.) •

De felicitate ab eruditione in rempublicam derivanda Oratio, Natali Friderici II Porussorum Regis, dicta in aula universitatis Vratislaviensi a Josepho Grolmus instituti liter. Reg. Presbytero, in ead universitate Philos. doctore, Paedagogiae et class. aesthet. Professore. 1783. fol.

Oratio funebris Carolo VI. Imp. dicta. Friburgi Brisg. 1741. V: *Fitterer, Joseph.* (AarK)

Oratio, In funere Eugenii Francisci Sabaudiae principis. Viennae 1738. V: *Passionei, Domenico.* (EB)

Oratio gratulatoria Josepho e Comitibus a Trautson, Archiepiscopo Viennensi ... Viennae 1751. V: *Pohl, Joseph.* (Jes)

Oratio gratulatoria qua anno 1756 ... Josepho Presb. Card. a Trauthson ... gratulata est Provincia Austriae Societatis Jesu. Viennae 1756. V: *Friz, Andreas.* (Jes)

Oratio de Caesare Augustissimo Henrico VI., tertio Suevorum Imperatore ... Norimb. 1743. V: *Röder, Johann Paul.* (ML) (will)

Oratio, de historia juris Silesiaci. Lipsiae 1736. V: *Schröder von Sternberg.* (Co)

Oratio de S. Joanne Evangelista ... Viennae 1732. V: *Lewenberg, Weichard.* (Jes)

Oratio de insignioribus quibusdam Sacrorum iuribus ... S. l. [1778]. V: *Schmid, Hieronymus Wilhelm.* (will)

Oratio in laudem St. Catharinae V. et M. Viennae 1759. V: *Scobel, Franz Xaver.* (Jes)

Oratio de Germaniae togatae laudibus. Norimb. 1737. V: *Röder, Johann Paul.* (ML)

Oratio de S. Leopoldo Marchione Austriae. Viennae 1759. V: *Schier, Xystus.* (Schier, Reginae Hungariae Primae Stirpis. Viennae 1776. S. 11.)

Oratio pro Leopoldo II rom. imp. aug. . . . ab hungaris proceribus et nobilibis . . . 1792 elucubrata. Germania 1792. V: *Martinovics, Georg.* (PK) *Lacskovics, Joh.* (SZMJ)

Oratio de limitibus rationis in interpretanda Scriptura facta. Erlangae 1743. V: *Pfeiffer, Joachim Ehrenfried.* (ML)

Oratio coram M. Theresia Augusta in Festo S. Theresiae nomine Collegii Theresiani dicta . . . Viennae 1760. V: *Geiger, Matthias.* (JES)

Oratio, De Reformationis in literas humaniores meritis. Stuttg. 1817. V: *Klaiber.* (Leipz. Litt.-Ztg. 1818. Nr. 39.)

In natalem Friderici II Porussorum regis oratio, habita in Gymnasio Oppoliensi 1779. Vratislav. 4.

Natali Friderici II Porussorum regis Oratio, dicta coram Senatu, Civibusque Universitatis Vratislaviensis ab Antonio Goch, philosophiae doctore, instituti litterarii Regii Membro, Aestheticae atque Paedagogiae Professore. Vratislaviae typis Universitatis 1777. fol. 8 Bl.

Oratio nataliciis quadragesimis tertiis Friderici Guilelmi III celebrandis . . . habita . . . Berol. 1812. V: *Boeckh, August.* (Hitzig)

Oratio natalitatis 43. Friedr. Guilelmi III. Regis Borussiorum. 4. Berol. Dümmler. 813.

Oratio natalitiis XLIX. Friderici Guilelmi III. celebrandis auctoritate universitatis literarum Berolinensis habita. Berolini 1818. V: *Boeckh, Aug.* (Verlagskat. G. Reimer-Berlin. 1895.)

Oratio in obitum Joa. Chrn. Schaeferi . . . Onoldi 1829. V: *Bomhard, Chn Frdr. v.* (Cat. d. Stadtbibl. Zürich. Zürich 1864—97.)

Oratio de officio boni ludimagistri. S. l. [17??]. V: *Hamerich, Heinrich.* (JÖCH)

Oratio in sollemnibus parentalibus Friderico Guilelmo III. . . . 1840 habita. Berol. 1840. V: *Böckh, August.* (KONER)

Oratio de Principe bene educato, omnis felicitatis publicae fonte. [Altorfi 1763.] V: *Schwarz, Georg Christoph.* (ML)

Oratio ad proceres et nobiles regni Hungariae 1790 idibus Aprilis conscripta et Vindobonae supress. u. nunc primum in lucem prodit. 4°. V: *Martinovics, Gg.* (PK 2/682) (PETZEK S. 137 verboten) (BIBLPORT)

Oratio qua Cel. . . . Princ. Leopoldo Ernesto e Com. et Dominis de Firmian . . . gratulatum est Collegium Societatis Jesu Passavii. Passavii 1763. V: *Friz, Andreas.* (JES)

Oratio qua Mariae Theresiae Augustae propensa in Juventutem Voluntas extollitur concinnata a Perillustri Adolescente B** in Collegio Regio Theresiano Rhetorices Alumno. Vindobonae 1765. V: *Brunswick, Joseph Graf.* (WRDIAR 1765, Nr. 79) (SZINNYEI 1/1361) (BIBLPORT)

Oratio, quae augustissimi et potentissimi principis Joachimi . . . autocratis Montium . . . et augustissimae coniugis Carolinae . . . parentum patriae, natalitia . . . celebravit Academia Duisburgensis. Duisb. 1807. V: *Krummacher.* (Erman & Horn, Bibliogr. d. dtsch. Universitäten. 2. Leipz. u. Berl. 1904.)

Oratio pro rege diebus dominicis et festis finito sacro officio ad pedes altaris cantanda. 8. (1 Bl.) Kempten 886. Kösel. — 3; auf Pappe n. — 10

Oratio pro Rege diebus dominicis et festis finito sacro officio ad pedes altaris cantanda. 8. (1 Bl.) Nördlingen 895. Th. Reischle. — 03; auf Pappe — 10

— dasselbe. gr. 8. (1 Bl. auf Pappe.) Würzburg 895. A. Göbel. n. — 20

Oratio ad concelebranda tertia Augustanae Confessionis saecularia, habita in Gymnasio Utopiensi ab amico literarum et rationis humanae. 4maj. Ansb. 830. Dollfuss. 4 gr

Oratio de severitate disciplinae Portensis . . . S. l. 1821. V: *Lange, Adolf Glieb.* (MGT)

Oratio in Friderici Augusti, Regis Augustissimi sollemnibus regni semisaecularibus ... Lips. 1818. V: *Hermann, Johann Gottfried Jacob.* (MGT)

— de vita rev. viri dom. Joannis Bugenhagii Pomerani, theol. doct. et pastori ecclesiae Witeberg. etc., mit ergänz. und erläut. Anmerkungen von Otto Dickmann. gr. 4. (24 S.) Berlin 879, (Bohne.) *

Orationes ante et post celebrationem missae. Treviris (855.) Lintz. (1 Bgn. in Fol.) n. 15 ngr.

Orationes dicendae, cum sacerdos induitur sacerdotalibus paramentis. 1 Bl. 8. Augsburg 877, Kranzfelder'sche Buchh. *

Orationes dicendae cum sacerdos induitur sacerdotalibus paramentis. gr. 8. (1 Bl. auf Pappe.) Ebd. 895. — 25

Orationes dictae, cum Franc. Comes Széchenyi supr. Comes I. Comitatui Simehgiensi auctoritate Regia praeficeretur per Commissarium Josephum Com. Csaky. Viennae 1798. V: *Széchenyi, Franz Graf.* (PK 2/936) (széchényi 127) (WBL 41/249) (BIBLPORT)

Orationum funebrium in memor. viror. eruditor. coll. 8. Lips. Weidmann. 737.

— funebres Thucydidis, Platonis et Lysiae; Aeschinis in Ctesiphontem et Demosthenis pro Corona orationes. 8. Kopenh. 809. (Leipz., Cnobloch). 1 ℔

Orationes occasione solemnis installationis Excellentissimi, Illustrissimi ac Reverendssimi Domini Domini Alexandri Comitis a Sterca - Siulutiu Dei et Apost. Sedis gratia per M. Transilv. Principatum partesque eidem adnexas Episcopi Fogarasensis, Incl. C. R. Ordinis Leopoldini Commendatoris etc. etc. in Archiepiscopum Metropolitam græci ritus Catholicorum Alba - Juliensem in Ecclesia Metropolitana Blasiensi die 28. Octobris 1855 habitæ. Blasii, 1856. Tipis Seminarii Dioecesani. (30 S. 4.)

— latinae e doctiss. eorumque eloquentiss. virorum saeculo XVI—XIX. florentium scriptis selectae et juvent. literar. studiosae propos. a G. H. Saalfrank. II Voll. 8maj Ratisb. 822. (Erl., Heyder). 1 ℔ 16 gr

— latine virorum recentior. aetatis dissertisimor, s., A. Baumstark.

Orationes ante et post missam una cum accessu et recessu altaris collectae et usui celebrantium, imprimis neopresbyterorum accommodatae. 32. (88 S.) Wisensteigii 851, Schmid. 6 ngr; geb. m. Goldschn. u. in Futteral 11 ngr

Orationes novem problematicae variae materiae. Graecii 1711. V: *Panigalli, Ludwig.* (JES)

— panegyricae P. P. Gallorum S. I. II Pts. 12. Augsb. I. Wolf. 721.

Orationes procerum Europae eorumq. ministrorum ac legatorum, ut et virorum celeberrimorum ab aliquot saeculis habitae. Ed. J. C. Lünig. Lips. 713. 3 Part. 8. 1 rthl. 12 gr.

— sacrae et mixtae patrum soc. I. 8. Colon. Rommerskirchen. 713.

— sacrae et miscellae Patrum Soc. Jesu novissime e variis selectae per aliquem ejusdem Soc. Edit. II. cum accessione indicis rerum copiosissimi. 8. Cöln 769. Rommerskirchen. 12 gr

Orationes in Henr. Car. Abr. Eichstadii sacris die XXIV. m. Febr. a. MDCCCXXXIX publice celebratis in aula Academiae Jenensis habitae. Auctoritate academici senatus edidit Ferd. Handius. 4 maj. Jenae 839. Bran. $1/3$ ℔

Orationum scholasticarum atque academicar. Dorpati habitarum, cum Programmate, fasciculus, quem e germana in latinam linguam transtulit. ediditque S. Malmgren. 8maj. Dorpati Livon. 834. (Frantzen.) n. $1^1/3$ ℔

Orationes selectae ex auctoribus classicis (Ed. F. N. Steinacher). Wirceb. 788. 8. 10 gr.

Orationes sel. ex auctorib. classicis, in us. stud. juvent. 8. Würzb. 788. (Stahel) 10 gr (Wesché in Frankf.) 12 gr

Orationes selectae ex Auctoribus classicis. 8. Würzburg. 788. Jetzt Göbhardt in Bamb. u. d. Preis

— sel. Demosthenis pro corona Aeschinis in Ctesyph. per E. C. F. Wunderlich. 8. Gött. Dietrich. 810.

— sel. graecae Demosthenis pro corona, Aeschinis in Ctesiphontem, ex recens. Reiske, in us. scholar. 8. Gotha, Ettinger. 778.

Orationes ex Sallusti, Livi, Curti, Taciti libris selectae. In usum gymnasiorum ed. P. Vogel. gr. 8. (IV, 205 S.) Leipzig 887. Teubner. 2. 40

— select. claror. Valentinorum. 8. Lausanne 767. Pott u. C. 8 gr

— clarissimorum virorum selectae. Ed. Kappius. Lips. 722. 3 Tom. 8. 1 rthlr. 4 gr.

— sel. clarissimor. Viror. 8. Lips. Martini. 722.

Orator marianus seu orationes in festa B. V. Mariae et Dominicas per annum. 4. Augsb. I. Wolf.

Orator, the modern. Eine Sammlung der besseren englischen Parlamentsreden zur Privatlektüre u. für höhere Bildungsanstalten hrsg. von L. Schipper. 1. Hft. Chatam [Pitt]. 8. (IV u. 63 S.) Münster 849, Regensberg. n. $1/6$ ℔

Oratores Attici, ex recens. J. M. Bekkeri. V Voll. 8maj. Berl. 823 u. 24. Reimer. (Weidmann in Leipz.) 12 ℔ 8 gr Vel. Pap. 20 ℔

Oratorum Atticorum orationes selectae XXXII. Tom. I. II. 8maj. Monachii 840. (Ratisbonae, Manz.) à * $^{7}/_{12}$ Thlr. *

E. s. t.:

Tom. I. Orator. Attic. orat. sel. XII. Andocidis de pace. Lysiae orat. funebris. Advers. Eratosthenem. Adv. Agoratum. Isocratis Panegyricus. Philippus. Areopagiticus. De Pace. Eragoras. De Permutatione. Lycurgi adv. Leocratem. Aeschinis adv. Ctesiphontem. (...)

II. Orator. Attic. orat. sel. XX. Demosthenis Olynthiacae I. II. III Adv. Philippum I. De Pace. Adv. Philipp. II. De Halonneso. De Chersoneso. Adv. Phil. III. IV. De Rhodiorum libertate. Pro Megalopolitis. De Corona. Adv Septinem. Adv. Aphobum I. II. III. Adv. Onetorem I. II. ($28^{1}/_{4}$ B.)

Oratores Attici. Recognoverunt, adnotationes crit. addiderunt, fragmenta collegerunt, onomasticon composuerunt Io. Geo. Baiterus et Herm. Sauppius. Fasc. I—V. 4maj. Turici, Hoehr. *

Fasc. I. Antiphon. Andocides. Lysias. (19 B.) 839. Mit Pränum. auf d. Schlussheft * 2 Thlr. 8 Gr.
- II. Isocrates. (23 B.) 839. * 1 Thlr. 12 Gr.
- III. Isaeus. Lycurgus. Aeschines. Dinarchus. ($22^{1}/_{2}$ B.) 840. * 1 Thlr. 12 Gr.
- IV. Demosthenis oration. I—XXI. ($23^{1}/_{2}$ B.) 841. * 1 Thlr. 16 Gr.
- V. Demosthenis oration. XXII—XLIV. ($19^{3}/_{4}$ B.) 842. * 1 Thlr. 8 Gr.

—— id. — Recogn. Jo. Geo. Baiterus et Herm. Sauppius. Ps. I—VIII. Vol. I—IV. 16. Turici, Hoehr.

E. s. t.:

Ps. I. Andocides. (5 B.) 838. 6 Gr.
- II. Antiphon. ($5^{1}/_{2}$ B.) 838. 6 Gr.
- III. Lysias. ($15^{3}/_{4}$ B.) 838. 15 Gr.
- IV. Isocrates. II Vol. ($32^{3}/_{4}$ B.) 839. 1 Thlr. 6 Gr.
- V. Isaeus. ($9^{1}/_{2}$ B.) 840. 9 Gr.
- VI. Lycurgus et Dinarchus. Access. lectiones cod. Dinarchi Oxoniensis. ($7^{1}/_{8}$ B.) 840. 8 Gr.
- VII. Aeschines. Access. lectiones cod. Helmstadiensis. (16 B.) 840. 16 Gr.
- VIII. Demosthenes. Vol. I—IV. [I. ($12^{1}/_{4}$ B.) 841., II. ($12^{3}/_{4}$ B.), III. ($13^{1}/_{2}$ B.), IV. Access. C. H. Funkhaenelii symb. crit. (14 B.) 842. à 12 Gr.] 2 Thlr.

Oratores Attici. Recensuerunt, adnotaverunt, scholia, fragmenta, indicem nominum addiderunt Jo. Geo. Baiterus et Herm. Sauppius. Fasc. VI. et VII. 4maj. Turici, Hoehr. à n.

Fasc. VI. Demosthenis orationes XLV. et quae sequuntur, prooemia, epistolae. Scholia Isocratea et Aeschinea. ($20^{1}/_{2}$ B.) 844.
VII. Scholia in Aeschinem et Demosthenem. Fragmenta Gorgiae Antiphontis, Phocacis etc (20 B.) 846.

Fasc I—V. Ibid. 1839—42. * 8 Thlr. 10 Ngr.

—— id. — Recognoverunt Jo. Geo. Baiterus et Herm. Sauppius. Pars VIII. — Et. s. tit.: Demosthenes. Vol. V. et VI. gr. 16. Turici 843, Höhr. [V. ($14^{3}/_{4}$ B.) VI. ($16^{3}/_{4}$ B.) à 15 Ngr]

Pars I—VII. et Pars VIII. Vol. I—IV. Ibid. 1838—42. 5 Thlr. $22^{1}/_{2}$ Ngr.

Oratores Attici. Recensuerunt adnotav. scholia fragmenta indicem nominum addid. Jo. Geo. Baiterus et Herm. Sauppius. Fasc. VIII et IX. gr. 4. (2. Bd. XIV S., S. 193—355 u. Index 176 S.) Turici 848. 50, Höhr. VIII; n. 2 ₰ IX: gratis. (I—IX: n. 13 ₰)

—— Attici, Antiphon, Andocides, Lysias, Isocrates, Isaeus, Lycurgus, Aeschines, Dinarchus, Declamationes Gorgiae et aliorum. Graece cum translat. reficta a Car. Mullero. Accedunt scholia, Ulpiani commentarii in Demosthenem, et index nominum et rerum absolutissimus. Vol. I. 8maj. (II und 320 S.) Parisiis 847, Didot fratres. *

Oratores Attici Lycurgus, Aeschines, Hyperides, Dinarchus, Gorgiae Lesbonactis, Herodis, Alcidamantis declamationes. Fragmenta oratorum Atticorum Gorgiae Leontini, Antiphontis, Lysiae, Isocratis, Isaei, Lycurgi, Hyperidis, Dinarchi, Demadis, aliorumque sexaginta graece cum translatione reficta a Car. Müllero. Acced. scholia in orationes Isocratis, Aeschinis, Demosthenis et index nominum et rerum absolutissimus quem collegit J. Hunziker. Vol. II. Parisiis 858. Didot. Lex.-8. (2 Bl., 831 S.) n. 4 ₰.

Vol. I. Ebend. 847. n. 2 ₰.

Oratorum Graecorum monumenta cum alior. suisq. anim. ed. J. J. Reiskius. Lips. 770-75 12 Vol. 8 36 rthl. (Vol. I. II. Demosthenes III IV. Aeschines, Dinarchus, Lycurgus, Demades et Andocides. V. VI. Lysias cum Taylori, Marklandi et Reiskii annotatt. VII. Isaeus et Antiphon. VIII. Lesbonax, Herodes Atticus, Antisthenes, Alcidamas et Gorgias. Acc. accessiones ad Vol. IV et VIII. Taylori prolegomena ad Demosthenem, Gregorii Corinthii commentar. ad Hermogenem περὶ μεθόδου δεινότητος, et Ruhnkenii historia critica orator. Graecor. IX - XII. Apparatus critici ad Demosthenem cum Indicibus.

Oratorum graecorum, quae supers., monumenta ed. Reiske. XII Voll. 8maj. Leipz. 770. (Barth). 36 ₰ Schrbp. 45 ₰ jetziger erhöhter Pr. 125 ₰ (Einzeln, s. Demosthenes II Voll. — Aeschines II Voll. — Lysias II Voll. — Isaeus et Antiphon. — Lesbonax. — Apparatus ad Demosthenem IV Voll.)

—— Romanorum fragmenta ab Appio inde Caeco usque ad Q. Aurelium Symmachum. Collegit atque illustr. Henr. Meyerus. Edit. Parisina auctior et emend. cur. Frid. Dübner. Access. Frid. Ellendt historia eloquentiae Romanae usque ad Caesares primis lineis adumbrata. Lex.-8. (26 B.) Parisiis 837. (Lipsiae, Michelsen.) *

Grosses *Oratorium* in 3 Abthlgn. mit ein Darstellungen aus d. Leben u. Leiden Jesu Christi, aufgef. in dem königl. Theater am Isarthor d. 2 3. u. 4. April. München 1814. Gedr. bey Jos. Zängl. Kl. 8°. Cart.

24 S. Nur der Text (in Versen). Selten!

Oratorium zum Säcularfeste der Loge Balduin zur Linde. »Macht euch auf und werdet Licht. Von O. M. Leipzig, am 22. Mai 1876. [Leipzig 1876.] V: *Marbach, Osw.* (TT 2525) (Wolfstieg I, 583)

Oratorium und Serenata bey Anlass des am 29. Aug. 1737 von dem Collegio der Herrn Bürger-Capitaines der Stadt Hamburg begangenen Ehren- und Freuden-Mahls. Hamburg 1737. V: *Zimmermann, Joh. Joach. Daniel.* (Cat. d. Stadtbibl. Zürich. Zürich 1864—97.)

Oratorium und Serenate zur diesmaligen Feier des jährlichen Ehrenmales ... der Herren Bürger-Capitains der Stadt Hamburg ... Hamb. 1780. V: *Alers, Chn Wilhelm.* (Schr) »1792« V: *Gericke, Joh. Ludwig.* (Schr) (GGr)

Orazione funebre in Lode di L. Ricci ultimo generale della Compagnia di Gesù ... [Breslau?] 1776. Ü: *Stratico, Giov. Domen.* (BrMm)

Orazione funebre in lode di Gervan Swieten. Wien 1772. V: *Wurz, Ignaz.* Ü: *Schauer, Alois.* (WBL 29/126) (BiblPort)

Orazione in morte di Eug. francesco Princ. di Savoja. lat. e ital. 4. maj. Vien. Gerold. 738.

Orb [Schlagwort]

Orb, Bad, s.: Deutschland. Karte (Abt. Preussen).

Orb [Verfasser]

Orb, Michael [app. Arzt aus Gelnhausen]: Zur Casuistik der Actinomycose ... *Berlin, Nauck'sche Buchdr., 1892;* 16 S. 8.
Erlangen, Med. Fak., Inaug.-Diss. v. 3. Juni 1892

Orb, Wolfgang [aus Königstein an d. Elbe z. Z. Plauen i. V. Assistenzarzt am Stadtkrankenh.]: Ueber Blutungen trotz Kastration bei Uterusfibromen ... Marburg, Buchdr. F. Sömmering, 1893; 1 Bl., 45 S. 8.
Marburg, Med. Fak., Inaug.-Diss. v. 8. Nov. 1893

v. d. Orbach, Jul., Tufstein, Trass u. hydraul. Mörtel. Gesammelte Bemerkungen. gr. 16. (33 S.) Coblenz 849, Bädeker. 1/6 ₰

Orbach, Jul. von der, Tufstein, Trass und hydraulischer Mörtel. Gesammelte Bemerkungen. 2. Aufl. gr. 8. (28 S. mit 1 Tab. in 4.) Coblenz 862, Hölscher's Verlag. *

Orban, F. W. Literarisch-historische Skizze über Plutarchos aus Chäronea. 12 S.
Schleusingen, Progr. 1849

Orban, J. S. Andeutung einiger das Gedeihen höherer Bürgerschulen aufhaltender Hindernisse. Frankfurt a. d. O., R., 1834. 7 S. Progr.

Orban, J. S., gedrängter Umriß von Biographien, für d. vierte Klasse der höheren Bürgerschule. 2e bericht. Aufl. 8. Frankfurt a. O. 840. Hoffmann'sche Buchh. 1/8 ₰

Orbélian, Stéph., histoire de la Siounie. Traduite de l'arménien par M. Brosset. 1. Livr. Histoire de la Siounie. St. Petersburg 864. (Leipzig, Voss.) gr. 4. (300 S.) nn. 2 ₰ 17 ngr.

Orbélian, Stéph., Histoire de la Siounie. Traduite de l'arménien par M. Brosset. 2. Livr. St. Petersburg, (Leipzig 866. Voss.) Imp.-4. (300 S.) n. 1 ₰ 20 ngr.

Orbig, Heinrich, a. Gießen: Verwendung elektrolytischer Amalgame zur Reduktion organischer Stoffe. Gießen 1906: v. Münchow. (50 S.) 8°
Gießen, Phil. Fak., Ref. Elbs, Diss. v. 15. Jan. 1906
Geb. 1. Aug. 81 Gießen; Wohnort: Gießen; Staatsangeh.: Hessen; Vorbildung: Realgymn. Gießen Reife O. 00; Studium: Gießen 9 S.; Rig. 3. März 05.]

d'Orbigny, Cheval. Alcide D., Voyage dans l'Amérique méridionale (le Brésil, la république orientale de l'Uruguay, la Patagonie, la républ. Argentine, la républ. du Chili, la républ. du Perou, la républ. de Bolivia), exécuté dans le cours des années 1826—1833. Publié sous les auspices de M. Guizot, Ministre de l'Industrie publique. VII Vol. et 1 Atlas. Livr. I.—XXXIX. Imp.-4. Paris et Strasbourg 834—39. Levrault. à Livr. n. 3 1/12 ₰

d'Orbigny, Alc., voyage dans l'Amérique mérid. dans le cours des années 1826 à 1833. Livr. 40 à 52, avec planches. in-4. Strassb. 840—41, Levrault. à n. 3 1/2 ₰

— dass. deutsch, s. Reise, malerische, nach Süd- u. Nordamerika.

d'Orbigny, C., u. A. **Gente,** die Geologie in ihrer Anwendung auf Künste, Gewerbe u. Ackerbau. Nebst einem Tableau (in Stahlst. u. gr. Fol.), die geschichteten Gesteine u. ihre charakterist. Versteinerungen in chronolog. Ordnung darstellend, u. begleitet von einer alphabet. Erklärung der in dem Werke gebrauchten wissenschaftl. Ausdrücke. Nach d. Franz. deutsch bearb. von Carl Hartmann. Mit 10 in den Text eingedr. Figuren. gr. 8. (XII u. 404 S. m. Holzschn.) Leipzig 852, Baumgärtner. 2 1/2 ₰; das Tableau einzeln 1/2 ₰

d'Orbigny, H., Coprophagen der Ausbeute des Hrn. Prof. Dr. Yngve Sjöstedt, s.: Felsche, Carl.

Orbilius, Anthroposcopus (J. G. Fr. Franz), Versuch e. Geschichte d. Physiognomik u. der damit verbundenen Wissenschaften. Wien u. Lpz. 8°.
1784

Orbilius Empiricus, s. Episteln, pädagogische.

Orbilius Plagosus, s.: Dezemberkonferenz, die Berliner.

Orbin, J. B., s. Predigten, zwei, bei Veranlass. der Besetzung der obern Stadtpfarrei Mannheim.

Orbing, L., s. a.: Falk, Norb.

— **Meisterbuch der Erzählungen. Eine Auslese bester Erzählgn. aller Zeiten u. Völker. Mit vielen Text-Illustr. nach Gemälden alter Meister u. Zeichngn. moderner Künstler.** 20.—27. Taus. (477 S.) gr. 8. Berlin (909). Ullstein & Co. Geb. in Leinw. 3. —

Orbino, Don, oder die Schrecknisse auf Montillo. 8. Leipz. Böhme. 805.

Orbino, Don, od. die Schrecknisse auf Montilla. Eine span. Erzählung. 8. Leipz. 805. (Cnobloch). 1 ₰

Orbinski, A · Die Odessaer Abtheilung ...,
s.a. Backlund, Oskar

Die Odessaer **Abtheilung** der Nicolai-Hauptsternwarte (Verf. A. Orbinski.) *St. Petersburg 1899: Buchdr d. kais. Akad. d. Wiss.* (18 S.) 4° [oo. 43]

Orbis antiquitatum. Religions- u. kulturgeschichtl. Quellenschriften in Urtext, Umschrift u. Übersetzg. unter Mitwirkg. hervorrag. Fachgelehrter. Hrsg. v. M. Altschueler u. J. Lanz-Liebenfels. Pars I, tom. 1, vol. I; pars I, tom. 2, vol. I; pars II, tom. 1, vol I; pars II, tom. 2, vol. I. et pars III, tom. 1. gr. 8. Wien. Leipzig, Buchh. G. Fock. 105. —
I, 1 I. Bibel-Version, die syrische, Peschita im Urtext. Hrsg. v. Altschueler. Vol. I. Pentateuch. (XV, 275 S.) 908. 25. —
I, 2. I. Bibel-Versionen, die aramaeischen. (Targumim) Targum Jónatan ban 'Uzij'el u. Targum Jeruśalemij, Text, Umschrift u. Uebersetzg. hrsg. v. M. Altschueler. Vol. I: Genesis. (164 S.) 909. 25. —
II, 1. I. Bibel-Versionen, die griechischen. (Septuaginta u. Hexapla.) Hrsg., m. Anmerkgn. u. deutscher Uebersetzg. versehen v. J. Lanz-Liebenfels. Vol. I: Genesis. (15 S., Doppels. 16—172 u. S. 173—175.) 908. 15. —
II, 2. I. Bibel-Versionen, die lateinischen (Itala u. Vulgata). Hrsg., m. Anmerkgn. u. deutscher Uebersetzg. versehen v. J. Lanz-Liebenfels. Vol. I: Genesis. (15 S. u. Doppels. 16—175.) 909. 15. —
III, 1. Cod Hebr. Monac. 95. Die Pfersee-Handschrift. Hrsg. v. Mor. Altschueler. (Buchschmuck v. L. Blauensteiner.) 1. Heft. (32 Lichtdr.-Taf. m. VIII S. Text.) 908. Kart. 25. —

Orbis pictus

— — deutscher, od. d. gemalte Welt m. ill. K. 8. Nürnb. Schneider u. W. 806.

— deutscher, od. Elementarbuch z. Beförderung nützl. Kenntnisse. 2e verm. u. verb. Aufl. Mit 28 kolor. Kpfr. qu. 4. Nürnb. 816. Schneider u. W. 3 ℛ Hbg. Pr. 2 ℛ

— kleiner, oder: Bilder der Natur, des Lebens u. des Verkehrs für schaulustige u. wißbegierige Kinder. Text vom Verf. der Naturgesch. beiderlei Geschlechts, d. deutschen Jugendfreundes ꝛc. qu. 4. (Mit 16 Taf. color. Abbild.) Reutlingen 816, Fleischhauer u. Spohn. 1½ ℛ mit illustr. Titel geb. n. 2 ℛ

Orbis, Kleiner, pictus für große Kinder. Stuttg. 1831. V: *Jassoy, Daniel Ludwig*. (Mitth. Dr. G. Herzfeld-Berlin.

Orbis pictus, kleiner, f. große Kinder, in Knittelversen, v. Melchior Balthasar Regenbogen, ehemal. Schmiedmeister zu Nürnberg. Gesamm. v. sein. Vetter Caspar Hektor Lämmerschwanz, Magister d. Philos. zu Kaufbeuren, u. mit e. Vorr. hrsg. v. Verf. v. „Welt u. Zeit." 8. (23½ B.) Stuttgart 831, Metzler.

Orbis literatus, germanico-europaeus ... repraesentatus. Francof. ad M. 1737. V: *Hagelgans, Joh. Georg*. (Barbier)

Orbis pictus

— neuer englischer, (the Progress of man) od. die Geschichte d. Menschen in Bildern f. die Jugend. 2 Thle. Mit 34 ill. Kpf. gr. 8. Leipz. 810. 2e A. ... Baumgärtner. 2 ℛ

Orbis pictus, neuer Leipziger, m. ill. u. schw. K. 8. Lpz. P. Vogel. Rthlr.

— — neuer Leipziger. M. K. 8. Leipzig. Jetzt Hartmann in Riga.

— neuer Leipziger, mit 54 illum. u. schw. Kpf. 8. Leipz. 811. (Sehrig). 2 ℛ 12 gr Hbg. Pr. 1 ℛ 12 gr

— — neuer, s. Gailer, J. E.

— neuer, od. unterhaltendes u. lehrreiches Bilderbuch in 6 Sprachen f. Kinder von jedem Alter. Tab. I—XX. 8. Kopenh. 815. Schubothe. 1 ℛ 4 gr

ORBIS pictus, Neues (!), für unser philosophisches und aufgeklärtes Jahrhundert Kaklogallinien 1790. 8° 216 S. (1 fl. 20 xr. Gilhofer & Ranschburg, Wien, c. 1886, jetzt theurer!)
Fehlt in Weller's fing. Druckorten.

Orbis pictus, neuer, für die Jugend, oder Schauplatz der Natur, der Kunst u. des Menschenlebens in 322 lithogr. Abbildd. mit genauer Erklärung in deutscher, latein., franz. u. engl. Sprache nach der frühern Anlage des Comenius bearbeitet und den jetzigen Zeitbedürfnissen eingerichtet von J. E. Gailer. .. Reutligen 833. 2e Aufl. ... 3e Aufl. ... 4e, mit völlig umgearb. franz. Uebersetzung versehen u. mit Uebertragung in das Englische verm. Aufl. Lex.-Form. Ebd. 838. Mäcken jun. 3 ℛ — Geb. 3⅓ ℛ — dass. in deutscher, latein. u. franz. Spr. 3 ℛ

— neuer, f. Kinder. in 5 Sprachen. 12 Hfte. Mit Kpf. 4. Lpz. 785—90. Beer. 2 ℛ ill. 4 ℛ N. Aufl. 4. Ebd. 811. Andrä. 2 ℛ 16 gr

— — — für Kinder in 5 Sprachen, neue Aufl. 4. Leipz. Bauer. 811.

— — — in deutscher u. franz. Sprache, siehe Meynier, J. H.

— neuer, in 5 Sprachen, die erste Nahrung f. d. Verstand der Jugend. Mit color. Kpf. 12. Pirna 811. Friese. 18 gr 2e A. 3e A. 815. 4e A. Mit 22 Kpft. Ebd. 831. 20 gr

— neuer, in 5 Sprachen. Ein belehr. u. unterhaltend. Bilderbuch f. Knaben u. Mädchen v. 4—10 Jahren. Mit 300 ill. Abbildd. gr. 8. Kitzingen 832. Gundelach 1 ℛ 12 gr

— neuer, in 5 Sprachen. Mit 300 color. Abbildd. Kitzingen 832. jetzt Köpplingersche Buchh. 1½ ℛ

Orbis Pictus, neuer, in sechs Sprachen, v. Seidel. Mit 40 ill. Kpf. 16. Nürnb. 805. 6e A. 821. Campe. 2 ℛ

— neuester, oder die Welt in Bildern, (von Jos. Bermann); enthaltend: die Abbildd. von 1800 der verschiedensten Gegenstände u. deren Benennung in deutscher, franz., ital. u. engl. Sprache, 2 Hefte. qu. Fol. Wien (1832.) Bermann u. Sohn. 1⅔ ℛ

—— pictus, neuester, od. d. Welt in Bildern f. fromme Kinder. Lex.-8. (23 ill. Stnt. u. so viele Bl. Erklär. in deutsch., engl., französ. u. ital. Sprache, u. lith. Ttl.) Neuhaldensleben 838, Eyraud.

—— pictus, neuester, od. d. sichtbare Welt in Bildern, e. Universalbilderb. mit vielen Stahlst. Hrsg. v. A. B. Reichenbach. 1—24. Lfg. qu. gr. 4. (à 2 Stahlst., u. 3 halbe B. Text, Lex.-8.) Leipzig 841, 42, Baumgärtners Buchh. à *

Orbis pictus, neuester, oder die sichtbare Welt in Bildern. Ein Universalbilderbuch m. Stahlst., hrsg. v. A. B. Reichenbach. 25—52. (letzte) Lfg. gr. 4. (52 Kpfrt. u. 54⅓ B. Text in Lex.-8.) Leipzig 843—45, Baumgärtners Buchh. à Lfg. * 10 Ngr. Thlr. *
1—24. Lfg. Ebendas. 841, 42. à * 10 Ngr.

— neuester, oder Schauplatz der Natur u. Kunst. Ein Universal-Bilderlexicon mit erklär. deutschen Texte u. einer Nomenclatur in 5 Sprachen. Herausgeg. von Huld Becher u. J. C. Schneemann. (In 11 Hftn.) Lex.-8. (34 Steindrucktaf. u. Text.) Meißen 843, 45, Goedsche. compl. 2½ ℛ color. n. 3⅜ ℛ

— neuester, f. unser aufgeklärtes Jahrhund. 8. Hirschberg 790. (Kummer in Leipz.) 14 gr

— neuester, für die Jugend. Oder lehrreiche u. unterhaltende Bilderschau von Gegenständen aus der Natur, der Kunst u. dem Menschenleben, mit beigefügter Erklärung in deutscher, französ., italien. u. engl. Sprache. 24 fein ausgemalte Foliotaf. mit entsprechenden Randverzierungen nach Original-Zeichnungen von P. C. Geißler. (12 Blätter Text u. lith. Titelbl.) 2. verb. Aufl. Fol. Nürnberg 844, Zeh'sche B. geb. n. 2½ ℛ

— — neuester, in 5 Sprachen, od. lehrreiches unterhaltendes Bilderbuch f. die Jugend, mit 40 illum. K. qu. 8. Ulm, Jak. Ebner.
mit schwarzen K.

— novus juventuti instituendae et oblectandae, compl. animalium, plantarum etc. Auct. Bertuch in quat. linguis, nempe lat., gall., hung. et germ. c. color. fig. XII Voll. 4maj. Wien 805 ff. Bauer u. D. 84 ℛ

— — novus juventuti instituendae et oblectandae compl. animalium, plantarum etc. Auctore Bertuch in quat. linguis nempe lat., gall., hung. et germ. c. fig. color. VII Fasc. 4. Viennae (Eggenberger, Pest) 805—6.

Orbis pictus, s.a. Comenius.

Orbis pictus, s.a. d. kleinen Lateiner.

Orbis pictus, s.a. Lauckhard, C. F.

Orbis pictus, der,. Eine Comödie von dem Verfasser des Bajacet. 8. Hamburg, Gleditsch. 774.

Orbis pictus. Neu umgearbeitet. Leipzig 1784. H: *Lederer, Johann Georg.* (will)

Orbis pictus, neu umgearb. v. Jh. Chr. Lederer. 8. Leipz. 784. Schwickert. 12 gr Kpf. dazu, in 156 Vorstellungen z. Erklärung d. natürl. Gegenstände rc. (Deutsch u. Latein.) gr. 4. Ebd. 5 ß 12 gr Mit französ. Text v. L. H. Teucher 5 ß 12 gr N. A. mit Kpf. unter d. T.: Die gemalte Welt, oder d. kleine Lateiner, d. i. gemeinnützige Kenntnisse aus d. Natur u. Kunst rc. 8. Nürnb. u. Leipz. 790. N. A. 802. Schneider u. W. 20 gr ill. 2 ß

Orbis pictus! Natur, Leben und Verkehr in Bildern für lernbegierige Kinder. Mit deutscher, böhm., engl., französ. und italien. Nomenklatur. qu. 4. (62 S. mit 16 ill. Stnt.) Prag 862, Silber und Schenk. geb. *
Ist auch in böhmischer Sprache zu gleichem Preise erschienen.

Orbis pictus. Schatzkästlein. Internationales literar. Unternehmen des oberösterr. Lehrerhaus-Vereines in Linz a/D. Kuvert Nr. 1—10. (Je 15 Bl.) qu. kl. 8. Linz (904). Orbis Pictus-Verlag. à — 10

— für die Jugend, oder lehrreiche und unterhaltende Bilderschau von Gegenständen aus d. Natur der Kunst u. dem Menschenleben, mit beigefügter Erklärung in deutscher, franz., italien., engl. u. latein. Sprache. 24 ausgemalte Kpfrtaf. Nach Originalzeichnungen, von P. C. Geißler. Fol. Nürnberg 840. Zeh. geb. 2 1/2 ß

Orbis terrarum antiquus cum thesauro topographico, continente indices tabularum geographicarum topographicos, eosdemque creticos Auctore Christiano Theophilo Reichardo. Norimbergae sumtibus Friderici Campii 1824.

Aegyptus et Arabia petraea	1 : 2,700,000
Palaestina	1 : 700,000
Hellas, Thessalia, Epirus	1 : 1,700,000
Peloponesus et Cyclades	1 : 750,000
Asia minor, Syria Mesopotamia Armenia, Assyria	1 : 2,350,000
Thracia et Illyricum	1 : 600,000
Hispania	1 : 2,500,000
Britania	1 : 2,000,000
Gallia	1 : 2,000,000
Italia superior. Rhaetia, Noricum, Pannonia, Daciae et Illyriae partes occidentales	1 : 2,000,000
Italia inferior Sicilia, Sardinia, Corsica	1 : 800,000
Germania magna	1 : 2,800,000
Dacia orient: Sarmatia, Caucasus, Scythia int. Hemaum	1 : 5,000,000
Regiones inter Euphratem, Tygrum Indum; Indiae intra Gangem bor: Scythia ext. Imaum serica	1 : 4,500,000
India intra Gangem mer: et extra Gangem	1 : 8,000,000
Arabia et Arabicus sinus	1 : 6,000,000
Mauritania, Africa propria, Cyrenaica	1 : 3,500,000
Libya et Aethyopia.	1 : 12,500,000
Orbis terrarum veteribus notus	1 : 15,000,000

19 Bl. mit gedrucktem Index.

—— terrarum antiquus, secundum optimos auctores, tam veteres quam recentiores, in us. scholar. exaratus. Oder Wandkarte d. alten Welt in 18 aneinanderpassenden Blättern. Von F. W. Benicken. Imp.-Fol. Weimar 826—28. Landes-Indust.-Compt.

Orbis terrarum antiquus secundum optimos auctor., tam veteres quam recentiores, in usum scholarum exaratus a F. W. Benicken. III Fasc. imp.-Fol. Weimar 828, 29. Ind.-Compt. 6 ß

—— terrarum antiquus. — Schul-Atlas d. alten Welt, nach d'Anville, Mannert, Ukert, Reichard, Kruse, Wilhelm u. A. bearb. 12—15., mit e. kurz. Abriss der alten Geographie v. J. H. Möller verm. Aufl. qu. gr. 4. (à 14 Karten, wovon 13 ill., u. 1 1/2 B. Text.) 838—41., 16., verm. A. qu. 1/2 Fol. (15 ill. Kart. u. 4 B. Text.) Gotha 842, J. Perthes. à
Einzelne Karten à 1 1/2 Gr. — Der Abriss d. alt. Geographie 4 Gr.

—— terrarum antiquus. — Schul-Atlas der alten Welt nach d'Anville, Mannert, Ukert, Reichard, Kruse, Wilhelm u. A. bearb. 17., verm. Aufl. qu. gr. 4. (15 in Kpfr. gest. u. ill. Karten u. 8 Bl. Text.) Gotha 844, Just. Perthes.

Orbis terrarum antiquus. — Schul-Atlas der alten Welt. Nach d'Anville, Mannert, Ukert, Reichard, Kruse, Wilhelm u. A. bearb. 20. verm. Aufl. (m. einem Abriss d. alten Geographie.) qu. gr. 4. (15 col. u. 1 schw. Karte in Kpfrst. u. 14 S. Text.) Gotha 847, J. Perthes. — in usum scholarum ad d'Anvillii, Mannerti, Ukerti, Reichardi, Krusii, Wilhelmi aliorumque opera tabulasque depictus. Accedit brevis geographiae antiquae conspectus. Scripsit J. H. Moeller. Edit. XXI. auctior et emend. qu. Imp. 4. (15 in Kpfr. gest. u. color. Karten u. 14 S. Text.) Ebd. 848. — 23. verm. Aufl. qu. Imp. 4. (15 in Kpfr. gest. u. color. Karten u.: Kurzer Abriss der alten Geographie v. J. H. Möller. 14 S.) Ebd. 851. 1 ß

Orbis terrarum antiquus. Schul-Atlas der alten Welt nach d'Anville, Mannert, Ukert, Reichard, Kruse, Wilhelm u. A. bearb. 20—22. Aufl. 1847—50. und 23., verm. Aufl. qu. Imp.-4. (15 in Kpfr. gest. und ill. Karten und: Kurzer Abriss der alten Geographie von J. H. Möller. 14 S.) Gotha 852, J. Perthes. Thlr.

Orcagna, Andrea, Lorenzo **Monaco** u. **Masolino**, Meisterbilder, s.a. Weicher's Kunstbücher.

Die Meisterbilder von Andrea **Orcagna** ⟨1308(?)–1368⟩, Lorenzo Monaco ⟨c. 1370–1425⟩ und Masolino ⟨1384 - nach 1435⟩. Eine Auswahl von 60 Reprod. nach Photogr. d. Orig Aufnahmen, die am besten der Künstler Lebenswerk charakterisieren. Berlin Weicher 1910. 65 S. 8°
(Die Meisterbilder d. florentin. Maler Bd 2.)
(Weichers Kunstbücher Nr 37.) 10. 13194

d'Orchamps, Baronin, die Geheimnisse der Frau. Einzig autoris. Bearbeitg. u. Uebersetzg. 1.—5. Aufl. (379 S.) 8. Berlin (908). Hesperus-Verlag. 3.—; geb. 4. —

Orchansky, J., étude sur l'hérédité normale et morbide, s.: Memoires de l'académie impériale de St.-Pétersbourg.

Orchester, das. Zeitschrift für deutsche Musiker. Herausg. von C. Henning, W. Barth u. A. A. Scharff. 1. Jahrg. April—Decbr. 1849. 39 Nrn. 2. Jahrg. 1850. 52 Nrn. 4. (1/2 Bog.) Zeitz, Webel in Comm. 1849: n. 1 ß 1850: n. 1 1/3 ß

Orchester, das. Blätter f. Musiker u. Freunde der Musik. Red.: Bruno Scholze. 1. Jahrg. Oktbr.—Decbr. 1884. 6 Nrn. (B.) gr. 4. Dresden, Seeling. n — 80

— dasselbe. 2. u. 3. Jahrg. 1885 u. 1886. à 36 Nrn. (B.) gr. 4. Ebend. à Jahrg. n. 4. —

Orchester, das. Blätter f. Musiker u. Freunde der Musik 4.–6. Jahrg. 1887—1889. à 24 Nrn. (B.) gr. 4. Dresden, Seeling. à n. 4. —

Orchestermusik des XVII. Jahrhunderts. Hrsg. von Ernst v. Werra. 1. Journal du printemps von Joh. Casp. Ferd. Fischer. 2. Zodiacus von D. A. S. *Leipzig. Breitkopf & Härtel 1902.* (XVII, 148 S.) 2°(4°) = Denkmäler deutscher Tonkunst. Bd 10. (… …)

Orchideae horti botanici regii berol. 1842. [Berol. 1843?] 8°

Orchideen oder flüchtige Gedanken über hiesige Grundeigenthums- u. Capitalien-Verhältnisse abseiten eines Theoretikers, der weder Grundeigenthümer, noch Capitalist. 8. Hamburg 845, Herold. n. 6 ngr

v. **Orchoski**, Aloys, philosoph. u. literar. Abhandl. üb. die in der Richtung d. Aequators u. d. Erdaxe entstand. Veränderung, üb. die physischen Ursachen d. allgem. Umsturzes unserer Erdkugel, üb. die Gründe, aus welchen sich schließen läßt, daß ein ähnlicher Ausgang sie bedrohe, od. üb. das Ende d. Welt. 8. Cassel 826. 3e A. 829. Luckhardt 4 gr

v. Orchoski, (Al.,) philosoph. u. literar. Abhandlung üb. die in der Richtung des Aequator u. der Erdaxe entstand. Veränderung, üb. die physischen Ursachen des allgem. Umsturzes unserer Erdkugel, üb. die Gründe, aus welchem sich schließen läßt, daß ein ähnlicher Ausgang sie bedrohe, od. üb. d. Ende d. Welt. 8. Cassel 827. Luckhardt.

— Discours philos. et littér. sur le changement arrivé dans la direction de l'équateur et de l'axe de la terre etc. 8. Cassel 826. Luckhardt. 6 gr

Orchoski, Aloys v., über d. nahe Ende d. Welt, od. philosoph. u. litterar. Abhandlung üb. die in d. Richtung d. Aequators u. d. Erdaxe entstand. Veränderung rc. 3. Aufl. 8. (2 B.) Cassel 829, Luckhardt.

—— Lettre à Son Excell. Mons. le Comte de Diebitsch-Sabalkanski. — Offener Brief an Se. Exc. d. Hrn. Grafen v. Diebitsch-Sabalkanski, Feldmarschall, Oberbefehlshaber d. Kais. russ. aktiven Heere rc. (Franz. u. Deutsch.) 8. (1½ B.) Cassel 831, Luckhardt.

— Lettre à Robert Pinkerton etc. 8. Götting. 817. Vandendenhöck u. R. 4 gr

—— über d. Wiederherstellung d. Friedens v. Polen, im Interesse Rußlands, Preußens, Oestreichs u. ganz Europa's. gr. 8. (2 B.) Cassel 831, Luckhardt.

Orcier, Ludwig Viktor (Dresden), Rudimentorum topographiae Lipsiensis particulam primam continens. Diss. med. Leipzig (G. Naumann) 25. IX. 1829. VI, 22 S. u. 4 Taf. (3.50) 25621
Gew.: Carl Heinrich Bernhard Ertlel (Oheim).

Adolf Orcoay

Darstellung der Ursachen der Drehkrankheit und der Mittel die Schafe davon zu verwahren. Von Adolf Orcoay. Wien: Geistinger 1824. VIII S., S. 10-73 8°

Orcony, A., Darstell. d. Ursachen der Drehkrankheiten u. der Mittel, die Schafe davor zu verwahren. gr. 8. Wien 824. (Gerold). 12 gr Htg. Pr. 8 gr

Orczy, Baroneß, die Leuchter des Kaisers, s.: Engelhorn's allgemeine Roman-Bibliothek.

Orczy, Baroness, das rote Pimpernell. Roman. Mit 8 Bildern v. H. M. Brock. (VII, 368 S.) 8. Jena 906. H. Costenoble. n. 5. —; geb. n. 6. —

Ord till Sängen, vid Minnesfesten efter framlidne f. d. Ordförande — Mästraren, för St. Johs. Logen Salomon à trois serrûres. Riddaren of K. Svärds-Orden och Innehafvaren af K. Carl XIV Johans-Medaljen Majoren M. M. Carl Henrik von Sivers, den 4 Maj 1867. (Göteborg.) 8. 2 Bl. — Zwei Trauergesänge.

Ordbog, Dansk, udgiven under Videnskabernes Selskabs Bestyrelse. 6. Tome. gr. 4. (VIII u. 1011 S.) Kjøbenhavn 848. (Höst.) n. 5½ ngr (1—5. Thl. 1793—1829. n. 17½ ngr)

Ordegn, Sigism. v., die Gewerbepolitik Russlands von Peter I—Katharina II [1682—1762]. Ein Beitrag zur Geschichte d. russ. Gewerbewesens. gr. 8. (X, 139 S.) Tübingen 885. Laupp. n. 3. —

Oerdel, C. Die ersten 25 Jahre der Wiedemannschen Anstalt. Festschr. zum 17. August 1884. — St. Petersburg 1884: Buchdruckerei der Kaiserl. Akademie der Wissenschaften. VIII, 143 S. 4°

Ordemann, *Georg* [aus Geestemünde '(Hannover)']: Beiträge zu der Lehre von den Veränderungen der Leber und Niere bei Ikterus … Würzburg, P. Scheiner's Buchdr., 1896; 23 S. 8.
Würzburg, Med. Fak., Inaug.-Diss. v. 1896

Ordemann, Ludw., aus dem Leben u. Wirken v. Katharina Klasky. (VII, 90 S. m. 1 Bildnis.) gr. 8. Hameln (903). Th. Fuendeling. n. 1. 20

Ordemann, Ludw., das wiedergewonnene Paradies. Schausp. in 4 Akten. gr. 16. (91 S.) Hameln 897. (Th. Fuendeling.) — 75

Orden

— u. **Ehrenzeichen,** d. kgl. bayerischen. Ausg. in Wandtafel-Form. 2 farb. Taf. in qu. Fol. Leipzig 896. M. Ruhl. n. 2. —

Orden, Der deutsche, im fünfzehnten Jahrhundert. Dramatische Darstellungen von dem Verfasser des »Scipio Cicala«. Bonn 1874. V: *Rehfues, Philipp Joseph von.* (Russell III, 117)

Orden, der deutsche, im fünfzehnten Jahrh. Dramatische Darstellungen von dem Verf. des „Scipio Cicala" [Ph. J. v. Rehfues]. gr. 8. (V, 602 S.) Bonn 874, A. Marcus. *

Orden, Dienst- und Verdienst Kreuze von Sr Majestät dem Kaiser und Könige Franz Joseph I. gestiftet. (Mit 1 Taf. Abbild.) Beilage zur „Austria". 8. Wien 1851.

Orden der grünen Drey, s. Patzke, J. S. 1754.

Orden, der dritte, des heil. Augustinus. Ein Regel- u. Gebetbüchlein für alle Verehrer dieses großen Heiligen. Nebst marianischen Tagzeiten u. den gewöhnlichen Andachtsübungen. Mit 2 (lith.) Bildern. Einsiedeln 856. Benziger. 18. (288 S.) 6½ ngr

Orden, d. dritte, d. hl. Vaters Franziskus ist Allen nützlich. Aufnahms-Büchlein. gr. 16. (69 S.) Wien 896. H. Kirsch. n. — 40

Orden, der 3., d. hl. Franziskus. Ein Regel- u. Gebetbuch f. die Mitglieder d. 3. Ordens v. e. Priester d. Ordens. gr. 16. (367 S.) Regensburg 886. Coppenrath. geb. in Leinw. n.n. 1. 60; in Ldr. n.n. 2. 20

Orden, der 3., vom hl. Franziskus. Ein Regel- u. Gebetbuch f. die Mitglieder des 3. Ordens v. e. Priester des Ordens. 3., verb. u. verm. Aufl. Besorgt v. Bonaventura Blattmann, O. S. F. gr. 16. (VII, 358 S. m. Titelbild.) Regensburg 899. A. Coppenrath's Verl. Geb. in Leinw. n.n. 1. 60

— dasselbe, s.a. Propaganda-Schriften, kathol.

Orden, der 3., vom hl. Franziskus. Andachtsbüchlein für Tertiaren. 7., verb. Aufl. Ausg. m. den Tagzeiten der allersel. Jungfrau Maria. 16. (V, 230 S. m. 1 Farbdr.) Freiburg i/B. 902. Herder. Geb. in Leinw. n. — 80; Ausg. ohne Tagzeiten. (IV, 122 S.) n. — 55

Orden, der 3., vom hl. Franziskus. Andachtsbüchlein f. Tertiaren. 8. Aufl. Ausg. m. den Tagzeiten der allersel. Jungfrau Maria. (V, 230 S. m. 1 Farbdr.) 16. Freiburg i/B. (908). Herder. — 50; geb. in Leinw. — 80

Orden, der dritte, vom heiligen Franziskus, seine Regeln und Uebungen, nach der Reform Leo's XIII. [Breve vom 30. Mai 1883.] Mit dem neuen Ceremonienbüchlein des dritten Ordens nach der 7. italien. Aufl. Mit Titelbild, einem Anhang von Gebeten und den Tagzeiten der allerseligsten Jungfrau Maria. (VII, 224 S.) 1883; 2. verb. Aufl. 16. (VII, 240 S.) Freiburg i. Br. 884, Herder'sche Verlagsh.
geb. *
Ohne Tagzeiten 30 Pf.; geb. *
Tagzeiten allein (108 S.) *

Orden, der 3., vom heiligen Franziskus, seine Regeln und Uebungen, nach der Reform Leo's XIII. Mit dem neuen Ceremonienbüchlein des 3. Ordens. Mit Titelbild, einem Anhang von Gebeten und den Tagzeiten der allersel. Jungfrau Maria. 3. unveränd. und 4. neu durchgeseh. Aufl. 16. (VII, 240 S.) Freiburg i. Br. 885,88, Herder'sche Verlagsh. — 50
geb. * — 75
Ohne Tagzeiten (VII, 132 S.) 30 Pf.; geb. * — 50
Die Tagzeiten allein (108 S.) — 25

Orden, der 3., vom hl. Franziskus, seine Regeln u. Uebungen, nach der Reform Leo's XIII. Nach dem neuen Ceremonienbüchlein d. 3. Ordens. Mit Titelbild u. e. Anh. v. Gebeten. 5. Aufl. 16. (V, 132 S.) Freiburg i/B. 892. Herder. — 30; geb. n. — 50

— dasselbe. Mit den Tagzeiten der allersel. Jungfrau Maria. 5. Aufl. 16. (V, 240 S.) Ebd. 892. — 50; geb. n. — 75

— — Ausgabe ohne die Tagzeiten der allerseligsten Jungfrau Maria. 24. (V, 132 S.) —.'8
Gebunden -- .30
Wien: Herder 1892.

— der dritte, v. hl. Franziskus, s. Regeln u. Uebungen, nach d. Reform Leo's XIII. M. d. neuen Ceremonienbüchlein d. 3. Ordens. M. Titelbild u. e. Anh. v. Gebeten. 6., neu durchgeseh. Aufl. 16. (V, 132 S.) Freiburg i/B. 897. Herder. — 30; geb. in Leinw. n. — 50; m. d. Tagzeiten d. allersel. Jungfrau Maria (V, 240 S.) — 50; geb. in Leinw. n. — 75

— der dritte, Unserer Lieben Frau vom Berge Karmel u. der heiligen seraphischen Jungfrau Theresia. Des Dritten-Ordens-Handbuches 1. Thl. Verf. v. e. Unbeschuhten Karmeliten der bayr. Provinz. 2. Aufl. gr. 16. (VIII, 312 S. m. 1 Stahlst.) Regensburg 885. Pustet. n. — 80

Orden und Ehrenzeichen, die, Deutschlands und Oesterreichs. 12 Taf. in Farbendr., enthaltend 289 Abbild., mit Text von Edm. v. Zoller. 2. Aufl. qu. Fol. (12 S.) Frankfurt a. M. 881, Rommel. 12 —

Orden u. Ehrenzeichen, die, der Gegenwart. Alphabetisch zusammengestellt m. den in den Staats-Handbüchern &c. übl. Abkürzgn. 8. (11 S.) Rudolstadt 901. Müller. — 80

Die Orden und Ehrenzeichen, der k. k. österreichisch-ungarischen Monarchie. Mit historischer Einleitung und beschreibendem Texte. Nach authentischen Quellen bearbeitet von Hauptmann Friedrich Heyer von Rosenfeld (†). Berichtigt und ergänzt von Hugo Gerard Ströhl. 16 Tafeln in Farbendruck 2. vermehrte Auflage Wien. 1899. Schroll & Co. 4°. 25 S. Geb. fl. 9.—

Orden u. Ehrenzeichen der deutschen Regenten. Gold- u. Farbendruckbild. Imper.-Fol. Frankfurt a/M. 877. Rommel. 7. 50

— u. Ehrenzeichen, die, der deutschen Staaten 1.—3. Lfg. qu. 4. Leipzig 894. M. Ruhl. n. 4. —
1. 2. Königr. Preussen. (8 farb. Taf.) n. 2. 50
3. Königr. Sachsen. (4 farb. Taf.) n. 1. 50

— — die, der deutschen Staaten. 4. u. 5. Lfg. Königr. Bayern. qu. 4. (8 farb. Taf.) Ebd. 896. n. 2. 50
(1.—5.: n. 6. 50)

Der entdeckte **Orden** der Afrikanischen Bauherren-Loge nebst Beweise, daß sie sich auf Kenntnisse der Alterthümer, besonders der Einweihungen, legen. Mit Kupfern. [Nebst Anh.] Constantinopel [Berlin: Schöne] 1806. 116 S., 3 Taf. 8°
[Anh. u. d. Tit.:] Forts. der entdeckten Trümmer von der Einweihung in die egyptischen Geheimnisse. 51 S.
Kl. 1908. Wörtlicher Abdruck der Schriften: 1. Die entdeckten Trümmer der Bauherrn-Loge. 1790. 2. Beweise, dass die Afrikan. Bauherrn sich auf Kenntnisse der Altertümer legen. 1790. Vgl. Bd 2 Nr 42721 u. 42722.

Orden, der entdeckte, der afrikanischen Bauherren-Loge, nebst Beweisen, daß sie sich auf Kenntnisse der Alterthümer, besonders der Einweihungen legen. Mit Kpfr. gr. 8. Berlin 806. jetzt Grant. 2/3 ₰

Orden der alten und angenommenen Freimaurer. Schottischer 33° und Memphis- und Misraim-Ritus. Symbolische (St. Johannis-) Loge „Phoenix" (e. V.). [Hamburg ca 1900]. 2 Bl. 4° [Kopftit.]
Propagandaschrift. Üb. Bedeutung u. Wert des Ritus. 193.

Orden, Der Freimaurerei, und die Congregationen der katholischen Kirche gegenüber dem preussischen Vereinsgesetze. Berlin 1875. V: *Schneemann, Gerhard.* (Jes)

Orden, Die geistlichen; ihr Wesen in sich, und ihr Wirken für andere Menschen. Predigt ... Bregenz 1855. V: *Jochum, Josef.* (margr)

Orden, Die geistlichen — ; ihr Wesen in sich und ihr Wirken für andere Menschen. Predigt, gehalten in der Pfarrkirche zu Dornbirn am 9. August 1855 bei der Primiz-Feier des hochwürdigen Kapuziner-Ordens-Priesters P. Ladislaus Rein, von einem Weltpriester der Diöcese Brixen. Bregenz. 1855. Druck und Verlag von J. N. Teutsch. (24 S. 8.)

Orden, die geistlichen, und Klöster und die Berechtigung ihrer Existenz in den westlichen Provinzen des preußischen Staates. Berlin 864. G. Reimer gr. 8. (32 S.) n. 5 ngr.

Orden der Hermanns-Söhne Grandloge [Großloge] California Constitution San F 1903

Orden, der, der Jesuiten, als universal-histor. Erscheinung, nebst den geheimen Regeln dieses Ordens. gr. 8. Wien.

Der Orden der „Odd-Fellows". (Independent Order of Odd Fellows.) o. O. u. J. 14 S. 8°. [Kopftit.] 21.

— der, der Odd-Fellows. Eine kurze Darstellg. der Geschichte, der Organisation u. des Wesens desselben. 2. Aufl. 8. (26 S.) Luzern 889. (Leipzig, Leibing.) n. — 50

—— die preußischen, s. Schneider, L.

Orden u. Ehrenzeichen

—— —— die preußischen, in originaltreuen Abbild. 7. Aufl. Chromolithogr. Imp.-Fol. Mit erläut. Text von G. Lange. gr. 4. (26 S.) Berlin 882, Liebel'sche Buchh. * 4 50
In Mappe * 6 —

6. Aufl. u. d. T.: Tafel sämmtlicher preußischer Orden ꝛc.

Orden, Die Religiösen, zur Orientirung über ihre Stellung im Reiche und Kirche. Von einem Freund der Wahrheit und Gerechtigkeit. Paderborn 1865. V: *Marty, Rud.* (so)

—— die religiösen. Zur Orientirung über ihre Stellung in Kirche und Staat von einem Freunde der Wahrheit und Gerechtigkeit. 8. (III und 264 S.) Paderborn 865, Badorff. *

— **die religiösen, vor d. norweg. Storthing,** s.: Zeitfragen, politische, in Württemberg.

— u. **Medaillen**, die kaiserl. russischen. Autoris. deutsche Ausgabe m. erläut. Texte v. A. Deubner. Nebst e. gr.-Fol.-Taf. in Farbendr. gr. 4. (8 S.) Berlin 890. Deubner. n. 2. 50

—— s. Tableau sämmtlicher preußischer Orden.

Unabhängiger Orden der Guttempler (neutral). [Heidelberg: Neutraler Guttempler-Verlag] o. J. 1 Bl. 4°. [Kopftit.]
(Flugblatt Nr. 1 des J. O. G. T. N.)
Klärt auf über Wesen, Zweck und Ziel des J. O. G. T. N., Verpflichtungen und Anmeldung. 1.

Orden, Der verrathene, der Freymaurer, und das offenbarte Geheimniss der Mopsgesellschaft. Aus d. Franz. mit Kpfrn. Leipz. 1745. Nachdr. Frankfurth u. Leipz. 1745. Berlin 1745. Neue und mit Beantwortung der wider dieses Buch hrsgekommenen Schriften verm. Aufl. Leipzig 1745. V: *Perau, Gabriel Louis Calabre.* (wolfstieg II, 401)

Orden, der verrathene, der Freymaurer, und das offenbarte Geheimniss der Mopsgesellschaft Aus dem Französischen mit Kupfern. Leipzig, Arkstee und Merkus. 1745 8° 8 Bl. 144 u. 46 S 9 Kupfer u. 5 Notenblätter

Orden, Vertheidigter Teutscher, wieder die ... den sämtlichen Rittern zur Ungebühr geschehenen Auflagen. Bresl. 1718. V: *Torrenos, Ant. Conr. v.* (Holz)

Die **Orden**, Wappen und Flaggen aller Regenten und Staaten in originalgetreuen Abbildungen. Zweite Auflage, vermehrt durch die specielle Beschreibung der sämmtlichen Orden. Leipzig. Verlag von Moritz Ruhl 1883[—1887].
2 T 4°
I 1883—1884: VIII + IX + 63 S 38 farb. Taf
II Supplement 1887 VIII S. 2 Bl., 18 S 34 farb. Taf
1. Aufl. 1880.

—— **Wappen und Flaggen,** die, aller Regenten und Staaten in originalgetreuen Abbild. 4. (38 Chromolithogr. mit 8 S. Text.) Leipzig 880, Ruhl. In Mappe * 20 —
—— dass. — 2. Aufl., verm. durch die specielle Beschreibung der sämmtl. Orden. 13 Lfgn. 4. (XII, 63 S. mit 38 Chromolithogr.) Ebendas. 880—83. à Lfg. * ℳ 1,50. * 19 50
In Mappe * 22 —

—— Wappen u. Flaggen, die, aller Regenten u. Staaten in chromolithogr. Abbildgn. 2. Aufl. Neue Ausg. hoch 4. (38 Taf. m. 63 S. Text.) Lpz. 886, M. Ruhl. In Mappe * 19 50
In Leinw.-Mappe * 22 —

— dasselbe. Suppl. 1—7. Lfg. 4. (à 4 Taf.) Ebend. 886. à n. 1. 50

— **Wappen** u. **Flaggen,** die, aller Regenten u. Staaten in chromolith. Abbildgn. Suppl. 8. u. 9. (Schluss-)Lfg. 4. (6 Taf. m. VIII, 18 S. Text.) Leipzig 887. Ruhl. à n. 1. 50 (Suppl. cplt.: n. 13. 50)

Oerden, Gertr., Angeführt, s. a. Liebhaber-Theater. 81.

Angeführt. Lustspiel f. Backfische in 3 Aufz. von Gertrud Oerden. *Mülheim a. d. Ruhr: J. Bagel [1901]* (34 S.) 8° [J.]
— Liebhaber-Theater Bdch. 81 [illegible]

Oerden, Gertrud, frohe Feste. Orig.-Dichtgn. u. Aufführgn. zu Polterabenden, Hochzeiten u. sonst. Festlichkeiten. 12. (112 S.) Mülheim a/R. 897. J. Bagel. 1.—

— frohe Feste. Orig.-Dichtgn. u. Aufführgn. zu Polterabenden, Hochzeiten u. sonst. Festlichkeiten. (2. [Umschlag-] Aufl.) 12. (112 S.) Mülheim a/R. (900). J. Bagel. 1.—

Ordenneau, Maurice· Mad. Sherry, s. Felix, Hugo.

Ordens-Almanach für die k. k. österreichische Armee. 1861. Wien, Sommer. (F. Klemm.) gr. 8. (IV, 184 S.) n. 26 ngr.

Deutscher Ordens-Almanach. Handbuch d. Ordensritter u. Ordens-Damen deutscher Staatsangehörigkeit. Hrsg unter amtl. Förderung u. nach amtl. Quellen von d. Deutschen Ordens-Almanach-Gesellschaft. Jg. [1.] 1904/1905. Berlin: C. Duncker (1904). 8° [ff.] [05. 7066]

Ordens-Almanach, deutscher. Handbuch der Ordensritter u. Ordens-Damen deutscher Staatsangehörigkeit. Hrsg. unter amtl. Förderg. u. nach amtl. Quellen v. der deutschen Ordens-Almanach-Gesellsch. Jahrg. 1906. (CXXXII, 1472 S. m. 6 [2 farb.] Taf.) gr. 8. Leipzig, F. J. Arnd. Geb. in Leinw. n. 15.—

Ordens-Almanach, deutscher. (Deutsche Ordensliste.) Handbuch der Ordensritter u. Ordensdamen deutscher Staatsangehörigkeit. Hrsg. unter amtl. Förderg. u. nach amtl. Quellen. Jahrg. 1908/9. (LXXXVIII, 1734 u. 32 S. m. 5 Bildnissen u. 2 farb. Taf.) gr. 8. Berlin (W. 8, Leipzigerstr. 31/32), (Haasenstein & Vogler). Geb. in Leinw. 10.—

Ordens-Almanach, Österreich-Ungarischer. Wien 1876—77. H: *Sommer, Leopold.* (EB)

Ordens-Almanach, Oesterreichisch-ungarischer 1 und 2 Jahrg. 1875—1876. (2 Bde.) kl. 8. Wien 1876—1877

Zur Ordensarbeit. Leitschriften u. Guttemplerlogen. F. 1, H. 1 Flensburg: Deutschlands Grossloge II des I O. G. T ‹P Jepsen› 1906. 8°

Ordensband, das große, s. Lese-Cabinet, illustrirtes.

Ordensblatt der Harugari: 1897—1914?

Weekly Organ of Deutscher Orden der Harugari. Title varies ORDENSBLATT DER HARUGARI, 1897–99; ORDENSBLATT UND VEREINSZEITUNG, 1900—03; COLORADO VORWÄRTS, 1904—14. Circulation 1900, 2400. 1910, 4000. Edited & published by L. P Bischoff, 1897—1914
Denver, CO

Ordensblatt der Harugari des Staats Illinois: Jahrgang 1–42, no 3, 1888–Mar 1933?
Monthly fraternal.
Place of publication varies Oak Park Ill. Lawrence Mass., Sept 1923–Mar 1932 Title varies ORDENSBLATT DER HARUGARI OF THE STATE OF ILLINOIS, Feb. 1920–Mar 1933.
Chicago, IL

Ordensblatt der Hermanns-Söhne: 1885–1896?

Bi-weekly 1885–88 weekly 1889–92, semi-monthly 1893–96. Organ of Orden der Hermanns-Söhne Circulation 1890, 2100; 1895, 2800. Edited by Arthur Erbe by Charles J. Kantz published by Lichtner Publishing Co.
Chicago, IL

Ordensbrüder, Die, oder der Stein der Weisen. Lustspiel. Berlin 1793. V: *Miersch, Carl Gfr.* (Ky)

Ordensbrüder, die; oder der Stein der Weisen. Lustsp. 8. Berl. Schöne. 793.

Ordensbuch, das, der Brüder vom deutschen Hause St. Marien zu Jerusalem, zum erstenmal in der ältesten Abfassung nach einer Pergamentsurkunde des 13. Jahrhunderts herausg. von Ottmar F. H. Schönhuth. gr. 8. (X u. 84 S.) Heilbronn 847, Landherr. 2/3 ₰

Ordens-Echo: vol 1–32, no 8, July? 1885–Mar 15, 1917

Monthly of Jewish interest, published in English and German. Sub-title Officielles Organ des Unabhängigen Ordens Treuer Schwestern (Official Organ of the Independent Order of True Sisters), with slight variations Large quarto, each issue 6–16 pages. Error in numbering vol 21 repeated vol. 50 no 4 omitted Circulation 1915, 4722 1917 5650. Edited by Bianca B Robitscher & published by Grand Lodge U O T S.
New York, NY

Ordensgebet, das tägliche, der Tertianer. 2. Abdr. Passau 860. Elsäßer & Waldbauer. 24. (36 S.) n. 1 ngr.

Ordensgeist, der wahre, bewirkt im Leben Zufriedenheit, im Sterben Freudigkeit, in allem Heiligkeit. Aus der Schrift: „das Ordensleben" abgedr. Münster 853. Regensberg. 12. (29 S.) 1½ ngr.

Ordenskind, Neuangehendes, des heiligen Erzvaters Benedikt. Salzburg 1737. V: *Presinger, Rupert.* Ü: *Seeauer, Beda.* (BB)

Ordensleben, das. Ein Handbüchlein für wirkliche Ordenspersonen und für Solche, die sich zum klösterlichen Leben berufen glauben. Neu herausg. von L. Jung. Münster 853. Regensberg. 12. (XVI, 205 S.) n. 7½ ngr.

Ordensleben, das, in der Welt, oder Gründung heiliger Regel u. Lebensweise des 3. Ordens, vom heil. Franziskus gestiftet. Zusammengestellt von einem Ordenspriester der nordtirol. Kapuziner-Ordens-Provinz. Innsbruck 868. F. Rauch. gr. 8. (IV, 468 S. mit 1 Stahlst. u. Anh. 261 S. mit 1 Stahlst.) 18 ngr.

Ordensleben, Das, in der Welt ... Zusammengestellt von einem Ordenspriester der Nordtirolischen Kapuziner-Ordens-Provinz. Innsbruck 1868. 3. Aufl. 1871. 8. Aufl. 1883. V: *Noggler, Gottfried.* (Margr)

Ordensleben, das, in der Welt, oder Gründung, heilige Regel und Lebensweise des dritten Ordens, vom heil. Franziskus gestiftet. Zusammengestellt von einem Ordenspriester der nordtirol. Kapuziner-Provinz. 6. Aufl. 8. (IV, 432, 192, 51 S.) Innsbruck 880, F. Rauch's Buchh. * 2 —
—— dass. — Nebst den heil. Tagzeiten zur Ehre der seligsten Jungfrau Mariä und den kirchl. Tagzeiten für die Verstorbenen. Hrsg. von einem Priester der nordtirol. Kapuziner-Provinz. 7. Aufl. 12. (IV, 688 S. mit 1 Stahlst.) Ebendas. 882. * 2 —
—— dass. — Nebst den heil. Tagzeiten zur Ehre der seligsten Jungfrau Mariä und für die Verstorbenen. Hrsg. von einem Priester der nordtirol. Kapuziner-Provinz. 8. Aufl. 8. (688 S.) Ebendas. 883. * 2 —

Ordensleben, das, in der Welt. 9. Aufl., s. Noggler, Ordensleben.

Ordens- und Nichtordensleute, auch noch Etwas für, durch Mad. Cagliostro und d. Rosensystem 2c. 2 Thle. 8. Philadelphia. (Wittekind in Eisenach.) 787.

Ordens-Lexikon. Wien 868. Seidel & Sohn. Verl.-Cto. gr. 16. (120 S.) n. 1 ₰

Ordens-Liste, großherzoglich hessische, aufgestellt v. Großherzogl. Ordenskanzlei. 1890. gr. 8. (III, 226 S.) Darmstadt 890. (Jonghaus.) n. 2. 50

Ordens-Liste, großherzogl. hessische, aufgestellt von großherzogl. Ordenskanzlei. gr 8. (III, 288 S.) Darmstadt 894. (G. Jonghaus.) n. 2. 50

Ordens-Liste, großherzogl. hessische, aufgestellt v. großherzogl. Ordenskanzlei. 1898. gr. 8. (III, 337 S.) Darmstadt 898. (G. Jonghaus.) n. 2. 50

Ordens-Liste, großherzogl. hessische, aufgestellt v. der großherzogl. Ordenskanzlei. 1909. (IV, 638 S.) 8. Darmstadt (910). Buchh. großh. Staatsverlags. nn 6. 50

Ordens-Liste, königlich preußische. 1862. Berlin 863. v. Decker. gr. 8. (1158 S.) nn. 3 ǂ

Ordens-Liste, königl. preußische. 1868. gr. 8. (1467 S.) Berlin 868, v. Decker'sche Geh. Ober-Hofbuchdr. *
— dass. — 1.—7. Nachtrag. Enth. die Verleihungen vom 1. Januar 1868 bis ultimo Dezember 1874 und einige Nachträge aus den früheren Jahren. gr. 8. Ebendas. 1868 * 1869—1874 à *

Ordens-Liste, königl. preußische. 1877. Auf Befehl Sr. Maj. des Kaisers und Königs hrsg. von der königl. General-Ordens-Kommission. 2 Thle. Lex.-8. Berlin, v. Decker's Verlag. [1. Thl. (1232 S.) 877. cart. * ℳ 13.; 2. Thl. (834 S.) 878. cart. ** ℳ 10.] cart. **

Ordensliste, königl. preußische, 1906. Auf Allerhöchsten Befehl Sr. Maj. des Kaisers u. Königs hrsg. v. der königl. General-Ordenskommission. 3 Tle. u. Namensregister. (V, 935; VI, 999; V, 1546 u. VI, 952 S.) gr. 8. Berlin (906). (E. S. Mittler & Sohn.) Kart. n. 60. —

Königlich Preußische **Ordensliste**. 1905 Nachtrag 1—8 Berlin (1906—1913) 8°

Ordensliste von den Rittern u. Besitzern d. königl. preuß. Ordens- u. Ehrenzeichen im Jahr 1810. 8. Berl. Dieterici. 811.

Ordens-Liste von den Rittern und Besitzern der kgl. preuß. Orden u. Ehrenzeichen i. J. 1817. Auf Grund der i. J. 1812 gedruckten Ordensliste ꝛc. Nebst den Ordens-Statuten u. Abbild. u. alphab. Namenregister.
Berlin 1817. 1818. 584 S.

Ordens-Liste der Ritter und Inhaber Kgl. Preußischer Orden und Ehrenzeichen im Jahre 1855. Berlin, Decker. gr. 8. (1044 S.) nn. 3 ǂ.

Ordensliste von den Rittern und Inhabern Königl Preußischer Orden und Ehrenzeichen. (1862 ff.:) Königl. Preußische Ordensliste. Berlin. 35 Bde

Jg. 1810. 1811. 1817. 1825. 1832. 1838. 1845. 1855.
Uebersicht der am J. 1855—(59) im Geschäftskreise d Gen Ordens-kommission eingetretenen Veränderungen. 1856—60.
Jg 1862
„ 1868 [Nebst] Nachtr 1—7. (1868—74.)
„ 1877. Th 1—2. [Nebst] Nachtr 1—8. (1877—85.)
„ 1886. „ 1 2 „ „ 1—8. (1887—94.)
„ 1895. „ 1 2. „ „ 1—9. (1896-1904.)
„ 1905 „ 1 3 „ Namenreg. u. Nachtr. 1—7. (1906—12.)

Ordens-Statuten des Brandenburgischen Rothen-Adlers. (Gegeben in St. Georgen am See, den 13. Julii 1734 von Georg Friederich Carl. M. Z. B.) Bayreuth (1734). fol.

Ordens-Nachrichten: 1882, New Haven, CT
Semi-monthly Circulation 1882 300

Ordensperson, die, in einer zehntäg. Gemüthsversammlung üb. die Pflichten ihres Standes betracht. Aus d. Französ. v. Ant. Jäger. 8. Augsb. 778. Rieger. 12 Ɣ

Ordenspflichten der Maurer Ritter. Vorgetragen bei der Aufnahme eines Bruders am 1. Aerntemonat 1783. V: *Leon, Gottlieb.* (S. Brunner, Mysterien der Aufklärung, S. 26) (BiblPort)

Ordens-Predigt von Ph. B. Berlin: Stuhr 1819. 14 S. 8° [Umschlagtit.]
Üb. den Spruch Sirachs: Die Weisen werden Ehre erben, aber wenn die Narren hoch kommen, werden sie doch zu Schanden. 23.

Die Ordens Presse: 1877, 1879, New York, NY
Weekly Circulation 1878, 600 (est.). Edited & published by F Machauer. 1877—79.

Ordensregeln der Piaristen oder der Väter der frommen Schulen . . . Halle 1783—84. H: *Seyfert (Seifert), Ernst Jos. Alexander.* (Winer) (Ky) (MGT) (Hirsching, Vers. e. Beschreib. sehensw. Bibl. Deutschlds. I, 531.)

Ordensregeln d. Piaristen, od. der Väter d. frommen Schule. (Von Er. Jos. Al. Seyfert). 2 Thle. gr. 8. Halle 783, 84. (Hahn in Hannover). 1 ǂ

Ordens-Revue: 1900 – 1912
Monthly Fraternal organ. Circulation 1905, 1200; 1910, 900. Large quarto, each issue 12—16 pages. Edited & published by Gustav Gebhardt, 1900—12.
Brooklyn, NY

Ordenssaal des Durchlauchtigsten Gesammt-Hauses Braunschweig-Lüneburg. Braunschweig 1837. V: *Vechelde, Carl Frdr. v.* (Priv.-Bibl. König v. Hannover. Hann. 1858.)

Ordenssaal des Durchlauchtigsten Gesammt-Hauses Braunschweig-Lüneburg. Mit 45 illum. Abbildd. (auf 13 lithogr. Tafeln.) Lex.-8. Braunschweig 838. (J. H. Meyer.) n. 2 ǂ

Ordensstand u. Klöster, s. Stimmen, katholische.

[Ordensstatut des Grossherzoglich Oldenburgischen Haus- und Verdienst-Ordens des Herzogs Peter Friedrich Ludwig.] O. O. 1838—1841.
8 S. 2 Bl. 1 Taf. in Lithogr. 2°

Die **Ordens-Statuten** der Brüder Freymaurer, zum alleinigen Gebrauch der Grossen National-Mutter-Loge zu den drey Weltkugeln und ihrer sämmtlichen Tochter-Logen. [Nebst] Anh., Sach-Reg. u. Beil. Berlin 1799—1833: Decker. 4⁰

Ordens-Statuten. 71 S. 1799.
Anhang, enth. diejenigen Vorschriften, welche seit Emanation der Statuten, auf Beschlüssen der Hochw. Grossen-National-Mutter-Loge beruhen, und durch die grundverfassungsmässige Sanctionirung des altschottischen Directorii Gesetzeskraft erhalten haben. S. 71—90. [1825.]
Sach-Reg. [Von Karl Aug. Matzdorff.] XXII S. [ca 1825.]
Beil. 3 S. [1833.]
Kl. 178. Ohne Anh. in 23; Mit Anh. in 253.

Ordenstein, Leopold (Offstein)
Ueber den Parotidenspeichel des Menschen.
Giessen: Bruhl 1859. 24 S.
Diss. med. 12.11.1859.

Oesterreichische Orden- & Ehrenzeichen. [Umschlagtit.] Wien um 1900 10 S. 4 Taf. gr. 2°

Ordinaire, Désiré, **Essai sur l'éducation, et spécialement sur celle du Sourd-Muet.** gr. in-8. Strassb. 836 Levrault. 2¹/₂ fr

Servizio territoriale e delle tappe e esercizio delle ferrovie in tempo di guerra. Ordinanza. (Dell' 8 febbraio 1901.) 10 p. 8. [Bellinzona, Tipografia Cantonale,] 1901

Ordinanza concernente la posta militare del 15 giugno 1901 e Regolamento per la posta militare del 28 febbraio 1902. 60 p. 8 Berna, Stæmpfli & Cia, 1902.

Ordinanza provisoria del consiglio scolastico provinciale tirolese risquardante la frequentazione della scuola, s.: Verordnung, provisorische, des Tiroler Landesschulrathes betr. den Schulbesuch.

Ordinarien, Die, der Juristenfacultät Leipzig. O. O. 1869. V: *Gerber, Carl Frdr. Wilh. von.* (ADB 3, 288)

Ordinari-Freytags-Zeitung: Wochentliche Ordinari-Freytags-Zeitung
v Ordinari Wochen-Zeitung (Zb).

Ordinari-Postzeitung. – Augsburger Ordinari-Postzeitung –
7 V 1827 – 31 XII 1832
Vorh u.d T . Augsburgische Ordinari Postzeitung
Fortges. u.d T Augsburger Postzeitung.

Ordinari-Post-Zeitung. – Augsburgische Ordinari-Post-Zeitung. –
2.I 1797
Vorh u.d.T Augspurgische Ordinari Post-Zeitung.
Fortges. u.d T Augsburgische Ordinari Postzeitung

Ordinari-Post-Zeitung. – Augspurgische Ordinari-Post-Zeitung. –
1702(?) – 31 XII 1766.
Vorh u.d T Augspurger Ordinari Post-Zeitung.
Fortges. u d T Augspurgische Ordinari Post-Zeitung

Ordinari-Post-Zeitungen: Wochentliche Ordinari-Post-Zeitungen (Be)
v. Ordinari-Zeitung.

Ordinarium seu collectarium Benedictinorum etc. 4. Coloniae. (Göbhard, Bamberg)

Ordinarium missae sive cantiones missae communes pro diversitate temporis et festorum per annum excerptae ex graduali Romano quod curavit s. rituum congregatio. gr. 8. (XVI, 71 S.) Regensburg 871. Pustet. n. — 60

Ordinarium missae sive cantiones missae communes pro diversitate temporis et festorum per annum excerptae ex graduali Romano quod curavit S. rituum congregatio. Ed. novissima. 8. (72 S.) Regensburg 887. Pustet. n. — 60

— dasselbe, in Schwarzdruck. Ed. stereot. 8. (72 S.) Ebd. 887. n. — 40

— dasselbe. Volksausg. Nach der von der S. Rituum congregatio besorgten Edition des Graduale Romanum in Violinschlüssel und weisse Noten übertragen. In Schwarzdruck 16. (88 S.) Ebd. 885. cart. n. — 30
(Englische, französische und holländische Ausgaben zu gleichen Preisen.)

— dasselbe. Imp.-Fol. (112 S.) Ebd. 887. n. 9. —

Ordinarium missae sive cantiones missae communes pro diversitate temporis et festorum per annum excerptae ex Gradualis Romani editione typica quam curavit S. Rituum Congregatio. Ratisbonae: F. Pustet 1892. (64* S.) gr 2° [07. 9968]

— **missae.** Die gewöhnl. Messgesänge nach d. röm. Graduale, im Violinschlüssel notiert, transpon. u. m. deutscher Übersetzg. vers. Zugl. Singstimme zu Schildknecht, Op. 34: Allerleichteste Orgelbegleitung zum Ordinarium missae. 8. (V, 98 S.) Regensburg 898. A. Coppenrath's Verl. n. 1. —

Ordinarium missae sive cantiones missae communes pro diversitate temporis et festorum per annum excerptae ex graduali romano, quod curavit s. rituum congregatio. Ed. ster. 8. (IV, 76 S.) Regensburg 898. F. Pustet. n. — 40; geb. in Leinw. n. — 70

Ordinarium missae sive cantiones missae communes pro diversitate temporis et festorum per annum excerptae ex Graduali Romano cura et auct S. Rituum Congregationis digesto. Ed. 3. Ratisbonae: F. Pustet 1901 (116* S.) gr. 2° [07. 9966]

Ordinarium missae sive cantiones missae communes pro diversitate temporis et festorum per annum Excerptae ex Graduali Romano quod curavit S. Rituum Congregatio. Ed. ster. [Ausg. in Rot- u. Schwarzdr.] Ratisbonae: F. Pustet 1901 (70* S.) 8° [07. 9969]

Ordinarium missae sive cantiones missae communes pro diversitate temporis et festorum per annum excerptae ex graduali romano, quod curavit s. rituum congregatio. Ed. ster. (Ausg. in Schwarzdr.) 8. (IV, 76 S.) Regensburg 902. F. Pustet. — 40; geb. in Leinw. n. — 70

— dasselbe. Ed. ster. (Ausg. 1901 in Rot- u. Schwarzdr.) gr. 8. (IV, 76 S.) Ebd. — 60; geb. in Leinw. n. — 90

— dasselbe, excerptae ex graduali romano, cura et auctoritate s. rituum congregationis digesto. (Ausg. in Rot- u. Schwarzdr.) Ed. III. gr. Fol. (IV, 116 S.) Ebd. 901. Ausg. I auf Maschinenpap. 9. —; geb. in Halbldr. n. 12. 40; Ausg. II auf italien. Handpapier 12. —; geb. in Halbldr. n. 15. 40

— dasselbe. Volksausg. Nach der von der S. Rituum Congregatio besorgten Edition des Graduale Romanum in Violinschlüssel u. weisse Noten übertr. Ster.-Ausg. 1902. 8. (III, 86 S. m. 1 Abbildg.) Ebd. — 20; kart. n. — 30

Ordinarium missae, sive cantiones missae communes pro diversitate temporis et festorum per annum, quas juxta Graduale Romanum ed. †Joseph Mohr [Ausg mit Violinschlüssel u. weissen Noten.] Ed. 18. Ratisbonae. F Pustet [um 1905]. (127 S.) 8° [07. 2998

Ordinarium missae. Volksausg. Nach der von d. S. Rituum Congregatio besorgten Edition d. Graduale Romanum in Violinschlüssel u. weisse Noten übertr Ster.Ausg [Neue Aufl.] Regensburg F Pustet [um 1905]. (85 S.) 8° [07. 2999

— missae cum missa pro defunctis, in cantu gregoriano juxta usum dioecesis Argentinensis jussu reverendissimi D. Domini Adolphi Fritzen, episcopi Argentinensis, editum. gr. 8. (71 S.) Strassburg 898. (F. X. Le Roux & Co.) Geb. in Leinw. n.n. — 70

Ordinarium missae, psalmorum et hymnorum, quae per annum juxta ritum Breviarii Trevirensis in dominicis et diebus festis canuntur. Accedunt antiphonae b. M. v. ad complet., ordo processionum et sepeliendi, Te Deum etc. Trier 861. Braun. gr. 8. (VII, 156 S.) n. 10 ngr.

Ordinari-Wochen-Zeitung
v Newe Vnpartheysche Zeittung vnd Relation.

Ordinari-Zeitung
v. Mittwochs-Zeitung.

Ordinari-Zeitung, s.a. Zeitung – Ordinari Zeitung.

Ordinari-Zeitung. – Augspurger Ordinari-Zeitung – 1 (?)I 1723 - 31 XII 1734
Vorh u.d T Augspurgische Ordinari Post-Zeitung.
Fortges u.d T Augspurgische Ordinari-Zeitung

Ordinari-Zeitung. – Augspurger Ordinari-Zeitung. – 5 I 1735 - 11 I 1735
Vorh u. fortges. u.d T Augspurgische Ordinari-Zeitung.

Ordinari-Zeitung. – Augspurger Ordinari-Zeitung. – 1743 - 1746
Vorh u fortges u.d T Augspurgische Ordinari-Zeitung.

Ordinari-Zeitung. – Augspurgische Ordinari-Zeitung – 1 I 1735 - 4 I 1735.
Vorh u. fortges. u.d.T Augspurger Ordinari-Zeitung.

Ordinari-Zeitung. – Augspurgische Ordinari-Zeitung – 12 I 1735 - 1743
Vorh u Fortges u.d T Augspurger Ordinari-Zeitung.

Ordinari-Zeitung. – Augspurgische Ordinari-Zeitung. – 1746 - 1784
Vorh. u.d.T Augspurger Ordinari-Zeitung.
Fortges. u.d T. Augspurger Ordinäre Zeitung.

Ordinari-Zeitung: Zinstägliche Ordinari-Zeitung
③ Di[e]nstägliche Zeitung (v sub 15) ⑤ belegt für 13./23. 10. 1691; 19. 10. 1706 6. 3. 1714, 5. 2. 1715; 10. 8. 1717: 11 10. 1718, 5. 9. 1719 ⑥ 8° ⑦ Wochenblatt ⑧ Bern Georg Sonnleitner bzw dessen Nachfolger (?) ⑫ Nachrichtenblatt ⑬ BGSZ 963, 973 ⑭ Be St ⑮ Die Beziehung zur vorhergehenden Zeitung nach Flury. BGSZ 963, p. 47 ff

Clementissima **Ordinatio** archiepiscopalis Coloniensis quorundam festorum diminutionem concernens. Erzbischöfl.-Cöllnisch-gnädigste Verordnung die Verminderung einiger Festtagen betr. [Dat.:] Bonn, 5. 3. 1770. Cölln 1770. fol

Ordinations-Formular, das, der Berliner Generalsynode. gr. 8. Grimma 816, Gebhardt. 3 ngl

Ordinations-Predigt. . . . Kronstadt 1709. V: *Fronius, Marc.* (Bibl. d. ev. Landeskirche in Siebenb. Hermannst. 1889.)

Ordines Mammalium emendatiores. S. l. 1795. V: *Blumenbach, Johann Friedrich.* (BrMm)

Ordines sacri ex pontificali romano in usum ordinandorum. Die heil. Weisen aus d. röm. Pontifical-Buche; übersetzt v. J. A. Diez. 8. Würzb. 827. (Stahel). 8 gl. Schrbp. 12 gl.

Wittenberger **Ordiniertenbuch** Veröffentl. v. Georg Buchwald, Dr theol. et phil. Bd [1.] 2. *Leipzig: G. Wigand 1894. 95.* 2 Bde 4.
[1] 1537—1560. 1894. (3 Bl., 141 S.)
2. 1560—1572. M. Berichtiggn u. Ergänzgn f. d. J. 1558—1568 aus Paul Ebers Aufzeichngn. 1895. (2 Bl., XXVIII, 218 S.) [96. 1087

Ordnung für die Abgangsprüfung an der Landwirtschaftsschule Helmstedt, Druck v. J. C. Schmidt, 1890; S. 26–27; 4⁰
Helmstedt, landwirtschaftl. S Marienberg, OP 1890

[F.] **Ordnung** für die Abgangsprüfung an der Landwirtschaftsschule. Helmstedt, Druck v. J. C. Schmidt, 1894; 29—30 S. 4.
Helmstedt '(Herzogt. Braunschw.)', landwirtschaftl. S Marienberg, OP 1894 (608)

[F.] **Ordnung** für die Abgangsprüfung an der Landwirtschaftsschule. Helmstedt, Buchdr. v. Ruthe & Günther, 1890; 20—21 S. 4.
Helmstedt '(Herzogt. Braunschw.)', landwirtschaftl. S Marienberg, OP 1890**

Ordnung für die Abgangsprüfungen. *Helmstedt 1898: J. C. Schmidt.* (29 30 S.) 4° ¶ [Vgl. P-Beilage 1896.] [F.]
Helmstedt (Herzogt Braunschw), landwirtschaftl. S Marienberg m. Realabt., OP 1898**

Ordnung für die Abgangsprüfungen an der Landwirtschaftsschule. 4 (S. 20—21). 4 (S. 20—21). 4 (S. 29—30). 4 (S. 31—32). 4 (S. 27—28).
Berecht landwirtsch. Sch. (H. B.) (mit Realabt.) Marienberg zu *Helmstedt* (Herzogt. Braunschw.) 1896. 1897 1898. 1899. 1900.
Progr.

***Ordnung** der Abschlussprüfung.* Berlin, Druck v. C. H. Müller, 1895; S. 23. 4.
Berlin, Luisenstädt. OR, P 1895 (116)

[F.] **Ordnung** der nach dem 6. Jahreskursus '(Unterprima)' abzuhaltenden Abschluss- bezw. Versetzungsprüfung an den Fürstlichen Realschulen zu Sondershausen und Arnstadt. Sondershausen, Hofbuchdr. v. F. A. Eupel, 1893; 8 13 S. 4.
Sondershausen, fürstl. R, OP 1893 (720)

Ordnung der Abschlussprüfung nach dem sechsten Jahrgange neunstufiger höherer Schulen. Eisenach, Hofbuchdr., 1893; 5—6 S. 4.
Eisenach, Carl Friedrich-G, OP 1893 (600)

[F.] **Ordnung** der Abschluss-, bezw. Versetzungsprüfung für die Schüler der Unterprima. Arnstadt, fürstl. Hofbuchdr. v. A. Bussjaeger, 1893; 5—6 S. 4.
Arnstadt, fürstl. R, OP 1893 (718)

— allerhand, d. Herzogth. Würtemberg, mit d. Generalrescripten rc. 8. Tübing. 766. v. Cotta. 1 fl 10 kr

— allerhand, d. Herzogth. Wirtemberg, mit den General-rescripten ꝛc. 8. Tübing. Cotta. 767.

Ordnung, Allgemeine, für die Bruderschaften und Schwesterschaften auf den sächsischen Dörfern des Burzenländer-Distrikts . . . Kronstadt 1839. H: *Trausch, Jos.* (Pk) (KU)

— allgem., f. d. Herzogthum Schlesien, in 14 Stck. Fol. Bresl. 700.

ORDNUNG. Allg. – für alle Stände . . . 11. May 1786 eingeführte gleiche . . . der gesetzlichen Erbfolge. Wien 1786

Ordnung für die 4.—8. Alpenturnfahrt des XIV. Turnkreises (Sachsen), 16. 7.—24. 8. 1886, 30. 7.—18. 8. 1886, z. Dtsch. Turnfest in München 1890, 15. 7.—28. 8. 1892, Kl.-8°.

—d. öffentl. Andacht f. die Sabbath- u. Festtage des ganzen Jahres. Nach d. Gebrauche d. neuen Tempelvereins in Hamburg. Herausgg. v. S. J. Fränkel u. M. J. Bresselau. gr.8. Hamb. 5579, (1819. Herold). 3 ℳ 6 ℬ (auch Kollmann in Leipz.) 3 ℳ 8 ℬ

Ordnung betreffend die **Anlegung** und **Veränderung** von Straßen und Plätzen für den Gemeindebezirk der Stadt Marburg *(Marburg 1903 J. A. Koch.)* (8 S.) 8° [Kopft. F.]

— betr. den Anschluß an die Kanalisation u. die Erhebung v. Kanalisationsgebühren in der Stadt Berlin vom 20./22. III. 1902. Anh.: Polizei-Verordnung betr. die Kanalisirg. der Stadt Berlin vom 14. VII. 1874. (14 S.) 12. Berlin 902. Polytechn. Buchh. A. Seydel. n. — 25

Ordnung, . . . und allerhand . . . auch in Verkauffung dess Holtzes. Bern 1733. 4.

Ordnung der praktischen Ausbildung der Kandidaten f. das Lehramt an höheren Schulen. gr. 8. (8 S.) Berlin 892. (Besser.) — 15

— der praktischen Ausbildung der Kandidaten f. das Lehramt an höheren Schulen in Preußen vom 15. III. 1908. (15 S.) 8. Berlin 908. J. G. Cotta Nachf. Zweigniederlassung. — 30

Marggräfl. *Baaden* Durchlachische Ordnung der Wittwencasse vor die weltliche Dienerschaft vom 24. Aug. 1758. Carlsruh 1758.

Allerhöchst befohlene **Ordnung** der Feierlichkeiten bei der am 6. Juni 1905 im Königlichen Schlosse zu Berlin stattfindenden Vermählung Seiner Kaiserl. u. Königl. Hoheit des Kronprinzen des Deutschen Reichs und Kronprinzen von Preußen mit Ihrer Hoheit der Herzogin Cecilie zu Mecklenburg (Berlin 1905 W. Moeser.) (1 , 4 S.) 2° [F.] . . .

Ordnung f. die Bekleidung u. Lagerung der Gefangenen in den Gefängnissen der Justizverwaltung. gr. 8. (23 S.) Berlin 902. R. v. Decker. n. — 40

Ordnung für die Benutzung der Bibliothek der Kgl. Bau-Akademie zu Berlin (v. 16. 11. 1878). *Be**

Ordnung für die **Benützung** der öffentlichen Bibliothek der Universität Basel (Universitätsbibliothek Basel.) *(Basel 1897)* (7 S.) 8° . . . 4

Ordnung für die Benutzung der Friedhöfe der evangelisch-lutherischen Kirchengemeinde in Kiel und Verzeichniss der Friedhofsgebühren. Kiel. 1900. 8°

Ordnung für die **Benutzung** der Stadtbibliothek zu Lübeck *(Lübeck 1902 Gebr. Borchers.)* (2 Bl.) 8° [Kopft. F.] . . .

Stadt Metz. **Ordnung** für die **Benutzung** der **Stadtbibliothek** *Metz 1900 L. Winckel* (11 S.) 8° . . . 4

Ordnung für die Benutzung der Großherzoglichen Universitäts-Bibliothek zu Gießen: [Neudruck der] §§ 12 und 17 (Fassung vom 20. August 1895) (als Ergänzung zu den „Satzungen der Universität Gießen, zweiter Teil", Ausgabe von 1904). (1905.) (1 Bl.) 8° [Kopft. F.]

Ordnung unnd Bericht, darnach sich die, von einem Ersamen Hochweisen Rhatt des Heil. Reichs freyer Statt Cölln, zur Qualification Deputierte Herren, neben allen Aemptern u. Gaffelen zu richten haben. Concl. 7. 11. 1646. Cöln Kempens 1646. NI

— [Neuer Abdr. Mit Nachtr. bis 27. 6. 1721.] (Cöln Dü . . . orn 1721) NI

Besondere Ordnung der Freimaurer-Grossloge von Ungarn für die drei Johannisgrade. 3. mit den in der Jahres-Grossversammlung vom 24. Nov. 1878 beschlossenen Modificationen erg. Ausg. Budapest 1881: [Fanda]. 63 S. 8°

3. Theil der besonderen Ordnung der Freimaurer-Gross-Loge von Ungarn vereinigt mit der Hausordnung der ger.·. u. vollk.·. Joh.·.-Loge „Eintracht" i.·. Or.·. Neudörfl a/L. Wien: Schneeberger 1884. 50 S. 8°

— üb. die Bestimmung u. Benutzung d. Kirchhofs der Parochie Altenwerder. gr. 8. (12 S.) Harburg 891. G. Elkan. n. — 50

Ordnung der Schleswig Holsteinischen Bibelgesellschaft. Angenommen in der allgemeinen Versammlung der Schlesw. Holst. Bibelgesellschaft zu Schleswig am 7. Januar 1816. o. O. (1816.) 8°

— f. die vereinigte landschaftliche Brandcasse zu Hannover. Zusammenstellung der f. dieselbe ergangenen Gesetzl. u. statutar. Bestimmgn. Zum Handgebrauch zunächst f. die Organe der Anstalt. 3. Aufl. gr. 8. (II, 93 S.) Hannover 894. C. Meyer. n. 1. 50

Ordnung f. die vereinigte landschaftliche Brandkasse zu Hannover. Zusammenstellung der f. dieselbe ergangenen Gesetzl. u. statutar. Bestimmgn. Zum Handgebrauch zunächst f. die Organe der Anstalt. 4. Aufl. (116 S.) gr.8. Hannover 909. C. Meyer. 1. 50

Bruderverein, gegründet von der Masonia, maur. Vortrags-Club in Leipzig. Ordnung des Brudervereins. Leipzig 1883: Findel. 11 S. 8° [Umschlagtit.]

Ordnung für die Buchhändler-Börse. Angenommen in der Haupt-Versammlung am 1. Mai 1831. (Neu abgedruckt im Januar 1835.) s. l. 4°

Ordnung für diejenigen, welche sich in die in dem Herzogthum Würtemberg gemachte allgemeine freywillige Brand-Versicherungs-Gesellschaft begeben wollen. Stuttgart 1756. MV: *Moser, Joh. Jacob.* (Moser, Joh. Jacob, Lebensgeschichte von ihm selbst beschrieben. Frankf. u. Leipzig 1777, III, 154)

Städtische Handels-Hochschule in Cöln. **Ordnung** für die Diplom-Prüfung *o. O (1902).* (7 S.) 8° [Kopft. F.] [03. 1831 5

Ordnung für die Diplomprüfung an der Abteilung für Architektur der Kgl. Technischen Hochschule in Stuttgart. Vom 14. 10. 1908.

Ordnung für die elektrotechnische Diplomprüfung an der Abteilung für Maschineningenieurwesen einschließlich der Elektrotechnik der Kgl. Technischen Hochschule in Stuttgart. Vorläufig genehmigt 4. 10. 1907.

[Dasselbe.] Vom 7. 7. 1908.

Ordnung für die geodätische Diplomprüfung an der Abteilung für Bauingenieurwesen der Kgl. Technischen Hochschule in Stuttgart. Vom 17. 10. 1906.

Kgl. Technische Hochschule in Aachen. **Ordnung** für die Diplom-Prüfung in den Handelswissenschaften (v. 23. 1. 1900). *A**

Handelshochschule, angelehnt an die Kgl. Technische Hochschule in Aachen. **Ordnung** für die Diplomprüfung in den Handelswissenschaften (v. 12. 4. 1905).

Ordnung der Diplom- und Fachprüfungen an der Grossherzogl. Badischen Polytechnischen Schule zu Karlsruhe (v. 22. 6. 1883). 1883. — [Neudr.] 1892. *1892: S*

Ordnung der Diplom-Prüfungen an der Kgl. Gewerbe-Akademie (v. 20. 5. 1873). *Be Minist. d. geistl. Angel.*

Ordnung für die Diplomprüfungen an der Kgl. Technischen Hochschule zu Aachen (v. 21. 12. 1887). ¶ Abgedr. in: Centralblatt f. d. ges. Unterrichts-Verwaltung in Preußen. Jg. 1888. S. 199 ff.;

Ordnung der Diplomprüfungen für studierende Landwirte. (Dat. Berlin 18. Mai 1909.) 7 S. 8° [Kopft.] [10. 6112 8

Ordnung der Diplomprüfungen an der Kgl. polytechnischen Schule zu Hannover (v. 20. 5. 1873). 1873. *H**

Ordnung der Diplom-Prüfungen an der Kgl. Rheinisch-Westphälischen polytechnischen Schule zu Aachen (v. 20. 5. 1873).

Ordnung des jüdischen Eids vor christlichen Gerichten . . . Wallerstein 1783. V: *Preu, Johann Christian.* (MGT)

Ordnung des jüdischen Eids vor christlichen Gerichten, nach den Meinungen u. Religionsgebräuchen der Juden eingerichtet. Wallerstein, in der Hochfürstl. Hofbuchdruckerey, 1783. Kl. 8°. Cart. m. Lwdr. 38 S. – Rar!

Ordnung bei Einweihung des Turnplatzes zu Breslau 17. 6. 1845, Breslau 1845, 8 S., 8°

Ordnung der Entlassungsprüfungen an den höheren Schulen, nebst der darauf bezügl. Cirkularverfügung des königl. preuß. Ministers der geistl., Unterrichts- und Medizinal-Angelegenheiten vom 27. Mai 1882. gr. 8. (53 S.) Berlin 882, Hertz. * — 60
—— dass. — gr. 8. (65 S.) Berlin 882, Keller. * — 50

Ordnung betreffend die Erhebung von Bau-Erlaubnisgebühren im Bezirke des Fleckens Bramstedt. o. O. (1895) 1 Bl 8° [Kopft.]

Ordnung betreffend die Erhebung und Beaufsichtigung der auf Grund des Gesetzes v 25 Mai 1873 als Gemeindesteuer für die Stadt Potsdam eingeführten Schlachtsteuer. (Berlin & Potsdam 1899: A. W. Hayns Erben.) (29 S.) 8° [Kopft. F]

[Kopft.] [F.] . **Ordnung,** betreffend die Erhebung einer Gebühr für die Benutzung der Strassen und öffentlichen Plätze in der Stadtgemeinde Königshütte. *(Königshütte: 1895.)* 1 Bl. 8. [96. 559

Ordnung für die Erhebung einer Gemeindesteuer von der Erlangung der Erlaubnis zum ständigen Betriebe der Gastwirtschaft, mit Branntwein oder Spiritus im Flecken Bramstedt. (Bramstedt 1907) 2 Bl 8° [Kopft]

Ordnung für die Erhebung einer Gemeindesteuer vom Erwerbe von Grundstücken im Flecken Bramstedt (Bramstedt. 1906.) 2 Bl 8° Kopft]

[Kopft.] [F.] **Ordnung** für die Erhebung einer Gemeindesteuer bei dem Erwerbe von Grundstücken im Bezirk der Stadt Königshütte O.-S. *(Königshütte: 1895.)* (3 Bl.) 1 Bd 8. [96. 560

[Kopft.] [F.] **Ordnung** für die Erhebung einer Gemeindesteuer bei dem Erwerbe von Grundstücken im Bezirke der Stadt Potsdam. *(Potsdam: Buchdr. d. Hayn'schen Erben 1898.)* (4 S.) 2 Bl. 8. [98. 9057

Ordnung für die Erhebung einer Gemeindesteuer bei dem Erwerbe von Grundstücken im Bezirke der Gemeinde Wehlheiden. *(Wehlheiden 1897.)* (9 S.) 8° [F.] [00. 6740

Ordnung für die Erhebung einer Gemeindesteuer vom Erwerbe von Grundstücken und von Rechten, für welche die auf Grundstücke bezüglichen Vorschriften gelten, im Bezirke der Gemeinde Hohenwestedt. Hohenwestedt 1907 8°

Ordnung für die Erhebung einer Gemeindesteuer vom Erwerbe von Grundstücken und von Rechten, für welche die auf Grundstücke bezüglichen Vorschriften gelten, in der Gemeinde Schiffbek Schiffbek 1906 8°

Ordnung betreffend die Erhebung einer Gemeindesteuer von Wildpret und Geflügel in der Stadt Potsdam. (Berlin u. Potsdam 1899 A. W. Hayn's Erben.) (11 S.) 8° [Kopft. F.] [99. 973]

Ordnung betreffend die **Erhebung** einer **Gemeindesteuer von Wildpret** und Geflugel in der Stadt Potsdam. **Neudr in d. Fassung d. Ordnung vom 18. Febr 1899 u. d. Nachträge vom 3. März 1900 u. 8. März 1901** *(Berlin & Potsdam 1901 A. W. Hayn's Erben.)* (12 S.) 8° [Kopft. F.] [01. 11086]

[Umschlagt.] [F.] **Ordnung** für die **Erhebung** der direkten Gemeinde-Steuern in der Stadt Pr. Eylau *Pr. Eylau: R. Scheffler 1895.* (1 Bl., 16 S.) 1 Bd 8. [96. 5136]

Ordnung für die Erhebung einer Gemeinde-Verbrauchssteuer von Branntwein, Essig, Apfelwein und Bier in der Residenzstadt Cassel, sowie von Branntwein in der Kolonie Philippinenhof Cassel 1902· Gebr Landsiedel (21 S.) 8°

Ordnung für die Erhebung einer Gemeinde-Verbrauchssteuer von Fleisch, Fleischwaaren, Wildpret und Geflügel in der Residenzstadt Cassel. Cassel 1902. Gebr. Landsiedel. (16 S.) 8°

Ordnung für die Erhebung einer Gemeinde-Verbrauchssteuer von Waizenmehl, Waizengries, Waizenschrot u. Backwaaren aus Waizenmehl- u. Schrot in der Residenzstadt Cassel. Cassel 1902. Gebr. Landsiedel. (16 S.) 8°

Ordnung betreffend die Erhebung einer Hundesteuer im Bezirke des Fleckens Bramstedt o O. (1895) 1 Bl 8° Kopft

Ordnung betreffend die **Erhebung** einer **Hundesteuer** im Bezirk der Residenzstadt Cassel einschliesslich der Kolonie Philippinenhof. *Cassel 1898 Weber & Weidemeyer* (8 S.) 8° [Umschlagt F.] [99. 6743]

[Kopft. ·] [F.] . **Ordnung** betreffend die **Erhebung** einer **Hundesteuer** im Bezirke der Stadt Königshütte O.-S. *(Königshütte: 1895.)* 2 Bl. 8. [96. 361]

[F.] **Ordnung** betreffend die **Erhebung** einer **Hundesteuer** im Bezirke der Stadt Potsdam. *Potsdam: Dr. v. J. Grossmann 1895.* (7 S.) 1 Bd 8. [96. 362]

Ordnung betreffend die Erhebung von Lustbarkeitssteuern im Bezirke des Fleckens Bramstedt o O (1895) 1 Bl. 8° Kopft

Ordnung betreffend die Erhebung von Lustbarkeits-Steuern im Bezirk der Gemeinde Hohenwestedt (Hohenwestedt 1899) 8°

[Kopft..] [F.] **Ordnung** betreffend die **Erhebung** von **Lustbarkeitssteuern** im Bezirke der Stadt Königshütte O.-S. *(Königshütte: 1895.)* 2 Bl. 8. [96. 363]

Ordnung betreffend die Erhebung von Lustbarkeitssteuern im Bezirk der Stadt Nortorf (Nortorf 1909) 8° Kopft Beilage zu Nr 84 der „Nortorfer Zeitung" vom 22 Juli 1909

[F.] **Ordnung** betreffend die **Erhebung** von **Lustbarkeitssteuern** im Bezirke der Stadt Potsdam. *(Potsdam: Buchdr. d. A. W. Hayn'schen Erben 1898.)* (4 S.) 2 Bl. 8. [98. 9018]

Ordnung betreffend die **Erhebung** von **Lustbarkeitssteuern** im Bezirke der Stadt Potsdam. *(Berlin & Potsdam 1900: A. W. Hayn's Erben.)* (; S.) 8° [F.] [00. 10873]

[Kopft. :] [F.] . . **Ordnung** betreffend die **Erhebung** eines **Zuschlages** zur **Brausteuer und einer Biersteuer in der Stadtgemeinde Königshütte O.-S.** *(Königshütte: Dr. v. F. Ploch 1895.)* 2 Bl. 8. [96. 364]

[Kopft. :] [F.] **Ordnung** betreffend die **Erhebung** eines **Zuschlages** zur **Brausteuer und einer Biersteuer in der Stadtgemeinde Potsdam.** *(Potsdam: Dr. v. J. Grossmann 1895.)* (20 S.) 1 Bd 8. [96. 365]

Ordnung betreffend die Erhebung eines Zuschlages zur Brausteuer und einer Biersteuer in der Stadtgemeinde Potsdam. *(Berlin & Potsdam 1899 A. W. Hayns Erben)* (11 S.) 8° [Kopft F.] [99. 9374]

Ordnung betreffend die Erhebung eines Zuschlags zur Reichs-Brausteuer und einer Biersteuer im Flecken Bramstedt o O (1900) 2 Bl. 8° Kopft

Ordnung betreffend die **Erhebung** eines **Zuschlages zur Reichs-Brausteuer und einer Biersteuer in der Stadtgemeinde Potsdam.** *(Berlin & Potsdam 1900: A. W. Hayn's Erben.)* (8 S.) 8° [F.] [00. 10874]

Ernewerte **Ordnung** deß Fisch-Kauffhauses in des Hl. Reichs Freyer Statt Cöllen Darauß zu ersehen, wie sich die Ober- u. Niederländische Factoren, Wirthe Haußmeister mit den zugeschickten Wahren, neben Erlegung der Accins verhalten sollen Cölln 1712

Ernewerte **Ordnung** deß Kauff-Hauses Gürtzenich in des Heyl. Reichs freyer Statt Cöllen. Darauß zu ersehen, wie sich die Richter, Haußmeister, Kauffhaußdiener wegen Niederlag der Wahren- u. Ventguter u sonsten verhalten sollen 1707. Cölln (1707).

Erneuerte **Ordnung** vor die Teutsche Schulen des Hzgth. Würtemberg. Ludwigsburg Rosslin 1730

Des Heiligen Reichs-Stadt Franckfurth am Mayn erneuerte und vermehrte **Ordnung** in Wechsel- und Kauffmanns-Geschafften, mit beygefügter Tax der Wechsel-Notarien Gebühren, auch Wechsel- und Waaren-Mackler-Ordnung und Rolle Franckfurth a. M. 1739.

Erneuerte n. verm. Ordn. in Wechsel- n. Handlungsgeschäften d. fr. Reichsst. Frankfurt a. M. Mit beigefügt. Taxe d. Wechsel-Notarien-Gebühren, auch Wechsel- u. Waaren-Makler-Ordn. u. Rolle. ***Darmstadt.*** **(Heyer, Vater, in *Giessen.*) 800. 8. (8 Gr.)**

— erneuerte, im Wechsel- u. a. Handl.-Gesch. d. St. Frankf. 8. Gießen, Heyer u. L. 800.

Universität Basel. Ordnung für die Erteilung von Stipendien. (Beschlossen von der Regenz am 22. Jan. 1901, genehmigt vom Erziehungsrat am 7. März 1901.) 4 S. 8. (Basel, Fr. Reinhardt.)

Ordnung für die Erwerbung der Doktorwürde an der medizinischen Fakultät der Universität Basel Auszug aus der Fakultätsordnung. November 1900 Basel 1900 8 S. 8°

Grossherzogl. Technische Hochschule zu Darmstadt. **Ordnung** für die Fachprüfungen der Abteilung für Architektur. Vom 4. 3. 1907. 1907.

Grossherzogl. Technische Hochschule zu Darmstadt. **Ordnung** für die Fachprüfungen der Abteilung für Chemie. Vom 30. 5. 1907. 1907.

Grossherzogl. Technische Hochschule zu Darmstadt. **Ordnung** für die Fachprüfungen der Abteilung für Elektrotechnik. Vom 4. 3. 1907. 1907.

Grossherzogl. Technische Hochschule zu Darmstadt. **Ordnung** für die Fachprüfungen der Abteilung für Ingenieurwesen. Vom 4. 3. 1907. 1907.

Grossherzogl. Technische Hochschule zu Darmstadt. **Ordnung** für die Fachprüfungen der Abteilung für Maschinenbau. Vom 4. 3. 1907. 1907.

Ordnung für die medizinische Fakultät der Universität Basel (vom 19. November 1900). Basel 1900 21 S. 8°

Ordnung für die philosophische Fakultät. Angenommen in der Sitzung der Gesamtfakultät vom 14. Juni 1887. Mit Abänderungen, beschlossen am 27. Mai 1892, am 24. Juni 1896 und am 12. Juli und 3. November 1897. Basel 1897. 15 S. 8°.

Ordnung für die theologische Fakultätsprüfung an der Landes-Universität zu Gießen. Eingeführt durch Verfügung Großh. Ministeriums vom 29. Juni 1883, bzw. 5. Januar, 16. Februar 1898 und 4. September 1900. (Gießen 1906: v. Münchow.) (5 S.) 8° [Kopft. J.]

Ordnung, die, in vermischten Fällen des Lebens, od. Liebesgeschichte des Hrn. T . . ., e. franz. Edelmanns. 8. Augsb. Klett 753. —

ORDNUNG, Die, in den vermischten Fällen des Lebens, oder Lebensgeschichte des Hrn C *, eines französischen Edelmanns, von ihme selbst. Frankfurt und Leipzig 1754. 8°.
Wiener Cat. (1774) verbotener Bücher.

Ordnung f. d. Feier d. Einweihung d. neuen luther. Kirche zu Cassel am Sonntag, d. 28. XI. 1897. gr. 8. (16 S. m. 1 Abb. u. 1 Grundriß im Text.) Kassel (897). (E. Röttger.) n.n. — 60

Döhnert, Karl Rud.: **Ordnung** für die Feier des 50jähr. Maurer-Jubiläum des gel. Br. Döhnert. Donnerstag, den 17. Dez. 1908. [Zwickau 1908.] 2 Bl. 8° [Umschlagtit.]
3 Liedertexte.

Ordnung der Feier zur Neuweihe der Magdalenenkapelle in der Moritzburg am 9. Mai 1890. *[Halle] (1899).* 1 Bl. 4. [illegible] 3

Ordnung der akademischen Feierlichkeiten bei der Einweihung des neuen Universitäts-Gebäudes am 31 Oktober 1834. o. O. (1834). 1 Bl. 2° [Kopft.]

Ordnung der Feierlichkeiten bei der am 25. Januar 1893 im Königlichen Schlosse zu Berlin stattfindenden Vermahlung Ihrer Königlichen Hoheit der Prinzessin Margarethe von Preussen mit dem Prinzen Friedrich Karl von Hessen (Berlin 1893. W. Moeser) S. 2

Ordnung der Ferienreisen für Schüler des Realgymnasiums zu Langenberg ⟨Rheinland⟩. Stiftung d. Kommerzienrats Adalbert Colsman. 1. Juli 1906. Langenberg ⟨Rhld.⟩ 1910: Forsthoff. S. 13. 4°
Langenberg Rhld, RG i. E. P 1910 (672) [S 10. 317

1880—1905. Ordnung des Festes zur Feier des 25jährigen Bestehens der Loge Goethe im Or. Pössneck am Sonntag, den 18. Juni 1905. [Pössneck 1905: Schertling.] 14 S. 8°
7 Liedertexte.

Ordnung für die Festfahrt nach Breslau und für die 9. Turnfahrt nach Budapest. ., Leipzig 1894, 16 S., 8°.

Ordnung der Festfeier zur Tempelweihe des neu errichteten Hauses der ger. und vollk. St. Johannisloge Carl zur Wartburg im Or.˙. Eisenach. Am 3. Febr. 1901. [Eisenach 1901.] 2 Bl. 8° [Umschlagtit.]
Programm.

Ordnung des Festgottesdienstes zur Einweihung des Domes in Schleswig am 25. Oktober 1894. (Schleswig. 1894.) Fol.

Ordnung für die zur Feier des Geburtstags Seiner Majestät des Königs Georg des Fünften am 27. Mai d. J. [1853] unter Vorsitz der Hammer führenden Beamten der Grossloge im O. v. Hannover abzuhaltende Festloge. [Hannover 1853.] 1 Bl. 4° [Kopftit.]

Wilhelm, Prinz von Baden: **Ordnung der Fest-Tafel-Loge bei Einführung Sr. Hoheit des Hochw. Prinzen Wilhelm von Baden als Grossmeister des Bundes der Grossen Loge von Preussen gen. Royal York zur Freundschaft im Or. von Berlin am 26. März 1859. [Berlin 1859: Sittenfeld.] 8 S. 8°**
Programm u. 7 Lieder ohne Noten. — Üb. Wilhelm s. Allgem. Deutsche Biographie Bd 42 1897 S. 701—703 (Poten).

— f. die Feuerbestattung in Leipzig nebst Gebührentarif u. sächsisches Feuerbestattungs-Gesetz m. Ausführungs-Verordnung. (20 S.) kl. 8. Leipzig (910). S. Schnurpfeil. — 30

— d. Stadt Frankfurt a. M. in Wechsel u. kaufmännischen Geschäften. 4. Frankf. (Brönner, a. Hermann) 739.

— — dieselbe. 4. Frankf. Gebhardt u. K. 741.

— der Fronleichnams-Prozession zu Essen-Ruhr 1910. (12 S.) kl. 8. Essen (910). Fredebeul & Koenen. — 10

Ordnung über das Frucht- und Mählwägen. Basel 1772.

— der Gebete u. Handl. bei d. Gottesdienst d. Kirchengemeinen Augsburg. Confession in d. k. k. Erblanden, (von J. G. Fock). 8. Wien 788. Schaumburg; (auch Eurich in Linz.) 16 [illegible] Schrbr. 1 [illegible]

Ordnung der Gebete und Handlungen bei dem öffentlichen Gottesdienst der evangel.-luther. Gemeine in Churpfalz. Heidelberg 1783. V: *List, Carl Benjamin.* (Ky) »Mannheim 1815« (winer)

— Gebete u. Handl. b. d. öffentl. Gottesdienst d. evang. luther. Gemeine in Churpfalz. gr. 8. Heidelb. (Schwan, M.) 763.

— — dass. gr. 8. Lpz. Schneider, Linke. 786.

Ordnung, Gebete u. Handlungen bei dem öffentl. Gottesdienste d. evangel. Luther. Gemeinen d. Churpfalz, neue Aufl. gr. 8. Mannh. Löffler. 815.

— der Gebete u. Handlung bei dem öffentl. Gottesdienst der evangel.-luther. Gemeine im Churpfalz. gr. 8. Heidelb. 783. (Schwan u. G. in Manh.) 1 ₰ (Groos in Heidelb.) 1 ₰ 12 g; Neue Orig.-Aufl. gr. 8. Manh. 824. Löffler. 18 g

Ordnung der Gedächtnissfeier zur dankbaren Erinnerung an den am 4. Dec. 1860 in d. e. O. eingegangenen Br. Friedr. Ludw. Meissner. Von der Loge [zu den drei Schwertern und Asträa zur grünenden Raute in Dresden] abgehalten am 10. Dec. 1860. [Dresden 1860]: Wulffen. 2 Bl. 8⁰ [Umschlagtit.]
3 Liedertexte.

Ordnung für den Geldverwendungs-Ausschuss Berlin 1848. Berlin, Königliche Akademie

Basler Mission. Ordnung für die Evangelischen Gemeinden auf der Goldküste. Revidiert 1902. 64 S. 8. Basel, M. Werner-Riehm, 1902.

Ordnung für die General Werbung | Deren National Infanterie Regimenter in dem gantzen Bezirck der Pro-|vintzen der Niderländischen Ihro Käyserlich- und Königlichen Majestät | Geben zu Brussel den 18. Januarii 1750. . Gedruckt zu Lützemburg bey J. B. Kleber, Buchdrucker, im Jahr 1750. | Einblattdruck, 2° (445 × 345 mm).

Ordnung des Peinlichen Gerichts Kayser Carl des Fünften ... Zug 1743. H: *Tschudy, Leonh. Ludw. & Jos. Ant. v. Tschudy.* (AarK)

— — dieselbe. 8. Nürnb. 745.

— des peinl. Gerichts K. Carls V. 8. Lpz. 746.

— — dieselbe. 8. Augsb. Bürglen. 753.

Ordnung und Gesänge zur Feier der Einweihung des neuen Logengebäudes der Loge zu den ehernen Säulen im Or. Dresden am 29. Nov. 5868. [Dresden 1868: Heinrich.] 2 Bl. 4⁰ [Umschlagtit.]
2 Liedertexte. 1. Weihegesang von Gerhardt, 2. Armenlied von B. Liebrecht.

Ordnung für den Geschaftsgang und für die Aufnahme in das Kieler Stadtkloster Kiel 1910 8⁰

Ordnung der Gesellschaft zu Beförderung bürgerlicher Eintracht in Basel vom 30 Jenner 1798 samt einigen bey diesem Anlaß verlesenen Reden und Abhandlungen [Mit 1 Vignette.] 8 Basel

— für die Gilden im Herzogth. Braunschweig u. Blankenburg. 8. Braunschw. 763. Schulbuchhandl. 2 g

— f. d. Gilden im Herzogth. Braunschweig u. Blankenb. 8. Braunschw. Schulbuchhdl. 765.

— d. Gottesdienstes. Min.-Ausg. 16. (3 S.) Berlin (897). Trowitzsch & Sohn. n. — 04; m. Noten (6 S.) n.n. — 08

— dasselbe. 12. (8 S.) Ebd. (897). n. — 07; m. Noten (4 S.) n. — 08

Ordnung des Gottesdienstes zur Einweihung der St. Jürgenskirche in Kiel am 10 November 1904 8⁰

Ordnung des Gottesdienstes für die evangelisch reformirte Kirche des Kantons Schaffhausen Schaffhausen 860. Schalch. 4. (2 Bl., 266 S.) n 1 ₰ 24 ngr

Ordnung, die, d. Gottesdienstes f. d. evangelisch-lutherische Kirche im Fürstenthum Schwarzburg-Rudolstadt. Hrsg. vom fürstl. Kirchenrath im J. 1887. 12. (32 S.) Rudolstadt 888 (Müller.) n. — 20

Ordnung des Gottesdienstes in den Hamburger Kirchen nebst den öffentlichen Gebeten ... Hamb. 1788. V: *Pauli, Johann Philipp Gerhard.* (Ky) (MGT) (Winer)

— des Gottesdienstes in d. Hamburger Kirchen, nebst d. öffentl. Gebeten u. a. Formularen, (v. J. Ph. G. Pauli). 4. Hamb. 788. Bohn.

ORDNUNG des Gottesdienstes auf dem Lande für Hungarn. o. O. 1770. o. Dr. 1 f. - 730

—— die, des Gottesdienstes für die evangelisch-lutherische Landeskirche des Königr. Sachsen. Nebst Intonationen und Responsorien. Hrsg. von dem evangelisch-luther. Landesconsistorium zu Dresden. 16. (32 S.) Leipzig 880, Pöschel und Trepte. — 10

Ordnung des Gottesdienstes an dem allgemeinen Lob- und Dankfeste, welches wegen des ... Friedens ... 1763 ... gefeyert werden soll. Hildesheim 1763. V: *Koken, Johann Carl.* (ML) (Rotermund, Gel. Hannover. Bremen 1823.)

ORDNUNG des Gottesdienstes in der Marienkapelle im tiefen Weg zu Pressburg. Pressburg 1853: Druck v. A. Schreiber 15 S. - 160 mm
- Dass. Preßburg 1853: Carl Angermayer. 12⁰
- Dass. Preßburg 1859. - 8⁰
- Dass. Preßburg 1863.

Grossherzogl. Badische Technische Hochschule zu Karlsruhe. **Ordnung** für die Habilitation von Privatdocenten. Vom 15. 6. 1896. — [Dasselbe u. d. T.:] Großherzogl. ... Privatdozenten ... [1903.]

Grossherzogl. Badische Technische Hochschule Fridericiana zu Karlsruhe. **Ordnung** für die Habilitation von Privatdozenten. Vom 12. 5. 1905.

Ordnung für die Habilitation von Privatdocenten an der Grossh. Technischen Hochschule zu Karlsruhe. Durch Beschluss des grossen Rates festgestellt. 1887.

Kgl. Polytechnikum Stuttgart. **Ordnung** für die Habilitation von Privatdocenten. Vom 3. 7. 1885. *M*

Caroli V, Ordnung des peinlichen Halsgerichts, mit einem Vorberichte Geo. Beyer's. *Leipz.* **711. — 724. — 733. — m. Zuss., die churf. sächs. Rechte betr. 745. 8.** ..

—— den Handel mit Meßgütern in d. freien Stadt Frankfurt betreff. 8. (2¼ B. u. 7 Tab.) Frankfurt a. M. 836, Krug. *
Beide Schriftchen aus der Gesetz- u. Statuten-Sammlung, besond. abgedruckt.

— des Handelsgerichts in Nürnberg. 4. Nürnberg 804. Milbrodt. 5 ℛ

Ordnung der Handelshochschule der Korporation der Kaufmannschaft von Berlin. (Berlin 1904). Denter & Nicolas. (1 1 S.) 8° [06. 5995 9]

Ordnung der Handlungen und Gebethe bei dem öffentlichen Gottesdienste der Kirchengemeinde A. C. in den Kais. Kön. Erblanden ... Wien 1788. V: *Fock*, *Johann Georg* & *Ernst Friedrich Andreas Cnopf.* (BB) (will) (NN) (winer) (MGT) »1785« (Kordes, Schlesw.-holst. u. eutin. Schriftst. Schleswig 1797.)

Ordnung der Handlungen und Gebete bey dem öffentlichen Gottesdienst der Gemeinen Augsburgischer Confession in den kk. Erblanden. Wien 1788. V: *Fock*, *J. G.* (Ky 4/274) (wrztg 1788, Nr. 19, S. 548) (Biblport)

ORDNUNG der gottesdienstlichen Handlungen und Gesänge. Kaschau 1816: F Landerer 14 S. - gr 8°

Ordnung der Harmonie der Evangelisten, welche der Herr Baron von Canstein beobachtet. Aschersleben 1726. V & H: *Oelsfeld*, *Gotthelf*. (Myl)

Ordnung des Hauptgottesdienstes in den Gemeinden Altstadt- und Neustadt-Ploen. o O. u. J 8°

— d. Hauptgottesdienstes an Sonn- u. Festtagen in der evangelisch-lutherischen Kirche der Prov. Hannover. Ausgabe zum Gebrauch der Geistlichen. 4. (30 S.) Hannover 889. Feesche. n. 1. —

—— eines sonn- und festtäglichen Haupt-Gottesdienstes, nebst Abendmahlsliturgie. Von M. B. 8. (VIII, 47, 36 S.) Gotha 880, Schloeßmann. * 2 —
Feine Ausg. geb. * 3 20

Ordnung, D. 3. Hauptversamml. d. Bayerischen Turnlehrer-V. in Augsburg, 1—3. 6. 1879, Hof 1879, 4 S., 8°.

Ordnung des täglichen Hausgottesdienstes im Diaconissenhause Neuendettelsau. Nördlingen (857.) Beck. 24. (IV, (51 S.) n. 4 *ngr.*

—— des täglichen Hausgottesdienstes im Diaconissenhause Neuendettelsau. 24. (IV und 51 S) Nördlingen 858, Beck'sche Buchh. *

Ordnung des tägl. Hausgottesdienstes im Diakonissenhause Neuendettelsau. Mit 2 Litaneien u. der in Dettelsau gebräuchl. Aus- u. -Einsegnungsform. Nürnberg 870. (Löhe.) 16. (IV, 99 S.) n. 4 *ngr.*

— d. tägl. Hausgottesdienstes im Diakonissenhause Neuen-Dettelsau. M. d. in Neuen-Dettelsau gebräuchl. Aus- u. Einsegnungsform. 3., m. d. 2. gleichlaut. Aufl. gr. 16. (III, 100 S.) Neuen-Dettelsau 896. Buchh. d. Diakonissen-Anstalt. Geb. in Leinw. n. — 80

— des Hausirwesens f. das Königr. Württemberg vom 5. April 1851. Hand-Ausg. mit kurzen Erläuterungen einer von dem Referenten bei der Centralstelle f. Gewerbe u. Handel verfaßten Anleitung für Ortsvorsteher zur Behandlung von Hausirsachen, u. alphabet. Sachregister. gr. 16. (86 S.) Stuttgart 851, Metzler. 6 *ngr.*

— d. Hebammenwesen betreff. De dato Braunschw. d. 28. Nov. 1754. 4. Braunschw., Schulbuchh. 1 ℛ

Ordnung des Heils, das ist, ein kurzer Entwurf der Christlichen Glaubenslehre ... Hamb. 1741. V: *Wagner*, *Frdr.* (ML)

Ordnung, die, des Heils, welche Cph. Starcke in ungebundener Schreib-Art verfertiget, wird jetzo in gebundener Schreib-Art dem Druck übergeben von Joh. Georg Chr. Fischer. Plön. 1756.

Ordnung des Heils, das ist die biblischen Glaubenslehren ... Berlin 1787. V: *Brumbey*, *Carl Wilhelm.* (Ky)

— d. Heils, d. i. die bibl. Glaubensleh:en u. Lebenspflichten der Gläubigen, in Versen (v. K. W. Brumbey). 8. Berl. (Braunschweig) 787. Viewen. 2 ℛ

— d. Heils. 8. Braunschw. Vieweg. 787.

— d. Heils, nach Anleit. d. Katechismus Lutheri. gr. 8. Halle 761. Gebauer. 6 ℛ

Ordnung des Heils, zum Besten der Jugend; nebst kleinem Katechismo Lutheri ... Königsberg 1761. V: *Hänselin*, *Joh. Wilh.* (Ky)

— d. Heils, z. Besten d. Jugend; nebst kl. Katechismo Lutheri, v. e. evangel. Prediger (J. W. Hänselin.) Mit e. Vorrede v. Chr. Huhn. gr. 8. Königsb. 761. Hartung. 4 gr

— d. Heils z. Besten d. Jugend. gr. 8. Königsb. Hartung. 762.

— d. Heils. mit d. nöthigen Beweissprüchen aus d. Dresdn. Katechismus. 12. Chemn. 785. (Leipz., Andrä). 2 gr

— d. Heils, durch d. Catechism. Luth. 8. Sorau. 750.

— d. Heils, nach d. Katechism. Lutheri. 12. Quedlinb. 759. 3 gr

— des Heils, durch d. Katechismus Lutheri. 8. Sorau 760. Hebel. 3 gr

— die, des Heils u. der Seligkeit nebst Luthers kleinem Catechismus. Zum segensreichen Gebrauch f. evangelisch-luther. Gemeinden. 12. (110 S.) Schreiberhau 850. (Breslau, Dülfer & Geiser.) n. 3 1/2 ngr

Ordnung, Herzoglich-Würtembergische, für die allgemeine freywillige Witt- wen- und Waisen-Cassa. Stuttgart 1756. MV: *Moser, Joh. Jacob.* (Moser, Joh. Jacob, Lebensgeschichte von ihm selbst beschrieben. Frankf. u. Leipzig 1777, III, 154)

Fürstlich Hessen-Darmstädtische Ordnung vor die Holzmacher, vom 16. März 1776. - Darmstadt 1776. 12 S.

Ordnung der forstlichen Hochschulprüfung in Gießen. Genehmigt vom Großherzoglichen Ministerium des Innern am 20. August 1904. (1904.) (9 S.) 8° [Kopft.; J.]

— die, des Königl. Hofgerichts d. Herzogth. Bremen u. Verden zu Stade. Von neuem hrsgg. u. mit Anmerkk. begl. von E. W. G. Schlüter, nebst Anhang: Gemeine Bescheide u. gerichtl. Verordnn. d. k. Justiz-Kanzlei u. d. k. Hofgerichts zu Stade. 4. Stade 822. N. A. 833. Pockwitz. (Herold u. W. in Lüneb.) 2 ₰ 6 gr. Die gemeinen Bescheide u. Verordnn. in zwei Sammll. apart 20 gr

— die, des Königl. Hof-Gerichts der Herzogthümer Bremen u. Verden. Nebst Anhang: Gemeine Bescheide u. gerichtl. Verordnungen der Königl. Justiz-Canzlei u. des Königl. Hofgerichts zu Stade. 1e u. 2e Sammlung. Von neuem herausg. u. mit erläut. Anmerkk. u. Zusätzen begleitet von Dr. Ernst Wilh. Gust. Schlüter. 4e Aufl. 4. Lüneburg 833. Herold u. Wahlstab. 2 1/4 ₰

Ordnung, schlesische Holz-, Mast- u. Jagd-, Fol. Breslau, W. G. Korn. 796. Rthlr.

Ordnung der *kaiserl. königl. Huldigungsfeyerlichkeit*, gehalten zu Straubing, den 23. März 1778. Gedr. an dem Huldigungstage. 8°. Geheft., unbeschn. Cart.

16 S. Auf Bl. 1 zwei Hlzschvign. — Huldigungscommissar war Frhr. v. Gresel Exc. Die Feierlichkeiten währten 3 Tage. — Sehr selten!

Ordnung u. Instruktion welcher Maßen sich hinfüro alle ... Amtleuth im Herzogt. Würtemberg mit ... Einsammlung der Zehenden u. allerhand Früchten u. des Weinzehenden walten sollen. Stuttgart 1701. -- [Zit. nach BJ]

Ordnung für die Jubiläums-Stiftung und für die Mauckisch-Stiftung am Städtischen Realgymnasium zu Freiberg. 4 (S. 44—45 des Jahresber.).
Progr.

[Ordnung für die Jubiläums-Stiftung am Städtischen Realgymnasium zu Freiberg.] *Freiberg 1898: Gerlach.* (44—45 S.) 4° [F.]
Freiberg, st. RG., OP 1898 (579)

— v. v. Juni 1766, das Vorzimmer d. Küchengeschirre betreff., nebst Erläuterung. 4. Braunschw., Schulbuchh. 2 gr

[Wappen F u. F] | Ordnung | Des Kaysers, | Vom 27ten März 1786. | Ueber den laufenden Werth der Souverains d'Or, und der | Kayserlichen Ducaten von Seiner Majestät Schlag | in der Provinz Lutzemburg. | (Am Ende:) Lützemburg, | Bey der Wittib J. B. Kleber, 1786. |
3 S., 4° (330 × 205 mm).

Ordnung der Kinder-Wartanstalt. Dr. von A. Leykams Erben. Gratz. (Enthält 15 Paragraphen. 4 S. 8.) 1857.

Ordnung von einer Kindestaufe sowohl als dem beym heiligen Abendmal gewöhnlichen Gottesdienst. O. O. 1745. V: *Stoy, Johann Friedrich.* (will) (ML)

BERN. — Ordnung die Kleider etc. Knechten und Mägde, wie auch deren Dienst und Lidlöhn betreffend. Für der Republik Bern .... Städte und Lande. BERN, gedruckt in Hoch-Oberkeitlicher Druckerey MDCCLXVI [1766]. Kl. 4°. 40 S. (Bibl. Lipperheide no. 3390.)

Ordnung die Kleider etc. Knechten und Mägde, wie auch deren Dienst und Liedlöhn betreffend. Bern 1767 4.

Ordnung für die Communen in dem Herzogthum Würtemberg. Ludwigsb. 1758. B: *Moser, Johann Jacob.* (ML)

Ordnung für die Communen auch deren Vorstehere und Bediente in dem Hgt. Würtemberg. (Dat. Ludwigsburg 1 Juni 1758) Stuttgart Cotta [1758. 2° und 4°] 4° und 8°

Ordnung für die fortlaufenden Conti der Großhändler d. freien Stadt Frankfurt, über Meßgüter betreffend. gr. 8. Frankfurt a. M. 836. Krug. 1/12 ₰

Ordnung für die und Bericht über die Kreisverhandlungen in Oderan, 10. bis 12. 4. 1898, Dresden 1898, 8°.

Ordnung für die Kreisversammlungen in Hohenstein-Ernstthal, 15.—17. 4. 1900 (S. Abdr. a. Nr. 14 „Der Turner aus Sachsen"), Dresden 1900, 8 S., 8°.
(Angeb.): Grundgesetz d. XV. Dtsch. Turnkr. Sachsen.

Ordnung für die Kreisversammlungen in Kirchberg i. S., 25.—27. 3. 1894, Leipzig 1894, 11 S., 8°.

Ordnung für die Kreisversammlungen in Reichenbach i. V., 27.—29. 3. 1904, Dresden 1904, 13 S., 8°.

Ordnung für die Kreisversammlungen in Wurzen, 18.—19. 4. 1892, Leipzig 1892, 11 S., 8°.

Ordnung des Kürturnens zum Schauturnen des 12. Stiftungsfestes des Turnklubbs zu Hannover 25. 1. 1880, 8 S., 4°.

Ordnung der Schweizerischen Landesbibliothek in Bern. (Vom 19. März 1900.) (Mit d. Abänderungen vom 21. März 1902, 5. Juli 1904 u. 2. Dez. 1909.) (Bern 1910.) 8 S. 8° [Kopft.] [10. 12235]

—— der beiden Landesgymnasien in Meiningen u. Hildburghausen. gr. 4. (17 1/2 B.) Meiningen 836. [Blum.]

— der beiden Landesgymnasien in Meiningen u. Hildburghausen. gr 4. Meiningen 836. Keyßner. 5/6 ₰

Ordnung der Lehraufgaben der Gymnasien und der Verteilung der Lehrstunden (Auszug aus „allgem. Vorschriften f. d. höh. Schulen in Elsass-Lothringen vom 20. Juni 1883") und Bemerkungen. Gebweiler, G., 1884 14 S. 4. Progr.

Ordnung u. Lehrplan für die Schulanstalt der evangel. Garnisonsgemeinde zu Darmstadt. Darmstadt 1824. 36 S.

— — der latein. Schulen u. der Gymnasien in dem Kgr. Bayern. München 1830. 47 S.
— — Dass. 1834.

Ordnung für die Lectoren der philosophischen Facultät. Freiburg, Schweiz 1901. 3 S. 8°.
Nicht zur Versendung bestimmt.

[Ordnung für die Mauckisch-Stiftung am Städtischen Realgymnasium zu Freiberg.] *Freiberg 1898: Gerlach.* (S. 45.) 4° [F.]
Freiberg, st RG, OP 1898 (570)

Ordnung, nach welcher die Rechts-Sachen vorkommen sollen so bey dem in der Stadt Kiel den 20-sten Nov 1765 zu erofnenden gemeinschaftlichen holsteinischen Land Gericht anhängig gemacht. o O u J 8°

ORDNUNG des Nachmittags-Gottesdienstes in der Dom- und Stadtpfarrkirche zu Sanct Martin in Pressburg. Pressburg 1853: Druck v. A. Schreiber 24 S. - 16°
Dass. Neue Ausg. Pressburg 1860: Druck v. A. Schreiber 36 S. 16°

Neu revidierte Ordnung der für das hamburgische Militär errichteten Invaliden-Kasse. Hamburg 1855 21 S.

(Ordnung.) Neue Ordnung, wornach die harte Kohlen und das Geriß auf denen Eschweiler Kohlbergwerkern fürs künftige geladen werden sollen: erlassen durch Carl Theodor Pfalzgraf bey Rhein usw zu Düsseldorf den 7ten Decembris 1775 (Dusseldorf?, 1775). 6 S.

Ordnung d. königl. Ober-Appellationsgericht zu Celle rc. s. a. Hagemann, Th.,

— des königl. Ober-Appellationsgerichts zu Celle. Von neuem hrsgg. u. mit erläut. Anmerkk. begleit. v. Th. Hagemann. 4. Hannov. 819. Hahn. 2 ₰

— d. Pfarr- u. Schulkassen f. Wittwen u. Waisen im Herzogth. Coburg. 4. Coburg 758. Ahl. 3 gl

Ordnung | Und | Placart | Der | Durchläuchtigster Erzherzogen xc. | Unserer gnädigster Lands-Fürsten und Herrn, | über die Büschen, Wälden[!] und Gehölz. | [Vignette] | Gedruckt zu Lutzemburg, | Bey Jakob Ferry, Buchdrucker, im Jahr 1725. |
(Am Ende:) Gedruckt zu Lutzemburg bey Jacob Ferry, Buchdrucker, im Jahr 1724. |
1 ungez. Bl. (Titel), 36 S., 8° (210 × 170 mm).

Konigliche Preußische und Churfürstliche Brandenburgische Allgemeine Ordnung die Verbesserung des Justitz-Wesens betr., vom 21 Junii 1713. Berlin (1713). fol.

Koniglich Preußische Ordnung von Vormundern und Vormundschafften [Dat.] Berlin, 23. 9 1718 Berlin Nicolai 1718

— [Desgl.] Berlin Rudiger 1724

Konigliche Preußische Ordnung von Vormundern und Vormundschafften. (Fur die Chur- u. Neu-Marck.) [Dat.:] Berlin den 26. Nov. 1718. Berlin 1718.

-- [Desgl.] 1724.

— provisorische, des gemeinschaftl. Ober-Appellationsgerichts zu Jena, f. die Großherzogl. u. Herzogl. Sachsen-Ernestinischen auch Fürstl. Reußischen Lande. gr. 4. Jena 816. Schreiber. (Schmid) 6 gl

Provisor. Ordn. d. gemeinschaftl. Oberappellat.-Gerichts zu Jena f. d. grossbzgl. u. hzgl. Sachsen-Ernest., auch fürstl. Reuss. Lande. *Jena.* (Schmid.) 817. gr. 4. (6 Gr.)

— provisorische, des gemeinschaftl. Ober-Appellations-Gerichtes zu Jena für die Großherzogl. u. Herzogl. Sachsen-Ernestinischen auch Fürstl. Reußischen Lande, mit Hinzufügung der vom 1. Jan. 1817 bis 1. Juli 1830 ergang. Erläuterungen, authent. Interpretationen u. Zusätze dazu, herausg. vom Dr. Ad. Martin. Nebst e. Anhange, enthaltend: die Publications-Patente zur OAG-Ordnung, die OAG-Canzley- u. Sportel-Ordnung, auch die bisher. Präjudicien u. gemeinen Bescheide des OA-Gerichtes. gr. 8. Jena 830. (Leipzig, Allgem. niederländ. Buchh.) n. 3/4 ₰

Provisor. Ordn. d. gemeinschaftl. Ober-Appell.-Gerichts zu Jena f. d. Grossherz. u. Herz. Sachsen-Ernest. auch Fürstl. Reuss. Lande, mit Hinzufüg. d. v. 1. Jan. 1817 bis 1. Juli 1830 ergang. Erläuterr., authent. Interpretationen u. Zusätze dazu, hrsg. v. Ad. MARTIN. Nebst ein. Anh., enthalt.: Die Publicat.-Patente z. Ober-App.-Ger.-Ordn., die Ober-App.-Ger.-Canzley- u. Sportel-Ordn., auch die bisher. Präjudicien u. gem. Bescheide d. Ober-App.-Gerichts. *Jena.* (Hochhausen.) 830. gr. 8. (18 Gr.)

— f. die Prüfung, die praktische Ausbildung u. die Anstellung der Kandidaten des höheren Lehramts in Preußen. Mit Sachregister. 8. Aufl. (100 S.) gr. 8. Halle 906. Buchh. des Waisenhauses. n. 1. 20; kart. n. 1. 45

[Dasselbe 4. Aufl. *[u. d. Tit.:]*
Fries, Wilh., Die Ordnungen für die Prüfung, für die praktische Ausbildung und die Anstellung der Kandidaten des höheren Lehramts in Preussen m. d. erl. u. erg. Bestimm. hrsg. 4. Aufl. Halle a. S. 1906. 8°.
[Dasselbe] 5. Aufl. Halle a. S. 1909. 8°.

Ordnung der diessjährigen Prüfung in der Privatbildungsanstalt für Söhne . . . in Mitau. [Mitau 1818.] V: *Döllen, Carl Wilhelm.* (R-N)

Ordnung der Prüfung zur Erlangung eines Diploms der Grossh. technischen Hochschule zu Karlsruhe für Kenntnisse auf dem Gebiete der Naturwissenschaften (v. 1. 2. 1877). *K*

Ordnung der Prüfung für das Lehramt an höheren Schulen vom 5. Febr. 1887. gr. 8. (37 S.) Berlin 887. Hertz. n. — 60

— dasselbe. 8. (44 S.) Berlin 887. Mayer & Müller. n. — 40

— dasselbe. gr. 8. (32 S.) Neuwied 887. Heuser's Verl. n. — 50

— dasselbe. gr. 8. (32 S.) Trier 887. Stephanus. n. — 60

— der Prüfung f. das Lehramt an höheren Schulen. 8. (32 S.) Schwerin 889. Bärensprung'sche Hofbuchdr. n. — 40

— d. Prüfg. f. das Lehramt an höh. Schulen. [Aus: „Reg.-Bl. 1888, Nr. 26".] gr. 8. (25 u. VI S.) Schwerin 888. Bärensprung'sche Hofbuchdr. n. — 40

Ordnung der Prüfung für das Lehramt an höheren Schulen. (Berlin 1898: J. F Starcke.) (26 S.) 8° [Kopft. F.] (07. 9072 10

— d. Prüfg. f. d. Lehramt d. höh. Schulen Preußens v. 12. IX. 1898. [Aus: „Kunze's Kalender f. d. höh. Schulwesen".] 8. (20 S.) Breslau 898. Preuß & Jünger. n. — 40

— dasselbe u. Ordng. d. prakt. Ausbildg. d. Kandidaten f. d. Lehramt an höh. Schulen in Preußen vom 15. III. 1890. gr. 8. (III, 36 S.) Berlin 898. Besser. n. — 60

[F.] **Ordnung** der Prüfung für das Lehramt an höheren Schulen in Preussen v. 12. Sept. 1898 u. Ordng d. prakt. Ausbildg d. Kandidaten f. d. Lehramt an höh. Schulen in Preussen v. 15. März 1890. *Berlin: W. Hertz 1898.* (2 Bl., 36 S.) 1 Bd 8. (98. 9337

Prüfungsordnung für die Kandidaten des höheren Lehramts (**Ordnung** der Prüfung für das Lehramt an höheren Schulen in Preussen) vom 5. Febr 1887 u. 12 Sept. 1898 nebst d. Bestimmungen über d. prakt Ausbildung derselben v. 15. März 1890 u. d. Minist.-Erlass v. 21. Febr 1807, betr d. colloquium pro rectoratu. – Ordnung für d. pädag. Ausbildung d. Kand. d. landwirtsch. Lehramts in Preussen v. 2 Juni 1891 3. Aufl. *Berlin: Weidmann 1898.* (84 S.) 8° [F.] (02. 8503 11

— der Prüfung f. das Lehramt an höh. Schulen in Preußen vom 12. IX. 1898 u. Ordnung der praktischen Ausbildung der Kandidaten f. das Lehramt an höheren Schulen in Preußen vom 15. III. 1890. Nebst ergänz. Anh. (III, 57 S.) gr. 8. Berlin 906. J. G. Cotta Nachf. Zweigniederlassg. n. — 60

— der Prüfung f. das Lehramt an höheren Schulen in Preußen u. Ordnung der praktischen Ausbildung der Kandidaten f. das Lehramt an höheren Schulen in Preußen. Nebst ergänz. Anh. (78 S.) gr. 8. Ebd. 909. — 90

— der pädagogischen Prüfung an der Universität Leipzig; vom 26. Jan. 1888, nebst Bekanntmachg, die Ordng. der pädagog. Prüfg. an der Universität Leipzig betr.; vom 26. Jan. 1888. 4. (13 S.) Ebd. 888. — 30

— der Prüfung f. das höhere Schulamt vom 31. Aug. 1887 nebst Bekanntmachung, die Ordnung der Prüfung f. das höhere Schulamt betr.; vom 31. Aug. 1887. 4. (25 S.) Dresden 887. Meinhold & Söhne. n. — 40

— der Prüfung f. das höh. Schulamt v. 19. VII. 1899, nebst Bekanntmachg. d. Ordng. der Prüfg. f. das höhere Schulamt betr.; v. 19. VII. 1899. 4. (26 S.) Dresden (899). C. C. Meinhold & Söhne. n. — 40

— für die wissenschaftliche Prüfung der Lehrerinnen (Oberlehrerinnen-Prüfung) in Preußen vom 15. VI. 1900. gr. 8. (20 S.) Berlin 900. [Besser.] J. G. Cotta Nachf., Zweigniederlassg. — 30

Ordnung für die wissenschaftliche Prüfung der Lehrerinnen 〈Oberlehrerinnen-Prüfung〉 in Preussen vom 15. Juni 1900. — Berlin: Hertz 1900. 20 S. 8°

— des Raths zu Gotha, wie sich die Bürgerschaft bei Feuer verhalten soll. 4. Gotha 765. Mevius. 4 gr

— des Raths zu Gotha, wie sich die Bürgerschaft bey Feuer verhalten soll. 4. Gotha, Mevius. 766.

— für die Realschulen zu Meiningen u. Saalfeld. gr. 4. Meiningen 845. (Blume.) n. 14 ngr

Ordnung betreffend die Regelung des Diensteinkommens der Lehrer u. Lehrerinnen an den öffentl. Volksschulen der Stadt Marburg v. 5. Nov 1903. *(Marburg 1904.)* (2 Bl.) 8° [Kopft. F.] (04. 1169) 4

— üb. die, der Regierungsnachfolge in d. herzogl. Hause Sachsen-Gotha. gr. 8. Leipz. 825. Brockhaus. 6 gr

ORDNUNG | UND | REGLEMENT | DER | Kayserlichen Majestät | Königin in Hungarn | und Böhmen, | Betreffend die Landstreicher, Leuthe ohne Auffenthalt | und Überläufer Ihro Völckeren in dem Hertzog-|tumb Lutzemburg und Graffschafft Chiny | Vom 3. Decembris 1749. | [Wappen] | Gedruckt zu Lutzemburg, | Bey den Erben des Andreae Chevalier, 1749. |
14 S., 8° (195 × 155 mm).

Ordnung und Reglement | Der | Käyserlichen Majestät | Königin | in Hungarn und Böheim, | Betreffend die Landstreicher, Leuthe ohne Auff-|enthalt und Uberläuffer Ihro Völckeren in dem | Hertzogtumb Lutzemburg und Graffschafft | CHINY | Vom I. August 1738., 3. December 1749., | und 18. May 1753. | [Wappen] | Gedruckt zu Lutzemburg, | Bey den Erben des Andreae Chevalier . . 1753. |
16 S., 8° (195 × 155 mm).

ORDNUNG | UND | REGLEMENT | IHRER KAYSERLICHER | UND | CATHOLISCHER MAJESTAET | Betreffend die Jagt und Fischerey in dem | Hertzogthumb Lûtzemburg und | Graffschafft Chiny | Vom 10[**] Junii 1732. | [Wappen] | LUTZEMBURG, | Bey Andreas Chevalier, 1732. |
15 S., 8° (220 × 180 mm).

Ordnung

Ordnung und Reglement was bey noch fürwehrender Gefahr der leydigen Contagion zu Praecaution und Abwendung derselben in diesem löblichen ober-rheinischen Crayß zu observiren und zu beobachten. (Franckfurth 1722.) 12 S. 4°

Ordnung und Reglement wie sich dieser des Heil. Reichs freyer Statt Cöllen Pforten-Schreiber zu verhalten haben. Cölln 1731.

— der Reifeprüfung nebst den Bestimmungen üb. die Prüfungen u. die Versetzung der Schüler an den höheren Lehranstalten in Preußen. Mit ergänz. Anh. (48 S.) gr. 8. Ebd. 909. — 60

Ordnung der Reifeprüfung an dem Gymnasium zu Rostock. Gegeben im Rate zu Rostock am 15. Februar 1904. Rostock 1904: C. Boldt. (S. 22–29.) 4°
Rostock, G u. RG OP 1904 (763)

Ordnung der Reifeprüfung an dem Realgymnasium zu Rostock. Gegeben im Rate zu Rostock am 15. Februar 1904. Rostock 1904: C. Boldt. (S. 30—37.) 4°
Rostock, G u. RG OP 1904 (703)

— der Reifeprüfung an den neunstufigen höh. Schulen (Gymnasien, Realgymnasien u. Oberrealschulen) in Preußen 1901. gr. 8. (20 S.) Halle 901. Buchh. des Waisenhauses. n. — 40

— der Reifeprüfung an den neunstufigen höheren Schulen (Gymnasien, Realgymnasien u. Oberrealschulen) in Preußen. 1901. 2. Abdr. ergänzt durch die Ordng. der Prüfg. v. Extraneern u. einige Ministerial-Erlasse. (29 S.) gr. 8. Ebd. 903. n. — 50

Ordnung der Reifeprüfung an den neunstufigen höheren Schulen (Gymn., Realgymn. u. Oberrealschulen) in Preußen 1901 3. Abdr erg durch d. Ordnung d. Prüfung von Extraneern Halle a. S. Waisenhaus 1908 (38 S.) 8° [F.] (08. 1310)

— der Reifeprüfung an den neunstufigen höheren Schulen (Gymnasien, Realgymnasien u. Oberrealschulen) in Preußen 1901. 4. Abdr., ergänzt durch die Ordng. der Prüfg. u. Extraneern u. einige Ministerial-Erlasse. (37 S.) gr. 8. Halle 910. Buchh. des Waisenhauses. — 60

Ordnung der Reifeprüfung an den Studienanstalten in Preußen Berlin Cotta 1910. 16 S. 8° (11. 18545)

Ordnung der Reifeprüfung an den Studienanstalten in Preußen v. 20. Okt. 1910. Halle a. S.: Waisenhaus 1910. 16 S. 8° (11 1305)

— der Reifeprüfungen an den höheren Schulen u. Ordnung der Abschlußprüfungen, nach dem 6. Jahrgange der neunstufigen höheren Schulen, nebst Erläutergn. u. Ausführungsbestimmgn. gr. 8. (62 S.) Berlin 891. Besser. n. — 60

—— der Reifeprüfungen an den höheren Schulen u. Ordnung der Abschlußprüfungen, nach dem 6. Jahrgange der neunstufigen höheren Schulen, nebst Erläutergn. u. Ausführungsbestimmgn. gr. 8. (62 S.) Berl. 892, Besser. * — 60

Ordnung der Reifeprüfungen an den höheren Schulen u. Ordnung d. Abschlußprüfungen nach d. 6. Jg. d. neunstufigen höheren Schulen nebst Erl. u. Ausführungsbestimmungen. Berlin Hertz 1892. 64 S. 8° (10. 16449)

— d. Reifeprüfungen an d. höh. Schulen u. Ordng. d. Abschlußprüfgn. nach d. 6. Jahrgange d. 9stuf. höh. Schulen, m. d. Erläutergn. u. Ausführungsbestimmgn. nach d. Ministerialerlasse v. 6. Jan. 1892 u. d. bis jetzt ergang. Abänderungs-Bestimmgn. nebst Bemerkgn. des Hrsg., sow. Lehrpläne u. Lehraufgaben f. d. höh. Schulen, nebst Erläutergn. u. Ausführungsbestimmgn. [Aus: „Kunze's Kalender f. das höhere Schulwesen Preußens, 1895/96".] gr. 16 (90 S.) Breslau 895. Preuß & Jünger. n. — 80

— d. Reifeprüfungen an d. höh. Schulen u. Ordng. d. Abschlußprüfgn. nach d. 6. Jahrgange d. 9stuf. höh. Schulen, nebst Erläutergn. u. Ausführungsbestimmgn. (Neudr.) gr. 8. (71 S.) Ebd. 897. n. — 60

— die Reifeprüfungen an d. höheren Schulen u. Ordnung der Abschlußprüfgn. nach dem 6. Jahrgange der 9stufigen höheren Schulen, nebst Erläutergn. u. Ausführungsbestimmgn. (Ausg. 1899.) gr. 8. (71 S.) Berlin. [Besser.] J. G. Cotta Nachf., Zweigniederlassg. n. — 60

Ordnung der Reifeprüfungen an den höheren Schulen und Ordnung der Abschlussprüfungen nach dem sechsten Jahrgange der neunstufigen höheren Schulen nebst Erlaut u Ausführungen. *Berlin* *Hert* 1899 (71 S.) 8 [F.]

Ordnung für Rektor und Regenz der Universität Basel. (Von der Regenz beschlossen den 14. Dezember 1897.) Vom Erziehungsrat genehmigt den 18. Februar 1898. Basel 1898. 8 S. 8°.

Ordnung, revidirte, nach welcher die Apotheker in den Königl. Preuß. Landen ihr Kunst-Gewerbe betreiben sollen. De dato Berlin, d. 11. Oktbr. 1801. 4. (35 S.) Berlin 849. (A. Hirschwald.) n. 8 ngr

Ueber die revidirte Ordnung der lateinischen Schulen und der Gymnasien im Königreiche Baiern. (Besonders abgedruckt aus der Zeitschrift für die österreichischen Gymnasien 1854. Heft V.) 8. (48 S.) Wien. Druck und Verlag von Karl Gerold und Sohn. 1854.

Der Römisch Kayserlichen Majestät . . . und des Heiligen Reichs freyen Ritterschafft u. Adels der fünff Theil im Land zu Schwaben **Ordnung**, die sie mit ihrer Kayserl. Majestät Confirmation u. Bestättigung hinfuhro mit u gegeneinander zuhalten, abgeredt . . . de Anno 1560 Renoviert 1721. Riedlingen o. J.

Ordnung, Russisch-Kaiserliche, die Handlungsschifffahrt auf Flüssen, Seen und Meer . . . a. d. Russ. . . . St. Petersburg 1781—82. Ü: *Arndt, Chn Gottlieb.* (Ky)

— russisch-kaiserl., die Handlungsschifffahrt auf Flüssen, Seen u. Meer ꝛc.; aus d. Russ. übers. (v. Chr. Gli. Arndt). 2 Thle. 4. St. Petersb. 781, 82. (Braunschw., Plüchart). 1 ß

— russ. kais. d. Handlungsschifffahrt a. Flüssen, Seen u. Meer. ꝛc. a. d. Russisch. v. C. Arnd. 2 Thle. 4. Leipzig, Hartknoch. 782.

— russisch-kaiserlicher, d. Handlungsschifffahrt auf Flüssen, Seen u. Meer ꝛc. 2 Thle. 4. Braunschw. Plüchart. 813.

— — Russisch-Kaiserl., der Handelsschifffahrt ꝛc. 2 Thle. gr. 8. Braunschweig, Pluchart. 815. Ist der Preis

— Fürstl. Sächs., d. Kirchen- u. Schulwesen betreffend. 4. Gotha. 720.

Ordnung des Schauturnens zum 32. Stiftungsfeste des Allgem. Turnvereins zu Leipzig 1. 7. 1877, 10 S., 4°.

— f. das Schiedsgerichtsverfahren in Gebrauchsmusterschutz-Streitigkeiten, s. a. Verein zur Wahrung gemeinsamer Wirtschaftsinteressen der deutschen Elektrotechnik.

Ordnung für das Schiedsgerichtsverfahren in Gebrauchsmusterschutz-Streitigkeiten. Nebst e. Schiedsrichter-Verzeichnis. Berlin: Siemens in Komm. 1907. 25 S. 4°
(Verein z. Wahrung gemeinsamer Wirtschaftsinteressen d. deutschen Elektrotechnik. Nr 9.)

Ordnung der Schlußprüfung an der Realschule zu Ribnitz (vom 8. Januar 1909). Ribnitz 1909: Haack. S. 3—10. 4°
Ribnitz, st. RPG i. U. z. R OP 1909 (892) [S 09. 346

Verordnung des Kaiserl. Oberschulrats für das Reichsland Elsass-Lothringen. **Ordnung** der **Schlussprüfung** an den sechsstufigen höheren **Schulen** ⟨Progymnasien, Realschulen⟩ (vom 18. Mai 1901). *(Barr 1901: A. Gaudemar.)* (S. 4—5.) 4°
Barr E., R, MP 1901 (570)

— d. Schulen f. d. Braunschw. Lüneb. Lande. gr. 8. Gött. 738.

— der latein. Schulen u. d. Gymnasien in d. Königr. Baiern. gr. 4. Münch. 830. (Landsh., Krüll.) 4 ℛ in gr. 8. Münch. (J. Lindauer). 4 ℛ

— f. die niedern Schulen im Fuldaischen. gr. 8. Würzb. 787. Stahel. 3 ℛ

—— der evangelischen Schullehrerseminare im Königreich Sachsen vom 3. 1857. gr. 8. (IV und 32 S.) Leipzig 857. Teubner *

Ordnung wegen den Schwellenen für das Amt Trachselwald. Bern 1766. 4.

Ordnung für das Historische Seminar I ⟨für mittlere und neuere Geschichte und für geschichtliche Hülfswissenschaften⟩ an der Universität zu Rostock. Rostock 1906: Adlers Erben. (7 S.) 8°
(Nicht für den Austausch)

Ordnung für das klassisch-philologische Seminar an der Landes-Universität zu Rostock. *Rostock 1903 C. Hinstorff.* (8 S.) 8°
[Nicht für den Austausch]

Ordnung für den Sonnenschatz [des Freimaurerbundes zur aufgehenden Sonne in Nürnberg]. o. O. u. J. 4 S. 8°. [Kopftit.]

Ordnung fur sammtliche Stadte der Preußischen Monarchie Nebst Instruktion behufs der Geschaftsfuhrung der Stadtverordneten bei ihren ordnungsmäßigen Versammlungen. [Dat.:] Konigsberg, 19. 11. 1808 Berlin o. J.

Ordnung für sammtliche Städte der Preußischen Monarchie. (Vom 19. 11. 1808) Konigsberg (1808).

— f. sämmtl. Städte d. preuß. Monarchie, verbunden mit allen z. Erklärung u. Vervollständigung derselben erschienenen Rescripten u. Verordnungen, n. Register, hrsgg. v. A. Schelz. 8. Frkf. a. d. O. 811. (Sander in Berl.) 9 ℛ (Vergl. J. W. Fischer, K. W. F. Grattenauer u. Städte-Ordnung).

— — für sämmtl. Städte der Preuß. Monarchie rc. gr. 8. Frankf. a. d. O. Jetzt Flittner. 811.

Ordnung für sämmtliche Städte der Preussischen Monarchie. Nebst Instruction behufs der Geschäftsführung der Stadtverordneten, d. d. Königsberg 19. Nov 1808. Berlin Decker [1820].

Ordnung f. sämmtl. Städte d. prenss. Monarchie. *Königsb.*, (Fort in *Leipz.*) 822. gr. 8. (9 Gr.)

— für sämmtl. Städte der preuß. Monarchie de dato Königsberg, den 19. Nov. 1808, nebst den durch die Allerhöchste Kabinets-Ordre vom 4. Juli 1832 bestätigten nachträgl., die Städte-Ordnung ergänz. u. erläut. Bestimmungen. gr. 8. Breslau 839. Graß, Barth u. Comp. 1/3 ℛ

Ordnung für sämmtliche Städte der preuß. Monarchie de dato Königsberg, den 19. Novbr. 1808 nebst den durch die Allerhöchste Kabinets-Ordre vom 14. Juli 1832 bestätigten nachträglichen, die Städte-Ordnung ergänz. u. erläut. Bestimmungen. 8. Grünberg 844, Levysohn. n. 1/6 ℛ

—— für sämmtliche Städte der preuß. Monarchie de dato Königsberg, den 19. Novbr. 1808, nebst den durch die allerh. Kabinets-Ordre vom 14. Juli 1832 bestätigten nachträgl., die Städte-Ordnung ergänz. und erläuternden Bestimmungen. 8. (74 S.) Grünberg 847, Levysohn. *

— für sämmtliche Städte der preußischen Monarchie de dato Königsberg, den 19. Novbr. 1808, nebst den durch d. Allerh. Kabinets-Ordre vom 14. Juli 1832 bestätigten nachträglichen, die Städte-Ordnung ergänzenden u. erläuternden Bestimmungen. 8. (74 S.) Grünberg 848, Levysohn. n. 6 ngr

Ordnung fur sammtliche Stadte der Preussischen Monarchie vom 19 November 1808 Berlin 1870 = Die Gemeinde-Verfassungen Deutschlands und des Auslandes hrg. v. H Stolp Bd 1 Nr 1 8°

— — und Statuten des Großh. Bad. Pfarrwittwen-Fiskus für die im Eingange dieser Ordnung benannten Landestheile u. Stellen. gr. 8. Carlsruhe, Müller. 813.

Ordnung für den Sylvestergottesdienst. (4 S.) gr. 8. Lemgo (O. Mai). 100 Stück 4. —

Ordnung, Systematisch-chronolologische, aller Gesetze und aller h. Verordnungen, die von den ältesten Zeiten bis auf 1794 für die vorderösterreichischen Lande erlassen worden sind und noch bestehen. Freiburg 1794—1797. H: *Petzek, Jos. Ant. von.* (KY 4/327) (WBL 22/151) (BiblPort)

Ordnung, systemat.-prakt., der f. geistl. Personen nothwend. Betrachtung, nach Vorschrift d. heil. Bonaventura. 8. Augsb. 794. Doll. 8 ℛ

Ordnung und Tarife für das Krematorium und den Urnenfriedhof in Hamburg vom 1. August 1907. Hamburg 1907. Druck von Lütcke u. Wulff.

Ordnung betreffend die Uebernahme der Abfuhr des Hauskehrichts und der Hausabfälle auf Rechnung der Stadtverwaltung u. die Erhebung von Gebühren hierfür in d. Stadt Marburg *(Marburg 1904.)* (7 S.) 8° [Kopft. F.] [04. 1:66, 4

Ordnung, Der Stadt Ulm, von Revision der Akten. O. O. 1780. H: *Miller, Gottlob Dittrich.* (MGT)

Ordnung der **Universitäts-Bibliothek** zu Leipzig. Leipzig, Druck v. A. Edelmann, Univ.-Buchdr., 1894; 19 S. 8.

Maximilian I. Ordnung zum Unterricht der Notarien, mit Anmerkk. *Jena*, 828. (Hahn in *Hannover*.) 8. (6 Gr.)

Bautzen: **Ordnung** des bei der ger. und vollk. St. Joh. Loge zur goldenen Mauer in Budissin zur Berathung und Unterstützung der hülfsbedürftigen Hinterlassenen der Brüder errichteten Vereins. [Dat.: 1. Nov. 1820.] Budissin [1820]: Monse. 16 S. 4° [Umschlagtit.]

Verneuerte **Ordnung** wie es / bey Hochzeit Kind-Tauff und Leichen in denen / des H. Röm. Reichs Stadt **Nürnberg** zugehörigen Aemtern / und auff dem Land hinfüro gehalten werden solle. Im Jahr 1710.
Tit. + Bl. 8

Eines Hoch-Löblichen Raths des Heil. Röm. Reichs freyer Stadt **Nürnberg** **Ordnung** die Ehehalten und Dienstbothen betreffend. Gedruckt bey Frantz Kongott 1741
Tit. m. Wappen in Holzschn., 30 S. 8°

ORDNUNG – für die öffentlichen Versteigerungen, welche von S. M. allergnädigst genehmigt worden ist ... o. V., Wien 15 July 1786 ... 1 vol. 4 Bl.

Ordnung f. die Verwaltung der Arbeitskassen bei den Gefängnissen der Justizverwaltung vom 3. III. 1904. Amtliche Ausg. (IV, 103 S.) gr. 8. Berlin 904. R. v. Decker. n. 1. 50

Ordnung der Verwaltung des Gas- u. Wasserwerks der Stadt Marburg (G u W V O) v 31 Juli 1903. *(Marburg 1903: J. Hamel)* (7 S.) 8° [Kopft. F.] [04. 8347 4

— f. die Verwaltung der Kassen bei den Justizbehörden vom 31. III. 1900. (Justiz-Minist.-Bl. S. 103.) Amtliche Ausg. gr. 8. (X, 299 S.) Berlin 900. R. v. Decker. n. 2. 50

— dasselbe, nebst der allgem. Verfügung, betr. das vereinfachte Kosteneinziehungsverfahren in größeren Städten. Mit Formularen u. Sachregister. gr. 8. (VIII, 157 S.) Berlin 900. A. Nauck & Co. n. 1. 60; kart. n. 1. 80

— f. die Verwaltung der Kassen bei den Justizbehörden vom 31. III. 1900 nebst der allgem. Verfügung, betr. das vereinfachte Kosteneinziehungsverfahren in größeren Städten. 2. Aufl. m. den durch die allgem. Verfüggn. vom 16. XII. 1901 bezw. vom 11. XII. 1900 bewirkten Abändergn. (VIII, 157 S.) gr. 8. Berlin 903. A. Nauck & Co. n. 1. 60: kart. n. 1. 80

— über die Verwaltung der von dem vormaligen Herzogl. Merseburgischen Kanzler Dr. Jh. Chr. Wer im Jahre 1682 errichteten Stiftung. gr. 8. Eilenburg 846, Offenhauer. 1/12 Rthlr

Ordnung für die Verwaltung des Vermögens der evangelischen Kirchengemeinden in der Rheinprovinz. Auf Grund d. Beschlüsse 218–278 d. 27. Rheinischen Provinzialsynode 1905 ... Neuwied [1910]: Heuser. VIII, 204 S. 8° [11. 1339

— für die Verwaltung des Vermögens der evangel. Kirchengemeinden in der Rheinprovinz. Auf Grund der Beschlüsse 218—278 der 27. rhein. Prov.-Synode 1905, bestätigt durch Verfügg. des evangel. Oberkirchenrats vom 28. X. 1909 III 3332 u. des königl. Konsistoriums der Rheinprovinz vom 6. XI. 1909 III 6172. (VIII, 204 S.) gr. 8. Neuwied (910). J. Meincke. Geb. in Leinw. 1. 70

— gegen die Viehseuche. De dato Braunschweig d. 28. Nov. 1754. 4. Braunschw., Schulbuchh. 2 gr.

Gesellschaft freiwilliger Armenfreunde in Kiel. Ausschuß f. d. Volksbibliothek. Ordnung der Kieler Volksbibliotheken. 1 Geschäfts-Anweisung f. d. Ausschuß. 2 Dienst-Anweisung f. d. Bibliothekare 3 Lese-Ordnung f. d. Volksbibliotheken Kiel 1900 A. F. Jensen. (12 S.) 8° [F.] [05. 2759 8

Freie evangelische Volksschule in Basel. Ordnung. 1901 April. 7 S. 8. (Basel, M. Werner-Riehm.

Ordnung der Vorlesungen am k. k. Josefs-Polit̲echnikum in Ofen, im Studienjahre 1857/58. Ofen, 1857. Gedr. in der k. k. Universitäts-Buchdruckerei. (10 S. 4.)

Ordnung der Vorlesungen an der K. K. Deutschen Carl-Ferdinands-Universität zu Prag. 1882/83 ff. Prag.

Ordnung der Vorlesungen an der k. k. deutschen Carl-Ferdinands-Universität. Gr.-8. (53 S.) —.30 netto.
Prag: Calve 1893.

Ordnung der Vorlesungen an der deutschen Carl Ferdinands-Universität zu Prag im Wintersemester 1892/93. Gr.-8. (51 S.) .32
Prag. Calve 1892.

Ordnung der Vorlesungen an der k. k. deutschen Carl-Ferdinands-Universität zu Prag im Wintersemester 1893/94. Gr.-8. (55 S.)
Prag: Calve. —.40

Ordnung der öffentlichen Vorlesungen am k. k. Lyzeum zu Klgft. Klgft., Leon, v. Kleinmayr, 1810—1841. Quart.

Ordnung der ärztlichen Vorprüfung. Auszug aus der Prüfungs-Ordnung für Aerzte, Bekanntmachung des Reichskanzlers vom 28. Mai 1901. (Gießen 1904: v. Münchow.) (8 S.) 8° [Kopft.; F.]

Ordnung für die Vorturnerstunden in den Gauen des VII. deutschen Turnkreises (Oberweser), Göttingen 1882, 2 S., 8°.

Ordnung für die Vorturnerschaft des Nordwestböhmischen Turngaues vom Oktober 1898, Teplitz 1898, 5 S., kl.-8°.

Ordnung der Wein-Herren und Umgelteren in Basel 1774 4.

ORDNUNG und Weise, wie man dem Priester bei dem Amte der heil. Messe nach dem römischen Gebrauche am Altare dienen soll. Hermannstadt o. J. Th. Steinhaussen. - kl. 8°

— u. Weise, wie man d. Priester bei d. Amte d. heil. Messe, dem röm. Gebrauch nach, am Altare dienen soll. 12. Linz, Acad. B.; (a. Gerold in Wien). 2 kr

Ordnung und Weise wie man dem Priester im Amte der heil. Messe dem römischen Gebrauche nach am Altare dienen soll. Mit deutschen Buchstaben gedruckt zum Nutzen derjenigen, die nicht lateinisch lesen können. Brünn (857.) Winiker. 12. (24 S.) n. 1 ngr.

Ordnung, welche auf der Landschafft Basel bey Verrichtung des Gottesdienstes, Anstellung der Kirchenzucht, Heiligung des Sabbaths und Unterrichtung der Jugend etc. in Obacht zu nehmen. Basel 1759. fol.

Ordnung welcher massen das Wein- u. Vieh-Umgelt in Basel-Landschaft aufgenommen werden solle. 1780. 4.

Ordnung wie die Holtzfuhr-Leut in die Waldungen fahren und das Holtz daraus abführen sollend. Bern 1736. 4.

Ordnung, wie die Waldungen Teutschen Lands mehrers geäuffnet und der Holtzveräusserung vorgebogen werden könne. Vom 17 und 28. Februar 1725. - Bern 1725. 24 S.

„Ordnung, wie es forthin, biss auff ainés Ersamen Raths der Statt Augspurg widerrüffen, mit Kauffen vnd Verkauffen der Garen vnd Wepffen daselbst gehalten werden solle. Erkandt in ainem Ersamen Rath, den 15. tag des Monats Februarij Anno M.D.L.XVII". Einblatt.

„Ordnung, wie es fürohin mit den Barchanwepffen, auch mit dem Garenkauffen, soll gehalten werden. Erkannt durch ainn Ersamen Rathe (zu Augspurg), Sammstags, 25. Octobris Anno 1550". Einblatt.

Ordnung, wie es im Fürstenthum Altenburg bey Verlöbnissen, Hochzeiten, Kindtaufen, Begräbnissen und Trauern gehalten werden soll. 4. Altenb.. (Akad. Buchhdl. in Jena) 786.

Ordnung, wie es mit dem Gottesdienste bey der von E. . . . Sammt-Rath der Stadt Hildesheim auf den XIX. Sontag nach Trinitatis dieses 1755sten Jahres angesetzten Jubel-Feyer des . . . Religions-Friedens gehalten werden soll. Hildesheim 1755. V: *Winckler, Johann Dieterich.* (Baumgarten, Nachrichten v. merkw. Büchern. Halle 1752—57. 8, 381.)

Ordnung, wie es mit dem zum Gedächtniß Ferdinands v. Schill gestifteten Invalidenhause vor Braunschweig gehalten werden solle. Braunschweig 1845. V: *Vechelde, Carl Friedr. v.* (Mitth. Dr. H. Bäsecke.)

— d. Wittwen-Fisci, s. a. Wittwen-Fisci.

— der Wittwen-Fisci f. die weltliche Dienerschaft. 8. Karlsr. Macklot; a. Braun. 3 gr.

BADEN-Baden. — Ordnung, wonach sich während der Baad-Zeit zu Baden sowohl die Wirthe als übrige dasige Burgerschaft gegen die dahin kommende Baad-Gäste und diese gegen jene sich zu achten haben. Rastatt 1768. Dabei: Bequartier- und Bewirthungs-Tax-Reglement. Fol. (5 Mk. A. Bielefeld, Carlsruhe, 1892.)

Ebenso interessant als selten! Der § 31 lautet, dass Liederliche, und nicht wegen der Baad-Cur, sondern anderer ohnerlaubter Ursachen halber die Bäder besuchende Weibs-Personen und derley Gesindel sogleich fortzuschaffen seien.

Ordnung wornach sich die Barbirer zu richten. Berlin [1715].

Ordnung, Herzoglich Würtembergische, für die allgemeine freywillige Wittwen- und Waisenkasse. Stuttgart 1756. B: *Moser, Johann Jacob.* (ML)

— d. Nürnberg. Zeidelgerichts zu Feucht, herśgg. v. Jh. Karl Siegm. Kiefhaber. gr. 8. Nürnb. 809. (v. Ebner). 3 gr.

— die zerstreute, u. das Gefecht der Kompagnie. Auszug aus dem Exerzirreglement m. besond. Berücksicht. der Kommandos. Bearb. v. e. Frontoffizier. 16. (37 S.) Straßburg 889. Heinrich. n. — 40

Ordnung über die Zulassung von Privat-Dozenten an der Handels-Hochschule in Köln. *Köln: Kölner Verl. Anst. & Dr. 1901.* (6 S.) 8° [F.] [03. 3830 5

„Ordnunge, Nachbemelter Handtwercker, Nemlich Goldtschmidt, Zimmerleuth, Steinmetzen, Schreiner, Mawrer, Düncher, Decker, Bender, Glaser, Schneider, Tuchscherer, Weinschröder, Schäffer, Acker und Wingartbawleuth, sampt gemeinem Dienstgesind und Taglöhnern, Wie solche alle und jede biss auff anderwerts bescheiden, mit den Tag und Jarlöhnern, auch andern arbeiten, Sommers und Winters zeiten gehalten werden sollen" Heydelberg 1579 (Jacob Müller).

Allerhand Ordnn. d. Herzogth. Würtemberg, mit d. Rescripten u. s. w. *Stuttg.*, Cotta. 767. 8. (1 Thl. 10 Gr.)

Korporation d. Kaufmannschaft von Berlin. **Ordnungen** der Handelshochschule Berlin. Berlin 1907. Denter & Nicolas. (24 S.) 8° [07. 11690 4

Ordnungen u. sonstige **Bestimmungen** f. Studierende, Hospitanten u. Hörer der Handelshochschule Berlin. (Korporation der Kaufmannschaft v. Berlin.) (39 S.) Lex. 8. Berlin (907). G. Reimer. — 50

Ordnungen des Bildungs-Vereins für Arbeiter in Hamburg. Hamburg 1858

Churfürstliche Mayntzische **Ordnungen** vor dero Stadt Erffurth, anno 1704 publiciret, in sich haltende: 1. Churfurstl. Mayntzische Erffurthische Gerichts-Ordnung. 2. Stadt-Raths-, 3. Vormundschaffts-, 4. Zweyermanns-Cammer-, 5. Land-Instructiones. 6. Statuta in Testaments-Sachen ab intestato. 7 Retract-Verordnung. Erffurth 1707. fol.

Churfurstliche Mayntzische Gnadigste **Ordnungen** vor Dero Stadt Erffurth und zugehorige Lande Als 1 Die neue Hof-Gerichts-Ordnung 2 Die Weltliche Gerichts-Ordnung. 3 Des Stadt-Raths Instruction 4 Vormundschaffts-Ambts-Instruction 5 Zweyermanns-Cammer-Instruction 6 Statuta in Successions-Fällen ab intestato 7 Retracts-Ordnung. und 8. Frey-Zinss-Ordnung Nebst einem Anhange verschiedener Ex de gedruckten Patenten und schrifftlichen Verordnungen Mit einem Register versehen Erfurt. o. J Fol

Churfürstl. Mayntzische **Ordnungen** vor dero Stadt Erffurth und zugehorige Lande. **Als:** 1. die neue Hof-Gerichts-Ordnung; 2. die weltliche Gerichts-Ordnung; 3. des Stadt-Raths-Instruction; 4. Vormundschaffts-Ambts-Instruction; 5. Zweyermanns-Cammer-Instruction; 6. Statuta in Successions-Fallen ab intestato, 7 Retracts-Ordnung, u. 8. Frey-Zinß-Ordnung Nebst e. Anh. Erfurth (1747). fol.

[Sammelbd enth.: **Ordnungen, Edikte,** Nachrichten etc. des Hochstifts Münster aus d. J. 1744—1807 das Prozeßrecht betr., teils im Orig., teils in Abschr.]

Ordnungen und Einrichtungen des Pensionats im Rauhen Hause Als Manuskript gedruckt Hamburg 1884 8°

Des heiligen Romischen Reichs ohnmittelbahrer freyer Ritterschafft der sechs Ort in Francken, erneuerte, vermehrte u. confirmirte **Ordnungen.** Nürnberg 1710.

Ritterschaft der sechs Ort in Franken (des heil. Röm. Reichs ohnmittelbar-freyer) erneuerte, vermehrte u. confirmirte Ordnungen, samt . . . Privilegien u. Befreyungs-Briefen, auch Kaiserl. Rescripten. Mit Titelkpf., 1 Vign. u. 1 gefalt. Kpftaf. (*A. C. Fleischmann* sc., Portr.-, Wappen- u. Ordens-Abbild.). O. O. 1772. 4°. Titelbl. nicht ganz saub., sonst gutes Expl. Ldrb.

346 S. u. 2faches Reg.

Ordnungen und Handelsgebräuche der Leipziger Börse nach dem Stande vom 1. Mai 1888. Im Auftrage der Handelskammer hrsg. gr. 8. (III, 76 S.) Leipzig 888, (Hinrichs'sche Buchh., Verlag.) * 1 20
cart. in Leinw. * 1 60

Kirchliche Ordnungen auf Grund bestehender Gesetze und allgemeiner christlicher Sitte 2 Aufl. (Kassel [1910]. Röttger) 16 S. 8° [Kopft] [illegible] 4

Ordnungen, kirchliche, f. d. Konf.-Bez. Cassel, auf Grund besteh. Gesetze u. Verordngn., sow. allgem. kirchl. Sitte zusammengest. Hrsg. vom Pfarrerverein. 8. (16 S.) Hofgeismar 898. (Kassel, E. Röttger.) n. – 10

Landesfürstl. Ordnungen, wornach die Verfassung des Waisenhauses zu Pforzheim u. das dazu gehörige Toll- u. Krankenhaus dermalen eingerichtet ist. 193 S. Carlsruhe. 12°.

1759

Chur-Braunschweig-Luneburgische Landes-Ordnungen und Gesetze ... zum Gebrauch des Furstenthums Luneburg auch angehoriger Graf- und Herrschaften Zellischen Theils zusammen getragen Luneburg 1741–45. 6 Bde

Th. 1 Cap. 1. Von Kirchen- Kloster- Univ [illegible] [illegible] Sachen
„ 2 „ 2. Von Administration der Justiz [illegible] Wesen [illegible] gehenden Punkten.
„ 3. Welches alle das Militair-Wesen [illegible]
Th. 3. Cap. 4 Von Policey-Sachen. Bd 1. 2.
„ [4.] „ 5. Die Kammer- u. Amts-Sachen, ingleichen die Dienst-Hofe, Erben- Zins- Meyer- auch andere die Bauerschaft betr Sachen.
6. Die Contributions- Licent- Stempel- Papier- Impost- Schatz- ... Sachen.
7. Die das Lehn- Zol- u. Post-Wesen betr Dinge.
8. Von Forst- Jagd- Fischerey- Muhlen- Teich- Hut- u. Weide ... Sachen.
[illegible] Landtes-Recesse u. Resolutiones, samt einigen ... Declarationen.

Suppl u. Reg [u. d Tit] Corpus Constitutionum ducatus Luneburgici et comitatus Hoyensis.

Der Stadt Leipzig Ordnungen / Wie auch Privilegia und Statuta. LEIPZIG / bey Thomas Fritschen / 1701. 4°. (l. c. no. 3347:)
Tit. m. d. Leipziger Wappen in Holzschn., 3 Bl., 556 S., 20 Bll.

[Sammelbd enth.: Fürstlich Oranien-Nassauische Ordnungen für die Stadt und Grafschaft Dortmund. In Abschr.] fol.
[Inhalt]
1 Interimistische Prozeß-Ordnung vom 23. May 180[illegible]
2 Interimistische Sportul-Ordnung v. 23. 5. 180[illegible]
[usw]

Ordnungen der Wedekind'schen Preisstiftung für deutsche Geschichte. Göttingen 18[illegible]

Derer Königlichen Preußl. und Churfürstlichen Brandenburgischen Im Herzogthum Magdeburg und Graffschaft Mansfeld publicirten Ordnungen, Edicten ... und Rescripten. 4. Theil. Von Militär Sachen. (1714.) 4°.

Ordnungen u. Privilegia der Heinrichsstadt, u. andere Constitut. 4. Wolfenbuttel, Albrecht. 731.

Ordnungen und Satzungen

Aller des Heil. Römischen Reichs gehaltenen *Reichs-Täge, Abschiede u. Satzungen, samt andern Kayserl. u. Königl. Constitutionen*, als *Caroli IV Güldene Bull* (latein. u. deutsch), so dann die Religion(!)- u. Landfrieden, Policey, Müntz, Cammer-Gericht, betreffende Ordnungen u. Satzungen neben dem *Passauer Vertrag, Caroli V peinlicher Hals-Gerichts-Ordnung, Prager, Osnabrückischen u. Münsterischen Friedens-Schluss*, wie die vom Jahr 1356. biss in das 1654. auffgericht, erneuert u. publicirt worden Nunmehr von Neuem collationirt, fleissig übersehen, u. mit neuen aussführl. Summarien geziert. Franckfurt am Mayn, in Verlegung Joh. Martin Schönwetters (m. Signet), im Jahr Christi MDCC VII. (1707) Fol. Pgmtb., gutes Expl.

2 Frontisp. (auf dem 1. der in Kpf. gestoch. Reichsadler), gedr. Tit., 4 Bll., 1150 gez. S. Text (à 2 Col.), nebst 94 nicht num. Bll. Reg. (à 2 Col.). — Das 2. (beschn. u. ausgebess.) Frontisp. hat folg. latein. Titel Tractatus politico-historico-juridicus Philippi Knipschilds, J. C. de Civitatum Imperialium juribus et privilegiis. Ulmae apud Georg. Wilhelm von Kühne (m. Signet links unt.).

Ordnungen für Schauturnen, Musterriegenturnen, Freiübungen usw., Sammelband, 4°

[F.] Ordnungen für die Stadtbibliothek u. d. Stadtarchiv zu Breslau. *Breslau Dr v. Grass, Barth & C. 1897.* (15 S.) 1 Bd 8. [illegible]

[Ordnungen. Statuten, Manifeste, Bekanntmachungen der Behörden der Stadt Coln a. Rh. städtische Angelegenheiten betr. aus d. J. 1396 bis 1792.] [Dr. u. Hs.] Sammelbd. fol.

Ordnungen und Statuten des Königlichen Preußischen Ober-Herald-Amts. Cölln a. d. Spree 1706. fol.

Ordnungen für die Königliche Universitäts-Bibliothek zu Halle a. d. S. [1.] (Reglement für die Bibliotheks-Kommission der Königlichen Friedrich [!]-Universität Halle-Wittenberg.) [Am Ende:] Berlin 15. Febr. 1877 Der Minister der geistlichen etc. Angelegenheiten. I. A. Greiff. 2 Bl. 4° [Auch in: Centralblatt f. d. ges. Unterrichtsverwaltung in Preussen. 1877 S. 74—75.]

[2.] (Instruktion für die Kustoden der Königlichen Universitäts-Bibliothek zu Halle a. d. Saale.) [Am Ende:] Berlin 29. Mai 1877. Der Minister der geistlichen etc. Angelegenheiten. I. A. Greiff. 2 Bl. 4° [Auch in: Centralblatt f. d. ges. Unterrichtsverwaltung in Preussen. 1877 S. 322—325.]

[3.] (Ausleiheordnung für die Königliche Universitäts-Bibliothek zu Halle.) [Am Ende:] Berlin 5. Febr. 1878. Der Minister der geistlichen etc. Angelegenheiten. I. A. Greiff. 2 Bl. 4° [Auch in Centralblatt f. d. ges. Unterrichtsverwaltung in Preussen. 1878. S. 72—74.]

Später ersch. noch: [4.] Ordnungen für den Lesesaal. [1889].

Ordnungsprincipien, Die, der Universitäts-Bibliothek Kiel. Burg 1888. V: *Steffenhagen, Emil.* (Zuwachsverz. der Bibl. Zürich/1898ff, 7.)

Ordnungsprincipien, die, der Universitäts-Bibliothek Kiel. Für den dienstl. Gebrauch zusammengestellt. Als Mskr. gedr. gr. 8. (VI, 38 S.) Kiel 888, (Lipsius und Tischer.) ** 2 —

Ordo en directorio chori excerptus ad Cantandam tertiam diebus dominicis et festis cum hymnis et psalmis ad Sectam et nonam. Graz, Verlagsb. Styria. Geb. 50 kr.
188*.

Ordo ecclesiaticus, ansam praebente historia fratrum Bohemorum a D. Jo. Franc. Buddeo edita ... Giess. 1704 ... Idsteinae 1744. V: *Lange, Joh. Chn.* (ML)

Ordo pro electione abbatis in monasterio S. Benedicti ad S. Paulum in valle Lavantina dioecesis Gurcensis. Klagenfurti, Leon, 1866. 24 S.

Ordo exsequiarum pro defunctis adultis et parvulis una cum officio, missa et absolutione defunctorum. Ed. Ratisbonensis prima ex rituali, missali, graduali et breviario Romano praevia adprobatione congregationis sacr. rituum adcurate deprompta et pro majori canentium praesertim commoditate apte disposita. gr 8. (IV, 84 S.) Regensburg 872. Pustet n. 1. 20

— judiciarius, incerti auctoris, pars summae legum et tractatus de praescriptione. Nach e. Göttweiger [Stiftbibliothek. saec. XII. ex.] u. einer Wiener [Hofbibliothek. saec. XIII. ex.] Handschrift hrsg. u. bearb. v. Carl Gross. gr. 8. (IV, 270 S.) Innsbruck 870. Wagner. n. 6. —

— judiciarius, der, d. Codex Bambergensis. P. I. 11. Aufgefunden u. zuerst publicirt durch Joh. Frdr. Ritter v. Schulte. [Aus: „Sitzungsber. d. k. Akad. d. Wiss."] Lex.-8. (44 S.) Wien 872. Gerold's Sohn in Comm. n. — 60

Ordo Judiciorum, cum Glossa sub finem saeculi XIII. ei adjecta, e Cod. Trevir. accuratiss. descriptus. Edid. L. A. Warnkoenig. 8maj. Gandavi 835. (Bonnae, Marcus.) n. 1/2 ℛℬ

—— judiciorum (Ulpianus de edendo), incerti auctoris, s.a. Auctoris.

Incerti auctoris Ordo Judiciorum (Ulpianus de edendo) e codicibus et editionibus emendavit glossis auxit annotatatione critica instruxit Gust. Haenel. *Lipsiae*, Hinrichs. 838. 8. (12 Gr.)

Ordo Medicorum in Academia Fridericiana Halensi cum Vitebergensi consociata s. p. d. civibus artis medicae studiosis. Dat. Halae Cal. Jan 1827 2 Bl. 8° (4°) [Kopft.]

[Zwischent.:] Consilium Facultatis Medicae Halensis ad studia doctrinarum medicarum rite dirigenda

Auf Anregung des Ministeriums nach dem Vorbild „Umriß eines Studienplans für die Studirenden der Heilkunst." Dat. Königsberg 13. Febr. 1826, verfaßt, und zwar, wie Friedländer am 30. " 1843 schreibt, „vom sel [Kurt] Sprengel."

Verf Johann Friedrich Meckel, nach R. Beneke, J F. Meckel d. J., Halle 1934. S. 56/58, nebst Wiederabdr des Consilium.

Wieder abgedr als Studienplan für die Studirenden der Medizin auf der Universität Halle. Vom 1 Januar 1827 In: Joh. Frdr Wilh. Koch: Die Preussischen Universitäten. Bd. 2, 1 Berlin 1840. S. 198 f

Ordo Medicorum in Litterarum Universitate Vratislaviensi mutationem examinis medici inauguralis indicit. (Dat. Vratislav Kall. Dec. 1816.) Inest commentatio chirurgica de mastitidis puerperarum sanatione [Verf. Traugott Wilhelm Gustav Benedict]. (Vratislaviae 1816.) (23 S.) 4° *[Enthält die auf Antrag der Fakultät erlassenen neuen Bestimmungen über das Doktor-Examen]*

— ministrandi Baptismum parochalis etc. 12. Salzb. 795. Mayr. 4 𝔤𝔯

Ordo ministrandi Baptismum parvulis, S. Communionem et extremam unctionem infirmis, cum absolutione generali etc. 12. Salzb. 812. N. A. 813. Mayr. 6 𝔤𝔯

— ministrandi baptismum parvulis, S. communionem et extremam functionem infirmis etc. gr. 12. Salzburg 823, Mayr.

Ordo ministrandi Baptismum parvulis, S. Communionem et extremam unctionem infirmis cum absolutione generali, commendatione animae et exequiis, aliaque plura ex Rituali Romano-Salisburgensi in commodiorem usum RR. DD. Curatorum excerpta. Quibus in fine modus juvandi morientes annectitur. 12. Salzburg 843, Mayr. 1/4 ℛℬ

Ordo missae. 24. (16 S.) München 897. (J. Pfeiffer.) n. — 10

— missae secundum missale romanum, s.. Texte, kleine, f theologische Vorlesungen u. Übungen. 19.

Ordo missae ad usum ordinandorum. 12. Mecheln 824. (Mainz, Müller). 4 𝔤𝔯

Ordo seu modus ministrandi sacerdoti sanctissimum missae sacrificium celebranti. Weise und ordentlicher Unterricht, wie ein Knabe dem Priester bei dem Altar zum hochwürdigen Amte der heil. Messe dienen soll. 12. (24 S.) Breslau 851, Graß, Barth und Comp., Verlag.

Ordo et modus rei divinae faciendae in usum dioecesis Argentinensis, pro a. d. MDCCCXCVI pascha incidente in diem V aprilis, reverendissimi domini domini Adolphi Fritzen, Episcopi Argentinensis, auctoritate editus. 12. (XVI, 124 u. 112 S.) Strassburg 896. (F. X. Le Roux & Co.) n n. 1. —

— **et modus** rei divinae faciendae in usum dioecesis Argentinensis. pro a. d. MDCCCII, pascha incidente in diem XXX martii, reverendissimi domini domini Adolphi Fritzen, Episcopi Argentinensis, auctoritate editus. Nebst: Schematismus dioecesis Argentinensis. 12. (VIII, 132 u. 116 S.) Ebd. n.n. 1. —

— **et modus** rei divinae faciendae in usum dioecesis Argentinensis, pro a. d. MDCCCCIII, pascha incidente in diem XII aprilis, reverendissimi domini domini Adolphi Fritzen, Episcopi Argentinensis, auctoritate editus. Nebst: Schematismus dioecesis Argentinensis. (VIII, 134 u. 114 S.) 12. Strassburg, (F. X. Le Roux & Co.). n.n. 1. —

Ordo divini officii dicendi et sacrum faciendi ab universo clero dioecesis Wratislaviensis juxta ritum breviari et missalis romani ac proprii Wratislaviensis pro anno Domini bissextili 1888, compositus ab Aloys. Sambale. 8. (XVI, 126 S.) Breslau 888, (Aderholz.) * 1 20

Ordo divini officii dicendi et sacrum faciendi ab universo clero dioecesis Wratislaviensis juxta ritum breviarii et missalis romani ac proprii Wratislaviensis pro a. D 1890—1893, composuit Aloysius Sambale. 8. (XVI, 124; XVI, 128; XVI, 128; XVI, 128 S.) Bresl., (Aderholz). Ausg. 1890 u. 1891 à * 1 20
Ausg. 1892 u. 1893 à * 1 50

Ordo divini officii dicendi et sacrum faciendi ab universo clero dioecesis Wratislaviensis juxta ritum breviarii et missalis romani ac proprii Wratislaviensis pro a. D. 1895, compositus ab Aloys. Sambale. 8. (XVI, 126 S) Breslau 894. (G. P. Aderholz.) n. 1. 50

— divini officii dicendi et sacrum faciendi ab universo clero dioecesis Wratislaviensis juxta ritum breviarii et missalis romani ac proprii Wratislaviensis pro a. D. 1899, compositus ab Aloysio Sambale. 8. (XVI, 128 S.) Breslau 898. (G. P. Aderholz.) n. 1.50

Ordo divini officii dicendi et sacrum faciendi ab universo clero dioecesis Wratislaviensis juxta ritum breviarii et missalis romani ac proprii Wratislaviensis pro a. D. 1903, compositus a Aemil. Nickel. 8. (XVI, 122 S.) Breslau (G. P. Aderholz). n. 1.50

— divini officii dicendi et sacrum faciendi ab universo clero dioecesis Wratislaviensis juxta ritum breviarrii et missalis romani ac proprii Wratislaviensis pro a. D. 1907, compositus a Aemil. Nikel. (XVI, 123 S.) kl. 8. Breslau, (G. P Aderholz). n. 1.50

Ordo divini officii dicendi et sacrum faciendi ab universo clero dioecesis Wratislaviensis juxta ritum breviarii et missalis romani ac proprii Wratislaviensis pro a. D 1911, compositus a Aemil. Nikel. (XVI, 124 S.) kl. 8. Breslau, (G. P. Aderholz. — Görlich & Coch). nn 1.50

Ordo divini officii pro Monasterio Benedictino Montis S. Georgii in Fiecht. Pro anno Domini communi 1855. Oeniponte. Typis Feliciani Rauch (30 S. 8.) geh.

Ordo divini officii pro Monasterio Benedictino montis S. Georgii in Fiecht. Pro anno Domini bissexto 1856. Oeniponti. Typis Feliciani Rauch. (29 S. 8.)

Ordo divini officii pro Monasterio Benedictino montis S. Georgii in Fiecht. Pro anno Domini communi 1857. Oeniponte. Typis Feliciani Rauch. (27 S. 8.)

Ordo Officii divini ad usum Minorum S. P. Francisci Ser. conventualium almae provinciae Austriae . . . pro 1853. — Sub adm. R P. Prov. Ministro: Norberto Stanka. 8. (58 S.) Vindobonae. Tip. C. Ueberreiter.

Ordo officii divini ad usum Minorum S. P. Francisci Ser. Conventualium almae Provinciae Austriae juxta rubricas Breviarii et Missalis Rom. pro Anno Domini communi 1854. 8. (58 S.) Vindobonae. Typis Caroli Ueberreuter.

Ordo divini officii recitandi Missasque celebrandi juxta ritum Cistercienscm ad usum congregationis Austriacae pro anno Domini 1854. 8. (60 et 40 S.) Viennae. Typis Caroli Ueberreuter.

Ordo divini officii recitandi missasque celebrandi juxta ritum Cistercienseın ad usum congregationis Austriacae pro anno Domini 1855. 8. (62 S.) Viennae Typis Caroli Ueberreuter. Diesem beigebunden: Catalogus personarum regularium Sacri ordinis Cisterciensis Austriae infra et supra Anasum pro anno Domini 1855 (42 S.)

Ordo divini officii recitandi missasque celebrandi juxta ritum Cisterciensem ad usum Congregationis Austriacae pro anno Domini 1856 bissextili. Viennæ. Typis Caroli Ueberreuter. (35 S. 2 Bl. 8.)

— divini officii recitandi missaeque celebrandae a clero archidioeceseos S. Ludovici; atque dioecesium Kansapolitanae, S. Josephi, Leavenworthensis, Wichitensis et Lincolnensis. Juxta rubricas breviarrii ac missalis romani, a. 1906. (126 S.) 16. Ebd. Geb. in Leinw. u. durchsch. n. 2.50

— devini officii recitandi missaeque celebrandae a clero archidioceseos S. Ludovici et dioecesium Kansapolitanae, S. Josephi, Wichitensis et Lincolnensis. Juxta rubricas breviarii, ac missalis romani, a. 1910. (119 S.) 16. Ebd. Geb. in Leinw. u. durchsch. 2.50

— divini officii recitandi missaeque celebrandae a clero archidiocesium Chicagiensis, Milwaukiensis, Dubuquensis et S. Fidei; atque dioecesium Altonensis, Cheyennensis, Concordiensis, Crossensis, Denveriensis, Marquettensis, Omahensis, Peoriensis, Sinus Viridis, Sioupolitanae superiorensis et tucsonensis. Juxta rubricas breviarii ac missalis romani a. 1906. (127 S.) 16. St. Louis, Mo. Freiburg i/B., Herder. Geb. in Leinw. u. durchsch. n. 2.50

— divini officii recitandi missaeque celebrandae a clero archidiocesium Chicagiensis, Milwaukiensis, Dubuquensis et S. Fidei; atque diocesium Altonensis, Cheyennensis, Consordiensis, Crossensis, Denveriensis, Leavenworthensis, Marquettensis, Omahensis, Peoreinsis, Rockfordiensis, Sinus Viridis, Sioupolitanae, Superiorensis et Tucsonensis. Juxta rubricas breviarii ac missalis romani, a. 1910. (131 S.) 16. S. Ludovici. (Freiburg i/B., Herder.) Geb. in Leinw. u. durchsch. 2.50

— divini officii recitandi missaeque celebrandae a clero archidioec. S. Ludovici et Milwaukiensis, atque dioec. Kansapolitanae, S. Josephi, Leavenworthensis, Wichitaensis, Lincolniensis, Crossensis et Marquettensis. Juxta rubricas breviarii ac missalis romani, a. 1905. (116 S.) 16. Ebd. Geb. in Leinw. u. durchschossen n. 2.50

Ordo divini officii recitandi ac missae celebrandae ad usum cleri civitatis et dioecesis Tridentinae jussu celsissimi ac reverendissimi D. D. Eugenii Caroli dei et apostolicae sedis gratia episcopi Tridentini et principis etc. etc. ed. pro a. D. 1893. 8. (158 S.) Tridenti 893 (Bozen, F. X. Promperger.) n. 1.—

Ordo divini officii recitandi missaeque celebrandae a clero provinciarum S. Ludovici, Milwaukiensis, Chicagiensis et Sanctae Fidei. Juxta rubricas breviarii ac missalis romani, anno 1883. De mandato reverendissimorum archiepiscoporum. 16. (96 S.) S. Ludovici 883. Freiburg i/Br., Herder. geb. n. 2.50

— divini officii recidanti missaeque celebrandae juxta rubricas emendatas breviarii missalisque romani cum officiis votivis ex indulto tam pro clero seculari quam pro iis quibus kalendarium proprium clero romano concessum est. Pro a. d. 1911. (XXXII, 100 S.) 16. Rom 910. F. Pustet. —60; geb. in Leinw. —80

Ordo divini officii recitandi sacrique peragendi juxta ritum breviarii et missalis s. romanae ecclesiae ad usum dioecesis Argentinensis pro a. MCMVI, pascha occurrente die XV aprilis, illustrissimi ac reverendissimi Adolphi Fritzen, Episcopi Argentinensis, jussu et auctoritate editus. (X, 150 u. 124 S.) kl. 8. Strassburg, F. X. Le Roux & Co. n.n. 1.—

Ordo divini officii recitandi sacrique peragendi juxta ritum breviarii et missalis s. romanae ecclesiae ad usum dioecesis Argentinensis pro a. MCMX, pascha occurrente die XXVII martii, illustrissimi ac reverendissimi DD. Adolphi Fritzen, Episcopi Argentinensis, jussu et auctoritate editus. (XII, 154 u. 129 S.) kl. 8. Strassburg, F. X. Le Roux & Co.). nn 1.—

Ordo divini officii recitandi et sacri peragendi juxta ritum breviarii et missalis romani a P. P. Societatis Jesu in provincia Austriaco-Hungarica. Klagenfurti, St. Hermagoras-Druck., St. Josefs-Druck., (1889)—.

Ordo divini officii . . . juxta ritum Cisterciensem ad usum congreg. Austriacae pro 1853. 8. Viennae, C. Ueberreuter.

Ordo pastoralis ejusdemque lex et informatio clericis in fidei lumine designata pro certo vocationis suae criterio vitali clericalis virtutis cibo scientiae theologicae, singillatim pastoralis fundamento. Editio II. Bozen 861. (Promperger.) Lex.-8. (XV, 336 S.) n. 1 ℛ 10 ngr.

— perpetuus et generalis Divini Officii recitandi et Miss. celebrandarum etc. 4. maj. Virduni (Gobhard, Bamb.)

Ordo providendi infirmos. Juxta rituale Romano Salisburgense (In lateinischer, deutscher und slavischer Sprache.) Editio nova. 24. (214 S.) Klagenfurt 857, Leon'sche Buchh.

Ordo Providendi Infirmos. Juxta Rituale Romano-Salisburgense. Klagenfurti, Leon, 1871. — (1888.) 111 S.

— providendi infirmos. Juxta rituale romano Salisburgense. Ed. nova. 32. (214 S.) Klagenfurt 872. Leon. n.n. — 80

—— providendi infirmos. Juxta rituale romano Salisburgense. 32. (111 S. mit 1 Stahlst.) Klagenfurt 888, Leon sen. geb. * 1 20

— providendi infirmos ex collectione rituum archidioeceseos Viennensis. 12. (64 S.) Wien 891. „St. Norbertus". Geb. in Ldr. n. 1. 70

Ordo salutis . . . sub ratione theologici problematis delineatus . . . Giessae 1704 . . . Idsteniae 1744. V: *Lange*, *Joh. Christian.* (ML)

Ordo sepeliendi adultos et parvulos una cum absolutione ad tumbam [Libera]. Pro majori utentium commoditate ex „manuali rituum Eystettensi" editus. 16. (58 S.) Kempten 879, Kösel'sche Buchh.

— sepeliendi sive adultos sive parvulos ex collectione rituum archidioeceseos Viennensis. 12. (52 S.) Ebd. 892. Geb. in Ldr. n. 1. 50

— sepeliendi adultos et parvulos. E collectione rituum ex venia sanctae sedis in dioecesi Linciensi retinendorum desumptus jussu et auctoritate reverendissimi ordinarii editus. Lex.-8. (46 S.) Lincii 900. (Linz-Urfahr, Verlag des kathol. Pressvereines.) Geb. in Leinw. n. 2. 10

Ordo sepeliendi tam adultos quam parvulos necnon instituendi processiones ad coemeterium. Jussu et auctoritate reverendissimi D. D. episcopi Argentinensis. 12. (64 S.) Strassburg 898. (F. X. Le Roux & Co.) Geb. in Leinw. n.n. — 40

Ordo et series magistrorum, qui in illustri . . . Gymnasio . . . publice docuerunt . . . ad praesens usque tempus. [Lips. 1708.] V: *Seyler*, *Joh. Jos.* (Fiker)

Ordo S. Stephani Primi Regis Apostolici Signa distinctiva capitulorum. (Colorierte Abbildungen auf einem Blatt in 1 Schuber.) qu. Fol. (Ohne Druckort zirka 1836.)

— vitae sacerdotaliter instituendae, ad usum Alumnorum et Neosacerdotum. 16. Rottenburgi 844, Gack. 1/4 ℛ

ORDOLFF, Heinrich Ludwig (Schweinfurt): Bemerkungen zur Lehre vom animus possidendi.- München: Wolf 1838. 1 Bl., 43 S.
19.12.1837 - Urk (Titel: Observationes quaedam de acquirenda vel amittenda possessione.); F 48
Diss. Ingolst.-Landsh.-Mchn.

Ordolff, H. L., Bemerkungen zur Lehre vom animus possidenti. Inaugural-Abhandlung. 8. München 838. (Lindauer.) 1/4 ℛ

Ordolff, Henr. Ludov., de servitutum indole et principiis communibus. 8maj. Erlangen 844, Blaesing. 1/4 ℛ

[Wappen] | LES PRESIDENT, | ET GENS | DU CONSEIL PROVINCIAL | de Sa Majesté l'Impera-|trice Reine (Ordonnance sur l'arrangement des patrouilles) | De Luxembourg le 19 Août 1757 | (Nouvelle publication:) De Luxembourg le 25. Avril 1763. | | Der Kayserlichen | Majestät, | Königin in Hungarn | und Böhmen President und | Räthe im Hertzogthum Lu-|tzemburg und Graffschafft | Chiny | (Verordnung betreffend die Schaar- und Feld-Wachten) (A la fin:) A LUXEMBOURG, | Chez la Veuve de Jean Baptiste Kleber, . 1763. |
4 S., 4° (337 x 210 mm).

[Wappen] | ORDONNANCE, | BETREFFEND DIE BETTLER, | Müssiggänger und Landstreicher | Geben in unserer Statt Brüssel den | 14. Julii 1740. (Am Ende:) Gedruckt zu Lutzemburg, | Bey Andream Chevalier, . . 1740. |
4 S., 8° (210 x 160 mm).

[Wappen] | L'IMPERATRICE | REINE. | CHERS ET FEAUX | aïant vû votre re-|présentation du 20. | Août 1761., au | sujet des dispositions de la | Coûtume générale de la Pro-|vince de Luxembourg, (Ordonnance concernant les biens de servile condition) Bruxelles | le 3e. Août 1765. | Ihro Kayser- und | Königliche | Majestät. | Liebe Getreue. | Nach Uebersehung | euerer Uns Am 20ten | Augusti 1761 gethanen Vorstel-|lung über die Verordnungen | des allgemeinen Landsbrauch der | Provinz Luxemburg, (Verordnung betreffend die „Gütter Diensbarer Condition") (A la fin:) A LUXEMBOURG, | Chez la Veuve de Jean Baptiste Kleber, 1765. |
4 S., 4° (325 x 200 mm).

Ordonnance (du Conseil fédéral suisse) sur la tenue des contrôles militaires. (Du 15 août 1902.) 55 p. 8. [Berne, C.-J. Wyss,] 1902.

[Wappen] | LES PRESIDENT, | ET GENS DU CONSEIL | PROVINCIAL DE SA | Majesté l'Imperatrice Reine | Apostolique de Hongrie & | de Bohême . . (Ordonnance aux curés de dresser une liste des paroissiens) Fait à Luxembourg | le 7e. Avril 1759. | Der Kayserlicher | Majestät | Apostolischen Königin in Hun-|garn und Böhmen Präsi-|dent und Räthe im Herzogthum Lutzemburg (Verordnung an die Pfarrer, eine Liste der Pfarrangehörigen anzulegen). (A la fin:) A LUXEMBOURG, | Chez la Veuve de J. B. Kleber, . . 1759. |
3 S., 4° (330 x 200 mm).

[Wappen] | PAR | L'IMPERATRICE | REINE. | SA MAJESTE' | étant informée, que | dépuis (Ordonnance pour découvrir les auteurs des lettres de menace se rapportant entre autre à l'incendie du Fetschen-Hoff) . . Fait à Brusselles le | 19 Fevrier 1759. Von wegen Ihro | Kayserlicher und Königlicher | Majestät | NAchdeme Ihro | Majestät berichtet wor-|den, daß von gewisser | Zeit (Verordnung über die Aufklärung der anonymen Brandbriefe, u. a. bezüglich der Brandstiftung auf dem Fetschen-Hoff) (A la fin:) A LUXEMBOURG, | Chez la Veuve de J. B. Kleber, . . 1759. |
3 S., 4° (330 x 210 mm).

[Wappen] | SON ALTESSE | ROYALE a pour | & au Nom de l'Im-|peratrice Reine Aposto-|lique, par avis du Conseil des | Domaines & Finances (Ordonnance conc. les eaux-de-vie de grains) . . | IHro Königliche | Hoheit haben nach | eingenommenen Gut-|dencken Ihro Mejestät [sic] | Domanien- | und FinantzenRaths | (Verordnung betreffend die Frucht-Branntweine) . . . | Lutzemburg am 7ten. Decembris | 1759. (A la fin:) A LUXEMBOURG, | Chez la Veuve de Jean Baptiste Kleber, . 1759. |
3 S., 4° (335 x 200 mm).

[Wappen] | LES PRESIDENT, | ET GENS | DU CONSEIL PROVINCIAL | de Sa Majesté l'Impera- trice-Reine Apostolique | (Ordonnance concernant les faux embaucheurs de recrues) De Luxembourg | le 4e Janvier 1762. | Der Kayserlicher | Majestät, | Apostolischen Königin | (Verordnung über die falschen Anwerber von Rekruten) (A la fin:) A LUXEMBOURG, | Chez la Veuve de Jean Baptiste Kleber, . 1762. |
3 S., 4° (330 x 200 mm).

[Wappen] | M[in Verz.]ARIE THERESE | par la grace de | Dieu, Imperatrice | Douairiere de Ro-|mains, Reine d'Al-|lemagne, de Hon-|grie, de Bohême, ... (Ordonnance au sujet des émigrations) . | M[in Verz.]ARIA THERESIA | von Gottes Gnaden | Verwittibte Römi-|sche Kayserin, Köni-|gin zu Germanien, | zu Hungarn, zu | Böhmen, (Verordnung über das Auswandern in fremde Länder) Geben in unserer Stadt Brüssel | den 20ten Novembris Jahrs der Gnaden | 1765. (Folgt eine weitere Verordnung zum selben Thema:) . . Brüs-|sel den 10ten Martii 1766. (Veröffentlichung:) Lu-|tzemburg den 24ten Martii 1766. | (Am Ende) A LUXEMBOURG, | Chez la Veuve de Jean Baptiste Kleber, 1766. |
6 S., 4° (325 × 200 mm).

[Wappen F u. F] | ORDONNANCE | DE L'EMPEREUR | ET ROI. | Portant Amnistie en fa-|veur des Déserteurs des | Troupes de Sa Majesté, | pour les Païs-Bas de | Sa Domination. | Du 18. Decembre 1784. | ORDONNANTIE | VANDEN KEYSER | ENDE KONINCK. | Medebrengende Pardon | Generael voor de De-|serteurs der Trouppen | van Syne Majesteyt, | voor de Nederlanden | van Syne Dominatie. | Van den 18. December 1784. | Verordnung | Des Kaysers | und Königs, | Den General Pardon für | die Deserteurs Seiner | Majestäts Kriegs-Völ-|ker, für allerhöchst dero | Niederlanden enthaltend. | Vom 18ten Decembris 1784. | (Am Ende·) Lützemburg, | Bey der Wittib J. B. Kleber, . 1784. |
6 S., 4° (310 × 195 mm).

ORDONNANCE | DE | L'EMPEREUR ET ROI, | PORTANT AMNISTIE | En faveur des Déserteurs des Troupes de SA MAJESTÉ pour | les Païs-Bas de sa Domination. | Du 26. Mai 1788. | ORDONNANTIE | VAN DEN KEYZER ENDE KONING, | MEDEBRENGENDE PARDON GENERAEL | Voor de Deserteurs der Troupen van Zyne Majesteyt voor de Neder-|landen van zyne Dominatie | Van den 26. May 1788. | Verordnung | des Kaysers und Königs, | wegen dem General Pardon | Für die Deserteurs der Armeen Seiner Majestät | in den Niederlanden. | Vom 26ten May 1788. | A LUXEMBOURG, | Chez la Veuve de J. B. Kleber 1788. |
7 S., 4° (330 × 200 mm).

ORDONNANCE | DE L'EMPEREUR ET ROI, | PORTANT AMNISTIE | En faveur des Déserteurs des Troupes de SA MAJESTÉ | Du 16. Mai 1793. | ORDONNANTIE | VAN DEN KEYZER ENDE KONING, | MEDEBRENGENDE PARDON GENERAEL | Voor de Deserteurs der Trouppen van SYNE MAJESTEYT | Van den 16. May 1793. | Verordnung | Des Kaysers und Königs, | Wegen den General-Pardon | Für die Deserteurs der Armeen Seiner Majestät. | Vom 16. May 1793. | A LUXEMBOURG, | Chez la Veuve de Jean Baptiste Kleber, 1793. |
11 S., 4° (325 × 200 mm).

ORDONNANCE | DE | L'EMPEREUR ET ROI, | PORTANT PROLONGATION | D'AMNISTIE, | En faveur des Déserteurs des Troupes de SA MAJESTÉ, pour les | Pays-Bas de sa Domination. | Du 24 Septembre 1789. | ORDONNANTIE | VAN DEN | KEYZER ENDE KONING, | MEDEBRENGENDE VERLENGINGE VAN PARDON | Ten voordeele der Deserteurs van de Troupen van Zyne Majesteyt, | voor de Nederlanden van zyne Dominatie. | Van den 24 September 1789 | Verordnung | Des Kaisers und Königs, | Wegen Verlängerung des General Pardons für die Deserteurs | der Armeen Seiner Majestät in denen Niederlanden. | Vom 24ten September 1789. | A LUXEMBOURG, | Chez la Veuve de J. B. Kleber, .. 1789. |
7 S., 4° (330 × 200 mm).

[Wappen] | LES PRESIDENT, | ET GENS | DU CONSEIL PROVINCIAL | de Sa Majesté l'Impéra-|trice-Reine Apostolique | de Hongrie & de Bohême | Notre Souveraine, ordonnés | és Païs Duché de Luxem-|bourg & Comté de Chiny. | . . (Ordonnance concernant les enfants nés hors mariage) . . Fait à Lu-|xembourg le 19e. Août 1761. . | Der Kayserlichen | Majestät, | Apostolischen Königin | in Hungarn und Böhmen | Präsident und Räthe im | Hertzogthum Lutzemburg | und Graffschaft Chiny. | (Verordnung betreffend die unehelichen Kinder) . (A la fin) A LUXEMBOURG, | Chez la Veuve de Jean Baptiste Kleber, 1761. |
2 S., 4° (335 × 200 mm).

Ordonnance concernant l'établissement et le fonctionnement des chaudières à vapeur, s.: Verordnung, betr. d. Anlage u. d. Betrieb v. Dampfkesseln.

[Wappen] | LES PRESIDENT, | ET GENS | DU CONSEIL PROVINCIAL | de Sa Majesté l'Impera-trice-Reine Apostolique | de Hongrie & de Bohême | Nôtre Souveraine, ordonnés | és Païs Duché de Luxembourg-| & Comté de Chiny. | . (Ordonnance concernant les étrangers qui viennent pour s'établir en cette province et touchant les cabaretiers) . Fait à Luxembourg | le 25. Juin 1765. . | Der Kayserlichen | Majestät, | Apostolischen Königin | in Hungarn und Böhmen | Präsident und Räthe im | Hertzogthum Luxemburg | und Graffschaft Chiny. | . (Verordnung betreffend die Fremden, die sich in hiesiger Provinz niederlassen wollen sowie betreffend die Wirtshausbesitzer) . (A la fin:) A LUXEMBOURG, | Chez la Veuve de Jean Baptiste Kleber, . 1765. |
7 S., 4° (330 × 200 mm).

[Wappen] | L'IMPERATRICE | REINE. | CHERS ET FEAUX. | Aiant vû votre Représen-|tation du 8e. de ce mois, . (Ordonnance sur l'explication de l'article 46 du réglement du 30 décembre 1754 pour une meilleure régie et administration des bois) . De Bru-|xelles le 29e. Octobre 1764. | ... | Die Kayserin | Königin. | Liebe und Getreue. | Nach Uebersehung eurer | Vorstellung vom achten dieses | Monats, ... (Verordnung und Erläuterung betr. Artickel 46 der Verordnung vom 30. Dezember 1754 für die Verwaltung der Büschen und Wälder) ... (A la fin:) LUXEMBOURG, | Chez la Veuve de Jean Baptiste Kleber, ... 1764. |
4 S., 4° (330 × 195 mm).

[Wappen] | LES PRESIDENT, | ET GENS DU CONSEIL | PROVINCIAL DE SA | Majesté l'Imperatrice | Reine Apostolique ... (Ordonnance sur l'exposition de lettres anonymes au sujet d'une incendie du 14. au 15 février au Fetschen-Hoff) ... Fait à | Luxembourg le 17. Fevrier | 1759. ... Präsident und Räthe | des Provincialischen Raths | Ihro Kayserlicher Majestät | Apostolischen Königin . . (Verordnung über die Aufklärung der anonymen Brandbriefe, bezüglich der Brandstiftung vom 14. zum 15. Februar auf dem Fetschen-Hoff) . . (A la fin:) A LUXEMBOURG, | Chez la Veuve de J. B. Kleber, . 1759. |
2 ungez. S., 4° (330 × 205 mm).

[Wappen] | VU la Requête présen-|tée cejourd'hui par le | Conseiller Procureur | Général de Sa Majesté, ten-|dante à ce qu'il plût à la Cour | de faire telle défense ... (Ordonnance au fait des faux Louis d'or et des faux écus et demi-écus à palmes) . Fait à Lu-|xembourg le 26. Avril 1763. | . | NAch Uebersehung der, | durch Ihro Majestät Rath | und Procuratorn Genral | am heütigen Tag übergebener Sup-|plication, dahin zielend, ... (Verordnung betreffend die falschen Louis d'or und die Straussen-Talern und halben Straussen-Talern) ... (A la fin:) A LUXEMBOURG, | Chez la Veuve de Jean Baptiste Kleber, ... 1763. |
2 S., 4° (335 × 210 mm).

LES JUSTICIER, | ET ECHEVINS | DE LA VILLE | DE LUXEMBOURG. | AYANT remarquez, que . . (Ordonnance concernant la fermeture des portes des maisons pendant la nuit et concernant le débit des boissons après 10 heures du soir) . . | Die Richter, | Und Schöppen | der Stadt Lutzemburg. | DA man verspüret, daß unangesehen | . (Verordnung über das Schließen der Haus- und Kellertüren während der Nacht, sowie über den Getränkeausschank nach 10 Uhr abends) .. Geschehen zu Lutzem-|burg den 18ten. May-|Monat. 1759. . . A LUXEMBOURG, Chez la Veuve de J. B. Kleber, ... 1759. |
Einblattdruck, 2° (410 × 320 mm).

[Wappen] | LES PRESIDENT, | ET GENS DU CONSEIL | PROVINCIAL DE SA | Majesté l'Imperatrice Reine | Apostolique . . . (Ordonnance concernant la formation de gardes bien armées contre les incendiaires) . . Fait à Luxembourg le 28e. Mars 1759. .. | Der Kayserlicher | Majestät | Apostolischen Königin in | Hungarn und Böhmen | Präsident und Räthe . . (Verordnung über die Schaffung von bewaffneten Posten im Hinblick auf die Brandstifter) ... (A la fin:) A LUXEMBOURG, | Chez la Veuve de J. B. Kleber, ... 1759. |
3 S., 4° (330 × 200 mm).

Ordonnance générale et renouvellée de Sa Majesté, concernant l'exercice de la médecine. Berlin 1725. 4.

[Wappen] | VU la Requête présen-|tée par le Conseiller | Procureur Général | de Sa Majesté contenante, | que Plainte lui étant parvenuë | ... (Ordonnance aux habitants d'assister les dimanches et jours de fêtes aux messes paroissiales et qui défend aux cabaretiers de donner à boire pendant ces heures) ... Fait à Lu-|xembourg le 8e May 1759. | . | NAch Ubersehung | der durch Ihro Kay-|serlicher Königlicher | Apostolischer Majestät | Rath Procuratorn General über-|gebener Supplication inhaltend, | . (Verordnung, die den Einwohnern den Messbesuch an den Sonn- und Feiertagen auferlegt und die den Wirtshausbesitzern den Ausschank während diesen Stunden untersagt) ... (A la fin:) A LUXEMBOURG, | Chez la Veuve de J. B. Kleber, . 1759. |
3 S., 4° (325 × 195 mm).

[Wappen] | LES PRESIDENT, | ET GENS DU CONSEIL | PROVINCIAL DE SA Majesté l'Imperatrice | Reine Apostolique . (Ordonnance au sujet de l'incendie du 14 au 15 février au Fetschenhoff et au sujet des lettres de menace) ... Fait à Luxem-|bourg le 15e. Fevrier 1759. | ... Präsident und Räthe | des Provincialischen Raths | Ihro Kayserlicher Majestät | Apostolischen Königin ... (Verordnung über die Brandstiftung vom 14. zum 15. Februar auf dem Fetschenhoff und betr. die diesbezüglichen Brandbriefe) ... (A la fin:) A LUXEMBOURG, | Chez la Veuve de J. B. Kleber, ... 1759. |
2 S., 4° (330 × 200 mm).

[Wappen] | LES PRESIDENT, | ET GENS | DU CONSEIL PROVINCIAL | de Sa Majesté l'Impera-|trice-Reine Apostolique | de Hongrie & de Boheme | Nôtre Souveraine, . (Ordonnance au sujet de la maladie des bêtes à cornes et des chevaux) ... | Der Kayserlicher | Majestät, | Apostolischen Königin | in Hungarn und Böhmen | Präsident ... (Verordnung betreffend die Krankheit des Hornvieh und der Pferde) ... Ac-|tum Luxemburg den 16ten Aprilis | 1763. ... (A la fin:) A LUXEMBOURG, | Chez la Veuve de Jean Baptiste Kleber, ...1763. |
4 S., 4° (335 × 200 mm).

[Wappen] ' LES PRESIDENT, ' ET GENS | DU CONSEIL PROVINCIAL | de Sa Majesté l'Impera-|trice-Reine de Hongrie & de Bohême Notre Sou-| veraine, ordonnés és Païs | Duché de Luxembourg & | Comté de Chiny | (Ordonnance concernant le nettoyage des ruisseaux et des rivières) | Der Kayserlicher | Majestät, | Königin in Hungarn ' und Böhmen Präsident | und Räthe im Hertzog-|thum Lutzemburg und | Graffschaft Chiny | (Verordnung über das Säubern der Bach- und Flußläufe) Ge- schehen zu Lutzemburg den 10ten | Octobris 1757. (A la fin:) A LUXEMBOURG, | Chez la Veuve de Jean Baptiste Kleber, . . 1762. |
3 S., 4° (335 x 205 mm).

[Wappen] | LES PRESIDENT, | ET GENS | DU CONSEIL PROVIN-|cial de Sa Majesté l'Impe-|ratrice Reine de Hon-|grie & de Bohême . (Ordonnance concernant les patrouilles)
Der Kayserlichen | Majestät Königin | in Hungarn und Böhmen | Präsident und Räthe im | Hertzogthum Lutzemburg, | und Graffschaft Chiny | (Verordnung über die „Schaar- und Feld-Wachten") Lutzemburg den | 19. Augusti 1757. | . . (A la fin:) A LUXEMBOURG, | Chez la Veuve de Jean Baptiste Kleber, . 1767[-1757] |
3 S., 4° (338 x 205 mm).

[Wappen] | LES PRESIDENT, | ET GENS | du Conseil Provincial | de Sa Majesté l'Imperatrice | Reine Apostolique de Hon-|grie & de Boheme . . (Ordonnance concernant les patrouilles et spécialement au sujet d'une bande de marodeurs de la région de Cologne) Fait | à Luxembourg le 6. Juillet | 1759. . | Der Kayserlicher | Majestät | Apostolischen Königin in Hun-|garn und Böhmen . (Verordnung über die Wachtrunden und besonders betreffend einer Freibeuterbande aus der Kölner Gegend) [Luxemburg: Witwe Joh. Bapt. Kleber 1759]
2 S., 4° (330 x 200 mm).

Ordonnance concernant la **poste militaire**. (Du 15 juin 1901.) 8 p. 8. [Berne, C.-J. Wyss,] 1901.

Ordonnance concernant la poste militaire du 15 juin 1901 et Règlement pour la poste militaire du 28 février 1902. 61 p. 8. Berne. Stämpfli & Cie. 1902.

Ordonnance provisoire sur l'exercice de la Cavalerie, rédigée par ordre du ministre de la guerre, du premier Vendemiaire. II Vol. av. une pl. 8. Paris (Coppenrath à Münster) 808.

[Wappen] | LES PRESIDENT, | ET GENS | DU CONSEIL PROVINCIAL | de Sa Majesté l'Impéra-|trice-Reine Apostolique | (Ordonnance, qui défend aux procureurs de plaider devant les Cours, dont ils sont membres) . . De Luxem-|bourg le 31e. Octobre 1761. | . | Der Kayserlichen | Majestät, | Apostolischen Königin | in Hungarn und Böhmen | Präsident und Räthe (Verordnung, die es den Anwälten verbietet, vor den Gerichten aufzutreten, denen sie als Mitglied angehören) . (A la fin:) A LUXEMBOURG, | Chez la Veuve de Jean Baptiste Kleber, 1761 |
2 S., 4° (330 x 200 mm).

[Wappen] | LES PRESIDENT, | ET GENS | DU CONSEIL PROVINCIAL | de Sa Majesté l'Imperatrice-Reine Apostolique | de Hongrie & de Bohême | Notre Souveraine, ordonnés | és Païs Duché de Luxem-|bourg & Comté de Chiny. | . (Ordonnance qui oblige les autorités de vérifier l'étendue du congé des soldats) . Fait à Luxembourg le 11 de Juillet ' 1764. . | Der Kayserlichen Majestät, | Apostolischen Königin , in Hungarn und Böhmen | Präsident und Räthe im | Hertzogthum Luxemburg | und Graffschaft Chiny | (Verordnung, die die Autoritäten verpflichtet die Urlaubsscheine der Soldaten zu überprüfen) (A la fin:) A LUXEMBOURG, | Chez la Veuve de Jean Baptiste Kleber, . 1764. |
3 S., 4° (330 x 200 mm).

[Wappen] | VUE la Requête pré-|sentée par le Procu-|reur d'Office de cette | Ville, contenante, . . (Ordonnance qui oblige les parents d'envoyer les enfants à l'école publique de cette ville ou bien aux écoles de leurs paroisses respectives) . . . Fait à Luxembourg le 5e. Decem-|bre 1760. . | NAch untersuchter Bitt-| schrift des Amts-Klägers | hiesiger Stadt, welche ent-|haltend, . (Verordnung, welche den Eltern auferlegt, ihre Kinder in die öffentliche Schule dieser Stadt oder in die Schulen ihrer Pfarreien zu schicken) (A la fin:) A LUXEMBOURG, | Chez la Veuve de Jean Baptiste Kleber, 1761. |
2 S., 4° (330 x 195 mm).

[Wappen] | VU la Requête présen-|tée par le Conseiller | Procureur Général de | Sa Majesté contenante, qu'il | vient d'être informé, . . (Ordonnance au sujet des recrues) . . | NAch Ubersehung der | durch den Rath Procurator | General Ihro Majestät übergebe-|nen Supplication inhaltend, (Verordnung betreffend die „Recruten") . . | Geschehen zu Lutzemburg den | dreyzehenten Decembris tausend | sieben hundert fünffzig neun. . (A la fin.) A LUXEMBOURG, | Chez la Veuve de Jean Baptiste Kleber, 1759. |
4 S., 4° (330 x 195 mm).

[Wappen] | L'IMPERATRICE | REINE. ' COMME par les | Rapports des Com-|missaires que Nous · avons nommés depuis peu, ' pour ouïr les Comptes des | Villes & autres administra-|tions dans nôtre Province | de Luxembourg, . . (Ordonnance relative aux levés d'argent à frais) | Fait à Bruxelles le 2. Avril | 1764. | Die Kayserin | Königin. DEmnach Wir durch Be-|richt deren Commissarien, | so Wir ohnlängst ernen-|net, um die Rechnungen deren | Städten und andern Verwal-|tungen in unserer Provintz Lu-|tzemburg abzuhören, (Verordnung über die Geldanleihen) (A la fin) A LUXEMBOURG, | Chez la Veuve de Jean Baptiste Kleber, 1764. |
4 S., 4° (325 x 185 mm).

Ordonnance du Roi Concernant les Regimens Suisses & Grisons qui sont à son Service. Du 1er Août 1763 (Fait à Compiegne .) 8. s. l.

Ordonnance du Roi Concernant le Régiment des Gardes-Suisses Du 1 Juin 1763. (Fait à Versailles) 8 s. l.

— du Roi, du 6 Déc. 1829, sur l'exercice et les évolutions de la Cavallerie. IIITom. kl.12. Avec 130 Planches lith. Paris et Strassb. 830. Levrault. 2 ₰ 12 𝔤𝔯

Ordonnance du roi de France, concern. les Gouverneurs et Lieut.-Généraux des Provinces. 12. Götting. 762. Vandenhöck u. R. 8 𝔤𝔯

Ordonnance du Roi portant règlement sur l'administration et la comptabilité des corps de troupe; Du 10 Mai 1844. 32. (246 S. u. 2 Tab.) Strasbourg. libr. Levrault.

Ordonnance du Roi sur le service des armées en campagne, du 3. mai 1842. Avec les modifications apportées par celles des 8 avril 1837 et 9 décembre 1840. Et l'instruction sur le campement d'une batterie d'artillerie', du 8 août 1835. 32. (Mit 4 Steintaf.) Strasbourg 840, Ve. Levrault. geb. 1/2 ₰

— du Roi portant Règlement sur le service de la solde et sur les revues; du 25 décembre 1837. (Mit 1 Tabelle u. als Anhang: Formules des mutations.) 32. le même 838. 2/3 ₰

Ordonnance du Roi sur le service des armées en campagne. Du 3 Mai 1832. (Mit 3 Steintaf.) 32. Paris et Strasbourg 832. Levrault. 1/2 ₰

— du Roi sur le service intérieur des Troupes à cheval. Du 2 Nov. 1833. (Mit 5 Tabellen.) 32. le même 833. 7/12 ₰

— le même. Extrait à l'usage des Sous-officiers et Brigadiers. (Mit 4 Tabellen.) 32. le même 833. 1/4 ₰

— le même. Extrait à l'usage des Sous-officiers et Caporaux. (Mit 3 Tabellen.) 32. le même 833. 1/4 ₰

[Wappen] ' LES PRESIDENT, | ET GENS DU CONSEIL PROVIN-| cial de Sa Majesté l'Impe-|ratrice Reine de Hon-|grie & de Bohême . (Ordonnance sur les rondes et patrouilles) | De Luxembourg le 10. Août 1757 | . . Der Kayserlichen | Majestät Königin | in Hungarn und Böhmen | Präsident und Räthe (Verordnung über die „Schaar- und Feldwachten") (A la fin:) A LUXEMBOURG, | Chez la Veuve de Jean Baptiste Kleber, 1767 |
3 S., 4° (340 x 210 mm).

Service territorial, service des étapes et exploitation des chemins de fer en temps de guerre. Ordonnance. (Du 8 février 1901.) 11 p. 8. [Berne, C.-J. Wyss,] 1901.

Ordonnance concernant le télégraphe militaire. (Du 15 juin 1901.) 8 p. 8. [Berne, C.-J. Wyss,] 1901.

Ordonnance sur la tenue des contrôles militaires. (Du 15 août 1902.) 55 p. 8. [Berne, C.-J. Wyss,] 1902.

[Wappen] | LES PRESIDENT, | ET GENS | DU CONSEIL PROVIN-|cial de Sa Majesté l'Impe-|ratrice Douairiere & | Reine Apostolique de Hon-| grie & de Bohême (Ordonnance touchant les tabelles concernant le dénombrement) | Der Verwittibten | Kayserlicher | Majestät in Hungarn und | Böhmen, Präsident und | Räthe (Verordnung betreffend die Listen der Einwohnerzählung) Lutzemburg am 17ten Aprilis | 1766. . . [Luxemburg: Witwe J. B. Kleber 1766]
2 ungez. S., 4° (325 x 195 mm).

Ordonnances militaires p. la Cavalerie. 12. Metz. (Esslinger, Frcft.) 756.

— militaires p. la Cavallerie. 12. Metz 756. (Schäfer in Frankt. a. M.) 9 gr

[Wappen] | L'IMPERATRICE | REINE. | SA MAJESTÉ étant | informée de l'état de | langueur dans lequel se | trouve actuellement la Culture | des Terres . . (Ordonnances concernant les prairies) Fait à Bruxelles le 6. | Mars 1762. | Ihro Kayserin und | Königin. | Demnach Ihro | Majestät des schlech-|ten und fahrläßigen | Stand, in welchem der Ackerbau | in der Provintz Luxemburg sich | würcklich befindet, . (Verordnung betreffend die Wiesen und Weiden) . (A la fin:) A LUXEMBOURG, | Chez la Veuve de Jean Baptiste Kleber, 1762. |
4 S., 4° (320 x 195 mm).

Ordonnances et règlements relatifs à la loi fédérale sur le commerce des denrées alimentaires et de divers objets usuels. (Du 29 janvier 1909.) Texte officiel. 140 p. 8. Berne, F. Widmer, 1909. [cart. fr. 2. —]

Ordonnanz über die Ausrüstung der Büchsenmacher-Kiste und der Büchsenmacher-Tasche [zu] Gewehr, Modell 1889 und 89/96. Beschluss des schweizerischen Bundesrates vom 17. September 1897. — Ordonnance sur l'Equipement de la Caisse d'armurier... [pour] Fusil, modèle 1889 et 89/96. Arrêté... du 17 septembre 1897. (*Umschlag:* Schweizerische Infanterie... .) 2. Aufl. 14 S. + 1 Tafel, *in Couvert.* quer-4. [Bern,] O[brecht] & K[äser,] IV. [19]01. [fr. 2. 60]

Ordonnanz über die Ausrüstung der Büchsenmacher-Kiste und der Büchsenmacher-Tasche [zu] Kurzes Gewehr, Modell 1889/1900. Beschluss des schweizerischen Bundesrates vom 15. März 1901. — Ordonnance sur l'Equipement de la Caisse d'armurier... [pour] Fusil court modèle 1889/1900. Arrêté... du 15 Mars 1901. (*Umschlag:* Schweizerische Armee, Positions- & Festungs-Artillerie... .) 1. Aufl. 14 S. + 1 Tafel, *in Couvert* quer-4. [Bern,] O[brecht] & K[äser], III. [19]01.

Ordonnanz über den Bataillons Fourgon. Vom h. Bundesrathe genehmigt den 18. Januar 1864 (Mit 3 Taf.) 4 Aarau 1864.

Ordonnanz über die Bewaffnung u. zugehörige Ausrüstung der Scharfschützen des Cantons Zürich. Von dem Kriegsrathe gutgeheißen den 1. Febr. 1837. Mit 8 Steintaf. breit 16. Zürich 838. Wirz-Widmer. n. 1 1/12 ß

Ordonnanz des Blessirtenkarrens. (Beschluss des Bundesrathes vom 19. April 1868.) kl. 8. Bern 1869.

Ordonnanz über die Einrichtung der Eisenbahn Güterwagen für den Transport von Verwundeten und Kranken. Beschluss des Bundesrathes vom 18. September 1869. (Mit 1 Plane.) kl. 8. Bern 1869.

Des Löblichen Fränkischen Craißes auf die jetztmahlige Cantonnirungs-Zeit errichtete Ordonnanz, de Anno 1733. o. O. u. J Fol.

— de Anno 1757. o. O. u. J. Fol.

Ordonnanz für den schweizerischen Feldstutzer Vom hohen Bundesrathe genehmigt am 10. Dezember 1864. (Mit 2 Taf.) 8. Bern 1865.

Königl. Französische Ordonnanz von 1753 nebst beigefügten Instruktionen für die Armee des Marschalls von Broglio 1760 bis 1761 4 Würzburg 1761

Ordonnanz über die Geschütze, Caissons, Munition und Ausrüstung der Batterien gezogener 8-Pfünder Kanonen der eidgenössischen Armee. Vom hohen Bundesrathe genehmigt: den 12. Mai 1869. Ausgefertigt im eidgenöss. Artill.-Bureau, unter Mitwirkung der eidgenöss. Constructionswerkstätte. (Mit 1 Tabelle.) (Hiezu Atlas unter dem Titel:) „Schweizerische Eidgenossenschaft." Material der Batterien gezogener 8-Pfünder Kanonen. (Confédération suisse. Matériel des batteries de canons de 8 ℔ rayés.) (23 Taf. auf 28 Blättern.) Fol. Aarau 1869.

Ordonnanz über die Geschütze, Caissons, Munition und Ausrüstung der Batterien gezogener 8 cm. Kanonen der eidg. Armee. Bern 1874. 4. Atl. fol.

Ordonnanz über die Geschützröhren, die Eisenmunition und die Kriegsfuhrwerke der eidgenössischen Armee. Bern 1844. 4. (Mit Nachträgen von 1845, 1853 und 1856). Atl. fol.

Ordonnanz über das Materielle der Bewaffnung und Ausrüstung der eidg. Armee. Erster Abschnitt das grobe Geschütz oder die Artillerie. Bern 1819. 4.

Ordonnanz über den Parkwagen, zugleich als Batteriefourgon für alle Batterien, sowie als Vorrathwagen und Feldschmiede der Raketenbatterien dienlich. Vom h. Bundesrathe genehmigt den 12. September 1864. (Mit 5 Taf.) 4. Aarau 1864.

Ordonnanz, Kgl Polnische u. Kurfürstl. Sächsische. 8. Dresden 1752.

Ordonnanz über das Raketengestell und den Raketenwagen der eidgenössischen Armee. Vom Bundesrathe genehmigt den 5. September 1862. Mit 7 Tafeln. 4. Aarau 1862.

Ordonnanz über das schweizerische Repetirgewehr. 1869. Beschluss des schweizerischen Bundesrathes vom 8. Jänner 1869. (Mit 2 Taf. in Fol.) kl. 4. Bern 1869.

Ordonnanz für das Königreich Sachsen vom 19. Juli 1828. 1. Th. Von den Leistungen der Unterthanen für das Militär. 2. Th. Bestimmungen über diejenigen Gegenstände, in welchen das Militair mit der bürgerlichen Verfassung, in Hinsicht der Polizei-, der Innungs- und Gewerbs-Verhältnisse und wegen einiger besonderer Befreiungen, in Berührung kommt. 8. Dresden 1828.

Nachtrag zur Ordonnanz über das Trainpferdgeschirr vom 1 Juni 1853. Vom hohen Bundesrathe genehmigt den 27 April 1864 Ausgefertigt im eidgenössischen Artillerie-Bureau in Aarau. (Mit 1 Taf.) 4. Aarau 1864.

Ordonnanz über die Umänderung des Materiales der glatten 6-Pfünder Kanonen für Batterien gezogener 4-Pfünder Kanonen und die Ausrüstung der Batterien gezogener 4-Pfünder Kanonen mit ungeändertem alten Materiale Vom hohen Bundesrathe genehmigt den 27 Juni 1864. Ausgefertigt im eidg. Artillerie-Bureau in Aarau. (Mit 1 Druckbeilage und 3 Taf.) 4. Aarau 1864.

Ordonnanz über die gezogenen 4-Pfünder Gebirgs-Kanonen, nebst deren Munition, Aufsatz und inneren Einrichtung der Munitionskisten Vom h. Bundesrathe genehmigt den 5. Februar 1864. Ausgefertigt im eidgen. Artillerie-Bureau in Aarau. (Mit 2 Taf.) 4. Aarau 1864.

Ordonnanzen sammt Zeichnungen von Gewehren, Revolver . . . Zu deutsch. u. franz. Spr. Heft 1—9. Bern 1869—1884. 4°

Ordre: L'Ordre
① Journal politique et littéraire. Organe central des conservateurs suisses paraissant à Berne tous les jours sauf le lundi ③ L'Indépendance suisse ⑤ 1853 ⑥ in-2° ⑦ 6X par semaine ⑧ Berne: Haller ⑪ Rodolphe Hug, Ed. Mathey ⑫ conservateur ⑬ BGSZ: 962, 973.

Ordre, allerhöchste, Sr. Maj. d. Kaisers u. Königs an den Generalfeldmarschall, Kronprinzen d. Deutschen Reiches u. Kronprinzen von Preußen, Kaiserliche u. Königliche Hoheit. Berlin, 1. Jan. 1887. 1 Blatt. Fol. Berlin 887. Mittler & Sohn. n.n — 10

Ordre de Bataille de l'Armee de la Reine d'Hongrie, avec les Troupes Auxiliaires Saxonnes, en Boheme, le 30. Sept.

Ordre de Bataille de l'Armee du Roi le 30. Sept.

Ordre de bataille der schweiz. Armee. 1895. 1896. 1900. 1901. Bern. 4°.

Ordre de bataille der Schweizerischen Armee. 1. April 1901. 67 S. 4. Bern, Lack Aeschlimann & Jost, 1901.

Ordre de bataille der Schweizerischen Armee. 1. April 1902 67 S. 4. Bern, Lack Aeschlimann & Jost, 1902.

Ordre de bataille der Schweizerischen Armee. 1 April 1903. 67 S. 4. Bern, Lack Aeschlimann & Jost, 1903.

Ordre de bataille der Schweizerischen Armee. 1. April 1904. 69 S. 4. Bern, Lack Aeschlimann & Jost, 1904.

Ordre de bataille der Schweizerischen Armee. 1. April 1905. 69 S. 4. Bern, Gustav Grunau, 1905.

Ordre de bataille der Schweizerischen Armee. 1. April 1906. 69 S. 4. Bern, Gustav Grunau, 1906.

Ordre de bataille der Schweizerischen Armee. 1. April 1907. 71 S. 4. Bern, Gustav Grunau, 1907.

Ordre de bataille des II. Armeecorps ⟨mit Karte des Manövergebietes⟩ [für den] Truppenzusammenzug 1901 ⟨Sursee-Langnau-Lyss-Solothurn-Zofingen⟩ [der] Schweizerische[n] Armee. Hrg. von C[ésar] Collioud & C[harles] Savoie Lieutenants-Stabssekretäre, Bern. 1 Bl. fol., *gefalzt* 8. Berne, Steiger & Benteli. fr. 2. —

Titel auf der Karte: Billige Ausgabe der Manöverkarte 1901. Massstab 1 : 100,000. [Herausgeber:] Eidg. topographisches Bureau, Bern. 413/523 mm. Zinkographie Balmer, Bern. Buchdr. Obrecht & Käser, Bern.

Gleiche Karte, mit Ordre de bataille: Gratis-Beilage *zu vielen Zeitungen.*

Ordre de bataille des IV. Armeekorps ⟨mit Karte des Manövergebietes⟩ [für den] Truppenzusammenzug 1902 ⟨Homberg-Unt. Seethal-Dintikoner Berg⟩ ⟨Aargau⟩ [der] Schweizerische[n] Armee. Hrg. von C[ésar] Collioud & C[harles] Savoie, Lieutenants-Stabssekretäre, Bern. 1 Bl. fol., *gefalzt* 8. Berne, Steiger & Benteli. fr. 2. —

Auf der Karte: Massstab 1 : 100000. [Herausgeber:] Schweizerische Landestopographie, Bern, 1902. 417/510 mm. Zinkographie Balmer, Bern. Buchdr. Obrecht & Käser, Bern.

Gleiche Billige Ausgabe der Manöverkarte 1902, *mit Ordre de bataille:* Beilage *zu vielen Zeitungen*

Ordre de bataille du Ier corps d'armée. Bern. Schmid & Francke. 1899. — 10

Ordre de bataille du Ier Corps d'armée ⟨avec carte du terrain des manœuvres au 1 : 100,000⟩ [pour le] Rassemblement de troupes de 1903 ⟨Circonscription: Palézieux-Bière-Grandson-Fribourg⟩ [de l']Armée suisse. Edité par C[ésar] Collioud & C[harles] Savoie, Lieutenants-Secrétaires d'état-major à Berne. 1 feuille fol., *pliée* 8. Berne, Steiger & Benteli. fr. 2. —

Auf der Karte: Carte des manœuvres du I. Corps d'armée [de l']Armée Suisse. 1903. Echelle 1 : 100000. [Publié par le] Service topographique fédéral. 389/551 mm.

Gleiche Carte des manœuvres ... 1903, *mit* Ordre de bataille: Éd. spéciale pour les journaux = Beilage *zu vielen Zeitungen.*

Ordre de bataille und Dislocation der Königl. Preußischen Armee nebst einem alphabetischen Verzeichniß des Quartier-Standes derselben zu Pfingsten 1860. Eine Ergänzung der Rang- und Quartier-Liste zusammengestellt von einem Mitarbeiter der Militairischen Blätter. Berlin 860. Wagner. gr. 8. (55 S.) n. 7½ ngr.

Ordre de bataille u. Dislocations-Uebersicht d. Heere der Balkanstaaten m. Anfang 1893. [Aus: „Minerva".] Lex.-8. (11 S. m. 1 farb. Karte.) Wien 893. (L. W. Seidel & Sohn.) n. 1. —

— u. **Dislocations-Uebersicht** d. französischen Heeres m. Ende 1892. [Aus: „Minerva".] gr. 8. (16 S. m. 1 farb. Karte.) Wien 893. (L. W. Seidel & Sohn.) n. 1. —

— — dasselbe d. italienischen stehenden Heeres m. Ende 1892. [Aus: „Minerva".] gr. 8. (13 S. m. 1 farb. Karte.) Ebd. 893. n. 1. —

— dasselbe d. stehenden Heeres in Österreich-Ungarn m. Ende 1892. [Aus: „Minerva".] Lex.-8. (21 S. m. 1 farb. Karte.) Ebd. 893. n. 1. —

— — dasselbe der russischen Truppen erster Linie im europäischen Russland u. Kaukasus m. Ende 1892. gr. 8. (20 S. m. 1 farb. Karte.) Ebd. 893. n. 1 —

Ordre de bataille der Heere Europa's. I—III 8. Leipzig 891. M. Ruhl. à n. 1. 50

I. **Eintheilung, Stärke u. Dislocation** der deutschen Armee in graphischer Darstellung. (12 farb. Taf. m. 8 S. Text.)
II. — dasselbe der russischen Armee. (12 farb. Taf. m. XII S. Text.)
III. — dasselbe der französischen Armee. (11 farb. Taf.)

Ordre de bataille des k. u. k. Heeres, der k. k. u. der k. u. Landwehr im Frieden nach dem Garnisonswechsel im Frühj. 1905. (Abgeschlossen am 30. IV. 1905.) (96 S.) 4. Wien 905. (Hof- u. Staatsdruckerei.) n. 1. —

Ordre de Bataille du 4. Juin 1745 proche de Friedberg.

Ordre de Bataille der Reichs-Armee zwischen Furth und Farenbach im Monath August 1757. O. M. 1 Bl.

Ordre de Bataille u. Revue-Aufstellung der k. k. Truppen bei Olmütz im September 1853. Mit Beil. u. Krt. o. O. 1853. 2 Bl. 4°

***Ordre des Dames de la Croix de l'étoile etc. 8. Wien 761. Trattner. 8 ℊ**

Ordre, l', de l'Ecriture fondé sur le Goût exquis des célèbres écrivains anciens et modernes. fol. Dresde. 755.

Ordre de bataille, erste, der preußischen Armee im Kriege gegen Frankreich. (Königl. Cabinets-Ordre vom 18. Juli 1870.) [Aus dem Militär-Wochenblatt.] Berlin 870. Mittler & Sohn. 8. (52 S.) n. 4 ngr.

Ordre général pour les cours de répétition de la cavalerie. Gr. in-fol., 16 S. Aarau, H. R. Sauerländer. 1893.

Ordre général pour les exercices de l'Infanterie en 1901. ⟨Approuvé par le Département militaire fédéral.⟩ II + 56 p. 4. Berne, Haller-Bion, 1901.

Ordre général pour les exercices de l'infanterie en 1902. ⟨Approuvé par le département militaire fédéral.⟩ II + 61 p. 4. Berne, Haller-Bion, III. 1902.

Ordre général pour les exercices de l'infanterie en 1903. ⟨Approuvé par le département militaire fédéral.⟩ II + 67 p. 4. Berne, Haller-Bion, III. 1903.

Ordre général pour les exercices de l'infanterie en 1904. ⟨Approuvé par le Département militaire fédéral.⟩ II + 67 p. 4. Berne, Haller-Bion, II. 1904.

Ordre général pour les exercices de l'infanterie en 1905. ⟨Approuvé par le Département militaire fédéral.⟩ II + 64 p. 4. Berne, Haller-Bion, II. 1905.

Ordre général pour les exercices de l'infanterie en 1906. ⟨Approuvé par le Département militaire fédéral.⟩ II + 64 p. 4. Berne, Haller-Bion, II. 1906.

Ordre général pour les exercices de l'infanterie en 1907. ⟨Approuvé par le Département militaire fédéral.⟩ II + 64 p. 4. Berne, Haller-Bion, II. 1907

Ordre. L'Ordre Indépendant des Odd Fellows ... s. (I[mfeld], C[arl]).

Ordre, L', des chevaliers de Malte ... Vienne [1875]. V: *Newlinski, Michael.* (EB)

l'Ordre des Chevaliers de **Malte.** Son passé. — Son présent. — Son avenir. gr. 8. (104 S.) Wien 875. Sintenis. n. 3. —

Ordre, L', moral, ou le developpement des principales loix de la Nature ... Augsbourg 1780. V: *Serionne, Joseph Accarias von.* (MGT)

— moral, ou le développement des principales loix de la nature etc. II Prts. 8. Augsb. 780. v. Jenisch u. Stage. 2 ₰ 12 gr

— natur. et essentiel des Sociétés polit. 2 Tom. 12. Londr. Typ. 767.

— sur l', de Succession dans la Dynastie des Souverains de Prusse etc. gr. 8. Berl. Lagarde. 798.

Ordres de bataille der am bayer. Erbfolgekriege i. J. 1778 beteiligten kaiserl. kgl., kgl. preuß. u. churfürstl. sächs. Armeen. Von J. M. Will. o. O. u. J. 1 Taf.

Ordres du jour de l'armée d'Allemagne du 17 avril au 30 juin. o. O. (1809). 4°.

Ordres militaires et mélanges historiques (Strasbourg). Colmar 1900. V: *Grandidier, Philippe André.* (Berl)

Permanente **Ordres** für die Übungs-Corps. Hannover 1828. 8°.
Dass. u. d. T.: Reglement für die Übungs-Corps. 1837.

Ordrusal, oder der Kampf in schreckl. Nächten, v. Verf. des Werno des Kühnen. m. K. 8. Wien, Pichler. (Joachim in Leipz.) 802. —

Ordynacya konkursowa z dnia 8. Maja 1855. Ustawa, tycząca się zaprowadzenia ordynacyi konkursowéj w tych częściach kraju, w których powszechne prawo krajowe i powszechna ordynacya sądowa mają moc obowięzującą, z dnia 8. Maja 1855. Ustawa, tycząca się prawa wierzycieli do zaczepiania prawnych czynności dłużników, znajdujących się w niemożności zapłaty poza konkursem, z dnia 9. Maja 1855. Ustawa, tycząca się kosztów sądowych, które w konkursie i w procesie spadkowo-likwidacyinym pobierane być mają, z dnia 4. Czerwca 1855. Z zupełnym wykazem osnowy. gr. 16. (288 S.) Berlin 855, Deckersche geheime Ober-Hofbuchdr. Thlr.

— miejska dla sześć wschodnich prowincyi monarchii Pruskiéj. Z dnia 30. Maja 1853. 8. (62 S.) Berlin 853, Deckersche geheime Ober-Hofbuchdr.

Ordynacya procederowa dla związku północno-niemieckiego. Z dnia 21. czerwca 1869. Berlin 869. v. Decker. gr. 8. (63 S.) n. 5 ngr.

Oreade, Die, der Sieben Berge am Tage der Ankunft Sr. Königl. Hoheit (Maximilian) zu Bonn den 3. Oct. 1780. Köln 1780. V: *Du Mont.* (Teubner 59/328) (BiblPort)

Oreans, Karl [aus Wiesloch]: Die E-Reime im Altprovençalischen .... (Aus: Herrig's Archiv Bd. 80.) Braunschweig, Druck v. George Westermann, 1888; 46 S. 8°
Freiburg i. B., Phil. Fak., Inaug.-Diss. v 1888

Oréans, Karl, die Leygues'sche Reform der französischen Syntax u. Orthographie u. ihre Berechtigung. Eine historisch-grammat. Skizze. gr. 8. (30 S.) Karlsruhe 901. J. Bielefeld. n. — 60

Orechovsky, Jarosl., prakt. Wegweiser zur schnellen u. gründl. Erlerng. der böhmischen Umgangssprache für den Selbstunterr. M. genauer Bezeichng. d. richt. Aussprache im Böhm., e. Fundgrube d. gebräuchl. Ausdrücke aus Gesellschaft u. Leben u. zahllosen Beispielen in Gesprächsform. 12. (160 S.) Wien 897. C. Daberkow. n. 1.20

Orechow, Alexander: Über die Einwirkung von Phosphorpentasulfid auf einige aromatische Amine. Giessen 1909: Heppeler & Meyer. 27 S. 8°
Gießen, Phil. Diss. v. 9. Febr. 1909, Ref. Naumann
[Geb. 26. Okt. 81 Nischny-Nowgorod; Wohnort: Gießen; Staatsangeh.: Rußland; Vorbildung: Realsch. Astrachan Reife M. 99, Lat. ergänzt Gymn. Moskau M. 08; Studium: Jena 3, Gießen 3 S.; Rig. 15. Dez. 08.] [U 09. 1227

Oredownik naukowy. Redakcya: A Poplinski. J. Lukaszewicz. 1842. 52 Numm. (Bogen.) 4. Poznan 842. (Leipzig u. Paris, Brockhaus u. Avenarius.) 3 ₰

Chopin. Oper in 4 Aufz. Nach Melodien von F Chopin kom. von Giacomo **Orefice.** Text von Angelo Orvieto. Deutsche Bearb. von Fritz Werner. Berlin, Köln, Leipzig: A. Ahn [1904]. (32 S.) 8°
= Operntext-Bibliothek, Ahns. No 103. 05. 3774

Oregon, der Staat. Eine Schilderung von Klima, Boden- u. Mineral-Reichthum, Handel u. Industrie, Verkehrsmitteln, Gesetzen x. Mit 2 (lith.) Karten. Zum Gebrauch für Einwanderer. gr. 8. (48 S.) Portland, Oregon, 876. (Philadelphia, Schäfer & Koradi.) n. 1. —

Oregon-Gebiet, das. „Der Rechtstitel der Vereln. Staaten klar u. unbestreitbar." Offizielle Correspondenz des brittischen bevollmächtigten Ministers in Washington und des Staatssecret. der Vereinigten Staaten. (Uebersetzung.) gr. 8. Bremen 846, Schünemann's Verlags-Buchh. n. 1/4 Rthlr.

Oregon Patriot : 1869?—? Portland, OR
Weekly. Published by P. G. Walther

Oregon Pionier : Jahrgang 1—2, no. 52, June 1866—May 23, 1868.
Weekly. Published "Beilage zum Oregon Pionier" weekly. Followed by OREGON DEUTSCHE ZEITUNG. Edited & published by Walther & Landenberger
Portland, OR

Oregon Staats-Zeitung : 1879—1899?
Republican weekly. For weekly edition, see TÄGLICHE OREGON STAATSZEITUNG. Title varies: 1) OREGON STAATS-ZEITUNG. 2) OREGON STAATS-ZEITUNG UND "OREGON DEUTSCHE ZEITUNG," ?–Dec. 23, 1885. 3) STAATS-ZEITUNG FÜR DIE NORD PACIFIC-KÜSTE, Dec. 30, 1885—Dec. 1889. 4) OREGON STAATS-ZEITUNG, Jan. 2, 1890—1899. An edition, WASHINGTONER STAATS-ZEITUNG for Seattle published 1891—98. Various "Beiblätter" were published, e.g. "Narren-Spiegel. Offizielles Organ seiner fidelen Hoheit des Prinzen Carneval, Feb. 21, 1891." Size of this paper varies greatly, from very large folio, to small quarto. Circulation: 1885, 2500; 1896, 1500. Edited & published by J. Folkmann, 1879—92; edited by F. R. Blochberger, 1893—95, by Dr. F. A. Meyer [with F. R. Blochberger, 1898], 1896—99; published by Oregon Printing & Publishing Co., 1893—98; by Meyer & Meyer, 1899.
Portland, OR

Tägliche Oregon Staats-Zeitung : 1886? –1889?
Independent daily edition of OREGON STAATS-ZEITUNG. Morning except Monday. For Sunday edition, see COLUMBIA STAATS-ZEITUNG. Suspended in 1896. Title varies: PORTLAND STAATS-ZEITUNG, 1886—94. Circulation: 1890, 500; 1898, 430.
Portland, OR

Oregon Deutsche Zeitung : Aug. 1, 1868—1884.
Independent weekly. Merged with PACIFIC NACHRICHTEN. Follows OREGON PIONIER. Circulation: 1870, 800 (est.), 1880, 910; 1984, 975. Edited by Dr. Eichler, 1868–69, by A. Legrand, 1870—73, by P. Schulze, 1874, published by C. A. Landenberger, 1868–74, edited & published by C. A. Landenberger, 1875–84.
Portland, OR

Oregon Deutsche Zeitung : July 1904—Oct. 10, 1917?
Weekly, 1904—15, daily, evening, except Sunday, 1916–17. Independent, 1904–17. Printed in English and German in 1917. Title varies: PORTLAND AMERICAN, July—Oct. 10, 1917. For Sunday edition, see SONNTAGS-ZEITUNG. Circulation: 1910, 9700; 1917, 8500. Edited & published by A. E. Kern & Co., 1904–15, edited by J. J. Jackle, & published by German Publishing Co., 1916—17
Portland, OR

Oreille, l', Conte Asiatique. II Vol. 8. Leips, Sommer. 811.

— — le même I. II Vol. 8. Mayence, Kupferberg.

Oreilli, P., s.a. Oreilly, R.

Oreilli, P., Kunst zu bleichen, und Chaptals Verfahren mit Dampf d. Hausleinwand zu bleichen rc. a. d. Französisch. mit Anm. v. Fries, m. d. K. des Orig. gr. 8. Brem. (Geßner in Zürich) 802.

— — dass. v. E. H. Eschenbach. gr. 8. Lpz. Hinrichs. 802.

— — Nachträge hierzu v. E. G. Eschenbach, mit K. gr. 8. Ebend. 804.

— — dass. fortgesetzte Nachträge hierzu v. E. H. Eschenbach. m. K. gr. 8. Ebend. 806.

O'Reilly, A. J., die Martyrer d. Coliseums. Bilder aus der Geschichte d. röm. Amphitheaters. Aus dem Engl. 8. (VI, 494 S.) Mainz 873. Kirchheim. 3. 75

O'Reilly, B., Leo XIII. Seine Zeit, sein Pontificat u. seine Erfolge. Nach authent. Aufzeichngn. m. Gutheissung Sr. Heiligkeit. Autoris. deutsche Ausg., frei bearb., ergänzt u. weitergeführt. Lex.-8. (XXIV, 474 S. m. Illustr.) Köln 887. Bachem. n. 12. —; geb. m. Goldschn. n. 16. —

O-Reilly, Frz. Karl, Untersuchung d. Bitterwassers zu Steinwasser in Bohmen. 8. Prag 791.

O-Reilly, Jak. Kolumb., Beschreib. u. Gebrauch d. Dobritschauer Bades, mit einigen, von demselben gewirkten Heilungen. 8. Eger 766.

— Tractatus de ortu ac indole, contentis, viribus medicis ac debito usu aquarum mineralium Stecknicensium. 8maj. Ponti 766.

Oreilly, R., s.a. Oreilli, P

— Färbergeheimnisse u. neue Erfindd. f. Färber, Drucker rc. 8. Leipz. 805. Joachim. 12 gGr.

— Kunst zu bleichen, u. Chaptals Verfahren mit Dampf die Hausleinwand zu bleichen rc. Aus d. Französ. Mit Anmerkk. v. F. W. Fries, mit d. Kpf. d. Orig. gr. 8. Brem. 802. (Geßner in Zürich). (Wienbrack in Leipz.) 1 Rthlr. 16 gGr.

— Dass. aus d. Französ. mit Anmerkk. v. C. G. Eschenbach. Mit 14 Kpft. gr. 8. Leipz. 802. Hinrichs. 2 Rthlr. 8 gGr. — Nachträge hierzu v. C. G. Eschenbach. Mit 8. Kpf. gr. 8. Ebd. 804. 1 Rthlr. 12 gGr. — Fortgesetzte Nachtrr. hierzu. Auch u. d. T.: Neue Methode, leinenes u. baumwollenes Zeug zu waschen rc. von C. G. Eschenbach. Mit 8 Kpf. gr. 8. Ebd. 806. 1 Rthlr. 12 gGr.

O'Reilly, R., neues Verfahren um Baumwolle, Wolle rc. mit Dampf zu bleichen; nebst Beschreibung einer solchen Einrichtung. Mit 1 Kpf. 4. Leipz. (803.) Baumgärtner. 6 gGr.

d'Orel, s.: Le Juge d'Orel.

Orel, Ant., Kapitalismus, Bodenreform u. christlicher Sozialismus, s.a. Studien zur christlichen Sozialreform. 1. Heft.

(F) **Orel**, A., Kapitalismus, Bodenreform und christlicher Sozialismus. [Studien zur christlichen Sozialreform. 1. Heft.] 8°. (264 S.) K 2.60
Wien: Opitz 1909.

Orel Johann: Elbslaven unter Otto I.
II. 1898 PN 1104 Diss. Wien Univ 807

Orel, Jos., Ariogais. Erzählg. aus d. Quaden Heldenzeit. 8. (VII, 137 S.) Brünn 896. Verein „Deutsches Haus". n. 2. 70

Orel, Jos., Erbsünden. Erzählung. (115 S.) 8. Troppau 905. (O. Gollmann.) n.n. 1. —

Orel, Jos., König Gabin. Schauspiel in 5 Aufzügen. 8. (VII, 109 S.) Brünn 900. Verein Deutsches Haus. n.n. 1. —

Orellus, Augustus [aus Pará (Brasilien)]: Über Nervennath ... Würzburg, Paul Scheiner's Buchdr., 1886; 35 S. 8°.
Würzburg, Med. Fak., Inaug.-Diss. v. 1886.

Orell s.a. Orelli.

Orell Füssli & Co. in Zürich. Bericht über die Verlags-Thätigkeit. 1878.

Orell Füssli's Bildersaal f. den Sprachunterricht. 1 – 6. Hft 8. Zürich, Art. Institut Orell Füssli, Verl. n. 2. 30
1. Wörter f. den Unterricht in der Muttersprache an Elementarschulen. Von G. Egli. (35 S.) 893. n. — 30
2. Wörter f. den Unterricht in der französischen Sprache in Sekundarschulen. Von G. Egli. (41 S. m. Abbildgn.) 893. n. — 40
3. Wörter f. den Unterricht in den 4 Hauptsprachen. Von G. Egli. (47 S.) 893. n. — 40
4. Sätze f. den Unterricht in der Muttersprache. Von G. Egli. (34 S.) 894. n. — 40
5. Sätze f. den Unterricht in der französischen Sprache an Sekundarschulen. Von G. Egli. (43 S.) 894 n. — 40
6. Sätze f. den Unterricht in den 4 Hauptsprachen. Von G. Egli. (48 S.) 894. n. — 40

Orell Füssli's Bildersaal f. d. Sprachunterricht. 7.—9. Hft. 8. Zürich 896. Art. Institut Orell Füssli, Verl. à n. — 50 (1.—9.: n. 3. 80)
7. Aufsätze f. d. Unterr. in d. Muttersprache. Von G. Egli. (36 S.)
8. Aufsätze f. d. Unterr. in d. französ. Sprache an Sekundarschulen. Von G. Egli. (36 S.)
9. Aufsätze f. d. Unterr. in d. vier Hauptsprachen. Von G. Egli. (47 S.)

Orell Füssli's Bildersaal für den Sprachenunterricht. Kommentar zum 8. Hft. Aufsätze f. den Unterricht in der französ. Sprache v. G. Egli. Fragensammlung u. ausgeführte Beispiele in französ. Sprache v. Ch. Alb. Rossé. gr. 8. (120 S. m. Abbildgn.) Zürich 899. Art. Institut Orell Füssli. n. 2. —

— dasselbe. Collection d'images destinée à l'enseignement des langues. Recueil de mots par G. Egli. Traduit de l'allemand par quelques instituteurs de la Suisse romande. 1.—6. cahier. 8. Ebd. n. 2. 30
1. Pour l'enseignement de la langue maternelle dans les écoles élémentaires. (32 S.) 896. n. — 30
2. Pour l'enseignement de la langue allemande. (40 S.) 896. n. — 40
3. Pour l'enseignement des quatre langues principales. (46 S.) 896. n. — 40
4. Phrases pour l'enseignement de la langue maternelle. (32 S.) (896). n. — 40
5. Phrases pour l'enseignement de la langue allemande. (40 S.) (896.) n. — 40
6. Phrases pour l'enseignement des quatre langues principales. (47 S.) (896.) n. — 40

Orell Füssli's Bildersaal f. den Sprachunterricht. Collection d'images destinée à l'enseignement des langues. Par G. Egli, Traduit de l'allemand par quelques instituteurs de la Suisse romande. 7.—9. cahier. 8. Zürich, Art. Institut Orell Füssli. 1. 20
7. Sujets de rédactions pour l'enseignement de la langue maternelle. (36 S.) (909.) — 40
8. Sujets de rédactions pour l'enseignement de la langue allemande. (36 S.) (909.) — 40
9. Sujets de rédactions pour l'enseignement des quatre langues principales. (48 S.) (909.) — 40

— dasselbe. Kommentar zum 8. Heft. Aufsätze f. den Unterricht in der französ. Sprache v. G. Egli. Fragensammlg. u. ausgeführte Beispiele in französ. Sprache v. Ch.-Alb. Rossé. 2. Aufl. (119 S. m. Abbildgn.) 8. Ebd. (910). 2. —

— dasselbe. Collection d'images destinée à l'enseignement de langues. Commentaire du 7e cahier. Sujets de rédactions pour l'enseignement de la langue maternelle, par instituteur second G. Egli. Questionaires et exemples de rédaction en langue française par Ch.-Alb. Rossé. (119 S. m. Abb.) 8. Ebd (910). 2. —

—dasselbe. Ed. belge. Français, flamand, anglais, allemand. Par G. Egli. Traduit du français par E. Vincent. 1.—3. partie. 8. Ebd. 1. 20
1 Recueil de mots. (48 S.) 909. — 40
2. Recueil de phrases. (48 S.) 909. — 40
3. Sujets de rédactions. (48 S.) 909. — 40

— dasselbe. Commentaire de la 3me partie. Exemples de rédactions en langue flamande. Eene verzameling vertellingen en spreekoefeningen, naar platen door G. Egli. Uit het fransch vertaald door A. Uyttersprot. (36 S.) 8. Ebd. 909. — 80

Verlag: Art. Institut Orell Füssli, Zürich. Festgeschenke für Jung und Alt. Verzeichnis einer Auswahl empfehlenswerter Bücher. [Illustriert.] IV + 24 S. 8. (1902.)

Art. Institut Orell Füssli, Verlag, Zürich. Katalog über Sprachbücher und Grammatiken für Schul- und Selbstunterricht. Fr. Nr. 23. 1904. 16 S. 8. [Oktober 1903.]

— Portrait-Mappe f. d. Schweizervolk. (Volksausg. d. schweizer. Portrait-Gallerie.) 1.—37. Mappe. Lex.-8. Ebd. 895. à n. — 80
1. Schweizer. Bundesräte. (15 Taf.)
2. Wohlthät. u. gemeinnütz. Schweizer. (14 Taf.)
3. Militärs. (14 Taf.)
4. Ingenieure u. Mechaniker. (14 Taf.)
5. 6. Römisch-kathol. Geistlichkeit. (à 12 Taf.)
7. 8. Um d. Schule verdiente Eidgenossen. (14 u. 13 Taf.)
9. Schweizer. Bundesrichter. (15 Taf.)
10. Kunstmaler. (15 Taf.)
11. Dichter u. Schriftsteller. (13 Taf.)
12. 13. Ärzte u. Mediziner. (à 12 Taf.)
14. 15. Reform. Geistliche u. Theologen. (à 10 Taf.)
16. Lehrer d. Volksschule. (14 Taf.)
17. Geschichtsforscher u. Philologen. (15 Taf.)
18. Physiker u. Elektro-Techniker. (11 Taf.)
19. Eidgen. u. kantonale Oberbeamte. (16 Taf.)
20. Lehrer an Mittelschulen. (14 Taf.)
21. Fabrikanten u. Industrielle. (12 Taf.)
22. Finanzmänner u. Kaufleute. (12 Taf.)
23. Männer d. öffentl. Verkehrs. (13 Taf.)
24—28. Aus d. radikalen Gruppe d. Bundesversammlg. (14, 12 13, 13 u. 13 Taf.)
29—31. Aus d. Centrum d. Bundesversammlg. (11, 10 u. 18 Taf.)
32, 33. Aus d. konservativen Gruppe d. Bundesversammlg. (15 u. 10 Taf.)
34—37. Juristen u. Advokaten. (15, 12, 15 u. 15 Taf.)

Art. Institut Orell Füssli ⟨Sect. cartogr.⟩ Zurich ⟨Suisse⟩. Spécimens de plans et cartes topographiques et géographiques. *(Zurich: Orell Füssli [1901].)* (23 Kartenbl.) 8°
[Umschlagt.] Probeblätter von geogr. Karten, Plänen etc. (ca. 1903)

Verlag: Art. Institut Orell Füssli in Zürich. Weihnachts-Geschenke für Jung und Alt. Weihnachten 1901. [Illustriert.] IV + 24 S. 8.

Orell, C., s. Orelli, Konrad

Orell, H. v., neue Beytr. z. Kenntn. d. Schweizerlande, 16. s. Schinz Beytr. 6c.

v. Orell, Hnr., die Blinden- u. Taubstummen-Anstalt in Zürich, von deren Errichtung bis zu Ende des Jahres 1834 dargestellt. Mit Titelkpfr. gr. 8. Zürich 835. (Schultheß.) 5/8 ₰

v. Orell, Jh. Hnr., s. Fragmente wicht. Schweizerscenen. — Geschichte d. Erfindo.

Orell, Konrad, s. Orelli, Konrad

O'Rell, Max, John Bull und sein Inselheim. Englische Sittenbilder. Nach der 47. Aufl. des französ. Originals von Arthur Bertow. 8. (VI, 290 S.) Berlin 885, Janke. *

—— dass. — [Wohlf. Ausg.] 8. (VI, 290 S.) Ebendas. 885. *

O'rell, Max u. Jack Allyn. Bruder Jonathan u. sein Land. Die amerikan. Gesellschaft. Autoris. Uebersetzg. aus dem Franz. v. Emmy Becher. 8. (251 S.) Stuttg. 889, Engelhorn. * 3 50

Orelli. Die O'. Historischer Roman aus der Reformationszeit von ***. [Umschlag mit Vignette.] 135 S. 8. Zürich, Verlag der Buch- und Kunstdr. Jean Frey (*Aufdruck:* Albert Müller's Verlag), 1907. [fr. 2. —]

Orelli. Aloysius von O' Zürich 1797 s.a. O[relli], S[alomon] v[on].

Orelli, Aloysius von. Ein biographischer Versuch. Zürich 1797. V: *Orelli, Salomon v.* (Cat. d. Stadtbibl. Zürich. Zürich 1864—97.)

v. Orelli, Aloys., ein biograph. Versuch. gr. 8. Zürich 797. Zugler u. Söhne. 1 ℔ 12 ℛ

Orelli Aloys von. O. O. [1892.] V: *Schneider, Albert.* (Cat. der Stadtbibl. Zürich. Zürich 1864—97.)

Orelli's, Joh. Ulr. v., Lebensbild, s. Bürkli, A.

Orelli, v. u. Denzler. Ansichten ... betreffend den Entwurf eines Bundesgesetzes über die Militairorganisation der Schweiz. Eidgenossenschaft. Zürich 1849. 8°.

Orelli, v., Organisation der schweiz. Armee, s.: Handbuch f. schweizerische Artillerie-Offiziere.

Orelli, A. v. Trinkspruch am Sechseläuten 1879.

de Orelli, Albert. Aloys. Quibus modis usufructus petatur. Berolini (1849). (77 S.) 8°
Berlin, Jur. Diss. v. 23. Aug. 1849

Orelli, Aloys von (Prof. Dr.) Das neue schweizer. Bundesgesetz betr. das Urheberrecht an Werken der Literatur und Kunst unter Berücksichtigung der bezügl. Staatsverträge. Gr. in-8°. Zürich, F. Schulthess. 1893. 3 —

Orelli, Aloys v., das schweizerische Bundesgesetz betr. das Urheberrecht an Werken der Litteratur u. Kunst, unter Berücksicht. der bezügl. Staatsverträge erläutert. gr. 8. (VIII, 174 S.) Zürich 884. Schultheß. n. 2. 80

Orelli, A. v., über Errichtung von Zwangsarbeitsanstalten. Vortrag, gehalten in der gemeinnütz. Gesellschaft des Bezirkes Zürich am 20. März 1865. Zürich 865. Herzog. gr. 8. (40 S.) n. 4 ngr.

Orelli, A. v., die Familie im deutschen und schweizerischen Recht, s. Vorträge, akademische.

Orelli, Aloys v., über Gefängnißanstalten, s. Vorträge, akademische, von Zürcherischen Dozenten.

(Orelli, Aloys von.) Geschichte der Familie von Orelli. Denkschrift zur Jubelfeier ihrer Aufnahme in Zürich im Jahre 1555. Als Manuscript für die Familie gedruckt. [Illustriert.] 4. Zürich 1855.

Orelli, Aloys v., Geschichte der Kirchgemeinde St. Peter in Zürich. Rechtshistorischer Beitrag zur Beleuchtg. der Ausscheidungsfrage. gr. 8. (X, 120 S.) Zürich 871. Höhr in Comm. n. 3. 30

Orelli, Aloys v., Grundriss zu den Vorlesungen über schweizerische Rechtsgeschichte [mit Literatur- u. Quellenangabe]. gr. 8. (22 S.) Zürich 879. Schulthess in Comm. n. 1. —

— Grundriss zu den Vorlesgn. üb. schweizerische Rechtsgeschichte [m. Literatur- u. Quellenangabe]. 2 Aufl. gr. 8. (24 S.) Ebend. 884. n 1. —

—— die Jury in Frankreich und England. Ein Beitrag zur Reform der zürcher. Strafrechtspflege. gr. 8. (VIII und 108 S.) Zürich 852, Orell, Füßli und Comp. *

Orelli, Aloys v., die evangelisch-reformierte Landeskirche des Kantons Zürich u. ihre Stellung zum Staat. gr. 8. (VIII, 64 S.) Zürich 891. F. Schultheß. n. 1. —

Orelli, Dr Aloys v., ordentl. Professor des deutschen Rechtes an der Universität Zürich. Rechtsschulen und Rechtsliteratur in der Schweiz vom Ende des Mittelalters bis zur Gründung der Universitäten von Zürich und Bern. Festschrift. (Bl. 3 Herrn Geheimen Rath Professor Dr. J. C. Bluntschli überreicht diese Schrift zur Feier des Jubiläums der ihm vor 50 Jahren verliehenen Doktorwürde am 3. August 1879 die staatswissenschaftliche Fakultät der Universität Zürich). Zür. F Schulthess 1879. 5 Bl., 106 S., 1 Bl. 8°

Orelli, A. v., der internationale Schutz d. Urheberrechtes, s. a. Zeit- u. Streit-Fragen, deutsche.

— Der internat. Schutz des Urheberrechts. (Zeit- u Streitfragen NF 17.18) Hamburg 1887

— das Staatsrecht der schweizerischen Eidgenossenschaft, s. a. Handbuch d. öffentlichen Rechts der Gegenwart.

Das Staatsrecht der schweizerischen Eidgenossenschaft. Bearb. v. Alois von **Orelli.** Freiburg i. B. 1885. = Handbuch des Oeffentlichen Rechts der Gegenwart. Hrsg. v. H. Marquardsen. Bd 4. Halbbd. 1. Abth. 2. 8°m.

Orelli, A. v. (Dr., Prof. an der Universität Zürich). Die Stellung der Pharmacie zu Art. 31 d. Bundesverfassung. Gutachten zu Handen der hohen schweiz. Bundesversammlung erstattet im Auftrag des Apothekervereins des Kantons Zürich. In-8°, 31 S. Zürich, Fr. Schulthess, 1 —
1882.

—— Studien über den gerichtlichen Eid. gr. 8. (VII und 73 S.) Zürich 858, Orell, Füßli und Comp.

Orelli, Caspar, s. Orelli, Kaspar

Orelli, Conrad, s. Orelli, Konrad

Orelli, F., heitere Bilder in Geschichten u. Mährchen, Liedern u. Denksprüchen. Ein Geschenk f. die Jugend. Mit 6 (lith. u.) col. Bildern. 16. (VIII u. 360 S.) Halle 851, Riese. 28 ngr.

— der Blumenstrauß. Geschichten u. Reime f. die liebe Kinderwelt. Gesammelt u. herausg. Mit 6 (lith. u.) color. Bildern. br. 8. (VIII u. 263 S.) Ebd. 852. 28 ngr.

— Feierstunden für die Jugend. Unterhaltendes u. Belehrendes in mannichfalt. Abwechselung. Zu einer Gabe vereint. Mit 6 (lith. u. color.) Bildern u. vielen (eingedr.) Holzschn. gr. 16. (VI u. 258 S.) Ebd. 850. 28 ngr.

Orelli, F., s. Jugend-Bibliothek deutscher Classiker.

— siehe: Jugendbibliothek, kleine.

Orelli, F. *Nord und Süd.* Wanderungen durch alle Zonen der Erde. Zur bildenden Lectüre für die reifere Jugend ausgewählt von Dr. F. Orelli. Mit 8 colorirten Kupfern. Berlin, August Riese [c. 1840]. 184 S. 2 Bl. (Inhalt u. Anzeigen). Kl.-8° (fast quadratisch). Hlwd. d. Z. 18.—

★ Erstausgabe. Enth. vor allem interess. Jagdgeschichten, speziell in den arktischen Gegenden. Die kräftig kolor. (unsign.) Lithographien sehr ausdrucksvoll. — Etwas wasserfleckig, der Einband etwas beschädigt.

Orelli, F., Nord und Süd. Wanderungen durch alle Zonen der Erde. Zur bildenden Lectüre für die reifere Jugend ausgewählt. br. 8. (186 S. mit 8 lithogr. und ill. Kpfrn.) Berlin 862, Riese. cart. –

— freie Stunden. Ein Buch der Erholung f. die reifere Jugend in Erzählungen u. Gedichten aus d. Werken v. G. H. v. Schubert, Em. Geibel, Frhr. v. Eichendorff u. A. ausgewählt u. hrsg. Mit 6 (lith. u.) color. Bildern. 16. (VIII u. 304 S.) Ebd. 852. 28 ngl

[Orelli, Felix von.] (Anna Bullinger, geb. Adlischweiler, starb 1564. [Mit 1 Abbildung und 1 Porträt-Tafel.]) Njbl. Hülfsges. Zürich 1860. 4 [Zürich.]

[Orelli, Felix von.] (Erzählung des Einsturzes einer Strasse in Zug im Jahre 1435 [Mit 1 Tafel.]) Njbl. Hulfsges. Zürich 1836. 4. [Zürich.]

[Orelli, Felix von.] (Carl Wilhelm Fäsi. Geb. den 17 December 1793 – Gest. den 8 August 1852. [Mit 1 Porträt-Tafel.]) Njbl. Waisenh. Zürich 1857 4. [Zürich.]

[Orelli, Felix von.] (Antistes Heinrich Bullingers Gastfreundschaft gegen vertriebene Glaubensgenossen. [Mit 1 Tafel.]) Njbl. Hülfsges. Zürich 1840 4. [Zürich.]

[Orelli, Felix von.] (Geschichte der Waldenser [5 Teile *je* Mit 1 Tafel.]) Njbl. Hülfsges. Zürich 1848–1852 4. [Zürich.]

[Orelli, Felix von.] (Johann Lucas Le Grand, 1755–1836. [Mit 1 Abbildung und 1 Porträt-Tafel.]) Njbl. Hülfsges. Zürich 1858. 4. [Zürich.]

[Orelli, Felix von.] (Antistes Johann Jakob Hess, 1741–1828. [Mit 1 Porträt-Tafel.]) Njbl. Waisenh. Zürich 1845. 4 [Zürich.]

[Orelli, Felix von.] (Hans Caspar Hirzel, Archiater, 1751–1817 [Mit 1 Porträt-Tafel.]) Njbl. Hülfsges. Zürich 1866. 4. [Zürich.]

[Orelli, Felix von.] (David de Purry, 1709–1786. [Mit 1 Abbildung und 1 Porträt-Tafel.]) Njbl. Hülfsges. Zürich 1855 4 [Zürich.]

[Orelli, Felix von.] (Regula Thommann, 1573–1634, Gattin des Antistes Joh[ann] Jakob Breitinger. [Mit 1 Tafel.]) Njbl. Hülfsges. Zürich 1862. 4. [Zürich.]

[Orelli, Felix von.] (Johann Caspar Zellweger, geboren 1768, gestorben 1855. [Mit 1 Abbildung und 1 Porträt-Tafel.]) Njbl. Hülfsges. Zürich 1856 4. [Zürich.]

Orelli, Giovanni Gaspare, s. Orelli, Johann Kaspar von

Orelli, H[einrich] *I* von. Neue Beyträge zur nähern Kenntniß des Schweizerlandes. Zürich und Leipzig 1791 *s.* Schinz, H[an]s Rudolf Beyträge.. Heft 6.

Orelli, Heinr. v., Charakteristiken zur Kulturgeschichte der Gegenwart. 1. Heft: Die vaterländische Richtung in der Kunst und schönen Literatur unserer Zeit, mit Bezug auf Scherenberg und Bleibtreu. 8. (III und 63 S.) Berlin 860, [Danz.] *

Ist nicht fortgesetzt worden.

[Orelli, Heinrich *I* von 1757–1799.] Fragmente wichtiger Schweizerszenen ... 2 Bände. 8. Zug (Band 2 Zug und Zürich) 1791–1792

Band 1 F' von dem alten Zürcherkrieg an bis itzt, in Verbindung mit Moral

Band 2. F' Oder Geschichte der Kirchenreformazion vom Jahr 1411–1532 zu dem dreyssigjährigen Krieg, nebst einer Abhandlung über die ersten Buchdruckereyen unsrer Schweiz

Orelli, Heinrich v. von Zürich: Das Molluskum. Zür. F. Waldeur. Dr 1855. 64 S. 1 Bl. 8

Zürich Med Diss v. 7 Juli 1855

— über A. Widmann's „Nausikaa". Jena 856. Doebereiner. gr. 8. (16 S.) 3 ngr.

[Orelli, Heinrich *II* von 1783–1860.] (Der Opfertod des Bezirksarztes Johann Conrad Hirzel [1784–1814] und die epidemischen Krankheiten. [Mit 1 Porträt und 1 Tafel.]) Njbl. Hülfsges. Zürich 1815. 4. [Zürich.]

Orelli, Heinrich *III* [von] [1815–1880]. Friedrich Rohmer in Zürich. Ein politisches Fragment unserer Geschichte. 8. Zürich und Frauenfeld 1842

Orelli, Heinr. v., das Standbild der Louise von Oranien. Ein Beitrag zum Einweihungsfeste. Berlin 858. Plahn. 8. (20 S.) 3 ngr.

v. Orelli, Hnr., das Wesen der Jesuiten, s. Beobachtungen, politische, 3. Heft.

Orelli, Heinr. v., das Wesen des Jesuiten-Ordens, s. Beobachtungen.

Orelli, Joh[ann] Heinrich [von]. Rede an Herrn [Louis-François-Alexandre] Vicomte de Polignac .., Königlich-Französischen Bottschafter ..., von Herrn Burgermeister Joh. H' Orell . bey der außerordentlichen Eidgenoßischen Zusammenkunft in Solothurn den 18ten Herbstmonat 1780 abgelegt. Nebst dem Discours ... des Herrn Vic de P', etc. und dem Eidgenoßischen Gruß der Stadt Mühlhausen .. in Solothurn von Herrn Burgermeister [Johann Heinrich] Dolfuß gehalten. 4. *o. O* 1780.

Orelli, Johann Kaspar von (Hrsg.), s. Abailard, Pierre Epistolae.

Index lectionum in academia Turicensi inde a die XXIII mensis Aprilis usque ad diem XXV mensis Septembris MDCCCXXXVIII. habendarum. Insunt I Analecta Horatiana. II. Analecta epigraphica. scripsit Io. Casp. Orellius. Tur ex offic Ulrich. 1838. 1 Bl. 61 S. 4°

v. Orelli, Jh. Casp., analecta horat. et analecta epigraphica. 4. Zürich 841. (Höhr.) 3/8 ℛ

Index lectionum in academia Turicensi inde a die XX mensis Aprilis MDCCCXLVI. usque ad diem XXV mensis Septembris MDCCCXLVI habendarum. Insunt [Joa. Casp. Orellii] nova analecta Horatiana in carminum libros I. II. III. Tur ex offic Or Fuessl et soc 1846. 1 Bl., 8, 21 S. 4°

v. Orelli, Jh. Ksp., Anmerkk. zu Xenophons Gastmahl; mit Zusätzen v. J. G. Bremi. gr. 8. Zürich 814. Orell. 6 gr

Index lectionum in academia Turicensi inde a die XXII. mensis Aprilis usque ad diem XXV mensis Septembris MDCCCXLIV habendarum Inest C. Cornelii Taciti annalium liber primus. Specimen novae editionis criticae ad codices Mediceos denuo diligenter exactae [a Joa. Casp. Orellio]. Tur. ex offic. Or., Fuessl. et soc. 1844. IV, 41, 7 S. 4°

Orelli, Jh. Kaspar, Anrede an die Studirenden der Hochschule Zürich über die Berufung des Prof. Strauß. Den 17. März 1839. Nebst der Adresse der Studirenden an den Prof. Orelli. gr. 8. Zürich 839. Orell, Füßli u. Comp. 1/12 ℛ

Orelli, Joh. Casp., freymüth. Ansichten üb. d. Entwurf e. neuen Synodalordnung. Der öffentl. Meinung vorgelegt. gr. 8. (3 B.) Zürich 830, Orell, Füßli u. Comp.

—— und Leonh. Usteri's pädagog. Ansichten üb. d. äuß. Trennung u. geistige Einheit d. wissenschaftl. u. techn. Schulen, nebst e. Bruchstücke aus d. Zürcher. Schulplane v. 1830 u. e. Vorschlage f. d. neue Organisation d. Unterrichtswesens im Kanton Zürich. gr. 8. (4 B.) Zürich 831, Orell, Füßli u. Comp.

Orellii. J. C., Anthologia lyrica poetarum lat. recentioris aevi, notis illustrata. Turici 805. Vol. I. 8. 2 rthlr. Ib. 808. 8. 2 rthlr. (Enth. Balde *carmina selecta.*)

— Q. Septimii Florentis Tertulliani Apologeticus. Recensuit. Particula I., qua edita Gymnasii Turicensium Carolini novus curs. magnif. rectoris Jo. Jac. Cremeri auct. rite indicitur etc. 8maj. Zürich 827. Schulthes. 4 gr

Orellius, Jo. Casp. (Hrsg.), s. Apuleius Madaurensis. Fabula de Psyche et Cupidine.

Index lectionum in academia Turicensi inde a die XXX mensis Octobris MDCCCXXXVII. usque ad diem XX. Martii MDCCCXXXVIII. habendarum. Insunt **Ciceronis Aratea cum variis lectionibus curante Io. Casp. Orellio.** Tur ex offic. Ulrich. 1837. 1 Bl., 26 S. 4°

– s. Ariosto, Lod.: Satire.

– (Hrsg.), s. Babrius: Fabellae iambicae CXXIII.

— Beitrr. z. Geschichte d. italien. Poesie. 2 Thle. gr. 8. Zürich 810. Orell. 2 rthlr

Orell, Joh. Kasp., Briefe aus seinem 20. Lebensjahre, s. a. Neujahrsblatt zum Besten d. Waisenhauses in Zürich.

Orelli, Johann Caspar (von). Briefe von J' K' O' ‹1787–1849› aus seinem zwanzigsten Lebensjahre. [2 Teile] *s.* [Wirz, Hans.] Lebensskizze des Professors Dr Theodor Hug.. . Zürich 1890 *u.* [Wirz, Hans.] Briefe von J' K' [von] O'... . Z' 1891.

[Orelli, Johann Caspar von.] ([Der Briefwechsel zwischen] Konrad Gessner [und] Heinrich Stephanus. [Mit 1 Porträt-Tafel und einem] Anhang.) Njbl. Stadtbibl. Zürich 1837 4. [Zürich.]

— selecta patrum ecclesiae capita ad εἰσηγητικὴν sacram pertinentia. Pars I et II. 8. Zürich 820—21. Orell. 16 gr Ptes III. et IV. 8maj. ibid. 822—24. Schulthess. 8 gr

— Selecta patrum ecclesiae capita ad εἰσηγητικὴν acram pertinentia. Pars IV. 8 maj. Turici 824, (Lips., Fr. Fleischer.)

– s. a. Carmen de bello in Runcivalle.

Index lectionum in academia Turicensi inde a die XXII. mensis Aprilis usque ad diem XXV. mensis Septembris MDCCCXXXIX. habendarum. Insunt **I. Carmen de bello in Runcivalle. II. Ioannis de Virgilio et Dantis Alagerii eclogae; edidit Io. Caspar Orellius.** Tur ex offic. Ulrich. 1839. 1 Bl., 32 S. 4° [Das Verzeichnis der Vorlesungen ist nicht gedruckt].

– (Hrsg.), s. Carmina sententiosa poetarum Latinorum.

– (Hrsg.), s. Cicero, Marcus Tullius: Academica.

– (Hrsg.), s. Cicero, Marcus Tullius: Aratea.

– (Hrsg.), s. Cicero, Marcus Tullius: Opera omnia. 1826 ff.

– (Hrsg.), s. Cicero, Marcus Tullius: Oratio pro T. Annio Milone. 1826.

– (Hrsg.), s. Cicero, Marcus Tullius: Oratio pro Cn. Plancio. 1825.

– (Hrsg.), s. Cicero, Marcus Tullius. De provinciis consularibus oratio.

– (Hrsg.), s. Cicero, Marcus Tullius: Oratio pro Sexto Roscio Amerino. 1837.

– (Hrsg.), s. Cicero, Marcus Tullius: Oratio pro M. Caelio Rufo et pro P. Sestio.

– (Hrsg.), s. Cicero, Marcus Tullius: Orationes selectae XV. 1836.

– (Hrsg.), s. Claudianus, Claudius: In Probini et Olybrii fratrum consolatum panegyris.

Orelli, Johann Caspar von.
Cronichette d'Italia ... Coira 1822. Ü: *Wismayr, Jos.* (BrMm)

Orelli, (Gio. G. D.,) cronichette d'Italia. Vi s'aggiunge la vita di Dante Alighieri. 2 Parte. 8. Coira 823, (Zürich, Gessner.)

— cronichette d'Italia. Vi s'aginnge la vita di Dante Alghieri. 2 Parte. 8. Coira 828. (Zürich, Gessner). 1 rthlr 16 gr

— Petri Victorii curae tertiae in Ciceronis epistolas ad familiares — et Martyni-Lagunae in Ciceronis epistolas commentarii reliquiae. 4. ibid. 841. 3/8 rthlr

Orelli, J[ohann] C[aspar] von Kurze geschichtliche Darstellung der vor dreihundert Jahren erfolgten Kirchenverbesserung oder Reformation in der Schweiz und Bünden. Aus Auftrag des .. Evangelischen Kirchenraths verfasst 4 Chur 1819

Index lectionum in universitate literarum Turicensi inde a die XXVI mensis Octobris MDCCCXLVI usque ad diem XX mensis Martii MDCCCXLVII. Inest **C. Cornelii Taciti** dialogus de oratoribus cum nova collatione cod. Perizoniani in usum scholarum edidit **Io. Gaspar Orellius.** Tur ap. Or. Fuessl. et soc. 1846. 1 Bl., III. 32, 9 S. 4°.

– s. Dichter, Die, d. hellenischen Alterthums.

—— Eclogae poetar. latinor., s. a. Eclogae.

— eclogae poetarum latinorum in usum Gymnasiorum. Insunt Persii satyrae VI integrae. 8maj. Zürich 822. Gessner. 1 rthlr 3 gr

Orelli, Jo. Casp., Eclogae poetarum latinorum in us. Gymnasiorum et Seminariorum philologicorum. Iterum edidit longe auctiores et correct. — Insunt A. Persii Flacci Satirae sex integrae cum scholiasta et varietate aliquot codd. nunc primum collatorum. 8maj. Zürich 833. Orell, Fuessli et soc. 1 5/6 rthlr

Orelli, J. C., Eclogae veterum poetarum latinorum. Cum variis lectionibus. Turici 821. 8.

Index lectionum in academia Turicensi inde a die XXII. mensis Aprilis usque ad diem XXV mensis Septembris MDCCCXL. habendarum Inest **Theognidis** elegiarum pars prima, edidit **Io. Caspar Orellius** Tur ex offic Ulrich. 1840. 4°. 1 Bl., 31 S. ([mit dem II. Titel] Θεογνιδο, ἐλεγεια, cum varietate lectionis codicis Mutinensis A. editionis Aldinae MCCCCXCV et coniecturis criticorum suisque post Schneidewinum factis in usum lectionum academicarum edidit Io. Caspar Orellius. Pag 1—24).

Index lectionum in academia Turicensi inde a die XXVI. mensis Octobris MDCCCXL. usque ad diem XX. mensis Martii MDCCCXLI habendarum. Inest **Theognidis** elegiarum pars altera; edidit Io **Caspar Orellius.** (Pag. 25—58, 1 Bl.). Tur. ex offic Ulrich. 1840. 1 Bl., S. 25-67 4°

Index lectionum in academia Turicensi inde a die XXII. mensis Aprilis usque ad diem XXV mensis Septembris MDCCCXLI. habendarum. Insunt **Abaelardi et Heloissae** epistolae Pars prima, edidit **Io. Caspar Orellius.** Tur ex offic. Ulrich. 3 Bl., 39 S. 4°. ([mit dem II. Titel] Magistri Petri Abaelardi epistola quae est historia calamitatum suarum ad amicum scripta. — Heloissae et Abaelardi epistolae quae feruntur quattuor priores. additis codd. Amboesii et Rawlinsonii variis lectionibus. edidit Io Caspar Orellius Pag. 1—32).

Index lectionum in academia Turicensi inde a die XXVIII mensis Octobris MDCCCXLI usque ad diem XX mensis Martii MDCCCXLII habendarum Insunt **Abaelardi et Heloissae** epistolae Pars secunda edidit **Jo Caspar Orellius.** (Pag 33—57) Tur ex offic Ulrich. 1841 1 Bl., S. 33—57. 34—39. 4°

——, Plinii Sec. Epistolae select. etc., s. Plinius.

Orelli, J[ohann] C[aspar] von. Breve esposizione storica della Riforma avvenuta già trecent' anni nella Svizzera e nei Grigioni. Scritta nell' idioma tedesco per ordine del Ven. Consiglio Ecclesiastico Evangelico da G. G. degli O' ., volgarizzata dal . D Gioachimo dei Prati 4. Coira 1819

Orelli, J[ohann] C[aspar] von. Curta expositiun historica da la Refor-matiun faigchia avont treitschient ons enten Helvetia, ad enten ilg Cantun Grischun Componida en tudesc, per commissiun d'ilg ... Cusselg Ecclesiastic Reformau, da J. C. de O'..., vertida en rumonsch tras L[eonhard] Walter.... 4 Coira 1819

Orelli, J[ohann] C[aspar] von. **Cuorta exposiziun historica dalla Reformatiun arrivada avaunt trajatschent ans nella Helvetia e nella Rhætia. Componida in tudaisc, our d'commissiun del... Senat Ecclesiastic Evangelic tras J. C. de O'.., e tradütta nella lingua d'Ingadina tras J[ohannes] Salomon-Blech.... 4. Cuoira 1819.**

– (Hrsg.), s. Hesiodus: Theogonia.

— historia critica Eclogarum ex Sallusti historiarum libris. Accedit descriptio editionis Martialis epigrammaton romanae anni 1473. 8 maj. Zürich 832. Orell, Füssli u. C. 1/4 ß

Orelli, Io. Casp., Historia critica Eclogarum ex Salusti historiarum libris. Acced. Descriptio editionis Martialis Epigrammaton Romanae anni 1473. 8 maj. (2¼ B.) Turici 833, Orell, Fuesli et Soc. Thlr.

Index lectionum in academia Turicensi inde a die XXIX. mensis Octobris MDCCCXXXVIII usque ad diem XX mensis Martii MDCCCXXXIX habendarum. Inest historia critica epistolarum Plinii et Traiani usque ad a. MDLII., scripsit **Io. Casp. Orellius.** Tur. ex offic. Ulrich. 1838. 1 Bl., 54 S. 4°

— historia critica epistolarum Plinii et Trajani usque ad a. 1552. 4. ibid. 841. 3/8 ß

– (Hrsg.), s. Horatius Flaccus, Quintus: Opera. 1837-38.

– s. Inscriptiones Helvetiae .... Turici 1844.

Orellius, Joan. Gasp., Inscriptiones helveticae collectae etc., s. Inscriptiones.

—— Inscriptionum latinar. selectar., s. Inscriptionum etc.

Orelli, Jo[hann] Casp[ar von]. Inscriptiones in Helvetia adhuc repertas omnes collegit breviterque illustravit Jo. Casp. Orellius . Progr 8. Turici 1826.

—— Inscriptiones in Helvetia adhuc repertas omnes collegit breviterque illustravit. 8 maj. (2½ B.) Turici 826, Schulthess.

Index lectionum in academia Turicensi inde a die XXVI. mensis Octobris MDCCCXXXV usque ad diem XX mensis Martii MDCCCXXXVI. habendarum. Insunt I. **M. Tullii Ciceronis** in P Vatinium interrogatio. II. Specimen codd. Turicensium et Einsiedlensium [cura **Joa. Casp Orellii**]. Tur ex offic Ulrich. 1835 1 Bl 32 S., 4 Bl. Specimina. 4°

——, Jo. Chrysostomus in Eutropium. Libanius de templis. Themistius de religionibus etc. 8 maj. (3 B.) Turici 828, Schulthess.

– (Hrsg.), s. Isocrates. Oratio de permutatione.

Index lectionum in academia Turicensi inde a die XXVIII mensis Octobris MDCCCXXXIII usque ad diem XX mensis Martii MDCCCXXXIV habendarum. Inest **scholiasta Iuvenalis** e codice Sangallensi cura **I. C Orellii** suppletus et emendatus. Tur ex offic Gessner 1833. 1 Bl., 26 S. 4°

—— Scholiasta Juvenalis suppletus et emendatus e cod. Sangallensi. 4 maj. (3½ B.) Turici 833, [Siegfried.]

— üb. d. Kampf d. Rationalismus, eine Vorlesung. Nebst Vorrede u. einer Zugabe verwandten Inhalts v. C. G. Bengel. gr. 8. Tübing. 825. Osiander. 6 gr

– (Hrsg.), s. Lavater, Johann Kaspar: Physiognomik im Auszuge.

Index lectionum in academia Turicensi inde a die XXVII. mensis Aprilis usque ad diem XXV. mensis Septembris MDCCCXXXVI. habendarum. Insunt **Io. Casp. Orellii** lectiones Petronianae. Tur ex offic. Ulrich. 1836. 1 Bl., 28 S. 4°

Index lectionum in academia Turicensi inde a die XVIII. mensis Aprilis usque ad diem XV mensis Septembris MDCCCXXXIIII. habendarum. Insunt **Io. Casp. Orellii** lectiones Polybianae et Theophrasteae Tur ex offic. Schulthess. 1834. 1 Bl., 26 S 4°

Index lectionum in academia Turicensi inde a die XIX mensis Aprilis usque ad diem XXV mensis Septembris MDCCCXLVII. habendarum. Insunt **Antonii Augustini** amicorumque epistolarum ab Andreato primum editarum loci selecti, ad philologiae historiam pertinentes [cura **Joa. Casp. Orellii**]. Tur ap. Or Fuessl. et soc 1847 19, 8 S. 4°

——, Justini Martyris loci aliquot selecti. 8 maj. (3 B.) Turici 824, Schulthess.

— Origenis loci aliquot selecti. Acced. index lection. publicar. atque privatar. 8maj. Zürich 825. Schulthess. 4 gr

– (Vorr.), s. Minucius Felix, Marcus: Octavius.

Novam academiam Turici Helvetiorum iuventuti litterarum studiosae d. XXIX. mensis Aprilis MDCCCXXXIII. aperiundam ex decreto quindecimvirorum scholis regundis indicit **Io. Casp. Orellius**, litterarum antiquarum professor. Editio altera. Addita est rectoris et senatus ad ceteras Europae academias epistola. Tur ex offic. Gessner 1833. 10 S. 4°.

Novam academiam Turici Helvetiorum iuventuti litterarum studiosae Kalendis Maiis MDCCCXXXIII aperiundam ex decreto quindecimvirorum scholis regundis indicit Io. Casp. Orellius, litterarum antiquarum professor Inest M. Tulli Ciceronis de provinciis consularibus oratio e codd emendata. Tur typ Or Fuessl. et soc 1833. 35 S. 4°

Index lectionum in academia Turicensi inde a die XXIV mensis Aprilis usque ad diem XXIII m. Septembris MDCCCXXXVII. habendarum Inest M. Tullii Ciceronis oratio pro Sex. Roscio Amerino denuo emendata et in usum lectionum edita ab Io. Casp. Orellio. Tur ex offic Ulrich. 1837 2 Bl., 56 S. 4°

Index lectionum in academia Turicensi inde a die XVII mensis Octobris MDCCCXXXIV usque ad diem XX mensis Martii MDCCCXXXV habendarum. Inest M Tulli Ciceronis oratio pro P Sestio cum varietate Ascensianae secundae, Ascensianae tertiae, Hervagianae Naugerianae, Ernestianae et Madvigii emendationibus in usum lectionum edita ab Io. Casp. Orellio. Tur ex offic Gessner 1834. VIII. 48 S 4°

– (Übers.), s. Ortis, Jacopo: Letzte Briefe.

Index lectionum in academia Turicensi inde a die XXII. mensis Aprilis usque ad diem XXV mensis Septembris MDCCCXLIII habendarum. Insunt Cl. Claudiani in Probini et Olybrii fratrum consulatum panegyris. In Rufinum libri duo cum variis lectionibus [cura Joa. Casp. Orellii]. Tur. ap. Or. Fuessl. et soc. 1843 2 Bl., 36, 7 S. 4°

Index lectionum in academia Turicensi inde a die XXX mensis Octobris MDCCCXLIII usque ad diem XX. mensis Martii MDCCCXLIV habendarum. Insunt Cl. Claudiani in Probini et Olybrii fratrum consulatum panegyris. In Rufinum libri duo cum variis lectionibus [cura Joa. Casp. Orellii]. Tur ap. Or Fuessl. et soc. 1843. 1 Bl., p. 37–49. 7 S. 4°

– (Hrsg.), s. Phaedrus: Fabulae Aesopiae.

– (Hrsg.), s. Plato Opera omnia. 1839-40.

– (Hrsg.), s. Plinius Caecilius Secundus, C., u. Trajanus. Epistolae mutuae.

– (Hrsg.), s. Plinius Caecilius Secundus, C. Epistolae selectae.

– s. Plutarchus: Παραμυθητικὸς πρὸς Ἀπολλώνιον.

—(u. Troxler). Rationalismus u. Supernaturalismus, Kanon, Tradition u. Scription. 8. Zürich 822.

– Dass., s.a. Schulthess, J

– s.a. Reformationsbüchlein.

(Orelli, J[ohann] C[aspar] von, und Herbst, Johannes.) Reformationsbüchlein. Ein Denkmal des im Jahr 1819 in der Stadt Chur gefeierten Jubelfestes. ([Hrg. von] J. C. von O' und J' H') 8. Chur 1819.

—saggi di eloquenza italiana, scelti per uso del Liceo cantonale de Grigioni. gr. 8. Zürich 818. (Gessner). 12 gr

– Hrsg.), s. Sallustius Crispus, C.: Catilina et Jugurtha. 1840.

– (Hrsg.), s. Sallustius Crispus, C. Orationes et epistolae ex historiarum libris deperditis.

– (Übers.), s. Sammlung der Verfassungsurkunden des befreiten Griechenlands.

Index lectionum in academia Turicensi inde a die XXV mensis Aprilis usque ad diem XXIV. mensis Septembris MDCCCXLII habendarum Satire di Lodovico Ariosto. Edizione critica riveduta da Gio. Gaspare Orelli. Tur ap. Or Fuessl et soc 1842 1 Bl IV 24. 6 S. 4°

Index lectionum in academia Turicensi inde a die XXXI mensis Octobris MDCCCXLII. usque ad diem XX mensis Martii MDCCCXLIII habendarum. Satire di Lodovico Ariosto. Edizione critica riveduta da Gio. Gaspare Orelli. Tur ap. Or Fuessl. et soc 1842. 1 Bl., pag 25–56, 7 S. 4°.

— Stimmen üb. das Turnwesen in Beziehung auf die schweizerischen Turnanstalten. 8. Zürich 820. Schulthess. (Leipz., Fr. Fleischer). 7 gr

—Symbola critica et philologica in Taciti Germaniam e cod. praesertim Turicensi denuo excuso. 4. Zürich 819. Orell. 9 gr

— — Symbola critica et philologica in Taciti Germaniam e cod. praesertim Turicensi denuo excuso. 4. Turici, Orell. 820.

Orelli, Joh. Kasp., Symbolae criticae et philologicae in Taciti Germaniam e codice praesertim Turicensi denuo excusso. Turici 1819. 4. . . . . (D.)

Index lectionum in academia Turicensi inde a die XXVII. mensis Aprilis usque ad diem XXV mensis Septembris MDCCCXXXV habendarum Insunt Io. Casp Orellii symbolae nonnullae ad historiam philologiae, adiectis duabus Poggii epistolis. Tur ex offic Ulrich 1835 1 Bl., 32 S. 4°.

– (Hrsg.), s. Tacitus, P Cornelius: Dialogus de oratoribus. 1830.

– s. Tasso, T. La Gerusalemme liberata.

– (Hrsg.), s. Theognis Elegiae

—— varietas lectionis cod. Regii VII. MDCCIV. et Car. Baieri annotationes in M. T. Ciceronis Brutum. 8 maj. (3½ B.) Turici 850, Schulthess.

– s. Vellejus Paterculus.

– (Hrsg.), s. Victorius, Petrus: Curae tertiae in Ciceronis epistolas ad familiares.

Orelli, Johann Caspar von. Vittorino von Feltre († 1446), oder: Die Annäherung zur idealen Pädagogik im fünfzehnten Jahrhundert. Nebst Nachrichten über die Methoden Guarino's (von Verona) und (Francesco) Filelfo's. Bearb. nach (Carlo) de' Rosmini von J' K' von O' [Mit 2 Vignetten.] 8. Zürich 1812.

—Vittorino v. Feltre, od. die Annäherung z. idealen Pädagogik im 15n Jahrhund. Mit 1 Vign. gr. 8. Zürich 812. Orell. 16 gr Velinp. 20 gr

—Was verloren ist ꝛc. s. Troxler.

Orelli, Johann Konrad von, s.a. Orelli, Konrad von

– (Hrsg.), s. Aeneas Tacticus: Commentarius de toleranda obsidione.

– (Hrsg.), s. Anthologia lyrica poetarum Latinorum recentioris aevi.

– (Hrsg.), s. Arnobius Afer Disputationes adversus gentes. 1816-17.

v. Orelli, Jh. Konr., Blick auf d. Zustand d. deutschen Literatur rc. gr. 8. Zürich 816. Orell. 9 Gr

[Orelli, Johann Conrad von.] (Heinrich Bullinger und die Schulen Zürichs. [Mit 1 Tafel.]) Njbl. Chorh. Zürich 1806. 4 [Zürich.]

Orelli, (J. C.) Carmina poet., s. Carmina.

v. Orelli, Jh. Conr., französ. Chrestomathie. 1r prosaischer Thl., enthalt. eine Auswahl von Fabeln u. Parabeln, Erzählungen, Biographien u. dramat. Stücken, nebst e. Anhang von Gedichten. Mit grammatikal. Anmerkk. u. häufigen Hinweisungen auf d. Sprachlehren von Hirzel u. von Noël u. Chapsal. Lex.-8. Zürich 836. Fr. Schultheß. 3/4 Rthlr — Wörterbuch dazu. 838. 1/6 Rthlr

— dass. 2r prosaischer Thl., enthalt. eine Auswahl von histor. Darstellungen, Biographien, Naturschilderungen, Reisebeschreibungen nebst einem histor. Drama, mit Anmerkk. u. häufiger Hinweisung auf die Sprachlehre von Hirzel für mittlere Classen herausg. gr. 8. Zürich 837. Fr. Schultheß. 3/4 Rthlr

— französ. Chrestomathie poetischen Inhalts, od. Auswahl französ. Gedichte. Mit erläut. Anmerkk. u. häufigen Hinweisungen auf die Hirzelsche Grammatik. Lex.-8. Ebd. 836. 3/4 Rthlr

— französische Chrestomathie. 1. Thl., enthaltend eine Auswahl von Anekdoten, Fabeln, Parabeln, Contes, Biographien, dramat. Stücken, Gedichten. Mit erklär. Anmerkungen u. häufigen Hinweisungen auf die Sprachlehre von Hirzel, nebst einem vollständ. Vocabulaire. 2. umgearb. Aufl. gr. 8. Zürich 844, Schultheß. 3/4 Rthlr

– (Hrsg.), s. Epicurus Fragmenta.

— Sanchoniathonis Fragmenta, s. Sanchoniath.

— Kanzelvorträge. gr. 8. Zürich 803. Orell. 2 Rthlr

[Orelli, Johann Conrad von] Leben und Charakterzüge Leonhard Usteri's, weiland Professor s der Theologie .... (Geb. 1741. Gest. 1789.) Zum dankbaren Andenken der vor fünfzig Jahren von Ihm gestifteten Zürcherschen Töchterschule. [Mit 1 Porträt-Tafel.] (Njbl. Chorh. Zürich 1824.) 4 [Zürich.]

v. Orelli, Jh. Conrad, Spinoza's Leben u. Lehre. Nebst einem Abrisse der Schelling'schen u. Hegel'schen Philosophie. gr. 12. Aarau 843, Sauerländer. 1 2/3 Rthlr

– (Hrsg.), s. Memnon Historiae ponti Heracleae

– (Hrsg.), s. Nicolaus Damascenus: Historiarum excerpta et fragmenta.

– (Hrsg.), s. Opuscula Graecorum veterum sententiosa et moralia.

– (Hrsg.), s. Philo Byzantinus: De septem orbis spectaculis.

– (Hrsg.), s. Polemo Laodicensis, Antonius: Laudationes II funebres.

— Predigt z. Andenken Lavaters. 8. Zürich 800.

— zwei Predigten üb. Psalm 28. V. 7. u. Epheser 5. V. 15, 16. 8. Zürich 813. Geßner. 3 Gr

— zwei Predigten, 1) von d. einfachen Würde d. reformirten Gottesdienstes. 2) Ein Blick auf d. gegenwärt. Zustand der röm.-kathol. Kirche. Gehalten d. 14. Nov. 1818 u. 17. Jan. 1819. 8. Zürich 819.

— zwei Predigten, gehalten am Reformationsfeste d. Züricher Kirche am 1. u. 3. Jan. 1819. 8. Zürich 819.

— neue Predigten, größtentheils an Feiertagen gehalten. 8. Zürich 810. Geßner. 1 Rthlr 16 Gr

– (Hrsg.), s. Procopius Anecdota.

— drei Rektoratsreden. 8. Zürich 816. Orell. 9 Gr

— neue Rektoratsreden im Jahre 1816 gehalten, u. Synodalrede über d. Einfluß d. Reformation auf d. sittl. u. relig. Zustand d. Volks rc. von J. C. Fäsi. 8. Zürich 817. Schultheß. (Leipz., Fr. Fleischer). 18 Gr

– (Hrsg.), s. Sallustius Philosophus: Libellus de diis et mundo.

— Schachbüchlein. Oder anschaul. Darstellung der Regeln des Schachspieles u. der sinnreichsten Züge berühmter Spieler für Anfänger. Mit 10 (19) lithogr. Tabellen. Lex.-8. Aarau 840. Sauerländer. n. 1 5/6 Rthlr

– s. Schinz, J. R.: Beiträge.

– s. Schweizer, J. E.: Fremdwörterbuch.

— kleine Französische Sprachlehre für Anfänger, namentlich solche, mit welchen der Lehrer späterhin die von dem Verfasser mehrmals revid. Hirzelsche Grammatik zu durchgehen gedenkt. 2e verb. u. verm. Aufl. gr. 12. Aarau 834. Sauerländer. 7 Gr — 3e verb. u. verm. Aufl. größt. 12. Ebd. 838. 1/3 Rthlr — 4e Aufl. 840. 1/3 Rthlr — 5e Aufl. 841. 1/3 Rthlr

[Orelli, Johann Conrad von] ([Schweizerische] Wohlthätigkeit in ältern Zeiten des Eidgenössischen Freystaates. [Mit 1 Tafel.]) Njbl. Hülfsges. Zürich 1812. 4. [Zürich.]

Orelli, Johannes

Orelli, Joh., Lehrbuch der Algebra für Industrieschulen, Gymnasien und höhere Bürgerschulen, sowie zum Selbstunterricht. Zürich 856. Meyer u. Zeller. gr. 8. (XII, 279 S.) n. 1 Rthlr.

Orelli, Johs., Lehrbuch der Algebra f. Industrie- u. Gewerbeschulen, sowie zum Selbstunterricht 2., umgearb. u. wesentlich verm. Aufl. gr. 8. (X, 513 S.) Zürich 872. Schmidt. n. 8. —

Orelli, Johs., Lehrbuch der Algebra für Industrie- und Gewerbeschulen, sowie zum Selbstunterricht. 3. umgearb. und wesentlich verm. Aufl. 2 Thle. gr. 8. (VIII, 304; X, 286 S.) Zürich 877, Schmidt. à Thl. * M 5. * geb. *

Orelli, Johs., Lehrbuch der Algebra f. Industrie- u. Gewerbeschulen, sowie zum Selbstunterricht. 3. umgearb. u. wesentlich verm. Aufl. in 2 Thln. 3. (anastat.) Abdr. gr. 8. (VIII, 304 u. VII, 286 S.) Zürich 901. C. Schmidt. n. 10. —

Orelli, Kaspar

[Orelli, Caspar von] (Züge aus der Lebensgeschichte Ulrich Zwinglis. [Mit 1 Tafel.]) Njbl. Chorh. Zürich 1791. 4. [Zürich.]

Orelli, Konrad von, s.a. O r e l l i , Johann Konrad von

(Orelli, Konr. v.) Zum Andenken an Hans Salomon Ziegler, Major, geb. 1798, † 1882. In-8°, 10 S. Zürich, Druck von J. J. Ulrich. 1882.

Orelli, Conr. v., leichtfassliche Anleitung zum Schachspiele in stufenweise fortschreitenden Abtheilungen. Anhang: Einige Siege Anderssen's in London. gr. 8. (XIII und 308 S.) Zürich 852, Höhr. *

Orelli. Conrad Kritische Anmerkungen zum Roman de Rou et des Dues de Normandie par Robert Wace publie par Frederic Pluquet Rouen. 1827. II Vol. Zür Orell Füssli Cie Dr 1845. 24 S. 4°

Programm der zürcher Kantonsschule 1845.

Orell, C. von, Blick auf den Zustand der deutschen Litteratur ꝛc. gr. 8. Zürich, Orell 816.

Orelli, Conr. v., der nationale Charakter der alttestamentlichen Religion. Antritts-Vorlesg. zur Habilitation an der Hochschule in Zürich geh. gr. 8. (28 S.) Zürich 871. Höhr. n. — 80

Orell (auch Orelli), Conr. v., französ. Chrestomathie. Mit erläut. Anmerkn. u. häufigen Hinweisungen auf die Hirzelsche Grammatik etc. 2 Bde. (od. 3 Thle.) Nebst Wörterbuch z. 2. Bde. Lex.-8. Zürich, Schulthess. à 3/4 Thlr.

(Bd. 1.) Poetischen Inhalts, od. Auswahl französ. Gedichte. (23 B.) 836.

(- 2.) Prosaische Abtheilung. 2 Thle.

Thl. 1. Auswahl von Fabeln u. Parabeln, Erzähln., Biographien u. dramat. Stücken, nebst ein. Anh. v. Gedichten. (22½ B.) 836.

- 2. Auswahl von histor. Darstelln., Biographien, Naturschildern., Reisebeschreibn. nebst e. histor. Drama. (21 B.) 837.

Wörterbuch hierzu. (3⅛ B.) 838. 4 Gr.

Orelli, Conr. v., französische Chrestomathie. 1. Thl., enthalt. eine Auswahl v Anekdoten, Fabeln, Parabeln, Contes, Biographien, dramatischen Stücken, Gedichten. Mit erklär. Anmerkungen u. häufigen Hinweisungen auf die Sprachlehre v. Hirzel, nebst e. vollständ. Vocabulaire. 2., umgearb. Aufl. gr. 8. (23¾ B.) Zürich 844, Schulthess.

— Französische Chrestomathie. 1. Thl., enthaltend eine Auswahl von Anekdoten, Fabeln, Parabeln, Contes, Biographien, dramat. Stücken, Gedichten, mit erklarenden Anmerkungen u. häufigen Hinweisungen auf die Sprachlehre von Hirzel, nebst einem vollständ. Vocabulaire. 3. umgearb. Aufl. gr. 8. (IV u. 375 S.) Zurich 850, Schulthess. — 2. Thl., enthalt. eine Auswahl von geschichtlicher, erzahlender, beschreibender Prosa, didaktischer, lyrischer, dramatischer Poesie f. mittlere u. hoh. Klassen v. Gymnasien, Industrie- u. Tochterschulen. 2., durchgeseh. u. verb. Aufl. gr. 8. (IV u. 335 S.) Ebd. 848. (à ¾ ₰) 1½ ₰

Orelli, Conr. v., französische Chrestomathie. 1. Thl., enth. eine Auswahl von Anekdoten, Fabeln, Parabeln, Contes, Biographien, dramat. Stücken, Gedichten, mit erklär. Anmerkungen und haufigen Hinweisungen auf die Sprachlehre von Hirzel, nebst einem vollständ. Vocabulaire. 3., umgearb. Aufl. gr. 8. (IV und 375 S.) Zürich 850, Schulthess.

Orelli, Conr. v., französische Chrestomathie. 1. Thl., enthaltend eine Auswahl von Anekdoten, Fabeln, Parabeln, Contes, Biographien, dramatischen Stücken, Gedichten, mit erklärenden Anmerkungen, nebst einem vollständ. Vocabulaire. 4., umgearb. Aufl. gr. 8. (IV und 375 S.) Zürich 857, Schulthess.

Orelli, Conr. v., französische Chrestomathie. 1. Thl. enthltd. eine Anzahl von Anekdoten, Fabeln, Parabeln etc. mit erklärenden Anmerkungen nebst einem vollständ. Vocabulaire. 5., umgearb. Aufl. Zürich 866. Schulthess. gr. 8. (IV, 376 S.) 22½ ngr.

— — 2. Thl., enthltd. eine Auswahl geschichtl., erzähl., beschreib. Prosa, didakt., lyrischer, dramat. Poesie für mittlere u. höhere Klassen von Gymnasien, Industrie- u. Töchterschulen hersg. 3., durchgesch. u. verb. Aufl. Ebend. 867. gr. 8. (335 S.) 22½ ngr.

Orelli, Conr. v., französische Chrestomathie. 1. Tl. Nach der 5. Aufl. neu bearb. von A. Ranck. gr. 8. (III, 284 S.) Zürich 882, Schulthess. * 2 40

Orelli, Conr. v. Französische Chrestomathie. 1. Tl. Nach der 5. Aufl. neu umgearb. v. A. Rank. [Neue Ausg.] gr. 8. (III, 306 S.) Zürich 889, Schulthess. * 2 40

Orelli, Conr. v., Christus u. andere Meister. Rektoratsrede, geh. an der Rektoratsfeier der Universität Basel am 11. Novbr 1892. gr. 8. (31 S.) Basel 893. R. Reich. n. 1. —

Orelli, Conr. v., die Eigenart der biblischen Religion, s.a. Zeit- u. Streitfragen, biblische. II 12.

Orelli, Conrad von. Die Eigenart der Biblischen Religion. 40 S. 8. Gr Lichterfelde-Berlin, Edwin Runge, 1906. (M. — 50)

Biblische Zeit- und Streitfragen (zur Aufklärung der Gebildeten). Hrg. von Prof. Dr [Friedrich] Kropatscheck in Breslau. (Serie II. Heft 12.)

Orelli, Conrad / [von] [1770–1826]. Einladung zur Christlichen Liebessteuer für die Verunglükten der Cantone Schwyz und Unterwalden, über Hiob 29 v. 12, 13. Gehalten den 23. November 1806. 8. [Zürich 1806.]

Orelli, C. v., das Buch Ezechiel u. die zwölf kleinen Propheten, s.a. Kommentar, kurzgefaßter, zu den heil. Schriften Alten u. Neuen Testaments.

Das Buch E z e c h i e l ausgelegt von D. C(onrad) v **Orelli**, Prof in Basel. 2 verb. Aufl. München. Beck 1896. (200 S.) 8°
= K o m m e n t a r , Kurzgefasster, zu d. heil. Schriften Alten u. Neuen Test. A. Abt. 5, Hälfte 1.

– (Hrsg.), s. F l o r i a n , Jean Pierre Claris de. Numa Pompilius.

—— von der Freiheit eines Christenmenschen. Predigt, gehalten am Tauftage Martin Luther's den 11. Novbr. 1883 im Münster zu Basel. gr. 8. (14 S.) Basel 883, Detloff's Buchh. — 30

Orelli, Conr. v., die Gefahr der kleinen Kraft. Predigt üb. Matth. 25, 14—30, geh. am 2. II. 1908 im Vereinshaus in Basel. (20 S.) kl. 8. Basel (908). Kober. — 20

Orelli, Conrad v., das dreifache Glockenzeichen. Predigt am eidgenöss. Dank-, Buß- und Bettag den 15. Septbr. 1872 im Waisenhaus-Gottesdienste [neue St. Anna-Kapelle] gehalten. gr. 8. (14 S.) Zürich 872, Höhr.

Orell, Conr. v., Alt-Französ. Grammatik, worin d. Conjugation vorzugsweise berücksichtigt ist. Nebst e. Anh. v. alten Fabliaux et Contes, welche Schiller's Gang nach d. Eisenhammer, Wieland's Wasserkufe, Bürger's Lied von Treue, Langbein's Kirschbaum entsprechen; u. einig. Bruchstücken aus d. Roman du Renard. gr. 8. (27 B.) Zürich 830, Orell, Füßli u. Comp.

— Altfranzös. Grammatik [Formenlehre]. Mit vielen Conjecturen u. Berichtigungen. 2. ganz umgearb. Aufl. gr. 8. (429 S.) Zürich 848, Orell, Füßli & Co. 2 ₰

— die himmlischen Heerscharen. Vortrag. 8. (29 S.) Basel 889. [Schneider.] Geering. n. — 40

– (Hrsg.), s. H i r z e l , Kaspar: Neue praktische französische Grammatik.

– (Hrsg), s. Hirzel, Kaspar· Neues französisches Lesebuch.

— d. Hoffnung d. ewigen Lebens. Vortrag, geh. im Vereinshaus Basel d. 19. u. im Fraumünster Zürich d. 31. Jan. 1896. 8. (24 S.) Zürich 896. Depot der Evang. Gesellschaft. n. — 50

— der Prophet Jeremia, s.a. Kommentar, kurzgefaßter, zu den hl. Schriften Alten u Neuen Testamentes. IV. 2.

Orelli, C[onrad] von. Der Prophet Jeremia, übersetzt und ausgelegt von D. C. von O', ord. Professor ... zu Basel. 3., neu durchgearb. Aufl. VIII + 215 S. gr.-8. München, C. H. Beck, 1905. (M 3 50, geb. 4. 50)
Kurzgefasster Kommentar zu den heiligen Schriften Alten und Neuen Testamentes, sowie zu den Apokryphen. Unter Mitwirkung von .. Prof. D (C[onrad]) v Orelli, Prof D. [Samuel] Oettli .. hrg. von D. Hermann Strack und D Otto Zöckler A Altes Testament. Abteilung 4, 2. Hälfte...

— der Prophet Jesaja, s.a. Kommentar, kurzgefaßter, zu den hl. Schriften Alten u. Neuen Testamentes. IV. 1.

Orelli, C[onrad] von. Der Prophet Jesaja, ausgelegt von D. C. von O', ord. Professor ... zu Basel. 3., neu durchgearb. Aufl. VIII + 227 S. gr.-8. München, C. H. Beck, 1904. (M. 3. 50, geb. 4. 50)
Kurzgefasster Kommentar zu den heiligen Schriften Alten und Neuen Testamentes sowie zu den Apokryphen. Unter Mitwirkung von ... Prof. D. (C[onrad]) v. Orelli ⟨Basel⟩, Prof. D. [Samuel] Oettli ⟨Greifswald⟩, Prof. Lic. Ed[uard] Riggenbach ⟨Basel⟩ ... hrg. von D. Hermann Strack ... und D. Otto Zöckler ... . A. Altes Testament. Abteilung 4, 1. Hälfte ... .

— die Propheten Jesaja u. Jeremia, ausgelegt, s.: Kommentar, kurzgefaßter, zu den heil. Schriften Alten u. Neuen Testamentes, sowie zu den Apokryphen

Kr. v. Orelli üb. d. Kampf d. Ration. m. d. Supernat., e. Vorles.; nebst Vorr. u. e. Zugabe verwandten Inh. v. E. Gli. Bengel. *Tüb.*, **Osiander. 825. gr 8° 6** ℳ

Orell, Conr., Kanzelvorträge. gr. 8. Zürich, Orell, F. u. Comp. 803.

Orelli, C. von, siehe: *Kirchenfreund.*

— Der Knecht Jahve's im Jesajabuche, s.a. Zeit- u. Streitfragen, biblische. IV, 6.

Orelli, Conrad von. Der Knecht Jahve's im Jesajabuche. Von D. C' von O', Professor ... in Basel. 47 S. 8. Gr. Lichterfelde-Berlin, Edwin Runge, 1908. (M. —. 50)
Biblische Zeit- und Streitfragen (zur Aufklärung der Gebildeten). Hrg. von Prof. D. (Friedrich) Kropatscheck. (Serie IV Heft 6.) 3. Tausend. 1908. — | 4. Tausend. 1908.

Der Knecht Jahve's im Jesajabuche. Von D Conrad v Orelli, Prof. 5. Taus. Gr.Lichterfelde–Berlin: Runge 1908. 46 S. 8°
(Biblische Zeit-u. Streitfragen. Ser 4. H. 6.)

Orelli, C. v., durchs heilige Land. Tagebuchblätter. gr. 8. (VIII, 340 S.) Basel 878. Spittler. n. 3. 20

— dasselbe. 2. Aufl. Mit einer (chromolith.) Karte von Palästina. gr. 8. (VII, 350 S.) Ebend. 879. n. 3. 20

—— durchs heilige Land. Tagebuchblätter. 3. Aufl. Mit 1 (chromolithogr.) Karte von Palästina und 7 Ansichten. gr. 8. (XIV, 290 S.) Basel 884, Spittler. * 3 20

Orelli, C. v. Durch's Heilige Land. Tagebuchblätter. 4. Aufl. Mit 1 Karte u. 6 Ansichten. gr. 8. (XI, 290 S.) Basel 890, [Spittler]. Jaeger u. Kober. * 3 20; geb. * 4 80

[Orelli, Conrad II von.] Leben Johann Caspar (v[on]) Orelli s (1787–1849). [Mit 1 Porträt-Tafel.] Njbl. Stadtbibl. Zürich 1851 4. Zürich.

—— Spinoza's Leben u. Lehre. Nebst einem Abrisse der Schelling'schen u. Hegel'schen Philosophie. gr. 12. (16½ B.) Aarau 843, Sauerländer's Verl.

— Spinoza's Leben u. Lehre. Nebst einem Abrisse der Schelling'schen u. Hegel'schen Philosophie. 2. durch einen Nachtrag verm. Ausg. gr. 12. (XII u. 412 S.) Aarau 850, Sauerländer. ⅔ ℳ

Orelli, Conr. v., die apostolische Losung für die Gläubigen der Gegenwart. Predigt über Hebr. 6, 1—9, gehalten in der St. Theodorskirche zu Basel den 29. Octbr. 1882. 8. (13 S.) Basel 882, Detloff's Buchh. — 30

– s. Mabire, J L.: Übungen in der französischen Konversation.

— wider unberechtigte Machtsprüche heut. Kritiker, Antwort auf Prof. Meinhold's Schrift: „Wider d. Kleinglauben". [Aus: „Allg. ev.-luth. Kirchenzeitg."] gr. 8. (32 S.) Düsseldorf 895. C. Schaffnit. n. — 60

— neue Predigten, größtentheils an Feyertagen gehalten. 8. Zürich, Geßner. 810.

— Die 12 kleinen Propheten, s.a. Kommentar, kurzgefaßter, zu den hl. Schriften Alten u. Neuen Testamentes. V, 2.

Die zwölf kleinen Propheten ausgelegt von D. C(onrad) v Orelli, Prof in Basel. 2. verb. Aufl. München Beck 1896. (224 S.) 8°
= Kommentar, Kurzgefasster, zu d. heil. Schriften Alten u. Neuen Test. A. Abt. 5, Hälfte 2.

Orelli, Conrad von. Die zwölf kleinen Propheten. (übersetzt und) ausgelegt von D. C' von O'.... 3. neubearbeitete Aufl. Mit einem Anhang: Zur Metrik der hebräischen Prophetenschriften. VIII+243 S. 8. München, C. H. Beck, 1908. (M. 3. 50, geb. 4. 50)
Kurzgefasster Kommentar zu den heiligen Schriften Alten und Neuen Testamentes, sowie zu den Apokryphen. ... hrg. von D. Hermann Strack und D. Otto Zöckler † .. A. Altes Testament. Abteilung V, 2. Hälfte .... .

— — drey Rektoratsreden. 8. Ebend. 816.

— — neue Rektoratsreden im Jahr 1816 gehalten; u. Synodalrede über d. Einfluß d. Reformation auf den sittl. u. relig. Zustand des Volks 2c. von J. C. Fäsi. 8. Zürich. (Leipzig, Fr. Fleischer in Comm.) 817.

Die Alte Religion Israels vor dem achten Jahrhundert v. Chr nach der Bibel und nach den modernen Kritikern [The Early Religion of Israel]. Von James Robertson, Prof., Glasgow. Deutsche Uebers. 2 Aufl. rev u. hrsg von D. Conrad v. Orelli, Prof., Basel. Stuttgart. J. F Steinkopf 1005. (VII, 308 S.) 8° [F.] 105. 448. 3

Orelli, Conr. v., allgemeine Religionsgeschichte, s.a. **Sammlung theolog. Handbücher. I. 2.**

Allgemeine Religionsgeschichte v. Conrad v. Orelli, Prof. in Basel. Bonn: A. Marcus & E. Weber 1899. (XI, 866 S.) 8°
= Sammlung theologischer Handbücher. T. 1, Abt. 2.

—— Schachbüchlein. Od. anschaul. Darstell. d. Regeln d. Schachspieles u. d. sinnreichsten Züge berühmter Spieler f. Anfänger. Lex.-8. (13¾ B. u. 10 lith. Tab.) Aarau 840, [Sauerländer, Brlsbuchh.] *

Orelli, C. v. Sehet, welch e. Liebe! Ein Wort d. Erinnerg. an d. Konfirmation. 1.—3. Aufl. 12. (48 S. m. Titelbild.) Basel 890—92, [Spittler]. Jaeger u. Kober. * — 25; cart. * — 30; geb. * — 60

— sehet, welch e. Liebe! E. Wort d. Erinnerg. an d. Konfirmation. 5. Aufl. 12. (48 S. m. Titelbild.) Basel 897. Kober. n. — 25; kart. n. — 30; geb. in Leinw. n. — 60

— Sehet, welch e. Liebe! Ein Wort der Erinnerg. an d. Konfirmation. 6. Aufl. 12. (48 S. m. Titelbild.) Basel 899. Kober. n. — 25; kart. n. — 30; geb. in Leinw. n. — 60

— sehet, welch e. Liebe! Ein Wort der Erinnerg. an die Konfirmation. 7. u. 8. Aufl. (48 S. m. Titelbild.) kl. 8. Basel 903. 906. Kober. — 26; kart. — 35; geb. in Leinw. — 60

—— kleine Französ. Sprachlehre f. Anfänger, namentl. solche, mit welchen d. Lehrer späterhin die v. d. Verf. mehrmals revid. Hirzelsche „Grammatik" zu durchgehen gedenkt. 1. Aufl. (13⅓ B.) 832. 6 Gr., 2., verb. u. verm. A. (11 B.) gr. 12. Aarau 834, [Sauerländer's Vrlsb.]

—— kleine französ. Sprachlehre f. Anfänger, namentl. solche, mit welchen d. Lehrer späterhin die von d. Verf. mehrmals revid. Hirzelsche Grammatik zu durchgehen gedenkt. 3., verb. u. verm. Aufl. gr. 12. (10½ B.) Aarau 838, [Sauerländer, Vrlsbuchh.]

— kleine französische Sprachlehre f. Anfänger, namentlich solche, mit welchen der Lehrer späterhin die von dem Verf. mehrmals revid. Hirzelsche Grammatik zu durchgehen gedenkt. 9. verb. Aufl. gr. 12. (244 S.) Ebd. 850. ⅓ ₰

— kleine französische Sprachlehre für Anfänger, namentlich solche, mit welchen der Lehrer späterhin die von dem Verf. mehrmals revidirte Hirzelsche Grammatik zu durchgehen gedenkt. 10. verb. Aufl. Aarau 854. Sauerländer. gr 8. (240 S.) 10 ngr.

—— kleine französische Sprachlehre für Anfänger, namentlich solche, mit welchen der Lehrer späterhin die von dem Verf. mehrmals revid. Hirzel'sche Grammatik zu durchgehen gedenkt. 11. verb. Aufl. gr. 8. (233 S.) Aarau 872, Sauerländer's Verlag. *

—— Steht die heutige Weise der Arbeit fürs Reich Gottes im Einklang mit dem Worte Gottes? Referat, vorgetragen an der Jahresversammlg. d. evangelisch-kirchl. Vereins in Schaffhausen. gr. 8. (18 S.) Basel 890, [Detloff]. Reich. * — 50

—— die hebräischen Synonyma der Zeit und Ewigkeit genetisch und sprachvergleichend dargestellt. gr. 8. (VIII, 112 S.) Leipzig 871, Fritzsche's Buchh. [A. Krüger.] *

Orelli, Conr. v., die hebräischen Synonyma der Zeit u. Ewigkeit genetisch u. sprachvergleichend dargestellt. gr. 8. (VIII, 112 S.) Leipzig 871. Lorentz. n. 2.80

Orelli, [Conrad] *III* v[on]. D. Heinrich [Wilhelm Josias] Thiersch (1817–1885). ÷ [Necrolog A.] 8 (Basel 1885.)

— die Unwandelbarkeit des apostolischen Evangeliums. Referat, vorgetragen bei der 7. Hauptversammlung der Evangelischen Allianz in Basel. [Aus: „Verhandlgn. der 7. Hauptversammlung der Evangel. Allianz in Basel".] gr. 8. (31 S.) Basel 879. Bahnmaier. n. — 50

— Verfechtung des reinen Protestantismus, Rationalismus u. unsers Kirchenthums gegen die neuesten Angriffe. 8. Zürich 822. Ziegler. 6 ₰

— das Volk d. Herrn. Predigt am eidgenöss. Dank-, Buß- u. Bettag den 17. Septbr. 1871 im Waisenhausgottesdienst [neue St. Anna-Kapelle] geh. gr. 8. (14 S.) Zürich 871. Höhr. n. — 40

— was haben wir am Buche der Psalmen? Vortrag, geh. währ. d. Wupperthaler Festwoche in d. evang. Kirche zu Unterbarmen am 8. Aug. 1895. gr. 8. (23 S.) Barmen 895. Wupperthaler Traktat-Gesellschaft. n. — 40

— Was verloren ist ꝛc., — s. Troxler.

Orelli, Conr. v., die alttestamentliche Weissagung von der Vollendung des Gottesreiches, in ihrer geschichtl. Entwicklung dargestellt. gr. 8. Wien 882. München, Beck'sche Verlagsh. * 9 60

—— die alttestamentliche Weissagung von der Vollendung des Gottesreiches, in ihrer geschichtl. Entwicklung dargestellt. gr. 8. (VI, 538 S.) Wien 882, Faesy. * 9 60

Orelli, C. v., Wer aus Gott geboren ist, überwindet die Welt. Abschiedspredigt. 8. Zürich, S. Höhr. 1873. —.30

(Orelli, C[onrad] von, [und] Dipper. H. Die Worte, die ich rede sind Geist und Leben. Reden, gehalten bei der Jahresfeier der Bibelgesellschaft in Basel den 27. Juni 1905 in der Kirche zu St Leonhard. 19 S. 8. Basel, Friedrich Reinhardt, 1905.)

— s.: Worte der Erinnerung an Ludwig Heinrich Pestalozzi

— die Zeichen des Himmels an unserm Geschlechte. Ansprache am Fest der Stadtmission im Vereinshaus in Basel. 12. (16 S.) Ebd. 894. n. — 8

—— Ziel und Wege der Evangelisation in der Gegenwart. Vortrag, gehalten in der allgemeinen kirchl. Conferenz in Barmen, am 16. Aug. 1883. gr. 8. (20 S.) Elberfeld 883, Buchh. der Evangel. Gesellschaft. * — 30

v. Orelli, M. A. La Conférence internationale pour la protection des droits d'auteur, réunie à Berne du 8 au 19 septembre 1884. In-8°, 20 p.

*** Extrait de la „Revue de droit international", du 1er décembre 1884.

1885

Orelli, R[udolph] Gaspar Turicensis. De ulcere ventriculi chronico perforante. Tur. ex offic. Or. Fuessl. et soc. 1846. 25 S., 1 Bl. 8°. Zürich. Med. Diss. v. 21. Mai 1846.

O[relli], S[alomon] v[on]. Aloysius von Orelli (1496–1575). Ein biographischer Versuch. Nebst Fragmenten aus der Italienischen und Schweizergeschichte, und ein Gemählde der häuslichen Sitten der Stadt Zürich um die Mitte des sechszehnten Jahrhunderts. Von S. v. O. v[on] B[aldingen]. [Mit 1 Portrait.] 8. Zürich 1797

Orelli, Frau S[usanna]. Warum zögern wir? Referat gehalten im deutschen abstinenten Frauenbund in Bremen den 14. April 1903. 7 S. 8. (Basel, Schriftstelle des Alkoholgegnerbunds.) (fr. — 05; 100 Ex. fr. 4.50, 200 Ex. fr. 8. —)

Orelli, Frau S[usanna]. Die alkoholfreien Wirtschaften des Frauenvereins für Mässigkeit und Volkswohl in Zürich. Bearb. für den Internationalen Kongress gegen den Alkoholismus in Bremen vom 14.—19. April 1903. [Mit 2 Tafeln.] II + 19 S. 8. Basel. Schriftstelle des Alkoholgegnerbundes. fr. —.10

Orelli, S[us.]: Die alkoholfreien Wirtschaften des Frauenvereins f. Mässigkeit u. Volkswohl in Zürich. Bearb. f. d. Internat. Kongress geg. d. Alkoholismus i. Bremen v. 14.-19. Apr. 1903. — Basel: Alkoholgegnerbund [1904]. 19 S. 8°

Orelli, Frau S[usanna]. Die alkoholfreien Wirtschaften des Frauenvereins für Mässigkeit und Volkswohl in Zürich. 3.—4. Tausend. [Mit 1 Tafel.] IV + 20 S. 8. Basel, Schriftstelle des Alkoholgegnerbundes (Fr. Reinhardt, [1904]). fr. —. 10
(Alkoholgegnerbund.... [Flugschriften.]) Nr. 45.

Orelli, Frau S., die alkoholfreien Wirtschaften des Frauenvereins f. Mäßigkeit u. Volkswohl in Zürich. 3., ergänzte Aufl. (5.—7. Tauf.) (24 S. m. 3 Taf.) kl. 8. Basel (907). Schriftstelle des Alkoholgegnerbundes. — 10

— Wirtshausreform u. Frauenarbeit. (1.—5. Tauf.) (29 S.) 8. Ebd. (908. 09). p — 10

Orellius, Johann Kaspar, s. Orelli, Johann Kaspar

Orendel, s. Beer, Ludwig.

Orendel. Ein deutsches Spielmannsgedicht, m. Einleitg. u. Anmerkgn. hrsg. v. A. E. Berger. gr. 8. (XVI, CXV, 192 S.) Bonn 888. Weber's Verl. n. 9. —

Orendel und Bride e. Rûne des deutschen Heidenthums, umgedichtet im XII. Jahrhundert zu einem Befreiten Jerusalem. Hrsg. von Ludw. Ettmüller. gr. 8. (III und 204 S.) Zürich 858, Meyer und Zeller's Verlag. *

Orendi: Die letzten Ausläufer des romanischen Baustils in Siebenbürgen 33 S –Schässburg, Progr 1859

Orendi, Julius Marcus Terentius Varro, die Quelle zu Livius VII, 2. 4 (S 3—38)
Ev Oberg A B u damit verbund. Lehranstalten *Bistritz* 1891 Progr

Orendi, G., Leitfaden zum Unterricht in der evangelischen Sittenlehre. Im Anschluß an R. Rothe's theolog. Ethik abgefaßt. 3., durchgeseh. Aufl. (VI, 64 S.) gr. 8. Nagyszeben. (Hermannstadt) 909. J. Drotleff. Kart. 1.60

Orendi, G., Predigt, gehalten bei der Gustav Adolf-Hauptvereinsversammlung in Mühlbach. 8. (8 S.) —.20
Kronstadt: Albrecht & Zillich 1889.

Orendi, Gfr., evangelisches Religionsbuch f. die unteren Klassen der Mittelschulen u. f. höhere Volksschulen. gr. 8. (VIII, 292 S.) Hermannstadt 901. F. Michaelis. Geb. in Leinw. n. 2.—

Orendi, Jul., Handbuch der orientalischen Teppichkunde, s. Hiersemann's Handbücher (Neugebauer, Rud.)

Orendi, Vikt., Blätter u. Blüthen. Gedichte. 12. (VIII, 95 S.) Szász-Régen 896. (Hermannstadt, L. Michaelis) n. 1.—

Orendi-Hommenau, Viktor: Blätter und Blüten. Gedichte. (2. Aufl.) Hermannstadt '02. XII, 101 S.

Orengo, d. Graf, u. die nächtl. Erscheinungen, nebst einigen and. Erzähl. v. F. Soave. 8. Leipz. Joachim.

Orenstein & Koppel, Aktiengesellschaft für Feld- und Kleinbahnen-Bedarf: Katalog für die Land- und Forstwirtschaft. Berlin 1903

Orenstein, Oskar: Über den Einfluß der Geschicklichkeit des Melkers auf die Milchsekretion. Weida i. Th. 1909: Thomas & Hubert. 74 S. 8°
Leipzig, Phil. Diss. v. 4. Febr. 1909, Ref. Kirchner, Eber
[Geb. 7. Mai 81 Czernowitz, Wohnort: Leipzig; Staatsangeh.: Österreich; Vorbildung Gymn. Czernowitz Reife Juli 00; Studium: Zürich 2, Leipzig 4 S.; Rig. 26. Nov. 08.] [U 09 3038

Orery, Briefe aus Italien, s. v. Cork.

Oreschek, Joh. Von dem Accente der griechischen Sprache im Zusammenhange der Rede. 10 S. - Cilli, Progr. 1852.

Oreschnikow, A. W., zur Münzkunde des cimmerischen Bosporus. Lex.-8. (22 S. mit 1 Lichtdr.-Taf.) Moskau 883, Lang. * 4 —

Der Algorismus Proportionum des NICOLAUS ORESME. Zum ersten Male nach der Lesart der Handschrift R. 4° 2. der Königlichen Gymnasial-Bibliothek zu Thorn herausgegeben von E. L. W. M. CURTZE. Mit 1 lithographirten Tafel und 1 photographischen Facsimile der Handschrift. Berlin 1868. S. Calvary & Co. 8°.

Orest, der deutsche, vom Verf. der Pyramiden. 1r Thl. 8. Görlitz 796. Anton in Halle. 1 ß

Orest, der deutsche, vom Verf. der Pyramiden, (Fr. Rambach) 1r Thl. 8. (Görlitz, 796. Hermsdorf. 1 Rtl.

Orest u. Electra. Trauersp. von Gotter. 8. Gotha, Ettinger. 776.

— u. Hermione, in 14 Büchern. 8. Lpz. 762. Breitkopf u. H. 8 gl

Orest und Hermione, oder die belohnte Treue. Trauersp. in 5 A. Wien 1783. V: *Traun, Carl Eman. Graf v.* (GGr)

Orest und Hermione oder so liebt man edel. Schauspiel in 5 Handl. nach Dusch. Prag 1788. V: *Steidel, Gottfried Friedrich.* (GGr)

— und Hermione; oder: so liebt man edel. Schausp. 8. Prag, Schönfeld. 788.

Orest und Pylades; ein Trauerspiel. O. O. 1757. V: *Derschau, Christoph Friedrich von.* (ML) (Ky) (Rotermund, Gel. Hannover. Bremen 1823.)

— und Pylades. Trspl. (v. Ehrn. Fr. v. Derschau). 8. ... 757. ... 2 gl

Orest - Pylades, Socialdemokratische Kampfesweise. Eine Antwort auf die Broschüre Frz. Schuhmeier's: „Christlich-social oder socialdemokratisch?“ (Volksaufklärung, Nr. 13.) 16⁰. Warnsdorf. A. Opitz, 1898.

Orest-Pylades, s.: Volksaufklärung, Nr. 13.

Orestano, Francesco, Dr jur., Stud. phil. Der **Tugendbegriff** bei Kant. *Palermo: A. Reber 1901.* (130 S.) 4°
Leipzig, Phil. Diss. v [28. Sept.] 1901

Orestes [Pseud], s.a. K ö n i g , Johann Ulrich

ORESTES (ps.), Frühlingsgedanken nebst einem Traume. 1762.
Weller, Lex. Ps. p. 401

ORESTES (ps.), Der gestürzte Goliath oder die über das Pabstthum triumphirende evangelische Wahrheit. 1730.
Weller, Lex. Ps. p. 401. — Rar!

Orestrio, ... (J. C. v. Scheyb,) üb. die drei Künste, Zeichnung, Malerei u. Kupferstecherei. 2 Bde. gr. 8. Wien 774. Ghelen. 2 ℛ

Oreus, J. Beschreibung des ungarischen Krieges 1849. Mit 14 Karten und Plänen. Nach gedruckten Quellen und Manuscripten des Archivs des Kriegsministeriums verfasst. (In russischer Sprache.) gr 8. St. Petersburg 1880.

Orf, John H. (Ed.), s. V o l k s z e i t u n g , Allgemeine.

Orfeo ed Euridice; azione teatrale per musica. Vienna 1762. V: *Calsabigi, Ramieri de'*. (BrMm)

Orfert, F.

— Etwas üb. Wert, Einrichtung u. Bau v. Hühnerställen, bezw. v. Taubenschlägen, Enten-, Gänse- u. Putenställen. Mit e. Anh.: Kükenaufzuchthäuser u. ihre Herstellg., s.a. A u s Theorie u. Praxis der Geflügelzucht.

Etwas über Wert, Einrichtung und Bau von Hühnerställen von F. **Orfert**. Mit zahlr Abb. Berlin Pfenningstorff [1907]. 40 S. 8°
(Aus Theorie u. Praxis d. Geflügelzucht Jg 1 H 6) [09. 16843

Etwas über Wert Einrichtung u Bau von Taubenschlägen, Enten-, Gänsen und Putenställen Mit e Anh Kükenaufzuchthäuser u. ihre Herstellung von F. **Orfert** Mit zahlr Abb. Berlin Pfenningstorff [1908]. 44 S. 8°
(Aus Theorie u Praxis d. Geflügelzucht Jg 2 H 1) [09. 16841

Orfert, F., die pommersche G ä n s e z u c h t, e. wichtiger Zweig der Landwirtschaft zur Hebung u. Förderung des nationalen Wohlstandes. Grundsätze u. Ziele neuzeitl. Gänsezucht unter besond. Berücksicht. der pommerschen, Emdener u. Toulouser Gans. 2. neubearb. Aufl. (89 S. m. Abb.) 8. Leipzig-Reudnitz 909. A. Michaelis. 1.—

— Die K r a n k h e i t e n des Kanarienvogels u. deren Heilung durch homöopathische Arzneimittel nebst prakt. Ratschlägen zur Beseitigung unangenehmer Vorfälle bei der Zucht u. Pflege desselben. 2. neubearb. Aufl. (56 S.) 16. Ebd. 909. —40

Orfert, F., die K u n s t, Geflügel rationell zu füttern. Verkehrte Fütterg., die Hauptursache d. Mißerfolge u. Enttäuschgn. in der Geflügelzucht. Versuch e. neuzeitl. Fütterungslehre f. Geflügel. (IV, 107 S. m. Abb.) 8. Leipzig-Reudnitz 910. A. Michaelis. 1.50

O r f e u i l u. Julie; ein Roman a. d. Franz. d. Louise v. St. Leon, v. K. L. M. Müller. 3 Bde. 8. Lpz. Wolf. 802. :

— — dasselbe in franz. Sprache. 3 Thle. 12. Ebend. :

Orff, Karl v.

O r f f, Carl v., Bestimmung der geographischen Breite der königl. Sternwarte bei München, nach der Talcott'schen Methode und mit dem Passage-Instrument im ersten Vertical ausgeführt. Beilage zu den Annalen der königl. Sternwarte mit einem Vorworte von J. v. Lamont. gr. 4. (IV, 62 S. mit 1 Stnt.) München 877, (Franz'sche Buchh.) **

O r f f, Carl v., Bestimmung der Länge des einfachen Secundenpendels auf der Sternwarte zu Bogenhausen. Nach Beschluss der königl. bayer. Commission für die europäische Gradmessung unter Oberleitung ihres Mitgliedes, des Prof. v. Lamont, ausgeführt. gr. 4. (134 S.) München 883, (Franz'sche Buchh.) ** 4 —
Aus: Abhandlungen der k. bayr. Akademie der Wissenschaften, besonders abgedruckt.

— und E. **Plantamour**, Bestimmung des Längenunterschiedes zwischen Genf und München (Bogenhausen; 1877, enth. in Commission géod. Suisse Détermination télégraphique etc. Genève-Bâle-Lyon 1879.

und Th. v. **Oppolzer**, Bestimmung des geographischen Längenunterschiedes zwischen München (Bogenhausen) und Wien 1875

Ueber die **Hülfsmittel**, Methoden und Resultate der Internationalen Erdmessung. Festrede geh. in d. öffentl. Sitzung d. k. b. Akad. d. Wiss. zu München am 15. Nov 1899 von Dr phil. K a r l v. **Orff**, k. Generalmaj. a. D. *München. k. b. Akad. 1899.* (59 S.) 4° [00. 7501

Orff, Karl v., über die Hülfsmittel, Methoden, Resultate d. internation. Erdmessung. Festrede, geh. in der öffentl. Sitzg. der k. b. Akademie der Wissenschaften zu München am 15. XI. 1899. gr. 4. (59 S.) München 899. (G. Franz' Verl.) n. 2.—

Orff, C von L a n d v e r m e s s u n g , Die bayerische, s.a. B a u e r n f e i n d , Karl Maximilian

O r f f, K., die bayerische Landes-Vermessung. München 1873. 4.

O r f f, Carl v, telegraphische Längenbestimmungen für die königl. Sternwarte zu Bogenhausen. 1. Thl., im Auftrage von Lamont im Anschlusse an die durch Oppolzer geleiteten Arbeiten der k. k. österreich. Gradmessung ausgeführt. gr. 4. (III, 104 S.) München 888, (Franz' Verlag.) *

Orff, Carl v., telegraphische Längenbestimmungen f. die königl. Sternwarte zu Bogenhausen. II. Thl. [Aus: „Abhandlgn. d. k. b. Akad. d. Wiss.“] gr 4. (131 S.) München 894. (G. Franz' Verl.) n.n. 4.—
(I u. II.: n.n. 9.—)

—— astronomisch-geodätische Ortsbestimmungen in Bayern. Nach Beschluss der königl. bayer. Commission für die europäische Gradmessung unter Oberleitung ihres Mitgliedes, des Prof. v. Lamont, ausgeführt. gr. 4. (164 S. mit 2 Stnt.) (Ebendas.) 880. * 10 —

Orff, von, (Colonel). Voir: *Plantamour.*

Orff, Carl v., tabellarische Uebersicht für den Waffen-Unterricht der königl. bayer. Landwehr. 2 Bdchn. München 854. Rieger. 16. n. 20 ngr.
1. Bdchn.: Kompagnie-Unterricht. (VIII, 86 S.) n. 8 ngr.
2. „ Bataillons-Unterricht. (VIII, 152 S.) n. 12 ngr.

ORFF, Otto von (München): Ueber Varicositäten im Dünndarm mit Thrombenbildung.- München: Wolf 1880.
15 S.
11.1.1880 - Urk (Titel: De varicositatibus intestini tenuis simul cum thrombosi.); Chr 1879/80,14
Diss.Ingolst.-Landsh.-Mchn.

Orffyreus (Pseud.), s.a. B e s s l e r, Johann Ernst Elias

Orffyreus: Das triumphirende Perpetuum mobile Orffyreanum. Cassel 1719

Orfila, Mathéo José Bonaventura

Orfila, M. P., Handbuch der medizin. Chemie, in Verbindung mit den allgem. und techn. Theilen der chem. Wissenschaft, nach ihrem neuesten Standpunkte. Aus d. Franz. von Fr. Trommsdorff; u. mit Zusätzen v. J. B. Trommsdorf. 1sten Bdes 1r u. 2r Thl. u. 2r Bd. Mit Steintaf. gr. 8. Erfurt, Keyser. 819 u. 820. (1r Thl. 2 Thlr. 12 Gr. 2r 1 Thlr. 8 Gr. 2r Bd. 3 Thlr. 4 Gr.)

— u. Lesueur, Handb. z. Gebr. bei gerichtl. Ausgrabungen u Aufhebungen menschl. Leichname jeden Alters in freier Luft aus d. Wasser, den Abtrittsgruben u. Düngerstätten. Aus d. Französ. mit Zusätzen u. Noten von Ed. W. Güntz. 1r Thl. Gerichtl. Ausgrabungen. Mit 2 Kpft. gr. 8. Lpz. 832. Barth. 2 ꝛß 3 gr

— u. Lesueur, Handbuch zum Gebrauche bei gerichtl. Ausgrabungen u. Aufhebungen menschl. Leichname jeden Alters in freier Luft, aus dem Wasser, den Abtrittsgruben u. Düngerstätten. Aus d. Franz. mit Zusätzen u. Noten von Dr. Ed. Wilh. Güntz. 2r Thl, Gerichtl. Aufhebungen. Mit 4 (ill.) Kpfrtaf. u. 2 Tabellen. gr. 8. Leipzig 835. Barth. 3 ꝛß — 1r Thl. 832. 2 1/3 ꝛß

Orfila, M., Lehrbuch der gerichtlichen Medicin. Nach der 4., verb. und bedeutend verm. Aufl. übers. von Gust. Krupp. 3 Bde. gr. 8. Leipzig, Kollmann. [1. (VII und 860 S.) 848. 3 Thlr. 10 Ngr., 2. (VI und 658 S.) 849. 3 Thlr., 3. Bd. 2 Abthlgn. (VI und 546 S. und VIII und 496 S. mit 1 Stnt.) 850. à Abthl. 2 Thlr. 15 Ngr.] Thlr.

Orfila, (P.) M(athéo José Bonaventura): Lehrbuch der gerichtlichen Medicin. (Traité de médecine légale. Quatrième édition, corrigée et augmentée. Dt.) Übers.von Gustav Krupp. Bd 1 - 3/1, gbd.

Leipzig: Kollmann
Wien: Wittenbecher, Siegel & Kollmann } 1848 - 1850

JB 5.332

— Lehrbuch der Toxicologie. Nach der 5. umgearb., verb. u. vielfach verm. Aufl. aus d. Franz. m. selbständ. Zusätzen bearb. von G. Krupp. In 2 Thln. (od. 6 Lfgn.) 1 u. 2. Lfg. gr. 8. (1.Thl. IV S. u. S. 1—336.) Braunschweig 852, Vieweg & Sohn. (à n. 2/3 ꝛß) n. 1 1/3 ꝛß

Orfila, M., Lehrbuch der Toxicologie. Nach der 5., umgearb., verb. u. vielfach verm. Aufl. aus dem Französ. mit selbständ. Zusätzen bearb. von G. Krupp. In 2 Thln. 3—7. (letzte) Liefg. Braunschweig 853. Vieweg. gr. 8. (1. Thl.: S. 337—601; 2. Thl.: VII, 720 S.) n. 3 ꝛß. 20 ngr.

Mathéo Orfila

[Traité des poisons, Ausz. Deutsch] Rettungsmittel bey Vergiftung und Scheintod nebst den Mitteln zur Erkennung der Gifte und verfälschten Weine und Unterscheidung des wirklichen Todes von dem Scheintode. Eine Abhandlung... von [Mathéo] Orfila. Ins Deutsche übers. von [J. Andreas] Roschet. Basel: Neukirch 1818. XXVI,182 S. 8°

Orfila, M. P., Rettungsmittel bei Vergiftung u. Scheintod, nebst d. Mitteln z. Erkennung d. Gifte u. verfälschten Weine u. Unterscheidung d. wirklichen Todes v. d. Scheintode. Ins Deutsche übers. v. D. Roschet. 8. Basel 818. Neukirch. 12 gr

Orfila, M., Rettungsverfahren f. vergift. u. asphyct. Personen. Begl. mit d. Mitteln, d. Gifte zu entdecken, verfälschte Weine zu erkennen u. d. wahren Tod v. d. Scheintode zu unterscheiden. Nach d. 4., durchges., verb. u. verm. Aufl. übers. v. J. F. John. 8. (13 B.) Berlin 831, Voß.

Orfila, P.Mathéo José Bonaventura): Rettungsverfahren bei Vergiftungen und im Scheintode nebst den Mitteln zur Erkennung der Gifte und der verfälschten Weine und zur Unterscheidung des wahren Todes vom Scheintode. (Secours à donner aux personnes empoisonnées ou asphyxiées, suivi de moyens propres à reconnaître les poisons et les vins frélatés, et à distinguer la mort réélle de la mort apparente. Dt.) Übers.von P(eter) G(ottlieb) v(on) Brosse. 190 S., gbd.

Berlin: Voss 1819

JB 5.237

Orfila, P.M(athéo José Bonaventura): Rettungsverfahren bei Vergiftung und dem Scheintode; nebst Mitteln zur Erkennung der Gifte, und der verfälschten Weine, und zur Unterscheidung des wirklichen Todes vom Scheintode. (Secours à donner aux personnes empoisonnées ou asphyxiées, suivi de moyens propres à reconnaître les poisons et les vins frélatés, et à distinguer la mort réélle de la mort apparente. Dt.) Übers...und mit dem Zusatze einer Rettungsapotheke vermehrt von Johann Schuster. 184 S., gbd.

Pesth: Hartleben 1819

JB 5.238

— s. J. A. Seemann, Toxicologie.

Allgemeine Toxicologie oder Giftkunde, worin die Gifte des Mineral-Pflanzen- und Thierreichs aus dem physiologischen, pathologischen und medizinisch-gerichtlichen Gesichtspunkte untersucht werden. Nach dem französischen . . . von Sigismund Friedrich Hermbstädt. Berlin, 1818–19. 4 vols., 8vo. Ill.

— allgem. Toxicologie od. Giftkunde, worin d. Gifte d. Mineral-, Thier- u. Pflanzenreichs, aus d. physiolog. u. medicin.-gerichtl. Gesichtspunkte untersucht werden. Aus d. Französ. übersetzt mit eigenen Erfahrr. u. Bemerkk. verm. v. Sieg. Fr. Hermbstädt. 4 Thle. Mit 1 Kpf. gr. 8. Berl. 818. Amelang. 7 ꝛß 16 gr Hbg. Pr. 3 ꝛß

Orfila, (P.Mathéo José Bonaventura): Allgemeine Toxikologie oder die Gifte des Mineral-, Pflanzen- und Thierreichs in physiologischer, pathologischer und gerichtlich-medizinischer Hinsicht betrachtet. (Traité des poisons... ou toxicologie générale... Troisième édition. Dt.) Übers.und hrsg.von O(tto) B(ernhard) Kühn. Bd $1/_{1-3}$ - $2/_{1-2}$, gbd.

Leipzig: Hartmann 1829 - 1830

JB 1.239

— allgem. Toxikologie, od. d. Gifte d. Mineral-, Pflanzen- u. Thierreichs in physiolog., patholog. u. gerichtl.-medicin. Hinsicht betrachtet. Ein prakt. Handb. f. Aerzte, Apotheker u. diejen. Staatsbeamte, welche gerichtl. Untersuchungen zu leiten haben. Nach d. neuesten (3.), verb. u. verm. Aufl. deutsch hrsg. v. O. B. Kühn. 2 Bde. gr. 8. Leipzig, Lehnhold. [1. (40 1/2 B.) 829., 2. (40 B.) 830. à 3 Thlr.]

— dass. übers. v. J. A. Seemann u. Ad. O. S. Fr. Karls, s.a. Toxikologie.

Seemann und Karls' Toxikologie oder die Lehre von den Giften und Gegengiften. Nach der dritten Auflage des "Traité des poisons" von Orfila durchaus frei bearbeitet von J. A. Seemann und A. O. S. F. Karls. Berlin, Posen und Bromberg, 1829–31. 2 vols., 8vo.

Orfila, (P.Mathéo José Bonaventura): Allgemeine Toxikologie oder Abhandlung von den Giften des Mineral-, Pflanzen- und Thierreichs in physiologischer, pathologischer und gerichtlich-medizinischer Hinsicht. (Traité des poisons...ou toxicologie générale... Nouvelle édition. Dt.) Übers.und hrsg. von Otto Bernhard Kühn. Bd 1 - 2, gbd.

Leipzig: Lehnhold 1839

JB 1.240

— Nach d. 5. umgearb., verb. u. vielfach verm. Aufl. mit selbst. Zus. bearb. von G. Krupp. Braunschweig 1854.

Orfila, Vorlesungen üb. Arsenikvergiftung, s. Bibliothek von Vorlesgn. über Medizin. XXXI. Bd.

Orfila, Vorlesungen über Arsenikvergiftung in chemischer, gerichtlicher u. therapeutischer Hinsicht, mit Bezugnahme auf den Laffarge'schen Rechtsfall. Deutsch v. Ed. Henoch. Mit Abbild. chem. Apparate. gr.8. Leipz.843, Kollmann. 1/2 Thlr

Orfila, (P.) M(athéo José Bonaventura): Vorlesungen über gerichtliche Arzneikunde. (Leçons faisant partie du cours de médecine légale. Dt.) Übers.von (Heinrich) Breslau. 396 S., gbd.

Weimar: Landes-Industrie-Comptoir 1822

JB 5.329

Orfila, M.: Vorlesungen über gerichtl. Medizin. . Ausg. *Bresl. u. Weimar.* 822. Industr.-Comtoir. (1 Thl. 18 Gr.) 2. Ausg. aus d. Franz. übers. u. mit Anmerkk. begl. v. Hergenröther. 3 Bde. *Leipzig*, Brockhaus. gr. 8. (6 Thl.)

—— Vorlesungen üb. gerichtl. Medizin. Nach d. 2. Ausg. a. d. Franz. übers. u. mit Anmerkn. begl. v. J. Jak. Hergenröther. 3 Bde. M. 1 lith. Taf. gr. 8. (100 B.) Leipzig 829, Brockhaus.

Orfila, zwölf Vorlesungen über die Lehre von den Vergiftungen im Allgemeinen und über die mit Arsenik insbesondere. Ins Deutsche übertr. von Frz. Händel. gr. 8. (VI und 134 S.) Weimar 858, Voigt.

„Allgemeines Organ für Handel und Gewerbe des In- und Auslandes und damit verwandte Gegenstände", redigiert und verlegt von C. C. Becher, fortgesetzt von A. J. Becher, später von Dr. Binzer; Köln und Aachen 1831 ff Seit 1838 mit Beilage „Wochenblatt des Cölner Gewerbevereins".

—— allgem., f. Handel u. Gewerbe d. In- u. Auslands u. damit verwandte Gegenstände. 1—8. Jahrg. 1835—42. Fol. Köln, (Kohnen.) à J. *

Jahrg. 1835. (1834 Dec. ɪc.) Redig. v. C. C. Becher. 104 Nrn. (Bog.)
" 1836. Redig. v. C. C. Becher u. bis zu seinem Tode (bis No. 26.) hrsg., fortges. v. A. J. Becher. 104 Nrn. (Bog.) Nebst Beiln.
" 1837. Redig. v. A. J. Becher u. A. v. Binzer. 104 Nrn. (Bog.) Mit Beiln. u. e. Beibl.: Verhandlungen u. Mittheiln. d. Gewerb-Vereins zu Köln, red. v. C. Bohl. 52 Nrn. (1/2 Bog.) u. Stnt.
" 1838—41. Redig. von A. v. Binzer. à 156 Nrn. (Bog.) Mit Beiln. u. Beibl. ɪc.
Das Beiblatt einzeln, vgl. Wochenblatt.
" 1842. Redig. von A. v. Binzer u. C. Bedbur. 156 Nrn. (Bdg.) Mit d. Beil.: Beiblatt üb. Transportwesen.

—— allgemeines, für Handel u. Gewerbe. 9—13. Jahrg. 1843—47. à 156 Nrn. (Bog.) Mit der Beilage: Beiblatt über Transportwesen. Fol. Köln, (Kohnen.) à J. *

9. Jahrg. redig. von A. v. Binzer u. C. Bedbur. 10—13. Jahrg. redig. u. hrsg. von Ed. Dellenbusch. 1—8. Jahrg. 1835—42. Ebendas. à Jahrg. * 6 Thlr. 20 Ngr.

—— allgemeines, für Handel und Gewerbe. Redig. von Ed. Dellenbusch und fortges. von L. Schücking. 14. und 15. Jahrg. 1848 und 1849. à Jahrg. 156 Nrn. (Bog.) Mit wöchentl. Beiblatt für das Transportwesen. Fol. Köln, Bachem. à Jahrg.*

— allgem., für die Interessen des Kunsthandels. Zunächst prakt. Gebrauch für Kunsthändler u. die in den verwandten Fächern arbeitenden Handlungen, herausg. von A. Hofmann. 1r Jahrg. 52 Numm. gr.4. Berlin 840. Expedition. (Leipzig, Hermann.) n. 3 Thlr

— allgemeines, für die Interessen des Kunsthandels. Zunächst zum prakt. Gebrauch für Kunsthändler u. die in den verwandten Fächern arbeitenden Handlungen. Redacteur: A. Hofmann. 1. Jahrg. 1841. 52 Numm. (1/2 Bogen.) schmal gr. 4. Berlin, Expedition; Simion. n. 2 Thlr

—— allgem., f. d. Interessen d. Kunsthandels. Zunächst z. prakt. Gebr. f. Kunsthändler u. die in d. verwandten Fächern arbeit. Handlungen. Redact.: A. Hofmann. 1. u. 2. Jahrg. 1841 u. 42. à 52 Nrn. (1/2 Bog.) Schmal gr. 4. Berlin, [Hofmann u. Comp.] [841. * 2 Thlr., 42. * 3 Thlr.] *

—— allgemeines, f. die Interessen des Kunst- u. Landkartenhandels. Zum prakt. Gebrauch für alle in diesen Fächern arbeitenden Handlungen. 3—6. Jahrg. 1843—46. (3. J. 104 Nrn., 4—6. J. à 52 Nrn.) (1/2 Bog.) gr. 4. Berlin, [Hofmann u. Comp.] à J.

1. u. 2. Jahrg. 1841 u. 1842. Ebendas. * 5 Thlr.

Halle, Kais. Leopoldino-Carolinische Deutsche Akademie der Naturforscher, Leopoldina, Amtliches Organ der – Herausgegeben unter Mitwirkung der Sektions Vorstände von dem Präsidenten C. H. Knoblauch.
25—28. Heft. Jahrg. 1889—92. Halle 1889—92

Organ für Autographensammler und Autographenhändler. Redig. von Johs. Günther. Jahrg. 1859 und 1860. à Jahrg. 12 Nrn. (Bog.) Lex.-8. Jena, Deistung. à Jahrg. * *
Ist nicht fortgesetzt worden.

Organ, Bergisches, für Zeitgeschichte, Gewerbe, Landwirthschaft u. gesellige Unterhaltung. 1. Jahrg. 1848. April—Decbr. 78 Nrn. Fol. (B. m. Beilagen.) Solingen, Amberger. n. 1 1/3 Thlr

— der Buchdrucker-Vereine Deutschlands. Red.: Chr. Fr. Rödiger u. J. H. Aug. Süß. 1 Jahrg. Mai—Decbr. 1850. 18 Nrn. gr. 4. (1/2 Bog.) Leipzig, Thomas in Comm. n. 13 1/2 ngr

Organ des Deutschen Buchhandels, oder allgem. Buchhändler-Börsenblatt. Redigirt von Heinr. Burchhardt. 1r—7r Jahrg. 1834—1840 à 52 Numm. Berlin, Krause. 6r, 7r. J. Edd. Stackebrandt. (à n. 4 Thlr) 28 Thlr

Organ des deutschen Buchhandels, oder allgemeines Buchhändler-Börsenblatt. Redacteur: H. Burchhardt. 8.—13. Jahrg. 1841—1846. à 52 Numm. (Bogen.) gr. 4. Berlin 841—46, Krause. à n. 4 Thlr

— des deutschen Buchhandels, oder allgem. Buchhändler-Börsenblatt. Red.: Heinr. Burchhardt. 14 u. 15. Jahrg. 1847 u. 1848. à 52 Nrn. gr. 4. (Bog.) — od. norddeutsche Buchhändler-Zeitung. Red.: Heinr. Burchhardt. 16 u. 17. Jahrg. 1849 u. 1850. à 10 Nrn. Imp. 4. (1/2 B.) Berlin, Expedition. à n. 4 Thlr

—— des deutschen Buchhandels, oder: Allgemeines Buchhändler-Börsenblatt. Redig. von H. Burchhardt. 15—17. Jahrg. 1848—50. (Jahrg. 1848. 52 Nrn. [Bog.] und Jahrg. 1849 und 1850 à 104 Nrn. ½ Bog.) gr. 4. Berlin, Expedition. à Jahrg. *

Deutsches Organ der Sauveur-Schulen : Oct 1883 - July 1884?
Monthly. Edited by L. U. Flager & C. F. Bacon. Published by Sauveur College of Languages. St. Louis, MO

— für die Fortschritte des Eisenbahnwesens in technischer Beziehung. Herausgeg. von einem Vereine von Eisenbahn-Ingenieuren. I. Bd. 6 Hfte. Mit lith. Tafeln. Lex.-8. Wiesbaden 845, Kreidel. n. 3½ ℛ

— für die Fortschritte des Eisenbahnwesens in technischer Beziehung. Hrsg. unter Mitwirkung eines Vereins von Eisenbahn-Ingenieuren von Edm. Heusinger v. Waldegg. Jahrg. 1847—1852 od. II—VII. Bd. à 6 Hfte. Mit lith. Taf. hoch 4. Wiesbaden, Kreidel. à Bd. n. 3½ ℛ

— für die Fortschritte des Eisenbahnwesens in technischer Beziehung. Herausg. unter Mitwirkg. eines Vereins von Eisenbahn-Ingenieuren von Edm. Heusinger v. Waldegg. 8—11. Bd. Jahrg. 1853—56. à 6 Hefte (à 3—4 Bgn. Text u. 3—4 lith. Taf. in Fol.). Wiesbaden, Kreidel u. Niedner. Lex.-8. Jeder Jahrg. n. 3 ℛ. 15 ngr.

—— für die Fortschritte des Eisenbahnwesens in technischer Beziehung. Begründet von Edm. Heusinger v. Waldegg. Hrsg. von Herm. Scheffler. 12—16. Bd. Jahrg. 1857—61. à Jahrg. 6 Hefte. gr. Lex.-8. (à Heft ca. 43 S. mit Stnt. in qu. Fol.) Wiesbaden, Kreidel's Verlag. à Jahrg. *

—— dass. — Sach-Register zu Jahrg. 1845—1860 oder Bd. 1—15. gr. Lex.-8. (40 S.) Ebendas. 862. *

Organ für die Fortschritte des Eisenbahnwesens in technischer Beziehung. Begründet von Edm. Heusinger v. Waldegg. Hrsg. von Herm. Scheffler. 17. und 18. Bd. Jahrg. 1862 und 1863. à Jahrg. 6 Hefte. gr. Lex.-8. (à Heft ca. 54 S. mit Stnt. in qu. Fol.) Wiesbaden, Kreidel's Verlag. à Jahrg. *

Organ für die Fortschritte des Eisenbahnwesens in technischer Beziehung. Organ des Vereins deutscher Eisenbahn-Verwaltungen. Hersg. von E. Heusinger v. Waldegg. 19—25. Bd. Neue Folge. 1—7. Bd. Jahrg. 1864—70. à Jahrg. 6 Hefte (à 5—6 Bgn.). Mit Zeichnungen in Lith. u. Holzschn. Wiesbaden, Kreidel's Verl. gr. 4. Jeder Jahrg. n. 6 ℛ

—— dass. — I. Supplbd. Fortschritte der Technik des deutschen Eisenbahnwesens in den letzten acht Jahren. Nach den Ergebnissen der am 11. bis 16. Septbr. 1865 in Dresden abgehalt. Techniker-Versammlung der deutschen Eisenbahn-Verwaltungen. Redig. von der techn. Commission des Vereins. gr. 4. (XII und 253 S. mit 18 Stnt. Abbild. in gr. 4. und qu. Fol. und 11 eingedr. Holzschn.) Ebendas. 866. *

—— dass. — I. Supplbd. Nachtrag: Die eisernen Brücken über 15 Meter Spannweite auf den Bahnen des Vereins deutscher Eisenbahn-Verwaltungen. Nachweise über deren Construction, Dimensionen, Gewichte etc. (20 S.) Ebendas. 867. *

Organ für die Fortschritte des Eisenbahnwesens etc. II. Supplbd. Die neuesten Oberbau-Constructionen der dem Vereine deutscher Eisenbahnverwaltungen angehörenden Eisenbahnen. Nach officiellen Mittheilungen, im Auftrage der technischen Commission des Vereines hersg. von Edm. Heusinger v. Waldegg. Ebend. 867. gr. 4. (VIII, 20 S. mit 75 Steintaff. Zeichnungen in 4. u. 4 Steintaff. in Fol. u. gr. 4.) n. 3 ℛ 10 ngr.

— — III. Supplbd. Fortschritte der Technik des deutschen Eisenbahnwesens in den letzten Jahren. 2. Abthl. Nach den Ergebnissen der Ende Septbr. 1868 in München abgehaltenen Techniker-Versammluug der deutschen Eisenbahnverwaltungen. Hersg. im Auftrage der technischen Commission des Vereins von Edm. Heusinger v. Waldegg. Mit 39 (lith.) Taff. Abbildungen (in gr. 4. u. qu. Fol.) u. 4 (eingedr.) Holz.-schn. Ebend. 869. gr. 4. (XI, 207 S.) n. 5 ℛ 10 ngr.

— — III. Supplbd. Anhang. Skizzen u. Hauptdimensionen der Locomotiven nach verschiedenen Sytemen, welche in den letzten fünf Jahren von den deutschen Eisenbahnen beschafft worden sind. Nach den Ergebnissen der Ende Septbr. 1868 in München abgehaltenen Techniker-Versammlung. Hersg. von E. Heusinger v. Waldegg. Mit 24 (lith.) Taff. Abbildungen (in gr. u. qu. Fol.). 1. Aufl. 869. n. 2 ℛ 20 ngr. u. 2. Aufl. Ebend. 870. gr. 4. (IV, 127 S.) n. 3 ℛ

-- dasselbe. Sach- u. Autoren-Register. Jahrg. 1864—1873 od. Neue Folge Bd. I - X. u. Suppl. Bd. I—IV. gr. 4. (IV, 84 S.) Ebend. 874. n. 4. --

— dasselbe. 2. Suppl.-Bd. 2. umgearb. u. verm. Aufl. A. u. d. T.: Die neuesten Oberbau-Constructionen der dem Vereine deutscher Eisenbahnverwaltgn. angehör. Eisenbahnen. Nach officiellen Mittheilgn., im Auftrage der techn. Commission d. Vereins hrsg. von Edmund Heusinger v. Waldegg. Mit 68 (lith.) Taf. Zeichngn. in 4. u. 16 (lith.) Taf. in Fol. gr. 4. (IV, 29 S.) Ebend. 871. n. 12. —

— dasselbe. Nachtrag zur 1. Aufl., enth. sämmtl. Taf., welche in die 2. Aufl. neu aufgenommen worden sind. Mit 34 (lith.) Taf. Zeichngn. in 4. u. 13 (lith.) Taf. in Fol. gr. 4. (IV, 29 S.) Ebend. 871. n. 7. 20

— dasselbe. IV. Suppl.-Bd. gr. 4. Ebend. 870. n. 12. —
Sammlung bewährter Bahnhofsgrundrisse v. den Bahnen d. Vereins deutscher Eisenbahn-Verwaltungen. Im Auftrage der techn. Commission d. Vereins hrsg. von Heusinger v. Waldegg. Mit 36 (lith.) Taf. Abbildgn. (in qu. Fol. u. qu. gr. Fol.) (6 S. Text.)

— dasselbe. V. Suppl.-Bd. gr. 4. Ebend. 875. n. 8. —
Fortschritte der Technik d. deutschen Eisenbahnwesens in den letzten Jahren. 3. Abth. Nach den Ergebnissen der am 14. u. 15. Septbr. 1874 in Düsseldorf abgeh. 6. Versammlg. der Techniker der Eisenbahnen d. Vereins deutscher Eisenbahn-Verwaltgn. Red. v. der techn. Commission d. Vereins. Mit 4 (lith.) Taf. Abbildgn. (in gr. 4. u. qu. gr. Fol.) (X, 175 S.)

Organ f. die Fortschritte d. Eisenbahnwesens in technischer Beziehung. Organ d. Vereins deutscher Eisenbahn-Verwaltgn. Hrsg. v. E. Heusinger v. Waldegg. 26—28. Jahrg. Neue Folge. 8—10. Bd. Jahrg. 1871—1873. 6 Hfte. (à 5—6 B.) Mit Zeichngn. in Lith. u. Holzschn. gr. 4. Wiesbaden, Kreidel. à Jahrg. n. 18. —

— dasselbe. 29—31. Jahrg. Neue Folge. 11—13. Bd. 1874—1876. à 6 Hfte. (ca. 6 B.) Mit Zeichngn. in Lith. u. Holzschn. gr. 4. Ebend. à Jahrg. n. 20. —

Organ für die Fortschritte des Eisenbahnwesens in technischer Beziehung. Organ des Vereins deutscher Eisenbahn-Verwaltungen. Hrsg. von E. Heusinger v. Waldegg. 32—37. Jahrg. Neue Folge 14—19. Bd. 1877—1882. à 6 Hfte. (à ca. 6 B.) Mit Zeichnungen in Lith. u. Holzschn. gr. 4. Wiesbaden, Kreidel. à Jahrg. n. 20. —

— dasselbe. 6—8. Suppl.-Bd. gr. 4. Ebend. 878—82. n. 52. 80

6. Fortschritte der Technik des deutschen Eisenbahnwesens in den letzten Jahren. 4. Abth. Nach den Ergebnissen der am 18., 19. u. 20. Juni 1878 in Stuttgart abgehaltenen VIII. Versammlung der Techniker der Eisenbahnen des Vereins deutscher Eisenbahn-Verwaltungen. Red. von der technischen Commission des Vereins. Mit 32 (lith.) Taf. Zeichnungen. (XIII, 432 S.) n. 22. 80

7. Die Eigenschaften von Eisen u. Stahl. Mittheilungen über die auf Veranlassung der technischen Commission des Vereins deutscher Eisenbahn-Verwaltungen angestellten Versuche. Nebst Entwürfen zu den Bedingungen für die Lieferung von Schienen, Achsen u. Radreifen. Mit 10 lith. Taf. (VIII, 230 S.) n. 16. —

8. Die Strassen- u. Zahnrad-Bahnen. Mittheilung von Erfahrungs-Resultaten über Bau u. Betrieb derselben. Nach aufgestellten Fragebeantwortungen im Auftrage der Commission für technische u. Betriebs-Angelegenheiten des Vereins deutscher Eisenbahn-Verwaltungen zusammengestellt von der Subcommission für Strassen- u. Zahnrad-Bahnen. Mit 24 (lith.) Zeichnungstaf. u. 49 (eingedr.) Holzschn. (VI, 167 S.) n. 14. —

— dasselbe. Sach- u. Autoren-Register. Jahrg. 1874—1883 od. Neue Folge. Bd. 11—20 u. Suppl.-Bd. 5—8. Bearb. vom Hrsg. gr. 4. (IV, 71 S.) Ebend. 883. n. 4. —

Organ f. die Fortschritte d. Eisenbahnwesens in technischer Beziehung. Organ d. Vereins deutscher Eisenbahn-Verwaltgn. Hrsg. von E. Heusinger v. Waldegg. 38. Jahrg. Neue Folge. 20—23. Bd. 1883—1886. à 6 Hfte. (à 5—6 B. m. Holzschn. u. Steintaf.) gr. 4. Wiesbaden, Kreidel. à Jahrg. n. 20. —

— dasselbe. 9. Suppl.-Bd. gr. 4. Ebend. 884. n. 20. —
Fortschritte der Technik d. deutschen Eisenbahnwesens in den letzten Jahren. 5. Abth. Nach den Ergebnissen der am 14. u. 15. Juli 1884 in Berlin abgeh. X. Versammlg. der Techniker der Eisenbahnen d. Vereins deutscher Eisenbahn-Verwaltgn. Red. v. der techn. Commission d. Vereins. Mit 27 Taf. Abbildgn. (XIV, 414 S.)

Organ für die Fortschritte d. Eisenbahnwesens in technischer Beziehung. Organ d. Vereins deutscher Eisenbahn-Verwaltgn. Begründet von E. Heusinger v. Waldegg. Hrsg. v. A. Funk u. G Barkhausen. 42.—45. Jahrg. Neue Folge. 24.—27. Bd 1887—1890. à 6 Hfte. (à 5—6 B. m. Holzschn u. Steintaf.) gr. 4. Wiesbaden, Kreidel. à Jahrg. n. 20. —

Organ f. die Fortschritte des Eisenbahnwesens in technischer Beziehung. Organ des Vereins deutscher Eisenbahn-Verwaltgn. Begründet v. E. Heusinger v. Waldegg. Unter Mitwirkg. f. den maschinentechn. Theil von v. Borries u. Alb. Frank hrsg. v. G. Barkhausen. 46.—49. Jahrg. Neue Folge. 28.—31. Bd. 1891—1894. à 6 Hfte. (à 5—6 Bog. m. Holzschn. u. Taf.) gr. 4. Wiesbaden, C. W. Kreidel. à Jahrg. n. 20. —

Organ f. die Fortschritte des Eisenbahnwesens in technischer Beziehung. Organ des Vereins deutscher Eisenbahn-Verwaltgn. Begründet v. E. Heusinger v. Waldegg. Unter Mitwirkg. f. den maschinentechn. Theil von v. Borries u. Alb. Frank hrsg. v. G. Barkhausen. 10. u. 11. Ergänzungsbd. gr. 4. Wiesbaden, C. W. Kreidel. n. 76. 60

10. Fortschritte im Bau der Betriebsmittel, hrsg. vom techn. Ausschusse d. Vereins deutscher Eisenbahnverwaltgn. Mit 78 lith. Taf. u. Abbildgn. im Text. (X, 72 u. 89 S.) 893. n. 44. —

11. Fortschritte der Technik des deutschen Eisenbahnwesens in den letzten Jahren. 6. Abth. Nach den Ergebnissen der am 9., 10. u. 11. Juni 1893 in Strassburg i/E. abgeh. XIV. Techniker-Versammlg. des Vereins deutscher Eisenbahn-Verwaltgn. (X, 484 S. m. Abbildgn. u. 13 Taf.) 893. In Mappe. n. 32. 60

— dasselbe. Sach- u. Namen-Verzeichnis. Jahrg. 1884—1893, od. neue Folge Bd. XXI—XXX u. Ergänzungsbd. IX—XI. Bearb. vom Hrsg. gr. 4. (III, 81 S.) Ebd. 894. n. 5. —

Organ f. die Fortschritte des Eisenbahnwesens in techn. Beziehg. Fachblatt d. Vereins deutscher Eisenbahn-Verwaltungen. Begründ. von E. Heusinger v. Waldegg. Unt. Mitwirkung f. d. maschinentechn. Theil von v. Borries u. Alb. Frank hrsg. v. G. Barkhausen. 50.—53. Jahrg. Neue Folge. 32.—35. Bd. 1895—1898. à 6 Hfte. (à ca. 28 S. m. Abb., Taf. u. Doppeltaf.) gr. 4. Wiesbaden, C. W. Kreidel. à Jahrg n. 20. —

Organ f. die Fortschritte des Eisenbahnwesens in technischer Beziehung. Fachblatt des Vereins deutscher Eisenbahn-Verwaltgn. Begründet v. E. Heusinger v. Waldegg. Unter Mitwirkg. f. den maschinentechn. Theil von v. Borries u. Alb. Frank hrsg. v. G. Barkhausen. 54. Jahrg. Neue Folge. 36. Bd. 1899. 12 Hfte. gr. 4. (XII, 291 S. m. Abbildgn. u. 45 Taf.) Wiesbaden, C. W. Kreidel. n. 20. —

— dasselbe. 55. Jahrg. Neue Folge. 37. Bd. 1900. 12 Hfte. gr. 4. (XII, 314 S. m. Abbildgn. u. 43 Taf.) Ebd. n. 22. 60

— dasselbe. Ergänzungsheft. gr. 4. Ebd. n. 4. —
Bericht über die Belastung des eisernen Ueberbaues der Erlenbachbrücke bei km 18$^{5}/_{8}$ der badischen Schwarzwaldbahn bis zum Eintreten des Bruches. Von O. Hauger. — Die elektrische Zugförderung auf der Wannseebahn. Von Bork. (S. 315—346 m. 8 Taf.) 900.

— dasselbe. 12. Ergänzungsbd. gr. 4. Ebd. n. 10. —
Bericht des vom Ausschuss f technische Angelegenheiten d. Vereins deutscher Eisenbahn-Verwaltungen eingesetzten Unterausschusses üb. die Abgabe e. Gutachtens, betr. die Frage der Anordnung des Schienenstosses. Mit 20 Planbeilagen u. vielen Abbildgn. im Texte. (168 S.) 900.

Organ f. die Fortschritte des Eisenbahnwesens in technischer Beziehung. Fachblatt des Vereins deutscher Eisenbahn-Verwaltgn. Begründet v. E. Heusinger v. Waldegg. Unter Mitwirkg. f. den maschinentechn. Theil von v. Borries hrsg. v. G. Barkhausen. 56.—58. Jahrg. Neue Folge. 38.—40. Bd. 1901—1903. à 12 Hfte. gr. 4. (XII, 278; XII, 252 u. XII, 264 S. m. Abbildgn. u. 60, bezw. 49 u. 39 Taf.) Wiesbaden, C. W. Kreidel. à Jahrg. n. 25. —

— dasselbe 13. Ergänzungsbd. gr. 4. Ebd. n. 18. —
Fortschritte der Technik des deutschen Eisenbahnwesens in den letzten Jahren. 7. Abtlg. Nach den Beschlüssen der am 10., 11. u. 12. III. 1903 in Triest abgeh. XVII. Technikerversamml. des Vereins deutscher Eisenbahnverwaltgn. Mit 162 Abbildgn. im Texte. (X, 409 S.) 903.

— dasselbe. Sach- u. Namen-Verzeichnis Jahrg. 1894 bis 1903 od. Neue Folge Bd. 31 bis 40. Ergänzungsbd. 12 u. 13 u. e. Beilage. Bearb. vom Hrsg. (IV, 76 S.) gr. 4. Ebd. 904. n. 6. —

Organ f. die Fortschritte des Eisenbahnwesens in technischer Beziehung. Fachblatt des Vereines deutscher Eisenbahn-Verwaltgn. Begründet von E. Heusinger v. Waldegg. Unter Mitwirkg. f. den maschinentechn. Thl. von v. Borries hrsg. v. G. Barkhausen. 59.—61. Jahrg. Neue Folge. 41.—43. Bd. 1904—1906. à 12 Hefte. (59. u. 60. Jhrg. 280 u. 324 S. m. Abb., Taf. u. Doppeltaf.) gr. 4. Wiesbaden, C. W. Kreidel. à Jhrg. n. 28. —

— dasselbe. 62. Jahrg. Neue Folge. 44. Bd. 1907. 12 Hefte u. Ergänzungsheft. (316 S. m. Abb. u. Taf.) 31×24,5 cm. Ebd. (907). 34. —

— dasselbe. Sach- u. Namen-Verzeichnis Jahrg. 1904 bis 1907 od. neue Folge Bd. XLI bis XLIV. Bearb. v. Hrsg. (38 S.) 31×24,5 cm. Ebd. 908. 3. 60

— dasselbe. Hrsg. im Auftrage des Vereines deutscher Eisenbahn-Verwaltgn. v. Schriftleiter G. Barkhausen, unter Mitwirkg. v. F. Rimrott als stellvertret. Schriftleiter u. f. den maschinentechn. Tl. 63.—65. Jahrg. Neue Folge. 45.—47. Bd. 1908—1910. à 24 Hefte. (à ca. 20 S. m. Abb. u. Taf.) 31,5×25 cm. Ebd.
à Jahrg. 36. —

Organ f. deutsches Gemeindewesen. Hrsg. v. einem Vereine v. Gemeindebeamten. 1 Bd. 6 Hfte. gr. 8. (IV u. 480 S.) Leipzig 849, Romberg. 2½ ℛ

ORGAN DES WÜRTTEMBERGISCHEN GEOMETER-VEREINS. (Redigirt von A. FECHT.)
(Jahrg. 1—2.) №. 1-10. September 1867 — September 1869. Stuttgart. (Ohne bes. Titelblatt. Druck von Emil Ebner, später: Fr. Böhm & Co.) 4°

Organ für den deutschen Handels- und Fabrikanten-stand –
Stuttgart – 1819 – 31 XII 1821
Fortges. u.d.T Neckarzeitung.

„Organ für den deutschen Handels- und Fabrikanten-Stand", vom 10. Juli 1819 bis 30. Juni 1821, Redakt. Frdr List (bis 21 Januar 1821) und (vom 28. Januar an) C. Kreissing, Stuttgart (Metzler). — Vorh. Com. Bibl. Hamburg.

Organ f. den deutschen Handels- u. Gewerbs-Stand. gr. 4. Stuttg., Metzler. 1r Jahrg. 1819 Juli—Dec. u. 1820 Jan.—Jun. 3 ℛ 12 gℊ 2r Jahrg. 1820 Juli—Dec. 1 ℛ 18 gℊ u. 3r Jahrg. 1821. Jan.—Dec. Ebd. 3 ℛ 12 gℊ Alle 3 Jahrgänge. 8 ℛ 18 gℊ

Organ f. d. gesammte Heilkunde. Hrsg. v. d. niederrhein. Gesellschaft f. Natur- u. Heil-Kunde zu Bonn, unt. Redact. v. M. E. A. Naumann, C. W. Wutzer, H. F. Kilian. 1. u. 2. Bd. à 4 Hfte. Mit Stnt. gr. 8. Bonn 840—42, Henry u. Cohen. à Thlr. *

— für die gesammte Heilkunde. Hrsg. von dem Vereine Rheinischer Medico-Chirurgen, unter Red. v. C. G. Jaeger, J. Neuhausen, H. Angenstein u. C. F. J. Weyland. 1. Jahrg. 1852. 3 Hfte. gr. 8. Aachen, ter Meer. n. 1 ℛ

— für die gesammte Heilkunde. Herausg. von dem Vereine Rheinischer Medico-Chirurgen unter Red. von C. G. Jaeger, J. Neuhausen, H. Angenstein und C. F. J. Weyland. 2—5. Jahrg. 1853—56. à 6 Hefte (à 4 Bgn.). Mit lith. Abbildgn. Aachen, ter Meer. gr. 8. Jeder Jahrg. n. 2 ℛ.

— für die gesammte Heilkunde. Unter Mitwirkung sämmtl. Medico-Chirurgen-Vereine des preuss. Staates hrsg. vom rheinischen Vereine unter Red. von L. Himmelreich, H. Angenstein, C. F. J. Weyland und C. F. W. König. 6. Jahrg. 1857. 6 Hefte. gr. 8. (à Heft ca. 62 S. mit 2 ill. Stnt.) Berlin, Springer's Verlag. *
Jahrg. 1856. Aachen, [Benrath und Vogelgesang.] * 2 Thlr.

— dass. — Hrsg. von sämmtl. Medico-Chirurgen-Vereinen des preuss. Staates. (Gegründet vom rheinischen Vereine.) Unter Hauptred. von L. Himmelreich, C. F. W. König und Mitred. von P. G. F. Dentler, J. W. L. Gründer, C. Stricker. 7—10. Jahrg. 1858—61. à Jahrg. 6 Hefte. gr. 8. (à Heft ca. 64 S.) Ebendas. à Jahrg. *

— für die gesammte Heilkunde. Hrsg. von sämmtl. Medico-Chirurgen-Vereinen des Preuss. Staates. (Gegründet vom Rhein. Vereine.) Unter Hauptred. von L. Himmelreich, C. F. W. König und Mitred. von P. G. F. Dentler, L. Gründer, G. Stricker. 11. Jahrg. 1862. 6 Hefte. gr. 8. (à Heft ca. 64 S.) Berlin, Springer's Verlag. *
Wurde nicht fortgesetzt.

— Kölnisches, für Handel u. Gewerbe. Hrsg.: L. Schücking. 15. Jahrg. 1849. 156 Nrn. Fol. (Bog.) Mit Beilagen. n. 6⅔ ℛ

Organ für christliche Kunst. Herausg. u. red. von Fr. Baudri. Organ des christlichen Kunstvereins für Deutschland. Jhg. 1—10. — Herausg. und redig. von J. van Endort. Jhg. 11—20. Mit artist. Beilagen. Köln Juli—Dec. 1851—1870. 4. . . (D. s. T.)

— für christliche Kunst. Hrsg. und redig. von Fr. Baudri. 1. Jahrg. Juli — Decbr. 1851. 13 Nrn. und 2. Jahrg. 1852. 26 Nrn. (Bog.) gr. 4. Cöln, (Bachem.) Vierteljährl. * -

— für christliche Kunst. Hrsg. und redig. von Fr. Baudri. 3. und 4. Jahrg. 1853 und 1854. à Jahrg. 26 Nrn. (Bog.) Mit Stnt. gr. 4. Cöln, (Bachem.) à Jahrg. *
1. und 2. Jahrg. 1851 und 1852. Ebendas. * 4 Thlr. 15 Ngr.

— dass. — Hrsg. von Dems. 5. und 6. Jahrg. 1855 und 1856. 26 Nrn. (à 1½ Bog.) Mit artist. Beilagen. gr. 4. Köln, Du Mont-Schauberg'sche Buchh. à Jahrg. *

— für christliche Kunst hrsg. und redig. von Fr. Baudri. Organ des christlichen Kunstvereins für Deutschland. 7—11. Jahrg. 1857—61. à Jahrg. 26 Nrn. (à 1½ Bog.) Mit artistischen Beilagen. gr. 4. Köln, Du Mont-Schauberg'sche Buchh. à Jahrg. *

— für christliche Kunst hrsg. und redig. von Fr. Baudri. Organ des christl. Kunstvereins für Deutschland. 12.—14. Jahrg. 1862—64. à Jahrg. 26 Nrn. (à 1½ Bog.) Mit artist. Beilagen. gr. 4. Köln, DuMont-Schauberg'sche Buchh. à Jahrg. *

— dass. — hrsg. und redig. von J. van Endert. 15.—17. Jahrg. 1865—67. à Jahrg. 26 Nrn. (à 1½ Bog.) Mit artist. Beilagen. gr. 4. Ebendas. à Jahrg. *

Organ für christliche Kunst hrsg. und redig. von J. van Endert. Organ des christl. Kunstvereins für Deutschland. 18.—24. Jahrg. 1868—1874. à Jahrg. 26 Nrn. (à 1½ Bog.) Mit artist. Beilagen. gr. 4. Köln, DuMont-Schauberg'sche Buchh. à Jahrg. *

— der deutschen Mäßigkeits-Vereine u. Centralblatt für die Mäßigkeits-Angelegenheit in Deutschland. Beiträge zur Fortsetz. von R. Bird's Geschichte der Mäßigkeits-Gesellschaft. VI—X. Des Mäßigkeits-Journals f. Deutschland 86–126 Hft. Herausg.: C. Schmaltz. 8. 838. (Quedlinb., Basse.) à 1/18 ℛ — 1s Hft. f. Mäßigkeits-Journal. 3s Hft. f. Geschichte der Mäßigkeits-Gesellschaften. 2s, 4s—7s Hft. f. Centralblatt für Mäßigkeits-Angelegenheit ꝛc.

— vum Elsässer-Theater Milhüse, s.: E. T. M.

Organ des Turnvereins Milhusina, E. V., gegr. 1895, Jg. 1—6, Mülhausen 1909—1914, 4°. 5 Bde.

Organ, Das nothwendige! Wissenschaff'liche Prachschriff, for gebil'te Zwecke ... Redaktöhr: Hr. Antun Meis. Sitz-Redaktöhr: Hr. Ta Hupla. Köllen am 11. des Elften 1887. Ehrenfeld 1887. V: *Hoster, M. H.* (stBKöln II, 38)

ORGAN FÜR DEN OEL- UND FETTHANDEL. Die Seifen- und Lichte-Fabrication, die Oel-, Harz- und Theerproduction-Industrie, sowie die Wachswaaren- und Parfümerie-, die Mineralöl- und Paraffin-, die Degras- und Schmiermaterialenfabrikation. Herausgeber: N. Besselich. 21 vols., fol. Trier, 1868–'88+

— für den Oel- und Fetthandel, die Seifen- u. Lichte-Fabrikation, Wachswaaren- u. Parfümerie-, die Mineralöl- u. Paraffin-, die Oel-, Harz- u. Theerproducten-Industrie, sowie die Degras- u. Schmiermaterialien-Fabrikation. Hrsg.: N. Besselich. 21. Jahrg. 1888. 36 Nrn. (B.) Fol. Trier. (Leipzig, P. Braun's Verlag.) n. 12. —

—— für den Oel- u. Fetthandel, die Seifen- u. Lichte-Fabrikation, die Oel-, Harz- u. Theerproducten-Industrie, sowie die Wachswaaren- u. Parfümerie-, die Mineralöl- u. Paraffin-, die Degras u. Schmiermaterialien-Fabrikation. 22.—25. Jahrg. 1889—1892. à Jahrg. 36 Nrn. (Bog.) Fol. Trier. (Lpz., P. Braun.) à Jahrg. * 12 —

— für den Oel- u. Fetthandel, die Seifen- u. Licht-Fabrikation, die Oel-, Harz- u. Theerproducten-Industrie, sowie die Wachswaaren- u. Parfümerie-, die Mineralöl- u. Paraffin-, die Degras- u. Schmiermaterialien-Fabrikation. 27. Jahrg. 1894. 36 Nrn. (à ca. $1^1/_2$ Bog.) Fol. Trier, N. Besselich. Postfrei n. 12.—

— f. d. Oel- u. Fetthandel, d. Seifen- u. Lichtfabrikation, d. Oel-, Harz- u. Theerproducten-Industrie, sow. d. Wachswaaren- u. Parfümerie-, d. Mineralöl- u. Paraffin-, d. Degras- u. Schmiermaterialien-Fabrikation. 28.—31. Jahrg. 1895—1898. à 36 Nrn. (à ca. 1 Bog.) Fol. Trier, N. Besselich. à Jahrg. postfrei n. 12.—

— für den Oel- u. Fetthandel, die Seifen- u. Lichte-Fabrikation, die Oel-, Harz- u. Theerproducten-Industrie, sowie die Wachswaaren- u. Parfümerie-, die Mineralöl- u. Paraffin-, die Degras- u. Schmiermaterialien-Fabrikation. Red.: P. Mayer-Besselich. 32.—35. Jahrg. 1899—1902. à 36 Nrn. Fol. (à ca. 6 S.) Trier, N. Besselich. (Nur direkt.) Postfrei à Jahrg. n. 12.—

— für den Oel- u. Fetthandel, die Seifen- u. Lichte-Fabrikation, die Oel-, Harz- u. Theerproducten-Industrie, sowie die Wachswaaren- u. Parfümerie-, die Mineralöl- u. Paraffin-, die Degras- u. Schmiermaterialien-Fabrikation. Red.: Mathias Heins. 36. u. 37. Jahrg. 1903 u. 1904. à 26 Nrn. (à ca. 6 S.) Fol. Trier, N. Besselich. (Nur direkt.) Postfrei à Jhrg. n. 12.—

— dasselbe. 38. u. 39. Jahrg. 1905 u. 1906. à 52 Nrn. (à Jhrg. 624 S.) Fol. Ebd. (Nur direkt.) Postfrei à Jhrg. n. 12.—

— f. den Oel- u. Fetthandel, die Seifen- u. Lichte-Fabrikation, die Oel-, Harz- u. Teerprodukten-Industrie, sowie die Wachswaaren- u. Parfümerie-, die Mineralöl- u. Paraffin-, die Degras- u. Schmiermaterialien-Fabrikation. Red.: Mathias Heins. 40-43. Jahrg. 1907—1910. à 52 Nrn. (622, 676, 824 u. 828 S.) 32,5 ×24 cm. Trier, N. Besselich. à Jahrg. 12.—

— der Pferdewissenschaft, Viehzucht u. Thierheilkunde, für Pferdeliebhaber, Landwirthe u. Thierärzte. Vereinsblatt des Hannöv. thierärztlichen Vereins. Herausgeg. von Wlh. Bartels. 1843. 12 Hefte. 8. Helmstedt 843, Fleckeisen. n. $3^1/_4$ ₰

— für die Reformation des Waldbaues. Redigirt u. herausgegeben von Chr. Liebich. 1. Heft. gr. 8. Prag 846. (Credner.) n. $1^1/_3$ ₰

Forts. s: Österr Central-Forst-Organ

— f. Reserveoffiziere. Streffleurs illustr. Vierteljahrsschrift f. Offiziere, Offiziersaspiranten u. Gleichgestellte der Reserve des Heeres u. des nichtaktiven Standes der k. k. Landwehr. Red. v. F. M. L. Ritter v. Miculicz-Radecki. 1. Jahrg. Oktbr. 1910—Septbr. 1911. 4 Hefte. (à ca. 80 S.) gr. 8. Wien, L.W. Seidel & Sohn. 8.—

—— für Schornsteinfegerwesen. Monatsschrift für die Gesammtinteressen der Schornsteinfeger des deutschen Reichs. Verantwortl. Redact.: G. B. C. Rahn. 1. Jahrg. October 1873—September 1874. 11 Hefte. gr. 4. (1. Heft 2 Bog.) Berlin, Rahn. *

—— für Schornsteinfegerwesen. Monatsschrift für die Gesammtinteressen der Schornsteinfeger des Deutschen Reichs. Redact: G. B. C. Rahn. 2.—6. Jahrg. 1875—1879 à Jahrg. 12 Nrn. (à 1—2 Bog.) gr. 4. Berlin, Rahn. à Jahrg. *

—— für Schornsteinfegerwesen. Monatsschrift für die Gesammtinteressen der Schornsteinfeger des Deutschen Reichs. Redact.: G. B. C. Rahn. 7.—11. Jahrg. 1880—1884. à Jahrg. 12 Nrn. (à Nr. 1—2 Bog.) gr. 4. Berlin, Rahn. à Jahrg. *

— für Schornsteinfegerwesen. Monatsschrift f. die Gesammtinteressen der Schornsteinfeger d. Deutschen Reichs. Red.: G. B. C. Rahn. 10—13. Jahrg. 1883—1886. à 12 Nrn. (à 1—2 B.) gr. 4. Berlin, (Rahn). à Jahrg. n. 6.—

— für Schornsteinfegerwesen. Zeitschrift f. die Gesammtinteressen der Schornsteinfeger d. Deutschen Reichs. Red.: G. B. C. Rahn. 14.—17. Jahrg. 1887—1890. à 24 Nr. (B.) gr. 4. Berlin, (Rahn). à Jahrg. n. 6.—; m. der Unterhaltungs-Beilage: „Der schwarze Kehrkönig" u. der monatl. Gratis-Beilage: „Mode u. Heim". n. 8.—

— für Schornsteinfegerwesen. Zeitschrift f. die Gesammtinteressen der Schornsteinfeger d. Deutschen Reiches. Offizielles Publikationsorgan der Berufsgenossenschaft der Schornsteinfegermeister d. Deutschen Reiches. Red.: G. B. C. Rahn. 18.—21. Jahrg. 1891—1894. à 24 Nrn. (Bog.) gr. 4. Berlin, (G. B. C. Rahn). à Jahrg. n. 6.—; m. der Unterhaltungsbeilage: „Der schwarze Kehrkönig" (26 Nrn.) u. der monatl. Gratisbeilage: „Mode u. Heim" n. 8.—

— für Schornsteinfegerwesen. Zeitschrift f. die Gesammtinteressen d. Schornsteinfeger d. Deutschen Reichs. Offizielles Publikationsorgan d. Berufsgenossenschaft der Schornsteinfegermeister d. Deutschen Reichs. Red.: Paul Rahn. 22.—25. Jahrg. 1895—1898. à 24 Nrn. (Bog.) gr. 4. Berlin (G. B. C. Rahn). à Jahrg. n. 6.—; m. d. Unterhaltungsbeilage: „Der schwarze Kehrkönig" (je 26 Nrn.) u. d. monatl. Gratis-Beilage: „Mode u. Heim" à Jahrg. n. 8.—

Kann auch halbjährlich, ohne Beilagen auch vierteljährlich bezogen werden.

— für Schornsteinfegerwesen. Zeitschrift f. die Gesammtinteressen der Schornsteinfeger des Deutschen Reichs. (Eigenthum des Zentral-Innungs-Verbandes d. Schornsteinfegermeister des Deutschen Reichs.) Offizielles Publikationsorgan der Berufsgenossenschaft der Schornsteinfegermeister des Deutschen Reichs. Schriftleiter: Paul Rahn. 26.—29. Jahrg. 1899—1902. à 24 Nrn. gr. 4. (à ca. 16 S.) Berlin (G. B. C. Rahn). à Jahrg. n. 6.—; m. der Unterhaltungsbeilage: „Der schwarze Kehrkönig" u. „Zick-Zack" (24 Nrn.) u. der monatl. Gratis-Beilage: „Mode u. Heim". à Jahrg. n. 8.—

— f. Schornsteinfegerwesen. Zeitschrift f. die Gesamtinteressen der Schornsteinfeger des Deutschen Reichs. (Eigentum des Zentral-Innungs-Verbandes der Schornsteinfegermeister des Deutschen Reichs.) Offizielles Publikationsorgan der Berufsgenossenschaft der Schornsteinfegermeister des Deutschen Reichs. Schriftleiter: Paul Rahn. 30.—33. Jahrg. 1903—1906. à 24 Nrn. (403, 450, 438 u. 457 S.) gr. 4. Berlin, (G. B. C. Rahn). à Jhrg. n. 6.—; m. der Unterhaltungsbeilage: „Der schwarze Kehrkönig" u. „Zick-Zack" (24 Nrn.) u. der monatl. Gratis-Beilage: „Mode u. Heim". à Jhrg. 8.—

— für Schornsteinfegerwesen. Zeitschrift f. die Gesamtinteressen der Schornsteinfeger d. Deutschen Reiches. (Eigentum des Zentral-Innungs-Verbandes der Schornsteinfegermeister des Deutschen Reiches.) (Offizielles Publikationsorgan der Berufsgenossenschaft der Schornsteinfegermeister des Deutschen Reiches.) Schriftleiter: Alfr. Hartisch. 34.—37. Jahrg. 1907—1910. à 24 Nrn. (414, 440, 436 u. 362 S.) 31×23 cm. Berlin (S.W. 11, Luckenwalderstr. 11), R. F. Funcke. à Jahrg. 6.—, m. der Unterhaltungsbeilage: „Der schwarze Kehrkönig" u. „Zick-Zack" (26 Nrn.) u. der monatl. Gratis-Beilage: „Mode u. Heim". à Jahrg. 8.—

— für Schützenwesen u. Jägerei. Zeitschrift zur Unterhaltg. u. Belehrg. f. Schützen u. Jagdliebhaber. Hrsg. v. A. Retemeyer. 1. Bd. (Jahrg. 1871.) 12 Hfte. (3 B.) hoch 4 Berlin, Retemeyer. n. 5. —

— dasselbe. 2. u. 3. Bd. (1872 u. 1873) à 12 Hfte. (à 2—3 B.) hoch 4. Ebend. à Jahrg. n. 6. —

— dasselbe. 4. Bd. 1874. 12 Hfte. (à 2—3 B.) hoch 4. Leipzig, C. A. Koch. n. 6. —

— dasselbe. Zeitschrift zur Unterhaltg. u. Belehrg. f. Jagdfreunde u. Schützen. Begründet v. A. Retemeyer, fortgesetzt v. W. H. Nitzsche. 5. Bd. 1875. 24 Nrn. (B. m. eingedr. Holzschn.) gr. 4. Leipzig, Schmidt & Günther n. 6. —

—— für Schützenwesen und Jägerei. Zeitschrift zur Unterhaltung und Belehrung für Jagdfreunde und Schützen. Begründet von A. Retemeyer, fortgesetzt von W. H. Nitzsche. 6. Bd. 1876. 24 Nrn. (Bog. mit eingedr. Holzschn.) gr. 4. Leipzig, Schmidt und Günther. *
Nicht weiter erschienen.

— des Breslauer Stenographen-Vereins [System Neu-Stolze]. Red.: J. Brass. 3. Jahrg. Novbr. 1885 —Octbr. 1886. 12 Nrn. (½ autogr. B.) gr. 8. Breslau, Zimmer. n. 1. 50

— des Breslauer Stenographen-Vereins [System Neu-Stolze]. Red.: E. v. Rieson. 4. Jahrg. Novbr. 1886—Octbr. 1887. 12 Nrn. (½ autogr. B.) gr. 8. Breslau, (Zimmer). n. 1. 50
Erschien nicht weiter.

—— des breslauer Stenographen-Vereins (System Neu-Stolze). Redact.: J. Brass. 7.—10. Jahrg. Novbr. 1889—Octbr. 1893. à Jahrg. 12 Nrn. (à Nr. ½ autogr. Bog.) gr. 8. Bresl., Zimmer. à Jahrg. * 1 50

—— der Taubstummen- und Blinden-Anstalten in Deutschland und den deutschredenden Nachbarländern. Redakt.: Matthias. 1. und 2. Jahrg. 1855 und 1856. à Jahrg. 12 Nrn. (Bog.) gr. 8. Friedberg, Bindernagel's Buchh. à Jahrg. *

Organ der Taubstummen- und Blinden-Anstalten in Deutschland und den deutschredenden Nachbarländern. Redig. von Matthias. 3—7. Jahrg. 1857—61. à Jahrg. 12 Nrn (Bog.) gr. 8. Friedberg, Bindernagel und Schimpff. à Jahrg. *

—— der Taubstummen- und Blinden-Anstalten in Deutschland und den deutschredenden Nachbarländern. Redact.: Matthias. 8.—13. Jahrg. 1862—67. à Jahrg. 12 Nrn. (Bog.) gr. 8. Friedberg, Bindernagel und Schimpff. *

—— der Taubstummen- und Blindenanstalten in Deutschland und den deutschredenden Nachbarländern. Redact.: Matthias. 14. Jahrg. 1868. 12 Nrn. (Bog.) gr. 8. Friedberg, Bindernagel und Schimpff. *

—— der Taubstummen- und Blindenanstalten in Deutschland und den deutsch-redenden Nachbarländern. [Organ des Blinden-Lehrer-Congresses.] Redact.: Matthias. 15.—25. Jahrg. 1869—1879. à Jahrg. 12 Nrn. (Bog.) gr. 8. Friedberg, (Bindernagel.) Jahrg. 1869—1872 à * Jahrg. 1873—1876 à * ℳ 4.; Jahrg. 1877—1879 à *

—— der Taubstummen- und Blindenanstalten in Deutschland und den deutschredenden Nachbarländern. [Organ des Blinden-Lehrer-Congresses und des Vereins zur Förderung der Blinden-Bildung.] Redact.: Matthias. 26. Jahrg. 1880. 12 Nrn. (à Nr. 1—2 Bog.) gr. 8. Friedberg, (Bindernagel.) *

—— der Taubstummen-Anstalten in Deutschland und den deutschredenden Nachbarländern. [Begründet von Matthias.] Im Verein mit K. Berndt, W. Hirzel und E. Walther hrsg. von J. Vatter. 27.—30. Jahrg. 1881—1884. à Jahrg. 12 Nrn. (Bog.) gr. 8. Ebendas. à Jahrg. *

—— der Taubstummen-Anstalten in Deutschland und den deutschredenden Nachbarländern. [Begründet von Matthias.] Im Verein mit K. Berndt, W. Hirzel und E. Walther hrsg. von J. Vatter. 31.—33. Jahrg. 1885—1887. à Jahrg. 12 Nrn. (Bog.) gr. 8. Friedberg, (Bindernagel.) à Jahrg. *

—— dass. — 34. Jahrg. 1888. 12 Nrn. (à Nr. 2—2½ Bog.) gr. 8. (Ebendas.) *

—— der Taubstummen-Anstalten in Deutschland u. den deutschredenden Nachbarländern. [Begründet v. Matthias.] Im Verein m. K. Berndt, W. Hirzel u. C. Renz hrsg. v. J. Vatter. 35.—38. Jahrg. 1889—1892. à Jahrg. 12 Nrn. (à Nr. 2½ Bog.) gr. 8. Friedberg, Bindernagel. 35. u. 36. Jahrg. à * 6 —; 37. u. 38. Jahrg. à * 7 —

— der Taubstummen-Anstalten in Deutschland u. den deutschredenden Nachbarländern. [Begründet v. Matthias.] Im Verein m. K. Berndt, W. Hirzel u. C. Renz hrsg. v. J. Vatter. 37.—40. Jahrg. 1891—1894. à 12 Hfte. (à ca. 2½ Bog.) gr. 8. Friedberg, C. Bindernagel. à Jahrg. n. 7. —

Organ d. Taubstummen-Anstalten in Deutschland u. d. deutschredenden Nachbarländern. [Begründet v. Matthias.] Im Verein m. K. Berndt, W. Hirzel u. K. Finckh hrsg. v. J. Vatter. 41.—44. Jahrg. 1895 —1898. à 12 Hfte. (à 2 Bog.) gr. 8. Friedberg, C. Bindernagel. à Jahrg. n. 7. —

— der Taubstummen-Anstalten in Deutschland u. den deutschredenden Nachbarländern. (Begründet v. Matthias.) Im Verein m. W. Hirzel u. K. Finckh hrsg. v. J. Vatter. 45. u. 46. Jahrg. 1899 u. 1900. à 12 Hfte. gr. 8. (V, 376 u. IV, 382 S.) Friedberg, C. Bindernagel. à Jahrg. n. 7. —

— dasselbe. Verantwortlich: J. Vatter. 47. u. 48. Jahrg. 1901 u. 1902. à 12 Hfte. gr. 8. (IV, 380 u. V, 383 S.) Ebd. à Jahrg. n. 8. —

— der Taubstummen-Anstalten in Deutschland u. den deutschredenden Nachbarländern. (Begründet v. Matthias.) Im Verein m. W. Hirzel, K. Finckh u. a. hrsg. v. J. Vatter. Verantwortlich: J. Vatter. 49.—52. Jahrg. 1903—1906. à 12 Hefte. (à Jhrg. VIII, 384 S.) gr. 8. Friedberg, C. Bindernagel. à Jhrg. 8. —

— der Taubstummen-Anstalten in Deutschland u. den deutschredenden Nachbarländern. (Begründet v. Matthias.) Im Verein m. W. Hirzel, K. Finckh, H. Hoffmann u. K. Kroiss hrsg. v. J. Vatter. Verantwortlich: J. Vatter. 53.—56. Jahrg. 1907—1910. à 12 Hefte. (à Jahrg. VIII, 384 S.) gr. 8. Friedberg, C. Bindernagel. à Jahrg. 8. —

— für kirchliche Tonkunst. Red.: Ortlieb. 1. Jahrg. 1852. 12 Nrn. 4. (Bog.) Stuttgart, Zum Haydn. 18 ngr

— für kirchliche Tonkunst. Red.: Ortlieb. 2. u. 3. Jahrg. 1853 u. 54. à 12 Nrn. (à 1 Bgn.). Stuttgart, Zum Haydn. 4. Jeder Jahrg. 18 ngr

— — 4—6. Jahrg. 1855—57. à 12 Nrn. (à 1 Bgn.). Schw. Gmünd, Schmid. 4. Jeder Jahrg. n. 18 ngr

Organ des Gegenseitigen Unterstützungs-Vereins. Chicago, IL Monthly Benevolent.

Organ des Vereins deutscher Forstleute in Böhmen mit dem Sitze in Eger · Marienbad. H. 1 2. 1896. - (M n. ersch.)

— des Vereins für christliche Kunst im apostolischen Vikariate Luxemburg. 1. Heft. Jahrg. 1861. Luxemburg 862. (Brück.) gr. 8. (100 S. u. 2 lith. Taf.) 18 ngr

— — 2. Heft. Jahrg. 1862. Ebend. 863. gr. 8. (104 S. u. 4 lith. Taf. in 8. u. 4.) 15 ngr

— des Vereins für christliche Kunst im apostolischen Vikariate Luxemburg. 3—6. Heft. Jahrg. 1864—68. Luxemburg, (Brück.) gr. 8. [3. Heft. (128 S. mit 4 Steintaff. gr. 8. u. 4.) 864., 4. Heft. (87 S. mit 1 Steintaf.) 865., 5. Heft. (87 S. mit 2 Steintaff.) 867., 6. Heft. (69 S. mit 2 Steintaff. in qu. gr. Fol.) 867., 7. Heft. (68 S. mit 3 Steintaff.) 867., 8. Heft. (64 S. mit 2 Steintaff. in 4. u. Fol.) 868.] Jedes Heft 15 ngr

— des Vereins f. christliche Kunst im apostolischen Vicariate Luxemburg. 9. Hft. Jahrg. 1869. gr. 4. (78 S. m. 1 Chromolith.) Luxemburg 870. (Brück.) 1. 50

Organ des Vereines gegen Mißhandlung der Thiere im Erzherzogthume Oesterreich ob der Enns und im Herzogthume Salzburg. I. Jahrgang. Herausgeber: Der Ausschuß des Vereines. Verantwortl. Redakteur: Ad. Ludw. Graf v. Barth-Barthenheim. Druck von Friedr. Eurich's Wwe. 8. Monatlich einmal. 24 und 36 kr. jährlich. Linz 1855

Organ des Vereines gegen Mißhandlung der Thiere im Erzherzogthume Oesterreich ob der Enns u. im Herzogthum Salzburg. 3ter Jahrg. 1857. Linz. Verantw. Redakteur: Adolf Ludw. Graf v. Barth-Barthenheim. Herausgeber: Der Ausschuß des Vereines. Druck von Friedrich Eurichs Witwe. 8. Erscheint monatlich ein Bogen. Nr. 1—3.

Organ des Vereines gegen Mißhandlung der Thiere im Erzherzogthume Oesterreich ob der Enns und im Herzogthume Salzburg. 3ter Jahrgang. 1857. Linz. Verantwortl. Redakteur: Adolf Ludwig Graf v. Barth. Barthenheim. Herausgeber: Der Ausschuß des Vereines. Druck von Friedrich Eurich's Witwe. Nr. 4—8. (Vgl. 383.)

Inhalt: Nr. 4. Ueber das Wirkln unseres Vereines. (Nr. 5—8.) — Beziehungen der Molusken zu dem übrigen Thierreiche. — Beziehungen der Molusken zur unorganischen oder todten Natur. — Spezielle Eigenthümlichkeiten der Naturbeschaffenheit der Weichthiere. — Ueber das Wirken unserer Bruder-Vereine. (Nr. 5—7.) — Nr. 5. Konchyliologische Terminologie und Geschichte der Konchyliologie. — Pflanzenthiere. Nr. 6. — Der Thierschutz in seinen Beziehungen zur Naturgeschichte. — Nr. 7. Ueber die Zähmung und Verwendung der Thiere im Haushalte des Menschen. Von Eduard Thiel. — Ueber die Mißhandlung der Thiere beim Schlachten. Von Dr. Koschate. — Wie hat sich ein Vereinsmitglied gegenüber den vorkommenden Thierquälereien zu verhalten. Von Eduard Thiel. — Nr. 8. Etwas über Thierquälerei aus wissenschaftlichem Eifer und aus Aberglauben. — Das Heimweh der Thiere.

Organ des Vereines gegen Misshandlung der Thiere im Erzherzogth. Oesterr. ob der Enns u. im Herzogth. Salzburg. IV. Jahrg. Herausg. *Der Ausschuss des Vereines.* Verantw. Red. *Adolph Ludw. Graf v. Barth-Barthenheim.* Druck von *Friedr. Evrich's Wtwe.*
Erscheinen in **Linz**, monatl. 1 Bg. in 8°. Prän.-Pr. jährl. 1 fl. — pr. Post 1 fl. 20 kr.

Organ des Vereins für Rübenzucker-Industrie in der oesterreichisch-ungarischen Monarchie. Zeitschrift für Landwirthschaft und technische Fortschritt der landwirthschaftliche Gewerbe, vorzugsweise für Rübenzucker-Industrie. Redigirt von Otto Kohlrausch. 25 vols., 4to. Wien, 1863–'87.

—— des Vereins für Rübenzucker-Industrie in der oesterreichisch-ungarischen Monarchie. Zeitschrift für Landwirthschaft und techn. Fortschritt der landwirthschaftl. Gewerbe, vorzugsweise für Rübenzucker-Industrie. Redig. von Otto Kohlrausch. 10. Jahrg. 1872. 52 Nrn. hoch 4. (à Nr. 36 S.) Mit Beilagen. Wien, Faesy und Frick. *

—— dass. — [Mit Beilage: „Der Marktbericht." gr. 4. 52 Nrn.] 11. und 12. Jahrg. 1873 und 1874. à Jahrg. 12 Hefte. Lex.-8. (à Heft ca. 110 S. mit Stnt. in Fol. und gr. Fol.) Ebendas. 1873. *
1874. *

Fortsetzung u. d. T.: Organ des Zentralvereins für Rübenzucker-Industrie ...

— des schlesischen katholischen Vereins. (Abdr. aus dem schles. Kirchenblatt.) Hrsg.: Herm. Welz. 1 u. 2. Jahrg. 1849 u. 1850. à 52 Nrn. gr. 4. (1/2 Bog.) Breslau, G. P. Aderholz. à n. 2/3 ₰

— des Vereins katholischer Schullehrer in Bayern zur Hebung u. Kräftigung religiös-sittlicher Erziehung. Ein pädagogisches Blatt f. alle Schul- u. Jugendfreunde insbesondere f. Geistliche u. Lehrer. Red.: Lorenz. 1—4. Jahrg. 1849—1852. à 24 Nrn. gr. 8. (1/2 B.) Augsburg, Kollmann. à n. n. 12 ngr

— des Vereins katholischer Schullehrer in Bayern zur Hebung und Kräftigung religiös-sittlicher Erziehung. Ein pädagog. Blatt für alle Schul- u. Jugendfreunde, insbesondere für Geistliche u. Lehrer. Red.: H. Lorenz. 5—10. Jahrg. 1853—58. à 24 Nrn. (à 1/2 Bgn.). Augsburg, Kollmann. 8. Jeder Jahrg. n. 12 ngr

—— des Stenographischen-Vereins für Mecklenburg. Red.-Comm.: A. Kliefoth, C. Bröcker. 1—3. Jahrg. 1859 —1861. à Jahrg. 12 Nrn. (1/2 lithogr. Bog.) 8. Schwerin (Hildebrand.) à Jahrg. Thlr. **

— des Stenographischen Vereins für Mecklenburg und des norddeutschen Stenographen-Bundes. Redact.-Commission: A. Kliefoth, C. Bröcker. 4. Jahrg. 1862. 12 Nrn. (lithogr. Bog.) 8. Schwerin, (Hildebrand.) *

Organ des Stenographischen Vereins für Mecklenburg und des norddeutschen Stenographen-Bundes. Redact.-Commission: A. Kliefoth, C. Bröcker. 5.—9. Jahrg. 1863—67. à Jahrg. 12 Nrn. (lithogr. Bog.) 8. Parchim, (Wehdemann.) à Jahrg. *

Organ des Wiener miltär-wissenschaftlichen Vereins (10ff.: der Militar-wissenschaftlichen Vereine). Hrsg. v Vereins-Ausschusse. Bd 1–73. Wien: C. Gerold's Sohn in Comm. (4ff Verl. d. militärwiss. Ver.) 1870–1906. 73 Bde 8°
1 1870 2 3. 1871 3. 4. 1872 u. s. f. bis 72 73. 1906.
Forts. in Streffleurs militärische Zeitschrift. 1907 [07. 6705

— des Wiener militär-wissenschaftlichen Vereins. Horsg. vom Vereins-Ausschusse. 1. Bd. 4 Hefte. Wien. 870. (Gerold's Sohn.) gr. 8. (1. Heft. 99 S. mit 5 Steintaff. in gr. 8. u. qu. Fol.) n. 3 ₰ 10 ngr

— des Wiener militär-wissenschaftlichen Vereins. Hrsg. vom Vereins-Ausschusse. 2. Bd. 1871. 4 Hfte. gr. 8. (à Hft. 80 S. m. 2 Tab. in Fol. u. chromolith. Karte in Imp.-Fol.) Wien, Gerold's Sohn in Comm. n. 10. –

— dasselbe. 4—11. Bd. od. Jahrg 1872—1876 à 8—12 Hfte. gr. 8. (à Hft. XVI, 116 S. m. Steintaf. in gr. u. Imp.-Fol.) Ebend. à Jahrg. n. 16. —

— der militär-wissenschaftlichen Vereine, Fortsetzg., s.a. Streffleur's österreich. militär. Zeitschrift.

—— der militär-wissenschaftlichen Vereine. Hrsg. vom Ausschusse des militär-wissenschaftl. Vereines in Wien. 10. und 11. Bd. 1875. 8—12 Hefte. gr. 8. (à Heft ca. 100 S.) Wien, (v. Waldheim.) *

Organ der militär-wissenschaftlichen Vereine. Hrsg. vom Ausschusse des militär-wissenschaftl. Vereines in Wien. 12.—19. Bd. 1876—1879. à Jahrg. 8—12 Hefte. gr. 8. (à Heft ca. 100 S. mit Stnt.) Wien, (v. Waldheim.) à Jahrg. *

—— dass. — Inhalts-Verzeichniss zu den Jahrgängen 1870—1879 [Bd. I—XIX]. Nebst einem Abriss der Geschichte des Organs. Von C. Duncker. gr. 8. (X, 85 S.) Wien 879, (Seidel und Sohn.) *

— dasselbe. 20—25. Bd. Jahrg. 1880—1882. à 8—12 Hfte. gr. 8. (à Hft. ca. 86 u. XVI S. m. Steintaf.) Ebend. à Jahrg. n. 20. —

— dasselbe. II. Inhalts-Verzeichniss zu den Jahrgängen 1880—1884. [Bde. XX—XXIX.] Von C. Duncker. gr. 8. (V, 60 S.) Wien 885. (Seidel & Sohn.) n. 1. —

— der militär-wissenschaftlichen Vereine. Hrsg. vom Ausschusse d. militärwissenschaftl. Vereines in Wien. 26—33 Bd. Jahrg. 1883—1886. à 8—12 Hfte. gr. 8. (26. Bd. 1. Hft. 148 u. XXIV S. m. 4 Steintaf.) Wien, (v. Waldheim). à Jahrg. n. 20. —

— der militär-wissenschaftlichen Vereine. Hrsg. v. Ausschusse des militär-wissenschaftl. Vereines in Wien. 34.—41. Bd. Jahrg. 1887—1890. à 8—12 Hfte. gr. 8. à Hft. ca. 110 S. m. Steintaf. Wien, (v. Waldheim). à Jahrg. n. 20. —

— der militär-wissenschaftlichen Vereine. Hrsg. vom Ausschusse des militär-wissenschaftl. Vereines in Wien. 42.-49. Bd. Jahrg. 1891—1894. In Hftn. (à ca. 5 Bog.) gr. 8. Wien, (R. v. Waldheim). à Jahrg. n. 20. —
42. u. 43. Bd. = 1891. 6 u. 5 Hfte. — 44. u. 45. Bd. = 1892. 6 u. 5 Hfte. — 46 u. 47. Bd. = 1893. 7 u. 4 Hfte. — 48. u. 49. Bd. = 1894. 7 u. 5 Hfte.

— d. militär-wissenschaftlichen Vereine. Hrsg. v. Ausschusse des militär-wissenschaftl. Vereines in Wien. 50.—57. Bd. Jahrg. 1895—1898. à 8—14 Hfte. (à ca. 4 Bog.) gr. 8. Wien (R. v. Waldheim). à Jahrg. n. 20. —

— der militär-wissenschaftlichen Vereine. Hrsg. vom Ausschusse des militär-wissenschaftl. Vereines in Wien. 58.—65. Bd. Jahrg. 1899—1902. gr. 8. Wien, Mayer & Co. à Jahrg. n. 20. —
1899. (11 Hfte.) (745 u. 591 S. m. 3 bezw. 12 Taf. — 1900. (9 Hfte.) (562 u. 564 S. m. 9 bezw. 4 Taf.) — 1901. (9 Hfte.) (789 u. 531 S. m. 5 bezw. 3 Taf.) — 1902. (10 Hfte.) (649 u. 792 S. m. 5 bezw. 8 Taf.)

— der militär-wissenschaftlichen Vereine. Hrsg. vom Ausschusse des militär-wissenschaftl. Vereines in Wien. 66.—69. Bd. Jahrg 1903 u. 1904. à 10 Hefte. (64. Bd. 1. Hft. 69 u. XVIII S. m. 1 Taf.) gr. 8. Wien, Mayer & Co. à Jhrg. 20. —

— dasselbe. [Mit Beilage: „Der Marktbericht". gr. 8. 52 Nrn.] 12—14. Jahrg. 1874—1876 à 12 Hfte. Lex.-8. (à Hft. 112 S. m. 2 Steintaf. in Fol. u. gr. Fol.) Ebend. à Jahrg. n. 24. —

— für das gesammte deutsche Volksschriftenwesen. Herausgeg. vom Vereine zur Hebung u. Förderung d. norddeutschen Volksliteratur. Unter besond. Bearb. v. J. Gersdorf u. Otto Rupplus. Jahrg. 1846. 12 Hfte. gr. 8. Berlin 845, A. Rieß Sep.-Conto. n. $1^{1}/_{3}$ ₰

— f. d. Windthorstbund. Hrsg. u. Red.: Heinr. Fehrenberg. 1. Jahrg. Decbr. 1896—Decbr. 1897. 26 Nrn. (144 S.) gr. 4. Essen (Fredebeul & Koenen). 1.80

— dasselbe. 2. Jahrg. 1898. 24 Nrn. (Bog.) gr. 4. Ebd. 2. —

— für den Windthorstbund. Hrsg.: Heinr. Fehrenberg. Red.: Rich. Laven. 3. Jahrg. 1899. 26 Nrn. gr. 4. (à ca. 8 S.) Essen (Fredebeul & Koenen). n. 2. —

Organ des Central-Bureau für Theater (in Leipzig). Red.: Rob. Schröter. Jahrg. 1853. 52 Nrn. (à $^{1}/_{2}$ Bgn.). Leipzig. (Hunger.) Fol. n. 4 ₰.

—— des Centralvereins für Naturheilkunde in Sachsen. Hrsg. von Herm. Canitz. Jahrg. 1878. 12 Nrn. (à $^{1}/_{2}$ Bog.) gr. 8. Dresden. Berlin, (Grieben.) *

—— dass. — 2. Jahrg. 1874. 12 Nrn. (à $^{1}/_{2}$ Bog.) gr. 8. Chemnitz, Friese. *

—— des Centralvereins für Naturheilkunde in Sachsen. Hrsg. von Herm. Canitz. 3.—5. Jahrg. 1875—1877. à Jahrg. 12 Nrn. (à $^{1}/_{2}$ Bog.) gr. 8. Chemnitz, (Friese's Buchh.) à Jahrg. *
Die Fortsetzung erschien u. d. T.: Zeitschrift des Stammvereins für volksverständliche Gesundheitspflege.

—— des Central-Vereins für Rübenzucker-Industrie in der oesterreichisch-ungarischen Monarchie. Zeitschrift für Landwirthschaft und techn. Fortschritt der landwirthschaftl. Gewerbe, vorzugsweise für Rübenzucker-Industrie. Redig. von Otto Kohlrausch. [Mit Beilagen: „Der Marktbericht". gr. 4. 52 Nrn. und „Der Rathgeber in Feld, Stall und Haus". gr. 8. 12 Nrn.] 13. Jahrg. Neue Folge. 4. Jahrg. 1875. 12 Hefte. Lex.-8. (à Heft ca. 80 S. mit 1 Holzschntaf. in qu. Fol.) Wien, (Faesy und Frick.) *

—— des Centralvereins für Rübenzucker-Industrie in der österreichisch-ungarischen Monarchie. Zeitschrift für Landwirthschaft und techn. Fortschritt der landwirthschaftl. Gewerbe. Redig. von Otto Kohlrausch. 18.—22. Jahrg. Neue Folge. 9.—13. Jahrg. 1880—1884. à Jahrg. 12 Hefte. Lex.-8. (à Heft ca. 80 S. mit eingedr. Holzschn. und Stnt.) Nebst Gratis-Beilagen: „Der Marktbericht". Redig. von A. Achleitner. 52 Nrn. (à Nr. $^{1}/_{2}$—$^{3}/_{4}$ Bog.) Imp.-4. und „Biedermann's Ratgeber in Feld, Stall und Haus". 12 Nrn. (Bog.) gr. 8. Wien, (Frick.) à Jahrg. *
Vorher u. d. T.: Organ des Vereins Rüben-Zucker-Industrie ...

—— dass. — Zeitschrift für Landwirthschaft und techn. Fortschritt der landwirthschaftl. Gewerbe. Redig. von Otto Kohlrausch. 14.—17. Jahrg. Neue Folge 5.—8. Jahrg. 1876—1879. à Jahrg. 12 Hefte. Lex.-8. (à Heft ca. 72 S. mit Stnt. in Imp.-Fol.) Nebst Gratis-Beilagen: „Der Marktbericht“. Redig. von A. Achleitner. 52 Nrn. (à 1/2—3/4 Bog.) Imp.-4. und „Der Rathgeber in Feld, Stall und Haus“. 12 Nrn. gr. 8. (Ebendas.) à Jahrg. *

— des Centralvereins f. Rübenzucker-Industrie in der österreichisch-ungarischen Monarchie. Zeitschrift f. Landwirthschaft u. techn. Fortschritt der landwirthschaftl. Gewerbe. Red. v. Otto Kohlrausch. 21—24. Jahrg. Neue Folge. 12—15. Jahrg. 1883—1886. à 12 Hfte. Lex.-8. (à Hft. ca. 98 S. m. eingedr. Holzschn. u. Steintaf.) Nebst Gratis-Beilagen: „Der Marktbericht“. Red. v. A. Achleitner. 52 Nrn. (à 1/2—3/4 B.) Imp.-4. u. „Biedermann's Ratgeber in Feld, Stall u. Haus“. 12 Nrn. (B.) gr 8. Wien, (Frick). à Jahrg. n. 24. —

— des Centralvereins f. Rübenzucker-Industrie in der österreichisch-ungarischen Monarchie. Zeitschrift f. Landwirthschaft u. techn. Fortschritt der landwirthschaftl. Gewerbe. Red. v. O. Kohlrausch. 25. Jahrg. Neue Folge. 16. Jahrg. 1887. 12 Hfte. Lex.-8. (1. Hft. 96 S. m. eingedr. Holzschn. u. 1 Steintaf.) Nebst Gratis-Beilagen: „Der Marktbericht“. Red. v. A. Achleitner. 52 Nrn. (à 1/2—3/4 B.) Imp.-4. u. „Biedermann's Ratgeber in Feld, Stall u. Haus“. 12 Nrn. (B.) gr. 8. Wien, (Frick). n. 24. —
Fortsetzg.: s.: Zeitschrift, österreich.-ungar., f. Zucker-Industrie u. Landwirthschaft.

[Umschlagt.] Berliner Gewerbe-Ausstellung 1896. Organo der Ausstellung. Hrsg. am 1. Jan. 1896. (Berlin: [Dr. v.] O. v. Holten 1896.) (1 Bl., 52 S.) 1 Bd 8. [97. 7196]

Organe des Gehirns, die,. Lustsp. in 5 Akten v. Kotzebue. 8. Leipz. Kummer. 806.

Die protest. Organe gegenüber der kath. Kirche Heft 1 Beleuchtung der Äußerungen des Predigers K. A. O. Tornwald von Fr W. Landmeier. Marienburg, Dormann, 1845, gr 8°. 2. verb. Aufl., 75 Pf.
Rec. Neue Sion 1846, S. 126.

„Organik der Volkswissenschaft“; 1 „Die wahre Gemeinde-Verfassung auf Grund der Statik und Dynamik des Landbaues“, von F. A. E. Schachtmeyer, Berlin 1847. — Vorh.. Com. Bibl. Hamburg.

Organisation. Mitteilungen für Industrie, Handel u. Behörden. Oos: Stolzenberg 1898. 8°

Organisation. Fachblatt der leit. Männer in Handel u. Industrie. Red.: M. Koch. 5.—8. Jahrg. 1903—1906. à 24 Nrn. (à ca. 16 S.) Lex.-8. Berlin, H. Th. Hoffmann. à Jhrg. n. 5.—

Organisation. Fachblatt der leit. Männer in Handel u. Industrie. Hrsg. unter Mitarbeiterschaft hervorrag. Fachmänner aus der Praxis. Red.: Johs. Ullrich. 12. Jahrg. 1910. 24 Nrn. (à ca. 28 S.) Lex. 8. Berlin, H. Th. Hoffmann. 9.—; halbj. 5. —

Organisation der militär-ärztlichen Applicationsschule. (Zu Praes. Nr. 5147 vom Jahre 1900 — Normal-Verordnungsblatt für das k. u. k. Heer, 32. Stück.) [Wien 1900 Hof- und Staatsdruckerei.] Lex.-8°. 4 S. K —.06

Organisation der Arbeit? (Wohin führt die sogenannte) gr.-8°. Leipzig, Jurany, 1848.

Organisation der Armee. Botschaft des Bundesrates an die Bundesversammlung. (Neue Truppenordnung.) Vom 3. Juni 1910. [Mit 77 Tabellen und 1 Karte. SA. aus. Schweizerisches Bundesblatt, Jahrg. 62, N° 24.] II + 113 + III S. 8. ([Bern, Stämpfli & Cie.,] 1910.)

Organisation de l'armée. Message du Conseil fédéral à l'Assemblée fédérale. ⟨Du 3 juin 1910.⟩ [Avec 76 tableaux et 1 carte. Extrait de la Feuille fédérale suisse, 62e année, N° 25.] II + 113 + IV p. 8. ([Berne, C.-J Wyss,] 1910.)

Organisation, die, der Armee des norddeutschen Bundes, ihre Dislocation und einige Notizen über die Armeen Süd-Deutschlands. Von E. O. gr. 8. (31 S.) Berlin 868, Schropp'sche Landkartenh.

Organisation der b. d. eidgenöss. Armee errichteten bewegl. Feldspitäler od. Ambulances. (O. J.)

Organisation der Kaiserl Französischen Armee. 8. Berlin 1853.

—— die, der österreichisch-ungarischen Armee einschließlich der Landwehren. Nebst einer Skizze der Armee-Organisation in Rußland, in der Türkei, den Donau-Fürstenthümern, Serbien und Griechenland. Von Ob.-Lieut. H. B. v. S. 8. (VI, 105 S.) Teschen 878, Prochaska. *

Organisation der k. k. Armee-Schiess-Schule. (N. V. Bl. für das k. k. Heer 41. Stück ex 1886.) 4. (Wien 1886.)

Organisation des Artillerie-Equitations-Institutes vom 18. Mai 1851. Fol. 1851.

(**Organisation** der Artillerieschule zu Marieberg. Stockholm 1838.) 8°

— u. Aufnahmsbedingungen der k. k. Offizierstöchter-Erziehungs-Institute zu Hernals u. zu Oedenburg. 8. (22 S. m. 1 Tab.) Wien 878. Seidel & Sohn. n. — 40

Organisation, die, des Polnischen Aufstandes. Nach einer poln. Orig.-Instruktion: „Ueber den Parteigängerkrieg“ ins Deutsche übertragen für Zeitungsleser, Wehrvereine xc. gr. 8. (23 S.) Elberfeld 863, Bädeker'sche Buchh.

— die, des polnischen Aufstandes 1863 u. 1864. Bearb. nach officiellen Quellen. Berlin 868. Bernstein. gr. 8. (38 S.) n. 10 ngr.

Organisation und Ausbildung der Kavallerie für den modernen Krieg von [Eugen] v. Bernhardi, Gen.Lt. Vortrag geh. in d. Militär Gesellsch. zu Berlin 1907 Berlin: E. S. Mittler & Sohn 1907 (68 S.) 8° [07. 14804]
s. Bernhardi, Friedrich

Organisation f. das Großherzogth. Baden, enth. das General-Rescript v. 26. Nov. 1809, nebst dessen Beilagen. gr. 8. Karlsr. 809. R. A. 813. Müller. 20 Kr.

Organisation des Baudienstes bei der Schweizerischen Centralbahn. Basel 1854—56. V: *Etzel*, *Carl v.* (Ky)

Organisation des Baudienstes bei der Schweizerischen Centralbahn. (Von C. v. Etzel.) (1. Bd.) Basel 854. Schweighauser'sche Verlhdlg. Fol. (2 Bl., 82 S., 5 Bl. Formulare u. 31 lith. Taf.) n. 6 rf. 20 ngr.

— — 2. Bd. Oberbau. Ebend. 856. Fol. (2 Bl., 36 S. u. 25 lith. Taf.) n. 4 rf. 20 ngr.

Organisation (1880 ff.: **Geschäfts-Plan**) des Königlichen Landgerichts Berlin I. Amtl. Ausg. Jg. [1]—34. Berlin 1879—1912. 3 Bde, 3 H.

Organisation des hauptstädtischen Municipiums Buda-Pest. Uebersetzung nach der ungar. amtl. Ausg. gr. 8. (192 S.) Buda-Pest 878. (Leipzig, Haessel.)

— u. **Budget** d. industriellen Bildungswesens in Oesterreich im J. 1885. gr. 8. (23 S.) Reichenberg 885. Schöpfer. n. — 40

Organisation des deutschen Bundesheers der k. k. Osterreichischen Armee, der k. Bayerischen, d. k. Hannöverschen ... Armee. Berlin 1853. V: *Gerwien*. (Kat. d. Bibl. d. k. Preuss. gr. Generalstabes. Berlin 1878.) (Pr)

— des deutschen Bundesheers, der K. K. Oesterreichischen Armee, der K. Bayerschen Armee, d. K. Hannöverschen Armee, der K. Sächsischen Armee, der K. Württembergschen Armee, der K. Russischen Armee, der K. Französischen Armee, der K. Britischen und der Ostindischen Armee. (Zu den Vorträgen in der Taktik an der Kgl. Preuß. Allgemeinen Kriegs-Schule bestimmt.) Berlin 853. Mittler u. Sohn. 4. (XV, 178 S.) 1 $\mathscr{P}$ 15 ngr.

— civile et religieuse des Israélites de France et du royaume d'Italie etc. gr. 8. Strasbourg, Treuttel et Würz. 808.

— die, eines meteorologischen Dienstes im Interesse der Land- u. Forstwirthschaft für das Gebiet des Deutschen Reiches. Bericht über die in Cassel am 12. u. 13. Septbr. 1878 abgeh. Conferenz. Lex.-8. (40 S.) Berlin 879. Parey. n. 1 —

u. **Dienstbetrieb** der königl. Schutzmannschaft. Anweisung f. Unteroffiziere, welche nach vollendeter Militärdienstzeit in die Schutzmannschaft eintreten wollen. gr. 8 (III, 22 S.) Berlin 889. Mittler & Sohn. n. — 50

Organisation und Dienstinstruction für die koniglich württembergische Feldjäger Schwadron. 8. Stuttgart 1824.

Organisation u. Dienst-Instruction d. Landjäger-Corps. Stuttgart 1823.

Organisation und Dienst-Instruktion der Sicherheitswache des Arsenals der Dampfschifffahrts-Gesellschaft des österr. Lloyd. Trieste, 1857. Tipografia del Lloyd Austriaco. (16 S. 4.) (Deutsch u. Italienisch zugleich.)

Organisation u. Eintheilung der k. k. Armee u. der Landwehr 1869. Wien 869. Literar.-artist. Anstalt. 8. (64 S.) 10 ngr.

Die Organisation des preuß. Eisenbahnwesens. Von e. erfahrenen Betriebsbeamten. Essen 1873. (25 S.)

Organisation des k. u. k. Erziehungs-Institutes für verwaiste Officierssöhne, s. a. Militär-Vorschriften.

Organisation des k. u. k. Erziehungs-Institutes für verwaiste Officierssöhne vom Jahre 1899. [Taschen-Ausgabe der Militär-Vorschriften. Heft 100.] Wien. 1899. Hof- und Staatsdruckerei. 8°. V, 14 S. fl. —.20

Organisation des Etappenwesens und des militärischen Eisenbahn-Transportwesens im Kriege. München 1870. 8.

Organisation des Etappen Wesens zur Zeit des Krieges. Vom 2. Mai 1867: Beigeb. Abänderungen der „. . ." (Auf Grund der Allerhöchsten Cabinets-Ordre vom 29. April 1869.) 8. Berlin 1867—1869.

— die, des **Exports**. Sonderabdr. e. Artikelreihe der deutschen Export-Revue. (78 S.) gr. 8. Stuttgart (904). Deutsche Verlags-Anstalt. n. 1. —

Organisation, Die, der österreichischen Feldartillerie. Wien 1872. V: *Lobkowitz, Rudolph Fürst von.* (EB)

— die, der österr. Feldartillerie v. R. L. Lex.-8. (15 S. m. 6 Tab. in Lex.-8. u. qu. 4.) Wien 872. Seidel & Sohn. n. — 80

— die, der Feuerlösch- u. Rettungs-Anstalten. Mit besonderer Berücksichtigung der positiven Vorschriften des Württemberg. Polizei-Rechts. Anhang: 1. Entwurf zu einem Local-Statut f. die Organisation der Feuerwehr. 2. Eintheilung u. Statuten der Lösch- u. Rettungs-Anstalt zu Heilbronn am Neckar. gr. 8. (IV u. 57 S.) Heilbronn 849, Landherr. n. 1/3 $\mathscr{P}$ — 2. Aufl. gr. 8. (57 S.) Ebd. 850. 8 ngl.

Organisation des Finanzwesens. (Kt. Aargau). Aarau 1846.

— und Formation, die, der bayerischen Armee und das Militär-Budget. gr. 8. (72 S.) München 851, Literarisch-artistische Anstalt. *

Organisation der Forstverwaltung für die Staats- u. Closterwaldungen. Frauenfeld 1846.

— des Forstwesens u. d. zu beobachtenden Geschäftsgangs in d. vorzüglichst. Verwaltungszweigen. 1s Heft. 4. Helmst. 815. (Fleckeisen). 16 gl.

Organisation, Gegenwärtige, der k. k. Armee, richtig gestellt nach allen bis Ende September 1867 erschienenen Verordnungen ... Wien 1867. V: *Woinovits, Illia.* (KA)

Organisation der Gendarmerie in den Landestheilen diesseits des Rheins mit Ausnahme der Haupt- und Residenzstadt München. München 1869. 8.

— — der Gendarmerie in der Pfalz, nebst der Dienstinstruction rc. Speyer 1869. 8.

Organisation und Geschäftsordnung, Die, der Bundes Militär-Commission betreffende Bundesbeschlüsse. 8. Frankfurt a. M. 1864.

Organisation und Geschäfts Ordnung für das gemeinsame Central-Nachweise-Bureau der österreichischen Gesellschaft vom Rothen Kreuze und des Vereines vom Rothen Kreuze in den Ländern der heiligen Krone Ungarns. Revidirt. (Mit 1 Beilage.) 8. Wien 1890.

— d. französ. Gestüte; aus d. Französ. mit e. Vorrede, als Versuch, die Aufgabe d. Pferdezucht näher zu bestimmen, v. Konr. Ldw. Schwab. 8. Münch. 808. J. Lindauer. 16 gl. 2e Aufl. Nürnb. 813. Stein. 1 $\mathscr{f}$

Organisation der Gestüte, der Wettrennen, der Reit und Veterinär Schulen in Frankreich. Aus d. Franz. übers. u. mit e. Vorr. als Beitrag zu seiner Theorie u. Geschichte d. Pferdezucht begleitet von K. L. Schwab. 2. verm. u. verb. Aufl. Nürnberg 1813. LXXXVIII, 110 S.

Organisation, Die, der Gymnasien nach christlichem Princip. Riga u. Dorpat 1825. V: *Braunschweig, Joh. Dan. von.* (MGT)

— über die, der Gymnasien nach christl. Princip, (von J. D. Braunschweig). gr. 8. Riga 825. (Gerig in Leipz.) 12 gr. Hbg. Pr. 6 gr.

Die Organisation des Handfertigkeits-Unterrichts am Gymnasium zu Dt.-Wilmersdorf 4 (S. 20—21).
Progr.

[Umschlagt.:] [F.] Die **Organisation** des Handwerks. Denkschrift des Inngs-Ausschuss zu Breslau üb. a. den Entwurf e. Gesetzes, betr. d. Errichtg v. Handwerkskammern, b. die Grundzüge e. Gesetzes, betr. d. Organisation d. Handwerks u. d. Regelg d. Lehrlingswesens im Handwerk *Breslau: Selbstv. d. Inngs-Ausschuss; in Comm. v. L. Kohler (Buchdr. zum Guttenberg)* 1895. (48 S.) 1 Bd 8.

Die **Organisation** der Hausbesitzerverbände. Spandau, Stettin 1910: Grassmann. 36 S. 8°
Aus Verhandlungen d. 13. ordentl. Landesverbandstages 1910 in Berlin. (Mitteilungen d. Preuß. Landesverbandes d. Haus- u. Grundbesitzer-Vereine. H. 57.)

Organisation, Die, der Heeresmacht Oesterreich-Ungarns mit Bezugnahme auf die Revisionsfrage . . . Wien, Pest, Leipzig 1877. V: *Gelich, Richard.* (KA)

— **die,** der Heeresmacht Oesterreich-Ungarns mit Bezugnahme auf die Revisionsfrage. Vom Verfasser der „Briefe eines alten Soldaten". gr. 8. (VII, 96 S.) Wien 877. Hartleben. 1. 80

Organisation, Großherzoglich Hessische neueste, das Volkschulwesen betreffend. 8. Gießen 833. Heyer, Vater. n. 1/6 Thlr.

Organisation, Innere, des achten deutschen Armee-Corps. Fol. Frankfurt a. M. 1825.

Innere Organisation des achten deutschen Armeekorps u. Bestimmungen über die Verpflegung desselben. Frankfurt a. M. 1831. 112 S.

—— und Instruktionen f. d. Großh. Badische Gendarmerie. Mit Anh. 8. (19½ halbe B.) Karlsruhe 830, Braun.

— **die internationale,** der sozialistischen Jugend. Bericht des Sekretariats der internationalen Verbindg. der sozialist. Jugendorganisationen. August 1907. (III, 83 S.) 8. Leipzig (907). (Leipziger Buchdruckerei.) — 50; erm. Pr. — 20

— **die,** des bayerischen Invaliden-Unterstützungs-Vereins mit Formularien. München 868. Literarisch-artist. Anstalt. gr. 8. (68 S.) 6 ngr.

Organisation des Juden-Wesens im Großherzogth. Posen, enthaltend eine Sammlung sämmtlicher hierüber ergangenen Kabinets-Ordres, Ministerial-Rescripte, Oberpräsidial-Erlasse u. Verfügungen der Regierungen zu Posen u. Bromberg. Herausgeg. von G. M. Kletke. gr. 8. Berlin 843, Heymann. 1½ Thlr.

— **des Kaiserthums in d. französ. Republik.** gr. 8. Coblenz 804. Lassaulx. 4 gr.

Organisation für das aargauische Kantonalschützenfest in Aarau 1882. In-8°, 8 S. Aarau, H. R. Sauerländer.

Organisation des Cavallerie-Telegraphen-Curses. 4. (8 S.) Wien: Hof- und Staatsdruckerei 1895. —.05

Organisation der Kriegsschule. Lex.-8. (15 S.) Wien 888. (Seidel & Sohn.) n. — 60

— **der Kriegsschule.** hoch 4. (17 S.) Wien (900). (Hof- u. Staatsdruckerei.) n.n. — 18

— **der Kriegsschule.** (16 S.) Lex.-8. Wien 905. (Hof- u. Staatsdruckerei.) n. — 15

Organisation einer Krippe nebst Kostenvoranschlag. [Bern 1907.] V: *Guggenbühl-Kürsteiner, Anna.* (BBullSchw 15, S. 24)

— **der Badenschen Lande.** 16 Hefte in 2 Bden. 8. Manh. 804. Kaufmann. 1 Thlr. 16 gr.

Organisation, Die, der Hzgl. Sachsen-Coburg-Saalfeldischen Lande. Leipzig 1803. V: *Kretschmann, Theodor von.* Vgl. Ersch. II (1823), 2. Abschn., Nr. 432a. (DARP)

— **d. Herzogl. Sachsen-Coburg-Saalfeldischen Lande.** 8. Leipz. 803. Cr. Fleischer. 16 gr.

Organisation der Tyroler Landmiliz. Wien 1802. 1804. 13 Bl. 4°

Organisation der Landwehr, Landwehr Reserven und des Landsturms der Provinz Schlesien im Jahre 1813. Beihft. z. „Milit.-Wochenbl." — Siehe A b. Berlin 1845.

— **des Landwehr-Stabsoffizierskursus in Wien vom J. 1904,** s. a. Taschenausgabe der Vorschriften der k. k. Landwehr. 16. Hft.

(F) **Organisation** des Landwehrstabsoffizierskurses in Wien vom Jahre 1904 (nebst einer Beilage: Lehrplan für den Landwehrunteroffizierskurs in Wien). [Taschenausgabe der Vorschriften der k. k. Landwehr. Heft 16.] 8°. (V, 15 S.) K —.50
Wien. Hof- und Staatsdruckerei 1906.

— **die, der Lehranstalten u. die Berechtigungen der Schulzeugnisse der höh. Lehranstalten.** (Von H. Lorenz.) 12. (8 S.) Tegel-Berlin (901). (Berlin, O. Rahmmacher.) n. — 20

Zur Organisation der forstlichen Lehranstalten. Entgegnung auf die Broschüre: "Die Vereinigung der kgl. Centralforstlehranstalt mit dem Polytechnikum". - München 1870. 29 S.

— der gemeinen u. wissenschaftl. Lehr-Anstalten. 8. Karlsr. 818. Braun. 4 gr

Korporation d. Kaufmannschaft von Berlin. Handelshochschule Berlin. Eröffnung: Okt. 1906. **Organisation** und Lehrplan der Handelshochschule der Korporation der Kaufmannschaft von Berlin. Mit Vorles.-Verz. f. d. Winter-Semester 1906/7. Hrsg. von d. Aeltesten d. Kaufmannschaft von Berlin. 2 Aufl. Berlin: G. Reimer 1906. (58 S.) 8° [06.15533]

Organisation u. Lehrpläne der obligatorischen Fach- u. Fortbildungs-Schulen für Knaben in München. Mit e. Einl. von Schul-R Dr Georg Kerschensteiner. München: Gerber 1910. 336 S. 4° (8°) [11. 2004

— die, und die Leistungen der Feldartillerie. Eine Zeitfrage für alle Heere. Von einem süddeutschen Artillerie-Offiziere. Leipzig 853. Fr. Fleischer. gr. 8. (VI, 186 S.) 1 ₰.

— Leitung u. Aufsicht der Volksschule. Zugleich kritische Beleuchtung des von dem Vorstande der allgemeinen bergischen Lehrerkonferenz bearbeiteten pädagogischen Gutachtens: „die 4- u. die 8klassige Volksschule". Mit besonderer Berücksichtigung der Hauptlehrerfrage. Hrsg. vom freien Lehrervereine in Duisburg. gr. 8. (VI, 88 S.) Wittenberg 878. Berlin, Th. Hofmann. n. 1. —

Organisation militaire de la Confédération Suisse. I. Avant-projet du Département militaire fédéral; II. Motifs à l'appui. (1904 juillet 7) 191 p. 8. ([Berne, C.-J. Wyss,] 1904.)

Organisation militaire de la Confédération suisse. 61 p. 8. [Berne, C.-J. Wyss,] 1907.
Ed A: Texte établi par la commission de rédaction le 11 avril 1907
Ed. B: [Décret de l'Assemblée fédérale] Du 12 avril 1907.)

— d. administrativen Militär-Fachcurse, s. a. Militär-Vorschriften, Hft. 90.

— der administrativen Militärfachkurse. (Zu Praes. Nr. 2883 vom J. 1906. — Normalverordnungsblatt f. das k. u. k. Heer, 13 Stück.) (IV, 28 S.) Lex.-8. Wien 906. (Hof- u. Staatsdruckerei.) n. — 30

(F) Aenderungen zu der „Organisation der technischen Militär-Fachcurse", betreffend den Höheren Artillerie- und den Höheren Genie-Curs. Vom Jahre 1899 Dem Heft 92 der Taschen-Ausgabe der Militär-Vorschriften zuzulegen. (Mit Bewilligung des k. und k. Reichs-Kriegs-Ministeriums) Wien. [1899.] Hof- und Staatsdruckerei. 8°. 8 S. fl. —.04

Organisation der technischen Militär-Fachcurse vom Jahre 1901. Taschen-Ausgabe der Militärvorschriften. (Zusammengestellt für den Feld-Gebrauch.) Wien. 1901. Hof- und Staatsdruckerei. 8°. 41 S. K —.70

— des Militär-Reitlehrerinstitutes. Lehrplan des Militär-Reitlehrerinstitutes. 4. (14 S.) Wien 896. (Hof- u. Staatsdruckerei.) n. n. — 14

Organisation des Militär Reitlehrer Institutes in Wien. (Zu Praes. Nr 519 vom Jahre 1900 — N V Bl für das k u k Heer 17 Stück) 4 Wien 1900.

Organisation, die nationale, der Deutschen in Oesterreich u. der deutsch-österreichische Nationalverein. Von einem Deutsch-Oesterreicher. gr. 8. (26 S.) Brünn 880. Buschak & Irrgang. n. — 50

Organisation, Neue, des Gottesdienstes in Frankreich. Leipzig 1802. V: *Portalis, Jean Etienne Marie.* (EB)

— neue, d. Gottesdienstes in Frankreich etc. 8. Leipz. 802. Voß. 12 gr

Organisation, Die neue, der österreichischen Gymnasien in ihrer Durchführung . . . 1850, 1851 und 1852. Wien 1853. V: *Kleemann, Joh. Ritt. von.* (Strakosch-Grassmann, Bibliogr. z. Gesch. des österr. Unterrichtswesens. Wien 1901. S. 38.)

— neue, d. deutschen Postwesens. 8. Mannh. Kaufmann. 801.

Organisation, Neue, der Reichsposten . . . Mannheim 1802. V: *Imhof-Spielberg, Alexander Freiherr.* (Ky) (MGT)

— neue, des Reichspostwesens; aus d. Brieftasche e. Flüchtlings. 8. Manh. 802. Löffler. 12 gr

— neue, des Religionswesens in Frankr. mit Bemerk. v. P. H. Christ. Rheinhard. 8. Andernach. Lassaulx. (Keil in Cöln.) 805.

— neue, der Schiffahrts- u. Handelsverhältnisse auf d. Rheinstrome; mit einer histor.-diplomat. Einleit., auch staatswirthschaftl. Bemerkk. 1e Abtheilg. gr. 8. Basel 822. Neukirch. 1 ₰ 8 gr

Organisation, neue, des technischen Unterrichtswesens in Bayern, eine Anzahl von Brochuren u. Entwürfen von Jolly, Decker, v Lützow u. A. enthaltend. 1861/62. 8°.

— die neue, der Verwaltung und Justiz im Landdrostei-Bezirke Hildesheim. Enthaltend die Eintheilung der Bezirke, die Ordnung der Geschäfte, Angabe der öffentlichen Gerichtssitzungen u. Sprechtage, so wie der bei den einzelnen Behörden angestellten Beamten. Hildesheim 853. Gerstenberg. gr. 8. (32 S.) 5 ngr.

Organisation, neueste, der in der Armenpflege der k. Kreishauptstadt Augsburg befindlichen Beschäftigungs-, Verpflegungs-, Suppen- u. Armenkinder-Anstalt. Für Magistrate, Armenpfleger etc. Zugleich als Anhang zu Wirth's Nachrichten über Verpflegung, Versorgung u. Beschäftigung der Armen. gr. 8. (20 S.) Augsburg 849, Lampart & Co. n. 2 ngr

— neueste, d. Geschäfts-Verwaltung d. obersten Staatsverwaltung d. Großherzogth. Baden. 8. Karlsr. 808. Müller. 3 gr

Organisation und Ordnung der St. Gallischen Heil- u. Pflege-Anstalt St. Pirminsberg, Pfäfers. St. Gallen 1847.

[Organisation.] Ueber die Organisation der Organisten- und Cantoren-Aemter bei den evangelischen Kirchen im Preussischen Staate. Für d. Freunde d. kirchl. Musik verf u hrsg. von d. Vorstande d. Ver. Berliner Organisten u. Cantoren. Berlin 1877. 8°.

— die, der Orientarmee. Officieller Bericht erstattet an Se. Maj. den Kaiser Napoleon III. durch den Kriegsminister Marschall Vaillant, aktengetreu veröffentlicht von E. Hombourg. hoch 4. (37 S.) Paris 856, Hombourg.

Organisation der sozialdemokratischen Partei Deutschlands. Programm der Partei. gr. 8. (4 S.) Berlin 891. Buchh. d. „Vorwärts". — 5

(F) Organisation des Patent-Amtes und des Patent-Gerichtshofes. Bestimmungen über die Erfordernisse von Patentanmeldungen, die Vertretungen in Patentangelegenheiten und die Begünstigungen mittelloser Personen in Patentangelegenheiten. Schutz von Erfindungen auf inländischen Ausstellungen. [Separat-Ausgabe der neuen österr. Gesetze mit Motiven und Erläuterungen. Nr. 83.] Prag. 1899. Höfer & Klouček. 8°. 85 S. fl. — 60

— — der Pionnier-Corps-Schule zu Tulln. Manuscript. Fol. 1851.

— politische u. gerichtliche, der im Reichsrathe vertretenen Länder von Oesterreich. Nach amtl. Quellen zusammengestellt. Ebend. 869. 8. (XVI, 202 S.)

— — eines (bad.) Remonte-Hofes. Karlsruhe 1857. 6 S.

Die Organisation d. Wiener freiwill. Rettungsgesellsch. Wien 1900.

Organisation der Schifffahrts- und Handelsverhältnisse auf dem Rheinstrome, Neue. Mit einer historisch-diplomatischen Einleitung . Abth. 1. (einzige). Basel 1822. gr. 8.

Die Organisation der weißen Sklaverei in Brüssel. Von einem Belgier. Aus d. Engl. übers. durch d. Central-Comité d. Deutschen Kulturbundes. — Berlin: Dolfuss 1882. VI, 32 S. 8° (Die öffentl. Sittlichkeit. 3.)

Organisation de la Société des sauveteurs volontaires de Vienne Die Organisation d. Wiener Freiwilligen Rettungs-Gesellschaft Vienne Wiener Freiw. Rettungsgesellsch 1900 (23 S.) 4°

— der Staats-Eisenbahn-Verwaltung, nebst den unterm 24. Novbr. 1879 u. 21. Febr. 1880 hierzu ergangenen Allerhöchsten Erlassen u. der Geschäftsordnung für die königlichen Eisenbahn-Direktionen u. Eisenbahn-Betriebsämter. [Aus: „Eisenbahn-Verordnungs-Blatt".] gr. 4. (24 S.) Berlin 880. C. Heymann's Verl. n. — 60

—— die, des preussischen Staatseisenbahnwesens. Von einem erfahrenen Betriebsbeamten. 8. (25 S.) Essen 873, Radke. *

Die Organisation der Staatsforst-Verwaltung. Königl. Allerhöchste Verordnung vom 19. Februar 1885. - Würzburg 1885. 48 S. - (Das Forstwes. i. Bay. Lfg. 4)

Organisation, Die, der amtlichen Statistik im Deutschen Reich. Berlin [1884]. V: *Becker, Carl.* (Kat. d. stat. Bureaus. Dresden 1890.)

Organisation und Statuten des Vereins der Nothleidenden in Wien. *Wien.* 1817

Organisation des Transportes großer Truppenmassen auf Eisenbahnen. gr. 8. (25 S. mit 3 Tab. in gr. 4. und Fol.) Berlin 861, Decker'sche geheime Ober-Hofbuchdruckerei.

— des Transportes größerer Truppenmassen auf Eisenbahnen. 2., mit den bis zum 9. Mai 1866 befohlenen Abänderungen versehene Aufl. der Ausg. vom J. 1861. Berlin 866. v. Decker. gr. 8. (24 S. mit 1 Tab. in Fol.) n.n. 2½ ngr.

— die, des XII. deutschen Turnkreises, s.a. Lion, Rud.

— die, d. XII. deutschen Turnkreises [Bayer. Turnerbund]. Hrsg. vom Ausschusse desselben durch R. Lion. 1888. gr. 8. (42 S.) Hof 888. Lion. n. — 60

—— der Uhrmacherschule in Furtwangen. gr. 8. (44 S.) Carlsruhe 858, Müller'sche Hofbuchh.

— die, des höheren Unterrichts in Russland v. e. Gymnasialdirektor u. Lehrer im Innern des Reiches. [Aus: „Baumeister's Handb. d. Erziehungs- u. Unterrichtslehre f. höhere Schulen".] gr. 8. (26 S.) München 897. C. H. Beck. n. — 70

Die **Organisation** des Medicinischen Unterrichts. Leipzig 1892: Ackermann & Glaser (87 S.) 8°
Aus: Verhandlungen d. 29. deutschen Aerztetages zu Weimar. 1891 (03. 8491) 9

— des öffentl. Unterrichts in Frankreich. gr. 8. Cöln 808. Rommerskirchen. 4 gl

— des Unterrichtes im Riemann-Conservatorium zu Stettin. (Von Berth. Knetsch.) (96 S. m. 1 Plan.) gr. 8. Stettin 903. (Keimling & Grünberg.) n. 3. —

Organisation des Unterrichtes im Riemann-Conservatorium zu Stettin. Stettin 1903. H. Saran. (93 S.) 8° (03. 9618

Der Landw. Verein in Bayern. Die Organisation des Landw. Vereins in Bayern.
München 1852

Ueber die **Organisation** von Verkaufsvereinigungen der deutschen Müller. Denkschrift hrsg. v. Ausschuß z. Vorbereitung von Verkaufsvereinigungen d. deutschen Müller. Berlin. Puttkammer & Mühlbrecht 1907 (54 S.) 8° [5.] (08. 1326

— die, der ständischen Vertretung in Preußen durch das Patent v. 3. Febr. 1847. gr. 8. (59 S.) Berlin 847, Herm. Schultze. 1/3 ngl

[Organisation] Verband Deutscher Arbeitsnachweise. Organisation und Verwaltung der dem Verbande Deutscher Arbeitsnachweise angehörenden öffentlichen Arbeitsvermittlungsstellen im Jahre 1907—08. Berlin 1909. 4°
[Fortges. u. d. Tit.:]
[Arbeitsnachweise] Verband Deutscher Arbeitsnachweise Die öffentlichen Arbeitsnachweise im J. 1908/09 ff Jahresbericht d. Verbandes. Berlin 1910 ff 4°

(**Organisation** der Verwaltung der Staats-Eisenbahnen und der vom Staate verwalteten Privatbahnen. Vom 16. Dez. 1872. Genehmigt Berlin den 23. Dez. 1872.) [Metallogr.] **fol.**

Die *Organisation* d. Veterinärwesens in Ungarn. Budapest 1890. 68 S. 1 st. kol. Kt. P

Organisation der Viehversicherung im Deutschen Reich. S. A. aus dem Verhandlungsbericht der XXI. Plenarversammlung des deutschen Landwirtschaftsrats. Berlin 1893.

Zur Organisation der evangelischen Volksschule in ihrer naturgemäßen Stellung zu Kirche, Staat und Haus. Den preußischen Kammern vorgelegt von Lehrern aus Rheinland und Westphalen. Elberfeld, Lucas 1849. 38 S. 8.

Organisation, Die, großer Volksschulkörper nach der natürlichen Leistungsfähigkeit der Kinder . . . [Zürich 1904.] V: *Müller, C. & Frdr. Käser.* (Zuwachsverz. d. Bibl. Zürich 1898 ff.)

— die, des Volksschulunterrichtes. Eine Denkschrift der hohen Regierung des Kantons Zürich eingereicht von der Schulsynode. gr.8. Zürich 846, Orell, Füßli u. Comp. n. 12 ngl

Vollständige Organisation der neuen Armen-Anstalt zu Hamburg. *Hamburg.* 1788

Ueber eine Organisation zur Wahrung und Förderung der Verkehrsintressen von Zürich und Umgebung. In-8°, 15 S. Zürich, Druck von D. Bürkli. 1886.

Organisation der Werftdivisionen u. der Marineartillerieabtheilungen. II. Vorschrift üb. die Ergänzung d. Zahlmeisterpersonals der kaiserl. Marine. 8. (28 S.) Berlin 884. Mittler & Sohn. n.n. — 50

— die, der Wohlfahrtspflege, s.a. Schriften der Centralstelle f. Arbeiter-Wohlfahrtseinrichtungen. 30.

Die **Organisation** der Wohlfahrtspflege. 15. Konferenz d. Centralstelle f. Arbeiter-Wohlfahrtseinrichtungen 1906 in Nürnberg u. Fürth. Berlin: C. Heymann 1907. (75 S.) 8° [F.]
= **Schriften** d. Centralstelle f. Arbeiter-Wohlfahrtseinrichtungen. No 30.
[o8. 5541

— die, der öffentlichen Wohlthätigkeit m. Benützung v. „Wohlthätigkeits-Postkarten" (unter Beigabe e. solchen Karte). Von M. K. gr. 8. (35 S.) Wien 894. (J. Dirnböck.) n. 1. 20

Organisations, les, ouvrières dans l'industrie du livre, s.: Gehilfen-Organisationen, die, im Buchdrucker-Gewerbe.

Organisations-Bestimmungen a. Anlaß d. Heeres-Verstärkung. München 1893.

Organisations-Bestimmungen a. Anlaß d. Umformung d. vierten Batl. d. Inf-Rgter. Berlin 1897.

Herzoglich Nassauisches **Organisations-Edict** (Friedrich Augusts Fürsten zu Nassau) vom 3. Nov. 1803. [Betr. die angefallenen Teile des ehemal. Kurfürstentums Cöln.] [Abschr.] fol.

Organisationsedict üb. die Rechtspflege in d. untern Instanzen im Königr. Würtemberg. Mit Bemerkk. d. Referenten bei der Organ.-Commiss. gr. 8. Stuttg. 819. Steinkopf. Mit einer Zugabe. 1 rß 6 gl

Organisations-Edict üb. d. Rechtspflege in den untern Instanzen im Königr. Würtemberg. Mit Bemerkk. d. Referenten bei d. Organisations-Commission. *Stuttgart*, Steinkopf. (819.) 825. gr. 8. (1 Thl. 6 Gr.)
Zugabe zu d. „Organisations-Edicte üb. d. Rechtspflege in d. unt. Instanzen im K. W." Mit ein. Vorwort u. einig. auf die Novelle sich bezieh. Aktenstücken. *Ebend.* 825. gr. 8. (12 Gr.)

Organisations-Edikt, das, üb. die Rechtspflege in den untern Instanzen im Königr. Württemberg, nebst der provisor. Verordnung vom 22. Sept. 1819, betreff. den Rechtsgang in Civilsachen bei den höheren Gerichten rc. 2. erweit. Aufl., hrsg. v. F. Berner. gr. 8. (XXX u. 753 S.) Stuttgart 817, J. F. Steinkopf. n. 2½ rß

Organisations-Edikte für Württemberg von 1817 - 1818. Stuttgart. 4°

Organisations-Entwurf für die österreichische Armee. Wien 1861. V: *Mikessić, Adolph, Edl. v.* (KA)

Organisations-Entwurf für die österreichische Armee, von A. v. M. gr. 8. (51 S.) Wien 861, Förster's artistische Anstalt. *

Organisations-Entwurf f. d. Einführung d. Turn-Unterrichts a. d. Volks- u. Mittelschulen Deutsch-Österreichs, Brünn 1869.

Organisations-Entwurf für die administrative und technische Leitung Ober-Ungarischer waldbürgerlicher Bergwerks-Angelegenheiten. 4. (26 S.) Leutschau, Jos. Werthmüller und Sohn, 1852.

Organisationsfrage (Die). Ein Beitrag zur Entwickelung der Gewerkschaftsbewegung. Hrsg. von der Generalkommission der Gewerkschaften Deutschlands. 8°. Hamburg, Legien, 1891.

Organisationsgesetz. — Gesetz, die Organisation der Behörden für die innere Verwaltung betr.; vom 21. April 1873, nebst den damit in Verbindung stehenden Gesetzen. Leipzig 873.

Die gesammten **Organisationsgesetze** für die innere Verwaltung des Preussischen Staates. Text-Ausgabe hrgg. v Carl Pfafferoth. Berlin und Leipzig. 1881 8°

[Organisationsgesetze.] Landwirtschaftskammer f. d. Rheinprovinz. Beuel-Bonn 1910.

Organisationsgesetze. Verfassung des Norddeutschen Bundes. (Volksausgabe norddeutscher Bundesgesetze) 12° Berlin 1868

[F.] Die **Organisationsgesetze** der inneren Verwaltung in Preussen. Z. akad. Gebr. u. f. d. Praxis zsgest. v. Dr. jur. Gerhard Anschütz, Privatdoz. an d. Univ Berlin. *Berlin: C. Heymanns 1898.* (XII, 657 S.) 1 Bd 8.
= **Taschen-Gesetzsammlung.** [No] 35. [y8. 6908

Organisations-Handbuch der Nationalliberalen Partei des Deutschen Reiches. Bearb. von H[ermann] *Kalkoff* Jg. 3. 1910 ff. Berlin (1910) ff. 8°

Organisations-Karte von Deutschland, enthaltend die neue politische Eintheilung des norddeutschen Bundes mit der preussischen Monarchie u. den Südstaaten nebst Angabe aller bis jetzt eröffneten Eisenbahnen und genauen statist. Mittheilungen. Chromolith. München, Mey & Widmayer. 1866—67. Imp.-Fol. (1⅓ ℛ.)

Organisationsplan f. d. bayer. Art.- u. Ingen.-Schule. München 1886. 20 S.

— für die vereinigte Artillerie- u. Ingenieur-Schule. Vom 5. Januar 1882. 8. (21 S.) Berlin 882. v. Decker. n. — 25

Organisationsplan f. die verein. Artillerie- u. Ingenieurschule v. 5. I. 1882. Anlage v. April 1898, betr. Einrichtg. v. Lehrgängen f. Feldartillerie-Offiziere bei d. genannten Anstalt. D. V. E. Nr. 74. gr. 8. (3 S.) Berlin 898. (E. S. Mittler & Sohn.) — 10
(Plan m. Anlage: n. — 85)

Organisations- (1880 ff.: Geschäfts-) Plan für das Königliche Amtsgericht Berlin I (1904 ff.: Berlin-Mitte). Amtl. Ausg. Jg. [1]—33. Berlin 1879—1911. 3 Bde, 2 H.

Organisationsplan für die technische Bildungsanstalt zu Dresden (v. 16. 3. 1835). 1835.

Organisationsplan für die technische Bildungsanstalt zu Dresden (v. 26. 2. 1838). [Folgt:] Unterrichtsbeiträge. ¶ Abgedr. in: Programm 1838. 1839 [Nr 1348].

Organisations-Plan f. d. Einrichtung d. Turnwesens a. d. Volksschulen Wiens.

Organisationsplan der Handelsschule der königl. Haupt- u. Residenzstadt München. München 868. (Ackermann.) 8. (15 S.) n. 3 ngr.

Organisationsplan der freiwilligen Krankenpflege im Kriege. [Sonderabdr. der Anlage II der Kriegs-Etappen-Ordng. vom 3. Septbr. 1887.] 8. (10 S.) Berlin 887. Mittler & Sohn. n.n. — 10

Organisations-Plan der freiw. Krankenpflege im Kriege f. Bayern. München 1889. 144 S.

Organisationsplan für die oberen Landesbehörden bei Vereinigung der Herzogthümer Coburg u. Gotha.

Organisations- u. Lehrplan f. die Landschulen der Ephorie Sternberg II. Entworfen v. e. Kommission unter dem Vorsitz von Pfitzner. gr. 8. (24 S.) Schwiebus 873 Wagner. n.n. — 75

Organisations- u. Lehrplan für die königlich evangelischen Präparanden-Anstalten. [Aus: „Centralblatt für die gesammte Unterrichts-Verwaltung in Preußen".] gr. 8. (16 S.) Berlin 879. Hertz. — 30

Organisations- u. Lehr-Plan der Real-Schule zu Colberg. gr. 8. (43 S.) Colberg 849, Post. n. 1/3 Thlr

Organisationsplan für die aus der bisherigen evangelischen Vereinsschule neu zu gestaltende paritätische Mittelschule für Mädchen. [Breslau] 1878. V: *Thiel, Heinrich.* (Kat. d. Druckschr. üb. Breslau. Breslau 1903. S. 315.)

Organisations-Plan, offizieller, des königlichen Amtsgerichts Berlin I auf das Geschäftsjahr 1879. Imp.-Fol. Berlin 879. (H. R. Mecklenburg.) — 60

Organisations-Plan, offizieller, des königl. Amtsgerichts Berlin I auf die Geschäftsj. 1880—1885. Imp.-Fol. Berlin, (H. R. Mecklenburg.) à Jahrg. *

— offizieller, des königlichen Landgerichts Berlin I auf das Geschäftsjahr 1879. Imp.-Fol. Berlin 879. H. R. Mecklenburg. — 60

Organisationsplan f. Deutschlands Schneider. Protocoll der Versammlg. d. Schneideramts der königl. Residenzstadt Hannover am 8. April 1872. Nach Stolze's System im Auftrage stenographisch aufgenommen v. W. Ryssel. gr. 8. (22 S.) Hannover 872. Meyer. n. — 25

Organisationsplan der Kgl. polytechnischen Schule zu Dresden genehmigt 14. 3. 1855. [Folgt:] Beil. A. Verordnung die Einrichtung von Maturitätsprüfungen bei d. polytechn. Schule zu Dresden betr., v. 17. 1. 1852. B. Lehrziele, welche in Gemässheit des Lehrplanes d. polytechn. Schule bei d. Maturitätsprüfungen vorausgesetzt werden. C. Gesetze für die Schüler d. polytechn. Schule. D. Stiftungsurkunde des Reichsstipendienfonds für Schüler der polytechn. Schule, genehmigt 12. 5. u. 8. 6. 1853. E. Lehrplan nach d. Ministerialverordnung v. 7. 2. 1855. [Nebst] Veränderungen (ad § 4, 20, 21, 23 v. Dec. 1858).

Organisationsplan der Kgl. Sächsischen polytechnischen Schule zu Dresden, genehmigt 31. 1. 1865. [Folgt:] Beil. 1. Einrichtung der Abtheilung für Modelliren, Ornament- u. Musterzeichnen. 2. Lehrplan. 3. Auszug aus d. Verordnung v. 24. 12. 1851, die Staatsprüfung der Techniker betr. 4. Disciplinarvorschriften. 5. Den Reisestipendienfond A. betr. 6. Den Fond B. zur Gewährung v. Mittagstischen betr. 7. Gerstkamp-Stiftung. 8. Constantin Novicow-Stiftung. 9. Verordnung v. 2. 2. 1865, die Schlussprüfungen betr. [Nebst] Nachtrag (v. 30. 9. 1870). *Nachtr.: Dr**

VII. Schweizerische **Ausstellung** für Landwirtschaft, Forstwirtschaft und Gartenbau in Frauenfeld 1903. vom 18.—27. September 1903. Allgemeines Organisations-Reglement. 32 S. 8. Frauenfeld, Frid. Müller, 1903. V

Organisations- u. Dienstreglement d. Bürger-Miliz im Herzogth. Niederrhein. 2 Hefte. 8. Kreuznach 816. Rthr. 7 gr.

Berset-Müller-Stiftung (auf dem Melchenbühlgute bei Muri). Organisationsreglement ([erlassen vom] schweiz. Bundesrat). ⟨Vom 16. Juli 1901.⟩ 6 S. 8. [Bern, Stämpfli & Cie.]

Organisations-Reglement für die Werft-Divisionen der Kaiserlichen Marine. Bestimmungen über die Organisation des Maschinen-Ingenieur-Korps. 8. (42 S.) Berlin 878, Mittler und Sohn. *

Organisations-Reglement f. die Werft-Divisionen der kaiserl. Marine. — Bestimmungen üb. die Organisation d. Maschinen-Ingenieur-Korps. Neue Ausg. 8. (43 S.) Berlin 883. Mittler & Sohn. — 15

Organisations-Statut für die k. k. Armee. 4. Wien 1857.

Organisations-Statut der k. k. Artillerie. 4. Wien 1853.

Organisations-Statut der Bildungsanstalten für Lehrer und Lehrerinnen an öffentl. Volksschulen, s. Gesetze, Separat-Ausg. der neuen österreichischen.

Organisations-Statut der Bildungsanstalten f. Lehrer u. Lehrerinnen an öffentlichen Volksschulen in Oesterreich. gr. 8. (72 S.) Wien 874. Pichler's Wwe. & Sohn. n. — 40

Organisations-Statut der Bildungsanstalten für Lehrer u. Lehrerinnen an öffentlichen Volksschulen in Oesterreich. [Eingeführt durch Verordnung des k. k. Unterrichts-Ministeriums vom 26. Mai 1874, Z. 7114.] (3. Aufl.) gr. 8. (72 S.) Wien 878. Pichler's Wwe. & Sohn. — 40

Organisations-Statut der Bildungsanstalten f. Lehrer u. Lehrerinnen an öffentl. Volksschulen. Statut der Bürgerschul-Lehrercurse. Neue Vorschrift üb. die Lehrbefähigungs-Prüfgn. f. allgemeine Volks- u. Bürgerschulen. Nach den Ministerial-Verordngn. vom 31. Juli 1886. 8. (IV, 99 S.) Prag 886. Mercy. n. — 80

Organisations-Statut der Bildungsanstalten für Lehrer und Lehrerinnen an öffentlichen Volksschulen in Oesterreich. 3. ergänzte Aufl. 8. (63 S.) Wien· Pichler's Witwe & Sohn 1891 —.20

Organisations-Statut für das k. k. Flottillen-Corps. 4. Wien 1855.

Organisations-Statut der Garde Unterfähnrichs- und Junker-Schule von 1838. (In russ. Sprache.) 8. Petersburg 1838.

Organisations-Statut für die k. k. Genie-Waffe. 4. Wien 1855.

Organisations-Statut der Handelsschule in Klgft. Klgft., Leon, 1895. 14 S.

Zum **Organisationsstatut** v. J. 1805. Fig. I—VI u. Erklärung. Wien 1805.
Über das Organisationsstatut i. Mitteilungen des k. u. k. Kriegsarchivs. Suppl. I. Wrede, A.: Geschichte der k. u. k. Wehrmacht. Bd 2. S. 272.

Organisations-Statut für das k. k. polyt. Institut in Wien. Wien. 8°.

ORGANISATIONSSTATUT der röm. katholischen autonomen Kirchengemeinde in Bratislava (Preßburg). Bratislava (Preßburg) o. J. o. Dr. 18 S. · 330 mm

Organisations-Statut u. Lehrplan für die Privat-Lehrerinnenbildungs-Anstalt der Ursulinen in Klgft. Klgft., v. Kleinmayr, 1901. 32 S.

Organisations-Statut für das k. k. Pionnier-Corps. 8. Wien 1854.

[Hebr.] **Organisations-Statut** für die autonome jüdisch orthodoxe Religionsgenossenschaft Ungarns und Siebenbürgens ... Budapest 1897: E. Neumaier. (45 S.) 8°
[Text in deutscher Sprache u. hebr. Buchstaben.]
Aus: Allg. Jüd. Zeitung.

Organisations- und Dislocations-Uebersicht des k. u. k. Heeres, der k. k. und königl. ungar. Landwehr, sowie der k. k. und kgl. ungar. Gendarmerie. 3. Ausgabe. Placat-Format. Gefalzt in Umschlag —.30
Linz: Städtbilder-Verlag 1894.

Zentralverband der Zimmerer u. verwandten Berufsgenossenschaften Deutschlands. **Organisationsverhältnisse**, Arbeitszeit und Stundenlohne im deutschen Zimmergewerbe. Hrsg. vom Zentralvorstand d. Verbandes. Hamburg · Schrader 1908. 124, 207 S. 8°
(Publikation aus d. statist. Erhebungen im Monat August 1907. 2) [illegible]

Der Organisator: 1890? St. Louis, MO
A campaign paper. No further information.

Organisiert Euch! Linz 1889.
V: *Ebenhoch, Alfred.* (EB)

Zur Organisirung der politischen Verwaltung in Oesterreich. 8. (53 S.) Wien, typ. lit. art. Anstal'. 1864 50 kr

Organisirungs-Statut für die k. k. technische Artillerie. 4. Wien 1856.

— — der k. k. Artillerie. 4. Wien 1863.

Organisierungs-Statut der k. k. Feldartillerie. Wien 1854. 34 S. 4°

Organisirungs-Statut für die k. k. Genie-Waffe. 4. Wien 1855.

Organisirungs-Statut für das k. k. Militär-Fuhrwesen-Corps. 4. Wien 1856.

Organisirungs-Statut für das k. k. Pionnier-Corps. 4. Wien 1854. · 8. ib. 1854.

Organisierungs-Statute für k. k. österr. Heer u. Marine. H. 1—14 in 1 Bd. Wien 1854–1858. 4°
H. 1. Organisierung der feldärztlichen Branche.
H. 2. — — der Milit.-Medikamenten-Branche.
H. 3. Organisation des Artillerie-Komité.
H. 4. Organisierungs-Vorschrift f. d. Milit.-Rechnungs-Branche.
H. 5. — — f. d. Milit.-Verpflegs-Beamten-Branche.
H. 6. Organisierungs-Statut der k. k. Feld-Artillerie.
H. 7. — — des k. k. Adjutanten-Korps.
H. 8. — — f. d. k. k. Genie-Waffe.
H. 9. — — f. d. k. k. Flottillen-Korps.
H. 10. — — f. d. k. k. Pionier-Korps.
H. 11. — — f. d. k. k. Milit.-Fuhrwesens-Korps.
H. 12. — — f. d. k. k. technische Artillerie.
H. 13. Regelung des Standes u. der Gebühren des Kriegs-Kommissariates, dann der Adjustierung der Militär-Beamten überhaupt.
H. 14. Statut f. d. Militär-Sanitäts-Komité.

Organisirungs-Vorschrift und Dienst-Instruction für das k. k. Sanitäts-Corps. 4. Wien 1850.

Organisirungs-Vorschrift für die k. k. Militär-Beamten-Branche. 4. Wien 1855.

Organisierungs-Vorschrift für d. K. K. Sanitäts-Corps. Wien 1850. 4°.

Organismo amministrativo-politico, camerale, giudiziario e militare del Regno Lombardo-Veneto in sè stesso, e ne' suoi rapporti colle autoritá centrali della monarchia. gr. imp.-Fol. Vienna 843, Volke. 3/4 ₰

Organismus, Der, des rheinischen (Teutschen) Bundes zum Behufe seines Zwecks ... Altona 1807. V: *Behr, Wilh. Jos.* (Ky) (MGT) (Schletter, Handb. d. jurist. Litt. Grimma 1843. S. 161.) (Erschj)

Organismus, der, d. rhein. (deutschen) Bundes z. Behufe seines Zwecks, so weit er bis jetzt positiv bestimmt ist, u. Materialien z. nähern Bestimmung jenes Organismus; v. W. J. B. Pr. in W. (W. J. Behr). 8. Altona 807.

Organismus der Gerichte in den im Reichsrathe vertretenen Königreichen u. Ländern. Nach amtl. Daten. 8. (80 S.) Wien 876. k. k. Hof- u. Staatsdr. n. — 60

Organismus, der, des Heeres und der Landwehren Oesterreich-Ungarns 1872. 8. (VIII, 190 S. mit 4 Tab. in qu. 4. und qu. Fol.) Wien 872, Literar.-artist. Anstalt. *

Organismus des germanischen Nationalmuseums zu Nürnberg. gr. Lex.-8. (IV und 92 S. mit 1 Stnt. in gr. 4. und 1 lithogr. Tab. in Fol.) Nürnberg 855. (Leipzig, Fr. Fleischer.) *

Aus: Schriften des german. Nationalmuseums, 1. Bd., besonders abgedruckt.

Organist, der. Monatsschrift für Orgelspiel, kirchliche sowie instructive Instrumental- u. Gesangmusik, musikalische Theorie etc. Red. von Otto Wangemann. 1. Jahrg. 1880. 12 Nrn. (B.) gr. 8. Berlin, W. Peiser's Verl. n. 8. —

Organist, der. Organ des allgem. Organistenvereins. (Köln.) Hrsg. v. H. Pauli. Nr. 1—10. gr. 8. Köln (Buchdr. Groven & Bochtoldt). à Nr. n. — 30

1. (16 S.) Düsseldorf 895.
2.—5. (à 16 S.) Düsseldorf 896—897.
6.—9. (S. 81—144.) 898. — 10. (S. 145—160.) 898.

Organist, der. Organ des allgem. Organisten-Vereins (Köln). Red.: J. Rodenkirchen. Nr. 11—24. gr. 8. (S. 161—372.) Köln (Brückenstr. 6) 899—902. (Buchdr. Greven & Bechthold.) à n.n. — 30

Organist, der. Organ des allgemeinen Organisten-Vereins (Köln). Red.: J. Rodenkirchen. Nr. 25—28. (S. 373—428.) gr. 8. Köln (Brückenstr. 6) 903. 904. (Buchdr. Greven & Bechthold.) à Nr. n.n. — 30

Erscheint nicht weiter.

Organist, der katholische und protestantische, oder: Der „praktische Organist," enthaltend: 646 kurze, leichte und gefällige Orgelcompositionen verschiedener Art und folgen diese in der Reihe, wie die Töne der chromat. Leiter, mit und ohne Pedal zu spielen, in den gebräuchlichsten Dur- und Moll-Tonarten, für jede Kirche. Nebst einem Anhang von Nachspielen und Modulationen. In method. fortschreitenden Orgel-Tonstücken der bekanntesten älteren und neueren Tonsetzer, mit Angabe der Pedal-Applicatur von A. G. Ritter. Zur Uebung, Fortbildung und zum Gebrauch beim öffentl. Gottesdienste für Präparanden, Seminaristen, Schullehrer etc. In Verbindung mit A. W. Gottschalg, J. N. W. Kühne und J. G. Lehmann hrsg. von Gotth. Wilh. Körner. qu. 4. (XI und 185 S.) Erfurt 859, Körner's Verlag.

— — 2. Thl.: Auswahl von Orgel-Nachspielen, Orgelfantasien etc. in den gebräuchlichsten Dur- u. Moll-Tonarten der neueren Zeit. Zur Uebung, Fortbildung u. zum Gebrauch beim Schlusse des Gottesdienstes für Präparanden, Seminaristen, Schullehrer etc. Erfurt 862. Körner's Verlag. qu. 4. (75 S.) n. 1 ℛ 15 ngr.

Organizzazione della gendarmeria nella Lombardia. Esemplare Nr. 887 (In deutscher und italienischer Sprache) Fol. Milano 1817.

Organon, oder kurze Andeutungen über kirchliches Verfassungswesen der Katholiken ... Augsburg 1830. V: *Tappehorn, Franz.* (RASS S. 218) (Zeitschr. f. Büch. N. F. 15, 1923, S. 118)

Organon, od. kurze Andeutungen üb. kirchl. Verfassungswesen d. Katholiken, mit vorzugsweiser Hinsicht auf Staaten gemischt. Confession. gr. 8. (16 B.) Augsburg 830, Wolff. (Kollmann

Organon des Christenthums in seinem dreifachen Verhalten zur Philosophie Dogmatik und Kirche. Stuttg. 1845. V: *Eschenmayer, Christoph Adolph von.* (ZU)

Organon des Christenthums in seinem dreifachen Verhalten zur Philosophie, Dogmatik u. Kirche. gr. 8. Stuttgart 845, Rommelsbacher. 1 5/12 ℛ

Organon ὀργάνων, hoc est de instrumentis distincte cogitandi ... Francof. ad M. 1743. V: *Hansch, Mich. Glieb.* (ML)

Organum comitans ad vesperale romanum, quod curavit sub auspiciis ss. D. N. Pii pp. IX. sacrorum rituum congregatio. Sect. I. Continet communia vesperarum necnon appendicem variarum cantionum, quae omnia redegit ac transposuit Fr. X. Haberl, J. Hanisch harmonice ornavit. qu. gr. 4. (IV, 79 S.) Regensburg 877, Pustet. *

Organum comitans ad ordinarium missae quod ut partem gradualis Romani sub auspiciis Ss. Domini nostri Pii P. P. IX. curavit sacrorum rituum congregatio. Transposuit et harmonice ornavit Fr. X. Witt. (Op. XXIII.) Edit. 4. emendata. Schwarzdruck. quer 4. (VIII, 124 S.) Regensburg 885, Pustet. *

Orgel, die. Kann man sie in 2 od. 3 Monaten regelmäßig schlagen lernen? mit Ja beantwortet. Fol. Landshut, Kopp.

Orgel, Die, mit Notizen über Abt Vogler. Zürich [1859—60]. V: *Stierlin, Leonhard.* (Cat. der Stadtbibl. Zürich. Zürich 1864—97.)

Orgel, die. Monatsschrift f. Orgelmusik u. Kirchengesang. Unter Mitred. v. J. Gruber red. v. F. Lubrich. Evangelische Ausg. 1. Jahrg. 1889/90. 12 Hfte. gr. 4. (1. Hft. 8 S. m. 8 S. Musikbeilagen.) Leipzig, Klinner. Subscr.-Pr. à Hft. n. — 70; Einzelpr. à n. 1. —

Orgel, die. Monatsschrift f. Orgelmusik u. Kirchengesang. Unter Mitred. v. Jak. Gruber red. v. Fritz Lubrich. Evangelische Ausg. 2. Jahrg. Octbr. 1890—Septbr. 1891. 12 Hfte. (Bog. m. 2 Musikbeilagen.) gr. 4. Leipzig, Klinner. n. 8. 40; einzelne Hfte à n 1. —; kathol. Ausg. zu gleichem Preise.

— dasselbe. Monatsschrift f. Orgelmusik u. evangel. Kirchengesang. Red. v. Fritz Lubrich. 3. Jahrg. Oktbr. 1891—Septbr. 1892. Ausg. A. 12 Hfte. (Bog.) gr. 4. Ebd. n. 3. 20; Ausg. B. 12 Hfte. (Bog. u. Musikbeilage 4 S.) n. 6. —; Ausg. C. 12 Hfte. (Bog. u. Musikbeilage 8 S.) n. 8. 40

Die kathol. Ausg. pro 1891/92 erschien u. d. Titel: St. Cäcilia, von Hft. 8 ab aber wieder u. d. Titel: Die Orgel, kathol. Ausg. — s.: St. Cäcilia.

— dasselbe. 4. Jahrg. Oktbr. 1892—Septbr. 1893. Ausg. A. Mit kathol. Kirchenmusikbeilage. 12 Hfte. (Bog.) gr. 4. Ebd. n 8. 40; Ausg. B. m. evangel. Kirchenmusikbeilage n. 8. 40

— dasselbe. 5. Jahrg. Oktbr. 1893—Septbr. 1894. Ausg. A. Mit kathol. Kirchenmusikbeilage. 12 Hfte. (Bog.) gr. 4. Ebd. à Hft. n. — 70; Ausg. B. m. evangel. Kirchenmusikbeilage à Hft. n. — 70

Orgel, die. Monatsschrift f. Orgelmusik u. Kirchengesang. Red. von Fritz Lubrich. 6. u. 7. Jahrg. Oktbr. 1894—Septbr. 1896. Ausg. A. Mit kathol. Kirchenmusikbeilage. 12 Hfte. (Bog.) gr. 4. Leipzig, C. Klinner. à Hft. n. — 70; Ausg. B. m. evang. Kirchenmusikbeilage à Hft. n. — 70

— Monatsschrift f. Orgel, Harmonium u. Kirchengesang. Red. v. Wilh. Mauke. 8. Jahrg. Oktbr. 1896—Septbr. 1897. Ausg. A. Mit kathol. Kirchenmusikbeilage. 12 Hfte. (à ca. 2 Bog.) gr. 4. Ebd. à Hft. n. — 70; Ausg. B. m. evang. Kirchenmusikbeilage à Hft. n. 70; Ausg. C. m. Beilage f. Harmonium à Hft. n. — 50
Weiter nicht erschienen.

Orgel, die. Centralblatt f. Kirchenmusiker u. Freunde kirchl. Tonkunst m. Musikbeilagen. Schriftleiter: Fritz Lubrich. 9. u. 10. Jahrg. 1909 u. 1910. à 12 Nrn. (276 u. 312 S. m. Abb.) 30,5×23,5 cm. Leipzig [C. Klinner]. Bremen, Schweers & Haake. à Jahrg. 6. —

Orgel, Die, ihre Aufgabe und Lage in den katholischen Kirchen. Münster 1868. V: *Meurer, Joseph Heinrich.* (Kn)

— die, ihre Aufgabe u. Lage in den katholischen Kirchen. Mit besonderer Rücksicht auf die Lage der Orgel im Dom zu Osnabrück. Münster 868. Russell. gr. 8. (38 S) n. 4 ngr.

Christophs alte Orgel oder Heim, süß Heim. 3. Aufl. *Berlin: Deutsche Sonntagsschulbuchh. 1903.* (111 S.) 8° [F.] [04. 760

Orgel, Die neue, im Chorherrenstifte Vorau. Vorau 1890. V: *Lampel, Norbert.* (EB)

Orgel, die neue, im Dome zu Salzburg. [Erbaut von Matthäus Mauracher im J. 1883.] Von Johannes Peregrinus. 12. (16 S.) Salzburg 883, (Kerber.) *
Aus: Salzburger Chronik, besonders abgedruckt.

Orgel, die, zu St. Paul, s. Jugendbibliothek, neue, für Unterhaltung.

Orgel, die, zu St. Paul, oder das Blinden-Institut. Eine Geschichte aus dem bürgerl. Leben, für die reifere Jugend. Von dem Verfasser der Glocke der Andacht. Mit 1 Stahlstich. 8. Augsburg 840. v. Jenisch u. Stage. 1/2 ₰

Orgel, die, zu St. Paul, oder das Blinden-Institut. Eine Geschichte aus d. bürgerl. Leben für die reifere Jugend. Von d. Verf. der „Glocke der Andacht." 2. Aufl. Mit 1 Stahlst. 8. Augsburg 841, v. Jenisch u. Stage. 1/2 ₰

Orgel, Die, zu St. Paul, oder das Blinden-Institut . . . 2. Aufl. Augsburg 1847. V: *Ambach, Eduard.* (Ky)

Orgel, die, zu St. Paul, oder das Blinden-Institut. Eine Geschichte aus dem bürgerlichen Leben f. die reifere Jugend. Von d. Verf. der Glocke der Andacht (Ed. Ambach). 2. verb. Aufl. Mit 1 Stahlst. 8. (IV u. 160 S.) Augsburg 847, v. Jenisch & St. 1/2 ₰

—

Oergel, *Kurt Karl* Emil [aus Ostpreussen]: Casuistischer Beitrag zur Pathologie und Therapie der Perforationsperitonitis nach ulcus ventriculi. . Greifswald, Druck v J. Abel, 1891, 32 S. 8°
Greifswald, Med. Fak., Inaug.-Diss. v. 3. März 1891

[F.] Das Collegium majus zu Erfurt. Dargest. v. G[eorg] Oergel, Pastor. *Erfurt: Selbstr. d. Ver. f. Gesch. u. Altertumskde v. Erfurt; In Komm. b. C. Villaret 1894.* (1 Bl., 43 S.) 1 Bd 8. [94. 8004

Oergel, Geo., vom jungen Luther. Beiträge zur Lutherforschung. gr. 8. (VI, 136 S.) Erfurt 899. J. G. Cramer's Buchdr. 1. 50

Oergel, Geo., Universität u. Akademie zu Erfurt unter der Fremdherrschaft 1806—1814. (57 S.) gr. 8. Erfurt 906. C. Villaret. 1. —
Sonderabdruck aus: „Jahrbb. d. kgl. Akad. gemeinnütz. Wissensch. zu Erfurt".

Oergel, Kurt Karl Emil, s. O e r g e l , Emil

Orgelbauzeitung, die. Organ für die Gesammtinteressen der Orgelbaukunst. Unter Mitwirkung hervorrag. Orgelbaumeister Deutschlands begründet und hrsg. von M. Reiter. 1. Jahrg. 1879. 36 Nrn. (Bog.) gr. 4. Berlin, W. Peiser's Verlag. *

Orgelbauzeitung, die. Organ für die Gesammtinteressen der Orgelbaukunst. Unter Mitwirkung hervorragender Orgelbaumeister Deutschlands begründet und hrsg. von M. Reiter. 2. Jahrg. 1880. 36 Nrn. (Bog. mit Stnt.) gr. 4. Berlin, W. Peiser's Verlag. *

—— Wochenschrift für Orgelbauer und Organisten. Zugleich Organ für die Gesammtinteressen der Verfertiger und Spieler aller Tasteninstrumente: Pianoforte, Harmonium etc. Begründet und hrsg. von M. Reiter. 3. Jahrg. 1881. 52 Nrn. (Bog.) gr. 4. Ebendas. *
Die Fortsetzung bildet:

Orgel- und Pianobau-Zeitung, die. Wochenschrift für die Gesammtinteressen der Verfertiger und Spieler aller Tasteninstrumente. Officielles Organ des Vereines deutscher Pianofabrikanten und Händler. Begründet und hrsg. von M. Reiter. Redact.: Geo. Grützner. 4.—6. Jahrg. 1882—1884. à Jahrg. 52 Nrn. (Bog.) gr. 4. Berlin, Expedition. à Jahrg. *

Orgelbegleitung zum Gebet- u. Gesangbuch „Gottesdienst" f. die Erzdiözese München u. Freising. (VIII, 184 S.) 24×31,5 cm. Regensburg 909. F. Pustet. 7.80; geb. in Halbchagrin 10. —

Orgelbegleitung zur neuen Liedersammlung für Dritt-Ordenskonferenzen. Bregenz 1906. V: *Sparber, Josaphat* (nicht: *Thaler, Kassian*). (Margr)

Orgelbegleitung zu den Praefationen auf alle Feste des Jahres und dem Pater Noster nach dem röm. Missale. gr. 4. (32 S.) Düsseldorf 862, (Schaub'sche Buchh.) *

Orgelbuch zum kleinen Alleluja, Gebet- und Gesangbuch für die Schulen des Erzbisthums Salzburg. Regensburg. Druck und Verlag von Friedrich Pustet, 1893. (Min.-Erl. v. 21. November 1894, Z. 19362) —.90

Orgel-Buch zu den im Auftrage der Fürstbischöflichen Delegatur in Berlin herausgegebenen Katholischen Kirchengesängen. Berlin: Germania 1906. (90 S.) quer-8° [06. 3790

Orgel-Buch zum Brixner Diözesan-Gesangbuch. 3 Tle. (IV, 96; VII, 140 u. VI, 67 S.) qu. gr. 8. Innsbruck 905. F. Rauch. n.n. 12. —; in 1 Bd. geb. n.n. 14. —

Orgelbuch zum Gesangbuch f. die Diöcese Trier. Hrsg. v. dem bischöfl. General-Vikariat. qu. gr. 4. (VI, 188 S.) Trier 895. (Paulinus-Druckerei.) n. 5. —; Einbd. in Halbldr. n.n.n. 1. —; in Leinw. n.n.n. 1. 30; m. Golddr. n.n.n. 1. 50

Orgelbuch zum kirchlichen Volks-Gesangbuche „Hosanna" f. d. Diöcese Seckau. Herausgeg. v. Cäcilien-Vereine d. Diöcese Seckau. Redig. v. Johann E. Haimásy. Section I, Weihnachtskreis. Quer-Folio. (87 S.) Graz, Verl. „Styria". 3 fl. 1885

Orgellieder, Cölnische. O. O. 1838 bis 1839. V: *Müller, Hermann.* (cramerBkde S. 107)

Orgelpeter, der; Origin.-Lstspl. mit Gesang, s. Fr. G. Hagemann, neue Schauspiele.

Orgelpeter, der, Original-Lustspiel mit Gesang in 1 Akt. 8. Eisenach, Wittekind. 810.

Orgelschule, Kleine praktische, zur Verwendung beim Musikunterrichte an Lehrerbildungsanstalten von Johannes Ev. Habert. Opus 101. Leipzig. Druck und Verlag von Breitkopf & Härtel 1898

Orgelschule, neue praktische, für die ersten Anfänger bis zum vollendeten Orgelspiele; in Verbindung mit Rink, Hesse, Köhler, Schneider, Höpner, Schwenke u. A. herausg. von C. Geißler. In 6 Heften. 1. Heft. qu. 4. Meißen 841, Goedsche. 1/3 ₰

Orgelspielbuch. Eine Sammlung von kirchlich-classischen Orgelstücken alter und neuer Meister mit Finger- und Fußsatz, nebst einleit. Orgelschule. Zum Gebrauch in Kirchen und zum Studium in Seminarien hrsg. von C. Kocher, F. Silcher und J. G. Frech. qu. gr. 4. (IV und 328 S.) Stuttgart 851, Metzler'sche Buchh. *

Orgelstimme zu dem vom Bischöflichen Ordinariat Rottenburg zum Gebrauch bei dem öffentl. Gottesdienst herausgegebenen: Katholischen Gesangbuch. qu. 4. (XVI und 868 S.) Schwäb. Gmünd 867, Schmid. *

Orgel-Vorspiele der berühmtesten Meister, älterer u. neuerer Zeit. Lfrg. 1. Präludien des Abt Vogler. Fol. Quedlinb. 835. Basse. 1/3 ₰

Orgelweihe in der Nydeckkirche, Sonntag den 13. Christmonat 1885. In-8°, 37 S. Bern, Paul Haller. — 50

Orgelweihe in der Nydeckkirche. Sonntag, den 13. Christmonat 1885. 8. (38 S.) Bern 886. Nydegger & Baumgart. n. — 40

Orgelwerk, Buckow's, in der Kirche zu Erdmannsdorf. Hirschberg 1842. V: *Lischke, Chn Glieb.* (Nent)

Orgeni, Aglaja. Wien 1876. H: *Kugel, Ignaz.* (EB)

Orges, H. v., Die Weltausstellung und die Frauenarbeit. 8°. Wien 1872.

Orges, Hermann

Orges, H., Beitrag zur Geschichte des preuß. Militair-Systems, s. Beitrag.

(Orges, Hermann.) Ein Beitrag zur Geschichte des preußischen Militair-Systems der Gegenwart. Freiberg, A. Reimmann (1848). 12 S. 4.

Orges, Dr. Hermann. Das Heer in Oesterreich. (Aus: „Oesterreichischer Revue" Jahrg. 1865.) (Donation Liechtenstein.) 8. Wien 1865.

Orges, Dr Hermann v Die Wiedervereinigung der technischen Waffen im österreichischen Heere. (Aus: „Oesterreichische Revue." 1866. 5. Heft.) (Donation Liechtenstein.) 8. Wien 1866.

Orges, Wilhelm

Orges, Guil. (geb. Osnabrück 4 2 1818) Comparatio Platonis et Aristotelis librorum de re publica. Berolini (1843). (92 S.) 8°
Berlin, Phil. Diss. v. 10. März 1843

Orgetorix. Ein tragisches Gemälde a. d. ält. Zeiten Helvetiens in 5 Akten, von K. Müller von Friedberg. 8. St. Gallen, Huber. 804.

ORGIE, Die Königliche [orangefarbig gedruckt], oder Die Österreicherin bei Laune. Eine Oper von einem Leibgardisten veröffentlicht am Tage der Preßfreiheit. In Musik gesetzt von der Königin 1789. Zum ersten Male in die deutsche Sprache übertragen von Engelbert Nern. (Sechs erotische und obszöne) Original-Lithographien und (drei) Vignetten von Paul Scheurich. Berlin, Fritz Gurlitt, 1919. [Bd. VII von »Der Venuswagen«.] 1 weißes Bl., 38 S. (Text S. 11—25, S. 26 weiß, S 27—38 interessante kulturhistorische Skizze des Übersetzers über »Die kleinen Gemächer und der Hirschgarten«). 1 S. weiß, 1 S. Notiz der Numerierung, 1 Bl. weiß. 700 numer. Expl.

ORGIE, Eine, im Hause Orfina. London, Heinrich Eichenhammer, 1905. 8°. 36 S.
Verb. d. Ldg. III Berlin A. 4 J. 197/12.

Orgielbrand, Stanislaus, a. Warschau ⟨Polen⟩: Beiträge zur Symptomatologie und pathologischen Anatomie der Tumoren der hinteren Schädelgrube. Warschau 1905: Act.-Ges. S. Orgelbrands Söhne. (40 S.) 8°
Heidelberg, Med. Fak., Ref. Erb, Diss. v. 18. Juli 1905
[Geb. 6. Jan. 80 Warschau; Wohnort: Warschau; Staatsangeh.: Rußland; Vorbildung: Gymn. Warschau Reife Juli 00; Studium: Krakau 2, Wien 4, Heidelberg 4 S.; Rig. 18. Juli 05.]

ORGIEN, Nächtliche. Aus dem Leben eines österreichischen Offiziers. Von ihm selbst erzählt. Bukarest. Verlag von Sam Hecht (c. 1890). 8°. (4 Mk. eine böhm. Firma, 1901.)
Sotadicum. 88 S. Lat. Lett. Ohne Kapitel-Ueberschriften. — Bereits selten!
— — Dasselbe. Gotha, o. J. 8°. 86 S. (5 Mk. Adolf Weigel, 1910.)

ORGIEN, Nächtliche, aus dem Leben eines österreichischen Offiziers. Von ihm selbst erzählt. Bukarest, Verlag von Samuel Hecht, o. J. (um 1910). 8°. Privatdruck auf Bütten.

Orgies-Rutenberg, Freiherr Emil von, a. Berlin: Das Recht der adeligen Güterfamilienfideikommisse in Kurland, seine erforderlichen Modifikationen und einige Hinweise auf die projektierte Neugestaltung des Familienfideikommissrechts in Preußen. Berlin [1908]: E. Brückmann. (VII, 47 S.) 8°
Jena, Jur. Fak., Ref. Fehr, Diss. v. 15. Juni 1908
[Geb. 2. Nov. 62 Gut Rokaischen in Kurland; Wohnort: Berlin; Staatsangeh.: Preußen; Vorbildung: Deutsches Gymn. Libau Reife O. 82; Studium: Dorpat 8 S.; Rig. 19. Mai 08.]

Orgler, Adolf, aus Berlin Über die zur disruptiven Entladung in einigen Gasen bei verschiedenen Drucken notwendige Potentialdifferenz. *Berlin (1899): G. Schade.* (40 S.) 8°
Berlin, Phil. Diss. v. 12. Aug. 1899

Orgler, Arnold, prakt. Arzt aus Posen ⟨Aus d. patholog. Institut d. kgl. Charité zu Berlin⟩. Zur Physiologie der Nebennieren. *Berlin (1898): E. Ebering.* (37 S.) 8°
Berlin, Med. Diss. v. 23. Dez. 1898

Orgler, Ernst, approb. Arzt: Aus d. gynäkolog. Abteilung d. Krankenhauses d. Elisabethinerinnen zu Breslau ⟨Prof. Pfannenstiel⟩. Hämoglobinbestimmungen bei gutartigen und bösartigen Geschwülsten, speziell auf dem Gebiete der Gynäkologie. *Breslau 1899: Th. Schatzky.* (60 S.) 8°
Breslau, Med. Diss. v. 6. Apr. 1899

Orgler, Flav Ansprache an die Schüler bei dem anläfslich der silbernen Hochzeit des Allerhöchsten Kaiserpaares im Gymnasium abgehaltenen Festaktus. 9 S. 8. Progr. Hall 1879

Orgler Leonhard Colonna, Freiherr von Völs, Landeshauptmann an der Etsch u. Burggraf zu Tirol v J 1498–1530. 31 S. 8°-Bozen, Progr. 1859

— P Maximilian Holaus, k. k. Schulrat und Gymnasialdirektor in Hall Nekrolog 6 S 8 Progr. Hall 1883

Orgler, Flav Archäologische Notizen aus Südtirol. 2. Th. (S Progr 1866) 26 S 8° – Bozen, OG., Progr 1871

Orgler, P. Flavian, archaeologische Notizen aus Süd-Tirol. gr. 8. (26 S. mit 1 Stnt. Abbild. in gr. 4.) Bozen 866, Promperger's Buchh.

Orgler, Flavian Ludwig Bertrand Schöpf. Nekrolog. 3 S 8. Hall 1878. Progr.

Orgler, Flavian P Dismas Tuzer, Ord. S. Franc. (Ein Lebensbild.) 33 S. 8. Progr. Hall 1881

Orgler, Fritz [Rechtsanw. in Posen]: Beitrag zur Lehre von der prozessualen Behandlung der Kompensationseinrede .. Tübingen, Druck v. W. Armbruster & O. Riecker, 1897; 80 S. 8.
Tübingen, Jur Fak., Inaug.-Diss. v. 1897

ORGLER, JOHANN: Predigt am Schutzengelfeste als Herr Johann Evangelist Leser das Jubeljahr seiner kunstreichen Thätigkeit als Apotheker in Alt-Ofen den 2. September 1821 feyerte. Pesth 1821 J. Th. Trattner. 36 S. - gr 8°

Orgler, Isaac Car. (geb. Oppeln 13. 4. 1836) De phthisi melanotica. Berolini (1860). (30 S.) 8°
Berlin, Med. Diss. v. 3. Okt. 1860

Orgler, N., s.: Hammelrennen nach Canossa!

Orhaphesoi, S. N., das Lied von die Kuggel. Ein Scherz. gr. 8. Altona 842. (Hamburg, Berendsohn.) n. 1/4 ℔

Oeri [Sachliches OW]

Oeri, Hans Jakob O', Bildniss- und Historienmaler (1782–[1868]). Njbl. s.a. [Hess, Jacob].

Oeri, Hans Jakob, Bildniss- und Historien-Maler . . . [Zürich 1869.] V: *Hess, Jac.* (Cat. d. Stadtbibl. Zürich. Zürich 1864—97.)

Oeri [Verfasser]

Oeri, Albertus [Turicensis-Basiliensis]: De Herodoti fonte Delphico. Basileae 1899. 68 S. 8°.
Basel. Phil. Diss. 1898/99.

Oeri, Alb., der Revisionsgeneral Rolle. Nach e. Vortrag, geh. in der histor. u. antiquar. Gesellschaft Basel am 19. XII. 1904. (60 S. m. 1 Bildnis.) 8. Basel 905. (Leipzig, C. Beck.) n.n. — 80

Oeri, Albert. Der Revisionsgeneral (Christoph) Rolle. Nach einem Vortrag gehalten in der historischen und antiquarischen Gesellschaft Basel am 19. Dezember 1904. [Mit Porträt.— Sep.-Abdr. aus: Basler Nachrichten 1904 Dezember 23, No 351 — 1905 Januar 1, No 1.] 60 S. 8. Basel, Buchdr. zum Basler Berichthaus (* *Umschlag:* Verlag der B' N'), 1905. [fr. —. 80]

Oeri, Albert. Ein Streifzug nach Kommagene. (Separatabdruck aus dem Sonntagsblatt der Basler Nachrichten vom 16., 23., 30. Dezember 1906 und 6., 13. Januar 1907.) II + 61 S. 8. [Basel,] Verlag der Basler Nachrichten, [1907]. [fr. —. 80]

[Oeri, Albert] Die Basler Universität und das B' Gemeinwesen. ⟨Separatabdruck aus den «Basler Nachrichten» vom 11.—17. Juni 1910.⟩ 56 S. 8. Basel, Basler Berichthaus, 1910. [fr. —. 50]

Oeri, Felix. Ein Beitrag zur Kenntnis des Phosphorsäure- und Kalkstoffwechsels beim erwachsenen, gesunden Menschen. ⟨Mit 3 Kurven im Text.⟩ Aus der med. Klinik in Basel.... Sonder-Abdruck aus der Zeitschrift für klin(ische) Medizin. Bd. 67. H[eft] 4. 20 S. 8. [Berlin, A. Hirschwald, 1909.]
Ausg. B. — *Ausg. A:* Diss. Med. Basel (*s. Bulletin 1909, S. 58*).

Oeri, Felix. Ein Beitrag zur Kenntnis des Phosphorsäure- und Kalkstoffwechsels beim erwachsenen, gesunden Menschen. Diss. Med. Basel. Mit 3 Kurven [im Text]. (Sonder-Abdruck aus der Zeitschrift für klinische Medizin. Band 67. Heft 4.) *Kopftitel:* Aus der medizinischen Klinik in Basel.... II + 20 S. 8. Berlin, L. Schumacher, 1909.

Oeri, J[ohann] J[acob]. Zum Andenken an D Chr[istoph] Johannes Riggenbach (1818–1890), Professor der Theologie in Basel. SA. 8. Basel [1893].

Oeri, Jac., Novae in responsionem Aristophaneam animadversiones. Schaffhausen 1876. Progr.

Oeri, J., Novae in responsionem Aristophaneam animadversiones, accedit tabula responsionum. gr. 8. (34 S.) Schaffhausen 876, Baader. *

Oeri, J. J., Beitrag zum Verständniss der Trachinierinnen des Sophokles. gr. 8. (68 S.) Berlin 882, Weidmann'sche Buchh. *

Oeri, Jak., s.: Burckhardt, Jak., griech. Kulturgeschichte.

Oeri, J[ohann] J[acob]. Ein's ist noth. Predigt, gehalten bei der Beerdigung der Frau Pfarrer Sophie Eppler, geb. Frey, den 21. Mai 1876... zu Waldenburg... ⟨Nebst den Personalien.⟩ 8. Liestal.

Oeri, J. J., Das epische Element in der griechischen Tragödie. Pr. 1889. 20 S.

Oeri, J. J. Das epische Element in der griechischen Tragödie. Vortrag gehalten an der 28. Jahresversammlung des Vereins schweizer. Gymnasiallehrer. In-8°. 24 S. Aarau, H. R. Sauerländer. 1890

Oeri, J[acob]. Eröffnungsrede an der fünfundvierzigsten Jahresversammlung des Vereins schweizerischer Gymnasiallehrer, 8. und 9. Oktober 1905 in Baden, gehalten vom Jahrespräsidenten Dr. J. Oe', Basel. Separatabdruck aus dem 36. Jahresheft des V' sch' G'. 6 S. 8. Aarau, H. R. Sauerländer & Co., 1906.

—— über die Erziehung der Jugend zum Verständniß der Poesie. Vortrag, gehalten in der cantonalen Lehrerconferenz zu Schaffhausen den 6. Juli 1882. 8. (32 S.) Schaffhausen 882, Schoch. *

Oeri, Jacob. Euripides unter dem Drucke des sicilischen und des dekeleischen Krieges von Dr. Jakob Oeri. Wissenschaftliche Beilage zum Bericht über das Gymnasium [in Basel], Schuljahr 1904—1905. 52 S. 4. Basel, Kreis, 1905.

Oeri, Jak., d. attische Gesellschaft in der neueren Komödie der Griechen, s.a. Sammlung gemeinverständl. wissenschaftl. Vorträge.

[S.] Die attische Gesellschaft in der neueren Komödie der Griechen. Vortrag v. Dr. J. Oeri in Basel. *Hamburg: Verlagsanst. u. Dr. A.-G. 1897.* (37 S.) 1 Bd 8.
— Sammlung gemeinverständl. wiss. Vorträge. N.F. Ser. 12. H. 275.
(97. 5307

— Götter und Menschen bei Euripides. Basel, Gymnasium 1889. Progr.

(Oeri, J[acob].) Hellenisches in der Mediceerkapelle. (Separat-Abdruck aus den «Basler Nachrichten» vom 3. Juli 1905.) [4 S.] 4. [Basel, Basler Berichthaus.]

— Interpolation und Responsion in den jambischen Partien der Andromache des Euripides. Schaffhausen 1882. Progr.

Oeri, J. J., Interpolation u. Responsion in den jambischen Partien der Andromache d. Euripides. gr. 8. (30 S.) Berlin 882. Weidmann. n. 1. —

Oeri, Jak., griechische Kulturgeschichte, s.: Burckhardt, Jak.

Oeri, J[ohann] J[acob]. Leichenrede über Apostelgeschichte 20, 32 für Herrn Pfarrer Raget Christoffel in Wintersingen, gestorben den 29. Januar... 1875. 8. Liestal 1875.

Oeri, J[ohann Jacob]. Leichenrede für die selig verstorbene Frau Pfarrer Maria Widmann, geb. Kamm, von Liestal, gehalten.. den 11. Februar 1871... 8. Liestal.

Oeri, Jacob. Die ΜΕΡΗ ΤΗΣ ΤΡΑΓΩΙΔΙΑΣ in der Tragödie des V. Jahrhunderts. Von Jakob Oeri. Aus der Festschrift zur 49. Versammlung Deutscher Philologen und Schulmänner. Basel 1907. II S. + S. 114—147. 8. [Basel, Buchdr. Emil Birkhäuser;] — *Aufdruck:* Leipzig, Carl Beck, Verlag —, [1907]. [M. 1.20]

Oeri, J. J., Theodor Meyer-Merian. Ein Lebensbild. Nebst einem Anhang von den Gedichten des Verstorbenen. 8. (III, 229 S.) Basel 870, Georg. *M 2,40.; mit Photogr. * geb. **

(Oeri, J[acob].) Oberrhein(i)sches bei Horaz. ([Von] J. O', Basel. [Sep.-Abdr. aus:] Philologus [Band] 65 ⟨N. F. 19⟩, [Heft] 3.) S. 464—471. 8. [Leipzig, Dieterich, 1906.]

(Oeri, J[acob].) Der Onyx von Schaffhausen. Jubiläums-Schrift des Historisch-Antiquarischen-Vereins Schaffhausen. ([Von] Dr. J[ohann] J[acob] Oeri. [Mit 4 Tafeln.]) fol. Zürich [1882].

Oeri, J[ohann] J[acob]. Predigt, gehalten bei der Beerdigung des Hrn. Friedrich Ballmer, Dekorationsmalers und Organisten, am 14. Mai 1872... zu Lausen. ⟨Nebst den Personalien.⟩ 8. Sissach.

Oeri, J[ohann] J[acob]. Predigt, gehalten bei der Beerdigung der Jungfrau Karolina Ballmer, am 6. Dezember 1870... zu Lausen. ⟨Nebst den Personalien.⟩ 8. Lausen.

Oeri, J[ohann] J[acob]. Predigt, gehalten bei der Beerdigung des Herrn Marcus Bölger-Huber, am 13. Oktober 1864 .. zu Frenkendorf. ⟨Nebst den Personalien.⟩ 8 Liestal 1864.

Oeri, J[ohann] J[acob]. Predigt, gehalten bei der Beerdigung der Frau Susanna Hägler, geb. Fischer, am 7. März 1866... zu Lausen. Nebst den Personalien. 8. Liestal.

Oeri, J[ohann] J[acob]. Predigt, gehalten bei der Beerdigung des Herrn Johann Rudolf Linder, Pfarrers in Reigoldswyl, ... den 3. Dezember 1879, in der Kirche daselbst. Nebst den Personalien. 8. Basel 1879.

Oeri, J[ohann] J[acob]. Predigt, gehalten bei der Beerdigung des Hrn. Johann Gustav Niederer, Lehrers in Lausen,... den 16. Juni 1872, in der Kirche daselbst. ⟨Nebst den Personalien.⟩ 8. Sissach.

Oeri, J[ohann] J[acob]. Predigt, gehalten bei der Beerdigung des Herrn Joseph Rauczka, Pfarrers in Rothenfluh, am 2. Oktober 1871, in der Kirche daselbst. ⟨Nebst den Personalien.⟩ 8. Liestal.

Oeri, J[ohann] J[acob]. Predigt, gehalten bei der Beerdigung des Herrn Christoph Rolle, Altregierungsrath, am 28. August 1870... zu Lausen. ⟨Nebst den Personalien.⟩ 8. Lausen.

Oeri, Joh[ann] Jacob. Predigt, gehalten bei der Einweihung der Kirche in Birsfelden, den 14. Oktober 1866, von Joh. Jak' Oeri 8. Basel 1866.

Oeri, Iacobvs (geb. am 24 Juni 1844 in Lausen Kant. Basel): De responsionis apvd Aristophanem rationibvs atqve generibvs ... Bonnae, form. C. Georgi (1865). 2 Bl., 38 S., 1 Bl. 8. ¶ In Komm. bei Calvary & Co. in Berlin.

Bonn, Phil. Fak., Diss. v. 9 Dez. 1865

Oeri, Joh[ann] Jacob. Rede bei der Beerdigung des Herrn Johannes Kürsteiner S. M. C., Konrektor am Gymnasium, gehalten den 8ten April 1850... [zu Basel] von Joh. Jak' Oeri... 8. Basel.

— die grosse Responsion in der späteren Sophokleischen Tragödie, im Kyklops u. in den Herakliden. gr. 8. (53 S.) Berlin 880. Weidmann. n. 2. —

Oeri, J[acob]. Die Sophokleische Responsion: Verteidigung. Berichtigungen. Folgerungen. Von J[ohann] J[acob] Oeri. Wissenschaftliche Beilage zum Bericht über das Gymnasium (in Basel), Schuljahr 1902-1903. 45 S. 4. Basel, Friedrich Reinhardt, 1903.

Oeri, J. J., die Sophokleische Responsion. Verteidigung. Berichtigungen. Folgerungen. Progr. (45 S.) gr. 4. Basel 903. B. Wepf & Co. n. 2. —

Oeri, Jac., s: Sophokles, die Mädchen v. Trachis.

— s.: Stimmer's, Tobias, Comedia.

Oeri, J., Die Symmetrie der Verszahlen im griech. Drama, e. wissenschaftliche Wahrscheinlichkeitsfrage. Gel. 1896. 17 S.

Die Symmetrie der Verszahlen im griechischen Drama, eine wissenschaftliche Wahrscheinlichkeitsfrage. Vortrag von Dr. Jak. Oeri, Basel, geb. in Genf 1896. Aarau (1896): Sauerländer. 17 S. 8°

Oeri, J., das Kellerische Todesbild von Hans Baldung, s. Studien, ges., zur Kunstgeschichte.

Oeri, Jakob: Die euripideischen Verssysteme. 4 (34 S.). Progr. G. Basel 1898.
Nicht im Tauschverkehr

— die euripideischen Verszahlensysteme. Progr. gr. 4. (34 S.) Berlin 898. Weidmann. n. 1. 60

Oeri, Kaspar

Oeri, Caspar, Zürich: Dissertatio inauguralis medico-chymica de hydrargyri natura, viribus et usu.
Basel; med. Diss. 1706

Oeri, Rudolf [jun.]. Ueber Epithelmetaplasie am Uterus, besonders an Polypen. Mit 12 Abbildungen. Diss. Med. Basel. Sonderabdruck aus «Zeitschrift für Geburtshülfe und Gynäkologie» Bd. 57 [Heft 3]. *Kopftitel.* Aus der pathologisch-anatomischen Anstalt der Universität Basel. ⟨Vorsteher: Professor E(d[uard]) Kaufmann.⟩ I S. + S. 384—418. 8. [Stuttgart, Ferdinand Enke, 1906.]

Oeri, Rudolf. Physikus Dr. Theophil Lotz. Von R' O'-Sarasin. [Mit 2 Vignetten.] Separatabzug aus dem Basler Jahrbuch 1910. II + 28 S. 8. [Basel, Helbing & Lichtenhahn, 1909.]

O[eri], R[udolf]. Numme kai Missverständnis. E Stickli fir Junzi, in Hoch- u. Schwizerditsch, von R. O.-S[arasin]. 39 S. 8. (Stäfa, Ad. & P. von Matt, 1910.)

Oeri, [Rudolf]. Nekrolog uber J(ohann) J(acob) Bischoff (1841–[1892]), Prof. Vorgetragen in der medicinischen Gesellschaft zu Basel am 17. November 1892. SA. 8. ([Basel] 1892.)

[Oeri, Rudolf] Referat bezüglich Revision der Poliklinik vorgetragen im Namen der vorberatenden Kommission in der Sitzung der Medizinischen Gesellschaft zu Basel am 4. Dezember 1900. [Als Mscr. gedruckt.] 30 S. 8. Basel, Buchdr. Kreis, 1901.

Oeri, Rud., die Thoracocentese durch Hohlnadelstich und Aspiration bei seröser und eitriger Pleuritis. 75 Beobachtungen, gesammelt auf der medicin. Klinik zu Basel 1874—1876. gr. 8. (183 S.) Stuttgart 876, Enke. *

Oriana. Ein Singe-Spiel. Hamb. 1717 (componiert von Händel). V: *Beccau, Joachim.* (schr I, 180) Vgl. III, 7880.

Orianda. Eine Novelle. Von der Verf. von Johanna usw. Hamburg 1862. V: *Valett, Bertha.* Vgl. BRü 2 (1877), S. 648. (DARP)

Orianda. Eine Novelle. Von der Verf. von Johanna oder der Lebensweg einer Verlassenen. Hamburg 862. Hoffmann & Campe. 8. (252 S.) 1 Thlr

Oriandes. Trspl. in 5 A. (v. F. M. Klinger). 8. Frankf. u. Lpz. 790. (Altona, Aue). 8 gr

Oriandes. Trauersp. 8. Frankf. u. Leipz. Jacobäer. 790.

Oriania. Ein Singe-Spiel. Hamburg 1717. V: *Beccau, Joachim.* (schr)

Oriantes. Ein Trauerspiel in fünf Akten. Frankf. u. Leipzig 1790. V: *Klinger, Frdr. Maxim. von.* (MN) (KY) (GGr)

Chr. Godofr. Gruner progr. inest Oribasii medicinalium collectorum liber I. et II. et fragmentum aliud e codice Mosquensi nunc primum gr. et lat. Jen. 1782. 4.

Oeribauer, M., Führer für Trient-Arco und Umgebung, sowie die übrigen Curorte Wälschtirols. Mit 7 Stahlst. und 1 (chromolithogr.) Plane. 8. (IV, 204 S.) Reichenberg 884, Gebr. Stiepel. geb. *

Oeribauer, M., reine Hände. Lustspiel in 4 Acten. gr. 16. (107 S.) Wien 876. Wallishausser. n. 2. 40

Oeribauer, M., Carnevals-Abenteuer, s. Theater-Repertoir, Wiener.

—— auf der Spur, s. Theater-Repertoir, Wiener.

Oricellarius, s. Rucellai

Orichoviana. Opera inedita et epistulae Stanislai Orzechowski 1543—1566. Vol. I. Ed. Jos. Korzeniowski. Editiones academiae litterarum Cracoviensis. Bibliotheca auctorum polonica. 8. (XXVIII, 740 S.) Krakau 891. (Buchh. der Poln. Verlagsgesellschaft.) n. 7. 20

Orichovius, Stanislaus

ORICHOVIUS, St., Rede vom Cölibatgesetze wider Papst Syricius. Rom (Gel. Buchhandlung in Dessau). 1783. 8°

Weller, fing. Druckorte.

Orichovius, Stanisl., Rede v. Cölibatsgesetze wider den Pabst Siricius, geh. unt. d. Pabstth. Paulus III. aus dem Latein. 8. Dessau, Gel. Buchh. 784.

Oriens christianus. Römische Halbjahrhefte f. die Kunde des christl. Orients. Hrsg. vom Priestercollegium des deutschen Campo Santo unter der Schriftleitg. v. Ant. Baumstark. 1. u. 2. Jahrg. à 2 Hfte. Lex.-8. (VI, 427 u. VI, 519 S.) Rom 901. 902. (Leipzig, O. Harrassowitz.) à Jahrg. n.n. 20. —

Oriens christianus. Römische Halbjahrhefte f. die Kunde des christl. Orients. Mit Unterstützg. der Goerresgesellschaft hrsg. vom Priestercollegium des deutschen Campo Santo unter der Schriftleitg. v. Ant. Baumstark. 3. u. 4. Jahrg. à 2 Hefte. (VI, 604 S. u. VI, 478 S. m. 5 Abb. u. 1 Taf.) Lex.-8. Rom 904. (Leipzig, O. Harrassowitz.) à Jhrg. n.n. 20. —

Oriens christianus. Römische Halbjahrhefte f. d. Kunde des christl. Orients. Mit Unterstützg. der Goerresgesellschaft hrsg. vom Priestercollegium des deutsch. Campo Santo unter der Schriftleitg. v. Frz. Cöln. 5.—7. Jahrg. à 2 Hefte. (337—403 u. VIII, 403 S.; 462 S. m. Abb. u. 4 Taf. u. 412 S.) Lex. 8. Rom 905.07. (Leipzig, O. Harrassowitz.) à Jahrg. nn 20 —

Orient [Sachliches OW]

— der, s. Jul. Fürst.

Orient, Der. Eine Zeitschrift literarischen und artistischen Inhalts. Hamburg. Hoffmann 1811-15 ab 1813 Hamburg. Perthes

Orient, od. Hamburg. Morgenblatt. Jahrg. 1812. gr. 4. Hamb., Hoffmann u. Campe. 4 Thlr — Jahrg. 1813—15. 4. Hamb., Perthes u. B. (à 6 Thlr) 18 Thlr Fortsetz., s. Morgenblatt.

Orient, der, Berichte, Studien u. Kritiken f. jüd. Gesch. u. Literatur. Hrsg. v. Jul. Fürst. Mit Literaturblatt. 1—3. Jahrg. 1840—42. à 104 Nrn. (Bog.) Schmal gr. 4. Leipzig, C. L. Fritzsche. à *

Orient, der, Berichte, Studien u. Kritiken für jüdische Geschichte u. Literatur. Herausgeg. von Jul. Fürst. Mit Literaturblatt. 2.—7. Jahrg. 1841—1846. à 104 Numm. (Bogen.) schmal gr. 4. Leipzig, C. L. Fritzsche. à n. 5 Thlr

Orient, der. Berichte, Studien u. Kritiken f. jüdische Geschichte u. Literatur. Nebst Literaturblatt. Hrsg. v. Jul. Fürst. 4—8. Jahrg. 1843—47. à 52 Nrn. (à 2 B.) gr. 4. Leipzig, C. L. Fritzsche. à J. *

1—3. Jahrg. 1840—42. Ebendas. à J. * 5 Thlr.

Orient, der. Berichte, Studien u. Kritiken f. jüdische Geschichte u. Literatur. Hrsg. v. Jul. Fürst. Mit Literaturblatt. 8—12. Jahrg. 1847—1851. à 52 Nrn. gr. 4. (1847—50 à Nr. 1½—2 Bog. 1851 à Nr. 1 Bog.) Leipzig, C. L. Fritzsche. 1847—50: à n. 5 Thlr 1851: n. 3⅔ Thlr

Der **Orient.** Freimaurerische Blätter der St. Joh.-Logen in Ungarn. [Hrsg. von F. L. Lichtenstein. Red. von Karl Mandello. No 1—3. Budapest 1873: Deutsch.] S. 1—79. 8°

Orient. Ämtliche Mittheilungen des Beamten-Collegiums der Gross ▭ von Ungarn für die 3.·. Joh.-Grade. [Red. von Alex. Uhl.] Ms. f. Frmr. [Jg. 1]—4. [Budapest 1874—1878: Fanda.] 4⁰ [Nebentit.:] Kelet. A magyarországi 3.·. foku szt. Jánosrendii nagy ▭ tisztikarának hivatolos közleményei. [Fortges. u. d. Tit.:]

Orient. Amtliches Organ der Johannis-Grossloge von Ungarn. Redacteur Alex. Uhl, Grosssecretär 6.—11 Jahrg. Budapest. Druck von Fanda. 1880—1885. gr 4. Autorisirte deutsche Ausgabe des ungar. Originals (Kelet). Sehr reichhaltige Monatsschrift. Seit 1882 ist Josef Hausdorfer Redacteur.

Orient, der. Hauptrouten durch Aegypten, Palästina, Syrien, Türkei, Griechenland. 2 Bde. (Aus: „*Meyer's* Reisebücher".) I: Aegypten. Mit 8 Kart., 11 Plänen u. Grundr., 42 Textbild. II: Syrien, Palästina, Griechenland u. Türkei. Mit 8 Kart., 20 Plänen u. Grundr. Leipzig, 1881—82. Kl. 8⁰. Orig.-Lwdbde.
1: XII—316 S. 2: XII—623 S.

Orient. Amtliches Organ der Johannis Grossloge [1887 ff.:] der Symbolischen Grossloge von Ungarn. Red. Alex. Uhl, [1882—1886:]Jos. Hausdorfer, [1887—1889:] Ludw. Abafi u. Mor. Gelléri, [1889—1890:] Mor. Gelléri, [1891—1895:] Mor. Gelléri, Jul. Sgalitzer, [1896:] Mor. Gelléri. Hrsg. von der Symbol. Grossloge von Ungarn. Ms. f. Frmr. Jg. 5—21. [Budapest 1879]—1888: Fanda, [1889:] Buchdr.-Actien-Gesellsch., [1890—1894:] Neumayer, [1895—1896:] Markus. 4⁰.

[1879 mit Nebentit.:] Kelet. A magyarországi jánosrendi nagypáholy hivatalos közlönye.
[Fortges. u. d. Tit.:]

Orient. Organ der symbolischen Grossloge von Ungarn. Der amtliche Theil übers. aus dem ungar. Amtsblatte „Kelet". Red. Mor. Gelléri, Edu. Pay'r. Hrsg. von der Symbol. Grossloge von Ungarn. Ms. f. Frmr. Jg. 22—34. Budapest 1897—1909: Markus. 4⁰
[1.] 148 S. [1874—1875]; 2. 176 S. [1875—1876]; 3. 142 S. [1876—1877]; 4. 164 S. [1877—1878]; 5. 210 S. [1879]; 6. 124 S. 1880; 7. 112 S. 1881; 8. 84 S. 1882; 9. 80 S. 1883; 10. [Getr. Pag.] 1884; 11. 80 S. 1885; [12.] 174 S. 1887; [13.] 136 S. 1888; 14. 244 S. [1889]; 15. 294 S. [Nebst] Beil. 1890, Beil. 8 S.; 16. 264 S. 1891; 17. VII, 300 S. 1892; 18. VII, 268 S. 1893; 19. VII, 320 S. 1894; 20. VI, 324 S. 1895; 21. VI, 352 S. 1896; 22. VI, 340 S. 1897; 23. VI, 324 S. 1898; 24. VII, 312 S. 1899; 25. VII, 328 S. 1900; 26. VII, 316 S. 1901; 27. VII, 336 S. 1902; 28. VII, 324 S. 1903; 29. VIII, 340 S. 1904; 30. VII, 324 S. 1905; 31. 6, 312 S. 1906; 32. VIII, 304 S. 1907; 33. VII, 312 S. 1908; 34. VI, 340 S. 1909.
Tt. 187, 216.

Orient, der. (In deutscher u. französ. Sprache.) Hrsg. vom Orient-Handelsmuseum, G m. b. H., Berlin. Red.: Heinz Bothmer. 2.—5. Jahrg. Mai 1899—April 1903. à 12 Nrn. gr. 8. (à ca. 20 S. m. Abb.) Berlin (N.W. 40), Administration. à Jahrg. n. 4.—

Orient, der. Jahrbuch des „Deutsch-österreich. Orientklubs". Hrsg. v. Heinz Bothmer. Ein Lese- u. Nachschlagebuch f. Orientfreunde. VI. Jahrg. 1904—1905. (137 S. m. Abbildgn.) gr. 8. Berlin-Charlottenburg (Weimarerstr. 35) (904). Deutsch-österreich. Orientklub. n. 1.50

— dasselbe. VII. Jahrg. des Jahrbuchs des „Deutsch-österreich. Orientklubs". 1905/06. gr. 8. Ebd. n. 1.50
Serbien unter König Peter I. Von Heinr. Bothmer. (IV, 114 S. m. Abbildgn. u. 1 Bildnis.) (905.)

— der. Vorträge u. Abhandlungen zur Geographie u. Kulturgeschichte der Länder des Ostens, hrsg. von Hugo Grothe. 1.—4. Heft. gr. 8. Halle, Gebauer-Schwetschke. à n. —45
1. 8 Monate in Peking. Eindrücke u. Studien aus der Zeit nach den chines. Wirren. Vortrag, geh. am 5. IV. 1905 in der Münchner oriental. Gesellschaft. Von A. Conrady. (19 S.) 905.
2. Das künstlerische Leben der Japaner. Vortrag, geh. am 16. XII. 1903 in der Münchner oriental. Gesellschaft. Von Berlepsch-Valendàs. (16 S.) 905.
3. Die geographische Erschliessung Japans. Vortrag, geh. am 24. X. 1904 in der Münchener oriental. Gesellschaft. Von S. Günther. (18 S.) 905.
4. Die politische u. wirtschaftliche Entwickelung Abessiniens. Vortrag, geh. am 5. I. 1906 in der Münchner oriental. Gesellschaft. Von C. Keller. (VI, 20 S.) 906.

Orient. Organ einiger Verehrer Edu. Payr's. Budapest 1908. 20 S. 8⁰
Festnr zum 30jährigen Mrjubil. d. Brs Pay'r veranstaltet; enth. ernste u. heitere Beiträge in deutsch. u. ungar. Sprache.
[L. 31 (1908) S. 192.]

Orient, der. Vorträge u. Abhandlgn. zur Geographie u. Kulturgeschichte der Länder des Ostens, hrsg. v. Dr. Hugo Grothe. 5.—7. Heft. gr. 8. Halle, Gebauer-Schwetschke. 3.—
Grothe, Hugo, meine Studienreise durch Vorderasien (Kleinasien, Mesopotamien u. Persien) 1906 u. 1907. Vorläufiger Bericht. (83 S.) 908. (Heft 6.) 1.80
Hartmann, Mart., die Frau im Islam. Vortrag, geh. am 3. III. 1909 in der Münchner oriental. Gesellschaft. (34 S.) 909. (Heft 7.) —60
Mayr, Geo. v., die Bevölkerung Britisch-Indiens nach dem Zensus v. 1901. Mit farb. Diagr. (auf 3 Taf.). (22 S.) 907. (Heft 5.) —60
1.—4. Heft. Ebd. 905. 06. 1.80

DER ALTE ORIENT Gemeinverständliche Darstellungen, herausgegeben von der Vorderasiatischen Gesellschaft. (später E. V.)
Jahrg. 1 (Heft 1—4.) Leipzig 1900. J C Hinrichs'sche Buchhandlung. 8⁰
Heft 1 ib. 1899. — A u. d. T HUGO WINCKLER, Die Völker Vorderasiens. ib. 1899. —
Heft 2 ib. 1899 — A. u. d. T CARL NIEBUHR (i. e. Carl Krug), Die Amarna-Zeit. Ägypten und Vorderasien um 1400 v Chr nach dem Thontafelfunde von El-Amarna. ib. 1899. —
Heft 3. ib. 1900. — A u. d. T ALFRED JEREMIAS, Hölle und Paradies bei den Babyloniern. ib. 1900. —
Heft 4. ib. 1900. — A. u. d. T · A. BILLERBECK, Der Festungsbau im alten Orient. Mit 7 Abbildungen. ib. 1900. —
Jahrg. 2. (Heft 1—4.) ib. 1901 —
Heft 1 ib. 1900. — A. u. d. T HUGO WINCKLER, Die politische Entwickelung Babyloniens und Assyriens. ib. 1900. —
Heft 2. ib. 1900. — A. u. d. T A. WIEDEMANN, Die Toten und ihre Reiche im Glauben der alten Ägypter. ib. 1900. —
Heft 3. ib. 1901 — A. u. d. T HEINRICH ZIMMERN, Biblische und babylonische Urgeschichte. ib. 1901 —
Heft 4. ib. 1901 — A. u. d. T : WILHELM FREIHERR v LANDAU, Die Phönizier ib. 1901 —
Jahrg. 3. (Heft 1—4.) ib. 1902. —
Heft 1 ib. 1901 — A. u. d. T OTTO WEBER, Arabien vor dem Islam. ib. 1901 —
Heft 2/3. Mit 3 Abbildungen.(!) ib. 1901 — A u. d. T HUGO WINCKLER, Himmels- und Weltenbild der Babylonier als Grundlage der Weltanschauung und Mythologie aller Völker. Mit 2 Abbildungen(!). ib. 1901 —
Heft 4. ib. 1902. — A. u d. T ALFRED WIEDEMANN,. Die Unterhaltungsliteratur der alten Ägypter ib. 1902. —

Jahrg. 4 (Heft 1—4.) ib. 1902 —
Heft 1 ib. 1902. — A u d. T LEOPOLD MESSERSCHMIDT, Die Hettiter Mit 9 Abbildungen. ib 1902. —
Heft 2 ib. 1902. — A u. d T FELIX FREIHERR von OEFELE, Keilschriftmedizin in Parallelen. Mit der Wiedergabe einer Keilschrifttafel. ib. 1902. —
Heft 3 ib. 1902. — A u d. T ALBERT ŠANDA, Die Aramäer ib. 1902. —
Heft 4. ib. 1902. — A u. d. T Die Gesetze Hammurabis, Königs von Babylon um 2250 v Chr Das älteste Gesetzbuch der Welt. Übersetzt von HUGO WINCKLER. Mit 1 Abbildung. ib. 1902. —
Jahrg 5. (Heft 1—4) ib. 1904. —
Heft 1 ib. 1903. — A. u. d. T W MAX MÜLLER, Die alten Ägypter als Krieger und Eroberer in Asien. Mit 7 Abbildungen. ib. 1903. —
Heft 2 ib 1903. — A u. d. T LEOPOLD MESSERSCHMIDT, Die Entzifferung der Keilschrift Dargestellt. Mit 3 Abbildungen. ib. 1903. —
Heft 3. ib. 1903 — A. u. d. T RUDOLF ZEHNPFUND, Die Wiederentdeckung Nineves. Dargestellt. ib. 1903. —
Heft 4 ib 1904 — A u. d. T FR. H. WEISSBACH, Das Stadtbild von Babylon. Mit 2 Plänen und 1 Skizze. ib. 1904. —
Jahrg 6. (Heft 1—4) 1904 ib. —
Heft 1 ib. 1904. — A. u. d. T HUGO WINCKLER, Geschichte der Stadt Babylon. ib. 1904. —
Heft 2. ib. 1904 — A. u. d. T W MAX MÜLLER, Äthiopien. Mit 1 Abbildung. ib. 1904. —
Heft 3. ib. 1905. — A. u. d. T OTTO WEBER, Sanherib, König von Assyrien 705—681 Eine Skizze. ib. 1905. —
Heft 4. ib. 1905. — A. u. d. T ALFRED WIEDEMANN, Magie und Zauberei im alten Ägypten. ib. 1905. —
Jahrg. 7 (Heft 1—4.) ib. 1905. —
Heft 1 Aus dem altbabylonischen Recht. Skizzen von BRUNO MEISSNER. ib. 1905. —
Heft 2. Mit 3 Abbildungen. ib. 1905. — A. u. d. T HUGO WINCKLER, Die Euphratländer und das Mittelmeer Mit 3 Abbildungen. ib. 1905. —
Heft 3. ib. 1905. — A. u. d. T HEINRICH ZIMMERN, Babylonische Hymnen und Gebete in Auswahl. ib. 1905. —
Heft 4. ib. 1906. — A. u. d. T OTTO WEBER, Dämonenbeschwörung bei den Babyloniern und Assyrern. Eine Skizze. ib. 1906. —
Jahrg. 8. (Heft 1—4.) ib. 1907 —
Heft 1 ib. 1906. — A. u. d. T HUGO WINCKLER, Die babylonische Weltschöpfung. ib. 1906. —
Heft 2. Mit 3 Abbildungen und mehreren Schriftproben. ib. 1907 — A. u. d. T WILHELM SPIEGELBERG, Die Schrift und Sprache der alten Ägypter Mit 3 Abbildungen und mehreren Schriftproben. ib. 1907 —
Heft 3. ib. 1907 — A. u. d. T WILHELM FREIHERR v LANDAU, Die phönizischen Inschriften. ib. 1907 —
Heft 4. Mit 3 Kartenskizzen und 4 Abbildungen. ib. 1907 — A. u. d. T OTTO WEBER, Forschungsreisen in Süd-Arabien bis zum Auftreten Eduard Glasers. Mit Kartenskizzen und Abbildungen. ib. 1907 —
Jahrg. 9. (Heft 1—4.) ib. 1908. —
Heft 1 Mit 3 Abbildungen. ib. 1907 — A. u. d. T FRIEDRICH ULMER, Hammurabi, sein Land und seine Zeit. Mit 3 Abbildungen. ib. 1907 —
Heft 2. Mit 15 Abbildungen. ib. 1907 — A. u. d. T ERICH BRANDENBURG, Phrygien und seine Stellung im kleinasiatischen Kulturkreis. ib. 1907 —
Heft 3/4. Mit 3 Kartenskizzen und 35 Abbildungen. ib. 1908. — A. u. d. T GEORG HÜSING, Der Zagros und seine Völker Eine archäologisch-ethnographische Skizze. Mit 3 Kartenskizzen und 35 Abbildungen. ib. 1908. —
Jahrg. 10. (Heft 1—4.) ib. 1909. —
Heft 1 ib. 1908. — A. u. d. T : MAX FREIHERRN von OPPENHEIM, Der Tell Halaf und die verschleierte Göttin. Mit 1 Kartenskizze und 15 Abbildungen. ib. 1908. —
Heft 2. ib. 1909 — A. u. d. T OTTO WEBER, Eduard Glasers Forschungsreisen in Südarabien. Mit einem Bild Glasers. ib. 1909. —
Heft 3. ib. 1909. — A. u. d. T ARTHUR UNGNAD, Die Deutung der Zukunft bei den Babyloniern und Assyrern. ib. 1909. —
Heft 4. ib. 1909. — A. u. d. T : HUGO WINCKLER, Das Vorgebirge am Nahr-el-Kelb und seine Denkmäler. Mit 1 Kartenskizze und 4 Abbildungen. ib. 1909. —
Jahrg. 11 (Heft 1—4.) ib. 1910. —
Heft 1 ib. 1909. — A. u. d. T FRIEDRICH DELITZSCH, Asurbanipal und die assyrische Kultur seiner Zeit. Mit 17 Abbildungen. ib. 1909. —
Heft 2. ib. 1910. — A. u. d. T : THEODOR KLUGE, Die Lykier Ihre Geschichte und ihre Inschriften. Mit 5 Abbildungen und Kärtchen der Fundorte. ib. 1910. —
Heft 3/4. ib. 1910. — A. u. d. T RUDOLF ZEHNPFUND, Babylonien in seinen wichtigsten Ruinenstätten. Mit 16 Plänen der Ruinenfelder und drei Abbildungen. ib. 1910. —
Jahrg. 12. Heft 1 ALFRED WIEDEMANN, Die Amulette der alten Aegypter. ib. 1910. —
Heft 2. ERNST KLAUBER, Keilschriftbriefe. Staat und Gesellschaft in der babylonisch-assyrischen Briefliteratur. Mit 1 Abbildung. ib. 1911 —
Heft 3. THEODOR KLUGE, Der Mithrakult, seine Anfänge, Entwicklungsgeschichte und seine Denkmäler. Mit 7 Abbildungen. ib. 1911. —
Heft 4. JOHANNES HUNGER, Heerwesen und Kriegsführung der Assyrer auf der Höhe ihrer Macht. Mit 9 Abbildungen. ib. 1911 —

Orient, der alte. Gemeinverständliche Darstellgn., hrsg. v. der vorderasiat. Gesellschaft. I. Ergänzungsbd. gr. 8. Leipzig, J. C. Hinrichs' Verlag. n. 2. —; geb. in Leinw. n. 3. —
Geschichte der ägyptischen Kunst bis zum Hellenismus. Im Abriss dargestellt. Von Wilh. Spiegelberg. (VIII, 88 S. m. 79 Abbildgn.) 903. n. 2. —; geb. n. 3. —

Orient, der alte. Gemeinverständl. Darstellgn., hrsg. v. der vorderasiat. Gesellschaft (E.V.) 2. Ergänzungsbd. gr. 8. Leipzig 907. J. C. Hinrichs' Verl. 4.20; geb. 5.—
Die Literatur der Babylonier u. Assyrer. Ein Überblick. Von Otto Weber. Mit 1 Schrifttaf. u. 2 Abb. (XVI, 312 S.)
1. Erg.-Bd. Ebd. 903. 2.—; geb. 3. —.

Orient, Bibelscher. München 1821. V (Heft 1): *Bernays, Isaac.* (Heft 2): *Kalve.* (schr)

Orient, Der biblische. München 1820. V: *Frank, Ottmar.* (Th) (schmal)

Orient, der biblische. Eine Zeitschrift in zwanglosen Heften. 1s u. 2s Heft. gr. 8. Münch. 820. Fleischmann. 12 gr

Orient, d. christliche. Monatschrift. Hrsg.: Johs. Lepsius. 1. Jahrg. 1897. 12 Hfte. (à ca. 3 Bog. m. Abb.) Lex.-8. Westend-Berlin. Berlin, Deutsche ev. Buch- u. Traktat-Gesellschaft. 6. —

— der christliche. Monatsschrift d. deutschen Orientmission. Hrsg.: Lepsius. 1.—3. Jahrg. 1900—1902. à 12 Hfte. gr. 8. (IV, 192; IV, 196 u. IV, 192 S. m. Abbildgn.) Berlin, Verlag der deutschen Orient-Mission. à Jahrg. n. 1. 50; geb. in Leinw. n. 2. —

— der christliche. Monatsschrift der deutschen Orientmission. Schriftleiter: Lepsius. 4.—7. Jahrg. 1903—1906. à 12 Hefte. (192, 192, 192 u. 194 S. m. Abb.) gr. 8. Berlin, Gr. Lichterfelde-West, Verlag der deutschen Orient-Mission. à Jhrg. 1. 50; geb. in Leinw. 2. —

— der christliche. Monatsschrift der deutschen Orientmission. Schriftleiter in der Muhammedaner-Mission: Lepsius u. Klein. Red.: Lepsius. 8.—11. Jahrg. 1907—1910. à 12 Hefte. (IV, 192; IV, 206; IV, 192 u. IV, 208 S. m. Abb.) gr. 8. Potsdam, Deutsche Orient-Miss. à Jahrg. 1.50; geb. in Leinw. 2. —

Orient Eagle : 1887—? Orient, SD
Weekly Published in English and German. Circulation 1887, 600.

Orient und Occident insbesondere in ihren gegenseitigen Beziehungen. Forschungen u. Mittheilungen. Eine Vierteljahrsschrift herausg. von Thdr. Benfey. 1. u. 2. Jahrg. à 4 Hefte (à 10—12 Bgn.). Göttingen 860—62. Dieterich. gr. 8. Jeder Jahrg. n. 5 Thlr

Orient u. Occident insbesondere in ihren gegenseitigen Beziehungen, Forschungen u. Mittheilungen. Eine Vierteljahrsschrift hersg. von Thdr. Benfey. 3. Jahrg. 4 Hefte. Göttingen 865. Dieterich'sche Buchh. gr. 8. (1. Heft. 192 S.) n. 5. Thlr

ORIENT und Occident. Erzählungen und Märchen. (Eroticum.) 8°. 368 S. (1½ Rthl.) (½ Rthl. Apitzsch, Lpz., c. 1890, ohne Orts- u. Jahrsangabe; jetzt theurer!)

Orient, der poetische, s. Jolowicz.

ORIENT, Der poetische, enth. die vorzüglichsten Dichtungen der Araber, Hebräer, Inder, Mongolen, Perser, Türken u. s. w. In metr. Übers. deutscher Dichter, m. Einleit. u. Anm. v. H. Jolowicz. Leipzig 1853. Gr. 8°. (4⅓ Rthl.)
— — Dasselbe. 2. Aufl. Ebd. 1856. Gr. 8°. (4⅔ Rthl.) (4 Mk., sehr eleg. Hfrzbd., Prachtexpl., R. Levi, Stuttg., 1909.)

Orient, der, in seinem gegenwärt. Zustande, mit Rückblicken auf die Vergangenheit, dargestellt in einer Reise über Konstantinopel, Kleinasien, Syrien u. Palästina. gr. 12. Wien 840. Gerold. 1 Thlr

Orient [Schlagwort]

Orient. Karte des europäischen Orients. 1 : 200,000. Nach den neuesten Quellen bearb. u. hrsg. vom k. k. militär-geograph. Institute in Wien. 4 Blatt. Chromolith. Imp.-Fol. Wien 887. (Lechner's Sort.) n. 7. 20

Orientalia. Edidd. Th. G. J. Juynboll, T. Roorda et H. E. Weijer. II Vol. 8maj. Amsterdam 840, Joh. Müller. n. $10^{1}/_{3}$ ℳ

[Umschlagt.] Orientalia. Katalog der Bibliothek aus d. Nachl. des Herrn Prof. Dr Alois Sprenger. *(Bern: Haller'sche Buchdr.) 1896.* (44 S.) 1 Bd 8. [97. 2531

Orientalis, die Mädchen von Chaibar, s. Mädchen, die, von Chaibar.

Orientalis [Pseud.], s. Wassermann, M. von

†Orientalis, Isidorus, s. Loeben, O. H. Graf v.

Orientalis, Isid., (O. H. Graf v. Loben), Guido. 8. Manh. 808. Schwan u. G. 1 ℳ 18 gr Mit neuem Titel, s: Isidorus, romant. Dichtungen.

Orient-Export. Exportzeitschrift f. den ges. Orient sowie f. das europ. u. asiat. Russland. Offizielles Organ des deutsch-österreich. Orientklubs. 4. Jahrg. 1910. 24 Nrn. (à ca. 14 S.) Lex. 8. Berlin (W. 35, Lützowstr. 96), Verlag des Orient-Export. 7.—

Orientbahn-Kalender für das Jahr 1859. Herausgeg. von J. Markbreiter. Druck u. Verl. v. *J. Markbreiter* in *Gross-Kanizsa* 1858. 128 S. 8°. Als Titelbild: das xylographirte Porträt des Karl von Etzel, Direktor der k. k. pr. Kaiser-Franz-Josephs-Orientbahn. Als Anhang: Situationsplan des Central-Bahnhofes in Gross-Kanizsa. 84 Nkr.

INHALT: Zur Geschichte der k. k. priv. Kaiser - Franz - Josef-Orientbahn. — Die Concessions-Urkunde derselben. — Karl von Etzel, Direktor der genannten Bahn. (Geb. 1812 zu Heilbronn.) — Der Situationsplan für den Central-Bahnhof in Gross-Kanizsa. — Eisenbahn-Aphorismen. — Zur Geschichte der Erfindungen nach Christi Geburt.

Zur **Orientirung** in der holstein-lauenburgischen Angelegenheit. ⟨Aus der „Minerva" von Bran 1857 Bd 1, H 3 besonders abgedruckt⟩ o O (1857) 8° Kopft]

Zur Orientirung über die französ. Armee. (V 46) 16. M 2 Taf Berlin 1850 0,50

Orientirung, Zur, über die französische Armee. Mit 2 Taf. Abbild. kl. 8. Berlin 1870.

Zur **Orientirung** in der österreichischen Frage. Von einem österreichischen Abgeordneten. Am 18. October 1848. o. O. (1848.) 8°.

Zur Orientirung in der Militärfrage. Von einem alten Offizier (31) 8. Berlin 1862. 0,50

Orientirung, Zur, über die Organisation, Ausbildung und Taktik der französischen Armee. Zusammenstellung der wichtigsten Angaben aus den amtlichen Reglements. gr 8. Berlin 1881.

Orientierung über das Studium der Mathematik an der Universität Giessen. [Gießen] 1910: [v. Münchow]. 2 Bl. 8° [Kopft.] [U 10. 1105

Orientierung über den Zolldienst und Adressenverzeichnisse. ([Bearb. vom] Sekretariat der Zürcher Handelskammer) Beilage zum 33. Jahresbericht der Zürcher Handelskammer. 20 S. 8. Zürich, Verlag der Z' H', 1907.

Orientierung. Zur Orientierung über den neuen Zolltarif. Notizen und Materialien. Als Manuskript gedruckt ([durch] Das engere Actionscomité [für den Tarif]). Februar 1903. 2 [Hefte]. *je* 8 S. 4. (Bern, Lack Aeschliman & Jost.)

[Heft] 1: ([Mit] Beilagen: Tabellen I—VI.)

Orientierung über die Zollverhältnisse Anfang März 1906. [Bearb. vom Sekretariat der Zürcher Handelskammer.] Beilage zum 32. Jahresbericht der Zürcher Handelskammer. 17 S. 8. Zürich, Selbstverlag der Z' H', 1906.

7. Internat. Geographen-Kongr., Berlin ... 1899. Orientierungs-Kärtchen (von Mittel-Berlin). Maassst. 1:25,000. (1 Kartenbl. 13 × 17 cm.) 8° [99. 11897

Orientirungs-Karte über die für Pirna und seine Umgebung empfohlenen Ausflüge. Hrsg. von der Section Pirna des Gebirgsvereins für die sächsisch-böhm. Schweiz. Lithogr. gr. 8. Pirna 879, (Diller und Sohn.) *

Orientirungs-Karte der neuen gerichtlichen u. politischen Eintheilung von Böhmen, siehe: Schmidt, Ed.

— der neuen gerichtlichen u. politischen Eintheilung v. Mähren etc., siehe: Schmidt, Ed.

Orientirungskarte und Plan der Stadt Klgft. Klgft., Leon, (1874), Folio/Oktav. 2 Bl. — 2. Aufl. (1877). Folio/Oktav 2 Bl. — 3. Aufl. (ca. 1880). — 4. Aufl. (ca. 1885).

Orientirungskarte des badischen Schwarzwaldes für Touristen von Appenweier bis Constanz. 1 : 200,000. Lithogr. gr. Fol. Nebst Höhenangabe der bekanntesten Orte und Luftkurplätze und einer Anleitung für Bergtouren ab Freiburg. 12. (2 S.) Freiburg i. Br. 883, Mayer. In Carton * 1 —

Orientierungskarte der Umgebung von Sonthofen u. Hindelang im Allgäu. Masst. ca 1 : 40,000. (Sonthofen: Verschönerungs Verein 1905; Lith. H. Köhler, München.) (1 Kartenbl. 56×62 cm.) 8° [kol.] [Umschlagt.] Orientierungs-Karte von Sonthofen, Hindelang u. Umgebung. [05. 11606

Orientirungs-Plan f. Besucher d. Stadt-Theaters in Kaiserslautern. Lith. Fol. Kaiserslautern 886. A. Gotthold's Verl. n. — 40; auf Pappe gezogen n. — 70

Orientierungsplan von Bielitz-Biala. 83 × 54 *cm* K 1.— Bielitz: Fröhlich 1904.

Orientirungsplan der freien Hansestadt Bremen. Mit Festplatz für das 2. allgemeine deutsche Bundesschiessen u. einem Führer durch die Stadt u. Umgegend. Lith. Bremen 865. Kühtmann & Co. gr. Fol. (16 S. Text in 16.) 5 *ngr.*

Orientirungs-Plan der freien Hansestadt Bremen. Ein Führer durch Stadt und Umgegend. Fol. (Mit 16 S. Text.) Bremen 870, Kühtmann und Comp. * — 50

Orientirungsplan der Stadt Forst i. L. Breslau (1894). 1 Bl. 1.

G. Freytag's Neuester Orientirungsplan von Wien. 1 : 50.000. 60 × 61 *cm* gefalzt in Umschlag K —.60 Wien: Freytag & Berndt 1902.

Freytags neuester Orientierungsplan von Wien 1 : 15.000. 61 × 77 *cm* gefalzt in Umschlag mit Straßenverzeichnis K —.60 Wien. Freytag & Berndt 1904

Freytags Neuester Orientierungsplan von Wien. 1 15.000
Wien Freytag & Berndt 1906 K —.60

G. Freytag's Neuester Orientierungsplan von Wien. 1 : 15.000. Mit Ansicht von Wien, einem alphabetischen Verzeichnis der Straßen, öffentlichen Gebäude und Sehenswürdigkeiten
Wien Freytag & Berndt 1909

Orientirungs-Plan von Göttingen M alphab. Strassen- u. Gebäude-Verz *Göttingen: Lüder Horstmann [1897]* (1 Pl., 2 Bl.) 1 Bd 8. [97.6997]

[Umschlagt.] Göttinger Orientirungs-Plan. M. alphab. Strassen-Verzeichnis, e Umgebgskt u. kurz. Führer v Göttingen. 2 verb. Aufl. *Göttingen L. Horstmann [1898]*. (4 Bl., 2 Kt) 1 Bd 8. [98. 11051 Go

Orientirungs-Plan, neuer, von Wien mit allen Strassenbenennungen. Ausg. 1888. Chromolithogr. Fol. Ebenda. * — 80

Orientirungs-Plan, neuer, von Wien. Mit allen Strassenbenenngn. Ausg. 1890. Chromolithogr. Fol. Wien, Artaria u. Comp. * — 50

Orientirungs-Plan, Neuer, von Wien mit allen Strassenbenennungen. **1891.** Folio. Chromolithographie. Gefalzt Wien: Artaria & Co. —.25

Orientirungs-Plan, Neuer, von Wien mit allen Strassenbenennungen. 1893. Folio. Chromolith. Gef. Wien: Artaria & Co. —.25

Orientirungsplan, neuester, der Stadt Düsseldorf und Umgebung. Fol. Düsseldorf [Wiesbaden] 872, Gestewitz. 1 20

Orientirungsplan, neuester monumentaler reich illustrirter, von Wien. Mit besond. Berücksicht. der Hauptgebäude, Monumente etc. nebst einer Karte von Wien's Umgegend. Fol. Wien 878. (Leipzig, Klein's Kunsth.) In Carton

Orientirungs- u. Strassen-Plan, Neuester, v. Wien mit Vororten (bis Schönbrunn). Original-Ausgabe 1880/81. Gr.-Folio. Farbentondruck. Ebds. Gefalzt in 8. mit alphabet. Namens-Verzeichniss sämmtl. Strassen, Gassen u. Plätze. 1 fl. 1881

Neuester umfassender Orientierungsplan der k. k. Reichshaupt- und Residenzstadt Wien einschließlich des XXI. Bezirkes mit Angabe der wesentlichsten Sehenswürdigkeiten. 1 : 24.000. Gefalzt in Umschlag K —.50
Wien Moritz Perles, K. u. K. Hofbuchh. 1907

Orientirungs-Plan von Steyr, 1893. Massstab: 1 . 11.500. Herausgegeben von G. Janetschek. Qu.-Fol. Chromolith. Steyr: Sandböck (Koller) —.15

Orientierungsplan, scenischer, zu Rich. Wagners Opernaufführungen im Kgl. Hof- u. National-Theater in München 1893. qu. gr. 16. (93 S. m. 2 Gruppenbildern.) München 893. A. Bruckmann. — 80

Orientirungs- und Strassenplan von Wien mit Vororten. Orig.-Ausg. 1878/79. Chromolithogr. Imp.-Fol. Nebst Strassenverzeichniss. 8. (15 S.) Wien 879, Artaria und Comp.

Orientirungs- und Strassen-Plan von Wien mit Vororten. 1 : 15,840. Ausg. 1888. Chromolithogr. gr. Fol. Mit Strassenverzeichniss. 8. (15 S.) Ebendas. 2 —

Orientirungs-Plan von Wien und den Vororten. 1 Blatt. Lithogr 1 . 15.840 Original-Ausgabe 1887 Wien, Artaria & Co. fl. 1 —.

Orientierungs-Plan von Wiener-Neustadt. Samt den neu genehmigten Gassen u. zu eröffnenden Strassenzügen. Masst. 1 . 4,000. [Mit 2 Nebenkarten.] [Nebst] Gassen- u. Strassen-Verzeichnis. *Wiener-Neustadt: A. Folk (1903); Kartogr. G. Freytag & Berndt, Wien.* (1 Kartenbl. 62×90 cm, 8 Bl.) 8° [kol.] [03. 3480

Orientirungs-Plan für die k. b. Kreis-Haupt- und Universitäts-Stadt Würzburg. Chromolithogr qu. gr. 4. Würzburg 882, Stuber's Verlagsh. * — 50

Orientirungsscheiben. Nr. 1—3. Lithogr Fol. Dresden 885, Köhler. In Carton à Nr. * — 40
Inhalt:
1 Grosser Winterberg. — 2. Bastei. — 3. Hoher Schneeberg.

Orientirungs-Schema, neues, für die Landeshauptstadt Brünn, verfasst auf Grund der neuen Strassenbezeichnung und Häusernummerirung. 8. (V, 194 S.) Brünn 877, (Winkler's Buchh.) cart. *

Orientierungs-Schema der Gemeinde Simmering bei Wien 1870. [Wien 1869.] V: *Winkler, Michael.* (EB)

Orientirungs-Schema der Ortschaft Weikersdorf. Nachweis der neuen Gassen- u. Straßen-Benenngn. in alphabet. Ordng. m. ihren neuen Orientirungs-Nummern in arithmet. Ordng. nebst den Namen der Hauseigenthümer ꝛc. gr. 8. (52 S.) Baden 873. Otto. n. 1. 20

Orientirungs-Schematismus der Stadt Trautenau. Nebst e. Anh.: Vollständiges Verzeichniß sämtl. k. k. u. autonomen Behörden, Aemter, Schulanstalten u. s. w., sowie auch aller Handels- u. Gewerbetreibenden der Stadt Trautenau. Hrsg. v. Carl Colonius. gr. 8. (65 S.) Trautenau 890, Kreiml. * 1 —

Orientirungstafel für Touristen. Städte Annaberg und Buchholz und Umgegend. Hrsg. vom Verschönerungs-Verein für Annaberg-Buchholz. Chromolithogr. gr. Fol. Mit Text an den Rändern. Annaberg 881, Graser. ** — 30

Orientirungstafel f. Touristen. Städte Annaberg Buchholz u. Umgegend. Hrsg. vom Verschönerungs-Verein Annaberg [Erzgebirgs-Zweigverein]. Plakat m. eingedr Karte gr. Fol Annaberg 888. (Graser) n.n. — 30

Orientii, Commonitorium fidelium. E codd. emend. notisq. illustr. H. L. Schurzfleischius. Witeb. 706. 4. Ed. sec. auct. Vinar. 716. 4.

Deutsche Orient-Korrespondenz. Hrsg Dr jur. M. Herdan. Als Ms. gedr Jg 1, No 1. Berlin 1906 (E. Billig Nachf.) 2° [07. 840

Orientkrieg, der, 1877—78 im Lapidarstyle. Der Russen Siegeszug über Donau u. Balkan u. die Zerhauung des orientalischen Knotens durch Alexander II. gr. 8. (43 S.) Erfurt 878. Bartholomäus. — 60

Orient-Mission, deutsche. 3. Hft. gr. 8. Ebd. n.n. — 15
Belehrung u. Leiden gläubig gewordener Mohammedaner u. die Geschichte des Märtyrers Mirsa Ibrahim. 2. Aufl. (23 S.) 901.

Orientreise, Eine. Wien 1881. V: *Rudolph, Kronprinz von Österreich.* (KA)

Orientreise, Eine, von Fr. Graf Th-H. Wien 1891. V: *Thun-Hohenstein, Franz Graf von.* (EB)

Orientreise, e. Von Fr. Graf Th. H. Mit 6 Taf. in Farbendr. u. 86 Textabbildgn. v. Ludw. Hans Fischer u. Gust. Schmoranz. Lex.-8. (V, 260 S.) Prag 891, Tempsky. — Lpz., Freytag. * 11 20; geb. * 12

Orientreise des Österr.-ungar. Export-Vereins 1892. Wien 1892. V: *Schwarz, Adolph.* (EB)

Orientreise, Die, des Kronprinzen Rudolf. Von *** Wien 1881—82. V: *Schweiger-Lerchenfeld Amand Frhr. von.* (Kürschners dtscher Litt. Kalender XXX, 1530.)

Orientreise, die, des Kronprinzen Rudolf. Von ***. Mit 154 Orig.-Illustr., wovon 106 ganzseitige Vollbilder. gr. 8. (XXIII, 613 S.) Wien 881. 82. Bondy. n. 10. — 15 Lieferungen

Orieux, E., César chez les Venètes. S.-A. 1883. 56 S.

Oriflamme, Die, oder der Pariser Enthusiasmus Napoleon dem Grossen . . . Nancy [Leipz.] 1814. V: *Rehfues, Philipp Joseph v.* (MGT) (NN) (Ky)

Oriflamme, die, od. d. Pariser Enthusiasmus unter Napoleon d. Großen, Kaiser d. Franzosen; eine Samml. merkwürd., vor d. Aufführung dieser Oper in Paris gewechselter Briefe; als e. Beitrag zu d. französ. Kunst, d. Volk gegen sein eigenes Herz u. seinen Verstand zu bearbeiten. (v. Ph. J. Rehfues). 8. Nancy. (Leipz., Brockhaus). 814. 9 gr

Oriflamme. Organ für die Interessen der deutschen Hochgrad-Freimaurer, des Swedenborg-Ritus und des Ordens der Rosenkreuzer. [Nr. 11/12, Jg. 1ff.:] Organ des Gross-Orient der Schottischen, 33° Freimaurer & des Souveränen Sanktuarium 95° in und für das Deutsche Reich. Organ der Swedenborg-Freimaurer und des Ordens der Rosenkreuzer. [Nr. 3 Jg. 2ff.:] Organ des Gross-Orient der Schottischen, 33°, Freimaurer & des Souveränen Santuarium 95° in und für das Deutsche Reich. [Herausg. von August Weinholtz,] [Nr. 2 Jg. 1ff.: Herausg. von der Mutterloge und Tempel „zum heiligen Gral" in Berlin,] [Nr. 11/12 Jg. 1ff.: Herausg. vom Souveränen Sanktuarium für das Deutsche Reich] [Nr. 7 Jg. 3ff.; Herausg. vom Propaganda-Ausschuss des Souveränen Sanktuariums der Alten Templer Freimaurer vom Schottischen-, Memphis- und Misraim-Ritus für das Deutsche Reich.] [Verantwortl. Schriftleiter: Sigmund Miller; Nr. 2 Jg. 1ff.: Theodor Reuss, Mai Jg. 3: Georg Gierloff, Juni Jg. 3ff.: Theod. Reuss, Nr. 1 Jg. 4ff.: M. Dotzler.] Jg. 1—5 1902—1906. [Berlin: Weinholtz, Nr. 3 Jg. 1: Berlin Seydel & Co., Nr. 4 Jg. 1ff.: Mecrane, Otto, Nr. 1 Jg. 4ff.: München Madlung.] 8°.

Jg. I. 1902 Nr. 1—12, getr. paginiert; II. 1903 100 S.; III. 1904 Nr. 1—7 getr. paginiert; III [recte IV]. 1904 Nr. 1—7 getr. paginiert; V. 1906 128 S.

Oriflamme. Organ des Souveränen Sanktuariums f. d. Deutsche Reich, des Swedenborg Ritus und des Ordens der Rosenkreuzer. 8°.

Jg. VI. 1908 Nr. 1—2 getr. paginiert.

Oriflamme. Amtliches Organ des Ordens der Alten Freimaurer vom Schottischen, Memphis- und Misraim-Ritus Grossorient von Deutschland. Schmiedeberg, Druck Baumann [VIII:] München, Druck Böck.

Jg. VII. 1909 Nr. 1 8 S.; VIII. 1910 Nr. 1 8 S.

Origendo's, des großen, kleiner Sohn, dessen Reisen, Liebschaften, Abenteuer u. Heldenthaten, geh. 8. Schweinfurt. (Schumann in Zwickau.) 803.

Origenes, Der neue, oder Geschichte seltsamer Verirrungen eines religiösen Schwärmers . . . Berlin 1792. V: *Schellenberg, Carl Adolph Glieb.* (MGT)

Origenes, Brief an Gregorios Thaumaturgos, s.: Gregorios Thaumaturgos, des, Dankrede an Origenes.

Origenes Vorstehers der Christlichen Schule zu Alexandrien und Aeltestens Acht Bücher von der Wahrheit der Christlichen Religion wider den Weltweisen Celsus. Johann Lorenz Mosheim hat sie aus dem Griechischen übersetzet und durch Anmerkungen aufgekläret. Hamburg, J. C. Bohn. 1745. 4° *Gestoch. Frontispiz von G. D. Heumann*, 2 Bl. 923 S. Schöner HLdbd. d. Z. m. schwarzem Rsch.

Ebert 15219. Erstdruck der ersten gültigen Übersetzung des Origenes'schen Hauptwerks, das die erste große Auseinandersetzung des Christentums mit der antiken Philosophie, spez. Platon darstellt

Origenis, 8 Bücher von der Wahrheit der christl. Religion, übers. v. J. L. Mosheim. gr. 4. Hamb. 746. Jetzt Hoffmann und Campe.

— *Compendium historiae philosophicae antiquae* sive *Philosophumena*. Gr. et lat. c. notis ed. J. C. Wolf. Hamb. 706. 8.

—— über d. Grundlehren d. Glaubenswissenschaft. Wiederherstellungsversuch v. Karl Friedr. Schnitzer. gr. 8. (23¾ B.) Stuttgart 836, [Liesching u. Comp.]

Ὠριγένους τὰ Εὑρισκόμενα πάντα. **Origenis Opera omnia quae graece vel latine tantum exstant et ejus nomine circumferuntur. Edid. Carolus et Car. Vinc. Delarue. Denuo Recens. Emend. Castig. Car. Henr. Ed. Lommatzsch. Tom. I et II. Origenis in evangelium Joannis commentariorum Pars I et II. 8. Berlin 831, 32. Haude et Spener. (Josephy.) (à 1¾ ℛ) 3½ ℛ — Tom. III—V. Et. s. titulo: Origenis in Evangelium Matthaei Commentariorum Pars I—III. Ex Nova Edit. Colon. et Paris. Recogn cum Epistola Critica Henr. Petermanni Integro Utriusque Ruaei Commentario Selectis Huetii Alior. Viror. Observationibus edid. Lommatzsch. 8. Ibid. 834, 35. (à 1¾ ℛ) 5¼ ℛ**

— ead. Tom. VI et VII. Et. s. titulo: Origenis in Epistolam Ad Romanos Commentariorum Pars I et II. Ex Nova Edit. Paris. Recogn. Cum Integro Utriusque Ruaei Commentario Selectis Huetii Aliorumque Virorum Observationibus Edidit Lommatzsch. 8. Ibid. 836, 37. (à 1¾ ℛ) 3½ ℛ (Diese VII Bde. umfassen das Neue Testament.)

— ead. Tom. VIII. Et. s. titulo; Origenis in Genesin Homiliae et Fragmenta Graeca Ex Ejusdem in Exodum Commentariis. Ex Nova Edit. Paris. Recogn. Cum Integro Utriusque Ruaei Commentario Selectis Huetii Alior. Viror. Observationibus Edidit Lommatzsch. 8. Ibid. 838. 1¾ ℛ

— ead. Tom. IX. Et s. titulo: Origenis in Exodum et Leviticum Homilia. Ex Nova Edit. Paris. Recogn. Cum Integro Utriusque Ruaei Commentario Selectis Huetii Alior. Viror. Observationibus Edidit Lommatzsch. 8. Ibid. 1¾ ß

— ead. Tom. X. Et. s, titulo: Origenis in Numeros Homiliae et Fragmenta Graeca Ex Ejusdem in Deuteronomium Commentariis. Ex Nova Edit. Paris. Recogn. Cum Integro Utriusque Ruaei Commentario Selectis Huetii Alior. Viror. Observationibus Edidit Lommatzsch. 8. Ibid. 840 1¾ ß

Ὠριγένους τὰ Εὑρισκόμενα πάντα. Origenis Opera omnia. Edid. Car. et Car. Vinc. de la Rue. Denuo Recens. Emend. Castig. Carol. Henr. Ed. Lommatzsch. Tom. XI. — Et. s. t.: Origenis in Libros Josuae, Judicum et I Samuelis Homiliae, Fragmenta Graeca ex Ejusdem in Libros Josuae, Judicum, Ruth, Samuelis, Regum et Jobi Commentariis, itemque Selectorum in Psalmos Pars I. Ex Nova Edit. Paris. Recognitione Edidit. 8. Berolini 841, Haude et Spener. (Joseephy.) 1¾ ß

Ὠριγένους τὰ Εὑρισκόμενα πάντα. Origenis Opera omnia etc. Tom. XII. — Et. s. t.: Origenis Selectorum in Psalmos Pars II. Ex Nova Edit. Paris. Recogn. Cum Integro Utriusque Ruaei Commentario Selectis Huetii Alior. Viror. Observationibus Edidit. 8. Berolini 841, Haude et Spener. (Joseephy.) 1¾ ß

— ead. Tom. XIII. — Et. s. t.: Origenis Selectorum in Psalmos Pars III. Selecta in Threnos, Fragmenta ex Commentariis in Proverbia Salomonis atque in Isaiam, item Homiliae in Isaiam et fragmentum graecum ex ejusdem Commentariis in Oseam. Ex Nova Edit. Paris. Recogn. Edidit. kl. 8. ibid. 842. 1¾ ß

— ead. Tom. XIV. XV. — Et. s. t.: Origenis in Ezechielem Homiliae, in Canticum Canticorum Homiliarum et Librorum Pars I et II. Ex Nova Edit. Paris. Recogn. Edidit. kl. 8. ibid. 842, 43. à 1¾ ß

— ead. Tom. XVI. — Et. s. t.: Anonymi in Job. commentarius. Adamantii de recta in Deum fide. kl. 8. ibid. 844. 1¾ ß

— ead. Tom. XVII. — Et. s. t.: Epistolae cum datae tum acceptae ab Origene Fragmenta ex Libris Ejusdem de Resurrectione atque ex Libris Stromatum. Liber denique de Oratione. 8. ibid. 844. 1⅓ ß

— ead. Tom. XVIII. XIX. — Et. s. t.: Origenis contra Celsum librorum pars I et II. 8. ibid. 845, 46. à 1¾ ß

— ead. Tom. XX. — Et. s. t.: Origenis contra Celsum librorum pars III. Exhortatio ad Martyrium. 8. ibid. 846. 1¾ ß

— ead. Tom. XXII—XXIV. — Et. s. t.: Origenianorum pars I—III. 8. ibid. 846. à 1¾ ß

Ὠριγένους τὰ εὑρισκόμενα πάντα. Origenis opera omnia. Edid. Carol. et Carol. Vinc. de la Rue. Denuo recens. emend. castig. Carol. Henr. Ed. Lommatzsch. Tom. XXI. A. u. d. T.: Origenis Περὶ ἀρχῶν, i. e. de principiis libri IV. 8. (VIII u. 532 S.) Tom. XX. A. u. d. T.: Origenis philocalia, philosophumena. Gregorii Thaumaturgi panegyrica oratio in Origenem. Rufini liber de adulteratione librorum Origenis. 8. (XVI u. 456 S.) Berolini 847. 48, Haude & Spener. (à 1¾ ß) (I—XXV 43¾ ß)

– Hexapla

— — Cum varior. lectt. et notis ed. C. F. Bahrdt. Lips. et Lubec. 769. 2 Vol. 8. 4 rthlr.

— Hexaplorum quae supers. auctiora et emendat. quam a Flaminio Nobilio, Joa. Drujio et tandem a Bern. de Montfaucon concinnata fuerunt, c. Karl Fr. Bahrdt. II Tmi. 8maj. Lübeck 769, 70. (Niemann). 2 ß.

— τῶν ἑξαπλῶν καὶ ὀκταπλῶν τὰ σωζόμενα. Insigne opus, ex Origenianis reliquiis, a Nobilio et Drusio collectum, a Montefalconio auctum et egregie adornatum, a Bahrdtio locupletius emendatiusque traditum, tandem nostrorum temporum desideriis accommodatum. ראשון תהלים כפר. Psalmorum liber primus I—XLI. — An edition of the bible, containing a combination of typographical helps and elucidations, facilitating, by a concentration not hitherto attempted, the grammatical acquisition of the original languages. gr. 4. (66 S.) London 848. (Göttingen, Vandenhoeck & Ruprecht.) n. 1⅔ ß

— Homilie X üb. den Propheten Jeremias, s.: Predigten, ausgew.

— tractatus de libris ss. scripturarum. Detexit et ed. Petr. Batiffol sociatis curis Andreae Wilmart. gr. 8. (XXIV, 226 S.) Paris 900. A. Picard et fils. n. 16. —

— quae graece vel latine tantum exstant et ejus nomine circumferuntur. Edid. Car. et Car. Vinc. Delarue. Denuo recens., emend. castig. C. H. E. d. Lommatzsch. Vol. I et II. — Et. s. titulo: Origenis in Evangelium Joannis Commentariorum Pars I. II. Ex nova edit. Coloniensi et Paris. recogn. Cum Scholiis Aug. Neandri, etc. adj. Lommatzsch. 8. Berl. 831, 32. Haude u. S. 3 ß 6 gr

Origenis Adamant. opera omnia c. F. Oberthür, s. a. *Opera* omnia polem.

— — Gr. et lat. ad Paris. edit. recusa, ed. Fr. Oberthür. Wirceb. 780. sq. 15 Vol. 8.

Origenes. Opera ad editionem de la Rue recusa. Wirceburgi 1780—94. H: *Oberthür, Franz.* (Ebert) (Th) (Hoff)

Origenis Opera omnia quae graece vel latine tantum exstant et ejus nomine circumferuntur. Ex variis Editionibus, et Codicibus manu exaratis, Gallicanis, Ital., German. et Anglicis collecta, recensita atque annotationibus illustr., cum vita Auctoris et multis Dissertationibus edider. Carolus et Carol. Vinc. Delarue. Denuo Recens. Emend. Castig. Car. Henr. Ed. Lommatzsch. Tom. I et II. — E. s. t.: Origenis in Evangelium Ioannis Commentariorum Ps. I et II. Ex Nova Edit. Colon. et Paris. Recogn. Cum Praefat. A. Neandri Integro Utriusque Ruaei Commentario Selectis Huetii Aliorumque Virorum Observationibus Edid. Prolegomena Animadversiones Excursus Indices Et Glossarium Adjec. Lommatzsch. 8. Berolini, Haude et Spener. [I. (26½ B.) 831. 1 Thlr. 12 Gr., II. (32 B.) 832. 1 Thlr. 18 Gr.] Thlr.

Origenis Opera omnia etc. Tom. III et IV. — E. s. t.: Origenis in Evangelium Matthaei Commentariorum Ps. I et II. Ex Nova Edit. Colon. et Paris. Recogn. cum Epistola Critica Henr. Petermanni Integro Utriusque Ruaei Commentario Selectis Huetii Alior. Viror. Observationibus Edid. Lommatzsch. 8. Ibid. [III. (26½ B.), IV. (29 B.) 834. à 1 Thlr. 18 Gr.]

—— id. Tom. V. — E. s. t.: Origenis in Evangel. Matthaei Commentarior. Ps. III. Homiliae in Evangel. Lucae et Fragmenta. Ex Nova Edit. Colon. et Paris. Recogn. Cum Integro Utriusque Ruaei Commentar. Select. etc. Edid. 8. (23 B.) Ibid. 835.

Origenes, Opera omnia quae graece vel latine tantum exstant et ejus nomine circumferuntur etc. Edider. Carolus et Carol. Vincent. Delarue. Denuo recens. emend. castig. Carol. Henric. Ed. Lommatzsch. Tom. VI—XIV. Ex nova edit. Paris. recogn. Cum integro utriusque Ruaei commentario selectis Huetii aliorumque virorum observationibus ed. Lommatzsch. 8. Berolini, Haude et Spener. à

E. s. tit.:

Tom. VI. VII. Origenis in epistolam ad Romanos commentarior. II Pts. [I. (26¼ B.) 836., II. (31¼ B.) 837.]
- VIII. Origenis in Genesin homiliae et fragmenta graeca ex ejusdem in Exodum commentariis. (21⅛ B.) 838.
- IX. Origenis in Exodum et Leviticum homilia. (28¾ B.) 839.
- X. Origenis in numeros homiliae et fragmenta graeca. Ex ejusd. in Deuteronomium commentariis. (27 B.) 840.
- XI—XIII. Origenis in libros Josuae, Judicum et I Samuelis homiliae, fragmenta graeca ex ejusdem in libros Josuae, Judicum, Ruth, Samuelis, Regum et Jobi commentariis, itemq. selector. in Psalmos. III Pts. [I. (29 B.), II. (20⅛ B.) 841., III. (22¾ B.) 842.]
Ps. III. cont.: Selecta in Threnos, fragmenta ex commentariis in proverbia Salomonis atque in Isaiam, item homiliae in Isaiam et fragmentum graec. ex ejusdem commentariis in Oseam.
- XIV. Origenis in Ezechielem homiliae, in canticum canticorum homiliar. et librorum Ps. I. (28 B.) 842.
Tom. I—V. Ibid. 1831—35. à 1 Thlr. 18 Gr.

Ὠριγένους τὰ Εὑρισκόμενα πάντα. Origenis opera omnia quae graece vel latine tantum exstant et ejus nomine circumferuntur etc. Edidd. Carol. et Carol. Vincent. Delarue. Denuo recens. emend. castig. Carol. Henric. Ed. Lommatzsch. Tom. XV—XXIV. Ex nova edit. Paris. recogn. Cum integro utriusque Ruaei commentario selectis Huetii aliorumque viror. observationibus ed. Lommatzsch. 8. Berolini, Haude et Spener. à Tom. 1 Thlr. 22½ Ngr. Thlr.

E. s. tit.:

Tom. XV. Origenis in Canticum Cantic. Librot. Pars II., ejusdemque in Jeremiam homiliae. (32 B.) 843.
XVI. Anonymi in Job commentarius. Adamantii de recta in Deum fide. (27 B.) 844.
XVII. Epistolae cum datae tum acceptae ab Origene. Fragmenta ex Libris Ejusdem de Resurrectione atque ex Libris Stromatum. Liber denique de Oratione. (21¼ B.) 844.
- XVIII—XX. Origenis contra Celsum librorum pars I—III. et Exhortatio ad Martyrium. [XVIII. (23½ B.) 845., XIX. (27½ B.) XX. (25½ B.) 846.]
XXI. Origenis Περὶ ἀρχῶν, i. e. de principiis libri IV. (22½ B.) 847.
XXII—XXIV. Origenianorum pars I—III. [XXII., XXIII. (49⅛ B.) XXIV. (26⅛ B.) 846.]
Tom. I—XIV. Ibid. 1831—42. à Tom. 1 Thlr. 22½ Ngr. 24 Thlr. 15 Ngr.

Ὠριγένους τὰ Εὑρισκόμενα πάντα. Origenis opera omnia. Edid. Carol. et Carol. Vinc. de la Rue. Denuo recens. emend. castig. Carol. Henr. Ed. Lommatzsch. Tom. XXV. Et. s. t.: Origenis philocalia, philosophumena. Gregorii Thaumaturgi panegyrica oratio in Origenem. Rufini liber de adulteratione librorum Origenis. 8. (XVI und 456 S.) Berolini 848, libr. Haude et Spener.
Tom. I—XXIV. Ibid. 1831—47. 42 Thlr.

— *φιλοσοφούμενα ἢ κατὰ πασῶν αἱρέσεων ἔλεγχος.* Origenis philosophumena sive omnium haeresium refutatio. E cod. Parisino nunc primum ed. Emman. Miller. gr. 8. (XII u. 348 S.) Oxonii 851. (Lipsiae, T. O. Weigel.) n. 4¼ ₰

— Predigten, s.: Predigt, die, der Kirche.

—— de principiis. Primum separatim ed. et annotat. in us. academ. instr. Ern. Rud. Redepenning. 8maj. (28 B.) Lipsiae 836, libr. Dyk.

Origenes' ausgewählte Schriften, s.: Bibliothek der Kirchenväter.

Origenes, Werke, hrsg. v. Paul Koetschau bezw. Erich Klostermann, s.a. Schriftsteller, die griechischen christlichen, der ersten 3 Jahrhunderte. VI.

Origenes' Werke, hrsg. v. Erwin Preuschen, s.a. Schriftsteller, die griech. christlichen, der ersten 3 Jahrhunderte. 10. Bd.

Origenes Werke Hrsg. im Auftr d. Kirchenväter-Comm. d. Kgl. Preuss. Akad. d. Wiss. v. Dr Paul Koetschau, Prof. in Jena. Bd 1. 2. *Leipzig: J. C. Hinrichs 1899.* 2 Bde 8.
1 Die Schrift v Martyrium. Buch I—IV gegen Celsus. (XCII, 374 S.)
2 Buch V—VIII gg. Celsus. Die Schrift v Gebet. (4 Bl., 545 S.)
— Schriftsteller, Die griechischen christlichen, d. ersten drei Jh. Bd 2. 3.

— von Wiederbringung all. Dinge. 8. Frankfurt. 716.

Origenes, s.: Habsburg od. Kossuth.

Origenes, s.a. Parlament, das neue.

Origenes, Das neue Parlament. Eine politische Studie. 8° (88 S.) Wien G W Stern 1907 K — 50

Origenicum, d. i.: Noch ein Wort über Frauenbestimmung u. zeitgemäße Frauenbildung, nebst Vorschlägen u. Planen zur Errichtung höherer Hauswirthschaftsschulen für die reifere weibliche Jugend der gebildeten Stände Deutschlands, in Verbindung mit besondern, den dermaligen Zeitbedürfnissen entsprechenden Frauenbildungs-, Beschäftigungs-, Belohnungs- u. Versorgungsanstalten. Von Aug. S..... gr. 4. München 841, Lindauer'sche Buchh. n. ⅓ ₰

Authentisches **Original** der grosen Staats-Revolution in Dännemark enthaltend die Urtheile der verordneten Inquisitions-Commission auf dem Schlosse Christiansburg zu Coppenhagen am 25 April 1772 über die beyden Staatsverbrecher Johann Friedrich Struensee und Enevold Brandt nebst der Königlichen Approbation vom 27 April, sodann die ausführliche Urtheils-Vollstreckung und was sonst noch vor, bey und nach der Execution dahin einschlagendes vorgefallen A. d. Dän übers Erfurt o. J. 8°

Original, Ein niederrheinisches, oder Leben des weiland Pastor J. P. Neumann. Herausg. von einem Enkelsohne. Holge bei Waldbroel 1866. V: *Funke, O.* (StBKöln II, 61)

Original, ein niederrheinisches, oder Leben des weil. Pastor Johann Peter Neumann. Hersg. von einem Enkelsohne. Holpe 866. (Cöln, Roemke & Co.) gr. 8. (IV, 56 S. mit Portr. in Holzschn.) n. 10 ngr

Original u. Reproduktion. Zeitschrift f. Kunsthandel u. Kunstsammlgn. Hrsg. v. Hans Loose. 1. Bd. Juli 1909—Juni 1910. 12 Hefte. (à ca. 56 S. m. Taf.) Lex. 8. Leipzig, G. F. Schacht & Co. 20.—; halbj. 12.—

Original Das wieder aufgefundene O' des ewigen Bündnisses zwischen Zurich und den vier Waldstätten vom 1. Mai 1351 Zurich 1891 s.a (Schweizer, P[aul]).

Original, Das wiedergefundene, des ewigen Bündnisses zwischen Zürich und den vier Waldstätten vom 1. Mai 1351 . . . Zürich 1891. V: *Schweizer, Paul.* (Ky)

Original, das wiederaufgefundene, d. ewigen Bündnisses zwischen Zürich u. den vier Waldstätten vom 1. Mai 1351. (Von P. Schweizer.) Zur Erinnerg. an das 50jähr. Jubiläum der geschichtforsch. Gesellschaft der Schweiz in Zürich am 14. u. 15. Septbr. 1891. Der Gesellschaft gewidmet v. ihren zürcher. Mitgliedern. gr. 4. (18 S. m. 9 Siegelabbildgn.) Zürich 891, Höhr u. Fäsi. * 1 50

Original-Abhandlungen aus dem III. Bande der Jahrbücher des ungarischen naturwissenschaftlichen Vereins zu Pest in deutscher Uebersetzung. Redigirt von dem ersten Secretär Dr. Jos. Szabó. *Pest* 1858. *Joh. Herz.* 200 S., 1 Bl., 8°. 2 fl. 30 kr.

INHALT. *Szabó.* Die geologischen Verhältnisse der warmen Heilquellen Ofens. — *Molnár.* Die phys. u. chem. Verhältnisse der warmen Heilquellen Ofens. — *Szabó.* Die geologischen Verhältnisse der Ofner Bittersalz-Quelle. — *Nendtwich.* Analyse der Hildegarde-Quelle. — Analyse der Elisabeth-Quelle. — *Molnár.* Ueber Böck's Bittersalz-Quelle. — Heinrichs Eisenquelle zu Pest. — Das Bitterwasser zu Alap. — Das Wasser des Palicser See's. — Mineralwasser von Erdobénye. — *Nendtwich.* Mineralwasser von Borsod-Tapolcza. — *Kruspes.* Zwei neue Methoden zur Bestimmung der Brechungsexponenten durchsichtiger Korper. — *Szlocsek.* Luftung der Wohnungsgebaude — Die Constanten der Jedlik'schen Batterie.

Original-Abhandlungen aus dem III. Bde. der Jahrbücher des ungar. naturwissenschaftl. Vereins zu Pest in deutscher Uebersetzung. Redig. von dem ersten Secretär Jos. Szabó. Lex.-8. (III und 201 S. mit 4 Stnt.) Pest 858, (Kilian.)

Originalactenstücke zur wahren und vollständigen Kenntniss der münsterischen Wiedertäufergeschichte. Frankfurt a. M. 1808. H: *Kerssenbrock, Hermann.* (KGBerlin II, 2715)

Original-Actenstücke zur wahren u. vollständigen Kenntniß d. Münsterischen Wiedertäufer-Geschichte. gr. 8. Frankf. a. M. 808. Andreä. 12 gr

Original-Actenstücke des zwischen Sr. Königl. Maj. v. Baiern u. Sr. Heil. Pius VII. abgeschlossenen Concordats. A. d. Latein. übers. 1818.

Original-Anekdoten u. Miszellen, musikalische, zur Ergötzlichkeit des musikliebenden Publikums rc. Gesammelt u. herausg. von C. F. Müller. 12. Erfurt 836. Müller'sche Buchh. 1 rthl

Original-Anekdoten, musikalische, u. Miszellen, zur Ergötzlichkeit d. musiklieb. Publikums, sowie z. angenehmen Unterhalt. f. Jedermann. Gesammelt u. hrsg. v. C. F. Müller. 12. (16 B.) Erfurt 836, Müller'sche Buchh.

Original-Ansichten von Helgoland nach der Natur gezeichnet v. C. Mucsmann. Nebst 1 Charte vom chemal. Helgoland u. 1 von Hamburg bis Helgoland u. Norderney. gr. 4. (8 lith. Bl. u. 2 Bl. Text.) Hamburg 843, Nestler u Melle. *

— — der historisch denkwürdigsten Städte in Deutschland, ihrer wichtigsten Dome, Kirchen und sonstigen Baudenkmäler alter u. neuer Zeit. Herausg. v. Ludw. Lange u. Jul. Lange. In Stahl gestochen von den ausgezeichnetsten Künstlern unserer Zeit. Mit einer artistisch-topographischen Beschreibung begleitet von Carl Wagner. Bd. 1—8. No. 1—342. Mit 740 Stahlst. gr.-4. Darmstadt 1832—1866. 4.

Original-Ansichten der historisch-merkwürdigsten Staedte in Deutschland. nach der Natur aufgenommen von *Ludw. Lange*, in Stahl gestoch. von *Ernst* u. *Carl Rauch*, *Joh. Poppel*, *Gust. Ad. Müller* u. andern deutschen Künstlern. Mit einem artist.-topogr. Text von Dr. *Geo. Lange.* Darmstadt 1837. Druck u. Verlag von Gust. Geo. Lange. 4°. Hsrsb., gebr.

Gedr. Tit. gestoch. Tit. m. Vign., 2 Bll. Vorw. u. Inh. 65 schöne Stiche (wobei die grosse Ansicht von Bamberg) u. 1 grosse Ansicht von Mainz, schmal gr qu.-Fol (letztere nicht im Inh.-Verz.).

Original-Ansichten der historisch merkwürdigsten Städte in Deutschland. Herausgeg. von Jul. u. Ldw. Lange, G. Osterwald, M. Bayrer u. H. Schönfeld. In Stahl gestochen von den ausgezeichn. Künstlern unserer Zeit. Mit einer artistisch-topograph. Beschreib. begleitet. Nr. 46—133. Mit 266 Taf. gr. 4. Darmstadt 840—46, Lange. à n. 1/3 rthl

Original-Ansichten der historisch merkwürdigsten Städte in Deutschland. Herausg. v. Ludw Lange u. Jul. Lange. In Stahl gest. von den ausgezeichn. Künstlern unserer Zeit. Mit einer artist.-topogr. Beschreibung. Nr. 134—211. gr. 4. (260 S. m. 240 Stahlst. u. 2 gest. Titeln.) Darmstadt 847—52, Lange. à n. 1/3 rthl (1—211; n. 70 1/3 rthl)

Original-Ansichten der historisch merkwürdigsten Städte in Deutschland, ihrer wichtigsten Dome, Kirchen und sonstigen Baudenkmäler. Herausg. von L. Lange und Jul. Lange. In Stahl gest. rc. Von einer artistisch-topograph. Beschreibung begleitet. Nr. (Heft) 212—281. Darmstadt 853—58. Lange. gr. 4. Jedes Heft mit 3 Stahlst. u. 1/2—1 Bgn. Text n. 10 ngr.

Original-Ansichten der historisch merkwürdigsten Städte in Deutschland. Herausg. von Ludw. Lange und Jul. Lange. Nr. (Heft) 282—295. Darmstadt 859, 60. Lange. gr. 4. Jedes Heft (à 3 Stahlst. u. 1/2 Bgn. Text.) n. 10 ngr.

Original-Ansichten der historisch-merkwürdigsten Städte in Deutschland. Herſg. von Ludw. Lange u. Jul. Lange. Nr. 296—342. Darmstadt 862—66. G. G. Lange. gr. 4. Jede Nr. (3 Stahlst. u. 4 S. Text.) n. 10 ngr.

Original-Ansichten d. vornehmst. Städte in Deutschland, ihrer wichtigst. Dome, Kirchen u. sonst. Baudenkmäler alter u. neuer Zeit. Nach d. Natur aufgenomm. v. Ludw. Lange, in Stahl gest. v. Ernst Rauch, mit e. artist.-topograph. Text begl. v. Geo. Lange. 1—8. Hft. gr. 4. Darmstadt, Lange. à

Hft. I. Frankfurt a. M. (2 Taf. m. 4 Ansicht. u. 3/4 B. Text.) 832.
- II. Würzburg. (2 Taf. m. 4 Ansicht. u. 3/4 B. T.) 833.
- III—V. Nurnberg. Nr. I—III. (6 Taf. m. 18 Ansicht. u. 1 1/2 B. Text.) 834.
- VI. Bamberg. (2 Taf. m. 4 Ansicht. u. 1/2 B. T.) 835.
- VII. Passau. (2 Taf. m. 4 Ansicht. u. 1/2 B. T.) 835.
- VIII. Munchen. Nr. I. (2 Taf. m. 8 Ansicht. u. 1/2 B. T.) 835.

Original-Ansichten d. vornehmsten Städte in Deutschland, ihrer wichtigsten Dome, Kirchen u. sonstigen Baudenkmäler alter u. neuer Zeit. Hrsg. v. Ludw. Lange u. Ernst Rauch. Mit e. artist.-topograph. Beschreib. begl. v. Geo. Lange. 9—71. Hft. gr. 4. (184 Taf. u. 35 B. Text.) Darmstadt 836—42, Lange. Thlr. à
1—8. Hft. Ebendas. 1832—35. à 8 Gr.

— dass. A. u. d. T.: Original-Ansichten der histor. merkwürdigsten Städte in Deutschland, ihrer wichtigsten Dome, Kirchen u. sonstigen Baudenkmäler alter u. neuer Zeit, so wie auch der besucht. Heilquellen u. Seebäder. Herausg. von J. F. Lange, J. Lange, G. Osterwald, M. Bayer u. H. Schönfeld, in Stahl gestochen von den ausgezeichn. Künstlern unserer Zeit. Mit einer artist.-topograph. Beschreib. begleitet. No. 1—45. Mit vielen Tafeln Abbildd. u. Text. gr. 4. Darmst. 839. Lange. à n. 1/3 rthl

Original-Aufnahmen von Galizien und der Bukowina. Hrsg. v. k. u. k. Militärgeogr. Inst. 458 Bl. (1 28.800.) Wien: 1861/64. *(Sog. Franziszeische Landesaufnahme.)*

— Photographische Original-Aufnahmen nach der Natur, Lichtdruck, hrsg. v. Herm. Ruckwardt. (19 Tfln. nebst begleit. Text von H. Koch.) Berlin 1885. Fol. Technische Hochschule

Original-Aufsätze, Erzähll., Gedichte u. Dialog. v. Lafontaine, Mnioch u. a., s.a. **Papillons 2e Samml.**

— : Aufsätze, Erzähl., Gedichte u. Dialog. v. Lafontaine, Mnioch u. a. (N. Tit. v. Papillons rc.) gr. 8. Görlitz, Anton. 796.

—Aufsätze, kleine, aus d. Naturkunde u. Medicin. Mit 21 Kpf. 8. Wien 795. Gerold. 12 gr

Original-Beiträge, humoristische, zur Declamatorik. Allen Freunden der Declamation gewidmet von Thdr. Innocent. 1. u. 2. Hft. 16. Leipzig 843, Glück. 1. 1/4 rthl 2. 1/12 rthl

Original-Beiträge, humoristische, z. Declamatorik. Allen Freunden d. Declamation gewidmet v. Theod. Innocent. 2 Hfte. 16. Leipzig 843, [Schreck.] [1. (4 B.) 5 Ngr., 2. (2 B.) 2½ Ngr.]

Originalbeiträge zur deutschen Schau-Bühne. Dresden u. Leipzig 1836-44. V: *Amalie Friederike Auguste Prinzessin v. Sachsen.* (Ky) (Kn) (BrMm)

Original-Beiträge zur deutschen Schaubühne. (Von der Prinzessin Amalia v. Sachsen.) I. Lüge u. Wahrheit, Schauspiel.— Die Braut aus der Residenz, Lustspiel. — Der Oheim, Schauspiel. 8. Dresden u. Leipzig 836. Arnold. 2⅓ ℛ

— dass. II. Die Fürstenbraut, Schauspiel. — Der Landwirth, Lustsp. — Der Verlobungsring, Lustsp. 8. Ebd. 837. 2⅓ ℛ

— dass. III Der Zögling, Lustspiel. — Vetter Heinrich, Schauspiel. — Der Unentschlossene, Lustspiel. 8. Ebd. 838. 2⅓ ℛ

— dass. IV. Der Majoratserbe, Lustsp. — Der Pflegevater, Schauspiel. — Das Fräulein vom Lande, Lustsp. 8. Ebd. 839. 2⅓ ℛ

— dass. V. Die Unbelesene, Lustspiel. — Die Stieftochter, Lustspiel. — Pflicht u. Liebe, Schauspiel. 8. Ebd. 840. 2⅓ ℛ

— zur deutschen Schaubühne. (Von Ihro Königl. Hoheit Prinzessin Amalie, Herzogin zu Sachsen.) VI. Capitain Firnewald, Lustspiel. — Die Heimkehr des Sohnes, Schauspiel. — Folgen einer Gartenbeleuchtung, Lustsp. 8. Dresden u. Leipzig 842, Arnold'sche Buchh. (à) 2⅓ ℛ (1.— 6. Bd. 14 ℛ)

— dass. Neue Folge. 1. Bd.: Der Siegelring, Schauspiel in 4 Aufz. — Der alte Herr, Lustspiel in 2 Aufz. — Regine, Schausp. in 5 Aufz. gr. 8. Ebend. 844. 2 ℛ

Original-Beiträge zur deutschen Schaubühne (von Amalia, Prinzessin von Sachsen.) I. Bd.: Lüge und Wahrheit. Die Braut aus der Residenz. Der Oheim. 2. Aufl. 16. (V und 324 S. mit dem Portr. der hohen Verf. in Stahlst.) Leipzig 854, Arnoldische Buchh. Thlr. *

Original-Beiträge zur deutschen Schaubühne. (Von Amalia, Prinzessin von Sachsen.) 1. Bd. 2. Aufl. 854. n. 1 ℛ. 20 ngr — 3. Aufl. Mit dem Portr. der Hohen Verf. (in Stahlst.) Leipzig 858. Arnold. 16. (3 Bl., 324 S.) n. 20 ngr

Inhalt: Lüge und Wahrheit. — Die Braut aus der Residenz. — Der Oheim.

Originalbericht üb. die Tagung der freien Vereinigg. f. Mikrobiologie am 11., 12. u. 13. VI. 1908. Beilage zu Abt. I Bd. 42, Referate des Centralblattes f. Bakteriologie, Parasitenkunde u. Infektionskrankheiten. (188 S.) gr. 8. Jena 908. G. Fischer. 5. —

— e., üb. die Verteidigung v. Korfu im J. 1716 durch den Reichsgrafen Mathias v. Schulenburg, s. a. Militär-Wochenblatt. 1910. 12. Beiheft.

Ein **Originalbericht** über die Verteidigung von Korfu im J 1716 durch den Reichsgrafen Mathias v Schulenburg. Berlin: Mittler (1910). S. 383–406. 8° [Umschlagt.]
(Militär-Wochenblatt. 1910, Beih. 12, [1.]) (11. 1797 4

Originalbibel, Evangelische Deutsche. Das ist: die gantze heilige Schrift Altes und Neues Testaments ... Nebst einer Vorrede J. Muthmanns. Züllichau 1740—41. H: *Steinbart, Joh. Chn.* (BrMm)

Original-Bibliothek, neue belletristische. 1—6. Bd. Weimar 855—58. Kühn. 8. Jeder Bd. n. 1 ℛ
1. 2. Bd.: Nach Jahren. Roman in zwei Abtheilungen von Amalie von Clausberg. 2 Thle. (195; 202 S.)
3. 4. Bd.: Elisabeth oder Lebenswurzel. Roman von Anna v. Berg. 2 Thle. (223; 215 S.)
5. Bd.: Aus der Provence. Fünf Novellen von Friedr. Ludwig. (4 Bl., 225 S.)
6. Bd.: Wellen des Lebens. Skizzen von Agnese Grans. (4 Bl., 221 S.)

Original-Bibliothek deutscher Volksromane. 1—20. Halbbd. Wien, Literarisch-artistische Anstalt von C. Dittmarsch. 8. Jeder Halbbd. n. 5 ngr
1—8. Halbbd. Quaglio, der Kampf um das tägliche Brod. Volksdrama aus der Gegenwart. 4 Bde. (199, 187, 191 u. 188 S.) 865.
9—16. Halbbd. Roskowska, Marie v., Welt über Land u. Meer Roman., 4 Bde. (184, 182, 189 u. 155 S.) 866.
17—20. Saint Georges, der Prinz von Arkadien. Pariser Sitten-Roman. Aus dem Französ. von Marie Saphir. 1. Bd. (S. 1—267.), 2. Bd. (S. 1—196.) 866.

Original-Bibliothek deutscher Volksromane. 17.—25. Halbbd. Saint Georges, der Prinz von Arkadien. Pariser Sitten-Roman. Aus dem Französ. von Marie Saphir. 4 Bde. 8. Wien 867, Literar.-artist. Anstalt. à Halbbd. * 50 Pf. *

Originalbilder, zoologische, aus den Vorräthen der Herder'schen Verlagshandlung zu Freiburg im Breisgau, v. welchen galvan. Kupferablagergn. abgegeben werden. Fol. (IV, 93 S.) Freib. i. Br. 891, Herder. ** 2 —

Original-Bilderbuch, Berliner, ein angenehmes u. nützliches Geschenk für artige Knaben u. Mädchen, enth. auf 19 Bl. e. Menge sorgfältig gewählter u. sauber ausgeführter Abbildd. von Gegenständen aus d. tägl. Leben. 1s u. 2s Hft. qu. Fol. Berl. 831, 32. Winkelmann u. S. 1 ℛ 12 gℓ ill. 3 ℛ

— -Briefe, aufgefang., v. d. Armee Bonapartes in Egypten. 2 Thl. 8. Hamburg, Villaume. 799. (1r 1 Rthlr. 2r 16 gr.)

— — dass. 8. Wien, Camesina. 799.

Originalbriefe der Frau Gräfin Du Barry, nebst denjenigen der Prinzen ... die mit ihr. in Briefwechsel standen. A. d. Franz. Amsterdam 1780. N. A. 1787. V: *Mairobert, Mathieu François Pidansat de.* (BGE) (Wr)

Original-Briefe, Englische, über verschiedene Gegenstände. Ein Lehr- u. Hülfsbuch für Deutsche, die in den Geist der englischen Sprache dringen u. ihn sich aneignen wollen. — A. u. d. T.: Letters on various subjects, selected from writters of distinguished merit for the instruction and entertainment of those who wish to improve their knowledge of the English language. 8. Nürnberg 840. Fr. Campe. 2⅓ ℛ

Originalbriefe, Gesammelte, in welchen die mehresten Abhandlungen der . . . Kammergerichts-Visitation . . . beleuchtet werden. O. O. 1777—78. V: *Schrötter, Franz Ferd. Edl. v.* (Schrötters Leben von Dischendorf. Wien 1784. S. 38.) V: *Carrach, Joh. Phil.* [?]. (Fahnenberg, Litt. d. k. Reichskammerger. Wetzl. 1792. S. 170.)

Originalbriefe, Gesammelte, von der C. G. Visitation. O. O. 1777. V: *Gebler, Tobias Philipp Freih. von* [?]. (Pütter, Litt. d. Teutsch. Staatsr. Gött. 1783—91. II, 162.)

— Briefe, in welchen die mehresten Handlungen der am 2. Mai 1767. ausgedrückten Extraordinär-Kammergerichts-Visitations-Deputation beleucht. werden. 3 Thle. 8. Wien 777. (Heubner; a. Cnobloch in Leipz.) 1 Rthl. 12 gr.

— -Briefwechsel d. Emigrirten. 8. Nürnb. Schmidmer. 793.

Original-Briefwechsel d. Emigrirten; aus d. Französ. 2 Thle. 8. Nürnb. 794. (G. Winter). 20 gr. — ders. französ. 8. Ebd. 16 gr.

— des Marquis v. Th***. 8. Frankf. 793. Pech. 16 gr.

Original-Briefwechsel d. Marquis von Th***, eines in d. Schlacht b. Neerwindt gefall. Neufranken. 8. Frankfurt u. Leipzig 1794.

Original-Copies, english, of the best selected specimens of Writting for forming the Hand for Business. Fol. Leipz., Grieshammer. 1 Rthl. 16 gr.

Original-Couplets, neueste, nach bekannten u. Orig.-Melodien vorzutragen f. Damen u. Herren, Duette, Soloszenen, hum. Vorträge, Terzette etc. 1.—3. Bd. (à 32 S.) kl. 8. Berlin (906). O. Strippentow. à — 10

Original-Declamatorium, deutsches. Ernste u. laun. Vorträge. 1 Bd. gr. 8. (80 S.) Berlin 875. Kühling. n. 1. 50

Originaldenkwürdigkeiten eines Zeitgenossen am Hofe Johann Wilhelms III., Herzogs von Jülich. Düsseldorf 1834. V: *Lahr, Beer von.* (ADB 14, 230)

Original-Denkwürdigkeiten eines Zeitgenossen am Hofe Johann Wilhelm's III Herzogs von Jülich, Cleve, Berg. Nebst e. Anhange von Original-Briefen u. Verhandlungen, betreff. den Prozeß d. Herzogin Jakobe. 8. Düsseldorf 834. Schreiner. 1/2 Rthl.

— -Desseins z. d. neuen Stickerey in Petinets, Filloche ꝛc. mit K. 4. Pirna, Friese. 806.

Originaldesseins, neue, der ausgesuchtesten Strickmuster mit bunten Perlen zu stricken. Mit 12 color. Blättern. qu. 4. Nürnb. 815. Zeh. 1 Rthl.

Originaldialoge und Erzählungen der Teutschen. Berlin 1789—90. H: *Jordens, Carl Hnr.* (MGT) (Ky) (OL) (EE) (NN)

ORIGINAL-Dialogen und Erzählungen der Deutschen. I. (einz.?) Theil. Berlin 1789. 8°. (6 Kr. Halm & Goldmann, Wien, 1907:)

Original-Dichtungen zum Gebrauch bei Polterabenden, silbernen u. goldenen Hochzeitsfesten, Geburtstagen u. andern feierlichen Gelegenheiten v. — z. (Mit d. Umschlagstitel: Polterabend-Scherze u. Dichtungen zu goldenen u. silbernen Hochzeiten ꝛc.) 1 u. 2. Hft. gr. 12. (52 u. 46 S.) Brandenburg 849. 50. Müller. (1: 1/6 Rthl. 2: 6 ngr) 11 ngr

Originaldichter, Deutschlands. Hamburg 1774—76. H: *Reuss, Johann Philipp Christian.* (Schr) (BrMm)

Original-Diesel & Co.-Kleinmotor auf der Welt-Ausstellung Brüssel v. Diesel & Co., G. m. b. H., München. (2 S. m. Abb. u. 1 Taf.) 32×24,5 cm. Potsdam (910). Geschäftsstelle der Zeitschrift f. Elektrotechnik u. Maschinenbau. — 80

Sonderabdr. a.: „Ztschr. f. Elektrotechn. u. Maschinenbau".

Originale u. Copien, eine Zeitschrift f. Niedersachsen. 8. Bremen 797. Heyse. 8 gr.

ORIGINALE, Dresdener (Eierhanne, Peter Groll etc.). Komische Volkstypen, colorirt u. schwarz. (7 Mk. 50 Pfg. G. Priewe, 1895 Blatt 1—7, 11, 13, und 2 nicht numerirte.)

Complete Folgen schwer aufzufinden.

ORIGINALE aus der russischen Gesellschaft von *A. v. R.* . . . Frankfurt a. M., o. J. (ca. 1880). 52 SS. 8°. (1 Mk. L. Rosenthal, 1910.)

Originale aus Stadt u. Land, illustrirt für Zeitgenossen. Eine En-tout-cas-Lectüre. Wittenberg 867. Herrosé. 8. (IV, 104 S. mit eingedr. Holzschn.) n. 10 *ngr.*

Original-Eipeldauer-Briefe, gedruckt in Wien von einem rückreisenden Schiffmann nach Bayern gebracht. O. O. 1815. V: *Richter, Joseph.* (BGE VIII[3], 427)

Original-Erlass des Kurfürsten Karl Theodor, de dato Mannheim, den 7 December 1770, betreffend eine gründliche *Reform der Zustände im Herzogthum Neuburg*. Fol. 12 S. Wasserrl. Beibd. Cart.

Der wichtige Erlass beginnt „UNseren etc. Zum grössesten Missfallen gereichet uns immermehr wahr zu nehmen, dass bey denen Innwohneren (!) unseres Herzogthums Neuburg, diejenige Bestrebung und Geflissenheit gänzlich ermanglet, womit in jetzig aufgeklährten Zeiten viele andere gesittete Völkerschafte sich beiferen, alle Quellen zu entdecken" etc. — Selten!

Original-Flaschen. — Lieder des Weins, von Drucker, s. Druckeriana, 2. Lfg.

Original-Gemälde unglückl. Menschen. Ein Vermächtniß d. Freundschaft. A. d. Engl. 2 Thle. 12. (15 B.) Aachen 837, 39, (Mayer.)

Original-Gemälde unglücklicher Menschen. Ein Vermächtniß der Freundschaft. Aus d. Engl. 2 Thle. 12. Aachen 837. Roschütz u. Comp. 1 1/3 Rthl.

— -Gemeinsinn, der, in sokratisirter Geburt, aus s. Mutter, d. reizend. Moral-Sinnlichk. ꝛc. 8. Jena u. Lpz. Köhler. 792.

Original-Genrebilder aus den Vorräthen der Herder'schen Verlagshandlung in Freiburg [Baden], wovon galvan. Kupferablagergn. auf Holzfuß zum Preise v. 10 Pf. pro Quadratcentimeter abgegeben werden. Fol. (III, 100 S.) Freiburg i/Br. 886. Herder. n. n. 2. —

Original-Gespräche, englisch-deutsche, s. Conversations.

Original-Holzschnitte (in Aquarelldruck) der Vereinigg. graphischer Künstler, München. (10 Bl. m. 2 Bl. Text.) Imp.-Fol. München (903). (R. Piper & Co.)
In Mappe n. 30. —

Original-Ideen über d. empir. Anthropologie, nach Kants Grundsätzen. 8. Leipz. 796. (Gnobloch). 12 gr.

— Ideen über d. Kunst d. Erziehung, u. besonders d. Bildung zur Sittlichkeit. 8. Leipz. 804. Schiegg. 1 ß

Originalien. Breslau 1799. V: *Kapf, Carl Gottlieb Heinrich.* (GGr) (MGT)

Originalien aus d. Gebiete der Wahrheit u. Laune, Kunst u. Phantasie. Hrsgg. v. G. Lotz. 1r—16r Jahrg. 1817—1832. gr. 4. Hamb. (Herold jun.) (1r Jahrg. 1817. Juli—Decbr. 3 ß 2r—16r Jahrg. 1818—1832 à 6 ß 8 gr) 98 ß

Originalien aus dem Gebiete der Wahrheit, Kunst, Laune u. Phantasie. Redigirt von Georg Lotz. 17r—24r Jahrg. 1833—1840 à 156 Numm. Mit Titelvign. gr. 4. Hamburg, Herold. à Jahrg. n. 6⅓ ß

Originalien aus dem Gebiete der Wahrheit, Kunst, Laune u. Phantasie. Herausgeg. von Georg Lotz. Fortges. von Carl Töpfer. 25.—30. Jahrg. 1841—1846. à 156 Numm. (½ Bogen.) Mit Titelvign. gr. 4. Hamburg. (Herold'sche Buchh.; Nestler u. Melle.) à n. 6¼ ß

Originalien aus dem Gebiete der Wahrheit, Kunst, Laune u. Phantasie. Begründet von Geo. Lotz; red. von Carl Toepfer. 31—33. Jahrg. 1847—1849. à 156 Nrn. gr. 4. (½ Bog.) Hamburg. (Herold. — Kittler.) à n. 6¼ ß

— aus dem Leben gegriffen. Eine Sammlung von Aufsätzen aus dem Gebiete der Wahrheit u. Dichtung, der Laune u. Satyre, des Scherzes u. Witzes, zur Unterhaltung für Jung u. Alt. Zusammengestellt von dem Verleger. Mit Titelkupf. gr. 8. Berlin 844, F. Rubach. ½ ß

— aus dem Leben gegriffen. Eine Sammlung von Aufsätzen aus dem Gebiete der Wahrheit und Dichtung, der Laune und Satyre, des Scherzes und Witzes. 2., mit einem Anhange verm. Aufl. 8. (VI und 132 S. mit 1 ill. Ttlkpfr.) Berlin 848, [Bänsch.] Thlr.

— aus dem Leben gegriffen. Eine Sammlung v. Aufsätzen aus dem Gebiete der Wahrheit u. Dichtung, der Laune u. Satyre, des Scherzes u. Witzes. 2. m. einem Anhang verm. Aufl. Mit 1 (col.) Titelkpfr. 8. (VI u. 132 S.) Berlin 848, Rubach. ½ ß

Originalien, C. F. D. Schubarts. Augsburg 1780. H: *Meergraf, Jacob Joseph.* (MGT)

Originalien, Wiener. Kleine systematische Zeichenschule für alle Zeichenfächer zum Selbst-Unterricht oder für Lehrer, entworfen und ausgeführt nach Studien von den vorzüglichsten Künstlern. Wien (853, 54.) J. Bermann. qu. gr. 8. Jedes Heft à 4 lith. Bl. 5 ngr.
Inhalt: Landschaften. 1—10. Heft. — Blumen. 1—10. Heft. — Figuren. Gez. von J. Grandauer. 1—10. Heft. — Thiere von Weixelgärtner. 1—12. Heft.

Original-Initialen aus den Vorräthen der Herder'schen Verlagshandlung, wovon galvanische Kupferablagerungen auf Holzfuß zum Preise von 10 Pf. pro Quadratcentimeter abgegeben werden. Fol. (II, 26 S. m. eingedr. Holzschn.) Freiburg i/Br. 881. Herder. n.n. — 50

Originalität, englische, in Geschichten u. Erzählungen. 8. Görlitz 812. Anton in Halle. 8 gr. Hbg. Pr. 4 gr.

Originalitäten. Sammlung kleiner Erzählungen, Anekdoten und Geschichten . . . Stuttgart 1803—08. V: *Bonafont, Carl Philipp.* (Ky)

Originalitäten; e. Samml. kl. Geschichte Erzählungen u. Anekdoten, v. C. P. m. K. 2 Theile. 8. Stuttg. Magazin f. Lit. 803. 4. Rthlr.

Originalitäten. Samml. kleiner Erzähll., Anekdoten u. Geschichten, v. C. B. (Karl Ph. Bonafont). 3 Thle. 8. Stuttg. 803—8. (Sonnewald). 1 ß

Originalitäten aus dem Gebiete der Wahrheit u. Dichtung, von Philippi-Bonafont. 2 Thle. 8. Leipzig, Hartmann. 820. (1r 1 Thlr. 8 Gr. 2r Thl. 16 Gr.)

Originalitäten, aus den Gebiete d. Wahrheit u. Dichtung; von Philippi-Bonafont. 2 Thle. 2e Aufl. 8. Leipzig 825, Hartmann.

ORIGINAL-Klystier-Spritze, Humoristische. Lustiges Reise-Taschenbuch für verstopfte Melancholiker, hypersentimentale Choleriker, für Spassvögel und Trauerweidenseelen, für Gesunde und Kranke auf dem Sopha und auf Reisen. Herausgegb von Al Mair Mit Org.-Illustrat. Chemnitz, o. J (c 1855). 8⁰ (1 Mk. 50 Pfg E. Frensdorff, 1903.)

Original-Correspondenz aus Wien. Verbürgte Nachrichten von einem Augenzeugen. Druck von E. Litfaß. 1 Bl. Fol.
Flugblatt. Berlin, 8. Okt. 1848.

Original-Laterne
Ⓢ Das Zürcher Blatt »Scheinwerfer« führte am Anfang, d. h. vom 1. 3. 1911—3. 6. 1911 den Untertitel »früher Original-Laterne«, was den Schluß zuläßt, das Blatt habe vorher »Original-Laterne« geheißen. Die vorausgehende Zeitung hieß »Die Laterne« (Zh I).

ORIGINAL-Lebensbilder (Daguerreotypen.) Augsburg, o. J (184*). 8⁰ Selten!

Original-Letters on various subjects selected from writers of merit for the instruction and entertainment of those who wish to improve their knowledge of the English language. 2. (Titel-)edit. Nürnberg (840.) 857. Lotzbeck. 8. (176 S.) 15 ngr.

Original-Letters on various subjects selected from writers of merit for the instruction and entertainment of those who wish to improve their knowledge of the english language. 2. Edition. 8. (VIII und 176 S.) Nürnberg 856(57,) Lotzbeck.

Original-Lettres a Correspondence sentimental, instructive and entertaining between Frederic and Felicius. 8. Leipz. 802. (Wienbrack) 12 gr.

Original-Liebesbriefe oder die Kunst, in kurzer Zeit Liebesbriefe schreiben zu lernen. Für Verliebte ein wahrer Schatz u. eine unerschöpfliche Quelle eleganter Wendungen, schöner Redensarten u. überraschender Gedanken. 8. Berlin 843, Bade. n. ⅓ ß

— oder die Kunst, in kurzer Zeit Liebesbriefe schreiben zu lernen. 2. verb. Aufl. 8. Quedlinburg 845, Ernst. ⅜ ß

Original-Lithographien v. Münchener Künstlern. qu. Fol. (25 Bl. in Mappe.) München (Blüthenstr. 13) 895 Hub. Köhler. n. 25. —

Original-Lustspiele. Leipzig 1806. V: *Mahlmann, Siegfried Aug.* (Ky)

— Original-, enth.: der Geburtstag, d. Hausbau, Liebesproben. 8 Leipz. Linke. 806.

Original-Lustspiele, (von A. Mahlmann). (Enth.: der Geburtstag. — Der Hausbau. — Liebesprobe.) 8. Leipz. 806. Mit neuem Titel 810. Hinrichs. 1 ₰ 4 gr (NB. stehen auch unter d. einzelnen Titeln.)

— drey neue, von Corn. v. Ayrenhof: 1) der Kaufmann von Triest; od. die Adelssucht des Handelsstandes; 2) das neue Theater d. Deutschen; 3) Fasching-Sonntag ꝛc. gr. 8. Wien, Riehm. 807.

Originallustspiele, Neue, für grosse und Privattheater. Leipzig 1810. V: *Mahlmann, Siegfried August.* (EE)

Original-Lustspiele, welche auf Dilettanten-Theatern aufgeführt werden können. 1. Die Leseprobe. 2. Der Lachreiz. (Von Frhrn. v. Seckendorf.) 8. Grünberg 842, Levysohn. n. 1/2 ₰ u. Frankfurt a/O., Horwitzky'sche B. n. 1/3 ₰

Original-Magazin f. Kinder. 1r. Jahrg. in 6 Stck. 8. Altenb. 783. Richter. 1 ₰ 18 gr

Original-Mittheilungen aus der ethnologischen Abtheilung der königl. Museen zu Berlin. Fortsetzung, s.a. Veröffentlichungen aus dem kgl. Museum f. Völkerkunde.

Original-Mittheilungen aus der ethnologischen Abtheilung der königl. Museen zu Berlin, hrsg. v. der Verwaltg 1. Jahrg. 4 Hfte. 4. (1. Hft. VIII, 56 S. m. 4 Taf.) Berlin 885. Spemann. n. 16. —

Originalmittheilungen über die gesammte Landwirthschaft, mit Bezug auf Haus-, Forst- u. Staatswirthschaft. In zwanglosen Bänden herausgeg vom Prof. ꝛc., prakt. Landwirth Moritz Beyer. 1r Bd. Mit 1 Tabelle. gr. 8. Leipzig 841. Rein. 1 1/2 ₰

Originalmittheilungen über die gesammte Landwirthschaft, mit Bezug auf Haus-, Forst- u. Staatswirthschaft. In zwanglosen Bänden herausgeg. v. Moritz Beyer. 2. u. 3. Bd. gr. 8. Leipzig 841, Rein'sche Buchh. à 1 1/2 ₰

Originalmittheilungen, Schlesische, über Berg- u. Hüttenbau. 2. verm. u. verb. Abdruck. gr. 4. Breslau 843, Hirt. 3/4 ₰

Original-Möbelzeichnungen, Berliner. Blatt I—IV. Roy.-Fol. Berlin 843, Heymann. à n. 1/3 ₰

Original-Muster, Berliner, für Stubenmaler. Auf Schablonen-Papier gedruckt. I. gr. Fol. (12 Blätter.) Berlin 845, Heymann. n. 1 1/6 ₰

Original-Nachrichten und Betrachtungen über den Schauplatz der Kriege zwischen Rußland und der Pforte ... Berlin 1829. V: *Radowitz, Jos. v.* (KA)

Original-Nachrichten u. Betrachtungen üb. d. Schauplatz d. Kriege zwischen Rußland u. d. Pforte u. d. mögl. Operationen auf dems. Aus d. Memoiren e. militär. Augenzeugen. gr. 8. (10 1/4 B.) Berlin 829, Trautwein.

Originalnovellen, ... Frankfurt 1798. V: *Becker, K. G.* (Ky)

Original-Novellen, erzählt von K. G. (Becker). 8. Frankf. 798. Eßlinger. (Schäfer). 1 ₰

Original-Novellen, Dialogen, Poesien, Anekdoten ꝛc. Ein Pendant zu Ant. Walls Bagatellen. 8. Bresl. 803. Buchheister. Mit Kpf. u. Musik. 13 gr

Original-Polterabend-Scherze u. Gedichte, neueste, s.a. Bibliothek f. Scherz u. Ernst.

Original-Polterabend-Scherze, neue lustige Berliner, von Anakreon dem Jüngern. 1. Hft. 8. (48 S.) Berlin 852, Landsberger. n. 1/3 ₰

Original-Polterabend-Scherze, neue lustige berliner, von Anakreon dem Jüngern. 6 Hefte. 8. (à 48 S.) Berlin 853, Landsberger. à Heft * 7 1/2 Ngr. *

— neueste, von Roderich Dreizehn. 2. Aufl. 16. (119 S.) Mühlheim a. d. R. 856, Reymann's Buchh.

Original-Polterabend-Scherze, neueste, von Rober. Dreizehn. 3. Aufl. Berlin 866. Reymann. 16. (120 S.)

Original-Radirungen Düsseldorfer Künstler. 1.—4. Heft. qu. Fol. (à Heft 10 Bl.) Wien 882, Gesellschaft für vervielfältigende Kunst. à Heft * M 20. *

Original-Radirungen Düsseldorfer Künstler. 1—5. Hft. Fol. (à 10 Bl.) Wien 886. Gesellschaft f. vervielfältigende Kunst. à n. 20. —

Original-Radierungen. Künstlerclub St. Lucas, Düsseldorf. (IV.) gr. Fol. (10 Bl.) Düsseldorf, Bismeyer & Kraus. In Leinw.-Mappe n. 25.— ; auf Japanpap. n. 40.—

Original-Radirungen d. Künstler-Clubs „St. Lucas" in Düsseldorf. I.—III. Hft. gr. Fol. (à 10 Taf.) Düsseldorf 891. 92 u. 93. (Schaub.) In Mappe à 15. —

Original-Radirungen, zwölf, aus Auers Faust. Von Eug. Neureuther, Conr. Grefe, Rob. Eberle etc. Fol. (12 Stahlst.) Leipzig 859, [Schrag's Verlag.] *

Original-Rezepten-Buch aus dem Gebiete der Wein-, Essig-, Bier-, Branntwein-, Liqueur-, Destillations-, Seifen- und Parfumerie-Erzeugungs-Branche, nach neuesten Methoden auf kaltem und warmem Wege. Berechnet nach dem metr. Maße und Gewichte. Ein unentbehrl. Hilfsbuch für Kaufleute, Gastwirthe, Cafetiers ꝛc. und jede Haushaltung. 8. (96 S.) Wien 877. (Graz, Keller.) *

Original-Romane, ausgewählte kleine, d. beliebtest. deutschen Erzähler. 7 Thle. 8. (139 B.) Leipzig, Focke. à 1 Thlr. 12 Gr.
Thl. 1. Das Mährchen, v. L. Kruse. — Albert, v. C. Herloßsohn. 828.
- 2. D'Aubigné, v. † G. Sellen. — Vergißmeinnicht, v. C. Herloßsohn. — Base Schlick aus Glogau, v. Fr. Lohmann. 828.
- 3. Die Gräfin Puttlitz, v. Fr. Lohmann. — Die Trauerritter, v. ders. — Der Freischütz im Riesengebirge, v. C. Herloßsohn. 828.
- 4. Mutter Cary's Küchlein, v. H. Smidt. — Geheim u. Oeffentlich, v dems. — Der Rubin, v. Ch. Birch-Pfeiffer. 829.
- 5. Herr August Grund; ein Bild a. d. wirkl. Welt. Nach Thatsachen bearb. v H. Smidt. — Eine Skizze a. d. Leben Catharinens II., v. Ch. Birch-Pfeiffer. 829.
- 6. Der pommersche Neffe, v. † Fr. Ohnesorgen. — Die Ehre d. Herzens, v. † Fr. Laun. — Thekla v. d. Aue, v. Fr. Lohmann. 829.
- 7. Der Reisehofrath, v. † Fr. Laun. — Glück aus Unglück, v. H. Smidt. — Die weiße Rose, v. † Soph. May. — Die beiden Bilder, v. Ludw. Halirsch. — Die Verlobung, v. H. Smidt. 829.

Original-Romane, deutsche. Neue Ausg. 1—20. Bd. Leipzig 846, 47, Berger's Buchh. à Bd. 22½ Ngr.
- Inhalt:

Bd. 1., 2. Die Häuptlingstochter. Histor. Roman v. Jul. Krebs. 2 Thle. 12. (25 B.)
- 3. Göttliche Komödie in Rom. Novelle v. Leop. Schefer. 8. (16 B.)
- 4., 5. 1840. Aus dem Orient. Von Moritz Reichenbach. 2 Bde. 8. (31¾ B.)
- 6. Madelon, od. die Romantiker in Paris. Novelle v. Theod. Mundt. 12. (10⅓ B.)
- 7. Die beiden Magdalenen, od. die Rückkehr aus Rußland. Novelle v. F. G. Kühne. 12. (9½ B.)
- 8. Graf Promnitz. Der Letzte des Hauses. Ein Familienstück v. Leop. Schefer. 8. (11½ B.)
- 9., 10. Das Erbe von Landshut. Histor. Roman v. Bernd v. Gusek. 2 Thle. gr. 8. (34½ B.)
- 11. Der Basilisk, od. Gesichterstudien. Novelle v. Theod. Mundt. 12. (9 B.)
- 12. Glaube, Liebe, Hoffnung. Drei Novellen v. Chlodwig. 8. (24¾ B.)
- 13. Ubaldo, od. die Empörer. Novelle v. J. Satori. 8. (17½ B.)
- 14—16. Abendfahrten auf den Lagunen. Histor. Roman aus den Papieren e. berühmten Sängerin v. Geo. Lotz. 3 Bde. 8. (56 B.)
- 17. Der Todtengräber von Bacharach. Nachtstück v. Ludw. Rein. 8. (21¾ B.)
- 18—20. Der Missionair, od. des Wahnes Doppelgänger. Roman v. Sigm. Frankenberg. 3 Bde. 8. (45½ B.)

—— historische, aus Deutschlands Helden- u. Ritterzeiten. Hrsg. v. G. F. Horvath. 7 Bde. Jeder m. 1 lith. Abbild. 8. (85 B.) Meißen. [Leipzig, Vetter u. Rostosky.]
Bd. 1. Teutobog, od. d. Teutonen Heereszug gegen d. Römer im J. d. Welt 3:00, v. G. F. Horvath. 830. 12 Gr.
- 2. Die Ehresburg od. d. Sachsen Kampf u. Bekehrung, aus d. Zeiten König Karls d. Gr. u. Wittekinds, Königs d. Sachsen in d. J. 772 bis b24, v. E. Schilling. 830. 20 Gr.

Original-Romane, historische, ꝛc.
Bd. 3. Chitava, Zittaus Begründerin, od. d. Kampf d. Deutschen geg. d. Wenden, am Wahlenfeld u. an d. Blutmühle bei Reuschwitz im J. 923, v. E. (C. B.) Dietrich. 830. 1 Thlr.
- 4. Der strafbare Burggeist, od. d. Verfall d. Harzbergwerke. Geschichtl. Roman aus d. Zeit Kaiser Heinrichs IV., v. Clodwig. 830. 1 Thlr.
- 5. König Ottokar d. Stolze, od. d. Böhmer Kreuzzug im Preußenlande. Histor. Gemälde d. Vorzeit, v. Th. Montanus. 830. 21 Gr.
- 6. Albrecht d. Bär, Herzog v. Ascanien, Markgraf zu Brandenburg, od. d. Gründung v. Berlin. Erzähl. aus d. Zeitperiode d. 12. Jahrh., v. E. (C. B.) Dietrich. 830. 21 Gr.
- 7. Ida v. der Hülfenburg od. Frauenhuld u. Treue. Rittergesch. a. d. 14. u. 15. Jahrh., d. Zeitperiode Friedrichs d. Streitbaren, v. Th. Wahrmann. 831. 1 Thlr. 4 Gr.

ORIGINAL-Romane, Historische, aus Deutschlands Helden- und Ritterzeiten. Hrsg. v. G. F. Horvath. 7 Bde. Mit 5 Titelbildern. Meissen 1830. 8°. (3 fl., Hfrzbde., Gilhofer & Ranschburg, Wien, c. 1886; jetzt höher!)

— kleine, aus d. wirkl. Leben. 2 Bdchen. 8. Leipz. 804. N. A. 811. Andrä. 1 ₰ 12 gl

— — kleine, 2 Thle. 8. Lpz. Kleefeld. (Bauer.) 804.

ORIGINAL-Romane, Kleine, oder Copien aus der wirklichen Welt. 2 Bdchn. Mit Vignetten am Kopfe der Titel. Leipzig, in der von Kleefeldschen Buchhandlung. 1804. 8°. (2 Rthl.) Zahm. (1 Mk., etwas fleckig, M. Hauptvogel, Gotha, 1907.)
— — Dasselbe. 2te Ausgabe. Leipzig, bei August Bauer, 1811. 8°.

Originalromane, Letzte. (Rosalba, Alexis und Luise. Turmalin u. Lazerta) . . . Leipzig 1827. V: *Naubert, Christiane Benedicte Eugenie geb. Hebenstreit.* (EE)

Original-Romane, neue, d. Deutschen, 59 Bde. 8. Lpz. Schneider. (Linke.) 782–96.
I. Eduard Willmann.
II. Carl u. Elise u. Jacob Urban.
III. Meppen Bocksbart 1r.
IV, V. VI. Waller u. Natalie. 3 Thle.
VII. Eduard Rosenthal 1r. u. Abenteuer d. Ritter Palmmitos.
VIII. Eduard Rosenthal 2r.
IX. X. Adolph Freyherr v. Rubin; e. Weibergeschichtchen. 2 Thle.
XI. Wilhelm Wunderbach; e. wahre Geschichte a. d. Tagebuche d. Liebe.
XII—XV. Lorenz Arndt v. Blankenburg. 4 Thle.
XVI. Sternheims Leiden und Freuden und Ferdinand und Louise.
XVII. Meppen Bocksbart 2r.
XVIII. XIX. Adelheim; e. Schweizergesch. 2 Thle.
XX. XXI. Nettchen Freundlich. 2 Thle.
XXII. Louise v. Bardenau.
XXIII. XXIV. Hans v. Hobald, oder Gesch. e. Weltbürgers. 2 Thle.
XXV. XXVI. Karl Blumenberg; e. tragikomische Gesch. 2 Thle.
XXVII—XXX. Felix v. Freudenfels; e. Gesch. menschl. Freuden u. Leiden. 4 Thle.
XXXI. Meine Wanderungen.
XXXII. Für Universitäts-Jünglinge u. Mädchen.
XXXIII—XXXVI. Familiengeschichte der Rosenbusche. 4 Thle.
XXXVII. Rommal u. Louise.
XXXVIII. Albert, od. d. Folgen menschl. Leidenschaften u. Handlungen.
XXXIX. Lebensbeschr. J. F. G. Riedels, od. d. Exstudent im Soldatenrocke.

Zusammen

Originals, English, in prosa and verse, collected by L. B. Schulze. 3e Edit. gr. 8. Halle 784. Kümmel. 1 ₰ 4 gl

Originalschaubühne, Deutsche. Wien 1775. H: *Weidmann, Paul.* (KY)

Original-Schaubühne, deutsche, 5 Thle. 8. Wien, Kurzböck (Camesina). 775.

Original-Schauspiele, neue, für das deutsche Theater. 1r Bd 8. Augsb. 792. v. Jenisch u. St. 1 rß 2 gl

Original-Schnitte und Zeichnungen der neuesten pariser Kinder-Anzüge, in Paris gesammelt und gewählt von J. Speyer jun. Jahrg. 1860. 2 Hefte. (à 7 chromolithogr. Modelle und Schnitte dazu.) gr. 4. Berlin, Plahn'sche Buchh. *
Ist nicht fortgesetzt worden.

Original-Schriften, einige, des Illuminaten-Ordens, mit Nachtrag. 8. Münch. 787. J. Lindauer. 1 ₰ 16 gl Anh. dazu. 8. Frankf. 787. 2 gl Bemerkk. über einige Original-Schriften d. Illum.-Ordens. 8. Frankf. u. Leipz. 787. 6 gl

Anhang zu den Originalschriften des Illuminatenordens, welche auf höchsten Churfürstlichen Befehl zum Druck befördert worden sind. [Hrsg. von Franz Xaver v. Zwackh.] Frankfurt [a. M.] u. Leipzig: [Herrmann] 1787. 39 S. 8°
cf. D. neuest. Religionsbegebenheiten. 11 (1788) S. 46—47.
Kl. 3240.

[Dasselbe.] Hausvisitation . . . den 11. und 12. Oktob. . . . München o. J.: Franz. 407 S. 3 Tab. 8°
cf. FZ. (Neuwied) 1787 S. 257—260, 827—828; D. neuesten Religionsbegebenheiten. 10 (1787) S. 540—548; Frmr-Bibliothek. 5 (1792) S. 115—125.
Kl. 3239, Tt. 879. Entwürfe, Abhandlungen, Briefe u. s. w. Nach Kloss Nachdruck. Das Orig. sei in München bei Lentner 1787 erschienen.

Einige **Originalschriften** des Illuminatenordens, welche bey [Franz Xaver v.] Zwack[h] durch vorgenommene Hausvisitation zu Landshut den 11. und 12. Oct. ꝛc. 1786 vorgefunden worden. Auf höchsten Befehl Seiner Churfürstlichen Durchlaucht zum Druck befördert. München: Lentner 1787. 407 S. 3 Tab. 8⁰

— : Schriften, einige, des Illuminaten Ordens, w. bey Zwack gef. word. 8. München, Lindauer. 787.

— Nachtrag von weitern Originalschriften, welche die Illuminatensekte überhaupt, sonderbar aber den Stifter derselben *Adam Weishaupt*, gewes. Prof. zu Ingolst. betreffen, u. bey der auf dem *Baron Bassusischen Schloss zu Sandersdorf*, einem bekannten Illuminaten-Neste, vorgenommenen Visitation entdeckt, sofort auf Churfurstl. höchsten Befehl gedruckt, und zum geheimen Archiv genommen worden sind, um solche jedermann auf Verlangen zur Einsicht vorlegen zu lassen. 2 Abthlgn. München, 1787, zu haben bey Jos. Lindauer. 8⁰. Beibd.

I 2 Bll. 251 S., div. Tabell. II 155 S. 1 Bl. Err. div. Tabell. — Kloss no. 3249.

[Dasselbe.] München: Strobl 1787. 407 S. 3 Tab. 8⁰

Originalskizze von Dr B. Hagens Reiseroute zum Tobah-See im Gebiete der Batta. 1 : 400000. Gotha 1883. 1 Bl. c. A. Sch.

Original-Skizzen **Spanischer Meister** aus dem Besitz Ihrer kaiserl. und Königl. Hoheit der Frau Kronprinzessin des Deutschen Reiches und von Preussen. Durch Facsimiledruck nachgebildet. Berlin 1885. Fol.

Original-Solo-Vorträge, 12 komische, im Wiener Dialekt. 8. (46 S. mit eingedr. Holzschn.) Wien 878, Neidl. *

Original-Stammbuch des flotten Burschen. Enthaltend: Eine Sammlung höchst fideler Stammverse von einem in perpetuum relegirten Bruder Studio benamset: Semper Fidelerkerl. 16. Landsberg a. d. W. 845. (Volger u. Klein.) n. 1/6 ß

Original-Statuten des Wohlthätigkeits-Kränzchen-Vereines in Preßburg. Preßburg, 1857. Dr. von Alois Schreiber. (8 S. 8.)

Original-Steinzeichnungen zeitgenössischer Künstler. No. 1 u. No. 2. *je* 4 Bl., *in illustr. Umschlag* 4. Zürich, Ed. Rascher's Erben, [1904]. [Abt. pro No. fr. 3. —]

No. 1: Im Dorfe. Vier Originalsteinzeichnungen von Heinrich Otto.
No. 2: Bilder vom Rhein. Vier O' von Erich Nikutowski.

Original-Steinzeichnungen zeitgenössischer Künstler. No. 3 u. 4. *je* 4 Bl., *in illustr. Umschlag* 4. Zürich, Ed. Rascher's Erben, [1904]. [Abt. pro No. fr. 3. —]

No. 3: Bilder aus der Eifel. Vier Originalsteinz' von Fritz von Wille.
No. 4: Vier Originalsteinz' von Ernst Liebermann.

Original-Steinzeichnungen zeitgenössischer Künstler. No. 5 u. No. 6. *je* 4 Bl., *in illustr. Umschlag* 4. Zürich, Ed. Rascher's Erben, [1904]. [Abt. pro No. fr. 3. —]

No. 5: Vier Originalsteinz' von Theodor Rocholl.
No. 6: Vier Originalsteinz' von Karl Theodor Meyer-Basel.

Original-Steinzeichnungen zeitgenössischer Künstler. No. 7: Vier Originalst' von Max Stern. 4 Bl., *in illustr. Umschlag* 4. Zürich, Ed. Rascher's Erben, [1904]. [Abt. pro No. fr. 3. —]

Original-Steinzeichnungen zeitgenössischer Künstler. No. 8: Vier Originalsteinz' von Adolf Schönenbeck. 4 Bl., *in illustr. Umschlag* 4. Zürich, Ed. Raschers Erben, [1905]. [Abt. pro No. fr. 3. —]

Original-Steinzeichnungen zeitgenössischer Künstler. No. 9: Vier Originalsteinz' von Carl Kayser-Eichberg. 4 Bl., *in illustr. Umschlag*, 4 Zürich, Ed. Raschers Erben, [1905]. [Abt. pro No. fr 3. —]

Original-Steinzeichnungen zeitgenössischer Künstler No. 10: Vier Originalsteinz' von Hugo L. Braune. 4 Bl., *in illustr. Umschlag*, 4 Zürich, Ed. Raschers Erben, [1905]. [Abt pro No. fr 3 —, einzeln 4 —]

Originalstenogramme. Sammlung von Orig.-Stenogrammen von Praktikern der Schule Stolze-Schrey. Hrsg. vom Verbande nichtkorporativer akadem. Stenographenvereine (System Stolze-Schrey). (31 S.) gr. 8. Berlin 905. Frz. Schulze. n. 1. 40

Original-Stickmuster der Renaissance in getreuen Copien vervielfältigt und mit Unterstützung des k. k. Handelsministeriums hrsg. vom k. k. österreich. Museum. 4. Wien 874, v. Waldheim. *

Original-Stickmuster der Renaissance, in getreuen Copien vervielfältigt u. mit Unterstützung des k. k. Handelsministeriums hrsg. vom k. k. österr. Museum. 2. Aufl. 4. (50 Bl. m. 5 S. Text.) Wien 880. v. Waldheim. n. 6. —

Original-System, u. Folgen d. Illuminatenordens, aus d. Originalschriften gezogen. 8. Münch. 787. Strobl, (Fleischmann). 13 x

Original-Taschen-Gratulant, neuester, oder Sammlung bisher noch nie gedruckter Gratulationen in Versen, zu Neujahrs-, Geburts- u. Nahmensfesten, Hochzeits-, Trink- u. Abschieds-lieder, wie auch sonstiger Gelegenheits-Gedichte ꝛc. Nebst einem besondern Beitrag von mehr als 100 durchaus neuen Stamm-buch-Versen ꝛc. 12. Grätz 834. Kienreich. 1/4 ß

Original-Taschen-Gratulant, neuester, oder Sammlung v. originellen Gratulationen in Versen zu Neujahrs-, Geburts- u. Namens-Festen ꝛc. Nebst einem besonderen Beitrag v. mehr als 100 durchaus neuen Stammbuchs-Versen ꝛc. 4. (Titel-) Aufl. 16. (X u. 97 S.) Gratz 852, Kienreich. (Leipzig, G. Wigand.) n. 6 ngr

Original-Theater, als Fortsetzung der deutschen Schaubühne 1819 bis 1822. Zusammengetragen von mehrern dramat. Dichtern. 24 Bde. mit 24 Kpf. 8. Augsb., v. Jenisch u. St. Schrbp. 30 ß

— 1r Bd. für das Jahr 1819. Enth.: 1) Die Verkleideten, von L. G. v. Bülow; 2) Fabius Urtheil, von Dr. Weichselbaumer; 3) Wallhaide, die schöne Jägerin, von J. A. Adam; 4) die Brautschau, von Fr. Th. Lud. Dorsch.

— 2r Bd. 1) Andromacha, von Fr. L. Junker; 2) der Geist von Hohenkrähen, von W. Vögler; 3) der Telegraph, von Fr. Th. L. Dorsch; 4) Ehrlich währt am längsten, von Jos. A. Adam.

— 3r Bd. 1) Die Waise und der Mörder, von J. F. Castelli; 2) der Friedensstörer, von K. Thieneman; 3) Cromwell, von Dr. Weichselbaumer.

— 4r Bd. 1) Der Liebe Allgewalt, von J. L. Wilhelm; 2) der Donnerschlag, von Fr. Th. L. Dorsch; 3) Scipio und Hannibal vor d. Schlacht bei Zama, von Dr. Weichselbaumer; 4) die Abendmusik, von J. Aug. Adam.

— 5r Bd. 1) Konrad, Herzog der Franken, von Ph. Schmid; 2) die Brüder Philibert, von Karl Thienemann.

—6r Bd. 1) Die Preisaufgabe, v. Karl Thienemann; 2) Pyrrhus u. Fabricius, von Dr. Weichselbaumer; 3) die seltene Verwandschaft, v. F. Th. L. Dorsch; 4) Concinnatus, v. Dr. Weichselbaumer; 5) das Gitter, von Fr. Th. Ldw. Dorsch.

— für das Jahr 1820. 6 Bde. mit 6 Kpf. 8. Schreibp. 7 Thlr. 12 Gr.

— 1r Bd. Enth.: 1) Der weiße Ritter, v. Th. Hell; 2) d. Raub der Sabinerinnen, von Mauricio; 3) der Neujahrsmorgen, von B. Lögler.

—2r Bd. 1) Epimenides in Baiern, vom Oberlieutenant Moritz Lange; 2) Hannibal, von F. v. Huschberg; 3) Adelstolz und kindliche Liebe, von B. Lögler; 4) der eitle Liebhaber, von A. J. v. Guttenberg.

— 3r Bd. 1) Der Marschall v. Luxenburg, von J. F. Castelli; 2) das paar Pantoffeln, von A. J. v. Guttenberg; 3) der Schrank, von Fr. Th. L. Dorsch.

— 4r Bd. 1) Livia von Bergi, von Mauricio; 2) Glück und Unglück, von J. Fr. Cramer; 3) das Hopfenmännchen, von Fr. Th. L. Dorsch; 4) der Freier mit hölzernen Beinen, von A. J. v. Guttenberg.

—5r Bd. 1) Oedipus, König von Theben, v. Frhr. Jul. v. Ecker und Eckhofen; 2) Zwanzigtausend Thaler, v. A. J. v. Guttenberg; 3) Maracatili, von Mauricio; 4) Helene, von Dr. K. Weichselbaumer; 5) die Bedrängten, von A. J. v. Guttenberg.

—6r Bd. 1) Johanna d'Arc zu Rouen, von F. v. Huschberg; 2) Fernando und Cecilie, von J. A. Adam; 3) der Regen, von L. Wilhelm; 4) der Ehe-Prokurator, von Fr. Th. L. Dorsch.

— für das Jahr 1821. 6 Bde. mit Kpf. 8. Schreibp. 7 Thlr. 12 Gr.

— 1r Bd. Enth.: 1) Die Zerstörung der Reichstadt Speyer, von Wlh. Carnoni; 2) die Hunnen vor Augsburg, von L. Wilhelm; 3) der Ehrentag, von A. J. v. Guttenberg.

—2r Bd. 1) Die ewige Liebe, od. Heinrich der IV. zu Nerac, von W. Carnoni; 2) die sicilianische Vesper, von Frhr. J. v. Eckhofen; 3) die Citation, von J. A. Adam.

—3r Bd. 1) Diana und Endymion, oder Männerschwur u. Männertreue, von Wlh. Carnoni; 2) Achilles auf Skyros, von Dr. K. Weichselbaumer; 3) der König u. der Narr, von J. F. Castelli; 4) der Sekretair, von J. A. Adam.

— 4r Bd. 1) Die zwei wunderbaren Nächte, oder die Erscheinung auf dem Schlosse Jianeora, von Wlh. Carnoni; 2) die Belagerung von Calais, von Dr. K. Weichselbaumer; 3) der Mantel und die Pelzmütze, von J. A. Gleich.

—5r Bd. 1) Der Geheimnißvolle, v. Wlh. Carnoni; 2) Theseus in Kreta, von Dr. K. Weichselbaumer; 2) Anna von Bretagne, von J. A. Gleich

— 6r Bd. 1) Hemma, Gräfin zu Zeltschach und Friesach, oder die Stiftung von Gurk, von Wlh. Carnoni; 2) der Maskenball, von J. A. Adam; 3) Brutus, von Frhr. Jul. Ecker v. Eckhofen. 4) So rächt sich Fabius, von Dr. K. Weichselbaumer.

— für das Jahr 1822. 6 Bde. mit Kpf. 8. Schreibp. 7 Thlr. 12 Gr.

— 1r Bd. Enth.: 1) Der Brudermörder wider Willen, v. F. W. Ziegler; 2) Belisar, von Frhr. Jul. Ecker v. Eckhofen; 3) Lomonossow, oder der Dichter als Rekrut, vom Director Fr. A. Gebhard.

—2r Bd. 1) Die Freunde, von Frhr. Jul. Ecker v. Eckhofen; 2) das Modemagazin, vom Director Alb. Gebhard; 3) Scipio, der Ueberwinder, von Dr. K. Weichselbaumer.

— 3r Bd. 1) Die Gunst der Kleinen oder die Hintertreppe, von J. v. Plötz; 2) das glückliche Wiederfinden, oder so lohnt die Tugend, von A. Schmid; 3) den Keller oder die Braut, ein Ritterlustspiel, von J. Al. Gleich; 4) der Nachtwächter, ein Drama.

— 4r Bd. 1) Die alten Freunde, Lstspl. in 5 Aufz., von Th. Hell; 2) Hunerich und Eudoxiae. Ein Gemälde der Vorzeit in 4 Aufz. von J. A. Gleich.

— 5r Bd. 1) Herzog Lesko. Ein historisch-romant. Schspl. in 5 A. von Philippi Bonafont; 2) Laura. Ein Trspl. in 5 Aufz., von K. Fr. Rost.

—6r Bd. 1) Die Waise aus Genf. Ein Drama in 3 Aufz., v. G. F. Castelli; 2) das Schloß zu Rieti. Ein romant. Schspl. in 5 Aufz., von Philipp Bonafont.

Originaltheater für die Jahre 1820—22. Augsburg. H: *Schiessler* (?), *Sebast. Wilhelm.* (GGr III, 792)

Original-Theater, neues deutsches, hrsg. v. S. W. Schießler. 3 Bdchn. gr. 12. Prag 828, [Augsburg, Schlosser.] Hrbgs. Pr. Thlr.

Bdchn. 1. Rogneda u. Wladimir, Trauersp. in 3 Aufz., v. Therese v. Artner. — Der verwundete Liebhaber, Lustsp. in 1 Akt, v. Fr. A. Kurländer. (4½ B.)

" 2. Stradella. Drama nach Deinhardstein's Novelle, v. Römer. — Der letzte Pagenstreich. Posse (als Forts. d. Kotzebue'schen Posse: Die Pagenstreiche), v. W. Vogel. (3½ B.)

" 3. (?)

—— dass. — Mit Beiträgen v. genannt. Schriftstellern u. Schriftstellerinnen hrsg. v. dems. 1—6. Bdchn. neuer Folge. Jahrg. 1829. 16. (65½ B.) Prag, Enders.

Bdchn. 1. Die Tatarenschlacht. Trauersp. in 5 Aufz. nach v. d. Velde's Erzähl., v. L. Halirsch. — Domestikenstreiche. Lustsp. in 1 Aufz., v. K. F. W. Fleischer.

" 2. Adelma. Drama in 5 Aufz. n. d. Engl. d. Lewis, v. W. Vogel. — Die Schifffahrt. Lustsp. in 1 Aufz., v. Ed. Gehe.

" 3. Der Jarl d. Orkney-Inseln. Trauersp. in 5 Aufz., v. Fr. Bar. de la Motte Fouqué. — Der Flüchtling. Lustsp. in 1 Aufz., v. W. Bondi.

" 4. Er weiß Alles. Lustsp. in 4 Akt., v. Birch. — Der Räuber. Posse in 1 Akte u. in Versen, v. †Th. Hell.

" 5. König Kanut, v. G. N. Bärmann. — Das Schloß in den Pyrenäen, v. L. Becker.

" 6. Der Streitsüchtige, v. Deinhardstein. — Der Geist d. Vernichtung u. d. Genius d. Lebens, v. J. A. Gleich.

Original-Urkunden und Nachricht, wie das Dorf und die Herrlichkeit Burtscheid mit allen darzu gehörigen Leuten von Römischen Kaisern und Königen an die Abtey daselbst-, und von dieser an Bürgermeister, Scheffen und Rath des Königl. Stuhls und Kaiserl. Freyen Reichs-Stadt Aachen i. Jahr 1531 übertragen ... worden ist. Aachen 1775. **fol.**

Original-Volks-Mährchen der Deutschen für Jung u. Alt. 1. Bdchn. Leipzig 844, Bönicke u. Sohn. 3/4 Thlr.

Original-Wiener-Lieder, 12 komische. 8. (24 S. mit eingedr. Holzschn.) Wien 878, Reidl. *

Original-Zeichen-Lehrer, universaler. Eine Sammlung von Vorlagen aller Arten, für Anfänger u. geübtere Zeichner. 100 Hefte. Paris 864. (Berlin, Christmann.) qu. Fol. Jedes Heft (4 Steintaff.) 10 *ngr.*

Original-Zeichen-Schule, elementarische, zum Selbst-Unterricht und für Lehrer. 120 Hefte. (à Heft 6 Stnt.) qu. 8. Paris 864. (Berlin, Christmann.) à Heft 6 Ngr.

Originalzeichnungen, neueste Berliner, für Bau-Tischler, unter Mitwirkung namhafter Künstler, herausgeg. von H. Carl. 1.—6. Hft. qu. 4. (à 4 lith. Bl.) Berlin 843, 44, Heymann. à n. 1/4 ℛ — 1.—6. Hft. 2. Ausg. (16 Taf.) qu. 4. Ebend. 846. à n. 1/4 ℛ

Original-Zeichnungen, neueste berliner, f. Bau-Tischler, unter Mitwirkung namhafter Künstler hrsg. v. H. Carl. 1. Ausg. 1843, 44. u. 2. Ausg. 6 Hfte. qu. 4. (à Hft. 4 Stnt.) Berlin 845, Heymann. à Hft. * 7 1/2 Ngr. *

Original

— = Züge, a. d. Charakter engl. Sonderlinge. 8. Leipzig, Cuyprian. (Mittler.) 796.

— aus d. Leben merkwürdiger Künstler. 8. Bautzen 797. Arnold. 12 gr

— — neue, a. d. Leben engl. Sonderlinge. 1s Bdch. 8. Lpz. Mittler. 805.

l'Origine alsacienne des sociétés de gymnastique de France. gr. 8. (16 S. m. 4 Abbildgn.) Strassburg 901. J. Noiriel. n. — 50
Sonderabdruck aus: „Revue alsacienne illustrée".

Anonymi historici. Incerti auctoris liber de origine gentis Romanae (fragmentum), rec. B. Sepp. Gel. 1885. XV, 48 S. 1.20

Progr Erfurt. de celebrationis festi natalitii Jesu Chr origine 1786 f

Origine des principes religieux (par Jak. Hnr. Meister.) 8. Zürich 768.

Origine, L', touranienne des Américains Tupis-Caribes et des anciens Egyptiens montrée principalement par la philologie comparée . . . Vienne 1876. V: *Varnhagen Visconde de Porto Seguro, Franz Adolph.* (CBH)

— of the war 1805. gr. 8. (Leipz., Hinrichs). 12 gr

Origine, M., Esquisse de la philosophie démocratique. Partie politique. gr. 8. (XII und 189 S.) Leipzig 865, (Brockhaus' Sortiment und Antiquarium.) *

Der diplomatische **Ursprung** des Krieges von 1870/71 [Les **Origines** diplomatiques de la guerre de 1870/71]. Gesammelte Urkunden hrsg. vom franz. Ministerium d. Auswärtigen. Bd 1. Berlin: Verl.-Anst. f. Litt. u. Kunst 1910. 8° 10. 1340

Origines Boicae domus. Norimb. 1764. V: *Du Buat-Nancay, L. Gabr. Comte.* (weber) H: *Pfeffel, Chn Frdr.* (AarF)

Origines boicae domus. II Tmi. 4maj. Nürnb. 764. Stage. 3 ℛ 8 gr

— — idem. II Tmi. 4. maj. Lips. Gräff.

Origines Guelficae. Hann. 1750—81. V: *Leibniz, Gfr. Wilh. Frhr. von, Joh. Gg Eckhart, Joh. Daniel Gruber & Chn Ldw. Scheidt.* (Loewe, Bibliogr. der Hann. u. Braunschw. Gesch. Posen 1908. S. 55.)

— Guelficae ex schedis G. W. Leibnitzii, J. G. Eckhardi, J. D. Gruberi, ed. Chr. L. Scheidio et J. H. Jung I. V Tomi. Fol. Hannov. 750—80. Helwing. 36 ℛ

Origines, Hermaphroditorum. Kiliae 1805. V: *Heinrich, Carl Frdr.* (Collin, Anonymer. Kiobenh. 1869.)

Origines. Originum juris civilis libri tres . . . Neapoli [Lipsiae] 1713. V: *Gravina, Janus Vinc.* (Wr)

Origines Livoniae sacrae et civilis, seu Chronicon Livonicum vetus . . . Francof. et Lipsiae 1740. V: *Lettus, Henricus* [?]. (BrMm)

Origines panificii frugumque inventarum initia Gottingae 1768—69. V: *Heyne, Christian Gottlob.* (MGT)

Origines latini sermonis cum suis derivatis. Tigur. 732. 8. 6 gr.

Origines titulorum et dignitatum ecclesiasticarum. Lipsiae 1734. V: *Blumbach, Johann Heinrich.* (Myl)

Origo Collegii Societatis Jesu ad Sanctum Salvatorem Augustae Vindelicorum . . . Aug. Vind. 1786. V: *Mangold, Maxim.* (BBr) (Jes) (So) (Barbier)

Origo Collegii Societatis Jesu ad S. Salvatorem August. Vindel. 8maj. Augsb. 786. Doll. 4 gr

Origo et formatio linguae Ugoricae-Ungaricae rectius Magiaricae dictae . . . Viennae 1834. V: *Fogarasy, Joh.* (EB)

Origo et formatio linguae Ugoricae-Ungaricae, rectius Magiaricae dictae historice, philo- et etymologice ac grammatice deducta. 8maj. (3 1/2 B.) Viennae 834, Mechitar.-Congregat.-Buchh.

Origo et formatio linguae Ugoricae-Ungaricae, rectius Magiaricae dictae historice, philo- et etymol. ac grammat. deducta. 8maj. Viennae 834. (Wenedikt.) 3/4 ℛ

Origo et Genealogia Stahrembergiana cum tabulis genealogicis . . . Viennae 1729. V: *Omalius d'Halloy, Pierre de.* (Jes) (weber)

Origo gentis Romanae
s. Aurelius Victor, Sextus De origine gentis Romanae.

ORIGONIS, Paul (Athen): Von der Erzeugung und ihren Theorien.- München: Hübschmann 1843. 20 S.
1.12.1842 - Urk (Titel: De generatione et ejus theoriis.); F 66
Diss. Ingolst.-Landsh.-München.

Orioli, Francesco, ricordi sullo stato romano nei tempi Napoleonici, s.: **Miscellanea** Napoleonica.

Orion. Monatsschrift für Literatur und Kunst, hrsg. von Adf. Strodtmann. 1. und 2. Jahrg. 1863 und 1864. à Jahrg. 12 Hefte. (à 5 Bog.) Lex.-8. Hamburg, Hoffmann und Campe. à Jahrg.

Orion, der neue, in Utopien. 1s Hft. 8. Halle 790. Doff. 6 gr.

Orionis Thebani Antholognomici tit. VIII, s. **Schneidewin,** F. W., Conjectanea crit.

Orionis Thebani Etymologicon. Ex Museo F. A. Wolfii prim. ed., annot. P. H. Larcheri, ejusd. Wolfii nonnullas et suas indicesque adj. F. G. Sturzius. (Etymol. Tom. III.) 4maj. Leipz. 820. Weigel. 3 ℛ Schrbp. 4 ℛ Velp. 5 ℛ

Orionis Gnomologium Vindobonense ed F. **Ritschl.** Pr. 1889. 10 S. 4°.

Orion, J. Z. v: Gemeinfaßliche Anleitung zum Croquiren des Terrains mit und ohne Instrumente. 3. Aufl. Neue Ausg. Wien 1888

Orion, J. Z. v: Populäre Anleitung für die graphische Darstellung des Terrains in Plänen und Karten. 3. Aufl. Neue Ausg. Wien 1888

Orion, Julius, s. **Demetrius** der Erste.

Orions Rückkehr zur friedlichen Insel. Schspl. in 1 A. 8. Wien 803. Wallishausser. 6 gr.

Oriundus: Die politische Muse, s. Rost, Johann Leonhard

Orkan in Kurland am 27. August 1807. [Mitau 1807.] V: *Watson, Carl Friedrich.* (R-N)

Orkan, Ein, Windstille und Erdbeben in Westindien. [Lauenburg 1819.] V: *Egestorff, Georg Hnr. Christoph.* (Schr)

Die **Orkane** des Nordatlantischen Ozeans in der letzten Woche des Januar und den ersten Wochen des Februar 1899. Mit 3 Taf. Hrsg. von d. Direktion d. Seewarte. Berlin. E. S. Mittler & Sohn 1899. (33 S.) 4°
= Annalen d. Hydrographie u. Marit. Meteorologie Jg 27, Beiheft 1.

Orkneyinga-Saga, s. historia orcadensium a prima orcadum per Norvegos occupatione ad exitum seculi XII. ex manuscr etc, ed. J. Jonaeus. Kopenh. 781. Bonnier. 2 ℛ 18 gr.

Orkney & **Shetland** Inseln. 1,000,000. G. M 1855.

Orla. Dramatische Dichtung. Zürich u. Winterthur 1844. V: *Dulk, Albert Friedrich Benno.* (BrMm)

Orla. Dramatische Dichtung. gr. 8. Zürich u. Winterthur 844, literar. Comptoir. n. 2 2/3 ℛ

Orla. Dramatische Dichtung. Neue mit einem Anhange verm. Ausg. gr. 8. (X u. 326 S.) Mannheim 847, Grohe. 1 ℛ

Orla-Jensen, s.a. Jensen, Orla

Jensen, Orla-: Einige Bemerkungen üb. Milchpulver (Bern) 1905. 3 S. (Sertr.). 4°.

Orlamünde, Chronik der Grafen von, s. **Jovius.**

Orlamünder, Paul, **Volksmund u. Volkshumor.** Beiträge zur Volkskunde. (XVII, 360 S.) 8. Bremen 908. C. Schünemann. 3.50; geb. 4.50

Orland, Ferdinand, a. Carden a. d. Mosel: ⟨Aus d. Kgl. med. Universitätsklinik zu Bonn.⟩ Die neueren Ergebnisse über das Verhalten der Leukocyten mit Beiträgen zur Untersuchung des „neutrophilen Blutbildes" beim gesunden und beim kranken Säugling. Bonn 1907/08: S. Foppen. (70 S.) 8°
Bonn, Med. Fak., Ref. Schultze, Diss. v. 9. Mai 1908
[Geb. 15. April 82 Carden; Wohnort: Bonn; Staatsangeh.: Preußen; Vorbildung: Friedrich-Wilhelms-Gymn. Cöln Reife O. 02; Studium: Bonn 10 S.; Coll. 25. Okt. 07; Approb. 7. Mai 08.]

Orland, Fritz, appr. Arzt a. Orlandshof in Posen: Aus d. Königl. chirurgischen Univ.-Klinik zu Kiel. Ein Fall von großem Fibromyxosarkom der Rectusscheide. Kiel 1907: H. Fiencke. (27 S.) 8°
Kiel, Med. Fak., Ref. Helferich, Diss. v. 13. Mai 1907
[Geb. 24. Aug. 76 Orlandshof; Wohnort: Orlandshof; Staatsangeh.: Preußen; Vorbildung: Kgl. Gymn. Stargard (Pom.) Reife O. 99; Studium: Berlin 8, Kiel 5 S.; Coll. 27. Juli 06; Approb. 1 März 07.]

Orland, Hans, Referendar bei d. Kgl. Oberlandesgerichte in Stettin: Die **Frage** nach der Vertragsnatur der Tradition. *Greifswald 1903: J. Abel.* (39 S.) 8°
Greifswald, Jur Diss. v [2. Febr.] 1903

Orlande u. Seraphine; e. türk. Gesch. a. d. Engl. 2 Thle. 8. Lpz. Junius. (Gleditsch.) 787.

v. **Orlandini,** ...., Auszug d. peinl. Kriegsgerichtsordnung in d. Oesterreich. Staaten. 8. Wien 782. (Heubner) 9 gr.

Orlandini, Ausz. d. peinl. Kriegsgerichtsordnung in den österreich. Staaten. 8. Wien, Kurzböck. (Camesina.) 782.

Orlandini, Orlando, der wunderbare Abentheurer, ein Roman ... Rudolstadt 1802. V: *Vulpius, Christian August.* (MGT) (Ky) (EE)

Orlando, ein Trauerspiel, v. K. v. Woltmann. gr. 8. Prag. (Leipz. J. B. G. Fleischer.) 815.

Orlando Orlandine, (v. Chr. A. Vulpius). Mit Kpf. 2 Thle. 8. Rudolst. 802. (Fr. Fleischer in Leipz.) 2 ℛ

Orlando Orlandini, der wunderbare Abenteurer, v. Verfasser des Rinaldini. (Vulpius) m. Kupf. 2 Thle. 8. Rudolstadt, Klüger. 802.

Orlando d. Rasende, s. **Ariost.**

Orlando der Rasende ... [von Ariost] in reimfreien jambischen Strophen ... und vorausgeschicktem Auszuge aus dem Orlando inamorato [von Bojardo]. Zürich 1797. Ü: *Lütkemüller, Samuel Christoph Abraham.* (MGT) (GGr)

Orlando u. Seraphine, e. türk. Geschichte; aus d. Engl. 2 Thle. 8. Leipz. 787. (Brockhaus). 12 gr

Orlando und Seraphine eine türkische Geschichte in 2 Theilen, 8. Daselbst, 787. Feind. 15 sgl.

ORLANDO und Seraphine, eine türkische Geschichte, in zwey Theilen. Leipzig, Junius 1787. 8°.
In zahmen Briefen. XIV u. 230 fortl. gez. Seiten.

Orlando di Lasso. Registratur für die Geschichte der Musik in Bayern in zwanglosen Heften herausg. von Dom. Mettenleiter. 1. Heft. Brixen 868. Theolog. Verl.-Anstalt. gr. 8 (III, 129 S.) n. 20 ngr.

Orléans [Sachliches OW]

Orleans, Carl von, u. Anvelle, Leben. 8. Dresd. 740. -

d'Orléans, Madame la Duchesse, Hélène de Mecklembourg-Schwerin. (Par Marquise d'Harcourt.) 1. et 2. edit Berlin 859. J. Springer. 8. (127 S.) n. $17\frac{1}{2}$ ngr.

Orleans Höllenfahrt. Trspl. in 1 A. 8. Berl. 796. Schöne. 3 gr

— d. Herzogs von, geheime Liebesgeschichte, in d. Leben d. Ritters Ravanne. 8. Lpz. 753. -

Orleans, Ludwig Philipp Joseph von, genannt Egalité. Nach d. Französ. eines Zeitgenossen v. Fd. Backhaus. gr. 12. Leipzig 843, Hunger. 1 rß

Orléans [Schlagwort]

Orléans, s. Europa. Liebenow.

Orleans — Charte von dem ehemaligen Gouvernement — oder den jetzigen Departements d'Eure et Loir, de Loir et Cher, und du Loiret. Nach ihrer Eintheilung in Arrondissements und mit Bemerkung des Hauptorts jedes Cantons verbessert herausgegeben von Homanns Erben. Nürnberg 1808. 1 : 450,000. 1 Bl.

Orléans [Verfasser]

v. Orleans, Predigten u. christl. Unterweisungen, moral. Inhalts; aus d. Französ. 2 Thle. gr. 8. Bresl. 795. J. F. Korn. 1 rß 8 gr

d'Orleans, Charl. Elis., Anekdoten vom Französ. Hofe, s. Anekdoten.

v. Orleans, Prinzessin Elisabeth Charlotte, Briefe, s.: Bibliothek des literarischen Vereins in Stuttgart, VI. Thl.

Orléans, Herzogin Elisabeth Charlotte v., Briefe, s.: Briefe

Orléans, Henri d' s. Aumale, Henri d'Orléans, duc d'

Orléans, Henri d', duc d'Aumale. Lettres sur l'histoire de France adressée au prince Napoléon par . 2e édition.
kl. 8. Vienne 1861.

Orleans, Heinrich v., Herzog v Aumale. Ein Schreiben an den Prinzen Napoleon über die Geschichte Frankreichs. Villach, Hoffmann, 1861. 24 S.

Orleans, Helene Louise Herzogin v., Erinnerungen aus ihrem Leben, s.: Schubert, G. H. v.

Orléans, Hélène duchesse d'. Lettres originales... Genève et Paris 1859 *et* 1860 *s.* Schubert, G[otthilf] H[einrich] von.

BEKENNTNISS, Allgemeines, des Ritters von Willfort. (Höchst üppiger erot. Roman.) Aus d. Französ. (des *Hubert d'Orleans*). Frankfurt und Leipzig (Hanau) 1764. 8°. (In Warmbrunn.) Rarissime! 11 Bogen.
Orig. (in München): Confession générale du chev. de Wilfort, histoire galante. Leipsic (Paris) 1755. 12°. — Londres (Cazin) 1758. 12°. Titre, IV—256 pp. (15 Mk. Scheible), puis en 1772, 1781 (2 ff., 230 pp.), 1787 (faisant partie de la „bibliothéque amusante" de l'éditeur Casin; 15 Mk. Scheible), 1793. — Le même (réimpression) sous le titre: Les leçons de la volupté ou confession générale du Chevalier de Wilfort. Amsterd., Auguste Brancart, 1888. 8°. Pap. vergé (10 Mk. M. Edelmann, Nürnb., 1904); rep. ibid. 1891. 8°. 172 pp. Ed. de luxe s. pap. holl. (16 Mk. 50 Pf, Max Harrwitz, Berlin, 1904). Malgré ces nombreuses éditions ce livre est devenu rare. — Voir Gay, Bibliogr. de l'amour II. p. 303.

— — Dasselbe: (andre Uebers.) mit d. Tit.: Generalbeichte des Chevalier von Villfort (so!). Uebersetzt aus dem fransösischen Werk: „Leçon de la Volupté". (c. 1895?) (15 Mk. eine böhm. Firma, 1901.)

d'Orléans, Rob., Herzog v. Chartres, ein Besuch auf einigen Schlachtfeldern des Rhein-Thales. Autorisirte Uebersetzung von Maxim. Grabinger. Leipzig 870. Kormann. gr. 8. (XI, 115 S.) n. 15 ngr.

Orlet, Frz., Konrad, der letzte Hohenstaufe. Histor. Epos. (136 S.) kl. 8. Leipzig 908. Verlag f. Literatur, Kunst u. Musik. 3.—; geb. n 4.—

Orleth, Ant., s. Degn, statist. Notizblätter über die europ. Staaten.

Orleth, Käthe, Gedichte u. Skizze. (VII, 40 S.) 12. Dresden 908. E. Pierson. n. 1.—; geb. n. 2.—

Oerley, Ladislaus

— — Az Anguillulidák Magánrajza. Monographie der Anguilluliden. In magyarischer Sprache mit deutschem Resümé v. 27 S. gr. 8. (165 S. m. 7 col. T.) Gekr. Preissch. Ebd. 80. M. 9.—

Örley, Ladisl., die Rhabditiden und ihre medicinische Bedeutung. Lex.-8. (IV, 84 S. mit 6 Taf.) Berlin 886, Friedländer und Sohn. * 8 —

Orli, Arno 1908 [Pseud.], s. Eichacker, Reinhold.

Orlicé, R. v. Analyse des Lotto. 8°. Berlin 1876.

Orlich, E., Kapazität u. Induktivität, s.: Elektrotechnik in Einzeldarstellungen. 14. Heft.

— Die technischen Leistungsmesser. — Über Elektrizitätszähler. (7 u. 9 S. m. 29 Abb.) 31,5×24 cm. Leipzig 910. Hachmeister & Thal. 1.—
Sonderabdruck aus: „Helios".

Orlich, Er Ludwig

— Entwürfe von Predigten. 3 Thle. gr. 8. Hamb. 762—64. Brand. 2 Thlr. 12 Gr.

— die gute Gestalt eines Proselyten, bei d. Taufe e. Juden vorgest. 8. Braunschw. 754. Schröder. 8 Gr.

— drei Predigten bei besonderen Gelegenheiten d. gegenwärtigen Zeit. 8. Braunschw. 759. Meyer. 3 Gr.

Orlich, Er. Ldw., († ...), Sammlung einiger Predigten. 8. Braunschw. 761. Meyer. 20 Gr.

Orlich, Erdm. Hugo

— Moskau und Paris. Zwei epische Gedichte mit einem Vorwort. Stettin (854.) Saunier. 8. (36 S.) nn. 15 ngr.

Orlich, Erdm. Hugo v., aus Preußens Vorzeit. Gedichte. Breslau 853. Korn. 16. (IV, 89 S.) n. 20 ngr.

Orlich, Ernst

Orlich, E: Über die Anwendung des Quadrantenelektrometers zu Wechselstrommessungen. Berlin 1909 (Mitteil. a. d. Physik.-Techn. Reichsanst.)

Orlich, Ernst, Aufnahme u. Analyse v. Wechselstromkurven, s.a. Elektrotechnik in Einzeldarstellungen. 7.

Aufnahme und Analyse von Wechselstromkurven. Von Dr. Ernst **Orlich**, Prof. Mit 71 Abb. Braunschweig. Vieweg 1906. VIII, 117 S. 8°
(Elektrotechnik in Einzeldarstellungen. H 7.) A 18. 8814

Orlich, E: Über Einrichtungen und Methoden zur Prüfung von Wechselstromzählern in der Physikalisch-Technischen Reichsanstalt. Berlin 1901

Kapazität und Induktivität. Ihre Begriffsbestimmung, Berechnung u. Messung von Dr Ernst **Orlich**, Prof. Mit 124 Abb. u. 1 Kurventaf. Braunschweig Vieweg 1909. XII, 294 S. 8°
(Elektrotechnik in Einzel-Darstellungen. H. 14.) [op. 14230 7

Orlich, E: Über eine optische Methode der Strommessung. Berlin 1904 (Mitteil. a. d. Physik.-Techn. Reichsanst.)

Orlich, E: Notiz über die Leistungsmessung in Drehstrom-Systemen mit Nullleiter. (Berlin) 1907

Orlich, Ernst *Maximilian* [aus Potsdam]: **Ueber die Polarisationskapazität von Quecksilberelektroden** ... Berlin, C. Vogts Buchdr., *1896*; 38 S., 1 Bl., 1 Taf. 8.
Berlin, Phil. Fak., Inaug.-Diss. v 11 Juli 1896

Orlich, E: Über Selbstinduktionsnormale und die Messung von Selbstinduktionen. Vortrag. Berlin 1903

Orlich, E: Über Starkstromwiderstände mit kleiner Selbstinduktion. Berlin 1909 (Mitteil. a. d. Physik.-Techn. Reichsanst.)

Orlich, E: Untersuchungen über den Koepsel'schen Apparat zur Bestimmung der magnetischen Eigenschaften des Eisens. Berlin 1898

Orlich, E: Elektrometrische Untersuchungen. Berlin 1903 (Mitteil. a. d. Physik.-Techn. Reichsanst.)

Orlich, E., und Günther-Schulze: Über das Verhalten von Elektrizitätszählern bei schwankender Belastung. Wien 1909 (Mitteil. a. d. Physik.-Techn. Reichsanst.)

Orlich, E: Das Verhalten von Quadrantenelektrometern gegenüber Wechselspannungen. Berlin 1909 (Mitteil. a. d. Physik.-Techn. Reichsanst.)

Orlich, G. v., Die Gustav Werner'schen Rettungsanstalten in Reutlingen. Auch ein Beitrag zur Lösung der socialen Frage. gr. 8°. Bonn, A. Marcus, 1870.

Oerlich, J. K. Kr.: „Das grausame Büthener Recht, im Lande Lauenburg und Bütow, nebst einer vorläufigen Abhandlung von Bestrafung der Bienendiebe und Baumschäler; nach den ältesten und neuesten, fürnehmlich deutschen Gesetzen; besonders von einigen ganz ausserordentlich grausamen, auf solche Vergehen ehemals gesetzten unmässigen Strafen; aus den sichersten Quellen mitgetheilt", Berlin 1792 (Realschulbuchhandlung).

Orlich, J. Ldw., Lebensgesch. Christoph Bernh. v. Galen, Bischofs zu Münster u. Abts zu Corvey. gr. 8. Elbing 786. Hartmann. 6 Gr. Vergl. Leben C. B. v. Galen.

Orlich, Lebrecht Jakob Gottlieb (Eisleben/Sachs.), **Vindicias jurium reipublicae et fisci in doctrina retorsionum. Präs. Carl Otto Rechenberg. Leipzig (J. Titius) 23. XII. 1726. 42 S. (4.50)** 25623
Widm. v.: Carl Otto Rechenberg.

Orlich, Leopold von. Die geschichtliche Bedeutung des 1 Dezember 1840 mit Beziehung auf den großen Kurfürsten. Berlin (1840). 22 S. 8.

v. Orlich, (Prem.-Lieut.) Leop., Briefe aus England über die Zeit von 1674 bis 1678; in Gesandtschafts-Berichten des Ministers Otto von Schwerin des Jüngern an den Großen Kurfürsten Friedrich Wilhelm. Mit e. Vorworte von Fr. v. Raumer. gr. 8. Berlin 837. Reimer. 2 1/2 Thlr.

von Orlich, Leopold. Friedrich Wilhelm der Grosse Kurfürst. Mit einem Portrait und zwei fac simile. Berlin, Posen und Bromberg 1836. 8°.

— Friedrich Wilhelm der große Kurfürst. Nach bisher noch ungekannten Original-Handschriften. Mit 1 Portrait u. 2 facsimile. Mit 12 1/2 Bog. Original-Briefe u. Beilagen. gr. 8. Berlin 836. Mittler. 3 Thlr.

v. Orlich, Leop., Geschichte der schlesischen Kriege nach Original-Quellen. Mit Planen u. 1 Operationskarte. 1. Thl. gr. 8. (Mit 6 Plänen.) Berlin 841, Gropius. 2 2/3 Thlr. — dess. 2. Thl. Mit 1 Karte u. 3 Plänen. gr. 8. Berlin 841. (Reimarus.) Beide Bände 3 Thlr.

— Geschichte des Preußischen Staates im siebzehnten Jahrhundert; mit besond. Beziehung auf das Leben Friedrich Wilhelm's des großen Kurfürsten. Aus archivalischen Quell(e)n u. aus vielen noch ungekannten Original-Handschriften. 1r Thl. Mit 1 Plan der Schlacht bei Warschau u. 2 Karten. gr. 8. Berlin 838. Dümmler. 3 1/2 Thlr. — 2r Thl. Mit 1 Plane der Schlacht bei Fehrbellin. u. 3r Thl. (Urkunden.) Mit 2 Karten. gr 8. Ebd. 839. 5 2/3 Thlr. — 1r—3r Thl. 9 1/6 Thlr.

Orlich, Leop. v., Indien und seine Regierung. Nach den vorzüglichsten Quellen u. nach Handschriften. 2 Bde. Leipzig 859—61. G. Mayer. Lex.-8. n. 7 Thlr.
1. Bd.: Allgemeine Geschichte von Indien von den frühesten Zeiten bis zum Jahre 1857. (XII, 537 S.) n. 3 Thlr.
2. Bd. 1. Abth.: Geschichte u. Colonisation der Länder Sind u. Pengab, Geschichte des Königreichs Oude u. Schilderung der britisch-indischen Armee. (VII, 416 S.) n. 2 Thlr.
2. Bd. 2. Abth.: Culturgeschichte Indiens, enthaltend Schilderungen des Castenwesens, religiösen Lebens, des Volkscharakters, der Erziehung u. Mission ꝛc. Mit Benutzung des Nachlasses von Leop. v. Orlich u. nach den vorzüglichsten Quellen von Karl Böttger. (IX, 394 S.) n. 2 Thlr.

— Fürst Moritz von Anhalt-Dessau. Ein Beitrag zur Geschichte des siebenjährigen Krieges. gr. 8. Berlin 842, Schroeder. 5/6 Thlr.

Orlich, Leopold. Reise in Ostindien in Briefen an Alexander von Humboldt und Carl Ritter. Leipzig, Verlag von Mayer und Wigand 1845.
XVI · 298 S. m. 40 Holzschn. 22 Taf. davon 7 in Stahlst. 5 in Lithogr. 10 in Chromolithogr. 4°

—— Reise in Ostindien in Briefen an Alex. v. Humboldt u. Carl Ritter. 2 Bde. 2., durchgeseh. u. verm. Aufl. 8. (40 B.) Leipzig 845, Mayer.

Orlich, Leop. v., Reise in Ostindien in Briefen an Alex. von Humboldt und Carl Ritter. 3. durchges. Aufl. Mit 40 Holzschnitten (im Text). Leipzig 858. G. Mayer. gr. 8. (VIII, 320 S.) n. 2 ℛ. 20 ngr.

—— Sendschreiben an Lord W. über den Militair-Aufstand in Indien, seine Ursachen und seine Folgen. gr. 8. (30 S.) Leipzig 857, G. Mayer.

Orlich, Leop. v., Ueber einige Vereine in England zur Hebung des sittlichen und leiblichen Wohles des Volkes. Mit Ansichten und Grundrissen von Wohnungen für Arbeiter auf dem Lande. Ein Wort zur Nachfolge. Lex.-8°. Leipzig, G. Mayer, 1849.

Orlich, W. v. Über die Ausbildung der Infanterie. Naumburg 1859 8°

Orlich, W. v., zur Jubel-Feier am 17. März. 1863. Ein Blick in die Vergangenheit Preußens zur gewissenhaften Wahrnehmung der Gegenwart. Charlottenburg 863. (Berlin, Beck.) gr. 8. (16 S.) n. 2 ngr.

Orlich, W. v., zur Jubel-Feier am 17. März 1863. Ein Blick in die Vergangenheit Preußens zur gewissenhaften Wahrnehmung der Gegenwart. gr. 8. (16 S.) Charlottenburg 864. (Berlin, Beck) *

Orlich, W. v., das Leben der Menschen im Irdischen mit dem alten Testamente zum Ueberirdischen mit dem neuen Testamente, das nur in Einheit mit den vier Evangelien e. einiges Werk Jesu Christi von Gott ist. Mit e. einigen mit der luther. Uebersetzung wörtlich übereinstimmenden Evangelium. Berlin 869. (E. Beck.) 8. (X, 455 S.) n. 1 ℛ 15 ngr.

v. Orlich, W. Die Wehrkraft Preussens 1858. 8. Naumburg s. a.

Maschinenfabrik Oerlikon in Oerlikon bei Zürich.
Fahrbare und tragbare elektrische Antriebe für Fabrikations- Montage- und Bauzwecke.

Maschinenfabrik Oerlikon, Oerlikon bei Zürich. [Illustrierte Beschreibung.] 1903. 28 S. 4. (Zürich, Jean Frey, 1903.)

Oerlikon, Maschinenfabrik, bei Zürich (Schweiz): Dynamo-Maschinen. Motoren. Transformatoren. (Deutsch, franz.) (Zürich 1898?)

Oerlikon, Maschinen-Fabrik: Elektricitätswerk der Stadt Zürich. Zürich 1896

Oerlikon, Maschinen-Fabrik: Ueber einige Hebe-Apparate mit elektrischem Antrieb. Zürich 1897

Oerlikon, Maschinen-Fabrik: Elektrizitätswerk Zufikon-Bremgarten. Zürich 1896

Oerlikon, Maschinen-Fabrik: Elektrische Straßenbahn Zürich. Zürich 1896

Oerlikon, Maschinen-Fabrik: Zentrale Zürichbergbahn. Zürich 1896

Orlipski, Eduard, die Frage der Wertung der Anamnese in der Syphilis-Diagnose. (15 S.) gr. 8. Leipzig 904. Verlag der Monatsschrift f. Harnkrankh. n. — 80
Sonderabdruck aus: „Monatsschr. f. Harnkrankh. etc."

— Syphilis, Syphilisheilung, Syphilisschutz. Ein Buch f. Erwachsene beiderlei Geschlechts. (VII, 107 S.) 8. Leipzig (904). Modern-medizin. Verlag F. W. Glöckner & Co. n. 2. —

Orlishausen, Otto, Stürme u. Träume. Ausgewählte Gedichte. (VII, 82 S.) 8. Dresden (907). E. Pierson. 1.50; geb. n 2. 50

Orlitsch, F. Topographische Karte von Wien's Umgebungen auf 4 Meilen im Umkreise. Wien. 1 Bl. k. Ff.

Orlob, G., chronisch kalte Füsse, s.: Willst du gesund werden?

ORLOF, Gregor. Jugendliche Schwärmereyen und Erfahrungen eines Günstlings. (Freier Roman, vielleicht nach einem französ. Original bearbeitet.) Mit TKpf Leipzig, Weygand, 1792. 8° Tit. u. 524 S.

Orloff [Russe]
s.a. Orlov

Orloff, Graf

— Entwurf e. Geschichte der italien. Musik, v. den ältesten Zeiten bis auf d. gegenwärt. Frei nach d. Französ. gr. 8. Leipz. 824. Peters. 1 ℛ 16 gℓ

Orloff, G. de, Mémoires historiques, politiques et littéraires sur le royaume de Naples, Ouvrage orné de deux cartes, publié avec de notes et addit. par A. Duval. 2 Vol. in 8. Paris. 819.

v. Orloff, Graf, das Königreich Neapel in histor., polit. u. litterär. Hinsicht, hrsgg. v. Amaury Duval; aus dem Französ. übers. von Belmont (Hnr. Ad. Schümberg). 2 Bde. gr. 8. Leipz. 821, 22. Hartknoch. 4 ℛ

Orloff, J. E., Formaldehyd. Der bisher. Stand der wissenschaftl. Erkenntnis u. der techn. Verwendung, sowie neue Untersuchgn. üb. seine Herstellg. u. üb. pyrogenet. Kontaktreaktionen. Ins Deutsche übertr. v. Carl Kietaibl. Mit 9 Fig. im Text u. auf 3 Taf. (VIII, 327 S.) gr. 8. Leipzig 909. J. A. Barth. 10. —

Orloff, N. A., s. Orlov, Nikolai, A.

Orloff, P., Zar Nicolaus II., seine Umgebung u. seine Ratgeber, s.: Freiheits-Bibliothek, russische.

— die russische Revolution, s.a. Freiheitsbibliothek, russische.

Orloff, P., Die russische Revolution 1905—1906. (In russ. Sprache.) 8°. Davos-Platz, Verlagsanstalt Buchdr. Davos, 1906. (Russ. Freiheits-Bibliothek, 3.)

Orloffsky-Golowin, Graf R., die Nihilistin, s.: Engelhorn's allgem. Romanbibliothek, 14. Jahrg.

Orlog, A. v., bunte Falter. Novellistische Bilder aus dem Reise- und Bade-Leben. 16. (VII und 334 S.) Münster 864, Brunn's Verlag. 1 Thlr. 7½ Ngr.; geb.

Orlop. Geschichte d. Kürassier-Regiments Graf Wrangel (Ostpreußischen) Nr. 3. Lex.-8. (IV, 547; 159 S. m. 2 Bildnissen u. 4 Abbildgn.) Berl. 892, Mittler u. Sohn. ** 27 50; geb. ** 30 —

Orlopp, Rud., aus dem Tagebuche e. Orientreisenden. (30 S.) gr. 9. Leipzig (910). Leipziger Verlags- u. Kommissions-Buchh. — 60

— Wald- u. Wanderbilder. 4. Aufl. (III, 244 S.) 8. Ebd. (910). 3. —

Orlopp, Rud., Welt, Wald u. Wanderung. (III, 206 S.) 8. Dresden 904. E. Pierson. n. 2. —; geb. n. 3. —

Orlopp, Walther [aus Gera] Ueber die Wortstellung bei Rabelais .. Jena, Druck v. B. Engau, 1888; 79 + 1 S. 8°
Jena, Phil. Fak., Inaug.-Diss v 1888

Orlopp, Walther, über die Wortstellung bei Rabelais. Diss. Jena 1888, G. Neuenhahn. 8°. 79 S.

Orlopp, Werner

— Englische Handelskorrespondenz f. Anfänger, s. Beaux's, Th. de, Briefsteller f. Kaufleute. I, 3.

Orlopp, Werner, englische Handelskorrespondenz f. Anfänger. (VI, 80 S.) 8. Leipzig 904. G. J. Göschen. Kart. n.n. 1. 30; Schlüssel (IV, 56 S.) n. 1. 20

— Sammlung kaufmännischer Formulare f. Handels(lehrlings)schulen. 2 Tle. Lex.-8. Leipzig 905. G. A. Gloeckner. Kart. n. 3. 70
I. (IV, 114 S.) 2.50. — II. (IV, 43 S.) 1. 20.

Orlopp, Werner, Sammlung kaufmännischer Formulare f. Handels(lehrlings)schulen. (Ausg. B in 1 Tle.) (IV, 67 S.) Lex.-8. Leipzig 906. G. A. Gloeckner. Kart. n. 1. 80

Orlopp, Wern., Sammlung kaufmännischer Formulare f. Handels(lehrlings)schulen. Ausg. B in 1 Tle. (2. Aufl.) (IV, 75 S.) Lex. 8. Leipzig (908). G. A. Gloeckner. Kart. 1. 80

— Winke zur Benutzung des deutschen Lesebuches f. Handelsschulen v. Ludwig Voigt. Stoffverteilung f. 3klass. Handels(lehrlings)schulen. (12 S.) 8. Dresden 904. A. Huhle. n. — 40

Beobachtungen am großen Zenitteleskop vom 7. Febr 1907 bis zum 28. Febr 1908. Von A. Orloff [Orlov] St. Petersbourg 1908. 66 S. 2° (4°)
(Publications de l'Observatoire central Nicolas. Ser 2. Vol. 18, 3.)

Die Eroberung der Mandschurei durch die Transbaikal-Kasaken im Jahre 1900 von N(ikolaj) A (Graf) Orloff [Orlov], Generalmajor Deutsch von [Richard] Ullrich, Lt im Inf. Reg Nr 16. Kurze Darstellung d. Expedition d. Chailar-Detachements sowie d. Lebens in d. Mandschurei. Mit 1 Karte u. Text-Skizzen. *Straßburg i. E.: Wolstein & Teilhaber 1904.* (203 S.) 8° [04. 9310

Orlow, Iwan. Indiskretionen üb. König Milan u. seinen Hof. 1. u. 2. Aufl. gr. 8. (88 S.) Lpz. 889, Minde. 1 —

Orlow, R. M., der Deutsche in Paris 1900, s.: Stengel's Reise-Bibliothek. 1. Bd.

— nackte Wahrheit. Novellen. 8. (III, 216 S.) Dresden 899. E. Pierson. n. 2. 50

— die Welt-Ausstellung Paris 1900, s.: Stengel's Reise-Bibliothek. II.

Orlowski, Edward. Ein experimenteller Beitrag zur Kenntniss der Einwirkung d. Atropins auf die Respiration. Diss. gr. 8. (63 S.) Dorpat 891, (Karow). * 1 20

Orlowski, Franc., de inhalationum aetheris sulphurici usu in arte obstetricia. Dissertatio inaug. medico-chirurg. Smaj. (71 S.) Dorpati 848. (libr. Glaeser.) *

Orlowski, Paul

Orlowski, (P.), die Behandlung der Gonorrhoe des Mannes, f. Ärzte u. Studierende dargestellt. (V, 112 S. m. Abb.) 8. Würzburg 907. C. Kabitzsch. 2.50

Die Behandlung der Gonorrhoe des Mannes f. Ärzte u. Studierende dargest von Dr [Paul] Orlowski, Spezialarzt. Wurzburg A. Stuber 1907 (112 S.) 8° [08. 7838

ORLOWSKI, Paul: Ein Fall von multiplen Herden im Gehirn.- München: Kastner & Callwey 1903. 33 S.
12.2.1903 - Chr 1902/03,24; Jv 1902/03,312
Diss. Ingolst.-Landsh.-Mchn.

— Die Geschlechtsschwäche. Laienverständlich dargestellt. (35 S.) 8. Ebd. 908. — 90

Die Impotenz des Mannes. Für Ärzte dargest. von Dr. [Paul] Orlowski, Spezialarzt Wurzburg. A. Stuber 1907 (78 S.) 8° [08. 7839

Orlowski, (P.), die Impotenz des Mannes. Für Ärzte dargestellt. 2. bedeutend erweit. Aufl. m. 22 Abb. im Text u. 3 farb. Taf. (VIII, 160 S.) gr. 8. Würzburg 909. C. Kabitzsch. 4.50; geb. 5. 50
1. Aufl. (78 S.) 907. 1. 80.

Die Schonheitspflege. Für Arzte u. gebildete Laien dargest. von Dr. [Paul] Orlowski, Spezialarzt. Wurzburg. A. Stuber 1907. (71 S.) 8° [08. 7840

Die Schönheitspflege. Für Ärzte u. gebildete Laien. Dargest. von Dr. [Paul] Orlowski in Berlin. 2., verb. u. verm. Aufl. mit 25 Abb. Würzburg: Kabitzsch 1909. 120 S. 8° [09. 14738

— Die Syphilis. Laienverständlich dargestellt. (37 S.) 8. Ebd. 907. — 90

— Der Tripper. Laienverständlich dargestellt. (46 S.) 8 Ebd. 907. — 90

Orman, Rich., Sopiana. Politisch-sociale Spiegelbilder aus Ungarn. Roman in 2 Büchern. 8. (469 S.) Leipzig 874. (Budapest, Lauffer.) n. 6. 40

Orme, de l', s. De l'Orme.

de l'Orme, Histor.-romant. Gemälde aus d. 17n Jahrhundert; aus d. Engl. des Verf. von Kardinal Richelieu, Darnley rc. 3 Bde. 8. Leipz. 832. Kollmann. 4 ℳ

Orme, s. J. W. v. Archenholz, die Engländer.

Orme, William

Orme, G., Roger Miller, s. a. Lebensbilder aus der Geschichte der inneren Mission. IV. Thl.

Orme, William. Roger Miller oder Leben und Wirken eines Stadtmissionars in London. A. d. Engl. Hamb. 1851. Ü: *Lowe, Frdr. Ant.* (zu) (Ky)

Ormenio und Clarissa; od. die zu späte Reue. Trauersp. 8. Stettin, Kaffke. 791.

Ormenio und Clarissa, od. die zu späte Reue. Trspl. 8. Stettin 791. (Nicolai in Berl.) 8 ℛ

ORMENIUS (ps.), Die Liebes-Geschichte der Durchlauchtigsten Prinzeßin MEDEA aus CYPERN. Beschrieben u. mit (8) schönen Kupfern gezieret, von ORMENIO. O. O. (Wittenberg). Gedruckt im Jahr 1719. 8°. Rar!
Titelkpf., Tit. (roth u. schwarz), 6 Bll. Vorr. (dat.: Leipzig d. 15. April 1718), 471 S. — Ziemlich zahm.
Cat. Meissner II, Bibl. J. J. Schwabii II. — Druckort wird in Georgi's B.-Lex. genannt.

Ormerod, Ernest, M.-Sc., aus Rochdale (England): Zur Kenntnis der Formazyl- und Tetrazoliumverbindungen. Zürich 1905. 128 S. 8°.
Basel. Phil. Diss. 1905/1906.

Ormerod, Ernest. Zur Kenntnis der Formazyl- und Tetrazoliumverbindungen. Diss. Phil. Basel. [Mit 1 Figur.] 127 S. 8. Zürich, Aktien-Buchdr., 1905.

Ormieux v. Streng, Ph. d'. Tagebuch während des Feldzuges in Afghanistan 1838—39. Aus der engl. Originalhandschrift von W. Tetschke und E. Zober. Stralsund 1844. 8°.

Ormington

— oder Cecil als Pair, s.: Ausland, das belletristische, 1191—1198. Bdchn.

Ormington, Cecil, s.: Bibliothek, Europäische, 792—795. Bd.

Ormond, od. d. geheime Zeuge, a. d. Engl. v. Fr. v. Oertel, frey übers. nach Godwin. 8. Lpz. Beygang. 802.

Ormond, der Herzog v., Schausp. in 1 Aufz. Zum Uebersetzen ins Franz. bearb. v. Geo. Kißling. 8. (3¼ B.) Ulm 837, Rübling.

Ormond, Julie. Oder die neue Niederlassung, s.: Erzählungen, katholische, für die reifere Jugend, 1. Bdchn.

Ormond, Julie, od.: Die neue Niederlassg., s.: Zehnpfennigbibliothek, Regensburger.

Ormond, Vikt., Erlebnisse e. Hugenottenflüchtlings aus der Zeit der Dragonaden. Für die Jugend erzählt. — Rantzau, A., ein Zehnmarkstück. Erzählung. 8. (112 S. m. 6 Farbdr.) Berlin 900. Schriftenvertriebsanst. Geb. 1.50

Ormós, Siegm. v., Peter v. Cornelius u. seine Stellung zur modernen deutschen Kunst. Antrittsrede gehalten zu Pest am 16. Juni 1862 in der Sectionssitzung der ungar. Akademie der Wissenschaften. Aus dem Ungar. übers. u. durch eine übersichtl. Betrachtung „Ueber die ungar. Nationalkultur u. die nationale ungar. Kunst u. Kunstwissenschaft" eingeleitet von K. M. Kertbeny. Nebst einem kurzen Vorwort für den deutschen Leser von Max Schasler. Berlin 866. Nicolai's Verl. gr. 8. (XL, 65 S.) n. 20 ngr.

Ormós, Sigm. v., Rückerinnerungen. I. Venedig. 12. (552 S.) Temesvar 886. (Budapest, Aigner.) n. 6. —

Ormulum, the. Now first edited from the original manuscript in the Bodlejan with notes and a glossary by Rob. Meadows White. 2 vols. gr. 8. (CIV u. 1065 S. m. 4 lith. Facsim. in qu. gr. 8. u. 4.) Oxford 852. (Parker.) n. n. 12 ₰

Ormund, oder der geheime Zeuge. Aus d. Engl. 8. Leipzig, Beygang. 802. (Weygand.)

Ormuzd s lebend. Wort an Zoroaster od. Zend-avesta im Auszg. v. F. G. Eckard. gr. 8. Greifsw. 789. Röse. 1 ℛ — 1796 Mit d. T.: Religion der Feueranbeter v. Indien u. Persien, gr. 8. Alt., Hammerich. 16 ℛ (Vergl. Zend-Avesta.)

Ornament. Organ für den Zeichenunterricht und das Kunstgewerbe. Hrsg. von J. Häuselmann. 1. Jahrg. Octbr. 1888—Septbr. 1889. 12 Nrn. (Bog. mit Beilagen.) gr. 8. Zürich, Orell, Füssli und Comp., Verlag. * 8 —

Ornament. Organ f. den Zeichenunterricht u. das Kunstgewerbe. Hrsg. v. J. Häuselmann. 2. Jahrg. 1889/90. 12 Nrn. (Bog. m. 1 farb. Beilage.) gr. 8. Zür., Art. Institut Orell, Füssli Verl. * 4 —
Nicht weiter erschienen.

Ornament. Zeitschrift f. angewandte Kunst. Offizielles Organ des Vereins Ornament Berlin. Schriftleitung: Frz. Feuerherd. 7. Jahrg. 1902. 12 Hfte. hoch 4. (à ca. 8 S. m. Abbildgn. u. Taf.) Berlin, K. Koch-Krauss. n. 10. —

— Zeitschrift f. angewandte Kunst. Organ f. die Interessen deutscher Kunst u. deutschen Kunstgewerbes. Red.: Ferd. Eppler. 8.—11. Jahrg. 1903—1906. à 12 Hefte. (VI, 176; VI, 236; II, 190 u. II, 144 S. m. Abb.) hoch 4. Berlin, K. Koch-Krauss. à Jhrg. n. 10. —

Ornament, das. Monatshefte f. Kunstgewerbetreibende. Unter Mitwirkung anderer Künstler hrsg. von Erwin Heckmann. 1. Jahrg. Oktbr. 1906 bis Septbr. 1907. 12 Hefte. (82 Taf.) gr. 4. W.-Jena, Thüringer Verlagsanstalt. In Mappe n. 20. —
Erscheint nicht mehr.

— **u. Figur.** Ein Motivenschatz f. das moderne Kunstgewerbe, insbesondere f. graphische Zwecke. Serie I. 48 Taf. Orig.-Entwürfe in feinstem Farben- u. Lichtdr. 2 Hälften. 45,5×34,5 cm. Wien (910). F. Wolfram & Co. In Mappe 54. —

Ornament, das neuzeitliche, der Fläche. Ein Motivenschatz f. Lithographen, Dekorations-Maler, Zeichner aller Gewerbe sowie f. das gesamte Kunstgewerbe. 2 Serien. 40 bezw. 42 Orig.-Entwürfe. 36,5×26 cm. W.-Jena (907). [Thüringer Verlags-Anstalt.] Leipzig, H. A. L. Degener. In Mappe 30. —

Ornamenta verbi divini ministris gloriam nominis sempiternam comparantia ... Erlangae 1782. V: *Seiffert, Johann Erhard.* (ML) (Fiker)

Ornamente aus der Fabrik von E. March in Berlin nach Zeichnungen von Schinkel, Stüler, Strack, Stier u. a. 1 2. Heft. Berlin. 1848. 4. à ½ Thlr.

Ornamente der Hausindustrie ruthenischer Bauern. Hrsg. vom stadt. Gewerbe-Museum Lemberg. 10 Serien gr 4. (Mit poln., deutschem, französ. u. ruthen. Text.) Lemberg, (Gubrynowicz & Schmidt). In Mappe. à Serie n.n. 12. —
1. Stickerei-Muster. (10 Chromolith. m. 32 S. poln., deutschem u. franzos. Text) 880
2. dasselbe (10 Chromolith m. 17 Bl. poln., deutschem u. franz Text) 880.
3. 4. Decken u. Teppiche. (22 Chromolith m. 20 Bl. russ, poln, deutschem u französ. Text.) 880.
5 Thongefässe (12 Chromolith. m. 27 Bl. Text.) 882.
6. Metallarbeiten. (11 Chromolith. m. 30 Bl. Text.) 882.
7. Holzschnitzerei-Arbeiten (10 Chromolith. m. 28 Bl. poln, deutschem, französ. u. russ. Text.) 884.
8. Stickereimuster. (10 Chromolith. m. 17 Bl Text.) 883.
9. Thongefässe (10 Chromolith. m. 27 Bl. Text) 889.
10. Gewebe, Stickereien, eingebrannte u. gemalte Ornamente (12 Chromolith. m. 51 Bl. Text.) 889.

Ornamente der Holzsculptur von 1450 bis 1820 aus dem baierischen National-Museum. Geordnet und beschrieben von Dr. J. H. von Hefner-Alteneck. Frankfurt am Main 1881. Heinrich Keller.

Ornamente alter Meister, s. Hefner-Altenegg, v.

— nach den berühmtesten Meistern des 15.—18. Jahrh., s. Sammlung.

Ornamente, schattierte. (4 Bl) auf Pappe verschied Form. (Bruckmann) München

Ornamente und Sculpturen nach Zeichnungen von Persius, Schinkel, Stüler, Strack u. A. Berlin 1848. 2 Hefte. 4°.

Ornamente antiker Thongefässe. Herausgegeben vom Kaiserlich Königlich österreichischen Museum für Kunst und Industrie. (14 T) fol Wien 1868

Ornamente aus verschiedener Zeit und in verschiedenen Stilen. 2 Mappen. Fol.

Ornamenten-Buch, das, od. H. Shaws Encyclopädie d. Verzierungen. No. 1—4. gr. 4. (à 4 Stnt.) Leipzig 837—39, Baumgärtners Buchh. à *

Ornamentenbuch. Farbige Verzierungen für Fabrikanten, Zimmermaler u. andere Baugewerke. 1—12. Hft. qu. 4. (à 5 lithochrom. Taf.) München 850—52, Literarisch-artistische Anstalt. (à n. 7/12 ℛ) n. 5 ℛ

— zum prakt. Gebrauche für Architecten, Decorations- u. Stubenmaler, s. C. Bötticher.

—— zum pract. Gebrauche f. Architekten, Dekorations- u. Stubenmaler, Tapeten-Fabricanten etc. III. u. IV. Lfg. qu. ½ Roy.-Fol. (à 6 Blätt. in Farbendruck.) Berlin 836, 37, Gropius'sche Buchh. à *
Ist die uneigentliche Fortsetz. von C. G. W. Bötticher's Ornamenten-Buch, vgl. dies.

Ornamentenbuch zum praktischen Gebrauch für Architekten. 5. Lief. auch u. d. T · Neue Ornamente von H Asmus. Berlin 1845 Folio.

Ornamentenbuch, kleines, oder Sammlung der verschiedenartigsten Verzierungen im neuesten Geschmacke. 1.—16. Lfg. 4. (à 6 lith. Taf.) Lissa 843—46, Günther. à 1/6 ℛ

— kleines, oder: Sammlung der verschiedenartigsten Verzierungen im neuesten Geschmack. 17—24. Lfg. qu. 4. (48 lith. Taf. u. Register.) Lissa 847, Günther. à 1/6 ℛ (cmplt. cart. 4 ℛ) — 2. Aufl. 1—3. Lfg. qu. 4. (à 6 lith. Taf.) Ebd. 849. (à 1/6 ℛ) 1/2 ℛ

Ornamentenschatz, der. Ein Musterbuch stilvoller Ornamente aus allen Kunst-Epochen. 80 (lithogr. und chromolithogr.) Taf. mit über 1000 meist farb. Abbild. und erläut. Text von H. Dolmetsch. 1.—12. Heft. Fol. (52 Taf. mit 38 Bl. Text.) Stuttgart 882—84, [Thienemann's Verlag.] J. Hoffmann. à Heft * ℳ 1. *

Ornamentenschatz, der. Ein Musterbuch stilvoller Ornamente aus allen Kunst-Epochen. 80 (lithogr. und chromolithogr.) Taf. mit über 1000 meist farb. Abbild. und erläut. Text von H. Dolmetsch. 13.—20. (Schluss-)Heft. Fol. (à Heft 4 Taf. mit 2 Bl. Text.) Stuttgart 885, [Thienemann.] Jul. Hoffmann. à Heft * ℳ 1.—. * 8 —
1.—12. Heft. Ebendas. 1882—84. à * ℳ 1.—.

—— dass. — 2. Aufl. 85 (lithogr. und chromolithogr.) Taf. mit erläut. Text von H. Dolmetsch. 20 Hefte. Fol. (85 Taf. mit 45 Bl. Text.) Stuttgart 888, J. Hoffmann. à Heft * ℳ 1.—. * 20 —
geb. * 25 —

Ornamentenschatz, der. Ein Mustorbuch stilvoller Ornamente aus allen Kunst-Epochen 100 Taf. m. üb. 1500 meist farb. Abb. u. erläut. Text v. H. Dolmetsch. 3., verm. Aufl. Fol. (VIII S. u. 44 Bl. illustr. Text.) Stuttgart 897. J. Hoffmann.
Kart. n. 25. —; geb. n. 28. —
Erschien auch in 24 Hftn. à n. 1. —.

— dasselbe. 15 (z. Tl. farb.) Suppl.-Taf. zur I. u. II. Aufl. m. erläut. Text v. H. Dolmetsch. Fol. (15 S. m. Abb.) Ebd. 898. n. 4. —

Ornamentenschatz, japanischer. qu kl8° Berlin

Ornamenten-Schule aus dem Atelier für allgemeine Bautechnik u. Architektur. 12 Blätter. Tondruck in Umschlag. Wien, L. T. Neumann. 1. Lief. 1861 pr. Blatt 40 kr.

Ornament-Entwürfe aus der Schule des Vereins zur Ausbildung der Gewerbe in München. (10 Bl) fol München

Ornamentik der Gegenwart. I.—III. Serie. (à 36 Lichtdr.-Taf.) (qu. gr. Fol) Plauen (905. 906). Ch. Stoll. In Mappe Subskr.-Pr. à n. 30. —; auch in je 6 Lfgn. einzeln à n. 6. —

Ornamentik der Gegenwart. Künstlerische Vorlagenhefte. IV.—VI. Serie. (26, 26 u. 24 farb. Taf.) 32,5 × 49 cm. Plauen (907—09). Ch. Stoll.
In Mappe à Ser. 30. —

Neu-romanische Ornamentik. Bildhauerarbeiten an modernen Gebäuden in Städten d. nordamerikan. Union aufgen. u. hrsg. von J. O'Kane. 20 Taf. *Berlin: B Hessling [1902].* (20 Taf.) 4° [illegible] 11

Polychrome Ornamentik d. classischen Alterthums. Ein Vorlagenwerk f. d. Zeichnen-Unterricht, zugleich eine Mustersammlung f. d. kunstgewerbl Industrie Herausgeg. v. Prof. H. Petrasch. I. Theil. 3. Lief. mit 10 Farbendruck-Taf. Hoch-Folio Troppau Buchholz & Diebel. In Umschl. 4 fl. Emballage-Decke netto 10 kr. 1885 S. 410

Ornamentist, der. Auswahl d. neuesten u. geschmackvollsten Verzierungen aller Art, nach d. best. französ. Meistern in Antiken, gothisch., arabisch., chines. u. gemischten Styl; z. Gebr. f. Künstler u. Gewerbtreibende. Hrsg. etc. v. Louis Zöllner. 12 Lfgn. à 4 Bl. Fol. Dresden 834, Zöllner. (Leipzig, Anstalt f. Kunst u. Lit.) à 8 Gr.

Ornamentist, der. Hrg. v L Zöllner 1-III in 1 Bd (144 T) fol Dresden 1837-41

Ornamentist, der. Lithogr. u. herausgeg. von L. Zöllner. 3. Abtheil. (Leipzig 841, Anstalt f. K. u. Lit.) 4 ℛ

Ornamentist, der kleine, f. Schmiedeeisen. [Aus: „Puls, Krug u. Pertzel, Ornamentik f. Schlosser u. Architekten".] 36 Ornamente auf 28 (lith.) Taf. 2. Aufl. gr. 4. (1 Bl. Text.) Gera 877. Kanitz' Verl. 6. —

Ornaments, the, discovered, s.: Library, little English. Vol. 1.

Ornament-Schnitzwerke, ausgewählte, des XV.—XVIII. Jahrh. Ausgewählt u. hrsg. v. Adb. Roeper unter Mitwirkg. u. m. e. Vorwort von Hans Bösch. 50 Taf. Photogr. u. Lichtdr. v. Jos. Albert. gr. Fol. (2 S. Text.) München 897. Jos. Albert. In Mappe 30. —

Ⓢ **Ornamentschnitzwerke** d. 15.—18. Jahrh. 897. (KBL 30.) Jetzt: Leipzig, Baumgärtner. Erm. Pr. 24. —

Ornamenty stavební provedené Pražskými sochaři. 56 obrazů ve světlotisku podle skutečných originálů. Druhý díl. (Bauornamente der Prager Bildhauer. Nach wirklichen Originalen. II. Band.) Gr.-br.-Fol. (2 S. und Blatt LVI) in Mappe K 38.—
Wien Anton Schroll & Co. 1905

Ornano, von A. v. Gruber, s. Vanina.

Ornat der Ritter des Kaiserl. russischen St. Andreas Ordens. O. O. um 1730—40.
9 Bl. in Rad. 2°
S. auch Cl 7 La Motraye, Voyages Contenant un traité de divers ordres de chevalerie. 1732.

[Lychdorff, Vincenz.] Der Ornat der Ritter des kaiserl und königl. österreichischen Ordens der eisernen Krone Gestiftet von Franz I Kaiser von Österreich, zur Erinnerung an die glücklich erfolgte Wiedervereinigung mit den italienischen Provinzen zu Mailand am 1ten Januar 1816. [Gezeichnet von Vincenz Lychdorff. Innsbruck 1891.]
Tit 1 Bl 6 Taf in Aquarellmalerei gr 2°
5 Taf Kopien nach Ph v Stubenrauch (Ordensstatut von 1816) Die Ornat-Beschreibung Auszug aus § 10 des Ordensstatutes.

Orndorff W R. and **Newbury** S B. Über die Darstellung von Aldol und Crotonaldehyd. S 101 IIb. vgr.
Separatabdruck

Der echte Pole. Prawdziwy Polak Sammlung d. notwendigsten Wörter, Regeln, Gespräche u. Redensarten, um in kürzester Zeit d. poln. Umgangssprache gründlich zu erlernen. Mit vollst. Angabe d. Aussprache von **Ornocki**. 2. verb. Aufl. *Allenstein: Allenst. Volksbl. 1898.* (82 S.) 8° [G. u. Ant.] [ca. 1896] 10

Ornemens de la Mémoire. Recueil de Poésies à la portée des jeunes personnes. (Par Ch. Büchner.) breit 12. Berlin 835. Duncker et Humblot. $^1/_2$ ₰

Ornements de la mémoire. Contes et poésies pour le prémier âge illustrés par Mlle. Guill^ne. Wendelstadt. gr. 4. (24 ill. Stnt. mit Text und lithogr. und ill. Titel.) Francfort s. M. 856, Jügel's Verlag.

Ornements du moyen age en Italie et en Sicile. — Architectural Ornaments of the middle ages in Italy and Sicily. — Ornamentik des Mittelalters aus Italien u. Sicilien. Hrsg. v. Joh. Ottmar Cramer. 1. u. 2. Hft. Roy.-4. (1$^1/_2$ B. Text in deutscher, französ. u. engl. Sprache, m. Einfassung u. 9 Stahlst.) Regensburg 842, 44, Manz. à Hft. *

Ornis, oder das Neueste u. Wichtigste d. Vögelkunde; in Verbindung mit mehreren Naturforschern, herausgeg. v. C. L. Brehm. 1s — 3s Heft. 8. Jena 824 — 27, Schmid. à 18 gr.

Ornis. Internationale Zeitschrift f. die gesammte Ornithologie. Organ d. permanenten internationalen ornitholog. Comité's unter dem Protectorate Sr. k. k. Hoh. d. Kronprinzen Rudolf v. Oesterreich-Ungarn. Hrsg. v. R. Blasius u. G. v. Hayek. 1. u. 2. Jahrg. 1885 u. 1886. à 4 Hfte. gr. 8. (à Hft. ca. IV, 148 S.) Wien, (Gerold's Sohn). à Jahrg. n. 8. —

Ornis. Internationale Zeitschrift f. die gesammte Ornithologie. Organ d. permanenten internationalen ornitholog. Comités. Gegründet unter dem Protectorate Sr. k. k. Hoh. d. Kronprinzen Rudolf v. Oesterreich-Ungarn. Hrsg. v. R. Blasius u. G. v. Hayek. 3.—6. Jahrg. 1887—1890 à 4 Hfte. gr. 8. (à Hft. ca. 160 S. m. Taf.) Wien, (Gerold's Sohn). à Jahrg. n. 8. —

Ornis. Internationale Zeitschrift f. die gesammte Ornithologie. Organ d. permanenten internationalen ornitholog. Comité's. Gegründet unter dem Protectorate Sr. k. k. Hoh. d. Kronprinzen Rudolf v. Oesterreich-Ungarn. Hrsg. v. R. Blasius u. G. v. Hayek. 7. Jahrg. 1891. 4 Hfte. (à ca. 9 Bog.) gr. 8. Wien, C. Gerold's Sohn. n. 8. —
Erschien nicht weiter.

Ornis. Internation. Zeitschrift f. die ges. Ornithologie. Organ d. permanenten internation. ornitholog. Comités. Gegründet unt. d. Protectorate Sr. k. u. k. Hoh. des Kronprinzen Rudolf v. Oesterreich-Ungarn. Hrsg. v. R. Blasius. 8. Jahrg. 1895. 4 Hfte. (à ca. 100 S) gr. 8. Braunschweig, J. H. Meyer. n. 8. —
Erscheint seit 1896 in Paris bei Masson & Cie., 120 Boulevard St. Germain.

Ornithologie

— abrégée de la France, conténant les figures de 134 espèces d'oiseaux et leur Nomenclature en un grand nombre de langues, avec figures. 4. Leipz. 794. N. A. 810. (W. Nauck), (a. Kupferberg in Mainz). 6 ₰, avec. 134 fig. color. 10 ₰

Ornithologie, deutsche, oder Naturgeschichte aller Vögel Deutschlands, in naturgetreuen Abbildungen u. Beschreibb. Hrsgg. v. M. B. Borkhausen, J. W. Lichthammer, C. W. Bekker u. G. Lembke rc. 1s—21s Hft. Mit color. Kpf. gr. Fol. 800—812. (Heyer in Gießen), (a. Leske in Darmst.) 105 ₰

Ornithologie, deutsche, od. Naturgeschichte aller Vögel Deutschlands in naturgetreuen Abbildungen u. Beschreibungen. Herausg. von Dr. Bekker, Lichthammer, C. W. Bekker u. Lembcke. Der neuen Ausg. 1s—8s Heft. Jedes mit 6 Abbildb. (à 8 Bl. Text.) Darmstadt 837—40. Leske. à n. 3 ₰ — Für Abnehmer des ganzen Werks nur à n. $2^1/_3$ ₰ (Die ersten 21 Hefte, Ebd. (auch Heyer, Vater) 800—812, kosten n. 105 ₰)

Ornithologie, deutsche, oder Naturgeschichte aller Vögel Deutschlands in naturgetreuen Abbild. u. Beschreibungen. Herausgeg. von Dr. Bekker, Lichthammer, C. W. Bekker u. Lembcke. Der neuen Ausg. IX.—XI. Hft. Jedes mit 6 Abbildungen, gestochen v. C. Susemihl u. unter dessen Aufsicht ausgemalt. $^1/_2$Roy.-Fol. (Mit Text.) Darmstadt 841, Leske. à n. 3 ₰ — Ungetrennt à n. $2^1/_2$ ₰

— de la France, av. grav. 4. Leipz. Sommer. (Kupferberg, Mayence.) 794.
av. fig. coloriées

— de la France, av. gravures color. Neuwied. (Levrault, Strasb.) 794.

Orno, Ari, Tollkirschen u. Tränenblüten. (178 S. m. 1 Taf.) 8. Dresden 910. R. Kraut. 2. —

Ornold, C., s. Rindfleisch, G. H., Feldbriefe.

Ornshagen, J. v., Betyar und Pandur, s. Bibliothek interessanter Erzählungen.

— ein Candidatenleben. Erzählung. Neue wohlfeile (Titel-) Ausg. 8. (419 S.) Berlin (874)78, Wiegandt und Grieben. *

Ornstein Fritz Über den Wassergehalt der Kalzium- und Baryumsalze der Methyl-2-Pentansäure-5 S 108. IIb. 06 vgr
Separatabdruck

Ornstein, Georg, aus Gardelegen **Darstellung und Verhalten der β-Methyl- und α-Oxy-β-Methylcinchoninsäure.** *(Berlin 1904: G. Schade.)* (70 S.) 8°
Berlin, Phil. Diss. v. 25. Juni 1904

Ornstein, Josef Zur Bestimmung der Grenzen Daciens in Siebenbürgen v. Josef Ornstein, k. u. k. Maj. d. Ruhestandes. Szamosujvar 'Aurora' Buchdr. A. Todoran 1898. (16 S.) 1 Bd. 8°

Ornstein, Siegfr., s.: Monatsschrift, Wiener zahnärztl.

Oernster, Philipp Jakob

— — De calore juvenili, Oder: Von denen aus der Jugend-Hitz und Eyfer entspringenden Verbrechen: Wie weit dieselben defendiret / bestraffet / oder / die Straffen nachgelassen werden können. Diss. Präs. Peter Müller. Editio II. Jena (J. B. Heller) 1. V. 1680. 1718. (5.50) 25436

Orny, T., im Banne d. Kometen. Erzählung. 8. (149 S.) Berlin 883. Ranke. n. — 50

Orosino, Carl Edler v., Schwimmen als Kunst u. Sport. Uebersicht der bekannten Methoden, insbesondere der im k. u. k. Heere eingeführten Lehrmethode „Himmel". Mit hoher Genehmigg. des k. u. k. Kriegsministeriums, Abth. 5 Nr. 574 ex 1892 verf. 12. (66 S. m. 13 Fig. u. Bildnis) Wien 894 (L. W. Seidel & Sohn.) n. 1.60

Oromabes, od. d. paradiesische Oase; ein romant. Gemälde. 8. Lpz. Joachim. 805.

Oromante, Cornelia, s. Oramante.

Oron [Schlagwort]

Oron, s.: Schweiz. Atlas.

Oronocko, od. d. afrikan. Prinz, a. d. Franz. d. de la Place. 8. Nrnb. Riegel u. W. 770. -

Oronocko. Ein Trauerspiel in 5 Aufzügen nach dem Engl. des Southern. Mannheim 1786. V: *Dalberg, Wolfg. Heribert von.* (GGr) (BrMm)

Oronocko. Trspl. (v. W. H. v. Dalberg, od. von ... v. Eisenthal?) gr. 8. Manh. 786. Schwan u. G. 8 gr

Oronoko oder die Begebenheiten eines afrikanischen Prinzen. 4 Thle. Breslau 1759—1763. Berlin und Leipzig 1759. V: *La Place, Pierre Antoine de.* (BGE V³, 490)

Oronooko. Ein Trauerspiel in 5 Aufz. [nach W. H. Freih. v. Dalberg]. Wien 1789. V: *Eisenthal von.* (GGr) (JL) (Ky) (MGT)

Oronzio de' Bernardis. Vollständiger Lehrbegriff der Schwimmkunst, auf neue Versuche über die specifische Schwere des menschlichen Körpers gegründet. Aus dem Italienischen übersetzt etc. von Friedrich Kries. Mit Kupfern. (2 Bde.) 8. Weimar 1797.

Orosel, Dr. Johann, Mnemotechnisches Repetitorium der neuen Civil-Process-Gesetze. Gesetzesdarstellungen, aus deren Worten, beziehungsweise Mitlauten, die Paragraphenziffern der betreffenden Bestimmungen verlässlich entnommen werden können. I. Th. 16. (48 S.) Marburg: Kaltenbrunner 1897 —.50

Orosel, Joh., mnemotechn. Repetitorium der neuen Civilprocessgesetze. Gesetzesdarstellungen, aus deren Worten, beziehungsweise Mitlauten die Paragraphenziffern d. betr. Bestimmgn. verlässl. entnommen werden können. I. Thl. D. Lehre v. d. auf d. Gesetze angew. Mnemotechnik, d. Jurisdictionsnorm u. Civilprocessordng. sammt d. Einführungs-Gesetze. 1. Hft., enth. obige Gedächtnislehre, d. Einleitg. zur Jurisdictionsnorm u. die Jurisdictionsnorm nebst erläut. Bemerkgn. 12. (48 S.) Marburg a/D. 898. (W. Blanke.) n. 1. —

Orosius, Paulus

Orosii commonitorium de errore Priscillianistarum et Origenistarum, s.: Corpus scriptorum ecclesiasticorum latinorum.

Orosii, Pauli, adversus paganos historiar. libri VII, ut et apologeticus contra Pelagium de arbitrii libertate. Ad fid. Mss. adjectis integris notis Fr. Fabricii et L. Lautii recens. suisq. animadv. nummisque antiquis plurimis illustr. Sigeb. Havercampus. 4. Leyd. 767. Luchtmans. (Leipz., Weigel). 4 ₰ 12 gr

Orosii, Pauli, adversus paganos historiarum libri VII. Ad fidem recensionis Sigiberti Havercampi. gr 8. (IV und 327 S.) Thorn 857, Lambeck. *

Orosii, Pauli, Presbyteri Hispani, adversus paganos historiarum libri VII. Ad fidem recensionis Sigeberti Havercampi cum eiusdem et aliorum notis integris et cum indice rerum et nominum. Edit. II. Vol. II. Havercampi aliorumque annotationes continens. gr. 8. (550, 31 S.) Thorn 877, E. Lambeck. *
Vol. I. Ebendas. 1857. * M 3.

— historiarum adversus paganos libri VII ex recensione C. Zangemeister. 8. (XXI, 371 S.) Leipzig 889. Teubner. 3. —

Oroß, s. Orosz

Orostini, Anleitung zur leichten u. schnellen Erlernung der in der Telegraphie gebräuchlichen Morse-Zeichen m. Hülfe der Gedächtnißkunst. Mit e. Anh.: Leseübungen in Morseschrift. 12. (12 S.) Berlin 900. Fußinger. n.n. — 50

[Kopft.] Belichtungstabelle für photographische Aufnahmen v. Orostini. *Halle a. S.: H. Peter [1897].* (4 S.) 1 Bd 8. [97. 2238

Orostini, Belichtungstabelle f. photogr. Aufnahmen f. Trockenplatten v. 18—26° W. 2., verb. Aufl. 8. (4 S.) Halle 898. H. Peter. n. — 40

Orostini, Belichtungstabelle f. photograph. Aufnahmen f. Trockenplatten von 18 bis 26° W. 6. Aufl. gr. 8 (4 S.) Halle (902). H. Peter. n. — 40

Orosz, Alexander von: Die Staatsgestüte Ungarns. Halle a. S. 1908: Hohmann. 89 S. 8°
Halle, Phil. Diss. v. 9. März 1909, Ref. Disselhorst
[Geb. 28. Nov. 87 Vaja, Komit. Szabolcs; Wohnort: Dombrád; Staatsangeh.: Ungarn; Vorbildung: Kath. Gymn. Kaschau Reife Sommer 04; Studium: Zürich Polytechn. 2, Halle 5 S.; Rig. 11. Jan. 09.] [U 09. 1685

Orosz, Josef

— s. Gesetz-Artikel d. Ungar. Reichstages.

Orosz, Jos., Ungarns gesetzgebender Körper auf dem Reichstage zu Preßburg im Jahr 1830. Sammt Actenstücken und Anmerkk. 2 Thle. gr. 8. Leipz. 832. Kummer. 3 Thlr. 8 Gr.

v. Orosz, Jos., s.a. v. Széchenyi, Graf St., academischer Vortrag.

Orosz, Jos., Graf Stephan Széchenyi als Schriftsteller. Im Ungarischen herausg. u. deutsch bearbeitet. gr. 8. Tirnau 832. Wächter. 1 1/3 Thlr.

Orosz, Jos. v., Terra incognita, s.a. Terra incognita.

Orosz, J Terra incognita. Notizen über Ungarn in zwanglosen Heften. 2. Aufl. (1 Heft.) 8. Leipzig 1835.

Orosz de Balásfalva, Ant.

Orosz, Ant. v. Ideal zur Herstellung des finanziellen Zustandes Oesterreichs. 8°. Wien 1851.

Oroß de Balásfalva, Ant., der Magnetiseur Dr. Johann Schoder u. sein heilvolles Wirken in Wien. Zum Troste u. zur Aufrichtung der heilbaren Kranken jeder Gattung, in verschiedenen constatirten u. von den Geheilten selbst öffentlich bestätigten Heilungsfällen dargestellt. gr. 8. (78 S.) Ofen 852, (Pesth, H. Geibel.) n. 7 Ngr.

— Schoderiana od. kurzgefaßte Beschreibung von mehr als 200 sehr interessanten u. theilweise komplizirter Krankheitsfälle u. der durch die Behandlung derselben mittelst des nach der Manier des Hrn. Dr. Joh. Schoder angewendeten Magnetismus erzielten Resultate. Aus den ärztlichen Vormerkungs-Protokollen des Hrn. Dr. mit seiner besonderen Bewilligung zum Besten der leidenden Menschheit gesammelt, als ein nützliches u. trostbringendes Nachschlagebuch für Kranke jeder Gattung zusammengestellt u. mit einigen für den Patienten wissenswerthen Notizen versehen. gr. 8. (IV u. 72 S.) Wien 850. (Seidel.) — 2. verb. u. verm. Aufl. gr. 8. (IV u. 72 S.) Ebd. 850. n 8 Ngr.

—— das Unhaltbare unseres Steuer-Systems. Verglichen mit einer zeitgemäßen Verbesserung desselben. Praktische Ansichten. gr. 8. (VI und 80 S.) Wien 849, (Gerold, Verlag.) *

Oroszy, Mihaly Oetsodino Hungarus. Observationes physico-medicae inaugurales circa genuinas febris malignae tam epidemice grassantis, sicque pestilentialis, quam sporadice serpentis Hungaricae ita dictae causas, solidam eius therapiam nec non errores circa eandem commissos. Basel; Med. Diss. 1771

Orpedo, T., mit Kreuz u. Schwert an deutscher Grenze, s.a. Esser's, J., Sammlung leicht aufführbarer Theaterstücke.

Mit Kreuz und Schwert an deutscher Grenze. Schauspiel in 5 Akten aus d. Zeit d. Wendenkriege unter Otto I. Von T. **Orpedo**. 1. Aufl. Paderborn J Esser [1907]. (57 S.) 8° [F.]
— Sammlung, J. Esser's, leicht aufführbarer Theaterstücke. H. 95. [08. 8997]

Orpen, G. H., d. Socialismus in England, s.: Laveleye, Emile de.

Orphal, Hugo, Aehrenlese auf dem Acker d. göttlichen Gesetzes, in u. f. Religions- u. Konfirmandenstunden geh. gr. 8. (IV, 52 S.) Langensalza 883. Beyer & Söhne. n. — 50

Orphal, Hugo, Ährenlese auf dem Acker des christlichen Glaubens, in und für Religions- und Konfirmandenstunden gehalten. gr. 8. (VI, 146 S.) Langensalza 887, Beyer und Söhne. * 1 20

Orphal, Hugo, die rechtsphilosophischen Anschauungen Trendelenburg's, dargestellt u. beurteilt. Promotionsschrift. gr. 8. (III, 76 S.) Eisleben 891. Winkler. Kart. n. 1. 25

—— Christendienst im Lichte d. alten Bundes. gr. 8. (IX, 179 S.) Bielefeld 889, Helmich. * 2 40; geb. * 3 —

—— Christusreden, zu unterricht. und erbaul. Zwecken dargeboten. gr. 8. (IV, 104 S.) Braunschweig 888, Schwetschke und Sohn. * 1 20

Orphal, Hugo, Christusreden, zu unterrichtl. u. erbaul. Zwecken dargeboten. 2. (Titel-)Aufl. gr. 8. (IV, 104 S.) Braunschweig (888) 895. Berlin, C. A. Schwetschke & Sohn. n. — 80

Orphal, Hugo, zur Förderung der Sonntagsheiligung. Vortrag auf der Diöcesanconferenz zu Sonneborn [Ephorie Wangenheim] gehalten den 26. Mai 1879. gr. 8. (20 S.) Langensalza 879, Beyer und Söhne. *

Orphal, Hugo, das evangelische Kirchenlied. 36 Kernlieder, für den Schul- und Konfirmandenunterricht erläut. und mit einer histor. Einleitung versehen. gr. 8. (VI, 190 S.) Langensalza 884, Beyer und Söhne. * 2 —

— das evangelische Kirchenlied. 36 Kernlieder, f. Schul- u. Konfirmandenunterricht dargeboten. 2., durchgeseh. u. verb. Aufl. gr. 8. (VIII, 166 S.) Langensalza 894. H. Beyer & Söhne. n. 2. —

— 5 Passionsandachten. 8. (12 S.) Eisleben 885. (Mähnert.) n. — 30

—— die evangelischen Perikopen, für die Schule dargeboten. gr. 8. (IV, 143 S.) Eisleben 888, Winkler. * 1 —

— Schulfeier zum 400jährigen Luther-Jubiläum am 10. Novbr. 1883. Für deutsche Volksschulen zusammengestellt. Ausg. A: Für die Hand d. Lehrers. gr. 8. (16 S.) Langensalza 883. Beyer & Söhne. n. — 20; Ausg. B: Für d. Hand der Schüler. (8 S.) n. — 6

— das Vaterunser. 8. (112 S.) Eisleben 886. (Winkler.) n. 1. —

— vom Verlorenen. Pädagogisch-didakt. Behandlg. d. Gleichnisse Luc. 15. gr. 8. (V, 75 S.) Berlin 890. Buchhandlg. d. Deutschen Lehrer-Zeitg. n. 1. —

Orphal, Karl

Orphal, Carl, militairische Wanderung eines preuß. Ulanenunterofficiers aus dem Pfaffenthale zu Luxemburg nach Spanien, oder Erinnerungen an meine Militairdienstzeit in Sachsen, Preußen, Belgien, Algerien u. Spanien, mit besond. Rücksicht auf die französ. Fremdenlegion u. den span. Bürgerkrieg. gr. 12. Gotha 846. (Gläser.) n. 3/4 Thlr.

Orphal, Kurt, a. Wolfsbehringen: Untersuchungen über Korrelationserscheinungen bei mehreren Sorten von Vicia faba L. Merseburg 1907: F. Stollberg. (VIII, 76 S.) 8°
Jena, Phil. Fak., Ref. Edler, Diss. v. 19. Dez. 1907
[Geb. 26. Jan. 82 Wolfsbehringen (Sachsen-Coburg-Gotha); Wohnort: Merseburg; Staatsangeh.: Preußen; Vorbildung: Landwirtschaftsch. Dahme Reife O. 98; Studium: Jena 6 S.; Rig. 1. März 07.]

Orphal, Wlh Chr., Anweisung, verschiedene Arten d. Stuben-Vögel zum Nisten in d. Stube zu gewöhnen etc. 8. Eisenach 807. (Bärecke). 4 Gr.

—ornitholog. Handbuch für Forstmänner u. Gartenfreunde, od. Naturgeschichte aller Insekten vertilgenden Vögel Deutschlands rc. 8. Erf. 805. Keyser. 16 gr

ORPHAL, Wilhelm Christ: Die Jägerschule oder kurzgefasster aber gründlicher Unterricht in allen Haupt-, Hülfs- und Nebenwissenschaften, worin der Jäger nach den Erfordernissen der jetzigen Zeit bewandert seyn muss. Ein Handbuch zur Selbstbelehrung für angehende Jäger und Forstmänner. - Leipzig 1806, 1807 u. 1808. 3 Bd. - Bd. 1: XVI, 406 S. - Bd. 2: XII, 373 S. - Bd. 3: XII, 420 S.

—die Jägerschule od. kurzgefaßter, aber gründl. Unterricht in allen Haupt-, Hülfs- u. Nebenwissenschaften rc. 3 Bde. gr. 8. Leipz. 806, 7. Kummer. 4 Rthl. 12 gr

— Muster aller bisher mit Recht od. Unrecht f. giftig gehaltene Thiere Deutschlands. 8. Leipzig, Kummer. 807.

—Musterung aller bisher mit Recht od. Unrecht f. giftig gehaltenen Thiere Deutschlands. 8. Leipz. 806. Kummer. 10 gr

—d. Nützlichste, Wissenswertheste u. Unentbehrlichste aus dem Gebiete d. Naturgeschichte. 16 Bdchen. 8. Erf. 808. Keyser 10 gr

—der Philosoph im Walde, oder Untersuchung üb. die Seelenkräfte d. sogenannten vernunftlosen Thiere. (A. u. d. T.: wie müssen Thier- u. Menschen Seelenfähigkeiten verglichen werden?) 8. Hamb. 807. Großmann. (Schmidt in Leipz.) 1 Rthl.

—sind d. Thiere blos sinnliche Geschöpfe, od. sind sie auch mit Fähigkeiten versehen, die e. Seele bei ihnen vermuthen lassen. 8. Leipz. 811. (Schmidt). 1 Rthl.

Orphal, W. C., ornithologisches Taschenb. f. Forstmänner u. Gartenfreunde, od. Naturgeschichte aller Insekten vertilgender Vögel Deutschlands, d. z. Abwendung d. Wald- u. Gartenverheerung durch Raupen gehegt werden dürfen. 8. Erfurt, 1805. Keyser — 20

—d. Wetterpropheten im Thierreich, od. Musterung aller Thiere, die eine Witterungsveränderung anzeigen rc. 8. Leipz. 805. Kummer. 14 gr

Orphal, W. C. „Ein Wort noch zu rechter Zeit über unsere Forst- und Jagdinstitute, nebst einigen Bemerkungen über Jägerbildung überhaupt", Eisenach 1804 (Bäreke).

Orphanophili, Hieronymi, Sittenlehre. 8. Frankfurt, Andreä. 715.

Orphäus, eine tragisch-komische Geschichte, nebst Prinz Formosos Fidelbogen und der Prinzessin Salamanka Geige; oder Geschichte des größten Königs, von Klinger, 7 Theile, 8. Bern, 778-80. Typographie. 5 Rthl.

Orphea. Taschenbuch f. Hg.: E. Fleischer

1824.	4 Bl., XVIII, 367 u. 9 S. M. 8 Kpf.
1825.	1 Bl., XXIV, 388 S. u. 6 Bl. M. 8 Kpf
1826.	1 Bl., IV, 2 Bl. 393 S. u. 6 Bl. M. 8 Kpf.
1827.	1 Bl., IV, 9 Bl. 372 S. u. 4 Bl. M. 8 Kpf.
1828.	1 Bl. IV, 2 Bl. 366 S. u. 12 Bl. M. 8 Kpf.
1829.	1 Bl., II, 2 Bl. XV, 352 S. M. 8 Kpf.
1830.	1 Bl., II, 2 Bl. XVI, 383 S. M. 8 Kpf.
1831.	3 Bl., XVI, 348 S. M. 8 Kpf.

Leipzig.

Orphée et Euridice. opera trad. de l'italien. 8. Wien 770 Trattner. 2 gr

Orphée et Euridice. Trag. Op. en 3 Actes, par Moline. 8. Braunschw. Pluchart. 806.

Orphelia, od. Wahrheit u. Dichtung. Ein Taschenbüchl. zur Unterhaltung in Musestunden. 12. (3 B.) Constanz 829, Seemüller.

Orphelia, oder Wahrheit und Dichtung. 8. Constanz 829. jetzt Verlag v. Glükher. 1/6 Rthl.

Orpheline léguée. Comed. en 3 Actes, p. Saurin. 8. Dresde, Walther. 766.

Orpheline, la nouvelle, Angloise, ou les Bizarreries du destin, en deux Tomes. 8. Frcf. Gebhardt et K. (Herrmann a. Brönner.) 770.

Orphelinos, les, de Flower-Garden, trad. de l'Anglois. IV Vol. av. fig. 8. Paris. (Sommer à L.) 799.

Orphelins, les deux, s. Bibliothèque, petite, française.

Orphelins, les heureux, histoire imitée de l'Anglois par Mr. de Crebillon le fils. IV Part. 12. Dresde. 755.

— — les mêmes par de la Place. IV Vol. 18. Lpz. Sommer.

Orpheolyra. Wochenblatt. Merseburg 18??. H: *Brückner, Johann Jacob.* (MGT)

ORPHEOLYRA, eine angenehme Unterhaltung beim Frühstück. Jahrg. I (einz.?). Mit Kpfrn., Musik- und Intelligenzblättern. Merseburg, Böhme, 1808. 4°. Rar!

Orpheon. Album für Gesang, s.a. Täglichsbeck, Th.

Orpheon. Album f. Gesang m. Pianoforte in Original-Compositionen deutscher Tonsetzer. Hrsg. v. Th. Täglichsbeck. 1—6. Bd. (od. 1—36. Hft.) gr. 4. (à Bd. 13—15 B. u. à 1 Portr.) Stuttgart 842—47, Göpel. à Hft. 11¼ Ngr. à Bd. Thlr.

—— Album f. Gesang in Original-Compositionen. Hrsg. v. Th. Täglichsbeck. Auswahl m. Begleitung d. Guitarre eingerichtet v. F. Siber. 1. Bd. 6 Hfte. schm. 4. (13 B. u. Marschner's Bildn.) Stuttgart 846, 47, Göpel. à Hft. 11¼ Ngr.

ORPHEUM. — Orpheums-Gestalten. Aus Berlins socialem Leben. Mit Titelbild. Altona, Aug. Prinz, o. J. (c. 1870). 12°
— — Dasselbe. 3. Aufl. Ibid. s. a. (187*). 12° 80 S. Lith. Umschl. (4 Mk. A. Bielefeld; 6 Mk. Adolf Weigel.)

Orpheumgestalten. Aus Berlin's socialem Leben. 2 Aufl. gr. 16. (80 S.) Altona 871. Verlagsbureau. — 75

Orpheus [Sachliches OW]

Orpheus, ein Singspiel. Bern 1775. V: *Werthes, Friedrich August Clemens.* (Herold, Werthes. Münster i. W. 1898. S. 174.) (KY)

— Singspl. (v. Fr. Aug. Klem. Werthes). 8. Bern 775. Typograph. Soc. 2 gr

Orpheus, eine Tragisch-Komische Geschichte. Genf 1778—80. V: *Klinger, Friedrich Maximilian von.* (MD) (MGT) (BrMm) »Basel 1799—1800« (KY) »1778« (GGr)

Orpheus; e. tragikomische Geschichte, v. Klinger. 7 Theile. m. K. 8. Basel, Haas. 779. 80. Rthlr.

Orpheus. Monatsschrift. Kaschau 1790. H: *Kazinczy, F.* (PK 2/945) (DOBROWSKY 144/716) (WBL 11/100) (RANSCHBURG 96/631) (BIBLPORT)

Orpheus. Oper in 2 Aufz. 8. Wien, Wallishauser. 807.

Orpheus, oder neue Gesänge schlesischer Dichter. Eine Zeitschrift. Breslau 1809. H: *Groke, Gg Wilh.* (MGT) (GGr)

— eine Zeitschrift in zwanglosen Heften, hrsgg. v. C. Weichselbaumer. 1s—4s Heft. gr. 8. Nürnb. 823—25. Riegel u. W. (1—3s Heft. 2 ß 12 gl 4s Hft. 20 gl) 3 ß 8 gl

Orpheus, eine Gedichtesammlung. 8. Tilsit 829. Glückner. 8 gl

— Melodien f. Gesang mit Pianoforte-Begleitung hierzu, componirt v. Fr. Partzsch. 2 Abtheill. qu. gr. 8. Mit Tit. Vign. Meißen 830. Gödsche. 2 ß 16 gl

— Musikalisches Taschenbuch für die Jahre 1840 u. 1841. Herausg. von Aug. Schmidt. 1r u. 2r Jahrg. Mit 7 Musikbeil. u. 2 Kpfr. gr. 8. Wien 839, 40. Riedl's Witwe u. Sohn. (Leipzig, Liebeskind.) Elegant geb. mit Goldschnitt u. Stahlschloß (à n 3 2/3 ß) 7 1/3 ß

Orpheus. Musikalisches Album für das Jahr 1842. Herausgeg. von Aug. Schmidt. 3. Jahrg. (Mit dem Bildniß u. Facsimile v. Felix Mendelssohn-Bartholdy, u. 14 Musikbeil.) 8. Wien 841, Volke's Buchh. n. 2 ß

Orpheus. Sammlung von Liedern u. Gesängen f. 4 Männerstimmen. 1—10. Bd. (1. u. 2. Folge) enthalt. gegen 350 Compositionen d. beliebtesten Componisten älter. u. neuerer Zeit. 1. Ausg. 1842—44. u. neue wohlf. Gesammt-Ausg. In 4 Stimmheften. qu. 16. (152 B.) Leipzig 845, Friedlein u. Hirsch.

—— dass. Partitur. 1—10. Bd. (1. u. 2. Folge.) 1. Ausg. 1842—44. u. Neue wohlf. Gesammt-Ausg. 16. (57 1/2 B.) Leipzig 846. Friedlein u. Hirsch.

— dass. Register zum 1.—10. Bde. qu. 16. Ebend. 845. 1/12 ß

Orpheus. Sammlung von Liedern u. Gesängen für 4 Männerstimmen. 11. u. 12. Bd. (3. Folge 1. u. 2. Bd.) Nr. 1—69. 4 Hfte. qu. gr. 16. Leipzig 844, Friedlein u. Hirsch. à Bd. 1 ß

—— dass. 11. u. 12. Bd. (3. Folge. 1. u. 2. Bd.) Partitur. 16. Ebds. [11. (5 1/4 B.) 844., 12. (6 B.) 46. à 15 Ngr.]

Orpheus. Sammlung von Liedern u. Gesängen f. 4 Männerstimmen. 1—10. Bd. (1 u. 2. Folge) enth. gegen 350 der beliebtesten Compositionen älterer u. neuerer Zeit. Neue wohlf. Gesammtausg. 2. Stereotyp-Abdr. In 4 Stimmhftn. qu. gr. 16. Leipzig 847, Friedlein & Hirsch. n. 5 ß Ein einzelnes Stimmheft n. 1 1/4 ß (cmplt. m. Partitur n. 10 ß)

Orpheus. Sammlung von Liedern und Gesängen für 4 Männerstimmen. 13. (3. Folge. 3.) Bd. Hrsg. von Carl Zöllner. Stimmen-Ausg. 4 Hefte. (Nr. 70—100.) qu. 8. (256 S.) Leipzig 847—48, [Hirsch.] à Heft 7 1/2 Ngr.

— und Euridice Tragische Oper. 8. Hamb. Vollmer.

Orpheus und Eurydike. Oper in drei Acten. Nach dem Französ. von J. D. Sander. Musik von Ritter v. Gluck. (Textbuch.) 8. (20 S.) Wien, Klinast. ** — 50

Orpheus und Euridice. Tragische Oper. Kiel 1787. V: *Biehl, Charlotte Dorothea.* Ü: *Cramer, Karl Friedrich.* (GGr IV, 1, 1090, 23) (Zeitschr. f. Büch. N. F. 15, 1923, S. 118)

Orpheus und Euridice. Trag. Oper, nach d. Dän. (v. K. Fr. Cramer). 8. Kiel 787. Herold in Hamb. 6 gl

Orpheus und Sanct Johannis Haupt am Johannisfeste 1821 in der Loge zum goldenen Apfel in Dresden. Von Br. »Brüder, die Johannes heut geladen . . .« Dresden 1821. V: *Böttiger, Karl August.* (WOLFSTIEG II, 845)

— auf dem deutschen Helikon. Eine Samml. deutscher Lieder in neuen Weisen. Zur Beförder. wahren Frohsinnes in Zirkeln d. Freundschaft u. Zutraulichkeit. gr. 12. Cöln 826. Compt. f. Kunst rc. 1 ß 8 gl

Orpheus auf d. deutschen Helikon, vollständ. Liederbuch rc. X. u. d. T.: Rheinische Thalia. gr. 8. Cöln 835. jetzt Gaul u. Tonger, u. d. Pr. 3/4 ß

— u. Komos, od. allgem. Gesellschafts-Liederbuch, enth. Commers- u. Hospitz-Lieder, Vaterlandsgesänge, Kriegslieder, Tafel- u. Trinklieder, Lieder bei besondern Gelegenheiten, hrsgg. v. E***r. 2 Bdchen. 12. Meißen 830. Gödsche. 1 ß

Orpheus u. Komos, od. allgem. Gesellschafts-Liederbuch, enthalt. Commers- u. Hospitz-Lieder, Vaterlandsgesänge, Kriegslieder, Tafel- u. Trinklieder, Lieder bei besond. Gelegenheiten, hrsg. v. E***r. 2 Bdchn. 12. (28 1/4 B.) Meißen 830. [Leipzig, Vetter u. Rostosky.]
Melodien f. Gesang m. Pianoforte-Begleitung hierzu, comp. v. Fr Partzsch. 2 Abthln. qu. gr. 8. (21 lith. B.) Ebds. 830. 2 Thlr. 16 Gr.

— der zweite, oder Dominik Kolofons Abentheuer von ihm selbst beschrieben. 8. Grätz 897. Kienreich. 1/3 ß

— der zweyte, oder Dominik Kolophons Abenteuer. 8. Grätz, Tusch. 798.

Orpheus [Verfasser]

— Argonauten, übersetzt v. Küttner, s.a. Küttner.

Orpheus Argonauten. Übersetzt von Küttner. Leipz. (Mietau.) 773. 8. 6 gr.

— die Argonauten. Ein Gedicht aus d. Griech. übers. v. K. A. Küttner. 8. Mitau 773. 2e A. 8. Altenb. 786. (Leipz., W. Rauck). 6 gl

ORPHEUS, Die Argonauten. Aus d. Griech. des —. (Prosa-Uebers. in 2 Gesängen v. Carl Aug. Kütner [sic!]). Zwote Aufl. Altenburg, in der Richterschen Buchhdlg. 1784. Kl. 8°.

— Argonauten; übersetzt v. G. Eph. Tobler. 8. Basel 785. Schweighäuser. 3 gr

Orpheus Argonautenzug. Im Versmass d. Urschrift übers. v. K. Seidenadel. Pr. 1878. 61 S. 1.50

Orphei, quae exstant, Argonautica, hymni, libellus de lapidibus, et fragmenta, c. not. H. Stephani et A. C. Eschenbachii. Text. ad. codd. MS. et edit. vet. recens., notas suas et indicem graecum adjecit J. M. Gesnerus: curante G. Chr. Hambergero. 8maj. Leipz. 764. Fritsch. (Hahn). 1 Thlr 12 gr

— Argonautica (gr.) ex libris scriptis et conjecturis viror. doctor. susq. aucta et emend. interpret. est Jh. Gli. Schneider. 8maj. Jena 803. Frommann. 1 Thlr Schrbp. 1 Thlr 12 gr

— Hymnen, griech. u. Deutsch in d. Versmaße d. Urtextes zum erstenmale ganz übers. v. D. K. P. Dietsch. 4. Erlang. 822. Palm u. E. 1 Thlr 12 gr

— 30 orphische Hymnen, übers. v. D. K. P. Dietsch. 8. Nürnb. 820. Zeh. 8 gr

— Lithika, e. theurgisches Epos üb. d. Wunderkräfte d. Steine, im Versm. d. U. übers. v. K. Seidenadel. Pr. 1876. 25 S. 4°.

Orphei Lithica. Accedit Damigeron de lapidibus. Rec. Eug. Abel. gr. 8. (198 S.) Berlin 881, Calvary und Comp. * 5 —

— *Orphica*, (gr.) c. not. H. Stephani, A. C. Eschenbachii, J. M. Gesneri, T. Tyrwhitii recens. Gf. Herrmann. 8maj. Leipz. 805. (Hahn). 4 Thlr

Orphica. Nova editio accurata ... Lipsiae 1818. H: *Schäfer*, *Gfr. Hnr.* (Hoff) (Ebert) (Ky)

Orphei Orphica, (c. G. H. Schäfer.) 8. Lpz. 818. Weigel. 12 gr

— *Orphica*, Procli hymni, Musaei carmen de Herone et Leandro, Callimachi hymni et epigrammata; ad opt. libr. fidem accur. edita. Edit. stereotypa. 16. Leipz. 824. Tauchnitz. 8 gr Hbg. Pr. 5 gr fein P. 11 gr

Orphica, Procli hymni, Musaei carmen de Hero et Leandro, Callimachi hymni et epigrammata. Ad optimorum librorum fidem accurate edita. Nova edit. ster. C. Tauchnitiana. Nova impressio. Leipzig 867. Holtze. 16. (256 S.) 8 ngr

Orphica. Rec. Eug. Abel. Accedunt Procli hymni, hymni magici, hymnus in Isim, aliaque eiusmodi carmina. 8. (III, 320 S.) Prag 885. Tempsky. — Leipzig, Freytag. n. 5. —

Orpheus, Jh., († ...) Anti-Copernicus, mundi systema Ptolemaei corrigens. 8. Manh. 770.

Orphica, s. Orpheus

Orpiszewski, Ludwig von, a. Kłóbka ⟨Russisch-Polen⟩: Die Abwanderung der landwirtschaftlichen Arbeiter aus dem Königreich Polen nach Deutschland. Göttingen 1907: Dieterich. (63 S.) 8°

Göttingen, Phil. Fak., Ref. Fleischmann, Diss. v. 4. März 1908

[Geb. 28 Aug. 82 Kłóbka; Wohnort: Kłóbka; Staatsangeh.: Rußland; Vorbildung: Knabengymn. IV Warschau Reife M. 02; Studium: Krakau 3, Breslau 2, Göttingen 2 S.; Rig. 18. Dez. 07.]

Orr u. Gust. Falke, zwei lustige Seeleute. Bilder v. O., Verse v. F. (35 S. m. 16 Farbdr.) qu. Lex.-8. Köln (905). H. u. F. Schaffstein. Kart. n. 5. —

Orr, A. S., die Gefangenen v. Chillon. Eine Erzählg. aus der Zeit der Reformation in Savoyen. Autoris. Uebersetzg. aus dem Engl. v. Charlotte Philippi. 8. (VI, 257 S.) Basel 872. Schneider. n. 2. 40

Orr, Henry [aus Clinton N. Y.] Beitrag zur Phylogenie der Ganoiden. Jena, Druck v. Julius Hossfeld, 1885. 37 S. 8°.

Jena. Phil. Fak., Inaug.-Diss. v. 1886.

Orr, Henry, Beiträge zu Phylogenie der Ganoiden. Diss. Jena 1885, G. Neuenhahn. 8°. 37 S.

Orraeus, G., descriptio pestis, q. ann. 1770 et 71. Iassiae et Moscovae grassata fuit. 4. Petersb. Loyan. (a. Böhm, Lips.) 784.

Orraeus, Gust., descriptio pestis, quae ann. 1770 et 771. Jassiae et Moscovae grassata fuit. 4. Petersb. 784. Logan. (Cnobloch in Leipz.) 1 Thlr 8 gr

ORRERY, JOHN BOYLE EARL OF. Des Grafen John von Orrery Väterliche Briefe an seinen zu Oxford studirenden Sohn Hamilton Boyle, in moralischen und kritischen Anmerkungen über das Leben und die Schriften des berühmten satyrischen Dechanten Dr. JONATHAN SWIFT verfasset. Hamburg & Leipzig, Holle, 1752. *Mit 1 schönen, gefalteten Kupferstichporträt Swifts von C. Fritzsch.* Einfacher Pbd. d. Z.

Erste deutsche Ausgabe der interessanten, zu ihrer Zeit epochemachenden Nachrichten über Swift. Die Erstausgabe war ein Jahr vorher in London erschienen u. diese „detestable letters" wie Warburton sie nannte, sollen alsbald in mehr als 12000 Ex. verkauft worden sein. (Cf. Lowndes III. 1734.)

Orsa, Jerem. l', Sammlung ausgewählter Predigten vermischten Inhaltes. gr. 8. (15 1/4 B.) Thun u. Aarau 839. Christen.

L'Orsani, A., Katinka u. andere Novellen. (200 S.) 8. Göding 905. A. Weinberger. n. 3. —

Orsbach, Clemens von, s. Orsbach, Klemens von

ab **Orsbach**, F(ranciscus) I(osephus) I(acobus) H(ubertus) ⟨geb. am 4 Nov. 1807 in Aachen⟩. De resectione claviculae et scapulae ... Bonnae, typ. C. Georgii (1833). 3 Bl., 20 S. 4.

Bonn, Med. Fak., Diss. v. 4 Apr. 1833

Orsbach, Josef

— s. Bossuet, Betrachtungen.

— s. Böttcher, d. Patriot.

Orsbach, Jos. v., Deutung der Apokalypse durch sich selbst. Wissenschaftliche Abhandlung. Aachen, (Benrath u. Vogelsang,) 1855, 12°, IV u. 103 S., 1,50 Mk.

Beachtenswert durch geistreiche u. scharfsinnige Auffassung.

Orsbach, Jos. v., Eudoline, s. Eudoline.

v. **Orsbach**, Jos., Leben der heil. Clara, der ersten Clarissen-Aebtissin. (1193—1253.) Nach dem Leben dieser Heiligen, welches der Kapuziner-Pater Prudens von Faucogney verfaßte, bearb. 12. (Mit 1 Lithogr.) Aachen 844, Cremer'sche Buchh. 8 3/4 ngr

Orsbach, Jos. v., das Marienbildchen. Erzählung für Jung u. Alt. 2. durchgeseh. Aufl. Aachen 864. Cremer. 8. (91 S.) 10 ngr

Orsbach, J(os.) v., der sel. Nicolaus von der Flüe, s. Leben der Heiligen.

—— Zum Verständniß der Weissagung des Herrn von den letzten Zeiten. Wissenschaftliche Abhandlung. gr. 8. (IV und 76 S.) Aachen 856, (Benrath und Vogelgesang.) *

Orsbach, Klemens von

Orsbach, Clem. v., Ansichten über Armenwesen im Jahre 1847, nebst den für den Verf. bis jetzt daraus hervorgegangenen Folgen. gr. 8°. Arnsberg, Ritter in Comm., 1847.

— der Leichnig'sche Prozeß. Eine Beleuchtung bureaukratischer Zustände. 8. (31 S.) Aachen 850, Hensen & Co. 4 ngl

— s. Roland, Vater.

— Skizzen aus dem Aachener Badeleben von 1851. 8. (VIII u. 96 S.) Aachen 852, ter Meer. n. ½ ℳ

—— Verirrung u. Rückkehr. Eine Gesch. uns. Zeit. 12. (8½ B.) Aachen 838, Cremersche Buchh.

— Zeitklänge. Gedichte. gr. 12. (VI u. 318 S.) Aachen 850, Hensen & Co. 1 ℳ

— Zünfte und Innungen (nach dem Gewerbegesetze vom 9. Febr. 1849) oder vollständige Gewerbefreiheit? Eine geschichtliche, rechtliche und staatswirthschaftliche Beleuchtung der Gewerbeverhältnisse für Jedermann. 12°. Aachen, Hensen u. Co., 1850.

Orschalk, A., Schmelzkunst. 3 Thle. 8. Cass. (Krieger, Marb.) 742–750.

Orschanski, J. Zur Lehre vom Willen. Spontane Impulse und deren Depression. Stassiulewicz. St. Petersburg. 1888.

Orschansky, J., die Vererbung im gesunden u. krankhaften Zustande u. die Entstehung des Geschlechts beim Menschen. (XI, 347 S. m. 41 Abbildgn.) gr. 8. Stuttgart 903. F. Enke. n. 9. —

Orschansky, L. [aus Horodok-Witebsk, Russland]: Abraham Ibn-Esra als Philosoph. Zur Geschichte der Philosophie im XII. Jahrhundert. Breslau 1900. 39 S. 8°.
Bern. Phil. Diss. 1899/1900.

Orschansky, *Laiba* [aus Jekaterinoslaw]: Über die Ulnarisanalgesie als Tabessymptom ... Berlin, C. Vogts Buchdr., *1895;* 31 S. 8.
Berlin, Med. Fak., Inaug.-Diss. v. 8. Jan. 1895

Orschiedt, H., aus d. Werkstätte d. Natur, s. a. Veröffentlichungen d. Vereins d. Bücherfreunde.

[J.] Aus der Werkstätte der Natur. Allg.-verständl. Betrachtgn wichtiger, meist chemischer Naturerscheingn z. Zwecke d. Selbstbelehrg u. Unterhaltg v. Prof. H **Orschiedt.** *Berlin: Schall & Grund (1898).* (VIII, 364 S.) 1 Bd 8.
— Verein d. Bücherfreunde. Jg. VII. [No] 6. [98. 3600

Orschiedt, Herm. Rob., Lehrbuch der anorganischen Chemie und Mineralogie an der Hand des Experiments. Für höhere Schulanstalten, Schullehrerseminarien etc. I. Thl.: Die Nichtmetalle. gr. 8. (VIII, 246 S.) Schlettstadt 879, Groos. *

Orschiedt, Herm. Rob., Lehrbuch der anorganischen Chemie u. Mineralogie an der Hand d. Experiments. Für höhere Lehranstalten, Lehrerseminarien, landwirthschaftliche Schulen, etc. (1. Bd.) Nichtmetalle. Neue Ausg. gr. 8. (VIII, 246 S.) Strassburg 885. Schmidt. n. 2. 80

Orschiedt, H R. Die neuere Naturwissenschaft in didaktischer Beziehung. 30 S. u. 2 Blatt Formeln. **Progr.** *Münster Els.* 1876.

Plan der Stadt Aschaffenburg. (Nach amtl. Quellen bearb. von Stadtbauass. Jos. **Orschler** Maßst. 1 10,000. Aschaffenburg: C. Krebs [1905].) (1 Kartenbl. 57 × 47 cm mit Legende.) 8° [Kopft. lith.] [kol.] [Umschlagt.:] Stadtplan von Aschaffenburg. [06. 4066

Orsi A.. Der Obstbau im Tätigkeitsgebiete d. deutschen Sektion d. Landeskulturrates f. das Königreich Böhmen. Prag 1904. 35 S. P

Orsi, Alois, die Unkrautbekämpfung auf Feld u. Wiese. (43 S. m. Abb.) gr. 8. Leipzig 908. H. Voigt. — 80

Orsi, Paolo, ein altchristl. Hypogeum, s.: Führer, Jos.

Orsi, Pietro, das moderne Italien. Geschichte der letzten 150 Jahre bis zum Ende des 19. Jahrh. Übers. v. F. Goetz. gr. 8. (X, 380 S.) Leipzig 902. B. G. Teubner. n. 5.60

Orsi, Spirito, der Ursprung der radicalen Neutra der deutschen Sprache, entdeckt v. S. O., ins Deutsche übertragen v. N. N. gr. 8. (17 S.) Turin 885. (Leipzig, Urban.) n. 1. —

Orsina, Trauersp. in 5 Aufzügen, als Folgestück von Lessings Emilia Galotti. von G. v. Seckendorf. 8. Braunschweig. Vieweg. 816.

Orsini und Olivieri; od. die Macht der Freundschaft. Sittengemälde. 8. Weissenburg. 789.

Orsini, Abbé, Leben d. Jungfrau Maria. Aus d. Franz. 2 Thle. Mit Titelbild. 16. Aschaffenburg 839, 40. Pergay. 1 ℳ

Orsini, Abbé, Leben des heil. Vinzenz von Paul. Aus dem Französ. übersetzt. Herausgeg. von Frz. X. Steck. gr. 8. Tübingen 845, Laupp'sche Buchh. 1⅓ ℳ — 2. Aufl. mit d. Bildn. des Heiligen. gr. 8. Ebend. 846. 1⅓ ℳ

Orsini-Rosenberg, Franz X. Graf. Assertiones philosophicae scholastico-peripateticae. Clagenfurti, Kleinmayr, 1740. Folio. 78 S.

Rosenberg, Fürst. Der Dualismus in der Landes-Verwaltung. Vorschläge zur Verwaltungsreform. Klgft., v. Kleinmayr, 1881. 15 S. (Verf.: Fürst Heinrich Orsini-Rosenberg.)

Rosenberg, Lothar Graf Orsini, Führer durch Velden am Wörthersee und Umgebung. Mit 1 Plan. 12. (30 S.) —.30
Klagenfurt: Raunecker 1893.

Orsini u. Rosenberg, Lothar Graf v., Leutnant Graf Helfenstein. Roman. 2 Tle. in 1 Bde. (274 u. 298 S.) Dresden (908). [E. Pierson.] Berlin, Verlag Berlin-Wien. 3.50; geb. n 4. 50
Auch die übrigen Schriften desselb. Verf. aus E. Pierson's Verlag sind an obige Firma übergegangen.

— der neue Hofmeister. Roman. 8. (V, 286 S.) Dresden 891. E. Pierson. n. 3. —; geb. n. 4. —

Orsini-Rosenberg, Lothar Graf, der geheimnisvolle Jäger. Eine Sage v. Wörthersee. gr. 16. (22 S.) Klagenfurt 896. A. Raunecker. n. — 24

— Itineraria d. Landskroner Vize-Burgvoigth d. ehrsamben Hanns Straintz. Historische Erzählg. aus Kärntens Vorzeit. gr. 8. (58 S.) Klagenfurt 892. A. Raunecker. n. 1. 60

—— Ein Kobold. Novelle. 8. (81 S.) Klagenf. 889, (Raunecker). * — 70

Orsini-Rosenberg, Lothar Graf, Melanie und Feodora. Aus den Blättern eines Tagebuches. Militär-Humoreske. 8. (42 S.) —.45
Klagenfurt. Raunecker 1889.

—— Ein Nachkomme Gottfrieds v. Bouillon. Humoreske aus dem österreich. Cavallerieleben. 8. (202 S.) Dresd. 890, Pierson. * 2 —

Orsini-Rosenberg, Lothar Graf, Pfahlbauten und Keltenschädel am Wörthersee. Humoreske. 12. (25 S.) Klagenfurt: Raunecker 1894. —.12

Orsini-Rosenberg, Lothar Graf v. Der unheimliche Reisende. Erzählung. Klgft., Raunecker (typ. Schlick in St. Veit a. d. Glau), 1894. 32 S.

Orsini-Rosenberg, Lothar Graf, der verborgene Schatz im Schlosse Loretto am Wörthersee. Erzählung. 12. (16 S.) Klagenfurt 893. A. Raunecker. n. — 30

— mein alter Sonderling. Humoristischer Roman. 12. (355 S.) Wien 896. Ebd. n.n. 2. 20

Orsini-Rosenberg, Lothar Graf, Martha Baumkirchers Tagesbüchlein. Erzählung aus dem XV. Jahrh. 16. (56 S.) Klagenfurt 893. A. Raunecker. n. — 80

Orsini Graf von Rosenberg, Philipp Joseph: Von der Kayserl.Königl.N.Oe.Repraesentation, und Cammer wegen all- und jeden hier Landes befindlichen Dorf- und Grund-Obrigkeiten, Landes-Fürstlichen Städten und Märkten, wie auch denen allda selbst bestellten Land-Physicis anzufügen: Es seye verschiedentlich vorgekommen, was Gestalten von denen Land-Physicis...von Ph.J.Orsini Graf von Rosenberg und Johann Ignatz van Ghelen. 1 Bl., gbd.

Wienn: 1752

JB 5.428

Orsino, Carlo, Räuber u. Zeitgenosse des Rinaldo Rinaldini. 2 Thle. 8. Leipzig, Bruder u. H. (Büschler in Elberfeld.)

Orsino, Carlo, Räuber und Zeitgenosse Rinaldo Rinaldini. Leipz. 1804. V: *Kerndörffer, Hnr. Aug.* (GGr) (MGT) (Ky) (NN)

Orsino, Karlo, Räuber u. Zeitgenosse d. Rinaldo Rinaldini, herausg. v. Verf. d. Lorenzo. 2 Thle. 8. Leipzig, Schödel. (Bruder u. H.) 810.

Orsino, Karlo, Räuber u. Zeitgenosse des Rinaldo Rinaldini's, (v. H. A. Kerndörfer). 2 Thle. 8. Leipz. 810. (Schönian in Elberf.) 1 ₰ 22 gr

Orsova [Schlagwort]

Orsova, s.: Europa. Generalkarte.

Orsoy, Adrian Wurmfeld von
s. Wurmfeld von Orsoy. [10. 1691] 2

Oersted, A. S., Abhandll. aus d. Gebiete der Moral- u. Gesetzgebungsphilosophie. 1r Bd. A. u. d. T.: Ueber die Grundregeln d. Strafgesetzgebung; aus d. Dän. übers. rc. 8. Kopenh. 818. Gyldendal. 2 ₰ — 2r Bd. A. u. d. T.: Ausführl. Prüfung des neuen Entwurfs zu einem Strafgesetzbuch f. das Königr. Baiern, erschienen in München 1822. 8. Ebd. 824. 2 ₰ 12 gr — 3r Bd. A. u. d. T.: Neuer Beitr. zu den Verhandll. üb. Gegenstände der Strafgesetzgebung, in einer Rechtfertigung meiner Kritik des neuen Baier. Entwurfs. 8. Ebd. 826. 1 ₰ 12 gr Alle 3 Thle 6 ₰

— annulatorum danicorum conspectus. Fasc. I. Maricolae. (Quaestio ab universitate Hafniensi ad solvendum proposita et praemio ornata.) Mit 8 lith. Taf. Lex.-8. Hafniae 843. (Leipzig, T. O. Weigel.) n. 1 ₰

—— Entwurf einer systemat. Eintheilung u. speciellen Beschreibung der Plattwürmer, auf microscop. Untersuchungen gegründet. gr. 8. (6⅓ B. m. Holzschn. u. 3 Taf.) Copenhagen 844, Reitzel. *

Oersted, A. S., études préliminaires sur les Cupulifères de l'époque actuelle principalement au point de vue de leurs rapports avec les espèces fossiles. [Extrait du mémoires de l'acad. royale des sciences de Copenhague.]. gr. 4. (208 S. m. eingedr. Holzschn. u. 9 Kpfrtaf.) Copenhague 872. (Berlin, Friedländer & Sohn.) n. 10. —

Oersted, A. S., Lösung der dänisch-deutschen Frage. 1857. Kiel, Schwers. 8. (44 S.) n. 6 ngr.

Oersted, A. S., Rede bei Eröffnung der Sitzungen der Provinzialstände in Rothschild am 7. Octbr. 1835. Uebersetzt v. J. D. Brandis. gr. 8. Kopenhagen, Reitzel. 1/6 ₰

—— de regionibus marinis. Elementa topographiae historiconaturalis freti Oeresund. (Dissertatio inauguralis.) 8 maj. (6¼ B. u. 2 ill. Taf.) Copenhagen 844, Reitzel. *

Oersted's, A. S., System der Pilze, Lichenen und Algen. Aus dem Dän. Deutsche, verm. Ausg., mit besond. Rücksicht auf die durch Pilze veranlassten Pflanzenkrankheiten von A. Grisebach und J. Reinke. 8. (VIII, 194 S. mit 93 eingedr. Fig. in Holzschn.) Leipzig 873, Engelmann. *

OERSTED, HANS CHRISTIAN.

Oersted, H. C., Ansicht d. chem. Naturgesetze, mit 1 K. 8. Berl. Realschulbuchh. 812.

Oersted, Jh. Chr., Ansicht d. chem. Naturgesetze, durch die neuern Entdeck. gewonnen. Mit 1 Kpf. 8. Berl. 812. Reimer. 1 ₰ 12 gr

Oerstedt, Hans Chr., u. Thom. Joh. Seebeck, zur Entdeckg. d. Elektromagnetismus, s. a. Ostwald's, W., Klassiker d. exakten Wissenschaften.

Oersted HC u TJ Seebeck, zur Entdeckung des Elektromagnetismus. (83 S)
(Ostwald's Klassiker 63) Leipzig 1895

—experimenta circa effectum conflictus electrici in acum magneticam. 4. ... 820. ...

—Diss. de forma metaphysices elementaris naturae externae. 8. Kopenh. 800. Brummer. 4 gl

Oersted, Hans Chrstn., der Geist in der Natur, s. a. Hausbibliothek, naturwissenschaftliche.

Oersted, Hans Christ., der Geist in der Natur, s. a. Lorck's, C. B., Hausbibliothek.

— der Geist in der Natur. Deutsch von K. L. Kannegießer. Nebst einer biograph. Skizze von P. L. Möller u. m. dem Portr. des Verf. gr. 8. (XXXII u. 200 S. m. Stahlst.) Leipzig 850, Lorck. — 2. unveränd. Aufl. gr. 8. (XXXII u. 200 S. m Stahlst.) Ebd. 851. n. 1⅓ ℛ

— der Geist in der Natur. Deutsche Orig.-Ausg. des Verf. 8. (XIV u. 336 S.) München 850, Literarisch-artistische Anstalt. 1 ℛ — 2. (Bd.): Naturwissenschaft u. Geistesbildung. Deutsche Orig.-Ausg. des Verf. 8. (XVI u. 474 S.) Ebd. 851. 1 ℛ 6 ngr (1. 2.: 2 ℛ 6 ngr)

—— dass. — 2. (Bd.) A. u. d. T.: Die Naturwissenschaft und die Geistesbildung. Deutsch von K. L. Kannegießer. gr. 8. (XVI und 169 S.) Ebds. 850. *
Vorstehende zwei Bände bilden auch von des Verf. gesammelten Schriften den 1. und 2. Bd.

Oersted, Hans Chrn., der Geist in der Natur. Deutsch von K. L. Kannegießer. 4. Aufl. 2 Bde. Leipzig 858. Lorck. 8. (XXXIX, 347; XVII, 290 S.) n. 1 ℛ. 10 ngr

Oersted, Hans Chrn., der Geist in der Natur. Deutsch von K. L. Kannegießer. 2 Bde. Neue (Titel-)Ausg. 1865 u. 3. (Titel-)Ausg. Leipzig 868. Senf. gr. 8. (XXXVIII, 347 S., XVII, 290 S. mit Biographie u. Portr. in Stahlst.) 1 ℛ 10 ngr

Oersted, Hans Chr., der Geist in der Natur. Deutsch von K. L. Kannegießer. 6. (Titel-)Aufl., vollständig in 2 Bdn. gr. 8. (XXXVIII, 347; XVII, 290 S.) Leipzig (865)74, Senf.

— — s. Hausbibliothek, naturwissenschaftliche.

—Ideen zu e. neuen Architektonik d. Natur; hrsgg. v. M. H. Mendel. 8. Berl. 802. Maurers B. 5 gl

Oersted, H. C., das Luftschiff. Ein Gedicht. Aus d. Dän. von J. C. G. Johannsen. 16. Kopenhagen 837. Reitzel. n. 11 gl

Ørsted H. C.: Materialien zu einer Chemie d. 19. Jahrh.s. Stück 1. Regensb. 1803. (24) 152 S.
[V. dem Säureprincip. — V. der Andronia].

—Materialien zu e. Chemie des 19n Jahrh. 1s Stck. 8. Regensb. 803. Montag u. W. 12 gl

— die Naturauffassung des Denkens u. der Einbildungskraft. Deutsch v. H. Zeise. 2. (Titel-) Ausg. gr. 8. (23 S.) Hamburg (847) 852, Kittler. 4 ngr

Oersted, H. C., Naturlehre des Schönen. Aus d. Dän. von H. Zeise. gr. 8. Hamburg 845, Kittler. n. 5/12 ℛ

— Naturlehre des Schönen. Aus dem Dän. von H. Zeise. 2. (Titel-)Ausg. gr. 8. (56 S.) Ebd. (845) 852. 9 ngr

— die Naturwissenschaft in ihrem Verhältniß zur Dichtkunst u. Religion. Ein Suppl. zu: Der Geist in der Natur. Deutsch von K. L. Kannegießer. Mit einem Vorwort von P. L. Möller. gr. 8. (XVI u. 71 S.) Leipzig 850, Lorck. n. ½ ℛ

Oersted, Hans Chrn., († d. 9. März 1851), gesammelte Schriften. 1. Bd. A. u. d. T.: Der Geist in der Natur. Deutsch v. K. L. Kannegießer. Nebst einer biograph. Skizze v. P. L. Möller u. m. d. Portr. des Verf. 3 unveränd. Aufl. gr. 8. (XXXII u. 200 S.) Leipzig 850, Lorck. n. 1⅓ ℛ — 4. unveränd. Aufl. gr. 8. (XXXII u. 200 S.) Ebd. 853. n. 1⅓ ℛ

— dies. II. Bd. A. u. d. T.: Die Naturwissenschaft u. die Geistesbildung. Deutsch von K. L. Kannegießer. gr. 8. (XVI u. 169 S.) Ebd. 850. n. 1⅙ ℛ

—— gesammelte Schriften. 3. Bd. Der Geist in der Natur. 3. Bd. A. u. d. T.: Neue Beiträge zu dem Geist in der Natur. Deutsch von K. L. Kannegießer. Mit einem Vorwort von P. L. Möller. gr. 8. (XVI und 205 S.) Leipzig 851, Lorck. *

—— dass. — 4. Bd. A. u. d. T.: Charaktere und Reden. Mit einem Vorwort von P. L. Möller gr. 8. (204 S.) Ebds. 851. *

—— dass. — 5. Bd.: Der Geist in der Natur. 4. (letzter) Bd. A. u. d. T.: Neue Beiträge zu dem Geist in der Natur. 2. Bd. Aus den nachgelass. Mscrtn. des Verf. deutsch von K. L. Kannegießer. gr. 8. (XII und 172 S. mit 4 Stnt. und eingedr. Abbildungen.) Ebds. 851. *

—— dass. — 6. Bd. A. u. d. T.: Vermischte Schriften über allgemein menschliche Verhältnisse. Deutsch von K. L. Kannegießer. gr. 8. (IX und 264 S.) Ebds. 851. *

—— gesammelte Schriften. 1. Bd. A. u. d. T.: Der Geist in der Natur. Deutsch von C. L. Kannegießer. Nebst einer biograph. Skizze von P. L. Möller. 4., unveränd. Aufl. gr. 8. (XXXII und 200 S. mit O's. Portr. in Stahlst.) Leipzig 852, Lorck. *

—— gesammelte naturwissenschaftliche Schriften, s. a. Bibliothek, neueste naturwissenschaftliche.

— gesammelte naturwissenschaftliche Schriften. Nach der 2. Original-Ausg. aus dem Dänischen übers. von G. F. v. Jenssen-Tusch. 1—4. Bd. Cassel 854. Balde. 16. n. 1 ℛ. 20 ngr
1. Bd.: Der Geist in der Natur. Nebst Oersted's Lebensbeschreibung. (XX, 244 S.)
2. Bd.: Die Naturwissenschaft und die Geistesbildung. (2 Bl., 271 S.)
3. 4. Bd.: Neue Beiträge zum Geist in der Natur. 2 Thle. (2 Bl., 272; 229 S.)

— der mechanische Theil der Naturlehre. Mit 248 in den Text eingedr. Holzschn. 2 Lfgn. gr. 8. (XXII u. 349 S.) Braunschweig 851, Vieweg & Sohn. (1: n. ½ ℛ 2: n. 1½ ℛ) n. 2 ℛ

— über das Verhalten zwischen der Naturauffassung d. Denkens u. der Einbildungskraft. Deutsch von H. Zeise. gr. 8. (23 S.) Altona 847, Blatt. 6 ngr

Oersted, Hans Christian: Versuche über die Wirkung des elektrischen Conflicts auf die Magnetnadel. 1895.
in: Entdeckung, Zur, des Elektromagnetismus.
= Klassiker, Ostwald's, d. exakten Wissenschaften. No 63.

Oersted, Johann Christian, s. Oersted, Hans Christian

Oerstedt (A.). Topographia hist. nat. freti Oeresund. Havn. 1845. 8°.

Orsù, Tirolesi! Orsù! — È arrivata l'ora della vostra redenzione. [Wien 1809.] V: *Hormayr zu Hortenburg, Josef Freiherr von.* Ü: *Torresani, Carlo Giusto de.* (margr)

Országh, Alex., Budapest's öffentliche Bauten in den J. 1868—1882. Aus dem Ung. 8. (XII, 254 S.) Budapest 884. (Nagel.) n. 2. —

Orzeszko, Elise, der starke Simson, s.: Universal-Bibliothek, jüdische.

Orszulik, Karl: Religionsprofessor Wenzel Babuschek †. S. 31—35. 8. Progr.

Orszulik, Karl: Beispiele zur griechischen Syntax, aus Xenophon, Demosthenes und Platon gesammelt von K. O. 8 (38 S.). Progr. K. k. (vereinigt.) Staats-G. *Teschen* 1898.

Orszulik, Karl Beispiele zur griechischen Syntax aus Xenophon, Demosthenes und Platon. (Fortsetzung aus dem Programm von 1897/98.) S. 15—32. 8. (Fortsetzung.) S. 3—20. 8. (Fortsetzung.) S. 25—41. 8. (Fortsetzung.) S. 25—42. 8. (Fortsetzung.) S. 3—20. 8. (Fortsetzung.) S. 3—14. 8. (Vereinigtes) k. k. Albrecht-Gymn. *Teschen* 1902. 1903. 1904. Progr. 1905. 1906. 1907.

Orszulik, Karl Disposition und Gedankengang von Platons Apologie und Kriton. S. 3—30. 8. Progr. (Vereinigt.) k. k. Albrecht-Gymn. *Teschen* 1909

Orszulik, Karl: Hauptpunkte aus der Geschichte des Teschener Gymnasiums. Teschen '10. S. 3—16. Teschen, Albrecht-G., P. 1910.

Orszulik, Karl Über das Verhältnis der Doloneia zu den übrigen Teilen der Ilias und zur Odyssee. 44 S. 8. G. *Teschen* 1883. Progr.

Ort, der, des Sterns ♃ **Ursae minoris in seinen obern Culminationen für jeden Tag d. Jahre 1820, 1821, 1822, berechnet aus Bessels Tafeln, (v. Karl Fr. Knorre). Mit e. Vorr v. W. Struve. gr. 8. Dorpat 821. (16 Seit.)**

Das türkische Volksschauspiel **Orta-Ojnu**. Gesammelt, mit Einl. versehen, ins Deutsche übertr. u. mit Ill. hrsg. von Dr. Ignaz Kúnos. Leipzig: R. Haupt 1908. (142 S.) 8°

Ortalli, **Frz., die Eingeweide d. Schädel-, Brust- u. Bauchhöhle d. menschl. Körpers in situ normali. 3 Lfgn. M. 9 col. Stnt. in Imp.-Fol. u. Erklär. gr. 8. Mainz 838, (Kupferberg.)** •

Ortalli, Franziskus (Braunschweig), De fractura patellae. Diss. med.-chir. Berlin (Brüschcke) 19. VI. 1827. 56 S. mit Biogr. (M.: Staecker) u. einer lithogr. Tafel. (3.50) 25626
Oppon.: Bönten, Hilsenberg, Iseke. — Gew.: L. Scheller, A. H. Cramer.

Ortberg, Ritter Poldchen von. Eine Rittergeschichte ... Stendal 1797. V: *Ragotzky, Carl Aug.* (Ky) (GGr)

Ortberg, Ritter Poldchen v., eine Rittergeschichte, aus den neusten Zeiten. 8. Stendal, Franzen u. G. 797.

Die hl. Orte. Pilgerreise nach Jerusalem x. Mit vielen Karten und Plänen. 3 Bde. 1865, 8°. 2104 S., 30 Mt.

Ortel

— s. a. **Oertel.**

Ortel, Andr. Bewegliche Klag-Schrifft über die Extraordinairen Contributions-Gelder. 4°. Dresden, Hübner, 1706.

Ortel, Christoph Glo.

— allgem. tabellar. Anweisung zur Verhütung epidem. Krankheiten, namentlich. Scharlachfieber. Fol. Leipz. 806. Steinacker. 2 gr.

Ortel, Cph. Glo., († d. 24. Juni 1806.) medicin.-prakt. Beobachtungen. 1r Bd. 1s Hft. gr. 8. Leipz. 804. Martini. (Gnobloch) 10 gr.

Ortel, F., Wissenswerthes f. den deutschen Exporteur üb. Rumänien u. die deutsch-rumänischen Handelsbeziehungen. Nebst e. Anh. der wichtigeren Firmen der Städte Bukarest, Galatz, Braïla, Giurgevo, Crajova, Calafat, Caracal, Slatina, Turgujiului u. 1 Karte. gr. 8. (III, 128 S.) Berlin 889. Walther & Apolant, Verl. n. 3. 50

Ortel, Fel., Handel m. russischen Hölzern. Herkunftsgegenden u. Vertrieb, m. besond. Berücksicht. d. Memelgebiets. gr. 8. (IV, 80 S.) Berlin 895. H. Walther. n. 2. 50

Ortel, Geo., das politische System Oesterreichs. gr. 8. (23 S.) Wien 871. Regensburg, Manz. — 45

Ortel, Geo., das politische System Oesterreichs. gr. 8. (23 S.) Wien 871, Sartori.

Ortel, Johann Christian

— — De expectativa ecclesiastica. Disput. inaug. Präs. Casp. Heinrich Horn. Wittenberg (Creusig) Aug. 1712. (5.—) 25629

— — De expectativa ecclesiastica. Von der Anwartschafft auf ein geistlich Amt oder von Substituten. Disput. inaug. Präs. Casp. Heinrich Horn. Wittenberg Aug. 1712. Rec. 1746. 60 S. (5.—) 25630
Gew.: Johann Aegidius von Alemann.

Ortel, Johann Christian (Jessen/Sachsen), Positiones practicas de citatione aliisque processus judiciarii capitibus. Präs. Jo. Balthas. Wernher. Wittenberg (Kreusig) 15. IV. 1710. (4.50) 25627

— — Dasselbe. Wittenberg (Kreusig) 15. IV. 1710. (4.50) 25628
Widm. v.: Jo. Balthas. Wernher.

Ortel, W., Möbel-Details in natürlicher Grösse. 10 (lith.) Tafeln. Berlin 859. Th. Grieben. gr. Fol. n. 20 ngr.

Oertel, Unserm geliebten Br. Frhr. v. Gesungen in der ger. und vollk. Loge Minerva zu den drey Palmen [in Leipzig] am 10. Oct. 1809. Von E. [Leipzig 1809.] V: *Erhard, Chn. Daniel.* (wolfstieg I, 888/9)

Oertel, Dem Meister v. St. Br von Oertel bei Uebernahme des Hammers in der Loge z. d. 3 Pfeilen (Nürnberg) am Johannisfeste 1818. 8. 2 Bl. Fehlt bei Kloss.

Oertel, des Herrn Professor, Theorien, beleuchtet, s. **Basch, v.**

Oertel, Führer durch die Reichsgesetzgebung. Mnemotechnisch-jurist. Bearbeitg. der wichtigsten Reichsgesetze. München 895.

Die Hausbesitzerkammerfrage. (Vortrag d. Stadtverordneten **Oertel** Korreferat d. Just.R. Friedländer.) ⟨Aus d. Verhandlungen d. 13. ordentl. Landesverbandstages 1910 in Berlin.⟩ Spandau Grassmann in Stettin 1910. 23 S. 8°
(Mitteilungen d. Preuß. Landesverbandes d. Haus- u. Grundbesitzer-Vereine. H 59.) [10. 11319 0

Oertel, A., Clown-Szene. Clown-Gruppen u. -Pyramiden. (13 S. m. Abb.) 8. Leipzig (909). G. Richter. 1.50

— Neue Pyramiden. Zusammengestellt u. erprobt. 1. u. 2. Heft. (24 S. u. 24 Bl.) 8. Ebd. (909. 10). à 1. —

Oertel, A.: Neue Pyramiden. Leipzig 1909—11. 3 Tle

Oertel, Abraham Jakob (Alfeld/Bayern), Meditationes de jure publico universali et particulari eorumque differentiis. Altdorf (J. G. Meyer) 6. VII. 1743. 52 S. (5.50) 25440

Oertel, Adf., u. Ed. Bauer, Heilpflanzen-Taschenbuch. 4. Aufl. 35000 Stück. Enth. die Beschreibg. v. 130 der gebräuchlichsten Heilpflanzen u. Hausmittel nebst e. kurzen Belehrung über die bewährtesten Wasseranwendgn. 80 feinst kolor. Pflanzen-Abb. Prakt. Ratgeber in fast allen Krankheitsfällen. Unentbehrlich f. jede Familie. (160 S. m. Abb. im Text u. auf 10 farb. Taf.) 8. Bonn (910). E. Bauer. 2.25; geb. 3. —

Oertel, Alfred Walter [Dr. iur.]: Ausgew. Doktordissertationen d. Leipz. Juristenfakultät. Die Lehre von der Auslobung. Leipzig, Veit & C., 1895; 81 S. 8.
Leipzig, Jur. Fak., Inaug.-Diss. v. [29. Nov.] 1892

d'Oertel, B., dictionnaire français-russe rédigé d'après les autorités les plus modernes. Tome I. II. et Supplement: (Dictionnaire complet de zoologie et de botanique en langues française, russe et latine.) Lex.-8. St.-Pétersbourg 841—43, Schmitzdorff. (Leipzig, Fr. Fleischer.) n. 6 ₰

— Leçons élémentaires de langue française. II Livrs. gr. in-8. Munic 841, Lindauer. 1/3 ₰

Oertel, B. d', leçons élémentaires de langue franç. (à l'usage des écoles militaires.) I. livr. 2. Édit. gr. 8. (50 S.) Munic 847, libr. Lindauer.

Oertel, Bruno [aus Kreuzburg, (Ober-Schles.)]: Die Kieferklemme und ihre Behandlung .. Halle a. S., Hofbuchdr. v. C. A. Kaemmerer & C., 1896; 32 S., 2 Bl. 8.
Halle, Med. Fak., Inaug.-Diss. v. 27 Juni 1896

Oertel, C. A., Liederbuch für Volksschulen, nebst einem Anhang: Geistliche Lieder und Gesangstücke für Chorsänger. 16. (VI und 74 S.) Eilenburg 858, Offenhauer. *

Oertel, C. A., Liederbuch für Volksschulen nebst einem Anhang: Geistliche Lieder und Gesangstücke für Chorsänger. 2. Steoret.-Aufl. Eilenburg 861. Offenhauer. 16. (IV, 76 S.) 3 ngr

Oertel, Charles, Anweisung wie sich jeder Viehbesitzer bei der Rinderpest und im Falle der Noth schützen und selbst helfen kann, zugleich als Rathgeber für denselben, Krankheiten seines Viehstandes zu verhüten. 8. (16 S.) Schwelm 872, Wortmann. [Berlin, Grieben.] *

— das Medizinalwesen des 19. Jahrh. zugleich auch ein Spiegel der Neuzeit für Gesunde und Kranke, für Männer und Frauen, für Gelehrte und Ungelehrte rc. 8. (51 S.) [Ebendas.] 872. *

— die Rinder-Pest vertilgbar, nebst einer Anweisung für Viehbesitzer im Falle dieser Noth, zugleich ein unentbehrl. Handbuch für denselben, Krankheiten seines Viehstandes zu verhüten. 8. (16 S.) [Ebendas.] 872. *

Oertel, Christian: Die Abtretung des Portefeuilles. Göttingen 1907: L. Hofer. (50 S.) 8°
Göttingen, Jur. Fak., Ref. Ehrenberg, Diss. v. 20. Nov. 1907
[Geb. 9. Mai 84 Rothenfelde b. Osnabrück; Wohnort Deichhausen (Oldenburg), Staatsangeh. Preußen; Vorbildung: Realgymn. Vegesack Reife O. 02; Studium: Göttingen 6 S., Rig. 22 Nov 06.]

Oertel, Christian Friedrich

— und A. F. Reh, fromme Betrachtungen, z. Erbauung in d. Tagen d. Schmerzes u. d. Wehmuth. 2., verm. u. verb. Aufl. gr. 8. (9 B.) Dresden u. Leipzig 835, Arnoldische Buchh.

Oertel, Chrstn. Friedr., Predigt, am Tage d. Einweihung d. neuerbauten Gotteshauses zu Großwalthersdorf gehalten. gr. 8. (1 1/2 B.) Leipzig 840, C. H. Reclam. *

Oertel, Christian Theodor.
Programma IV de praestantia systematis chemiae antiphlogisticae. Baruthi, 1795–98. 4to.

***Oertel*, Cph. Aug., († d. 1. Aug. 1810.)** Catalogus bibliothecae scholae nostrae (Neustadiensis). Prs. I — VII. 4. Nürnb. 787—790.

— — (Helmstedt), Catalogi bibliothecae scholae nostrae particula prima exhibens libros seculo XV. et XVI. foliorum forma impressos adiectis notis litterariis. Nürnberg (G. Ph. J. Bieling) 24. II. 1787. 24 S. mit Namen. (—.—) 25442

— **Christoph Augustin,** Solennitatem stud. juvent. scholae Friderico-Alexandrinae quae Neustadii ad Aissum floret publ. lustradae indicit. — Catalogi bibliothecae scholae nostrae particula altera exhibens libros seculo XVII. foliorum forma impressos adiectis notis litterariis. Nürnberg (G. Ph. J. Bieling) 16. 17. u. 18. IV. 1787. S. 27 bis 40 mit Namen. (—.—) 25441

— Verzeichniß der bei hiesiger Schule (in Neustadt) befindl. Instrumente u. Modelle. 4. Nürnb. 786.

***Oertel*, Cph. Gfr., († d. 19. Juni 1777.)** vollständ. Corpus gravaminum Evangelicorum. VIII Prts. Cum ind. a Jh. Cph. Majer I. Fol. Regensb. 771—75. Montag u. W. 15 ₰ 8 gr

— s. H. Gli. Franke, Nachricht.

— Reichstagsdiarium, s. a. Reichstagsdiarium.

Reichstagsdiarium, oder zuverlässige Nachricht von dem, was unter der Regier. Kaiser Franz. I. auf dem allgem. Reichstage v. 1745 bis 1765 sich ergeben; herausg. v. Chr. Gfr. Oertel. *Regensburg*, (Manz.) 756 — 66. 4. (6 Thl. 16 Gr.)

Ders.: Neues Reichsdiarium u. s. w. was unter der Regierung Joseph II. von 1766—1775 sich ergeben. 7 Bde. *Ebend.* 766—77. 4. (6 Thl.)

— Repertorium d. gesammt. evangel. Religionsbeschwerden, welche bei dem Corpore Evangelicor. v. 1720 bis 1770 rc. angebracht worden sind. 8. Regensb. 770. Montag u. W. 20 gr

– s. Samml. der nöthig. Aktenstücke, d. Visitation ꝛc.

–s.a. Samml. von Merkwürdigkt. ꝛc.

(Oertel, Chr Gottfr.): „Sammlung der neuesten Merkwürdigkeiten, welche in das deutsche sowohl allgemeine, als besondere Staatsrecht einschlagen", Band 1 bis 3, Regensburg 1775 bis 1777. — Vorh.: Bibl. des Kammergerichts Berlin —

Oertel, Chr. G. (Herausgeber): „Sammlung der neuesten Merkwürdigkeiten, welche in das deutsche . . . . Staatsrecht einschlagen", Band 1—3, Regensburg 1775 (Montag). — Vorh.. UB Göttingen.

— Verzeichniß aller Gesandschaften auf d. Reichstage von 1662 —1760. 4. Regensb. 762.

– s. Verzeichniß der Kaiser u. Kurfürsten.

Oertel, Christoph Gottlob

— allgem. tabellar. Anweisung z. Verhütung epidemischer Krankheiten, namentlich, Scharlachfieber. Fol. Leipz. Steinacker. 806.

Oertel, Chstph. Glob., medicin. prakt. Beobacht. 1r Bd. 1s Hft. gr. 8. Leipz. Martini. 804.

Oertel, E. Frdr. Alf., e. Wort zur Entwickelung d. Realschulwesens in Sachsen. gr. 8. (100 S.) Leipzig 878. Hinrichs' Verl. in Comm. n. 1. –

Oertel, Emil, Tierarzt in Leipzig: Ueber die Viskosität der Milch. Leipzig 1908 (Dresden: A. Schönfeld). (47 S.) 8°
Leipzig, Phil. Fak., Ref. Kirchner-Eber, Diss. v. 3. Juli 1908
[Geb. 15. Febr. 83 Geithain; Wohnort: Dohna b. Pirna; Staatsangeh.: Sachsen; Vorbildung: Realgymn. Borna Reife f. Prima O. 01; Studium: Leipzig 6 S.]

Oertel, Ernst [de Düsseldorf]: Über die Einwirkung von Alkali-Persulfat sowie des elektrischen Stromes auf Strychnin. Hildesheim 1900. 68 p. 8°.
Lausanne. Thèse sc. 1900/1901

Oertel, Ernst Georg Julius [Dr.]: König Friedrich August von Sachsen im Jahre 1813. Leipzig, in Komm. d. J. C. Hinrichsschen Buchh., 1894; 3—27 S. 4.
Leipzig, st. RG, OP 1894 (557)

Oertel, Eucharius Ferdinand Christian

Oertel, (Euch. Ferd. Chrstn.), latein.-deutsches ABC- u. Lesebuch, nebst nöthiger Copia Vocabulorum, z. Erleichterung d. Lateinlernens. 8. (14½ B.) Nürnberg 829, Campe.

— Antijosephismus, od. Kritik üb. d. Beweis, daß Joseph der Vater Christi sey? gr. 8. Germ. 792. (Palm in Erl.) 7 Gr.

Oertel, Euch. Fd. Chr., Kolb und Kirchmayr, Stifter des Hydropathischen Vereins, Anweisung zum heilsamen Wassergebrauche für Menschen und Vieh in den gangbarsten Krankheiten und Leibesgebrechen von A—Z. 2e Aufl. 8. Nürnberg 834. (Campe.) 1 Thlr.

Oertel, (Euch. Fd. Chr.), Anweisung zum heilsamen Wassergebrauche für Menschen u. Thiere in den gangbarsten Krankheiten u. Leibesgebrechen von A—Z. Ein Hülfsbuch f. Aerzte, Chirurgen u. Hebammen, Prediger ꝛc. 4. (Titel-) Aufl. 12. (316 S.) Nürnberg (842) 852, Lotzbeck. ½ Thlr.

Oertel, Eucharius Ferdinand Christian (Bearb.), s. Aeschylus Agamemnon.

Oertel, E.F C (Bearb.), s. Aeschylus Prometheus

Oertel, Euch. Fd. Chr., Auswahl der schönsten Denk- u. Sittensprüche, Sprüchwörter, Räthsel, Buchstabenwechsel, Grabschriften ꝛc. aus Lateinischen Dichtern u. Prosaikern gezogen. Lateinisch und deutsch mit dem Griechischen verglichen. Ein nützl. Buch für die latein. Schuljugend, wohl auch für Erwachsene brauchbar. gr. 8. Nürnberg 842, Fr. Campe. ⅔ Thlr.

Oertel, (Eust. Ferd. Chrstn.,) kurzer Bericht von d. zeither. Wasserkuren an Menschen u. Vieh, f. Alle, welchen Gesundheit lieb u. Krankheit unlieb ist, in d. Stadt u. auf d. Lande. 8. (4¾ B.) Nürnberg 835, Fr. Campe'sche Buchh.

—— Pater Bernhard, e. Kapuziner, als weltberühmter Eiswasser-Doktor. Neu dargestellt. 8. (3½ B.) Leipzig 834, [Franke'sche Vrls.-Expedition.]

— Pater Bernhard, ein Kapuziner, als weltberühmter Eiswasser-Doctor, neu dargestellt. 8. Leipzig 834. (jetzt Melzer.) ⅓ Thlr.

— öffentliche Beschwerde über die unglückliche Behandlung der Cholera in München. Ende November 1836. 8. Nürnberg 837. Fr. Campe. 1/12 Thlr.

Oertel, E. F. C., die Bibel. s. Bibel.

— s. Blancaart, St., Kunstsprache d. Medicin.

— d. Briefe Johannis ꝛc., s. Johannes.

— d. Briefe Johannis Hebraism. frey übers. u. philosoph. erklärt. gr. 8. Leipz. Köhler. 795.

— die Cholera oder Brechruhr in ihrer allopathischen und hydropathischen Behandlung vergegenseitigt. 8. Nürnberg 837. Campe. ⅓ Thlr.

—— die indische Cholera einzig u. allein durch kaltes Wasser vertilgbar. Allen Regierungen, Aerzten u. Nichtärzten z. Beherzigung. 1—3., verb. Aufl. (à 2½ B.) gr. 4. Nürnberg 831, Campe. à Thlr.

— lat. Chrestomathie ꝛc. 2 Stck. 8. Ansbach, Haueisen. (Gassert.) 800.

Oertel, Euchar. Ferd. C., Christologie, oder die Resultate d. neuesten exeget. Aufklärung. 2 Thle. gr. 8. Hamburg, Bohn. (F. C. W. Vogel in Leipzig.) 792. Rthlr.

– s. Cicero, Cato, u. Lälius.

Oertel, (Euch. Ferd. Chrstn.,) Clavis Homerica, od. grammat. Erklärung d. Homer. Gedichte nach d. Folge d. Gesänge u. Verse. Zur leichtesten Selbsterlern. f. junge Studirende. 1. Bd. 1. u. 2. Abthl. Ilias. Ges. I — VIII. gr. 8. (13 B.) Leipzig 834, [Böhme.]

— grammat. Erklärungsbuch zum ersten Cursus d. latein. Elementarbuchs v. Jacobs u. Döring. 8. Bamb. 821. Kunz. 12 Gr.

— grammatisches Erklärungsbuch zum ersten Cursus des latein. Elementarbuchs von Jacobs u. Döring. 8. Bamberg 821. jetzt Dresch. ½ Thlr.

Oertel, Euch. Fd. Chr., grammat. Erklärungsbuch üb. Ciceronis Cato Major. gr. 8. Münch. 821. Fleischmann. 12 Gr.

- s. Euripides, Helena.

- s. Euripides Medea.

- s. Euripides Orestes.

— Johannis Evangelium ꝛc., s. a. Evangelium.

— Johannis Evangel. hebr. frey übers. u. philos. erkl. gr. 8. Görlitz, Anton. 795.

— griech. Formenlehre f. Anfänger. 8. Ansbach, Haueisen. (Gassert.) 800.

— Griech. Formenlehre f. Anfänger. 8. Frankf. u. Leipz. 800. (Gassert in Ansb.) 10 gr

— gemeinnütz. Fremdwörterbuch, z. Erklär. u. Verdeutschung der in unsrer Sprache vorkomm. fremden Wörter u. Ausdrücke, nach ihrer Rechtschreibung, Aussprache, Abstamm. u. Bedeut. aus alt. u. neuen Sprachen erläut. Ein Hülfsb. f. Geschäftsmänner u. Gebildete aus allen Ständen. 4., verb. u. verm. Aufl. (N. Abdr.) 2 Bde. gr. 8. (62 B.) Ansbach 830, Gassert.

— gemeinnütziges Fremdwörterbuch. Ein tägliches Hülfsbuch. 5e sehr verm. u. verb. Aufl. 2 Bde. In 6 Heften und 18 Anhängen. gr. 8. Erlangen 839. Heyder. (à $\frac{1}{3}$ Thlr) 2 Thlr

— Fremdwörterbuch in deutscher Schrift- u. Umgangssprache aus allen Fächern d. menschl. Wissens u. Treibens. 5., sehr verm. u. verb. Aufl. (6 Hfte.) gr. 8. ($58\frac{1}{2}$ B.) Erlangen 840, Heyder. à

— die Freuden und Leiden der Wasserheilkunde. Ein Spiegel für Aerzte u. Nichtärzte. 8. Nürnberg 838. Fr. Campe. $\frac{1}{4}$ Thlr

— Progr. De Germanismis L. L. apparentibus (seu falso suspectis). Part. I et II. 4maj. Ansbach 795. 801.

— Geschichte der vornehmsten Reformatoren u. die Folgen ihrer Bemühungen, von Jesus Christus an, bis auf Martin Luther u. den 30jähr. Krieg. Ein belehrendes u. unterhaltendes Volksbuch. Mit Luthers Bildn. 8. Nürnb. 830. Campe. 16 gr

— Geschichte d. Wasserheilkunde v. Moses bis auf uns. Zeiten: zum Beweise, daß das frische Wasser e. Allheilmittel ist. 8. ($13\frac{1}{4}$ B. u. Bildn. d. Verf.) Leipzig 835, Franke.

- s. J. S. Hahn, Unterricht von d. Heilkraft d. Wassers.

- s. Hancocke, vom gemeinen Wasser.

— einfache u. schnelle Hülfe in d. Cholera. Allen Landgeistlichen u. Schullehrern, Gutsherren u. Ortsvorstehern z. Fürsorge empfohlen. gr. Fol. ($\frac{1}{2}$ B.) Nürnberg 837, Fr. Campe'sche Bh.

- s. Fr. Hoffmann III., v. Wasser.

- s. Homeri, Ilias.

- s. Homer Odyssee.

- s. Katechismus, d. i., kurz. Inhalt d. christl. Lehre

- s. Klassiker, die, d. Römer u. Griechen.

— Kritik d. bisherigen Cholera-Kuren, nach den Berichten d. Herren DD. Radius u. Kleinert. Als Ehrenrettung der angefeindeten Wasserheilkunde. 8. Sulzb. 832. v. Seidel. 18 gr

— Kritik d. Augsburg. Konfession, nebst e. Vorschlag zu einer neuen Konfession. 8. Bayreuth 831. Grau. 10 gr

— meine Land- u. Wasserreise v. Ansbach üb. München, Passau, Wien, Brünn u. Olmüz nach Gräfenberg zum Wasserdoktor Vincenz Priesnitz im Juli u. August 1836. 8. (6 B.) Nürnberg 837, Fr. Campe'sche Buchh.

— Lehrbuch d. klassischen Alterthumskunde, nach Eschenburg f. Gymnasien u. Universitäten. 2 Thle. gr. 8. Ansb. 809. (Gassert). 1 Thlr 8 gr

Oertel, Euch. Fd. Chr., Lehrbuch d. klassischen Alterthumskunde. 2 Bde. 2e Aufl. gr. 8. Ansbach, ist jetzt Verlag von Heyder in Erlangen. $1\frac{1}{3}$ Thlr

- s. Livius, Römische Geschichte.

- s. M. Luther, Katechismus.

— Mythologie d. Griechen u. Römer. gr. 8. Ansb. 809. (Gassert). 4 gr

Oertel, (Eust. Ferd. Chrstn.,) die Offenbarung Johannis, erklärt, s. a. Johannis.

— die Offenbarung Johannis, ein großes himmlisches Drama oder Schauspiel, freiwörtlich übersetzt u. freisinnig erklärt. Bis zum 1000jähr. Reiche 1836. gr. 8. Dresden 835. Walthersche Buchh. $\frac{7}{8}$ Thlr

— Oertel in Ansbach, keiner Akademie Mitglied, keiner Behörde Rath, keines Ordens Ritter ꝛc. als Theolog, Philolog u. Hydrolog von ihm selbst dargestellt. Nebst Verzeichniß seiner 70 Druckschriften. Geboren in Streitberg, 13. Mai 1765. Gestorben in Friedberg, Ev. Joh. 21, 23. (Mit Bildniß u. Facsimile in 4 Sprachen.) gr. 8. Erlangen 840. Palm. $\frac{1}{4}$ Thlr

- s. Phaedri fabulae, u. dieselb. deutsch.

— die Presbyterien d. Hrn. Lehmus, Fuchs, Kaiser, Veillodter, Pflaum, Stephani, nach Schrift u. Vernunft, nach Geschichte u. Recht geprüft. gr. 8. Nürnb. 822. Campe. 16 gr

— Vincenz Priesnitz, oder Aufruf an alle Staatsregierungen Deutschlands zur Errichtung von Wasserheilanstalten. 8. Leipzig 834. Franke; jetzt Melzer. $\frac{1}{4}$ Thlr

— Rück- u. Vorblick auf Luthers Bibelübersetzung, od. Beweis, daß sie f. uns. Zeiten nicht mehr brauchbar ist. 8. ($8\frac{1}{4}$ B.) Straubing 835, Schorner'sche Buchh.

— Sendschreiben an Dr. Beck in München u. Diakon. Pflaum in Bayreuth. gr. 8. Nürnb. 822. Campe. 4 gr

- s. J. Smith, über d. Kraft des gemeinen Wassers.

— Taubmanniana, od. des launigen Wittenberger Prof., Friedrich Taubmann aus Wansens Leben, Einfälle u. Schriftproben. Kritisch bearb. mit Taubmanns Bildn. gr. 12. Münch. 831. Fleischmann. 12 gr

- s. a. Teufel, der, in s. Ohnmacht.

— d. Teufel in seiner Ohnmacht. 8. Erlangen, Palm. 790.

— s. Universal-Wasserdoktor.

Oertel, (E. F. C.,) de aquae Frigidae usu Celsiano. Dissert. philologico-medical. 4maj. Monachii 825, Fleischmann.

— de aquae frigidae usu Celsiano. Dissert. philolog.-med. 4maj. Münch. 826. Fleischmann. 9 ggr

— novae versionis Germanicae Pauli ad Romanos epistolae specimen. 4maj. Erlang. 789.

— Versuch e. philos. Bibelerklärung, welcher Pauli Brief an d. Römer philos. geprüft, übers. u. erläut. enthält. gr. 8. 793. (Nürnb., Monath u. K.) 2 Rthlr

— Victoria! Kaltwasser hat die Cholera besiegt. Ein thatsächl. Bericht. gr. 16. Nürnb. 831. Campe. 4 ggr

(——) der neue Wartburg-Kampf zwischen Medicaster u. Dr. Aquarius. gr. 8. (1/2 B. u. 5 Holzschn.-Vign.) Nürnberg 835, Fr. Campe'sche Buchh.
Aus: Dess., die allerneuesten Wasserkuren, 15. Hft., besond. abgedruckt.

—— warum sterben so gar viele Kinder schon in ihrem ersten Lebensjahre? Und wodurch kann man dieses Uebel verhüten? In Bezug auf d. russ. Preisfrage v. J. 1834 hydropath. beantw. Eine Lehrschr. f. Mütter. 8. (3 1/4 B.) Nürnberg 838, Fr. Campe'sche Buchh.

— s. Wasserheilkunde.

— die allerneuesten Wasserkuren. Eine Heilschrift für Jedermann. 10 Hfte. 8. Nürnb. 829—32. Campe. (à 6 ggr) 2 Rthlr 12 ggr

— die allerneuesten Wasserkuren. Eine Heilschrift für Jedermann. 11s u. 12s Heft. Mit Register über alle 12 Hefte. 8. Nürnberg 833. Campe. (à 1/4 Rthlr) 1/2 Rthlr

— dass. 13s—18s Heft, oder Neue Folge 1s—6s Heft. 8. Ebd. 834—37. (à 1/4 Rthlr) 1/2 Rthlr — Aus dem 15n Hefte ist abgedr.: — der neue Wartburg-Kampf zwischen Medicaster u. Doctor Aquarius. Mit 5 Holzschnitt-Vign. gr. 8. Ebd. 835. 1/12 Rthlr

— dass. 19s—22s Heft. A. u. d. T.: Hydropathische Quartalschrift, welche das Neueste aus der Wasserheilkunde und Nachrichten von ihren Fortschritten in ganz Europa giebt. Unter Mitwirkung der berühmt. Hydropathen herausg. 1r Jahrg. 1s—4s Quartal. 8. Ebd. 837, 38. (à 1/4 Rthlr) 1 Rthlr

— dass. 23s—29s Heft, oder Neuer Folge 11s—17s Heft. 2r Jahrg. 1s—4s u. 3r Jahrg. 1s u. 2s Quartal. 8. Ebd. 838—40. (à 1/4 Rthlr) 1 1/2 Rthlr

— die allerneuesten Wasserkuren. 30. Heft. 8. Ebend. 841. 1/4 Rthlr

— wie dem Dr. Nasse fünfundzwanzigmal der Kopf gewaschen wird! von dem Dr. Trocken, Prof. der Wasserheilkunde. 8. Nürnberg 834. Campe. 1/6 Rthlr

— Wörterbuch üb. Phädrus Fabeln. 8. Nürnb. 798. Bauer u. M. 12 ggr

— Wörterbuch üb. Phädrus Fabeln. 8. Nürnberg, Raspe. 798.

— gemeinnütz. Wörterbuch zur Erklär. u. Verdeutschung d. im gemeinen Leben vorkomm. fremden Ausdrücke etc. 2 Bde. 8. Ansb. 806. 4 Rthlr 2e. A. ... 3e verb. u. verm. A. 816. 4e A. 826. 5e unveränd. Abdr. 2 Bde. gr. 8. Ebd. 830. Gassert. 3 Rthlr

— gemeinnütziges Wörterbuch zur Erklärung u. Verdeutschung der in den Wissenschaften, Künsten u. Gewerben etc., so wie im gemeinen Leben vorkommenden fremden Ausdrücke. 4e verbesserte u. vermehrte Aufl. 2 Thle. gr. 8. Ansbach 826, Gassert.

—— grammat. Wörterbuch d. Deutschen Sprache, wobei zugleich Abstammung, Laut- u. Sinnverwandtschaft, Sprachreinig. u. Wortneuerung beobachtet wird. 2 Bde. à 2 Abthln. gr. 8. München, Fleischmann. [1. A—K. (43 1/2 B.) 829., 2. L—Z. (40 B.) 830. à 2 Thlr. 6 Gr.]

—— dass. In 2 Bdn. (od. 16 Lfgn.) A—Z u. deutsche Wortverkürzungen. Wohlf. Ausg. (2., verb. Aufl.) gr. 8. (82 B.) Ebds. 834, 35. à L. 5 Gr.

—— grammat. Wörterbuch d. deutschen Sprache, wobei zugleich Abstammung, Laut- u. Sinnverwandtschaft, Sprachreinigung u. Wortneuerung beachtet wird. 2 Bde. (4 Abthl.) 3., verb. Aufl. gr. 8. (83 B.) München 837, 38, Fleischmann. à Abthl. 3/4 Thlr.

— griech.-deutsches Wörterbuch des N. Testam. gr. 8. Götting. 799. Dieterich. 2 Rthlr 16 ggr

Oertel, Eug., Führer durch d. Reichsgesetzgebung. E mnemotechnisch-jurist. Bearbeitg. der wichtigsten Reichsgesetze. gr. 8. (82 S.) München 895. J. Schweitzer Verl. n. 1. 5(

Oertel, Felix: Eine Abänderung der Poiseuilleschen Methode zur Untersuchung der inneren Reibung in stark verdünnten wässerigen Salzlösungen. *Breslau 1903: H. Fleischmann.* (43 S.) 8°
Breslau, Phil. Diss. v. 10. März 1903

v. Oertel, Fr., († d. 27. Oct. 1807.) Diethelm, e. Gedicht. 8. Leipz. 800. Beygang. 16 ggr

– s. Für Leslustige.

– s. Humanität, über.

— Kilburz ein Beitr. zur Geschichte des sittlichen Ganges d. menschl. Natur. 2 Thle. 8. Lpz. 798, 91. Weidmann 2 Rthlr 4 ggr

— Rhapsodien üb. d. Gute, Schöne u. Wahre, zunächst f. seinen Freund Emil Stier bestimmt. 8. Leipz. 792. Weidmann. 18 ggr

— Sie an Ihn; eine Reihe v. Original-Briefen. 8. Leipz. 791. Weidmann. 1 Rthlr 6 ggr

Oertel, Franziska, Uferblumen. Gedichte. 16. (316 S.) Hannover 852. (Hamburg, Gaßmann.) n. 1 Rthlr In Engl. Einb. m. Goldschn. n. 1 2/3 Rthlr

Oertel, Friedr v (Bearb), s. Ariel, oder der unsichtbare Erinnerer

– s. Begebenheiten des Grafen v. Fathom.

BETTINA, eine Geschichte in (zahmen) Briefen (von *Friedr. v. Oertel*, geb. 1764, † 1807). („Mit Martern erkauft ein gefühlvolles Herz seine Freuden, aber ein Augenblick des Genusses wiegt Jahre voll Leiden auf.") Leipzig, bey Fr. Aug. Leo. 1794. 8°.
(In Marburg, Univbibl.) TKpf., gestoch. Tit. u. 500 SS., nebst 1 Bl.: Chemnitz, gedr. b. Joh. Carl Wesselhöft.

– s. Bettina.

– s. Croft, Schloß Ankerwick.

— Friedrich (Erlangen), De laudabili Romanorum cura in constituendis magistrorum salariis praefatur quo solemne atque publ. ill. gymn. Erlangani examen orationesque acad. candidatorum valedictorias indicit. Erlangen (J. F. Becker) 2. u. 3. V. (1746). 15 S. mit Namen. (3.75) 25443

- s.a. Denkwürdigkeiten des Nachtwächters Robert.

SPECK, Theophilus (d. i. *Friedr. v. Oertel*), Denkwürdigkeiten des ehemaligen Nachtwächters Robert zu Zwäzen, derzeitigen Satrapen im Lande Caramania. Ein Beitrag zu den Geister- und Ordensgeschichten dieses Jahrhunderts. 2 Bde. Schneeberg 1794. 8°. Zahm. (6 Mk. A. Bielefeld, 1883.)
Weller, Lex. Ps. p. 534.

s. Ducray-Dumenil, Cöline.

- s. Ethelwina.

- s. Fielding, Abentheuer Jos. Andrews.

- Geschichte meiner Kinder- und Jünglingsjahre (von *Friedr. v. Oertel*). Bdchn. 1. Auf Kosten des Verf. O. O. 1787. Bdchn. 2. In psycholog. Rücksicht. Von dem Verf. des Aufsatzes: Geschichte meiner Verirrungen. Halle, bey F. C. Dreyßig. 1788. 8°.
1: XXVI u. 194 S. 2: Tit. u. 126 S. — Nicht im Anon.-Lex.

s. Godwin, Ormond.

v. Oertel, Fr., Flor. Karl, Marquis de Fleurange. 2 Thle. 8. Leipz. 793. Weidmann. 2 ℛ 16 gr

Oertel, Frdr., Pfarrer Sebastian Kneipps Kraftnährmittel. Ein Leitfaden f. Gesunde u. Kranke. 8. (XI, 95 S. m. Portr.) Kempten 891. J. Kösel. n. — 80; geb. in Halbleinw. n. 1. —

— dasselbe 2., verm. u. bericht. Aufl. 8. (XII, 104 S. m. 1 Bild.) Ebd. 891. n. — 80; geb. in Halbleinw. n. 1. —

- s. Graf Latimore.

Wellners und einiger seiner Getreuen Leben, Meinungen und Thaten. [Von Friedr. v. Oertel.] Th. 1. 2. Spandau [richtig: Dresden: Arnold] 1796. 8°
1. 252 S.; 2. 288 S.

Wellners (so!) und einiger seiner Getreuen Leben, Meinungen und Thaten (von *Friedr. v. Örtel*). In zwey Theilen. Mit 1 curiosen Titelvign. (unsign.) Spandau, o. J (Dresden, Arnold, c. 1800). Kl. 8° (2 Mk. 50 Pfg., J A. Stargardt, Berlin, Septbr.-Cat. 1889, no. 1269.)

[Dasselbe.] 2. Aufl. Spandau [Dresden: Arnold] 1801. 8°
1. 252 S.; 2. 288 S.
TB. 121. Nicht in „Goedeke: Grundriss".

- s. Lee, Erzähll. u. Dess. Emilien.

- Für Leselustige (von *Friedr. v. Örtel*). 2 Hfte Leipzig, in der Weidmannischen Buchhandlung. 1789—90. 8°. Selten! (8 Mk. 50 Pfg. E. Frensdorff, 1908.)
Enthält Anekdoten, Erzählungen, Gedichte, Briefwechsel, Epigramme etc.
Anon.-Lex. II p. 131 (nach Meusel, Kayser u. Adelung).

- s. Miriam

- s. Mönch, der.

Oertel, Frdr., Schloss Nymphenburg. gr. 8. (VII, 168 S. m. Abbildgn. u. Taf.) München 899. (Literar.-artist. Anstalt.) Geb. in Leinw. n. 10. —

Schloß Nymphenburg von Friedrich **Oertel**. München: Süddeutsche Verlagsanst. 1899. (168 S.) 8° [07. 1779]

- s. Paul, od. der verlass. Meierhof.

- s. Pauline v. Ferrières.

- s. Radcliff, das Grab.

- s. Regnault-Warin, Spinalba.

- s. Marie Roche.

- s. Charl. Smith, Papiere eines einsamen Wanderers.

Oertel, Friedr., die Teigwaaren-Fabrikation. Mit einem Anhang: „Die Panier- und Mutschelmehl-Fabrikation". Eine auf prakt. Erfahrung begründete, gemeinverständl. Darstellung der Fabrikation aller Arten Teigwaaren, sowie des Panier- und Mutschelmehles mittelst Maschinenbetriebes nebst einer Schilderung sämmtl. Maschinen und der verschiedenen Rohproducte. Mit Beschreibung und Plan einer Teigwaaren-Fabrik. Leichtfaßl. geschildert. 8. (III, 142 S. mit 43 Abbild.) Wien 885, Hartleben. * 2 50

Oertel, Frdr., die Teigwaren-Fabrikation. Mit e. Anh.: „Die Panier-, Mutschel- u. Kindermehl-Fabrikation". Eine auf prakt. Erfahrg. begründete, gemeinverständliche Darstellg. der Fabrikation aller Arten Teigwaren, sowie des Panier-, Mutschel- u. Kindermehles mittels Maschinenbetriebes, nebst e. Schilderg. sämtl. Maschinen u. der verschiedenen Rohprodukte. Mit Beschreibg. u. Plan e. Teigwaren-Fabrik. 2., gänzlich umgearb. u. sehr verm. Aufl. (VII, 176 S. m. 65 Abbildgn.) 8 Wien 906. A. Hartleben. n. 2.50; geb. n. 3.30

- s. Victor.

- Weiber machten ihn weiser, und — glücklich. (Autobiographie von *Friedrich v. Oertel*.) Leipzig, Weidmann, 1790. 8° (In Marburg, Univbibl. XVI. C. 649.) Zahm. (1½ Rthl.)
7 Bll. Vorst. (incl. Tit. m. Vign. von Schubert) u. 478 SS.

- s. Wettkampf, letzter.

Oertel, Friedrich Benedikt

— — Controversias selectas circa tractatus pacis Westphalicae. Diss. jur. Präs. Justus Henning Böhmer. Halle / Magdeburg (Salfeld) (30.) Aug. 1720. 32 S. (4.75) 25446
Widm. v.: Christian Thomasius.

— — Dasselbe. Halle / Magdeburg (Salfeld) (30.) Aug. 1720. 32 S. (4.75) 25447
Gew.: Theodor Oertel. — Widm. v.: Christian Thomasius. — Angebdn.: Widmungstafel für Christian Wolf, Justus Henning Böhmer, Friedrich Benedikt Oertel. Halle/Magdeburg (J. Fr. Krottendorff) 2. IX. 1720.

— — Dasselbe. Halle/Magdeburg (J. Grunert) Aug. 1720. Rec. 1730. 32 S. (4.75) 25448
Gew.: Theodor Oertel (Vater). — Widm. v.: Christian Thomasius.

— — Dasselbe. Halle/Magdeburg (J. Fr. Grunert) (30.) Aug. 1720. 1741. 32 S. (4.75) 25449
Gew.: Theodor Oertel (Vater). — Widm. v.: Christian Thomasius.

— **Friedrich Benedikt** (Leipzig), De ratione interpretandi leges imperii Romano-Germanici publicas, Occas. Art. V. § 50. et 56. Art. VIII. § 2. XVII. § 3. Pac. Osnabr. Diss. jur. publ. Präs. Christian Gottfried Hoffmann. Leipzig (A. M. Schede) 11. IV. 1720. 73 S. (6.—) 25444
Gew.: Gottfried Lang.

— — Dasselbe. Leipzig 11. IV. 1720. Rec. 1733. 66 S. (6.—) 25445
Gew.: Gottfried Lang.

Oertel, F. B. Rupertus Elector Palatinus Rex Germanorum renunciatus. 1. Lipsiae 1720.

Oertel, Friedrich Max

Oertel, Frid. Max, de chronologia Homerica dissert. prima. 4 maj. Misenae 838. (Klinkicht et fil.) n. 1/2 ℛ

Oertel, Frdr. Max., Geschichtsparagraphen f. den historischen Elementarcursus in Gymnasien u. ihnen gleichstehenden Lehranstalten. 8. (X u. 164 S.) Leipzig 851, Brockhaus. n. 2/3 ℛ

Oertel, Fr. Max., das Münster der Augustiner Chorherren zu St. Afra in Meißen. Eine Säcularschrift zum 300jähr. Jubelfeste der k. sächs. Landesschule daselbst aus archival. Quellen dargestellt. gr. 8. Leipzig 843, C. H. Reclam. 2/3 ℛ

Oertel, über Periodesirung d. allgemeinen Geschichte. ein Beitrag z. Historik. Abth. I. St. Afra bei Meissen.
Schul-/Univ.-Schrift

Oertel, Friedr. Max, über Periodisirung der allgemeinen Geschichte. Ein Beitrag zur Historik. 1. Abthl. Meissen 864. (Mosche.) 4. (44 S.) n. 15 ngr.

—— der Religionsfriede zu Augsburg die größte That der reformatorischen Vergangenheit für Gegenwart und Zukunft. Rede zur Vorfeier des Religionsfriedens-Jubelfestes in der königl. Landesschule St. Afra am 22. Septbr. 1855 gehalten. gr. 8. (22 S.) Meißen 855, (Klinkicht und Sohn.) *

—— die Staatsgrundgesetze d. deutschen Reiches. Zusammengest., eingeleitet u. histor. erklärt. gr. 8. (43 1/2 B.) Leipzig 841, [Köhler'sche Vrlsh.]

—— genealogische Tafeln zur Staatengeschichte der germanischen u. slawischen Völker im XIX. Jahrhunderte, nebst einer genealogisch-statist. Einleitung. qu. Lex.-8. (7 3/4 B.) Leipzig 845, Brockhaus. *

— genealogische Tafeln zur Staatengeschichte der germanischen u. slawischen Völker im 19. Jahrhunderte nebst genealogisch-statistischer Einleitung. (Neue Ausg.) Nebst einem bis zu Ende 1846 fortgeführten Nachtrag. qu. Lex. 8. (XXVIII u. 95, IV u. 52 S.) Ebd. 847. n. 1 1/2 ℛ — Der Nachtrag besonders u. d.T.: Die Jahre 1845 u. 1846. Erster Nachtrag zu den genealog. Tafeln des 19. Jahrhunderts. qu. Lex. 8. (IV u. 52 S.) Ebd. 847. n. 16 ngr

—— das Jahr 1847. Zweiter Nachtrag zu den genealog. Tafeln des 19. Jahrh. qu. Lex.-8. (IV und 38 S.) Leipzig 848, Brockhaus. *

— das Jahr 1848. Dritter Nachtrag zu den genealog. Tafeln des 19. Jahrh. qu. Lex. 8. (IV u. 14 S.) Meissen 849, Klinkicht & Sohn. n. 6 ngr

— das Jahr 1849. Vierter Nachtrag zu den genealog. Tafeln des 19. Jahrh. qu. Lex. 8. (16 S.) Ebd. 850. n. 6 ngr

— das Jahr 1850. Fünfter Nachtrag zu den genealog. Tafeln des 19. Jahrh. qu. Lex. 8. (15 S.) Ebd. 851. n. 6 ngr

— das Jahr 1851. Sechster Nachtrag zu den genealog. Tafeln des 19. Jahrh. qu. Lex. 8. (15 S.) Ebd. 852. n. 6 ngr (cmplt. n. 2 ℛ 21 ngr)

Oertel, Friedr. Max., das Jahr 1852. Siebenter Nachtrag zu den genealog. Tafeln des 19. Jahrh. qu. Lex.-8. (16 S.) Meissen 853, Klinkicht und Sohn. *

—— das Jahr 1853 und 1854. Achter und neunter Nachtrag zu den genealog. Tafeln des 19. Jahrh. qu. Lex.-8. (à 18 S.) Ebds. 854.55. à Nachtrag * 6 Ngr. *

—— das Jahr 1855. Zehnter Nachtrag zu den genealog. Tafeln des 19. Jahrh. qu. Lex.-8. (17 S.) Ebds. 856. *

Oertel, Friedr. Max., genealogische Tafeln zur Staatengeschichte des 19. Jahrh. nebst einer genealogisch-statist. Einleitung. 2., berichtigte und verm. Aufl. qu. 4. (XLVIII und 121 S.) Leipzig 857, Brockhaus. *

—— das Jahr 1857. Erster Nachtrag zur 2. Aufl. der genealog. Taf. des 19. Jahrh. gr. 16. (52 S.) Meissen 858, [Mosche.] *

—— das Jahr 1858. Zweiter Nachtrag zur 2. Aufl. der genealog. Tafeln des 19. Jahrh. gr. 16. (59 S.) [Ebendas.] 859. *

—— das Jahr 1859. Dritter Nachtrag zur 2. Aufl. der genealog. Tafeln des 19. Jahrh. gr. 16. (60 S.) [Ebendas.] 860. *

—— das Jahr 1860. Vierter Nachtrag zur 2. Aufl. der genealog. Tafeln des 19. Jahrh. 12. (62 S.) [Ebendas.] 861. *

Oertel, Friedr. Max, das Jahr 1861. 5. Nachtrag zur 2. Aufl. der genealog. Tafeln des 19. Jahrh. 12. (62 S.) Meissen 862, Mosche. *

—— das Jahr 1862. 6. Nachtrag zur 2. Aufl. der genealog. Tafeln des 19. Jahrh. 12. (58 S.) Ebendas. 863. *

—— das Jahr 1863. 7. Nachtrag zur 2. Aufl. der genealog. Tafeln des 19. Jahrh. 12. (63 S.) Ebendas. 864. *

Oertel, Friedr. Max, das Jahr 1864. 8. Nachtrag zur 2. Aufl. der genealog. Tafeln des 19. Jahrhunderts. Meissen 865. Mosche. 12. (59 S.) n. 10 ngr.

— das Jahr 1865. 9. Nachtrag zur 2. Aufl. der genealog. Tafeln des 19. Jahrh. Ebend. 866. 12. (60 S.) n. 10 ngr.

— das Jahr 1866. 10. Nachtrag zur 2. Aufl. der genealog. Tafeln des 19. Jahrhunderts. Ebend. 867. 4. (63 S.) n. 10 ngr.

— das Jahr 1867. 11. Nachtrag zur 2. Aufl. der genealog. Tafeln des 19. Jahrhunderts. Ebend. 868. 4. (52 S.) n. 10 ngr.

— das Jahr 1868. 12. Nachtrag zur 2. Aufl. der genealog. Tafeln des 19. Jahrhunderts. Ebend. 869. 4. (51 S.) n. 10 ngr.

— das Jahr 1869. 13. Nachtrag zur 2. Aufl. der genealog. Tafeln des 19. Jahrhunderts. Ebend. 870. 4. (53 S.) n. 10 ngr.

Oertel, Frdr. Max., das Jahr 1870, 1871 u. 1872. 14—16. Nachtrag zur 2. Aufl. der genealog. Taf. d. 19. Jahrh. 4. (51, 51 u. 49 S.) Meissen 871—73. Mosche. à n. 1. —

Oertel, Frdr. Maxim., genealogische Tafeln zur europäischen Staatengeschichte des 19. Jahrh. 3., ergänzte Aufl. Mit einer genealog. Einleitung hrsg. von Frdr. Thdr. Richter. qu. 4. (LXI, 121 S.) Leipzig 877. Brockhaus. cart. n. 7. 50

Oertel, [Friedr.] O[ttomar], Die Städte-Ordnung für die sechs östlichen Provinzen der Preussischen Monarchie vom 30. Mai 1853. M. Ergänz. u. Erl. 4. Aufl. Liegnitz 1905. 8°. *[1. Aufl. 1883.]*

Oertel, Friedrich Wilhelm Philipp [Wirkl. Name], s.a. Horn, W. O. von [Pseud.]

[F.] Die Boerenfamilie von Klaarfontein. E. Geschichte a. d. Boerenleben im Caplande Südafrikas, d. Jugend u. d. Volke erz. v W. O. v. Horn '(Wilh. Oertel)'. M. 4 feinen Farbendruckbild. nach Aquarellen v. W Schäfer *Wesel: W. Düms [1898].* (127 S., 1 Taf.) 1 Bd 8. [98. 10790 II.

Die Burenfamilie von Klaarfontain. Eine Gesch. aus d. Burenleben im Kaplande Südafrikas. Der Jugend u. d. Volke erzählt von W. O. v. Horn [d. i. Wilhelm Oertel]. Mit e. Anh.: Aus d. Gesch. d. Buren. *Krefeld: G. Hohns 1900.* (138 S.) 8° [F.]
— **Arbeit**, Nach der Bd 1. [01. 753

Die Boerenfamilie von Klaarfontein. Eine Gesch. aus d. Boerenleben im Caplande Südafrikas, der Jugend u. d Volke erzählt von W O. v Horn. (Wilh Oertel) Mit 4 Farbendruckbild. Wesel: W Düms [1902] (127 S.) 8° [F.] [02. 8835

Oertel, Friedrich Wilhelm Philipp

Das Erdbeben von Lissabon. Eine Geschichte, der deutschen Jugend und dem deutschen Volke erzählt. Von W.O.v. Horn [d.i. F.W.Ph. Oertel]. Mit 4 Abb.
Wiesbaden: Kreidler & Niedner (1853). 120 S. 8°

[F.] Das Erdbeben von Lissabon. E. Geschichte, d. deutschen Jugend u. d. deutschen Volke erz. v. W O. v. Horn '(Wilh. Oertel)' Von G. Hartmann durchges. Ausg. M. 4 feinen Farbendruckbild. *Wesel: W. Düms [1898].* (127 S., 3 Taf.) 1 Bd 8. [98. 10791 II.

Oertel, Friedrich Wilhelm Philipp

Gesammelte Erzählungen. Von W.O. von Horn [d.i. F.W. Ph. Oertel]. Bd 1.2.4.5.11.12.
Frankfurt a.M.: Sauerländer 1850-56. 8°

1. 1850. 2. 1850. 4. 1851. 5. 1852. 11. 1855. 12. 1856.

LIPS, Fr. Wilh. (d. i. *Phil. Friedr. Wilh. Oertel*), Sämtliche histor.-romant. Erzählungen u. Geschichten. 2 Bde. Frankfurt a. M. 1833. 8°. (7 Mk. 50 Pfg. H. Streisand, Berlin, 1908.)

Oertel, Friedrich Wilhelm Philipp

Sämmtliche historisch-romantische Erzählungen und Geschichten. Von F.W. Lips [d.i. F.W.Ph. Oertel]. Bd 3.
Frankfurt a.M.: Sauerländer 1834. 263 S. 8°

3. Guy de Saint-Flour. Eine Novelle.

Der alte Fritz, der Held und Liebling des deutschen Volkes. Für d. Jugend u. d. Volk dargest. von W O. v Horn [d. i. Wilhelm Oertel]. Mit 6 Abb. von R. Mahn. *Stuttgart, Berlin, Leipzig: Union 1900.* (178 S.) 8° [F.]
— **Universal-Bibliothek** f. d. Jugend. 375/77 [01. 375

Der alte Fritz der Held und Liebling des deutschen Volkes. Für d. Jugend u. d. Volk dargest. von W O. v Horn [d. i. Wilhelm Oertel]. Mit 6 Abb. Essen-Ruhr: Fredebeul & Koenen 1902. (133 S.) 8° [F.]
= Unterhaltungsbibliothek f. Jung u. Alt. Bd 7 [02. 13257

— das Jawort, s.: Volksschriften, Münchener, Nr. 24.

Oertel, Friedrich Wilhelm Philipp [Hrsg.]
s. Maje, Die. 1858.

Oertel, Philipp Fr Wilhelm. Auf dem Mississippi. Mittlgen eines Dten in A. f d Jugend u d Volk. Bearb v W. O. von Horn (pseud.). Wiesbaden, 1859 [?].

Oertel, Friedrich Wilhelm Philipp

Die Spinnstube. Ein Volksbuch für das Jahr ...
Hrsg. von W.O. von Horn d.i. F.W.Ph. Oertel .
Jg. ...
Frankfurt a.M.: Sauerländer 8°

11 (1856). 16 (1861). 19 (1864). 20 (1865).
24 (1869). 25 (1870). 29 (1874).

24 (1869). 25 (1870) 2. Ex. Ott 2463[a]

Oertel, Fritz, Referendar: Die Maximalhypothek im deutschen bürgerlichen Recht. Borna-Leipzig 1908. Noske. XVII, 209 S. 8°
Leipzig, Jur. Diss. v. 19. Dez. 1908
[Geb. 10. Sept. 82 Ebersdorf b. Löbau i. S., Wohnort. Zittau; Staatsangeh.: Sachsen, Vorbildung Gymn. Zittau Reife O. 01; Studium: Lausanne 1, Berlin 1, Leipzig 6 S.; Rig. 3. Febr 06.] [U 09. 3623

Oertel, G. L., Nimm deine schönsten Melodien! 85 dreistimm. Lieder unserer beliebtesten Componisten. Für Gymnasten und Realschulen, sowie für die Oberklassen der Bürgerschulen gesammelt. 8. (IV, 108 S.) Halle 878, Schmidt's Verlagsh. *

Oertel, G. L., Nimm deine schönsten Melodien! 85 dreistimm. Lieder unserer beliebtesten Komponisten. Für Gymnasien und Realschulen, sowie für die Oberklassen der Bürgerschulen gesammelt. 2. Aufl. 8. (IV, 110 S.) Halle 881, Schmidt's Verlagsh. * — 60

Oertel, Geo., wahrer Adel. Roman. 8. (278 S.) Leipzig 896. E. Ungleich. n. 3. —; geb. n.n. 4. —

Oertel, Geo., wahrer Adel. Roman. 2. Aufl. (278 S.) 8. Leipzig (906). E. Ungleich. n. 2. 50; geb. n. 3. 50

Oertel, G., Beiträge zur Landes- u. Volkskunde d. Königr. Sachsen. gr. 8. (252 S.) Leipzig 890. Hirt & Sohn. n. 4. —

Oertel, Geo., Bilder aus Sachsens Geschichte, s.: Schriften des sächsischen Volksschriften-Verlags.

Oertel, G., Deutschlands Dank u. Gelübde am Sedantage. Festrede, geh. bei d. 25jähr. Jubelfeier d. Sedantages zu Posen. gr. 8. (11 S.) Berlin 895. Schöneberg, F. Telge. n. — 25

Von drinnen und draußen. Lieder von Georg Oertel. 2., stark verm. Aufl. Berlin: Deutscher Schriftenverl. (1900). XI, 235 S. 8° A 13. 1064

– König Friedrich August v. Sachsen im J. 1813. Progr. 4. (27 S.) Leipzig 894. (J C. Hinrichs' Verl.) n. 1. —

— lustige Geschichten aus meinem Soldatenleben. 8. (104 S.) Leipzig 892. O. Mutze. n. 2. —

— späte Heimkehr, s.a. Schriften d. sächsischen Volksschriften-Verlags.

— späte Heimkehr. Eine Geschichte aus der Gegenwart. gr. 8. (66 S.) Leipzig 890. Selbstverlag d. Verf. n. — 50

Oertel, G. [Oberl.]: Ist die Sprachwissenschaft ein Zweig der Naturwissenschaft? *Altenburg* (1889); 15 S. 4°
Altenburg, herz. RPG, OP 1889 (646)

— aus der Jugendzeit! Neue Variationen zu alten Weisen. gr. 8. (149 S.) Leipzig 891. E. Ungleich. n. 1. 50; geb. n. 2. 30

Oertel, G[eorg], Der Konservatismus als Weltanschauung. Leipzig 1893. 8° *[Umschlagtit.]*

— zum Licht. Erzählung aus unserer Zeit. gr. 8. (80 S.) Berlin 889. Buchhandlg. der Deutschen Lehrer-Zeitung (Fr. Zillessen). n. 1. —; geb. n. 1. 60

-- Liedergrüße an Deutschlands junges Kaiserpaar. Erinnerungsblätter aus großer Zeit. 12. (15 S.) Berlin 888. Buchhandlg. der Berliner Stadtmission. n. — 20

— der Müller v. Buschdorf, s.: Familien-Bibliothek fürs deutsche Volk.

Örtel, Geo., das Wunder Oesterreich und seine Regel nach Innen und Aussen. Als Grundlage jeder gewissenhaften Verständigung in und mit diesem Staate. gr. 8. (IV und 71 S.) Wien 862, (Mayer und Comp.) *

Oertel, Geo., üb. Princip u. Werth d. Majorität. Lösg c. bisher ungelösten Frage in bes. Beziehg. zum österr Kaiserstaate. gr. 8. (12 S.) Wien 895. „Austria" n. — 3(

— der Rainhof. Eine Erzählg. f. das Volk. 8. (52 S.) Marburg 888. Verlag d. „Reichsherold". — 50

— bester Rath in uns. polit. Rathlosigkeit. gr. 8. (14 S.) Wien 898. Mayer & Co. n. — 3(

— s.: Ueber Regierungskunst im Allgemeinen u. insbesondere in Oesterreich.

— die litterar. Strömungen der neuesten Zeit, insbes. die sogenannten „Jungdeutschen", s.: Zeitfragen des christl. Volkslebens.

Wie 's Vulk redt. Gereimtes u. Ungereimtes in Oberlausitzer Mundart. (Verf.: Dr. G[eorg] Oertel, Leipzig.) *Leipzig: Sächs. Volksschriftenverl. 1893.* (XIV, 58 S.) 8° [F.]

Oertel, Geo. Eph., († d. 7. Mai 1790.) s. Aretophilus, Gedanken.

— Georg Christoph, Studiosam juventutem in schola Neapolitana ad Aissum publ. lustrandam indicit de caussis linguae Graecae in scholis discendae nonnihil praefatus. Nürnberg (Felsecker) 21. 22. u. 23. III. 1768. 20 S. mit Namen. (—.—) 25460

— — (Neustadt/Bayern), Natalem Christiani Friderici Caroli Alexandri Marggravii Brandenburgici in schola Friderico-Alexandrina Neustadii ad Aissum indicit. — De vita fatis ac meritis Paulli Eugenii Layrizii. Nürnberg (G. Ph. J. Bieling) 24. II. 1777. 28 S. mit Namen. (—.—) 25451

Oertel, *Gotthelf Christian* Ist die Sprachwissenschaft ein Zweig der Naturwissenschaft? 4 (15 S.). **Progr.** Rprg. *Altenburg* 1889 (646)

Oertel, Gottlob Friedrich

— — (Remberg), De mira Dei benignitate in malis humano generi parce immittendis et bonis contra large distribuendis occasione loci Ovidiani nonnulla disserit simulque Protosynedrio Dresdensi sub novi huius anni auspiciis gratulatur. Wittenberg (C. Chr. Dürr) o. J. 16 S. (3.75) 25453

— Gottlob Friedrich (Dittmannsdorf / Chemnitz), Siccitas anni superioris 1766 et aquarum diminutio insolita. Präs. Johann Daniel Titius. Wittenberg (C. Chr. Dürr) 5. IX. 1767. 13 Seiten. (4.—) 25452
Gew.: Ernst Friedrich Wernsdorf, Johann Friedrich Guhling, Gottlieb Muller.

Oertel, Gust. Ferd. Chrn, Grammat. Wörterbuch d. deutschen Sprache, wobei zugleich Abstammung, Laut- u. Sinnverwandtschaft, Sprachreinigung u. Wortneuerung beachtet wird. Bd. 1. 2. München 1829—30. 8

— — 3., verb. Aufl. München 1837—1838. gr 8.

Oertel, Hans: Die Lehre des Aristoteles von der Tyrannis. Kaiserslautern, *Druck d. Univ.-Buchdr. v. E. T. Jacob in Erlangen,* 1890, 42 S. 8°
Kaiserslautern, k. StA, P 1890

Oertel, Hans: Ueber den Sprachgebrauch des Pomponius Mela. *Erlangen 1898: E. Th. Jacob.* (67 S.) 8°
Erlangen, Phil. Diss. v. 30. Okt. 1897

Oertel, Heinr. Ado., Meldungen u. Rapporte f. Unteroffiziere; entlehnt aus d. Dienstleben derselben, mit Bezugnahme auf Gendarmen-, Polizei-, Grenzzoll- u. Steuerdienst, zu stylist. Aufgaben u. z. Selbstbelehr.; mit Anmerkn. in Betreff d. Styls. 1., u. 2., unveränd. Abdr. gr. 8. (à 15 B.) Leipzig 835, Hinrichssche Buchh. à

Oertel, H. A., Winke f. angeh. Offiziere bei ihrem Uebertritte aus Erziehungsanstalten in das prakt. Leben u. in größere Selbstständigkeit, in Beziehung auf Dienst, Umgangsverhältnisse, Selbstbeschäftigung u. Wirthschaftlichkeit. gr. 12. Leipz. 832. Hinrichs. 15 Gr.

— Heinrich Gotthilf, De descensu Christi ad inferos nova ratione illustratam sistens. Diss. theol. doctrin. Präs. Johann Friedrich Hirt. Wittenberg (C. Chr. Dürr) Jan. 1782. 48 S. (5.—) 25454

— explanatio et vindicatio locorum quorundam in Scriptura S. obvior., in quibus explicandis textus Masorethicus sine necessitate a quibusdam deseritur. 4. Wittenb. 780. Kühne. 2 Gr.

— die Kunst, sich selbst kennen zu lernen. 8. Wittenb. 786. Zimmermann. 4 Gr.

(—). — Ordinis philos. in academia Vitebergensi decanus **Heinrich Gotthilf Oertel** et h. t. comes palatinus Caesareus phil. et artis poeticae candidatis conferendae utriusque laureae solemnia indicit et simul Observationes quasdam ad locum Gen. III. 14. 15. praemittit. Wittenberg (C. Chr. Dürr) (III. post Trinit. 1782). 24 S. (4.—) 25455

— — (Schlieben), De oratione Jesu montana eiusque consilio. Diss. theol. Wittenberg (A. Chr. Charisius) 14. X. 1802. 30 S. (4.—) 25456

Oertel, Hnr. Gotthlf., zweimal 6 Predigten. 2 Thle. gr. 8. Dresd. 788, 89. Gerlach. 12 ℛ

Oertel, Hier., neu vermehrt. geistl. Frauenzimmerspiegel, m. K. 12. Wolfenb. Meißner. 740. -

Oertel, Hugo, Matthias Claudius, der Wandsbecker Bote. Ein Lebensbild, f. die deutsche Jugend u. das deutsche Volk gezeichnet. Mit 4 Abbildgn. 12. (171 S.) Wiesbaden 884. Niedner. cart. — 75

Oertel, Hugo, Friedrich I. Barbarossa. Ein Kaiserbild aus deutscher Vergangenheit f. die Jugend u. das Volk gezeichnet. Mit 4 Abbildgn. (in Stahlst.) gr. 16. (151 S.) Wiesbaden 875. Niedner. — 75

Oertel, Hugo, Friedrich I. Barbarossa. Ein Kaiserbild aus deutscher Vergangenheit, f. d. Jugend u. d. Volk gezeichnet. 2. Aufl. 12. (144 S. m. 4 Stahlst.) Altenburg 894. St. Geibel. Kart. — 75; geb. n. 1 —

Oertel, Hugo, Friedrich II. Ein Lebensbild aus Deutschlands großer Kaiserzeit, für die deutsche Jugend u. das deutsche Volk gezeichnet. Mit 4 Abbildungen (in Stahlst.). gr. 16. (198 S.) Wiesbaden 879. Niedner. cart. — 75

—— Georg v. Frundsberg, „der frommen Landsknechte lieber Vater". Ein Lebensbild, für die deutsche Jugend und das deutsche Volk erzählt. 12. (135 S. mit 4 Abbild. in Stahlst.) Ebendas. 882. cart. — 75

—— Johann Gutenberg, der Erfinder der Buchdruckerkunst. Zur dankbaren Erinnerung der deutschen Jugend und dem deutschen Volke geschildert. 16. (144 S. mit 4 Abbild. in Stahlst.) Ebendas. 880. cart. — 75

Oertel, Hugo, Johann Gutenberg, der Erfinder d. Buchdruckerkunst. Zur dankbaren Erinnerg. der dtschn. Jugend u. dem deutschen Volke geschildert. 2., v. A. Wiegand durchgeseh. Aufl. (128 S. m. 4 Abb.) kl. 8. Altenburg 909. St. Geibel. p kart. — 50; geb. in Bibliotheksbd. od. in Leinw. — 75

— Heinrich I. Ein Fürstenbild aus deutscher Vorzeit. Für die deutsche Jugend u. das deutsche Volk gezeichnet. Mit 4 Abbildgn. (in Stahlst.) gr. 16. (144 S.) Ebend. 877. — 75

— Karl der Große, der Begründer d. deutschen Kaiserthums. Der deutschen Jugend u. dem deutschen Volke geschildert. Mit 4 Abbildgn. (in Stahlst.) gr 16. (180 S.) Ebend. 875. — 75

Oertel, Hugo, Karl der Große, der Begründer d. deutschen Kaisertums. Der deutschen Jugend u. dem deutschen Volke geschildert. 2. Aufl. 12. (141 S. m. 4 Stahlst.) Altenburg 894. St. Geibel. Kart. — 75

— Karl Theodor Körner. Ein Lebensbild aus der Zeit des deutschen Freiheitskampfes, für die deutsche Jugend u. das deutsche Volk gezeichnet. Mit 4 Abbildungen (in Stahlst.). 16. (214 S.) Ebend. 880. cart. — 75

Oertel, Hugo, Karl Theodor Körner. Ein Lebensbild aus der Zeit des deutschen Freiheitskampfes, f. die deutsche Jugend u. das deutsche Volk gezeichnet. 1. Aufl. 2. Abdr. (214 S. m. 4 Abb.) kl. 8. Altenburg 904. St. Geibel. Kart. n. — 50; geb. in Bibliotheksbd. od. Leinw. n. — 75

Oertel, Hugo, Otto I., der Große. Ein Kaiserbild aus deutscher Vorzeit f. die deutsche Jugend u. das deutsche Volk gezeichnet. Mit 4 Abbildgn. (in Stahlst.) gr. 16. (183 S.) Wiesbaden 877. Niedner. — 75

— Otto II. Ein Kaiserbild aus Deutschlands großer Vorzeit. Für die deutsche Jugend u. das deutsche Volk gezeichnet. Mit 4 Abbildungen (in Stahlst.). gr. 16. (111 S.) Ebend. 878. cart. — 75

—— Otto III., deutscher Kaiser. Ein Lebensbild aus Deutschlands großer Vorzeit. Für die deutsche Jugend und das deutsche Volk gezeichnet. gr. 16. (191 S. mit 4 Abbild. in Stahlst.) Ebendas. 878. cart.

Oertel, Hugo. Rudolf von Habsburg. Ein Fürstenbild aus Deutschlands Vorzeit für die deutsche Jugend und das deutsche Volk dargestellt. Mit vier Abbildungen [Tafeln]. 8. Wiesbaden 1879.

— Rudolf v. Habsburg. Ein Fürstenbild aus Deutschlands Vorzeit, f. die deutsche Jugend u. das deutsche Volk dargestellt. Unverkürzte Orig.-Ausg. 2., v. Joh. Erler durchgeseh. Aufl. (156 S. m. 4 Abb.) kl. 8. Ebd. 907. p kart. — 50; geb. in Bibliotheksbd. od. in Leinw. — 75

Oertel, Hugo, William Penn, der Begründer des nordamerikanischen Staates Pennsylvanien. Ein Lebensbild, für die Jugend u. das Volk gezeichnet. Mit 4 (Stahlst.-) Abbildungen. 12. (148 S.) Wiesbaden 882. Niedner. cart. — 75

—— Hans Sachs. Ein Lebensbild aus dem Handwerkerstande. 12. (155 S. mit Abbild. in Stahlst.) Ebendas. 881. cart. — 75

— Hans Sachs. Ein Lebensbild aus dem Handwerkerstande. Dem lieben Handwerk zur Ehr', e. Jeden zur Lehr' gezeichnet. 12. (155 S. m. 4 Stahlst.) Ebd. 894. Kart. — 75

— s.: Spinnstube, die.

— William Wilberforce, der Sklavenfreund. Ein Lebensbild, f. die deutsche Jugend u. das deutsche Volk gezeichnet. Mit 4 (Stahlst.-)Abbildgn. 12. (158 S) Ebend. 885. cart. — 75

Oertel, J., Handbuch der acuten Infectionskrankheiten, s. Handbuch der speciellen Pathologie und Therapie.

Oertel, J. Ad., praes. II. Fr. **Teichmeyer**, De delirantium furore et dementia. 30 pp. Jen. 4°. 1733

Oertel, I. Gf., harmonia linguar. Orientis et Occidentis, speciat. hungaricae c. hebraea. 8. Vitteb. 746. -

— theologia Aethiopum ex liturgia et fidei confessionibus congesta. 8. ibid. (F. C. W. Vogel, Lips.) 746. -

Oertel, J. R., Hades. Exegetisch-dogmat. Abhandlung über den Zustand der abgeschied. Seelen. gr. 8. (VIII und 184 S.) Leipzig 863, Bredt. *

Oertel, J. R., Kirche, Patronat und Gemeinde in ihrer berechtigten Betheiligung bei Besetzung der kirchlichen Aemter. Zur Verständigung über kirchl. Zeitfragen für Jedermann dargestellt. gr. 8. (60 S.) Leipzig 871, Kormann. *

Oertel, J R., Paulus in der Apostelgeschichte. Der histor. Charakter dieser Schrift an den paulin. Stücken nachgewiesen. Halle 868. Schwabe. gr. 8. (XVI, 310 S.) n. 1 ₰ 20 ngr.

— Staat, Kirche und Schule in den ihrer Natur gemäßen rechtlichen Verhältnissen. Zur Orientirung über die Fragen der Gegenwart für Jedermann dargestellt. gr. 8. (IV, 47 S.) Leipzig 1870. *

— Johann Christoph (Gera), Diss. pneumat.-philos. sistens philosophemata circa Quaestionem: An mortuorum animae sciant, num relictis in his terris bene vel male sit? Präs. Christoph Nikol. Speiser. Wittenberg (Chr. Schroedter) 26. IX. 1714. (4.50) 25457

Oertel, K., Führer durch die königl. Residenzstadt Hannover und Umgegend. Für Techniker und Studirende der königl. Techn. Hochschule bearb. 8. (28 S. mit lithogr. Titelbild, chromolithogr. Plan der Stadt und 3 lithogr. Grundrissen.) Hannover 879, Klindworth. cart.

Oertel, Karl [aus Halle a. S.] Beitrag zur Casuistik der frühzeitigen Operationen seröser pleuritischer Exsudate. . . . Halle, Gebauer-Schwetschke'sche Buchdr., 1889; 24 S. + 2 Bl. 8°
Halle, Med. Fak., Inaug.-Diss. v 8. März 1889

Oertel, Karl: Neue Beobachtung und Ausmessung des Sternhaufens 38 h Persei am Münchener grossen Refractor. . . München, Druck d. Akad. Buchdr. v. F Straub, 1890; 92 S. 4°
München, Phil. Fak., Inaug.-Diss. v. 1891

Oertel, Karl, neue Beobachtung u. Ausmessung d. Sternhaufens 38 h Persei am Münchener grossen Refractor. [Aus: „Annalen d. k Sternwarte zu München"] gr. 4. (92 S. m. 2 Taf.) München 891. (Franz' Verl.) n.n. 5. —

Oertel, Karl, astronomische Bestimmungen der Polhöhen auf den Punkten Irschenberg, Höhensteig u. Kampenwand. Im Auftrage der k. bayer. Kommission f. d. europ. Gradmessg. u. im Zusammenhange m. den Untersuchgn. d. Hrn. Dir. Dr. v. Bauernfeind üb. terrestr. Refraktion ausgeführt. gr. 4. (63 S.) München 885. (Franz' Verl.) n.n. 2 —

Oertel, Karl, Katalog v. 1436 Sternen, hauptsächlich Zenitsternen, s.a. Annalen, neue, der k. Sternwarte in München. IV.

Katalog von 1436 Sternen, hauptsächlich Zenitsternen. Nach Beobachtungen am Repsoldschen Meridiankreis, ausgeführt in d. J 1894–1901 von J. Bauschinger u. K Oertel. Bearb. von Dr. Karl **Oertel**, Prof München K Bayer Akad. d. Wiss. 1909. 242 S. 8°
(Neue Annalen d. K Sternwarte in München. Bd 4.) [09. 18340

Oertel, Car (Otto) (geb. Prenzlau 23. 7 1816). De myelophthisi sicca. Berolini (1846). (32 S.) 8°
Berlin, Med. Diss. v. 24. Dez. 1846

— das Präcisionsnivellement in Bayern rechts d. Rheins, s.a. Bauernfeind, Carl Max v.

Das Präcisionsnivellement in Bayern rechts des Rheins. Ausgef. unt. Leitg v. Dr Carl Max v Bauernfeind, Prof. a.d. K. Techn. Hochschule. Endgültig bearb. v. Dr Carl **Oertel**, Observator der K. Erdmessgs-Comm. M. 2 Steindrucktaf. München: K. Bayer. Comm. f. d. internat. Erdmessg. 1893. (IV, 192 S., 2 Taf.) 1 Bd 4.
(Veröffentlichung d. Kgl. Bayer. Commission f. d. internation. Erdmessung.) [95. 4182

Oertel, Carl, d. Präcisionsnivellement d. Rheinpfalz. Ausgeführt u. bearb. Veröffentlichg. d. kgl. bayer. Commission f. die internat. Erdmessg. gr. 4. (III, 30 S. m. 1 eingedr. Karte.) München 895. (G Franz' Verl.) n.n. 1. 50

Oertel, Karl Otto, s.a. Walden, Werner

Oertel, Karl Otto Die Naturschilderung bei den Deutschen Geographischen Reisebeschreibern des 18. Jahrhunderts. *(Leipzig [1899]: Deutsche Verlagsdruckerei.)* (90 S.) 8°
Leipzig, Phil. Diss. v. [28. Apr.] 1899

Oertel, Karl Otto, die Naturschilderung bei den deutschen geographischen Reisebeschreibern des 18. Jahrh. Ein Beitrag zur Geschichte der Geistesbildg. jener Zeit. gr. 8. (91 S.) Leipzig 899. C. Merseburger. n. 2. —

Oertel, Max Josef

Oertel, M. J., üb. die Aetiologie der Diphtherie, s.: Zur Aetiologie der Infectionskrankheiten.

Oertel, M. J., die diätetisch-mechanische Behandlung der chronischen Herzmuskelerkrankungen, s.a. Zeit- u. Streitfragen, klinische.

— üb. die diätetisch-mechanische Behandlung der Kreislaufs-Störungen. [Aus „Therapeut. Monatshefte"] Lex.-8. (26 S.) Berlin 888. Springer. n. 1. —

— kritisch-physiologische Besprechung der Ebstein-schen Behandlung der Fettleibigkeit. Erwiderung auf dessen Schrift: „Fett od. Kohlenhydrate". gr. 8. (24 S.) Leipzig 885. F. C. W. Vogel. n. — 80

—— über Ernährung mit Hühnereiern. [Aus einer grössern Arbeit über die Behandlung der Kreislaufstörungen etc.] Lex.-8. (21 S.) München 883, Rieger'sche Universitäts-Buchh. * 1 —
Aus: Festschrift, dem ärztlichen Verein München zur Feier seines 50jähr. Jubiläums gewidmet, besonders abgedruckt.

— die Ebstein'sche Flugschrift üb. Wasserentziehung u. s. w., kritisch beleuchtet. gr. 8. (16 S.) Ebend. 885. n. — 60

Oertel, M. J., das Laryngo-Stroboskop u. s. Verwendg. in d. Physik, Physiologie u. Medicin. [Aus: „Archiv f. Laryngol."] gr. 8. (III, 16 S. m. 4 Taf.) Berlin 895. A. Hirschwald. n. 2. —

Oertel, M. J., üb. Massage d. Herzens. 8. (44 S. m. 3 Taf.) München 889. [Finsterlin.] Seitz & Schauer. n. 2.50

—— über den Mechanismus des Brust- und Falsettregisters. Lex.-8. (20 S.) Stuttgart 882, Cotta'sche Buchh. * — 80
Aus: Beiträge zur Biologie, als Festgabe dem Anatomen und Physiologen Th. L. W. v. Bischoff, besonders abgedruckt.

— die Pathogenese der epidemischen Diphtherie nach ihrer histologischen Begründung. Mit Atlas v. 16 chromolith. Taf. (in Fol., cart., m. XII S. Text). gr. 8. (X, 185 S.) Leipzig 887. F. C. W. Vogel. n. 80. —

— über Terrain-Curorte zur Behandlung v. Kranken m. Kreislaufs-Störungen, Kraftabnahme d. Herzmuskels, ungenügenden Compensationen bei Herzfehlern, Fettherz u. Fettsucht, Veränderungen im Lungenkreislauf etc., insbesondere als Winter-Stationen in Süd-Tirol. [Meran-Mais, Bozen-Gries, Arco.] Zur Orientirg. f. Aerzte u. Kranke. Mit 2 Karten v. Bozen u. Meran. gr. 8. (IV, 76 S.) Leipzig 886. F. C. W. Vogel. n. 3. —

Oertel, M. J., über Terrain-Kurorte zur Behandlung v. Kranken mit Kreislaufs-Störungen, insbesondere als Winter-Stationen in Süd-Tirol, Meran-Mais, Bozen-Gries, Arco. Mit 2 Karten v. Meran-Mais u. Bozen-Gries. 2. Aufl. Hrsg. v. B. Mazegger. (IV, 40 S.) gr. 8. Leipzig 904. F. C. W. Vogel. n. 3. —

—— Allgemeine Therapie der Kreislaufsstörungen etc., s. Handbuch der allgemeinen Therapie.

— respiratorische Therapie, s.: Handbuch der allgemeinen Therapie.

Oertel, M. J., über den laryngologischen Unterricht. Vortrag mit Demonstration laryngoskop. Unterrichtsgegenstände gehalten auf der 50. Naturforscherversammlung zu München. gr. 8. (39 S. mit 5 lithogr. Taf.) Leipzig 878, F. C. W. Vogel. *

OERTEL, Max Joseph (München): Untersuchungen über die abnorme Anhäufung von Harnbestandtheilen im Blut und ihre Folgen.- München: Stahl 1867. 32 S.
7.11.1863 - Urk (Titel: De abnormi substantiarum urinae in sanguine incremento, et quae in de sequuntur.); F 70
Diss. Ingolst.-Landsh.-Mchn.

— Zusätze u. Erläuterungen zur Allgemeinen Therapie der Kreislaufs-Störungen. gr. 8. (III, 70 S.) Leipzig 886. F. C. W. Vogel. n. 1. 60

Oertel, Maximilian. Neues und Altes; z Geisteserfrischung u Herzstärkung des lieben dten Volkes in Amerika. Lpz, 1885.

Oertel, Mor., zwei Schauspiele für die Jugend. 2. Aufl. 16. (157 S.) Leipzig 882, (Berndt's Verlag.) cart. * 1 20
1. Aufl. Odessa 1861, Deubner.

Oertel, O., das Kommunalabgabengesetz vom 14. Juli 1893. Mit Ergänzgn. u. Erläutergn. gr. 8. (XV, 246 S.) Liegnitz 894. H. Krumbhaar. n. 5. —

Oertel, O., die Städte-Ordnung vom 30. Mai 1853 u. die Verwaltungs-Reform-Gesetze f. die Preußische Monarchie m. Ergänzungen u. Erläuterungen. 1. u. 2. Bd. gr. 8. Liegnitz 883. Krumbhaar. n. 14. —
I. Die Städte-Ordng. vom 30. Mai 1853. Die Kreis-Ordng. vom 13. Decbr. 1872 / 19. März 1881. Die Provinzial-Ordnung vom 20. Juni 1875 / 22. März 1881. (XXII, 454 S.) n. 8. —. — 2. (316 S.) n. 6. —.

— die Städte-Ordnung f. die 6 östlichen Provinzen der Preußischen Monarchie vom 30. Mai 1853. Mit Ergänzgn. u. Erläutergn. 2. Aufl. gr. 8. (XVI, 460 S.) Ebd. 893. n. 8. —

Oertel, O., die Städte-Ordnung f. die sechs östlichen Provinzen der Preuß. Monarchie v. 30. V. 1853. Mit Ergänzgn. u. Erläutergn. 3. Aufl. gr. 8. (XVI, 620 S.) Liegnitz 900. H. Krumbhaar. n. 10. —

Oertel, O., die Städte-Ordnung f. die sechs östlichen Provinzen der Preußischen Monarchie vom 30. V. 1853. Mit Ergänzgn. u. Erläutergn. 4. Aufl. (XVI, 615 S.) gr. 8. Liegnitz 905. H. Krumbhaar. n. 10. —

Oertel, O., die Städte-Ordnung f. die 6 östlichen Provinzen der Preußischen Monarchie vom 30. V. 1853. Mit Ergänzgn. u. Erläutergn. 5. Aufl. (XVI, 679 S.) gr. 8. Liegnitz (910). H. Krumbhaar. 12. —

— Vortrag üb. den Entwurf e. Kommunalabgabengesetzes, geh. auf dem schles. Städtetag, Breslau, den 19. Decbr. 1892, nebst e. Vorwort u. den vom Städtetage gefaßten Beschlüssen. gr. 8. (58 S.) Breslau 893. E. Morgenstern's Verl. — 60

Oertel, Osc., Gedichte. 2. veränd. Aufl. 8. (VII, 150 S.) Leipzig 886. Greßner & Schramm. n. 2. —

Oertel, Osc., neue Gedichte. 8. (VIII, 155 S.) Leipzig 889. Greßner & Schramm. n. 2. —

Oertel, Osc., Phyllis. Novelle in Liedern. 12. (VII, 109 S.) Leipzig 892. (S. Schnurpfeil.) n. 2. —

— aus dem Süden. Blüthen zeitgenöss. italien. Lyrik in freier deutscher Uebertragg. 8. (XI, 179 S.) Ebd. 887. n. 2. —

Oertel, Otto

— Amerika. Schilderungen f. den geograph. Unterricht. Ein Quellenbuch für die Landschaftsschilderung in der Schule. 8. (III, 75 S.) Ebd. 901. n. 1. 20

Oertel, Otto, Amerika. Betrachtungen f. den geograph. Unterricht. Topographie, physikal. u. polit. Geographie, Landschaftsschilderg. 8. (80 S.) Leipzig 901. E. Merseburger. n. 1. 20

Oertel, Otto, das große Drama. Eine Weltgeschichte. 8. (V, 96 S.) Braunschweig 901. R. Sattler. n. 1. —

Oertel, Otto, der Volksgraf. Ein Drama in 4 Aufzügen. 8. (79 S.) Dresden-Blasewitz 903. R. v. Grumbkow. n. 2. —

Ⓑ Oertel, Otto, d. Volksgraf. 903. (KBB 32.) Jetzt: Dresden-Blasewitz, E. Leonhardi. Ladenpr. aufgeh.

— Die Waldschnepfe. Ein Drama in 4 Aufzügen. (Bibliothek moderner Dramen.) (103 S.) 8. Berlin-Ch. (908). Vita. 2. —
49

Oertel, P., Kreuznach, Münster a. Stein u. das Nahetal, s.: Sohneegans, W.

Oertel, Paul, im Pensionat, s.: Lustspiele, turnerische.

Oertel, Paul *Ludwig Hugo* [aus Simmern]: Aus d. chirurg. Klinik zu Bonn. Über Retropharyngeal-Tumoren ... Bonn, *Pierer'sche Hofbuchdr. in Altenburg*, 1891; 55 S. 8.
Bonn, Med. Fak., Inaug.-Diss. v. 15. Aug. 1891

Oertel, Philipp Friedrich Wilhelm,
s. Oertel, Friedrich Wilhelm Philipp,
s. Lips, Fr Wilh. [Pseud.]

Oertel, Rich., Francisco de Goya, s. a. Künstler-Monographien.

Francisco de Goya. Von Dr. Richard **Oertel**. Mit 114 Abb., 1 Titelbild u. 4 Einschaltbild. (Liebhaber-Ausg.) Bielefeld & Leipzig: Velhagen & Klasing 1907. (173 S.) 4°(8°) [F.]
— **Künstler-Monographien**. 89. [illegible]

Oertel, Ricardvs ⟨geb. am 12 Febr. 1840 in Sobernheim Kr. Kreuznach⟩: Theses theologicae ... ad obtinendvm gradvm licentiati S. S. theologiae ... Bonnae, form. C. Georgi (1868). 6 S. 8.
Bonn, Ev.-theol. Fak., Thes. v. 19 Juni 1868

Oertel, Robert, Dr jur.: **Entwicklung und Bedeutung des Grundsatzes anteiliger Gläubigerbefriedigung im älteren deutschen Rechte.** *Leipzig: Veit & Co. 1901.* (83 S.) 8°
¶ = Ausgewählte Doktordissertationen d. Leipziger Juristenfakultät [No 22].
Leipzig, Jur. Diss. v. 1901
(Nicht für den Austausch)

Oertel, Rob., Entwicklung u. Bedeutung des Grundsatzes anteiliger Gläubigerbefriedigung im älteren deutschen Rechte. (Ausgewählte Doktordissertationen der Leipziger Juristenfakultät.) gr. 8. (88 S.) Leipzig 901. Veit & Co. n. 2.20

Oertel, Th. Fr., die Ordnung d. Heils od. Grundr. d. christl. Glaubens zu Dr. Luthers Katechißmus 2c. 8. Sulzb. 818. v. Seidel. 3 gr

Oertel, (Th. Fr.,) die Presbyterien d. Herren Lehmus, Fuchs, Kaiser, Veillodter, Pflaum, Stephani, nach Schrift u. Vernunft, Geschichte u. Recht geprüft. gr. 8. Nürnb. 822, Campe.

— Sendschreiben an Dr. Beck in München u. Pflaum in Bayreuth. gr. 8. Nürnb. 822, Campe.

— was glauben die Juden? Ein Lehrbuch f. christl. Stände u. diejen. Christen, welche mit d. Juden vor Gericht zu thun haben. 8. Bamb. 823. Kunz. 20 gr

Oertel, W., Chicago u. die Columbische Weltausstellung, s.: Schlemo, E.

v. **Oertel**, W., Harald u. Elsbeth, od. das Zeitalter Johanns d. Schrecklichen. Romantisches Originalgemälde aus d. Gesch. des 16. Jahrhund. 2 Bde. gr. 12. St. Petersb. 831. (Leipz., Brockhaus). 2 ℳ 8 gr

Oertel, W. v., der Kalenderstreit in Riga 2c., s. Kalenderstreit.

Oertel, Walt., die Bekämpfung der Schwindsuchtsgefahr. (23 S.) kl. 8. Flöha 905. A. Peitz & Sohn. n. — 50

Oertel, Walt., die im Königr. Sachsen geltenden Bestimmungen für den Radfahrverkehr, s.a. Handbibliothek, juristische.

Oertel, Walt., das Gemeindetestament, s.: Handbibliothek, Leipziger juristische.

Oertel, Walt.: Die Lehre von der Auslobung. Leipzig 1895.
(Ausgew. Doktordiss. der Leipziger Jur.-Fak.)

Oertel, Walt., der Motor im Kriegsdiensten, s.a. Küster's autotechnische Bibliothek. 31. Bd.

Oertel, W. Der Motor in Kriegsdiensten. Leipzig 1906. 8°. (Küster's Autotechnische Bibliothek. 31.)

— das Personenstandsgesetz u. die im Königr. Sachsen geltenden Ausführungsbestimmungen zu demselben. Zum Handgebrauche f. Justiz- u. Verwaltungsbehörden, Standesbeamte u. Pfarrämter hrsg. 1. Tl., enth. den Text des Personenstandsgesetzes u. der Ausführungsbestimmgn., sowie e. Gesetzes- u. Sachregister. (272 S.) gr. 8. Ebd. 903. Geb. n. 5.—

— das Personenstandsrecht in kurzer systematischer Darstellung zur Einführg. der Standesbeamten u. deren Stellvertreter in die ihnen obliegenden Geschäfte. (39 S.) gr. 8. Leipzig 904. Roßberg'sche Verlagsbuchh. n. 1.40
Sonderabdruck aus: „Naundorff, Einführg. in die Verfassungs- u. Verwaltungsgesetze".

— die Verordnung der königl. Ministerien des Innern u. der Finanzen, den Verkehr m. Fahrrädern auf den öffentlichen Wegen betr., v. 2. IV. 1901. Text-Ausg. z. Gebrauche f. Justiz- u. Verwaltungsbehörden, sowie f. Radfahrer, m. ausführl. Anmerkgn. u. e. Sachverzeichnis versehen. 8. (49 S.) Flöha 901. A. Peitz & Sohn. n. 1.—

Oertel, Walt., die gesetzlichen Vorschriften über die Unfallfürsorge des sächs. Staates f. die Beamten seiner Civilverwaltung. (22 S.) gr. 8. Dresden 903. W. Baensch. n. — 50
Sonderabdruck aus: „Kalender f. d. sächs. Staatsbeamten 1903".

Oertel, Wilh., s.a. Horn, W. O. v.

Oertel, Wilhelm, s.a. Oertel, Friedrich Wilhelm Philipp

Oertel, Wilhelm [aus Liebenwerda]: Ueber subcutane Nierenverletzungen .. Berlin, Buchdr. v. Gustav Schade (Otto Francke) (1888); 31 + 1 S. 8°
Berlin, Med. Fak., Inaug.-Diss. v. 20. Jan. 1888

Oertel, Willy, der Cylinderhut. Sein Leben, seine Taten u. Leiden, geschildert in Reim u. Bild. 2. Aufl. (85 S. m. 64 Abb.) gr. 8. Leipzig (905). H. Beyer. n. 1.80

Oertel, Willy, d. Cylinderhut. Sein Leben, s. Thaten u. Leiden, geschild. in Reim u. Bild. 4. (89 S. m. 64 Illustr.) Leipzig 895. Berlin, J. Gnadenfeld & Co. n. 3.—

Ortelli, Abrahami, et virorum eruditorum ad eundem et ad Jacobum Colium Ortelianum epistulae, s.: Ecclesiae Londino-Batavae archivum.

Ortelius, Abr., Kartuschen im Style der flämischen Renaissance. Ein Motivenwerk f. Stein- u. Holzbildhauer, Kunsttischler, Decorationsmaler, Glasmaler, Kunstschlosser u. Architekten aus dem Atlas d. A. O. 1569. 2. Aufl. gr. 4. (30 Taf.) Berlin 886. Claesen & Co. In Mappe. n. 12.—; farbige Ausg. (16 Taf.) n. 15.—

Ortelsburg [Schlagwort]

Ortelsburg, Kreis, s. a.: Allenstein, Reg.-Bez.

Ortelsburg. Karte des Kreises Ortelsburg im Reg.-Bez. Allenstein. Hrsg. v. der kartogr. Abteilung der königl. preuss. Landesaufnahme 1906. Aufgenommen vom königl. preuss. Generalstab 1862—69. Erkundet 1884. Einzelne Nachträge bis 1905. 1 : 100,000. 73×64 cm. Farbdr. Berlin (R. Eisenschmidt). n.n. 2.—; ermäss. Preis n.n. 1.50

Ortelsburg, Kreis. Spezialkarte d. Kreises Ortelsburg. Rev. v. d. zuständ. Behörden. 1 : 100,000. 66×54 cm. Farbdr. Lissa 910. O. Eulitz. — 75; auf Leinw. in Etui 1.50

Oertelt J.: Die Affen und die Abstammungslehre. 37. Olmütz R. 76. Progr.

Ortenau, Gustav [approb. Arzt aus Fürth]: Ueber das Sphygmomanometer von Basch .... München, k. Hof- u. Univ.-Buchdr. Dr. C. Wolf & Sohn, 1887; 29 S. 8°
München, Med. Fak., Inaug.-Diss. v. 1887

Ortenau, Gustav, über das Sphygmomanometer von Basch. Diss. München 1887, A. Buchholz. 8°. 29 S.

Ortenau, J., Kommentar zur Subhastationsordnung f. das Königr. Bayern vom $\frac{\text{23. Febr. 1879}}{\text{29. Mai 1886}}$. [I. Gesetz, die Zwangsvollstreckg. in das unbewegl. Vermögen wegen Geldfordergn. betr., vom 23. Febr. 1879. II. Gesetz, Ändergn. der Bestimmgn. üb. die Zwangsvollstreckung in das unbewegl. Vermögen betr., vom 29. Mai 1886.] In 2. Aufl. neu bearb. v. M. Fischer u. W. Henle. 6 Lfgn. gr. 8. (XI, 585 S.) Nördlingen 888. München, Beck. à n. 1. 80 (cplt.: n 10. 80; geb. n.n. 12. 80)

Ortenau, Ign., Kommentar z. Subhastationsordnung f. d. Königr. Bayern v. $\frac{\text{28. Febr. 1879}}{\text{29. Mai 1886}}$. (I. Gesetz, die Zwangsvollstreckg. in das unbewegl. Vermögen wegen Geldfordergn. betr., vom 23. Febr. 1879. II. Gesetz, Ändergn. d. Bestimmgn. üb. d. Zwangsvollstreckg. in d. unbewegl. Vermögen betr., v. 29. Mai 1886.) 3. Aufl., bearb. v. Wilh. Henle. gr. 8. (XI, 612 S.) München 896. C. H. Beck. n. 11. —; geb. in Halbfrz. n.n. 13. —

Ortenau, Ign., die Subhastationsordnung für das Königr. Bayern vom 23. Febr. 1879 [Gesetz, die Zwangsvollstreckung in das unbewegl. Vermögen wegen Geldforderungen betr.] erläutert. 2 Abthlgn. gr. 8. Nördlingen, Beck'sche Buchh. [1. Abthl. (S. 1—208.) 879. *M 4.; 2. Abthl. (VI, S. 209—335.) 880. *M 2,40.] *

Ortenberg, Arth. v. Das Gebet des Herrn nach Dr. M. Luthers kleinem Katechismus bearbeitet für die Obertertia des Gymnasiums. 23 S. Progr. *Salzwedel* 1881

Ortenberg, Arthur von: Einige wichtige Kapitel aus dem evangelischen Religionsunterricht der Mittelstufe des Gymnasiums. *Salzwedel (1898): A. Menzel.* (18 S.) 4° [F.]
Salzwedel, K. G., OP 1898 (258)

Ortenberg, A. v., Lehrziel u. Lehrgang d. evangelischen Religionsunterrichts auf Gymnasien, zunächst der unteren u. mittleren Klassen. gr. 8. (32 S.) Salzwedel 888. Klingenstein. n. — 75

— Ein Wort über Wert und Stellung von Luthers kleinem Katechismus in der christlichen Schule. 8 S. Progr. **Salzwedel* 1882

Ortenberg, Emil von Die Bedeutung des Paseq für die Quellenscheidung in den Büchern des A. T. 4 (4 S.). Progr. Dom-G. *Verden* 1887 (301).

Ortenberg, Emil Fr. Jul. v., die Bestandtheile des Buches Sacharja, kritisch untersucht und chronologisch bestimmt. gr. 8. (VIII und 87 S.) Gotha 859, F. A. Perthes. *

—— zur Textkritik der Psalmen. gr. 8. (IX und 30 S.) Halle 861, Mühlmann.

Ortenberg, Emil Fr. Jul. v., aus Verdens Vergangenheit. Sittenbilder aus dem Zeitalter der Reformation. gr. 8. (VI, 42 S.) Stade 876. Schaumburg. n.n. — 50

Ortenberg, H. v., aus dem Tagebuch e. Arztes. Feldzugsskizzen aus Südwestafrika. (III, 120 S. m. 22 Abb.) gr. 8. Berlin 907. [C. A. Schwetschke & Sohn.] Süd-West-Verl. 3.—; geb. 4. —

Ortenberg, Henricus de (*geb. Lyon [19. 1.] 1809*) De causis sterilitatis utriusque sexus. Vratislaviae (1835). (14 S.) 8°
Breslau, Med. Diss. v. 21. Nov. 1835

Ortenberg, Heinrich von, Assistenzarzt im Deutsch-Ordens-Inf.-Reg. No 152, Deutsch-Eylau (Westpr.): Über die Bedeutung des Zuckers für die Ernährung des Soldaten. *Berlin (1904): G. Schade.* (31 S.) 8°
Berlin, Med. Diss. v. 5. Jan. 1904

Ortenburg [Sachliches OW]

Ortenburg, Justus Graf von, ein Gemälde menschlichen Glücks. Leipz. 1786--92. V: *Claudius, Gg Carl.* (MGT) (KY)

Ortenburg, Graf Justus von, ein Gemählde menschlicher Glückseligkeit, als Gegenstück zu Salzmanns Carl von Carlsberg, 5 Theile mit Kupf. 8. Leipzig, 790/96. Böhme. 3 Rthl. 23 sgl. Der 5te Theil auch unter dem Titel: Familienscenen des Grafen von Ortenburg, ein Nachtrag der Geschichte Justus Graf von Ortenburg, 8. Daselbst, 796. Derselbe. 27 sgl.

Ortenburg [Verfasser]

Ortenburg, Heinr. v., Krone und Schwert. Biographische Skizzen der deutschen Fürsten Rudolph von Anhalt, Ludwig von Baden, Max Emanuel von Bayern etc. berühmt als Heerführer Österreichs. Prag 863. Credner. Lex.-8. (2 Bl., 131 S.) n. 20 ngr

Ortenburg, Heinr., Nachtblüthen. Erzählungen. 8. (207 S.) Regensburg 850, Manz. — 2. Aufl. 8. (207 S.) Ebd. 851. 1 ₰

Ortenburg, Heinr. v., der Ritter-Orden des heiligen Johannes von Jerusalem. In seiner Verfassung u. Geschichte dargestellt. Regensburg 866. Manz. gr. 8. (160 S.) 27 ngr

Ortenburg, Heinr. v., Uröm und die Grabkapelle daselbst, die letzte Ruhestätte Ihrer kaiserl. Hoh. der verewigten Erzherzogin Grossfürstin Alexandra Pawlowna, Gemalin Sr. k. k. Hoh. des Erzherzogs Josef, Palatins von Ungarn. Imp.-4. (III und 19 S. nebst dem lithogr. Portr. und 6 lithogr. Oelfarbenbildern.) Pest 860, Geibel. *

Ortenburg, Heinrich, Die Verheiratheten. Zwölf Ehegeschichten. Aus dem Schwedischen übersetzt. 2. (billige) Ausgabe. 8. (186 S.) —.60
Budapest: Grimm 1894.

— Das rothe Zimmer. Schilderungen aus dem Künstler- und Schriftstellerleben. Aus dem Schwedischen übersetzt. 2. (billige) Ausgabe 8. (399 S.)
Budapest: Grimm 1894. 1.20

Ortenburg, Julie v., Schicksale.

Ortenburg, Gräfin Julie zu, geb. Freiin v. Wöllwarth-Lauterburg, Gedichte aus dem Nachlaß. 8. (XIII, 205 S.) Gotha 885. Thienemann. n. 2. —; geb. n. 3. —

Oerter [Sachliches OW]

Oerter mittlere, für 1871—1873. 0 von 539 Sternen und scheinbare Oerter für die J. 1871—1873 von 529 Sternen des Verzeichnisses I. und II., welches nach der Vierteljahrsschrift der „Astronom. Gesellschaft", IV. Jahrg., 4. Heft, 1869, für die Beobachtungen der Sterne der nördlichen Halbkugel bis zur neunten Grösse als Grundlage dienen soll. Unter Mitwirkung der „Astronom. Gesellschaft" hrsg. von der Redaction des Berliner Astronom. Jahrbuchs. gr. 8. (à Jahrg. 87 S.) Berlin 878, Dümmler's Verlag. 1871 und 1872. à * 1873. *

— mittlere, f. 1873—1876. O v. 539 Sternen u. scheinbare Oerter f. die J. 1873—1876 v. 529 Sternen d. Verzeichnisses I. u. II., welches nach der Vierteljahrsschrift der „Astronom. Gesellschaft", IV. Jahrg. 4. Hft. 1869 f. die Beobachtg. der Sterne der nördl. Halbkugel bis zur 9. Grösse als Grundlage dienen soll. Unter Mitwirkg. der „Astronom. Gesellschaft" hrsg. v. der Redaction d. Berliner astronom. Jahrbuchs. gr. 8. (à ca. 87 S.) Ebend. 873—76. à n. 2. 50

Oerter, mittlere, v. 622 Sternen u. s. w., s. Stern-Ephemeriden.

Oerter, mittlere, v. 622 Sternen u. scheinbare Oerter v. 450 Sternen, nebst Reductions-Tafeln f. die J. 1894—1896 u. e. Anh., enth. mittlere Oerter v. 303 südl. Sternen f. 1894,0—1896,0. [Aus: „Berliner astronom. Jahrb."] gr. 8. (à 183 u. 8 S.) Berlin 894. (F. Dümmler's Verl.) à n.n. 6. —
s.: Stern-Ephemeriden, die.

— dasselbe, nebst Reductions-Tafeln f. d. J. 1897 u. e. Anh., enth. mittlere Oerter v. 303 südl. Sternen f. 1897,0. [Aus: „Berliner astronom. Jahrb."] gr. 8. (S. 173—355 u. 8 S.) Ebd. 895. n.n. 6. —

Oerter, mittlere, v. 622 Sternen u. scheinbare Oerter v. 450 Sternen, nebst Reductions-Tafeln f. d. J. 1898—1900 u. e. Anh., enth. mittl. Oerter v. 303 südl. Sternen f. 1898, 0—1900, 0. [Aus: „Berliner astron. Jahrb."] gr. 8. (à 183 u. 8 S.) Berlin 896—898. (F. Dümmler's Verl.) à Jahrg. n.n. 6. —

— mittlere, v. 622 Sternen u. mittlere Oerter v. 303 südl. Sternen f. d. J. 1900. [Aus: „Berliner astronom. Jahrb."] gr. 8. (26 S.) Ebd. 898. n. — 50

Oerter, mittlere, v. 622 Sternen f. die J. 1901, 1902 u. 1903. gr. 8. (20, 20 u. 8 u. 20 u. 8 S.) Berlin 899—901. F. Dümmler's Verl. à n. — 50

— dasselbe f. d. J. 1904. Mit Anh., enth. vorläuf. Verbessergn. der Oerter des Fixstern-Verzeichnisses im Jahrbuch S. 149ff. f. 1904,0. gr. 8. (20 u. 8 S.) Ebd. 902. n. — 50

Oerter, mittlere, von 622 Sternen f. d. J. 1905—1907. (à 20 S.) gr. 8. Berlin 903—905. F. Dümmler's Verl. à n. — 50

— dasselbe v. 925 Sternen f. d. J. 1908. (29 S.) gr. 8. Ebd. 906. n. — 50
Sonderabdrucke aus: „Berl. astronom. Jahrb."

Örter, mittlere, v. 925 Sternen f. d. J. 1909, 1910, 1911 u. 1912. (à 29 S.) gr. 8. Berlin 907—10. F. Dümmler's Verl. à — 50
Sonderabdrucke aus: „Berl. astronom. Jahrb."

— mittlere und scheinbare, für die J. 1877—1880 von 539 Sternen des Verzeichnisses I. und II., welches nach der Vierteljahrsschrift der „Astronomischen Gesellschaft", IV. Jahrg., 4. Heft. 1869, für die Beobachtung der Sterne der nördl. Halbkugel bis zur 9. Grösse als Grundlage dienen soll. Unter Mitwirkung der „Astronomischen Gesellschaft" hrsg. von der Redact. des Berliner astronom. Jahrbuchs. gr. 8. (à Jahrg. IV, 124 S.) Berlin 877—80. à Jahrg. *

Oerter, mittlere und scheinbare, für die J. 1881 und 1882 von 539 Sternen des Fundamental-Catalogs, welcher als Grundlage für die Reduction der Zonenbeobachtungen der „Astronomischen Gesellschaft" dienen soll. Unter Mitwirkung der „Astronomischen Gesellschaft" hrsg. von der Redact. des Berliner astronom. Jahrbuchs. gr. 8. (à Jahrg. IV, 122 S.) Berlin 881, Dümmler's Verlagsh. à Jahrg. * 2 50
Nicht weiter erschienen.

— dasselbe u. scheinbare Oerter v. 450 Sternen, nebst Reductions-Tafeln f. die J. 1901, 1902, 1903 u. 1904. Mit Anh., enth. vorläuf. Verbessergn. der Oerter des Fixstern-Verzeichnisses im Jahrbuch S. 149ff. f. 1901,0, 1902,0, 1903,0 u. 1904,0. gr. 8. (à S. 149—335 u. 8 S.) Ebd. 899—902. à n.n. 6. —
Sonderabdrucke aus: „Berliner astronom. Jahrbuch".

— dasselbe u. scheinbare Oerter v. 450 Sternen, nebst Reduktions-Tafeln f. d. J. 1905 u. 1906. Mit Anh.. enth. definitive Verbessergn. der Oerter des Fixstern-Verzeichnisses im Jahrbuch S. 149 ff f. 1905,0 bezw. 1906,0. (Je S. 149—335 u. 8 S.) gr. 8. Ebd. 903. 904. à n.n. 6. —

— dasselbe u. scheinbare Oerter v. 573 Sternen, nebst Reduktions-Tafeln f. d. J. 1908. (S. 149—399) gr. 8. Ebd. 906. n.n. 6. —
3 Sonderabdrucke aus: „Berl. astronom. Jahrb."

— dasselbe u. scheinbare Örter v. 573 Sternen, nebst Reduktionstafeln f. d. J. 1909, 1910, 1911 u. 1912. (Je S. 149—399.) gr. 8. Ebd. 907—10. à nn 6. —
Sonderabdrucke aus: „Berl. astronom. Jahrb."

Oerter, scheinbare, von 529 Sternen des Verzeichnisses I. u. II., welches nach der Vierteljahrsschrift der „Astronomischen Gesellschaft" IV. Jahrg., 4. Heft 1869, für die Beobachtung der Sterne der nördlichen Halbkugel bis zur neunten Grösse als Grundlage dienen soll für das J. 1870. Unter Mitwirkung der „Astronom. Gesellschaft" hersg. von der Redaction des Berliner Astronom. Jahrbuchs. Berlin 870. Dümmler's Verl. gr. 8. (II, 71 S.) n. 15 ngr.

SCHEINBARE OERTER von 529 Sternen des Verzeichnisses I. und II. welches nach der Vierteljahrsschrift der »Astronomischen Gesellschaft«, IV. Jahrgang, 4. Heft 1869, für die Beobachtung der Sterne der nördlichen Halbkugel bis zur neunten Grösse als Grundlage dienen soll für das Jahr ... Unter Mitwirkung der »Astronomischen Gesellschaft« herausgegeben von der Redaction des Berliner Astronomischen Jahrbuchs.
Für das Jahr 1870. Berlin, 1870. A. W. Schade's Buchdruckerei. 8°.

Oerter [Verfasser]

Oerter, John H., die Mittags-Betstunde. Erzählungen für Kinder. Eine Festgabe. 8. (12 S.) New-York 859. (Philadelphia, Schäfer und Koradi.)

Oerter, J. H., The social question in the light of history and the word of truth. 12°. New York, E. Glaeser. 1887.

Oerter, John H., der Socialismus der Gegenwart. Drei Vorträge. gr. 8. (48 S.) New York 878. (Philadelphia, Schäfer und Koradi.) *

Oerter, Sepp, acht Jahre Zuchthaus. Lebenserinnerungen. (Umschlag. 1. u. 2. Taus.) (161 S. m. Bildnis.) 8. Berlin (909). Verlag der Tribüne. 1. —

Orterer, Rede, geh. in d. Versammlg. d. kath. Männervereins Kempten am 26. April. 12. (31 S.) Kempten 896. J. Kösel. n. — 10

Orteror, Geo., Beiträge zur vergleichenden Casuslehre d. Zend u. Sanskrit. Inauguraldissertation. gr 8. (38 S.) München 873. (Franz.) n. 1. 10

Nachruf auf den K. Gymnasialrektor a. D. und Oberstudienrat Dr. Wolfgang Markhauser. – Von Dr. Georg von Orteror, G.-R. — Jahresbericht p. 48 und 49.
Progr München, K. Luitpoldgymnasium

Örterverzeichnis des Bunzlauer Kreises 1787. [Prag 1794.] V: *Wander von Grünwald, Jos.* (MS)

Ortfiefer, M., die Vaterlandsliebe u. ihre Pflege in der Schule. 8. (16 S.) Danzig 893. F. Axt. n. — 40

Oertgen, Joseph, approb. Arzt aus Katernberg Aus d. chirurg. Klinik zu Gießen. Ueber Gelenkmäuse. *Gießen 1903: v. Münchow.* (25 S.) 8°
Gießen, Med. Diss. v. 1903

(Ortgies,) Bericht üb. d. Bremer Taubstummenanstalt, f. Bericht üb. d. gehalt. Generalversamml. d. Hülfs-Vereins ꝛc.

Ortgiese, H. M., f. Bericht üb. die am 25. März gehalt. Generalversammlung ꝛc. s. Etwas zur Beurtheilung des Nur-Etwas.

Ortgiesen, Sebastian Gerhard (Friedeburg/Ostfriesland), Brevem disquisitionem exhibentem arctos cognitionis humanae limites in rebus divinis. Präs. Sigism. Jakob Baumgarten. Halle/Magdeburg (Hilliger) (13.) Okt. 1753. 36 S. (4.50) 25632
Gew.: Johann Gerhard Ortgiesen, August Dieterich Horst. — Widm. v.: August Friedrich Willrath (Oppon.), Jo. Eberhard Gossel (Oppon.)

Orth [Sachliches OW]

Orth, Johann, der Seefahrer od. Leben, Wirken u. räthselhaftes Verschwinden e. Habsburgers. Von e. Eingeweihten. gr. 8. (48 S.) Berlin 891. Friedrichs & Co. n. 1. —

Orth [Verfasser]

Orth, Über das Abdeckereiwesen im Deutschen Reich vom Standpunkte der öffentlichen Gesundheitspflege. O. O. 1882. 8. . . . .

Orth, Diss. de cardialgia etc. Witeb. 4°. 1751

Orth: Ueber den Einfluss der Entdeckung Amerikas und des Seeweges nach Ostindien auf die Revolution neuester Zeit. 6 S.–Komotau, Progr. 1852

Orth: Die Hauptsätze der induktiven Logik, durch Beispiele aus den Naturwissenschaften erläutert. 22 S.– Burgsteinfurth, Progr. 1863.

Orth: Ueber d. wichtigsten Momente d. Entwicklung d. Mythe. 8 S.–Komotau, Progr. 1854

Orth, A. J., vereinf. amerikan. doppelte Buchführung m. bes. Rücksicht auf die Führg. d. Geheimbuches. Anleitg. z. prakt. Gebrauche, f. Handelsschulen u. z. Selbstunterricht, gr. 4. (XXV, 82 S.) Köln 898. Kölner Verlags-Anstalt u Druckerei. 3. 50; geb. 4. —

Orth, Alb., Beiträge zur Boden-Untersuchung, Bedeutung u. Methode derselben, sowie das Verhältniss der Naturwissenschaft zur landwirthschaftlichen Praxis im Allgemeinen. Berlin 868. Calvary & Co. Lex.-8. (VIII, 86 S.) n. 20 ngr.

Orth, Albert Bericht über die Bodenarten. Bodenkarten und bez. geologischen Karten auf der Weltausstellung zu Wien 1873. erstattet an das Königlich Preussische Ministerium für die landwirthschaftlichen Angelegenheiten. (Landwirthschaftliches Centralblatt. Jahrg. 22. November 1874. S. 641—650.) (Berlin 1874.) 16 S. 8°

Orth, Alb., geognostische Durchforschung d. schlesischen Schwemmlandes zwischen dem Zobtener u. Trebnitzer Gebirge. Nebst analyt. u. petrograph. Bestimmgn., sowie e. Uebersicht v. Mineral-, Gestein- u. Bodenanalysen. Vom landwirthschaftl. Verein zu Breslau gekrönte Preisschrift. Lex.-8. (LVIII, 361 S.) Berlin 872. Wiegandt, Hempel & Parey. n. 9. —

Orth, Alb., zur Förderung d. Landwirthschafts-Beamten. Festrede, geh. zum 25jähr. Stiftungsfeste d. Berliner Vereins deutscher Landwirthschafts-Beamten am 29. Novbr. 1890. gr. 8. (22 S.) Berlin 891. [Grundmann.] Neudamm, J. Neumann. n. — 25

Orth, Alb., Kalk- u. Mergel-Düngg., s. a. Anleitungen f. d. prakt. Landwirth, Nr. 5.

[J.] Kalk- und Mergel-Düngung. Anleitg f. d. prakt. Landwirt. Im Auftr. d. Deutschen Landwirtschafts-Ges., Dünger-'(Kainit-)' Abt., bearb. v. Dr. Albert Orth, . Prof. . . zu Berlin. *Berlin: Dr. v. Gebr. Unger 1896.* (X, 224 S.) 1 Bd 8.
— Anleitungen f. d. praktischen Landwirt. No 5. [96. 5961

— die geognostisch-agronomische Kartirung, m. besond. Berücksicht. der geolog. Verhältnisse Norddeutschlands u. der Mark Brandenburg erläutert an der Aufnahme v. Rittergut Friedrichsfelde bei Berlin. Vom landwirthschaftl. Centralverein d. Reg.-Bez. Potsdam gekrönte Preisschrift. 4. (XXXIV, 176 S. m. 1 Atlas v. 4 lith. u. chromolith. Karten in gr.4., Fol. u. Imp.-Fol.) Berlin 875. Ernst & Korn. n. 20. —

— zur Kenntniß d. Bodens u. seines Gewerbes. Zwei Vorträge. gr. 8. (51 S.) Berlin 871. Wiegandt, Hempel & Parey. n. 1. —

Orth, A., Landwirthschaft, s.: Anleitung zu wissenschaftl. Beobachtungen auf Reisen.

Orth, Alb., die Landwirtschaft zur Zeit Thaers u. im naturwissenschaftlichen Jahrhundert. Festrede zur Feier des Geburtstages Sr. Maj. des Kaisers u. Königs u. des 25jähr. Jubiläums der königl. landwirtschaftl. Hochschule zu Berlin, geh. am 25. I. 1906. (23 S.) Lex.-8. Berlin 906. P. Parey. n. 1. —

Orth, Albert: Die geologischen Verhältnisse des norddeutschen Schwemmlandes mit besonderer Berücksichtigung der Mark Brandenburg und die Anfertigung geognostisch-agronomischer Karten. Halle (1870): Plötz. 64 S. 8°
Halle-Wittenberg, Phil. Hab.-Schr. v. 27 Mai 1870

Orth, Alexander ⟨geb. am 12 Juli 1836 in Essen⟩: De therapia iritidis operativa ... Bonnae, typ. F. Krveger (1861). 32 S., 1 Bl. 8.
Bonn, Med. Fak., Diss. v. 8 Aug. 1861

Orth, Anton Nikolaus (Giessen)
Disputatio juridica inauguralis de eo quod justum est circa locum sacrum.
Giessae 24. Dez. 1710: Vulpii haer. (2), 32 S. 4°
pro licentia summos in utroque jure honores ... legitime capessendi

Orth, Aug., die **Akustik** grosser Räume m. speciellem Bezug auf Kirchen. [Mit 5 (lith.) Kpfrtaf. (in Fol. u. gr. Fol.)] [Aus: „Zeitschrift f. Bauwesen."] Fol. (20 S. m. eingedr. Holzschn.) Berlin 872. Ernst & Korn. n. 5. —

Orth, Aug., Anlagen zur Erzielung e. guten Akustik, s.: Handbuch der Architektur.

—— Die Dankeskirche in Berlin. gr. Fol. (20 S. m. 5 Kpfrtaf. u. 14 Holzschn.) Berl. 890, Ernst u. Sohn. cart. * 12 —

Orth, August: Denkschrift über eine Reorganisation der Stadt Berlin. Als Ms. gedr. Berlin 1873

Entwurf zu einem provisorischen Ausstellungsgebäude am Cantian-Platz. Berlin 1875. Fol.

Orth, Aug., **Entwurf** zu einem Bebauungsplan für Strassburg, bearb. im Auftrage der Stadtverwaltung. Mit 8 (lith.) Taf. u. 9 (eingedr.) Holzschn. hoch 4. (III, 84 S.) Leipzig 878. Seemann. n. 4. —

— zur baulichen **Reorganisation** der Stadt Berlin. 2 Denkschriften u. e. am Schinkelfeste 1875 geh. Festrede. gr. 8. (IV, 60 S.) Ebend. 875. n. 1. 60

— **Rüdersdorf** u. Umgegend, s.a. Abhandlungen zur geologischen Specialkarte von Preussen u. den Thüringischen Staaten.

Orth, Albert Rüdersdorf und Umgegend. Auf geognostischer Grundlage agronomisch bearbeitet. Mit einer geognostisch-agronomischen Karte. (Abhandlungen zur geologischen Specialkarte von Preussen und den Thüringischen Staaten. Bd. 2. Heft 2.) Berlin 1877. IX, 114 S. 8°

— die neue **Viehmarkt- u. Schlachthaus-Anlage** zu Berlin. Hrsg. v. A. **Orth** u. A. **Biebendt**. [Mit 10 (lith.) Kpfrtaf. (in Fol. u. gr. Fol.), 41 in den Text eingedr. Holzschn. u. e. (lith.) graph. Darstellg. (in gr. Fol.)] Fol. (22 S.) Ebend. 872. n. 14. —

— — Die neue Viehmarkts- u. Schlachthaus-Anlage zu Berlin. Mit 10 Kpfrtfln., 41 Holzschn. i. Text u. einer graph. Darstellung. Berlin 1872. Fol.

Orth, Aug., Die neue Zionskirche zu Berlin. Mit 8 Kpfrtfln. und 12 Holzschn. Berlin 1874. Fol.

— die **Zukunft** Charlottenburgs in besonderer Beziehung zu den Verkehrswegen u. zur Einverleibung in Berlin. 1. u. 2. Aufl. gr. 8. (36 S.) Berlin 881. (Gropius.) n. — 50

ORTH, C. F. Adolf (Freiburg): Ueber das Kali hypermanganicum.- München: Weiss 1867. 24 S. 26.7.1867 - Urk (Titel: De kali hypermanganico.); F 71; Chr 1667/68,13
Diss.Ingolst.-Landsh.-Mchn.

Orth, Daniel [app. Arzt aus Bellheim]: Die Neubildungen der Trachea ... Mannheim, Druck v. Gremm & Lorenz, 1892; 47 S. 8.
Heidelberg, Med. Fak., Inaug.-Diss. v. [24.] März 1892

Orth, *Hermann Gustav* Edmund [app. Apotheker aus Hamburg]: Beiträge zur Anatomie der Gattung Potentilla ... Hamburg, Druck v. W. Hohlweg, 1893; 33 S., 1 Bl. 8.
Kiel, Phil. Fak., Inaug.-Diss. v. [16. Dez.] 1893

Orth, Ernst, Duplex tripartitus. Die kirchlichen Stände als Grundlage einer evangel. Generalsynode zunächst für die östl. Provinzen des Preuß. Staates. Eine Denkschrift. gr. 8. (VIII u. 55 S.) Berlin 851, J. A. Wohlgemuth. n. 8 ngr.

—— der allerhöchste Erlaß vom 29. Juni 1850 und die kirchliche Demokratie. Eine Streitschrift. gr. 8. (40 S.) Berlin 851, J. A. Wohlgemuth. *

Orth, Ernst, Festpredigten. gr. 8. (19½ B.) Berlin 845, Dehmigke's Buchh.

— ein Friedenswort zur Buße. Predigt gehalten am Sonntage Oculi zum Andenken an die zu Berlin Gefallenen. gr. 8. (16 S.) Berlin 848, Grobe. n. 1/12 ₰

Orth, Ernst, die rechte Hand des Herrn. Predigt, gehalten zur Feier der wunderbaren Errettung Sr. Maj. des Königs aus Mörderhand am Trin.-Sonnt., den 26. Mai 1850. [Aus d. Juli-Hft. d. Neuesten Nachrichten aus d. Reiche Gottes.] gr. 8. (16 S.) Berlin 850, J. A. Wohlgemuth in Comm. n. 1/12 ₰

— die Hirten u. die heil. drei Könige. Predigt, gehalten am 2. Christtage 1849. gr. 8. (16 S.) Berlin 1849, J. A. Wohlgemuth. n. 1/12 ₰

—— die Hirten und die heil. drei Könige. Predigt, gehalten am 2. Christtage 1849. gr. 8. (16 S.) Berlin 850, J. A. Wohlgemuth. *

—— Jakob u. Esau. Drei Predigten nebst einem offnen Schreiben an Hrn. Predig. Kuntze als Antwort auf dessen am 15. Sonnt. n. Trin. gehalt. Predigt. 8. (4½ B.) Berlin 845, Dehmigke's Bh.

— die Evangelische Kirche u. die gemischten Ehen zwischen Evangelischen u. Römisch-Katholischen. Ein Vortrag, gehalten auf dem 5. Deutschen Evangel. Kirchentage zu Bremen. gr. 8. (24 S.) Berlin 852, Wiegandt & Grieben. 1/12 ₰

— ein Kriegsruf zur Buße. Predigt, gehalten am Bußtage, den 2. Mai 1849. gr. 8. (15 S.) Berlin 849, Grobe. n. n. 1/12 ₰

Orth, Ernst, der gekrönte Märtyrer Christi. Predigt zum Gedächtniß Sr. Majestät des hochseligen Königs Friedrich Wilhelm IV., gehalten am 17. Febr. 1861. Berlin, Wiegandt & Grieben. gr. 8. (18 S.) 2½ ngr.

—— **Noth und Hülfe. Predigt, gehalten am 24. Sonnt. n. Trin. 1855 über Matth. 9, 18. ff. gr. 8. (14 S.) Berlin 855, J. A. Wohlgemuth.** **

Orth, Ernst Rud., mein Abschied vom Amt u. v. der Gemeine. Predigt, geh. am 19. Sonntage nach Trinitatis, den 12. Oktbr. 1890. gr. 8. (11 S.) Berlin 890. Buchhandlg. der Berliner Stadtmission. n. — 20

Orth, Ernst Rud., der aaronische Segen 4. Mose 6, 24—26, mein Jubiläumsdank und mein Jubiläumsbekenntniß. Predigt, gehalten am Sonntage Invocavit den 11. Febr. 1888. gr. 8. (15 S.) Berlin 883, Wiegandt und Grieben. — 80

Orth, F. J., biochemische Behandlung der Krankheiten. Mit Symptomenangabe dargestellt in alphabet. Ordng. nach der 3. Aufl. d. französ. Werkes „Description et emploi des douze médicaments biochemiques" m. vielen Zusätzen. Durchgesehen u. m. Vorwort v. H. Goullon. gr. 8. (78 S.) Leipzig 891. Gust. Engel. n. 1. 20

Orth, Ferdinand Antrittsrede des Direktors bei seiner Einführung. 16. Oktober 1905. S. 3—6. 4.
Progr. Kgl. Preuß. Henneberg. Gymn. *Schleusingen* 1906 (308)

Orth, Ferdinand: Die künstlerische Ausschmückung der Klassenzimmer des Gymnasiums zu Schleusingen. Ein Wort z. Einführung in d. Verständnis d. Kunstwerke. Vortrag. Schleusingen 1909: Lang. S. 1—14. 4°
Schleusingen, k. Hennebergisches G P 1909 (341) [S 09. 347

Orth, Ferdinand Die Einführung des Englischen als Pflichtfach in den drei oberen Klassen. S. 12—14 der Schuln. 4.
Progr. Kgl. Preuß. Henneberg. Gymn. *Schleusingen* 1908 (325).

Orth, F[erdinand], Dr.: Der **Feldbau der Römer.** *Frankfurt a. M. 1900: R. Baumbach.* (S. 3—46.) 4°
Frankfurt a. M., k. Kaiser-Friedrichs-G, OP 1900 (416)

Orth, Ferdinand: Der Hund im Altertum. Schleusingen 1910: Lang. 38 S. 4°
Schleusingen, k. Preuß. Hennebergisches G P 1910 (347)** [S 10. 318

Orth, Ferd., **über Reim und Strophenbau in der altfranzösischen Lyrik. gr. 8. (75 S.) Kassel 882, Hühn.** * 1 50

— [Gymnasialdirektor a. D. Dr. Paul Schmieder † am 25. Januar 1910.] S. 9—10 der Schuln. 4.
Progr. Kgl. Preuß. Henneberg. Gymn. *Schleusingen* 1910 (347)

Orth, F[erdinand], Dr.: **Weinbau und Weinbereitung der Römer.** *Frankfurt a. M. 1902: R. Baumbach.* (59 S.) 4°
Frankfurt a. M., k. Kaiser-Friedrichs-G, OP 1902 (432)

Orth, Georg, Rechtsprakt.: Spiel und Wette im Strafrecht. Heidelberg 1909: Rößler & Herbert. 110 S. 8°
Heidelberg, Jur. Diss. v. 6. Aug. 1900, Ref. v. Lilienthal
[Geb. 26. April 80 Mannheim; Wohnort: Bretten; Staatsangeh.: Baden; Vorbildung: Gymn. Mannheim Reife M. 05, Studium Straßburg 3, München 2, Heidelberg 2 S., Rig. 19. Mai 09.] [1 09. 1869

— Georg Heinrich (Heilbronn / Württemberg), De juramento studiosorum academico auspicali, Von dem Eide, welchen die studirende Jugend beym Antritt ihres Academischen Lebens jezuweilen ablegen muß. Disput. inaug. Präs. Wilhelm Hier. Bruckner. Jena (J. A. Muller) Juni 1725. 38 S. (4.75) 25635

Orth, Geo. M., die Wasserglas-Gallerte, ihre Anwendung u. ihr Nutzen. Nebst e. Zusammenstellung dessen, was andere Schriftsteller über diesen Gegenstand neuerdings mitgetheilt haben. 857. (23 S.) 2½ ngr. — 2. sehr verm. Aufl. Weimar 857. Voigt. gr. 8. (45 S.) 5 ngr.

v. Orth, Hnr., kurze Anleit. zum schnellen Erlernen d. engl. Sprache; z. Selbstunterricht. 8. Münch. 831. Jaquet u. 1833. (1832) (Fleischmann). 12 gr

Orth, Heinrich Ueber einige Derivate des Metakresol's, und über die Darstellung von Paranitrobenzylnitrat. Freiburg i. B., 1883.

Orth, Heinrich, approb. Arzt aus Oldenburg: **Aus d. Chirurg. Universitätsklinik zu Freiburg i. B. Über einen eigentümlichen Fall von Ileus.** *Freiburg i. B. 1902: H. Epstein.* (26 S.) 8°
Freiburg i. B., Med. Diss. v. 1902

— die Geschichte d. unglücklichen Paares, aus Derwent Conway's einsamen Spaziergängen. Bearb. zu e. kurzen Anleitung zum schnellen Erlernen der engl. Sprache, mit besond. Rücksicht auf die Aussprache. 8. Münch. 833. (832). Fleischmann. 20 gr

Orth, Hermann, a. Oggersheim, Pfalz: Über die Autorennamen in der medizinischen Nomenclatur. Erlangen 1906: Junge & Sohn. (46 S.) 8°
Erlangen, Med. Fak., Ref. Penzoldt, Diss. v. 7. Aug. 1900
[Geb. 20. Okt. 66 Ensheim, Wohnort: Oggersheim; Staatsangeh.: Bayern; Vorbildung: Gymn. Zweibrücken Reife 87; Studium: München 2, Erlangen 2, Straßburg 6 S.; Coll. 20. März 06; Approb. 18. Juli 92.]

Orth, Hermann, appr. Arzt aus Kempfenbrunn i. Spessart: Die Erfolge der Freiluftliegekur bei der Behandlung der Lungentuberkulose an der medizin. Klinik der Universität Erlangen. Erlangen 1905: Junge & Sohn. (65 S.) 8°
Erlangen, Med. Fak., Ref. Penzoldt, Diss. v. 30. Juni 1905
[Geb. 22. Juli 81 Kempfenbrunn im Spessart; Staatsangeh.: Bayern; Vorbildung: Gymn. Hersfeld Reife O. 00; Studium: Erlangen 5, München 1, Erlangen 4 S.; Approb. 5. März 05.]

— Hieronymus Wilhelm (Frankfurt / Main), Diss. inaug. partem iidam differentiarum jur. Romani et Germanici in senatusconsulto Velleiano atque Mulierum obligationibus aliis, occasione reipublicae Francofurtanae statutorum. Präs. Johann Peter Ludewig. Halle/Magdeburg (J. Fr. Krottendorff) 25. III. 1720. 38 S. (4.75) 25636

Orth, J., ein Gefängnißprediger im Elsaß. Eine Erzählung. gr. 8. (III, 135 S.) Mülhausen i. E. 878, Bufleb. *

Orth, J., ein Gefängnißprediger im Elsaß. Selbsterlebtes. Neue bill. Volksausg. 8. (III, 135 S.) [Mülhausen i. E. 882.] Berlin, Bufleb. — 90

Orth, J., Jigelis Porträt, s. a. Groschen-Bibliothek f. das deutsche Volk.

Jigelis Porträt. Von J. **Orth**, Pfarrer in Mülhausen i. E. *Barmen: H Klein [1903].* (21 S.) 8° [F.]
= **Dämmerstunde.** Für die. Reihe 1, [7] [04. 8318

—— Verzeichniß von Bibelabschnitten zur täglichen Lectüre Ein Supplement zu jedem Lehrbuch für den evangel. Religionsunterricht. gr. 8. (8 S.) 878. Mülhausen i. E. *

—— wunderbare Wege, s. Familien-Bibliothek für's deutsche Volk.

Orth, **J. F., Tractatio jurid., de eo, quod circa demortuos, eorundemque sepulturam juris est. 4. Heilbr, 761. Class. 4 gr**

Orth, J. W., von dem wahren Werthe d. Musik, beider des Gesanges u. Tonspiels, zur christl. Gottesverehrung: Pred. bei Einweih. d. neuen Orgel zu Gießheim rc.; mit einigen Anmerkn. begleitet. gr. 8. (1¼ B.) Darmstadt 835, (Diehl.)

ORTH, Jacob (Gleisweiler): Ueber Pneumatotherapie bei Pleuraexsudat.- München: Ernst 1884. 29 S. 22.7.1884 - Urk (Titel: De pleuritidis exsudativae pneumatotherapia.); Chr 1884/85,19
Diss. Ingolst.-Landsh.-Mchn.

Orth, Jak., Predigt, gehalten am Dankfeste f. die Einsetzung d. Bischofs zu Limburg, D. Jak. Brand, in d. St. Bartholomäi-Kirche zu Frankfurt. gr. 8. Frankf. a. M. 828. Andreä. 3 gr

Orth, Jan, a Frant. **Sládek,** topograficko-statistický slovník čech čili podrobný popis všech měst, městysů, vesnic, pak zámků, dvorů etc. jakož i všech zpustlých hradů a zaniklých osad království Českého. Sešit I—IV. Prag 863, 64. Koher. gr. 8. (S. 1—256.) Jedes Heft n, 8 ngr.

Orth, Joh. Ludw., Predigt bei Eröffnung d. 500jähr. Jubelfeier d. Einweihung d. Kirche zu uns. lieben Frau auf d. Berge zu Frankfurt. gr. 8. ... Frankfurt a. M. 827, Andreä. Thlr.

Orth, Joh. Ludw., Predigt, gehalt. am Dankfeste f. d. Einsetzung d. Bischofs zu Limburg, Dr. Jak. Brand, in d. St. Bartholomäi-Kirche zu Frankfurt. gr. 8. ... Frankfurt a. M. 828, Andreä.

Orth, Joh. Phil.

(Orth, J. P.): „Ausführliche Abhandlung von den berühmten zwoen Reichsmessen so in der Reichsstadt Franckfurt am Main jährlich gehalten werden, worinnen gar viele wigtige und merkwürdige materien vorkommen und gründlich ausgeführet werden, welche auch zugleich zu besserer erkäntnis und erleuterung der deutschen geschichte, stats- und bürgerlichen rechte, samt gewonheiten älterer, mitlerer und neuerer zeiten überhaupt, dienen können mit beilagen, an den zalen 1. bis 85. vieler und zum teil noch ungedruckter Kaiserlicher freiheitsbriefe, urkunden und anderer nachrichten, auch einigen zusäzen und register. gedruckt mit Brönnerischen schriften" (Frankfurt a. M.) 1765. — Vorh.: Com. Bibl. Hamburg und Bibl. der Industrie- u. Handelskammer Leipzig.

Orth, Joh. Phil., Ausführliche Abhandlung von den berühmten zwoen Reichs-Messen in der Reichs-Stadt Frankfurt a. M. Frankf. a. M. 1765. 4°. (In Breslau, Kgl. u. Univ.-Bibl.: Hist. Germ. V 4°. 607.)
Ersch III, 2. 1828. Sp. 883. no. 3582a.

[Orth, Joh. Phil.]: Nöthig- und nützlich erachtete Anmerckungen über die (so gen. Erneuerte) Reformation der Stadt Franckfurt am Mayn. Samt e. Anh. [Nebst] Forts. 1—4 [u.] Zusätze. (Franckfurt a. M.) 1731—75. 6 Bde

Orth, Jh. Ph., († im März 1783.) Anmerkk. üb. die erneuerte Reformation d. St. Frankf. a. M. 4. Frankf. a. M. 731 u. 1e—5e Fortsetz. Ebd. 742—75. 14 ß

(Orth, J. Ph.): Samml. merkwürd. Rechtshändel, sammt ihren Zweifels- u. Entscheid.-Gründen; wie auch verschied. Rechts- u. and. Matt., welche zu weit. Erkenntn. u. Erläut. sowohl d. deutschen gerichtsübl. Rechtsgelahrth. überh., als besond. d. Frankfurter Reformat. u. Anmerkk. darüber nützlich angewendet werden können. *Frkf. a. M.*, Brönner. 763—78. 17 Thle. 8. (à 12 Gr.)

Orth, Johs., Arbeiten üb. Infektionskrankheiten s.: Virchow's, Rud., Archiv f. patholog. Anatomie. Beiheft z. 194. Bd.

Orth, Johs., s.: Arbeiten aus dem pathologischen Institut in Göttingen.

Orth, Johs., Aetiologisches und Anatomisches über Lungenschwindsucht. gr. 4. (33 S.) Berlin 887, Hirschwald. *

— Aufgaben, Zweck u. Ziele der Gesundheitspflege, s.a. Bibliothek der Gesundheitspflege. 1. Bd.

Aufgaben, Zweck und Ziele der Gesundheitspflege. Von Prof. Dr. Johannes Orth. Stuttgart: Moritz 1904. 55 S. 8°
(Bibliothek d. Gesundheitspflege. Bd 1.) [11. ...] 11

— Über die Bedeutung der Vererbung f. Gesundheit u. Krankheit, s.a. Veröffentlichungen des deutschen Vereins f. Volks-Hygiene. 16. Heft.

Orth, Johannes: Über die Bedeutung der Vererbuung für Gesundheit und Krankheit. Vortrag, geh. in Berlin 1908 von Prof. Johannes Orth, Berlin. 1 Aufl. München & Berlin: Oldenbourg 1909. 35 S. 8°
(Veröffentlichungen d. Deutschen Vereins f. Volks-Hygiene. H. 16.)

— pathologisch-anatomische Diagnostik, nebst Anleitg. zur Ausführg. v. Obductionen, sowie v. pathologisch-histolog. Untersuchgn. 5., neu bearb. Aufl. gr. 8. (XI, 709 S. m. 410 Abbildgn.) Berlin 894. A. Hirschwald. n. 16. —

Orth, Johs., pathologisch-anatomische Diagnostik, nebst Anleitg. zur Ausführg. v. Obductionen, sowie v. pathologisch-histolog. Untersuchgn. 6. durchgeseh. u. verm. Aufl. gr. 8. (XII, 730 S. m. 411 Abbildgn.) Berlin 900. A. Hirschwald. n. 16. —

— Pathologisch-anatomische Diagnostik, nebst Anleitg. zur Ausführg. v. Obduktionen sowie v. pathologisch-histolog. Untersuchgn. 7., durchgeseh. u. verm. Aufl. (XII, 767 S. m. 438 Abbildgn.) Lex. 8. Berlin 909. A. Hirschwald. 16. —

—— über die Entstehung und Vererbung individueller Eigenschaften. gr. 4. (27 S.) Leipzig 887, Engelmann. *
Aus: Festschrift für A. v. Kölliker, besonders abgedruckt.

— Erläuterungen zu den Vorschriften f. das Verfahren der Gerichtsärzte bei den gerichtlichen Untersuchungen menschlicher Leichen. (IV, 99 S.) gr. 8. Berlin 905. A. Hirschwald. n. 2. —

Festrede im Namen der Georg-Augusts-Universität zur akademischen Preisvertheilung am 4. Juni 1891 gehalten von Johannes Orth d. z. Prorektor Ueber die Fortschritte der Aetiologie mit besonderer Berücksichtigung der Disposition. Göttingen, Druck d. Dieterichschen Univ.-Buchdr., *1891*, 34 S. 4°

— Gefühl u. Bewusstseinslage, s.a. Sammlung v. Abhandlungen aus dem Gebiete der pädag. Psychologie u. Physiologie. VI. 4.

Orth, Johannes [aus Würzburg]: Gefühl und Bewusstseinslage. Eine kritisch-experimentelle Studie. Berlin 1903. 131 S. 8°.
Zürich. Phil. Diss. I S. 1902/1903.

Gefühl und Bewußtseinslage. Eine krit.-experiment. Studie von Dr. Johannes Orth. *Berlin: Reuther & Reichard 1903.* (131 S.) 8°
— Sammlung von Abhandlungen aus d. Geb. d. pädag. Psychologie u. Physiologie. Bd 6, H. 4. [03. ...] 2

Orth, Johs., Compendium der pathologisch-anatomischen Diagnostik. Nebst Anleitg. zur Ausführg. v. Obductionen. gr. 8. (XXXI, 412 S.) Berlin 876. Hirschwald. n 10. —

Orth, Johs., Compendium der pathologisch-anatomischen Diagnostik, nebst Anleitung zur Ausführung von Obductionen. 1. Aufl. (XXXI, 412 S.) 1876; 2. verm. und verb. Aufl. gr. 8. (XXX, 459 S.) Berlin 878, Hirschwald. *

Orth, Johs., Compendium der pathologisch-anatomischen Diagnostik, nebst Anleitg. zur Ausführg. v. Obductionen, sowie v. pathologisch-histolog. Untersuchgn. 3. neu bearb. u. m. mikroskop. Technik verm. Aufl. gr. 8. (XX, 634 S.) Berlin 884. Hirschwald. n. 13. —

—— Compendium der pathologisch-anatomischen Diagnostik, nebst Anleitung zur Ausführung von Obductionen, sowie von pathologisch histolog. Untersuchungen. 4. Aufl. gr. 8. (XVI, 656 S.) Ebendas. 888. *

Orth, Johannes: Compendium der pathologisch-anatomischen Diagnostik nebst Anleitung zur Ausführung von Obductionen. Berlin 1876. XXXI, 412 S. — 6. Aufl. [u. d. Tit.:] Pathologisch-anatomische Diagnostik nebst Anleitung zur Ausführung von Obductionen sowie von pathologisch-histologischen Untersuchungen. 1900. XII, 730 S.

— Über einige Krebsfragen. (S. 1225—1238.) Lex. 8. Berlin 909. G. Reimer. — 50

— Über die Krebsgeschwulst des Menschen. (S. 107—125.) Lex. 8. Ebd. 909. 1. —

Orth, Johannes: Cursus der normalen Histologie zur Einführung in den Gebrauch des Mikroskopes sowie in das practische Studium der Gewebelehre. Mit 100 Holzschn. Berlin 1878. X, 272 S.

—— Cursus der normalen Histologie zur Einführung in den Gebrauch des Mikroskopes, sowie in das practische Studium der Gewebelehre. 2. verb. und verm. Aufl. (XII, 313 S. mit 107 eingedr. Holzschn.) 1881; 3. durchges. und verm. Aufl. gr. 8. (XII, 340 S. mit 108 Holzschn.) Ebendas. 884. * 8 —

Orth J.: Cursus d. normalen Histologie .. 3. durchges. u. verm. Aufl. Berl. 1884. 340 S. Fig.

Orth, Joh., Kursus der normalen Histologie zur Einführung in den Gebrauch des Mikroskopes, sowie in das praktische Studium der Gewebelehre. (V.) Mit 118 Holzschnitten. Berlin 88. Hirschwald. M. 8.—, geb. M. 9.—

— Lehrbuch der speciellen pathologischen Anatomie. (In 4 Lfgn.) 1—3. Lfg. Mit 68 (eingedr.) Holzschn. gr. 8. Ebend. n. 26. —
1. Blut u. Lymphe, blutbereit. u. Circulationsorgane. (1. Bd. 280 S.) 883. n. 8. —
2. Respirationsorgane u. Schilddrüse. Mit 70 Holzschn. (1. Bd. S. 281—590.) 885. n. 8. —
3. Verdauungsorgan. Mit 85 Holzschn. (1. Bd. XII. u. S. 591—1014.) 887. n. 10. —

Orth, Johannes: Lehrbuch der speciellen pathologischen Anatomie. Bd 1. 2, Abth. 1. [Nebst] Erg. Bd, Abth. 2. Berlin 1887—94.
Bd 1. 1887. Bd 2, Abth. 1. 1893.
Erg. Bd, Abth. 2. U n n a P[aul] G[erson]: D. Histopathologie d. Hautkrankheiten. 1894.

Orth, Joh. Lehrbuch der speciellen pathologischen Anatomie. 4.—6. Lfg. [II. Bd. 1. u. 2. Lfg. u. Ergänzungsbd. 1. Lfg.] gr. 8. Berl., Hirschwald. * 14 —
4. Nebennieren u. Harnorgane. (S. 1—256 m. 57 Holzschn.) 889. * 8 —.
5. Geschlechtsorgane. 1. Hälfte. (S. 257—368 m. 20 Holzschn.) 891. * 3 —.
6. Gehörorgan, bearb. v. Herm. Steinbrügge. (VII, 125 S. m. 20 Holzschn.) 891. * 3 —.
1.—3. Lfg. Ebd. 1883—87. * 26 —.

— dasselbe. 7. Lfg. [2. Bd. 3. Lfg.] (Geschlechtsorgane. 2. Hälfte.) gr. 8. (2. Bd. 1. Abth. VI u. S. 369—684 m. 92 Abbildgn.) Ebd. 893. n. 9. —

— dasselbe. 8. Lfg (Ergänzungsbd. 2. Thl.) gr. 8. Ebd. 894. n. 28. —
Die Histopathologie der Hautkrankheiten, bearb. v. P. G. Unna. (XXIX, 1225 S. m. 1 farb. Taf.)

— Lehrbuch der speciellen pathologischen Anatomie. 9. Lfg. (Ergänzungsbd. I. 2. Lfg.) (Auge, bearb. v. Rich. Greeff.) 1. Hälfte. gr. 8. (VII, 270 S. m. 76 Abbildgn. u. 2 lith. Taf.) Ebd. 902. n. 7. —
1.—8. Lfg. (I. Bd., II. Bd. 1. Abt. u. Erg.-Bd. 1. u. 2. Lfg.) Ebd. 883—894. n. 87. —.

— Lehrbuch der speciellen pathologischen Anatomie. 10.—12. Lfg. (Pathologische Anatomie des Auges, bearb. v. Rich. Greeff.) 2. Hälfte. 3 Thle. (III, III, X u. S. 271—689 m. 144 Abbildgn. u. 7 lith. Taf.) gr. 8. Berlin 903. 905. 906. A. Hirschwald. n. 14. —

Orth, Johs., über käsige Pneumonie. [Aus: „Festschrift f. R. Virchow".] gr. 4. (24 S. m. 2 Taf.) Berlin 891. G. Reimer. n. 2. 80

— Über Resorption körperlicher Elemente im Darm, m. besond. Berücksicht. der Tuberkelbacillen. (Unter teilweiser Mitarbeit v. Lydia Rabinowitsch.) (S. 871—886.) gr. 8. Ebd. 908. — 50
3 Sonderabdr. aus: „Sitzungsber. d. k. preuss. Akad. d. Wiss."

Die Stellung der pathologischen Anatomie in der Medizin und der pathologisch-anatomische Unterricht. Festrede geh. z. Feier d. Stiftungs-Festes d. Kaiser Wilhelms-Akad. f. d. militärärztl. Bildungswesen 1904 von Prof. J[ohannes] Orth. *Berlin: A. Hirschwald 1904.* (32 S.) 8° [04. 16815

Die Stellung der pathologischen Anatomie in der Medizin und der pathologisch-anatomische Unterricht. Festrede geh. z. Feier d. Stiftungs-Festes d. Kaiser Wilhelms-Akad. f. d. militärärztl. Bildungswesen 1904 von Prof. J[ohannes] Orth. Berlin 1904. O. Lange. (32 S.) 8° [05. 88

— s.: Tuberkulosestudien.

— medizinischer Unterricht u. ärztliche Praxis. gr. 8. (38 S.) Wiesbaden 898. J. F. Bergmann. n. — 80

Orth, Johannes (geb. am 14 Jan. 1847 in Wallmerod Rgbz. Wiesbaden): Untersuchungen über Lymphdrüsen-Entwicklung ... Bonn, Buchdr. v. P. Neusser 1870. 39 S., 1 Bl., 1 Taf. 8.
Bonn, Med. Fak., Diss. v. 26 Febr. 1870

— s.. Virchow's, Rud., Archiv f. pathologische Anatomie u. Physiologie.

Orth Johannes Martin Anastasius Montes Franconiae praesertim circa Würzeburgum in vitibus ac vino nobili uti pretio sic salubri remedio fertilissimi .. [Resp. | Joannes Michael Marcellianus Zur Westen Würzeburgi Engmann 1726 65 S Würzburg, Med. Diss 1726 -- 29*
BJ 1727 · Boehmer 1727 · Thienemann: Ort. Mart 1727 -- Lt. Angaben der Deutschen Staatsbibliothek 1727

Orth, Jul., die evangelische Bewegung unter dem Klerus Frankreichs in der Gegenwart, s.a. Flugschriften des Evangel. Bundes.

[F.] Die evangelische Bewegung unter dem Klerus Frankreichs in der Gegenwart. Nach e. Vortr. geh. am 5. Febr. 1899 im Evangel. Bund zu Augsburg v. Julius Orth, Insp. am Koll. St. Anna in Augsburg. *Leipzig: C. Braun 1899.* (20 S.) 8.
= Flugschriften d. Evangel. Bundes. No 162. (Reihe 14, 6.) [99. 4747

In den Minen. Roman von K Orth. *Berlin: A. Goldschmidt 190..* (229 S.) 8° [F.]
= Bibliothek, Goldschmidts, f. Haus u. Reise. Bd 110. [04. 3979

Orth, Karl Ludwig

Orth, Carl Ludw., der schmerzhafte Rosenkranz. Zugleich Passionsbüchlein zu Ehren des bitteren Leidens u. Sterbens unseres Herrn u. Heilandes Jesu Christi. 16. (56 S.) Münster 902. Alphonsus-Buchh. — 30

Maurerisches Glaubens-Bekenntniss vorgetragen von L. v. Orth in d.·. g.·. u.·. v.·. S.·. J.·. ☐ Wilhelm zur aufgehenden Sonne im Or. Stuttgart. o. O. 1838. 15 S. 8° [Umschlagtit.]
Kl. 2723, Tt. 1719. Üb. die Frage: Ob die Mrei sich an den Dogmen der christlichen Religion binde, und also die Bekenner anderer Religionen ausschliesse. Verf. verneint die Frage.

Orth, L. v., maurerisches Glaubens-Bekenntnis. (22 S.) kl. 8. Lorch 908. K. Rohm. — 20

Orth, Louis v., über d. mechan. Flachsspinnerei in Deutschland, mit besond. Rücksicht auf d. k. k. österreich. Staaten. gr. 8. (4 B.) Wien 841, [Gerold's Verl.]

von Orth, Ludwig [aus Heilbronn] Eine neue Methode zur Untersuchung arbeitender Batterien Berlin, Druck v. Leonhard Simion, 1887; 61 S. u. 2 Taf. 8°
Rostock, Phil. Fak., Inaug.-Diss. v. 2. Aug. 1887

Orth, Ludwig von, eine neue Methode zur Untersuchung arbeitender Batterien. Diss. Rostock 1887, G. B. Leopolds Univ.-Buchh. 8°. 61 S. mit 2 Taf.

Orth, Ludwig [app. Arzt] Über die Sarkome des Darms, Mesenteriums und retroperitonealen Raums. . Tübingen, Druck v. H. Laupp jr., 1890; 38 S. 8°
Heidelberg, Med. Fak. Inaug.-Diss. v. [11. Nov.] 1889

Sendschreiben an Herrn Doctor und Prosector Hempel über die vor kurzem erschienene Vertheidigung der göttingischen Hebamme Catharine Margaretha Klocken. Von Ludwig Orth. o.O. 1793. 42 S. 8°

Orth, M.

— und Staněk J. Analyse der Asche von Bromus-Arten. S. 11. 3/4 — 64
Separatabdruck

Orth, M.: Über die böhmische Declination 9 S. – Komotau, Progr 1855

Orth M. von Über die chinesischen Geilschoten. S. 13. 8° . — 20
Separatabdruck

Orth, M. [approb. Arzt aus Gleisweiler (Pfalz)] Ueber primäres Lebersarkom Strassburg, Univ.-Buchdr. v. J. H. Ed. Heitz (Heitz & Mundel Nachf.), 1885, 2 + 33 S. 8°
Strassburg, Med. Fak., Inaug. Diss. v. 1885.

Orth, M., über primäres Lebersarkom. Diss. Strassburg i. Els. 1885, Trübners Buchh. u. Antiqu. (E. d'Oleire.) 8°. 33 S.

Orth, Minnie, Heimkehr. Ein Lebensbild. (199 S.) 8. Dresden 910. E. Pierson. 2.50; geb. n 3.50

Orth, O(scar), Assist. am Krankenh. in Ludwigshafen a. Rh.: Zur **Statistik** der Carcinomen [!] des Oberkiefers. *Heidelberg 1903: K. Rößler.* (51 S.) 8°
Heidelberg, Med. Diss. v. 1903

Orth, Osc., Universal-Adressbuch des Handels- und Fabrikstandes in Deutschland, Oesterreich und der Schweiz einschliesslich aller Bank-, Commissions-, Speditions-, Agentur-, Export- und Import- etc. Geschäfte, mit Angabe der besten Hôtels und tüchtigsten Advokaten und Notare aller Orten, wo deren wohnen. Enth. über 100,000 Adressen in 5000 Orten. 1. Bd. in 3 Lfgn., und 2. Bd. gr. 8. (1. Bd. 1720 Sp.) Leipzig 872,73, Lorber. compl. ** geb. **

Orth, Osc., Universal-Adressbuch des Handels- und Fabrikstandes in Deutschland, Oesterreich-Ungarn und der Schweiz, einschliesslich aller Bank-, Commissions-, Speditions-, Agentur-, Export- etc. Geschäfte, mit Angabe der besten Hôtels und tüchtigsten Advocaten und Notare aller Orten, wo deren wohnen. Enth. ca. 110,000 Adressen in ca. 5500 Orten. 2. verb. und bedeutend verm. Aufl. gr. 8. (IV, 1628 Sp.) Leipzig 877, Lorber. *M. 16.; geb. *

ORTH, Otto (Oggersheim): Epidemiologische Skizzen aus München im Anschluss an Prof. H. Ranke's gleichbetitelte Arbeit (Jahrbuch für Kinderheilkunde. 2.1869).- München: Wolf 1876. 70 S., Tab. 22.6.1876 - Urk (Titel: De morborum quorundam epidemicorum qui Monachii grassantur forma ac specie.); Chr 1875/76,16
Diss. Ingolst.-Landsh.-Mchn.

Orth, Otto, Unheilbar!, f. a. 1 Mark-Bibliothek Continent. Nr. 1.

Unheilbar! Roman von Otto **Orth**. 1.-3. Taus. Berlin: Continent [1905]. (109 S.) 8° [F.]
— 'Continent', 1 Mark-Bibliothek. No 1. [os. 11433]

Orth, P

Orth, Ems u. seine Heilquellen, deren Wirkungsweise u. Anwendung in Krankheiten. Eine gedrängte Zusammenstellung des Wissenswürdigsten. 2., verb. u. verm. Aufl. Ems 867. Kirchberger. 16. (IV, 86 S. mit 1 lith. Karte in qu. Fol.) cart. n. 15 ngr.

Orth, Ems u. seine Heilquellen, deren Wirkungsweise u. Anwendung in Krankheiten. Eine gedrängte Zusammenstellg. d. Wissenswürdigsten. 3. verb. u. verm. Aufl gr. 16. (IV, 67 S.) Ems 873. Kirchberger. n. 1 —

Orth, P., Ems u. seine Heilquellen, deren Wirkungsweise u. Anwendung in Krankheiten. Eine gedrängte Zusammenstellung des Wissenswürdigsten. 4., verb. u. verm. Aufl. 8. (72 S.) Ems 879. Kirchberger. cart. n. 1.25

Orth, Simon Nikolaus [Praes.], s. Becht, Georg Adam: De eo quod justum est circa actus quosdam necessitatis.

Orth, Wilh., über die Immunität der Mutter bei Syphilis des Vaters und angeborner Syphilis der Kinder. gr. 8. (32 S.) Heidelberg 880, C. Winter's Universitäts-Buchh. * — 80

Orth, Wilhelm, Referendar aus Zülpich: Die **Schuldenhaftung** bei der Fahrnisgemeinschaft. *Zülpich 1903: J. Schroeder.* [illegible] S.) 8°
[illegible] Diss. [illegible] 1904

Orth, Wilhelm [aus Giessen, Hessen]: Synthese des β-Aethyl-2-Oxychromon. Giessen 1902. 31 S. 8°.
Bern, Phil. Diss. 1901 1902.

Orth, Wilhelm. Synthese des β-Aethyl-2-Oxychromon. Diss. Phil. Bern. 31 S. 8. Giessen, von Münchow, 1902.

Schwarz, Johann Georg Gottlob [Präs.] u. Wilh. Anton Gottlieb Orth (Hohensolms) [Resp.]
Dissertatio theologica qua de argumento a miraculis pro religionis veritate ducto quaedam monentur.
Giessae 26. März 1772: Schröder. (4), 22 S. 4°

Orth-Steinberg, Erna, neues Blusen-Album. Eine Sammlg. v. Blusen aller Art f. Haus, Gesellschaft u. Straße. (IV, 72 S. m. Abb.) Lex. 8. Berlin (909). W. Vobach & Co. 1.50

— **Masken-Kostüm-Album.** Eine Sammlg. v. etwa 200 Vorlagen zu Masken, Kostümen, Kopfbedeckgn. u. Kostüm-Frisuren f. Damen u. Kinder, nebst Anleitg. zur Selbst-Anfertigg. zusammengestellt. (IV, 73 S. m. z. Tl. farb. Abb.) Lex. 8. Ebd. (908). 1.50

— s.: Reform-Moden-Album.

Orthal, Heinrich, aus Kempten, Rechtspraktikant am kgl. Amtsgericht München I: Die **Schadenersatzpflicht** des Auftraggebers nach dem Bürgerlichen Gesetzbuch nebst einer rechtsvergleichenden Uebersicht. *München 1901: N. Isaak.* (46 S.) 8°
Erlangen, Jur. Diss. v. 21. Okt. 1901

Oerthel, v., Bürger u. Behörde. Von der Wiege bis zur Bahre. Knappstes u. dennoch erschöpf. Nachschlagebuch f. den Verkehr m. der Polizei u. anderen Behörden. Ein Pfadfinder u. Ratgeber zugleich bei den verschiedensten Anlässen im prakt. Leben. Erklärung der Gesetze u. Verordngn. sowie ihre Anwendg. durch die Behörden. Rechte u. Pflichten des Publikums. Gemeinverständlich dargestellt u. hrsg. (VI, 51 S.) kl. 8. Schöneberg-Berlin 908. [Hübsch & Baumann.] Berlin, Kameradschaft. — 60

Orthen, Jacob [aus Grav-Rheindorf]: Aus d. med. Klinik zu Bonn. Ueber die mechanische Ueberererregbarkeit des Nervus facialis ... Bonn, Druck v. J. F. Carthaus, 1893; 21 S. 8.
Bonn, Med. Fak., Inaug.-Diss. v. [15. März] 1893

Orthenberger, Moritz [app. Arzt aus Frankfurt am Main] Ueber Pneumoniecoccen im Blut (Aus d. Münch. Med. Wochenschr.) München, Jos. Ant. Finsterlin, 1888; 1 Bl. + 29 S. 8°
München, Med. Fak., Inaug.-Diss. v. 1889

ORTHENBERGER, Moritz (Frankfurt a.M.): Ueber Pneumoniecoccen im Blut.- München: Finsterlin 1888.
1 Bl.,29 S.- S.-Abdr.aus: Münchener Medizinische Wochenschrift.
7.3.1888 - Chr 1887/88,20; Jv 1888/89,218
Diss. Ingolst.-Landsh.-Mchn.

Orthey, Max, die Eisenhüttenchemie. (X, 258 S. m 36 Abbildgn.) 8. Halle 907. W. Knapp. 8.—

— Laboratoriumsbuch f. den Eisenhüttenchemiker, s.a. Laboratoriumsbücher f. die chemische u. verwandte Industrien. I.

Laboratoriumsbuch für den Eisenhüttenchemiker. Von Max **Orthey.** Halle: W. Knapp 1907 (X, 49 S.) 8°
— **Laboratoriumsbücher** f. d. chem. u. verwandte Industrien. Bd 1. [07.4631 3

Orthey, M: Die Metallhüttenchemie Leipzig und Wien 1910

— Die Metallhüttenchemie. (XIV, 532 S. m. 19 Abbildgn.) gr. 8. Wien 910. F. Deuticke. 15.—

Orthmann, C [cand med aus Lübbecke (Prov. Westphalen)]: Ueber den Einfluss der comprimierten Luft auf die Harnstoffproduktion. Halle a. S., Heynemann'sche Buchdr (F Beyer), 1889; 2 Bl. + 31 + 1 S. + 1 Bl. 8°
Halle, Med. Fak. Inaug.-Diss. v. 13. Jul. 1889

Orthmann, Ernst Gottlob

Orthmann, E. G., s.: Frauenarzt, der.

Orthmann, E. G., Leitfaden f. den gynaekologischen Operationskurs m. Berücksicht. der Operationen an der Lebenden. Für Aerzte u. Studierende. Mit Vorwort v. A. Martin u. 86 z. Tl. farb. Abbildgn. 8. (VIII, 147 S.) Leipzig 899. [A. Georgi.] G. Thieme. Geb. in Leinw. n. 4. 50

Orthmann, E. G., Leitfaden f. den gynaekolog. Operationskurs mit Berücksichtig. der Operationen an der Lebenden. Für Aerzte u. Studierende. Mit Vorwort v. A. Martin u. 95 zum Tl. farb. Abbildgn. 2. erweit. Aufl. (X, 163 S.) 8. Leipzig 905. G. Thieme. Geb. in Leinw. n. 4. 50

— Uber Retroflexio uteri gravidi incarcerata. (14 S. m. 1 Abbildg.) gr. 8. Leipzig 909. B. Konegen. 1.—
Sonderabdruck aus: „Frauenarzt".

— Vademecum f. histopathologische Untersuchungen in der Gynaekologie. Für Aerzte u. Studierende. gr. 8. (X, 174 S. m. 73 Abbildgn.) Berlin 901. S. Karger. Geb. in Leinw. n. 6.—

Orthmann, G. D., Gesundheitsbuch f. die Kleineisen-Industrie m. besond. Berücksicht. der Hausindustrie u. des Schleifergewerbes, s.a. Wegweiser der Gewerbehygiene.

Orthmann, G. D[aniel]: Gesundheitsbuch für die Kleineisen-Industrie mit bes. Berücks. d. Hausindustrie u. d. Schleifergewerbes. Von Dr. med. G. D[aniel] Orthmann in Ohligs. Berlin C. Heymann 1899. (64 S.) 8°
= Wegweiser d. Gewerbehygiene. No 7.

Orthmann, G. D. [app. Arzt aus Mettmann (Rheinprovinz) z. Z. Assistenzarzt am städt. Krankenhause in Stettin (Pommerensdorf)]: Über Kraurosis vulvae. Stuttgart, Druck d. Union Deutsche Verlagsges., 1890; 2 Bl. + 14 S. 8°
Marburg, Med. Fak., Inaug.-Diss. v 18. Aug. 1890

— ärztliche Standesehre, Schulmedizin, Naturheilmethode. Ein offenes Wort an Ärzte u. Solche, die es werden wollen. gr. 8. (46 S.) Leipzig-Reudnitz 901. A. Hoffmann. n. — 60

Orthmann, Georg: Papst Gregors VII. Ansichten über den Weltklerus seiner Zeit. Greifswald 1910: Adler. 85 S. 8°
Greifswald, Phil. Diss. v. 20. Jan. 1910, Ref. Bernheim
[Geb. 3. Dez. 83 Ratibor; Wohnort: Charlottenburg; Staatsangeh.: Preußen, Vorbildung: Gymn. Heiligenstadt Reife O. 04; Studium: Berlin 8, Greifswald 2 S.; Rig. 3. Aug. 09.] [U 10. 1629

Orthmann, Johann Joachim (Hamburg), De alui obstructione haemorrhoidali casu illustrata. Diss. med. Jena (Fiedler) 19. X. 1796. 30 S. (4.25) 25639

Orthner, Joh., der Stand der Schulhygiene nach den Verhandlungen des I. schulhygienischen Kongresses in Nürnberg m. besond. Berücksicht. der österr. Verhältnisse. Kurzgef. Handbuch der Schulhygiene f. Lehrpersonen, Amts- u. Schulärzte, Techniker, Schulbehörden etc. (IV, 412 S. m. Abb.) gr. 8. Wels 907. (J. Haas.) 6.—

Orthodox und Reform, oder Khille und Gemeinde, e Stuß in zwa Narr'schkaten von H. Gnib. 8. (36 S.) Wien, J. Knöpflmacher. 60 kr.
1865

Orthodoxen, üb., u. Heterodoxen. 8. Züllich. 798. (Gerig in Leipz.) 10 gr Hbg. Pr. 6 gr

Orthodoxen, Die, (Buchstabengläubigen) und Pfarrer Wagner von Mollis. O. O. 1850. V: *Wagner, J. Ulr.* (Zuwachsverz. d. Bibl. Zürich 1898ff. 8.)

Orthodoxie von G. K. C. München 1909. V: *Chesterton, Gilbert Keith.* (EB)

Orthodoxie, v. G. K. C. (226 S.) 8. München 909. H. v. Weber. 3.50; geb. 4.50; Luxusausg. 12.—

Orthodoxie, die, in ihrer Auflehnung wider die Freiheit des Geistes überhaupt u. den religiösen Fortschritt insbesondere. Randglossen eines protestant. Laien zu Romberg's Schriftchen: 1) Die neuesten Bewegungen. — 2) Die Spaltung des christkathol. Vereins zu Bromberg. gr. 8. Danzig 846, Gerhard'sche Buchh. 1/6 ₰

Orthodoxie, die, und das Evangelium in der protestantischen Kirche. gr. 8. (20 S.) Straßburg 864, Treuttel und Würtz.

Orthodoxie u. Freidenkertum, s.: Sammlung theologischer u. sozialer Reden u. Abhandlungen.

Orthodoxismus, Der, vor der Wissenschaft. Offenes Sendschreiben von Herrn Prof. Conrad Hermann in Leipzig, als Erwiderung auf die Besprechung desselben in dem »Theologischen Litteraturblatt« über die »Urkunde der Wissenschaft« . . . Hamburg 1885. V: *Dietrich, Carl.* (Russell XVI, II, 1, 328)

Orthodoxismus, der, vor der Wissenschaft. Offenes Sendschreiben an Hrn. Prof. Conr. Hermann in Leipzig, als Erwiderung auf die Besprechung desselben in dem „Theologischen Litteraturblatt" [Leipzig 1885, Nr. 26] über die „Urkunde der Wissenschaft" [Berlin 1885]. Vom Verfasser der letzteren. gr. 8. (IV, 70 S.) Hamburg 885, König und Schulz. *

Orthographie, Die allerneueste deutsche, des achtzehnten Jahrhunderts, erfunden von Klopstock ... Frankf. u. Leipz. 1779. V: *Kindlebn (Kindleben), Chn Wilh.* (GGr) (ML) (Schr)

— d. allerneueste deutsche d. 18ten Jahrh., erfund. v. Klopstock, nachgeahmt ꝛc. — u. ausgezischt ꝛc. 8. Frankf. 779.

Orthographie, deutsche. 8. Regensb. 737.

Orthographie zoologisch-anatomischer Fachausdrücke, in denen nach den amtlichen Rechtschreibungsregeln k bez. z anzuwenden wäre. Leipzig [1906]. V: *Spengel, Johann Wilhelm.* (Berl)

— zoologisch-anatomischer Fachausdrücke, in denen nach den amtlichen Rechtschreibungsregeln k bezw. z anzuwenden wäre. (12 S.) gr. 8. Leipzig (906). W. Engelmann. n. — 40

Orthographie und Liebeswahn. Aus Goethes Jugendzeit. Wien 1879. V: *Gräser, Carl.* (EB)

Orthographie u. Liebeswahn. Aus Goethe's Jugendzeit. Von K. G—r. gr. 16. (15 S.) Wien 879. Wallishausser. n. — 60

Neue ruthenische Orthographie für allgemeine Volksschulen mit ruthenischer Unterrichtssprache. K. k. Schulbücher-Verlag. Wien, 1896. (Min.-Erl. vom 23. April 1895, Z. 6454) —.35

Orthographie, Neueste, [1902]. Grammatikblätter für die Hand der Schüler ... 2. Aufl. Gumbinnen 1902. V: *Kankeleit, Albert.* (Berl)

Orthographie, Neueste, [1902]. Orthographieblätter für die Hand der Schüler ... 14. Aufl. Gumbinnen 1902. V: *Kankeleit, Albert.* (Berl)

Orthographie des noms des communes politiques de la Suisse, s.: Schreibweise der Namen der schweiz. politischen Gemeinden.

Orthographieblätter für die Hand der Kinder. Ein Anhang zu jedem Lesebuch. Gumbinnen [1900]. 5. Aufl. 1901. V: *Kankeleit, Albert.* (Berl)

Orthographieblätter f. die Hand der Schüler. Ein Anh. zu jedem Lesebuch. Neueste Orthographie (1902). 13. u. 14. Aufl. 60.—70. Taus. gr. 8. (à 31 S.) Gumbinnen 902. C. Sterzel. n.n. — 15

Orthographieblätter für die Hand der Schüler. 22. Aufl. 220. Taus. (31 S.) 8. Gumbinnen 905. C. Sterzel. n.n. — 15

Orthographie-Reform, die, in der deutschen Schweiz. Offizielles Protokoll der vom h. Bundesrat einberufenen Konferenz, Mittwoch den 24. Aug. 1892 in Bern, enth. die Reden der Herren Bundesr. Schenk u. Bähler Referat v W. Büchler. Weiteres Vorgehen d. Bundesrates u. der 4 Initianten-Vereine. gr. 8. (56 S.) Bern 893. Michel & Büchler. n. 1. 20

Orthopetrae, Promot., Richtenfels) theosophischer Wundersaal. s. l. [Halle] 709. 8.

Orthoepia, a, da lingua portugueza em exercicios para escolas allemans no Brasil. 2a edic. gr. 8. (40 S.) São Leopoldo 883, Evangel. Buchhandlung. 30 Pf.; geb. * — 40

Orthoptera Helvetiae; analytisch bearbeitet I. Schaffhausen 1886. V: *Schoch, Gust.* (Zuwachsverz. der Bibliotheken in Zürich 1898 ff.)

Orths, Joh. (geb. am 30 Okt. 1857 in Düsseldorf): '(Aus d. Laboratorium d. med. Klinik.)' — Ueber Diabetes pancreaticus Bonn, Univ.-Buchdr v. C. Georgi 1883. 28 S., 1 Bl. 8.
Bonn, Med. Fak., Diss. v 10 März 1883

Orthus, Zacharias, Lobgedicht auf Stralsund. Einleitung, latein. Urschrift, Uebersetzung, Anmerkk. u. Anhang v. Er. H. Zober. Mit 1 Ansicht der Stadt Stralsund. 4. Stralf. 831. Löffler. 2 ß

Orti y Lara, J. E., Wissenschaft u. Offenbarung in ihrer Harmonie. Preisgekrönt v. der königl. Akademie der Moral- u. Staats-Wissenschaften zu Madrid. Uebers. v. Ludw. Schütz. gr. 8. (XIX, 348 S.) Paderborn 884. F. Schöningh. n. 3 60

Orti y Lara, D. Juan Manuel, Vida compendiada de la venerable Madre Barat fundadora de la sociedad del sagrado corazón de Jesus. 12. (VII, 271 S. m. Bildn.) Freiburg i/B. 897. Herder. 2. 10; geb. in Leinw. n. 2. 80

Orti y Lara, D. Juan Manuel, Vida compendiada de la venerable Madre Barat, fundadora de la sociedad del sagrado corazón de Jesus. 2. ed. revisada y enriquecida con una breve historia de la sociedad desde la muerte de la fundadora hasta la fecha. 12. (VIII, 316 S. m. 1 Bildnis.) Freiburg i/B. 902. Herder. 2. 10; geb. in Leinw. n. 2. 80

Ortie: L'Ortie
⑤ 1887—8. 5. 1888 ⑦ bimensuel ⑧ Bienne ⑫ humoristique ⑬ BGSZ: 1 (n° 6489), 12.

Ortigiosa, Jose Vicente (Tepic/Mexico)
Ueber die Zusammensetzung des Nicotins und einiger seiner Verbindungen.
[In: Annalen d. Chemie u. Pharmacie, Bd 41 (1842) 114.]
Dr. phil. Giessen 11.8.1842.

Ortinde, od. d. königliche Rache. Schspl. von e. Frauenzimmer. 8. Wittenb. 792. Kühne. 3 gr.

Oerting, Karl G., der Gefangene des Khan, s. a. Jugendbücherei.

(F) **Oerting,** K S., Der Gefangene des Khan. [Jugendbücherei. Nr. 36/39.] 8°. (ill. 184 S.) K 1.20, geb. K 1.60
Graz Styria 1909

— Kapitän Krüger u. seine Jungens. Erzählung aus dem nordamerikan. Bürgerkrieg. Autoris. Uebersetzg. aus dem Dän. von F. v. Känel. Mit 6 Einschaltbildern v. M. Annen. (211 S.) 8. Einsiedeln 910. Verlagsanstalt Benziger & Co. Geb. in Leinw. 3. 60

Ortjohann, Ferd.: Die Vornamen der Schuljugend des Kantons Rappoltsweiler. E. Beitr. z. deutschen Namenkunde. Rappoltsweiler, Buchdr. v. S. Brunschweig, 1893; 3 -8 S. 4.
Rappoltsweiler, R. MP 1893 (527)

Ortis, Jacopo, letzte Briefe ꝛc., s. Bibliothek klass. Romane u. Novellen des Auslandes. 16r Thl.

Ortis, Jac., letzte Briefe, n. d. Ital. herausgegeb. v. H. Luden. 8. Gött. Dankwert. 807.

Ortis, Jak., letzte Briefe, nach d. Italien. hrsgg. v. H. Luden. 8. Götting, 807. (Vandenhöck u. R.) 1 ₰ 6 ℊ

— — letzte Briefe, nach d. mit bibliogr. Zusätzen verm. 15ten Ausg. Nebst H. Foscolos Rede an Nap. Bonaparte. Aus d. Ital. v. J. C. von Orelli. gr. 8. Zürch, Orell. 817.

—Dass. hrsgg. v. Ugo Foscolo. Aus d. Italien. v. Fr. Lautsch. Mit e. Einleit. 12. Leipz. 829. Brockhaus. 15 ℊ

— lettere ultime, edizione XV. 8. Zürich 814. Orell. 2 ₰
Velinp. 2 ₰ 16 ℊ

Ortis, Jac., ultime Lettere. Ediz. compl. 8. (14½ B.) Lipsia 829, Barth.

—— dass. — Mit grammatikal. Erläuterungen u. e. Wörterbuche. Zum Schul- u. Privatgebr. Hrsg. v. G. B. Ghezzi. gr. 12. (12½ B.) Leipzig 832, Baumgärtner.

Ortis, Jac., Ultime lettere. Ediz. 16. ed unica fatta sovra la prima. (Con notizia bibliografica.) gr. 12. (14⅙ B., Bildn. u. 2 Vign.) Lugano 812. (Zürich, Orell, Füssli u. Comp.)

Ortiz, Geo., die Weltanschauung Calderons, s.a. Studien, Berner, zur Philosophie u. ihrer Geschichte.

Die Weltanschauung Calderons. Von Dr. Georg Ortiz. *Bern: Steiger & C. 1897.* (67 S.) 1 Bd 8.
= Studien, Berner, z. Philosophie u. ihrer Geschichte. Bd V. [97. 4078

Ortiz de Zárate, s: Mugica y Ortiz de Zárate.

Oertl, F. J. Belehrung über die Behandlung der trächtigen Stuten. Klgft., Leon, 1887 16 S.

Oertl, F J. Belehrung über die Bewegung der Fohlen im Freien. Klgft., Leon. 1889. 5 S.

Oertl, Frz. Hub., neuestes Orts- u. Post-Nachschlagebuch des Herzogth. Kärnten. Nach amtl. Quellen u. m. Zugrundelegg. der letzten Volkszählg. bearb. gr. 4. (IV, 131 S.) Klagenfurt (900). F. v. Kleinmayr.
Kart. n. 4. —

Oertl, J. (Hrsg.), s. Theater - Taschenbuch

Ortleb, Alexander

Ortleb, Alex., All Heil! Neueste Sammlg. von Radlerliedern, Sprüchen u. Scherzgedichten. Hrsg. in Verbindg. m. e. Anzahl von Radfahrvereinen. Neue Ster.-Ausg. gr. 16. (160 S.) Reutlingen (901). Enßlin & Laiblin.
— 40; geb. in Leinw. — 50

Ortleb, A., u. G. Ortleb, Anleitung zu häuslichen Kunstarbeiten für die Jugend. 10 Hfte. 12. Leipzig 880—82. Ruhl. à n. — 50
1. Wachsbildkunst oder Käroplastik. Mit 14 color. Abbildungen auf 2 (lith.) Taf. (16 S.)
2. Laubsägearbeit. Mit 23 color. Abbildungen auf 4 (lith.) Taf. (8 S.)
3. Strohmosaik in Verbindung mit Laubsägearbeiten. Mit 10 color. Abbildungen auf 3 (lith.) Taf. (7 S.)
4. Holzmalerei auf Laubsägearbeiten ꝛc. Mit 13 color. Abbildungen auf 3 (lith.) Taf. (10 S.)
5. Einlegearbeit oder Marqueterie. Mit 15 color. Abbildungen auf 3 (lith.) Taf. (8 S.)
6. Holzschnitzerei. Mit 27 color. Abbildungen auf 4 (lith.) Taf. (10 S.)
7. Rohrarbeiten. Mit 25 color. Abbildungen auf 4 (lith.) Taf. (8 S.)
8. Cartonnagearbeiten mit Material. Mit 4 color. Abbildungen auf 3 (lith.) Taf. (8 S.)
9. Korkschneidekunst oder Felloplastik. Mit 32 color. Abbildungen auf 3 (lith.) Taf. (20 S.)
10. Imitirte Glasmalerei. Mit 6 color. Abbildungen auf 3 (lith.) Taf. (12 S.)

Ortleb, A., u. G. Ortleb, Anleitung zu häuslichen Kunstarbeiten f. die Jugend. 11. u. 12. Hft. 12. Leipzig 883. Ruhl. à n. — 50
11. Spritzarbeit. Mit 17 color. Abbildgn. auf 4 (lith.) Taf. (16 S.)
12. Lederarbeiten. Mit 31 color. Abbildgn. auf 4 (lith.) Taf. (15 S.)

Ortleb, Alex., Bärenzahn, der weiße Indianer, s.: Volks- u. Jugend-Erzählungen.

Ortleb, Alex., und **Gust. Ortleb,** kleine Baumodellirschule. Eine Anleitung, wie Dilettanten und jugendl. Anfänger Modelle von Gebäuden jeder Stylart von Holz, Kork und Pappe selbst anfertigen können. Mit genauer Angabe und Beschreibung aller hierbei nöthigen Werkzeuge, Materialien, Handgriffe, Vorkenntnisse und Kunstarbeiten, als: Bearbeitung des Holzes, Laubsägearbeiten, Holzschnitzerei, Einlegearbeit, Drechseln, Holzmalerei, Vergolden, Beizen, Lackiren, Coloriren, Papparbeiten, Korkschneidekunst, Modelliren und Abformen, Bereitung von Papiermaché ꝛc., sowie Erklärung der Baustyle. 8. (119 S. erläutert durch 98 Textabbild.) Leipzig 886, Th. Grieben. *
cart. *

— — kleiner historischer Bilderatlas. Abriss des Kriegs- u. Waffenwesens aller epochemachenden Völker von den frühesten Zeiten bis zum 30jähr. Kriege. 19 (lith.) Taf. mit erläut. Text. Für die reifere Jugend nach den besten Quellen u. Forschungen bearb. u. gezeichnet. qu. 4. (24 S.) Leipzig 882. G. Wigand. cart. n. 2. 50

Ortleb, Alex., Berggeist Blackwhite. E. Erzählg. aus d. wilden Westen Nordamerikas. Für die reif. Jugend hrsg. Mit 5 Farbdr.-Bild. v. W. Zweigle. 8. (III, 108 S.) Stuttgart 895. F. Loewe. Geb. in Leinw. n. 2. —

[F.] Die Braut aus Feindesland. E. Erzählg aus d. deutsch-französ. Kriege v. 1870/71. Von Alexander Ortleb. *Styrum a. d. R. & Leipzig: A. Spaarmann [1895].* (48 S.) 1 Bd 8.
= Erzählungen, Patriotische. No 27. [96. 2369

— neuester Briefsteller f. Herren in Liebes-, Privat- u. Geschäfts-Angelegenheiten. Neue Ster.-Ausg. 8. (96 S.) Ebd. (900). — 50

— Vollst. Briefsteller f. Liebende. Ein treuer Berater in Herzensangelegenheiten u. f. sonst. Veranlassungen. Musterbriefe aus d. Liebes- u. Familienleben u. s. w. f. junge Damen. Neue Ster.-Ausg. 8. (96 S.) Reutlingen 897. Enßlin & Laiblin. — 50

— d. Buch d. feinen Anstandes u. guten Tons. Eine Anleitg., sich in Gesellschaften einzuführen u. beliebt zu machen. Uebersichtl. u. faßl. dargest. Neue Ster.-Ausg. 8. (94 S.) Ebd. 897. — 50

— das Buch der Spiele. Eine Sammlg. der beliebtesten u. unterhaltendsten Spiele im Freien f. jung u. alt. Zusammengestellt u. m. Zeichngn. versehen. Ster.-Ausg. 8. (96 S.) Ebd. (899). — 50

— dasselbe. Ster.-Ausg. Mit Anh.: Das Tennisspiel, dargestellt nach seinen in Deutschland z. allgemeinen Gültigkeit gelangten Regeln, Bestimmgn. u. Bezeichngn. Mit 2 Spielplänen u. 1 Schläger v. e. erfahrenen Spieler. Neue Ster.-Ausg. 8. (96 u. 32 S.) Ebd. (902). — 75

Ortleb (A.). Das Buch d. Spiele. Ster.-Ausg. Mit Anh.: Das Tennisspiel. Mit 2 Spielpl. und 1 Schläger. Neue Ster.-Ausg. (96 u. 32 S.). Reutlingen 1902. M —.75

Ortleb, Alex., u. G. Ortleb, die Dressierkunst. Eine Anleitg. zur Zähmg. u. Abrichtg. der Säugetiere u. Vögel m. e. Anh.: Leichte Fangmethoden. Zur Erhaltg. wie zum Erwerb in leicht faßl. u. kurzer Darstellg. f. Liebhaber, Anfänger u. Händler hrsg. 12. (165 S.) Mülheim a/R. (900). J. Bagel. 1. 50

— Ralph Eisenhut u. Häuptlina Varibal.
s. Volks- u. Jugend- Erzählungen

Ortleb, Alex., zum Erntefeste. Eine reichhalt. Sammlg. v. Gedichten, Ansprachen, Vorträgen, Bindesprüchen für Erntefeiern, v. Erntekranzgedichten u. Erwidergn. aller Art. Nebst e. Anh. v. Ernte- u. Tafelliedern. Neue Ster.-Ausg. (96 S.) 8. Reutlingen (903). Enßlin & Laiblin. — 50

— s.: Erzählungen, patriotische.

— für patriotische Feste. Eine Sammlg. v. Reden, Vorträgen u. Gedichten f. vaterländ. Gedenk- u. Festfeiern, sowie zum Geburts- u. Namenstag des Landesherrn. Mit e. Anh. zur Aufführg. lebend. Bilder. 4. Aufl. 8. (96 S.) Ebd. (899). — 50

[J.] Ein bedeutungsvoller Fund. E. Erzählg aus d. deutsch-französ. Kriege 1870/71 v. **Alexander Ortleb.** *Styrum a. d. R. & Leipzig: A. Spaarmann [1895].* (48 S.) 1 Bd 8.
— **Erzählungen, Patriotische.** No 17. [96. 2369

— Geheimsprachen f. Liebende. Enth. Blumensprache, das Blumenbinden, Farbensprache, Fächersprache, Taschentuchsprache, Geheimschriften, Briefmarkensprache. Neue Ster.-Ausg. 16. (80 S.) Ebd. (901.) — 35

— Goldhaar, der weiße Waldläufer, s.: Volksbücher, neue.

— zur silbernen u. goldenen Hochzeitsfeier. Glückwünsche, Vorträge, Gedichte, Lieder, Toaste, Aufführgn. u. leb. Bilder f. Familien- u. Gesellschaftskreise. Neue Ster.-Ausg. 8. (96 S.) Ebd. (901). — 50

Ortleb, Alex., und Gust. Ortleb, Deutschlands Kaiserhaus. Bildnisse sämmtl. Regenten des erlauchten Fürstenhauses der Hohenzollern. Auf Anregung der Verlagsbuchhandlung nach den besten Quellen entworfen und gezeichnet. gr. 16. (18 Taf.) Leipzig 886, G. Weigel.
In Carton *M 1.20.; color. [*M 4.—.] *

Ortleb, A., u. G. Ortleb, Deutschlands Kaiserhaus. Historisch-treue Bildnisse sämmtlicher Regenten des erlauchten Hauses Hohenzollern. Leporello-Album. (2. Aufl.) gr. 16. (20 Taf. m. 27 S. Text.) Leipzig 889. G. Weigel. cart. n. 1. 20; color. n. 3. —

— u. Gust. **Ortleb,** Deutschlands Kaiserhaus. Historisch treue Bildnisse sämmtl. Regenten d. erlauchten Hauses Hohenzollern seit der Erlangg. der Kurwürde. Holzschn.-Taf. m. farb. Umrandg. 46,5×56 cm. Leipzig 892. G. Weigel. n. — 60

— u. G. **Ortleb,** d. Kanarienvogel, sow. d. beliebtesten in- u. ausländ. Singvögel. Zucht u. Pflege, wie Behandlg. der Vögel in Krankheitsfällen, nebst leichten Fangmethoden. 12. (XII, 189 S. m. 24 Abb.) Oranienburg 895. E. Freyhoff. Kart. 1. 50

— — die Kaninchenzucht. Eine übersichtl. u. leichtfaßl. Anleitg. z. Betriebe derselben f. die Küche u. als Nebenerwerb. 8. (50 S. m. Fig.) Berlin (901). S. Mode. — 75

— — Cartonnage-Arbeiten für die Jugend. 1. Serie, enth. 12 (chromolith.) Taf. (auf Carton). qu. 4. (1 Bl. Text m. 1 lith. Erläuterungs-Taf.) Leipzig 880. Ruhl. In Couvert. n. 2. —

— — Cartonage-Arbeiten f. die Jugend. 2. Serie, enth. 12 (chromolith.) Taf. (auf Carton). qu. 4. (1 Bl. Text m. 1 lith. Erläuterungstaf.) Leipzig 883. Ruhl. In Mappe. n. 2. —

— — Preußens Königshaus. Historisch treue Bildnisse sämmtl. Regenten d. erlauchten Hauses Hohenzollern seit der Erlangg. der Kurwürde. Holzschn.-Taf. m. farb. Umrandg. 46,5×56 cm. Ebd. 892. n. — 60

— — Sachsens Königshaus. Historisch-treue Bildnisse der Regenten d. erlauchten Hauses Wettin seit der Erlangg. der Kurwünde. Nach den besten Quellen entworfen u. gezeichnet. gr. 16. (22 Taf.) Ebend. 886. cart. n. 1. 20; color., geb. n. 4. —

— — Sachsens Königshaus. Historisch-treue Bildnisse der Regenten d. erlauchten Hauses Wettin seit Erlangg. der Kurwürde. Leporello-Album. (2. Aufl.) gr. 16. (22 Taf. m. 20 S. Text.) Ebd. 889. cart. n. 1. 20; color. n. 3. —

— — Sachsens Königshaus. Historisch treue Bildnisse der Regenten d. erlauchten Hauses Wettin seit der Erlangg. der Kurwürde. Holzschn.-Taf. m. farb. Umrandg. 47×65,5 cm. Ebd. 892. n. — 60

[J.] Das Eiserne Kreuz. E. Erzählg aus d. Kriegsjahren v. 1870/71. Von **Alexander Ortleb.** *Styrum a. d. R. & Leipzig: A. Spaarmann [1895].* (48 S.) 1 Bd 8.
— **Erzählungen, Patriotische.** No 26. [96. 2369

— — Kulturgeschichte der Aegypter,
— — Kulturgeschichte d. alt. Griechen,
— — Kulturgeschichte der alt. Römer,
} s.: Miniatur-Bibliothek.

— d. Kunst d. Schachspiels. Eine Darstellg. dieses beliebten Spieles u. s. Arten. Mit 17 in den Text gedr. Abb., sow. e. Erklärg. d. techn. Ausdrücke, in alphabet. Reihenfolge, u. e. Angabe d. Spielgesetze u. Schachzüge, nebst e. Reihe v. Beispielen. Unt. Mitbenutzg. d. besten u. neuesten Werke üb. d. Schach. 12. (95 S.) Mülheim a/R. 897. J. Bagel. 1. —

— die Kunst des Schachspiels. Eine Darstellg. dieses beliebten Spieles u. seiner Arten. Mit 17 in den Text gedr. Abbildgn., sowie e. Erklärg. der techn. Ausdrücke, in alphabet. Reihenfolge, u. e. Angabe der Spielgesetze u. Schachzüge, nebst e. Reihe v. Beispielen. Unter Mitbenutzg. der besten u. neuesten Werke über das Schach. 2. [Umschlag-]Aufl. 12. (95 S. m. Diagrammen.) Mülheim a/R. (900). J. Bagel. 1. —; erm. Pr. — 75

— — die schwarze Kunst. Eine leichtverständl. Anleitg. zur Herstellg. v. Schattenbildern u. Schattenspielen. Als Unterhaltungsmittel f. fröhl. Kreise zusammengestellt. 12. (79 S. m. 65 Abbildgn.) Mülheim a/R. (900). J. Bagel. 1. —; erm. Pr. — 50

Die schwarze Kunst. Eine leichtverständl. Anleitung z. Herstellung von Schattenbildern u. Schattenspielen. Mit 65 Abb. zsgest. von Gebr. A[lexander] u. G[ustav] Ortleb. [2. Aufl.] *Mülheim a. d. Ruhr: J Bagel [1900].* (77 S.) 8° [F.] [01. 4961 5

— häusliche Kunstarbeiten. Ein Leitfaden u. Nachschlagewerk zur Selbstbeschäftigg. in verschiedenen häuslichen Kunstarbeiten m. u. ohne Malerei. Mit 126 Abbildgn. u. 15 Taf. (davon 1 farbig). gr. 8. (X, 190 S.) Leipzig 892. O. Spamer. n. 3. —; geb. in Leinw. n. 3. 50

— — häusliche Kunstarbeiten. E. Leitfaden u. Nachschlagewerk z. Selbstbeschäftigg. in verschied. häusl. Kunstarbeiten mit u. ohne Malerei. Mit 126 Abb. u. 15 (1 farb.) Taf. 2. [Titel-] Aufl. gr. 8. (X, 190 S.) Leipzig (892) 897. O. Spamer. n. 3. —; geb. in Leinw. n. 3. 50

Ortleb, A., u. G. Ortleb, der jugendliche Künstler in Laubsäge-Arbeiten. Musterbuch f. Kunstarbeiten in Holz u. Mosaik, Marqueterie u. Malerei, f. die reifere Jugend entworfen u. gezeichnet. Mit zahlreichen Text-Abbildgn. (in Holzschn.), 36 (lith.) Mustertaf. (in gr. 8. u. gr. 4.) u. e. bunten Titelbilde. gr 8. (28 S.) Leipzig 876. Spamer. n. 3. —

— — kleines heraldisches Lexikon oder Handwörterbuch der mehr od. weniger gebräuchlichen herald. Ausdrücke u. ihrer kurzgefaßten Erklärg. Mit 330 Fig.-Zeichngn. in Federmanier. Bearb. f. angeh. Künstler, Dilettanten, Kunsthandwerker, Münz- u. Siegelsammler u. s. w. gr. 8. (114 u. XXXXVIII S.) Kahla (901). [A. Weller.] Papiermühle bei Roda, Gebr. Vogt. 3. —; geb. in Leinw. 3. 50

— Maurer- u. Zimmermannssprüche. Reichhalt. Sammlg. v. Vorträgen in Prosa u. Poesie bei Grundsteinleggn. u. Richtfesten staatl. u. bürgerl. Gebäude aller Art: Kirchen, Schulhäuser, Justizgebäuden rc. 8. (96 S.) Reutlingen 898. Enßlin & Laiblin. — 50

[F.] Das Medaillon. E. Erzählg aus d. deutsch-französ. Kriege 1870 71 v. Alexander Ortleb. *Styrum a. d. R. & Leipzig: A. Spaarmann [1895].* (48 S.) 1 Bd 8.

— Erzählungen, Patriotische. No 18. [94. 2369

— — neue Münz-Tafeln. gr. 8. (20 Taf. in Bronzedr. m. 11 S. Text.) Leipzig 897. M. Buhl. n. 2. —

— — Namenslexikon. E. alphabet. Verzeichnis d. beliebtesten u. gebräuchlichsten Vornamen beiderlei Geschlechts in ihrer Bedeutg. M. e. erläut. Einleitg. 12. (44 S.) Mülheim a/R. 896. J. Bagel. — 25

— — der Naturaliensammler. Illustrierte Anleitung zum Sammeln, Präparieren u. Aufbewahren v. Eiern, Käfern, Schmetterlingen, Raupen, Conchylien, Pflanzen, Samen, Hölzern, Mineralien u. Petrefakten. Hrsg. u. m. 84 Abbildgn. versehen. 8. (147 S.) Berlin (901). S. Mode. Geb. in Leinw. 2. 25

— — der emsige Naturforscher u. Sammler. Mit Abbildgn. 1—24. Bdchn. 12. Berlin 885. Mode's Verl. cart. à — 60

1. Das Süßwasseraquarium u. Terrarium. (57 S.)
2. Die Fische, m. besond. Berücksicht. der einheim. Arten. Nebst Anleitg. zum Aufbewahren u. Abformen der Fische. (84 S.)
3. Die merkwürdigsten Reptilien u. Amphibien, m. besond. Berücksicht. der einheim. Arten. Nebst Anleitg. zum Aufbewahren u. Konservieren derselben u. zur Herrichtg. e. billig. Reptilien- u. Amphibienhauses. (66 S.)
4. Schnecken u. Muscheln [Conchylien] u. andere hartschalige Seeprodukte. Nebst Anleitg. zum Präparieren u. Aufbewahren derselben. (72 S.)
5. Das Fangen, Präparieren u. Sammeln der Schmetterlinge, nebst Beschreibg. derselben. (64 S.)
6. Der Raupensammler. (62 S.)
7. Das Sammeln der einheimischen Käfer, nebst Beschreibg., Präparieren u. Aufbewahren derselben. (70 S.)
8. Insekten, Tausendfüßler u. Spinnentiere. (80 S.)
9. Der Kanarienvogel. Zucht u. Pflege desselben, sowie anderer kleiner Stubenvögel, wie: Stieglitz, Hänfling, Zeisig rc., nebst ihren Krankheiten u. deren Heilg., Zähmg. u. Abrichtg. der Singvögel u. dem Sprechenlehren der einheim. Vögel. (52 S.)
10. Die Eiersammlung. Beschreibung der Vögel, ihrer Eier u. Nester, nebst Anleitg. zum Präparieren u. Aufbewahren der gesammelten Vogeleier. (51 S.)
11. Die Zucht u. Pflege kleiner Haustiere, wie Hund, Katze, Meerschweinchen, weiße Maus, Eichhörnchen, Kaninchen, Hamster, Ziegenbock, Tauben, Hühner, Papageien rc. Nebst Anleitg. zum Anfertigen v. Tierzwingern u. Käfigen. (69 S.)
12. Das Ausstopfen u. Skelettisieren v. Säugetieren u. Vögeln. (63 S.)
13. Das Herbarium, nebst Samen- u. Holz-Sammlg. Anleitung zum Sammeln, Präparieren, Aufbewahren u. Ordnen der Pflanzen, Samen u. Hölzer, m. Angabe der Schutzmittel gegen die Feinde der Herbarien u. Anweisg. zur Herstellg. v. Pflanzen-Abdrücken. (51 S.)
14. Die nützlichen u. schädlichen Pilze od. Schwämme Deutschlands [Mycetologie]. (83 S.)
15. Die einheimischen Giftpflanzen, nebst Angabe der Gegenmittel bei Vergiftgn. durch dieselben. (68 S.)
16. Der Mineralien- u. Petrefakten-Sammler. Anweisung zur Anlage e. Mineralien-Sammlg., nebst Einteilg. u. Beschreibg. der Mineralien u. Versteinergn. (63 S.)
17. Anleitung zu mikroskopischen Untersuchungen u. Beobachtungen m. der Lupe v. kleinen Tierchen, wie Milben, Trichinen, Infusorien, Würmern, Insekten rc., Pflänzchen u. Mineralien. Nebst Anleitg. zur Herstellg. u. Aufbewahrg. der Präparate. (56 S.)
18. Astronomie od. Himmelskunde. (63 S.)
19. Physikalische Experimente. Belehrungen üb. Magnetismus, Elektricität, opt. Erscheingn., Wärme, Mechanik. (66 S.)
20. Entstehung u. Bau unserer Erde. Grundbegriffe der Geologie u. Geognosie. (66 S.)
21. Der Münzen-, Siegel- u. Briefmarken-Sammler, nebst Anleitg. zur Herstellg. v. Abgüssen u. Abdrücken. (46 S.)
22. Der Antiquitäten-Sammler. Uebersicht der alten Künste, nebst Anleitg. zum Sammeln v. Altertümern. (77 S.)
23. Die Gehörne u. Geweihe. Anleitg. zum Sammeln, Präparieren u. Aufbewahren derselben u. kurze Naturgeschichte der Gehörne u. Geweihe trag. Tiere. (64 S.)
24. Gefäßkunde od. Keramik. (75 S.)

— — d. emsige Naturforscher u. Sammler. Nr. 1, 5, 6, 7, 9, 12 u. 19. Berlin, S. Mode's Verl. Kart. à — 60

1. D. Süßwasseraquarium u. Terrarium. Anleitg. zur Herstellg. v. Aquarien u. Terrarien, Springbrunnen, Laubfrosch- u. Goldfischgläser, nebst Beschreibg. der dazu gehör. Tiere u. Pflanzen. 6. Aufl. (57 S. m. 4 Taf.) 895.
5. Das Fangen, Präparieren u. Sammeln d. Schmetterlinge, nebst Beschreibg. derselben. 6. Aufl. (64 S. m. 41 Abb.) 895.
6. Der Raupensammler. Anleitg. z. Aufsuchen u. Aufziehen d. Falterraupen, sow. z. Präparieren u. Aufbewahren derselben. M. 26 Abb. 6. Aufl. (62 S.) 898.
7. D. Sammeln der einheim. Käfer, nebst Beschreibg., Präparieren u. Aufbewahren derselben. 6. Aufl. (70 S. m. 43 Abb.) 895.
9. Der Kanarienvogel. Zucht u. Pflege desselben, sow. anderer kleiner Stubenvögel, wie: Stieglitz, Hänfling, Zeisig, Dompfaff, Nachtigall, Mönch, Rotkehlchen, Blaukehlchen, Müllerchen, Buchfink, Amsel, Singdrossel, Lerche u. Lachtaube, nebst ihren Krankheiten u. deren Heilg., Zähmg. u. Abrichtg. der Singvögel u. dem Sprechenlehren d. einheim. Vögel. 6. Aufl. (52 S. m. 16 Abb.)
12. Das Ausstopfen u. Skelettisieren v. Säugetieren u. Vögeln. 6. Aufl. (63 S. m. 4 Taf.) 895.
19. Physikal. Experimente. Belehrgn. üb. Magnetismus, Elektricität, opt. Erscheingn., Wärme, Mechanik. Nebst Darstellg. prakt. u. unterhalt. Versuche m. dem Magnet, d. Elektrophor, der elektr. Flasche, Wunderscheibe, d. Kaleidoskop, d. Camera obscura, d. Wetterhäuschen, Zaubertrichter, Taucherglocke rc. u. Anleitg. zur Herstellg. dieser Gegenstände. Mit 28 Abb. 6. Aufl. (66 S.)

— — der emsige Naturforscher u. Sammler. Nr. 1 u. 5. 12. Ebd. (902). Kart. à — 60

1. Das Süßwasseraquarium u. Terrarium. Anleitung zur Herstellg. v. Aquarien u. Terrarien, Springbrunnen, Laubfrosch- u. Goldfischgläsern, nebst Beschreibg. der dazu gehör. Tiere u. Pflanzen. Hrsg. u. m. Abbildgn. versehen. 8. Aufl. (57 S.)
5. Das Fangen, Präparieren u. Sammeln der Schmetterlinge, nebst Beschreibg. derselben. Hrsg. u. m. 41 Abbildgn. versehen. 8. Aufl. (64 S.)

— u. G. Ortleb, der emsige Naturforscher u. Sammler. Nr. 11—13 u. 16. 12. Berlin, S. Mode. Kart. à — 60

11. Die Zucht u. Pflege kleiner Haustiere, wie Hund, Katze, Meerschweinchen, weiße Maus, Eichhörnchen, Kaninchen, Hamster, Ziegenbock, Tauben, Hühner, Papageien ꝛc. Nebst Anleitg. zum Anfertigen v. Tierzwingern u. Käfigen. Hrsg. u. m. 24 Abbildgn. versehen. 5. Aufl. (69 S.) (903.)

12. Das Ausstopfen u. Skelettisieren v. Säugetieren u. Vögeln. Hrsg. u. m. Abbildgn. versehen. 8. Aufl. (63 S.) (903.)

13. Das Herbarium nebst Samen- u. Holz-Sammlung. Anleitg. zum Sammeln, Präparieren, Aufbewahren u. Ordnen der Pflanzen, Samen u. Hölzer m. Angabe der Schutzmittel gegen die Feinde der Herbarien u. Anweisg. zur Herstellg. v. Pflanzen-Abdrücken. Hrsg. u. m. 15 Abbildgn. versehen. 5. Aufl. (51 S.) (903.)

— — der Petrefakten-Sammler. Nachschlagebuch f. Liebhaber u. Sammler, enthalt. e. Beschreibg. der bekanntesten deutschen Petrefakten, nebst 72 Abbildgn. 8. (XI, 158 S.) Halle 894. G. Schwetschke. n. 2. —

— 158 geflügelte Postkarten-Grüße u. Wünsche f. alle Veranlassgn. 16. (32 S.) Ebd. 898. — 20

— gereimte Postkarten-Grüße zu allen Veranlassgn. In übersichtl. Ordng. 16. (32 S.) Ebd. 898. — 20

— plattdütscher Pulterabend. Reichhalt. Auswahl v. Vorträgen u. Ansprachen an Polterabenden, grünen, silbernen u. goldenen Hochzeiten u. s. w. in plattdeutscher Mundart. 8. (96 S.) Ebd. 897 — 50

Ortleb, Alex., guter Rat, sich ein Einkommen zu schaffen u. seine Einnahmen zu vermehren. Ein alphabetisch geordnetes Taschenbuch z. Nachweis lohn. Beschäftiggn. u. vieler einträgl. Geschäfte zum Selbstbetriebe f. Personen beiderlei Geschlechts. (331 S.) 8. Berlin (903). S. Mode. 1. 80

Die Seidenraupenzucht im Zimmer, nebst e. Anh. über d. Zucht d. weissen Maulbeerbaums. Eine leichte Erwerbsquelle f. Kleinzüchter u. Unbemittelte. Hrsg. u. mit Abb. vers. von A[lexander] u. G[ustav] Ortleb. Berlin: S. Mode [1901]. (83 S.) 8° [F.] [01. 5043

— der gewandte Skatspieler. 16. (61 S.) Reutlingen 893. Enßlin & Laiblin. — 30

[F.] Ein Talisman. Erzählg aus d. deutsch-französ. Kriege 1870/71. Von Alexander Ortleb. *Styrum u. d. R. & Leipzig: A. Spaarmann [1895].* (48 S.) 1 Bd 8.
— Erzählungen, Patriotische. No 25. [95. 2369

— — Taschenwörterbuch der volkstümlichsten Arzneipflanzen u. Heilkräuter Deutschlands. Eine übersichtl. u. leichtfaßl. Anleitg. z. Aufsuchen u. zweckdienl. Gebrauche derselben in Fällen gebotener Selbsthilfe. 8. (167 S.) Berlin (899). A. Weichert. 1. —

Ortleb, Alex., u. G. Ortleb, der Taubenfreund. Eine übersichtl. u. leichtfaßl. Beschreibg. d. beliebtesten in- u. ausländ. Tauben-Arten, nebst Anleitg. zu deren ration. Zucht, Pflege u. Verwertg., nach e. 28jähr. Praxis u. unt. Benutzg. d. besten Werke dargest. 12. (IV, 143 S.) Kindelbrück 895. K. Naumburg. n. 1. —

— — Vademeoum f. Münzsammler. Nebst 20 Taf. m. 290 in Bronzedr. ausgeführten Abb. v. Münzen aller Völker u. Zeiten. gr. 8. (III, 111 S.) Leipzig 896. M. Ruhl. n. 3. 50; geb. n. 4. —

Ortleb, A. und G. Vademecum für Münzsammler. Nebst 20 Tafeln mit 290 in Bronzedruck ausgeführten Abbildungen von Münzen aller Völker und Zeiten. 8. Leipzig (1899).

— — Vademeoum f. Münzsammler. Nebst 20 Taf. m. 290 in Bronzedr. ausgeführten Abbildgn. v. Münzen aller Völker u. Zeiten. 2. Aufl. (VI, 97 S. m. 4 Fig.) gr. 8. Leipzig (906). M. Ruhl. n. 3. 50; geb. n. 4. —

—— —— der Vogelfreund und Geflügelzüchter. Anleitung zur Pflege und Züchtung der beliebtesten und bekanntesten Stuben- und Hausvögel, nebst Angabe der einfachsten Fangmethoden. Hrsg. und mit 52 Orig.-Abbild. in Phototypie versehen. 8. (VII, 204 S.) Erfurt 887, Bartholomäus. 3 —

—— —— Vorlagen für Holzmalerei. 1. und 2. Serie. qu. 4. (à Serie 8 Chromolithogr. mit 1 Bl. Text.) Ebendas. 880,81. In Mappe à Serie *ℳ 2,25. *

Ortleb, A., u. G. Ortleb, Vorlagen zu Holzschnitzerei-Arbeiten f. die reifere Jugend. 1. Serie, enth. 12 Taf. in Farbendr. qu. 4. (2 S. Text.) Leipzig 884. Ruhl. In Mappe. n. 2. —

— Wolfszahn, der Siouxhäuptling. Eine Erzählg. aus dem wilden Westen Nordamerikas. Für die reif. Jugend hrsg. Mit 3 Farbdr.-Bildern u. 1 Deckelbilde von W. Zweigle. 2. u. 3. Aufl. gr. 8. (à III, 108 S.) Stuttgart (900. 901). Loewe. Geb. 1. 50

— der gewandte Zauberkünstler u. Hexenmeister in Familien- u. Gesellschaftskreisen. In Darstellg. d. lehrreichsten u. unterhaltendsten Kunststücke auf d. Gebiete d. natürl. Magie, d. Taschen- u. Kartenspieler- u. d. Rechenkunst ꝛc. Neue Ster.-Ausg. 8. (96 S. m. Bild.) Ebd. 897. — 50

— die Zeichensprache. Eine einfache u. leichtfaßl. Anleitung zur Verständigung durch Hand- u. Fingerzeichen zwischen Liebenden u. Verlobten. (48 S. m. 42 Abbildgn.) 16. Reutlingen (905). Enßlin & Laiblin. — 15

— aus alter u. neuer Zeit. Zwölf histor. Erzählgn., der Jugend u. ihren Freunden gewidmet. 8. (80 S. m. farb. Bildern.) Fürth 894. G. Löwensohn. Kart. — 60

Ortleb, Gustav

Der unentbehrliche Ratgeber beim Arrangieren von Belustigungen und Festlichkeiten jeglicher Art. Eine übersichtl. u. leicht verständl. Anleitung. Zsgest. u. mit 44 Abb. vers. von G[ustav] Ortleb. *Berlin: A. Weichert [1901].* (132 S.) 8° [F.] [02. 1068

Ortleb, Johann Martin

—— die Centimetres-Zeichnung der Schneiderkunst. 41. Aufl. 8. (16 S. und 3 Stnt. in Fol.) Hildburghausen 847, Kesselring'sche Hofbuchh. *

Ortleb, Joh. Martin, die Centimetres-Zeichnung d. Schneiderkunst. 41. Aufl. 8. (16 S. m. 3 lith. Taf. in Fol.) Hildburghausen 847, Kesselring. — 44. Aufl. Mit 3 Kpfrtaf. (in Fol.) u. 56 Abbildungen der neuesten Modeschnitte für alle Körperconstitutionen, nebst verschiedenen Auswahlen Blumen in Schnurzeichnungen. 8. (15 S.) Ebd. 849, in Comm. n. ²/₃ ℛ

Ortleb, Joh. Mart., die Centimetres-Zeichnung der Schneiderkunst. 56. Aufl. Mit 2 Kpfrtaf. (in Fol.) und 58 Abbildgn. der neuesten Modeschnitte für alle Körperconstitutionen. Hildburghausen 853. Kesselring'sche Hofbuchhdlg. in Comm. 8. (16 S.) n. 20 ngr.

Ortleb, Joh. Mart., gründl. Unterricht im Zeichnen u. Schneiden sämmtl. Civil- u. Militair-Kleider f. alle Körperconstitutionen. 6. Aufl. 8. (1½ B. u. 79 Abbild. auf 1 Bog.) Hildburghausen 840, Kesselringsche Hofbuchh. *

Ortleb, Joh. Martin, pract. Unterricht im Zeichnen u. Schneiden nach der Eintheilung des Maaßes u. Centometer sämmtl. Civil- u. Militär-Kleider f. alle Körperconstitutionen. 12. Aufl. (1½ B. u. 79 Kpfr. auf 1 Bl.) 843. (13—28. Aufl.??) u. 29. Aufl. 8. (2 B., 10 Tab. u. 1 Taf. m. 41 Kpfrn.) Hildburghausen 845, Kesselring'sche Hofbuchh. à * —

Ortleb, (Schneidermstr.,) Jh. Mart., gründlicher Unterricht im Zeichnen u. Schneiden sämmtl. Civil- u. Militair-Kleider für alle Körperconstitutionen. 12. Aufl. Mit 79 Kupfern (auf 1 Bl.) 8. Hildburghausen 843. (Leipzig, Kummer.) n. 7/12 ß — 29. Aufl. Mit 41 Kupf. 8. Ebd. 845. n. 7/12 ß

Ortleff, Dr jur Hermann Das Magyarentum in Ungarn im Kampfe um den Nationalstaat. 8 Berlin und Leipzig 1904.

Ortlepp, ein sehr in Vergessenheit gekommenes Geheimniß der Obstbaumzucht. Eine auf langjährige Beobachtungen gegründete Belehrung für Jedermann, der gesunde Obstbäume zu haben wünscht. Mit 1 lith. Taf. Abbildgn. (in 4.) Leipzig 861. Purfürst. 8. (VII, 45 S.) n. 10 ngr.

Ortlepp, Ernst, † (Omikron,) der dreißigste August in Leipzig, e. Gedicht. gr. 8. (1 B.) Leipzig 831, [Krappe.]

Ortlepp, Er., der 30. August in Leipzig, ein Gedicht. gr. 8. Leipz. 831. Taubert. Velinp. 2 gr

Ortlepp, Ernst, Beethoven. Eine phantast. Charakteristik. Allen Musikfreunden u. Verehrern d. großen Mannes gewid. 8. (6 B.) Leipzig 836, Hartknoch.

—— Belustigungen u. Reisen e. Todten, aus Zickzacks nachgelass. Schriften hrsg. Enthalt.: Humorist. Quodlibet. — Zickzackiana. — Rheinreise. 8. (14¼ B.) Leipzig 834, [Berger's Vrls.-Expedition.]

—— Belustigungen u. Reisen eines Todten, aus Zickzacks nachgelass. Schriften hrsg. Enth.: Humorist. Quodlibet. — Zickzackiana. — Rheinreise. (Neue Ausg.) 8. (14⅛ B.) Leipzig 840, Berger's Buchh.

Ortlepp, Ernst, das Bad Berg bei Stuttgart. Eine Monographie. 16. (33 S.) Cannstatt 847. (Heilbronn, Drechsler.) n. 4 ngr.

— s. Bibliothek des Frohsinns.

—— Bilder d. Nacht in lyr. Rahmen. 8. (17¼ B.) Leipzig 837, [Hartung.]

ORTLEPP, Ernst (Privatgelehrter in Stuttgart, geb. 1800 zu Droyssig bei Zeitz, wurde aus Leipzig vertrieben, † 18**), Bilder der Nacht in lyrischen Rahmen. Leipzig, Wunder, 1837 Kl. 8° (In Warmbrunn.) (7 Mk. Hugo Streisand, Berlin, 1908, 10 Mk. Adolf Weigel, 1910.)

– s Boccaccio, das Dekameron.

— Briefe eines Unglücklichen. Roman. 8. Leipzig 833. Reichenbach. 1⅔ ß jetzt 1 ß

– s Byron, sämmtl. Werke. — dess. lyrische Gedichte.

—— Cannstatt und seine Umgebungen. Eine Monographie. 16. (127 S.) Cannstatt 848. (Heilbronn, Drechsler'sche Buchh.) *

—— die Cholera. Ein episch-lyrisches Gedicht. Lex.-8. (2 B.) Leipzig 832, Engelmann.

Ortlepp, (E.,) der Cid, romant. Trsp. z. Theil nach Span. Romanzen. 8. Leipz. 827. Hartmann.

—— der Cid. Ein romant. Trauersp., zum Theil nach d. span. Romanzen gedichtet. 8. (12½ B.) Leipzig 828, [Lehnhold.]

—— Cölestine. Ein Roman. 8. (17½ B.) Leipzig 833, Fest.

OMIKRON (d. i. *Ernst Ortlepp*), Donnerkeil in die Zeit geschmettert. Leipzig, Gleditsch, 1824. Gr 8° 7 Bogen.
A. G. Schmidt, Gallerie etc. — Selten!

—— Enrico u. Blanka oder die Heirath aus Rache. Trauerspiel in 5 Akten. 16. (8¾ B.) Ebd. 845.
Aus: Dess. gesammelte Werke 2. Bd. besond. abgedruckt.

—— Deutschlands Erntefest. Eine polit. Dichtung. Lex.-8. (2 B.) Leipzig 832, Engelmann.

— Frankreich, Rußland, Deutschland u. Polen, oder: Stimmen d. Gegenwart. E. Kranz polit. Gedichte. 8. Hamb. 832. Hoffmann u. Campe. Velinp. 8 gr

—— die Geächteten, od. Valerio u. Isidora. Ein histor. Roman. 2 Thle. 8. (29 B.) Leipzig 836, Kummer.

—— Gedanken üb. d. neuesten Frankfurter Bundesbeschlüsse. Eine Flugschr. 8. (4 B.) Leipzig 832, [Franke'sche Vrls.-Expedition.]

— Gedanken üb. d. neuesten Frankfurter Bundesbeschlüsse. 8. Leipzig 832. (Melzer.) ⅓ ß

— Gedanken üb. die neuesten Frankfurter Bundesbeschlüsse. Eine Flugschrift. 8. Leipz. 832. Zirges. 8 gr

—— Gedicht zum Gutenbergsfeste. gr. 8. (1 B.) Leipzig 840, Zirges.

—— Gedicht zu d. Reformationsfeste. 4. (1 B.) Leipzig 830, Reclam.

— Gedicht zu dem Reformationsfeste des Jahres 1831. gr. 8. Leipzig 831. (Melzer.) 1½ gr

—— Gedicht zu d. Reformationsfeste d. J. 1831. gr. 8. (1 B.) Leipzig, Zirges.

—— Gedichte. 8. (14 B.) Leipzig 831, Fr. Fleischer.
Als Anhang: Griechische Uebersetzung einiger Stellen aus Schillers „Wilhelm Tell."

—— Göthelieder etc., s. Göthelieder.

— Gustav Adolph, e. lyrische Phantasie zu dem 200jähr. Jubiläum der Breitenfeld-Leipziger Schlacht am 7. Sept. 1631. gr. 8. Leipz. d. 7. Sept. 1831. Zirges. 2 gr

— Gustav Adolph; eine lyrische Phantasie zu dem 200jähr. Jubiläum der Lützener Schlacht am 6. Nov. 1632. 8. Leipzig 832. (Melzer.) 1/12 ß

—— Hymne an Gott und: Das Kreuz od. die Religionen. Zwei relig. Dichtungen, allen Freunden d. Religion gewid. 12. (2 B.) Leipzig 836, Hartknoch.

—— großes Instrumental- u. Vokal-Concert, s. Bibliothek des Frohsinns. Neue Folge, II. Serie.

Ortlepp, Ernst. Grosses Instrumental- und Vokal-Concert. Bändchen 1—16. Stuttgart 1841.

Ortlepp, Ernst, Klänge aus dem Saalthal. Gedichte. 16. (V und 143 S.) Naumburg 856, Garcke.

— Landtagslieder für die deutsche Nation. breit gr. 16. Leipzig 833. (Melzer.) ⅔ ß

—— Landtagslieder f. d. deutsche Nation. Br. gr. 16. (6 1/2 B.) Leipzig 833, [Zirges.]

PAULUS, Johannes (d. i. *Ernst Octlepp*, geb. 1. Aug. 1800 im Marktflecken Droyssig b. Zeitz, stud. in Lpz. bis 1825 Theol. u. Philol., Schriftst. das., wegen s. polit. Gedichte 1830 von dort ausgewiesen, seit 1836 Privatgel. in Stuttg., † 1864, [wurde 14. Juni 1864 in e. Wassergraben b. Schulpforta todt aufgefunden]), Leben des Musikers Robert Auletes; Text zu einer noch unkomponirten Oper, in der Pause eines Konzerts zu lesen u. f. zarte Seelen geschrieben. Leipzig, Kollmann, 1823. 8°. (3/4 Rthl.)
Schrieb auch unter d. Pseud. Omikron. — A. G. Schmidt, Gallerie etc., S. 150; Brümmer II. S. 116.

— üb. Leibesconstitutionen, Eß- u. Trinkfreiheit. Eine Schrift. 8. Leipz. 832. Fest. Druckvelinp. 4 Gr.

— über Leibesconstitutionen, Eß- u. Trinkfreiheit. 8. Leipzig 834. Fest. 1/6 Thlr.

Ortlepp, Er., Lieder eines politischen Tagwächters. 8. Stuttgart 843, Franckh'sche Buchh. 2 Thlr.

—— allgem. deutsch. Liederbuch, s. a. Liederbuch.

ORTLEPP, Ernst. — Allgemeines deutsches Liederbuch, hrsg. von —. 8 Lfrgn. Stuttgart 1838. (Griesinger.) 16°. (à 1/8 Rthl.)
Engelmann II. 1846.

— Lob- u. Schmähschriften. 8. Leipz. 833. Fest. 12 Gr.

Ortlepp, Er., Lyra der Zeit. Eine Sammlung größerer polit. u. zeitgemäßer Gedichte. 8. Frankf. 834. Sauerländer. 1 1/2 Thlr.

—— Napoleonlieder, s. Napoleonlieder.

—— allgem. Neujahrgedicht f. d. deutsche Nation. gr. 8. (1 B.) Leipzig 831, Reclam.

—— Orlando und Maria, od. das Buch d. Liebe. Eine Gabe f. Liebende u. Geliebte. Romant. Dichtung. 16. (10 1/4 B.) Leipzig 836, Lauffer.

— Osterlied für Europa. gr. 8. Leipzig 831. (Melzer.) 1/8 Thlr.

— Osterlied f. Europa. Lex.-8. Leipz. 831. Zirges. 3 Gr.

— Pfingstgedicht für Europa. gr. 8. Leipzig 831. (Melzer.) 1/4 Thlr.

— Pfingstgedicht f. Europa. Lex.-8. Leip; 831. Zirges. 3 Gr.

—— Polenlieder. 8. (6 3/4 B.) Altenburg 831. (Leipzig, Enobloch.)

– s. Rabeners sämmtl. Werke.

Ortlepp, Ernst, Rede d. ewigen Juden, gehalt. z. Neujahr 1836, z. Beherzigung f. Juden u. Christen mitgetheilt. (Gedicht.) gr. 8. (1 B. u. 1 Stnt.) Leipzig, [Berger's Buchh.] Thlr.

— Rede des ewigen Juden, gehalten zum Neujahr 1836, zur Beherzigung für Juden und Christen mitgetheilt. (Gedicht.) Nebst lithogr. Portr. des ewigen Juden. gr. 8. Leipzig 836. Schäfer. 1/6 Thlr.

– s. Sammlung der schönsten Stammbuchverse.

– s. Shakespeare, dramat. Werke.

— das Siebengestirn d. Kriegshelden. Lebens- u. Todtenkränze. (Mit 7 Gubitz'schen Vign.) breit gr. 16. Leipz. 833. (832). Engelmann. 1 Thlr. 4 Gr.

Ortlepp, E [Übers.]
s. Smollet, Tobias George: Humoristische Romane. 1839–41.

—— Polens Sterbelied. Ein Nachtr. zu d. „Polenliedern." Lex.-8. (1 B.) Leipzig 831, Kayser.

— s. J. A. H. Tittmann, Einladungs-Programm.

—— Tivoli rc., s. a. Bibliothek des Frohsinns.

– s. a. Tivoli. Neues Museum des Witzes.

—— Tivoli. Neues Museum d. Witzes rc., s. Bibliothek des Frohsinns. Neue Folge, V. Serie.

— — Tivoli. Neues Museum des Witzes u. der Laune (in Poesie u. Prosa). Eine humorist. Anthologie. 12 Bdchen. Mit 1 satyr. lith. Abbildg. (gefaltet). Stuttgart 1842. 8° (5 Mk., 12 in 4 Bdn., Frdr. Klüber, München, 1904.)
Viele Parodien, auch ein Abdruck der Flöia (lat. u. deutsch).

Ortlepp, Ernst, †(Omikron,) Todtenkranz f. Carl August u. Göthe. (2 Gedichte.) gr. 8. (2 B.) Leipzig 832, [Franke'sche Vrls.-Expedition.] Thlr.

— Todtenkranz für Carl August u. Göthe. 8. Leipzig 832. (Melzer.) 1/6 Thlr.

— Todtenkranz f. Karl August u. Göthe. (2 Gedichte). gr. 8. Leipz. 832. Zirges. 4 Gr.

—— der Traum. Eine lyrische Dichtung. Lex.-8. (5 1/2 B.) Leipzig 832, Enobloch.

—— Unterhaltungsblatt u. Anzeiger, s. 8. Bd.: Unterhaltungsblatt.

——, Goethe's Verklärung. gr. 8. (1/2 B.) Leipzig 832, [Franke'sche Vrls.-Expedition.]
Aus dess. „Todtenkranz f. Carl August u. Goethe." besond. [illegible]

— Göthe's Verklärung. 8. Leipzig 832. (Melzer.) 1/12 Thlr.

— Göthes Verklärung. gr. 8. Leipz. 832. Zirges. 2 Gr.

— Volksgesang für die sämmtlichen Communalgarden des Königr. Sachsen. gr. 8. Leipzig 832. (Melzer.) 1 1/2 Gr.

—— Washington, od. d. große Jubeltag d. Freiheit. Eine lyr. Phantasie zu Washington's 100jähr. Geburtsfeier gedichtet. gr. 8. (1 B.) Leipzig 832, Kayser.
O. schrieb bis jetzt nur seine erste Druckschrift: Donnerkeil in die Zeit geschmettert. 8. Leipzig 824, [Brockhaus.] 16 Gr., pseudonym.

Ortlepp, Ernst, gesammelte Werke 1—3. Bd. 16. (56 B.) Winterthur 845, Liter. Comptoir v. Hegner sen. à

Bd. 1. Politische u. histor. Gedichte.
" 2. Enrico u. Blanka. Beethoven. Beethovens Monument. Der gespenstige Organist. Hans Dolling od. der Bund mit dem Teufel. Ueber Leibesconstitutionen, Eß- u. Trinkfreiheit.
" 3. Leben, Abenteuer u. Meinungen des deutschen Michel.

Ortlepp, Joh. Carl, Festgabe f. d. deutschen Landmann. — Eine Pred., auf Veranlass. d. 400jähr. Jubelfeier d. Erfind. d. Buchdruckerkunst. gr. 8. (1 B.) Halle 840, [Knapp.]

Ortlepp, Jh. Karl, Festgabe für den deutschen Landmann. Eine Predigt, auf Veranlassung der 400jähr. Jubelfeier der Erfindung der Buchdruckerkunst. gr. 8. Halle 840. Kümmel. 1/12 ₰

Ortlepp, Jh. Karl, für den deutschen Landmann. Eine Predigt zur Gedächtnißfeier der 1000jähr. Selbstständigkeit des deutschen Vaterlandes. gr. 8. Berlin 843, Eichler. 1¾ ngl

Ortlepp, J(oh.) C(arl), Predigt, die Einführung der vaterländ evangel. Gemeinde-Ordnung betreff., zu Blumberg bei Torgau gehalten. 8. (15 S.) Torgau 851, Wienbrack'sche Buchh.

—— Predigt, auf Veranlassung eines grausenvollen Raubmordes geh. u. nebst kurzer Erzähl. d. Thatbestandes in Druck gegeben. gr. 8. (1⅛ B.) Halle 839, [Knapp.]

— Predigt, auf Veranlassung eines grausenvollen Raubmordes gehalten und nebst kurzer Erzählung des Thatbestandes. gr. 8. Halle 839. Kümmel. 1/8 ₰

Ortlepp, Max, appr. Arzt a. Gospiteroda: Ueber Fremdkörper im Kniegelenk. Jena 1907: G. Neuenhahn. (34 S.) 8°
Jena, Med. Fak., Ref. Riedel, Diss. v. 22. Aug. 1907
[Geb. 23. Aug. 78 Gospiteroda; Wohnort: Gera; Staatsangeh.: Sachsen-Coburg-Gotha; Vorbildung: Gymn. Gotha Reife O. 98; Studium: Jena 11 S.; Coll. 16. Juli 07; Approb. 23. Juli 03.]

Ortlepp, Paul, a. Erfurt: Sir Joshua Reynolds. Ein Beitrag zur Geschichte der Ästhetik des 18. Jahrhunderts in England ⟨1.—3. Kapitel⟩. Straßburg 1906: J. H. Ed. Heitz. (XI, 27 S.) 8° ¶(Erscheint vollst. im gleichen Verlage als besonderes Buch.)
Jena, Phil. Fak., Ref. Eucken-Weber, Diss. v. 31. Dez. 1906
[Geb. 11. Sept. 78 Erfurt; Wohnort: Erfurt; Staatsangeh.: Preußen; Vorbildung: Realgymn. Erfurt Reife O. 98; Studium: Jena 4, Heidelberg 1, Berlin 4 S.; Rig. 31 Juli 05.]

Ortlepp, Traug., Stoff u. Gang f. den Unterricht in Bäckerfachklassen gewerbl. Fortbildungsschulen s.: **Gerhardt, Wilh.**

Ortler A., Ww.: Katalog der Dachziegelwerke und Thonwaaren-Fabriken. Straubing (1902)

Ortler-Alpen [Schlagwort]

Ortler-Alpen, s. a. Alpen. Artaria.

Ortler-Alpen — Originalkarte der westlichen, südlichen — und des Sulden-Gebietes. Von Jul. Payer. 1865—69. 56,000 u. 48,000. 3 Bl. G. M. 1867—69, Ergänz. („Payer, etc.")

Ortler-Alpen, Special-Karte der, Massstab 1 : 50.000. Wien, A. Hartleben. In Carton 1 fl. 1884

Die centralen **Ortler-Alpen** (Gebiete Martell Laas und Saent) nebst einem Anhange zu den Adamello-Presanella-Alpen v. Julius **Payer.** Mit 1 Originalkarte und 1 Ansicht = Petermanns Mittheilungen aus Perthes geogr. Anst. Ergänzungsbd. 7. Nr 31. Gotha 1872. 4°

Ortlerbahn, Die, und andere Westtiroler Bahnfragen. Wien [1908]. V: *Gross, Eduard.* (EB)

Ortlerführer, der. Mit besond. Berücksicht. d. österreich. Theiles nach den besten Quellen bearb. u. zusammengestellt v. der alpinen Gesellschaft „Wilde Banda". Mit e. Karte in Farbendr. (in qu. gr. Fol.) 8. (XI, 129 S.) Wien 876. (Bermann & Altmann.) geb. n.n. 4. —

Ortlergebiet. [J. G. Thönis Tiroler Weg- und Distanzkarten. 9.] K —.20, auf Leinw. K 1.—
Imst Grissemann 1908.

Ortlergebiet. [J. G. Thöni's Tiroler Weg- und Distanzkarten. 9.] gefalzt K —.30, auf Leinwand K 1.—
Imst: Grissemann 1909.

Ortler-Gruppe [Schlagwort]

Ortler-Gruppe, s. a.: Alpen. Artaria. Spezialkarte.

Ortlergruppe, s. a. Alpen, Waltenberger, A.

— s. a.: Geologische Karten. Preussen 84.

Ortler-Gruppe, s. a. Tirol. Thöni.

Ortler-Gruppe. Spezialkarte der Ortler-Gruppe. Hrsg. vom deutschen u. österreichisch. Alpenverein. Bearb. m. Benutzg. der reambulirten Orig.-Aufnahmen des k. u. k. militärgeograph. Institutes u. der Carta d'Italia des Istituto geografico militare. 1 : 50,000.

(Neue Ausg. 1902.) 57×72 cm. Kpfrst. München (902). (J. Lindauer.) n. 4. –

Oertli, Ed[uard]. Bericht über eine Reise nach Deutschland, Dänemark und Schweden zum Studium der Knabenhandarbeit und verwandter Erziehungsfragen, 6. Juli bis 4. August 1906. Erstattet vom Delegierten Ed. O', Zürich V. Hrg. vom Kant. zürch. Verein für Knabenhandarbeit. II + 55 S. 8. Zürich und Leipzig, Komm. Arnold Bopp, 1907. [fr. 1. 20]

Oertli, Ed[uard]. Handarbeiten für die Elementarschule.... (Heft 1:) 7. Altersjahr ⟨1. Klasse⟩. 3. Aufl. [Illustriert.] 44 S. 8. Zürich, Dr. von F. Lohbauer, (1899). [fr. 1.—]
(*Aufdruck:* Verlag: Art. Institut Orell Füssli, Zürich [1908].) — *s. Bulletin 1903, S. 129:* N 1674

Oertli, Ed., Handarbeiten f. Elementarschüler. 7. u. 8. Altersjahr (I. u. II. Klasse). Hrsg. vom schweizer. Verein zur Förderg. des Handarbeitsunterrichtes für Knaben m. finanzieller Unterstützg. von Seite der schweizer. gemeinnütz. Gesellschaft. gr. 8. Zürich, Schweiz. Verein f. Knabenhandarbeit. n. 1. 55
7. Altersjahr. 2. Aufl. (44 S. m. z. Tl. farb. Abb.) 899. n. — 70
8. Altersjahr. (44 S. m. Abb.) 900. n. — 85

Oertli, Ed., Handarbeiten f. die Elementarschule. 7. u. 8. Altersjahr. Hrsg. vom schweizer. Verein zur Förderg. des Handarbeitsunterrichtes f. Knaben m. finanzieller Unterstützg. v. Seite der schweizer. gemeinnütz. Gesellschaft. gr. 8. Zürich 903. Art. Institut Orell Füssli. à n. 1. —
7. (I. Klasse.) 4. Aufl. (44 S. m. z. Tl. farb. Abbildgn.)
8. (II. Klasse.) 2. Aufl. (44 S. m. z. Tl. farb. Abbildgn.)

— dasselbe. 9. Altersjahr (III. Klasse). gr. 8. (48 S. m. Abbildgn.) Zürich 903. Artist. Institut Orell Füssli. n.n. 1. 20

Ortlieb, David (Elsaß), De genuina juris voluntarii specialim divini indole eiusque a jure naturali discrimine. Diss. jur. natur. Präs. Joachim Georg Daries. Jena (Meyer) 6. V. 1750. 30 S. (4.50) 25640

Ortlieb, Emile [d'Algolsheim, Haut-Rhin]: Essai sur le système ecclésiastique de Grégoire le Grand. (Colmar, imprimerie de Ch.-M. Hoffmann), 1872. 8. 79 S.

Ortlieb, Georg, Referendar: **Einigung und dinglicher Vertrag.** Eine Studie zum Sachenrecht d. Bürgerl. Gesetzb. f. d. Deutsche Reich. *Berlin 1904: Möller & Borel.* (86 S.) 8° Marburg, Jur. Diss. v. [2. Mai] 1904

Ortlieb, Geo., Einigung u. dinglicher Vertrag. Eine Studie zum Sachenrecht des bürgerl. Gesetzbuches. (Diss.) (III, 86 S.) gr. 8. Berlin 904. Struppe & Winckler. n. 2. —

Ortlieb, Joh. Mich., auf Erfahr. gegründete Anweis. u. Plan z. Verbesserung d. Landwirthschaft, vorzügl. d. Rebbaues. 8. Leipzig, 1789. (Fleischer.) — 7⅓

— — dasselbe französisch und deutsch. 8. Leipz. W. Fleischer. 789.

Ortlieb, Johann Michael. Auf Erfahrung gegründete Anweisungen und Plane zur Verbesserung der Landwirthschaft vorzüglich des Rebbau's. Strasburg Treuttel Kehl: Müller 1789. 119 S. -- 25*.31

Ortlieb, J. Mich., Anweis. u. Plane z. Verbess. d. Landwirthsch. 8. Strasb. Treuttel u. W. 789.

Ortlieb, J. M., der Weinbau, speziell im Elsass. Kurze auf Erfahrg. gegründete Anleitg. zur Gewinng. u. Behandlg. des Weines. (50 S.) gr. 8. Gebweiler 905. J. Boltze. n. — 60

Ortlieb, Walt., moderner Schmuck. 16 farbig gehaltene Taf. nach Orig.-Entwürfen. qu. Lex.-8. (III S. Text.) Berlin (902). K. Koch-Krauß. Geb. n. 8. —

Moderner Schmuck von Walter Ortlieb. 16 Taf. nach Orig.-Entwürfen. *Berlin: K. Koch-Krauß [1903].* (2 Bl., 16 Taf.) quer-8° [F.] [04. 6991

Ortlieb, Wilhelm

Die gewerbliche Buchführung, Kalkulation und Wechsellehre. Theoret. u. prakt. Anleitung f. Gewerbetreibende, Fortbildungs- u. Fachschulen, Meister- u. Gesellenkurse, sowie f. d. Selbstunterr. Bearb. von Wilhelm **Ortlieb**, Lehrer zu Breslau. Mit 4 Fig. *Breslau: F. Hirt 1902.* (304 S.) 8° [F.] [03. 0789

Ortlieb, Wilh., die gewerbliche Buchführung, Kalkulation u. Wechsellehre. 1. u. 2. Ergänzg. Die Durchbuchgn. zu den Lehrgängen f. Tapezierer u. Dekorateure u. für Schuhmacher". Nach ministerieller Vorschrift zum Gebrauch f. Einzel- u. Klassenunterricht in gewerbl. Fortbildungs- u. Fachschulen, in Meister- u. Gesellenkursen, sowie f. den Selbstunterricht bearb. Gedr. in der neuen deutsch. Rechtschreibg. gr. 8. Breslau 903. F. Hirt. à n. — 80

1. Prakt. Buchführung f. Tapezierer u. Dekorateure. (48 S.)
2. Prakt. Buchführung f. Schuhmacher. (48 S.)

Ortlieb, Wilh., die gewerbliche Buchführung, Kalkulation u. Wechsellehre. Theoretische u. prakt. Anleitg. f. Gewerbetreibende, Fortbildungs- u. Fachschulen, Meister- u. Gesellenkurse, sowie f. den Selbstunterricht u. zur Vorbereitg. auf die Meisterprüfg. 2., verb. u. verm. Aufl. (320 S. m. 4 Fig.) gr. 8. Breslau 909. F. Hirt. 4.50; geb. in Leinw. 5. —

Ortlieb, Wilh., praktische Buchführung f. Bäcker u. Konditoren (Pfefferküchler). (48 S.) 905.
— dasselbe f. Fleischer u. Wurstmacher. (48 S.) 905.
— dasselbe f. Maler, Anstreicher u. Lackierer. (48 S.) 905.
— dasselbe f. Maurer u. Zimmerer. (48 S.) 907.
— dasselbe f. Mechaniker, Optiker u. Elektromechaniker. (48 S.) 905.
— dasselbe f. Schlosser. (48 S.) 904.
— dasselbe f. Schmiede u. Stellmacher (Wagenbauer). (48 S.) 905.
— dasselbe f. Schneider, Schuhmacher, Tapezierer u. Dekorateure. (48 S.) 905.
— dasselbe f. Tischler. (48 S.) 904.
— dasselbe f. Töpfer u. Ofenbauer. (48 S.) 905.

Praktische Buchführung für Maurer und Zimmerer. Nach minist. Vorschrift z. Gebr. f. Meisterprüfungs-Kommissionen sowie z. Selbstunterr. f. d. Meister- u. Gesellenprüfung bearb. von Wilhelm **Ortlieb**, Breslau. Breslau: F. Hirt 1907 (48 S.) 8° [Umschlagt. F.]
— **Ortlieb** Die Meisterprüfung T. 2. [07. 3799

Ortlieb W. Praktische Buchführung für Tapezierer und Dekorateure. (48 S) Breslau 1903

Geschäftsvorfälle zur gewerblichen Buchführung für die Hand der Schüler. Nach ministerieller Vorschrift zum Gebrauch f. Einzel- u. Klassenunterricht in gewerblichen Fortbildungs- u. Fachschulen, in Meister- u. Gesellenkursen, sowie z. Selbstunterricht bearb. von Wilhelm **Ortlieb**. H. 1–12. Breslau: Hirt 1902–07. 8°

1 Lehrgang f. Tischler. 1902. 2. ... f. Schlosser. 1902. 3. ... f. Tapezierer u. Dekorateure. 1903. 4. ... f. Schuhmacher. 1903. 5. ... f. Bäcker u. Konditoren (Pfefferküchler). 1905. 6. ... f. Fleischer u. Wurst-

— **Geschäftsvorfälle zur gewerblichen Buchführung f. die Hand der Schüler. Nach ministerieller Vorschrift zum Gebrauch f. Einzel- u. Klassenunterricht in gewerbl. Fortbildungs- u. Fachschulen, in Meister- u. Gesellenkursen, sowie zum Selbstunterricht bearb. 1. 2. u. 5.—12. Heft. 8. Ebd.** à n.n. — 15

1. Lehrgang f. Tischler. 2. Aufl. (16 S.) 904. — 2. Lehrgang f. Schlosser. 3. Aufl. (16 S.) 907. — 5. Lehrgang f. Bäcker u. Konditoren (Pfefferküchler). (16 S.) 905. — 6. Lehrgang für Fleischer u. Wurstmacher. (16 S.) 905. — 7. Lehrgang f. Schneider. (16 S.) 905. — 8. Lehrgang f. Maler, An-

Geschäftsvorfälle zur gewerblichen Buchführung für die Hand der Schüler ... bearb. von Wilhelm **Ortlieb**. 2. Aufl. H. 1. Breslau: F. Hirt 1904. 8° [F.] [04. 1912

— Geschäftsvorfälle zur gewerblichen Buchführung f. die Hand der Schüler. Nach ministerieller Vorschrift zum Gebrauch in Fachklassen u. in Klassen m. gemischten Berufen gewerbl. Fortbildungs- u. Fachschulen, in Meister- u. Gesellenkursen, sowie zum Selbstunterricht bearb. Neubearbeitg. 1.—12. Heft. (à 16 S.) 8. Ebd. à nn — 15

1. Lehrgang f. Tischler. 4. Aufl. (16 S.) 909.
2. Lehrgang f. Schlosser. 4. Aufl. (16 S.) 908.
3. Lehrgang f. Tapezierer (Täschner), Dekorateure u. Sattler. 2. u. 3. Aufl. 910.
4. Lehrgang f. Schuhmacher. 3. Aufl. 910.
5. Lehrgang f. Bäcker u. Konditoren (Pfefferküchler). 3. Aufl. 910.
6. Lehrgang f. Fleischer u. Wurstmacher. 2. Aufl. 910.
7. Lehrgang f. Schneider. 2. Aufl. 910.
8. Lehrgang f. Maler, Anstreicher u. Lackierer. 2. Aufl. 910.
9. Lehrgang f. Mechaniker, Optiker u. Elektromechaniker. 2. Aufl. 910.
10. Lehrgang f. Schmiede u. Stellmacher (Wagenbauer). 2. Aufl. 910.
11. Lehrgang f. Maurer u. Zimmerer. 2. Aufl. 910.
12. Lehrgang f. Töpfer u. Ofenbauer. 2. Aufl. 910.

Geschäftsvorfälle zur gewerblichen Buchführung für die Hand der Schüler ... bearb. von Wilhelm **Ortlieb**. 3. Aufl. H. 2. Breslau: F. Hirt 1907 8° [Umschlagt. F.] [07. 3000 2

Lehrgang für Bäcker und Konditoren (Pfefferküchler). Nach minist. Vorschrift z. Gebr. f. Einzel- u. Klassenunterr. ... sowie z. Selbstunterr. bearb. von Wilhelm **Ortlieb**. Breslau: F. Hirt 1905. (16 S.) 8° [Umschlagt. F.]
— **Ortlieb:** Geschäftsvorfälle z. gewerbl. Buchführung. H. 5. [06. 1915

Lehrgang für Fleischer und Wurstmacher. Nach minist. Vorschrift z. Gebr. f. Einzel- u. Klassenunterr. ... sowie z. Selbstunterr. bearb. von Wilhelm **Ortlieb**. Breslau: F. Hirt 1905. (16 S.) 8° [Umschlagt. F.]
— **Ortlieb:** Geschäftsvorfälle z. gewerbl. Buchführung. H. 6. [06. 1916

Lehrgang für Maler, Anstreicher und Lackierer. Nach minist. Vorschrift ... Gebr f. Einzel- u. Klassenunterr in gewerbl. Fortbildungs- u. Fachschulen ... bearb. von Wilhelm **Ortlieb**, Lehrer zu Breslau. Breslau: F Hirt 1905. (16 S.) 8° [Umschlagt. F.]
— **Geschäftsvorfälle** z. gewerbl. Buchführung. H. 8. [06. 9767

Lehrgang für Maurer und Zimmerer. Nach minist. Vorschrift z. Gebr f. Einzel- u. Klassenunterr. in gewerbl. Fortbildungs- u. Fachschulen, in Meister- u. Gesellenkursen, sowie zum Selbstunterr. bearb. von Wilhelm **Ortlieb**, Breslau: F Hirt 1907. (16 S.) 8° [Umschlagt. F.]
— **Geschäftsvorfälle** z. gewerbl. Buchführung f. d. Hand d. Schüler. H 11. [07. 3793

Lehrgang für Mechaniker, Optiker und Elektromechaniker. Nach minist. Vorschrift z. Gebr f. Einzel- u. Klassenunterr. in gewerbl. Fortbildungs- u. Fachschulen .. bearb. von Wilhelm **Ortlieb**, Lehrer zu Breslau. Breslau F Hirt 1905. (16 S.) 8° [Umschlagt. F.]
— **Geschäftsvorfälle** z. gewerbl. Buchführung H. 9. [06. 9768

Lehrgang für Mechaniker, Optiker und Elektromechaniker. Nach minist Vorschrift z. Gebr. f. Einzel- u. Klassenunterr. in gewerbl. Fortbildungs- u. Fachschulen .. bearb. von Wilhelm **Ortlieb**, Lehrer zu Breslau. Breslau: Hirt 1905. 16 S. 8° [Umschlagt.]
(Ortlieb: Geschäftsvorfälle z. gewerbl. Buchführung. H. 9.) [11. 5664

Lehrgang für Schlosser. Nach minist. Vorschrift z. Gebr. f. Einzel- u. Klassenunterr. ... sowie z. Selbstunterr. bearb. von Wilhelm **Ortlieb**. 2. Aufl. Breslau: F. Hirt 1904. (16 S.) 8° [Umschlagt. F.]
— **Ortlieb**: Geschäftsvorfälle z. gewerbl. Buchführung. H. 2. [06. 1914

Lehrgang für Schmiede und Stellmacher ⟨Wagenbauer⟩. Nach minist. Vorschrift z. Gebr f. Einzel- u. Klassenunterr. in gewerbl. Fortbildungs- u. Fachschulen . . bearb. von Wilhelm **Ortlieb**, Lehrer zu Breslau. Breslau: F. Hirt 1905. (16 S.) 8° [Umschlagt. F.]
— **Geschäftsvorfälle** z. gewerbl. Buchführung. H. 10. [06. 9769

Lehrgang für Schmiede und Stellmacher ⟨Wagenbauer⟩. Nach minist Vorschrift z. Gebr. f. Einzel- u. Klassenunterr. in gewerbl. Fortbildungs- u. Fachschulen ... bearb. von Wilhelm **Ortlieb**, Lehrer zu Breslau. Breslau: Hirt 1905. 16 S. 8° [Umschlagt.]
(Ortlieb: Geschäftsvorfälle z. gewerbl. Buchführung. H. 10.) [11. 5663

Lehrgang für Schneider Nach minist. Vorschrift z. Gebr. f. Einzel- u. Klassenunterr in gewerbl. Fortbildungs- u. Fachschulen ... bearb. von Wilhelm **Ortlieb**, Lehrer zu Breslau. Breslau: F. Hirt 1905. (16 S.) 8° [Umschlagt. F.]
— **Geschäftsvorfälle** z. gewerbl. Buchführung. H. 7. [06. 9766

Lehrgang für Schneider. Nach minist. Vorschrift z. Gebr. f. Einzel- u. Klassenunterr. in gewerbl. Fortbildungs- u. Fachschulen ... bearb. von Wilhelm **Ortlieb**, Lehrer zu Breslau. Breslau: Hirt 1905. 16 S. 8° [Umschlagt.]
(Ortlieb. Geschäftsvorfälle z. gewerbl. Buchführung. H 7) [11. 5662

Lehrgang für Schuhmacher. Nach minist. Vorschr. z. Gebr. in gewerbl. Fortbildungs- u. Fachschulen . bearb. von **Wilhelm Ortlieb**, Lehrer in Breslau. *Breslau: F. Hirt 1903.* (16 S.) 8° [F.]
— **Ortlieb**. Geschäftsvorfälle z. gewerbl. Buchführung. H. 4. [03. 3066

Lehrgang für Tapezierer und Dekorateure. Nach minist. Vorschr. z. Gebr. in gewerbl. Fortbildungs- u. Fachschulen ... bearb. von **Wilhelm Ortlieb**, Lehrer zu Breslau. *Breslau: F. Hirt 1903.* (16 S.) 8° [F.]
— **Ortlieb**: Geschäftsvorfälle z. gewerbl. Buchführung. H. 3. [03. 3065

Lehrgang für Tischler Nach minist. Vorschrift zum Gebr in gewerbl. Fortbildungs- u. Fachschulen bearb. von **Wilhelm Ortlieb**. Lehrer zu Breslau. *Breslau: F. Hirt 1902.* (8 S.) 8° [Umschlagt F.]
— **Ortlieb** Geschäftsvorfälle z. gewerbl. Buchführung H 1 [02. 2172

Lehrgang für Tischler. Nach minist. Vorschrift z. Gebr. f. Einzel- u. Klassenunterr. sowie z. Selbstunterr. bearb. von Wilhelm **Ortlieb**. 2. Aufl. Breslau: F Hirt 1904. (16 S.) 8° [Umschlagt. F.]
— **Ortlieb**: Geschäftsvorfälle z. gewerbl. Buchführung. H. 1. [06. 1913

Lehrgang für Tischler. Nach minist. Vorschrift z. Gebr. f. Einzel- u. Klassenunterr. in gewerbl. Fortbildungs- u. Fachschulen ... sowie z. Selbstunterr., bearb. von Wilhelm **Ortlieb**, Breslau. 3. Aufl. Breslau: F. Hirt 1908. (16 S.) 8° [Umschlagt. F.]
— **Ortlieb**: Gesellschaftsvorfälle z. gewerbl. Buchführung. H. 1. [08. 8618

Lehrgang für Töpfer und Ofenbauer Nach minist. Vorschrift z. Gebr. f. Einzel- u. Klassenunterr. in gewerbl. Fortbildungs- u. Fachschulen ... bearb. von Wilhelm **Ortlieb**, Lehrer zu Breslau. Breslau: F. Hirt 1905. (16 S.) 8° [Umschlagt. F.]
— **Geschäftsvorfälle** z. gewerbl. Buchführung. H. 12. [06. 9770

Lehrgang für Töpfer und Ofenbauer. Nach minist. Vorschrift z. Gebr. f. Einzel- u. Klassenunterr. in gewerbl. Fortbildungs- u. Fachschulen ... bearb. von Wilhelm **Ortlieb**, Lehrer zu Breslau. Breslau: Hirt 1905. 16 S. 8° [Umschlagt.]
(Ortlieb: Geschäftsvorfälle z. gewerbl. Buchführung. H. 12.) [11. 5666

— u. Max Dolezych, die Meisterprüfung. Theoretische u. prakt. Anleitg. in Buchführg., Kalkulation u. Wechsellehre m. den wichtigsten Bestimmgn. aus der Gewerbeordng., Arbeiterversicherg. u. dem Genossenschaftsrecht. Für Meisterprüfungs-Kommissionen, Gewerbetreibende, Fortbildungs- u. Fachschulen, Meister- u. Gesellenkurse, sowie zum Selbstunterricht f. die Meister- u. Gesellenprüfung. I. Tl.: Theorie. (96 S.) gr. 8. Ebd. 904.
Geb. in Leinw. n.n. 1.25

— u. Max Dolezych, die Meisterprüfung. Theoretische u. prakt. Anleitg. in Buchführg., Kalkulation u. Wechsellehre m. den wichtigsten Bestimmgn. aus der Gewerbeordng., Arbeiterversicherg. u. dem Genossenschaftsrecht. Für Meisterprüfungs-Kommissionen, Gewerbetreibende, Fortbildungs- u. Fachschulen, Meister- u. Gesellenkurse, sowie zum Selbstunterricht f. die Meister- u. Gesellenprüfg. 2., verb. u. verm. Aufl. Breslau 910. F. Hirt.
Geb in Leinw. 2.25

— s.: Rechenwerk f. die Fachklassen der gewerblichen Fortbildungsschulen des Ostens.

Ortling, s. Oertling.

Oertling, August

— Beschreibung einer auf Veranlassung des Koniglichen Finanz Ministerii in den Jahren 1840 und 1841 erbauten und in den beiden folgenden Jahren in ihrer Adjustirung vollendeten Kreis-Theilmaschine (Aus den Verhandl. des Vereins zur Beforderung des Gewerbfleisses in Preussen besonders abgedruckt.) Berlin 1850.

Oertling, August Neueste Construction der chemischen Waagen von —. Erklärung uber die Aufstellung und den Gebrauch der Waage zu chemischen Analysen nach der neuesten und vervollkommneten Construction von — (Preis-Verzeichniss.) Berlin.

— Preis-Verzeichniss uber Waagen und Gewichte, welche zu den genauesten chemischen Gewichts-Bestimmungen angewendet werden.

Oertling, August, Ueber die Prufung plan-paralleler Gläser und Beschreibung des dabei in Anwendung gebrachten Instrumentes. (Aus den Verhandl. des Vereins zur Beforderung des Gewerbfleisses in Preussen besonders abgedruckt.) Berlin 1848.

— Der kunstliche Quecksilber-Horizont. Berlin 1849. 2 Expl.

Oertling, C., s. Oertling, Karl

Ode mit Schlußreim an Kaiser Wilhelm II. Klassische altgriech. Strophen von **Friedrich Oertling**. *Berlin: Selbstverl. [1904].* (2 Bl.) 8° [F.] [04. 6275

Die Vaterlandsfreunde. Ein Schauspiel in 3 Akten von **Friedrich Oertling**. *Berlin [1899]: Gutenberg.* (72 S.) 8° [F.] [00. 9497

Oertling, Friedrich Ernst Christian

Oertling, Fr. Er. Chr., Maneologisches Bedenken üb. das Beerdigen wirklich verstorb. Personen in dicht verschlossenen Särgen. gr. 8. Lübeck 830. v. Rohden. 3 gGr.

— der Christ in d. Stern-Nacht, e. Psalmodie, den Freunden d. heil. Muse u. d. Lieblingen d. Tonkunst geweiht. 4. Plön 827. Aue in Altona. 7 gGr.

Oertling, Friedr. Ernst Chrstn., Nachdenken üb. alle ihm zu Gesicht gekomm., gedruckte u. schriftl. Beurtheilungen seines maneolog. Bedenkens, üb. d. Beerdigen (nicht etwa nur scheintodter, sondern) wirklich verstorb. Personen in dicht verschloss. Särgen. gr. 8. (2 B.) Hamburg 833, Hoffmann u. Campe.

⊙ Sendschreiben an Herrn Archidiaconus Claus Harms zu Kiel von einem Lehrer seines Knabenalters, demjenigen Prediger in Holstein, dessen er am Schlusse seiner Verständigungsbriefe erwähnt [d. i.: Friedrich Ernst Christian **Oertling**]. Kiel. 1819. 8°.

Oertling, Friedr. Ernst Chr., Tabelle über die in der Heil. Schrift enthaltene Glückseligkeits-Lehre Jesu, mit beigefügter Verweisung auf die Fragen des in Schleswig und Holstein eingeführten Catechismi. Moldorf. 1786.

— das Vaterunser-Gebet Jesu, in 5 metr. Bearbeit. 8. Plön 827. (Aue in Alt. 3 gl

Oertling, (Fr. E. Chr.,) das Vaterunser-Gebet Jesu, in 5 metr. Bearbeitungen. 8. Plön 827. (Busch in Alt.)

Oertling, Johann Friedr. (Brunna / Mecklenburg), Justas Anglorum in Galliam praetensiones. Präs. Johann Peter Ludewig. Halle/Saale (J. H. Grunert) 2. XII. 1707 (CICICVIICC) Rec. 1739. 37 S. (4.50) 25459

Oertling, Karl, elementare Berechng. d. Form u. Stärke gewölbter Bögen. Zum Gebrauche an Baugewerkschulen u. z. Selbstunterricht. [Aus: „Haarmann's Ztschr. f. Bauhandwerker".] gr. 8. (III, 101 S. m. 84 Abb. u. 1 Tab.) Halle 897. W. Knapp. n. 1. 50

Oertling, Carl, über Compound-Maschinen. 1. u. 2. Aufl. gr. 8. (III, 48 S. m. 5 Steintaf.) Kiel 878. Lipsius & Tischer. n. 5. —; geb. n. 6. —

Oertling, W., & **Rothe:** Katalog für Aufzugbau. Berlin (1901)

Ortlob, A. W., s. Plato, v. d. Unsterblichkeit d. Seele.

Ortlob, Jo. Fr. [Praes.], s. A d o l p h i, Christian Michael: De tono et atonia.

Ortlob, Joh. Christoph, De Caino non desperante, ad Gen. IV, 13. a. R. S. 1706 habita. Cum vindiciis, et problemate, de serpente non punito cum satana, Gen. III. 14. 15. recusa. Leipzig (J. Titius) 1716. 94 S. (4.—) 25641

Ortlob, Johann Christoph [Praes.], s. K r a u s e, Johann Gottlieb: Phrasis Mosaica qua Cainum non desperantem, ex Gen. IV, 13. philologorum judicio sistent.

Ortlob, J. C., de Ephesiorum libris curiosis combustis. Lips. 1708. 4.

— — u. **Joh. Gottlieb Krause** (Wohlau /Schles.), Phrasis Mosaica qua Cainum non desperantem, ex Gen. IV, 12. (Diss. philol.) Leipzig (J. Titius) 14. VII. 1706. 24 S. (3.75) 25642

— — (Leipzig), De brutorum praesagiis naturalibus. Leipzig (A. Barthel) 29. IV. 1702. (4.50) 25644

— — (Breslau/Schlesien), De principiis physicorum non apodicticis. Leipzig (Chr. Goez) 2. VI. 1700. (4.75) 25643

Ortlob, Johann Christoph [Praes.], s. S c h o l t z, Sigismund: ... sive Davidis delirium coram Achis, ex I. Sam. XXI, 11-16.

Ortlob, Johann Christoph [Praes.], s. S t e p h a n i, Johann Gabriel: ... sive de castigatione renum nocturna, ex Psalm. XVI, 7.

Ortlob, Johann Christoph [Praes.], s. S t o e c k e l, Gottfried: Exercitatio philologica, Phrasis ... i. e. medici non resurgent ex Es. XXVI, 14. et Psal. LXXXVIII, 11

Ortlof, Fr., s. O r t l o f f, Fr.

Ortloff [Sachliches OW]

Ortloff, Dr. Friedrich, wirkl. Geheimrath u. Präsident des Gesammt-Oberappellationsgerichts zu Jena. Nekrolog. [Aus den Blättern für Rechtspflege in Thüringen u. Anhalt.] Jena 869. Fr. Frommann. gr. 8. (15 S.) n. 2 ngr.

Ortloff [Verfasser]

Ortloff, die Flora v. Bad Wildungen u. seiner Umgebung. (54 S.) 8. Wildungen 908. P. Pusch. 1. —

Ortloff, die Landungsverhältnisse an d. Küste Deutsch-Südwestafrikas, s. a. **Verhandlungen** der deutschen Kolonial-Gesellschaft. VI. 2.

Die Landungsverhältnisse an der Küste Deutsch-Südwestafrikas. Vortrag von **Ortloff**, Wasserbauinsp. (Mit 3 Kartenskizzen.) *(Berlin: D. Reimer 1902.)* (50 S.) 8°
= Abteilung Berlin-Charlottenburg d. Deutschen Kolonial-Gesellschaft. **Verhandlungen.** 1901/02, H. 2 [illegible]

Ortloff, Ernst, aus Selb ⟨Bayern⟩. **Die Voraussetzungen des Eviktionsanspruchs.** Nach gemeinem Recht. *Eisenach 1898: Hofbuchdruckerei.* (63 S.) 8°
Erlangen, Jur. Diss. v. 2. Juli 1898

Ortloff, F(riedr.), juristische Abhandlungen, s. Abhandlungen.

Ortloff, F., C. W. E. Heimbach und **F. B. Vermehren,** juristische Abhandlungen u. Rechtsfälle mit besonderer Rücksicht auf die Länder des Sächs. Rechts und die Entscheidungen des Gesammtoberappellations-Gerichts zu Jena. 2. Bd. Jena 857. Bran. gr. 8. (3 Bl., 305 S.) 1 rß. 15 ngr.

—— die Agitation in Jena rc., s. Agitation.

Agitation, die, in Jena im April 1848. (Von Frdr. O r t l o f f.) gr. 8. (20 S.) Jena 848, Bran. 3 ngl

— über d. Erziehung zum Bürger. Eine Rede. 8. Coburg 820. Ahl. 5 gl

Ortloff, Friedr., Geschichte der Grumbachischen Händel. 4 Thle. Jena 868—70. Fr. Frommann. gr. 8. (XXVIII, 540 S.; VIII, 552 S.; VIII, 560 S.; VIII, 560 S.) n. 12 rß

—— Grundriß d. Kirchenrechts. gr. 8. ... Jena 827, Cröker.

Ortloff, Friedr., Grundriß des cathol. u. protestant. Kirchenrechts. gr. 8. (2 B.) Jena 842, Cröckersche Buchh.

—— Grundzüge e. Systems d. deutschen Privatrechts, mit Einschluß d. Lehnrechts. gr. 8. (40 B.) Jena 828, Cröker.

Ortloff, Friedr.: Von den Handschriften und Ausgaben des salischen Gesetzes nebst Beschreibung einer auf der königl. Bibliothek zu Bamberg befindl. Handschrift des salischen, ripuar. u. alemann. Gesetzes, aus den Zeiten Kaisers Carl des Großen. Coburg u. Leipzig 1819.

— von d. Handschriften u. Ausgaben d. salischen Gesetzes. gr. 8. Coburg 819. (Riemann). 8 gr

ORTLOFF, F.: Von d. Handschrr. d. Sal. Gesetzes; nebst Beschr. e. auf d. Kön. Biblioth. zu Bamberg befindl. Handschr. d. salisch-ripuar. u. alemann. Gesetzes, aus d. Zeit. K. Karl d. Grossen. *Cob.*, Ahl. 820. gr. 8. (8 Gr.)

(—). — Index scholarum publ. privatimque in univers. litterarum Jenensi habendarum auctor. prorector. **Friedrich Ortloff** et senatus academici editus. Praefatus est Heinr. Carl Abr. Eichstaedt acad. programmatas. Jena (Braniana). 1. V. 1825. 16 S. mit Namen u. 1 Lehrplan. (3.50) 25646

— von d. Papstthum über d. Kirche u. d. Staaten, u. v. d. Reformation. Nebst Luthers XCV Sätzen in deutscher u. latein. Sprache. gr. 8. Coburg 817. (Riemann). 8 gr

Ortloff, Fr., das Rechtsbuch nach Distinctionen, s. Sammlung deutscher Rechtsquellen.

— das Rechtsbuch nach Distinctionen. gr. 8. Jena 183.. Cröker. ...

Ortloff, Friedr., das Rechtsbuch Johs. Purgoldts, s. Sammlung deutscher Rechtsquellen.

Ortloff, Friedrich, Commentatio jur. Romani de Thesauris ad § XXXIX. 1. De rer. div. (II. 1.) Fr. III. § X. D. de jure fisci (XLIX. XIV.) et C. un. C. de Thesauris (X. XV.) Erlangen (J. J. Palm u. Enke) Okt. 1818. 76 S. (4.75) 25645

ORTLOFF, F.: Justinians neue Verordnn. üb. d. Intestat-Erbfolge; od. Vers. e. Uebersetz. d. Nov. CXVIII. u. d. sie betreff. Stellen d. Nov. CXXVII. nebst d. griech. Text derselben, d. Vulgata, Julians Interpretation, Hombergk's lat. Uebersetz. u. vergleich. Anmerkk., so wie auch e. Einleit. üb. die Justinian. Novellen, besond. in Hinsicht d. Sprache ihres Texts. *Cob.*, Ahl. 816. 8. (12 Gr.)

— Justinians neue Verordnungen über die Intestaterbfolge oder Versuch einer Uebersetzung d. Novelle. CXVIII. und der sie betreffend. Stellen d. Novelle CXXVII. v. Fr. ORTLOFF. *Coburg*, Riemann. 816. 8. (12 Gr.)

Ortloff, Fr., die Stammblätter v. Sphagnum, microphotographisch nach der Natur aufgenommen u. hrsg. in 66 Lichtdr.-Bildern. 12. (8 S. Text.) Coburg 891. (E. Riemann jr.) In Pappkasten. n.n. 18. —

— allgem. deutsche Wechselordnung, s. Wechselordnung.

Ortloff, Friedrich: „Allgemeine Deutsche Wechselordnung mit vollständiger Erläuterung nach den Protocollen der zu Leipzig abgehaltenen Conferenz", Jena 1848. — Vorh.: Bibl. des Kammergerichts Berlin — Ff. 975 — des Oberlandesgerichts Celle — Lc. 217 — der Industrie- und Handelskammer Leipzig und Com. Bibl. Hamburg.

Ortloff, Hans (Aus d. med. Klinik in Jena.) Zur Pathogenese der Bleilähmung, mit besonderer Berücksichtigung der einseitigen Form und der Tenosynitis hypertrophica (Gubler). Jena 1909: Neuenhahn. 31 S. 8°

Jena, Med. Diss. v. 25. März 1909, Ref. Stintzing

[Geb. 9. Juli 83 Ilmenau; Wohnort Jena, Staatsangeh. Sachsen-Weimar, Vorbildung: Gymn. Arnstadt Reife O. 02, Studium München 1, Erlangen 4, Würzburg 3, München 1, Jena 2 S., Coll. 17 Febr 09, Approb. 1. März 09.] [U 09. 2143

Ortloff, Hermann Friedrich

Ortloff, Herm., der Adhäsionsprozeß. Dogmatisch-systematisch dargestellt. gr. 8. (V und 98 S.) Leipzig 864, Günther. *

Ortloff, Herm., die Bekämpfung der Konsumvereine, s. a. Fortschritt, sozialer

Ortloff, Hermann, Die Bekämpfung der Konsumvereine. Der Wahrheit die Ehre! 8⁰. Leipzig, F. Dietrich, 1907. (Socialer Fortschritt, Nr. 88—90.)

— die Beschäftigung der Gefängniß-Sträflinge. Ein Gutachten. Jena 862. Schweiger. gr. 8. (VIII, 59 S.) n. 12 ngr.

— die Beschäftigung der Gefängniß-Sträflinge. Ein Gutachten. gr. 8. (VIII und 59 S.) Jena 864, Schweiger. *

— Bestimmungen f. die Feuerbestattung in Jena. (19 S.) 8. Weimar (907). Panse's Verl. — 40

Ortloff, Herm. Friedr., die Encyclopädie der Rechtswissenschaft in ihrer gegenwärtigen Bedeutung. Zur Einleitung in das Studium der Rechtswissenschaft. Jena 857. Mauke. gr. 8. (179 S.) n. 20 ngr.

Ortloff, H., strafbare Fahrlässigkeit bei Ausübung der Heilkunst, s.: Fälle u. Abhandlungen, gerichtlich-medizinische.

— s. a. Fälle und Abhandlungen, gerichtlich-medizinische.

Ortloff, H. Gerichtl.-medizin. Fälle u. Abhandlungen. Berlin 1887.

Ortloff H. zur Feuerbestattung. Die Sargversenkung zum Krematorium usw. (16 S) (Kultur und Fortschritt 297) Gautzsch 1910

— Zur Feuerbestattungsfrage. Die Sargversenkg. zum Krematorium in Jena, Eisenach u. Weimar u. die amtl. Beteiligg. Geistlicher, s. Kultur u. Fortschritt.

Ortloff, H., der Fuchssturm bei Jena. Erinnerungsbilder. 8. (42 S.) Jena (900). Berlin, H. Costenoble. n.n. — 50

— für od. wider d. Berufung in Strafsachen? Zur Erwägg. im hohen Reichstage. gr. 8. (88 S.) München 896. J. Schweitzer Verl. n. 1. 20

— Gleichberechtigung der Feuer- u. Erdbestattung. Anh.: Das Verbrennungssystem Rich. Schneider, vorm. Dresden, jetzt Berlin. s. a. Kultur u. Fortschritt.

Ortloff H, Gleichberechtigung der Feuer- und Erdbestattung. (73 S) (Kultur und Fortschritt 112/115) Leipzig 1907

Ortloff, Herm., Handbuch z. Nachschlagen der im Großherzogth. Sachsen-Weimar-Eisenach geltenden Landes- x. Gesetze, s.: Bock, Wilh.

Ortloff, Herm.: Die strafbaren Handlungen nach Deutschlands Reichsrecht u. Praxis. Handbuch für Straf- u. Polizeibehörden. München u. Leipzig 1883.

Ortloff, Herm., die strafbaren Handlungen nach Deutschlands Reichsrecht u. Praxis. Handbuch f. Straf- u. Polizeibehörden. gr. 8. (X, 397 S.) München 883. Oldenbourg. geb. n. 6. —

—— die Hausbergsburgen bei Jena. Festgabe zur dritten Jubelfeier der Universität Jena. gr. 8. (28 S.) Jena 858, Frommann.

Eine Vorlesung, aus der „Zeitschrift des Vereins für thüringische Geschichte und Alterthumskunde" besonders abgedruckt.

—— Jahrrente und Geschoß. Nebst Mittheilungen über den Schoß in Lübeck, Bremen und den Schleswig-Holstein. Städten. gr. 8. (120 S.) Lübeck 863, Aschenfeldt'sche Buchh. *

— Jena und Umgegend. Taschenbuch für Fremde. Nebst 1 (lith. u. color.) Karte (in Fol.). Jena 864. Doebereiner. 8. (XI, 66 S.) n. 10 ngr.

Ortloff, H., Jena u. Umgegend. Taschenbuch für Fremde. Nebst e. (lith. u. color.) Karte (in gr. 4.). 2. Aufl. Jena 869. Doebereiner. 8. (XII, 76 S.) n. 10 ngr.

Ortloff, H., Jena u. Umgegend nebst e. Führer durch das Saalthal. Taschenbuch f. Fremde u. Einheimische. Nebst e. (lith.) Karte (in qu. gr. 4.). 3., bedeutend verb. u. verm. Aufl. 8. (XV, 108 S.) Jena 876. Doebereiner. n. 1. 20

— Invaliden- u. Altersversicherung in vorübergehenden Beschäftigungen. (60 S.) gr. 8. Halle 903. Buchh. des Waisenhauses. n. 1. —

— zur Irren-Gesetzgebung. Ein sozial- u. rechtspolit. Bericht. gr. 8. (IV, 146 S.) Weimar 897. H. Böhlau's Nachf. n. 2. 80

— der Kampf um das Landtagswahlrecht im Großherzogt. Sachsen-Weimar-Eisenach. 2. Aufl. (59 S.) 8. Weimar (906). M. Grosse. n. 1. —

— s. Kandidatur des Herzogs Karl August v. Sachsen-Weimar f. den ungarischen Königsthron.

— s.a. Karl August v. Sachsen-Weimar u. die Universität Jena.

Karl August von Sachsen-Weimar und die Universität Jena. Ein akad. Zeitbild aus d. Jahren 1784 bis 1828. Von Dr. Verus [d. i. Hermann Ortloff]. Weimar: H. Grosse [1904]. (68 S.) 4°(8°) [illegible]

Ortloff, Herm.: Physiologische Kennzeichen für Beginn und Ende der Rechtsfähigkeit. Mit Berücks. des Entw. e. BGB. für das Deutsche Reich. Für Ärzte u. Juristen. Berlin u. Leipzig 1890.

— physiologische Kennzeichen für Beginn u. Ende der Rechtsfähigkeit. Mit Berücksicht. d. Entwurfs e. bürgerl. Gesetzbuchs f. das Deutsche Reich. Für Ärzte u. Juristen. gr. 8. (58 S.) Neuwied 890. Heuser's Verl. n. 1. 50

— Kind od. Foetus, s.: Fälle u. Abhandlungen, gerichtlich-medizinische.

— Das Koalitionsrecht im Gewerbebetriebe Deutschlands, s.a. Kultur u. Fortschritt.

Ortloff, Hermann, Das Koalitionsrecht im Gewerbebetriebe Deutschlands. I. Arbeiter-Streiks, Boykotts, Aussperrungen. II. Arbeitgeber-Verbände, Lohntarifverträge, Schiedsämter, Gewinnbeteiligung. 8°. Gautzsch bei Leipzig, F. Dietrich, 1907. (Kultur u. Fortschritt, Heft 125—127 u. 131—132.)

Ortloff, Hermann: Deutsche Konsumgenossenschaften im neuen Zentralverband und die Hamburger Grosseinkaufsgesellschaft. Leipzig: Jäh & Schunke 1906.

— deutsche Konsumgenossenschaften im Neuen Zentralverband u. die Hamburger Großeinkaufs-Gesellschaft. Zur allgemeinen Verständigg. (78 S.) gr. 8. Leipzig 906. Roth & Schunke. n. 1. —

Ortloff, H., Konsumvereine, s. fortschritt., soz.

Ortloff, H., s. Kultur u. Fortschritt.

— die Kurzschrift in der Rechtspflege. Zu der an den Deutschen Reichstag gerichteten Denkschrift der Gabelsberger'schen u. Stolze'schen Stenographenvereine. Ergänzungsheft zu d. Blättern f. Rechtspflege in Thüringen u. Anhalt. gr. 8. (62 S.) Jena 888. Pohle. n. 1. —

—— Lehrbuch der Kriminal-Polizei auf Grund der deutschen Reichsgesetze. 8. (XXIV, 286 S.) Leipzig 881, Fues's Verlag. *ℳ 2,60.; geb. *

Ortloff, Herm., zur Lehre v. d. Beleidigung f. d. Rechtsübung. [Aus: „Blätter f. Rechtspflege in Thüringen u. Anhalt".] gr. 8. (VIII, 158 S.) Jena 897. H. Pohle. n. 3. —

—— Lüge, Fälschung und Betrug. Theoretisch und practisch dargestellt. 3. (Schluss-)Abthl. (2. Thl.) gr. 8. (VIII und S. 233—496.) Jena 862, Fr. Frommann. *

1. und 2. Abthl. Ebendas. 1862. * 1 Thlr. 15 Ngr.

— das Magyarentum in Ungarn im Kampfe um den Nationalstaat. (XVI, 246 S.) gr. 8. Leipzig 904. [F. Luckhardt.] O. Gracklauer. 5. —

—— Methodologie oder Lehre des Studiums der Rechts- und Staatswissenschaft. Nebst deutschen Studien- und Examenordnungen. gr. 8. (XII und 298 S.) Braunschweig 863, Vieweg und Sohn. *

— Die Mittelstandsbewegung u. Konsumvereine, s.a. Kultur u. Fortschritt.

— Die Mittelstandsbewegung und Konsumvereine. 8°. Gautzsch bei Leipzig, Fel. Dietrich, 1908. (Kultur u. Fortschritt, 195/196.)

— das deutsche Nachbarrecht. (Rechtsverhältnisse der Grundstücksnachbarn) v. 1900 an. Handbuch f. Grundbesitzer. 8. (VII, 339 S.) Jena 900. Berlin, H. Costenoble. n. 4. —

Ⓑ — Das deut. Nachbarrecht. 900. (ABB 32.) Jetzt: Jena, H. W. Schmidt. Erm. Pr. 1 50

Ortloff, Herm. Friedr., de processus executivi origine et natura. Dissertatio pro obtinenda venia docendi. 8maj. (64 S.) Jenae 855, (libr. Cröker.)

— das Radfahren im öffentlichen Verkehr. I. Allgemeine Betrachtgn. — II. Entwurf e. deutschen, allgemeinen Radfahrer-Ordng. m. Erläutergn. 8. (VII, 224 S.) Ebd. 899. n. 2. 50

— d. Recht d. Erbbegräbnisse, insbes. im Großherzogth. Sachsen-Weimar. [Aus: „Blätter f. Rechtspflege in Thüringen".] gr. 8. (58 S.) Jena 898. H. Pohle. n. 1. —

Ortloff, Recht d. Handwerker Erlangen 818. (4. –)

— Recht u. Staat. Ein Organismus. Zur Einführg. in das Studium der Rechts- u. Staatswissenschaft. (63 S.) gr. 8. Weimar 903. H. Grosse. n. 1. --

Ortloff, d. Rechtsbuch nach Distinctionen. Jena 836.

—— die gerichtliche Redekunst. 2 Tle. gr. 8. [Neuwied 887, Heuser's Verlag.] Berlin, Siemenroth und Worms. * 13 —

Inhalt:

Tl. 1. Allgemeiner oder theoret. Tl.: Anwendung der Regeln der Rhetorik auf die gerichtliche Redekunst. (XII, 176 S.)* ℳ 4.–.

" 2. Besonderer oder prakt. Tl.: Die Parteireden vor Gericht. (S. 177—606.) * ℳ 9.–.

—— Die gerichtliche Redekunst. 2. (Titel-)Ausg. gr. 8. (XIV, 606 S.) Berl. 890, Siemenroth u. Worms. * 13 —; geb. * 15 —

— die Reform d. Studiums d. Rechts- u. Staatswissenschaften. Mahnworte an Lehrer u. Studierende. gr. 8. (VII, 66 S.) Berlin 887. C. Heymann's Verl. n. 1. 20

Die Staatseinrichtungen im Grossherzogtum Sachsen-Weimar-Eisenach. Ein Hand- u. Nachschlagebuch. [Verf.: Hermann **Ortloff**.] Jena H. Pohle 1896. (VI, 252 S.) 8° [F.] [07. 8034

Ortloff, Herm., Staats- u. Gesellschaftsvertretung im Strafverfahren. Zur Umgestaltg. d Strafverfahrens im konstitutionellen Staate. gr. 8. (VII, 114 S.) Tübingen 892. H. Laupp. n. 2. 60

35*

Ortloff, Herm., die Strafbarkeits-Erkenntnis als Schuld-Voraussetzung. gr. 8. (128 S.) Marburg i/H. 891. N. G. Elwert's Verl. n. 3. —

—— der fiscalische Strafprozess oder ein Officialverfahren in der Form des contradictorischen Untersuchungsprozesses. Eine historisch-pract. Abhandlung. gr. 8. (VII und 90 S.) Leipzig 859, Breitkopf und Härtel.

— das Strafverfahren in seinen leitenden Grundsatzen und Hauptformen. Jena 858. Mauke. 8. (XXVIII, 212 S.) 1 ℛ︀.

— das Studium der Rechts- u. Staatswissenschaft. Vorbereitung u. Einrichtg. (96 S.) gr. 8. Halle 903. Buchh. des Waisenhauses. n. 1. 50

— die Ueberschreitungen d. Züchtigungsrechts. Anh.: Trommelfellzerstörung durch Trauma [Druck] od. durch Entzündg.? Für Gerichtsärzte u. Lehrer. Zum Rechtsschutz deutscher Volksschullehrer. gr. 8. (88 S.) Neuwied 891. Heuser's Verl. 1. 50

— Gewerbliche Unternehmerverbände, s.a. Kultur u. Fortschritt.

Ortloff, Herm., Gewerbliche Unternehmerverbände. Die sogen. Ringe, Kartelle, Syndikate, Allianzen und Trusts nach neueren Begriffsbegrenzungen. 8°. Leipzig, Fel. Dietrich, 1909. (Kultur u. Fortschritt, 225—227.)

— Verbrechensverübung im Traumwandeln, s.: Fälle u. Abhandlungen, gerichtlich-medizinische.

— Die Verfassungsentwicklung im Grossherzogt. Sachsen-Weimar-Eisenach, s.a. Zeitschrift des Vereins f. thüringische Geschichte u. Altertumskunde. 2. Suppl.-Heft.

Die Verfassungsentwickelung im Großherzogtum Sachsen-Weimar-Eisenach. Nebst 5 geschichtl. Anlagen. Von Dr. Hermann **Ortloff**, Landger.R. a. D. Jena: G. Fischer 1907. (140 S.) 8°
= **Zeitschrift** d. Vereins f. Thüring. Geschichte u. Altertumskunde. N.F. Suppl.H. 2. [07. 12412 R

—— der Verkehr mit Nahrungs- und Genußmitteln und Gebrauchsgegenständen [Spielwaaren, Tapeten, Farben, Eß-, Trink- und Kochgeschirr, Petroleum und Bekleidungsgegenständen.] Nach dem Reichsgesetz vom 14. Mai 1879, nebst den kaiserl. Verordnungen vom 24. Febr. und 1. Mai 1882 und der Rechtsprechung des Reichsgerichts. 12. (90 S.) Neuwied 882, Heuser's Verlag. cart.

— das Vorverfahren d. deutschen Strafprozesses. Geschichtlich, praktisch u. rechtspolitisch dargestellt. gr. 8. (X, 255 S.) Giessen 893. E. Roth. n. 5. --

—— der Wechselverkehr nach deutschem und österreichischem Recht. gr. 8. (XI, 222 S.) [Neuwied 885, Heuser's Verlag.] Berlin, Siemenroth und Worms. * 3 20

—— dass. — Handbuch für Rechtsanwälte, Notare, Gerichtsschreiber ꝛc., sowie in Handels-, Gewerbe- und auf Rechtsschulen. 2. verm. und verb. Aufl. gr. 8. (XI, 246 S.) Ebendas. 887. * 3 20

Ortloff, Herm.: Der Wechselverkehr nach deutschem und österreichischem Recht. 2. Aufl. Berlin u. Leipzig 1887.

Ortloff, Herm., das Zellengefängniß zu Moabit in Berlin. Gotha 861. F. A. Perthes. 8. (VIII, 184 S.) n. 20 ngr.

— Zwischenprüfung od. Zwischenzeugnis im Rechtsstudium? gr. 8. (77 S.) Weimar 902. H. Böhlau's Nachf. n. 1. 80

Ortloff, Hugo, aus Selb i. B.: Der Einfluss der Kohlensäure auf die Gärung. *Jena: G. Fischer 1900.* (29 S.) 8°
Erlangen, Phil. Diss. v. 27 Juli 1899

Ortloff, Jh. Andr., Staatswissenschaftliche Abhandlung der Frage: Durch welche Mittel können unsere Handwerker dazu gebracht werden, dass sie diejenigen Verbesserungen ihrer Gewerbe nützen, deren Zuverlässigkeit durch die Erfahrungen erwiesen sind. 8°. Erlangen (Heyder) 1799.

Gruner, Gottlieb Anton: Abschiedsworte zu unserm geliebten Br. Gruner bei seiner Abreise als Schulrath und Director des Schullehrer-Seminars zu Idstein, gesprochen in der L. Ernst für Wahrheit, Freundschaft und Recht, von [Joh. Andr.] **Ortloff.** Coburg, 7. Junius 1817. 7 S. 8⁰
Kl. 1196.

Ortloff, J. A., Beantwortung der Preisfrage: Wie können d. Vortheile durch d. Wandern d. Handwerksgesellen beförd. rc. s.a. K. F. Mohl.

Ortloff, J. Andr. „Beantwortung der Preisfrage Wie können die Vortheile, welche durch das Wandern der Handwerksgesellen möglich sind, befördert und die dabei vorkommenden Nachtheile verhütet werden? (Diese Schrift erhielt das erste Accessit)", Erlangen 1798.

Ortloff, J. A., Corpus Juris Opificiarii. s.a. Corpus juris etc.

Ortloff, J. Andr. „Corpus Jur opificiarii, oder Sammlung von allgemeinen Innungsgesetzen und Verordnungen für die Handwerker", Erlangen 1803 (Heyder); neue Auflage ebenda 1820.

— über den Einfluß d. stoisch. Philosophie auf d. Röm. Jurisprudenz. gr. 8. Erlang. 797. Palm. 6 gr

— Geschichte d. Stipendienstiftungen in Coburg rc. (A. u. d. T.: J. G. u. J. C. Gruner, Beschreib. d. Fürstenth. Coburg. 5r Thl.) 4. Coburg 809. Ahl. (Riemann). 1 ₰ 12 gr

Ortloff, Jh. Andr., üb. die Geschichte d. Wissenschaften u. Künste. 8. Coburg 807. Ahl. (Riemann). 12 gr

— Handbuch d. Literatur d. Philosophie in allen ihren Theilen, 1e Abtheil. (A. u. d. T.: Handb. d. Literatur d. Gesch. d. Philosophie.). gr. 8. Erlang. 798. (Heyder). 20 gr

— Handbuch d. Literatur der Philosophie n. allen ihren Theilen. 1ste Abtheil. (hat auch d. Tit.: Handb. d. Literat. d. Gesch.) gr. 8. Erlang. Walther. 798.

— Handb. e. allgem. Statistik d. Kön. Preuß. Staaten. Mit e. Vorrede v. Hofr. Meusel u. Tabell. 1e Abtheil. gr. 8. Erlang. 798. (Heyder). 16 gr

— Handb. e. allgem. Statistik d. K. Preuß. Staaten. 1ste Abtheil. gr. 8. Erlang. Walther. 798.

— s. F. K. G. Hirsching, histor.-literar. Handbuch.

— Ideal e. Literargeschichte, s.a. Ideal.

— Ideal e. Literargesch. gr. 8. Erlang. Schubert. (Gredy u. Br.) 800.

— der technolog. Kinder- u. Jugendfreund; e. Anh. zu Seiler's Lehrbuche. 8. Erlang. 5e A. 815. (Heyder). 4 gr

— Recht d. Handwerker. 8. Erlangen, Breuning. 803.

— das Recht der Handwerker, nach den allgem. in d. deutschen Staaten geltenden Gesetzen u. Zunft- u. Innungsverordnn. 8. Erlang. 803. N. A. 818. Heyder. 1 ₰ 8 gr

Ortloff, J. Andr. „Das Recht der Handwerker nach allgemeinen deutschen Reichsgesetzen überhaupt, mit besonderer Rücksicht auf das allgemeine Landrecht und andere Innungsgesetze der königlich preussischen Staaten, die kursächsischen General-Innungsartikel, die Braunschweigische Gildeordnung für Handwerker und mehrere andere deutsche Handwerksgesetze", Erlangen 1803 (Schubart), neue Auflage ebenda 1818.

— s.a. Statuten der Residenzstadt Coburg.

— Statuten der Residenzstadt Coburg. 4. Coburg, Ahl. 815.

Ortloff, J. A.: Statuten der Herzogl. Sächsischen Residenzstadt Coburg, das ist die sog. alten Statuten, geordnet, mit Anm. ... versehen von Chrph. Güntzel, als auch die 1675 neuprojectirten Statuten. Coburg 1818.

— Vom Wandern der Handwerksgesellen. 8⁰. Nürnberg, Schneider u. W., 1810.

Ortloff, Wilhelm [aus Weimar]: Ueber die Reibungskoeffizienten der drei Gase Aethan C_2H_6, Aethylen C_2H_4, Acetylen C_2H_2 ... Jena, Druck v. B. Vopelius, 1895; 33 S., 2 Taf. 8.
Jena, Phil. Fak., Inaug.-Diss. v [2. März] 1895

Ortloph, A. W., Antiphonien, s. Antiphonien.

Ortloph, J. L. A., der Brief Pauli an die Römer, übers. u. ausgelegt. 2 Abthlgn. Erlangen, Deichert. gr. 8. n. 1 ₰ 6 ngr
1. Abthl. Die Uebersetzung des Briefes u. die Auslegung von Cap. I—VIII enthltd. (X, 197 S.) 865. n. 20 ngr
2. Abthl. Die Auslegung von Cap. IX—XVI enthltd. (127 S.) 866. n. 16 ngr

Ortloph, Joh. Ludw. Aug., Rede üb. Jesaj. Kap. 57 Vers 2, bei der Beerdigg. d. am 26. Juni 1883 in Bad Kissingen verstorbenen Kgl. b. Oberbaudir. a. D. Frdr. Aug. v. Pauli am 28. Juni 1883. geh. gr. 8. (8 S.) Würzburg 883. Stuber's Verl. n. — 20

Ortloph, Ph. A. W., Antiphonien zum Gebrauche bei den öffentlichen, festtäglichen Gottesdiensten in protestant. Gemeinden comp. Fol. München 841. (Fleischmann.) n. 2/3 ₰

Ortloph, W., evangelisches Choralbuch, s. Choralbuch.

— theoretisch-prakt. Gesangschule. qu. schm. 4. (5 B.) München 843, Fleischmann.

— theoret.-prakt. Gesangschule. qu. schm. 4. München 840, Fleischmann. 9 ngr

Ortloph, W., kleine deutsche Grammatik. München 866. Gummi. gr. 8. (III, 47 S.) n. 5 ngr

Ortloph, W., das Wichtigste aus der Naturlehre für die oberen Klassen der deutschen Werktagsschulen zusammengestellt. 8. (VIII und 89 S.) Nürnberg 851, Bauer und Raspe.

Ortloph, Wilhelm, Medizinalpraktikant a. Cadolzburg: Coxa vara ein Frühsymptom bei Osteomalacie. Arbeit a. d. Kgl. chirurg. Universitätspoliklinik München. München 1907: C. Wolf & Sohn. (31 S.) 8⁰
München, Med. Fak., Ref. v. Angerer, Diss. v. 18. Febr. 1908
[Geb. 21. Okt. 80 Cadolzburg i. B., Wohnort: Weimersheim; Staatsangeh.: Bayern; Vorbildung: Gymn. Ingolstadt Reife Juli 01; Studium: Erlangen 5, München 5 S.; Coll. 18. Febr. 08; Approb. 31. Jan. 08.]

Oertly, Barth. (Hrsg.), s. A b s t e c k e n , über das, von Eisenbahncurven.

Ortmann, A., s.: **Bericht** üb. die wissenschaftlichen Leistungen in d. Naturgeschichte der niederen Thiere.

— **Crustaceen aus Australien u. dem malayischen Archipel, s.: Denkschriften der medicinisch-naturwissenschaftlichen Gesellschaft zu Jena.**

— **Decapoden u. Schizopoden, s.: Ergebnisse der etc. Plankton-Expedition der Humboldt-Stiftung.**

— Flora Hennebergica, enth. die im preuss. Kreise Schleusingen u. den benachbarten Gebieten wildwachs. Gefässpflanzen. 8. (VII, 151 S.) Weimar 887. Böhlau. n. 2. 80

Ortmann, Ad. Dietr., Abhandl. v. d. heil. Abendmahl. 2 Thle. 8. Schweidnitz. 748.

Ortmann, Ad. Dietr., († d. 20. Juni 1781.) Betrachtt. übers wicht. Begebenheiten d. Naturgesch. d. 1763sten Jahres. 8. Züllich. 764. Frommann in Jena. 8 gr

— **Betrachtt. üb. d. Gleichgültigkeit gegen die unterschied. Arten der Religionen. 8. Liegn. 750. Siegert. 4 gr**

— Betracht. üb. d. Naturgesch. d. 1763sten Jahres. 8. Züllichau. (Frommann in Jena.) 764.

— **Betrachtt. üb. merkwürd. Verhängnisse gegenwärt. Zeiten. 8. Züllich. 771. Frommann in Jena. 2 gr**

— **patriot. Briefe zur Vermahnung u. zum Troste bei d. jetzigen Kriegen. 3 Thle. 8. Berl. 758. N. Aufl. 8. Ebd. 760. Voß. 1 ₰ 8 gr Besondere Zugabe dazu. 8. Leipz. 758.**

Ortmann, Adolph Dieter., Friedens-Predigt wegen der Verbindung der Preuss. u. Russ. Maj. Berlin 1762. 8.

— **Kriegsbetracht. 1760 Jan. — Octbr. 8. Berlin, Voß.**

— **Leichenrede auf den Pastor Wetzel. 8. Züllich. 766. Frommann in Jena. 2 gr**

— **Passionspredigten. gr. 8. Züllich. 768. Frommann in Jena. 12 gr**

Ortmann, Adolph Dietrich, Inspector zu Züllichau, Predigt am Festtage des allgemeinen Friedens, über den vorgeschriebenen Text, Jer. 33, v. 6—9. in der Stadtkirche zu Züllichau. Züllichau, in Verlegung des Waysenhauses, und Nathanael Siegismund Frommanns, 1763. 8. 54 S.

— **Predigt v. d. Vorsehung Gottes in die Strafgerichte üb. die Sünden d. Menschen. gr. 8. Züllich. 761. Frommann in Jena. 2 gr**

— **Predigten üb. die Evangelien durchs ganze Jahr. gr. 4. Berl. 762. Voß. 2 ₰ 16 gr**

Neue Reliquien der Reliquien . . (von *Adolph Dietrich Ortmann*). Frankfurt 1767 (Im British Museum.)
l. c. (nach dem Cat. d. Museums).

— **Samml. einig. Gebete. 8. Züllich. 781. Darnmann. 3 gr**

Ortmann, Adolph Dietrich, Schreiben eines Brandenburgers an einen Ausländer betreffend das Verhältniss des jetzigen Reichszustandes und Krieges gegen die Kirchen und Gewissensfreyheit der Protestanten. Anno 1757. 4.
— Dasselbe. (31 S.)
— Dasselbe. (27 S.)
— Dasselbe. (36 S.)

— Neue patriotische Sendschreiben, oder Beyträge zu des Herrn Inspect. Ortmanns patriotischen Briefen in welchen die Umstände und Folgen der gegenwärtigen Kriegszeiten aus dem prophet. Wort Gottes beleuchtet werden. Sendschr. 1—3. 4—6. Halle 1758. 4. Sendschreiben 7—8. ib. eod.

— **Sendschreiben an den Verfass. der Reliquien. 8. Züllich. 766. Frommann in Jena. 3 gr**

— **Siegespredigt wegen d. Schlacht bei Liegnitz. 8. Berl. 760.**

Ortmann, Adolph Dietr., Sieges-Predigt wegen der Schlacht bey Lissa, gehalten über Jes. 26. v. 21. in d. Kirche zu Beelitz Berlin 1758. 4.

Ortmann, Adolf Dieter., Sieges-Predigt wegen der Schlacht bey Rossbach. Berlin 1757. 8.

— **Siegespredigt wegen d. Schlacht bei Torgau. 8. Berl. 761.**

— **Siegespredigt wegen d. Schlacht bei Zorndorf. 8. Frkf. a. M. 758. Andreä. 2 gr**

— **Trost im Alter. 8. Züllich. 768. Frommann in Jena. 2 gr**

Ortmann, Alfred [aus Elbogen '(Böhmen)']: **Beiträge zur Kenntnis der 1:5-Diketone** ... Heidelberg, Univ.-Buchdr. v. J. Hörning, 1895; 62 S., 1 Bl. 8.
Heidelberg, Naturw.-math. Fak., Inaug.-Diss. v. [17. Mai] 1895

Ortmann, Alfr Über Lessings Einfluſs auf Schiller als Dramatiker
21 S. Progr. *Neumünster* 1881

Ortmann, Andreas: De bello hominis privati, s. W e i s s , Andreas (Praes.)

Ortmann, Arnold [aus Schleusingen]: Beiträge zur Kenntniss unterirdischer Stengelgebilde . Jena, Druck v. Julius Hossfeld. 1886; 40 S. 8°.
Jena, Phil. Fak., Inaug.-Diss. v. 1886.

O r t m a n n , A r n o l d , Beiträge zur Kenntniss unterirdischer Stengelgebilde. Diss. Jena 1886, G. Neuenhahn. 8°. 40 S.

Ortmann, Arnold E., Gliederfüssler: Arthropoda, s.: Bronn's, H. G., Klassen u. Ordnungen d. Thier-Reichs, V, 2.

— **Grundzüge d. maritimen Tiergeographie. Anleitg. zur Untersuchg. d. geograph. Verbreitg. mariner Tiere, m. besond. Berücksicht. der Dekapodenkrebse. gr. 8. (IV, 96 S. m. 1 farb. Karte.) Jena 896. G. Fischer. n. 2. 50**

Ortmann, August Ferdinand

— **Bemerkk. üb. einige in d. Leidensgesch. Jesu vorkommende Charaktere, in Fastenpredigten. gr. 8. Wien 804. Pichler. 1 ₰**

— **5 Betrachtungs-Reden üb. e. Religions-Wahrheiten. 8. Wien 796. Ant. Doll. 9 gr**

ORTMANN, AUGUSTIN FERDINAND: Fünf Betrachtungsreden über einige wichtige Wahrheiten der Religion. Pesth 1796: Joseph Eggenberger · 8°

— Betracht. Reden ub. etl. Religions=Wahrh. 8. Wien, Ant. Doll. (Liebeskind in Leipz. in Commiss.) 798.

Ortmann, Aug. Fd., üb. die Bildung, Bestimmung u. Pflichten des weibl. Geschlechts, in 8 Predigten. 8. Wien 783. Al. Doll. 9 gr.

Ortmann, Aug. Ferd., Fastenpredigten. 8. Leipz. Liebeskind. 802.

— Fastenpredigten üb. d. Leidensgeschichte Jesu. gr. 8. Wien, Sammer. 805.

ORTMANN, AUG(USTIN) FERD(INAND): Sieben Fastenpredigten, nebst einer Vorbereitungs- und Osterpredigt, über die sieben Haupt- oder Todsünden. Pesth 1802: Joseph Eggenberger. - 8°

— sieben Fastenpredigten. 8. Wien, Ant. Doll. (Liebeskind in Leipz. in Commiss.) 802.

— kurze Frühpredigten a. alle Sonn= u. Festt. d. ganzen Jahrs. 4 Thle. in 2 Jahrg. 8. Wien, Aloys Doll. (Liebeskind in Leipz. in Comiss.) 800.

— summar. Inhalt u. prakt. Anwendung der Wienerisch=Fürst=Erzbischöfl. Consistorialverordnn. v. d. J. 1721—1820. gr. 8. Wien 821. Ant. Doll. 1 Rthlr. 8 gr.

— Predigt bei Veränder. d. Magistrats d. Stadt Egenburg. 8. Wien 800. At. Doll. 3 gr.

— Predigten üb. d. Bild., Bestimm. u. Pflichten d. weibl. Geschl. gr. 8. Ebend. (Liebeskind in Leipz. in Commission.) 794.

— Predigten bei verschied. Gelegenheiten. gr. 8. Wien 795.

— Predigten über die Leidensgeschichte Jesu. gr. 8. Wien 794. Sammer. 20 gr.

ORTMANN, AUG(USTIN) FERD(INAND): Neue kurze Predigten auf alle Sonn- und Festtage des ganzen Jahres nebst einer Jubelrede. 2 Bde. Pesth 1802: Joseph Eggenberg. - 8°

— neue kurze Predigten auf alle Sonn= u. Festt. 2 Bde. 8. Leipz. Liebeskind. 802.

— dieselben. 2 Bde. m. K. 8. Wien, Ant. Doll. 802.

— neue kurze Predigten üb. Sonn= u. Festtags=Epist. des ganzen Jahres. 2 Thle. 8. Ebend. (Liebeskind in Leipzig.) 804.

— neue kurze Predigten üb. Sonn= u. Festtags=Episteln d. ganzen Jahres. 2 Thle. Mit d. Vrf. Portr. 8. Wien 804. Ant. Doll. 1 Rthlr. 12 gr.

Ortmann, Aug. Fd., neue Predigten auf alle Sonn= u. Festtage des ganzen Jahres. 2 Thle. gr. 8. Grätz 813. Kienreich. 1 2/3 Rthlr. — Neue Ausg. .. Wien 840. (Mayer u. Comp.) 1 Rthlr.

— Predigten üb. alle Sonn= u. Festtags=Evangelien durchs ganze Jahr. 2 Bde. 8. Wien 797. Wimmer. 2 Rthlr. 16 gr. 2r Jahrg. 2 Bde. 8. Ebd. 798.

— zwölf Predigten zur jährl. Feier d. Oestreich. Aufgeboths. 8. Wien 804. Ant. Doll. 16 gr.

— s. G. F. Seiler, Methodenbuch.

Ortmann, Benno, die ersten Anfangsgründe f. die italien. Sprache. 8. Amberg 793. Koch.

— Biographie des Grafen Ludwig v. Seinsheim, mit Rücksicht auf die Reichsbegebenheiten. 8. Augsb. 806. Platzer.

— Gegenstände d. ersten Rhetorik. 8. Bamb. 787.

— Geschichte des altadel. Spretischen Hauses; Ursprung u. Fortblüthe in Ravena. gr. 8. Sulzb. 806. v. Seidel. 16 gr.

Ortmann, Benno, Harmonie der Evangelien mit Erläuterungen. Fünf Abteilungen. München, um 1801.

— Moralität gründet von jeher der Staaten Glück. Eine Rede. 4. Münch. 799. Lentner. 5 gr.

— Plan der Gegenstände auf die Dichtkunst. 8. Bamb. 785.

— Priester d. neuen Bundes. 8. Münch. 802. Lentner. 3 gr.

— s. A. Fl. Persius, satyrae.

Ortmann, Benno, († d. 7. März 1811.) principia cum sacrae, tum civilis eloquentiae, in us. auditorum colleg., disposuit, illustr. 8maj. Münch. 798. N. A. 800. Lentner. 20 gr.

— christl. Reden u. Predigt=Skizzen. 1r Thl. 8. Augsb. 806. Platzer.

— christl. Reden über die wichtigst. Wahrheiten der Religion. 8. Augsb. 811. Kranzfelder. 14 gr.

— Georg Seinsheimer; e. Biographie zur Beleuchtung des von Seinsheimischen adel. Stammes. 8. Augsb. 805. Platzer.

— Umfang der heutigen Poesie im Allgemeinen u. Besondern. 1r Thl. gr. 8. Sulzb. 795. v. Seidel. 1 Rthlr. — 2r Thl. A. u. d. T.: Fortschritte des menschl. Geistes in Betreff d. deutschen Poesie rc. 8. Ebd. 809.

— christl.=patriot. Zusprache an die Studirenden im Vaterlande. Ein Erbauungsbuch. gr. 8. Münch. 797. Lentner. 19 gr.

Ortmann, E., Beiträge zur Kritik und Erklärung des Agamemnon von Äschylos. Pr. 1862. 24 S. 4°. 1.—

Ortmann, Edu. Scriptorum latinorum, qui in scholis publicis fere leguntur, loci non pauci vel explanantur vel emendantur [Tacitus, Cicero, Sallustius, Livius.] 17 S. Progr. *Schleusingen* 1882

Ortmann, Frz., de vita et morte V. P. J. Kasp. Craz ac Socior. 8. Augsb. 770. J. Wolf. 6 gr.

Ortmann, Franz J(oseph), aus Castrop ⟨Westf.⟩ Formen und Syntax des Verbs bei Wycliffe und Purvey. *Weimar 1902: R. Wagner Sohn.* (IX, 24 S.) 8° ¶ [Erschien vollst. 1902 bei Mayer & Müller, Berlin.]
Berlin, Phil. Diss. v. 15. Nov. 1902

Ortmann, Franz J[osef]: Geschichte der Stadt Neuß während der französischen Herrschaft. ⟨1794 1814⟩. Neuß 1910: Neuß-Grevenbroicher Zeitung. VIII, 81 S. 8°
Neuß, st. OR i. E. OP 1910 (707) [S 10. 319

Ortmann, Friedrich Carl Aus der Kgl. Universitäts-Augenklinik zu Kiel. Beitrag zur Casuistik der Retinitis traumatica. *Kiel 1898: H. Fiencke.* (20 S.) 8°
Kiel, Med. Diss. v. [2. Mai] 1898

Ortmann, I., Geschichte des altadelichen Spretischen Hauses, Ursprung und Fortblühte in Ravenna und Baiern. Sulzbach 1806. 8.

Ortmann, J. G., Mischelkorn u. Gemeng. Ein Versuch zur Auflös. d. Preisaufg. d. Akademie in Bern. 8. Eisenach 781. Wittekind. 4 gl

Ortmann, J. H., der Anschauungs-Unterricht in der Volksschule, s. a. Fuhr, J. H.

—— und K. Schüßler, naturgeschichtlicher Anschauungs-Unterricht für die Oberstufe der Volksschule. 1. Abtl.: Pflanzenkunde. Von J. H. Ortmann. gr. 8. (VII, 207 S.) Dillenburg 882, Seel. *

Ortmann, J. H., und K. Schüßler, naturgeschichtlicher Anschauungs-Unterricht für die Oberstufe der Volksschule. 2. Abtl.: Tierkunde. 2 Lfgn. gr. 8. (VIII, 333 S.) Dillenburg 885,87, Seel. (1. Lfg. *ℳ 2.60.; 2. Lfg. *ℳ 1.20.) * 3 80
1. Abtl.: Pflanzenkunde. Ebendas. 1882. *ℳ 2.40. — Die beiden Abtlgn. bilden Separat-Ausgaben von Fuhr, J. H. und J. H. Ortmann, Anschauungs-Unterricht. 7. Heft in 2 Abtlgn. (s. d.).

Ortmann, Johann Konrad

— s. Luther's, Dr. Mart., Glaubensbekenntniß.

Ortmann, Jh. Conr., Möhra, der Stammort Dr. Martin Luthers u. die Lutherbuche bei Altenstein u. Steinbach. Ein Beitrag zur Lebensgeschichte Dr. Martin Luthers u. seiner Verwandten. gr. 8. (Mit 4 Tabellen.) Salzungen 844. (Bocke.) 1 ß

— der Tod u. die Todesfeier Dr. Martin Luthers. Eine Erinnerungsschrift, zur 300jähr. Gedächtnißfeier des Todestages, des 18. Febr. 1846. gr. 8. Gotha 845, Müller. 6 Ngr

Ortmann, Karl *Huldreich* [aus Wikerode, Assistenzarzt d. med. Klinik zu Kiel]: Aus d. med. Klinik zu Kiel. Ueber Oesophagusstenose nach Ulcus Oesophagi simplex ... Kiel, Druck v. H. Fiencke, 1892; 26 S., 1 Bl. 8.
Kiel, Med. Fak., Inaug.-Diss. v. [2. Sept.] 1892

Ortmann, [Konrad], Dr. Zur Dramaturgie der Antigone (des Sophokles). *Torgau 1901: Buchdr. d. Torgauer Bank.* (S. 1—16.) 4° [F.]
Torgau, G, OP 1901 (270 [vielm. 272])

Ortmann, K[onrad], Dr. Das deutsche Nationalgefühl. Festrede zu Kaisers Geburtstag. *Torgau 1899: Buchdr. d. Torgauer Bank.* (S. 37—43.) 4°
Torgau, G, OP 1899 (261 [vielm. 265])

Ortmann, Konradus [Silusinus]: De regno Bosporano Spartocidarum ... Halis Sax., form. Kaemmereranis, 1894; 68 S., 1 Bl. 8.
Halle, Phil. Fak., Inaug.-Diss. v [21 Aug.] 1894

Ortmann, O., die Statik der Gewölbe mit Rücksicht auf ihre Anwendung. gr. 8. (IV, 123 S. mit eingedr. Holzschn.) [Halle 876.] Leipzig, (Knapp.) *

Ortmann, O., die Statik des Sandes mit Anwendungen auf die Baukunst. Als Wissenschaft begründet. 1. Thl. Die Statik des Sandes. (Aus der Zeitschr. f. Baukunst abgedr.) Lex.-8. Leipzig 846, Romberg. n. 1 1/3 ß

Ortmann, O., die Statik des Sandes mit Anwendungen auf die Baukunst. Als Wissenschaft begründet. 1. Thl.: Die Statik des Sandes. Lex.-8. (170 S. und 1 Taf. in gr. 4.) Leipzig 847. [Dresden.] Romberg. *

Ortmann, O., die Statik des Sandes mit Anwendungen auf die Baukunst. Als Wissenschaft begründet. 2. Thl. Anwendung auf die Baukunst. Lex. 8. (112 S. m. 1 lith. Taf. in gr 4.) Leipzig 847, Romberg. n. 1 1/3 ß (cmplt. n. 2 2/3 ß)

Ortmann, Paul, experimentelle Untersuchungen üb. centrale Keratitis. 8. (35 S.) Königsberg 884. (Beyer.) n. 1. —

Oertmann, Paul: Gesetzeszwang und Richterfreiheit. Rede beim Antritt d. Prorektorates d. Univ. Erlangen 1908 geh. von Dr. – Erg. Ausg. Leipzig: Deichert 1909. 58 S. 8°

Oertmann, Paul: Die Zulässigkeit der Satzungen des Zechen-Verbands Essen (Ruhr) Rechtsgutachten von –. Essen [1908] : Thaden & Schmemann. 22 S. 4°

Ortmann, Rhold., s. a.: Brenkendorf, Loth.

Ortmann, Rhold., üb. den Abgrund. Roman. 8. (238 S.) Leipzig 892. B. Elischer Nachf. n. 2. 50

Ortmann, R., der Afrikareisende. Roman. 8. (408 S.) Dresden 890. Pierson. n. 3. —; geb. n. 4. —

(B) **Ortmann, Rhold.**, d. Afrikareisende. 890. (KBL 26.) Jetzt: Berlin, Verlag Berlin-Wien.

Ortmann, Rhold., d. Apostel v. Sakrau. Roman. 8. (232 S.) Leipzig 895. B. Elischer Nachf. n. 3. —

— der Bankdirektor. Roman. 2 Bde. gr. 8. (192 u. 171 S.) Leipzig 892. Dresden, C. Reißner. n. 6. —; in 1 Bd. geb. n. 7. —

— Fürstin Baranow. Der Einbrecher,
s.a. Weichert's Wochen-Bibliothek

Fürstin Baranow Der Einbrecher 2 Novellen von Reinhold **Ortmann.** Berlin A. Weichert [1903]. (96 S.) 8° [F.]
= **Wochen-Bibliothek,** A. Weichert's. Bd 147. [05. 1306

Um die Beute. Kriminal-Roman von Reinhold **Ortmann.** Berlin: A. Goldschmidt 1908. (100 S.) 8° [F.]
(Goldschmidts Bibliothek f. Haus u. Reise.) [07. 13379

— wildes Blut, s. Weichert's Wochen-Bibliothek

— Auf der Brautschau, frei bearb. nach Ch. Sealsfield, s.: Weichert's Wochen-Bibliothek.

Ortmann, Rhold., meine Bühnen-Erlebnisse. Wahrheitsgetreue Memoiren v. Herm. Püsterich, Theaterdiener am Stadt-Theater zu Ypsilon. Hrsg. u. eingeleitet v. R. O. 8. (347 S.) Berlin 886. Friedrich Nachf. n. 4. —

— Casamicciola. Roman. 2 Bde. 8. (237 u. 274 S.) Dresden 895. C. Reißner. n. 6. —; in 1 Bd. geb. n. 7. —

— das Diadem d. Marquise. Unehrlich Volk, s. a. Weichert's Wochen-Bibliothek.

Das Diadem der Marquise. Unehrlich Volk. 2 Novellen von Reinhold **Ortmann.** Mit 3 Vollbildern. *Berlin: A. Weichert [1902].* (96 S.) 8° [F.]
= **Wochen-Bibliothek, Weichert's.** Bd 131. [05. 8337

(F) **Ortmann, R.**, Das Diadem der Marquise. Unehrlich Volk. Zwei Novellen. [Weichert's illustrierter Familienschatz. Bd. 131.] 8°. (96 S.) † Wien: Derfinger & Fischer 1902. K —.30

— der Ehre geopfert. Roman. 8. (302 S.) Mannheim (901). J. Bensheimer's Verl. n. 4. —

Der Elch. Humoreske von R[einhold] Ortmann. (Berlin: F Schulze [1906].) (16 S.) 8° [Umschlagt. Text stenogr.]
= Zehnpfennigbücher, Schulzes. No 47. [07. 9708

— der Elfabrunnen. s.: Weichert's Wochen-Bibliothek.

— aus d. Erinnergn. e. Polizeikommissars, s.a. Welt, alle.

Aus den Erinnerungen eines Polizeikommissars. Kriminal-Erzählungen von Reinhold Ortmann (48 S.) 8° [J.]
= Welt. Alle Bd 42 Berlin: A. Weichert [1900]

— Erlkönigs Tochter, s.: Goldschmidt's Bibliothek f. Haus u. Reise.

[J.] Es werde Recht! Roman v. Reinhold Ortmann. 2. Aufl. v. 'Fiat justitia'. *Berlin: H. Steinitz (1897).* (220 S.) 1 Bd 8.
= Bibliothek, Naturalistische. Bd X. [97. 5408

— Es werde Recht! Roman. 3. Aufl. v. „Fiat justitia!" (11.—15. Tauf.) (220 S.) 8. Berlin 907. J. Singer & Co. 2. —

— die Fehde d. Besiegten, s.a. Kürschner's Bücherschatz.

[J.] Die Fehde des Besiegten. Orig.-Roman v. Reinhold Ortmann. M. Ill. v. M. Ranike. Berlin, Eisenach, Leipzig: H. Hillger (1898). (127 S.) 1 Bd 8.
= Bücherschatz, Kürschners No 114. [99. 544

— gesprengte Fesseln. Roman. 8. (344 S.) Berlin (900). H. Steinitz. n. 3. —

— fiat justitia! Roman. 8. (220 S.) Berlin 896. H. Steinitz. n. 3. 50

— Friedel der Zweig, s.: Schmidt u. Spring's Volks- u. Jugendbibliotheken. Nr. 291.

— Funken unter der Asche. Novelle. 8. (178 S.) Jena 898. H. Costenoble. n. 2. —

— um e. Fürstenkrone. Roman. 2 Bde. 8. (214 u. 212 S.) Mannheim 896. J. Bensheimer's Verl. n. 6. —

Geächtet. Roman von Lothar Brenkendorf [d. i. Reinhold Ortmann]. *Berlin: A. Goldschmidt 1900.* (220 S.) 8° [J.]
= Bibliothek, Goldschmidts, f. Haus u. Reise. Bd 86. [00. 1.152

— ungleiche Gefährten od. echtes Gold klärt sich im Feuer. Eine Erzählg. f. die Jugend. Mit 4 Stahlst. 12. (83 S.) Stuttgart 886. Schmidt & Spring. cart. — 75

— das Geheimnis des Kakadus, s.a. „Daheim". Stenographen-Bibliothek in vereinf. deutscher Stenographie. 12. Bd.

Das Geheimnis des Kakadus. Hist. Erzählung von Reinhold Ortmann. Berlin F Schulze [1905]. (20 S.) 8° [Text stenogr.]
= Daheim. Stenographen-Bibliothek. Bd 12. [05. 7149

Das Geheimnis einer Nacht. Roman von Reinhold Ortmann. *Berlin: H. Steinitz (1900).* (230 S.) 8° [J.] [00. 7500

— gerächt. Roman. (255 S.) 8. Berlin (904). H. Steinitz. n. 3. —

— auf der Geschworenenbank. Auf dem Bergfried, s.a. Goldschmidt's Bibliothek f. Haus u. Reise.

Auf der Geschworenenbank. Auf dem Bergfried. 2 Novellen von Reinhold Ortmann. *Berlin A. Goldschmidt 1900.* (118 S.) 8° [J.]
= Bibliothek, Goldschmidts, f. Haus u. Reise. Bd 92 [00. 10158

Das höhere Gesetz. Novelle. Zu wohltätigem Zweck. Humoreske von Reinhold Ortmann. Berlin: A Goldschmidt 1905. (100 S.) 8° [J.]
(Goldschmidts Bibliothek f. Haus u. Reise.) [07. 8033

— an den Gestaden Afrikas od. treuer Freundschaft Lohn. Eine Erzählg. f. die Jugend. Mit 4 Stahlst. 12. (100 S.) Ebend. 885. cart. — 75

Ein Geständnis. Des Herzogs Werbung. 2 Novellen von Reinhold Ortmann. Berlin: A Goldschmidt 1904. (112 S.) 8° [J.] [06. 3341

— die Gewalten d. Tiefe, s.a. Kürschner's, Jos., Bücherschatz.

Ortmann, Reinhold Die Gewalten der Tiefe. Roman von – Mit Ill. von A. v Schrötter. Berlin, Eisenach, Leipzig: H. Hillger [1899]. (120 S.) 8°
= Bücherschatz, Kürschner's. No 169

— ohne Gewissen, s.a. Goldschmidt's Bibliothek.

[J.] Ohne Gewissen. Roman v. Reinhold Ortmann. *Berlin A. Goldschmidt 1898.* (1 Bl., 202 S.) 1 Bd 8.
= Bibliothek, Goldschmidts, f. Haus u. Reise. Bd 55. [98. 9463

— m. reinem Gewissen. Roman. 8. (138 S.) Leipzig 893. B. Elischer Nachf. n. 3. —

Ortmann, Rhold., Görbersdorf, s.a. Europe, illustrated.

Ortmann, Rhold., Görbersdorf, s.a. Wanderbilder, europäische.

Ortmann, R[einhard]. Görbersdorf Dr (Hermann) Brehmer's Heilanstalt für Lungenkranke Mit 26 Illustrationen von [Theodor] Blätterbauer [wovon 8 Tafeln] und einer Karte. (Europäische Wanderbilder N° 34 u 35.) 8 Zurich, (Paris, London) [1882].

Ortmann, R[einhard]. Gorbersdorf Dr (Hermann) Brehmer's Sanatorium for Consumptives Wit 26 Wood-cuts by [Theodor] Blätterbauer [8 Plates] and one Map. (Illustrated Europe. № 29. 30.) 8. Zurich, London (*Umschlag* Zürich. Paris) [1883].

Ortmann, R[einhard]. Görbersdorf. Établissement therapeutique pour les maladies de poitrine. Dirigé par le Dr (Hermann) Brehmer Avec 26 Illustrations de [Theodor] Blætterbauer [dont 8 planches] et une carte [Nouvelle éd.] (L'Europe illustrée № 31 32.) 8. Zurich, Paris ([18]87).

— die Göttin des Glücks. Roman. 8. (349 S.) Berlin (901). H. Steinitz. n. 4. —

— d. Hallig-Rose, s.a. Goldschmidt's Bibliothek für Haus u. Reise.

[J.] Die Hallig-Rose. Roman v. Reinhold Ortmann. *Berlin: A. Goldschmidt 1895.* (177 S.) 1 Bd 8.
= Bibliothek, Goldschmidts, f. Haus u. Reise. Bd 34. [96. 2738

— zur linken Hand. Vasiliki, s.a. Kürschner's Bücherschatz.

Zur linken Hand. Vasiliki. Erzählungen von Reinhold Ortmann Mit Ill. von W. Gentz. Berlin, Leipzig: Hillger [1910]. 112 S. 8°
(Kürschners Bücherschatz. Nr 741.) [11 11076

Reine Hände. Novelle von Reinhold **Ortmann**. Berlin: A. Goldschmidt 1906. (112 S.) 8° [F.]
(Goldschmidts Bibliothek f. Haus u. Reise.) [07. 8056

— **Heimweh.** Roman. (293 S.) 8. Mannheim (905). J. Bensheimer's Verl. n. 3. —

— **Heinrich Heine.** [Aus: „Heines sämtl. Werke".] 8. (29 S.) Berlin (902). A. Weichert. 1. —

— Die Heirat des Herrn Fabricius, s.: Weichert's Wochen-Bibliothek.

— ein schwergeprüftes Herz, s.: Michow-Bücher. 27.

— harte Herzen, s.a. Weichert's Wochen-Bibliothek.

Harte Herzen. Novelle von Reinhold **Ortmann**. Mit 3 Vollbild. Berlin: A. Weichert [1904]. (96 S.) 8° [F.]
= **Wochen-Bibliothek**, A. Weichert's. Bd 105. [05. 5300

— starke Herzen. Nellys Verlobung, s.a. Kürschner's, Jos., Bücherschatz.

Starke Herzen. Novelle. Nellys Verlobung. Eine nächtl. Geschichte. Von Reinhold **Ortmann**. Mit Ill. von A. Lewin. Berlin, Eisenach, Leipzig: H. Hillger [1905]. (111 S.) 8° [F.]
= **Bücherschatz**, Kürschners. No 445. [05. 10790

[F.] Herzensostern. Novellette v. Reinhold Ortmann. In Vereinfachter Stenographie. (Einiggssystem Stolze-Schrey)' hrsg. v. Fritz Laurent In Komm. b. E. Velten: Dr. v. J. G. Fritzsche, Leipzig 1898 (1 Bl., 15 S.) 1 Bd 8. [99. 892

— **Herzensostern.** Novellette. In vereinf. deutscher Stenographie (Einigungssystem Stolze-Schrey) hrsg. v. Fritz Laurent. gr. 8. (15 S.) Leipzig 898. Berlin-Wilmersdorf (E. Velten.) n. — 40

— in den Höllengrund. Fräulein Doktor, s.a. Kürschner's, Jos., Bücherschatz.

In den Höllengrund Novelle Fräulein Doktor Eine Sommergeschichte Von Reinhold **Ortmann** Mit Ill von E. Ranzenhofer *Berlin, Eisenach, Leipzig H Hillger [1901]* (126 S.) 8° [F.]
= **Bücherschatz**, Kürschners No 247 [01. 14319

— **fünfzig Jahre eines deutschen Theater-Directors.** Erinnerungen, Skizzen u. Biographien aus der Geschichte des Hamburger Thalia-Theaters. Mit 1 Portr. (in Lichtdr.). 8. (XVI, 340 S.) Hamburg 881. J. F. Richter. n. 4. —

— im eigenen Netz gefangen, s.a. Sammlung interessanter Criminal- u. Detectiv-Romane. 1. Bd.

Im eigenen Netz gefangen. Kriminal-Roman von Reinhold **Ortmann**. Berlin A. Weichert [1904]. (176 S.) 8° [F.]
= **Sammlung** interessanter Criminal- u. Detectiv-Romane. Bd 1. [05. 4813

— im goldenen Käfig, s.a. Kürschner's, Jos., Bücherschatz.

Im goldenen Käfig. Novelle von Reinhold **Ortmann**. Mit Ill. von W. Roegge. Berlin, Leipzig: H. Hillger (1906). (94 S.) 8° [F.]
= **Bücherschatz**, Kürschners. No 515. [07. 15332

— das goldene Kalb, s.a. Weichert's Wochen-Bibliothek.

Das goldene Kalb. Roman von Reinhold **Ortmann**. Mit 3 Vollbildern. *Berlin A. Weichert [1901].* (88 S.) 8° [F.]
= **Wochen-Bibliothek**, Weicherts Bd 102. [01. 856

— der gute Kamerad, s.a. Goldschmidt's Bibliothek.

Der gute Kamerad. Eine Künstlernovelle von Reinhold **Ortmann**. *Berlin A. Goldschmidt 1901* (S. 91–105.) 8° [F.]
= **Bibliothek**, Goldschmidts, f. Haus u. Reise. Bd 99, (2). [02. 13335

— Im Kampf ums Dasein, s.: Weichert's Wochen-Bibliothek.

— **Komödianten.** Roman in 2 Bdn. 8. (408 S.) Mannheim 898. J. Bensheimer's Verl. n. 6. —

— der Herr Kompagnon, s.: Unterhaltungsbücher, neue, f. Stenographen. Nr. 7.

—— **neues Leben.** Eine Görbersdorfer Novelle in Liedern. 8. (52 S.) Görbersdorf 880. (Hamburg, J. F. Richter.) *

— der Leibeigene der Steppenräuber, s.: Weichert's Wochen-Bibliothek.

— aus Leidenschaft, s.: Romansammlung „Deva". 12. 13.

— blinde Liebe, s.a. Weichert's Wochen-Bibliothek.

Blinde Liebe. Roman von Reinhold **Ortmann**. Mit 3 Vollbild. Berlin: A. Weichert [1904]. (90 S.) 8° [F.]
= **Wochen-Bibliothek**, A. Weichert's. Bd 157. [05. 1310

Versiegelte Lippen. Roman von Reinhold **Ortmann**. Berlin A. Goldschmidt 1908. (104 S.) 8° [Ant. u. F.] [08. 7428

—— **die Lungenschwindsucht und die Mittel zu ihrer Heilung.** Vortrag, gehalten am 7. April 1881 im Logenhause zu Hamburg. 8. (51 S.) Leipzig 881, Grieben's Verlag. *

—— Luther, s. Theater, deutsches.

— die Madonna des Botticelli. Cäsars Frack, s.a. Kürschner's Jos., Bücherschatz.

Die Madonna des Botticelli. Novelle. Cäsars Frack. Humoreske. Von Reinhold **Ortmann**. Mit Ill. von A. Lewin. Berlin, Eisenach, Leipzig: H. Hillger [1906]. (108 S.) 8° [F.]
= **Bücherschatz**, Kürschners. No 488. [07. 15306

— **Madonna im Rosenhag.** Roman. 2 Bde. 8. (256 u. 216 S.) Leipzig 890. Reißner. n. 6. —

—— **ein Mahnwort an Hustende und Lungenkranke.** gr. 8. (68 S.) Görbersdorf 880. (Hamburg, J. F. Richter.) *

— Maren v. Westerland, s.a. Weichert's Wochenbibliothek.

Ortmann, Reinhold: Maren von Westerland. Novelle von –. Mit 3 Vollbildern. Berlin: A. Weichert [1901]. (92 S.) 8°
= Wochen-Bibliothek, Weicherts. Bd 117.

— die Mine des toten Mannes. Der Schnellmaler v. Dawson-City, s.a. Kürschner's, Jos., Bücherschatz.

Die Mine des toten Mannes. Erzählung. Der Schnellmaler von Dawson-City. Eine Geschichte aus Clondyke. Von Reinhold **Ortmann**. Mit Ill. von A. Lewin. *Berlin, Eisenach, Leipzig: H. Hillger [1903].* (106 S.) 8° [F.]
= **Bücherschatz**, Kürschners. No 388. [04. 11149

— Malves Mitgift, s.a. Vobach's illustr. Roman-Bibliothek. III. 1. 2.

Malves Mitgift. Roman von Reinhold **Ortmann**. Ill. von Th. Volz. Bd 1. 2. Berlin-Leipzig. W Vobach & Co. [1905]. 2 Bde 8° [F.]
= **Roman-Bibliothek**, Vobachs illustrierte. Ser. 3. Bd 1. 2. [05. 13954 II

— der Mutter Abschiedsgruß; e. Unterrichtsstunde Ludwig Devrients, } s.: Theater, deutsches.

— seidene Netze. Roman. 2 Bde. 8. (190 u. 242 S.) Dresden 896. E. Reißner. n. 6.—; in 1 Bd. geb. n. 7.—

— Notwehr. Roman. 8. (167 S.) Berlin (899). H. Steinitz. n. 2.50

— Notwehr. Roman. 6.—10. Taus. (167 S.) 8. Berlin 907. F. Singer & Co. 2.—

Ortmann, Rhold., die Prinzessin. Roman. (278 S.) 8. Mannheim (905). J. Bensheimer's Verl. n. 3.—

— Quisisana. Roman. 8. (220 S.) Ebd. 889. n. 3.—

— Rächer. Ein Roman. 8. (297 S.) Berlin 897. H. Steinitz. n. 5.—

— das Räthsel v. Elvershöh. Roman in 2 Bdn. 8. (224 u. 167 S.) Mannheim (900). J. Bensheimer's Verl. n. 5.—; geb. n. 7.—

— Im Rausch, s.a. Kürschner's Bücherschatz.

Ortmann, Reinhold: Im Rausch von –. Mit Ill. von A. Lewin. Berlin, Leipzig: Hillger [1909] 96 S. 8°
(Kürschners Bücherschatz. Nr 666.)

Reinhold Ortmann. Das Recht auf Freiheit. Roman. Berlin C. Duncker [1909]. 308 S. 8° (10. 16354 11

— d. Recht d. Herzens, s.a. Goldschmidt's Bibliothek f. Haus u. Reise.

[F.] Das Recht des Herzens. Roman v. Reinhold Ortmann. *Berlin: A. Goldschmidt 1896.* (1 Bl., 112 S.) 1 Bd 8.
= Bibliothek, Goldschmidts, f. Haus u. Reise. Bd 43. (96. 6322

— wider das Recht, s.: Weichert's Criminal-Bibliothek.

— ein Rezept. Ums tägliche Brot, s.a. Kürschner's, Jos., Bücherschatz.

Ein Rezept. Ums tägliche Brot. Novellen von Reinhold Ortmann. Berlin, Eisenach, Leipzig: H. Hillger [1905]. (128 S.) 8° [F.]
= Bücherschatz, Kürschners. No 473. (07. 15991

— moderne Römer. Roman. 2 Bde. gr. 8. (243 u. 251 S.) Dresden 889. Pierson. n. 7.—; geb. n. 9.—

(G) — Moderne Römer. 889. (x 8226.) Jetzt: Berlin, Verlag Berlin-Wien.

— junger Ruhm. Roman. 8. (227 S.) Mannheim 894. J. Bensheimer's Verl. n. 4.—

— Sakuntala. Novelle. 8. (182 S.) Jena 893. H. Costenoble. n. 2.—

— gespenstische Schatten. Roman 2 Tle. in 1 Bde. (132 u. 112 S.) 8. Berlin (903). Globus Verlag. n. —60

Schatten der Vergangenheit. Roman von Reinhold Ortmann. *Stuttgart & Leipzig: Deutsche Verl.-Anst. [1896]* (343 S.) 8° [F.]
(Für d. Reise u. Daheim.) (03. 7003

— Schatten der Vergangenheit. Roman. (Neue [Titel-] Ausg.) 8. (343 S.) Stuttgart [896.] (901). Deutsche Verlags-Anstalt. n. 1.50; geb. n. 1.75

— auf der Schattenseite. Kleine Geschichten. 8. (283 S.) Leipzig 892. B. Elischer Nachf. n. 3.—

— die Schätze des alten Hauses, s.: Weichert's Criminal-Bibliothek.

[F.] Der Schauspieler Novelle v. Reinhold Ortmann. *Berlin: A. Goldschmidt 1897.* (1 Bl., 104 S.) 1 Bd 8.
= Bibliothek, Goldschmidts, f. Haus u. Reise. Bd 48. (97. 4079

— Der Schlangenring. In Sicherheit. Die rechte Hand. 3 Novellen. (100 S.) 8. Berlin (909). A. Goldschmidt. 2.—; geb. in Leinw. 3.—

— der Schmetterling, s.a. Goldschmidt's Bibliothek f. Haus u. Reise.

Der Schmetterling. Novelle von Reinhold Ortmann. *Berlin: A. Goldschmidt 1903.* (110 S.) 8° [F.]
= Bibliothek, Goldschmidts, f. Haus u. Reise. Bd 113. (04. 3080

— auf ererbter Scholle. Roman. 8. (198 S.) Berlin (901). H. Steinitz. n. 3.—

— um alte Schuld. Roman. (222 S.) 8. Berlin (902). H. Steinitz. n. 3.—

— schwere Schuld, s.a. Welt, alle.

Schwere Schuld. Novelle von Reinhold Ortmann. *Berlin A. Weichert [1900].* (48 S.) 8° [F.]
= Welt, Alle Bd 17 (00. 1179

— verschwiegene Schuld, s.: Sammlung interessanter Criminal- u. Detectiv-Romane. 24. Bd.

— unter dem Schwerte d. Themis,
s.a. Goldschmidt's Bibliothek f Haus u. Reise.

[F.] Unter dem Schwerte der Themis. Roman v Reinhold Ortmann. Bd 1 2. *Berlin. A Goldschmidt 1898.* 2 Bde 8.
1 (1 Bl., 190 S.) 2 (1 Bl., 182 S.)
= Bibliothek, Goldschmidts, f. Haus u. Reise. Bd 66. 67. (98. 9474

— ein falsches Signal, s.a. Welt, Alle

Ortmann, Reinhold: Ein falsches Signal Novelle von –. Berlin A. Weichert [1900]. (48 S.) 8°
= Welt, Alle. Bd 4.

— moderne Sklavinnen, s.a. Weichert's Wochen-Bibliothek.

Ortmann, R., Moderne Sklavinnen. [Weicherts illustr. Familienschatz. Bd. 174] 8° (96 S.) † K —.30
Wien: Derflinger & Fischer 1905

— Der Stumme vom Hause d'Ambra. Celeste Miramon, s.a. Kürschner's Bücherschatz.

Der Stumme vom Hause d'Ambra. Céleste Miramon. Novellen von Reinhold Ortmann. Mit Ill. von A. Lewin. Berlin, Leipzig H. Hillger [1908]. (111 S.) 8° [F.]
= Bücherschatz, Kürschners. No 597 (08. 15070

— im Sturm,
s. Goldschmidt's Bibliothek f Haus und Reise

— das Testament d. Einsamen, s.: Goldschmidt's Bibliothek f. Haus u. Reise.

— Der Teufelswalzer u. 7 andere Novellen, s.: Reclam's Novellen-Bibliothek.

— der Teufelswalzer, s.: Universal-Bibliothek.

— Theaterblut. Roman. (162 S.) 8. Berlin (903). Globus Verlag. n. — 30

— um der Liebe willen. Roman. 8. (376 S.) Stuttgart 894. Deutsche Verlags-Anstalt. n. 4. —

— um der Liebe willen. Roman. (Neue [Titel-]Ausg.) 8. (376 S.) Stuttgart [894.] 900. Deutsche Verlags-Anstalt. n. 1. 50; kart. n. 1. 75

—— eine Unterrichtsstunde Ludwig Devrients, } s. Theater, deutsches.

—— Vaterland. Roman. 2 Bde. 8. (352; 316 S.) Stuttg. 890, Deutsche Verlags-Anstalt. * 7 50; geb. * 8 50

— Vaterland. Roman. 2 Thle. in 1 Bd. (Neue [Titel-] Ausg.) 8. (352 u. 316 S.) Stuttgart (890) 897. Deutsche Verlags-Anstalt. n. 1. 50; geb. n. 1. 75

— Vaterlandsverrat, s.a.Weichert's Wochen-Bibliothek.

Vaterlandsverrat. Roman von Reinhold Ortmann. Mit 3 Vollbild. Berlin: A. Weichert [1903]. (96 S.) 8° [F.]
— Wochen-Bibliothek, A. Weichert's. Bd 154. [03. 1310]

—— Verraten u. errettet, s. Hoffmann's, Frz., Jugendbibliothek.

— Verraten u. errettet, s.: Sammlung beliebter Jugendschriften.

— stumme Verräter, s.: Weichert's Criminal-Bibliothek.

— verspielt u. andere Novellen. (144 S.) 8. Berlin (903). Globus Verl. n. — 30

—— über die Wahl eines Winter-Aufenthaltes für Lungenkranke. 8. (VII, 119 S.) Leipzig 882, Grieben's Verlag. *

— vergiftetes Wasser, s.a.Kürschner's Bücherschatz.

[F.] Vergiftetes Wasser. Novelle v. Reinhold Ortmann. M. 25. Ill. v. A. v. Schrötter. *Berlin, Eisenach, Leipzig: A. Hillger [1897].* (120 S.) 1 Bd 8.
— Bücherschatz, Kürschners. No 11. [97. 6099]

— In den wilden Wassern. Ein Griff ins Leben, s.a.Kürschner's Bücherschatz.

In den wilden Wassern. Ein Griff ins Leben. Novellen von Reinhold Ortmann. Mit Ill. von H. Binde. Berlin, Leipzig: H. Hillger [1907]. (111 S.) 8° [F.]
— Bücherschatz, Kürschners. No 553. [07. 15369]

— dunkle Wege. Roman. (327 S.) 8. Berlin (902). H. Steinitz. n. 3. —

— des anderen Weib, s.a.Kürschner's, Jos., Bücherschatz.

Der Anderen Weib. Novelle von Reinhold Ortmann. Mit Ill. von A. Lewin. *Berlin, Eisenach, Leipzig: H. Hillger [1903].* (107 S.) 8° [F.]
— Bücherschatz, Kürschner's. No 354. [04. 999]

— aus dem Wellengrab, s.: Weichert's Wochen-Bibliothek.

— fremde Welten. Roman in 2 Bdn. 8. (256 u. 254 S.) Mannheim (899). J. Bensheimer's Verl. n. 6. —

— wer wird siegen? Zeit-Roman. 2 Bde. (276 u. 288 S.) 8. Mannheim (904). J. Bensheimer's Verl. n. 5. —

— Willenskraft Wege schafft, s.a.Sammlung beliebter Jugendschriften. Bd. 2.

— Willenskraft Wege schafft. Eine Erzählung f die liebe Jugend. 12. (103 S. m. 4 Stahlst.) Stuttgart 890. Schmidt & Spring. cart. — 75

— im Wolkenbruch, s.a.Welt, alte.

Ortmann, Reinhold: Im Wolkenbruch. Novelle von –. Berlin: A. Weichert [1900]. (48 S.) 8°
= Welt, Alle. Bd 25.

— Zu feig! Roman. (304 S.) 8. Berlin (907). C. Duncker. 3. 50

— zu fein gesponnen, s.: Weichert's Criminal-Bibliothek.

Ortmann, Rich., erstes Schulbuch. gr. 8. (39 S. mit eingedr. Holzschn.) Baltimore 873. (Dillenburg, Seel.) geb. *

Ortmann, Rudolf Der Deutsch-Unterricht in den unteren Mittelschulklassen als Konzentrations- und Ergänzungsfach. S. 12—16. 8. Progr. K. k. Staatsgymn. *Salzburg* 1904.

Ortmann, Rud., deutsches Lesebuch f. die österreichischen Mädchen-Lyceen. 1.—6. Tl. gr. 8. Wien, C. Graeser & Co. Geb. in Leinw. n.n. 19. —
1. (X, 249 S.) 901. 2. 60. — 2. (X, 274 S.) (904.) 2. 70. 3. (VIII, 258 S.) (904.) 3. —. — 4. (XI, 243 S.) (904.) 3. —. 5. (VII, 270 S.) (904.) 3. 90. — 6. (VIII, 303 S.) (906.) 3. 80.

Ortmann Rudolf: Ueber die kausalen, konzessiven und konditionalen hypotaktischen Satzverbindungen in den Predigten des Priesters Konrad.
II. 1897 PN 1053 Diss. Wien, Univ. 79

Ortmann, Rudolf, approb. Arzt aus Artern: Über das Babinski'sche Zehenphaenomen mit Berücksichtigung seiner Bedeutung für Hysterie und progressive Paralyse. *Salzungen 1903: O. Witzmann.* (20 S.) 8°
Jena, Med. Diss. v. (19. Mai) 1903

Ortmann, Walth., im Fluge durchs alte, romantische Land. Italienische Reise- u. andere Skizzen. (138 S.) gr. 8. Leipzig 903. H. Buschmann. n. 3. —; geb. n. 3. 75

Ortmann, Walther, bacc. jur. aus Apolda: Der Genußschein. *Borna-Leipzig 1903: R. Noske.* (VIII, 111 S.) 8°
Leipzig, Jur. Diss. v. 1903

Ortmann, Werner, Referendar a. Berlin: Die rechtliche Stellung des Gemeinschuldners nach Maßgabe der Reichskonkursordnung. Kirchhain N.-L. [1905]: M. Schmersow. (VII, 161 S.) 8° [F.]
Freiburg i. B., rechts- u. staatsw. Fak., Ref. Merkel, Diss. v. 1905
[Geb. 28. Okt. 81 Friederikenhof i. d. Neumark; Wohnort: Berlin; Staatsangeh.: Preußen; Vorbildung: Askanisches Gymn. Berlin; Studium: Berlin 1, Freiburg 1, Berlin 4 S.; Coll. 2. Mai 04.]

Ortmann, Wilhelm, a. Langenschwalbach ⟨Preußen⟩: Zur Embryonalentwicklung des Leberegels ⟨Fasciola hepatica L.⟩. Marburg 1908 (Naumburg a. S.: Lippert & Co.). (S. 256—289.) 8° ¶ (Aus: Zool. Jahrbücher Bd 26 Abt. f. Anat. 1908.)
Marburg, Phil. Fak., Ref. Korschelt, Diss. v. 25. März 1908
[Geb. 9. Juni 84 Nastätten, Kr. St. Goarshausen, Bez. Wiesbaden; Wohnort: Marburg; Staatsangeh.: Preußen; Vorbildung: Realgymn. u. Gymn. Wiesbaden Reife O. 02; Studium: Marburg 4, München 2, Marburg 2 S.; Rig. 31. Juli 07.]

Oertmann, Ernst (geb. am 19 Febr. 1853 in Horst bei Steele a. d. Ruhr): Ueber die Behandlung der Thränensackerkrankungen ... Bonn, Druck v. C. Georgi 1875. 25 S., 1 Bl. 8.
Bonn, Med. Fak., Diss. v. 4 Aug. 1875

Oertmann, Paul, f.: **Archiv f. bürgerliches Recht.**

Die standesherrliche Autonomie im heutigen deutschen bürgerlichen Recht. Denkschrift von Dr. Paul **Oertmann**. Erlangen 1905: Junge. VIII, 161 S. 8° [01. 7780 6

— u. R. Sohm, die soziale Bedeutung des Erbbaurechts, f.: Streitfragen, soziale. 11. Hft.

— die volkswirtschaftliche Bedeutung d. bürgerl. Gesetzbuches f. das Deutsche Reich. 5 Vorträge, geh. im Verein f. Volkswirtschaft u. Gewerbe zu Frankfurt am Main. gr. 8. (III, 88 S.) Frankfurt a/M. 900. J. D. Sauerländer. n. 2. —

Oertmann, P., s. Bechmann, A., Der Kauf nach gem. Recht.

— B. G. B., s. Kommentar z. B. G. B.

— Einleitung. Lehre v. den Personen u. v. den Sachen nach dem bürgerlichen Gesetzbuch, f.: Sammlung Göschen.

— Erwerb u. Verlust, Geltendmachung u. Schutz der Rechte nach dem bürgerlichen Gesetzbuch, f.: Sammlung Göschen.

Oertmann, P., die Fiducia im römischen Privatrecht. Eine rechtsgeschichtl. Untersuchg. gr. 8. (VIII, 262 S.) Berlin 890. Guttentag. n. 5. —

— Bürgerliches Gesetzbuch, f.a. Kommentar zum bürgerlichen Gesetzbuche u. seinen Nebengesetzen.

Bürgerliches Gesetzbuch. Buch 1. Allgemeiner Teil von Dr. Paul **Oertmann**, Erlangen. 2. vollst. umgearb. Aufl. d. Komment. von Karl Gareis. Hälfte 1. Berlin: C. Heymann 1908. 4°(8°) [F.]
— Kommentar z. Bürgerl. Gesetzbuche u. s. Nebengesetzen. 1, 1. [08. 6928

Bürgerliches Gesetzbuch, 2. Buch: Recht der Schuldverhältnisse von Dr Paul **Oertmann**. 3. u. 4. umgearb. Aufl. Berlin Heymann 1910. IX, 1239 S. 8°
(Kommentar z. Bürgerl. Gesetzbuche u. s. Nebengesetzen. Abt. 1, Bd 2.) [10. 12139 8

Oertmann, Paul, Dr., o. Prof. d. deutsch. bürgerl. Rechts, d. röm. Zivilr. u. d. Zivilprozeßr.: Gesetzeszwang und Richterfreiheit. (Enthält auch: Bericht über das Studienjahr 1907/08 erstattet von Prorektor Prof. Dr. Gustav Hauser (S. 19—24) und Anhang: Universitätsinstitute betr. (S. 25—46).) Erlangen 1908: Junge. S. 1—18. 4° ¶(Ergänzte Ausg. ersch. b. Deichert, Leipzig 1909. 58 S. 8°)
Erlangen, Rede beim Antritt des Prorektorates 1908
[U 09. 878

— Kommentar zu d. Schuldverhältnissen d. B. G. B. I. Berlin 899.

— bayerisches Landesprivatrecht, f.a. Dernburg, Heinr., das bürgerl. Recht des Deutschen Reichs u. Preußens. I. Erg.-Bd.

Bayerisches Landesprivatrecht. Von Dr. Paul **Oertmann**, Prof., Erlangen. *Halle a. S.: Waisenhaus 1903.* (XII, 679 S.) 8° [F.]
— Dernburg, Heinrich: Das bürgerl. Recht d. Deutschen Reichs u. Preußens. Erg.Bd 1. [03. 13707

— die rechtliche Natur der Arbeitsordnung. (21 S.) gr. 8. Berlin 905. F. Vahlen. n. — 60
Sonderabdruck aus: „Festgabe f. B. Hübler".

— das gesetzl. Pfandrecht d. Bauhandwerker. Vortrag, geh. in d. Wiener jurist. Gesellschaft am 20. Novbr. 1895. [Aus: „Jurist. Blätter".] gr. 8. (23 S.) Wien 896. A. Hölder. n. — 60

Oertmann, P., Recht des bürgerlichen Gesetzbuches. 1. Buch. Allgemeiner Tl. I. Einleitung — Lehre v. den Personen u. v. den Sachen. (163 S.) II. Erwerb u. Verlust, Geltendmachung u. Schutz der Rechte. (171 S.) kl. 8. Leipzig, G. J. Göschen. 1909. Je —. 80.
Sammlung Göschen, 447. 448. Bdchn.

Oertmann, P., Recht des bürgerlichen Gesetzbuches. 2. Buch. Schuldrecht. I. Abtlg.: Allgem. Lehren. II. Abtlg.: Die einzelnen Schuldverhältnisse. (326 S.) kl. 8. Leipzig, G. J. Göschen. 1907 Geb. in Leinw. 1 60.
Sammlg. Göschen, Bd. 323. 324.

— das Recht der Schuldverhältnisse, f.a. Kommentar zum bürgerl. Gesetzbuche u. seinen Nebengesetzen.

Das Recht der Schuldverhältnisse. Erl. v. Paul **Oertmann**, Prof. in Berlin. *Berlin: C. Heymann 1899.* (XII, 598 S.) 8° [F.]
— Kommentar z. Bürgerl. Gesetzbuche u. s. Nebengesetzen. 1, 2. [99-7403 5

Das Recht der Schuldverhältnisse. Erl. von Dr. Paul **Oertmann**, Prof. 2., völlig umgearb. Aufl. Berlin: C. Heymann 1906. (XI, 1041 S.) 8° [F.]
— Kommentar z. Bürgerl. Gesetzbuche u. s. Nebengesetzen. 1, 2. [06. 3071 9

Oertmann, Paul Recht der Schuldverhältnisse. 3. u. 4. umgearb. Aufl. Berlin 1910. 8°
(Kommentar z. BGB u. s. Nebengesetzen. [2])

— Sammlung zivilprozess- u. konkursrechtlicher Aufgaben. Zum akadem. Gebrauche. (VIII, 163 S.) 8. Leipzig 907. A. Deichert Nachf. n 2. 60; geb. n. 3. —

— der Schadenersatzanspruch des obligatorisch Berechtigten, f.a. Festgabe f. Heinrich Dernburg.

Oertmann, d. Schadenersatzanspruch des obligatorisch Berechtigten. Berlin 900.

— Schuldrecht, f.: Sammlung Göschen.

Oertmann, P., Schuldverhältnisse, s. Kommentar z. BGB.

Oertmann, Paul [aus Bielefeld]: Das Testamentum Mysticum ... Berlin, Buchdr v Gustav Schade (Otto Francke) (1887); 60 S. + 1 Bl. 8°.
Berlin, Jur. Fak., Inaug.-Diss. v 2. Jul. 1887

Oertmann, Paul, das Testamentum Mysticum. Diss. Berlin 1887, Mayer & Müller. 8°. 60 S.

— d. Vergleich im gemeinen Civilrecht. gr. 8. (VIII, 287 S.) Berlin 895. C. Heymann's Verl. n. 7. —

[F.] Volksrecht und Gesetzesrecht. Vortrag, geh. in d. Gehe-Stiftg zu Dresden am 11. Dez. 1897 v. Dr. Paul **Oertmann**, ao. Prof. a. d. Univ. Berlin. *Dresden: v. Zahn & Jaensch 1898.* (40 S.) 1 Bd 8.
— Vorträge, Staatswiss., u. Jahrb. d. Gehe-Stiftung zu Dresden. [H. 14.] [98. 3042

Oertmann, Paul *Ernst Wilhelm* [Dr. iur., Kammergerichtsref. in Berlin]: Die Volkswirtschaftslehre des Corpus juris civilis. 1.: Die Grundbegriffe ... [Erschien vollst. 1891.] Greifswald, Druck v. C. Sell, 1891; 2 Bl., 70 S., 1 Bl. 8.
Leipzig, Phil. Fak., Inaug.-Diss. v [15. Sept.] 1891

Oertmann, Paul, die Volkswirtschaftslehre d. Corpus juris civilis. gr. 8. (V, 154 S.) Berlin 891. R. L. Prager. n. 4. —

— die Vorteilsausgleichung beim Schadensersatzanspruch im römischen u. deutschen bürgerl. Recht. gr. 8. (VII, 320 S.) Berlin 901. J. Guttentag. n. 7.50; geb. in Leinw. n. 8.50

Oertmann, P., s. Windscheid, Reden.

— d. Zahlung fremder Schulden. [Aus: „Archiv civilist. Praxis"] 8. (147 S.) Freiburg i/B. 894. Tübingen, J. C. B. Mohr. Nicht im Handel.

Oertmann, Paul, das Civilprozeßrecht, s.a. Rechtsbücher f. d. deutsche Volk.

Das Civilprozessrecht Von Prof Dr Paul Oertmann *Berlin F Ebe[illegible] 1902* (VII, 144 S.) 8° [F.]
= Rechtsbücher f. d. deutsche Volk Bd 6 [01. 13130

Der fränkische Königshof Büllingen von Arnold Ortmanns, Pfarrer. Aachen: G. Schmidt 1904. (VIII, 370 S.) 8° [F.] [04. 3340

Geschichte der Pfarre Büllingen im Dekanate Malmedy von Arnold Ortmanns, Pfarrer. *Büllingen: Selbstverl. 1900.* (67 S.) 8° [Ant. u. F.] [01. 10033 5

Ortmans, P., s.: Cosmopolis.

Ortmar, s. Volks-Sagen.

Ortmayer, Erwin, Referendar: Die Mängelgewähr beim Werkvertrag. Straßburg 1910: DuMont Schauberg. 55 S. 8°
Heidelberg, Jur. Diss. v. 11. Febr. 1910, Ref. Heimsheimer
[Geb. 16. Jan. 84 Straßburg; Wohnort Erstein; Staatsangeh.: Elsaß-Lothringen; Vorbildung Bischöfl. Gymn. Straßburg Reife O. 03; Studium: Straßburg 7, Heidelberg 1 S., Rig. 10. Dez. 09.] [U 10. 1961

Ortmayr, J. Das metrische M a s s und Gewicht 73 S. 8° – Znaim, OR, 1872

Ortmeyer, Paul Über die Einwirkung von Palmityl- und Stearylchlorid auf Phenylhydrazin und einige Amine. *Rostock 1897: C. Boldt.* (28 S.) 8°
Rostock, Phil. Diss. v. [23. Juli] 1897

Ortmüller, G., Schwester Erika u. andere Novellen. (III, 105 S.) 8. Berlin 905. Dr. H. Natge. n. 2. —

Ortneit u. Wolfdietrich, nach der Wiener Piaristenhandschrift hrsg. v. Just. Lunzer Edlen v. Lindhausen, s.: Bibliothek des litterarischen Vereins Stuttgart.

Ortner, Ant., die Baukunst in ihrer Anwendung nach d. Zeitgebrauche f. Privat- u. öffentl. Gebäude. 14 Hfte. qu. Fol. Wien 821—24. (Gerold). 16 ℳ

Ortner, Ant., die Baukunst in ihrer Anwendung nach dem Zeitgebrauche für Privat- und öffentl. Gebäude. 2 Abthll. Neue unveränd. Ausg. Mit 87 Kpfr.- u. Steintaf. qu. Fol. Wien 833. Gerold. 10 ℳ

Ortner, Ant., moderne Ornamentik zum Gebrauche für Zeichnungsschulen, Architekten, Zimmer- und Dekorationsmaler, Bildhauer, Steinmetze, Stukkatore, Tischler etc. Componirt, auf Stein gez. u. herausg. etc. 6 Hefte. Uttweil (858.) Uhler. gr. Fol. Jedes Heft von 5 lith. Bl. n. 18 ngr; color. n. 1 ℳ. 18 ngr

—— Sammlung von Detail-Zeichnungen im schweizer Holzstyl zu Land- und Gartenhäusern, Balkongeländern, Brüstungen, Eckverzierungen etc. 1—3. Heft. Fol. (à Heft 6 Stnt.) Uttweil 858. 59. [Stuttgart,] Uhler. à Heft * 22 Ngr. *

Ortner, Ant., Sammlung von Detailzeichnungen im Schweizer Holzstyl zu Land- und Gartenhäusern, Balkongeländern, Brüstungen, Eckverzierungen etc. 4. Heft. Fol. (6 Chromolithogr.) Stuttgart 865, Uhler. *
1.—3. Heft. Ebendas. 1858,59. * 2 Thlr. 6 Ngr.

Ortner, Barnabas (Hrsg.), s. Sanct Francisci - Glöcklein

ORTNER, Eduard: Der Erfahrungszusammenhang als ästhetisches Moment in Mörikes Gedichten. — 1907. XII, 342 Bl. Diss. Graz, Univ.

Ortner, Heinrich [Dr.]: Bemerkungen zu Heinrich v. Kleists Hermannsschlacht. E. Beitr. z. Kapitel d. Schullektüre. Regensburg, Druck v. M. Wasner, 1894; 1 Bl., 32 S. 8.
Regensburg, k. neues G, P 1894*

Ortner, Heinr., Führer durch Straubing u. Umgebg. 2., verm. u. verb. Aufl. Mit 1 Stadtplan, 16 Ansichten u. 1 Situationsplan. (VII, 87 S.) 8. Straubing 910. F. Klüber. — 70

Ortner, Heinrich: Das römische Regensburg. Stadtamhof (1909): Mayr. 58 S. 8° ¶ [Ersch. auch als Buch b. Bauhof, Regensburg.]
Regensburg, k. Altes G P 1909* [S 09. 348

— Das römische Regensburg. (IV, 60 S. m. 8 Taf.) 8. Regensburg 909. H. Bauhof. 1. —

– Regensburg in seiner Vorzeit u. Gegenwart, s.: Fink, J.

Ortner, H., der Stoff zu deutschen Stilübungen an Lateinschule u. Gymnasium, systematisch geordnet f. Lehrer u. zum Selbststudium. 8. (47 S.) Regensburg 890. Bauhof. n. — 75

Ortner, Heinr., Straubing in seiner Vergangenheit u. Gegenwart. Mit 1 Stadtplan u. 1 Karte der Umgebg. 8. (IV, 104 S.) Straubing 902. M. Hirmer. n.n. 1. 40

Straubing in seiner Vergangenheit und Gegenwart. Dargest. von Dr. Heinrich Ortner, Gymn.Prof. Mit 1 Stadtpl., 1 Situationspl., 1 Kt. d. Umgebung, 17 Ansichten u. 2 Bildn. 2. verb. Aufl. Straubing: Klüber (1910). 110 S. 8° [11. 2643

Ortner, Heinrich [Dr.]: Der Übungsstoff zu deutschen Aufsätzen in den drei unteren Lateinklassen methodisch geordnet. Regensburg, Buchdr. M. Wasner, 1890; VI S., 1 Bl., 146 S. 8°
Regensburg, k. neues G, P 1890

Ortner, Heinr. Der Übungsstoff zu deutschen Aufsätzen in den drei unteren Lateinklassen [Sexta bis Quarta], methodisch geordnet, gr. 8. (VII, 146 S.) Regensb. 890, Bauhof. * 1 60

Ortner, Heinrich Kritische Untersuchungen zu Aeschines' Reden. München, Druck v. H. Kutzner, 1886; 36 S. 8°.
Erlangen, Phil. Fak., Inaug.-Diss. v. 1886.

Ortner, Heinrich, kritische Untersuchungen zu Aeschines Reden. Diss. Erlangen 1886, Th. Blaesing. 8°. 36 S.

Ortner Karl: Reimgebrauch und Verfasser des Biterolf und Dietleib.
H. 1910 PN 2886 Diss. Wien Univ. 345

Ortner, M. (Hidigeigei), s.: Glöckerl, Salzburger.

Ortner, Max, Kant in Oesterreich u. Vincenz Ed. Milde. Zugleich e. Beleuchtg. der Methode des Hrn. Professors Dr. Wotke u. e. Antwort auf desselben: „Ein letztes Wort üb. Kant in Oesterreich" in der Zeitschrift f. die österreich. Gymnasien 1903, 12. Heft. (24 S.) Lex.-8. Klagenfurt 904 J. Heyn. n. — 60

Ortner, Max. Das Problem einer wissenschaftlichen Central-Bibliothek Oesterreichs in Wien. Klgft., v. Kleinmayr, 1898. 23 S.

Ortner, Max, Reimar der Alte. — Die Nibelungen. — Oesterreichs Antheil an der deutschen Nationalliteratur. gr. 8. (VIII, 356 S.) Wien 887, Konegen. * 6 —

Verzeichnis, Systematisch geordnetes, der (Bücher) der k. k. Studien-Bibliothek zu Klgft. Klgft., Bertschinger, 1901—. (Verf.: Max Ortner.)

Ortner, Norb., zur Klinik der Angiosklerose der Darmarterien nebst e. Beitrage zur Klinik des intermittirenden Hinkens u. des Stokes-Adam'schen Symptomenkomplexes, s.a. Sammlung klinischer Vorträge. Nr. 347.

Zur Klinik der Angiosklerose der Darmarterien ⟨Dyspragia intermittens angiosclerotica intestinalis⟩ nebst e. Beitrage z. Klinik d. intermittirenden Hinkens u. d. Stokes-Adam'schen Symptomenkomplexes. Von Norbert Ortner, Wien. *Leipzig: Breitkopf & Härtel 1903.* (50 S.) 8°
— Sammlung Klinischer Vorträge. N. F. No 347. [o. 2448

Ortner, Norbert, zur Klinik der Cholelithiasis u. der Gallenwege-Infectionen, } **s.: Beiträge zur klinischen Medicin u. Chirurgie.**

— die Lungentuberculose als Misch-Infection.
s. Beiträge zur klinischen Medizin u. Chirurgie.

Ortner, Norb., über klinische Prognose. Auf Grund der Antritts-Vorlesg., geh. bei Übernahme der medizin. Klinik an der Universität Innsbruck, f. den prakt. Arzt bearb. (101 S.) 8. Wien 908. W. Braumüller. 1. 80

Ortner, Norb., Vorlesgn. üb. specielle Therapie innerer Krankheiten f. Aerzte u. Studirende. In 2 Bdn. gr. 8. Wien 898. W. Braumüller. n. 17. —
1. (X, 343 S.) n. 7. —
2. M. e. Anh. v. Ferd. Frühwald (Therapie acuter Infectionskrankheiten). (VI, 475 S.) n. 10. —

Ortner, Norbert, Vorlesungen üb. specielle Therapie innerer Krankheiten f. Ärzte u. Studirende. Mit e. Anh. v. Ferd. Frühwald. 3., verm. u. verb. Aufl. gr. 8. (XV, 946 S.) Wien 902. W. Braumüller.
n. 22. —; geb. in Halbfrz. n. 25. —
2. verm. u. verb. Aufl. (XI, 896 S.) Ebd. 900. n. 22. —.

— Vorlesungen üb. spezielle Therapie innerer Krankheiten f. Aerzte u. Studierende. Mit e. Anh. v. Ferd. Frühwald. 4., verm. u. verb. Aufl. (XI, 689 S.) Lex.-8. Wien 907. W. Braumüller. n. 20. —; geb. in Halbfrz. n. 23. —

Oertner, Horazens Bemerkungen üb. sich selbst in den Satiren. gr. 4. (22 S.) Gross-Strehlitz 883. (Wilpert.) n.n. 1. —

Oertner, Johannes: Betrachtungen über die deutsche Lyrik. 4 (XX S.). *Progr.* Kgl. G. *Groß-Strehlitz* 1896
I. Die epische und lyrische Dichtung bei den Deutschen in der neueren Zeit. II. Über die deutsche Lyrik in der ältesten Zeit. III. Das Wesen der Lyrik und ihre Hauptarten. IV Betrachtung einiger Gedichte der subjektiven Lyrik.

Oertner, Johannes [Prof.]: Betrachtungen über die deutsche Lyrik. Gross-Strehlitz, Druck v. G. Hübner, *1896;* I—XX S. 4.
Gross-Strehlitz, k. G, OP 1896 (211)

Oertner, Joha., Betrachtgn. üb. d. deutsche Lyrik. Progr. 4. (XX S.) Gross-Strehlitz 896. (A. Wilpert.) n. 1. —

Ortnit. Ein Heldengedicht, s. Universal-Bibliothek Nr. 971.

Ortnit und die Wolfdietriche, s. Heldenbuch, deutsches.

Orto, Anselm. de: Super contractibus emphyteosis et precarii et libelli atque investiture textum ex libris ms. primus rec. et commentariis quinque instr. Rud. Jacobi. Wismariae 1854.

Ortograhf (rechtschreiber), der. monatsblatt führ lauttroie rechtschraibg. unt latainschrift, sowie führ reformen auf andern gebiten, hrsg. v. f. mälis. 1. jahrg. mai 1910—april 1911. 12 nrn. (à ca. 12 s.) noištat (holšt.). Neustadt i/Holstein, Lehr. Mälis. nnn 2. —
Nicht durch den Buchhandel zu beziehen

Ortolan J A, Abhandlung über Mineralöle. Nürnberg 1881

Ortolani, G. E., Nuovo Dizionario, geografico, statistico e biografico della Sicilia antica e moderna. 8. gr. Palermo. (Vienna, Volke.) 819.

Ortolf, Maximilian [pr. Arzt in Gundelfingen]: Ueber Brucksackentzündung ohne Einklemmung ... Jena, Frommannsche Hof-Buchdr., 1894; 32 S. 8.
Jena, Med. Fak., Inaug.-Diss. v. [8. Aug.] 1894

Ortolff v. Bayerland, des, Frauenbüchlein, s.a. Meister, alte, der Medizin u. Naturkunde. I.

Das Frauenbüchlein des **Ortolff** von Bayerland, gedr. vor 1500. Begleit-Text von Gustav Klein. München Kuhn 1910. 14, 30 S. 8°
(Alte Meister d. Medizin u. Naturkunde. 1) [10. 1:670

Ortolph, Paul: Obligatorische und dingliche Rechtsbeziehungen aus dem sogenannten Safevertrag sowie die Zwangsvollstreckung in den Safeinhalt. Offenbach a. M. 1910: Forger. VIII, 73 S. 8°
Heidelberg, Jur. Diss. v. 14. Aug. 1910, Ref. Endemann
[Geb. 12. April 87 Heidelberg; Wohnort: Offenbach a. M.; Staatsangeh.: Preußen; Vorbildung: Gymn. Offenbach Reife O. 06; Studium: Genf 2, Heidelberg 6 S.; Rig. 24. Juni 10.] [U 10. 1962

Orton, Hiob, Predigten f. Alte; aus d. Engl. gr. 8. Leipz. 774. (Brockhaus). 16 gr.

Orton, Hiob, Predigten f. Alte, a. d. Engl. gr. 8. Lpz. Heinsius. (Gleditsch.) 774. Rthlr.

Orton, Hiob. Drey Reden von der Ewigkeit ... a. d. Engl. ... Riga 1768.
Ü: *Essen, Eman. Justus v.* (ML) (BrMm) (R-N)

— drei Reden v. der Ewigkeit, v. d. Wichtigkeit u. v. den Vortheilen d. Hinschauens auf d. Ewige; aus d. Engl. von E. J. v. Essen. 8. Riga 768. Hartknoch in Leipz. 3 gr.

Orton, Kennedy *Joseph Previte* [aus Leicester '(Engl.)']: Kryoskopische Untersuchungen ... Heidelberg, Typogr. Anst. v. Schwaiger, Bauer & C., 1897; 53 S., 2 Taf. 8.
Heidelberg, Naturw.-math. Fak., Inaug.-Diss. v [15. Juli] 1897

Ortony, Alex. Personenporto und Verstaatlichung. Ein volkswirtschaftl. Essay. 8°. Wien, Selbstverlag, 1884.

Wagner contra Bayreuth Ein Mahnruf von Alexander **Ortony** Wien Holzwarth & Ortony 1904 16 S. 8° [Umschlagt.] A 11. 1171

Ortrand [Schlagwort]

Ortrand, s.: Sachsen. Messtischblätter.

Ortroy, F Van, lieutenant, adjudant major au 1er régiment de chasseurs à cheval (Belgique). Bibliographie militaire belge. Année 1887—1889, 1891, 1892. (3 Bde.) 8. Leipzig, Louvain 1889—1892.

Ortsbaugesetz f. die Gemeinde ... Nebst Erläuterungsbericht u. Begründg. zum Bebauungsplan u. Ortsbaugesetz f. die Gemeinde ... (74 u. 47 S.) Fol. Dresden (903). (H. Burdach.) n. 7. 50

Ortsbauordnung f. die Stadt Leipzig. Gültig vom 1. VII. 1903. (46 u. IV S.) kl. 8. Leipzig (905). S. Schnurpfeil. — 50

— dasselbe. I. Tl. (III, 40 S.) gr. 8. Leipzig (903). (H. Matthes.) n. 1. —

Ortsbaustatut, revidiertes, f. die Stadt Stuttgart vom 22. VII. 1897. Genehm. v. kgl. Ministerium d. Innern durch Erlaß v. 4. IX. 1897. Amtl. Ausg. gr. 8. (35 S.) Stuttgart 897. W. Kohlhammer. n. — 20

Ortsbaustatut f. die Stadt Stuttgart. Genehmigt v. dem k. Ministerium durch Erlaß vom 1. Juli 1874. gr. 16. (38 S.) Stuttgart 874. Metzler. n.n. — 25

Ortsbaustatut der königl. Haupt- u. Residenzstadt Stuttgart vom 15 Juli 1874 m. den seither beschlossenen Zusätzen u. Abänderungen, nebst den die Baukontrole betr. Instruktionen, sowie e. die Behandlg. der Bausachen in Stuttgart betr. Anh. u. e. alphabet. Sachregister. 12. (70 S.) Stuttgart 883. Metzler's Verl. n — 60

Astronomische Ortsbestimmungen im Deutschen Schutzgebiete der Südsee Ausgeführt im Auftrage des Reichs-Marine-Amts von Dr Hayn. (Reichs-Marine-Amt.) Berlin 1897 (II). 89 S., 5 Tf., 2 Krt. 4°

Magnetische und geographische Ortsbestimmungen im österr. Kaiserstaate ausgeführt von K. Kreil u. K Fritsch. Jg 1—5: 1846—51. Prag 1848—52. 4°.

Ortschaften. Die O' des eidgenössischen Freistaates Bern. Bern 1838–1845 s. Durheim, C[arl] J[acob].

Ortschaften, Die, Gewässer und Gebirgshöhen, welche vom St. Gebhardsberge aus gesehen werden ... Bregenz 1855. V: *Teutsch, Johann Nepomuk.* (margr)

Ortschaften, Die —, Gewässer und Gebirgshöhen, welche vom St. Gebhardsberge aus gesehen werden, mit beigefügten kurzen geographisch-statistisch-geschichtlichen Notizen. Ein Handbüchlein für Besucher des St. Gebhardsberges, auch als ergänzende Zugabe zu dem von J. B. Isenr. zeichneten Panorama. Bregenz. 1855. Druck Verlag von J. N. Teutsch. (48 S. 8.)

Ortschaften

— -Lexikon, Vollständ. topograph., deutsch-böhm., d. Markgrafschaft Mähren u. d. Herzogthums Ober- u. Niederschlesiens. I. Abth. Alphabetisches Ortsverzeichniss. II. Abth. Nach Bezirkshauptmannschaften u. Bezirksgerichten geordnet. Lex.-8. (XXVI, 229 u. 95 S.) Brünn, C. Winkler's Buchh. Geb. 2 fl. 50 kr. 1885

Ortschaften-Verzeichniss, allgemeines, der im Reichsrathe vertretenen Königreiche u. Länder nach den Ergebnissen der Volkszählg. v. 31. XII. 1900. Nebst vollständ. alphabet. Namensregister. Hrsg. v. der k. k. statist. Central-Commission in Wien. Lex.-8. (VIII, 678 S.) Wien 902. A. Hölder. n. 9. —; geb. in Halbfrz. n.n. 10. 60

Ⓑ **Ortschaften-Verzeichnis,** allg., d. im Reichsrate vertretenen Königreiche u. Länder. 902. (KBL 32.) Jetzt: Wien, Hof- u. Staatsdruckerei.

Alphabetisch geordnetes Ortschaften-Verzeichnis der Königreiche Galizien und Lodomerien und des Herzogtums Bukowina. Lemberg: Wild 1855; weitere Ausgaben 1858, 1868, 1872, 1874.

Ortschaften-Verzeichnis des Königr. Bayern, s.a. Beiträge zur Statistik des Königr. Bayern. LXV.

Ortschaften-Verzeichnis des Königreichs Bayern mit alphab. Ortsregister Hrsg. vom k. Bayer Statist. Bureau. *München: J Lindauer 1904.* (Getr. Pag.) 4°
— Beiträge z. Statistik d. Königreichs Bayern. H. 65. (c4. 503) 3

— schweizerisches — Dictionnaire des localités de la Suisse, s.a. Statistik, schweizerische.

Schweizerisches Ortschaftenverzeichnis. Dictionnaire d. localités de la Suisse. Hrsg. v. eidg. statist. Bur. . (In 10 Lfgn nebst Anhang.) *Bern: Orell Füssli in Zürich 18(93—)95.* (221 S.) 1 Bd 4. (8.)
= Statistik, Schweizerische Lfg 89. (96. 6653)

Ortschaftenverzeichnis. Schweizerisches O'. Hrg. vom eidg. statistischen Bureau = Dictionnaire des localités de la Suisse. Publié par le bureau fédéral de statistique. Ausgegeben den 31. Mai 1906. 356 S. gr.-8. Bern, Komm. A. Francke; Druck Consett & Cie., Zürich. [fr. 8. —]
Schweizerische Statistik. Liefg. 150 = Statistique de la Suisse. 150e livraison.

— vollständiges, d. im Reichsrathe vertret. Königreiche u. Länder, Nachtrag, s.a. Veränderungen in d. polit. u. gerichtl. Eintheilg. etc.

Ortschaften-Verzeichniss, vollständiges, des Königr. Bayern. Nach Kreisen, Verwaltungsdistrikten, Gerichts-Sprengeln und Gemeinden unter Beifügung der Pfarr-, Schul- und Postzugehörigkeit jeder einzelnen Ortschaft mit Entfernungsangabe, sodann der Zugehörigkeit zu den Standesämtern, Landwehrbezirkskommando's, Bauämtern, Verifikatorenbezirken, Rentämtern und Forstämtern und unter Bezeichnung der Sitze von Notaren, Advokaten und Gerichtsvollziehern. Nebst statist. Nachweisen über Areal, Gebäude und deren Versicherungssummen, Bevölkerung und Viehstand mit einem Generalortsregister, enth. die Bevölkerung nach dem Ergebnisse der Volkszählung vom 1. Decbr. 1875 bearb. vom kgl. statist. Bureau in München. hoch 4. (1755 S.) München 876, A. Ackermann. *

Vollständiges Ortschaftenverzeichnis der im Reichsrate vertretenen Königreiche und Länder nach den Ergebnissen der Volkszählung vom 31 Dezember 1880. Wien: Hof- u. Staatsdruckerei 1882. *(Nachtrag hierzu im Jahre 1887.)*

—— vollständiges, der im Reichsrathe vertretenen Königreiche und Länder nach den Ergebnissen der Volkszählung vom 31. Decbr. 1885. Hrsg. von der k. k. statist. Central-Commission in Wien. 1. und 2. Aufl. gr. 8. (IV, 403 S.) Wien 882, Hölder. *
Alphabet. Namens-Register dazu. (165 S.) *

Ortschaften-Verzeichniss, vollständiges, der im Reichsrathe vertretenen Königreiche u. Länder nach den Ergebnissen der Volkszählungen vom 31. Decbr. 1880. Hrsg. v. der k. k. statist. Central-Commission in Wien. 2. Aufl. 3. Abdr. gr. 8. (403 S.) Wien 885. Hölder. n. 6. —

Ortschaften-Verzeichnis, vollständiges, der im Reichsrathe vertretenen Königreiche u. Länder nach den Ergebnissen der Volkszählung vom 31. Decbr. 1890. Nebst vollständ. aphabet. Namensregister. Hrsg. v. der k. k. statist. Central-Commission in Wien. Lex.-8. (IV, 657 S.) Wien 892, Hölder. * 9 60

Ortschafts-Statistik des Kantons Bern. Inhalt 1. Zahl der Wohnhäuser, der Haushaltungen, der wohnhaften und anwesenden Personen in den Ortschaften des Kantons Bern nach der Volkszählung vom 1 Dezember 1888. 2. Die Bevölkerung nach Einwohner- und Kirchengemeinden .... ⟨SA.⟩ 8. Bern 1889.

Ortschafts-Statistik d. Kantons Bern. [Aus: „Mittheilgn. d. bern. statist. Bur.“] gr. 8. (136 S.) Bern 889. (Schmid, Francke & Co.) n. 1. 80

Ortschafts und Bevölkerungs Statistik von Bosnien und Hercegovina. Amtliche Ausgabe. (Mit 2 Taf.) 4 Sarajevo 1880.

— — nach dem Volkszählungs-Ergebnisse vom 1. Mai 1885. Amtliche Ausgabe. (Mit 6 Tabellen, 3 Karten.) 4 Sarajevo 1886.

Ortschafts- u. Bevölkerungs-Statistik v. Bosnien u. der Hercegovina nach dem Volkszählungs-Ergebnisse vom 1. Mai 1885. Aemtliche Ausg. gr. 4. (379 S. m. Tab. u. 3 Karten.) Sarajevo 886. (Wien, Hölzel.) n. 16. —

Ortschafts Tabelle des Corps-Bereiches des k. k. 13. Corps-Commandos. (Aufgelegt ad Reichs Kriegs Ministerial Erlass Abtheilung Nr 2, Nr 828, vom 27 Februar 1883.) gr 8. Agram 1883.

Ortschafts- und Entfernungs-Tabelle des Reg.-Bezirks Oppeln. Hrsg. im Auftrage des königl. Regierungspräsidenten zu Oppeln. Imp.-4. (XXXII, 317 S.) Oppeln 886, Raabe. ** 8 —

Ortschafts Tabelle der zum Bereiche des 4 Corps-Commandos gehörigen Gemeinden. gr 8. Budapest 1883.

Ortschafts Tabellen, Alphabetische, über sämmtliche zum Werbbezirke der Infanterie Regimenter Nr 21, 25. 28. 35 und 42 gehörigen Ortschaften u. z.: Regiments Werbbezirks Nr 21 Chrudim 1818. Werbbezirks-Regiment Nr. 25. (1818.) Conscriptions Bezirk Nr 28. Prag 1818. Conscriptions-Bezirks-Nr 35. Pilsen 1818. Regimentsbezirks-Nr 42. Leitmeritz 1818. (5 Bde) Fol. 1818.

Ortschafts-Verzeichnis

—— alphabetisches, des Landgerichtsbezirks Danzig mit Angabe der Amtsgerichte, Amtsbezirke und Gensdarmen-Stations-Orte. Auf dienstl. Veranlassung zusammengestellt. gr. 8. (65 S.) Danzig 883, Kafemann. *

Alphabetisches **Ortschafts-Verzeichniss** des Landkreises Königsberg i. Ostpr. *[Königsberg 1900: E. Rautenberg.]* (23 S.) 4° [F.] [01. 944 10

— alphabetisches, d. Landgerichtsbezirks Konitz m. Angabe der Postbestellbezirke, Amtsgerichtsbezirke, Amtsbezirke, Standesamtsbezirke u. Stationsorte der Gendarmen. Nach amtl. Quellen zusammengestellt v. Laudon. 8. (99 S.) Konitz 883. Wollsdorf. n. 1. 50

— alphabetisches, d. Kreises Mohrungen m. Bezeichng. der Amtsbezirke, Amtsvorsteher, Standesamtsbezirke, Standesbeamten, Postanstalten, Kirchspiele, Schulverbände, Amtsgerichtsbezirke u. Entferng. v. der Kreisstadt Mohrungen. Aufgestellt im Bureau d. Kreisausschusses. 4. (21 S.) Mohrungen 884. Harich. n. 1. 25

— alphabetisches, für die Provinzen Ost- u. Westpreußen. 2., verb. Aufl. gr. 4. (IV, 272 S.) Königsberg 878. Hartung. n. 6. —; Nachtrag. (S. 273—247.) 880. n. — 40

—— alphabetisches, für die Prov. Preußen. 4. (426 S.) Königsberg i. Pr. 872, Hartung'sche Verlagsdruckerei. *

—— dass. — Nachtrag 1—4. 4. Ebendas. 873,74. [1. und 2. Nachtrag. (S. 427—434.) * 30 Pf.; 3. und 4. Nachtrag. (S. 435—449.) * 40 Pf.] *

Ortschafts-Verzeichniß, alphabetisches, des Deutschen Reichs. 1. Abthl.: Preußen. 1. Bd.: Prov. Brandenburg. Mit Bezeichnung des Guts-, Gemeinde-, Amts- und Standesamtsbezirk, des Kreises, der Kreis-Ersatz-Commission und des Gerichts; der nächsten Poststation, sowie ob Eisenbahn- oder Telegraphenstation. Aus amtl. Quellen im Auftrage der Redaction der Standesbeamten zusammengestellt und bearb. von Adf. Richter. gr. 8. (VII, 190 S.) Berlin 879, Grosser. *

Alphabetisch-statistisches Ortschaftsverzeichnis des Herzogtumes Bukowina. Czernowitz: Eckhardt 1879.

Ortschafts-Verzeichniß des Herzogth. Braunschweig auf Grund der Volkszählung vom 1. Decbr. 1871. 8. (41 S.) Braunschweig 871, Schulbuchh. cart. *

Ortschafts-Verzeichniß d. Herzogth. Braunschweig auf Grund der Volkszählung vom 1. Decbr. 1871. 8. (41 S.) Braunschweig 874. Schulbuchhandlung. n. 1 —

Ortschafts-Verzeichniß des Herzogth. Braunschweig auf Grund der Volkszählung vom 1. Decbr. 1875. Hrsg. vom statist. Bureau des herzogl. Staats-Ministeriums. 8. (39 S.) Braunschweig 876, (Schulbuchh.) cart. **

Ortschafts-Verzeichniß des Herzogth. Braunschweig auf Grund der Volkszählung vom 1. Decbr. 1880. Hrsg. vom statist. Büreau des herzogl. Staats-Ministeriums. 8. (39 S.) Braunschweig 881, (Schulbuchhandlung.) cart. *

Ortschafts-Verzeichniß d. Herzogth. Braunschweig auf Grund der Volkszählung vom 1. Decbr. 1885. Hrsg. vom statist. Büreau d. herzogl. Staats-Ministeriums im Juli 1886. 8. (39 S.) Braunschweig 886. (Schulbuchh.) cart. n. — 60

Ortschafts-Verzeichniß d. Herzogth. Braunschweig auf Grund der Volkszählung vom 1. Dezbr. 1890. Hrsg. vom statist. Bureau d. herzogl. Staats-Ministeriums im Juli 1891. 8. (40 S.) Braunschweig 891. (Schulbuchhandlg.) Kart. n. — 60

[F.] **Ortschafts-Verzeichniss** des Herzogthums Braunschweig auf Grund d. Volkszählg v. 2. Dec. 1895. Hrsg. v. statist. Bür. d. Hzgl. Staats-Minist. im Juli 1896. *Braunschweig: Hof-Buchdr. v. J. Krampe 1896.* (40 S.) 1 Bd 8. [96. 6163

Ortschafts-Verzeichniß des Herzogth. Braunschweig auf Grund der Volkszählg. v. 2. Decbr. 1895. Hrsg. vom statist. Büreau d. herzogl. Staats-Ministeriums im Juli 1896. 8. (40 S.) Braunschweig 896. (Schulbuchhandlg.) Kart. n.n. — 60

Ortschafts-Verzeichniss des Herzogthums Braunschweig auf Grund d. Volkszählung vom 1 Dez. 1900. Hrsg vom statist. Büreau d. Herz. Staats-Minist. im Juli 1901 *Braunschweig 1901 J. Krampe.* (40 S.) 8° [F.] [01. 8731

Ortschaftsverzeichnis des Herzogtums Braunschweig auf Grund d. Volkszählung v. 1 Dez. 1905. Hrsg. vom Statist. Bureau d. Herz. Staatsminist. im Aug. 1906. Braunschweig 1906: J. Krampe. (40 S.) 8° [F.] [06. 10944

Ortschaftsverzeichnis des Herzogt. Braunschweig auf Grund der Volkszählung v. 1. XII. 1905. Hrsg. v. statist. Bureau des herzogl. Staatsministeriums im Aug. 1906. (40 S.) 8. Braunschweig 906. (Schulbuchh.) Kart n.n. — 60

Ortschafts Verzeichnis des III. Corps Bezirkes, umfassend die Länder Steiermark, Kärnten, Krain, Triest sammt Gebiet, Görz und Gradisca, Istrien. Zusammengestellt auf Grund des von der k. k. statistischen Central-Commission 1882 herausgegebenen Orts-Verzeichnisses und der Ergänzungs-Bezirks-Eintheilung vom Jahre 1883. gr. 8. Graz 1883.

—— von Elsass-Lothringen. Mit einem alphabet. Register aller Wohnplätze und den Angaben über die Bevölkerung nach der Zählung vom 1. Decbr. 1875. Hrsg. von dem statist. Büreau des kaiserl. Ober-Präsidiums in Strassburg. gr. 8. (VII, 116, XXXIII S.) Strassburg 877, Schmidt's Universitäts-Buchh. *ℳ 2.; cart. *

— von Elsaß-Lothringen. Aufgestellt auf Grund der Ergebnisse der Volkszählg. vom 1. Dezbr. 1880. Hrsg. vom statist. Büreau d. kaiserl. Ministeriums f. Elsaß-Lothringen. gr. 8. (XII, 135 u. 39 S.) Straßburg 884. Schmidt. n. 2. —

Ortschafts-Verzeichniß v. Elsaß-Lothringen. Aufgestellt auf Grund d. Ergebnisse der Volkszählg. vom 1. Dezbr 1885 [nach dem Stande der Gemeinden vom 1. Oktbr. 1888] Hrsg. vom statist. Büreau d. kaiserl. Ministeriums f. Elsaß-Lothringen. gr. 8. (XXII, 190 S.) Straßburg 889 Schmidt n. 2. —

[F.] Ortschafts-Verzeichniss von Elsass-Lothringen. Aufgest. auf Grund d. Ergebnisse d. Volkszählg v. 2 Dez. 1895. Hrsg vom Statist. Büreau d. Kais. Minister. f. Elsass-Lothr. *Strassburg: F. Bull 1899* (XXIX, 189 S.) 1 Bd 8. [99. 6451

Ortschafts-Verzeichnis v. Elsaß-Lothringen. Aufgestellt auf Grund der Ergebnisse der Volkszählg. v. 1. XII. 1905 (nach dem Stande der Gemeinden v. 1. IV. 1907). Hrsg. vom statist. Bureau des kaiserl. Ministeriums f. Elsaß-Lothringen. (XVII, 189 S.) gr. 8. Straßburg 907. F. Bull. 2.20; kart. 2. 80

Ortschafts- u. Firmenverzeichniss des Bezirkes der Pressburger Handels- u. Gewerbe-Kammer. I. u. II. Thl. Zusammengest. v. Joh. Harrer. (Ungarisch u. deutsch.) gr. 8. (III, 163 S.) Pressburg 897. (G. Heckenast's Nachf.) n. 1. 60

Ortschafts Verzeichnis von Galizien (westliche Hälfte) des I. Corps Commando als Militär-Territorial-Commando in Krakau. Zusammengestellt nach dem Ortschafts-Verzeichnisse der k. k. statistischen Central-Commission Wien 1882. gr. 8. Krakau 1883.

Ortschafts-Verzeichniß der Provinz Hannover, nebst Angabe des Amtsbezirks u. der distribuirenden Post-Anstalten. Bearb. bei der königl. Ober-Post-Direction in Hannover. Hannover 868. (Celle, Schulze'sche Buchh.) Lex.-8. (VI, 338 S.) n. 1 ℛ

—— für die Provinz Hannover, das Jade-Gebiet, das Großherzogth. Oldenburg [mit Ausschluß der Fürstenth. Birkenfeld und Lübeck], das Herzogth. Braunschweig und die Hansestadt Bremen nebst Angabe des Kreises und der distribuir. Post-Anstalt. Nach amtl. Materialien bearb. bei der Kaiserl. Ober-Post-Direction in Hannover. gr. 4. (VII, 860 S.) Hildesheim 872, Gerstenberg'sche Buchh. *

Ortschafts-Verzeichnis des Landgerichtsbezirks Lyck *(Lyck [1903]): A. Glanert.* (XXXV S.) 8° [Umschlagt. F.] [04. 1898 10

Ortschafts-Verzeichnis des Regierungsbezirks Münster. Aufgest. Jan. 1906. Münster i. W.: L. Espagne 1906. (22 Bl.) 8° [06. 3611

Ortschaftsverzeichnis des Reg.-Bez. Münster. Aufgestellt Jan. 1906. (46 S.) gr. 8. Münster 906. (E. Obertüschen.) n. 1. 60

Ortschafts- u. Kreis-Verzeichniß, neuestes, des Preuß. Staats. Als Supplement zu den 1835—38 erschienenen Werken: a) Alphabet. Verzeichniß sämmtl. Ortschaften (in 25 Hftn.) u. b) Handbuch des Preuß. Staats. Herausgeg. von G. König. 4. Magdeburg 843, Baensch. n. 1 1/6 ℛ

Ortschaftsverzeichniss für das Grossherzogth. Oldenburg mit Angabe der Zahl der Gebäude, Haushaltungen und Einwohner nach der Zählung vom 3. Dezbr. 1855 hrsg. vom statist. Bureau. gr. 4. (III und 86 S.) Oldenburg 857, Stalling. * *

—— des Grossherzogth. Oldenburg aufgestellt auf Grund der Ergebnisse der Volkszählung vom 1. Decbr. 1875. Hrsg. vom grossherzogl. statist. Bureau. gr. 8. (IV, 166 S.) Oldenburg 876, Schulze'sche Hofbuchh. *ℳ 1.; cart. *

—— des Großherzogth. Oldenburg, aufgestellt auf Grund der Ergebnisse der Volkszählung vom 1. Dezbr. 1880. 8. (173 S.) Oldenburg 881, Littmann. *

— d. Grossherzogth. Oldenburg. Aufgestellt auf Grund der Ergebnisse der Volkszählg. vom 1. Decbr. 1890. Hrsg. vom grossherzogl. statist. Bureau. gr. 8 (IV, 227 S.) Oldenburg 891. (Bültmann & Gerriets. — Varel, Bültmann & Gerriets Nachf.) Kart. n. 1. —

— d. Grossherzogth. Oldenburg. Aufgest. auf Grund d. Ergebnisse d. Volkszählg. v. 2. XII. 1895. Hrsg. v. grossherzogl. statist. Bureau. gr. 8. (IV, 253 S.) Oldenburg 896. A. Littmann. Kart. n. 1. —

Ortschaftsverzeichniss d. Grossherzogth. Oldenburg. Aufgestellt auf Grund d. Ergebnisse d. Volkszählg. vom 1. XII. 1900. Hrsg. v. grossherzogl. statist. Bureau. gr. 8. (IV, 259 S.) Oldenburg 901. (Varel, J. W. Acquistapace.) Kart. n.n. 1. 50

— des Grossherzogth. Oldenburg. Aufgestellt auf Grund der Ergebnisse der Volkszählg. vom 1. XII. 1900. Hrsg. vom grossherzogl. statist. Bureau. (IV, 259 S.) gr. 8. Oldenburg 901. A. Littmann. Kart. n. 1. 25

Ortschaftsverzeichnis des Grossherzogtums Oldenburg. Aufgest. auf Grund d. Ergebnisse d. Volkszählung v. 1. Dez. 1905. Hrsg. v. Statist. Amt f. d. Großh. Oldenburg. Oldenburg: A. Littmann 1906. (335 S.) 8°. [07. 265

—— für die Provinzen Ost- und Westpreußen. Nachtrag. gr. 4. (S. 273—287.) Königsberg 880, Hartung'sche Verlagsdruckerei. *
Hauptwerk. Ebendas. 1878. *ℳ 6.

Ortschafts-Verzeichniß d. Regierungsbezirks Potsdam, nach d. neuest. Kreiseintheilung v. J. 1817, mit Bemerk. des Kreises, zu welchem der Ort früher gehörte, der Qualität, Seelenzahl rc. 4. Berl., Decker. 2 ℛ 16 𝒩

—des Königr. Sachsen. 18 Hft. Leipz., Mag. f. Ind. 16 𝒩

— schlesisches, sämmtlicher Städte, Flecken, Dörfer u. sonstiger Ortschaften u. Wohnplätze in alphabetischer Ordnung. Mit Angabe des landräthl. Kreises, der Postanstalt (in der postal. Schreibweise u. Bezeichng.), der nächsten Eisenbahnstation u. deren Entfernung in Kilometern, sowie der Zugehörigkeit zum Amtsbezirk, Standesamtsbezirk u. Amtsgericht. 3. Aufl. gr. 8. (IV, 320 S.) Breslau 893. W. G. Korn. n. 4. —

— schlesisches, sämmtl. Städte, Flecken, Dörfer u. sonst. Ortschaften u. Wohnplätze in alphabet. Ordng. M. Angabe d. landräthl. Kreises, d. Postanstalt (in d. postal. Schreibweise u. Bezeichng.), d. nächsten Eisenbahnstation u. deren Entfernung in Kilometern, sow. der Zugehörigkeit z. Amtsbezirk, Standesamtsbezirk u. Amtsgericht, sowie der Einwohnerzahl. Nebst e. Verzeichniß d. schles. Amtsgerichte, aus d. ihre Zugehörigkeit z. Landgerichtsbezirk zu ersehen ist, u. e. Nachweisg. d. Kreise, aufgeführt nach Regierungsbezirken. Auf Grund amtl. Materials neu zusammengest. 4. Aufl. gr. 4. (IV, 320 S.) Breslau 897. W. G. Korn. n. 4. —; geb. n. 5. —

— schlesisches. Alphabetisches Verzeichniß sämmtl. Städte, Flecken, Dörfer u. sonst. Ortschaften u. Wohnplätze der Prov. Schlesien. Mit Angabe der Einwohnerzahl, des landräthl. Kreises, der Postbestellanstalt (in der postal. Schreibweise u. Bezeichng.), d. nächsten Eisenbahnstation, der Zugehörigkeit zum Amtsbezirk, Standesamtsbezirk, Amtsgericht u. Kirchspiel, sowie der Entferngn. von der Kreisstadt, der Postanstalt, der Eisenbahnstation u. dem Amtsgericht. Auf Grund amtl. Materials neu zusammengestellte 5. Aufl. gr. 8. (IV, 320 S.) Breslau 901. W. G. Korn. n. 4.—; geb. in Leinw. n. 5. —

— schlesisches. Alphabetisches Verzeichnis sämtl. Städte, Flecken, Dörfer u. sonst. Ortschaften u. Wohnplätze der Prov. Schlesien. Mit Angabe der Einwohnerzahl, des landrätl. Kreises, der Postbestellanstalt (in der postal. Schreibweise u. Bezeichng.), der nächsten Eisenbahnstation, der Zugehörigkeit zum Amtsbezirk, Standesamtsbezirk, Amtsgericht u. Kirchspiel, sowie der Entferngn. v. der Kreisstadt, der Postanstalt, der Eisenbahnstation u. dem Amtsgericht. Auf Grund amtl. Materials neu zusammengestellte 6. Aufl. (XII, 318 S.) 8. Breslau 908. W. G. Korn. 4.—; geb. in Leinw. 5. —

— der Provinz Schleswig-Holstein, d. Fürstenth. u. der Stadt Lübeck. Angabe der Poststationen nach genauesten Quellen. gr. 8. (59 S.) Neumünster 888. Brumby. — 50

— f. die Prov. Schleswig-Holstein. Unter amtl. Aufsicht bearb. nach dem v. der Königl. Regierg. zu Schleswig zur Verfügg. gestellten amtl. Material. gr. 4. (IV, 174 S.) Schleswig 890. Bergas. geb. n. 6. 50

Ortschafts-Verzeichniss des Grossfürstenthums Siebenbürgen, s. Verzeichniss.

— des Regierungsbezirks Stettin, nach d. neuen Kreiseintheilung v. J. 1817. Nebst Register. gr. 4. Stettin 822. (Nicolai in Berl.) 16 Ng

Ortschafts-Verzeichniß, topographisch-statistisches, vom Regierungsbezirk Danzig. gr. 4. (XXII und 451 S. mit 1 Tab. in qu. Fol.) Danzig 848, (Devrient's Nachfolger.) *

—— des Reg.-Bezirks Wiesbaden nach der neuen Kreisordnung vom 7. Juni 1885. [Gesetzsammlung S. 193.] Im Auftrage der königl. Regierung bearb. von C. Dillmann. Fol. (37 S.) Wiesbaden 885, Bechtold und Comp. * 1 —
—— dass. — 2. Aufl. Fol. (63 S.) Ebendas. 886. * 1 70

Ortschafts Verzeichnis des Militär-Commando-Bezirkes Zara: Dalmatien. Zusammengestellt nach dem Ortschafts-Verzeichnisse der k. k statistischen Central-Commission in Wien. 1882. gr 8. Zara 1885.

Ortschelt, August [pr. Arzt in Neumünster i/E.]: Ueber die Beziehungen der Genitalleiden zu Neurosen und Psychosen beim weiblichen Geschlechte . . . Strassburg, Buchdr. v. Christian Wurst, 1888; 87 + 1 S. 8°
Strassburg, Med. Fak., Inaug.-Diss. v. 1888

Ortsentfernungskarte des Reichslandes Elsass Lothringen Maassst. 1 200.000. *Strassburg Strassb. Dr u. Verlagsanst [1902]* (1 Kartenbl. 86 × 116 cm.) gr 2° [kol.]

Ortsentfernungs-Karte des Reg.-Bez. Cassel. Bearb. im techn. Bureau des Landesdirectors 1884. 1 : 75,000. 14 Sectionen. Chromolithogr. Imp.-Fol. Cassel 885, (Freyschmidt.) à Sect. ** 1 50

Ortsentfernungskarte der Fürstenthümer Waldeck und Pyrmont, angefertigt nach amtl. Quellen des Landesdirektoriums zu Arolsen im J. 1887. 1 : 75,000. Chromolithogr Imp.-Fol. Arolsen 887, Speyer. * 2 —
Auf Leinw. ** 3 25

Orts-Entfernungs-Tabelle des Regierungs-Bezirks Cassel. Nach amtl. Aufstellungen zusammengestellt. Cassel 868. Wigand. 4. (88 S.) n. 1 ℛ 5 ngr

Ortsentfernungstafel (vom Amtsbez. Bruchsal) nach Kilometer. (Nach der Tabelle über die Orts-Entferngn. im Großherzogt. Baden. Karlsruhe 1878.) 30,5 × 18 cm. Bruchsal (897). O. Katz. n. — 50

Ortsentfernungs-Verzeichniß der Ortsentfernungskarte der Fürstenthümer Waldeck und Pyrmont von 1887. gr. 4. (20, 18 S.) Arolsen 888, Speyer'sche Buchh. * — 50

Königsberger **Ortsgebräuche** bei Wechsel-, Fonds- und Spezies-Geschäften. [Dat.:] Königsberg den 25. April 1872. Königsberg (1872).

Ortsgemeinden, Die, von Oberösterreich und Salzburg alphabetisch geordnet, mit Angabe der Häuserzahl, der Einwohnerzahl, der Ortsgemeinden, der Einwohnerzahl des Hauptortes, des Flächenmaßes, der Zuständigkeit nach Bezirksgerichten und Bezirkshauptmannschaften. Mit einem Anhang, die Zahl der häuslichen Nutzthiere betreffend. Nach amtl. Quellen bearb. 2. berichtigte Auflage. 8. (54 S.) —.30
Wels: Haas 1889.

Ortsgeschichten, lothringische. Hrsg. m. Unterstützg. der Gesellschaft f. lothring. Geschichte u. Altertumskunde. 1. Heft. 8. Metz, G. Scriba. 1.60
Lixheim. Ein Beitrag zur Geschichte u. Heimatskunde der Stadt. Von H. Eichelmann. (75 S.) 909.

Orts-Gesetz der unter Verfassung der Grossen Loge von Preussen gen. „Royal York zur Freundschaft" stehenden Freimaurer-Loge Armin zur Treue und Einigkeit zu Altona. [Altona] 1910. 31 S. 8°
Enth. auch die Satzungen der Armin-Stiftung u. der Unterstützungskasse der Loge.

Reichenbach i. Schl.: **Ortsgesetz** der Loge Aurora zur ehernen Kette in Reichenbach i. Schl. Gültig vom 1. Okt. 1909 ab. [Reichenbach i. Schl.] o. J.: [Töbing]. 12 S. 8°

Ortsgesetz für die Bürgerwehr der Stadt Eisenach. (Eisenach 1848.) 8°. (Verm. Jähns.)

Ortsgesetz der Loge Carl & Charlotte zur Treue im Or.·. Offenbach a. M. [Offenbach] 1891: Forger. 7 S. 8°

Vorhergehende Ausg. u.d.T.. Local-Gesetz der St.-Joh.-Loge Carl

Ortsgesetz der Johannisloge Eugenia zum gekrönten Löwen in Danzig. Danzig [1910]: Schroth. 15 S. 8° [Umschlagtit.]

Ortsgesetz der Freimaurerloge „Zu den fünf Thürmen am Salzquell" zu Halle a. Saale. [Nebst] Abänderungen. Halle a. S. 1899: Plötz. 69 S. 8°
Abänderungen. 1 Bl.

Schmalkalden: **Ortsgesetz** der Johannis-Freimaurerloge Friedrich Wilhelm zur Glückseligkeit im Or. Schmalkalden. Gegründet am 28. April 1878 unter der Grossen Loge von Preussen gen. Royal York zur Freundschaft [in Berlin]. [Dat.:] Schmalkalden 25. Mai 1907. 18 S. 8°

Stolp: **Ortsgesetz** der zum Verbande der Grossen National-Mutterloge in den preussischen Staaten gen. Zu den drei Weltkugeln [in Berlin] gehörigen Johannisloge zur Morgenröthe des höheren Lichtes im Or. Stolp (Pommern). Nach dem Beschluss des Jahres 1897. [Dat. v. 8. März 1899.] o. O. u. J. 27 S. 8°

Ortsgesetz der zum Bunde der Grossen Loge von Preussen, gen. Royal-York zur Freundschaft in Berlin gehörenden Johannis-Freimaurerloge Harpokrates im Or. Magdeburg. [Dat. v. 2. Dez. 1899.] Magdeburg o. J.: Faber. S. 1—23. 8°

Vorhergehende Ausg. u.d.T · Local-Gesetze . . .

Orts-Gesetz der Johannis-Loge Horus im Orient Breslau. Gültig vom 1. Januar 1900 ab. (Reichenbach) 1900: (Dittrich). 18 S. 8°.

Ortsgesetz der Johannis-Loge „Horus" im Or. Breslau. Gültig vom 1. Juni 1909 ab. Breslau 1909: Grass, Barth & Co. 19 S. 8°

Ortsgesetz der Johannis-Loge „Zur Einigkeit" in Danzig. Danzig 1900: Burau. 38 S. 8°

Vorhergehende Ausg. u.d.T.: Lokalgesetze der Freimaurer-Loge „Zur Einigkeit"

Ortsgesetz der Johannisloge „Zu den drei Hammern" in Halberstadt. Halberstadt 1909: Doelle. 22 S. 8°

Vorhergehende Ausg. u.d.T.: Localgesetze der St. Johannis-Loge

Ortsgesetz der Johannis-Loge „Zur Hoffnung und Stärke am Niederrhein" im Or. Düsseldorf. [Düsseldorf] o. J. 16 S. 8°.

Wernigerode: **Ortsgesetz** der Johannisloge „Zum Starken Licht am Brocken" i. O. Wernigerode. Stettin 1903: Hessenland. 16 S. 8°

Ortsgesetz der Johannisloge „Zur Alten Linde" im Or. Dortmund 1898. Dortmund [1898]: H. Meyer. 11 S. 8°

Vorhergehende Ausg. u.d.T.: Local-Statut der St Joh.-Loge .

Ortsgesetz der Johannisloge „Zu den fünf Türmen am Salzquell" in Halle a. Saale. Halle 1909: Kuhut. 82 S. 8°

Berlin: **Ortsgesetz** der im Orient Berlin unter Constitution der grossen Freimaurer-Loge von Preussen genannt Kaiser Friedrich zur Bundestreue arbeitenden Johannislogen. (Berlin o. J.: Baendel.) 29 S. 8°.

Kaiser Friedrich zur Bundestreue: **Ortsgesetz** der im Or. Berlin unter Constitution der Grossen Freimaurer-Loge von Preussen gen. Kaiser Friedrich zur Bundestreue arbeitenden Johannislogen. Im Anh.: „Die Instructionen". Als Ms. gedr. und ausschliesslich für Mitglieder der Grossen Loge Kaiser Friedrich zur Bundestreue und ihrer Tochterlogen bestimmt [Berlin] o. J.: [Baendel]. 29 S. 8° [Umschlagtit.]

Ortsgesetz für die im Or. Berlin unter Constitution der Grossen Freimaurer-Loge von Preussen gen. Kaiser Friedrich zur Bundestreue arbeitenden Johannislogen. Berlin 1894: Unger. 2 Bl. 8°
Lag unvollst. vor.

Orts-Gesetz der im Or. von Berlin unter Constitution der Grossen Loge von Preussen, gen. Royal York zur Freundschaft, arbeitenden vier vereinigten Johannis-Logen. Gültig vom 24. Juni 1898 an. Berlin 1898: Denter & Nicolas. 64 S. 8° Vorhergehende Ausg. u.d.T.. Lokal-Gesetze der . (St.) Johannis-Logen.

[Dasselbe.] Gültig vom 2. Dez. 1907 an. Ebendas. 1908. 52 S. 8°

Stargard: **Ortsgesetz** der zum Bunde der Grossen National-Mutterloge zu den drei Weltkugeln gehörenden St. Johannis-Loge Julius zur Eintracht im Or. zu Stargard in Pommern. Stargard i. Pom. 1903: Zeinert. 15 S. 8° [Umschlagtit.]

Erfurt: **Ortsgesetz** der St. J. Freimaurerloge Karl zu den 3 Adlern im Or. Erfurt betreffend die Stellung und Rechte der ihr als „ständig Besuchende" angeschlossenen Brüder. Gültig von Johannis 1907. 2 Bl. 8°. [Kopftit.]

Wittstock: **Ortsgesetz** [der Loge Konstantia]. [Dat.:] Wittstock im Nov. 1906. o. O. u. J. 7 S. 8° [Umschlagtit.]

Kiel: **Orts-Gesetz** für die Landesloge „tom Kyle" in Kiel. (Kiel 1906: Einfeldt.) 8 S. 8°. [Umschlagtit.]

Orts-Gesetz der ger. u. vollk. Johannis-Loge drei Lichter im Felde im Or. Gross-Lichterfelde. Berlin [1897]: Denter & Nicolas. 9 S. 8° [Umschlagtit.]

Hersfeld: **Ortsgesetz** der Johannis-Freimaurer-Loge „Lingg zur Brudertreue" im Or. von Hersfeld. [Hersfeld 1894.] 20 S. 8° [Umschlagtit.]

Ortsgesetz der Loge zum preussischen Adler zu Insterburg. Insterburg 1910: Bittner. 9 S. 8°

Ortsgesetz der Loge „Zu den fünf Thürmen am Salzquell" zu Halle a. Saale. Gültig vom Johannisfeste 1891. Halle a. S. 1892: Kandler. 65 S. 8° [Umschlagtit.]

Köthen: **Ortsgesetz** der Johannis-Freimaurerloge „Ludwig zum Palmbaum" im Or.·. Cöthen. Cöthen 1907: Schettler. 27 S. 8°

Köslin: **Ortsgesetz** der St. Johannisloge Maria zum goldenen Schwert im Or. Köslin vom $\frac{\text{26. Febr.}}{\text{24. April}}$ 1907. Köslin 1907: Hendess. 16 S. 8° [Umschlagtit.]

Ortsgesetz der Johannisloge Psyche im Or. Oppeln nebst den Satzungen ihrer milden Stiftungen, der Ordnung über Hergabe der Gesellschaftsräume und der Satzung für die Sterbekasse. Beschlossen auf Grund des § 26 der Bundesstatuten. Oppeln 1905: Raabe. 24 S. 8°

Ortsgesetz der unter Konstitution der Ehrwst.·. Grossen Loge von Preussen gen. Royal-York zur Freundschaft, in Berlin arbeitenden St. Johannis-Loge „Zur Ostfriesischen Union" im Or. von Emden. (Angenommen in der Meister-Beratungsloge vom 5. Sept. 1908.) Emden [1908]: Hahn. 12 S. 8° [Umschlagtit.]

Blankenburg a. H.: **Ortsgesetz** der St. Johannisloge „Zur Brudertreue am Regenstein" im Or. Blankenburg-Harz im Anschluss an die Bundesstatuten der Grossen National-Mutterloge „Zu den drei Weltkugeln". [Dat. v. 27. Febr. 1907.] Blankenburg o. J.: Kircher. 16 S. 8°

Ortsgesetz der St. Johannes-Freimaurerloge „Zur Gekrönten Schlange" im Or. Görlitz. Gültig von Johannis 1907. Görlitz 1907: Görlitzer Nachrichten u. Anzeiger. 28 S. 8° [Umschlagtit.]

Vorhergehende Ausg. u.d.T.: Local-Gesetze der St Johannes-Loge . . .

Graudenz: **Orts-Gesetz** für die Johannis-Loge Victoria zu den drei gekrönten Türmen im Or. Graudenz. Graudenz 1894: Röthe. 12 S. 8⁰ [Umschlagtit.]

Kiel: **Ortsgesetz** für die unter der Grossen Loge von Preussen gen. Royal York zur Freundschaft in Berlin arbeitende, ger. und vollk. St. Johannisloge „Wiking zur Wahrheit“ im Or. Kiel. [Kiel 1910.] 34 S. 8⁰ [Umschlagtit.]

Orts-Gesetz der Loge Wilhelm zu den drei Helmen im Or. Wetzlar. Wetzlar 1910: Imgardt. 23 S. 8⁰

Ortsgesetz der Loge „Wilhelm zur Aufgehenden Sonne“ (Verein „Hilfe in Not“) in Stuttgart. Stuttgart 1892: [Bechtle]. 11 S. 8⁰ [Umschlagtit.]

Ortsgesetz betreffend die Zulassung besuchender Brüder und die Annahme von Brüdern Freimaurern. [Mainz 1891: Kunze.] 7 S. 8⁰ [Kopftit.]

Vegesack: **Ortsgesetze** der unter Konstitution der Ehrw. Grossen Loge von Preussen gen. Royal York zur Freundschaft in Berlin arbeitenden g. u. v. Johannis-Freimaurerloge Anker der Eintracht i. O. Vegesack. Gestiftet am 30. Jan. 1885. Vegesack [1910]: Rohr. 12 S. 8⁰ [Umschlagtit.]

Ortsgesetze der St. Johannis-Freimaurer-Loge Armin zur deutschen Treue im Or. Bielefeld. Detmold [1907]: Quentin. 24 S. 8⁰

Vorhergehende Ausg. u.d.T Local-Statuten..

Ortsgesetze der Loge Augusta zum goldenen Zirkel im Or.·. von Göttingen. [Dat.: v. 9. Juli 1907.] Braunschweig o. J.: J. H. Meyer. 20 S. 8⁰

Ortsgesetze der Gemeinde Birkenwerder. Birkenwerder 1910: Neumann. 134 S. 8⁰ (11. 1875

Grünberg i. Schl.: **Ortsgesetze** der Johannis-Loge Erwin für Licht und Recht im Or.·. Grünberg i. Schl. unter Konstitution der Grossen Loge von Preussen gen. Royal York zur Freundschaft. [Dat.: v. 16. Juni 1910.] Crossen o. J.: Zeidler. 15 S. 8⁰

Muskau: **Ortsgesetze** des Freimaurer-Kränzchens zur Hermannseiche in Muskau. [Dat. v. 17. Juni 1893.] Löbau o. J.: Kessner. 6 S. 8⁰ [Umschlagtit.]

Ortsgesetze der g.·. und v.·. Johannis-Freimaurerlogen Friedrich zum weissen Pferde und zum schwarzen Bär zu Hannover. Hannover 1892: Aschhoff. 19 S. 8⁰

Zur Ergänzung der Bestimmungen im 1. Abschnitt des Grundgesetzes der Grloge von Preussen R. Y. z. Fr., Berlin vom 3. Mai 1891 festgest. Eine Erg. zu diesem Gesetze erschien 1899.

Vorhergehende Ausg. u.d.T.. Lokalgesetze .

Ortsgesetze der ger. und vollk. St. Joh. Loge „Friedrich z. d. Treue“ i. O. Kassel. [Dat. v. 9. Dez. 1891.] Cassel o. J.: Baier & Lewalter. 16 S. 8⁰

Ortsgesetze der Freimaurerloge „Die Freunde zur Eintracht“ im Or.·. Mainz. [Dat.:] Mainz 1891. 7 S. 8⁰ [Umschlagtit.]

[N. Ausg. u. d. Tit.:]
Lokal-Statuten der Freimaurerloge „Die Freunde zur Eintracht“ Or.·. Mainz. [Mainz 1893.] 10 S. 8⁰ [Kopftit.]

Ortsgesetze, die jetzt giltigen, u. ähnliche Bestimmungen f. die Stadt Meiningen. gr. 8. (102 S.) Meiningen 899. Brückner & Renner. n.n. 1.25

[J.] **Ortsgesetze** der Stadt Hildesheim. Im Auftr. d. Magistr. zsgest. v. Ludwig Götting, Stadtsynd. *Hildesheim: Gerstenberg 1896.* (VI. 443 S.) 1 Bd 8. (96. 5042

Ortsgesetze der unter dem Grundgesetz der Grossen Loge von Preussen, gen. Royal York zur Freundschaft zu Berlin arbeitenden ger. u. vollk. Johannis-Loge zur Eintracht und Standhaftigkeit im Or. von Cassel. Cassel: 1890. 48 S. 8⁰ [Umschlagtit.]

Vorhergehende Ausg. u.d.T Localgesetze der unter Constitution . arbeitenden . St. Johannis-Loge

[Dasselbe.] Cassel 1908: [Gebr. Schneider]. 44 S. 8⁰

Ortsgesetze für die Johannis-Loge zur „Eule auf der Warte" im Or. Eilenburg, gestiftet am 17. Febr. 1862. [Dat. v. 12. Febr. 1908.] Eilenburg o. J.: Offenhauer. 17 S. 8⁰

Vorhergehende Ausg. u.d T Local-Gesetze der St. Johannis-Loge .

Orts-Gesetze der Joh.-Loge „Zur Säule an den Vogesen" in Mülhausen i. Els. Bayreuth 1908: Mühl. 14 S. 8⁰

Ortsgesetze der Johannisloge zur siegenden Wahrheit im Or.·. Gleiwitz 1894. Gleiwitz o. J.: Neumann. 25 S. 8⁰

Vorhergehende Ausg. u.d.T . Lokalgesetze

Orts-Gesetze des Freimaurer-Kränzchens „Körner zum Schwert und zur Palme" zu Dresden. Dresden 1906: Ulrich. 7 S. 8⁰ [Umschlagtit.]

Ortsgesetze der Loge zum goldenen Rade (eröffnet am 30. Nov. 1807) im Or. Osnabrück. 1910. Melle o. J.: Haag. 15 S. 8⁰ [Kopftit.]

Rastenburg: **Ortsgesetze** der Loge „Zu den drei Thoren des Tempels" im Or. Rastenburg. [Dat. v. 3. Dez. 1902.] [Rastenburg] o. J.: [Ahl]. 4 S. 8⁰ [Kopftit.]

Orts-Gesetze der St. Johannis-Loge „Pax inimica malis" im Or.·. zu Emmerich, gegr. am 20. Juli 1778. 1899. [Nebst] Nachtr. o. O. u. J. 16 S. 1 Bl. 8⁰

Vorhergehende Ausg. u.d.T Local-Statuten...

Ortsgesetze, örtliche Polizei-Verwaltungs- u. Benutzungsordnungen, s.a. Stolp, Herm.

Ortsgesetze. Oertliche Polizei-, Verwaltungs- und Benutzungs-Ordnungen, Dienst- und Ausführungs-Anweisungen, wie Satzungen öffentlicher und gemeinnütziger Einrichtungen und Anstalten, Genossenschaften und Vereine, gesam. u. hrgg. v H. Stolp. Bd. 1—11 Berlin. 1870—80. 8⁰

Ortsgesetze, örtliche Polizei-, Verwaltungs- und Benutzungs-Ordnungen, Dienst- und Ausführungs-Anweisungen, wie Satzungen öffentl. und gemeinnütziger Einrichtungen und Anstalten, Genossenschaften und Vereine. Gesammelt und hrsg. von H. Stolp. Fortgesetzt von L. Bein. Jahrg. 1885—1888. 16.—19. Jahrg. 8. (544; 592; 643; 638 S.) Berlin, Stankiewicz. à Jahrg. * 4 —
1.–15. Bd., s. XVII. Bd. 2. Abthl. S. 682: Stolp, Herm., Ortsgesetze. *ℳ 57 —.

Orts-Gesetze der Johannis-Loge „Schiller zur Unsterblichkeit" Or.·. Cöln. [Dat. v. 3. Dez. 1909.] Cöln 1910: Verlagsanstalt u. Druckerei. 8 S. 8⁰ [Umschlagtit.]

Stralsund: **Orts-Gesetze** der Johannis-Loge Sundia zur Wahrheit im Or.·. von Stralsund. Rev. u. genehmigt von der Grossen Loge von Preussen gen. Royal York zur Freundschaft [in Berlin] am 2. März 1908. Stralsund o. J.: Moh. 15 S. 8⁰

Ortsgesetze der ger.·. u. vollk.·. St. Joh.-Loge Wilhelm zur deutschen Treue im Or. Hannover. [Dat. v. 15. Dez. 1900.] 8⁰

Ortsgesetze für die Johannis-Loge Wittekind zur westf. Pforte im Or. Minden (Westf.). [Dat. v. 3. Febr. 1904.] Minden i. Westf. o. J.: Bruns. 8 S. 8⁰

Vorhergehende Ausg. u.d.T Lokal-Statut der St.-Johannis-Loge Wittekind

Orts- u. **Heimat-Kalender des Stadt- u. Landkreises Weißenfels** f. d. J. 1911. 3. Jahrg. (88 u. 2 S. m. Abb. u. Wandkalender.) gr. 8. Weißenfels, M. Lehmstedt. — 50

Ortskarte vom Königreich Sachsen. Bearbeitet vom topogr Büreau des Königl. Sächsischen Generalstabes. 1 100 000. Dresden 28 Bl. K. 1863

Ortskarte des Königr. Sachsen. 1:250,000. Auf Veranlassung der königl. Ministerien, sowie des evangelisch-luther. Landes-Consistorium nach amtl. Quellen bearb. Chromolithogr. Imp.-Fol. Dresden 888, Urban. * 4 —
Auf Leinw. in Carton *ℳ 6.—.; mit Stäben * 7 —

Ortskarte d. Königr. Sachsen. 1:250,000. Auf Veranlassung der königl. Ministerien, sowie d. evangel.-luther. Landes-Consistorium nach amtl. Quellen bearb. Ausg. 1890 f. die Zoll u. Steuerbehörden. Farbendr. Imp.-Fol. Dresd. 890, Urban. * 5 —

[Umschlagt] **Ortskarte** des Königreichs Sachsen 1 250,000. Auf Veranl. d. Kgl. Ministerien nach amtl. Quellen bearb. Dresden: A. Urban (1896). (1 Ktnbl. ") 1 Bd 8. [97. 66]

Ortskarte des Königreichs Sachsen in 1:250,000 d. n. L. Auf Veranl. d. Kgl. Ministerien sowie d. ev.-luth. Landes-Consist. nach amtl. Quellen bearb. Ausg. f. d. Zoll- u. Steuer Verwaltung *Dresden: A. Urban 1900.* (1 Kartenbl. 63×95 cm.) 8⁰ [farbig] [01. 2837]

Ortskarte des Königreichs Sachsen in 1 250,000 d. n. L. Auf Veranlassung d. Kgl. Ministerien sowie d. ev.-luth. Landes-Consistorium nach amtl. Quellen bearb. Rev. 1905. Dresden A. Urban (1905); (Lith. P Herrmann). (1 Kartenbl. 95×63 cm.) 8° [kol.] [Ant. u. F.] [06. 545

Orts- u. Strassenkarte d. Königreiches Ungarn (mit Einschluss des ehemal. Siebenbürgen) nebst Kroatien u. Slavonien. Massstab 1 : 1,296.000. Bearb. von A. Steinhauser. 1. Ausgabe mit Terrain. Gr.-Q.-Folio. Ebds. Gefalzt in 8. 2 fl. 1882

Orts- u. Strassenkarte d. Königreiches Ungarn (mit Einschluss des ehemal. Siebenbürgen, nebst Kroatien u. Slavonien). Massstab 1 : 1.296,000. Bearbeitet v. A. Steinhauser. Neue rectificirte Ausgabe nach Comitaten colorirt, ohne Terrain. Gr.-Q.-Folio. Wien, Artaria & Co. Gefalzt in 8. 2 fl. 1882

Orts- und Verkehrskarte vom Königreich Sachsen mit Spezialpl. der Umgebungen von Dresden u. Leipzig. Massst. 1 : 260.000. *Dresden: Holze & Pahl 1901.* (1 Kartenbl. 67 × 80 cm.) 8° [06. 10365

Kleine Ortskunde von Hettstedt. Hettstedt Freyberg 1896. 46 S. 8° [11. 2542

Ortslexicon. Orts-Lexikon der Erde. Zum Gebrauch bei den Schweizerischen Poststellen hrg. von der Schw' Oberpostdirektion = Dictionnaire universel des localités. Publié par la Direction générale des postes suisses ... = Dizionario geografico-postale universale. Pubblicato dalla Direzione generale delle poste svizzere .... X + 1440 S. 8. Bern, B[laser] & Tsch[anz], Januar – Janvier – Gennaio 1910. [geb.] fr. 7. –

Ortslexicon. Kleines Ortslexikon der Schweiz, nebst der Bevölkerungsstatistik nach der offiziellen Volkszählung vom 10. December 1860 und den Distanz- und Richtungsangaben der einzelnen Orte. 8. Zürich 1862.

Orts- und Bevölkerungs-Lexikon, kurzes, der Schweiz, s. a. Volksbibliothek, schweizerische.

Orts- u. Bevölkerungs-Lexikon, kurzes, der Schweiz, enth. ein alphabetisches, bezirks- u. kantonsweise geordnetes Verzeichniß der sämmtlichen Gemeinden, ihrer konfessionellen Bevölkerung mit Bezeichnung der Bezirks- u. Kantonshauptorte u. der Pfarrdörfer, nach amtlichen Quellen bearb. A. u. d. T.: Manuel topographique de la Suisse, conten. une liste alphabétique de toutes les communes Suisses, rangées par cantons et districts, de leur population etc. 8. (VI u. 190 S. m. 1 Tab. in qu. Fol.) Berne 851. Zürich, Schulthess. 17 ngr.

Orts- und Bevölkerungs-Lexikon, kurzes, der Schweiz, enth. ein alphabet., bezirks- und cantonsweise geordnetes Verzeichniß der Gemeinden, ihrer confessionellen Bevölkerung mit Bezeichnung der Bezirks- und Cantonshauptorte und der Pfarrdörfer. Unter der Leitung des Dir. Max Wirth im eidgenössisch-statist. Bureau in Bern bearb. nach den cantonalen Angaben der amtl. Bevölkerungsaufnahme vom 1. Decbr. 1870. gr. 16. (215 S.) Zürich 871, Schultheß.

Ortslexikon der Länder der ungarischen Krone. Mit Rücksicht auf die verschiedenen Zweige der Verwaltung Mit Benützung der neuesten amtlichen Daten. Redigirt durch Michael von Kollerffy, Ministerial-Secretär im königl. ungar statistischen Bureau 8. Budapest 1875.

Orts Lexikon der Länder der ungarischen Krone Im Auftrage Sr Excellenz des königl. ung. Handelsministers verfasst vom königl. ungar. statistischen Bureau. (In ungarischer und deutscher Sprache) 4. Budapest 1895.

Ortslexicon, Neues vollständiges, der Schweiz; herausgegeben von Fink und Comp. Zürich 1862. V: *Weber, Henry.* (Cat. d. Stadtbibl. Zürich. Zürich 1864—97.)

Ortslexikon, neues vollständiges, der Schweiz. Ein unentbehrl. Handbuch für Jedermann. (Von Henry Weber.) Lex.-8. (III und 608 S.) Zürich 862, (Meyer und Zeller's Verlag.) *

— neues, des Königr. Württemberg. Mit Angabe des Oberamtsbezirks, der Post- u. Eisenbahnstation nach dem Stand Juli 1893. Bearb. v. e. Postbeamten. gr. 8. (137 S.) Eßlingen 893. A. Lung. n. 1. 80; geb. n. 2. 40

Orts-Lexikon von Oesterreich, mit Benützung der neuesten amtlichen Quellen, bearb. zum Gebrauche für Advocaten, Notare, Beamte, Kaufleute etc. Redigirt von Carl Hübner und Josef Edlen v. Kendler Mit einer Uebersichtskarte der gerichtlichen Organisation von Oesterreich. 8. (294 S.) Wien, Moritz Perles. 1 fl. 80 kr. 1885

Orts-Lexicon von Österreich-Ungarn. Wien 1876. V: *Skwor, Johann.* (EB)

Orts- u. Post-Lexikon der Schweiz. Amtliche Ausgabe der schweizerischen Postverwaltung. Mai 1866. — Dictionnaire postal. — Dizionario postale. Bern 866. (Jent & Reinert.) Lex.-8. (XVII, 583 S.) n. 1 ₰ 15 ngr.

Orts- und Reiselexikon für den gesammten Eisenbahn-, Post Dampfschiff- und Telegraphenverkehr Oesterreich-Ungarns. Mit Angabe der gerichtlichen und politischen Eintheilung. Enthaltend sämmtliche Ortschaften und deren Eisenbahn-, Post-, Dampfschiff- und Telegraphenstationen mit Bezeichnung der Eisenbahn- und Dampfschiffsunternehmungen. Ein unentbehrliches Hand- und Nachschlagebuch für den Kaufmann, Reisenden, Beamten, Advocaten, Notar Bearbeitet und herausgegeben von Josef Edler v Kendler & Leopold Siller (Complet in circa 30 Heften) gr 8°. 1 Heft (S 1—24). Wien, Expedition. fl. — 30. 1887

Orts-Lexikon, schweizerisches. Neue, umgearb. und verm. Ausg. (Mit deutschem, französ. und italien. Text.) gr. 8. (XIII, 289 S.) Bern 878, Haller. *

Orts-Lexikon, schweizerisches. 3. vollständig umgearb. u. stark verm. Aufl. Nach amtl. Quellen bearb. (In deutscher, französ. u. italien. Sprache.) 5 Lfgn. gr. 8. (VIII S.; 78 Doppels.; 517 S.) Bern 890—92, Nydegger u. Baumgart. à Lfg. * 1 80; * 9 — geb. * 10 80

Ortslexicon. Schweizerisches O'-Lexikon. 4. ... Aufl. s. Brunner, G[ottlieb].

Ortslexicon Orts-Lexikon des Cantons Thurgau. Nebst einem Anhange, enthaltend die revidirte Rechtstriebordnung vom 19. Juni 1833, so wie ein Verzeichniss der Friedensrichter des Cantons 8. Emmishofen 1846

Ortslexikon des Königreichs Ungarn. Mit Bedachtnahme auf die verschiedenen Zweige der Verwaltung, wie solche am Anfange des Jahres 1863 bestand. Auf Grundlage der neuesten amtlichen Daten zusammengestellt. gr 8. Bath-Mor 1864

Orts-Lexikon, vollständiges topographisches deutsch-böhmisches, der Markgrafschaft Mähren und der Herzogthümer Ober- und Nieder-Schlesien, mit einem alphabet. deutsch-böhm. und böhmisch-deutschen Orts-Register, mit Berücksichtigung der Schulen, Lehrer-Gehaltsclassen, Pfarrämter, Gendarmerie-Posten, Baubezirke, Sanitätsbezirke, Heeres-Ergänzungsbezirke, Post-, Telegraphen- und Eisenbahn-Stationen etc., geordnet nach Bezirkshauptmannschaften und Gerichtsbezirken auf Grund der Volkszählung vom J. 1880 mit Berücksichtigung aller später erfolgten Aenderungen und einigen statist. Uebersichts-Tabellen. Zum Gebrauche für die k. k. Aemter, Verwaltungs-, Sicherheits- und Militärbehörden etc. gr. 8. (XXVI, 229, 95 S.) Brünn 885, Winkler. geb. * 5 —

Ortslexikon, vollständiges, der Verein. Staat. v. Nordamerika. Hildburghausen 1852

Ortsnachrichten, statistische, der Grossherzogtümer Koburg und Gotha vom Juni 1887 Gotha 1887

Ortsnachrichtsblatt. –
Suhl – 4.(?)VII 1834 – 31 (?)XII 1871
Vorh u.d T Königl Preuß. privil. Hennebergisches Wochenblatt
Fortges u.d T Hennebergische Zeitung

Neuestes Orts- und Post-Nachschlagebuch des Herzogthumes Kärnten. Nach amtlichen Quellen und mit Zugrundelegung der letzten Volkszählung bearbeitet von Franz Hubert [Oertl. Klagenfurt. [1900.] Kleinmayr. Lex.-8°. 131 S. Cart. K 4.—

Ortsnamen, Friesische. . . . O. O. 188? V: *Doornkaat Koolman, J. ten.* (Cat. d. Stadtbibl. Zürich. Zürich 1864—97.)

Ortsnamen, Preussische. [Königsberg 1881.] V: *Jachmann, Reinhold.* (Zuwachsverz. d. Bibl. in Zürich 1898 ff., 8.)

Ortsnamen, Rätische. [Bonn 1884.] V: *Buck, Mich. Rich.* (Cat. d. Stadtbibl. Zürich. Zürich 1864—97.)

Zur Ortsnamenforschung in Kärnten. Ein Wort zur Richtigstellung und Abwehr. Herausgegeben und verlegt vom katholisch-politischen und landwirthschaftlichen Verein für die Slovenen Kärntens. 8. (32 S.) * —.30
Klagenfurt: Ferd, v. Kleinmayr 1891.

Ortsnamen Register zur Marschrouten Karte der oesterreichisch ungarischen Monarchie und des Occupations Gebietes. Ungarn. — Bosnien-Hercegovina. (2 Bde.) 8 Wien 1877 - 1883

Ortsrecht der Stadt Mainz (außer Baurecht). (XV, 786 S.) 8. Mainz 905. (H. Quasthoff.) Geb. in Leinw. n. 8. 50

Ortsregister von Böhmen. Alphab. Verz. aller Gemeinden, deren dt. Bezeichnung mit d. böhm. nicht übereinstimmt. Wien & Lpz. '09. 123 S.

Ortsregister v. Böhmen. Alphabetisches Verzeichnis aller Gemeinden, deren deutsche Bezeichng. m. der böhm. nicht übereinstimmt. Die deutschen Gemeindebezeichngn. m. Gegenüberstellg. der böhm. u. die böhm. m. Gegenüberstellg. der deutschen, nebst Angabe der Post. (123 S.) kl. 8. Wien 909. J. Lenobel. 1.65

Orts-Register v. Elsass-Lothringen, enth. die Gemeinden u. Aussenorte m. Angabe ihrer Kreise, Kantone, Postbestell- u. e. Amtsgerichts-Bezirke sowie der Einwohnerzahlen. Zusammengestellt nach amtl. Material. Sonderausg. des Orts-Registers zum Atlas „Elsass-Lothringen in 21 Karten". (III, 75 S.) 8. Berlin 904. D. Reimer. Geb. in Leinw. n. 1. 40

Orts Repertorium des Königreiches **Böhmen**. Mit Benützung der von der k k statistischen Central-Commission zusammengestellten Ergebnisse der Volkszählung vom 31 Dezember 1869, herausgegeben von der böhmischen k k Statthalterei. gr 8. Prag 1872.

Orts-Repertorium für das Königr. Böhmen. Im Auftrage der h. k. k. Statthalterei für Böhmen auf Grund ämtl. Daten zusammengestellt. Lex.-8. (517 S.) Prag 878. (Kosmack & Neugebauer.) n. 10. —

Orts-Repertorium f. das Königr. Böhmen. Im Auftrage der h. k. k. Statthalterei f. Böhmen auf Grund ämtl. Daten zusammengestellt. gr. 8. (842 u. Reg. 204 S.) Prag 886. (Neugebauer.) n. 12. —

Orts-Repertorium f. das Königr. Böhmen. Im Auftrage der hohen k. k Statthalterei f. Böhmen auf Grund ämtl. Daten zusammengestellt. (In deutscher u. böhm. Sprache.) 4. (430 Doppels., 104 u. 100 S.) Prag 893. [F. Kytka.] Neugebauer. n.n. 10. —; geb. n.n 11. 70

Orts-Repertorium für das Königreich Böhmen. Im Auftrage der hohen k. u. k. Statthalterei für Böhmen auf Grund ämtlicher Daten zusammengestellt. Lex.-8. (430 u. Register 100 S.)
Prag. Neugebauer 1894

Orts-Repertorium f. d. Königr. Böhmen. Im Auftr. d. hohen k. k. Statthalterei f. Böhmen auf Grund ämtl. Daten zusammengest. 2., bis auf d. neueste Zeit ergänzte Ausg. (In deutscher u. böhm. Sprache) Lex.-8. (430 Doppel-S., 104 u. 100 S. u. Nachtrag 5 Doppel-S. u. 3 S.) Prag 895. G. Neugebauer. Kart. n. 8. —; Nachtrag allein n. 1. —

Orts-Repertorium f. das Königr. Böhmen. Im Auftrage der k. k. Statthalterei auf Grund amtl. Daten zusammengestellt. (III, 780 S.) Lex. 8. Prag 907. (G. Neugebauer.) 12. —

Orts-Repertorium für das Königreich Böhmen Im Auftr d. k k. Statthalterei auf Grund amtl. Daten zsgest. Prag 1907: Statthalterei-Buchdr. (780 S.) 4°(8°) I07. 15965

Ortsrepetitorium des Herzogtumes Bukowina. Auf Grundlage der Volkszählung vom 31 Dezember 1869 bearbeitet. Czernowitz Eckhardt 1872.

Orts-Repertorium des Königr. Galizien und Lodomerien mit dem Grossherzogth. Krakau. Auf Grundlage der Volkszählung vom J. 1869 bearb. von der k. k. statist. Central-Commission. gr. 8. (V, 339 S.) Wien 874, Gerold's Sohn. *

—— des Herzogthumes Kärnten. Auf Grundlage der Volkszählung vom 31. Dezbr. 1860 bearb. von der k. k. statist. Central-Commission. gr. 8. (105 S.) Wien 1872. *

—— des Herzogth. Krain. Auf Grundlage der Volkszählung vom 31. Decbr. 1869 bearb. von der k. k. statist. Centralcommission. gr. 8. (140 S.) Laibach 874, v. Kleinmayr und Bamberg. *

—— des Herzogth. Ober- und Nieder-Schlesien. Auf Grundlage der Volkszählung vom 31. Dezbr. 1869 bearb. von der k. k. statist. Central-Commission. gr. 8. (40 S.)
Wien 1872.

—— des Erzherzogth. Oesterreich unter der Enns. Auf Grundlage der Volkszählung vom 31. Dezbr. 1869 bearb. von der k. k. statist. Central-Commission. gr. 8. (IV, 164 S.) Wien 871, Gerold's Sohn. *

—— des Erzherzogth. Oesterreich ob der Enns. Auf Grundlage der Volkszählung vom 31. Decbr. 1869 bearb. von der k. k. statist. Central-Commission. gr. 8. (IV, 205 S.) Linz 872, (Fink.) *

—— des Herzogth. Salzburg. Auf Grundlage der Volkszählung vom 31. Decbr. 1869 bearb. von der k. k. statist. Central-Commission. Lex.-8. (30 S.) Wien. 1872. *

—— des Herzogth. Steiermark. Auf Grundlage der Volkszählung vom 31. Decbr. 1869 bearb. von der k. k. statist. Central-Commission. 2. Aufl. gr. 8. (164 S.) Graz 872, (Verlag Leykam-Josefsthal.) *

—— der gefürsteten Grafschaft Tirol und Vorarlberg. Auf Grundlage der Volkszählung vom 31. Decbr. 1869 bearb. von der k. k. statist. Central-Commission in Wien. gr. 8. (IV, 107 S.). Innsbruck 873, Wagner'sche Universitäts-Buchh. *

—— von Triest und Gebiet, Görz, Gradisca und Istrien. Auf Grundlage der Volkszählung vom 31. Dezbr. 1869 bearb. von der k. k. statist. Central-Commission. gr. 8. (46 S.) Wien 873, Gerold's Sohn. *

Ortssatzung der Loge „Zum Goldenen Schwerdt" im Or. zu Wesel. Gültig von Johanni 1910 an. Anh. Statuten der Friedrich-Wilhelm-Augusten-Stiftung. Wesel 1910: Kühler. 22 S. 8° [Umschlagtit.]

Burg: **Ortssatzungen** für die Loge Adamas zur heiligen Burg im Or. Burg. Burg b. M. [1897]: Soeffner. 7 S. 8° [Umschlagtit.]

Orts-Satzungen der Loge Friedrich Wilhelm zu den drei Hammern im Or. Eberswalde. [Dat. v. 4. Okt. 1906.] Berlin o. J.: Denter & Nicolas. 12 S. 8°

Ortssatzungen für die Loge „Friedrich zur Treue" im Or. Freiburg i. Br. Freiburg i. Br. 1902: Ch. Lehmann. 46 S. 8° [Umschlagtit.]

Ortssatzungen der Loge Hohenzollern im Or. Wiesbaden. Wiesbaden [1909]: Ritter. 11 S. 8° [Umschlagtit.]

Orts-Satzungen der ger. u. vollk. Johannis-Loge zum treuen Herzen im Or.·. Strassburg i. Els. 1886. Strassburg 1886: Schultz & Co. 16 S. 8°

Brieg: □ Fr[iedrich] z[ur] a[ufgehenden] S[onne]. Zu §§ 8—15 der **Ortssatzungen**. Brieg, im Februar 1900. 1 Bl. 8°. [Kopftit.]

Orts-Satzungen des Fleckens Reinfeld. Reinfeld 1890 8°

Ortssatzungen der unter der Konstitution der Grossen National-Mutterloge in den preussischen Staaten, gen. „Zu den drei Weltkugeln", im Or. Berlin arbeitenden Johannis-Freimaurer-Loge Hermann von Salza im Or. „Langensalza". 1905. Langensalza [1905]: Beltz. 16 S. 8° [Umschlagtit.]

Orts-Satzungen der Joh.-Loge Vorwärts im Or. M. Gladbach-Rheydt. 1904. [Odenkirchen 1904: Rummel.] 16 S. 8° [Umschlagtit.]

Vorhergehende Ausg. u.d.T.: Lokal-Satzungen...

Orts-Satzungen der Freimaurerloge Wilhelm zu den drei Helmen im Or.·. Wetzlar. [Wetzlar 1900: Imgardt.] 6 S. 8° [Kopftit.]

Orts-Statut für die Stadt Altona nach Maßgabe der Städteordnung vom 14 April 1869 Altona. (1869) 8°

Orts-Statut für die Stadt Altona, betreffend die Naturalleistungen für die bewaffnete Macht im Frieden. [Altona. (1878.)] 8° [Kopft.]

Orts-Statut (für Altona) betreffend die Anlage von Straßen und die Verpflichtung der Anlieger zur Tragung von Straßenbaukosten o. O (1882) 8° [Kopft.]

Orts-Statut über die Anlegung von Straßen und Plätzen im Gebiete der Ortschaft Rödemis. Husum. 1909. 8°

Orts-Statut, betr die Anlegung und Veränderung von Strassen in der Stadt Kiel (v 15. Juni 1878). (Kiel. 1878.) 8°

[F.] **Ortsstatut** betr die Anlegung und Veränderung von Strassen und Plätzen sowie den Anbau an denselben [in der Stadt Cassel]. Cassel: Weber & Weidemeyer 1895. 16 S.) 1 Bd 8. [96. 4153]

Ortsstatut betreffend Anlegung und Veränderung von Straßen und Plätzen für den Bezirk der Gemeinde Schulau. Wedel. 1898 8°

Orts-Statut betreffend die Anlegung und Veränderung von Strassen und Plätzen im Landgemeindebezirk ... *(Stettin 1902: L. Pasenow.)* (3 S.) 4° [Kopft. F.] [03. 9038 9

Ortsstatut betreffend den Anschluß der Privatgrundstücke an die unterirdischen Sielanlagen im Bezirk der Gemeinde Schulau. Wedel. (1902) 8°

Ortsstatut betreffend die Anstellung der Communalbeamten in der Residenzstadt Cassel. *Cassel 1901 · Weber & Weidemeyer* (6 S.) 8° [F.] [06. 8318

Ortsstatut betr. die Anstellung der Kommunalbeamten in der Residenzstadt Cassel. Cassel 1904. Weber & Weidemeyer. (10 S.) 8° [F.] [05. 8414 4

Ortsstatut betr die Anstellung und Versorgung der Beamten des Fleckens Christiansfeld (Christiansfeld 1900) 8° [Kopft.]

Orts-Statut betreffend die Anstellung und Versorgung der Beamten der Stadtgemeinde Kiel. Kiel 1899: Vollbehr & Riepen. (18 S.) 8°

Ortsstatut betreffend die Anstellung und Versorgung der Beamten der Stadtgemeinde Mühlhausen i. Thür. (Mühlhausen i. Th.. Röth & Köhler) 1900. (10,7 S.) 8° [F.] [07. 13474

Ortsstatut, betreffend die Anstellung und Versorgung der Gemeindebeamten der Stadt Potsdam. *(Potsdam 1900: Krämer.)* (21 S.) 8° [Kopft. F.] [00. 10875

Ortsstatut (betr. die Anstellung und Versorgung der Kommunalbeamten der Stadt Dramburg). *(Dramburg 1900).* (6 S.) 8° [Kopft. F.] [03. 9907 9

Ortsstatut für die städtische Arbeitsvermittelungsstelle zu Cassel. *Cassel 1899: Drewes & Schonhoven.* (8 S.) 8° [F.] [95. 6744

Ortsstatut betreffend Aufhebung der für den Erwerb des Ortsbürger- und Beisitzerrechts und die damit verbundene Eintragung in die Bürger- und Beisitzerrolle zu zahlende Gebühr (Bürgergeld). *(Cassel) 1898.* (4 S.) 8° [Kopft. F.] [01. 8513

[Kopft.] [F.] **Ortsstatut** betr. die Aufhebung des Statuts nebst Nachträgen über die Abgaben zur Deckung der Kosten der Wasserleitung in Cassel. *(Cassel 1894.)* 2 Bl. 8. [96. 4484

Ortsstatut betreffend die Aufhebung des Statuts über die Erhebung der Gemeindeumlagen in der Residenzstadt Cassel. *(Cassel 1894.)* (1 Bl.) 8° [Kopft. F.] [01. 6004 9

Ortsstatut für den Flecken Augustenburg Sonderburg 1889 8°

Ortsstatut betreffend die Ausdehnung des Kranken-Versicherungszwangs in der Residenzstadt Cassel. *Cassel 1893: Gebr. Landsiedel.* (7 S.) 8° [F.] [01. 6005 9

[F.] **Ortsstatut,** betreffend die Ausdehnung des Krankenversicherungszwangs in der Residenzstadt Cassel. *(Cassel 1897.)* (7 S.) 1 Bd 8. [98. 8609

Orts-Statut der Stadt Barmstedt. Barmstedt. 1896. 8°

Orts-Statut betreffend die Beitragspflicht der Anlieger an alten Straßen zu den Straßenbaukosten. Schiffbek 1908 8°

Ortsstatut f. die Stadt Berlin betr. das Gewerbegericht zu Berlin. 8. (39 S.) Berlin 893. A. W. Hayn's Erben. — 30

Orts-Statut für Berlin, betr. das Verhältniß der selbstständigen Gewerbetreibenden rücksichtl. der Gesellen oder Gehülfen und Lehrlinge, sowie der gewerblichen Unterstützungs-Kassen. (Vom 14. April 24. Nov. 1857.) Amtl. Ausg. [Nebst] Nachtr. vom 29. Febr./25. Juli 1862. Berlin: Schiementz 1858. 62.

Ortsstatut f. d. Betrieb e. Simmenthaler Rindvieh-Stammzucht der Gemeinde ... 8. (15 S.) Gießen 895. E. Roth. n. — 20

— dasselbe f. (Vogelsberger) Rindvieh-Stammzucht. 8. (15 S.) Ebd. 895. n. — 20

Orts-Statut für den Flecken Bramstedt (Bramstedt. 1890.) 8° [Umschlagt.]

Ortsstatut der Stadt Burg a. Fehmarn nebst 5 Anlagen. (Burg. 1889) 8° [Umschlagt.]

Orts-Statut des Fleckens Christiansfeld o O 1907 8° [Kopft.]

Orts-Statut betreffend die Einführung der Schulpflicht an der gewerblichen Fortbildungsschule in Kiel. (Kiel 1900 Vollbehr & Riepen.) (8 S.) 8° [Kopft. F.] [05. 14543 8

Ortsstatut betreffend Einführung der Schulpflicht an der gewerblichen Fortbildungsschule in Kiel (vom 9. Nov. 1900). *Kiel 1901: A. F. Jensen.* (S. 5—8.) 8° [F.]
Kiel, Gewerbe-S, OP 1901**

Ortsstatut (über die Einrichtung einer Gemeinde-Pflichtfeuerwehr für Dramburg). Dat. 6. Juli 1903. *(Dramburg 1903: W. Schade & Co.)* (15 S.) 8° [Kopft. F.] [04. 10960 9

[F.] **Orts-Statut** betr. d. Erhebung der Hundesteuer in der Stadt Cassel. Cassel: Dr. v. Weber & Weidemeyer 1895. (8 S.) 1 Bd 8. [96. 4485

[F.] **Ortsstatut** betr. die Erhebung einer Verbrauchsabgabe von Fleisch, Fleischwaaren, Wildpret und Geflügel in der Stadt Cassel. *Cassel: Dr. v. Weber & Weidemeyer 1895.* (20 S.) 1 Bd 8 [96. 4486

[F.] **Orts-Statut** betr. die Erhebung einer Verbrauchsabgabe von Waizenmehl, Waizenschrot ... in der Stadt Cassel. Cassel: Dr. v Weber & Weidemeyer 1895. (19 S.) 1 Bd 8. [96. 4457

Ortsstatut, die Errichtung e. Freibank betr. (Entwurf.) schmal Fol. (5 S.) Flöha (901). A. Peitz & Sohn. — 80

Orts-Statut betr. die Errichtung eines gewerblichen Schiedsgerichts in der Stadt Herdecke a. d. Ruhr. Hagen 1872.

Ortsstatut betreffend die Festsetzung der Zahl der zum Magistrat der Residenzstadt Cassel zu wählenden Schöffen (Stadträthe). (Cassel 1898.) (1 Bl.) [Kopft. F]

Ortsstatut betr. die Feuerbestattung in Dessau; mit Gebührentarif 1910.

Ortsstatut betreffend das Feuerlöschwesen in dem Flecken Bramstedt Bramstedt (1906) 8°

Ortsstatut betr das Feuerlöschwesen im Flecken Christiansfeld Hadersleben. 1907 8°

Ortsstatut für das Feuerlöschwesen der Residenzstadt Cassel. *Cassel 1903 C. Richartz.* (12 S.) 8° [F.] [05. 3513

Ortsstatut betreffend das Feuerlöschwesen in der Stadt Preetz. Kreis Plön Preetz 1907 8° Anlage zu Stück 7 des Kreisanzeigers für den Kreis Plön 1907

Orts-Statut betreffend das Feuerlöschwesen in der Landgemeinde Schiffbek Schiffbek. 1908. 8°

Ortsstatut betreffend die gewerbliche Fortbildungsschule in Bramstedt. o. O. (1891) 2 Bl. 8° [Kopft.]

Ortsstatut betreffend die gewerbliche Fortbildungsschule der Residenzstadt Cassel. Cassel (1902). C. Müller Söhne. (9 S.) 8°

Ortsstatut betreffend die gewerbliche Fortbildungsschule in der Stadt Plön o. O (1899.) 8° [Kopft.]

Ortsstatut betreffend die gewerbliche Fortbildungsschule in Schulau (Wedel. 1904.) 8°

Ortsstatut für die kaufmännische Fortbildungsschule der Residenzstadt Cassel. (Cassel 1905. F. Scheel.) (7 S.) 8° [Kopft. F.] [05. 8415 4

[Kopft.] [F.] **Ortsstatut** betreffend die kaufmännische Fortbildungsschule der Stadt Königshütte O.-S. *(Königshütte 1896.)* 2 Bl. 8. [98. 8610

Ortsstatut betreffend die kaufmännische Fortbildungsschule in Plön. o. O (1904.) 8°

Orts-Statut betreffend die Fürsorge für die Witwen und Waisen der an dem Realgymnasium zu Mülheim a [!] Rh. angestellten Lehrer und Beamten. Mülheim a. Rh., Druck v. C. G. Künstler Wwe, 1895; 14—15 S. 4.
Mülheim a. Rh., RG m. Gymnasialkl., OP 1895 (493)

Ortsstatut für das Gewerbegericht der Stadt Berlin. Berlin (1902).
[S.-A. a.: Gemeindeblatt.]

Ortsstatut für das Gewerbegericht zu Essen. Text-Ausgabe mit Kommentar von Dr jur Jos. Jörg Essen-Ruhr Fredebeul & Koenen 1903. (77 S.) 8° [F.] 03. 17341

Ortsstatut für das Gewerbegericht der Residenzstadt Cassel vom 31. Aug. 14. Sept. 1893 in d. Fassung d. Ortsstatuts vom 3. Okt. 1896 5. Jan. 1897. *Cassel 1898: C. Richart.* (37 S.) 8° [F.] 01. 8514

Ortsstatut für das Gewerbegericht der Residenzstadt Cassel *(Cassel [1901] C. Richartz)* (29 S.) 8° [F.] 02. 5454

Ortsstatut für das Gewerbegericht der Residenzstadt Cassel. *Cassel 1902: Weber & Weidemeyer.* (72 S.) 8° [F.] 03. 5834

Ortsstatut für das Gewerbe-Schiedsgericht in Leipzig. 8. (15 S.) Leipzig 878, Stehmann.

Orts-Statut für die Stadt Greifswald, betr. d. Kaufmannsgericht zu Greifswald. (Greifswald 1904 F W Kunike.) (16 S.) 8° [Kopft F.] 05. 1191 0

Ortsstatut betreffend Grund- und Gebäudesteuer-Ordnung für die Residenzstadt Cassel vom 6. Nov. 1903. *Cassel 1904: C. A. Thiele.* (11 S.) 8° [F.] 04. 7343

Ortsstatut für den Handelskurs an der Realschule in Pforzheim. Pforzheim, Buchdr. Lucan, 1895; 26—27 S. 4.
Pforzheim, R, MP 1895 (644)

Ortsstatut der Johannisloge zu den 3 Hammern in Naumburg a. S. Naumburg a. S. [1907]: Rietz & S. 8 S. 8°

Vorhergehende Ausg. u.d.T.: Lokal-Statut ...

Orts-Statut der Johannis-Loge zum bekränzten Cubus im Or. Gnesen. Havelberg 1900: Kärger. 10 S. 8° [Umschlagtit.]

Ortsstatut für die Canalisirung und Wasserleitung der Stadt Danzig. Danzig 1870

Orts-Statut der Stadt Kappeln. Kappeln. 1889. 8°

Ortsstatut betr. das Kaufmannsgericht der Residenzstadt Cassel. Cassel 1904 Becker & Rennert. (38 S.) 8° [F.] 05. 6416 4

Orts-Statut für die Stadt Kellinghusen (Kellinghusen 1900) 8°

Orts-Statut der Stadt Kiel (v 8. Nov 1882). (Kiel. 1882.) 8°

Enthält Zusätze zu den angezogenen Paragraphen des Gesetzes betr. die Verfassung und Verwaltung der Städte etc. in der Provinz Schleswig-Holstein v. 14. April 1869.

Ortsstatut für die Stadt Krempe. Krempe. 1895. 8°

Orts-Statut für die Gemeinde Lichtenberg betr. das Kaufmannsgericht zu Lichtenberg. (Lichtenberg 1905.)

Ortsstatut betreffend die Löschzeit für Seeschiffe im Altonaer Hafen Altona. (1886) 8°

Ortsstatut der Stadt Meldorf Meldorf. 1889 4°

Ortsstatut betreffend Neuanlegung von Straßen und Errichtung von Wohngebäuden an Straßen, welche noch nicht für den öffentlichen Verkehr und Anbau fertiggestellt sind. Bramstedt. (1905) 8°

Ortsstatut betreffend Neuanlegung von Straßen und Errichtung von Wohngebäuden an Straßen, welche noch nicht für den öffentlichen Verkehr und Anbau fertiggestellt sind Hohenwestedt. 1907 8°

Ortsstatut für den Flecken Nortorf Nortorf 1890 8°

Ortsstatut der Stadt Nortorf. (Nortorf. 1909) 8° [Kopft.] Beilage zu Nr 82 der „Nortorfer Zeitung" vom 17 Juli 1909.

[F.] **Ortsstatut** betr. Ordnung für die Erhebung einer Gemeindesteuer bei dem Erwerbe von Grundstücken im Bezirk der Residenzstadt Cassel. *Cassel: Dr v. Weber & Weidemeyer 1895.* (11 S.) 1 Bd 8. 96. 4488

Ortsstatut betreffend Ordnung für die Erhebung einer Gemeindesteuer bei dem Erwerbe von Grundstücken im Bezirk der Residenzstadt Cassel. *Cassel 1900 Weber & Weidemeyer.* (11 S.) 8° [F.] 01. 8017

Orts-Statut betreffend Ordnung für die Erhebung einer Gemeindesteuer bei dem Erwerbe von Grundstücken im Bezirk der Residenzstadt Cassel. *Cassel 1902: Weber & Weidemeyer.* (11 S.) 8° [F.] 02. 9033

⊙ **Ortsstatut** und Organisationsplan für die gewerbliche Fortbildungsschule in Kiel. Kiel. 1881 8°

Ortsstatut und Organisationsplan der Pflicht-Feuerwehr der Gemeinde Niederzwehren. *Cassel (1903): W. Schlemming.* (12 S.) 8° [F.] 03. 10934 4

Ortsstatut betreffend die Pensionierung und Reliktenversorgung des Direktors, der Lehrer und der Beamten der Anstalt. Schöneberg b. Berlin, Buchdr. F. Senss, *1897;* 37—39 S. 4.
Schöneberg, R, P 1897 (133)

Orts-Statut für die Stadt Pinneberg. (Pinneberg 1902.) 8°

Ortsstatut der Stadt Ploen. Beigefügt sind Die Städteordnung für die Provinz Schleswig-Holstein vom 14 April 1869, und die wichtigsten für die Stadt Ploen gültigen Regulative und Polizeiverordnungen. Ploen. 1885. 8°

Ortsstatut und Polizeiverordnung betreffend das Feuerlöschwesen der Landgemeinde Schulau mit Dienstanweisung für die Führer der Mannschaften der Pflichtfeuerwehr in der Landgemeinde Schulau. Wedel. 1907. 8°

[Kopft.:] [F.] **Orts-Statut** für die Stadt Potsdam, betreffend das Gewerbegericht hierselbst. *(Potsdam: Buchdr. d. A. W. Hayn'schen Erben 1895.)* (8 S.) 1 Bd 4. 96. 568

Orts-Statut für die Stadt Potsdam betr. d. Gewerbe-Gericht hierselbst auf Grund d. Gewerbegerichts-Gesetzes v. 30. Juni 1901. *Potsdam 1903: O. Burr.* (21 S.) 8° [F.] 03. 15904

Orts-Statut für die Stadt Preetz. Preetz. 1881 8°
—— in Anlaß der Einführung der vollen Städteordnung. ebd. 1900. 8°

Orts-Statut für die Stadt Preetz in Anlaß der Einführung der vollen Städteordnung. [Nebst] Nachtrag, 12. Juli 1901. Preetz 1900(–01): J. M. Hansen. (32 S., 1 Bl.) 8° [F.] [07. 17760

Ortsstatut betreffend die Quartier- und Naturalleistungen in der Residenzstadt Cassel Cassel [1902] Becker & Rennert. (21 S.) 8° [F.] [03. 2456

Ortsstatut betreffend die Reinigung der Ortsstraße in der Gemeinde Hohenwestedt. Hohenwestedt. 1907 8°

Orts-Statut für die Gemeinde Schiffbek im Kreise Stormarn betreffend Anlegung von neuen oder Verlängerung schon bestehender Straßen. Schiffbek. 1908. 8°

Ortsstatut über das Schulwesen *in Karlsruhe.* Karlsruhe, Buchdr. v. Malsch & Vogel, 1893; 15—17 S. 4.
Karlsruhe, OR m. Fachkl. f. Kaufleute, MP 1893 (618)

Ortsstatut, betreffend die Uebernahme der Strassenreinigung und der Müllabfuhr durch die Stadt Cassel nebst Ausf.Betimm., sowie Beschluss, betreffend die Erhebung e. Gebühr f. die Abfuhr d. Hausmülls in Cassel und Polizei-Verordnung z. Ausführung obigen Ortsstatuts vom 22. März 1901 *Cassel 1901: Weber & Weidemeyer.* (26 S.) 8° [F.] [01. 8316

[Kopft.:] [F.] **Ortsstatut** über die Unterhaltung und Anlegung der Bürgersteige und Heranziehung der Adjazenten zu den Kosten. Buchdr. d. A. W. Hayn'schen Erben 1897.) (4 S.) 2 Bl. 8° [98. 9000

Ortsstatut betreffend die allgemeine Verpflichtung zum Dienst im städtischen Löschcorps. Kiel. 1873. 8°

Ortsstatut betreffend die allgemeine Verpflichtung zum Dienst im städtischen Löschcorps (der Stadt Ploen. Ploen. 1874). 8° [Kopft.]

Ortsstatut, betr. die Verpflichtung zum Besuche der Fortbildungschule in Charlottenburg. Charlottenburg (1907): A. Gertz. (6 S.) 8° [F.] [07. 17761

Ortsstatut betreffend die Verwaltungs-Ordnung der gewerblichen Fortbildungsschule der Residenzstadt Cassel. *Cassel 1903: F. Scheel.* (8 S.) 8° [F.] [04. 7344

Ortsstatut für das öffentliche Wasserwerk des Ostseebades Cranz ([Königsberg i. Pr.] 1904. [Ostpr. Dr.]) (10 S.) 8° [Kopft. F.] [05. 1190 10

[Ortsstatute, Bestimmungen, Erlasse für die Stadt Berlin.] Sammelbd fol.

[Inhalt:]

1. **Orts-Statut** 1 (für die Stadt Berlin) vom 8. Oct. 1875 [betr. Errichtung von Wohngebäuden an Straßen].
2. **Orts-Statut** 2 (für die Stadt Berlin) vom 7. März 1877 [betr. Anlegung u. Unterhaltung neuer Straßen].
3. Allerh. **Erlaß** vom 31. Dez. 1838 u. Bestimmungen vom gleichen Tage, betr. Ausgleichung gegenseitiger Forderungen des Staates u. der Stadt Berlin. [Metallogr.]
4. **Bestimmungen** über die der Stadt zu überweisenden Polizeistrafgelder. (Vom 31. 12. 1838.) [Metallogr.]
5. **Bestimmungen** über die Unterhaltung des Straßenpflasters in Berlin (vom 31. 12. 1838). [Metallogr.]
6. **Erlaß** vom 28. Jan. 1860 über die Unterhaltung des Straßenpflasters in Berlin. [Metallogr.]

Orts-Statute für das Gebiet der Stadt Münster aus d. Jahren 1877, 1889 u. 1892. *Münster 1892: J. Krick.* (26 S.) 8° [F.] [03. 10448 6

Ortsstatute, Ordnungen u. Regulative der Stadtgemeinde Halle a. S. (Amtliche Ausg.) gr. 8. (140 S.) Halle 899. O. Hendel. n. 2.—

Ortsstatute u. Polizei-Verordnungen der Stadt Hettstedt ⟨Südharz⟩. Hettstedt ⟨Südharz⟩ [um 1907]: Freyberg. 48 S. 8° [11. 3091

— betr. d. Gewerbegericht **Würzburg**. Amtl. Ausg. 12. (IV, 57 S.) Würzburg 896. Stahel'sche Verlagsanstalt. Kart. n. — 80

Ortsstatuten, erlassen v. der Rigaschen Stadtverordnetenversammlung in den J. 1879 bis 1882. 8. (29 S.) Riga 883. (Kymmel.) n. — 80

Ortsstatuten, betr. d. Kanalisation u. Wasserleitg., sow. Polizei-Verordng., betr. d. Anschluß d. Grundstücke an d. Kanalisation u. Wasserleitg. d. Stadt Bromberg. gr. 8. (39 S.) Bromberg 898. Mittler. n. — 50

Ortsstatuten und die allgemeine Ordnung des Gemeindewesens betreffende Gemeindebeschlüsse der Stadt Magdeburg nebst einigen ergänzenden Polizei-Verordnungen. Hrsg. vom Magistrat d. Stadt Magdeburg ... 1900. Bd 1 2. *Magdeburg 1900: R. Zacharias.* 2 Bde 8° [F.]
2 — Verträge, welche f. d. Verwaltung d. Stadt Magdeburg von allgemeiner Bedeutung sind. [00. 10876

Ortsstatuten und die allgemeine Ordnung des Gemeindewesens betreffende Gemeindebeschlüsse der Stadt Magdeburg nebst einigen erg. Polizei-Verordnungen. Hrsg. v. Magistrat d. Stadt Magdeburg. Bd 1. Magdeburg-N. 1910. Zacharias. 8° [10. 5013

Neisse: **Ortsstatuten** der St. Johannisloge zu den sechs Lilien im Or. zu Neisse. Neisse [1905]: Sponer. 4 Bl. 8° [Umschlagtit.]

Ortstein, Fr. Ldw. Emil, üb. vorzügl. bisher eingeführte Methoden, ein Intervall eines gegebenen Theil-Risses weiter unmittelbar einzutheilen. 4. Altdorf 793.

Das badische **Ortsstraßengesetz** vom 15. Okt. 1908. Nach d. Materialien d. Gesetzgebung dargest. u. mit Erl. hrsg. von Ministerialrat Otto Flad. Karlsruhe: Braun 1909. VII, 416 S. 8°

Die **Orts-Verordnungen** des Stadt- u. Polizei-Bezirks Dramburg Dramburg 1900: W. Schade & Co. (96 S.) 8° [F.] [01. 7436 9

Orts-Verzeichniss enth. sämmtl. Postanstalten in dem preuss. Postbezirke und in den übrigen Staaten des deutsch-österreich. Postvereins, sowie in Belgien, Dänemark, Frankreich, Griechenland, Grossbritannien und Irland, den Niederlanden, Norwegen, Russland, der Schweiz und Spanien, ferner die bedeutenderen Orte in den übrigen Ländern Europa's und in den anderen Welttheilen. Zum Gebrauche für die preuss. Postanstalten bearb. gr. 8. (269 S.) Berlin 854, Deckersche geheime Ober-Hofbuchdr.

Ortsverzeichniß, alphabetisches, des Großherzogthums Baden. Tabellarische Uebersicht aller Städte, Marktflecken, Dörfer ꝛc., mit Angabe der Kreise u. Kreisgerichte, Bezirksämter u. Amtsgerichte, Notariatsdistrikte ꝛc., zu welchen sie gehören, nebst systemat. Darstellung der neuen Justiz- u. Verwaltungs-Organisation u. der sonstigen Eintheilung des Großherzogthums für die verschiedenen Zweige der Staatsverwaltung u. für die Kirchen, unter Angabe der Bevölkerungszahlen, nebst alphabet. Verzeichnissen der Eisenbahn- u. Telegraphenstationen, Postexpeditionen, Posthaltereien ꝛc. Bearb. unter Benützung amtl. Mittheilungen. Heidelberg 866. A. Emmerling. gr. 4. (IV, 140 S.) n. 1 ℛ︎ 5 ngr.

Orts-Verzeichniß, alphabetisches, d. Kreise Graudenz, Culm Schwetz, Marienwerder, Strasburg u. Briesen m. Angabe d. Post-Bestellanstalten. 2., verm. Aufl. schmal gr. 8 (26 S.) Graudenz 890. Gaebel. n. — 80

— alphabetisches, der Kreise Graudenz, Culm, Schwetz, Marienwerder, Strasburg u. Briesen, m. Angabe der Post-Bestellanstalten u. Amtgerichtsbezirke, nebst e. Verzeichnis der Rechtsanwälte d. Ober-Landes-Gerichts-Bez. Marienwerder, der Gerichtsvollzieher, Porto-Tarif, Münztabelle. 3., verm. Aufl. 8. (46 S.) Graudenz 894. J. Gaebel. n. — 80

Orts-Verzeichnis, alphabetisches, der Kreise Graudenz, Kulm, Schwetz, Marienwerder, Strasburg, Briesen, m. Angabe der Post-Bestellanstalten u. der Amtsgerichtsbezirke, nebst e. Verzeichnis d. Rechtsanwälte des Oberlandesgerichtsbez. Marienwerder etc. 4., vollst. umgearb. Aufl. 12. (55 S. m. 1 Plan.) Graudenz 902. J. Gaebel. — 75

Orts-Verzeichniß, alphabetisches, des Königreichs Sachsen. Bearb. nach officiellen Unterlagen durch das statistische Bureau des Ministeriums des Innern. Dresden 862. (Burdach.) Lex.-8. (IV, 746 S.) n. 2 Thlr 15 ngr.

Ortsverzeichnis d. Großherzogt. Baden. Zusammenstellung sämtl. Gemeinden, Gemarkgn. u. Wohnorte etc., nebst Angaben üb. deren geograph., statist., administrative, gewerbl. u. geschichtl. Verhältnisse. Mit 1 Karte. gr. 8. (VIII, 244 S.) Karlsruhe 886. Bielefeld's Verl. geb. n. 4. 80

Ortsverzeichnis d. Großherzogt. Baden. Zusammenstellung sämtl. Gemeinden, Gemarkgn. u. Wohnorte etc., nebst Angaben üb. deren geograph., statist., administrative, gewerbl. u. geschichtl. Verhältnisse. 2. Aufl. gr. 8. (VIII, 244 S.) Karlsruhe 891. J. Bielefeld's Verl. Geb. in Leinw. n. 2. —

— des Regierungsbezirks Cöslin. gr. 4. Cösl. 819. Hendeß. 1 Thlr 6 Gr Schrbp. 1 Thlr 12 Gr

Orts-Verzeichniss (von Dänemark und Schleswig-Holstein und Lauenburg) mit specieller Berücksichtigung der Belegenheit der Orte in administrativer Beziehung und mit Hinzufügung ihrer respectiven Postadresse. Anhang 4 zum Hof- und Staats-Calender pro 1854. (Kopenhagen 1854.) 4° k

Orts-Verzeichnis m. Entfernungs-Tabelle der Prov. Ostpreussen. Auf Grund des Materials der königl. Landratsämter u. Amtsgerichte, sowie der neuesten Generalstabskarten, Kursbücher usw. bearb. 2. Aufl. (III, 479 S.) 4. Königsberg 904. Bon's Buchh. Kart. n.n. 12. —

Orts-Verzeichnis mit Entfernungs-Tabelle der Provinz Westpreußen. Auf Grund d. Materials d. Kgl. Landratsämter, sowie d. neuesten Generalstabskarten, Kursbücher u. s. w. bearb. Königsberg i. Pr. Bon 1904. (285 S.) 8° [05. 15129

Orts-Verzeichnis mit Entfernungs-Tabelle der Provinz Westpreußen. Auf Grund d. Materials d. Kgl. Landratsämter, sowie d. neuesten Generalstabskarten, Kursbücher usw. bearb. 2. Aufl. *Königsberg i. Pr. Bon (1904).* (285 S.) 8° [04. 5471 10

Ortsverzeichnis, Neues alphabetisches, des Königreich Sachsen. Dresden 1836—37. V: *Schlieben, Wilh. Ernst August v.* (Cat. d. Stadtbibl. Zürich. Zürich 1864—97.)

Orts-Verzeichniß, neues alphabet., d. Königr. Sachsen. Nach offic. Nachrichten zusammengest. v. Directorium d. statist. Vereins f. d. Königr. Sachsen. 2 Abthln. gr. 4. (22½ u. 24½ B.) Dresden 836, 37. [Leipzig, Brandstetter.] 3½ Thlr., hrbgs. Pr.

Orts-Verzeichniß, neues alphabet., des Königreichs Sachsen. Nach officiellen Nachrichten zusammengestellt vom Central-Comité des statistischen Vereins für das Königreich Sachsen. 1e u. 2e Abthl. A—Z. gr. 4. Dresden 836, 37. Walther. 3½ Thlr
— dass. bei Einhorn in Leipzig 1½ Thlr

Ortsverzeichniss, neuestes, von der Rheinprovinz u. Westfalen, mit genauer Angabe der Lage. Nach den neuesten amtl. Materialien bearb. u. zusammengestellt. hoch 4. (III, 104 S.) Köln 878. Warnitz & Co. cart. n. 2. 80

Ortsverzeichniss der katholischen Pfarrgemeinden des Kantons Thurgau. Revidiert und nach Ortsgemeinden geordnet von dem kathol. Kirchenrathe. 8. Frauenfeld 1869

– – des Fürstlich Thurn- und Taxis'schen Post-Bezirks. 1867 Fol.. . . .

Ortsverzeichniß vom Großherzogthum Sachsen, Herzogthum Sachsen-Altenburg und den Fürstenthümern Schwarzburg-Sondershausen, Schwarzburg-Rudolstadt, Reuß Aelterer Linie und Reuß Jüngerer Linie auf Grund d. Volkszählung v. 2. Dez. 1895. Hrsg. v. Statist. Bureau Vereinigter Thüring. Staaten in Weimar. Weimar 1896. R. Wagner Sohn. (XI, 73 S.) 8° [F.] [96. 4407

— vom Großherzogth. Sachsen, Herzogth. Sachsen-Altenburg u. d. Fürstenthümern Schwarzburg-Sondershausen, Schwarzburg-Rudolstadt, Reuß Aelterer Linie u. Reuß Jüngerer Linie auf Grund der Volkszählung v. 1. XII. 1900. Hrsg. vom statist. Bureau vereinigter Thüring. Staaten in Weimar. gr. 8. (XIII, 75 S.) Weimar 902. (L. Thelemann.) n.n. 1. 50

Ortsverzeichnis v. Grossherzogt. Sachsen, Herzogt. Sachsen-Altenburg u. den Fürstentümern Schwarzburg-Sondershausen, Schwarzburg-Rudolstadt, Reuss älterer Linie u. Reuss jüngerer Linie auf Grund der Volkszählung vom 1. XII. 1905. Hrsg. vom statist. Bureau vereinigter Thüringischer Staaten in Weimar. (XIII, 79 S.) gr. 8. Weimar 907. (L. Thelemann.) nn 1. 50

— vom Königr. Sachsen m. genauer Angabe der Bestellungs-Postanstalten. Zum Gebrauch f. den Geschäfts- u. Privat-Verkehr. gr. 8. (30 S.) Dresden 884. Jaenicke. — 60

— v. den Herzogthümern Sachsen-Coburg u. Gotha auf Grund der Volkszählg. vom 1. Decbr. 1890. Hrsg. vom statist. Bureau d. herzogl. Staatsministeriums zu Gotha. gr. 8. (42 S.) Gotha 892. (E. F. Thienemann.) n. — 80

[F.] Ortsverzeichniss von den Herzogthümern Sachsen-Coburg und Gotha auf Grund d. Volkszählg v. 2. Dez. 1895. Hrsg. v. Stat. Bur. d. Herzogl. Staatsministeriums zu Gotha. (Aufgest.: *Gotha: E. F. Thienemann [1896].*) (55 S.) 1 Bd 8. [97. 13?

Ortsverzeichniß v. d. Herzogthümern Sachsen-Coburg u. Gotha auf Grund der Volkszählg. v. 2. XII. 1895. Hrsg. v. statist. Bureau d. herzogl. Staatsministeriums zu Gotha. gr. 8. (55 S.) Gotha 897. (E. F. Thienemann.) n.n. — 90

— von den Herzogtümern Sachsen-Coburg u. Gotha auf Grund der Ergebnisse der Volkszählung vom 1. XII. 1905. Hrsg. vom statist. Bureau des herzogl. Staatsministeriums zu Gotha. (43 S.) gr. 8. Gotha (907). (E. F. Thienemann.) 1. —

Ortsverzeichniß der thüringischen Staaten. 8. Jena 870. Fischer. * 1 —

— der thüringschen Staaten. Nach den Verwaltungsbezirken u. Justizämtern geordnet, mit Angabe der Einwohnerzahl u. Pfarreien, u. mit alphabet. Register hersg. von dem statist. Bureau vereinigter thüringschen Staaten in Jena. Jena 870. C. Frommann. 8. (IV, 76 S.) cart. n. 10 ngr.

—— der am statistischen Bureau zu Jena betheiligten thüringischen Staaten: Des Großherzogth. Sachsen-Weimar, der Herzogthümer Sachsen-Altenburg und Sachsen-Coburg-Gotha, und der Fürstenthümer Schwarzburg-Rudolstadt und Schwarzburg-Sondershausen, Reuß älterer und jüngerer Linie, nach den Verwaltungsbezirken und Justizämtern geordnet, mit Angabe der Pfarreien und der Einwohnerzahl nach der Volkszählung vom 1. Decbr. 1871 und mit alphabet. Register im Auftrage der betr. Staats-Regierungen hrsg. von dem statist. Bureau vereinigter thüring. Staaten zu Jena. 8. (VII, 69 S.) Ebendas. 875. *

— s. die Steuerverwaltung. s.: Verzeichnis aller Orte 2c. des Großherzogth. Baden.

Ortsverzeichniß, topogr.-statist., d. Reichenbacher Regierungsbezirks. gr. 8. Berl. 820. (Dümmler). 1 ♂ 16 gl

Orts-Verzeichniß, vollständiges, des Markgrafenth. Mähren, auf Grundlage der Volkszählung vom 31. Decbr. 1869 bearb. von der k. k. statist. Central-Commission. Mit einem alphabet. Index aller Ortschaften, mit deutscher und böhm. und böhm. und deutscher Benennung. gr. 8. (III, 170 S.) Brünn 872, Buschak und Irrgang. *

—— vollständiges, des Kantons Thurgau. Mit Angabe der Munizipalgemeinde, Kreis und Bezirk, nebst (chromolithogr.) Spezialkarte des Kantons Thurgau. 16. (43 S.) St. Gallen 882, Hausknecht. *

— des Königreichs Württemberg mit Angabe der Gemeindebezirke, Oberamtsbezirke und Postbestellbezirke. Herausg. von der Königl. Postdirection in Stuttgart. Stuttgart 864. Koch in Comm. 4. (256 S.) n. 28 ngr.

—— des Königsreichs Württemberg mit Angabe der Gemeindebezirke, Oberamtsbezirke und Postbestellbezirke, Hrsg. von der königl. Postdirection in Stuttgart. 4. (251 S.) Stuttgart 873, Grüninger. geb. *

—— des Königr. Württemberg mit Angabe der Gemeindebezirke, Oberamtsbezirke und Postbestellbezirke. Hrsg. von der königl. Postdirektion in Stuttgart. 4. (249 S.) Stuttgart 880, (Grüninger.) cart. *

—— des Königreichs Württemberg mit Angabe der Gemeindebezirke, Oberamtsbezirke, nächsten Telegraphenanstalten und Postbezirke. Hrsg. von der königl. württemberg. Generaldirektion der Posten und Telegraphen. 4. (250 S.) Stuttgart 885, (Grüninger.) cart. 3 —

— d. Königr. Württemberg m. Angabe der Gemeindebezirke, Oberamtsbezirke, nächsten Telegraphenanstalten u. Postbezirke. Hrsg. v. der königl. württ. Generaldirektion der Posten u. Telegraphen. 4. (255 S.) Stuttgart 893. (C. Grüninger.) Kart. n. 3. —

— des Königr. Württemberg m. Angabe der Gemeindebezirke, Oberamtsbezirke, nächsten Telegraphenanstalten u. Postbezirke. Hrsg. v. der königl. württ. Generaldirektion der Posten u. Telegraphen. 4. (255 S.) Stuttgart 900. (C. Grüninger.) Kart. n. 3. —

— des Königr. Württemberg, m. e. Anh.: Uebersicht üb. die Einteilg. u. die Garnisonen des XIII. (k. württ.) Armeekorps. Hrsg. v. der Generaldirektion der k. württ. Posten u. Telegraphen im Mai 1906. (268 S.) gr. 8. Stuttgart 906. (C. Grüninger.) Kart. n. 3. —

Ortszeiger für Reisende auf der Ludwigs-Süd-Nordbahn. 2. A. Nürnberg 1845.

Ortszeiger für Reisende auf der Ludwigs-Süd-Nord-Bahn von München bis Hof und von Augsburg nach Lindau. Mit Angabe der Entfernung und Fahrzeit der Stationen. 2. verb. Ausg. mit (4) Abbildgn. der Haupt-Bahnhöfe (in Holzschn.) und 3 (lith.) Karten (in 4.). Nürnberg (853.) (Leipzig,) Schrag. 16. (26 S.) n. 12 ngr.

Ortszeiger für Reisende auf der Ludwigs-Süd-Nord-Bahn von München bis Hof und von Augsburg nach Lindau. Mit Angabe der Entfernung und Fahrzeit der Stationen. 2., verb. Ausg. gr. 16. (26 S. mit 3 Abbild. der Haupt-Bahnhöfe in Holzschn. und 3 lithogr. Karten in 4.) Nürnberg 854, J. L. Schrag. Thlr.

— für Reisende auf den Kgl. Bayer. Staats-Eisenbahnen. II. (Heft.) Mit 1 (lith.) Karte (in 4.). A. u. d. T.: Beschreibung der Ludwigs-West-Bahn von Bamberg über Würzburg, Aschaffenburg bis an die Bayerische Grenze bei Kahl. Mit Angabe der Entfernung der Stationen. Mit 1 Karte. Nürnberg (854.) (Leipzig,) Schrag. 16. (16 S.) n. 4 ngr.

Ortus et Progressus Aedium Religiosarum Viennensium ... Viennae 1727. V: *Barbolan, Johann.* (Feil) (Jes) (so)

Ortúzar, Don Camilo, Devocionario del christiano. Nueva ed., mejorada y adornada con viñetas. 16. (VIII, 216 S.) Freiburg i/B. (902). Herder. Gob. in Leinw. n. — 64

Ortúzar, Camilo, Devocionario del christiano. Nueva ed., mejorada y adornada con viñetas. (VIII, 216 S.) 16. Freiburg i/B. (906). Herder. — 40; geb. in Leinw. — 64

Ortúzar, Camilo, devocionario del cristiano. Nueva ed., mejorada y adornada con viñetas. (VIII, 216 S.) 16. Freiburg i/B. (909). Herder. — 40; geb. — 64

Ortvay, Thdr., zur Frage der Wasserabnahme in Ungarn. Eine hydro-histor. Studie. 8. (48 S.) Preßburg 883, (Stampfel.) *
Aus: Preßburger Zeitung, besonders abgedruckt.

Ortvay, Thdr., Geschichte der Stadt Preßburg. Hrsg. durch die Preßburger erste Sparkassa. Deutsche Ausg. 1. Bd. Von den ältesten Zeiten bis zum Erlöschen d. Árpádenhauses. Mit 37 in den Text gedr. Illustr., 1 Urkunden-Fcsm. u. 7 Taf. Lex.-8. (VII, 392 S.) Preßburg 892. (C. Stampfel.) n.n. 5. —

Ortvay, Thdr., Geschichte der Stadt Preßburg. Hrsg. durch d. Preßburger 1. Sparcassa. Deutsche Ausg. 2. Bd., 2 Abthlgn. u. 3. Bd. gr. 8. Preßburg (C. Stampfel). n.n. 15. —; geb. n.n. 24. —
(I., II. 1 u. III.: n.n. 20. —; geb. n.n. 32. —)
2, I. Mittelalterl. Topographie d. Stadt, 1300—1526. (XVI, 475 S. m. 54 Abb. u. 4 Taf.) 894. n.n. 5. —; geb. n.n. 8. —
2, II. D. Rechtsorganisation d. Stadt im Mittelalter. 1300—1526. (XVI, 552 S. m. 29 Illustr. u. 5 Taf.) 898. n.n. 5. —; geb. n.n. 8. —
3. Beilagen zur Geschichte Preßburgs in d. Zeit v. 1300—1526. (XII, 503 S. m. 64 Abb. u. Fksms. u. 14 Taf.) 894. n.n. 5. —; geb. n.n. 8. —

Ortvay, Thdr., Geschichte d. Stadt Preßburg. Hrsg. durch die Preßburger erste Sparcassa. Deutsche Ausg. II. Bd. 3. Abth.: Der Haushalt der Stadt im Mittelalter. 1300—1526. gr. 8. (XV, 424 S. m. 7 Illustr. u. 4 Taf.) Preßburg 900. (C. Stampfel.) n.n. 5. —
I. Bd., II. Bd. 1. u. 2. Abt. u. III. Bd. Ebd. 892—898. n.n 20. —.

Ortvay, Thdr., Geschichte der Stadt Preßburg. Hrsg. durch die Preßburger erste Sparkassa. Deutsche Ausg. II. Bd. 4. Abtlg.: Das Familienleben u. das materielle, intellektuelle u. religiös-sittl. Leben der Bevölkerg. der Stadt in der Zeit von 1300—1526. (XV, 539 S.) gr. 8. Preßburg 903. (C. Stampfel.) n.n. 5. —

Ortvay, Th., vergleichende Untersuchungen über den Ursprung der ungarländischen u. nordeuropäischen [dänischen, schwedischen, norwegischen] prähistorischen Steinwerkzeuge. [Aus: „Mittheilgn. d. Anthropolog. Gesellsch. in Wien".] gr. 4. (37 S.) Wien 887 (Hölder.) n. 2. 40

Ortwein, August

Ortwein, A., Augsburg, s. Renaissance, deutsche.

— Nürnberg, s.a. Renaissance, deutsche

Ortwein, Aug., Deutsche Renaissance. Eine Sammlung von Gegenständen der Architektur, Decoration und Kunstgewerbe in Original-Aufnahmen. Begründet von A. Ortwein, fortgeführt von A. Scheffers. 223 Lfgn. Leipzig 1871—88. Fol.

Ortwein und **Scheffers**. Deutsche Renaissance der Stadt Goslar Leipzig, 1879.

Ortwein, Aug., s. Renaissance, deutsche in Oesterreich.

Ortwein, A., Vorlagen f. gewerbliche Lehranstalten. Mit Unterstützg. d. Ministeriums f. Cultus u. Unterricht hrsg. I—IV u. V, 2. Fol. Wien, C. Graeser. In Mappe. n. 34. — (I—V.: n. 43. —)
I. Arbeiten aus Stein. 11 Blatt Vorlagen u. 13 Taf. Details. 889. n. 6. —
II. Gedrehte Arbeiten aus Stein. 12 Blatt (in Farbendr.). 889. n. 6. —
III. Arbeiten in gebranntem Thon. 8 Blatt Vorlagen u. 8 Blatt Details. 889. n. 6. —
IV. Gedrehte Arbeiten aus Holz. 12 Blatt (in Farbendr.). 890. n. 7. —
V. Vorlagen f. Kunstschlosser u. Zierschmiede. 2. Serie. 30 Blatt. 890. n. 9. —

Ortwein, A., Vorlagen für gewerbliche Lehranstalten. V. Vorlagen für Kunstschlosser und Zierschmiede. II. Serie. Herausgegeben mit Unterstützung des k. k. Ministeriums für Cultus und Unterricht. Enthält 30 Blatt in Mappe. Wien 1890. K. Graeser. (Min.-Erl. 27. Januar 1891. Z. 23682 ex 1890.) 5.—

Ortwein's, A., Vorlagen f. gewerbl. Lehranstalten. M. Unterstützg. d. k. k. Ministeriums f. Cultus u. Unterricht hrsg. VI.—VIII. Fol. Wien 895. C. Graeser. In Mappe n. 27. — (I.—VIII.: n. 70. —)
VI. Arbeiten in gebranntem Thon. II. Abth. (8 Bl. Vorlagen u. 8 Bl. Details.) n. 6. —
VII. Kleine metallverzierte Arbeiten in Holz. (30 z. Tl. farb. Taf.) n. 9. —
VIII. Goldschmiede-Arbeiten. (30 farb. Taf.) n. 12. —

Ortwein, Fel., von den Tagenbaren zu den Malabaren. Eine Reiseskizze. (144 S. m. 34 Abbildgn.) 8. Bielefeld 905. Velhagen & Klasing. Geb. in Leinw. n. 1. 50

Ortwirth, Fr., kleine deutsche Grammatik, ganz aus Beispielen entwickelt, f. höh. Mädchenschulen, f. die unteren Klassen v. Gymnasien u. Realschulen, sowie f. landwirtschaftliche Lehranstalten x. 1. Tl.: Wortlehre. (145 S.) 8. Wiesbaden 904. Leipzig, O. Nemnich. Kart. n. 1. —

Ortwein, Fritz, deutsche Weihnachten. Der Weihnachtsfestkreis nach seiner Entstehg., seinen Sitten u. Bräuchen deutscher Völker. Allen lieben deutschen Christen dargebracht. gr. 8. (XIII, 133 S.) Gotha 892. F. A. Perthes. n. 2. 40

Ortwein von Molitor, Betti —. Oesterreichs schönster Christbaum, oder der 24. Dezember 1837. (Zur hohen Geburtsfeier der erhabenen Prinzessin Elisabeth in Baiern.) kl. 8. (3 Blätter) (Gedicht.) Wien. Druck von Leop Grund. 1853.

Ortwein von Molitor, Betty —. Neueste Wiener Romane, erzählt von einer Wienerin. Inhalt: Eine Wiener Vorstadt um Mitternacht. Nachtroman von — —. Erste Lieferung. 8. (48 S) Wien. Druck von Ferd. Ullrich. 1853.

Ortwein von Molitor, Betti —. Die Wahrsagerin oder hocus pocus. Volkskalender für das Jahr 1854. 2. Jahrgang. Verfaßt und herausgegeben von — —. 8. (XLVIII, 34 S.) Wien. Gedruckt bei Leopold Sommer.

Ortwein von Molitor, Ignaz, s.a. Molitor, Ignaz Ortwein von

Ortwein v. Molitor, J. Juridisch-praktisches Handbuch für k. k. Offiziere. 2. Aufl. Wien 1851. 8°. (1. Aufl. 1848.)

Ortwein v Molitor, Ignaz, ehem. Hauptm.-Auditor. Juridisch-praktisches Handbuch für k. k. Officiere, insbesonders Compagnie- und Escadrons-Commandanten, mit einem Anhange der den Officier besonders betreffenden Vorschriften und Gesetze nebst einer Erläuterung über den Wirkungskreis der Gensdarmerie mit besonderer Rücksicht auf ihre Dienstleistung in gerichtlichen Angelegenheiten. 3., verm. und nach den neuesten Gesetzen umgearbeitete Aufl. 8. Wien 1855.

Ortwein v. Molitor, Ignaz, *k. k. Ober-Landesgerichtsr.* Juridisch-praktisches Handbuch für k. k. Offiziere, insb. Kompagnie- und Escadrons-Kommandanten, mit einem Anhange der den Offizier besonders betreffenden Vorschriften und Gesetze nebst einer Erläuterung über den Wirkungskreis der Gendarmerie mit besonderer Rücksicht auf ihre Dienstleistung in gerichtl. Angelegenh. IV., mit Rücks. auf das Milit.-Straf-Gesetzb. rev. Aufl. *Wien* 1858. Druck u. Verl. v. *L. Sommer*. XVI. 231 S. 8°. 1 fl,

Ortwein v. Molitor, J. Die Kriegsgerichte und Militärstrafen im 19 Jahrhundert. Wien 1855. 8°.

Ortwein v. Molitor, J. Österr. Militär-Gesetze und das militärische Richter-Amt. Wien 1850. 8°.

Oertzen, Dietr. v., Blockgedanken u. Wahlrechtsfragen, s.a. Zeitfragen des christlichen Volkslebens.

Oertzen, v., Die Aufhebung der Wuchergesetze. Ein Wort zur Beherzigung an die Urwähler des 1. Stettiner Wahlbezirkes, insbesondere aus dem Bauern- und Handwerkerstande. gr. 8°. Anclam, Dietze in Comm., 1862.

v. Oertzen, über die Versagung des kirchlichen Begräbnisses durch die Pastoren, besonders nach mecklenburgischem Rechte. Rostock 863. Stiller. gr. 8. (32 S.) 6 ngr.

Kapitel aus einem bewegten Leben 1855—64. Von . Dw . [d. i.: A. v. Oertzen]. Leipzig. 1894. 8°

Schreiben an den Doctor Semler, zur Zeit Prorektor, als Antwort auf seine erste Sammlung von Anzeigen an alle gute Einwohner von Halle, von einem Studenten (*A.Fr.K.vonOe[rtze]n).*
Carl Beck, Lpz., Bulletin 2, 1907: Sammelband.

Oertzen, Albr. v., Kriegserinnerungen e. Schwedter Dragoners. 1870—71. (VI, 107 S.) 8. Berlin 905. E. S. Mittler & Sohn. n. 1. 50

Schlachtenreiterei. Von Rittmeister a. D. A. v. **Oertzen.** *(Berlin: A. Bath 1903.)* (S. 32–40.) 8°
Aus: Jahrbücher f. d. deutsche Armee u. Marine.
= **Zeitfragen, Militärische.** H. 6, 2. [04. 1304

Blockgedanken und Wahlrechtsfragen. Von Dietrich v. **Oertzen.** Stuttgart: Ch. Belser 1908. (49 S.) 8° [F.]
= **Zeitfragen** d. christlichen Volkslebens. Bd 33, H 5. [08 12489

Oertzen, Dietr. v., der Deutsche im Ausland, m. besond. Berücksicht. der Schweiz, s.a. Zeitfragen des christl. Volkslebens. 217.

Der Deutsche im Ausland, mit bes. Berücks. d. Schweiz. Von Dietrich v. **Oertzen.** *Stuttgart: Ch. Belser 1904.* (49 S.) 8° [F.]
= **Zeitfragen** d. christlichen Volkslebens. Bd 29, H. 1. [04. 3087

Oertzen, Dietr. v., die Jünglingsvereine in Deutschland, s. Zeitfragen d. christlichen Volkslebens.

— s.: Kirchlich-sozial nach Theorie u. Praxis.

Oertzen, Dietr. v., Konservativ od. Christlich-sozial? Oder beides? Ein Flugblatt. gr. 8. (10 S.) Siegen 900. Westdeutsche Verlagsanstalt. Ausg. I n. — 30; Ausg. II n. — 15

— Landeskirchentum u. soziale Frage. Vortrag, geh. auf der kirchlich-soz. Konferenz in Barmen am 10. XI. 1897. M. ein. Zusätzen. gr. 8. (20 S.) Berlin 897. Buchh. d. Berliner Stadtmission. n. — 50

[F.] Landeskirchentum und soziale Frage. Vortr geh. a. d. kirchl.-soz. Konfer. in Barmen v. Dietrich v. **Oertzen.** Mit einigen Zusätzen z. Dr. gegeben Berlin: Vaterländ. Verlagsanst. 1897. (20 S.) 1 Bd 8. [98. 6099

Jasper von Oertzen ein Arbeiter im Reiche Gottes. Ein Lebensbild von D[ietrich] v. **Oertzen.** Hagen i. W.: O. Rippel [1904]. (168 S.) 8° [F.]
[07. 11391 6

— die deutsche Schaubühne als moralische Anstalt, s.a. Zeitfragen des christl. Volkslebens. 237. Hft.

Die deutsche Schaubühne als 'moralische Anstalt'. Von Dietrich v. **Oertzen.** Stuttgart Ch. Belser 1905. (38 S.) 8° [F.]
= **Zeitfragen** d. christlichen Volkslebens. Bd 30, H. 3. [05. 8830

— Sidonie. — Aus dem christlichen Hospiz. 2 Novellen. (113 S.) 8. Hagen (903). O. Rippel. n. 1. 50

Ⓑ — Sidonie. 903. (KVL 34.) Jetzt: Neukirchen, Buchh. d. Erziehungsvereins.

— Staat u. Prostitution. Gedanken üb. das „dän. Gesetz zur Bekämpfg. der öffentl. Unsittlichkeit u. der vener. Krankheiten" v. 30. III. 1906. Vortrag, geh. in d. Ortsgruppe Berlin des deutsch-evangel. Vereins z. Förderg. der Sittlichkeit. (16 S.) 8. Berlin (909). Leipzig, H. G. Wallmann. nn — 10

— Adolf Stoecker. Lebensbild u. Zeitgeschichte. 2 Bde. (VII, 431 u. III, 389 S. m. 8 Taf.) gr. 8. Berlin 910. Vaterländ. Verlags- u. Kunstanstalt. 10.—; geb. 12.—

— u. Frz. Behrens, patriarchalische Verhältnisse u. modernes Arbeitsrecht, s.a. Hefte der freien kirchlich-sozialen Konferenz.

Oertzen, Dietr. v. u. **Behrens,** Frz., Patriarchalische Verhältnisse und modernes Arbeiterrecht. Uebersicht über die 10. Hauptversammlung der kirchlich-socialen Konferenz. 8°. Berlin, Vaterländ. Verlag, 1905.

Oertzen, Dietr. v., Was treiben die Freimaurer? Kurzer Wegweiser für Laien. 2. durch Vorwort, literar. Quellen-Nachweise und Mitteilungen über die Odd-Fellows verm. Aufl. gr. 8. (100 S.) Gütersloh 882, Bertelsmann. *
1. Aufl. erschien anonym. Vgl.: Was treiben die Freimaurer?

Oertzen, Dietr. v., was treiben die Freimaurer? Kurzer Wegweiser f. Laien. 3., durch Vorwort, literar. Quellen-Nachweise u. Mitteilgn. üb. die Odd-Fellow's verm. Aufl. 8. (95 S.) Gütersloh 892. C. Bertelsmann. n. 1. 20

[Dasselbe.] **4. Aufl. Ebendas. 1898. 94 S. 8°**
Recens f. 2. Aufl.: Bh. 24 (1883) S. 403—405; Fensch, L.: Frmrthum u. Christenthum. 2. Aufl. 1886 S. 111—124; f. 4. Aufl.: Konservative Monatsschrift f. d. christl. Deutschland. 55 (1898) S. 1005; FZ. 40 (1886) S. 81 bis 84.
cf. Bh. 24 (1881) S. 82—85 (J. G. Findel); L. 4 (1881) S. 59—64 (Ritter); Stuttgarter Evang. Sonntagsbl. 15 (1881) No 32, 33; MW. Ser. 4 Jg. 6 (1886) No 35.
Tt. 1708—1709. Gegnerschrift vom positiv-evangel. Standpunkte aus, besonders aus Sarsena zsgetragen. Geschichte, Wesen, Gebräuche der Frmrei sowie deren Deutung.

Oertzen, Dietr. v., was treiben d. Freimaurer? Kurzer Wegweiser f. Laien. 4. Aufl. 8. (95 S.) Gütersloh 898. C. Bertelsmann. n. 1. 20

— sinkende Welten. Novelle in Versen. 8. (159 S.) Leipzig 887. Böhme. n. 1. 80; geb. n. 2. 60

— Von Wichern bis Posadowsky. Zur Geschichte der Sozialreform u. d. christl. Arbeiterbewegg. Im Auftrage d. kirchlich-sozialen Konferenz hrsg. 1. u. 2. Aufl. (232 S.) 8. Hamburg (908). Agentur des Rauhen Hauses. 2.20; geb. in Leinw. 3. —

Oertzen, Elisabeth von

— Pottins Ältester. Erzählg. f. Jung u. Alt. [Aus: „Die ollen viel. Jungs u. and. hinterpomm. Gesch."] 1.—3. Aufl. (80 S. m. Titelbild.) 8 Schwerin 910. F. Bahn. — 90; geb. n 1. —

Oertzen, E. v. (geb. v. Thadden), Entenrike u. andere hinterpommersche Geschichten. 3. Aufl. 8. (254 S.) Wolfenbüttel 902. J. Zwißler. n. 2. —; geb. in Leinw. n. 3. —
1. u. 2. Aufl. (à 267 S.) Ebd. 901. 902. n. 2. —; geb. n. 3. —.

Oertzen, E. v., geb. v. Thadden, Entenrike u. andere hinterpommersche Geschichten. 4. Aufl. (254 S.) 8. Wolfenbüttel 903. J. Zwißler. n. 2. —; geb. in Leinw. n. 3. —

Oertzen, E. v., geb. v. Thadden, Entenrike u. and. hinterpommersche Geschichten. 6. u. 7. Aufl. (Je 195 S.) 8. Schwerin 910. F. Bahn. 2.—; geb. n 3. —

Die ollen vielen Jungs u. andere hinterpommersche Geschichten Von E[lisabeth] v Oertzen geb. v Thadden. Schwerin i. M.: F Bahn 1909. (211 S.) 8° [F.] [oa. 17135 9

— meine Kuh u. andere hinterpommersche Geschichten. (292 S.) 8. Ebd. (903). n. 2. —; geb. in Leinw. n. 3. —

— mütterliche Reformgedanken. 1. u. 2. Aufl. (à VII, 186 S.) 8. Schwerin 906. F. Bahn. n. 1. 60; geb. n. 2. 40

— der Stranddauernhof. 1. u. 2. Aufl. 8. (à 126 S.) Ebd. 902. 903. n. 1. 20; geb. in Leinw. n. 1. 80

Taschenbuch des Geschlechts von Oertzen. Bearb. von F(ortunatus) v. Oertzen. Als Ms. gedr 3. Aufl. Schwerin 1908 E. Herberger (IX, 88 S.) 8° [F.] [oa. 6506

Oertzen, Frdr. v., Joseph v. Stichaner. E. Lebensbild aus d. Elsaß. 8. (78 S. m. 1 Bildn.) Freiburg i/B. 897. Tübingen, J. C. B. Mohr. n. 1. —

Oertzen, Friedrich, prakt. Arzt, z. Z. Assistenzarzt an d. med. Univ.-Klinik Aus d. Universitäts-Augenklinik zu Rostock. Über das Vorkommen von Pneumokokken auf der normalen menschlichen Bindehaut nebst Beiträgen zur Kenntnis der Wundinfektionen des Auges. *Rostock 1898: C Boldt.* (51 S.) 8° Rostock, Med. Diss. v [17 Jan.] 1899

Oertzen, Geo. v., alte Bilder u. junge Blätter. Sonette. Wismar 869. Hinstorff. 8. (VIII, 139 S.) n. 20 ngr; in engl. Einb. mit Goldschn. n. 1 ℛ︀

Oertzen, G. v., e. Lyrikers Chronik. 8. (XIII, 319 S.) Leipzig 888. Friedrich. n. 5. —; geb. n.n. 6. —

Oertzen, Geo. v., Epigramme und Epiloge in Prosa. 8. (IX, 236 S.) Breslau 880, Trewendt. * 3 —
geb. * 6 —

— es war ein Traum ... gr. 16. (VII, 186 S. m. Bildnis.) Metz 902. G. Scriba. n. 2. —; geb. in Ldr. n.n. 3. 50

Oertzen, Geo. v., am offenen Fenster. (Terzinen u. Sonette.) (201 S. m. Bildnis.) 8. Karlsruhe (907). F. Gutsch. 3.50; geb. 4. 50

Oertzen, Geo. v., Gedichte. 854. (XIV, 227 S.) n. 1 ℛ︀. — 2., verm. Aufl. Leipzig (857.) Baensch. (Gräbner.) 16. (XV, 271 S.) 1 ℛ︀.

— — dass. — 3. Aufl. gr. 8. (VI und 306 S.) Berlin 861, Schröder's Verlag.

Oertzen, Geo. v., greift nur hinein . . . Neue Aphorismen. gr. 8. (III, 222 S.) Heidelberg 901. C. Winter. n. 3. —; geb. in Leinw. n. 4. —

— Heimgebrachtes. Hamburg 866. Mauke Söhne. 8. (XI, 370 S.) 2 ℛ︀

Georg v. Oertzen. Vom Heimwege. Ritornelle. Heidelberg: Winter 1902. 160 S. 8° [oa. 9474

Oertzen, Geo. v., aus den Herbergen d. Lebens. 8. (118 S.) Breslau 887. Trewendt. n 2. —

— Am Jungbrunnen. (181 S. m. Bildnis.) 8. Ebd. (907). 3.50; geb. 4. 50

— aus den Kämpfen des Lebens. Aphorismen. Heidelberg 868. Weiß. gr. 8. (V, 164 S.) n. 25 ngr; geb. mit Goldschn. n. 1 ℛ︀ 5 ngr

—— Liebeslieder aus jungen Tagen. gr. 16. (IX, 196 S.) Heidelberg 875, Weiß. *ℳ 3,50.; geb. *

—— Lieder und Leute. 8. (XII, 248 S.) Wismar 883. Hinstorff'sche Hofbuchh. *ℳ 4.; geb. * 5 —

Oertzen, Geo. v., Lieder im Wiederhall. Deutsche u. französ. Dichtgn., verf. u. übertr. 8. (XVI, 143 S.) Hamburg 891. Verlagsanstalt u. Druckerei, A.-G. n. 2. —; geb. n. 3. —

— Luginsland. Distichen. (80 S.) 8. Ebd. 909. 2.—; geb. 2. 80

Oertzen, Geo. v., Memoiren des Zufalls. (193 S.) 8. Freiburg i/B. 906. J. Bielefeld. n. 3. 50; geb. in Leinw. n. 4. 50

— Nebensachen. (88 S.) kl. 8. Freiburg i/B. 910. G. Ragoczy. Geb. 2. 80

— Nur auf e. Wort. (115 S. m. Bildnis.) 8. Karlsruhe (907). F. Gutsch. 3.—; geb. 4. —

— aus den Papieren e. Grüblers. (180 S.) 8. Ebd. 906. n. 3. 50; geb. in Leinw. n. 4. 50

—— Pera bei Poetenlicht. 8. (VII, 100 S.) Breslau 883. Trewendt. * 2 —

—— unter dem Reichspanier. Strophen. gr. 8. (VII, 55 S.) Heidelberg 871, Bassermann'sche Verlagsh. *

—— s. Reime eines Verschollenen.

— zwischen Runen u. Rosen. Lyrik. 8. (XI, 207 S.) Metz 902. G. Scriba. n. 3. —; geb. in Leinw. m. Goldschn. n. 4.—

Oertzen, Geo. v., auf Schwarzwaldwegen. 8. (145 S.) Freiburg i/B. 896. Lorenz & Waetzel. n. 2. —

— Auf Schwarzwaldwegen. 3. Aufl. (145 S.) kl. 8. Ebd. 910. Geb. in Leinw. 3. —

—— Selbstgespräche. Neue Aphorismen. 8. (111 S.) Stuttgart 874, Metzler's Verlag. cart. *

— Sommerfahrt e. Junggebliebenen. 2. (Titel-)Ausg. 8. (V, 240 S.) Berlin 890. Walther & Apolant, Verl. n. 4. —

— in Sonnenschein u. Wind. Neue Lieder. Ebend. 868. gr. 8. (XII, 268 S.) n. 1 ℛ︀ 10 ngr; geb. mit Goldschn. n. 1 ℛ︀ 22 ngr

Oertzen, Geo. v., Stimmen des Lebens. Neue Gedichte. gr. 8. (VIII, 318 S.) Wien 876, Gerold's Sohn. *

— Symphonien des Windes. 8. (132 S.) Freiburg i/B. 902. G. Ragoczy. n. 1. 50

—— deutsche Träume, deutsche Siege. 1848—1871. Gesammelte vaterländ. Dichtungen. gr. 8. (VIII, 176 S.) Leipzig 877, Breitkopf und Härtel. ℳ 4.; geb. *

— Vor der eigenen Tür. Deutsche Sorgen u. Gedanken. (Neue [Titel-]Ausg.) (198 S.) 8. Freiburg i/B. [906] 907. J. Bielefeld. 3.50; geb. n 4. 50

OERTZEN, Georg von

(F) Georg von Oertzen. Unter uns gesagt. Wien. Pest. Leipzig. [1899.] Hartleben. 16°. 192 S. fl. 1.10, geb. fl. 1.65

— vom Vaterlande! 12 Gedichte. Heidelberg 867. (Rieger's Universitäts-Buchh.) gr. 8. (22 S.) 7½ ngr.

Oertzen, G. v., Kaiser Wilhelm. Kaiser Friedrich. Zwölf Sonette. gr. 8. (15 S.) Berlin 888. Walther & Apolant, Verl. n. — 50

—— ein unparteiisches Wort zur mecklenburgischen Verfassungs-Frage. gr. 8. (44 S.) Schwerin 874, Stiller'sche Hofbuchh. *

— Worte f. Augenblicke. Ein Spruchbuch. gr. 16. (IV, 189 S.) Stuttgart 898. Greiner & Pfeiffer. Geb. in Ldr. n. 3. —

von Oertzen, Gustav Dietrich. Einige Vorschläge zur Abstellung der Betteley in Meklenburg-Schwerin. 8. *Neubrandenburg, Michaelis.* 1796

Einige Gedanken über die Fortbildung der mecklenburgischen Verfassung. Der öffentl. Prüfung empfohlen von H[elmuth] v Oertzen, Vice-Landmarschall. Rostock: Stiller 1907. (46 S.) 8° [F.] [07. 13765

Oertzen, Hellm. v., das Leben u. Wirken des Staatsministers Jasper v. Oertzen. Ein Beitrag zur Geschichte Mecklenburgs, insbesondere seiner Beziehgn. zum deutschen Bunde. (XI, 363 S. m. 1 Bildnis.) gr. 8. Schwerin 905. F. Bahn. n. 5. —; geb. n. 6. 50

v. Oertzen, J., die Möglichkeit des Fortbestehns der Mecklenburgischen Union. Der öffentlichen Prüfung empfohlen. 8. (16 S.) Neustrelitz 848, Barnewitz. n. 1/12 ßf

Was können wir zur Bewahrung des Confirmations-Segens und zur Rettung unserer gefährdeten männlichen Jugend thun? Referat am Jahresfest des Evang. Vereins in Hannover am 15. Okt. v. Jasper von Oertzen. Breklum. 1884. 8°

Oertzen, Ilse v., Frauenweh. Geschichten u. Skizzen aus d. Leben. (192 S.) 8. Berlin (909). R. Eckstein Nachf. 2. —

Oertzen, Klaus von

[F.] Armenpflege in Deutschland nach Theorie und Praxis. Dargest. v. Cl[aus] v. Oertzen, Grossherzogl.-Mecklenb.-Strel. Drost a. D. u. Kammerherr. Rostock: Kommv. v. W. Werther; (Frommannsche Buchdr. in Jena.) 1898. (VIII, 110 S.) 1 Bd 8° [98. 6098

Oertzen, Cl. v., Armenpflege in Deutschland nach Theorie und Praxis. 2. Aufl. gr. 8°. Gotha, Perthes, 1898.

Oertzen, Claus v., Geschichte der Burg Stargard in Mecklenburg. gr. 8. (62 S.) Neubrandenburg 887, Brünslow. *

Oertzen, Cl. v., Geschichtliches v. der Burg u. dem Amt Stargard in Mecklenburg. gr. 8. (VII, 80 S. m. 1 Stammtaf., 1 Farbendr. u. 1 Skizze.) Rostock 890, Volckmann u. Jerosch. *2 —

— die Unterwerfung Galliens durch Cäsar verglichen m. der Bezwingung Frankreichs durch die deutsche Armee im Feldzuge 1870/71. (48 S.) gr. 8. Rostock 904. (Stiller.) n. — 50

Mecklenburgische Verfassungskämpfe Von C. Vasallus [d. i. Klaus v Oertzen]. Als Ms. gedr Rostock Stiller 1899. 70 S. 8°

Oertzen, Klaus Detlev von

v. Oerzen, Claus Dethl., s. a. Bekanntmachung d. in Mecklenburg allgemein geworden. Inoculation.

— Bekanntmachung d. in Mecklenb. allgem. gewordn. Inoculation d. Rindviehseuche. 4. Berlin, Himburg. 780.

— — dasselbe. Schwerin, Bödner.

Oeffentliche Bekanntmachung der nunmehr sattsam erprobten und in Mecklenburg allgemein gewordenen Inoculation der Rindviehseuche, als des einzigen bisher erfundenen Mittels, den betrübten Folgen dieser Landplage zu steuern; ... von Claus Dethloff von Oertzen. Hamburg 1779: Meyn. 88 S. 8°

Oertzen, Claus Dethloff v., Öffentliche Bekanntmachung der in Mecklenburg erprobten Inoculation der Rindviehseuche als des einzigen bewährt befundenen Mittels, den betrübten Folgen dieser Landplage zu steuern. (Hamburg 779.) Berlin 781. G. Reimer. M. —.75

Oertzen, Claus Dethloff v.: Die Inoculation der Rindviehseuche, als des einzig bewährt erfundenen Mittels den betrübten Folgen dieser Seuche zu steuern. Berlin 1781. 88 S.

Oerzen, C D. von: „Einige Vorschläge zur Abstellung der Betteley im Mecklenburg-Schwerinschen", Neubrandenburg 1797. (Neustrelitz, Michaelis in Komm.).

Oertzen, Margarete von

Oertzen, M. v. (M. v. O.), s. a.: Vorwerk, M

— s.: Am Rande des Abgrunds.

— s.: Auf dem Peterhof.

— s.: Betrachtungen üb. das Johannes-Evangelium.

— s.a Bibelwinke, kurze.

Kurze Bibelwinke für das Alte Testament von M. v O[ertzen] u. H[edwig] v. R[edern]. Hälfte 1. 2. Berlin: Deutsche Evang. Buch- u. Traktat-Gesellsch. 1902–04. 2 Bde 8° [F.] [06. 5993

Kurze Bibelwinke für das Neue Testament von M. v. O[ertzen] u. H[edwig] v. R[edern]. Berlin: Deutsche Evang. Buch- u. Traktat-Gesellsch. 1905. (101 S.) 8° [F.] [06. 5994

— s. Bilder u. Gedanken.

Oertzen, Margarete v., Blaustrumpfabenteuer, s. a. Kürschner's, Jos., Bücherschatz.

Blaustrumpfabenteuer. Von Margarete v. Oertzen. Mit Ill. von R. Mauff. Berlin, Eisenach, Leipzig: H. Hillger [1904]. (111 S.) 8° [F.]
= Bücherschatz, Kürschners. No 417. [05. 10596

— s. Bruders, deines, Blut.

— s.: Christfeier in Sonntagsschulen.

— Doppel-Liebe, s.: Frauen-Bibliothek, moderne. Nr. 13.

Oertzen, Margarete von. Dorfteufel. Ein Schwarzwälderroman. Nebst Skizzen und Novellen. 1. Aufl. [Umschlag mit Vignette.] 338 S. 8. Einsiedeln *etc.*, Benziger & Co. A. G., 1908. [fr. 4. —, geb. 5. —]

Oertzen, Margarete von. Dorfteufel. Ein Schwarzwälderroman. Nebst Skizzen und Novellen. 2. Aufl. [Umschlag mit Vignette.] 338 S. 8. Einsiedeln *etc.*, Benziger & Co. A. G., [1908]. [fr. 4. —, geb. 5. —]

— s. Eigentum, fein.

Er heißet 'Wunderbar' Von M[argarete] v. O[ertzen]. *Berlin: Ev. Buch- u. Tractat-Ges. [1901]* (10 S.) 8° [F.]
= Weihnachten 8. [04. 5176

— s. Er ist unser Friede.

— s. Er kann.

— ein tönendes Erz u. and. Novellen, s. a. Kürschner's Bücherschatz.

Ein tönendes Erz u. andere Novellen. Von Margarete v. Oertzen. Mit Ill. von Bawarowski. Berlin, Eisenach, Leipzig. H. Hillger [1905]. (111 S.) 8° [F.]
= Bücherschatz, Kürschners. No 440. [05. 10785

— s. Euch geschehe nach eurem Glauben

Oertzen, M. v., im Fischerdorf. E. Erzählg. 12. (61 S.) Basel 896. Kober. n. — 30

Oertzen, Margarete v., frei s. die Ehre! s.: Engelhorn's allgem. Roman-Bibliothek. XVIII. 15.

— Lore Freyeisen, s. a. Kürschner's Bücherschatz.

Lore Freyeisen. Roman von Margarete v. Oertzen. Berlin, Leipzig: H. Hillger [1908]. (112 S.) 8° [F.]
= Bücherschatz, Kürschners. No 594. [08. 11067

— s. Gnadenstunden u. andere Geschichten.

— auf der grünen Gotteserde. Roman aus dem 16. Jahrh. gr. 8. (251 S.) Heidelberg 902. C. Winter. n. 3. —; geb. in Leinw. n. 4. —

— s. Großmutter's Wilhelm.

— eine glückliche Hand, s.: Engelhorn's allgem. Romanbibliothek. XVII. 25. 26.

— s. Hanne, die stille, u. andere Geschichten.

— s. Heimgefunden.

— s. Heimweh.

— s. Herzblättchen u. andere Geschichten.

— Herzfeuer u. Herzschnee, s. a. Kürschner's, Jos., Bücherschatz.

Herzfeuer und Herzschnee. Eine Tiroler Geschichte von Margarete v. Oertzen. Mit Ill. von W. Roegge. *Berlin, Eisenach, Leipzig: H. Hillger [1903].* (95 S.) 8° [F.]
= Bücherschatz, Kürschner's. No 371 [04. 915

Hochsommer Roman von Margarete v. Oertzen. Berlin: Steinitz (1907). 239 S. 8°

— s.: Jesu Liebe kann erretten.

— s. Im kleinen treu.

— s. Im Sonnenschein.

Oertzen, Margarete von. Die Insel des Friedens. Roman. [Mit illustriertem Umschlag.] IV + 363 S. 8. Einsiedeln *etc.*, Benziger & Co. A.-G., 1902. [br. M. 3.20, geb. M. 4. —]

— s. Inselprinz, der.

— Irrlichter, s.: Engelhorn's allgemeine Romanbibliothek. XIX. 9. 10.

Oertzen, Margarete Marie v., Jugendwege. Neue Novellen. 8. (VII, 256 S.) Minden 895. J. C. C. Bruns. n. 3. —; geb. n. 4. —

— s. Jünger, e., Jesu.

— s. Karoline, die alte, u. andere Geschichten.

— s. Kommet her zu mir alle.

— Lebensfrühe. Verloren' Land, s.: Engelhorn's allgem. Roman-Bibliothek.

— Lebensstreiter. 2 Novellen. 8. (348 S.) Einsiedeln 900. Verlagsanstalt Benziger & Co. 3. 20; geb. n. 4. —

— die Mäzenin, s. a. Kürschner's, Jos., Bücherschatz.

Die Mäzenin. Roman von M(argarete) v. Oertzen. Berlin, Leipzig: H. Hillger [1906]. (128 S.) 8° [F.]
= Bücherschatz, Kürschners. No 523. [07. 15340

— Nordlandsgeschichten, s. a. Kürschner's, Jos., Bücherschatz.

Nordlandsgeschichten. Von Margarete v. Oertzen. Mit Ill. von W. Roegge. Berlin, Eisenach, Leipzig. H. Hillger [1905]. (111 S.) 8° [F.]
= Bücherschatz, Kürschners. No 461. [05. 10805

Oertzen, Margarete Marie v., norwegische Novellen. 8. (V, 248 S.) Jena 894. H. Costenoble. n. 5. —; geb. n.n. 6. —

Obdachlos! Erzählung von M[argarete] v. O[ertzen]. *Berlin: Ev. Buch- u. Tractat-Ges. [1901].* (12 S.) 8° [F.]
= Weihnachten. 11 [04. 5179

— s. Preis, e. hoher.

[F.] Das Recht an's Leben. Novelle v. Margarete v. Oertzen. *Minden i. W.: J. C. C. Bruns [1896].* (2 Bl., 212 S.) 1 Bd 8. [97. 260

Oertzen, Margarete von. Die Republik der Menschen. Roman. 299 S. 8. Einsiedeln *etc.*, Benziger & Co. A. G., 1903. [fr. 4. —, geb. 5. —]

— Rovena vom Martinsthor, s. a. Lorenz, Paul, bad. Bücherei. 1.

— Rovena vom Martinsthor. E. Freiburger Märchen. 12. (53 S.) Freiburg i/B. 896. Lorenz & Waetzel. n. — 90

— s. Schwach u. doch stark.

Oertzen, Margarete v. u. Geo. v. Oertzen. Schwarz auf Weiss. Sort på Hvidt. Texten oversat på Norsk af Thdr. Caspari. (Norwegisch u. deutsch.) gr. 4. (IV, 28 Bl. m. Silhouetten.) Kristiania 891. (Lpz., A. Twietmeyer.) * 4 50

— s.: Sonnenschein im Hause.

— s.: Sonnenstrahl, e.

Oertzen, Margarete von. Stern des Niedergangs. Roman in zwei Büchern. 545 S. 8. Einsiedeln *etc.*, Benziger & Co. A. G., 1909. [fr. 6.25, geb. 7.50]

— s. Suche Jesum u. sein Licht.

Der Welt Sünde. Erzählung von Margarete v **Oertzen** Essen Ruhr: Fredebeul & Koenen 1906. (112 S.) 8° [F.] [08. 11.836

Aus einsamen Thälern. Waldgeschichten von **Margarete v Oertzen**. *Einsiedeln, Waldshut, Köln Benziger & Co 1900.* (394 S.) 8° [F.] [01. 7145 8

— Die Tugendrose u. and. Noveletten. (III, 171 S.) 8. Karlsruhe (908). F. Gutsch. 2.—; geb. 2. 80

— blonde Versuchung. Roman. 8. (344 S.) Leipzig (902). H. Seemann Nachf. n. 3. —

— s. Wenn ich nur Ihn habe.

— s. Wer ist der Klügste?

— s. Zwillinge, die, u. andere Geschichten.

Oertzen, O., Beiträge zur mecklenburg. Münzkde. gr. 8. (25 S.) Berlin 900. [A. Weyl.] P. Lehmann. n. 2.—

Oertzen, O. Die Bischöfe Heinrich, Lambert, Gottschalk von Ratzeburg und ihre Zeit 1215—1235. Rostock 1877.

— die mecklenburgischen Münzen des grossherzogl. Münzkabinets. I. u. II. Tl. gr. 4. Schwerin (Bärensprung'sche Hofbuchdr.) à n. 4. —
I. Die Bracteaten u. Denare. (V, 48 S. m. Abbildgn. u. 5 Lichtdr.-Taf.) 900.
II. Die Wittenpfennige. (S. 49—114 m. Abbildgn. u. 4 Lichtdruck-Taf.) 902.

Oertzen, Otto, Referendar: Der Blankowechsel. Berlin: [Heymann] 1909. 186 S. 8° ¶(Aus: Archiv f. bürgerl. Recht. Bd 33.)
Rostock, Jur. Diss. v. 5. Febr. 1909, Ref. Lehmann
(Nicht für den Austausch, lag nicht vor)
[Geb. 12. März 85 Schwerin i. M.; Wohnort: Schwerin; Staatsangeh.: Mecklenburg-Schwerin; Vorbildung Gymn. Schwerin Reife O. 04; Studium: Heidelberg, Berlin, Leipzig, Rostock; Rig. 6. Juni 08.] [U 09. 3078

[Umschlagt.:] **Oertzen,** *Otto Ferdinand* [Dr.]: Zur Geschichte der Gymnasial-Bibliothek. Schwerin i. M., gedr. in d. Bærensprungschen Hofbuchdr., 1897; 3—5 S. 4.
Schwerin, grossh. G Fridericianum, OP 1897 (680)

Oertzen, *Otto Ferdinand [Dr.]:* Katalog der Bibliothek 1897. Greifswald, Buchdr. C. Sell, *1897;* 2 Bl., 94 S. 8.
Schwerin, grossh. G Fridericianum, OP 1897 (680)**

Oertzen, Rud. v., statistische Beschreibung des Kreises Anklam im Reg.-Bez. Stettin. Mit Benutzung amtl. Materials. Anklam 869. Dietze's Buchh. gr. 4. (VI, 128 S.) n. 1 ₰ 15 ngr.

Oertzen-Leppin, H. v., Rückblick auf die Entwickelg. des Deutschen Reiches seit d. Zerstörg. d. Deutschen Bundes. [Aus: „Stenograph Bericht d. 4. Congresses d. deutschen Rechtspartei".] 12. (60 S.) Ludwigslust 897. Hinstorff. n. — 20

Oertzen-Leppin, H. v., Zeugnisse wider die obligatorische Civilehe und für die Freiheit christlicher Eheschließung. Nebst einem Entwurf zur Abänderung des Civilstandgesetzes veröffentlicht. gr. 8. (44 S.) Gütersloh 882, Bertelsmann. * — 80

Oertzen-Sassen, J. v., ein Wort über die sociale Frage. Vortrag, am 9. Mai 1871 in einer Versammlung von Freunden der inneren Mission in Hamburg gehalten. gr. 8. (V, 40 S.) Hamburg 871, Agentur des Rauhen Hauses.

Oerum, H. P. T., Methodik der chemischen u. mikroskopischen Untersuchungen am Krankenbette. (XIII, 127 S. m. 20 Abbildgn. u. 9 Taf.) 8. Wiesbaden 906. J. F. Bergmann. Geb. in Leinw. n. 3. 60

Orval's Weissagung über Frankreich mit Anmerkungen u. Erläuterungen von einem stillen Beobachter der Zeit zur Orientirung der auf Deutschland eingreifenden Verhältnisse. 8. (15 S.) Passau 848, Ambrosi. 3 ngr

Orvar-odds-Saga. Hrsg. v. R. C. Boer. gr. 8. (LII, 220 S.) Leiden 888, Brill. ** 6 —
—— dass. — s. Saga-Bibliothek.

Ludov. Conr. **Orvii** Occulta Philosophia oder Coelum sapientum et vexatio stultorum. Darinnen ordentlich, deutlich, und gründlich, als noch von keinem geschehen, gezeiget wird, wie man zu acidösischen solventen und wahren hermetischen Wissenschaft gelangen soll. Wobey zugleich eine sehr curiöse Nachricht von dem Leben des auctoris und einer Bande adeptorum befindlich ist. Jezo zum erstenmahl aus einem sehr alten und raren Ms. den Liebhabern der edlen Chimie, und nicht den einfältigen Spöttern, zu Nutz hrsg. Von L. H. J. V. H. J. D. Gedr., in der Insul der Zufriedenheit. [Erfurt: Crusius] 1737. 80 S. 8°
cf. Nicolai, F.: Versuch üb. die Beschuldigungen. 2. Aufl. 1 (1782) S. 181—183; Missiv a. d. Brrschaft d. Gold- u. Rosenkreuzes. 1783 Nr 150.

Oruii, L. C., occulta philosophia. 8. Lipsiae, Fritsch. 737.

Orwig, Wilh. W.

Orwig, W. W.: Geschichte der Evangelischen Gemeinschaft. *Erster Band:* Vom Ursprung der Gemeinschaft bis zu Ende des Jahres 1845. *Cleveland, O.: Carl Hammer für die Evang. Gemeinschaft 1857. 456 S., ill.*
[Nur Bd. I erschienen.]

Orwig, W. W., Geschichte der evangelischen Gemeinschaft. 1. Bd.: Vom Ursprung der Gemeinschaft bis zu Ende des J. 1845. gr. 8. (456 S. mit 1 Holzschnt.) Cleveland, Oh. 857(60). (Philadelphia Schäfer und Koradi.) geb. *

Orwig, W. W., die Heilsfülle, Heiligung u. Vollkommenheit nach Maaßgabe der heil. Schrift 8. (384 S. m. Portr d Verf. in Stahlst.) Cleveland, O 872. (Philadelphia, Schäfer & Koradi.) geb. n. 7. —

Orwig, Wilh. W., Katechismus üb. die Hauptlehren der christlichen Religion, für die Jugend in der evangel. Gemeinschaft. Mit einem Anhang, enthaltend Fragen über bibl. Geschichten, Vorsätze frommer Kinder, u. einige Gebete u. Lieder. 32. (154 S.) Neu-Berlin 847. (Philadelphia, Schäfer & Koradi.) n. ½ ₰

Orwig, W. W., **Katechismus** über die Hauptlehren der christlichen Religion für die Jugend in der evangelischen Gemeinschaft. Mit einem Anhang, enth. Fragen über biblische Geschichten, Vorsätze frommer Kinder und einige Gebete und Lieder. 16. (172 S.) Cleveland, O. 879. (Philadelphia, Schäfer und Koradi.) geb. *

— **Pastoral-Theologie,** oder der evangel. Prediger u. sein Werk, nebst Bild einer christl. Mustergemeinde. 8. (348 S.) Ebend. (1876) 879. geb. n. 6. —

d'Ory, L, Lillys Flitterwochen. (210 S.) 8. Wien 905. C. Konegen. n. 2. 50

***Oryctographia* Carniolica, oder physikal. Erdbeschreibung des Herzogth. Krain, Istrien &c., (von Balth. Hacquet). 4 Bde. Mit Vign., Karte u. 13 Kpft. gr. 4. Wien 778—89. Kraus. 7 ₰ 8 gr**

Oryktognosie, od. Handbuch f. d. Liebhaber d. Mineralogie, (v. A. G. Werner). 8. Leipz. 792. (W. Vogel). 16 gr

Oryl, Komedya z przedmieścia ze śpiewem w Jednym Akcie. Bromberg 869. Sniegocki. 8. (88 S.) 7½ *ngr.*

Oryng, Taddäus Chemische Kinetik der Einwirkung von unterchlorigsaurem Natrium auf Ammoniak bei verschiedenen Zusätzen. Heidelberg 1910: Rössler & Herbert. 63 S. 8°
Heidelberg, Naturw.-math. Diss. v. 21 April 1910, Ref. Curtius
[Geb. 11 Nov 84 Warschau; Wohnort Warschau; Staatsangeh.: Rußland; Vorbildung: IV Gymn. Warschau Reife M. 03; Studium Krakau 2, Leipzig 5, Heidelberg 5 S., Rig. 14. Dez. 09.] [U 10. 2203

Orzechowski, Bonifacy Oksza, üb. den Einfluss einiger organischen Substanzen auf die Eiweissgerinnung. Diss. gr. 8. (20 S.) Bern 893. (H. Koerber.) n. — 40

Orzechowski, Stanisl., opera inedita et epistulae, s.: Orichoviana.

Orzechowski, Waldemar, approb. Arzt, aus Neustadt (Schles.): Ein **Fall** von violenter Uterusruptur mit tödlichem Ausgange an Bacterium coli-Peritonitis durch Anreissung einer Darmschlinge. *Greifswald 1901: J. Abel.* (23 S.) 8°
Greifswald, Med. Diss. v. 26. Jan. 1901

Orzegow, Siegfried, Referendar am Kgl. Landgerichte zu Düsseldorf: Die Vereinigung zweier deutscher Einzelstaaten in ihrer Bedeutung für die Verfassung des Deutschen Reiches. *Bonn 1904: C. Georgi.* (91 S.) 8°
Bonn, Jur. Diss. v. 11. Juli 1904

Oerzen, Claus Detlev von, s. Oertzen, Klaus Detlev von

Oerzen, Leop Karl Ludwig Graf von, s. Taube, Eduard

Orzepowski, Carl, Untersuchgn. üb. die Beschaffenheit der Luft im Auditorium d. Anatomicums zu Dorpat im Winter d. J. 1892. Diss. gr. 8. (59 S. m. 1 graph. Taf.) Jurjew (Dorpat) 892. (E. J. Karow.) n. 1. 50

Orzeszko, Eliza s. Familienbibliothek, Schweizer. Nr 93

Orzeszko, Elise, der Australier, s.: Collection Hartleben. 8. Jahrg. 4. Bd.

Orzeszko, E. P., Meier Ezofowicz. Erzählung aus dem Leben der Juden. Einzig autoris. Uebersetzg. aus dem Poln. v. Leonh. Brixen. Mit 26 Illustr. v. M. Andriolli. 2. Aufl. Lex.-8. (266 S.) Dresden 885. Minden. n. 12. —; geb. n.n. 15. —

Orzeszko, E. P., Meier Ezofowicz. Erzählg. aus dem Leben der Juden. Einzig autoris. Uebersetzg. aus dem Poln. v. Leonh. Brixen. Mit 26 Illustr. v. M. Andriolli. 3. u. 4. (Titel-)Aufl. Lex.-8. (266 S.) Dresden 891 894. H. Minden. n. 6. —; geb. n.n. 8. 50

Orzeszk(o), Elisa, d. Dorfhausirer. E. Erzählg. Einz. berecht. Uebersetzg. v. Malwina Blumberg. 8. (107 S.) Dresden-Blasewitz 896. H. Minden. n. 1. —

Orzeszko, Elise, zwei Erzählungen. [Simson der Held. — Der Sonnenstrahl.] Autoris. Uebersetzg. aus dem Poln. 8. (124 S.) Berlin 889. S. Fischer Verl. n. 1. 50

— ein Frauenschicksal. Socialer Zeitroman. Einzig autoris. Übersetzg. v. Leonh. Brixen. 8. (IV, 226 S.) Ebd. 887. n. 3. 50

Orzeszko, Eliza, eine Furie, s.: Enßlin's Roman- u. Novellenschatz.

Orzeszko, Elise: Über Gleichberechtigung der Frau angesichts des Wissens, der Arbeit u. menschl. Würde. Off. Sendschreiben an Deutschlands Frauen. — Berlin: Verl. d. Dt. Hausfr.-Ztg 1892. 22 S. 8°
Aus: Deutsche Hausfrauen-Zeitung.

— Herr Graba. Roman. Autoris. Uebersetzg. v. Malwina Blumberg. 3 Bde. 8. (272, 340 u. 290 S.) Berlin 888. Dominik. n. 12. —; geb. n. 15. —

Orzeszko, Eliza, das unterbrochene Lied, s.: Enßlin's Roman- u. Novellenschatz.

— Mirtala. Roman aus dem ersten Jahrh. nach Christus. Autoris. Uebersetzg. v Malwina Blumberg. 8. (316 S.) Stuttgart 890. Deutsche Verlags-Anstalt. n. 4. —

— Mirtala. Roman aus dem 1. Jahrh. nach Christus. Autoris. Uebersetzg. v. Malwina Blumberg. (Neue [Titel-] Ausg.) 8. (316 S.) Stuttgart 900. Deutsche Verlags-Anstalt. n. 1.—; kart. n. 1.25

— Polnisches, s.: Konopnicka, Marya.

— stolze Seelen. Die böse Sieben, s.: Hausschatz-Bibliothek.

— verlorene Seelen. Novellen. Autoris. Uebersetzung v. Alexandra Erlich. 8. (283 S.) Breslau 887. Schlesische Verlags-Anstalt. n. 4.50; geb. n. 5.50

— der starke Simson u. Anderes. 8. (III, 151 S.) Berlin 903. S. Cronbach. n. 1.50; geb. n. 2.—

— Bona sinjorino, s.a. Esperanta biblioteko internacia. Nr 3.

Bona Sinjorino. Novelo de E(liza) Orzeszko Tradukis Kabe. Berlin: Moller & Borel [1909]. 51 S. 8°
(Esperanta Biblioteko Internacia Nr 3.) [09. 18415

— in der Spinnstube, s.: Engelin's Roman- u. Novellenschatz.

— die Tugendhaften, s.a. Kürschner's, Jos., Bücherschatz.

Die Tugendhaften. Erzählung von Elise v. Orzeszko[wa]. Deutsch von E(milja) Bett. Mit Ill. von A. Lewin. Berlin, Eisenach, Leipzig: H. Hillger [1905]. (95 S.) 8° [F.]
= Bücherschatz, Kürschners. No 474. [07. 15898

— d. Verehrer d. Macht, s.a. Kürschner's, Jos., Bücherschatz.

— Der Verehrer der Macht, s.a. Weichert's Wochen-Bibliothek.

Orzeszko, Elise Der Verehrer der Macht. Roman von – Autor. Uebers. aus d. Poln. von Malwina Blumberg. Mit Ill. von W Roegge Bd 1 2 Berlin, Eisenach, Leipzig: H. Hillger [1901] 2 Bde 8°
= Bücherschatz, Kürschners. No 257 258.

— Ein böses Weib, s.a. Bibliothek der Gesamtlitteratur.

Ein böses Weib Von Elise Orzeszko [Eliza Orzeszkowa] Deutsch von Theo[phil] Kroczek. Mit e. Vorw d. Übers. u. d. Bilde d. Dichterin. Halle a. S. Hendel [1908] VI, 128 S. 8°
(Bibliothek d. Gesamtliteratur d. In- u. Auslandes. Nr 2102. 2103.)

Orzolkowski, Helene, einsame Strasse. gr. 8. (IV. 47 S.) Berlin (Zehdenicker Str. 11) 898. Verlag f Lyrik. n.n. 1.–

Orzovenszky, Karl, Bad Füred am Plattensee. Seine Heilmittel u. Heilwirkung. Pest 863. (Lampel.) 8. (141 S.) n.n. 12 ngr.

Orzovenszky, Charles, Hungarian watering place Füred on lake Balaton and its mineral waters. 16. (24 S.) Budapest 873, (Tettey und Comp.) * — 80

Orzy Thecla. Imakönyve, Pracht-Gebetbuch mit 120 Randzeichnungen in Farbendruck. Pest. Moriz Ráth. 1867 15 fl.

Os, A. van. Die militärischen vier Jahreszeiten. Humoristische Bilder aus dem Soldatenleben im Frieden. Mit Illustrationen von A. van Os. 15. Aufl. München. Braun & Schneider [1938].
46 S. m. zahlr Abb. 8°
1. Aufl. um 1880/81

**Os, Ignatius v.: De abolitione ordinis templariorum. Herbipoli 1874: (Stürtz). 138 S. 8°
Würzburg, Theol. Diss. 1874.**

Oes, Handlungsgehilfen- u. Agenten-Recht. (64 S.) 8. Magdeburg 906. (K. Peters.) n. — 60

Oes, Adolf, aus Ermatingen (Thurgau): Über die Autolyse der Mitosen. Leipzig 1908. II + 32 + 1 S. und eine Tafel. 4°. S.-A. aus der Botanischen Zeitung. Jahrg. 66. 1908 [10. VI. 07]
Basel. Phil. Diss. 1907/08.

Osa, A[dolf] S. de, aus Paris [1] Beitrag zu den Oxydationswirkungen des Ozons. [2] Über Phenylbuten-Ozonid. *(Berlin 1904: G. Schade.)* (59 S.) 8°
Berlin, Phil. Diss. v 23. Juli 1904

Osader, ..., s. Soullé, F., die Gräfin von Monrion.

Osage County Herold : 1892?—1899?
Independent Republican weekly. Circulation 1898, 593. Edited & published by E. F. Bautzen.
Chamois, MO

Osage County Volksblatt : May 1896– July 19, 1917
Non-partisan weekly "Zum Abschied" appears in issue for July 19, 1917 Circulation 1900, 600; 1910, 584. 1915, 591 Edited & published by John H. Boos, 1896—1902. by Henry Castrop, 1902 1917
Westphalia, MO

Osagen-Mädchen, das gefangene. 16. (3 B., 7 Stnt. u. Ttlvign.) Straßburg 846, Levrault'sche Buchh. 4 Ngr. ill.

Osagen-Mädchen, das gefangene. 3. Aufl. Herausg. von der Wupperthaler Tractat-Gesellschaft. Barmen 866. (Klein.) 32. (31 S.) 1⅓ ngr.

Osage Sun : 1895—1898?
Independent weekly published in English and German. Circulation 1898, *1350*. Edited by J. S. Detwiler & published by Sun Printing Co., 1895—98.
Osage, IA

Osaki, S(utezo), approb. Arzt aus Niigata ⟨Japan⟩: **Aus d. Kgl. Universitäts-Augenklinik zu Marburg. Anatomische Untersuchung** eines sympathisirenden Auges nebst Bemerkungen über das Zustandekommen der Chorioretinitis sympathica. *Marburg a. d. L. 1902: (C. Ritter in Wiesbaden).* (19 S.) 8°
¶ (Aus Archiv f. Augenheilkunde, Bd 45.)
Marburg, Med. Diss. v 24. März 1902

Osang, Julius Hermann (Bärenwalde / Erzgebirge), Observatio quaedam obstetricia cum commentario. Diss. med. Leipzig (Staritz) 11. III. 1834. 26 S. (3.50) 25654
Gew.: Carl August Kuhl, Johann Christ. Gottfr. Joerg, Carl Christian Steyer.

Verzeichnis der palaearktischen Hemipteren m. besond. Berücks. ihrer Verteilung im russischen Reiche ... Von B. Oshanin (V[asilij F]edorovič] **Ošanin**). Bd 1–3. St.Petersburg 1906–10. Buchdr. d. Akad. d. Wiss. 8°
(Annuaire du Musée zool. de l'Acad. imp. d. sciences. Bd 11, 13, 15, Beil.) [11. 309 2

Osann, A., Beitrag zur Kenntniss der Labradorporphyre der Vogesen, s.a. Abhandlungen zur geologischen Specialkarte von Elsass-Lothringen.

Osann, A. [Dr., Assistent am Mineralog. Institut]: **Beitrag zur** Kenntniss der Labradorporphyre der Vogesen . (Sep.-Abdr. aus den Abhandl. z. geolog. Specialkarte von Els.-Lothr. Bd. III. Heft II.) **Strassburg,** Buchdr. v. R. Schultz & Co (Berger-Levrault's Nachfolger), 1887; 45 + 1 S. u. 1 Taf. 8°.
Heidelberg, Phil. Fak., Hab.-Schr. v. 1887.

Osann, A., Beiträge zur chemischen Petrographie. I. u. II. Tl. 4. Stuttgart, E. Schweizerbart. n. 25. —
I. Molekularquotienten zur Berechng. v. Gesteinsanalysen. (V S., 101 Doppels. u. S. 102.) 903. n. 9. —
II. Analysen der Eruptivgesteine aus den J. 1884—1900. Mit e. Anh.: Analysen isolierter Gemengteile. (VII S., 264 Doppels. u. S. 265—266.) 905. n. 16. —

Osann. A.: Thesen . . . zur Erlangung der venia docendi an der Ruprecht-Carls-Universität Heidelberg . Heidelberg, Univ.-Buchdr v. J Horning, 1887, 3 S. 8°
Heidelberg, Phil. Fak., Thesen v. 3. Febr. 1887.
(Nicht für den Austausch.)

Osann, Arth., Beiträge zur Behandlung der Kompensationseinrede in der deutschen Civilprozeßordnung. Inaugural-Dissertation. gr. 8. (43 S.) Darmstadt 885, Bergsträßer. *

Osann, B , s. O s a n n , Friedrich

Osann, Ed., zur Geschichte des schwäbischen Bundes. Von seiner Gründung, 1487, bis zum Tode Kaiser Friedrich's III., 1493. Habilitationsschrift. Gießen 861 (Ricker.) gr 8. (VII, 106 S.) n. 20 ngr.

Osann, Emil

Osann, E (Bearb.), s. A b h a n d l u n g e n , Medicinisch-chirurgische, d. medicinischen Gesellschaft zu London.

— s. B i b l i o t h e k der prakt. Heilkunde.

Osann, Emil, Bibliothek d. prakt. Heilkunde, s. Hufeland, Ch. W.

Osann, Emil, physikal.-medicin. Darstellung d. bekannt. Heilquellen d. vorzügl. Länder Europa's. 1. u. 2. Thl. gr. 8. Berlin, Dümmler. [1. (30 B.) 829. 2 Thlr., 2. (55 B.) 832. 4 Thlr.]

Osann, E., physikalisch-medicinische Darstellung der bekannten Heilquellen der vorzügl. Länder Europa's. Nach dessen hinterlass. Materialien bearb. v. Fr. Zabel. 3. Thl. 2 Abtheil. gr. 8. Berlin 843, Dümmler. [1. Abthl. (45 1/2 B.) 3 Thlr. 10 Ngr., 2. (52 3/4 B.) 3 Thlr. 20 Ngr.]

—— physikal.-medicin. Darstellung d. bekannten Heilquellen d. vorzügl. Länder Europa's. 2 Thle. 2., verm. Aufl. gr. 8. Berlin, Dümmler. [1. (35 1/2 B.) 839. 2 1/3 Thlr., 2. (69 1/2 B.) 841. 5 1/3 Thlr.]

—— Diätetik f. Landleute. 8. (18 B.) Leipzig 831, Baumgärtner.
Aus der „Encyklopädie d. Landwirthsch., hrsg. v. Putsche," besond. abgedruckt.

Emil Osann

Ideen zur Bearbeitung einer Geschichte der Physiologie. ...Von E[mil] Osann. Berlin: Dümmler 1815. 100 S. 8°

– s. Journal d. prakt. Arzneikunde v. Hufeland.

Osann, (E.) Journal d. prakt. Heilkunde, s. Hufeland.

Osann, E(mil): Die Mineralquellen zu Kaiser-Franzensbad bei Eger. Historisch-medicinisch dargestellt von E.Osann,...physikalisch-chemisch untersucht von (Johann) B(artholomä) Trommsdorff. 280 S., gbd., 4 Taf.

Berlin: Dümmler 1822

JB 2.755

—— die Mineralquellen zu Kaiser-Franzensbad bei Eger. Histor.-medicin. dargestellt. Physikal.-chemisch untersucht v. B. Trommsdorff. 2., verm. Aufl. M. 1 Stndr. gr. 8. (18 B.) Berlin 828, Dümmler.

—— prakt. Uebersicht d. vorzüglichsten s. Hufeland, Ch. W. Heilquellen Deutschlands,

Osann, Ernst, aus Düsseldorf, Vol.-Assist. am pathol. Inst. d. Univ. Berlin Ueber Gehörshallucinationen bei Ohrenaffektionen. *Leipzig 1902: B. Georgi.* (45 S.) 8°
Leipzig, Med. Diss. v. (25. Febr.) 1902

Osann, Friedrich

Osann, F., Über des Sophocles Aiax. Eine kritische Untersuchung nebst 2 Beilagen. Berl. 819. 8. 16 gr.

— üb. des Sophokles Ajas. Eine krit. Untersuchung, nebst 2 Beilagen. gr. 8. Berl. 820. Reimer. 16 gr.

Osann, F., Vitalis Blesensis Amphitryon et Aulularia eclogae, rec. 1836. 62 S.

Osann, Frid. Analectorum criticorum scaenicae Romanae poesis reliquias illustrantium specimen. Berolini 1816. (125 S.) 8°
Berlin, Phil. Diss. v [17 Aug.] 1816

Osann, Fr., Analecta critica poësis Romanorum scenicae reliquias illustrantia. 8maj. Berl. 816. Dümmler. 1 Rthlr 6 gr.

Osann, Frid., Anecdotum romanum de notis veterum criticis inprimis Aristarchi Homericis et Iliade Heliconia ed. et commentariis illustravit. 8maj. (XII und 340 S.) Gissae 851, Ricker. *

Osann, F., Adnot. crit. in Quintiliani Inst. Orat. lib. X. part. II. Gel. 1842. 32 S. 4°.
— — part. III. Gel. 1845. 24 S. 4°.
— — part. IV. Gel. 1850. 24 S. 4°.
— — part. V. Gel. 1857. 24 S. 4°.
— — part. VI Gel. 1858. 28 S. 4°.

Osann, Fr. (Hrsg.), s. A p u l e i u s Madaurensis: De orthographia fragmenta.

Osann, Friedr., Ariadne. Drama in 3 Abthln. gr. 12. (4 1/2 B.) Braunschweig 840, Vieweg u. Sohn.

— Auctarium lexicorum graecorum, praesertim Thesauri linguae graecae ab H. Stephano conditi. Insunt Anecdota tam graeca quam latina permulta. 4maj. Darmst. 824. Leske. 2 Rthlr 12 gr. Schrbp. 3 Rthlr

Osann, Friedrich *Ludwig Wilhelm* [app. Arzt aus Hannover]: Aus d. med. Klinik zu Kiel. Beitrag zur Casuistik der Pneumotomie . . Kiel, Druck v. L. Handorff, 1892; 65 S., 3 Bl. 8.
Kiel, Med. Fak., Inaug.-Diss. v [24. Dez.] 1892

—— Beiträge z. griech. u. röm. Litteraturgeschichte. 1. Bd. gr. 8. (20 1/2 B.) Darmstadt 835, [Jonghaus.] *

—— dass. — 2. Bd. gr. 8. (25 B.) Cassel 839, Fischer.

Osann, Friedr., Beleuchtung der Bemerkungen des Geh. Raths Hrn. Dr. F. D. E. Schleiermacher über denjenigen Theil des für die großh. hess. Landesuniversität zu Gießen festgesetzten Studienplans, welcher die Candidaten des Gymnasiallehramts aus dem philolog. Gesichtspunkte betrifft. gr. 8. (2 1/2 B.) Gießen 843, Ricker.

— De chronologia Homerica I. Pr. 1838. 88 S. 4°.
— — II et III. Pr. 1845, 51. 22, 44 S. 4°.

Osann, F., De columna Maenia. Gel. 1844. 24 S. 4°.

Osann, F., De coelibum apud veteres populos conditione. I. II. Gel. 1827/40. 13, 15 S. 4°. à 1.—

Osann, Frider., de coelibum apud veteres populos conditione commentatio I. 4maj. (2 B.) Giessae 827, (Heyer, Pater.)

— s. Cornutus, L. Ann., de natura Deorum.

– s. Denkmäler der Baukunst.

Osann, F., Pindari Pyth. III. enarratio. Gel. 1858. 18 S. 4°.

—— de Eratosthenis Erigona, carmine elegiaco. gr. 8. (3 B.) Gottingae 846, libr. Dieterich.

Osann, F., De Fl. Capro et Agroecio grammaticis. Gel. 1849. 20 S. 4°.

—— Commentatio grammatica de pronominis tertiae personae is, ea, id formis. Accedit excursuum grammat. pentas. 4maj. (15 B.) Gottingae 845, libr. Dieterich. *

Osann, F., Viro Aug. Fried. Wilh. Crome gratulatur academiae Ludovicianae rectur et senatu. — Inest Disputatio de fragmento peripli Graeco e codice Hafniensi deprompto. Gießen (G. F. Heyer) 26. III. 1829. 18 S. (3.75) 25655

Osann, Fr., Callimachi de sacris in Osiridem defunctum celebratis fragmentum adhuc praetervisum. 4. Giess. 829.

Osann, F., De gemma sculpta christiania. Gel. 1848. 18 S. 4°

Osann, F., Glossarii latini spec. Gel. 1826. 22 S. 4°.

— Glossarii latini specimen. 4. Giessen 827. (Heyer). 6 gℊ

— Disp. de loco Ciceronis Orat. pro Flacco. Giess. 830.

Osann, F · Disputatio de l o c o Ruli Ephesii medici apud Oribasium servato, sive de peste Libyca. Giessae 1833. 4°
(Ad Orib. synagog. I 44. c. 7 vel. 8., sermonem esse de peste orientali.)

– s. Lycurgi oratio.

—— Midas, od. Erklaerungsversuch d. erweislich aeltesten griech. Inschrift, nebst mehr. Beilagen histor. u. palaeograph. Inh. Nebst 1 Stndr. 4. (12 B.) Darmstadt 830, Leske.

Osann, F., Oenopion u seine Sippschaft, od. einige Andeutungen üb. d. ältesten Spuren d Weincultur i. Griechenland. S.-A. 1835. 19 S —.90

Osann, F., De Pelagonio hippiatricorum scriptore. Gel. 1848. 20 S.

– s. Philemonis grammatici.

— **Friedrich,** De philistide Syracusarum regina commentatio qua rector academiae Ludovicianae solemnia novi rectoris rite legendi indicit. Gießen 29. IX. 1825. 20 S. (3.75) 25656

— de Philistide, syracusarum regina, commentatio etc. 4. (Giessen, Heyer.) 827.

– (Hrsg.), s. P o m p o n i u s : De origine iuris fragmentum.

Osann, F., Quaestionum Homericarum I. Gel. 1851. 20 S. 4°.
— — II. Gel. 1852. 20 S. 4°.
— — III. Gel. 1853. 26 S. 4°.
— — IV Gel. 1854. 24 S. 4°.
— — V. Gel. 1856. 20 S. 4°.

Osann, Friedrich, approb. Arzt aus Darmstadt Über die allgemeine Reaktion bei Kindern nach Injektionen mit Koch'scher Lymphe. *Karlsruhe [1898]: F. Gutsch.* (24 S.) 8°
Heidelberg, Med. Diss. v [23. Juli] 1891

— Revision der Ansichten üb. Ursprung u. Herkunft d. gemalten griech. Vasen. S 1847 95 S.

Osann, F., De L. Annaei Senecae scriptis quibusdam deperditis spec. I. Gel. 18 26 S. 4°. 1
— — II. Gel. 1847 24 S. 4°. 1
— — III. Gel. 1848. 16 S. 4°. —

Osann, Friedrich (Hrsg.), s. S t a h l und Eisen

Osann, Friedrich, Referendar in Hannover Die rechtliche S t e l l u n g des Lotteriekollekteurs unter besonderer Berücksichtigung der Preußischen Klassenlotterie. Borna-Leipzig 1908 R Noske (IX, 79 S.) 8°
Leipzig, Jur Fak., Diss. v 9 Juli 1908
[Geb. I. März 80 Düsseldorf; Wohnort: Hannover; Staatsangeh. Preußen, Vorbildung: Lyzeum II Hannover Reife O 99; Studium. Genf 2, Berlin 2, Göttingen 2 S., Rig. 10. März 06.]

—— Sylloge Inscriptionum antiquarum, s. Sylloge.

— Sylloge inscriptionum antiquar. graec. et latinorum Fasc. I—VII. Fasc. I et II. à 1 Rthl. 12 gr. Fasc. III. 2 Rthl. Fasc. IV. 1 Rthl. 12 gr. Fasc. V. 2 Rthl. Fasc. VI. 1 Rthl. 12 gr. Fasc. VII. 2 Rthl. fol. maj. Jenae 822 — 27, Croeker (auch Leske in Darmst.)

Osann, F., De tabula patronatus latina cum epimetro de litterarum B et V permutatic Pr 1839. 23 S. 4°.

– s. Tacitus de oratoribus.

Osann, F., Vergilius Aen. VI, 242 Catulli carmen XXXIX. Pr. 1856. 15 S. 4° 2.—

– s. Vitalis Blesensis Amphitryon.

Osann, Gottfried Wilhelm

Osann, G. W., die Anwendung des hydroelektrischen Stromes als Aetzmittel. (Mit Abbild. von hydroelektrisch geätzten Platten in Holzschnitt- u. Kupferstichmanier.) gr. 8. (1½ B.) Würzburg 842, Voigt u. Mocker Thlr. *

— Ueber die elliptische Bahn einer Kugel, die auf einer kreisförmigen Ebene bewegt wird, welche nach ihrer Mitte zu vertieft ist. (Aus den „Verhandl. der Wurzburg. phys med. Gesellsch." Bd. IX 1858.)

Osann, Gf. Wlh., Beitrr. zur Chemie u. Physik. 1r Beitr. Mit 1 Steindr. 8. Jena 822. (Cröker). 12 gℊ 2r Beitr. 8. Ebd. 824. Schmid. 18 gℊ

—— neue Beiträge zur Chemie u. Physik. 1. Beitrag. 1—5. Lfg. Mit galvanokaustischen Abbildungen. 8. (11 B. u. 2 Abbild.) Würzburg 843—46, Voigt u. Mocker. [1—4. Lfg. à * 10 Ngr., 5. Lfg. * 10½ Ngr.] *

Osann, G. W., neue Beiträge zur Chemie u. Physik. Mit galvanokaust. Abbildgn. 1. Beitrag. 6. Lfg. gr. 8. (S. 171—202.) Würzburg 850, Neue Fränkische Buchhandl. (Kellner). n. 10½ ngℊ (1—6: n. 2 ℛ 1 ngℊ)

Osann, Dr., Beobachtungen über die niedrigsten Temperaturen im Februar dieses Jahres in Würzburg, angestellt mit einem Thermometer von Greiner jun., an welchem genau noch Zehntel eines Grades der achtzigtheiligen Scala abgelesen werden konnen. (Aus Archiv f. Chemie u. Meteorol. B. 1, H. 2.)

— Beschreibung einer Volta'schen Säule, mittelst welcher beliebig die elektrische Kraft in der Form der Quantität oder Intensität zur Wirkung gebracht werden kann, und Darlegung mehrerer mit derselben angestellten Versuche. (Aus Verhandl. der Würzb. physik. mediz. Gesell., Bd II, 1851.)

— Numerische Bestimmungen hinsichtlich des Ozon-Wasserstoffes und des Ozon-Sauerstoffes. (Aus Verhandl. der Wurzburger phys. med. Ges. Band X 1859.) Nebst Fortsetzung davon.

Osann, G., Ueber den Blitzschlag, welcher am 6. Januar 1865 den Thurm der Neubaukirche in Würzburg traf.

— Ueber die Einwirkung der Beugung des Lichtes auf die Streifen im prismatischen Farbenbild. (Mit Abbildungen von galvanisch-geätzten Zinnplatten.) (Aus Würzburg. naturwissensch. Zeitschr Bd. VI.)

— Ueber Elektrolyse. (Nachtr zu den früheren Aufsätzen über diesen Gegenstand.) (Vorgetr in der Sitzung vom 3. Juli 1858.) (Aus: Verhandl. der Wurzb. phys. med. Ges., Bd IX, 1858.)

Osann, G., Erfahrungen in dem Gebiete des Galvanismus gesammelt. Fur Physiker, Chemiker und Techniker. Mit Abdrücken von galvanisch-geätzten Zinnplatten (im Text). Erlangen 852. Enke. gr. 8. (76 S.) n. 12 ngr.

Osann, G., Erfahrungen in dem Gebiete des Galvanismus gesammelt. Für Physiker, Chemiker und Techniker. Lex.-8. (76 S. mit eingedr. Abdrücken von galvanisch-geätzten Zinnplatten.) Erlangen 853, Enke's Vrlgsb. *

— Ueber Ergänzungsfarben. (Aus Würzburger naturwissenschaftl. Zeitschr I. Band.)

— Ueber die Erscheinungen der Fluorescenz mit Hinblick auf die Phosphorescenz und die des elektrischen Lichtes. 2) Beschreibung eines galvanischen Induktions-Apparates, hauptsächlich zum medizinischen Gebrauch eingerichtet. 3) Kleinere Mittheilung Krystallbildung. — Abkühlungs-Apparat. (Vorgelegt in der Sitzung vom 18. Nov 1854.)

— Ueber die Erscheinungen, welche freie Axen in rotirenden Korpern zeigen.

Osann (G. W.) Grundzüge der Lehre von dem Magnetismus und der Electricität mit zahlreichen, in den Text eingedruckten galvanokaustischen Abbildungen. Würzburg 1847. 8.

— Grundzüge der Lehre von dem Magnetismus u. der Elektricität. Mit zahlreich eingedr. galvanokaustischen Abbildungen gr. 8. (VIII u. 183 S.) Würzburg 848, Stahel'sche Buchh. n. 1 ℛ 6 ngr

— Handbuch d. theoret. Chemie. Zum Behufe fr. Vorlesungen entworfen. 1r Bd. 8. Jena 827.

— Ueber Capillarität. (Aus den „Verhandl. der Wurzburg. phys.-med. Ges." Band IX, 1858.)

Osann, G., die Kohlenbatterie in verbesserter Form. Für Physiker, Chemiker und Techniker. Lex.-8. (24 S. mit eingedr. Abdrücken von galvanisch-geätzten Zinnplatten.) Erlangen 857, Enke's Verlagsb. *

— Ueber Kreuzung zweier fortschreitenden Bewegungen mit auf einander folgenden Verdichtungen und Verdünnungen der Theile, durch welche die Bewegung stattfindet. (Aus Verhandl. der Würzb. phys.-med. Ges., Bd. V 1854.)

— Die höchste Lufttemperatur zu Würzburg während des Jahres 1830. (Aus Archiv für Chemie und Meteorologie. B. 2, H. 3.)

— Meßkunst der chem. Elemente. 8. Jena 827, Cröker.

Osann, Gtfr. (Wilh.), Meßkunst d. chem. Elemente. 2., verm. u. verb. Aufl. gr. 8. (8 B. u. 2 Tab. Fol., wovon d. Scala stoechiom. (in Kpfrst.) Jena 830, Cröker.

— Kleinere Mittheilungen. 1. Erklarung der Absorption des Lichtes nach der Undulations-Theorie (Verhandl. der phys.-med. Ges. in Würzburg. Band X. 1859.)

— Verschiedene Mittheilungen aus dem Gebiete der Elektricitätslehre. (Aus Verhandl. der Würzb. phys.-med. Ges., Bd. V, 1854.)

— Gottfried Wilhelm (Weimar), De natura affinitatis chemicae. Diss. philos. Jena (Croecker) 12. IX. 1821. 20 S. (3.75) 25657
Gew.: J. G. Doebereiner.

— Dissert. de natura affinitatis chemicae. gr. 4. Jena 822, (Cröker.)

— Das Nordlicht am 7. Januar 1831, s. Schön

— Ueber den Ozon-Sauerstoff und Wasserstoff.

— Ueber den Ozon Wasserstoff und Sauerstoff. (Vorgetr. in der Sitz. vom 3. Juli 1858.) (Aus. Verhandl. der Würzb. phys.-med. Ges., Bd. IX, 1858.)

— Ueber die farbigen Ringe, welche entstehen, wenn eine mit Lykopodium bestreute Glastafel gegen eine Lichtflamme gehalten wird. (Aus den „Verhandl. der Würzburger phys.-med. Ges." Bd. IX. 1858.)

— Ueber eine Daniell'sche Säule, welche zu Spannungswirkungen gebraucht werden kann. (Vorgetr in der Sitz. vom 2. Mai 1857.) (Aus: Verhandl. der Würzb. phys.-med. Ges., Bd. VII 1857.)

— Ueber ein sehr einfaches Stereoskop und über einige damit angestellte Beobachtungen. (Aus der „Würzburger naturwissenschaftl. Zeitschr" IV. Band.)

— Ueber die mannigfaltigen Streifen, welche bei der Verlängerung des prismatischen Farbenspectrums hervortreten. (Aus. Würzburger naturwissenschaftl. Zeitschrift. V Band.)

— Neue Versuche über den Ozon-Wasserstoff. (Aus der „Würzburger naturwissenschaftl. Zeitschrift." IV Band.)

— Neue Versuche uber den Ozonwasserstoff. (Vorgetr. in der Sitzung vom 23. Mai 1857.) (Aus: Verhandl. der Würzb. phys.-med. Ges., Bd. VII, 1857.)

— Ueber den aktiven und passiven Zustand des Sauerstoffes und des Wasserstoffes. (Aus Verhandl. der Würzburg. phys.-med. Ges. Bd. X. 1859.)

— Ueber den sphaeroidalen Zustand der Flüssigkeiten und über die Möglichkeit eines vierten Aggregat-Zustandes der Körper. (Aus den „Verhandl. der Würzburger phys.-med. Gesellsch." Bd. IX. 1858.)

Osann, Gustav (Giessen)
Beiträge zur Lehre vom Fischgift.
Giessen: Brühl 1859. 28 S. u. 2 Bl. Thesen.
Diss. med. 2.11.1859. vorh. 7. 11. Δ.

Osann, Johann Bernhard Gottfried

Osann, Jh. Bernh. Gf., einige prophet. Stellen des Alt. Testam. aus d. Erdbeschreibung erläutert. 8. Jena 781.

— über den Werth des Juden-Eides vor christl. Obrigkeiten. 8. Götting. 794.

Osann, Wilhelm, aus Potsdam (Preussen): Zur Chemie der Dipyridinchromsalze. Zürich 1907. 72 S. 8°. [16. IX. 07.]
Zürich, Phil. Diss. 11. 8. 1907/08.

Osanno, Viro summe venerabili Fried., diem natalem pie gratulantur sodales. Giessae 1834. V: *Kehrein, Joseph.* (HS)

Oesau, Klaus

Oesau, C., über den Bau und die Verwaltung der altona-kieler Eisenbahn, s. a. Ueber.

Ueber den Bau und die Verwaltung der Altona-Kieler Eisenbahn, genannt Christian VIII Ostseebahn. Gewidmet den Herrn Actionairen dieser Bahn von einem ehemaligen Oberbeamten derselben [d. i. Claus Oesau]. Kiel. 1855. 8°

—— **Beleuchtung der gedr. Zuschrift: „An die Herren Actionaire der altona-kieler Eisenbahngesellschaft, s. Beleuchtung.**

—— **einige Bemerkungen über das Unglück auf der Eisenbahn zu Neumünster am 29. Aug. 1855, s. a. Bemerkungen.**

Einige Bemerkungen über das Unglück auf der Eisenbahn zu Neumünster am 29 August 1855 (v Claus Oesau. Kiel 1855). 8°

Osawa, Gakutaro, das Becken der Aïno u. der Japaner, s.: Koganei, Y.

— Beiträge zur Anatomie des japanischen Riesensalamanders. gr. 4. (S. 221—427 m. 44 Taf.) Tokio 902. (Berlin, R. Friedländer & Sohn.) n.n. 20. —
Sonderabdruck aus: „Mitth. aus der medicin. Fakultät der kaiserl. japan. Universität zu Tokio".

Osawa, Kenge [aus Japan]: Untersuchungen über die Leitungsbahnen im Rückenmark des Hundes. Strassburg. Buchdruckerei von R. Schultz & Comp., 1882. 8. 101 S. u. 1 Taf.

Osbahr, Wilh., **Weltproduktion,** Welthandel u. Weltverkehr. Ein kurzer Überblick als teilweiser Kommentar zu d. Verf. „Wandkarte zur Wirtschaftsgeographie der Welt", m. e. Begleitwort üb d. wirtschaftsgeograph. Unterricht u. die Stellg. der Wandkarte in demselben. (30 S.) 8. Berlin (909). C. Chun. — 20

— **Wirtschaftsgeographie** u. Wirtschaftskunde f. Handelsschulen. 2 Bde. gr. 8. Bielefeld, Velhagen & Klasing. Geb. in Leinw. 4. 10
I. Neubearb v. Paul Eckardt. Wirtschaftsgeographie u. Wirtschaftskunde Deutschlands. 3., vollst. neu bearb. Aufl. (VIII, 218 S. m. 25 Abb.) 910. Geb. 2. 50
II. Wirtschaftsgeographie u. Wirtschaftskunde der außerdeutschen Länder (VIII, 147 S.) 908. Geb. 1. 60

Osbeck, Karl Gustaf

Osbeck, Karl Gustav

Osbeck, C. G., Heilart d. ausgearteten vener. Krankheiten rc., s. a. Heilart.

Karl Gustaf Osbeck

Fullständig Uppgift af min brukade curmethode emot urartade veneriska sjukdomar. Deutsch:] Die Heilart der ausgearteten venerischen Krankheiten. ... Von Carl Gustav Osbek [Osbeck]. Aus d. Franz. von N[ikolaus] Meyer [1775-1855]. Bremen: Heyse 1813. 12 S. 8°

Osbek, Pt., Reise nach Ostindien u. China, u. Olof Toreen Reise nach Suratte; aus d. Engl. Mit Kpf. gr. 8. Rostock 765. (Stiller). 1 ℛ 16 gℊ

Osberg, Otto. Fügungen, s. **Bachem's Novellen-Sammlung.**

[F.] **Osberger,** Georg [Prof.]: Studien zum 1. Buch von Xenophons Anabasis. Speier, Druck d. Dr. Jäger'schen Buchdr., 1896; 56 S. 8.
Speier, k. Humanist. G, P 1896*

Osberghaus, Max, Referendar: Die Novation des römischen Rechts und ihre Bedeutung nach dem Rechte des Bürgerlichen Gesetzbuchs. Borna-Leipzig 1907: R. Noske. (XII, 54 S.) 8°
Heidelberg, Jur. Fak., Ref. Endemann, Diss. v. 1907
[Geb. 12. Nov 82 Berghausen, Kr. Gummersbach; Wohnort Solingen; Staatsangeh. Preußen, Vorbildung Progymn. Solingen, Gymn. Düsseldorf Reife O. 00; Studium: Tübingen 4, Berlin 1, Bonn 2 S., Rig 18. Juni 07.]

Osborn, G., der heilige Geist, sein Werk und seine Sendung. Ein Vortrag. gr. 8. (32 S.) Waiblingen 872. (Stuttgart, Liesching und Comp.) *

Osborn. Max, Berlin, s. a. Kunststätten, berühmte.

Berlin von Max **Osborn.** Mit 179 Abb. Leipzig: E. A. Seemann 1909. (318 S.) 8°
— **Kunststätten,** Berühmte. Bd 43. [08. 13934

Berlin in Bildern 1810–1910. Mit e. Einl. von Dr. Max **Osborn.** Zur Erinnerung an d. Universitäts-Jubiläum. Berlin: Spiro 1910. IX, 72, 72 S. quer-8° [10. 16048

Osborn, Max. Arnold Böcklin. (Mit einem Porträt [nebst 7 Abbildungen und 2 Tafeln].) 4.
In: Daheim. (Ein deutsches Familienblatt.) Heft-Ausgabe. Jahrg 43. Oktober 1906 — Okt' 1907. Heft 9 (Nr. 22–24). Ausgegeben am 19. März 1907. Leipzig, (Velhagen & Klasing). M. — 50. Nr 22, S. 12–14 (*Abbild.:* S. 8–18).

— Eugen **Bracht,** s. a. Künstler-Monographien.

Eugen Bracht von Max **Osborn** Mit 79 Abb. Bielefeld & Leipzig Velhagen & Klasing 1909. 96 S. 4°(8°)
(Künstler-Monographien 97) [09. 16630 II

Osborn, Max, d. Frauen in d. Litteratur u. in d. Presse s. a. Existenzkampf, der, d. Frau im mod. Leben, 9.

[F.] Die Frauen in der Litteratur und der Presse. Von Dr. **Max Osborn** m. Taus. *Berlin: R. Taendler 1896.* (*145*—*292* S.) 8.
— **Existenzkampf,** Der, d. **Frau** im modernen Leben. H. 9. [96. 1098

— **Geschichte der Kunst.** Eine kurzgefaßte Darstellg. ihrer Hauptepochen. (VII, 457 S. m. Abb.) gr. 8. Berlin 910. Ullstein & Co. Geb. in Leinw. 6. —

Osborn, Max., Handbuch der Kunstgeschichte, s.: Springer, Ant.

— der Holzschnitt, s. a. Sammlung illustr. Monographien. 16. Bd.

Osborn, Max. Der Holzschnitt. Mit 16 Kunstbeilagen und 139 Textabbildungen. VI + 154 S. gr.-8. Bielefeld und Leipzig, Velhagen & Klasing, 1905. [geb. M. 3. —]
Sammlung Illustrierter Monographien. Hrg. ... von Hanns von Zobeltitz. [Band] 16.
Darin S. 3 f 13 f 18. 20. 25/7. 29, 41 46. 88. 92 104. 108. 114 120 etc. mit 18 Abbildungen, die Schweiz *und* Schweizer *betr*

Osborn, Max, s.: Jahresberichte f. neuere deutsche Litteraturgeschichte.

— **Franz Krüger,** s. a. Künstler-Monographien.

Franz Krüger. Von Max Osborn. Mit 104 Abb. Bielefeld & Leipzig: Velhagen & Klasing 1910. 115 S. 4°(8°)
Künstler-Monographien. 101.) (sc. 17339 II

— die deutsche Kunst im 19. Jahrh., s.: Jahrhundert, das deutsche, in Einzelschriften. 2. Abth.

— s.: Kunst, die, im Leben des Kindes.

— s.: Meister, hundert, der Gegenwart in farb. Wiedergabe.

Osborn, Max, Meisterbuch der Kunst. Eine kurzgefaßte Geschichte der Kunst. (VII, 457 S. m. Abb.) gr. 8 Berlin 910. Ullstein & Co. Geb. in Leinw. 3. —

— moderne Plastik, s. Essays, moderne. 45. Hft.

Moderne Plastik. Von Max Osborn. Berlin: Gose & Tetzlaff 1904. (38 S.) 8° [F.]
= Essays, Moderne. H. 45. (sd. 4607

— moderne Porträtmalerei, s. Essays, moderne. 54. Hft.

Porträtmalerei Von Max Osborn. Berlin: Gose & Tetzlaff [1905]. 54 S. 8°
(Moderne Essays. H. 54.)

— s. Struck, Herm., Radierungen.

— Joshua Reynolds, s. Künstler-Monographien.

Joshua Reynolds. Von Max Osborn. Mit 115 Abb. Bielefeld & Leipzig: Velhagen & Klasing 1908. (132 S.) 4°(8°) [F.]
= Künstler-Monographien. 91. (sd. 16416

Osborn, Max, die Teufelslitteratur d. XVI. Jahrh. [Aus: „Acta germanica".] gr 8. (VI, 236 S. m. Titelbild.) Berlin 893. Mayer & Müller. n. 7. —

Osborn, Max [aus Köln a. Rh.]: Theatrum Diabolorum. 1. Tl (Erscheint vollst. in: Acta Germanica, Organ f. deutsche Philol.) Berlin, Mayer & Müller, *1893;* 3 Bl., 56 S., 1 Bl. 8.
Berlin, Phil. Fak., Inaug.-Diss. v. 24. Juni 1893

Die neue Universität zu Jena, erbaut von Theodor Fischer. Mit Einführung von Max Osborn. Jena: E. Diederichs 1908. (16 S., 17 Taf.) 8° [F.] (sd. 12633

Osborn, Sam., Samariterschul-Vorträge. Erste Hilfsleistgn. bei Unglücksfällen, aus d. Engl. 12. (VII, 139 S. m. Abb. u. 1 Taf.) Wien (Hofmühlgasse 6) 894. Luksch. Geb. n.n. 2. 80

Osborn Sherard, On the exploration of the North Polar Region. 1865.

Osborn, William: Versuche über die Geburtshülfe in natürlichen und schweren Geburten. (Essays on the practice of midwifery, in natural and difficult labours. Dt.) Übers. von Christian Friedrich Michaelis. 318 S., gbd.

Liegnitz: Siegert 1794
beigedr.: Hamilton, Alexander: Briefe an Dr. William Osborn...gewisse, in seinen Versuchen über die praktische Entbindungskunst geäußerte Grundsätze betreffend. (Letters to Dr. William Osborn...on certain doctrines... Dt.) (Übers. von Ch. F. Michaelis.) (1794)

JB 3.932

Osborne, Pathologie u. Therapie d. Wassersuchten. A. d. Engl. nach d. 2. Origausg. übers., u. mit 2 Anhängen üb. d. Bright'sche Krankheit von Bright u. Solon, sowie mit e. Samml. engl. Receptformeln vers. v. Ant. Soer. Mit e. Vorr. v. Fried. Nasse. gr. 8. (11½ B. u. 1 col. Stnt.) Leipzig 840, Enobloch.

Osborne, A. W[illiam], aus Belfast Beiträge zur Kenntniss des Invertins. *Strassburg: K. J. Trübner 1899.* (29 S.) 8°
Tübingen, Naturw. Diss. v. 1899

Osborne, Alfred [(Dr. med.) aus Prag]: ... Die Sporenbildung des Milzbrandbacillus auf Nährböden von verschiedenem Gehalt an Nährstoffen ... (Aus: Arch. f. Hyg., Bd. XI Heft 1.) München, Druck v. R. Oldenbourg, 1890; 13 S. 8.
Würzburg, Med. Fak., Inaug.-Diss. v. 1890

Osborne, D. M., & Co.: Katalog über Erntemaschinen usw. Auburn (New York) 1896

Osborne, Lloyd, s. Osbourne

Osborne, P., Altarblumen. Communionbuch für innerl. Seelen. Mit 1 Stahlst. (III, 382 S.) 1880; 2. verm. und verb. Aufl. (VI, 480 S.) 1881; 3. verm. und verb. Aufl. (III, 480 S.) 1881; 4. und 5. verm. und verb. Aufl. 16. (IV, 544 S.) Dülmen 882,83, Laumann'sche Verlagsh. * 1 —
geb. von * ℳ 1,50. bis * 24 —

Osborne, P., Altarblumen. Communionbuch f. fromme Seelen. 6. Aufl. 16. (VIII, 544 S. m. 1 Holzschn.) Dülmen 885. Laumann. n. 1. —; geb. von n. 1. 50 bis n. 24. —

Osborne, P., Altarblumen. Communionbuch f. fromme Seelen 7, verb. Aufl. 16. (VIII, 544 S.) Dülmen 887. Laumann. n. 1. —; geb. von n. 2. — bis n. 10. —

Osborne, P. Altarblumen. II. Thl. (Altarblüthen.) Communionbuch f. fromme Seelen. 16. (573 S. m. 1 Stahlst.) Dülmen 890, Laumann. [I. Thl.] Ebd. 1887. * 1 —; geb. * 1 50. * 1 —; geb. * 1 50

Osborne, P, Altarblumen. Communionbuch f. fromme Seelen. I. Thl. 10. Aufl. 16. (VIII, 544 S. m. Titelbild u. farb. Titel.) Dülmen 893. A. Laumann. n. 1. —

— dasselbe. II. Thl. (2. Aufl.) 16. (517 S. m. 1 Stahlst. u. farb. Titelbl.) Ebd. 893. n. 1. —

Osborne, P., Altarblumen. Communionbuch f. fromme Seelen. 1. Thl. 12. Aufl. 16. (VIII, 544 S. m. farb. Titel u. Titelbild.) Dülmen 897. A. Laumann. Geb. n. 1. 50

— Altarblüthen. Communionbuch f. fromme Seelen. 16. (573 S. m. Titelbild.) Ebd. 890. n. 1. —; geb. n. 1. 50

— Altarsbesuchungen f. jeden Tag d. Monats, nebst e. Anh. der nothwendigsten Gebete. 16. (IV, 320 S. m. 1 Stahlst.) Ebend. 883. n. — 80; geb. n. 1. 20

— Blüthen aus Assisis seraphischem Paradiesesgarten, e. Communionbuch f. die Mitglieder d. 3. Ordens vom hl. Franziskus. Zum VII. Centenarium d. hl. Franziskus v. Assisi. 16. (224 S.) Ebend. 883. n. — 75; geb. n. 1. —

—— Blüthen aus Assisi's seraphischem Paradiesesgarten. Ein Communionbuch f. die Mitglieder d. 3. Ordens vom hl. Franciscus. 3. Aufl. 16. (224 S.) Ebd. 889. * — 50

— die Freuden d. hl. Sacraments. Communionbuch als Andenken an den Tag der ersten hl. Communion. 16. (335 S.) Ebend. 883. n. — 75; geb. n. 1. —

Osborne, P., Philothea, s.: Sales, Frz. v.

— der Bethlehemitische Weg. Andachtsübungen für die heil. Weihnachtszeit. 16. (IV, 400 S. m. 1 Stahlst.) Ebend. 881. n. 1. —

Osborne, P., der bethlehemitische Weg. Andachtsübgn. f. d. hl. Weihnachtszeit. 2. Aufl. 16. (VII, 464 S.) Dülmen (894). A. Laumann. n. 1. —; geb. in Leinw. n. 1. 50

Osborne, W., das Beil und seine typischen Formen in vorhistorischer Zeit. Ein Beitrag zur Geschichte des Beiles. gr. 4. (67 S. mit 19 Taf. in Lithogr.) Dresden 887, Warnatz und Lehmann. *

Osborne, W., über einen Fund aus der jüngeren Steinzeit in Böhmen. [Aus: „Sitzungsber. d. naturw. Ges. Isis zu Dresden".] gr. 8. (8 S. m. 5 Steintaf.) Dresden 880. (Prag, André.) n. 1. 50

Osborne, W. Haben die vorgeschlagenen Neuerungen in unserer Zeiteintheilung Aussicht, eingeführt zu werden? Mit e. Erläuterg. üb. Weltzeit, Normalzeit, Zonenzeit. gr. 8. (16 S.) Dresd. 889, Warnatz u. Lehmann. * — 60

Osborne, W Haben die vorgeschlagenen Neuerungen in unserer Zeiteintheilung Aussicht, eingeführt zu werden? — Mit einer Erläuterung über Weltzeit, Normalzeit, Zonenzeit. Dresden 1890. 16 S. 8°.

Osborne, Walter: Über Beri-Beri-artige Erkrankungen aus Afrika. Ein Beitr. z. Ätiol. d. Segelschiff-Beri-Beri. Berlin: Ledermann 1908. 61 S. 8° ¶ (Ersch. auch als Buch ebd.)
München, Med. Diss. v. 30. März 1908, Ref. v. Bauer
[Geb. 27. Juni 79 Bohnitz b. Prag; Wohnort: München; Staatsangeh.: Österreich; Vorbildung: Gymn. Dresden-N. Reife O. 99; Studium: München 6, Lausanne 1, Berlin 1, München 2 S.; Coll. 30. März 08; Approb. 31 Jan. 08.] [U 09. 3375

Osborne, Wilhelm: Über Diazoamidoverbindungen der Fettreihe und ihre Umwandlung in Derivate des Prozans. *München 1898: V. Höfling.* (44 S.) 8°
München, Phil. Diss. v 1898

Osborne, Wilh., Tod u. Teufel u. noch manches Andere. Gedanken üb. Allerlei. 2. Aufl. (87 S.) kl. 8. Dresden 907. E. Pierson. Geb. 2. —

Osbourne, Lloyd, Baby Bullet, the motor of destiny, s. a. Collection of British authors.

Baby Bullet, the motor of destiny. By Lloyd Osbourne. Copyright ed. Leipzig: Tauchnitz 1905. 294 S. 8°
(Collection of British authors. Tauchnitz Ed. Vol. 3853.) [11. 8533

Osbourne, Lloyd, the ebb-tide, s.: Stevenson, Rob. Louis.

— wild justice, s. a. Collection of British authors.

Wild Justice. By Lloyd Osbourne. Copyright ed. Leipzig: Tauchnitz 1906. 296 S. 8°
(Collection of British authors. Tauchnitz Ed. Vol. 3904.) [11. 8676

— Liliput, der Schicksalsmotor, s.: Engelhorn's allgemeine Roman-Bibliothek.

— The motormaniacs. s. a. Collection of British authors

The Motormaniacs. By Lloyd Osbourne. Copyright ed. Leipzig: Tauchnitz 1907. 255 S. 8°
(Collection of British authors. Tauchnitz Ed. Vol. 3949.) [11. 8707

Osbourne, L., Schiffbruch, s.: Stevenson, R. L.

Osbourne, Lloyd, Harm's way, s. a. Collection of British authors.

Harm's Way. By Lloyd Osbourne. Copyright ed. Leipzig Tauchnitz 1910. 286 S. 8°
(Collection of British authors. Tauchnitz Ed. Vol. 4167.) [11 888.

Osborne, Lloyd. The wrecker, s. Library, the English.

Osbourne, Lloyd, the wrecker, s.: Stevenson, Rob. Louis.

Osburg, Johann Jakob

— chem. Untersuchung des Aachner Mineralwassers. gr. 4. Erf. 786. Keyser. 2 gr.

Osburg, Jh. Jak., († d. 1. Juni 1790.) chem. Versuche üb. die Bestimmung d. Frage: Ob mineral. Alkali u. Laugensalz als Arten od. als Varietäten unterschieden sind? gr. 4. Erfurt 786. Keyser. 3 gr.

Osburg, Wilh. W., Arbeitsheft zur „Allgemeinen Musiklehre". s.: Heinze. Leop.

— 2. Arbeitsheft. Progressiv fortschreit. Übungsaufgaben zunächst f. die kleine Ausg. der Harmonielehre. Für die Mittelstufe der Lehrerseminare bearb. (27 S.) 17×27 cm. Breslau (907). H. Handel. — 60

— Arbeitshefte zur Harmonielehre, s.: Heinze, Leop.

Osburg, Wilh., der Chorsänger. Eine Sammlg. geistl. Gesänge m. besond. Berücksicht. d. gregorian. Chorals, zum Gebrauche beim öffentl. Gottesdienste bearb. 8. (IV, 212 S.) Heiligenstadt 891. F. W. Cordier. Geb. in Leinw. n. 2. —

— u. Jul. Gloger, der Chorsänger. Auswahl v. Kirchenliedern, geistl. u. weltl. Chören f. Präparandenanstalten. Mit Berücksicht. der jugendl. Stimmen bearb. u. hrsg. 2., verb. Aufl. (IV, 190 S.) 8. Breslau 906. H. Handel. n. 1. 40; geb. in Leinw. n. 1. 70

— u. Jul. Gloger, der Chorsänger. Auswahl von Kirchenliedern, geistl. u. weltl. Chören f. Präparandenanstalten. Mit Berücksicht. der jugendl. Stimmen bearb. u. hrsg. 4. Aufl. (IV, 190 S.) 8. Breslau 910. H. Handel. Geb. 1. 50

— Musikalische Formenlehre u. Organik, s.: Heinze, Leop.

Osburg, Wilh., deutsche Gesanglehre f. Präparandenschulen u. Lehrerseminarien, sowie f. Selbstunterricht. 2 Tle. 8. Leipzig, M. Hesse. n. — 70
1. Anleitg. zu richt. Vokalisation. Artikulation u. Deklamation. (50 S. m. Fig.) 895. n. — 30
2. Gesanglicher Teil. (84 S. m. Fig.) 896. n. — 40

Osburg, Wilh., deutsche Gesanglehre f. Präparandenschulen u. Lehrerseminarien. II. Gesanglicher Tl. Elementarübungen f. Stimmbildg., Ausgleichg. der Stimmregister, Treffsicherheit. Volkslieder. Vokalisen, Solfeggien. 2. verm. u. verb. Aufl. 8. (125 S.) Leipzig 902. M. Hesse. n. — 60

Osburg, Wilh., deutsche Gesanglehre f. Präparandenschulen u. Lehrerseminare, Gymnasien, Mädchenschulen u. Lehrerinnenseminare. I. Tl.: Anleitung zu richt. Vokalisation, Artikulation u. Deklamation. 3., verm. u. verb. Aufl. (61 S. m. Abbildgn) 8. Leipzig 904. M. Hesse. n. — 30

— Geschichte der abendländischen Musik, s.: Heinze, Leop.

— Kleine Ausgabe der Harmonielehre, s.: Heinze, Leop.

— Harmonie- u. Musiklehre, s.: Heinze, L.

— theoretisch-praktische Harmonielehre, s.: Heinze, Leop.

— Lehrstoff des musiktheoretischen Unterrichts f. höhere Mädchenschulen, Lyzeen u. Studienanstalten. Nach den Bestimmgn. v. 18. VIII. 1908 unter Benutzg. v. Heinzes Musik- u. Harmonielehre bearb. (IV, 74 S.) 8. Breslau 910. H. Handel. Geb. 1 —

— Allgemeine Musiklehre, s.: Heinze, Leop.

Oscar, s. a. Oskar

„Ueber die Banken" (Von einem schwedischen Fürsten [König Oskar I.]). Deutsch von F E. Feller, Leipzig 1843. — Vorh. Comm. Bibl. Hamburg.

Oscar, Crown-Prince of Sweden and Norway, On punishments and prisons. Translated from the 2. swed. edit. by A. May. gr. 8. (10½ B. u. 3 Taf.) London 842. (Stockholm, Bonnier.) *

Oskar, Kronprinz (König) von Schweden u. Norwegen, üb. Strafe u. Strafanstalten. A. d. Schwed. übers. von A. v. Treskow. Mit Einleit. u. Anmerkn. v. Nik. Heinr. Julius. gr. 8. (10¾ B. u. 3 Stnt.) Leipzig 841, Brockhaus.

(——) von Strafen u. Strafanstalten. A. d. Schwed. n. d. 2. Aufl. v. Udo Waldemar Dietrich. Nebst e. Anh. gr. 8. (10½ B. u. 3 Taf. Abbild.) Stockholm 841, Bonnier.

Fest-Reden, gehalten in der Freimaurer St. Johannis-Loge St. Erik in Stockholm von Sr. Majestät, dem König von Schweden und Norwegen, Oscar II. als einstigem Hammerführendem Mstr. während der Jahre 1852—1868. Oberhausen u. Leipzig: Spaarmann [1882]. IV, 120 S. 8⁰

Auszug in: Z. 34 (1903—1904) S. 363—365; H. 19 (1908) No 1.
Recens: L. 5 (1882) S. 49—50 (B. Cramer). cf. Schmitz, M.: D. Werke Oscars II. 1890 S. 26—29; Bh. 50 (1907) S. 412 (C. Gotthold); FZ. 62 (1908) S 31 (R. Bachmann); R. 35 (1908) S. 95 (G. Schauerhammer). Tt. 1898. Antrittsrede d. Königs bei s. Einführung als Mstr. v. St. 1852, auch abgedr. in: R. 9 (1882) S. 13—16, 21—22, u. 14 Reden z. Jahresfeier.

Oscar II., König v. Schweden u. Norwegen, Fest-Reden, geh. in den J. 1864 bis Ende 1871 in der königl. schwed. musikal. Akademie v. deren derzeit. hohen Präses, dem damal. Prinzen Oscar Fredrik, nunmehr Protektor der Akademie Oscar II. Mit allerh. Autorisation übers. v. Emil Jonas. gr. 8. (V, 130 S.) Leipzig 883. Teubner. n. 3. 60

—— s. Gedichte, einige.

Oscar II., König von Schweden und Norwegen. Gedichte. Im Versmaße des Originals mit Allerhöchster Autorisation übers. von Emil J. Jonas. gr. 8. (220 S. mit Portr. in Holzschn.) Berlin 877, Hofmann und Comp. ℳ 4,50.; geb.

Oscar II., König. v. Schweden u. Norwegen, Gedichte u. Gedanken. Mit Allerhöchster Autoris. übers. v. Emil Jonas. gr. 16. (80 S.) [Berl. 889, S. Fischer Verlag.] Hamb., Verlagsanstalt u. Druckerei. * 2 —; geb. * 3 —

—— Gedichte und Tagebuchblätter. Im Versmaße des Originals mit Allerhöchster Autorisation übers. und mit Erläuterungen versehen von Emil J. Jonas. gr. 8. (V, 207 S.) Oberhausen 879, Spaarmann.
geb. mit Goldschn.

Oscar Fredrik, Prinz von Schweden, Carl der Zwölfte als König, Krieger und Mensch. Ein Lebensbild. Aus dem Schwed. übers. von Emil J. Jonas. Lex.-8. (96 S.) Berlin 869, Allgemeine deutsche Verlags-Anstalt. *

Oscar II., König von Schweden und Norwegen, Carl XII., als König, Krieger und Mensch. Ein Lebensbild. Aus dem Schwed. übers. und mit Biographie versehen von Emil J. Jonas. 2. Aufl. gr. 8. (91 S.) Berlin 875, Imme's Verlag. [Bichteler und Comp.]

Oscar II., König v. Schweden u. Norwegen, Schloß Kronborg. Histor. Drama in 1 Aufzug. Nach e. v. Sr. Maj. als Prinz im J. 1857 verf. dramat. Gedicht. Mit allerh. Autorisation f. die deutsche Bühne bearb. v. Emil Jonas. gr. 8. (46 S. m. 1 Bild.) Berlin 881. Hamburg, Verlagsanstalt u. Druckerei. n. 1. —

[F.] Reden gehalten während der Jahre 1872—1894 von Oscar II. König v. Schweden u. Norwegen. M. Allerhöchster Autoris. übs. v. Emil [Jacob] Jonas. *Berlin: W. Peck (1896).* (2 Bl., IX, 263 S., 1 Portr.) 1 Bd 8. [96. 4018

Oscar II., König v. Schweden u. Norwegen, prosaische Schriften. Mit allerhöchster Autoris. übers. v. Emil Jonas. gr. 8. (VI, 154 S. m. 1 Kartenskizze.) Hamburg 891. Verlagsanstalt u. Druckerei, A.-G. n. 4. —

Oscar, B., e. kaufmännisches Genie, s. e. Bloch's, Ludw., Herren-Bühne.

[F.] Ein kaufmännisches Genie. Lustsp. in 1 Akt. Frei nach d. Französ. bearb. v B. Oscar. *Berlin: E. Bloch (1893).* (21 S.) 1 Bd 8.
= Herren-Bühne, Ludwig Blochs. No 17. [96. 3393

Oscar, Carl, s. Oscar, Karl

Oscar, Fr., das rosenrothe Buch, s. Buch.

Oscar, K., der Wucher u. die Theuerung. Zeitgemäße Erörterung dieser traurigen Erscheinungen der Gegenwart. 8. (20 S.) Ronneburg 847, Hofmeister. n. 4 ngr.

Oscar, Karl (Pseud.), s.a. Dietze, Oskar

Oscar, Carl, Aretin. Trauerspiel in 5 Aufzügen u. e. Vorspiel. (145 S.) 8. Leipzig 907. O. Mutze. 2. —

Oscar, Carl, vom Menschen zum Tyrannen. Drama in 4 Akten. 8. (114 S.) Leipzig (902). O. Mutze. n. 2. —

Oscar, L., die Religion zurückgeführt auf ihren Ursprung. Animismus, Religion, Mythologie nach geschichtl. Quellen. gr. 8. (IX, 160 S.) Basel 874. Krüsi. n. 2. —

Oscar's Jugendjahre. Eine nützl. u. unterhaltende Erzählung mit 12 col. Bildern. Lehr- u. Bilderbuch guten, folgsamen u. fleißigen Kindern gewidmet. qu. 4. (1¾ B.) Nürnberg 846, (Lotzbeck.)

Oesch, Albert [prakt. Arzt aus Balgach (Kt. St. Gallen)]: Was können wir ohne Schnecke hören? Basel 1898. VII,66 S. 1 Taf. 4⁰.
Basel. Med. Diss. 1897/98.

Oesch, Alb., was können wir ohne Schnecke hören? gr. 4. (VII, 66 S. m. 1 Taf.) Basel 898. B. Schwabe. n. 4.—

Oesch, Emil

Oesch, E., über Konsum-Vereine. Vortrag, geh. im Bern. Handels- u. Industrie-Verein (Sektion Bern). 3. Aufl. gr. 8. (27 S.) Bern 900. Haller'sche Buchdr. n. —40

— Reform des Submissionswesens, s.a. Zeitfragen, gewerbliche. 17. Hft.

Reform des Submissionswesens. Bericht und Vorschläge des Schweizer. Gewerbevereins betr Anwendung und Reform des Submissionsverfahrens. Im Auftr. des Centralvorst. ausgearb. v Dr E. Oesch, Adjunkt d. schweizer. Gewerbesekr *Bern: Schweiz. Gewerbeverein 1899.* (63 S.) 8°(4°)
— Zeitfragen, Gewerbliche. H. 17. [99. 7491

Oesch, E[mil]. Die schweizerische Ziegelfabrikation. Sonderabdruck aus dem Handwörterbuch der Schweiz. Volkswirtschaft, Sozialpolitik und Verwaltung.... Band 3. II + 8 S. 8. Bern, Scheitlin, Spring & Cie., 1910.

Oesch, Emil: Die französischen Zollausschlüsse von Gex und Hoch-Savoyen und ihre Stellung im schweizerisch-französischen Zollkrieg 1893/95. Eine handelspolitische Studie. (S. A. aus der 5. Lieferung der „Zeitschrift f. schweiz. Statistik", 33. Jahrg. 1897.) Bern. 43 S. 4°.
Bern. Phil. Diss. 1897/98.

Oesch, E., die französischen Zollausschlüsse v. Gex u. Hochsavoyen u. ihre Stellg. im schweizerisch-französ. Zollkrieg 1893/95. Eine handelspolit. Studie. [Aus: „Zeitschrift f. schweiz. Statistik".] gr. 4. (II, 43 S.) Bern 897. (Schmid & Francke.) n.n. 2.—

Oesch, F., siehe: *Postkartenzeitung.*

Oesch, Johannes. Dr. Augustinus Egger, Bischof von St. Gallen (1833—1906). Biographisch-historische Studie von J' Oesch, Kanonikus. [Mit Porträt-Tafel und Wappen-Vignette.] II + 187 S. 8. St. Gallen, Buchdr. der «Ostschweiz», 1908. [fr. 1. 50]

[F.] Regierungsrat Peter Aloys Falck von St. Gallen. E. biogr.-histor. Studie v. Johs. Oesch, Mitgl. der st. gall. geschichtsforsch. Gesellsch. Als Ms. gedr. *St. Gallen: Buchdr. d. 'Ostschweiz' 1895.* (1 Bl., III, 202 S., 1 Bl., 1 Portr.) 1 Bd 8. [96. 3013

Oesch, Johann[es]. Geschichtliches über die Heilquelle und das Bad Pfävers [Mit 1 Tafel.] 8. Freiburg 1882.

Oesch, Joh. Geschichtliches über die Heilquelle und das Bad Pfäffers. In-8°, 37 S. Rorschach, Wädenschwiler'sche Buchdruckerei. 1882.

Oesch, Johannes. Dr. Carl Johann Greith, Bischof von St. Gallen. Biographisch-historische Studie. [Mit 1 Wappenvignette und 1 Porträt-Tafel.] 205 S. 8. St. Gallen, Buchdr. der «Ostschweiz», 1909. [fr. 2. 40]

Oesch, J[ohannes]. Die Heilquelle und das Bad Pfävers. Eine geschichtliche Studie. 3. unveränderte Aufl. 8. Freiburg 1887.

Oesch, Johannes. Dr. Johannes Petrus Mirer, erster Bischof von St. Gallen. Biographisch-historische Studie. [Mit 1 Porträt-Tafel.] 173 S. 8. St. Gallen, Buchdr. der «Ostschweiz», 1909. [fr. 1. —]

Oesch, Joseph, aus Balgach, St. Gallen: Kritische Studien über Mangan. Berlin [1907.] 124 S. 8°. [16. V. 07.]
Zürich. Phil. Diss. II. S. 1906/1907.

Oesch, Joseph. Kritische Studien über Mangan. Diss. Phil. [II.] Univ. Zürich. 124 S. 8. Berlin, E. Ebering, [1907].

W. Oschanin's Expedition in Buchara, Karategin und in der nord-westlichen Pamir im Jahre 1878. 1 1000000. Gotha 1882. 1 Bl. c. A. Sch.

Oschatz [Sachliches OW]

Oschatz. Bilder aus e. Stadt Sachsens. Malerische Motive in 18 Bildern nach Künstler-Handzeichnungen. Zum Heimatfeste 1906! (18 z. Tl. farb. Taf. m. 2 Bl. Text.) gr. 4. Oschatz 906. Fed. Göthel. (Nur direkt.) In Mappe n. 6.—

Oschatz, der Colmberg, Hubertusburg u. Umgebung v. Colditz. 12. (4 S. m. 2 farb. Karten.) Lpz. 892, O. Dietrich. — 30

Oschatz, der Colmberg, Hubertusburg u. Umgebung v. Colditz. (8 S. m. Abbildgn. u. 2 farb. Karten.) kl. 8 Leipzig (910). O. Dietrich. — 25

Oschatz u. Umgebung. Ein Führer f. Einheimische und Fremde. 12. (35 S. m. 1 Plan.) Oschatz 901. H. Hackarath. — 50

Oschatz [Schlagwort]

Oschatz, s. a. Deutschland. Grundkarte.

— s. a.: Deutschland. Karte (Abt. Sachsen.)

Oschatz, s. a. Deutschland. Kürschner-Peip.

— s. a. Sachsen. Karte. Messtischblätter.

Oschatz-Mügeln, s.: Geologische Karten. Spezialkarte (Sachsen).

Oschatz. Kuhnert, M., Heimatkarte des Bez. Oschatz. Bearb. unter Mitwirkg. e. Kommission des Bez.-Lehrervereins Oschatz. 1 : 25,000. 4 Blatt à 69,5×73,5 cm. Farbdr. Dresden (906). A. Müller-Fröbelhaus. Auf Leinw. n.n. 25.—

Oschatz [Verfasser]

Oschatz, Wandkarte des Bitterfelder Kreises. 1 : 40,000. 4 Bl. Lithogr. und color. Imp.-Fol. Halle 882, Reichardt. Auf Leinw. mit Stäben * 12 —

— — Wandkarte des Mansfelder Seekreises. 1 : 40,000. 4 Bl. Lithogr. und color. Imp.-Fol. Ebendas. 882. Auf Leinw. mit Stäben * 10 50

Oschatz, Adolf

Oschatz, A., de Phalli impudici germinatione dissertatio, s. a. Acta u. phys.-med. Acad. Caes. Leop. Carol. XIX. Prs. II

Oschatz, Adolphus (Fridericus) *(geb. Deutsch-Krone 6.8 1812)* De Phalli impudici germinatione. Vratislaviae (1842). (16 S., 1 Taf.) 4° *[Aus: Nova Acta Acad. Leop.-Carol. Vol. 19 1842.]*
Breslau, Phil. Diss. v. 15. Juli 1842

Oschatz, Adf., Leselehrschule für Mütter und Erzieher. Anleitung zum Einzelunterrichte im Lesen nebst den erforderl. 8 Buchstabenkarten und Tafeln (in qu. 8.) 12. (50 S.) Berlin 855, E. Kühn.

Oschatz, Adolf, die Ursache des sogen. Getreideregens als beachtenswerthe Kulturpflanze, Mittheilungen über gelungene Versuche, die Kartoffeln mit Ersparniß an Aussaat und Vermehrung des Ertrages zu ziehen und Untersuchungen über den Werth der Quecken als Brodsurrogat. 3 agronom. Abhandlungen. gr. 8. (24 S. und 1 ill. Stnt.) Berlin 848, Springer. *

Oschatz, Carl Ernst, s. O s c h a t z , Karl Ernst

Oschatz, F., experimentelle Untersuchungen üb. die physiologische Wirkung d. Chinolins. gr. 8. (50 S.) Göttingen 882. (Vandenhoeck & Ruprecht.) n. 1. 20

Oschatz, Hermann

Oschatz, H. Karte des Saalkreises u. d. Stadtkreises Halle. 1:200,000. Farbendr. 23×20 cm. Halle a. S. 891, Reichardt. * — 20

Oschatz, Herm., Wandkarte des Saalkreises. Mit Höhenschichten von F. Edler. 1:40,000. Halle 888, Reichardt. Auf Leinw. mit Stäben * 18 —

Oschatz, Karl Ernst

Oschatz, Carl Ernst (Coswig/Anhalt), De laesa ossium nutritione. Präs. Christian Gottlieb Ludwig Leipzig (Langenheim) 7. XII. 1759. 32 S. (4.50) 25658

Oschatz, Konrad, aus Schönheide i. S.: Anordnung der Vegetation in Afrika. ⟨Mit Rücksicht auf Bodenbeschaffenheit u. meteorol. Verhältnisse.⟩ *Erlangen 1900: E. Th. Jacob.* (102 S.) 8°
Erlangen, Phil. Diss. v. 31. Jan. 1900

Oschatz, O., Karte des Saalkreises und des Stadtkreises Halle. 1:200,000. Lithogr. und color. gr. 4. Halle 882, Reichardt. * — 10

Oschatz, O., Karte des Saalkreises und des Stadtkreises Halle. 1:200,000. 2. Aufl. Lithogr. und color. gr. 4. Halle 887, Reichardt. * — 10

—— Wandkarte des Saalkreises. 1:40,000. 4 Bl. Lithogr. und color. gr. Fol. Ebendas. 881. Auf Leinw. mit Stäben * 8 50

Oescher, Leop. Bauobjecte aus Eisen, dargest. in 14 Plänen. Wien 1847. Fol.

Oescher, Leop., Notizen aus der Geometrie, deren Anwendung in der Zeichenkunst nebst einem Anhang über Cavalierperspective auf 24 Bl. gezeichnet, radirt u. in 465 Fig. sammt Text dargestellt. gr. 16. (X u. 55 S.) Wien 848, Gerold. n. 2 ₰

Oschersleben [Schlagwort]

Oschersleben, s.: Deutschland, Karte. (Abt. Preussen.)

Oschersleben, Kreis, s.: Magdeburg, Reg.-Bez.

Oschersleben, s.: Preussen. Messtischblätter.

Oeschey, Joseph, appr. Arzt aus Schwabmünchen. Ueber chronische Bleivergiftung. *München 1900: Kastner & Lossen.* (35 S.) 8°
München, Med. Diss. v. 1900

Oeschey, Rudolf: Beiträge zur Gerichtsstandslehre des bayer. Verwaltungsprozeßrechtes ⟨insbesondere der Gerichtsstand der Konnexität⟩. Nördlingen 1909: Beck. VII, 130 S. 8° ¶ (Aus: Blätter f. administrative Praxis. Bd 59.)
München, Jur. Diss. v. 19. Juli 1909, Ref. Dyroff
[Geb. 1. Juli 79 Landshut; Wohnort: München; Staatsangeh.: Bayern; Vorbildung: Gymn. Landshut Reife Juli 98; Studium: München 10 S.; Rig. 19. Juli 09.] [U 09. 3250

Oeschger, Max Emil, Rechtsanwalt: Die im ordentlichen gesetzlichen Güterstand des Bürgerlichen Gesetzbuchs lebende Ehefrau als Gemeinschuldnerin. Borna-Leipzig 1910: Noske. VIII, 39 S. 8°
Heidelberg, Jur. Diss. v. 14. Dez. 1910, Ref. Heinsheimer
[Geb. 29. März 77 Kleinlaufenburg; Wohnort: Ettlingen; Staatsangeh.: Baden; Vorbildung: Ludwig-Georgs-Gymn. Darmstadt Reife M. 96; Studium: Heidelberg 2, Berlin 2, Freiburg i. B. 3; Rig. 15. Nov. 10.] [U 11. 2089

[**Oschinsky**, Hugo, Prof. Dr.:] Katalog der Schülerbibliothek des Friedrichs-Realgymnasiums. Berlin 1907: A. Völcker. (39 S.) 8°
Berlin, Friedrichs-RG OP 1907 (109)

Oschinsky, Hugo: Der Ritter unterwegs und die Pflege der Gastfreundschaft im Alten Frankreich. Ein Beitrag zur französ. Kulturgesch. d. zwölften u. dreizehnten Jahrh. *Berlin: R. Gaertner 1900.* (S. 1—84.) 8° ¶ [= Phil. Diss. Halle 1900.]
Berlin, Friedrichs-RG, Festschr. 1900**

Oschinsky, Hugo, aus Berlin: Der Ritter unterwegs und die Pflege der Gastfreundschaft im Alten Frankreich. *Halle a. S. 1900.* (84 S.) 8°
Halle, Phil. Diss. v. 1900

Oschinsky, Hugo, Dr.: Gesellschaftliche Zustände Englands während der ersten Hälfte des 18. Jahrhunderts im Spiegel Fieldingscher Komödien. *Berlin: R. Gaertner 1902.* (19 S.) 4°
Berlin, Friedrichs-RG, OP 1902 (108)

Oschmann, Albert

Oschmann, A., Lastkraftwagen in der Landwirtschaft, s. a. Arbeiten der deutschen Landwirtschafts-Gesellschaft 120. Hft.

Lastkraftwagen in der Landwirtschaft. Prüfungsbericht auf Veranlassung d. Deutschen Landwirtsch.-Gesellsch., Geräte-Abt., erstattet von A[lbert] **Oschmann**, Major. Mit 56 Abb. Berlin: Deutsche Landw.-Gesellsch. 1906. (136 S.) 8° [F.]
— **Arbeiten** d. Deutschen Landwirtschafts-Gesellschaft. H. 120. [06. 1073]

Oschmann, Lastkraftfahrzeuge. (59 S. m. 9 Abbildgn.) gr. 8. Berlin 908. E. S. Mittler & Sohn. 1. 40
Sonderabdruck aus: „Kriegstechn. Ztschr."

— Spirituskraftwagen f. den landwirtschaftlichen Betrieb, s. a. Arbeiten der deutschen Landwirtschafts-Gesellschaft. 86. Hft.

Spirituskraftwagen für den landwirtschaftlichen Betrieb. Prüfungsbericht auf Veranlassung d. Deutschen Landwirtsch.-Gesellsch. erstattet von A[lbert] **Oschmann**, Hauptm. im Preuß. Kriegsmin. Mit 86 Textabb. *Berlin: Deutsche Landw.-Ges. 1903.* (84 S.) 8° [F.]
— **Arbeiten** d. Deutschen Landwirtsch. Gesellschaft. H. 86. [03. 1373]

Oschmann, Bruno, a. Hammelburg: Über das gleichzeitige Vorkommen von Fibromyoma et carcinoma uteri. Hammelburg 1904: J. J. Hiller. (41 S.) 8°
Würzburg, Med. Fak., Ref. Hofmeier, Diss. v. 25. Apr. 1905
[Geb. 17. Mai 80 Hammelburg; Wohnort: Würzburg; Staatsangeh.: Bayern; Vorbildung: Gymn. Aschaffenburg Reife Juli 99; Studium: Würzburg 4, München 3, Würzburg 2 S.; Coll. 27. Juli 04; Approb. 12. Juli 04.]

Oschmann, Carl Friedrich, s. O s c h m a n n , Karl Friedrich

Oschmann, Georg, Dr. med., prakt. Arzt in Hammelburg: Ueber Operative Behandlung pleuritischer Exsudate. *Hammelburg 1889 [vielm. 1901/02]: J. J. Hiller.* (12 S.) 8° [Umschlagt.]
Würzburg, Med. Diss. v. 1889

Oschmann, Josef, aus Hammelburg: Ein Fall von freiem Gehirncysticerkus, kombinirt mit Ependymitis nodulosa. *Hammelburg 1901: J. J. Hiller.* (28 S.) 8°
Würzburg, Med. Diss. v. 1901

Oschmann, Karl Friedrich

Oschmann, Carl Friedrich (Dresden), De obligatione imperfecta ex honestate, juris civilis auctoritate perfecta. Diss. jur. Präs. Jo. Tobia Richter. Leipzig (Breitkopf) 16. IV. 1751. 32 S. (4.25) 25659

— — Dasselbe. Leipzig (Breitkopf) 16. IV. 1751. 32 S. (4.25) 25660
Gew.: Frydryk. Brylow.

Oschmann, Kurt, approb. Arzt aus Strassburg i. E.: Klinischer Beitrag zur Achylia gastrica simplex. *Halle a. S. 1900: C. A. Kaemmerer & Co.* (26 S.) 8°
Halle, Med. Diss. v. 7. Juli 1900

Oschmann, Max [aus Pfaffenhausen in Bayern] Ueber das „Mal perforant du pied" Würzburg, Druck d. A. Memminger'schen Buchdr., 1887, 29 S. 8°
Würzburg, Med. Fak., Inaug.-Diss. v. 1887

Oschmann, Max, über das „Mal perforant du pied." Diss. Würzburg 1887, Stahelsche Univ.-Buchh. 8°. 29 S.

Oschmann, Paul (Red.), s. Kaiser-Zeitung.

Special-Karte der Altmark im Maasst. 1:150.000. Bearb. von Reinh[old] Oschmann, Kartogr. Inst. in Magdeburg. *Stendal: Altmärk. Intelligenz- u. Leseblatt [1901?].* (1 Kartenbl. 54×67 cm.) quer-gr. 2° [farbig] [01. 9363

Neue Special-Karte der Umgegend von Weimar im Massst. 1:05,000. (Verf.: Reinhold Oschmann.) *Weimar: L. Thelemann [1902], Kartogr. Inst. R. Oschmann.* (1 Kartenbl. 65×60 cm.) 8° [kol.] [02. 1869

Spezial-Karte des Stadt- und Landkreises sowie der weiteren Umgebung von Köln a. Rh. im Maßst. 1:80,000 bearb. von Reinh(old) Oschmann, kartogr. Inst., Hamburg. 2. Aufl. *Köln: M. Du Mont-Schauberg [1903].* (1 Kartenbl. 78×66 cm.) 8° [kol.] [03. 13998

Special-Karte der Umgegend von Dortmund hrsg. v. R. Oschmann. Maassst. 1:100,000. *Dortmund: W. Crüwell 1898.* (1 Ktnbl. ?) 1 Bd 8. [98. 5370

Special-Karte der Umgegend von Köln. Im Maassst. 1:75,000. Bearb. von Reinh[old] Oschmann. *Köln: M. DuMont-Schauberg [1900].* (1 Kartenbl. 67×78 cm.) 8° [Umschlagt.] [farbig] [00. 4655

Neueste Touristen Karte von Hamburg-Altona u. weitere [!] Umgegend v Reinhold **Oschmann.** 1:150000. Hamburg-St Pauli. [1910.] 1 Bl. Groß-Fol. 68/54 cm, zsgef in Umschlag 8° Lithogr. [Umschlagt.]
[Kopft.:] Special-Karte der Umgegend von Hamburg-Altona.

Düet un dat un süs noch wat. Plattdütsche Döinkes, vertallt van W[ilhelm] **Oschmann.** Bochum: M. Grimme i. K. [1908]. (VI, 103 S.) 8° [08. 6310 9

Oschmann, W., düet un dat un süs noch wat. Plattdütsche Döinkes. (VI, 103 S.) 8. Bochum (908). (W. Schmitz.) 1.50

Oschwald, Ambros, Blicke auf Gegenwart und Zukunft. 1—5., verm. Aufl. 8. (16 S.) Baden 848. (Rastatt, Hanemann.)

—— das tausendjährige Reich. 1—5., verm. Aufl. 8. (16 S.) Baden 848. (Rastatt, Hanemann.)

Oschwald, Johann Heinrich

Oschwald, J. H., Anleit. z. richt. Verst. d. Bibel, durch Aufsuch. ihrer eigenen Ideen. 8. Bern, Haller. 778.

Oschwald, Johann Heinrich. Denkmahl dem S. T. seligen Herrn Bürgermeister David Meyer [von Schaffhausen, 1714–1788], durch eine Trauerrede errichtetv on J' H' O'... 8. *o. O.* 1788.

Oschwald, Joh. Ulr., die Apokryphen in der Bibel. Ein Wort zur Verständigung an die Gebildeten der protestant. Kirche. Zürich 853. Meyer u. Zeller. gr. 8. (IV, 44 S.) 9 *ngr.*

Oschwald, Joh. Ulr., die Ehescheidung mit besond. Rücksicht auf die Gesetzgebung beleuchtet. gr. 12. (IV und 113 S.) Zürich 849, Hanke.

—— der nothwendige Einfluß der Kirche und ihrer Diener auf die Gestaltung eines christl. Familienlebens, s. Häfelin, Friedr.

Oschwald, J. U., sociale Frage u. Kirche, e. v. der Haager Gesellschaft zur Vertheidigg. der christl. Religion gekrönte Preisschrift. gr. 8. (IV, 67 S.) Leiden 874. Brill. n.n. 1. 25

— siehe: Häfelin, Frdr., der nothwendige Einfluß der Kirche u. ihrer Diener auf die Gestaltung eines christlichen Familienlebens.

— Johann Heinrich Oschwald. Ein religiöses Charakterbild aus der zweiten Hälfte des 18. Jahrh. Schaffhausen 867. Hurter'sche Buchh. gr. 8. (VII, 79 S.) 9 *ngr.*

Oschwald, Joh. Ulrich, der Apostel Paulus in 25 Predigten dargestellt. St. Gallen 865. Huber & Co. gr. 8. (V, 292 S.) 27 *ngr.*

—— So habet nun Acht auf euch selbst und auf die ganze Heerde. Synodalpredigt über Ap. Gesch. 20, 28, gehalten in Zürich den 25. Oktbr. 1853. gr. 8. (22 S.) Zürich 854, Meyer und Zeller's Verlag.

—— die christliche Sonntagsfeier. Erste gekrönte Preisschrift. gr. 8. (XXIV und 149 S.) Leipzig 850, Gebhardt und Reisland.

Oschwald-Ringier, Fanny, us der Burestube. Oppis zum Uffüehre. In Aargauer Mundart. 8. (III, 71 S.) Aarau 897. H. R. Sauerländer & Co. n. 1. 40

— us der Burestube. Oppis zum Uffüehre. In Aargauer Mundart. 2. Aufl. 8. (73 S.) Ebd. 900. n. 1. 40

Oschwald-Ringier, Fanny, us der Burestube. Oeppis zum Uffüehre. In Aargauer Mundart. 3. Aufl. (72 S.) 8. Aarau 905. H. R. Sauerländer & Co. n. 1. 40

Oschwald-Ringier, Fanny, us der Burestube. Oppis zum Uffüehre. In Aaargauer Mundart. 4. Aufl. (72 S.) 8. Aarau 909. H. R. Sauerländer & Co. 1. 40

— E gföhrlichi Chranket. Schwank in 1 Akt. 8. (30 S.) Ebd. 900. n. — 80

Oschwald-Ringier, F(anny). E gföhrlichi Chranket. Schwank in einem Akt. 2. Aufl. 30 S. 8. Aarau, H. R. Sauerländer & Co., 1903. [fr. —. 80]

Oschwald-Ringier, F(anny). E gföhrlichi Chranket. Schwank in einem Akt. 3. Aufl. 30 S. 8. Aarau, H. R. Sauerländer & Co., 1907. [fr. —. 80]

— E geföhrlichi Chranket. Schwank in 1 Akt. 4. Aufl. (30 S.) 8. Ebd. 911. — 80

— Dies u. Das. Novellen u. Geschichten. 2. bill. Volks-[Titel-]Ausg. 8. (242 S.) Ebd. [898]. 900. n. 3. —; geb. n. 4. —

Festspiel zur Bundesfeier in Lenzburg (von *F. Oschwald - Ringier* u. *M. Juchler - von Greyerz*). In-8°. 79 S. Lenzburg, Druck von G. Müller. (Aarau, H. R. Sauerländer's Sort.) 1891. 1 —

[F.] 'Lasst hören aus alter Zeit.' Dramat. Bilder aus d. Schweizergeschichte. Von F Oschwald-Ringier. *Aarau: H. R. Sauerländer 1895.* (VIII, 142 S.) 1 Bd 8.
— Bibliothek vaterländischer Schauspiele. [No] 40/41.

— dasselbe, s.a. Bibliothek vaterländ. Schauspiele.

— aller Gattig Lüt. 8. (III, 176 S.) Aarau 897. H. R. Sauerländer. n. 2. —; geb. n. 2. 60

Oschwald-Ringier, Fanny, Aller Gattig Lüt. 2. Aufl. 8. (III, 176 S.) Aarau 902. H. R. Sauerländer & Co. n. 2. —; geb. n. 2. 60

— Volksschauspiel in Lenzburg. 12. (IV, 100 S.) Ebd. 895. n.n. 1. —

— guter Wille od. Gretchen in Verlegenheit. Solospiel f. e. Dame zum Aufführen beim Polterabend, Verlobungs- od. Hochzeitsfest. 8. (16 S.) Ebd. 902. n. — 60

— Strubi Zyte. (III, 115 S.) 8. Ebd. 904. n. 1. 60

Oscillo, Liebesschwingungen. Novellenskizzen. (35 S.) 8. Strassburg 907. J. Singer. 1. —

Ose, Georg, approb. Arzt aus Lausigk Ueber Paraffinprothesen. *Leipzig 1904: B. Georgi.* (46 S.) 8°
Leipzig, Med. Diss. v (14. Juli) 1904

Die Weissagungen des Osee [Oseas], Amos und Michäas übers. u. kurz erkl. von Dr. Karl A[lexander] Leimbach, Prof. Fulda: Actiendr. 1907. (150 S.) 8° [F.]
— Volksbücher, Biblische. H. 3.

Oseen, (Carl Wilh.), eine Bemerkung üb. die analytische Fortsetzung v. Funktionen mehrerer Veränderlichen. (3 S.) 8. Uppsala (907). (Berlin, R. Friedländer & Sohn.) — 40

OSEEN, C[arl] W[ilhelm].
Ueber die endlichen, continuierlichen, irreducibeln Berührungstransformationsgruppen im Raume. Lund 1901. 8:o. (36 s.) Diss. Lund.

— Zur Hydrodynamik der Kugel. (75 S.) 8. Ebd. 909. nn 1. 80

Oseen, C. W., über e. Klasse v. verallgemeinerten Funktionentheorien. (17 S.) 8. Uppsala 906. (Berlin, R. Friedländer & Sohn.) n.n. 1. —
Sonderabdruck aus: „Arkiv f. matematik, astronomi och fysik".

— Note üb. die Berechnung der durch e. Kugel hervorgerufenen, stationären Bewegung e. reibenden Flüssigkeit. (4 S.) 8. Ebd. 909. nn — 60

— Ein Satz üb. die Singularitäten, welche in der Bewegung e. reibenden u. zusammendrückbaren Flüssigkeit auftreten können. (17 S.) 8. Ebd 910 nn 1 —

— Über elektrische Ströme in ebenen Leitern. (28 S.) S. Ebd. 908. nn — 90
5 Sonderabdr. a.: „Arkiv f. matematik, astronomi och fysik".

Oseen, (Carl Wilh.), zur Theorie der Bewegung e. reibenden Flüssigkeit. I.—V. 8. Uppsala (907). (Berlin, R. Friedländer & Sohn.) nn 3. 70
I. (22 S.) 907. nn 1.—.
II—IV. (84 S.) 907. nn 2.10. — V. (23 S.) 906. nn — 60.

— Zur Theorie der unstetigen Bewegungen e. Elektrons. (27 S.) 8. Ebd. 907. nn 1. —
6 Sonderabdrucke aus: „Arkiv f. matematik, astronomi och fysik".

Osel, Heinrich

Osel, H., über die Errichtg. v. Landwirtschaftskammern in Bayern. (Verf. i. A. der Zentralstelle der bayer. Bauernvereine in Regensburg.) (47 S.) 8. München 908. (Regensburg, J. Habbel.) 1. —

Osel H. die Handelsverträge in ihrem Zusammenhang mit dem Zolltarif und Zollverkehr. (79 S) München 1902

Osel, Heinr., die Handelsverträge in ihrem Zusammenhang m. dem Zolltarif u. Zollverkehr. (III, 79 S.) gr. 8. München (903). J. Lindauer. n. — 60

Osel, Heinr., Mängel u. Ueberlebtes im Zolltarif u. in den Zollgesetzen, s.a. Schriften der Centralstelle f. Vorbereitung v. Handelsverträgen. VII.

Osel, Heinrich: Mängel und Ueberlebtes im Zolltarif und in den Zollgesetzen. Von –. Berlin. Siemenroth & Troschel 1899. (VIII, 55 S.) 8°
= Schriften d. Centralstelle f Vorbereitung v. Handelsverträgen. H. 7

Osel, K., Experimentelle Untersuchungen über das Anthraxvirus. In.-Diss. Dorpat 85. Karow.

Oesels einst und jetzt. — Arensburg 1887. „Arensburger Wochenblatt" XII, 260 S.

Osen, Anton, Kurzer Abriß der Kirchengeschichte für Bürgerschulen. Selbstverlag. Prachatitz 1894. (Min.-Erl. v. 6. Juni 1895, Z. 7933.) Geb. —.60

Osen, Anton, Kurzer Abriß der Kirchengeschichte für Bürgerschulen. 2. Auflage. Prachatitz 1898. Selbstverlag. Innerhalb der Budweiser Diöcese; in anderen Diöcesen, wenn daßelbe von den betreffenden Ordinariaten für zuläßig erklärt worden ist.

Osen, Ant., kurzer Abriß der Kirchengeschichte für Bürgerschulen. 3. Aufl. (180 S. m. 34 Abbildgn.) 8. Prachatitz, Katechet Osen. Geb. n. — 92

Osen, Ant., Erhorten f. e. Schuljahr an Bürgerschulen. (VIII, 274 S.) 8. Wien 910. H. Kirsch. 3. —

Osenberg, Ew., die Organisation v. hauswirtschaftlichen u. kaufmännischen Mädchen-Fortbildungsschulen. Im Zusammenhange dargestellt, nebst Stoffverteilungsplänen u. Kostenanschlägen. (VI, 64 S.) gr. 8. Leipzig 908. B. G. Teubner. 1. 60

Osenbrüg, *Ernst Wilhelm* Theodor [aus Ratzeburg i. Lauenb.]: Ueber die Entwicklung des Samens der Areca Catechu L. und die Bedeutung der Ruminationen ... Marburg, Univ.-Buchdr. '(R. Friedrich)', 1894; 42 S., 3 Taf. m. 3 Erl.-Bl. 8.
Marburg, Phil. Fak., Inaug.-Diss. v. [31. Jan.] 1894

Osenbruggen, C. van, de Hermocrate Syracusano libertatis vindice. gr. 4. (X und 42 S.) Haag 862, Nijhoff. *

Osenbruggen, C. v., Drie vrouwen uit de gedichten van Homerus: Helena, Andromache, Penelope. S.-A. o. J. 22 S. 1.—

Osenbrüggen, Eduard

Osenbrüggen, Ed., Abhandlungen aus dem deutschen Strafrecht. 1. Bd. gr. 8. (XVI und 209 S.) Erlangen 850(57,) Enke's Vrlgsh. *

Osenbrüggen, Ed[uard]. Alpes et Glaciers de la Suisse. Ouvrage comprenant soixante vues pittoresques [= 62 planches], gravées sur acier par divers artistes, et un texte topographique, traduit de l'allemand de Ed. O' par C[harles]-F[rançois] Girard. 4. Bâle, (London, Paris ...) *s. d.* [1868/76].

Osenbrüggen, Ed[uard]. Alpes et Glaciers de la Suisse. Ouvrage comprenant soixante-treize vues pittoresques gravées sur acier par C[aspar] Huber et un texte topographique traduit de l'allemand de Ed. O' par C[harles]-F[rançois] Girard. Traduction revue et augmentée d'après la 3e édition allemande par C E A Humbert-Prince. 3e éd. 4. Bâle, Londres, Paris... *s. d.* [ca. 1883].

Osenbrüggen, Ed., Axenstein [Vierwaldstättersee]. Fol. (25 S. mit 1 Panorama in Stahlst. in qu. gr. Fol.) Zürich 876, Orell, Füssli und Comp. geb. *

Osenbrüggen, E. (Prof.). Axenstein am Vierwaldstättersee. Mit grossem Panorama in Stahlstich von C. Huber. Zürich, Orell Füssli & Cie. 1878.

(Osenbrüggen, Eduard). Ein Beitrag zur Strafrechtsgeschichte der deutschen Schweiz. Gratulationsschrift der staatswissenschaftlichen Facultät der Universität Zürich zum 29. März 1859 als dem fünfzigjährigen Doctorjubiläum des Herrn Geheimrath und Professor Mittermaier in Heidelberg. Zür. D. Bürkli Dr 1859. 2 Bl., 29 S. 4°.

Osenbrüggen, Ed., Bemerkungen über den Entwurf eines Strafgesetzes in Oesterreich vom J. 1867. [Aus: Oesterreichische Gerichtszeitung.] Wien 867. Manz' Verl. gr. 8. (32 S.) n. 5 ngr.

Osenbrüggen, Ed., Bericht üb. ein Practicum criminale. gr. 8. (28 S.) Dorpat 848, Karow. [Glaeser.] 6 ngr.

Osenbrüggen, Ed., culturhistorische Bilder aus der Schweiz. Leipzig 862. Roßberg. 8. (VIII, 184 S.) 22½ ngr.

— culturhistorische Bilder aus der Schweiz. 2., verm. u. verb. Aufl. Leipzig 867. Roßberg'sche Buchh. 8. (VIII, 203 S.) 22½ ngr.

— neue culturhistorische Bilder aus der Schweiz. 8. (IV und 210 S.) Leipzig 864, Roßberg'sche Buchh. —

— nordische Bilder. 8. (VIII und 273 S.) Leipzig 853, Hinrichs'sche Buchh.

— die Brandstiftung in den Strafgesetzbüchern Deutschlands und der deutschen Schweiz. Ein kritischer Commentar mit histor. Einleitung. Leipzig 854. Hinrichs. gr. 8. (VIII, 199 S.) 1 rthl.

— s. Cicero's Rede für T. A. Milo. — Rede für den Sex. tus Roscius.

Osenbrüggen, Ed., die Ehre im Spiegel der Zeit, s. Sammlung gemeinverständl. wissenschaftl. Vorträge.

Osenbrüggen E, die Ehre im Spiegel der Zeit. (Sammlung gemeinverständlicher wissenschaftlicher Vorträge 152) Berlin 1872

Osenbrüggen, Edu., Die Gastgerichte des deutschen Mittelalters. Wien 1865. 8.
Sep.-Abdr aus: Sitz.-Berr. d. kais. Akad. d. Wiss. (BB...)

Osenbrüggen, Ed., der Gotthard u. das Tessin mit den oberitalischen Seen. gr. 8. (VIII, 232 S.) Basel 877. Schwabe. n. 5. —

Osenbrüggen, Eduard. Der Gotthard und das Tessin mit den oberitalischen Seen 8 Basel.
[1 Ausg.] 1877 — (2 Ausg.) 1880.

— der Hausfrieden. Ein Beitrag zur deutschen Rechtsgeschichte. Erlangen 857. Enke. gr. 8. (VIII, 102 S.) n. 18 ngr.

Osenbrüggen, E., das Hochgebirge der Schweiz. Mit 64 Ansichten. Basel, Chr. Krüsi. à Liefg. 1. 50
Erscheint in 16 Lieferungen mit je 4 Stahlstichen u. 1½ Bogen Text. 1874.

— das Hochgebirge der Schweiz. Prachtwerk mit 64 der interessantesten Ansichten aus dem Alpen-, Felsen- und Gletschergebiete. Original-Zeichnungen in Stahl radirt von C. Huber. Mit topograph. Text. 2. völlig umgearb. Aufl. In 16 Lfgn. gr. 4. (376 Sp. mit 64 Stahlst.) Basel 875, Krüsi. à Lfg. *M 1,20. *

— dass. — s. Hochgebirge, das, der Schweiz.

Osenbrüggen, Eduard. Das Hochgebirge der Schweiz. Prachtwerk mit 64 (*3. *Aufl.* 72) der interessantesten Ansichten aus dem Alpen-, Felsen- und Gletschergebiete [Tafeln]. Originalzeichnungen in Stahl radirt von C[aspar] Huber Mit topographischem Text von Professor Ed. O'. 4. Basel, London, Paris ...
2. umgearbeitete Aufl (16 Lieferungen) [1875]
3. erweiterte Aufl [18 Lieferungen.] *o. J* [1878 79].

Osenbrüggen, Ed., zur Interpretation des Corpus iuris civilis. Ein kritischer Beitrag. gr. 8. (3½ B.) Kiel 842, Schwers'sche Buchh. *

Osenbrueggen, Ed., de jure belli et pacis Romanorum liber singularis. 8maj. (6½ B.) Lipsiae 836, Barth.

— Casuistik des Criminalrechts. Schaffhausen 854. Hurter. gr. 8. (XVI, 347 S.) 1 rthl. 15 ngr.

— das Criminalrecht und der Zeitgeist. Abdr. aus dem „Archiv des Criminalrechts". Braunschweig 855. Schwetschke. 8. (32 S.) n. 4 ngr.

— Land und Leute der Urschweiz, s. Sammlung gemeinverständlicher wissenschaftlicher Vorträge. 6. Heft.

Osenbrüggen, Eduard. Land und Leute der Urschweiz. 8. Berlin 1866.
Sammlung gemeinverständlicher wissenschaftlicher Vorträge, hrg von Rud[olf] Virchow und Fr[anz] v[on] Holtzendorff Heft 6.

— eine Metamorphose im deutschen Strafrecht, s. Zeit- und Streit-Fragen, deutsche.

Osenbrüggen E. eine Methamorphose im deutschen Strafrecht. (Zeit- und Streitfragen, Deutsche 102) Berlin 1877

—— das Berner Oberland, s. Robock, L.

—— das altröm. Paricidium. Eine philolog.-jurist. Abhandl. gr. 8. (4 B.) Kiel 841, Schwers'sche Buchh.

Osenbrüggen, Eduard s.a. Poesien und Bilder von Axenstein Zürich – Poesies and Scenery of Axenstein .. Zurich.

Osenbrüggen, Ed., u. A., Poesien u. Bilder v. Axenstein am Vierwaldstätter See, nebst Brunnen u. Umgebgn. Mit 1 Panorama v. Axenstein in Stahlst.-Reproduction, 1 Situationsplänchen des Parkes u. 70 Illustr., sowie 1 Karte v. Vierwaldstättersee. 8. (81 S.) Zürich (891). Th. Schröter.
In Leinw. kart. n. 1. —; ermäss. Preis n. — 80

— — Englische Ausgabe. Ebd. 1891. 1 —
Fürs Ausland Mk. 1 —

Osenbrüggen, E. u. A. Poesien u. Bilder vom Axenstein am Vierwaldstättersee, nebst Brunnen u. Umgebung. Mit 1 Panorama, 1 Plan, 1 Karte u. 70 Textabb. In-8°. 81 S. Zürich, J. A. Preuss. 1896. Cart. 1 —
*** Auch in englischer Sprache erschienen

—— die Raben des heiligen Meinrad. Vortrag in der züricher antiquar. Gesellschaft gehalten. 16. (36 S.) Schaffhausen 861, Hurter'sche Buchh. *

—— deutsche Rechtsalterthümer aus der Schweiz. 1—3. Heft. Lex.-8. Zürich, Meyer und Zeller's Verlag. [1. Heft. (46 S.) 858. * 10 Ngr., 2. (S. 47—112.) 859. * 16 Ngr., 3. (53 S.) 859. * 16 Ngr.] *
Aus: Monatsschrift des wissenschaftlichen Vereins in Zürich, besonders abgedruckt.

Osenbrüggen, Ed., Rechtsalterthümer aus österreichischen Pantaidingen. Lex.-8. (59 S.) Wien 863, (Gerold's Sohn.) *
Aus: Sitzungsberichte der k. Akademie der Wissenschaften, besonders abgedruckt.

Osenbrüggen, deut. u. schweiz. Rechtsgeschichte. 2. Aufl. Basel 868.

—— die deutschen Rechtssprichwörter, s.a. Vorträge, öffentliche, gehalten in der Schweiz.

Osenbrüggen, Edu., Die deutschen Rechtssprichwörter Basel 1876. 8.
Ist Öffentl. Vorträge geh. in d. Schweiz. II. 9.

— der Rechtsunterricht auf den Universitäten mit nächster Beziehung auf die Forderung einer prakt. Richtung desselben Eine Rede. gr. 8. Dorpat 845. (Gläser.) n. 6 ngl

Osenbrüggen, Ed., Schilderungen und Sagen, s. Oberland, das Berner.

—— die Schweiz in den Wandelungen der Neuzeit, s.a. Sammlung gemeinverständl. wissenschaftl. Vorträge.

Osenbrüggen, Eduard. Die Schweiz in den Wandelungen der Neuzeit. 8. Berlin 1876.
(Sammlung gemeinverständlicher wissenschaftlicher Vorträge, hrg. von Rud[olf] Virchow und Fr[anz] von Holtzendorff. Serie 11 Heft 252.)

—— die Schweizer, s.a. Verein, allgemeiner, für deutsche Literatur.

Osenbrüggen, Eduard. Die Schweizer Daheim und in der Fremde 8. Berlin.
[1. Aufl.] 1874 — 2. unveränderte Aufl. 1875.

—— das alamannische Strafrecht im deutschen Mittelalter. gr. 8. (XVI und 419 S.) Schaffhausen 860, Hurter'sche Buchh. *

—— das Strafrecht der Langobarden. gr. 8. (XII und 168 S.) Schaffhausen 863, Hurter'sche Buchh. *

— s. Studien, Dorpater juristische.

— Studien zur deutschen u. schweizerischen Rechtsgeschichte. Leipzig 867. Rossberg'sche Buchh. gr. 8. (XII, 440 S.) n. 2 ₰ 15 ngr.

—— Studien zur deutschen und schweizerischen Rechtsgeschichte. gr. 8. (XII, 440 S.) Schaffhausen 868, Hurter'sche Buchh. [Baader.] (* M 7,50.) *

— Studien zur deutschen u. schweizerischen Rechtsgeschichte. Wohlf. (Tit.-)Ausg. gr. 8. (XII, 440 S.) Basel (1868) 881. Schwabe. n. 3. 20

Osenbrüggen, E[duard]. La Suisse primitive, sol classique de la tradition de Tell. Ouvrage illustré par des citations du poëme de (Frédéric) Schiller et par soixante-quatre gravures sur acier de J(C[aspar]) Huber et d'autres artistes. Avec un texte historico-topographique du Professeur E. O'. Traduction française. 4. Bâle, (Londres, Paris) [1870].

—— Theorie u. Praxis des Liv-, Esth- u. Curländ. Criminalrechts in e. Darstellung v. Rechtsfällen u. Excursen. I. u. 2. Lfg. gr. 8. (23⅞ B.) Dorpat 846, 47, Kluge. (Reval, Eggers.) à *

—— die Urschweiz. Classischer Boden der Tellsage verherrlicht durch Schiller's Freiheitsgesang. 60 Stahlst. von C. Hubert und anderen Künstlern. Mit historisch-topograph. Text. 15 Lfgn. 4. (VII, 344 Sp. mit 60 Stahlst. und Titelbl. in Stahlst.) Basel 870, Krüsi. à Lfg. * M 1,30.

Osenbrüggen, Ed[uard]. Die Urschweiz. Classischer Boden der Tellssage .. 64 Stahlstiche von C[aspar] Huber und anderen Künstlern. Mit historisch-topographischem Text von Professor Ed. O'. 2. verbesserte Aufl. 4. Basel, London, Paris....
Ausg A 368 Spalten Text. [1872.]
Ausg B 370 Spalten Text. Mit fast durchweg erneuerten Tafeln o J [1872 73]

Osenbrüggen, Eduard. Wanderstudien aus der Schweiz. 6 Bände 8. 1867–1881.
Band 1–5. Schaffhausen 1867–1876.
Band 6 *u. d. T* Wanderst' Begründet von E' O' ., fortgeführt von Ernst Buss Basel 1881

—— Wanderstudien aus der Schweiz. 1. Bd. 8. (V und 365 S.) Schaffhausen 867, Hurter'sche Buchh. *

—— Wanderstudien aus der Schweiz. 2. und 3. Bd. 8. (III, 334 S.) Schaffhausen 871, Hurter'sche Buchh. [Baader.] à Bd. * M 3,60. *
—— dass. — 4. Bd. 8. (331 S.) Schaffhausen 874, Baader. *
1. Bd. Ebendas. 1867. * M 4.

—— Wanderstudien aus der Schweiz. 5. Bd. 8. (320 S.) Schaffhausen 876, Baader. *
1.—4. Bd. Ebendas. 1867—74. * M 15,20.

—— Wanderstudien aus der Schweiz. Fortgeführt von Ernst Buß. 6. Bd. 8. (IV, 345 S.) Ebendas. 881. * 3 20
1.—5. Bd. [Schaffhausen 1867—76, Baader.] Basel, Schwabe. * M 19,20.

Osenbrüggen, J., üb. den Hang zur Geistesträgheit u. z. Sinnengenuß v. Seiten einzelner Glieder des Schulstandes. Eine Hauptquelle, aus der Untreue fließt, die Nichtachtung z. Folge hat. 8. Hamb. 825. (Hoffmann u. Campe). 6 gr

OSENJAK, Matthias: De impedimento matrimonii, quod est ordo sacer. — 1901. 27 S. Diss. Graz, Univ.

Osnosky, Joh., Beitrag zur Lösung der socialen Frage. Volkswirthschaftliche Studie. 12. (56 S.) Prag 892. H. Dominicus. n. — 50

Oser, die Neurosen d. Magens u. ihre Behandlung, s. a. Klinik, Wiener.

Oser, Primararzt Dr., Die Neurosen d. Magens u. ihre Behandlung. gr. 8. (64 S.) Wien, Urban & Schwarzenberg. 90 kr. 1885

—— Pathologie und Therapie der Cholera, s. Vorträge über Cholera asiatica.

O[ser], E[mma]. Marietta [Eine Kindergeschichte] 38 S. 8. Basel, C. F Lendorff, [1909]. [fr —. 90]

Oser, Ernst, die Schatzkammer des göttlichen Wortes. Eine Anleitung zum Bibellesen. 1. Heftchen: Oktbr. 1908: Luk. 1, 1—4, 15. (Ausg. A. Für Jungens. Ausg. B. Für Mädchen.) (Je 16 S.) 16. Leipzig, M. Költz. à p — 05

Oser, F. S., die Commerzial-Waaren-Stämplung. Zusammenstellung sämmtlicher Vorschriften nebst dem vollständ. Tarife. gr. 8. (2⅝ B.) Wien 844, Volke's Buchh. *

—— Oesterreich's Zollanstalten. Gemeinfaßl. Anleitung für Geschäftsmänner zur vorschriftsmäßigen Vollziehung aller Verrichtungen bei den Zollämtern u. im Transporte. Mit Berücksichtigung der pract. Bedürfnisse u. der neuesten Gefälls-Gesetze. Lex.-8. (9 B., 1 Zollkarte u. 1 Tab.) Wien 844, Kaulfuß Wwe., Prandel u. Comp.

Oser, Frdr., Bruder Adolphus. Ein Klosteridyll. Illustr. v. Karl Jauslin. Volksausg. gr. 8. (15 S.) Basel 887. Bernheim. n. — 80

Oser, F., Jugendgeschichten, den Enkeln erzählt. 8. (68 S.) Basel 888. [Schneider.] Geering. n. 1. 40

Oser, Friedr., sechszig Kreuz- und Trostlieder. Mit einem Anhang von Liedern auf des Kindes Tod. Weihnachtsgabe für die Trauernden der Vaterstadt. Basel 856. Schweighauser'sche Verlhdlg. 16. (119 S.) 12 ngr.

Oser, Friedr., Kreuz- und Trostlieder. 2., sehr verm. Aufl., mit Angabe der Compositionen. 8. (VII und 228 S.) Wiesbaden 865, Niedner. 25 Ngr.; geb. mit Goldschn. *

Oser, Fr. Schweizerische Kunst. Weihnachtsalbum, mit der Photographie und der autograph. Handschrift des Dichters, nebst 43 Radirungen, 1 Steinzeichnung und 22 Stahlstichen. Gr. in-4°. Basel, Chr. Krüsi. 1884. 30 —

Oser, Frdr., Leben u. Streben. Reimsprüche. 8. (199 S.) Bremen 878. Müller's Verl. n. 3. —

—— neue Lieder [1874—1884]. gr. 16. (XI, 374 S.) Basel 885, Bernheim. *ℳ 2.50.; geb. *

Oser, Frdr., Liederbuch. 1842—1874. Mit e. biograph. Verzeichnisse der Componisten. 8. (404 S.) Basel 875. Schwabe. n. 4. 80

—— Theodor Meyer-Merian. Literarische Skizze. 16. (32 S.) Basel 868, Schweighauser'sche Buchh. *

Samariter u. Mörder; u. Was schreit das durch Mörderhände vergossene Blut? Zwei Leichenreden, geh. nach der Ermordung dreier Angestellter in der Strafanstalt zu Basel am 20. Juli auf dem Gottesacker im Kannenfeld den 22. Juli u. in der Kirche der Strafanstalt vor den Gefangenen den 23. Juli 1876. gr. 8. (24 S.) Basel 876. Schneider n. — 50

— geistliche Triolette. Eine Gabe für die Leidtragenden u. f. die Kirchen-Componisten. 1852—1881. 12. (228 S.) Bern 882. Wyß. n. 2. 60

Oser, Heinrich. Jugendgeschichten. Den Enkeln erzählt. In 8°, 69 S. Basel, Felix Schneider. 1 60
1887. gebd. 2 20

Oser, Hugo. Der Dienstvertrag im Schweizerischen Zivilgesetzbuch. Sonderabdruck aus «Blätter für vergleichende Rechtswissenschaft und Volkswirtschaftslehre», Jahrg. 3, Heft 4/6. 36 S. 8. ⟨Berlin, R. v. Decker, [1907].⟩

Oser, H[ugo]. Eigentumsvorbehalt und Abzahlungsgeschäft. Referat von Prof. Dr. H. O' in Freiburg. Separatabdruck aus den Verhandlungen des Schweizer. Juristenvereins 1905. [Heft 1.] II + 86 S. 8. Basel, Helbing & Lichtenhahn, 1905. [fr. 1. 50]

Oser, Hugo. Der Einfluss des Schweizerischen Civilgesetzbuches auf das Studium des Privatrechts. Rede gehalten am 16. November 1903 zur feierlichen Eröffnung des Studienjahres 1903-1904 von... H' O', Rektor... [der] Universitæt Freiburg, Schweiz. 21 S. 8. Freiburg, Buchdr. des Werkes vom hl. Paulus, 1904.

[Oser, Hugo.] Unterm «Giftbaum». Orientierendes über die schweizerischen Börsenverhältnisse. Von * * * ⟨Separatabzug aus den «Neue Zürcher Nachrichten» [Mai—Juni 1905].⟩ I + 26 S. 8. Zürich, H. Börsig, 1905.

Oser, (Hugo), s.: Kommentar zum schweizerischen Zivilgesetzbuch.

Oser, Hugo. Das Personen- und Familienrecht (des Entwurfes zum [Schweizer.] Zivilgesetzbuch) in der Bundesversammlung. Separatabzug aus den «Neuen Zürcher Nachrichten» [1906, №. 57—66. Februar 27 — März 8]. 39 S. 8. Zürich, H. Börsig, 1906.

Oser, Hugo. Schweiz. ([Uebersicht über] Gesetzgebung [und] Juristische Literatur.) Generalreferent: Dr. H' O', ... Freiburg i. Ü. (I. Der Bund; II. Die Kantone. [Unter Mitwirkung verschiedener] Referent[en]. — Sonderabdruck aus dem Jahrbuch der Internationalen Vereinigung für vergleichende Rechtswissenschaft und Volkswirtschaftslehre zu Berlin....) 8. (Berlin....)

([Berichtsjahr] 1898: Gesetzgebung [und Juristische] Literatur — Sonderabdr' aus dem J'.... Bd. 5 [Abteilung 2].) II + II S. + S. 1051—1104. (Berlin, K. Hoffmann, [1902].)

([Berichtsjahre] 1899—1901: Ges', Jurist' Lit', Volkswirtschaft und volkswirtschaftliche Lit' der Schweiz. — Sonderabdr' aus dem J'.... Bd. 6 u. 7 [Abteilung 2].) II S. + S. 1375—1558. (Berlin, Julius Springer, [1904].)

Referent[en]: *1898—1901:* Dr. W[alther] Burckhardt, F[ranz] X[aver] Eggspühler, Dr. J[ohann] Engeler, Dr. Hugo Oser, *sowie verschiedene je für einen Kanton; 1899—1901 für mehrere Kantone:* Lic. L[eo] Meyer u. Lic. Karl v. Weber; *1899—1901, S. 1390—1481:* Volkswirtschaft und volksw' Lit' der Schweiz. Referent: Dr. Gustav H[einrich] Schmidt....

Handbuch für die kurze Arithmetik oder Rechenkunst von *Jack. F. Oser.* Berlin, 8. 1ter Heft, 235 S. 1788.
— 2ter Heft, 235 S. 1789.

Oser, Dr. Johann, Franz Reim und Philipp Weselsky, Analyse des Wassers und der Gase des artesischen Brunnens am Wien-Raaber Bahnhofe (Sonder-Abdr. a. d. Sitzungsber. d. k. Akad. d. Wiss.) gr 8. (18 S.) Wien, Gerold in Comm. 1866. 15 kr

— und Kalmann Wilhelm Über ein neues Derivat der Gallussäure und dessen Anwendung zur Bestimmung der gebundenen Kohlensäure S 83. II. 161 ngr.
Separatabdruck

– Über Elementaranalyse auf elektrothermischem Wege (mit 1 Taf.) S 99. IIb. 498 vgr
Separatabdruck

Oser, Joh., über die Gerbsäuren der Eiche. Lex.-8. (26 S.) Wien 875, (Gerold's Sohn.) *

Oser, Joh., u. Frz. Böcker, über Condensationsproducte der Gallussäure. [Aus: „Sitzungsber. d. k. Akad. d. Wiss."] Lex.-8. (8 S.) Wien 879. (Gerold's Sohn.) n. — 20

Oser, Joh., Untersuchungen über die Alkoholgährung [Aus d. Sitzungsber. d. k. Akad. d. Wiss.] Wien 868. (Gerold's Sohn.) Lex.-8. (7 S.) n. 2 ngr.

Oser, L., u. M. v. Stürler, Schirmbrief des Raths von Basel für 2 Juden und Urkunden über Hexenprocesse aus dem Staatsarchive in Bern. Basel, 1857. S.-A. 13 Seiten. 8° (1 fr 20 cts. Georg & Co., Basel, 1908.)

Oser, Leopold

Oser, L., die mechanische Behandlung der Magen- u. Darmkrankheiten, s.: Klinik, Wiener. 1875.

Oser, L., d. Erkrankgn. d. Pankreas, s.: Pathologie u. Therapie, specielle.

Die Erkrankungen des Pankreas. Von Prof. Dr L[eopold] Oser in Wien. M. 16 Abb. (Vorr. Emil Zuckerkandl.) *Wien: A. Hölder 1898.* (VIII S., 1 Bl., 400 S.) 1 Bd 8.
= Pathologie, Specielle, u. Therapie. Bd 18 Th. II. [98. 5848

— die Ursachen von Magenerweiterung u. der Worth der mechanischen Behandlung bei derselben, s.: Klinik, Wiener, 1881.

Rudolf Oser, Kunst- und Handelsgärtnerei, Basel .... (Illustrierter Katalog über Blumenbinderei.) 20 S. 8. [1902.]

Oser, Wilhelm, aus Basel Ueber eine neue Synthese von Pyrazolderivaten. — Ueber eine neue Synthese von Phendihydromiazinen Uster-Zür A Diggelmann Dr 1893. 79 S. 8°
Zürich, Phil. Diss. [v 28. Juli 1893].

Oeser A. Haupt-Katalog der Special-Fabrik für Transmissionen. Penig (Sachsen) 1886

Oeser, A., Nachf.: Hauptkatalog No. 65 der Special-Fabrik für Transmissionen. Penig (Sachsen) 1892

Öser, Adam Friedrich. Neueste Allegoriengemälde. Leipzig 1782. H: *Kreuchauf, Franz Wilh.* (Mn) »1783« (Ky)

Oeser's, Adm. Fr., († d. 18. März 1799.) neueste Allegoriengemälde, (v. Frz. W. Kreuchauf). 8. Leipz. 783. Breitkopf u. H. 4 gr

– s. Schreiben an Hagedorn.

– s. Verzeichniß d. Gemälde in d. Samml. d. Hrn. Schwalbe, u. der in d. Samml. d. Hrn. v. Wallmoden.

Geschichte des Freimaurer-Clubs in Ebersbach i. S. vom Jahre 1847/48 bis 1896/97 von A[lwin] Oeser. Ms. nur f. Frmr. Zittau [1897]: Böhme. 110 S. 8°
Nebst Vorträgen (hauptsächl. von W. Th. Israel) aus den Klubarbeiten, Verzeichn. der Mitgl. u. der gehaltenen Vorträge.

Oeser, Aug., Dichtungen u. Aphorismen. 2 Hefte in 1 Bde. (Je 16 S.) gr. 8. Charlottenburg 906. G. Helberg. n. 1. —; Volksausg., 2 Hefte à n. — 30

— philosophische Schriften. 1. Heft. Morgendämmerung od. der philosoph. Weg. der Zukunft. Eine philosophisch-krit. Schrift unter besonderer Berücksicht. der Kant'schen Schrift: „Prolegomena zu e. jeden künft. Metaphysik, die als Wissenschaft wird auftreten können". (87 S.) 8. Ebd. (906). n. 1. 50

Oeser, Aug., theosophische Schriften. (Kritik der Wahrheiten u. Irrtümer auf dem Gebiete des gesamten philosophisch-religiösen Erkennens der Menschheit.) 1. Hft. Gott u. die Natur. (Schöpfung.) gr. 8. (34 S.) Hamburg 900. P. Schulz. — 60

Vaterlandsliebe. Romant.-dramat. Oper deutsch-patriot. Tendenz in 4 Akten. Musik von August Oeser (Text nach L. Kopp, überarb. v. Komp.) [Textbuch.] Charlottenburg, Leipzig G. Helberg [1906]. (53 S.) 8° [F.] [07. 833

Oeser, Christian

Oeser, Chr., kurzer Abriß der allgemeinen Weltgeschichte für Schulen u. zum Privatunterricht. 2., revid. Aufl. 8. ($15\frac{7}{8}$ B.) Leipzig 846, [Brandstetter.]

Oeser's, Chr. [Schroer], aesthetische Briefe. Ein Weihegeschenk f. deutsche Frauen u. Jungfrauen. Hrsg. von S. Karpeles. 2. Aufl. 8. (XVI, 312 S. m. Illustr.) Berl. 889, [Fried u. Comp.] Wiener. geb. m. Goldschn. * 4 —

Oeser's, Ch., Briefe üb. die Hauptgegenstände der Aesthetik. Ein Weihgeschenk f. Deutschlands Töchter. Neu durchgeseh., in mehreren Theilen umgearb., bedeutend verm. Ausg. v. Adb. Svoboda. (Neue [Titel-]Ausg.) gr. 8. (IX, 582 S. m. 65 Abbildgn.) Schweidnitz [888]. (900.) C. Lerch. Geb. in Leinw. m. Goldschn. n. 9. 50

Oeser, Ch., Briefe an eine Jungfrau üb. die Hauptgegenstände der Aesthetik. Ein Weihgeschenk für Frauen u. Jungfrauen, denen es mit der ästhetischen Bildung Ernst ist. 4. bedeutend verm. u. verb. Aufl. Bearb. u. herausg. von A. W. Grube. br 8. (XII u. 467 S. m. eingedr. Holzschn.) Leipzig 852, Brandstetter. $1\frac{3}{4}$ n$; mit 7 Stahlst. $2\frac{3}{4}$ n$

Oeser's, Chrn., Briefe an eine Jungfrau über die Hauptgegenstände der Aesthetik. Ein Weihgeschenk für Frauen und Jungfrauen. 5. bedeutend verm. u. verb. Aufl. Bearb. und herausg. von A. W. Grube. Mit (6) Stahlst. u. Holzschn. (im Text). Leipzig 857. Brandstetter. 8. (XI, 492 S. u. 2 lith. Portr.) 2 n$. $22\frac{1}{2}$ ngr.

Oeser's, Chrn., Briefe an eine Jungfrau über die Hauptgegenstände der Aesthetik. Ein Weihgeschenk für Frauen und Jungfrauen. 6. Aufl. 1858. und 7., bedeutend verm. und verb. Aufl. Bearb. und hrsg. von A. W. Grube. gr. 8. (XV und 535 S. mit 10 Stahlst. und eingedr. Holzschn.) Leipzig (861)62, Brandstetter. 2 Thlr. $22\frac{1}{2}$ Ngr.; geb. :

Oeser's, Chr., Briefe an eine Jungfrau über die Hauptgegenstände der Aesthetik. Ein Weihgeschenk für Frauen und Jungfrauen. 8.—10., bedeutend verm. und verb. Aufl. Bearb. und hrsg. von A. W. Grube. gr. 8. (XVI und 564 S. mit 10 Stahlst. und vielen eingedr. Holzschn.) Leipzig 865—68, Brandstetter. 2 Thlr. 22½ Ngr.; geb. mit Goldschn. und Futteral:

†Oeser's, Chr. [Schroer], Briefe an eine Jungfrau über die Hauptgegenstände der Aesthetik. Ein Weihgeschenk für Frauen und Jungfrauen. 11.—16. bedeutend verm. und verb. Aufl. Bearb. und hrsg. von A. W. Grube. gr. 8. (XVI, 599 S. mit 15 Stahlst. und vielen eingedr. Holzschn.) Leipzig 870—74, Brandstetter. (*M.* 8,25.)
geb. mit Goldschn. (*M.* 11,25.) *

†Oeser's, Chr. [Schroer], Briefe an eine Jungfrau über die Hauptgegenstände der Aesthetik. Ein Weihgeschenk für Frauen und Jungfrauen. 17.—19. Aufl. (XVI, 611 S.) 1875—77; 20. und 21. bedeutend verm. und verb. Aufl. Bearb. und hrsg. von A. W. Grube. gr. 8. (XVI, 616 S. mit 15 Stahlst. und vielen eingedr. Holzschn.) Leipzig 878,79, Brandstetter.
geb. mit Goldschn. *

Oeser's, Chr. [Schroer], Briefe an e. Jungfrau üb. die Hauptgegenstände der Ästhetik. Ein Weihgeschenk f. Frauen u. Jungfrauen. 24. Aufl. Bearb. u. hrsg. v. A. W. Grube. (VIII, 627 S. m. 28 eingedr. Holzschn. u. 15 Stahlst.) 883. * 9 —; geb. 12 —; 25. Aufl. Neu bearb. v. Julie Dohmke. Mit 16 Stahlst. u. vielen Holzschn. gr. 8. (VIII, 622 S.) Lpz. 892, F. Brandstetter. * 7 50
geb. ** 9 50

Oeser's, Ch., Briefe an e. Jungfrau üb. d. Hauptgegenstände d. Ästhetik. E. Weihgeschenk f. Frauen u. Jungfrauen. 26. Aufl. Neu bearb. v. Julie Dohmke. gr. 8. (VIII, 622 S. m. Holzschn. u. 16 Stahlst.) Leipzig 899. F. Brandstetter. n. 7. 50;
geb. in Leinw. m. Goldschn. n. 9. 50

Oeser, Chr., Geschichte der Deutschen, dem Volke erzählt. Bearb. unter Mitwirkung von C. Nacke. gr. 8. (VIII und 648 S. mit 1 Stahlst.) Leipzig 847, Brandstetter. *

—— Geschichte der deutschen Poesie in leichtfaßlichen Umrissen für die reifere Jugend beiderlei Geschlechts. 2 Thle. gr. 8. (52¼ B.) Leipzig 844, [Brandstetter.]

— Geschichte der deutschen Poesie in Umrissen und Schilderungen. Für gebildete Leser. In 2. Aufl. größtentheils neu bearb. von J. W. Schaefer. 2 Thle. Mit den Bildnissen Goethe's und Schiller's nach Rietschel's Denkmal (in Stahlst.). Ebend. 859. gr. 8. (XII, 767 S.) 3 ₰

—— Geschichte der deutschen Poesie in Umrissen und Schilderungen. Nebst charakterist. Proben. Für gebildete Leser. 3. Aufl. neu bearb. von J. W. Schaefer. 2 Thle. gr. 8. (VIII, 391; IV, 388 S., mit den Bildnissen Goethe's und Schiller's nach Rietschel's Denkmal in Stahlst.) Ebendas. 870. *M.* 9.; geb. *

—— Geschichte der deutschen Poesie in Umrissen und Schilderungen. Nebst charakterist. Proben. Für gebildete Leser. 4. Aufl. neu bearb. von J. W. Schaefer. 2 Teile. gr. 8. (X, 793 S. mit den Bildnissen Goethe's und Schiller's nach Rietschel's Denkmal in Stahlst.) Ebendas. 879. *M.* 9.; geb. *

—— kurzer Leitfaden der allgem. Weltgeschichte für Töchterschulen u. z. Privatunterricht. Mit besond. Beziehung auf das weibliche Geschlecht. 1. Aufl. 842. u. 2., revid. Aufl. 8. (16 B.) Leipzig 844, [Brandstetter.] à

Oeser, Chr., kurzer Leitfaden d. allgemeinen Weltgeschichte für Töchterschulen u. zum Privatunterricht. Mit besond. Beziehung auf das weibl. Geschlecht. 8. Leipz. 842, Einhorn's Verl. ⅓ ₰ — 2. revid. Aufl. 8. Ebend. 844. ⅓ ₰

—— kurzer Leitfaden der allgemeinen Weltgeschichte für Töchterschulen und zum Privatunterrichte für das weibl. Geschlecht. 3., verb. Aufl. Bearb. von Chr. Gotth. Neudecker. 8. (XII und 245 S.) Leipzig 850, Brandstetter. *

—— kurzer Leitfaden der allgemeinen Weltgeschichte für Töchterschulen und zum Privatunterrichte für das weibliche Geschlecht. 4., verb. Aufl. br. 8. (XIV und 212 S.) Leipzig 853, Brandstetter. *

—— kurzer Leitfaden der allgemeinen Weltgeschichte für Töchterschulen und zum Privatunterrichte für das weibl. Geschlecht. 5., durchaus verb. Aufl. 8. (XII und 211 S.) Leipzig 858, Brandstetter. *

— kurzer Leitfaden der allgemeinen Weltgeschichte für Töchterschulen u. zum Privatunterrichte für das weibliche Geschlecht. 6. durchaus verb. Aufl. Ebend. 864. 8. (XVI, 215 S.) n. 10 ngr.

—— kurzer Leitfaden der allgemeinen Weltgeschichte für Töchterschulen und zum Privatunterrichte für das weibl. Geschlecht. 7. durchaus verb. Aufl. br. 8. (XVI, 236 S.) Ebendas. 870. *

Oeser, Chr., Leitfaden der allgemeinen Weltgeschichte für Töchterschulen. 8., neu bearb. Aufl. v. Fr. Maurer. 8. (200 S.) Leipzig 878. Brandstetter. n. 1. 35

—— deutsches Lesebuch f. die weibliche Jugend zum Schul- u. Privatgebrauch. 1. u. 2. Curs. gr. 8. Leipzig 844, [Brandstetter.] [1. (26 B.) 22½ Ngr., 2. (31 B.) 1 Thlr.]

Oeser, Chr., die guten Mädchen, od. d. Pfarrer v. Lindenheim u. seine Kinder, wie sie es treiben das Jahr hindurch, um recht gut u. verständig zu werden u. eine glückl. Jugend zu leben. Ein Leseb. f. Mädchen v. 12—15 Jahren, mit eingestreuten Novellen, Schauspielen u. Gedichten. 8. (19 B. u. Ttlkpfr.) Leipzig 838, [Brandstetter.]

Oeser, Chr., die guten Mädchen, oder der Pfarrer von Lindenheim und seine Kinder, wie sie es treiben das Jahr hindurch, um recht gut und verständig zu werden u. eine glückliche Jugend zu leben. Ein Lesebuch für Mädchen von 12 bis 15 Jahren, mit eingestreuten Novellen, Schauspielen und Gedichten. (Nebst Titelkpfr.) 8. Leipzig 838. Scheld u. Comp. (Einhorn.) 1⅓ ₰

—— Pallas Athene u. die kleinen Griechen. Erstes Leseb. f. Knaben, die einst wackere Männer werden sollen. Nebst e. neuen Wörterspiele auf kleinen Tafeln z. Einübung d. deutschen Satzlehre. (Als Beil. besond. u. geheftet.) 8. (22½ B. u. Ttlkpfr.) Leipzig 839, [Brandstetter.]

— Pallas Athene u. die kleinen Griechen. Erstes Lesebuch für Knaben, die einst wackere Männer werden sollen. Nebst e. neuen Wörterspiele auf kleinen Tafeln zur Einübung der deutschen Satzlehre. (Als Beilage besonders u. geh.) Mit Titelkpfr. 8. Leipzig 839. Einhorn. 1 ₰

—— Theestunden in Lindenhain. Eine Sammlung v. Gedichten, Novellen u. Schauspielen, 2 Bde. br. 8. (30¾ B.) Leipzig 846, [Brandstetter.]

—— der Vogelheerd, dramatisches Gemälde aus Luthers häusl. Leben. Ein Geschenk für Frau u. Kinder. 12. (1½ B.) Halle 845, [Schmidt's Verl.] *

— Weihgeschenk f. Frauen u. Jungfrauen, s. a. Bibliothek der Gesamt-Litteratur d. In- u. Auslandes.

—— Weihgeschenk f. Frauen u. Jungfrauen. Briefe üb. ästhet. Bildung weibl. Jugend. 1. Aufl. gr. 8. (26 B.) 838. u. 2., verm. u. verb. Aufl. 8. (26¼ B. u. 1 Stahlst.) Leipzig 840, [Brandstetter.]

— Weihgeschenk für Frauen u. Jungfrauen. Briefe über ästhetische Bildung weibl. Jugend. 3., verm. u. verb. Aufl. gr. 16. ($34\frac{1}{2}$ B. u. 6 Kpfr.) Leipzig 846, [Brandstetter.] 1 Thlr. 15 Ngr. geb. 1 Thlr. 24 Ngr. geb. mit Goldschn.

— Weihgeschenk für deutsche Jungfrauen, in Briefen an Selma über höhere Bildung. gr. 8. Leipzig 838. Scheld u. Comp. $1\frac{1}{2}$ ℛ — 2e verb. u. verm. Aufl. Mit 1 Stahlstich. 8. Ebd. 8√0. Einhorn. $1\frac{1}{2}$ ℛ, cart. $1\frac{3}{4}$ ℛ

— Weihgeschenk für Jünglinge. Eine Vorschule zur ästhetischen Bildung. 16. (XII u. 347 S.) Breslau 849, Schulz. In Engl. Einb. 11/8 ℛ

— Weihgeschenk für jüngere Mädchen. 2. Aufl. neu bearb. u. mit einem Vorworte neu herausg. von K. J. Schröer. Wien 861. Braumüller. 8. (XVI, 236 S.) n. 1 ℛ 10 ngr.

— Weltgeschichte für das weibliche Geschlecht. 1. Thl.: Alte Geschichte. 4. Aufl., neu bearb. unter Leitung und Mitwirkung von Geo. Weber. Nebst einem Anhange enth. Auszüge aus den class. Werken der Griechen und Römer zur Ergänzung und Ausführung der Geschichtserzählung. gr. 8. (XVI und 352 S. mit 1 Stahlst.) Leipzig 853, Brandstetter.

— dass. — 2. Thl.: Mittlere Geschichte. 4. Aufl., neu bearb. unter Leitung und Mitwirkung von Geo. Weber. Nebst einem Anhange enth. Auszüge aus den Prosa-Schriftstellern der röm. Kaiserzeit und des Mittelalters zur Ergänzung und Ausführung der Geschichtserzählung. gr. 8. (VIII und 413 S. mit 1 Stahlst.) Leipzig 854, Brandstetter. Thlr.

Oeser's, Chr., Weltgeschichte für das weibliche Geschlecht. 3. Thl.: Neuere Geschichte. 4. Aufl., neu bearb. unter Leitung und Mitwirkung von Geo. Weber. gr. 8. (VI und 465 S. mit 1 Stahlst.) Ebds. 854.

— Weltgeschichte für das weibliche Geschlecht. 5. Aufl. neu bearb. unter Leitung und Mitwirkung von G. Weber. 3 Thle. gr. 8. (XXVIII und 1301 S. mit 3 Stahlst.) Leipzig 861, Brandstetter.

— Weltgeschichte für das weibliche Geschlecht. 6. Aufl. neu bearb. unter Leitung u. Mitwirkung von G. Weber. 3 Bde. Ebend. 869. gr. 8. (XII, 386; VIII, 412 u. VIII, 496 S. mit je 1 Stahlst.) cart. 3 ℛ 9 ngr.; in 1 engl. Einb. 3 ℛ $27\frac{1}{2}$ ngr.

— Weltgeschichte f. das weibliche Geschlecht. 7. Aufl., neubearb. unter Leitg. u. Mitwirkg. v. G. Weber. 3 Thle. m. 3 Stahlst. gr 8. (X, 421; VIII, 432 u. VI, 549 S.) Ebend. 875. 10. —; in 1 Bd. geb. n. 12. —

— Weltgeschichte f. Töchterschulen u. z. Privatunterr. Mit besond. Bezieh. auf d. weibl. Geschlecht. 3 Thle. gr. 8. Leipzig, [Brandstetter.]
Mit 3 Stahlstichen. geb.

Thl. 1. Alte Geschichte. ($17\frac{5}{8}$ B.) 841.
" 2. Mittlere Geschichte. ($20\frac{3}{8}$ B.) 841.
" 3. Neuere Geschichte. (21 B.) 842.

— Weltgeschichte f. Töchterschulen u. z. Privatunterricht. Mit besond. Beziehung auf das weibl. Geschlecht. 3 Thle. 2., revid. Aufl. gr. 8. ($59\frac{1}{2}$ B. u. 3 Stahlst.) Leipzig 843, [Brandstetter.]

— Weltgeschichte für Töchterschulen und zum Privatunterricht für das weibl. Geschlecht. 3., verb. Aufl. bearb. von Chr. Gotth. Neudecker. 3 Thle.: Alte Geschichte. — Mittlere Geschichte. — Neuere Geschichte. gr. 8. (997 S. und 3 Stahlst.) Leipzig 848, Brandstetter.

— Wörterspiel zur leichtern Einübung d. deutschen Satzlehre in Erzählungen aus d. Mythologie. 8. ($9\frac{3}{4}$ B.) Leipzig 839, [Brandstetter.]
Aus: Dess., Pallas Athene, besonders abgedruckt.

Oeser, Eph. Hnr., Confirmationsreden nach dem Bedürfnisse unsr. Zeitalters f. d. Jugend. 8. Dresd. 803. Arnold. 10 ℊ

Oeser, D. F.: „Ganz vollständige Haushaltungstabellen, zum nützlichen Gebrauch beym Ein- und Verkauf für jeden Stand und Gewerbe", Berlin 1789 (Hesse).

Übungsbuch zum Übersetzen aus dem Deutschen in das Englische für die Mittelklassen Höherer Mädchenschulen. Von Gustav Oeser, Oberl. zu Leipzig. Leipzig & Berlin: B. G. Teubner 1906. (42 S.) 8° [F.] [illegible]

— u. Herm. Reichel, Uebungsbuch zum Uebersetzen aus dem Deutschen in das Französische f. die oberen Klassen der Realschulen. (VI, 48 S.) 8. Leipzig 903. Dr. P. Stolte. n. — 50

Oeser, Herm., d. Hrn. Archemoros Gedanken über Irrende, Suchende u. Selbstgewisse. 1. u. 2. Aufl. 8. (127 S.) Basel 892. 893. R. Reich. n. 1. 80; geb. n. n. 2. 60

— dasselbe. 3. Aufl. gr. 8. (147 S.) Ebd. 895. n. 2. —

Oeser, Herm., des Herrn Archemoros Gedanken über Irrende, Suchende u. Selbstgewisse. 4. durchgeseh. u. verm. Aufl. gr. 8. (186 S.) Basel 899. Helbing & Lichtenhahn. n. 2. —; geb. n. n. 3. —

— ein Hausbuch aus deutscher Dichtung u. Prosa f. die Zwecke der Frauenbildung, insbesondere f. Lehrerinnenseminare, zusammengestellt. 2. Aufl. gr. 8. (IV, 548 S.) Ebd. 901. Geb. in Leinw. n. 5. —

Oeser, Herm., s. Kriegschronik, illustrirte, 1870.

— u. Gust. Jenner, Kunst u. Künste, s.: Dürr's deutsche Bibliothek.

— Lebensskizze Rudolf Oesers, s.: Sonntagsbibliothek.

— Stille Leute. Zwei Lebensbilder. 2. u. 3. Aufl. gr. 8. (36 S.) Basel 890, [Detloff.] Reich. * — 60

Oeser, Herm., stille Leute. Lebensbilder. 4., durchgeseh. u. verm. Aufl. 8. (109 S.) Basel 896. R. Reich. n. 1. 80

— stille Leute. Lebensbilder. 5. Aufl. 8. (109 S.) Basel 900. Helbing & Lichtenhahn. n. 1. 80; geb. n. 2. 60

— Midaskinder. 8. (172 S.) Ebd. 898. n. 2. —; geb. in Leinw. n. 2. 80

Oeser, Herm., Midaskinder. 2. Aufl. (179 S.) 8. Basel 904. Helbing & Lichtenhahn. n. 2. —

Oeser, Herm., vom Tage. Parabolisches. gr. 8. (66 S.) Basel 888, Detloff's Verlag. *

— vom Tage, vom heute gewesenen Tage. Lebensspiegelgn. 2., neu bearb. Aufl. gr. 8. (132 S.) Ebd. 896. n. 2. —; geb. n. 3. —

— Versäumnisse u. Pflichten d. evangelischen Hauses. Vortrag. gr. 8. (15 S. m. 3 Holzschn.) Karlsr. 890, Evangel. Schriftenverein. * — 20

— am Wege u. Abseits. 1. u. 2. Aufl. gr. 8. (197 S.) Ebd. 893. 894. n. 2. 50; geb. n. 3. 50

— am Wege u. abseits. 3. Aufl. 8. (244 S.) Ebd. 900. n. 2. 50; geb. n. 3. 60

Oeser, Hermann. Aus der kleineren Zahl. Novellen. 327 S. 8. Basel, Helbing & Lichtenhahn, 1904. [fr. 3. 75]

Oeser, Hermann. Zweisimmen. Novellen und Skizzen. [Mit illustriertem Umschlag.] VI + 222 S. 8 Halle a. S., Richard Mühlmann, 1909. [M. 2. —, geb. 3. —]

Oeser, Hermann. Zweisimmen. Novellen und Skizzen. 2. Aufl. [Mit illustriertem Umschlag.] VI + 222 S. 8. Halle a. S., Richard Mühlmann, 1910. [M. 2. —, geb. 3. —]

Oeser, Jak. Fr., Handb. üb. d. kurze Arithmetik od. Rechenkunst. 2 St. 8. Berl. 788, 89. Franke. 1 ß

— ganz vollständige Haushaltungstabellen. gr. 8. Berl. 789. Franke. 12 gl

— verschied. nützl. Tabellen über Münzen, Maaße u. Gewichte. gr. 8. Berl. 792. Franke. 12 gl

— Tabellen üb. die steigend. u. fallend. Wechselcourse ꝛc. 1r Hft. gr. 8. Berl. 786. Franke. 12 gl

Oeser, Louis, Album der sächsischen Industrie, s. Album.

Oeser, Max, Flickwort, der arme Teufel. Drama in 3 Aufzügen. (VI, 65 S.) 8. Heidelberg 906. O. Ficker. n. 2. —

— Führer d. Mannheim-Ludwigshafen, s.: Beckmann — Führer

Oeser, Max, Geschichte der Kupferstechkunst zu Mannheim im 18. Jahrh., s.a. Forschungen zur Geschichte Mannheims u. der Pfalz. III.

Oeser, Max: Geschichte der Kupferstechkunst zu Mannheim im 18. Jahrhundert von Max Oeser, Bibliothekar in Mannheim. Mit 20 Bildern. Leipzig: Breitkopf & Härtel 1900. (110 S.) 8°
= Forschungen z. Geschichte Mannheims u. der Pfalz. 3.

— Geschichte der Stadt Mannheim. Auf Grundlage der Geschichte der Stadt Mannheim von Heinr. v. Feder u. unter Berücksicht. neuester Forschgn. ausgearb. (In 20 Lfgn.) 1.—3. Lfg. gr. 8. (S. 1—128 m. Abbildgn., 3 Taf., 1 Plan u. 2 Faksms.) Mannheim (902). J. Bensheimer's Verl. à n. — 50

— Geschichte der Stadt Mannheim. Mit 90 Kunstbeilagen, Plänen u. Textillustr. 4.—20. Lfg. (XII u. S. 129 bis 676 m. Abbildgn. u. 42 Taf.) gr. 8. Mannheim (903). J. Bensheimer's Verl. à n. — 50
(Vollständig, geb. in Leinw. 12. 50)

Geschichte der Stadt Mannheim. Von Max Oeser, Bibliothekar. Mit 90 Kunstbeil., Pl. u. Textill. *Mannheim: J. Bensheimer 1904.* (XII, 76 S.) 8° [F.] (04. 3088

Oeser, Max, Katalog der Ausstellung v. Kupferstichen Mannheimer Meister des 18. Jahrh., s.a. Schriften des Mannheimer Altertumsvereins. N. F. I.

Oeser, M(ax): Katalog der im Sommer 1900 veranstalteten Austellung von Kupferstichen Mannheimer Meister des 18. Jhs. von —. Mannheim: Selbstverl. d. Ver. 1900. (24 S.) 8°
= Mannheimer Alterthumsverein. Schriften. N. F. 1.

Oeser, Max: Katalog der Oeffentlichen Bibliothek im Grossherzoglichen Schlosse zu Mannheim. Im Auftr. d. Verwaltungsrathes ausgearb. von Max Oeser, Bibliothekar. 3., vervollst. Ausg. Mannheim 1896: Hoes. (VII, 199 S.) 8°

Katalog der Oeffentlichen Bibliothek im Grossherzoglichen Schlosse zu Mannheim. 4., vervollst. Ausg. Mit e. Sonderverzeichn. d. Mannheimer Drucke. Im Auftr. d. Verwaltungsrates ausgearb. von Max Oeser, Bibliothekar. Mannheim 1905 H. Haas. (IX, 297 S.) 8° (05. 319

KATALOG der Bibliothek des Mannheimer Vereins für Naturkunde. Neue Ausgabe. Im Auftrage des Vereins ausgearbeitet von MAX OESER, Bibliothekar der öffentlichen Bibliothek. Mannheim 1898. Druck der Dr. Haas'schen Druckerei. 8°

Oeffentl. Bibliothek im Grossherzogl. Schlosse zu Mannheim. Katalog der Sammlung Mannheimer Drucke und Buchausgaben (von 1608 bis um 1850). Mit 1 Bilde. Im Auftr. d. Verwaltungsrates ausgearb. von Max Oeser, Bibl. Mannheim 1905: Haas. 27 S. 8° (11. 6686

Oeser, Max, Friedrich Klein-Chevalier u. seine neue Kunst. (31 S. m. Abbild. u. 2 Doppeltaf.) 42×29 cm. Frankfurt a/M. 911. H. Keller. 4. —

— aus der Kunststadt Karl Theodors. Heimatliche Studien üb. das Kunstleben Mannheims. gr. 8. (VIII, 148 S.) Mannheim 901. J. Bensheimer's Verl. n. 3. —

Die Stadt Mannheim in ihren Sehenswürdigkeiten. Im Auftr. des Stadtr. hrsg. unter Mitw. von Prof. C[arl] Baumann [u. a.] von M[ax] Oeser, Bibliothekar. Mit 32 Autotyp. u. 12 Lichtdruckbild. sowie e. Gesamtübersicht u. 5 Pl. Mannheim 1899 Haas. (XXV, 114 S.) 8° [F.] (08. 6307

— Mannheim-Ludwigshafen u. Umgegend. s.: Beckmann-Führer.

Oeser, R., Perlen deutscher Poesie, s.: Wallroth's Klassiker-Bibliothek.

Oeser, Rudolf, s. a. Oeser, Rudolf Ludwig

Oeser, Rud., die Besteuerung des Kleinhandels durch Umsatz-, Branchen-, Filial-, Personal- ꝛc. Steuern, sowie die Lage des Kleinhandels u. die Mittel zu ihrer Besserg., s.a. Flugschriften der deutschen Volkspartei. 2.

Oeser R, die Besteuerung des Kleinhandels durch Umsatz- usw. Steuern, sowie die Lage des Kleinhandels usw. (39 S) Frankfurt a. M. 1899

— wie stellen wir uns zu den Kartellen u. Syndikaten, s.a. Flugschriften der deutschen Volkspartei. 8.

Oeser, Rud., Wie stellen wir uns zu den Kartellen und Syndikaten? Vortrag. gr. 8°. Frankfurt a/M., Sauerländer, 1902. (Flugschriften der deutschen Volkspartei, Nr. 6.)

Oeser, Rudolf Ludwig

Oeser, Rud., s.a. † Glaubrecht, O.

Oeser, Rudolf Ludwig

Die Heimkehr oder Was fehlt uns? Eine Erzählung für das Volk. Von Otto Glaubrecht [d.i. Rudolf Ludwig Oeser]. 3. Aufl.
Frankfurt a.M.: Zimmer 1847. 203 S. 8°

Oeser, Rudolf Ludwig: Die Heimkehr oder Was fehlt uns? Eine Erzählung f. d. Volk von O. Glaubrecht [d. i.: Rudolf Ludwig Oeser]. Für d. reifere Jugend bearb. von Dr. Werner Werther. Mit 4 Abb. Stuttgart, Berlin, Leipzig. Union [1901]. (144 S.) 8°
(Universal-Bibliothek f. d. Jugend. 381 382.)

Oeser, Rudolf [Ludwig] Die Schreckensjahre von Lindheim. Ein Beitrag z. Sittengeschichte d. 17 Jhs. Für d. Volk erzählt von O Glaubrecht (d. i. Rudolf [Ludwig] Oeser). Mit e Vorbemerkung u. d Bilde d. Verf Halle a. S.· Hendel [1908] 71 S. 8°
(Bibliothek d. Gesamtliteratur d. In- u. Auslandes. Nr 2079.)

Oeser, Th. Clem., drei Tafeln üb. den Gang der Hauptverhandlung im Strafprozess, e. Hilfsmittel beim Studium der deutschen Strafprozessordng. u. zum Gebrauch in der Praxis. gr. 8. (8 S. m. 3 Taf. in qu. Fol.) Freiberg 883. Engelhardt. n. 2. 80

Oeser, Therese, über praktische Kinder-Erziehung. Briefe einer Mutter an eine Freundin über die Behandlung der Neugeborenen u. über die Erziehung der Kinder. Hamburg 867. J. F. Richter. gr. 8. (V, 84 S.) n. 15 ngr

Oeser, Therese, üb. praktische Kinder-Erziehung. Briefe e. Mutter an e. Freundin üb. die Behandlg. d. Neugeborenen u. üb. die Erziehg. der Kinder. 2. Aufl. gr. 16. (115 S) Hamburg 874. Richter. n. 1. 50

Oserezkovski, Nic., Mittel gegen d. Biß toller Thiere. Straßb. 8°. 1787

Oseroff, ..., Dimitri Donski. Tragödie in 5 A. Nach d. Russ. v. Just. Thor. Wiedeburg. 8. St. Petersb. 815. (Schwetschke in Halle). 16 gr

Oserski, A. D., u. K. W. **Tschewkin**, Russlands Bergwerksproduction, s. Tschewkin, K. W.

Osfeld, Max von, s. Oesfeld

Oesfeld, C L. von, Verzeichniss der Haupt- und wirklichen Nachtquartiere Friedrichs II., Königs von Preussen, während des siebenjährigen Krieges. (Nebst Anmerkung u. unvollst. Nachschrift.) (1764?) 12.

Oesfeld, C. L. F , Jes. Christum nisi hominibus superiorem, ne sapientem quidem recte dici bonumque hominem. Waldenb. 1827. 4.

v. **Oesfeld**, C. W Der Brocken für Harz-Reisende. Nach Original-Messungen entworfen 1 : 20000. Berlin 1834. 1 Bl. K. Fl.

v. Oesfeld, C. W., graph. Darstell. der Europäisch. Meilen, soweit deren Größe sicher bekannt. Entworfen im Maasstabe 1 : 4000000. Preuß. Meilen zu 2000 Rheinländ. Ruthen, dargestellt in d. Maasstäben der vorzügl. Landcharten. 1 lith. Blatt in Roy.-Fol., nebst 1 lith. Blättchen: Karten Index nach d. Haupt-Ländern geordnet, mittelst d. Verhältnisses d. Maasstäbe zur natürl. Länge. Berlin 831. (Mittler) 22 gr

v. Oesfeld, C. W., Karten-Freund, der.

Oesfeld, C. W v., k preuss. Oberst. Der Kartenfreund, oder Anzeige und Beurtheilung neu erschienener Land- und Seekarten und Grundrisse (2 Bde.) 8. Berlin 1841—1844

Oesfeld, C. W., u. G. D. **Reymann**, topographische Specialkarte von Deutschland, s. Reymann, G. D.

Oesfeld, Fr Wlh.

— s.a. Eidesleistung, über.

Oesfeld, F. W., üb. d. Eidesleistung. 8. Berlin, Realschulbuchh. 779.

– s. Entwurf e. Dorfbuchs.

v. Oesfeld, Fr. Wlh., († d. 27. Sept. 1807.) Versuch e. Anleit. zur Finanzrechnungswissenschaft u. Verwaltung öffentl. Kassen. gr. 8. Berl. 773. Reimer. 6 gr

Oesfeld, G. T., de templis Christianorum. Schneeb. 1770. 4.

Oesfeld, Gotthelf Friedrich

— Anl. z. Verst. u. Gebr. d. Kalenders. 8. Dresden, Arnold. 792.

—— s. a. Oesfeld, J Chr.

Oesfeld, Gtthlf. Fr., († d. 24. Juni 1801.) der wahre Begriff der evangel.-lutherisch. Kirche vom heil. Abendmahl. 8. Dresd. 766.

— histor. Beschreib. einiger merkwürd. Städte im Erzgebirge, besond. Lößnitz. 2 Thle. 4. Halle 776, 77. (Hahn in Hann.) 1 ℛ

— Betrachtung üb. Ezech. 42, 16 u. 17. 8. Dresd. 766.

— Betracht. über d. Herrlichkeit Gottes im Gebirge. 8. Chemn. 767. Stößel. 3 gr

— Betracht. üb. d. Salbung Christi u. der Gläubigen. 8. Chemn. 768. Stößel. 5 gr

— Betracht. üb. die zukünft. Welt. 8. Chemn. 795. Stößel. 3 gr

Oesfeld, Ghf. F., Beurtheil. d. neuen Apologie d. Sokrates, od. d. Untersf. d. Lehre v. d. Seligk. d. Heiden. 8. Leipz. Böhme. 773.

— Beurtheil. der neuen Apologie d. Sokrates, od. d. Untersuch. d. Lehre v. d. Seligkeit d. Heiden. 8. Leipz. 773. (Gnobloch). 4 gr

— Beweis, daß die Menschen ohne e. unendl. Erlöser nicht selig werden können. 8. Wittenb. 759. Zimmermann. 3 gr

— Beweis d. Wahrheit, daß auch Fromme in d. Theurung verschmachten können. 8. Chemn. 773.

— Beweis d. Wahrheit, daß die meisten in Hunger verschmacht. Menschen im J. 1772 unbekehrt gewesen sind rc. 8. ... 773.

— Erläuterung einiger Schriftstellen aus d. Jüdischen Hochzeitfeier. 8. Annab. 772.

Oesfeld, Diss. de ecstasi. Hal. 4°. 1757

— Gedanken üb. die Ehre d. Weltweisen bei den Alten. 8. Annaberg 761.

— Gedank. v. Einwirk. gut. Geister. 8. Wittenb. Ahlfeld. 760.

— Gedanken von der Einwirkung guter u. böser Geister in die Menschen. 8. Wittenb. 760. Kühne. 3 gr

— Die Klugheit e. Kaufmanns im geistlichen Verstande. 8. Annab. 763.

Oesfeld, Leben m. d. Seele. Chemnitz. 8°. 1777

Gotthelf Friedrich Oesfeld

Die Lehren von der Jmmaterialität, Freyheit und Unsterblichkeit der menschlichen Seele, erwiesen u. wider die neuesten Einwürfe vertheidiget. Nebst e. Anh. einiger verwandten psychologischen Aufgaben. Von Gotthelf Friedrich Oesfeld. Chemnitz: Stößel 1777. 111 S. 8

Oesfeld, Gotthelf Friedrich [Praes.], s. Natho, Friedrich Erdmann: Commentatio qua variae demonstrationes pro exsistentia Dei proponuntur.

— letzte Schritte unsr. Wallfahrt, oder Rath u. Bericht f. Kranke u. Sterbende 8. Dresden, Gerlach. 755.

— Sittenspiegel f. Kinder. Mit ill. Kpf. 8. Leipz. 798. (W. Nauck). 18 gr

— Sittenspiegel fur Kinder, mit illum. K. 8. Leipzig, Sommer. 798.

— Stimme d. Boten, die Freude verkündigen rc. 8. Dresd. 763.

— der harte Winter im J. 1785 im Erzgebirge; e. Gedicht. 8. Leipz. 785.

Oesfeld, Gtthlf. Fr., der Erzgebirg. Zuschauer. 2 Thle. 8. Halle 773, 74. (Hahn in Hannov.) 21 gr

Oesfeld, J. Chr., Erklärung d. Kalenders, z. Gebr. f. Schulen. 8. Dresd. 792. Arnold. 2 gr

—— s. a. Oesfeld, Gotthelf Friedrich

Oesfeld, Karl Ludwig von

– s. Anzeige d. Werke Dn. Bergers.

– s. Beschreib. zweier Thürme.

v. Oesfeld, Karl Ldw., († d. 2. Nov. 1804.) vollständ. topograph. Beschreib. d. Herzogth. Magdeburg u. d. Grafsch. Mansfeld. 8. Berl. 785. Wever. (Sander). 1 ₰ 8 gr

Oesfeld, K. L., vollst. Topographie v. Magdeburg u. der Grafschaft Mansfeld. 8. Berlin, Wever. (Sander.) 780. 1 Rthlr.

Oesfeld, K. L., Vers. e. Anleit. z. Finanzrechnungswissenschaft. gr. 8. Berlin, Realschulbuchhandlung. 773.

Oesfeld, Max v., die Beurkundung des Personenstandes und die Form der Eheschließung nach dem preuß. Gesetz vom 9. März 1874. Aus den amtl. Motiven und den Verhandlungen der beiden Häuser des Landtages ergänzt, erläut. und zum prakt. Gebrauche der Standesbeamten bearb. Mit sämmtl. erläut. amtl. Instruktionen, Formularen rc. gr. 8. (136 S.) Breslau 874, Kern's Verlag. *

Oesfeld, M. v., zur Frage der Regentschaft bei eintretender Herrschaftsunfähigkeit der regierenden Monarchen nach deutschem Verfassungsrecht, s. a. Zeit- und Streit-Fragen, deutsche.

Osfeld Mv, zur Frage der Regentschaft bei eintretender Herrschaftsunfähigkeit des Monarchen nach deutschem Verfassungsrecht. (Zeit- und Streitfragen, Deutsche NF 29) Hamburg 1887

Oesfeld, Max v., Geschichte der Okkupation der freien deutschen Reichsstadt Nürnberg und deren Vorstädte durch Preußen im J. 1796. Ein staatsrechtl. Beitrag zur preußisch-deutschen Vaterlandskunde, sowie insbesondere zur Geschichte der Stadt Nürnberg und der Hardenberg-preuß. Politik in den Fürstenthümern Ansbach und Bayreuth. Aus neuerlich aufgefundenen dokumentar. Quellen aktenmäßig dargestellt. gr. 8. (114 S.) Berlin 876, Hempel. *

—— die Gewerbesteuerverfassung des preußischen Staates in ihrer neuesten Gestaltung. Nach amtl. Quellen bearb. gr. 8. (VIII, 219 S.) Breslau 877, Kern's Verlag. *

Oesfeld, Max v., das Grundeigenthum in seiner Bedeutung für den Privat- u. öffentlichen Verkehr. Eine Handhabe zur Wahrung der Rechte u. Pflichten der Grundeigenthümer im Preuß. Staate. gr. 8. (XI, 560 S.) Berlin 881. Merkantil. Verlags-Anstalt. n. 3. —

Oesfeld, Max v., Preußen in staatsrechtlicher, kameralistischer und staatswirthschaftlicher Beziehung. Ein populäres Hand- und Hülfslehrbuch der inneren Staatsverfassungs- und Verwaltungskunde überhaupt. Zunächst für den preuß. Staatsbürger, insbesond. aber für Diejenigen, welche sich dem Staatsverwaltungs-Dienste widmen. 2 Thle 8. Breslau 857 58, Kern. à Thl. 1 Thlr. 18 Ngr.

Inhalt

Thl. 1. Preußen in staatsrechtlicher Beziehung. Das innere Staatsrecht mit besonderer Bezugnahme auf die preußische Verfassungs-Urkunde vom 31. Jan. 1850. (XIV und 337 S.)

„ 2. Preußen in kameralistischer und staatswirthschaftlicher Beziehung. Die Finanzwissenschaft, die Polizeiwissenschaft und die Landwirthschaftslehre. (XIV und 326 S.)

Oesfeld, Max v., Preußen in staatsrechtlicher, kameralistischer u. staatswirthschaftlicher Beziehung. Ein populäres Hand- u. Hülfslehrbuch der inneren Staatsverfassungs- u. Verwaltungskunde. 2., durchaus neu umgearb. u. verm. Aufl. (In 10 Liefgn.) 1—3. Liefg. Breslau 870. Kern's Verl. gr. 8. (S. 1—336.) Jede Liefg. 15 ngr.

— Preußen in staatsrechtlicher, kameralischer u. staatswirthschaftlicher Beziehung. Ein populäres Hand- u. Hülfslehrbuch der inneren Staatsverfassungs- u. Verwaltungskunde. 2., durchaus neu umgearb. u. verm. Aufl. 1—10. (Schluß-)Lfg gr. 8. (1 Thl. S. 337—612 u. 2 Thl. XIX, 427 S.) Ebend. 871. à 1. 50

—— die Rechtsgrundsätze in preußischen Bausachen. Aus den Entscheidungen der höchsten Gerichtshöfe zusammengestellt und systemat. geordnet. Ein Hülfsbuch zur Orientirung auf dem Gebiete des preuß. Baurechts. 8. (VIII, 307 S.) Breslau 887, Kern's Verlag. *

— die kirchenpolitischen Reformgesetze Preußens. Vom 11., 12., 13. u. 14. Mai 1873. Aus den früheren Gesetzesbestimmungn., den amtl. Motiven u. den Landtags-Verhandlgn. Mit ausführl. alphabet. Sachregister. gr. 8. (151 S.) Ebend. 873. n. 2 40

— die neuen deutschen Reichs-Justizgesetze. Enthaltend: Civilprozeßordnung; Strafprozeßordnung; Konkursordnung; Gerichtsverfassungsgesetz; Gerichtskostengesetz; Rechtsanwaltsordnung; Gebührenordnungen für Anwalte, Gerichtsvollzieher u. Zeugen nebst den Tarifen; Ein- u. Ausführungsgesetze rc. Für den praktischen Gebrauch ausführlich ergänzt u. erläutert unter Benutzung der amtlichen Materialien. 27 Lfgn. 2. Aufl. gr. 8. (à 3 Bog.) Berlin 879. Hempel. à n. — 50

— dasselbe. Nebst Sachregistern. 1—6. Thl. gr. 8. Ebend. 879. n. 19. —
1. Gerichtsverfassungsgesetz. Vom 27. Jan. 1877. Nebst dem Einführungsgesetz, den Ausführungsgesetzen der deutschen Staaten u. einem Verzeichniß sämmtlicher Gerichtsorte. (XVI, 411 S.) n. 4. 50
2. Gerichtskostengesetz u. Gebührenordnungen. Gerichtskostengesetz vom 18. Juni 1878; Gebührenordnung für Zeugen u. Sachverständige vom 30. Juni 1878, Gebührenordnung für Gerichtsvollzieher vom 24. Juni 1878. Nebst den dazu ergangenen Ausführungsgesetzen der deutschen Staaten. (VI, 154 S.) n. 2. —
3. Rechtsanwaltsordnung vom 1. Juli 1878, nebst Gebührenordnung für Rechtsanwälte vom 7. Juli 1879. (IV, 79 S.) n. 1. —
4. Civilprozeßordnung. Vom 30. Jan. 1877. Nebst dem Einführungsgesetz u. den Ausführungsgesetzen der deutschen Staaten. Mit einer Anleitung zur Prozeßführung, Formularen zu Parteischriften u. erklärendem Wörterbuch fremdartiger Ausdrücke. (X, 694 S.) n. 6. —
5. Konkursordnung. Vom 10. Febr. 1877. Nebst dem Einführungsgesetz u. den Ausführungsgesetzen der deutschen Staaten. (VIII, 256 S.) n. 3. —
6. Strafprozeßordnung. Vom 1. Febr. 1877. (VI, 218 S.) n. 2. 50

Osgood's America. Vol. 2. The Middle States with the northern frontier from Niagara Falls to Montreal; also Baltimore, Washington a. northern Virginia. Handbook for travellers. With 7 (lith.) maps a. 15 (lith.) plans (in 8., 4. u. gr. Fol.). 8. (XVI, 470 S.) Boston 875 Leipzig, Baedeker geb. n. 9 —

Osgood, D., Schreiben üb. das gelbe Fieber in Westindien; nebst e. Anh. aus handschriftl. Nachrichten des Verfass. üb. die Maaßregeln zur Sicherung gegen dasselbe f. Seeleute u. Reisende. Aus d. Engl. übers. u. mit e. Vorrede u. Anmerkk. von Ph. Heineken. gr. 8. Brem. 822. Heyse. 16 gr

— Vorsichtsmaaßregeln z. Vermeidung des gelben Fiebers; aus d. Engl. v. Ph. Heineken. gr. 8. Brem. 822. Heyse. 2 gr

Osgood, William Fogg

Osgood, W. F., Lehrbuch der Funktionentheorie, s.a. Teubner's, B. G., Sammlung v. Lehrbüchern auf dem Gebiete der mathemat. Wissenschaften. (XX.)

Lehrbuch der Funktionentheorie von Dr. W[illiam] F[ogg] **Osgood**, Prof. In 2 Bden. Bd 1, Hälfte 1. Leipzig & Berlin: B. G. Teubner 1906. 8°
— Sammlung, B. G. Teubners, von Lehrbüchern auf d. Geb. d. math. Wissensch. Bd 20, 1. [c4. 1906]

Osgood, William Fogg [aus Boston]: Zur Theorie der zum algebraischen Gebilde $y^m = R(x)$ gehörigen Abelschen Functionen. Göttingen, Druck d. Dieterich'schen Univ.-Buchdr., 1890; 61 S. 8°
Erlangen, Phil. Fak., Inaug.-Diss. v 1890

Oshanin, s. Ošanin

Oshkosh Deutsche Zeitung: Jahrgang 1—3, no. 130, Feb. 1857 —Dec. 28, 1859
Democratic weekly. Sub-title: Ein demokratisches Blatt für das Gebiet des Wolf- und Foxflusses. Followed by Fond du Lac Zeitung (Fond du Lac).
Edited by H. Schintz, & published by Theodor Frentz, Feb.—Nov. 1857; edited & published by Ch. A. Weisbrod & Charles W. Erb, Nov. 1857—Apr. 21, 1858; by H. Mades & Co., Apr. 28—June 1958; by Theodor Friedländer, July 7, 1858—Dec. 28, 1859.
Oshkosh, WI

Oshorn M, der Holzschnitt. (154 S. 16 T.) (Slg. illustr. Monogr. 16) Bielefeld 1905

Osiander — Catalogus bibl. Osiandrinae. Tubing. 741. 8.

Osiander's prakt. Geschäftsbücher f. Buchhändler. Bearb. v. D. Schoenwandt. Auslieferungs-Buch des Verlegers. Fol. (VIII, 200 S.) Tübingen 896. Osiander. Geb. n.n.n. 5. 50

— dasselbe. Hauptbuch. Fol. (XIV, 302 S.) Ebd. 896. Geb. n.n.n. 7. 50

— dasselbe. Hauptkassabuch. Fol. (XX, 204 S.) Ebd. 896. Geb. n.n.n. 4. —

— dasselbe. Inventuren- u. Bilanz-Buch. Fol. (VIII, 200 S.) Ebd. 896. Geb. n.n.n. 3. 50

— dasselbe. Journal. Fol. (XVI, 200 S.) Ebd. 896. Geb. n.n.n. 4. —

— dasselbe. Kleine Kasse. 4. (II, 352 S.) Ebd. 896. Geb. n.n.n. 3. —

Osiander's prakt. Geschäftsbücher f. Buchhändler. Bearb. v. D. Schoenwandt. Remittendenbuch des Verlegers. Fol. (IV, 200 S.) Tübingen 896. Osiander Geb. n.n.n. 5. 50

— dasselbe. Tageskasse des Verlegers. Fol. (III, 200 S.) Ebd. 896. Geb. n.n.n. 4. —

— dasselbe. Verlags-Skontro. Fol. (V, 208 S.) Ebd. 896. Geb. n.n.n. 4. —

Osiander Geschw., Ravensburg. Kunst-Stickereianstalt und Paramenten-Fabrik. Illustrierter Katalog. Ravensburg

Osiander, Predigt zur Gedächtniß-Feier des 18. Oktobers 1813 gehalten. Göppingen 863. Bölter. gr. 8. (14 S.) 1½ ngr

Osiander, Andreas

Osiander, Andr., Biblia sacra. fol. Hamb. 733.

Osiander, A., Erklärung d. Offenbar. Johannis. Eine Zugabe z. evangel. Schullehrer-Bibel, s. a. Schrift, die heil., rc., v. C. P. H. Brandt.

Osiander, M. A., Erklär. der Offenbarung Johannis. Eine Zugabe zur evangel. Schullehrer-Bibel, Realformat. Sulzb. 831. v. Seidel. Subscr. 5 gr

Osiander, Andr., württemberg. Kommunikanten-Büchlein f. junge u. einfältige Leute, so zum Tisch des Herrn gehen wollen. Zum 4. Mal neu aufgelegt v. Imman. Erhard Bölter. gr. 8. (16 S.) Ludwigsburg 893. (Greiner & Ungeheuer, Buchdr.) n. — 20

Osiander, Andreas, s. Leben und ausgewählte Schriften.

Osiander, Andr. Oratio funebris de Friderico, Duce Wirtembergiae. 4. Tubingae 1608.

Osiander's, Andr., Schrift üb. die Blutbeschuldigung. Wiederaufgefunden u. im Neudr. hrsg. v. Mor. Stern. (XX, 44 S.) 12. Kiel 893. Charlottenburg, Dr. M. Stern. n. 2. —

Osiander, Christian Nathanael

v. Osiander, C. N., s. Apollonius des Rhodiers Argonautenfahrt.

— s. Cicero's Werke.

— s. Dichter, Griechische.

Osiander, C. N. v., s.: Dichter, römische, in neuen Uebersetzungen.

– s. Herodian's Gesch. d. Kaiserthums.

— — Panegyrin in regio gymnasio illustri celebrandam nomine rectoris et professorum, indicit. — Disquiritur de Callimachi in Cererem hymno. Stuttgart (Maentler) 26. IX. 1825. 23 S. mit Namen. (3.75) 25663

— — Orationes in regio gymnasio illustri habendas nomine rectoris et professorum indicit et de Lycophronis aliquot locis commentatur. Stuttgart (Maentler) 26. IX. 1826. 25 S. mit Namen. (3.75) 25664

Osiander, Christian Nathanael, Orationes in regio gymnasio illustri nomine rectoris et professorum rite indicit. — Inest observationum ad Ctesiam pars tertia. Stuttgart (Maentler) 26. IX. 1822. 18 S. mit Namen. (—.—) 25662

— — Observationum in Thucydidem fascic. I. Publ. exam. submittit ac nomine rectoris et professorum orationes in regio gymnasio habendas rite indicit. Stuttgart (Maentler) 26. IX. 1827 22 S. mit Namen. (—.—) 25665

— — Observationum in Thucydidem fascic. II. Publ. exam. submittit ac nomine rectoris et professorum orationes in regio gymnasio habendas rite indicit. Stuttgart (Maentler) 26. IX. 1828. 20 S. mit Namen. (—.—) 25666

— — Observationum in Thucydidem fascic. III. Publ. exam. submittit ac nomine rectoris et professorum orationes in regio gymnasio habendas rite indicit. Stuttgart (Maentler) 25. IX. 1829. 23 S. mit Namen. (—.—) 25667

Osiander, C. N. v., s. Prosaiker, griechische, in neuen Uebersetzungen.

— s. Prosaiker, römische, in neuen Uebersetzungen.

v. Osiander, C. N., s. Thucydides Gesch. d. Peloponnes. Kriegs.

– s. Virgil's Werke.

– s. Xenophon's Werke.

Osiander, Ernst [Rechtspraktikant von Villingen]: Das Asylrecht der Stadt Villingen nach handschriftlichen Quellen .. Waldshut, Buchdr. v. H. Zimmermann, *1892*: 20 S. 8.
Erlangen, Jur. Fak., Inaug.-Diss. v. 1802

Osiander, F. O., üb. die Lehre von d. Are des weiblichen Körpers, Beckens u. dessen Durchmesser u. von den von ihm in dieser Hinsicht erfundenen Instrumenten, mit K. gr. 8. Götting. Dieterich. 811:

Osiander, F. A., wie ist es möglich, das Grundeigenthum beweglich zu machen. Vorschlag der Geldnoth abzuhelfen. gr. 8. (32 S.) Tübingen 849, Buchh. Zu Guttenberg. n. 1/6 Thlr

Osiander, Friedrich Benjamin

Osiander, Fr. Benj., († d. 25. März 1822.) Abbildd. u. Darstellungen in Kupferstichen zur Erläuter. der Lehre der Entbindungskunst, nach dem Handbuch. 1s Hft. Mit 1 Kpft. gr. 8. Tübing. 818. Osiander. 12 gr

Friedrich Benjamin Osiander

Friedrich Benjamin Osinnder's Abhandlung über das vortheilhafteste Aufbewahren ~~thierischer~~ Körper in Weingeist. Mit Zusäzen von (S[amuel] Th[omas von]) Sömmering [Soemmerring]. Göttingen: Vandenhoeck-Ruprecht 1793. 82 S. 8°

Friedrich Benjamin Osiander

Friedrich Benjamin Osiander's ausführliche Abhandlung über die Kuhpocken, ihre Ursachen, Zufälle, Einimpfung, Behandlung...usw. nach eigenen und anderen Beobachtungen. Göttingen: Thomas 1801. XIV, 238 S. 8°

— ausführl. Abhandl. über die Kuhpocken. Mit 1 Kpf. 8. Götting. 801. (Vandenhöck u. R.); (a. Osiander in Tüb.) 20 gr

Osiander, Friedrich Benjamin: Abhandlung von dem Nuzen und der Bequemlichkeit eines Steinischen Geburtsstuhls. Geburtshelfern, Hebammen und Gebährenden zur Belehrung. 49 S., gbd., 2 Taf.

Tübingen: Heerbrandt 1790

JB 3.910

— Achill unter den Töchtern des Lykomedes; e. Oelgemälde. 8. Götting. 819.

— Amor der Blumenräuber; ein Oelgemälde. 8. Götting. 819.

Osiander, F. B., Annalen d. Entbindungslehranstalt zu Göttingen 1800. 1r u. 2r Bd. zu 2 Stck. m. K. 8. Gött. Röwer. (Dieterich.) 800. 801. (à 12 gr.)

Osiander, Friedrich Benjamin: Annalen der Entbindungs-Lehranstalt auf der Universität zu Göttingen vom Jahre 1800. Nebst einer Anzeige zur Beurtheilung neuer Schriften für Geburtshelfer. Bd 2. 404 S., gbd.

Göttingen: Dieterich 1801-04

JB 6.129

Friedrich Benjamin Osiander

Die Anzeigen zur Hülfe bey unregelmäßigen und schweren Geburten. Von Johann Friedrich Osiander Tübingen: C.F. Osiander 1825. XXXIII, 410 S. 8°
(= Osiander, Friedrich Benjamin: Handbuch der Entbindungskunst. Bd 3.)

Osiander, Friedrich Benjamin: Beobachtungen, Abhandlungen und Nachrichten, welche vorzüglich Krankheiten der Frauenzimmer und Kinder und die Entbindungswissenschaft betreffen. 288 S., gbd., 2 Taf.

Tübingen: Cotta 1787

JB 3.909

— — Beschreibung und Abbild. der Geburtsstelle, welche nach den in seinem Handbuche der Entbindungskunst dargelegten Grundsätzen eingerichtet ist &c. Mit 2 Kupfertaf. 8. Ebend. 821.

Osiander, Fr. Benj., das lieblichste Bild d. Unschuld, beschrieben f. Freunde d. bildenden Künste. 8. Götting. 819.

— Cours de la Vaccine inoculée, s. unten: Verlauf.

Osiander, Friedrich Benjamin: Denkwürdigkeiten für die Heilkunde und Geburtshülfe aus den Tagebüchern der Königl. practischen Anstalten zur Erlernung dieser Wissenschaften in Göttingen. Bd 1. 2. Mit Kupfern. Göttingen 1774—75.

Friedrich Benjamin Osiander

Denkwürdigkeiten für die Heilkunde und Geburtshülfe aus d. Tagebüchern d. königl. practischen Anstalten zu Erlernung dieser Wissenschaften...von Friedrich Benjamin Osiander. Bd 1.2. Göttingen: Vandenhoeck-Ruprechtischer Verl. 1794 - 95. 8°

Bd 1: 1794.
Bd 2: 1795.
[Sondert.:]Osiander: Tabellarisches Verzeichniß aller in d. königl. Entbindungsanstalt z. Göttingen...d. Jahrs 1751 bis... 1762 vorgefallenen Geburten... Ausgezogen aus d. Tagebüchern des...Prof. Röderer's.

Friedrich Benjamin Osiander

Neue Denkwürdigkeiten für Aerzte und Geburtshelfer. Von Friedrich Benjamin Osiander. Bd 1. Göttingen: Rosenbusch 1797 - 99. 2 Bde 8°

Bd 1, Bogenzahl (1.) 2: 1797 - 99.

— — über die Entwickelungskrankheit in den Blüthenjahren des weibl. Geschlechts. 1r Th. 2te Ausg. gr. 8. Ebend. 820.
weiß Pap.

— über die Entwickelungskrankheiten in d. Blüthenjahren des weibl. Geschlechts. 2r Thl. 2e Aufl. gr. 8. Tübing. 824. Osiander. 1 Rthl. 12 gr. Beide Theile, 2e Aufl. 2 Rthl. 12 gr. Weiß Pap.

Friedrich Benjamin Osiander

Epigrammata in complures musei anatomici res, quae versuum amore ductus. Fecit Friedericus Benjamin Osiander. Gottingae: Verf.1807: Baier. VI,89 S. 8°

— Epigrammata in diversas res musaei sui anatomici et pinacothecae, c. VI fig. aeri incisis et expressis. 8. Tüb. 807. Edit. altera aucta et emendata. Cum VI tab. aen. 8. ibid. 814. Osiander. 1 ₰ 4 gr

— Erinner. an Polizeyen, Aerzte und Hausvät., Viehseuchen betr. 8. Gött. Röwer. 797. 128 S.

Osiander, Fr. Benj., Erinnerungen etc. Viehseuchen betreffend, zur Verhütung nachtheiliger Folgen für die Menschen etc. 8. Göttingen 797. Vandenhoeck u. Ruprecht. M. —.75

Friedrich Benjamin Osiander

Friedrich Benjamin Osiander's einfache Erzählung der Veranlaßung zu seiner Reise nach Leipzig im Dec. 1819 und der daselbst verrichteten chirurgischen Operationen. Tübingen: Osiander 1820. 142 S. 8°

— die Geschichte d. Venetianerin u. ihres Bildes. 8. Götting. 819.

Osiander, Friedrich Benjamin: Grundriß der Entbindungskunst zum Leitfaden bey seinen Vorlesungen. Th.1: Schwangerschafts- und Geburts-Lehre; Th.2: Entbindungs- und Werkzeuge-Lehre; gbd.

Göttingen: Dieterich 1802

JB 3.828

Friedrich Benjamin Osiander

Friedrich Benjamin Osiander's Handbuch der Entbindungskunst. Bd 1-3. [Nebst] Abb. Tübingen: C.F. Osiander 1818 - 25. 8°

Bd 1, Abth.1.2: 1818- 19.
Bd 2, Abth.1.2: 1820- 21.
Bd 3: Osiander, Johann Friedrich: Die Anzeigen z. Hülfe bey unregelmäßigen und schweren Geburten. 1825.
Abb.: Abbildungen und Darstellungen in Kupferstichen z. Erläuterung der Lehre der Entbindungskunst nach d. Handbuche. H. 1. 1818.

Osiander, Friedr. Benj., Handbuch d. Entbindungskunst. 3 Bde. 2., verm. Aufl. Bearb. v. Joh. Fr. Osiander. Nebst e. Anh. u. lith. Taf. (Fol.) gr. 8. Tübingen, Osiander. [1. (43 B. u. Portr. d. Verf.) 829. 3 Thlr., 2. (40 B.) 830. 2 Thlr. 16 Gr., 3. (32 B.) 2 Thlr.]
3. Bd. A. u. d. T.: Die Ursachen u. Hülfsanzeigen d. unregelmäss. u. schweren Geburten, v. Joh. Fr. Osiander.

Osiander, Fr. Benj., Handbuch der Entbindungskunst. Bearbeitet von Joh. Friedr. Osiander. 3e Ausg. 1r Bd. 1e Lfrg. Bog. 1—8. gr. 8. Tübingen 841. Osiander. 1/3 ₰

— historia partus nanae, versionis negotio a foetu vivo feliciter liberatae, in consessu artis obstetriciae amantium praelecta d. 18. Febr. 1797. Cum tab. aen. 8. Götting. 797.

— Krankengeschichte e. Frau, welche verschied. Insekten rc. durch Erbrechen v. sich gab. Mit 1 Kpf. gr. 8. Götting. 794. (Vandenhöck u. R.) 8 gr (Ist aus d. Denkwürdigkt. f. d. Heilkunde rc. 1r Bd, 1s Stck. besond. abgedr.) 100 S.

Osiander, Friedrich Benjamin: Lehrbuch der Entbindungskunst. Th.1: Literärische und pragmatische Geschichte dieser Kunst. 599 S., gbd.

Göttingen: Rosenbusch 1799

JB 3.912

— Lehrb. d. Entbindungskunst 1r Thl. liter. u. pragmat. Geschichte dieser Kunst. gr. 8. Göttingen, Röwer. 799.

— Lehrbuch d. Hebammenkunst, sowohl f. Hebammen als f. Mütter, m. K. 8. Götting. Röwer. 796.

— kurze Nachr. von d. Entstehung u. Einrichtung d. Gesellsch. v. Freunden d. Entbindungskunst rc. 4. Götting. 796. Röwer. 3 gr

Friedrich Benjamin Osiander

Zweyte Nachricht von den Verhandlungen der Gesellschaft von Freunden der Entbindungskunst zu Göttingen. Vom Apr. 1796 bis dahin 1798 mitgeth. von [Friedrich Benjamin]Osiander. Göttingen: Rosenbusch 1798. 16 S. 8°

Friedrich Benjamin Osiander

Fried[rich] Benj[amin] Osiander's Anzeige seiner Vorlesungen im Sommerhalbenjahr 1793. Das Neueste aus meiner göttingischen Praxis. Göttingen [1793:] Grape. 40 S. 8°

— v. d. Nutzen u. d. Bequemlichk. e. Steinisch. Geburtsstuhls. m. K. 4. Tübingen, Heerbrand. 790.

— s. Ruiz, u. Fieberrindenbaum.

Osiander, (Friedrich Benjamin): Ueber Dr. (Franz Joseph) Galls Schädellehre. 48 Sp. (Sp.945 - 992), gbd.

Hannover: 1805
aus: Neues Hannöverisches Magazin, Jg.1805, St.60 - 62

Osiander, Fr. B., üb. den Selbstmord, seine Ursachen, Arten, medizinisch-gerichtl. Untersuchung u. die Mittel gegen denselben. gr. 8. Hannov. Gebr. Hahn. 812.

— über den Selbstmord, seine Ursachen, Arten, medicin.-gerichtl. Untersuchung u. die Mittel gegen denselben. gr. 8. Hannov. 813. Hahn. 1 Rthlr 12 gGr

— Uebersicht d. Ereignisse in d. Entbindungsanstalt im J. 1815, dargestellt in e. Rede am 4. Jan. 1816. 8. Götting. 816.

— Verlauf der mittelst Blasenpflaster geimpften Kuhpocken, vorgestellt in e. aufs genaueste illum. Kupfertafel, oder: Cours de la Vaccine inoculée par le moyen de l'emplâtre vesicatoire etc. Fol. Tübing. 802. Osiander. 1 Rthlr

— tabellar. Verzeichniß aller in d. königl. Entbindungsanstalt zu Göttingen 1751 bis zum Ende d. J. 1762 vorgefall. Geburten ꝛc. aus d. Tagebüchern des sel. Röderer. Fol. Götting. 795.

Osiander, (Friedrich Benjamin): Ueber Dr. (Franz Joseph) Galls Vorlesungen in Göttingen. 128 Sp.(Sp.1313 - 1400), gbd.

Hannover: 1805
aus: Neues Hannöverisches Magazin, Jg.1805, St.83, 85 - 90

— wie können Paläste, Schlösser u. Schauspielhäuser geg. Feuersgefahr geschützt werden? 8. Hannov. 812. Hahn. 5 gGr

Osiander, Heinrich Friedrich

Osiander, H. F., Betrachtungen üb. d. preuß. Zolltarif u. deutsche Handelsinteressen. 3 Lfgn. (od. 2 Hfte.) gr. 8. (17¼ B.) Stuttgart 837, [Scheible, Rieger u. Sattler.] Thlr.

—— Darstellung d. französ. Finanzen seit d. Julirevolution v. 1830—1637. gr. 12. (11 B.) Stuttgart 839, Schweizerbart'sche Buchh.
Vgl. Geschichte, die, uns. Tage, 21. Bd.

Osiander, H. F., s.a. Darstell. d. Niederländ. Finanzen,

Darstellung (Geschichtliche) der niederländischen Finanzen, seit der wiedererlangten Selbstständigkeit des Staates im J. 1813. Vom Verfasser der „Beleuchtung des Kampfes über Handelsfreiheit und Verbotsystem in den Niederlanden" (H. F. Osiander). gr. 8°. Amsterdam, Diederichs, 1829.

— geschichtl. Darstellung der niederländ. Finanzen, vom Anfange des Jahres 1830 bis Ende des Jahres 1833. Mit einigen Betrachtungen über das niederländ. Grundgesetz. 8. Stuttgart 834, Brodhag. 1 1/6 Rthlr

Osiander, H. F., Enttäuschung des Publikums über die Interessen des Handels, der Industrie u. der Landwirthschaft, oder Beleuchtung der Manufacturkraft-Philosophie des Dr. List, nebst einem Gebet aus Utopien. gr. 8. Tübingen 842, Osiander. 5/6 Rthlr

— der Entwurf zu einem neuen Handelsgesetzbuch für das Königreich Württemberg vom prakt. Gesichtspunkt beleuchtet. gr. 8. Tübingen 844, Fues. n. 7/12 Rthlr

—— Geschichte Frankreichs, s. Geschichte, die, uns. Tage, 21. Bd.

—— über d. Handelsverkehr d. Völker. 2 Bde. 1. Aufl. 840. u. 2. Ausg. gr. 8. (à 40½ B.) Stuttgart 842, Cast'sche Bh. à

Osiander, J. B., de Messia, Bethlehemi nasciture. Tubing. 1722. 4.

— **Johann,** De officiis erga providentiam divinam circa casus fortuitos. Disput. moralis. Präs. Christian Ferdinand Harpprecht. Tübingen (Bauhof u. Franck) Aug. 1750. 20 S. (4.50) 25668

Osiander, Johann Adam

Osiander, J. A., authentia clausulae orat. dom. asserta. Tubing. (s. a.) 4.

Osiander, J. A., Gens Osiandrina larga benedictione divina florens. Tubingae 1720.

Osiander, J. A., de historia adulterae, non adulterae. Tubing. 1751. 4.

Osiander, J. A., Messias Nazarenus vocandus. Tub. 1745. 4.

Osiander, J. A., de mysteriis Graecorum, praesertim Eleusiniis. Stuttg. 1808. 4.

Osiander, J. Ad.: Observatt. maximam partem theologicae in *H. G.* *Tubing*. 669. 711. 8.

— **Johann Adam,** Oratio de originibus variantium lectionum novi testamenti. Tübingen (A. H. Roebel) 17. VI. 1739. 20 S. (4.—) 25669

Osiander, Johann Adam [Praes.], s. Romig, Gottlieb Friedrich: Dissertatio historico-critica de insigni additamento codicis Cantabrigiensis, quod post verba Christi Matthaei c. XX. 28. exstantia in eo legitur.

Osiander, Johann Adam [Praes.], s. Schmid, Jakob Friedrich: De investigatione existentiae et essentiae divinae per viam causalitatis, eminentiae, atque negationis recte instituenda.

Osiander, J. A., tentamen conciliationis inter evangelium Marci et Joannis de hora crucifixionis Christi. Tubing. 1743. 4.

Osiander, Jo. Adam, resp. Jac. **Baur,** H. **Goebert,** W. **Wild,** H. **Beyrlin,** Ulr. **Moegling,** Jo. **Glocker,** De transmigratione animarum humanarum ex suis corporibus in alia corpora. 88 pp. Tub. 4°. 1749

Osiander, Johann Adam [Praes.], s. Uhl, Johann Christoph. De insigni additamento codicis Cantabrigiensis, quod post verba Christi Matthaei c. XX.8. exstantia in eo legitur

Osiander. J. A., ad verba Joann. Bapt. Matth. 3, 11. Tubing. 1755. 4.

Osiander, Johann Adam [Praes.], s. Wieland, Theophil Heinr. De investigatione existentiae et essentiae divinae per viam causalitatis, eminentiae, atque negationis recte instituendae

Osiander, Johann Adam [Praes.], s. Wild, Jo Wilhelm De transmigratione animarum humanarum ex suis corporibus in alia corpora.

Osiander, Joh. Eberh., zum Andenken Dr. Gtfr. Menken's, weil. Pastor Primar. an St. Martini in Bremen. Ein Beitr. z. neuesten Gesch. d. Theologie. gr. 8. (3¾ B.) Bremen 832, Kaiser. Thlr.
Aus der „Tübinger Zeitschr. f. Theologie, J. 1832. 2. Hft." abgedr.

——, Philipp Melanchthon. Rede z. Feier d. 3. Jubelfestes d. Augsburg. Confession, gehalt. im Seminar zu Maulbronn. 8. (2 B.) Stuttgart 830, [Beck u. Fränkel.]

Osiander, Joh. Ernst, Apologie d. Lebens Jesu gegen d. neuesten Versuch, es in Mythen aufzulösen. gr. 8. (28⅛ B.) Tübingen 837, Fues.

Osiander, J. E., Commentar über den ersten Brief Pauli an die Korinthier. gr. 8. (VII und 830 S.) Stuttgart 847, Belser.

Osiander, J. E., Commentar über den ersten Brief Pauli an die Korinthier. gr. 8. (VIII u. 830 S.) Stuttgart 849, Belser. 3 ß

Osiander, J. E., Commentar über den zweiten Brief Pauli an die Korinthier. gr 8. (VIII und 547 S.) Stuttgart 858. [Gotha,] Besser. *

—— Lehrbuch z. christl. Religionsunterr. f. d. gereiftere Jugend in höh. Lehranstalten, auch z. Selbstunterr. f. Gebildete. gr. 8. (21¼ B.) Tübingen 839, [Osiander'sche Buchh.]

Osiander, Johann Friedrich: Die Anzeigen zur Hülfe bey unregelmässigen und schweren Geburten. 410 S., gbd.

Tübingen: Osiander 1825

JB 3.916

Johann Friedrich Osiander

Bemerkungen über die französische Geburtshülfe nebst e. ausführlichen Beschreibung der Maternité in Paris. Von Johann Friedr[ich] Osiander. Hannover: Hahn 1813. XII, 308 S. 8°

Johann Friedrich Osiander

Ioan[nes] Frid[ericus] Osiander: Commentatio anatomico- physiologica qua edisseretur uterum nervos habere. Gottingae (1808:) Dieterich. 44 S. 4°

Göttingen, Med. Preisschr. v. 17. Sept. 1808

Osiander, I. F., Commentatio anatomico-physiologica qua edisseretur uterum nervos habere. 4. maj. Götting. Dieterich. 809.

Osiander, Jh. Fr., comment. anatomico-physiologica, qua disseritur, uterum nervos habere. 4maj. Götting. 809. (Tübing., Osiander). 8 g

— Diss. inaug. medica de fluxu menstruo atque uteri prolapsu icone et observationibus illustrato, c. tab. 4. Götting. 808. (Tübing., Osiander). 6 g

Osiander, Joh. Friedr., Hebammenbuch, od. Anleit. z. Geburtshülfe f. Hebammen. Nebst Belehr. üb. d. Krankheiten d. Frauen u. Kinder. 8. (24 B.) Tübingen 839, [Osiander'sche Bh.]

Osiander, Joh. Friedr., Hebammenbuch oder Anleitung z. Geburtshülfe für Hebammen. Nebst Belehrung über die Krankheiten der Frauen u. Kinder. 2. Aufl. 8. (24 B.) Tübingen 844, Laupp'sche Buchh. Thlr.

Osiander, Joh. Fr., prostonárodní léky a jednoduché, nelékárnické prostředky proti nemocem člověka. Dle 5. německého vydání vzdělal Jos. Zelenka. Sešit 1 i 2. Prag 864. Bellmann. 8. (VIII, S. 1—144.) Jedes Heft n. 6 ngr.

Johann Friedrich Osiander

In docenda et discenda medicina atque arte obstetricia methodum [Methodus] activam potiorem in facienda expectationem saepe non alienam esse ostendit, et observationes quasdam de papillis mammarum numero et structura variis... communicat Ioannes Fridericus Osiander. Gottingae (1816:) Baier. 29 S. 8°

— Nachr. v. Wien üb. Gegenstände der Medicin, Chirurgie u. d. Geburtshülfe. gr. 8. Tübing. 817. Osiander. 1 ß 4 g

Osiander, Johann Friedrich (Bearb.):

s.: Osiander, Friedrich Benjamin: Handbuch der Entbindungskunst. 2.verm.Aufl. Bd 1 - 3. Tübingen: 1829 - 1833

JB 3.914

—— zur Praxis d. Geburtshülfe. Beobachtn. u. Bemerkn. aus d. academ. Entbindungsanstalt zu Göttingen, während d. beiden J. 1822 u. 1832. gr. 8. (9⅞ B.) Hannover 837, Helwing'sche Hofbuchh.

Osiander, Joh. Friedr., die Ursachen u. Hülfsanzeigen etc., s. Osiander, F. B., Handbuch, 3. Bd.

Osiander, Johann Friedrich: Volksarzneimittel und einfache, nicht pharmaceutische Heilmittel gegen Krankheiten des Menschen. 541 S. gbd.

Tübingen: Osiander 1826

JB 3.003

—— Volksarzneymittel u. einfache, nicht pharmaceut. Heilmittel geg. Krankheiten des Menschen. 2., verm.u. verb. Aufl. gr. 8. (35 B.) Tübingen 829, Osiander.

Osiander, Joh(ann) Fr(iedrich): Volksarzneimittel und einfache, nicht pharmaceutische Heilmittel gegen Krankheiten des Menschen. 3.verm.u.verbess.Aufl. 670 S., gbd.

Tübingen: Osiander 1838

JB 3.004

—— Volksarzneimittel u. einfache, nicht pharmaceutische Heilmittel gegen Krankheiten des Menschen. 3., verm. u. verb. Aufl. 2. Abdruck. 8. (43½ B.) Tübingen 844, Osiander'sche Buchh. -

Osiander, Joh. Fr., Volksarzneimittel und einfache, nicht pharmaceutische Heilmittel gegen Krankheiten des Menschen. 4., unveränd. Aufl. gr. 8. (XVI und 356 S.) Hannover 861, Meyer. *

Osiander, Joh. Fr., Volksarzneimittel und einfache, nicht pharmaceutische Heilmittel gegen Krankheiten des Menschen. Ein Haus- und Familienbuch für die gebildeten Stände. 4. Aufl. 861. — 5. Aufl. 862. — 6. Aufl. Mit Doppel-Register. Hannover 865. Meyer. 8. (XVI, 362 S.) n. 20 ngr.

Osiander, Joh. Fr., Volksarzneimittel u. einfache, nicht pharmaceutische Heilmittel gegen Krankheiten des Menschen. Ein Haus- u. Familienbuch für die gebildeten Stände. Mit Doppel-Register. 7. Aufl. gr. 8. (XVI, 370 S.) Hannover 877. Meyer. n. 2. —

Osiander, Johann Rudolf

— die Fragen des Würtemberg. Confirmationsbüchleins aus Liedern beantwortet. 8. Stuttg. 769.

Osiander, Jh. Rud., († d. 17. Jan. 1801.) bußfert. Sünder Trost, auf die Sonn- u. Festtags-Evangelien. 4. Erlang. 762. N. A. 769. Walther. 1 ℳ

Osiander, Ludw. Ernst, Erklärung d. würtembergischen Confirmations-Büchleins. Hrsg. v. dem Sohn Osiander's. 8. (VIII, 176 S.) Ludwigsburg 884. Neubert. n. 2. 40

Osiander, L. 80 Konfirmationsdenksprüche. qu.-12. Halle 890, Strien. Mit Goldschn. * 1 20

Osiander, Lukas

Osiander, Lucas, de studiis verbi divini ministrorum privatis recte instituendis admonitio. Frcf. Esslinger. 733.

— cynosura studiorum sacra. 4. Danz. 742.

— Michael Andreas (Tübingen), De eo, quod justum est, circa mutationem testamenti, per subsequens matrimonium. Diss. inaug. Präs. Wolffgang Adam Schoepff. Tübingen (J. D. Bauhof u. J. Th. Franck) April 1745. 44 S. (5.—) 25670

Osiander, W., der Abfall von der württembergischen evangelischen Landeskirche. Die neueste Agitation H. Staudenmeyer's, insbesondere seine Schrift: „Der Abfall der württemberg. evangel. Landeskirche von Schrift und Bekenntniß" nach drei Seiten nothdürftig beleuchtet nebst einer Schlußbeleuchtung. 8. (36 S.) Eßlingen 877, (Weismann.) **

Osiander, W., Behandlung der Religionsvergehen in Athen. gr. 8. (17 S.) Tübingen 888, Frz. Fues. *
Aus: Korrespondenzblatt für die Gelehrten- und Realschulen Württembergs, besonders abgedruckt.

— s. Festzug zur Vollendung d. Ulmer Münsters.

— Rud. Pfleiderer, G. Seuffer. Ulm, sein Münster u. seine Umgebung. Mit Stadtplan, Karte u. 135 Holzschn.) (2 Thle. in 1 Bde.) 8. (III, 120; 106 S.) Ulm 890, Ebner. cart. * 2 —; geb. * 2 50

— Ulm, sein Münster u. seine Umgebg. Fremdenführer durch Ulm u. Umgebg. m. allen Sehenswürdigkeiten. Bill. Ausg. f. den Fremdenverkehr. 8. (72 S. m. Abbildgn. u. Plan.) Ulm 891. J. Ebner. n. — 50

Osiander. Wilh., der Hannibalweg. Neu untersucht u. durch Zeichngn. u. Tafeln erläutert. Mit 13 Abbildgn. u. 3 Karten. gr. 8. (VIII, 204 S.) Berlin 900. Weidmann. n. 8. —

Osiander, *Wilhelm Nath.* [Prof. Dr.]: Der Montcenis bei den Alten. Cannstatt, Druck d. G. F. Rapp'schen Buchdr., 1897; 60 S. 4.
Cannstatt, k. G, P 1897 (606)

Osiecki, Franciscus: De regni Polonici post regis Ioannis Casimiri abdicationem candidatis deque electione Michaelis Wiśniowieckii a. 1669. Halis Saxonum 1869: (Lange in Berlin) 78 S. 8°
Halle-Wittenberg, Phil. Diss. v. 10. Aug. 1869
Geb. Lagiewnik (Posen) 28. 8. 1845. V

Osiecki, Frz. Die französische Partei in Polen im XVII. Jahrhundert und der französisch-polnische Vertrag vom Jahre 1675. 16 S. Progr. Rg *Bromberg* 1882

Osiecki, J., koleje żelazne w Galicji, i stosunek tychże do kolei w Polsce i Rosji. Z Mappą topograficzną (lithogr.) kolei europejskich (in qu. Imp.-Fol.) (Die Eisenbahn in Galizien und deren Verhältniss zu den Eisenbahnen in Russland und Polen. Mit 1 topograph. Karte der europ. Eisenbahnen.) gr. 8. (VII und 83 S.) Wien 858, Typographisch-literarisch-artistische Anstalt.

OSIMINKA, ANDREAS S. J.: Ein freyer Diener Gottes, und Dienstbarer Sohn Mariä, der seilige Simon de Roxas. Aus dem Orden der Allerheil. Dreyfaltigkeit von Erlösung der Gefangenen Als dessen Seligsprechung in der Kirche der Wohl-Ehrwürdigen Vätern des bemeldten heiligen Ordens zu Klein Maria Zell bey Altofen den 8. Herbstmonats im Jahr 1767 feyerlich begangen wurde, von P Andreas Osiminka der Gesellschaft Jesu Priester. Pest 1767 Gedruckt mit Eizenbergerischen Schriften. 12 f. - kl. 4°

OSIMANKA, ANDREAS S. J. Glaubens-Lehr von Geniessung des allerheiligsten Sacrament des Altars, am hohen Fest-Tag des H. Fronleichnambs Christi, bey dessen Hochfeyerlichen Umgang vorgetragen in Caschau. Caschau 1753. In der Academ. Buchdruck. 10 f. - kl. 4°

OSIMANKA, ANDR(EAS S. J.): Glaubens- und Sitten-Lehre von der Geniessung des Fronleichnambs Christi bey dessen hochfeyerlichen Fest-Begängnuss und Umgang in kurzer Anrede von Andr. Osimanka. Caschau 1752· In der Academ. Buchdruck. 52 S. - kl. 4°

OSIMANKA, ANDREAS S. J. Glaubens-Streit wider das Abendmahl deren Evangelischen, und Reformirten an dem hohen Fest-Tag des heiligen Fronleichnams Christi bey dessen hoch-feyerlichen Umgang in Raab vorgetragen. Alida (Raab) 1755. Gedruckt bey Gregori Johann Streibig. 9 f. - kl. 4°

OSIMINKA, ANDREAS: Lob- und Danck-Rede, von der im Jahre 1686. glücklich eroberten Königlichen Freyen Haupt-Stadt und Vestung Ofen, da dero Feyerlicher Jahrs-Tag mit allgemeinen und offentlichen Danck-Fest den anderten September 1756. begangen wurde, verfasset und auf der Kaiserliche Breche vorgetragen von P Andreas Osiminka, aus der Gesellschaft Jesu, dermaligen Feyertags-Prediger, aus Verlangen des Löblichen Militair zum Druck beförderet. Ofen 1756, gedruckt bey Leopold Franz Landerer. 9 f. - 4°

OSIMINKA, ANDREAS S. J.. Lobrede auf den H. Joseph von Calasanz Stifter des Preiswürdigsten Ordens der Frommen Schulen, als das Fest seiner Heiligsprechung den 27 August 1768. etc. in Pest begangen wurde, gehalten von P Andrea Osiminka aus der Gesellschaft Jesu. Pest 1768. Gedr. mit Eitzenbergerischen Schriften. 30 S. - 4°

OSIMINKA, ANDREAS S. J.. Lobrede auf den Heiligen Seraphim von Monte Granerio, Laybruder des Capuciner-Ordens, da dessen Heiligsprechung in der Kirche der Vätern des gemeldten Ordens zu Ofen feyerlich begangen wurde. Vorgetragen von P Andreas Osiminka aus der Gesellschaft Jesu. Ofen 1768: Leop. Franz Landerer. 22 S. - 210 mm

OSIMINKA, ANDREAS S. J. Schwäche, und Stärke des Glaubens in dem Grossen Blut-Antonius Neurot von Ripolis auss dem heiligen Prediger-Orden am sechsten Sonntag nach Ostern, als dessen Heilig-Sprechung in dem herrlichen Gottes-Haus der Wohl-Ehrwürdigen Väter des bemäldten heiligen Ordens in der königl. Frey-Stadt Pest den 31. May 1767 mit feyerlichsten Gepränge begangen wurde, vorgestellet von P Andreas Osiminka der Gesellschaft Jesu Priester. Ofen 1767. Gedr. bey Leopold Franz Landerer. 16, 1 f. - 4°

OSIMINKA, ANDREAS S. J. Zweyfache Todes-Angst, des vermenschten Gottes und des christlichen Menschen in einer Trauer- und Trost-Rede verfasset, und in dem Gottes-Haus der Gesellschaft Jesu in Gran am 2. Sonntag in der Fasten, am 5. April 1767 feyerlichst beglenge. Ofen 1767 Gedruckt bey Leopold Frantz Landerer. 16 S. - 4°

Osimitsch, Wilhelm. Skizze einer billigen Valuta-Reform und eines weltfähigen Geldsystemes für Oesterreich-Ungarn. 8. Triest 1891.

Oesinger, Franz, De testamentis conjugum. Von der Ehe-Leute Testamenten und letzten Willen. Tract. jur. Straßburg (J. Fr. Spoor) 1724. 40 S. (5.—) 25461

Osini und Olivieri, od. d. Macht der Freundschaft. Sittengem. 8. Weißenburg 789.

Osipow, Ad., die Thätigkeit der Staatsanwaltschaft im russischen Civilverfahren nebst einigen einschlagenden Lehren. Inaugural-Dissertation. gr. 8. (VII, 112 S.) Dorpart 868, Gläser. [Schnakenburg.] *

Osipowska Józefina, Podarunek Cioci, czyli powieści dla dorastających dzieci, ozdobione Kolorowanemi rycinami. 8. Warschau 847, Orgelbrand. 1⅓ ℳ

Osiris-Bücher. Hrsg. v. P. v. der Heide. 1.—19. Bd. gr. 8. Leipzig, Jaeger'sche Verlagsbuchh. 22.—

Böhme, Edwin, das Gedankenleben u. seine Beherrschung. Mit Buchschmuck versehen u. neu hrsg. v. Ernst Gorsemann. (66 S.) (909.) (Bd. 9.) 1.—

Brandis, Geo. F., nicht mehr nervös. Innerhalb 24 Stunden gesund! Das einzige Mittel zur Heilg. der Nervosität. (62 S.) (908.) (Bd. 1.) 1.—

Flothmann, G., Heilmagnetismus. Theoretische u. prakt. Anleitg. zum Magnetisieren. (40 S.) (910.) (Bd. 10.) 1.—

Karma, Rainhard, Anleitung zum Hellsehen. Eine auf Erfahrg. beruh. Methode zur Weckung schlummernder Seelenkräfte, m. zahlr. Experimenten u. historisch beglaubigten Zeugnissen üb. Hellseherei. (59 S.) (908.) (Bd. 2.) 1.—

Kirchner, Raph. Eug., der Verkehr m. den Geistern Verstorbener: . . . Die Macht des Spiritismus. Ein Handbuch zur Erforschung dunkler Grenzgebiete des Seelenlebens, m. Anleitg. zur Herbeirufg. spiritist. Phänomene, Verkehr m. den Geistern Verstorbener u. Offenbarg. geheimer seel. Kräfte Mit zahlr., sofort auszuführ. psych. Experimenten u. e Anleitg., wie man spiritist. Zirkel gründet u. leitet. Mit Illustr. (102 S.) (909.) (Bd. 8.) 2.—

— Wirkung in die Ferne. Die Lehre v. der Telepathie. Mit zahlr. psych. Experimenten u. authent. Zeugnissen aus alter u. neuer Zeit. (61 S.) (908.) (Bd. 4.) 1—

Krause, Ernst, die visionären Kräfte u. die Phantasie des Menschen. (85 S.) (908.) (Bd. 5.) 2.—

Mainhardt, Thom., die Ursachen v. Glück u. Zufall im Menschenleben, Liebe u. Spiel sowie die geheime Kunst, diese Faktoren sich dienstbar zu machen u. bewußt zu regeln. (51 S.) (909.) (Bd. 6.) 1.—

Menk, Adalb., keine Entmutigung, sondern Arbeiten! Worte zum Troste u. zur Aufrichtg. in den Stunden der Verzweiflg. (70 S.) (910.) (Bd. 17.) 1.—

— Gefällige Manieren, Takt u. Lebensart. (67 S.) (910.) (Bd. 16.) 1.—

— Der Weg zum Wohlstand. (51 S.) (910.) (Bd. 18.) 1.—

Shou, Peryt, das Mysterium der Zentralsonne vom wissenschaftl. u. geheimwissenschaftl. Standpunkt. (56 S. m. Abb.) (910.) (Bd. 12.) 1.—

— Der Weltentag od. die grosse Periode des Lichtes (Manvantara) in der abendländischen Philosophie u. Dichtung, zugleich als Einführung in die Schrift „Das Mysterium der Zentralsonne". (40 S. m. Abbild.) (910.) (Bd. 11.) 1—

Weber, Arth., die Zitronenkur, e. bewährtes Heilverfahren gegen die Gichtplage u. Gallensteine. Eine populäre Anleitg. zum Gebrauche v. Obst- u. Pflanzensäftekuren, insbesondere üb. den Heilwert der Zitronenkur, nach den Grundsätzen der Pflanzenheilkunde bearb. (48 S.) (910.) (Bd. 19.) 1.—

Wiedenmann, Erde u. Menschheit im Lichte okkulter Forschung. (57 S.) (910.) (Bd. 13.) 1—

— Das grosse Mysterium. 1. Tl. Alchimie u. Lebenselixier. (45 S.) (910.) (Bd. 14.) 1.—

— Dasselbe. 2. Tl.: Die Bewusstseinsreiche im Weltall. Fortsetzung v. Bd. 14: Alchimie u. Lebenselixier. (45 S.) (910.) (Bd. 15.) 1.—

— Yoga, die Geheimwissenschaft Indiens. (100 S.) (909.) (Bd. 7.) 2.—

Wilhelm, R., das Geheimnis, öffentlich reden zu können. (53 S.) (908.) (Bd. 3.) 1.—

Osius, E., der Löwe v. St. Markus, s.: Henty, G. A.

Osius, Friedr. Wilh.: Synthese des 3,4-Dioxyflavons. Bern 1899. 54 S. 8°.
Bern. Phil. Diss. 1898/99.

Osius, Rudolf: Die versuchsweise Einführung des hauswirtschaftlichen Unterrichts in die Mädchenvolksschule zu Kassel. — (Gera o. J. [um 1890]:) Hofmann. 15 S. 8° [Kopft.]

Osius, Rud. Frauenberuf in der Mässigkeitsbewegung. 12 S. (Sep.-Abdr. aus „Frauenberuf"). Weimar 1880.

Osius, Rud., praktisches Handbuch für Amtsrichter, Gerichtsassessoren, Referendare. 12. (XII, 258 S.) Düsseldorf 881. Schwann. geb. n. 3.—

— u. Carl **Bendir,** praktisches Handbuch für Rechtsanwälte. 12. (XIV, 476 S.) Düsseldorf 882. Schwann. n. 5.—; geb. n. 6.—

— die Hauptpunkte der Reichs-Justizgesetze, für Nichtjuristen bearb. [Reichs-Civilprozeß. Reichs-Strafprozeß-Ordnung. Reichs-Konkursordnung.] 8. (51, 48 u. 59 S.) Ebend. 880. 1. 50

Osius, Rud., die Hauptpunkte der Reichs-Concursordnung für Nichtjuristen. 8. (59 S.) Kassel 879, Hühn. *

—— dass. — unter besond. Berücksicht. des in der Prov. Hessen-Nassau gelt. Rechtes. 2. verm. und verb. Aufl. 8. (31 S.) Ebendas. 879. *

— die Hauptpunkte der Reichsstrafprozeßordnung für Nichtjuristen. [Das Schöffenamt u. Geschwornenamt. Zeugnispflicht u. Zeugniszwang. Verhaftung u. Haussuchung. Die Privatklage.] gr 8. (48 S.) Ebend. 879. n. — 75

— die Hauptpunkte des Reichs-Civilprozesses für Nichtjuristen, unter besonderer Berücksichtigung des in der Provinz Hessen-Nassau geltenden Rechtes. 2., verm. u. verb. Aufl. 8. (31 S.) Kassel 879. Hühn. n. — 60

Osius, R., u. P. Chuchul, d. Heranziehg. v. Frauen zur öffentl. Armenpflege, s. **Schriften** d. deutschen Vereins f. Armenpflege u. Wohlthätigkeit.

[F.] Die Heranziehung von Frauen zur öffentlichen Armenpflege. Zwei Berichte erstattet v. R(udolf) **Osius** (-Cassel) u. P[aul] Chuchul (-Frankf. a. O.) *Leipzig: Duncker & Humblot 1896.* (2 Bl., 54 S.) 1 Bd 8. = **Schriften** d. deutschen Vereins f. Armenpflege u. Wohlthät. H. 25.
56. 6453

Osius, Rud., die kommunalständische Landeskreditkasse zu Cassel, ihre Geschichte und Organisation. gr. 8. (III, 51 S.) Leipzig 885, Duncker und Humblot. *
Aus: Schmoller's Jahrbuch für Gesetzgebung, besonders abgedruckt.

— das Reichs-Strafgesetzbuch. Commentirt f. Amtsanwälte, Bürgermeister, Schöffen. 12. (VI, 246 S.) Düsseldorf 883. Schwann. cart. n. 2.—

Osius, T. G. P., De catalepsi. Marb. 4°. 1799

Oskald, Julian, Blumen aus dem Paradiese. Novellen u. Erzählgn. (In russ. Sprache.) (139 S.) 8. Berlin 911. H. Caspari. 3.—

Oskamp, L.

—tabulae plantarum terminologicae. Fol. Leyden 793. Luchtmans. 12 fl.

Oskamp, L., zwei Vorlesungen über die natürl. u. geimpften Kinderblattern ꝛc.; aus d. Holländ. v. G. J. L. Döring. 8. Hadamar 799. (Lanz in Weilb.) 6 gl

Oskamp, T. L., tabulae plantarum terminologicae. fol. Leyden. 793.

Oskar, s. a. O s c a r

Oscar und Malvina oder die Macht der Vaterlandsliebe . . . Quedlinburg 1815. V: *Nagel, Johann Friedrich Gottlieb.* (MGT) (Ky) *Nagel, Glieb Ldw. Chn Sam.* (NN)

Oskar u. Malvina, oder die Macht der Vaterlandsliebe, eine Urkunde aus dem heil. Krieg. 2 Bde. 8. Quedlinb. Basse. 815.

— und Theone, v. K. Baldamus. 8. Luneb. Herold u. W. 815.

Oskar II., König von Schweden und Norwegen, s. O s c a r

Oskar, (Psdn.), Emma. Eine romant. Tragödie. gr. 8. Soling. 827. (Essen). Bädeker. 8 gl

Oskar, (Fr. Kind), s. Leben u. Liebe Ryno's.

Oskar, (Fr. u. Kurt von der Aue,) Myrthen-Kränze. 8. Leipz. 822, Reclam.

Oskar, H., Weltgeschichte in Bildern. (Histor. Bilder-Atlas.) 122 Illustr. in feinstem Farbendr. m. erläut. Text v. O. 4. (18 Farbdr. m. 116 Sp. Text.) Fürth 897. G. Löwensohn. Geb. 5. —

Oskar, Theodor (Pseud.), s.a. C o r t e , Wilhelm

† Oskar, Th., (Wilh. Corte,) die Rache vom Himmel, od.: Das Vehmgericht in den Gründen d. Dortmunder Waldes. Ritter- u. Geistergeschichte aus d. Zeiten d. Kreuzzüge u. d. heil. Vehme. 2 Bde. 8. (26 B. u. 1 Stnt.) Nordhausen 839, Fürst.

Oskard, A.

Oskard: Die Methode des platonischen Dialogs dem Verfahren der Sophisten gegenüber (Dargestellt an den Dialogen Protagoras und Gorgias.) 20 S.–Rzeszow, Progr. 1859

Oskard, A. - Probe einer prosaischen Uebersetzung zweier Satyren des Horaz wie sie mit Zugrundelegung des lateinischen Textes der vorgeschriebenen Schulausgabe von E. J. Grysar mit den Schülern der 8. Klasse des k. k. Krakauer Gymnasiums im 1 Semester des Schuljahres 1854 versucht wurde. Von — —. 8 (16 S.) Gedruckt in der Buchdruckerei des „Czas." Krakau. 1854.

Ein L e b e n in Schönheit. **Oskar Wilde Kalender.** [1.] Auf d. Jahr 1908. (Hrsg.: Leo C o l z e.) Berlin & Leipzig: H. Seemann Nachf. [1907]. 8° 168.16537

Oskierka, M. Sv., Vers. e. Entw. z. endlich. Verbesser. des Justizwesens. 4. Bernburg. 758.

Oskold u. Dir; e. russ. Gesch. kritisch beschr. v. A. L. Schlözer, 1ste Probe russischer Annalen. 8. Göttingen, Dieterich. 773.

Oslan, Lazar, aus Odessa Dynamische Untersuchungen über die Verseifung des Acetessigesters und seiner Methylsubstitutionsprodukte. *Heidelberg 1901: K. Rössler.* (62 S.) 8° Heidelberg, Naturw.-math. Diss. v. 1901

Oeslau [Schlagwort]

Oeslau, s.: Geolog. Karten (Preussen).

Oslender, Aug., Schulbrausebäder m. bes. Berücksicht. d. Kölner System. M. 2 Grundrissen u. 14 Abb. gr. 8. (V, 64 S.) München 897. R. Oldenbourg. n. 4. —

Osler, William, Lehrbuch der internen Medizin. Aus dem Engl. übers. u. f. deutsche Verhältnisse ergänzt u. bearb. v. Edm. Hoke. Mit e. Vorwort von R. v. Jaksch. (XV, 880 S. m. 88 Abb.) Lex. 8. Wien 909. Urban & Schwarzenberg. 12.—; geb. n. 14. —

Oslislo, Franziskus (Loslau/Schlesien), Diss. med in qua sententia num frigus debilitet an roboret? inquiritur. Präs. Georg Rudolph Boehmer. Wittenberg (Tzschiedrich) 20. I. 1803. 20 S. (3.75) 25672

Osman; od. die unglückliche Großmuth. Trauersp. 8. Berl. Sander. 767.

Osmann und Bella, ein Drama in fünf Aufzügen . . . Breslau 1776. V: *Titzenhofer, Sophie Eleonore Helene von geb. von Wundsch.* (MGT) (GGr) (Ky) (Schl) (ADB) (BrMm)

— und Bella. Drama in 5 A., (v. Fräul. v. Wundsch). 8. Bresl. 778. J. F. Korn. 8 gl

Osman, der Türk in Sachsen, od. die Macht d. Liebe. Romant. Erzähl. aus d. Anfang d. jetz. Jahrhunderts. Ein Beitr. z. Charakterschilderung d. Türken. 8. (16 B.) Dresden 834. (Leipzig, Drobisch.)

Osman, der Türk in Sachsen, od. die Macht d. Liebe. Romant. Erzähl. aus d. Anfang d. jetzigen Jahrh. Ein Beitr. z. Charakterschilderung d. Türken. 2., verb. u. durch e. Abhandl. üb. Romandichtung verm. Aufl. 8. (12½ B.) Leipzig 836, (Drobisch.)

OSMAN (ps.), Barbarische Gedichte. 1776. Weller, Lex. Ps. p. 404. — Sehr rar!

Osman, Hans A.

Osman, H. A. Der Fall Mannesmann Eine deutsche Antwort. Berlin (1910?).

Osman, H. A. Die Mannesmannrechte und das Marokko-Weißbuch. Erster erweiterter Nachtrag zu »Der Fall Mannesmann«.

Osman, H a n s A. Die Mannesmann-Rechte und das Weißbuch im Lichte der deutschen Presse. Tl 1. 2. Berlin (1910). 4° (8°)

Osman-Bey, Enthüllungen üb. die Ermordung Alexanders II. Veröffentlicht aus Anlass d. 5. Jahrestages d. Todes Alexanders II. Aus dem Franz. übers. 8. (223 S.) Bern 886. Nydegger & Baumgart. n. 2. 50

Osman Bey, die Eroberung der Welt durch die Juden. Versuch der Geschichte und der Gegenwart. Deutsche Uebersetzung. 2. Aufl. gr. 8. (48 S.) Basel 874, Krüsi. *

Osman-Bey, Major, die Eroberung der Welt durch die Juden. Versuch nach Geschichte u Gegenwart. 7 Aufl. Wiesbaden, R. Bechtold & Co., 1875. 8°. 58 S Eleg. gepr. Srsb. Mit vielen Beibänden.

Osman Bey. Die Eroberung der Welt durch die Juden. In-8°. Basel, Ch. Krüsi. 1879. 1 —

Osman Bey, Kibrizli-Zade, die Eroberung der Welt durch die Juden. 11., internationale Aufl., verm. durch Enthüllgn üb. die universelle israelit. Allianz. 12. (56 S.) Bern 888. (Jenni) n. — 50

—— die Frauen in der Türkei. 8. (VI, 276 S.) Berlin 886, Ißleib. *

Osman-Bey, Major, Die Frauen in der Türkei. — Die Türken und ihre Frauen. — Die Sklaverei und der Harem. — Der Harem des Sultans. Berlin (c 1890). 8° (Mk. 2—.) (90 Pfg. Julius Neumann, Magdeb. 1908.)

Osman-bey, die Frauen in der Türkei. (VII, 256 S.) 8. Leipzig (904). Deutsches Verlags-Institut. n. 2. —

— les Russes en 1877—78 [guerre d'Orient]. 8. (III, 229 S.) Berlin 889. F. Luckhardt. n. 5. —

Osman-Bey, Kibridzli-Zade, Tod Alexanders III. u. Alexanders II. Mit e. Portr. Alexanders III. 8. (III, 223 S.) Bern 895. Nydegger & Baumgart. n. 1. 20

—— Wie ich Mutter u. Vaterland rächte. Memoiren. Mit 2 Portraits. 8. (VIII, 285 S.) Berl. 889, Ulrich u. Comp. * 3 —; geb. * 5 —

Osmanen, die, Constantinopel u. d. türkische Staat. 3 Thle. 12. Pesth 823, Hartleben.

Osmanen, die, Konstantinopel u. der türk. Staat. 4 Thle. Mit 20 Kpf. u. Pl. 12. Pesth 824. Hartleben. 2 ℛ (Vergl. Miniaturgemälde, No. 1—8.)

Osmanisches Reich [Schlagwort]

Osmanischen Reiche — Charte vom — in Europa, Asia et Africa etc. entworfen von F. L. Güssefeld. Nürnberg 1805. Siehe Geogr. Gen. K. der Europ. Türkey 1: 9,000,000. 1 Bl.

Osmanischen Reichs — Charte des — in Asien von C. G. Reichard. Weimar im Verlage des geographischen Instituts 1804. 1: 4,000,000. 1 Bl.

Osmann, s. Osman

Osmanski, Albert, Assistenzarzt im Kür.-Reg. Graf Wrangel ⟨Ostpr.⟩ Nr. 3: Aus d. Königl. chirurg. Universitätsklinik Königsberg i. Pr. ⟨Direktor: Prof. Dr. E. Lexer⟩. Über die Ludloffsche Beckenverletzung. Königsberg i. Pr. 1907: R. Leupold. (21 S.) 8°
Königsberg, Med. Fak., Ref. Lexer, Diss. v. 21. Dez. 1907
[Geb. 22. Nov. 81 Flatow, Kr. Flatow (Westpr.); Wohnort: Königsberg i. Pr.; Staatsangeh.: Preußen; Vorbildung: Gymn. Marienwerder Reife O. 00; Studium: Königsberg 10 S.; Coll. 20. Dez. 07; Approb. 18. Aug. 05.]

(Osmer, Friedrich.) Methode und Ergebnisse der Arbeitslosenzählung im Dezember 1900. Mit einem Anhang: Zur Frage der Arbeitslosenversicherung. IV + 36 + *Tabellen* 26 S. 4. Zürich, Buchdr. des Schweiz. Grütlivereins (**Aufdruck*. Ed. Rascher's Erben), 1902. (fr. 1. 50)
Die Ergebnisse der Eidgenössischen Volkszählung vom 1. Dezember 1900 in der Stadt Zürich. Bearb. im Statistischen Amt der Stadt Zürich. Heft 2.

Osmers, Joh. C., Ernst Renan's „Leben Jesu" im alten Glauben besungen oder das Heilige vertheidigt nach dem Grundsatze der Homöopathie. Bremen 869. (Noltenius.) 8. (79 S.) 9 ngr.

Osmia. Trauerspiel. Gekrönte Preisschrift. Aus dem Portugiesischen von einem Freunde dieser Literatur ... Halberstadt 1824. V: *Vimieiro, Gräfin.* Ü: *Volk, Wilhelm Gustav Werner.* (KN) (GGr III, 1358) (Zeitschr. f. Büch. N. F. 15, 1923, S. 118)

Osmia; Trspl. Gekrönte Preisschrift. Aus d. Portug. von e. Freunde dieser Literatur, nebst Geschichte d. dramat. Kunst in Portugal. 8. Halberst. 824. Vogler in Potsd. 1 ℛ 8 𝒦

Osmid und Erizia, ein Trauerspiel in drei Aufzügen. Mannheim 1801. V: *Crentzin, Adolf Anton.* (Oberbayr. Archiv 51, 2, 1902, S. 360) (Zeitschr. f. Büch. N. F. 15, 1923, S. 118)

Osmid und Erizia; Trspl. in 3 A. 8. Manh. 801. Löffler. 9 𝒦

Osmin, H. [Pseud.], s. a. Simon, Heinrich

Osmin, H., Musik u. Musiker im Lichte des Humors u. der Satire. Vers u. Prosa ausgewählt v. O. 2. Aufl. gr. 8. (VIII, 88 S.) Berlin 900. Ries & Erler. n. 1. —

Osmin, H., s. Musiklexikon, kleines.

Osmond, od. d. Sturm der Leidenschaft. Roman, frei nach den Engl. v. G. Lotz. 2 Bde. 8. Cassel 822, Bohné.

Osmund oder der Sturm der Leidenschaft. Ein Roman frei nach dem Engl. von G. Lotz. Cassel 1823. V: *Kelty, Mary Ann.* (GGr IX, 385) (Zeitschr. f. Büch. N. F. 15, 1923, S. 118)

Osmond, od. der Sturm d. Leidenschaft. Frei nach d. Engl. v. G. Lotz. 2 Bde. 2. Ausg. 8. (36 B.) Cassel 828, Bohné.

Osmond (Pseud.), s.a. Berton, Augustin

Osmond, Phöbe, d. Fräulein, Gesch. a. d. Engl. 2 Thle. 8. Lpz. Crusius. (W. Vogel.) 766.

Mikrographische Analyse der Eisen-Kohlenstofflegierungen [Méthode générale pour l'analyse micrograph. des aciers au carbone]. Von F. **Osmond**, übers. aus d. Franz. von L. Heurich. Mit 4 Abb. u. 10 Taf. Halle: W Knapp 1906. (36 S.) 4° [06. 1178 3

Osmond, F., u. G. Cartaud, Metallmikroskopie u. Mechanik. (Französisch u. deutsch.) (19 S. m. 11 Taf.) 31×23 cm. Stuttgart 901. (Freiburg i/B., J. Bielefeld.) 6. —
Sonderabdr. aus: „Baumaterialienkunde".

— die Metallographie als Untersuchungsmethode. (Französisch u. deutsch.) (S. 53—74 m. Fig. u. 10 Taf.) hoch 4. Stuttgart 897/898. Freiburg i/B., J. Bielefeld.
Sonderabdruck aus: „Baumaterialienkunde". 6. —

Osmond, L., kurze Anleitung zu deutschen, französischen, englischen und italienischen Geschäftsbriefen, s. Oberholzer, A.

Osmonde, Die, oder die beyden Statthalter, ein Drama in fünf Aufzügen. Wien 1772. V: *Gebler, Tobias Philipp Frh. von.* (ML) (Ky)

Osmund, s. Osmond

Osmyn oder Tyrannei und Liebe. Trauerspiel in fünf Aufzügen. Hanau 1817. V: *Zipf, Joseph von.* (GGr)

Osmyn, oder Tiranney und Liebe, Trauersp. in 5 Aufz., von Fr. v. Zipf. gr. 8. Hanau, (Schäfer in Fr.) 817.

Osnabrück [Sachliches OW]

Osnabrück, s. Woorl's Reisehandbücher.

Osnabrück und seine schönen Berge. Wegweiser durch d. Teutoburgerwald u. d. Wiehengebirge. Hrsg. von d. Vereinigung z. Hebung d. Fremdenverkehrs zu Osnabrück. [Hrsg.] Carl Erdmann in Osnabrück. Jg. 1. (Osnabrück 1907: Kisling.) 4° [11. 10968 7

— u. **Münster,** s.: Städtebilder u. Landschaften aus aller Welt.

Osnabrück [Schlagwort]

— s. a.: Deutschland. Karte (Abt. Preussen). Uebersichtskarte.

— s. a.: Europa. Übersichtskarte.

— s. a.: Hannover, Reg.-Bez.

— s. a. Heimatskärtchen. 17.

— s. a. Herford.

— s. a. Radfahrerkarten. Mittelbach.

— s. a. Radfahrerkarten. Strassenprofilkarte.

Osnabrück-Hamburg, s.: Automobilkarten. Automobil-Tourenkarte.

Osnabrück. Karte der Diöcese Osnabrück, in Decanate eingetheilt. Mit Angabe sämmtl. Pfarr- u. Schulstellen. Chromolith. Fol. Osnabrück 888. [Veith.] Lingen, v. Acken. [1. —] n. — 50

Osnabrück, Stadt. Karte, topographische, v. Osnabrück u. Umgegend. Kreis Osnabrück, Melle u. angrenz. Landestheile. Nach amtl. Quellen bearb. 1 zu 120,000. (Neue Ausg.) 49×61,5 cm. Lith. Osnabrück, Rackhorst. — 60; auf Leinw. 1. 25

Osnabrvgensis — Territorii Episcopatus — Tabula geographica, olim a Joh. Gigante Ludensi D. Med. et Math. 1631 delineata, nunc vero revisa, et fere ubique emendata et in omnes suos districtus vel satrapias (Aembter) accurate divisa a Johanne Henrico Menschen, Osnabrugensi, Med. Pract. et rerum Naturalium Collectore Reducente ad leges nostrae delineationis D. Tob. Mayero M. P Cura et impensis Hommannorum Heredum. Noribergae 1753. 1 160,000. 1 Bl.

Osnabrück, Reg.-Bez. Mittelbach, R., amtliche Entfernungskarte der Kreise des Reg.-Bez. Osnabrück. Bearb. im Katasterbureau der königl. Regierg. zu Osnabrück. Farbdr. Leipzig (Mittelbach).

Aschendorff. 1:75,000. 68×60 cm. (907).	2. —
Bentheim. 1:75,000. 66×60 cm. (907).	2. —
Bersenbrück. 1:75.000. 76×67 cm. (907).	2. —
Hümmling. 1:75,000. 68×60,5 cm. (907).	2. —
Iburg. 1:50,000. 60,5×70 cm. (907).	2. —
Lingen. 1:75,000. 60,5×54 cm. (907).	2. —
Melle. 1:50,000. 60,5×70 cm. (907).	2. —
Meppen. 1:75,000. 62×66 cm. (907).	2. —
Osnabrück. 1:50,000. 60,5×70 cm. (907.)	2. —
Wittlage. 1:50,000. 57×53 cm. (908.)	2. —

— Orts- u. Wege-Karte d. Regierungs- sowie d. Landgerichtsbezirks Osnabrück (nebst der Grafschaft Diepholz). Nach amtl. Quellen bearb. 1:250,000. Lith. u. color. qu. gr. Fol. Osnabrück 889. Rackhorst. n. 1. 75; auf Leinw. n. 2. 50

Osnabrück. Plan, grosser, d. Stadt Osnabrück. Nach amtl. Unterlagen. 75 × 83 cm. Farbendr. Hannover (891). Göhmann. n. 3. —

Osnabrück. Plan der Stadt Osnabrück, bearb. nach amtl. Unterlagen. 1 : 9000. 38,5×45 cm. Farbdr. Nebst ausführl. Verzeichnis der Strassen, Plätze u. öffentl. Gebäude. (4 S.) 8. Osnabrück 906. G. Pillmeyer. n. — 30

— Winter, topographische Karte von Osnabrück u. Umgegend, Kreis Osnabrück, Melle u. angrenz. Landestheile. Nach amtl. Quellen bearb. 1 : 120,000. 12. Aufl. „rev" 49 × 61 cm. Farbendr. Osnabrück 894 Rackhorst. Auf Leinw. n. 3. —

Osnaghi Ferdinand Analyse des Mineralwassers zu Galdhof bei Seelowitz in Mähren. S 17 443 - — 20
Separatabdruck

Osnaghi, Ferd., s. Bericht, vierter, der ständigen Commission für die Adria.

Osner, Fel., vaterländische Geschichte f. preußische Volksschulen, s. Hummel, Aug.

Osner, Richard

Osner, R., neue Schreib-Lese-Fibel, s. a. Bartels, F.

Osner, Rich., neue Schreib-Lese-Fibel. Nach prakt. Grundsätzen in streng genetischer Stufenfolge bearb. 2. verm. und verb. Aufl. (6—10 Tausend.) 8. (VI, 86 zum Teil lithogr. S.) Altenburg 887, Pierer. *

Osner, Rich., neue Schreib-Lese-Fibel. Nach prakt. Grundsätzen in streng genet. Stufenfolge bearb. 3., verb. Aufl. [11.—15. Tausend.] gr. 8. (VI, 86 S.) Altenburg 890 Pierer. n. — 40

Osner, Rich., neue Schreib-Lese-Fibel. Nach prakt. Grundsätzen in streng genet. Stufenfolge bearb. 4., verb. Aufl. (16.—20. Taus.) gr. 8. (86 S. m. Bildern.) Altenburg 893. H. A. Pierer. n. — 40; geb. n.n. — 55

Osner, Rich., neue Schreib-Lese-Fibel. Nach prakt. Grundsätzen in streng genet. Stufenfolge bearb. 6. Aufl. (26.—30. Tauf.) gr. 8. (86 S. m. Abbildgn.) Altenburg 899. H. A. Pierer. n. — 40; geb. n.n. — 55

Osner, Rich., neue Schreib-Lese-Fibel. Nach phonet. u. prakt. Grundsätzen bearb. Mit Bildern v. W. Geißler u. a. 8. u. 9. Aufl. (36.—45. Tauf.) (94 S.) 8. Altenburg 904. H. A. Pierer. Geb. n.n. — 55

Osning [Schlagwort]

Osning, s.: Herford.

Osnos, M. Der Wechselstrom-Doppelschluß-Motor der Felten & Guilleaume-Lahmeyerwerke. Frankfurt a. M. 1907

Osnos, M. Über Wechselstrom-Kommutatormotoren mit besonderer Berücksichtigung der Bahnmotoren. Berlin (1908)

Osnos, M. Neue Zugbeleuchtungs-Maschine der Felten & Guilleaume-Lahmeyer-werke. Frankfurt a. Main 1907

Osol K.: Experimentelle Untersuchungen üb. das Anthraxvirus. Inaug.-Diss. (vet.) Dorpat 1885. 75 S. 1 Tvl.

Osorius, Hieron., Abhandlung üb. d. Adel im Staate. A. d. Latein. v. J. B. Mayer. 8. (5 B.) Kempten 828, (Dannheimer.)

Osorio, Hieron., Don Emanuel, König v. Portugal; e. Charakter zur Aufklärung d. Geschichte d. Mittelalters, od. der neuern Gesch. von Portugal, Afrika u. Indien; (bearb. u. herbausgg. von J. Dominikus). 8. Leipz. 795. Weygand. 18 gr

Osorii Hieron., de gloria libri V, ad Joannem III. Lusitaniae regem. Praefatur est G. Sarpe. Edit. emend. 8 maj. Magdeburg 825, Heinrichshofen.

Osorio, Jeronimo, die Herrlichkeit des Christenthums; od.: Der Sieg des Christenthums über Sünde u. Tod. Aus d. Latein. v. Joh. Bapt. Mäger. 8. (11½ B.) Regensburg 845, Manz. –

Osowicki, Anton. (geb. Lubin in Posen 26. 3. 1842) De gravioribus laryngis affectionibus angina membranacea et diphtheritica, de earum discrimine anatomico, decursu, therapia et prognosi. Berolini (1865). 132 S. 8°
Berlin, Med. Diss. v. 17 Juni 1865

Osowicki, Apollinaris, das Huzulenpferd, s.a. Pferde, unsere. 31.

Osowicki, Apollinaris, aus Posen Das Huzulenpferd. *Stuttgart 1904: C. Hammer.* (54 S.) 8°
Breslau, Phil. Diss. v. 26. Juli 1904

Ospedaletti Bern 1892 s St[uder]-L[euzinger], I[da].

[Ant. u. F.] van **Oss,** Salomon Levi [aus Werkendam]: Die Bewegungsgruppen der Regelmässigen Gebilde von Vier Dimensionen ... Utrecht, P. den Boer, 1894; 2 Bl., 38 S., 1 Bl., 2 Taf. 8.
Giessen, Phil. Fak., Inaug.-Diss. v. 1894

Oss, S. L. van, das regelmässige Sechshundertzell und seine selbstdeckenden Bewegungen. gr. 8. (18 S. m. 10 Taf.) Amsterdam 899. J. Müller. n. 1. 80
Sonderabdruck aus: „Verhandelingen der koninkl. akad. van wetenschappen te Amsterdam".

Oess, Guido, s.a. Forschungen, anglistische. (Arundel-Psalter, der altenglische.)

Der altenglische Arundel-Psalter [**Psalmi** angelsächs. u. lat.]. Eine Interlinearversion in d. Hs. Arundel 60 d. Brit. Museums. Hrsg. u eingel. von Guido Oess. Heidelberg: Winter 1910. VII, 254 S. 8°
[Ein T. ersch. als Inaug.-Diss. Heidelberg 1908.]
(Anglistische Forschungen. H. 30.) [11. 1340

Oess, Guido: Untersuchungen zum altenglischen Arundel-Psalter. Heidelberg 1908: C. Winter. (39 S.) 8° ¶ (Erscheint vollst. u. d. T.: „Der Altengl. Arundel-Psalter" als: Anglistische Forschungen H. 30.)
Heidelberg, Phil. Fak., Ref. Hoops, Diss. v. 17. Febr. 1908
[Geb. 1. Juli 84 Vorder-Lebengericht; Wohnort: Heidelberg; Staatsangeh.: Baden; Vorbildung: Realgymn. Karlsruhe Reife M. 03; Studium: Heidelberg 4, London 1, Heidelberg 3 S., Rig. 5. Aug. 07.]

Ossa, Melchior von, s.a. Osse, Melchior von

Ossa, Melchior von. Testament gegen Hertzog Augusto Churfürsten zu Sachsen ... Halle i. Magdeb. 1717. H: *Thomasius, Christian.* (BrMm)

Ossan, siehe: Hausarzt, allgemeiner, f. Stadt u. Land.

Ossbahr, C. A., d. fürstl. Zeughaus in Schwarzburg. gr. 8. (V, 217 S. m. Abb.) Rudolstadt 895. Müller. n. 5. —

Osse, Melchior von, s.a. Ossa, Melchior von

v. Osse, Melchior: „Politisches Testament, An herzogk Augustum churfürsten zu Sachssen ein unterteniges bedenken. . . . . Welchergestalt ein cristliche obrigkeit ingemein in irem regement mit gots hulfe ein gotselige / weisliche / vornunftige und rechtmessige justicien erhalten kan". Erster Teil: „Von Gottseeliger / weislichen / vernünfftigen und rechtmessigen regierung und justicien", Zweiter Teil: „Folget nun Ein Exempel eines guten regements und der Stücke so dazu gehörig. — Nemlich Von der Regierung / Justicien und Policei der löblichen Chur- und Fürstenthümb Sachsen, Döringen und Meißen meines lieben Vaterlandes".
Dieses Werk wurde von v. Osse dem Kurfürsten August von Sachsen am Neujahrstage 1556 im Manuskript vorgelegt. (Am 8. April 1557 starb v. Osse). Die Schrift ist bald darauf in mehreren Handschriften verbreitet worden. Ein Teil dieser Schrift wurde 1609 durch Casp. Pistoris ins Lateinische übersetzt und zu Frankfurt a. M. gedruckt herausgegeben. Später erfolgte ein Neudruck unter dem Titel „Prudentia regnativa oder Bedenken ein Regiment recht zu bestellen", Wolffenbüttel 1622. Eine mit Einleitung und reichlichem Commentar versehene vollständige Ausgabe von Melchior v. Osses „Testament" erfolgte erst durch Christian Thomasius, Halle 1717, „zum Gebrauch des Thomasischen Auditorii".

Osse, Melch. v., Testam. m. Thomasii Anmerk. 4. Halle, Renger. 717.

Der Hammer der Freimaurerei am Kaiserthrone der Habsburger. Von Annuarius Osseg [d. i. Mich. Pachtler?]. Amberg: Habbel 1875. 125 S. 8°

[Dasselbe.] Neue Ausg. Amberg u. Leipzig: Habbel 1880. 125 S. 8°
Recens: Bh. 18 (1875) S. 22 (J. G. Findel). cf. FZ. (Wien) 1 (1874) S. 87; 2 (1875) S. 16 (S. H.); Hn. 2 (1875) S. 148, 164, 179—180, 199—200 (L. Rosenberg); MW. Ser. 2 Jg. 12 (1875) No 6; DrL. 5 (1875—1876) S. 304 (E. A. F. Rumpelt gen. Walther); D. Bund. 1 (1878) S. 31 (Lucian).
Tt. 1720. Abhandlungen üb. die Gesch. der Frmrei in Österreich-Ungarn u. deren polit. u. religiöse Ziele. Zum Schlusse: Vorschläge, die Frmrei „unschädlich" zu machen.

Osseg, Annuarius (Michael Pachtler), Die geistige Knechtschaft der Völker durch das Schulmonopol des modernen Staates. Amberg, Habbel, 1876, 8°, 141 S., 1,20 Mk.

— der europäische Militarismus. gr. 8. (336 S.) Ebend. 875. n. 3. —

—— der liberale Nationalitätenschwindel und der Einheits-Staat. Ein Mahnwort an die Völker Deutschlands und Oesterreichs. 8. (64 S.) Ebendas. 876.

Ossegg [Schlagwort]

Ossegg, s.: Woerl's Reisehandbücher.

Ossen, H. Fr. v., es war einmal. E. Auswahl schönster Märchen u. Geschichten f. d. liebe Jugend. 8. (63 S. m. Abb. u. 2 Farbendr.) Berlin 895. H. Schildberger. Geb. 1. —; große Ausg. (95 S. m. 3 Farbendr.) 1. 50

Ossen, H. Fr. v. (Frau Herm. Schildberger), mein erster Kuß u. and. Humoresken — Beuth, Eddy: Die vier Liebsten. Roman. (Humorist.-satirische Bibliothek.) (128 S.) kl. 8. Berlin 911. Weber-Haus. 1.—; geb. 1.50 u. 2.—

Ossen, H. Fr. v. (Frau Hermine Schildberger), Lieder e. Vagantin. 1.—4. Aufl. 12. (à 112 S. m. Bildnis.) Berlin (901. 902). H. Schildberger. n. 1. 50; geb. n. 2. 50

Ossen, H. Fr. v. (Frau Hermine Schildberger), Lieder e. Vagantin. 5. Aufl. (112 S. m. Bildnis.) 12. Berlin (904.) H. Schildberger. n. 1. 50; geb. n. 2. 50

— s.: Männer, bedeutende, aus Vergangenheit und Gegenwart.

Ossenbach, Johannes, Referendar a. D., Dormagen a. Rh.: Die „Abänderungsklage" des § 323 ZPO. Borna-Leipzig 1908: R. Noske (IX, 52 S.) 8° [F.]
Rostock, Jur. Fak., Ref. Wachenfeld, Diss. v. 31. Aug. 1908
[Geb. 22 Febr 86 Dormagen; Wohnort: Cöln, Staatsangeh.: Preußen; Vorbildung Gymn. Neuß Reife O 04; Studium: Münster 2, Kiel 1, Bonn 3 S.: Rig. 17 Febr 08.]

Ossenbeck, Anton: Über Isonaphtazarin und Amido-1·2-Naphtochinon. *Marburg 1898. (R. Friedrich).* (49 S. mit Taf.) 8°
Marburg, Phil. Diss v [12 Juni] 1898

Ossenbeck, Heinr., Namen- und Sach-Register zu Gfrörer's Papst Gregorius VII., s. Gfrörer.

—— der Streit Gregors VII. und Heinrich IV., s. Broschüren-Vereln.

Ossenbeck, H. Der Streit Gregors VII mit Heinrich IV (32) 8 Frankfurt a M 1866, 0,30.

Ossenbrunner, Ed., die Irrfahrten des Odysseus. Travestie. 12. (176 S.) Augsburg 900. L. Ossenbrunner. n. 1. 50; kart. n. 2. —

Ossenbühl, W., kalligraph. Wandtafeln, s. Schwalfenberg, J.

Ossenfelder, Heinrich August

— s.: Gedichte e. Bauernsohns.

— die Geschichte d. Pantoffels, Schuhes u. Stiefels. 8. Dresd. 753.

§ **LIEDER,** vor meines Freundes Hochzeitgaeste (von *Heinr. Aug. Ossenfelder*, Mitgl. d. deutschen Gesellsch. in Jena). (Motto 3 Verse von Günther.)
DRESDEN, zu finden, bey Johann Wilhelm Harpetern. 1752. 8° (In der Vorrede zu O's „Oden und Lieder", ebd. 1753, erwähnt.)
22 SS (incl Tit u. 1 Bl Zuschr).

OSSENFELDER, HCH AUG. Oden und Lieder. Dresden und Leipzig, J. W Harpeter, 1753. 8°. *Gestoch. Titel, Wüst sc.*, 1 Bl. 152 S. 2 Bl. Reg., 1 Bl. Druckfehler. Älterer Buntpapierumschlag.
Goed. IV 1 120, 30, 2 H.-G V 494.

WEIBERSTIPENDIEN, Die, oder die wohlfeile Miethe der Studenten, ein Lustspiel in 5 Aufzügen (von *Heinr. Aug. Ossenfelder*). Frankfurt u. Leipzig (Gotha, Mevius) 1751 8° (In Marburg, Univbibl.)

Ossenfelder Heinrich August Vom Weinbaue in den Chursächsischen Landen. Dresden Gerlach 1771 117 S -- 7 15° 16°
Bibliotheca oenologica Ossenfeldern H A

— vom Weinbau in Sachsen. 8. Dresd. 771. Gerlach. 6 gr

— v. Weinbau in Sachsen. 8. Dresden, Gerlach. 772.

Ossenkopp, Josef, prakt. Arzt in Hoheneggelsen (Hannover): Bericht über 1100 Geburten der k. Universitäts-Frauenklinik zu Würzburg. Würzburg 1905: F. Scheiner. (25 S.) 8°
Würzburg, Med. Fak., Ref. Hofmeier, Diss. v. 3. Aug. 1905
[Geb. 31 März 66 Hockeln; Wohnort Hoheneggelsen, Staatsangeh.: Preußen; Vorbildung: Gymn. Hildesheim Reife O. 87; Studium: Kiel 2, Gottingen 3, Würzburg 6, Erlangen 5, Wurzburg 4 S.; Coll. 27. Mai 05; Approb. 15. Juli 98.]
38

Ossenkopp, Joseph [aus Himmelsthür '(Hannover)']: Die Frakturen des Calcaneus ... Würzburg, P. Scheiner's Buchdr., 1892; 85 S. 8.
Würzburg, Med. Fak., Inaug.-Diss. v 1892

Ossent, Carl [app. Arzt aus Dessau]: Über Aetiologie der Chlorose und perniciösen Anaemie nach Krankengeschichten der Leipziger medizinischen Klinik .. Leipzig, Druck v. A Edelmann, Univ.-Buchdr., *1893*; 31 S. 8.
Leipzig, Med. Fak, Inaug.-Diss. v 6. Mai 1892

Osser, Heinz, s.: Boschinger, Heriberta v.

Osservasioni sulla cronologia degli antichi Ebrei, Egizai, Caldei, v. Pallavicini.

Osservazioni sopra i Motivi delle risoluzioni del Rè di Francia Italiano e francese. (18 f.) fol Vienna 1733

Ossezky, F. C. v., kl. Erzähl. u. Skizzen. 8. Triest. (Kaven, Altona.) (Rabenhorst, a. Bauer in Leipz.) 795.

Ossiach, Kloster. Erzählung ... Wien 1833. V: *Ehrenberg, Johann Nepomuk Volkhammer von.* (Kalemkian) (Th)

Ossiach, Kloster, vom Verfasser der Erzählung: Landleben der Reichen. 8. Wien 833. Mechitaristen-Cong.-Buchh. 2/3 rß

Ossiach, das ehemalige Kloster, und der stumme Büßer Boleslaus. Verfaßt von J. M. 8. (39 S.) Innsbruck 868, Vereinsbuchh.

Ossiacher See [Schlagwort]

Ossiacher See. Richter, E., Karte des Ossiacher Sees u. des Faaker-Sees 1 : 25,000. 26,5 × 71 cm. Farbdr. Klagenfurt 897. A. Raunecker. n. 2. 40

Ossian [Sachliches OW]

Ossian. Eine Sammlung von Volksliedern u. Compositionen neuerer Meister für gemischten Chor. 1. Heft. Partitur. Leipzig 867. Kahnt. qu. 16. (68 S. in Kpfrst.) 18 ngr.;
4 Stimmhefte dazu. Jedes Heft (32 S.) 3 ngr.

Ossian [Verfasser]

— Apostrophe an die Sonne, im Sylbenmaaße des Originals übers. v. C. W. Ahlwardt, mit d. Original zur Seite. 4. Oldenb. 810.

— Berrathon; metrisch übers. v. J. H. Kistenmaker. 8. Münst. 800. Theissing. 4 gr.

Ossian, Camilla, dramat. Gedicht, übers. v. Ludewig. 8. Königsberg, Unzer. 801. Vithlr.

Ossian, Comala, s. a. Breitkopf und Härtel's Text-Bibliothek Nr. 53.

— Comala, dramat. Gedicht; übers. von J. F. Ludewig. 8. Königsb. 801. (Unzer). 3 gr.

Ossian. Fingal; ein Heldengedicht . . . Hamburg 1764. Ü: *Wittenberg, Albrecht.* (Ky)

— Fingal; e. Heldengedicht; nebst andern Gedichten; (übers. v. A. Wittenberg). 8. Hamb. 764. Halle. 14 gr.

— Fingal, an epik poëm in VI books, (cur. F. G. Canzler). 8. Götting. 798. Brose. 12 gr.

— Fingal, (ins Deutsche übers.) von B. Wlh. C. Schröder. 8. Erlang. 800. (Heyder). 12 gr.

— dass. verdeutscht v. Naumann, s. a. Gurlitt, Joh. Gottfried

Ossians Fingal, 2. und 3. Gesang, verdeutscht v Neumann. Nebst Nachträgen zur Ossianischen Literatur. (Progr.) Hamburg. 1804. — — 4., 5. und 6. Gesang. Mit Anmerkungen und Literatur-Nachträgen. (Progr.) Ebd. 1805. 4°

Ossian's Finnghal. Episches Gedicht, aus dem Gäl. metrisch u. mit Beibehaltung des Reims übers. von Aug. Ebrard. Nebst e. Anh.: Ueber Alter u. Echtheit von Ossian's Gedichten. Leipzig 868. Brockhaus. 8. (XI, 158 S.) n. 24 ngr.;
cart. mit Goldschn. n. 1 Thlr.

—— Fingal and epic Poems in six books. (New edit.) 16. (8¾ B.) Leipzig 841, [Renger'sche Buchh.]

—— Fingal and other Poems. 32. (100 Seit.) Nurnberg 829, Campe.

— Gedichte, übers. v. Förster, s. Bibliothek der Meisterwerke rc.

Ossians, Gedichte, s. a. Collection Spemann.

—— Gedichte. Auswahl, s. Minaturbibliothek ausländ. Dichter, 2. Bdchn.

Ossian, Gedichte, aus d. Originalsprache übersetzt von Ahlwardt, s. Ossian.

Ossian's Gedichte, s. a. Volksbibliothek, deutsche.

— Gedichte, übers. v. Mch. Denis. 3 Bde. 768, 69. N. Aufl. unt. d. T.: Ossians u. Sineds (M. Denis) Lieder. 5 Bde. gr. 4. Wien 784, 85. Alberti. 12 Thlr 16 gr Nachlese v. J. F. v. Retzer 785. 1 Thlr N. A. in 6 Bden. gr. 4. Wien 791—94. (Beck). 6 Thlr 16 gr

— Gedichte; aus d. Engl. nach zum Theil d. Celtischen Ursprache übers. von E. v. Harold. 3 Bde. 8. Düsseld. 775. (Coppenrath in Münst.) 1 Thlr 12 gr Postp. 2 Thlr — Dass. 3 Bde. 8. Manh. 822. Schwan u. G. 1 Thlr 3 gr — Neuentdeckte Gedichte Ossians, übers. v. E. v. Harold., s. unten.

— Gedichte, a. d. Engl. u. z. Th. d. Celtisch. Urspr. übers. v. v. Harold. 3 Bde. 8. Mannh. Schwan u. G. 782.

Ossian, Gedichte; neu verdeutscht (J. W. Petersen). gr. 8. Tübing. 782. (Osiander). 1 Thlr 8 gr

— — v. v. Harold, in Prosa übers. gr. 8. Münster, Platvoet. (Coppenrath.) 795.
P. P.

— Gedichte; rythmisch übers. v. J. G. Rhode. 3 Thle. Mit 3 Kpf. u. Vign. 16. Berl. 800. Duncker u. H. 3 Thlr Velp. 4 Thlr 2e verb. Aufl. Mit 3 Kpf. u. Vign. gr. 12. Ebd. 817. 4 Thlr

Die Gedichte von Ossian, dem Sohne Fingals. Nach dem Englischen des [James] Macpherson ins Deutsche übers. v Friedrich Leopold Grafen zu Stollberg [!]. Bd 1—3 Hamburg. 1806. 8°

— Gedichte; übers. v. F. W. Jung. 3 Thle. gr. 12. Frkf. a. M. 808. Varrentrapp. 3 Thlr Postp. 6 Thlr Velinp. 9 Thlr

— Gedichte; Probe e. neuen Uebersetzung aus d. Gälischen Original v. Chr. W. Ahlwardt. 4. Hamb. 808. Perthes u. B. 10 gr

— Gedichte; nach Macpherson, v. L. A. Schubart. 2 Thle. 12. Wien 808. Degen. (Mörschner u. J.) 1 Thlr 20 gr 824. Hbg. Pr. 1 Thlr Velinp. 3 Thlr 16 gr

— — nach Macpherson, v. Ludwig Schubart. 2 Th. Velinpap. 12. Wien. 808. Jetzt v. Mösle und Armbruster.

— Gedichte; im Metro des Origin., zum erstenmal übers. von Chr. W. Ahlwardt. 3 Thle. gr. 8. Leipz. 811. Göschen. 4 Thlr Schrbp. 6 Thlr Velinp. 12 Thlr

— — rhythmisch übersetzt von J. G. Rhode. 3 Theile mit Kupf. 2te verb. Auflage. 8. Berlin, Duncker und Humblot. 817.

— Gedichte; übers. u. mit d. engl. Texte begleitet, hrsgg. v. J. F. Arnault de la Perrière. 4 Bde. 8. Cöln 817—819. Rommerskirchen. 4 Thlr Velinp. 6 Thlr

— Gedichte; neu übers. v. L. G. Förster. 3 Bdchn. 16. Quedlinb. 827. 1 Thlr 2e A. 2 Thle. Ebd. 830. Basse. 2 Thlr (Vergl. Bibliothek d. Meisterwerke.)

—— Gedichte. Neu übers. v. L. G. Förster. 2 Thle. 2. Aufl. 8. (32½ B.) Quedlinburg 830. Basse.

—— Gedichte. Rhythm. bearb. v. Ed. Brinckmeier. 4. (21 B., Titelbild. u. lith. Titl.) Braunschweig 839, Oehme u. Müller. *

—— Gedichte. A. d. Gälischen v. Chrstn. Wilh. Ahlwardt. (Neue Ausg.) 3 Bde. 16. (66¾ B. u. 3 Holzschn.) Leipzig 839, [Göschensche Vrlsh.]

Ossian's Gedichte. Aus dem Gälischen v. Chr. Wilh. Ahlwardt. 16. (51 B.) Leipzig 846, Göschensche Vrlgsh. (Miniatur-Ausg.) in engl. Einb. m. Goldschn.

Ossian's ausgewählte Gedichte, s. Weg, anmuthiger, zur Erlernung der englischen Sprache.

—— kleine Gedichte, übers. v. Karl Geo. Neumann. gr. 12. (11 B.) Berlin 838, (Herbig.)

Ossian. Neuaufgefundene Gedichte. Aus dem Engl. Frankf. u. Leipz. 1792. Ü: *Pfaff, Chph Hnr.* (GGr)

— neuaufgefund. Gedichte; aus d. Engl. mit Anmerkk. (v. Chr. H. Pfaff). 8. Frkf. a. M. u. Lpz. 792. Mag. f. Litt. (Metzler in Stuttg.) 10 gr (Sonnewald das.) 12 gr

— neuentdeckte Gedichte; übers. v. Edm. Frhrn. v. Harold. 8. Düsseld. 787. 2e A. 798. Dänzer. 14 gr

— Gedichte in Umrissen, erfund. u. gestochen von Ruhl, mit Erklärr. v. Heinze. 18 Hft. Mit 14 Kpf. Penig, (Dienemann). 4 ₰ 12 gr (Leipz., Leich). 5 ₰

— e. alt-celtisch. Barden, Heldengedichte, v. v. Harold übersetzt. gr. 8. Münster, Perrenon. 775.

Schreibp.

— — dies. neu verdeutscht. gr. 8. Tüb. Heerbrand. 808.

— u. Sineds Lieder, s. Denis, Carmina.

— und Sineds Lieder, herausg. v. Denis. 6 Bde. und Nachlese. gr. 8. Wien, Wappler. (Beck.) 784. 85.

Schreibp.

— — — dies. 5 Bde. m. Bodon. Lettern. gr. 4. Wien, Albertti, 791.

— — — ders. 6r Bd. s. Denis Carmina.

– Ossian

— essais d'une traduction en vers franç., par J. W. Lombard. gr. 8. Berl. 789. Rottmann. 8 gr Schrbp. 12 gr

Ossian. Probe einer Übersetzung. Coburg 1801. Ü: *Otto, Amoene.* (GGr)

Ossian. Deutsch von Adf. Böttger. 2. (Titel-)Ausg. 8. (IV u. 512 S.) Leipzig (847) 852, Lorck. n. 1 ₰

Ossian's Poems, s. Collection of british Authors.

— — poems, translated by James Macpherson. 12. London, Walker. (Leipzig, Fr. Fleischer.)

— Poems lately discovered by Ed. Baron de Harold. 8. Düsseld. 788. Dünzer. 16 gr

— Poems, translad. by I. Macpherson. 4 Vol. av. Pl. 18. Vien. Sammer. 801.

P. P.

— — the same. III Vol. 12. Leipz. Gerh. Fleischer. 805.

— Poems, translat. by Jam. Macpherson. III Voll. (N. A.) 12. Leipz. 826. Er. Fleischer. 16 gr

—— Poems, translated by James Macpherson, Esq. To which are prefixed, a preliminary discourse and Dissertations of the aera and Poems of Ossian. A new edit. compl. in one Vol. Lex.-8. (12¼ B.) Leipsic 834. E. Fleischer.

Ossian's Poems, translated by James Macpherson. Authenticated, illustrated and explained, by Hugh Champbell. II Vol. 16. (41¾ B. u. 2 Holzschn) Leipsic 840, [Göschensche Vrlsh.]

— die Söhne Fingals, Gedichte, nach d. Engl. d. Macpherson ins Deutsche übers. v. Fr. Leop. Graf zu Stollberg. 5 Thle. gr. 8. Hamburg, Perthes. 806.

Bellnp.

— Tales, for Use and Entertainment; e. Lesebuch f. Anfänger im Englischen, (v. Jh. Walbach). 8. Nürnb. 784. 2e A. 794. 3e A. 822. Bauer u. R. 12 gr

—— Temora, s. Universal-Bibliothek Nr. 1496.

Ossian's Works, s. Pocket-Edition.

Ossian. Works. [1. 2. Darmstadt 1773; 3. 4. Francfort and Leipzig 1777.] H: *Goethe, Johann Wolfgang von & Johann Heinrich Merck.* (schstr S. 139)

— Works of, IV Vol. 8. Francf. Guilhaumann. 783.

Ossiannikof, Ph. üb. d. feinere Structur d. Kopfganglion bei den Krebsen, besonders beim Palinurus locusta. Petersb. 4. 16 p. 1 Tf.
Schul-/Univ.-Schrift 1864.

Ossiek [Schlagwort]

Ossiek, s.: Preussen. Messtischblätter.

Ossig, Alfr., römisches Wasserrecht. gr. 8. (IX, 194 S.) Leipzig 898. Duncker & Humblot. n. 4. 40

Ossig, Curt, s. O s s i g, Kurt

OSSIG, Gustav (Strehlen): Ueber die Wirkung der Koch'schen Lymphe auf die Herzthätigkeit.- München: Ernst 1891. 53 S.
9.3.1891 – Chr 1890/91,20; Jv 1890/91,233
Diss. Ingolst.-Landsh.-Mchn.

Ossig, Hans, spanisch-deutsches u. deutsch-spanisches Taschen-Wörterbuch, s.: Universal-Bibliothek.

Ossig, Kurt

Ossig, Curt, Assistenzarzt an d. chirurg. Abt. d. Allerheil. Hospitals zu Breslau Aus d. chirurg. Abt. d. Allerheiligen Hospitals zu Breslau. Zur Pathologie und Therapie der Revolverschußverletzungen des Kopfes und Rumpfes. T. 1 Kopfschüsse. *Tübingen 1903: H. Laupp jr.* (31 S.) 8°
¶ (Aus Beiträge zur klinischen Chirurgie, Bd 37, H. 2.)
Breslau, Med. Diss. v. 6. Febr. 1903

Ossig, Rudolf: Auf welche von mehreren Forderungen ist eine Zahlung anzurechnen, welche nicht zur Tilgung sämmtlicher Forderungen ausreicht? *Greifswald 1897: J. Abel.* (46 S.) 8° [F.]
Greifswald, Jur. Diss. v. 1897

Ossilegium S. Bennonis . . . seu vita et acta ipsius . . . illustrata. Monachii 1765. V: *Seyffarth*, *Carl Frdr.* (BrMm)

Ossinger, Jh. Fel., († d. 6. Oct. 1767.) bibliotheca Augustiniana histor.-crit. et chronologica. Fol. Münch. 768. Crätz. (Krüll. Ingolst.) 6 ℛ 16 g

Ossip, Sophie, drei Märchen. Für Jung u. Alt erzählt. 8. (37 S.) Riga 900. Jonck & Poliewsky. n. — 60

Ossipofsky, Recherches sur les phénomènes lumineux qu'on aperçoit quelquefois au ciel dans des positions déterminées par rapport au soleil ou à la lune. Trad. du Russe par Loustaunau, publ. par ordre de S. M. l'Empereur et aux frais de l'Académie. gr. in-4. (7¾ B. u. 1 Kpfrt. qu. gr. Fol.) St. Pétersbourg 828. (Leipzig, Voss.)

Ossipow, N., Erzählungen, s.: Tolstoi, Leo N., drei Parabeln.

Ossipow, N[icolai]. Ueber histologische Veränderungen in Spätstadien der Muskeltrichinose. Abdruck aus »Beiträge zur pathologischen Anatomie und zur allgemeinen Pathologie« hrg. von Professor Dr. Ernst Ziegler, Band 34. *Kopftitel:* Aus der pathologisch-anatomischen Anstalt der Universität Basel. Vorsteher: Prof. Dr. E[duard] Kaufmann. 16 S. 8. Jena, Gustav Fischer, 1903.

(**Umschlag:* Diss. Med. Basel. Mit 2 Tafeln. Basel, Buchdr. Walz & Miéville, 1903.)

Ossipowitsch, Ossip, Michael Dmitriewitsch Skobolew, sein Leben, sein Charakter und seine Thaten, nach russ. Quellen und vorzüglich nach seinen eigenen Tagesbefehlen. gr. 8. (111 S.) Hannover 887, Helwing's Verlag. *
Aus: Internationale Revue über die gesammten Armeen und Flotten, besonders abgedruckt.

Ossit [Pseud.]
s.a. Deslandes, Madeleine Bonin [Wirkl. Name]

Ossit (Baronne Madeleine Deslandes), Ilse. Deutsch von Geo Frhr. v. Ompteda. 8. (XI, 140 S. m. Bildn.) Berlin 897. F. Fontane & Co. n. 2. —

Osske, Hermann, Assistenzarzt an der Landes-, Heil- und Pflegeanstalt für Geisteskranke zu Bernburg: Zur Prognose der Hebephrenie. Bernburg (1906): A. Konig. (38 S.) 8°
Jena, Med. Fak., Ref. Binswanger, Diss. v. 18. April 1906
[Geb. 4. Juni 80 Sulzbach; Wohnort: Sulzbach; Staatsangeh.: Sachsen-Weimar; Vorbildung: Wilh. Ernst-Gymn. Weimar Reife O. 00; Studium: Jena 5, Leipzig 2, Jena 2 S.; Coll. 7 März 06; Approb. 27 April 05.]

Ossmann, Rose, geb. Freiin v. Beust, Blüthen der deutschen Heimath. 12 Blatt in Chromolith. m. Poesien v. Frida Sohanz. Fol. (12 Bl. Text.) Leipzig 885. Meissner & Buch. In Mappe n. 25. —; in Leinw.-Mappe n. 37. 50; einzelne Blätter à n. 3. —

Oßmund, Friede auf Erden. Prakt. Winke u. Vorschläge f. Friede u. Abrüstg., nebst e. Programm f. „einheitl. Organisation". B. schwed. Preisgerichte zu Stockholm auf d. aus allen civilis. Ländern eingegang. Antworten auf d. Preisfrage: Wie kann e. kräft. internat. Strömg. geg. d. herrsch. Militarismus auf passendste Weise hervorgerufen werden? als „sehr verdienstvolle" u. als die beste aus d. Schweiz erkannte Orig.-Arbeit. Leitfaden für jeden Friedensfreund u. jede Friedensgesellschaft d. Welt. 4. (Umschlag-) Aufl. gr. 8. (42 S.) Bern 895. C. Sturzenegger. n. — 50

Ossolinski, (Jos. Max.,) Vincent Kadlubek. Ein histor. krit. Beitrag zur slavischen Literatur; aus den Polnischen v. S. G. Linde; nebst den hieher gehörigen Schriften d. Prazmowski, Czaski, Kownazki u. Lelewel in 6 Anhängen. Mit 2 Kpf. gr. 8. Warschau 822. Glücksberg.

Ossoliński, Józef Maxymilian Hr. z Tęczyna, Wiadomości historyczno-krytyczne do dziejów literatury polskiej, o Pisarzach polskich także postronnych, ktorzy w Polsce albo o Polsce pisali, oraz o ich dzielach. Tom IV. Wydany z rękopismów pośmiertnych. gr. 8. (X u. 524 S.) Lwów 852, Joh. Milikowski. 3½ ℛ (Bd. 1—3. Krakau, J. Czech.)

Ossowidzki, Mathias (geb. Komorowo bei Wollstein in Posen 26. 8. 1844)
Ueber die bei der Zuckerharnruhr vorkommenden Augenkrankheiten.
Berlin (1869). (42 S.) 8°
Berlin. Med. Diss. v. 6. Nov. 1869

Ossowski, G, carte archéologique de la Prusse occidentale [ancienne province polonaise] et des parties contigues du grand-duché de Posen, par les soins et aux frais de S Dzialowski. 1 : 200,000. Chromol. Fol. Avec texte explicatif. Traduit par Gasztoft et J Jasiewicz. 4. (116 u. Ortsregister 30 Sp.) Cracov. 81. (Lpzg, Brockhaus' S.) n. 30. —

Ossowski, Jul. J., über den lautwerth einiger palatale im sanskrit. Inauguraldissertation. gr. 8. (32 S.) Königsberg 880. (Beyer.) n. 1. —

Ossowski, Paul, Referendar im Oberlandesgerichtsbez. Köln a. Rh. Fallen die sog. Persönlichkeitsrechte, insbesondere die Ehre', unter den Schutz des § 823 Abs. 1 des Bürgerlichen Gesetzbuchs? *Rostock 1904. C Hinstorff.* (51 S.) 8°
Rostock, Jur. Diss. v. [25. Apr.] 1904

Osswald. Die Bryozoen der mecklenburgischen Kreidegeschiebe. gr. 8. (8 S.) Güstrow 890, (Opitz u. Comp.). * — 40
Aus: Archiv d. Freunde d. Naturg. i. Mecklenb., besonders abgedruckt.

Osswald, die Fürsorge f. gefährliche Geisteskranke, s.: Grenzfragen, jurist.-psychiatr. VI, 7. (Lenhard.)

Oßwald und v. Mülverstedt, die Münzen der ehemaligen freien Reichsstadt Nordhausen. Verzeichniß der in Nordhausen vom 13. bis 15. Jahrh. geprägten Bracteaten. Mit 8 (lithogr.) Taf. Abbild. Von Oßwald, und die Nordhäuser Stadtmünzen und Medaillen des 16., 17. und 18. Jahrh. nebst einer Uebersicht der Münzgeschichte Nordhausens während dieser Zeit von v. Mülverstedt. Mit 2 (lithogr.) Taf. Abbild. gr. 8. (25 S.) Wernigerode 870. (Quedlinburg, Huch.) *
Aus: Festheft des Harzvereins für Geschichte und Alterthumskunde, besonders abgedruckt.

Oßwald, 51 Themata des Offizier- u. Unteroffizierunterrichts. An der Hand der Dienstvorschriften dargestellt. Ausg. B: Der Unteroffizierunterricht. 2., auf Grund der neuesten Dienstvorschriften veränd. Aufl. (44 S.) kl. 8. Berlin 907. Liebel. Durchsch. — 40

Oßwald, A., durch die Auen deutscher Dichtung, s.: Hähnel, E.

— u. H. **Blücher,** prakt. Führer durch die heimische Pflanzenwelt, s.: Singer's volkstümliche Bücherei.

— — Eßbare u. giftige Pilze Mittel-Europas, s.: Singer's volkstümliche Bücherei.

Oßwald, A., deutsche Sprachschule, s.: Hähnel, E.

Über mrrsche Wohlfahrtspflege im Rahmen der Gr. Landesloge von Sachsen. Vortrag von [Alfred] **Osswald**, gehalten in der Versammlung der Gr. Landesloge von Sachsen zu Dresden am 17. Okt. 1908. [Dresden 1908: Ulrich.] 14 S. 8° [Kopftit.]
Abgedr. in: MittS. 211 (1908) S. 11—24; DrL. 39 (1908—1909) S. 126—134; FZ. 63 (1909) S. 17 bis 23; H. 20 (1909) Nr 8; MitteilRuT. (Hamburg) 5 (1909) S. 23—24, 37—38, 48—49.
cf. DrL. 39 (1908—1909) S. 137—138 (F. H. Kunath); H. 20 (1909) Nr 13.
Enth. Vorschläge für die Praxis in 6 Leitsätzen.

Osswald, Arthur [med. pract. aus Winterthur]: Über Lichtsinnstörung und Erythropsie bei operierten Myopen. Hamburg und Leipzig 1900. 61 S. 8°. (S.-A. aus Beiträge zur Augenheilkunde. Heft 45. S. 54—114.)
Zürich. Med. Diss. 1900/1901.

Oßwald, Aug., der Bote vom Neckar, s. Bote.

Oswald, E., 50 Jahre Missionsarbeit in Keta, s.: Missions-Schriften, Bremer, Nr. 11.

Osswald, Carl Johann Christian, s. O s s w a l d , Karl Johann Christian

Oswald, E., Tierzeichnen, s.: Zeichen-Kunst.

Oßwald, Eug., lustige Bilder zum Malen. [Aus: „Das deutsche Malbuch".] 2 Hefte. (à 8 [4 farb.] Bl.) Lex. 8. Mainz (909). J. Scholz. à — 30

— Dies u. Das, s.: Falke, Gust.

— Tierbilder. Mit Versen v. Gust. Falke. 2 Bde. (Je 15 z. Tl. farb. S.) 22,5×29 cm. Mainz (909). J. Scholz. Kart. à 1.—; in 1 Bd. kart. 2.—; auf Pappe, m. untergedr. Text. (14 farb. Bl.) 26×33,5 cm. Kart. 3.—

— u. Adf. Holst, mein Tierbilderbuch. Bilder v. O. Verse v. H. (23 S. m. farb. Abb. auf Pappe.) Lex. 8. Mainz (910). J. Scholz. Geb. 3.—; in Leporelloform 3.—

— s.: Wolf, der, u. die 7 (jungen) Geißlein.

Osswald, Ferd., die Privilegienfrage der Apotheker. Lex.-8. (1 B.) Breslau 844, Hirt's Verl.

Osswald, Gustav, aus Zabrze (Ob.-Schles.): I. Über die Umwandlung von Farbbasen in Pseudoammonium-Hydrate, -Cyanide und -Sulfonsäuren. II. Über Cyanoform. *Würzburg 1900: Becker.* (110 S.) 8°
Würzburg, Phil. Diss. v. 1900

Oßwald, H. Fr., der Deutsche in Californien. Ein unentbehrl. Wegweiser nach und in den Goldregionen Californiens. Nach authent. Quellen bearb. 8. (130 S.) New-York 853. (Philadelphia, Schäfer und Koradi.) *

Oßwald, H. Fr., Californien u. seine Verhältnisse. Ein unterrichtendes Handbuch f. Alle, welche sich um dieses Land interessiren. Enthaltend: Einen kurzen Abriß der Geschichte; eine genaue Beschreibung der geograph., statist. u. klimat. u. der Bodenverhältnisse im Ganzen sowohl als nach den einzelnen Landstrichen 2c. Mit 1 ausführlichen (lith. u. color.) Karte (in gr. Fol.) Nach authent. Quellen bearb. 8. (130 S.) Leipzig 849, Köhler. New-York, Radde. 24 ngr

Oßwald, H. Fr., s. v. d. Straten-Ponthoz, Forschungen.

Osswald, Hermann [app. Arzt aus Arnstadt]: Ueber das Ritter-Rollett'sche Phaenomen . . . Tübingen, 1891; 2 Bl., 20 S. 8.
Tübingen, Med. Fak., Inaug.-Diss. v. 1891

Oßwald, [Hermann Richard] [**Bericht** über die Einweihungsfeier des neuen Realschulgebäudes.] *Bautzen 1902: E. M. Monse.* (S. 22–32.) 4°
Bautzen, R, OP 1902 (622)

Osswald J. Die Bewegung eines Punktes auf der Oberfläche eines Rotationsellipsoids, wenn die homogene Masse des Ellipsoids denselben nach dem Newton'schen Gesetze anzieht. 1876. 8
Freiburg i. B., Diss.

Die **Besteuerung** der Kreditgenossenschaften und Konsum-Vereine in Württemberg. Vortrag, geh. 1892 in Ellwangen, in d. Versammlung d. württemb. Genossenschaftsverbands. (Verf. [Jakob] **Oßwald,** Rechtsanw., Ulm.) ([Ulm] 1892.) (24 S.) 8° [Kopft. F.] [05. 1316]

Osswald, Denkschrift zum Einzug in das neue Gebäude der Gewerbebank Ulm. (27 S) Ulm 1905

Osswald: Das Geschäftsguthaben des Genossen, die Aufrechnung und die Anmeldung im Konkurse. Ulm 1898 DGK

— Geschichte der Gewerbebank Ulm E G 1889. (95 S) Ulm (1904)

Leitfaden des Genossenschaftsrechts für den Gebrauch der Handwerkergenossenschaften . f. d. genossenschaftl. Unterr. bearb. von Rechtsanw. [Jakob] **Oßwald** in Ulm. Berlin, Stuttgart, Leipzig. W. Kohlhammer 1904. (29 S.) 8° [F.] [05. 3108]

Oßwald, J., der nationalen Arbeit Schutz! Vortrag, gehalten zu Heidenheim am 18. Septbr. 1876 in der jährl. Wanderversammlung der württemberg. Gewerbe-Vereine. gr 8. (40 S.) Ulm 876, Ebner'sche Buchh.

Osswald, Joseph: Die Rechtsverhältnisse an öffentlichen Sachen nach geltendem deutschen Privat- und Verwaltungsrecht. Heidelberg 1909 Hornung. 101 S. 8°
Heidelberg, Jur. Diss. v. 9. März 1909 Ref. F. Fleiner
[Geb. 8. März 85 Leiberstung, Wohnort Heidelberg Staatsangeh. Baden; Vorbildung Gymn. Offenburg Reife Sommer 05, Studium Freiburg i. B. 2, Berlin 1, München 1, Heidelberg 2 S., Rig. 17 Dez. 08.] [U 09. 1870

Osswald, Joseph, Dr. jur., Rechtsprakt. Mannheims Umschlagsverkehr von 1870 bis 1908. Heidelberg 1910: Zoller. 131 S. 8°
Heidelberg, Phil. Diss. v. 7. Juni 1910, Ref. Gothein
[Geb. 8. März 85 Leiberstung; Wohnort Heidelberg; Staatsangeh. Baden; Vorbildung. Gymn. Offenburg Reife Sommer 05, Studium Freiburg i. B. 2, Berlin 1, München 1. Heidelberg 3 S., Rig. 2 Mai 10.] [U 10. 2154

Osswald, Karl [app. Arzt aus Büdingen] Zur Kenntnis der Harnblasentumoren. Giessen, C. v. Münchow, Univ. Dr., 1891, 43 S. 8°
Giessen, Med. Fak., Inaug. Diss. v. 1891

Osswald, Carl Johann Christian (Giessen)
Thesen aus der gesammten Heilkunde, welche zur Erlangung der Doctorwürde in der Medicin den 29.12.1827 öffentlich vertheidigen wird: Carl Johann Christian Osswald, aus Giessen, Dr. der Chirurgie u. Geburtshülfe.
Giessen: Schröder 1827. 6 S. vorh. 7.
Dr. med. 29.12.1827.

Oßwald, Matth., Morgen- und Abendgebete und 20 geistliche Lieder. 8. verm. Aufl. 16. (VIII, 156 S.) Erlangen 873, Deichert. (* 50 Pf.) *
geb. (* 70 Pf.) *

Oßwald, P. Norbert Fest-Predigt bei Gelegenheit der fünfzigjährigen Priesterthums-Feier Seiner Gnaden des hochwürdigsten, hochgelehrten, hochwohlgebornen Herrn Herrn Hieronymus Josef Zeidler Vorgetragen in der Stiftskirche am Feste Mariä Himmelfahrt den 15. August 1863. gr. 8. (20 S.) Prag, Bellmann. 1863. 20 kr.

— O. die oberbadischen Rindviehzuchtgenossenschaften. (93 S) (Abhandlungen, volkswirtschaftliche, der badischen Hochschulen VII, 4) Karlsruhe 1905

Osswald, Paul, die Gerichtsbefugnisse der patrimonialen Gewalten in Niederösterreich, s. a. Abhandlungen, Leipziger historische.

Die Gerichtsbefugnisse der patrimonialen Gewalten in Niederösterreich. Ursprung u. Entwicklung von Grund-, Dorf- u. Vogtobrigkeit von Paul **Osswald**, Dr phil. Leipzig. Quelle & Meyer 1907. (VIII, 99 S.) 8°
[Ein T erchien als Inaug.-Diss. Leipzig 1907.]
— **Abhandlungen**, Leipziger historische. H. 5. (08. 1901

Osswald, Paul, a. Leipzig: Ursprung und Entwicklung der Gerichtsbefugnisse von Grundherrschaft und Dorfherrschaft in Niederösterreich. Leipzig: Quelle & Meyer 1907. (VII, 67 S.) 8° ¶ [Aus: Leipziger historische Abhandlungen.]
Leipzig, Phil. Fak., Ref. Seeliger-Lamprecht, Diss. v. 25. Juli 1907
[Geb. 11. Jan. 83 Leipzig, Wohnort: Leipzig; Staatsangeh.: Sachsen; Vorbildung: Nikolai-Gymn. Leipzig Reife O. 03; Studium: Leipzig 8 S.; Rig. 5. März 07.]

Oßwald, Th., vier Bilder aus Italien. Ein Gustav-Adolf-Vortrag. 8. (14 S.) Leipzig 892. Fr. Richter. n. — 30

—— Das Eichsfeld, s. Für die Feste u. Freunde d. Gustav-Adolf-Vereins.

Festschrift zum fünfzigjährigen Jubiläum der evangelischen Christuskirche zu Marienbad am 27 Juni 1907, im Namen der Kurgeistlichen bearb. u. dargeboten von Sup. a. D. [Theodor] **Osswald**-Beyernaumburg [Marienbad: Selbstverl. 1907] (24 S.) 8° [F.] (07. 14081

Oßwald, eine Gustav Adolf-Reise durch die evangelischen Diaspora-Gemeinden des Salzkammerguts. 8. (28 S.) Barmen 899. D. B. Wiemann. — 30

— dasselbe, s. a. Sammlung kleiner Volksschriften. Nr. 29.

– Eine Gustav-Adolf-Reise nach Italien im Winter 1890/91, s. Für die Feste und Freunde des Gustav-Adolf-Vereins.

Oßwald, Italien im Lichte des Evangeliums, s.: Festschriften für Gustav Adolf-Vereine. 26. Hft.

— italienische Reise-Erinnerungen aus dem Winter 1890/91 (26. Oktbr. 1890 bis 14. Mai 1891). 8. (78 S. m. Titelbild.) Leipzig 893. Fr. Richter. n. 1. —

— über das italienische Volksschulwesen. Nebst e. Anh. üb. die deutschen Volksschulen in Italien. gr. 8. (11 S.) Berlin 893. Buchh. d. deutschen Lehrer-Zeitg. n. — 20

Osswald W. T.: Untersuchungen üb. Moorcultur. Diss. (Leipzig). Halle 1887. 39 S. P.

Oßwald, Wilhelm, Gerichtsref. in Burg b. Magdeburg: Der sogen. gesetzliche Forderungsübergang nach dem Rechte des Bürgerlichen Gesetzbuchs für das Deutsche Reich. *Borna-Leipzig 1904: R. Noske.* (VII, 61 S.) 8° [F.]
Leipzig, Jur. Diss. v. 1904

OESSWEIN, Ferdinand Anton (Bellheim): De abscessibus hepatis.- Caesarislutrae: Vatter 1834. 24 S. 23.3.1832 - Urk; F 60 Diss. Ingolst.-Landsh.-Mchn.

Osswoboschdenje. (Die Befreiung.) Hrsg. u. red. von P. v. Stuve. (In russ. Sprache.) 1. Jahrg. Juli 1902 —Juni 1903. 24 Nrn. gr. 4. (à ca. 16 S.) Stuttgart, J. H. W. Dietz Nachf. 20. —;
auf India-Bible-Pap. in Kouvert 22. —

Osswoboschdenje. (Die Befreiung.) Hrsg. u. red von P. v. Struve. Red.: F. Fischer. (In russ. Sprache.) 2. Jahrg. Juli 1903—Juni 1904. 24 Nrn. (à ca. 16 S.) gr. 4. Stuttgart. [J. H. W. Dietz Nachf.] Paris, A. Schulz. n. 20. --

Ossyra, Joh. Ludw., naturgemäße Gymnastik. Od.: Angenehme u. nützl. leibl. Beschäftigungen kleiner Kinder in d. sogen. Kleinkinder-Bewahranstalten, aber auch in engeren Familienkreisen. Mit e. empfehl. Vorw. vers. v. Diesterweg. 8. (4¾ B. u. Abbildn.) Quedlinburg 838, Basse.

—— Unterrichts- u. Erziehungs-Stoffe f. d. sogen. Kleinkinder-Bewahranstalten, aber auch zum Behufe belehr.-erziehl. Beschäftigung kleiner Kinder in engeren Familienkreisen. 1. Hft. 8. (4½ B.) Quedlinburg 838, Basse.

Ost und West, Blätter für Kunst, Literatur und geselliges Leben. Redacteur: Rud. Glaser. — Herausgeber: Jak. Sambs in Prag. 1837. Juli bis December. 12 Lfrgg. mit 6 Musikbeilagen. Roy.-4. Prag. (Leipzig, Leo.) n. $2^1/_3$ Thlr — 2r—4r Jahrg. 1838—1840. à 104 Numm. Nebst Musikbeilagen (Liedercompositionen). Roy.-4. Ebd. (Ebd., Fr. Fleischer.) (à n. $4^2/_3$ Thlr) n. $18^2/_3$ Thlr

Ost und West, Blätter für Kunst, Literatur und geselliges Leben. Redakteur u. Herausgeber: Rud. Glaser. 5.—10. Jahrg. 1841—1846. à 104 Numm. (½ Bogen.) Roy.-4. Prag, Expedition. à n. $4^2/_3$ Thlr Mit Beiblatt à n. $5^3/_4$ Thlr

Ost u. West. Red.: Rud. Glaser. 11 u. 12. Jahrg. 1847 u. 1848. à 156 Nrn. gr. 4. (½ Bog.) Mit Beiblatt: Für Kalobiotik. [Schönlebekunst] à 26 Nrn. gr. 4. Prag, Expedition. à $4^2/_3$ Thlr

Ost u. West. Wochenschrift für Politik. Hersgbr. u. Red.: E. J. v. Tkalac. 2. Jahrg. Mai 1862 bis April 1863. 52 Nrn. (à 2 Bgn.) Wien, (Helf.) gr. 8. 7 Thlr

Ost u. West. Illustrirtes Familienblatt. Kleine illustr. Zeitg. Hrsg. v. C. Guerdan u. Frz. Scherer. Red.: F. Scherer. 4. Jahrg. 1884. 52 Nrn. (2 B. m. eingedr. Holzschn.) gr. 4. Wien, Engel. 10. —
Vergl.: Zeitung, kleine illustr.

— — Engel's illustrirtes Familienblatt. Hrsg. u. Red.: Hugo Engel. Red.: Carl Fleischmann. 2. Jahrg. 1885. 46 Hfte. (2 B.) gr. 4. Wien, Engel. 6. —; à Hft. — 10;
Ausg. m. Chromobild — 20

Ost u. West. Illustr. Monatsschrift f. modernes Judentum. Hrsg. unter Mitwirkg. v. S. Bernfeld, M. Buber, Heinr. Meyer Cohn u. a. Red.: Leo Winz. Jahrg. 1901. 12 Hfte. hoch 4. (XIV, 968 Sp.) Berlin, S. Calvary & Co. n. 7. —; geb. n. 9. —

— — dasselbe. Hrsg. unter Mitwirkg. v. Künstlern, Gelehrten u. Schriftstellern v. Davis Trietsch u. Leo Winz. Red.: Leo Winz. 2. Jahrg. 1902. 12 Hfte. hoch 4. (XIV, 864 Sp.) Ebd. 6. —; geb. 9. —

Ost u. West. Illustrierte Monatsschrift für modernes Judentum. Hrsg. u. red. v. Leo Winz. 3.—6. Jahrg. 1903—1906. à 12 Hefte. (VII, 864; VII, 872; VIII, 812 u. VII, 856 Sp.) hoch 4. Berlin, Verlag Ost u. West. à Jahrg. n. 7. —; Luxusausg. n. 14. —

Ost u. West. Illustrierte Monatsschrift f. das gesamte Judentum. Organ der deutschen Conferenz-Gemeinschaft d. Alliance israélite universelle. Hrsg. u. Chefred.: Leo Winz. 7.—10. Jahrg. 1907—1910. à 12 Hefte. (à ca. 68 Sp.) Lex. 8. Berlin, Verlag Ost u. West. à Jahrg. 7.—; Luxusausg. 14. —

Ost und West 1849. Eine politische Rundschau. 8. (IV und 100 S.) Agram 850, Suppan.

Ost, Alex., Beiträge zur Bestimmung der Capacität d. Magens. Diss. gr. 8. (99 S.) Jurjew (Dorpat) 891. (E. J. Karow.) n. 2. —

Ost C, die Zuschneidekunst der Herrengarderobe. 4° Stuttgart

— Die praktische Zuschneidekunst. Universal-Zuschneidesystem. Lehrbuch der deskriptiven Anthropo-Geometrie etc. 4° Stuttgart 1888

Ost, F., William Shakespeare, s. e. Hillger's, Herm., illustr. Volksbücher.

William Shakespeare. Von Dr. F. **Ost.** Mit 9 Ill. Berlin, Leipzig: Hillger [1909]. 87 S. 8°
(Hillgers Illustrierte Volksbücher Bd 134.) [10. 6990

Ost, Frz., die altfranzösische Übersetzung der Geschichte der Kreuzzüge Wilhelms v. Tyrus. gr. 8. (78 S.) Halle 899. (M. Niemeyer.) n. 2. —

Ost, Franz, aus Magdeburg Die altfranzösische Übersetzung der Geschichte der Kreuzzüge Wilhelms v. Tyrus. *Halle a. S. 1899: Wischan & Wettengel.* (73 S.) 8°
Halle, Phil. Diss. v 12. Mai 1899

Ost, Gotthardt [aus Magdeburg]: Das Verhältnis von Cibber's Lustspiel „Love Makes a Man“ zu Fletcher's Dramen „The Elder Brother“ und „The Custom of the Country“ ... Halle a. S., Druck v. Wischan & Wettengel, 1897; 83 S. 8.
Halle, Phil. Fak., Inaug.-Diss. v [18. Juni] 1897

Ost (Herm.), Kaliwerke im Wesergebiete u. Wasserversorgung v. Bremen. (36 S. m. 1 eingedr. Karte u. eingedr. Kurven.) gr. 8. Hannover 910. Dr. M. Jänecke. 2. —

Ost, H., Lehrbuch der technischen Chemie. 2 Abthlgn. gr. 8. Berlin 890. Oppenheim. n. 13. —; geb. n. 14. 50
1. (I—VII u. S. 1—568 m. Textabbildgn. u. Taf.) n. 11. —
2. (IX—XI u. S. 569—680 m. 28 Textabbildgn.) n. 2. —

Ost, H., Lehrbuch der technischen Chemie. 2., verb. Aufl. gr. 8. (XI, 712 S. m. 206 Abbildgn. u. 6 Taf.) Berlin 893. R. Oppenheim. n. 12. —; geb. in Halbfrz. n.n. 14. —

Ost, H., Lehrbuch d. technischen Chemie. M. e. „Schlussabschnitt u. Metallurgie“, bearb. v. Frdr. Kolbeck. 3., vollst. umgearb. Aufl. gr. 8. (XI, 710 S. m. 211 Abb. u. 7 Taf.) Hannover 898. Gebr. Jänecke. n. 12. —; geb. n.n. 14. —

Ost, H., Lehrbuch der chemischen Technologie. Mit e. Schlussabschnitt „Metallurgie“, bearb. v. Frdr. Kolbeck. 4. umgearb. Aufl. des bisher. „Lehrbuches der techn. Chemie“. gr. 8. (VIII, 723 S. m. 239 Abbildgn. u. 8 Taf.) Hannover 900. Gebr. Jänecke. n. 13. —; geb. n. 15. —

Ost, H., Lehrbuch der chemischen Technologie. Mit e. Schlussabschnitt „Metallurgie“, bearb. v. Frdr. Kolbeck. 5. umgearb. Aufl. (VIII, 721 S. m. 253 Abbildgn. u. 9 Taf.) gr. 8. Hannover 903. Dr. M. Jänecke. Geb. in Halbfrz. n. 15. —

— Lehrbuch der chemischen Technologie. 6. umgearb. Aufl. (VIII, 735 S. m. 278 Abb. u. 10 Taf.) gr. 8. Ebd. 907. 15.—; geb. 16. —

Ost, Hermann Ueber die Pyromekonsäure Leipzig, 1879.

Ost, J. G., de hymnis martyrum. Jen. 1700. 4.

Ost, J. P., Schablonen zum Erlernen des Maassnehmens und Zuschneidens einer gut sitzenden Damen-Taille nebst Beschreibung. 1. Aufl. 1868. *M. 3., und 2. Aufl. hoch 4. (1 Stnt. in Fol. und 1 Bl. Text in 4.) Berlin 870, Grieben. cart. *

Ost, J. P., Schablonen zum Erlernen des Maassnehmens u. Zuschneidens einer gut sitzenden Damen-Taille. 2 Blatt mit Text. Berlin 869. Grieben. gr. Fol. n. 1 *ngr.*

— — 2. Aufl. Ebend. 870. hoch 4. (1 Steintaf. in Fol. u. 1 Bl. Text in 4.) cart. n. 20 *ngr.*

Ost, Josef, a. Wiesbaden: Die Regeneration der Extremitäten bei den Arthropoden. Mit drei Tafeln. Marburg 1907: (Breitkopf & Härtel, Leipzig). (40 S.) 8° ¶ (Aus: Archiv für Entwicklungsmechanik Bd 22 H. 3.)
Marburg, Phil. Fak., Ref. Korschelt, Diss. v. 6. Febr. 1907
[Geb. 1. Juni 79 Wiesbaden; Wohnort: Wiesbaden; Staatsangeh.: Preußen; Vorbildung: Realgymn. Wiesbaden Primareife O. 99; Studium: Marburg 4, Berlin 3, Leipzig 1, Marburg 6 S.; Rig. 16. Mai 07.]

Ost, Leop. Schlagwort-Katalog, s. Georg, Carl.

Ost, Leop., Vademecum des Sortimenters, s.: Othmer.

Ost, [Wilhelm]. Bericht über die Typhus-Epidemie in Bern im Sommer 1904. Bearb. im Auftrage der Gesundheitskommission der Stadt Bern. [Mit 2 Tabellen.] 38 S. 8. Bern, Gottfr. Iseli, 1904.
Ausg. B: (*Aufdruck:* A. Francke, Verlags-Cto., Bern). [fr. 1. 50]

Ost, Wilh, die Blatternepidemie in Bern vom J. 1894, s.: Mittheilungen aus Kliniken u. medicinischen Instituten der Schweiz.

Ost. Die Frage der Schulhygiene in der Stadt Bern. Im Auftrage der städt. Polizeidirektion in Bern zusammengestellt nach den Verhandlungen der hiefür gebildeten Sektionen. gr. 8. (246 S. m. 1 Taf.) Bern 889, (Schmid, Francke u. Comp.). * 3 —

Ost, W., siehe: *Mitteilungen aus Kliniken. 1894*

Ost, W[ilhelm]. Die Wege zur Bekämpfung der Tuberkulose. Vortrag, gehalten an der Hauptversammlung des Fürsorgevereins für tuberkulöse Kranke der Stadt Bern. [Sep.-Abdr. aus: Der Bund. Jahrg. 58, 1907, Nr. 527 u. 529.] 11 S. 8. [Bern, H. Jent.]

Ost, Wilh., d. Wohnungsfrage in d. Stadt Bern. Vortrag, geh. in d. christlich-sozial. Gesellschaft des Kantons Bern. 8. (28 S.) Bern 897. (Schmid & Francke) n. — 40

Oest, Johann Friedrich

Oest, J. F., höchstnöthige Belehrung u. Warnung f. Jünglinge und solche Knaben, die schon zu einigen Nachdenken gewöhnt sind; herausgeg. von J. H. Campe. 5te Aufl. 8. Braunschweig, Schulbuchh. 820.

Oest, Joh. Friedr., höchstnöth. Belehr. u. Warnung f. Jünglinge u. solche Knaben, die schon zu einig. Nachdenken gekommen sind. Eine gekr. Preisschr. Hrsg. v. J. H. Campe. 6. Aufl. 12. (5 B.) Braunschweig 830, Schulbuchhandl.

(——) höchstnöth. Belehr. u. Warnung f. junge Mädchen, zur frühen Bewahr. ihrer Unschuld, v. e. erfahr. Freundinn. Eine gekr. Preisschr. Hrsg. v. J. H. Campe. 5. Aufl. 12. (3 B.) Braunschweig 828, Schulbuchhandl.

— Belehr. u. Warnung f. Jünglinge u. Knaben; hrsgg. v. J. H. Campe. 8. Wolfenb. 787. 2e A. 8. Braunschw. 788. 6e A. 830. Schulbuchh. 8 gr

— Belehr. und Warnung f. Jüngl. und Knaben. 8. Ebend. 810.

— — f. junge Mädchen. 8. Ebend. 810.

Oest, Jh. Fr., († d. 14. Jan. 1815.) Für Eltern, Erzieher u. Jugendfreunde, üb. die verderbliche u. gefährliche Jugendseuche; hrsgg. v. J. H. Campe. 8. Braunschw. 787. 2e A. 794. 3e 829. Schulbuchh. 16 gr

—— für Eltern, Erzieher u. Jugendfreunde, üb. d. gefährlichste u. verderbl. Jugendseuche. Eine Preisschr., hrsg. v. J. H. Campe. 3. Aufl. 8. (14 B.) Braunschweig 829, Schulbuchhandl.

Oest, Johann Heinrich

– s. Arbeiten zum Nutzen u. Vergnügen.

— s.a. Gedichte, Bremische.

Gedichte
§* — —, Bremische (von, *Joh. Heinr. Oest*). Mit Titelkpf. Hamburg, C. S. Geissler, 1751. 8°. (In Berlin: Yl 486; in München P. o. germ. 10291; auch in Schaffhausen.)
72 Bll. Reimlos. Latendorf, Schönaich. Lpz. 1897. S. 43. — „1752" Waniek, Gottsched, Lpz. 1898. S. 350. — Anon.-Lex. II p. 161 (nach Kayser u. Meusel).

Oest, Jh. Hnr., Nachricht, von d. freien Gesellschaft zur Aufnahme d. Religion. 4e Aufl. 8. ... 754, 57.

– s. Streitschriften d. Schlüsse.

— gesellschaftl. Unterredungen üb. die Heumannischen gesammt. Wechselschriften v. der Lehre d. heil. Abendmahls. 8. Frankf. u. Leipz. 768.

Oest, J. H., Vers. e. krit. Prosodie. 8. Frankfurt, Raspe. 765.

— Versuch e. poet. Prosodie. 8. Frankf. a. M. 765. Raspe. 12 gr

Oest, Nikolaus

Oest, Nik., († d. 21. Sept. 1798.) ökonom. Abhandl. von dem Ackerumsatz. Mit e. Vorr. v. P. E. Lüders. 8. Flensb. 765 auch 771. (Hammerich in Alt.) 4 gr 110 S.

OEST, Nicolaus: Ökonomisch-praktische Anweisung zur Einfriedung oder Umzäunung der Ländereyen, nebst einem Anhange von der Art und Weise, wie die Feldsteine können gesprengt und gespalten werden. - Flensburg 1767. 15 Bg., mehr. Kupf.

— ökonom. prakt. Anweis. v. Einfriedigung od. Umzäunung der Ländereien. Mit Kpf. 8. Flensb. 767. (Hammerich in Alton.) 12 gr

Nikolaus Oest's Biographie nebst einer Auswahl seiner Gedichte. Hrgg v Georg Jakobsen. Kiel 1800. 8°

— Etwas üb. die neue Schlesw.-Hollst. Kirchenagende 8. Flensb. 797. Korte. (Christiani in Schlesw.) 3 gr

— s.a. Liederconcordanz.

Lieder-Concordanz zum bequemern Gebrauch des allgemeinen Gesangbuchs [v Nicolaus Oest]. Flensburg 1784. 8°

– s. Chr. Sommerfeld, Geographie.

Ošt'ádal, J., Jakou řeči hovoří pevci rukopisu Zelenohorského a Králo vé dvorského? Pr 1889. 50 S. 1.—

Ostade, Adrian van, Bauernschänke, s.: Blätter, bunte, aus aller Welt.

Ostade, Adrian van, die Künstlerwerkstatt, s.: Meisterbilder fürs deutsche Haus. Bl. 104.

— Aus den Radierungen des Adriaen van Ostade, ausgewählt durch Severin Rüttgers. i. a. Hausschatz deutsch. Kunst d. Vergangenheit.

Aus den Radierungen des Adrian van Ostade. Ausgew. u. eingeleitet durch Severin Rüttgers. Hrsg. v. Jugendschriften-Ausschuß d. allg. Lehrervereins Düsseldorf. Berlin Fischer & Franke [1907]. (5 Bl., 35 Taf.) 8° [F.]
— Hausschatz deutscher Kunst d. Vergangenheit. H. 7. [illegible]

Ostade, Adriaen v., das radirte Werk d. O. in Nachbildungen. M. biographisch-krit. Einleitg. hrsg. von Jaro Springer. hoch 4. (44 Taf. m. VIII S. Text.) Berlin 898. Fischer & Franke. n. 5.—

Das radirte Werk des Adriæn van Ostade in Nachbildungen. Mit biogr.-krit. Einl. hrsg von Prof. Dr Jaro Springer *Berlin: Fischer & Franke [1900]*. (VIII S., 64 Taf.) 4° [illegible]

Ostade's, Adriaen van, Biographie und Charakteristik, s. Lemcke, C.

Ostafrika [Sachliches OW]

Ostafrika. [Weissbuch, enthaltend Schriftstücke und Berichte über Emin Paschas Expedition aus Tabora, Ussongo und Bussisi vom 15. Mai bis 15. November 1890] Berlin 1890 VI, 76 S. 4°

Ost-Afrika zwischen Chartum und dem Rothen Meere bis Suakin und Massaua Eine vornehmlich zum Verfolg der von Heuglin'schen Expedition bestimmte Karte Unter A Petermanns Leitung ausgeführt und mit einem Memoire begleitet v Bruno Hassenstein. Anhang Th. von Heuglin: Ein arabischer Schriftsteller über die Bedja-Länder = Petermanns Mitteilungen aus Perthes' geogr Anst. Bd. 7 Ergänzungsheft [Nr 6]. Gotha. 1861 4°

Ostafrica, Sahara, Somali-Küste. — Versch. M. G. M. 1856, 1860 ff.

Ostafrika [Schlagwort]

Ostafrika, s.a. Afrika.

Ostafrika, s.: Kolonialkarten. — Missionskarten.

Ostafrikanaan, Hertzka's. Ein freiländischer Strahl-Reflex ... Leipzig 1891. V: *Tambour, Rud.* (Ky) (Stains)

Ostalpen [Schlagwort]

Ostalpen, s.: Alpen. — Radfahrerkarten. Ravenstein.

Ostalpenbahn. Die O' s. [Conrad, Franz].

Ostalpenbahn. Schweizerische O': Konzessionsgesuch für das Eisenbahnprojekt Biasca-Greina-Chur. ⟨Greinabahn.⟩ (1906 Oktober.) 20 S. fol. St. Gallen, Gebr. Wildhaber.

Ostalpenbahnfrage. Zur O'. Erklärung des Greinaausschusses. (St. Gallen, 26. September 1907.) Separatabdruck aus der Neuen Zürcher Zeitung Nr. 288 u. 289 pro 1907. 38 S. 8. Zürich, Druckerei der N' Z' Z', 1907.

Ost-Alpenländer [Schlagwort]

Ost-Alpenländer, s.: Eisenbahn-Karten.

Ostara. Ein Unterhaltungsblatt für gebildete Leser. Redig. von O. v. Wilcke. 1. Jahrg. 1853. 52 Nrn. (à 1 Bgn.) Bautzen, Helfer in Comm. 4. n. 2 ₰. 20 ngr.

„Ostara". Uralte Lieder u. anderer Einschlag in frischem Duft u. Ton v. Thdr. Wranitzky. 3. Jahrg. April 1900—März 1901. 4 Hfte. Lex.-8. (à ca. 8 S.) Trebitsch (Mähr.), Thdr. Wranitzky. 2. 50; einzelne Hfte. — 75

„Ostara", österreichisches Flugschriften-Magazin. Verantwortlicher Leiter: J. Lanz-Liebenfels. 1.—9. Heft. gr. 8. Rodaun bei Wien, Verlag der „Ostara". (Nur direkt.) à n. — 35

1. Deutschen, die österreichischen, u. die Wahlreform. Von sc. (15 S.) Wien (905).
2. Wahlreform, Gewerbereform, Rechtsreform, v. sc. (19 S.) 906.
3. Revolution oder Evolution? Eine freikonservative Osterpredigt f. das Herrentum europäischer Rasse. Von J. Lanz-Liebenfels. (15 S.) 906.
4. Ungarns wirtschaftlicher Bankerott u. wie machen wir Ungarn kirre? Von J. Lanz-Liebenfels. (16 S.) 906.
5. „Landgraf werde hart!" Eine altdeutsche Volkssage, neuzeitlich erzählt. Von Adf. Hagen. (16 S.) 906.
6. Die Reichskleinodien zurück nach dem Reich! Völkische Richtlinien für unsere Zukunft. Von Harald Arjuna Grävell van Jostenoode. (18 S.) 906.
7. Ostara, die Auferstehung des Menschen. Eine Osterfestschrift. Von Adf. Harpf. (24 S.) 906.
8. Die deutsch-österreichischen Alpenländer als Fleisch- u. Milch-Produzenten. Eine volkswirtschaftl. Studie. Von L. v. Bernuth. (16 S.) 906.
9. Der völkische Gedanke, das aristokratische Prinzip unserer Zeit. Von Adf. Harpf. (16 S.) 906.

„Ostara". Hrsg. u. Schriftleiter: J. Lanz-Liebenfels. 10.—41. Heft. gr. 8. Rodaun bei Wien, Verlag der „Ostara". (Wien, F. Schalk.) à Heft — 35

Frendank, R., Triumph Israels. (12 S.) 907. (14. Heft.)
Grävell van Jostenoode, Harald, das Ariertum u. seine Feinde. (16 S.) 908. (25. Heft.)
Harpf, Adf., das Weibwesen. Eine Kulturstudie. (36 S.) 906. (11. 12. Heft.)
— Die Zeit des ewigen Friedens, e. Apologie des Krieges als Kultur- u. Rassenauffrischer. (39 S.) 908. (19. 20. Heft.)
Lanz-Liebenfels, J., Anthropogonika — Urmensch u. Rasse im Schrifttume der Alten, ausgewählte rassengeschichtl. Urkunden. (19 S. m. 26 Abb. u. 8 S.) 906. (10. 13. Heft.)
— Antlitz u. Rasse, e. Abriß der rassenkundlichen Physiognomik. (Mit 14 Abb.) (S. 33—48.) (908.) (28. Heft.)
— Neue physikalische u. mathematische Beweise f. das Dasein der Seele. (16 S.) 910. (35. Heft.)
— Charakterbeurteilung nach der Schädelform, eine gemeinverständl. Rassen-Phrenologie. (16 S. m. 1 Taf.) 910. (37. Heft.)
— Einführung in die Rassenkunde. (16 S.) (908.) (26. Heft.)
— Die Gefahren des Frauenrechts u. die Notwendigkeit der mannesrechtlichen Herrenmoral. (16 S.) 909. (33. Heft.)
— Das Geschlechts- u. Liebesleben der Blonden u. Dunklen. I.: Anthropologischer Tl. (16 S.) 910. (38. Heft.)
— dasselbe. II.: Kulturgeschichtlicher Tl. (16 S.) 910. (39. Heft.)
— Das Gesetzbuch des Manu u. die Rassenpflege bei den alten Indo-Ariern. (32 S. m. 2 Abb.) (908.) (22. 23. Heft.)
— Die rassenwirtschaftliche Lösung des sexualen Problems. (16 S.) 909. (34. Heft.)
— Rasse u. Weib u. seine Vorliebe f. den Mann der minderen Artung. (16 S.) 908. (21. Heft.)
— Rasse u. Wohlfahrtspflege, e. Aufruf zum Streik der wahllosen Wohltätigkeit. (16. S.) 907. (18. Heft.)
— Beschreibende Rassenkunde. (S. 17—32 m. 9 Abb.) (908.) (27. Heft.)
— Rassen Psychologie d. Erwerbslebens. I.: Die Verarmung der Blonden u. der Reichtum der Dunklen. (16 S. m. eingedr. Bildnissen.) 910. (40. Heft.)
— dasselbe. II.: Die maskierte Dieberei als Erwerbsprinzip der Dunklen. Eine Aufklärg. f. Blonde. (16 S.) 910. (41 Heft.)
— Das Sinnes- u. Geistesleben der Blonden u. Dunklen. (16 S.) 910. (36 Heft.)
— Allgemeine rassenkundliche Somatologie. (Mit 14 Abbildgn.) (S. 49—64.) (909.) (29. Heft.)
— Besondere rassenkundliche Somatologie. (I.) (Mit 8 Abb.) (S. 65—80.) (909.) (30. Heft.)
— dasselbe. (II.) u. die angewandte Rassenkunde. (Mit 4 Abb.) (S. 81—96.) (909.) (31. Heft.)
— Vom steuereintreibenden zum dividendenzahlenden Staate. (16 S.) 909. (32. Heft.)
Liszt, Eduard Ritter v., weibliche Erwerbstätigkeit u. Prostitution. Einige kleine Beiträge zur Beurteilg. dieser Fragen. (18 S.) 907. (15. Heft.)
Titelfrage, die, der Techniker. (23 S.) 907. (17. Heft.)
Über Patentrecht u. Rechtlosigkeit des geistigen Arbeiters, v. sc. (13 S.) 908. (24. Heft.)
Wahrmund, Adf., Juda's Geldmonopol im Aufgang u. im Zenith. 2 Zeitgedichte. (14 S.) 907. (16. Heft.)

Ost-Asien [Sachliches OW]

Ost-Asien. Monatsschrift f. Handel, Industrie, Politik, Wissenschaft, Kunst etc. Chefred.: Kisak Tamai. 1. Jahrg. April 1898—März 1899. 12 Nrn. (à ca. 3 Bog.) Lex. 8. Berlin (S. Calvary & Co.). n. 10. —; einz. Nrn. n. 1. —

Ost-Asien. Monatsschrift f. Handel, Industrie, Politik, Wissenschaft, Kunst etc. Chefred.: Kisak Tamai. 2.—5. Jahrg. April 1899—März 1903. à 12 Nrn. Lex.-8. (à Jahrg. II, 576 S.) Berlin (S. Calvary & Co.). à Jahrg. n. 10. —

Ost-Asien. Monatsschrift f. Handel, Industrie, Politik, Wissenschaft, Kunst etc. Chefred.: Kisak Tamai. 6.—9. Jahrg. April 1903—März 1907. à 12 Nrn. (à ca. 44 S.) Lex.-8. Berlin (SW. 11, Kleinbeerenstr. 9), Sh. Oikawa. à Jhrg. n 10. —

Ost-Asien. Monatsschrift f. Handel, Industrie, Politik, Wissenschaft, Kunst etc. Chefred.: Shigenobu Oikawa. 10.—12. Jahrg. Aug. 1907—Juli 1910. à 12 Nrn. (à ca. 44 S.) Lex. 8. Berlin (SW. 11, Kleinbeerenstr. 9), S. Oikawa. à Jahrg. 10. —
Fortsetzg., s.: Japan u. China.

Ost-Asien [Schlagwort]

Ost-Asien, s. Asien, Herrich, A., Kiepert, H.

— s. Generalkarten.

— s. Hand- u. Reisekarten 54.

— s. Kriegsschauplatzkarten.

— s. Seekarten.

Ostafievo, P., die orientalische Frage. In Briefen eines russischen Veteranen von 1812. 2 Thle. Breslau 856. Kern. 8. (194; 171 S.) Jeder Thl. 1 ₰.

Ostatnia Podróż do Francyi Ostanie jej wrażenia przez Ł. z ks. G. R. Wydanie J. N. Bobrowicza. 8. (25 B.) Lipsk 841, Breitkopf i Haertel.

Ostau, das Adelsgeschlecht von, s. Mülverstedt, G. A. v.

Ostbahnen, die bairischen, im Anschluss an die österreichischen Bahnen. Frankfurt a. M. 856. Brönner. gr. 8. (28 S.) 5 ngr.

Ostbank für Handel und Gewerbe 1857—1907. Posen 1907. V: *Brandenburger, Clemens*. (Berlzu 1923, II, 1619)

Ostbank für Handel und Gewerbe 1857-1907. (Posen 1907· Decker) 55 S. 4°

Ostberg, Ernst, Referendar: Die rechtliche Natur der Erfüllung. Berlin 1905: H. Itzkowski. (54 S.) 8° [F.] Rostock, Jur. Fak., Ref. Matthiass, Diss. v. 5. Juni 1905
[Geb. 14. Febr. 80 Berlin; Wohnort: Berlin; Staatsangeh.: Preußen; Vorbildung: Askanisch. Gymn. Berlin Reife M. 98; Studium: Berlin 5, Freiburg i. B. 1 S.; Rig. 24. Juli 02.]

Ost-Brasilien [Schlagwort]

Ost Brasilien — Karte von — Carte géographique de la Partie Orientale de l'Empire de Brésil en quatre feuilles etc. dediée à S. M. Don Pedro Empereur du Brésil par Guill. de Eschwege et Ch. Fr. Ph. de Martius, dressée par J. Schwarzmann. Munic 1831 1: 2,000,000. 4 Bl.

Östbye, Petter

Östbye, P., die Organisation d. höheren Unterrichts in Norwegen. [Aus: „Baumeister's Handb. d. Erziehungs- u. Unterrichtslehre f. höh. Schulen".] gr. 8. (22 S.) München 897. C. H. Beck. n. — 60

Østbye, P., die schrift vom staat der Athener u. die attische ephebie. [Aus: „Christiania Videnskabs-Selskabs Forhandlinger".] gr. 8. (45 S.) Christiania 893. (J. Dybwad.) n. 1. —

Die Zahl der Bürger von Athen im 5. Jahrhundert. Von P[etter] Östbye. Udg. f. Hans A. Benneches Fond. *Kristiania: In Komm. b. J. Dybwad: A. W. Brøggers Buchdr. 1894.* (32 S.) 4.(8.)
— **Skrifter** udg. af Videnskabsselskabet i Christiania. II. Histor.-filos. Kl. 1894. No 5.

Ost-China [Schlagwort]

Ost-China, s. Asien, Herrich.

Ost-China, s. **China**.

—s. **Generalkarten**.

—s. Kolonialkarten.

— s. **Kriegsschauplatzkarten**.

Ostchinesisches Meer [Schlagwort]

Ostchinesisches Meer, s.: **Seekarten**.

Ostdeutsche, der biedere. **Kalender für Ost- und Westpreußen, Posen und Pommern auf die J. 1879 und 1880. Mit in den Text gedr. (Holzschn.-)Bildern und 8 Prämienbildern (Holzschntaf.).** 8. (à Jahrg. 194 S.) Osterode, Ostpr. (Leipzig, Schneider.) à Jahrg. *
Mittlere Ausg. (168 S.) *
Kleine Ausg. (121 S.) *

Ostdeutschland — Glocke und Kanone. Zwei Zeitgedichte. Königsberg 1842. V: *Jordan, Wilhelm*. (Gottschall, R., Aus meiner Jugend. Berlin 1898. S. 110.)

Ostdeutschland. Glocke u. Kanone. Zwei Zeitgedichte. Lex.-8. (1½ B.) Königsberg 842, Theile.

Oeste, E.

Oeste, die Deckung der Einschliessung u. Belagerung fester Plätze gegen Entsetzungen, s. Zeitfragen, militärische. 17. Heft.

Oeste, [E.] Die Deckung der Einschliessung und Belagerung fester Plätze gegen Entsetzungen. Eine Studie auf Grund d. Krieges 1870/71 Von [E.] Oeste, Hauptm. Mit 7 Skizzen. Berlin: Bath (1908). 40 S 8°
(Militärische Zeitfragen. H. 17.)

Osten [Sachliches OW]

Osten, der. Literarische Monatsblätter, hrsg. vom Verein „Breslauer Dichterschule". Red.: Ludw. Sittenfeld u. Kurt Walt. Goldschmidt. 1. Jahrg. 1901. 12 Hfte. gr. 8. (à ca. 16 S.) Breslau. Görlitz, R. Dülfer. n. 3. 60
Vergl.: Monatsblätter, Organ des Vereins „Breslauer Dichterschule".

— **dasselbe. Literarische Monatsschrift, hrsg. vom Verein „Breslauer Dichterschule". Red.: Aug. Frdr. Krause. 2. Jahrg. 1902. 12 Hfte. gr. 8. (à ca. 16 S.) Görlitz, R. Dülfer.** n. 3. 60

Osten, der. Literarische Monatsschrift, hrsg. vom Verein „Breslauer Dichterschule". Hrsg. von Jos. Theodor im Auftrage der Breslauer Dichterschule. Red.: Paul Barsch. 29.—32. Jahrg. 1903—1906. à 12 Hefte. (à ca. 16 S.) gr. 8. Breslau (Jauer, O. Hellmann). à Jhrg. n. 3. 60

— der. Literarische Monatsschrift, hrsg. vom Verein „Breslauer Dichterschule". Red.: Carl Biberfeld. 33.—35. Jahrg. 1907—1909. à 12 Hefte. (IV, 328; IV, 350 u. IV, 348 S.) gr. 8. Ebd. à Jahrg. 4. —

„Osten, der". Ein schles. Jubiläumsalmanach, hrsg. anläßlich d. 50jähr. Jubiläums der „Breslauer Dichterschule". Red.: Carl Biberfeld. (S. 27—104 m. 7 Bildnistaf.) gr. 8. Glogau (909). Hellmann. 1. —
Sonderabdruck aus: „Der Osten".

Osten, Afrika's, mit dort eröffneten Ausblicken. Heft 1. Berlin 1885. V: *Bastian, Adolph*. (Bücherverz. d. Hauptbibliothek d. Reichs-Marine-Amts. Berlin 1902.)

Der **Osten** Deutschlands. Industrie u. Handel. Breslau: M. Gottlieb [1907]. (24 Bl.) quer-8° 1a8. 6311

Der **Osten** Deutschlands. Industrie u. Handel. Charlottenburg: M. Gottlieb [1907]. (28 Bl.) quer-8° 1a8. 5344

OSTEN, Edmund von, oder das Opfer der Liebe. Eine Rittergeschichte von *C. R.* Leipzig, bei Johann Gottlob Heinrich Richter. 1806. 8°.
Zahm. — Tit., 3 Bl. Widm. (an Friedr. Severin Lyngbye in Copenhagen), 180 S., 2 Bl. Verlag d. Firma.

Osten, Edmund von. Eine Rittergeschichte. 8. Leipzig, Richter. 806. (Lauffer.)

— der ferne. Illustrierte Zeitschrift zur Verbreitg. der Kenntniss ostasiat. Kultur u. Verhältnisse. Hrsg. v. C. Fink. 1. Bd. 4 Hfte. Lex.-8. (à ca. 100 S. m. Taf.) Shanghai, Deutsche Druckerei u. Verlagsanstalt. à Hft. n.n. 3. —

— der ferne. Illustrirte Zeitschrift zur Verbreitg. der Kenntnis der Kultur u. der Verhältnisse Ostasiens. Hrsg. v. C. Fink. 2. u. 3. Bd. 4 bzw. 12 Hefte. (386 u. 432 S. m. Abbildgn. u. Taf.) Lex.-8. Shanghai 904. 905. Berlin, Expedition des ostasiat. Lloyd. à Bd. n. 12. —

Osten [Schlagwort]

Osten, s.: Deutschland. Karte. (Abt. Preussen.)

Osten [Verfasser], s.a. Osten - Sacken

Osten, s.a. Sacken

Osten, Adam — Das kaiserliche Aviticitäts-Patent vom 29. November 1852, und die hierüber vorkommenden Ansichten. Vom Standpunkte des positiven Gesetzes besprochen von — —. Pesth, 1856. Druck von Joh. Herz. (63 S. 8.)

Osten, Albr., ist d. Kampf gegen d. Judentum berechtigt? gr. 8. (16 S.) Hannover 893. (Göhmann.) — 50

Osten, Alfr., über Derivate des Diphenyls. Inaugural-Dissertation. gr. 8. (25 S.) Göttingen 874, (Vandenhoeck und Ruprecht's Verlag.) *

Osten, Alfred, a. Hannover: Untersuchungen über die Gerinnung des Blutes während der Menstruation. Rostock 1907: C. Hinstorff. (15 S.) 8°
Göttingen, Med. Fak., Ref. Runge, Diss. v. 8. April 1908
[Geb. 21 März 83 Hannover; Wohnort: Hannover; Staatsangeh.: Preußen; Vorbildung: Gymn. Hannover Reife M. 01; Studium Göttingen 1, Heidelberg 1, Leipzig 1, Göttingen 7 S.; Coll. 2 Mai 07; Approb. 11 Febr. 08.]

A(nna) v. d. Osten. Die kleine Gärtnerin von Schönau. Erzählung für Kinder. *(Berlin: J. Harrwitz Nachf. [1899].)* (117 S.) 8° [F.] [00. 1176

— vertauschtes Glück. Erzählung f. junge Mädchen. Mit 1 Titelbild in Heliogr. nach e. Original v. M. Nänike. gr. 8. (V, 176 S.) Berlin (900). H. J. Meidinger. Geb. in Leinw. n. 3. —

Osten, A. v. d., die Kinder von Buchech. Eine Erzählung für Knaben und Mädchen von 8—12 Jahren. gr. 8. (III, 140 S. mit 4 farb. Bildern von Eug. Klimsch.) Stuttgart 887, Thienemann. geb. *

Osten, A. v. d. (A. Klapp), Mädchen-Ideale. Erzählg. f. junge Mädchen. M. 1 Heliogr. nach e. Aquarell v. Geo. Schöbel. gr. 8. (208 S.) Berlin 896. H. J. Meidinger. Geb. in Leinw. n. 3. —; erhöht. Pr. n. 4. —

—— Nelly. Erzählung für Mädchen. 8. (VII, 373 S.) Hamburg 887, [J. F. Richter.] Verlagsanstalt und Druckerei, A.-G. geb. *

Osten, A. v. d., der erste Preis. Erzählung f. Mädchen. 8. (III, 304 S.) Hamburg 886. J. F. Richter. geb. n 4. —

Osten, C. v. d., Entwurf eines Stammbaumes der Familie von der Osten. (Stuttgart 1887?). Nicht im Handel.

MARGARETIADE, Die, d. i. hohes und niedriges, niedriges und hohes; (so!) Ernsthaftes Heldengedicht (in Hexametern) von *F. L. von der O**** (Osten).* Göttingen bei V Bossiegel, 1760. 8°. 8 u 55 S. Rar!
Anon.-Lex. III. p. 115 (nach W v Maltzahn u. Goedeke IV, 128, 4).

Osten, Friedrich

Osten, Fr., die Bauwerke in der Lombardei vom 7. bis zum 14. Jahrh., gez. u. durch histor. Text erläut. 1. Heft. Taf. I—VI. — Les Monuments de la Lombardie depuis le 7e siècle jusqu'au 14e. I. Cahier. Imp.-Fol. (6 Kupfertaf. u. Text.) Darmstadt 846, Leske. n. 4 ₰

Osten, Friedr., die Bauwerke in der Lombardei vom 7. bis zum 14. Jahrhundert gezeichnet u. durch histor. Text erläut. 2—7 Hft. Tafel VII—XLII. — Les monuments dans la Lombardie depuis le 7. siècle jusqu'au 14. Cah. 2—7. Imp. Fol. (6 Bl. Text u. 36 Kupfertaf.) Darmstadt 847—52, Leske. à n. 4 ₰ (1—7: n. 28 ₰)

Osten, Friedr., die Bauwerke in der Lombardei vom 7. bis zum 14. Jahrh., gezeichnet und durch historischen Text erlautert. — Les Monuments de la Lombardie depuis le 7. siècle jusqu' au 14. etc. — 8. Heft: Taf. XLIII—XLVIII. Darmstadt (854.) Leske. Imp.-Fol. (1 Bl. Text u. 6 lith. Taf.) n. 4 ₰.

— Schutzfragen f. Kunst u. Künstler in Deutschland, besonders im Königreich Hannover. 12. (113 S.) Hannover 848, Gebr. Jänecke. 1/2 ₰

Osten, G. v. u. A. Bulliemin. Paul's Wünsche. Eine Erzählung f. die Jugend. Illustr. v. E. Bulliemin. gr. 4. (20 S. m. eingedr. farb. Illustr.) Elberf. 890, Lucas. geb. * 3 —
Französ. Ausg. zu gleichem Preise.

Osten, Georg, Referendar: Das Subjekt des Eigentumsrechts am Kirchenvermögen. Borna-Leipzig 1909: Noske. x, 85 S. 8°
Breslau, Jur Diss. v. 5. April 1909, Ref. Brie-Fischer
[Geb. 16. Juli 82 Gleiwitz; Wohnort: Trachenberg; Staatsangeh.: Preußen, Vorbildung Gymn. Gr Strehlitz Reife M 04 Studium Breslau 1, Heidelberg 1. Berlin 2. Breslau 2 S; Rig 27 Febr 08.] [U 09. 509

Osten, Gerd von [Pseud.]
s. Roskowska, Marie von [Wirkl. Name]

Osten, Gustav von der: (Heinrich Wilhelm) Schmeelkes Besuch bei Salzmann in Schnepfenthal. Ein Beitr. z. deutschen Erziehungs- u. Schulgeschichte. Nach d. Originalhs. hrsg. Otterndorf (1910): Hottendorff. 59 S. 8°
Otterndorf, k. R P 1910 (457) [S 10. 320

Osten, G. v. d., Geschichte des Landes Wursten. 2 Tle. gr. 8. Bremerhaven, v. Vangerow'sche Buchh. à 4. —; geb. à n. 5. —
1. Bis zu den Eroberungskriegen. (Hrsg. im Auftrage d. Bundes der Männer vom Morgenstern.) (VI, 99 S.) 900.
2. (139 u. 21 S.) 902.

(B) Osten, G. v. d., Gesch. des Landes Wursten. 900. 902. (LVZ 32.) Jetzt: Bremerhaven, A. Mocker. Erm. Pr. geb. 3. —

Osten, Gust., Granatblüthen. 1r u. 2r Thl. 8. Erfurt 815, Müller. (Weygand in Leipz.) 2 ₰ 12 𝔤

v. d. Osten, Gustav Die Handels- und Verkehrssperre des deutschen Kaufmannes gegen Flandern. 1358—1360. . Kiel, Verl. v. Lipsius & Tischer, 1889; 31 + 1 S. 8°
Kiel, Phil. Fak., Inaug.-Diss. v. 30. Jan. 1889

*von der Osten, G[ustav] Länderkunde von Europa. Für den Erdkunde-Unterricht in der Untersekunda des Gymnasiums bearbeitet. S. 125—172. 8.
In Festschrift zu der am 30. Sept 1905 stattfindend. Einweihung
Progr. des neuen Schulgebäudes. Kgl. Gymn. *Clausthal* 1905.

Aus einer kleinen Landstadt Festschrift z. 500jähr. Jubiläum d. Stadt Otterndorf von Dr Gustav v der **Osten**. Otterndorf 1900 Hottendorff 94, II S. 8° [10. 12499 7

von der Osten, Gustav [Dr.]: Zur Verfassungs- und Verwaltungsgeschichte des Landes Wursten. Geestemünde, Druck v. Remmler & v. Vangerow, 1895; 53 S., 1 Bl. 8.
Geestemünde, R, OP 1895 (345)

Osten, Hans von.
*** Eine grosse Herzstärkung für die Chymisten nebst einer Dose voll gutes Niesepulver für die unkundigen Widersprecher der Verwandlungskunst der Metalle, im Kloster zu Oderberg, seit Anno 1426, aufbehalten durch Hans v. Osten; welche vor wenigen Monathen von einem Maurergesellen daselbst gefunden worden. Begleitet mit einer Zuschrift an die Chymisten, und einer wahrhaften Nachricht dieser Geschichte nebst dem dazu gehörigen Kupfer. Auf Kosten des Verfassers. Berlin, in Commission bey dem Antiquarius Johann Friedrich Vieweg, 1771. pp. [xiv]–108, 12mo. Frontispiece and plates.**

Osten, Hans, allgemeine Jupiter- u. Saturn-Störungen des Planeten (447) Valentine, s.a. **Abhandlungen**, astronomische. Nr. 15.

Allgemeine Jupiter- und Saturn-Störungen des Planeten ⟨447⟩ Valentine. Von Hans **Osten**. Kiel Astron. Nachrichten 1908. (38 S.) 4°
= **Abhandlungen**, Astronomische. No 15. [08. 9591

Osten, Hans: Ueber Nitrierung bei Gegenwart von Phosphorsäureanhydrid und Beiträge zur Kenntnis des Trioxydihydromethyluracils. 1905. 32 S. 8° ¶ Vgl. J. Liebig's Annalen d. Chemie. Bd 343.
Hannover, Dr.-Ing.-Diss. v. 26. 9. 1905

Dritter Radcliffe Katalog. Mittlere Örter von 5839 Sternen f. d. Aequinoktium 1875 nach Beobachtungen in d. J. 1862–1870 auf d. Radcliffe Observatory, Oxford. Aus d. Jahreskatalogen d. Bde 22–36 d. Radcliffe Observations hergest. von Hans **Osten**. Halle 1910: Karras; Leipzig: W Engelmann in Komm. 138 S. 4°
(Nova Acta. Abhandlungen d. Kaiserl Leop. Carol. Deutschen Akad. d. Naturforscher Bd 92, Nr 1) [10. 16333

Osten, Hans Hinrich von

Osten, H. H. v., kurze Anleitung zum Briefschreiben f. die Oberstufe der Volksschule. gr. 8. (IV, 36 S.) Flensburg 899. A. Westphalen. n. — 40

Osten, H. H. v., Beschreibung der Kreise Norderditmarschen und Süderditmarschen. Ein Beitrag zur Heimatskunde für Schule und Haus. 8. (32 S.) Flensburg 888, Westphalen. *

—— Beschreibung der Kreise Steinburg und Pinneberg. Ein Beitrag zur Heimatskunde für Schule und Haus. 8. (24 S.) Ebendas. 887. *

Entstehung des Evangelischen Vereins der Gustav-Adolf-Stiftung v H[ans, H[einrich] v **Osten**. Uetersen 1878 8°

— Herzog Friedrich v. Schleswig-Holstein. Übersichtlich dargestellt. 8. (44 S.) Garding (900). H. Lühr & Dircks. n. — 60

Herzog Friedrich von Schleswig-Holstein. Uebersichtl. dargest. von H H v. **Osten**, Lehrer em. in Ütersen. *Garding: H. Lühr & Dircks (1901).* (44 S.) 8° [F.] [01. 7437

Osten, H. H. v., das Gebet des Herrn nach dem Lutherischen Katechismus. Mit einem Vorwort von J. Bröker gr. 8 (VIII und 135 S.) Altona 861, Wendeborn'sche Buchh. Thlr. *

Osten, H. H. v., das Gebet des Herrn nach dem Lutherischen Katechismus. Mit einem Vorworte von J. Bröker. 860. — 2. Aufl. Altona 862. Wendeborn. gr. 8. (VIII, 135 S.) 7½ ngr.

Osten, H. H. v., Handb. d. Heimatskunde d. Prov. Schleswig-Holstein, Auszug, s.: Heimatskunde, kleine.

Osten, H. H. v., kleine Heimathskunde der Provinz Schleswig-Holstein. Ein Auszug aus dem Handbuch der Heimathskunde für die Hand der Schüler. 2., verb. Aufl. 8. (66 S.) Flensburg 879. Westphalen. n. — 40

Kleine Heimatskunde der Provinz Schleswig-Holstein. Ein Auszug aus **Hans Hinrich** von **Ostens** Handbuch der Heimatskunde für die Hand der Schüler 5. Aufl. Mit 1 Karte v A Göttsch Flensburg. 1898. 8°

Osten, H. H. v., der Kampf bei Eckernförde am 5. April 1849. Dem deutschen Volke dargestellt u. den lieben Kriegskameraden gewidmet. Neustadt 870. Ehlers. 8. (18 S.) n. 3 ngr.

— Philipp Melanchthon. Uebersichtl. Darstellg. seines Lebens u. Wirkens f. Schule u. Haus. gr. 8. (18 S.) Uetersen 897. R. W. J. Koopmann's Seminar-Buchh. n. — 20

Osten, H. H. v., Schleswig-Holstein in geographischen u. geschichtlichen Bildern. Ein Handbuch der Heimathskunde f. Schule u. Haus. gr. 8. (VIII, 200 S.) Flensburg 875. Westphalen. n. 2. —

— Schleswig-Holstein in geographischen u. geschichtlichen Bildern. Ein Handbuch der Heimathskunde für Schule u. Haus. 2., verm. u. verb. Aufl. gr. 8. (VIII, 243 S.) Ebend. 877. n. 2. 50

Osten, H. H. v., Schleswig-Holstein in geographischen u. geschichtlichen Bildern. Ein Handbuch der Heimatskunde f. Schule u. Haus. 3. Aufl. gr. 8. (VIII, 251 S.) Flensburg 884. Westphalen. n. 2. 50

Osten, H. H. v., Schleswig-Holstein in geographischen u. geschichtlichen Bildern. Ein Handbuch der Heimatskunde f. Schule u. Haus. 4., verm. Aufl Mit 1 (farb.) Karte v. A. Göttsch. gr. 8. (VIII, 308 S.) Flensburg 893. A. Westphalen. n. 3. —

Osten, H. H. v., Schleswig-Holstein in geographischen u. geschichtlichen Bildern. Ein Handbuch der Heimatskunde f. Schule u. Haus. 5., verm. u. verb. Aufl. Mit e. (farb.) Karte v. A. Göttsch. (VIII, 328 S.) 8. Flensburg 906. A. Westphalen. Geb. n. 3. 60

— dasselbe, Auszug, s.: Heimatskunde, kleine, der Prov. Schleswig-Holstein.

Osten, Heinr. v., d. niederländ. Garten, bepflanzt mit Blumen, Obst u. Orangerie. Mit Kpf. 8. Hannover (1706). Neue Aufl. Wolfenbüttel, 1751. 5. Aufl. Leipzig, 1791. (Schneider) — 7½

Osten, Heinr., s.: Revue, neue.

Osten, Henning von der, Referendar zu Schloß Penkun: Der Eigentumsübergang bei Tradition an einen im fremden Interesse, aber eigenen Namen handelnden Beauftragten im gemeinen und Bürgerlichen Recht. Greifswald 1907: J. Abel. (71 S.) 8° [F.]

Greifswald, Jur. Fak., Ref. Stampe, Diss. v. 13. Mai 1907

[Geb. 28. Jan. 82 Schloß Penkun, Pomm.; Wohnort: Schloß Penkun; Staatsangeh.: Preußen; Vorbildung: Pädagogium Putbus Reife O. 01; Studium: Lausanne 1, Heidelberg 3, Greifswald 2, Berlin 1 S.; Rig. 27. Febr. 05.]

Osten, Herb. v. (Else v. Dequede), „es waren zwei Königskinder —", s.: **Michow-Bücher,** Bd. 4.

— **Feierstunden.** Erzählgn. f. Mädchen u. Knaben. M. 6 feinen Farbendr.-Bild. nach Aquarellen von M. Hohneck. 8. (120 S.) Wesel 896. W. Düms. Geb. in Halbleinw. 1.—

Osten, Herbert v. [Helene Dequede]. Die Freundinnen, s. Ziegler, Helene v. Zwei neue Erzählungen f. Kinder von 6 bis 12 Jahren.

— Fromm u. treu, s.: **Erholungsstunden.**

— Fromm u. treu, s.: Sprengel, Klementine, der 1. April.

— Fromm u. treu, s. Sprengel, Klementine. Erholungsstunden.

— Fromm u. treu, s.: Sprengel, Klementine, vertraue auf Gott.

— Prinzessin Ilse, s.: Roman- u. Novellen-Schatz. II, 8.

— **Militärfromm.** Roman. (103 S.) 8. Berlin (903). Globus Verlag. n. — 30

— Ein Opfer der Liebe. Erzählung. 8. (153 S.) Dresd. 889, Pierson. * 2 —

Osten, H. v., im Regiment. Roman. (Neue Titel-Ausg.) 8. (267 S.) Stuttgart (890) 895. Deutsche Verlagsanstalt. n. 1. —; geb. n. 1. 25

— aus Schloß u. Hütte. Erzählungen f. die Jugend. Mit 5 feinen Farbendr.-Bildern nach Aquarellen v. J. B. Schmelzer. 12. (128 S.) Wesel 892. W. Düms. Kart. — 75

— aus Schloß u. Hütte. Erzählgn. f. d. Jugend. M. 4 feinen Farbendr.-Bild. n. Aquarellen v. M. Hohneck u. 1 Titelbilde von W. Schäfer. (11.—16. Tausf.) 12. (128 S.) Wesel 896. W. Düms. Geb. — 75

Osten, Herb. v. (Elise v. Dequede), aus Schloß u. Hütte. Erzählungen f. die Jugend. Mit 4 feinen Farbendr.-Bildern nach Aquarellen v. M. Hohneck u. 1 Titelbilde von W. Schäfer. 21.—23½. Tausf. 12. (128 S.) Wesel (900). W. Düms. Geb. — 75

— Aus Schloß u. Hütte. Erzählungen f. die Jugend. Mit (2) feinen Farbendr.-Bild. nach Aquarellen v. M. Hohneck. 25.—30. Tausf. Neue Ausg. (128 S.) 8. Wesel (908). W. Düms. Geb. — 60

— Die Schule d. Lebens. Roman. 8. (329 S.) Berl. 890, Janke. * 4 —

— durch Sturm u. Klippen. Künstlerroman. 8. (156 S.) Köln 893. J. G. Schmitz. 1. —

— deutsche Vergeltung u. andere Erzählungen aus großer Zeit für die Jugend. (208 S. m. 10 Farbdr.) gr. 8. Leipzig (903). E. Kempe. Geb. in Leinw. 3. —

— wieder daheim, s.: Mau, G., Harro der Lotse.

v. d. **Osten,** J. M. S., s. P. J. v. **Platen,** der Husar im Felde.

Osten, Jenny v. der, Luise Dorothee, Herzogin v. Sachsen-Gotha 1732—1767. Mit Benutzg. archival. Materials. gr. 8. (VIII, 428 S. m. 6 Bildnissen.) Leipzig 893. Breitkopf & Härtel. n. 7. 50; geb. n.n. 8. 50

Uebersichts-Karte aller Schlachten und Gefechte, Belagerungen, Einschließungen und Kapitulationen des deutsch-französischen Kriegs 1870–71, zugl. Uebersicht aller Karten u. Skizzen d. deutschen Generalstabswerkes von Gen.Major z. D. [Karl] v der **Osten.** [Mit 6 Nebenkarten.] Stuttgart W C Rübsamen 1905. (1 Kartenbl. 91 × 50 cm, 26 S.) 4° [lith.] [kol.] 05. 11950

Osten, L.

— s. Dumas, A., Gabriele von Belle-Isle.

Osten, L., Gabriele von Belle-Isle od. die verhängnißvolle Wette. Schauspiel in 5 Aufz. Nach Alex. Dumas übertragen. 12. (4½ B.) Hamburg 845, Berendsohn.

Osten, Edw., s. Casanova im Fort Saint-André.

Osten, Ludw. v., Gedichte. 8. (188 S.) Berlin 874, Peters. *

Osten, Ludwig v. [† Jessen], s. Golenischtschew-Kutusow.

Osten, M. v. der, die Arbeiterversicherung in Frankreich, s. Schriften d. Vereins f. Socialpolitik.

v. d. **Osten,** Arbeiterversicherg. in Frankreich. Leipzig 884.

Osten, M. v. der, die Fachvereine u. die sociale Bewegung in Frankreich. [Aus: „Jahrbuch f. Gesetzgebg."] gr. 8. (104 S.) Leipzig 891. Duncker & Humblot. n. 2. —

— Grundzüge e. Reform der Arbeiterversicherung. [Aus: „Die Invaliditäts- u. Altersversicherg. im Deutschen Reiche".] gr. 8. (31 S.) Mainz 894. J. Diemer, Verl. — 60

Osten, v. der, der einfache Sachtransport nach deutschem Reichspostrecht. gr. 8. (VI, 58 S.) Strassburg 883. Trübner. n. 1. 50

Osten, Mary, Alles in Liebe. Der reiferen Jugend gewidmet. 8. (140 S.) Berlin 847, Vereins-Buchhandlung. ¼ ℛ

Osten, Mary, [Emilie Eyler], Blüthen und Bilder für junge Mädchen. Mit 8 (lith.) Bildern in Oelfarbendruck. Stuttgart 865. Schmidt & Spring. 8. (319 S.) 2 ℛ 15 ngr.

Osten, Mary, (Emilie Eyler), glückliche Festtage. Erzählungen für Kinder von 10—12 Jahren. Berlin 865. Winckelmann & Söhne. gr. 16. (263 S. mit 9 lith. u. color. Bildern von Hosemann.) cart. 22½ ngr.

Osten, Mary, Frühlingsblüthen. Erzählungen d. Jugend gewidmet. 8. (7¾ B.) Breslau 846, Kern.

— Glühwürmchen. Erzählungen für artige kleine Kinder. Mit 9 (lith. u.) color. Bildern von Hosemann. Ebend. 859. 16. (2 Bl., 164 S.) 17½ ngr.

— aus frommer, fröhlicher Kinderwelt. Erzählungen für Kinder von 10—12 Jahren. Breslau 868. Trewendt. br. 8. (III, 240 S. mit 6 bunten lith. Illustr. von Louise Thalheim.) geb. 1 ℛ

Osten, Mary, [Emilie Eyler], aus frommer, fröhlicher Kinderwelt. Erzählungen f. Kinder von 10 bis 12 Jahren. Mit 6 bunten Illustr. v. Louise Thalheim. 2. Aufl. br. 8. (240 S.) Breslau 872. Trewendt. geb. 3. —

— Lebensfrühling. Erzählungen für junge Mädchen. Mit 4 Bildern in lith. Farbendr. von Louise Thalheim. Ebend. 870. br. 8. (III, 303 S.) geb. 1 ℛ 7½ ngr.

— Lebenswege. Erzählungen für die reifere Jugend. Mit 4 (lith. u color.) Bildern. Stuttgart 861. Schmidt & Spring 16. (84 S.) 15 ngr.

— deutsche Mädchen. Erzählungen aus großer Zeit f. die weibl. Jugend. Mit e. (lith.) Titelbild v. Louise Thalheim. gr 16. (220 S.) Ebend. 872. geb. 3. 75

— junge Mädchen. Vier Erzählungen. Mit 4 Bildern in lith. Farbendr von Louise Thalheim. Breslau 865. Trewendt. gr 16. (185 S.) 1 ℛ

† Osten, Mary [Emilie Eyler], junge Mädchen. Vier Erzählungen. 2. Aufl. 8. (191 S. mit 4 Bildern in lithogr. Farbendr) Breslau 876, Trewendt. geb.

— Marie, d. Hauses Sonnenstrahl. Eine Erzählg. f. die weibl. Jugend. Mit 4 Bildern in lith. Farbendr. v. Louise Thalheim. 8. (218 S.) Ebend. 874. geb. 4. 50 u. 5. —

Osten, M., nur e. paar Hände breit, s.: Kern, J., u. M. Osten, neue Polterabend-Scherze.

Osten, M., neue Polterabendscherze, s.: Kern, J.

— der Raritätenschrank der Großmutter. Fortsetzung von Elisens Wunderknäuel. Erzählungen für Kinder von 10—14 Jahren. Berlin 862. Winckelmann & Söhne. 16. (2 Bl., 212 S u. 9 color Lithogr.) 29 ngr.

—— das Stammbuch der Mutter. Erzählungen für Kinder von 10 bis 14 Jahren. gr. 16. (255 S. mit 9 lithogr. und ill. Bildern von Th. Hosemann.) Berlin 863, Winckelmann und Söhne. cart.

— Elisens Wunderknäuel. Erzählungen für Kinder von 8—12 Jahren. Mit 9 (lith. u.) color Bildern. Berlin 860. Winckelmann & Söhne. 16. (3 Bl., 177 S.) 17½ ngr.

Osten, Wilhelm August von der

v. d. Osten, Wlh. Aug., Feldzüge d. alliirt. Armee in den J. 1757—1762; n. d. Tageb. d. Feldmarschalls v. Reden. 3 Bde. gr. 8. Hamb. 804, 5. (Campe) 3 ℛ 8 ggr. Velp. 6 ℛ 16 ggr. (a. Krieger in Marb.) 2 ℛ 12 ggr.

Osten, Wilh. Aug. v. der, Feldzüge d. alliirt. Armee in d. J. 1757 bis 1762. n. d. Tageb. d. Feldmarschalls v. Reden 3 Thle. gr. 8. Hamburg, Hoffmann. [illegible]—5. (1r 1 Rthlr 8 gr. 2r und 3r 1 Rthlr. 4 gr.)
Velinp. (1r 2 Rthlr. 16 gr. 2r und 3r 2 Rthlr. 4 gr.)

— Versuch e. Unterrichts f. Jünglinge, die sich d. Militär widmen. 1s Heft. 8. Hamb. 804. (Campe). 16 ggr. (a. Krieger in Marb.) 12 ggr.

v. Osten, Frhr. v. Prokesch, zwölf Inedita (Griech. Münzen), s.: Denkschriften der k. Akademie der Wissenschaften. Philosoph.-histor. Classe, I. Bd.

Osten-Sacken, s.a. Osten

Osten-Sacken, Ein Wort über die sociale Frage 8°. Hamburg 1871.

[F.] Ehe-Bündnisse des Pommerschen schlossgesessenen Geschlechts von der Osten u. des Kurländischen Geschlechts der Frh. v. d. Osten gen. Sacken. Zsgest. v. Armin Frh. v. d. Osten gen. Sacken, Hauptm. ... v. Nebenetat d. Gr. Generalstabes. *Berlin: J. Sittenfeld 1897.* (2 Bl., 124 S.) 1 Bd 8. [97. 5409.

Osten gen. Sacken, Armin Frhr. v. der, Nachrichten üb. Herkunft, Verzweigung u. Wappen Derer v. der Osten u. v. der Osten gen. Sacken. Beitrag zur Geschichte des Osten-Stammes. Als Handschrift gedruckt. Mit 1 Karte v. Vor- u. Hinterpommern vom J. 1789 in 6 Blättern, 1 Wappentaf. u. 2 Buntdr.-Taf. Lex.-8. (VI, 123 S.) Berlin 893. E. S. Mittler & Sohn. n. 7. —; geb. n.n. 8. —

Schaefer, Dr. F., Dr. E. Svenson u. Dr. E. Bar. von der Osten-Sacken. Über die Wirkung der japanischen Kriegswaffen im mandschurischen Feldzuge. T. 1. 2. Berlin 1906.

Osten Sacken, C. R., on the oxen-born bees of the ancients (Bugonia) and their relation to Eristalis tenax, a two-winged insect. Enlarged ed. of the essay: On the so-called Bugonia of the ancients etc. published in the Bullet soc. ent. ital. 1893. gr. 8. (XIV, 80 S.) Heidelberg 894. J. Hörning. n. 2 —

Osten Sacken, C. R., additional notes in explanation of the Bugonia-Lore of the ancients. gr. 8. (23 S.) Heidelberg 895. J. Hörning. n. — 50

Osten-Sacken, Baron Friedr. v., Franz v. Baader und Louis Claude de Saint-Martin. gr 8. (80 S.) Leipzig 860, Literarisches Institut. *
Aus der Einleitung zum 12. Bde. der Baader'schen Werke besonders abgedruckt.

Osten-Sacken, Fr. v. der, u. F. J. Ruprecht, Sertum Tianschanicum. Botanische Ergebnisse einer Reise im mittleren Tian-Schan, s.a. Mémoires de l'acad. impér. des sciences de St.-Pétersbourg.

von der Osten-Sacken, Baron Friedrich, und F J. Ruprecht Sertum Tianschanicum. Botanische Ergebnisse einer Reise im mittleren Tian-schan. (Mémoires de l'Académie Impériale des Sciences de St.-Pétersbourg. Sér 7. T 14. No. 4.) St.-Petersbourg 1869. 74 S. 4°

Osten-Sacken, Baron Leo v. der. Der progressive periphere Puls der Netzhautvenen. Diss. gr. 8. (97 S.) Dorpat 890, (Karow). * 2 —

Osten-Sacken, P(aul) von der, a. Mitau in Kurland ⟨Rußland⟩: Livländisch-Russische Beziehungen während der Regierungszeit des Grossfürsten Witowt von Litauen ⟨1392—1430⟩. (Riga 1908: W. F. Häcker.) (V, 123 S.) 8° ¶ (Erscheint auch in: Mitteilungen d. Gesellschaft f. Gesch. u. Altertumsk. d. Ostseeprovinzen Rußlands Bd 20 H. 2.)
Berlin, Phil. Fak., Ref. Schiemann, Diss. v. 12. Aug. 1908
[Geb. 12. (24.) Aug. 80 Mitau in Kurland; Wohnort: Riga; Staatsangeh.: Rußland, Vorbildung: Stadtgymn. Riga Reife Juni 01; Studium: Dorpat 4, Petersburg 3, Berlin 3 S.; Rig. 13. Febr 08.]

Osten-Sacken, P[aul], Baron: Zur Kapitulation der estländischen Ritter- und Landschaft am 29. Sept. 1710. Festschr zum 200jähr. Gedenktage der Zugehörigkeit Estlands zum russischen Reich. — Reval 1910: (Kerkovius). 39 S. mit 2 Taf.

Zur Kapitulation der estländischen Ritter- und Landschaft am 29. Sept. 1710. Festschrift z. 200-jähr. Gedenktage d. Zugehörigkeit Estlands z. Russ. Reich. Hrsg. durch P. B[n] **Osten-Sacken**, Rittersch.-Archivar Reval: [Kluge & Ströhm] 1910. 39 S. 4° [11. 9861

Osten gen v Sacken, Peter Ernst von der

Beylage zur Mitauischen Zeitung. Auch ein Erzspass, als Pendant zu Weckhrlins hyperboreischen Briefen. Von Carl [d. i. Peter Ernst v. der Osten gen.] v. Sacken. 1789. 16 S. 8⁰
cf. D. neuesten Religionsbegebenheiten. 13 (1790) S. 348—349.
Kl. 3422.

Etwas zur Erläuterung der [Joh. Aug. Frh. v.] Starck'schen Sache in Bezug auf den Aufenthalt in Kurland. [Unterz.:] Peter Ernst v. der Osten gen. Sacken. Berlin 1789. 16 S. 8⁰ [Umschlagtit.]
Auszug? in: Archiv der Schwärmerey u. Aufklärung. 3 (1790) S. 118—128.
Kl. 3414. 3419. Verteidigung Starcks.

Fortgeseztes [!] Etwas zur Erläuterung der [Joh. Aug. Frh. v.] Starck'schen Sache in Bezug auf den Aufenthalt in Kurland aus kurländischen Originalbriefen dokumentirt. [Von Peter Ernst v. der Osten gen. Sacken, hrsg. von Ludw. Adolf Christian v. Grolmann.] Giessen: [Krieger] 1789. 52 S. 8⁰
cf. D. neuesten Religionsbegebenheiten. (1789) S. 673—680.
Kl. 3420.

Karl [d. i. Peter Ernst v. der Osten gen.] v. Sacken über das Etwas des L[udw.] A[dolf] Ch[ristian] v. Grolmann. 1789. 14 S. 8⁰
Kl. 3421.
[D. neuesten Religionsbegebenheiten. 13 (1790) S. 349.]

Russland und Finnland. Zur Kritik d. Bornhakschen Construction d. staatsrechtl. Verhältnisses von Dr. Wolf B[n] **Osten-Sacken.** S.-Petersburg 1910. 10 S. 8° [10. 4933 3

Osten-Sacken, Wolf Freiherr von der: Die staatsrechtliche Stellung des Großfürstentums Finnland im Russischen Reiche. Tübingen 1909: Laupp. XV, 146 S. 8°
Tübingen, Staatsw. Diss. v. 27. April 1909, Ref. Triepel
[Geb. 17 Nov 87 Wangen; Wohnort Wangen, Staatsangeh.: Rußland; Vorbildung: Gymn. Libau Reife 04, Studium Berlin 4, München 1, Tübingen 3 S.; Coll. 24. Febr. 09.] [U 09. 3985

Osten-Sacken-Dondangen, Thdr. v. der, Gedichte. Dresden 867. Burdach. br. 8. (IX, 306 S.) n. 1 ₰ 10 ngr.

Osten-Sacken u. v. Rhein, Ottomar Frhr von der

Die franzoesische Armee im Jahre 1813. Ein Beitrag zur Geschichte der Befreiungskriege. (Von v. der Osten). Berlin 1889. 206 S.

Osten-Sacken u. v. Rhein, Frhr. v. der, der Feldzug v. 1812. Geschichte des russisch-französ. Krieges. Mit e. Uebersichtskarte des Kriegsschauplatzes u. 5 Skizzen. gr. 8. (VIII, 343 S.) Berlin 901. Vossische Buchh. n. 8. —; geb. n. 10. —

— militärisch-politische Geschichte des Befreiungskrieges im J. 1813. 1. Bd. (Vorgeschichte.) Vom Njemen bis zur Elbe. Mit e. Uebersichtskarte des Kriegsschauplatzes u. 4 Skizzen in Steindr. gr. 8. (IX, 554 S.) Ebd. 903. n. 12. —; geb. n. 14. —

Osten-Sacken u. v. Rhein, O. Frhr. v. der, militärisch-politische Geschichte des Befreiungskrieges im J. 1813, Bd. IIa u. IIb. gr. 8. Berlin, Vossische Buchh. n. 34. —; geb. n. 38. —
IIa. Der Frühjahrsfeldzug. Groß-Görschen. Mit 3 Uebersichtskarten, 8 Gefechtsplänen u. 5 Text-Skizzen. (XV, 591 S.) 904. n. 16. —; geb. n. 18. —
b. Der Frühjahrsfeldzug. Bautzen. Mit 6 Gefechtsplänen, 4 Skizzen u. 2 Uebersichtskarten. (XI, 574 S.) 906. n. 18. —; geb. n. 20. —

Osten-Sacken u. v. Rhein, Ottom. Freih. v. d., Preußens Heer von seinen Anfängen bis z. Gegenwart. 1. Bd. Die alte Armee. Bis zum Frieden v. Tilsit. (XVI, 394 S.) gr. 8. Berlin 911. E. S. Mittler & Sohn. 7.—; geb. 8.50

— **Deutschlands nächster Krieg,** s. u. Zeitfragen, militärische.

Deutschlands nächster Krieg. Von [Ottomar] F[rh.] v. d. **Osten-Sacken Rhein,** Oberstlt. a. D. [1.] Berlin. A. Bath 1905. 8°
= **Zeitfragen,** Militärische. H. 11. [05. 8495

— **Napoleon bei Bautzen,** s. a. Beiheft zum Militärwochenblatt. 1905.

Napoleon bei Bautzen. Napoleonische Strategie in den Tagen vor Bautzen u. napoleonische Schlachtenleitung bei Bautzen. Eine Studie von O[ttomar] F[rh.] v d. **Osten-Sacken Rhein,** Oberstlt. a. D. ⟨Mit 2 Übersichtsskizzen u. e Skizze d. Schlachtfeldes in bes. Anl.⟩ Berlin E. S. Mittler & Sohn 1905. (S. 305–372.) 8° [F.]
= **Militär-Wochenblatt** 1905, Beiheft. [05. 10705

Osten, v. der. Übersichts-Karte aller Schlachten und Gefechte, Belagerungen . . . des deutsch-franz. Kriegs. Stuttgart 1905. 4°.

Oesten, Albert

Oesten, A., die technische Instruction für die Auseinandersetzungs-Commissarien der Provinz Sachsen, s. a. Instruction.

Oesten A.: Die technische Instruction für die Anseinandersetzungs-Commissarien d. Provinz Sachsen, auf Grund d. neueren Erfahrungen u. Gesetze m. Anmerk. vers. Stendal 1855. 328 S.

Oesten, Alb., die technische Instruction für die Auseinandersetzungs-Commissarien der Provinz Sachsen, auf Grund der neueren Erfahrungen und Gesetze mit Anmerkungen versehen. 3. Aufl. gr. 8. (XVI, 327 S.) Stendal 869, Franzen und Große. *

Oesten, G., und H. Gill: Bericht, betreffend die Anlegung von Filtern auf den Tegeler Wasserwerken. Berlin 1881. (Ms. gedr.)

Oesten, G.: Ueber Brunnen. München 1879

Oesten, G., u. A. Frühling, die Wasserversorgung der Städte, s.: Handbuch der Ingenieurwissenschaften. III. 3.

Oesten, G., Wasserversorgg., Wasseruntersuchg. und Wasserbeurteilg., s.: Loeffler, F.

Oesten, K., († d. 25. Nov. 1850), über die Union u. Gemeinschaftsrechte mit besonderer Rücksicht auf den Stargardschen Kreis. Aus des Verf. Nachlaß hrsg. v. G. Oesten. gr. 8. (60 S.) Neubrandenburg 849, Brünslow. ⅓ ₰

Musikalische Formenlehre. Selbst-Unterrichts-Briefe, Methode Rustin. Bearb. von Muskdir. Max **Oesten**. Hrsg. vom Rustinschen Lehrinst. f. briefl. Unterricht. Red. von Prof. Carl Ilzig. 3. Aufl. (In 8 Lfg.) Potsdam & Leipzig: Bonneß & Hachfeld [1909]. 256 S. 4° (8°)
(Das Konservatorium. Schule d. gesamt. Musiktheorie. Lfg. 5. 14. 19. 26. 31 33. 37 40.) [11. 11390]

Oesten, R., die Verfasser der altfranzösischen Chanson de geste Aye d'Avignon, s.a. Ausgaben u. Abhandlungen aus dem Gebiete der romanischen Philologie.

Oesten, R. Die Verfasser der altfranzösischen chanson de geste Aye d'Avignon. Diss. Marburg 1884. 51 S.

Ostend, Blankenberghe, Heyst and other Belgian watering places. With 2 maps. Berlin Goldschmidt 1909–10. 57 S. 8°
(Grieben's guide books Vol. 125.) [09. 11074]

Ostende [Sachliches OW]

Das von denen französischen Fesseln wieder befreyete Ostende 4 M Pl Leipzig 1706

Ostende, Blankenberghe, Heyst und die anderen belgischen Seebäder. 3. Aufl. Neu bearb. von O. Fiedler Mit 3 Karten. Berlin: A. Goldschmidt 1906–07. (IV, 68 S.) 8°
= **Reiseführer**, Griebens. Bd 34. [07. 8902]

Ostende, Blankenberghe, Heyst und die anderen belgischen Seebäder 4., neu bearb Aufl. Mit 2 Kt Berlin Goldschmidt 1909–10. IV, 64, 4 S. 8°
(Griebens Reiseführer Bd 34.) [09. 10594]

Ostende u. seine Umgegend. Vollständiger Führer des Badegastes in d. Stadt u. am Strande nebst Ausflügen nach Brügge, Blankenberghe ꝛc. Mit (lith.) Plan der Stadt (in 4.) u. (lith.) Karte der Umgebung (in 4.) u. einem Anhang, die Eisenbahnverbindungen mit Deutschland u. Dampfschifffahrten nach England ꝛc., sowie einen vollständ. Fluthkalender enthaltend. [Sommer 1851.] 8. (VIII u. 98 S.) Brüssel 851, Kießling & Co. n. ⅔ ₰

Ostende [Schlagwort]

Ostende, s.a. Europa. Liebenow.

Ostende, s.a. Woerl's Reisehandbücher.

Ostende-Köln, s.: Automobilkarten. Mittelbach.

Ostendae — Novissima Ichnographica Delineatio munitissimae Urbis et celeberrimi Emporii — in Comitatu Flandriae Austriacae sitae cura et coelo M. Seutteri etc. Aug. Vind. 1 : 8000. 1 Bl.

Ostendorf, Adolf [Rekt.]: Die häuslichen Arbeiten, ihre Begrenzung und ihre Art. Neumünster, R. Hieronymus Buchdr., 1889; S. 3–8; 4°
Neumünster, PG u. RPG, OP 1889 (271)

[F.] **Ostendorf,** Adolf [Dir.]: *Bericht über den Empfang der Schüler des Gymnasiums in Hadersleben durch den Fürsten Bismarck in Friedrichsruh am 12. Mai 1894.* Hadersleben, gedr. in d. Buchdr. v. W. L. Schütze, 1895; 10–11 S. 4.
Hadersleben, k. G, P 1805 (282)

Ostendorf, A., Der Platon. Eros. Pr. 1874. 19 S. 4°.

Ostendorf. Ueber den Lehrplan für den Unterricht im Französischen an der Realschule I. Ordnung in Lippstadt. Lippstadt, R., 1864. 31 S. 4. Progr.

Ostendorf: Die Leibesübungen an der hiesigen Realschule. Eine Berichterstattung. Lippstadt 1857. 19 S. Lippstadt, Realschule, Königsgeburtstagsfeier 15. 10. 1857.

Ostendorf, Adolf Rede zur Lutherfeier am 10. Nov. 1883. 9 S. Progr. *Neumünster* 1884.

[F.] **Ostendorf,** Adolf [Dir.]: Die Schulreform, ihre Gründe und ihr Ziel. Hadersleben, W. L. Schütze, Buchdr., 1891; S. 3 7, 4°
Hadersleben, k. G u. RPG, OP 1891 (272)

Einleitung. Die Umwandlung der Schule (in ein Progymnasium etc.) betreffend (v. Adolf **Ostendorf**). Siehe in 12. Jahresbericht über die städt. Realschule zu Neumünster. Neumünster. 1883. 4°

Ostendorf, Frdr., s.: Entwürfe v. Studierenden der königl. technischen Hochschule zu Danzig.

Die Geschichte des Dachwerks erl. an e. großen Anzahl mustergültiger alter Konstruktionen von Friedrich **Ostendorf**, Prof. Mit vielen Abb. Leipzig & Berlin. B. G Teubner 1908. (269 S.) 2° [F.] [08. 11878]

Ostendorf, Johannes

Ostendorf, J., die Conferenz zur Berathung üb. das höhere Schulwesen d. preussischen Staates. Vortrag, geh. am 30. Decbr. 1873 im Bürgervereine zu Braunschweig. 8. (39 S.) Düsseldorf 874. Schaub. n. 1. —

—— mit welcher Sprache beginnt zweckmäßigerweise der fremdsprachliche Unterricht? gr. 8. (59 S.) Düsseldorf 869, de Haen. *

— mit welcher Sprache beginnt zweckmäßigerweise der fremdsprachliche Unterricht? gr. 8. (59 S.) Ebend. 873. n. — 80

— das höhere Schulwesen unseres Staates Ein Bericht, den städt. Behörden zu Düsseldorf erstattet. gr. 8. (64 S.) Düsseldorf 873. de Haen in Comm. n. 1. 20

— unser höheres Schulwesen gegenüber dem nationalen Interesse. [Aus: „Pädagog. Archiv."] gr. 8. (136 S.) Ebend. 874. n. 2. —

Ostendorf, Johs., über das bewusste Singen nach Noten. Ein Beitrag zur Reform des Schulgesang-Unterrichts. (VIII, 73 S.) gr. 8. Düsseldorf (908). L. Schwann. 1. 20

— Volksschule, Bürgerschule u. höhere Schule. Rede, geh. am 9. April 1872 bei der Einführg. als Director der Realschule zu Düsseldorf. gr. 8. (32 S.) Düsseldorf 872. Schaub. n. – 75

Die Hühnerzucht. Ein Leitfaden f. landwirtsch. Geflügelzüchter. Von Wilhelm **Ostendorf**. Dortmund 1905: C. L. Krüger. (34 S.) 8° [F.] [05. 1136]

Ostendorf, Wilh., die Hühnerzucht. Ein Leitfaden f. landwirtschaftl. Geflügelzüchter. (34 S.) gr. 8. Dortmund 905. (Münster, H. Mitsdörffer.) n. 1. —

Ostendorfer, H., Turnier-Buch Herzogs Wilhelm des Vierten v. Bayern von 1510—1518. 1540—1545 nach den Aufzeichnungen des Wappenmeisters Hans v. Schenk gemalt. Facsm. nach dem Orig.-Mscr., hrsg. von Frz. Reichardt. qu. Fol. (31 Steintaf. mit 3 Bl. Text.) München 880. J. A. Finsterlin. n. 32. —

— dasselbe. Color. Ausg. (In 6 Lfgn.) 1. Halblfg. qu. Fol. (3 Bl.) Ebend. 882. n. 18. —

Ostenfeld, A., technische Statik. Vorlesungen über die Theorie der Tragkonstruktionen. Deutsche Ausg. Besorgt v. D. Skouge. (VIII, 457 S. m. 33 Taf.) gr. 8. Leipzig 904. B. G. Teubner. Geb. in Leinw n. 12. —

Ostenfeld, C. H., s.: Catalogue des espèces de plantes et d'animaux observées dans le Plankton.

Ostenholz [Schlagwort]

Ostenholz, s.: Preussen. Messtischblätter.

Ostens, ..., Mysten-Schule. Ein pittoreskes Lehrgedicht üb. Weisheit u. Thorheit, im Geiste d. hoh. Alterthums. Mit Commentarien u. 1 Tit. Kpf. 802. N. Ausg. gr. 8. Manh. 828. Schwan u. G. 1 ℛ 18 ℊ

Ostens Mysten-Schule. Ein pittoreskes Lehrgedicht üb. Weisheit u. Thorheit, im Geiste d. hoh. Alterthums. Mit Commentarien, 1 Musikbl. u. 1 Titkpfr. Neue Ausg. gr. 8. (26 B.) Mannheim 828, Schwan u. Götz.

Oster, Exkursion in den Stadtwald v. Eschweiler zur Besichtigung der Hüttenrauchbeschädigungen, s.: Wieler, A., Untersuchgn. üb. die Einwirkung schwefliger Säure auf die Pflanzen.

Dr. Oster. Zur Geschichte des Grossh. Bad. Lehrerseminars Ettlingen. IV. Beitrag. 1839 bis 1848. 25 S. Ettlingen, P 1881

Oster, A., Gebete u. Tugendübungen auf die sechs Aloysiussonntage. Rev. von O. 16. (16 S. m. 1 Abbildg. u. 1 Bildn.) Einsiedeln 902. Verlagsanstalt Benziger & Co. n. — 08

Oster, Artur, Referendar in Köln Voraussetzungen und Wirkungen der sogenannten Konzentration bei Gattungsschulden (§ 243 Abs. 2 B.G.B.). *Borna-Leipzig 1903: R. Noske.* (IX, 41 S.) 8°
Rostock, Jur Diss v [12 Juli] 1903

Oster, Berthold, aus Sonsbeck Ueber partielle Differentialgleichungen zweiter Ordnung mit n unabhängigen Variabeln. *Berlin 1900: (Dieterich in Gottingen).* (27 S.) 8°
Berlin, Phil. Diss v 5. Febr 1900

Oster, C., ärztlicher Rathgeber, s: Baden-Baden.

Oster, E., s. Oster, Hermann Emil

Oster, Fritz [aus Burtscheid/Aachen] Über die Einwirkung einiger anorganischen Chloride auf Phenylhydrazin. Würzburg, P. Scheiner's Buchh., 1890; 11 S. 8°
Rostock, Phil Fak, Inaug. Diss v 25. Nov 1890

Oster, Heinrich, a. Straßburg i. E.: Zur Kenntnis der Indophenine. [Berlin] (1905: G. Schade). (66 S.) 8°
Berlin, Phil. Fak., Ref. Gabriel, Landolt, Diss. v. 4. März 1905
[Geb. 9. Mai 78 Straßburg i. E., Heimatsort: Berlin; Staatsangeh.: Preußen, Vorbildung: Gymn. Speyer Reife Juli 98; Studium: Charlottenburg T.H. 11 S.; Rig. 20. Febr. 05.]

Oster, Heinrich [aus Hersel (Kr. Bonn)]: Aus d. geburtshülfl. Frauenklinik zu Bonn. Ein plötzlicher Todesfall nach der Geburt ... Bonn, Buchdr. v. A. Henry, 1896; 31 S. 8.
Bonn, Med. Fak., Inaug.-Diss. v [29.] Febr 1896

Oster, Hermann Emil

H. E. Oster Anna Comnena. I. T 74 S. Rastatt, P 1868

Dr. H. E. Oster Anna Comnena. II. T 70 S.
Derselbe. Anna Comnena. III. T 83 S.
Rastatt, P 1870. 1871

Oster, E., Anna Komnena. 3 Thle. gr. 8. Rastatt. (Tübingen, Fues'sche Sortimentsh.) [1. Thl. (74 S.) 868; 2. Thl. (70 S.) 870; 3. Thl. (83 S.) 871.] *

Oster, *Hermann Emil Professor Franz Kremp, † am 31. Januar 1892.* 4 (S 3—4 der Schuln.). Grofsh. G. *Rastatt* 1892 (609). Progr.

Oster, *Hermann Emil* [Dir. Dr.]: Gymnasiumsdirektor August Scherm, Geheimer Hofrat, Ritter des Ordens vom Zähringer Löwen. Ein Lebensbild. Rastatt, Buchdr. v. J. G. Vogel, 1890; 16 S. 4°
Rastatt, grossh. G, MP 1890

Oster, Hugo, appr Arzt aus Flamersheim (Rhld.) Über Mammakarzinom und Gravidität *Bonn 1904: C. Georgi.* (31 S.) 8°
Bonn, Med. Diss. v. 17 Febr 1904

Oster, J., Abschiedspredigt üb. Hebr. 13, 8, geh. in d. evang.-reform. Kirche zu Dresden am 9. I. 1898. gr. 8. (12 S.) Dresden 898. A. Urban. n. — 30

Oster, J., Cours de grammaire française à l'usage des écoles allemandes. (In 2 Tln.) 1. partie. gr. 8. Dresden 904. G. Kühtmann. n. 1.20; geb. n. 1.50
Cours élémentaire de grammaire française particulièrement à l'usage des écoles normales allemandes par E. Mollenhauer. (XIV, 173 S.)

— cours superieur de grammaire française à l'usage des écoles allemandes. gr. 8. (VII, 265 S.) Dresden 895. G. Kühtmann. n. 4.50; geb. in Leinw. n.n. 5. —

Oster, J., Luther auch Unser! Festpredigt, am 400jähr. Jubiläum Martin Luthers in der reformirten Kirche zu Dresden gehalten. gr. 8. (16 S.) Dresden 884, Pierson. **

Oster, J., wie offenbart sich Gott den Menschen? Ein Vortrag, geh. im Dresdner Protestantenverein. gr. 8. (27 S.) Dresden 875. v. Zahn. n. — 75

Oster, K(arl) Rudolf, approb. Arzt aus Heidelberg: Ueber das spätere Befinden der Frauen nach Geburt einer Blasenmole. *Kiel 1904: H. Fiencke.* (52 S.) 8°
Kiel, Med. Diss. v [28. Juli] 1904

Oster, Leopold Carl [aus Rastatt (Baden)]: Über das Verhalten des Sehnerven bei Stauungspapille auf Grund der Weigertschen Färbung ... Würzburg, kgl. Universitätsdr. v. H. Stürtz, 1892; 28 S. 8.
Würzburg, Med. Fak., Inaug.-Diss. v 1892

Oster, Ludwig: Der Haftungsanspruch der Gemeinde gegen den Gemeinde-Beamten nach Maßgabe des Art. 158 der diesrhein. Gemeindeordnung. (Zugl. e. Beitr. z. Lehre v. öffentl. Dienste.) Bamberg (1908): Gärtner. VIII, 71 S. 8°
Erlangen, Jur. Diss. v. 2. Okt. 1908, Ref. Rieker
[Geb. 2 Aug. 82 Bamberg Wohnort Bamberg; Staatsangeh. Bayern; Vorbildung Gymn. Bamberg Reife 01; Studium: München 2, Berlin 1, Würzburg 5 . Rig. 10. Mär 08.] [U 09. 723

Oster, Melchior: Roger Joseph Boscovich als Naturphilosoph. Cöln 1909: Theissing. 82 S. 8°
Bonn, Phil. Diss. v. 10. März 1909, Ref. Dyroff
[Geb. 16. Juli 84 Cöln; Wohnort: Cöln; Staatsangeh.: Preußen; Vorbildung: Gymn. an St. Aposteln Cöln Reife O. 03; Studium: Phil. Freiburg i. B. 1, München 1, kath. Theol. Bonn 1, Phil. Bonn 3, Innsbruck 1, Bonn 4 S.; Rig. 25. Nov 08.] [U 09. 418

Oster, Moritz, Referendar: Über die Kostenerstattungspflicht der Partei im Rechtsstreit. Dresden 1909: Heinrich. 32 S. 8°
Leipzig, Jur. Diss. v. 22. Dez. 1909
[Geb. 9. Juni 81 Alt Thann; Wohnort: Dresden; Staatsangeh.: Sachsen; Vorbildung: Kreuz-Gymn. Dresden Reife O. 01; Studium: Straßburg 1, Leipzig 5 S.; Rig. 4. Febr. 05.] [U 10. 2822

Oster, Ph. J., die Bibel ist von Gott und alle Menschen haben das Recht u. die Pflicht, sie zu lesen. Für alle gebild. Stände erwiesen. 8. Saarbrücken 842, Neumann. 5/8 ß

Oster, Phil. Jak., Briefe üb. d. Lehre d. heil. Schrift v. d Taufe. Allen christl. Hausvätern deutscher Zunge z. Beherzigung empfohlen. 8. (11¼ B.) Leipzig 840, Köhler'sche Brlsh.

Oster, Phil. Jac., Bruderworte in 6 Reden üb. wichtige Bibeltexte, gesprochen in e. Versammlung v. Erweckten rc. gr. 8. (8 B.) Frankfurt a. M. 834, Schmerber.

— s. Chalmers histor. Glaubwürdigkeit.

— das Geheimniß der Gottseligkeit, dargestellt und entwickelt, nach dem Glauben der evangel.-luther. Kirche, in 15 Predigten, gehalten zu Straßburg u. Metz. gr. 8. Leipzig 843, Köhler. n. ½ ß

—— Schneidemühl oder Rom? Oder die wahre kathol. Kirche ermittelt aus den apostol. Urkunden. gr. 8. (5 B.) Posen 845, Gebr. Scherk. * —

—— was lehrt d. Neue Testament v. d. Kirche? Nebst e. Gespräche üb. d. heil. Abendmahl. gr. 12. (4½ B.) Frankfurt a. M. 834, Schmerber.

— was lehrt das Neue Testament von der Kirche? Nebst e. Gespräche über das heil. Abendmahl. gr. 12. Frankfurt 834. Schmerber; jetzt Dörffling in Leipzig. 3/8 ß

—— was u. wo ist die wahre Kirche Jesu Christi? Eine Katechisation zur Belehrung für das Volk. gr. 8. (1¼ B.) Berlin 845, (J. A. Wohlgemuth, Berl.) *

Oster, Ph. J., was u. wo ist die wahre Kirche Jesu Christi? Eine Katechisation zur Belehrung für das Volk. (2. Aufl.) 8. (20 S.) Berlin 850, J. A. Wohlgemuth. 1½ ß

— Deutschland's Zion u. die Halb-Lutheraner. Oder: Die gute Sache der evangel.-luther. Kirche in Preußen, vertheidigt gegen ihre allerneusten Widersacher, die Vertreter des sogenannten „Lutherthums" innerhalb der Union. gr. 8. Berlin 846, Wohlgemuth. ¾ ß

Oster, W. A. Catalogue des Céphalopodes fossiles des Alpes suisses. VI Part. Zürich 1857—1863. 4.

Osterau, W. v., eigene Wege, s.: Saat u. Ernte.

Osterberg [Schlagwort]

Osterberg. s.: Deutschland. Kürschner-Pelp.

Osterberg [Verfasser]

Osterberg, A., Hauptm. Anteil der k. württembergischen Felddivision am Kriege 1870—1871 Separat-Abdruck aus den „Württembergischen Jahrbüchern für Statistik und Landeskunde", Jahrgang 1889. (Mit 2 Karten.) 176 S. gr. 8. Stuttgart 1890.

Osterberg-Verakoff, Max, Baby-Buch. Jahr- u. Tagebuch. (48 S.) kl. 8. Stuttgart (898). (Glaser & Sulz.) n. — 50

Osterberg-Verakoff, Max. Das strahlende Bergwerk. 16. (36 S. m. 2 Bildnissen.) Stuttg. 891. Strecker u. Moser. * 1 20

—— Betrogene Betrüger, s. Gottschalk, Louis.

Osterberg-Verakoff, Max., Fremdenführer d. Strassburg i. E. 12. (32 S. m. Abb. u. 1 Kärtchen i. Text.) Strassburg 895. Schlesier & Schweikhardt — 25

— dasselbe. 2., verb. Aufl. 8. (16 S. m. 4 Ansichten u. Stadtplan.) Ebd. 897. — 30

— Heiteres u. Ernstes, s.: Mahlau's Reise-Unterhaltung.

Osterberg-Verakoff, Max, Das Buch Judäa im Jahre 6000 (2241 christl. Zeitrechnung). Roman. 8°. Stuttgart, Foerster u. Co., 1893.

— das Reich Judäa im J. 6000 (2241 christl. Zeitrechng.). Roman. 1. u. 2. Aufl. 8. (245 S.) Stuttgart 893. Druckerei u. Verlagshaus Stuttgart. n. 3. —; geb. n. 4. —

Osterberg-Verakoff, M., himmlische Liebe. Roman. gr. 8. (158 S.) Augsburg 889 Votsch. 3. —; geb. n. 4. —

— die Sintflut. Eine Beleuchtg. der finanziellen Mißverhältnisse unserer Zeit, e. Hinweis auf den drohenden Börsenkrach, m. e. Streifblick auf die notwendigen Rücksichten bei der Berufswahl. 12. (16 S.) Stuttgart 889. Junginger. n. — 10

— die Sozial-Demokratie, die Ursachen ihrer Verbreitung. 3. Aufl. 12. (16 S.) Stuttgart 890. (Roth.) — 10

— 20 Tage durch Chicago u. die Weltausstellung 1893, s.: Gottschalk, Louis.

—— Von Station zu Station, s. Mahlau's Reise-Unterhaltung.

Oesterberg, E., De ephetarum Atheniensium origine. Diss. 1885. 71 S.

Österberg, P. J., De structura verborum cum praepositionibus compositorum quae exstant apud C. Valerium Flaccum, P. Papinium Statium, M. Valerium Martialem. Diss. 1888. 115 S.

Osterberger: Entretien littéraire entre les aspirants à l'examen de maturité. 22 S.— Münnerstadt, Progr. 1864.

Oster- und Himmelfahrts-Betrachtungen, s. Betrachtungen über das Kommen des Verheißenen.

Osterbind, ..., s. Tonleiter-Tabelle.

(Osterbind,) Tonleiter-Tabelle z. Gebr. bei d. Ableitung d. gebräuchl. Dur-Tonleitern u. bei d. Interwallenlehre. Lithogr. Fol. Oldenburg 838, Schulzesche Buchh.

Osterbind, Johann Bernhard

Osterbind, J. B., Anweisung zur Bereitung der Schießbaumwolle u. Schießheede nach der Otto'schen Methode unter Anwendung der Salpeter-Schwefelsäuremischung. gr. 8. (32 S.) Oldenburg 847, Stalling. 1/6 ß

—— Beiträge zu der Kenntniß und zu der Beurtheilung des Zustandes der oldenburgischen Wittwenkasse. 1. Heft: Kritische Erörterung des Oeder'schen Verfahrens bei der Berechnung der Capital- und Beitragssätze des Tarifs der oldenburg. Wittwenkasse. gr. 8. (125 S.) Oldenburg 850, Stalling. *

Osterbind, J. B., Beiträge zur Stöchiometrie der physikalischen Eigenschaften der Körper. Nr. I. Ermittelung der Beziehungen zwischen der chem. Zusammensetzung und der Größe der Verdichtungsexponenten, der specif. Volume und der specif. Gewichte der flüss., nur Kohlenstoff, Wasserstoff und Sauerstoff enthalt. Körper beim Siedepunkte. gr. 8. (58 S. mit 1 Tab. in Fol.) Oldenburg 871, Stalling's Verlag. *

—— dass. — Nr. II. Entwickelung des allgemeinen Ausdruckes des Verdichtungsgesetzes für den Uebergang der Verbindungen der homologen Reihen aus dem gasförm. in den flüss. Zustand nebst den aus dem Verdichtungsgesetze sich ergebenden Beziehungen zwischen der chem. Zusammensetzung und der Größe der Verdichtungsexponenten, der specif. Volume und specif. Gewichte der Verbindung homologer Reihen beim Siedepunkte, unter besond. Berücksicht. der Kohlenstoffverbindungen, welche Schwefel, Chlor, Brom, Jod oder Stickstoff enth. gr. 8. (41 S. mit 1 Tab. in Fol.) Oldenburg 873, Schmidt's Verlag. *

Osterbind, J. B. Bemerkungen über die Bildungsmomente fremder Sprachen, besonders der neueren. Oldenburg, H. B., 1855. Progr.

Osterbind, Johann Bernhard Beziehungen zwischen dem specifischen Gewichte, der specifischen Wärme, den Verdichtungsexponenten und Atomvolumen der Körper in den verschiedenen Aggregatzuständen. 33 S. Progr. OR. *Oldenburg* 1876.

Osterbind, J. B., Ermittelung der Beziehungen zwischen der chemischen Zusammensetzung und der Grosse der Verdichtungs Exponenten, der specifischen Volume und der specifischen Gewichte der flüssigen, nur Kohlenstoff, Wasserstoff und Sauerstoff enthaltenden Korper beim Siedepunkte.
Oldenburg 1871.

Osterblatt, ein, für 1855. Nachklang. (Abdruck aus: „Für den Frieden in Gottes Ordnungen".) Berlin, (Wohlgemuth.) gr. 8. (2 Bl.) 2½ ngr.

Osterbote, Der, vom Züricher See. Zürich 1845. H: *Lange, Johann Peter.* (ZU)

Osterbote, der, vom Züricher See. Herausgeg. von P. Lange. 1. Hft. Die Losung der christl. Gemeine in unserer Zeit: Der Herr ist wahrhaftig auferstanden. gr. 16. Zürich 845, Meyer u. Zeller. n. 16 ngr

Osterbüchlein f. die Gemeinde. Zur Feier der siegreichen Auferstehg. unseres Herrn Jesu Christi in 2 kirchl. Andachten. 8. (12 S.) Göttingen 871. Vandenhoeck & Ruprecht's Verl. n. — 10

Osterburg [Schlagwort]

Osterburg, Kreis, s.a. Magdeburg, Reg.-Bez.

Osterburg, s.a. Preussen. Messtischblätter.

Osterburg. Karte d. Kreises Osterburg im Reg.-Bez. Magdeburg. Hrsg. v. der kartogr. Abteilg. der kgl. preuss. Landesaufnahme 1906. Aufgenommen v. der topogr. Abteilg. des königl. preuss. Generalstabes 1879—1900 (einz. Nachträge bis 1906). 1:100,000. 61×72 cm. Lith. Berlin (907). (R. Eisenschmidt.) nn 1.50

Osterburg [Verfasser]

Osterburg, Johannes, a. Schmiegel ⟨Posen⟩: Additionsvorgänge bei α-ungesättigten Ketonen. Halle a. S. 1906: C. A. Kaemmerer. (39 S.) 8°
Halle, Phil. Fak., Ref. Volhard, Diss. v. 14. Aug. 1906
[Geb. 29. Febr. 80 Schmiegel, Posen; Wohnort: Halle a. S.; Staatsangeh.: Preußen; Vorbildung Gymn. Bromberg Reife O. 00; Studium: Charlottenburg T.H. 3, Halle 4 S., Rig. 25. Juli 06.]

Ostercantate, s. Osterkantate

Osterdienstags-Protokoll, das Cölner. Ein Beitrag zur Würdigg. latenter Kulturgegensätze im Katholizismus d. Gegenwart. Von Athanasius. 1. u. 2. Tausd. (35 S.) gr. 8. Bonn 909. C. Georgi. — 50

Osterdyk, Schacht I., institut. medicinae pract. in epitomen redactae et evulg. 4. Vien. 753.

Osterei

Oster-Ey, Ein. Vom Wiener Nachtwächter an seine deutschen Mitbürger. Wien 1795. V: *Weimar, Joh. Martin.* (WRZTG 1795, S. 1100) (GGR VI/557, Nr. 41)

Oster-Ei, goldenes. E. Festgabe f. d. lieben Kleinen m. Bild. in Versen. (Ausgestanzt.) 8. (18 S. m. farb. Bild.) Eßlingen 895. J. F. Schreiber. Kart. n. — 50

Oster-Ei, Ein ganz neues, kurioses. 4. Aufl. 1850. 8. Aufl. Dülmen 1863. V: *Eming, Johann Heinrich.* (RASS)

Oster-Ei, ein ganz neues merkwürdiges und kurioses, mit vielen lustigen Zierrathen bemalt und mit vielen guten Lehren beschrieben. 4. Aufl. 32. (32 S.) Dülmen 850. (Coesfeld, Wittneven, Sohn.)

Oster-Ei, ein ganz neues, merkwürdiges u. kurioses, mit vielen lustigen Zierrathen bemalt u. mit vielen guten Lehren beschrieben. 12. Aufl. 24. (32 S.) Dülmen 881. Laumann. n. — 10

Oster-Ei, e. ganz neues u. curioses, m. vielen lustigen Zierrathen bemalt u. m. vielen guten Lehren beschrieben. 13. Aufl. 24. (32 S.) Dülmen 890, Laumann. * — 10

— e. ganz neues merkwürdiges u. curioses, m. vielen lustigen Zierrathen bemalt u. m. vielen guten Lehren beschrieben. 14. Aufl. gr. 16. (31 S.) Dülmen 898. A. Laumann. n. — 10

Oster-Ey auf das Neujahrs-Geschenk für die Herren Wiener Autoren. Von einem Landler. 1785. V: *Retzer, Josef Edler von & Heinrich Gottfried Bretschneider.* (Der österreichische Parnass verspottet in Wort und Bild. Mit einer Einleitung von Richard Maria Werner. Wiener Bibliophilen-Gesellschaft 1912. S. 7—8)

Ostereier, Die. Eine Erzählung, zum Ostergeschenke für Kinder . . . Landshut 1816. 2. Aufl. 1819. V: *Schmid, Christoph.* (KY) (MGT)

Ostereier, die, eine Erzählung zum Ostergeschenke für Kinder. Vom Verfasser der Genovefa (Chr. Schmidt). 2te Aufl. gr. 12. Landshut. Krüll. 819. -

Ostereyer, die, e. Erzählung z. Ostergeschenke f. Kinder. Vom Verf. der „Genovefa" (Chrstph. Schmidt.) 2 — 4. Aufl. (à 4½ B.) gr. 12. Landshut 828, 29, 34. [Regensburg, Manz.] n

—— die, e. Schauspiel f. Kinder in 5 Aufz. Nach Chrstph. Schmid's Erzählung bearb. v. J. A. Sch...r. 12. (5 B.) Augsburg 831, Wolff. (Kollmann.)

—— die, eine Erzählung z. Ostergeschenk f. Kinder u. Kinderfreunde. Von d. Verf. d. Genoveva. Mit besond. Genehm. d. Verlagshandl. veranstaltete Prachtausg. gr. 4. (3¾ B. u. 6 Stnt.) Carlsruhe 835, [Nöldeke.]

Ostereier, die, eine Erzählung z. Ostergeschenke f. Kinder. (Von Chrstph. v. Schmid.) 5. Aufl. gr. 12. (4½ B.) Regensburg 840, Manz.

Ostereier, die. Eine Erzählung z. Ostergeschenke für Kinder. 6. Originalaufl. kl. 8. Regensburg 845, Manz. ⅛ ₰

Oster-Eier. Eine Sammlung kleiner Gebete über die Abschnitte der heil. Passion. Der Jugend gewidmet. 16. (80 S. mit 1 Stahlst.) Nagold 853, Zaiser'sche Buchh.

Ostereier, die. Eine Erzählung zum Ostergeschenke für Kinder (von Chrph. v. Schmid). Neue illustr. Orig.-Aufl. Mit Stahlst. u. Holzschnittbildern. Regensburg 864. Manz. 8. (96 S.) 7½ ngr.

Ostereier, die. Eine Erzählung zum Ostergeschenke für Kinder (von Ch. v. Schmid). 11. Orig.-Aufl. Regensburg 869. Manz. gr. 16. (108 S.) 3¾ ngr.

Ostereier. «Oster-Eier». Berner Flugblatt für Ernst und Humor. Redigiert von Ernst Heiter. [Illustriert.] Nr. 1. Mutzenstadt, 1. April 1901. [4S.] fol. (Bern, Genossenschaftsbuchdruckerei.) Pro Nummer fr. —. 15
Erscheint zwanglos. (Das 2. Flugblatt erscheint auf die Pfingstzeit.)

Ostereier für Buchhändler. Mit Salz, Pfeffer, Essig, oder Senf zu verspeisen im Jahre 1863 — im J. 1864. Leipzig 1863. 64. V: *Wengler*, *Eduard*. (cb)

— für Buchhändler. Mit Salz, Pfeffer, Essig oder Senf zu verspeisen im J. 1863. Herausg. am 16. März, Morgens 10 Uhr 5 Minuten. Leipzig 863. Wengler. 16. (96 S.) 7½ ngr.

Ostereier f. artige Kinder. Lustige Oster-Geschichten, in Versen erzählt u. m. (farb.) Bildern geschmückt. Ausgestanzt. gr. 8. (16 S.) Leipzig 890. Meißner & Buch. cart. n. 1. —

Ostereier, neue, s. a. Abendunterhaltungen, lehrreiche, für Jugend- und Familienkreise.

—— neue. Geschichten aus vieler Herren Länder. Für die Jugend aller Stände. Von einem alten Wandersmanne. Prachtausg. mit 8 (lithogr. und) ill. Bildern. gr. 16. (IV und 276 S.) Augsburg 857, Lampart und Comp.

Ostereier, neue. Geschichten aus vieler Herren Länder. Zur Unterhaltung und Veredlung des Herzens und Geistes. Für die Jugend und Erwachsene. Dem Andenken Christoph v. Schmid's gewidmet von einem alten Wandersmann. 2. verb. Aufl. 8. (192 S. mit 1 color. Titelkpfr.) Regensburg 876, Volks- und Jugendschriften-Verlag. cart.

Oesteren, Fr., die scheinbaren Widersprüche in d. Schrift, od. Erklärr. solcher Stellen d. N. Test., welche mit andern Aussprüch. Jesu z. streiten scheinen. 8. Heilbr. 809. Rausche. 16 gr

Oestéren, Frdr. Werner van, Christus nicht Jesus. Ein Jesuitenroman. 2 Bde. 1.—3. Aufl. (Je 347 u. 325 S.) 8. Berlin 906. E. Fleischel & Co. n. 8.—; geb. n. 10. —

Oestéren, Frdr. Werner van, Christus nicht Jesus. Ein Jesuitenroman. 2 Bde. 4. Aufl. (347 u. 325 S.) 8. Berlin 906. E. Fleischel & Co. 8.—; geb. 10. —

Oestéren, Frdr. Werner van, Domitian. Tragische Dichtg. in 5 Aufzügen. 8. (III, 184 S.) Dresden 901. E. Reißner. n. 2. 50

— Die Exzellenzen. Eine Gasteiner Geschichte. (173 S.) 8. Ebd. 909. 2.—; geb. 3. —

Die Exzellenzen. Eine Gasteiner Geschichte von Friedrich Werner van Oestéren. 2. Aufl. Berlin Fleischel 1909. 173 S. 8° [09. 11783]

— Armes Kalabrien. 2. Aufl. (186 S. m. 24 Taf.) 8. Wien 909. M. Braunschweig. 6. —

— Maria m. Musik. Ein Buch aus dem 20. Jahrh. (222 S.) 8. Berlin 910. E. Fleischel & Co. 3.—; geb. 4. —

Merlin. Ein modernes Epos von Friedrich Werner van Oestéren. *Berlin: G. H. Meyer 1900.* (241 S.) 8° [F.] [01. 1846]

Merlin. Ein Epos von Friedrich Werner van Oestéren. 2. durchges. Aufl. Berlin. E. Fleischel & Co. 1906. (290 S.) 8° [F.] [07. 11077]

— Schatten im Walde, e. Dichtg. gr. 8. (111 S.) Dresden (902). E. Reißner. n. 4. —; geb. n. 5. —

Die Wallfahrt. Eine Erzählung aus Galizien von Friedrich Werner van Oestéren. Neue Ausg. Berlin: E. Fleischel & Co. 1906. (176 S.) 8° [F.] [07. 10846]

— Der Weg ins Nichts. Novellen. 1. u. 2. Aufl. (227 S.) 8. Ebd. 907. 3.—; geb. 4. —

— Wir. Zeichngn. von Käthe Schönberger. gr. 8. (IV, 124 S.) Ebd. (901). n. 3. —; geb. n. 4. —

Osterey, s. Osterei

Osterfeld [Schlagwort]

Osterfeld, s.: Preussen. Messtischblätter.

Osterfeste, drei, s. a. Osterglocken 23. Hft.

Drei Osterfeste. Von E. v. W. Berlin Ostdeutscher Jünglingsbund [1903]. (16 S.) 8° [F.]
= Osterglocken. H 23. [03. 3789]

Osterfreude. (Ausgestanztes Ei.) qu. 4. (16 S. m. z. Thl. farb. Abbildgn.) Berlin 891. Adph. Engel. Kart. n. — 50

Oestergaard, Kristjan, Ansiedlerleben in Amerika, s. a. Volksbücher, neue. 66. Bdchn.

Ansiedlerleben in Amerika. Von Kristjan Oestergaard. Autor. Uebers. aus d. Dänischen von Fried. v. Känel. *Berlin: Schriftenvertriebsanst. 1900.* (112 S.) 8° [F.]
— Volksbücher, Neue. Bdch. 66. [01. 9417]

Ostergabe, od. Jahrbuch häusl. Andacht u. frommer Betrachtung üb. Tod, Unsterblichkeit, ewiges Leben u. Wiedersehen, in Verbind. mit mehr. Gelehrten u. Kanzelrednern hrsg. v. J. Ch. Ernst Lösch. 1. u. 2. Jahrg. 1834 u. 35. Nürnberg, [Bäumler.] [1. gr. 12. ..., 2. 8. (18½ B.) à 1 Thlr.]

Ostergabe, od. Jahrbuch häusl. Andacht u. frommer Betrachtung üb. Tod, Unsterblichkeit, ewiges Leben u. Wiedersehen, in Verbind. mit mehr. Gelehrten u. Kanzelrednern hrsg. v. Joh. Chrstph. Ernst Lösch. (3. u. 4.) Jahrg. 1836 u. 37. 8. Nürnberg, [Endter'sche Buchh.] [836. (18½ B.) 1 Thlr., 37. (19 B.) 1⅓ Thlr.]

1. u. 2. Jahrg. 1834 u. 35. 2 Thlr. — 1—4. Jahrg. hrbgs. Pr. zusamm. genomm. * 1 Thlr. 16 Gr.

Ostergabe. Eine Zeitschrift für Verehrer heiliger Kunst, christlicher Alterthümer u. Geschichte. 3. Jahrg. Herausg. von der Vorstehung des Meraner Lesevereins für Freunde kirchlicher Kunst. Bozen 861. (Innsbruck, Wagner.) gr. 8. (56 S.) n. 8 ngr.

Ostergabe f. die Jugend. Ein Frühlingskranz. Gewunden von ein. Jugendfreunde. gr. 16. (3 B.) Zürich 845, Meyer u Zeller.

Ostergabe des Meraner Lesevereins für Freunde kirchlicher Kunst. Eine Zeitschrift für Verehrer heiliger Kunst, christlicher Alterthümer u. Geschichte. Jg. 1-6. Bozen (Innsbruck. Wagner) 1859-64. 8°

Ostergeschenk für Kinder, in geistl. Liedern, Erzähll., Räthseln u. Fragen aus d. Bibel. Nürnb. Bieling. 2 ℋ

Oster-Gespräch, J. N. G. Ein heiliges Heilig-Christ und Christheiliges, wie auch etwas auf alle Tage, in teutschen Versen ... Leipzig 1718. V: *Neumann*, *Johann*. (GGr)

Osterglocken. Eine Sammlg. v. Ostererzählgn. 1.—22. Hft gr. 8. (à 16 S.) Berlin, Buchh. d. ostdeutschen Jünglingsbundes. à n.n. — 10; 1—10 u. 11—20 in je 1 Leinw.-Bd. geb. (à III, 160 S.) à n. 1. 50

1. Osterlicht. Erzählung. Von B. Mercator. (900.)
2. Neues Leben. 3 Erzählgn. Von Rob. Wendlandt. (900.)
3. Der beste Freund. Erzählung. Von Adele Gründler. (900.)
4. Durchkreuzt. Erzählung. Von H. Groschke. (900.)
5. Osteraufgang. Erzählung. Von L. Thiele. (900.)
6. Um den Abend wird es licht sein. Von Johanna Crome. (900.)
7. Es ist aus. Erzählung. Von H. Groschke. (900.)
8. Auf falscher Bahn. Erzählung. Von H. Groschke. (900.)
9. Nach sieben Jahren. Erzählg. Von Adele Gründler. (900.)
10. Osterfreuden. 2 Erzählgn. Von Rob Wendlandt. (900.)
11. Freude. Erzählung. Von B. Mercator. (901.)
12. Heimweh. Erzählung. Von Lina Sauber. (901.)
13. An der Kirchhofsmauer. Erzählung. Von H. Groschke. (901.)
14. Emmys Tagebuch. Erzählung. Von Adele Gründler. (901.)
15. Sei getreu. Erzählung. Von Helene Berthold. (901.)
16. Ostern auf der Prairie. Erzählg. Von Johs. Dose. (902.)
17. Heimkehr. Erzählung. Von H. Groschke. (902.)
18. Er lebt. Erzählung. Von R. Harnack. (902.)
19. Der Trauring u. Gott gedenkt. 2 Erzählungen. Von Frieda Hermann. (902.)
20. Immer mehr Ostern. Erzählg. Von Adele Gründler. (902.)
21. Die Osterschlacht. Erzählung. Von Johs. Dose. (902.)
22. Der Angststein. Erzählung. Von Walth. Domansky. (902.)

Osterglocken. Eine Sammlg. v. Ostererzählgn. 23.—30. Hft. (Je 16 S.) gr. 8. Berlin (903). Buchh. des ostdeutschen Jünglingsbundes. à n.n. — 10: 21—30 in 1 Leinw.-Bd. (III, 160 S.) n. 1. 50

Dose, Johs., die Osterprüfung. (Hft. 28.)
Eitner, M., ein Osterei. — Heilige Ostern. (Hft. 29.)
— die Ostersonne. — Die Osterglocken. (Hft. 24.)
Ell, Freiin v., Ostertrost. (Hft. 30.)
Gründler, Adele, ein Bruder u. e. Schwester. (Hft. 25.)
Lamprecht, Hans, der verlorene Sohn. — Auf abschüssiger Bahn. (Hft. 26.)
Norden, Erich, das Kreuz. (Hft. 27)
Osterfeste, drei. Von E. v. W. (Hft. 23.)

Oster-Glöcklein. Ein Mahnruf an kathol. Christen, die heil. Fastenzeit gut zuzubringen u. sich auf eine würd. Osterbeicht vorzubereiten. Ein Betrachtungs-, Unterrichts- u. Gebetbüchlein enthltd. Betrachtungen über die ewigen Heilswahrheiten, das bittere Leiden u. Sterben Jesu Christi rc. von einem kathol. Priester. Mainz 866. Kupferberg. 16. (VIII, 230 S. mit 1 Stahlst.) 12 ngr.

Oestergren, Hjalmar, einige Bemerkungen üb. die westeuropäischen Pseudocucumis- u. Phyllophorus-Arten. (24 S. m. 3 Fig.) 8. Uppsala 906. (Berlin, R. Friedländer & Sohn) n.n. 1. —

Sonderabdruck aus: „Arkiv f. zoologi".

Östergren, Pär Adolf, Dr phil., cand. utr. juris, geb. in Brevik, Schweden Das gesetzliche **Pfandrecht** des Vermieters und Verpächters nach römischem Recht. 1. *Naumburg a. S.: Lippert & Co. 1904* (IV, 50 S.) 8°

Erlangen, Jur. Diss. v. 5. Nov 1903

Oestergren, Pär Adf., das gesetzliche Pfandrecht des Vermieters u. Verpächters nach röm. Recht. (VIII, 128 S.) gr. 8. Leipzig 905. A. Deichert Nachf. n. 2. 60

Ostergruss; Ostern 1891. [Zürich 1891.] V: *Wenger*, *Rudolph*. (Cat. d. Stadtbibl. Zürich. Zürich 1864—97.)

Ostergruss. [Predigt.] [Zürich 1892.] V: *Ritter*, *Adolph*. (Cat. d. Stadtbibl. Zürich. Zürich 1864—97.)

Ostergrüße. Postkarten (zum Ausmalen). (8 [4 farb.] perfor. Bl.) Lex. 8. Mainz (910). J. Scholz. — 50

Osterhage, Georg [Prof.]: Bemerkungen zu Gregor von Tours kleineren Schriften. Berlin, R. Gaertner, 1895; 28 S. 4.

Berlin, Humboldts-G, OP 1895 (57)

Osterhage, Georg Über einige chansons de geste des Lohengrinkreises. 4 (27 S.).

Progr. Humboldts-G *Berlin* 1888 (61)

Osterhage, Geo., über einige chansons de geste des Lohengrinkreises. gr. 4. (27 S.) Berlin 888, Gaertner's Verlag. *

Osterhage, Georg: Erläuterungen zu den sagenhaften Teilen in Tassos Befreitem Jerusalem. Berlin, R. Gaertner, 1893; 22 S. 4.

Berlin, Humboldts-G. OP 1893 (57)

Osterhage, Gg. Über die Spagna istoriata. 24 S.

Progr. Humb. G *Berlin* 1885

Osterhähnchen, das. E. Märchen f. fromme Kinder. 16. (32 S.) Paderborn 897. Bonifacius-Druckerei. n. — 10

Osterhammer, D., s. Nemesius, Emesenus.

Osterhammer, Josef

Osterhammer, J., Beitr. zur Geschichte d. k. b. Salinenstadt Reichenhall u. ihrer Umgebungen. 8. Passau 822. Ambrosi. 59 ℋ

— zuverlässige, noch nie aufgestellte, allgemeine Gesetze üb. die Erhaltung der Gesundheit, Entstehung u. Heilung d. Krankheiten d. Menschen überhaupt. Nach dessen Tode neu herausgg., mit einer Vorrede v. J. Schneider. 8. Landsh. 825. Storno. (Münch., Jaquet). 16 ℋ

— Topographie u. Geschichte d. k. Baier. Salinen-Stadt Reichenhall u. deren Umgebung. Nebst e. Anhang üb. das dortige Soolen-Bad u. dessen Heilkräfte, v. J. G. Osterhammer. 2e umgearb. Aufl. Mit 1 Steindr. u. 1 Vign. 8. Landsh. 825. Storno. (Jaquet in Münch.) 18 ℋ

Osterhammer, Pr. Jos., Topographie und Geschichte der k. Salinen-Stadt Reichenhall und deren Umgebung. 3., verm. Aufl. gr. 8. (VIII und 84 S. mit 2 Abbild. in Stahlst.) München 848, Franz. *

Osterhas, der. Eine Festgabe für Kinder in Bildern von Frz. Pocci und Reimen von Geo. Scherer. 1. Aufl. (14 Bl. mit 12 Stnt.) 16 Ngr. und 2., verm. Aufl. gr. 4. (17 lithogr. Bl. mit Text.) Nördlingen 850, Beck.

Osterhas, der, in Maria Hilf, vom Verf. d. Bochsthaler St. Nikolausbüchlein. 2. Aufl. 8. (88 S. m. Illustr.) Miltenberg 884. (Halbig.) n. 1. —

Osterhase, der, s. a. Jugend-Bücherei, farbig illustr.

Osterhase, der. Eine Kindergeschichte v. B. K. m. 25 Orig.-Zeichngn. v. Fedor Flinzer. 4. (16 S. in Form e. ausgeschnittenen Häschens.) Stuttgart 889. Krais. n. 1. —

Osterhase, der, u. sein Kind. (Ausgestanzt.) 4. (14 S. m. z. Tl. farb. Abbildgn.) Nürnberg 894. Th. Stroefer. Kart. n. — 75

— der neue. Eine Kindergeschichte v. B. K., Verfasserin d. „Osterhasen", m. Orig.-Zeichngn. v. Fed. Flinzer. (Ausgestanzt.) 4. (16 S.) Stuttgart 891. Krais. n. 1. —

Osterhasenbuch, das. Erzählgn. u. Lieder zur Osterfreude uns. Kleinen. Von B. K. M. Illustr. v. Fed. Flinzer, Chr. Votteler u. A. Grob. 4. (37 S. m. z. Tl. farb. Bild.) Stuttgart 897. F. Krais. Kart. n. 2. —

Oesterhaus, Bertha, Leuchtkäferchen. Märchen u. Erzählgn. — Auf Waldwegen. Märchen u. Erzählgn. Mit (2) farb. Bildern v. Luise Kumpa. (80 u. 80 S.) 8. Detmold (908). P. Metzentin. Geb. 2. 25

[Oesterhaus, Wilhelm] Denkschrift zum 300jährigen Jubilaeum der Bürgerschützen der Residenzstadt Detmold. Detmold, 1900, 26 S.

Geschichte der Fürstlich Lippischen Truppen in den Jahren 1807–1815. Von Wilhelm Oesterhaus. Detmold 1907 (1900) Meyer 88 S. 4°
(Blätter f. lippische Heimatkunde Jg. 8, Nr. 1–4 Jg. 9, Nr. 1–7) (09. 11437 B

Oesterhaus, Wilh., Odemissen. Roman. 2 Tle. in 1 Bde. 8. (190 u. 224 S.) Berlin 894. O. Janke. n. 5. —

Oesterhaus, Wilh., luse Platt. Gedichte. 12. (IV, 96 S.) Detmold 882. Klingenberg. n. 1. 20

Osterhausen, Ernst Abraham von [Praes.], s. Bünau, Günther von. De jure singulorum a majori suffragiorum comitialium parte excepto occas. art. V § 52 instrum. pac. Westphal.

— — De effectu traditionis rerum immobilium allodialium sine judiciali investitura inprimis moto creditorum concursu. Diss. jur. Präs. Jo. Balthas. Wernher. Wittenberg (Gerdes) April 1727. 38 S. (4.75) 25676

— — Dasselbe. Wittenberg (Gerdes) April 1727. 38 S. (4.75) 25677
Gew.: Gottlob Hieronymus von Leipziger.

Johann Karl Osterhausen

Ueber medicinische Aufklärung. Von Johann Karl Osterhausen. Bd 1. Zürich: Geßner 1798. 1 Bd 8°
Bd 1: 1798.

— s. J. Konr. Grubel, Gedichte.

Osterhausen, Jh. Karl, Diss. inaug. historiam pneumaticorum medicor. ex hibens. 8maj. Altdorf 792. Monath u. K. 5 gr.

Osterhausen, Johann Karl (Hrsg.), s. Taschenbuch, Neues, von Nürnberg.

— s. V. Chr. Vogel üb. d. Erkenntniß u. Heilung ꝛc.

Osterhausen, Johann Karl (Hrsg.):

s.: Vorschläge, Einige wohlgemeinte, wie ein medicinisches Collegium auf die zweckmässigste und vollkommenste Weise einzurichten sey. (Nürnberg u. Sulzbach: 1798)

JB 6.667

— e. Worte zur Widerlegung Remnich's, wegen des Kunst- u. Buchhandels in Nürnberg. 8. Nürnb. 811. Schrag. 3 gr.

Unsere Bücher 1900 bis 1909. Oesterheld & Co. Verlag. Berlin (Oesterheld) 1910. 111 S. 8° (10, 11464

Oesterheld: Hymnus in Venerem. Jenae. IV u. 16 S. 4°
Schul-/Univ.-Schrift. 1865.

Osterheld, August

Oesterheld, A. Beitrag zu einer Bibliotheca Isenacensis. 19 S.
Progr. G. *Eisenach* 1879.

Oesterheld, August: Luthers Schriften in der Carl Alexander-Bibliothek zu Eisenach. (Th. 1.) Eisenach, Hofbuchdr., *1892*; 24 S., 1 Bl. 4.
Eisenach, Carl Friedrich-G, OP 1892 (070)

Oesterheld, C. u. Fr. Schultes, vermischte Gedichte u. pros. Aufsätze. 8. Bresl. 816. (Holäufer). 16 gr.

Oesterheld, Erich, Schattenspiele der Seele. Poetische Prosaskizzen u. Gedankenfragmente. (95 S.) 8. Berlin 905. Wilmersdorf. A. Kohler. n. 2. —

Oesterheld, Erich, Schattenspiele d. Seele. 905.
Jetzt: Leipzig. M. Voerkel.

Osterheld, Frdr., d. erfolgreiche Bekämpfg. d. Kiefernschütte. [Aus: „Forstwiss. Centralbl."] gr. 8. (21 S.) Berlin 898. P. Parey. n. — 60

Oesterheld, Herm., was muß jeder Ehemann in der Ehe wissen? Ein Hand- u. Lehrbuch f. junge Ehemänner üb. Brautnacht, Begattg., Schwangerschaft, Entbindg., Erziehg. der Kinder vor u. nach der Geburt. Auf Grund langjähr. Erfahrgn. u. an der Hand vieler Eheerlebnisse hrsg. (1.—5. Taus.) (80 S.) 8. Leipzig (908). H. Hedewig's Nachf. 1. —

— Was muß jeder junge Mann vor u. von d. Ehe wissen? Ein Handbuch zur Belehrg. u. Aufklärg. f. alle der Schule entwachsenen jungen Männer. 1.—5. Taus. (64 S.) 8. Ebd. (908). — 80

Osterheld, Wilh., Bernhard Heinrich Blasche, s. Magazin, pädagogisches.

Osterheld, Wilhelm: Bernhard Heinrich Blascho. Sein Leben und seine Lehre. Langensalza 1909: Beyer. VII, 229 S. 8° ¶(Ersch. auch als: Pädagog. Magazin. H. 303.)
Leipzig, Phil. Diss. v. 27. Febr. 1909, Ref. Volkelt, M. Heinze
[Geb. 19. Nov 80 Eisenberg, Pfalz; Wohnort: Amberg, Oberpfalz; Staatsangeh.: Bayern; Vorbildung: Lehrerbildungsanst. Speyer bis 98; Sächs. Wahlfähigkeitszeugn. Jan. 05; Studium Leipzig 6 S.; Rig. 24. Juli 08.]
[U 09. 3039

Oesterhelt, Karl Richard, Referendar in Leipzig: Das Zurückbehaltungsrecht nach dem Bürgerlichen Gesetzbuche. Leipzig: O. Wigand 1907. (70 S.) 8°
Leipzig, Jur. Fak., Diss. v. 4. Juni 1907
[Geb. 3. Juli 79 Walddorf i. S.; Wohnort: Leipzig; Staatsangeh.: Sachsen; Vorbildung: Gymn. Zittau Reife O. 00; Studium: Leipzig 7, Berlin 1 S.; Rig. 26. Jan. 04.]

Oesterhelt, Max, bacc. jur. a. Walddorf i. S.: Das gesetzliche Konkurrenzverbot für den Handlungsgehilfen nach dem Handelsgesetzbuche vom 10. Mai 1897. Borna-Leipzig 1908: R. Noske. (VIII, 48 S.) 8° [J.]
Leipzig, Jur. Fak., Diss. v. 22. Febr. 1908
[Geb. 30. April 78 Walddorf (Sachsen); Wohnort: Frankfurt a. M.; Staatsangeh.: Sachsen; Vorbildung: Gymn. Zittau Reife O. 98; Studium: München 1, Leipzig 1, Freiburg i. B. 1, Leipzig 5 S.; Rig. 6. März 02.]

Osterhofen. Vom K. St. K. 1:2,500. 1 Bl.

Osterholt, Clemens, aus Castrop ⟨Westfalen⟩: Beiträge zur Anatomie einiger Aloineenblätter mit besonderer Berücksichtigung ihres mechanischen Aufbaues. *Kiel 1899: P. Peters.* (42 S.) 8°
Kiel, Phil. Diss. v. [17. Juni] 1899

Osterholz [Schlagwort]

Osterholz, Kreis, s.: Blumenthal.

Osterholz. s.: Preussen. Messtischblätter.

Osterhorn, kleines deutsch. Sprachbuch, s.: **Meyer, Johs.**

Osterhout, W. J. V., s.: Studien, cytologische, aus d. Bonner botan. Institut.

Osterkalender, s. Silberer, Viktor

Osterkantate

Ostercantate. Weimar 1781. In Musik gesetzt von E. W. Wolf. Dessau 1782. V: *Herder, Joh. Gfr. von.* (GGr) (JL) (MGT)

Ostercantate 1785. [Riga.] V: *Herder, Johann Gottfried von.* (schstr S. 51)

Osterkarten, neue, m. christlichen Sprüchen. Chromolith. Nr. 609—683. 16., 8. u. 4. Leipzig 884. 85. (Baldamus Sep.-Cto.) n. 72. 20
609. Bei Gott ist mein Heil. (4 Bl.) n. 1. 20
610. Der Herr ist gnädig u. gerecht. (12 Bl.) n. 1. 20
611. Alles m. Gott. (8 Bl.) n. 1. 60
612. Mancherlei Kräfte aber ein Gott. (8 Bl.) n. 1. 60
613. Geistlicher Himmelsschlüssel. (8 Bl.) n. 1. 60
614. Der Herr ist mein Licht. (4 Bl.) n. 1. —
615. Christus ist mein Leben. (4 Bl.) n. — 60
616. Weise mir Herr deinen Weg. (6 Bl.) n. — 75
617. Ich bin die Auferstehung. (4 Bl.) n. — 80
618. Hoffnung läßt nicht zu Schanden werden. (4 Bl.) n. 2. 20
619. Ich will lobsingen. (4 Bl.) n. — 80
620. Der Herr denket an uns. (4 Bl.) n. — 60
621. Meine Seele harret nur auf Gott. (4 Bl.) n. 1. 20
622. Meine Seele müsse sich freun d. Herrn. (4 Bl.) n. — 80
623. Worte zu Trost u. Frieden. (4 Bl.) n. — 60
624. Preiset m. mir den Herrn. (4 Bl.) n. — 80
625. Der Herr ist mein Hirt. (4 Bl.) n. — 60
626. Hoffet auf Gott. (4 Bl.) n. — 80
627. Der Herr ist mein Schutz. (4 Bl.) n. — 60
628. Herr höre meine Stimme. (4 Bl.) n. — 60
629. Selig sind die Gottes Wort hören. (4 Bl.) n. — 60
630. Herr du bist meine Stärke. (12 Bl.) n. 1. 20
631. Herr wie sind deine Werke so groß. (4 Bl.) n. — 80
632. Ich will den Herrn loben allezeit. (4 Bl.) n. 1. 20
633. Bei dir Herr ist die lebendige Quelle. (4 Bl.) n. — 60
634. Lobe den Herrn. (4 Bl.) n. 1. —
635. Auf Golgatha. (4 Bl.) n. — 80
636. Lichtstrahlen des Glaubens. (4 Bl.) n. 1. —
637. Einkehr in Gott. (4 Bl.) n. — 80
638. Zuversicht im Glauben. (4 Bl.) n. 1. 20
639. Harre d. Herrn. (4 Bl.) n. 1. —
640. Dein Reich komme. (4 Bl.) n. 1. 20
641. Befiehl dem Herrn deine Wege. (4 Bl.) n. 1. 20
642. Gnädig u. barmherzig ist der Herr. (4 Bl.) n. 1. 10
643. Freuet euch in dem Herrn. (4 Bl.) n. — 80
644. Gott will, daß allen Menschen geholfen werde. (4 Bl.) n. 1. 20
645. Bittet, so wird euch gegeben. (12 Bl.) n. 1. 20
646. Selig sind die Sanftmüthigen. (6 Bl.) n. — 60
647. Prüfet aber alles, u. das Gute behaltet. (4 Bl.) n. — 80
648. Herr, ich warte auf dein Heil. (6 Bl.) n. 1. —
649. Wir sahen seine Herrlichkeit. (4 Bl.) n. — 80
650. Halte, was du hast. (12 Bl.) n. 1. 20
651. Alles, was Odem hat, lobe den Herrn. (4 Bl.) n. — 75
652. Lasset das Wort Christi reichlich unter euch wohnen. (4 Bl.) n. 1. 20
653. Herr Gott, du bist meine Zuflucht. (8 Bl.) n. 1. 20
654. Die Furcht d. Herrn. (8 Bl.) n. 1. 20
655. Nach dir Herr, verlanget mich. (6 Bl.) n. — 65
656. Sorget nichts: sondern in allen Dingen rc. (4 Bl.) n. — 80
657. Lobe den Herrn, meine Seele. (4 Bl.) n. — 80
658. Herr, wie sind deine Werke so groß u. viel. (4 Bl.) n. — 80
659. Herr, du thust deine Hand auf. (4 Bl.) n. — 80
660. Gott, wie dein Name, so ist auch dein Ruhm. (4 Bl.) n. — 80
661. Herr, wenn ich dich nur habe. (4 Bl.) n. — 80
662. Machet die Thore weit. (4 Bl.) n. 2. —
663. Habe deine Lust an dem Herrn. (6 Bl.) n. — 80
664. Des Herrn Wort ist wahrhaftig. (6 Bl.) n. — 80
665. Das Auge d. Herrn siehet auf die, so ihn fürchten. (4 Bl.) n. 1. 80
666. Alle gute Gabe u. alle vollkommene Gabe rc. (4 Bl.) n. — 65
667. Die m. Thränen säen, werden m. Freuden ernten. (4 Bl.) n. 1. —
668. Selig sind, die Gottes Wort hören. (4 Bl.) n. 1. —
669. Die Ehre d. Herrn ist ewig. (4 Bl.) n. 1. 20
670. Herr, deine Güte reichet, soweit der Himmel ist. (4 Bl.) n. 1. 20
671. Es ist aber der Glaube e. gewisse Zuversicht. (4 Bl.) n. 1. 50
672. Dein Wort ist meines Fußes Leuchte. (4 Bl.) n. — 80
673. Alles, was ihr bittet im Gebet rc. (4 Bl.) n. — 80
674. Ist Gott für uns, wer mag wider uns sein? (4 Bl.) n. — 60
675. Die Himmel erzählen die Ehre Gottes. (4 Bl.) n. 1. —
676. Es sollen wohl Berge weichen. (4 Bl.) n. 1. 20
677. Seid getrost u. unverzagt. (4 Bl.) n. — 80
678. Ich bin das Licht der Welt. (4 Bl.) n. — 60
679. Der Herr aber richte eure Herzen. (4 Bl.) n. — 80
680. Danket dem Herrn, denn er ist freundlich. (4 Bl.) n. — 80
681. Die Engel sollen loben den Namen d. Herrn. (4 Bl.) n. — 75
682. Alles, was ihr thut, das thut im Namen d. Herrn. (4 Bl.) n. — 60
683. Der Engel d. Herrn. (6 Bl.) n. — 50

Osterland, Jos. Fr., Unterricht f. Brillenbedürftige. Zunächst für diejenigen, welche sich seines optischen Instituts bedienen wollen, bestimmt. 8. Leipz. 825. (Leich). 3 gr

Osterland, J. Fr. Unterricht für Brillen-Bedürftige. 2. A. Leipzig 1830.

Osterländer, der. Ein Volks-Blatt für Fortschritt und Bewegung. Redig. von Adph. Hofmeister. 1. Jahrg. 1849. April—Decbr. 39 Nrn. (½ Bog.) 4. Gera, Illgen's Erben. Vierteljährl. *

—— dass. — Redig. von Dems. 2—4. Jahrg. 1850—52. à Jahrg. 52 Nrn. (½ Bog.) 4. Ebds. à Jahrg. 1 Thlr.

Osterländer, ..., (†...), s. 1) **J. H. S. Formey,** d. christl. Philosoph. 2) **J. M. Loën,** gesamm. kl. Schriften.

Oesterle, Jos., († ...) neuer lustvoller Antrieb z. höchstlöbl. Rechenkunst. 8. Augsb. 770. Mit n. T.: Unterricht in d. Rechenkunst. Ebd. 799. Rieger. 20 xr

Oesterle, Jos., Unterr. in d. Rechenkunst, 8. Augsburg, Rieger. 799.

Oesterle, Otto Adolf

Oesterle, O., anatom. Atlas der Pharmakognosie und Nahrungsmittelkunde, s. **Tschirch, A.**

Oesterle, O[tto] A[dolf]. Grundriss der Pharmakochemie. XIV + 562 S. 8. Berlin, Gebrüder Borntraeger, 1909. [geb. M. 17. 50]

— pharmakognostische Studien üb. Gutta-Percha. Diss. gr. 8. (50 S.) Bern 893. (H. Körber.) n. 1. —

Oesterlei, Geo. Heinr.: Was ist von Injurien-Processen zu erwarten? In Beispielen. No. 1. *Göttingen*, Dieterich. 809. 8. (4 Gr.)

Oesterlein, A., Sammlung von Familien-Grabdenkmälern von verschiedenen Berliner Friedhöfen. 2 Hfte. Fol. (à 6 Chromolith.) Karlsruhe 878. Veith. à 3. —

Oesterlein, Joh. Andr., die Ausdehnung des Preßprozesses auf die technischen Arbeiter. Eine Darstellg. ihrer „Beihilfe" u. e. Protest gegen ihre Mitanklage. gr. 8. (16 S. m. Titelbild.) München 894. (Knorr & Hirth.) — 30

Oesterlein, Karl Heinrich

– s. Bemerkl. auf e. Reise v. Berlin.

Oesterlein, Karl Hnr., Feierabendspiele am Helikon. 12. Wien. 809. Geistinger 1 ℛ 16 gr (Gerold). Hbg. Pr. 16 gr

– s. Wahrheit u. Dichtung.

Oesterlein, M., Jesus auf d. Gränze seines Vaterlandes; e. Erzähl. f. christl. Bürger etc. Heilbr. 817. Class. 3 gr

Oesterlein, Nikolaus

Oesterlein, Nik., Entwurf zu einem Richard Wagner-Museum. gr. 8. (15 S. mit 4 Bildern in Lichtdr.) Wien 884, Gutmann. *

Oesterlein, Nicol., Gedichte. gr. 12. (10 B.) Wien 840, [Gerold's Brlsh.]

Oesterlein, Nikolaus. Katalog einer Richard Wagner-Bibliothek. Bd. [1] 2–4. Leipzig 1882. 1886. 1891. 1895.

—— Katalog einer Richard Wagner-Bibliothek. Abgeschlossen: Novbr. 1881. gr. 8. (XXX, 321 S.) Leipzig 882, Gebr. Senf. *

— Katalog e. Richard Wagner-Bibliothek. Nach den vorlieg. Originalen systematisch-chronologisch geordnetes u. m. Citaten u. Anmerkgn. versehenes authent. Nachschlagebuch durch die gesammte Wagner-Litteratur. 2. Bd. Abgeschlossen: Novbr. 1881. [Nr. 3373—5567.] Lex.-8. (XXX, 352 S.) Leipzig 886. Breitkopf & Härtel. n. 10. —; geb. n. 11. 50 (1. u. 2.: n. 20. —; geb. n. 23. —)

Oesterlein, Nik., üb. Schicksale u. Bestimmung d. Richard Wagner-Museums in Wien. Festschrift zur Feier seines 5jähr. Bestehens, zugleich als Einladg. zum Besuche d. Museums während der internationalen Ausstellg. f. Musik- u. Theaterwesen, abgeh. in Wien vom Mai bis Oktbr. 1892. gr. 8. (20 S.) Wien 892. (Leipzig, Literar. Anstalt A. Schulze.) n. — 80

— beschreibendes Verzeichniß des Richard Wagner-Museums in Wien. Ein bibliograph. Gesammtbild der kulturgeschichtl. Erscheing. Rich. Wagner's von den Anfängen seines Wirkens bis zu seinem Todestage, den 13. Febr. 1883. 3. Bd. Lex.-8. Leipzig 891. Breitkopf & Härtel. n. 15. —; geb. n. 17. 50 (1—3.: n. 35. —; geb. n. 42. 50)

Katalog e. Richard Wagner-Bibliothek. Nach den vorlieg. Originalen systematisch-chronologisch geordnetes u. m. Citaten u. Anmerkgn. verseh. authent. Nachschlagebuch durch die gesammte Wagner-Litteratur. 3. Bd. Abgeschlossen: 13. Febr. 1883. [Nr. 5568—9470.] (XXXI, 512 S. m. dem Bildniß d. Verf. in Heliograv.)

Bd. 1 u. 2 bilden: Oesterlein, Nik., Katalog e. Richard Wagner-Bibliothek. 882. 886. n. 20. —; geb. n. 25. —.

Oesterlein, Nik., beschreib. Verzeichniß d. Richard Wagner-Museums in Wien. E. bibliograph. Gesammtbild d. kulturgeschichtl. Erscheing. Richard Wagner's v. d. Anfängen s. Wirkens bis zu s. Todestage d. 13. Febr. 1883. IV. gr. 8. Leipzig 895. Breitkopf & Härtel. n. 5. —; geb. n.n. 7.50 (I—IV: n. 40. —; geb n.n. 50. —)

Katalog e. Richard Wagner-Bibliothek. Nach d. vorlieg. Originalen systematisch-chronolog. geordn. u. m. Citaten u. Anmerkgn. verseh. authent. Nachschlagebuch durch die gesammte Wagner-Litteratur. 4. Bd. E. Ergänzg. zu Bd. I—III. M. e. Innenansicht des Museums. Abgeschlossen: 13. Febr. 1883. (Nr. 9471—10180.) (XVI, 172 S.)

Oesterlein, Nic., die Walküre und das Rheingold in Wien mit Hinblick auf das Bühnenfestspiel zu Bayreuth 1876. Eine kritische Parallele. Als Mscr. gedr. 8. (32 S.) Wien 878, (Konegen.) *

Osterlen, s. Oesterlen.

Oesterlen, Friedrich, s.a. Oesterlen, Johann Friedrich

Oesterlen, Friedr., Beiträge zur Physiologie des gesunden u kranken Organismus. gr. 8. (17 B. u. 3 Kpfrt.) Jena 843, Mauke.

Oesterlen, Fr., Choleragift u. Pettenkofer als Beitrag zum heutigen Stand der Cholerafrage. Tübingen 868. Laupp. gr. 8. (115 S.) n. 20 ngr.

Oesterlen, Friedr., histor.-krit. Darstellung d. Streits üb. d. Einheit od. Mehrheit d. vener. Contagien. gr. 8. (22¼ B.) Stuttgart 836, Cotta'sche Buchh.

— u. Fritz Starck, das Geheimnis der Langlebigkeit u. die Heilung des vorzeitigen Alterns u. der Aderverkalkung (Arteriosklerose). (128 S.) 8. Dresden (910). F. Casper & Co. 3. —

Österlen, Frdr., unser Geschlechtsleben. Eine Aufklärungsschrift f. Jung u. Alt. (123 S.) 8. Dresden (908). Welt-Reform-Verlag. 2.80

—— Handbuch der Heilmittellehre. 1. Aufl. 845. 5 Thlr. 10 Ngr., 2. umgearb. Aufl. gr. 8. (75¾ B.) Tübingen 846, 47, Laupp'sche Buchh.

Oesterlen, Fr., Handbuch der Heilmittellehre. 3. Aufl. (XXX und 946 S.) 1850. 5 Thlr. und 4., umgearb. Aufl. Lex.-8. (XXXII und 965 S.) Tübingen 851, Laupp'sche Buchh.

Oesterlen, Fr., Handbuch der Heilmittellehre. 5. Aufl. 853. (XXVI, 1037 S.) 5 ℛ 10 ngr — 6., neu umgearb. Aufl. Tübingen 856. Laupp. Lex.-8. (XXVIII, 1114 S.) 5 ℛ 20 ngr

Oesterlen, Fr., Handbuch der Heilmittellehre. 7., neu umgearb. Aufl. Tübingen 861. Laupp. Lex.-8. (XXIV, 897 S.) n. 4 ℛ 20 ngr.

— Handbuch der Hygieine f. den Einzelnen wie f. eine Bevölkerung. 2 Lfgn. gr. 8. (VI u. 837 S.) Ebd. 851. 4½ ₰

— Handbuch der Hygieine, der privaten und öffentlichen. 2. durchaus umgearb. und verm. Aufl. Mit 12 (lith.) Taf. Abbildgn. (in 8. u. Fol.) Tübingen 857. Laupp. gr. 8. (XI, 837 S.) 4 ₰. 22½ ngr.

Oesterlen, Fr., Handbuch der Hygieine, der privaten und öffentlichen. 3. durchaus umgearb. und verm. Aufl. 2 Abthlgn. gr. 8. (VII, 939 S.) Tübingen 876, Laupp'sche Buchh. à Abthl. * ℳ 9. *

Oesterlen, Fr., Handbuch der medicinischen Statistik. Lex.-8. (736 S.) Tübingen 864, Laupp'sche Buchh. *

—— Handbuch der medicinischen Statistik. 2 Abthlgn. 2. Ausg. Lex.-8. Ebendas. 874. [1. Abthl. (S. 1—400.) * ℳ 5.; 2. Abthl. (XX, S. 401—968.) * ℳ 11.] *

Oesterlen, Friedr., Jahrbücher f. prakt. Heilkunde, s. Jahrbücher.

— s. W. Kirby, die Thierwelt.

— medicinische Logik. Tübingen 852. Laupp. gr. 8. (VIII, 520 S.) n. 2 ₰. 10 ngr

— der Mensch und seine physische Erziehung. Hygieinische Briefe für weitere Leserkreise. Leipzig 859. Brockhaus. gr. 8. (XII, 483 S.) n. 2 ₰ 15 ngr

— s. Natur, die, ihre Wunder u. Geheimnisse.

—— die Seuchen, ihre Ursachen, Gesetze und Bekämpfung. gr. 8. (X, 564 S.) Ebendas. 878. *

Oesterlen, F. Zeitschr f. Hygiene, medizin. Statistik u. Sanitätspolizei. Bd. 1, Heft 1—4. Tübingen 1860. 2 Bde.

Oesterlen, Fritz, Obering. i. Heidenheim a. d. Brenz: Beitrag zur Theorie der Francis-Turbinen. Mit Versuchen an einer 300pferdigen Turbine. Berlin: Springer 1908. IV, 106 S., 19 Taf. 8° ¶ Buchausg. u. d. T.: Zur Theorie der Francis-Turbinen.
Stuttgart, Dr.-Ing.-Diss. v. 17. 7. 1907

Oesterlen, Johann Friedrich, s. a. Oesterlen, Friedrich

Oesterlen, Jo. Friedr.: Historisch-kritische Darstellung des Streits über die Einheit oder Mehrheit der venerischen Contagien. Stuttgart 1836. 8°

Oesterlen, Joh. Fried., Diss. inaug. veterinario-chirurgica de hernia interna, bobus vectariis familiari. (24 S.) Tübingen 10.

Oesterlen, J. Fr., über d. künstl. Wiederabbrechen fehlerhaft geheilter Knochen b. Extremitäten im Callus, zum Behuf e. besseren geraden Heilung. Mit 1 Steintaf. gr. 8. Tübing. 827. Fues. (Kummer in Leipz.) 1 ₰

—— s. a. Oesterlen, Josef Friedrich

— auch einige Worte üb. die ostind. Cholera u. die sichersten, bis jetzt noch unbekannten Präservativ- u. Heil-Mittel gegen dieselbe, nach d. in Ostindien gemachten Erfahrr. des verstorb. Arztes Edw. Braun. 8. Stuttg. 831. Metzler. 7 gr

XENODOXIEN. Etwas für Supranaturalisten und ihre Gegner (von *Joh. Friedr. Oesterlen*). Heilbronn 1826.
Anon.-Lex. IV. p. 421 (nach Kayser). — Selten!

Josef Friedrich Oesterlen

Ueber das künstliche Wiederabbrechen fehlerhaft geheilter Knochen der Extremitäten im Callus zum Behuf einer besseren, geraden Heilung. Von Joseph Friederich Oesterlen. Tübingen: Fues 1827. XII, 212 S. 8°

—— s. a. Oesterlen, Johann Friedrich

Oesterlen, Karl, hie gut Wirtemberg! Volkstümliches histor. Schauspiel in 3 Akten. 8. (70 S.) Stuttgart 892. A. Bonz & Co. n. 1. —

Oesterlen, K., Ulmer Münster-Festspiel 1890 in 3 Abteilgn. m. 1 Vorspiel, 2 Zwischenspielen u. 1 Nachspiel. 12. (50 S.) Ulm 890. Ebner. n.n. — 50

Oesterlen, Otto *Theodor* [aus Stuttgart]: Ueber den Durchbruch perityphlitischer Abscesse in die Blase und die andern Hohlorgane des Beckens ... Berlin, C. Vogts Buchdr., *1896*; 31 S., 2 Bl. 8.
Berlin, Med. Fak., Inaug.-Diss. v. 10. Nov. 1896

Oesterlen, Otto, das menschliche Haar und seine gerichtsärztliche Bedeutung. gr. 8. (VIII, 151 S.) Tübingen 874, Laupp'sche Buchh. *

— die Kindersterblichkeit m. besond. Berücksicht. Württemberg's, s. a. Jugend- u. Volks-Bibliothek, neue illustrirte.

Oesterlen O. die Kindersterblichkeit mit besonderer Berücksichtigung Württembergs. (Neue illustrierte Jugend- und Volksbibliothek I, 8) Stuttgart 1875

—— Tod durch Blitzschlag, s. Handbuch der gerichtlichen Medicin.

—— Tod durch Verblutung, s. Handbuch der gerichtlichen Medicin.

Oesterlen, O., Untersuchung von Haaren, s. Handbuch der gerichtlichen Medicin.

— Die Ursachen der Magenerweiterung ..., s. Klinik, Wiener.

Oesterlen, Paul

Oesterlen, P., Beiträge zur Geschichte der volkstümlichen Leibesübungen, s. a. Beiträge zur Volkskunde.

Oesterlen, P[aul], Prof.: Beiträge zur Geschichte der volkstümlichen Leibesübungen. *Leipzig 1900: B. G. Teubner.* (20 S.) 8° [F.] ¶ [Erschien auch in: Beiträge zur Volkskunde. Leipzig 1900.]
Tübingen, k. G, P 1900 (637)

Oesterlen, Rich., der mehrfache Verkauf derselben Sache. Inaugural-Dissertation. gr. 8. (III, 91 S.) Stuttgart 883, (Kohlhammer.) *

Oesterlen, Thdr., Komik u. Humor bei Horaz. Ein Beitrag zur röm. Litteraturgeschichte. 1. u. 2. Hft. gr. 8. (135 S.) Stuttgart, Metzler's Verl. à n. 3. —
1. Die Satyren u. Epoden. (135 S.) 885.
2. Die Oden. (133 S.) 886.

Oesterlen, Th., Komik u. Humor bei Horaz. Ein Beitrag zur röm. Litteraturgeschichte. 3. Hft.: Die Episteln. gr. 8. (123 S.) Stuttgart 887. Metzler's Verl. n. 3. — (cplt.: n. 9. —; in 1 Bd. n. 8. —)

Oesterlen, *Theodor* Nachrichten über das Jubiläum 1886. 4 (S. 3—40). **Progr.** Eberhard-Ludwigs-G. *Stuttgart* 1887 (551).

Oesterlen, Th., u. Wilh. **Wiedmayer**, Schulgrammatik der französischen Sprache mit Berücksichtigung des Lateinischen. Für sämmtliche Schulklassen. In 3 Kursen. 1. u. 3. Kursus Stuttgart 870. Metzler's Verl. gr. 8. n. 1 ℛ 26 *ngr.*
1 Für die untern u. mittlern Klassen. Laut- u. Formenlehre. 1. Jahreskursus. Unter Mitwirkung von W. Wiedmayer, hersg. von Th. Oesterlen. (XV, 204 S.) n. 21 *ngr.* — 3. Für obere Classen. Syntax. Von Wilh. Wiedmayer. (XIV, 344 S.) n. 1 ℛ 5 *ngr.*
Der 2. Kursus erscheint später.

Oesterlen, Thdr., u. Wilh. **Wiedmayer**, Schulgrammatik der französischen Sprache m. Berücksicht. d. Lateinischen. Für sämmtl Schulklassen. 1. Cursus. Für untere u. mittlere Klassen. Laut- u. Formenlehre 2. u. 3. Jahrescursus. Unter Mitwirkg. v. W. Wiedmayer hrsg. v. Thdr Oesterlen. gr 8. (XII u. S. 205-432.) Stuttgart 871 Metzler. n. 2. 10 (1-3.: n. 7. 70)

Oesterlen, Thdr., Schulgrammatik der französischen Sprache mit Berücksichtigung des Lateinischen. Für sämmtliche Schulklassen. 1. Kurs. Für untere u. mittlere Klassen. Laut- u. Formenlehre. 1—3. Jahrg. Unter Mitwirkung von W. Wiedmayer hrsg. 2., verb. Aufl. gr. 8. (XVIII, 435 S.) Stuttgart 878. 79. Metzler's Verl. n. 4. 20

Oesterlen, Thdr., Schulgrammatik der französischen Sprache mit Berücksicht. des Lateinischen. Für sämmtl. Schulklassen. 1. Kursus: Für untere und mittlere Klassen, in drei Jahrg. Laut- und Formenlehre. Unter Mitwirkung von W. Wiedmayer hrsg. 3. verb. Aufl. gr. 8. (XXIV, 435 S.) Stuttgart 883, Metzler'sche Buchh. *

Oesterlen, Thdr., Schulgrammatik der französischen Sprache m. Berücksicht. d. Lateinischen. Für mittlere Klassen, in 3 Jahrgängen. Laut- u. Formenlehre m. eingefügter Syntax. 1. Jahrg. 4., verb. Aufl. gr. 8. (XII, 212 S.) Stuttgart 894. J. B. Metzler's Verl. n. 2. 40

Oesterlen, Thdr., Schulgrammatik d. französ. Sprache m. Berücksicht. d. Latein. Für mittl. Klassen, in 3 Jahrgängen. Laut- u. Formenlehre m. eingef. Syntax. 2. u. 3. Jahrg. 4., verb. Aufl. gr. 8. (X u. S. 213—434.) Stuttgart 895. J. B. Metzler's Verl. n. 2. 40 (1.—3.: n. 4. 80)

— **Studien zu Vergil u. Horaz.** gr. 8. (VII, 104 S.) Tübingen 885. Fues. n. 2. 40

Oesterley, Carl, s. Oesterley, Karl

Oesterley, D G. H., s. Oesterley, Georg Heinrich

Oesterley, Ferd., Darstellung d. Gerichtsverfassung in d. Universitätsstadt Göttingen. gr. 8. (11 B.) Göttingen 833, Vandenhoeck u. Ruprecht.

—— ist es rathsam d. Zunftverfassung aufzuheben? gr. 8. (9 B.) Göttingen 833, Vandenhoeck u. Ruprecht.

Oesterley, Ferd., das deutsche Notariat nach den Bestimmungen des gemeinen Rechts u. m. besond. Berücksichtigung der in den deutschen Bundesstaaten geltenden particularrechtl. Vorschriften, geschichtl. u. dogmat. dargestellt. 2 Thle. gr. 8. Hannover, Hahn'sche Hofbuchh. Thlr.
A. u. d. Ttln.:
Thl. 1. Geschichte des Notariats. (38 B.) 842. 2 Thlr. 25 Ngr.
" 2. Ausführliche Darstellung des deutschen Notariats nach den Bestimmungen des gemeinen Rechts rc. (48¾ B.) 845. 3 Thlr. 15 Ngr.

—— über die hannover'sche Süd-Eisenbahn. gr. 8. (4 B. u. 2 Karten.) Göttingen 846, Vandenhöck u. Ruprecht. *

Oesterley, Ferd., über die hannover-thüringsche Verbindungs-Eisenbahn. Göttingen 853, Dieterich. gr. 8. (21 S.) 3¾ *ngr*

— Versuche aus d Gebiete der f g. freiwill Gerichtsbarkeit. 8. (17½ B.) Hannover Helwig 1830.

Oesterley, Ferd. Heinr. Lud. (Göttingen), De juris patronatus notione ex decretalibus Gregorii IX. hausta, priorum constitutionum ratione habita. Diss. jur. Göttingen (C. Herbst) 30. X. 1824. IX, 129 S. (4.—) 25462
Oppon.: von Wedderkop, von Diepenbroick-Grüter.

Oesterley, Geo. Hnr. d. Jüngere, Ankündigung sr. prakt. Vorlesungen f. d. westphäl. Proceß u. die Referirkunst. 8. Götting. 809.

OESTERLEY, G. H.: Anleit. z. Referirkunst, z. Gebr. akad. Vorless. *Gött.*, Dieterich. 807. 8. (4 Gr.)

OESTERLEY, G. H.: Prakt. Bemerkk. üb. d. Gerichtsverfass. u. d. gerichtl. Verfahren d. ält. u. neuern Zeit. *Gött.*, Ruprecht. 814. 8. (12 Gr.)

Oesterley, G. H., praktische Bemerkungen üb. die Gerichtsverfassung u. das gerichtl. Verfahren. gr. 8. Götting. Vandenhöck u. Rupr. 815. —

Oesterley, G. H., Darstellung der Gerichtsverfassung in der Universitätsstadt Göttingen. gr. 8. Göttingen 833. Vandenhoeck u. Ruprecht. ¾ ℛ

— prakt. Erläuterung d. westphäl. Prozeßordnung, mit Formularen. 3 Bde. gr. 8. Götting. 809, 10. 2e A. 3 Bde. gr. 8. Eod. 811, 12. Dieterich. 5 ℛ

— Geschichte der Universität Göttingen, s. J. St. Pütter, Versuch einer akadem. Gelehrtengeschichte rc. 4r Thl.

— Geschichte d. Herzogs Otto v. Braunschweig. 8. Götting. 786. Vandenhöck u. R. 8 gr

— s. Gourci, über Freiheit.

— Grundriß d. bürgerl. u. peinl. Prozesses. gr. 8. Götting. 800. Dieterich. 1 ℛ 16 gr

OESTERLEY, G. H.: Grundriss des gem., bürgerl. u. peinl. Processes f. d. Kurbraunschw.-Lüneburg. Lande, u. zwar f. d. Theil dess., welcher in zweiter Instanz dem Obergericht zu Hannover unterworfen ist. *Göttingen*, Vandenhoeck u. Ruprecht. 800. gr. 8. (1 Thl. 16 Gr.)

— Handb. d. bürgerl. u. peinl. Prozesses f. das König. Hannover. 1r u. 2r Thl.: bürgerlicher Prozeß. 1e u. 2e Abthl. gr. 8. Götting. 819. Vandenhöck u. R. 5 ℛ 4 gr 3r Thl.: peinl. Prozeß. A. u. d. T.: Handbuch üb. das Verfahren in Straffällen f. das Königr. Hannover. gr. 8. Eod. 820. 1 ℛ 20 gr Alle 3 Thle. 7 ℛ

— Diss. inaug. de castrorum in Germania juribus. 4. Göttingen. 780.

OESTERLEY, G. H.: Ueb. d. Cantion f. d. Wiederklage. *Gött.*, Dieterich. 805. 8. (6 Gr.)

— üb. die Caution f. d. Wiederklage; z. Ankündigung sr. Vorlesungen. 8. Götting. 806. Dieterich. 4 gr

— u. Chr. Spangenbergs ausführl. theoret.-prakt. Commentar über das Französische u. Westphälische Gesetzbuch, d. Verfahren in bürgerlichen Rechtsstreitigkeiten, größtentheils nach Pigeau bearb. 3 Thle. gr. 8. Götting. 810—13. Dieterich. 5 ℛ

– Magazin

— — der franz. u. westphäl. Jurisprudenz. 5r Bd. 16 gr. 8. Ebend. 813. –

— Magazin f. das Civil- u. Criminalrecht d. Königreichs Westphalen. 4 Bde. u. 5r Bd 16 Stck. od. 17 Hefte. gr. 8. Götting. 810—13. Vandenhöck u. R. (à 16 ℊ.) 11 ℛ 8 ℊ

Oesterley, G. H.: Von d. Strafen d. Diebstahls nach den Salischen Gesetze. *Göttingen*, Dieterich. 783. gr. 8. (4 Gr.)

— über d. Studium des in d. Königreich Hannover geltenden Prozesses u. üb. die Verbindung desselben mit d. Theorie des gemeinen Prozesses. 8. Götting. 816.

Oesterley, Geo. Hnr. d. Jüngere, was ist v. Injurienprozessen zu erwarten? In Beispielen. No. 1. 8. Götting. 809. Dieterich. 4 ℊ

Oesterley, H., General-Register, s.: Zeitschrift f. franz. Civilrecht.

Oesterley, H. v., s. Handbuch der Verwaltungspolizei in Elsaß-Lothringen.

Handbuch der Verwaltungspolizei in Elsaß-Lothringen. Neubearb. von Dr. jur. H. v. **Oesterley**. Gebweiler: J. Boltze 1907. (XIX, 415 S.) 8° [F.]
Neubearb. von Hack, C. Handb. d. Verwaltungspolizei in Elsaß-Lothr. [07. 13194

Oesterley, Herm., Abriss der Geschichte der philosophischen Beweise für das Sein Gottes. Inaug.-Dissert. Göttingen 855. (Vandenhoeck u. Ruprecht.) gr. 8. (100 S.) n. 16 ngr.

Österley, Hermann (Hrsg.), s. Aesopus: Aesopus.

Oesterley, Herm., s. Bibliothek orientalischer Märchen.

Oesterley, Herm., s. Bibliothek des litterarischen Vereins in Stuttgart LXXXV, XCV—XCIX, CXVII, CXXX.

—— die Dichtkunst und ihre Gattungen. Ihrem Wesen nach dargestellt und durch eine nach den Dichtungsarten geordnete Muster-Sammlung erläut. Mit einer Vorrede von Karl Goedeke. gr. 8. (IX, 249 S.) Breslau [Leipzig] 870, Leuckart. *
geb. *

—— niederdeutsche dichtung im mittelalter. Als zwölftes Buch der deutschen dichtung im mittelalter von Karl Goedeke. Lex.-8. (IV, 80 S.) Dresden 871, Ehlermann. *

—— Gesta Romanorum. 2 fasc. gr. 8. Berlin, Weidmann'sche Buchh. [Fasc. 1. (IV, S. 1—320.) 871. *ℳ 6.; Fasc. 2. (VIII, S. 321—755.) 872. *ℳ 9.] *

Oesterley, Herm., der Gottesdienst der englischen und der deutschen Kirche. Vergleiche und Vorschläge. gr. 8. (VIII und 104 S.) Göttingen 863, Vandenhoeck und Ruprecht's Verlag. *

—— Handbuch der musikalischen Liturgik in der deutschen evangelischen Kirche. gr. 8. (VIII und 272 S.) Göttingen 863, Vandenhoeck und Ruprecht's Verlag. *

—— s. Johannis de Alta Silva Dilopathos.

Oesterley, Hermann [Referendar]: Ueber das mandatum qualificatum. . . . Göttingen, Druck d. Univ.-Buchdr. v. W. F. Kaestner, *1891*; 2 Bl., 42 S. 8°
Göttingen, Jur. Fak., Inaug.-Diss. v. [9. Febr.] 1891

Oesterley, Herm. Ueber das mandatum qualificatum. Diss. gr 8. (III, 42 S.) Gött. 891, (Vandenhoeck u. Ruprecht). * 1 —

– (Hrsg.), s. Masius Rundschau.

Oesterley, Herm., s. Schweinichen, Hans v., Denkwürdigkeiten.

— academische Vorlesungen über Theorie der Musik. Leipzig 861. Breitkopf & Härtel. gr. 8. (X, 165 S.) 1 ℛ

Oesterley, Herm., Wegweiser durch die Literatur der Urkundensammlungen. 2 Thle. gr. 8. (VI, 574 u. VI, 423 S.) Berlin 885. 86. G. Reimer. n. 21. —

Oesterley, Herm., historisch-geographisches Wörterbuch des deutschen Mittelalters. (In ca. 12 Lfgn.) 1—9. Lfg. Lex.-8. (S. 1—720.) Gotha 881. 82. J. Perthes. à n. 2. 40

— historisch-geographisches Wörterbuch d. deutschen Mittelalters. 10. [Schluss-]Lfg. Lex.-8. (III u. S. 721 —806.) Gotha 883. J. Perthes. n. 2. 40 (cplt.: n. 24. —)

Oesterley, Karl

Oesterley, Carl, Denkmäler d. Alten Kunst, s. Denkmäler.

—— Monumens, s. Monumens etc.

Oesterley, C., Umrisse z. Schillers Wilhelm Tell. Auf Stein gezeichn. 13 Tafeln u. 1 Bl. Text, qu. gr. Fol. Götting. 831. (Leipz., Frohberger). 2 ℛ

—— Umrisse zu Schiller's „Wilhelm Tell." Auf Stein gez. qu. gr. Fol. (13 Taf. u. 1 Bl. Text.) Göttingen 831, (Gebr. Rocca.)

Oesterlin, Gottfried Christoph (Nürnberg), De probatione meliore litigantibus caute reservanda. Diss. jur. Altdorf (J. A. Hessel) 25. XI. 1754. 31 S. (4.—) 25463
Widm. v.: Jo. Heumann.

Oesterlin, Hermann, Maschinen-Ingenieurprakt.: Untersuchungen über den Energieverlust des Wassers in Turbinenkanälen. Berlin: (Springer) 1903. 75 S., 5 Taf. 8° ¶ Auch als Buch. [Vergriffen].
Karlsruhe, Dr.-Ing.-Diss. v. 20. 7. 1903

— **Joh. Christoph** (Nürnberg), De limitibus pietatis liberorum erga parentes. Disput. inaug. Präs. Christian Gottl. Schwarz. Altdorf (Kohle) 9. VII. 1710. 64 S. (5.—) 25464

Oesterlin, K., Feyerabendspiele am Helikon. 12. Wien, Geistinger.

Oesterlin, Karl, aus Mannheim Zur Kenntnis der Azophenole und Amidophenole der Diphenylreihe. *Berlin 1900: A. W. Schade.* (42 S.) 8°
Berlin, Phil. Diss. v. 24. Febr. 1900

Oesterlin, M., Jesus auf der Grenze seines Vaterlandes; eine Erzählung für christliche Bürger, besonders für Auswanderungslustige. Heilbronn, Claß. 818. •

Osterloh, Adele

Osterloh, der blonde Adjutant. Keine Soldatengeschichte. 8. (303 S.) Dresden 893. H. Minden. n. 3. —

Osterloh, A. Der Andere. Lustspiel in 1 Akte. gr. 8. (42 S.) Dresd. 888, Pierson. * 1 —

Osterloh, das Ende. Erzählg. 8. (146 S.) Dresden-Blasewitz 896. H. Minden. n. 1. 50; geb. n.n. 2. 50

Osterloh, Oberlehrer Gesenius. Roman. (Neue [Titel-]Ausg.) 8. (320 S.) Stuttgart [896.] (901). Deutsche Verlags-Anstalt. n. 1. 50; kart. n. 1. 75

Osterloh, unter Kameraden. Roman. 8. (385 S.) Dresden 893. H. Minden. n. 3. —; geb. n.n. 4. —

Osterloh, Adele, das Märchen vom Glück. Schauspiel in 4 Akten. gr. 8. (119 S.) Dresden 900. E. Pierson's Verlag. n. 2. —; geb. n. 3. —

Osterloh, A., die Sünden der Väter, s.a. Goldschmidt's Bibliothek f. Haus u. Reise.

[F.] Die Sünden der Väter. Roman v A **Osterloh**. *Berlin: A. Goldschmidt 1898.* (1 Bl., 208 S.) 1 Bd 8.
— Bibliothek, Goldschmidts, f. Haus u. Reise. Bd 68. (98. 9176

Osterloh, Johann

— — (Hamburg), De praescriptione rerum per mare adlatarum secundum statuta Hamburgensia, Von der Verjährung des über See und Sand gebrachten Guths, nach Hamburgischen Stadt-Rechte, P. II. T. 19. § 2. u. 3. Diss. jur. Präs. Jo. Samuel Strykius. Halle/Magdeburg (Hendel) 8. XI. 1710. 1748. 38 S. (5.—) 25680

— Ludwig Constantin (Doehlen [bei Dresden]), De pacto, ne dolus praestetur. Diss. jur. Leipzig (Staritz) 24. XI. 1842. 35 S. (3.50) 25681
Gew.: Ernst Osterloh (Vater), Wilhelm Einert.

Osterloh, Max, Baurat: Das Gebäude der neuen Anstalt. Braunschweig 1909: Meyer. S. 43—49. 4°
Braunschweig, st. R, OR i. E. OP 1909 (932) [S 09. 349

Osterloh, *M.* [Stadtbaumeister], und **Wernicke,** *Alexander* [Dir. Prof. Dr.]: Das Unterrichtsgebäude für Physik und Chemie der Städtischen Oberrealschule zu Braunschweig. M. 4 Taf. *Braunschweig, J. H. Meyer, 1897;* 9 S., 1 Bl., 2 Taf., 2 Pl. 4.
Braunschweig, st. OR, OP 1897 (720)

Osterloh, Otto, die Brautfahrt der Stenographie, s.: Universal-Bibliothek.

Osterloh, Paul, Regierungsreferendar zu Bunzlau: Der Erwerb von Erzeugnissen und sonstigen Bestandteilen einer Sache kraft obligatorischen Rechts. Nach dem Bürgerlichen Gesetzbuche. Bunzlau 1907: E. Mehnert. (66 S.) 8°
Leipzig, Jur. Fak., Diss. v. 7. Juni 1907
[Geb. 17. Okt. 79 Halle a. S.; Wohnort: Bunzlau; Staatsangeh.: Preußen; Vorbildung: Gymn. Arnstadt i. Th. Reife O. 00; Studium: München 3, Halle 3 S.; Rig. 23. Juli 03.]

Osterloh, Rob., exceptiones litis ingressum impedientes num documentis privatis possint probari? Leipzig 860. Dürr'sche Buchhdlg. 4. (15 S.) 3 ngr.

Osterloh, Rob., Gutachten über den Entwurf einer Proceßordnung in bürgerlichen Rechtsstreitigkeiten für den norddeutschen Bund im Auftrage der stand. Deputation des deutschen Juristentages für den deutschen Juristentag erstattet. [Aus d. Zeitschrift f. Rechtspflege u. Verwaltung.] Leipzig 870. B. Tauchnitz. gr. 8. (154 S.) 27 ngr.

Osterloh, Rob., Lehrbuch des gemeinen, deutschen ordentlichen Civilprocesses. 2 Bde. Leipzig 856. B. Tauchnitz. gr. 8. (XVI, 543; XI, 316 S.) 3 ß 15 ngr.

— observationes tres ad novellam legem Saxonicam d. XXX. m. Decembris a. 1861 promulgatam. Ebend. 864. 4. (14 S.) $4\frac{1}{2}$ ngr.

Osterloh, Rob., der ordentliche bürgerl. Proceß nach k. sächs. Rechte systematisch dargestellt. 2 Bde. 1. Aufl. ($62\frac{1}{2}$ B.) 843, 44. 4 Thlr. 20 Ngr. u. 2., verm. u. verb. Aufl. gr. 8. (65 B.) Leipzig 846, Bernh. Tauchnitz jun. *
Bd. 1. Die Einleitung u. der allgem. Theil.
" 2. Der besondere Theil.

Osterloh, Rob., der ordentliche bürgerliche Proceß nach Königl. Sächsischem Rechte systematisch dargestellt. 3. sehr verm. u. verb. Aufl. 2 Bde. gr. 8. (1: XXII u. 361 S. 2: XII u. 704 S.) Leipzig 851, B. Tauchnitz. n. $4\frac{2}{3}$ ß

—— der ordentliche bürgerliche Proceß nach königl. sächsischem Rechte systemat. dargestellt. 2 Bde. 4., völlig umgearb. Aufl. gr. 8. (XXXVI und 1195 S.) Leipzig 860, B. Tauchnitz. *

—— die summarischen bürgerl. Processe nach k. sächs. Rechte dargestellt. 1. Aufl. (26 B.) 845 u. 2., verm. u. verb. Aufl. gr. 8. ($28\frac{1}{4}$ B.) Leipzig 847, Bernh. Tauchnitz jun. à *

— die summarischen bürgerlichen Processe nach Königl. Sächsischem Rechte dargestellt. 3., sehr verm. rc. Aufl. Leipzig 857 B. Tauchnitz. gr. 8. (XX, 504 S.) n. 2 ß. 12 ngr.

—— die Reform der Civilproceßgesetzgebung in Sachsen und in Deutschland. Kritische Bemerkungen zu den Entwürfen einer sächs. und einer deutschen Civilproceßordnung. gr. 8. (VI und 158 S.) Leipzig 865, B. Tauchnitz.
Aus: Zeitschrift für Rechtspflege und Verwaltung zunächst für das K. Sachsen, besonders abgedruckt.

Osterloh, Rob.: Vorschläge zu **zweckmäßiger** Regelung des Verfahrens in **geringfügigen** Rechtssachen. Leipzig 1868.

(in: Sammlung v. Abhandlungen d. **Juristenfak.** zu Leipzig.)

Osterloh, S., Wangeroog u. s. Seebad. Nebst e. Plane der Insel u. e. Karte d. nördl. Teiles Ostfrieslands, m. Angabe der Reisewege. 12. (III, 37 S.) Emden 884. Haynel. n. 1. 25

Ostermai, Osk., biblische Geschichten, s.: Berthelt, A.

Ostermai, Osk., s.: Kalender, d. sächs. Pestalozzi-Vereins.

Ostermaier, J., s.: Bei klarer Luft u. Sonnenschein.

Ostermaier, Paul: Ein Fall von Meningitis cerebrospinalis syphilitica. . . . München, M. Rieger'sche Univ.-Buchh. (Gustav Himmer.), 1889; 1 Bl. + 19 S 8°
München, Med. Fak., Inaug.-Diss. v. 1889

FRANZ XAVER OSTERMAIR, Beiträge zur Rechts- und Verfassungs-Geschichte der Stadt Ingolstadt aus der Zeit der Geltung der Stadtrechte bis zur Einführung des römischen Rechtes gesammelt. (Mit 1 Portrait.) Ingolstadt 1884. A. Ganghofer'sche Buchdruckerei. 8°.*)

Ostermair, Fr. Xaver, Fremdenführer durch Ingolstadt. 16. (67 S. mit 1 lithogr. Plan in Fol.) Ingolstadt 872, Krüll'sche Universitäts-Buchh. *

Führer durch Ingolstadt. Von Franz Xaver **Ostermair.** *Ingolstadt: A. Ganghofer's Buchdr.-Offizin 1896.* (3 Bl., 79 S., 7 Taf., 1 Pl.) 1 Bd 8. (96. 3700

Ostermair, Franz Xaver (Hrsg.), s. Sammelblatt des Historischen Vereins in und für Ingolstadt.

Ostermair, Heinrich: Die Ostermair. (Urkunden, Regesten, Matrikelauszüge ... Gesammelt von Dr. Heinrich Ostermair in Ingolstadt. T. 1. Ingolstadt 1902-08. Ganghofer.) 8°
S. 1-36 aus: Sammelblatt d. Hist. Vereins in u. für Ingolstadt. H. 27.

Ostermann, die fachmännische Ausbildung der Fuhrleute u. Kutscher als das wesentlichste Mittel zur Herbeiführung der Verkehrssicherheit. Wie wird sie erwirkt u. inwiefern ist die Tätigkeit des Polizeiinspektors hierbei nicht unwesentlich. [Aus: „Die Polizei".] (7 S.) Lex. 8. Berlin (910). Kameradschaft. — 15

Ostermann, Alfred: Karl der Grosse und das byzantinische Reich. Luckau, Druck d. Entleutnerschen Buchdr., 1895; 1—16 S. 4.
Luckau, k. G, P 1895 (82)

Ostermann, Alfred, approb. Arzt aus Barmen: Ueber die Sonderstellung der Chloride in dem Verhalten der roten Blutkörperchen gegen Salzlösungen. *Giessen 1901: v. Münchow.* (30 S.) 8°
Giessen, Med. Diss. v. 1901

Ostermann, Andreß Graf von: Merkwürdiges Leben und Trauriger Fall des Welt-berufenen, Russischen Staats-Ministers Andreß Grafens von Ostermann.. — Bremen: Saurmann 1742. 304 S., 1 Stammtaf.

Ostermann, Arthur: Die Ergebnisse der Behandlung der Diphtherie mit Heilserum in der Kgl. Medicinischen Klinik zu Breslau. *Breslau 1899: Bresl. Genossenschafts-Buchdr.* (30 S.) 8°
Breslau, Med. Diss. v. 1899

Ostermann, C. F., Kultur d. Winter-Raps, so wie d. Winter-Rübsen, u. d. Anleitung, wie d. Gelderwerb davon verdoppelt werden kann. 8. (7 B.) Magdeburg 840, Heinrichshofen.

Ostermann, Carl, s. Ostermann, Karl

Ostermann, Caspar, s. Ostermann, Kaspar

Ostermann, Christian

Ostermann's, Chrn., griechische Formenlehre, neu bearb. u. erweit. v. A. Drygas. 7. Aufl. gr. 8. (VIII, 119 S.) Frankfurt a/M. 893. Kesselring.
Geb. in Leinw. n. 1. 25

Ostermann, Chrn., lateinische Formenlehre, s.: Müller, H. J.

Ostermann, Chrn., griechisches Uebungsbuch im Anschluß an ein grammatisch geordnetes Vocabularium nebst einem Abriß der griech. Formenlehre für Anfänger [Quarta] bearb. 2. verb. Aufl. 1870. *M 1,80., und 3. Aufl. gr. 8. (IV, 214 S.) Cassel 876, Kay. *
Abthl. I. Uebungsbuch apart *
Abthl. II. Vocabularium apart *

Ostermann, Chrn., griechisches Uebungsbuch im Anschluß an ein grammatikalisch geordnetes Vocabularium, nebst einem Abriß der griechischen Formenlehre für Anfänger [Quarta]. 4:, verb. Aufl. gr. 8. Kassel 880. Kay.
n. 2. —; 2 Abthlgn. einzeln n. 2. 20
1. Uebungsbuch. (VI, 161 S.) n. 1. 60
2. Formenlehre. (80 S.) n. — 60

Ostermann, Chrn., griechisches Übungsbuch im Anschluß an e. grammatikalisch geordnetes Vokabularium nebst e. Abriß der griech. Formenlehre f. Anfänger [Tertia]. 2 Abtlgn. 5. Aufl. gr. 8. Kassel 884. Kay. n. 2. —
1. Übungsbuch. (VIII, 199 S.) Einzelpr. n. 1. 60. — 2. Formenlehre.„(87 S.) Einzelpr. n. — 60

Ostermann, Chr. Griechisches Uebungsbuch, im Anschluß an ein grammatikalisch geordnetes Vokabularium, nebst e. Abriß der griech. Formenlehre f. Anfänger. 2 Abthlgn. gr. 8. [Kassel, Kay.] Frankf. a. M., Kesselring. * 2 20
1. Grammatikalisch geordnetes Vokabularium und Uebungsbuch nebst alphabet. geordnetem Wörterverzeichniß. 6. verb. Aufl. (VIII, 202 S.) 889. * 1 60.
2. Formenlehre. 6. verb. Aufl. (IV, 87 S.) 889. — 60.

— griechisches Übungsbuch, nach den neuen Lehrplänen bearb. u. f. die beiden Tertien der Gymnasien erweitert v. A. Drygas. Nebst: Griechische Formenlehre, neu bearb. u. erweitert v. A. Drygas. 7. Aufl. gr. 8. (V, 215 u. VIII, 119 S.) Frankfurt a/M. 893. Kesselring. Geb. in Leinw. n. 3. —

— griechisches Übungsbuch, nach den neuen Lehrplänen bearb. u. f. d. Tertia u. Sekunda d. Gymnasien erweit. v. A. Drygas. 8. Aufl. gr. 8. (V, 232 S.) Ebd. 898. Geb. in Leinw. n. 2. —

—— lateinisches Uebungsbuch im Anschluß an ein grammatikalisch geordnetes Vocabularium. 4 Abthlgn. gr. 8. Leipzig 869—75, Teubner.
Inhalt:
Abthl. 1. Für Sexta. 6.—13. verb. (Doppel-)Aufl. (VIII, 110 S.) 75 Pf.
„ 2. Für Quinta. 5.—8. verb. (Doppel-)Aufl. (VI, 136 S.) 90 Pf.
„ 3. Für Quarta. 5.—8. verb. (Doppel-)Aufl. (120 S.) 75 Pf.
„ 4. Für Tertia. 3.—6. verb. (Doppel-)Aufl. (VIII, 175 S.) M 1,20.

Ostermann, Chrn., lateinisches Uebungsbuch, im Anschluß an ein grammatikalisch geordnetes Vocabularium. 4 Abthlgn. gr. 8. Leipzig, Teubner.
Inhalt:
Abthl. 1. Für Sexta. 14.—17. verb. [Doppel-]Aufl. (VIII, 112 S.) 876—79. 75 Pf.
„ 2. Für Quinta. 9.—12. verb. [Doppel-]Aufl. (VI, 136 S.) 875—79. 90 Pf.
„ 3. Für Quarta. 9. und 10. verb. [Doppel-]Aufl. (120 S.) 876,77; 11. verb. [Doppel-]Aufl. (127 S.) 879. 75 Pf.
„ 4. Für Tertia. 7. und 8. verb. [Doppel-]Aufl. (VIII, 190 S.) 877,78. M 1,20.

—— lateinisches Uebungsbuch, im Anschluß an ein grammatikalisch geordnetes Vocabularium. [Mit Berücksicht. der neuen deutschen Rechtschreibung.] 4 Abthlgn. gr. 8. Leipzig, Teubner.
Inhalt:
Abthl. 1. Für Sexta. 18.—20. verb. [Doppel-]Aufl. (VIII, 112 S.) 881,82; 21. verb. [Doppel-]Aufl. (VIII, 131 S.) 884. 75 Pf.
„ 2. Für Quinta. 13. verb. [Doppel-]Aufl. (VI, 136 S.) 881; 14. verb. [Doppel-]Aufl. (VI, 138 S.) 882; 15. verb. [Doppel-]Aufl. (VI, 152 S.) 884. 90 Pf.
„ 3. Für Quarta. 12. und 13. verb. [Doppel-]Aufl. (127 S.) 881,82; 14. verb. [Doppel-]Aufl. (140 S.) 884. 75 Pf.
„ 4. Für Tertia. 9. verb. [Doppel-]Aufl. (VIII, 190 S.) 881. M 1,20.

Ostermann, Christian, lateinisches Übungsbuch im Anschluß an ein grammatikalisch geordnetes Vokabularium. Mit Berücksicht. der neuen deutschen Rechtschreibung. 4 Abtlgn. gr. 8. Leipzig 885—88, Teubner. 3 60
Inhalt:
Abtl. 1. Für Sexta. 22.—24. verb. Doppel-Aufl. (VIII, 132 S.) 75 Pf.
„ 2. Für Quinta. 16.—18. Doppel-Aufl. (VI, 154 S.) 90 Pf.
„ 3. Für Quarta. 15. Doppel-Aufl. (140 S.) 75 Pf.
„ 4. Für Tertia. 10.—12. Doppel-Aufl. (VIII, 219 S.) M 1.20.

Ostermann, Chr., lateinisches Übungsbuch im Anschluß an e. grammatikalisch geordnetes Vokabularium. 4 Abteilgn. gr. 8. Leipzig, Teubner. 3. 60
1. Für Sexta. 25., verb. Doppel-Aufl. (VIII, 132 S.) 889. — 75. — 2. Für Quinta. 19., verb. Doppel-Aufl. (V, 154 S.) 890. — 90. — 3. Für Quarta. 15., verb. Doppel-Aufl. (140 S.) 887. — 75. — 4 Für Tertia. 12., verb. Doppel-Aufl. (VIII, 219 S.) 887. 1. 20.

— lateinisches Übungsbuch im Anschluß an e. grammatikalisch geordnetes Vokabularium. 1.—4. Abtlg. Besorgt v. H. J. Müller. gr. 8. Leipzig, B. G. Teubner. 3. 75
1. Für Sexta. 26. Aufl. (IX, 138 S.) 890. — 75
2. Für Quinta u. Quarta. 20. Aufl. (XII, 164 S.) 891. — 90
3. Für Quarta. 18. Aufl. (VIII, 155 S.) 891. — 75
4. Für Tertia. 14. Aufl. (X, 244 S.) 891. 1. 35

—— dass. — Neue Ausg. im engsten Anschluß an die neuen preuß. Lehrpläne. Besorgt v. H. J. Müller. 1.—3. Tl. gr. 8. Ebd.
geb. * 5 —
1. Sexta. (VIII, 150 S.) 892. geb. * 1 20. — 2. Quinta. (VIII, 246 S.) 892. geb. * 1 80. — 3. Quarta. (VIII, 268 S.) 893. geb. * 2 —.
Uebungsbuch f. Sexta, vgl.: Friesendorf, E. Leitfaden der lateinischen Formenlehre.

— dasselbe. Neue Ausg., besorgt v. H. J. Müller. 1.—4. Tl. gr. 8. Ebd. 894. Geb. in Leinw. n. 7. 80
1. Sexta. 3. Aufl. (XIV, 219 S.) n. 1. 60
2. Quinta. 2. Aufl. (VIII, 307 S.) n. 2. 20
3. Quarta. 2. Aufl. (VIII, 276 S. m. 2 Karten.) n. 2. —
4. Tertia. 2. unveränd. Aufl. (VIII, 265 S.) n. 2. —

— dasselbe f. Quinta, Anh., s.: Müller, H. J., lateinische Formenlehre f. Quinta.

— lateinisches Übungsbuch. Neue Ausg., besorgt v. H. J. Müller. 3. Tl.: Quarta. 3. Aufl. Ausg. B (ohne Formenlehre). gr. 8. (VIII, 268 S. m. 2 Karten.) Leipzig 895. B. G. Teubner. Geb. in Leinw. n. 2. —

— dasselbe. 4. Tl.: Tertia u. Unter-Sekunda. 4. Aufl. gr. 8. (VIII, 280 S. m. 1 farb. Karte.) Ebd. 896. Geb. in Leinw. n. 2. —

— dasselbe. 1.—8. Ergänzungsheft. gr. 8. Ebd. 898. n. 2. —
1. Uebungsstücke im Anschluß an Ciceros Rede f. den Dichter Archias. (10 S.) n. — 20
2. Uebungsstücke im Anschl. an Ciceros Rede f. Ligarius. (9 S.) n. — 20
3. Uebungsstücke im Anschl. an Ciceros Rede gegen Quintus Cäcilius. (10 S.) n. — 20
4. Uebungsstücke im Anschl. an Ciceros Rede gegen Verres. 4. Buch. (32 S.) n. — 40
5. Uebungsstücke im Anschl. an Ciceros Rede f. Milo. (15 S.) n. — 20
6. Uebungsstücke im Anschl. an Ciceros Rede f. Dejotarus. (7 S.) n. — 20
7. Uebungsstücke im Anschl. an Ciceros Rede f. Publius Sestius. (18 S.) n. — 30
8. Uebungsstücke im Anschl. an Ciceros Rede f. Murena. (20 S.) n. — 30

— dasselbe. 4. Tl. Anh. 2. Aufl. gr. 8. (110 S.) Ebd. 900. Kart. n. 1. —

Ostermann's, Chrn., lateinisches Übungsbuch. Neue Ausg., besorgt v. J. H. Müller. 1.—3. Tl., Ausg. A u. B. 4. Tl., 4. Tl. 2. Abt. u. 5. Tl. gr. 8. Leipzig, B. G. Teubner. Geb. in Leinw. n. 19. 60
1. Sexta. 10. Aufl. (Ausg. A.) (XVI, 220 S.) 902. n. 1. 60; Ausg. B (ohne Formenlehre). (XVI, 193 S.) n. 1. 60
2. Quinta. 7. Aufl. Mit 2 Karten. (Ausg. A.) (XIII, 308 S.) 902. n. 2. 20; Ausg. B (ohne Formenlehre). (XIII, 256 S.) n. 2. 20
3. Quarta. 7. Aufl. Ausg. A (m. grammat. Anh.) (VIII, 342 S. m. 3 farb. Karten.) 901. n. 2. 40; Ausg. B (ohne grammat. Anh.). (VIII, 322 S. m. 2 Karten.) 901. n. 2. 40
4. Tertia u. Unter-Sekunda. 8. Aufl. Mit e. (farb.) Karte v. Gallien. (VIII, 298 S.) 901. n. 2. 20
2. Abtlg. Unter-Sekunda. (X, 271 S.) 903. n. 2. —
5. Ober-Sekunda u. Prima, verf. von H. J. Müller. 4. Aufl. (XII, 395 S.) 902. n. 3. —

Christian Ostermanns Lateinisches Übungsbuch. Neue Ausg besorgt von Prof Dr H[ermann] J[ohannes] Müller, Dir zu Berlin. Ausg A ⟨mit Formenlehre⟩. 11 Aufl. T. 1 *Leipzig & Berlin B. G. Teubner 1903* 8° [F.] [04. [illegible]

Christian Ostermanns Lateinisches Übungsbuch. Neue Ausg besorgt von Prof. Dr H[ermann] J[ohannes] Muller, Dir zu Berlin. Ausg B. ⟨ohne Formenlehre⟩. 11 Aufl T 1 *Leipzig & Berlin B. G. Teubner 1903* 8° [F.] [04. [illegible]

Christian Ostermanns Lateinisches Übungsbuch Neue Ausg. besorgt von Prof. Dr H[ermann] J[ohannes] Muller Dir zu Berlin. 12 Aufl. nach d. Lehrplänen v. J. 1901 u. in d. neuen deutschen Rechtschreibung. Ausg B. ⟨ohne Formenlehre⟩. T 1 *Leipzig & Berlin B. G Teubner 1904* 8° [F.] [04. [illegible]

Christian Ostermanns Lateinisches Übungsbuch. Neue Ausg. besorgt von Prof. Dr H[ermann] J[ohannes] Müller, Dir zu Berlin. Ausg. A. 13. ⟨unveränd.⟩ Aufl. T. 1 Leipzig & Berlin. B. G Teubner 1905. 8° [F.] [05. 10408

Ostermann's, Christian, lateinisches Uebungsbuch. Neue Ausg. 1. u. 2. Tl. Ausg. C, bearb. v. H. J. Müller u. G. Michaelis. 8. Leipzig, B. G. Teubner. Geb. 4. 40
1. Sexta. Mit Abriß der Formenlehre im Anh. (VIII, 192 S.) 905. n. 1, 80
2. Quinta. Mit Formenlehre u. 2 Karten. (XII, 312 S.) 906. n. 2. 60

Christian Ostormanns Lateinisches Übungsbuch. Ausg. f. Reformschulen. Bearb. von Prof. Dr H[ermann] J[ohannes] Müller, Dir zu Berlin, u. Dr G(erhard) Michaelis, Dir. zu Barmen. Mit 2 Karten, sowie zahlr Abb. *Leipzig & Berlin: B. G. Teubner 1903.* (XVI, 328 S.) 8° [F.] [04. 8319

— dasselbe. II. Tl.: Aufgaben zum Uebersetzen ins Lateinische. (VIII, 188 S.) gr. 8. Ebd. 904. Geb. in Leinw. n. 1. 80

— dasselbe. Ausg. B. (XIV, 225 u. 88 S. m. 2 Karten.) 8. Ebd. 905. Geb. n. 3. —; ohne Formenlehre. (XIV, 225 S. m. 2 Karten.) geb. n. 2. 40

— dasselbe. II. Tl.: Aufgaben zum Uebersetzen ins Lateinische. Ausg. B. (VIII, 159 S.) 8. Ebd. 905. Geb. n. 1. 80

Ostermann's, Christian, lateinisches Uebungsbuch. Neue Ausg., besorgt v. H. J. Müller. I.—III. Tl. Ausg. A. 8. Leipzig, B. G. Teubner. Geb. n. 6. 20
I. Sexta. (Mit Formenlehre.) 14. (unveränd.) Aufl. (XVI, 220 S.) 906. n. 1. 60
II. Quinta. (Mit Formenlehre.) 11. (unveränd.) Aufl. (XIV, 312 S. m. 2 Karten.) 906. n. 2. 20
III. Quarta. (Mit grammat. Anh.) 11. (unveränd.) Aufl. (X, 354 S. m. 3 Karten.) 906. n. 2. 40

— dasselbe. I.—III. Tl. Ausg. B (ohne Formenlehre, bezw. grammat. Anh.) 8. Ebd. 906. Geb. n. 6. 20
I. Sexta. 14. (unveränd.) Aufl. (XVI, 192 S.) n. 1. 60
II. Quinta. 11. (unveränd.) Aufl. (XIV, 260 S. m. 2 Karten.) n. 2. 20
III. Quarta. 11. (unveränd.) Aufl. (X, 334 S. m. 3 Karten.) n. 2. 40

— dasselbe. 4. Tl. 1. u. 2. Abtlg. u. 5. Tl. 8. Ebd. Geb. in Leinw. n. 7. 40
IV. 1. Unter-Tertia u. Ober-Tertia. (Tertia u. Unter-Sekunda der Realgymnasien.) Mit 1 Karte v. Gallien. 11. (unveränd.) Aufl. (XVI, 324 S.) 906. Geb. n. 2. 40
2. Unter-Sekunda. 3. (unveränd.) Aufl. (X, 297 S.) 906. Geb. n. 2. —
V. Obersekunda u. Prima, verf. v. H. J. Müller. 5. Aufl. (XVI, 396 S.) 903. n. 3. —

Christian Ostermanns Lateinisches Übungsbuch. Neue Ausg., besorgt von Prof. Dr. H[ermann] J[ohannes] Müller, Dir. zu Berlin. Ausg. A ⟨mit Formenlehre⟩. 15. ⟨unveränd.⟩ Aufl. T. 1. Leipzig & Berlin: B. G Teubner 1907 8° [F.] [07. 7448

Christian Ostermanns Lateinisches Übungsbuch. Neue Ausg., besorgt von Prof. Dr. H[ermann] J[ohannes] Müller, Dir., Berlin. 16. ⟨unveränd.⟩ Aufl. Ausg. A ⟨mit Formenlehre⟩. T 1. Leipzig & Berlin: B. G. Teubner 1908. 8° [F.] [08. 8019

Ostermann's, Christian, lateinisches Übungsbuch. Neue Ausg., besorgt v. H. J. Müller. Ausg. A. I.—III. Tl., IV. Tl., 2 Abtlgn. u. V. Tl. 8. Leipzig, B. G. Teubner. Geb. in Leinw. 16. —
I Sexta. 18. (unveränd.) Aufl. Mit Formenlehre. (XVI, 220 S.) 910. Geb. 1. 60
II. Quinta. Mit 2 Karten. 13. Aufl. Ausg. A (m. Formenlehre). (XIV, 312 S.) 908. Geb. 2. 20
III. Quarta. Mit grammat. Anh. 14. Aufl. (X, 354 S. m. 3 farb. Karten.) 910. Geb. 2. 40
IV, 1. Untertertia u. Obertertia. (Tertia u. Untersekunda der Realgymnasien.) Mit 1 (farb.) Karte v. Gallien. 15. Aufl. (XVI, 323 S.) 910. Geb. 2. 40
IV, 2. Unter-Sekunda. 4. Aufl. (X, 297 S.) 909. Geb. 2. —
V. Obersekunda u. Prima. 7. Aufl. (XVI, 398 S.) 910. Geb. 3. —

Ostermann's, Christian, lateinisches Übungsbuch. Neue Ausg., besorgt v. H. J. Müller. Ausg. B. 4. Aufl. (XVI, 242 u. 90 S. m. 2 farb. Karten.) 8. Leipzig 910. B. G. Teubner. Geb. 2. 80

— dasselbe. Ausg. B (ohne Formenlehre). 4. Aufl. (XVI, 242 S. m. 2 farb. Karten.) 8. Ebd. 910. Geb. 2. 40

Christian Ostermanns Lateinisches Übungsbuch. Neue Ausg., besorgt von Prof. Dr. H[ermann] J[ohannes] Müller, Dir zu Berlin. Ausg B. ⟨ohne Formenlehre⟩. 15. Aufl. T 1. Leipzig & Berlin B. G. Teubner 1907 8° [F.] [07. 7449

Christian **Ostermanns** Lateinisches Übungsbuch. Neue Ausg., besorgt von Prof. Dr. H[ermann] J[ohannes] Müller, Dir., Berlin. 16. (unveränd.) Aufl. Ausg. B. (ohne Formenlehre). T 1 Leipzig & Berlin: B. G. Teubner 1908. 8° [F.] (08. 8630

— dasselbe. Ausg. B. I.—III. Tl., IV. Tl. 1. Abtlg. u. V. Tl. 8. Ebd. 9. 20
- I. Sexta. (Ohne Formenlehre.) 17. (unveränd.) Aufl. (XVI, 192 S.) 909. Geb. 1. 60
- II. Quinta. (Ohne Formenlehre.) 14. Aufl. (XIV, 280 S. m. 2 farb. Karten.) 909. Geb. 2. —
- III. Quarta. (Ohne grammat. Anh.) 14. Aufl. (X, 334 S. m. 3 farb. Karten.) 910. Geb. 2. 40
- IV. 1. Unter-Tertia u. Ober-Tertia. (Tertia u. Untersekunda der Realgymnasien.) Mit e. Karte v. Gallien. 13. (unveränd.) Aufl. (XVI, 324 S.) 907. Geb. 2. 40
- V. Ober-Sekunda u. Prima, verf. v. H. J. Müller. (1.) Phraseologie. 7. Aufl. (VI, 76 S.) 909. — 80

Christian **Ostermanns** Lateinisches Übungsbuch. Bearb. von Prof. Dr H[ermann] J[ohannes] Müller, Dir in Berlin, u. Dr G[erhard] Michaelis, Dir. in Barmen. Ausg C. 2. Aufl. T 1. Leipzig & Berlin B. G. Teubner 1907. 8° [F.] (07. 10337

— dasselbe. Ausg. C. I.—III. Tl.; IV. Tl., 2 Hälften u. V. Tl. 8. Ebd. Geb. in Leinw. 14. 80
- I Sexta, bearb. v. H. J. Müller u. G. Michaelis. Mit Abriß der Formlehre im Anh. 3. Aufl. (X, 204 S.) 910. Geb. 1. 80
- II. Quinta, bearb. v. H. J. Müller u. G. Michaelis. 2. Aufl. Mit Formenlehre u. 2 Karten. (XII, 332 S.) 908. Geb. 2. 60
- III. Quarta, bearb. v. H. J. Müller u. H. Fritzsche. Mit 3 Karten. (IX, 310 S.) 909. Geb. 2. 40
- IV, 1 Tertia (Tertia u. Untersekunda der Realgymnasien, v. H. J. Müller u. H. Fritzsche. Mit 1 Karte v. Gallien. (VIII, 350 S.) 909 Geb. 2. 60
- IV. 2. Untersekunda. Bearb. v. H. J. Müller u. H. Fritzsche. (VIII, 320 S.) 910. Geb. 2. 40
- V. Obersekunda u. Prima. Bearb. v. H. J. Müller u. H. Fritzsche. 2., verb. Aufl. (X, 410 S.) 910. Geb. in Leinw. 3. —

— dasselbe. 4. u. 11. Ergänzungsheft. 8. Ebd. — 70
- 4. Übungsstücke im Anschluß an Ciceros Rede gegen Verres. 4. Buch. 2. Aufl. (32 S.) 909. — 40
- 11. Übungsstücke im Anschluß an Ciceros Reden gegen Katilina. 2. Aufl. (20 S.) (907.) — 30

— dasselbe. Wörterverzeichnis. 1. Tl.: Sexta. Verf. v. E. Loch. 2., durchgeseh. Aufl. (IV, 25 S.) 8. Ebd. 910. — 35

Christian **Ostermanns** Lateinisches Übungsbuch. Ausg. f. Reformschulen, bearb. von Prof. Dr H[ermann] J[ohannes] Müller, Dir in Berlin, u. Dr G[erhard] Michaelis, Dir. in Barmen. Ausg A. 3. Aufl. Mit 25 Abb. auf 16 Taf. u. 2 Karten. Leipzig & Berlin B. G Teubner 1907. (XVII, 224, 86* S.) 8° [F.]
(Ostermann-Müller Michaelis Latein. Unterrichtswerk f. Reformschulen.) (07. 18849

Christian **Ostermanns** Lateinisches Übungsbuch Ausg f. Reformschulen, bearb. von Prof. Dr H[ermann] J[ohannes] Müller, Dir zu Berlin, u. Dr G[erhard] Michaelis, Dir. zu Barmen. Ausg B. 3. Aufl. Mit 2 Karten. Leipzig & Berlin. B. G. Teubner 1907. (XVI, 224, 80* S.) 8° [F.]
(Ostermann-Müller-Michaelis. Latein. Unterrichtswerk f. Reformschulen.) (07. 14740

— dasselbe. Ausg. f. Reformschulen, bearb. v. H. J. Müller u. G. Michaelis. (Ostermann-Müller-Michaelis: Latein. Unterrichtswerk f. Reformschulen.) 1. u. 3. Tl. 8. Ebd. Geb. in Leinw. 6. —
- 1. Lateinisches Lesebuch. 4. Aufl. (XIX, 242 u. 90 S. m. 25 Abb. auf 16 Taf. u. 2 farb. Karten.) 910. Geb. 3. —
- 3. Für Obertertia u. Untersekunda der Reformgymnasien, Obertertia, Untersekunda u. Obersekunda d. Reformrealgymnasien. Mit 1 farb. Karte v. Gallien. 2. Aufl. (VII, 343 S.) 910. Geb. 3. —

— dasselbe. 2. Tl.: Aufgaben zum Übersetzen ins Lateinische. Ausg. B. 3., fast unveränd. Aufl. (VIII, 159 S.) 8. Ebd. 910. Geb. 1. 80

— dasselbe. Gekürzte Ausg. C. 2. Aufl. (VIII, 360 S. m. 3 farb. Karten.) 8. Ebd. 910. Geb. in Leinw. 3. —

— dasselbe. Lateinisches Übungsbuch im Anschluß an e. etymologisch geordnetes Vokabularium. 4. Abtlg.: Für Tertia. 16. Aufl., besorgt v. H. J. Müller. 2., unveränd. Abdr. (X, 244 S.) 8. Ebd. 907. Geb. 2. —

Ostermann, Chrn., Uebungsbuch zum Uebersetzen aus dem Griechischen ins Deutsche u. aus dem Deutschen ins Griechische im Anschluß an ein grammatisch geordnetes Vocabularium u. einem kurzen Abriß der griech. Formenlehre für Anfänger (Quarta) bearb. Cassel 866. Kay. gr. 8. (IV, 196 S.) n. 17½ ngr.

— — 2., verb. Aufl. Ebend. 870. gr. 8. (VI, 214 S.) n. 18 ngr.

Ostermann, Chrn., Uebungsbuch zum Uebersetzen aus dem Lateinischen ins Deutsche und aus dem Deutschen ins Lateinische, im Anschluß an ein grammatisch, sachlich u. etymologisch geordnetes Vocabularium bearb. 4 Abthlgn. Leipzig, Teubner. gr 8. 1 ₰ 6 ngr.
- 1. Abth. Für Sexta. 860. — 2. verb. Aufl. 863. (VIII, 108 S.) 7½ ngr.
- 2. Abth. Für Quinta. 860. (IV, 140 S.) 9 ngr.
- 3. Abth. Für Quarta 861 (96 S.) 7½ ngr.
- 4. Abth. Für Tertia. 861. (2 Bl., 182 S.) 12 ngr.

— Uebungsbuch zum Uebersetzen aus dem Lateinischen ins Deutsche u. aus dem Deutschen ins Lateinische im Anschluß an ein grammatisch, sachlich u. etymologisch geordnetes Vocabularium. 4 Abthlgn. Leipzig 865—70. Teubner. gr. 8. 1 ₰ 6 ngr.
- 1. Abthlg. Für Sexta. 3—8., verb. Aufl. (VIII, 108 S.) 7½ ngr.
- 2. Abthlg. Für Quinta. 2—5., verb. Aufl. (VI, 136 S.) 9 ngr.
- 3. Abthlg. Für Quarta. 2—5., verb. Aufl. (120 S.) 7½ ngr.
- 4. Abthlg. Für Tertia. 2. u. 3. Aufl. (VIII, 188 S.) 12 ngr.

— lateinische Übungsbücher. Neue Ausg. von H. J. Müller. 9.—21. Ergänzungshft. gr. 8. Ebd. n. 4. 90
- 9. Uebungsstücke im Anschluß an Ciceros Rede f. Sextus Roscius aus Ameria. (10 S.) (900.) n. — 20
- 10. Uebungsstücke im Anschluß an Ciceros Rede üb. d. Oberbefehl des Pompejus. (14 S.) (900.) n. — 20
- 11. Uebungsstücke im Anschluß an Ciceros Reden gegen Katilina. (20 S.) (900.) — 30
- 12. Uebungsstücke im Anschluß an Livius, Buch 21—23. (36 S.) (900.) n. — 50
- 13. Uebungsstücke im Anschluß an Cäsars Kommentarien üb. den Bürgerkrieg. (30 S.) (900.) n. — 40
- 14. Uebungsstücke im Anschluß an Livius, Buch 23—25. (26 S.) (901.) n. — 40
- 15. Uebungsstücke im Anschluß an Livius, Buch 26—28. (29 S.) (901.) n. — 40
- 16. Uebungsstücke im Anschluß an Livius, Buch 29 u. 30. (22 S.) (901.) n. — 40
- 17. Uebungsstücke im Anschluß an Ciceros 1. u. 2. philippische Rede. (28 S.) 901. n. — 40
- 18. Uebungsstücke im Anschluß an Tacitus' Germania. (25 S.) 901. n. — 40
- 19. Uebungsstücke im Anschluß an Tacitus' Agrikola. (24 S.) (902.) n. — 40
- 20. Uebungsstücke im Anschluß an Sallusts katil. Verschwörg. (26 S.) (902.) n. — 40
- 21. Uebungsstücke im Anschluß an Livius, 1. Dekade. (Buch 1 u. 2.) (58 S.) 902. n. — 50

— lateinische Uebungsbücher. Neue Ausg. v. H. J. Müller. 10., 22. u. 23. Ergänzungsheft 8. Ebd. n. 1. 30
- 10. Uebungsstücke im Anschluß an Cicero's Rede üb. den Oberbefehl des Pompejus. 2. Aufl. (14 S.) (906.) n. — 20
- 22. Uebungsstücke im Anschluß an Curtius Rufus. (48 S.) (903.) n. — 50
- 23. Uebungsstücke im Anschluß an Tacitus' Annalen, Buch 1—3. (46 S.) (906.) n. — 60

— Lateinische Übungsbücher. Neue Ausg. v. H. J. Müller. IV. Tl. Anh.: Auszug aus der Tempus- u. Moduslehre. (2. Aufl.) (32 S.) 8. Ebd. (909). — 30

Ostermann, Chr., de Demetrii Phalerei vita, rebus gestis, et scriptorum reliquiis, part. I. 4. (64 S.) Hersfeld 847. (Schuster.) *

— lateinisches Vocabularium für Anfänger grammatisch, sachlich und etymologisch geordnet in Verbindung mit entsprechenden Uebungsbüchern zum Uebersetzen aus dem Lateinischen ins Deutsche und aus dem Deutschen ins Lateinische 4 Abthlgn. Ebend. gr. 8. 15½ ngr.
- 1 Abth. Für Sexta. 860. — 2. Aufl. 863. (28 S.) 3 ngr.
- 2. Abth. Für Quinta. 860. — 2. Aufl. 864. (24 S.) 3 ngr.
- 3. Abth. Für Quarta. 861. (48 S.) 4½ ngr.
- 4 Abth. Für Tertia. Etymologisch geordnetes Vocabularium. 861 (76 S.) 5 ngr.

—— lateinisches Vocabularium für Anfänger, grammatisch, sachlich und etymologisch geordnet in Verbindung mit entsprechenden Uebungsbüchern zum Uebersetzen aus dem Lateinischen ins Deutsche und aus dem Deutschen ins Lateinische. 4 Abthlgn. gr. 8. Leipzig 863—68, Teubner. cart. –

Inhalt:

Abthl. 1. Für Sexta. 2.—6. Aufl. (28 S.) 3 Ngr.
„ 2. Für Quinta. 2.—4., verb. Aufl. (24 S.) 3 Ngr.
„ 3. Für Quarta. 2. Aufl. (47 S.) 4½ Ngr.
„ 4. Für Tertia. Etymologisch geordnetes Vocabularium. 2. Aufl. (80 S.) 5 Ngr.

—— lateinisches Vocabularium sachlich und grammatikalisch geordnet in Verbindung mit einem Uebungsbuche zum Uebersetzen aus dem Deutschen ins Lateinische. 4 Abthlgn. gr. 8. Ebendas. 869—75. cart.

Inhalt:

Abthl. 1. Für Sexta. 7.—13. Doppel-Aufl. (28 S.) 30 Pf.
„ 2. Für Quinta. 5.—9. verb. Doppel-Aufl. (24 S.) 30 Pf.
„ 3. Für Quarta. 3.—8. verb. Doppel-Aufl. (48 S.) 45 Pf.
„ 4. Für Tertia. 3. und 4. verb. Doppel-Aufl. (80 S.) (50 Pf.) 60 Pf.

—— lateinisches Vocabularium grammatikalisch geordnet in Verbindung mit einem Uebungsbuche zum Uebersetzen aus dem Deutschen ins Lateinische. 4 Abthlgn. gr. 8. Ebendas. cart.

Inhalt:

Abthl. 1. Für Sexta. 14.—16. [Doppel-]Aufl. (28 S.) 876,77, 17—19 [Doppel-]Aufl. (32 S.) 878,79. 30 Pf.
„ 2. Für Quinta. 10.—12. [Doppel-]Aufl. (28 S.) 876—78; 13. [Doppel-]Aufl. (32 S.) 879. 30 Pf.
„ 3. Für Quarta. 9. verb. [Doppel-]Aufl. (51 S.) 877. 45 Pf.
„ 4. Für Tertia. 5. und 6. verb. [Doppel-]Aufl. (80 S.) 876,77 60 Pf.

—— lateinisches Vocabularium, grammatikalisch geordnet in Verbindung mit einem Uebungsbuche zum Uebersetzen aus dem Deutschen ins Lateinische. [Mit Berücksicht. der neuen deutschen Rechtschreibung.] 4 Abthlgn. gr. 8. Ebendas. cart.

Inhalt:

Abthl. 1. Für Sexta. 20.—24. [Doppel-]Aufl. (32 S.) 881—83; 25. [Doppel-]Aufl. (34 S.) 884. 30 Pf.
„ 2. Für Quinta. 14.—16. [Doppel-]Aufl. (32 S.) 881—83; 17. [Doppel-]Aufl. (36 S.) 884. 30 Pf.
„ 3. Für Quarta. 10.—13. verb. [Doppel-]Aufl. (52 S.) 882,84. 45 Pf.
„ 4. Für Tertia. 7. verb. [Doppel-]Aufl. (80 S.) 881. 60 Pf.

—— lateinisches Vokabularium, grammatikalisch [und etymologisch] geordnet, in Verbindung mit einem Übungsbuche. Mit Berücksicht. der neuen deutschen Rechtschreibung. 4 Abtlgn. gr. 8. Ebendas. 885—88. 1 65

Inhalt:

Abtl. 1. Für Sexta (grammatikalisch geordnet). 26.—29. Doppel-Aufl. (34 S.); 30. Doppel-Aufl. (42 S.) 30 Pf.
„ 2. Für Quinta (grammatikalisch geordnet). 18. und 19. Doppel-Aufl. (38 S.); 20. Doppel-Aufl. (47 S.) 30 Pf.
„ 3. Für Quarta (sachlich und grammatikalisch geordnet). 14. Doppel-Aufl. (52 S.); 15. Doppel-Aufl. (68 S.) 45 Pf.
„ 4. Für Tertia (etymologisch geordnet) in Verbindung mit einem Übungsbuche zum Übersetzen aus dem Deutschen ins Lateinische. 9. Doppel-Aufl. (83 S.) 60 Pf.

— lateinisches Vokabularium, grammatikalisch geordnet, in Verbindung m. e. Übungsbuche. 4 Abtlgn. gr. 8. Ebd. cart. 1. 65

1. Für Sexta. 33 Doppel-Aufl. (42 S.) 890. — 30. — 2. Für Quinta. 22. Doppel-Aufl. (47 S.) 890. — 30. — 3. Für Quarta. 15. Doppel-Aufl. (68 S.) 888. — 45. — 4. Für Tertia. 9. Doppel-Aufl. (83 S.) 887. — 60.

— lateinisches Vokabularium, grammatikalisch geordnet in Verbindg. m. e. Übungsbuche. 4 Abtlgn. Neue Aufl., besorgt v. H. J. Müller. gr. 8. Leipzig, B. G. Teubner. Kart. 1. 65

1. Für Sexta. 35. Aufl. (47 S.) 893. — 30
2. Für Quinta. 23. Aufl. (48 S.) 891. — 30
3. Für Quarta. 17. Aufl. (68 S.) 891. — 45
4. Für Tertia. 10. Aufl. (85 S.) 890. — 60

— lateinisches Vokabularium, grammatikalisch geordnet in Verbindg. m. e. Übungsbuche. 2 Abtlgn. Für Quinta. 24. Aufl., besorgt v. H. J. Müller. gr. 8. (48 S.) Ebd. 900. — 30

(—) — lateinisch-deutsches und deutsch-lateinisches Wörterbuch zu Ostermann's latein. Uebungsbüchern für Sexta und Quinta alphabetisch geordnet. Ebend. 863. gr 8. (IV, 61 S.) 7½ ngr.

— lateinisch-deutsches u. deutsch-lateinisches Wörterbuch zu Ostermann's lateinischen Uebungsbüchern für Sexta u. Quinta alphabetisch geordnet. 2. u. 3. verb. Aufl. Ebend. 866, 69. gr. 8. (IV, 68 S.) cart. 7½ ngr.

—— lateinisch-deutsches und deutsch-lateinisches Wörterbuch zu Ostermann's lateinischen Uebungsbüchern für Sexta und Quinta alphabetisch geordnet. 3.—7. verb. Doppel-Aufl. gr. 8. (87 S.) Ebendas. 869—75.

—— lateinisch-deutsches und deutsch-lateinisches Wörterbuch zu Ostermann's lateinischen Uebungsbüchern für Sexta und Quinta alphabetisch geordnet. 8. verb. [Doppel-]Aufl. (78 S.) 1876; 9. und 10. verb. [Doppel-]Aufl. gr. 8. (79 S.) Ebendas. 877,79. cart.

Ostermann, Chr., lateinisch-deutsches und deutsch-lateinisches Wörterbuch zu Ostermanns lateinischen Übungsbüchern für Sexta und Quinta, alphabetisch geordnet. [Mit Berücksicht. der neuen deutschen Rechtschreibung.] 11. verb. [Doppel-]Aufl. (79 S.) 1881; 12. verb. [Doppel-]Aufl. gr. 8. (83 S.) Leipzig 882, Teubner. cart.

— lateinisch-deutsches u. deutsch-lateinisches Wörterbuch zu Ostermanns lateinischen Übungsbüchern f. Sexta, Quinta u. Quarta, alphabetisch geordnet. 13. Doppel-Aufl. gr. 8. (85 S.) Ebend. 885. cart. — 75

— lateinisch-deutsches u. deutsch-lateinisches Wörterbuch zu Ostermann's lateinischen Übungsbüchern f. Sexta, Quinta u. Quarta, alphabetisch geordnet. 14., verb. Doppel-Aufl. gr. 8. (89 S.) Ebd. 887. cart. — 75

— lateinisch-deutsches u. deutsch-lateinisches Wörterbuch zu Ostermanns lateinischen Übungsbüchern f. Sexta, Quinta u. Quarta, alphabetisch geordnet. 16. Aufl., besorgt v. H. J. Müller. gr. 8. (101 S.) Ebd. 891. Kart. — 75

— lateinisch-deutsches u. deutsch-lateinisches Wörterbuch zu d. latein. Uebungsbüchern f. Sexta bis Tertia desselben Verf. Neue Ausg., besorgt v. H. J. Müller. gr. 8. (VI, 186 S.) Ebd. 895. Geb. in Leinw. n. 1. 40

— lateinisch-deutsches u. deutsch-lateinisches Wörterbuch zu den lateinischen Übungsbüchern f. Sexta bis Unter-Sekunda desselben Verf. Neue Ausg., besorgt v. H. J. Müller. 3. Aufl. gr. 8. (VI, 187 S.) Ebd. 901. Geb. in Leinw. n. 1. 40

Chr(istian) Ostermanns Wörterbuch ⟨Lateinisch-Deutsch u. Deutsch-Lateinisch⟩ zu d. Übungsbüchern für Sexta bis Unter-Sekunda desselben Verf. Neue Ausg. von Prof. Dr H[ermann] J[ohannes] Müller, Dir in Berlin. 4 Aufl. in d. neuen deutschen Rechtschreibung. *Leipzig: & Berlin: B. G. Teubner 1904* (VIII, 205 S.) 8° [F.] [04. 1300]

— Wörterbuch (Lateinisch-Deutsch u. Deutsch-Lateinisch) zu den Uebungsbüchern f. Sexta bis Untersekunda desselben Verf. Neue Ausg. v. H. J. Müller. 5. (unveränd.) Aufl. (VIII, 205 S.) 8. Ebd. 906. Geb. n. 1 40

Chr[istian] Ostermanns Worterbuch ⟨Lateinisch-Deutsch u. Deutsch-Lat.⟩ zu d. Übungsbuchern fur Sexta bis Unter-Sekunda desselben Verf. Neue Ausg. von Prof. Dr H[ermann] J[ohannes] Müller, Dir. in Berlin. 6. Aufl. Leipzig & Berlin B. G. Teubner 1908. (VIII, 246 S.) 8° [A.] [08. 3122]

— Wörterbuch (Lateinisch-Deutsch u. Deutsch-Lateinisch) zu den Übungsbüchern f. Sexta bis Unter-Sekunda desselben Verf. Neue Ausg. v. H. J. Müller. 7. (unveränd.) Aufl. (VIII, 246 S.) 8. Ebd. 909. Geb. in Leinw. 1. 80

Ostermann, [illegible] Mittel und [illegible] zur Herstellung [illegible] [illegible]
Berlin, Med. Diss. [illegible]

Ostermann, Friedrich Albert, cand. med aus Barmen Über Todesfälle nach medikamentösen Injektionen in den nicht puerperalen Uterus. *Bonn [1899]: J. Bach Wwe.* (38 S.) 8°
Bonn, Med. Diss. v. [27. Juli] 1898

Ostermann, Geo. Feldmarschall Radetzky od. e. folgenschwerer Irrthum. Schauspiel in 3 Acten. Gelegentlich der Errichtg. d. Radetzky-Monumentes verf. gr. 8. (47 S.) Wien 892. (Lpz., Literar. Anstalt Aug. Schulze.) * 1 60

Ostermann, Heinrich

Ostermann, H., Ergänzungen zum Handbuch der Polizei-, Militair-, Steuer- u. Gemeinde-Verwaltung in den k. preuß. Staaten. Lex.-8. ($32^{3}/_{4}$ B.) Münster 843, Coppenrath'sche Bh.

Ostermann, Heinr., die gesammte Polizei-, Militair-, Steuer- u. Gemeinde-Verwaltung in d. k. preuß. Staaten. 2 Bde. (od. 10 Lfgn.) gr. 8. ($77^{1}/_{2}$ B.) Coesfeld 836—38, Riese'sche Bh.

—— dass. — 11. Lfg. od. Supplem.-Hft., das alphabet. Register enth. gr. 8. (7 B.) Ebds. (auch Münster, Coppenrathsche Buchhh.) 838. *

Ostermann, Heinrich [aus Braunschweig]: Die Symmetrie im Fuhlraum der Hand Wurzburg, Druck d. Stahel'schen Buchdr., 1888; 1 Bl. + 28 S. 8°
Würzburg, Med. Fak., Inaug.-Diss. v. 1888

Ostermann, Heinrich Armand: Die Staatenpflege des Reiches nach Art. 76 R.V. Leipzig: Wigand 1910. 07 S. 8°
Leipzig, Jur. Diss. v. 7. Jan. 1910
[Geb. 12. Nov 86 Genf; Wohnort: Jena; Staatsangeh.: Preußen; Vorbildung: Gymn. Gleiwitz Reife O. 06; Studium: Jena 1, Breslau 1, Jena 3. Breslau 1, Jena 1 S., Rig. 23. Dez. 09.] [U 10. 2823

Ostermann, Heinrich Theodor, aus Essen a. d. Ruhr Die Zahlung einer Schuld durch Wechsel unter Berücksichtigung von Novation, Hingabe einer Forderung an Zahlungsstatt und zahlungshalber. *Erlangen 1899: E. Th. Jacob.* (43 S.) 8° [J.]
Erlangen, Jur. Diss. v. 13. Jan 1899

Ostermann, H[elmuth], Referendar in Ratzebuhr Das Miterbenverhältnis nach dem BGB. und dem gemeinen Recht. *Greifswald 1903: J. Abel.* (64 S.) 8° [J.]
Greifswald, Jur. Diss. v. [14. Mai] 1903

Ostermann, Herm., Lautlehre des germanischen Wortschatzes in der v. Morton hrsg. Handschrift der Ancren Riwle, s.a Beiträge, Bonner, zur Anglistik. 19. Hft.

Ostermann, Hermann, a. Dortmund: Lautlehre des germanischen Wortschatzes in der von Morton herausgegebenen Handschrift der Ancren Riwle. T. 1. Die ae. und an. haupttonigen kurzen Vokale. Bonn: P. Hanstein 1904. (VIII, 40 S.) 8° ¶(Ersch. vollst. in: Bonner Beiträge z. Anglistik, H. 19.)
Bonn, Phil. Fak., Ref. Bülbring, Diss. v. 1. Aug. 1904
[Geb. 3. Mai 77 Dortmund, Heimatsort: Dortmund; Staatsangeh.: Preußen; Vorbildung: Kgl. Realgymnasium Dortmund Reife O. 98; Studium: Bonn 11 S., Rig. 24 Febr 04.]

Ostermann, Hugo Zur Aussprache fremder geographischer Namen in der Schule. S. 3—16. 8.
Staats-Gymn. mit deutscher Unterrichtssprache *Prag-Altstadt* 1902
Progr.

Ostermann Dr. Hugo: **Rede, gehalten am 4. October 1900 anlässlich der 70. Geburtsfeier Sr. Majestät des Kaisers. 5. (anschliessend daran die Rede des Direktors Frank Anton, Dr.). Prag Altstadt 01.**
Progr.

Ostermann, Hugo Die Vorläufer der Diocletianischen Reichstheilung. 8 (19 S.). **Progr.** Staats-Ober-G *Böhm.-Leipa* 1886

Ostermann, J. E., de communi Christianorum precatione. Viteb. 1710. 4.

Ostermann, Jelto. Untersuchungen und Versuche über Hygienol S als Desinficiens, Desodorans und Wundheilmittel. Diss. Vet.-Med. Bern. *Kopftitel*: Aus dem hygienischen Institut der Königlichen Tierärztlichen Hochschule in Hannover. 34 S. 8. Herford, Gebr. Heidemann, 1909

Ostermann, Karl

Ostermann, Carl, a. Braunschweig: Ueber die durch Prostatahypertrophie bedingten Harnstörungen und ihre operative Behandlung. Leipzig 1906: Roßberg. (33 S.) 8°
Leipzig, Med. Fak., Ref. Trendelenburg, Diss. v. 21. März 1906
[Geb. 7. Febr. 72 Braunschweig; Wohnort: Leipzig; Staatsangeh.: Braunschweig, Vorbildung: Martino-Kathar.-Gymn. Braunschweig O. 93; Studium: Freiburg i. B. 1, Leipzig 10, Erlangen 1 S.; Coll. 21 März 06; Approb. 8. März 01.]

Ostermann, Carl, wie studiert man Medizin? Ein prakt. Wegweiser. (56 S.) 8. Leipzig 906. Roßberg'sche Verlagsbuchh. n. 1. —

Ostermann, Kaspar

Ostermann, Caspar, appr. Arzt a. Geldern: Aus d. chirurg. Abteilung d. St. Marienhospitals zu Bonn ⟨Prof. Dr. Graff⟩. Beitrag zum Kapitel der Darmverletzungen durch stumpfe Gewalt. Cöln 1908: Th. Quos. (31 S.) 8°
Bonn, Med. Fak., Ref. Garrè, Diss. v. 14. Febr. 1908
[Geb. 31. Jan. 80 Geldern; Wohnort: Bonn; Staatsangeh.: Preußen; Vorbildung: Gymn. Moers Reife O. 99; Studium: Bonn 5, Marburg 1, Bonn 11 S.; Coll. 14. Febr. 08; Approb. 5. Aug. 07.]

Ostermann, Ludwig, aus Iserlohn: Grammatische Untersuchungen mit Rücksicht auf die Verfasserfrage der drei sogenannten Ratis Raving-Gedichte und des Gedichtes The Thewis of Gud Women ⟨zusammen hrsg. in E.E.T.S. No 43⟩. *Halle a. S. 1902: E. Karras.* (28 S.) 8° ¶(Erscheint vollst. in: Bonner Beiträge zur Anglistik, H. 12.)
Bonn, Phil. Diss. v. 14. März 1902

Ostermann, Ludw., Untersuchungen zu Ratis Raving u. dem Gedicht The thewis of gud women, s.a Beiträge, Bonner, zur Anglistik. 12.

Untersuchungen zu Ratis Raving und dem Gedicht the Thewis of Gud Women von Dr. Ludwig **Ostermann**. *Bonn: P. Hanstein 1902.* (S. 41 —102.) 8°
[Ein Teil erschien als Inaug.-Diss. Bonn 1902.]
— Beiträge, Bonner, z. Anglistik. H. 12, (o.) [04. 1336

Ostermann, Ludw. Frdr., pädagogische Randzeichnungen in darstellender u. philosoph. Form. 1. Bd. gr. 8. (XII u. 220 S.) Hannover 850, Rümpler in Comm. n. 1 ₰ 6 ngr

Ostermann, Matthias: Der Verlust der Staatsangehörigkeit durch Nichtgebrauch. Trebnitz i. Schl. [1906]: Maretzke & Märtin. (50 S.) 8°
Heidelberg, Jur. Fak., Ref. Anschütz, Diss. v. 20. Sept. 1906
[Geb. 5. Aug. 80 Norddinker, Kr. Hamm, Wohnort: Berlin; Staatsangeh. Preußen; Vorbildung: Gymn. Soest Reife O. 03; Studium: Tübingen 1, Halle 1, Berlin 4 S., Rig. 31 Juli 06.]

Ostermann, Nikol., in Algier u. Hinterindien. 5. XI. 1887—1. V. 1902. Erlebnisse eines Deutschen in der französ. Fremdenlegion. Bearb. v. J. Zender. (83 S.) 8. Kaiseresch 908. P. Sesterhenn. — 60; geb. in Leinw. — 90

Ostermann, *Rudolf:* Die Walcher'sche Hängelage und ihre praktische Bedeutung .. Strassburg, Elsäss. Druckerei, 1895; 41 S. 8.
Strassburg, Med. Fak., Inaug.-Diss. v. 1895

Ostermann, Wilhelm

Ostermann, W., die Grundlehren der pädagogischen Psychologie. 8. (IV, 100 S.) Oldenburg 880, Schulze'sche Hofbuchh. *

Ostermann, Wilh., Grundsätze d. preuß. Staatsrechts. gr. 8. (30 B.) Dortmund 841, Krüger.

Ostermann, W., zur Herbart-Frage. Ein Wort der Erwiderg. an Hrn. Otto Flügel. gr. 8. (91 S.) Oldenburg 888. Schulze. n. 1. —

Ostermann, W., zur Herbart-Frage. Ein Wort der Erwiderg. an Hrn. Otto Flügel. 2. (Titel-)Aufl. gr. 8. (91 S.) Oldenburg 894. Schulze. n. 1. —

Ostermann, W., d. Interesse. E. psycholog. Untersuchg. m. pädagog. Nutzanwendgn. gr. 8. (IV, 92 S.) Oldenburg 895. Schulze. n. 1. —

Ostermann, W., das Interesse. Eine psycholog. Untersuchg. m. pädagog. Nutzanwendungen. 2. Aufl. (IV, 184 S.) 8. Oldenburg (907). Schulze. 1. 80

—— die hauptsächlichsten Irrtümer der Herbartschen Psychologie und ihre pädagogischen Konsequenzen. Eine kritische Untersuchung. 8. (IV, 246 S.) Ebendas. 887. * 4 —
Vgl.: Flügel, Otto, Ostermann über Herbart's Psychologie.

— die hauptsächlichsten Irrtümer der Herbartschen Psychologie u. ihre pädagogischen Konsequenzen. Eine krit. Untersuchg. 2. (Titel-)Aufl. gr. 8. (IV, 246 S.) Ebd. 894. n. 4. —

Die hauptsächlichsten Irrtümer der Herbartschen Psychologie und ihre pädagogischen Konsequenzen. Eine krit. Untersuchung von Dr W[ilhelm] Ostermann. Geh R. 3. Aufl. Oldenburg & Leipzig Schulze 1908. 238 S. 8° A 12.1395

Ostermann, Wilh., über Kant's Critik der rationalen Theologie. Inaugural-Dissertation. gr. 8. (37 S.) Jena 876. (Deistung.) n. — 60

—— und L. Wegener, Lehrbuch der Pädagogik. 2 Bde. gr. 8. Ebendas. [1. Bd. (VII, 189 S.) 882. *ℳ 2,40.; 2. Bd. (IV, 380 S.) 883. *ℳ 4.] *

Ostermann, W., u. L. Wegener, Lehrbuch der Pädagogik. 1. u. 2. Bd. gr. 8. Oldenburg, Schulze. n. 6. 40
1. 2. Aufl. (VIII, 231 S.) 885. n. 2. 40
2. (IV, 380 S.) 883. n. 4. —

— u. L. **Wegener,** Lehrbuch der Pädagogik. 1. Bd. 3. Aufl. gr. 8. (VIII, 230 S.) Ebd. 889. n. 2. 60

— u. L. **Wegener,** Lehrbuch der Pädagogik. 2 Bde. 4. Aufl. gr. 8. Oldenburg, Schulze. n. 6. 60
1. (VIII, 239 S.) 891. n. 2. 60. — 2. (III, 391 S.) 892. n. 4. —.

— — dasselbe. 2 Bde. 5. Aufl. gr. 8. Ebd. n. 6. 60
1. (VIII. 240 S.) 893. n. 2. 60. — 2. (IV, 395 S.) 894. n. 4. —.

— — dasselbe. 1. Bd 6. Aufl. gr. 8. (VIII, 248 S.) Ebd. 894. n. 2. 60

— u. L. **Wegener,** Lehrbuch d. Pädagogik. 1. Bd. 7. Aufl. gr. 8. (VIII, 243 S.) Ebd. 896. n. 2. 60;

— dasselbe. 8. Aufl. gr. 8. (VIII, 268 S.) Ebd. 896. n. 3. —

— — dasselbe. 2. Bd. 6. u. 7. Aufl. gr. 8. (à IV, 395 S.) Ebd. 895. 96. à n. 4. —

— u. L. **Wegener,** Lehrbuch der Pädagogik. 1. Bd. 2 Tle. u. 2. Bd. 12. Aufl. gr. 8. Ebd. 902. n. 9. 30; geb. n.n. 11. 40
1. I. (XXIV, 234 S.) n. 3. —; geb. n.n. 3. 70
II. (VI, 176 S.) n. 2. 30; geb. n. 3. —
2. (IV, 396 S.) n. 4. —; geb. n.n. 4. 70

— u. L. **Wegener,** Lehrbuch der Pädagogik. 1. Bd. I. Tl. gr. 8. Ebd. 906. 3. —; geb. n. 3. 70
Psychologie, allgemeine Unterrichts- u. Erziehungslehre v. W. Ostermann. 31.—40. Taus. (X, 270 S.)

Ostermann, W., & L. Wegener: Lehrbuch der Pädagogik. Oldenburg.
1 Psychologie. 1910.
3. Allgem. Erziehungs- u. Unterrichtslehre. 1911. Bearb. v. Schwartz.
5. Schulkunde. 1910.

— u. L. **Wegener,** Leitfaden der Pädagogik. 2 Bde. gr. 8. Ebd. 4.20; geb. 5. 70
I. 1. Psychologie v. W. Ostermann. (IV, 92 S.) 908. 1 —. geb. 1. 40
I. 2. Unterrichts- u. Erziehungslehre u. Geschichte der Pädagogik v. W. Ostermann. (III, 135 S.) 908. 1.40; geb. 1. 90
II. Besondere Unterrichtslehre u. Schulkunde v. L. Wegener. (VIII, 180 S.) 909. 1.80; geb. 2. 40

— — dasselbe. Ausg. B f. kathol. Lehrerseminare. 2 Bde. gr. 8. Ebd. 4.30; geb. 5. 80
I. 1. Psychologie, allgemeine Unterrichts- u. Erziehungslehre v. O. (IV, 51 S.) 910. 1.50; geb. 2. —
I. 2. Geschichte der Pädagogik, bearb. v. A. Volkmer. (III, 87 S.) 911. 1.—; geb. 1. 40
II. Besondere Unterrichtslehre u. Schulkunde. Religion v. Hoffmann. Die übr. Fächer u. Schulkunde v. Wegener. (VIII, 180 S.) 910. 1.80; geb. 2. 40

— **pädagogisches Lesebuch** f. Lehrerseminare. gr. 8. (VII, 689 S.) Ebd. 893. n. 5. —

Ostermann, W., pädagogisches Lesebuch f. Lehrerseminarien. 2. Aufl. gr. 8. (VII, 662 S.) Oldenburg 901. Schulze. n. 5. —

Ostermann, W., pädagogisches Lesebuch f. Lehrerseminarien. 3. Aufl. (VIII, 668 S.) gr. 8. Oldenburg 906. Schulze. n. 5. —

— Pädagogisches **Lesebuch** f. Lehrer u. Lehrerseminare. 4. Aufl. (VIII, 704 S.) gr. 8. Ebd. 910. 5.50; geb. n 6. 50

Ostermann, W. Der psychologische Materialismus. Vortrag. gr. 8. (II, 34 S.) Hamb. 891, Herold's Verlag. * — 80

Graf Ostermann-Tolstoi. Eine kurze Darstellung seiner militärischen Verdienste. 8 Leipzig 1858.

Ostermayer, s.a. Ostermeyer

Ostermayer, Schreib-Vorlagen zur raschen Verbesserung der Handschrift. Für die unteren Klassen der Mittelschulen und zum Selbstunterrichte. qu. 8. (14 Stnt. mit 2 S. Text.) [Neu-Ulm 883, Stahl's Verlag.] Regensburg, Verlagsbureau. *

Ostermayer, Adf., 60 Bauernpredigten. Ein lust. Evangelium, dem Bauern zu Nutz u. Lehr. (III, 400 S.) 8. Brünn 907. F. Irrgang. 2. 50

— Lehrbuch der Landwirtschaftslehre. Für Lehrerbildungsanstalten. 2 Tle. gr. 8. Wien 910. F. Tempsky. Geb. in Leinw. 4. 30
1. Der Pflanzenbau. (163 S. m. 161 Abb. u. 1 farb. Taf.) Geb. 2. 50
2. Tierzucht u. landwirtschaftliche Gesetzeskunde. (94 S. m. 26 Abbildgn. u. 2 farb. Taf.) Geb. 1. 80

Ostermayer, Adf., Leistungszucht u. Leistungskontrolle unter besond. Berücksicht. des Milchviehs. (IV, 101 S.) 8. Leipzig 905. M. Heinsius Nachf. n. 2. —

Ostermayer, August, aus Stuttgart: **Beiträge zur Kenntnis der Basalte des Haßgaus.** *Erlangen 1903: H. Vollrath.* (42 S.) 8°
Erlangen, Phil. Diss. v. 17. Juli 1902

Ostermayer, Ernst (in d. Vita: Eduard!) [aus Weilheim u. T.]. Die Marktcontrole der Kuhmilch mit besonderer Berücksichtigung der Verhältnisse in Halle a. S. Halle a. S., Hofbuchdr. v. C. A. Kaemmerer & Co., 1891. 32 S., 1 Bl. 8°
Halle, Med. Fak., Inaug.-Diss. v. 22. Jul. 1891

Ostermayer, Eug., die organischen Farbstoffe d. Steinkohlen-Theer-Industrie. Wissenschaftlich-technisch kurz zusammengestellt u. bearb. 8. (50 S.) Lörrach 879. (Gutsch.) n. 1. 50

Ostermayer, Eugen Ueber einen neuen Kohlenwasserstoff im Steinkohlentheeröl. Tübingen, 1872

Ostermayer, Friedr., de historia fabulari in comoediis Plautinis. Dissertatio inauguralis. gr. 8. (64 S.) Gryphiswaldiae 884. (Jena, Pohle.) *

Ostermayer, Heinr., Tagebuch einer Reise nach Texas im J. 1848–1849. In 3 Abschnitten. I. Land- u. Seereise in 77 Tagen von Antwerpen bis Galveston. II. Von Galveston nach Neu-Braunfels u. Aufenthalt daselbst. III. Aufenthalt auf der Farm Marienthal u. Rückreise von Neu-Braunfels über Indianpoint, Galveston, von New-Orleans in 45 Tagen nach Havre. Zur Unterhaltung, Belehrung u. insbesondere zum Nutzen für Auswanderer nach Nord-Amerika, hauptsächlich nach Texas. Nach eigener Anschauung verfaßt. Mit 2 Steindrucktaf. gr. 8. (200 S.) Biberach 850. Ravensburg, Dorn in Comm. n. 2/3 ₰

Ostermayer, Nic., e. Methode z. Entferng. v. Cysten u. Adenomknoten aus d. Schilddrüsengewebe ohne Blutg. [Aus: „Allg. med. Central-Zeitg.“] gr. 8. (4 S.) Berlin 895. O. Coblentz. n. 1.—

Ostermeyer, s. a. Ostermayer

Ostermeyer, Schreib-Vorlagen zur raschen Verbesserung der Handschrift. Für die unteren Klassen der Mittelschulen u. zum Selbstunterrichte. qu. 8. (14 Steintaf m. 2 S. Text.) Neu-Ulm 883. Stahl's Verl. n. —30

Ostermeyer, Frdr., de historia fabulari in comoediis Plautinis. gr. 8. (64 S.) Gryphiswaldiae 884. (Jena, Pohle.) n. 1.20

Ostermeyer, Friedrich Wilhelm

Beamten, die Hannöverschen, u. d. Verfassung d. Hannöv. Aemter in ihren jetzigen Verhältnissen. (Vom Assess. Ostermeyer.) gr. 8. Hannov. 812. Hahn. 6 gl

Beamten, die Hannöverschen, u. d. Verfass. d. Hannöv. Aemter in ihr. jetz. Verhältnissen. gr. 8. (3½ B.) Hannover, Dec. 831, Hahn.

Die Hannöv. Beamten u. die Verfass. d. Hannöv. Aemter in ihren jetz. Verhältn. *Ebend.* 836. gr. 8. (6 Gr.)

Ostermeyer, F. W., Ideen üb. d. neue Organisation d. Civil-Verwaltung im Königr. Hannover. gr. 8. (3½ B.) Hannover 835, Helwingsche Hofbuchh.

Ostermeyer, F. W., die Local-Behörden in d. Stadt Celle u. deren Vorstädten, nebst d. Entwurfe e. Verfassungs- u. Verwaltungs-Reglements f. Stadt u. Vorstädte. 8. (7¼ B.) Celle 832, Schulze.

—— die Militair-Rechtspflege im Königr. Hannover. gr. 8. (13½ B.) Hannover 832, Hahn.

Ostermeyer, Gottfried

— krit. Beitrag z. altpreuß. Religionsgeschichte. gr. 8. Königsb. 776. Kanter. (Unzer). 3 gl

Ostermeyer, Gf., Gedank. v. d. alt. Bewohnern Preußens. gr. 8. Königsb. Kanter. (Unzer.) 760.

Ostermeyer, Gf., († ...) Gedanken von d. alten Bewohnern d. Landes Preußen. gr. 8. Königsb. 780. Kanter. (Unzer). 6 gl

Stimmt die Arbeit des Internationalen Guttempler-Ordens mit der heiligen Schrift überein? Vortrag zu Bethel bei Bielefeld 1900 von J **Ostermeyer**, Missionar Bethel bei Bielefeld: Anst. Bethel [1907]. (10 S.) 8° [F.] [08. 8636

Ostermeyer, Karl, das Büchlein v. Gottes Gaben, u. wie junge Seelen dafür danken. (71 S.) 8. Elberfeld 905. Buchh. der ev. Gesellschaft. —60; geb. in Leinw. —90

Ostermeyer, Max, Blätter aus d. bürgerlichen Gesetzbuch, besprochen u. m. d. im Gebiet d. preuß. allgem. Landrechts gelt. Privatrecht verglichen. 1.–4. Hft. gr. 8. Leipzig 897. F. Luckhardt. à n. 1.— (1. Bd. kplt.: n. 4.—)

1. Allgem. Teil. §§ 1–240. Personen. Sachen. Rechtsgeschäfte. Fristen. Termine. Verjährg. Ausübg. d. Rechte. Selbstverteidigg. Selbsthilfe. Sicherheitsleistg. (64 S.)
2. Recht d. Schuldverhältnisse. §§ 241–432. Inhalt d. Schuldverhältnisse. Schuldverhältnisse aus Verträgen. Erlöschen der Schuldverhältnisse. Uebertragg. d. Forderg. Schuldübernahme. Mehrheit v. Schuldnern u. Gläubigern. (S. 65–128.)
3. 4. Dasselbe. §§. 433–853. Einz. Schuldverhältnisse. Sachregister. Quellenregister. (S. 129–273.)

Blätter aus dem Bürgerlichen Gesetzbuch. Die Abweichungen d. Allgem. Teils u. d. Rechts d. Schuldverhältniße vom Preuß. Privatrecht dargest. von **Max Ostermeyer** §§ 1–853 mit Sach- u. Quellenreg. *Berlin & Leipzig: F Luckhardt 1899.* (273 S.) 8° [F.] [03. 13850 6

Formulare der gewöhnlichsten Geschäfte des neuen Rechts zum Gebr f. Jedermann von **Max Ostermeyer**, Rechtsanw Mit e Anh. Die Kais. Verordnung v 27 März 1899, betr d. Hauptmängel u. Gewährfristen beim Viehhandel. 2., verm. u. verb. Aufl. *Königsberg: Hartung 1900.* (X, 168 S.) 8° [F.] [00. 6466

Ostermeyer, Max, Formulare der gewöhnlichsten Geschäfte des neuen Rechts zum Gebrauche f. Jedermann. M. e. Anh.: Die kaiserl. Verordng. vom 27. III. 1899, betr. die Hauptmängel u. Gewährfristen beim Viehhandel. 3. Aufl. 8. (XI, 170 S.) Königsberg 900. Hartung. Kart. n. 2.—

1. Aufl. (XI, 154 S.) — 2. verm. u. verb. Aufl. (XI, 168 S.)

— Handbuch des Sachenrechts m. Erläuterungen in der Titelfolge des bürgerl. Gesetzbuchs u. m. den einschlagenden neuen Reichsgesetzen. gr. 8. (427 u. Sachregister XII S.) Ebd. 899. n. 8.—; erm. Pr. n. 4.—

Ostermeyer, M., Strafgesetz und Moral, s. Zeit- und Streit-Fragen, deutsche.

Ostermeyer M, Strafgesetz und Moral. (Zeit- u Streitfr. NF 12) Hamburg 1886

Kants Lehre von dem bösen und guten Prinzip im Vergleich mit der christlichen Lehre von der Sünde und Erlösung dargest. u. beurteilt von **Paul Rud Ostermeyer** Königsberg i. Pr: Ostpr Dr & Verlagsanst. 1905. (56 S.) 8° [F.] [05. 19516

Verstreute Nachrichten über die Ostermeyer ohne Rücksicht auf die Namensschreibung und Stammverwandtschaft. Gesammelt u. hrsg von **Paul R[ud.] Ostermeyer** Prediger zu Königsberg i. Pr *Königsberg i. Pr 1904 R Leupold.* (57 S.) 8° [4. 16251 2

Die Ostermeyer alias Ostermayr Genealog Studie von **Paul Rud. Ostermeyer**, Pred. in Königsberg i. Pr *Königsberg i. Pr. 1903: R. Leupold* (44 S.) 8°

Aus Altpreuß. Monatsschrift Bd 40, H 7 8. [04. 76310

Die Ostermayer al. Ostermeyer von Biberach a. d. Riß ⟨Württemberg⟩. Nach amtl. beglaubigten Ausz. aus d. Seelenreg u. Familienreg. d. dortigen ev. Gemeinde. Von **Paul R[ud.] Ostermeyer**, Königsberg. Königsberg i. Pr: Ostpreuß. Dr. u. Verlagsanst. 1905. (28 S.) 8° [F.] [05. 198

Predigt über Philipper 3, 17–21 geh. 1903 von **Paul Rud Ostermeyer**, Pred. zu Königsberg i. Pr. *Königsberg i. Pr. (1903): Hartung.* (8 S.) 8° [F.] [04. 1988 0

Ostermeyer, Willy, Referendar im Bezirk des Kgl. Oberlandesgerichts zu Königsberg Pr.: Bedeutung und Anwendungsfälle des Grundsatzes „Pretium succedit in locum rei“ nach dem Rechte des Bürgerlichen Gesetzbuchs für das Deutsche Reich. Greifswald 1905: J. Abel. (VIII, 58 S.) 8° [F. u Ant.]

Greifswald, Jur. Fak., Ref. Pescatore, Diss. v. 25. Aug. 1905

Geb 12 Okt 83 Königsberg i. Pr, Wohnort Königsberg; Staatsangeh. Preußen Vorbildung Wilh Gymn Königsberg Reife O 02; Studium Freiburg i. B. 1 München 1, Berlin 2, Königsberg 2 S., Rig. 26. Juni 05.]

Ostermorgen, Der. Eine Erzählung. Danzig 1834. V: *Bresler*, *Carl Hnr.* (Ky)

Oster-Morgen, der, e. Erzählung. (Von Bresler.) 8. (2½ B.) Danzig 834, Gerhard.

Ostermorgen, eines Küsters, (verfaßt v. Catharina Diez,) illustrirt von C. Scheuren, (radirt von Triebel, v. Blomberg, Scholz u. And. Geschenk f. die deutsche Pestalozzi-Stiftung.) Fol. (11 Bl.) Berlin 847, Schroeder Verlag in Comm. (jetzt: Gurh). n. 1⅓ ℔

Freie Ostern. Ill. Festzeitung für 1902 *(Stuttgart: J. H. W. Dietz Nachf. (Berlin Vorwärts in Komm.)) 1902.* (8 S.) 4° [Kopft] [01. 6116

Ostern, frohe. Postkarten-Mal-Buch. (4 farb. u. 4 schwarze perfor. Bl.) Lex.-8. Mainz (906). J. Scholz. — 50

Ostern. Helvetien's zweite O', oder die Auferstehung der Kirche. Ein Prophetenruf an Katholiken und Protestanten, Johannes Ronge gewidmet. 8. Stuttgart 1845.

Ostern und Pfingsten, zur Zeitbestimmung im alten und neuen Testament ... Heidelb. 1837. V: *Hitzig*, *Ferd.* (EB)

Ostern, e seliges. Jugenderfahrung d. treuen Zeugen Jesu u. Bischofs der Brüderkirche R 8. (14 S.) Niský 871 (Neusalz a.O., Lange.) — 5

Ostern, Adolf Heinrich, Gerichtsaccessist in Mainz: Die **Alternativität** im Strafurteil. *Breslau: Schletter 1902.* (112 S.) 8° ¶ (Erschien vollst. 1902 u. d. T. 'Die Alternativität bei strafprocessualen Willenserklärungen' als: Strafrechtl. Abhandl., [H. 44].)
Gießen, Jur. Diss. v. 1902

Ostern, Adf., die Alternativität bei strafprocessualen Willenserklärungen, s.a. Abhandlungen, strafrechtliche. 44. Hft.

Die Alternativität bei strafprocessualen Willenserklärungen. Von Dr. jur. Adolf **Ostern**. *Breslau: Schletter 1902.* (162 S.) 8°
— **Abhandlungen, Strafrechtliche. H. 44.** [02. 3903

Ostern, Hermann: Ueber die Bewaffnung in Homers Ilias. Tübingen 1909: Laupp. 120 S. 8°
München, Phil. Diss. v. 23. Juli 1906, Ref. Crusius
[Geb. 3. Febr. 83 Mainz; Wohnort: Geisenheim; Staatsangeh.: Preußen; Vorbildung: Gymn. Worms Reife O. 01; Studium: Techn. Hochschulen München 2, Berlin 1, Phil. Heidelberg 3, München 4 S.; Rig. 23. Juli 06.] [U 09. 3496

Ostern, Karl August: Die Schlüsselgewalt der Frau nach dem Rechte des B.G.B. *Worms a. Rh. 1898: Gebr. Hoffmann.* (75 S.) 8°
Giessen, Jur. Diss. v. 1898

Oestern, Carl, s. Oestern, Karl

Oestern, [Friedrich]: Die ersten 25 Jahre des Königl. Andreas-Realgymnasiums. Hildesheim 1910: Gerstenberg. S. 19–34. 4°
Hildesheim, k. Andreas-RG. m. R OP 1910 (439) [S 10. 313

Oestern, Karl

Oestern, Carl. Beitrag zur Kenntnis der Bakterienflora der erweichten tuberkulösen Herde des Rindes. Diss. Vet.-Med. Bern von K' O'.... [Sep.-Abdr. aus: Centralblatt für Bakteriologie etc. Abteilung I.... Originale. Band 37.] *Kopftitel:* Aus der bakteriologischen Station des Hamburgischen Veterinärwesens. IV + 34 S. 8. Jena, Gustav Fischer, 1904.

Quos auctores Latinos et sacrorum Bibliorun locos Theodulus imitatus esse videatur. Locos, e quibus argumenta erueret, perscrutatus est prof. Dr. Ionnes Osternacher. Add. sunt schedae codicum l et v arte zincogr. expressae. Urfahr prope Lentiam 1907. 55 S. 8°
Aus: Programm d. Bischöfl. Privatgymn. am Kolleg. Petrinum in Urfahr bei Linz. 1907

Osternburg [Schlagwort]

Osternburg, s.: Oldenburg, Stadt.

Osternothhafen [Schlagwort]

Osternothhafen, s.: Usedom.

Osterode [Sachliches OW]

Osterode am Harz. Ein kleiner Führer durch die Stadt u. ihre nähere Umgebg. Hrsg. vom Harzklub-Zweigverein Osterode. 8. (10 S. m. Abbildgn.) Osterode (902). (A. Sorge.) n. — 20

Osterode Ostpr (Stadtplan.) Ungefährer Maßst. 1 : 8,000. Osterode H. Riedel [um 1900]. (1 Kartenbl. 40 × 27 cm mit Legende.) 8° [kol.] [05 1535 10

Osterode [Schlagwort]

— s. a.: **Allenstein, Reg.-Bez.**

Osterode a. Harz, s.a. **Geologische Karten. Karte**

— s.a. **Hildesheim, Reg.-Bez.**

— s.a. **Preussen. Mess**tischblätter.

— s. a.: **Radfahrerkarten, Strassenprofilkarte.**

Osterode (Harz). Flierbaum, G., **Harz-Karte v. Osterode u. Umgegend. Hrsg. vom Harzklub-Zweigverein Osterode. 2. Aufl. 1 : 50,000. 43×41,5 cm. Osterode (904). (A. Sorge.) n. — 75**

Osterode. Harz-Karte von Osterode u. Umgegend. **Hrsg. v. H.-Zweigverein Osterode. Gezeichnet v. G. Flierbaum. 1 : 50,000. 43 × 41 cm. Farbdr. Osterode 897. (A. Sorge.) n. — 60; aufgez. n.n. — 90**

Osterode (Ostpr.). Karte des **Kreises Osterode im Reg.-Bez. Allenstein. Hrsg. von der kartogr. Abteilg. der königl. preuss. Landesaufnahme 1906. Aufgenommen vom königl. preuss. Generalstab 1868—72. Einzelne Nachträge bis 1905. 1 : 100,000. 66×63 cm. Farbdr. Berlin (R. Eisenschmidt). n.n. 2. —; ermäss. Preis n.n 1. 50**

Osterode, Kreis. Spezialkarte **d. Kreises Osterode. Rev. v. den zuständ. Behörden. 1 : 100,000. 62,5×58,5 cm. Farbdr. Lissa (910). O. Eulitz. — 75; auf Leinw. in Etui 1. 50**

Osteroth, C., Verzeichniss der zu Eisenbahngüter-Sendungen erforderlichen Begleitpapiere nach den verschiedenen Staaten u. Ländern. Nach den Tarifen zusammengestellt. 12. (16 S.) Offenbach 893. J. P. Strauss. — 25

Osteroth, C., Verzeichniss d. zu Eisenbahn-Güter-Sendungen erforderl. Begleitpapiere nach den verschied. Staaten u. Ländern. Nach d. Tarifen zusammengest. 4., verm. u. verb. Aufl. gr. 16. (24 S.) Offenbach 898. J. P. Strauss. — 30

Osteroth, C., Verzeichniss der zu Eisenbahn-Güter-Sendungen erforderl. Begleitpapiere nach den verschied. Staaten u. Ländern. Nach den Tarifen zusammengestellt. 5. verb. Aufl. 12. (24 S.) Offenbach (900). J. P. Strauss. — 30

Osteroth, C., Verzeichnis der zu Eisenbahn-Güter-Sendungen erforderlichen Begleitpapiere nach den verschied. Staaten u. Ländern. Nach den Tarifen zusammengestellt. 12. Aufl. 1906/07. (24 S.) kl. 8. Offenbach, J. P. Strauss. — 30

Osteroth, C., Verzeichnis der zu Eisenbahn-Güter-Sendungen erforderlichen Begleitpapiere nach den verschiedenen Staaten u. Ländern. Nach den Tarifen zusammengestellt. 13. Aufl. 1909. (31 S.) kl. 8. Offenbach, J. P. Strauss. — 40

Osteroth, Emil, appr. Arzt a. Börssum b. Braunschweig: ⟨Aus d. patholog. Institut d. Herzogl. Krankenhauses in Braunschweig. Prosektor: Prof. Dr. Borrmann.⟩ Ausgedehnte vicariierende Hyperplasie des linken Leberlappens infolge mehrerer Echinococcussäcke im rechten Lappen. Rostock 1908: Adlers Erben. (47 S., 1 Taf.) 8°
Rostock, Med. Fak., Ref. Müller, Diss. v. 30. Mai 1908
[Geb. 5. April 81 Börssum; Wohnort Braunschweig; Staatsangeh.: Braunschweig; Vorbildung Gymn. Offenbach a. M. Reife M. 00; Studium: Gießen 6, Rostock 5 S.; Coll. 20. Dez. 06; Approb. 11 Dez. 06.]

Oster-Programm der (1883/85 Königl., 1876. 77 82—85: vereinigten) Universität Halle-Wittenberg. 1867(—71 73—77 82—85). Halle 1867/85. (wechselnd) Waisenhaus, Ploetz, Hendel, Heynemann, aber Waisenhaus 1870. 74. 75, Niemeyer 1885, Berlin 1868: Krüger, Gotha 1876. 83: Perthes, Bonn 1877 Georgi. 14 Bde 8° (4°) bzw 4° od. 8° Umfang zwischen 19 u. 88 S.

Der Serientitel steht teils oberhalb, teils (1873. 74. 76. 77 82/85) unterhalb des Sondertitels.

Das Kronprinzen-Denkmal des Kreises Wiedenbrück in der Gemeinde Avenwedde bei Bahnhof Isselhorst in Westfalen. (Verf. von Dr. [Ernst] **Osterrath**, Ober-Reg.R.) Mit Bild u. Beschreibung d. Denkmals. Wiedenbrück: Kreisausschuß 1898. 31 S. 8° 10. 2431

Österreich

— siehe auch: Oestreich.

Österreich [Sachliches OW]

Oesterreich. Zeitschrift für Berg- u. Hüttenwesen. VI. Jhrg. Verantw. Red. *Otto Freih. v. Hingenau*, *k. k. Bergrath.* Verleger und Druck.: *Friedr. Manz.*
Erscheint in **Wien**, jed. Montag 1 Bog. in 4°. 2-spalt. m. artist. Beigaben. Pran.-Pr. jahrl. 8 fl. od. 5 Thlr. 10 Ngr. Ins.: Die gespalt. Petitzeile 4 kr.

Österreich. Städte, Länder, Personen, Zustände. Hamb. 1842. V: *Horn, Uffo Daniel.* (Jahrbuch der Grillparzer-Gesellschaft. XVII, 131.)

Österreich. Städte, Länder, Personen und Zustände. Hamb. 1842. V: *Schuselka, Franz.* (WFM)

Oesterreich. Städte, Länder, Personen u. Zustände. 8. (15⅓ B.) Hamburg 842, Hoffmann u. Campe.

Oesterreich. Dichtigkeit der Bevölkerung 1857. 6,000,000. G. M. 1860.

Österreich. Prakt. Reisehandbuch. 6. Aufl., neu bearb. von B. Schlegel. Mit 12 Karten u. Pl. Berlin: A. Goldschmidt 1904. (VI, 248 S.) 8° [F. u. Ant.]
— Reiseführer, Griebens. Bd 48. 06. 5330

Oesterreich Leipzig: Eckardt [1909]. 21 S. 8° [Umschlagt.]
(Wertung [1909], H. 11.) 10. 16386

Österreich, Das alte und neue. Wien 1874. V: *Rechenberg, Joseph.* (EB)

Oesterreich u. Baiern. 8. Wien u. München. (Salzburg, Mayr in Comm.) 816.

Oesterreich und Bayern. Eine Entgegnung auf die Karl Vogt'sche Schrift: Studien zur gegenwärtigen Lage Europa's. 1. u. 2. Aufl. Würzburg 859. Goldstein. 8. (19 S.) 3 ngr.

— u. die südslavische Bewegung. Von K. v. Th. (74 S.) gr. 8. Berlin 876. (Leipzig, O. Gracklauer.) 1.50

— und der deutsche Bund. Von dem Verf. der Schrift „Frieden oder Krieg." Frankfurt a. M. 859. Keller. gr. 8. (96 S.) n. 15 ngr.

Österreich und Deutschland; ein historisch-politisches Gemählde grosser Ereignisse unserer Zeit... Gotha 1814. V: *Hormayr zu Hortenburg, Joseph Frh. v.* (Ky) (GGr) (MGT)

— u. Deutschland. Ein histor.-polit. die neuesten Weltbegebenheiten betreffendes Gemälde. (v. Freih. v. Hormayr.) gr. 8. Gotha 814. Becker. 18 gr.

Oesterreich als Einheitsstaat, s. Odins-Flugblatt. Nr. 1.

Oesterreich als Einheitsstaat. H. 1–10. Taus. München: Odin 1899. (29 S.) 8°
= Odins Flugblatt. No 1 99. 6461

Österreich und England. Beitrag zur Geschichte der Bündnisse und Zerwürfnisse beider Staaten. Stuttgart 1854. V: *Schuselka, Franz.* (WBL)

— und England. Kritischer Beitrag zur Geschichte der Bündnisse und Zerwürfnisse zwischen beiden Staaten. Stuttgart 854. Cotta. gr. 8. (2 Bl., 158 S.) 18 ngr.

Oesterreich ob und unter der Enns. *Herausgeg. vom k. k. Gener.-Stab im J. 1813. 31 Bl. 10'' H. 14½'' Br. Massstab:* 1 Wr. Zoll = 2,000 *Wr. Klftr. Verhältn.* 1 : 144,000 Basirt auf die Militär-Aufnahme vom Jahre 1807—1819, im Masse von 1 Wr. Zoll gleich 400 Wr. Klftr., welcher kein Kataster zu Grunde lag. Blatt Nr. 1 enthält die politische Eintheilung und statistische Uebersicht beider Kronländer. Blatt Nr. 27 enthalt das Skelett.

Oesterreich ob u. unt. d. Enns. *Herausgeg. v. k. k. General-Stab im J. 1821. 2 Bl., 23¼" H., 21½" Br. Masstab: 1 Wr. Zoll = 4,000 Wr. Klftr. Verhältn. 1 : 288,000.* Reduzirt aus der Special-Karte dieses Landes. Blatt Nr. 1 enthält die politische Eintheilung und Zeichenerklärung.

Oesterreich ob u. unt. d. Enns. *Herausgeg. v. k. k. General-Stab im J. 1845. 2 Bl., 20" H., 17" Br. Massstab: 1 Wr. Zoll = 6,000 Wr. Klftr. Verhältn. 1 : 432.000.* Aus den vorhandenen Militär-Aufnahmen mit besonderer Rücksicht auf die Strassen zusammengestellt. Ist auf Kupfer gestochen. Wird evident gehalten.

— unter u. ob der Enns u. Salzburg nach der neuesten polit. u. gerichtl. Eintheilung. Imp. Fol. Lith. u. color. Wien 850, Bermann. n. ⅓ ₰

— u. die jüngsten Ereignisse in Europa. Von einem Magyaren. Den österreich. Ständen gewidmet. 8. (50 S.) Leipzig 848, Grunow. n. ⅓ ₰

Erzherzogthum Oesterreich. Land ob der Enns. *Herausgeg. v. k. k. General-Stab im J. 1787. 12 Bl., 10" H., 14" Br. Massstab: 1 Wr. Zoll = 1,200 Wr. Klftr. Verhältn. 1 : 86.400.* Nach den alten Josephinischen Aufnahmen bearbeitet. Für die Landesstände zu administrativen Zwecken auf Kupfer gestochen.

—das Erzherzogthum ob der Ens, histor.-geograph. in 13 Unterredung. geschildert. 8. Wien 796. (Akadem. B. in Linz). 8 gr

Oesterreich — Das Erzherzogthum — unter der Enns, nach der grossen Visscherischen Charte entworfen und verbessert herausgegeben von den Homännischen Erben. 1805. 1 : 420,000. 1 Bl.

Oesterreich — Das Erzherzogthum — ober der Enns, nach der grossen Visscherischen Karte entworfen, und verbessert herausgegeben von den Homannischen Erben. 1805. 1 : 350,000. 1 Bl.

– fertig! Ein Mahnruf in letzter Stunde. Wien 866. Dirnböck's Buchh. 8. (14 S. mit 1 Karte des muthmaßlichen Kriegs-Schauplatzes.) n. 3 ngr

—— und die orientalische Frage. gr. 8. (15 S.) Wien 875, Seidel und Sohn. *

– und Frankreich. Zum Verständniß der Situation. 1. u. 2. Aufl. Leipzig 859 Geibel. 8. (30 S.) n. 5 ngr

Österreich und Frankreich vom Verfasser der »Tirolischen Gedanken«. Wien 1868. V: *Graf von Gaderthurn, Friedrich.* (margr)

Oesterreich und Frankreich vom Verfasser der „Tirolischen Gedanken" (Separat-Abdruck des „Südtiroler Volksblattes".) 1868. gr. 8. (40 S.) Wien. Sartori. 30 kr.

—— und Frankreich. Zeitgemäße Betrachtungen. gr. 8. (82 S.) Graz 868, Moser. *

— u. Frankreich im J. 1809, enthält. alle diplomat. Verhandlungen. 3. Bd. gr. 8. Altenb. u. Leipz. W. C. Richter. 811.

Oesterreich, Das freie. Wien 1849. Red. u. Eigent.: *Bäuerle, Adolph Johann.* (WBL) (GGr IX, 84)

— im Frühjahre 1868. Leipzig 868. Kollmann. 8. (31 S.) n. 5 ngr

— im Frühjahre 1869. 1. u. 2. Aufl. Prag 869. Calve. 8. (31 S.) n. 5 ngr

Österreich und seine Gegner. 1845 bis 1846. V: *Chownitz (Chowanetz), Joseph.* (Menssbengen aus Frankfurt an Staats-Kzlei 1845, 15/XI)

Österreich, Das gelehrte, ein Versuch ... Wien 1776—78. V: *Luca, Ignaz de.* (weber) (MS)

Österreich, Dr. E. Glatter's, in Ziffern. Eine Entgegnung der k. k. Direktion der administrativen Statistik. Wien 1872. V: *Rossiwall, Jos.* (WFM)

Osterreich und sein Heer (40) 12. Leipzig 1866.

Österreich im Jahre 1840 ... Hamb. 1840. V: *Horn, Uffo Daniel.* (schr)

Österreich im Jahre 1840. Staat und Staatsverwaltung, Verfassung und Cultur .., Leipzig 1840. V: *Schirnding, Ferdinand Leopold Graf.* (EngG) (WBL) »1840—44« (WFM)

Oesterreich im Jahre 1840. Staat u. Staatsverwaltung, Verfass. u. Cultur. Von e. österreich. Staatsmanne. 2 Bde. gr. 8. (45 B.) Leipzig 840, Otto Wigand.

—— im Jahre 1840. Verwaltungs- u. Culturfortschritte. Von einem österreichischen Staatsmanne. 3. u. 4. Bd. — Auch u. d. Ttln.: Oesterreich u. seine Staatsmänner. Ansichten eines österreich. Staatsbürgers über Oesterreichs Fortschritte seit dem Jahre 1840. 2 Bde. gr. 8. Leipzig, Phil. Reclam jun. [3. (18½ B.) 843., 4. (18¼ B.) 44. à 2 Thlr.]
1. u. 2. Bd. Leipzig 840, Otto Wigand. 4 Thlr.

Österreich im Jahre 1843. Hamburg 1843. V: *Andrian-Werburg, Victor, Frh. von.* (Börsenbl. f. d. dtschn. Buchh.)

Österreich im Jahre 1843. Hamburg 1843. V nicht: *Schuselka, Franz.* (ADB)

—— im Jahre 1843. 2. Aufl. 8. (13½ B.) Hamburg 843, Hoffmann u. Campe.

Oesterreich im J. 1848. Schreiben eines Bürgers der verein. Staaten Nord-Amerikas an seine Freunde in der Heimath. Geschrieben im Monate Febr. 1849. gr. 12. (32 S.) Karlsbad 849, Gebr. Franieck. 4 ngr

— das junge. National-polit. Organ der Wiener Hochschule. Red.: L. Eckardt. 20 Nrn. gr. 8. (192 S.) Wien 848, Schaumburg & Co. 1 ß

Oesterreich ein Juwel in jüdischer Fassung. Judenwirthschaft und Judenherrschaft in Oesterreich-Ungarn. Von Austriacus. gr. 8. (42 S.) Berlin 880, Hentze's Verlag. *

— dass. — Von Austriacus. 2. und 3. Aufl. gr. 8. (46 S.) Ebendas. 880. *

Oesterreich und sein Kaiser. Zur Erinnerung des 18. Febr. 1853 und zur freudigen Genesung Sr. k. k. Apost. Majestät Kaiser Franz Joseph. 8. (20 S.) Wien, J. B. Wallishausser 1853.

— der Kaiserstaat, unt. d. Regierung Kaisers Franz I. u. d. Staatsverwaltung d. Fürsten Metternich. Mit besond. Rücksicht auf d. Lebensgesch. d. Beiden. 2 Bde. (od. 6 Lfgn.) gr. 8. (52½ B.) Stuttgart 836—41, Hallberger'sche Vrlsh.

Oesterreich, das Kaiserthum. 2 Abthlgn. hoch 4. (à 100 Bl. m. 1 Bl. Text.) Frankfurt a/M. 895. C. Neuland. In Leinw.-Mappe à 12.—
I. Nieder-Oesterreich, Ober-Oesterreich, Böhmen, Mähren, Steyermark, Salzburg, Kärnthen, Krain, sow. and. histor. merkwürd. Städte u. maler. Landschaften Oesterreichs aus d. Vergangenheit u. Gegenwart, nach d. Natur aufgenommen u. v. berühmten Künstlern in Stahl gestochen.
II. Ungarn nebst Siebenbürgen, Tyrol, Triest, sow. andere histor. merkwürd. Städte u. maler. Landschaften Ungarns aus d. Vergangenheit u. Gegenwart, nach d. Natur aufgenommen u. in Stahl gestochen.

Oesterreich, das Kaiserthum, in seinen merkwürdigsten Städten, Badeorten, seinen Domen, Kirchen ꝛc. historisch-topograph. dargestellt von Carl Aug. Schimmer, J. G. Sommer, J. Hunfalvy u. A. Mit Stahlst. von den ausgezeichnetsten Künstlern unserer Zeit. Nach Orig.-Zeichnungen von L. Lange, M. Bayrer, E. Würbs, L. Rehbock u. A. 3. Bd.: Ungarn und Siebenbürgen. Nr. 1—64. Lex.-8. (à Heft ½—2½ Bog. Text und 3 Stahlst.) Darmstadt 859—62, Lange. à Nr. * 7½ Ngr. *
Vgl. Schimmer, Carl Aug., das Kaiserthum Oesterreich.

Oesterreich unter Karl dem Grossen im J. 814. *Prag.* Verl. v. *F. Tempsky.* 1 Bl. H. 10¾". Br. 1' 3". Verhältn.: 1:4,550.000.
Die Eintheilung der Karte wie oben Nr 4124 Oesterreich unter den Römern etc.

— keine Deutsche Großmacht! Auf Grund unumstößlicher Thatsachen erwiesen. 1. u. 2. Aufl. Berlin 859. Riegel's Verlag. 8. (31 S.) n. 5 ngr

Oesterreich u. der Congreß. Von einem Deutsch-Oesterreicher. gr. 8. (22 S.) Leipzig 878. O. Wigand. — 50

— auf dem statistischen Congresse. Ein Rückblick auf die dritte Versammlung des internationalen Congresses für Statistik zu Wien im Septbr. 1857. Lex.-8. (79 S.) Prag 858, Bellmann's Verlag. *

Oesterreich unter dem Concordat. Erinnerungen eines Sachsen aus dem Feldzuge von 1866. Leipzig 868. Engelmann. 8. (34 S.) 5 ngr

Österreich der Konkordatenstaat. Wien 1859. V: *Haulik de Várallya Georg.* (EB)

— der Konkordatenstaat. Wien 859. Braumüller. gr. 8. (VI, 47 S.) n. 10 ngr

— u. die Constitution. Politische Fragmente von einem österr. Juristen. gr. 8. (61 S.) Leipzig 848, Jurany (jetzt: Kittler). 9 ngr

— und seine Constitution. Eine Reihe von Briefen. 1. (Heft.) 8. (62 S.) Wien 848, Braumüller.

— das constitutionelle. Eine Studie über Oesterreichs Verfassung. gr. 8. (24 S.) Wien 861, Typographisch-literarisch-artistische Anstalt.

Kronländer, die — Oesterreich unter und ob der Enns und Salzburg, nach ihrer neuesten politischen und gerichtlichen Eintheilung. Prag. Bei Marco Berra. 1855. (1 Blatt, 10½" hoch, 14½" breit.)

Oesterreich oder die Macht der hl. Demokratie, dargestellt mittelst einiger Erinnerungen aus der Geschichte dieses Jahrhunderts von einem einfachen Bürger. 8. (24 S.) Wien, Gorischek. 1866. 12 kr.

— ein mächtiges, auf zwei Wegen möglich. Von einem österreich. Slaven. Leipzig 867. O. Wigand. gr. 8. (15 S.) n. 4 ngr

Oesterreich u. Magnus Tagblatt der 19. Versammlung der Gesellschaft deutscher Naturforscher u. Aerzte. 9 Nummern Braunschweig 1841. 4.

„Mein Österreich". Illustrierte Monatsschrift für die Jugend. Herausgegeben von Adolf Moßbück in Wien, I. Wollzeile 11. Bezugspreis: ganzjährig (12 Hefte) K 4.—, vierteljährig K 1.—; mit portofreier Zusendung: ganzjährig K 4.80, halbjährig K 2.20, vierteljährig K 1.10.

Österreich und die Nationalitäten. Ein offenes Wort an den Herrn Franz Palacky. Wien 1850. V: *Helfert, Jos. Alex. Freih. v.* (Mitth. H. Friedjung.)

— u. das Nationalitätenrecht. Eine culturhistor. Studie von e. Altösterreicher. Stuttgart 870. Grüninger. gr. 8. (46 S.) n. 10 ngr

Österreich und die Orientfrage. Wien 1876. V: *Friedmann, Otto Bernhard.* (EB)

— u. die Orientfrage. Lex.-8. (54 S.) Wien 876. Hartleben. 1. 80

— und die Papstwahl 1740. Eine Sammlung von Dokumenten aus den Ms. acta legationis Romanae Josephi episcopi Gurcensis hrsg. gr. 8. (XXXI, 169 S.) München 875, Stahl.

Oesterreich, Das pittoreske, oder Album der österreichischen Monarchie Mit Karten, Ansichten der Städte, Gegenden, Denkmalen und Trachten in Farbenbildern, und Beschreibung der Provinzen nach ihren Kreisen, Comitaten, Districten und Bezirken (Stühlen), nebst Angabe ihrer Grenzen und des Flächeninhaltes, der Hohen, Gewässer und Strassen, der Bevölkerung, der Glaubensbekenntnisse, der politischen und religiesen Eintheilung, der Schul- und Medicinalverfassung, Schilderung des Klimas, der Naturproducte der Oekonomie, des Fabricks- und Manufacturwesens, des Handels, der Sitten und Sprachen, Ueberblick der Geschichte, Darstellung der Städte, Märkte und Schlösser, endlich einer Anleitung zur zweckmässigen Bereisung alles Sehenswerthen an Kunst, Alterthum und Naturschönheit Von einer Gesellschaft Gelehrter und Künstler Der Traunkreis im Lande Oesterreich ob der Enns. Dargestellt von F C Weidmann. Mit 1 topographischen Karte in Farbendruck und 5 Chromolithographien. Nach den Originalzeichnungen des J. Fischbach und Th. Ender Der Rakonitzer Kreis im Königreiche Böhmen. Dargestellt von Franz Klutschak. Mit 1 topographischen Karte und 5 Chromolithographien. Nach den Originalzeichnungen von J Fischbach, J Alt und W Kandler Das Oedenburger Comitat im Königreich Ungarn Kreis jenseits der Donau. Dargestellt von G. A Wimmer Mit 1 topographischen Karte und 5 Chromolithographien. Nach den Originalzeichnungen des G. Scheth. Das Säroser Komitat in Ober-Ungarn. Dargestellt von Ernst Theodor Krieger, Komitats-Assessor Mit 1 topographischen Karte und 5 Chromolithographien nach Originalhandzeichnungen von J Alt. 4 Wien 1840 - 1841

—— das pittoreske, od. Album d. österreich. Monarchie. Mit Karten, Ansichten d. Städte, Gegenden, Denkmalen u. Trachten in Farbenbildern, u. Beschreib. d. Provinzen nach ihren Kreisen ꝛc., endlich e. Anleit. z. zweckmäß. Bereisung in Rücksicht alles Sehenswerthen an Kunst, Alterthum u. Naturschönheit. Von ein. Gesellschaft Gelehrten u. Künstler. No. 1—15. Imp.-4. Wien, Müller. à 1¾ Thlr. Thlr.

A. u. d. Titln.:

No. 1. Der Mühlkreis im Erzhrzgth. Oesterreich, Land ob d. Enns. Von F. C. Weidmann. (5 B., 1 Karte u. 5 Chromolithograph.) 840.

- 2. Der Traunkreis im Ezhrzgth. Oesterreich, Land ob d. Enns. Von F. C. Weidmann. (5¼ B., 1 ill. Karte u. 5 Chromolith.) 840.
- 3. Das oedenburger Komitat im Königr. Ungarn, Kreis jenseits d. Donau. Von G. A. Wimmer. (4½ B., 1 ill. Karte u. 5 Chromolith.) 840.
- 4. Der rakonitzer Kreis im Königr. Böhmen. Von Frz. Klutschak. (4¼ B., 1 Karte u. 5 Chromolith.) 840.
- 5. Die zipser Gespannschaft in Ober-Ungarn. Von Dav. Kuntz. (7¼ B., 1 Karte u. 5 Chromolith.) 840.
- 6. Der Judenburger-Kreis im Hrzgth. Steyermark. Von F. C. Weidmann. (5⅛ B., 1 Karte u. 5 Chromolith.) 840.
- 7. Der prachiner Kreis im Königr. Böhmen. Von A. A. Schmidl. (3⅛ B., 1 Karte u. 5 Chromolith.) 840.
- 8. Der hermannstädter Stuhl im Großfürstenth. Siebenbürgen. (Land d. Sachsen.) Von M. Ackner u. J. K. Schuller. (5¼ B., 1 Karte u. 5 Chromolith.) 840.
- 9. Der troppauer Kreis im Hrzgth. Schlesien. Von F. C. Weidmann. (5 B., 1 Karte u. 5 Chromolith.) 840.
- 10. Der walachisch-banatische Regiments-Distrikt in d. Militärgränze. Von W. C. W. Blumenbach. (5 B., 1 Karte u. 5 Chromolith.) 840.
- 11. Der brünner Kreis im Markgrafthume Mähren. Von Aldin Heinrich. (6 B., 1 Karte u. 5 Chromolith.) 840.
- 12. Der Kreis an d. Etsch (Botzner Kreis), im Lande Tyrol. Von F. C. Weidmann. (5¼ B., 2 Karten u. 5 Chromolith.) 840.
- 13. Der istrianer Kreis od. d. Halbinsel Istrien u. d. Inseln d. Quarnero. Von J. Löwenthal. Mit e. Uebersicht d. ökonom. Pflanzen in Istrien. Von B. Biasoletto. (7 B., 1 Karte u. 5 Chromolith.) 840.
- 14. Der budweiser Kreis im Königr. Böhmen. Von A. Beck. (5½ B., 1 Karte u. 5 Chromolith.) 841.
- 15. Das säroser Komitat in Ober-Ungarn. Von Ernst Theod. Krieger. (5½ B., 1 Karte u. 5 Chromolith.) 841.

—— das pittoreske, od. Album der österreich. Monarchie. Mit Karten, Ansichten der Städte, Gegenden, Denkmale u. Trachten in Farbenbildern. Von e. Gesellsch. Gelehrter u. Künstler. Nr. 16—31. gr. 4. (à Nr. 4—6 B., 1 topogr. Karte u. 5 Chromolithogr.) Wien 841—47, Müller. Subscr. Pr. à Nr. * 1
Einzelne Nrn. à *

A. u. d. Titln.:

Nr. 16. Der Salzburger Kreis od. das Herzogth. Salzburg. Von F. C. Weidmann.

- 17—20. Das Königr. Dalmatien. Von Frz. Petter. 4 Lfgn.
  - Lfg. 1. Kreis Zara.
  - 2. — Spalato.
  - 3. — Ragusa.
  - 4. — Cattaro.
- 21. Der Sandecerkreis in Galizien. Von J. v. Mehoffer.
- 22. Der Hausruckkreis im Erzherzogth. Oesterr. Von F. C. Weidmann.
- 23. Der Innkreis im Erzherzogth. Oesterreich. Von F. C. Weidmann.
- 24. Das Aba-Ujvarer Komitat im Königr. Ungarn, Kreis diesseits der Theis. Von G. A. Wimmer.
- 25. Der Brucker Kreis. Von F. C. Weidmann.
- 26. Der Kreis ob dem Wienerwalde. Von F. C. Weidmann.
- 27. Der Teschner Kreis. Von A. Heinrich.
- 28. Der Kreis Ober-Manhartsberg. Von F. C. Weidmann.
- 29. Der Wadovicer Kreis. Von J. v. Mehoffer.
- 30. Der Kreis Unter-Manhartsberg in Oesterreich unter der Enns. Von F. C. Weidmann.
- 31. Der Kreis Unter-Wienerwald in Nieder-Oesterr. Von F. C. Weidmann.

Nr. 1—15. Ebendas. 1840, 41. Subscr.-Pr. * 26 Thlr. 7½ Ngr.

— — Preußen und die Annektirungen. Eine Stimme aus Hannover 8. (24 S.) Wien, Tendler & Comp. (Carl Fromme) 1866 10 kr.

Oesterreich gegenüber Preussen und Deutschland in den Jahren 1848—1858. Geschrieben Ende 1858. Separat-Abdruck aus der Berliner Revue. Berlin 1860. 8.

— Preußen und Herr v. Schleinitz. Sendschreiben an die Allgemeine Zeitung. Braunschweig 859. Vieweg & Sohn. gr. 8. (21 S.) n. 5 ngr.

— Preußen u. Westdeutschland im Dreistaatenbund. Eine Denkschrift. Mit dem Entwurfe einer Bundesverfassung für Westdeutschland u. das Reich. 8. (XII u. 112 S.) Leipzig 849, Spamer. n. ⅔ ₰ — 2. Aufl. 8. (80 S.) Ebd. n. ⅙ ₰

— Preußen u. Westdeutschland im Dreistaatenbund. Eine Denkschrift. Mit dem Entwurfe einer neuen Bundesverfassung u. einer Verfassung für die vereinigten Staaten von Deutschland. 2. Aufl. 2 Abthlgn. 8. 1. Die Denkschrift. (VI u. 62 S.) 2. Die Verfassungs-Vorschläge. (64 S.) Leipzig 851, Spamer. n. ⅔ ₰

—— u. das constitutionelle Prinzip. 8. (11 B.) Leipzig 844, Phil. Reclam jun.

— u. die Reichsraths-Majorität. Eine Stimme aus der Provinz. Wien 867. Czermak. gr. 8. (16 S.) n. 6 ngr.

Oesterreich und die Reichsraths-Majorität. Eine Stimme aus der Provinz. gr. 8. (16 S.) Wien 868, Czermak. *

—— die Republik. Vom Gr. v. S. gr. 16. (16 S.) Mannheim 849, Grohe.

Oesterreich unter den Römern im J. 274 n. Chr. *Prag*. Verl. v. *F. Tempsky*. 1 Bl H. 10¾". Br. 1' 3". Verhältn.: 1: 4,550.000.
Der Umfang des Landes ist mit gelber Farbe angezeigt. Die Grenzen im Innern des Landes sind durch weisse Punkte dargestellt. Terrain ist nicht eingezeichnet.

Österreich und Russland. Leipz. 1844. V nicht: *Schuselka*, *Franz*. (ADB)

— — und Russland. 1. Kapitel. Revue der seit 1840 über Oesterreich und Russland erschienenen Schriften. 2. Kapitel. Die Volksstämme beider Staaten. 3. Kapitel. Die Aristokratie in beiden Staaten. 4. Kapitel. Die Administration und Bureaukratie beider Staaten. 5. Kapitel. Das Schulwesen. 6. Kapitel. Journalistik und Literatur 7 Kapitel. Die innere Politik. 8. Kapitel. Die allgemeine Politik beider Staaten. 8. Leipzig 1844.

—— u. Rußland. 8. (15⅛ B.) Leipzig 844, Phil. Reclam jun.

Österreich im Schmucke der erblichen Kaiserwürde. Wien 1804. V: *Suntinger*, *Carl Franz*. (Ky) »1834« (EB)

Oesterreich, im Schmuck der erblichen Kaiserwürde. 4. Wien, Rehm. 804.

—— als Seemacht. gr. 8. (85 S.) Triest 864, Schimpff. *

Oesterreich und seine Staatsmänner. Ansichten eines österreichischen Staatsbürgers über Österreichs Fortschritte seit dem Jahre 1840. Leipz. 1843—44. V: *Schirnding, Ferdinand Leopold Graf* (?). (WBL)

— u. Süd-Deutschland vor dem französisch-preußischen Kriege. Vom Verf. der „göttlichen Mission Preußens". München 869. Lentner. gr. 8. (VII, 36 S.) 7½ ngr.

Oesterreich über alles, Wann es nur will. Das ist: Wohlmeinender Fürschlag, wie mittelst einer wohlbestellten Landesökonomie Die kayserlichen Erblande in kurtzem über alle andern Staaten von Europa zu erheben, und mehr als einiger derselben von denen andern independent zu machen. P. W. v. H. (Philipp oder Paul Wilhelm von Hornigk). 1. u. 2. Aufl. 1684. 1685. Neue Auflagen zu Leipzig, Nürnberg, Regensburg, eine sehr umgearbeitete 1784. Aufl. 1753. 8°. Frankfurt und Leipzig. Zu welcher noch ein Anhang von unpartheyischen Gedanken über die österreichische Landesökonomie und leichteste Vermehrung der Cammer-Gefälle beigefügt worden.

— über alles, wenn es nur will. 8. Regensb. 764, Montag u. W. 9 gl.

Österreich und Ungarn. Leipzig 1843. V: *Schuselka, Franz.* (WFM)

Oesterreich und Ungarn. 1. Die Stellung der Magyaren zu ihren Landesgenossen und gegen Russland. 2. Ungarns Verhältniss zu Oesterreich. 3. Was Ungarns und der österreichischen Regierung Pflicht und Bedürfniss ist. 8. Leipzig 1843.

—— u. Ungarn. 12. (3 B.) Leipzig 843, Weidmann'sche Bh.

— u. Ungarn. Betrachtungen eines österreichischen Vaterlandsfreundes. gr. 12. (35 S.) Karlsbad 849, Gebr. Franieck. n. ⅙ ₰

Österreich u. das angrenzende Ungarn, s.a. Meyer's Reisebücher.

Österreich und das angrenzende Ungarn. 6. umgearb. Aufl. Mit 21 Karten, 23 Pl. u. Grundrissen, 6 Panoramen. *Leipzig & Wien: Bibliogr. Inst. 1894.* (X, 308, 60 S.) 8°
(Meyers Reisebücher.) Jor. 1896 10

Österreich, Ungarn und die Woiwodina. Von einem Saxo-Maygaren. Wien 1850. V: *Grosschmied, Gabriel.* (WFM II, S. 196)

—— Ungarn und die Woiwodina. Von einem Saxo-Magyaren. 8. (IV und 288 S.) Wien 850, Sallmayer und Comp. *

Oesterreich und die Unterdonauländer. Völker- u. Sprachenkarte von H. Kiepert. 3,000,000. Berlin, bei Reimer 1867. 1 Bl.

—— und die Völker Oesterreichs nach dem Kriege im J. 1866. „Der Wahrheit eine Gasse". 8. (V und 79 S.) Prag 866, Dr. F. Skrejšovsky. *

— vorwärts! 4. Aufl. als Ergänzung der Broschüre: „Oesterreich fertig!" Wien 866. Dirnböck's Buchh. 8. (22 S. mit 1 Karte des muthmaßlichen Kriegsschauplatzes.) n. 3 ngr.

Österreich und seine Wehrkraft... Wien 1862. V: *Nosinich, Joh.* (KA)

—— und seine Wehrkraft. Kritische Beleuchtung des Werkes „Entwurf einer Reorganisation der österreich. Armee." Von J. N. hoch 4. (28 S.) Wien 862. (Leipzig, R. Hoffmann.) *

Österreich wie es ist. Leipzig 1833. V: *Gross-Hoffinger, Anton Johann.* (Wiener Stammbuch. Wien 1898. S. 186.)

Österreich im Zeichen des Verkehrs. Eine Tiroler Grenzfrage. Wien 1909. V: *Schluck, Adolph.* (EB)

— im Zeichen des Verkehrs. Eine Tiroler Grenzstraße. (15 S.) gr. 8. Wien 909. (C. Fromme.) — 50

Oesterreich zur Zeit Karl IV. im J. 1378. *Prag.* Verl. v. *F. Tempsky.* 1 Bl. H. 10³/₄", Br. 1' 3". Verhältn.: 1:4,550.000.
Die Eintheilung der Karte wie oben Nr. 4124 Oesterreich unter den Römern etc.

— der Centralstaat u. der Föderativstaat. 8. (VI u. 142 S.) Hamburg 849, Hoffmann & Campe. ½ ₰

Österreich und dessen Zukunft. Hamb. 1841. 3. Aufl. Hamb. 1843. V: *Andrian-Werburg, Victor Freih. v.* (ADB) (WBL)

—— u. dess. Zukunft. 2. Aufl. (13 B.) u. 3. Aufl. 8. (13⅜ B.) Hamburg 843, Hoffmann u. Campe. à

—— dess. 2 Thl. 2., unveränd. Aufl. 8. (21½ B.) Ebds. 847.

Oesterreich vor dem Zusammenbruch. Im Lichte der Wahrheit dargestellt. (20 S.) gr. 8. Zürich 905. Th. Schröter Nachf. n. — 50

Österreich [Schlagwort]

s. a. Adriatisches Meer

s. a.: Alpen. Gaebler.

— s. a.: Alpen, Meurer.

s. a.: Atlanten. Stieler.

— s.a. Atlanten, Sydow-Habenicht. —

— — S. a. Atlas v. Steinhauser II. u. Hohenschichten-Karten.

— s.a. Automobilkarten. Ravenstein.

- s.a. Balkanhalbinsel, Steinhauser.

- s.a. Deutschland Baur, C. F.

- s.a. Deutschland. Gaebler, Ed.

- s.a. Eisenbahnkarten.

- s.a. Europa. Kiepert. Uebersichtskarte.

- s.a. Europa. Noordhoff.

- s.a. Generalkarten. Flemming. Karte.

- s.a. Geologische Karten. Karte. Spezialkarte.

- s.a. Geschichtskarten. Lazius.

- s.a. Geschichtskarten. Pichler.

- s.a. Grenzländer.

- s.a. Hand- u. Reisekarten 25. 26. 29.

- s.a. Hand- u. Reisekarten. 31.

- s.a. Handtke, F.

- s.a. Italien. Leuzinger, R.

- s.a. Karten. Bisching, A. u. Reisekarten. 8. 25.

- s.a. Kirchenkarte.

- s.a. Länderkarten.

- s.a. Lungenseuchenkarte.

- s.a. Militärkarten.

- s.a. Nieder-Österreich.

- s.a. Ober-Österreich.

Oesterreich, Erzherzogth., s.a. Oesterreich-Ungarn.

Oesterreich ob d. Enns, s.a. Oesterreich-Ungarn. Artaria.

Oesterreich unter der Enns, s.a. Oesterreich-Ungarn. Artaria. Rothaug.

- s.a. Papierfabriken.

- s.a. Radfahrerkarten. Ravenstein.

- s.a. Reichsratswahlkarte.

- s.a. Schulwandkarten. Sydow.

- s.a. Sprachenkarten.

- s.a. Unterrichtsanstalten.

— — s. a. Verkehrskarte.

- s.a. Völkerkarten.

Österreich, s.a. Wertung. 11. Heft.

Oesterreich, Administrativkarte vom Erzherzogthum, unter der Enns, Maassstab 1 : 28 800 oder 1 Zoll = 400 Klafter. Herausgegeben vom Vereine für Landeskunde von Nieder Oesterreich in 112 Blättern, Wien, Artaria & Comp. in Commiss. Hievon sind bereits erschienen: Wien. Nr 65. 1 fl. 40 kr., Wr.-Neustadt. Nr. 101. 80 kr., Pottenstein. Nr 90. 1867 80 kr.

Oesterreich unter der Enns. Administrativ - Karte von Nieder-Oesterreich, herausgegeben vom Verein für Landeskunde von Nieder-Oesterreich. Im Massstabe von 1" = 400°. Erschienen bis jetzt Nr 53 (Wolkersdorf) 61 (St. Pölten.) 65 (Wien sammt Hernals und Hietzing.) 89 (Gutenstein) 91 (Ebreichsdorf.) 100 (Buchberg.) 101 (Wr Neustadt.) 102 (Lichtenwörth). Wien: Artaria & Comp. in Commission, pr Blatt a 80 kr. Wien, (Nr. 65.) 1868.

Oesterreich unter der Enns: Administrativ - Karte von Niederösterreich. Herausgegeben vom Verein für Landeskunde, unter Redaktion d. k. k. Rathes Ant. Steinhauser 111 Bl. im Massstabe 1.28.800. Ausser den 1868 angezeigte 8 Bl. erschienen. 62 (Perschling), 63 (Neu-Lengbach), 77 (Baden), 90 (Pottenstein), 101 (Wr.-Neustadt), 104 (Gloggnitz), 105 (Neunkirchen). Wien: Artaria & Comp. (Debit) per Blatt

— — Administrativkarte v. Niederösterreich. Herausg. v Verein für Landeskunde v Niederösterreich. Unter der Redaction des k. k. Rathes Anton Steinhauser Compl. in 111 Bl. im Massstab 1 : 28,800 (d. i. 4 österr. Q M. auf jedem Bl.). Ausser den in den Jahren 1868 u. 1869 angezeigten Nrn 53. 61. 62, 63. 65. 77, 89 90, 91, 101, 104, 105 neu erschienen zur Fortsetzung: Bl. Nr. 50 Tulln, 51 Stockerau, 52 Kloster- u. Korneuburg, 64 Purkersdorf, 66 Grossenzersdorf, 76 Altenmarkt, 77 Baden, 78 Mödling, 87 Türnitz, 92 Seibersdorf, 99 Schwarzau, 100 Buchberg, 102 Lichtenwörth, 106 Wissmath, Pfaffengraben, 108 Neuwald, 109 Oberaspang, 111 Steir. Gze. à 80 kr., dann neue Auflage: 65 Wien, Hernals, Hietzing Gschaid. 1 fl. 40 kr. 1870.

Oesterreich — Eisenbahnen von —. Wien, Artaria 1858. 1 Bl.

— — Eisenbahn, Post-Dampfschiffahrts- u. Telegraphen-Karten des österr. Kaiserstaates mit d. Donaufürstenthümern. Grosstes Format. Wien, A. Leykums Witwe. In 4fachen Farbendruck. Cartonnirt. 2 fl. 1866.

Oesterreich, Erzherzogth. Fried, F., General-Post- u. Strassen-Karte d. Erzherzogth. Oesterreich, d. Herzogth. Salzburg u. e. grossen Theiles v. Steyermark. 1 : 545,000. Ausg. 1889. Kpfrst. u. color. qu. gr. Fol. Wien 890. Artaria & Co. In Carton. n. 2. —

Oesterreich. Generalkarte des Erzherzogthums Oesterreich ob und unter der Enns, von dem k. k. General-Quartiermeisterstabe Wien. 1843. Folio.

Oesterreich — Generalkarte etc. — vom milit.-geogr. Inst. zu Wien. 288,000. Revid. 1856. 2 Bl.

— **Monarchie**, General-, Post- u. Strassenkarte. Mit polit. Einthlg. d. Provinzen. Mit Berichtigungen bis z. J. 1859. kl. Fol. Prag, F. Kretschmar. 1860. 20 kr.

Oesterreich, General-, Post- und Strassenkarte des Erzherzogthums, des Herzogthums Salzburg und eines grossen Theiles von Steiermark. Gezeichnet von F. Fried. Revidirt 1864. Massstab 1 : 545.000. Gross-Fol. Wien, Artaria & Comp. 1864 2 fl.

—— Der österr. Kaiserstaat (General - Strassen- und Ortskarte) nebst ganz Südwest-Deutschland, einem grossen Theil von Ober-Italien, der Schweiz, der Türkei und der übrigen angränzenden Länder. Mit besonderer Berücksichtigung der landesüblichen Ortsbenennungen. Wien, Artaria & Comp. 1861 4 Bl. 3 fl.

Oesterreich — Neueste General-Karte des Erzherzogthums — ob der Enns. Nach der verbesserten Bonnischen Projection etc, entworfen von E. von Greipel, K. K. Hauptmann im Infant. Regim. Würzburg. Linz im Verlage des Kunst- und Industrie-Comptoir 1809. C. Schindelmaier sc. 1: 180,000. 6 Bl.

Oesterreich, Bosnien u. der Herzegowina, Uebersichtskarte d. gerichtl. Organisation v. Nach amtl. Materiale zusammengest. von Carl Hübner. Massstab 1: 2,500.000. Tonfarbendr in Gr.-Qu.-Fol. Wien, Moritz Perles. Gef. in gr. 8. 1 fl. 20 kr. 1885

Oesterreich — Charte des Erzherzogthums — a. Oestlicher Theil oder das Land unter der Enns. b. Westlicher Theil oder das Land ob der Enns. Augsburg bej Johannes Walch. 1805. 1: 340,000. 2 Bl.

Oesterreich — Karte des Erzherzogthums — ob und unter der Enns, astronomisch, trigonometrisch vermessen, topographisch aufgenommen, reducirt und gezeichnet im Jahre 1813 von dem Kaiserl. österreichischen General-Quartiermeisterstabe. 1: 144,000. Nebst 1 Generalkarte, welche nach der Special Karte reducirt und gezeichnet wurde 1823 in 2 Bl. 1: 288,000. 31 Bl. u. 1 G. K.

Oesterreich — Karte des Erz-Herzogth. — ob- und unter der Enns etc. Nach der Reambulirung auf dem Terrain, die Veränd. nachgetr. vom K. K. milit.-geogr. Inst. in Wien 1843. 144,000. 31 Bl.

Oesterreich. Karte des Kaiserthums, nach den neuesten und besten Quellen bearbeitet. Wien, Dirnböck's Verlag. Quer-Folio. 1862. cart. 1 fl. 50 kr.

— — Schulwandkarte v. Niederösterreich, v. Kozenn. 6 Bl. gr. Folio. Wien u. Olmütz, Ed. Hölzel. 3 fl.; auf Lwd. gespannt in Mappe 7 fl. 80 kr; mit Stäben 9 fl. 1870

Oesterreich — Charte vom Erzherzogthum — den Herzogthümern Steyermark, Salzburg, Kärnthen und Krain Nach etc. entworfen und gezeichnet von C. Mannert. Nürnberg bey Homanns Erben 1807. C. Trummer sc. 1: 830,000. 1 Bl.

Oesterreich — Marschrouten-Karte des Erzh. — u. Herzogth. Salzburg etc., ausgef. im K. K. milit.-geogr. Inst. in Wien 1868. 288,000. 4 Bl.

Oesterreich. Kaiserstaat. Mayer, Alexander, Postkarte d. k. k. österr. Monarchie und eines grossen Theiles der angrenzenden Länder in 6 Blättern, bearbeitet im Post-Cours-Bureau d. k. k. Ministeriums für Handel- und Volkswirthschaft. Wien, Beck'sche Univ.-Buch. (Alfred Hölder.) Zusammengefügt und in Hochfolio-Umschlag. 1868.

— — Nieder-Oesterreich im Massstab von 1: 800.000. Nach Kozenn. Lithogr. und color. 4. Wien u. Olmütz, Ed. Hölzel. 1863. 10 kr.

Perspectivkarte des Erzherzogthums Oesterreich unter der Enns. 43 Sectionen (Blätter) in Halbfolio und 1 Uebersichtsblatt mit 43 Heften, Erklärung derselben. Wien. 1837. 8.

Oesterreich — Physicalische und statistische Kartenskizzen von —. Von A. Petermann. G. M. 1864.

— — Militär-Administrationskarte des österr. Kaiserstaates. Entworfen von F. Petrossi, Hauptmann im k. k. Generalstabe. Farbendruck v. F. Köke's lithogr. Anstalt. Gross Quer-Folio. Wien, Wilh. Braumüller. In Umschlag steif carton. gr. 8. 2 fl.

— — Neueste Post-, Eisenbahn-, Telegraphen- u. Dampschifffahrts-Karte v. Oesterreich mit e. alphabet. geord. geograph. Verzeichniss aller Post-, Eisenbahn-, Telegraphen- und Dampfschiffstationen d. Kaiserthums. Nach amtlichen Quellen. Teschen, Karl Prohaska. geb. 2 fl.

Oesterreich. Sanitätskarte der österr. Monarchie, 9 Bl., im Massstabe von 1: 864,000. Wien. Verlag des k. k. milit. geogr. Instituts Artaria & Comp. 6 fl.
Hierzu 1 Heft erläuternde Bemerkungen etc. 8. (71 Seiten). 1861. 50 kr

Oesterreich — Ein Theil des Oesterreichischen Creisses nämblich das Erzherzogthum — abgetheilt in ober und unter-Oesterreich, oder in das Land ob und unter der Ens, samt seinen Haupt-Quartieren. Ans Licht gegeben durch S. Sanson, Ihrer Konigl. Majestät in Franhreich Geographum. Nürnberg bey Joh. Hoffmanns Buch- und Kunsthändlers 1677. Sigmund Gabriel Hipschmann sculpsit in Nurnberg. 1 500,000. 1 Bl.

Oesterrreich — Charte von dem Erzherzogthume — ob und unter der Enns in VI Sectionen. Nach allen bekannten astronomischen und mehr als 100 neuen trigonometrischen Ortsbestimmungen entworfen etc. S. K. Hoheit dem Durchl. Erzherzoge Johann etc. ehrfurchtsvoll gewidmet von Ludwig Schmid, K. K. Hydrotechnischen Ingenieur. Herausgegeben von Schreyvogel und Riedl 1814. Wien und Pesth. In J. Riedls Kunsthandlung. Berlin bey Sim. Schropp. Gestochen von J. List. 1: 180,000. 6 Bl.

Oesterreich — Charte von dem Erzherzogthume — ob und unter der Enns nebst den angränzenden Theilen von Steyermark, Ungarn, Mähren etc., reducirt nach der grössern Charte von Ludwig Schmidt. Wien 1816. im Verlag von J. Riedls Kunsthandl. 1: 350,000. 2 Bl.

— Schober, K., Handkarte d. Erzherzogth. Österreich unter der Enns. 1: 750,000. Hrsg. v. k. k. militär-geograph. Institute in Wien. Wien 888. (Lechner's Sort.) n.n. — 20

Oesterreich, Erzherzogth. Schober, K., Schulwandkarte des Erzherzogth. Österreich unter der Enns. 1: 100,000. Hrsg. v. k. k. militär-geograph. Institute in Wien. Wien 888. (Lechner's Sort.) Auf Leinw. n. 18. —; auf Leinw. m. Stäben n. 20. —

Oesterreich, Kaiserthum: Schulkärtchen (4) in böhmischer Sprache. Wien: Schulbücher-Verschleiß-Administration.

Oesterreich. Das Kaiserthum Oesterreich als Wandkarte nach den neuesten Quellen entworfen und auf Stein gezeichnet in 6 Blättern von R. A. Schulz. Gr.-Folio-Format. Massstab 1: 1,000.000. Wien, Artaria & Comp. 1863 Tondruck und colorirt 4 fl. 50 kr.

— — unter der Enns, Specialkarte von, nebst den angrenzenden Theilen von Oberösterreich, Steiermark, Böhmen, Mähren u. Ungarn. Gezeichnet von R. A. Schulz. gr. Querfol. Wien. Artaria & Comp. 1864. 3 fl.

Oesterreich unter der Enns (Special-Karte von) nebst den angrenzenden Theilen von Ober-Oesterreich, Steiermark, Böhmen, Mähren und Ungarn. Massstab 1: 324.000 oder 1 Wr. Zoll = 4500 Wr. Klafter Mit ausführlichem Terrain gezeichnet von R. A. Schulz. Gross-Folio. Wien, Artaria & Comp. 1864 3 fl.

Oesterreich unter der Enns (Special-Karte von) nebst den angrenzenden Theilen von Ober-Oesterreich Steiermark, Böhmen, Mähren und Ungarn. Massstab 1 324,000 oder 1 Wr Zoll = 4500 Wiener Klafter Mit ausführlichem Terrain gezeichnet von R. A. Schulz, 1868 1 gr. Blatt Ebds. 3 fl.

— — Marsch- und Reisekarte des österr. Kaiserstaates zum Dienstgebrauche für Officiere der k. k. Armee. Nach officiellen Quellen bearbeitet und in Farbendruck herausgegeben von Vinc. Schusser. Selbstverlag desselben. gr. Quer-Folio 2 fl., auf Leinwand gespannt 3 fl, 1862.

Oesterreich ob und unter der Enns und Salzburg. Specialkarte. 1 Zoll = 400° Entworfen u. gez. v V Schusser Lithogr mit farbigen Strassenzügen. Q. Folio. Cart. Wien, Paterno. 1870 3 fl.

Oesterreich ob und unter der Enns u. Salzburg, Specialkarte von. Gr. Quart. Wien, J. Dirnböcks Buchhandlung (G. Draudt.) In Umschlag. 1867 50 kr

— — Special-Karte v. Oesterreich ob und unter d. Enns und Salzburg. Taschenformat. In Umschlag. Revidirte Ausgabe 1868. 30 kr

Specialkarte des Erzherzogthums Oesterreich ober und unter der Enns vom k. k. österr General Quartiermeisterstabe in 31 Blättern. Wien. 1813. Folio.

Oesterreich — General-Karte des Erzherzogthums — ob und unter der Enns. Von dem K. K. General-Quartiermeisterstabe nach der Specialkarte reducirt und gezeichnet im Jahre 1823. Gestochen von C. Stein (die Schrift) und A. Withalm (den Terrain.) 1:288,000. 2 Bl.

— — Volkerkarte der Oesterreichischen Monarchie, von A. Steinhauser 1 Blatt 1868 Wien, Artaria & Comp 20 kr

Oesterreich ob der Enns. Wandkarte 4 Bl. in Folio im Massstabe von 1: 200000 bearb. von A. Steinhauser, k. Rath. Dem Vereine für Landeskunde in Niederösterreich gewidmet. Wien, Artaria & Comp. 1865 2 fl. 50 kr., mit Terrain 4 fl.

— — unter der Enns. Wandkarte 4 Bl. in Folio, im gleichen Massstabe bearb. v. A. Steinhauser, k. Rath. Dem Vereine für Landeskunde in Niederösterreich gewidmet. Wien, Artaria & Comp. 1865 2 fl. 50 kr., mit Terrain 4 fl.

— Steinhauser, Ant., Specialkarte d. Erzherzogth. Oesterreich ob der Enns u. d. Herzogth. Salzburg. 1:432,000. Ausg. 1889. Lith. u. color. Imp.-Fol. Wien 889. Artaria & Co. In Carton. n. 4.—

Oesterreich — Strassen-Karte des Erzherzogthums — ob und unter der Enns. (Herausg. v. d. K. K. Oesterr. General-Quartiermeisterstabe.) 1:432,000. 2 Bl.

Oesterreich, Erzherzogth. Strassen-Karte des Erzherzogth. Oesterreich unt. d. Enns. Verf. auf Grundlage vorgenomm. Detail-Messgn. d. Strassen im Einklange m. d. in natura besteh. Distanzirg. Vom n.-ö. Landesausschusse. 1:75,000. 12 Blatt à 74,5 × 59,5 cm u. 1 Blatt 52 × 46,5 cm. Photolith. u. Farbendr. Wien 895. (R Lechner's Sort.) n.n. 30 —; einz. Blatt n.n. 3.60

— — Telegraphen- und Eisenbahn-Netz. Karte von. In Farbendruck. Grösse 25½ — 19". Wien. Typographisch-liter.-artist. Anstalt. 60 kr.

Oesterreich. (Das Kaiserthum.) Wandkarte für Schulen und Comptoirs verwendbar, mit einem Höhenprofile der österreichischen Berge, Pässe, Orte, Seen ... nach den neuesten Quellen entworfen und gezeichnet von R. A. Schulz. Massstab 1 100.000 in 6 Blättern. Wien. Artatia & Comp. 1868.

Österreich [Verfasser]

Oesterreich, Ant. Aug., v. d. Pflicht e. gläubig. Vertrauens a. Gott. 2 Thle. gr. 8. Hannov. Helwing. 731.

Oesterreich, Geo. Chr., Samml. einiger Pastoralfragen. 8. Bresl. 752. (Gosohorsky). 16 gr

— Samml. einig. Pastoralfragen. 8. Bresl. Meyer. 752.

— Schönh. und Vortrefflichk. d. Gläubigen über das Hohelied Salomonis 6. 8. 9. 8. Wolfenb. 733.

Oesterreich, Geo. E., Zeugniß von der Gnade Gottes in Christo ges. d. Mensch. 4. Braunschw. Meyer. 739.

Oesterreich, Hermann

Oesterreich, H., die Handelsbeziehungen der Stadt Thorn zu Polen, s.: Zeitschrift d. westpreussischen Geschichtsvereins.

Oesterreich, Hermann [aus Bromberg] Die Handelswege Thorns im Mittelalter Danzig, Druck v. A. W. Kafemann, 1890; 33 S. 8°
Breslau. Phil. Fak., Inaug.-Diss. v. 2. Aug. 1890

Oesterreich, Jb. Aug. Ed., zum Andenken an von Borowsky, s. L. E. v. Borowsky, ausgewählte Predigten.

Oesterreich, Jh. A. Ed., s. Borck, J. C. F., Handbuch über die Kirchen- u. Schul-Gesetzgebung im Preuß. Staate.

– s. Provinzial-Kirchenblatt, Preußisches.

—— Worte d. Wehmuth am Grabe des Hochwürd. Hrn. D. Ludwig Ernst v. Borowski, weil. Erzbischofs d. evangel. Kirche, Kgl. General-Superint. v. Ost- u. Westpreußen rc. u. Ritter, gesprochen d. 22. Nov. 1831. gr. 8. (½ B.) Königsberg, Bon.

Oesterreich, Karl: Das Recht des Finders verlorener Sachen unter besonderer Berücksichtigung des B. G.-B. *Bonn 1898: J. Trapp.* (44 S.) 8°
Erlangen. Jur. Diss. v. 15. Juni 1898

OESTREICH, Karl

Reiseeindrücke aus dem Vilajet Kosovo von Dr. Karl Oestreich. Mit 17 Autotypien im Text. Sonder-Ausgabe aus den Abhandlungen der k. k. geographischen Gesellschaft in Wien, I. 1899. R Lechner (Wilh. Müller). Lex.-8°. paginirt, 332—372 S. mit 1 Tafel. fl. —.75

Oesterreich, Konstant., Kant u. die Metaphysik, s. Kant-studien. 2. Erg.-Heft.

Oesterreich, Traugott K(onstantin), a. Stettin. Kant und die Metaphysik. (T 1 u. 2.)
(Halle a. S. 1905: C. A. Kaemmerer & Co.) (42 S.) 8°
(Der Rest ersch. 1906 in: Kant-Studien.)
Berlin, Phil. Fak., Ref. Paulsen, Stumpf, Diss. v. 20. Mai 1905
(Geb. 15. Sept. 80 Stettin; Heimatsort: Berlin; Staatsangeh. Preußen; Vorbildung: Prinz Heinrichs-Gymn. Schöneberg Reife O. 99; Studium: Berlin 10 S., Rig. 20. Febr. 05.)

Oesterreich, Konstantin: Die Phänomenologie des Ich in ihren Grundproblemen. Bd 1, Halbbd 1. Leipzig: J. A. Barth 1910. 337 S. 8° ¶(Ersch. auch als Buch ebd.)
Tübingen, Phil. Hab.-Schr. v. 1910 [U 10. 4361
(Nicht für den Austausch)

— Die Phänomenologie des Ich in ihren Grundproblemen. 1. Bd.: Das Ich u. das Selbstbewusstsein. Die scheinbare Spaltg. des Ich. (X, 532 S.) gr. 8. Leipzig 910. J. A. Barth. 15.—

— die deutsche Philosophie in der 2. Hälfte des 19. Jahrh. (III, 88 S.) 8. Tübingen 910. J.C.B. Mohr. 1.—

Oesterreich, Ludw., Räthsel der Liebe. Geschichten aus dem Leben. 8. (III, 85 S.) Prag 901. J. G. Calve. n. 1.—

Oesterreich, Matthias

Oesterreich, Matth., analysis aquarum Budensium. 8. maj. Vien. Gräffer. 781.

— s. Beschreibung d. k. Bildergallerie zu Sanssouci, u. setze hinzu: (v. M. Oesterreich).

Österreich, Matthias. Beschreibung und Erklärung der Grupen, Statuen ... welche die Sammlung ... des Königs von Preussen ausmachen ... Berlin 1775. Ü: *Krusnitz, J. G.* (BrMm)

Oesterreich, Matthias. Beschreibung aller Gemählde, Antiquitäten und anderer kostbarer und merkwürdiger Sachen so in denen beyden Schlössern von Sans Souci wie auch in dem Schlosse zu Potsdam und Charlottenburg enthalten sind. Berlin 1773. Ü: *Krünitz, J. Gg.* (KY 4/264) (BiblPort)

— Beschreib. aller Gemälde, Antiquitäten rc. z. Sanssouci, Potsdam und Charlottenb. gr. 8. Berl. Rottmann. 774.

— Weickreib. aller Gemälde, Antiquitäten rc. zu Sanssouci, Potsdam u. Charlottenburg; aus d. Französ. v. J. G. Krünitz. gr. 8. Berl. 775. Rottmann. 12 ℊ

— Beschreib. d. Gruppen, Statüen rc. die d. Samml. d. Königs von Preußen ausmachen rc. gr. 8. Berl. 775. Decker. (Rottmann). 12 ℊ

(Oesterreich, Matthias.) Beschreibung des Cabinets von Gemählden verschiedener berühmten Mahler, des Herrn Johann Gottlieb Stein. Berlin 1763. 4°.

— Beschreib. d. Steinschen Kabinets v. Gemälden. 4. Berl. 763.

(Oesterreich, Matthaeus.) Beschreibung derjenigen Sammlung verschiedener Original-Gemählde von italienischen, holländischen, französischen und deutschen Meistern, welche das Cabinet ausmachen von Johann Georg Eimbke. Berlin 1761. 4°.

Oesterreich, Matth., († d. 19. März 1778.) Beschreib. der Eimbeckenschen Samml. versch. Originalgemälde. 4. Berl. 761.

— Beschreib. d. Stengelschen Samml. v. Gemälden. 4. Berl. 768.

Oesterreich, Matthias. Beschreibung von denen sieben neu erbauten Zimmern, zwey Sälen, und zwey Gallerien in dem gewesenen Orangenhause in Sans-Souci, wie auch aller Gemählde, Alterthümer u. andern Kostbarkeiten, so darinnen befindlich sind. Potsdam 1777. 8.

— déscription et explication des groupes, statues etc. qui forment la collection du roi de Prusse. gr. 8. Berl. 774. Rottmann. 12 ℊ

— déscription de tout l'Interieur des deux Palais de Sans-souci, de ceux de Potsdam et de Charlottenburg etc. 4. Berl. Rottmann. 1 ℛ 16 ℊ

— déscription de quelques tableaux de différens maitres à Berlin. 4. Berl. 757.

— ornemens de Sanssouci Fol. Berl. Rottmann. 16 ℊ

— recueil de quelques desseins des plusieurs habiles maitres, tirés du Cabinet de Mr. le Comte de Brühl. fol. Dresd. 752.

Oesterreich, Matthias. Des Herrn Daniel Stenglin in Hamburg Sammlung von Italienischen, Holländischen und Deutschen Gemählden. Berlin 1763. 4°.

Oesterreich, Max [aus Oppeln (Schlesien)]: Ueber Reductions- und Oxydationsversuche des α-n Dimethyloxazol sowie über dessen Condensation mit Acetaldehyd. Oppeln 1897. 50 S. 8°.

Zürich. Phil. Diss. II. S. 1897/98.

Oesterreich, Paul R. [aus Breslau]. Einwirkung von 8Chwofelammon auf nitrierte aromatische Nitramine und Nitrosamine. Freiburg (Schweiz) 1899. 46 S. 8°.

Freiburg. Mathem.-naturw. Diss. 1898/99.

Oesterreich, Traugott Konstantin,
s. Oesterreich, Konstantin

Oesterreicher, Der. Geschäfts-, Volks- und Amtskalender für das Jahr 1894. Ein unentbehrliches Handbuch für alle Stände. 40. Jahrg. Gr.-8. (XVI, 160 S.) Cart. Linz. Fink 1894. 1.20

Oesterreicher, Die, in Baiern . . . Ulm [Sulzbach] 1805. V: *Aretin, Joh. Christoph Anton Maria Freiherr von.* (Zeitschr. f. Büch. XII. Jg. S. 209–211.) (Mitth. Dr. K. Wagner-Wien.)

Österreicher, Die, in Baiern zu Anfang des XVIII. Jahrhunderts . . . Ulm [Sulzbach] 1805. V: *Plinganser, Georg Sebastian.* (EB)

Oesterreicher, die, in Baiern, z. Anfang d. 18. Jahrh. Eine Geschichte f. d. Baiersch. Bürger u. Landmann, mit Erläut. u. Urkunden begleitet v. J. Rastlos. 8. Ulm 806. (v. Seidel in Sulzb.) 8 ℊ

Oesterreicher, berühmte. 1–8. Heft. 12. (Mit eingedr. Holzschn. u. je 1 Holzschntaf.) Wien 880. Pichlers Wwe. & Sohn. à n. — 30

1. Kaiser Josef II. Ein Bild seines Lebens u. Wirkens. Von Frz. Frisch. (32 S.)
2. Erzherzog Karl. Von Rob. Manzer. (32 S.)
3. Franz Schubert. Ein Fürst im Reiche des Liedes. Für die reifere Jugend u. musik-freundl. Familienkreise erzählt von Karl Raimund Kristinus. (32 S.)
4. Nikolaus Lenau. Das Lebensbild eines österreich. Dichters. Von Frz. Frisch. (30 S.)
5. Prinz Eugen von Savoyen. Von Ludw. Bauer. (32 S.)
6. Maria Theresia. Von Rob. Manzer. (31 S.)
7. Ludwig van Beethoven. Von Robert Niedergesäß. (30 S.)
8. Josef Ressel, der Erfinder der Schiffsschraube. Von Rob. Manzer. (32 S.)

Oestreicher, berühmte, der Vorzeit. Biographische Skizzen für die reifere vaterländische Jugend. Aus dem Nachlasse eines Pädagogen-Veterans. (Neue, verm. Aufl.) gr. 12. (III und 208 S. mit 1 Holzschnt.) Wien 856(57.) Pichler's Wwe. und Sohn. (Leipzig, Liebeskind.)

Österreicher, Die getreuen, oder das Aufgebot. Volksstück mit Gesang in 3 Aufzügen. Wien 1797. V: *Hensler (Henseler), Carl Friedrich.* (GGr)

Oesterreicher, die getreuen; od. das Aufgebot. Volksstück in 3 Aufz. 8. Wien, Wallishäußer. 797.

Oesterreicher. Die, im schleswig-holsteinischen Kriege (Aus:) „Die Grenzboten." Nr 32 u. 33. (Donation Liechtenstein.) 8. Lepzig 1864.

Oesterreicher, Elias, Fragmente aus d. Reiche d. kalten Wassers, entworfen zu Gräfenberg im J. 1839. gr. 12. (3½ B.) Pesth 841. (Wien, Singer u. Goering.)

Oesterreicher's, F., illustrierte Führer. Nr. 1. 8. Krems, F. Oesterreicher. — 80
Dürnstein a. d. Donau. Von Jos. Kallbrunner u. Osk. Oberwalder. (29 S. m. 7 Abbildgn., 3 Vollbildern u. 2 Grundrissen.) 910.

Oesterreicher, H., s. Oesterreicher, Johann Heinrich

Oesterreicher J.: Der Feuerbach'sche Kreis. 42 Wien U. R. II. 84.
Progr

Oesterreicher, Johann Adam Ignatius (Bamberg), De retractu feudali et gentilitio variisque circa cum controversiis in genere, et in specie num is feudo et sub hasta vendito locum obtineat. Diss. jur. Präs. Johann Georg Ritter. Bamberg (J. G. Klietsch) März 1787. 51 S. (5.—) 25466

Österreicher, Johann Heinrich

Oesterreicher, H., anatomischer Atlas, od. bildliche Darstellung des menschl. Körpers. Neu bearb. mit 46 neuen Tafeln vermehrt, u. m. erklär. Texte begleitet v. M. P. Erdl. 18 Lfgn. Roy.-Fol. (179 Stnt. u. 43 B. Text in gr. 8.) München 843—45, Palm's Hofbh. à Lfg. * 1 Thlr. 15 Ngr. Thlr. *

Oesterreicher's, H., anatomischer Atlas oder bildliche Darstellung des menschlichen Körpers. Neu bearb., m. 46 neuen Taf. u. mehr als 260 Fig. verm., u. m. erklärend. Texte begleitet von M. Erdl. 2. verb. Aufl. gr. Fol. (180 theils color. lith. Taf. m. IV u. 308 S. Text in gr. 8.) Mit: Leitfaden zur Kenntniss des Baues des menschlichen Leibes bearb. von M. Erdl. 2 Abthlgn. gr. 8. (VIII u. 533 S. m. 1 Tab. in qu.Fol.) München 852, Palm. baar n. 15 ₰

Oesterreicher, Joh. Heinr., neue Darstellung d. Lehre v. d. Ortsveränderung d. Hoden. Ein Beitr. z. Entwickelungs-Geschichte ders. 4. (8 B.) Leipzig 830. Voss.

—— anatom. Steinstiche. 24 Hfte. à 6 Taf. gr. Fol. München 827—30. (Leipzig, Voss.) à H. 1 Thlr. 12 Gr.

—— anatomische Steinstiche od. bildl. Darstellung d. menschl. Körpers, sowie seiner Theile. Supplementband enthaltend die zur 2. Aufl. neu hinzugekommenen Tafeln u. Tafelerklärung v. M. P. Erdl. 1—5. Lfg. Roy.-Fol. (52 Tafeln u. 6¾ B. Text in gr. 8.) München 845, 46, Palm's Hofbuchh. à Lfg. * 1 Thlr. 15 Ngr. *

— neue anatom. Steinstiche (1 Herumschweifender u. sympathetischer Nerve. — Nerven d. Gebärmutter. — Nerven d. Leber u. des Magens. — Ortsveränderung d. Hoden.) 1s Hft. od. Suppl. 8 Bl. in gr. Fol. Leipz. 830. Voß. 2 ₰

— Tubulae anatomicae ad optima clarissimorum virorum rei anatomicae studiosorum Exempla lapidi insculptae ac editae. Sect. I. Myologia. Tabb. XXIII. explicata. Real-Fol. Eichstadii 826, Beyer.

— Tabulae anatomicae ad optima clarissimorum virorum rei anatomicae studiosorum exempla lapidi insculptae ac editae. Sect. I. Myologia tabb. XXIII explicata. Real-Fol. Eichst. 827. Beyer. (Leipz., Barth). 8 ₰

Johann Heinrich Oesterreicher

Versuch einer Darstellung der Lehre vom Kreislaufe des Blutes. Von J[ohann] Heinrich Oesterreicher. Nürnberg: Schrag 1826. VIII,200 S. 8°

[Umschlagt.:] Oesterreicher: Lehre vom Kreislaufe des Blutes.

Oesterreicher, Josef: Beiträge zur Geschichte der jüdisch-französischen Sprache und Literatur im Mittelalter. Von Dr phil. – Czernowitz: R. Eckhardtsche k. k. Universitätsbuchdr (a. d. Umschl. aufgekl. H. Pardini, K. K. Universitäts-Buchh.) 1896. (32 S.) 1 Bd 8°

Oesterreicher, Jos., Beiträge z. Geschichte d. jüdisch-französischen Sprache u. Literatur im Mittelalter. gr. 8. (32 S.) Czernowitz 896. (H. Pardini.) n. 2.—

— Die Gespräche des Petrus Alfonsi und ihre haggadischen Bestandteile. 88. Göding R. 03.
Progr.

Oesterreicher Joseph: Ein altfranzösisch-hebräisches Glossar.
1894 PN 885 Diss. Wien, Univ 2227

OESTERREICHER Josef Manes Nachricht von d. Bestandtheilen Heilkräften des Fureder Sauerbrunnens Von Graffer Wien 1782

Oesterreicher, Paul

— Abhandl. v. Tode d. letzten Herzogs Otto II. v. Meran. gr. 8. Bamb. 816. Kunz. (a. Wesché in Frankf. a. M.) 8 gr

Oesterreicher, Paul, Geschichtl. Abriß v. Frankenthal oder Vierzehnheiligen im Obermainkreise im Königr. Baiern. Mit 1 Kpf. Fol. Bamb. 820. Verfass. (Kunz). 7 gr

—, der *ostfränkische Markgraf Adelbert, Graf von Babenberg* genannt (lebte im IX. u. X. Jahrh.). Ein geschichtl. Abriss. Ebd. 1825. 8°.
80 S. u. 22 S. Urkunden. — Neue Beiträge z. Geschichte Heft 2.

— d. ostfränk. Markgraf, Adelbert Graf v. Babenberg genannt. gr. 8. Bamb. 825, Kunz.

—, die *Altenburg* (im Mittelalter Burg „Babenberg" gen.) bei Bamberg, geschichtlich dargestellt. Abth. 1 (einz.?). Ebd. 1821. 8°.
TKpf. (S. Scharnagel del., E. F sc.), VIII—64 S. u. Urkundensamml. XI. S. (incl. Specialtit.).

Oesterreicher, (Paul,) die Altenburg bei Bamberg. Geschichtl. Dargestellt. 1e Abtheilung. Nebst Urkundensammlung. Mit 1 Kpfr. gr. 8. Bamberg 821, Verf. (Kunz.)

Oesterreicher, P.: Arch. d. Rhein. Bundes. *Bamb.* (*Leipz.*, Barth.) 806—16. 4. (7 Thl.)

— Beitr. z. Geschichte. 6 Hefte. 8. Bamb. 820—24. (Wesché in Frankf.) 2 ₰

— Beitr. z. Gesch. d. Hopfenbaues im Bambergischen. gr. 8. Bamb. 823, Kunz.

—, Beiträge zur Geschichte des *Kaisers Ludwig IV* 2 Lfrgn. Ebd., Wilh. Ludw Wesché, 1824—25. 8°.
2 Bll., 84 S. 2 Bll., 92 S. — Auch u. d. Tit. Neue Beiträge z. Geschichte. Heft 3 u. 5.

—, geschichtliche Darstellung der *vormaligen Reichsherrschaft Schlüsselfeld*. Ebd. 1823. (Gedr. bei Joh. Frdr. Schmidt's sel. Wittib.) 8°.
(Auf sämmtl. Titeln d. Name „v. d. Pfordten".)
Tit. u. 48 S., nebst XXX S. Urkunden. — Auch m. d. Tit.: Neue Beiträge z. Geschichte. Heft 1

— Denkwürdigkeiten d. fränkischen Geschichte, mit besond. Rücksicht auf das Fürstbisthum Bamberg, urkundlich nachgewiesen. 1s Stck. A. u. d. T.: Geschichte u. Beschreib. d. Grenzen d. Radenzgaues. gr. 8. Mit 1 Karte. Bamb. 832. (Drausnick). 12 gr

Oesterreicher, Paul, Denkwürdigkeiten d. fränk. Geschichte, mit besond. Rücksicht auf d. Fürstbisthum Bamberg, urkundlich nachgewiesen. 1. Stück. — A. u. d. T.: Gesch. u. Beschreib. d. Grenzen d. Radenzgaues. gr. 8. (5½ B., 2 B. Beil. u. 1 lith. Karte, Fol.) Bamberg 832, (Literar.-artist. Institut.)

— Denkwürdigkeiten d. Staatenkunde Deutschlands. 2 Bde in 6 Hftn. gr. 8. o. O. 808, 9. (Leipz., Barth). 2 Thlr. 12 gr.

— Geschichte d. Burg u. d. Rittergutes Rabenstein. Hrsgg. v. d. histor. Vereine des Obermainkreises. gr. 8. Bamb. 830. (Drausnick). 8 gr.

—— Geschichte d. Burg u. d. Rittergutes Rabenstein. Hrsg. v. d. histor. Vereine d. Obermainkreises. gr. 8. (4½ B. u. 2 B. Beil.) Bamberg 830, (Literar.-artist. Institut.)

— der Reichsherr Gottfr. v. Schlüsselberg. Ein geschichtl. Abriß. Mit 1 Kpf. Fol. Bamb. 821, Verf. Kunz.

— Handlungsaussichten im 19. Jahrh. 8. Wien 802. (Schaumburg u. C.) 12 gr. Hbg. Pr. 8 gr.

— Inhalt einiger noch nicht bekannten Gesetze des ehemal. deutschen Reichs. 8. Erlangen 809, Kunstmann. (Kunz in Bamb.)

— Kriegsarchiv d. Rheinischen Bundes. 12 Hfte. J. 1807. 4. o. O. (Leipz., Barth). 3 Thlr. 12 gr.

—, Kunde der *Druckschriften von alten Burgen u. Schlössern*. Lfrg. 1 (einz.). Ebd. 1820. 8.
24 S. u. 1 Kpftaf (Wappen v. 1243)

— Kunde d. Druckschriften v. alten Burgen u. Schlössern. 1e Liefg. 8. Bamb. 820, Verfasser.

— der erste Mai auf d. Altenburg. 8. Bamb. 821. Compt. d. Fränk. Merkurs. 2 gr.

—, Nachrichten von den ausgestorbenen *Reichsherren* (sic) *v. Aufsess*, urkundlich ertheilet. Ebd., Verlag d. Verf., 1827. 8º. 58 S.

—, Nachrichten von den *alten Königshöfen Teutschlands*. Lfrg. 1 (einz.?). Ebd. 1824. 8º.
VIII—88 S. 1. Dingolfing. 2. Harbach. 3. Keula. 4. Boppard. 5. Schirstett. 6. Tilleda. — Auch m. d. T.: Neue Beiträge z. Geschichte. Heft 4.

—, die *Burg Neideck*, geschichtlich dargestellt. Ebd. 1819. 8º.
TKpf., XVI—46 S. u. XXIV S. Urkunden. Der Vorber. handelt S. VIII—XIII von deutschen Schriften, welche ganz od. zum Theil von Burgen handeln.

— Samml. d. Grundverträge u. Gesetze des Rheinischen Bundes. 1e u. 2e Liefrg. 8. (Leipz., Barth). 12 gr.

—, die *Burg Streitberg*, geschichtlich dargestellt. Ebd. 1819. 8º.
TKpf. (fehlt). VIII—77 S., 1 Bl. Err.

— die Burg Streitberg u. Neideck. Geschichtlich dargestellt. 2 Hefte. 8. Bamb. 819. (Kunz). Mit 1 Kpf. (à 10 gr.) 20 gr. ohne Kpf. (à 8 gr.) 16 gr.

— statist. Tabellen üb. das Fürstenthum Schwarzenberg, die Grafschaft Kastel. qu. Fol. (Leipz., Barth). 808. 8 gr.

Oesterreicher, Paul (k. b. Rath u. Archivar zu Bamberg, geb. 1776, † nach 1827), von dem Tode des letzten Herzoges, *Otto II. von Meran* († um 1248). Eine histor.-diplomat. Abhandlung. Bamberg, im Verlage d. Verf., 1816; — *A. E.*: Erlangen, gedr. bei Heinr. Ludw. Kunstmann. 8º. Ppb. mit 7 Beibdn. (Auf sämmtl. Titeln handschriftl. der Name „von der Pfordten".)
77 S., 1 S. Err. 1 Bl. Druckanzeige.

— die zwei Burgen Tüchersfeld. M. 1 Kpf. 8. Bamberg 810, Verfass. Kunz.

—, die *zwei Burgen Tüchersfeld*, geschichtlich dargestellt. Ebd. 1820. 8º.
TKpf., VIII—64 S. u. 32 S. Urkunden.

— die Wunderburg zu Bamberg, mit Nachr. v. d. Geschlechte d. Erbauer Fr. v. Rotenstein. gr. 8. Bamb. 826, Kunz.

—, die *Wunderburg zu Bamberg*, mit Nachrichten von dem Geschlechte des Erbauers, *Friderich von Rotenstein*, reingeschichtlich dargestellt. Ebd., gedr. bei Joh. Friedr. Schmidt's sel. Wittib., 1826. 8º. B
43 S. u. 1 Geschlechtstaf. der ausgestorb. Ritter v. Rotenstein

— s. Zeitschrift f. Archiv- u. Registraturwesen.

Oesterreicher, P., u. Döllinger, G. F.: Zeitschrift für Archiv- u. Registraturwissenschaft. *Bamberg*, Göbhardt. 1—4. H. 806. 8. (2 Thl.)

Oesterreicher, Rud., Gummiradler, s.: Universal-Bibliothek.

Oesterreicher, T. Ritter v., die oesterreichische Küstenaufnahme im adriatischen Meere. Ueber Auftrag des k. k. Reichs-Kriegs-Ministerium, Marine-Section. Lex.-8. (216 S. mit 5 lithogr. Taf. in qu. gr. 4.) Triest 873, (Schimpff.) **

— Küsten-Karte d. adriatischen Meeres. Bl. 1—6. u. 14 Kpfrst. Imp.-Fol. Triest 872. Essmann. (?) à n. — [illegible]
1. Golf v. Triest. 1 : 80,000.
2. Umago u. Parenzo. 1 : 60,000.
3. Osera u. Rovigno. 1 : 60,000.
4. Fasana u. die Brioni'schen Inseln. 1 : 40,000.
5. Golf v. Medolino. 1 : 40,000.
6. Der Quarnero-Golf. 1 : 80,000.
14. Canal v. Pasman. 1 : 20,000.

Oesterreicher, T. L. Frhr. v., aus fernem Osten u. Westen. Skizzen aus Ostasien, Nord- u. Süd-Amerika. Mit 5 Illustr. (Holzschntaf.). gr. 8. (422 S.) Wien 879. Hartleben. n. 6. —

Oesterreicher, Vict., Imperium et libertas. E. Studie üb. d. böhm. Frage. gr. 8. (61 S.) Leipzig 897. O. Wigand. 1. —

Österreicherin, Die schöne, oder Carolinens Schicksale . . . Nürnberg 1779. V: *Braun, Joh. Adam.* (Ky) (BGE)

Oesterreicherin, die schöne, od. Carolinens Schicksale von Oesterreich nach Preußen; e. Gesch. 8. Nürnb. Zeh. 779.

Oesterreichers, des, richtiger Standpunkt. Geschrieben im Februar 1848. gr. 8. (16 S.) Cöln 848. (Hamburg, Hoffmann & Campe.) ⅙ Thlr.

Österreichische Alpen [Schlagwort]

Österreichische Alpen, s.: Alpen.

Österreichische Apenländer [Schlagwort]

Oesterreichische Alpenländer, s.: Alpen, Rothaug.

Oesterreichisches. Berlin 869. Springer'sche Buchh. 8. (61 S.) 6 ngr.

Österreichisch-Schlesien [Schlagwort]

Oesterreichisch-Schlesien, s.: Hand- u. Reisekarten. 27.

Österreichisch-ungarisches Heer [Schlagwort]

Österreichisch-ungarisches Heer, s.: Militärkarten.

Oesterreichs Antwort auf Würtembergs offenen Königsbrief, nebst Nutzanwendung und polit. Betrachtungen über die dresdner Conferenzarbeiten. 32. (48 S.) Grimma 851. [Wurzen,] Verlags-Comptoir.

Oesterreichs Bedeutung für die gegenwärtige Lage Deutschlands. gr. 8. (47 S.) München 867, Lentner'sche Buchh.

—— Befreiungstage! oder: Der 13., 14. und 15. März 1848 in Wien. Geschildert von einem Augenzeugen. Mit allen bezüglichen Proklamationen und den wichtigsten Flugschriften. 2. Aufl. gr. 12. (84 S.) Wien 848, [Jasper's Witwe und Hügel.]

Oesterreich's Desorganisation u. Reorganisation. Rechts-geschichtlich politische Studien. 1 Thl. Wien 861. Typograf.-literar.-artist. Anstalt. gr. 8. (XI, 208 S.) n. 1 ℛ

—— Eintritt in den deutschen Zollverein. Eine Stimme aus Mittel-Deutschland für die Einigung mit Oesterreich im Interesse Deutschlands. gr. 8. (40 S.) Döbeln 862, (Schmidt.) *

— statistisch-historische Entwickelung. Tabelle. 56,5×73,5 cm. Wien 898. (Leipzig, Literar. Anstalt, A. Schulze.) In Karton n. 1. 80

—— Erhebung und Erstarkung. Von einem Norddeutschen. gr. 8. (52 S.) Hamburg 862, Mauke Söhne. *

—— Finanzkraft. 3. Thl.: Die sogleiche Herstellung der Valuta. Ein Vorschlag, die Nationalbank solvent zu machen, ohne die geistl. Güter zur Valuta-Verbesserung einzuziehen. gr. 8. (8 S.) Prag 861, Schallansky.

— 's Flora, Taschenb. a. botan. Excursionen. 2 Bdch. 8. Wien, Rötzl. (Kaulfuß.) 794.

Oesterreich's Flora, Taschenb. auf botan. Excursionen. 2 Bdchn. 8. Wien 794. Rötzl. (Göthe in Leipz.) 2 ℛ

Oesterreichs Forstwesen 1848—1888. Denkschrift, gewidmet der Erinnerung an die Feier d. 40. Regierungsjahres Sr. k. u. k. apostol. Maj. Kaiser Franz Josef I. vom österreich. Reichsforstverein in Wien. Unter Mitwirkg. v. Carl Bauer, Aug. Böhm, Carl Böhmerle u. A. red. v. Ludw. Dimitz. gr. 8. (VIII, 339 S.) Wien 890. (Frick) n.n. 5. —

Oesterreichs Gegenwart. 1. Bd. 8. (8 B.) Leipzig 846, Phil. Reclam jun.

— Gegenwart u. nächste Zukunft. Von e. Reichsrathsmitgliede. gr. 8. (IX, 320 S.) Leipzig 888. Duncker & Humblot. n. 5. 60

Oesterreichs neues und altes Geld, oder kurzgefasste Darstellung des neuen österreichischen Münzsystems und der darauf bezüglichen gesetzlichen Bestimmungen, nach neuen und alten Münzgattungen geordnet und mit zwei Reductionstafeln und der nenen Stempelskala versehen. Zum Gebrauche für Jedermann, insbesondere für Kaufleute, Gewerbsinhaber, Handlungsreisende und sonstige Geschäftsfreunde. Zweite vermehrte Auflage. *Prag* 1858. Druck u. Verlag von *Anton Renn.* 11 S. 2 Bl. kl. 8°
6 kr. CM.

Die erste Auflage ebenda 12 S. kostete 9 kr.

—— Gesellschaften und Vereine für Land- und Forstwirthschaft nach dem Stande zu Anfang des J. 1886. Zusammengestellt im k. k. Ackerbau-Ministerium. gr. 8. (46 S.) Wien 886, Hölder. * — 80

Aus: Statistische Monatsschrift, besonders abgedruckt.

— u. Deutschland's wildwachsende od. in Gärten gezogene Giftpflanzen. Nothwendiger Atlas zu Adf. Nitsche's Giftpflanzenbuch u. Giftpflanzen-Kalender in naturgetreuen Abbildgn 14 farb. Taf. à 52,5×35,5 cm. Wien 893. (C. Gerold's Sohn.) n. 24. —; auf Pappe, gefirnisst u. m. Oesen n. 30. —

Oesterreich's parlamentarische Größen. Ein Beitrag zur neuesten österreich. Geschichte. gr. 8. (53 S.) Berlin 872. Luckhardt. n. 1. —

Oesterreichs Handelsinteressen im Orient. Statistische Beiträge, bearb. vom „Industriellen Club". gr. 8. (57 S.) Wien 878. Konegen. n. 1. 60

Oesterreichs künftige Handelspolitik vom Standpunkte der Industrie. Vorbericht, erstattet f. den 11. Verbandstag des Central-Verbandes der Industriellen Oesterreichs. gr. 8. (56 S.) Wien 899. (L. Weiß.) n. 1. —

— 's Handlungs-Aussichten, s. Handl.

— Heeresmacht. Ein Beitrag zur neuesten Geschichte des österreich. Heerwesens. Cassel 869. Leipzig, C. Luckhardt. gr. 8. (55 S.) n. 10 ngr

—— Heerwesen in neuester Zeit. Von einem österreichischen Offiziere. 8. (17⅛ B.) Leipzig 846, Thomas.

Oesterreich's Heil. Gedanken e. österreich. Patrioten. 2. Aufl. Mit e. Anh. (71 S.) gr. 8. Prag 905. F. Řivnáč. n.n. 1. —

Oesterreichs Helden, in Neapel u. Piemont, nebst e. Soldatenliede den tapfern Oesterr. gewidmet, von. e. preuß. Grenadier. Mit 1 Kpfr. 8. Berl. 822, Mittler.

— Herausforderung. Ein Wort an alle preuß. Patrioten. Von einem preuß. Offizier. Berlin 866. Langguth. gr. 8. (15 S.) 3 ngr

— Herrscher aus dem Hause Habsburg. (25 Bildnisse m. 48 Bl. u. S. Text u. 4 Bl. Titel u. Register.) Imp.-Fol. Wien, Hof- u. Staatsdruckerei. In Mappe 100. —; Prachtausg. 150. —

Oesterreich's Hort. Geschichts- u. Kulturbilder aus den Habsburgischen Erbländern, Eine Festgabe an das österreich. Volk zur Jubelfeier des Kaisers Franz Josef I. 1908. Unter dem Protektorate Sr. Exz. des k. u. k. wirkl. geh. Rates, k. u. k. Kämmerers Albin Frhrn. v. Teuffenbach zu Tiefenbach u. Maßweg, k. u. k. Feldzeugmeister d. R. 2c. hrsg. v. e. Kreise vaterländ. Schriftsteller. 2., verm. Aufl. Mit 1 Intagliodr., 16 Farbendr.-Bildern, 8 Duplexautotypien, 8 Taf. in Doppeltonfarbendr., 4 Kärtchen, 1 Handschrift-Fksm. u. 266 Text-Abbildgn. Kopfleisten u. Vignetten v. Karl Breuer. 2 Bde. (XIV, 352 u. XII, 418 S.) 32×25 cm. Wien 910. Patriot. Volksbuchh. Geb. in Leinw. à 17. —

—— Interessen und der preussisch-französische Handelsvertrag. Denkschrift des Vereines der österreich. Industriellen. gr. 4. (20 S.) Wien 862, (Braumüller.) *

— deutsche Jugend. Monatshefte m. Bildern unter Leitg. v. F. Rudolf. 1.—4. Jahrg. 1884—1887. à 12 Hfte. (2 B.) Lex.-8. Reichenberg. (Wien, Sallmayer'sche Buchh.) à Jahrg. 6. 80

— dasselbe. 5.—7. Jahrg. 1888—1890. à 12 Hfte. (2 B.) Lex.-8. Ebd. à Jahrg. n. 4. 80; geb. n. 6. 80

Oesterreich's deutsche Jugend. Geleitet v. Frz. Rudolf. 8.—11. Jahrg. 1891—1894. à 12 Hfte. Lex.-8. (à Hft. ca. 26 S. m. Textbildern u. 1 Farbendr.) Reichenberg. (Wien, Sallmayer'sche Buchhandlg.) à Jahrg. n. 4. 50; geb. in Leinw. n. 6. —

Österreichs deutsche Jugend. Hrsg. v. deutschen Landeslehrervereine in Böhmen. Geleitet v. Frz. Rudolf. (Oesterreichische Ausg.) 12. Jahrg. 1895. 12 Hfte. (à ca. 2 Bog. m. Textb. u. Farbendr.) Lex.-8. Reichenberg. (Wien, Sallmayer'sche Buchh.) n. 4. 50; (kplt. geb. in Leinw. n. 6. —)

— dasselbe. 13.—15. Jahrg. 1896—1898. à 12 Hfte. (à ca. 2 Bog. m. Abb. u. Farbdr.) Lex.-8. Ebd. à Jahrg. n. 4. —; einzelne Hfte. n. — 40; (kplt. geb. in Leinw. à Jahrg. n. 6. —)
Kann auch halbjährlich bezogen werden.

— deutsche Jugend. Hrsg. vom deutschen Landeslehrervereine in Böhmen. Geleitet von Frz. Rudolf. 16. u. 17. Jahrg. 1899 u. 1900. à 12 Hfte. Lex.-8. (à ca. 26 S. m. Abbildgn. u. Farbdr.) Reichenberg. (Wien, Sallmayer-sche Buchh.) à Jahrg. n. 4. —; geb. in Leinw. n. 5. 65

— deutsche Jugend. Hrsg. vom deutschen Landeslehrervereine in Böhmen. Geleitet v. Frz. Rudolf. 20. Jahrg. 1903. 12 Hefte. (à ca. 24 S. m. Abbildgn. u. Farbdr.) Lex.-8. Reichenberg. (Wien, Sallmayer'sche Buchh.) n. 4. —; geb. in Leinw. n. 5. 65

— deutsche Jugend. Geleitet v. K. Neumann. 26. u. 27. Jahrg. 1909 u. 1910. à 12 Hefte. (27. Jahrg. 1. Halbbd. IV, 200 S. m. z. Tl. farb. Abbildgn.) Lex. 8. Reichenberg, (P. Sollors Nachf. — Wien, Sallmayersche Buchh.). à Jahrg. 4.80; geb. in Leinw. 5. 80

— dasselbe, reichsdeutsche Ausg., s.: Jugend, deutsche.

Österreichs Kämpfe im Jahre 1866. Nach Feldacten bearb. durch das k. k. Generalstabsbureau für Kriegsgeschichte. Bd 1—5. (Mit 4 Kartenbdn.) Wien 1867—69. 4°
Dass. franz. u. d. T : Les luttes de l'Autriche en 1866, von F Crousse. Bd 1—3. Paris 1868—70. 8°.
Dass. Bd 1. Brüssel 1868.

— Kämpfe im J. 1866. Nach Feldacten bearb. durch das k. k. Generalstabs-Bureau für Kriegsgeschichte. Mit Karten u. Schlachtplänen. 5 Bde. Wien 867—69. (Gerold's Sohn.) Lex.-8. [1. Bd. 1. u. 2. durchgesch. Aufl. (VII, 334 S. mit 1 lith. Karte u. 1 chromolith. Plan in gr. Fol.) n. 2 Thlr 20 ngr., 2. Bd. (V, 203 S. mit 14 Steintaff., wovon 8 in Buntdr., in 4. u. Fol.) n. 2 Thlr 20 ngr., 3. Bd. 1. Abthl. (III u. S. 1—232 u. 32 S. Beilagen mit 10 Steintaff., wovon 4 in Buntdr., in 4. u. Fol.), 2. Abthl. (VI u. S. 233—386 u. 49 S. Beilagen mit 4 Chromolith. in qu. Imp.-Fol.) n. 5 Thlr 10 ngr., 4. Bd. (VI, 223 S. u. 46 S. Beilagen mit 5 lith. Karten, wovon 1 color. in Fol.) n. 2 Thlr 20 ngr., 5. Bd. (VII, 398 S. mit 4 lith. Plänen in Fol., gr. u. Imp. Fol.) n. 2 Thlr 20 ngr.] n. 16 Thlr

— Kriege seit 1495. Chronologische Zusammenstellung der Schlachten, Gefechte, Belagerungen etc., an welchen kaiserl. Truppen auf den verschiedenen Kriegsschauplätzen entweder allein oder mit ihren Alliirten theilgenommen haben. Von der Zeit Kaiser Maximilian's I. 1495 bis auf die neueste Zeit. Zusammengestellt aus den Mittheilungen des k. k. Kriegs-Archivs. Jahrg. 1876, 1877 u. 1878. 2., auf photolith. Wege hergestellte Aufl. gr. 8. (202 S. mit 1 chromolith. Karte in Imp.-Fol.) Wien 878. Seidel & Sohn in Comm. n. 6. —

— Kriegsflotte. Leipzig 862. Engelmann. Lex.-8. (59 S.) 6 ngr.

— Kriegsflotte u. ihre Zukunft. Gedanken über die nothwend. zeitgemäße Vergrößerung der österreich. Kriegsflotte im Interesse der Großmachtstellung des Kaiserth. Oesterreich. Prag 868. Steinhauser. 8. (VIII, 38 S.) n. 6 ngr.

— Kriegsgeschichte im J. 1804, s. Europens Palingenesie.

Osterreichs Kriegsgeschichte im Jahre 1809. T. 1—3. Leipzig 1810—11 8° (Europa's Palingenese. 1.)

— jüngste Krisis. Eine Märzbetrachtung von Ernst ***. Leipzig 870. Lissner. gr. 8. (40 S.) 7½ ngr.

Oesterreichs kirchliche Kunstdenkmale der Vorzeit. Herausg. von Frz. Springer und R. v. Waldheim. 1—6. Liefg. Wien 856—58. v. Waldheim. gr. Fol. Jede Lieferung n. 1 Thlr. 25 ngr.
1. 2. Liefg.: St. Maria Stiegenkirche in Wien. Beschrieben von Ed. v. Sacken. (15 S. mit Holzschn. im Text u. 9 lith. Taf. in Tondr.)
3. 4. „ Petersschloß und St. Barthlmä zu Friesach. Beschrieben von Heinr. Hermann. (S. 16—26. m. Holzschn. im Text, 5 lith. Taf. in Farben- u. Tondr. u. 2 Kpfrtaf.)
5. 6. Liefg.: Friesach in Kärnthen. Beschrieben von H. Herrmann. (2 Bl., S. 25—32. mit Holzschnitten im Text, 2 Kpfrtaf., 1 Photogr. u. 3 lith. Taf.)

— Land u. Leute in Wort u. Bild. Vaterländisches Prachtwerk. Eine Sammlg. photograph. Reproduktionen der hervorragendsten Städtebilder, Bauten u. maler. Landschaften Oesterreich's nebst 24 farb. Trachtentaf. nach künstler. Orig.-Aquarellen. Mit erläut. Text, red. v. Frdr. Umlauft. (In ca. 36 Heften.) 1. u. 2. Heft. (36 S. m. 2 farb. Taf.) qu. Lex.-8. Wien (906). G. Szelinski. à n. 1. —

— Land u. Leute in Wort u. Bild. Vaterländisches Prachtwerk. Eine Sammlg. photogr. Reproduktionen der hervorragendsten Städtebilder, Bauten u. maler. Landschaften Österreichs nebst 24 farb. Trachtentaf. nach künstler. Orig.-Aquarellen. Mit erläut. Text, red. v. Frdr. Umlauft. 3.—36. (Schluss-)Heft. (1. Bd. S. 37—292 u. 2. Bd. 288 S. m. 28 farb. Taf.) 28,5×36,5 cm. Wien (907—10). G. Szelinski. à Heft 1. —

— Lebensfrage. Als Entgegnung auf Schuselka's „Deutsch od. Russisch?" Von M. F. v. R. (Winiwarter). gr. 16. (56 S.) Wien 849, Braumüller. n. 8 ngr.

Oesterreichs Lehr-Anstalten, Die land- u. forstwirthschaftlichen, nach dem Stande zu Ende März 1883. Zusammengest. im k. k. Ackerbau-Minist. (Sep.-Abd.) gr. 8. (15 S.) Wien, Alfd. Hölder. 20 kr. 1883

—— und Preussens Mediatisirung die Conditio sine qua non einer monarchisch-parlamentarischen Lösung des deutschen Problems. gr. 8. (V und 64 S.) Leipzig 862, Denicke.

— Neuschule. Zeitschrift f. den heim. Lehrerstand. Unter Mitwirkung prakt. Schulmänner hrsg. u. red. von Joh. Umlauft. 1. u. 2. Jahrg. 1881 u. 1882. à 52 Nrn. Lex.-8. (à Nr. ca. 1½ B.) Wien, Sallmayer'sche Buchh. à Jahrg. n. 8. —

— Neuschule. Zeitschrift f. den heim. Lehrerstand. Unter Mitwirkg. prakt. Schulmänner hrsg. u. red. v. Joh. Umlauft. 3. Jahrg. 1883. 52 Nrn. Lex.-8. (Nr. 1. 1½ B.) Wien, Sallmayer. n. 8. —
Erscheint nicht mehr.

Österreichs Pantheon. Authentische Notizen über das Leben und Wirken der ausgezeichneten Männer, Staatsbeamten, Krieger, Literatoren u. s. w. des Kaiserstaates. 3 Bde. (26 1/2 B.) 8. Wien 1830–31 6,00.

— innere Politik mit Beziehung auf die Verfassungsfrage. gr. 8. (352 S.) Stuttgart 847, Krabbe. 1 Thlr. 9 ngr

—— Politik in Italien und die wahren Garantien seiner Macht und Einheit. gr. 8. (70 S.) Wien 859, Gerold's Sohn. *

— Politik u. Kaiserhaus. (v. K. L. v. Woltmann). 8. Frankf. 815. (Prag, Calve). 16 gr.

— Recht auf Venedig. Dargethan aus den Verträgen von Leoben bis Zürich mit dem französischen Texte u. gegenüberstehender deutscher Uebersetzung der betreffenden Verträge, nebst einer historisch-politischen Einleitung. Wien 866. Mechitharisten-Congregations-Buchh. gr. 8. (161 S.) n. 20 ngr.

Oesterreichs gesetzgebender Reichstag mit besonderer Berücksichtigung der polnischen Deputirten (von Władysław Sanguszko). gr. 8. (160 S.) Posen 849, Zupański. 24 ngr

Oesterreichs gesetzgebender Reichstag mit besond. Berücksicht. der polnischen Deputirten. (Von Władysław Sanguszko.) gr. 8. (160 S.) Posen 850, Zupański. Thlr.

— Sache ist Deutschlands Sache. Ein Beitrag zur Befestigung der öffentlichen Meinung in Deutschland. Ende April 1859. Frankfurt a. M. 859. Auffarth. 8. (16 S.) 3 ngr.

Oesterreichs tapfere Söhne. Erinnerungen aus Italien und Ungarn von 1848 u. 1849 eines Veteranen, Verf. der Aphorismen u. der ästhetischen Weltanschauung. Klagenfurt 857. Leon. 16. (4 Bl., 344 S.) 1 Thlr. 18 ngr.

— System als die einzig wahre Ursache seiner Niederlagen vom militär. Standpunkte aus betrachtet u. dargestellt von einem österreich. Soldaten. Leipzig 867. Engelmann. gr. 8. (51 S.) 7 1/2 ngr.

— Theilnahme an den Befreiungskriegen. Ein Beitrag zur Geschichte der Jahre 1813 bis 1815 nach Aufzeichngn. von Frdr. v. Gentz, nebst e. Anh.: „Briefwechsel zwischen den Fürsten Schwarzenberg u. Metternich". Hrsg. v. Rich. Fürst Metternich-Winneburg. Geordnet u. zusammengestellt von Alf. Frhrn. v. Klinkowström. Mit e. Stahlst.-Portr. „Friedrich v. Gentz" u. e. Fcsm.-Briefe d. Feldmarschall Blücher. gr. 8. (XI, 844 S.) Wien 887. Gerold's Sohn. n. 16. —; geb. n. 18. —

— groses Verdienst im großen Kampfe gegen Frankreich; Vaterunser e. Deutschen rc. 8. Leipz. 814. Joachim. 3 gr.

— Verfassung. Ein Wort der Verständigung an Ungarn von einem deutschen Realpolitiker. Wien 866. Ludwig. gr. 8. (IV, 64 S.) n. 16 ngr.

— Waffenruhm älterer u. neuerer Zeit. Skizze in drei Hauptperioden v. J. B. H. 8. Wien 813. Gerold. 15 gr.

— 's Waffenruhm älterer u. neuerer Zeit. Skizze in drei Hauptperioden. 8. Wien, Gerold. 814. –

— Waldschätze u. der auswärtige Holzhandel. [Aus: Oesterreichische Monatsschrift für Forstwesen.] Wien 867. (Braumüller.) gr. 8. (125 S.) n. 20 ngr.

—— Walhalla. (Gedichte.) gr. 16. (70 S.) Wien 849, (Beck'sche Universitäts-Buchh.) **

— Wiedergeburt seit dem 13. März 1848. I. Die Wiener Ereignisse. Von W. M. Heyner. II. Der erste Eindruck in den Provinzen. III. Die gegenwärtige Lage Oesterreichs. Von B. Friedemann. Anhang: Kossuth's Rede in der Ständesitzung vom 3. März. 8. (62 S.) Leipzig 848, Spamer. n. 1/3 Thlr.

— Wohlfahrts-Einrichtungen 1848—1898. Festschrift zu Ehren des 50jähr. Regierungs-Jubiläums Sr. k. u. k. apostol. Maj. des Kaisers Franz Joseph I. Hrsg. v. der unter dem höchsten Protectorate Sr. k. u. k. Hoh. des durchlauchtigsten Herrn Erzherzog Otto steh. Commission der österreich. Wohlfahrts-Ausstellg. Wien 1898. Chef-Red.: Hans Heger. 4 Bde. gr. 8. Wien, M. Perles. n. 40. —; geb. n.n. 50. —

1. Armenpflege u. Wohlthätigkeit in Oesterreich. Red von Ernst Mischler. (XIV, XLII, 479 S.) 899.
2. Jugendpflege u. Pflege der Kunst. (VI, 588 S.) 900.
3. Gesundheitspflege. (IV, 555 S.) 900.
4. Sociale Hilfspflege. (VII, XX, 555 S.) 900.

— Wollen- u. Leinen-Industrie. Zeitschrift f. die gesammte Wollen-, Baumwollen- u. Leinen-Industrie nebst den bezügl. Geschäftsbranchen. Hrsg. m. Unterstützung d. hohen k. k. Handelsministeriums. Organ d. Centralvereins der schles. Wollindustriellen u. d. Vereins der Schafwollindustriellen in Brünn. Chefred.: W. F. Profeld, Red.: A. Kielmeyer. 10. Jahrg. 1890. 24 Nrn. Fol. (Nr. 1: 62 S. m. Abbildgn.) Reichenberg i/B., Administration. n.n. 10. —

— Wollen- u. Leinen-Industrie. Zeitschrift f. die gesammte Wollen-, Baumwollen-, Jute-, Ramie-, Leinen- u. Seiden-Industrie nebst den bezügl. Geschäftsbranchen. Hrsg m. Unterstützg. d. hohen k. k. Handelsministeriums. Organ d. Centralvereins der schles. Wollindustriellen u. d. Vereins der Schafwollindustriellen in Brünn. Red.: W. F. Profeld. 11.—13. Jahrg. 1891—1893. à 24 Nrn. (à ca. 54 S. m. Abbildgn.) Fol. Reichenberg i/B., Expedition. à Jahrg. n.n. 14. —

— Wollen- u. Leinen-Industrie. Zeitschrift f. d. ges. Wollen-, Baumwollen-, Jute-, Ramie-, Leinen- u. Seiden-Industrie nebst d. bezügl. Geschäftsbranchen. Hrsg. m. Unterstützg. d. hohen k. k. Handelsministeriums. Red.: W. F. Profeld. 15.—18. Jahrg. 1895—1898. à 24 Nrn. (à ca. 50 S. m. Abb.) Fol. Reichenberg i/B., Expedition. à Jahrg. n.n. 14. —

Österreichs Wollen- und Leinenindustrie. 1906. fol Reichenberg 1906

— illustr. Zeitung. Belletr. Familienblatt. Nebst Gratisbeilage: Illustrierte Jugend-Zeitschrift. Hrsg. u. Red.: Jacques Philipp. Jahrg. 1900. (Oktbr. 1899—Septbr. 1900.) 26 Hfte. Fol. (à ca. 24 S. m. farb. Taf. u. 8 S. in 8.) Wien, Verlag „Oesterreichs illustr. Zeitg." à Hft. — 35

— dasselbe. Modern. Familienblatt. Hrsg. u. Red.: Jacques Philipp. 10. Jahrg. Oktbr. 1900—Septbr. 1901. 52 Hfte. Fol. (à ca. 24 S. m. Taf.) Ebd. à Hft. — 25

— illustrierte Zeitung. Modernes Familienblatt. Red.: Otmar Swoboda. 15. Jahrg. Oktbr. 1905—Septbr. 1906. 52 Hefte. (à ca. 24 S.) gr. 4. Wien, J. Philipp. 20. —

— illustrierte Zeitung m. der Monatsbeilage „Kunst-Revue". Modernes Familienblatt. Aktuelle Wochenschrift. 16.—20. Jahrg. Oktbr. 1906—Septbr. 1911. à 52 Hefte. (16.—19. Jahrg. IV, 1184; IV, 1160; IV, 1218 u. IV, 1394 S.) 39×29 cm. Wien, J. Philipp. à Jahrg. 22. —

Oesterreichs Central-Forst-Organ. Red. u. hrsg. v. Chrph. Liebig. 1. Hft. 1846. u. 2. Hft. [Jahrg. 1851.] 8. (1: VIII u. 232 S. 2: VIII u. 384 S.) Prag 846. 51. (Credner & Kleinbub.) 2 ₰

Oesterreichs Central-Forst-Organ. Redig. und hrsg. von Chrph. Liebich. 2. Heft. (Jahrg. 1851.) gr. 8. (VIII und 384 S.) Prag 851, (Credner.)
Das 1. Heft erschien 1846.

— Zukunft. Ein Nachwort zur österreich. Ministerkrisis. Wien 865. Gerold's Sohn. gr. 8. (20 S.) n. 8 ngr.

Oesterreich's Zukunft. gr. 8. (27 S.) Zürich 892. Verlags-Magazin. n. — 60

— Zukunft u. sein Heer. Wien 866. Hartleben's Verlag. gr. 8. (61 S.) n. 8 ngr.

— Zusammenbruch u. Wiederaufbau. 1. Aufl., 1.—18. Tauf. gr. 8. (14 S.) München 899. J. F. Lehmann's Verl. n. — 40

Oesterreichs Zustände und Charaktere. 1r Thl. 8. Hamburg 840. Hoffmann u. Campe. 1 7/8 ₰

Österreich-Ungarn [Sachliches OW]

Oesterreich-Ungarn. Bosnien und Herzegowina. 8. Aufl. Leipzig u. Wien 1910. 8°. (Meyers Reisebücher.)

Oesterreich-Ungarn m. den anstossenden Gebieten von Italien, Bayern u. den unteren Donauländern. Ein Führer für Reisende. Mit zahlreichen Plänen, Karten u. Grundrissen. 12. (XVI, 442 S.) Wien 881. Woerl. geb. n. 6. —

Oesterreich-Ungarn in e. Kriege gegen Russland Politisch-militär.-geograph. Studie gr. 8. (103 S.) Laibach 871. v. Kleinmayr & Bamberg n. 1. 10

Oesterreich-Ungarn u. die Vereinigten Staaten v Amerika in ihren handelspolitischen Beziehungen. Hrsg. vom mitteleurop. Wirtschaftsverein in Oesterreich. (VI, 180 S.) Lex.-8, Wien 907. C. Fromme. n. 3. 40

— betrachtet aus unparteiischem Standpunkte. 8. (39 S.) Leipzig und Berlin 873, Luckhardt'sche Verlagsh. *

Österreich-Ungarn und die Woiwodina ... Wien 1850. V: *Grosschmid, Gabriel.* (SzMJ)

Österreich-Ungarn [Schlagwort]

— — s. a. Eisenbahnkarte. — Kohlenrevierkarte (Uebersichtskarte); — Telegraphennetz.

Österreich-Ungarn. Artaria's General-Karte der österreichischen u. ungarischen Länder. Nr. 1a u. b, 5a u. b, 6b, 9a, 10, 11, 12a u. b, 14a u. b. Steindruck u. kolor. Wien, Artaria & Co. In Karton. n. 38.60
1a. Special-Karte v. Oesterreich unter der Enns, nebst den angrenz. Theilen v. Ober-Oesterreich, Steiermark, Böhmen, Mähren u. Ungarn, gezeichnet v. R. A. Schulz. 1:324,000. Auf Grund der neuen Aufnahmen neubearb. v. Ant. Steinhauser 1889. Rev. Ausg. 1893. 58,5×52,5 cm. Ausg. a) Mit Terrain. Mit Ortsverzeichniss. 8. (24 S.) 893. n. 4. —
1b. — dasselbe. Ausg. b) Ohne Terrain, nach Bezirks-Hauptmannschaften kolorirt, m. Angabe der Bezirksgerichts-Grenzen. 893. n. 4. —
5a. Steiermark. Von R. A. Schulz. 1:400,000. Nach Bezirkshauptmannschaften kolorirt, m. Angabe der Bezirksgerichtsgrenzen. 56,5×74,5 cm. 891. n. 3. —
5b. — dasselbe. Mit einfachem Grenzkolorit. 891. n. 2. —
6b. Tirol nebst Vorarlberg. Bearb. v. Ant. Steinhauser 1:430,000. Ausg. 1894. Rev. v. K Peucker. b) Ausg ohne Terrain, nach Bezirks-Hauptmannschaften kolorirt, m. Angabe der Bezirksgerichts-Grenzen. 57×65,5 cm. 894. n 4. —
9a. Übersichtskarte v. Böhmen. Mit der polit. Eintheilg. u. Angabe der Bezirksgerichts-Sitze. Von Fried. 1:650,000. Ausg. 1893. Ausg. a) Nach Bezirkshauptmannschaften kolorirt. 53.5×75 cm. 893. n. 3 —
10. Mähren u. Schlesien v. F. Fried. Uebersichtskarte. 1:450,000. Mit neuen Berichtiggn. vom J. 1894. 52,5×74 cm. 894. n. 1.60
11. Karte der Markgrafsch. Mähren u. des Herzogth. Schlesien. Bearb. v. Ant. Steinhauser. Gezeichnet u. gestochen unter Leitg. d. Official Ant. Mück. Politische Eintheilg. u. Bezirksgerichtsgrenzen, sowie Bahnen u. Chausséen etc. rev. v. K. Peucker. 1:432,000. Ausg. 1894. 49×70,5 cm. 894. n. 4. —
12a. Galizien u. Lodomerien. Von R. A. Schulz. 1:864,000. Nach Bezirkshauptmannschaften kolorirt. 56,5×74,5 cm. 891. n. 3. —
12b. — dasselbe. Mit einfachem Grenzkolorit. 891. n. 2. —
14a. Königr. Ungarn v. Ant. Steinhauser. 1:1,300,000. Neue Ausg. 1894, rev. v. K. Peucker. Ausg. a) m. Terrain. 51×75,5 cm. 894. n. 4. —
14b. — dasselbe. Ausg. b) nach Comitaten kolorirt, m. den Gebieten der kgl. Freistädte etc., m. Angabe der Stuhlgerichtssitze. 894. n. 4. —

Oesterreich-Ungarn. Artaria's General-Karten der österreichischen u. ungarischen Länder. Nr. 2, 8, 12a u. b. Wien 895. Artaria & Co. In Karton n. 13. —
2. Specialkarte des Erzherzogth. Oesterreich ob der Enns u. des Herzogth. Salzburg. Bearb. von Ant. Steinhauser. 1:432,000. Ausg. 1895, rev. v. K. Peucker. 57×64 cm. Lith., nach Bezirkshauptmannschaften color., m. Angabe der Bezirksgerichts-Grenzen. n. 4. —
8. Karte des Königr. Böhmen. Bearb. v. Ant. Steinhauser. Polit. Eintheilg., sowie Bahnen u. Chausséen rev. v. K. Peucker. 1:432,000. Ausg. 1895. 65×76 cm. Lith., nach Bezirkshauptmannschaften color., m. Angabe d. Bezirksgerichtssitze u. Terraindarstellg. n. 4. —
12a. General-, Post- u. Strassenkarte v. Galizien u. Lodomerien m. Auschwitz, Zator u. Krakau, sow. des Kronlandes Bukowina. Von R. A. Schulz. 1:864,000. 57×74 cm. Nach Bezirkshauptmannschaften color. n. 3. —
12b. Dasselbe. Mit einfach. Grenz-Colorit. n. 2. —

Oesterreich-Ungarn. Artaria's General-Karten der österreichischen u. ungarischen Länder. Nr. 2, 6, 8, 11b u. 12. Farbdr. Wien. Artaria & Co In Decke n. 12.60
2. Specialkarte des Erzherzogth. Oesterreich ob der Enns u. des Herzogth. Salzburg. Von Ant. Steinhauser. 1 430,000. Ausg. 1900. (Rev. v. K. Peucker.) 57×65 cm. n. 2. 50
6. Karte der gefürsteten Grafsch. Tirol nebst Vorarlberg. Von A. Steinhauser. (Politisch.) 1:430,000. Ausg. 1900. Rev. v. R. Peucker. 57,5×65,5 cm. n. 2. 50
8. Karte des Königr. Böhmen. Politische Eintheilg., sowie Bahnen u. Chausséen etc. Von Ant. Steinhauser. Rev v. K. Peucker Ausg. 1901. 1:430,000 Nach Bez.-Hauptmannschaften color., m. Angabe der Bez.-Gerichtsgrenzen u. Terraindarstellg. 53,5×76 cm. Farbdr. n. 3. —
11b. Karte der Markgrafsch. Mähren u. des Herzogth. Schlesien. Politische Eintheilg u. Bezirksgerichtsgrenzen, sowie Bahnen u Chausséen etc. Von Ant. Steinhauser Rev. v. K. Peucker 1899. 1:432,000. 50×70,5 cm. n. 3. —
12. General-Post- u. Strassenkarte v. Galizien u. Lodomerien, m. Auschwitz, Zator u. Krakau; so wie des Kronlandes Bukowina. Von R. A. Schulz. 1:864,000. (Ausg. 1900.) 57×74,5 cm. Mit Terrain n. 1. 60; politisch n. 2. 40

Oesterreich-Ungarn. Artaria's General-Karten der österreichischen u. ungarischen Länder. Nr. 5 u. 12. Farbdr. Wien, Artaria & Co. n. 3 70
5. Schulz, R. A., General-Post u. Strassen-Karte des Herzogth. Steiermark. (Neubearbeitung 1903.) 1:400,000 57×74,5 cm. n. 1. 70; nach Bezirkshauptmannschaften color. n. 2. 50
12. Schulz's, R. A., General-Post- u. Strassenkarte von Galizien u. Lodomerien m. Auschwitz, Zator u. Krakau sowie des Kronlandes Bukowina. Ausg. a nach Bezirks-Hauptmannschaften. 1:864,000. Ausg. 1903. 56,5×74,5 cm In Decke n. 2. —

Oesterreich-Ungarn. Artaria's General-Karten der österreichischen u. ungarischen Länder. Nr. 1, 2, 5—8, 11 u. 16. Wien, Artaria & Co.

1. Generalkarte v. Oesterreich unter der Enns. Von K. Peucker. 1:320,000. Ausg. 1907/8. a) m. Terrain, b) ohne Terrain, nach Bezirkshauptmannschaften kolor., m. Angabe der Bezirksgerichtsgrenzen. à 59×73 cm. Farbdr. In Decke à 2. 50
2. Generalkarte v. Oesterreich ob der Enns u. Salzburg. Von A. Steinhauser. Bearb. v. Karl Peucker. 1 zu 430,000. Neue Ausg. 1908. Nach Bezirkshauptmannschaften kolor., m. Angabe der Bezirksgerichts-Grenzen, m. Tabellen der polit. u. gerichtl. Einteilg. 57×64,5 cm. In Decke 2. 50
5. General-Post- u. Strassen-Karte des Herzogth. Steiermark. Von R. A. Schulz. Rev. v. K. Peucker. 1 zu 400,000. (Neue Ausg.) 56×74,5 cm. Farbdr. 907. a) nach Bezirkshauptmannschaften kolor., m. Angabe der Bezirksgerichts-Grenzen. In Decke 2.50; b) m. einfachem Grenzkolorit. In Decke 1. 70
6. Karte der gefürsteten Grafsch. Tirol nebst Vorarlberg. Von A. Steinhauser. Rev. v. K. Peucker. 1:430,000. Ausg. 1909/10. b) Ohne Terrain, nach Bezirkshauptmannschaften kolor., m. Angabe der Bezirksgerichtsgrenzen. 57,5×65,5 cm. Farbdr. In Decke 2. 50
7. Generalkarte v. Kärnten, Krain, Görz m. Gradiska, Istrien u. dem Gebiete der Stadt Triest. Von R. A. Schulz. Rev. v. K. Peucker. 1:505,000. Ausg. 1909. a) Nach Bezirks-Hauptmannschaften color., m. Angabe d. Bezirksgerichts-Grenzen. 73×56,5 cm. Farbdr. In Decke 2.50; b) Mit einfachem Grenz-Colorit 1. 70
8. Karte des Königr. Böhmen. Von Ant. Steinhauser. Nach Grenzen, Hauptverkehrswegen u. Tabellen bearb. v. K. Peucker. Nach Bezirkshauptmannschaften kolor., m. Angabe der Bezirksgerichtsgrenzen u. m. Terraindarstellg. Neueste Tabellen der Städtebevölkerung. Ende 1906. 1:430,000. 66,5×79 cm. Farbdr. 907. In Decke 3. —
11. Karte v. Mähren u. Schlesien. Von A. Steinhauser. Bearb. u. m. Tabellen versehen v. K. Peucker. b) Ohne Terrain, nach Bezirkshauptmannschaften kolor., m. Angabe der Bezirksgerichtsgrenzen. Neueste Tabellen der Städtebevölkerg. Ende 1906. Neue Ausg. 1907. 1:432,000. 51,5×72 cm. Farbdr. In Decke 2. 50
16. Generalkarte v. Bosnien u. der Hercegovina, nebst Dalmatien. Von Jos. v. Scheda. [Aus: „Balkankarte, II. Ausg."] Revision, polit. Einteilg. u. Verkehrsnetz v. Karl Peucker. (Nach Bezirks-Hauptmannschaften bezw. Kreisen koloriert, m. Angabe der Kreis- u. Bezirksgerichts-Grenzen, m. Tabellen der polit. u. gerichtl. Einteilg. Bahn- u. Schiffslinien. Projektierte Bahnen.) 1:864,000. 64×52 cm. Farbdr. (908.) In Decke 2. 50

Österreich-Ungarn. Artaria's statistische Karte der österreichischen Reichsrathswahlen 1891 m. graphischer Darstellung der Wahlergebnisse 1873—1891. Farbendr. 62,5×55,5 cm. Nebst geschichtlich-statist. Text. gr. 8. (4 S.) Wien 891. Artaria & Co. n. 1. 20

Österreich-Ungarn. Bamberg, Franz, Wandkarte v. Österreich-Ungarn. 1:750,000. (Physikalische Ausg. m. rot markierten polit. Grenzen.) 4 Blatt à 78×108 cm. Farbdr. Berlin (909). C. Chun. 15.—; auf Leinw. in Mappe od. m. Stäben 22.—; polit. Ausg. zu gleichen Preisen.

Oesterreich-Ungarn. Berghaus-Gönczy, Magyar korona országai fali abrosza. 1: 625,000. 11. Aufl. 9 Blatt. Chromolith. Imp.-Fol. Mit Text. gr. 8. (4 S.) Gotha 889. J. Perthes. n. 7. 40; auf Leinw. in Mappe n. 11. 40; m. Stäben n. 14. 20; m. Stäben, lackirt n. 16. 40

— Chavanne, Jos., physikalisch-statistischer Hand-Atlas v. Oesterreich-Ungarn in 25 (chromolith.) Karten m. 24 Bl. erläut. Text, unter Mitwirkg. von Vinz. v. Haardt, Ant. Kerner Ritter v. Marilaun, Frz. Ritter v. Le Monnier etc. hrsg. u. ausgeführt in Ed. Hölzel's geograph Institute. 8 Lfgn. Fol. Wien 885—887. Hölzel. n. 56. —; geb. n. 63. —
Herabg. Preis: n. 28. —; geb. n. 35.—.

— Diercke, C., Schulwandkarten. Osterreich-Ungarn. 1:900,000. 188×199,5 cm. Farbdr. Braunschweig, G. Westermann. Auf Leinw. m. Stäben 20. —

— Doležal-Berghaus-Gönczy, Wandkarte der österreich.-ungar. Monarchie. 1: 864,000. (In ungar. Sprache.) 9 Sect. 3. Aufl. Chromolith. qu. gr. Fol. Gotha 889. J. Perthes. n. 7. —; auf Leinw. in Mappe n. 12. —; m. Stäben n. 16. —; m. Stäben u. lackirt n. 20. —

— Eintheilung, politische, der österreichisch-ungarischen Monarchie. Farbendr. 42×55,5 cm. Wien 891. (Hof- u. Staatsdruckerei.) n. 1. 20

— Fees, Thdr., Schulwandkarte v. Ober-Österreich u. Salzburg, unter Mitwirkg. v. H. Commenda entworfen u. gezeichnet. 1: 200,000. 4 Blatt. Chromolith. Imp.-Fol. Wien 889. Hölzel. n. 8. —; auf Leinw. in Mappe n. 13. —; m. Stäben n. 15. —

— Fischer, E., Handkarte der österreichisch-ungar. Monarchie. 1:4,000,000. 28×40 cm. Farbdr. Czernowitz (907). H. Pardini. — 20

— Freytag, G., die grossen Arbeiten der österreichischen Regierung. Localbahnen, Wasserstrassen, Hauptbahnen (Investionsprogramm). 1: 1,500,000. 67×86,5 cm. Farbdr. Nebst Text. gr. 8. (4 S.) Wien (901). G. Freytag & Berndt. n. — 90

— Freytag, Gust., die grossen Arbeiten der österr. Regierung. 1901—1907. Localbahnen. Wasserstrassen, Hauptbahnen (Investitionsprogramm). 1:1,500,000. 66×86,5 cm. Farbdr. Mit Text. (6 S.) gr. 8. Wien (907). G. Freytag & Berndt. — 90

— — Hand-Atlas f. den politischen u. gerichtlichen Verwaltungsdienst in der österreichisch-ungarischen Monarchie einschliesslich Bosniens u. der Hercegovina. gr. 4. (11 farb. Karten m. III, 15 S. Text.) Ebd. (901). n. 3. 50

— — Karte der Grenzgebiete Osterreich-Ungarns u. Serbiens. 1:1,250,000. 32×87,5 cm. Farbdr. Ebd. 909. — 45

— Freytag, Gust., Karte v. Österreich-Ungarn. 1: 1,500,000. Farbendr. 66×86 cm. Wien 890. G. Freytag & Berndt. n. 2. —

— Freytag's, G., Reichsraths-Wahlkarte aller 5 Curien v. Oesterreich. 44×58,5 cm. Nebst statist. Daten üb. die Wahlen in d. J. 1873—1897 v. A. L. Hickmann. 49×65 cm. Farbdr. Mit alphabet. Verzeichnis der neugewählten Reichsraths-Abgeordneten f. d Session 1897—1903, nebst Ang. ihrer Berufsstellg., d. Wahlbezirke u. Wählerclassen, sow. ihrer polit. u. nationalen Partei-Richtg. 12. (31 S.) Wien 897. G. Freytag & Berndt. n. 1. 70

— — Reichsraths-Wahlkarte aller 5 Curien von Oesterreich. 44,5×59 cm. Farbdr. Mit Text an der Seite. Nebst statist. Daten üb. die Wahlen in den J. 1873—1901 v. A. L. Hickmann. 1 Blatt. 47,5×69,5 cm. Farbdr. Ebd. 901. n.n. 1. 70

— — Reichsrathswahlkarte v. Österreich. Mit den Ergebnissen der Wahlen im März 1891. Farbendr. 44×56,5 cm. Ebd. 891. 1. 20

Oesterreich-Ungarn. Freytag's, G., Reise- u. Verkehrs-Atlas von Oesterreich-Ungarn u. d. angrenz. Ländertheilen einschliessl. d. Balkan-Halbinsel. qu. 4. (40 farb. Karten.) Mit Verzeichnis der österreich. u. ungar. Eisenbahnlinien. gr. 8. (VI, 60 S.) Ebd. 896. Geb. in Leinw. in gr. 8. n. 4. —

— Freytag, G., Special-Touristenkarte der niederösterreich.-steirischen Grenzgebirge. Nr. 1, 1a, 2, 3. 1 : 50,000. Chromolith. Fol. Wien 882—889. Artaria & Co. à Blatt n. 2. 80

1. Hochschwab. Hochkohr, v. Weichselboden bis Eisenerz.
1a. Das Gesäuse m. den Ennsthaler Gebirgen.
2. Westl. Schneealpe. Hohe Veitsch. Zeller u. Aflenzer Staritzen. Tonion u. Student.
3. Schneeberg. Raxalpe. Oestl. Schneealpe u. Semmering.

— — Verkehrs- u. Comptoir-Kalender-Karte v. Österreich-Ungarn u. der Balkan-Halbinsel m. sämmtlichen Eisenbahn-, Post- u. Dampfschiffs-Verbindungen. 1 : 1,350,000. 92 × 66 cm. Farbendr. Ebd. 894. n. 2. —

— — neue Verkehrskarte v. Österreich-Ungarn u. den Balkanländern m. Wandkalender f. 1902 (an der Seite). 1 : 500,000. 67 × 88.5 cm. Farbdr. Ebd. n.n. 1.70

— Freytag's, G., Verkehrskarte v. Oesterreich-Ungarn m. den Balkanländern nebst Wandkalender f. 1907 (an der Seite). 1 : 1,500,000. 67 × 89 cm. Farbdr. Wien, G. Freytag & Berndt. n. 1. 70

— — Verkehrs-Karte v. Österreich-Ungarn 1911 (m. den Balkanländern, ferner 4 Nebenkarten: Nordböhmen, Wiener Lokalverkehr, Wiener Stadtbahn, Budapest u. e. Wandkalender f. 1911 [an der Seite]). 1 : 1,500,000. 67 × 89 cm. Farbdr. Mit Stations-Verzeichnis. (52 S.) gr. 8. Ebd. 2.—; auf Leinw. in T[illegible]chenformat od. m. Stäben 4. 50

— — geographischer 2 Kronen-Atlas f. Österreich-Ungarn. schmal 12. (25 farb. Karten.) Nebst Text: Jöndl, Guido: Österreich-Ungarn in aphoristischer Darstellung. schmal 12. (III, 37 S.) Ebd. (896). Geb. in Leinw u. geh. n. 1. 70

— Gaebler, Ed., Wandkarte v. Österreich-Ungarn. 1 : 1,000,000. Politische Ausg. 6 Blatt. à 52,5 × 58 cm. Farbendr. Leipzig 893. G. Lang. n. 12. —; auf Leinw. m. Stäben n. 20. —

— Gaebler, Eduard, Wandkarte v. Österreich-Ungarn, politisch. 1 : 1,000.000. 2. verb. Aufl. 6 Blatt à 52,5 × 58 cm. Farbdr. Leipzig (902). G. Lang. n. 12. —; auf Leinw. m. Stäben n. 16. —

Oesterreich-Ungarn. Gaebler, Eduard, Wandkarte von Oesterreich-Ungarn, politisch. 1 : 1,000,000. 3., verb. Aufl. 6 Bl. à 52,5 × 58 cm. Farbdr. Leipzig (906). G. Lang. n. 12. —; erh. Pr. n. 13. —; auf Leinw. m. Stäben n. 16. —; erh. Pr. n. 18. —

— Gönczi, Paul v., u. Eman. v. Kogutowicz, Handatlas v. Ungarn (incl. Croatien u. Slavonien). 68 Blatt (in Farbendr.) m. 73 Karten u. 20 Städteplänen. (In ungar. Sprache.) Fol. (1 Bl. Text.) Budapest 891. (Singer & Wolfner.) Geb. in Halbfrz. m. Goldschn. n. 40. —

Oesterreich-Ungarn, Schul-Wandkarte v. (polit. Ausgabe) nach Vincenz v. Haardt. Im Massstab 1 : 1,000 000. 4 Bl. Gr.-Qu.-Fol. Farbendruck. Wien, Eduard Hölzel. 3 fl. 50 kr., auf Leinwd. gesp. in Mappe 5 fl. 50 kr., mit Stäben 6 fl. 50 kr. 1885
— — orohydographische, Ebds. Ebenso
— — stumme Ebds. Ebenso

— Hanau, Heinr., Triaskarte der Habsburger Monarchie. 1 : 1,500,000. 67 × 88,5 cm. Farbdr. Mit 1 Bl. Text. gr. 8. Ebd. (909). 2.50; auf Leinw. n 4. 20

— — 3 Karten zur Ergänzung der Triaskarte. Farbdr. Ebd. (910). 5.—; in 1 Heft 3. 50

I. Slovakion, Galizien, Bukowina, Siebenbürgen. 52,5 × 65,5 cm. Mit Text in deutscher, ungar. u. rumän. Sprache. (à 2 S.) Lex. 8. 2. 50
II. Slovenien. 31 × 25,5 cm. Mit Text in deutscher Sprache. (2 S.) Lex. 8. 1. 25
III. Deutschböhmen, Tschechischböhmen, Mähren, Schlesien. 22,5 × 36 cm. Mit Text in deutscher Sprache. (2 S.) Lex. 8. 1. 25

— Hand-Atlas der k. u. k. österreichisch-ungarischen Consularämter. Hrsg. im Auftrage d. hohen k. u. k. Ministeriums d. Äussern. Red. vom Consular-Departement. Gezeichnet v. J. Mulacz u. F. Vogel. Fol. (11 farb. Kartenseiten m. 1 S. Text.) Wien 891. G. Freytag & Berndt. Geb. in Leinw. 10. —

— Hand-Atlas, neuester vollständiger, v. Oesterreich-Ungarn, Liechtenstein u. der Schweiz, s. im Alphabet der Bücher: Miniatur-Bibliothek.

— Handtke, F., General-Karte der österreich.-ungar. Monarchie. 1 : 1,900,000. 23. Aufl. Chromolith. Imp.-Fol. Glogau 890. Flemming. n. 1. —; auf Leinw. in Leinw.-Decke n. 2. 50

— Handtke, F., General-Karte der österreichisch-ungarischen Monarchie. 1 : 1,900,000. 24. Aufl. Farbendruck 58 × 81 cm. Glogau 891. C. Flemming. n. 1. —; auf Leinw. in Kaliko-Karton n. 2. 50

— Handtke, F., General-Karte der österreich.-ungar. Monarchie. 1 : 1,900.000. 28. u. 29. Aufl. 58 × 81 cm. Farbendr. Glogau, C. Flemming. n. 1. —

— — Geologische Karte von, mit Bosnien-Herzegowina und Montenegro von Franz Ritter v. Hauer. 4. verb. Aufl. Gr.-Q. Folio Farbendruck. Wien, Alfred Hölder. Cart. in gr. 8. 6 fl. 1894

— Hickmann's, A., geograph.-statist. Taschen-Atlas v. Oesterreich-Ungarn. kl. 4. (43 farb. Karten.) Mit Text. 12. (52 S.) Wien 895. G. Freytag & Berndt. In Leinw. geb. (in 12) n. 4. —

— Hickmann's, A. L., geographisch-statistischer Taschen-Atlas v. Österreich-Ungarn. 3. vollständig neu bearb. Aufl. (60 farb. Bl. m. 93 S. Text.) kl. 8. Ebd. (910). Geb. in Leinw. 4. 20

— — Militär-Territorialkarte (Nr. 2) des 10. Armee-Corps. Von L. Hofstätter. Gr.-Q.-Folio. Mit lithographirten Grenzen. Ebds. 75 kr. 1884

— Hölzel's Verkehrskarte v. Österreich-Ungarn, für den allgemeinen Gebrauch, wie auch zum Unterricht an commerciellen Lehranstalten bearb. v. Leop. Kallina. 1 : 800,000. 8 Blatt à 51 × 72,5 cm. Farbdr. Wien (900). E. Hölzel. n. 18. —; auf Leinw. n. 27. —; m. Stäben n. 31. —

— Hölzel's Wandkarte v. Oesterreich-Ungarn f. Volksschulen. Bearb. v. A. E. Seibert. 1 : 800,000. 9 Blatt à 51 × 72,5 cm. Farbdr. Wien 898. E. Hölzel. n. 8. —; auf Leinw. in Mappe n. 10. 50; m. Stäben n. 12. —

— Hruška, I. E., Karte der Kreditbezirke der österreichisch-ungarischen Bank. (Deutsch u. ungarisch.) 4 Blatt. à 60,5×84 cm. Farbdr. Wien 903. G. Freytag & Berndt. n. 20. —; auf Leinw. m. Stäben n. 25. —

— Jirecek, Hermenegild Ritter v., Karten zur Geschichte des heutigen österreichisch-ungar. Reichs-Territoriums während des ersten christlichen Jahrtausends. Fol. (6 farb. Karten m. 1 Bl. Text.) Ebd. 897. n. 1. 80

— Karte, hypsometrische, v. Oesterreich-Ungarn. Hrsg. vom k. u. k. militär-geogr. Institut in Wien. 1 : 750,000. Bl. B, 2—4; C, 2—5; D, 2 u. 3; E, 2 u. 3. à 34,5×40 cm. Farbendr. Wien 893. (R. Lechner's Sort.) à n.n. 2. —

B, 2. Prag, Eger, Budweis, Linz, München, Regensburg. — 3. Laibach, Villach, Kufstein, Belluno. — 4. Pola, Zara, Comacchio.

C, 2. Brünn, Troppau, Neutra. — 3. Wien, Graz, Budapest. — 4. Agram, Brod, Essegg, Glina, Knin, Sarajevo. — 5. Ragusa. Mostar.

D, 2. Krakau, Przemyśl, Jaroslau, Kaschau, Leutschau. — 3. Szegedin, Grosswardein, O Arad, Erlau, Szolnok.

E, 2. Tarnopol, Brody, Stryj, Czernowitz. — 3. Klausenburg, Máramaros-Sziget, Tölgyes.

— Kartennetze der österreich.-ungarischen Monarchie. qu. Fol. (10 Steintaf.) Triest 893. F. H. Schimpff. n. — 40

— Kintz, Hans, Kartenskizze der Oesterreich-ungarischen Monarchie, m. den Hauptlinien der österreich. u. ungar. Eisenbahnen u. Schiffahrtslinien. 1 : 900,000. 8 Blatt à 116×72 cm. Farbdr. Triest (906). (F. H. Schimpff.) Auf Leinw. m. Stäben n.n. 14. —

— — die Kronländer der österreich.-ungar. Monarchie. 18 Kartenskizzen in Farben. Mit Text. (40 S.) 4. Ebd. (903) n.n. 1. —

— — Wandkarte d. österr.-ungar. Monarchie, v. B. Kozenn. 4 Bl. (Grösstes Folio-Form.) Wien u. Olmütz, Eduard Hölzel. Ausg. I für Volksschulen 3 fl. auf Lwd. gespannt in Folio-Umschlag 5 fl. 1870.

— Kühtreiber, A., orographische Uebersicht des Nordostens der österreichisch-ungar. Monarchie mit den angrenzenden Gebieten des russischen Reiches. 1 : 2,000,000. 40×58,5 cm. Farbdr. Krems 905. (Wien, L. W. Seidel & Sohn.) n.n. — 80

— Küstenkarte, österreichische. Hydrographisches Amt der k. u. k. Kriegsmarine, Seekarten-Depot, Pola. Neue Ausg. Novbr. 1889. Blatt 1—6. Kpfrst. qu. gr. Fol. Triest 890. (Schimpff.) à n.n. 1. 20

1. Küstenland. Golf v. Triest. 1 : 80,000. — 2. Istrien. Umago u. Parenzo. 1 : 60,000. — 3. Istrien. Orsera u. Rovigno. 1 : 60,000. — 4. Istrien. Pola. 1 : 40,000. — 5. Istrien. Bai v. Medolino. 1 : 40,000. — 6. Istrien. Quarnero-Golf. 1 : 80,000.

— Karte d. Vertheilung d. Bevölkerung, nach d. Umgangs-, beziehungsweise Muttersprache, v. Dr Franz Ritt. v. Le Monnier. (Nr 15 aus d. phys.-statist. Hand-Atlas von Oesterreich-Ungarn.) Gr.-Qu.-Fol. Tonfarbendr. Wien, Eduard Hölzel. Gef. in Lex.-8. 1 fl. 50 kr. 1885.

— Liebenow, W., Verkehrskarte v. Oesterreich-Ungarn u. den angrenzenden Ländern v. Russland u. der europ. Türkei. 1 : 1,250,000. 6 Blatt. Nach amtl. Quellen bearb. Ausg. 1889. Chromolith. gr. Fol. Berlin 889. Berliner lithogr. Institut. n. 5. —; auf Leinw. m. Stäben od. in Mappe n. 12. —; u. lackirt 15. —

Österreich-Ungarn. Liebenow, W., Verkehrskarte v. Oesterreich-Ungarn u. den angrenzenden Ländern, v. Russland u. der europäischen Türkei. 1 : 1,250,000. Nach amtl. Quellen bearb. Ausg. 1891. Farbendr. 129×134 cm. 6 Blatt. Berlin, Berliner Lith. Institut. n. 5. —; auf Leinw. m. Stäben od. in Mappe 12. —; u. lackiert 15. —

— Liebenow, W., Verkehrskarte v. Oesterreich-Ungarn u. den angrenzenden Ländern, v. Russland u. der europäischen Türkei. 1 : 1,250,000. Nach amtl. Quellen bearb. Ausg. 1896. 129×134 cm. 6 Blatt. Farbendr. Berlin 896. Berliner lith. Institut. n. 5. —; auf Leinw. m. Stäben od. in Mappe 12. —; u. lackiert 15. —

— Liebenow's, W., Verkehrs-Karte v. Oesterreich-Ungarn nebst den angrenzenden Ländern des deutschen Reiches, v. Russland u. der europäischen Türkei. 1 : 2,500.000. Nach amtl. Quellen bearb. (Ausg. 1901) 125×134 cm. Farbdr. Berlin, Berliner lith. Institut. n. 5. —; auf Leinw. m. Stäben od. in Mappe 12. —; u. lackiert 15. —

Oesterreich-Ungarn. Militär-, Administrations-, Nationalitäts- und Eisenbahnkarte. Entworfen von R. v. St., k. k. Hauptmann. Farbendruck in Q. Folio. Teschen, Karl Prochaska. In gr. 8. zusammengelegt 1870 1 fl. 50 kr.

Oesterreich-Ungarn. Monarchie, die österreichisch-ungarische, m. dem Occupations-Gebiete Bosnien u. Hercegovina. 1 : 900,000. Bearb. u. hrsg. vom k. k. militär-geogr. Institute in Wien. 6 Blatt. Chromolith. Imp.-Fol. Wien 888. (Lechner's Hof- u. Univ.-Buchhandlg.) n. 18. —

— Opitz, C., Reise- u. Eisenbahnkarte v. Österreich-Ungarn u. angrenzenden Ländern. Nach amtl. Quellen bearb. u. hrsg. 1 : 2,000,000. 49,5×68 cm. Farbdr. Leipzig (907). O. Dietrich. — 60

Oesterreich-Ungarn. Neueste Reisekarte sammt Deutschland und den angrenzenden Ländern mit Angabe aller Eisenbahnen, v. R. Pape. Col. Q. Folio. Wien. Moriz Perles. In 8. gefalzt in gedrkt. Umschlag 45 kr. 1870.

Oesterreich-Ungarn, Uebersichtskarte d. k. k. Consular-Aemter v., Entworfen v. Otto Passler, Civil-Ingenieur Gr.-Q.-Folio. Farbendruck. Wien, Artaria & Co. Cart. in Quart 2 fl. 1884

Oesterreich-Ungarn, Neue Centralkarte, von Prochaska. In 7 Farb. Enth. auch die Sitze d. k. k. Bezirkshauptmannsch. u. d. k. ung. Comitatsbehörden, Eisenbahnen, Poststrassen u. Dampfschifflinien. Massstab 1 : 1,500.000. Teschen, Karl Prochaska. 1 fl. 1883

— Reisekarte zur Millenniums-Ausstellung in Budapest, das Gebiet zwischen Graz, Wien, Budapest u. darüber hinaus umfassend. 1 : 600,000. 27,5×59,5 cm. Farbendr. M. Stationsverzeichn. 8. (7 S.) Leipzig.-N. 896. Leipzig, J. J. Arnd. — 60

— Reisekarte, neueste, der österreich.-ungarischen Monarchie u. der angrenzenden Länder m. Angabe sämmtlicher Eisenbahn- u. Dampfschiff-Stationen. 1 : 2,250,000. 22. Aufl. Farbendr. 47,5×70 cm. Wien 892. M. Perles. n. 1. 20

— Reisekarte, neueste, der österreich.-ungarischen Monarchie u. der angrenzenden Länder m. Angabe sämmtlicher Eisenbahn- und Dampfschiff-Stationen. 1 : 2,250,000. 32. Aufl. 47,5×70,5 cm. Farbdr. Wien 902. M. Perles. n. 1. 20

— **Reisekarte**, neueste, der österreich.-ungar. Monarchie u. der angrenz. Länder m. Angabe sämmtlicher Eisenbahn- u. Dampfschiff-Stationen. 1 : 2,250,000. 36. Aufl. 47,5×70,5 cm. Farbdr. Wien (906). M. Perles. n. 1. 20

— **Reisekarte**, neueste, der österreich.-ungarischen Monarchie u. der angrenzenden Länder m. Angabe sämmtlicher Eisenbahn- u. Dampfschiff-Stationen. 1:2,250,000. 40. Aufl. 47,5×70,5 cm. Farbdr. Wien (910). M. Perles. 1. 20

— **Renss**, A., Touristen-Karte v. Nieder-Österreich u. den angrenzenden Gebieten. (8. Aufl.) 1:375,000. 58×57 cm. Farbdr. Wien (910). A. Hartleben. In Leinw.-Karton 1. 10

— **Rothaug**, J. G., Karte des Erzherzogt. Österreich unter der Enns. (Neue Ausg.) 1:600,000. 80,5×41 cm. Farbdr. Wien (908). G. Freytag & Berndt. nn — 20

— — Politische Karte der Österreichisch-ungarischen Monarchie nebst angrenzenden Gebieten. 1:4,000,000. (Neue Ausg.) 30,5×48 cm. Farbdr. Ebd. (909). nn — 20

— — Schulwandkarte der österr.-ungar. Monarchie. 1 : 900,000. (Kleine Ausg.) 4 Blatt à 67,5×95,5 cm. Farbdr. Ebd. (901). n.n. 7. 50

— **Rothaug**, Joh. Geo., Schulwandkarte des Erzherzogt. Oesterreich unter der Enns. Für Mittelschulen bearb. v. Frdr. Umlauft. 1 : 150,000. 4 Blatt à 65,5× 86 cm. Farbdr. Wien (905). G. Freytag & Berndt. n. 13. 50; auf Leinw. in Mappe od. m. Stäben n. 17. —

Oesterreich-Ungarn. **Rothaug**, Joh. Geo., physikalische u. politische Schulwandkarte der österr.-ungar. Monarchie u. der angrenz. Ländergebiete. 1 : 1,900,000. à 8 Blatt à 77×57 cm. Farbdr. Wien (900). G. Freytag & Berndt. à Karte n. 9. —; auf Leinw. in Mappe à n. 15. —; m. Stäben à n. 17. —

— **Rothaug**, Joh. Geo., politische Schulwandkarte der österr.-ungar. Monarchie u. der angrenzenden Ländergebiete. 1 : 900,000. 8 Blatt à 57×76 cm. Farbendr. Wien 894. G. Freytag & Berndt. Auf Leinw. in Mappe. n. 15. —; m. Stäben n.n. 17. —; physikal. Ausg. zu gleichen Preisen.

Oesterr.-ung. Reiches, Grosse (Orts-) Karte des, v. Jos. R. von Scheda. Im Massst. v. 1 : 1,000.000. Mit d. Grenzen d. Bezirks-Hauptmannschaften und Comitate. In 4 Bl. Gr.-Qu.-Folio. Color. Ausg. 1883. Wien, Artaria & Co. 6 fl. 1883. S. 217

— **Scheda**, Jos. Ritter v., Orts- u. Strassenkarte d. österreich.-ungarischen Reiches. 1 : 1,000,000. 4 Blatt. Kpfrst. m. vollem Kolorit. 54×74 cm. Wien 891. Artaria & Co. n. 12. —; m. blossem Grenzkolorit n. 10. —

— **Schigut**, Eug., Ein- u. Ausfuhr-Atlas v. Österreich-Ungarn. Zum Gebrauche f. Handelsschulen aller Kategorien. Zusammengestellt nach den officiellen Daten f. d. J. 1899. gr. 4. (5 farb. Bl.) Ebd. 901. n. 1. 30

— **Schober**, Karl, Handkarte der österreich.-ungar. Monarchie. 1 : 3,500,000. Verkleinerung der Schulwandkarte 1 : 700,000. Ausgeführt u. hrsg. vom k. u. k. militärgeograph. Institute in Wien. 32×40 cm. Farbdr. Wien (906). (R. Lechner's Sort.) n.n. — 20

— — Schulwandkarte der österreich.-ungar. Monarchie. 1 : 700,000. Ausgeführt u. hrsg. vom k. u. k. militärgeograph. Institut. 6 Blatt à 79×65 cm. Farbdr. Ebd. 906. n.n. 15. —; auf Leinw. in Mappe n.n. 19. —; m. Stäben n.n. 21. —

— **Schulwandkarte** v. Oesterr.-Ungarn. 1 : 1,000,000. 4 Blatt. Neue Ausg. Chromolith. Imp.-Fol. Miltenberg 887. Halbig. n. 10. — ; f. Aufziehen auf Leinw. in Mappe n.n. 4. —; f. dasselbe, lackirt u. m. Stäben n.n. 5. —

— **Schulz**, R. A., Special-Karte v. Oesterreich unter der Enns, nebst den angrenz. Theilen von Ober-Oesterreich, Steiermark, Böhmen, Mähren u. Ungarn. 1 : 324,000. Auf Grund der neuen Aufnahme neu bearb. v. Ant. Steinhauser, 1889. Ausg. vom J. 1890. Mit Terrain. Chromolith. Imp.-Fol. Mit Namenverzeichniss. gr. 8. (24 S.) Wien 890. Artaria & Co. In Carton. 4. —; ohne Terrain, nach Bezirkshauptmannschaften color., m. Angabe der Bezirksgerichts-Grenzen 4. —

— — Strassen- u. Gebirgs-Karte zur Reise von Wien durch Oesterreich, Salzburg, Kärnthen, Steyermark u. Tyrol bis München, m. Berücksicht. der österr. Alpen u. d. bayer. Hochgebirgs. 1 : 576,000. Kpfrst. u. color. Ebd. 889. In Carton. n. 2. —

— **Sedlak**, Karl, Reichsraths-Parteien-Karte v. Oesterreich, auf Grund d. Ergebnisses der allgemeinen Neuwahlen u. der Parteiverhandlgn. im März 1891 zusammengestellt. Farbendr. 52×62,5 cm. Mit Verzeichnis der Abgeordneten. 8. (8 S.) Graz 891. (M. Berger.) 1. 50

— **Skrzeszewski**, Adf. v., General-Karte der Länder der Ungarischen Krone nebst e. Theile der angrenz. Ländergebiete. Ausg. 1887. Nach der neuesten Comitats-Eintheilung berichtigt u. m. allen im J. 1886 in Betrieb gesetzten neuen Eisenbahnlinien ergänzt. 1 : 1,152,000. gr. Fol. Budapest 887. Nagel. cart. n. 4. —; cart. auf Leinw. n. 6. —; auf Leinw. m. Stäben n. 6. —

— **Specialkarte** der österr.-ungar. Monarchie m. dem Occupationsgebiete Bosnien u. die Hercegovina. Hrsg. vom k. u. k. militär-geograph. Institute. 1 : 75,000. 750 Blätter. Lith. Fol. Wien 872—888. (Lechner's Hof- u. Univ.-Buchhdlg.) à Blatt n. 1. —; auf Leinw. à Blatt n. 1 80

— **Spezialkarte** von Oesterreich-Ungarn. 1 : 75,000. 18 Blatt à 38,5×55,5 cm. Lith. Wien 893. 94. (R. Lechner's Sort.) à n.n 1 —

Zone 32, Col. 19. Jeleč u. Tjentišta. — Col. 20. Vikoč. — Zone 35, Col. 19. Gacko u. Orahovica. — Col. 20. Durmitor. — Col. 21. Bijelopolje. — Zone 34, Col. 19. Bilek. — Col. 20. Nikšić. — Col. 21. Kolašin. — Col. 22 u. Zone 35, Col. 22. Berani u. Ipek. — Zone 35, Col. 19. Trebinje u. Risano. — Col. 20. Danilovgrad. — Col. 21. Andrejevica. — Zone 36, Col. 19. Cattaro. — Col. 20. Budua u. Cetinje. — Col. 21 Medun. — Zone 37, Col. 20. Spizza. — Zone 38, Col. 20. Ulcinj (Dulcigno). — Col. 21. Alessio.

— Spezialkarte von Oesterreich-Ungarn. 1 : 75,000. Neu reambulirte Ausg. 1.—4. Lfg. 26 Blatt à 38,5 ×53 cm. Lith. Wien 894. (R. Lechner's Sort.) à Blatt n.n. 1. —

Zone 16, Col. 1. Hohenems. — Col. 5. Innsbruck u. Achensee.
Zone 17, Col. 2. Stuben. — Col. 3. Landeck. — Col. 4. Ötzthal. — Col. 5. Matrei. — Col. 6. Hippach u. Wildgerlos-Spitze. — Col. 7. Gross-Glockner.
Zone 18, Col. 5. Sterzing u. Franzensfeste. — Col. 6. Bruneck. — Col. 7. Lienz.
Zone 19, Col. 3. Glurns u. Ortler. — Col. 4. Meran. — Col. 5. Klausen. — Col. 6. Toblach u. Cortina d'Ampezzo.
Zone 20, Col. 3. Bormio u. Passo del Tonale. — Col. 4. Cles. — Col. 5. Bozen u. Fleimsthal.
Zone 21, Col. 3. Tione u. M. Adamello. — Col. 4. Trient. — Col. 5. Borgo u. Fiera di Primiero.
Zone 22, Col. 3. Storo. — Col. 4. Rovereto u. Riva. — Col. 5. Sette Comuni.
Zone 23, Col. 3. Lago di Garda. — Col. 4. Avio u. Valdagno.

— — dasselbe. 1 : 75,000. Neu reambulirte Ausgabe. 5. Lfg. 3 Blatt à 38,5 × 52,5 cm. Lith. Ebd. 896. à Blatt n.n. 1. —

Zone 16, Col. 7. Kitzbühel u. Zell am See. — Zone 18, Col. 4. Sölden u. St. Leonhart. — Zone 20, Col. 6. Pieve u. Longarone.

Österreich-Ungarn. Spezialkarte von Österreich-Ungarn. 1:75,000. (21. Lfg.) 25 Blatt à ca. 39×50 cm. Lith. Wien 907. (R. Lechner's Sort.) à nn 1.—; auf Leinw. à nn 1.80

Bełzec u. Uhnów. (Zone 4, Kol. 29.) — Brassó (Kronstadt). (Zone 23, Kol. 33.) — Chrzanów u. Krzeszowice. (Zone 5, Kol. 21.) — Czernowitz. (Zone 12, Kol. 34.) — Déva u. Szászváros. (Zone 22, Kol. 28.) — Gemona. (Zone 20, Kol. 8.) — Klagenfurt u. Villach. (Zone 19, Kol. 10.) — Lechtal. (Zone 16, Kol. 3.) — Lisko u. Mezölaborcz. (Zone 8, Kol. 26.) — Mielnica. (Zone 11, Kol. 34.) — Mitrovica. (Zone 34, Kol. 24.) — Nerejul. (Zone 23, Kol. 35.) — Ökörmező. (Zone 11, Kol. 29.) — Płazów. (Zone 4, Kol. 28.) — Putna-Patak. (Zone 22, Kol. 35.) — Radmannsdorf. (Zone 20, Kol. 10.) — Saybusch. (Zone 7, Kol. 20.) — Schluckenau. (Zone 1, Kol. 11.) — Szerednye. (Zone 11, Kol. 27.) — Szolyva. (Zone 11, Kol. 28.) — Tîrgul-Ocna. (Zone 20, Kol. 35.) — Trautenau u. Politz. (Zone 3, Kol. 14.) — Ungvár. (Zone 11, Kol. 26.) — Wien. (Zone 13, Kol. 15.) — Założce. (Zone 6, Kol. 33.)

– Steinhauser, A.

— — Orts- u. Strassen-Karte d. Königr. Ungarn [m. Einschluss d. ehemal. Siebenbürgen], nebst Kroatien u. Slavonien. 1 : 1,296,000. 1887. Ausg. m. Terrain. Chromolith. gr. Fol. Ebd. 887. 4. —; Ausg. ohne Terrain m. der Comitatseintheilg. in Farben 4. —

— — Uebersichts-Karte von, von A. Steinhauser. Im Massstab 1 : 2,500.000. Gr.-Qu.-Fol. Ausg. m. Terrain. Wien, Artaria & Co. 1 fl. 50 kr. 1885.

— Steinhauser, A., Übersichtskarte v. Österreich-Ungarn. 1 : 2,500,000. Vollständige Neubearbeitung. Chromolith. u. color. qu. gr. Fol. Mit e. Ortsverzeichnisse f. Österreich-Ungarn u. die südöstl. angrenz. Länder. 8. (28 S.) Wien 890. Artaria & Co. In Leinw.-Umschlag. n. 2. 60; auf Leinw. in Leinw.-Decke n. 4. 40

— Stelzig, Heinr., Schul- u. Reisekarte v. Österreich-Ungarn. 1 : 3,000,000. Ausg. 1894. (Mit Abbildgn. am Rande.) 2. Aufl. 54×41,5 cm. Farbendr. Aussig 894. (A. Grohmann.) nn. — 20

— Strassenkarte des Erzherzogth. Oesterreich unter der Enns. Verf. auf Grundlage vorgenommener Detailmessgn. der Strassen im Einklange m. der in natura besteh. Distanzierg. Vom n.-ö. Landesausschusse. Ende Dezbr. 1903. 1 : 75,000. 12 Blatt à 75×60 cm u. 1 Beiblatt 46,5×52,5 cm. Lith. Ebd. (904). n.n. 36. —; einzelne Bl. n n. 4. 50; Beiblatt n.n. 2. 25

— — Monarchie. Geschichtskarte, v. Jos. Sucher chronol. synchronist. dargestellt. 8. Wien, Alfred Hölder. In Umschlag 90 kr. 1885.

— Uebersichtskarte d. hydrographisch ergänzten österreichischen Flussgebiete, s. Beiträge z. Hydrographie Oesterreichs.

Oesterreich-Ungarn. Uebersichtskarte d. Militar-Territorial-, dann d. Heeres- u. Kriegsmarine-Ergänzungs-Bezirks-Eintheilung der österr.-ungar. Monarchie. Im Massstabe 1 : 1,200.000. 4 Bl. Tonfarbendruck in Qu.-Fol. Wien, Verlag d. k. k. milit.-geograph. Institutes. General-Depot R. Lechner's Hof- u. Univ.-Buchh. 3 fl. 60 kr. 1885.

— Umann, Ludw., die Specialkarte der österr.-ungar. Monarchie im Masse 1 : 75,000. Eine kartograph. Studie f. den Gebrauch an Truppenschulen d. k. u. k. Heeres. Mit e. Zeichenerklärg. u. dem Übersichtsblatte der Specialkarte 1 : 75,000. gr. 16. (72 S.) Wien 891. R. Lechner's Sort. n. 1. 60

— Umann, Ludw., die Specialkarte der österr.-ungar. Monarchie im Masse 1 : 75,000. E. kartograph. Studie. 2., erweit. Aufl., m. d. neuen Zeichenerklärung u. d. Uebersichtsblatte d. Specialkarte. 1 : 75,000. 12. (V, 75 S.) Wien 895. R. Lechner's Sort. n. 2. —

— Umlauft, Frdr., Wandkarte zum Studium der Geschichte der Österr.-Ungar. Monarchie. 1 : 1,500,000. 4 Blatt. Chromolith. qu. gr. Fol. Wien 890. Hölzel. n. 7. —; auf Leinw. in Mappe n. 10. —; m. Stäben n. 12. —

— Vogel, C., Karte v. Österreich-Ungarn in 4 Blättern. 1 : 1,500,000. Ausg. 1889. Kpfrst. u. color. gr. Fol. Mit Namensverzeichnis. 8. (78 S.) Gotha 889. J. Perthes. Auf Leinw. in Leinw.-Carton. n. 6. –

— Vogel, C., Karte v. Österreich-Ungarn in 4 Blättern. 1 : 1,500,000. [Aus: „Stielers Hand-Atlas".] Ausg. 1894. à 41×33 cm. Kpfrst. u. kolor. Nebst alphabet. Namensverzeichnis. 8. (78 S.) Gotha, J. Perthes. Auf Leinw. in Leinw.-Decke. n. 6. —

— Zuckerfabriken- u. Raffinerienkarte von Zickmund. Massstab 1 : 600,000. Folio. Farbendruck. Mit Ortsverzeichniss und statist. Beigabe. Prag, K. André'sche Buchh. (Max Derwald). 6 fl., aufgez. 7 fl. 50 kr., mit Stäben 8 fl. 1883.

Oesterreich-Ungarns Bäder, Brunnen u. Curorte. Ein populär-wissenschaftl. Führer durch den Bäderkranz Oesterreich-Ungarns f. Aerzte u. Heilbedürftige. Hrsg. u. unter Mitwirkg. mehrerer Aerzte zusammengestellt v. der Administration d. „Oesterr. literar. Centralblattes" in Wien. Mit ca. 100 Illustr. in Holzschn. u. Zinkogr., nach photograph. Orig.-Aufnahmen v. ersten Künstlern reproducirt. 2. Aufl. Lex.-8. (VII, 315 S.) Wien 892. (M. Perles.) Geb. in Leinw. n. 6. —

Österreich-Ungarns Glas-Industrie. Adressbuch sämtl. Glashütten der österr.-ungar. Monarchie, m. näherer Bezeichng. ihrer geograph. Lage, Angabe der Fabrikate u. statist. Notizen. Die Glas-Raffinerie-Anstalten, Kurzwaren-Fabriken usw. u. ihre Fabrikate. Bezugsquellenliste aller Fabrikate der österr.-ungar. Glasindustriellen sowie aller in der Glasindustrie benötigten Werkzeuge, Materialien usw. Hrsg. vom Verlag der Zeitschrift: „Die Glashütte", Dresden. 12. Aufl. (IV, 256 u. 115 S.) kl. 8. Dresden 910. J. Fahdt. Kart. 4. —

Oesterreich-Ungarns Neutralität in e. künftigen Kriege, besprochen mit Hinblick auf die Arkolay'sche Brochure von e. Husaren. Pest 869. Aigner. gr. 8. (IV, 72 S.) n. 15 ngr.

— — auswärtige Politik als Ursache unseres volkswirthschaftlichen Verfalles. [Aus: „Ostdeutsche Rundschau".] 12. (36 S.) Wien 894. (Leipzig, Literar. Anstalt A. Schulze.) n. — 40

Osterried, Joh. Daniel u. (Respond.) **Joh. Daniel Cappaun** (Straßburg), De concursu judicii petitorii et possessorii. Diss. jur. Straßburg (G. A. Pieseker) 3. V. 1734. 32 S. (5.50) 25683
Mit sehr schönem ganzseitigen Stich v. J. Striedbeck am Anfang der Arbeit. — Gew.: Joh. Ludwig von Wormser.

Osterrieder, Benedikt, Beleuchtung der Denuntiationsschrift und der verschiedenen ärztlichen Gutachten in einer Untersuchungssache wegen fahrlässiger Körperverletzung, dann einiger nicht uninteressanter Zustände des praktischen bayerischen Medizinalwesens. Wissenschaftlich und technisch nach der Aktenlage und vieljährigen eigenen Erfahrungen für Juristen, Aerzte und einsichtsvolle Laien des In- und Auslandes bearb. Augsburg 864. v. Jenisch & Stage in Comm. 8. (48 S.) n. 5 ngr.

OSTERRIEDER, Benedikt (Augsburg): Ueber die vorzüglichsten Formen der Syphilis und deren allopathische und homöopathische Behandlung.- Augsburg: v.Jenisch & Stage 1837. 40 S.
29.4.1837 - Urk; F 63
Diss. Ingolst.-Landsh.-Mchn.

—— Quaestio inaug. üb. d. Geist u. Sinn d. Hahnemannschen Heilprinzips, nebst Widerlegung einiger Einwürfe geg. dass. Theilweise öffentl. vorgelesen. gr. 8. (2 B.) Augsburg 838, v. Jenisch u. Stage'sche Buchh.

Osterrieder, Bened., neues Geschäfts-Taschenbuch für prakt. Aerzte, Landärzte u. Chirurgen, in 12 Heften (à 1 Bog.) für d. Jahre 1839—1841. Lithogr. gr. 12. Augsburg, v. Jenisch u. Stage. In Futteral 1839 u. 1840 à 1 ß 1841 1/... ß

Osterrieder, Bened., neues Geschäfts-Taschenbuch f. prakt. Aerzte, Landärzte u. Chirurgen. 12 Hfte. f. d. Jahr 1843. gr. 12. Augsburg 842, v. Jenisch u. Stage'sche Buchh. *

Osterrieder, Benedikt, über die freie Praxis der Aerzte in Bayern. Einige wahre Worte für Beamte, Aerzte u. Laien. 8. (23 S.) Augsburg 847, Rieger. 1/12 ß

Osterrieder, B., offenes Sendschreiben gegen die öffentliche Behauptung des Prof. Dr. Karl Ernst Bock in Leipzig, daß die Homöopathie ein Gewebe von Täuschung, Unwissenheit und Unwahrheiten sei. Im allgemeinen Interesse frei bearb. Augsburg 856. v. Jenisch u. Stage. 8. (16 S.) n. 2 ngr.

Osterrieder, Benedikt, ein freies Wort über das bayerische Medizinalwesen. Als Beleg für die Nothwendigkeit der Reform desselben. Der 2. Kammer Bayerns zur Beherzigung empfohlen. Ebend. 861. gr. 8. (16 S.) 4 ngr.

—einige Worte von der spezifischen Heilmethode im Vergleich mit der Allopathie. Eine besonders nothwendige Acquisition für jeden Arzt, welcher die Enzyklopädie der gesammten med.-chir. Praxis rc. von Most besitzt. Uebrigens auch für jeden andern Arzt beachtenswerth, wenn er von dieser Heilmethode Kenntniß erlangen will. gr. 8. Augsburg 840. v. Jenisch u. Stage. n. 1/6 ß

—— die Zahnschmerzen u. Zahnkrankheiten heilbar auf d. medizin.-therapeut. Wege. Nebst e. Anh., welcher von d. Therapie d. schwierigen Zahnens d. Kinder handelt. Für prakt. Aerzte u. wissenschaftl.-gebild. Zahnärzte. 8. (12 3/4 B.) Augsburg 841, v. Jenisch u. Stage'sche Buchh.

Osterrieder, Herm., († d. 18. Aug. 1783.) logica critica. 8. Augsb. 760. M. Rieger. 16 gr

— metaphysica vetus et nova, tamquam pars altera adjuncta. 8. Augsb. 761. M. Rieger. 1 ß

— physica experimentalis et rationalis. Mit 19 Kpf. Prs. I. Vol. I. II. 8. Augsb. 765. M. Rieger. 2 ß

— physica particularis. II Voll. 8. Augsb. 770—72. M. Rieger. 2 ß 8 gr

Osterrieder, Xav., Monopol od. Konkurrenz. Zeitgemässe Betrachtg. (115 S. m. 6 Tab.) 8. München 903. C. Beck. n. 1. 50

Altes und Neues zur Lehre vom Urheberrecht. Von Dr. Albert **Osterrieth**. Leipzig: C. L. Hirschfeld 1892 [übergekl.: Tübingen: J. C. B. Mohr 1907]. (116 S.) 8° [08. 8141 11

Osterrieth, Alb., s.: Anschluss, der, des Deutschen Reichs an die intern. Union f. gewerbl. Rechtsschutz.

Osterrieth, Alb., Bemerkungen zum Entwurf e. Gesetzes, betr. das Urheberrecht an Werken der bildenden Künste u. der Photographie. (IV, 276 S.) 8. Berlin 904. C. Heymann. n. 4. —
Sonderabdr. aus: „Gewerbl. Rechtsschutz u. Urheberrecht".

— dasselbe, an Werken der Photographie. (110 S.) 8. Ebd. 903. n. 2. —

— Bemerkungen zum Entwurf e. Gesetzes üb. das Verlagsrecht. 8. (IV, 100 S.) Berlin 901. C. Heymann's Verl. n. 1. 50
Sonderabdr. aus: „Gewerbl. Rechtsschutz u. Urheberrecht".

Osterrieth, Albert. [Berichte erstattet am:] 8. Internationaler Presskongress, Bern, Juli 1902. 8. [Bern, H. Jent.]
[1.] Die Beziehungen zwischen Schriftstellern und Journalisten einerseits und Verlegern andererseits hinsichtlich ihrer gemeinsamen Interessen. 8 S.
[2.] Der fliegende Gerichtsstand der Presse. 6 S.
[3.] Die Rechtsbeziehungen zwischen Verlegern und Illustratoren. 5 S.

Osterrieth, Alb., s.a. Berichte u. Verhandlungen d. deutsch-österr. Gewerbeschutz-Conferenz.

Berichte und Verhandlungen der deutsch-österreichischen Gewerbeschutz Conferenz am 12 und 13. October 1896 zu Berlin. Im Auftrage des Deutschen und des Oesterreichischen Vereins für den Schutz des gewerblichen Eigenthums herausgegeben von A. OSTERRIETH (und) J WECHSLER Berlin 1896. Carl Heymanns Verlag. 8°

— s.: Entscheidungen, die patentamtlichen u. gerichtlichen, in Patentsachen.

Die Geschichte des Urheberrechts in England. Mit e. Darstellung d. geltenden engl. Urheberrechts von Albert **Osterrieth**. Leipzig: C. L. Hirschfeld 1895 [übergekl.: Tübingen. J. C. B. Mohr 1907]. (XIV, 221 S.) 8° [08. 232 11

— d. Gesetz z. Bekämpfung d. unlaut. Wettbewerbes, s.: Taschen-Gesetzsammlung.

Osterrieth, Alb., Kunst u. Recht, s.a. Recht, das.

Kunst und Recht. Von Prof. Dr. A(lbert) **Osterrieth**. Berlin: Puttkammer & Mühlbrecht 1909. 33 S. 8°
(Das Recht. Hrsg. von F Kobler Bd 7) [10. 306

— Lehrbuch des gewerblichen Rechtsschutzes. (XXII, 544 S.) gr. 8. Leipzig 908. A. Deichert Nachf. 10.—; geb. 11.25; auch in 7 Heften.

— die Patent-, Muster- u. Markenschutzgesetze des Erdballs, s.: Patentgesetzgebung. IX. u. X.

— s.: Patentgesetzgebung.

Osterrieth, Albert. [Rapports présentés au] 8e Congrès international de la Presse. Berne, juillet 1902. 8. [Berne, H. Jent.]
[1.] Du for en matière de délits de presse. 6 p.
[2.] Des rapports entre les auteurs et la presse, d'une part, et les éditeurs, d'autre part, au point de vue de leurs intérêts communs. 3 p.
[3.] Les rapports juridiques entre les éditeurs et les artistes illustrateurs. 4 p.

— s.: Rechtsschutz, gewerblicher, u. Urheberrecht.

— die Reform d. Urheberrechts. Lex.-8. (34 S.) Berlin 893 Deutsche Schriftsteller-Genossenschaft. n. 1. —

Osterrieth A Julius v Schütz. Lebensbild. (36 S 1 T) Berlin 1910

— u. Aug. Axster, die internationale Uebereinkunft zum Schutze des gewerbl. Eigentums vom 20. III. 1883 (Pariser Konvention) nebst den übrigen Verträgen des Deutschen Reichs üb. den gewerbl. Rechtsschutz. (XXXVIII, 354 S.) 12 Berlin 903. C. Heymann. Geb in Leinw. n. 7. —

— Das Urheberrecht an Werken der bildenden Künste u. der Photographie, s.a. Taschen-Gesetzsammlung. 67.

Osterrieth, A[lbert] Das Urheberrecht an Werken der bildenden Künste und der Photographie. Gesetz vom 9. Jan. 1907 Erl. Berlin 1907. 8°
(Taschen-Gesetzsammlung, 67.)

— die Urheberrechtsvorlage u. die Beschlüsse d. XI. Reichstags-Kommission (I. Lesung). Vortrag, geh. am 25. II. 1901 im Saale des kaiserl. Patentamts auf Veranlassg. des deutschen Schriftstellerverbandes, des deutschen Vereins f. den Schutz des gewerbl. Eigentums, der Genossenschaft deutscher Komponisten, des Vereins Berliner Presse. 8. (59 S.) Berlin 901. C. Heymann. n. 1. —

Osterrieth, Armin [aus Köln]: Der Nebenkläger als Zeuge Göttingen, Druck d. Univ.-Buchdr. v. W. F. Kästner, 1897; S. 8.
Göttingen, Jur Fak., Inaug.-Diss. v [22 Juli] 1897

ERNST OSTERROHT-Eichen, Die polnische Frage. Ein Vortrag. Sonderabdruck aus der Beilage zur Allgemeinen Zeitung Nr. 119 und 120 vom 23. und 24. Mai 1906. München 1906. Bayerische Druckerei & Verlagsanstalt, G. m. b. H. 8°

Die polnische Frage. Ein Vortrag von Ernst Osterroht (Eichen). 2. durchges. Aufl. Mit e. Nachw. Berlin: Ißleib 1908. 16 S. 8° [Umschlagt.] [11. 3306 10

Osterroth, G., Friedhofgedanken. 16. (161 S.) Berlin 868, Mittler und Sohn. *

Osterroht, Karl Richard

Osterroht, Herpes zoster ophthalmicus, s.a. Sammlung zwangloser Abhandlungen aus d. Gebiete der Augenheilkunde.

Aus d. Univ.-Augenklinik zu Giessen. Herpes zoster ophthalmicus. Von Dr [Karl Richard] Osterroht, Oberarzt im 10. Lothr. Inf. Regt. Nr 174.
Halle a. S.: C. Marhold 1906. (30 S.) 8°
= Sammlung zwangloser Abhandlungen aus d. Geb. d. Augenheilkunde. Bd 7, H. 1

Osterroht, Wilhelm [aus Insterburg]: Ueber die specielle Abscessbehandlung nach Heinrich von Mondeville ... Berlin, Druck v. E. Ebering, 1897; 26 S., 3 Bl. 8.
Berlin, Med. Fak., Inaug.-Diss. v 13. Aug. 1897

Ostersegen, Edmunds, zu Erweckungen würdiger Sonntagsfeier. Berlin 1861. V: *Ruhmer, Friedrich August.* (zu)

Ostersetzer Alfons Darstellung des Methylphenylphtalides S 122 IIb. 181 vgr
Separatabdruck

Ostersetzer, Alfr., die Aufnahme der Barzahlungen in Oesterreich-Ungarn. Vortrag, geh. in der Gesellschaft österreich. Volkswirte in Wien, am 10. II. 1903. (46 S.) 8. Wien 903. Volkswirtschaftl. Verlag A. Dorn. n. — 70

Ostersetzer, Alfr., s.a. Comité-Bericht, der, üb. die indische Währungs-Reform.

Ostersetzer, A. Der Comité-Bericht über die indische Währungs-Reform in deutscher Uebertragung. Wien 1893.

— Währungswechsel u. Aufnahme der Baarzahlungen. Uebersichtliche Darstellung der Valutafrage. 2 Thle. gr. 8. Wien 892. Manz. n. 4. 80
1. Der Währungswechsel. (XII, 94 S.) n. 1. 80
2. Die Aufnahme der Baarzahlungen [Goldbeschaffung u. Golderhaltung]. (VIII, 179 S.) n. 3. —

Ostersetzer gen. Valdek, Heinrich, aus Mainz Dynamische Untersuchungen über die Bildung von Azofarbstoffen aus einigen Naphtylaminsulfosäuren und Diazobenzolsulfosäure. *Darmstadt 1901: J. C. Herbert.* (66 S.) 8°
Heidelberg, Naturw.-math. Diss. v 1901

Ostersetzer Oskar Über die Verbindungen des Phtalimids mit Phenolen Vorläufige Mitteilung. S. 99. IIb. 447 vgr.
Separatabdruck

Ostersetzer, Siegfr., Melancholie'n. Verse. (40 S.) 8. Leipzig 908. Modernes Verlagsbureau. 1. —

Osterspey, Joseph [aus Mechernich]: Die Blutuntersuchung und deren Bedeutung bei Magenerkrankungen ... Berlin, gedr. bei L. Schumacher, 1892; 34 S., 1 Bl. 8.
Berlin, Med. Fak., Inaug.-Diss. v 12. März 1892

Osterspey, Jos., welches sind die neuesten Forschungsergebnisse bezüglich der Konservierung u. Verwendung des Stalldüngers u. welche Maßnahmen können nach dem heutigen Stande der Dinge dem Praktiker empfohlen werden? 8. (114 S.) Schöneberg-Berlin 899. [F. Telge.] Berlin, Deutsche Tageszeitg. n. 2. —

Osterspey, Wilhelm, prakt. Arzt aus Schoenecken (Rhld.): Aus d. chirurg. Klinik zu Kiel. Ein Fall von Enchondrom zweier Rippen und Metastase in der Haut. *Kiel 1904: A. Jansen.* (20 S.) 8°
Kiel, Med. Diss. v [14. Jan.] 1904

Osterspiel, Redentiner, hrsg. v. Carl Schröder, s.a. Denkmäler, niederdeutsche.

Das Redentiner Osterspiel in gemeindeutscher Sprache von D. Dr Albert Freybe, Prof. zu Parchim. *Gütersloh: C. Bertelsmann 1901.* (100 S.) 8° [F.] [01. 4636

Oster-Strahlen. qu. 16. (12 S.) Dinglingen 897. (Frankfurt a/M., J. Schergens.) — 15

Ostertag, Dr. Albert. Ein Lebensbild. Hrsg. auf Grund seiner Briefe u. seines handschriftl. Nachlasses. 8. (III, 302 S. m. Portr. in Stahlst.) Basel 876. Spittler. n. 2. 40

Ueber Arbeitsnachweis. (Von Ostertag.) Leipzig. 1886. Siehe in: Schriften des deutschen Vereins für Armenpflege und Wohlthätigkeit. Heft 1. (2.) 8°

Ostertag. Ungarisches Kriegstheatrum von Schlachten, Belagerungen u. Eroberungen, so 1716 vorgegangen. fol. M. K. Regensburg 1716.

Ostertag, Albert

— Jager Afrikaner, der bekehrte Räuberhauptmann. 6. Aufl. 8. (32 S. m. Abbildgn.) Ebd. 894. n. — 10

Ostertag, A., Jager Afrikaner, der bekehrte Räuberhauptmann. 7. Aufl. 8. (32 S. m. Abbildgn.) Basel 899. Missionsbuchh. n. — 10

Ostertag, A., Jager Afrikaner, der bekehrte Räuberhauptmann. 8. Aufl. (32 S. m. Abb.) 8. Basel 907. Basler Missionsbuchh. — 10

Ostertag, Alb., die Bibel und ihre Geschichte. 2. Aufl. 855. n. 14 ngr. — 3. Aufl. Basel 857. Bahnmaier. 8. (VIII, 259 S. m. Holzschn. im Text.) n. 12 ngr.

Ostertag, Alb., die Bibel und ihre Geschichte. 4. Aufl. Basel 863. Bahnmaier. 8. (VIII, 260 S. m. Holzschn.) n. 14 ngr.

Ostertag, Alb. Die Bibel u. ihre Geschichte. Neu bearb. von Rich. Preiswerk. 5. Aufl. 8. (IV, 224 S. m. Bildern.) Basel 892, Reich. * 1 60

Ostertag, Alb., Bibel-Erzählungen, s. Beispiele des Guten in Erzählungen und Lebensbildern.

—— la Bible et son histoire; ouvrage offert à la jeunesse à l'occasion du jubilé de la société biblique de Bâle. Traduit de l'allemand sous les yeux de l'auteur par Mlle. Dufour. Précédé d'un discours de M. Guizot sur la lecture de la Bible. 12. (XII und 252 S. mit Holzschn.) Genf 857. Leipzig, Hübner. -

Ostertag, Alb., Bilder aus dem Reiche Gottes. 1. Bdchn. Stuttgart 871. J. F. Steinkopf. 8. (220 S.) cart. 15 ngr.

Ostertag, Alb., Bilder aus dem Reiche Gottes. 2. u. 3. Bdchn. 8. (206 u. 216 S.) Stuttgart 871. 72. J. F. Steinkopf. à n. 1. 50

Ostertag, Albert, die Bücher des Gerichts u. das Buch des Lebens. Predigt gehalten 1849 am Sonntag vor dem Neujahr. gr. 8. (15 S.) Basel 849. (Bahnmaier.) n. 1/12 ℛ

Ostertag, Albert, die Bücher des Gerichts und das Buch des Lebens. Predigt gehalten 1849 am Sonnt. vor dem Neujahr. gr. 8. (15 S.) Basel 850, (Bahnmaier's Buchh.) *

— Entstehungsgeschichte der evangelischen Missionsgesellschaft zu Basel. Mit kurzen Lebensumrissen der Väter u. Begründer der Gesellschaft. Eine Jubiläums-Festgabe. Basel 865. (Bahnmaier's Verlag.) 8. (VII, 359 S.) n. 16 ngr.

Ostertag, Albert. (Carl Benjamin) Leupolt's Erinnerungen an das Missionswerk in Benares, übersetzt und bearb. von A' O' [Mit Illustrationen und 4 Tafeln.] 8. Basel 1846.

Ostertag, A., die Geschichte v. dem bekehrten Räuberhauptmann Afrikaner. 5. Aufl. 8. (32 S. m. Abbildgn.) Basel 888. Missionsbuchh. n. — 10

— übersichtliche Geschichte der protestantischen Missionen von der Reformation bis zur Gegenwart. (Erweiterter Abdruck aus Herzog's Real-Encyklopädie rc.) Stuttgart 858. (Gotha,) Besser. 8. (IV, 169 S.) n. 10 ngr.

— der Gnadenruf Gottes an alle Welt. Predigt am Sonntag nach der Himmelfahrt 1859, gehalten zu St. Petro in Basel. Ebend. 859. 8. (16 S.) n. 2 ngr.

— Königin Kapiolani u. der Vulkan Kilauea, s.: Missions-Traktate, kleine.

Ostertag, A., Saat und Ernte, s. Beispiele des Guten.

— ein Soldatenleben nach der Bibel. Züge aus dem Leben des Hauptmanns Hedley Vicars. 2. Aufl. (Galvanotyp-Ausg.) Barmen 866. Berlin, E. Beck. 8. (27 S.) n. 1 ngr.

— ein Soldatenleben nach der Bibel. Züge aus dem Leben d. Hauptmannes Hedley Vikars. 4. Aufl. gr. 16. (27 S.) Barmen 870. (Klein.) n. — 20

— die Wege der Bibel. Stuttgart 871. J. F. Steinkopf. 8. (162 S.) cart. n. 15 ngr.

Ostertag, Alb., s. Weitbrecht, Martha, über weibliche Missionsthätigkeit in Indien.

— Züge aus dem Werk der Bibelverbreitung. 1. u. 2. Bdchn. Stuttgart 857. J. F. Steinkopf. 8. (VI, 175; IV, 185 S.) Jedes Bdchn. n. 10 ngr.

Ostortag, Aug[ust]: Beiträge zur Kenntnis der Beizenfärbungen. 1909. 66 S. 8° ¶ Zu Abschn. 3 vgl. Zeitschrift für angewandte Chemie. Jg. 22, 2. S. 2030 ff.
Dresden, Dr.-Ing.-Diss. v. 21. 7. 1909

Ostertag, C., s. Ostertag, Karl

Ostertag, Fr., deutsche Schulgrammatik. gr. 8. (XVI, 210 S.) Stuttgart 874, (Wildt.) *

-- Wortformenlehre der deutschen Sprache f. die Hand d. Schülers. Auszug aus d. Verf. Schulgrammatik. gr. 8. (48 S.) Ebend. 874. n. — 50

Ostertag, Heinr., der philosophische Gehalt des Wolff-Manteuffelschen Briefwechsels, s.a. Abhandlungen zur Philosophie u. ihrer Geschichte. 13. Heft.

Der philosophische Gehalt des Wolff-Manteuffelschen Briefwechsels. Von Dr. Heinrich Ostertag. Leipzig Quelle & Meyer 1910. 189 S. 8°
(Abhandlungen z. Philosophie u. ihrer Geschichte. Hrsg. von R. Falckenberg. H 13.) [10. 13296

Ostertag, Heinrich: Naturphilosophisches aus Wolffs Briefwechsel mit Manteuffel. Leipzig: Quelle & Meyer 1910. 107 S. 8° ¶ (Ersch. vollst. u. d. T.: Der philos. Gehalt d. Wolff-Manteuffelschen Briefwechsels, als Abhandlungen z. Philos. u. ihrer Geschichte hrsg. v. Falckenberg. H. 13.)
Erlangen, Phil. Diss. v. 9. Juli 1910, Ref. Falckenberg
[Geb. 2. April 83 Königsbrunn b. Augsburg; Wohnort: Würzburg; Staatsangeh.: Bayern; Vorbildung: Gymn. Ansbach Reife 02; Studium: Erlangen 5, Leipzig 1, Greifswald 2 S.; Rig. 6. Mai 10.] [U 10. 886

Ostertag, J. (Hrsg.), s. Zeitschrift, Neue, für Veterinärmedizin.

Ostertag, J. Fr., der Petrefakten-Sammler. Zugleich e. Einführg. in die Paläontologie f. Seminaristen, Gymnasiasten u. Realschüler. Mit 460 Abbildgn. auf 22 Taf. u. 16 in den Text gedr. Abbildgn. gr. 8. (VIII, 184 S.) Stuttgart 890. Rob. Lutz. n. 3. —; geb. n. 3. 75

Ostertag, J. L., Abriß d. deutschen Geschichte, v. den frühesten Zeiten bis zur Errichtung der deutschen Bundesakte im Jahre 1815. Ein Lesebuch f. den höhern Bürgerstand. 1r Thl. gr. 8. Regensb. 825. (Nürnb., Haubenstricker). 1 ß

Ostertag, Johann Philipp

Ostertag, Johann Philipp. Auswahl aus dessen kleinen Schriften ... Sulzbach 1810. H: *Bösner, Hnr. Joh. Thom., F. K. Leop. Freih. v. Seckendorf & A. Kayser.* (Ky) (ErschDL) (BrMm)

Ostertag, Jh. Ph., († d. 20. Nov. 1801.) Auswahl aus dessen kleinen Schriften, aus seinem Nachlasse herausgeg. (v. ... Bösner, F. v. Seckendorf u. A. Kayser, sammt Ostertags Leben v. Gampert.) 2 Samml. Mit 4 Kpf. gr. 8. Sulzb. 810. v. Seidel. 2 ß 16 gl Schrbp. 3 ß 8 gl

— kurze Bemerkk. üb. das menschl. Lebensziel. 4. Regensb. 783.

— — (Regensburg), Ueber die Berechnung der Zinsen bey den Griechen und Römern nach Pauctons Metrologie. Zu der Prüfung der auf dem hiesigen Gymn. Poëticum studirenden Jugend ladet ein. Regensburg (Breitfeld) 22. u. 30. III. 1784. 23 S. (4.50) 25686

Johann Philipp Ostertag

Etwas von den Blizableitern. Regensburg (1781); Breitfeld. 26 S. 8°

Regensburg, G.Poëticum,P 1781

— s. Etwas über d. Kempelisch. Schachspieler.

- s. L. Meister, über d. Pyramiden.

— Keplers Monument in Regensburg, an das aufgeklärte deutsche Publikum, nebst e. latein. Sendschreiben an Kästner in Göttingen. 4. Regensb. 786.

— Progr. De πολυθεοτητος originibus philosophumena per saturam. 4. Regensb. 782.

— Progr. v. d. Blitzableitern. 4. Regensb. 781. (Münch., Franz). 4 gl

— **Johann Philipp** (Eppstein / Igstadt), De optima ratione atheos convincendi. Diss. philos. Präs. Salomon Pfister. Gießen (J. H. Vulpius) Sept. 1714. 24 S. (4.50) 25685

- s. Samml. deutsch. Uebersetz. röm. Prosaiker. I. Justins Weltgesch. VI. Curtius. VIII. Sueton. XII. Livius. XI. Historia Augusta.

Ostertag, J. P., Commentatio de scaphiis veterum. Progr. I et II. Ratisb. 778. 2 P. 4. (40 S.)

— Progr. de scaphis veterum. 4. Regensb. 778. Fortf. deutsch: Von den Scaphien d. Alten, u. zwar v. ihrem gnomonischen Gebrauche. Ebd. 779.

— über die Unsterblichkeit, e. philosophische Vorlesung. 4. Regensb. 796.

— über d. Ursprung der Sternbilder, u. die daraus zu erklär. Mythologie, nach Dupins Abhandll. 4. Regensb. 789.

Ueber das Verhältniß der Maaße der Alten zu den heutigen Maaßen und ein bey allen Nazionen einzuführendes allgemeines Eichmaaß nach Pauctons Metrologie mit erläuternden Anmerkungen. Zu der Dienstags den 5ten April 1791. anfangenden öffentlichen Prüfung der auf dem hiesigen Gymnasium Poëticum studirenden Jugend und der den 12ten dieses Monats darauf folgenden öffentlichen Preisvertheilung ladet alle Gönner und Freunde unserer Musen geziemend ein *Joh. Philipp Ostertag*, Rector, der Philos. und Mathemat. Professor, Regensburg mit Zeitlerischen Schriften. 4. 27. S. 1791.

— Progr. Versuch e. deutschen Uebersetzung v. Lucians Lobrede auf den Demosthenes. 4. Wetzlar. 765.

— Versuch e. deutschen Uebersetzung d. drei ersten Aufzüge von d. Euripides Phönizierinnen. 4. Wetzlar. 771.

Ostertag, Karl, d. Anstalten d. Pastor D. v. Bodelschwingh, s. a. Für Feste u. Freunde d. inn. Mission, Hft. 3.

[J.] Die Anstalten des Pastor D. v. Bodelschwingh. (Von Pfarrer Ostertag in München.) *Berlin: Buchh. d. Ostdeutschen Jünglingsbundes [1897].* (16 S.) 8. = Feste, Für, u. Freunde d. Inneren Mission H. 3.

— d. Dienstbotenfrage im Lichte d. Evangeliums. Vortrag. Geh. auf d. 33. Jahresversammlg. d. südwestdeutschen Konferenz f. J. M. in Pforzheim am 23. VI. 1897. 8. (21 S.) Gütersloh 897. C. Bertelsmann. n. — 30

— s.: Gemeindeblatt, evang., f. München.

Ostertag, K., Helene, Herzogin v. Orleans, s. a. Familien-Bibliothek, Calwer.

Ostertag, K., Helene, Herzogin v. Orleans. Calw 1889. 8°. (Mk. 2—.) (1 Mk. J. Frank, Würzb., 1910.)

Ostertag, K., helfen u. heilen. Bilder aus der evangel. Liebesthätigkeit, vornehmlich der bayer. Landeskirche. Gesammelt v. K. O. gr. 8. (VI, 401 S.) Leipzig 890 Deichert Nachf. n. 4. 80; geb. n. n. 5. 4[illegible]

Die Notwendigkeit der evangelischen Jungfrauenvereine und ihr Segen für das Gemeindeleben. Vortrag 1896 in Nürnberg geh. von Pfarrer [Karl] Ostertag, München. *Berlin: (Vorstände-Verband d. ev. Jungfrauen-Vereine Deutschl.) 1896.* (8 S.) 8° [Umschlagt. J.]

— freiwillige Opfer. Predigt üb. Esra 3, 5, geh. bei dem 26. Kongresse f. innere Mission zu Nürnberg in der St. Jakobskirche den 16. Septbr. 1890. gr. 8. (9 S. Nürnberg 890. Raw. n. — 2[illegible]

— s.: Predigten, fünf, bei dem 26. Kongreß f. innere Mission geh.

— Werkstätten evang. Liebesthätigkeit. Schildergn. M. 17 Bild. u. 1 Plan. gr. 8. (VII, 216 S.) München 895. Münchner Handelsdruckerei u. Verlagsanstalt M. Poeßl. n. 2. 80; geb. m. Goldschn. n. 3. —

— Graf v. Zinzendorf, s.: Familien-Bibliothek Calwer.

—— s. zur Einführung des Vereinsgeistlichen Herrn Pfarrer K. O. in München.

Ostertag, P[aul]. Die Entropietafel für Luft und ihre Verwendung zur Berechnung der Kolben- und Turbo-Kompressoren. Mit 11 Textfiguren und 2 Diagrammtafeln. 38 S. gr.-8. Berlin, Julius Springer, 1910. [M. 2. 80]

Ostertag, P., Leitfaden zum Berechnen der verschied. Gewinde, s.: Horber, Jak.

— Versuche an der 2. Pumpen-Anlage im Wasserwerk der Stadt St. Gallen. (7 S. m. Fig.) 32×24 cm. Zürich (910). Rascher & Co. — 40
Sonderabdruck aus: „Schweiz. Bauzeitg."

Ostertag, Robert

Ostertag, R., Anweisung zur Untersuchung geschlachteter tuberkulöser Thiere. 8. (26 S.) Berlin 890 Th. Chr. Fr. Enslin. n. 1. —

Ostertag, Rob., Anweisung zur Untersuchung geschlachteter tuberkulöser Thiere. 8. (26 S.) Berlin 891. R. Schoetz. n. 1. —

Ostertag, Rob., s.: Arbeiten aus dem hygien. Institut der kgl. tierärztlichen Hochschule zu Berlin.

Ostertag, Rob., Bibliographie der Fleischbeschau. Zugleich Ergänzg. zum Handbuch der Fleischbeschau desselben Verf. (XVI, 446 S.) Lex.-8. Stuttgart 905. F. Enke. n. 13. —; geb. in Leinw. n. 14. 60

Ostertag, Rob., s.: Ergebnisse d. allgem. Pathologie u. patholog. Anatomie d. Menschen u. d. Tiere.

— s.: Fleischbeschauer-Zeitung, deutsche.

— Handbuch der Fleischbeschau f. Tierärzte u. Richter. gr. 8. (XII, 568 S. m. 108 Abbildgn.) Stuttgart 892. F. Enke. n. 12. —

— Handbuch d. Fleischbeschau f. Tierärzte, Ärzte u. Richter. 2. Aufl. gr. 8. (XVI, 732 S. m. 161 Abb.) Stuttgart 895. F. Enke. n. 16. —

Handbuch der Fleischbeschau für Tierärzte, Ärzte u. Richter v. Dr. med. Robert Ostertag, Prof. . in Berlin. 3., neubearb. Aufl. M. 251 in d. Text gedr. Abb. u. 1 Farbentaf. *Stuttgart: F. Enke 1899.* (XVI, 902 S., 1 Taf., 1 Erl.-Bl.) 1 Bd 4.(8.)

— Handbuch der Fleischbeschau f. Tierärzte, Ärzte u. Richter. 4., neubearb. Aufl. gr. 8. (XVI, 896 S. m. 260 Abb. u. 1 farb. Taf.) Stuttgart 902. F. Enke. n. 20. —
3. Aufl. (XVI, 904 S. m. 251 Abb. u. 1 Taf.) 899. n. 20. —.

— Handbuch der Fleischbeschau f. Tierärzte, Aerzte u. Richter. 5., neubearb. Aufl. (XII, 782 S. m. 265 Abbildgn. u. 1 farb. Taf.) Lex.-8. Stuttgart 904. F. Enke. n. 18. 40; geb. in Leinw. n. 20. —

— Handbuch der Fleischbeschau f. Tierärzte, Ärzte u. Richter. 6., neu bearb. Aufl. (2 Bde.) 1. Bd. (XII, 472 S. m. 120 Abb.) Lex. 8. Stuttgart 910. F. Enke. 12. —; geb. in Leinw. n 13. 60

— Krankheiten der Zähne, s.: Handbuch der thierärztlichen Chirurgie u. Geburtshilfe.

Leitfaden für Fleischbeschauer. Eine Anweisung f. d. Ausbildung als Fleischbeschauer u. f. d. amtl. Prüfungen. Von Dr R[obert] Ostertag, Prof. zu Berlin. 7., neubearb. Aufl. Mit 176 Abb. *Berlin R. Schoetz 1904.* (XIV, 314 S.) 8° [F.]

Leitfaden für Fleischbeschauer. Eine Anweisung f. d. Ausbildung als Fleischbeschauer u. f. d. amtl. Prüfungen. Von Dr R[obert] Ostertag, Prof. zu Berlin. 8. Aufl. Mit 176 Abb. Berlin: R. Schoetz 1904. (XIV, 314 S.) 8° [F.]

— Leitfaden f. Fleischbeschauer. Eine Anweisg. f. die Ausbildg. als Fleischbeschauer u. f. die amtl. Prüfgn. 9., neubearb. Aufl. (XII, 275 S. m. 186 Abbildgn.) gr. 8. Berlin 906. R. Schoetz. Geb. in Leinw. n. 6. 50
1. Aufl. (V, 213 S. m. 150 Abb.) 903.

— Leitfaden f. Fleischbeschauer. Eine Anweisg. f. die Ausbildg. als Fleischbeschauer u. f. die amtl. Prüfgn. 11., neubearb. Aufl. (XIV, 285 S. m. 191 Abbildgn.) gr. 8. Berlin 910. R. Schoetz. Geb. in Leinw. 6. 50
10. Aufl. (XIV, 281 S. m. 190 Abb.) 909. Geb. 6. 50.

— u. Th. Henkel, Melkbüchlein, s. a. Schriften des deutschen milchwirtschaftlichen Vereins. Nr. 37.

Ostertag-Henkel, Melkbüchlein.
Herausgeg. v. Deutschen Milchw. Verein, I. Teil, v. Ostertag, II. Teil v. Henkel. — II. Aufl. 1911.
Stuttgart 1907

— Die Milchwirtschaft u. die Bekämpfung der Rindertuberkulose. Vortrag, geh. in der Eröffnungs-Sitzg. des III. internat. milchwirtschaftl. Kongresses im Haag am 16. IX. 1907. (12 S.) Lex. 8. Ebd. 907. — 80

Ostertag, Robert [Tierarzt aus Schwäbisch Gmünd]: Die tödliche Nachwirkung des Chloroforms. Experimentelle Untersuchungen.... (Aus: Arch. f. pathol. Anat. Bd. 118.) Berlin, Buchdr. Knoll & Wölbling (1889); 55 S. 8°
Freiburg i. B., Med. Fak., Inaug.-Diss. v 1889

— die sanitätspolizeiliche Regelung des Milchverkehrs. (8 S.) hoch 4. Ebd. 903. n. — 20
Sonderabdruck aus: „Ztschr. f. Fleisch- u. Milchhygiene".

— Breidert, Kaestner, Krautstrunk, Untersuchungen üb. die klinische u. bakteriolog. Feststellung der Tuberkulose des Rindes, s. a. Arbeiten aus dem hygien. Institut der kgl. tierärztl. Hochschule zu Berlin. Nr. 5.

Untersuchungen üb. die klinische u. bakteriolog. Feststellung d. Tuberkulose d. Rindes. Von Ostertag u. Breidert, Kaestner, Krautstrunk. Berl. 1905. 174 S. Fig. 4°
(Arbeiten aus dem hygienischen Institut d. königl. tierärztl. Hochschule zu Berlin. Nr. 5).

(Ostertag), [Robert]: Untersuchungen über den Tuberkelbazillengehalt der Milch von Kühen, welche lediglich auf Tuberkulin reagirt haben, klinische Erscheinungen aber noch nicht zeigen. Erlasse vom 8. u. 26. Jan. 1900. J. G. 34 u. J. G. 702. Mit 23 Anl. Berlin 1901. 73 S. 4°

Das Veterinärwesen der Vereinigten Staaten von Nord-Amerika einschließl. d. Vieh- u. Schlachthofwesens, d. Fleischverarbeitung, d. Milchversorgung u. Milchkontrolle. Reisestudie von Prof. Dr. R[obert] Ostertag. Mit 17 Abb. Berlin: R. Schoetz 1906. (VII, 151 S.) 8°

Ostertag R.: Ueber das Vorkommen v. Pentastomen in den Lymphdrüsen d. Rindes. U. St. 1892. (7) S. Fig. (Udsnit). 4°
- Bibliographie d. Fleischbeschau ... Stuttg. 1905. 446 S.

— Wandtafeln zur Fleischbeschau. (6 Taf.) 82,5× 113 cm. Ebd. (903). n. 20 —

— Wandtafeln zur Fleischbeschau. 2. Aufl. 6 Bl. 82×112 cm. Lith. Ebd. (910). 20. —

— s.: **Zeitschrift f. Fleisch- u. Milchhygiene.**

— s.. Zeitschrift f. **Infektionskrankheiten, parasitäre Krankheiten u. Hygiene der Haustiere.**

Ostertag, Theodor Ueber die Behandlung der männlichen Gonorrhoe mit Antiparasiticis, speziell mit Argonin. *München 1898: Kastner & Lossen.* (28 S.) 8°
München, Med. Diss. v. 1898

Oster-Taschenbuch von Weimar.
Hrsg. v. [Franz Karl Leopold Frhr. von]
Seckendorf[f-Aberdar].
Weimar. Gädicke
1801.
Ff, 3c:3
Auch ersch. u. d. T.: Kleine Schriften,
größtentheils von Weimarischen Gelehrten,
aus d. ersten Jahre d. Neunzehnten
Jahrhunderts. Bd 2.
Weimar: Gädicke 1801.

Ostervald s Osterwald

Ostervesede [Schlagwort]

Ostervesede, s.: Preussen. Messtischblätter.

Osterwald [Schlagwort]

Osterwald, s.: Hannover. Wanderkarte.

Osterwald [Verfasser]

Osterwald. Abbildungen des königl. hannoverschen Militärs. o. O. um 1824. 24 farb. Bl. 2°
vgl. Osterwaldt, C.

Osterwald, d. wichtigsten Bestimmgn. üb. d. An- u. Abmeldg. d. Dienstboten, üb. d. Einzug u. Abzug der Versicherungsbeiträge, d. Verhalten bei Erkrankung e. Dienstboten u. Wesentliches aus d. Gesindeordng. Zusammengest. f. d. Dienstherrschaften u. Dienstboten nach d. Cannstatter Verhältnissen leichtverständl. in Form v. Fragen u. Antworten. 12. (16 S.) Cannstatt 895. H. Reitzel's Hofbuchh. n.n — 25

Osterwald, A., s. Weser-Dampfboot.

Osterwald, C., s. Osterwald, Karl

Osterwald, C. W., s. Osterwald, Karl Wilhelm

Osterwald, Friedrich

— abrégé, ou géographie élementaire. 8. Berne, Typ. -

Osterwald, Frédéric Hn. Friedrich Osterwalds.. Anfangs-Gründe der Erdbeschreibung, zum Nuzen junger Kinder, vorzüglich eingerichtet. Neue Ausg 8. Frankfurt und Leipzig 1789

— **Anfangsgr. d. Erdbeschr., z. Gebr. f. d. erst. Schulunterricht umgearb. v. Berenger. 8. Basel, Flick. 805.** -

(Osterwald, Frederic) Beschreibung des Fürstenthums Welsch-Neuenburg und Vallengin [Deutsche, mit vielfachen Zusätzen vermehrte Ausg. Mit 1 Karte.] – *A. u. d. T* Johann Bernoulli's Sammlung kurzer Reisebeschreibungen 1 überzähliger Band 8 Berlin, Leipzig und Dessau 1783

Osterwald, **..., cours abrégé d'Arithmétic et de changes. 4. Neufchat. 794. (Tourneysen in Cassel). (Levrault in Strassb.). 4 ℛ**

— **Cours de Géogr. II Vol. 12. Berne, Typ. 800.**

— — **le même. II Vol. 12. Bas. Flick.**

OSTERWALD, Friedrich
Herrn Friedrich Osterwalds Historische Erdbeschreibung zum Nutzen deutscher Jugend eingerichtet. Derselben sind beygefüget Anfangsgründe dieser Wissenschaft für junge Kinder, eine Einleitung in die Sphärenlehre und die Erdbeschreibung der Aeltern Zeiten.
[A. d. Franz.]
Neue verbesserte Ausgabe.
Straßburg Bauer und Treuttel. 1778. 8, 559 S. 8°
Bibliothèque Nationale et Universitaire Strasbourg
3. Aufl.
1. Aufl. 1763. 2. Aufl. 1770 [Frankfurt-Leipziger Meßkatalog, Ostermesse 1770, S. 47] konnte nicht gefunden werden.
4. Aufl. 1785, 5. Aufl. 1791, s. Nr. 385, 547.
Übers. v. Géographie historique avec un cours de géographie élémentaire [1. Aufl. Neuchâtel 1761].
Vgl. die Ausg. v. Osterwalds Anfangs-Gründe der Erdbeschreibung, 1777, s. Nr. 150, 151.
Ausg. Géographie historique, avec un cours de géographie élémentaire, Bern: Haller, 1774 [Frankfurt-Leipziger Meßkatalog, Ostermesse 1774, S. 721] konnte nicht gefunden werden.

OSTERWALD, Friedrich
Herrn Friedrich Osterwalds Historische Erdbeschreibung zum Nutzen deutscher Jugend eingerichtet. Derselben sind beygefüget Anfangsgründe dieser Wissenschaft für junge Kinder, eine Einleitung in die Sphärenlehre und die Erdbeschreibung der ältern Zeiten, nebst einer Vergleichungstafel der vornehmsten Staaten in Europa.
Vierte verbesserte Ausgabe.
Straßburg: Treuttel. 1785. 6, 650 S. 8°.
Universitätsbibliothek Freiburg/Br.
1. Aufl. 1763. 2. Aufl. 1770 [Frankfurt-Leipziger Meßkatalog, Ostermesse 1770, S. 47] konnte nicht gefunden werden. 3. Aufl. 1778, 5. Aufl. 1791, s. Nr. 192, 547
Übers. v Géographie historique.
Separate Ausg. der Anfangsgründe, Straßburg 1785 [Frankfurt-Leipziger Meßkatalog, Ostermesse 1785, S. 73] konnte nicht gefunden werden.
Vgl. Ausg. v. 1777, s. Nr. 150, 151.

OSTERWALD, Friedrich
Herrn Friedrich Osterwalds Historische Erdbeschreibung zum Nutzen deutscher Jugend eingerichtet. Derselben sind beygefüget Anfangsgründe dieser Wissenschaft für junge Kinder, eine Einleitung in die Sphärenlehre und die Erdbeschreibung der ältern Zeiten.
Fünfte verbesserte Ausgabe. worin besonders das Kapitel von Frankreich nach seiner neuen Verfassung abgehandelt worden.
Straßburg: Treuttel. 1791. 2 Tle. 8°
Bayerische Staatsbibliothek München
1. Aufl. 1763. 2. Aufl. 1770 [Frankfurt-Leipziger Meßkatalog, Ostermesse 1770, S. 47] konnte nicht gefunden werden. 3. Aufl. 1778, 4. Aufl. 1785, s. Nr. 192, 385.
Übers. v. Géographie historique.
Separatausg. d. Anfangsgründe, 7. [5. ?] Aufl. 1790 od. 1791 [Frankfurt-Leipziger Meßkatalog, Michaelismesse 1790, S. 247] konnte nicht gefunden werden. Vgl. d. Ausg. d. Anfangsgründe, 1777, Nr. 150, 151.
Bei Kayser, IV, 282 nur diese als einzige Ausg. d. Historischen Erdbeschreibung verzeichnet.

— **Géographie. II Vol. gr. 8. Berne, Haller. 787.**

— **loix, us. et coutumes de Neufchatel. Fol. Bern 785. Typ. 6 ℛ 16 g.**

Osterwald, **..., Voyage pittoresque de Génève à Milan par la route du Simplon. 35 Vues, dessinées p. M. M. Lory, et color. avec texte. in Fol. Zürich, Orell. 90 ℛ**

Osterwald, Geo.. Ansichten von Hannover, s. Gallerie der Ansichten von den Städten 2c.

Osterwald, Geo., Gallerie d. ausgezeichnetsten Ansichten d. Königr. Hannover 2c., **s. Gallerie.**

Osterwald, G., s. Gallerie der ausgezeichn. rc. Ansichten von Städten, Domen, Kirchen rc.

— s. Gallerie von Weseransichten.

—— hannoversche Kunstblätter, s. Kunstblätter.

– s. Original-Ansichten der Städte in Deutschland.

Osterwald, J. S., s. Testament, d. Neue.

Osterwald, Johann Friedrich

Osterwald, J. F., vollständ. Anweis. z. prakt. Geometrie f. Feldmesser, Oekonomen, Maurer, Zimmerleute rc. m. K. 8. Gotha, Steudel. 810.

Osterwald, J. F., argumens et réflexions sur les livres et sur les chapitres de la sainte Bible. 4. Laus. Pott et C. 775.

— Auszug der Lehre v. d. christlichen Religion. 8. Basel, Schweighäuser.

— Begr. d. christl. Katechismuslehre. 8. Bas. Schweighäuser. 740.

— Ethicae christianae compendium. 8. Bresl. G. W. Korn. 759.

— compend. theologiae seu Ethicae christ. 8. Bas. Flick. 754.

— les devoirs des communians. 1 Vol. 8. Basel, Flick. 745.

— summar. Inh. u. Betracht. üb. alle Cap. d. heil. Schrift. 4. Basel, Thurneisen. 723.

— Katechismus, od. Unterr. in d. christl. Lehre. 8. Basel, Thurneisen. 726.

— — derselbe französisch. 8. Bern, Typ. Soc.

— Nourriture de l'ame, ou Recueil de Prières. 8. Basle. 758.

— — la même. 8. Berne, Typ.

— Predigten. 8. Basel, Thurneisen. 722.

Osterwald, J. F. Ursprung der Verderbniß Und alles gottlosen Wesens so heutigen Tages unter den Christen im Schwange gehet .. in Frantzösischer Sprache beschrieben, Anitzo aber zum gemeinen Besten ins Teutsche übersetzet, von M. Adam Bernd. Budißin (= Bautzen), J. G. Hünel, 1713. Kl.8° *Titelkupfer*, 30 Bl. 638 S. 1 Bl. Etwas fleckiger Pgtbd. d. Z.

Fromm 19470. Erste deutsche Ausgabe von Osterwalds „Traité des sources de la corruption qui règne aujord'hui parmi les chrestiens"

OSTERWALD, Joh. Friedr. — * Ursprung Der Verderbniß Und alles gottlosen Wesens So heutiges Tages unter den Christen im Schwange gehet, Vor diesem von *J. F. Osterwald* in Frantzösischer Sprache, beschrieben, Anitzo aber Zum gemeinen Besten ins Teutsche übersetzet, Von M. Adam Bernd, Pred. und Catech. in Leipzig. Mit Titelkpfr. Budissin, Verlegts David Richter, Buchhändler, 1716. 8°. (In Berlin: Db 290, mit 2 Beibdn., auch in Wolfenbüttel.)

32 Bll. Vorst. (incl. roth u. schwarz gedr Titel), S. 1—10 Vorr. d. Autoris, S. 11—639 Text. Zahm.
Frühere Ausgabe. Ebd. 1713. 8°. (In Berlin B. Dz. 8°. 5670.)

— — Dasselbe (andre Uebersetzung), titulo: Untersuchung der Quellen des Klägl. Verderbens, welches heut zu Tage unter den Christen herrschet, a. d. Frantz. übers. u. m. Anmerck. versehen von Telintes. Samt e. Vorr. Joh. Frickens. Straßb., Joh. Reinhard Dulsecker. 8°

Frf. u. Lpz. O. M. V. 1717. D 2a. — Der pseud. Uebersetzer fehlt bei Weller

* — — *J. F. Osterwalds*, Predigers zu Neufchatel Treugemeynte Warnung Vor der Unreinigkeit, Darinne nicht nur aller dahin gehörigen Laster mit sich führende Schande, und daraus entstehender Schade, aus der Natur so wohl als aus der Heil. Schrifft vorgestellet, sondern auch, wie solche zu vermeiden, und die edle Tugend der Keuschheit zu erlangen, kräfftige Mittel angewiesen werden. Aus dem Frantzösischen mit grossem Fleiss übersetzet. HAMBURG, Verlegts Johann Christoph Kißner im Thum. Anno 1723. 8°. (In Berlin 2 Expll.: an Cs 14, 612, an Db 290; auch in Wolfenbüttel.)

8 Bll. Vorst. (incl. roth u. schwarz gedr. Titel) u. 344 S. Stellenweise derb.

Osterwald, Johann Rudolf

Osterwald, J. Rud., Gebetbuch rc. v. S. Grynäus. 8. Basel, Imhof. 785.

— d. Pflichten d. Communicanten, a. d. Franz. 8. Bremen, Förster. (Müller.) 791.

— von d. Pflichten d. Communicanten; aus d. Französ. v. T. H. Tiling. 8. Bremen ... 4c N. 791. (Heyse). 3 gr

Osterwald, Karl

Osterwald, C., das Röm. Denkmal in Igel u. seine Bildwerke, mit Rücksicht auf das v. H. Zumpft nach d. Originale ausgeführte 19" hohe Modell beschrieben u. durch Zeichnungen erläut. Mit e. Vorw. v. Goethe. gr. 4. (7½ B. u. 4 Stnt.) Coblenz 829, (Baedeker.)

Osterwald, Karl, aus Lingen Über Diabetes mellitus bei Morbus Basedowii. *Göttingen 1898: E. Hofer.* (32 S.) 8°
Göttingen, Med. Diss. v. [26. Sept.] 1898

Osterwald, Karl Die Wasseraufnahme durch die Oberfläche oberirdischer Pflanzenteile. 4 (29 S.). Prg. (Lessing-G.) *Berlin* 1886 (65).
Progr.

Osterwald, Karl, die Wasseraufnahme durch die Oberfläche oberirdischer Pflanzenteile. gr. 4. (29 S.) Berlin 886. Gaertner. n. 1. —

Osterwald, Karl Wilhelm

—— Deutschland's Auferstehung! Vaterländische Dichtungen aus dem J. 1870. 8. (XIII, 186 S.) Halle 871, Buchh. des Waisenhauses. * M. 2.; geb. *

— Rüdiger v. Bechlaren. Ein Trauerspiel. [Bühnen gegenüber Manuscript.] 8. (116 S.) Halle 849, Heynemann. 21 ngr

—— Rüdiger von Bechlaren. Ein Trauerspiel. Bühnen gegenüber Mscr. 8. (116 S.) Leipzig 873, Leuckart. *
geb. *

Osterwald, Karl Wilh., der deutsche Beruf des preußischen Volkes. Festrede zur Feier des Geburtstages Sr. Majestät des Königs Wilhelm in der Aula des Gymnasiums zu Mühlhausen in Thüringen am 22. März 1867 gehalten. Mühlhausen 867. Heinrichshofen'sche Buchh. 8. (22 S.)
3 ngr

Osterwald, Karl Wilh., Bleibt einig! Zeitgedichte ausgewählt aus: Deutschlands Auferstehung, vaterländ Dichtungen aus dem J. 1870. 16. (33 S.) Berlin 870, Lipperheide.

Osterwald, Karl Wilh., Erzählungen aus der alten deutschen Welt, s. Jugendbibliothek des griech. u. deutschen Alterthums.

— Erzählungen aus der alten deutschen Welt für die Jugend. 1. Thl.: Gudrun. 8. (VIII u. 192 S.) Halle 848, Buchhandlung des Waisenhauses. ²/₃ ℛ

— dies. 2. Thl.: Siegfried u. Kriemhilde. 8. (244 S.) Ebd. 848. 24 ngr

— dies. 3. Thl.: Walther v. Aquitanien. Dietrich u. Ecke. 8. (186 S.) Ebd. 849. ²/₃ ℛ

— dies. 4. Thl.: König Rother. Engelhard. 8. (IV u. 248 S.) Ebd. 851. ⁵/₆ ℛ (1—4: 2 ℛ 29 ngr)

Osterwald, Karl Wilh., Erzählungen aus der alten deutschen Welt für Jung und Alt. 5. Thl. A. u. d. T.: Parzival. Eine Rittergeschichte nach Wolfram von Eschenbach für Jung und Alt erzählt. 1. Bdchn. Halle 858. Buchhdlg. des Waisenhauses. 8. (XI, 292 S.) 1 ℛ.

Osterwald, K. W., Erzählungen aus der alten deutschen Welt für Jung und Alt. 6. Thl. A. u. d. T.: Parzival. Eine Rittergeschichte nach Wolfram v. Eschenbach für Jung und Alt erzählt. Halle 858. Buchhdlg. d. Waisenhauses. 8. (VI, 303 S.) 1 ℛ

Osterwald, K. W., Erzählungen aus der alten deutschen Welt f. Jung u. Alt. 4—6. u. 9—11. Thl. 8. Halle 874—76. Buchh. d. Waisenh. n. 10. 50
4. König Rother. Engelhart. 3. Aufl. (VIII, 192 S.) n. 2. —
5. u. 6. Parcival. 2 Bdchn. 4., durchgeseh. Aufl. (VI, 224 u. VI, 244 S.) n. 4. —
9. Reineke Fuchs. (157 S.) n. 1. 50
10. Alte deutsche Volksbücher in neuer Bearbeitung. 2. Bd. Herzog Ernst. Heinrich v Kempten. Heinrich der Löwe (111 S.) n. 1 50
11. dasselbe. 3. Bd. Die Heimonskinder. (196 S.) n. 1. 50

Osterwald, K. W., Erzählungen aus der alten deutschen Welt für Jung und Alt. 8. Thl.: Beowulf. Jwein. Wieland der Schmied. 2. Aufl. 8. (VIII, 200 S.) Halle 877, Buchh. des Waisenhauses. cart. *
Vgl.: Jugend-Bibliothek des griechischen und deutschen Alterthums. — XV. Bd. 1. Abthl. S. 857. 2. Abthl. S. 263.

Osterwald, K. W., Erzählungen aus der alten deutschen Welt f. Jung u. Alt. Gesammtausg. in 3 Bdn. Mit Holzschntaf. nach Zeichnungen von Jul. Immig u. H. Knackfuß. 8. (VI, 454; 559 u. 590 S.) Halle 879. Buchh. des Waisenhauses. 10. —

Osterwald, K. W., Erzählungen aus der alten deutschen Welt f. Jung u. Alt. 1—3. Tl. 8. Halle, Buchh. d. Waisenhauses. cart. 6. 50
1. Gudrun. 6. Aufl. Mit 2 Vollbildern v. Jul. Immig. (XVI, 160 S.) 886. 2 —
2. Siegfried u. Kriemhilde. 6. Aufl. Mit 2 Vollbildern v. Jul. Immig (V, 198 S.) 884. 2. 50
3. Walther v. Aquitanien. Dietrich u. Ecke. 4. Aufl. (VIII, 159 S.) 886. 2. —

Osterwald, K. W., Erzählungen aus der alten deutschen Welt f. Jung u. Alt. 5. u. 6. Tl. Parzival 5. Aufl. 8. (VI, 228 u. 244 S.) Halle a/S. 893. Buchh. d. Waisenhauses. Geh. od. kart. 4. —

Osterwald: Ueber die Erziehung der Jugend zum Patriotismus. Rede. 13 S. – Merseburg, Progr 1855

— homerische Forschungen. 1. Thl. A. u. d. T.: Hermes-Odyseus. Mythologische Erklärung der Odyseussage. Halle 853. Pfeffer. gr. 8. (XVI, 166 S.) n. 1 ℛ.

—— Gedichte. 8. (222 S.) Halle 848, Heynemann.

—— Gedichte. 2. (Titel-)Aufl. (222 S.) 1871. ℳ 2,25., und 3. umgearb. und verm. Aufl. Mit dem Portr. des Dichters (in Stahlst.), gest. von Adf. Neumann. 8. (XVI, 286 S.) * Leipzig 873, Leuckart. *
geb. mit Goldschn. *

— Im Grünen. Naturbilder, Märchen u. Arabesken. Berlin 853. Besser's Verlhdlg. 16. (4 Bl., 163 S.) 27 ngr

— Helden der Sage u. der Geschichte, nach ihren Dichtern f. die deutsche Jugend geschildert. 2 Bde. Mit 11 Bildern. 8 (VII, 383 u. V, 345 S.) Glogau 886. Flemming. geb. à 4. —

Osterwald, Karl Wilh. Jwein ein Keltischer Frühlingsgott. Ein Beitrag zur comparativen Mythologie. 66 S. 8°. – Merseburg, Progr. 1853.

— Iwein ein keltischer Frühlingsgott. Ein Beitrag zur comparativen Mythologie. Abdr. aus d. Programm des Gymn. zu Merseburg. Halle 853. Pfeffer. gr. 8. (66 S.) n. 10 ngr

Osterwald: Ueber die K u n s t der Charakteristik in der deutschen Poesie des Mittelalters mit besonderer Rücksicht auf die weiblichen Charaktere im Parzival Wolframs von Eschenbach. 24 S. – Merseburg, Progr. 1863

Osterwald, K. W De notione fati in tragoediis graecis expressa In usum discipulorum suorum scripsit. 16 S. G. *Mühlhausen i. Th.* 1878.
Progr

Osterwald: Sophokles Philoktetes, metrisch übersetzt I 27 S –Mühlhausen, Progr. 1866

Osterwald, Carl Wilh. Eine Rede über die Erziehung der Jugend zum Patriotismus, zur Vorfeier des Geburtstages Sr. Majestät des Königs gehalten am 14 October 1854. 13 S.
Merseburg, Progr. 1855

— zwei Reden zur Erinnerung an die Juni- u. Julitage 1866, gehalten beim Schillerbrunnenfest am 28. Juni 1869 u. beim Erinnerungsfest am 4. Juli 1869. Mühlhausen 869. Heinrichshofen'sche Buchh. 16. (23 S.) 5 ngr

—— griechische Sagen den griech. Tragikern für die Jugend nacherzählt. 3 Bde. 2. Aufl. Mit Vollbildern von Fel. A. Joerdens. 8. Ebendas. 882. ℳ 10,95.; geb.
Inhalt:
Bd. 1. Aischyloserzählungen. (XIV, 216 S. mit 6 Holzschn.) ℳ 2,10.; geb. ℳ 2,70.
" 2. Sophokleserzählungen. (305 S. mit 7 Holzschn.) ℳ 3,45.; geb. ℳ 4,20.
" 3. Euripideserzählungen. (589 S. mit 12 Holzschn.) ℳ 5,40.; geb. ℳ 6.

— griechische Sagen als Vorschule zum Studium der Tragiker für die Jugend bearb. 1. Abthl.: Sophokleserzählungen. 3 Bdchn. Ebend. 867. gr. 8. n. 1 ℛ 15 ngr geb. n. 1 ℛ 28 ngr
1. Bdchn. Philoktetes auf Lemnos. Der rasende Ajas. (113 S.) n. 12 ngr; geb. n. 18 ngr
2. Bdchn. Elektra, die Tochter Agamemnons. Deianeira u. Herakles oder die Trachinierinnen. (107 S.) n. 12 ngr; geb. n. 18 ngr
3. Bdchn. König Oidipus. Oidipus in Kolonos. Antigone. (158 S.) n. 16 ngr; geb. n. 22 ngr.

— griechische Sagen als Vorschule zum Studium der Tragiker für die Jugend bearb. 2. Abthl.: Euripideserzählungen. 4 Bdchn. 8. (111 S.) Mühlhausen 868, Heinrichshofen. [Halle, Buchh. des Waisenhauses.] *M 6,20.; geb. *

Inhalt:
Bdchn. 1. Der Krieg von Theben. Die schutzflehenden Frauen von Argos. Hekabe. (111 S.) 869. *M 1,20.
" 2. Medeia. Alkestis. Helena. Andromache. (160 S.) 869. *M 1,60.
" 3. Iphigeneia in Aulis. Troerinnen. Elektra. Orestes. Iphigeneia auf Tauris. (166 S.) 870. *M 1,80.
" 4. Pentheus oder die Bakchen. Ion. Der rasende Herakles. Die Herakleiden. Rhesos. Der Kyklop. (158 S.) 871. *M 1,60.

— dass. — 3. Abthl.: Aischyloserzählungen. 1. und 2. Bdchn. 8. Ebendas. à Bdchn. *M 1,20. *

Inhalt:
Bdchn. 1. Die Orestela. [Agamemnon. Das Todtenopfer. Die Eumeniden.] (103 S.) 872.
" 2. Die Perser. Die Schutzflehenden. Die Sieben gegen Theben. Der gefesselte Prometheus. (107 S.) 873.
1. Abthl. [Ebendas.] 1867—69. *M 4.; geb. *M 5.

Osterwald, Karl Wilhelm 2 Schulreden Mühlhausen. 22 S. 1867
Schul-/Univ.-Schrift

— die deutsche Treue. Festrede zur Feier des Geburtstags Sr. Maj. des Königs Wilhelm von Preußen in der Aula des Gymnasiums zu Mühlhausen in Thüringen am 22. März 1866 gehalten. 8. (32 S.) Mühlhausen 866, Heinrichshofen'sche Buchh. *

Osterwald Lateinische Übersetzungsproben 48 S. (Deutscher Gedichte. Aus Bernhardy's Ltg. Aus Mommsen's r.G.) – Merseburg, Progr. 1858.

— alte deutsche Volksbücher. 1. Bd.: Reineke Fuchs. 8. (157 S.) Ebendas. 874. *

— alte deutsche Volksbücher in neuer Bearbeitung. 2.—5. Bd. 8. Ebendas. à Bd. *M 1,50. *

Inhalt
Bd. 2. Herzog Ernst. Heinrich von Kempten. Heinrich der Löwe. (111 S.) 875.
" 3. Die Heimonskinder. (196 S.) 876.
" 4. Fortunat und seine Söhne. (140 S.) 877.
" 5. Der arme Heinrich. Grisieldis. Genovefa. (103 S.) 877.
1. Bd. Ebendas. 1874. *M 1,50.

— alte deutsche Volksbücher in neuer Bearbeitung. 6. Bd.: Oberon. Die geduldige Helena. Kaiser Octavianus. Für Jung und Alt bearb. Mit 4 Vollbildern von H. Schenck (in Holzschn.). 8. (295 S.) Halle 882, Buchh. des Waisenhauses. M 2,70.; cart.
1.—5. Bd. Ebendas. 1874—77. à *M 1,50.

— Walther u. Hildegunde. Ein dramat. Spiel in 3 Aufzügen. Ebend. 867. 8. (VI, 120 S.) n. 12½ ngr.; geb. n. 20 ngr.

Osterwald, C.W.: Welchen sittlichen Segen und Gewinn hat uns der letzte Krieg gebracht? Rede 8 S.– Mühlhausen, Progr. 1872.

Osterwald: Wie sind die Deutschen eine politische Nation geworden? Rede. 8 S.– Mühlhausen, Progr. 1870.

— Deutschlands Wiedergeburt. Frühlingscanzone zur Feier des 22. März 1870. Ebend. 870. gr. 8. (32 S.) 7½ ngr.

Osterwald, Pet. von

— s. 1) Einleitung in d. Kirchengeschichte. 2) B. v. Lochstein. 3) J. G. Neuberger.

Osterwald, Pet. ab, de religios. ordinibus, et eorum reformatione. 8. maj. Vien. (Doll, Augsb.) 781.

— akadem. Rede v. dem Zusammenhange u. der Ordnung aller Wissenschaften rc. 4. Münch. 762.

v. Osterwald, Pet., († d. 19. Jan. 1778.) Rede v. d. Nutzen der Logikal-Regeln, besonders wider die Freigeisterei u. den Aberglauben. 4. Münch. 767.

— Rede v. d. latein. Sprachlehre. 4. Münch. 765.

— Rede, worin derselbe v. d. Hrn. v. Limbrunn neuen Entdeckung des wahren Sterbejahrs Jesu Christi Nachricht ertheilt. 8. Münch. 768.

Osterwald, Rosa, s.: Frauen-Almanach, deutscher.

Osterwald, Samuel: De judicibus et eorum inprimis officio. 33 S. – Basel, Jur.Diss.v. 11 Mai 1714

Osterwald, Wilhelm, s.a. Osterwald, Karl Wilhelm

Osterwald, Wilhelm

— Aelfred d. Große, s. Weltspiegel rc.

Osterwald, Wilh., König Alfred. Epische Dichtung. Berlin 855. Besser's Verlhdlg. 16. (VI, 488 S.) 2 ₰

Osterwald, Wilh., Robert Franz. Ein Lebensbild. 12. (15 S.) Leipzig 886. Gebr. Hug. n. — 50

Johanniskränze. Maurerische Reden, Sprüche und Gedichte in der L. zum goldenen Kreuz zu Merseburg und in benachbarten Schwesterlogen gesprochen und gesungen. Von Wilh. Osterwald. (Ms f. Frmr.) Leipzig: Fries in Comm. [1860]. VIII, 266 S. 8°
Recens: FZ. 15 (1861) S. 8.
cf. L. 21 (1862) S. 155—157.
Tt. 1898a. 26 Reden u. Ansprachen, 35 Gedichte.

Osterwald, Wilh., Johanniskränze. Maurerische Reden, Sprüche und Gedichte in der Loge zum goldnen Kreuz zu Merseburg und in benachbarten Schwesterlogen gesprochen und gesungen. (Mscr für Freimaurer.) Leipzig 861. Fries in Comm. 8. (IX, 266 S.) 22½ ngr.

Osterwald, Wilh Die Macht und Bedeutung der Persönlichkeit im Leben der Völker Rede zur Feier des Geburtstages Sr Majestät des Kaisers und Königs Wilhelm am 22 März 1874 gehalten. S. 11—18 Progr. G. *Mühlhausen i.Th.* 1877

— Sang u. Sage, s.a. Schmidt's, F., deutsche Jugendbibliothek.

Sang und Sage. Erzählungen aus Deutschlands Vorzeit von Wilhelm **Osterwald**. Mit 7 Abb. 4. Aufl. *Berlin: Neufeld & Henius [1902]* (354 S.) 8° [F.]
— [Jugendbibliothek, Deutsche. Bd 70. 71] C4. 6331

Osterwald, Wilh., Sang u. Sage. Erzählungen aus Deutschlands Vorzeit. Neue Rechtschreibg. 5. Aufl (355 S. kl. 8. Berlin (904). Neufeld & Henius. Geb. in Leinw. 2. 8(

Osterwald, Wilh., Sang u. Sage. Erzählgn. aus Deutschlands Vorzeit. Neue Rechtschreibg. 6. Aufl. (355 S.) kl. 8. Berlin (910). Neufeld & Henius. 1.50; geb. in Leinw. 2. —

Osterwald, W Lateinische, griechische und deutsche Schulexercitien des Adepten von Helmstedt (Gottfried Christoph Beireis) aus den Jahren 1746 1749 herausgegeben. S. 37 40. G *Mühlhausen i Th* 1881

Progr.

OSTERWALD, Wilh. — 30 altdeutsche Volksmelodien mit grösstentheils neuen Texten von —, bearbeitet von Aug. Saran. Leipzig, Breitkopf & Härtel (190*). Kl. 4° (Mk. 4—.)

Osterwalder, Adolf: Beiträge zur Embryologie von Aconitum Napellus L. München 1898. 45 S. und 5 Taf. XI—XV. 8° (Sep.-Abdr. aus „Flora od. Allg. Bot. Zeitung" 1898, 3.)
Zürich. Phil. Diss. II. S. 1898/99.

Osterwalder, Adolf. Nematoden als Feinde des Gartenbaues. Von Dr. Adolf Osterwalder, Assistent an der Versuchsstation Wädenswil (Schweiz). (Hierzu Tafel 1488 (nach der Natur gemalt von L[udwig] Schröter, Zürich) und 1 Abb.) Sonderabdruck [*d. i.* Ausschnitt] aus « Gartenflora ». [Zeitschrift für Garten- und Blumenkunde.] Jahrg. 50. S. 337—346. 8. ([Berlin, P. Parey,] 1901.)

Osterwaldt, C. Abbildungen des Königl Hannoverschen Militärs, in charakteristischen Gruppen dargestellt. fol Heft 1 u. 2. (12 Bl) Hannover 1841 42
vgl Osterwald

Osterwieck [Schlagwort]

Osterwieck, s.: Preussen. Messtischblätter.

Oesterwitz, Herm., Bericht üb. das 50jähr. Jubelfest d. Buchhandlungs-Gehilfen-Vereins zu Leipzig am 6., 7. u. 8. Oktbr. 1883. Als Suppl. zur Festschrift. gr. 8. (64 S.) Leipzig 884. (Rühle.) — 75
Die Festschrift s.: Ackermann, P., Geschichte d. Buchhandlungs-Gehilfen-Vereins zu Leipzig.

Oesterwitz, Herm., s.: Enzian.

Oesterwitz, H., Führer durch Berlin m. illustr. Stadtplan 4., verb. Aufl. 32. (71 S.) Spandau 887. [Oesterwitz. Neugebauer'sche Buchh. — 40

Oesterwitz, Herm., illustrierter Führer durch Dessau u. Umgegend. Mit Plan der Stadt, Plan v. Wörlitz, Plan v. Oranienbaum, Karte der Umgebg., Theaterplan u. 26 Abbildgn. 2. (Umschlag 3.) verb. u. verm. Aufl. (III, 109 S.) 12. Dessau (901). Anhalt. Verlagsanstalt. — 60
Toaste u. Tischreden. 4., 5., 8. u. 9. Heft. gr. 8. Dessau [Anhalt. Verlagsanstalt]. Lissa, F. Ebbecke. n. 2.30
4. Für Gesangvereine. (32 S.) (903.) n. — 50
5. Für Turnvereine. (88 S.) (903.) n. — 80
8. Für Marine- u. Flottenvereine. (44 S.) (903.) n. — 50
9. Für Sanitätskolonnen u. alle unter dem Zeichen des Roten Kreuzes stehenden Vereine. [Aus: Oesterwitz u. Stork, unter dem Roten Kreuz".] (52 S.) (903.) n. — 50

Oesterwitz, Herm., Führer durch Spandau u. Umgebung. Als Beigabe: e. genauer Plan der Stadt, e. Karte vom Grunewald, Fahrplan Spandau-Berlin, Dampfschiffahrtspläne u. Droschken-Tarif. 8. (32 S.) Spandau 886. Neugebauer's Sort. In Ledertuch geb. n. — 60

— Führer durch Spandau u. Umgebung. Als Beigabe: e. genauer Plan der Stadt, e. Karte vom Grunewald, e. illustr. Karte der Umgegend [20 Meilen im Umkreise], Fahrplan Spandau-Berlin, Dampfschifffahrtspläne, Droschkentarif rc. 2., verb. Aufl. 8. (32 S.) Ebd. 887. cart. n.n. — 75

Oesterwitz, Herm., u. Willy Stork, Gott schütze die Marine. Material f. die Feste u. Versammlgn. der deutschen Marine- u. Flottenvereine. (VIII, 204 S.) gr. 8. Dessau (903). Anhalt. Verlagsanstalt. n. 2.80

— — **Hoch Kaiser u. Reich!** Material f. die Versammlgn. u. Feste der deutschen Kriegervereine. (184 S.) gr. 8. Ebd. (903). n. 2.—

— — **unter dem Roten Kreuz.** Material f. die Feste u. Versammlgn. der Sanitäts-Kolonnen, der Samaritervereine, der deutschen Frauen-Vereine u. aller anderen Vereine unter dem Zeichen des Roten Kreuzes. (VIII, 294 S.) gr. 8. Ebd. (903). n. 3.50

— **Lotterie-Poesien.** Gereimtes u. Ungereimtes. Ein laun. Liederbuch für glückl. u. unglückl. Lotteriespieler. Anthologie deutscher Dichterstimmen üb. das Lotteriespiel. 12.—18. Tausd. gr. 8. (21 S.) Ebd. (902). — 30

— **Die Familien Oesterwitz.** Aufzeichngn. nach Akten u. Mitteilgn. (VII, 31 S.) 8. Gießen 909. H. Oesterwitz. Geb. in Leinw. 1.50

Oesterwitz, Herm., d. Reform d. Buchhandels trotz Herrn Streller. gr. 8. (10 S.) Dessau 897. Anhalt. Verlagsanstalt. — 15

—— neuestes Taschen-Liederbuch, enthaltend 255 der besten und beliebtesten Vaterlands-, Volks-, Studenten-, Jäger-, Liebes-, Turner-, Schützen-, Soldaten-, Trink- und Gesellschafts-Lieder. Nebst Angabe der Dichter und Komponisten. 3. verb. und verm. Aufl. 16. (VIII, 268 S.) [Spandau 888.] Leipzig, Oesterwitz' Verlag.

— **Toaste u. Tischreden.** 1.—3. Hft. gr. 8. Ebd. 1.90
1. Für patriotische u. Kriegerfeste. (32 S.) 901. n. — 60
2. Für Wasser-, Ruder-, Schwimm-, Eis- u. Schneesportfeste. (IV, 40 S.) (902.) — 60
3. Für Feuerwehrvereine. (72 S.) (902.) — 80

— **warum darf u. soll man in der Lotterie spielen?** Eine Antwort auf die Broschüre: „Das Glück in der Lotterie". 3. Tausd. gr. 8. (24 S.) Dessau (901). Anhalt. Verlagsanstalt. — 25

Was sind die Freimaurer und was wollen sie? Ein Wort z. Wehr u. Lehr über Ursprung, Wesen, Bedeutung u. Ziele d. Freimaurerei. Von e. Br. Freimaurer. 4. Neubearb. 10. Aufl. Verm. durch e. Anh.: Was sind Odd-Fellow-Brüder, u. was wollen sie? Von Herm. Oesterwitz. Lissa i. P. F. Ebbecke 1906. (128 S.) 8° [F.] [illegible]

— **was sind Odd-Fellow-Brüder u. was wollen sie?** Wesen, Bedeutg. u. Ziele der Odd-Fellow-Logen. Zugl. e. Wegweiser f. alle diejenigen, welche Aufnahme in diesen Orden suchen. 2. Tausd. gr. 8. (22 S.) Ebd. 901. n. — 50

— Illustrierter Wegweiser durch den Vogelsberg m. Wetterau u. die sich daran anschliessenden Teile der Rhön, s.a. Roth's illustr. Führer. Nr. 3.

Illustrierter Wegweiser durch den Vogelsberg mit Wetterau und die sich daran anschließenden Teile der Rhön. Unter Mitw von Mitgliedern d. Vogelsb. Höhen-Klubs bearb. von Hermann **Oesterwitz**. Mit über 100 Abb., 3 Kt., 5 Übersichtskärtchen u. 4 Plänen. Giessen: Roth [1909]. Getr Pag 8°
(Roth's illustrierte Führer Nr 3.) [illegible]

Oesterwitz, Herm., Wesen, Bedeutung u. Ziele der Freimaurerei, s. a. Was sind die Freimaurer u. was wollen sie?

— **Wesen, Bedeutung u. Ziele der Freimaurerei.** Zugleich e. bescheidene Antwort auf die jüngste Zeitungs-Polemik gegen diesen Orden. gr. 8. (37 S.) Frankfurt a/O. 888. [Oesterwitz.] Waldow'sche Buchh. n. 1.—

Oesterwitz, Herm., wie ich den Buchhandel erlernte, s.: Starke, H

— wie lernt man sparen? u. die Spargelder zu 10—50 Prozent gut u. sicher anlegen? Ein prakt. Ratgeber f. jeden, der Sparsinn bethätigen u. seine wenigen Spargroschen gut verzinst sehen möchte. gr. 16. (15 S.) Ebd. (901). —15

Osterwyck, F. van, vom Kätzchen, s.: Adam, Jul.

Osterzee, J. J. van, drei Predigten, s. Zeugnisse des Evangeliums aus der holländ. Kirche.

Ost-Europa [Schlagwort]

Ost-Europa, s.: Eisenbahnkarten.

Ost-Europa, s.: Europa. Petermann, A.

Ostfeldt, Wilhelm, s. Monisten - Kongress – Der erste internationale Monisten-Kongress.

Ostfeller, Frz., Anleitung zur Abfassung von Geschäftsaufsätzen und Privaturkunden, mit Benützung von A. Haidinger's Selbstadvokat zunächst für Mittelschulen bearbeitet. Wien 854. Manz. gr. 8. (VIII, 154 S.) 18 ngr.

Ostfeller, Franz, *Dr.* Grundsätze aus der deutschen Sprache für Prosa und Poesie. Zum Gebrauche an Mittelschulen und zum Selbstunterrichte. *Graz* 1858. Druck und Verlag von *A. Leykams* Erben. 152 S. 8°. 84 Nkr.

— Grundsätze aus der deutschen Sprache für Prosa u. Poesie. Zum Gebrauche an Mittelschulen und zum Selbstunterrichte. Graz 858. (Wiesner.) gr. 8. (XI, 152 S.) n. 16 ngr.

Jahres-Bericht über die steiermärkisch-ständische Oberrealschule und über den Vorbereitungsjahrgang zu den höheren technischen Studien in Gratz für das Studienjahr 1854. 4. (62 S.) Gratz. Druck von Jos. A. Kienreich.
Inhalt: Der Nibelungen Klage zum Gebrauche in der Schule, übertragen von Franz Ostfeller. — Uebungsaufgaben über die Anwendung der Lehre vom Maximum und Minimum auf die Kegelschnittslinien und die Theorie der ebenen Curven überhaupt, von Johann Rogner. — Schulnachrichten.

Ostfeller, Franz —. Der Nibelungen Klage zum Gebrauche in der Schule übertragen von — —. 12. (108 S.) Gratz. Druck und Verlag von Jos. A. Kienreich. 1854.

Ostfeller, Franz —. Prosaische Lesestücke nebst einer kurzen Anleitung zu prosaischen Aufsätzen für Ober-Realschulen von — —. 8. (XI, 352 S.) Gratz. Druck von A. Leykam's Erben. Verlag von August Hesse. 1854.

Ostfeller, Franz —. Kurze Theorie des Sty's von — —. 8 (XVI, 112 S) Gratz. Druck und Verlag von Andreas Leykam's Erben. 1854.

Ostfrankreich und Belgien. 1848—63. 200,000. In Reymann's Specialkarte von Central-Europa. S. Deutschland. 53 Bl.

Ostfriesische Inseln [Schlagwort]

Ostfriesische Inseln, s.: Seekarten.

Ostfriesland [Sachliches OW]

Ostfriesland, Das gelehrte.
Aurich 1785—90. V: *Tiaden*, *Ernst Joh. Heinrich.* (Ky) (ML) (Cat. d. Stadtbibl. Zürich. Zürich 1864—97.) & *Andere.* (Petz)

Ostfriesland, d. gelehrte. 3 Bde. gr. 8. Aurich. (F. C. W. Vogel in Leipzig.) 785—88. (à 1 Rthlr. 4 gr.)

Ostfriesland [Schlagwort]

Ostfriesland. Bakker's Schul-Wandkarte v. Ostfriesland. 5., verb. Aufl., bearb. v. C. F. Scherz. 1 : 80,000. 6 Blatt à 52×46 cm. Farbendr. Emden 894. W. Haynel. n. 9. —; auf Leinw. m. Stäben n.n. 16. 50

Ostfriesland's politischer Charakter historisch beleuchtet. gr. 8. (55 S.) Berlin 867, Springer's Verlag.

Ostfriesland — Charte vom Departement — nach Le Coq, W. Camp, H. Bunnik und W. van der Linden, entworfen und gezeichnet von G. E. F. Seidel, Diacon an der Egydienkirche zu Nürnberg. Nurnberg bey Homanns Erben 1808. 1 : 180.000. 1 Bl.

Ostfriesland's Dorfpropheten, oder Prophezeiungen von Jarkke, Büksenspanner, Büksenmaker u. a. Hollandisch-deutsche Ausg. 8. (50 S.) Emden 878, Haynel. *

Ostfriesland. Karte v. Ostfriesland (Reg.-Bez. Aurich) u Umgebung. Zusammengestellt nach den Karten der königl. preuss. Landesaufnahme. Gezeichnet v. Rich. Götz. 1 : 100,000. 96×101 cm. Farbdr. Aurich 903. D. Friemann. n. 2. 50

Ostfries. und dem Harrlinger Lande — Neue geographische Special Karte von dem Fürstenthum — nach geometrischen und trigonometrischen Vermessungen, welche auf die astronomischen Observationen der Herren Schrötter und Olbers im Herzogthum Bremen gegründet und unter landesherrlicher Approbation, von den Ostfriesischen Landes Ständen bewerkstelliget worden. Aufgenommen und bearbeitet in den Jahren 179 1799, 1800. 1801 u. 1802 durch den vormaligen Holländischen Artillerie-Capitain W. Camp; und dessen Gehulfen, die vormal. Holland. Artill. Lieutenants H. Bunnik und W. van der Linden. Gestochen von Carl Jaettnig in Berlin 1804. 1 : 125,000. 2 Bl.

— Vries, E. Fr. de, Handkarte v. Ostfriesland (Reg.-Bez. Aurich). 1 : 25,000. 3., verb. Aufl. 35,5×45,5 cm. Farbendr. Emden 894. W. Haynel. n. —50

Ostfriesland. Vries, J. Fr. de, Handkarte v. Ostfriesland (Reg.-Bez. Aurich). 5. Taus. (4 verb. Aufl.) 1:250,000. 36×46 cm. Farbdr. Emden 899. W. Haynel. n. —50

Ostfriesland's Zukunft u. Glück! Beweis, daß Deutschland nur durch Ostfriesland zu Macht u. Stärke gelangen kann. Auszug aus den „Ideen über Ostfrieslands Handel und Schifffahrt." (Bran Minerva.) gr. 8. Bremen 844, Kaiser. n. 1/6 Rthlr.

Ost-Galizien [Sachliches OW]

Ost-Galizien. Nach Liesganig's Charte. 4 Bl. (1:537.000.) Wien: Kunst- und Industrie-Comptoir 1803.

Ost-Galizien [Schlagwort]

Ostgalizien und Lodomerien — Grosse topographische Karte von — in 14 Sectionen nach den neuesten Aufnahmen herausgegeben von dem Galizischen Strassenbau Director Gross. Wien bey Geistinger. Die Uebersichtskarte 1: 940,000. Die Karte 1: 140,000. 14 Bl. 1 Uebersichtskarte.

Ost und West Galizien — Charte von — nach etc. entworfen, und revidirt auf der Sternwarte Seeberg bey Gotha. Gezeichnet von G. R. v. Schmidburg. Weimar im Verlage des Geograph. Instituts. Berichtigt nach dem Wiener Frieden vom 14. Oct. 1809. 1: 1,225,000. 1 Bl.

Ost und West- oder Alt- und Neu Galizien — Charte von — Entworfen von F. L. Güssefeld. Nurnberg bey den Homann. Erben 1800. — Verbessert 1807. 1: 1,300,000. 1 Bl.

Ost-Grönland [Schlagwort]

Ost-Grönland — Nördlicher Theil von — 1,700,000. G. M. 1868.

Osthaus, Karl Ernst, König Saul. Ein Trauersp. in 5 Aufzgn. 12. (168 S.) Hagen 896. C. Stracke. n. 2. —; geb. n. 3. —

— **Tagebuch meiner in Gesellschaft v. J. H. H. Schmidt unternomm. Reise durch Algerien u. Tunis.** Als Beitrag zur Kenntnis Nord-Afrikas veröffentl. Lex.-8. (43 S.) Hagen 898. C. Stracke. n. 1. —

Osthaus, W Das Recht der Bergstädte des Oberharzes auf Freikuxe. Abdruck Bonn, 1880.

Osthavelland [Schlagwort]

Osthavelland, Kreis, s. a. Potsdam, Reg.-Bez.

Osthavelland. Karte des Kreises Osthavelland. Reg.-Bez. Potsdam. Hrsg. v. der kartogr. Abtheilg. der königl. preuss. Landesaufnahme 1891. 1 : 100,000. Lith. u. kolor. 73×67 cm. Berlin 891. (R. Eisenschmidt.) u.n. 2 —

Kreis Osthavelland. Hrsg. von der Kartogr. Abtheilung der Kgl. Preuss. Landesaufnahme 1 : 100,000. Berlin 1891. 1 Bl. c. I. Ff.

Ostheeren, Herm., der Obstbau. Enth.: das Wichtigste üb. Pflanzg., Pflege u. Veredelg. der Obstbäume, sowie üb. Beeren- u. Apfelwein-Bereitg., Ernte u. Aufbewahrg. d. Obstes u. s. w. gr. 8. (47 S. m. 26 Abbildgn.) Osterwieck 891. A. W. Zickfeldt. Kart. n. — 75

Ostheim, Ernst, Brüder, habt Acht! Ein fliegend Blatt den Winden, an alle Freunde deutschen Volksthums. Scherflein der Liebe, auf des Vaterlandes Altar niedergelegt. Schönau, [1]) F. Felscher, 1848. 11 S. 8°.

Ostheimer, Lukas

Ostheimer, L., der Rechtschreibunterricht in der Allgemeinen Volks- u. Bürgerschule. Vortrag. 8. (44 S.) Innsbruck 889. Wagner. n. — 40

Ostheimer, Lucas, Schematismus der Volks- und Bürgerschulen in Deutsch-Tirol und Vorarlberg. I. Thl. Nach amtlichen Quellen zusammengestellt kl. 8. (156 S.) geh. 70 kr. Nur baar.
Innsbruck. Wagner 1882.

Ostheimer, Lucas, Schomatismus der Volks- u. Bürgerschule in Deutsch-Tirol u. Vorarlberg. Nebst Status d. k. k. Unterrichtsministeriums, der k. k. Landesschulräthe f. Tirol u. f. Vorarlberg, d. k. k. Prüfungscommissionen u. der Lehrer- u. Lehrerinnen-Bildungs-Anstalten. Nach amtl. Quellen zusammengestellt. 2, verb. Aufl. 16. (VI, 178 S.) Innsbruck 885. (Wagner.) n. 1. 60

Osthelder, Alfred [aus Speyer]: Über die Verschiedenheit der Einwirkung des Chloroforms und des Äthers auf die Herzthätigkeit ... Würzburg, Druck d. Bonitas-Bauer'schen k. b. Hofbuchdr., 1896; 30 S., 1 Bl. 8.
Würzburg, Med. Fak., Inaug.-Diss. v 1896

Osthelder, Ferdinand, Medizinalpraktikant: Einige Beobachtungen über die photodynamische Wirkung auf Zellen (Paramäcien). München 1907: Kastner & Callwey. (45 S.) 8°
München, Med. Fak., Ref. v. Tappeiner, Diss. v. 4. Mai 1907
[Geb. 10. Aug. 79 Kaiserslautern; Wohnort: Neustadt a. Hardt; Staatsangeh.: Bayern; Vorbildung: Gymn. Neustadt Reife Juli 99; Studium: Phil. Erlangen 1, Med. München 8, Freiburg i. B. 1, Bern 2 S.; Coll. 4. Mai 07; Approb. 25. Apr. 07]

Des T. Maccius Plautus Trinummus, übersetzt und erklärt von Ferdinand Osthelder, G. P. — I. Abtheilung: Uebersetzung. (Act. I. bis III.) — 1852. Ebend. — S. 2—26.
Progr. Speier.

Des T. Maccius Plautus Trinummus, übers. u. erkl. v. Ferd. Osthelder, G. P. — II. Abtheilung: Uebersetzung (Act. IV und V.) und Erklärung. — 1853. Ebend. — S. 3—38. [S. Nr. 339.]
Progr Speier.

Osthelder, Franz. Einige Abkömmlinge von n. Butyraldoxim und n. Butyrphenylhydrazin. (Bern) München, 1894.

Beiträge zur Texteskritik des Cornelius Nepos. — Von Georg Osthelder, Stdl. — 1879, Kaiserslautern, ibid. — S. 3—44[8].
Progr. Kaiserslautern, K. Gymn.

Osthelder. Karl. s.: Seuffert's, J. A., Blätter f. Rechtsanwendung.

Osthelder Richard Die Bedeutung des Weingesetzes v. 7.IV.09 im Vergleich mit der früheren Weingesetzgebung. Freising 1910: Datterer. 43 S. Erlangen, Jur. Diss. v. 22.10.1910 -- 107*

Osthof, Fr., s. Osthoff, C. F.

Osthoff (Hrsg.), s. Sekundärbahn - Zeitung

Osthoff, A., Handbuch der Feldbefestigungskunst, mit Hinblick auf die bei den jüngsten Kriegsereignissen stattgefundene Anwendung derselben bearb. gr. 8. (XII und 416 S. mit eingedr. Holzschn.) Braunschweig 853, Schwetschke und Sohn.

— **Handbuch für Unteroffiziere der Infanterie.** Nebst einem Anh.: Kurze Erklärung der gebräuchlichsten beim Kriegswesen vorkommenden Fremdwörter mit Angabe der Aussprache. Cassel 858. Bertram. gr. 8. (XII, 202 S. und 1 Holzschnitttaf.) n. 15 ngr.

Osthoff, Alex, a. Barmen: Ueber die Reflexion und Brechung des Lichtes an Zwillingsebenen vollkommen durchsichtiger, inactiver, einaxiger Krystalle. Stuttgart: E. Schweizerbart 1904. (122 S.) 8° ¶ (Aus: N. Jahrbuch f. Mineralogie Beil.-Bd 20.)
Göttingen, Phil. Fak., Ref. Liebisch, Diss. v. 9. Nov. 1904
[Geb. 15. Mai 80 Barmen; Wohnort: Barmen; Staatsangeh.: Preußen; Vorbildung: Realgymn. Barmen Reife O. 98; Studium: München 1, Berlin 1, Göttingen 9 S.; Rig. 12. Febr. 04.]

Osthoff, C., Beiträge zur Lehre v. der Eclampsie u. Uraemie, s.: Sammlung klinischer Vorträge

Osthoff, C. F., neue Art, höhere Gleichungen aufzulösen. gr. 12. (24 S.) Westhofen 848. Hagen, Butz in Comm. 6 ℳ

—— Handfibel zur Erlernung des Lesens, brauchbar sowohl bei der Laut-, als auch bei der Buchstabirmethode. 8. (24 S.) Iserlohn 845. (Hagen, Butz.) *

—— kleines Lesebuch für Elementarschüler eingerichtet und hrsg. 2 Thle. gr. 12. (180 S.) Westhofen 848. (Hagen, Butz.) à Thl. * 4 Ngr. *

—— Lesetafeln zu der Handfibel. gr. Fol. (15 Taf.) Westhofen 847. (Hagen, Butz.) *

—— Rechenbuch für Elementarschulen. 3 Hefte. gr. 12. Westhofen 850. (Hagen, Butz.) [1. (24 S.) * 2 Ngr., 2. (48 S.) * 3 Ngr., 3. (70 S. und 1 Holzschn.) * 5 Ngr.] *

Osthoff, C H A., s. Osthoff, Heinrich Christian August

Osthoff, Carl, s. Osthoff, Karl

Osthoff, Geo., Anlagen f. die Versorgung der Städte m. Lebensmitteln. Markthallen, Schlachthöfe u. Viehmärkte, s.a. Handbuch der Hygiene.

Osthoff G.: Anlagen f. die Versorgung d. Städte mit Lebensmitteln. Markthallen Schlachthöfe u. Viehmärkte. Jena 1894. 79 S. Fig. 4° (Handbuch d. Hygiene. Herausgegeb. v. T. Weyl. 6. Bd. 1. H.).

Osthoff, Geo., die Armen-Arbeitshäuser, s.a. Taschenbibliothek, deutsche bautechnische.

Osthoff, Die Armenarbeitshäuser. 8⁰. Leipzig 1882.

Osthoff, Geo., die Bäder und Bade-Anstalten der Neuzeit, s.a. Taschenbibliothek, deutsche bautechnische.

Osthoff G. die Bäder und Badeanstalten der Neuzeit. Leipzig 1887

— u. E. Spillner, Eisbehälter u. sonstige Kühlanlagen, s.: Handbuch der Architektur.

Osthoff, Geo., der gesamte Eisenbahnbau, s.a. Taschenbibliothek, deutsche bautechnische.

Osthoff, Georg, Ingenieur in Oldenburg. Der gesammte Eisenbahnbau. Unter besonderer Berücksichtigung der Secundär- und Tertiärbahnen, des Erdbaues, der Trambahnen und der Seilbahnen. Mit Angaben über Preise und Kosten. Ein Handbuch in kurzer und leicht fasslicher Darstellung für Ingenieure, Juristen, Kameralisten, Studirende der technischen Hochschulen und für Bahnmeister. Mit 474 Abbild. (92.—97 Hft. der „Deutschen bautechnischen Taschenbibliothek".) kl. 8. Leipzig 1884.

Osthoff, Geo., Geschäftshäuser für sonstige öffentl. u. private Verwaltungen, s.: Handbuch der Architektur.

—— s. Handbuch der Architektur.

Osthoff, Geo., Hülfsbuch zur Anfertigung von Kosten-Berechnungen im Gebiete des gesammten Ingenieurwesens. gr. 8. (XXII, 890 S.) Leipzig 879, Knapp. *

—— Hülfsbuch zur Anfertigung von Kostenberechnungen im Gebiete des Ingenieurwesens. 2. (Titel-)Aufl. gr. 8. (XXII, 390 S.) [Leipzig 883, Knapp.] Karlsruhe, J. Bielefeld's Verlag. *

—— die Klinker und die Klinker-Strassen, s.a. Taschenbibliothek, deutsche bautechnische.

Osthoff, G: Die Klinker und die Klinker-Straßen. Leipzig 1882

Osthoff, Geo., Kosten-Berechnungen f. Bau-Ingenieure. 4., unveränd. [Titel-] Aufl. Abdr. d. 3., gänzl. umgearb. Aufl. gr. 8. (XXIV, 549 S.) Leipzig (896) 897. J. J. Arnd. n. 12.—

— Kosten-Berechnungen f. Bauingenieure. 5. gänzl. umgearb. u. verm. Aufl. Bearb. von E. Jastrzemski. gr. 8. (XXIV, 796 S.) Leipzig 902. J. J. Arnd. n. 18.—; geb. in Leinw. n. 20.—

— Kosten-Berechnungen f. Hochbauten, s.: Schwatlo.

Osthoff, Geo., Kosten-Berechnungen f. Ingenieurbauten. Begründet v. O. 6., gänzlich umgearb. u. verm. Aufl. Neu hrsg. v. Scheck unt. Mitwirkg. v. Heinr. Birnbaum, Brüll, M. Buhle u. a. (XXXI, 861 S.) Lex. 8. Leipzig 909. O. Spamer. Geb. in Leinw. 25.—

—— die liberalen Lehrer der modernen Schule nach ihrem eigenen Bekenntniß und Geständniß. gr. 8. (VII, 199 S.) Frankfurt a. M. 880, Fösser Nachf. *

— Märkte f. Lebensmittel; Märkte f. Pferde u. Hornvieh; Schlachthöfe u. Viehmärkte, s.: Handbuch der Architektur.

— die Markthallen f. Lebensmittel. gr. 8. (VII, 167 S. m. 28 Abbildgn.) Leipzig 894. K. Scholtze. n. 4.—

—— Markthallen und Marktplätze, s. Handbuch der Architektur.

—— Material zur Projectirung von Schlachthäusern. Lex.-8. (32 S.) Oldenburg 879, Schulze'sche Hofbuchh. *

—— die Materialien. Die Herstellung und Unterhaltung des Eisenbahn-Oberbaues. Ein Lehrbuch für Ingenieure und Bahnmeister. 1. Heft. A. u. d. T.: Die Materialien der Bettung und Geleise des Eisenbahn-Oberbaues. Lex.-8. (XII, 196 S. mit eingedr. Holzschn.) Oldenburg 880, Schulze'sche Hofbuchh. *
Nicht weiter erschienen.

—— technische Reisebücher. (1. Bd.): Norddeutschland. Unter Mitwirkung vieler Fachgenossen mit specieller Angabe der Literatur bearb. 8. (XI, 301 S.) Leipzig 880, [Knapp.] Spohr. geb. (* ℳ 5.) *

—— Schlachthöfe für kleine Städte von 5000 bis 12000 Einwohnern. gr. 8. (14 S. mit 2 Holzst.) Leipzig 887, Scholtze. *

Osthoff, Geo. Schlachthöfe f. kleine Städte v. 5000 bis 15000 Einwohnern. 3. verb. Aufl. gr. 8. (13 S.) Lpz. 890, (Scholtze). * — 80

— Schlachthöfe f. kleine u. mittelgrosse Städte. 4., verm. u. verb. Aufl. 8. (IV, 48 S.) Ebd. 894. n. 1.20

— Schlachthöfe f. kleine u. mittelgrosse Städte. Neubearb. v. M. Fischer. 5. verm. u. verb. Aufl. gr. 8. (VII, 54 S.) Leipzig (902). C. Scholtze. n. 1.20

—— Schlachthöfe und Viehmärkte, s.a. Handbuch der Architektur.

Osthoff, Geo., Schlachthöfe u. Viehmärkte. Neubearb. v. M. Fischer. 2., umgearb. u. erheblich erweit. Aufl. Mit 164 Abbildgn. u. Taf. (X, 601 S.) gr. 8. Leipzig 903. C. Scholtze. n. 10. —; geb. n. 11. 50

—— die Turnhallen und Turnplätze der Neuzeit, s.a. Taschenbibliothek, deutsche bautechnische.

Osthoff, Georg, Die Turnhallen und Turnplätze der Neuzeit in Anlage und Einrichtung, m. Kostenangaben u. Abb., Leipzig 1882, 78 S., 8°

—— der Wege- und Strassenbau, s.a. Taschenbibliothek, deutsche bautechnische.

Osthoff G. der Wege- und Strassenbau. (Taschenb. Bautechn. 16) Leipzig 1882

Osthoff, Heinrich Christian August

Osthoff, H. C. A., kl. Beyträge z. Erweiter. d. medicin. Wissens. 1s Bdch. 8. Duisb. Bädecker u. K. 804.

— Briefe über Aerzte u. ärztliches Wesen, geschrieben auf einer Reise durch e. Theil Deutschlands; Begleiter v. Ferd. Niederholdts Lehrjahren. gr. 8. Sulzb. 810. v. Seidel. 1 ℛ 16 gr

Osthoff, Hnr. Chrph Aug., Einige Gedanken über den gegenwärtigen Zustand der wissenschaftlichen Cultur u. s. w., hauptsächlich in Beziehung auf akademischen Unterricht zunächst für die öffentlichen Lehrer der Arzneiwissenschaft. Sulzbach 1803. 8.

— einige Gedanken üb. d. gegenwärtigen Zustand d. wissenschaftlichen Kultur. gr. 8. Sulzb. 807. v. Seibel. 12 gr

— Ferd. Niederholdt's, e. jungen deutschen Arztes, Lehrjahre. 2 Thle. gr. 8. Sulzb. 809. v. Seidel. 2 ℛ 8 gr

— Rhapsodien aus d. Lehre v. d. assimilativen u. reproductiven Function d. Organischen; als Materialien f. ein künftiges System d. Trepsologie. 2 Thle. gr. 8. Erlang. 806. Palm. 1 ℛ 12 gr

— der schlechten Aerzte Schuldbuch, bekannt gemacht durch e. Freund d. Wahrheit. gr. 8. Sulzb. 810. v. Seidel. 1 ℛ 12 gr

— üb. d. Selbststillen, e. organonomisch-medizin. Versuch. 8. Lemgo 802. Meyer. 1 ℛ 12 gr

Heinrich Christian August Osthoff

Untersuchungen über die Anomalien der monatlichen Reinigung, besonders über ihr Verhalten bey allgemeinern krankhaften Zuständen des Körpers. Von Heinrich Christian August Osthoff. Lemgo: Meyer 1804. XVI,176 S. 8°

(= Osthoff: Versuche zur Berichtigung verschiedner Gegenstände aus den Gebieten des reinen u. angewandten medizinischen Wissens. Bdch. 2.)

Heinrich Christian August Osthoff

Untersuchungen und Beobachtungen über die chronischen Geschwüre im allgemeinen mit besondrer Rücksicht auf die sogenannten alten Schaden an den untern Gliedmassen. Von Heinrich Christian August Osthoff. Lemgo: Meyer 1804. XXIV,248 S. 8°

(= Osthoff: Versuche zur Berichtigung verschiedner Gegenstände aus den Gebieten des reinen und angewandten medizinischen Wissens. Bdch.1.)

— s.a. Verhältniß, üb. das, d. Geistlichen zum Arzte.

Osthoff, H. C. A., üb. die Verhältnisse des Geistlichen zum Arzte u. dem Kranken. Berl. 1806. 8.

Heinrich Christian August Osthoff

Versuche zur Berichtigung verschiedner Gegenstände aus den Gebieten des reinen und angewandten medizinischen Wissens. Von Heinrich Christian August Osthoff. Bdch.1.2. Lemgo: Meyer 1804. 1 Bd 8°

Bdch. 1: Osthoff: Untersuchungen und Beobachtungen über die chronischen Geschwüre im allgemeinen ...

Bdch. 2: Osthoff: Untersuchungen über die Anomalien der monatlichen Reinigung...

Osthoff, Heinrich Christoph August,
s. Osthoff, Heinrich Christian August

Osthoff, Hermann

Osthoff, H., Zu der altlatein. Dvenos-Inschrift. S.-A. 1881. 9 S

Osthoff, Herm., Forschungen im gebiete der indogermanischen nominalen stammbildung. 1. teil. gr. 8. (XIV, 212 S.) Jena 875, Costenoble. *

—— dass. — 2. teil. A. u. d. T.: Zur geschichte des schwachen deutschen adjectivums. Eine sprachwissenschaftl. untersuchung gr. 8. (XI, 183 S.) Ebendas. 876. *

Osthoff, Herm., zur Geschichte d. Perfects im Indogermanischen m. besond. Berücksicht. auf griechisch u. lateinisch. gr. 8. (IX, 653 S.) Strassburg 884. Trübner. n. 14. —

Osthoff, H., Ueber λαλ — und lul —, zwei Fälle gebrochener Reduplication. S.-A. s. a. 9 S

Osthoff, Herm., das physiologische u. psychologische Moment in der sprachlichen Formbildung, s.a. Sammlung gemeinverständl. wissenschaftl. Vorträge.

Osthoff H, das physiologische und psychologische Moment in der sprachlichen Formenbildung. (Sammlung wissenschaftlicher Vorträge 327) Berlin 1879

Osthoff, Herm., etymologische Parerga. 1. Tl. gr. 8. (VIII, 378 S.) Leipzig 901. S. Hirzel. n. 9. —

- Praefix Py- im Griechischen; Py-Bhy- im Germanischen. S.-A. s. a. 17 S.

Osthoff, Hermannvs ⟨geb. am 18 Apr. 1847 in Billmerich Westf.⟩: Qvaestiones mythologicae ... Bonnae, form. C. Georgi (1869). 2 Bl., 43 S., 1 Bl. 8.
Bonn, Phil. Fak., Diss. v. 14 Aug. 1869

— Schriftsprache u. Volksmundart, s.a. Sammlung gemeinverständlicher wissenschaftlicher Vorträge.

Osthoff, Herm., Schriftsprache u. Volksmundart. 1883.
Ist: Samml. wiss. Vortr. Bd. 18. S. 103–143.

Osthoff, Herm., die neueste Sprachforschung und die Erklärung des indogermanischen Ablautes. Antwort auf die gleichnamige Schrift von Dr. Herm. Collitz [Göttingen, Vandenhoeck und Ruprecht's Verlag 1886.] gr. 8. (20 S.) Heidelberg 886, Petters. *

—— und Fr. Stolz. Lat. sublestus, s. Studien, Wiener, 10. Jahrg.

Osthoff, Hermann, Dr., o. ö. Prof. d. indogerm. Sprachwiss., d. Z. Prorektor d. Grossh. Bad. Univ. Heidelberg: Vom **Suppletivwesen** der indogermanischen Sprachen. (Enthält ausserdem: Jahresbericht d. Universität für 1898/99 u. Preisverteilung.) *Heidelberg 1899: J. Hörning.* (104 S.) 4°
Heidelberg, Rede am Geburtst. d. sel. Grossherzogs Karl Friedrich 1899

— vom Suppletivwesen der indogerman. Sprachen. Akademische Rede, zur Feier des Geburtstages des höchstsel. Grossherzogs Karl Friedrich am 22. XI. 1899 bei dem Vortrag des Jahresberichts u. der Verkündg. der akadem. Preise geh. gr. 4. (95 S.) Heidelberg 899. (A. Wolff.) n. 4. —

Osthoff, Herm., und Karl Brugman, morphologische Untersuchungen auf dem Gebiete der indogermanischen Sprachen. 1. und 2. Thl. gr. 8. Leipzig, Hirzel. [1. Thl. (XX, 290 S.) 878. *ℳ 7.; 2. Thl. (VI, 262 S.) 879. *ℳ 6.] *

—— und Karl Brugman, morphologische Untersuchungen auf dem Gebiete der indogermanischen Sprachen. 3. und 4. Thl. gr. 8. Leipzig, Hirzel. [3. Thl. (III, 159 S.) 880. *ℳ 4.; 4. Thl. (XIX, 418 S.) 881. *ℳ 10.] *
1. und 2. Thl. Ebendas. 1878,79. *ℳ 13.

Osthoff, Herm. und Karl Brugmann. Morphologische Untersuchungen auf d. Gebiete d. indogermanischen Sprachen. 5. (Schluss-) Thl., m. e. Sach- u. Wortregister zu allen 5 Thln. gr. 8. (VIII, 268 S.) Lps. 890, Hirzel. * 7 —
1.—4. Thl. Ebd. 1878—81. * 27 —.

Osthoff, Herm., u. Karl Brugmann, morpholog. Untersuchungen auf d. Gebiete der indogerman. Sprachen. 6. Tl. m. e. Sach- u. Wortregister. (VIII, 412 S.) S. Leipzig 910. S. Hirzel. 12.—
1.—5. Tl. Ebd. 878—890. 34.—.

— das verbum in der nominalcomposition im deutschen, griechischen, slavischen u. romanischen. gr. 8. (XVI, 372 S.) Jena 878. Costenoble. n. 11. 20

— freie Worte. Akadem. Gelegenheitsreden aus dem Heidelberger Prorektorat 1899—1900. gr. 8. (V, 74 S.) Leipzig 900. S. Hirzel. n. 1. 20

Osthoff, Karl

Osthoff, Carl [aus Dortmund]: Ueber einige Derivate des '(4)'Chlor-m-xylols ... Freiburg i. B., Buchdr. v. Chr. Ströcker, 1891; 61 S., 1 Bl. 8.
Freiburg i. B., Phil. Fak., Inaug.-Diss. v. 1891

Osthoff, Max Heinrich Philipp, Reg.-Bauführer: Die Lentz-Ventilsteuerung an Lokomotiven. 1908. 45 S. 4° ¶ Auch in: Dinglers Polytechn. Journal. Jg. 90. 1909. Bd 324.
Berlin, Dr.-Ing.-Diss. v. 8. 5. 1908

Osthoff, R., die Färberei losen Fasermaterials, s.: Künzel, R.

Ost-Holstein [Sachliches OW]

Ost-Holstein. Touristen-Führer durch die besuchtesten Gegenden des Fürstenthum Lübeck und die östl. Holsteins einschliesslich der Städte Lübeck und Kiel und deren Umgebungen. gr. 16. (VII, 85 S. mit 1 chromolithogr. Karte in qu. gr. Fol. und 2 lithogr. Plänen.) [Lübeck 875.] Hamburg, Seelig. *
—— dass. — Mit (2 lithogr. und chromolithogr.) Karten und (2 lithogr.) Plänen. 2. verm. und verb. Aufl. (XII, 71 S.) 1876; 3. Aufl. 8. (V, XII, 70 S.) Ebendas. 877. *

Ost-Holstein. Touristenführer durch das östliche Holstein, das Fürstentum Lübeck, Herzogtum Lauenburg und die Städte Lübeck und Kiel. Mit 5 Karten u. 1 Stadtplan Angaben und Ratschläge für Radfahrer v Gregers Nissen 16. Aufl. Hamburg 1906. 8°
(Richters Führer)

Ost-Holstein. Touristenführer durch das östliche Holstein, d. Fürstentum Lübeck, Herzogtum Lauenburg u. d. Städte Kiel u. Lübeck. 17 Aufl. von Gregers *Nissen* Hamburg 1908—1909. 8°.
(Richters Reiseführer.)

—— Dass. 18. Aufl. Mit 9 Karten u. 2 Stadtplänen ebd 1910—11. 8°

— im Portemonnaie. Das östl. Holstein, das Fürstenth. Lübeck, die Städte Lübeck u. Kiel. 128. (60 S. m. 1 lith. u. color. Karte in qu. 8.) Ebend. 876. — 30

— kurzer Wegweiser für Touristen. Mit (2 lith.) Karten. 8. (33 S.) Ebend. 877. n. 1. —

Ost-Holstein [Schlagwort]

Ostholstein, s.: Radfahrerkarten.

Osthrut [Schlagwort]

Osthrut, s.: Badekur, die, in Reichenhall.

Osthues, über die Fabrikation und Verwendung des Wassergases zu Heizungs- und Beleuchtungszwecken. Vortrag, gehalten im Casino-Saale zu Dortmund am 28. März 1885. gr. 8. (20 S.) Dortmund 885, Köppen. *

Osthues, Arnold. (geb. Beckum 5. 8. 1818) De detractionum sanguinis vi et usu in febribus et inflammationibus. Berolini (1843). (26 S.) 8°
Berlin, Med. Diss. v. 14. Okt. 1843

Osthues, Jean: Rechenbuch für die Mittelklassen der Primärschulen. Genehmigt von der Königl. Grossh. Unterrichts-Commission. Luxemburg: J. Joris 1870. 104 S. 8°

—— dass. — für Mittelklassen. (104 S.) Ebendas. 871. *

Osthues, Joh., Rechenbuch für die Mittelklassen der Primärschule. 2. Aufl. 12. (108 S.) Luxemburg 879. Brück. n. — 40

– Dass. Zweite Auflage. Luxemburg: Pet. Brück 1880. 108, 4 S. 8°

– Dass. Dritte Auflage. Ebd. 1882. 8°

Osthues, Jean: Rechenbuch für die Oberklassen der Primärschulen. Genehmigt von der Königl. Grossh. Unterrichts-Commission. Luxemburg: J. Joris 1870. 160 S. 8°

– Dass. Ebd. 1871. 160, 1 S. 8°

– Dass. Zweite Auflage. Luxemburg: Pet. Brück 1879. 160 S. 8°

– Dass. Dritte Auflage. Ebd. 1886. 8°

Osthues, Jean: Rechenbuch für die Unterklassen der Primärschulen. Genehmigt von der Königl. Grossh. Unterrichts-Commission. Luxemburg: J. Joris 1870. 80 S. 8°

Osthues, Joh., Rechenbuch für die Unterklassen der Primärschule. gr. 16. (80 S.) Luxemburg 871, Schamburger. *

– Dass. Zweite Auflage Luxemburg Pet. Brück 1878. 80 S. 8°

– Dass. Dritte Auflage. Ebd. 1879. 80 S. 8°

– Dass. Vierte Auflage Ebd. 1883. 80 S. 8°

– Dass. Fünfte Auflage. Ebd. 1885 84 S. 8°

Ostindien [Sachliches OW]

Ostindien, ein historisch-geographisches Lesebuch ... Frankf. a. M. u. Leipzig 1794. V: *Ehrmann, Theophil Frdr.* (EngG)

— histor. geogr. Lesebuch. 8. Frankfurt und Leipz. Pfähler. 794.

Ostindien, Das alte und neue, eine vergleichende Beschreibung mit dem Leben ... Joh. Wilh. Vogels ... Gotha 1812. V: *Ernesti, Joh. Hnr. Martin.* (MGT) (Ky)

Ostindien, das alte u. neue, eine vergleichende Beschreibung. Mit dem Leben des berühmten Reisebeschreibers J. W. Vogel, u. einem autobiograph. Fragment seines Urenkels. 8. Gotha, Steudel. 812.

Ostindien, in Hins. a. Europa, v. Anquetil du Perron, a. d. Franz. v. Kuster. 2 Bde. gr. 8. Altenb. Schnuphase. 799.

Ostindien [Schlagwort]

Ostindien — Charte von — dies- und jenseits des Ganges und der letzten Zertheilung der Staaten des Tippo Sahebs oder des Reichs Mysore, nach den neuesten Hilfsmitteln entworfen. Augsburg bei Johannes Walch 1805. 1 : 10,000,000. 1 Bl.

Ostindien — Karte vom Kriegsschauplatz in —. Berlin 1857. Bei Wagner Gez. von König. 10,000,000. 1 Bl.

Ostindienfahrer, der; oder: die Liebe heilt nichts. Lustsp. von Stephani. 8. Wien, Gräffer. 781. Rthlr. -

Ostindienfahrer, die drey. Abentheuerl. Reisegeschichte, von C. A. Fischer. Mit Kupf. 8. Pesth, Hartleben. 817.

OST- u. Westindienfahrer, Der, oder Geschichte Christian Olaus Ewald. Eine Robinsonade. Grätz 1798. 6 Bll. u. 310 S. (10 Mk., Leihbiblexpl., Adolf Weigel, c. 1906.) Selten!
Ullrich, Robins. S. 179.

Ost- u. Westindienfahrer, d., od. Gesch. Christ. Claus Ewalds; eine Robinsonade. 8. Grätz, Tusch. 798.

Ost- u. Westindienfahrer, der, oder Geschichte Christian Olaus Ewald. Eine Robinsonade. 8. Grätz 798. jezt Kienreich, u. d. Pr. 5 *fl*

Ostindische Inseln [Schlagwort]

Ostindische Inseln, s.: Hinter-Indien.

Ostindischer Archipel [Schlagwort]

Ostindischer Archipel, s.: Seekarten.

Ostini, Fritz v., die Ausstellung München 1908. (S. 209—232 m. Abb. u. 6 Taf.) 36,5×27 cm. München (908). F. Hanfstaengl. 4.—
Sonderabdr. aus: „Die Kunst uns. Zeit".

Ostini, Fritz v., Biedermeier m. ei. Lieder e. Zeitgenossen. Mit Buchschmuck v. Jul. Diez. (XII, 156 S.) 8. Stuttgart 904. A. Bonz & Co. Geb. in Leinw. n. 3. 60

— Biedermeier m. ei. Lieder e. Zeitgenossen. Mit Buchschmuck v. Jul. Diez. 2. Aufl. (XVI, 156 S.) 8. Stuttgart 908. A. Bonz & Co. Geb. in Leinw. 3. 60

— Böcklin, s. a. Künstler-Monographien.

Ostini, Fritz von. Arnold Böcklin. [Kunsthistorische und biographische Skizze Mit Illustrationen und 3 Tafeln. A.] 4. Berlin, Bielefeld und Leipzig 1894.)

— Arnold Böcklin. (S. 17—38 m. Abb. u. 5 Taf.) 36×27 cm. München (903). F. Hanfstaengl. 4.—
Sonderabdr. aus: „Die Kunst uns. Zeit".

Ostini, Fritz v(on). (Arnold) Böcklin. Mit 106 Abbildungen und einem farbigen Titelbilde [Tafel]. IV + 125 S. gr.-8. Bielefeld und Leipzig, Velhagen & Klasing, 1904. [geb. M. 4.—, Geschenkausgabe 5.—]
Künstler-Monographien. In Verbindung mit Andern hrg. von H[ermann] Knackfuss. [Band] 70.

Ostini, Fritz v(on). (Arnold) Böcklin. Mit 106 Abbildungen und einem farbigen Titelbilde [Tafel]. 4. [unveränderte] Aufl. IV + 125 S. gr.-8. Bielefeld und Leipzig, Velhagen & Klasing, 1907. [geb. M. 4.—, Geschenkausgabe 5.—]
Künstler-Monographien. In Verbindung mit Anderen hrg. von H[ermann] Knackfuss. [Band] 70....
[2. Aufl. 1904/5] u. 3. Aufl. 1905, *unverändert*

Ostini, Fritz v[on]. (Arnold) Böcklin. Mit 4 bunten Einschaltbildern, 102 Abbildungen im Text und 2 Faksimiles. 5. Aufl. IV + 123 S. gr.-8. Bielefeld und Leipzig, Velhagen & Klasing, 1909. [geb. M. 4.—, Geschenkausgabe 5.—]
Künstler-Monographien. ... hrg. von H[ermann] Knackfuss. [Band] 70...

— Buch der Torheit. Mit Buchschmuck v. A. Schmidhammer. 1.—5. Taus. (240 S.) 8. Leipzig 910. L. Staackmann. 3.50; geb. in Leinw. 4. 50

(Sonder-Ausstellung Wilhelm Busch. Galerie Arnold. Dresden 1909.) Fritz v. Ostini. Der Maler und Zeichner Wilhelm Busch. (Dresden 1909: Päßler) 31 S. 8°

— Anselm Feuerbach. (S. 19—64 m. Abb. u. 12 Taf.) 36×27 cm. München (902). F. Hanfstaengl. 8.—

Ostini, Fritz Baron v., Gevattersprüche, s.: Ganghofer, Ludw.

Ostini, F. v., Grosses u. Kleines. 8. (VIII, 224 S.) München 888. Knorr & Hirth. n. 1. 50; geb. n. 2.—

Ostini, Fritz v., s. a. Grützner, Meister.

Grützner. Von Fritz v Ostini. Mit Portr., 104 Abb. u 1 Einschaltbild. *Bielefeld & Leipzig: Velhagen & Klasing 1902.* (119 S.) 8° [F.]
— Künstler-Monographien. 58. [02. 7740

— deutsche Illustratoren. (Die Kunst unserer Zeit.) (100 S. m. Abbildgn. u. 24 Taf.) gr. 4. München (906). F. Hanfstaengl. Geb. 15 —

— Deutsche Illustratoren. (100 S. m. Abb. u. 24 Taf.) 36×27 cm. Ebd. (909). Geb. 15. —
2 Sonderabdrucke aus: „Die Kunst uns. Zeit".

— s.: Jugend.

— Wilhelm v. Kaulbach, s. a. Künstler-Monographien.

Wilhelm v. Kaulbach. Von Fritz v. Ostini. Mit 143 Abb. nach Gemälden u. Zeichnungen. Bielefeld & Leipzig: Velhagen & Klasing 1906. (132 S.) 4°(8°) [F.]
— Künstler-Monographien. 84. [07. 4340

Die Galerie Thomas Knorr in München. Hrsg. vom Besitzer, beschrieben von Fritz Frh. v. Ostini. *München 1901: (Knorr & Hirth).* (180 S.) 4° [01. 1949]

— Der kleine König. Ein Märchen zu 12 (farb.) Bildern v. Hanns Pellar, erzählt von v. O. (III, 24 S.) 28×30,5 cm. München (909). G. W. Dietrich. Geb. 6. —

— Münchener Kunst in 50farb. Reproduktionen. (50 Taf. m. 11 S. Text u. 50 Bl. Erklärgn) gr. 4. Leipzig 906. E. A. Seemann. Geb. in Leinw. n. 20. —

— s.: Lenbach, Frz. v., Schönheit-Ideale.

Ostini, Fritz v., s.: Meister, hundert, der Gegenwart.

— Schwarmgeister. Gedichte aus Zeit u. Zufall. Mit Buchschmuck v. Arpad Schmidhammer. (X, 327 S.) 8. Stuttgart 908. A. Bonz & Co. 3.80; geb. in Leinw. 4.80

— arme Seelen. Geschichten u. Schnurren. Mit Buchschmuck v. Paul Rieth. (VIII, 244 S.) 8. Stuttgart 905. A. Bonz & Co. n. 3. 60; geb. in Leinw. n. 4. 80

— Arme Seelen. Geschichten u. Schnurren. Mit Buchschmuck v. Paul Rieth. 2. Aufl. (VIII, 244 S.) 8. Ebd. 910. 3.60; geb. in Leinw. 4. 80

— Villa Franz v. Stuck, München. (32 S. m. Abb.) 32,5×24,5 cm. Darmstadt (909). Verlagsanstalt A. Koch. Geb. 4. —
Sonderabdr. aus: „Innen-Dekoration".

— Thoma, s. a. Künstler-Monographien.

Thoma. Von Fritz v. Ostini. Mit 106 Abb. nach Gemälden ... *Bielefeld & Leipzig: Velhagen & Klasing 1900.* (104 S.) 4°(8°) [F.]
— Künstler-Monographien. 46. [00. 2483

Thoma. Von Fritz v. Ostini. Mit 113 Abb. u. 4 Einschaltbild. 2. Aufl. Bielefeld & Leipzig: Velhagen & Klasing 1910. 112 S. 4°(8°)
(Künstler-Monographien. 46.) [10. 10338

— Uhde, s. a. Künstler-Monographien.

Uhde. Von Fritz v. Ostini. Mit Portr. u. 110 Abb. *Bielefeld & Leipzig: Velhagen & Klasing 1902.* (116 S.) 4°(8°) [F.]
— Künstler-Monographien. 61. [02. 6809

— Ernst v. Zimmermann. (S. 113—132 m. Abbildgn. u. 6 Taf.) Imp. 4. München (902). F. Hanfstaengl.
Sonderabdruck aus: „Die Kunst uns. Zeit". n. 4. —

Ostjordanland [Schlagwort]

Ostjordanland. Schumacher, G., Karte des Ostjordanlandes. Im Auftrage des deutschen Vereins zur Erforschg. Palästinas aufgenommen. 1:63,360. Nebst Erläutergn. (In 12 Blättern.) Blatt A 5 u. B 5. à 59×57 cm. Farbdr. Leipzig (908). [R. Haupt.] J. C. Hinrichs' Verl. Subskr.-Pr. à nn 8. —; Einzelpr. à nn 15. —; f. Mitglieder des Vereins à nn 13.50; Übersichtsblatt. 1:700,000. 43,5×38 cm. nn 1. —; f. Subskribenten unentgeltlich.

Ostkarawanken [Schlagwort]

Ostkarawanken, s.: Geolog. Karten, Tella, F.

Ost-Kärnten [Schlagwort]

Ost-Kärnten, s.: Kärnten.

Ostkreis des Herzogthums Sachsen-Altenburg, eingetheilt nach den Gerichtsämtern. Kpfrst. und ill. qu. Fol. Altenburg 856, Schnuphase'sche Buchh. •

Ostküste [Schlagwort]

Ostküste, s.: Seekarten.

Ostland, J. P., der Entsatz v. Wien 1683. Volksstück m. Gesang in 5 Aufzügen zur 2. Säcularfeier der letzten Türkenbelagerg. Wiens. gr. 8. (90 S.) Wien 883. Künast. n. 2. -

Ostland, J. P., ein Mann, der den Muth verliert. Zeitbild in 1 Aufzuge. gr. 8. (57 S.) Wien 881. Roßner. n. 2. —

Ostler, Heinrich: Dasein und Wesen der Seele nach Hugo von St. Viktor. Mit einer Einleitung über Leben, Bedeutung und Schriften des Hugo von St Viktor. Münster i. W. 1906. Aschendorff. (43 S.) 8° ¶ (Ersch. vollst. als: Beiträge z. Geschichte d. Philos. d. Mittelalters Bd VI, H. 1.)
München, Phil. Fak., Ref. Frhr v. Hertling, Diss. v. 12. Juli 1905
[Geb. 2. März 76 Solhuben, Oberbayern, Wohnort: Vachendorf, Staatsangeh.: Bayern, Vorbildung: Gymn. Freising Reife Juli 94; Studium: Lyzeum Freising 8, München 6 S.; Rig. 18. Juli 04.]

Ostler, Heinr., die Psychologie des Hugo v. St. Viktor, s. a. Beiträge zur Geschichte der Philosophie des Mittelalters. VI, 1.

Die Psychologie des Hugo von St. Viktor. Ein Beitrag z. Geschichte d. Psychologie in d. Frühscholastik von Dr. Heinrich Ostler. Münster: Aschendorff 1906. (VIII, 183 S.) 8°
— Beiträge z. Geschichte d. Philosophie d. Mittelalters. Bd 6, H. 1. [06. 9369

Ostmann, Anton Wilhelm (Niedeck/Hannover), De statu civitatis eiusque juribus. Diss. acad. Präs. Christ. Fried. Georg Meister. Göttingen (P. Chr. Hager) Dez. 1751. 46 S. (5.—) 25687
Gew.: Rudolph Johann von Wrisberg, Heinrich von Grote, Gerlach Adolph von Munchhausen, Ernst von Steinberg, Philipp Adolph von Munchhausen, Carl Diede von Furstenstein, August Wilhelm von Schwicheldt, Johann Clamer August von dem Bussch. — Widm. v.: Christ. Fried. Georg Meister, Ernst Josua von Bulow, Ernst Otto Grote, Chr. Fr. Georg Meister.

Ostmann, (Car.) Armin. (geb. Jacobswalde in Schles. 26. 7. 1839) De pneumothorace. Berolini (1865). (32 S.) 8°
Berlin, Med. Diss. v. 18. März 1865

Ostmann, D. Ph., Aufblick zu Gott. Ein Gebet- u. Unterrichtsbuch f. kathol. Christen. Mit 4 Stahlst. 16. (336 S.) Wien 849, Grottendieck. 18 ngr

vgl. Ostmann, Ph.

Ostmann, D. Ph., Aufblick zu Gott. Ein Gebet- und Unterrichtsbuch für kathol. Christen. 16. (366 S. mit 4 Stahlst.) Wien 860, Grottendiek. —
Ist auch in den verschiedensten Einbänden von 21 Ngr. bis 5 Thlr. 10 Ngr. zu haben.

vgl. Ostmann, Ph.

Ostmann, Friedrich Wilhelm Paul, s. Ostmann, Paul

Ostmann, Karl Armin, s. Ostmann, Armin

Ostmann, Paul

Ostmann, üb. das Abhängigkeitsverhältniss der Form d. äusseren Gehörgangs v. der Schädelform. [Aus: „Monatsschr. f. Ohrenheilkde."] gr. 8. (2 S.) Berlin 893. O. Coblentz. n. 1. —

Ostmann, gemeinverständl. Anweisg. z. Heilg. d. Eiterg. d. Ohres. 12. (12 S.) Leipzig 896. F. C. W. Vogel. n.n. — 50

Ostmann, (Friedr. Wilh.) Paul (geb. Potsdam 8. 4. 1859) Neue Beiträge zu den Untersuchungen über die Balgdrüsen der Zungenwurzel. Berlin (1883). (40 S.) 8°
Berlin, Med. Diss. v. 12. Febr. 1883

— Beiträge zu dem Vorkommen v. Exostosen des äusseren knöchernen Gehörganges bei den verschiedenen Völkerrassen. Nach e. im Verein f. wissenschaftl. Heilkunde zu Königsberg gehaltenen Vortrage. [Aus: „Monatsschr. f. Ohrenheilkde."] gr. 8. (20 S.) Ebd. 894. n. 1. —

Ostmann, P., Handbuch der Militärkrankheiten, s.: Düms, Fr. A.

Ein objektives Hörmaß und seine Anwendung. Von Prof. Dr Paul Ostmann zu Marburg. Mit 9 Kurventaf. *Wiesbaden: J. F. Bergmann 1903.* (75 S.) 4°(8°) [o3. 8,10

— Hörprüfungs- u. Empfindlichkeits-Tabellen des schwerhörigen Ohres unter Zugrundelegg. meines objektiven Hörmasses. (26 S.) Lex.-8. Ebd. 904. n.n. 1. 30; engl. u. französ. Ausg. (à 26 S.) à n.n. 1. 30

— die Krankheiten des Gehörorganes in der Armee. [Aus: „Düms, Hdb. d. Militärkrankh."] gr. 8. (III, 138 S. m. 8 Abbildgn.) Leipzig 900. [A. Georgi.] G. Thieme. n. 3. —

Ostmann, Paul, Lehrbuch der Ohrenheilkunde f. Ärzte u. Studierende. Mit 100 Abb., 43 Kurven u. 51 Hörreliefs. (VIII, 533 S.) Lex. 8. Leipzig 909. F. C. W. Vogel. 18.—; geb. n 20. —

Ostmann, Ph., Aufblick zu Gott. Ein vollständ. Gebet- und Andachtsbuch für kathol. Christen. Neue revid. Aufl. 16. (508 S. mit chromolithogr. Titel und 1 Stahlst.) Wien 881, Grottendiek's Verlag. *M 1,60.; geb. mit Goldschn. *

vgl. Ostamnn, D. Ph.

Ostmann, R., die Gleichnisse des Herrn. Für Lehrer u. christl. Familien dem Inhalte nach dargelegt. gr. 8. (VIII u. 119 S.) Berlin 851, G. Reimer. 1/2 ℛ

Ostmann, R., Dr. Martin Luther's kleiner Katechismus zum Gebrauch beim Religionsunterricht durch Bibelstellen und Liederverse erklärt. 2., durch einen Anhang „Gebete" verm. Aufl. Berlin 857. G. Reimer. 16. (64 S.) 2½ ngr

— Dr. Martin Luther's kleiner Katechismus zum Gebrauch beim Religionsunterricht durch Bibelstellen u. Liederverse erklärt. 3. Aufl. Ebend. 861. 16. (64 S.) n. 2½ ngr

Ostmann, R., s. Lange, W., Sprech- und Sprachschule.

— biblisches Lesebuch f. Schulen. 2 Thle. [Die wichtigsten Erzählungen des alten Testaments. — Die wichtigsten Erzählungen des neuen Testaments.] 8. (XII u. 244 S.) Ebd. 852. (à n. 1/6 ℛ) n. 1/3 ℛ

— biblisches Lesebuch für Schulen. 1. Thl., enth. die wichtigsten Erzählungen des alten Testaments. 2., verb. Aufl. Berlin 861. G. Reimer. 8. (142 S.) n. 5 ngr
— — 2. Thl., enth. die wichtigsten Erzählungen des neuen Testaments. 2., verb. Aufl. Ebend. 861. 8. (IV, 110 S.) n. 5 ngr

Ostmann, Ricardus *(geb. Namslau 23. 2. 1851)*: De additamentis, quae in rhetoricis ad Herennium inveniuntur, antiquioribus. Vratislaviae (1876). (44 S.) 8°
Breslau, Phil. Diss. v. 12. Apr. 1876

Ostmann, Rob., Geschichte der königlichen Hof- und Garnisonkirche zu Potsdam. 8. (V und 114 S.) Potsdam 862, Gabos. *

—— die königliche Hof- und Garnisonkirche zu Potsdam. (Auszug aus des Verf. größerem Werke: „Geschichte der k. Hof- und Garnisonkirche zu Potsdam.") 8. (56 S.) Potsdam 862, Gabos.

Ostmark

DIE OSTMARK. Monatsblatt des Vereins zur Förderung des Deutschthums in den Ostmarken.
Verantwortlicher Redakteur: von HANSEMANN.
Jahrg. 1. 1896. Berlin. Deutscher Verlag (Ges. m. b. H.). 4°
Verantwortlicher Redakteur Nr 1—6 von HANSEMANN, Nr 7—9 BOVENSCHEN, Nr. 10—12: LIESEGANG.
Jahrg. 2. 1897 ib. —
Verantwortlicher Redakteur LIESEGANG.
Jahrg. 3—4. 1898—1899. ib. —
DIE OSTMARK. Monatsblatt des Deutschen Ostmarken-Vereins. (Verantwortlicher Herausgeber: Dr BOVENSCHEN in Berlin.)
Jahrg. 5—6. 1900—1901 ib. —
(Eingetragener Verein.)
Jahrg. 7—9. 1902—1904. ib. —.
Jahrg. 10. 1905. (Verantw. Herausgeber u. Schriftleiter: Dr. H. KÜCHLING in Berlin. Verlag: Wilhelm Issleib, Verlagsbuchhandlung.)
Jahrg. 11 für 1906. ib. — 12. 1907. ib. — 13. 1908. (Verantwortlicher Herausgeber und Schriftleiter: ASCHENDORFF in Berlin.) ib. — 14. Nr. 1—12. 1909. ib. — (Ohne bes. Titelblatt.)
DIE OSTMARK. Monatsblatt des Deutschen Ostmarken-Vereins. (E. V.)
Jahrg. 15. Nr. 1—12. 1910. ib. — (Mit bes. Titelblatt.) — 1911. (Jahrg. 16. Nr. 1—12. 1911. ib. —.) — 17. Nr. 1—12. 1912. ib. — (Ohne bes. Titelblatt.)

— die. Monatsblatt d. Vereins z. Förderg. d. Deutschthums in d. Ostmarken. Red.: v. Hansemann. 1.—3. Jahrg. 1896—1898. à 12 Nrn. (Bog.) gr. 4. Berlin, Deutscher Verlag. à Jahrg. n. 4. —
Der 3. Jahrg. war von Liesegang redigiert.

Ostmark, die. Monatsblatt des deutschen Ostmarken-Vereins. Hrsg.: Bovenschen. 4. u. 5. Jahrg. 1899 u. 1900. à 12 Nrn. gr. 4. (à ca. 12 S.) Berlin, Deutscher Verl. à Jahrg. n. 4. —
Fortsetzg. s.: Deutsch-Oesterreich, d. litterar.

— die. Monatsschrift f. Nieder-Oesterreich. Geleitet v. Hugo Bonte. 1. Jahrg. April 1900—März 1901. 12 Hfte. gr. 4. (à ca. 20 S. m. Taf.) Wiener-Neustadt, C. Blumrich. n. 6. —

Ostmark, d. deutsche. Aktenstücke u. Beiträge zur Polenfrage, s. a Flugschrift d. All-Deutschen Verbandes.

DIE DEUTSCHE OSTMARK. Aktenstücke und Beiträge zur Polenfrage. Herausgegeben vom All-Deutschen Verbande. Berlin 1894. Kommissions-Verlag von M. Priber. — A. m. d. Umschlagtitel: Flugschrift Nr. 1 des All-Deutschen Verbandes. Hie Deutschtum! Hie Polentum! Die deutsche Ostmark. Aktenstücke ib. 1894. —

Aus unsrer **Ostmark**. Realpolit. Betrachtungen von C.C. Leipzig: F. W. Grunow 1897. (62 S.) 8° [F.]
Aus: Grenzboten. [96. 1538 10

Ostmark, Herm. v. der, die Mißstände d. Rechtspflege im neuen deutschen Reiche. Offenherz. Betrachtgn. 1. Tl. 2. Aufl. 16. (69 S.) Berlin 896. (M. Günther.) n. — 75

[F.] Die Missstände der Rechtspflege im neuen Deutschen Reiche. Offenherzige Betrachtgn v. Hermann v. d. Ostmark ... 2. Aufl. Tl 1. . *Berlin: Dr. v. A. Klarbaum 1896.* 8. [96. 8978

DEUTSCHER OSTMARKEN-KALENDER.
Herausgegeben vom Deutschen Ostmarken-Verein zum Besten des Deutschen Ostmarkenschatzes.
Redigiert von VICTOR SCHOULTZ, Geschäftsführer des Deutschen Ostmarken-Vereins.
für das Jahr 1906. (Jahrg. 1.) (Mit 1 Tafel.) Berlin. Verlag von Wilhelm Issleib. 4°
für das Jahr 1907. (Jahrg. 2.) (Mit 1 Tafel.) ib. —
für das Jahr 1908—1909. (Jahrg. 3—4.) (Mit Tafeln.) ib. —.
für das Jahr 1910—1911. (Jahrg. 5—6.) (Mit Tafeln.) (ib. —.)
Herausgegeben zum Besten des Deutschen Ostmarkenschatzes vom Deutschen Ostmarken-Verein.
für das Jahr 1912—1913. Jahrg. 7—8. (ib. —.)

Ostmarken-Kalender, deutscher, f. d. J. 1907. Hrsg. vom deutschen Ostmarken-Verein. Red. von Vict. Schoultz. (84 S. m. Abbildgn., 1 Taf. u. 8 Postkarten.) gr. 8. Berlin, W. Ißleib. n. — 50

Ostmarken-Kalender, deutscher, f. d. J. 1911. Red. v. Vict. Schoultz. Hrsg. vom deutschen Ostmarken-Verein e. V. (78 S. m. Abb. u. 1 Bildnis.) gr. 8. Berlin (W. 62, Bayreuther Str. 13), Deuscher Ostmarken-Verein. nnn — 50

Ostner, Bened., Andachtsbüchlein für katholische Jünglinge insbesondere aus dem Handwerker- und Arbeiterstande. 2., verm. Aufl. 32. (XII und 339 S. mit 1 Stahlst.) Augsburg 863, Schlosser's Buchh.

Ostner, C., Anakardium als „Antikritikum", s. Hauhecheln, neue.

Ostner, Jos., das Vater Unser u. d. engl. Gruß. Erklärt f. d. liebe Landvolk. 2. Aufl. gr. 8. (6 B.) München 834. (Regensburg, Manz.)

Ostner, Wilhelm (Neustadt i.O.)
Epilepsie vom staatsärztlichen Standpunkte.
Giessen: Keller 1858. 40 S. u. 2 Bl. Thesen.
Diss. med. 19.1.1859. vorh. 4.7. 11.Δ

Ostoja, Polnisches, s.: Konopnicka, Marya.

Ostoja Balicki, Gustaw Ludwik Ritter v.: Über die Condensationen der aromatischen Amine. *Breslau 1902: H. Fleischmann.* (66 S.) 8°
Breslau, Phil. Diss. v. 8. Aug. 1902

Ostoja Lniski, Franz von, (Dr.), pract. Arzt, aus Czarnikau: Über die neueren Anaesthesierungs-Methoden ohne Anwendung von Chloroform und Aether. *Posen: Selbstverl. 1900.* (101 S.) 8°
Würzburg, Med. Diss. v. 1900

Ostoja Lniski, Hippolyt von *(geb. Nieder-Brodnitz in Westpr 9. 3. 1853)* Ein Fall von Nierenexstirpation (ausgeführt in der gynaekologischen Klinik). Breslau 1880. (30 S.) 8° *[Im Buchhandel 1880 bei Köhler in Breslau]*
Breslau, Med. Diss. v 20. Dez. 1880

Ostojić Tihomir: Dositheus Obradovićs Klosterjahre.
1907 PN 2330 **Diss.** Wien, Univ. 2726

Ostpreussen [Schlagwort]

— s. a. Culm. — **Eisenbahnkarten.**

— s. a.: **Generalkarten.** Flemming.

— s. a.: **Hand- u. Reisekarten 12. — Heimatskarten.**

— s. a. **Konfessionskarten.**

— s. a. **Radfahrerkarten.**

— s. a. **Regenkarten. — Verkehrskarten.** Ebbecke.

Ost-Preussen. Gestochen von A. Amon in Wien. 1 : 500,000. 5 Bl.

Ostpreussen. Cunerth, O., Wandkarte d. Prov. Ost-Preussen. Mit Berücksicht. d. Höhenlagen u. d. Nebenbahnnetzes für den Schulgebrauch u. z. Selbstunterricht entworfen u. gezeichnet. 1 : 200,000. 4 Blatt à 77 × 58 cm. Farbendr. Leipzig 891. E. H. Mayer. n. 8. —; auf Leinw. m. Stäben n. 10. —

Ostpreussen. Diercke, C., Schulwandkarte. Prov. Ostpreussen. 1 : 200,000. 192×147 cm. Farbdr. Braunschweig (906). G. Westermann.
Auf Leinw. m. Stäben 20. —

Ostpreussen. Eckert, Max, Heimatskarte der Prov. Ostpreussen. 1 : 1,000,000. 32,5×26 cm. Farbdr. Halle (903). H. Schroedel. n.n. — 12

Ostpreussen. Elwenspoek, A., u. G. Müller, Schulkarte der Provinzen Ost- u. Westpreussen, nach der grossen Wandkarte hrsg. 1 : 1,200,000. Neue Aufl. 1894. 30×37,5 cm. Farbendr. Leipzig, E. Peter. n. — 15

— Elwenspoek, A., u. G. Müller, Schulkarte der Provv. Ost- u. Westpreussen, nach d. grossen Wandkarte hrsg. 1 : 1,200,000. 30×37,5 cm. Farbdr. Leipzig 897. E. Peter. n. — 15

Ostpreussen. Elwenspoek, A., u. G. Müller, Schulkarte der Provv. Ost- u. Westpreussen, nach der grossen Wandkarte hrsg. 1 : 1,200,000. 7. Aufl. 30×37,5 cm. Farbdr. Leipzig (899). E. Peter. n. — 15

— Elwenspoek, A., u. G. Müller, Schulkarte der Provinzen Ost- u. Westpreussen. 1 : 1,250,000. 9. Aufl. 30×37,5 cm. Farbdr. Mit Text am Rande. Leipzig (906). [Dürr'sche Buchh.] E. Peter's Verl. — 15

Ostpreussen. Elwenspoek, A., u. G. Müller, Wandkarte der Provv. Ost- u. Westpreussen. 1 : 300,000. 4., verb. Aufl. 6 Blatt à 62,5 × 51,5 cm. Farbdr. Leipzig 898. E. Peter. n. 8. —;
auf Leinw. m. Stäben n.n. 14. —

Ost Preussen — Karte von — nebst Preussisch Littauen und West Preussen, nebst dem Netzdistrict, aufgenommen unter Leitung des Königl. Preuss. Staats-Minister Freyherrn von Schroetter in den J. von 1796 bis 1802 1 150,000. Hiezu Landesgränze zwischen dem Königreich Preussen und dem Herzogthum Warschau, nach der am 10. Nov. 1807, dem Tilsiter Friedens Tractat vom 9ten July 1807 gemäfs, zu Elbing abgeschlossenen Convention und der im Jahr 1808 darauf erfolgten örtlichen Begrenzung als Supplement, der von Schrotterschen Karte, entworfen von F B. Engelhardt etc. Berlin bey Sim. Schropp et Comp. 1 380,000 Supplement. 25 Bl. und 1 Supplem.

Ost-Preussen — Karte von — Littauen, Westpreussen und dem Netz-Districte, enthaltend die Regierungs Bezirke Königsberg, Gumbinen, Danzig, Marienwerder und Bromberg von F B. Engelhardt etc Berlin bey Sim. Schropp et Comp. 1818. Geschrieben und gestochen von Carl Marc in Berlin, u. v. Heinr Brose. 1 : 333,333. 23 Bl.

Ostpreussen — Karte von —, Litthauen, West-Preussen u. d. Netz-Distrikte etc. von J. B. Engelhardt. 325,000. Bis 1848 berichtigt. 23 Bl

— **Gaebler, Eduard, Schul-Wandkarte der Provv. Ost- u. Westpreussen. (Physikalische Ausg.) 1:200,000. 6 Blatt à 88,5×77 cm. Farbdr. Leipzig (907). G. Lang. 15. —; auf Leinw. m. Stäben 20. —; polit. Ausg. 2. Aufl. (910) zu gleichen Preisen.**

Ostpreussen. Gräf, C., Karte v. Ost- u. Westpreussen u. Posen u. vom Königr. Polen. 1 : 1,200,000. 22. Aufl. Lithogr. u. color. Imp.-Fol. Weimar 889. Geograph. Institut. n. 1. 20

— Handtke, F., General-Karte v. Ost-Preussen. 1 : 475,000. 22. Aufl. Nach den neuesten Materialien rev. u. ergänzt im kartograph. Institut der Verlagshandlg. Chromolith. gr. Fol. Glogau 890. Flemming. n. 1. —

— Handtke, F., General-Karte v. Ost-Preussen. 1 : 475,000. 25. Aufl. Farbendr. 73×57 cm. Glogau 892. C. Flemming. n. 1. —

— Handtke, F., General-Karte von Ost-Preussen. 1 : 475,000. 27. u. 28. Aufl. 73×57 cm. Farbendr. Glogau 895. C. Flemming. n. 1. —

— Handtke, F., Schul-Wandkarte der preuss. Prov. Ostpreussen. Entworfen u. gezeichnet v. H. Rev. u. ergänzt im kartograph. Institut der Verlagsbuchh. 3. Aufl. 1 : 250,000. 6 Blatt à 41,5×49,5 cm. Farbdr. Glogau (906). Berlin, C. Flemming. n. 3. 50; auf Leinw. in Mappe n. 7. 20; m. Stäben, roh n. 7. 60; poliert n. 8. 20

— — Schul-Wandkarte d. Provv. Ost- u. West-Preussen. 1 : 350,000. 5. Aufl. 8 Blatt à 50×34 cm. Farbendr. Ebd. (889). 2. 40; auf Leinw. in Mappe n. 7. 40; m. rohen Stäben n. 8. 40; m. schwarz polierten Stäben n. 9. 40

— — dasselbe der Provinzen Ost- u. Westpreussen. Entworfen u. gezeichnet von H. Rev. u. ergänzt im kartograph. Institut der Verlagsbuchh. 6. Aufl. 1 : 350,000. 8 Blatt à ca. 50×39,5 cm. Farbdr. Ebd. (906). n. 2. 40; auf Leinw. in Mappe n. 7. 40; m. Stäben, roh n. 8. 40; poliert n. 9. 40

— Heimatkarte der Provv. Ost- u. Westpreussen. 1 : 1,850,000. 19,5×27,5 cm. Farbdr. Leipzig (909). B. G. Teubner. nn — 15

— Hollack, Emil, vorgeschichtliche Übersichtskarte v. Ostpreussen. Im Auftrage des ostpreuss. Prov.-Verbandes entworfen u. gezeichnet. 1 : 300,000. 105×78,5 cm. Farbdr. Nebst Erläutergn. (LXXXVIII, 234 S.) gr. 8. Berlin 908. (C. Flemming.) 7. —

— Jentzsch, A., u. G. Vogel, Höhenschichten-Karte Ost- u. Westpreussens. Nach den Messgn. d. Generalstabes entworfen. Hrsg. v. der physikalisch-oeconom. Gesellschaft zu Königsberg i/Pr. 1 : 300,000. Section Bromberg-Marienwerder. Farbendr. qu. gr. Fol. Königsberg i/Pr. 890. (Koch.) n. 2. —

— Jentzsch, A., u. G. Vogel, Höhenschichten-Karte Ost- u. Westpreussens. 1 : 300,000. Hrsg. v. der physikalisch-ökonom. Gesellschaft zu Königsberg i/Pr. Section II, III. Danzig. Königsberg. Farbendr. 87×42,5 cm. Königsberg i/Pr. 891. 892. (W. Koch.) à n. 2. —
Begleitworte hierzu s. im Alphabet der Bücher: Jentzsch, A.

Ostpreussen — Neueste Karte von — in VI Blättern. Herausgegeben und zu haben in Wien bey Artaria und Comp. 1806. 1 : 500,000. 6 Bl.

— Karte der Prov. Ostpreussen. 1 : 1,900,000. 18,5×13 cm. Farbdr. Leipzig (906). Dürr'sche Buchh. n.n. — 06

— Langhans, Paul, Nationalitäten-Karte der Prov. Ostpreussen. Auf Grund amtl. Angaben entworfen. Auf Vogels Karte des Deutschen Reiches in 1 : 500,000. [Aus: „Deutsche Erde".] 65,5×51,5 cm. Farbdr. Gotha (907). J. Perthes. 2. —

— Leeder, E., Wandkarte der Provv. Ost- u. Westpreussen. 3. Aufl., hrsg. v. M. Leeder. 1 : 300,000. 6 Blatt à 62×51,5 cm. Farbdr. Essen (900). G. D. Baedeker. n. 5. —; auf Leinw. m. Stäben n. 13. —

— Lehmann's, C., Verkehrs-Karte der Provinzen Ost- u. West-Preussen, Pommern u. Posen. Nach amtl. Quellen bis auf die Gegenwart berichtigt. 1 : 1,000,000. Lith. u. color. gr. Fol. Nebst e. Verzeichniss, enth. sämmtl. Postorte u. wichtigste Angaben üb. dieselben, soweit solche nicht durch Zeichen auf der Karte dargestellt sind. gr. 8. (24 S.) Berlin 889. Berliner Lithogr. Institut. 2. 50

— Liebenow, W., Karte der Prov. Ost-Preussen, nebst den angrenz. Ländertheilen, als besond. Abdruck aus der Karte v. Mittel-Europa. 1 : 300,000. 2 Blatt. Neue Aufl. 1887. Lith. Imp.-Fol. Hannover 887. Oppermann. n. 4. 50; color. m. Landgerichtsgrenzen n. 5. —; in Carton n. 5. 50; Ausg. m. Terrain n. 6. 50; color. m. Landgerichtsgrenzen n. 7. —; in Carton n. 8. —; auf Leinw. in Carton n. 11. —; lackirt m. Stäben n. 14. —

— Liebenow, W., Karte der Prov. Ost-Preussen als besond. Abdr. aus der Karte v. Mittel-Europa. 1 : 300.000. 106×79 cm. Farbdr. Frankfurt a/M. (902). L. Ravenstein. In Decke n. 6. —; auf Leinw. n. 9. —; m. Stäben n. 10. —

Ostpreussen. Liebenow's, W., Karte der Prov. Ost-Preussen als besonderer Abdr. aus der Karte von Mittel-Europa. 1 : 300,000. 105,5×78 cm. Farbdr. Frankfurt a/M. (905). L. Ravenstein. In Decke n. 6. —; auf Leinw. in Taschenform. n. 9. —; m. Stäben n. 10. —

— Mittelbach's, R., neueste Spézialkarte der Prov. Ostpreussen. Zum Hand- u. Kontorgebrauch. 1 : 300,000. 107×79 cm. Farbdr. Leipzig (909). Mittelbach. 1. 50

— Ohmann, C. L., Schulwandkarte der Prov. Ostpreussen. 9 Blatt. Berlin, A. Wruck's Verl. 5. 50; auf Leinw. in Mappe od. m. Stäben 14.—

— Richter, Gust., Wandkarte d. Prov. Ostpreussen, f. den Schulgebrauch entworfen, gezeichnet u. hrsg. 1 : 200,000. 6 Blatt à 55,5 × 64 cm. Farbendr. Leipzig 895. G. Lang. n. 12. —; auf Leinw. in Mappe od. m. Stäben n. 18. —

— Sicker, Geo., Karte v. Ost-Preussen, unter Mitwirkg. v. Frz. Zühlke, Alois Bludau u. Alb. Zweck gezeichnet. 1 : 300,000. 4 Blatt à 61×45 cm. Farbdr. Stuttgart 901. Hobbing & Büchle. n. 10. —; auf Leinw. n. 18. —

Einzeln: 1. Litauen. n. 4. —. — 2. Masuren u. Barten. n. 3. —. — 3. Samland u. Natangen. n. 3. —. — 4. Oberland u. Ermeland. n. 3. —.

Ⓑ — Sicker, Geo., Karte v. Ostpreussen. 901. (KBL 82.) Jetzt: Stuttgart, A. Zimmer.

Ostpreussen [Sachliches OW]

Ostpreussen. Land u. Volk. Bd 1–5. *Stuttgart. Hobbing & Büchle 1898–1902.* 5 Bde 8° [F.]
1 = Zweck, Albert Litauen 1898. 2 = Zweck Masuren 1900.
3 = Zweck Samland, Pregel- u. Frischingthal. 1902
4 = Bludau, Alois Oberland, Ermeland, Natangen u. Barten. 1901
5 = Armstedt, Rich. Gesch. d. Haupt- u. Residenzstadt Königsberg i. Pr 1899. [02. 4771 8

Ostpreußen. Land u. Volk. In 16 Tln. gr. 8. Stuttgart, Hobbing & Büchle. à n. 2. —; auch in 64 Lfgn. à n. — 50
1. Litauen. Eine Landes- u. Volkskunde. Von Alb. Zweck. (S. 1—128 m. Abbildgn.) (901.)
2. Masuren. Eine Landes- u. Volkskunde. Von Alb. Zweck. (S. 1—128 m. Abbildgn.) (901.)
3. Geschichte der königl. Haupt- u. Residenzstadt Königsberg i. Pr. Von Rich. Armstedt. Mit 2 Stadtplänen, 2 Siegeltaf. u. 32 Abbildgn.) (XII u. S. 1—96.) 899.
4. Ermeland, Oberland, Natangen u. Barten. Von Al. Bludau. (S. 1—112 m. Abbildgn.) (901.)
5. Litauen. Eine Landes- u. Volkskunde. Von Alb. Zweck. (S. 129—240 m. Abbildgn.) (900.)
6. Masuren. Eine Landes- u. Volkskunde. Von Alb. Zweck (S. 129—240 m. Abbildgn.) (900.)
7. Geschichte der königl. Haupt- u. Residenzstadt Königsberg i. Pr. Von Rich. Armstedt. Mit 2 Stadtplänen, 2 Siegeltaf. u. 32 Abbildgn.) (S. 97—160.) 899.
8. Ermeland, Oberland, Natangen u. Barten. Von Al. Bludau. (S. 113—208 m. Abbildgn.) 901.
9. Litauen. Eine Landes- u. Volkskunde. Von Alb. Zweck. (S. 241—368 m. Abbildgn.) 898.
10. Geschichte der königl. Haupt- u. Residenzstadt Königsberg i. Pr. Von Rich. Armstedt. Mit 2 Stadtplänen, 2 Siegeltaf. u. 32 Abbildgn.) (S. 177—272.) 899.
11. Samland u. das Pregelthal. Von Alb. Zweck. (S. 1—64 m. 13 Taf.) 902.
12. Litauen. Eine Landes- u. Volkskunde. Von Alb. Zweck. (S. 369—452 m. Abbildgn. u. 1 Karte.) 898.
13. Masuren. Eine Landes- u. Volkskunde. Von Alb. Zweck. (S. 241—357 m. Abbildgn. u. 1 Karte.) 900.
14. Ermeland, Oberland, Natangen u. Barten. Von Al. Bludau. (S. 209—304 m. Abbildgn.) 901.
15. Geschichte der königl. Haupt- u. Residenzstadt Königsberg i. Pr. Von Rich. Armstedt. Mit 2 Stadtplänen, 2 Siegeltaf. u. 32 Abbildgn. (S. 273—354.) 899.
Litauen. Eine Landes- u. Volkskunde. Von Alb. Zweck. Mit 66 Abbildgn., 8 Kartenskizzen u. 1 großen Karte der Kurischen Nehrg. (VIII S.) 898.
Masuren. Eine Landes- u. Volkskunde. Von Alb. Zweck. Mit 59 Abbildgn. u. 3 statist. Karten. (VI S.) 900.
16. Samland, Pregel- u. Frischingthal. Eine Landes- u. Volkskunde. Von Alb. Zweck. Mit 32 Abbildgn. auf Taf. u. 3 Plänen. (VIII u. S. 65—160.) 902.
Oberland, Ermeland, Natangen u. Barten. Eine Landes- u. Volkskunde. Von Alois Bludau. Mit 53 Abbildgn. u. 4 farb. Karten. (X u. S. 305—339.) 901.

Ⓑ Ostpreußen. Land u. Volk. 899—902. (KBL 32.) Jetzt: Stuttgart, A. Zimmer.

Ostpreußen. Königsberg i. Pr Ver. z. Hebung d. Fremdenverkehrs 1906. (136 S.) 8° [F. u. Ant.] [06. 11330 10

Ostpreußen. Dem 6. Preuß. Städtetage 1908 überreicht. Königsberg i. Pr Ver. z. Hebung d. Fremdenverkehrs 1908. (136 S.) 8° [F. u. Ant.] [08. 10040 10

Ostpreussen. Zur 82. Versammlung d. Gesellsch. Deutscher Naturforscher u. Ärzte, Königsberg i. Pr. Königsberg i. Pr.: Verein z. Hebung d. Fremdenverkehrs 1910. 203 S. 8° [11. 18953 7

Ostpreussen. [Neue Ausg.] Königsberg i. Pr.: Verein z. Hebung d. Fremdenverkehrs 1910. 203 S. 8° [10. 14410

Ostpreußen auf der Mosquitoküste! Brief eines mit der königsberger Expedition nach der Mosquitoküste ausgewanderten Ostpreußen in seine Heimath. Mit Anlagen (die Adresse der städtischen Ressource zu Königsberg an den engl. General-Consul Walker zu Bluefields, dessen Antwortschreiben ꝛc.) gr. 12. (45 S.) Königsberg 848, Voigt. *

Ostpreußen, die Provinz, in 1 Provinz- u. 2 Regierungsbezirkskarten. Lithogr. u. color. Mit Rand-Text. gr. Fol. Erfurt 845, Müller'sche B. 1/9 ₰

Ostpreußen-Almanach. Ein Kalenderbuch d. Wochenschrift 'Fürs traute Heim'. Ill. Rundschau f. Haus u. Familie. Hrsg. Paul Sohr. [1.] Auf d. Jahr 1909. Königsberg i. Pr.: Ostpr. Dr. u. Verlagsanst. 1908. 8° [09. 8874 10

Ostprignitz [Schlagwort]

Ostprignitz, Kreis, s. a. Potsdam, Reg.-Bez.

Ostprignitz. Karte des Kreises Ostprignitz, Reg.-Bez. Potsdam. Hrsg. v. der kartograph. Abteilg. der königl. preuss. Landes-Aufnahme 1908. (Aufgenommen 1879 bis 1882.) 1 : 100,000. 77×75 cm. Farbdr. Berlin (904). (R. Eisenschmidt.) n.n. 2. —

— — der Ost- u. Westprignitz m. angrenzenden Kreisen u. Landesteilen. 1 : 200,000. 41×56,5 cm. Farbdr. Pritzwalk (904). A. Tienken. n. 1. 50

Ostra, Erwin, die Geheimrätin. Charakterstück in 3 Aufzügen. (94 S.) 8. Halle (906). (Wischan & Burkhardt.) n. 1. —

Ostraka, Rückkehr zu Gott und zur Natur, oder. Die Heilquelle für den Menschen unserer Zeit. Ein Buch über das große Räthsel des Lebens und über die wichtigsten, heiligsten Fragen der Menschheit. Graz, Dirnböck u. Mühlfeith, 1852, 8°, 207 S., 2,40 Mk.
Recens. Kathol. Littbl. zur Sion 1854, S. 80.

Ostrand [Schlagwort]

Ostrand, s.: Sachsen. Karte.

Oestrand, E. J., Sophoclis Antigonae v. 884—769 suethice redditi et annotation illustrati. Diss. 1869. 51 S.

Ostrau [Schlagwort]

M.-Ostrau, s.: Industriekarten.

Ostrau, s.: Mährisch-Ostrau.

Ostrawsky, Andr., Katechetik für Religionslehrer der Taubstummen. 8. (79 S. m. 1 lith. Taf.) Lemberg 846. (Milikowski.) n. 1/3 ₰

Oestreich, s. Oesterreich.

Oestreich

Oestreich. Städte, Länder, Personen u. Zustände. 8. Hamburg 842, Hoffmann u. Campe. $1^1/_2$ ₰

— oder die Macht der heil. Demokratie, dargestellt mittelst einiger Erinnerungen aus der Geschichte dieses Jahrh. von einem einfachen Bürger. Wien 866. Gorischek's Universitäts-Buchh. gr. 8. (24 S.) 3 *ngr.*

Oestreich und sein Heer. 8. (40 S.) Leipzig 866, O. Wigand.

Oestreich, Preußen und die Annektirungen. Eine Stimme aus Hannover. gr. 8. (24 S.) Wien 866, Tendler und Comp. *

—— gegenüber Preußen und Deutschland in den J. 1848—1858. Geschrieben Ende 1858. gr. 8. (47 S.) Berlin 866, Paul und Comp.
Aus: Berliner Revue, besonders abgedruckt.

Bei der Aufnahme eines Lehrlings. Gedicht vom Br.·. G[erh.] Friederich In Musik gesetzt vom Br.·. Oestreich. 5829. o. O. [1829]. 1 Bl. 8° [Kopftit.] Ohne Noten: „Sey gegrüsst in unsern Hallen, . . .“

Oestreich, Anna, d. Waschfrau im Hause. Unsere Wäsche u. deren Behandlg. E. prakt. Anleitg. zum Waschen, Rollen (Mangeln) u. Plätten f. d. angeh. junge Hausfrau. 12. (70 S.) Berlin (NW., Rathenowerstrasse 28) 897. Selbstverlag. — 50

Oestreich, Bruno, Referendar aus Danzig-Langfuhr Über die Einwirkung des Betrugs auf den Vertragsabschluss. Nach gemeinem Rechte unter Berücks. d. bürgerlichen Gesetzbuches. *Danzig-Langfuhr 1900: S. Schwalm.* (42 S.) 8°
Erlangen, Jur Diss. v 11 Dez. 1899

Oestreich, Carl Franz Georg, s. Oestreich, Karl

Praktischer Ratgeber für den modernen Handwerker, auf Veranlassung d. Handwerkskammer zu Berlin hrsg. von [Ferdinand] **Oestreich,** Reinicke, Roloff, Lehrer d. Meisterkurse, mit e. Einl. von Dr. H(ugo) Roehl, Syndikus. Berlin: E. S. Mittler & Sohn 1905. (XII, 141 S.) 8°
[05. 11603

Oestreich, Henr (geb. Karge 1804) De glande plumbea ossi humeralis infixa Berolini (1830). (21 S.) 8°
Berlin, Med. Diss. v 29. Okt 1830

Oestreich, Isidor (geb. Düren 1827) De Taenia solio ejusque curatione per Braveram anthelminthicam. Berolini (1853). (34 S.) 8°
Berlin, Med. Diss. v 9. Sept. 1853

Oestreich, Karl

Oestreich, Karl, Dr. Phil.: Beiträge zur Geomorphologie Makedoniens. Wien R. Lechner 1902. (41 S.) 4° (8°) (Erscheint vollst. als: Abhandl. d. K K. Geogr. Ges. in Wien, Bd 4, H. 1)
Marburg, Phil. Hab.-Schr v [22. Febr] 1902

Beiträge zur Geomorphologie Makedoniens. Von Dr. phil. Karl **Oestreich.** Mit 1 geol. Übersichtskarte, 2 Kartenausschn. u. 12 Textfig. *Wien: R. Lechner 1902.* (169 S.) 4°(8°)
[Ein Teil erschien als Hab.-Schrift Marburg 1902.]
= **Abhandlungen** d. k. k. geograph. Gesellschaft in Wien. Bd 4, No 1.
[03. 5250

Oestreich, K., Frankfurt a. M.—Mainz—Coblenz—Cöln Frankfurt a. M.—Wiesbaden—Cöln, s.: Hendschel's Luginsland. 13. Heft.

Oestreich, Karl, aus Frankfurt a. M Ein alpines Längsthal zur Tertiärzeit. *Marburg i. H. 1898: Brüder Hollinek, Wien.* (48 S.) 8° ¶ Aus Jahrbuch d. k. k. geol. Reichsanstalt, 1899, Bd 49, H. 1
Marburg, Phil. Diss. v [1 Juni] 1899

Oestreich, Karl, Reiseeindrücke aus dem Vilajet Kosovo. Lex.-8. (46 S. m. 17 Autotyp. u. 1 farb. Karte.) Wien 899. R. Lechner's Sort. n.n. 1. 50
Sonderabdruck aus: Abhandlgn. der geogr. Gesellsch. in Wien“.

Oestreich, Karl, die Täler des nordwestl. Himalaya, s.a. Petermann's A., Mitteilungen. 155. Erg.-Heft.

Die Täler des nordwestlichen Himalaya. Beobachtungen u. Studien von Dr. Karl **Oestreich,** Privatd., Marburg. Mit 1 Karte, 36 Taf. u. 39 Fig. Gotha: J. Perthes 1906. (VIII, 106 S.) 4°
= **Mitteilungen,** Petermanns, aus J. Perthes' Geogr. Anstalt. Erg.H. No 155.
[06. 13530

Oestreich, Car Franc G(eorg.) (geb. Wiehe 29. 9. 1827) De febris puerperalis aetiologia et curatione Berolini (1852). (31 S.) 8°
Berlin, Med. Diss. v 7. Febr. 1852

Oestreich, R

Oestreich: Zur Geschichte d deutschen Reiches unter Kaiser Heinrich VII. 50 S.-Roessel, Progr. 1855, 1860, 1868

Oestreich, Richard

— u. O. de la Camp, Anatomie u. physikalische Untersuchungsmethoden (Perkussion, Auskultation etc.). Anatomisch-klin. Studie. (VI, 266 S.) Lex.-8. Berlin 905. S. Karger. n. 7. 40; geb. n. 8. 40

Oestreich, Rich., allgemeine pathologisch-anatomische Diagnostik. (VI, 323 S.) Lex.-8. Berlin 905. S. Karger. n. 6. —

Oestreich, Richard, Einfluss der Kost auf die Albuminurie. Diss. Berlin 1887, Mayer & Müller. 8° 30 S.

Oestreich, Richard [aus Berlin]. Einfluss der Kost auf die Albuminurie . Berlin, Buchdr v Gustav Schade (Otto Francke) (1887), 30 S. + 1 Bl. 8°
Berlin, Med. Fak, Inaug. Diss v. 28. Mai 1887.

Grundriß der Allgemeinen Symptomatologie. Für Ärzte u. Studierende von Dr med. R[ichard] **Oestreich,** Privatd. Berlin A. Hirschwald 1908. (VIII, 327 S.) 8°
[08. 7038

Oestreich, R, Compendium der Physiologie d. Menschen. Für Studierende u. Aerzte. 12. (VII, 302 S. m. 75 Abbildgn. u. 1 Farbentaf.) Berlin 891. S. Karger. Geb. in Leinw. n. 6.

Oestreich's Compendium d. Physiologie d. Menschen. Für Studier. u. Aerzte. 2., gänzl. umgearb. Aufl. v. Paul Schultz. 12. (VII, 389 S. m. 37 Abb. u. 1 Taf.) Berlin 898. S. Karger. Geb. in Leinw. n. 6. —

— Lehrbuch der allgemeinen Pathologie u. allgemeinen pathologischen Anatomie. Mit 44 Textabbildgn. auf 11 Taf. in Dreifarbendr. (VIII, 616 S.) Lex.-8. Leipzig 906. G. Thieme. n. 13. —; geb. in Leinw. n. 14. 20

Oestreicher, berühmte, der Vorzeit. Biographische Skizzen für die reifere vaterländ. Jugend. Aus dem Nachlasse eines Pädagogen-Veterans. (Neue verm. Aufl.) Wien 857. Pichler. (Leipzig, Liebeskind.) 12. (2 Bl., 208 S. u. 1 Holzschn.) 12 *ngr.*

Oestreicher, Heinr., Kostümbilder. Bayer. Volkstrachten. Fol. (12 Bl. kolor. Lithogr.) München 888, Palm's Hofbuchh.
In Mappe *
Einzeln à Bl. *

Oestreicher, Hermann: Utopien des Agrar-Kredites. Basel 1907: Froese & Co. (131 S.) 8°
Freiburg i. B., rechts- u. staatsw. Fak., Ref. Fuchs, Diss. v. 1907
[Geb. 19. Okt. 81 Emmendingen; Wohnort: Berlin; Staatsangeh.: Baden; Vorbildung: Gymn.; Studium: Freiburg i. B., Berlin; Gent. Rig. 20. Juli 07.]

Oestreicher, Julius [aus Aschaffenburg]: Beitrag zur Lehre vom Uteringeräusch während der Schwangerschaft, der Geburt und des Wochenbettes. . Würzburg, P. Scheiner's Buchdr., 1891. 29 S. 8°
. Würzburg, Med. Fak., Inaug.-Diss. v. 1891

Oestreichisches. 8. (61 S.) Berlin 869, Springer'sche Buchh.

Oestreichs Antwort auf Würtembergs offenen Königsbrief, nebst Nutzanwendung u. politischen Betrachtungen über die Dresdner Conferenzarbeiten. 32. (48 S.) Grimma 851, Verlags-Comptoir. 1/8 ₰

— Befreiungstage! od. der 13., 14. u. 15. März 1848 in Wien. Geschildert von einem Augenzeugen. Mit allen bezügl. Proklamationen u. den wichtigsten Flugschriften. 2. Aufl. gr. 12. (84 S.) Wien 848, Jasper. 1/4 ₰

Oestreich's Kriegsflotte. Lex.-8. (58 S.) Leipzig 862, Engelmann.
Vgl.: Oesterreich.

Oftrein, Cäcilia, Tiroler Küche. 8. (448 S.) 1.50
Cart. 1.75, geb. 2.—
Innsbruck: Vereinsbuchhandlg. 1898

Ostřihanský, F., Tabelle zur Ermittelung d. kubischen Inhaltes der entwipfelten Stämme nach dem Metermasse. 2. Aufl. 16. (31 S.) Trebitsch 888. (Wien, F. Grottendieck.) Kart. n. — 48; Plakatformat n. — 40

Oestring, Jakob Johann: Diss. acad. contin. observationes circa curam herniarum incarceratarum,
s. Alcenius, Joseph Joachim

Oestring, Joh., die Grafen Lasicz. Moderner Sittenroman. 8. (153 S.) Zürich 901. C. Schmidt. n. 3. —; erm. Pr. n. 2. —

Ostritz [Schlagwort]

Ostritz, s.: Oberlausitz.

Ostritz, s.: Sachsen. Karte.

Ostritz, s.: Sachsen. Messtischblätter.

Ostritz, s.: Sachsen, Mittelbach, R.

Ostritz-Bernstadt, s.: Geolog. Karton (Sachsen).

Ostro [Schlagwort]

Ostro, Spitze, s.: Adriatisches Meer.

Oftrodt, H. v., der Weihnachtsstorch, s.: Bloch's, Eduard, Theater-Korrespondenz. Nr. 344.

Ostrodzki, Isidor (geb. Löbau in Westpr. 9. 7. 1862): Der Retropharyngealabscess bei Kindern. Berlin (1885). (34 S.) 8°
Berlin, Med. Diss. v. 4. Juli 1885

Ostrog [Schlagwort]

Ostrog, s.: Europa. Uebersichtskarte.

Ostrogorski, M.: Die Frau im öffentlichen Recht. Eine vergleichende Untersuchung der Geschichte und Gesetzgebung der civilisierten Länder. [La Femme au point de vue du droit public. Étude d'histoire ...; 1892.] Autoris. Übers. v. Franziska Steinitz. — Leipzig: Wigand 1897. VI, 242 S. 8°

Ostrogorski, M., d. Frau im öffentl. Recht. E. vergleich. Untersuchg. d. Geschichte u. Gesetzgebg. d. civilis. Länder. Autor. Uebersetzg. v. Franziska Steinitz. gr. 8. (VI, 242 S.) Leipzig 897, O. Wigand. 3.60

Ostrogradsky, mémoire sur la théorie générale de la percussion. (Abdr. aus „Mém. de l'Acad. des Sciences etc.") St. Pétersbourg 854. (Leipzig, Voss.) gr. 4. (35 S.) nn. 15 ngr.

Ostrogski, Winc., ocenienie parafiańszczyzny leszka. gr. 8. (19 S.) Bautzen 850, Reichel. *

Ostrop, Hubert [app. Arzt aus Buldern]: Ein Fall von dreijähriger Schlundsondenfütterung ... München, Buchdr. v. M. Ernst, 1892; 37 S. 8.
München, Med. Fak., Inaug.-Diss. v. [17. Juni] 1892

Ost-Rosenthal [Schlagwort]

Ost-Rosenthal, s.: Berlin.

Ostrovski, A. N., Wölfe u. Schafe, s.: Meisterwerke, russische, m. Accenten.

Ostrow, Demetr., Entdeckungen im Innern d. Erde, s. Entdeckungen.

Ostrow, Moriz Ritter v., Der Bauernkrieg vom Jahre 1846 in der österreichischen Provinz Galizien. 1869. gr. 8.° (102 S.) Wien, lit.-art. Anstalt von C. Dittmarsch in Comm. 1 fl.

(v Ostrow, Moritz Ritter), Denkschrift über die Frage der Einigung Deutschlands. Der deutschen National-Versammlung in Frankfurt gewidmet. (4 S.) 4°.

Ostrow, Mor. v., Lexikon der politischen Gesetze des Kaiserth. Oesterreichs. 1. Bd. Wien (857.) Zamarski u. Co. (Typogr.-literar.-artist. Anstalt.) gr. 8. (2 Bl., S. 1—726.) n. 3 ₰. 10 ngr.

Ostrow, Moritz Ritter von, Der mitteleuropäisch-deutsche Staatenbund. Lemberg, Stauropigian-Institut, 1848. II, 62 S. 8°

Ostrow, Mor. v., Weltgeschichte in einer Reihe v. Quellenauszügen versucht. 2 Thle. gr. 8. (56 1/2 B. u. 4 Tab.) Wien 844. (Leipzig, Hermann.)

Ostrowicz, Alex., stranger's guide to San Remo. 12. (X, 121 S. m. 8 Abbildgn. u. 1 Karte.) München 894. (U. Putze.) Geb in Leinw. n. 2. —

Ostrowicz, Alexander *(geb. Gostyn in Pos. 11 7 1840)* De trichina spirali et trichinosi. Vratislaviae (1866). (23 S.) 8°
Breslau, Med. Diss. v 27 März 1866

Ostrowitzki, Hieronymus, prakt. Arzt, aus Westpreussen **Über den intermittierenden Exophthalmus.** *Greifswald 1900: J. Abel.* (23 S.) 8°
Greifswald, Med. Diss. v. 28. Febr. 1900

Ostrowo [Sachliches OW]

Kreise Ostrowo und Adelnau. Massstab 1 100,000 *Lissa: P F. Ebbecke [1902] Kartogr Anst. P Baron. Liegnitz.* (1 Kartenbl. 50×35 cm.) 8° [kol.]
[Umschlagt] Spezial Karte d. Kreises Adelnau in 5fachem Farbendr Rev von d. zuständ Behörden [… 902]

Ostrowo [Schlagwort]

Ostrowo, s.a. **Adelnau.**

Ostrowo. Kreis, s.a. **Forstkarten.**

Ostrowo, Kreis, s.a. **Posen, Reg.-Bez.**

Ostrowo, Kreis. Baron, P., Spezial-Karte des Kreises Ostrowo. Red. v. den zuständ. Behörden. 1 : 100,000. 39×55 cm. Farbdr. Lissa 902. F. Ebbecke. n. — 50

— — Wandkarte der Kreise Ostrowo u. Adelnau. Für den Privat- u. Schulgebrauch nach den neuesten Quellen entworfen. 1 : 50,000. 2. (verb.) Aufl. 6 Blatt à 47,5×40 cm. Farbdr. Ostrowo 899. H. Hayn. n. 9. —; auf Leinw. m. Stäben n.n. 12. —

Ostrowski, Georg Stanislaus von: Ueber den **Einfluss** künstlicher Düngemittel auf die Erntemenge und die Zusammensetzung der Vicia villosa. *Leipzig: Rossberg 1901.* (63 S.) 8°
Leipzig, Phil. Diss. v [4. Juli] 1901

Ostrowski, Geo. Stanisl. v., über den Einfluss künstlicher Düngemittel auf die Erntemenge u. die Zusammensetzung der Vicia villosa. Diss. gr. 8. (III, 63 S.) Leipzig 901. Rossberg'sche Buchh. n. 1. 20

Ostrowski, Kryst., jamby polski [1830—1862]. 2 Tomy. Leipzig 863. Gerhard. 8. (XXIV, 454 S.) n. 2 ₰ 15 ngr.

—— **Légendes et contes populaires du Sud par un homme du Nord. 8. (323 S. mit 1 Stahlst.) Leipzig 863, Gerhard.** *

Ostrowski, Otto, a. Luckenwalde: Le Mystère de Saint Crespin et Crespinien nach dem Manuskript No. 219 der Bibliothek in Chantilly. Greifswald 1909: Adler. 98 S. 8°
Greifswald, Phil. Diss. v. 16. März 1909, Ref. Stengel
[Geb. 28. Jan. 83 Spremberg; Wohnort: Berlin; Staatsangeh.: Preußen; Vorbildung: Realgymn. Charlottenburg Reife O. 03; Studium: Berlin 1 Lyon 2, Berlin 2, Greifswald 1 S., Rig. 9. Mai 08.] [U 09. 1546

Ostrowski, Theodor von

v. Ostrowski, Thom., s.a. Civilrecht d. Poln. Nation.

Ostrowski, Theodor von.

Civilrecht der Pohlnischen Nation . . . A. d. Pohln. Leipzig 1786—1802. Ü: *Bröcker, Frdr. Bernhard & Joh. Carl de Finance.* (BrMm) (Schz)

Ostrowski, Theod. v.: Civilrecht der Pohlnischen Nation aus den pohlnischen und lithauischen Statuten und Constitutionen zusammengetragen, . . . erl., mit Zusätzen aus dem Canonischen, Magdeburgischen u. Culmischen Rechte verm. . . . Aus d. Pohln. übers. (von Friedr. Benj. Bröcker u. Joh. Carl de Finance). Th. 1. 2. Berlin, (Th. 2:) Leipzig 1797. 1802. [2 Ex.] 2 + 1 Bd

Ostrowsky, Thom. v., Civilrecht d. polnisch. Nation, n. d. röm. Gesetz., a. d. Polnisch. 1r Thl. gr. 8. Berlin, Langhof. 797.
— — dess. 2r Thl. gr. 8. Leipzig, Gräff. 802.

Ostrowski, Thom. von, s. Ostrowski, Theodor von

Ostrowskij, Alex., das Gewitter. Drama in 5 Aufzügen. Aus dem Russ. übers. u. m. e. Vorwort versehen v. Alexis Markow u. Rich Zeyss. 8. (77 S.) Berlin 893. Stuttgart, C. Malcomes. n. 1. 25

— Wölfe u. Schafe, s.: **Meisterwerke, russische.**

Ostrowsky, Kryst., s. Ostrowski

Ostrowsky, W., quantitative Analyse d. Blutes tragender Hunde u. Katzen. Diss. gr. 8. (34 S.) Jurjow (Dorpat) 892. (E. J. Karow.) n. 1. —

Ostrożyński, Ladisl. R. v., Prozess Zólkiewski-Stwiertnia. Nach den Gerichtsakten kritisch zusammengestellt. gr. 8. (39 S.) Lemberg 886. (Milikowski.) n. 1. 30

Oestrum ephemericum poeticum.

Monachii 1712. V: *Eggs, Leon.* (Jes) (So)

Ost-Rumelien [Schlagwort]

Ost-Rumelien, s.: **Bulgarien.**

Ostrumelien, s.: **Eisenbahnkarten.**

– s. Generalkarten, Hand- und Reisekarten.

Ostrumelien, s.: **Hand- u. Reisekarten.** 48.

Oestrup, J., Contes de Damas, recueillis et traduits, avec une introduction et une esquisse de grammaire. gr. 8. (VIII, 163 S.) Leiden 897. Buchh. u. Druckerei vorm. E. J. Brill. n.n. 5. —

Oestrup Johannes, Die Wiedergeburt der turkischen Literatur [A. aus Zukunft VIII Jahrgang S 191 – 4] Berlin 1899.

Ost-Schleswig. Von Kiel bis Jütland Unter besonderer Berücksichtigung der Flensburger Föhrde Mit 4 Karten. 2 Aufl Hamburg. 1909/1910 8°
(Richters Reiseführer)

Ostschweiz: Die Ostschweiz

① Tagblatt für die Kantone St. Gallen, Appenzell und die angrenzenden Gemeinden des Kantons Thurgau. Zentralorgan der Konservativen Volkspartei des Kantons St. Gallen und amtliches Publikationsorgan für die Stadt St. Gallen und die benachbarten Gemeinden und Korporationen (2. 1. 1928). Zentralorgan der Konservativ-Christlichsozialen Volkspartei des Kantons St. Gallen. Organ für die Kantone St. Gallen, Appenzell und die angrenzenden Gemeinden des Kantons Thurgau. Amtliches Publikationsorgan für die Stadt St. Gallen und die benachbarten Gemeinden. Schweizerisches Tagblatt (2. 1. 1950) ⑤ 1 1 1874 (cont.) ⑥ 2° ⑦ Tagblatt (bis 10. 3. 1912) täglich 2× (ab 11. 3. 1912) ⑧ St. Gallen G. Moosberger (1874—9. 7. 1881), G. Moosberger's Buchdruckerei (F J. Moriell) (10. 7 1881 — 26. 2 1882), F J Moriell (28. 2. 1882—30. 6. 1883), K. Poyda (1 7. 1883—30. 6. 1886), K. Poyda'sche Buchdruckerei (1 7. 1886—31. 12. 1886), e. G. «Buchdruckerei der Ostschweiz» (1. 1. 1887—18. 11 1891), Buchdruckerei «Ostschweiz AG» (seit 18. 11. 1891) ⑨ Sterne und Blumen, Steinach-Klänge, Religion und Kultur, Der katholische Gedanke, Wirtschaft und Arbeit, Die neue Gesellschaft, Für das Bauernhaus, Technik und Natur, Die andere Seite ⑩ Katholisch-konservative Partei des Kantons St. Gallen. Wilhelm Rueß ⑪ Georg Baumberger, Dr. h. c. Emil Buomberger-Longoni, Aloys Horat, Josef Bächtiger, Dr Carl Doka ⑫ katholisch-konservativ ⑬ BGSZ 355, 520, 1045—1047; Sondernummer vom 1 1 1949 ⑭ SG. Va, Kb; Be: L (1883 cont.).

Ostschweiz und Engadin Hrg. von den Vereinigten Schweizerbahnen *sa* [Stamm, Heinrich].

Ostschweiz und Engadin. 2. Aufl. Hrg. von den Vereinigten Schweizerbahnen und der Rhätischen Bahn. [Mit Illustrationen und 3 Tafeln.] 84 S. 8. (St. Gallen, Zollikofer, [1901].) [fr. 1. —]

Ostschweiz und Engadin. [Führer. Mit Illustrationen und 1 Karte. Herausgeber:] Schweizerische Bundesbahnen. VI + 64 S. 8. (St. Gallen, Zollikofer, [1904].)

Ostsee [Sachliches OW]

Ost-See. Deutsche Küste. Sect. 1—3. M. 1 100000. Sect. 5—8. M. 1: 150000. Berlin 1872 ff. . . . . (Br. Mus.)

Ost-See: Eckernförder Bucht. Specialkarte der Sect. II. 1 50000. Aufgenommen im Jahre 1872 Hrgg. v. dem Hydrographischen Bureau [der Kaiserlichen Admiralität] 1874 Kupferstich. 1 Bl Quer-Fol., 42 76,5 cm

Mit einer Ansicht vom Nordufer der Bucht.

Die Ostsee. Hrsg von der Nautischen Abtheilung des Reichs-Marineamts. Berlin

Die Ostsee. Uebersichtskarte 1 1 500 000. No. 98 1892. 1 Bl. K

Die Ostsee, mittlerer Theil. 1 600 000. No. 60 1880 und 1894. Je 1 Bl. K

Die Ostsee, westlicher Theil. Mit der Einsegelung durch den Sund und die Belte 1 300 000. No. 69 1881 2 Bl. K

Die Ostsee nördlicher Theil. 1 600 000 No 78 1883. 1 Bl. K

Preussen, nördlicher Theil und Kurisches Haff 1 150 000. No. 45 1877 2 Bl. K

Preussen, Danziger Bucht und Frisches Haff. 1 150 000. No. 51 1878. 1 Bl. K

Pommern, Ostblatt. 1 150 000. No. 58 1879. 1 Bl. K

Pommern, Mittelblatt 1 150 000. No. 65 1880. 1 Bl. K

Ost-See, Die. Herausg. von dem Hydrographischen Amt der Admiralität. Berlin. Kupf., schw . . . . (BPA.)

I. Mittlerer Theil. 1 600000. 1880. II. Westlicher Theil. Mit der Einsegelung durch den Sund und die Belte. . 1 300000. 1881. 2 Bll. III. Nördlicher Theil. 1: 600000. 1883. IV. Das Stettiner Haff. 1: 75000. Vermessen im J. 1878. V. NW.-Küste von Rügen mit den Einsegelungen nach Stralsund. 1 75000. Vermessen im J. 1879. VI. Deutsche Küste, Pommern. Vermessen im J. 1879 unter Leit. d. Korv.-Kapt. Hoffmann 1 150000. 1881. VII. Der Kieler Hafen. 1: 12500. 1881 VIII. Der finnische Meerbusen. 1: 600000. 1881. IX. Der Bottnische Meerbusen. Südlicher Theil. 1: 600000. 1886.

Ostsee: Westlicher Teil mit Sund und Belten 1 · 300 000. Hrgg vom Reichs Marine-Amt Berlin 1910 2 Bl Groß-Fol 52,97 cm. Kupfrst mit Farbenaufdruck

Die **Ostsee** und ihre Bäder. (Vorr: Hofrat Dr med. [Friedrich] Röchling, Misdroy.) Ausg 1 Dresden F E. Boden (1906). (50 S.) 4° [Umschlagt. F.] [06. 10945 10

Ostsee, die, in Lied-, Spruch- u. Prosa-Schilderung, s.: Land u. Volk, deutsches.

Ostsee, die schwedische, s. Conversations-Hefte, illustrirte.

Ostsee [Schlagwort]

Ostsee, s.a. Seekarten.

Ostsee. Karte, neueste, der Ostsee. [Aus: „Grieben's Reisebücher".] 1 : 650,000. 24×49 cm. Farbdr. Berlin (900). A. Goldschmidt. n. — 50

Ostsee [Verfasser]

von der Ostsee, Bd., s. Gesellschaftsspiele, neue, ꝛc.

Ostsee-Album nebst Rügen. qu. gr. 8. (16 Taf.) Stettin 897. A. Schuster. 1. 50; in Leinw.-Decke n. 2. —

Ostsee-Bäder [Sachliches OW]

Die **Ostsee-Bäder** Prakt. Wegweiser 9. Aufl. neu bearb. von Franz Tismar Mit 9 Kartenbeil. *Berlin: A. Goldschmidt 1900.* (168 S.) 8°
= **Reisebücher**, Griebens. Bd 55. [00. 10615

Die Ostsee-Bäder Prakt Wegweiser Neu bearb. 10. Aufl. Mit 10 Karten. *Berlin A Goldschmidt 1902 03* (160 S.) 8° [F. u. Ant.]
= Reisebücher, Griebens Bd 55. [02 10803

Die **Ostsee-Bäder.** Prakt. Wegweiser. Neu bearb. 11. Aufl. Mit 11 Karten. Berlin: A. Goldschmidt 1904–05. (159 S.) 8° [F. u. Ant.]
= **Reiseführer**, Griebens. Bd 55. [06. 5334

Die **Ostsee-Bäder** Prakt. Wegweiser Neu bearb. 12. Aufl. Mit 12 Karten. Berlin: A. Goldschmidt 1906–07. (150, 20 S.) 8°
= **Reiseführer**, Griebens. Bd 55. [07. 8511

Die **Ostsee-Bäder.** Prakt. Reiseführer Neu bearb. 13. Aufl. Mit 12 Karten. Berlin: A. Goldschmidt 1908–09. (163, 16 S.) 8°
= **Reiseführer**, Griebens. Bd 55. [08. 15584

Die **Ostsee-Bäder** Prakt. Reiseführer Neu bearb. u. verm. 14. Aufl. Mit 12 Kt. Berlin: A. Goldschmidt 1910–11. 168 S. 8°
(Griebens Reiseführer Bd 55.) [10. 9392

Ostsee-Bäder, die deutschen. Hrsg. vom Verbande deutscher Ostseebäder. (Führer durch die Badeorte des „Verbandes deutscher Ostseebäder".) Ausg. 1900. 8. (176 S. m. Abbildgn. u. 1 Karte.) Berlin, Bureau „Ostseeverkehr". — 15

Ostsee-Bäder, die deutschen. Nach Einsendgn. d. Bade-Direktionen zusammengestellt u. hrsg. v. Verbande deutscher Ostsee-Bäder, Berlin. 8. Ausg. 1907. (288 S. m. Abb. u. 12 Plänen.) 8. Berlin. (Leipzig, Woerl's Reisebücherverl.) — 80

Ostseebäder an der pommerschen Küste. Ein Album mit 29 Ansichten in Autotypie u. 1 Grav. (Verf.: Dr. Georg **Malkowsky.**) Berlin Gesellsch. z. Verbreitung klass. Kunst [1907]. (32 S.) 8° [F.] [07. 13451 9

Ostsee-Bäder an der pommerschen Küste. Ein Album m. 29 Ansichten in Autotyp. u. e. Grav. (82 S.) 21,5×28 cm. Berlin (907). (Stettin, A. Schuster.) 2.—

Ost- u. Nordsee-Bäder, die, s.a Grieben's Reisebücher.

—— **Praktischer Wegweiser. 5. Aufl. mit mehreren Karten u. Plänen. Berlin 1892. 8.**
Ist: Grieben's Reise-Bibliothek 55.

Die **Ost- und Nordsee-Bäder.** Prakt. Wegweiser. 7. Aufl. m. mehreren Kt. u. Pl. *Berlin: A. Goldschmidt 1896.* (2 Bl., 190 S., 1 Bl., 12 S., 3 Kt.) 1 Bd 8.
= **Reisebücher,** Griebens. Bd 55. [96. 6654

Die **Ostsee- und Nordsee-Bäder.** Prakt. Wegweiser. 8. Aufl. m. mehreren Kt. u. Pl. *Berlin: A. Goldschmidt 1898.* (2 Bl., 188, 12 S., 3 Kt.) 1 Bd 8.
= **Reisebücher,** Griebens. Bd 55. [98. 9881

Ostseebäder und Städte der Ostseeküste. Mit 12 Karten und 16 Plänen. (Meyers Reisebücher.) Leipzig und Wien. 1899. Bibliographisches Institut. 8°. XII, 300, 76 S. Geb. fl. 1.80

Ostseebäder und Städte der Ostseeküste. 3. Aufl. Mit 17 Karten, 21 Pl. u. 1 Flaggentaf. Leipzig & Wien. Bibliogr. Instit. 1906. (XII, 332 S.) 8° (Meyers Reisebücher.) 10

Ostseebäder und Städte der Ostseeküste 4 Aufl. Mit 22 Karten, 27 Plänen u 2 Taf Leipzig u. Wien 1910 8° (Meyers Reisebücher)

Ostsee-Bäder [Schlagwort]

Ostseebäder. Bünting, Fritz, Bäderkarte der deutschen Ostsee-Küste von Flensburg bis Kolberg nebst e. Flaggenkarte. Nach amtl. Materialien bearb. 1: 500,000. 47,5×84,5 cm. Farbdr. Bremen (909). E. Hampe. — 60

Ostseebäder. Müller, Gust., Karte der Ostseebäder Ückeritz, Bansin, Heringsdorf, Ahlbeck, Swinemünde u. Misdroy m. Umgebungen. 1:75,000. (Mit 4 Spezial-Plänen [Heringsdorf, Ahlbeck, Swinemünde, Misdroy] 1:12,500.) Nach amtl. Quellen u. eigenen Erkundgn. bearb. 8., bis auf die neueste Zeit bericht. Aufl. 50,5×49,5 cm. Farbdr. Swinemünde (910). W. Fritzsche. — 80

— Strandkarte der Ostseebäder Alt-Gaarz, Arendsee, Brunshaupten, Fulgen, Doberan-Heiligendamm, Börgerende, Nienhagen, Warnemünde etc., nebst Wanderkarte durch deren weitere Umgebung, m. Spezialkarte der Kühlung. 1:100,000. 63×53,5 cm. Farbdr. Berlin (SW. 68, Alte Jakobstr. 20—22) (909). Max Meissel. 1. —

— Swinemünde, Ahlbeck, Heringsdorf u. Misdroy. (18 Taf.) 15×21 cm. Ebd. (910). 1. —

Ostsee-Escadre, die dänische, 1864. Von einem See-Offizier. Berlin 865. Mittler & Sohn. gr. 8. (IV, 41 S.) 6 ngr.

Ostsee-Expedition, die, 1901 des deutschen Seefischerei-Vereins, s.a. Abhandlungen des deutschen Seefischerei-Vereins. 7.

Die Ostsee-Expedition 1901 des Deutschen Seefischerei-Vereins. Mit Berichten von Henking (Kgl. Oberfischmeister in Memel) [u. a.]. Mit 1 Karte, 4 Textkarten, 28 Tab. u. e. Anzahl Abb. (Hrsg. Dr. Herwig, [Vorsitzender d. Dtsch. Seefischerei Ver.].) *Berlin: O. Salle 1902.* (VII, 284 S.) 4°(8°)
= Abhandlungen d. Deutschen Seefischerei-Vereins Bd 7

Ostsee-Fischerei, die, in ihrer jetzigen Lage, s.a. Publications de circonstance du conseil permanent international pour l'exploration de la mer. Nr 13 A.

Die Ostseefischerei in ihrer jetzigen Lage. (1. 1), 1. *Copenhague: A. F. Høst & fils en comm. 1904.* 4°(8°)
= Conseil permanent internat. p. l'exploration de la mer. Publications de circonstance No 13 A.

Erster Internationaler **Ostseefischerei-Kongress** zu Riga 25. (12.) Juli bis 28. (15.) Juli 1910. Dorpat: Livländ. Abt. (d. Russ. Ges. f. Fischzucht...) 1910. 8°
Aus: Jahrbuch d. Abt. d. Kais. Russ. Gesellsch. f. Fischzucht u. Fischfang 1910.

Russlands **Ostseehäfen** m. bes. Berücks. d. Neuen Kriegshafens von Libau. Kurze Abhandlg nebst 4 Sk., nach neuesten Russ. Quellen bearb. v. R. G. K. *Colberg: R. Knobloch 1897.* (12 S., 2 Bl. Sk.) 1 Bd 8.

Ostsee-Küste, die deutsche, an die erste deutsche National-Versammlung in Frankfurt a. M. (Eine Stimme aus Stralsund. Von dem Ausschuß für Maßregeln zum Schutze der Küsten und Häfen gegen feindl. Angriffe.) 4. (½ Bog.) Stralsund 848, Löffler'sche Buchh.

Ostsee-Küsten [Schlagwort]

Ostsee-Küsten, s.: Bornholm.

Ostsee-Provinzen-Blatt für das Jahr 1823[—27]. O. O. H: *Sonntag, Carl Gottlob.* (R-N)

Ostsee-Telegraph. –
Flensburg. – 26.X.1848 – 3.(?)II.1850.

Der **Ostsee-Telegraph.** Flensburger Correspondenz-, Gewerbe- und Anzeigeblatt für Stadt und Land. (Gedruckt u. hrgg. v H. Petersen & Co.) Flensburg. 1848–49. Fol.

Ostsee-Zeitung. –
Stettin. – 3.IV 1848 – ?
Vorh. u.d.T. Börsen-Nachrichten.
Fortges. u.d.T.. Stettiner Abendpost

Ostsee-Zeitung. Jahrgang 1890 93. Stettin. Fol.

Ostsee-Zeitung und Börsen-Nachrichten der Ostsee. Herausg. von O. Wolff. Stettin 1853—59. Fol.

Ostsee-Zeitung und Börsen-Nachrichten der Ostsee, Stettin, Jahrg. 1876—89. Stettin 1876—89. gr. Fol. (3758—79, 6187—90, 9351—56, 10307-10, 10715—48, 11155—58, 11855—58, 12789—92, 13628—31)

Ostsibirien [Schlagwort]

Ostsibirien, s.a. Mandschurei.

Ostsibirien — Südliche Grenzgebiete von — 7,500,000. G. M. 1861.

Ost-Thüringen [Schlagwort]

Ost-Thüringen, s.: Automobilkarten. Mittelbach.

Ost-Tirol [Schlagwort]

Ost-Tirol, s.: Automobilkarten. Freytag.

Ost-Tirol, s.: Radfahrerkarten. Freytag.

— s. Salzkammergut.

Ost-Tiroler Alpen, s.: Alpen. Ravenstein, L.

Ost-Turkestan und das **Pamir-Plateau** nach den Forschungen der Britischen Gesandtschaft unter **T. D. Forsyth 1873** und **1874**. Mit 1 Karte = Petermanns Mitteilungen aus Perthes' geogr. Anst. Ergänzungsbd. 11. Nr 52. Gotha. **1877**. 4°.

Ost-Usambara [Schlagwort]

Ost-Usambara, s.: Kolonialkarten. Böhler.

Ostwacht

Ⓑ Bei der Gründung der Ostschweizerischen Arbeiterzeitung (1905) standen auch die folgenden Zeitungstitel zur Diskussion: Zukunft, Zeitgeist, Menschentum, Ostwacht, Volksstimme, Tagwacht, St. Galler Zeitung, St. Galler Post. v Festschrift «50 Jahre Volksstimme» (St. Gallen, 1954), p. 22.

Ostwacht. deutsche. Wochenschrift f. den deutschen Mittelstand. Organ d. Deutsch-sozialen Provinzial-Verbandes f. Schlesien. Hrsg.: Hans Buchstein. 1. Jahrg. Juli—Decbr. 1892. 13 Nrn. (1½ Bog.) gr. 4. Breslau, Hugo Kretschmer. à Nr. n. — 10

— **dasselbe.** 2. Jahrg. 1893. 53 Nrn. (1½ Bog.) gr. 4. Ebd. à Nr. n. — 10

— **dasselbe.** 3. Jahrg. 1894. 1. Quart. 13 Nrn. (1½ Bog.) gr. 4. Ebd. à Nr. n. — 10

— **dasselbe.** 3. Jahrg. 1894. 2.—4. Quart. 39 Nrn. (1½ Bog.) gr. 4. Breslau, Provinzial-Verlagsanstalt f. Schlesien u. die Lausitz. à Nr. n. — 10

Ostwald, Rechenaufgaben aus der Kranken-, Unfall-, Invaliditäts- u. Altersversicherung, s.: Lucks.

Ostwald, Rechenbuch für Stadt- und Landschulen, s. Knabe, Rich.

Ostwald, Religionsbuch f. evangelische Schulen, s.: Lucks.

Ostwald, Chr. Fr Adolf

Ostwald, C. F. A., ein neuester Jenaer Beitrag „Zur Holsteinischen Erbfolge" aus der „Neuen Preuß. Zeitung" mitgetheilt u. beleuchtet. gr. 8. (23 S.) Kopenhagen 851, Schwartz. ⅛ ℳ

—— enthält der Mühlenzwang nach gemeinem deutschen Rechte auch hinsichtlich des Ankaufes von Mühlen-Producten eine Beschränkung der Mühlenbannpflichtigen? Im Hinblicke auf einige Rechtsfälle aus d. Fürstenth. Ratzeburg u. Herzogth. Lauenburg, u. unter besond. Berücksichtigung des letztern Landes verneinend beantwortet. gr. 8. (4½ B.) Kiel 844, Schwers'sche Buchh. *

— die Erbansprüche der augustenburg. Linie, s.: Portfolio, Skandinav. Nr. 4.

OSTWALD, CHR. FRIEDR. ADOLF, Ueber die Concurrenz der Lauenburgischen Landstände bei der Landes-Gesetzgebung, zunächst in Beziehung auf die Zoll-Angelegenheiten. Ein publicistischer Versuch. (Aus d. Dec. Hft. 1839 und Jan. Hft. 1840 des Politischen Journals besonders abgedruckt). Hamburg. 1840. P.

Ostwald, Chr. Fr. Ad., Materialien zu einer rechtlich-politischen Beleuchtung der monopolistisch. Privilegien des Schiffamtes zu Lauenburg im Conflicte mit der Gegenwart. Zunächst in Beziehung auf die Handelsverhältnisse der Stadt Möllen. gr. 8. (3¾ B.) Altona 842, Hammerich. -

Ostwald, Chr. Fr. Ad., zur Würdigung der Schrift: „Zweite polemische Erörterung über die schleswig-holstein. Staatssuccession. Von A. L. J. Michelsen. Leipzig, 1846." Ein publicistischer Beitrag. 2. Bd.: Urkundliche Beilagen. gr. 8. (216 S.) Kopenhagen 848, Klein. 2 Bde. Thlr.
Der 1. Bd. ist zur Zeit noch nicht erschienen.

OSTWALD, Eugen: Zur Forsteinrichtung und Waldwerthrechnung. - Dorpat 1899. 31 S.

Ostwald, E., inwieweit ist bei dem heutigen Stande der Wirthschaft u. der durch dieselbe bestimmten Forsteinrichtungs-Praxis die Forderung strengster Nachhaltigkeit der Nutzungen überhaupt noch aufrecht zu erhalten? [Aus: „Centralbl. f. d. ges. Forstwesen".] (Internationaler land- u. forstwirthschaftl. Congreß zu Wien 1890, Hft. 9) gr. 8. (7 S.) Wien 890. (W. Frick.) n. 1. —

Ostwald, Gust., s.: Wasser- u. Wegebau-Zeitschrift.

— s.: Wegebau-Zeitung.

OSTWALD, Hans (in Zehlendorf-Berlin, geb. 31 Juli 1873), Ausbeuter der Dirnen. Dunkle Bilder aus dem Schmarotzertum der Grossstadt. Berlin. o. J (190*). 8⁰ (2 Mk. A. Bielefeld, 1909.)

Ostwald, Hans, die Bekämpfung der Landstreicherei. Darstellung u. Kritik der Wege, die zur Beseitigung der Wanderbettelei führen. (278 S.) gr. 8. Stuttgart 903. R. Lutz. n. 5. —

Ostwald, Hans, Berlin u. d. Berlinerinnen. Eine Kultur- u. Sittengeschichte. (Mit 7 handkolor., 17 ganzseit. Kunstblättern, sowie 450 Abb. im Text u. 1 Gravüre.) (IV, 496 S.) Lex. 8. Berlin (909—11). H. Bondy. 20.—; auch in 10 Lfgn. à 2. —

Ostwald, Hans. Das erotische Berlin. Der gesammelten Großstadt-Dokumente erster Band Berlin & Leipzig. Hermann Seemann Nachf. [um 1910].
Getr. Pag. 8°
(Im Sittenspiegel der Großstadt. Gesammelte Großstadt-Dokumente hrsg. von Hans Ostwald. Bd. 1)
1. Hammer, Wilhelm. Zehn Lebensläufe Berliner Kontrollmädchen. 18. Aufl. 118 S.
2. Ostwald, Hans, Zuhältertum in Berlin. 9. Aufl. 86 S.
3. Hirschfeld, Magnus, Berlins Drittes Geschlecht. 18.—25. Aufl. 77 S.
4. Werthauer, J. Sittlichkeitsdelikte. 2. Aufl. 85 S.
5. Mensch, Ella, Bilderstürmer in der Berliner Frauenbewegung. 5. Aufl. 89 S.

OSTWALD, Hans (geb. zu Berlin 11. Juli 1873), Bilderstürmer in der Berliner Frauenbewegung. Berlin 1906. 8⁰. (Mk. 1.—.) (60 Pfg. J. E. Mueller, Halle.)

OSTWALD, Berliner Bordelle. Leipzig 1905. 8⁰ (70 Pfg. B. Seligsberg, Bayreuth, 1906.)

— **das Berliner Dirnentum. 1.—5. Bd. 8. Leipzig, W. Fiedler. n. 7. —; Subskr.-Pr. f. 20 Bde. n. 20. —**
1. Berliner Bordelle. (84 S.) (905.) n. 1. —
2. Die freie Prostitution im Vormärz. (78 S.) (905.) n. 1. —
3. Mätressen in Berlin. (85 S.) (906.) n. 1. 50
4. Der Tanz u. die Prostitution. (88 S.) (906.) n. 1. 50
5. Männliche Prostitution. (111 S.) (906.) n. 2. —

— Das Berliner Dirnentum. 6.—10. Bd. 8. Leipzig, W. Fiedler. 8.—; Subskr.-Pr. f. 20 Bde. 20. —
6. Prostitutionsmärkte. (90 S.) (907.) 1. 50
7. Schlupfwinkel der Prostitution. (93 S.) (907.) 1. 50
8. Gelegenheitsdirnen. 2. Taus. (87 S.) (907.) 1. 50
9. Dirnentypen. 2. Taus. (81 S.) (907.) 1. 50
10. Ausbeuter der Dirnen. (112 S.) (907.) 2. —

OSTWALD, Hans. Dirnentypen (= Das Berliner Dirnentum, Bd. IX). Leipzig, Walter Fiedler (um 1908). 8⁰
Verb. d. Ldg. I Berlin 38 J. 506/11

· s. Diskussion.

Ostwald, H., Schwester Elsbeth, od. Weihnachtsklänge. Charakterbild in 1 Akt. 8. (16 S.) Berlin (896). M. Böhm. 1. 50

— **ins Freie! Novellen. Umschlagzeichnung v. F. Rossius vom Rhyn. (173 S.) kl. 8. Berlin 905. Dr. F. Ledermann. n. 2. —; geb. n. 3. —**

— Fröhlich u. Wohlgemuth. Dramatische Plauderei in 1 Aufzug. 8. (15 S.) Ebd. (896). 1. —

— zwei Gesellen. Roman. (324 S.) 8. Berlin 904. E. Fleischel & Co. n. 3. 50; geb. n. 5. —

— Maxim Gorki (Alexej Maximowitsch Pjeschko), s.a. Literatur, die. 4. Bd.

Maxim Gorki von **Hans Ostwald**. Mit 1 Lichtdr., 13 Vollbild. u. 2 Faks. Berlin Bard, Marquardt & Co. [1904]. (01 S.) 8°
= Literatur, Die. Bd 4. [05. 2733

OSTWALD, H., Grosstadt-Dokumente, hrsg. v. —. Das goldene Wiener Herz. — Wiener Sport. — Im unterirdischen Wien. — Wiener Adel. — Wiener Verbrecher — Wiener Mädel. Berlin 1905. 8° (à Mk. 1—.) (à 60 Pfg. J. Eckard Mueller, Halle a. S., 1907.)

— die deutschen Herbergen, s.a. Fortschritt, sozialer. Nr. 22.

Ostwald H, die deutschen Herbergen. (16 S) (Sozialer Fortschritt 22) Leipzig 1904

— Berliner Kaffeehäuser, s.a. Großstadt-Dokumente.

Berliner Kaffeehäuser von **Hans Ostwald**. Berlin & Leipzig: H. Seemann [1904]. 86 S. 8°
(Grosstadt-Dokumente. Bd 7.) [10. 3349 7

Berliner Kaffeehäuser von **Hans Ostwald**. 2. Aufl. Berlin & Leipzig: H. Seemann Nachf. [1905]. (86 S.) 8° [F.]
— **Großstadt-Dokumente**. Bd 7. [05. 13439 11

Berliner Kaffeehäuser von **Hans Ostwald**. 3. Aufl. Berlin & Leipzig H. Seemann Nachf. [1905]. (80 S.) 8° [F.]
— **Großstadt-Dokumente**. Bd 7. [05. 4647

OSTWALD, Berliner Kaffeehäuser. 5. Aufl. Berlin (c. 1905). 8°. (70 Pfg. l. c.)

— der Kaiserjäger, s.: Brennert, Hans.

OSTWALD, Berliner Konfektion. Berlin (c. 1905). 8°. (Mk. 1 —.) (60 Pfg. J. E. Mueller, Halle.)

s.: Kultur-Parlament, das.

— Landstreicher, s.a. Kultur, die. 8. Bd.

Landstreicher von **Hans Ostwald**. Mit 10 Vollbild. Berlin Bard, Marquardt & Co. [1906]. (66 S.) 8°
= **Kultur**, Die. Bd 8. [06. 9819

OSTWALD, Zehn Lebensläufe Berliner Kontrollmädchen. Berlin (c. 1905). 8°. (Mk. 1.—.) (60 Pfg. l. c.)

Liebesjahre. Roman von **Hans Ostwald**. Berlin. Frowein 1907. 259 S. 8°
(Ostwald Die Sieger. Bd 1) [10. 11772

— Liebesjahre. Roman. Die Sieger. Eine Romanreihe. 1. Bd. (259 S.) 8. Berlin (910). E. Frowein. Geb. nn 4. —

— Lieder aus dem Rinnstein. Gesammelt v. O. (XV, 175 S.) 12. Berlin [K. Henckell & Co.] E. Goldschmidt. n. 1. —; geb. n. 2. —

— dasselbe. 2. Bdchn. 2. Taus. (IX, 158 S.) 12. Ebd. 904. n. 1. —; geb. n. 2. —

Lieder aus dem Rinnstein. Gesammelt von **Hans Ostwald**. (Mitarb.: Frh. Karl v. Levetzow.) *Leipzig & Berlin: K. Henckell & Co. 1903.* (XV, 175 S.) 8° [F.] [04. 105

— Lieder aus dem Rinnstein. Gesammelt v. O. I.—III. Bdchn. kl. 8. Berlin, Harmonie. (Urspr. Pr. à 1. —)
I. (XV, 175 S.) (907.) — II. 4. Taus. (IX, 158 S.) (905.) III. 1.—5. Taus. (VII, 130 S.) 906.

Frau Meyen. (Episoden aus e. Werdegang.) Von **Hans Ostwald**. Berlin: F Ledermann 1906. (63 S.) 8° [07. 12423

— **Berliner Nachtbilder, s.a. Seemann's kleine Unterhaltungsbibliothek, Nr. 15.**

Berliner Nachtbilder, s.a. Siesta.

Berliner Nachtbilder von Hans **Ostwald**. 26./30. Aufl. Berlin & Leipzig: Seemann [1910]. 189 S. 8°
(Siesta. 9.) [10. 16478

— — Die freie Prostitution im Vormärz. Leipzig, o J 8°. (Mk. 1—.) (50 Pfg., W Fiedler, Zittau, 1908.)

OSTWALD, Hans. Männliche Proftitution. Leipzig, Max Spohr (ca. 1905). Gr. 8°. 111 S.

OSTWALD, Männliche Prostitution. Berlin, o. J. (1907). 8°. (1 Mk. 25 Pfg. G. Priewe, 1907.)
Erpresser. Schlupfwinkel. Soldaten und Halbprostitution. Beichten Homosexueller. Poesie, Sprache und Spitznamen der männlichen Prostituirten u. s. w.

PROSTITUTION, Männliche (von *H Ostwald*). Leipzig o. J. (190*). Gr. 8°. (2 Mk. O. Rauthe, Berlin, 1909, ohne Orts- u. Jahrsangabe.)
Erste umfassende, Aufsehen erregende Schilderung dieser verderblichen Erscheinung
Aus dem Inhalt Historisches. Erpresserfälle. Erpresserbriefe. Schlupfwinkel und Prostitutionsmärkte. Bälle und Gesellschaften der Weiberfeinde. Soldaten- und Halbprostitution. Beichten zweier Homosexueller. Bekenntnisse von zwei männlichen Prostituierten. Lebenslauf und Erfahrungen auf dem homosexuellen Gebiet. Poesie, Sprache und Spitznamen der männlichen Prostituierten. Zuhälterei etc.

— Redoute Fridericiana. Festschr., verf. u. zusammengestellt. (58 S. m. Abb. u. 2 Taf.) Lex. 8. Berlin (910). H. Bondy. 2. —

— Rinnsteinsprache. Lexikon der Gauner-, Dirnen- u. Landstreichersprache. (187 S.) kl. 8. Berlin (906). Harmonie. n. 1. 50

— — Schlupfwinkel der Prostitution. Leipzig, o. J. (190*). 8°. (1 Mk. 50 Pfg., wie neu, A. Bielefeld, 1909.)

OSTWALD, Berliner Schwindel. Berlin (c. 1905). 8°. (Mk. 1.—.) (60 Pfg. J. E. Mueller.)

Hans **Ostwald**. Die Sieger. Eine Romanreihe. Bd 1. Berlin. Frowein 1907 8° [10. 14771

— — Sittenfpiegel der Großftadt. Gefammelte Großftadtdokumente. Berlin o. J. (ca. 1910). 7 Bde.
1 Das erotifche Berlin — 2. Aus den Höhen und Tiefen Berlins — 3. Der Großftadt Luft und Leid — 4. Öffentliches und geheimes Berlin — 5. Großftadtgeheimniffe. etc.

— u. Hans v. Manteuffel, d. Berliner Spielertum, s.a. Großstadt-Dokumente.

Das Berliner Spielertum von Hans **Ostwald**. Mit Beitragen von Hans v Manteuffel, Kriminalkomm. 2. Aufl. Berlin & Leipzig H. Seemann Nachf. [1908]. (91 S.) 8° [F.]
= **Großstadt-Dokumente**. Bd 35. [08. 14955

— Berliner Tanzlokale, s.a. Großstadt-Dokumente.

Berliner Tanzlokale von Hans **Ostwald.** 2 Aufl. Berlin & Leipzig H. Seemann Nachf. [1905]. (92 S.) 8° [F.]
— **Großstadt-Dokumente.** Bd 4. [05. 13437 11

Berliner Tanzlokale. Von Hans **Ostwald.** 3. Aufl. Berlin & Leipzig: H. Seemann Nachf. (1905). (92 S.) 8° [F.]
— **Großstadt-Dokumente.** Bd 4. [08. 18017

Ostwald, Hans, die Tippelschickse, s.a. Theater-Bibliothek, bunte. 3. Hft.

Die Tippelschickse. Scene aus d. Vagabundenleben von Hans **Ostwald.** Zum erstenmale aufgeführt in Berlin 1901. Berlin Th. Mayhofer Nachf. [1901]. (35 S.) 8° [F.]
— **Theater-Bibliothek,** Bunte. H. 3. [06. 1984 11

Die Tippelschickse. Scene aus d. Vagabundenleben von Hans **Ostwald.** Zum erstenmale aufgeführt in Berlin 1901 2. Aufl. *Berlin: Th. Mayhofer Nachf [1901].* (35 S.) 8° [F.]
— **Theater-Bibliothek. Bunte.** H. 3. [03. 3206

— s.: Unkraut.

— **Vagabunden.** 8. (366 S.) Berlin 900. B. Cassirer. n. 3.50

— **Vagabunden.** (355 S.) 8. Berlin (907). Harmonie. (Urspr. Pr. 3.– ; geb. 4. —)

— Vagabunden. 8⁰. Berlin, Schottländer, 1907.

OSTWALD, Variété und Tingeltangel in Berlin. Ebd. (c. 1905). 8°. (Mk. 1.—.) (60 Pfg. J. E. Mueller.)

— **Verworfene, s.a. Bibliothek Bard. 5. 6.**

Hans Ostwald Verworfene Novellen Umschlagzeichn u Ill. von Hans Baluschek *Berlin J Bard 1902.* (219 S.) 8° [Ant u F.]
— Bard, Bibliothek Bd 5 6. [02. 10369

Erotische Volkslieder aus Deutschland gesammelt von Hans **Ostwald.** Berlin: Frowein [1910]. 130 S. 8° [11. 3293 9

— **Walli** u. ihre Liebe. Berliner Geschichten. (148 S.) 8. Leipzig (910). J. Püttmann. 2. —

— unsere armen Wandernden — u. wie sie unterstützt werden, s.a. Fortschritt, sozialer. Nr. 5.

Ostwald, Hans, Unsere armen Wandernden — und wie sie unterstützt werden. Auch ein Beitrag zur Arbeitslosenfrage. gr. 8⁰. Leipzig, F. Dietrich, 1904. (Sozialer Fortschritt, Nr. 5.)

— dunkle Winkel in Berlin, s.a. Großstadt-Dokumente.

Dunkle Winkel in Berlin von Hans **Ostwald.** 3. Aufl. Berlin & Leipzig: H. Seemann [1904?]. 103 S. 8°
(Grossstadt-Dokumente Bd 1.) [10. 3346 7

Dunkle Winkel in Berlin von Hans **Ostwald.** 6. Aufl. Berlin & Leipzig: H. Seemann Nachf. [1905]. (103 S.) 8° [F.]
— **Großstadt-Dokumente.** Bd 1 [05. 4048

Dunkle Winkel in Berlin von Hans **Ostwald.** 7. Aufl. Berlin & Leipzig H. Seemann Nachf. [1905]. (103 S.) 8° [F.]
— **Großstadt-Dokumente.** Bd 1. [05. 13434 11

— **Zuhältertum in Berlin, s.a. Großstadt-Dokumente.**

Zuhältertum in Berlin. Von Hans **Ostwald.** 3. Aufl. Berlin & Leipzig: H. Seemann Nachf. [1905]. (86 S.) 8° [F.]
— **Großstadt-Dokumente.** Bd 5. [05. 4045

Zuhältertum in Berlin von Hans **Ostwald.** 5. Aufl. Berlin & Leipzig H. Seemann [1905?]. 86 S. 8°
(Grossstadt-Dokumente Bd 5.) [10. 3348 7

OSTWALD, J[OH.] A[UG.], Zwei Predigten gehalten am 3. Säkularfeste der Augsburgischen Confession d. 27. Juni und am Erndte-Danktage 1830. Altona. 1830. P.

Ostwald, M.

Ostwald, bunte Blätter aus Japan, s.: Flugschriften-Reihe, 4., des allgem. evang.-protestant. Missionsvereins. 4. Hft.

Ostwald, M., japanischer Frauenspiegel. Geschichten aus dem japan Frauenleben. (V, 99 S.) 8. Tōkyō 905. Bremen, M. Nössler. n. 1. 60

Ostwald, Max, Referendar Der Übergang des gesetzlichen **Hypothekentitels** bei Abtretung einer Werklohnforderung. Münster i. W. [1910] Althoff. 45 S. 8°
Heidelberg, Jur. Diss. v. 22. März 1910, Ref. Schröder
[Geb. 6. Juni 84 Mülheim a. d. Mohne; Wohnort Münster i. W.; Staatsangeh.: Preußen; Vorbildung Gymn. Recklinghausen Reife O. 03, Studium: München 3. Bonn 1, Münster 2 S.; Rig. 22. Jan. 09.] [U 10. 1963

Ostwald, Paul, a. Magdeburg: Erzbischof Adalgoz von Magdeburg ⟨1107—1119⟩. Halle 1908 (Magdeburg: Faber). (47 S.) 8° [F.]
Halle, Phil. Fak., Ref. Lindner, Diss. v. 25. Febr. 1908
[Geb. 21. Dez. 84 Magdeburg, Wohnort Halle a. S. Staatsangeh.: Preußen; Vorbildung: König-Wilhelms-Gymn. Magdeburg Reife M. 04; Studium: Halle 2, Berlin 2. Halle 3 S.; Rig. 8. Jan. 08.]

Ostwald, Walter

Ostwald, Walt., Autler-Chemie, s.a. Bibliothek, autotechnische.

Autler-Chemie. Von Walter **Ostwald.** Mit 10 Abb. Berlin: R. C. Schmidt 1910. 380 S. 8°
(Autotechnische Bibliothek. Bd 39.) [10. 13824

Schule der Elektrizität. Gemeinverständliche Darstellg. der Elektrik u. ihrer Anwendgn. nach d. mod. Anschaugn. u. Plaudereien üb. die neuen Strahlgn. Nach G. Claude, l'Electricité pour tout le monde f. Deutschland bearb. Mit üb. 400 Abb. u. Taf. (XI, 579 S.) Lex. 8. Leipzig 909. Dr. W. Klinkhardt. 8.—; geb. 10. —

Ostwald, Wilhelm

Ostwald, Wilh., Abhandlungen u. Vorträge allgemeinen Inhaltes (1887—1903). (X, 468 S.) gr. 8. Leipzig 904. Veit & Co. n. 8. —; geb. in Leinw. n. 9 —

Ostwald, W., üb. die **Affinitätsgrössen** organischer Säuren u. ihre Beziehungen zur Zusammensetzung u. Constitution derselben. [Aus: „Abhandlgn. d. k. sächs. Gesellsch. d. Wiss."] Lex.-8. (149 S.) Leipzig 889. Hirzel. n. 5. —

Ostwald, Wilh., s.: Annalen der Naturphilosophie.

Ostwald, Wilh., s.a. Arbeiten d. physikal.-chem. Instituts d. Universität Leipzig.

OSTWALD, WILHELM.
Arbeiten des physikalisch-chemischen Instituts der Universität Leipzig aus den Jahren 1887–96. Leipzig, 1897. 4 vols. 8vo.

— R. W. Bunsen, s.a. Männer der Wissenschaft. 2. Heft.

R. W Bunsen. Von Dr. Wilhelm **Ostwald**, Prof., Leipzig. Leipzig: W. Weicher 1905. (40 S.) 8°
= Männer d. Wissenschaft. H. 2.

– (Hrsg.), s. Bunsen, Robert
Gesammelte Abhandlungen

Ostwald, Wilh., Dampfdrucke ternärer Gemische, s.a. Abhandlungen der kgl. sächs. Gesellsch. der Wissensch. Math.-phys. Cl. 25. VII.

Dampfdrucke ternärer Gemische von W[ilhelm] Ostwald. Mit 36 Textfig. *Leipzig B. G. Teubner 1900* (43 S.) 4°(8°)
= Abhandlungen d. K. Sächsischen Gesellschaft d. Wissenschaften, Math.-phys. Cl. Bd 25, No 7

— Einführung in die Chemie. Ein Lehrbuch f. höh. Lehranstalten u. zum Selbstunterricht. (VII, 239 S. m. 74 Abb.) gr. 8. Stuttgart 910. Franckh. Geb. 3. —

Ostwald W. die Einheit in der Natur. I. Die Einheit in den physiko-chemischen Wissenschaften. (30 S) Berlin 1909

— Die Einheit der physiko-chem. Wissenschaften, s.a. Flugschriften des deutschen Monistenbundes. Nr. 2).

Die Einheit der physiko-chemischen Wissenschaften. Von Wilhelm **Ostwald**, Prof. Berlin & Leipzig. Deutscher Monistenbund [1909]. 30 S. 8°
(Die Einheit in d. Natur 1.)
(Deutscher Monistenbund. Flugschrift der Ortsgruppe Groß-Berlin. 3.)
(Flugschriften d. Deutschen Monistenbundes. Nr 23.)

Ostwald, Wilh, Elektrochemie. Ihre Geschichte u. Lehre. 1.–6. Lfg. gr. 8. (S. 1–480 m. Abbildgn.) Leipzig 894. Veit & Co. à n. 2. — (1. Abth.: n. 12. —)

— Elektrochemie. Ihre Geschichte u. Lehre. Mit 260 Nachbildungen geschichtl. Orig.-Fig. 7.–14. (Schluss-) Lfg. gr. 8. (S. 481–1151 m. Abb.) Leipzig 895–896. Veit & Co. à Lfg. n. 2. — (kplt. geb. in Leinw.: n. 30. —)

— Elemente u. Verbindungen. Faraday-Vorlesg., geh. im Hörsaale der Royal Institution zu London am 19. IV. 1904. (48 S.) 8. Leipzig 904. Veit & Co. n. 1. 20

— Die Energie, s.a. Wissen u. Können.

Die Energie von Prof. Dr. W[ilhelm] **Ostwald**. Leipzig: J. A. Barth 1908. (167 S.) 8°
= Wissen u. Können. 1.

Chemische Energie. Von Dr. Wilh. **Ostwald**, Prof. zu Leipzig. 2. umgearb. Aufl. 2. Abdr. Mit 77 Textfig. *Leipzig: W. Engelmann 1903.* (XV, 1104 S.) 8°
= **Ostwald**: Lehrbuch d. allgem. Chemie. Bd 2, T. 1.

Ostwald, W[ilh.], die Energie und ihre Wandlungen. Antrittsvorlesungen, gehalten am 23. Novbr. 1887 in der Aula der Universität Leipzig. gr. 8. (25 S.) Leipzig 888, Engelmann. *

— Die Entwicklung der Elektrochemie, s.: Wissen u. Können. 17.

— Erfinder u. Entdecker, s.a. Gesellschaft, die.

Erfinder und Entdecker. Von Wilhelm **Ostwald**. Frankfurt am M. Rutten & Loening (1908). (99 S.) 8°
= Gesellschaft, Die. Bd 24.

— periodische Erscheingn. bei der Auflösg. des Chroms in Säuren, s.a. Abhandlungen der königl. sächs. Gesellsch. d. Wissensch. Math.-phys. Cl. 25, IV u. 26, II.

Periodische Erscheinungen bei der Auflösung des Chroms in Säuren von W[ilhelm] **Ostwald**. Mitth. [1.] 2. *Leipzig: B. G. Teubner 1899–1900.* 4°
1. Mit 6 Taf. 1899. 2. Mit 16 Textfig. 1900.
= Abhandlungen d. K. Sächsischen Gesellschaft d. Wissenschaften. Math.-phys. Cl. Bd 25, No 4. Bd 26, No 2.

— üb. die Farbe der Jonen. [Aus: „Abhandlgn. d. k. sächs. Ges. d. Wiss."] Lex.-8. (29 S. m. 7 Lichtdr.-Taf.) Leipzig 892. S. Hirzel. n. 2.—

Ostwald, W., Die Forderung des Tages: Sammlung von Reden und Aufsätzen, enthaltend Betrachtungen aus dem Gebiete der allgem. Energetik, der Methodik, der Psychologie und Biographie, der allgem. Kulturprobleme usw. Leipzig, 1910. 609 S.

— Naturwissenschaftliche Forderungen zur Mittelschulreform. Vortrag, geh. in der Versammlg. des Vereins f. Schulreform am 8. XII. 1907. (18 S.) gr. 8. Wien 908. Manz. — 40

— Gedenkrede auf Robert Bunsen. Vortrag, geh. auf der VIII. Hauptversammlg. der deutschen elektrochem. Gesellschaft zu Freiburg i. B. am 18. IV. 1901. gr. 8. (28 S.) Halle 901. W. Knapp. n. 1.—
Sonderabdruck aus: „Zeitschr. f. Elektrochemie".

Ostwald, Guielmus [!]: Aeltere Geschichte der Lehre von den Berührungswirkungen. *Lipsiae (1898): A. Edelmann.* (S. 1—44.) 4°
Leipzig, Verz. d. Promotionen in d. phil. Fak. 1897—98

— Energetische Grundlagen der Kulturwissenschaft, s.: Bücherei, philosophisch-soziologische. XVI.

Energetische Grundlagen der Kulturwissenschaft. Von Wilhelm **Ostwald**. Leipzig: Klinkhardt 1909. 184 S. 8°
(Philosophisch-soziologische Bücherei. Bd 16.)

Ostwald, Wilh., die wissenschaftlichen Grundlagen der analytischen Chemie. Elementar dargestellt. gr. 8. (VIII, 187 S.) Leipzig 894. W. Engelmann. n. 4. —; geb. n. 4. 50

— die wissenschaftl. Grundlagen der analytischen Chemie. Elementar dargest. 2., verm. Aufl. gr. 8. (X, 200 S.) Leipzig 897. W. Engelmann. n. 5. —; geb. n. 5. 80

— die wissenschaftl. Grundlagen der analytischen Chemie, elementar dargestellt. 3. verm. Aufl. gr. 8. (XI, 221 S. m. 2 Fig.) Leipzig 901. W. Engelmann. Geb. in Leinw. n. 7.—

— die wissenschaftlichen Grundlagen der analytischen Chemie. Elementar dargestellt. 4. verb. Aufl. (XII, 223 S. m. 3 Fig.) 8. Leipzig 904. W. Engelmann. Geb. in Leinw. n. 7.—

— Die wissenschaftlichen Grundlagen der analytischen Chemie. Elementar dargestellt. 5. umgearb. Aufl. 8. u. 9. Taus. (XII, 238 S. m. 8 Fig.) 8. Leipzig 910. W. Engelmann. Geb. in Leinw. 8. —

Grundlinien der anorganischen Chemie von Wilhelm Ostwald. Mit 122 Textfig. *Leipzig: W. Engelmann 1900.* (XIX, 795 S.) 8° [00. 9306 3

A new view of society [deutsch]

— Grundlinien der anorganischen Chemie. 2. verb. Aufl. (5.–8. Taus.) (XX, 808 S. m. 126 Fig.) gr. 8. Ebd. 904. Geb. in Leinw. n. 16. —

— Grundriss der allgemeinen Chemie. 1. u. 2. Aufl. gr. 8. (IX, 402 S. m. 58 Holzschn.) Lpz. 889,90, W. Engelmann. * 8 —; geb, ** 8 60

— Grundriss der allgemeinen Chemie. 3., umgearb. Aufl. gr. 8. (XVI, 549 S. m. 57 Fig.) Ebd. 899. n. 16. —; geb. in Leinw. n. 17.20; in Halbfrz. n. 17.80

— Grundriss der allgemeinen Chemie. 4., völlig umgearb. Aufl. 9.—10. Taus. (IX, 661 S. m. 67 Fig.) gr. 8. Leipzig 909. W. Engelmann. 20.—; geb. in Leinw. 21.20; in Halbfrz. 22. 50

— Grundriß der Naturphilosophie, s.a. Universal-Bibliothek.

Ostwald, Wilh., Grundriss der Naturphilosophie. Leipzig [1908]. 8°. (Bücher d. Naturwissenschaft. Bd 1.)

— Hand- u. Hilfsbuch zur Ausführung physiko-chemischer Messungen. Mit 188 Textfig. u. 6 Tab. gr. 8. (VIII, 302 S.) Ebd. 893. Geb. in Leinw. n. 8. —

— u. R. Luther, Hand- u. Hülfsbuch zur Ausführung physiko-chemischer Messungen. 2. Aufl. gr. 8. (XII, 492 S. m. 319 Fig.) Leipzig 902. W. Engelmann. Geb. in Leinw. n. 15. —

— u. Luther, Hand- u. Hülfsbuch zur Ausführung physiko-chemischer Messungen. 3. Aufl., hrsg. v. R. Luther u. K. Drucker. (XVI, 573 S. m. 351 Fig.) gr. 8. Leipzig 910. W. Engelmann. Geb. in Leinw. 13. —

— Über die Herstellung v. Salpetersäure aus Ammoniak, s.a. Sammlung berg- u. hüttenmännischer Abhandlungen.

Uber die Herstellung von Salpetersäure aus Ammoniak. Von Geheimrat Dr. W[ilhelm] Ostwald. Kattowitz: Gebr. Böhm 1907. (15 S.) 8° Aus: Berg- u. Hüttenmänn. Rundschau.
— Sammlung Berg- u. Hüttenmännischer Abhandlungen. H. 5. [07. 4640

— Die internationale Hilfssprache u. das Esperanto. Vortrag, geh. am 7. XI. 1906 in der Aula der Handelshochschule zu Berlin. (20 S.) gr. 8. Berlin (907). Esperanto-Verlag Möller & Borel. — 20

Das physikalisch-chemische Institut der Universität Leipzig und die Feier seiner Eröffnung am 3. Jan. 1898. Von Prof. Dr. W[ilhelm] Ostwald, Dir. d. Inst. M. 2 Taf. in Lichtdr. *Leipzig: W. Engelmann 1898.* (43 S., 2 Taf.) 1 Bd 8. [98. 3194

— über Katalyse. Vortrag, geh. auf der 73. Naturforscherversammlung zu Hamburg am 26. IX. 1901. 8. (32 S.) Leipzig 902. S. Hirzel. n. — 60

Ostwald, Wilh., über Katalyse. (Rede, geh. am 12. XII. 1909 bei Empfang des Nobelpreises f. Chemie.) (25 S.) gr. 8. Leipzig (910). Akadem. Verlagsgesellschaft. 1.50
Sonderabdruck aus: „Annalen d. Naturphilosophie".

— s.a. Klassiker der exakten Wissenschaften.

— Klassiker der exakten Wissenschaften. Nr. 1—16 8. Ebd. n. 23. 70

1. Ueb. die Erhaltung der Kraft v. H. Helmholtz. [1847.] 889 (60 S.) n. — 80
2. Allgemeine Lehrsätze in Beziehung auf die im verkehrten Verhältnisse des Quadrats der Entfernung wirkenden Anziehungs- und Abstossungs-Kräfte v. Carl Frdr. Gauss. [1840.] Hrsg. v. A. Wangerin. (60 S.) 889. n. — 80
3. Die Grundlagen der Atomtheorie. Abhandlungen von J. Dalton u. W. H. Wollaston. [1803—1808.] Hrsg. von W. Ostwald. (30 S. m. 1 Steintaf.) 889. n. — 80
4. Untersuchungen üb. das Jod v. Gay-Lussac. [1814.] Hrsg. v. W. Ostwald. (52 S.) 889. n. — 80
5. Allgemeine Flächentheorie (Disquisitiones generales circa superficies curvas) v. Carl Frdr. Gauss. [1827.] Deutsch hrsg. v. A. Wangerin. (62 S.) 889. n. — 80
6. Ueb. die Anwendung d. Wellenlehre auf die Lehre vom Kreislaufe des Blutes u. insbesondere auf die Pulslehre v. E. H. Weber. Hrsg. v. M. v. Frey. (46 S. m. 1 Taf. 889. n. 1. —
7. Untersuchungen üb. die Länge des einfachen Secundenpendels v. F. W. Bessel. Hrsg. v. H. Bruns. (171 S. m 2 Taf.) 889. n. 3. —
8. I. Versuch e. Methode, die Massen d. Elementarmolekeln der Stoffe u. die Verhältnisse, nach welchen sie in Verbindungen eintreten, zu bestimmen, von A. Avogadro. — II Brief des Hrn. Ampère an d. Hrn. Grafen Berthollet üb. die Bestimmung d. Verhältnisse, in welchen sich die Stoffe nach der Zahl u. der wechselseitigen Anordnung d. Molekeln, aus denen ihre integrirenden Partikeln zusammengesetzt sind, verbinden. Hrsg. von W. Ostwald. (50 S. m. 3 Taf.) 889. n. 1. 20
9. Thermochemische Untersuchungen v. G. H. Hess. [1839—1842.] Hrsg. v. W. Ostwald. (120 S.) 890. n. 1. 60
10. Die mathematischen Gesetze der inductiven elektrischen Ströme v. Frz. Neumann. [1845.] Hrsg. v. C. Neumann. (96 S.) 890. n. 1. 50
11. Unterredungen und mathematische Demonstrationen üb. zwei neue Wissenszweige, die Mechanik u. die Fallgesetze betreffend, von Galileo Galilei. Arcetri, 6. März 1638. 1. Tag m. 13 u. 2. Tag m. 26 Holzschn. Aus dem Ital. übers. u. hrsg. v. Arth. v. Oettingen. (142 S.) 890. n. 3. —
12. Allgemeine Naturgeschichte u. Theorie des Himmels, od. Versuch v. der Verfassg. u. dem mechan. Ursprunge des ganzen Weltgebäudes, nach Newtonischen Grundsätzen abgehandelt v. Imman. Kant. [1755.] Hrsg. v. H. Ebert. (101 S.) 890. n. 1. 50
13. Vier Abhandlungen üb. die Elektricität u. den Magnetismus v. Coulomb. Uebers. u. hrsg. von Walth. König. (88 S. m. 14 Fig.) 890. n. 1. 80
14. Die 4 Gauss'schen Beweise f. die Zerlegung ganzer algebraischer Functionen in reelle Factoren 1. od. 2. Grades. Hrsg. v. E. Netto. (81 S.) 890. n. 1. 50
15. 16. Chemische Untersuchungen üb. die Vegetation v. Théod. de Saussure. Uebers. von A. Wieler. 2 Hälften. (96 u. 114 S.) 890. à n. 1. 80

— Klassiker der exacten Wissenschaften. Nr. 17—59. 8. Ebd. Geb. n. 71. 15

17. A. Bravais' Abhandlungen üb. symmetrische Polyeder. [1849.] Uebers. u. in Gemeinschaft m. P. Groth hrsg. v. v. C. u. E. Blasius. (50 S. m. 1 Taf.) 890. n. 1. —
18. Abhandlungen üb. den Speichel v. C. Ludwig, E. Becher u. Conr. Rahn. [1851.] Hrsg. v. M. v. Frey. (44 S. m. 6 Fig. im Text.) 890. n. — 75
19. Ueber die Anziehung homogener Ellipsoide. Abhandlungen v. Laplace [1782], Ivory [1809], Gauss [1813], Chasles [1838] u. Dirichlet [1839]. Hrsg. v. A. Wangerin. (118 S.) 890. n. 2. —
20. Abhandlung üb. das Licht. Worin die Ursachen der Vorgänge bei seiner Zurückwerfg. u. Brechg. u. besonders bei der eigenthüml. Brechg. d. isländ. Spathes dargelegt sind. Von Chrn. Huyghens v. Zuilichem [1678]. Hrsg. v. E. Lommel. (115 S. m. 57 Fig. im Text.) 890. n. 2. 40
21. Ueber die Wanderungen der Ionen während der Elektrolyse. Abhandlungen v. W. Hittorf [1853—1859.] Hrsg. v. W. Ostwald. 1. Tl. (87 S. m. 1 Taf.) 891. n. 1. 60
23. — dasselbe. 2. Thl. (142 S. m. 1 Taf.) 891. n. 1. 50
22. Untersuchungen üb. das Radikal der Benzoesäure v. Woehler u. Liebig [1832]. Hrsg. v. Herm. Kopp. (43 S. m. 1 Taf.) 891. n. 1. —
24. Unterredungen u. mathematische Demonstrationen üb. zwei neue Wissenszweige, die Mechanik u. die Fallgesetze betr., v. Galileo Galilei. Arcetri, 6. März 1638. 3. u. 4. Tag m. 90 Fig. im Text. Aus dem Ital. u. Lat. übers. u. hrsg. von Arth. v. Oettingen. (141 S.) 891. n. 2. —
25. — dasselbe. Anh. zum 3. u. 4. Tag, 5. u. 6. Tag, m. 23 Fig. im Text. Aus dem Ital. u. Lat. übers. u. hrsg. von Arth. v. Oettingen. Mit Inhaltsverzeichniss zum 3. bis 6. Tag. (66 S.) 891. n. 1. 20
26. Abhandlung üb. die Constitution der organischen Säuren v. Justus Liebig [1838]. Hrsg. v. Herm. Kopp. (86 S.) 891. n. 1. 40
27. Untersuchungen üb. die Kakodylreihe v. Rob. Bunsen [1837—1843]. Hrsg. v. Adf. v. Baeyer. (148 S. m. 3 Fig.) 891. n. 1. 80
28. Ueber die Assymetrie bei natürlich vorkommenden organischen Verbindungen v. L. Pasteur. 2 Vorträge, geh. am 20. Jan. u. 3. Febr. 1860 in der Société chimique zu Paris, übers. u. hrsg. v. M. u. A. Ladenburg. (36 S.) 891. n. — 60

29. Ueber das Gesetz, nach welchem die Einwirkung der Säuren auf den Rohrzucker stattfindet, v. Ludw. Wilhelmy [1850]. Hrsg. v. W. Ostwald. (47 S.) 891. n. — 80
30. Abriss e. Lehrganges der theoretischen Chemie, vorgetragen an der k. Universität Genua v. H. Cannizzaro [1858]. Uebers. v. Arth. Miolati. Hrsg. v. Loth. Meyer. (61 S.) 891. n. 1. —
31. Lambert's Photometrie. (Photometria sive de mensura et gradibus luminis, colorum et umbrae.) [1760.] Deutsch hrsg. v. E. Anding. 1. Hft.: I. u. II. Thl. (135 S. m. 35 Fig.) 892. n. 2. —
32. — dasselbe. 2. Hft.: III.—V. Thl. (112 S. m. 32 Fig.) 892. n. 1. 60
33. — dasselbe. 3. Hft.: VI. u. VII. Thl. Anmerkungen. (172 S. m. 8 Fig.) 892. n. 2. 50
34. Photochemische Untersuchungen v. R. Bunsen u. H. E. Roscoe [1855—1859]. 1. Hälfte. Hrsg. v. W. Ostwald. (96 S. m. 13 Fig.) 892. n. 1. 50
35. Versuch, die bestimmten u. einfachen Verhältnisse aufzufinden, nach welchen die Bestandtheile der unorganischen Natur m. einander verbunden sind, v. Jac. Berzelius [1811—1812]. Hrsg. v. W. Ostwald. (218 S.) 892. n. 3. —
36. Ueber e. allgemeines Princip der mathematischen Theorie inducirter elektrischer Ströme. Von Frz. Neumann [1847]. Hrsg. v. C. Neumann. (96 S. m. 10 Fig.) 892. n. 1. 50
37. Betrachtungen üb. die bewegende Kraft d. Feuers u. die zur Entwickelung dieser Kraft geeigneten Maschinen v. S. Carnot, fr. Schüler der École Polytechnique [1824]. Uebers. u. hrsg. v. W. Ostwald. (72 S. m. 5 Fig.) 892. n. 1. 20
38. Photochemische Untersuchungen v. R. Bunsen u. H. E. Roscoe [1855—1859]. 2. Hälfte. Hrsg. v. W. Ostwald. (107 S. m. 18 Fig.) 892. n. 1. 60 (kplt.: n. 3. 10)
39. Die in der Atmosphäre vorhandenen organisirten Körperchen, Prüfung der Lehre v. der Urzeugung. Abhandlung v. L. Pasteur [1862]. Uebers. v. A. Wieler. (98 S. m. 2 Taf.) 892. n. 1. 80
40. Zwei Abhandlungen üb. die Wärme. Von A. L. Lavoisier u. P. S. de Laplace. (Aus den J. 1780 u. 1784.) Hrsg. v. J. Rosenthal. (74 S. m. 13 Fig.) 892. n. 1. 20
41. D. Jos. Gtlieb. Kölreuter's vorläufige Nachricht v. einigen das Geschlecht der Pflanzen betreffenden Versuchen u. Beobachtungen, nebst Fortsetzgn. 1, 2 u. 3. [1761—1766.] Hrsg. v. W. Pfeffer. (266 S.) 893. n. 4. —
42. Das Volumgesetz gasförmiger Verbindungen. Abhandlungen von Alex. v. Humboldt u. J. F. Gay-Lussac [1805—1808]. Hrsg. v W. Ostwald. (42 S.) 893. n. — 60
43. Untersuchungen üb. den Farbenwechsel des afrikanischen Chamäleons. Von Ernst Brücke. Hrsg. v. M. v. Frey. (64 S. m. 1 Taf.) 893. n. 1. 20
44. Das Ausdehnungsgesetz der Gase. Abhandlungen v. Gay-Lussac, Dalton, Dulong u. Petit, Rudberg, Magnus, Regnault [1802—1842]. Hrsg. v. W. Ostwald. (212 S. m. 33 Fig.) 894. n. 3. —
45. Electrochemische Untersuchungen v. Humphry Davis. Vorgelesen in der königl. Societät zu London als Bakerian Lecture am 20. Novbr. 1806 u. am 19. Novbr. 1807. Hrsg. v. W. Ostwald. (92 S. m. 1 Taf.) 893. n. 1. 20
46. Abhandlungen üb. Variations-Rechnung. Hrsg. v. P. Stäckel. 1. Thl.: Abhandlungen v. Joh. Bernoulli [1696], Jac. Bernoulli [1697] u. Leonh. Euler [1744]. (144 S. m. 19 Textfig.) 894. n. 2. —
47. — dasselbe. 2. Thl.: Abhandlungen v. Lagrange [1762, 1770], Legendre [1786] u. C. G. J. Jacobi [1837]. (110 S. m. 12 Textfig.) 894. n. 1. 60
48—51. Das entdeckte Geheimniss der Natur im Bau u. in der Befruchtung der Blumen v. Chrn. Konr. Sprengel [1793]. Hrsg. v. Paul Knuth. 4 Bdchn. (184, 172, 176 S. u. 7 S. m. 25 Taf. u. 1 Bl. Erklärgn.) 894. à n. 2. —
52. Abhandlung üb. die Kräfte der Electricität bei der Muskelbewegung v. Alois. Galvani (Comm. Bonon. Sc. et Art. Inst. et Acad. T. 7) [1791]. Hrsg. von A. J. v. Oettingen. (76 S. m. 21 Fig. auf 4 Taf.) 894. n. 1. 40
53. Die Intensität der erdmagnetischen Kraft auf absolutes Maass zurückgeführt, v. Carl Frdr. Gauss. In der Sitzg. der kgl. Gesellschaft der Wissenschaften zu Göttingen am 15. Decbr. 1832 vorgelesen. Hrsg. v. E. Dorn. (62 S.) 894. n. 1. —
54. Anmerkungen u. Zusätze zur Entwerfung der Land- u. Himmelscharten. Von J. H. Lambert [1772]. Hrsg. v. A. Wangerin. (96 S. m. 21 Fig.) 894. n. 1. 60
55. Ueber Kartenprojection. Abhandlungen v. Lagrange [1779] u. Gauss [1822]. Hrsg. v. A. Wangerin. (102 S. m. 2 Fig.) 894. n. 1. 60
56. Die Gesetze der Ueberkaltung u. Gefrierpunkterniedrigung. 2 Abhandlgn. v. Sir Charles Blagden [1788]. Hrsg. von A. J. v. Oettingen. (49 S.) 894. n. — 80
57. Abhandlungen üb. Thermometrie v. Fahrenheit, Réaumur, Celsius [1724, 1730—1733, 1742]. Hrsg. von A. J. v. Oettingen. (140 S. m. 17 Fig.) 894. n. 2. 40
58. Chemische Abhandlung v. der Luft u. dem Feuer v. Carl Wilh. Scheele [1777]. Hrsg. v. W. Ostwald. (112 S. m. 5 Fig.) 894. n. 1. 80
59. Otto v. Guericke's neue „Magdeburgische" Versuche üb. den leeren Raum [1672]. Aus dem Lat. übers. u. m. Anmerkgn. hrsg. v. Frdr. Dannemann. (116 S. m. 15 Fig.) 894. n. 2. —

— Klassiker der exakten Wissenschaften. Nr. 12 u. 60—103. 8. Ebd. In Leinw. kart. n. 70. 75

Inhaltsübersicht in alphabet. Ordnung:

Abel, N. H., Untersuchungen üb. die Reihe:

$$1+\frac{m}{1}x+\frac{m.(m-1)}{1.2}.x^2+\frac{m.(m-1).(m-2)}{1.2.3}.x^3+\ldots.$$

(1826.) Hrsg. v. A. Wangerin. (46 S.) 895. (Nr. 71.) n. 1. —

Berthollet, Claude Louis, Untersuchgn. üb. die Gesetze der Verwandtschaft. (1801.) Hrsg. v. W. Ostwald. (113 S.) 896. (Nr. 74.) n. 1. 80

Bravais, A., Abhandlg. üb. d. Systeme v. regelmässig auf e. Ebene od. im Raum vertheilten Punkten. (1848.) Uebers. u. hrsg. v. C. u. E. Blasius. Mit 2 Tafeln. (142 S.) 897. (Nr. 90.) n. 2. —

Brücke, Ernst v., Pflanzenphysiolog. Abhandlgn. I. Bluten d. Rebstockes. II. Beweggn. d. Mimosa pudica. III. Elementarorganismen. IV. Brennhaare v. Urtica. (1844—1862.) Hrsg. v. A. Fischer. M. 9 Textfig. (86 S.) 898. (Nr. 95.) n. 1. 40

Clausius, R., üb. d. beweg. Kraft d. Wärme u. d. Gesetze, welche sich daraus f. d. Wärmelehre selbst ableiten lassen. (1850.) Hrsg. v. Max Planck. M. 4 Textfig. (55 S.) 898. (Nr. 99.) n. — 80

Dirichlet, G., Lejeune, Untersuchungen üb. verschiedene Anwendgn. d. Infinitesimalanalysis auf d. Zahlentheorie. (1839—1840.) Deutsch hrsg. v. R. Haussner. (128 S.) 897. (Nr. 91.) n. 2. —

Doebereiner, J. W., u. Max Pettenkofer, die Anfänge des natürlichen Systemes der chemischen Elemente. Abhandlungen. (1829 u. 1850.) Nebst e. geschichtl. Uebersicht der Weiterentwickelg. der Lehre v. den Triaden der Elemente. Hrsg. v. Loth. Meyer. (34 S.) 895. (Nr. 66.) n. — 60

Euler, Leonh., drei Abhandlungen üb. Kartenprojection. (1777.) Hrsg. v. A. Wangerin. M. 9 Textfig. (78 S.) 898. (Nr. 93.) n. 1. 20

— zwei Abhandlgn. üb. sphär. Trigonometrie. Grundzüge der sphär. Trigonometrie u. Allgemeine sphär. Trigonometrie 1753 u. 1779. Aus d. Franz. u. Lat. übers. u. hrsg. v. E. Hammer. Mit 6 Fig. im Text. (65 S.) 896. (Nr. 73.) n. 1. —

Faraday, Mich., Experimental-Untersuchungen üb. Elektricität. (Aus den Philosoph. Transact. f. 1832.) Hrsg. von A. J. v. Oettingen. (96 S. m. 41 Fig.) 896. (Nr. 81.) n. 1. 50

— Dasselbe. III.—V. Reihe. (1833.) (104 S. m. 15 Fig.) 897. (Nr. 86.) n. 1. 60

— Dasselbe. VI. bis VIII. Reihe. (1834.) (180 S. m. 48 Fig.) 897. (Nr. 87.) n. 2. 60

Gadolin, Axel, Abhandlg. üb. d. Herleitg. aller krystallograph. Systeme m. ihren Unterabtheilungen aus e. einz. Prinzipe. Gelesen d. 19. März 1867. Deutsch hrsg. v. P. Groth. M. 26 Textfig. u. 2 Taf. (VIII, 92 S.) 896. (Nr. 75.) n. 1. 50

Göpel, A., Entwurf e. Theorie d. Abel'schen Transcendenten erster Ordnung. (1847.) Hrsg. v. H. Weber. Aus d. Lat. übers. v. A. Witting. (60 S.) 895. (Nr. 67.) n. 1. —

Green, George, e. Versuch, d. mathematische Analysis auf d. Theorieen d. Elektricität u. d. Magnetismus anzuwenden. (Veröffentlicht 1828 in Nottingham.) Hrsg. von A. J. v. Oettingen u. A. Wangerin. (140 S.) 895. (Nr. 61.) n. 1. 80

Helmholtz, H. v., zwei hydrodynam. Abhandlgn. I. Ueber Wirbelbeweggn. (1858.) II. Ueber discontinuirl. Flüssigkeitsbeweggn. (1868.) Hrsg. v. A. Wangerin. (80 S.) 896. (Nr. 79.) n. 1. 20

— Theorie d. Luftschwinggn. in Röhren m. offenen Enden. (1859.) Hrsg. v. A. Wangerin. (132 S.) 896. (Nr. 80.) n. 2. —

Hessel, Joh. Frdr. Chrn., Krystallometrie od. Krystallonomie u. Krystallographie, auf eigentüml. Weise u. m. Zugrundelegg. neuer allgem. Lehren d. reinen Gestaltenkunde, sow. m. vollständ. Berücksicht. d. wichtigsten Arbeiten u. Methoden and. Krystallographen. (1830.) Bes. abgedr. aus Gehler's phys. Wörterbuche. Hrsg. v. E. Hess. 1. Bdchn. M. 8 Taf. (192 S.) 897. (Nr. 88.) n. 3. —

— Dasselbe. 2. Bdchn. Mit 3 Taf. (165 S.) 897. (Nr. 89.) n. 2. 80

Jacobi, C. G. J., üb. d. Bildung u. d. Eigenschaften d. Determinanten. (De formatione et proprietatibus determinantium.) (1841.) Hrsg. v. P. Stäckel. (73 S.) 896. (Nr. 77.) n. 1. 20

— üb. d. vierfach period. Functionen zweier Variabeln, auf d. sich d. Theorie d. Abel'schen Transcendenten stützt. (Crelle's Journal f. reine u. angewandte Mathematik Bd. 13, 1834.) Hrsg. v. H. Weber. Aus dem Lat. übers. v. A. Witting. (40 S.) 895. (Nr. 64.) n. — 70

— üb. d. Functionaldeterminanten (De determinantibus functionalibus). (1841.) Hrsg. von P. Stäckel. (72 S.) 896. (Nr. 78.) n. 1. 20

Kant's allgem. Naturgeschichte u. Theorie des Himmels, od. Versuch v. d. Verfassg. u. d. mechan. Ursprunge d. ganzen Weltgebäudes nach Newtonischen Grundsätzen abgehandelt. 1755. Hrsg. von A. J. v. Oettingen. (Neue Aufl.) (158 S.) 898. (Nr. 12.) n. 2. 40

Kirchhoff, G., Abhandlgn. üb. Emission u. Absorption. I. Ueber d. Fraunhofer'schen Linien. (1859.) — II. Ueber den Zusammenhang zwischen Emission u. Absorption v. Licht u. Wärme. (1859.) — III. Ueb. d. Verhältnis zwischen d. Emissionsvermögen u. d. Absorptionsvermögen d. Körper f. Wärme u. Licht. (1860—1862.) Hrsg. v. Max Planck. M. d. Bildniss v. G. Kirchhoff u. 5 Fig. im Text. (41 S.) 898. (Nr. 100.) n. 1. —

— Abhandlgn. üb. mechan. Wärmetheorie. I. Ueb. e. Satz d. mechan. Wärmetheorie u. einige Anwendgn. desselben. (1858.) — II. Bemerkg. üb. d. Spannung d. Wasserdampfes bei Temperaturen, die d. Eispunkte nahe sind. (1858.) — III. Ueb. d. Spanng. d. Dampfes u. Mischgn. aus Wasser u. Schwefelsäure. (1858.) Hrsg. v. Max Planck. (48 S.) 898. (Nr. 101.) n. — 75

— u. R. Bunsen, chem. Analyse durch Spectralbeobachtgn. (1860.) Hrsg. v. W. Ostwald. M. 2 Taf. u. 7 Fig. im Text. (74 S.) 895. (Nr. 72.) n. 1. 40

Knight, Thomas Andrew, sechs pflanzenphysiolog. Abhandlgn. (1803—1812.) Uebers. u. hrsg. v. H. Ambronn. (63 S.) 895. (Nr. 62.) n. 1. —

Kolbe, H., üb. d. natürl. Zusammenhang d. organ. m. d. unorgan. Verbindungen, d. wissenschaftl. Grundlage zu e. naturgemässen Classification d. organ. chem. Körper. (1859.) Hrsg. von Ernst v. Meyer. (42 S.) 897. (Nr. 92.) n. — 70

Lagrange, Jos. Louis, Zusätze zu Euler's Elementen d. Algebra. Unbestimmte Analysis. Aus dem Franz. übers. von A. J. v. Oettingen, hrsg. v. H. Weber. (171 S.) 898. (Nr. 103.) n. 2 60

Maxwell, James Clerk, üb. Faraday's Kraftlinien. (Transact. of the Cambr. phil. soc. vol. 10, p. 27, gelesen am 10. Dec. 1855 u. 11. Febr. 1856, Maxw. scient. pap. vol. 1, p. 155.) Hrsg. v. L. Boltzmann. (130 S.) 895. (Nr. 69.) n. 2. —

— über physikal. Kraftlinien. (Phil. Mag. 4. Ser. Bd. 21, S. 161, 281 u. 338, 1861; Bd. 23, S. 12 u. 85, 1862. Scient. pap. vol. I, S. 451. (Hrsg. v. L. Boltzmann.) M. 12 Fig. im Text. (147 S.) 898. (Nr. 102.) n. 2. 40

Meyer, Loth. (1864—1869), u. D. Mendelejeff (1869—1871). Das natürl. System d. chemischen Elemente. Abhandlgn. Hrsg. v. Karl Seubert. (135 S. m. 1 Taf.) 895. (Nr. 68.) n. 2. 40

Mitscherlich, Eilhard, üb. d. Benzin u. d. Verbindgn. desselben. Gelesen in d. Akademie d. Wissenschaften am 6. II. 1834. Hrsg. v. J. Wislicenus. (39 S.) 898. (Nr. 98.) n. — 70

— üb. d. Verhältnis zwischen d. chem. Zusammensetzg. u. der Krystallform arseniksaurer u. phosphorsaurer Salze. (Uebers. aus d. Schwed.) (1821.) Hrsg. v. P. Groth. M. 35 Fig. im Text. (59 S.) 898. (Nr. 94.) n. 1. —

Neumann, F. E., Theorie d. dopp. Strahlenbrechg., abgeleitet aus d. Gleichgn. d. Mechanik. (1832.) Hrsg. v. A. Wangerin. (52 S.) 896. (Nr. 76.) n. — 80

Newton, Sir Isaac, Optik od. Abhandlung üb. Spiegelgn., Brechgn., Beuggn. u. Farben d. Lichts. (1704.) Uebers. u. hrsg. v. William Abendroth. I. Buch. M. d. Bildniss von Sir Isaac Newton u. 46 Fig. im Text. (132 S.) 898. (Nr. 96.) n. 2. 40

— Dasselbe. II. u. III. Buch. M. 12 Fig. im Text. (156 S.) 898. (Nr. 97.) n. 2. 40 (I.—III.: n. 4. 80)

Oersted, Hans Chrn., u. Thom. Joh. Seebeck, zur Entdeckung d. Elektromagnetismus. Abhandlgn. (1820—1821.) Hrsg. von A. J. v. Oettingen. (83 S. m. 30 Fig.) 895. (Nr. 63.) n. 1. 40

Rosenhain, Geo., Abhandlg. üb. d. Functionen zweier Variabler m. 4 Perioden, welche d. Inversen sind d. ultraelliptischen Integrale 1. Klasse. (1851.) Hrsg. v. H. Weber. Aus d. Franz. übers. v. A. Witting. (94 S.) 895. (Nr. 65.) n. 1. 50

Seebeck, Th. J., magnet. Polarisation d. Metalle u. Erze durch Temperatur-Differenz. (1822—1823.) Hrsg. von A. J. v. Oettingen. (120 S. m. 33 Textfig.) 895. (Nr. 70.) n. 2. —

Steiner, Jac., systematische Entwicklg. d. Abhängigkeit geometr. Gestalten von einander, m. Berücksicht. d. Arbeiten alter u. neuer Geometer üb. Porismen, Projectionsmethoden, Geometrie d. Lage, Transversalen, Dualität u. Reciprocität etc. 1 Thl. Hrsg. von A. J. v. Oettingen. (126 S. m. 14 Fig. u. 2 Taf.) 896. (Nr. 82.) n. 2. —

— Dasselbe. 2. Thl. Hrsg. von A. J. v. Oettingen. (162 S. m. 2 Fig. u. 2 Taf.) 896. (Nr. 83.) n. 2. 40

— d. geometr. Constructionen, ausgef. mittelst d. geraden Linie u. e. festen Kreises, als Lehrgegenstand auf höh. Unterrichts-Anstalten u. zur prakt. Benutzg. (1833.) Hrsg. v. A. J. v. Oettingen. (85 S. m. 25 Fig.) 895. (Nr. 60.) n. 1. 20

Wolff, Casp. Frdr., Theoria generationis. (1759.) 1. Thl. (Vorrede. Erklärg. d. Plans, Entwicklg. d. Pflanzen.) Uebers. u. hrsg. v. Paul Samassa. (96 S. m. 1 Taf.) 896. (Nr. 84.) n. 1. 20

— Dasselbe. 2. Thl. (Entwicklg. d. Thiere. Allgemeines.) Uebers. u. hrsg. v. Paul Samassa. (98 S. m. 1 Taf.) 896. (Nr. 85.) n. 1. 20

— **Klassiker der exakten Wissenschaften.** Nr. 1, 2, 5 u. 104—133. 8. Leipzig, W. Engelmann. Kart. n. 62.05

Inhaltsübersicht in alphabet. Ordnung:

Abel, N. H., Abhandlung üb. e. besondere Klasse algebraisch auflösbarer Gleichungen. (1829.) Hrsg. v. Alfr. Loewy. (50 S.) 900. (Nr. 111.) n. — 90

D'Alembert, Abhandlung üb. Dynamik, in welcher die Gesetze des Gleichgewichtes u. der Bewegg. der Körper auf die kleinstmögl. Zahl zurückgeführt u. in neuer Weise abgeleitet werden, u. in der e. allgemeines Princip zur Auffindg. der Bewegg. mehrerer Körper, die in beliebiger Weise aufeinander wirken, gegeben wird. (1743.) Uebers. u. hrsg. v. Arth. Korn. Mit 4 Taf. (210 S.) 899. (Nr. 106.) n. 3. 60

Andrews, Thom., über die Continuität der gasförmigen u. flüssigen Zustände der Materie u. Über den gasförmigen Zustand der Materie. On the continuity of the gaseous and liquid states of matter. Philosophical transactions of R. S. of London, vol. 159, 1869, p. p. 575—589 and on the gaseous state of matter, vol. 166, 1876, p. p. 421—449, hrsg. von Arth. v. Oettingen u. Kenji Tsuruta. Mit 12 Fig. im Text u. in den Anmerkgn. (82 S.) 902. (Nr. 132.) n. 1. 40

Bernoulli, Jak., Wahrscheinlichkeitsrechnung (Ars conjectandi). (1713.) 1. u. 2. Tl. Uebers. u. hrsg. v. R. Haussner. Mit 1 Fig. im Text. (162 S.) 899. (Nr. 107.) n. 2. 50

— dasselbe. 3. u. 4. Tl. m. dem Anh.: Brief an e. Freund üb. das Ballspiel (Jeu de paume). Uebers. u. hrsg. v. R. Haussner. Mit 3 Fig. (Fig. 1 im Text. Fig. 2 u. 3 in den Anmerkgn.) (172 S.) 899. (Nr. 108.) n. 2. 70

Camerarius, R. J., über das Geschlecht der Pflanzen. (De sexu plantarum epistole.) 1694. Uebers. u. hrsg. v. M. Möbius. Mit dem Bildniss v. R. J. Camerarius. (XIII, 78 S.) 899. (Nr. 105.) n. 1. 50

Cauchy, Augustin-Louis, Abhandlung üb. bestimmte Integrale zwischen imaginären Grenzen. (1825.) Hrsg. v. P. Stäckel. (80 S.) 900. (Nr. 112.) n. 1. 25

Dirichlet, Lejeune, die Darstellung ganz willkürlicher Functionen durch Sinus- u. Cosinusreihen (1837) u. Seidel, Phpp. Ludw., Note üb. e. Eigenschaft der Reihen, welche discontinuirl. Functionen darstellen (1847). Hrsg. v. Heinr. Liebmann. (58 S.) 900. (Nr. 116.) n. 1. —

Faraday, Mich., Experimental-Untersuchungen üb. Elektricität. (Aus den Philosoph. Transact. f. 1835.) Hrsg. von A. J. v. Oettingen. IX.—XI. Reihe. Mit 15 Fig. im Texte. (106 S.) 901. (Nr. 126.) n. 1. 80

— dasselbe. XII. u. XIII. Reihe. Mit 29 Fig. im Text. (133 S.) 901. (Nr. 128.) n. 2. —

— dasselbe. XIV. u. XV. Reihe. Mit 2 Fig. im Text. (48 S.) 902. (Nr. 131.) n. — 80

Felici, Riccardo, über die mathematische Theorie der elektrodynamischen Induction. Uebers. v. B. Dessau. Hrsg. v. E. Wiedemann. (121 S.) 899. (Nr. 109.) n. 1. 80

Fourier, Jean Bapt. Jos. Baron, die Auflösung der bestimmten Gleichungen (Analyse der équations déterminées). Paris 1831. Übers. u. hrsg. v. Alfr. Loewy. Mit 18 Fig. im Text. (VI, 263 S.) 902. (Nr. 127.) n. 4. —

Gauss, Carl Frdr., sechs Beweise des Fundamentaltheorems üb. quadratische Reste. Hrsg. v. Eug. Netto. (111 S.) 901. (Nr. 122.) n. 1. 80

— allgemeine Flächentheorie. (Disquisitiones generales circa superficies curvas.) (1827.) Deutsch hrsg. v. A. Wangerin. 2. rev. Aufl. (64 S.) 900. (Nr. 5.) n. — 80

— allgemeine Lehrsätze in Beziehung auf die im verkehrten Verhältnisse des Quadrats der Entfernung wirkenden Anziehungs- u. Abstossungs-Kräfte. (1840.) Hrsg. v. A. Wangerin. 2., ergänzte Aufl. (61 S.) 902. (Nr. 2.) n. — 80

Guldberg, C. M., u. P. Waage, Untersuchungen üb. die chemischen Affinitäten. Abhandlungen aus den J. 1864, 1867, 1879. Uebers. u. hrsg. v. R. Abegg. Mit 18 Taf. (182 S.) 899. (Nr. 104.) n. 3. —

Helmholtz, H., Abhandlungen zur Thermodynamik. Hrsg. v. Max Planck. (84 S.) 902. (Nr. 124.) n. 1. 40

— über die Erhaltung der Kraft. (1847.) 6. Taus. (60 S.) 902. (Nr. 1.) n. — 80

Hoff, J. H. van't, die Gesetze des chemischen Gleichgewichtes f. den verdünnten, gasförmigen od. gelösten Zustand. (Der kgl. schwed. Akad. der Wissensch. vorgelegt am 14. X. 1885.) Kongl. svenska vetenskaps-akademiens handlingar. Bandet 21. Nr. 17. Stockholm 1886. Uebers. u. hrsg. v. Geo. Bredig. Mit 7 Fig. im Text. (106 S.) 900. (Nr. 110.) n. 1. 60

Lagrange u. Cauchy, zwei Abhandlungen zur Theorie der partiellen Differentialgleichungen 1. Ordnung. Von L. (1772) u. C. (1819). Aus dem Franz. übers. u. hrsg. von Ghard. Kowalewski. (54 S.) 900. (Nr. 113.) n. 1. —

Lambert's, J. H., Abhandlungen zur Bahnbestimmung der Cometen. Insigniores orbitae cometarum proprietates (1761). Observations sur l'orbite apparente des comètes (1771). Auszüge aus den „Beiträgen zum Gebrauche der Mathematik" (1772). Deutsch hrsg. u. m. Anmerkgn. versehen v. J. Bauschinger. Mit 35 Fig. im Text. (149 S.) 902. (Nr. 133.) n. 2. 40

Lobatschefskij, N. J., Pangeometrie. Kasan 1856. Uebers. u. hrsg. v. Heinr. Liebmann. Mit 30 Fig. im Text. (95 S.) 902. (Nr. 130.) n. 1. 70

Malpighi, Marcellus, die Anatomie der Pflanzen. I. und II. Thl. London 1675 u. 1679. Bearb. v. M. Möbius. Mit 50 Abbildgn. (163 S.) 901. (Nr. 120.) n. 3. —

Mayow, John, Untersuchungen üb. den Salpeter und den salpetrigen Luftgeist, das Brennen u. das Athmen. Hrsg. v. F. G. Donnan. (56 S. m. Abbildgn. u. Bildnis.) 901. (Nr. 125.) n. 1. —

Mendel, Greg., Versuche üb. Pflanzenhybriden. 2 Abhandlgn. (1865 u. 1869.) Hrsg. v. Erich Tschermak. (62 S.) 901. (Nr. 121.) n. 1. —

Monge, Gaspard, darstellende Geometrie. (1798.) Übers. u. hrsg. v. Rob. Haussner. Mit zahlreichen Fig. in dem Texte u. in den Anmerkgn. (217 S.) 900. (Nr. 117.) n. 4. —

Pfaff, Joh. Frdr., allgemeine Methode partielle Differentialgleichungen zu integriren. (1815.) Aus dem Lat. übers. u. hrsg. v. Gerh. Kowalewski. (84 S.) 902. (Nr. 129.) n. 1. 40

Saussure, Horace Bénédicte de, Versuch üb. die Hygrometrie. 1. Hft. I. Versuch. Beschreibung e. neuen vergleichbaren Hygrometers. II. Versuch. Theorie der Hygrometrie. Neuchatel, 1783. Mit 1 Taf. u. Vignette hrsg. von A. J. v. Oettingen. (168 S.) 900. (Nr. 115.) n. 2. 60

— dasselbe. II. Hft. III. Versuch. Theorie der Ausdünstg. IV. Versuch. Anwendung der vorhergeh. Theorie auf einige Phänomene der Meteorologie. Neuchatel, 1783. Mit 2 Fig., hrsg. von A. J. v. Oettingen. (170 S.) 900. (Nr. 119.) n. 2. 40

Steiner, Jac., einige geometrische Betrachtungen. (1826.) Hrsg. v. Rud. Sturm. Mit Fig. im Texte u. in den Anmerkgn. (125 S.) 901. (Nr. 123.) n. 2. —

Volta, Allessandro, Briefe üb. thierische Elektricität. (1792.) Hrsg. von A. J. v. Oettingen. (162 S.) 900. (Nr. 114.) n. 2. 50

— Untersuchungen üb. den Galvanismus. 1796—1900. Hrsg. v. A. J. v. Oettingen. (99 S. m. 1 Taf.) 900. (Nr. 118.) n. 1. 60

— Klassiker der exakten Wissenschaften. Nr. 14. 20. 21. 23. 134—150 u. 152—158. 8 Ebd. Kart. n. 50. 70

Bolzano, Bernard, rein analytischer Beweis des Lehrsatzes, dass zwischen je zwey Werthen, die ein entgegengesetztes Resultat gewähren, wenigstens e. reelle Wurzel der Gleichung liege. — Hankel, Herm., Untersuchungen über die unendlich oft oszillierenden u. unstetigen Funktionen. Hrsg. von Philip E. B. Jourdain. (115 S.) 905. (Nr. 153.) n. 1. 80

Dutrochet, Henri, physiologische Untersuchungen über die Beweglichkeit der Pflanzen u. der Tiere. (1824.) Uebers. u. hrsg. v. Alex. Nathanson. Mit 29 Textfig. (148 S.) 906. (Nr. 154.) n. 2. 20

Encke, J. F., über die Bestimmung e. elliptischen Bahn aus drei vollständigen Beobachtungen. — Hansen, P. A., über die Bestimmung der Bahn e. Himmelskörpers aus drei Beobachtungen. Hrsg. v. J. Bauschinger. (162 S.) (Nr. 141.) n. 2. 50

Faraday, Mich., Experimental-Untersuchungen üb. Elektricität. (Aus den philosoph. Transact. f. 1840.) Hrsg. von A. J. v. Oettingen. XVI. u. XVII. Reihe. Mit 18 Fig. im Text. (103 S.) 902. (Nr. 134.) n. 1. 60

— dasselbe. (Aus den philosoph. Transact. f. 1843 u. 1846.) Hrsg. vor A. J. v. Oettingen. XVIII. u. XIV. Reihe. Mit 11 Fig. im Text. (59 S.) 903 (Nr. 136.) n. 1. 20

— dasselbe. (Aus den Phil. Trans. f. 1846, 1848 u. 1850.) Hrsg. von A. J. v. Oettingen. XX.—XXIII. Reihe. Mit 11 Fig. im Text. (174 S.) 903. (Nr. 140.) n 3. —

Fraunhofer, Jos., Bestimmung des Brechungs- u. Farbenzerstreuungs-Vermögens verschiedener Glasarten in bezug auf die Vervollkommnung achromatischer Fernröhre. Hrsg. von Arth. v. Oettingen. Mit 1 Bildnis, 6 Fig. im Text u. 2 Fig. auf 1 Taf. (36 S.) 906. (Nr. 150.) n. 1. 20

Gauss, Carl Frdr., die vier Beweise f. die Zerlegg. ganzer algebraischer Functionen in reelle Factoren 1. od. 2. Grades. (1799—1849.) Hrsg. v. E. Netto. 2. Aufl. (82 S. m. 1 Taf.) 904. (Nr 14.) n. 1. 50

— allgemeine Grundlagen e. Theorie der Gestalt v Flüssigkeiten im Zustand des Gleichgewichts. (Commentationes societatis regiae scientiarum Gottingensis recentiores vol. VII, 1830, geschrieben 1829.) Uebers. v. Rud. H. Weber. Hrsg. v. H. Weber. Mit 1 Fig. im Text. (73 S.) 903. (Nr. 135.) n. 1. 20

Grotthuss, Thdr. v., Abhandlungen üb. Elektrizität u. Licht. Hrsg. v. R. Luther u A. v. Oettingen. Mit e. Bildnis u. 5 Fig. im Text. (199 S.) 906. (Nr. 152.) n. 3. —

Guldberg, C. M., thermodynamische Abhandlungen üb. Molekulartheorie u. chem. Gleichgewichte. 3 Abhandlgn. aus den J. 1867, 1868, 1870, 1872. Aus dem Norweg. übers. u. hrsg. v. R. Abegg. Mit 9 Fig. im Text. (85 S.) 903. (Nr. 139.) n. 1. 50

Hankel, Herm., Untersuchgn. üb. etc. Funktionen, s.: Bolzano, B.

Hansen, P. A., über d. Bestimmung d. Bahn e. Himmelskörpers, s.: Encke, I. F., Bestimmung etc.

Hering, Ewald, über das Gedächtnis als e. allgemeine Funktion der organisierten Materie. Vortrag, geh. in der feierl. Sitzg. der kaiserl. Akademie der Wissenschaften in Wien am 30. V. 1870. (21 S.) 905. (Nr. 148.) n. — 60

Hittorf, W., über die Wanderungen der Ionen während der Elektrolyse. (1853—1859.) 1. Tl. Mit 1 Taf. Hrsg. v. W. Ostwald. 2., erweit. Aufl. (115 S.) 903. (Nr. 21.) n. 1. 60

— dasselbe. 2. Tl. Mit 1 Taf. Hrsg. v. W. Ostwald. 2., durchgeseh. Aufl. (141 S.) 904. (Nr. 23.) n. 1. 50

Horstmann, Aug., Abhandlungen zur Thermodynamik chemischer Vorgänge. Hrsg. v. J. H. van't Hoff. Mit 4 Fig. im Text (73 S.) 903. (Nr. 137) n. 1 20

Huygens, Christian, Abhandlung üb. das Licht. Worin die Ursachen der Vorgänge bei seiner Zurückwerfg. u. Brechg. u. besonders bei der eigenthüml. Brechg des isländ. Spathes dargelegt sind. (1678.) Hrsg. v. E Lommel. In 2. Aufl. durchgesehen u. berichtigt von A. J. v. Oettingen. Mit 57 Fig. im Text. (115 S.) 903 (Nr. 20.) n. 2. —

— nachgelassene Abhandlungen: Ueber die Bewegung der Körper durch den Stoss. Ueber die Centrifugalkraft. Hrsg. v Fel. Hausdorff. Mit 49 Fig. im Text. (79 S.) 903. (Nr. 138.) n. 1. 40

Jacobi, C. G. J., neue Methode zur Integration partieller Differentialgleichungen erster Ordnung zwischen irgend e. Anzahl v. Veränderlichen. Hrsg. v. G. Kowalewski. (278 S.) 906. (Nr. 156.) n. 4. —

Kekulé, Aug., über die Konstitution u. die Metamorphosen der chemischen Verbindungen u. üb. die chemische Natur des Kohlenstoffs. — Untersuchungen üb. aromatische Verbindungen. Hrsg. v. A. Ladenburg. Mit 2 Fig. im Text u. 1 Taf. (89 S.) 904. (Nr. 145.) n. 1. 40

Kepler's, Johs., Dioptrik od. Schilderung der Folgen, die sich aus der unlängst gemachten Erfindung der Fernrohre f. das Sehen u. die sichtbaren Gegenstände ergeben. Augsburg, Druck v. David Franke. 1611. Uebers. u. hrsg v. Ferd. Plehn. Mit 48 Fig. im Text. (114 S.) 904. (Nr. 144.) n. 2.—

Lagrange, Jos. Louis, über die Lösung der unbestimmten Probleme 2. Grades (1768). Aus dem Franz. übers. u. hrsg. v. Eug. Netto. (131 S.) (904.) (Nr. 146.) n. 2 20

Listing, Joh. Bened., Beitrag zur physiologischen Optik. Hrsg. v. Otto Schwarz. Mit 1 Bildnis u. 2 Taf. (52 S.) 905. (Nr. 147.) n. 1. 40

Sella, Quintino, Abhandlungen zur Kristallographie. Hrsg. v. F. Zambonini. Mit 8 Fig. im Text. (44 S.) 906. (Nr. 155.) n. — 80

Sturm, C., Abhandlung üb. die Auflösung der numerischen Gleichungen (1835). Aus dem Franz. übers. u. hrsg. v. Alfr. Loewy. (66 S.) 905. (Nr. 143.) n. 1. 20

Toepler, Aug., Beobachtungen nach e. neuen optischen Methode. Ein Beitrag zur Experimentalphysik. Hrsg. v. A. Witting. Mit e. Bildnis v. Toepler u. 4 Taf. (62 S.) 906. (Nr. 157.) n. 1. 50

— Beobachtungen nach der Schlierenmethode. Hrsg. v. A. Witting. Mit 4 Taf. n. 1 Textfig. (103 S.) 906. (Nr. 158.) n. 3. —

Weber, Ernst Heinr., Tastsinn u. Gemeingefühl. Hrsg. v. Ewald Hering. Mit 1 Bildnis v. E. H. Weber. (156 S.) 905. (Nr 149.) n. 2. 40

Weber, Wilh., u. Rud. Kohlrausch, fünf Abhandlungen üb. absolute elektrische Strom- u. Widerstandsmessung. Hrsg. v. Frdr. Kohlrausch. Mit 2 Bildnissen u. 3 Fig. im Text. (116 S.) 904. (Nr. 142.) n. 1. 80

Nr. 151 ist noch nicht erschienen.

— Klassiker der exakten Wissenschaften. Nr. 1. 11 25. 37. 151 u. 159—178. 8. Leipzig, W. Engelmann. Kart. 52. 70

Abhandlungen zur Geschichte des Stereoskops v. Wheatstone, Brewster, Riddell, Helmholtz, Wenham, d'Almeida u. Harmer. Hrsg. von M. v. Rohr. Mit 4 Taf. u. 10 Fig. im Text. (130 S.) 908. (Nr. 168.) Kart. 2. 20

— üb. die regelmässigen Sternkörper. Abhandlungen v L. Poinsot (1809), A. L. Cauchy (1811), J. Bertrand (1858), A. Cayley (1859). Übers. u. hrsg. v. Rob. Haussner. Mit 58 Fig. im Texte u. in den Anmerkgn., sowie 4 Fig auf 2 Taf. (129 S.) 906. (Nr. 151.) Kart. 2. 80

Achard, F. C., Anleitungen zum Anbau der zur Zuckerfabrikation anwendbaren Runkelrüben, s.: Marggraf, A. S.

Arrhenius, Svante, Untersuchungen üb. die galvanische Leitfähigkeit der Elektrolyte. Am 6. VI. 1883 der kgl. schwed. Akad. der Wissenschaften vorgelegte Abhandlg. Übers. v. Anna Hamburger u. hrsg. v. Otto Sackur. Mit 6 Fig. im Text. (153 S.) 907. (Nr. 160.) Kart. 2. 50

Bayes, Thom., Versuch zur Lösung e. Problems der Wahrscheinlichkeitsrechnung. Hrsg. v. H. E. Timerding. Mit 3 Textfig. (59 S.) 908. (Nr. 169.) Kart. 1. 20

Bernoulli, Jak., über unendliche Reihen (1689—1704). Aus dem Lat. übers. u. hrsg. v. G. Kowalewski. (141 S. m. 12 Fig.) 909. (Nr. 171.) Kart. 2. 50

— u. Leonh. Euler, Abhandlungen üb. das Gleichgewicht u. die Schwingungen der ebenen elastischen Kurven (1691, 1694, 1695 u. 1744). Übers. u. hrsg. von H. Linsenbarth. (126 S. m. 35 Fig.) 910. (Nr. 175.) Kart. 2. 80

Berthelot u. L. Péan de Saint-Gilles, Untersuchungen üb. die Affinitäten. Über Bildung u. Zersetzung der Äther. Annales de chimie et de physique 3e série tome 65, p. 385; 66, p. 5 et 68, p. 225. Übers. u. hrsg. v. Margar. u. Alb. Ladenburg. (242 S. m. 2 Taf.) 910. (Nr. 173.) Kart. 4. 40

Carnot, S., Betrachtungen üb. die bewegende Kraft des Feuers u. die zur Entwickelung dieser Kraft geeigneten Maschinen (1824). Uebers. u. hrsg. v. W. Ostwald. 2. unveränd. Abdr. Mit 5 Fig. im Text. (72 S.) 909. (Nr. 37.) Kart. 1. 20

Doppler, Christian, Abhandlungen. Hrsg. v. H. A. Lorentz. Mit 36 Fig. im Text u. e. Bildnis. (195 S.) 907. (Nr. 161.) Kart. 3. 60

Feddersen, W., Entladung der Leidener Flasche, intermittierende, kontinuierliche, oszillatorische Entladung u. dabei geltende Gesetze. Abhandlungen (1857—1866.) Hrsg. v. Th. Des Coudres. Mit e. Bildnis des Verf. in Heliograv. u. 3 lith. Taf. (130 S.) 908. (Nr. 166.) Kart. 2. 40

Galilei, Galileo, Unterredungen u. mathematische Demonstrationen üb. zwei neue Wissenszweige, die Mechanik u. die Fallgesetze betr. Arcetri, 6. III. 1638. 1 Tag m. 13 u. 2. Tag m. 27 Holzschn. Aus dem Ital. übers. u. hrsg. von Arth. v. Oettingen. 2. unveränd. Abdr. (142 S.) 907. (Nr. 11.) Kart. 3.

— dasselbe. Anh. zum 3. u. 4. Tag, 5. u. 6. Tag, m. 23 Fig. im Text. Aus dem Ital. u. Lat. übers. u. hrsg. von Arth. v. Oettingen. Mit Inhaltsverzeichnis zum 3. bis 6. Tag. 2. unveränd. Abdr. (66 S.) 908. (Nr. 25.) Kart. 1. 20

Gauss, Carl Frdr., Untersuchungen üb. Gegenstände der höheren Geodäsie. Hrsg. v. J. Frischauf. (111 S. m. 2 Abbildgn.) 910. (Nr. 177.) Kart. 2. —

Helmholtz, H., über die Erhaltung der Kraft. (1847.) 7. Taus. (60 S.) 907. (Nr. 1.) Kart. — 80

Jellett, J. H., chemisch-optische Untersuchungen. Übers. v. L. Frank. Hrsg. v. W. Nernst. Mit 6 Fig. im Text. (84 S.) 908. (Nr. 163.) Kart. 1. 60

Kepler, Johs., neue Stereometrie der Fässer, besonders der in der Form am meisten geeigneten österreichischen, u. Gebrauch der kubischen Visierrute. Mit e. Ergänzg. zur Stereometrie des Archimedes. Linz 1615. Druck v. Johannes Plank. Aus dem Lat. übers. u. hrsg. v. R. Klug. Mit 29 Fig. im Text. (130 S.) 908. (Nr. 165.) Kart. 2. 60

Koerner, Wilh., über die Bestimmung des chemischen Ortes bei den aromatischen Substanzen. 4 Abhandlgn. Aus dem Franz. u. Ital. übers. u. hrsg. v. G. Bruni u. B. L. Vanzetti. (132 S.) 910. (Nr. 174.) Kart. 2. 40

Lagrange, Rodrigues, Jacobi u. Gauss, Abhandlungen üb. die Prinzipien der Mechanik, hrsg. v. Philip E. B. Jourdain. Mit 3 Abbildgn. im Text. (68 S.) 908. (Nr. 167.) Kart. 1. 40

Leibniz üb. die Analysis des Unendlichen. Eine Auswahl Leibnizscher Abhandlgn., aus dem Lat. übers. u. hrsg. v. Gerh. Kowalewski. Mit 9 Textfig. (84 S.) 908. (Nr. 162.) Kart. 1. 60

Lomonossow's, M. W., physikalisch-chemische Abhandlungen 1741–1742. Aus dem Lat. u. Russ. m. Anmerkgn. hrsg. v. B. N. Menschutkin u. Max Speter. (Mit Lomonossows Bildnis u. 1 Fig. im Text.) (61 S.) 910. (Nr. 178.) Kart. 1. 20

Marggraf, A. S., chymische Versuche, e. wahren Zucker aus verschiedenen Pflanzen, die in unseren Ländern wachsen, zu ziehen. — **Achard**, F. C., Anleitungen zum Anbau der zur Zuckerfabrication anwendbaren Runkelrüben und zur vorteilhaften Gewinnung des Zuckers aus denselben. Die beiden Grundschriften der Rübenzuckerfabrikation. Hrsg. von Edm. O. v. Lippmann. (72 S.) 907. (Nr. 159.) Kart. 1. 20

Newton's Abhandlung üb. die Quadratur der Kurven. (1704.) Aus dem Lat. übers. u. hrsg. v. Gerh. Kowalewski. Mit 8 Textfig. (66 S.) 908. (Nr. 164.) Kart. 1. 50

Rey's, Jean, Abhandlungen üb. die Ursache der Gewichtszunahme von Zinn u. Blei beim Verkalken. Deutsch hrsg. u. m. Anmerkgn. versehen v. Ernst Ichenhäuser u. Max Speter. (56 S. m. 2 Abbildgn.) 909. (Nr. 172.) Kart. 1. 20

Schwann, Th., mikroskopische Untersuchungen üb. die Übereinstimmung in der Struktur u. dem Wachstume der Tiere u. Pflanzen. Hrsg. v. F. Hünseler. Mit dem Bilde v. Th. Schwann u. 4 (Doppel-)Taf. (242 S.) 910. (Nr. 176.) Kart. 3. 60

Wurtz, Adf., Abhandlung üb. die Glycole od. zweiatomige Alkohole u. üb. das Aethylenoxyd als Bindeglied zwischen organischer u. Mineralchemie. Aus dem Franz. übers. u. m. Anmerkgn. versehen v. M. u. A. Ladenburg. Mit 1 Fig. im Text. (96 S.) 909. (Nr. 170.) Kart. 1. 80

Ostwald, Wilh., Kunst u. Wissenschaft. Vortrag, geh. zu Wien am 27. XI. 1904. (40 S.) 8. Leipzig 905. Veit & Co. n. 1. —

Ostwald, Wilh., Lehrbuch der allgemeinen Chemie. 2 Bde. gr. 8. Leipzig, Engelmann. à n. 20. —; Einbd. à n.n. 2. 50
1. Stöchiometrie. (855 S. m. Holzschn.) 884.
2. Verwandschaftslehre. (XII, 909 S. m. Holzschn. u. Taf.) 886.

Ostwald, W., Lehrbuch d. allgemeinen Chemie. 1. Bd. Stöchiometrie. 2. Aufl. 8. (XIX, 1163 S. m. 173 Holzschnitten.) Leipzig 890. Engelmann. n. 28. —; geb. n. 30. 50

Ostwald, Wilh., Lehrbuch der allgemeinen Chemie. (In 2 Bdn.) 1. Bd. u. 2. Bd. 1. Tl. 2., umgearb. Aufl. gr. 8. Leipzig, W. Engelmann. n. 62. —; geb. n.n. 67. —
1. Bd. Stöchiometrie. (XIX, 1163 S. m. 173 Fig.) 891. n. 28. —; geb. n.n. 30. 50
2. Bd. 1. Tl. Chemische Energie. (XV, 1104 S. m. 77 Fig.) 893. n. 34. —; geb. n.n. 36. 50

Ostwald, Wilh., Lehrbuch der allgemeinen Chemie. (In 2 Bdn.) 2. Bds. 2. Tl.: Verwandtschaftslehre. 1.—3. Lfg. 2., umgearb. Aufl. gr. 8. (S. 1—608 m. 69 Fig.) Leipzig 896—898. W. Engelmann. n. 14. 60 (I—II, 2, III: n. 76. 60; 2 Einbde. à n.n. 2. 50)

Ostwald, Wilh., Lehrbuch d. allgem. Chemie. (In 2 Bdn.) II. Bds. 2. Thl.: Verwandschaftslehre. 1. Thl. 4. u. 5. (Schluss-)Lfg. 2., umgearb. Aufl. gr. 8. (XI u. S. 605—1188 m. 319 Fig.) Leipzig 899. 902. W. Engelmann. n. 14. 40; (II, 2 vollständig n. 29. —; geb. in Halbfrz. n. 32. —)
I. u. II. 1. Ebd. 891. 893. n. 62. —; geb. n. 67. —.

— **Lehrbuch** der allgemeinen Chemie. In 2 Bdn. I. Bd., II. Bds. 1. Tl. u. 3. Tl. 1. Lfg. 2., umgearb. Aufl. 2. Abdr. gr. 8. Leipzig, W. Engelmann. n. 69. —; Einbände in Halbfrz. à n.n. 2. 50
I. Stöchiometrie. (XIX, 1164 S. m. 173 Holzschn.) 903. n. 28. —
II, 1. I. Chemische Energie. (XV, 1104 S. m. 77 Fig.) 903. n. 34. —
II, 3. Verwandschaftslehre. 2. Tl. 1. Lfg. (S. 1—264 m. 208 Fig. 906. n. 7. —

Ostwald, Wilh., Lehrbuch der allgemeinen Chemie. (In 2 Bdn.) 1. Bd. Stöchiometrie. 2., umgearb. Aufl. 3. Abdr. (XIX, 1164 S. m. 173 Holzschn.) gr. 8. Leipzig 910. W. Engelmann. 28.—; geb. in Halbfrz. n 30.50

— **Leitlinien der Chemie. 7 gemeinverst. Vorträge aus d. Geschichte d. Chemie. (V, 308 S.) 8. Leipzig 906. Akadem. Verlagsgesellschaft. n. 6. 60; geb. in Leinw. n. 7. 50**

Ostwald, Wilh., Malerbriefe. Beiträge zur Theorie u. Praxis der Malerei. (VIII, 165 S.) 8. Leipzig 904. S. Hirzel. n. 3. —; geb. n. 4. —

Ostwald, Wilhelm (Hrsg.), s.a. Männer, Grosse.

Ostwald, Wilhelm: Große Männer. Leipzig
[Bd 1.] Von Wilhelm Ostwald. 1909
Bd 2. Zur Geschichte der Wissenschaften und der Gelehrten. Von Alphonse de Candolle. Deutsch von Wilhelm Ostwald. 1911
Bd 3. Jacobus Henricus van't Hoff. Sein Leben und Wirken. Von Ernst Cohen. 1912
Bd 4. Victor Meyer. Leben und Wirken eines deutschen Chemikers und Naturforschers 1848—1897. Von Richard Meyer. 1917
Bd 5. Ernst Abbe von Felix Auerbach. 1918
Bd 6. Emil Rathenau u. das elektrische Zeitalter. Von Felix Pinner 1918
Bd 7. Ein Leben der Arbeit. Erinnerungen von Sir Henry Roscoe. Übers. von Rose Thesing. 1919
Bd 8. Wilhelm Hofmeister von K. von Goebel. 1924
Bd 9. Johannes Müller. Das Leben des Rheinischen Naturforschers. Von Wilhelm Haberling. 1924

— Grosse **Männer**. 1. u. 2. Aufl. (X, 424 S.) gr. 8. Leipzig 909. 10. Akademische Verlagsgesellschaft. 14.—; geb. 15. —

— Die **Organisation** der Welt. Vortrag, geh. im Bernoullianum zu Basel am 7. IX. 1910. Nach stenograph. Aufnahme. (20 S.) gr. 8. Basel (Klybeckstr. 23) 910. (A. Leepin.) — Stuttgart, Franckh. — 40

Ostwald, Wilh[elm]. Die Organisation der Welt. Vortrag ... gehalten im Bernoullianum zu Basel am 7. September 1910. Nach stenographischer Aufnahme. IV + 20 S. 8. Basel, Verlag des Weltsprache-Vereins «Ido» (Druck Friedrich Reinhardt), 1910. fr. —. 40 = M —. 40

— s.: Philosophie, systematische.

— **Prinzipien** der Chemie. Eine Einleitg. in alle chem. Lehrbücher. (XV, 540 S. m. Fig.) 8. Leipzig 907. Akadem. Verlagsgesellschaft. 8.—; geb. 8. 80

— die chemische **Reichsanstalt**. (28 S.) gr. 8. Leipzig 906. Akadem. Verlagsgesellschaft. n. 1. —

— in **Sachen** der modernen Chemie. Offener Brief an Hrn. Albrecht Rau. gr. 8. (22 S.) Riga 884. Deubner. n. — 50

— die **Schule** der Chemie. Erste Einführg. in die Chemie f. Jedermann. 1. u. 2. Tl. gr. 8. Braunschweig F. Vieweg & Sohn. n. 12. —; geb. in Leinw n. 13 50
1. Allgemeines. (VIII, 186 S. m. 46 Abbildgn.) 903. n. 4. 80; geb. n. 5. 50
2. Die Chemie der wichtigsten Elemente u. Verbindungen, (VIII, 292 S. m. 32 Abbildgn. 904. n. 7. 20; geb. n. 8.—

— Die Schule der Chemie. Erste Einführg. in die Chemie f. Jedermann. 2. umgearb. Aufl. (6.—10. Taus.) (XII, 441 S. m. 74 Abbildgn.) gr. 8. Braunschweig 910. F. Vieweg & Sohn. 5.—; geb. in Leinw. 6. 40

— Wider das Schulelend. Ein Notruf. (48 S.) 8. Leipzig 909. Akadem. Verlagsgesellschaft. 1. —

Monistische Sonntagspredigten von WILHELM OSTWALD Nr 1—20. Berlin Verlag des Deutschen Monisten Bundes. Druck von Ferdinand Heyl in Egeln (Ohne bes. Titelbl.) 8°

Stöchiometrie von Dr. Wilh. **Ostwald**, Prof. zu Leipzig. 2. umgearb. Aufl. 2. Abdr. Mit 173 Holzschn. *Leipzig: W. Engelmann 1903.* (XVIII, 1164 S.) 8°
— **Ostwald** Lehrbuch d. allgem. Chemie. Bd 1.

Stöchiometrie von Dr. Wilh. **Ostwald**, Prof 2. umgearb. Aufl., 3. Abdr. Leipzig W. Engelmann 1910. XVIII, 1164 S. 8°
(Ostwald Lehrbuch d. allgem. Chemie Bd 1) 10. 17763 7

Ostwald W.: Studien z. chemischen Dynamik. 3. Die Inversion d. Rohrzuckers. Leipz. 1884. (26) S. (Særtr.). P

— ikonoskopische Studien. (8 S.) Lex.-8. Berlin 905. (G. Reimer.) n. — 50
Sonderabdruck aus: „Sitzungsber. d. preuss. Akad. d. Wiss."

Volumchemische Studien über Affinität. Dorpat, 1877.

— energetische Theorie des Glücks, s.: Beilage, wissenschaftliche, zum 18. Jahresbericht der philosophischen Gesellschaft an der Universität zu Wien.

— die Überwindg. d. wissenschaftl. Materialismus. Vortrag, geh. in d. 3. allgem. Sitzg. d. Versammlg. d. Gesellschaft deutscher Naturforscher u. Ärzte zu Lübeck am 20. Septbr. 1895. gr. 8. (35 S.) Leipzig 895. Veit & Co. n. 1. —

Verwandtschaftslehre. Leipzig, 1887. 8vo.
This forms also vol. II of Ostwald's Lehrbuch der Chemie, *q. v.*

Verwandtschaftslehre von Wilh **Ostwald**. 2 umgearb Aufl. T 1 *Leipzig W Engelmann 1896 1902.* 8°
— **Ostwald** Lehrbuch d. allgem. Chemie Bd. 2, T 2

— Vorlesungen über Naturphilosophie. Geh. im Sommer 1901 an der Universität Leipzig. 1. u. 2. Aufl. gr. 8. (à XIV, 457 S. m. Fig.) Leipzig 902. Veit & Co. n. 11. —; geb. in Halbfrz. n. 13. 50

— Vorlesungen üb. Naturphilosophie. Geh. im Sommer 1901 an der Universität Leipzig. 3. verm. Aufl. (XVI, 520 S. m. Fig.) gr. 8. Leipzig 905. Veit & Co. n. 12. —; geb. in Halbfrz. n. 14. 50

— die Weltsprache. Vortrag, geh. zu München im bayer. Bezirksverein des Vereins der deutschen Ingenieure. (15 S.) gr. 8. Stuttgart (904). Franckh. n. — 10

— s. Weltsprache u. Wissenschaft.

— Der Werdegang e. Wissenschaft. 7 gemeinverständl. Vorträge aus der Geschichte der Chemie. 2. verm. u. verb. Aufl. der „Leitlinien der Chemie". (X, 316 S.) 8. Leipzig 908. Akadem. Verlagsgesellschaft. 6.60; geb. in Leinw. n 7. 50

— s.: Zeitschrift f. physikalische Chemie.

— s.: Zeitschrift f. Elektrochemie.

'Alte Zeitschriften' von Professor Dr W[ilhelm] **Ostwald**. Nebst e Verzeichnis d. bedeutendsten Zeitschriftenserien, Enzyklopädien u. Sammelwerke aus d. Geb. d. exakten Wissenschaften, sowie Akademieschriften. Leipzig G. Fock 1905. (40 S.) 8° 05. 8761 2

Ostwald, Wolfgang

Ostwald, Wolfg., s.: Beihefte, kolloidchemische.

Ostwald, Wolfg., über e. neue theoretische Betrachtungsweise in der Planktologie, insbesondere üb. die Bedeutung des Begriffs der „inneren Reibung des Wassers" f. dieselbe. (48 S.) gr. 8. Stuttgart 903. E. Schweizerbart n. 1. —
Sonderabdruck aus: „Forschungsberichte aus der biolog. Station zu Plön".

Über die zeitlichen Eigenschaften der Entwicklungsvorgänge, s.a. Vorträge u. Aufsätze üb. Entwickelungsmechanik der Organismen. 5. Heft.

Über die zeitlichen Eigenschaften der Entwicklungsvorgänge. Von Wolfgang **Ostwald**. Mit 43 Fig im Text u. auf 11 Taf. Leipzig W Engelmann 1908. (71 S.) 8°
= **Vorträge** u. Aufsätze über Entwickelungsmechanik d. Organismen. H. 5. 08. 168w 2

Ostwald (Wolfgang), Grundriss der Kolloidchemie. Dresden. Hlfte 1. 2. Aufl. 1909.

— Grundriss der Kolloidchemie. Mit 1 Portr. v. Thomas Graham. (XIV, 525 S.) gr. 8. Dresden 909. Th. Steinkopff. 12.—; geb. in Leinw. 13. 50

Ostwald, Wolfgang, Dr.: Über die Lichtempfindlichkeit tierischer Oxydasen und über die Beziehungen dieser Eigenschaft zu den Erscheinungen des tierischen Phototropismus. Berlin: J. Springer 1908. (130 S.) 8° ¶(Aus: Biochemische Zeitschrift Bd 10.)
Leipzig, Phil. Fak., Hab.-Schr. v. 1908

Ostwald, Wolfgang: (Aus d. Zool. Institut d. Universität Leipzig.) Experimentelle Untersuchungen über den Saisonpolymorphismus bei Daphniden. Mit 7 Fig. im Text. *Leipzig: W. Engelmann 1904.* (39 S.) 8° ¶(Aus: Archiv f. Entwicklungsmechanik Bd 18, H. 3.)
Leipzig, Phil. Diss. v. 1904

— s.: Zeitschrift f. Chemie u. Industrie der Kolloide.

Ostwalt, Franz (geb. Berlin 22. 9. 1862) Experimentelle Untersuchungen über den centralen Reflexstreifen an den Netzhautgefässen im ophthalmoskopischen Bilde Berlin (1883). (30 S.) 8°
Berlin, Med. Diss. v. 26. Febr. 1883

Ostwarte. Hrsg. u. Red.: Siegm. Szymonowicz. Leiter: W. Siekierski. 1. u. 2. Jahrg. 1901 u. 1902. à 12 Nrn. gr. 8. (à ca. 32 S.) Czernowitz (Petrowiczgasse 10). Administration. à Jahrg. n. 4. —

Ostwarte. Hrsg. u. Red.: Siegm. Szymonowicz. 3. Jahrg. 1903. 12 Nrn. (à ca. 16 S.) hoch 4. Czernowitz (Petrowiczgasse 10), Administration. n. 4. —
Erscheint nicht mehr.

O'Sullivan, John M., Vergleich der Methoden Kants u. Hegels auf Grund ihrer Behandlung der Kategorie der Quantität, s.a. Kantstudien. Nr. 8.

Vergleich der Methoden Kants und Hegels auf Grund ihrer Behandlung der Kategorie der Quantität. Von John M. **O'Sullivan**. Berlin: Reuther & Reichard 1908. (VI, 129 S.) 8°
— **Kantstudien.** Erg.H. No 8. 08. 8398 2

O'Sullivan, John M(arcus), a. Killarney ⟨Irland⟩: Vergleich der Methoden Kants und Hegels auf Grund ihrer Behandlung der Kategorie der Quantität. Heidelberg 1908 (Halle a. S.: C. A. Kaemmerer). (VI, 129 S.) 8°
Heidelberg, Phil. Fak., Ref. Windelband, Diss. v. 18. Mai 1908
[Geb. 18. Febr. 81 Killarney; Wohnort: Killarney, Grafsch. Kerry; Staatsangeh.: England; Vorbildung: Royal Univ of Ireland B. A. 02, M. A. 03; Studium Bonn 1, Heidelberg 4 S.; Rig. 2. Aug. 07]

Osumbor. Fragen als Leitfaden zur Vorbereitung für Schäfer-Prüfungen. Zusammengestellt im Jahre 1853. Otázky co rukovět k připravě ku skoušce z ovčactvi. Sestavcné roku 1853. (Deutsch und Böhmisch.) 8. (25 S.) Prag. Hofbuchdruckerei von Gottlieb Haase Söhne. 1853.

[Russ.] **Osvoboždenie** izd. pod red Petra Struve. God 1–4. No 1 79. [Mehr nicht erschienen.] Stuttgart: Dietz (No 57 ff Paris Impr Noblet) 1902–05. 4° [Umschlagt.]
[Die Befreiung.] log. 7293

Oswa, Iwan, das Medicinalwesen. Eine Skizze. Hrsg. von einem Nichtmediciner. gr. 12. (XIV u. 183 S.) Leipzig 848, Hunger. n. ²/₃ ℛ

Oswald, od. d. Häuschen im Schwarzwalde, v. C. Augustin. 2 Thle. (h. a. d. bepd. Tit.: d. Colonisten auf Vermont. 2 Thle. und Böttiger, mein Leben im romantisch. Gewande. 2 Thle.) 8. Gießen, Tasché. 801. 2. (à 1 Rthlr.)

Oswald, der allzeit siegende Christ, s. Name, der heiligste.

Oswald, d. allzeit siegende Christ. 8. Augsb. M. Rieger. 787.

Oswald. Der allzeit siegende Christ, im Kampfe mit den unsichtbaren Feinden seines zeitlichen und ewigen Wohlstandes, von Christus und und seiner Kirche mit unüberwindlichen Waffen versehen. Auf's Neue herausgegeben vom Verfasser: »Schritte zur vollkommenen Liebe Gottes«. Regensburg 1844. H: *Blum, Georg.* (RUSSELL IX, 671)

Oswald der Greis; mein letzter Glaube als Nachlass für meine Freunde. Leipz. 1813. V: *Sintenis, Chn Frdr.* (WINER)

— **Junker,** d. Flachskopf, Herr auf Dachsburg u. Schölau. Keine Rittergeschichte, aber eine Liebesroman nach d. neuesten Geschmack, doch in türkischer Manier, v. Ernst Bornschein. 8. Eisenberg, Schöne. 808.

— **Kasperl,** s. Kasperl.

Oswald, Der Kriegsrath, und dessen Veruntreuung der freiwilligen Beiträge für die hanseatische Legion ... O. O. [ca. 1814]. V: *Varnhagen von Ense, Carl Aug.* (SCHLES)

Oswald und Louise, ein Gedicht ... Hamb. 1809. V: *Müller, Hnr.* (EE) (KY)

— **u. Louise,** e. Gedicht in 3 Gesängen, (v. H. Müller II.) Mit Kpf. 8. Hamb. (809.) Vollmer. (Herold jun.) 21 ℊ

— **u. Mathilde;** eine Gesch. d. mittlern Zeitalters, v. Chr. Hch. Spieß, m. Vign. 8. Prag, Barth. 802.

Oswald, der Menschenhasser. Ulm 1795. V: *Pahl, Johann Gottfried von.* (GGR) (Gradmann, Gel. Schwaben. 1802.)

— **d. Menschenhasser,** v. J. G. Pahl. 8. Ulm, Wohler. 803.

Oswald, Der Münchener (Sant Oswalds Leben), s. Baesecke, Georg

Oswald, Vater, s. Vater Oswald.

Vater Oswald, oder: Der Protestantismus in seiner Auflösung. Eine Erzählung für diejenigen, die sich von der Wahrheit der kath. Religion näher unterrichten wollen. Aus dem Engl. von einem kathol. Pfarrer. Aachen, Jacobi u. Co., 1855. 12°. 496 S., 2,25 Mk
Sion 1856, Litbl. S. 93–4

Oswald v. Wolkenstein, Dichtungen, s.: Universal-Bibliothek.

Oswald's von Wolkenstein, des letzten Minnesängers (geb. 1367 zu Gröben in Tyrol, † 1445 auf s. Burg Hauenstein), *Gedichte.* Zum 1. Male in den Versmassen des Originals übers., ausgewählt, mit Einleitung u. Anmerkgn. versehen von *Johannes Schrott.* Mit e. Bildniss d. Dichters (Denkstein *Oswald's* im Dom zu Brixen) u. 1 Facsim. s. musikal. Compositionen. Stuttgart, Cotta, 1886. 8°. Eleg. braun. Saffianbd. m. Fileten u. Goldschn.
XXXI–214 S. Hübsche Ausstattung.

Oswald's v. Wolkenstein Gedichte, hrsg. v. J. Schatz. 2. verb. Ausg. des in den Publikationen der Gesellschaft zur Herausgabe der Denkmäler der Tonkunst in Oesterreich veröffentlichten Textes. (312 S.) 8. Göttingen 904. Vandenhoeck & Ruprecht. n. 6.—; geb. in Leinw. n. 6. 60

Oswald, Anecdotes for Scholars. Jena 857. Frommann. 8. (VIII, 126 S.) 15 ngr.

Oswald. Ueber die Ansichten von Gott und Göttlichem in Ossians Gesängen. Meiningen. R., 1857. 24 S. 4. Progr.

[**Oswald**]: Glossen zum Preußischen Kriminalrecht. 2. Th. 20. Tit. des allg. Landrechts u. Kriminalordnung mit Rücks. auf die spätere Gesetzgebung. Breslau 1816.

Oswald, Leben, Charakter u. Philosophie d. Horaz. Ein Dialog. 8. (15½ B.) Leipzig 838, Brockhaus u. Avenarius. *

Oswald, Scenen aus dem heil. Kriege d. Deutschen, episches Gedicht in 3 Gesängen. Mit 1 Kpf. Neue wohlf. Ausg. 8. Hamb. 814. Vollmer. 16 ℊ

War der Freiherr von Tettenborn gezwungen, Hamburg mit seinem Corps in der Nacht vom 29sten zum 30sten May 1813 zu verlassen? oder konnte er sich bis zum zweiten Juni, dem Tage des Waffenstillstandes, darinnen halten? Diese Fragen treu beleuchtet von einem Officier, welcher damals in diesem Corps Dienste that [d. i. **Oswald**]. o. O. 1814.

Oswald, Adolph [Dr. phil. prakt. Arzt]: Beiträge zur Schilddrüsenfrage. (Ueber den Jodgehalt der Schilddrüsen.) Strassburg 1897. 48 S. 8°.
Basel. Med. Diss. 1897/98.

Oswald, Dr med. et phil. **Adolph** [Assistent an der medizinischen Klinik in Zürich]: Über die chemische Beschaffenheit und die Funktion der Schilddrüse. Strassburg 1900. 61 S. 8°.
Zürich. Med. Hab.-Schr 1900/1901.

Oswald, Adph., über die chemische Beschaffenheit u. die Functionen der Schilddrüse. Habilitationsschrift. gr. 8. (III, 61 S.) Strassburg 900. K. J. Trübner. n. 1.50

Oswald, Adf., Lehrbuch der chemischen Pathologie. (VI, 614 S.) gr. 8. Leipzig 907. Veit & Co. 14.—; geb. in Leinw. 15. 50

Oswald, Adolf aus Basel Aus dem zoologisch-vergleichend-anatomischen Laboratorium beider Hochschulen in Zürich. Der Rüsselapparat der Prosobranchier Mit 11 Abbildungen im Text. [S.A. aus Jenaische Zeitschrift für Naturwissenschaft. Bd 28. N F 21. S. 119—162 Tafel V u. VI sind nicht beigegeben]. Jena G Fischer 1893. 43 S 8°
Zürich. Phil Diss. [v 17 Oct 1893].

Oswald, *Karl* Albert [aus Wolfach]: I. Ueber Trimethylbernsteinsäuren verschiedener Herkunft. II. Ueber Anilsäuren di- und trisubstituierter Bernsteinsäuren Heidelberg, Univ.-Buchdr. v. Ph. Wiese, 1895; 2 Bl., 63 S., 1 Bl. 8.
Heidelberg, Naturw.-math. Fak., Inaug.-Diss. v [4. Okt.] 1895

Oswald, Albert [Direktor der landw. Kreisschule zu Saalfeld, Sachsen-Meiningen]: Chemische Untersuchung von Gesteinen und Bodenarten Niederhessens. Saalfeld a. S. 1902. 70 S. 8°
Bern Phil Diss. 1901,1902

Oswald, C., s. Oswald, Eugen

Oswald, C. F (Resp.): De oculo ut signo, s. Buechner, And. El. de (Praes.)

Oswald, C. G., Weihe der Andacht für die gebildete u. reifere deutsche Jugend, in 365 frommen Dichtungen von den besten u. neuesten Dichtern, zur häuslichen Erbauung u. Förderung eines ächt religiösen Sinnes, und mit Berücksichtigung des ganzen jugendlichen Lebens und seiner Verhältnisse. Mit Titelbild. 8. Meißen 841, Goedsche. 1 5/6 ß

Oswald, Chr. Karl, Beitrr. zu Künstlerbiographien. 8. Bautzen u. Leipz. 800.

Oswald, Emil, Thomas Hood u. die soziale Tendenzdichtung seiner Zeit, s.a. Beiträge, Wiener, zur englischen Philologie. XIX.

Thomas Hood und die soziale Tendenzdichtung seiner Zeit. Von Dr Emil Oswald (Wien). *Wien & Leipzig: W Braumüller 1904.* (VI, 120 S.) 8°
= Beiträge, Wiener, z. engl. Philologie. 19. [04 15000]

Oswald, Ernst, Fern von der Welt Getriebe. Zwei Novellen. 8. (304 S.) Berlin 874, Wedekind und Schwieger. *

Oswald, Ernst, die Frömmler, Lustspiel in 5 Akten. Meiningen 869. Brückner & Renner. gr. 16. (II, 92 S.) n. 15 ngr.

—— Jesus, der größte Kämpfer für Menschenrechte. gr. 16. (96 S.) Stuttgart 870, Stöckhardt. [Homolatsch.] *

—— der Judenhaß. Ein Trauerspiel in fünf Akten. br. 8. (III, 51 S.) Meiningen 868, (Brückner und Renner.)

Oswald, Ernst. Über Uterusruptur bei manueller Placentarlösung. Diss. Med. Basel. [Sep.-Abdr. aus: Beiträge zur Geburtshilfe und Gynaekologie. Band 8, Heft 1.] 38 S. 8. Leipzig, Georg Thieme, 1903.

Oswald, Eugen

— s.a. Schulze-Smidt, B.

Oswald, E., Alard. Ein Fragment. 12. (III, 78 S.) [Bremen 880, Kühtmann und Comp.] Norden, Fischer Nachf. * geb. mit Goldschn. *

Oswald, E., im Aquarium. Eine Geschichte aus der Wasserkur. gr. 16. (XV, 205 S. mit 1 Holzschntaf.) Berlin 876, [Wedekind und Schwieger.] Neufeld.

Oswald, Eug., Thomas Carlyle. Ein Lebensbild und Goldkörner aus seinen Werken. Dargestellt, ausgewählt, übertragen. 8. (201 S.) Leipzig 882, Friedrich. *M 4.; geb. *

—— Rita Gerrits. Eine ostfries. Geschichte. 8. (212 S. mit 1 Holzschntaf.) Bremen 878, Nordwestdeutscher Volksschriftenverlag. cart. *

— dasselbe. Volks-Ausg. 8. (212 S. m 1 Holzschntaf.) Ebend. 878. cart. n. 1. —

Oswald, E., Rita Gerrits. E. ostfries. Geschichte. Neue Ster.-Ausg. 12. (192 S. m. 1 Bild.) Reutlingen 895. Enßlin & Laiblin. Kart. in farb. Umschlag — 60; in 1 farb. Umschlag — 50

Oswald, E., Rieta Gerritis. Eine ostfries. Geschichte. Neue Ster.-Ausg. 12. (192 S. m. Titelbild.) Reutlingen (901). Enßlin & Laiblin. — 25

--Goethe in England and America Eng Goethe Soc Publs, no. 8 Lond, 1899, 2d ed, rev and enl by L. and E. Oswald. Eng Goethe Soc, no. 11 Lond, 1909

—— aus Heimath und Fremde. Drei Erzählungen. 8. (275 S.) Berlin 876, [Wedekind und Schwieger.] Neufeld.

Oswald, Eug., Land u. Leute in England, s.: Raubert, Carl.

— Inge v. Rantum. Eine Sylter Novelle. gr. 8. (IV, 220 S.) Frankfurt a/M. 881. Diesterweg. n. 3. 50; geb. n. 4. 50

Oswald, E. [B. Schulze-Smidt], Inge v. Rantum. Eine Sylter Novelle. 2. Aufl. m. Illustr. v. E. d. S. 8. (IV, 220 S.) Koblenz 885. Groos. n. 4. 25; geb. n. 5. —

Oswald, E., im Schlosse des Verräthers. Eine Erzählung. 16. (64 S.) Mülheim 874, Bagel. *

Oswald, Felix L., Streifzüge in den Urwäldern von Mexico u. Central-Amerika. Mit 76 Abbildungen in Holzschn. gr. 8. (XXIV, 384 S.) Leipzig 881. Brockhaus. n. 7. 50; geb. n. 9. —

Oswald, Felix L., Streifzüge in den Urwäldern v. Mexico u. Central-Amerika. 2. Aufl. Mit 76 Abbildgn. gr. 8. (XXIV, 384 S.) Leipzig 884. Brockhaus. n. 7. 50; geb. n. 9. —

Oswald jr., Ferdinand [Apotheker aus Oels i./Schl.]: Beiträge zur Kenntniss der Bestandtheile der Früchte des Sternanis. Illicium anisatum. . . . Marburg, *Hofbuchdr. v. A. Ludwig, Oels*, 1889; 46 S. + 1 Bl. 8°
Marburg, Phil. Fak., Inaug.-Diss. v. [29. März] 1889

Oswald, Frz. Jos., Abhandl. von den in Baiern meist herrsch. Vorurtheilen, u. d. menschl. Gesundheit höchst schädl. Fehlern von d. Weise, die Gesundheit zu erhalten rc. 8. Münch. 776.

v. Oswald, (Franz Joseph) Ritter, Ansichten über das Gesetz vom 29. Aug. 1848, die Abänderungen einiger Bestimmungen des 1. Theils des Strafgesetzbuches vom J. 1813 betreff. gr. 8. (48 S.) München 849. (Franz.) n. 12 ngr.

— Ansichten über das provisorische Gesetz vom 10. Nov. 1848, die Abänderungen des 2. Theils des Strafgesetzbuches vom Königreich Bayern vom J. 1813 betreff. gr. 8. (96 S.) Ebd. 849. n. 1/2 ℛß

— Ansichten über das provisorische Gesetz vom 10. Novbr. 1848, die Abänderungen des 2. Thls. des Strafgesetzbuches vom Königr. Bayern vom J. 1813 betreffend. gr. 8. (96 S.) München 851, Franz. *

— Judicium subter medicum de veritatibus et monitis practicis male judicantem. 4. Münch. 768 J. Lindauer. 2 gr.

Oswald, Franciscus Guilielmus Augustinus (geb. Sagan 5. 2 1795) Dissertatio sistens scirrhi intestinorum observationes anatomico-pathologicas. Vratislaviae (1818). (26 S.) 4°
Breslau, Med. Diss. v. 13. März 1818

Oswald, Friedr., der Vorstehhund in seinem vollen Werthe; dessen neueste Parforce-Dressur ohne Schläge; seine Behandlung in guten und bösen Tagen. Allen Jägern und Jagdliebhabern gewidmet. Ratibor 855. Wichura. 8. (IX, 311 S. u. 1 Tab. in 4.) 1 ℛß.

Oswald, Frdr., der Vorsteh-Hund in seinem vollen Werthe; dessen neueste Parforce-Dressur ohne Schläge; seine Behandlung in guten u. bösen Tagen. Allen Jägern u. Jagdliebhabern gewidmet. 2. verm. u. verb. Aufl. Leipzig 870. Keil. gr. 8. (VIII, 279 S. mit e. Tab. in qu. 4.) 1 ℛß

Oswald, Frdr., der Vorsteh-Hund in seinem vollen Werthe; dessen neueste Parforce-Dressur ohne Schläge; seine Behandlg. in guten u. bösen Tagen. Allen Jägern u. Jagdliebhabern gewidmet. 3. verm. u. verb. Aufl. gr. 8. (XIV, 290 S.) Leipzig 873. Keil. 3. —

Oswald, Frdr., der Vorsteh-Hund in seinem vollen Werthe; dessen Parforce-Dressur ohne Schläge; seine Behandlung in guten u. bösen Tagen. Allen Jägern u. Jagdliebhabern gewidmet. 4. Aufl. gr. 8. (XIV, 290 S. m. 1 Tab.) Leipzig 877 Keil. 3. —

Oswald, Friedr., der Vorsteh-Hund in seinem vollen Werthe; dessen neueste Parforce-Dressur ohne Schläge; seine Behandlung in guten und bösen Tagen. Allen Jägern und Jagdliebhabern gewidmet. 5. Aufl., mit ergänz. und lehrreicher Vorrede von Hegewald. gr. 8. (XX, 290 S. mit 1 Tab.) Rudolstadt 883, Hartung und Sohn. *M 4.; geb. *

Oswald, Frdr., der Vorsteh-Hund in seinem vollen Werthe; dessen neueste Parforce-Dressur ohne Schläge; seine Behandlg. in guten u. bösen Tagen. Mit ergänz. u. lehrreicher Vorrede v. Hegewald. 6. Aufl. gr. 8. (XX, 299 S.) Rudolstadt 886. Hartung & Sohn. n. 4. —; geb. n. 5. —

Oswald, Friedr. Der Vorstehhund in seinem vollen Werte; dessen neueste Parforce-Dressur ohne Schläge; seine Behandlg. im gesunden u. kranken Zustande. Mit Neubearbeitg. d. tierarzneil. Teiles durch M. Reuter. 7. verb. u. verm. Aufl. gr. 8. (XVI, 359 S.) Lpz. 890, Hartung u. Sohn. * 4 40; geb. * 5 40

Oswald, Frdr., der Vorstehhund in seinem vollen Werte; dessen neueste Parforce-Dressur ohne Schläge; seine Behandlg. im gesunden u. kranken Zustande. Allen Jägern u. Jagdliebhabern gewidmet. Mit Neubearbeitg. des tierarzneil. Teiles durch M. Reuter. 8., verb. u. verm. Aufl. gr. 8. (XVI, 359 S.) Leipzig 894. H. Hartung & Sohn. n. 4. 40; geb. in Leinw. n. 5. 40

Oswald, Frdr., der Vorstehhund, dessen neueste Parforce-Dressur ohne Schläge, sowie seine Aufzucht, Pflege und Behandlung im gesunden u. kranken Zustande. Neu hrsg. von Frhrn. v. Nordenflycht. Mit Bearbeitg. des tierarzneil. Teiles durch M. Reuter. 9. verb. u. verm. Aufl. gr. 8. (XVI, 371 S. m. 22 Abbildgn.) Leipzig 902. [H. Hartung & Sohn.] Zuckschwerdt & Co. Geb. in Leinw. n. 5.—

Oswald, Friedrich Albert (Frankenberg), De nutrimentis quibusdam medicamentis. Diss. med. Leipzig (W. Staritz) 6. IX. 1847. 27 S. (3.50) 25689
Gew.: Justus Radius.

Oswald, Gottfried, über die Verteilung der Luftfeuchtigkeit in München. Diss. München 1887, A. Buchholz. 8° 28 S.

OSWALD, Gottfried (Mühlhausen): Ueber die Vertheilung der Luftfeuchtigkeit in München.- München: Oldenbourg 1887. 28 S.
13.2.1885 - Urk (Titel: De pagi Monacensis aeris humore.); Chr 1884/85,21; Jv 1886/87,189
Diss. Ingolst.-Landsh.-Mchn.

†Oswald, Heinr. (Friedr. Wilh. Goedsche,) der Amts-, Stadt- u. Landbote, s. Amts-, Stadt- u. Landbote.

Oswald, H., Bildungsbuch in unterhaltenden Erzählungen f. Knaben u. Mädchen von 6—9 Jahren, mit 8 illum. K. 16. Meißen, Gödsche. 816.

Oswald, H., Bildungsbuch, in unterhaltenden und lehrreichen Erzählungen für Knaben und Mädchen. Mit 8 colorirten Kupfern. 2te verb. und verm. Aufl. 12. Meißen, Gödsche, 818.

Oswald, H., (F. W. Gödsche,) Bildungsbuch, in unterhaltend. Erzähll. f. Knaben u. Mädchen v. 6—9 Jahren. Mit 8 ill. Kpf. 16. Meißen (815.) 3e A. Mit 10 ill. Kpf. Ebd. 824. Gödsche. 18 gr.

—— Bildungsbuch in unterhalt. u. lehrr. Erzähln. f. Knaben u. Mädchen. 4., verm. u. verb. Aufl. 12. (7 1/2 B. u. 10 ill. Abbild.) Leipzig 835, [Jackowitz.]

— Bildungsschule, od. erste Nahrung f. Verstand u. Herz d. Jugend. Mit 8 illum. Kpf. 8. Meiß. 826. Gödsche. 21 gr.

— kleine Fibel mit illum. Bildern, od. ABC- u. Lesebuch f. Bürger- u. Landschulen. 8. Meiß. ... 2e A. Mit 24 ill. Abbildb. 8. Ebd. 824. Gödsche. 6 gr.

— kleine Fibel. 3e Aufl. Jetzt Jakowitz in Leipzig. 1/4 ℛß

—— neue Fibel, oder ABC-, Lese- und Bilderbuch für Kinder. 2te verb. und verm. Aufl. Mit illum. Kupf. 8. Ebend.

— neue Fibel, od. ABC-, Lese- u. Bilderbuch f. Kinder. 6e verm. Aufl. Mit ill. Bildern. 8. Meißen 824, Gödsche.

— neue Fibel, od. ABC-, Lese- u. Bilderbuch. Mit ill. Bildern. 8. Meiß. 815. 7e Aufl. Ebd. 824. Gödsche. 7 gr.

— dogmatische Mariologie, d. i.: Systematische Darstellung sämmtlicher die allerseligste Jungfrau betreff. Lehrstücke. Ein Versuch. gr. 8. (XII u. 226 S.) Ebd. 850. 1 ℛß

Oswald, Heinr., das Seebad Misdroy. Ein Leitfaden für Badegäste nebst Bemerkungen über die Wirkungsweise der Seebäder, der Seeluft u. ihrer Verbindung mit Brunnenkuren für Aerzte und gebildete Laien. Berlin 855. A. Hirschwald. 8. (32 S.) n. 5 ngr.

Oswald, Henr., Orationes academicae tres, quibus doctrinae de S. Eucharistia aliquot loci illustrantur. 8maj. (63 S.) Paderbornae 855, libr. Junfermann. *

— Schottischer Robinson, oder des Schottländers J. Flinton Abenteuer zu Wasser u. zu Lande durch alle Welttheile. 2 Thle. 8. Meißen 826, Gödsche.

— dass. mit 20 ill. u. schw. Kpfrn. u. geb.

Oswald, H., de institutionis theologiae via ac ratione. Oratio academica solemnis. gr. 8. (16 S.) Paderbornae 850, Schöningh. n. 1/12 ℛ

—— die Weltumsegler, od. Abenteuer u. seltsame Schicksale d. Familie Neander auf ihrer Reise um d. Welt. Ein Buch z. Unterhalt. u. Belehrung in d. Länder- u. Völkerkunde. 2 Thle. 8. (32½ B.) Meißen 830. [Leipzig, Vetter u. Rostosky.]

Oswald's, H., illustrirter Weltumsegler. Eine Jugendschrift zur Unterhaltung u. Belehrung in der Natur-, Länder- u. Völkerkunde. 2 umgearb. u. bericht. Aufl. Von Ed. Sparfeld. Mit vielen Abbildgn. 8. (XVI u. 295 S. m. eingedr. Holzschn.) Leipzig 852, Jackowitz. 1¼ ℛ

—— der kleine Weltumsegler, od. Theodor's Abenteuer u. seltsame Schicksale auf sein. Reise durch d. Welt. Ein Buch z. Unterhalt. u. Belehrung in d. Länder- u. Völkerkunde f. d. Jugend. 2 Thle. M. 12 ill. Stnt. 8. (32½ B.) Meißen 831. [Leipzig, Vetter u. Rostosky.]
Hat mit der vorhergeh. Schrift gleichen Inhalt u. unterscheidet sich von ihr nur durch den veränd. Ttl. u. die Stnt.

— der kl. Weltumsegler ꝛc. Meißen, jetzt Jakowitz in Leipz. 1¹ ℛ

Oswald, Heinrich Sigmund

— s. Analogie der geistl. u. leibl. Geburt.

Oswald, Hnr. Sigm., († ...) Aufsätze in den Stunden des verborgn. Umgangs mit Gott; e. Schrift z. Beförder. d. wahren Gottseligkeit. 8. Bresl. 790. (anonym). 2e Aufl. gr. 8. Berl. 792. Rottmann. 20 gr (Nürnb., Raw). 12 gr

— Gedichte, moral. Inhalts. 8. Nürnb., Raw. 12 gr

— — moral., analog., allegor. und satyr. Inh. 8. 803.

— Gedichte u. Lieder f. Herz. 8. Berlin, Realsch. 793.

— Gedichte u. Lieder fürs Herz. 8. Berl. 793. Reimer. 6 gr

Oswald, H. S., vermischte Gedichte. 8. Bresl. Gehr.

— vermischte Gedichte. 8. Bresl. 800. (Graß, B. u. C.) 12 gr (Raw in Nürnb.) 9 gr

— verm. Gedichte. 8. Breslau, Korn d. ält. 800.

— kl. Schriften in Briefen, zur Beförder. des Glaubens. 8. Berl. 795. (Horvath in Potsd.) 18 gr

— Unterhaltung f. gläubige Seelen. gr. 8. Berl. 792. Rottmann. 20 gr — Auszug daraus. 8. Nürnb., Raw. 12 gr

— Unterhaltungen f. Reisende nach d. himmlisch. Heimath über allegorische Sentenzen ꝛc. gr. 8. Bresl. 802. Barth. 14 gr (Nürnb., Raw). 9 gr

Oswald, H. S., Wahrheiten, in allegorisch-moralischen Gedichten. Nebst Fabeln, Erzählungen, Räthseln, Dialogen ꝛc. zur gesellschaftlichen Unterhaltung. 8. Breslau, Graß, Barth und Comp. (Leipzig, Barth.) 818.

— — heil. Wahrheiten in ascetischen Gedichten. gr. 8. Ebend. (Ebend. in C.) 821.

Oswald, Hugo, Grillparzer-Brevier. (192 S. m. 8 Taf. u. 1 Fksm.) kl. 8. Berlin 905. Schuster & Loeffler. n. 3.—; geb. n. 4.—

Oswald, Hugo, sprechendes Leuchten. Für denk. Menschen e. Büchlein Gedanken. Umschlagzeichnung und Schlußvignette v. Fritz Haß. 1. u. 2. Taus. gr. 16. (96 S.) Berlin 902. Schuster & Loeffler. Kart. n. 1.—

— Mörike-Brevier. (192 S. m. 8 Taf.) kl. 8. Ebd. 906. n. 3.—; geb. n. 4.—

[Friedrich v. Schiller:] Schiller-Brevier. Von Hugo Oswald. Berlin & Leipzig: Schuster & Loeffler 1905. (192 S.) 8° [F.] [05.

Oswald, J., s.a. Oswald, Heinrich Sigmund

Oswald, J. F., Gedichte auf die großen Begebenheiten d. Jahre 1813 u 14. gr. 8. Berl. 816. Maurers B. 16 gr

— patriotischer Gesang den Söhnen d. Vaterlandes u. d. großen heil. Sache geweiht. gr. 8. Berl., Mittler. 2 gr

Oswald, J. G., Gedichte. 8. (78 S.) Dresden 892. E. Pierson. n. 1.—; geb. in Leinw. m. Goldschn. n. 2.—

Oswald, J. G., Friedrich Theodor Vischer als Dichter, s.a. Sammlung gemeinverständl. wissenschaftl. Vorträge.

[F.] Friedrich Theodor Vischer als Dichter. Von J. G. Oswald in Basel. *Hamburg: Verlagsanst. u. Dr. A.-G. 1896.* (38 S.) 8.
= Sammlung gemeinverständl. wiss. Vorträge. N. F. Ser. 11. H. 249. [96. 6304

Oswald, Jakob, s. Oswald, James

Oswald, James. Appellation an den gemeinen Menschenverstand ... A. d. Engl. Leipzig 1774. Ü: *Wilmsen, Frdr. Ernst.* (ML)

Oswald, Jak., Appellation an den gesunden Menschenverstand zum Vortheile d. Religion; aus d. Engl. 2 Bde. gr. 8. Leipz. 774. (Brockhaus). 1 ℛ 16 gr

Oswald, J., Appellation an d. gesund. Menschenverst. z. Vorth. d. Religion, a. d. Engl. 2 Bde. gr. 8. Leipzig, Junius. (Glebitsch.) 774.

Oswald, Joh., Bilder aus der deutschen Geschichte. Zur Unterhaltung und Belehrung für die reifere Jugend und das Elternhaus. 8. (390 S.) Stuttgart 864, Belser's Verlag.

Oswald, Joh., Briefe und Geschäftsaufsätze für Fortbildungsschulen. 2. verb. und verm. Aufl. gr. 8. (47 S.) Darmstadt 887, Bergstraeßer. *

Oswald, Joh., Briefe u. Geschäftsaufsätze f. Mittelklassen deutscher Volksschulen. 1. u. 2. Hft. 2., verm. u. verb. Aufl. 8. (III, 44 u. III, 51 S.) Darmstadt 891. G. v. Aigner. à n. — 30

Oswald, Joh., Briefe u. Geschäftsaufsätze für Volks- u. Fortbildungsschulen. 3 Hefte. Worms 866. Nahke. 8. (36, 40 u. 40 S.) Jedes Heft n. 2½ ngr.

— **Johann** (Eibach/Bayern), Controversiarum juris naturae et gentium ex historia Graeca illustratarum specimen IIII. Präs. Christian Gottl. Schwarz. Altdorf (J. W. Kohle) 26. III. 1718. (5.—) 25690

— das Missionswerk des Apostels Paulus nebst einem Anhang: Die Apostel und Apostelgehilfen in kurzen Biographien. Langensalza 860. Greßler. 8. (30 S.) 2½ ngr.

— — 2. verb. Aufl. Stuttgart 864. Belser 8. (34 S.) n. 2 ngr.

— poetische Naturbilder. Für Schulen u. zum Privatgebrauche, zugleich ein Geburts- u. Festtags-Geschenk. Darmstadt 868. Jonghaus. 8. (VI, 136 S.) n. 10 ngr.

— — Ex historia ecclesiastica de Johanne Rokyczana famoso Calixtinorum in Bohemia pontifice, ad illustrationem historiae Hussiticae. Moder. Johann David Koeler. Altdorf (M. D. Meyer) 20. VI. 1718. 17 S. (4.75) 25691

— 52 Tabellen. Ein Hilfsmittel zum Studium der deutschen Grammatik für Präparandenschulen, Seminarien u. niedere Klassen höherer Lehranstalten. Bearb. nach den Becker'schen Sprachwerken. Langensalza 865. Verlags-Comptoir. gr. 8. (48 S.) 6 ngr.

Oswald, Johann Heinrich

Oswald, Joh. H., Angelologie, das ist die Lehre v. den guten u. bösen Engeln, im Sinne der kathol. Kirche dargestellt. gr. 8. (VIII, 220 S.) Paderborn 883. F. Schöningh. n. 3. —

Oswald, Joh. H. Angelologie, d. i. die Lehre v. den guten u. bösen Engeln, im Sinne der kathol. Kirche dargestellt. 2. verb. Aufl. gr. 8. (VIII, 213 S.) Paderb. 889, F. Schöningh. * 3 —

Oswald, Jh. Hnr., († d. 14. Jan. 1803.) Anleit. zum heilsamen Verstand d. Bibel durch Aufsuchung ihrer eigenthüml. Ideen. 8. Bern 779. Haller. 21 Xr

Oswald, J. H., Beiträge zur hebräischen Synonymik. 1. Thl. Verba. Stuttgart 869. (Tübingen, Fues.) gr. 4. (35 S.) n. 12 ngr.

— — Dispositio processus judiciarii. Jena (J. Chr. Croeker) 1751. 16 S. (4.50) 25693

— **Johann Heinrich** (Bautzen/Lausitz), De duplicis prudentiae qua regnum administratur optimo necessarioque nexu. Comment. acad. Präs. Jo. Christian Sonntag. Wittenberg (J. Chr. Tzschiedrich) Sept. 1748. 16 S. (4.50) 25692
Gew.: Valentin Ernst Loescher. — Widm. v.: Johann Christian Sonntag.

Oswald, J. H., die Erlösung in Christo Jesu nach der Lehre der katholischen Kirche dargestellt. 2 Bde. gr. 8. (VIII, 334 u. III, 259 S.) Paderborn 878. F. Schöningh. n. 7. 50

Oswald, J. H., die Erlösung in Christo Jesu, nach der Lehre der kathol. Kirche dargestellt. 2. verb. Aufl. 2 Bde. gr. 8. (VIII, 340; III, 262 S.) Paderborn 887, F. Schöningh. *

Oswald, J. H., Eschatologie das ist die letzten Dinge dargestellt nach der Lehre der katholischen Kirche. 1. und 2. Aufl. 1868,69. * M 4., und 3. verm. und verb. Aufl. gr. 8. (VI, 403 S.) Paderborn 872, Schöningh. *

— Eschatologie d. i. die letzten Dinge dargestellt nach der Lehre der katholischen Kirche. 4., verm. u. verb. Aufl. gr. 8. (VI, 409 S.) Ebend. 879. n. 4. 60

Oswald, J. H., Eschatologie, d. i. die letzten Dinge, dargestellt nach der Lehre der kathol. Kirche. 5., verb. Aufl. gr. 8. (VI, 409 S.) Paderborn 893. F. Schöningh. n. 4. 60

Oswald, J. H., D. grammat. Genus u. seine sprachl. Bedeutung. I. Pr. 1865. 42 S. 4°. 1.50
— — II. Pr 1866. 86 S. 4° 2.—

— das grammatische Geschlecht u. seine sprachliche Bedeutung. Eine akadem. Gelegenheitsschrift. Paderborn 866. Junfermann'sche Buchh. gr. 4. (86 S.) n. 20 ngr.

— von der neutestamentl. Herablassung Gottes zum Sünder. 8. ... 772.

Oswald, J. H., die dogmatische Lehre von den heiligen Sakramenten der katholischen Kirche. 1. Bd.: Die allgemeine Lehre, die Taufe, die Firmung und die Eucharistie. Münster 856. Aschendorff. gr. 8. (X, 602 S.) n. 1 ♃ 20 ngr.
— — 2. Bd.: Die Buße, die letzte Oelung, die Priesterweihe und die Ehe. Ebend. 857. gr. 8. (X, 456 S.) n. 1 ♃ 10 ngr.

— die dogmatische Lehre von den heil. Sakramenten der katholischen Kirche. 2. u. 3., verb. Aufl. 2 Bde. Münster 864, 70. Aschendorff. gr. 8. n. 3 ♃ 15 ngr.
1. Die Sakramente im Allgemeinen, die Taufe, die Firmung u. die Eucharistie. (XVI, 504 S.)
2. Die Buße, die letzte Oelung, die Priesterweihe u. die Ehe. (VII, 470 S.)

— die dogmatische Lehre von den heiligen Sakramenten der katholischen Kirche. 4., verb. Aufl. 2 Bde. gr. 8. Münster 877. Aschendorff. n. 10. 50
1. Die Sakramente im Allgemeinen, die Taufe, die Firmung u. die Eucharistie. (XVI, 602 S.)
2. Die Buße, die letzte Oelung, die Priesterweihe u. die Ehe. (IV, 477 S.)

— die dogmatische Lehre v. den hl. Sakramenten der katholischen Kirche. 2 Bde. 5., verb. Aufl. gr. 8. Münster 894. Aschendorff. n. 11. 50
1. Die Sakramente im Allgemeinen, die Taufe, die Firmung u. die Eucharistie. (XX, 743 S.)
2. Die Buße, die letzte Oelung, die Priesterweihe u. die Ehe. (VII, 591 S.)

—— die Lehre von der Heiligung das ist Gnade, Rechtfertigung, Gnadenwahl im Sinne des kathol. Dogmas. gr. 8. (V, 266 S.) Ebendas. 872. *

— die Lehre v. der Heiligung, d. i. Gnade, Rechtfertigung, Gnadenwahl, im Sinne d. kathol. Dogmas dargestellt. 3. verm. u. verb. Aufl. gr. 8. (V, 274 S.) Ebend. 885. n. 3. —

— die Schöpfungslehre im allgemeinen u. in besonderer Beziehung auf den Menschen, im Sinne der kathol. Kirche dargestellt. gr. 8. (VII, 243 S.) Ebend. 885. n. 3. —

— die Schöpfungslehre im allgemeinen u. in besond. Beziehung auf den Menschen, im Sinne der kathol. Kirche dargestellt. 2., verb. Aufl. gr. 8. (VII, 244 S.) Paderborn 893. F. Schöningh. n. 3. —

—— die dogmatische Theologie d. i. die Lehre von Gott in seinem Sein und Leben, im Sinne der kathol. Kirche dargestellt. 2 Bde. gr. 8. Ebendas. *

Inhalt:
Bd. 1. Gottes Dasein, Wesen und Eigenschaften. (VII, 283 S.) 887. *ℳ 3.20.
„ 2. Die Trinitätslehre. (VI, 226 S.) 888. *ℳ 2.80.

— religiöse Urgeschichte der Menschheit, das ist der Urstand des Menschen, der Sündenfall im Paradiese u. die Erbsünde, nach der Lehre der katholischen Kirche dargestellt. gr.8. (V, 236 S.) Paderborn 881. F. Schöningh. n. 3. —

—— religiöse Urgeschichte der Menschheit, d. i. der Urstand des Menschen, der Sündenfall im Paradiese und die Erbsünde, nach der Lehre der kathol. Kirche dargestellt. 2. revid. Aufl. gr. 8. (VII, 236 S.) Ebendas. 887. *

Oswald, Joan. Henr. Philipp. (geb. Berlin 30. 4. 1814) De vertigine. Berolini (1839). (31 S.) 8°
Berlin, Med. Diss. v. 7 Nov 1839

Oswald, Josef

— Frühlings-Streiche, s.a. Aus Vergangenheit u. Gegenwart.

Frühlings-Streiche Eine Studentengeschichte von Josef Oswald. Kevelaer Butzon & Bercker [1908] 94 S. 8°
(Aus Vergangenheit u. Gegenwart. Bdch. 92.)

Oswald, Jos., Don Octavio, s.a Aus Vergangenheit u. Gegenwart

Don Octavio. Heitere Erzählung von Joseph Oswald. Kevelaer. Butzon & Bercker [1907]. (95 S.) 8° [F.]
= Vergangenheit, Aus, u. Gegenwart. Bdch. 70. [08. 3663 S

— Im stillen Winkel. Behagliche Plaudereien üb. Leben u. Kunst. (344 S.) 8. Köln (907). J. P. Bachem. 3.—; geb. 4. —

Oswald, Josef Walter [med. prakt. in Bremgarten]: Aus der Zürcher Medizinischen Universitätsklinik. Direktor: Prof. Dr. Eichhorst. Ueber Masern bei Erwachsenen nach Beobachtungen auf der Zürcher Universitätsklinik. Bremgarten 1902. 14 S. 4°.
Zürich Med. Diss. 1902/1903.

Oswald, Julius

Oswald, J., vollständiges Fremdwörterbuch. Erklärung aller aus fremden Sprachen entlehnten Wörter und Ausdrücke, nebst Bezeichnung der Aussprache. Coblenz 854. Reiff. 16. (3 Bl., 314 S.) n. 12½ ngr.

Oswald, Jul, Universal-Briefsteller. Musterbuch zur Abfassung aller im Geschäfts- u. gewöhnlichen Leben vorkommenden Aufsätze. Ein unentbehrlicher Rathgeber f. alle Stände. 18. (259 S.) Coblenz 850, Reiff. n. 8 ngr.

Oswald, Karl Beiträge zur Behandlung deform geheilter Knochenbrüche der oberen Extremität. *Göttingen 1898: Dieterich.* (34 S.) 8°
Göttingen, Med. Diss. v [11 Mai] 1898

Oswald, Karl Albert, s. Oswald, Albert

Oswald, Ludwig, aus Fürth: Das Kirchenrecht der deutschen Kolonien. Erlangen 1904. E. Th. Jacob. (VIII, 78 S.) 8° [F.]
Erlangen, Jur. Fak., Diss. v. 6. Juni 1904
[Geb. Fürth; Rig. 6. Juni 04.]

Oswald, Max, Hausmütterchen, s. Jugend-Bibliothek, herausg. von Nieritz.

Oswald, Max, Hausmütterchen. Eine Erzählung. 8. (147 S.) Leipzig 854, Voigt und Günther.

Oswald, Max, Hausmütterchen. Eine Erzählg. f. die Jugend. 2., durchgeseh. Aufl. (117 S. m. Titelbild.) kl. 8. Gütersloh (904). C. Bertelsmann, Sep.-Cto. n. — 60; kart. n. — 70; in Bibliotheksbd. n. — 80; geb. in Leinw. n. — 90

Oswald, Otto, die oberbadischen Rindviehzucht-Genossenschaften, s.a. Abhandlungen, volkswirtschaftliche, der badischen Hochschulen. VII. 4.

Die oberbadischen Rindviehzucht-Genossenschaften. Von Dr. Otto Oswald, Finanzprakt. Karlsruhe: G. Braun 1905. (93 S.) 8°
= Abhandlungen, Volkswirtschaftl., d. Bad. Hochschulen. Bd 7, H. 4. [05. 8760

Oswald, Paul. Im lätze Rock. Dialekt-Lustspiel i eim Akt. 29 S. 8. Aarau, C. F. Breuninger, [1910]. [fr. 1. 20]

Oswald, S., ein Diebstahl in Metz im J. 1870, s. Volks-Bibliothek, neue.

(Oswald, [Samuel].) Der Todtentanz. ([Gedicht von] O', Alt-Amtsnotar.) 8. [Bern] *o. J.* [1847/49].

Oswald, Sim., Entwurf e. ganz neuen physikal. Lehrgebäudes d. Metaphysik, Physik, Chemie u. Astronomie. gr. 8. Münch. u. Augsb. 799.

Oswald, Th., Vetter Christoph, s. Both's, L. W., Bühnen-Repertoir des Auslandes.

O'Swald, Toni, in der Dämmerstunde. 10 Erzählgn. f. unsre liebe Jugend. Mit 6 Farbendr.-Bildern v. A. Zick. (III, 155 S.) 8. Stuttgart (908). Loewe. Geb. in Leinw. 3. —

O'Swald, Toni, in der Dämmerstunde. 10 Erzählgn. f. unsre liebe Jugend. Mit 6 Tondr.-Bildern v. A. Zick. Volksausg. (III, 159 S.) 8. Stuttgart (908). Loewe. Geb. in Leinw. 2. —

O'Swald, Toni, goldne Jugendzeit. 6 Erzählgn. f. unsre liebe Jugend. Mit 6 Farbendr.-Bildern v. Otto Tauschek. (VII, 115 S.) gr. 8. Stuttgart (905). Loewe. Geb 3. —

O'Swald, Toni, Schwarzkäferchen u. Anderes. Hamburger Kindergeschichten. gr. 8. (III, 69 S.) Hamburg 900. L. Gräfe & Sillem. Geb. n. 1. 60

Oswald, W., Karlsbad u. Umgebungen, s.: Grieben's Reisebücher.

Oswaldlegende, s. Berger, Arnold E.
Schultze, Siegmar.

Oswaldsohn, F. W., s. v. d. Schley.

Oswalt, H., unter'm Märchenbaum. Allerlei Märchen, Geschichtchen und Fabeln in Reimen und Bildern. Nach den Orig.-Skizzen des Verf. illustr. von Eug. Klimsch. gr. 4. (32 color. Stnt. mit eingedr. Texte.) Frankfurt a. M. 877, Literarische Anstalt. cart. *

Oswalt, H., unter'm Märchenbaum. Allerlei Märchen, Geschichtchen und Fabeln in Reimen und Bildern. Nach den Orig.-Skizzen des Verf. illustr. von Eug. Klimsch. 2.—4. Aufl. gr. 4. (32 Bl. mit eingedr. color. Holzschn.) Frankfurt a. M. 878—83, Literar. Anstalt. cart. *

Oswalt, H., unter'm Märchenbaum. Allerlei Märchen, Geschichtchen u. Fabeln in Reimen u. Bildern. Nach den Orig.-Skizzen des Verf. illustrirt von Eug. Klimsch. 3. Aufl. gr. 4. (32 Bl. m. eingedr. color. Holzschn.) Frankfurt a/M. 880. Literar. Anstalt. cart. n. 3. —

Oswalt, H., unter'm Märchenbaum. Allerlei Märchen, Geschichtchen u. Fabeln in Reimen u. Bildern. Nach den Orig.-Skizzen d. Verf. illustr. v. Eug. Klimsch. 4. Aufl. gr. 4. (32 color. Taf. m. eingedr. Text.) Frankfurt a/M 883. Literar. Anstalt. cart. n. 3. —

Oswalt, H., unter'm Märchenbaum. Allerlei Märchen, Geschichtchen u. Fabeln in Reimen u. (color.) Bildern. Nach d. Orig.-Skizzen d. Verf. illustrirt v. Eug. Klimsch. 5 u. 6. Aufl. gr. 4 (32 Bl.) Frankfurt a/M. 888. Literarische Anstalt, Rütten & Loening. cart. n. 3 -

Oswalt, H., unter'm Märchenbaum. Allerlei Märchen, Geschichten u. Fabeln in Reimen u. Bildern. 7. Aufl. gr. 4. (32 farb. Bl.) Frankfurt a/M. (901). Literar. Anstalt. Kart. n. 3. —

— der Pegasus. Klassisches Bilder-Buch für die deutsche Jugend. Nach den Orig.-Skizzen des Hrsg. illustrirt von Eug. Klimsch. gr. 4. (32 color. Taf. m. eingedr. Texte.) Ebend. 879. cart. 3. 50

—— der Pegasus. Klassisches Bilder-Buch für die deutsche Jugend im Alter von 6 bis 10 Jahren. 3. Aufl. Nach den Orig.-Skizzen des Hrsgbrs. illustrirt von Eug. Klimsch. gr. 4. (III, 32 S. mit color. Bildern.) Ebendas. 888. cart. *

Oswalt, H., Vorträge üb. wirtschaftliche Grundbegriffe. (III. 182 S.) gr 8. Jena 905. G. Fischer. n. 2. 50

Oswalt, Kurt

— Harald Sängerkönig. Das ist das Lied von der Liebe Macht. Dichtung. Leipzig 857. Brockhaus. 16. (XII, 144 S.) n. 24 ngr.

Oswalt, Kurt, (Kurt Osw. v. Querfurt), Aus voller Seele. Gedichte. Dresden 856. Adler u. Dietze. 16. (XI, 160 S.) n. 20 ngr.

Oeswein, Arthur, Sackende. Drei Novellen. 8. (308 S.) 1.80
Wien Konegen 1898

Oswiecim [Schlagwort]

Oswiecim-Kempen, s.: Automobilkarten. Automobil-Tourenkarte.

von **Oświecimski,** Hans [Dr. med. app. Arzt]: Drei Fälle seniler Prostatahypertrophie behandelt mittelst kombinirter Massage ... Leipzig, Druck v. C. G. Naumann, *1893;* 22 S. 8.
Erlangen, Med. Fak., Inaug.-Diss. v. [20.] Juli 1893

Oswiecimski, R. von, Wegweiser durch Europa. Handbuch für Eisenbahnbeamte, Spediteure, Fabrikanten und andere Geschäftsleute. Theil I Ost-Europa Deutschland und Nachbarstaaten. Jahres-Ausgabe 1868/69. Frankfurt a. M. . . (Mül.)

Osymandias, König v. Egypten. 2 Bde. 8. Erfurt, Hennings. 803.

Osswaldowski, Alexander, approb. Arzt aus Szczepanken (Westpr.): Ueber Dermoidcysten der Kreuzsteißbeingegend. *München 1902: C. Wolf & Sohn.* (31 S.) 8°
München, Med. Diss. v. 1902

Ota-Nitobe, Inazo. Ueber den japanischen Grundbesitz, dessen Verteilg. u. landwirtschaftl. Verwertg. Eine histor. u. statist. Studie. gr. 8. (VIII, 91 S.) Berl. 890, Parey. * 2 50

Ota-Nitobe, Inazo [aus Sapporo, Japan]: Über den Japanischen Grundbesitz, dessen Verteilung und landwirtschaftliche Verwertung. . . Halle a. d. S., 1890, VIII + 91 + 1 S. 8°
Halle, Phil. Fak., Inaug.-Diss. v. [19. Jun.] 1890

Otac syn, s. Biblioteka obrázková pro mládež.

Otateuchos, seu Moses, Josua, Judices, cum commentario litterali ex linguis primaevis a J. Weitenauer. Augsb. 773.

Otavský s.: Herrmann Edler v. Otavský.

Otczipka, Hugo Kritische Bemerkungen zur Weltanschauung Schopenhauers ... Leipzig-Reudnitz, Druck v. O. Schmidt, 1892; 159 S. 8.
Leipzig, Phil. Fak., Inaug.-Diss. v. [8. Juli] 1892

Otec a syn, s. Biblioteka obrázková pro mládež.

Das Schutzzoll- und Prämienproblem. Eine volkswirtsch. Studie von G[ustav] **Oetelshofen.** Cöln a. Rh.: P Neubner [1907]. (69 S.) 8° 1907.17313

Otero, Antonius Fernandez de „Tractatus de pascuis et pascendi", Coloniae Agrippinae 1705. — Vorh. Bibl. des Oberlandesgerichts Celle — Md. 793.

Otero, Ant. Fern. de: Tractatus de pascuis et de jure pascendi, cum notis et additionibus Vinc. Bondeni. Nova ed. Coloniae Allobr. 1732.

Otevényi, zur städtischen Organisations-Frage. Temesvar 861 (Sellheim.) gr. 8. (16 S.) 2 ngr.

Otfrid von Weissenburg

Otfrid, s. Benrath, Paul.
Ohly, C. H.

Otfrid von Weissenburg, Evangelienbuch

— dasselbe. s. a Bibliothek der ältesten deutschen Litteratur-Denkmäler. — Bücherschatz, germanisch.

— dasselbe, hrsg. u. erklärt von O. Erdmann, s. a. Hand-Bibliothek, germanistische. — Sammlung germanistischer Hilfsmittel f. den prakt. Studienzweck.

Otfrids von Weissenburg Evangelienbuch Text Einleitung Grammatik Metrik Glossar von Joh. Kelle. 1. Bd.: Text u. Einleitung. Mit Schriftproben. Regensburg 856. Manz. Lex.-8. (VIII, 168, 422 S.) n. 4 *ap.* 20 ngr.

— Evangelienbuch. Aus dem Althochdeutschen übers. von G. Rapp. Stuttgart 858. S. G. Liesching. br. 16. (XII, 155 S.) 22½ ngr.

Otfrid's v. Weissenburg Evangelienbuch. Text, Einleitung, Grammatik, Metrik, Glossar von Joh. Kelle. 2. Bd. Die Formen- u. Lautlehre der Sprache Otfrids. Mit 6 (lith.) Taff. Schriftproben (in Tondr.). Regensburg 869. Manz. Lex.-8. (XXXVI, 536 S.) n. 6 *ap*

— dasselbe. Glossar dazu. s. a Kelle, J.

Otfrids Evangelienbuch. Hrsg. von Paul Piper. 1. Thl. Paderborn 878. Freiburg i. Br., Mohr. (* *M* 15.) *

Otfrids Evangelienbuch. Mit Einleitung, erklärenden Anmerkungen u. ausführl. Glossar hrsg. von Paul Piper. 1. Thl.: Einleitung u. Text. 2., durch Nachträge erweiterte Ausg. 8. (VIII, 295 u. 696 S.) Freiburg i/Br. 882. Mohr. n. 8. —

Otfried's Evangelienbuch. Mit Einleitg., erklär. Anmerkgn. u. ausführl. Glossar hrsg. v. Paul Piper. 2. Thl.: Glossar. gr. 8. (IX, 696 S.) Freiburg i/Br. 883.84. Mohr. n. 18. —; (cplt. n. 26. —)

Otfrid's Evangelienbuch. Mit Einleitg., erklär. Anmerkungen, ausführl. Glossar u. e. Abriss d. Grammatik hrsg. v P. Piper. 2. Thl. Glossar u. Abriss d. Grammatik. 2. (Titel-)Ausg. gr. 8. (III, 696 S.) Freiburg i/Br. 887 J. C. B Mohr. n. 6 — (1. 2.: n. 14. —)

Otfrid, Krist. Das älteste, im 9. Jahrh. verfasste, hochdeutsche Gedicht, nach den drei gleichzeitigen, zu Wien, München u. Heidelberg befindl. Handschriften krit. hrsg. v. E. G. Graff. Mit e. Facsimile aus jeder d. drei Handschriften. gr. 4. (60 B.) Königsberg 831, Gebr. Bornträger.

Otfrid, Christi Leben und Lehre besungen. Aus dem althochdeutschen übersetzt von Joh. Kelle. 8. (VII, 512 S.) Prag 870, Tempsky. *

Otfried, ..., s. Mährchenerzähler.

Otfried von Tannenberg, oder der Fluch der Verführung. Eine Sage ... Wien 1800. 1843. V: *Gleich, Joseph Alois.* (WBL) (EE) (NN) (Ky) (MGT)

Otfried von Tannenberg, od. d. Fluch d. Verführung. Eine Sage aus d. Zeiten Friedrichs v. Hohenstauffen. 8. (12½ B. u. Titkpfr.) Wien 840, Carl Doll.

Oth, Franz

Oth, Fr., transzendente u. immanente Freiheit u. das Reich der Gebundenheit. Eine Studie. (26 S.) gr. 8. Zürich 908. Rascher & Co. — 80

Oth, Franc., ritus in administratione ss. sacramentorum in benedictionibus et sepultura mortuorum observandus, in curatorum et chori usum et rituali archidioeceseos Olomucensis excerptus. Editio II. Olmutz 862. Halauska. gr. 8. (IV, 181 S.) n. 1 ℳ

Oth, Franc., Ritus in administratione ss. sacramentorum in benedictionibus et sepultura mortuorum observandus. Ad commodiorem usum rever. cleri in germanico-slavicis provinciis comparatus. Editio III. Olmütz 868. Grosse. gr. 8. (IV, 156 S.) n. 28 ngr.

Othalom s.: Ungard Edler v. Öthalom.

Die schlafende Prinzess oder Die Zaubermuschel. Ein Spiel in 1 Akt. Dichtung nach e. Märchen von Hans Hoffmann von Georg Kiesau. Musik von August v. Othegraven. Berlin, Köln, Leipzig: Ahn [1906]. 24 S. 8°
(Ahns Operntext-Bibliothek. Nr 120.)

Othello; Trspl. gr. 8. Frankf. u. Leipz. 769. Schwickert. 6 gr.

Othello, the moor of Venice, by Shakspeare with Notes for the use of lectures, by Miller. gr. 8. Halle, Kümmel. 794.

— Trauersp. von W. Shakespeare, bearb. von Lud. Schubart, mit Melod. von Zumsteeg. 8. Leipz. Breitkopf u. H. 802.

Othello der Mohr in Wien. Eine Posse mit Gesang in einem Aufzuge. Vom Verfasser des Zwirnhändler. Wien 1806. V: *Kringsteiner (Kringstein), Joseph Ferdinand.* (GGr V/342, Nr. 156/15) (Hdschr. Mitth. von Friedrich Müller, München)

— der Mohr von Venedig. Posse in 1 Aufz. 8. Wien, Wallishäußer. 806.

— — dasselbe, übers. von J. H. Voß d. Sohn. 8. Jena, Frommann. 807.

— — dasselbe, u. Romeo u. Julie v. Shakespeare. 8. Mannh. Schwan.

Othello, der Justizmohr von Venedig. Vom Verf. der „Freiherren von Regensberg" (Friedr. Locher). Bern 867. (Haller'sche Verlagsb.) gr. 8. (46 S.) n. 2⅓ ngr.

Othello, der Mohr von Venedig, od. die schrecklichen Opfer des Hasses u. der Eifersucht. Nach Will. Shakespeare dem Volke erzählt von G. u. B. Ovm. 8. (53 S.) Urfahr-Linz 878. Krausßlich. — 20

Othello, der Mohr von Venedig. Drama in 3 Aufzügen für Kindertheater frei nach William Shakespeare bearbeitet. Wien [ca. 1890]. V: *Molitor, Caroline von* (EB)

Othello, der weisse Mohr. Eine tragische Posse ohne Gesang, weil zum Schluss ein Mord vorkommt. Wien [ca. 1900]. V: *Neidl, Julius.* (EB)

Othelrich, Herzog, von Böhmen und sein Sohn Brezislaus. Zeitz 1793. V: *Heinse, Gottlob Heinrich.* (MGT) (Ky)

Othelrich, Herzog von Böhmen und sein Sohn Brezislaus, vom Verf. Heinrichs von Plauen und Ida von Schwaben, 2 Theile mit 1 Kupf. 2te Ausgabe, 8. Zeitz, 795. Heinse. 1 Rthl. 10sgl.

Othelrich, Herzog v. Böhmen, u. s. Sohn Brezislaus, m. K. 2 Thle. 8. Zeitz, Webel. 795.

Othen, Frz., s. † Dickmann, H.

— 1870. Kriegsgedichte. Ebend. 870. gr. 16. (34 S.) n. 5 ngr.

Othen, Frz., Gedichte. Wiesbaden 870. Limbarth. gr. 16. (VII, 307 S.) In engl. Einb. mit Goldschn. n. 1 ℳ 20 ngr.

Othmar, der heilige. Sein Leben u. seine Wunderwerke, nebst einigen andächtigen Gebeten. 12. Einsiedeln 840, Gebr. Benziger. 2 ngl.

Othmar, Carl, s. Othmar, Karl

Othmar, H., am Leben vorbei. (197 S.) 8. Berlin 910. Weimar, A. Duncker Verl. 2.—; geb. n 3. —

Othmar, Jos., Neue u. Erneuerung des Lebens. 2 Predigten. Gehalten bei den feierlichen Bittgängen der Jubiläumszeit am 3. u. 19. Mai. gr. 8. (22 S.) Graz 851. (Hesse.) n. 4 ℳ

Othmar, Joseph. Der wahre Werth des Lebens. Predigt von . . . bei Gelegenheit der Sekundizfeier des Dr. Jos. Kramer, und des Franz Sales Gruber, gehalten in der Domkirche zu Gratz am 5. September 1852. 8. (15 S.) Gratz, Druck von J. A. Kienreich 1852.

Othmar, Karl, Alexei, Zarewitsch von Rußland. Historisches Trauerspiel in 5 Aufzügen. 8. (128 S.) Leipzig 881. Mutze. n. 1. —

Othmar, Carl, der Geiger v. der Pfalz. Ein humorist. Sang in 15 Kapiteln. (176 S.) 8. Leipzig 908. O. Mutze. 2. —

— Liota. Eine deutsche Sage in 14 Gesängen. (87 S.) 8. Wien 910. A. Opitz Nachf. 1. 80

— Maria Theresia. Historisches Schauspiel in 5 Aufzügen. 8. (112 S.) Wien 879. Rosner in Comm. n. 2. —

Othmer, Gustav

Othmer's Vademecum des Buchhändlers u. Bücherfreundes. Die wichtigsten Erscheingn. der schönwissenschaftl. Literatur Deutschlands u. des Auslandes, m. biograph. u. anderen Vermerken. 5. Aufl., vollständig neu bearb. v Frdr. Joh. Kleemeier. 2. Ausg., m. Ergänzgn. bis Ende 1903. (IV, 770 S.) 8. Leipzig 904. J. C. Hinrichs' Verl. n. 10. 50; geb. in Leinw. n. 12. —; Ergänzgn. allein. (S. 691 – 770.) n. — 50

Othmer, Gust., Vademecum für Freunde der Literatur. Zusammenstellung der wissenswürdigsten Erscheinungen auf dem Gebiete der Gesammelten Werke und Schönen Literatur nebst genauer Angabe der Preise und Verleger sowie kurzen biographisch-bibliographischen Notizen. Hannover 861. Othmer. 8. (IV, 189 S.) 1 ℳ

Othmer, Gust., Vademecum f. Freunde der Literatur. Zusammenstellung der wissenswürdigsten Erscheingn. auf dem Gebiete der gesammelten Werke u. schönen Literatur, nebst genauer Angabe der Preise u. Verleger, sowie m. kurzen biograph. u. bibliograph. Notizen. 2. gänzlich umgearb. Aufl. br. 8. (IV, 376 S.) Hannover 870. Cruse. n. 6. —

Othmer, Gust., Vademecum des Sortimenters. Zusammenstellung der wissenswürdigsten Erscheinungen auf dem Gebiete der gesammelten Werke u. schönen Literatur, vorzugsweise der deutschen, von Anbeginn bis zur Gegenwart, nebst genauer Angabe der Preise u. Verleger, sowie kurzen biograph. u. bibliograph. Notizen 3., gänzlich umgearb. u. bis Ende 1877 fortgeführte Aufl. Mit einem Vorworte von Leo. Meyer. 8. (XII, 664 S.) Hannover 878. Cruse. n. 12 —

Othmer's Vademecum d. Sortimenters. Zusammenstellung der wissenswürdigsten Erscheingn. auf dem Gebiete der gesammelten Werke u. schönen Literatur, vorzugsweise der deutschen, von Anbeginn bis zur Gegenwart, nebst genauer Angabe der Preise u. Verleger, sowie kurzen biograph. u. bibliograph. Notizen. Nachtrag zur 3. Aufl. umfassend die J. 1878 — 1884, bearb. v. Carl Georg u. Leop. Ost. gr. 8. (VI, 318 S.) Hannover 885. Cruse. Subscr.-Pr. n.n. 6. —

Für Nicht-Buchhändler u. d. T.: Othmer, G., Vademecum f. Literaturfreunde. Ladenpreis n. 8. —

Othmer's Vademecum d. Sortimenters. Zusammenstellung der wissenswürdigsten Erscheingn. auf dem Gebiete der schönwissenschaftl. Litteratur. 4. Aufl. Bearb v. Carl Georg u. Leop. Ost. Mit dem Bildnisse Gust. Othmer's in Lichtkpfrdr. 4 Abtlgn. gr. 8. (III, 663 S.) Hannover 891. L. Ost. à n 2. 65 (kplt. n 10 60, geb in Halbfrz. n. 12. —)

— dasselbe. Ergänzungsheft. Verzeichnis aller in Reclam's Universalbibliothek, Meyer's Volksbüchern u. Hendel's Bibliothek der Gesamtlitteratur erschienenen Bändchen, nach Stichworten der Titel geordnet. Zusammengestellt v. Leop. Ost 8. (45 S.) Ebd. 894. — 75

Othmer, Karl [aus Hannover] Das Verhältnis von Christian's von Troyes „Erec et Enide" zu dem Mabinogion des roten Buches von Hergest „Geraint ab Erbin" . Köln, Druck v M. DuMont-Schauberg (1889); 2 Bl. + 66 S. + 2 Bl. 8°
Bonn, Phil. Fak., Inaug.-Diss. v 6. Jul. 1889

Othmer, Karl. Das Verhältniss v. Christian's v. Troyes „Erec et Enide" zu dem Mabinogion d. roten Buches v. Hergest „Geraint ab Erbin". Diss. 8. (IV, 70 S.) Köln 889. (Lpz., Fock.) * 2 —

Othmer, Wilhelm, a. Uthwerdum ⟨Aurich⟩: Die Völkerstämme von Hispania Tarraconensis in der Römerzeit. ⟨Kap. 1—6.⟩ [Reinickendorf] (1904: Th. F. Schemmel.) (40 S.) 8° ¶ (Enthält nur einen Teil der eingereichten Arbeit.)
Berlin, Phil. Fak., Ref. Hirschfeld, Sieglin, Diss. v. 10. Dez. 1904
[Geb. 10. Dez 82 Uthwerdum, Kreis Aurich, Heimatsort Georgsheil (Ostfriesland) Prov Hannover, Staatsangeh. Preußen; Vorbildung: Hum. Gymn. Norden Reife O. 00, Studium: Greifswald 1, Berlin 8 S.; Rig. 23. Juni 04]

Othmer, Wilh., die rechtliche Wirkung der Vormerkung nach Reichsrecht, s. a Studien zur Erläuterung des bürgerlichen Rechts. 9.

Die rechtliche Wirkung der Vormerkung nach Reichsrecht von Wilhelm Othmer *Breslau: M. & H. Marcus 1902* (116 S.) 8°
= Studien z. Erläuterung d. bürgerl. Rechts. H 9. [illegible]

Otho, Enoch Chr. Aug., († ...) s. 1) Aul. *Gellii* Noctes. 2) O. *Gifani* jureconsulti. 3) *Plautus,* quae supers. comoediae. Leipz.

Otho, Georg

— palaestra linguar. orientalium. 4. Frcft. Esslinger. 702.

Otho, Georgius. Synopsis institutionum Samaritanarum, Rabbinicarum Arabicarum Aethiopicarum et Persicarum ad methodum Chaldaismi et Syriasmi clarissimi Altingii . adornata. Editio secunda. Francofurti ad Moenum 1717

Otho, Geo., synops. institutionum. 8. Frcf. 735.

OTHONIS, JO. HENR., Lexicon Rabbinico-philologicum, in quo ordine alphabetico notantur et referuntur præcipua quæ circa veterum Hebræorum dogmata, ritus et statuta, in utroque Talmude, Maimonidis et aliorum scriptis occurrunt. Auctum a JUSTO FRID. ZACHARIÆ. Altonæ et Kiliæ. 1757.

Otho, I. H., Lexicon rabbinico-philologicum, novis accession. auct. stud. I. F. Zacharias. 8. Altona. (Compt. f. Litt. Lips.) 757.

Otho, Joh. Georg Friedrich (Schwäbisch Hall/Württemberg), De dote receptitia occasione l. 31. §. 2 ff. de m. c. donat. Disput. jur. Präs. Carl Moritz Hoffmann. [Altdorf] (J. W. Kohle) 30. III. 1718. (4.75) 25695

Otho, Johann Jakob

Otho, J. Jac., Epistelpostill. 4. Frankf. 725.

— evang. Krankentrost a. d. Sonn- u. Festtags-Evangel. 3 Thle. 8. Nürnb. Endter. 712.

Otho, Joh. Jak., evangel. Krankentrost, aus d. Sonn-, Fest- u. Feiertäglichen Evangelien geschöpft u. mit erbaul. Exempeln alter u. neuer Zeit erläutert. Nebst e. Lebenslaufe. d. Verf., so wie e. Vorr. v. Joh. Chrstn. Friedr. Burk. Lex.-8. (61 ¼ B. u. O's. Bildn.) Reutlingen 841, Kurtz.

— **Johann Philipp** (Schwäbisch Hall-Württemberg), De debitore die solutioni destinato in ferias divinas incidente solvere obstricto. Exercit. jur. Präs. Gottlieb Wilhelm Dinckler. Leipzig (A. M. Schede) 28. IX. 1725. 20 S. (4.75) 25696

— — Dasselbe. Leipzig (A. M. Schede) 28. IX. 1725. 20 S. (4.75) **25697**
Widm. v.: Gottlieb Wilhelm Dinckler.

Otia domestica. Purae religionis characteres. S. l. 1715. V: *Probst v. Wendhausen, Philipp Ludwig.* (Beste, Gesch. d. Braunschw. Landeskirche. 1889. S. 363.)

Otia mathematica, s.a Mathesiphilus

Otia mathematica Musophili, c. fig. 8. Nürnb. Stein. 719.

— metallica, od. Bergmänn. Nebenstunden verm. Abhdl v. Bergsachen. 5 Thle. 8. Schneeb. Fulde. 747—58.

Otia metallica oder Bergmännische Neben-Stunden ... Schneeberg 1748—51. V: *Beyer, Adolph.* (EB)

Otia Metallica oder Bergmännische Neben-Stunden darinnen verschiedene Abhandlungen von Berg-Sachen Aus denen Geschichten, Berg-Rechten, Natur-Lehre auch anderen Wissenschafften. Nebst etlichen alten Bergwercks-Uhrkunden enthalten sind. 3 Bde. Schneeberg, 1748—1758. 1262 S. mit 6 Taf.

Otia in otio minime otiose, enthaltend verschiedene rechtliche praktische Anmerkungen besonders über die Eisenhardtschen Erzählungen von besondern Rechtshändeln. Lemgo 1771—73. V: *Behmer, Frdr. Ehrenfried.* (Kat. d. Bibl. d. dtsch. Reichstages. Berl. 1882.)

Otia, Tranquilla sine armis, Musarum. Gottingae 1793. V: *Heyne, Chn Gottlob.* (MGT)

Oetiker, Fritz, prakt. Arzt [von Männedorf, Kt. Zürich] Aus der psychiatrischen Klinik des Herrn Prof. Forel in Zürich. Casuistischer Beitrag zur Kenntniss der Erinnerungsfälschungen. (S. A. aus: Zeitschrift für Psychiatrie u. Nervenheilkunde], Bd 54 [S. 149—177]). Berl. (G Reimer) 1897. 33 S 8°
Zürich. Med. Diss. [v. 6. Oct. 1897].

Oetiker, Julia, med. pract. z. Z. Assistentin am Sanatorium Wald: Aus der zürcherischen Heilstätte für Lungenkranke in Wald. Direktor: Herr Dr. Heinrich Staub. Beiträge zur Desinfektion des Auswurfs in Spucknäpfen und an Wolldecken. Leipzig 1905. 16 S. 8°. S.-A. aus d. Zeitschr. f. Tuberkulose u. Heilstättenwesen. Bd. VI. H. 6. [26. I. 05.]
Zürich. Med. Diss. 1904/1905.

Oetiker, Julius. Das Bundes-Gesetz über das Post-Regal Vom 5. April 1884. 243 S. 8.
Ausg. 1: Diss. Staatsw. Univ. Zürich ... von J' Oe'...: *Abdr. A:* Stäfa, Buchdr. E. Gull, 1901; -- *Abdr. B:* Zürich-Oberstrass, Druck von Hans Fischer, 1901.
Ausg. 2: Von Dr. jur. J' Œ'.... Stäfa, Buchdr. E. Gull, 1901.

Oetiker, Julius [von Männedorf]: Das Bundes-Gesetz über das Post-Regal. Vom 5. April 1894. Stäfa 1901. 241 S. 8°.
Zürich. Jur. Diss. 1900 1901.

Oetiker, J[ulius]. Die Eisenbahn-Gesetzgebung des Bundes. Sammlung der wichtigsten, das schweizerische Eisenbahnwesen betreffenden Gesetze, Beschlüsse und Verordnungen. Im Auftrage des Eidg. Post- und Eisenbahndepartementes zusammengestellt von Dr. J. Oetiker. [Mit 7 Tabellen.] X + 797 S. 8. Bern, Neukomm & Zimmermann, 1902. [geb. fr. 9. —]

Oetiker, J[ulius]. Législation suisse des chemins de fer. Recueil des lois, ordonnances et arrêtés les plus importants relatifs aux chemins de fer suisses. Élaboré par le Dr J. Oetiker, à la demande du Département fédéral des postes et des chemins de fer. [Avec 7 tableaux.] X + 800 p. 8. Berne, Neukomm & Zimmermann, 1903. [relié fr. 9. —]

Oetiker-Rosenhain, Anna [pract. Arzt in Lauterbrunnen]: Über ein Rhabdomyom der Niere. Zürich 1898. 19 S. 8°.
Zürich. Med. Diss. 1897/98.

Oetinger, s.a. Oettinger.

Oetinger, Ferdinand Christoph [Praes.], s. Reuss, Christian Theophil: Cinnabaris exul redux in pharmacopolium.

Oetinger, Friedrich Christoph

– ABHANDLUNG WIE MAN DIE HEIL. SCHRIFFT LESEN, und die Thorheit GOttes weiser halten SOLLE, als allen Menschen Wiz, samt einem summarischen Innhalt aller Bücher heiliger Schrifft. - Gedrukt im Jahr 1769. 102 S.
beigef. 1. Auszug aus der Herzens-Theologie vom Geheimniß Gottes und Christi, aus der Epistel an die Epheser und Colosser (S. 33-45).
beigef. 2. Summarischer Innhalt aller Bücher neuen und alten Testaments (S. 45-63).
beigef.: 3. Cautelen und Vorschläge der Fürsichtigkeit in Bestrebung nach der Prophetia oder geheimen Erkenntnissen und Lesung der Bücher, die näher von der Quelle des Geistes Gottes, als andere entsprungen zu seyn scheinen; zu Halatophili Irenaei aufmunternden Gründen gehörig als ein Anhang
– - Neu hrsg. von Karl Chr. Eberh. Ehmann. - Reutlingen: Rupp & Baur 1853. 49 S.
beigef.: 1 Auszug aus der Herzens-Theologie (S. 16-21).
beigef.: 2. Summarischer Inhalt (S. 22-30).
beigef.: 3. Cautelen und Vorschläge (S. 31-43).

– Sr. Dignität Hrn. M. Friedrich Christoph Oetinger, Decani und Specialsuperintendenten zu Weinsperg im Würtembergischen, ABHANDLUNG VON DEM ZUSAMMENHANG DERER GLAUBENS-ARTICUL MIT DEN LETZTEN DINGEN, und von dem Ueberbleiben der Seele nach dem Tode. Ingleichen, eines Würtembergischen Theologi Schreiben von der Natur und Gnade. Zur Vertheidigung der Oetingerischen Begriffe vom Sensu Communi, allen Theologis höchstnothwendig zu erwägen, auf Begehren redlicher Freunde, dem Vorwurf, als wären der Herr Decan: Oetinger Auctor des Buchs: Aufgeschlossenes Cabinet GOttes, entgegengesetzt, und mit Vorrede und einigen kurzen Anmerkungen hrsg. von Joachim Gottlob Freund, Evangelisch Lutherischen Pfarrer in Ludwigsburg bey Görlitz. In Verlag guter Freunde. – Görlitz: gedr. bey Joh. Friedrich Fickelscherer 1757. 120 S.

– – Herrn Prälat Oetingers in Murrhart Abhandlung von dem Zusammenhang der Glaubens-Lehren mit den letzten Dingen. Nebst angefangtem Schreiben von der Natur und Gnade. Zwote Ausgabe. o.O. 1779. 141 S.

– ABHANDLUNG VON DEM ZUSAMMENHANGE DER RECHTFERTIGUNG MIT DEN LETZTEN DINGEN, und von dem Ueberbleiben der Seele. – 1753.

– ABRISS DER EVANGELISCHEN ORDNUNG ZUR WIEDERGEBURT Worinnen Die Schrifftmäßige Einsicht und Ausübung der wahren Evangelischen Mystic, Oder des Geheimnisses des Evangelii, nach vier Stuffen der Wiedergeburt gezeiget wird, vorgelegt Von einem Ermüdeten Weltweisen, der auf die Wiedergeburt wartet. – Frankfurt & Leipzig: Herold 1735. 512 S.
beigedr.: [Oetinger:] Nachricht an den Leser, der Gedult genommen diß Buch zu lesen. 38 S. *(Katalog von 1: »Erschien später als Leben der seel. Maria de la S. Therese, Zweyter Theil 1737. «– Nach Heyken (s. Nr 1813) ist das »ganz unwahrscheinlich«.)*

– – Reutlingen: Rupp & Baur 1853.

— Abr. der Ordnung zur Wiedergeburt. 8. Frft. (Heerbrand in Tüb.) 735.

Oetinger, Fr. Chr., ſ. Anleitung zum Verſtand d. heil. Schrift.

– KURTZE UND EINFALTIGE ANLEITUNG ZUM SUMMARISCHEN VERSTAND DER H. SCHRIFFT, Aus Gelegenheit der Summe des Brieffs an die Römer, Welche von einer blinden Weibs-Person einer andern in die Feder dictiert worden. Sammt einer Catechetischen Vorübung und angehängten Summarien des Neuen und Alten Testaments Zum Druck befördert Von Fr. Chr. Oetinger, Pfarrer im Cl. Hirsaw. – o.O. 1738. 46 S.
beigedr.: Anhang Von einem Vorschlag, die gantze Bibel überhaupt sich summarisch zu nutzen zu machen (S. 34–46.

– – Nürnberg: Thoma 1835.

– – 2. Aufl. Stuttgart 1836.

– KURZE APOLOGIE für die Schriftlehre von der Genugthuung und Versöhnung Jesu Christi. – Auf Kosten einer Gesellschaft. – o.O. 1776. 22 S. *(Ehmann, 82 (s. Nr 1812): »Zweifelhaft, ob von Oetinger.«)*

– VON DEM AEUSSERN DES REDNERS. – (1770).

– SUMMARISCHER BEGRIFF HEIL. SCHRIFT, insonderheit über die Epistel an die Römer [o.O. u. J.]

– BEYHÜLFE ZUM REINERN SCHRIFT-VERSTAND. In kurzen Grundrissen und Erklärungen. Von etlichen Freunden des Herrn Prälat Oetingers zum Druck befördert. – Im Jahr 1777. 131 S.
1. Erklärende Zergliederung der Epistel an die Römer (S. 1–38).
2. Fragen über die Epistel an die Römer (S. 30–49).
3. Miscellan-Fragen über die Epistel an die Galater (S. 49–51).
4. Summarische Erklärung der Epistel an die Ebräer (S. 51–62).
5. Summarischer Auszug der heiligen Offenbarung zu nöthiger Unterscheidung der grössern und kleinern Theile (S. 62–82).
6. Summarischer Inhalt aller Capitel der Sprüche Salomo (S. 82–92).
7. Der Prediger Salomo in seinem Zusammenhang (S. 93–102).
8. Die süsse Liebesführung Gottes mit den Seelen Eine Nuzanwendung über das Hohelied Salomonis (S. 102–121).
9. Martyrer-Predigt (S. 121–131).

– – Reutlingen: Rupp & Baur 1839. 122 S.

Oetinger, Fr. Chr., († d. 10. Febr. 1782.) Beihülfe z. reinen Verſtand d. Schrift, worin die Epiſtel an die Römer, Galater, Ebräer, Offenbar. Joh., Sprüche u. Prediger Salomo, u. das Hohelied, ſummariſch erklärt wird. 8. Schwäb. Hall. 777.

– BEURTHEILUNGEN DER WICHTIGEN LEHRE VON DEM ZUSTAND NACH DEM TOD und der damit verbundenen Lehren des berühmten Emanuel Swedenborgs, theils aus Urkunden von Stockholm, theils aus sehr wichtigen Anmerkungen verschiedener Gelehrten. – 1771. 163 S.

– VON DER EWIGEN BEWEGUNG. – 1765.

— libri III. catenae aureae Homeri de transmutatione metallorum. 8. Schwäb. Hall 770. (Manh., Löffler) 4 gr

– OFFENTLICHES DENCKMAHL DER LEHR-TAFEL EINER WEYL. WÜRTEMBERGISCHEN PRINCESSIN ANTONIA in Kupffer gestochen, Dessen Original sie von den 10. Abglänzen GOttes in den Dainachischen Brunnen in einem prächtigen Gemähld gestifftet, Wobey von der Krafft der Brunn-Quellen, von der Philosophie der Ebräer, und überhaupt von dem Geist GOttes nach allen Stellen Neuen Testaments eine Erklärung gegeben wird von M. Friederich Christoph Oetinger, Special-Superintendent in Herrenberg. – Tubingen Bauhof & Franck 1763. 431 S.

Oetinger, Friedrich Christoph (Hrsg.), s. Divisch, Prokop: Theorie von der meteorologischen Electricité ...

– EINLEITUNG ZU DEM NEU-TESTAMENTLICHEN GEBRAUCH DER PSALMEN DAVIDS. Der heutigen Ausschweiffung in Liedern und Mund-Gebettern entgegengesetzt von M. Friderich Christoph Oetinger, Pfarrer in Walddorff, Tübing. Dioces, Conventus Reutling. Capitularis. – Esslingen: Mäntler (1748). 80 S. – an: Oetinger: Die Psalmen Davids. Esslingen 1750.

– – Mannheim: Löffler 1776. – an: Oetinger: Die Psalmen Davids.

– – Neue verb. Aufl. – Stuttgart: Betulius 1776. 80 S.

— Einleit. zu d. neuteſtamentl. Gebrauch der Pſalmen Davids. 8. Eßlingen 749. N. A. 8. Stuttg. 776 Steinkopf. 4 gr

Oetinger, Friedrich Christoph (Hrsg.), s. Elsässer, Simon: Nützliches u. angenehmes Kalendergespräch ...

Oetinger, Friedrich Christoph (Hrsg.), s. Elsässer, Simon: Unterricht für gemeine Bauersleut ...

– ENTWURF EINIGER GRUNDSÄZE DER GESELLSCHAFT VON VERBREITUNG DER PATRIARCHALPHYSIK. Auf Kosten der Gesellschaft. o.O 1772.

— Entwurf e. Grundſätze d. Geſellſch. v. Vorbereitung d. Patriarchalphyſik ꝛc. 8 Langensalza 772.

– DIE EPISTEL-PREDIGTEN. – s. Oetinger: Grundbegriffe des neuen Testaments. –

– ERBAUUNGS-STUNDE, welche über 2. Kor. 7,1. von Herrn F. C. Oetinger, Rath und Prälaten zu Murrhart, d. 28. Sept. 1775 in Stuttgart gehalten, und zum Druck befördert worden von Samuel Friedr. Laux, Stadt- und Amtsschreiber in Besigheim. – Frankfurt & Leipzig 1775. 16 S.

– M. Friderich Christoph Oetingers Special-Superintendenten zu Weinsperg EXEGETISCHE UND HOMILETISCHE ERKLÄRUNG DERER PSALMEN, Worinnen die Psalmen mit den Lebens-Geschichten Davids verglichen, nach dem Grund-Text übersetzt, mit Philologischen Anmerkungen versehen, und nach denen schwersten Redens-Arten erkläret werden etc. – Heilbronn: Eckebrecht 1756. 80 S.

— exeget. homilet. Erklärung d. Pſalmen Davids nach d. hiſtor. Wortverſtand, nach d. 7 Bitten in Ordnung gebracht ꝛc. 8. Eßling. 748. N. verm. Ausg. 8. Heilbr. 756. 8. Manh. u. Stuttg. 776. Löffler, a Steinkopf. 16 gr Mit Einleit. 18 gr

– ERMAHNUNGEN AN ALLE RECHTSCHAFFENE, sich gegen die gottlosen Lehren Bahrdts und der Berliner zu waffnen. – Heilbronn 1770.

– DIE EVANGELIEN-PREDIGTEN. – Leonberg & Cannstatt 1837: Diedr. Röcker & Johannes Röcker. VIII, 632 S.

– DIE EVANGELIEN-PREDIGTEN. 3. Aufl. – Leonberg: Röcker 1846.

– – 4. Aufl. – Leonberg: Röcker. T. 1. 1848. T. 2. 1847.
beigef.: Kurz gefaßte Lebensbeschreibung des seligen Prälaten Oetinger. 31 S.

– – 6. Aufl. T. 1. 2. – Leonberg: Röcker 1850–1851.

– NEU HERAUSGEKOMMENE EVANGELIEN-PREDIGTEN von M. Christoph Friderich Oetinger, gewesenem Rath und Prälaten zu Murrhardt, gesammelt, und im Manuscript hinterlassen von einem entschlafenen, getreuen Lehrer unserer Kirche, und nebst den wichtigsten Lebens-Umständen des Verfassers und seiner Grabrede Auf Kosten einer Wahrheitsliebenden Gesellschaft gedruckt. T 1. 2. – Reutlingen: Kalbfell 1818. XLIII, 548, 624 S.
beigef (Oetinger): Genealogie der reellen Gedanken eines Gottesgelehrten (S. V–XXXIV).

– NEUE EVANGELIEN-PREDIGTEN (Das Herrenberger Predigtbuch). 4. Ausg. besorgt von K. Chr. E. Ehmann. – Stuttgart: Steinkopf 1866. VIII, 642 S. (Oetinger [Werke], Abt. 1, Bd 2.)

– DIE EVANGELIEN-PREDIGTEN über alle Sonn- und Feiertage, nebst kurzen Betrachtungen über alle Episteln und besonderen Reden nach dem allgemeinen Wahrheits-Gefühl. Nebst einem Anhange Die Sittenlehre Salomo in Vergleichung mit der Lehre Jesu, in mehreren Predigten vorgestellt von M Fr Christoph Oetinger, Special-Superintendenten in Weinsperg. (mit einem Bildn. Oetingers) T 1. 2. – Leonberg: Röcker 1845. 710, 364 S.
T 2 u.d.T. Die Feiertags-Predigten sowie Reden nach dem allgemeinen Wahrheits-Gefühl Über alle sonntäglichen Evangelien und Feiertage, nebst kurzen Betrachtungen über alle Episteln und einem Anhange Die Sittenlehre Salomo in Vergleichung mit der Lehre Jesu, in mehreren Predigten vorgestellt *(S. 335 bis 360)* von M. Fr Chr Oetinger, Special-Superintendenten in Weinsperg

– DIE FEIERTAGS-PREDIGTEN Leonberg 1845. s. Oetinger: Die Evangelien-Predigten. T 2.

– LEIBHAFTIGE FÜLLE DER GOTTHEIT, als ein Hauptgrund, warum das materialistische Wort der heiligen Offenbarung Herrn Dr Semler so fanatisch vorkomme – o.O. u. J

– ETWAS GANTZES VOM EVANGELIO; In einem Grund-Riß derjenigen Predigt, die GOtt selbst durch Jesaiam vom Glauben, Cap. 40–49, von der Gerechtigkeit Cap. 50–59., von der Herrlichkeit, Cap. 60–66. an alle Welt halt, Und noch würcklich nach eben dem Geist, jedem Zeit-Lauff und jedem Ort gemäß, will gehalten haben; Samt Verschiedenen Anmerckungen über die Göttliche Mund und Schreib-Art der Männer Gottes, Wie auch über die Catechetische und durch ordentliches Predigen fortgehende Lehr-Art, Nach genommener Prob in Druck gegeben von M. Friderich Christoph Oetinger, Pfarrer im Closter Hirschau. – Tübingen: Schramm 1739. 128, 102 S.
beigef 1 (Oetinger:) Zuschrift An den Hochgebohrnen Grafen und HERRN Nicol. Ludwig, Grafen von Zinzendorff und Pottendorff, Herrn auf Bertholdsdorff, Hochwürdigen Bischoff der Mährischen und hin und her zerstreuten Gemeinen in Herrnhut, Herrnhag, Herrendyk, Pilgerruh, St. Thomas, und noch anderen Orten. (4 ungez. Bl.)
beigef. 2 Innhalt der Predigt Welche der Herr Graf von Zinzendorff, Hochw Bischoff der Mährischen Brüderschafft, den 10. Juli 1739. im Cl. Hirsaw gehalten Mitgetheilt zum fernern Anhang des Grund-Risses der Predigt Jesaiae von Friedr Christ Oetinger, Pfarrer allda. 16 S.
angeb. [Oetinger:] Die Epistel Jacobi Gebets-weis In ein Lied verfaßt, Zum Anhang des Grundrisses der Predigt Jesaiae. – Tubingen: Schramm 1739. 16 S
beigef.: 1 Die erste Epistel Johannis Ermahnungs-weiß in ein Lied gebracht
beigef 2 Uber die Epistel Petri, von der Hoffnung.
– – [2. Ausg.] – Tübingen: Fues o.J. 256 S.
– – Tübingen: Bauhof & Franck 1762.
– – M. Friedrich Christoph Oetinger Prälat zu Murrhard Etwas ganzes vom Evangelio; in einem Grund-Riß derjenigen Predigt die GOtt selbst durch Jesajam Cap. 40–66 an alle Welt hält. Samt verschiedenen Anmerkungen über die Göttliche Mund- und Schreib-Art der Männer GOttes; wie auch über die Catechetische Lehr-Art. 3. Aufl. – Tübingen: Fues 1793. 273 S.
beigef. Herzliche Vermahnung und Aufmunterung zur Treue in dem Werk des HErrn. Samt den Pflichten, so jedes Geschlecht darinnen zu beobachten hat, aufgesezt von einem Wahrheitsliebenden und kindlich gesinnten Freund. M. Kr. (S. 244–272).
– – Stuttgart 1835.
– – Nach der 3. Aufl. unveränd. hrsg. von K.C.E. Ehmann. – Reutlingen: Rupp & Baur 1850. XVI, 284 S.
beigef.: Oetinger: Inhalt der Rede Gottes [Auss.] (S. 236–254).

– VON DEN GEBURTEN DER DINGE. – o.O. u.J.

– Herrn Friedrich Christoph Oetingers, Herzogl. Württemb. Raths und Prälaten zu Murrhart, GEDANKEN VON DEN ZWO FÄHIGKEITEN ZU EMPFINDEN UND ZU ERKENNEN, und dem daraus zu bestimmenden Unterschiede der Genien. – Frankfurt & Leipzig 1775. 48 S.

– FREIMÜTHIGE GEDANKEN VON DER EHELICHEN LIEBE nebst einem Anhang verwandter Materien für Wahrheitsforscher, welche prüfen können. – Schwäbisch Hall 1777

Oetinger, Friedrich Christoph (Hrsg.), s. Gedanken über die Zeugung und Geburten der Dinge.

– DAS GEHEIMNIS GOTTES UND CHRISTI über Ephes. 1. und Kol. 1 – 1754.

[–] DAS GEHEIMNISS VON DEM SALZ, als dem edelsten Wesen der höchsten Wohltat Gottes in dem Reich der Natur, beides in seinem Wesen und in seinen Eigenschaften, aus eigener Bemühung untersucht, göttlicher Weisheit zum Lobe und den begierigen Forschern zum Vortheil geschrieben und hrsg. von Elias Artista Hermetica (Jes. 45,3.). – o.O. 1770.

— das Geheimniß vom Salz ꝛc. 8. Stuttgart, Steinkopf. 770.

– VON GEMEINSCHAFT DER HEILIGEN. – Basel 1759

– [GENEALOGIE DER REELLEN GEDANKEN EINES GOTTESGELEHRTEN] Des Wurttembergischen Prälaten Friedrich Christoph Oetinger Selbstbiographie. Hrsg. von Julius Hamberger. Mit einem Vorwort von Gotthilf Heinrich Schubert. – Stuttgart: Liesching 1845. XX, 125 S.
– [–] M. Friedrich Christoph Oetinger's Lebens-Abriß *(S. 1–58)*, von ihm selbst entworfen. Nebst einem Anhang, enthaltend: seine Gebete in Verfolgungen *(S. 72–76)*, 18 Punkte über die heil. Schrift *(S. 66–71)*, die von seinem Sohn gehaltene Leichenpredigt *(S. 59–65)*, einen kurzen Auszug aus dem Tagebuch des letztern *(S. 77–90)* so wie eine Sammlung von Oetingers Liedern *(S. 91–153)*. Zum Druck befördert von Freunden der Oetingerischen Schriften. – Stuttgart 1849: Hasselbrink. 153 S. *(laut Ehmann, 45 (s. Nr 1812) hrsg. von Joh. Gottlieb Kolb, Dagersheim.)*
– [–] Berlin: Schlawitz 1851. *(identisch mit Nr 1985.)*

– DAS RECHTE GERICHT, In dem Kurtz und verständlich erklärt übersetzt- und zergliederten Buch Hiob, mit Anmerckungen aus der Philologie und Physic der alten und neuen, und Locis Communibus. 1. Von GOtt, 2. Menschen, 3. Sünde, 4. Gnade, 5. Welt, 6. Unsichtbaren, 7 Und Letzten Dingen.
[beigef.] Nebst einem, aus Erfahrung, in Form des Buchs Hiob, abgefaßten Gespräch, eines Mystici, eines Weltweisen, und eines Gesetz-Eyferers, mit einem um die Wahrheit Bekümmerten, über die Lehren und Anstalten der Neu-Mährischen Brüder, zu Ablehnung der unanständigen Beschuldigung Herrn D. Froereisens von Straßburg. Von M Friedrich Christoph Oetinger, Pfarrer in Walddorf, Tübinger Dioeces. – Franckfurt & Leipzig: Erhardt 1748. 336 S.
– – Esslingen: Mäntler 1748. 336 S.

— das rechte Gericht in d. erkl., übersetzten ꝛc. Buch Hiob. 8. Stuttgart. 748.

– GESPRÄCH IM REICH DER TODTEN ZWISCHEN FÉNÉLON UND STRUENSEE. – 1773.

– ABRAHAMS GLAUBE, gewünscht und gebetten: auf des Wohlerwürdigen Herrn Johann Ferdinand Seitzen, Diaconi in Beßigheim, und der Jungfer Braut Eberhardina Sophia Oetingerin, Trauungstag den 4. Octob. 1768. Von der Braut gel. Vater, F C. Oetinger, Rath und Abt zu Murrhard. – Schwäbisch Hall: Messerer o.J. [1768]. 3 ungez. S.

– GLAUBENSBEKENNTNIS EINES PROSELYTEN (Weyder) aus dem Papstthume. – 1772. –

Oettinger, F. C., fester Grund einiger theol. Hauptwahrheiten. 8. Frkf. 731.

– M. Friederich Christoph Oetingers, Tubing. VESTER UND SCHRIFFTMÄSSIGER GRUND EINIGER THEOLOGISCHEN HAUPT-WAHRHEITEN, dargethan gegen die von Herrn M. Häschel in Zittau dem Herrnhutischen Gesang-Buch aufgebürdete Irrthümer, und in einer neulich herausgegebenen Schrifft darüber gemachte Anmerckungen. – Frankfurt a.M.: Varrentrapp 1734. 152 S.

— Grundbegriff d. neuen Testaments, in e. ganzen Jahrg. Predigten üb. die Sonn- u. Festtags-Episteln. 8. Frankf. 777. (Löffler in Manh.) 1 ℛ

– GRUNDBEGRIFFE DES NEUEN TESTAMENTS in einem neuen Jahrgang von Predigten über die Sonn- Fest- und Feyertägliche Episteln, samt einem Anhang einiger andern von verschiedener Materie, von M. Friedrich Christoph Oetinger, Herzogl. Rath und Prälaten zu Murrhardt. Von einer Wahrheit-liebenden Gesellschaft zum Drucke befördert. 2. unveränd. Aufl., welche noch einen Anhang mit 2 Predigten nebst seinem Ende, der Leichenrede und 2 Gedichten von seinem Hinscheiden enthält. – Stuttgart 1824: Herre & Metzger. 846 S.
beigef.: (Oetinger:) Oeffentlich gehaltene Rede zu Neustadt an der großen Linde 1768 von dem Kreuz Christi.

[–] Aufmunternde Gründe zu lesung der schrifften Jacob Boehmens, bestehend in Joh. Theod. von Tschesch Schreiben an Henr. Brunnium und ejusd. Kurtzer Entwerffung der Tage Adams im Paradiese *[S. 104–122]*, wie auch Halatophili Irenaei [d.i. F. C. Oetingers] Vorstellung wie viel J. B.(oehmes) Schrifften zur lebendigen Erkenntniß beytragen, Wider die scheinbaren Einwendungen aus gründlich heraus gesuchter Schrifft und Natur Aehnlichkeit vertheidiget und mit vielen Anmerckungen erläutert, nebst Joh. Theodori von Tschesch Leben. – Franckfurt & Leipzig 1731. 222 S.

[–] Kurzgefasste Grundlehre des berühmten würtembergischen Prälaten Bengels betreffend den Schauplatz der Herabkunft Jesu zum Gericht des Antichrists vor dem jüngsten Tag samt den mitverbundenen lezten Dingen durch Halatophilum Irenaeum [d.i. F. C. Oetinger] auf Kosten guter Freunde von Nürnberg zum Beweiß daß die H. Schrift in ihrem eigentlich unverblümten Verstand zu nehmen, samt einem Kupfer zum Druck befördert. (Nürnberg) 1769. 48 S. 1 Tafel.

– Grundweisheit zur rechtsgelehrsamkeit nach des gewesenen Juris consulti u. Staatsministers Hopperi Buch: Seduardus de vera jurisprudentia, samt einer praktischen Logik über Wolfens Arithmetik, und etlichen Anmerkungen, wie die Prozeß-Sachen logice zu tractiren von M. F. C. Oetinger, Spec.-Superint. in Herrenberg. – Tübingen: Bauhof & Frank 1761. 144 S.

– Herabkunft Jesu zum gerichte des antichrist. – o. O. u. J.

– Sr. Hochwürden, Herrn Rath und Abt Oetingers in Murrhard gehaltene hochzeit-predigt (d. 4. Oct. 1768) bei der Vermählung seiner Jungfer Tochter Eberhardine Sophie. Auf Kosten guter Freunde in Nürnberg mitgetheilt und zum Druck befördert. – (Nürnberg) 1769. *(Wieder abgedruckt in: Oetinger [Werke] 1858–1864, Abt. 1, Bd 5, S. 423–432.*

– Friedrich Christoph Oetingers, Abbts zu Murrhard hochzeit-sermon den 8. Junii 1773. allda gehalten, auf Kosten des Braut-Paars zum Druck gegeben. – o. O. [1773.] 4 ungez. S. *(Wieder abgedruckt in: Oetinger Sämmtliche Predigten, Bd 5, Reutlingen 1852, S. 273–276. – s. Nr 1877.)*

[–] Inbegriff der grundweisheit, oder kurzer Auszug aus den Schriften des teutschen Philosophen, in einem verständlicheren Zusammenhang. – Frankfurt & Leipzig 1774. 46 S.
beigef.: Anhang, wie man Jacob Böhm(e) mit Vorsicht lesen solle (S. 41–46.).
– – Reutlingen: Rupp & Baur 1853. 98 S.

– Innhalt der rede gottes an alle glaubige und an die gantze welt, Welche in Jes. von Cap. 40 biß 66. zu lesen, als Eine Göttlich- in Worten verfaßte allertröstlichste Ordnung des Heyls, Des Hollazen Gnaden-Ordnung entgegen gestellt, samt einer Vorrede von M. Christoph Friederich Oetinger, Special-Superintendenten in Herrenberg. – Tubingen: Bauhof & Franck 1762. 128 S.
beigedr.: 1. [Oetinger:] Kurtze Anzeige, Wie man durch die Göttliche Gnaden-Ordnung in Jesaja die menschlich verfaßte Gnaden-Ordnungen verbessern soll (S. 49–57).
beigedr.: 2. [Oetinger:] Etliche Lieder Uber die Epistel an die Römer und Galater, um den Verstand derselben durch die Kürtze in einem Blick zu erleichtern (S. 58–107).
beigedr.: 3. (Oetinger:) Innhalt der Predigt, Welche Den 22. Nov. 1761. in Sultz bey der Investitur Herrn Spec. Hellwagen von Spec. Oetinger gehalten worden (S. 108–118).
beigedr.: 4. Gebette Uber die erste Capitel der Sprüche Salomonis (S. 119–128).
– – Stuttgart: Ullrich 1835. X, 92 S.

Oetinger, Fr. Chr., Inquisitio in sensum communem et rationem, nec non utriusque regulas, pro dijudicandis philosophorum theoriis ad normam scripturae sacrae, imprimis autem pro systematis Newtoniani prae Leibnitiani consensu cum scriptura sacra eruendo. Accedit nova analysis musicae pro sensu communi illustrando, cum literis ad adeptos psychologos, in quibus invitantur ad responsa quaestionibus de sapientia Salomonis superaddenda. 270 et 96 pp.
Tübing. (Heilbr.) 753. Eckebrecht 9 gr

– Inquisitio in sensum communem et rationem, nec non utriusque regulas, pro dijudicandis philosophorum theoriis ad normam scripturae sacrae, inprimis autem pro systematis Neutoniani prae Leibnitian consensu cum scriptura sacra eruendo accedit nova analysis musica pro sensu communi illustrando, cum literis ad adeptos psychologos, in quibus invitantur ad responsa quaestionibus de sapientia Salomonis superaddenda. Auctore M. Frid. Christophoro Oetinger, Decano in Weinsperg, urbe Wirtembergica prope Heilbronnam. – Tubingae: Löffler 1753. 270, 96 S.
beigef.: Brevissima theoriae musicae analysis. T [1.] 2. 96 S. *(T 2 u d T* Pars secunda theoriae musicae physica seu psychologica, sed saltim conjecturaria).
– – Heilbronn 1753.

Oetinger, Friedrich Christoph (Hrsg.), s. Jödler, J.F.: Reale Vorteile zum Informieren.

– Calender-unterricht für gemeine bauersleute. Neu hrsg. von Friedrich Christoph Oetinger. – o. O. u. J.

– Casualpredigten. 8. Tübing. 759.

– Friedrich Christoph Oetingers, Special-Superintendenten zu Herrenberg casual- und investitur-reden, nebst noch einigen Reden, die in dem ohnlängst von ihm edirten Predigt-Buch mangeln. – Tübingen: Bauhof & Franck 1761. 144 S. *(Ehmann, 36 (s. Nr 1812): »Angehängt ist eines andern Verfassers. Lobspruch und Bewunderung göttlicher Majestät und deren Vollkommenheiten S. 114–141. Das ganze Büchlein ist wieder abgedruckt im 5. Band unserer Predigt-Sammlung.«*

– Vestgestellte kirchen-themata, Oder Vorstellungen der Predigten, Aus den sechs Haupt-Stücken des Catechismi Lutheri, auf alle Sonntägliche Evangelia durch das gantze Jahr eingerichtet, und mit darzu tauglichen Liedern und Versen des neueingeführten Gesang-Buchs auch Psalmen erläutert, und vor die Ihm anvertraute Gemeinde zusammen getragen von M. Fr. Chr. Oetinger, Pfarrer in Hirsau. – o. O. u. J. (1742). 24 S. *(Wieder abgedruckt in: Oetinger Sämmtliche Predigten, Bd 5, Reutlingen 1856, S. 452–467. – s. Nr 1877).*

– Die klage des adlers. Ein Gedicht von Fr. Chr. Oetinger, Prälat in Murrhard. – Stuttgart-Berg: Közle im Selbstverl. 1907. 18 S.

Oetinger's Leben und Aussprüche, s. Wächter, O.

– Friedrich Christoph Oetingers leben und briefe als urkundlicher Kommentar zu dessen Leben hrsg. von Karl Chr. Eberhard Ehmann. Mit Oetingers Bildniß. – Stuttgart: Steinkopf 1859. VIII, 852 S.

Oetinger, Friedrich Christoph (Hrsg.), s. Liancourt, Jeanne de: Regeln f. d. Frauenzimmer hohen Herkommens ...

– Lied ueber ebr. 10. v. 4. – o. O. u. J. *(zweifelhaft, ob von Oetinger).*

– Ein lied von der erwählung. Hrsg. von Martin Blaich. – Pr.-Bahnau/Ostpreußen o. J. [um 1900].

– Des Herrn Superintendenten in Weinsperg M. F. C. Oetingers lieder über die epistel an die römer und an die galater; den Verstand derselben in einen Blick zu bringen hrsg. und mit einer Vorrede durch Gottlieb Benjamin Happold aus dem Erpachischen. – Heilbronn 1756: Allinger.

– Des wirttembergischen Prälaten Friedrich Christoph Oetinger geistliche lieder, zum ersten mal vollst. gesammelt und hrsg. von Karl Christian Eberhard Ehmann. – Reutlingen: Rupp 1869. VIII, 102 S.
– – 2., verb. und verm. Ausg. – Reutlingen: Rupp 1870. VIII, 113 S.

– Geistliche lieder. 3. unveränd. Ausg. – Ulm: Muttscheller 1908. VIII, 116 S.

– Lieder über die sprüche salomo. – Tübingen 1769.

– Vier lieder für innige seelen von Prälat Oetinger. Aus dem Nachlaß seiner Papiere genommen und auf allgemeines Verlangen besonders abgedruckt. – Leonberg: Röcker 1845. 16 S.

– Materiam de principio et principiato, causa et causato in genere, Deque causa efficiente in specie, brevibus Aphorismis exhibitam, Sub Benigno Causae Primae Influxu, praeside Christiano Hagmajero . Pro Gradu Magisterii legitime obtinendo publice defendent ad Dies Mart. 1725. Fridericus Christophorus Oetinger, Göppingensis. . . Bilhuber, . Philosophiae Candidati, atque Serenissimi Stipendiarii. – Tubingae: Franck 1725. 28 S.

Friedrich Christoph Oetinger

Die Metaphysic [Metaphysik] in Connexion mit der Chemie, worinnen sowohl die wichtigste übersinnliche Betrachtungen der Philosophie und theologiae naturalis & revelatae, als auch ein clavis... aus Zimmermanns und Neumanns allgemeinen Grundsätzen der Chemie... abgehandelt werden, samt e.Dissertation De Digestione (Commentatio de digestione pro conciliatione eorum quae desiderantur in systemate Stahlii et Boerhavii per Hippocratem.) ans Licht gegeben von Halophilo Irenäo Oetinger [Friedrich Christoph Oetinger]. Schwäbisch] Hall [1770:] Messerer. 634 S. 8°

— die Metaphysik in Connexion mit der Chymie. 8. Ansb. Haueisen. 771.

— — dass. 8. Mannh. Löffler. (a. Steinkopf in Stuttg.) 770.

- MUSTER EINES LEICHTEN CATECHISMUS, für gottselige Eltern mit ihren Kindern. – Frankfurt & Leipzig 1773. 12 S.

- NACHLESE ZU FRIEDRICH CHRISTOPH OETINGERS SÄMMTLICHEN PREDIGTEN – Stuttgart 1858. *Nebent.:* Kurze Betrachtungen über alle Evangelien und Episteln des Kirchenjahres. (Oetinger [Werke] 1858–1864. Abt. 1, Bd 5.)

- DIE PHILOSOPHIE DER ALTEN WIEDERKOMMEND IN DER GÜLDENEN ZEIT; worinnen von den unsichtbaren Anfängen des Spiritus Rectoris oder bildenden Geists in den Pflanzen, von der Signatura rerum & hominum, von den Lehr-Sätzen des grossen Hippocratis und der Alten, und besonders von der gemeinen und künstlichen Gedenkungs-Art, wie auch von dem Ursprung des Puls gehandelt wird. Ans Licht gegeben von F. C. Oetinger, Superintendenten zu Herrenberg im Würtembergischen. T. 1. 2. – Frankfurt & Leipzig 1762. 188 S.
T. 2 u. d. T. Die Philosophie der Alten wiederkommend in der güldenen Zeit, Zweyter Theil, worinnen folgende Stücke enthalten: I. Des Auctoris Reflexiones über den Spiritum Rectorem, II. Wichtiger Brief des Philosophen Jesse, von den Geheimnissen der güldenen Zeit, III. Extract aus Coks Meteorologie das Wetter voraus zu bestimmen, IV. Anmerkungen über Raji Physic, V. Extract aus Malebranche Theoria Lucis & Ignis, VI. Theologische Anmerkungen über die Natur, und wie fern es ein Jus Naturae gebe. von F. C. Oetinger, Superintendenten zu Herrenberg im Württembergischen. – Frankfurt & Leipzig 1762. 171 S.

— Philosophie der Alten, wiederkommend in d. güldnen Zeiten. 2 Thle. 8. Lpz. (Cotta in Tüb.) 762.

- DIE EULER'SCHE UND FRICKER'SCHE PHILOSOPHIE ÜBER DIE MUSIK. – Neuwied 1767.

— Schwedenborgs und andere irdische und himmlische Philosophie, s. Schwedenborg.

- SWEDENBORGS UND ANDERER IRRDISCHE UND HIMMLISCHE PHILOSOPHIE, zur Prüfung des Besten ans Licht gestellt von Friederich Christoph Oetinger, Special-Superintendenten in Herrenberg, Würtemberger-Lands. T. 1. 2. – Franckfurt & Leipzig: Garbe 1765. 248, 397 S.
T. 2 u. d. T.: Der Irrdischen und himmlischen Philosophie, Zweyter Theil. Worinnen 1. Swedenborgs, 2. Malebranche, 3. Newtons, 4. Cluvers, 5. Wolfens, 6. Ploucquets, 7. Baglivs, 8. Frickers irrdische Philosophie mit Ezechiels himmlischer Philosophie verglichen wird.
- – Reutlingen: Rupp & Baur 1855.

- Friedrich Christoph Oetingers, Raths, Prälaten und Abbts zu Murrhard PREDIGT ÜBER EPHES. CAP. 6. Was von dem Teuffel zu glauben, und wie ihm zu widerstehen seye. Durch einen Freund zum Druck gegeben. – Langensalza 1773. 16 S. *(Wieder abgedruckt in: Oetinger: Sämmtliche Predigten, Bd 5, Reutlingen 1852, S. 273–276.*

- PREDIGT AM CHARFREITAG VOM JAHR 1774. Gehalten von M. F. Ch. Oetinger, Prälaten zu Murrhardt. – Leonberg: Röcker 1839. 12 S.

- PREDIGT VON DER NACHFOLGE CHRISTI, an dem Feyertag St. Andreae 1768. vor Sr. Herzogl. Durchlaucht Prinz Friedrichs von Würtemberg sämtlichen Hofstaat gehalten im Kloster Murrhart, von M. Friedrich Christoph Oetinger, Rath und Abbt des Closters allda. – o. O. 1768. 15 S. *(Wieder abgedruckt in: Oetinger: Sämmtliche Predigten, Bd 5, Reutlingen 1856, S. 399–405.*

- PREDIGT VON DER SÄTTIGUNG DES TRIEBS NACH HOHEIT in dem Königreich Jesu Christi, am Tage Jacobi, des grössern, gehalten von Friedrich Christoph Oetinger, Rath und Prälat in Murrhart. – o. O. 1770. 16 S.

- Friedrich Christoph Oetingers, Raths, Prälaten und Abbts zu Murrhard, PREDIGT VON DER WEINENDEN SEELE JESU: durch einen Freund zum Druck gegeben. – Philadelphia 1773. 16 S. *(Wieder abgedruckt in Oetinger: Sämmtliche Predigten, Bd 5, Reutlingen 1856, S. 368–378.*

- DAS WEINSBERGER PREDIGTBUCH. – s. Oetinger: Reden nach dem allgemeinen Wahrheitsgefühl. s. vor Nr 2053.

- GRUNDBEGRIFFE DES NEUEN TESTAMENTS in einem Jahrgang von Predigten über die Sonn-, Fest- und Feiertäglichen Episteln. von M. F. C. Oetinger, herzogl. Rath und Prälaten zu Murrhardt. Von einer Wahrheit liebenden Gesellschaft zum Drucke befördert. – Frankfurt 1776. XLII, 412. 606 S. *(Titelfassung nach Ehmann, 84; dem Exemplar von 21 fehlt das Titelblatt.)*

- PREDIGTEN ÜBER DIE SONN-, FEST- UND FEIERTÄGLICHEN EPISTELN. – Reutlingen 1852. – s. Oetinger: Grundbegriffe des neuen Testaments

Oetinger, Friedr. Chrph., sämmtliche Predigten, zum ersten Mal vollständig gesammelt und unverändert herausg. von Karl Chr. Eberh. Ehmann. 2—5. Bd. Reutlingen 853—57. Rupp u. Baur. gr. 8. Jeder Bd. n. 1 ₰. 6 ngr.
2. Bd.: Die Herrenberger Evangelien-Predigten. A. u. d. T.: Neue Evangelien-Predigten, aus des Verf. hinterlassenen Manuscripten gesammelt u. geordnet von einem wirttemberg. Geistlichen. (722 S.)
3. Bd.: Die Murharder Evangelien-Predigten. A. u. d. T.: Predigten über die Sonn- und Feiertags-Evangelien. 4. Ausg. ꝛc. (X, 614 S.)
4. Bd.: Das Weinsberger Predigtbuch. A. u. d. T.: Reden nach dem allgem. Wahrheits-Gefühl, über die sonn- u. feiertäglichen Evangelia. Hundertjährige Jubel-Ausgabe ꝛc. (XVII, 775 S.)
5. Bd.: Nachlese zu M. F. Chrph. Oetingers sämmtl. Predigten. (XVI, 635 S.)

— sämmtliche Predigten, zum ersten Mal vollständig gesammelt u. unverändert hrsg. von Karl Chr. Eberh. Ehmann. 1. Bd.: Die Epistel-Predigten. 4 Hfte. gr. 8. (XII u. 597 S.) Ebd. 852. (à n. 9 ngr) n. 1 ₰ 6 ngr

- SÄMMTLICHE PREDIGTEN, zum erstenmal vollständig gesammelt und unveränd. hrsg. von C. Ch. E. Ehmann. Bd 1–5. – Stuttgart 1858. (Oetinger [Werke] 1858 bis 1864. Abt. 1, Bd 1–5.)

— Predigten üb. die Sonn- u. Festtags-Evangelien ꝛc. Mit e. Vorrede v. Sartorius. 2 Thle. 8. Frankf. 780. (Steinkopf in Stuttg.) 1 ₰

- M. Friedrich Christoph Oetingers Herzogl. Raths und Prälaten zu Murrhardt PREDIGTEN ÜBER DIE SONN- UND FEIERTAGS-EVANGELIEN, nebst einem Anhang von Passionspredigten. Samt einer Vorrede von Christoph Friedrich Sartorius. [T. 1.] – Tübingen: Fues 1780. 480 S.
angeb.: T. 2 u. d. T.: Zweiter Theil der sonntäglichen Evangelien-Predigten, worinnen auch die Predigten über alle gewöhnlichen Feiertäge enthalten sind. Mit einem Anhang von sechs Passions-Predigten, in welchen die ganze Leidens-Geschichte Jesu nach dem Grund neuen Testaments kürzlich erklärt wird. – Tübingen 1780. 650 S.
- – M. Friedrich Christoph Oetinger's Herzogl. Raths und Prälaten zu Murrhardt Predigten über die Sonn- und Feiertags-Evangelien, nebst einem Anhang von Passionspredigten. 2. unveränd. Aufl., welche zugleich das Merkwürdigste aus dem Leben des Verfassers aus seinem eigenhändigen Aufsatze nebst seinem Ende und der Leichenrede enthält. (Mit 1 Bildn. Oetingers) – Tübingen 1815: Fues. XLII, 448 S.

- M. Friedrich Christoph Oetingers Herzogl. Raths und Prälaten zu Murrhardt PREDIGTEN ÜBER DIE SONN- UND FEIERTAGS-EVANGELIEN nebst einem Anhang von Passionspredigten und einem zweiten aus dem Psalter des Verfassers. 3. unveränd. Aufl., welche zugleich das Merkwürdigste aus dem Leben des Verfassers aus seinem eigenhändigen Aufsatze nebst seinem Ende und der Leichenrede enthält. T. [1.] 2. – Stuttgart 1831: Wolters. XLVIII, 314, 460 S.

- M. Friedrich Christoph Oetinger's Württ. Prälaten in Murrhardt, PREDIGTEN ÜBER DIE SONN- UND FEIERTAGS-EVANGELIEN. *Bd 3:* Das Murrharder Predigtbuch. 5. Ausg. vollständig gesammelt und unveränd. hrsg. von Karl Chr. Eberh. Ehmann. – Stuttgart: Steinkopf 1902. IV, 568 S.

[–] PROVERBIORUM SALOMONIS pars principalis triplici schemate C. 20,20. declarata atque in usum iuventutis in elegos translata a Bibliophilo Irenaeo. Tubingae: Fues 1770. 64 S. *(Angaben nach Heyken (s. Nr 1813))*

– DIE PSALMEN DAVIDS nach den sieben Bitten des Gebetts des HErrn in sieben Classen gebracht. Ein Werck zur Erbauung, Worinn 1. Die Psalmen mit den Lebens-Geschichten Davids verglichen: 2. Nach dem Grund-Text übersetzt, und mit philologischen Noten versehen: 3. Paraphrasiert und nach den schwersten Red-Arten erklärt: 4. Nach den Haupt-Gelencken zergliedert und anatomirt seyn.
Nebst einem Anhang von den unerkannten Zierlichkeiten der H. Schrifft, von der Schwierigkeit solche wohlklingend teutsch zu übersetzen; von den Stellen, welche bloß als verblümt, und von denen, welche nicht bloß als verblümt zu erklären *(S. 607–647)*,
Wie auch nebst Morgen- und Abend-Gebettern nach den sieben Bitten *(S. 635 bis 647)*, und
Einer Einleitung zum Neu-Testamentlichen Gebrauch der Psalmen, Dem Druck übergeben und verlegt von Friederich Christoph Oetinger, Pfarrer zu Walddorf, Der Dioeces Tübingen. – Esslingen: Mäntler (1750). 647 S.
beigef.: (Oetinger:) Einleitung zu dem Neu-Testamentlichen Gebrauch der Psalmen Davids, Der heutigen Ausschweiffung in Liedern und Mund-Gebettern entgegengesetzt von M. Friderich Christoph Oetinger Pfarrer in Walddorf, Tübing. Dioeces, Conventus Reutlin. Capitularis. – Esslingen: Mäntler (1748). 80 S.

– – Mannheim: Löffler 1776. 648 S.
beigef.: Einleitung zu dem Neutestamentlichen Gebrauch der Psalmen Davids. – Mannheim: Löffler 1776.

– – Neue und verbesserte Aufl. – Stuttgart: Betulius 1776. 648 S.
beigef.: Anhang von den unerkannten Zierlichkeiten der H. Schrift (S. 605–648).

— — dies. u. Stuttg. Steinkopf. 776.

– F.C. Oetingers, Raths und Abts in Murrhard, ÖFFENTLICH GEHALTENE REDE VON DEM CREUTZ CHRISTI, für gegenwärtige Zeit auf Veranstaltung guter Freunde zum Druck befördert. – Hall in Schwaben 1768: Messerer. 24 S.

– – F C. Oetingers, Raths und Abts in Murrhard, öffentlich gehaltene Rede zu Neustadt an der grosen Linde 1768 von dem Kreuz Christi, für die gegenwärtige Zeit auf Veranstaltung guter Freunde zum Druck befördert. – Tübingen: Fues o.J. [1768] 16 S.

– ÖFFENTLICH GEHALTENE REDE VON DEM KREUZ CHRISTI. 2. Aufl. – Tübingen: Fues o. J. [um 1773] 16 S.

– VIER REDEN, AUF DER REISE GEHALTEN von Friedrich Christoph Oetinger, Rath und Prälat in Murrhart. – o.O. 1770. 48 S.
1 Canstatt, 10. Juni 1770.
2. Kirchheim u. Teck 1770 (S. 13ff).
3. Kirchheim, den 30. Juni 1770, bei Verlesung der Augspurgischen Confession (S. 29ff).
4. ohne Angabe (S. 39ff. – *Wiederabdruck der Vier Reden: in: Oetinger: Sämmtliche Predigten, Bd 5, Reutlingen 1856, S. 276–304.*

– M. Friederich Christoph Oetingers, Special-Superintendenten zu Herrenberg, REDEN NACH DEM ALLGEMEINEN WAHRHEITS-GEFÜHL, Zwevter Theil *[zu T 1 u.d.T.: Die Sitten-Lehre Salomo, Tübingen 1758.* Uber die Sonntägliche Evangelia vom Advent biß auf Trinitatis, und die Feyertäge. Nebst
1. kurtzen Betrachtungen über alle Episteln *(S. 663–898)*,
2. einem Versuch eines Biblischen Wörterbuchs *(Kopft.: Kleines Bibl. Wörterbuch (S. 899–1064))*,
3. einer Correspondenz von der Art, nach dem allgemeinen Wahrheits-Gefühl zu reden *(S. 1065–1104. – Kopft.: Correspondenz, Von der Art ad Sensum Communem zu reden)*. – Tubingen: Bauhof & Franck 1759. 1104 S.
beigef.: Kurtzes Emblematisches Wörter-Buch (S. 1045–1064).

— Reden n. d. Wahrh. Gefühl, üb. d. Evang. 1r. 8. Tüb. Heerbrand. 759.

Oetinger, Friedrich Christoph: Reflexionen über Swedenborgs Buch von den Erdkörpern der Planeten, s. Swedenborg, Emanuel: Von den Erdkörpern der Planeten . . . .

— Regeln e. Herzogin, f. d. Frauenzimmer hohen Herkommens, wie auch, die Kinder hohen u. niedern Standes zu erziehen; aus d. Französ. übers. u. mit e. Vorrede versehen. 8. Heilbr. 755. 8 gr

– REICHS-BEGRIFFE von dem Streit des Teufels und der bösen Geister wider Christum und das Würmlein Jakob, dem Herrn Lavater in Zürich übergeben. – 1774 *(Ehmann, 79: »Vgl. bibl. Wörterb. S. 613.«)*

– KLEINE SAMMLUNG DER VORZÜGLICHSTEN HINTERLASSENEN PREDIGTEN UND REDEN mit Betrachtungen über die göttliche Majestät von M Chr Friedr Oetinger, Special-Superintendenten zu Weinsberg. Nebst einem Anhang *[31 S. beigedr.]* Oetingers Leben und Wirken, treu gegeben von einem seiner Verehrer Oder Oetingers Raritätskästlein, welches auch die Predigten auf die Sonntage Septuagesimä und Sexagesimä enthält, die früher nicht abgedruckt wurden, und somit in den früher erschienenen Predigtbüchern fehlen. – Leonberg: Röcker 1845. 124 S.

– SAMMLUNG EINIGER STÜCKE ZU ERKLÄRUNG DES CONFIRMATIONSBÜCHLEINS und tauglicher Unterweisung der Kinder. – Tubingen: Bachof & Franck 1765. 100 S.

– SCHREIBEN VON EINER ANGEBLICHEN VERMITTLUNG DES STREITS zwischen dem Gothenburgischen Consistorio und zwischen den beiden Verfechtern der Swedenborgischen Lehren, von F. C. Oetinger, Wirttemb Rath und Prälat im Cl. Murrhard. – Frankfurt & Leipzig 1770.

– SÄMMTLICHE SCHRIFTEN. Hrsg. von Karl Chr. Eberh. Ehmann. Abt. 1,1–2,2. – Reutlingen: Rupp & Baur 1852–1857.
Abt. 1, Bd 1–5: Sämmtliche Predigten
Abt. 2, Bd 1,1 Abhandlung, wie man die heilige Schrift lesen solle. – 1853
Abt. 2, Bd 1,2: Inbegriff der Grundweisheit. – 1853
Abt. 2, Bd 2: Swedenborgs Philosophie – 1855

– Des Wirttembergischen Prälaten Friedrich Christoph Oetinger SÄMMTLICHE SCHRIFTEN, zum ersten Mal vollständig gesammelt und unverändert hrsg. von Karl Chr. Eberh. Ehmann. Abt. 1,1–2,6. – Stuttgart Steinkopf 1858–1864.
ABT. 1: HOMILETISCHE WERKE
Bd 1: (Grundbegriffe des neuen Testaments in einem neuen Jahrgang von Predigten über die sonn-, fest- und feiertäglichen Episteln.) 1858. XII, 596 S. *Nebent.:* Die Epistel-Predigten.
Bd 2: (Neue Evangelien-Predigten von Friedrich Christoph Oetinger, aus des Verfassers hinterlassenen Manuscripten ges. und geordnet von einem wirttembergischen Geistlichen. Neu hrsg. von K. Chr. Eberh. Ehmann.) 1858. VIII, 721 S. *Nebent.:* Das Herrenberger Predigtbuch.
Bd 3: (Predigten über die Sonn- und Feiertags-Evangelien. 4. Ausg. hrsg. von Karl Chr. Eberh. Ehmann.) 1858. X, 643 S. *Nebent.:* Das Murrhardter Predigtbuch.
Bd 4: (Reden nach dem allgemeinen Wahrheitsgefühl, über die sonn- und feiertäglichen Evangelien. Neue Ausg. hrsg. von Karl Chr. Eberh Ehmann.) 1858. XVI, 774 S. *Nebent.:* Das Weinsberger Predigtbuch.
Bd 5: Nachlese zu Friedrich Christoph Oetingers sämmtlichen Predigten. 1858. XIII, 634 S. *Nebent.:* Kurze Betrachtungen über alle Evangelien und Episteln des Kirchenjahres. Themata und Predigt-Dispositionen. Nebst Anhang Oetingers Gebete.
ABT 2: [ab Bd 2 u.d.T: THEOSOPHISCHE WERKE]
Bd 1: neu hrsg. von Ehmann. 1858. 398 S. enthaltend.
1 Öffentliches Denkmal der Lehrtafel einer weil. Wirttembergischen Prinzessin Antonia . . . neu hrsg. von Karl Chr Eberh. Ehmann (S. 1–216). *Nebent.* Die kabbalistische Lehrtafel der Prinzessin Antonia.
2. Hal. Irenäi aufmunternde Gründe (*u.d.T.:* Halatophili Vorstellung, wie viel Jakob Böhme's Schriften zur lebendigen Erkenntnis beitragen . . .) (S. 247–328).
3. Versuch einer Auflösung der 177 Fragen (S. 329–369). *Nebent.:* Auflösung der 177 theosophischen Fragen J. Böhmes.
4. (Inbegriff der Grundweisheit, oder kurzer Auszug aus den Schriften des deutschen Philosophen, in einem verständlicheren Zusammenhang.) (S. 370–396). *Nebent.:* Inbegriff der Grundweisheit J. Böhmes.
Bd 2: enthaltend die irdische und himmlische Philosophie (*u.d.T.:* Swedenborgs irdische und himmlische Philosophie . . . neu hrsg. von Karl Chr Eberh. Ehmann.) 1858. XX, 378 S.
Bd 3: neu hrsg. von Ehmann. 1860. IX, 567 S.
1 Einleitung zum neutestamentlichen Gebrauch der Psalmen (S. 1–57).
2. Die Psalmen Davids nach den sieben Bitten des Gebets des Herrn in sieben Classen gebracht . . . . Neu hrsg. von Karl Chr. Eberh. Ehmann (S. 1–510).
3. Etwas Ganzes vom Evangelio nach Jesaja 40–66. (S. 510–567).
Bd 4: neu hrsg. von Ehmann. 1861. 548 S. (*u.d.T.:* Die Wahrheit des Sensus communis)
1 Dreifache Sittenlehre (S. 6–12).
2. Vergleichung der Sittenlehre Salomo, mit der Lehre Jesu Christi (Aus dem Weinsberger Predigtbuch) (S. 13–30).
3a. Die Sprüche Salomo, nach dem Grundtext erklärt (S. 31–206).
3b. Der Prediger Salomo, in seinem Zusammenhang erklärt (S. 206–264).
4. Die süße Liebesführung Gottes mit den Seelen. Eine Nutzanwendung über das hohe Lied Salomonis (S. 264–278). *Nebent.:* Das Hohelied.

5a. Das Buch Hiob mit Anmerkungen aus der Philologie und Physik der Alten und Neuen (S. 279–446).
5b. Loci communes über das Buch Hiob (S. 446–459).
6. Kleinere Exegetische Schriften (S. 459–545).
6a. Kurze und einfältige Anleitung zum summarischen Verstand der heiligen Schrift, aus Gelegenheit der Summe des Briefs an die Römer, welche von einer blinden Weibs-Person einer andern in die Feder dictirt worden. 1738 (S. 459–464).
6b. Erklärende Zergliederung der Epistel an die Römer (S. 464–494).
6c. Fragen über die Epistel an die Römer (S. 494–502).
6d. Miscellan-Fragen über die Epistel an die Galater (S. 502–504).
6e. Summarische Erklärung der Epistel an die Ebräer (S. 504–513).
6f. Inhalt der drei Episteln von dem Glauben, von der Gerechtigkeit, von der Herrlichkeit: *1.* Die erste Epistel Johannis (S. 513–520). *2.* Die Epistel Jacobi (S. 521–523). *3.* Die Epistel Petri (S. 523–524).
6g. Summarischer Auszug der heiligen Offenbarung, zu nöthiger Unterscheidung der größern und kleinern Theile (S. 524–538).
6h. Vorschlag, die ganze Bibel überhaupt sich summarisch zu Nuzen zu machen (S. 539–545).
Bd 5: neu hrsg. von Ehmann. 1863. XVIII, 472 S.
1. Abriß der evangel. Ordnung zur Wiedergeburt (S. 1–284). *Nebent..* Ordnung der Wiedergeburt.
2. Anmerkungen über Central-Erkenntnis (S. 285–298): *1.* von der Central-Schau oder Erkenntnis, wie die Engel erkennen. *2.* von ihrem Unterschied von den Gesichten und Offenbarungen Gottes in den äußern Kräften der Seele. 1734.
3. Schriftmäßige Erwägungsgründe vom Separatismus und von der Condescendenz. 1735 (S. 299–376).
4. Freimütige Gedanken von der ehelichen Liebe. 1777 (S. 377–436).
5. Gedanken über die Zeugung und Geburten der Dinge. 1774 (S. 437–470).
Bd 6: Abhandlungen von den lezten Dingen, desgleichen über Homiletik und Katechetik etc. neu hrsg. von Ehmann. 1864. VIII, 497 S.
6a. Die güldene Zeit. 1759 (S. 1–145).
6b. Gespräch von dem Hohepriesterthum Christi. 1772 (S. 146–193).
6c Beurtheilungen der wichtigen Lehre von dem Zustand nach dem Tod, und der damit verbundenen Lehren des berühmten Emanuel Swedenborg. 1771 (S. 194–225).
6d. Reflexionen über Swedenborgs Buch von den Erdkörpern der Planeten. 1770 (S. 226–255).
6e. Abhandlung von dem Zusammenhang der Glaubenslehren mit den lezten Dingen (S. 256–287).
6f. Versch. Anmerkungen (S. 287–293).
6g. Betrachtung über das Geheimnis Gottes, und des Vaters und Christi. 1772 (S. 292–303).
6h. Auszug aus der Herzenstheologie vom Geheimnis Gottes und Christi nach der Epistel an die Epheser und Kolosser (S. 304–310).
6j. Anmerkungen über die Mund- und Schreibart der Männer Gottes (S. 311 bis 340).
6k. Anmerkungen über die katechetische und durch ordentliches Predigen fortgehende Lehrart (S. 340–368).
6m. Von der schönen Schreibart aus Vergleichung der Musik (S. 369–382).
6o. Correspondenz von der Art, ad sensum communem zu reden (S. 382–403).
6p. Kurze Gedanken von der heiligen Schrift (S. 403–407).
6r. Abhandlung, wie man die heilige Schrift lesen, und die Thorheit Gottes weiser halten soll, als aller Menschen Wiz (S. 407–425).
6s. Von dem Thörichten Gottes, das weiser als die Menschen ist. 1 Kor. 1,25 (S. 425–438).
6t. Von der Beibehaltung der eigentlichen Bedeutung der Worte, wenn man die heilige Schrift liest (S. 438–443).
6u. Untersuchung der Preisfrage von der Sünde wider den heiligen Geist (S. 443–468).
6w. Kurzgefaßte Grundlehre des wirtt. Prälaten Bengel, betreffend den Schauplaz der Herabkunft Jesu zum Gericht des Antichrists vor dem jüngsten Tag, sammt den mitverbundenen lezten Dingen (S. 469–475).
6z. Betrachtung über die Bestimmung des Menschen (S. 475–497).

– VON DER SEELE UND DEM GEIST. Fragen einer Tochter an ihren Vater, sammt deren Beantwortung, Dem Druck überlassen von Christiane Benigna Oetingerin. – 1756.

Oetinger, des Württembergischen Prälaten Friedr. Christph., Selbstbiographie. Hrsg. v. Jul. Hamberger. Mit Vorw. v. Gotth. Heinr. v. Schubert. 8. (9 B.) Stuttgart 845, Liesching's Verl.

– SENDSCHREIBEN AN EINIGE GUTE FREUNDE eines Unstudierten wider die Verfasser der Bibliothek der elenden Scribenten. – Frankfurt & Leipzig 1769.

– SENDSCHREIBEN AN DIE THEOLOGEN, Daß man keine Weltphilosophie zur Interpretation heil. Schrift brauche, und daß man Semlers Verwüstung der Offenbarung detestiren solle. – Frankfurt 1772.

– DREYFACHE SITTEN-LEHRE. I. Nach der Natur. II. Nach der H. Schrifft. III. Nach JEsu Christo. Mit Drey Kupfer-Blättlein und deren Erklärung. Vor Augen gestellt Von M. Frid. Christoph Oetinger, Würtemb. Special-Superintendenten, in Weinsberg. – Heilbronn: Majer 1753. 8 S.

– DIE SITTEN-LEHRE SALOMO in Vergleichung mit der Lehre Jesu in etlichen Predigten vorgestellt von M. Friedrich Christoph Oetinger Special-Superintendenten in Weinsperg. T 1. 2. – Tubingen: Bauhof & Franck 1758. XX 196 S.
beigef. Oetinger: Anhang von Vergleichung der Sitten-Lehre Salomo mit der Lehre Jesu Christi (S. 294–494).
angeb.: T 2 u.d.T Oetinger: Reden nach dem allgemeinen Wahrheits-Gefühl. T. 2. Nebst I. kurtzen Betrachtungen – Tubingen: Bauhof & Franck 1759

— Sittenlehre Salomons in Vergl. mit der Lehre Jesu. 8. Tüb. Heerbrand. 758.

– SYLLOGE THEOLOGIAE, Ex Idea Vitae deductae, In Sex Locos redactae, 1. de Deo. 2. de Homine. 3. de peccato. 4. de gratia. 5. de Ecclesia. 6. de novissimis. Quolibet Loco, Per Quaestiones 1. secundum Sensum communem. 2 secundum Mysteria Scripturae, 3. secundum Formulas Theticas, cum sale & pace, pertractato. Auctore M. Frid. Christoph Oetinger, Superintendente in Weinsberg, Urbe Würtembergica, prope Heilbronnam. – Heilbronnae: Majer 1753. 100 S.

– TABELLEN ÜBER DIE LATEINISCHE SYNTAX und über Ramslers griechische Grammatik. – o. O. u. J.

— Thema disputationum v. d. Ursprunge d. heutigen Streitsache in Frankreich zwischen den Jansenisten u. Constitutionisten. 8. Stuttg. 783.

– THEOLOGIA EX IDEA VITAE DEDUCTA in sex locos redacta. Quorum quilibet I. Secundum sensum communem, II. Secundem mysteria scripturae. III Secundum formulas theticas. Nova et experimentali methodo pertractatur Auctore M. Frid. Christ. Oetinger, Superintend. et pastore primario ecclesiae et dioeceseos Herrenbergensis. – Francofurti & Lipsiae: Stettin 1765. XXXII, 564 S.

– [–, deutsch] Die Theologie aus der Idee des Lebens abgeleitet und auf sechs Hauptstücke zurückgeführt, deren jedes nach dem Sensus communis, dann nach den Geheimnissen der Schrift, endlich nach dogmatischen Formeln, auf eine neue und erfahrungsmäßige Weise abgehandelt wird. Verfaßt von M. Friedrich Christoph Oetinger. In deutscher Übersetzung, und mit den nothwendigen Erläuterungen versehen, hrsg. von Julius Hamberger – Stuttgart Steinkopf 1852. 426 S.
beigef.: (Hamberger:) Ueber Oetinger's Idee des Lebens in Bezug auf die Philosophie und Theologie seiner sowie der gegenwärtigen Zeit (S. 9–30).

— theologia ex idea vitae deducta, in sex locos redacta. quorum quilibet I. secundum sensum communem, II. secund. mysteria scripturae, III. secund. formulas theticas nova et experimentali methodo pertractatur. 8. Frkf. u. Lpz. 765. (Metzler in Stuttg.) 12 gr

— theologia ex idea vitae deducta in VI locos redacta. 8. Frft. Stettin. 765.

— die Theologie aus der Idee des Lebens abgeleitet u. auf sechs Hauptstücke zurückgeführt, deren jedes nach dem Sensus communis, dann nach den Geheimnissen der Schrift, endlich nach dogmat. Formeln, auf eine neue u. erfahrungsmäß. Weise abgehandelt wird. In deutscher Uebersetzung, u. mit den nothwendigen Erläuterungen versehen, herausg. v. Jul. Hamberger. gr. 8. (426 S.) Stuttgart 852, J. F. Steinkopf. 1 ₰ 18 ngr

– F. C. Oetingeri (15) THESES PHILOSOPHIAE SCRIPTURARIAE. – o. O. u. J.

— Unterricht vom Hohenpriesterthume Christi rc. 8. Frankf. Brönner. (Hermann, auch Gebhardt u. K.) 772.

– Des durch die Demuth grossen Gelehrten des Hochwürdigen Herzogl. Würtenb. Raths, Prälaten und Abts, Herrn Friederich Christoph Oetingers, HÖCHSTWICHTIGER UNTERRICHT VOM HOHENPRIESTERTHUM CHRISTI, zur richtigen Beurtheilung der Nachrichten des Herrn von Swedenborgs, in einem Gespräch nach Art des Buches Hiob, zwischen einem Mystico, Philosopho und Orthodoxo, da jedesmal ein heutiger Hiob, ein um Wahrheit willen leidender antwortet: sammt einer Vorrede vom Neide bei Frommen und Gelehrten, heraus gegeben von einem Wahrheitsfreunde, der GOtte besonders über Oetinger danket. – Frankfurt & Leipzig: Garbe 1772. 104 S. *[Vorrede von 14 ungez. S.] (Ehmann, 70 (s. Nr 1812): Hrsg. ist »Rector Hasencamp in Duisburg, von welchem der sonderbare Titel herrührt. Oet. sagt kürzer: Gespräch von dem Hohepriesterthum Christi u. von der Regierung der sichtbaren u. unsichtbaren Welt, nach Art – antwortet.« – s. Nr 2001.)*

– M. Friedr. Christoph Oettingers Rath und Abbten in Murrhart UNTERSUCHUNG DER PREIS-FRAGE VON DER SÜNDE WIDER DEN HEIL. GEIST nach Anleitung der Stellen Matth. 12,31.32. Marc. 3,28.29. Luc. 12,10. – Frankfurt & Leipzig: 1771. 68 S.

— Unters. der Preisfrage: von der Sünde wider den heiligen Geist. 8. Frkf. Hermann. (Gebhardt und K.) 771.

– VON DEN URSPRÜNGEN DER HEUTIGEN STREIT-SACHE IN FRANCKREICH zwischen den Jansenisten und Constitutionisten. In einer Rede M. Frid. Christoph Oetingers, Special-Superintendenten zu Weinsperg, Bey dem ordentlichen Frühlings-Convent der Herrn Pastorum derselben Dioeces, Nach dem Colloquio Theologico, oder sogenannten Disputation gehalten Den 2ten Maji 1753. – Stuttgart: Stoll o.J. (1753). 20 S.

– DIE VERKLÄRUNG JESU IN SEINER BRAUT, Noch hier in dieser Welt durch ein wahrhaftiges und lebendiges Exempel des Lebens der Seeligen Maria de la S. Therese, Nebst einem Herrlichen Auszug Ihrer Briefe, Sowohl der Welt, als denen von der Welt Erwehlten Zum Nachsinnen und Nachahmung vorgestellt Von Einem Jünger JEsu. – Franckfurt: Metzler & Erhardt 1734. 708 S.
beigef.: [Oetinger:] Anmerckungen über die angehängte Auszüge und zweyerlei Exempel (S. 503–527). *1.* Von der Central-Schau oder Erkänntniß, wie die Engel erkennen. *2.* Von ihrem Unterschied von den Gesichten und Offenbarungen GOttes in den äussern Kräfften der Seele.

– VERSUCH EINER AUFLÖSUNG DER 177 FRAGEN AUS JAKOB BÖHM(!). – 1777

– HISTORISCH MORALISCHER VORRATH VON CATECHETISCHEN UNTERWEISUNGEN Nach den Sechs Hauptstücken des Catechismi Lutheri, nebst denen Historischen Beschreibungen der Lebens-Läuffe der in Heil. Schrifft Alten und Neuen Testaments vorkommenden Personen. Dem Druck überlassen von M. Friederich Christoph Oetinger, Special-Superintendenten und Stadt-Pfarrer in Herrenberg. – Tübingen: Bauhof & Franck 1762. 1016 S.
beigedr.: Predigt Bey der Confirmation auf ein Decanat in Stuttgardt Gehalten. über Ephes. 4,3.4.5. 20 ungez. S. – o.O. u.J.
– – Neu hrsg. und mit 2 Beil. versehen von Gottlob Közle. – Stuttgart: Graf 1872. XVI, 565 S.

Oetinger, Frdr. Chrph., historisch-moralischer Vorrath v. katechetischen Unterweisungen, nach den 6 Hauptstücken d. Katechismi Lutheri nebst denen histor. Beschreibgn. der Lebensläufen der in hl. Schrift alten u. neuen Testaments vorkomm. Personen. Dem Druck überlassen 1762. Neu hrsg. u. m. 2 Beilagen versehen v. Glob. Közle. gr. 8. (XVI, 573 S.) Stuttgart 872. (Barmen, Klein.) n. 4. 50

– VORSCHLÄGE ZUR ALLGEMÄHLICHEN CUR DER SEELEN UND DES LEIBES. Bestehend: 1 In einer Vorrede von dem langen und kurtzen Weg zum Christenthum. 2. In einem Catechetischen Auszug aus Arnds wahrem Christentum. 3. In D. W. Tafel der Wiedergeburt. 4. Reflexionen über obige Tafel. 5. In einem kurtzen Begriff der Predigt GOttes, Jes. Cap. 40 bis 66. 6. In einer Cur des Leibes durch das Wort: Im Schweiß deines Angesichts solt du dein Brod essen. Von M. Friedrich Christoph Oetinger, Diener des Worts in Schneitheim. Franckfurt & Leipzig; Stuttgart: Erhardt o.J. 64 S.

– DIE WAHRHEIT DES SENSUS COMMUNIS In den nach dem Grund-Text erklärten Sprüchen und Prediger Salomo, oder das beste Hauß- und Sitten-Buch für Gelehrte und Ungelehrte, samt nutzlichen Anhängen: I Frantzösisch- und Teutscher Extract aus dem Buch les Moeurs oder die Sitten (T 2, S. 91–124). II. Tractat von der Bestimmung des Menschen, worinn alles aus dem Sensu Communi hergeleitet ist *(T 2, S. 125–160 u.d.T.: Betrachtung von der Bestimmung des Menschen.)* III. Ubersetzung des Englischen Buchs des Grafen Schafftesbury. Sensus Communis, samt dessen Leben *(T 2, S. 161–274)*, IV Erklärung der zehen Gebotte, und eine Anzeige von dem gantzen Leben JEsu nach den zehen Gebotten *(T. 2, S. 275–386)*, V. Anweisung, die Jugend zu gesundem Verstand anzuführen *(T 2, S. 386–392)*. Von M. F C. Oetinger, Special-Superintendenten in Weinsperg (mit 2 Taf.). (T. 1. 2.) – Stuttgart: Stoll o.J. (1753). 260, 392 S.
beigedr.: Oetinger: Der Prediger Salomoh, In seinem Zusammenhang erörtert, Von M.F C. Oetinger Anno 1753. (T 2, S. 1–90.)

– – Neue Aufl. T. [1.] 2. – Tübingen: Fues (1781). 407, 336 S.
beigef.: [Oetinger:] Der Prediger Salomo, in seinem Zusammenhang erklärt. – o.O. u.J. (S. 309–408).
beigedr.: Neuer Anhang von etlichen Anmerkungen über die Kinderzucht Von Freunden des Herrn Verfassers (T. 2, S. 321–336).

– DIE UNERFORSCHLICHEN WEGE DER HERUNTERLASSUNG GOTTES. In welchen er sich nach denen oft unächten Begriffen der Menschen richtet, dargeleget In dreyen aus der Frantzösischen Sprache ins Teutsche übersetzten Lebens Läuffen.
Nebst beygefügten Erwegungen über die Absonderung und Herunterlassung, Worinnen vor der falschen und selbstklugen Condescendenz der Neulinge, welche theils aus Bekehrsucht, theils aus Creutz-Flucht neben der geraden Regel der Schrift vorbey gehen, und ohne inneres Licht des Geistes der Herunterlassung GOttes nachzuahmen vorwenden, besonders in diesen letzten Zeiten des Gerichts der Hure, des Thiers und des Drachen; wie auch zugleich vor vermessenen, aus dem Unglauben und eigenen Modell herkommendem Richten über diese und dergleichen der nachgebenden Herunterlassung GOttes gemässe Führungen der Seelen gewarnet wird von Einem, Der die langmüthige Liebe GOttes und das Saltz in Christo suchet und bittet. – Leipzig: Walther 1735. 488, 120 S.

Zwischent.: 1 Das Leben Margarethae Mariae Alacoque, Beschrieben in Frantzösischer Sprache Anno 1729. durch Jean Joseph Languet, gewesenen Bischoff zu Suissons, dermaligen Ertz-Bischoff zu Sans, und hier in einem Auszug treulich übersetzt (S. 4–258).
Zwischent.: 2. Das Leben Monsieur Pierre Gouello de Queriolet, Eines der allergröbsten Sünder, zu dessen Bekehrung sich GOtt hat gefallen lassen die Teufel zu Predigern zu machen. Aus dem Frantzösischen übersetzt (S. 259–448).
Zwischent.: 3. Das Leben Catharinae Tegah-Kuitae, Einer bekehrten Americanischen Jungfer aus den Iroquois, Völckern in Canada, beschrieben in einem Send-Brief eines P. Missionarii und aus dem Frantzösischen übersetzt (S. 449–488).
Zwischent.: 4. Schriftmäßige Erwegungs-Gründe vom Separatismo und Condescensu, oder Von der Absonderung und tragsamen Herunterlassung, Zur Erläuterung der vorherstehenden Lebens-Beschreibungen dem G. Leser vom Ubersetzer mitgetheilet.

– DAS WICHTIGSTE IN DER KIRCHEN-HISTORIE, nemlich das, woraus das Jus publicum divinum hervorleuchtet, in einer kurzen Anzeige vorgelegt von M. Friederich Christoph Oetinger, Special-Superintendenten zu Weinsperg. – Stuttgart: Metzler 1753. 38 S.

– WORTE DES BEKÜMMERTEN OHNE VIELE WORTE Uber den den 19. Jun 1762 erfolgten Hingang Der mir hertzlich geliebten Baase Jungfer Maria Friderica Oetingerin, ältester Tochter seines hertzlich geliebten Bruders Ferdinand Christoph Oetingers, Med. Doct. und Prof. Publ. Ordin. in Tübingen. Von M Friederich Christoph Oetinger, Special-Superintendenten und Stadt-Pfarrer in Herrenberg. Tübingen Bauhof & Franck o.J [1762]. 2 ungez. S.

– WORTE, WIE WASSER AUS DEM FELSEN, auf den Waltherisch- und Reussischen Vermählungs-Tag, den 11 Oct. 1763. Von einem wahren Freund M. Friederich Christoph Oetinger, Special-Superintendenten in Herrenberg. – Tübingen: Bauhof & Franck o.J. [1763]. 2 ungez. S.

—— biblisches Wörterbuch. Neu hrsg. und mit den nothwend. Erläuterungen, sowie mit einem Register über die wichtigsten Materien versehen von Jul. Hamberger. Mit einem Vorworte von Ghilf. Heinr. v. Schubert. gr. 8. (XXXII und 540 S.) Stuttgart 849, J. F. Steinkopf.

– BIBLISCHES UND EMBLEMATISCHES WÖRTERBUCH, dem Tellerischen Wörterbuch und Anderer falschen Schrifterklärungen entgegen gesezt. – o.O. 1776. 855 S.

— biblisch-emblematisches Wörterbuch, d. Tellerischen entgegengesetzt. 8. Frankf. 778. (Löffler in Manh.) 1 ß

– KURTZES EMBLEMATISCHES WÖRTER-BUCH. – Tübingen 1759 – in: Oetinger [Predigten]: Reden nach dem allgemeinen Wahrheits-Gefühl, S. 1045–1064 *(laut Ehmann, 83 (s. Nr 1812) die »erste Bearbeitung« des Biblischen und emblematischen Wörterbuchs, 1776. – s. Nr 2100).* – s. Nr 1847

Oetinger, Friedrich Christoph (Hrsg.), s.a. Zeit, Die güldene.

— güldene Zeit, od. Samml. wichtiger Betracht. 3 Stck. 8. Tub. Heerbrand. 759–61.

— güldene Zeit, od. Samml. wicht. Betrachtungen, 3 Thle. 8. Tübing. 759—61. (Osiander). 18 ß

– VON DER ZENTRAL-SCHAU ODER ERKÄNNTNISS WIE DIE ENGEL ERKENNEN Frankfurt 1734. – in: Oetinger: Die Verklärung JEsu, S. 503 ff. –

– VON DEM ZUSAMMENHANGE DER GLAUBENSLEHRE MIT DEN LETZTEN DINGEN. – Tübingen 1780 – s.a. Oetinger: Abhandlung von dem Zusammenhang der Glaubens-Lehren mit den letzten Dingen.

— von dem Zusammenhange d. Glaubenslehre mit d. letzten Dingen. 8. Tübing. 780. (Löffler in Manh). 6 gl

Oetinger, Wilh., das Narcein als Arzneimittel. Tübingen 866. Hockenhauer. gr. 8. (41 S.) 7½ ngr.

Otis, Walter J., anatomische Untersuchungen am menschlichen Rectum und eine neue Methode der Mastdarminspection. 1. Thl.: Die Sacculi des Rectum. [Aus dem anatom. Institut der Universität Leipzig.] (In engl. und deutscher Sprache.) Imp.-4. (19 S. mit 1 Holzschn. im Text und 8 Taf.) Leipzig 887, Veit und Comp. *

Oetisheim [Schlagwort]

Oetisheim, s.: Württemberg. Höhenkurvenkarte.

Otium, Honestum. J. Th. Cobero ... pie gratulatur cohors absentium discipulorum. Lips. 1792. V: *Rost, Frdr. Wilhelm Ehrenfried.* (OL)

Otium Varsaviense in selectis ex historia litter. Poloniae argumentis explicandis insumtum. Wratislaviae 1755. V: *Goetze, Franz Richard.* (Hauptkat. d. Univ. Bibl. Tübingen. K. S. 48.) (Mitth. f. Bücherfreunde. Neue Folge. 48 Stück. Osw. Weigel-Leipzig.)

Otium Varsoviense, in selectis ex historia litteraria Poloniae argumentis explicandis insumtum. 8maj. Bresl. 755. W. G. Korn. 4 gl

Oetken, Ernst *Heinrich* [app. Arzt aus Jever]: Aus d. Kgl. Augenklinik zu Kiel. Beobachtungen über subconjunctivale Sublimatinjection. Kiel, Druck v. A. F. Jensen, 1894; 15 S. 8.
Kiel, Med. Fak., Inaug.-Diss. v. [16. Juli] 1894

Oetken, F., aus d. med. Klinik zu Kiel. Ueber ableitende Behandlung bei Wirbel- und Rückenmarks-Erkrankungen. Diss. Kiel 1887, Haeselersche Sort.-Buchh, 8⁰. 31 S.

Oetken, F. [approb. Arzt aus Jever]. Aus d. med. Klinik zu Kiel. Uber ableitende Behandlung bei Wirbel- und Rückenmarks-Erkrankungen. Kiel, Druck v. A. F. Jensen, 1887; 31 + 1 S. 8⁰
Kiel, Med. Fak., Inaug.-Diss. v. 10. Dez. 1887

Oetken, Frdr., Die Lage unserer deutschen Landwirtschaft, insbes. gegenüber der ausländischen Konkurrenz, und was können wir thun, diese Lage erträglich zu gestalten? gr. 8⁰. Oldenburg, Eschen u. Fasting, 1894. (74 S.)

— Die Landwirthschaft in den Vereinigten Staaten von Nordamerika, sowie die allgem. wirthschaftlichen, sozialen und Kulturverhältnisse dieses Landes zur Zeit des Eintritts Amerikas in das 5. Jahrh. nach seiner Entdeckung. gr. 8⁰. Berlin, P. Parey, 1893. (IX, 848 S.)

Oetken, Pferde-Zucht, s.: Bücherei, landwirtschaftliche.

Oetken, Fr., zur französischen Pferdezucht. Bericht des zum Studium der Pferdezucht vom auswärt. Amt nach Nordfrankreich entsandten Sachverständigen Oe. (Berichte üb. Land- u. Forstwirtschaft im Auslande. Mitgeteilt vom auswärt. Amt.) gr. 8. (III, 166 S.) Berlin 902. (P. Parey.) n. 2.—
vgl. Oetker, Friedrich

Oetken, Friedr., Reise eines deutschen Landwirths durch die Vereinigten Staaten von Nordamerika. 8. (III, 154 S.) Oldenburg 880, Schulze'sche Hofbuchh. *

Oetken, Friedr., Reise eines Landwirths durch die Vereinigten Staaten von Nordamerika. 2. Aufl. 8. (154 S.) Oldenburg 881, Schulze'sche Hofbuchh. *

—— über die Schulen in den Vereinigten Staaten von Nordamerika. 8. (40 S.) Ebendas. 881. *
vgl. Oetker, Friedrich

Oetken, Johann Christoph von

v. Oetken, J. Cph.: Corpus constitutt. Oldenburgicorum. P. I. — VI. *Oldenb.* 722. Supplem. I. II. cur. Schäfer. 775.

Ötken, Johann Christ. von (Oldenburg. Adel), De militia lecta provinciali, Von der Land-Milice. Diss. jur. publ. Präs. Jo. Samuel Strykius. Wittenberg (Hack) 8. XI. 1705. Rec. 1735. 52 S. (5.—) 25468

— — Dasselbe. Wittenberg (Hake) 10. XI. 1705. Rec. 1743. 52 S. (5.—) 25469

Oetken, Max, Referendar in Nordhausen: Die rechtliche Stellung des Handlungsreisenden. Borna-Leipzig 1907: R. Noske. (VIII, 51 S.) 8° [J.]
Leipzig, Jur. Fak., Diss. v. 30. Juli 1907
[Geb. 28 Aug. 80 Nordhausen; Wohnort: Nordhausen; Staatsangeh.: Preußen; Vorbildung: Klostersch. Ilfeld Reife O. 01; Studium: München 2, Leipzig 2, Halle 2 S., Rig. 22 Nov. 04.]

Oetken, Theodor. Beitrag zur Histologie des Flotzmauls und der Rüsselscheibe mit besonderer Berücksichtigung der darin enthaltenen Nerven und Nervenendigungen. Diss. Vet.-Med. Bern. 31 S. 8. Greussen i. Thür., C. Köhler, 1908.

Oetken, W., die Dauerweiden, s.: Falke, Frdr.

Ötker, Adam, zur Erinnerung an denselben, s. Pfaff, Adam.

Oetker, August

Almanach für Kranke v. Dr. A[ugust] Oetker, Apotheker in Bielefeld. *(Bielefeld:) Verl. d. Aschendorff'schen Apotheke [1892].* (XIV S., 1 Bl., 147 S.) 1 Bd 8. [98. 12156

Oetker, A. Almanach f. Kranke. gr. 16. (XVI, 147 S.) Bielef. 892, (Helmich). * 1 —

(Oetker, A.) Für jedes Haus sind Dr. A. Oetkers (Bielefeld) Rezepte von grösster Wichtigkeit, ... [für] Speisen, Gebäcke etc. ... IV + 32 S. 8. Basel, Gasser & Cie., [1904]. (fr. — 05)

Oetker's Magazin. Zeitschrift f. Küche u. Haus. Hrsg. u. Red.: A. Oetker. 1. Jahrg. April—Dezbr. 1901. 9 Nrn. gr. 8. (à ca. 32 S.) Mülheim a/R., J. Bagel. 1.80
Erscheint nicht mehr.

Oetker, August [aus Obernkirchen] Zeigt der Pollen in den Unterabtheilungen der Pflanzen-Familien charakteristische Unterschiede? Berlin, Druck v Emil Zeidler, 1888; 2 Bl. + 93 + 1 S. + 1 Bl. 8°
Freiburg i. B., Phil. Fak., Inaug.-Diss. v 1888

Oetker, Carl, s. O e t k e r, Karl

Oetker, Carl Fr., s. O e t k e r, Karl Fr.

Oetker, Eduard, aus Obernkirchen: Über das 6-Oxymethyl-Cumarin und seine Umwandlung in einen Alkohol des Cumarons. *Rostock 1904: C. Boldt.* (45 S.) 8°
Rostock, Phil. Diss. v. [20. Mai] 1904

Oetker, Friedrich

Oetker, Fr (Hrsg.), s. A b h a n d l u n g e n, Würzburger, z. deutschen u ausländischen Prozessrecht

Oetker, Frdr., aus dem norddeutschen Bauernleben. Schildereien. 8. (170 S.) Berlin 880. Paetel. n. 4. —; geb. n.n. 5. 50

Oetker, Friedr., über Erziehungs-Anstalten für verwahrloste Kinder, s.a. Zeit- und Streit-Fragen, deutsche.

Oetker F, üb. Erziehungsanstalt. f. verwahrloste Kinder. (Zt.- u Str. 114-15) Berlin 1879

Oetker, F., konkursrechtliche Fragen. [Festgabe der Rostocker Juristenfacultät zum 50jähr. Doctorjubiläum v. Bernh. Windscheid.] gr. 8. (93 S.) Rostock 888 (Leopold.) n. 2. —

[F.] Gericht, Gerichtsherr, Verteidigung. Vorschläge z. Entwurf d. Militärstrafgerichtsordng. Von Prof. Dr [Friedrich] **Oetker** in Würzburg. *Leipzig: Duncker & Humblot 1898.* (36 S.) 1 Bd 8. [98. 2473

Oetker, Frdr., s.: Gerichtssaal, der.

Oetker, Frdr., konkursrechtliche Grundbegriffe. 1. Bd. Die Gläubiger. gr. 8. (VIII, 583 S. Stuttgart 891. F. Enke. n. 15. —

Oetker, Fr.: Die strafrechtliche Haftung des verantwortlichen Redakteurs. Stuttgart 1893.

Oetker, Friedr., Helgoland. Schilderungen und Erörterungen. Mit 1 (lith.) Ansicht u. 2 (lith.) Karten (in Fol.). Berlin 855. Besser's Verlhdlg. 8. (XIV, 585 S.) n. 2 *ℳ*. 20 ngr.

— Helgoland. Sonette. Leipzig 857. C. F. Winter. 16. (41 S.) n. 12 ngr.

— Konkurrenz v. Privatklagrechten, s.a. Festschrift f. Hugo v. Burckhard.

Oetker, Friedrich Konkurrenz von Privatklagrechten. Stuttgart 1910.

Oetker, [Friedr.]: Konkursreform u. Konkursstatistik. Berlin 1894. fol.
(Ausschn. a.: Deutsches Wochenblatt. Jg. 7, Nr 37, S. 437 ff.

— Lebenserinnerungen. 2 Bde. 8. [Stuttgart.] Berlin, Auerbach. [1. Bd. (XVI, 334 S.) 877; 2. Bd. (VII, 366 S.) 878.] à Bd. * *ℳ* 7,50. *

Oetker, Frdr., Lebenserinnergn. 3. Bd. gr. 8. (XXIV, 534 S. u. Beilag. 111 S.) Cassel 885. [Fischer.] C. Hühn. 10. —; geb. 12. —; ermäß. Pr. n. 7. 50; geb. n. 8. —

— Notwehr u. Notstand, s.a. Darstellung, vergleichende, des deutschen u. ausländischen Strafrechts. II.

— über Notwehr u. Notstand nach den §§ 227, 228, 904 des bürgerlichen Gesetzbuchs. (III, 81 S.) gr. 8. Leipzig 903. A. Deichert Nachf. n. 2 —

— Reise eines Landwirths durch die Vereinigten Staaten von Nordamerika. 2. Aufl. 8. (154 S.) Oldenburg 881. Schulze. n. 2. —
vgl. Oetken, Friedrich

— über die Schulen in den Vereinigten Staaten von Nordamerika. 8. (40 S.) Ebend. 880. n. — 60

— die Stellung d. Forderungspfandgläubigers im Konkurse d. Drittschuldners. [Aus: „Festschr. der Rostocker Juristenfakultät zum 50jähr. Doctorjubiläum d. Dr. v. Buchka".] 4. (39 S.) Rostock 891. G. P. Leopold. n. 1. 50

Oetker, Friedrich, Dr., o. ö. Prof. d. Strafrechts u. Strafprozeßrechts, z. Z. Rektor d. Univ.: Strafe und Lohn. Würzburg 1907: H. Stürtz. (40 S.) 4°
Würzburg, Festrede zur Feier d. 325j. Bestehens d. Univ. 1907

— Strafen u. sichernde Maßnahmen nach dem Vorwurf zu e. deutschen Strafgesetzbuch. (36 S.) gr. 8. Stuttgart 910. F. Enke. 1.20

— **Strafprozessbegründung u. Strafklagerhebg. bei Erlass u. bei Wegfall e. Eröffnungsbeschlusses, s.a. Festgabe (d. rechtswiss. Fakultät Würzburg) f. Heinrich Dernburg.**

Oetker, Strafprocessbegründung und Strafklageerhebung bei Erlass e Eröffnungsbeschlusses. Leipzig 900.

— Das Strafverfahren gegen Jugendliche, s.a. Gerichtssaal, der 2. Beilage z. 74. Bd.

Das Strafverfahren gegen Jugendliche. Eine krit. Studie. Von Prof. Dr. Friedrich **Oetker**. Stuttgart: Enke 1909. 52 S. 8°
(Der Gerichtssaal. Bd 74, Beilageh. 2) [09. 10645

Oetker, Frdr., belgische Studien. Schilderungen u. Erörtergn. gr. 8. (X, 602 S.) Stuttgart 876. Auerbach. n. 10. —

— Das Verfahren vor den Schwur- u. den Schöffengerichten, s.a. Handbuch, systematisches, der deutschen Rechtswissenschaft. IX, 4. III.

Das Verfahren vor den Schwur- und den Schöffengerichten. Von Friedrich **Oetker**. Leipzig: Duncker & Humblot 1907. (XIII, 752 S.) 8°
— Glaser, Julius: Handbuch d. Strafprozesses. Bd 3.
— **Handbuch**, Systematisches, d. deutschen Rechtswissenschaft. Abt. 9, Th. 4, Bd 3. [07. 4494

— Verfassung u. Recht auf Helgoland. Ein Wort an die öffentliche Meinung in England. 8. (87 S.) Berlin 878. Auerbach. n. 2. 40

— das Verfolgungsrecht [right of stoppage in transitu] nach §. 36 der Reichsconcursordnung. gr. 8. (VIII, 146 S.) Kassel 883. Kay. n. 3. —

— Wirksamkeit der Entscheidungen, Präklusion v. Beschwerden, Einstellungsbeschluss u. Rechtshängigkeit, s.a. Abhandlungen, Würzburger, zum deutschen u. ausländ. Prozessrecht. 2. Heft.

Oetker, Friedrich Wirksamkeit der Entscheidungen, Präklusion von Beschwerden, Einstellungsbeschluß und Rechtshängigkeit Bemerk z. Entscheid. d. Reichsgerichts. Strafsachen Bd 41. S. 277 ff. Leipzig 1910. 8°

Oetker, Fr., Civilprozeßordng., Konkursordng., Handelsgesetzbuch in alter u. neuer Gestalt, s.: Buchka, G. v.

Oetker, Karl, die Neger-Seele u. die Deutschen in Afrika. Ein Kampf gegen Missionen, Sittlichkeits-Fanatismus u. Bürokratie vom Standpunkt moderner Psychologie. (46 S.) gr. 8. München 907. J. F. Lehmann's Verl. 1.20

Oetker, Karl, s.: Oeynhausen u. seine Indicationen. — Bad Oeynhausen u. s. Umgegend, s.: Baehr, Paul.

Oetker, Carl. Die Seelenwunden des Kulturmenschen vom Standpunkte moderner Psychologie und Nervenhygiene. Gedanken zu einer wissenschaftlichen Religion. Von Dr. K' Oe' (Zürich V). 214 S. 8. Zürich — Kom. H. Zimmermann, Waldshut ⟨Baden⟩ — 1908. (M 4. — = fr. 5. —)

Name des Verf auf dem Titel in Autogramm, auf dem Umschlage gedruckt.

— Die Seelenwunden des Kulturmenschen vom Standpunkte moderner Psychologie u. Nervenhygiene. Gedanken zu e. wissenschaftl. Religion. (214 S.) gr. 8. Leipzig 909. Dr. W. Klinkhardt. 3.—; geb. 4.—

Oetker, Karl Fr

Oetker, Carl Fr., Beiträge zur Lehre vom Concurse. gr. 8. (IV u. 111 S.) Kassel 847, Hotop. 1/2 ₰ Herabges. Pr. 1/6 ₰

— Minister Hassenpflug u. die kurhess. Volksvertretung. Ein Wort an die öffentl. Meinung. gr. 8. (IV u. 105 S.) Kassel 850, Krieger in Comm. n. 12 ngr.

—— die Redlichkeit und das Ehrgefühl des Ministeriums Hassenpflug vor dem Schwurgerichte zu Kassel, s. Redlichkeit.

Oetker, Wilhelm, Referendar a. Kathrinhagen: Die juristische Natur und die Rechtsfolgen der schuldhaften Vertragsverletzungen des Bierlieferungsvertrages nach Reichsrecht. Berlin 1908 · W. Pilz. (55 S.) 8° [F.]

Rostock, Jur. Fak., Ref. Matthiaß, Diss. v. 31. März 1908

[Geb. 20. Jan. 82 Kathrinhagen (Schaumburg); Wohnort: Kathrinhagen; Staatsangeh.: Preußen; Vorbildung. Gymn. Rinteln Reife O. 03; Studium: Tübingen 1, Berlin 3, Marburg 2 S.; Rig. 23. Jan. 08.]

Otl, Joh. Evang., s. Oetl, Johann Evang.

Oetl, Joh. Evang., der heil. Leopold und die Katholiken unserer Zeit. Gelegenheitsrede gehalten bei der 3. General-Versammlung des Katholiken-Vereines in Linz, am 15. Novbr. 1848. 8. (15 S.) Linz 849, Ebenhöch.

Oetl, Joh. (Evang.), kurze Predigten beim academ. Gottesdienste zu Linz gehalten. 8. (X und 226 S.) (Linz 852, Haslinger.)

Oetl, Joh., kurze Predigten, beim academischen Gottesdienste zu Linz gehalten. Linz 856. Huemer. 8. (5 Bl., 226 S.) 15 ngr.

Oetl, Johann, *geistl. Rath, Dechant und Schuldistricts-Aufseher d. Dek.. Ranshofen und Stadtpfarrer zu Braunau.* Das fünfundzwanzigjährige Priester-Jubiläum zu Braunau am Inn den 2. Sept. 1857. *Linz* 1857. Druck von *Huemer's Wtwe & Danner.* 30 S. 8°.

Oetl, Joh. Nep., s. Oettl

Oetling, C: Katalog für die Blechindustrie. Strehla a. E. 1903

Oetling, C: Katalog über Dampfmaschinen. Strehla a. E. (1902?)

Oetling, C: Katalog für die Eisenindustrie. Strehla a. E. 1903

Oetling, C: Katalog über Eis-, Kälte- und Kühlmaschinen. Strehla a. E. (1901)

Oetling, C: Katalog über Gasverflüssigungs-Kompressoren. Strehla a. E. (1902?)

Oetling, C: Katalog über Gesteins-Bohrmaschinen. Strehla a. E. (1902)

Oetling, C: Katalog für die Gießereien. Strehla a. E. 1903

Oetling, C: Katalog über Kältemaschinen nach dem Ammoniak-Kompressions-System. Strehla a. E. 1903

Oetling, C: Katalog über Kompressoren. Strehla a. E. 1903

Oetling, C: Katalog über Luft-Kompressoren. Strehla a. E. (1902?)

Oetling, C: Katalog über Preßluft-Anlagen und -Apparate. Strehla a. E. (1902?)

Oetling, C: Katalog über Windkessel, Rohrleitungsstücke und Abstellungsorgane. Strehla a. E. 1903

Oetling, C., nieder mit Napoleon! Eine Sammlung patriotischer Dichtungen. Jena 870. Doebereiner. 32. (16 S.) n. 1 ngr.

Oetling, Karl Friedrich Wilhelm Alexander

Oetling, Carl Fr(iedrich) Wilh(elm) A(lexander): Vergleichende Experimente über Verfestigung geschmolzener Gesteinsmassen unter erhöhtem und normalem Druck. M. 5 Taf. Zeichnungen u. 1 Abbildung im Texte. *Wien: A. Hölder 1897.* (43 S. mit Taf.) 8° ¶ (Aus: Tschermak's Mineralogische und petrographische Mittheilungen, Bd 17 H. 4.)

Leipzig, Phil. Diss. v [30. Sept.] 1897

Oetling, (Wilhelm), Dir Dr [Bericht über seine Einführung als Direktor der Anstalt.] *Hamm i. W. 1901: E. Griebsch.* (S. 19—26.) 4° [F.]

Hamm, k. G, P 1901 (384)

Oetling, [Wilhelm]: **Bericht über das Fest des 250jährigen Jubiläums.** S. 13—38. 4. **Progr.** Kgl. Gymn. *Hamm i. W.* 1908 (455).

Oetling [Wilhelm], Direktor Dr.: Philologisch-juristischer Kommentar zu Ciceros Rede für P. Quinctius. (Hamm i. W. 1907: E. Griebsch.) (Festschrift S. 20—91.) 8° [F.]

Hamm i. W., k. G. OP 1907 (431)

— W., Librorum manuscriptorum, qui Ciceronis orationem pro Caelio continent, qu sit conditio, examinatur, deinde ejusdem Cäcilianae virtutes et vitia illustrantur. G Pr. 1867. 65 S. 4°.

Oetling, W. Librorum manuscriptorum, qui Ciceronis orationem pro L. Flacco continent, qualis sit conditio, demonstratur. 21 S. – Hameln G., Progr. 1872.

Oetling, W(ilhelm) [Dr., Rekt.]: Mitteilungen an die Eltern. (Enth. 1. Die Absolvirung aller 7 Jahreskurse des Realprogymn. 2. Die gymnasiale Nachprüfung.) Lüdenscheid, Druck v. W. Crone jr, 1890, S. 13—21; 4°
Lüdenscheid, RPG, OP 1890

Oetling, Wilh. Cicero s Quinctiana. Ein Beitrag zum Verständnis u. zur rhetorischen Würdigung von Ciceros Rede pro Quinctio. 24 S. Progr G. Oldenburg 1882.

Otmar, Fr., s. Festschrift zum 25jähr. Trappisten-Jubelfest d. R. R. D. Franz Pfanner.

Oto, Recht muß Recht bleiben! Eine krit. Studie zur Polenfrage in Preußen. (31 S.) 8. München 907. O. Th. Scholl. — 40

Otocska, Karl, s.a. Katholik, Der

ÓTÓCSKA, KARL. Die Jesuitenfrage in Pressburg im Jahre 1873. Pressburg 1901. Kath. Liter. Actiengesellschaft. 29 S. 190 mm

Otranto, Baron von; ein Lustspiel in drei Aufzügen; a. d. Franz. Leipzig 1799. Ü: *Feullner, Carl Freih. v.* (KY)

Otranto, d. Burg, v., s. Burg.

Otranto, Die Burg von, eine gothische Geschichte a. d. Engl. Berlin 1794. N. A. Leipzig 1820. V: *Walpole, Horace.* Ü: *Meyer, Fch. Ludw. Wilh.* (KY 8/23) (GGR IV³/1098, Nr. 42/28) (BiblPort)

— the Castle of, s. *Castle.*

— das Schloß; e. gothische Geschichte; aus d. Engl. 8. Leipz. 768. Gleditsch. (Brockhaus). 5 ℊ

Troje ljubesnivih otrók. Tri vesele pripovedi sa otroke. V' Zelovzi, Leon, 1838. 112 S. (Verf Christoph v Schmid.)

Otroksiforis, Franc., Restitutio Israel futura. Wien, 1712, 8°

Ötscher [Schlagwort]

Ötscher, s.: Touristenkarten. Freytag.

Ötscher. Freytag, G., Special-Touristen-Karte des Ötscher u. Dürrenstein bis Maria-Zell, Gaming u. Lunz. Mit Distanz- u. Wegmarkirungskarte. Für Touristen bearb. 1 : 50,000. Chromolith. qu. Fol. Wien 888. Artaria & Co. n. 2 80

Ötschergebiet [Schlagwort]

Ötschergebiet, s.: Ausflugskarten.

Oetschergebiet [Sachliches OW]

Oetscher- u. Dürrensteingebiet, s.a. Wiener Ausflugskarten.

Das Ötscher- und Dürrensteingebiet nebst Mariazell. 1 100.000. [G Freytags Ausflugskarten. XII. Bl.] K —.80
Wien: Freytag & Berndt 1909

Ötschergruppe [Schlagwort]

Ötschergruppe, s.: Alpen.

Ötschergruppe, s.: Schneeberg.

Otsuka, R[ikutaro], aus Tokio (Japan): Ueber Heilungsvorgänge nach ausgedehnter Verätzung des Magens und der Speiseröhre. *Würzburg 1900: A. Boegler.* (44 S.) 8°
Würzburg, Med. Diss. v. 1900

Otsuki, Ukichi, aus Japan: Untersuchungen über die Wirkung des Desinfectionsmittels auf die an verschiedenen Stoffen haftenden Milzbrandsporen. *Halle a. S. 1899: C. A. Kaemmerer & Co.* (38 S.) 8°
Halle, Med. Diss. v. 1899

(Ott Hans Caspar Ott, 1764–1820) Njbl. s. [Hottinger, Johann Jacob *III*].

Ott und Weiss, Zürichs Bürgermeister. Zürich 1795. V: *Lavater, Johann Kaspar.* (schstr S. 130)

Ott, ..., (Buchhalter), s. Gust. Wanderer.

Ott, Arrestverfahren nach dem Bundesgesetz üb. Schuldbetreibung u. Konkurs vom 11. IV 1889, nebst e. Darstellg der histor Entwicklg. dieses Rechtsinstitutes in der Schweiz. Zürich 900.

Ott: Gedenkblatt. Gewidmet seiner Loge zum wiedererbauten Tempel der Bruderliebe in Worms zu ihrer 100 Jahrfeier. Worms 1908: Boeninger. 1 Bl. 8°. [Kopftit.]
„Lasst uns mit Lieb und Dank hinschauen. . "

Ott: Das Holz und seine Conservation u. technische Verwendung. 23 S –Olmütz OR., Progr 1859

Ott u. Meyer, Invalidenversicherungsgesetz vom 13. VII. 1899. Handbuch f. Elsaß-Lothringen. Text-Ausg. m. Anmerkgn. u. den Ausführungsverordngn. der Reichsbehörden sowie den seitens der Landesbehörden ergangenen Ausführungsbestimmgn. (VI, 405 S.) 8. Gebweiler 908. J. Boltze. Geb. in Leinw. 6. 80

Ott, Oesterlen u Romberg. Kriegschirurg. Mitteilgn a. d. Ludwigsburger Reservehospital. Stuttgart 1871 4.

Ott, Adèle. Die Italienische Novelle im Englischen Drama von 1600 bis zur Restauration. Diss. Phil. I. Univ. Zürich. IV + 125 S. 8. Zürich, Zürcher & Furrer, 1904.

Ott, Adf., s. a.: Flobatto.

Ott, Adolf

Ott, A., die Arbeiterversicherungsgesetze. Zur Behandlg. in Fortbildungs- u. Gewerbeschulen, in Gesellen- u. Meisterkursen u. zum Selbstunterrichte zusammengestellt. 3. umgearb Aufl (63 S.) 8. Emmendingen 904. Druck- u. Verlags-Gesellschaft vorm. Dölter. n. — 40

Ott, Adf., Beleuchtung der Gründe wider den Erfindungs-Schutz nebst Darlegung d. Patentwesens in den Vereinigten Staaten v. Nord-Amerika. 8. (37 S.) Schaffhausen 874. Baader. 1. —

Der Bergführer. Hochgebirgs-Roman von Adolf **Ott**. Berlin: Schall [1909]. 255 S. 8°
(Verein d. Bücherfreunde Jg. 18, 3.) (10. 1903

Ott, Ad. Bericht über das Leben und Wirken der schweiz. entomol. Gesellschaft. Bern 1860.

Ott, Adolph, aus Hechingen **Die Besitzverteilung des landwirtschaftlich benützten Bodens im Grossherzogtum Baden.** *Berlin (1899): G. Schade.* (30 S.) 8° ¶ (Enthält nur einen Teil d. eingereichten Abhandlung.)
Berlin, Phil. Diss. v. 12. Aug. 1899

Ott, A., Bestimmungen f. d. Geschäftsverkehr durch die Post u. die Eisenbahn. Für den Gebrauch in den Schulen zusammengestellt. (28 S. m. 40 dazugehör. Formularen.) Lex.-8. Bonndorf 903. Spachholz & Ehrath. n.n. — 60

— dasselbe. Lehrerheft. (28 S. m. 30 Formularen.) Lex.-8. Ebd. 903. n. 2. 80

Ott, Adf., das Budgetrecht des deutschen Reichstages, s. a. Broschüren, Frankfurter zeitgemäße. 21. IV.

Das Budgetrecht des deutschen Reichstages. Eine staatsrechtl. Studie von Dr Adolf **Ott**, Präbendar in Breisach. *Hamm i. W: Breer & Thiemann 1902* (32 S.) 8° [F.]
= Broschüren Frankfurter zeitgemässe Bd 21, H 4 (02. 1902

Ott, Adolf, Oberstlieut. z. D. und Stabsofficier im Bezirkscommando I, München. Dienst bei den Bezirkscommandos der deutschen Armee. Ein Nachschlage- und Hülfsbuch für Officiere und Unterofficiere der Bezirkscommandos, auf Grundlage der Heer-, Wehr- und Marine-Ordnung vom Jahre 1889, deren Abänderungen durch das Gesetz vom 3. August 1893, sowie der vom Jahre 1871 bis 14 Jänner 1894 erlassenen Pensionsgesetze und deren Ergänzungen. 8. Berlin 1894.

Ott, A. Dienst bei den Bezirkskommandos der deutschen Armee. Berlin 1894. 227 S.

— — Die ersten schlimmen Einflüsse des rauchlosen Pulvers. Berlin 1890. 6 S.

Ott, Adph., zur Einführungsgeschichte der neuen asiatischen Seidenraupen in Europa. Ein Vortrag, gehalten in der Sitzung des zürch. entomolog. Vereins am 12. April. 8. (31 S.) Zürich 860, Schabelitz'sche Buchh.

— Elemente der Volkswirtschaftslehre. Für angeh. Geschäftsleute dargestellt. (74 S.) 8. Emmendingen (902). Druck- u. Verlagsgesellschaft vorm. Dölter. n. — 75

— die Fagara-Seidenraupe (Bombyx cynthia Drury) aus China. Ihre Geschichte, ihre Zucht und ihre Futterpflanze. Nach den neuesten Quellen dargestellt. gr. 8. (X und 86 S mit 2 eingedr. Holzschn. und 1 Stnt. in Fol.) Zürich 861, Schabelitz'sche Buchh. *

Ott, Adolf. Zur Frage des Bundeszolles auf Tabak. Eine volkswirthschaftliche Studie. In-8°, 15 S. Zürich, Hottingen, Volksbuchhandlung. — 30
1879

— der Führer nach Amerika. Ein Reisebegleiter und geograph. Handbuch, enth. Schilderungen über die Vereinigten Staaten von Amerika und Canada, unter steter Berücksicht. der wirthschaftl. Verhältnisse, sowie der Kolonisation. Mit Orig.-Berichten aus 30 Ansiedelungen. 2. Aufl. des Handbuches für Auswanderer. 8. (XX, 508 S. mit 78 in den Text eingefügten Abbild., mehreren lithogr. Taf. und geograph. Karten.) Basel 882, (Jenke.) geb. *

— dass. — Ein Reisebegleiter und geographisches Handbuch, enthaltend Schilderungen über die Vereinigten Staaten von Amerika, Canada, Argentinien, Chile, Uruguay, Paraguay und Südbrasilien unter steter Berücksichtigung der wirthschaftl. Verhältnisse, sowie der Colonisation. Mit Orig.-Berichten aus 30 Ansiedelungen. 2. bedeutend verm. Aufl. des Handbuches für Auswanderer. 8. (XX, 683 S. mit 78 in den Text eingefügten Holzschn.-Abbild., 6 lithogr. Taf. und 4 geograph. [lithogr., zum Theil color.] Karten.) Basel 882, (Schneider.) *M 8.; geb. *

Ott, A. Eine Gedankenpromenade über das Repetiergewehr. Berlin 1887. 17 S.

Ott, A., die Gefechtsschule der Kompagnie u. d. Bataillons auf der Grundlage d. Exerzir-Reglements vom J. 1889. 8. (VI, 139 S. m. 94 Skizzen im Text.) Berlin 893. E. S. Mittler & Sohn. n. 2. 25

— der Geschäftsaufsatz in der gewerblichen Fortbildungsschule u. Gewerbeschule. Als zusammenhäng. Gang dargestellt. (65 S.) 8. Ebd. 901. n. — 80

— Rab Golli, e. fahrender Mann. Hochgebirgsroman aus Mittenwalds Glanztagen. (III, 404 S.) kl. 8. Stuttgart 909. A. Bonz & Co. 3.60; geb. in Leinw. 4. 80

Ott, Adf., Handbuch für Auswanderer, mit besond. Berücksicht. der Vereinigten Staaten von Amerika und Argentinien, nebst einem Elementarunterricht in der engl. Sprache. Illustr. mit 11 Holzschn. und 1 ausführl. (chromolithogr.) Eisenbahnkarte der Vereinigten Staaten. 8. (VII, 264 S.) Basel 881, (Schneider.) geb.
Ausg. mit kleiner Karte geb.

Ott, A., Handschriften. Eine Sammlg. f. Fortbildungs-Schulen. Ausgewählt u. zusammengestellt. (VI, 91 S.) Lex. 8. Bühl 908. Konkordia. Kart. 1. 20

— aus zwei Häusern. Münchner Roman aus den siebziger Jahren. (530 S.) 8. Stuttgart 905. A. Bonz & Co. n. 4. —; geb. in Leinw. n. 5. —

— die Hexe v. Garmisch Roman aus dem „Werdenfelser Land". Illustriert v. Hugo Engl. 1. u. 2. Aufl. (491 S.) 12. Ebd. 904. n. 4. —; geb. in Leinw. n. 5. —

Ott, Adf., üb. die Glenard'sche Krankheit, s. a. Wander-Vorträge, medicinische.

Ott, Adolf· Ueber die Glenard'sche Krankheit von Prof Dr –. Berlin: Fischer 1892. (7 S.) 8°
= Wander-Vorträge, Medicinische. H. 33.

Ott, Adf., das Kriegs-Etappenwesen des Deutschen Reichs, nebst d. Nebenfaktoren: militär. Eisenbahnwesen, Feldtelegraphie, Feldpost u. Organisation des freiwill. Krankenpflege im Kriege. Nebst 2 Anhängen über das Kriegs-Etappenwesen in Österreich-Ungarn, Italien, Frankreich, Rußland u. d. Schweiz, sow. üb. Völkerecht, Kriegsrecht u. d. Genfer Konvention. gr. 8. (VIII, 147 S.) München 896. C. H. Beck. n. 2. 50

Ott, Adf. (I.). Lehrgang f. die Ausbildung im Felddienste und im Schießen unter Einfügung der einschlägigen Bestimmungen aus dem Exerzier-Reglement, der Schießvorschrift u. der Felddienstordnung (einschließlich der neuesten Tekturen zu derselben vom Juni 1892.) 8. (IV, 113 S. m. Fig.) Berl. 892, Mittler u. Sohn. * 1 50

Ott, Adf., Memento mori! Roman aus dem Hochgebirge. Mit Illustr. v. Hugo Engl. 12. (383 S.) Stuttgart 902. A. Bonz & Co. n. 3. 60; geb. in Leinw. n. 4. 80

— Memento mori! Roman aus dem Hochgebirge. Mit Illustr. v. Hugo Engl. 2. Aufl. (383 S.) 12. Ebd. 902. n. 3. 60; geb. in Leinw n. 4. 80

— Nahrungs- u. Genuss-Mittel als Erzeugnisse der Industrie, s.a. Weltausstellung, Wiener.

Wiener Weltausstellung 1873. Schweiz. Bericht üb. Gruppe 4. Nahrungs- u. Genussmittel als Erzeugnisse d. Industrie Von A. Ott Schaffhausen 1874. 52 S P

Ott, A., Naturlehre f. Volksschulen. gr. 8. (62 S. m. 94 Abb. auf 10 Taf.) Bonndorf 881. J. A. Binder's Nachf. Kart. n.n. — 75

Ott, A., u. H. Balmer, Nordamerika. Vereinigte Staaten v. Amerika, Alaska u. Canada. Geographisches Handbuch u. Reisebegleiter unter Berücksicht. der wirthschaftl. Verhältnisse. Mit zahlr. Abbildgn. u. 6 lith. Taf. 2. Aufl. des Führers nach Amerika. 8. (III, 526 S.) Bern 887 Nydegger & Baumgart. n. 4. 50

Ott, Ad., Die Patentgesetzgebung der vereinigten Staaten von Amerika. Leipzig (Brockhaus). 8°. brosch.

Ott, A., s.a. Pathologie, die chemische, der Tuberculose.

Die chemische Pathologie der Tuberculose. Bearb. von ... Hrsg. von Dr. A[dolf] Ott, Berlin. *Berlin: A Hirschwald 1903.* (VI, 538 S.) 8° .03. 9930

— das Petroleum, seine Entdeckung, Ausbeutung u. Verwerthung in den Vereinigten Staaten, nebst Mittheilgn. üb. die Prüfg. auf seine Feuergefährlichkeit. Mit 8 (eingedr.) Holzschn. [Aus: „Mittheilgn. d. naturforsch. Ges. in Bern."] 8. (31 S.) Zürich 874. Verlags-Magazin. — 75

— u. A. Ziegler, Rechenbuch für gewerbliche Fortbildungsschulen u. verw. Anstalten. 1.—12. Hft. 8. (Zum Tl. m. Fig.) Emmendingen 895. Druckerei & Verlagsgesellschaft vorm. Dölter. n.n. 2. 50

1. Vorübungen. (A. Ott.) (20 S.) n.n. — 20
2. Schlosser. (A. Ott.) (16 S.) n.n. — 20
3. Schreiner u. Glaser. (A. Ott.) (20 S.) n.n. — 25
4. Blechner u. Küfner. (A. Ott.) (22 S.) n.n. — 25
5. Buchbinder u. Maler. (A. Ott.) (26 S.) n.n. — 20
6. Gärtner. (A. Ziegler.) (16 S.) n.n. — 20
7. Friseure. (A. Ott.) (12 S.) n.n. — 20
8. Schneider u. Schuster. (A. Ott.) (16 S.) n.n. — 20
9. Schneider u. Tapezier. (A. Ott.) (18 S.) n.n. — 20
10. Fabrikarbeiter, Hausburschen. (A. Ziegler.) (12 S.) n.n. — 20
11. Bäcker u. Konditor. (A. Ziegler.) (14 S.) n.n. — 20
12. Bäcker u. Metzger. (A. Ziegler.) (15 S.) n.n. — 20

— Vitus Schisler, der erste Christus v. Ober-Ammergau. Hochgebirgs-Roman aus dem Anfang d. Passionsspieles. 1.—3. Aufl. (319 S.) 8. Leipzig 910. O. Nemnich. 3.50; geb. 4. 80

Ott, Adolf: Ueber die Säurebestimmung im Biere, sowie in anderen Flüssigkeiten, welche saure Phosphate enthalten. München 1897; R. Oldenbourg. (110 S.) 8°
Erlangen, Phil. Diss. v. 15. Juni 1896

— die Schuld. Hochgebirgsroman. 1. u. 2 Aufl. (354 S.) 12. Ebd 904. n. 3. —; geb. in Leinw. n. 4. —

— Der Schulmeister v. Partenkirchen. Roman. (374 S.) kl. 8. Stuttgart 908. A. Bonz & Co. 3.80; geb. in Leinw. 4. 80

— der Schürzenbauer, s.a. Kürschner's, Jos., Bücherschatz.

— der Schürzenbauer. Roman aus dem Hochgebirge. 8. (240 S.) Berlin (900). R. Taendler. n. 3.—; geb. n. 4.—

Der Schürzenbauer Hochgebirgsroman von Adolf Ott. Berlin, Eisenach, Leipzig. H. Hillger [1905]. (128 S.) 8° [F.]
— Bücherschatz, Kürschners. No 406. 07. 13134

Ott, Adf. (II.). Bei höheren Stäben. Adjutanten-Erlebnisse aus dem großen Kriegsjahre. 8. (IV, 189 S.) Münch. 892, Beck. * 2 —: cart. * 2 50

Ott, A., Oberlieut., Studien über das Etappenwesen. Nördlingen 1872. 8.

Ott, Adf., Thomas v. Aquin u. das Mendikantentum. (VIII, 100 S.) gr. 8. Freiburg i/B. 908. Herder. 2. 50

— s.: Verfassung, die, des Deutschen Reiches usw.

— was der Handwerker vom Rechnen wissen soll. I. bis XII. Ein Rechenbuch. 2. vollständ. umgearb. Aufl. 8. Ebd. à n. — 35

I. Der Schlosser. (48 S.) 904. — II. Der Blechner. (48 S.) 905. — III. Der Schreiner. (52 S.) (905.) — IV. Der Maler. (48 S.) 905. — V. Der Tapezier. (47 S.) 905. — VI. Der Buchbinder. (46 S.) 905 — VII. Der Schneider. (43 S.) (905.) — VIII. Der Schuhmacher. (42 S.) (905.) — IX. Der Bäcker. (39 S.) 905. — X. Der Buchdrucker. (43 S.) 905. — XI. Der Friseur. (45 S.) 905. — XII. Der Lohnarbeiter. (41 S.) 905.

— Wildfeuer, s.a. Kürschner's, Jos., Bücherschatz.

Wildfeuer. Roman aus d. Hochgebirg. Von Adolf Ott. *Berlin: R. Taendler [1901].* (210 S.) 8° [F.] 01. 7657

Wildfeuer. Hochgebirgsroman von Adolf Ott. Berlin, Leipzig: H. Hillger [1906]. (128 S.) 8° [F.]
— Bücherschatz, Kürschners. No 507 07. 13134

Ott, Albert

Ott, A., Einige Bemerkungen über den Wert humanistischer Bildung für solche, die sich höhern praktischen Berufsarten widmen. Schaffhausen 1857
Progr.

Ott, Albert. Denkschrift zur Feier der fünfundzwanzigjährigen Wirksamkeit des Direktors des Schaffhauser'schen Gymnasiums Herrn Prof. Dr Rob(ert) Adolf Morstadt im Namen der Lehrerversammlung hrg. den 15 August 1864 von Professor Dr A' Ott . 4 Schaffhausen.

Ott, Alb., Ueber die homerischen Gleichnisse. Schaffhausen 1867.
Progr.

Ott, Alb., Das Gymnasium des Kts. Schaffhausen in seinen Hauptentwicklungsstufen. Schaffhausen 1864.
Progr.

Ott, Alfons [app. Arzt aus Trier in Rheinpreussen]: Perforation eines tuberculösen Darmgeschwüres in einer eingeklemmten Hernie ... München, Buchdr. v. M. Ernst, 1895; 14 S., 1 Bl. 8.
München, Med. Fak., Inaug.-Diss. v. 1895

Ott, Alfred

Ott, Alfr., wer heilt mein Leiden? Ein ernster Warnruf an alle Geschlechtsleidenden. Ein unentbehrl. Ratgeber zur erfolgreichen Kur u. Vermeidg. unnöt. Ausgaben (48 S.) 8. Mannheim 908. A. Ott. 1. 60

Ott, Alois, a. Bronnen, O.-A. Laupheim: Die Abgaben an den Bischof bzw. Archidiakon in der Diözese Konstanz bis zum 14. Jahrhundert. Freiburg i. B. 1907: Charitas-Druckerei. (73 S.) 8° ¶ (S. 22—73 aus Freiburger Diözesan-Archiv N. F. Bd. 8, 1907.)
Tübingen, Phil. Fak., Ref. Götz, Diss. v. 9. Nov. 1907
[Geb. 4. Dez. 82 Bronnen; Wohnort: Bronnen; Staatsangeh.: Württemberg Vorbildung: Gymn. Ehingen Reife M. 03; Studium. Tübingen 7 S.; Coll 16. Mai 07.]

OTT, Aloys Franz (Augsburg): De chlorosi.- Augustae Vindelicorum 1831. 25 S.
27.12.1830 - Urk; F 60
Diss. Ingolst.-Landsh.-Mchn.

Ott (Andreas C.), Eloi d'Amerval und sein „Livre de la Diablerie". E. Beitr. z. Kenntn. Frankreichs am Ausgang d. Mittelalters. Erlangen 1908. 107 S.
Frankfurt a. M., Akad. f. Sozial- u. Handelswissensch., Hab.-Schr.

Ott, Andr. C., eloi d'Amerval u. sein „Livre de la diablerie". Ein Beitrag zur Kenntnis Frankreichs am Ausgang des Mittelalters. (VII, 107 S.) gr. 8. Erlangen 908. (F. Junge.) 3. —
Sonderabdruck aus: „Roman. Forschgn."

Ott, Anton. Die Auslegung der neutestamentlichen Texte über die Ehescheidung in der ältesten Zeit. Münster i. W. 1910: Aschendorff. 64 S. 8° ¶ (Ersch. vollst. als: Neutestamentl. Abhandlungen. Bd 3, H. 1/3.)
Würzburg, Theol. Diss. v. 1. Aug. 1910, Ref. Weber
[Geb. 29. Aug. 81 Miltenberg, Wohnort Miltenberg, Staatsangeh.: Bayern; Vorbildung Gymn. Würzburg Reife Juli 01; Studium: Würzburg 8 S.; Rig. 24 Juli 08.] [U 10. 4373

OTT, Anton (Günzburg): Kurzer Bericht über die I. medizinische Abtheilung des allgemeinen Krankenhauses zu München vom Etatsjahre 1855/56.- Berlin: Reimer 1858. 33 S.,1 Bl.- S.-Abdr.aus: Göschens Deutsche Klinik. 1858, S.15 ff.
15.6.1855 - Urk (Titel: De aegrotis in clinica et sectione medica prima publici nosocomii J/s Monacensis anno 1855/56 curatis.); F 68
Diss.Ingolst.-Landsh.-Mchn.

OTT ANTON S. J. Dreyfache Hülf der Liebe einer Oedenburgischen katholischen Gemeinde in ihrer hochlöblichen burgerlichen Liebs-Versammlung, welche unter dem Schutz eines grossen Schirm-Geist Michaelis errichtet. Als diese hochlöbliche Versammlung ihr Titular-Fest in der allhiesigen Pfarr-Kirchen St. Michael höchst-feyerlich begienge den 29. September 1755 vorgetragen. Oedenburg 1755: Joh. Jos. Sieß. 14 S. - 2°

Ott, Arnold. Agnes-Bernauer. Historisches Volksschauspiel m. Musik in 5 Akten. gr. 8. (91 S.) Stuttg. 889, Bonz u. Comp. * 1 —

Ott, Arnold. Fest-Drama zur 4. Jahrhundert-Feier des Eintritts Schaffhausens in den Bund der Eidgenossen. (*Umschlag:* Musik von Karl Flitner. 1501—1901.) 10. Aufl. ([Mit illustriertem Umschlag und Vignetten von] A[ugust] Schmid.) [Text.] 96 S. 8. Schaffhausen, Bolli & Böcherer, 1901. [fr. 1. 50]

Ott, Arnold. Fest-Drama zur 4. Jahrhundert-Feier des Eintritts Schaffhausens in den Bund der Eidgenossen. (*Umschlag:* Musik von Karl Flitner. 1501—1901.) 11. Tausend. ([Mit Vignetten von] A[ugust] S[chmid].) [Text.] 96 S. 8. Schaffhausen, H. Meier & Cie., 1901.

Ott, Arnold, Fest-Drama zur 4. Jahrhundert-Feier des Eintritts Schaffhausens in den Bund der Eidgenossen. (Musik v. Karl Flitner) 5. Aufl. 8. (96 S.) Schaffhausen 901. (C. Schoch.) Kart. n. 1. 30

Ott, Arnold, die Frangipani. Trauersp. in 1 Akt. gr. 8. (46 S.) Luzern 897. H. Keller (durch C. Schoch in Schaffhausen). n. 1. —

— Gedichte. (VII, 200 S. m. Bildnis.) 8. Berlin 902. (F. Fontane & Co.) C. Fleischel & Co. n. 3. —; geb. n. 4. —

— Grabesstreiter. Eine Sagen-Tragödie. 8. (78 S.) Luzern 898. (A. Gebhardt.) Geb. in Leinw. n.n. 2. 50

— Karl d. Kühne u. d. Eidgenossen. E. schweizer. Volksschauip. in 5 Akten. gr. 8. (225 S.) Ebd. 897. n. 4. —

Ott, Arnold. Karl der Kühne und die Eidgenossen. Ein Schweizerisches Volksschauspiel in fünf Akten. 2. Aufl.: Bühnenausgabe. 156 S. 8. Zürich, Fritz Amberger, 1904. [fr. 1. 50]

Ott, Arnold, Karl der Kühne u. die Eidgenossen. Ein schweizer. Volksschauspiel in 5 Akten. Bühnenausg. 3. Aufl. (156 S.) Kl. 8. Zürich 904. F. Amberger. n.n. 1. 20

Ott, Arnold, von Schaffhausen: Zur Pathologie des Magencarcinoms. Zür. J. Herzog Dr. 1867. 117 S. 8°
Zürich. Med. Diss. [v 25. Juli 1867].

—— Rosamunde. Trauerspiel in 5 Akten. 8. (178 S.) Bern 892. (Lpz., K. F. Koehler's Sort.) * 3 —

Ott, Arnold. St. Helena. Schauspiel. Bühnen-Ausgabe. 1. Aufl. [Mit illustriertem Umschlag.] 132 S. 8. Zürich, Fritz Amberger, 1904. [fr. 1. 50]

Ott, *Arthur* [Dr.]: Die Determinanten, ein unentbehrliches Hilfsmittel bei Auflösung der Gleichungen ersten Grades mit mehreren Unbekannten und der Gleichungen zweiten Grades mit zwei Unbekannten. Weimar, Druck d. Hof-Buchdr., 1893; 3- 26 S. 4.
Weimar, RG, OP 1893 (673)

Ott, A., Ueber die Einwirkung einer mit Elektricität geladenen Ellipsoid-Schale auf einen in Bewegung begriffenen elektr. Massenpunkt. Mit Abbildgn. 8°. Leipzig 1878.

Ott, Arthur Einwirkung einer mit Elektricität geladenen ellipsoidischen Schale auf einen in Bewegung begriffenen elektrischen Massenpunkt unter Zugrundelegung des Weberschen Gesetzes. 31 S. Progr. Rg. *Weimar* 1882.

Schiller, Friedr. von: Schillers Geistesentwicklung. Festrede gehalten in der Loge Amalia Or. Weimar von A[rthur] Ott. o. O. u. J. 9 S. 8°. [Kopftit.]
aus: HL. Nr. 378. Okt. 1905.

Ott, (Arthur): Verzeichnis der Bücherei des Großherzogl. Realgymnasiums zu Weimar. Weimar 1909: Hof-Buchdr. 82 S. 8°
Weimar, großh. RG OP 1909 (915) [S 09. 350

Ott, (Arthur), Prof. Dr.: Wie lassen sich die Anregungen, die Newton in seiner Optik giebt, für den Unterricht verwerten? Weimar 1901: Hof-Buchdr. (S. 3–24.) 4°
Weimar, Grossh. RG, OP 1901 (741)

Ott, C., s.a. Ott, Karl

Ott, C., s.a. Ott, Kaspar

Ott, C., der Gesangunterricht der Volksschule in Theorie u. Praxis. Ein Versuch zur Anbahng. e. zeitgemäßen, allseit. u. einheitl. Reform seiner Methode. I. Tl. Theorie. Für die Hand des Lehrers, sowie zum Gebrauch in Lehrerseminarien bearb. (116 S. m. Abb.) 8. Zweibrücken 908. M. Ruppert. 2.—; geb. n 2. 50

Ott, Caspar, s. Ott, Kaspar

Ott, Chr. „Die Geometrie als Grundlage des deutschen Baustils". pg. 3—7. 4°. Heinrich Höreth.
Bayreuth, Progr. 1852/53

Ott, Chr., die Lautbehandlung u. das Lautbild in der Volksschule. Ein Beitrag zur Lösg. der Fibelfrage u. zur Hebg. der Aussprache im Sprech-, Lese- u. Gesangunterricht. (40 S. m. 42 Fig.) gr. 8. Leipzig 910. E. Wunderlich. — 80

Ott, Christ. (Lehrer für Zeichnen) „Von der Projektionslehre im technischen Zeichnen". pg. 1—4. 4°. Mit einer Tafel. F. C. Birner. (Ohne Ort.)
Wunsiedel, Progr. 1845/46

Ott, Christian „Uebersicht und Zweck des Zeichnenunterrichts an technischen Schulen" pg. 11—14. 4°. Bayreuth, F. C. Birner.
Wunsiedel, Progr. 1838/39

Ott, Chrph., der Hohenpeissenberg [genannt der bayerische Rigi.] Nach e. bereits in 2. Aufl. erschienenen Brochüre d. Verf. theilweise neu bearb. u. m. zeitgemäßen Ergänzgn. versehen v. Geo. Iblher. Mit e. (lith.) Prospektkarte (in Fol.). 8. (VII, 51 S.) Weilheim 871. (München, J. A. Finsterlin.) n. — 80

OTT, CHRISTOPH, S. J. Roma gloriosa, Oder Das Glorwürdige Rom In seinen Zweyhundert Vier und Viertzig Päbsten Angefangen von S. Peter Biß auff Innocentium Den Eylfften: Deren aller hart angefochtene Ehr und Ruhm, neben Erzählung ihrer glorwürdigen Thaten, in disem Tractat verfochten wird [3. Ausgabe] vermehrt mit einem leßwürdigen Anhang [:] Unvergleichliche Ehren-Cron. Dillingen, J. C. Benkard, 1702. 4° *Allegorisches Frontispiz (Christus als Gärtner, im Hintergrund die Peterskirche) von L. Heckenauer.* 3 Bl., 21 (recte 22) und 533 S., 29 Bl. Ld. d. Z. Rücken teilw. repariert
De B.-S. VI. S. 6. 19

Ott, Chp. (Pfarrer u. meteorolog. Observator auf d. Hohenpeissenberg), die Zugspitz-Expedition zur Errichtung eines vergoldeten Eisen-Cylinder-Kreuzes auf dem höchsten westl. Zugspitzgiebel, den 11., 12. u. 13. Aug. 1851. Mit 6 Skizzen-Zeichn. (in Hlzsch.). München, Chrn. Kaiser, 1851 8°. 32 S. Cart.

Ott, Demetrius v., Beiträge zur Kenntnis der oktopischen Formen der Schwangerschaft. Klinische u. experimentelle Untersuchgn. gr 8. (III, 183 S. m. 38 Abbildgn.) Leipzig 895. E. Besold. n. 5. —

— jauchiger Zerfall e. submukösen Uterusfibroids als Indikation zur totalen Exstirpation d. Uterus, s.: Sammlung klinischer Vorträge.

OTT, Edmund (Miesbach): Ueber den Werth der chirurgischen Reformen bei Necrosen.- München: Grassl 1884. 18 S.
24.10.1884 - Urk (Titel: De recentioribus methodis chirurgicis in necrosi curanda adhibendis.); Chr 1884/85,20
Diss. Ingolst.-Landsh.-Mchn.

Ott, Eduard

Ott, E., Beitrag zur Rhetorik. I. Das Wort. Pr. 1868. 28 S.
— — II. Fundstätten d. Gedankenstoffs. Die Erklärung, bez. Definition. Pr. 1[illegible] 44 S.

Ott, E., Elemente der Mechanik. gr. 8. (VIII, 173 S. mit 150 Holzschn. im Texte.) Zürich 877, Schulthess. *

Ott, E. Elemente der Mechanik. 2. Aufl. gr. 8. (VIII, 171 S. m. 150 Holzschn.) Zür. 891, Schulthess. * 4 —

Ott, Eduard Fundstätten des Gedankenstoffes. II. Die Erklärung beziehungsweise Definition. 44, 42 SS. 8. [I: 1868].
Progr. D. G *Olmütz* 1877 1878

Ott, E., Zur Gliederung d. olynth. Reden d. Demosthenes. 2 Tle. Pr. 1894 u 1895. 37 u. 17 S.

Ott. Eduard Zur Gliederung der olynthischen Reden des Demosthenes. 8 (S. 3—37). (Fortsetzung und Schluss). 8 (17 S.). **Progr** K. k. Staats-Ober-G. *Böhm. Leipa* 1894. 1895.

Ott. Eduard Über die Congruenz des Prädicats mit mehreren Subjecten im Numerus bei Horaz. 8 (18 S.). Schluſs. 8 (20 S.). **Progr.** Staats-Ober-G *Böhm Leipa* 1887 1888

Ott, Eduard. von Basadingen. Ct. Thurgau: Ein Problem aus der analytischen Mechanik S. A aus Vierteljahrsschrift der Naturforsch Ges. in Zür., Bd 18. S. 1—51 Zür. Zürcher u. Furrer Dr 1873. 2 B., 51 S., 3 Taf. 8°
Zürich. Phil. Diss. [v 25. Juli 1873].

Ott, Eduard: Rom. 4 März – 10. April 1896. (Umschlagtitel: Rom.) 8 (72 S.). **Progr.** K k Staats-Ober-G *Böhm.-Leipa* 1898

Ott, Ed.: Sprachgeschichtliches aus Homer 16 S
–Triest, Progr 1857

Ott, Ed Tabellen und Beispiele für mhd Verse von 3 Hebungen S 19 - 32 8° – Olmütz d OG , Progr 1872

Ott, Eduard Von Venedig bis vor Rom 1896 8 (53 S.).
Progr. K k Staats-Ober-G *Böhm.-Leipa* 1897
Venedig. Padua Ferrara Bologna Florenz Orvieto

Ott, Emil

Ott, Emil, Beiträge zur Receptions-Geschichte des römisch-canonischen Processes in den böhmischen Ländern. gr. 8. (XVI, 328 S.) Leipzig 879. Breitkopf & Härtel. n. 8. 50

Ott, Emil, Geschichte u. Grundlehren des österreich. Rechtsfürsorgeverfahrens (freiwillige Gerichtsbarkeit). In den Hauptzügen m besond. Berücksicht. der Justizreformgesetze dargestellt. (XX, 306 S.) Lex.-8. Wien 906. Manz. n. 6. 60; geb. n. 7. 60

Habilitationsschrift und Stiftungspreis. Worte d. Abwehr von Emil Ott Univ Prof *Prag Selbstverl. 1901* (46 S.) 8° [illegible] II

Ott, Emil, die Religionsphilosophie Hegels, in ihrer Genesis dargestellt u. in ihrer Bedeutung f. die Gegenwart gewürdigt. (IV, 126 S.) gr. 8. Berlin 904. [C. A. Schwetschke & Sohn.] Leipzig, M. Heinsius Nachf. n. 3. —

Ott, Emil, Pfarrkandidat aus Pforzheim: Die **Religionsphilosophie Hegels**, in ihrer Genesis dargestellt und in ihrer Bedeutung für die Gegenwart gewürdigt. *Naumburg a. S. 1904: Lippert & Co.* (IV, 126 S.) 8°
Leipzig, Phil. Diss. v 1904

Die *rh[illegible] ecclesiastica*. Ein Beitrag zur kanonischen Literaturgeschichte des XII Jahrhunderts S. 12. 8 . 2 30
Separatabdruck

Ott, Emil, die rhetorica ecclesiastica. Ein Beitrag zur canonist. Literaturgeschichte d. XII. Jahrh. [Aus: „Sitzungsber. d. k. Akad. d. Wiss."] Lex.-8. (118 S.) Wien 892. (F. Tempsky.) n. 2. 30

Ott, E., die Tabula juris der Klosterbibliothek zu Raygern. Ein Beitrag zur Literaturgeschichte des canon. Rechtes im 13 Jahrh. [Aus: „Sitzungsber. d. k. Akad der Wiss."] Lex.-8. (76 S.) Wien 888. (Tempsky.) n. 1. 20

Ott, Emil, appr. Arzt: Ueber die ringförmige Umschnürung des Duodenums durch Pankreasgewebe. (Mit 2 Abb. im Text.) München 1909. Wolf 10 S. 8°
München, Med. Diss. v 22 Juli 1909, Ref. v Bollinger
[Geb. 13 Aug. 82 Rottweil, Wohnort: Nürnberg, Staatsangeh.: Württemberg Vorbildung Gymn Rottweil Reife Juli 01, Studium Tübingen 2, Freiburg i. B. 3, Berlin 3, München 2 S., Coll. 22. Juli 09, Approb. 23. Juni 08.]
[U 10. 3557

Ott, Emma

Ott, Emma, anatomischer Bau der Hymenophyllaceenrhizome u. deren Verwertung zur Unterscheidung der Gattungen Trichomanes u. Hymenophyllum. (47 S. m. 9 Fig. u. 3 Taf.) gr. 8. Wien 902. (A. Hölder.) n. 2. —
Sonderabdruck aus: „Sitzungsber. d. k. Akad. d. Wiss."

Ott, E., Anatomischer Bau der Hymenophyllaceenrhizome und dessen Verwertung zur Unterscheidung der Gattungen Trichomanes und Hymenophyllum. [Aus: Sitzungsber. d. k. Akad. d. Wiss.] Gr.-8°. (ill. 47 S. mit 3 Tafeln.) † K 2.—
Wien: Gerolds Sohn 1903.

Ott, Emma, Untersuchgn. üb. den Chromatophorenbau der Süsswasser-Diatomaceen u. dessen Beziehungen zur Systematik. gr. 8. (33 S. m. 6 Taf.) Wien 900. (C. Gerold's Sohn.) n. 2. 30
Sonderabdruck aus: „Sitzungsber. d. k. Akad. d. Wiss."

Ott, Ernst Die Finanzoperationen Laws und das Geldwesen Frankreichs während der Regentschaft. Zwönitz Ott. 80 S. 8°
Straßburg, Rechts- u. staatswiss. Diss. v. 1916 (23. Mai 1914), Ref. Knapp
[Geb. 20. Jan. 91 Zwönitz, Wohnort Zwönitz, Staatsangeh. Sachsen Vorbildung RG. Zwickau Reife 10 Studium Phil. Jena 3, Jura Straßburg 3, Phil. Berlin 1, Jura Straßburg 2 S. [U 607

Ott, Ernst [app. Arzt aus Strassburg i. Els.]: Ueber Metastasenbildung und maligne Degeneration bei Ovarialkystomen ... Strassburg i. E., Buchdr. C. Goeller, 1894; 55 S. 8.
Strassburg, Med. Fak., Inaug.-Diss. v 1894

Ott, Erwin: Ueber Versuche zur Darstellung von Allenketenen. Ueber Malonsäurehalbchloride, Malonsäureanhydride und deren Ueberführung in Ketene. Strassburg 1909: Goeller. 49 S. 8°
Straßburg, Math.-naturwiss. Diss. v. 18. Jan. 1909, Ref. Thiele
[Geb. 18. Juli 86 Elberfeld; Wohnort Straßburg; Staatsangeh. Preußen u. Elsaß-Lothringen; Vorbildung Oberrealsch. Straßburg Reife M. 04; Studium Straßburg 6, Karlsruhe Techn. Hochsch. 3 S.] [U 09. 3874

Ott, Eug., das Arrestverfahren nach dem Bundesgesetz üb. Schuldbetreibg. u. Konkurs vom 11. IV. 1899, nebst e. Darstellg. der histor. Entwicklg. dieses Rechtsinstitutes in der Schweiz. gr. 8. (128 S.) Zürich 900. C. Wettstein. n. 2. —

Ott, Eugen, Medizinalprakt.: Ueber die operative Behandlung des Genu valgum adolescentium. München 1908: Wolf. 102 S. 8°
München, Med. Diss. v. 5. April 1909, Ref. v. Angerer
[Geb. 5 Nov 83 Obermarchthal, Wohnort Obermarchthal; Staatsangeh.: Württemberg Vorbildung Gymn. Ulm Reife Juli 02, Studium Tübingen 3, München 1, Tübingen 1 Kiel 1, Berlin 1, München 3 S.; Coll. 5. April 09, Approb. 9. Dez 08] [U 09. 3376

Ott, F. J., Handbuch zur Erklärung des Katechismus für die Diözese Straßburg. 1. Abtlg.: Die Glaubenslehre 12. (199 S.) Straßburg 889. (Le Roux & Co.) n.n. 1.25

Ott, Fr. Jos., Handbuch zur Erklärung d. Katechismus f. die Diözese Straßburg. 2. u. 3. Abth. 12 Straßburg i/E., (F. X. Le Roux). à n.n. 1. 25; geb. à n.n. 1. 50
2. Die Sittenlehre. (197 S.) 889.
3. Von den Heilsmitteln. (191 S.) 890.

Ott, Frz., Hilfs-Tafeln zur leichten Berechnung markscheiderischer Aufnahmen, berechnet und zusammengestellt. Wien 853. (Braumüller.) gr. 8. (37 S.) n. 6 ngr.

Ott, Frz., Sammlung von Gesetzen u. behördl. Verordnungen betr. d. Bergbau-Betrieb im Ostrau-Karwiner Steinkohlenrevier Im Auftrage der Werksleitungen chronologisch zusammengestellt. Lex.-8. (IV, 434 S.) Mähr.-Ostrau 890. (Kittl.) n. 2. 80; geb. in Halbleinw. n. 3. 50; in Leinw. n. 3. 80; m. Goldtitel n. 4. 10

Ott, Franz Andreas: Abbildungen zu dem theoretisch-praktischen Handbuche der allgemeinen und besonderen chirurgischen Instrumenten- und Verbandlehre. 3.ganz umgearb.und sehr verm.Aufl. 44 Taf., gbd.

München: Franz 1834

JB 3.691

Ott, Franz Andreas: Abbildungen zu dem theoretisch-praktischen Handbuche der allgemeinen und besonderen chirurgischen Instrumenten- und Verbandlehre. Wohlfeilere...verm.Ausg. der 3.ganz umgearb.und sehr verm.Aufl. 46 Taf. gbd.

München: Franz 1846

JB 3.692

Ott, Frz. Andr., lithogr. Abbildungen nebst Beschreibung d. vorzügl. ält. u. neueren chirurg. Werkzeuge u. Verbände, nach d. „Handbuche d. Chirurgie v. Chelius" geordnet, u. am Schlusse mit e. systemat. Zusammenstellung sämmtl. abgebild. Geräthschaften versehen. 5 Lfgn. gr. 8. (48 Taf. u. 22½ B.) München 829, 30, (Weber.) Thlr.

Ott, Frz. Ant., lithograph. Abbildd. nebst Beschreib. der vorzügl. ältern u. neuern chirurg. Werkzeuge u. Verbände, nach d. Handbuch der Chirurgie v. Chelius geordnet, u. mit e. systemat. Zusammenstell. sämmtl. abgebild. Geräthschaften versehen. 5 Lieferr. gr. 8. Münch. ... 2e A. 829 u. 30. (Franz). 3 ₰ 22 gr.

—— (dass. u. d. T.:) theoret.-prakt. Handbuch d. allgem. u. besondern chirurg. Instrumenten- u. Verbandlehre, od. d. mechan. Heilmittellehre, zu'm Gebr. bei Vorlesungen u. zu'm Selbstunterr. mit steter Rücksicht auf d. „Handb. d. Chirurgie v. Chelius" bearb. 3.(?), ganz umgearb. u. sehr verm. Aufl. (des vorsteh. Werkes). 2 Thle. (od. 7 Hfte. u. Abbild. hierzu 6 Hfte.) gr. 8. (34 B. u. 44 Stnt. Roy.-4.) München 834, Franz.

Ott, Frz. Andr., auserlesene prakt. Abhandlungen üb. Gegenstände d. Therapie, Chirurgie u. Geburtshülfe f. Landärzte u. Chirurgen. Aus d. Journalistik d. J. 1831—37, gesammelt u. mit Anmerkn. u. eigenen Abhandlungen verm. u. hrsg. 4 Bde. Mit Abbildn. 8. (60 B.) München 838, Franz.
Nur neuer Tit. zu: Ders., mediz.-chirurg. Zeitschrift, 1—4. Bd., vgl. diese.

Ott, Frz. Andr., Anleitung zu einer wohlfeilen arzneilichen Kranken-Behandlung ohne Beeinträchtigung der Sicherheit in derselben, nebst einem Nachweise über die Entbehrlichkeit der meisten Apotheken ꝛc. gr. 8. (2¼ B.) München 843, Franz.

—— Armamentarium chirurgicum, s. Armamentarium chirurgicum.

—— Armamentarium chirurg. select., od. Abbildungen d. vorzüglicheren ältern u. neuern Verbände. Mit e. kurzen erklär. Texte. (6 Hfte.) qu. ½ Fol. (44 Stnt. u. 9 Bl. Text.) München 839, 40, Franz. *

—— Darstellung d. wahren Verhältnisse d. prakt. Aerzte in Bayern. Als Seitenstück u. Beleuchtung d. „Darstellung d. ungünst. Verhältnisse d. prakt. Aerzte in Bayern ꝛc." Nebst e. Anh. als Würdigung e. v. L. F. Burgl geschrieb. Abhandl. üb. d. Gebrechen d. Medizinalwesens in Bayern. 8. (4½ B.) München 840, Franz. *

Ott, Frz. Andr., die Gesundheitsbeförderung und Lebensverlängerung durch ein zweckmäßiges Verhalten und die neuen nicht allöopathischen Heilmethoden. Offene Worte der Wahrheit zur zeitgemäßen Berücksichtigung für Aerzte und Laien. Neu-Ulm 858 (Helb.) gr. 8. (24 S.) n. 4 ngr.

— theoret.-prakt. Handbuch der allgemeinen und besondern chirurg. Instrumenten- u. Verbandlehre, oder der mechanischen Heilmittellehre, zu'm Gebrauche bei Vorlesungen u. zu'm Selbstunterrichte mit steter Rücksicht auf das Handbuch der Chirurgie von Chelius bearbeitet. 3e ganz umgearb. und sehr verm. Aufl. meiner lithogr. Abbildd. u. Beschreibung der vorzügl. älteren u. neueren chirurg. Werkzeuge u. Verbände. 1r u. 2r Thl. (1—7 Heft.) gr. 8. München 834—36. Franz 2 ₰

— theoretisch-prakt. Handbuch der allgemeinen u. besondern Chirurg. Instrumenten- u. Verband-Lehre, oder der mechanischen Heilmittel-Lehre. 3. umgearb. u. verm. Aufl. seiner lithogr. Abbild. u. Beschreibung der vorzügl. chirurg. Werkzeuge u. Verbände. 2 Bde. 2. verb. u. verm. Abdruck. gr. 8. (Mit 46 lith. Taf.) München 845, Franz. n. 3 ℛ

Ott, Frz. Andr., theoretisch-praktisches Handbuch der Palingenesitherapie. 1. Thl.: Grundlinien der Palingenesitherapie. gr. 8. (XII u. 114 S.) München 851, Franz. 1/2 ℛ

Ott, Frz. Andreas, die Hydro-Homöopathie, oder der bisher erreichte Höhepunkt der Wirksamkeit der Heilkunst, begründet in einer zweckmäßigen Verbindung der Homöopathie mit der Hydriatrik. gr. 8. Augsburg 845, v. Jenisch u. Stage. 1/4 ℛ

— die Kunst, wohlfeil zu kuriren und die meisten Apotheken entbehrlich zu machen. Ein Beitrag zur Feststellung des Verhältnisses der Apotheker zu den Aerzten, der ärztlichen Kunst, d. Publikum u. Staate. 12. Augsburg 845, Herzog. (Regensburg, Manz.) 3 3/4 ngl

— s. Monatsschrift, allgem. medizinisch-chirurgische.

— Nachweis des Vorzuges der Homöopathie vor der Allopathie. Ein Sendschreiben an die Versammlung der deutschen Aerzte zu Nürnberg im Sptbr. 1845 so wie an das Gewissen aller allopath. Aerzte. 8. (3 1/4 B.) Augsburg 845, v. Jenisch u. Stage'sche Buchh.

— die wahren Ursachen der langsamen Ausbreitung des homöopath. Heilverfahrens. gr. 8. (4 1/4 B.) München 843, Franz. –

—— Zeitschrift d. prakt. Medicin ꝛc., s. Zeitschrift ꝛc.

Ott, Franz Anton, s. O t t , Franz Andreas

OTT, Franz Joseph (Neualbenreuth): Tentamen de asphyxia neophytorum.- Monachii: Franz 1837. 16 S.
31.8.1836 - Urk: F 63
Diss. Ingolst.-Landsh.-Mchn.

Ott, Franz von Paula. Theoretisch-praktische Schule zur vollständigen Erlernung der Schlagzither mit Violastimmung. Theil I. II. Leipzig. [quer 8°.]

[Umschlagt.]Spieleigenarten auf der Schlagzither mit reiner Quartquintenstimmg u. lückenloser Saitenanordng im Umfange v. drei Quintenzirkeln vf. v. Franz v Paula Ott. Op. 113 . *Berlin R Schindler [1898]*. (11 S.) 1 Bd 8. [95. 4748

Ott, Friedrich [aus Masmünster] : Ueber die hochgradige M y o p i e . Strassburg, Buchdr. C. Goeller, 1891, 57 S. 8°
Strassburg, Med. Fak., Inaug.-Diss. v. 1891

Ott, Friedrich [app. Arzt aus Goldkronach]: Ueber physiologische und pathologische Wärmesteigerung durch Muskelarbeit unter gleichzeit. Berücks. gewisser anderer äusserer Einflüsse ... München, kgl. Hof- u. Univ.-Buchdr. v. Dr. C. Wolf & Sohn, 1895; 50 S. (2.)
Würzburg, Med. Fak., Inaug.-Diss. v 1895

[Ott, Friedrich Salomon.] Leben des zürcherischen Bürgermeisters Johann Jakob Leu, geb. 1689, gest. 1768. [Mit 1 Porträt-Tafel.] Njbl. Waisenh. Zürich 1862. 4. [Zürich.]

Ott, Fritz

— die Eintreibung v. Schuldforderungen in der Schweiz. Kurz gefaßte Anleitg. f. Geschäftsleute. (32 S. m. 6 Formularen.) 8. Zürich 905. A. Bopp. n. 1.—

Ott, Fritz [app. Arzt aus Kempten '(Algäu)']: Ein Fall von Sarkom der Schulter mit Metastasen in Lunge und Mediastinum ... [o. O.], 1893; 32 S. 8.
München, Med. Fak., Inaug.-Diss. v 1895

Ott, Fritz. Die Steuertaxation im Kanton Zürich ⟨Wegleitung für die Steuerpflichtigen⟩ von Rechtsanwalt F' Ott in Zürich I. II + 16 S. 8. Zürich, Selbstverlag des Verfassers, 1906. fr. —.50

Ott, Fritz, wie treibt man seine Außenstände in der Schweiz ein? Anleitg. zum rechtl. Inkasso in der Schweiz f. Kaufleute. (64 S.) gr. 8. Berlin (904). H. Steinitz. n. 1 —

Ott, G., das Elementar-Denkrechnen. Ein Leitfaden beim Rechen-Unterrichte in Volksschulen. 8. Pirmasens 832. (Heidelberg, Oswald.) n. 3/8 ℛ

— Materialien zum Behufe der Schön- und Dictando-Schreibübungen in den Volksschulen Bayerns; geordnet nach dem vom Königl. Staatsministerium gegebenen Plane. I. Sammlung. Schreibübungen f. die Werktagsschüler. gr. 12. Ebd. 834. 7 ℊ

Ott, G., Studien auf dem Kriegsschauplatze des russisch-türkischen Krieges 1877/78. Bericht schweizer. Genie-Offiziere über ihre Mission auf dem Kriegsschauplatze im J. 1878, erstattet an das schweizer. Militärdepartement. Mit 1 (chromolith.) Situationsplan u. 7 (lith.) Taf. gr. 8. (VI, 139 S.) Zürich 879. Orell, Füssli & Co. Verl. n. 6. —

Ott, G. und D. Gubser Seiler's aero-hydrostatische Waage Bern 1864.

Ott, Geo., Ave Maria! Gebetbüchlein für fromme Mädchen. Regensburg 868. Pustet. 32. (383 S. mit eingedr. Holzschn. u. 1 Stahlst.) 4 1/2 ngr.

Ott, Geo., Ave Maria! Gebetbüchlein f. fromme Mädchen. 6. verb. Aufl. (192 S. m. Titelbild.) 16. Regensburg 903. F. Pustet. n. — 24; geb. in Leinw. n. — 40

Ott, Geo., Beicht- u. Kommunionbüchlein f. Alle, die den Herrn Jesum lieb haben. Nebst e. Anh.: e. vollständ. Gebetbuch enth. Neueste Aufl. 16. (576 S. m. 1 Farbendr.) Regensburg 875. Pustet. 1. —

Ott, Geo., Beicht- u. Kommunion-Büchlein für Alle, die den Herrn Jesum lieb haben. Nebst einem Anh., ein vollständ. Gebetbuch enth. Neueste Aufl. (mit rothen Einfassungslinien). 16. (576 S. m. 1 Chromolithogr.) Regensburg 879. Pustet. 1. 20; geb. in Halbldr. n. 1. 60; in Ldr. m. Goldschn. n. 2. —; in Chagrin m. Goldschn. n. 2. 60

Ott, Georg, Die ersten Christen über und unter der Erde oder Zeugnisse für den Glauben, die Hoffnung und Liebe unserer hl. Mutter, der Kirche. Ein Buch des Trostes und der Ermutigung für die Katholiken und der Belehrung für ihre Gegner. Mit zahlreichen Bildern. (Holzschn.-Tafeln, eingedr. Holzschn. u. 2 Chromolith.) Regensburg, Pustet, 1878, Lex.-8°, 386 S., 6 Mk.

—— die ersten Christen über und unter der Erde oder Zeugnisse für den Glauben, die Hoffnung und Liebe unserer heil. Mutter, der Kirche. Ein Buch des Trostes und der Ermuthigung für die Katholiken und der Belehrung für ihre Gegner. Lex.-8. (386 S. mit zahlreichen Bildern auf Holzschntaf., eingedr. Holzschn. und 2 Chromolithogr.) Ebendas. 879. geb. in Leinwdd. **

Ott, Geo., der wahre Diener Gottes in seiner Andacht. Ein vollständiges Gebet- u. Erbauungsbuch für die verschiedenen Lebensverhältnisse jedes heilsbegier. Katholiken. Regensburg 854. Pustet. 24. (VIII, 376 S. u. 1 Stahlst.) 9 ngr.

— — 2. Aufl. Mit 1 Stahlst. u. 8 Holzschn. Ebend. 854. 8. (XVI, 384 S.) 15 ngr.

Ott, G., das Elementar-Denkrechnen. Ein Leitfaden beim Rechen-Unterrichte in Volksschulen. 8. Pirmasens 832. (Heidelberg, Oßwald.) n. 3/8 ngr

—— Erklärung des heil. Meßopfers, s. Perlenkranz, geistl.

— Eucharisticum. Legende von den lieben Heiligen des glorwürdigsten wunderbarl. Sakramentes. Mit Titelbild (in Holzschn.) u. vielen neuen (eingedr.) Holzschn.-Bildern geziert. 12 Liefgn. Ebend. 868—70. gr. 4. (748 S. mit 1 Kpfrst.) Jede Lief. 7½ ngr; Velinp. 10 ngr

—— Eucharisticum. Wunderbare Begebenheiten und Erzählungen von dem glorwürdigsten heiligsten Altarssakramente aus dem Leben der Heiligen aller Zeiten und Jahrhunderte. 12 Hefte. 3. Aufl. mit Farbentitelbild und vielen neuen Holzschn.-Bildern geziert. 4. (776 S.) Ebendas. 878.
à Heft 75 Pf.
geb. in Leder **

(OTT, GEORG:) Gertraudenbuch. Ein vollständiges katholisches Gebet- und Andachtsbuch, enthaltend Morgen- und Abend-, Meß-, Vesper-, Beicht- und Kommuniongebete, die 4 Evangelien bei der Frohnleichnamsprozession und die Andacht des heil. Kreuzweges, und alle Kirchenlieder. Preßburg o. J., A. Bucsánszky. - 12°

—— Gertrudenbuch, s. Gertrudenbuch.

Ott, Geo., Gertrudenbuch od. Gebete, Andachten u. Belehrgn. zum Gebrauche römisch-katholischer Christen, gesammelt aus den Schriften u. Offenbargn. der beiden hl. Schwestern Gertrudis u. Mechtildis, hrsg., verbessert u. vermehrt. 7., verb. Aufl. 12. (512 S. m. 1 Stahlst.) Regensburg 902. F. Pustet. 1. 40; geb. in Halbldr. n. 1. 90; in Ldr. m. Goldschn. n. 2. 80

Ott, Geo., heiligstes Herz Mariä, unsere Zuflucht u. Hilfe! Ein Gebetbuch f. alle wahren Verehrer der allersel. Jungfrau, insbesondere für die Mitglieder der Bruderschaft ihres heil. u. unbefleckten Herzens. 4. verb. u. m. d. Monate Mariä verseh. Aufl. gr. 16. (X u. 284 S. m. 1 Holzschn.) Deggendorf 848. (Regensburg, Pustet.) — 5. verb. u. m. dem Monate Mariä verseh. Aufl. gr. 12. (288 S. m. 1 Holzschn.) Ebd. 850 6 ngr

— heiligstes Herz Mariä, unsere Zuflucht und Hilfe! Ein Gebetbuch für alle wahren Verehrer der seligsten Jungfrau, insbesondere für die Mitglieder der Bruderschaft ihres heiligsten und unbefleckten Herzens. 7. Aufl. Deggendorf 854. (Regensburg, Pustet.) 12. (272 S. u. 1 Holzschn.) 6 ngr

—— Herz Mariä-Büchlein. Ein Gebetbuch für alle wahren Verehrer der seligsten Jungfrau. 13. revid. und verm. Aufl. 32. (352 S. mit in den Text gedr. Holzschn.) Ebendas. 878.
geb. in Leinw. **
geb. in Leinw. mit Goldschn. *

Ott, Geo., Herz-Mariä-Büchlein. Ein Gebetbuch f. alle wahren Verehrer der seligsten Jungfrau. 14., umgearb. Aufl. gr. 16. (392 S. m. Abb. u. 1 Stahlst.) Regensburg 900. F. Pustet. — 80; geb. in Leinw. n. 1. 20; in Ldr. m. Goldschn. n. 2. —

— Jesus, Mein Alles. Kommunionbuch für Alle, die den Heiland innig lieb haben. Ebend. 865. gr. 16. (XII, 548 S. mit 1 Stahlst. u. chromolith. Titel.) 21 ngr

— Jesus, mein Alles. Kommunionbuch f. Alle, die den Heiland innig lieb haben. gr. 16. (XII, 548 S. m. 1 Chromolith.) Ebend. 874. 2. 10

Ott, Geo. Jesus, mein Alles! Kommunionbuch f. alle Sonn- u. Festtage d. ganzen Kirchenjahres. 3. Aufl. 16. (XVI, 544 S. m. 1 Stahlst.) Regensb. 889, Pustet. 2 10; geb. in Hlbldr. * 2 70 in Ldr. m. Goldschn. * 3 60; in Chagrin m. Goldschn. * 4 —

— Jesus, mein Alles! Kommunionbuch f. alle Sonn- u. Festtage des ganzen Kirchenjahres. Zugleich e. Gebetbuch f. fromme Katholiken. 4. verm. u. verb. Aufl. (XVI, 528 S. m. 1 Stahlst.) kl. 8. Ebd. 906. n. 2. 10; geb. in Halbldr. n. 2. 70

Josephi-Buch, oder: die Macht d. Fürbitte d. heil. Patriarchen Joseph, d. Nährvaters Jesu u. Bräutigams d. allersel. Jungfrau Maria, in sehr vielen u. schönen Geschichten aus alter u. neuer Zeit. Ein Hausbuch f. jede christl. Familie. Gesammelt u. hrsg. von *Geo. Ott*, Dechant u. Stadtpfarrer zu Abensberg. Mit vielen schönen (z. Th. blattgrossen Holzschnitt-) Bildern (u. 1 color. Frontisp.) geziert. 10 Hfte. (in 1 Bde.). Regensburg, New-York u. Cincinnati. Fr. Pustet, 1877. 4°.
9 Bll. (incl. roth u. schwarz gedr. Titel) u. 462 S. (incl. Register).

—— Kommunionbüchlein, s. Perlenkranz, geistlicher.

Ott, Geo., Kommunionbüchlein für Alle, die den Herrn Jesum lieb haben. Regensburg 863. Pustet. 32. (272 S. u. 1 Stahlst.) 6 ngr

— Kommunionbüchlein für alle, die den Herrn Jesu lieb haben. Min.-Ausg. Mit e. Titelbilde (in Stahlst.). 16. (319 S.) Ebd. 889. — 60; geb. in Leinw. n. 1. —; m. Goldschn. n. 1. 20

—— Kommunionbüchlein f. alle, die den Herrn Jesu lieb haben. Min.-Ausg. Mit e. Titelbilde (in Stahlst.) 16. (319 S.) Ebd. 891. — 60; geb. * 1 —; m. Goldschn. * 1 20

Ott, Geo., Kommunionbüchlein für alle, die d. Herrn Jesum lieb haben. Neu rev. Ausg. 16. (319 S. m. Titelbild.) Regensburg 898. F. Pustet. — 60; geb. in Leinw. n. 1. —; m. Goldschn. n. 1. 20; in Ldr. m. Goldschn. n. 1. 60; in Chagr. m. Goldschn. n. 2. —

— Kommunionbüchlein f. alle, die den Herrn Jesum lieb haben. Neu rev. Ausg. 16. (319 S. m. Titelbild.) Ebd. 900. — 60; geb. in Leinw. n. 1. —; m. Goldschn. n. 1. 20; in Ldr. m. Goldschn. n. 1. 60

Ott, Geo., Kommunionbüchlein f. alle, die den Herrn Jesum lieb haben. 30., verb. Aufl. (320 S. m. 1 Stahlst.) 16. Regensburg 907. F. Pustet. — 60; geb. in Leinw. 1. —; m. Goldschn. 1. 20; in Ldr. m. Goldschn. 1. 60

Ott, Geo., unterm Kreuz. Andachtsbuch für alle Verehrer des heiligen Kreuzes u. der schmerzhaften Mutter. Zugleich ein Wallfahrtsbuch. Mit Anh. für die Wallfahrt in Donauwörth. 16. (VIII, 319 S. m. eingedr. Holzschn. u. chromolith. Titel.) Donauwörth 879. Buchh. d. kathol. Erziehungsvereins. n. — 80; geb. n. n. 1. — bis n. n. 3. 50

— unterm Kreuz. Andachtsbuch f. alle Verehrer des hl. Kreuzes u. der schmerzhaften Mutter. Zugleich e. Wallfahrtsbuch. Mit Anh. f. die Wallfahrt in Donauwörth. 2. Aufl. 16. (VIII, 320 S. m. 1 Farbendr.) Donauwörth 887. Auer. n. — 80; geb. von n. 1. — bis n. 2. 50

Ott, Geo., im Kreuz ist Heil. Ein Gebetbuch zur Verehrg. der 14 hhl. Nothhelfer f. alle Kreuzträger. 16. (269 S. m. 1 Stahlst.) Steyl 883. Missionsdruckerei. n. — 50

— im Kreuz ist Heil. Ein Gebetbuch f. kathol. Christen, m. Meßandacht zur Verehrung der hl. Nothhelfer. 3., verm. Aufl. 16. (464 S. m. Bild.) Steyl 889. Missionsdruckerei. geb. n. — 80

— geistlicher Krippenbau in fünfzehn Betrachtungen über die gnadenreiche Geburt Christi. Nach dem Geiste des heil. Franz v. Assisi eingerichtet nach Art des lebendigen Rosenkranzes. Nebst allen gewöhnlichen Andachtsübungen eines kathol. Christen. Einsiedeln 854. Benziger. 24. (288 S. u. 7 Lithogr.) 5½ ngr

Ott, Geo., geistlicher Krippenbau in fünfzehn Betrachtungen üb. die gnadenreiche Geburt Christi. Nach dem Geiste d. hl. Frz. v. Assissi eingerichtet nach Art d. lebend. Rosenkranzes nebst allen gewöhnl. Andachtsübgn. e. kathol. Christen. 2. Aufl. 32. (320 S.) Einsiedeln 870. Benziger. — 60

— das Leben der lieben heiligen Jungfrau Rosa von Lima. Den Predigerbrüdern Leonard Hansen und Anton Gonzalez getreulich nacherzählt. Regensburg 859. Pustet. 8. (278 S. u. Portr. in Holzschn.) 15 ngr.

— Lebensskizze der ehrwürdigen Dienerin Gottes Anna Maria Taigi, s. Volksbücher, illustrirte.

—— Legende von den lieben Heiligen Gottes, nach den besten Quellen neu bearb. und hrsg. Mit 1 Stahlst. und vielen Bildern in feinem Holzst. 14 Lfgn. gr. 4. (S. 1—2730.) Regensburg 854—56, Pustet. à Lfg. 7½ Ngr.

— Legende von den lieben Heiligen Gottes. Nach den besten Quellen neu bearb. u. herausg. 856. — 2. Aufl. Mit 1 Titelstahlst., 1 Tableau u. ca. 300 Bildern in Holzst. Regensburg (857.) Pustet. gr. 4. (2730 Sp.) 3 ℛ 15 ngr.

Ott, Geo., Legende von den lieben Heiligen Gottes. Nach den besten Quellen neu bearb. u. herausg. 10., sehr verm. u. verb. Aufl. 1. Heft. Ebend. 864. Lex.-8. (1. Bd.: S. 1—160.) 9 ngr.

— Legende von den lieben Heiligen Gottes. Nach den besten Quellen neu bearb. u. hrsg. 10., sehr verm. u. verb. Aufl. 2—11. Heft. Regensburg 865. Pustet. Lex.-8. (S. 161—1728 mit 1 Stahlst. u. 1 Holzschntaf. in gr. Fol.) 3 ℛ 6 ngr.

—— Legende von den lieben Heiligen Gottes nach den besten Quellen bearb. und hrsg. 28. Ster.-Aufl. Mit 1 Stahlst., 1 Tableau (die Stadt Jerusalem zu Christi Zeiten darstellend) und über 800 Bildern. 14 Hefte. 4. (1333 S.) Regensburg 879, Pustet. à Heft 75 Pf.
geb. in 1 Halblederbd. **
geb. in 2 Halblederbde. **
geb. in Lederbd. mit Goldschn. **

— Legende v. den lieben Heiligen Gottes. Nach d. besten Quellen neu bearb. u. hrsg. 2 Thle. 2., verb. Aufl. der Oktav-Ausg. Lex.-8. (1772 S. m. 2 Farbendr.) Regensburg 886. Pustet. n. 8. —; geb. n. 11. 60

— Legende von den lieben Heiligen Gottes. Nach den besten Quellen neu bearb. u. hrsg. 2 Tle. 3. verb. Aufl. der Oktav-Ausg. Lex.-8. (1774 S. m. Abbildgn. u. 17 Stahlst.) Ebd. 902. 8. —; geb. in Halbchagrin n. 11. —

— die Legende vom lieben heiligen Martyrer Sebastian, s. Volksbücher, illustrirte.

—— Leidensblumen aus dem Garten der Heiligen. Ein Exempel- und Erbauungsbuch für alle Betrübte und Leidende. 8. (VI, 600 S. mit 1 Stahlst.) Ebendas. 888. *

— Maienblüthen oder Betrachtungen, Gebete und Lieder der hohen Himmelskönigin Maria zur Feier der Mai-Andacht geweiht. Nebst e. Anh., die gewöhnlichen Andachtsübungen etc. enthaltend. 2., verm. u. verb. Aufl. Regensburg 857. Pustet. 12. (IV, 336 S. u. 1 Stahlst.) 12 ngr.

— Maienblüthen oder Betrachtungen, Gebete und Lieder der hohen Himmelskönigin Maria zur Feier der Mai-Andacht geweiht. Nebst einem Anhang, die gewöhnlichen Andachtsübungen eines katholischen Christen und fünf Novenen auf die vornehmsten Marienfeste enthaltend. 3. Aufl. Ebend. 862. (388 S. u. 1 Stahlst.) 12 ngr.

— Maienblüthen oder Betrachtungen, Gebete u. Lieder der hohen Himmelskönigin Maria zur Feier der Mai-Andacht geweiht. Nebst einem Anh., die gewöhnl. Andachtsübungen eines kathol. Christen u. 5 Novenen auf die vornehmsten Marienfeste enthltd. 4. Aufl. Regensburg 868. Pustet. gr. 16. (484 S. mit eingedr. Holzschn. u. 1 Stahlst.) n. 12 ngr.

— Maienblüthen od. Betrachtgn., Gebete u. Lieder der hohen Himmelskönigin Maria zur Feier der Mai-Andacht geweiht. 5. verm. Aufl. 8. (512 S. m. 1 Chromolith.) Ebend. 874. 1. 20

— Maienblüthen oder Betrachtungen, Gebete u. Lieder, der hohen Himmelskönigin Maria zur Feier der Mai-Andacht geweiht. 6. Aufl. 16. (512 S. m. 1 Stahlst.) Regensburg 879. Pustet. 1. 20; geb. in Halbldr. n. 1. 60; in Ldr. m. Goldschn. n. 2. 50

— Maienblüten od. Betrachtungen u. Gebete, der hohen Himmelskönigin Maria zur Feier der Mai-Andacht geweiht. 7. Aufl. 16. (512 S. m. 1 Farbendr.) Regensburg 885. Pustet. 1. 20; geb. in Leinw. n. 1. 60; in Ldr. m. Goldschn. n. 2. 50

— Maienblüten od. Betrachtgn. u. Gebete, der hohen Himmelskönigin Maria zur Feier der Mai-Andacht geweiht. 9. Aufl. gr. 16. (480 S. m. 1 Stahlst) Ebd. 896. 1.20; geb. in Leinw. n. 1.70; in Ldr. m. Goldschn. n. 2.60; in Chagrin m. Goldschn. n. 3. —

— Maienblüten od. Betrachtungen u. Gebete, der hohen Himmelskönigin Maria zur Feier der Mai-Andacht geweiht. 10. Aufl. (496 S. m. 1 Farbdr.) gr. 16. Ebd. 903. 1.20; geb. in Leinw. n. 1. 70; in Ldr. m. Goldschn. n. 2.60

Ott, Geo., Marianum. Legende von den lieben heil. und gottsel. Dienern Unserer Lieben Frau und den berühmtesten Gnadenorten der hohen Himmelskönigin. (In 14 Lfgn.) 1—7. Lfg. gr 4. (Sp. 1—1344 mit 1 Titelstahlst., allegor. Titel in Holzschn und vielen Bildern in eingedr. Holzst.) Regensburg 859,60, Pustet à Lfg. 7⅓ Ngr.

— Marianum. Legende von den lieben heiligen und gottseligen Dienern Unserer Lieben Frau und den berühmtesten Gnadenorten der hohen Himmelskönigin. Mit 1 Titelstahlst., allegorischem Titel (in Holzschn.) und vielen Bildern in Holzstichen. Ebend. 862. gr. 4. (2886 Sp.) 3 ℛ 22½ ngr.

— die 14 heil. Nothhelfer. Ein Trostbüchlein für alle Kreuzträger. Mit 1 Stahlst. 8. (56 S.) Steyl 882. Missionsdruckerei. n. — 40

- Die vierzehn heiligen Nothelfer. Ein Trostbüchlein f. alle Kreuzträger. 4., verb. Aufl. (432 S. m. Abbildgn. u. Titelbild.) 16. Steyl 907. Missionsdruckerei. Geb. in Leinw. 1. 30

—— das Opfer des kindlichen Gebetes, s. Perlenkranz, geistl.

— eine Pilgerfahrt in das heilige Land, s. Volksbücher, illustrirte.

— vier neue Sterne am Himmel der heiligen katholischen Kirche. [Die Heiligen: Benedikt Labre, Laurentius v. Brundisi, Clara vom Kreuze, Johann Baptist de Rossi.] 16. (212 S.) Regensburg 882. Pustet. — 50; geb. n. 1. —

—— Unterricht von dem heiligen Meßopfer. [Aus dem „Goffine".] 1. Aufl. 1868, und 2. Aufl. 82. (96 S. mit eingedr. Holzschn.) Regensburg 871, Pustet.

— Vade mecum für Priester am Kranken- und Sterbebette, mit Belehrungen, Gebeten und Zusprüchen nach P. Cochem, Gelasius de Cilia, Laurentius Scupuli rc. und mehr als 140 Beispielen aus der Legende, der Geschichte und dem Leben. Regensburg 856. Pustet. 8. (VIII, 343 S.) 15 ngr.

— Vade mecum für Priester am Kranken- und Sterbebette, mit Belehrungen, Gebeten und Zusprüchen nach P. Cochem, Gelasius de Cilia, Laur. Scupuli rc. u. mehr als 140 Beispielen aus der Legende, der Geschichte und dem Leben. 2. verm. Aufl. Ebend. 862. 8. (VIII, 358 S.) 15 ngr.

— Vade mecum für Priester am Kranken- u. Sterbebette, mit Belehrungen, Gebeten u. Zusprüchen nach P. Cochem, Gelasius de Cilia, Laur. Scupuli rc. u. mehr als 140 Beispielen aus der Legende, der Geschichte u. dem Leben. 3. u. 4. Aufl. Regensburg 866, 69. Pustet. 8. (367 S. mit 1 Stahlst.) 15 ngr.

— Vade-mecum für Priester am Kranken- und Sterbebette, mit Belehrungen, Gebeten und Zusprüchen nach P. Cochem, Gelasius de Cilia, Laurentius Scupuli, P. Rotenhan, Allenberg, Crasset rc. und mehr als 140 Beispielen aus der Legende, der Geschichte und dem Leben. 4. Aufl. 1869, und 5. verm. und verb. Aufl. 8. (368 S.) Ebendas. 874.

— Vade mecum für Priester am Kranken- u. Sterbebette m. Belehrgn., Gebeten u. Zusprüchen nach Cochem, Gelasius de Cilia, Laurentius Scupuli, Rotenhan, Ullenberg, Crasset rc. u. mehr als 140 Beispielen aus der Legende, der Geschichte u. d. Leben. 7., unveränd. Aufl. 8. (368 S. m. 1 Stahlst.) Ebd. 887. n. 1. 60

— Vade mecum f. Priester am Kranken- u. Sterbebette, m. Belehrgn., Gebeten u. Zusprüchen nach Cochem, Gelasius de Cilia, Laurentius Scupuli, Rotenhan, Ullenberg, Crasset rc. u. mehr als 140 Beispielen aus der Legende, der Geschichte u. dem Leben. 8. unveränd. Aufl. 8. (368 S. m. 1 Stahlst.) Regensburg 891 F. Pustet. n. 1. 60

— Vade mecum f. Priester am Kranken- u. Sterbebette, m. Belehrgn., Gebeten u. Zusprüchen nach Cochem, Gelasius de Cilia, Laurentius Scupuli, Rotenhan, Ullenberg, Crasset rc. u. mehr als 140 Beispielen aus der Legende, d. Geschichte u. d. Leben. 9., unt. Berücksicht. d. Rituale Rom. umgearb. Aufl. 8. (364 S. m. 1 Stahlst.) Ebd. 898. 1. 60; geb. in Leinw. n. 2. 10

Ott, Geo., Vade mecum f. Priester am Kranken- u. Sterbebette, m. Belehrgn., Gebeten u. Zusprüchen nach Cochem, Gelasius de Cilia, Laurentius Scupoli, Rotenhan, Ullenberg, Crasset rc. u. mehr als 140 Beispielen aus der Legende, der Geschichte u. dem Leben. 10., unter Berücksicht. des Rituale Rom. umgeorb. Aufl. (384 S. m. 1 Stahlst.) 8. Regensburg 903. F. Pustet. n. 1. 60; geb. in Leinw. n. 2. 10

— Vademecum f. Priester am Kranken- u. Sterbebette, m. Belehrgn., Gebeten u. Zusprüchen nach Cochem, Gelasius de Cilia, Laurentius Scupoli, Rotenhan, Ullenberg, Crasset rc. u. mehr als 140 Beispielen aus der Legende, der Geschichte u. dem Leben. 11., unter Berücksicht. des Rituale Rom. verb. Aufl. (384 S. m. 1 Farbdr.) kl. 8. Regensburg 909. F. Pustet. 1.60; geb. in Leinw. 2. 20

Ott, G[otthilf], Hüttening., Augsburg: Vergleichende Untersuchungen von rheinisch-westfälischem Giesserei- und Hochofenkoks. 1905. 67 S., 1 Taf. 8° ¶ Ausz. in: Stahl u. Eisen. Jg. 26. 1906, Halbj. 2.
Aachen, Dr.-Ing.-Diss. v. 17. 10. 1904

Ott, G[ottheb] Studien auf dem Kriegsschauplatze des Russisch-Türkischen Krieges 1877 78 Bericht schweizerischer Genieoffiziere über ihre Mission auf dem Kriegssch' im Jahre 1878 erstattet an das Schweizerische Militärdepartement von G. O'. Mit 1 Situationsplan und 7 Tafeln. 8 Zürich 1879 139 S.

Ott, G[ustav]. Kurze Beschreibung des Bergsturzes vom Rossberg bei Goldau ‹Kt. Schwyz› (*Umschlag: Goldau und der Bergsturz vom R' 2. September 1806). Den edlen Wohltätern der Herz-Jesu-Kirche und des Bergsturz-Denkmales aus Dankbarkeit gewidmet. [Illustriert.] 112 S. 8. Luzern, J. Schill, 1905. [fr. 2. —]

Ott, H., über die Möglichkeit des Vorkommens v. Steinkohlen im badischen Oberlande. 8. (13 S.) Waldshut 889. Zimmermann. — 50

Ott, H., Über den Ursprung der Dürkheimer Solquellen. o. O. u. J. 14 S. mit 2 Karten.

Ott, H. Vortrag über die Zeininger Steinkohlen-Unternehmen, gehalten an der Versammlung zu Rheinfelden am 2. Februar 1879. In-8°, 15 S. Rheinfelden, Druck von Herzog.

Ott, Hans, der prakt. Kaninchenzüchter! Worte e. Züchters, f. die Zucht geschrieben, auf Grund langjähr. Erfahrgn. zusammengestellt u. m. den entsprech. Abbildgn. versehen. (32 S.) 8. Veitshöchheim-Würzburg (904). Administration des allg. bayer. Thierfreund. — 40

Ott, Hans Über eine Umwandlung von Schiffschen Basen in Hydrazone
Diss., Prag 1904/1905

Ott H. Über die Umwandlung von Schiffschen Basen in Hydrazone Semikarbazone und Oxime. S. 113 IIb 1279 vgr
Separatabdruck

Ott, Hermann (Engelau): Ueber die Behandlung der Pseudoarthrosen.- München: Ernst 1885. 22 S.
20.7.1885 - Urk; Chr 1885/86,16
Diss. Ingolst.-Landsh.-Mchn.

Ott, Hermann (Bayreuth): De carcinomate uteri.- München: Wolf 1870. 26 S.
30.7.1869 - Urk; F 72; Chr 1869/70,12
Diss. Ingolst.-Landsh.-Mchn.

Ott, Hermann. Führer für Weissensee u. Umgebung in Oberkärnten. Klgft., Bertschinger, 1886. 31 S.

Ott, Herm., Führer f. Weissensee u. Umgebung in Oberkärnten. Mit 1 Karte u. 1 Photogr. 8. (31 S.) Klagenfurt 886. Heyn. geb. n. 2. —

Ott, Hermann, Medizinalprakt.: Experimentelle Untersuchungen über die Ursachen der Häufigkeit der Schädellagen München 1907: Wolf. 28 S. 8°
München, Med. Diss. v. 17. Dez. 1908, Ref. Döderlein
[Geb. 9. Aug. 80 Augsburg, Wohnort München, Staatsangeh.: Bayern; Vorbildung Gymn. St. Stephan Augsburg Reife Juli 99, Studium München 10 S.; Coll. 17 Dez. 08, Approb. 9. De. 08] [U 09. 3377

Ott, J. — Theater-Almanach für das Jahr 1857. Allen Freunden der Kunst mit Hochachtung gewidmet von — —. Brünn. Aus Franz Gastl's Buchdruckerei. (14 S. 8.)

Ott, J. B., de nomine Christianorum. Tiguri 1710 4.

Ott, J. Bapt.

— Büschlein allerh. Casual- und Festtags-Predigten. 8. Ebend. 733.

— Kirchenhist. d. Israel. V. in Predigten üb. Ps. 78. 8. Ebend. 735.

Ott, J. Bapt., christl. Kirchen-, Schul- und Haus-Katechismus. 8. Zürich, Bürkli. 731.

— göttl. Richter- und Busposaune üb. etl. Psalmen ꝛc. 5 Thle. 8. Ebend. 732.

— Schaupl. d. Vorseh. Gottes, in Predigten üb. d. 75. Ps. Ebend. 733.

Ott, J. C.

Ott, J. C., Hans des Berner Milizen Erinnerungen aus dem lombardisch-sardinischen Feldzuge von 1848. Berlin 860. J. Springer. gr. 16. (VIII, 310 S.) n. 1 Thlr.

Ott, J. C., Erinnerungen Hans des Berner Milizen. Neue Folge. gr. 8. (263 S.) Bern 878, Krebs. * M 3.; geb. *

Ott, J. C., die Projektionslehre anschaulich u. leichtfaßlich dargestellt für Real-, Sekundar- u. Handwerksschulen u. zum Selbstunterricht auf 26 autogr. Fig.-Taff. mit erklär. Text. Zürich 868. Schultheß. qu. gr. 4. (IV, 26 S. Text in 8.) In Mappe. n. 1 Thlr.

— Rosen u. Dornen. Gedichte u. Gerichte, gewachsen auf Bernerboden. 1. Bdchn. 2. Aufl. u. 2. Bdchn. Bern 864. Haller'sche Verlagsh. gr. 16. (XXII, 664 S.) Jedes Bdchn. 24 ngr.

Ott, J. G., kurze Betrachtt. üb. die Sonn- u. Festtags-Evangelien. 8. Ludwigsb. 824. (Nast). 6 gr.

Ott, J. G., kurze Betrachtungen über die Sonn- und Festtags-Evangelien. Zum Dictiren in Schulen u. zur Erbauung religiöser Familien. 8. Ludwigsburg 824. jetzt Berendsohn in Hamburg. 1/4 Thlr.

Ott, J. *Heinrich* [aus Watertown, Wisc.]: Über die Quellen der Heiligenleben in Aelfrics Lives of Saints I ... Halle a. S., Hofbuchdr. v. C. A. Kaemmerer & C., 1892; 60 S., 1 Bl. 8.
Halle, Phil. Fak., Inaug.-Diss. v. [30. Sept.] 1892

Ott, J. J., deutsche Schulvorschriften. 1. Abthl. qu. Lex.-8. Zürich 841, Schultheß. n. 3/4 Thlr.

Ott, Jakob Ludwig, s. Ott, Ludwig

Ott, Johann

—— Fundorte der Flora Böhmens nach weil. Prof. Friedr Ign. Tausch's Herbarium florae Bohemicae, alphabetisch geordnet. 2. (Titel-) Ausg. gr. 4. (48 S.) Prag (851)59, Dominicus. *
Aus dem ersteren Werke besonders abgedruckt.

Ott, Joh., Catalog der Flora Böhmens nach Friedr. Ign. Tausch's Herbarium florae Bohemicae hrsg. gr. 4. (IV und 60 S. und Fundorte der Flora Böhmens 51 S.) Prag 851, (Rziwnatz.) Thlr. *

Ott, Joh., Catalog der Flora Böhmens nach weil. Prof. F. Ign. Tausch's Herbarium florae Bohemicae herausg. 2. Ausg. Prag 859. Dominicus. gr. 4. (IV, 60 S. und: Fundorte der Flora Böhmens etc. alphabetisch geordnet. 2. Ausg. 51 S.) n. 20 ngr.;
Fundorte etc. einzeln n. 7½ ngr.

Ein Hundert Fünfzehn weltliche u. einige geistliche Lieder mit deutschem, lat., franz. u. ital. Text zu 4, 5 u. 6 Stimmen gesetzt von d. bedeutendsten Meistern d. 15. u. 16. Jh. gesammelt u. im J. 1544 zu Nürnberg in 4 Stimmbüchern hrsg. von Johann **Ott**. Neue Ausg. in Partitur, mit e. beigefügten Klav.Ausz. nebst e. Einl. von Robert Eitner, Ludwig Erk u. Otto Kade. Bd 1–4. Berlin. M. Bahn (4 L. Liepmannssohn) 1873–76. 3 Bde 2° 1 Bd 8°
1 1873. 2 1874. 3. 1875. 4. Einl., Biogr., Melodieen u. Gedichte 1876.
— **Publikation** älterer prakt. u. theor Musikwerke. Jg 1–4, Lfg 1 [07. 1687]

OTT, Johann (Augsburg): Ueber Massage.- München: Wolf 1879. 20 S.
15,7.1879 - Urk (Titel: De methodo aegrotos depsendi.); Chr 1879/80,13
Diss. Ingolst.-Landsh.-Mchn.

OTT, Johann Adam (Neuburg): De mutua luminis electricitatis et magnetismi relatione.- Monachii 1834.
9.12.1834 - Urk; F 61
Diss. Ingolst.-Landsh.-Mchn.

Ott, J[ohann] C[hristian]. Biographie Hans des Berner Milizen J. C. Ott ([1818]–1878). ([Zum grössten Teil] Selbstbiographie Ott's. Mit dessen Portrait [Tafel] und einem dichterischen Nachruf von J[ohann] J[acob] Romang.) 8. Bern 1880.

[Ott, Johann Baptist.] Conjectura de columna marmorea antiqua Clotæ Anno 1601 eruta. Ex Archivis Ecclesiæ Tigurinæ. 4. Tiguri 1732

Ott, J[ohann] C[hristian]. Hans, des Berner Milizen, Erinnerungen aus dem lombardisch-sardinischen Feldzuge von 1848. 8. Berlin, Bern 1860

Ott, J[ohann] C[hristian]. Erinnerungen Hans des Berner Milizen. Neue Folge. 8. Bern 1878.
[1. Aufl.] — 2. Aufl.

[Ott, Johann Christian.] Trau! Schau wem!! Zur Erinnerung an die Lenenmatte. 8. (Bern 1854.)

[Ott, Johann Heinrich II. 1710–1758]. Widerholter Standhafter Beweiß der Stadt Rheinau Und der daselbstigen Burgerschaft zuständigen ... Recht und Gerechtigkeiten in Appellations-Streit betreffendt,.. wider Das Hochw. Gottshauß Rheinau ..., An die Vom Hochlöbl. Stand Zürich zu Untersuchung der Sach ... verordnete Commission eingegeben Von Der ... Burgerschaft. 4. *o O u J* [ca. 1747].
S. 63–97. cf. Haller, Bibl. 6, No 209

OTT, Johann Jakob: Dendrologia Europae Mediae oder: Saat, Pflanzung und Gebrauch des Holzes nach den Grundsätzen des Herrn Duhamel du Monceau. - Zürich 1763. VI, 287 S.

Ott, Jh. Jak., († 1769.) dendrologia Europae mediae, oder Saatpflanzung nebst Gebr. d. Holzes. 8. Zürich 763. Orell. 10 gr.

Ott, Johann Caspar. Icones Virorum Gentis et Stirpis Ottiorum in Helvetia praesertim Tiguri Litteris Armis et Toga clarorum Propriis Sumptibus Æri incidi curavit ... Joh Casparus Ottius Reip. Thuric CCvir [1777—1788].
Tit. u. 23 Taf. in Kupferst. 8°
Einige Blätter datiert von 1777 bis 1788.
Stecher C. W. Bock, Clausner, J. R. Holzhalb, Schellenberg.

Ott, Joh. Martin, Schaffhausen. Dissertatio inauguralis medico-anatomica historiam renis sinistri maxime tumidi atque corrupti, in cadavere humano reperti, pandens et explicans. 1380

Basel, Med. Diss. 1719

Ott, Joh. Nep., Beiträge zur lateinischen Lexicographie mit besond. Berücksicht. des Handwörterbuchs der lateinischen Sprache von Dr. Rhold. Klotz. 2 Hälften. gr. 4. Rottweil 869. (Tübingen, Fues'sche Sortimentsh.) [1. Hälfte. (26 S.) * M 1,20.; 2. Hälfte. (24 S.) * 80 Pf.] *

Ott, J N, zur Lehre vom Ablativus Gerundii, s.a. Festschrift der Gymnasien u. evangelisch-theologischen Seminarien Württembergs zur 4. Säcularfeier der Universität Tübingen.

- Zur Lehre vom Ablativus Gerundii. Pr 1877 9 S. 4°.

Ott, Joh. Nep., die Substantivirung d lateinischen Adjectivs durch Ellipse. gr. 4. (19 S.) Rottweil 874 (Tübingen, Fues.) n. 1 –

[**Ott,** Johann Rudolf, und **Ott,** Gottlieb.] Geld auf der Strasse. Ein Steuergedanke von Gebrüder Sportmeier. [Illustriert.] II + 7 S. 8. Bözingen, Egli, Jäggi & Cie., 1901. fr. —. 25

Theilweise in Mundart.

Ott, Jos., die Fabrikation der Gemüsekonserven. (VIII, 114 S. m. 24 Abb.) 8. Wien 909. A. Hartleben. 3.—; geb. 3. 80

Ott, Jos., Geschichte des Zweikampfes aller Völker und Zeiten, nebst der Schilderung der nationalen Kampfspiele und bezüglichen gymnastischen Übungen. Olmüz 855. (Neugebauer.) gr. 8. (VIII, 258 S.) 1 ℛ 10 ngr.

Ott, Jos., das System der Fechtkunst à la contrepointe für den Stoß u. Hieb. Zum Unterricht in Fechtschulen, sowie zur Selbstbildung, nebst den Verhaltungen im Zweikampfe, General-Assaut, Duell oder Wettkampf, m. Rechts-, Links-, Kunst- u. Naturfechtern, u. einem Anhang „Geschichte des Duells." 3 Bücher. gr 8. (1. Buch, das Stoßfechten 192 S. m. 47 lith. Taf. in qu 4) Olmütz 852. (Hölzel.) n. 3 ℛ

— das System der Fechtkunst à la contrepointe für den Stoß und Hieb. Zum Unterricht in Fechtschulen, sowie zur Selbstbildung ꝛc. 2. Buch, das Hiebfechten. — 3. Buch, die Geschichte. Olmütz 853. (Hölzel.) gr. 8. (2. Buch: 8 Bl., 159 S. u. 43 lith. Abbildgn.; 3. Buch: 32 S.) 1—3. Buch: n. 3 ℛ.

— — 2. (Titel-)Aufl. Olmütz 855. (Neugebauer.) gr. 8. (4 Bl., 192; 8 Bl., 159; 32 S. u. 90 lith. Taf. in 4.) 2 ℛ. 25 ngr.

Ott Jos. Anhang zum Hauptwerke: System der Fechtkunst à la contrepointe für den Stoß und Hieb. Kurze Geschichte der Fechtkunst. 3. Buch, die Geschichte. 8. (2 Bogen.) Olmütz, Frz. Slawick, 1853.

Ott, Jos. Fr, Handbuch der Gefälls-, Justiz- u. politischen Gesetze u. die erläut. nachträgl. Verordnungen zum Strafgesetze über Gefälls-Uebertretungen. gr. 8. (32⅞ B.) Wien 840, Haas'sche Buchh.

DAS SATIPATTHANA-SUTTAN Die Rede des Buddha Gohamo über die Grundlagen des Eingedenkseins (Majjhima Nikayo No. 10). Übersetzt und mit Anmerkungen versehen von JULIUS von OTT. Breslau 1913. Walter Markgraf Verlag. 8°

Ott, Karl von

Ott K. v.: Einige Anwendungen des Kräfte- und Seilpolygones in der Graphostatik. 40. Prag R. II. 74.
Progr

Ott, Karl von: Graphische Darstellung der Functionen. Prag. Schul-/Univ.-Schrift 1865

Ott, Karl, die neuzeitliche Entwicklung der deutschen Sprache, s.: Jugendvorträge, nationale. 1. Jahrg. 2. Heft.

Ott, Carl, Führer durch das Rhöngebirge. 12. (VIII, 136 S. mit 2 Tourenkarten.) Brückenau 888, Wolf. cart. *

Ott, K. v Die neuere Geometrie 92 S. 8° – Prag, d. OR., Progr 1868

Ott, Karl v., Grundzüge der neueren Geometrie oder Geometrie der Lage. 2. Ausg. Prag 869. (Böhm.-Leipa, Hamann.) gr. 8. (92 S. mit 2 Steintaf. in qu. Fol.) 1 ℛ

Ott, K v Die Grundzüge des graphischen Rechnens und der graphischen Statik 50 S 8° – Prag, d OR., Progr 1870.

— die Grundzüge des graphischen Rechnens u. der graphischen Statik. Mit 2 (lith.) Fig.-Taff. (in gr. 8. u. qu. Fol.) Prag 871. Calve. gr. 8. (49 S.) n. 12 ngr.

Ott, Karl E. v., die Grundzüge d. graphischen Rechnens u. der graphischen Statik. 2. erweit. Aufl. m. 16 (eingedr.) Holzschn. gr. 8. (107 S.) Prag 872. Calve. n. 2. 40

— dasselbe. 3. erweit. Aufl. m. 123 (eingedr.) Holzschn. gr. 8. (118 S.) Ebend. 874. n. 3. –

— — Dasselbe. 4. Aufl. Mit 129 Holzschn. u. 2 Tfln. Prag 1879. 8°.

Ott K v, die Grundzüge des graph. Rechnens u der graphischen Statik. Prag 1881

—— fünfstellige Logarithmen-Tafeln. Für Mittelschulen. 8. (XX, 156 S.) Prag 875, Calve'sche Universitäts-Buchh. cart. *

—— der logarithmische Rechenschieber. Theorie und Gebrauch desselben. gr. 8. (51 S. mit 1 Stnt. in qu. 4.) Ebendas. 878. *

— der logarithmische Rechenschieber. Theorie u. Gebrauch desselben. gr. 8. (51 S m. 1 Steintaf in qu. 4.) Ebend. 874. n 1. 20

Ott, Karl v., der logarithmische Rechenschieber. Theorie u. Gebrauch desselben. 2. Aufl. gr. 8. (IV, 67 S. m. 1 Taf.) Prag 891. Calve. n. 1. 50

Ott, Karl v., das graphische Rechnen u. die graphische Statik. 4., gänzlich umgearb. Aufl. Mit 129 (eingedr.) Holzschn. u. 2 (lith.) Taf. 1. Thl. Das graphische Rechnen. gr. 8. (VI, 196 S.) Prag 879. Calve. n. 4. 80

Ott, Karl v., das graphische Rechnen u. die graphische Statik. 4. erweit. Aufl. 2. Thl.: Die graph. Statik. 1. Abth. gr. 8. (IX, 217 S. m. eingedr. Fig. u. 3 Steintaf.) Prag 884. Calve. n. 7. 20 (I. u. II, 1.: n. 12. —)

— das graphische Rechnen u. die graphische Statik. 4., umgearb. Aufl. 2. Thl. Grundzüge d. graph. Statik. 2. Abthlg. Mit 153 Holzschn. u. 1 lith. Taf. gr. 8. (VII, 268 S.) Ebd. 885. n. 8. — (cplt.: n. 20. —)

Ott Karl v.: Historiseh-statistischer Rückblick auf das 1. Vierteljahrhundert des Bestandes der k. k. II. d. St. R. in Prag. 57. Prag II. St. R. 98.
Progr.

Ott, Karl: Über Sulfide und Sulfine. München 1908 Höfling. 44 S. 8°
München, Phil. Diss. v. 21. Juli 1908, Ref. v. Baeyer
[Geb. 20. Juni 85 Ausbach; Wohnort: München; Staatsangeh.: Bayern; Vorbildung: Maximilians-Gymn. München Reife Juli 04; Studium: München 8 S.; Rig. 21 Juli 08.] [U 09. 3497

— Tafeln der Logarithmen u. anderer beim mathematischen Unterrichte unentbehrlicher Zahlenwerte f. Mittelschulen. 2. Aufl. 8. (XXIII, 160 S.) Ebend. 883. cart. n. 1. 80

Ott, Karl v., Tafeln der Logarithmen u. anderer beim mathemat. Unterrichte unentbehrl. Zahlenwerte f. Mittelschulen. 5. Aufl. (XXII, 160 S.) kl. 8. Prag 905. J. G. Calve. Kart. n. 1. 80

Ott, C. v. Theorie und Gebrauch des logarithmischen Rechenstabes, beziehungsweise Rechenschiebers. 52 S. 8° – Prag, d. OR, Progr. 1873

Ott, Karl [aus Mainwangen, '(Baden)']: Über Murners Verhältnis zu Geiler . . [Aus: Alemannia. Zeitschr. f. Sprache, Kunst u. Altert. etc., Jg. XXIII.] Bonn, P. Hanstein, 1895; 1 Bl., 103 S. 8.
Heidelberg, Phil. Fak., Inaug.-Diss. v. [23. Jan.] 1896

Ott, Karl, üb. Murners Verhältnis zu Geiler. [Aus: „Alemannia".] gr. 8. (103 S.) Bonn 896. P. Hanstein. n. 2. —

— Vorträge üb. Baumechanik. Gehalten im deutschen Polytechnicum in Prag. 1. Thl., die Statik d. Erdbaues, der Futtermauern u. der Gewölbe enth. gr. 8. (122 S. m. eingedr. Holzschn. u. e. Steintaf.) Prag 871. Dominicus. n. 3. –

— dasselbe. 2. umgearb. Aufl. gr. 8. (III, 143 S. m. 1 Steintaf. in 4.) Ebend. 877. n. 3. 80

— dasselbe. 2. Thl. 1. u. 2. Lfg. enth. die Normal-, Schub- u. Biegungs-Elasticität sammt deren Anwendung. gr. 8. (314 S. m. eingedr. Holzschn. u. 2 Steintaf.) Ebend. 872. 73. n. 8. 80

-- Vorträge über Baumechanik, geh. am k. k. deutschen polytechn. Institute in Prag. 2. Thl. 1. Lfg., enth. die Zug-, Druck- u. Schubfestigkeit, resp. Elasticität, sammt deren Anwendung in der technischen Praxis. 2., umgearb. Aufl. gr. 8. (258 S. m. eingedr. Holzschn.) Prag 878. Dominicus. n. 7. 40

— Vorträge üb. Baumechanik. 1. Thl., enth. d. Statik des Erdbaues, der Stützmauern und Gewölbe. Mit 137 Holzschn. 3., umgearb. Aufl. gr. 8. (III, 199 S.) Prag 888. Dominicus. n. 4. 60

Ott, Karl v., Vorträge üb. Baumechanik, geh. an der k. k. deutschen techn. Hochschule in Prag. 2. Thl. 2. Lfg. u. 3. (Schluss-)Thl. gr. 8. Prag H. Dominicus. n. 18. — (kplt.: n. 30. —; in 1 Bd. geb. n. 32. —)
2. Thl., 2. Lfg. Die continuierl. Gelenkträger, die zusammengesetzte Normal- u. Biegungsfestigkeit, sowie die specielle Berechng. der homogenen u. Fachwerkträger m. gerader Achse. Mit 175 Holzschn. 2., umgearb. Aufl. (S. 259—524.) 891. n. 7. 60
3. Thl. Die neue Brückenverordng., die Prüfg. der Baumaterialien, die graph. Bestimmg. der Inanspruchnahme der einfachen u. Fachwerkbalken, die Statik der Dachträger, der Bogen- u. Hängebrücken. (XIV, 400 S. m. 178 Holzschn.) 893. n. 10 40

Ott, Karl E. von, s. Ott, Karl von

Ott, Kaspar

Ott, Caspar: Bevölkerungsstatistik in der Stadt und Landschaft Nürnberg in der ersten Hälfte des 15. Jahrhunderts. Historisch-statistische Untersuchungen. Berlin 1907. XVI + 96 S. und eine Karte.
Freiburg i. Schw. Jur. Diss. 1907/08.

Ott, Casp., Bevölkerungsstatistik in der Stadt u. Landschaft Nürnberg in der ersten Hälfte des 15. Jahrh. Histor.-statist. Untersuchgn. (XVI, 96 S. m. Abb. u. 1 farb. Plan.) Lex. 8. Berlin 907. R. Trenkel. 3.—

Ott, Konrad, Geschichte der letzten Kämpfe Napoleons. Revolution u. Restauration. 2 Thle. gr. 8. Leipzig 843, Brockhaus. 3½ ß

Ott, Conrad. Das Leben von Paul Usteri (1768–[1831]). Der schweizerischen gemeinnützigen Gesellschaft dargestellt von K' O'. [SA.] 8. Trogen 1836.

Ott, Konrad: Französisches Sittenbild im Anfang des 19. Jahrhunderts nach den Komödien Picards. Mannheim 1910: Wendling. 95 S. 8°
Heidelberg, Phil. Diss. v. 11. Juni 1910, Ref. Neumann
[Geb. 13. April 87 Frankfurt a. M.; Wohnort: Mannheim; Staatsangeh.: Baden; Vorbildung: Realgymn. Mannheim Reife M. 06; Studium: Heidelberg 7 S.; Rig. 28. Febr. 10.] [U 10. 2155

Ott, L., Untersuchungen zur Frage der Erwärmung elektrischer Maschinen I. Wärmeleitvermögen der lamellierten Armatur — II. Erwärmungsgleichungen für Feldspulen. Berlin, 1906. Mit 12 Abb.

Beiträge zur Kenntnis des griechischen Eides. Von Dr Ludwig Ott. *Leipzig: G. Fock 1896.* [Erschien zuerst als Zürcher Diss. 1896.] (153 S.) 1 Bd 8. [97. 618a

Ott, Marc., Schweizer Reise der Familie Michon aus Paris. Nach dem Französ. Croquis von O. Viez. 8. (101 S.) Bern 874, (Haller.) *

—— Voyage humoristique de la famille Michon en Suisse. Illustré par Q. Viez. 8. (96 S.) Ebendas. 874. *

Ott, Martin

Ott, M., die Bekämpfung des Alkoholismus in der französ. Volksschule, s. a. Abhandlungen, pädagogische. XIII, 9.

Die Bekämpfung des Alkoholismus in der französischen Volksschule. Von M. Ott, Bezirksschulinspektor. Bielefeld Helmich [1908]. 18 S. 8° [Umschlagt.]
(Pädagogische Abhandlungen. N. F. Bd 13, H 9) [10 2352

Ott, Martin, med. prakt. aus Zürich: Ein Fall von Einmündung des Sinus coronarius in den linken Vorhof. (Aus dem pathologischen Institut der Universität Marburg. Prof. Beneke.) Leipzig 1909. 15 S. und eine Tafel. 8°. S.-A. aus dem Archiv für Entwicklungsmechanik Bd. 29. [16. XII. 09.]
Zürich. Univ. Med. Diss. 1909/10.

Ott, Mart., der Moralunterricht in der französischen Volksschule, s. a. Zeitfragen des christlichen Volkslebens.

Der Moralunterricht in der französischen Volksschule. Von Martin Ott, Stadtpfarrer. Stuttgart: Ch. Belser 1906. (61 S.) 8° [F.]
— Zeitfragen d. christlichen Volkslebens. Bd 31, H. 7. [04. 15135

— die syrischen „Auserlesenen Sprüche des Herrn Xistus Bischofs von Rom" — nicht eine Xistusschrift, sondern eine überarbeitete Sextinsschrift. (2 Liefgn.) Ebend. 862, 63. 4. (85 S.) n. 25 ngr.

Ott, N. Über peri- und endoneutrale Wucherungen in den Nervenstämmen einiger Thierspecies. In-8°. 16 S. Bern. These. 1895.

Ott, Ottmar, dein Wort ist meines Fußes Leuchte! Ein Pastorale u. Vademekum f. alle Lagen im persönl. u. amtl. Leben des Geistlichen, aus Schriftworten zusammengestellt, nebst e. Anleitg. zum Gebrauch als tägl. Vergißmeinnicht f. Geistliche. Mit e. Vorwort von v. Buchrucker. 12. (XXXV, 424 S.) Osternohe bei Schnaittach 898. (München, Ch. Kaiser.) Geb. in Ldr. n. 5. 60

Ott, Philipp [aus Biebrich a. Rh.] Über die Phenyloxypivalinsäure und einige Derivate derselben. Wiesbaden, L. Schellenberg'sche Hof-Buchdruckerei, **1884. 8. 29** S.

Ott, Philipp Über das Verhältnis des Lustspiel-Dichters Dryden zur gleichzeitigen französischen Komödie, insbesondere zu Molière. 8 (64 S.). Studienanst. *Landshut* 1888 **Progr.**

Ott, Theodor: Wirtschaftliche Anpassung der modernen Lebensversicherung in Form der Versicherungsbedingungen. Heidelberg 1910: Pfeffer. 86 S. 8°
Heidelberg, Phil. Diss. v. 14. Febr. 1910, Ref. Gothein
[Geb. 1 Juli 85 Pforzheim; Wohnort: Wertheim a. M.; Staatsangeh.: Baden; Vorbildung: Oberrealsch. Pforzheim Reife M. 04; Studium: Heidelberg 2, Göttingen 4, Heidelberg 3 S.; Rig. 1. März 09.] [U 10. 2156

Geschichte des 2. Lin.-Inf.-Reg. Kronprinz von seiner Entstehung Anno 1682 bis 1826. (Von W. v. Ott.) Mit Beil. (Lithogr.) München 1826. 352 S.

Ott, W., Sonntags-Gedanken. Ein Gebetbuch, besonders f. Gebildete. (432 S. m. Titelbild.) 12,5×8 cm. Kevelaer (908). J. Thum. Geb. in Ldr. 2. 40

Ott, (Wendelin): Bericht über die Einweihungsfeier des neuen Schulgebäudes und Beschreibung des neuen Schulgebäudes. (Hechingen 1910: Ribler.) S. 59—81. 8°
Hechingen, Reform-RG i. E., in Festschr z. Feier d. Einweihung d. neuen RG-Gebäudes P 1910 (667) [S 10. 321

Ott Wendelin Ueber die Schrift des hl. Augustinus: De magistro 8 (53 S.). **Progr.** Kgl. Rsch. *Hechingen* 1898
I Christus unser Lehrmeister nach der Schrift Augustins De magistro II Christus unser Lehrmeister nach dem ganzen philosophischen System Augustins III Die Ansicht Augustins im Zusammenhang der erkenntnistheoretischen Entwicklung

Ott, W[endelin] Ueber die Schrift des hl. Augustinus: De magistro. *Hechingen 1898: Ribler.* (53 S.) 8° [F. u. Ant.]
Hechingen. k. R. P. 1898 (523)

Ott, [Wendelin]: **Studien** und Lesefrüchte zur Beförderung der Frömmigkeit. *Hechingen (1903): F. Wallishauser.* (95 S.) 8° [F.]
Hechingen, k. preuß. R. P 1903 (572)

Ott, Xaver, prakt. Tierarzt in Weitnau (Allgäu): Aus d. physiol. Institut zu Gießen. Einfluß der Temperatur auf Herztätigkeit und Vagus-Erregbarkeit. Gießen 1908: v. Münchow. (45 S.) 8°
Gießen, Veterinär-Med. Koll., Ref. Frank, Diss. v. 21. Juli 1907
[Geb. 9. Juni 79 Eggen (Bez.-A. Kempten); Wohnort: Weitnau (Bez.-A. Kempten); Staatsangeh.: Bayern; Vorbildung: Gymn. Kempten Reife M. 99; Studium: Tierärztl. Hochsch. München 9 S.; Rig. 5. Juni 07.]

Xaver Ott, Sammel-Ausstellung des bayer. Allgäus, veranstaltet vom Milchw. Ver. im Allgäu auf der D.L.G.-Ausstellung Stuttgart 1908.
Verf. Gutsbesitzer in Kempten, Mitbegründer des Milchw. Vereins im Allgäu.
Kempten 1908.

(Ott v. Aechterdingen, M. u. J. Preuß.) Kriegs-Ordnung New gemacht. Von Besatzung der Schlösser. o. O. u. J. 4°.

Ott-Michl, „Ehrenmänner". Eine Komödie aus e. kleinen Kanzlei in 4 Akten. (164 S.) 8. Strassburg (908). J. Singer. 2. —

Ott-Schoen, Albert. Lebensbeschreibung von A° 1810–1891 und Diverse Gedichte von A: 1826–1890. vorerst den Meinigen... zusammengestellt. [Mit 3 Tafeln.] *Autographiert.* 4. *o. O.* [1891].

[Ott-Usteri, Hans Conrad.] Biographie von Hans Georg Nägeli (1773–1836). [Mit 1 Porträt-Tafel.] Njbl AMusikges. Zurich 1838 4 Zurich

Otta, B., Karl Hau u. Olga Molitor. Das Drama in Baden-Baden. (29 S.) gr. 8. Markranstädt (907). E. Hanschke. — 25

In der Fremdenlegion Abenteuer und Erlebnisse e. Fremdenlegionärs in Oran (Nordafrika) u Annam (Hinterindien). (Verf: Hans Otta.) [Hrsg.] von Theodor Hutter 2 Aufl. Budweis Moldavia [1908]. 317 S. 8° [09. 8415

Ottawa County Telegraph: 1905?—1907?
Democratic weekly. Edited & published by Max Doeber, 1905—07
Oak Harbour, OH

Ottawa County Zeitung: 1890?—1892?
Democratic weekly Circulation 1892, 800. Edited & published by Samuel Kuesthardt, 1890—92. See *Ayer, 1891—92.*
Oak Harbour, OH

Ottawa County Zeitung: 1892?—1918?
Democratic weekly Follows Oak Harbor paper of same title Circulation 1900, 1010; 1905, *1280*; 1910, 1000; 1915, 900. Edited & published by Samuel Kuesthardt, 1892—1918.
Port Clinton, OH

Das Ottawa Echo 1893 ? Kitchener, Ont.

Otte, Heinrich, s.a Zur Erinnerung.

Otte, Heinrich. Zur Erinnerung an Heinrich Otte. Otto's Leben u. Wirken, dargestellt v. Jul. Schmidt. Zur Glockenkunde. Nachgelassenes Bruchstück v. Heinr. Otte. Hrsg. v. der histor. Kommission der Prov. Sachsen. Mit 12 in den Text gedr. Abbildgn. Lex.-8. (50 S.) Halle a/S. 891. O. Hendel. 1 50

Otte, Briefsammlung, s.: Demme.

Otte, Grenzlieder Ein Vademecum f. Zoll- u. Steuerbeamte, namentlich f. Supernumerare. gr. 16. (VIII, 154 S.) Oppeln 891. Berlin, W. Gronau. n. 1. 50

Otte, Alfons, appr. Arzt a. Ibbenbüren i. W.: Aus d. Universitäts-Augenklinik zu Gießen. Klinisch-statistische Beiträge zur Lehre von der Kurzsichtigkeit. **Gießen 1905:** v. Münchow. (25 S.) 8°
Gießen, Med. Fak., Ref. Vossius, Diss. v. 27. Okt. 1905
[Geb. 28 Dez 79 Ibbenbüren; Wohnort: Ibbenbüren; Staatsangeh.: Preußen; Vorbildung: Gymn. Carolinum Osnabrück Reife O. 00; Studium: Würzburg 1, Kiel 3, München 1, Marburg 2, Gießen 3 S.; Coll. 11. Mai 05; Approb. 17. April 05.]

Otte, August, Dr. **Aufgaben** über das gleichschenklige Dreieck in algebraischer Behandlung. *Delitzsch 1901: C. A. Walter.* (S. 3—14.) 4°
Delitzsch, R m. lat. Nebenkursus, P 1901 (282)

Otte, A[ugust], Dr.: Sammlung planimetrischer Aufgaben besonders solcher mit algebraischer Analysis. T. 2. Eingeschriebene und umgeschriebene ebene Figuren. Itzehoe 1905: G. J. Pfingsten (XII, 62 S.) 8° ¶ (Forts. d. P-Beil. d. R zu Delitzsch 1901.)
Itzehoe, RG i. E. u. R P 1905 (346)

Otte, *August Friedrich Wilhelm* [Wiss. Lehrer aus Halberstadt]: Grenzbereiche und Flächenstücke kleinsten Flächeninhaltes der gewöhnlichen Schraubenfläche. Göttingen, Druck d. Dieterich'schen Univ.-Buchdr., 1894; 32 S., 1 Bl. 8.
Göttingen, Phil. Fak., Inaug.-Diss. v. [28. Juli] 1894

Otte, B., Muster-Album der mod. Teppichgärtnerei, s.a Levy, E.

Otte B, Musteralbum d. mod. Teppichgärtnerei. 5. A. (67 S 20 T) 4° Leipzig 1892

Ott, Meinrad, Charakter und Ursprung der Sprüche des Philosophen Sextius. Rottweil 861. (Tübingen, Fues' Sortbdlg.) 4. (71 S.) n. 20 ngr.

Otte, C., s. Otte, Karl

Otte, Carl, s. Otte, Karl

Otte, Chr. Heinr., aus meinem Leben. Nach dem Tode d Verf hrsg. v. seinen Söhnen Rich. Otte u. Gust. Otte. gr 8. (V, 174 S) Leipzig 893 (Leipzig-Neuschönefeld, Jngen. Gust Otte.) n. 5. —

Otte, David (Hamburg)
Dissertatio inauguralis juridica de con- et disconvenientiis juris communis et statuarii Hamburgensis, quoad exceptionem praescriptionis.
Giess. Hass. April 1705: Joh. Reinh. Vulpius. 67 S. 4°
pro summis in utroque jure honoribus ac privilegiis doctoralibus rite consequendis.

Otte, E., Anleitung zum Polizeistrafverfahren f. Amts-, Guts- u. Gemeindevorsteher nach den Bestimmgn. der Kreisordng. vom 15. Decbr. 1872 nebst e. umfass. Auswahl v. Formularen zu amtl. Verhandlgn. u. Bescheiden ꝛc. v. Amts-, Guts- u. Gemeindevorstehern. gr. 8. (IV, 308 S.) Halle 874. Schwetschke. n. 4. —

Otte, E., der preußische Gemeindevorsteher [Richter, Schulze]. Eine systemat. Zusammenstellung aller für die Amtsführung dieses Beamten erlassenen Gesetze, Verordnungen. Vollständige Anleitung für des Gemeindevorstehers gesammte Functionen. 1.—4. Aufl. gr. 8. (VIII, 327 S.) Halle 874,75, Pfeffer. *

Otte, der preußische Gemeindevorsteher [Richter, Schulze]. Eine systematische Darstellung der bei der Amtsführung dieses Beamten in Anwendung kommenden Gesetze, Verordnungen ꝛc Vollständige Anleitung für des Gemeindevorstehers gesammte Funktionen. 5. Aufl., neu bearb. u. verm. von Emil Brandt. gr 8. (XI, 311 S.) Halle 883. Pfeffer. n. 4. 50

Otte, der preußische Gemeindevorsteher [Richter, Schulze]. Eine systemat. Darstellg. der bei der Amtsführg. dieses Beamten in Anwendg. komm. Gesetze, Verordngn. ꝛc. Vollständ Anleitg. f. des Gemeindevorstehers gesammte Functionen. 6 Aufl., neu bearb. u. verm. v. E. Brandt. gr. 8. (XI, 311 S.) Halle 888. Pfeffer. n. 4. 50

Otte, der preußische Gemeindevorsteher [Richter, Schulze]. Eine systemat. Darstellg. der bei der Amtsführg. dieses Beamten in Anwendg. komm. Gesetze, Verordngn. ꝛc. Vollständige Anleitg. f d. Gemeindevorstehers gesammte Funktionen. 7. Aufl., neu bearb. u. verm. v. E. Brandt. gr. 8. (441 S.) Leipzig 892. C. E. M. Pfeffer. n. 4. 50; geb. n. 5. 25

— der preußische Gemeindevorsteher, Amts- u. Gutsvorsteher Eine systemat. Darstellg. der bei der Amtsführg. dieser Beamten in Anwendg. komm. Gesetze, Verordngn. u. s. w. 8. Aufl. Mit e. Geschäftskalender. Neu bearb. u. verm. v. E Brandt gr. 8. (XV, 496 u. 31 S.) Ebd. 894. n. 5. —; geb in Leinw. n. 5 75

Otte, der preuß. Gemeindevorsteher, Amts- u. Gutsvorsteher. Eine systemat. Darstellg der bei der Amtsführg. dieser Beamten in Anwendg. komm. Reichs- u. Landes-Gesetze, Verordngn., Erlasse, Urteile u. s. w. Ursprünglich hrsg. v. O. Mit e. Geschäftskalender, enth. die in den einzelnen Monaten zu erstatt. Berichte pp. 9. Aufl. Gänzlich neu bearb., verm. u. m. Anmerkgn. versehen v. Brandt. (XVI, 465 u. 32 S.) gr. 8. Leipzig 903. C. E. M. Pfeffer. n. 5. —; geb. in Leinw., Geschäftskalender kart. n. 6. 25

Otte u. Brandt, der preußische Gemeindevorsteher, Amts- u. Gutsvorsteher. Eine systemat. Darstellg. der bei der Amtsführg. dieser Beamten in Anwendg. komm. Reichs- u. Landes-Gesetze, Verordngn., Erlasse, Urteile u. s. w. Mit e. Geschäftskalender, enth. die in den einzelnen Monaten zu erstatt. Berichte pp. Ursprünglich hrsg. v O. u. B. 10. Aufl. Vollständig neu bearb. u. m. Anmerkgn. versehen v. Carl Vigelius. (XI, 444 u. 32 S.) gr. 8. Leipzig 908. C. E. M. Pfeffer. 5.75; geb. n 7.25

— die Geschäfte der Kreis-Ausschüsse. Ausführl. Mittheilg. der vielseit. Funktionen der Kreisausschüsse, sowie der Ordng. d. Geschäftsganges bei denselben nach Maßgabe d. Regulativs vom 20. Nov. 1873, m. Einschaltg. sämmtl., einschlag. Gesetzesstellen. Handbuch f. Mitglieder v. Kreisausschüssen u. Beamte der preuß. Selbstverwaltg. überhaupt. gr. 8. (II, 192 S.) Berlin 876. C. Heymann's Verl. n. 3. —

Otte, Die Gewerbegerichte und Einigungsämter. 8°. Halle 1891.

— Polizeistrafgesetzbuch. Systematische Zusammenstellung der vorzugsweise im Regierungsbezirk Merseburg für Uebertretungen gelt., in dem Reichsgesetzblatt, der preuß. Gesetzsammlung und den Amtsblättern der königl. Regierung zu Merseburg enthaltenen Strafbestimmungen. Zum prakt. Gebrauch für landräthl. Behörden, Polizeirichter, Rechts- und Polizeianwälte, Polizeibeamte, Amts-, Guts- und Gemeindevorsteher. 1. und 2. Aufl. gr. 8. (IV, 323 S.) Halle 873, Schwetschke'scher Verlag.

— dass. — 2. Thl., enthaltend die vom April 1873 bis 1. Juli 1874 ergangenen nachtraglichen Verordnungen, betr. Sicherheitspolizei, Sittenpolizei, Gesundheitspolizei, Baupolizei, Feuerpolizei, Bergwerkspolizei, Gewerbepolizei, Straßenpolizei, Wasser- und Schiffahrts-Polizei, Steuergesetze, Jagdpolizei, polizeil. Verordnungen, Art und Form der Verkundigung derselben, sowie die wissenswerthesten, wesentlichen Bestimmungen über die administrative Execution unter Anschluß einiger Formulare. gr. 8. Ebendas. 874.

— preußisches Stadtrecht. Systematische Zusammenstellg. u. Vergleichg. der in den einzelnen, namentlich den m. der preuß. Monarchie im J. 1866 vereinigten Landestheilen gelt. Städteordngn. unter ganz besond. Berücksicht. der f. Preußen bis zum Schluß 1874 ergangenen, f. die städt. Gemeinden besonders wicht. Bestimmgn f. Kommunal- u. Verwaltungs-Beamte u. Behörden überhaupt gr 8. (368 S) Ebend. 875. 6. —

Otte, E., Strafgesetzbuch. Systematische Zusammenstellg. der vorzugsweise im Regierungsbezirk Merseburg f. Uebertretgn. gelt., in dem Reichsgesetzblatt, der preuß. Gesetzsammlg. u. den Amtsblättern der königl. Regierg. zu Merseburg enthaltenen Strafbestimmgn. Zum prakt. Gebrauch f. landräthl. Behörden, Polizeirichter, Rechts- u. Polizeianwälte ꝛc. gr. 8. (IV, 323 S.) Halle 873. Schwetschke. n. 4. —

Otte, E.: Die Preußische Vormundschaftsordnung vom 5. Juli 1875 unt. Berücks. der Regierungsmotive u. der einschlagenden gesetzlichen Bestimmungen erl. Berlin 1876.

Otte, Frdr., Aus dem Elsasse. Gedichte. Neue Auswahl St. Gallen 862. Scheitlin & Zollikofer. 8. (VII, 247 S.) 1 ℛ︀

— d. Engländer in der Ostsee. 1s und 2s Stck. 8. Altona, Hammerich. 808. (à 4 gr.)

Otte, Friedr., Gedichte. gr. 8. (14 B.) Basel 845, Schweighauser'sche Buchh.

— s. J. B. Chr. Hoegh, Anleit. zu e. zweckmäß. Ackerbau.

Otte, Friedr., die Abtei Murbach bei Gebweiler (im Oberelsasse) nach Natur, Sage und Geschichte. Abdr. aus dem Elsäss. Samstagsblatte. Mülhausen 856. (Basel, Bahnmaier.) 8. (33 S.) n. 7 ngr.

—— elsässische Neujahrsblätter, s. Neujahrsblätter.

Otte, Fr., Schweizer-Sagen in Balladen, Romanzen und Legenden. Neue Sammlung. 8. Basel 842, Schweighausersche Buchh. 5/8 ℛ

Otte, Friedrich Wilhelm

Otte, Fr. Wlh., Aeußerung üb. die freimüth. Beurtheilung d. Dr. Thieß über die neue Kirchenagende. 8. Schlesw. 798. (Hammerich in Altona). 8 ℊ

Otte, F. W., Bemerk. üb. Angeln, s. Bemerkung.

(Otte F. W.): Bemerkungen üb. Angeln, aus der Brieftasche zweener Freunde, bey einer Fussreise im Sommer 1791. Schleswig 1792. 196 S.

Otte, F. W., Bemerk. a. e. Reise durch Angeln. 8. Schleswig. 792. Jetzt Hammerich in Altona und der Preis

— ökonom.-statist. Beschreib. der Insel Fehmern. 8. Schlesw. 796. (Hammerich in Altona). 1 ℛ 8 ℊ

— üb. Branntweinbr., s. Branntweinbr.

Otte, F. W.: Ueber die Brantweinbrennereyen in Flensburg und den verbotenen Handel mit rußischem Brantwein auf Norwegen. Verf.: F. W. Otte. Flensburg: Jäger 1794. 68 S.

Otte, Fr. Wlh., Reise durch Norwegen im Sommer 1832. Mit Rücksicht auf die natürliche Beschaffenheit und den Culturzustand des Landes, auf Landwirthschaft, Bergbau, Gewerbe, Handel u. Schifffahrt. gr. 8. Berlin 835. Rücker u. Püchler. 2 ℛ

Vortheilhaftigkeit und Zuverlässigkeit (Ueber die) der wirksamen Verhütung des bisherigen Schleichhandels mit russischem Branntwein auf Norwegen (von F. W. Otte). 8°. Flensburg 1794.

OTTE, FRIEDR. WILH., s. Wahrheitsfreund, der. 1830 ff.

Otte, Fritz, aus Hannover: Zur Kenntnis ungesättigter Phenoläther. *Heidelberg 1902. K. Rossler* (40 S.) 8°
Heidelberg, Naturw.-math. Diss. v. 1902

Otte, Hnr., kurzer Abriß einer kirchlichen Kunst-Archäologie des Mittelalters, mit besond. Beziehung auf die Königl. Preuß. Provinz Sachsen. (Mit 3 Steindrucktaf.) gr. 8. Nordhausen 842, Förstemann. n. 1/3 ℛ — 2. umgearb. u. erweiterte Ausg. Mit 5 Steindrucktaf. Lex.-8. Ebend. 845. n. 1 1/3 ℛ

— antikritische Bemerkungen über Geschichte und Architektur des Domes zu Merseburg. (Aus den Neuen Mittheilungen des Thüring.-Sächs.-Vereins.) Mit 1 Lithogr. gr. 8. Halle 843. (Jüterbog, Colditz.) n. 1/3 ℛ

Otte, H., u. G. Sommer, beschreibende Darstellung der älteren Bau- u. Kunstdenkmäler des Kreises Zeitz, s.: Darstellung, beschreibende, der älteren Bau- u. Kunstdenkmäler der Prov. Sachsen u. angrenzender Gebiete.

Otte, Heinr., Fabeln u. Gleichnisse von Luther u. Melanchthon. Ein Büchlein f. Laien u. Kinder. 8. (VI u. 110 S.) Jüterbog 850, Colditz. 1/3 ℛ

Otte, Henr., de fabula Oedipodea apud Sophoclem. Dissertatio inauguralis. gr. 8. (45 S.) Berlin 879, (Mayer und Müller.) *

Otte, Heinr., Geschichte der deutschen Baukunst von der Römerzeit bis zur Gegenwart. Mit zahlreichen Holzschn. u. anderen Abbildungen. 1. u. 2. Liefg. Leipzig 861, 62. T. O. Weigel. Lex.-8. (VII, S. 1—296 m. Holzschn. u. 1 lith. Taf. in 4.) 1.: n. 1 ℛ 10 ngr.; 2.: n. 1 ℛ

Otte, Heinr., Geschichte der deutschen Baukunst von der Römerzeit bis zur Gegenwart. Mit zahlreichen Holzschn. u. anderen Abbild. 3. Liefg. Leipzig 865. T. O. Weigel. Lex.-8. (S. 297—472 mit eingedr. Holzschn.) n. 1 ℛ 15 ngr.

Otte, Heinr., Geschichte der deutschen Baukunst von der Römerzeit bis zur Gegenwart. Mit zahlreichen (eingedr.) Holzschn. u. anderen Abbildgn. 4. u. 5. Lfg. Lex.-8. (VIII u. S. 473—752.) Leipzig 871. 74. T. O. Weigel. n. 6. 40; cplt.: n. 18. -

— Geschichte der kirchlichen Kunst des deutschen Mittelalters in ausgewählten Beispielen. Mit einer archäologischen Einleitung. 2. berichtigte Ausgabe der Grundzüge der kirchlichen Kunst-Archäologie. Mit 118 Holzschn. (im Text) Ebend. 862. Lex. 8. (XII, 213 S.) n. 1 ℛ 10 ngr.

Otte, Heinr., Glockenkunde. Mit Holzschn. (im Text) u. 1 lith. Taf. (in Fol.). Leipzig 858. T. O. Weigel. Lex.-8. (V, 102 S.) n. 1 ℛ 10 ngr.

Otte, Heinr., Glockenkunde. Mit Holzschn. u. 2 lith. Taf. 2. Aufl. gr. 8. (VII, 220 S.) Leipzig 884. T. O. Weigel. n. 6. —; geb. n. 7. —

— Grundzüge der kirchlichen Kunst-Archäologie des deutschen Mittelalters. Ein Auszug aus dem größeren Werke des Verf. Mit 118 Holzschn. (im Text). Leipzig 855. T. O. Weigel. gr. 8. (XII, 211 S.) n. 2 ℛ

— Handbuch der kirchlichen Kunst-Archäologie des deutschen Mittelalters. 3. umgearb. Aufl. Mit 13 Stahlst. u. 362 Holzschn. (im Text). Leipzig 854. T. O. Weigel. gr. 8. (XIV, 368 S.) n. 4 ℛ

— Handbuch der kirchlichen Kunst-Archäologie des deutschen Mittelalters. 4. umgearb. Aufl. Mit zahlreichen Holzschn. u. anderen Abbildungen. 1. Liefg. Ebend. 863. Lex.-8. (S. 1—268 m. Holzschn., 3 Stahlst. u. 1 Holzschntaf. in 4.) n. 2 ℛ 20 ngr.

— Handbuch der kirchlichen Kunst-Archäologie des deutschen Mittelalters. 4., umgearb. Aufl. Mit zahlreichen Holzschn. u. anderen Abbild. 2. u. 3. Liefg. Ebend. 865—68. Lex.-8. (XIV u. S. 269—1010 mit eingedr. Holzschn., 13 Kpfr.-, 2 Steintaff., wovon 1 in Tondr., in gr. 8. u. 4.) Jede Liefg. n. 2 ℛ 20 ngr.

—— Handbuch der kirchlichen Kunst-Archäologie des deutschen Mittelalters. 5. Aufl. In Verbindung mit dem Verf. bearb. von Ernst Wernicke. 2 Bde. gr. 8. Ebendas. [1. Bd. 4 Lfgn. (XIV, 607 S. mit eingedr. Holzschn., 1 Holzschntaf. und 7 Kpfrt.) 883; 2. Bd. 5 Lfgn. (XIV, 855 S. mit eingedr. Holzschn. und 4 Kpfrt.) 884. à Lfg. *ℳ 4.] *

— archäologischer Katechismus. Kurzer Unterricht in der kirchlichen Kunstarchäologie des deutschen Mittelalters. Mit Rücksicht auf das in den Kgl. Preuß. Staaten der Inventarisation der kirchl. Kunstdenkmäler amtlich zu Grunde gelegte Fragenformular bearb. Mit 88 eingedr. Holzschn. Leipzig 859. T. O. Weigel. 8. (VIII, 98 S.) n. 24 ngr.

— archäologischer Katechismus. Kurzer Unterricht in der kirchl. Kunstarchäologie d. deutschen Mittelalters. 2. verb. Aufl. Mit 90 eingedr. Holzschn. Lex.-8. (X, 102 S.) Ebend. 872. n. 2. 40

Otte, Heinr., archäolog. Katechismus. Kurzer Unterricht in der kirchl. Kunstarchäologie des deutschen Mittelalters. 3. Aufl., neu bearb. v. Heinr. Bergner gr. 8. (VIII, 152 S. m. 137 Abb.) Leipzig 898. Chr. Herm. Tauchnitz. n. 3.—

— frommer Rückblick auf das verflossene Jahrtausend. Predigt über 5 Mos. 32, 7. 8. am 8. Sonntage n. Trinit. 1843 in den Kirchen zu Markendorf u. Fröhden gehalten. Mit einigen geschichtl. Anmerk. 8. Jüterbog 843, Colditz. n. 1/12 Thlr

Otte, Heinrich, a. Dannenberg: Aus dem Zoologischen Institut der Universität zu Marburg. Samenreifung und Samenbildung bei Locusta viridissima. Marburg 1907: (Lippert & Co., Naumburg a. S.). (86 S.) 8° ¶(Aus: Zoologische Jahrbücher Bd 24 Abt. f. Anatomie 1907.)
Marburg, Phil. Fak., Ref. Korschelt, Diss. v. 9. Aug. 1907
[Geb. 17 Okt. 81 Dannenberg; Wohnort: Pyrmont; Staatsangeh.: Preußen; Vorbildung: Stadtsch. Dannenberg, Realgymn. Altona Primareife O. 00; Studium: Berlin 2, Heidelberg 1, Leipzig 1, Breslau 2, Marburg 4 S.; Rig. 5. Dez. 06.]

Otte, H., wie ich e. Archäologe wurde [Aus: „Mittheilgn. d. Vereins f. die Geschichte Berlins".] 8. (24 S.) Berlin 889. (Mittler & Sohn.) n —50

Otte, Heinr., archäologisches Wörterbuch zur Erklärung der in den Schriften über mittelalterliche Kunst vorkommenden Kunstausdrücke. Mit 166 Holzschn. (im Text). Leipzig 857. T. O. Weigel. 8. (IV, 268 S.) n. 1 Thlr. 20 ngr.

— archäologisches Wörterbuch zur Erklärung der in den Schriften üb. christl. Kunstalterthümer vorkommenden Kunstausdrücke. Deutsch, Lateinisch, Französisch u. Englisch. 2. erweit. Aufl., bearb. vom Verf. unter Mithilfe v. Otto Fischer Mit 255 (eingedr.) Holzschn. gr. 8. (VIII, 488 S.) Ebend. 877 n. 14. —

Otte, Heinrich: Wortwiederholungen bei Sophokles. Berlin, R. Gaertner, 1896; 25 S. 4.
Berlin, Luisenstädt. G, OP 1896 (63)

Otte, Hermann, Referendar. Die Rechtsstellung des Treuhänders im Falle der §§ 1187,89 BGB. Borna-Leipzig 1910: Noske. VIII, 59 S. 8°
Heidelberg, Jur. Diss. v. 20. April 1910, Ref. Schröder
[Geb. 29. Jan. 80 Winsen a. A.; Wohnort: Hannover; Staatsangeh.: Preußen; Vorbildung: Gymn. Celle Reife O. 00, Studium Tübingen 3, Berlin 1, Göttingen 3 S.; Rig. 28. Febr 10.] [U 10. 1964

Vortrag des Br. Herm. Otte in der Unterrichtsloge der Loge zur Weltkugel [in Lübeck] am 18. Jan. 1900. (Als Ms. gedr.) Lübeck [1900]: Rathgens. 20 S. 8°
Üb. das Streben nach Selbstveredlung.

Otte, Johann (Hamburg). De jure hypothecae publicae secundum statuta Hamburgensia. Diss. jur. Ex auctor. Johann Oosterdyk Schacht. Utrecht (A. v. Megen) 15. VIII. 1732. 48 S. (4.75) 25698

— — De limitibus superioritatis territorialis secundum leges fundamentales imperii. Diss. jur. Präs. Hieronymus Friedrich Schorch. Erfurt (J. Chr. Hering) 9. IV. 1744. 42 S. (4.75) 25699

Otte, Karl

(Otte C.): Kurze u. möglichst vollständige Belehrung üb. die Besaamung d. Forstgründe u. üb. die Anlegung neuer Schläge u. Holzungen .. Celle 1813. 104 S.

OTTE, Karl: Kurze und möglichst vollständige Belehrung über die Besaamung der Forstgründe und über die Anlegung neuer Schläge und Holzungen. Nach Anleitung vortrefflicher Forstmänner - Celle 1815. VIII, 104 S.

Otte, Carl, approb. Arzt aus Landsberg a. W.: Über die Wundbehandlung bei komplizierten Frakturen und über ein in der Leipziger Klinik geübtes Verfahren, die Heilung per primam durch Deckung der Wunde mit Hautlappen zu befördern. *Leipzig 1899: C. Grumbach.* (32 S.) 8°
Leipzig, Med. Diss. v (10. Okt.) 1899

Otte, Ludw., s.: Raumkunst, neue.

Otte, Paul Die höhere Einheitsschule, ein Rückblick auf die seit 1873 gemachten, in Plänen niedergelegten Vorschläge und Versuche 4 (S 3 16) Progr. Rg. *Potsdam* 1886 (103).

Otte, Paul, Arzt Ein Fall von Thymustod. *Königsberg i. Pr. 1903: H. Jaeger.* (28 S.) 8°
Königsberg, Med. Diss. v 20. Juni 1903

Otte, P., das Gesamtgymnasium, e. pädagog. Versuch. gr. 8. (52 S. m. 2 Tab) Neuwied 886. Heuser's Verl. n. 1. —

Otte, Paul, aus Grafenort: Notwendigkeit, Einrichtung und Nutzen der staatlichen Viehversicherung. *Jena 1904: A. Kämpfe.* (67 S.) 8°
Jena, Phil. Diss. v (20. Febr.) 1904

Die Großherzoglich Sächsische Carl Friedrich-Ackerbauschule Zwätzen bei Jena. Festschrift zu deren 50jähr. Bestehen 1900. Von Dr [Paul] Otte, Landwirtschaftslehrer. Jena 1906: A. Kämpfe. (43 S.) 8° [J.]

Otte, Rich., über die Bluterkrankheit. Leipzig 865. T. O. Weigel. gr. 8. (IV, 47 S.) n. 10 ngr.

Otte, Richard [pract. Arzt] Ein Fall von melanotischem Sarkom der rechten Orbita mit Uebergang auf die benachbarten knöchernen Theile des Schädels. Halle a. S., Hof-Buchdr. v. C. A. Kaemmerer & Co., 1886 32 S. 8°
Halle Med. Fak., Inaug.-Diss. v. 11. Aug. 1886.

Otte, Richard, ein Fall von melanotischem Sarkom der rechten Orbita mit Uebergang auf die benachbarten knöchernen Theile des Schädels. Diss. Halle 1886, Lippertsche Buchh. 8°. 32 S.

Otte, Richardus (geb. 1840 in Fröhden Rgbz. Potsdam): De haemophilia ... Bonnae, typ. expr. P. Neusser 1864. 2 Bl., 26 S., 1 Bl. 8.
¶ Erschien 1865 bei Weigel in Leipzig in deutscher Bearb. *u. d. T.:* Über die Bluterkrankheit.
Bonn, Med. Fak., Diss. v. 19 [nach d. Akten v. 21] März 1864

Otte, Rudolf [aus Winsen an der Aller, Assist. am chem. Laborat. d. k. Akad. d. Wiss. zu München] Ueber 1.2 Diketone der Fettreihe. München, Druck v. M. Ernst, 1889. 36 S. 8°
München, Phil. Fak. Inaug.-Diss. v. 1890

Otte, W., Führer an der Localbahn Hannsdorf-Ziegenhals. m. besond. Berücksicht. der Station Freiwaldau-Gräfenberg. Nebst Beilage: Hygiene f. Reisende u. Touristen. Von Jul. Lange. 12. (V, 76 S. m. Illustr. u. Plänen u. Beilage 6 S.) Freiwaldau 890. Blažek. n. — 80

Otte, Waldemar Der historische Wert der alten Biographieen des Papstes Clemens V. Eine quellenkrit. Vorstudie f. d. Geschichte d. ersten Papstes im Exil von Avignon. *Breslau 1903: Schles. Volkszeitung.* (72 S.) 8° (Aus Kirchengeschichtl. Abhandl., 1902)
Breslau, Kath.-theol. Diss. v. 1 Aug. 1903

Otte, Wilhelm: Die Voraussetzungen, Umfang und Endigung der Alimentationspflicht nach gemeinem Recht unter Berücksichtigung des bürgerlichen Gesetzbuches. *Erlangen 1897: F. Junge.* (68 S.) 8°
Erlangen, Jur. Diss. v. 13. Nov. 1897

Oette, Hugo: Ueber einen Fall von essentieller Lymphomatose. *München 1897 Kastner & Lossen.* (33 S.) 8°
München, Med. Diss. v. 1898

Oette, Max Beiträge zur Erklärung von Pausanias V 17 5 ff. 18 S. **Progr.** *Eisenberg* 1881.

Oette, M., De L. Licinio Crasso. Diss 1878. 48 S.

Oetteking, Bruno, ein Beitrag zur Kraniologie der Eskimo. Mit e. Anh. Über Eskimo-Steingräber im nordöstl. Labrador u. das Sammeln anthropolog. Materials aus solchen v. Bernh. Hantzsch, s. a. Abhandlungen u. Berichte des königl. zoologischen u. anthropologisch-ethnographischen Museums zu Dresden. XII, 3.

Oetteking, Bruno. Kraniologische Studien an Altägyptern. Aus dem anthropologischen Institut der Universität Zürich. Mit 14 eingedruckten Abbildungen und 4 Tafeln. Diss. Phil. [II.] Univ. Zürich. VIII + 90 S. 4. Braunschweig, Friedrich Vieweg & Sohn, 1908.

Ottel, Klemens

Ottel, Clem., der Buchhaltungsunterricht an höheren Handelsschulen m. besond. Berücksicht. des Muster-Comptoirs. Progr. gr. 8. (23 S.) Olmütz 898. Brünn (Winterhollerplatz 20 II), Selbstverlag. — 75
— dasselbe. [„Beiträge zur Methodik des handels- u. sprachwissenschaftl. Unterrichts".] 2. Aufl. gr. 8. (28 S. m. 1 Abbildg.) Leipzig 899. Dr. L. Huberti. n. 1. —

— Geschäfts-Fälle f. das Mustercomptoir an höh. Handelsschulen. gr. 8. (25 S.) Olmütz 897. (F. Grosse.) n.n. — 80

— Handels- u. Wechselkunde f. höhere Handelsschulen. gr. 8. (IV, 116 S.) Wien 900. A. Hölder. Geb. in Leinw. n. 1. 80

Ottel, Klem., Handels- u. Wechselkunde f. kaufmänn. Fortbildungsschulen, Mädchen-Handelsschulen u. zum Selbstunterrichte. (IV, 104 S.) 8. Wien 904. A. Hölder. Geb. n. 1. 25

— dasselbe f. höh. Handelslehranstalten. 2., verm. Aufl. (IV, 165 S.) 8. Ebd. 904. Geb. in Leinw. n. 2. 10

Ottel Klemens, Handels- und Wechselkunde für kaufmännische Fortbildungsschulen, Mädchenhandelsschulen und zum Selbstunterrichte. 2. Auflage. Wien 1908. Alfred Hölder. Geb. K 1.64.

Ottel Klemens, Handels- und Wechselkunde für höhere Handelslehranstalten. 3. Auflage. Wien 1908. A. Hölder K 2.60.

Ottel, Klem., Handels- u. Wechselkunde f. zweiklassige Handelsschulen. (IV, 202 S.) gr. 8. Wien 909. A. Hölder. Geb. 2. 40

Ottel Klemens, Handels- und Wechselkunde für kaufmännische Fortbildungsschulen, Mädchenhandelsschulen und zum Selbstunterricht. 3. Auflage. Wien 1909. Alfred Hölder.

Ottel Klemens, Handels- und Wechselkunde für kaufmännische Fortbildungsschulen, einjährige Handelskurse und zum Selbstunterrichte. 4. Auflage. Wien 1910. Alfred Hölder. Geb. K 1.70.

Ottel, M. C. Die Gesammtkraft des Staates oder das Mittel zur Lösung der Finanz-, Arbeiter- und Handelsfrage für das allgem. Volkswohl dargestellt. Hrsg. von R. Reitmeyer. 8°. Wien, Keck u. Pierer, 1851.

Ottel, Mich., Feier der Andacht zu dem heiligen Johann v. Nepomuck, nebst der ausführlichen, nach den besten Quellen bearbeit. Lebensgeschichte, der Marter u. der Wunderwerke dieses Heiligen, so wie seiner Heiligsprechung ꝛc. Ein Gebet- u. Erbauungsbuch. Mit Titelblatt (bild) u. 12 lithogr. Bildern. gr. 12. Wien 838. (Singer u. Goering.) 3/4 ₰

Ottel, Mich., Feier der Andacht zu dem heiligen Johann von Nepomuk. Ein Gebet- u. Erbauungsbuch für jeden kathol. Christen sowohl in der Oktavzeit als auch im ganzen Jahre anwendbar, u. vorzüglich für die eifrigen Verehrer u. Namensträger dieses gefeierten Heiligen. Neue Ausg. Prag 865. Hunger. gr. 16. (VI, 208 S. mit 1 Titelbilde in Holzschn.) n. 7 ngr; geb. mit Goldschn. n. 12 ngr

Oettel, Alb., aus Flur u. Hain Studien u. Kompositionen f. die verzier. Kunst gr. Fol. (16 photolith. Taf. m. 1 Bl. Text.) Plauen i/V. 894. Ch. Stoll. In Mappe. n. 12.

Öttel, A. (Hrsg.), s.a. Formenschatz der modernen Flächen-Verzierung.

— A. **Forkel,** R. **Schauer** u. H. **Benker,** Formenschatz der modernen Flächenverzierung. Anregungen u. Skizzen f. alle Zweige des Musterzeichnens u. -Malens. I.—III. Serie. gr. Fol. (36 Lichtdr.-Taf.) Plauen i/V. 893. 894. Ch. Stoll. In 1 Mappe. à n. 16. —

Oettel, A., A. **Forkel,** R. **Schauer** u. H. **Benker,** Formenschatz d. modernen Flächenverzierg. Anreggn. u. Skizzen f. alle Zweige d. Musterzeichnens u. -Malens. IV. Serie. gr. Fol. (12 Lichtdr.-Taf.) Plauen 895. Ch. Stoll. In Mappe n. 16. —

— Zeichnen u. Malen v. Pflanzen nach der Natur. II. Hrsg. vom Verein deutscher Zeichenlehrer [Aus: „Zeitschr. d. Ver. deutscher Zeichenlehrer".] Fol. (12 lith. Taf., z. Tl. in Farbendr.) Mit Text. gr. 8. (15 S.) Stade 892. (A. Pockwitz.) In Mappe. n.n. 5
Die I. Abtlg. s. Moser, Ferd.

Oettel, Alfred: Über die elektrolytische Abscheidung des Magnesiums. 1908. 71 S. 8°
Dresden, Dr.-Ing.-Diss. v. 27. 7. 1908

Oettel, Carl, s. Oettel, Karl

Oettel, Felix, Anleitung zu electrochemischen Versuchen. gr. 8. (134 S. m. 26 Fig.) Freiberg 894. Craz & Gerlach. n. 4. —; geb. n. 5. —

Oettel, Fel., die Entwicklg. d. elektrochem. Industrie, s. a. Sammlung chem. u. chemisch-techn. Vorträge.

Die Entwickelung der elektrochemischen Industrie. Von Dr. Felix **Oettel**. Mit 10 Abb. *Stuttgart: F. Enke 1896*. (S. 89–120.) 8°
—Sammlung chemischer u. chem.-techn. Vorträge. Bd 1, H. 3. (04. 695) 10

Oettel, F., Hülfstafel zur Berechnung der Analysen. Zusammengestellt u. berechnet. 16. (16 S.) Dresden 888. Knecht. — 30

— elektrochem. Uebungsaufgaben. F. d. Praktikum sowie z. Selbstunterricht zusammengest. gr. 8. (VIII, 58 S. m. 20 Holzschn.) Halle 897. W. Knapp. n. 3.—

Oettel, J. F., allgem. Gottesgelahrheit. 8. Jena, Melchior. 752.

Oettel, J. Fr. W., Predigten, größtenth. nach d. epistol. Perikopen d. Weimar. Evangelienbuchs, nebst einigen Amtsreden. gr. 8. (25 B.) Neustadt a. d. O. 830, Wagner.

Oettel, J. Paul, alte und neue Hist. d. Bergst. Eibenstock rc. 4. Schneeberg, Richter. 748.

— Hist. all. Superintend. im Plauisch. Kreis. 8. Ebd. 747.

— Licht des Paradiesgärtleins. 8. Ebend. 747.

— Paradiesgärtlein. 8. Leipz. Gräff.

Oettel, J. P., Lutherisches Paradiesgärtlein. 8. Leipz. 782. (W. Rauck), a. Wienbrack. 4 ₰.

Oettel, J. P., Lutherisches Paradiesgärtlein. 8. Leipzig, Sommer.

Oettel, K. Ch., s. Oettelt, Karl Christoph

Oettel, Karl

Oettel, Carl, practischer Cursus der Chevé'schen Elementar-Gesang-Methode. Zunachst für Elementar- u Kreisschulen, nebst einem kurzen Vorworte für Lehrer. Dorpat 862. (Hoppe.) Lex.-8. (XII, 116 S.) n. 20 ngr.

Oettel, Leo. Johann Nep. v. Tschiderer, Fürstbischof von Trient, als Tugendheld. Triest (typ. St. Josefs-Druck. in Klgft.), 1908. 119 S.

Oettel, Otto William Felix: Über die quantitative Bestimmung des Fluors .... Dresden, Druck v. B. G. Teubner, 1886; 30 S. u. 1 Taf. 8°. Rostock, Phil. Fak., Inaug.-Diss. v. 16. Febr. 1886.

Oettel, Rob., Hühner, Enten, Gänse od. die Geflügelzucht als lohn. Nebenerwerb f. den Klein-Bürger u. Landmann in beschränkten Verhältnissen. Nebst e. Anh. über Kaninchenzucht. Mit 1 (Holzschn.-) Taf. Abbildgn. der bekanntesten Hühner-Racen in qu. gr. 4.) 8. (39 S.) Leipzig 876. Dousset. (Hamburg, Berendsohn.) — 75

Oettel, Rob., der *Hühner-* oder *Geflügelhof*, sowohl zum Nutzen als zur Zierde. 4. gänzl. umgearb. u. verm. Aufl. von *Gauss'* „Hühner- od. Geflügelhof" Mit 8 Taf., enth. 42 (lithogr.) Abbildgn. Weimar 1873. Quer-Fol. Orig.-Lwdb. *), gebr
VI—61 S. (à 2 Col.), 1 S. Erklär. d. Abbild

— der Hühner- od. Geflügelhof, sowohl zum Nutzen als zur Zierde, enth.: e. prakt. Anleitg., die Zucht der Hühner, Gänse, Enten rc. zu betreiben, sowie diejenige der in- u. ausländ. Ziervögel, namentlich der Schwäne, Pfauen, Fasanen, Perlhühner rc. Nebst naturgeschichtl. u. auf Erfahrg. beruh. Notizen üb. Eigenschaften u. Gewohnheiten dieser Vögel, den Bau v. Geflügelhäusern u. nützl. Anleitgn. aller Art. 5. gänzlich umgearb. u. verm. Aufl. v. „Gauß, Hühner- od. Geflügelhof." Mit 8 (Stein-)Taf., enth. 43 Abbildgn. qu. gr. 4. (65 S.) Weimar 874. B. F. Voigt. 4. 50

Oettel, Rob., der Hühner- oder Geflügelhof, sowohl zum Nutzen, als zur Zierde, enth. eine praktische Anleitung, die Zucht der Hühner, Gänse, Enten, Truthühner, Tauben rc. zu betreiben, sowie diejenige in- u. ausländischer Ziervögel, namentlich der Schwäne, Pfauen, Fasanen, Perlhühner rc. Nebst naturgeschichtl. u. auf Erfahrung beruh. Notizen über Eigenschaften u. Gewohnheiten dieser Vögel, den Bau von Geflügelhäusern u. nützlichen Anleitungen aller Art. 6., verm. u. verb. Aufl. Mit 45 (eingedr.) Illustr. u. einem Titelkpfr. (in Holzschn.). gr. 8. (VIII, 196 S.) Weimar 879. B. F. Voigt. 6. —

Oettel, R., der Hühner- od. Geflügelhof. 7., verb. Aufl., nach Oettel's Tode in sorgfält. Neubearbeitg. hrsg. v. W. Liebeskind. Mit 45 Illustr. u. 1 Titelkpfr. (in Holzschn.). gr. 8. (VIII, 161 S.) Weimar 887. B. F. Voigt. 4. 50

Oettel, R., d. Hühner- od. Geflügelhof, 8. Aufl., s.: Liebeskind, W.

Oettel, Rob., die praktische Hühnerzucht. Nebst einem Anh. betr. die Zucht des Perlhuhns, des Truthuhns, der Fasanen, der Ente und der Gans. Mit mehreren lith. Abbildgn. (auf 8 Taf.) Görlitz 863. Remer in Comm. Lex.-8. (VIII, 144 S.) 1 ₰

Oettel's Kalender f. Geflügelfreunde. 1895. 14. Jahrg. 8. (XXXIV, 96 u. 16 S. m. Abbildgn. u. 3 Taf.) Minden, W. Köhler Geb. in Leinw. n. 1. —

Oettel's Kalender f. Geflügelfreunde. 1898. 17. Jahrg. 8. (XXXIV, 106 u. 16 S. m. Abb. u. 6 Taf.) Minden, W. Köhler. Geb. in Leinw. n. 1. —

— Kalender f. Geflügelfreunde 1890. 9. Jahrg. 8. (76 u. 112 S. m. Illustr.) Minden. Köhler. cart. n. 1. —

Oettel's Kalender f. Geflügelfreunde. 1900. 19. Jahrg. 8. (XXXIV, 96 u. 16 S. m. Abbildgn. u. 5 Taf.) Minden, W. Köhler. Geb. in Leinw. n. 1. —

Oettelt, Karl Christoph

OETTELT, Carl Christoph: Abschilderung eines redlichen und geschickten Försters zum allgemeinen Besten, als ein 2. Teil seines praktischen Beweises, daß die Mathesis bey dem Forstwesen unentbehrliche Dienste thue, herausgegeben. - Eisenach 1768. 127 S., Tab.

— Anweis. z. Pechbenutzung. 8. Leipzig, Hinrichs. 799.

OETTELT, Carl Christoph: Praktischer Beweis, daß die Mathesis bey dem Forstwesen unentbehrliche Dienste thue. - (Arnstadt 1764) Eisenach 1765. 136 S., 3 Taf - 3. Aufl. Leipzig 1786. 174 S. - 4. Aufl. ebd. 1803

— — ebendasselbe. 2 Thle. 8. Eisenach, Wittekind. 786.

— Beweis, daß d. Mathesis b. Forstwesen unentbehrliche Dienste thue. 2 Thle. 8. Leipzig, Hinrichs. 803.

OETTELT, Carl Christoph: Etwas über die Harzgeschichte oder Pechnutzung fichtener Waldungen nebst Köhlerey nach thüringischer Waldart als ein Anhang zu seinem Beweiß, daß die Mathesis bey dem Forstwesen unentbehrliche Dienste thue. Eisenach 1789. 172 S.

— Etwas üb. d. Harzgesch. od. Pechnutzung. fichtener Waldung. ꝛc. 8. Eisenach, Wittekind. 789.

Oettel, Karl Chph., systemat. Verzeichn. d. in d. Oberlausitz wildwachsend. Pflanzen. 8. Görl. 799. (Anton in Halle) 5 gl.

— **Wilhelm Christian,** Prolusio lustrationi scholae solemni instituendae et oratiunculis septem scholasticis praemissa antistites patronos litterarumque fautores invitat et de origine ac usu nominis scholae praefatur. Salfeld (Wiedemann) 12. V. (1778). Mit Namen. (3.50) 25471

Ottema, J. G., s. Horatii Fl. Epistola ad Pisones.

Ottemann, Fr

Ottemann, F. Abriß der Theorie der Parabel für den Schulunterr. 32 S. Progr. Saarbrücken 1828

Ottemann, (F.,) Lehrbuch d. Geometrie für Anfänger in Gymnasien u. Bürgerschulen. Mit 6 Kpfrt. 8. Berlin 822, Christiani.

—Lehrbuch d. Geometrie f. Anfänger in Gymnasien u. Bürgerschulen. Mit 6 Kpft. 8. Berl. 822. (Cosmar u. Krause); (a. Schubert u. N. in Hamb.) 10 gl.

Ottemann, Fr., Leitfaden d. Arithmetik f. Gymnasien u. and. höhere Schulanstalten. 1. Curs.: Für d. unteren u. mittl. Classen. gr. 8. (6¾ B.) Zweibrücken 831, Ritter.

— Materialien f. den heuristischen Unterricht in d. Geometrie. Mit 7 Kpfrtaf. 8. Halle 826, Gebauer.

— Samml. v. Aufgaben aus der ebenen Trigonometrie z. Schul- u. Privatgebrauche. 8. Berl. 825. Schlesinger. 14 gl.

— Sammlung interess. geometr. Lehrsätze u. Aufgaben, zum Selbststudium f. Anfänger in d. Mathematik ꝛc. Mit 158 Figuren. 8. Leipz. 824, Lauffer.

Ottemann, F. Einige Sätze üb. d. Tangenten der Ellipse. 20 S. . . .
Saarbrücken, Progr. 1832

Ottemann, Fr. Theorie der Cissoide. 26 S. Figurent. . .
Saarbrücken, Progr. 1842

Ottemann, L(ouis), stud. chem. aus Volpriehausen: Über die Umwandlungsprodukte des Methylcyklohexanonoxims. *Hildesheim 1901: A. Lax.* (41 S.) 8°
Göttingen, Phil. Diss. v. [2. März] 1901

Ottemann, L., über die Umwandlungsprodukte des Methylcyklohexanonoxims. Diss. gr. 8. (41 S.) Hildesheim 901. (Göttingen, Vandenhoeck & Ruprecht.) n. 1. —

Ottemeyer, Gustav: Die bäuerlichen Rechtsverhältnisse in den Luxemburger Weistümern. 1. Allgemeiner Teil. Borna 1907: R. Noske. (19 S.) 4°
Borna, st. RG OP 1907 (690)

Weiland Herrn **Otten** Grafen zu Holstein etc. Hof-Gerichts-Ordnung. Vormals im Jahre 1640. gedruckt in der Stadt Rinteln, itzo bey vielem Nachfragen zum dritten mal herausgegeben, Wobey gefüget Die Königl. Dännemärckische Kirchen-Constitution in der Herrschaft Pinnenberg. Altona. 1726. 4° k

Otten, A., Zons am Rhein. (144 S.) gr. 8. Düsseldorf (903). L. Schwann. n. 1. 60

Otten, Aloys, Apologie des göttlichen Selbstbewußtseins. Programm der theol. Fakultät Paderborn. Daselbst, Bonifatiusdruckerei. 1897, 8°, 90 S., 1,60 Mk.

Otten, Alois, Einleitung in die Geschichte der Philosophie. Die Gottesidee, die leit. Idee in der Entwickelg. der griech. Philosophie, s. a. Handbibliothek, wissenschaftliche.

Otten, Aloys, Einleitung in die Geschichte der Philosophie. Die Gottesidee, die leitende Idee in der Entwicklung der griechischen Philosophie. Paderborn, Schöningh, 1895, gr. 8°, VIII, 288 S., 3,60 Mk.

Otten, Alois, allgemeine Erkenntnislehre des heil. Thomas, in Kürze dargestellt. 12. (IV, 124 S.) Paderborn 882, Bonifacius-Druckerei.

Der Grundgedanke der Cartesianischen Philosophie, aus d. Quellen dargest. Z. dreihundertj. Geburtsjubil. Descartes'. Von Prof. Dr. [Alois] **Otten.** *Freiburg i. B.: Herder 1896.* (4 Bl., 142 S.) 1 Bd 8.

Otten, Alois, das Reich des Geistes u. des Stoffes, s. a. Studien, apologetische. I. 8.

OTTEN, Alois
Das Reich des Geistes und des Stoffes. Von Dr. Alois Otten. Wien. 1899. Mayer & Co. Gr.-8°. 100 S. fl. 1.20

— s.: Seelsorger, der katholische.

Otten, Alwin, der letzte Act. Trauerspiel in 1 Aufzug. 8. (28 S.) Berlin 892. Cassirer & Danziger. n. — 50

Otten, Bennata, die deutschen Volksbibliotheken u. Lesehallen in Städten üb. 10000 Einwohner, s. a. Blätter f. Volksbibliotheken u. Lesehallen. 2. Erg.-Heft.

Die deutschen Volksbibliotheken und Lesehallen in Städten über 10000 Einwohner. Von Bennata **Otten.** Mit e. Einl. von Dr. G[ottlieb] Fritz, Stadtbibliothekar. Leipzig: Harrassowitz 1910. VIII, 104 S. 8°
(Blätter f. Volksbibliotheken u. Lesehallen. Erg.H. 2.)

Otten, Carl, s. Otten, Karl

Spanische Novellen von Jose Echegaray [u. a.] Deutsch von Else **Otten** u. R[osa] Speyer. Ill. von H. A. Glatz. Berlin-Leipzig: Buchverl. fürs Deutsche Haus 1908. (301 S.) 8° [J.]
= **Bücher,** Die, d. Deutschen Hauses. Reihe 1. Bd 14.

Otten, Ferdinand. Vergleichend histiologische Untersuchung der Sarsaparillen aus der pharmacognostischen Sammlung des pharmaceutischen Institutes zu Dorpat nebst einem Beitrag zur chemischen Kenntniss dieser Drogue. Mag. Diss. Dorpat. 8°. 72 pp. **1876.**

Otten, Frdr., ein Spiel der Harmlosen. Kriminal-Roman. (95 S.) 8. Neuweißensee (905). E. Bartels. 1. —

Otten, G. Ueber die Cäsur im Altfranzösischen. **Diss.** Greifswald 1884. 23 S.

Otten, G., the language of the Rushworth gloss to the Gospel of St. Matthew. Part I: Vowels. gr. 4. (24 S.) Leipzig 890. Fock n. 1 —

Otten, Geo., the language of the Rushworth gloss to the gospel of St Matthew. Part II. gr. 4. (S. 25 - 48) Leipzig 891. G. Fock. n. 1. — (I. II.: n. 2. —)

Otten, Georg [Dr.]: The Language of the Rushworth Gloss to the Gospel of St. Matthew. Pars II. (Forts. d. P Beil. 1890.) Nordhausen, Druck v. C. Kirchner's Buchdr., *1891*, S. 25 48 8°
Nordhausen, k. G, P 1891 (289)

Otten, Gerard: Ueber ein Erdöl aus Argentinien. 1888. 34 S. 8° ¶ Etwas gekürzt in: Dingler's Polytechn. Journal. Bd 268. Reihe 6, Bd 18.
Karlsruhe, Dipl.-Diss. v. 15. 3. 1888

Otten, Heinr., unsere Konferenzen. Beiträge zu fruchtbring. Gestaltg. derselben. Vortrag, geh. auf d. m. d. Feier d. 48. „märk. Lehrer-Gesangfestes" verbund. Konferenz v. Schulleitern u. Lehrern zu Camen in Westf. am 4. Juli 1894. 2. Aufl. gr. 8. (14 S.) Berlin 895. Buchh. d. Deutschen Lehrer-Zeitg. n. — 20

Otten, J., zur Lehre v. der Konvalescenz d. vom Nichteigenthümer bestellten Pfandrechts. Inaug.-Diss. gr. 8. (45 S.) Göttingen 887. (Vandenhoeck & Ruprecht's Verl.) n. 1. —

Otten, J. D: Die Anwendung der Elektrizität im Bergbau. Vortrag. (Hamburg 1891)

Otten., J. D., die elektrische Leitungsfähigkeit der Fettsäuren und ihre Abhängigkeit von der Temperatur. Diss. München 1887, A. Buchholz. 8°. 35 S. mit 2 Taf.

Otten, J. D. [aus Amsterdam]: Die elektrische Leitungsfähigkeit der Fettsäuren und ihre Abhängigkeit von der Temperatur . . München, akad. Buchdr. v. F. Straub, 1887, 2 Bl. + 35 S. u. 2 Taf. 8°
München, Phil. Fak., Inaug.-Diss. v. 1887

Otten, Johannes [Referendar]: Zur Lehre von der Konvalescenz des vom Nichteigenthümer bestellten Pfandrechts . . Göttingen, Druck d. Dieterich'schen Univ.-Buchdr. W. Fr. Kaestner, 1887, 45 S. + 1 Bl. 8°
Göttingen, Jur. Fak., Inaug.-Diss. v. 12. Nov. 1887

Otten, Karl

OTTEN, CARL. Beiträge zur Kenntniss des Chinidin's. Freiburg im Breisgau, 1881

Otten, Carl, appr. Arzt a. Dittershausen: Aus dem pathologischen Institut ⟨Direktor: Prof. Dr. Aschoff⟩ und der chirurgischen Poliklinik ⟨Direktor: Prof. Dr. Küttner⟩ der Universität Marburg. Histologische Untersuchungen an exstirpierten Gallenblasen. Marburg 1906. (38 S.) 8° ¶ (Aus: Beiträge zur klinischen Chirurgie. Bd 48, H. 1.)
Marburg, Med. Fak., Ref. Aschoff, Diss. v. 18. Jan. 1906
[Geb. 16. Jan. 80 Dittershausen, Kr. Ziegenhein. Wohnort: Marburg; Staatsangeh.: Preußen; Vorbildung: Klostersch. Roßleben Reife M. 00; Studium: Marburg 4, Berlin 1, Marburg 1, München 1, Marburg 2 S.; Coll. 24. Nov. 05; Approb. 15. Nov. 05.]

Otten, L., Anaximander aus Milet. Diss. 1909. 45 S.

Otten, Max, approb. Arzt aus Lima, Perú: Aus d. Kais. Marine-Stationslazareth zu Kiel. Ein Fall von Stichverletzung der arteria brachialis. *Kiel 1901: P. Peters.* (15 S.) 8°
Kiel, Med. Diss. v. [2. Dez.] 1901

Ottenbacher, Karl Richard, Referendar u. bacc. iur. a. Eßlingen a. N.: Die Wiederverheiratung im Falle der Todeserklärung nach dem bürgerlichen Gesetzbuch. Eßlingen 1907: O. Bechtle. (VII, 54 S.) 8°
Leipzig, Jur. Fak., Diss. v. 21. Juni 1907
[Geb. 6. Mai 82 Eßlingen, Wohnort: Eßlingen, Staatsangeh.: Württemberg; Vorbildung: Gymn. Eßlingen Reife Juli 00; Studium: Tübingen 4, Berlin 1, Leipzig 1, Tübingen 3 S., Rig. 13. Juni 06.]

Ottenberg, Günther. Spektralanalytische, mit dem Quarz-Spektrographen vorgenommene Untersuchungen reiner und kapillaranalytisch abgetrennter gelber Farbstoffe, mit besonderer Berücksichtigung pharmakognostisch wichtiger Körper. Diss. Phil. Bern. [Mit 4 Tabellen.] 123 S. 8. Berlin, Gustav Schade, 1904.

Ottenberger, A., s. Ottenberger, Josef

Ottenberger, J., ägypt. Alterthümer, nach antiken Denkmalen, zunächst f. Studirende. gr. 8. u. 22 Kpf. in gr. 4. Prag, Bohmanns Erb. (Leipz., Magaz. f. Ind.) 1 ℳ 8 gr in kl. Fol. Velinp. 3 ℳ 4 gr

Ottenberger, Jos., Aegyptische, griechische und röm. Alterthümer, in Abbildungen geordnet und erklärt in deutscher und latein. Sprache. Wien 821. Abth. I. 3 Hefte. 8. (Enth. das röm. Kriegswesen).

Ottenberger, (J.,) das Kriegswesen d. Römer, s. a. Kriegswesen.

Ottenberger, J. Das Kriegswesen der Römer, größtent. nach antiken Denkmalen. Bd 1 (Taf.). 2 (Text). Prag 1824.

Ottenberger, A. Das Kriegswesen der Römer in Abbildungen nach antiken Denkmalern. Hrsg. von A. J. v. Müllerbacher. Deutsch und lateinisch. (190) 8. M. Atlas v. 62 Taf. Prag 1834. 32.

— die 7 Wunder d. Welt; geordnet u. erklärt. 1 Heft Kpf. in Fol. u. 1 Heft Text in gr. 8. Prag 824. Bohmanns Erb. (Calve). 20 gr ill. 1 ℳ 14 gr

Ottenburg, Karl

— Buch der Sprüche. (100 S.) kl. 8. Ebd. 909. 1.50; geb. n 2.50

Ottenburg, Karl, durch die Jahreszeiten. Neue Lieder u. Balladen. (VII, 130 S.) kl. 8. Dresden (910). E. Pierson. 2.—; geb. n 3.—

Ottenburg, Karl, Lieder u. Balladen. (IV, 111 S.) kl. 8. Dresden (908). E. Pierson. 2.—; geb. n 3.—

Ottendorf, J. B., französ. Sprachlehre f. jedes lernfähige Alter. Nach d. Muster d. besten gegenwärtig besteh. französ. Lehrbücher verfaßt. gr. 8. (34 B.) Wien 838. (Gerold's Vrlsb.) *

Ottendorf, J. B., französische Sprachlehre f. jedes lernfähige Alter. Nach dem Muster der besten gegenwärtig bestehenden französ. Lehrbücher verfaßt. 2., verb. u. verm. Aufl. gr. 8. (31 B.) Wien 844, Jasper's Verl.

Ottendorfer, Oswald (ed). Z Erinng an Anna Ottendorfer NY. 1848.

Ottendorff, G(ustav): Ueber Cystische Entartung der Leber und Nieren. *Bonn 1897: C. Georgi.* (47 S. mit Taf.) 8°
Bonn, Med. Diss. v. [31.] Juli 1898

Ottendorff, H., die Beschwerden gegen Beschlüsse und Verfügungen und die Rechtsmittel gegen Erkenntnisse und Untersuchungen wegen Verbrechen, Vergehungen und Uebertretungen. Eine vollständige und übersichtliche Zusammenstellung der auf ihre Zulässigkeit, Anmeldung und Rechtfertigung, ihren Erfolg und ihren Einfluß auf die Vollstreckung des ergangenen Erkenntnisses, so wie der auf die Vertheidigung sich beziehenden, jetzt geltenden Vorschriften. gr. 8. (31 S.) Schönebeck 854, Berger. Thlr.

Ottendorff, Hermann, aus Bonn Die Regierung der beiden letzten Normannenkönige, Tancreds und Wilhelms III., von Sizilien und ihre Kämpfe gegen Kaiser Heinrich VI. (Beiträge zur Geschichte Kaiser Heinrichs VI.) *Bonn 1899: C. Georgi.* (76 S.) 8°
Bonn, Phil. Diss. v. 15. Mai 1899

Ottenfeld, Markus, Hebrejska čitanka pro první rok školní. Prag 1895. Jakob B. Brandeis. (Min.-Erl. vom 6. Juni 1895, Z. 10303.)

— — Hebräische Fibel für das erste Schuljahr. Prag 1895. Jakob B. Brandeis. (Min.-Erl. v 6. Juni 1895, Z. 10303.) Cartonnirt —.16

Ottenfeld, Rud. v., u. Osc. **Teuber,** die österreich. Armee von 1700—1867. Illustr. von v. O. — Text v. T. Hrsg.: S. Czeiger. 1.—8. Hft. Fol. (S. 1—278 m. Abb. u. 36 Farbdr.) Wien 895—898. E. Berté & Co. — S. Czeiger. à Hft. n. 10. —

Ottenheimer, Henriette, Bilder und Lieder. gr. 12. München 833. (Franz.) n. 1 ₰

Ottenheimer, Henriette, Erzählungen. 8. (21 B.) Leipzig 841, Gebr. Reichenbach.

— kleine Erzählungen. 16. Stuttgart 834. Brodhag. 7/8 ₰

Ottenheimer, Henriette, Gedichte. 8. Stuttg. 832. Hallberger. Velinp. in elegantem Umschlag. 21 gr

— der Kettenschmied. Ein Mährchentraum. (Gedichte.) 8. Stuttgart 835. Brodhag. 1/2 ₰

Ottenheimer, Ludwig, Referendar b. K. Landgericht Stuttgart: Sind Erfüllungsgeschäfte anfechtbar? (Stuttgart [1907]: Stuttgarter Setzmaschinendruckerei.) (119 S.) 8° [F.]
Tübingen, Jur. Fak., Ref. v. Wendt, Diss. v. 16. Sept. 1907
[Geb. 1. Dez. 81 Göppingen; Wohnort: Stuttgart; Staatsangeh.: Württemberg; Vorbildung: Eberhard-Ludwigs-Gymn. Stuttgart Reife M. 00; Studium: München 2, Berlin 1, Leipzig 1, Tübingen 3 S.; Rig. Juli 07.]

Ottenheimer, Ludw., sind Erfüllungsgeschäfte anfechtbar? (112 S.) 8. Stuttgart 907. J. Heß. 2. —

Ottenhofer, Dav., Briefe über den Mohreh des Maimonides, s. Briefe.

Otteni, Emil

Otteni, E., die Zähne, deren Erkrankungen, Pflege u. Ersatz, s.a. Hillger's illustr. Volksbücher.

Die Zähne, deren Erkrankungen, Pflege u. Ersatz von E[mil] **Otteni**, Zahnarzt. Mit 26 Ill. Berlin, Leipzig: H. Hillger [1906]. (88 S.) 8° [F.]
— Volksbücher. Hillgers illustrierte. Bd 58. (07. 16109

Ottenjann, Henricus: De vocum encliticarum apud Plautum collocatione. Monasterii Guestf. 1910: Aschendorff. 76 S. 8°
Münster, Phil. Diss. v. 20. Nov. 1910, Ref. Kroll
[Geb. 19. Febr. 86 Greven; Wohnort: Münster i. W; Staatsangeh.: Preußen; Vorbildung: Gymn. Rheine Reife O. 06; Studium: Münster 1, Berlin 1, Münster 6 S.; Rig. 22. Juni 10.] [U 11 3982

Ottens, J., Elementarbuch der französischen Sprache, s.: Luppe, G.

— französische Schulgrammatik, im Anschluß an das Elementarbuch der französ. Sprache v. Luppe-Ottens bearb. gr. 8. (XIII, 176 S.) Zürich 880. Orell Füßli Verl. cart. n. 2. 40

Ottens, J., Übungsbuch zum Übersetzen ins Französische im Anschlusse an d. Verf. französische Schulgrammatik. gr. 8. (VI, 139 S.) Zürich 891. Art. Institut Orell Füßli, Verl. Kart. n. 1. 40
36

Ottens, Johann, aus Hennstedt i. Holst.: Über die **N-Phosphine** des Monoaethylanilins. *Rostock 1899: C. Hinstorff.* (39 S.) 8°
Rostock, Phil. Diss. v. [4. März] 1899

[J.] **Ottens,** Julius: Lehrplan für den deutschen Unterricht. Kiel, Druck v. A. F. Jensen, 1893; 1—13 S. 4.
Kiel, OR. OP 1893 (298)

Ottensee, J. L., v. d. Erkenntniß und Heilung des Schlagflusses u. d. Lähmung. m. e. Vorrede v. J. F. Fritze. gr. 8. Berlin, Himburg. 805.

Ottensee, J. L., von d. Erkenntniß u. Heilung des Schlagflusses u. der Lähmung. Mit e. Vorrede v. J. F. Fritze. gr. 8. Berl. 805. (Reimer). 1 ₰ 4 gr

Ottensen [Schlagwort]

Ottensen, s.: Hamburg.

Ottensen [Verfasser]

Ottensen, Hans, schwer gebüßt. Wider Liebe u. Pflicht. Zwei Novellen. 8. (275 S.) Düsseldorf 886. A. Bagel. 2. —

Ottensoser, Dav., s. Briefe über den Mohreh des Maimonides.

Ottensosser, David. Sori hai-jagon. Furth 1854

(O[ttensoser], R[obert].) Offene Antwort an Herrn Jules Favre auf sein Manifest vom 6. September 1870. ([Mit] Anhang: Das Circular von Jules Favre.) 8. Zürich & Leipzig 1870.

Festrede des Br.·. Rob. **Ottensoser** am Johannis-Feste den 26. Juni 1870. [Zürich 1870.] 8 S. 8° [Kopftit.]
Abgedr. in: FZ. 25 (1871) S. 242—244.
Mahnung zur Erfüllung der mrischen Pflichten.

Ottensosser, David, s. Ottensoser

Ottenstein, Bad, u. Umgebung bei Schwarzenberg im Königr. Sachsen. Herausg. von der Badedirection. Schneeberg u. Schwarzenberg 865. (Leipzig, Priber.) 8. (50 S. mit 1 lith. Karte in gr. Fol.) n. 12 ngr

Ottenstein, Simon: Das Nutenfeld in Zahnarmaturen und die Wirbelstromverluste in massiven Armatur-Kupferleitern. 1903. 48 S. 8° ¶ Auch bei Enke in Stuttgart u. als: Sammlung elektrotechn. Vorträge. Bd 5, H. 5. Karlsruhe, Dr.-Ing.-Diss. v. 19. 12. 1903

Das Nutenfeld in Zahnarmaturen und die Wirbelstromverluste in massiven Armatur-Kupferleitern. Von Simon Ottenstein, Karlsruhe. Mit 42 Abb. *Stuttgart: F. Enke 1903.* (S. 157–204.) 8°
— Sammlung Elektrotechn. Vorträge. Bd 5, H. 5.

Ottenthal, Emil

Ottenthal, E. v., u. Osw. Redlich, Archiv-Berichte aus Tirol, s.a. Mitteilungen der 3. (Archiv-)Section der k. k. Central-Commission zur Erforschg. u. Erhaltg. der Kunst- u. historischen Denkmale.

Mittheilungen der dritten (Archiv-) Section der k. k. Central-Commission zur Erforschung und Erhaltung der Kunst- und historischen Denkmale. V. Bd. Archiv-Berichte aus Tirol von E. v. Ottenthal und Oswald Redlich. III. Theil. 1. Heft. Wien und Leipzig. 1900. [In Comm.] Braumüller. Gr.-8°. 64 S. K 2.—

Julius v. Ficker † 10. Juli 1902. Rede bei d. vom akad. Senat d. Univ. Innsbruck 1902 veranst. Gedächtnis-Feier geh. von Emil v. Ottenthal. *Innsbruck: Selbstverl. d. Univ. 1903.* (20 S.) 8°

Ottenthal, Emil v., Julius v. Ficker. † 10. VII 1902. Rede, bei der v. akadem. Senat d. Universität Innsbruck am 13. XII. 1902 veranstalteten Gedächtnis-Feier geh. (20 S. m. 1 Bildn.) gr. 8. Innsbruck 903. (Wagner.) n. — 40

— das k. k. Institut f. österreich. Geschichtsforschung 1854—1904. Festschrift zur Feier d. 50jähr. Bestandes. (96 S.) Lex.-8. Wien 904. (A. Holzhausen.) n. 1.30

— d. Memoirenhafte in Geschichtsquellen d. früheren Mittelalters. Vortrag, geh. in der feierl. Sitzg. der kaiserl. Akademie der Wissenschaften am 31. V. 1905. (27 S.) 8. Wien 905. (A. Hölder.) n. — 50

Ottenthal, Emil v., s.a. Mitteilungen des Instituts f. österreichische Geschichtsforschung.

Ottenthal, Emil v., Regesten, s.: Böhmer, J. F., regesta imperii.

Ottenthal, E. v., regulae cancellariae apostolicae. Die päpstl. Kanzleiregeln von Johannes XXII. bis Nicolaus V. Gesammelt u. hrsg. gr. 8. (LII, 317 S.) Innsbruck 888. Wagner. n. 9. 60

Ottenthal, Phil. Otto v

Ottenthal, Ph. Otto v., Der Hausir-Handel in Oesterreich. 8°. Linz, Akad. B., 1828.

Ottenthal, Phil. Otto v., der Commerzialstempel in Oesterreich. gr. 8. ... Wien 822, Wallishausser.

— Der Zehend, nach canonischem und österreichischem Rechte. gr. 8°. Linz, Akad. B., 1823.

Otter, Bernh., zur Reform d. Religionsunterrichtes an der Volksschule. [Aus: „Correspondenzbl. f. d. kathol. Clerus Oesterreichs".] gr. 8. (77 S.) Wien 893. C. Fromme. n. 1. —

Otter, Jh., Reisen in die Türkei u. nach Persien; nebst e. Nachr. v. Thomas Kouli Chan; aus d. Französ. v. G. F. C. Schad. 2 Bde. gr. 8. Nürnb. 781—89. Bauer. 1 ℳ 12 𝔤𝔤 N. Aufl. gr. 8. Halle 823. Reinicke u. C. 2 ℳ 16 𝔤𝔤

Otter, Reisen in d. Türkey und nach Persien, a. d. Franz. v. Schad. 2 Bde. gr. 8. Nürnberg. Bauer. (Schmidmer.) 781—89.

— — dieselb. 2 Bde. gr. 8. Halle, Ruff. 789.

Otter, Jos[eph]. Wanderungen im Höll-Loch im Muotathal. (Mit 10 Illustrationen [Tafeln] und einer Karte.) 30 S. 8. Horgen, Schläpfer & Co., 1902. [fr. —. 75]

Oetter, Fr Wilhelm

Oetter, F. W., Nachrichten v. d. Leben S. W. Oetter, s.a. Nachrichten.

Oetter, Fr. Wlh., Nachrr. von d. Leben, Charakter u. Schriften Sam. Wlh. Oetter. gr. 8. Nürnb. 792. Raw 3 gl

— s. Wernher, e. geistl. Gedicht.

Oetter, Oskar [aus Langenstadt]: Die subtrochanteren Fracturen des Femur . . Erlangen, Druck d. Univ.-Buchdr. v. E. Th. Jacob, 1894; 23 S. 8.
Erlangen, Med. Fak., Inaug.-Diss. v [10. Febr] 1894

Oetter, Samuel Wilhelm

— Anmerk. üb. Zenkers Abhandl. von d. Burggrafthum Nürnberg. 4. Leipz. (Ansb.) 786. (Gassert). 2 gl

Samuel Wilhelm Oetter

Der Arzt in Deutschland in den ältern und mittlern Zeiten historisch vorgestellet in e. Schreiben an Heinrich Friederich Delius von Samuel Willhelm Oetter. Nürnberg: Schwarzkopf 1777. 102 S. 8°

— Arzt in Deutschl. in d. alt. u. mittl. Zeiten, hist. vorgest. 8. Nürnb. Schwarzkopf. (Stein.) 777.

— histor. Beschreib. d. Wappens d. Herren v. Eib. Mit 4 Kpft. gr. 8. Augsb. 784. v. Jenisch u. St. 5 gl

— Betrachtung üb. d. Handschuh d. Gräfin Stilla v. Abenberg, welchen sie bei Erbauung d. Peterskirche hat in die Höhe geworfen. 8. Leipz. 783. Weidmann. 2 gl

— Betr. üb. d. Handschuh d. Gräfin Stilla v. Abenberg. 8. Leipzig, Weidmann. 787.

— hist. Betr. des hohenlohischen Wappens, m. K. gr. 8. Nrnb. Winterschmidt. 780.

Oetter, S. W., Betrachtung über die Namen der Deutschen, besonders des Namens Aberdar in dem Hause von Seckendorf. Schwabach 1786.

— Betracht. üb. den Namen d. Deutschen, insonderheit des Namens Abendar. 8. Schwab. 787. Mizler. 6 gl

— Beweis, daß der Graf Rudolph von Habsburg 1273 zum römischen König erwählt w. s. 8. Nrnb. Zeh. 782.

— histor. Bibliothek mit diplomat. Urkunden erläut. 2 Thle. 8. Nürnb. 752.-53. Raspe. 16 ggr

— daß die Geistlichen in Deutschland ehedem Lehrer d. Arzneik. u. Aerzte gewesen. 8. Nürnb. 790. Stein. 6 ggr

— Erklärung d. Gebets des Schächers am Kreuze: Herr, gedenke an mich. 4. Nürnb. 771. Zeh. 6 ggr

— Erklärung des Namens der hochfürstlichen Residenzstadt Onolzbach und anderer Orte. 8. Ausbach, Haueisen. 782.

— Erklärung d. Namens der Residenzstadt Onolzbach u. anderer Orte rc. 8. Frankf. u. Leipz. 782. (Gaßert in Ansb.) 3 ggr

— Erläuterung e. raren Münze d. Erzbischofs zu Cöln Pilgrim, um die Jahre 1024—34, wobei zugleich 2 sehr seltene u. merkwürd. Arabische Münzen z. Untersuchung mitgetheilt werden. Mit Kpf. 4. Nürnb. 748. N. A. 788. Schneider u. W. 4 ggr

— Erläuterung einer raren Münze des Erzbischofs zu Cöln von 1024–34. m. K. 4. Nrnb. Weigel. 787.

— Erläuterung einiger Umstände in d. Leidensgeschichte Jesu. 4. Nürnb. 764.

— Erläuterung e. merkwürd. Urkunde v. J. 1290. 4. Schwabach 761. Enderes. 4 ggr

— Erl. einer merkw. Nürnbergischen Urkunde von 1290. 4. Schwab. Enderes. 762.

— s. Interregnum.

— Lebensgeschichte d. Erasmus Frölich. 4. Nürnb. 773.

Oetter, Sam. Wlh., († d. 7. Jan. 1792.) Muthmaßung, warum der auf Kön. Ludwigs IV. goldner Münze vorkommende Adler kein Holländ. Wappenschild seyn könne rc. 4. Regensb. 766. Montag u. W. 4 ggr

— Nachricht von e. merkwürd. Schirmmal. 4. Erlangen 789. (Heyder). 2 ggr

— gegründete Nachr. vom Burggräfl. Nürnberg. Schlosse Kadolzburg, nebst 2 Kpft. 4. Erlang. 786. Palm. 16 ggr

— histor. Nachrichten v. dem Hause u. Wappenbild der Herren Riedesel, Freiherren v. Eisenbach. 8. Tübing. 778. (Osiander). 6 ggr

— über den Namen der Deutschen, insonderheit d. Namens Abendar. 8. Schwab. Mizler. 787.

— v. Burggrafthum Nürnberg und d. Schlosse Kodalsburg, nebst 2 K. 4. Erlangen, Palm. 786.

— Probe e. wöchentlichen Wappenbelustigung an den Herzogl. Sächs. Wappen. gr. 4. Nürnb. 756.

— Sammlung verschiedener Nachrichten aus allen Theilen der historischen Wissenschaften. 1r Bd. in 6 Stck. und 2n Bds. 1s bis 4s Stck. 8. Erlangen. 748.

— Schreiben an H. F. Delius: der Arzt in Deutschland in den ältern u. mittlern Zeiten, histor. vorgestellt. 8. Nürnb. 777. (Stein). 5 ggr

Oetter, Samuel Wilhelm, De secturis aerariis Burggraviatus Norici superioris programma II. Quo ad orationes valedictorias in illustri gymnasio Erlangano invitat. Erlangen (J. Fr. Becker) 11. X. (1745). S. 31—39 mit Namen. (3.75) 25472

— — (Erlangen), De secturis aerariis Burggraviatus Norici superioris programma inaugurale quo munus con-rectoris in illustri gymnasio Erlangano et ad audiendam orationem historicam de feudis Burggraviatus Norici in Austria inferiore invitat. Erlangen (J. Fr. Becker) 8. VII. (1745). 27 S. (4.—) 25473

— Untersuch. der Frage: ob die Personen, welche d. Landfrieden gebrochen, die Hunde zur Strafe führen od. tragen müssen. gr. 8. Augsb. 784. v. Jenisch u. St. 2 ggr

— Untersuchung d. Frage: warum Herodes Christo ein weißes Kleid anlegen lassen? 4. Nürnb. 761.

— Untersuchung d. Frage: warum Simon von Cyrene dem Heilande das Kreuz tragen müssen? 4. (Augsb.) 764. Lotter. 6 ggr

— Versuch e. Beweises, daß d. Heiland mit e. verklärten Leibe nicht könne auferstanden seyn. 2 Stücke. 2e Aufl. 4. Schwabach 772 u. 73. (Zeh in Nürnb.) 4 ggr

— Versuch e. Beweises, daß d. Graf Rudolph v. Habsburg durch die Einleitung d. Burggrafen Friedrich zu Nürnberg 1273 zum Römischen König erwählt werden sollte. 8. Schwab. 782. (Zeh in Nürnb.) 4 ggr

— Versuch e. Geschichte der Burggrafen zu Nürnberg u. nachmal. Markgrafen zu Brandenburg in Franken. 1r—3r Versuch. Mit Kpf. gr. 8. Frankf. a. M. 751—58. Posch. 3 Rthlr 4 ggr

— Versuch e. Nachricht v. den ministerialibus imperialibus. 4. Nürnb. 766. Felßecker. 16 ggr

— Versuche e. Beweises, daß der reiche Mann gegen d. Lazarus nicht unbarmherzig gewesen rc. 4. Schwabach 773. (Zeh in Nürnb.) 4 ggr

— bestätigte Wahrheit, daß der Heiland in e. Höhle unter der Stadt Bethlehem geboren worden. gr. 8. Nürnb. 774. Zeh. 8 ggr

— bestätigte Wahrheit, daß die blaue Farbe die Hauptfarbe der Baiern gewesen sey. 8. Regensb. 786. Montag u. W. 4 ggr

— Bestättigte Wahrheit, dass die Geistlichen in Deutschland seyen ehehin die Lehrer der Arzneikunst und auch zugleich die Aerzte gewesen. Nurnberg 1790. 8.

Oetter, Samuel Wilhelm. Samuel Wilhelm Oetters Wappenbelustigungen. Erster Band worinnen die Probe und Sieben Stücke nebst vollständigen Register Wird in gemeinschafftlichen Verlag, der Kayserlichen Franzischzischen Academia freier Künsten verkaufft zu Augspurg [1756—]1764.
Vortit., Titelkupfer, Haupttit. in Kupferst., 3 Bl. Widmung m. 2 Taf. in Kupferst. 3 Bl. Vorrede; Sondertit. zur „Probe" (1756), 5 Bl., 44 S. m. 1 Kupferst. – 2 Tit. zum 1. Stück (1761), 20 Bl., 68+144 S. m. 30 Kupferst., 1 Taf. in Kupferst. – Tit. zum 2. Stück (1762), 8 Bl., 104 S. (S. 1—4 fehlt) m. 32 Kupferst., 2 Taf. in Kupferst. – 2 Tit. in Kupferst. zum 3. Stück (1762), 4 Bl., VIII+78 S.; 10 Taf. in Kupferst., davon 7 in d. Seitenzählung einbegriffen. – 2 Tit. in Kupferst. zum 4. Stück (1762), Titelkupfer, 4 Bl., VIII+150 S. m. 1 blattgroßen Kupferst.; 14 Taf. in Kupferst., davon 13 in d. Seitenzählung einbegriffen. – 2 Tit. in Kupferst. zum 5. Stück (1763), 4 Bl., 14 S., 2 Bl., 186 S., 6 Taf. in Kupferst., davon 4 in d. Seitenzählung einbegriffen. – Kupfertit. zum 6. Stück (1764), Titelkupfer, 2 Bl. Widmung in Kupferst., 6 Bl., 41 S., 1 Bl.; 4 Taf. in Kupferst. – 2 Tit. in Kupferst. zum 7. Stück (1763), 5 Bl., 59 S. m. 2 Kupferst.; 8 Taf. in Kupferst. – Register (1765): Tit., 37 Bl. 8°

— Wöchentliche Wappenbelustigungen. 1r Bd. in 8 Stcken. gr. 4. Augsb. 762—65. (Felßecker in Nürnb.) 14 Rthlr

Otterbach, Carl, approb. Arzt aus Reinsberg Aus d. Privat-klinik d. Herrn Prof. Dr. Hoffa in Würzburg. Über die intra partum erworbenen Unterschenkelbrüche. *Würzburg 1899: Becker.* (23 S.) 8°
Würzburg, Med. Diss. v 1899

Otterbeck, Karl; Trspl. 8. Berl. 784. Voß. 12 gr.

Otterbeck, *Wilhelm* [cand. med.]: Aus d. chirurg. Klinik zu Bonn. Freies Lipom im Kniegelenk ... Bonn, Buchdr. J. Bach Wwe., 1892; 27 S., 1 Bl. 8.
Bonn, Med. Fak., Inaug.-Diss. v [12] Aug. 1892

Otterbein, F. L., de ascensione Jesu Christi in coelum adspectabili modo facta. Duisb. 1802 8.

Otterbein, Georg Gf.

— der weise Gebrauch der Gnadenzeit. 8. Frkf. a. M. 788. Fleischer. 6 gr. (Vergl. J. H. Schacht, die Nothwendigkeit ꝛc.)

Otterbein, Geo. Gf., († d. 10. Sept. 1800.) der Geist des wahren Christenthums, nach Paulus; e. Erbauungsbuch. 2 Thle. gr. 8. (Lingen). Leipz. 792—97. Grieshammer. (Fischer u. Fuchs). 1 Thlr.

— das Leben Henochs, oder die Art u. Weise, mit Gott zu wandeln; aus d. Engl. des Joseph, mit e. Anh. verm. 8. Duisb. 778. (Helwing in Hannov.) 8 gr.

— Lesebuch f. deutsche Schulkinder. 8. Dessau u. Leipz. 784. 2e A. 785. 3e A. Lingen 791. 4e A. 8. Lemgo 795. Meyer. 8 gr.

— Predigten über den Heidelberger Katechismus. (1r Thl.) 2 Bde. gr. 8. Duisb. 800. Bädecker. 2 Thlr. — Dass. 2r Thl. gr. 8. Lemgo 803. Meyer. 1 Thlr. 18 gr.

— Unterweisung in der christl. Religion ꝛc. 8. Dessau 786. 2e A. Frkf. u. Leipz. 789. Duisb. 798. Bädecker. 4 gr. 12. (Jülicher in Lingen). 10 gr.

— erste Wahrheiten d. christl. Religion zum Unterricht. 2e A. 8. Duisb. 788. 4e A. 798. Bädecker. 3 gr. (Die 1e Ausg. erschien als Anh. zu d. Unterweisung.)

Otterbein, J. D. Jesus u d Kraft seines Blutes. Lanc, 1790.

[F.] Die Heilkraft des Sonnenlichtes. Die Sonne u. d. Erhaltg d. Kraft. Von Dr. med. [Josef] **Otterbein,** .. in Eberswalde bei Berlin. *Trier: Paulinus-Dr. 1896.* (1 Bl., 115 S.) 1 Bd 8. [97. 4375

[F.] Der Kampf gegen die Aerzte ... Von Dr. [Josef] **Otterbein,** pract. Arzt in Berlin .. *Berlin: E. Staude 1896.* (1 Bl., 32 S.) 1 Bd 8. [96. 9195

Otterbein Die Lichtvertheilung auf der Erde. Neue geophysikalische Gesichtspunkte in ihrer Bedeutung für die Medicin. ([S.-A.] Prager Medicinische Wochenschrift Bd. 24. 1899. Nr 31—33.) Prag 1899. 11 S. 8°

Otterbein, Joseph [aus Trier] : Aus d. pharmakolog. Institut zu Bonn Toxikologische Untersuchungen über die Oxalsäure Cöln, Buchdr v Th. Quos, 1889; 27 S. 8°
Bonn, Med Fak., Inaug. Diss. v 9. Febr 1889

Otterbourg, S. J., s. Otterburg, Salomon J.

Otterburg, Salomon J.

Otterbourg, S.-J., aperçu historique sur la médecine contemporaine de l'Allemagne. Pathologie interne. gr. 4. (104 S.) Paris 852. Carlsruhe, Bielefeld. n. 1 Thlr.

Otterburg, S. J., s. Conquest, Grundriß der Geburtshülfe.

Otterburg, S. J., das mediz. Paris, e. Beitr. z. Gesch. d. Medizin u. e. Wegweiser f. deutsche Aerzte. gr. 12. (12⅚ B. u. Orfila's Bildn. u. Facsim.) Carlsruhe 841, Bielefeld.

OTTERBURG, Salomon J. (Landau/Pf.): Physiologisch-pathologischer Versuch über die allgemeinen Einwirkungen der Schwangerschaft auf den Organismus.- München 1835. 22 S.
27.7.1835 - Urk (Titel: Tentamen physiologico-pathologicum de graviditatis in organismum effectu generali.); P 62
Diss. Ingolst.-Landsh.-Mchn.

—— der dermalige Zustand der Medicin in Deutschland nach seinen wichtigsten Richtungen, Bestrebungen und Leistungen. Deutsch von Hugo Hartmann. 1. Heft. A. u. d. T.: Die innere Pathologie und Therapie der Neuzeit in Deutschland und ihre bedeutsamsten Richtungen und Leistungen. Ein Beitrag zur Geschichte der neueren Medicin. gr. 8. (XVI und 167 S.) Weimar 853, Voigt.

Otterfels, Geo. v., die Hüttenjagd. 8. (VIII, 111 S.) Klagenfurt 902. J. Leon sen. Geb. in Leinw. n. 2.—

Otterfels, Geo. v., d. Krähenhüttenjagd m. besond. Berücksicht. d. österreich. Alpenländer. 8. (IV, 61 S.) Klagenfurt 895. J. Leon sen. n. — 80

Ottermann, Aug., „Preußen, der Bund und der Frieden von einem Nicht-Gothaner", beleuchtet. Bromberg 859. (Stettin, Saunier.) gr. 8. (16 S.) n. 5 ngr.

Ottermann, Karl

Ottermann, C., Düsseldorfer Bürgerbuch. Sammlung der Ortsstatuten, Polizeiverordngn., Regulative u. sonst. die Gemeindeanstalten u. Einrichtgn. der Stadt Düsseldorf betr. Bestimmgn. Im Auftrage der städt. Verwaltg. bearb. (XXII, 915 S.) Lex.-8. Düsseldorf 905. L. Schwann. n. 8.—; geb. in Leinw. n. 9.—

Ottermann, C., Düsseldorfer Bürgerbuch. Sammlung der Ortsstatuten, Polizeiverordngn., Regulative u. sonst. die Gemeindeanstalten u. Einrichtgn. der Stadt Düsseldorf betr. Bestimmgn. Im Auftrage der städt. Verwaltg. bearb. I—III. Nachtrag. gr. 8. Düsseldorf, L. Schwann. 9.—
I. Bis einschließlich 30. VI. 1907. (VI, 258 S.) 907. Kart. 3.—
II. 1. VII. 1907 bis 1. IX. 1908. (XIV, 299 S.) 908. Kart. 3.—
III. 1. IX. 1908—15. III. 1910. (VIII, 352 S.) 910. Kart. 3.—
Hauptwerk. Ebd. 905. 8.—; geb. 9.—

Ottermann, Carl, das Fluchtliniengesetz vom 2. VII. 1875. Erläut. Abhandlg. zu d Hauptbestimmgn. desselben 8. (64 S.) Berlin 897. J. Guttentag. n. 1.25

— Führer durch die Gesetzgebung u. Staatseinrichtung, s.: Fechner's, Karl, Gesetzgebungs-Bibliothek.

Ottermann u. K. **Fechner,** Leitfaden zur Vorbereitg. f. die Prüfgn. auf dem Gebiete der Gesetzgebg., s.: Fechner's, K., Gesetzgebungs-Bibliothek. 4.

Otters, Joh., s. Otter

Ottersbach, Geo., Drogenkunde, s.: Sammlung Göschen. (Dorstewitz, Mich.)

— Handbuch der Drogisten-Praxis, s.: Buchheister, G. A.

Ottersbach, Frau Martha, s.: Fromberg, Hedda.

Ottersbach, Paul [aus Wahn (Rheinl.)]: Aus d. medicin. Klinik d. Univ. Bonn. Ein Fall von Friedreich'scher Krankheit ... Siegburg, Druck v. W. Reckinger, 1897; 34 S. 8.
Bonn, Med. Fak., Inaug.-Diss. v [20.] Febr 1897

Ottersberg [Schlagwort]

Ottersberg, s.: Deutschland. Karte. (Abt. Preussen.)

Ottersberg, s.: Preussen. Messtischblätter.

Ottersberg [Verfasser]

Ottersberg, A., eure Lindigkeit lasset kund werden allen Menschen. (Weihnachts-Gespräch f. 4 Personen.) Für christl. Gemeinden, Vereine u. Schulen. (11 S.) kl. 8 Hamburg (896. 897). Bundesbuchh. n. — 20

— der blaue Montag. (Gespräch f. 6 Personen). (20 S.) kl. 8. Ebd. (896. 897). n. — 25

— ein Weihnachtsbild aus der Mission. (Weihnachts-Gespräch f. 4 Personen.) Für christl. Gemeinden, Vereine u. Schulen. (8 S.) kl. 8. Ebd. (896. 897). n. — 15

Ottersky, Eugen [pr. Arzt]: Aus d. anatom. Institut zu Königsberg i. Pr. No. 18. Untersuchungen über Weichteile und Knochen der mittleren Schädelgrube insbes. über d. Lage d. Chiasma opticum ... Königsberg i. Pr., Druck v. R. Schenk, 1896; 74 S., 1 Bl. 8.
Königsberg, Med. Fak., Inaug.-Diss. v. 25. Juli 1896

Ottersky, Eug., Untersuchgn. üb. Weichteile u. Knochen d. mittl. Schädelgrube insbes. üb. d. Lage d. Chiasma opticum. Diss. gr. 8. (74 S.) Königsberg 896. (W. Koch.) n. 1. 20

Ottersky, Friedr., Eisenbahn-Stations-Verzeichniss der deutschen, österreichischen, belgischen, holländischen, luxemburgischen und schweizerischen Eisenbahnen. Ein Handbuch für den Eisenbahn-, Güter- und Zoll-Verkehr. gr. 4. (XV, 399 S.) Wesel 875, Düms. M 4,50.; geb.

Ottersky, F., und J. L. Algermissen, Spezial-Karte der rheinisch-westfäl. und hessen-nassauischen Eisenbahnen nach der Verwaltungseinteilung vom 1. April 1881, nebst Betriebsämter- und Stations-Verzeichnis der westlich von Berlin gelegenen königl. preuss. Eisenbahn-Direktionen. 1:500,000. Aubeldr. und chromolithogr. gr. Fol. Metz 882, Deutsche Buchhandlung.
Auf Leinw. in Etui *

Ottersky, F., Specialkarte der Eisenbahn- und Post-Verbindungen Mittel-Europas. 4 Bl. Fol. Wesel 875.
In Etui *
aufgez. in Etui * M 7,50.; mit Rollen *

Ottersky, F., Special-Karte der Eisenbahn- und Post-Verbindungen Mittel-Europa's. 1:1,250,000. 2. erweiterte und bis auf die Gegenwart bericht. Aufl., mit farb. Landesgrenzen und Angabe der Linien der verschiedenen Eisenbahn-Verwaltungen in besonderen Farben. 4 Bl. Lithogr. und color. Imp.-Fol. Wesel 876, Düms.
gefalzt in Mappe * M 5.; auf Leinw. in Mappe *
Mit Holzstäben *

Ottersky, F., Special-Karte der Eisenbahn- und Post-Verbindungen Mittel-Europa's. 3. Aufl. 4 Bl. Chromolithogr. und color. Imp.-Fol. Ebendas. 879.
Zusammengesetzt und gefalzt in Mappe
Mit leinener Randeinfassung und Holzstäben
Auf Leinw. in Mappe M 7,50.; in 2 Leinw.-Etuis

Ottersky's, F., Spezialkarte der Eisenbahn- und Postverbindungen Mittel-Europas. 1:1,250,000. 4. vollständig neu bearb. Aufl. 4 Bl. Chromolithogr. Imp.-Fol. Wesel 884, Düms.
Zusammengesetzt mit leinener Rand-Einfassung und Holzstäben
Auf Leinw in 2 Leinw.-Etuis M 8.; mit Holzstäben

Ottersky's, F., Spezialkarte der Eisenbahn- u. Postverbindungen Mittel-Europa's. 5., vollständig neu bearb. Aufl. 1:1,250,000. 4 Blatt. Farbendr. Imp.-Fol. Wesel 890, Düms. 4 50
Mit Randeinfassg. u. Stäben 6 —; auf Leinw. m. Stäben 7 50

F. **Otterskys** Spezialkarte der Eisenbahn- u. Postverbindungen Mittel-Europas. 6. vollst. neu bearb. Aufl. Massst. 1:1,250,000. *Berlin: C. Regenhardt [1897]*. 1 Ktnbl. gr 2. ($\frac{?}{?}$) in 2 Bl. [97. 8109

Otterstedt, v., kurze Geschichte d. 7. Thüring. Infanterie-Regiments Nr. 96 u. seiner Stämme. 8. (68 S.) Gera 885. Nugel. n. — 50

Otterstedt, v., kurze Geschichte d. 7. thür. Inf.-Regiments No. 96 u. seiner Stämme. 3. Aufl. 8. (74 S.) Gera 892. A. Nugel. n — 50

Otterstedt, v., Secondlieutenant, jetzt Hauptmann etc Kurze Geschichte des 7 Thür Inf. Regiments Nr. 96 u seiner Stämme 4 Auflage
8 Altenburg 1895

Otterstedt, v., kurze Geschichte des 7. Thür Inf.-Regiments Nr. 96 u. s. Stämme. 5. Aufl. 8. (71 S.) Altenburg 897. O. Bonde. n. — 50

Otterstedt, v., kurze Geschichte des 7. thür. Inf.-Regiments Nr. 96 u. seiner Stämme. 8. ergänzte Aufl., hrsg. v. Wagner. (104 S.) 8. Altenburg 910. O. Bonde. — 60

— das 8. Thür. Inf.-Regiment Nr. 153 u. s. Altenburger Stammtruppen. Auf Befehl d. Regiments bearb. 8. (55 S. m. 1 Bildn.) Ebd. 898. n. — 60

Beobachtungen ueber die senkrechten Wanderungen des Mysisbestandes in der Ostsee bei Bornholm in den Sommermonaten 1900 und 1907 Von Andreas **Otterstrøm**. Mit 1 Fig København, Reitzel in Komm. 1910. 10 S. 4°
(Meddelelser fra Kommissionen for Havundersøgelser Ser Plankton. Bd 1, Nr 9.)
A 12.9210

Otterström, Andr., Uebersicht üb. die Seefischerei in den dänischen Gewässern innerhalb Skagens, s.a. Publications de circonstance du conseil permanent international pour l'exploration de la mer No. 13 A.

Uebersicht über die Seefischerei in den daenischen Gewässern innerhalb Skagens. Im Auftr von Dr. C. G. Joh. Petersen bearb. von **Andreas Otterström**. *Copenhague: A. F. Høst & fils en comm. 1904.* (S. 1–26.) 4°(8°)
— Ostseefischerei, Die, in ihrer jetzigen Lage. ⟨T. 1⟩, 1.
— Conseil permanent internat p. l'exploration de la mer Publications de circonstance No 13 A
64. 1030 4

Otterwisch [Schlagwort]

Otterwisch, s.: Geologische Karten. Spezialkarte. (Sachs.)

Ottesen, Mary

Ottesen, M., Deutsch-Dänisch-Norwegisch, s.a. Goldschmidt's Sammlung praktischer Sprachführer. 7. Bd.

Deutsch-Dänisch, Norwegisch. Kleines Handb. d. dän., norweg. Sprache von M **Ottesen**. 5. Aufl. *Berlin: A. Goldschmidt 1900.* (IV, 140 S.) 8° [F. u. Ant.]
— **Sammlung**, Goldschmidt's, prakt. Sprachführer f. Reisende. Bd 7.
[00. 10981

Deutsch-Dänisch, Norwegisch. Kleines Handbuch d. dän., norweg. Sprache von M[ary] **Ottesen**. 6. Aufl. Berlin: A. Goldschmidt 1904. (IV, 140 S.) 8° [F. u. Ant.]
— **Sprachführer** f. d. Reise. Bd 7.
[06. 4965

— auf der Felseninsel, s.a. Goldschmidt's Bibliothek f. Haus u. Reise.

Auf der **Felseninsel**. Eine Erzählung aus d. norweg Scharen von M[ary] **Ottesen**. *Berlin: A. Goldschmidt 1900.* (106 S.) 8° [F.]
— **Bibliothek**, **Goldschmidts**, f. Haus u. Reise. Bd 88. [00. 10134

Ottesen, Mary, Gerda. Eine norweg. Erzählg. f. junge Mädchen. 8. (III, 199 S.) Gotha 893. F. A. Perthes. n. 2. 40

Ottesen, Mary, Inga. Eine Idylle aus dem norweg. Hochlande. Berlin 880, Bernhardi. geb. mit Goldschn.

Ottesen, Mary, Inga. Eine Idylle aus dem norwegischen Hochlande. 16. (136 S.) Berlin 880. Rogge & Fritze. geb. m. Goldschn. n. 3. —

Die Apostel von Peter Vischer. Gest. von Alb. Reindel. Mit einer erläuternden Zugabe von **Ottfried**. 8°.

Ottfried, Schubert-Novellen: s. a. Schubert-Novellen.

Ottfried, Schubert-Novellen. Sechs Blätter aus dem Liederkranze des unsterblichen Meistersängers. Innsbruck 862. Wagner 16. (128 S.) n. 12 ngr.

Ottfried, Schubert-Novellen. 6 Blätter aus dem Liederkranze des unsterbl. Meistersängers. 2., unveränd. Aufl. Innsbruck 865. Wagner'sche Univ.-Buchh. 8. (120 S.) geb. mit Goldschn. 15 ngr.

Ottfried, R., im Hause des Verderbens, s.: Sammlung interess. Criminal- u. Detectiv-Romane. 21. Bd.

— das Verbrechen im Moor, s.: Sammlung interess. Criminal- u. Detectiv-Romane. 25. Bd.

OETTGEN, GODEFRID WOLFGANG.
Tentamen inaugurale chemicum de theoria solutionum. Duisburgi ad Rhenum, *s. d.* [1782]. pp. 28, 4to.

Oettgen, Peter, Ingenieur aus Köln Über die Oberflächenspannung einiger organischer Substanzen in wässeriger und alkoholischer Lösung dargestellt als Funktion der Konzentration und Temperatur. *Rostock 1899: C. Boldt.* (41 S.) 8°
Rostock, Phil. Diss. v [8. Mai] 1899

Otth, Ad., Esquisses africaines, dessinées pendant un voyage à Alger. VI Livrs. ½ Imp.-Fol. (30 Stnt. u. 7 Bl. Text.) Berne 838, Wagner. à 2 Thlr.

***Otth*, B., theses jurid. de successionib. ab intestato et actionibus competentibus. 4. Wien 750. Trattner. 11 gr.**

Otth, Carl Adolph, s. Otth, Karl Adolph

Otth G.: Ueber die Brand- u. Rostpilze. 1861. [Rostr. Saml.]

Otth, Karl Adolph

— **Carl Adolph** (Bern/Schweiz), De febre intermittente traumatica. Diss. med.-chir. Berlin (Jordan) 18. IV. 1828. 36 S. mit Biogr. (M.: Wiedemann). (4.—) 25702
Oppon.: L. Mankiewicz, H. Toggenburg, R. Knapp. — Gew.: C. R. W. Wiedemann (Oheim)

OTTH, LEOP(OLD): Geheimnissrede auf die dreyeinige Gottheit, bey Erneuerung der Würdenswahlen der englischen Erzbruderschaft der allerheiligsten Dreyfaltigkeit von Erlösung gefangener Christen und hohen Titularfest dieses heiligsten Ordens. Vorgetragen in eigener Kirche zu Comorn den zweyten des Brachmonats 1776 von dem tugendsamen Jüngling Leop. Otth. Preßburg 1776. Gedr bey Joh. Mich. Landerer 18 S., 6 f. - kl. 4°

Otthöuss, C. F, wirkl. auf vieljähr Erfahr erprobter Versuch üb. d. Beschneiden d. Obstbäume Mit 5 Kpf. 8. Wien, 1803. 3. Aufl. Neuburg, 1804. (Leipzig, Melzer.) — 10

C. F. Otthöuß, Versuche über das Beschneiden der Obstbäume.
Augsburg 1803

Otthöuß, C. F., wirkl., auf vieljähr. Erfahrr. erprobte Versuche üb. das Beschneiden der Obstbäume. Mit 5 Kpf. 8. Wien 803. Wimmer. 8 gr. 8. Leipz. 804. Joachim. 8 gr.

Otti, Hans. Dezimalteilung der Winkel und vierstellige Logarithmentafeln im Mathematikunterricht der Mittelschule. [Mit Figuren.] Separatabdruck aus der Schweiz. Pädagog. Zeitschrift, Jahrg. 1906, Heft 5. II + 23 S. 8. Zürich, Orell Füssli.

Otti, Hans: Eigenschaften der Bessel'schen Funktionen zweiter Art. Bern 1899. 57 S. 8°.
Bern. Phil. Diss. 1898/99.

Otti, Hans. Hauptfragen und Hauptmethoden der Kartenentwurfslehre, unter besonderer Rücksichtnahme auf die Abbildung der Schweiz. [Mit Figuren und 7 Tafeln.] 50 S. 4.
Jahresbericht der Aargauischen Kantonsschule (in Aarau). Schuljahr 1910/11 .... Beilage... Aarau, H. R. Sauerländer & Co., 1911.

Ottiger, A., über Begriff u. Wesen d. Philosophie. Versuch e. allgem. Einleitung. 8. (4 B.) Heidelberg 831, A. Oswald

Ottiger, J., s.: Düngerstätten, Jauchenausläufe u. Gülletransportwagen, zweckmäßige.

Ottiger, Hermann. Assistenz-Arzt am Bürgerspital Luzern [von Rothenburg, Kt. Luzern] Aus dem pathologischen Institut in Zürich. Über die Bildung von Reiskörperchen in den Schleimbeuteln. Mit einer Tafel. Zür. Orell Füssli Dr. 1894. 46 S. 1 Taf., 1 Bl. 8°
Zürich. Med Diss. [v 15. Sept 1894].

Ottiger, Ign., S. J., Theologia fundamentalis. Tom. I. De revelatione supernaturali. gr. 8. (XXIV, 928 S.) Freiburg i/B. 897. Herder. n. 12. —; geb. in Halbfrz. n. 14. —

Ottiker (Hrsg.), s. Volkswirth, Der schweizerische.

Ottiker, August. Molekulare Grenzleitfähigkeiten binärer Elektrolyte in Pyridin und in Propylalkohol. Diss. Phil. (= Sc.) Lausanne. 34 + *Berichtigung* 1 S. 8. Zürich-Selnau, Gebr. Leemann & Co., 1907

Ottiker, E., Mahl- u. Mehlprodukte, s.: Bericht üb. Gruppe 25 der schweizerischen Landesausstellung Zürich 1883.

Ottiker, Heinrich [von Wetzikon (Schweiz)]: Ueber Gallenfisteln .. Zürich, Druck v Zurcher u. Furrer, 1886, 38 S. 8°
Erlangen, Med Fak., Inaug.-Diss. v Aug. 1886.

Ottiker, Heinrich, über Gallenfisteln. Diss. Erlangen 1886, Th. Blaesing. 8° 38 S.

Ottiker, J. W., der Zeugenbeweis im zürcherischen Civilprozeß. Auf Grundlage der bestehenden Gesetze, Verordnungen u. obergerichtlichen Entscheidungen dargestellt. Hinweil 860 (Zürich, Meyer & Zeller.) 8. (IV, 58 S.) n. 12 ngr.

Ottilie. Trauersp. von Brandes. 8. Leipz. Dyk. 791.

Ottilie, oder das Schloß Zähringen, eine Sage der Vorwelt. 8. Wien, 791. Ludwig. 7 sgl.

Ottilie, Gräfin; ein Muster weiblicher Vollkommenheit. Leipzig 1803. V: *Herrschel, Carl Christian.* (Ky)

Ottilie, Gräfin; e. Muster weibl. Vollkommenheit, (v. Karl Chr. Herrschel). 8. Leipz. 803. (Andrä). 1 ℛ 12 ℊ

Ottilie, Gräfin, **e. Beytrag z. weiblich. Vollkommenheit. 8. Lpz. Kleefeld. (Bauer.) 803.**

Ottilie, ein Diplomat, s. Bibliothek deutscher Original-Romane.

Ottilie, Waldblumen. Erzählungen für Kinder von 6—10 Jahren. Mit 8 (lith. u.) color. Bildern. Wien 862. Lechner. 16. (IV, 316 S.) 1 ℛ

— **Was die Mutter erzählt. Geschichten für Kinder von 6 bis 10 Jahren. Mit 8 (lith. u.) color. Bildern. Ebend. 864. 16. (331 S.)** 1 ℛ 7½ ngr.

Erneute Eingabe an die Deutsche und an die Preußische Gesetzgebung. Antrag [Nebst] Nachschrift 1. 2. (Verf. **Amanda Ottilie.**) *(Berlin 1900: C. Oekler.)* (30 S.) 8° [F.] [01 . .

[F.] Die Lösung der Frauenfrage in Deutschland v **Ada Ottilié** *Berlin: (Selbstv.; Dr. v. C. Oekler 1897).* (30 S.) 1 Bd 8. [98. 4534

Die Lösung der Frauenfrage in Deutschland. Von **Ada Ottilié** (= **Amanda Ottilie.**) Th. [1.] 2. *Berlin: (Selbstverl. [1897–1903]).* 2 Bde 8° [F.]
1. 1897
2. [u. d. T.] Die Seuchenfrage u. die Frauenfrage von Amanda Ottilie 1903. [04. 7343

Ottilie, Frau Amanda, die Seuchenfrage u. die Frauenfrage. (Die Lösg. der Frauenfrage in Deutschland. II. Thl.) Denkschrift Eingesandt zum Kongreß zur Bekämpfg. der Tuberkulose als Volkskrankheit im Mai 1899 zu Berlin. (Neue [Titel-]Ausg.) Nebst: Erneute Eingabe an d. deutsche u. an die preuß. Gesetzgebung. (114 u. 30 S.) gr. 8. Berlin (Christinenstr. 35) [899. 900.] (903). Frau A. Ottilie. n. 1. 50

Otting, Frank, auf anderem Stern. (269 S.) 8. Dresden 904. E. Pierson. n. 3. —; geb. n. 4. —

Oettingen [Schlagwort]

Oettingen, s.a. Deutschland, Kürschner-Pein.

Oettingen — Charte vom Fürstenthum — Nach seiner jetzigen Eintheilung in den Fürstlich Oettingen - Spielbergischen und Fürstlich Oettingen - Wallersteinischen Antheil abgetheilt, herausgegeben von Homanns Erben Nürnberg 1806. 1: 95,000. 1 Bl.

Oettingen [Verfasser]

Oettingen, Alex. v., Antiultramontana. Kritische Beleuchtg. der Unfehlbarkeitsdoktrin vom Standpunkt evangel. Glaubensgewißheit. Ein Beitrag zur Beurtheilg. der konfessionellen u. kirchenpolit. Kämpfe der Gegenwart. gr. 8. (X, 152 S.) Erlangen 876. Deichert. n. 3. —

Oettingen, Alex. v., wahre u. falsche Auctorität, mit Beziehung auf die gegenwärtigen Zeitverhältnisse beleuchtet. gr. 8. (VI, 67 S.) Leipzig 878. Duncker & Humblot. n. 2. —

Oettingen, Alex. v., Bildung u. Sittlichkeit, s.: Aus baltischer Geistesarbeit. VII.

Oettingen, Alexander von. Bildung und Sittlichkeit s. Engelhardt, Moritz von. Johann Calvin. Riga ... 1908.

Oettingen, Alex. v., die Diakonissenfrage. Ein Beitrag zur Beurtheilg. der „christl. Liebesthätigkeit". [Aus: „Mittheilgn. u. Nachrichten d. evangel. Kirche in Rußland".] gr. 8. (38 S.) Riga 894. L. Hoerschelmann n. 1. —

Oettingen, Alex. v., noch einmal d. Diakonissenfrage. Ein Wort zur Verständigg. gr. 8. (48 S.) Riga 895. L. Hoerschelmann. n. — 80

— **lutherische Dogmatik. (In 2 Bdn.) 1. Bd. Principienlehre.** Apologet. Grundlegg. zur Dogmatik. gr. 8. (XX, 478 S. m. 1 Taf.) München 897. C. H. Beck. n. 8. —; geb. in Halbfrz. n.n. 10. —

Oettingen, Alex. v., lutherische Dogmatik. II. Bd. System der christl. Heilswahrheit. 1. u. 2. Thl. gr. 8. München, C. H. Beck. n. 24. —; geb. in Halbfrz. n.n. 28. —
1. Die Heilsbedingn. (XVI, 688 S.) 900. n. 11 50; geb. n.n. 13.50
2. Die Heilsverwirklichg. (XVIII, 752 S.) 902. n. 12. 50; geb. n. 14. 50

I. Bd. 897. n. 8. —; geb. n.n. 10. —.

Oettingen, Alex. v. Zur Duellfrage. 8. (109 S.) Dorpat 889, Karow. * 2 —

Oettingen, Alex. v., durch Kreuz zum Licht. Predigten gehalten in Meran im Winter 1861/2. Erlangen 862. Deichert. gr. 8. (VIII, 520 S.) n. 1 ℛ 22 ngr.

Oettingen, Alex. v., die synagogale Elegik des Volkes Israel insbesondere die Zion-Elegie Judah ha Levi's als Ausdruck der Hoffnung Israels im Lichte der heil. Schrift dargestellt. Dorpat 853. (Glaeser.) gr. 8. (VIII, 211 S.) n. 1 ℛ. 2 ngr.

—— Moritz v. Engelhardt's christlich-theologischer Entwickelungsgang. gr. 8. (63 S.) Riga 883. (Dorpat, Karow.) *
Aus: Mittheilungen und Nachrichten für die evang. Kirche in Rußland, besonders abgedruckt.

Oettingen, Alex. v., Goethe's Faust. 1. u. 2. Thl. Text u. Erläuterung in Vorlesungen. 1. u. 2. Thl. gr. 8. (XVI, 306 u. IV, 364 S.) Erlangen 880. Deichert. n. 11. —

— zur Geschichte d. Jenseits, m. e. Nachwort üb. Weltuntergang u. jüngstes Gericht. [Aus: „Mittheilgn. u. Nachrichten f. die evangel. Kirche in Rußland".] gr. 8. (60 S.) Ebd. 889. n. 1. 60

— **die Heilsvollendung (Eschatologie). [Aus: „System d. christl. Heilswahrheit".] gr. 8. (VI, 109 S.) Ebd. 902.** n. 1. 80

— s.: Hippel's Lebensläufe.

— **vor hundert Jahren. Ein Gedenkblatt zur Säkularfeier des ältesten baltischen Romans: „Hippel's Lebensläufe". [Aus: „St. Petersburger Zeitg."] 8. (69 S.) Dorpat 878. Karow in Comm.** n. 1. 20

— **zur Inspirationsfrage. [Aus: „Mittheilungen u. Nachrichten f. d. evangel. Kirche in Rußl."] gr. 8. (34 S.) Riga 877. Stieda in Comm.** n. — 80

Oettingen, Alex. v., das Lebensproblem u. die „Moderne". Literarische Streiflichter. (15 S.) gr. 8. Riga 903. (Jonck & Poliewsky.) n. — 60
Sonderabdruck aus: „Balt. Monatsschr."

— die Moralstatistik in ihrer Bedeutung f. e. christl. Socialethik. 2. neu bearb. Aufl. gr. 8. (XVI, 866 S.) Ebend. 874. n. 15. —

— die Moralstatistik in ihrer Bedeutung für eine Socialethik. 3., vollständig umgearb. Aufl. Mit tabellar. Anh. gr. 8. (XVI, 892 u. CLII S.) Erlangen 882. Deichert. n. 15. —

Oettingen, Alex. v., die Moralstatistik u. die christl. Sittenlehre. Versuch einer Socialethik auf empir. Grundlage. 1. Thl. 1. Hälfte. A. u. d. T.: Die Moralstatistik. Inductiver Nachweis der Gesetzmässigkeit sittl. Lebensbewegung im Organismus der Menschheit. Erlangen 868. Deichert. gr. 8. (VIII, 313 S.) n. 1 ℛ 12 ngr.

— — 2. Hälfte: Analyse der moralstatistischen Daten, nebst einem tabellar. Anh. von 176 Tabb. Ebend. 869. gr. 8. (IX—XVI u. S. 315—1188.) n. 3 ℛ 18 ngr.

— die Moralstatistik u. die christliche Sittenlehre. Versuch e. Socialethik auf empir. Grundlage. 2. Thl. Die christliche Sittenlehre. Deductive Entwickelg. der Gesetze christl. Heilslebens im Organismus der Menschheit. gr. 8. (XXVI, 760 S.) Ebend. 874. n. 12.— (I. u. II.: n. 28. 50)

— das göttliche „Noch nicht!“ Ein Beitrag zur Lehre vom Heiligen Geist. gr. 8. (VI, 150 S.) Leipzig 895. A. Deichert Nachf. n. 2. 40

— „der Passion“. Reiseerinnerungen eines Pilgers nach Oberammergau. gr. 8. (IV, 59 S.) Leipzig 880. Duncker & Humblot. n. 1. 20

— de peccato in spiritum sanctum, qua cum eschatologia christiana continentur ratione, disputatio. Dorpati Livon. 856. (Glaeser.) gr. 8. (178 S.) n. 18 ngr.

— über Kant's Pflichtbegriff mit Beziehung auf unsere Zeit. Festrede gehalten am 12. December als am urkundlichen Stiftungstage der Dorpater Universität. Dorpat 863. Gläser. gr. 8. (24 S.) n. 6 ngr.

[S.] Principienlehre. Apologetische Grundlegg z. Dogmatik v. Dr. th. Alexander v Oettingen. *München: C. H. Beck 1897.* (xx, 478 S., 1 Taf.) 1 Bd 8.
= Oettingen, A. v. Lutherische Dogmatik. Bd 1 [97. 1991]

— christliche Religionslehre auf reichsgeschichtlicher Grundlage. Ein Handbuch f. den höheren Schulunterricht. gr. 8. (XXIV, 452 S.) Erlangen 885. 86. Deichert. n. 6. —

—— über akuten und chronischen Selbstmord. Ein Zeitbild. gr. 8. (V, 66 S.) Dorpat 881, Karow. *

System der christlichen Heilswahrheit von Dr. Alexander v. Oettingen. Th. 1 2. *München: C. H. Beck 1900—02.* 2 Bde 8° [S.]
1 Die Heilsbedingungen. 1900. 2. Die Heilsverwirklichung. 1902.
= Oettingen: Lutherische Dogmatik. Bd 2. [03. 1523]

— zur Theorie u. Praxis d. Heiratens. [Aus: „Sozialpolit. Rundschau“.] Lex.-8. (61 S.) Leipzig 892. (K. F. Koehler.) n. 1. 50

Oettingen, Alex. v., was heißt christlich-social? Zeitbetrachtungen. gr. 8. (V, 82 S.) Leipzig 886. Duncker & Humblot. n. 1. 60

— obligatorische u. fakultative Civilehe nach den Ergebnissen der Moralstatistik. Ein Wort zum Frieden. gr. 8. (III, 83 S.) Ebend. 881. n. 2. —

Oettingen, Arth. v., Auge u. Ohr. Vortrag, geh. am 30. Jan. 1882. gr. 8. (21 S.) Dorpat 882. Karow. n. — 80

Oettingen, Arth. v., meteorologische Beobachtungen, angestellt in Dorpat im J. 1866. [2. Decbr. 1865—1. Decbr. 1866.] nebst fünfjähr. Mittelwerthen [1866 bis 1870.] [Aus: „Archiv f. die Naturkunde Liv-, Ehst- u. Kurlands.“] Lex.-8. (VIII, 54 S.) Dorpat 871. (Schnakenburg.) n. — 80

Oettingen, Arth. v., meteorologische Beobachtungen, angestellt in Dorpat im Jahre 1867. (2. Decbr. 1866 —1. Decbr. 1867.) [Aus dem Archiv für die Naturkunde Liv-, Ehst- u. Kurlands.] Dorpat 869. (Glaeser.) Lex.-8. (118 S.) n. 18 ngr.

— meteorologische Beobachtungen, angestellt in Dorpat im Jahre 1868. (2. Decbr. 1867—1. Decbr. 1868.) Ebend. 869. gr. 8. (84 S.) n. 18 ngr.

— dasselbe im J. 1869. [2. Decbr. 1868—1. Decbr. 1869.] 3. Jahrg. [Mit e. lith. Taf.] Lex.-8. (VI, 90 S.) Ebend. 871. n. 1. 80

— dasselbe, angestellt in Dorpat im J. 1870. 4. Jahrg. [Aus: „Archiv f. die Naturkunde Liv-, Esth- u. Kurlands.“] Lex.-8. (VI, 95 S.) Ebend. 871. n. 1. 60

— u. Karl Weihrauch, meteorologische Beobachtungen, angestellt in Dorpat im J. 1871. [Aus: Archiv f. die Naturkunde Liv-, Esth- u. Kurlands“.] gr. 8. (VI, 97 S.) Ebend. 872. n. 1. 80

—— und Karl Weihrauch, meteorologische Beobachtungen angestellt in Dorpat im J. 1871. gr. 8. (VI, 97 S.) Ebendas. 874. *
Vorstehende vier Schriften sind aus: Archiv für die Naturkunde Liv-, Ehst- und Kurlands, besonders abgedruckt.

— u. Karl Weihrauch, meteorologische Beobachtungen, angestellt in Dorpat [Br. 58° 22′ 47″, 1, L. 24° 23′ 14″ = 1h 37′ 33″ östl. v. Paris] im Jahre 1875. [2. Decbr. 1874—1. Decbr. 1875.] 10. Jahrg. 2. Bd. 5. Hft. [Aus: „Archiv für die Naturkunde Liv-, Esth- u. Kurlands“.] gr. 8. (VI, 116 S.) Dorpat 877. Leipzig, K. F. Köhler in Comm. n. 1. 50

Oettingen, A. v., die thermodynamischen Beziehungen, antithetisch entwickelt, s. a. Mémoires de l'académie impériale des sciences de St.-Pétersbourg.

Oettingen, A. von, Dr., Die thermodynamischen Beziehungen antithetisch entwickelt. [Mémoires de l'Acad. des Sciences de St. Pétersbourg. VII• Série, Tome XXXII, No. 17.] St. Pétersbourg 1885.

Oettingen, Arth. v., ein Brief. Die Eigenschaften des Wassers in ihrer Bedeutung f. das Verständnis der Natur, s. a. Aus baltischer Geistesarbeit. X.

Arthur v Oettingen. Ein Brief. Die Eigenschaften d. Wassers in ihrer Bedeutung f d. Verständnis d. Natur. Gustav v Bunge Vitalismus u. Mechanismus. Riga · Jonck & Poliewsky 1909. 40 S. 8°
(Aus baltischer Geistesarbeit. 10.) [09. 17613]

— Elemente der projektiven Dioptrik, s. a. Abhandlungen der königl. sächsischen Gesellschaft der Wissenschaften. Mathem.-phys. Klasse. 30, VI.

Elemente der projektiven Dioptrik von Arthur v. Oettingen. Mit 9 Fig. auf 2 Taf Leipzig Teubner 1909. 27 S. 4°(8°)
(Abhandlungen d. K. Sächs. Gesellschaft d. Wiss. Math.-phys Kl. Bd 30, Nr 6.) [09. 25519]

Oettingen, Arth. v., Elemente des geometrisch-perspektiv. Zeichnens. gr. 8. (VII, 177 S. m. 209 Fig.) Leipzig 901. W. Engelmann. n. 8. —; geb. n. 9. —

— Der Entladungs-Rückstand der Leydener Batterie in seiner Abhängigkeit von der Beschaffenheit der isolirenden Substanz. (Sep. Abdr. aus den Ann. der Physik und Chemie. Neue Folge Band II.)
Leipzig 1877

– Robert Mayers wissenschaftlicher Entwicklungsgang im J. 1841, s.: Abhandlungen der königl. sächsischen Gesellschaft der Wissenschaften. Mathem.-phys. Klasse. 31, III.

Oettingen, Arth. v., neue rationelle Gesangschule, s.: Sefferie, O.

—— Harmoniesystem in dualer Entwickelung. Studien zur Theorie der Musik. gr. 8. (VIII und 294 S.) Dorpat 866, (Gläser's Verlag.) *

— über die Correction der Thermometer, insbesond. über Bessel's Kalibrir-Methode. Eine Abhandlung. Ebend. 865. gr. 4. (III, 76 S. mit 5 Steintaff. in gr. Fol.) n. 1 *n* 16 *ngr*

Oettingen, Arth. v., die perspektivischen Kreisbilder der Kegelschnitte. Mit 85 Abbildgn. im Text u. auf 4 Taf. (VIII, 118 S.) gr. 8. Leipzig 906. W. Engelmann. n. 5.—

—— über das Laden der Leidener Batterie durch Induction und über die Entladung der Batterie durch das Inductorium. gr. 4. (27 S. mit 1 Stnt. und 2 Tab. in Fol.) Dorpat 862, (Gläser's Verlag.) *

— Die Schule der Physik. Besonders f. das Selbststudium verf. (XIV, 622 S. m. 454 Abb. u. 1 farb. Taf.) gr. 8. Braunschweig 910. F. Vieweg & Sohn. 10.— ; geb. in Leinw. 11. 50

— Der Wind-Componenten-Integrator (Repertorium f. Meteorologie. Herausg von der Kais. Akad der Wissensch., Bd. V, No. 10.)
St Petersburg 1877

Oettingen, A. v., u. T. Baron Maydell, die Waldgesetze. Zusammenstellg. der wichtigsten Gesetzesbestimmngn üb. Privatforste. Ein Handbuch f. Waldbesitzer u. Förster. Nichtoffic. Ausg. (Deutsch u. russisch.) gr. 8. (X, 216 S. m. 4 Tab. u. 2 Formularen.) Reval 898. F. Kluge. n. 4. 50

Oettingen, Arthur Joachim (Hrsg.), s. Abhandlungen über Thermometrie.

Oettingen, A. J. v., biographisch-literarisches Handwörterbuch, s.: Poggendorff, J. C.

Oettingen, Arthur Joachim (Hrsg.), s. Kant, Immanuel: Allgemeine Naturgeschichte und Theorie des Himmels ...

Oettingen, A. J. von, Phänologie der Dorpater Lignosen. Ein Beitrag zur Kritik phänologischer Beobachtungs- und Berechnungs-Methoden.
Dorpat 1879.

Oettingen, Arthur Joachim v (Hrsg.), s. Volta, Alessandro: Briefe über thierische Elektricität.

Oettingen, Burchard v., die Ausbildung der Artillerie-Zugremonten. Mit 14 Fig. in Steindr. gr. 8. (VIII, 59 S.) Berlin 884. Mittler & Sohn. n. 1. 80

Hippologische Gedanken von einem Freunde des Vollblutpferdes. [Verf.: Burchard v. **Oettingen**.] Berlin E. S. Mittler & Sohn 1894. (13 S.) 8°
[F.] [o6. 8070

— über die Geschichte u. die verschiedenen Formen der Reitkunst. Mit 2 Taf. in Lichtdr. u. 16 Abbildgn. Lex.-8. (V, 103 S.) Ebend. 885. n. 3. —

Oettingen, Burchard v., üb. die Pferdezucht in den Vereinigten Staaten v. Amerika. gr. 8. (IX, 45 S.) Berlin 894. E. S. Mittler & Sohn. n. 1. —

Stutbuch des Königlich Preußischen Hauptgestüts Beberbeck. Bearb. von Burchard v **Oettingen**, Landstallmeister (2 bearb. von Eduard Mieckley, Gestütsinsp.). Bd 1 2. Berlin: E. S. Mittler & Sohn 1895–1905. 2 Bde 8°
[o5. 11604

Oettingen, Burchard v., Stutbuch des königl. preuss. Hauptgestüts Beberbeck, Fortsetzg., s.. Stutbuch.

— s.a. Stutbuch des königl. preuss. Hauptgestüts Trakehnen.

Oettingen, Burchard v.: Stutbuch des Königlich Preussischen Hauptgestüts Trakehnen. Bd 2. 3. Berlin 1901—10.

2. [Nebst] Familientaf. 1901.
3. 1910.

— d. Vollblutpferd in s. Bedeutg. f. d. Halbblutzucht. gr. 8. (VII, 59 S.) Ebd. 895. n. 1. 50

— Die Zucht des edlen Pferdes in Theorie u. Praxis. (VIII, 630 S. m. 1 Taf.) gr. 8. Berlin 908. P. Parey. Geb. in Leinw. 18. —

Oettingen, E. v., s.: Zur livländischen Agrarfrage.

Oettingen, Elisab. v., unter dem Roten Kreuz im russisch-japanischen Kriege. (VI, 248 S. m. Abbildgn. u. 1 Karte.) 8. Leipzig 905. W. Weicher. n. 4. —; geb in Leinw. n. 5. —

Oettingen, G. v., die indirecten Läsionen des Auges bei Schussverletzungen der Orbitalgegend. Nach Aufzeichnungen aus dem russisch-türkischen Kriege [1877—78]. gr. 8. (83 S.) Stuttgart 879. Enke. n. 2. —

Oettingen, G. v., Mittheilungen aus der chirurgischen Abtheilung der Universitätsklinik zu Dorpat betreffend das J. 1856. qu 8. (378 S.) Dorpat 857, (Glaeser's Verlag.) *

Oettingen, Helmuth von, aus Livland: Über die **Zersetzung** des Natriumthiosulfats durch Säuren. Mit 3 Fig. im Text. *Leipzig: W. Engelmann 1900.* (40 S.) 8° ¶(Aus Zeitschrift f. physikal. Chemie, Bd 33, H 1.)
Leipzig, Phil. Diss. v. [19. Apr.] 1900

Oettingen, Ios. Ant. Com. ab, de imperatoria capitulatione 4. Helmst. (Weygand, Lips.) 741.

Oettingen, Max v., Abriss des russischen Staatsrechts. gr. 8. (VIII, 167 S.) Berlin 899. G. Reimer. n. 2. —

Oettingen, Max von: Offene Antwort auf den „Offenen Brief" des Herrn H. von Samson. — Riga: Stahl 1880. 20 S.

Oettingen, M. v., Festschrift des deutschen Centenar-Sportfestes. Ein Beitrag zur Geschichte des deutschen Sports. Hrsg. im Namen des Präsidiums. gr. 4. (VIII, 127 S. m. Abbildgn.) Berlin 897. R. Oldenbourg. Geb. in Leinw. n. 4. —

Oettingen, Otto Leo ab, Observationes ad Pathologiam et Therapiam spectantes. 8maj. (10¾ B.) Berolini 846, Aug. Hirschwald, Verl.

Oettingen, Rud. v., üb. Enterostomie u. Laparotomie bei acuter innerer Darmocclusion, bedingt durch Volvulus, Strangulation u. Inflexion. Inaug.-Diss. gr. 8. (101 S.) Dorpat 888. (Karow.) n. 1. 20

— — Dr. W. v. Kriegschirurgische Erfahrungen im russisch-japanischen Kriege 1904/05. München 1906. 10 S.

Oettingen, Walt. v., Studien auf dem Gebiete d Kriegs-Sanitätswesens im russisch-japan. Kriege 1904/1905. (XI, 247 S. m. 50 Fig.) Lex. 8. Berlin 907. A. Hirschwald. 6. —

Oettingen, Wolfg. v., die königl. Akademie d. Künste zu Berlin 1696—1900. Rede, z. Feier des allerhöchsten Geburtstages Sr. Maj. des Kaisers u. Königs am 27. I. 1900 in der öffentl. Sitzg. der königl. Akademie der Künste geh. gr. 8. (20 S.) Berlin 900. E. S. Mittler & Sohn. n. — 50

von Oettingen, Wolfgang [DR.]: Der Bildhauer-Architekt Antonio Averlino genannt Filarete Eine kunstgeschichtliche Studie . *Marburg, Druck v. Ramm & Seemann in Leipzig,* 1888; V + 68 S. 8°
Marburg, Phil. Fak., Hab.-Schr. v [16. Okt.] 1888

Oettingen, Wolfg. v., Berlin, s.a. Stätten der Kultur.

Berlin. Von Wolfgang v **Oettingen.** Buchschmuck von Meinhard Jacoby Leipzig Klinkhardt & Biermann [1907]. (157 S.) 8° [F.]
— **Stätten** d. Kultur Bd 1 07. 16307

Oettingen, W[olfgang] v[on]. Arnold Böcklin. Projektions-Vortrag. II + 18[+4] S. 8. Berlin, Dr. Franz Stoedtner, (1903). (M. 1. 50.)
(Projektions-Vorträge. Serie I. [Heft]) 7.

— s.a. Chodowiecki, Dan., von Berlin nach Danzig.

Oettingen, Wolfg. v., Daniel Chodowiecki. E. Berliner Künstlerleben im 18. Jahrh. M. Tafeln u. Illustr. im Text nach Originalen d. Meisters. Lex.-8. (IX, 314 S.) Berlin 895. G. Grote. n. 15. —; geb. in Leinw. n. 16. 50; in Halbfrz. n. 18. —

Albrecht Dürer Projektions-Vortrag von Prof. Dr W[olfgang] v. Oettingen, Berlin. *Berlin: F Stoedtner (1903).* (23 S.) 8°
— Oettingen, v Projektions-Vorträge. Ser 1, 4 04. 3459

Festrede bei der Einweihung der Aula der Kgl. Kunstakademie zu Düsseldorf am 30. Oct. 1896 geh. von Dr **Wolfgang v Oettingen,** Prof. *(Düsseldorf 1896. A. Bagel.)* (13 S.) 8° [F.] 03. 5466

— s.: Gesellschaft, kunsthistorische, f. photograph. Publikationen.

— Friedrich Geselschap. Gedächtnissrede, geh. bei der Feier am 29. X. 1898. gr. 8. (23 S. m. 1 eingedr. Bildn.) Berlin 898. E. S. Mittler & Sohn. n. — 60

Oettingen, Wolfg. v., das Gesetz in der Kunst. Rede, zur Feier des allerhöchsten Geburtstages Sr. Maj. des Kaisers u. Königs am 27. I. 1903 in der öffentl. Sitzg. der königl. Akademie der Künste geh. (20 S.) gr. 8. Berlin 903. E. S. Mittler & Sohn. n. — 60

— Goethe u. Tischbein, s.a. Schriften der Goethe-Gesellschaft. 25. Bd

Goethe und Tischbein. Von Wolfgang v. **Oettingen** Weimar. Goethe-Gesellsch. 1910. 40 S. 25 Taf. 4°
(Schriften d. Goethe-Gesellschaft. Bd 25.) 10. 9360

Oettingen, W. v., über Georg Greflinger von Regensburg als Dichter, Historiker u. Uebersetzer, s.a. Quellen u. Forschungen zur Sprach- u. Culturgeschichte der germanischen Völker.

Oettingen, Wolfg. v., Über Georg Greflinger von Regensburg als Dichter, Historiker u. Übersetzer Eine literarhistor. Untersuchung. Straßburg, K. J. Trübner London, Trübner & Co., 1882. Gr 8° 3 Bll., 95 S Lat Lett. (Mk 2—)
Auch mit d. Titel (links): Quellen u. Forschungen z Sprach- u. Culturgesch. der germanischen Völker Hrsg von Bernh. ten Brink, Ernst Martin, Wilh. Scherer. XLIX.

— Arthur Kampf. (S. 21—38 m. Abb. u. 6 Taf.) 36×27 cm. München (895). F. Hanfstaengl. 4. —
Sonderabdruck aus: „Die Kunst unserer Zeit“.

— s.: Kunst u. Kultur.

Die Kunst des Phidias. Projektions-Vortrag von Prof. Dr W[olfgang] v Oettingen, Berlin. *Berlin: F. Stoedtner (1903).* (21 S.) 8°
— Oettingen, v Projektions-Vorträge. Ser. 1, 1 04. 3456

— üb. das Leben u. die Werke d. Antonio Averlino, genannt Filarete, s.a. Beiträge zur Kunstgeschichte.

von Oettingen, Wolfgang. Über das Leben und die Werke des Antonio Averlino genannt Filarete. Eine Studie. Seemann's Beiträge zur Kunstgeschichte. Neue Folge. VI. Leipzig 1888. 8°.

— die bunte Menge, s.a. Flugblätter f. künstlerische Kultur.

Die bunte Menge. Von Geh.-Rat Prof. Dr Wolfgang v **Oettingen.** Stuttgart: Strecker & Schröder 1906. (38 S.) 4°(8°) [F.]
— **Flugblätter** f. künstlerische Kultur 5. 06. 15799

— Francesco Paolo Michetti. (S. 67—90 m. Abb. u. 8 Taf.) 36×27 cm. München (899). F. Hanfstaengl. 8.—
Sonderabdruck aus: „Die Kunst unserer Zeit“.

— „National“. Rede zur Feier d. Allerhöchsten Geburtstages Sr. Maj. des Kaisers u. Königs, am 27. I. 1898 in d. öffentl. Sitzg. d. kgl. Akademie d. Künste geh. gr. 8. (17 S.) Ebd. 898. n. — 50

Pompeji. Projektions-Vortrag von Prof. Dr. W[olfgang] v Oettingen, Berlin. *Berlin F Stoedtner (1903).* (23 S.) 8°
— Oettingen, v. Projektions-Vorträge. Ser 1, 2 04. 3457

— Projektions-Vorträge. I. Serie. Nr. 1—7. gr. 8. Berlin (N. W. 21) (903). Dr. Frz. Stoedtner. à 1. 50
1. Die Kunst des Phidias. (21 S.) — 2. Pompeji. (23 S.) — 3. Raffael. (24 S.) — 4. Albrecht Dürer. (23 S.) — 5. Rembrandt. (21 S.) — 6. Von Boucher zu David. (50 Jahre französ. Malerei.) (23 S.) — 7. Arnold Böcklin. (18 S.)

Raffael. Projektions-Vortrag von Prof Dr W[olfgang] v Oettingen, Berlin. *Berlin F Stoedtner (1903).* (24 S.) 8°
— Oettingen, v Projektions-Vorträge. Ser 1, 3. 04. 3458

Rembrandt Projektions-Vortrag von Prof. Dr W[olfgang] v. Oettingen, Berlin. *Berlin: F Stoedtner (1903)* (21 S.) 8°
— Oettingen, v Projektions-Vorträge. Ser 1, 5. 04. 3460

— die Schicksale der Künstler. Festrede, zur Feier des allerhöchsten Geburtstages Sr. Maj. des Kaisers u. Königs geh. am 27. I. 1905 in der königl. Akademie der Künste zu Berlin. (20 S.) gr. 8. Berlin 905. E. S. Mittler & Sohn. n. — 75

— unter d. Sonne Homers. Erlebnisse u. Bekenntnisse e. Dilettanten. 8. (VII, 352 S.) Leipzig 897. F. W. Grunow. n. 5. —; geb. n. n. 6. —

— unter der Sonne Homers. Erlebnisse u. Bekenntnisse e. Dilettanten. Neue [Titel-]Ausg. (VII, 352 S.) 8. Berlin [897.] 906. G. Grote. n. 3. —; geb. in Lwd. n. 4. 50

Oettingen, W. v., A. A. Filarete's Tractat üb. die Baukunst etc., s.: Quellenschriften für Kunstgeschichte u. Kunsttechnik.

Oettingen, Dr. Wolfgang von, Antonio Averlino Filarete's Tractat über die Baukunst nebst seinen Büchern von der Zeichenkunst und den Bauten der Medici. Mit 15 Abbildungen im Texte. Gr.-8. (XII, 751 S.) 6.—
Wien. Graeser 1896

— s.: Türmer's Bilderschatz.

Von Boucher zu David. (50 Jahre franz Malerei) Projektions-Vortrag von Prof Dr W[olfgang] v **Oettingen**. Berlin. *Berlin: F. Stordner (1903).* (23 S.) 8°
— **Oettingen**, v Projektions-Vorträge. Ser 1, 6. [04. 3161]

-- **Aus stiller Werkstatt. Natur u. Kunst. Erlebtes u. Erlachtes.** (VI, 389 S.) 8. Leipzig 908. Klinkhardt & Biermann. 6.50; geb. 8.—

— die Ziele u. Wege der neueren **Kunstwissenschaft.** gr 8. (28 S.) Marburg 889. Elwert's Verl. n. — 60

Öttingen-Spielberg, Emil Prinz zu (Übers.), s. Broglie, Auguste de: Religion u. Kritik

Öttingen-Spielberg, Emil Prinz zu, Gedichte. 12. (236 S.) Nördlingen 898. (Th. Reischle.) n.n. 2.20; geb. n. 3.—

Oettingen-Spielberg, Emil Prinz zu, s.: Geschichte der hl. Theresia.

Oettingen-Spielberg, Mor. Fürst zu, der bayrische Holzhandel m. besond. Berücksicht. der Tarifpolitik, s. a Wirtschafts- u. Verwaltungsstudien m. besond. Berücksicht. Bayerns. XXXV.

OETTINGEN-SPIELBERG, Moritz **Fürst** zu: Der bayerische Holzhandel mit **besonderer** Berücksichtigung der Tarifpolitik Leipzig 1909 VIII, 125 S **4** Tab. · Diss Univ Würzburg, Jur Fak 1909 · (Wirtschafts u Verwaltungsstudien m bes Berücks Bayerns Bd. 35)

Oettingen-Spielberg, Moritz Fürst zu: Der bayrische Holzhandel mit besonderer Berücksichtigung der Tarifpolitik. Naumburg a. S. 1909: Lippert. VI, 125 S. 8° ¶(Ersch. auch als: Wirtschafts- u. Verwaltungsstudien m. bes. Berücks. Bayerns. 35.)
Würzburg, Jur Diss. v. 17 April 1909, Ref G. v. Schanz
[Geb. 5. Mai 85 Oettingen; Wohnort: München, Staatsangeh.: Bayern, Vorbildung Gymn. München Reife Juli 04, Studium München 1, Grenoble 1, München 7 S., Rig 13. Jan. 09.] [U 09. 4077

zu Oettingen-Wallerstein, Karl Fürst, Beiträge zu dem bayer Kirchen-Staatsrechte. gr. 8. (XX u. 338 S.) München 847, Franz. 1 1/2 ℛ

Oettingen-Wallerstein, Karl Prinz zu, die *Gefälle der, vormals reichsständischen, nun mediatisirten, Fürsten und Grafen vor und nach der Mediatisirung,* m. besond. Rücksicht auf die, in Bayern bestehenden, Verhältnisse staatsrechtlich erörtert. München (o. A. d. V u. D.) 1828. 8°. Cart.[5])
VI—146 S. Text, XXXIII S. Beilagen, 12 S. Nachtrag, 1 Bl. Err

Oettingen-Wallerstein, Carl zu, die modernen Zeit- und Arznei-Krankheiten der Staaten. Rede, gelegentlich der Verhandlung über das Verehelichungsgesetz, gehalten in der I. Kammer der Ständeversammlung zu Stuttgart den 18. Febr. 1852. Mit beigedr. Erwiederung des k. Departementschefs des Innern, Frhrn. v. Linden, und der Schlußäußerung des Redners. gr. 8. (46 S.) Stuttgart 852, Cotta'sche Buchh.

Oettingen-Wallerstein, Ludwig von

Oettingen-Wallerstein, Ludw. v., 3 Anträge in d. Kammer der Reichsräthe. 8. (2 3/4 B.) (München **846, Franz.**)

—, *Deutschlands Aufgabe in der oriental. Verwickelung,* von einem ehemal. deutschen Minister. München, Geo. Franz, 1854. 8°. 16 S. Cart.

—— erste Aeußerung über die Frage d. Adressen. **XI. Sitzung** am 12. Febr. 1846. 8. (1 1/2 B.) München **846, Franz.**

Oettingen-Wallerstein, Ludw. Fürst v., das Budget und die künftige Abgeordneten-Kammer des bayerischen Staates. München (855.) (Franz.) (2 Bl. in Fol.) 1 ngr.

Oettingen-Wallerstein, L. v., Bund und Bundes-Reform, s. Bund.

(Oettingen-Wallerstein, Ludw. Fürst v., bayer. Staatsmann, geb. zu Wallerstein, d. 31. Jan. 1791, † zu Luzern, d. 22. Juni 1870.) *Deutschland, seine Zukunft u. seine constituirende Versammlung.* Eine Reihe von Betrachtungen. 3 Hfte. (in 1 Bde.). (S.-A. aus d. deutsch. constitutionellen Zeitung.) Augsburg, C. A. Fahrmbacher, 1848. Imp.-8°. Ppb., unbeschn.
47, VI—50, IV—78 S.

Oettingen-Wallerstein. Ludw Fürst v (1791—1870), an diejenigen meiner Mitbürger im Riese, welche sich gewöhnlich nicht viel mit Staatsgeschäften abgeben. Nördlingen. C. H. Beck, 1848. 8° 8 S. Cart.

Erklärung des Reichsrathes Fürsten v. Oettingen-Wallerstein zu dem Protokolle der Kammer der Reichsräthe. München, Druck der Dr. C. Wolf'schen Buchdr., 1848. 8°. 26 S. Titelbl. fleckig. Cart.

—— Erläuterungen zur Rede, s. Erläuterungen.

—— die deutsch-österreichische Frage aus dem Standpunkte der internationalen Politik und der künft. Welt-Gestaltung. Ein Mahnruf an Deutschlands heutige Staatsmänner und Gesetzgeber. Zugleich 4. Folge der Schrift: Deutschland, seine Zukunft und seine constituir. Versammlung. Lex.-8. (32 S. mit 8 lithogr. und ill. Karten auf 2 Taf. in gr. Fol.) Augsburg 849, Fahrmbacher.

(Oettingen-Wallerstein, Fürst v.,) über d. Grundsätze d. Bauökonomie, s. Ueber.

Öttingen-Wallerstein, Fürst Ludwig von, die anonyme Presse und die Briefe eines ausgewanderten Deutschen. München 1848. V: *Öttingen-Wallerstein, Fürst Ludwig von.* (ADB 40, 741)

—— Rede, gelegentlich der Berathungen über die Anträge des Hrn. Fürsten v. Wrede in Betreff der Quarten u. Klöster 8. (7 1/4 B. u. 7 Tab.) München **846,** Franz.

— **zwei Reden üb. die deutsche Frage in der XVII. u. XIX. Sitzung der Kammer der Abgeordneten am 3. u. 6. Nov. 1849. gr. 8. (28 S.) (Nördlingen 849, Beck.) 1 1/2 ngr**

Öttingen-Wallerstein, **Fürst, Vortrag üb. d. Ausgaben-Budget f. d. III. Finanzperiode 18 37/43. Mit sämmtl. Beilagen. gr. 8. (43 B.) München 832, (Fleischmann.)**

—— drei Vorträge. 1) Ueber die in dem Creditwesen begründ. Hindernisse d. bayer. Landwirthschaft. 2) Ueber d. Güter-Arrondirung. 3) Ueber d. Nachweisungen d. bayer. Finanzministeriums f. d. J. 1835/36, 36/37 u. 37/38. gr. 8. (8 1/2 B.) München 840, Franz.
*

Oettingen-Wallerstein, Ludwig Fürst von, Wie steht es nun mit der deutschen Sache und was soll insbesondere der Bürger und Landmann wünschen? Ein Wort an seine Mitbürger am Vorabende der Landtagswahlen. Nördlingen, C. H. Beck, 1849. 35 S. 8°.

— die modernen Zeit- u. Arznei-Krankheiten der Staaten. Rede, gelegentlich der Verhandlung über das Verehelichungsgesetz, gehalten in der 1. Kammer der Ständeversammlung zu Stuttgart d. 18. Febr. 1852. Mit beigedr. Erwiederung des K. Departementschefs des Innern, Frhrn. v. Linden, u. der Schlußäußerung des Redners. gr. 8. (46 S.) Stuttgart 852, Cotta. 9 ngr.

Öttinger, Thdr., der heilige Geist. Ein Unterrichts- und Gebetbuch für Diejenigen, welche das heil. Sakrament der Firmung würdig und zu ihrem Heile empfangen wollen. Mit 1 Stahlst. Breslau 856. Graß, Barth u. Co. 16. (XIV, 242 S.) 15 ngr.

Öttinger, E. M., auch ein Zeitgenosse. Heft 1. Hamburg 1837. V: *Wollheim da Fonseca, Ant. Eduard Franz Jos. Xaver Maria Evarist.* (ADB 24, 568)

Oettinger, Herr Eduard Maria, auch ein Zeitgenosse. Von Einem seiner Freunde. 1. Hft. 2. Aufl. gr. 8. (2 B.) Hamburg 837. (Leipzig, Beyer.)
2. Hft. s. Wollheim, A. E.

Oettinger, Herr Eduard Maria, auch ein Zeitgenosse. Von einem seiner Freunde. Heft 1. 2e Aufl. gr. 8. Hamburg 837. (Leipzig, Kayser'sche Buchh.) 1/4 Thlr.

Oettinger, Capit. ..., Anleitung zur Feldbefestigung, s. Handbuch des Pionierdienstes 2r Thl.

Oettinger, Handbuch des Pionierdienstes rc., s. a. Handbuch.

Oettinger, Wasserschleben, v. Köckritz u. Großer. Handbuch des Pionierdienstes. T. 1. 2. Mit Taf. u. Pl. Glogau 1836. 1837.

Oettinger, Albert. (geb. Rakwitz in Posen 1808) Hippocratis vita, philosophia et ars medica. Berolini (1835). (40 S.) 8°
Berlin, Med. Diss. v. 1. Okt. 1835

Oettinger, Alfred, appr. Arzt. Bakteriengehalt der Gallenblase bei Cholelithiasis und Cholecystitis. Halle a. S., Berlin: Günther 1910. 58 S. 8° ¶ (Ersch. auch als Buch ebd.)
Halle, Med. Diss. v. 6. Aug. 1910, Ref. v. Bramann
[Geb. 25. Dez. 84 Rakwitz; Wohnort: Berlin; Staatsangeh.: Preußen; Vorbildung: Friedrichs-Gymn. Berlin Reife O. 04, Studium: Heidelberg 1, Berlin 1, München 1, Berlin 4, Halle 3 S.; Coll. 24. Febr. 10; Approb. 1 Aug. 10.] [U 10. 1695

Oettinger, Arthur v und Karl Weihrauch· Meteorologische Beobachtungen, s. Oettingen

Öttinger, Artur. Die Umgehung der Schweiz im internationalen Eisenbahnverkehr. ([Erweiterter Separatabdruck aus den] Basler Nachrichten, [Jahrg.] 1909.) 32 S. 8. Basel, Benno Schwabe & Cie., 1909. [fr. —. 60]

Oettinger, Benno [aus München]: Ueber das 3, 4, 5-Trimethylpyrazol und die zwei isomeren Tetramethylpyrazole ... Jena, Druck v. A. Kämpfe, 1894; 43 S., 2 Tab. 8.
Jena, Phil. Fak., Inaug.-Diss. v [Juli] 1894

Oettinger, Bruno, aus Charlottenburg **Untersuchungen zur** Schlacht bei Kesselsdorf. *[Reinickendorf] (1902): Th. F. Schemmel.* (46 S.) 8°
Berlin, Phil. Diss. v. 5. Juli 1902

Oettinger, Eduard Maria

Oettinger, E. M , s. Ander, Ernest: Ich wollt' ich wär ein Vogel

Oettinger, Ed. Maria, histor. Archiv, enth. e. systemat.-chronolog. geord. Verzeichniss v. 17000 d. brauchbarsten Quellen z. Studium der Staats-, Kirchen- u. Rechtsgeschichte aller Zeiten u. Nationen. — A. u. d. T.: Archives historiques, cont. une classification chronologique de 17000 ouvrages pour servir à l'étude de l'histoire de tout les siècles et de toutes les nations. (3 Lfgn.) Lex.-8. (43 1/8 B. incl. Nachträge.) Carlsruhe 841, Groos. Thlr.

—, Argos, der Argonaut, s. Argos.

Oettinger, E M (Hrsg.), s. Argus

Oettinger, Ed. Maria, Sophie Arnould. Roman. 2 Bde. 8. (VI und 381 S.) Leipzig 847, Verlagsbureau.

—— Bacchus Buch des Weins, s. a. Bacchus.

— Bacchus Buch des Weins. Sammlung der ausgezeichnetsten Trinklieder der deutschen Poesie. Mit 1 Stahlst. Leipzig 854. Baumgärtner. 16. (VI, 465 S.) 27 ngr.

—— Bibliographie biographique ou dictionnaire de 26,000 ouvrages, tant anciens que modernes, relatifs à l'histoire de la vie publique et privée des hommes célèbres de tous les temps et de toutes les nations, depuis le commencement du monde jusqu'à nos jours; formant l'indispensable supplément à la „biographie universelle" de G. L. Michaud et à tous les dictionnaires historiques. gr. 4. (VIII und 788 S.) Leipzig 850, W. Engelmann. *

— Bibliographie bibliographique universelle. Dictionnaire des ouvrages relatifs à l'histoire de la vie publique et privée des personnages célèbres de tous les temps et de toutes les nations, depuis le commencement du monde jusqu'à nos jours etc. Enrichi du répertoire des bio-bibliographies générales, nationales et spéciales. 2 tomes. Bruxelles 854. (Leipzig, A. Dürr.) 4. (3 Bl., IV, 2192 Sp.) 20 Thlr.

Oettinger, Ed. Maria, Bibliotheca shahiludii, s. Bibliotheca.

Oettinger, Ed. Maria, offenes Billet-Doux an den berühmten Hepp-Hepp-Schreier u. Juden-Fresser Herrn Wilh. Richard Wagner. Dresden 869. L. Wolf. gr. 8. (22 S.) n. 5 ngr.

— Boudoir-Lectüre, s. Boudoir-Lectüre.

—— kurze Briefe an meinen langen Vetter, oder: Anleitung zur Kunst, in 24 Stunden ein vollendeter Gentleman zu werden. 8. (132 S.) Leipzig 847, O. Wigand.

—— das Buch der Liebe, s. a. Buch.

OETTINGER, Eduard Maria, (1808—72), Buch der Liebe. (Gedichte.) Leipzig, o. J. (184*). 12°
Prager's ehemal. Leihbibl. in München, no. 1098. — Zahm.

Oettinger, Ed. Maria, das Buch d. Liebe. (Gedichte.) 1. Aufl. gr. 12. (9 2/3 B.) 833. 18 Gr., 2., verm. A. 12. (11 5/6 B. u. Musikbeil. in 2 Bl.) Berlin 835, [Stackebrandt.]

— das Buch der Liebe. 2., verm. Ausg. 12. 835. Halle, Coldig'sche Buchh. 3/4 Thlr.

— — Dasselbe. 3. Auflage. Ebd., o. J. (c. 1848). 12°. (2 Rthl.) (2 Mk., eleg. gebd., Jos. Baer & Co., vor 1885.)

— Buch der Liebe. 4. verm. Aufl. Mit d. (in Stahl gest.) Bildnisse des Verf. 32. (XVI u. 350 S. m. 1 Bl. in Buntdr.) Leipzig 848, Thomas. — 5. Aufl. Mit dem Bildnisse des Verf. (in Stahlst.) 16. (XVIII u. 350 S.) Ebd. 850. In Engl. Einb. m. Goldschn. 2 ℛ

Oettinger, Ed. Marie, neues Buch der Liebe. Des „Buchs der Liebe" 2. Bd. 16. (XII u. 222 S.) Dresden 852, Schaefer. In Engl. Einb. m. Goldschn. n. 1⅓ ℛ.

—— Charivari, s. Charivari.

—— Clerodendron fragrans. Toilettenblume für Liebende. 16. (102 S.) Leipzig 850, Thomas.

Oettinger, E.M., (Red.) s. Abbé Colibri

— dramatische Desserts für das Jahr 1836. (Inhalt: Wie ist das zugegangen? Lustsp. von Birch-Pfeiffer. — Die Wittwe u. ihr Mann. Lustsp. von Angely. — Der Spiegel d. Tausendschön. Burleske von Blum. — Die Ehrendame. Lustspiel von Cosmar. — Der Regenschirm. Schwank v. Oettinger. — Das Königreich der Weiber. Burleske v. Genée. — Drei Stunden vor der Hochzeit. Schwank von Herrmann. — Der Journalist. Lustsp. v. Oettinger.) 8. Hamb. 835. Magazin f. Buchh. 2 ℛ

—— dramat. Desserts f. d. J. 1836 u. 37. 8. Hamburg, [Berendsohn.] à 1⅔ Thlr.

Jahrg. 1836. Wie ist das zugegangen? Lustsp. in 1 Act v. Charl. Birch-Pfeiffer. — Die Wittwe u. ihr Mann. Lustsp. in 1 Act v. Angely. — Der Spiegel des Tausendschön. Burleske in 1 Act v. C. Blum. — Die Ehrendame. Lustsp. in 1 Act v. A. Cosmar. — Der Regenschirm. Schwank in 1 Act v. Oettinger. — Das Königreich d. Weiber. Burleske in 1 Act v. Genée. — Drei Stunden vor d. Hochzeit. Schwank in 1 Act v. Herrmann. — Der Journalist. Lustsp. in 1 Act v. Oettinger.

1837. Der Roman. Lustsp. in 1 Act v. Angely. — Der König v. 16 Jahren. Dramat. Gemälde in 2 Act. v. Cosmar. — Das Schreckensgewebe. Posse in 1 Act v. Herrmann. — Die Getäuschten. Lustsp. in 1 Act v. Oettinger. — Die Arsenikbüchse. Posse in 1 Act v. Schmelka. — Die Liebe im ersten u. dritten Stock. Lustsp. in 1 Act v. Herrmann. — Die weiße Piquesche. Schwank in 1 Act v. Töpfer.

Unter: Desserts, dramat., ist der Jahrg. 1837 zu streichen.

Oettinger, Ed. Maria, ein Dolch, oder Robespierre und seine Zeit. Historischer Roman. 3 Aufl. Prag 862. Kober. (Hamburg, Richter.) 16. (VIII, 342 S.) n. 20 ngr.

—— fashionable Dummheiten. Humorist.-satyr. Skizzen aus d. Beaumonde. 8. (8 B.) Hamburg 836, [Berendsohn.]

—— Eau de mille fleurs. Ein pariser Roman. 2 Bde. 8. (35¼ B.) Hamburg 835, Hoffmann u. Campe.

—— der Berliner Eulenspiegel, s. Eulenspiegel.

—— der consiscirte Eulenspiegel, od. d. Buch d. Hundertundachtundzwanzig. Nebst Briefen an u. von Friedrich Wilhelm III., König v. Preußen. 2 Bde. 8. (39½ B.) Hamburg 833, Hoffmann u. Campe.

Oettinger, Festblümchen! Eine Sammlung von 100 Gelegenheits-Gedichten, zu Neujahrs-, Geburtstags-, Hochzeits- und Jubelfesten nebst einer Anzahl von Tafelgesängen nach bekannten Melodien; der Jugend und ihren Lehrern gewidmet. 8. (VIII, 96 S.) Striegau 875, Hoffmann.

—— berliner Figaro, s. Figaro.

Oettinger, Eduard Maria, Geschichte des dänischen Hofes von Christian II bis Friedrich VII. 8 Bde. Hamburg 1857—59. 8° (In Hamburg, Bibl. der „Harmonie".) (11⅓ Rthl.) (9 Mk. Th. Ackermann, 1888; 14 Mk. v. Zahn & Jaensch, 1906.)
Wurde ins Schwedische übersetzt Danska hofvet fr o. m. Christian II till Fredrik VII Ofs. Stockholm 1857 ff. (Stockh. Octob. Auct. 1884, no 5859—66.)

— Geschichte des dänischen Hofes, von Christian II. bis Friedrich IV. 8 Bde. Hamburg 857—59. Hoffmann u. Campe. 8. (1. Bd.: VIII, 328 S.; 2. Bd.: VIII, 360 S.; 3. Bd.: VIII, 324 S.; 4. Bd.: VIII, 315 S.; 5. Bd.: VIII, 368 S.; 6. Bd.: VIII, 339 S.; 7. Bd.: VI, 328 S.; 8. Bd.: VIII, 325 S.) Jeder Bd. 1 ℛ. 7½ ngr.

Oettinger, Eduard Maria (geb. 19. Novbr. 1808 zu Breslau, 1830 u. 1839 in München, † 26. Juni 1872 zu Blasewitz), *das schwarze Gespenst.* (Humorist.-satyr. Tageblatt.) Nr. 1—41, 43—50, 52—56 (vom 1. Januar bis 5. März 1830). (1 vol.) (Nr. 42 fehlt, Nr. 51 confiscirt.) München, in Commiss. d. literar.-artist. Anstalt d. J. G. Cotta'schen Buchhdlg. (Druck von J. Rösl.) 1830. 8°. Unbeschn. in Ppb. m. Lwdrück. (aus d. Bibl. des Münchener Bibliophilen *Friedr. Krebser*, mit einigen handschriftl. Notizen desselben).

—— das schwarze Gespenst. Taschenbuch f Satire, Ironie u. Persiflage ohne Goldschnitt. Auf d. J. 1831. 2 Abthln. 16. (40 B. u. 1 Musikbeil.) Frankfurt a. M., Sauerländer.

— das schwarze Gespenst. Taschenb. f. Satyre, Ironie u. Persiflage ohne Goldschnitt. Auf das J. 1832. 2 Abtheill. 16. Frankf. 830. (Sauerländer). Velinp. 2 ℛ 8 gr

—— das schwarze Gespenst. Taschenb. f. Satire, Ironie u. Persiflage ohne Goldschnitt. 2 Thle. (Neue Ausg.) 16. (20 B. u. 1 Musikbeil.) Frankfurt a. M. 836, [Sauerländer's Verl.]

—— das weiße Gespenst. Blätter f. Scherz u. Ernst. 1. Aufl. 831. 1 Thlr., u. 2. Ausg. (à 12 B.) 8. Leipzig 836, [Krappe.]

— das weiße Gespenst. Blätter für Scherz u. Ernst. 8. Leipzig 831. Taubert. 1 ℛ

— Halley, Versuch.

— s. Helene. Ein Fehdebrief an die Gesellschaft.

Der Hof und die Gesellschaft des Königreichs Dänemark unter Friedrich IV. und Christian VI. 1671—1730. Von E[duard] M[aria] Oettinger. — Leipzig Dietz o. J. [um 1855]. 315 S. 8°

Oettinger, Ed. Maria, Auf dem Hradschin, s. Album. Bibliothek deutscher Originalromane.

Oettinger, Eduard Maria

Auf dem Hradschin, oder Kaiser Rudolph und seine Zeit. Historisch-romantisches Gemälde. Bd 1-4.
Prag, Leipzig: Expedition des Albums 1856. 8°
(Album. Bibliothek dt. Originalromane der beliebtesten Schriftsteller. Bd 4-7.)

—— Iconographia Mariana, oder: Versuch einer Literatur der wunderthätigen Marienbilder, geordnet nach alphabet. Reihenfolge der Orte, in welchen sie verehrt werden. Mit geschichtl. Anmerkungen. gr. 8. (VII und 67 S.) Leipzig 851(52,) Remmelmann. *

— König Jérôme Napoleon u. sein Capri. Historisch-Humorist. Roman. 3 Bde. 8. (254., 321 u. 382 S.) Dresden 852, Schäfer. n. 4½ ℛ

— König Jérôme Napoleon und sein Capri. Historisch-humoristischer Roman. 3 Bde. 2. Aufl. Leipzig 861. Wengler. 16. (740 S.) n. 1 ℛ 10 ngr.

—— Joujoux. Humoristisch-satirisches Lesekabinet. 1—7. Bd. gr. 16. Leipzig, Phil. Reclam jun. [1. (20¼ B. u. 85 Karikaturen.) 843., 2. u. 3. (40 B. u. 120 Karikat.) 45., 4. (18¼ B. u. 81 Karikat.) 5. (19 B. u. 62 Karikat.) 6., 7. (37¼ B. u. 106 Karikat.) 46. à Bd. * 1 Thlr. 15 Ngr.] *

—— bunte Kartenbilder. 8. (19½ B.) Grimma 839, Verlags-Comptoir.

— die Gräfin v. Kielmannsegge und ihre geheimen Beziehungen zum Kaiser Napoleon I. Vorläufer zu dessen dreibändigem Roman: Die Gräfin v. Kielmannsegge 2. Aufl. Dresden 863. (am Ende.) gr. 8. (24 S.) n. 5 ngr.

Oettinger, Ed. Maria, Gräfin Kielmannsegge und Kaiser Napoleon Buonaparte I. Geschichtlicher Memoiren-Roman. 4 Bde. Brünn 864. Karafiat. 8. (1521 S.) 6 Thlr. 20 ngr.

—— dass. — Neue billige Ausg. 4 Bde. 8. (374 S., 388 S., 428 S. und 831 S. mit den Portr. der Gräfin Kielmannsegge und Napoleon Buonaparte's I.) Ebendas. 866.

Oettinger, Ed. Maria, Gräfin Kielmannsegge u. Kaiser Napoleon Buonaparte I. Geschichtlicher Memoiren-Roman. Neue billige Ausg. 4 Bde. Brünn 868. Karafiat. 8. (374 S., 388 S., 428 S. u. 331 S. mit dem Portr. der Gräfin Kielmannsegge u. Napoleon Buonaparte's I.) 4 Thlr.

Oettinger, Eduard Maria, Gräfin Kielmannsegge u. Kaiser Napoleon. Roman aus dem sächs. Hochadel. (In 30 Lfgn.) 1.—13. Lfg. (S. 1—420 m. Abb.) 8. Dresden (910). Literatur-Verlag. à — 20

— Kunst, in vier u. zwanzig Stunden ein vollendeter Gentleman zu werden. Kurze Briefe an meinen langen Vetter. 2. stark verm. Aufl. 8. (214 S.) Leipzig 852, O. Wigand. n. 2/3 Thlr.

—— Liebesblicke. (Gedichte.) 12. (3 B.) Berlin 831, [Stackebrandt.]

— blutende Lieder. Mit 1 Stahlst. Leipzig 854. Baumgärtner. 16. (XII, 210 S.) 1 Thlr. 10 ngr.

Oettinger, 30 unfehlbare Mittel rc., s. Mittel.

Lontez, Molla. Leipzig 1847. V: *Oettinger, Eduard Maria.* (BMarsch 92) (BGE V³, 155)

Molla Lontez. Mit einem Titelholzschnitt. Leipzig, Reclam, 1847. 12⁰. 29 S.
Seltene Satire auf Lola Montez, die, soweit festgestellt werden konnte, weder mit Holzmann-Bohatta 2784 noch der bei Hayn-Gotendorf V, 157, angeführten Satire »Mola« identisch ist. Auf dem Titel das Motto: Saltatio est circumferentia Diaboli.

— Lucy, — Jenny, s. Unterhaltungsbibliothek, wohlfeile, 1.—3. Bdchen.

—— Marabouts. Federschmuck aus dem Reiche d. Satyre, d. Humors u. d. Frivolität. 8. (17½ B.) Hamburg 835, [Berendsohn.]

— Maria, Liebesblicke. (Gedichte). 12. Berl. 831. Krause. 8 gr.

— Mademoiselle Mars, s.: Bibliothek, Europäische, 701 u. 702. Bd.

— s.: Mittel, 30 unfehlbare, zu der Kunst, sich aus Geldverlegenheiten zu befreien.

§ **MOLA** oder Tanz u. Weltgeschichte. Eine spanisch-deutsche Erzählung (von *Eduard Maria Oettinger*). Leipzig, Ernst Keil & Comp., 1847. Kl. 8⁰. 1 Bl., 326 S. (Auch in Hamburg, Bibl. der „Harmonie") (3 Mk. Th. Ackermann, 1913.)

— Moniteur des dates, s.a. Moniteur.

Oettinger, Eduard Maria. Verfasser der „Archives historiques", der „Bibliographie biographique universelle" etc. Moniteur des dates. Biographisch genealogisch-historisches Welt Register, enthaltend die Personal Akten der Menschheit d. h. den Heimaths- und Geburts Schein, den Heirathsakt und Todestag von mehr als 100.000 geschichtlichen Persönlichkeiten aller Zeiten und Nationen von Erschaffung der Welt bis auf den heutigen Tag mit zahlreich eingestreuten Noten aus allen Zweigen der Curiosität. (6 Th. in 1 Bd.) Fol. Leipzig 1869.

— — Moniteur des dates, contenant un million de renseignements biographiques, généalogiques et historiques. Supplément, rédigé, tenu à jour et édité par Dr Hugo Schramm Macdonald. Tome VIIᵉ — IXᵉ de l'ouvrage entier (Tome 1ᵉʳ — 3ᵉ du supplément.) (In 1 Bd. geb.) Fol. Leipzig 1873—1882.

s. Morus, Thom., u. sein Werk Utopia.

—— Venezianische Nächte. 2 Bde. 8. (30¼ B.) Leipzig 846, Vereins-Verlagsbuchh.

—— venezianische Nächte. 2., unveränd. (Titel-)Ausg. 2 Bde. 8. (472 S.) Leipzig 851, [Costenoble.] *

s. Napoleon's Briefe an Josephine.

— — Narrenalmanach. 6 Bde. (Bd. 1 titulo: „Bunte Kartenbilder") Grimma, Leipzig und Bernburg 1839—48. 8⁰. (8 Mk. B. Seligsberg, Bayreuth, 1906.) Cplt. nicht häufig.

—— Narrenalmanach für 1843—47. 1—5. Bd. 16. Leipzig, Phil. Reclam jun. [1. (27¼ B.) 2. (26¼ B.) 3. (26½ B. u. 1 Holzschn.) 4. (26½ B.) 5. (25½ B.) à J. * 2 Thlr.] *

—— Narrenalmanach für 1848 und 1849. 6. und 7. Bd. gr. 16. Leipzig, Reclam jun. [6. Bd. (X und 430 S.) 7. (402 S.) à Jahrg. * 2 Thlr.] *
1—5. Bd. Ebendas. 1843—47. * 10 Thlr.

—— Panaché. Dreifarbige Novellettes. 2 Bde. 8. (32½ B.) Hamburg 837, Hoffmann u. Campe.

—— Potsdam und Sans-Souci. Histor. Roman. 3 Bde. 8. (810 S.) Leipzig 848, Reclam jun.

—— Carl Otto Reventlow, od. die Mnemonik in ihrer höchsten Ausbildung. Nebst ein. Anhang, enthaltend: die Literatur der Mnemonik. Literar.-histor. Skizze. gr. 8. (2½ B.) Leipzig 845, Otto Wigand. *

—— der Ring des Nostradamus. Histor.-romant. Skizzen d. französ. Hoflebens v. 1515—1821. 3 Bde. 8. (59⅛ B.) Leipzig 838, Otto Wigand.

—— der Ring des Nostradamus. Histor. Roman. 3 Bde. 2., verm. Ausg. 12. (39⅔ B.) Leipzig 845, Otto Wigand.

— der Ring des Nostradamus. Historischer Roman. 3 Bde. 3. verm. Ausg. 16. (156. 182 u. 159 S.) Leipzig 852, O. Wigand. n. 2/3 Thlr.

— der Ring d. Nostradamus. Historischer Roman. 4. Ausg. 8. (IV, 333 S.) Leipzig 872. O. Wigand. n. 2. 50

—— Rossini. Komischer Roman. 2., verm. Aufl. 2 Bde. 8. (275 und 287 S.) Leipzig 847, [Costenoble.)

—— dass. — 3., unveränd. (Titel-)Ausg. 2 Bde. 8. (VIII und 562 S.) Leipzig 851, [Costenoble.] *

— Rossini l'homme et l'artiste, traduit de l'allemand par P Royer. Tome I. II. III. Bruxelles et Leipzig 1858.

— Saint-Germain, s. Unterhaltungsbibliothek, wohlfeile, 41.—43. Bdchen.

Oettinger, E. M., Saint Germain. Leipzig 1846. 12°. (1 Mk. 50 Pfg Paul Neubner, c. 1890.)

—— **Schobri, Ungarns größter Bandit. gr. 12. (10⅓ B.) Leipzig 843, [Otto Aug. Schulz.]**

— Schobri, Ungarns größter Bandit. 2. durchges. Aufl. Leipzig 863. O. A. Schulz. 16. (140 S.) 15 *ngr.*

— — die nordische Semiramis oder Katharina II. und ihre Zeit. Historischer Roman. 1. Abth. Die nordische Semiramis. 3 Bde. Berlin 863. Janke. 8. (732 S.) 4 Thlr. 15 *ngr.*

— — 2. Abth. Mutter und Sohn. 3 Bde. Ebend. 864. 8. (832 S.) 4 Thlr. 15 *ngr.*

Oettinger, Eduard Maria, Die nordische Semiramis oder Katharina II. und ihre Zeit. Histor Roman. 6 Bde. Berlin, Otto Janke, 1863—64. 8° (9 Rthl.) (3 Mk. Wilh. Koebner, Breslau, vor 1890.)
Abth. 2 des ersten Bandes wurde für Oesterreich vom L.-G. Wien, 19. März 1864, auf Grund des § 63 verboten.

Oettinger, Ed. Maria, Spontini. 16. (1 B.) Leipzig 843, Phil. Reclam jun. Thlr. *

— Meister Johann Strauß und seine Zeitgenossen. Komischer Roman. 4 Thle. Ebend. 862. 16. (VIII, 953 S.) n. 2 Thlr. 20 *ngr.*

—— Meister Johann Strauß und seine Zeitgenossen. Komischer Roman. 4 Theile. 16. (VIII und 953 S.) Berlin 863 Janke. *

— Teufeleien. 1 u. 2. Bd. Mit Carricaturen. gr. 16. (1: IV u. 308 S. m. 77 eingedr Holzschn. 2: IV u. 284 S. m. 56 eingedr. Holzschn.) Leipzig 847 49, Ph. Reclam jun. (à n. 1 Thlr.) n. 2 Thlr.

— 365 deutsche Trinklieder von 150 Dichtern. 2. Stereot.-Ausg. Leipzig 862. Baumgärtner 8. (XII, 465 S.) 12 *ngr.*

— die Weltgeschichte in einem Brief-Couvert. Historisch-geograph. Handwörterbuch, enthltd. die hervorragendsten Ereignisse u. Thatsachen in der Weltgeschichte geordnet nach der Reihenfolge der Städte. Leipzig 859. (Berlin, Denicke.) 16. (77 S.) In Couvert. n. 10 *ngr.*

— — 2. wohlfeile Ausg. Ebend. 870. gr. 16. (77 S.) n. 6 *ngr.*

— Onkel Zebra. Memoiren eines Epicuräers. 1. u. 2. Thl. (Mit 2 Illustrationen von Nisle.) gr. 16. Leipzig 842. Pro 7 Thle. n. 3 Thlr. — Neue Ausg. in 2 Bden. Mit 6 Illustrat. 8. Leipzig 847 (846), Verlags-Magazin. 1 Thlr. (49½ B.)

Oettinger, Erich, a. Breslau: Über stationäre Gasbewegungen mit Berücksichtigung der inneren Wärmeleitung. Marburg 1907: (Dieterich, Göttingen). (56 S.) 8°
Marburg, Phil. Fak., Ref. Neumann-Richarz, Diss. v. 12. März 1907
[Geb. 14. Mai 84 Breslau; Wohnort: Breslau, Staatsangeh.: Preußen; Vorbildung: König-Wilhelms-Gymn. Breslau Reife O. 02, Studium: T.H. Berlin 1, Univ Breslau 2, Göttingen 1, Breslau 2, Marburg 2 S.; Rig. 30. Juli 06.]

Oettinger, F C., s. Oetinger, Friedrich Christoph

Oettinger, Fritz, Rechtsprakt.. Die sachlichen Voraussetzungen des Patentschutzes. Augsburg [1910]: Lampart. VIII, 125 S. 8°
Erlangen, Jur. Diss. v. 31. Okt. 1910, Ref. Allfeld
[Geb. 22. Febr. 85 Regensburg, Wohnort. Regensburg; Staatsangeb.: Bayern; Vorbildung: Gymn. Straubing Reife 03; Studium: Regensburg Lyz. 2, München 3, Berlin 1, Erlangen 2 S.; Rig. 20. Jan. 10.] [U 11. 851

Oettinger, Herm., die Adelheids-Quelle ein Jod-haltiges Bromwasser zu Heilbrunn in Oberbayern. München 854. (Erlangen, Enke.) gr. 8. (X, 176 S.) n. 10 *ngr.*

— General-Schematismus sämmtlicher zur Praxis berechtigter Civil- und Militärärzte Bayerns, ein statistischer Beitrag zum Intelligenzblatt bayerischer Aerzte. München 854. Kaiser. gr. 4. (IV, 40 S.) n. 12 *ngr.*

Oettinger, I., de jure limitum, von Grenz- und Marksteinen. 8. Hannover. 715. *

Öttinger, J. F., Carte géographique de la campagne du Haut Rhin pour l'année 1734 comme de même une Désignation du Rhin depuis le lac de Constance jusqu'à Mayence, de tout le Neckar et d'une grande partie du Main. Augsbourg [1735?] 2 Bll. (Br. Mus.)

Oettinger, J. F. Kriegs-Ingenieur u. Artillerie-Charte. o. O. 1737. 1 Bl.

Oettinger, J F, Cursus Rheni tabula geographica, ab urbe silvestri Lauffenburgo usque ad ejus ostium. Soutter [ca. 1730?] 6 Bll. (Br. Mus.)

Oettinger Karl Über die Umwandlung des Triamidophenols in 1. 2. 3. 5-Phentetrol. S 104 Hb. 274 vgr
Separatabdruck

Oettinger, Kurt, aus Sturm u. Traum. Gedichte. (112 S.) 8. Berlin (910). H. Bondy. 2.—; geb. 3. —

Oettinger, Kurt, Kammergerichtsreferendar: Der Begriff Unwirksamkeit im Bürgerlichen Gesetzbuch. Berlin 1904: Rosenthal & Co. (76 S.) 8° [F.]
Rostock, Jur. Fak., Ref. Bernhöft, Diss. v. 20. Nov. 1904
[Geb. 17. Jan. 77 Marienwerder, Wohnort Berlin; Staatsangeh.: Preußen; Vorbildung: Gymn. Elbing Reife M. 98, Studium: Berlin 2, München 2, Berlin 3 S.; Rig. 20. Juni 04.]

Oettinger, Kurt, der Begriff Unwirksamkeit im bürgerlichen Gesetzbuch. (Diss.) (76 S.) 8. Berlin 905. Struppe & Winckler. n. 1. 60

Oettinger, Ludw., Anleitung zu finanziellen, politischen u. juridischen Rechnungen. Ein Handbuch f. Staatsmänner, Cameralisten, Kaufleute rc. gr. 8. (21⅝ B.) Braunschweig 845, Vieweg u. Sohn. *

Oettinger, L., geometr. Aufgaben zum Gebr. bei Vorlesungen, beim Unterr. an höhern Lehranstalten u. zum Selbst-Studium. 2 Abthln. (M. 590 Fig. auf 6½ B. Stndr.) gr. 8. (44 B.) Karlsruhe 832, Müller.

Oettinger, L., weitere Ausführung der politischen Arithmetik. Lex.-8. (XX und 372 S.) Greifswald 863, Koch's Verlag. *

—— Differenzial- u. Differenzen-Calcul nebst seiner Anwendung. gr. 4. (55½ B. u. 1 Tab. qu. gr. Fol.) Mainz 831, [Kirchheim, Schott u. Thielmann.]

—— Forschungen in d. Gebiete d. höh. Analysis, mit d. Resultaten u. ihrer Anwendung. gr. 4. (22 B. u. 1 Tab. qu. Fol.) Heidelberg 831, A. Osswald.

Oettinger, Ludw., Forschungen in d. Gebiete der höheren Analysis. 4. Heidelb. 831, jetzt Bensheimer in Mannheim. 2²/₃ ℳ

Oettinger, Ludw., Lehrbuch d. Arithmetik u. Algebra. gr. 8. (18⅛ B.) Freiburg 837. [Heidelberg, Groos.]

—— Lehrbuch d. reinen Mathematik. 2. Thl. — A. u. d. T.: Lehrbuch d. gesammten Geometrie. gr. 8. (26½ B. u. 18 Taf.) Freiburg 838. [Ebds.]
Den 1. Thl. bildet ohne besond. Titel das vorhergeh. Werk.

—— die Lehre v. d. aufsteigenden Functionen, nebst e. auf sie gegründ. Summenrechnung f. Reihen; od. Integral-Calcul mit endlichen Differenzen. gr. 4. (40¼ B.) Berlin 836, Geo. Reimer.
Aus: Crelle, Journal f. d. reine u. angewandte Mathematik. Bd. 11—16., besond. abgedruckt.

Oettinger L. Die Lehre von den aufsteigenden Functionen. Berlin 1852. 4.

—— die Lehre v. d. Combinationen nach e. neuen Systeme bearb. u. erweitert. gr. 8. (9½ B.) Freiburg 837. [Heidelberg, Groos.]

—— die Reihenfolge d. Elemente bei d. Versetzungen mit u. ohne Wiederholungen aus e. od. mehr. Elementen-Reihen u. ihre Anwend. auf Wahrscheinlichkeits-Rechnung, nebst e. Berechn. d. Vortheils d. Bank bei d. Pharao mit 5 Tab. (2. Hft.) gr. 4. (8¾ B.) Freiburg 841, (Emmerling.) *

Oettinger L. Über die Sätze von Wilson und Fermat und über die Theilbarkeit der Faktorenfolgen und Fakultäten 1868

Öttinger, Ludw., Theorie der analytischen Facultäten nebst ihrer Anwendung auf Analysis, Kreisfunctionen u. bestimmte Integrale. Freiburg im Br. 854. Diernfellner. gr. 4. (IX, 258 S.) n. 4 ℳ.

—— Theorie der Lotterie-Anlehen nebst einer Methode den Werth eines Kapitals bei verschied. Zinsfusse u. den hieraus sich ergebenden Curs zu bestimmen; mit Rücksicht auf grossherzogl. bad. Staats-Anlehen. gr. 4. (14¾ B.) Freiburg 844, Lippe u. Comp. –

— Uebungsbuch zum Uebersetzen aus d. Deutschen ins Latein. Nach d. Ordnung d. syntakt. Regeln d. kl. Bröderschen Grammatik, mit Berücksichtigung der Grammatiken von Zumpt u. Ramshorn, f. die untern Klassen gelehrter Schulen. 8. Heidelb. 826. Oßwald. 2e verm. A. 829. Ebd. 9 ℳ

Oettinger, L., Uebungsbuch z. Uebersetzen aus d. Deutschen ins Latein. Nach d. Ordnung d. syntakt. Regeln d. kl. Bröderschen Grammatik, mit Berücksichtig. d. Grammatiken v. Zumpt u. Ramshorn; f. d. untern Classen gelehrter Schulen. 2., sehr verm. u. verb. Aufl. 8. (10¼ B.) Heidelberg 829, [Vereins-Verlag.] Thlr

—— die Versetzungen mit Wiederholungen zu bestimmten Summen aus e. od. mehr. beschränkten Elementen-Reihen, nebst ihrer Anwend. auf Analysis u. Wahrscheinlichkeits-Rechnung. gr. 4. (11¾ B.) Freiburg 840, Emmerling. Thlr. *
Kann als 1. Hft. der vorhergeh. Schrift angesehen werden.

— die Versetzungen mit Wiederholungen zu bestimmt. Summen aus einer oder mehrern beschränkten Elementen-Reihen, nebst ihrer Anwendung auf Analysis und Wahrscheinlichkeits-Rechnung. gr. 4. Freiburg 840. Groos. n. ⅔ ℳ

—— Vorschule d. latein. Sprache, in leichten Uebungen z. Uebersetzen aus d. Deutschen ins Latein. Als Leitfaden f. d. Anfangs-Classen in Lateinschulen u. beim Privatunterr. 8. (11 B.) Heidelberg 830. A. Oßwald

Oettinger, Ludw., Vorschule d. latein. Sprache, in leichten Uebungen z. Uebersetzen aus d. Deutschen ins Lateinische. Als Leitfaden f. d. Anfangs-Classen in Lateinschulen u. beim Privatunterr. 2., verb. u. verm. Aufl., bearb. v. Ch. Th. Schuch. 8. (12½ B.) Heidelberg 836. [Mannheim, Bensheimer.]

Oettinger, Ludw., die Vorstellungen der alten Griechen und Römer über die Erde als Himmelskörper. gr. 4. (VIII und 116 S.) Freiburg im Br. 850, Diernfellner. Thlr. *

Oettinger, Dr. L., Die Wahrscheinlichkeitsrechnung. Berlin 1842. 4⁰.

— die Wahrscheinlichkeits-Rechnung. gr. 4. (XVI u. 262 S.) Berlin 852, G. Reimer. 2½ ℳ

Oettinger, Luise, wir Sünderinnen. (VII, 190 S.) 8. Dresden (907). E. Pierson. 2.—; geb. n 3. —

Oettinger, Martin, appr. Arzt a. Nürnberg: Ueber cartilaginäre Exostosen unter besonderer Berücksichtigung zweier in der kgl. chir. Poliklinik zu München beobachteter Fälle ⟨mit 2 Röntgenaufnahmen⟩. München 1905: Kastner & Callwey (22 S.) 8°
München, Med. Fak., Ref. v. Angerer, Diss. v. 21. Juli 1905
[Geb. 28. März 79 Neumarkt, Oberpfalz, Wohnort Nürnberg; Staatsangeh.: Bayern; Vorbildung Altes Gymn. Nürnberg Reife Juli 98; Studium: Erlangen 1 München 3, Berlin 3, Heidelberg 1, München 4 S.; Coll. 21. Juli 05; Approb. 29. Juli 04.]

Oettinger, Moritz [aus Hamburg]: Über die Anwendung des Strontium lacticum als Diureticum . Würzburg, P. Scheiner's Buchdr., 1894; 26 S. 8.
Würzburg, Med. Fak., Inaug.-Diss. v 1894

Oettinger, Paul, Bestimmungen üb. die Eheschließung v. Offizieren des königl. preußischen Heeres. Auf Grund der Heirats-Verordng. vom 25. V. 1902 sowie der sonst gesetzl. u. kirchl. Vorschriften zusammengestellt. 2. Aufl. (39 S.) 8. Berlin 909. R. Eisenschmidt. — 75

Oettinger, Paul, unter kurbrandenburgischer Flagge. Deutsche Kolonial-Erfahrgn. vor 200 Jahren. Nach dem Tagebuche d. Chirurgen Joh. Peter Oettinger unter Mitwirkg. von Henk hrsg. 8. (103 S.) Berlin 886. Eisenschmidt. n. 1. 50

Die Offiziere des Königlich Preußischen 4. Oberschlesischen Infanterie-Regiments Nr 63. 1860–1910. Im Auftr. d. Regiments bearb von Paul Oettinger, Hauptm. a. D. Abgeschlossen am 31 Mai 1910. Berlin Eisenschmidt 1910. 212 S. 8° [10. 1554]

Oettinger, Paul [prakt Arzt] Die künstliche Reifung des Staars . .. Breslau, Buchdr Th. Schatzky, 1885. 6 + 36 S. 8°
Breslau, Med. Fak., Inaug. Diss. v 21. Sept. 1885.

Oettinger, Paul, die künstliche Reifung d. Staars. gr. 8. (34 S.) Breslau 885. (Köhler.) n. 1. —

Oettinger (Phil. Jos.). On the combination of Thallium. Berlin 1864. 8. 36 p

Oettinger, Richard, a. Nürnberg: Zur Kenntnis der Spermatogenese bei den Myriopoden. Samenreifung und Samenbildung bei Pachyiulus Fabre. Leipzig (aufgeklebt: Marburg) W. Engelmann 1909. S. 504--620. 8° ¶ (Aus: Archiv f. Zellforschung Bd 3, H. 4.)
Marburg, Phil. Diss. v. 25. Dez. 1909, Ref. Korschelt
[Geb 17 Mai 81 Neumarkt, Oberpfalz; Wohnort: Marburg; Staatsangeh.: Bayern; Vorbildung Realgymn. Nürnberg bis M. 00; Studium: Zahnheilk. Berlin, München ?us. o. Naturw Marburg 8 S., Rig. 26. Mai 09.] [U 10. 3378

Öttinger, Siegfried, prakt. Arzt a. Neumarkt ⟨Oberpfalz⟩: Über Luxationen der Patella nach aussen. Würzburg 1906: A. Borst. (27 S.) 8°

Würzburg, Med. Fak., Ref. Schönborn, Diss. v. 1906

[Geb. 18. Febr. 68 Neumarkt, Wohnort: Kitzingen, Staatsangeh.: Bayern; Vorbildung: Gymn. Regensburg Reife Juli 87; Studium: Würzburg 6, München 2, Berlin 3, Würzburg 2 S. Coll. 15. März 99, Approb. 7. Dez. 94.]

Oettinger Theodor, Ausflug von Wien mit der Südbahn über den Semmering bis Mürzzuschlag. Nebst Andeutungen zu Ausflügen von allen Stationen bis an den Wechsel, nach Gutenstein, auf den Schneeberg und nach Mariazell. Vorzüglich für Theilnehmer an den Semmering-Vergnügungszügen. Bis in die jüngste Zeit verbessert und vermehrt von Dr. Emanuel Lippmann. 5. Auflage 12. (48 S.) geh. 24 kr.

Wien Wenedickt 1882

Oettinger, W. Lud., praes. Dn. El. **Camerarius,** De cauta miraculorum in medico foro dijudicatione. 40 pp. Tub. 4°. 1733

Oettinger, Walter, approb. Arzt aus Breslau: Aus d. Kgl. Chirurg. Universitäts-Klinik zu Breslau. Beitrag zur Talma'schen Operation. *Breslau 1904: Bresl. Genoss.-Buchdr.* (65 S.) 8°

Breslau, Med. Diss. v. 12. Aug. 1904

Oettinger, W., die Ursachen des Einbruchs v. Eisen- u. Mangansalzen in das Breslauer Grundwasser, m. besond. Berücksicht. der Bodendurchlässigkeit in der Ohle-Oderniederung. [Aus dem hygien. Institut der Universität Breslau. Dir.: C. Flügge.] (117 S. m. 25 Kurven u. 1 Fig.) gr. 8. Jena 908. G. Fischer. 3. 60

Sonderabdruck aus: „Klin. Jahrb."

Vortrag (über die Grundwasserverschlechterung in Breslau) von Dr. [Walter] **Oettinger**, Assist., am 4. Dez. 1907. Als Ms. gedr. (Breslau 1907: Themer & Meinicke.) (14 S.) 4° [Kopft.] (ol. 1493 2

Oettinger, Wilhelm, aus Plankstadt ⟨Baden⟩: Das **Komische** bei Molière. *Strassburg 1901: J. H. E. Heitz.* (72 S.) 8°

Strassburg, Phil. Diss. v. 1901

Ottinus, H., graecarum litterarum notitia. Turin 866. Löscher. 8. (46 S.) n. 4 ngr.

Oettl, Franz: Lucans philosophische Weltanschauung. 8 (21 S.).
Progr. Privat-G. am Semin. Vincentin. *Brixen* 1888

Oettl, G.

— s. Lebensgeschichte des heiligen Franz Xaver.

Oettl, G. v., Rede üb. d. innere Leben u. äußere Wirken d. barmherz. Schwestern, geh. bei d. Einkleidung d. 12 Jungfrauen am 6. Febr. 1858. 8. ... München, Jaquet.

Oettl, (Joh. G.) Maximilien I. väterl. Ermahnungen ꝛc., s. Maximilian I.

Oettl, P. Johann Nep. — Die Bienenkönigin und ihr Ministerium, oder: Aus welchen Ursachen wird die Bienenzucht noch so wenig beachtet und betrieben? Den Mitgliedern des Vereines zur Hebung der Bienenzucht Böhmens und sonstigen Bienenfreunden gewidmet, gelegentlich der 6. Generalversammlung dieses Vereines zu Teplitz am 31. August 1857, vom Vereins-Präsidenten — —. Prag, 1857. Dr. von Kath. Gerzabek. (39 S. 8.)

Oettl, Joh. Nep., Michael Deutsch, oder: Erzählungen aus dem katholischen Seelsorger- und Volksleben unserer Zeit. Prag 859. Credner in Comm. gr. 8. (VII, 267 S.) n. 20 ngr.

Oettl, Joh. Nep., die Düngerwirthschaft des kleinen Landwirthes, wie solche sein — u. nicht sein soll. Dazu ein Anh., worin auch für den Häusler zu einer besseren Cultur der Hausgärten eine entsprech. Düngerwirthschaft gelehrt wird. (Gekrönte Preisschrift.) Prag 866. Ehrlich's Buchh. gr. 8. (IV, 141 S.) n. 15 ngr.

Oettl, J. Nep. Klaus, der Bienenvater u. Bienenkorbmacher, oder Belehrung für alle, welche Bienen halten, insbesondere für den Landwirth in Böhmen. gr. 8. Prag 843, Credner. n. 16 ngl.

Oettl, Joh. Nep., **Klaus,** der **Bienenvater aus Böhmen.** Seine Zaubersprüche und Maschinen-Strohstöcke; und überhaupt seine Anleitung, die Bienen gründlich u. mit sicherem Nutzen zu züchten, und auch die zweckmäßigsten Bienenwohnungen hiezu anzufertigen. Sammt einem Anhange: Klaus der Jüngere, oder: Die Dzierzon'sche Bienenzuchtmethode in Maschinen-Strohstöcken älterer, neuerer u. neuester Erfindung ꝛc. Als Volks- u. Lehrbuch zunächst für seine Landsleute, aber auch für Andere verfaßt. 2. verb. ꝛc. Aufl. 853. (VIII, 4 Bl., 400 S.) — 3. verb. u. stark verm. u. mit 51 Abbildgn. (Holzschn. im Text) verseh. Aufl. Prag 857. Ehrlich. gr. 8. (XV, 488 S.) n. 1 ℛ︀. 10 ngr.

— Klaus der Bienenvater aus Böhmen. Seine Zaubersprüche und Maschinen-Strohstöcke; und überhaupt seine Anleitung die Bienen gründlich und mit sicherem Nutzen zu züchten und auch die zweckmäßigsten Bienenwohnungen hiezu anzufertigen. Sammt einem Anhang: Klaus der Jüngere oder die Dzierzon'sche Bienenzuchtmethode in Maschinen-Strohstöcken als Ring-, Beuten-, Prinzstöcken ꝛc. Als Volks- und Lehrbuch für seine Landsleute und auch für Andere verfaßt. 4., abermals verb., stark verm. und mit 53 Abbildgn. (Holzschn.) im Texte verseh. Aufl. Prag **862**. Ehrlich. gr. 8. (XVIII, 503 S.) n. 1 ℛ︀ 18 ngr.

Oettl, Joh. Nep., Klaus der Bienenvater aus Böhmen. Anleitung, die Bienen gründlich und mit sicherem Nutzen zu züchten und die zweckmäßigsten Bienenwohnungen hiezu anzufertigen. Unter Mitwirkung von Cöl. N. Schachinger bearb. und hrsg. von Hans Schusser. 5. neu bearb. Aufl. gr. 8. (496 S. mit 42 Abbild. im Texte.) Prag 887, Ehrlich. *

Oettl, P. Johann Nep. — Maria, die geistliche Rose. Eine gemeinfaßliche geistliche Abhandlung zur Verehrung der heiligen Mutter Gottes. Nutzbar für Kanzel und Haus, besonders an Marienfesten. Von — —. Leitmeritz, 1856. Druck von C. W. Medau. (47 S. 8)

—— der Prinzstock mit Wabenrähmchen. Keine Bienenwohnung über ihn! was einfache, leichte und bequeme, dabei milde und humane ꝛc. Bienenbehandlung betrifft. Eine Monographie und gewissermaßen ein Nachtrag zu dem Buche „Klaus, der Bienenvater aus Böhmen." gr. 8. (VIII und 160 S. mit dem lithogr. Portr. des Verf. und 22 Abbild. auf 2 Stnt. in qu. 4.) Prag 864, Ehrlich's Buchh. *

—— Volkmann zu Immenheim, s. Volkmann.

(**Oettl, Joh. Nep.,) Volkmann zu Immenheim. Ein Haus- u. Lesebuch von den Bienen, voll Belehrung, Erbauung u. Kurzweil. Für Bienenzüchter und Nicht-Bienenzüchter, Bienenfreunde u. Bienenfeinde, insbesondere für geistliche u. weltliche Lehrer, für Ältern u. die verständige Jugend. Vom Verf. des Buches: „Klaus, der Bienenvater aus Böhmen". Herausg. von Joh. Maresch. Prag 857. Ehrlich in Comm. gr. 8. (XVI, 314 S.) n. 28 ngr.**

— Wjtek, wčelak a spolu aulak aneb: Potěšitedlná naučenj pro wšecky ty, kteřj wčely chowagj nebo chowati mohau, zwláště pro sprosté hospodáře české. Welký 8. W Praze 843, se dwěma obrazkami. 16 ngl.

Oettl Raimund: Der zweite Teil der „Kronenwächter" von Ludwig von Arnim.
H. 1908 PN 2551 Diss. Wien, Univ. 270

OETTL, Rudolf (München): Über Verbrennungen im kindlichen Alter.- München: Stahl 1869. 20 S.
28.10.1865 - Urk (Titel: De combustionibus infantum.); F 71
Diss. Ingolst.-Landsh.-Mchn.

Oettl, Ulr., († d. 24. Oct. 1795.) historia juris civilis. 8maj. Styrae 769.

— institut. juris civilis. II Tmi. 8maj. Styrae 770, 71.

Oettl, U., hist. juris civil. 8. maj. Nrnb. Stein. 773.

Oettle, Fr. X., s. Oettle, Xaver

Oettle, Xaver

Oettle, Fr. X., das Allgäuer Rind. Dessen Beschaffenheit u. Zucht in alter u. neuer Zeit. Mit 5 Tier-(Voll-)bildern. (80 S.) gr. 8. Kempten 910. J. Kösel. 2.—; geb. in Leinw. 2. 60

Oettle, Xaver. Studien über die Geschichte, die Entwicklung und den heutigen Zustand des Allgäuer Rindes und seiner Zucht unter besonderer Berücksichtigung der neuzeitlichen Zuchtbestrebungen. Aus dem zootechnischen Institut der Universität Bern.... Diss. Vet.-Med. Bern. 80 S. 8. Kempten, Jos. Kösel, 1910.

Friedrich Bernhard Ottleben

De potue ex coffeae seminitue parati noxio Effectu. Helmstadii (1780:) Schnorr. XXII S. 8°
Helmstedt, Med. Diss. v. 24. Okt. 1780

Oettler, Henr. Gust. (geb. Greiz 1817) De uroscopia. Berolini (1842). (32 S.) 8°
Berlin, Med. Diss. v. 11 März 1842

Ottley, Walter John

Ottley, W. J., Tibet. Mit der bewaffneten brit. Gesandtschaft bis Lhasa. Mit 48 Illustr., Plan u. Karte. Autoris. Uebersetzg. v. M. Plüddemann. (XV, 243 S.) gr. 8. Berlin 907. [R. Siegismund.] Schreiter. 6.—; geb. in Leinw. 7.—

Oettli, Max, Beiträge zur Oekologie der Felsflora, s.a. Exkursionen, botanische, u. pflanzengeographische Studien in der Schweiz. 3. Hft.

Oettli, Max. Beiträge zur Ökologie der Felsflora. Untersuchungen aus dem Curfirsten- und Sentisgebiet. (Separatabdruck aus dem Jahrbuch der St. Gallischen Naturwissenschaftlichen Gesellschaft [für das Vereinsjahr] 1903.) IV + 171 S. 8. Zürich, Verlag von Albert Raustein.
Ausg. A: Diss. Phil. [II.] Univ. Zürich. [Mit 4 Tafeln.] (*Umschlag:* St. Gallen, Zollikofer'sche Buchdr.,) 1904.
Ausg. B: Mit 4 Tafeln. 1905. [fr. 4.—.] — Botanische Exkursionen und pflanzengeographische Studien in der Schweiz.... Heft 3.

Oettli, Samuel

Oettli, Sam., Amos u. Hosea, s.a. Beiträge zur Förderung christlicher Theologie. V. 4.

Amos und Hosea. Zwei Zeugen gegen d. Anwendung d. Evolutionstheorie auf d. Religion Israels. 3 theol. Ferienkursvorträge mit e. textkrit. Anh. von D. Samuel Oettli, Prof. in Greifswald. *Gütersloh: C. Bertelsmann 1901* (101 S.) 8° [F.]
= Beiträge z. Förderung christl. Theologie. Jg 5, H. 4, [...] [91. 7970

Oettli, Samuel, die Autorität des alten Testamentes f. den Christen, s.a. Zeit- u. Streitfragen, biblische. II. 2.

Oettli, Samuel. Die Autorität des alten Testamentes für den Christen. Von D. S' O', Professor ... in Greifswald. IV + 40 S. 8. Gr. Lichterfelde-Berlin, Edwin Runge, 1906. (M. —. 45)
Biblische Zeit- und Streitfragen (zur Aufklärung der Gebildeten). Hrg. von Prof. Dr. [Friedrich] Kropatscheck in Breslau. (Serie II, Heft 2.)

Oettli, Samuel. Bibel und Babel. Vortrag, gehalten in der Pastoralkonferenz in Berlin den 28. Mai 1902. Sonder-Abdruck aus der Neuen Preussischen ⟨Kreuz-⟩Zeitung. 24 S. 8. (Berlin, F. Heinicke.)

Oettli, Sam. Oberst Otto v. Büren, s.a. Reben am Weinstock.

Oettli, Samuel. Oberst Otto von Büren (1822–1888). Nach seinen Tagebüchern und andern Aufzeichnungen. [Mit Porträt-Tafel.] 8. Basel 1890.
Reben am Weinstock. (Bändchen) 5.

Oettli, Sam., das Deuteronomium u. die Bücher Josua u. Richter, s.: Kommentar, kurzgefaßter, zu den heiligen Schriften Alten u. Neuen Testamentes.

Die Ehe im Volke Israel. Von Prof. Dr S[amuel] Oettli. Bern K. J Wyss 1908. (64 S.) 8° [Umschlagt.]
Aus Polit Jahrbuch d. schweizer Eidgenossenschaft. Jg. 1908. [c8. 15699 ⊕

(Oettli, [Samuel].) Zur Erinnerung an Frau Dr. Anna Diethelm, geb. Dardier, geb. den 8. März 1827, gest. den 13. Dezember 1905. [Mit 1 Porträt-Tafel.] 17 S. 8. St. Gallen, [Zollikofer & Cie., 1906].

— Geschichte Israels, s.a. Geschichte, die, Israels.

Die Geschichte Israels bis auf Alexander den Großen. Von D. S[amuel] Oettli. Prof., Greifswald. *Calw & Stuttgart: Vereinsbuchh. 1905.* (VI, 566 S.) 8° [F.]
= Geschichte, Die, Israels. T 1 [c4. 14501 3

— das Gesetz Hammurabis u. die Thora Israels. Eine religions- u. rechtsgeschichtl Parallele. (88 S.) gr. 8. Leipzig 903. A. Deichert Nachf. n. 1. 60

Oettli, Prof. Sam., Gewissen und Alkohol. Ein Mahnruf an die akademische Jugend. Oeffentlicher Vortrag, geh. am 31. Jan. 1893 im Casino zu Bern. 8°. Bern (Leipzig, K. F. Koehler) 1893. (22 S.)

— u. J. Meinhold, die geschichtl. Hagiographen [Chronika, Esra, Nehemia, Ruth, Esther] u. das Buch Daniel, ausgelegt, s.: Kommentar, kurzgef., zu den heil. Schriften Alten u. Neuen Testamentes.

— die poetischen Hagiographen [Buch Hiob, Prediger Salomo, Hoheslied u. Klagelieder], s.: Volck, W.

— die Herrlichkeit des Alten Testamentes. Rede, geh. am Jahresfest der Bibelgesellschaft in Basel den 3. Juli 1894. 12. (12 S.) Basel 894. Jaeger & Kober n. — 8

Oettli, Samuel, das Buch Hiob, s.a. Erläuterungen zum Alten Testament. I.

Oettli, S[amuel]. Das Buch Hiob [übersetzt und] erläutert für Bibelleser von D. S. Oe'.... 126 S. 8. Calw und Stuttgart, Vereinsbuchh., 1908. (M. 1. 50, geb. 2. 25)
Erläuterungen zum Alten Testament. Hrg. vom Calwer Verlagsverein. Teil 1...

— Jahve u. Baal, s.a. Hefte f. evangel. Weltanschauung u. christl. Erkenntnis. I. 7.

Jahve und Baal. Vortrag, geh. in Stettin 1898. Von Prof. D. [Samuel] Oettli-Greifswald. *Gr Lichterfelde-Berlin. E. Runge(1898).* (19 S.) 8° [J.] Aus Kirchl. Monatsschrift.
= Hefte f evangel. Weltanschauung u. christl. Erkenntnis. Ser. 1, No 7 [03. 3138 10

— Ideal u. Leben. Gesammelte Vorträge. 8. (VI, 338 S.) Gotha 894. G. Schloeßmann. — Bern, W. Kaiser. n. 3. 80

Oettli, Sam., Ideal u. Leben. Gesammelte Vorträge. 2., unveränd. [Titel-] Aufl. 8. (VI, 338 S.) Gotha (894). G. Schloeßmann. — Bern, W. Kaiser. n. 3. 80; geb. n. 5. —

— ist der Gott des alten Testamentes unser Gott? Oeffentlicher Vortrag. (30 S.) 8. Berlin 903. Vaterländ. Verlags- u. Kunstanstalt. n. — 20
Sonderabdruck aus: „Reformation".

Oettli, Samuel, D., ord. Professor der Theologie: Das 450-jährige Jubiläum der Universität Greifswald am 3. und 4. August 1906. Im Auftrag von Rektor und Senat bearbeitet. Greifswald: J. Abel 1906. (115 S.) 8°
(Nur in beschränkter Zahl für den Austausch)

— der Kampf um Bibel u. Babel. Ein religionsgeschichtl. Vortrag. gr. 8. (32 S.) Leipzig 902. A. Deichert Nachf. n. — 80

Der Kampf um Bibel und Babel. Ein religionsgeschichtl. Vortrag von D. Sam[uel] Oettli, Prof. 3., unveränd. Aufl. Leipzig A Deichert 1903. (32 S.) 8° [03. 13100 9

— der Kampf um Bibel u. Babel. 4., erweit. Aufl., m. Berücksicht. des zweiten Vortrages v. Friedr. Delitzsch. (41 S.) gr. 8. Leipzig 903. A. Deichert Nachf. n. — 80

— d. gegenwärt. Kampf um d. Alte Testament. Vortrag, geh. in Berlin den 13. Jan. 1896. 8. (23 S.) Gütersloh 896 C. Bertelsmann. n. — 40

Oettli, S., siehe: *Kirchenfreund.*

— das Königsideal d. Alten Testaments, s.a. Festreden der Universität Greifswald. Nr. 7.

Das Königsideal des Alten Testaments. Rede z. akad. Feier d. Geburtstages Sr Maj. d. Kaisers am 27. Jan. 1899 geh. v. D. Samuel Oettli, Prof. . . . in Greifswald. *Greifswald J. Abel 1899.* (26 S.) 1 Bl. 8.
= Festreden d. Univ. Greifswald. No 7. [99. 1860

Oettli, Sam[uel]. Stilles Leuchten. Erste Predigt, gehalten in der Kapelle zu Ralswiek auf Rügen über Matth. 5, 14—16 am Reformationssonntag, 3. November 1907. [Mit 1 Ansicht.] II + 12 S. 8. Berlin, Verlag des Christlichen Zeitschriftenvereins.

— Die revidierte Lutherbibel, s.a. Zeit u. Streitfragen, bibl. IV, 9.

Oettli, Samuel D. Die revidierte Lutherbibel. Von Samuel D. Oettli, Prof., Greifswald. 2. Taus. Gr. Lichterfelde-Berlin: Runge 1908. 53 S. 8°
(Biblische Zeit- u. Streitfragen. Ser. 4. H. 9)

Oettli, Samuel. Die revidierte Lutherbibel. 3. Tausend. 53 S. 8. Gr. Lichterfelde-Berlin, Edwin Runge, 1908. (M. —. 60)
Biblische Zeit- und Streitfragen. Hrg. von Prof. D. (Friedrich) Kropatscheck. (Serie 4. Heft 9.)

(Oettli, S[amuel]. Nachruf [auf] August Hermann Cremer.) Separat-Abdruck aus A' H' C' Gedenkblätter. II S. + S. 62—73. 8. Gütersloh, C. Bertelsmann, [1904].

— falsche Propheten od.: D. Merkmal d. Göttlichen. Vortrag, geh. in der evang. Kirche zu Unterbarmen am 6. Aug. 1896. gr. 8. (21 S.) Barmen 896. Wupperthaler Traktat-Gesellschaft. n. — 30

— die Propheten als Organe der göttlichen Offenbarung. Vortrag. (34 S.) 8. Berlin 904. Vaterländ. Verlags- u. Kunstanstalt. n. — 30
Sonderabdruck aus: „Reformation".

— s.: Studien, Greifswalder.

— Sünde u. Gnade in Bibel u. Babel, s.a. Kirchlich-positiv.

(Oettli, [Samuel].) Sünde und Gnade in Bibel und Babel. (Vortrag gehalten zu Halle a. S. am 10. Juli 1906 auf der Jahresversammlung der Freunde der Positiven Union in der Provinz Sachsen.) [Mit 1 Vignette.] 12 S. gr.-8. Berlin, Verlag der Landeskirchlichen Vereinigung der Fr' der Pos' Union, 1907
Kirchlich-Positiv. Flugschriften zum Verständnis und zur Förderung kirchlicher Arbeit in der Gegenwart. Heft 5.

Oettli, [Samuel]. Vier Tage in Damaskus. ⟨SA.⟩ 8. [Bern] *o. J.* [1880 90].

Oettli, Samuel, Toleranz u. Fortschritt. Zwei Zeitpredigten, geh. den 1. u. 8. Febr. 1874. gr. 8. (24 S.) St. Gallen 874. Huber & Co. n. — 40

Oettli, [Samuel]. Heilige Ungenügsamkeit. Predigt, gehalten am Busstag, den 22. Nov. 1905, im akademischen Gottesdienste zu Greifswald. 8 S. 8. (Königsbrück, A. Pabst.)

Oettli, Samuel. Das Urteil Kants über die alttestamentliche Religion. Festschrift der Universität Greifswald. Ausgegeben zum Rektoratswechsel am 15. Mai 1906. [Mit 1 Vignette.] 33 S. 8. Greifswald, Hans Adler, 1906.

Oettli, Sam., Weltschmerz und Christenthum. Ein Vortrag. gr. 8. (19 S.) Basel 878, Bahnmaier's Verlag. *
Aus: Der Kirchenfreund, besonders abgedruckt.

— der religiöse Wert des Alten Testamentes. Vortrag, geh. auf der kirchl. Konferenz der Kurmark in Potsdam den 12. V. 1903. (Hrsg. v. dem Vorstande der kirchl. Konferenz f. die Kurmark.) (19 S.) gr. 8. Potsdam 903. Stiftungsverlag. n. — 60

— wir haben geglaubt u. erkannt. 12 Predigten. gr. 8. (131 S.) Gütersloh 902. C. Bertelsmann. n. 1. 80; geb. n. 2. 40

Oettli, Theodor, appr. Arzt: Aus d. psychiatr. Klinik d. städt. Krankenanst. Cöln-Lindenburg. Eine Endemie von traumatischen Neurosen. Greifswald (1909): Adler. 51 S. 8°
Greifswald, Med. Diss. v. 11 Jan. 1910, Ref. Aschaffenburg in Cöln, Schultze
[Geb. 26. Jan. 84 Bern; Wohnort: Greifswald; Staatsangeh.: Preußen; Vorbildung: Gymn. Greifswald Reife O. 03; Studium: Greifswald 2, Kiel 1, Leipzig 1, Greifswald 2, Breslau 1, Kiel 2, Greifswald 1 S.; Coll. 13. Juni 08; Approb. 1. Juli 09.] [U 10. 1580

Ottlilienfeld, Friedrich v. Gottl-
s. Gottl-Ottlilienfeld. [10. 4161

Ottmann, Adolf. Synthese des 2-3'-Dioxyflavonols. Diss. Math.-Naturw. Freiburg in der Schweiz. 55 S. 8. Freiburg ⟨Schweiz⟩, St.-Paulus-Druckerei, 1906.

Ottmann, Carl F., s. Ottmann, Karl F

Die Duisburg-Ruhrorter Häfen. Denkschrift z. Vollendung der in d. Jahren 1903 bis 1908 ausgeführten Hafen-Erweiterungen bearb. von [Ernst] Ottmann, Reg.- u. Baurat. (Duisburg [1909] Steinkamp.) 119 S. 4° [09. 18016]
vgl. Ottmann, W.

Ottmann Franz: Die mittelalterlichen Skulpturen der Stephanskirche in Wien.
1903 PN 1639 Diss. Wien, Univ. 1883

169

Ottmann, Friedr., die 12 Millionen Thaler der preußischen Renten-Versicherungs-Anstalt zu Berlin. Die Mängel dieser Anstalt und Vorschläge zur Verbesserung derselben. Ein offener Brief an die mehr als 80,000 Betheiligten. 8. (31 S.) Bromberg 873, Mittler'sche Buchh. *

Ottmann, Hugo, die Stellung von V⁴ in der Ueberlieferung des altfranzösischen Rolandsliedes. Eine textkrit. Untersuchung. gr. 8. (40 S.) Heilbronn 879, Gebr. Henninger. *

Ottmann, Joan. Eduard. (geb. Heilsberg in Ostpr. 2. 11 1835) De ano praeternaturali, adjecta morbi historia. Berolini (1859). (32 S.) 8°
Berlin, Med. Diss. v. 11. Mai 1859

Ottmann, Jos. C. „Geschichte der Königlich Bayerischen Realschule Rothenburg ob der Tauber". Gedenkschrift zur Feier des fünfundzwanzigjährigen Bestehens der Anstalt. pg. 38—112. 8°. Mit einer Frequenztafel und 1 Blatt Verbesserungen. J. P. Peter'sche Buchd.
Rothenburg, o.T., Progr. 1889/90

Ottmann, Karl F.

Ottmann, Carl F., norddeutsche Thalia, s. Thalia.

Ottmann, L. Ole Bull, der Geigerkönig. Frei nach dem Original der Sarah C. Bull bearbeitet. Stuttgart 1886.

Ottmann, Mor., deutsches Heldenbuch. Hervorragende Kriegsthaten deutscher Offiziere u. Soldaten in dem Kriege 1870 u. 1871. Aus Berichten der einzelnen Truppentheile zusammengestellt. Mit 34 Illustr. in Holzschn. u. e. (chromolith.) Karte d. Kriegsschauplatzes (in qu. gr. 4.). gr. 8. (VII, 727 S.) Breslau 877. Morgenstern. n. 9.—; geb. n. 12. —

Ottmann, Rich. Ed., ein Büchlein vom deutschen Vers. gr. 8. (VII, 178 S.) Giessen 900. E. Roth. n. 2. 40; geb. n. 3. —

Ottmann, Rich. Ed., grammatische Darstellung der Sprache d. althochdeutschen Glossars Rb. gr. 8. (VI, 84 S.) Berlin 886. Weidmann. n. 2. 40

Ottmann, Rich. Ed., s.: Hërô u. Leander.

Ottmann, Rich. Eduard [Dr.]: Die reduplicierten Präterita in den germanischen Sprachen. Alzey, Druck v. A. Moschett, 1890; S. 1—12; 4°
Alzey, grossh. R u. PG (m. VS), OP 1890

Ottmann, R. E., die reduplicierten Präterita in den germanischen Sprachen. gr. 4. (12 S.) Leipzig 890. Fock. n. 1. —

Ottmann, Rud., Beiträge zur Culturgeschichte der polnischen Frauen im XVI. und XVII. Jahrhundert. gr. 8. (20 S.) Krakau 884. (Wien, Gerold's Sohn.) *

Ottmann, Vict., der Amateur-Photograph auf Reisen. Winke f. die Ausbildg. zum erfolgreichen Camera-Touristen. (VII, 47 S. m. 8 Taf.) kl. 8. Dresden (909). Berlin, G. Schmidt. 1. —

Jakob Casanova von Seingalt. Sein Leben u. s. Werke. Nebst Casanovas Tragikomödie Das Polemoskop. Von Victor Ottmann. *Stuttgart: Ges. d. Bibliophil. 1900.* (192 S.) 4°(8°)
= [Gesellschaft d. Bibliophilen. 2] [01. 143]

Die Eroberung des Erdballs. Beobachtungen, Erlebnisse u. Taten d. geograph. Forscher u. Welt Reisenden vom Altertum bis z. Gegenwart. (Verf.: Victor Ottmann.) Berlin & Stuttgart Spemann [1908]. IX, 422 S. 8° [09. 18112]

Nach dem Pharaonenlande. Eine Reise auf Umwegen von Victor Ottmann. Mit 50 Ill. 2. Aufl. Berlin: Allgem. Verein f. deutsche Lit. 1908. VIII, 303 S. 8°
(Allgemeiner Verein f. deutsche Literatur Abt. 33, [4.]) [10. 12070]

Ottmann, Vict., Streifzüge in Toskana, an d. Riviera u. in d. Provence. M. 9 ganzseit. u. 116 Textbild. nach photograph. Aufnahmen. 8. (VIII, 478 S.) Berlin 895. Verein d. Bücherfreunde. n. 6. —; geb. in Halbleinw. n. 7. —

Ottmann, Vikt., Streifzüge in Toskana, an der Riviera u. in der Provence. 2. [Titel-]Aufl. m. 125 Bildern. 8. (VIII, 478 S.) Berlin [895.] (902). A. Schall. n. 3. 50; geb. n. 4. 50

Ottmann, Vict., s.: Taschenbuch f. Schriftsteller u. Journalisten.

Ottmann, Vict., von Marokko nach Lappland, s.a. Bücher der Reisen.

Von Marokko nach Lappland von Victor Ottmann. Berlin & Stuttgart: W. Spemann 1904. (VI, 255 S.) 8° [F.]
= Bücher d. Reisen. 1. [08. 1110] 3

— s.a. Was soll ich lesen?

[F.] Was soll ich lesen? Aussergn deutscher Männer u. Frauen eingel. v. Hermann Heiberg, ges. u. hrsg. v. Victor Ottmann. *Berlin: F. Pfeilstücker 1895.* (87 S.) 1 Bd 8. [96. 208]

— rund um die Welt. (186 S. m. Taf. u. 1 Karte.) gr. 8. Berlin 905. A. Scherl. Kart. n. 2. —

Ottmann, Victor. Winterlust in Davos. Hierzu 14 Aufnahmen [=Illustrationen]. 4.
In: Die Woche. Moderne illustrierte Zeitschrift. Jahrg. 9. Nummer 5. 1907 Februar 2. Berlin, August Scherl, 1907. M. —.25. S. 202—207.

Die Duisburg-Ruhrorter Häfen. Denkschrift z. Vollendung der in d. Jahren 1903 bis 1908 ausgeführten Hafen-Erweiterungen. Im Auftr. d. Ministers d. öff. Arbeiten bearb. von [W.] Ottmann, Reg.- u. Baurat. (Duisburg [1908]: J. A. Steinkamp.) (119 S.) 4° [F.] [08. 11244] 2
vgl. Ottmann, Ernst

Ottmann's Bücherschatz. Bibliothek zeitgenöss. Schriftsteller. Nr. 1—53. 8. Lpz. 889-92, Ottmann. à Nr. * — 20

1. 2. Wildenradt, Joh. v. Leonore. Erzählung. (150 S.)
3—5. Amyntor, Gerh. v. Die Cis-moll-Sonate. (128 S.)
Vgl.: Zarathustra.
6—8. Nordau, Max. Paradoxe. Neue Ausg. 1 Hälfte. 1.—6 Taus. (VII, S. 1—210.)
9—11. —— dass. — 2. Hälfte. (S. 211—397.) (compl. geb. in 1 Bd. * 1 45.)
12—16. Berg, Ed. Glück u. Glas. Roman. 1—4. Taus. (365 S.) geb. * 1 30.
17. 18. Heiberg, Herm. Höchste Liebe schweigt' Novelle 1.—5. Taus. (118 S.) geb. * — 70.
19—22. Wachenhusen, Hans. Geopfert. Roman. 1.—4. Taus. (252 S.) geb. * 1 10.
23. Spaettgen, Doris Freiin v. Amerikanische Existenzen. Erinnerungen e. Deutschen. 1.—10. Taus. (45 S.)
24. 25. Wehl, Fed. Alfred Meißner. Erinnerungen. Mit zahlreichen, bisher ungedruckten Briefen Alfr. Meißners. 1.—6. Taus. (46 S.)
26—28. Rist, W. Fr. Bei den leichten Dragonern in Itzehoe. (119 S.)
29—43. Gissing, George. Demos. Erzählung. Autoris. Uebertragg. v. Clara Steinitz. 3 Bde. 1.—6. Taus. (239; 240; 240 S.) geb. à Bd. * 1 30.
44—48. Drachmann, Holger. Verschrieben. Roman. Autoris. Übertragg. von Mathilde Mann u. Vict. Ottmann. 1. Tl. 1.—10. Taus. (264 S.)
49—53. —— dass. — 2. Tl. 1.—6. Taus. (203 S.) geb. ** 1 30.

—— dass. — Neue Ausg. 1. u. 2. Bd. 8. Ebd. 892. à Bd. * — 40; geb. à Bd. ** — 70

1. 2. Glück u. Glas. Roman v. Ed. Berg. 1. u. 2. Thl. (128, 260 S.)

Ottmar, der Rächer der Verstümmelten, oder der Zweikampf im Lager bei Ampfing. Rittergeschichte von d. Verfasserin des Turniers zu Nürnberg. 2 Thle. 8. (24½ B.) Gera 843, Heinsius'sche Vrlgsbuchh.

Ottmar, des Priesters, Erzählungen für die Jugend u. christl. Volk. Mit e. Vorrede von F. S. Haglsperger. 8. München 836. Giel. ½ ₰

Ottmar, des Priesters, Erzählungen für die Jugend u. christl. Volk. Mit einer Vorrede von F. S. Häglsperger. 2. verb. Aufl. Mit 1 Stahlst. 8. München 841, Giel. ½ ₰

Ottmar, F. H., der Findling im Schwarzwald, od. was Gott will, muß geschehen. Eine lehrr. Geschichte d. Alterthums. 16. (2 B.) Tübingen 830, Reiß jun. u. Küstner. (?)

†Ottmar, (Ottmar F. H. Schönhuth.) der Findling im Schwarzwald oder was Gott will, muß geschehen. Eine lehrreiche Geschichte des Alterthums. 3. Aufl. 24. (40 S.) Schw. Hall 843, Haspel'sche Buchh. *

—— die Städter-Schlacht bei Döffingen. Eine dramatisirte Skizze aus d. Vaterlands-Geschichte, nebst histor. Beilagen. gr. 8. (3 B.) Tübingen 830, Reiß jun. u. Küstner. (?) 5 Gr., m. 5 Stndr., w. Pap.

—die Städter-Schlacht bei Döffingen. Eine dramatisirte Skizze aus d. Vaterlands-Geschichte; nebst histor. Beilagen. gr. 8. Tübing. 830. Reuß jun. u. K.; (a. Fischer in Reutl.) Weiß Pap. mit 5 Steindr. 8 gr. Ohne Steindr. 4 gr.

† Ottmar, F. H., (Ottmer F. H. Schönhuth,) die neue Weibertreue. Eine Chroniken-Erzähl., deutschen Frauen u. Jungfrauen am 21. Dec. 1840 als am Tage d. siebenten Jubiläums d. Weibertreue zu Weinsberg gewid. 16. (4 B. u. 1 Ansicht v. Weinsberg.) Canstatt 840. (Leipzig, Fr. Fleischer.) *

Ottmar, (Jh. Karl Cph. Nachtigall), Volkssagen. 8. Frankf. 800. Fr. Wilmans. 1 ₰ 8 gr.

Ottmar, Willy, kleine Gedichte. 8. (54 S.) Weimar 900. (W. Hoffmann.) n. 1. 50

— Schatten. Ein Drama in 5 Aufzügen. gr. 8. (91 S.) Ebd. 901. n. 1. 60

Ottmars Jünglingsjahre, von Gustav Wanderer. 8. Frkft. Guilhaumann. 801.

Ottmer, C. T., Ansicht der Residenz Wilhelmsburg zu Braunschweig. Gestochen von Salathé in Paris. gr. Imp.-Fol. Braunschweig 847. Vieweg. n. 3½ ₰ Chines. Pap. n. 5 ₰

Ottmer, C. T., architecton. Mittheilungen. 1. Abthl. Das Königstädter Schauspielhaus zu Berlin, in 10 Zeichnungen, mit (5½ B.) erläut. Texte, in besond. Beziehung auf das, nach excentr. Kreisen amphitheatralisch erbauete Spectatorium. qu. gr. Fol. Braunschweig 830. Vieweg.

Ottmer, C. T., architecton. Mittheilungen. 2. Abthl. Das im goth. Style neu erbaute Theater im hrzgl. Schlosse zu Wolfenbüttel, u. verschied. Entwürfe zu e. Landhause in dems. Style. qu. ½ Imp.-Fol. (6 Kpfrtaf. u. 2 B. erläut. Text.) Braunschweig 838, Ramdohr. *

1. Abthl. Braunschweig 830, [Vieweg u. Sohn.] * 2 Thlr. 16 Gr.

Ottmer, Ernst [aus Braunschweig]: Zwei Fälle von Aderhaut-Sarkom. Dessau, Druck v. Weniger & Co., 1889; 22 S. 8°

Würzburg, Med. Fak., Inaug.-Diss. v. 1889

Ottmer, F., d. Adoptivkind u. and. Novellen. 8. (VII, 277 S.) Berlin 896. Concordia, Deutsche Verlags-Anstalt. n. 4.—; geb. in Leinw. n. 5.—

Ottmer, F. (Frau Ottilie Franzos), Schweigen. Erzählg. 8. (156 S.) Berlin 902. Concordia. n. 2.50; geb. n. 3.50

Ottmer, J. F. S., Gedächtnißpredigt a. d. Absterben des Herz. Carl von Braunschweig. 4. Helmst. Kühnlin. 780.

Johann Heinrich Gottfried Ottmer

Gesichtspunkte welche die vernünftige Wahl eines Geburtshelfers bestimmen nebst dem richtigen Standpunkte aus welchem das Publikum die mir hieselbst wegen der Geburtshülfe gespielten Kabalen zu beurtheilen hat. Von J[ohann] H[einrich] G[ottfried] Ottmer. o.O. 1811. VIII, 86 S. 8°

Ottmer, Jh. Hnr. Gf., († d. 21. Juni 1814.) Nachr. von e. außerordentl. Hasenscharte, od. sogenannt. Wolfsrachen, nebst deren Heilung. Mit 2 Kpft. 8. Braunschw. 805. (Fleckeisen in Helmst.) 6 gr.

Johann Heinrich Gottfried Ottmer

Nachricht von einer außerordentlichen Hasenscharte oder sogenannten Wolfsrachen nebst deren Heilung. Von J[ohann] H[einrich] G[ottfried] Ottmer. Helmstädt: Fleckeisen 1805. 46 S. 8°

Ottmer, Jul., Einstündiger Populärer geolog. Vortrag, gehalten im Cyclus öffentl. Vorträge des Braunschweiger kaufmänn. Vereins Union. gr. 8. (26 S. mit eingedr. Holzschn. und 1 Holzschntaf.; 14 S. Notizen und Abbild.) Braunschweig 880, (Häring und Comp.) *

Ottnad, Karl, s.: Hilfstabellen f. statistische Berechngn.

Otto. Ein Trauerspiel. Leipzig 1775. V: *Klinger, Friedrich Maximilian v.* (GGr) (Mn) (MGT) (BrMm) (Deutsche Litt.-Denkmale I.)

Otto; Trspl. (v. Jak. M. R. Lenz). 8. Leipz. 775. Weygand. 9 gr.

* Otto, ein Roman v. Franz Horn. 8. Bremen, Heyse. 810.

OTTO und Adelheid. Ein Gemälde der Vorwelt. Altenburg, Petersen, 1802. (Lpz., Gräff in Commiss.) 8°. (14 gr.) Gräff'sche Verl.-Anz. — Nicht bei Kayser.

— u. Adelheid, e. Gemälde d. Vorwelt, v. Karl Moor. 8. Altenburg, Petersen. 802. —

Otto und Auguste, od. d. Segen e. weisen u. frommen Erziehung. Ein Büchlein z. Belehr. u. Unterhalt. f. Kinder v. 6—10 Jahren. Von d. Verfasserinn d. Festtage im Pfarrhause zu Kirchheim (Caroline Reinhold). 8. (5⅓ B. u. 6 ill. Bild.) Chur (839), Grubenmann'sche Buchh.

Otto, Bischof von Bamberg, der Pommern Bekehrer ... Stettin 1792. V: *Sell, Johann Jacob.* (MGT) (Ky)

Otto, Bischof v. Bamberg, der Pommern-Bekehrer; e. Lesebuch f. d. vaterländ. Jugend, (von J. J. Sell). 8. Stettin 792. Kunze. 6 gr (A. u. d. T.: Auch e. Weihnachtsgeschenk f. vaterländ. Jugend ꝛc.)

Otto III. 2 Thle. 8. Lpz. Compt. f. Literatur in Commission.

Otto der Dritte, Kaiser. Ein Trauerspiel. Göttingen 1783. V: *Ramdohr, Friedrich Wilhelm Basilius von.* (GGr) (EE) (Ky) (MGT)

Otto III., Kaiser; ein Trspl. (v. Fr. Wlh. Bas. v. Ramdohr). 8. Götting. 783. Dieterich. 6 gr

Otto der Dritte, Kaiser, genannt Mirabilia Mundi; ein biographisches Gemählde ... Erlangen 1789. V: *Ring, Friedrich Dominik.* (MGT) (Ky) (Pr)

Otto III., Kaiser, genannt mirabilia mundi; e. biograph. Gemälde, (v. F. D. Ring). 8. Erlang. 789. Palm. 9 gr

— III. Trauersp. in 2 Thln. von S. A. v. Seckendorf. 8. Lpz. Comt. f. Liter. 805.
Schreibp.

— der dritte, Kayser, Trauersp. von Furchau. 8. Göttingen, Dieterich. 809.
Schreibp.

Otto III., genannt der ältere, Graf zu Scheyern und Wittelsbach, Pfalzgraf und nachher Herzog in Baiern. Ein baier. National-Schausp. in 5 Akten von J. Denk. 8. Passau, Pustet. 821.

Otto III. Markgraf von Brandenburg, s. Bauch, Alfred.

Otto u. Editha. Erzählung aus dem 10 Jahrh. v. Caritas. 8. (164 S.) Halle 887. Fricke's Verl. 3.—

Otto der Erste, Kaiser, und die Magyaren. O. O. [1830]. V: *Seidel, Carl Ludwig.* (NN)

— d. Franz, ein Roman von Horn. 8. Bremen, Heyse, 810.

Otto. – Friedrich Otto.

—— Aus s. Leben u. Wirken, s. Krügel, O.

Otto der Große, Kaiser. Eine anmuthige und erbauliche Historie. Aufs neu erzählt für Jung und Alt und mit vielen Fig. (in eingedr. Holzschn.) geziert. 8. (48 S.) Reutlingen 873, Fleischhauer und Spohn.

Otto der Grosse und die Ungarn. Ein episches Gedicht ... München 1839. V: *Unterrichter Freiherr von Rechenthal auf Saleck, Franz.* (Kn)

Otto der Große u. die Ungarn. Ein episches Gedicht in 24 Gesängen v. Fr.** Hrsg. v. Fried. Beck. gr. 8. (27⅓ B.) München 839, Franz.

Otto, der Große, Pfalzgraf v. Wittelsbach. Eine dramat. Dichtung in 3 Abtheil. v. J. A. Eckschläger. 8. Münch. (Regensb. Daisenberger in Comm.) 811. Rthlr.

— Herzog, u. Heinrich der Vierte. Dramatisirt. 8. Manh. 787. Löffler. 12 gr

— von Holdenburg; eine Geschichte. 8. Preßb. 784. C. J. Wiaand. 8 gr

Otto, Graf von Nordheim, Herzog von Baiern, eine Geschichte aus dem 11ten Jahrhundert, dramatisch bearbeitet 8. Mannheim, Löffler. 818.

Otto, Erzherzog v. Österreich, s. a. Wochen, drei, auf d. Halbinsel Sinai.

Otto, Erzherzog, von Oesterreich, Drei Wochen auf der Halbinsel Sinai. Mit zahlreichen Illustrationen. Gr.-8. (65 S.) In Prachtband mit Goldschnitt 5.—
Wien R. Lechner 1895

Otto von Passau, die Krone d. Aeltesten, s. Leitsterne, 10. Bd.

Otto u. Pauline. Eine Novelle. 8. (10 B.) Ronneburg 838, Weber.

Otto und Pauline. Eine Novelle. 2. Aufl. 8. (10 B.) Gera 835, [Greiz,] Schumann.

— mit dem Pfeile, Markgraf von Brandenburg. Schausp. v. Rambach (od. Rambach vaterl. Schauspiele, 1r Thl. 2r) 8. Berl. Maurer. 796. —

Otto mit dem Pfeil und seine Hausfrau. [Berlin 1823.] V: *Bernstein, Caroline.* (GGr)

Otto von Regensberg. Eine Geschichte aus der Zeit Rudolphs von Habsburg. Regensburg 1845. V: *Bauberger, Wilh.* (Th)

Otto von Regensberg. Eine Geschichte aus der Zeit Rudolph's von Habsburg. Der gesammten edleren Lesewelt, besonders der reiferen Jugend erzählt. Von dem Verf. der Beatushöhle. 8. (16⅔ B. u. 1 Stahlst.) Regensburg 845, Manz. —

Otto v. Regensberg. Eine Geschichte aus der Zeit Rudolph's v. Habsburg. Der gesammten edleren Lesewelt, besonders der reiferen Jugend erzählt. Von dem Verf. der Beatushöhle. 4., verb. Aufl. Mit Stahlst. Regensburg 870. Manz. 8. (222 S.) 1¼ ngr

Otto von Regensburg. Eine Geschichte aus der Zeit Rudolphs von Habsburg. Der gesammten edleren Lesewelt, besonders der reiferen Jugend erzählt von dem Verf. der Beatushöhle (W. Bauberger). 6. verb. Aufl. 8. (222 S. mit 1 Stahlst.) Regensburg 886, Verlags-Anstalt.
cart.

Otto, Sanct, Bischof zu Bamberg. Eine historische Mittheilung, zur Erinnerung an sein frommes und gesegnetes Wirken vor itzt gerade 700 Jahren. Augsburg 1824. V: *Wilhelm, Benedikt.* (BMarsch 1168) Vgl. IV, 649.

Otto der Schütz, Junker von Hessen, Urenkel der heil. Elisabeth. . . . Leipz. 1792. V: *Heinse, Glob Hnr.* (MGT) (Ky)

— der Schütz Junker von Hessen, Urenkel der heiligen Elisabeth, eine Geschichte aus dem vierzehnten Jahrhundert, 2 Theile, 8. Leipzig, 792. Breitkopf. 1 Rthl.

Otto der Schütz, Landgraf zu Hessen; ein Singspiel in drey Aufzügen. Gotha 1779. N. A. Leipzig 1782. V: *Schneider, Ernst Christian Gottlieb.* (stri) (HS) (MGT) (GGr) (Ky)

Otto der Schütz, Landgraf zu Hessen; ein Heldenspiel in vier Aufzügen. Leipzig 1782. V: *Schlicht, Frdr. Gustav v.* (MGT) (GGr)

— der Schütz, Landgraf v. Hessen; ein Singspl. in 3 Aufz., (von Er. Chr. Gli. Schneider, oder Fr. Gust. v. Schlicht?) 8. Gotha 779. Ettinger. 8 gr. 2e A. 8. Leipz. 782. Gelehrte Buchh. in Dessau. 10 gr.

— der Schütz, Prinz von Hessen. Ein vaterländisches Schausp. von Hagemann. 8. Hannov. Hahn. 794.

Otto von Schwarzburg; eine Geistergeschichte. Leipzig 1793. V: *Finck, Wilh.* (ML) (Ky)

Otto IV. von Braunschweig, s. Grotefend, W.

Otto, die Waise. Was sie vom Staate fordert Von K. B. gr. 8. (37 S.) Hamburg 887. Hoffmann & Campe Verl.
n. 1 —

— von Wittelsbach. Trauersp. von Steinsberg. 8. Berl. Himburg 789.

— von Wittelsbach. Schausp. v. Babo. 8. Berl. Voß. 793.

Otto von Wittelsbach, der Kaisermörder Pfalzgraf. Historische Volkserzählung von G. u. B. Dvm. 8. (62 S.) Urfahr-Linz 878. Kraußlich. — 20

Otto von Wittelsbach, Pfalzgraf in Baiern. Aufgeführt auf dem kurfürstl. Nationaltheater in München. Münch. 1785. V: *Babo, Franz Marius.* (HThPP) (Cat. d. Stadtbibl. Zürich. Zürich 1864—97.)

Otto von Wittelsbach, Pfalzgraf in Baiern. Ein Trauerspiel in fünf Akten. Prag 1786. Neueste Aufl. München 1801. V: *Steinsberg, Carl Franz Guolfinger Ritter von.* (GGr V/349, Nr. 217/7) (BiblPort)

— v. Wittelsbach, Pfalzgraf in Baiern. Trspl. 8. Münch. 802. (Fleischmann). 8 gr.

Otto der Zweite, König in Deutschland. Singspiel. . . . O. O. 1726. V: *Glauche, Johann Georg.* (schr)

Otto [Verfasser]

Otto's v. Botenlauben Minnelieder. In Übersetzg. u. Orig.-Text hrsg. v. J. Leußer. 12. (62 S. m. 2 Bildertaf.) Meiningen 897. K. Keyßner.
Geb. in Damast n. 1. 40

Otto v. Freising, Chronik, 6. u. 7. Buch, s. a. Geschichtschreiber, die, der deutschen Vorzeit.

Otto von Freising. Der Chronik des Bischofs O' von F' sechstes und siebentes Buch. Uebersetzt von Dr Horst Kohl. 8. Leipzig 1881
Die Geschichtschreiber der deutschen Vorzeit .. XII Jahrhundert Band 8a.

Ottonis et Rahewini gesta Friderici I. imperatoris, s.: Scriptores rerum germanicarum.

Ottonis episcopi Frisingensis opera, s. Scriptores rerum Germanicarum.

— Thaten Friedrichs, s. a. Geschichtschreiber, die, der deutschen Vorzeit.

Otto von Freising Thaten Friedrichs. Uebersetzt von Dr. Horst Kohl 8. Leipzig 1883
Die Geschichtschreiber der deutschen Vorzeit XII. Jahrhundert Band 9a.

— dasselbe, Fortsetzg., s.: Rahewin.

Otto von Grothuß, s. Monumenta Livoniae antiquae. 2r Bd.

Der Novus Cornutus des Otto von Lüneburg In d. deutschen Übersetzungen d. Mittelalters z. 1 Male hrsg. v Edwin Habel. Berlin: Mayer & Müller 1909. 51 S. 8°
(Der deutsche Cornutus. T 2) [09. 17856 9]

Otto v. St. Blasien, Chronik, s. a. Geschichtschreiber, die, der deutschen Vorzeit.

Otto von St. Blasien. Die Chronik des O' von St. B'. Uebersetzt von Dr Horst Kohl. 8. Leipzig 1881
Die Geschichtschreiber der deutschen Vorzeit XII. Jahrhundert Band 8b.

Otto v. Tegernsee s.: Hartmann, Otto.

Otto, Aphorismen zu dem allgemeinen Theile d. Strafgesetzbuchs f. das deutsche Reich, sowie zu dem Einführungsgesetze vom 31. Mai 1870. [Aus: „Annalen d. k. sächs. Oberappellationsgerichts zu Dresden."] gr. 8. (III, 159 S.) Leipzig 873. Roßberg. n. 2. —

(Otto, von) „Bemerkungen über die Angeln, aus der Brieftasche zweer Freunde, bey einer Fussreise im Sommer 1791". Schleswig 1792.

(Otto, Major) Der Feldzug von 1859 in Italien, bearbeitet von einem preuss. Officier. Mit 7 Plänen. (3 Bde.) 8. Thorn 1863—1865.

Otto, kurzer Leitfaden der Krankenpflege. 2. Aufl. (29 S.) kl. 8. Heidelberg 910. J. Hörning. — 60

Otto, Diss. de hypochondriaco malo monita quaedam. Frcf. 1798. 4°. Diss. de hypochondriasi. Frcf. 1805. 4°.

Otto, Dr Das neue Pulver, oder Bereitung der explodirenden Baumwolle. 8. Anstadt 1846.

Otto (Ill.). Der Stachelginster [Ulex europaeus]. Ergiebige Futterpflanze f. trocknen Sand- u. Kiesboden. Sein Anbau u. seine Verwerthg. 8. (15 S.) Lpz. 891, (H. Voigt). * — 40

Otto, künstliche Unfruchtbarkeit. Zugleich e. Entgegng. auf Dr. Capellmann's Schrift: Facultative Sterilität ohne Verletzung der Sittengesetze. gr. 8. (20 S.) Neuwied 884. Heuser's Verl. n. — 50

— dasselbe. 2. verm. Aufl. gr. 8. (27 S.) Ebend. 885. n. 1. —

Otto, künstliche Unfruchtbarkeit. Eine volkswirtschaftliche Studie. 3., verm. u. umgearb. Aufl. gr. 8. (86 S.) Neuwied 890. Heuser's Verl. n. 2. —

Otto, künstliche Unfruchtbarkeit d. Weibes. Eine volkswirtschaftl. Studie. 4., verm. u. umgearb. Aufl. gr. 8. (79 S.) Neuwied 892. Heuser's Verl. n. 2. —

Otto, künstl. Unfruchtbarkeit d. Weibes. 5., verm. u. umgearb. Aufl. gr. 8. (79 S.) Neuwied 894. Leipzig, M. Spohr. n. 2. —

Otto, künstliche Unfruchtbarkeit des Weibes. Eine soziale Studie f. Aerzte u. Laien. 6. verm. u. umgearb. Aufl. gr. 8. (79 S.) Leipzig 900. M. Spohr. n. 2. —

Otto, A. (Bearb.), s. Arndt, Ernst Moritz: Meine Wanderungen und Wandelungen mit dem Reichsfreiherrn v. Stein.

Otto, A., vier lustige G'schichtln aus den bayr. Bergen, s. Mähler's Humoresken- u. Novellen-Schatz. Nr. 2.

G'sund san mal G'reimte G'schichtln aus'm Oberland von Dr. A Otto-Mittenwald. Umschlag gezeichn. von Harald Tillberg (München). Leipzig: O. Nemnich 1906. (87 S.) 8° [F.]
[Umschlagt.] G'reimte G'schichtln aus'm Oberland von Dr. A. Otto. [06. 1140]

[F.] Der gebrannte Kalk, seine rationelle Anwendung im Landwirthschaftsbetriebe m. bes. Berücks. d. Zustandes s. grössten Nutzeffectes. E. wirksames Mittel z. Besserg d. landwirthsch. Nothstandes v. A. Otto, ... Culturtechniker. (3. Aufl.) *Sorau: E. Zeidler 1896.* (40 S.) 1 Bd 8. [97. 3237]

Otto, A., alphabetisches Register zum Gesetze vom 10. November 1861, die Einführung des Strafgesetzbuches und des Polizeistrafgesetzbuches für das Königreich Bayern betr. München 862. Gummi. gr. 8. (2 Bl., 48 S.) n. 6 ngr.

— alphabetisches Register zum Strafgesetzbuche für das Königr. Bayern. gr. 8. (IV und 80 S.) München 862, Gummi. *

Otto, A., das Staatsrecht d. Herzogth. Braunschweig, s.a. Handbuch d. öffentlichen Rechts der Gegenwart.

Das Staatsrecht von Braunschweig Bearb v A. Otto. Freiburg i B und Tübingen 1884 Siehe in Handbuch des Oeffentlichen Rechts. Hrgg. v H Marquardsen. Bd 3. Halbbd 2 Abth. 1 8° m

Otto, A. W., s. Otto, Adolf Wilhelm

Otto, Adolf

Otto, Adf., Dienst bei den Bezirkskommandos der deutschen Armee. Ein Nachschlage- u. Hülfsbuch f. Offiziere u. Unteroffiziere der Bezirkskommandos, auf Grundlage der Heer-, Wehr- u. Marine-Ordng. vom J. 1889, deren Abändergn. durch das Gesetz vom 3. Aug. 1893, sowie der vom J. 1871 bis 14. Jan. 1894 erlassenen Pensionsgesetze u. deren Ergänzgn. 8. (VII, 227 S.) Berlin 894. Militär-Verlag R. Felix. n. 3. —

Otto, Adolf: Ein Feldkultur-Versuch mit der orangegelben grünköpfigen Riesenmöhre ... Leipzig, Druck v. Sellmann & Henne, 1895; 3 Bl., 94 S., 1 Bl., 4 Taf., 5 Tab. 8.
Leipzig, Phil. Fak., Inaug.-Diss. v [15. März] 1895

Otto, Adolf Friedrichs von Hausen und Heinrichs von Veldecke Minnelieder verglichen mit denen ihrer Vorgänger 26 S. Progr. *Conitz* 1883.

Otto's Rosenzucht im freien Lande u. in Töpfen. 2. Aufl., vollständig neu bearb. v. C. P. Straßheim. Mit eingedr. Abbildgn. u. 10 Rosentaf. gr. 8. (VIII, 130 S.) Berlin 890. Paren. geb. n. 4. —

Otto, Adph., der Rosenzüchter oder die Cultur der Rosen in den Töpfen und im freien Lande. Nach eigener mehrjähriger Erfahrung dargestellt. Erlangen 858. Enke. gr. 8. (X, 311 S.) n. 1 ₰. 6 ngr.

Otto, Adolf Aus der Friedericianischen Verwaltung Westpreussens. 4 (S. 3—18). Progr. G. *Conitz* 1887 (33).

Otto, Adolf [Dr.]: Aus der Friedericianischen Verwaltung Westpreussens. II. Tl. (Forts. d. P-Beil. 1887.) Conitz, F. W. Gebauer Nachfl., 1892; 3—22 S. 4.
Conitz, k. G, P 1892 (33)

Otto, Adolphus Carolus *(geb. Breslau 27 I 1821)* De pelvi rhachitica adnexa duarum pelvium deformium descriptione Vratislaviae (1845). (31 S., 3 Taf.) 8°
Breslau, Med. Diss. v 17 Dez. 1845

Otto, Adolf Wilhelm

Otto, Adolphus Guilielmus De rarioribus quibusdam sceleti humani cum animalium sceleto analogiis. Vratislaviae 1839. (29 S., 2 Taf.) 4° *[Im Buchhandel 1839 bei Hirt in Breslau.]*
Breslau, Progr. z. Rektoratswechsel am 21. Okt. 1839

— Commentatiuncula de rarioribus quibusdam sceleti humani cum animalium sceleto analogiis. (Mit 2 Steintaf.) 4maj. Vratislaviae 839. Hirt. n. 5/6 ₰

Otto, Adolph Wilhelm: Neue seltene Beobachtungen zur Anatomie, Physiologie und Pathologie gehörig. 173 S., gbd., 4 Taf.

Berlin: Rücker 1824

— seltene Beobachtt. zur Anatomie, Physiologie u. Pathologie gehörig. 1s Hft. Mit 2 Kpft. gr. 4. Bresl. 816. (Graß, B. u. C.) 3 ₰

Adolf Wilhelm Otto

Seltene Beobachtungen zur Anatomie, Physiologie und Pathologie gehörig. Von Adolph Wilhelm Otto. H.1. Breslau: Holäufer 1816. 4°

H.1: 1816.

Otto, A. W., amtl. Bericht üb. d. Versamml. deutscher Naturforscher etc. in Breslau, s. Bericht etc.

— — Ludwig Heinrich von Bojanus, Mitglied d. Kaiserl. Leopold.-Carolin. Akademie d. Naturforscher. Geb. den 16. VII. 1776, gest. den 2. IV. 1827. O. O. u. J. S. 39—46 u. 1 Tafel. (M. Kromayer.) (3.75) 25704
Im Nachtrag v. Nees von Esenbeck ist ein Gutachten des Herrn Geh.-Rath von Göthe erwähnt.

— conspectus animalium quorundam marinorum nondum editorum. Pars I. 4. Bresl. 820.

—— Monostrorum sexcentor. descript. anatom. Acced. CL. imagines XXX. tab. inscriptae. (In ½ Imp.-Fol.) — E. s. t.: Museum anatom.-patholog. Vratislaviense. Imp.-Fol. (89 B.) Vratislaviae 841, [Hirt's Verl.]

Otto, Adolph Wilhelm: Monstrorum sexcentorum descriptio anatomica. 335 S., gbd., 30 Taf.

Vratislaviae: Hirt 1841

JB 6.265

— monstrorum sex human. anatom. et physiol. disquisitio, cum tab. aen. 4. Breslau, Korn sen. (in Comm.) 812.

— Diss. inaug. Monstrorum sex humanorum anatom. et physiol. disquisitio, cum tab. aen. 4. Frkf. a. d. O. 804 u. 811. Bresl. 813. (J. F. Korn). 8 gl

Adolf Wilhelm Otto

Adolphus Guilielmus Otto: Monstrorum trium cerebro atque cranio destitutorum anatomica et physiologica Disquisitio. Francofurti ad Viadrum (1808:) Apitz. 28 S. 8°

Frankfurt a.d.O., Med. Diss. v. 5. Nov. 1808

—— Enarratio de rariori quodam plenariae ossium pubis ancylosis exemplo. Fol. (5 B. u. 1 Stnt.) Vratislaviae 838, (Hirt's Verl.)

Adolph Wilh. Otto einige geschichtliche Erinnerungen an das frühere anatomische Studium in Schlesien, nebst Beschreibung und Abbildung des jetzigen Königl. Anatomie-Instituts. Programm. Breslau 1823.

Otto, Ad. Wlh., Erläuterungstafeln d. vergleich. Anatomie, s.a. K. G. Carus.

Otto, Adolph Wilhelm: Erläuterungstafeln zur vergleichenden Anatomie. Heft 3 - 6. Leipzig: 1831 - 1843

s.: Carus, Karl Gustav

JB 6.264

Otto A. W.: Handbuch d. pathologischen Anatomie d. Menschen u. d. Thiere. Bresl. 1814. 394 S.

Otto, Ad. Wlh., Handbuch d. patholog. Anatomie des Menschen u. der Thiere. gr. 8. Bresl. 814. (J. F. Korn). 1 ℔ 12 gl

Adolf Wilhelm Otto

A[dolf] W[ilhelm] Otto: Von der Lage der Organe in der Brusthöhle. Breslau 1829: Graß, Barth & Comp. 35 S. 4°

Breslau, Med.-chir. Lehranst., Einl.-P 1829

—— von d. Lage d. Organe in d. Brusthöhle. Einladungs-Programm. gr. 4. (5 B. u. 5 Stnt.) Breslau 829, Max u. Komp.

Otto, Adolph Wilhelm: Lehrbuch der pathologischen Anatomie des Menschen und der Thiere. Bd 1, 472 S., gbd.

Berlin: Rücker 1830

JB 1.203

Otto, Adolph Wilhelm: Museum anatomico-pathologicum Vratislaviense. Vratislaviae: 1841

s.: Otto, A.W.: Monstrorum sexcentorum descriptio anatomica.

JB 6.265

— — Friedrich Christian Rosenthal, Mitglied d Kaiserl. Leopold.-Carolin. Akademie d. Naturforscher. Geb. den 3. VI. 1779. Gest. den 2. XII. 1829 O. O. u. J. 49—64. (M.: Dommes.) (3.75) 25705

Otto, A. W., Samuel Thomas von Sömmerring, Adjunkt d. Kaiserl. Leopold.-Carolin. Akademie d. Naturforscher. Geb. den 28. I. 1755. Gest. den 2. III. 1830. O. O. u. J. S. 21—36 (M.: R. Geret). (3.75) 25703

— de sternaspide thalassemoideo et siphostomate diplochaita, vermibus duobus marinis. Epist. gratulatoria. 4maj. Bresl. 820.

—— Tabulae anatomiam comparativam illustrantes, s. Carus, C. G.

— die Versammlung d. Naturforscher zu Breslau, s. Bericht, amtl., über die Versammlung deutscher Naturforscher rc. v. J. 1833.

Otto, Adolph Wilh.: Neues Verzeichnis der anatomischen Sammlung des Königl. Anatomie-Instituts zu Breslau. Breslau 1838. 224 S.

Otto, Adolph Wilhelm: Neues Verzeichnis der anatomischen Sammlung des Königl. Anatomie-Instituts zu Breslau. 2...bereicherte Aufl. 250 S., gbd.

Breslau: Hirt 1841

JB 899

— Verzeichniß d. anatom. Präparatensammlung d. Königl. Anatomie-Instituts zu Breslau. gr. 8. Bresl. 826. (Max u. C.) 20 gl

Otto, Alb., Potichinomanie, die Kunst Gläser zu decoriren u. ihnen das Ansehen d. gemalten Porzellans zu geben. Anleitung f. die elegante Welt zur Erlernung dieser Kunst. Nach den neuesten Erfahrungen zusammengestellt. Mit 1 (lith.) Figurentaf. (in 4.) Berlin (854.) Kühn. 8. (29 S.) 7½ ngr.

Otto, Albrecht, der neue deutsche Münzberechner für Mark-, Thaler-, süddeutsche und oesterreichische Gulden- und Franken-Währung. Nebst einer Tabelle über den Werth der bekanntesten ausländ. Gold- und Silber-Münzen in deutscher Reichs-Währung, eine Umrechnung des Wechselstempel-Tarifs in Mark-Währung, sowie Zinstabellen in Mark-Währung. 1.—9. Aufl. 16. (64 S.) Wiesbaden 874, Gestewitz.

Otto, Albr., der neue deutsche Münzberechner für Mark-, Thaler-, süddeutsche u. östreichische Gulden- u. Franken-Währung. Nebst einer Tabelle über den Werth der bekanntesten ausländischen Gold- u. Silbermünzen in deutscher Reichs-Währung, eine Umrechnung des Wechselstempeltarifs in Mark-Währung, sowie Zinstabellen in Mark-Währung. 9 Aufl. gr. 16. (64 S.) Wiesbaden 877. Gestewitz. — 60

Otto, der neue Münz-Faulenzer. Eine Umwandlung der süddeutschen Währg. in die neue Reichswährg. u. umgekehrt. Ausgerechnet von 1 Pfennig aufsteigend bis zu 1 Million Gulden. 8. (27 S.) München 873. Beck. (?) n. —. 25

Otto, Alexander

Otto, Alex., das erste Hauptstück, nach der genet. Methode f. die Mittelstufe bearb. gr. 8. (IV, 68 S.) Wittenberg 899. R. Herrosé. n. 1. —

— Hemmungen des Christentums. Gegner u. Orthodoxien. 1.—4. Hft. gr. 8. Berlin, C. A. Schwetschke & Sohn. n. 5. 85
1. (XI, 109 S.) 899. n. 1. 25. — 2. (VII, 123 S.) 899. n. 1. 60. — 3. 4. (XVIII, 235 S.) 900. n. 3. —.

Otto, Alexander [aus Trier] Ueber das „Pinol". Ein Beitrag zur Kenntniss des Terpentinols. Bonn, Univ.-Buchdr. v. Carl Georgi, 1889; 12 S. 8°
Erlangen, Phil. Fak. Inaug.-Diss. v. 1889

Otto, Alfred, approb. Arzt aus Hannover **Aus d. chirurg. Klinik zu Kiel. Lupusbehandlung** in der Kieler chirurgischen Klinik. *Kiel 1902: P. Peters.* (35 S.) 8°
Kiel, Med. Diss. v. [10. März] 1902

Otto, Alfred, appr. Arzt: Ueber eine komplette Spontanluxation des Kniegelenks nach hinten. Leipzig 1905: B. Georgi. (25 S.) 8°
Leipzig, Med. Fak., Ref. Trendelenburg, Diss. v. 4. Aug. 1905
[Geb. 15. Aug. 78 Wesel; Wohnort: Mügeln b. Dresden; Staatsangeh.: Preußen; Vorbildung: Pädag. z. Kloster U. L. F. Magdeburg Reife O. 98; Studium: Halle 4, Jena 2, Halle 4 S.; Coll. 10. Aug. 05; Approb. 22. Juli 03.]

(Otto, Andreas.) Einlage an Ihre Weisheiten die Herren Häupter. Ueber die, von einer Anzahl bündnerischer Patrioten, an die Nationalversammlung in Paris aberlassene Zuschrift. 8. Chur 1790 .

Otto, Arthur

Otto: Eine Bestimmung der Deklination zu Eisleben. Eisleben, Druck v. E. Schneider, 1889; S. 23–27; 4°
Eisleben, k. G, OP 1889 (218)

Otto, [Arthur]: **Katalog** der Vogelsammlung des Gymnasiums zu Eisleben, nebst einer Übersicht über die in der Grafschaft Mansfeld beobachteten Vögel. *Eisleben 1901: E. Schneider.* (55 S.) 8°
Eisleben, k. G, OP 1901 (240)

Otto, [Arthur], Prof.: Das Klima von Eisleben nach den meteorologischen Beobachtungen der Jahre 1885—1905. Eisleben 1906: E. Schneider. (S. 3—19.) 4°
Eisleben, k. G OP 1906 (288)

Otto, *Arthur* Die Vegetationsverhältnisse der Umgegend von Eisleben 4 (35 S.). **Progr** G *Eisleben* 1888 (216)

Otto, August

— kurze Anleitg. zur Fütterg. u. Haltg. v. Milchvieh, s.a Taschen-Bibliothek, deutsche landwirtschaftliche.

— — Kurze Anleitung zur Fütterung und Haltung von Milchvieh. Leipzig 96. Scholtze. M. 1.20

Otto, Aug., Aufgaben zum Zifferrechnen, s.: Blümel, J.

Otto, Aug. Aufsatz- u. Diktat-Stoffe f. die Unterklassen der höheren Schulen. gr. 8. (VIII, 172 S.) Bresl. 890, Woywod. * 2 —

Otto, Aug., Bilder aus der neueren Litteratur f. die deutsche Lehrerwelt. 1. u. 2. Hft. gr. 8. Minden 898. C. Marowsky. n. 1. 80
1. Peter Rosegger. (46 S.) n. — 80
2. Karl Gerok. (61 S.) n. 1. —

Otto, Aug., Bilder aus der neueren Litteratur. 3. u. 4. Hft. gr. 8. Minden, C. Marowsky. n. 2. 60
3. Wilhelm Raabe. (94 S.) (899.) n. 1. 40
4. Wilhelm Heinrich Riehl. (72 S.) (901.) n. 1. 20

Otto, Aug., Bilder aus der neueren Literatur. 5. Heft Joseph Victor v. Scheffel. (112 S.) gr. 8. Minden 906. C. Marowsky. n. 2. —

Otto, Aug., s.: Blümel's, J., Aufgaben zum Zifferrechnen.

Otto: Ueber Schillers Don Carlos. 24 S.–Neisse, Progr 1853

Otto, Aug. De Aristophanis Nubium consilio. 24 S.
Neisse, Progr. 1844

Otto, Augustus *(geb Hennersdorf bei Lüben in Schles 15 8 1856)* De fabulis Propertianis. Part. 1 Vratislaviae (1880). (52 S.) 8°
[Im Buchhandel 1880 bei Koebner in Breslau; Part. 2 ist Progr d kath. Gymn in Glogau v. 1886.]
Breslau, Phil. Diss. v 14. Mai 1880

Otto *August* De fabulis Propertianis. Particula II 4 (S. 3—21). **Progr.** Kath. G *Gross-Glogau* 1886 (171).
Part I Dissert inaug. Vratislav 1880

— Aug. Hermann Francke, s.a. Klassiker, die pädagogischen.

Aug. Hermann Francke. Von August Otto, Kgl. Seminarlehrer in Hilchenbach. T. 1. *Halle a. S.: H. Schroedel 1902.* 8° [F.]
— Klassiker, Die pädagogischen. Bd 9. [illegible]

Otto, A., Führer durch Breslau. gr. 8. (16 S.) Nebst Stadtplan. Farbendr. 37×47 cm. Breslau 891. R. Felder's Verl. n. — 50

— dasselbe 8. (16 S.) Nebst Stadtplan. Steindr. 27×21 cm. Ebd. 891. — 20

Otto, Führer durch das Riesengebirge, s.: Grieben's Reisebücher.

Otto, August: Zur Geschichte der ältesten Haustiere. Breslau, Buchdr. v. Otto Gutsmann, 1889. 2 Bl., 78 S. 8°
Leipzig, Phil. Fak., Inaug.-Diss. v. 30. Dez. 1889

— zur Geschichte der ältesten Haustiere. gr. 8. (78 S.) Breslau 890. Preuß & Jünger. n. 1. 50

Otto, Aug., die Geschichte Schlesiens, von d. ältest. bis auf d. neuesten Zeiten. 12 Hfte. M. 12 Stndr. u. 1 Karte. gr. 8. (24 B.) Breslau 833, Aderholz.

Otto, Aug., Geschichte Schlesiens v. d. ältesten bis auf d. neuesten Zeiten. 8. (26¾ B., Titbild u. 1 Karte kl. Fol.) Breslau 835, Heinr. Richter.

Otto, A., Die Götter u. Halbgötter im Sprichwort. S.-A. 1886. 28 S.

Otto, A., die Herrschaft des Gesetzes. Festrede, zur Nachfeier d. Geburtstages Unseres Königs, gehalten in der Philomathie in Neisse am 16. Oktober 1849. 8. (23 S.) Neisse 849, Burckhardt. 3 sgr

Otto, A. (II.). Die Milch u. ihre Produkte, s. Thaer-Bibliothek.

Otto A.: Die Milch u. ihre Produkte. Berl. 1892. 181 S. Fig. 2 Pl.
(Thaer-Bibliothek. Bd. 77).

Otto, } s.: Grieben's Reise-
— Oesterreich-Ungarn, } bibliothek.

— das grösste Problem der Rechenkunst gelöst. Rationelle u. an Einfachheit unübertreffbare Methode zur Auflösg. v. numer. Gleichgn. beliebig. Grades. Mit Anh.: Ein neuer Satz der Planimetrie. Der mutmassl. Schlüssel zum Malfatti'schen Problem. 12. (32 S.) Tegel 894. (Berlin, G. Priewe.) n. — 50

Otto Quaestiones Lucianeae. (Ueber Lucian's Somnium als Lektüre für die Jugend, und über Lucian's Hermotimos und dessen ähnliche Tendenz mit Lessings Nathan dem Weisen.) 12 S.
Neisse, Progr. 1840

Otto, Quintilian und Rousseau. Eine pädagogische Parallele. Progr. des Gymn. Neiße 1836. 4° 19 S.

— Das Riesengebirge, Iser- u. Lausitzer Gebirge nebst dem Glatzer u. Waldenburger Gebirge, s.a. Grieben's Reiseführer

Das Riesengebirge, Iser- und Lausitzer Gebirge nebst dem Glatzer und Waldenburger Gebirge. Prakt. Reisehandbuch. 17 Aufl. unter Mitw. d. Gebirgs-Vereine bearb. von Dr A[ugust] Otto. Mit 5 Karten u. 3 Panoramen. *Berlin A. Goldschmidt 1901* (IV, 218 S.) 8° [F. u. Ant.]
= Reisebücher Griebens Bd 18. [02. 18499]

— Sommerfrischen u. Höhen-Kurorte in Deutschland u. Oesterreich, s.a. Grieben's Reisebibliothek.

Sommerfrischen und Höhenkurorte in Deutschland und Oesterreich. Neu bearb. von A. Otto. Mit e. Reisekarte von Mitteleuropa. Berlin 1894. 12.
Ist Grieben's Reisebücher Nr. 54.

Otto, A., die Sprichwörter u. sprichwörtlichen Redensarten der Römer. Gesammelt u. erklärt. gr. 8. (XLV, 436 S.) Leipzig 890. Teubner. n. 10. —

— Die Hohe Tatra, s.a. Grieben's Reiseführer.

Die Hohe Tatra nebst den wichtigsten Touren in den Westkarpaten von Dr. [August] Otto. 4. neu bearb. Aufl. Mit 5 Karten. *Berlin. A. Goldschmidt 1901* (VIII, 234 S.) 8°
= Reisebücher, Griebens. Bd 47 [02. 14613]

Touristen-Karte der Hohen Tatra von Dr A(ugust) Otto. M. 1 : 50,000. *Breslau: W. G. Korn [1904]; Lith. Theiner & Meincke.* (1 Kartenbl. 54 × 30 cm mit Legende.) 8° [kol.] [04. 11334]

Otto, Aug. Die Versumstellungen bei Properz. Erster Teil. 25 S. **Progr.** Kath. G. *Glogau* 1884.

Otto, Aug., Volksschriftsteller u. Hauspoeten. Ein Beitrag zur Geschichte der volkstüml. deutschen Literatur des 19. Jahrh. 1. u. 2. Heft. gr. 8. Soest, Ritter. 3. 30
1. Johannes Dose, August Sperl, Ernst Zahn. (99 S.) 907. 1. 50
2. Vier Mecklenburger (Beyer, H. Seidel, H. A. Seidel, Kreutzer). (114 S.) 908. 1. 80

— Breslauer Wanderbuch, s.: Jurisch, R.

Otto, *August* Die geflügelten Worte bei den Römern. 4 (XIV S.).
Progr. Kath. St. Matthias-G. *Breslau* 1890 (171).
Auch in des Verf. „Sprichwörter und sprichwörtliche Redensarten der Römer" aber der Anlage des Buches entsprechend durch das ganze verstreut

Otto, Augustus Ludov. (geb. Berlin 10. 10. 1835) De empyemate very. Berolini (1860). (32 S.) 8°
Berlin, Med. Diss. v. 10. Nov. 1860

Otto, B. Die Fördermaschinen-Anlage auf dem Heinrich-Schachte zu Planitz bei Zwickau. Leipzig. 1888.

Otto, B., Fördermaschinenanlage auf Schacht Nr. 1 der Steinkohlen-Actien-Gesellschaft Bockwa-Hohndorf-Vereinigtfeld bei Lichtenstein. gr. 4. (23 S. mit 4 lithogr. Taf.) Berlin 884, Springer. *
Aus: Zeitschrift des Vereins deutscher Ingenieure, besonders abgedruckt.

Otto, B., Die unterirdische Guibal Ventilatoranlage im Alexanderschacht der von Arnimschen Steinkohlenwerke zu Planitz bei Zwickau. Berlin, 1884. 16 S. mit 2 Taf.

— Schlagwetter u. kein Ende der Forschung. Ein Beitrag zur Schlagwetterfrage aus der Praxis f. die Praxis. gr. 8. (IV, 111 S.) Ebend. 886. n. 2. 40

Otto, B., die Wunder Jesu in der Schule, s.: Zur Pädagogik der Gegenwart. 6. Hft.

Otto, Benjamin August Bernhard

— B. A. B., Zwei Gebrechen d. meisten Gelehrten-Schulen in Deutschland. 1830. 61 S.

Otto, Benj. Aug. Bhrd., zwei Gebrechen der meisten Gelehrten-Schulen in Deutschland. Eine Abhandlung. gr. 8. Leipz. 830. (Hinrichs). 6 gr

— gänzl. Umgestaltung aller Gelehrten-Schulen Deutschlands; e. höchst dringende Zeitforderung! Oder drittes Gebrechen d. Gelehrten-Schulen: die vorurtheilsvolle u. unwissenschaftl. Ueberschätzung d. latein. Unterrichts. 2s Hft. Nebst e. ausführl. Plane zu e. verbessert. Gelehrten-Schule. 3s Hft. gr. 8. Leipz. 831. (Kayser). 1 ß

— Versuch e. neuen Uebersetzung d. Satyren d. Aul. Persius Fl., der 4ten Satyre d. D. J. Juvenalis u. der 3ten Satyre des Horatius a. d. J. B. im Versmaaße d. Originale. gr. 8. Lpz. 828. (Serig). 12 gr

Otto, Bernh., 300jähriges deutsches Kloster-Kochbuch. Enthaltend: eine bedeutende Anzahl längst vergessener, jedoch äußerst schmackhafter Gerichte. Nach einem in den Ueberresten des ehemal. Dominikaner-Klosters zu Leipzig aufgefundenen Manuscr. bearb. u. herausg. Leipzig (856.) Hennings. (Lehmann.) 16. (135 S.) 15 ngr

— die Sprache der Verstorbenen oder das Geisterklopfen. Stimmen aus dem Jenseits und enthüllte Geheimnisse des Grabes. Ein unumstößlicher Beweis für die Fortdauer der Seele nach dem Tode u. deren Wiedervereinigung mit ihren Lieben. Nach gesammelten authent. Thatsachen dargestellt. Leipzig (855.) (Pönicke.) 8. (2 Bl., 155 S.) 18 ngr

Otto, Bernhard Christian [Praes.], s. B a e t g e, Joach. Christian De variolarum lue insitionis.

Otto, Bernhard Christian [Praes.], s. B u c h w a l d, Johann Christian: De momentoso domicilii cuilibet proprii in morborum caussis et praesidiis loco.

Otto, B(ernhard) C(hristian) (Hrsg.u.Übers.):

s.: Buffon, (Georges Louis Leclerc Comte) de: Naturgeschichte der vierfüßigen Thiere. (Histoire naturelle des animaux quadrupèdes. Dt.) Troppau u.Brünn: 1785 - 1789

JB 78

Otto, B(ernhard Christian) (Übers.u.Hrsg.):

s.: Buffon, (Goerges Louis Leclerc Compte)de: Naturgeschichte der Vögel. (Histoire naturelle des oiseaux. Dt.) Bd 2-7. Brünn: 1787-1788

Otto, Bernhard Christian [Praes.], s. I s r a e l, Jacob Meyer: De hypochondriaco malo monita quaedam.

—, B. C., resp. J. G. Kretschmer, Tres scarlatinae observationes. Frcf. ad V. 4°. 1793

Otto, Bernhard Christian [Praes.], s. R e i m k a s t e n, Johann David: De prophylaxi morborum ex victu.

Bernhard Christian Otto

Bernhardus Christianus Otto: De bubonus siphyliticorum Resolutione. [Resp.:] Carolus Henricus Wilcke Traiecti ad Viadrum (1802:) Apitz. 32 S. 8°

Frankfurt a.d.O., Med. Diss. v. 15. Apr. 1802

Bernhard Christian Otto

De Trepanatione momentaneis in cranii laesionibus quam primum instituenda. [Resp.:] Iohannes Iacobus Mueller [1802]. Traiecti ad Viadrum (1802:) Apitz. 26 S. 8°

Frankfurt a.d.Oder, Med. Diss. v. 30. Apr. 1802

Viro celeberrimo Bernardo Christiano Otto medicinae professori publico ordinario acceptos ante quinquaginta annos summos in medicina honores gratulantur V ante Idus Majas 1821 cives Universitatis Viadrinae Vratislaviensis. (Vratislaviae 1821.) (2 Bl.) 4° [Lat. Gedicht.]

Bernhard Christian Otto

De Vulneribus sclopetariis. [Resp.:] Carol[us] Rud[olphus] Frider[icus] Ludov[icus] Mueller. Traiecti ad Viadr. (1795:) Apitz. 70 S. 8°

Frankfurt a.d.O., Med. Diss. v. 19. Okt. 1795

Otto, Berthold, Agrarier, Arbeiter, Armee als innerer Dreibund d. Begehrlichen. E. polit. Aktionsprogramm. gr. 8. (74 S.) Leipzig 898. B. Elischer Nachf. n. 1. —

Otto, Berth., Agrarier, Arbeiter, Armee als innerer Dreibund der Begehrlichen. [Neue Titel=Ausg.] gr. 8. (74 S.) Leipzig [898.] 901. K. G. Th. Scheffer. n. 1.—

Otto, Berth., vom königlichen Amt der Eltern. (130 S.) kl. 8. Leipzig 906. R. Voigtländer. Kart. n. 2. 40

— s.: Archiv f. Altersmundarten u. Sprechsprache.

— der Leipziger Bankkrach, s.a. Hauslehrer=Schriften.

Otto, B., Der Leipziger Bankkrach als Erscheinung unseres Wirtschaftslebens gemeinverständlich dargestellt. Leipzig, 1901 96 S.

— Beiträge zur Psychologie des Unterrichts. (XIV, 342 S.) gr. 8. Leipzig 903. K. G. Th. Scheffer. n. 8. —; geb. n. 9. —

— unser Besuch im Kieler Kriegshafen, s.a. Hauslehrer=Schriften.

Berthold Otto. Unser Besuch im Kieler Kriegshafen. Sonderdruck aus dem „Hauslehrer". veranstaltet auf Veranlassung des deutschen Flottenvereins. 12. Tausend. Leipzig. 1905. 8°.

— Von der Elga. Ein Buch f. junge Eheleute u. f. Kinderfreunde. (175 S.) 8. Großlichterfelde 910. Verlag des Hauslehrers. Geb. in Leinw. 2. —

— leichte Erlernung des Lateinischen. 1. u. 2. Hft. gr. 4. (S. 1—60.) Ebd. (902). n. 1. —
Sonderabdruck aus: „Der Hauslehrer".

— leichte Erlernung des Lateinischen 3.—6. Heft. [Aus „Der Hauslehrer".] (S. 61—124, 23 u. 20 S.) gr. 4 Ebd. (904). à n. 1. —
Fortsetzung, s.: Erlernung.

Deutsche Erziehung und Hauslehrerbestrebungen. Ein Reformprogramm von Berthold Otto. Großlichterfelde: Der Hauslehrer 1907. (50 S.) 8° [Umschlagt. F.] [08. 17656

— Ein innerer Feind, s.: Hauslehrer=Schriften.

— s.. Geschichten in Altersmundart.

Otto, Berth., s.: Hauslehrer, der.

— Hauslehrerbestrebungen. Altersmundart u. ihre Gegner. Eine Streitschrift. (62 S.) gr. 8. Leipzig 906. K. G. Th. Scheffer. n. 1. —

— 6 Horaz=Oden f. Quartaner lesbar gemacht. Nebst den Prolegomena f. e. psycholog. Unterricht u. d. Lerngerüst der latein. Formenlehre. gr. 8. (44 S.) Leipzig 898. [O. Rackwitz] K. G. Th. Scheffer. n. 1.—

— Kind u. Politik. (23 S.) Lex.=8. Großlichterfelde 904 Verlag des „Hauslehrers". n. — 50

— Kindesmundart, s.a. Führer ins Leben.

Otto, Berthold: K i n d e s m u n d a r t Berlin: Modern-pädag. u. psycholog. Verl. 1908. 139 S. 8°
(Führer ins Leben. Bd 1.)

— Lateinbriefe. 1.—7. Brief. gr. 8. (S. 1—112.) Leipzig 898. A. Bleier Nachf. à n. — 50

— Lateinbriefe. 8.—25. (Schluß=)Brief. gr. 8. (S. 113—400.) Leipzig 899. 900. [A. Bleier Nachf.] K. G. Th. Scheffer. à n. — 50

Otto, Berthold, Fürst Bismarcks Lebenswerk. Den Kindern u. d. Volke erzählt. 8. (70 S.) Leipzig 898. Otto Rackwitz. n. 1. —

— Fürst Bismarcks Lebenswerk. Den Kindern u. dem Volke erzählt. 2. [Titel-]Aufl. 8. (70 S.) Ebd. [898.] (901). n. 1. —

— Fürst Bismarcks Lebenswerk. Den Kindern u. dem Volke erzählt. 3. Taus. (94 S. m. 2 Taf. u. 1 Bildnis.) gr. 8. Leipzig 903. K. G. Th. Scheffer. Geb. in Leinw. n. 1. 40

— Mütterfibel. Eine Anleitung f. Mütter, ihre Kinder selbst lesen zu lehren. 1. u. 2. Taus. (IV, 128 S.) 8. Leipzig 903. K. G. Th. Scheffer. n. 2. 40; geb. in Leinw. n.n. 3. 40

— Polen u. Deutsche, s.a. Hauslehrer-Schriften. 2.

Otto, Berthold, Polen und Deutsche. E. Mahnwort an d. deutsche Jugend. Leipzig 1902. 8°
(Hauslehrer-Schriften, 2.)

— Ratschläge f. den häuslichen Unterricht. Aus der Praxis dargeboten. (Hauslehrerschriften.) (IV, 125 S.) 8. Leipzig 908. Gr.-Lichterfelde, K. G. Th. Scheffer. Geb. in Leinw. 2. —

— das Recht auf Arbeit u. die Arbeiterinteressen. Sozialpolitische Skizzen. gr. 8. (64 S.) Leipzig 899. [Sellmann & Henne.] K. G. Th. Scheffer. n. — 60

— dasselbe, m. e. einleit. Artikel üb. Bismarck u. das Recht auf Arbeit von Scheffer. 2. Aufl. gr. 8. (XI, 60 S.) Leipzig 902. K. G. Th. Scheffer. n. — 75

— die Sage vom Doktor Heinrich Faust. Der Jugend u. dem Volke erzählt. gr. 8. (XIII, 259 S.) Ebd. 902. n. 4. —; geb. in Leinw. n. 5. —

Otto, Berth., die Sage vom Doktor Heinrich Faust. Der Jugend u. dem Volke erzählt. 3. Aufl. (4. u. 5. Taus.) (IV, 300 S.) kl. 8. Leipzig 909. Gr.-Lichterfelde, K. G. Th. Scheffer. Kart. 3.—; geb. 4. —

— d. Schulreform im 20. Jahrh. Vortrag, geh. vor d. Landesverband Sachsen-Thüringen im deutschen Schriftstellerverband am 3. XII. 1897. gr. 8. (30 S.) Leipzig 898. Otto Rackwitz. — 50

— die Schulreform im 20. Jahrh. Vortrag, geh. vor dem Landesverband Sachsen-Thüringen im deutschen Schriftstellerverband am 3. XII. 1897. 2. Aufl. gr. 8. (36 S.) Ebd. 901. n. — 60

— s.a. Tirocinium Caesarianum.

— Tirocinium Caesarianum. Liber I. (IV, 63 S.) gr. 8. Leipzig 903. K. G. Th. Scheffer. Geb. n. — 90

— d. Umsturz. Briefe u. Gespräche. gr. 8. (VIII, 220 S.) Leipzig 896. A. Warnecke. n. 2. 50; geb. 3. —

— Geistiger Verkehr m. Schülern im Gesamtunterricht. Unterrichtsprotokolle. (112 S.) 16. Großlichterfelde 907. Verlag des Hauslehrers. — 50

— Vorlesebuch. (IV, 139 S.) gr. 8. Leipzig 903. K. G. Th. Scheffer. Geb. in Leinw. n. 1. 20

— warum feiern wir Schillers Todestag? Mit Schillers Bildnis nach dem Gemälde v. Anton Graff u. e. Abbildg. v. Schillers Wohn- u. Sterbehaus in Weimar. 1. bis 30. Taus. (Je 46 S.) 8. Halle 905. Buchh. des Waisenhauses. n. — 20

— Wie ich meinen Kindern v. der Bodenreform erzähle, s.a. Zeitfragen, soziale.

Otto, Berthold. Wie ich meinen Kindern von der Bodenreform erzähle. Von Berthold Otto, Berlin-Gr Lichterfelde. Berlin. Bodenreform [1908] 31 S. 8°
(Soziale Zeitfragen. H. 35.)

— die Zukunftsschule. Lehrgang, Einrichtgn. u. Begründg. 1. Tl. Lehrgang der Zukunftsschule, nach psycholog. Experimenten f. Eltern, Erzieher u. Lehrer dargestellt. gr. 8. (X, 219 S.) Ebd. 901. n. 4. —; geb. n. 5. —

— Der Zukunftsstaat als sozialistische Monarchie. (483 S.) gr. 8. Berlin 910. Puttkammer & Mühlbrecht. 8.—; geb. in Leinw. 9. 50

Otto, B[runo], Dir. Prof.. Ansprachen bei verschiedenen Schulfeierlichkeiten. *Eisenach 1900: Hofbuchdr.* (S. 3—22.) 8° [F.]
Eisenach, Schullehrer-Sm, OP 1900**

Otto, B[runo], Dir. Prof.: Ueber die Geschichte der Pädagogik als Unterrichtsfach in Lehrerseminaren. Eisenach 1904: Hofbuchdr. (S. 1—26.) 8° [F.]
Eisenach, Schullehrer-Seminar OP 1904**

Otto, B[runo], Direktor: Zur Geschichte der Schulgemeinschafts-Verträge zwischen dem Weimarischen Staate und der Stadt Eisenach. Eisenach 1906: Ph. Kühner. (S. 3—20.) 8° [F.]
Eisenach, Schullehrer-Sm OP 1906** (842)

Otto, C., u. H. Diesener, die Arithmetik. Praktisches Unterrichtsbuch zur leichten Erlerng. der 4 Rechnungsarten. Mit e. großen Zahl ausgerechneter prakt. Beispiele f. den Selbstunterricht u. zum Gebrauche an Bau-, Real- u. Fortbildungsschulen bearb. gr. 8. (IV, 64 S.) Halle 889. Hofstetter. n. 1. 50; geb. n. 1. 75

— — die Buchstabenrechnung u. Algebra einschließlich der Logarithmen u. d. Rechnens m. denselben. gr. 8. (IV, 178 S.) Ebd. 889. n. 3. 60

— Mit dem D. H. V. nach Dänemark bezw. durch das rheinisch-westfälische Industrie-Gebiet, s.: Vortrags-Entwürfe, hrsg. vom deutschnationalen Handlungsgehilfen-Verbande in Hamburg.

Otto, C., England, s.: Vortrags-Entwürfe, hrsg. v. deutschnationalen Handlungsgehilfen-Verbande in Hamburg.

Dr. C. Otto & Comp. G. m. b. H., Fabrik feuerfester Produkte, Dahlhausen a. d. Ruhr. — (Berlin: Eckstein o. J. [um 1908].) 95 S., 1 Taf. 4° 38 A.

— u. H. Diesener,

— — die ebene Geometrie. Praktisches Unterrichtsbuch zur leichten Erlerng. der Planimetrie. Mit 243 Holzschn. gr. 8. (132 S.) Ebd. 889. n. 2. 70

Otto, C., & Comp.: [Geschichte und Geschäftsbetrieb der] Fabrik feuerfester Steine. Dahlhausen a. d. Ruhr 1902

Otto, C. u. H. Diesener. Lehrbuch der gesamten niederen Mathematik. 5 Abthlgn. gr. 8. Halle 889, Hofstetter.
* 11 80; in 2 Bde. geb. * 13 50
1. Die Arithmetik. Praktisches Unterrichtsbuch zur leichten Erlerng. der 4 Rechnungsarten m. ganzen Zahlen, gewöhnl. Brüchen u. Dezimalbrüchen, unter Berücksicht. der Eigenschaften u. der Theilbarkeit, der Zerlegg. e. Zahl in Faktoren u. d. größten gemeinschaftl. Maßes d. Zahlen. (IV, 64 S.) * 1 50; geb. * 1 75.
2. Die Buchstabenrechnung u. Algebra einschließlich der Logarithmen u. d. Rechnens m. denselben. (IV, 178 S.) * 3 60; geb. * 4 —.
3. Die ebene Geometrie. Praktisches Unterrichtsbuch zur leichten Erlerng. d. Planimetrie. Mit 243 Holzschn. (132 S.) * 2 70; geb. * 3 —
4. Die Stereometrie. Praktisches Unterrichtsbuch zur leichten Erlerng. der Körperberechng. u. der Verhältnisse der Linien u. Flächen im Raum. Mit 93 Holzschn. (IV, 75 S.) * 2 —; geb. * 2 25.
5. Die ebene Trigonometrie u. die Goniometrie. Praktisches Unterrichtsbuch zur leichten Erlerng. der Benenng. der trigonometr. Funktionen, Einrichtg. d. trigonometr. Tafeln, Berechng. der rechtwinkl., gleichschenkl. u. schiefwinkl. Dreiecke u. der regulären Vielecke, ferner der Goniometrie u. ihrer Anwendg. Mit 82 Holzschn. (99 S.) * 2 —; geb. * 2 25.
Auch u. d. T.: Otto, C. u. H. Diesener. Mathematische Vorschule z. den prakt. Unterrichtsbüchern f. Bautechniker Lehrbuch ꝛc.

— London, s.: Vortrags-Entwürfe, hrsg. vom deutschnational. Handlungsgehilfen-Verbande in Hamburg.

Otto, C., & Comp.: Production der Fabrik feuerfester Steine. Dahlhausen a. d. Ruhr (1904)

— Die Schweiz, s.: Vortrags-Entwürfe, hrsg. vom deutschnat. Handlungsgehilfen-Verbande in Hamburg.

Otto, C., & Comp.: Verzeichnis ausgeführter Koksofen-Anlagen. Dahlhausen a. d. Ruhr 1904

Otto, C. G., [Schulz], die Buchfuhrung für Fabrik-Geschäfte. Ein neues System, einfach in seiner Anwendung, doppelt in seinen Leistungen. 3. verb. Aufl. 860. (IX, 125 S.) 24 ngr. — 4. vollstandig umgearb. u. verm. Aufl. Mit 11 mit blauen u. rothen Linien versehenen Schema's zu den verschiedenen Buchern. Berlin 862. J. Springer. Lex.-8. (VII, 88 S.)
1 ℛℬ 7½ ngr.

Otto, C. H., s.a. Otto, H. C.

– u. H. Diesener,

— — die Stereometrie. Praktisches Unterrichtsbuch zur leichten Erlerng. der Körperberechng. u. der Verhältnisse der Linien und Flächen im Raum. Mit 93 Holzschn. gr. 8. (IV, 75 S.) Ebd. 889. n. 2. —; geb. n. 2. 25

— — die ebene Trigonometrie und die Goniometrie. Praktisches Unterrichtsbuch zur leichten Erlernung der Benenng. der trigonometr. Funktionen, Einrichtg. der trigonometr. Tafeln, Berechnung der rechtwinkl., gleichschenkl. u. schiefwinkl. Dreiecke u. der regulären Vielecke, ferner der Goniometrie und ihrer Anwendung. Mit 82 Holzschn. gr. 8. (99 S.) Ebd. 889. n. 2. —

– u. H. Diesener,

— — mathematische Vorschule zu den praktischen Unterrichtsbüchern für Bautechniker. Lehrbuch zur leichten Erlerng. der gesammten niedern Mathematik, umfassend die Arithmetik, Buchstabenrechnung., Algebra einschließlich der Logarithmen, Geometrie, ebene Trigonometrie u. Stereometrie Mit zahlr. Beispielen und Uebungsaufgaben, nebst vollständ. Lösg. und Ausrechng. Mit 420 Holzschn. 20 Hfte gr. 8. (IV, 64; IV, 50; 178, 132, 99 u. IV, 75 S.) Ebd. 889. à — 60 (cplt. in 2 Bde. geb.: n. 13. 50)

Otto, C. B., de sepulcro Christi cum divite. Lips. 1700. 4

Otto, C. Caspar, s. Otto, C. Kaspar

Otto, C. G., die Buchführung für Fabrik-Geschäfte. Ein neues System einfach in seiner Anwendung, doppelt in seinen Leistungen. gr. 8. (VI und 137 S.) Berlin 850, Springer.. *—

—— dass. — 2., verb. Aufl. gr. 8. (VIII und 125 S.) Ebds. 850. *—

Otto, C H. Über einige Eigenschaften der Schwerpunktcurve des Kreises. 1872 8°
Diss. Jena

Otto, C. Kaspar

Otto, C. Casp., Betr. des Todes und der Auferstehung von den Todten. 8. Lpz. Junius. 733.

Otto, C. W., s. Otto, Karl Wilhelm

Otto, Carl, s. Otto, Karl

Otto, Carl Christian, s. Otto, Karl Christian

Otto, Carl Eduard, s. Otto, Karl Eduard

Otto, Carl Friedrich, s. Otto, Karl Friedrich

Otto, Carl Heinrich Gottfried, s. Otto, Karl Heinrich Gottfried

Otto, Carl Ottomar, s. Otto, Karl Ottomar

Otto, Caroline, s. Otto, Karoline

Otto, Ch. (Resp.): Obs. binae de asthmate singulari...,
s. Vogel, Rud. Aug. (Praes.)

Otto, Chr., Briefwechsel mit Jean Paul, s. (Richter, Jean Paul Fr.)

Otto, Chrn., s.: Jean Paul's Briefwechsel m. seiner Frau u. Christian Otto.

Otto, Christian Friedrich (Übers.u.Comm.):

s.: Astruc, Jean: Theoretisch-practische Abhandlung von den Frauenzimmer-Krankheiten. (Traité des maladies des femmes... Dt.) Th.1 - 6. Dresden: 1768 - 1776

JB 3.868 a b

— Christoph Friedrich (Langensalza / Thüringen), De morbis laboriosorum chronicis. Diss. med.-pract. Präs. Johann Juncker. Halle/Magdeburg (J. Chr. Hilliger) April 1745. 34 S. (5.25) 25717
Widm. v.: Johann Wilhelm Tralles, Heinrich Adam Otto (Bruder).

— Christian Friedrich (Kircho-Detting. / Württ.), Brevis parlamentorum Galliae notitia. Präs. Johann Daniel Hoffmann. Tübingen (Fues) Dez. 1780. 46 S. (5.—) 25716

Otto, Christianus Henricus De partu praematuro arte promovendo. Halis Saxonum (1855): Schmidt. 31 S. 8°
Halle-Wittenberg, Med. Diss. v 17 [vielmehr 20.] Okt. 1855
Geb. Schwaneberg (Kr Wanzleben) 18. 2. 1831 V

— Christian Carl (Mühltroff/Vogtland), De finibus. Diss. jur. Erfurt (Grosch) 30. IV. 1728. 32 S. (4.25) 25714

— — Dasselbe. Erfurt (Grosch) 30. IV. 1728. 32 S. (4.25) 25715
Widm. v.: Johann Friedrich Seyfferth, Hieron. Fried. Brückner, Johann Friedrich Lendrich, Friedrich Ambrosius Seyfferth (dtsch.).

Otto, Christian Traugott

Otto, (Chr. Traug.,) einige Bemerkungen zu Fr. H. Stephani's Zusätzen zu der Schullehrer-Bibel des Hrn. Dinter. 8. Dresden 825, Arnold.

— einige Bemerkk. zu Fr. H. Stephani's Zusätzen zu der Schullehrer-Bibel des Hrn. Dinter. 8. Dresd. 828. Arnold. 3 gr

Otto, Chrstn. Traug., gegen die Emancipation d. Volksschule. gr. 16. (3½ B.) Dresden 834, Arnold.

Otto, Chr. Traug., Geschichte u. Verfassung der Schule u. des Schullehrer-Seminars zu Friedrichsstadt-Dresden. 8. Dresd. u. Leipz. 828. Arnold. 8 gr

Otto, Chrstn. Traug., bibl. Geschichten d. alt. u. neu. Testaments, mit Sacherklärungen. 8. (18 B.) Dresden u. Leipzig 837, Arnoldische Buchh.

Otto, Chrstn. Traug., biblische Geschichten des alten u. neuen Testaments, mit Sacherklärungen. 2., verb. u. verm. Aufl. 8. (18 B.) Leipzig 845, Arnoldische Buchh. *

Otto, Chrn. Traug., biblische Geschichten des alten und neuen Testaments, mit Sacherklärungen herausg. 3. verb. u. verm. Aufl. Leipzig 855. Arnold. 8. (X, 277 S.) n. 9 ngr.

Otto, Chrn. Traugott, biblische Geschichten des alten und neuen Testaments mit Sacherklärungen. 4. verb. Aufl. Leipzig 860. Arnold. 8. (X, 252 S.) n. 9 ngr.

Otto, Chrn. Th., biblische Geschichten des alten und neuen Testaments mit Sacherklärungen. 5. verb. Aufl. 8. (X, 252 S.) Leipzig 873, Arnoldische Buchh. *

— der Katholik u. der Protestant, oder die vorzügl. Glaubenswahrheiten, in welchen die kathol. Kirche von der protestant. abweicht, bibl., symbol. u. geschichtl. dargestellt. 2e Aufl. 8. Dresd. u. Leipz. 826. Arnold. 1 ß

—— der Sächsische Kinderfreund, e. Leseb. f. Stadt- u. Landschulen. 1—4., verb. Aufl. 8. (17, 17¼, 17½ u. 18 B.) Dresden 829—31, 34, Arnold. à

—— der sächs. Kinderfreund, ein Leseb. f. Stadt- u. Landschulen. 5—7., verb. Aufl. 8. (à 19 B.) Dresden u. Leipzig 836—38, Arnoldische Buchh. à *

—— der sächs. Kinderfreund, ein Lesebuch für Stadt- u. Landschulen. 9. Aufl. 844. u. 10., verb. Aufl. 8. (à 19 B.) Leipzig 846, Arnoldische Buchh. *

Otto, Chrn. Traug., der sächsische Kinderfreund, ein Lehrbuch für Stadt- und Landschulen. 11., verb. Aufl. 8. (VIII und 296 S.) Leipzig 850, Arnoldische Buchh. *

— der Sächsische Kinderfreund, ein Lesebuch für Stadt- und Landschulen. 12. verb. Aufl. Ebend. 855. 8. (VIII, 299 S.) n. 7½ ngr.

Otto, Chrn. Traug., der sächsische Kinderfreund, ein Lesebuch für Stadt- u. Landschulen. 14. verb. Aufl. Leipzig 869. Arnold. 8. (VIII, 247 S.) n. 8 ngr.

Otto, Chrstn. Traug., Lesebuch f. Anfänger, nebst ein. kurzen Leitfaden f. d. ersten Religionsunterr. 4., verb. Aufl. gr. 8. (6 B.) Dresden u. Leipzig 841, Arnoldische Buchh. Thlr.

— Lesebuch für Anfänger, nebst einem kurzen Leitfaden für den ersten Religionsunterricht. 5. verb. Aufl. 8. (IV u. 91 S.) Ebd. 852. n. 4 ngr.

— Lesebuch f. d. zweite Stufe d. Leseschüler. gr. 8. Dresd. 823. 2e Aufl. 827. Arnold. 3 gr

— Lesebuch für die zweite Stufe der Leseschüler, nebst einem kurzen Leitfaden für den ersten Religionsunterricht. 3e verb. Aufl. gr. 8. Ebd. 834. ⅛ ß

Otto, Chrstn. Traug., Predigt u. Rede bei d. 3. Jubelfeier d. Augsburg. Confession gehalt., nebst e. kurzen Beschreibung d. Feierlichkeiten, welche zu Friedrichstadt-Dresden bei dies. Säcular-Feste Statt gefunden. gr. 8. (2 B.) Dresden 830, Arnold. Thlr.

— kurzgefaßte Religionslehre f. protestant. Schulen. 8. Dresd. u. Leipz. 827, Arnold.

—— kurzgefaßte Religionslehre f. protest. Schulen. 2., verb. Aufl. 8. (7 B.) Dresden 831, Arnold.

—— kurzgefaßte Religionslehre f. protestant. Schulen. 3. u. 4., verb. u. wohlfeil. Aufl. 8. (à 7 B.) Dresden u. Leipzig 837, 39, Arnoldische Buchh. à *

—— kurzgefaßte Religionslehre f. protestant. Schulen. 5., verb. u. wohlf. Aufl. 8. (7 B.) Dresden u. Leipzig 844, Arnoldische B. *

— kurzgefaßte Religionslehre f. protestantische Schulen. 6. verb. Aufl. 8. (IV u. 108 S.) Ebd. 852. ¼ ß

—— die Schule u. d. Schullehrer-Seminar zu Friedrichstadt-Dresden v. 1785—1835; nebst e. Beschreib. d. 50jähr. Jubelfeier u. e. Verzeichnisse sämmtl. Zöglinge d. Seminars. 2., verm. Aufl. 8. (11⅛ B.) Dresden u. Leipzig 836, Arnoldische Bh. *

— s. Schulmann, der praktische.

— s. Siebenhaar, Fr. Jul., Gesundheitregeln.

—— sächs. Volksschulfreund, s. Volksschulfreund.

—— was sollen wir unsern Kindern am Tage ihrer Confirmation wünschen? Eine Predigt. gr. 8. (1 B.) Dresden 828, Arnold.

—— und K. J. Blochmann, wenn ist der Religionsunterricht ein christlicher? und: Was haben die Lehrer u. Bildner d. Jugend zu thun, um den Bemühungen unsrer Staatsbehörde u. der Vertreter unsers Volks um gründl. Verbesserung d. allgem. Schulwesens e. segensreich. Erfolg zu sichern? Zwei Schulreden. gr. 8. (2¼ B.) Dresden 834. (Arnold.)

- s. Zschaler, J. G., Erzählungen.

Otto, Eph., († d. 31. Juli 1798.) Auszug aus d. katechet. Anweis. f. die Ulmischen Kirchen u. Schulen, in Stadt u. Land. 8. Ulm 790. •

Otto, Eph., de natura dominii. 4. Ulm 777.

— s. Onomatologia forestalis.

- s. Onomatologia oeconom.

Otto, Clemens, s. Otto, Klemens

Otto, Conrad, s. Otto, Konrad

Otto, D.

Otto Bemerkungen über den Deutschen Unterricht. 25 S.
Rössel, Progr. 1843

Otto, Bemerkungen über den deutschen Unterricht. Progr. Königsberg i. Pr. 1845, Graefe & Unzer.

Otto: Ueber die Bestrebungen um Begründung einer Universalliteratur 25 S. – Braunsberg, Progr 1852

Otto: Zur wissenschaftlichen Interpunktion. 23 S – Braunsberg, Progr. 1863.

Otto. D, Interpunktionslehre auf wissenschaftlich. Grundlag 2 A Braunsberg 36 p. 1864.
Schul-/Univ.-Schrift

Otto, D., Interpunktionslehre auf wissenschaftlicher Grundlage. Für Schulen. 2. Aufl. 8. (36 S.) Braunsberg 864, (Peter.) *

Otto, D., Interpunktionslehre für Schulen. Braunsberg 860. (Huye.) gr. 8. (15 S.) 3 ngr.

Otto: Z. wissenschaftl. Orthographie. Braunsb. 1863
Schul-/Univ-Schrift

Otto, D. De verbis auxiliariis periphrast. et expletivis ap. script. antiq. 11 S. . . . .
Rössel. Progr. 1839

Otto, D. J., deutsches Lese- u. Declamationsbuch f. kathol. Gymnasien u. höhere Schulen. 1. Thl. Für die unteren Classen. gr. 8. Königsberg 846, Bornträgersche Sortimentsh.
Thl. 1. Für die unteren Classen. (13⅚ B.) 12 Ngr.
» 2. Für die mittleren Classen. (25⅙ B.) 24 Ngr.

Otto, D. J., deutsches Lese- u. Declamationsbuch für kathol. Gymnasien u. höhere Schulen. 1. Thl. Für die unteren Classen. gr. 8. Königsberg 846, Tag u. Koch. 12 ngr

— dass. 2. Thl. Für die mittleren Classen. gr. 8. Ebend. 846. 24 ngr

Otto, [Dan.], die Grundbuchregulirung im Bezirke des vormaligen Justizsenats zu Ehrenbreitstein in ihrer practischen Gestaltung. gr. 8. (VI, 159 S.) Neuwied 884, Heuser's Verlag. *

Otto, D., die Streitigkeiten der selbständigen Gewerbetreibenden m. ihren Arbeitern in Theorie und Praxis. Auf Grund d. § 120a der Reichsgewerbeordng. u. der einschlag. reichs- u. landesgesetzl. Bestimmgn. erörtert. gr. 8. (IV, 144 S.) Neuwied 889. Heuser's Verl. 3. —

Otto, D. (I.). Die Streitigkeiten der selbständigen Gewerbetreibenden m. ihren Arbeitern in Theorie u. Praxis. Auf Grund d. § 120a der Reichsgewerbeordng. u. der einschlag. reichs- u. landesgesetzl. Bestimmgn. erörtert. 3. Aufl. gr. 8. (IV, 166 S.) Neuwied 891, Heuser's Verl. 3 —
1. Aufl. 1889; 2. Aufl. 1890.

Otto, D., allgemeine deutsche Wechselordnung, durch die Rechtsprechg. d. Reichsgerichts u. d. vormal. Reichsoberhandelsgerichts, sowie durch allgemeinverständl. Zusätze erläutert. Das Wechselstempelsteuergesetz vom 10. Juni 1869. 8. (88 S.) Neuwied 886. Heuser's Verl. cart. n. — 80

Otto, David Wilhelm

— s. Nic. Machiavel, Historie von Florenz.

Otto, Dav. Wih., vermischte Schriften. 8. Lpz. 787. Barth. 20 gr

Otto, Dora, dennoch gut. Eine Erzählg. f. Kinder. 12. (8 S.) Berlin 894. Deutsche evangel. Buch- u. Tractat-Gesellschaft. n.n. — 3

Otto, Dora, drei Erzählungen f. das reifere Kindesalter. 12. (48 S. m. 4 Holzschn.) Berlin 884. Deutsche Evangel. Buch- u. Traktat-Gesellschaft. n. — 30

— fünf Erzählungen f. kleine Leute. 12. (44 S. m. 1 Holzschn.) Ebend. 884. n. — 30

Otto, D., 4 Erzählungen f. Kinder. 16. (23, 20, 29 u. 28 S.) Berlin 890. Deutsche evangel. Buch- u. Tractat-Gesellschaft. n. — 40

— Gottes Gedanken sind höher als unsre Gedanken. Eine Geschichte f. Kinder. 12. (16 S.) Ebd. 894. n.n. — 6

— der Sieg. Eine Geschichte f. Kinder. 12. (12 S.) Ebd. 894. n.n. — 5

— Vergeltung. 12. (8 S.) Ebd. 894. n.n. — 3

Otto, Dora, zerbrochen u. geheilt. (Eine Erzählg.) 12. (56 S.) Berlin 896. Deutsche evang. Buch- u. Tractat-Gesellschaft. n. — 30

Otto, E., s. Otto, Karl Ed

Otto, E. C. A., de suspecto loco Cicer. de offic. I. 13. Lips. 755. 4. (28 S.)

Otto, Eberhard

Otto, Ever., de aedilibus coloniarum et municipiorum libri. Cum figg. Francof. 713. 8. Lips. 732. 8. 1 rthl. 8 gr.

Otto, Eberh., de aedilibus colon. et municipior. 8. maj. Lps. Crusius. (F. C. W. Vogel.) 732.

Otto, Ever.: Commentarius et notae criticae ad Justiniani Institutionum sive elementorum libros IV a Cuiacio emendatos. Ed. in Germania prima. Cui acc. auctoris diss. de legibus XII tab. et praef. Chrph. Frid. Harpprechti. Francofurti et Lipsiae 1743.

Otto, Ebhrd., († d. 20. Juli 1756.) ad Justiniani institutionum libr. V. comment. a Cujacio c. not. crit. emend.; acced. Theophili paraphras. institution. interpretatio lat. ex ed. Reitzii, cum quibusd. varr. lect. c. J. Rud. Iselius. 4maj. Basel 760. Schweighäuser. 2 rf 16 gr Hbg. Pr. 1 rf 16 gr Schrbp. 3 rf (1e Ausg. 4. Utrecht 729. Ed. n. 4. Tübing. 743.)

— de diis vialibus veter. populor. 8. Halae, Renger. 714. –

— s. Gerichtsverordnung d. Stadt Bremen.

Otto, Eberhard [Praes.], s. Harmes, Christian De perpetua feminarum tutela. Von der immerwährenden Vormundschafft, unter welcher die Weiber stehen.

— Eberhard (Utrecht), Oratio jur. civil. publ. et ecclesiast., De jure imperatoris et statuum imperii circa sacra, Vom Recht des Kaysers und der Stände des Reichs in Kirchen-Sachen. 18. XI. 1720. Secundum exempl. Ultrajectinum. Rec. Halle/Magdeb. (J. Chr. Hendel) 1724. 88 S. (5.—)
25719

— de jure imperatoris et stat. imperii circa sacra 4. Halae, Hendel. 742.

— primae lineae notitiae rerum publ. 8. Ienae. 728.

— — Oratio, De arduo antecessoris munere, Von der Wichtigkeit des Amts eines Publici professoris juris, ad l. un. C. de Profess. qui in urbe Constant, habita publice cum jur. feud. profess. solenni ritu auspicaretur. Halle / Saale (J. Chr. Krebs) 4. VI. 1731. 56 S. (5.—) 25721

— notitia praecipuar. Europae rerum publicar. 8. Ienae Cuno. 719.

Otto, Ever.: Papinianus, sive, de vita, studiis, scriptis, honoribus et morte Aemilii Papiniani, jurisconsultorum coryphaei, diatriba repetitae praelectionis. Bremae 1743.

Ottonis, Everh., Oratio de Stoica veterum Ictorum philosophia. Duisb. 714. 4.

Ottonis, Ev., Thesaurus juris Romani, continens rariorum interpretum opuscula. Lugd. Batav. 725–29. 4 Tom. f. Traj. ad Rh. 733–35. 5 Vol. f. 30 rthl. Basil. 741–44. 5 Vol. f.

— de tutela viar. publ. 8. Traj. 730.

Otto, Everar.: De tutela viarum publicarum liber singularis. Trajecti ad Rh. 1731.

[Kopft.:] [F.] **Otto,** Eduard [Dr.]: Zur Beurteilung und Würdigung der Staatslehre Spinozas. *Darmstadt, C. F. Winter'sche Buchdr., 1897*; 31 S. 4.
Darmstadt, grossh. Ludwig-Georgs-G u. VS, OP 1897 (656)

Otto, *Georg Theodor Emil Karl* Eduard [Gymnasiall. zu Darmstadt]: Die Bevölkerung der Stadt Butzbach '(i. d. Wetterau)' während des Mittelalters ... Darmstadt, A. Bergstrasser[!], 1893; x, 103 S. 8.
Giessen, Phil. Fak., Inaug.-Diss. v. 1893

Otto, Ed., die Bevölkerung der Stadt Butzbach (i. d. Wetterau) während des Mittelalters. gr. 8. (X, 103 S.) Darmstadt 893. A. Bergsträsser's Verl. n. 2.—

Otto, Ed., Bilder aus dem Leben des ersten deutschen Kaisers. (1797—1888.) (Prachtausg.) gr. 8. (VIII, 36 S. m. 21 Abb.) Gießen 898. E. Roth. n. 1.—; Volksausg. n. —40

Otto, Eduard, deutsches Frauenleben im Wandel der Jahrhunderte, s. a. Aus Natur u. Geisteswelt.

Otto E. Deutsches Frauenleben im Wandel der Jahrhunderte. (154 S) (Aus Natur und Geisteswelt 45) Leipzig 1903

Deutsches Frauenleben im Wandel der Jahrhunderte. Von Dr Eduard **Otto**. Offenbach a. M. 2., verb. Aufl. Mit 27 Abb. Leipzig. Teubner 1909. 151 S. 8°
(Aus Natur u. Geisteswelt. Bdch. 45.) [09. 6963

Otto, Ed., s. Garten- u. Blumenzeitung.

Otto, Ed., zur Geschichte der Theorie der allgem. Wehrpflicht in Deutschland, s. a. Sammlung gemeinverständl. wissenschaftl. Vorträge.

Zur Geschichte der Theorie der allgemeinen Wehrpflicht in Deutschland. Von Dr **Eduard Otto** in Offenbach. *Hamburg: Verlagsanst. u. Dr 1900.* (30 S.) 8° [F.]
— Sammlung gemeinverständl. wiss. Vorträge. N. F. Ser 15. H. 350. [00. 10567

— das deutsche Handwerk in seiner kulturgeschichtl. Entwickelung, s. a. Aus Natur u. Geisteswelt.

Otto, E., Das deutsche Handwerk in seiner kulturgeschichtlichen Entwickelung. 8⁰. Leipzig 1900. 2. durchges. Aufl. 8⁰. Leipzig, Teubner, 1904. („Aus Natur und Geisteswelt", Bd. 14). 3. durchges. Aufl. 8⁰. Ebd. 1908. 154 S.

Otto, Edvardvs ⟨geb. 1838 in Neuhaus bei Paderborn⟩: De ivrisdictione et imperio liber prior [un.]: De re pvblica. De notione civitatis historice consideratae disqvisitio philosophica ... Bonnae, typ. C. Georgii 1863. 2 Bl., 44 S., 1 Bl. 8.
Bonn, Jur. Fak., Diss. v. 14 Nov. 1863

— Kirchenzucht u. Polizei im alten Isenburger Lande, s. a. Sammlung gemeinverständl. wissenschaftl. Vorträge.

Kirchenzucht und Polizei im alten Isenburger Lande. Von Dr **Edward Otto** in Offenbach a. M. *Hamburg: Verlagsanst. u. Dr. A.-G. 1899.* (53 S.) 8° [F.]
— Sammlung gemeinverständl. wiss. Vorträge. N. F. Ser. 14, H. 320. [99. 7990

Otto, Eduard, Pflanzer- u. Jägerleben auf Sumatra. (185 S. m. Taf.) gr. 8. Berlin 903. W. Süsserott. Geb. in Leinw. n. 5.—

Otto, Eduard, Reiseerinnerungen an Cuba, Nord- u. Süd-america 1838—41. gr. 12. (14 B. u. 2 Stnt.) Berlin 843, Nauck'sche Buchh. *

Otto, Elisabeth

— Am Kreuzweg, s.: Ungelenk's Vereinsbühne.

Otto, Elisab., wie der hl. Christ selbst kam. Weihnachtsspiel in 2 Aufzügen m. 4 weibl. Rollen. (24 S.) 11.8. Leipzig 910. F. Jansa. —50

Otto, Eman., Rathgeber im Obstbau. Grundzüge der Zucht und Pflege der Obstbäume, Obststräucher und Weinreben. gr. 8. (96 S. mit eingedr. Holzschn.) Stuttgart 882, Schweizerbart'sche Verlagsh. cart. *

Otto, Emil

— and **J. Wright**, the accidence of the German language. An appendix to the German conversation-grammar. gr. 8. (III, 104 S.) Ebd. 887. geb. n. 1. 80

— — dasselbe. 2. (titled) ed. gr. 8. (IV, 104 S.) Ebd. 890. geb. n. 1. 20

Otto, Dr. Emile, le petit Allemand, ou introduction simple et facile à l'étude de l'Allemand. A. u. d. T.: Der kleine Deutsche, oder einfache und leichte Einführung in die Erlernung des Deutschen. 12. Paris u. Straßb. 837. Levrault. 1/3 ß

Otto, Emile, le petit Allemand, ou introduction simple et facile à l'étude de l'Allemand. 2. édit. corr. — A. u. d. T.: Der kleine Deutsche, od. einfache u. leichte Einführung in die Erlernung d. Deutschen. 1. Aufl. (5 B.) 837. u. 2., verb. Aufl. 12. (5 1/2 B.) Straßburg 841, Levrault'sche Buchh. à

Otto, Emil, Aufruf zur Gründung von Volkslesevereinen u. Dorfbibliotheken nebst einem Verzeichniß guter Volksschriften. Aus dem bad. Volksblatt abgedr. gr. 8. (16 S.) Mannheim 847, Bensheimer in Comm. n. 2 ngr.

Otto, E., unbefangene Beleuchtung des Zittel'schen Antrags auf Religionsfreiheit. gr. 8. (1 B.) Karlsruhe 846, Macklot.

Otto, Em., first German book containing introductory lessons to the study of the German language; with some Reading-lessons, a Vocabulary, and Select phrases for German Conversation. Heidelberg 856. J. Groos. 8. (3 Bl., 136 S. u. 2 lith. Taf.) n. 16 ngr.

Otto, Emil, first German book containing introductory lessons to the study of the German language; with some reading-lessons, a vocabulary, and select phrases for German conversation. 2. edit. Heidelberg 864. J. Groos' Verlag. 8. (X, 136 S.) cart. n. 16 ngr.

Otto, Emil, first german book, containing introductory lessons to the study of the german language; with reading-lessons, a vocabulary a. select phrases for german conversation. 4. ed. gr. 8. (116 S.) Heidelberg 873. J. Groos. n. 1. 60

— first german book containing introductory lessons to the study of the german language, with reading-lessons, a vocabulary, and select phrases for german conversation. 6. ed. 8. (114 S.) Ebend. 879. cart. n. 1. 60

— first German book with exercises for translation, reading, grammar, conversation, and vocabularies. Rearranged and revised by Frz. Lange. 7. ed. gr. 8. (VII, 100 S. m. 2 lith. Schrifttaf.) Ebend. 887. geb. n. 1. 60

— first German book with exercises for translation, reading, grammar, conversation and vocabularies. Rearranged and revised by Frz. Lange. 8. ed. gr. 8. (XI, 108 S.) Ebd. 896. Geb. in Leinw. n. 1. 20

Otto, Emil, first German book, with exercises for translation, reading, grammar, conversation, and vocabularies. Rearranged and rev. by Frz. Lange. (Method Gaspey-Otto-Sauer.) 9. ed. (VII, 108 S. m. 2 Schrifttaf., 1 Karte u. 1 Plan.) 8. Heidelberg 906. J. Groos. Geb. in Leinw. 1. 20

—— petit choix de morceaux de littérature allemande, accomp. de notes explicatives. — A. u. d. T.: Kleine Auswahl auserles. Stellen d. deutsch. Litteratur, mit erläut. Noten z. Uebersetzen in d. Französische. 12. (8½ B.) Straßburg 841, Levrault'sche Buchh.

— French conversation grammar, a new and practical method of learning the French Language. Part I. Heidelberg 858. J. Groos. 8. (VIII, 215 S.) n. 20 ngr.

Otto, Emil, French conversation-grammar, a new and practical method of learning the French language. Part II. Heidelberg 859. J. Groos. 8. (IX, S. 216—437.) n. 20 ngr.

—— French conversation-grammar, a new and practical method of learning the French language. 2. edit. 8. (X und 436 S.) Heidelberg 863, J. Groos' Verlag. geb. *

—— French Conversation-Grammar. A new and practical method of learning the French Language. 3d and 4th edit. gr. 8. (X, 394 S.) Ebendas. 868,70. geb. *

— french conversation-grammar, a new a. practical method of learning the french language. 6. ed., ster. gr. 8. (X, 394 S.) Ebend. 875. geb. n. 5. —; key 3. ed. (III, 76 S.) n. 1. 60

Otto, Emil, french conversation-grammar. A new and practical method of learning the french language. 8. ed. gr. 8. (X, 394 S.) Heidelberg 882. J. Groos. geb. n. 5. —; key. 4. ed. (76 S.) 880. cart. n. 1 60

Otto, Emil, French conversation-grammar, a new and practical method of learning the French language. 9. ed. 8. (X, 394 S.) Heidelberg 886. J. Groos. geb. n. 5. —; key. 5 ed. (III, 76 S.) cart. n. 1. 60

Otto, Emil, French conversation-grammar. A new and practical method of learning the French language. 10. ed., revised by J. Wright. gr. 8. (X, 394 S.) Heidelberg 888. J. Groos. geb. n. 5. —

— French conversation-grammar, a new and practical method of learning the French language. 11. ed., revised by Charles Bonnier. gr. 8. (XII, 404 S.) Ebd. 895. Geb. in Leinw n. 5. —

— dasselbe. Key. 6. ed. gr. 8. (III, 76 S.) Ebd. 896. Kart. n. 1. 60

— French conversation-grammar. A new and practical method of learning the french language. 13. ed., rev. by C. Talbut Onions. (Method Gaspey-Otto-Sauer.) (VIII, 408 S. m. 1 Karte u. 1 Plan.) 8. Ebd. 905. Geb. in Leinw. n. 4.—; key. 8. ed. (77 S.) Kart. n. 1.60

— German conversation-grammar a new and practical method of learning the German language. Revis. by Thom. Gaspey. 853. (VIII, 440 S. u. 2 lith. S.) — 2. edit. Heidelberg 857. J. Groos. 8. (XI, 2 lith. Bl., 466 S.) n. 1 rthl. 20 ngr.

(—) key to Dr. E. Otto's German conversation-grammar. With an appendix containing select phrases for German conversation. Heidelberg 854. J. Groos. 8. (2 Bl., 140 S.) n. 16 ngr.

— german conversation-grammar, a new and practical method of learning the german language. 3. edit. 8. (XII, 498 und 2 lithogr. S.) Heidelberg 860, J. Groos' Verlag. geb.

—— Key to the german conversation-grammar. With specimens of letter-writing. New edit. 8. (IV und 131 S.) Heidelberg 860, J. Groos' Verlag.

—— German conversation-grammar, a new and practical method of learning the German language. 4. edit. 1862. and 5. edit. 8. (XII, 498 und 2 lithogr. S.) Heidelberg 863, J. Groos' Verlag. geb. *

—— key to the German conversation-grammar. With specimens of letterwriting. New edit. 8. (IV und 130 S.) Heidelberg 862, J. Gross' Verlag. cart. *

—— German Conversation-Grammar. A new and practical method of learning the German Language. 6th—14th edit. gr. 8. (XVI, 446 S., wovon 2 lithogr.) Ebendas. 865—74, geb. *

—— German Conversation-Grammar. A new and practical method of learning the German language. 15th and 16th edit. gr. 8. (XVI, 446 S. mit 2 lithogr. Schrifttaf.) Ebendas. 875,76. geb. *

—— dass. — Key. 12th edit. gr. 8. (IV, 99 S.) Ebendas. 875. cart. *

— german conversation-grammar. A new and practical method of learning the german language. 20. ed. gr. 8. (XVI, 446 S. m. 2 Steintaf.) Ebend. 882. geb. n. 5. —; key. 15. ed. (103 S.) cart. n. 1. 60

—— german conversation-grammar, a new and practical method of learning the German language. 21th and 22th edit. 8. (XXIV, 456 S. mit 2 lithogr. Schrifttaf.) Ebendas. 886,87. geb. *

—— dass. — supplementary exercises. 2th (entitled) edit. 8. (VII, 68 S.) Ebendas. 886. cart. *

—— dass. — With specimens of letter-writing. Key. 16th edit. 8. (VIII, 96 S.) Ebendas. 887. cart. *

— German conversation-grammar. A practical method of learning the German language. Revised by Frz. Lange. 25. ed. with vocabulary. gr. 8. (XI, 453 S.) Ebd. 890. geb. n. 5. — ; key, 17. ed. with specimens of letter-writing. (IV, 78 S.) cart. n. 1. 60

— German conversation-grammar, a practical method of learning the German language. Revised by Frz. Lange. 26. ed. gr. 8. (VIII, 453 S. m. 1 Schrifttaf.) Ebd. 895. Geb. in Leinw. n. 5. —

— dasselbe. Key. 18. ed. gr. 8. (IV, 78 S.) Ebd. 896. Kart. n. 1. 60

Otto, Emil, German conversation-grammar. A practical method of learning the German language. Revised by Frz. Lange. (Method Gaspey-Otto-Sauer.) 28. ed. gr. 8. (VIII, 418 S. m. 2 Schrifttaf., 1 Karte u. 1 Plan.) Heidelberg 901. J. Gross. Geb. in Leinw. n. 5. —

— conversations allemandes. Nouveau guide méthodique pour apprendre à parler allemand. gr. 8. (VI, 168 S.) Ebend. 876. n. 1. 60

— conversations allemandes. Nouveau guide méthodique pour apprendre à parler allemand. 2. éd. Revue et corrigée par A. Mauron. gr. 8. (VI, 168 S.) Ebend. 882. cart. n. 1. 60

— conversations allemandes. Nouveau guide méthodique pour apprendre à parler allemand. 3. éd. Revue et corrigée par A. Mauron. 8. (VIII, 168 S.) Ebd. 888. geb. n. 1. 80

Otto, Emil, Conversations allemandes. Nouveau guide méthodique pour apprendre à parler allemand. 4. éd. Revue et corrigée par A. Mauron. gr. 8. (VII, 168 S.) Heidelberg 897. J. Groos. Geb. in Leinw. n. 1. 80

Otto, Emil, Conversations allemands. Nouveau guide méthodique pour apprendre à parler allemand. 5. éd. Revue et corrigée par Paul Verrier. (Méthode Gaspey-Otto-Sauer.) (VIII, 163 S.) 8. Heidelberg 906. J. Groos. Geb. in Leinw. n. 1. 80

—— Conversations françaises (französische Conversations-Schule). Eine method. Anleitung zum Französisch-Sprechen. 1. Aufl. 1863. und 2., verb. Aufl. 8. (VIII und 174 S.) Heidelberg 868, J. Groos' Verlag. *

—— Conversations françaises. [Französische Conversations-Schule.] Eine method. Anleitung zum Französisch-Sprechen. 3. verb. Aufl. gr. 8. (VIII, 155 S.) Ebendas. 872. *

— conversations françaises. [Französische Conversations-Schule.] Eine methodische Anleitung zum Französisch-Sprechen. 4., verb. Aufl. gr. 8. (VIII, 168 S.) Ebend. 876. n. 1. 60

— conversations françaises. [Französische Konversations-Schule.] Eine method. Anleitg. zum Französisch-Sprechen. 5. Aufl. gr. 8. (VIII, 170 S.) Ebend. 884. n. 1. 60; geb. n. 1. 80

— german-english conversations. [Deutsche Conversations-Schule.] A new methodical guide for learning to speak german. gr. 8. (VI, 108 S.) Ebend. 876. n. 1. 60

— german-english conversations. [Deutsche Conversations-Schule.] A new methodical guide to learn to speak german. 2. ed. Revised by A. Mauron. gr. 8. (VI, 168 S.) Ebend. 883. cart. n. 1. 60

— Corrigé des thèmes de la grammaire allemande. Suivi d'une appendice. Ebend. 868. gr. 8. (III, 80 S.) n. 16 ngr.

—— dass. — Corrigé des thèmes. 3e édit. gr. 8. (76 S.) Ebendas. 878. cart. *

Otto, Emil, and **Sutton F. Corkran**, French dialogues. An aid to practical conversation. gr. 8. (VIII, 166 S.) Heidelberg 890. J. Groos. geb. n. 1. 80

Otto, Emil, German dialogues. An aid to practical conversation. 3. ed. Revised by Sutton F. Corkran. gr. 8. (VI, 171 S.) Heidelberg 892. J. Groos. Geb. n. 1. 80

— German dialogues. An aid to practical conversation. (Method Gaspey-Otto-Sauer.) 4. ed. Revised by H. Runge. gr. 8. (VII, 120 S.) Ebd. 899. Geb. in Leinw. n. 1. 50

— German dialogues. An aid to practical conversation. (Method Gaspey-Otto-Sauer.) 5. ed. Rev. by H. Runge. (XVI, 139 S.) 8. Ebd. 906. Geb. in Lw. 1. 50

Otto, Emil, unterhaltende Erzählungen für das Volk. Aus d. bad. Volksblatt abgedr. gr. 8. (96 S.) Mannheim 847, Bensheimer. 1/6 ₰

—— supplementary Exercises to the German Conversation-Grammar. 8. (VII, 68 S.) Ebendas. 878. cart. *

—— le petit Français, ou introduction facile et naturelle à l'étude de la langue française. 2. édit., corr. — A. u. d. T.: Der kleine Franzose, od. leichte u. natürl. Einführung in d. franz. Sprache. 2., verb. Aufl. 12. (5⅔ B.) Straßburg 841, Levrault'sche Buchh.

—— s. Gaspey, Thom., englische Conversations-Grammatik.

Otto, Emil, kleines deutsch-französisches Gesprächbuch zum Gebrauch f. die Jugend. 3. Aufl. A. u. d. Ttl.: Petit livre de conversation allemand-français, à l'usage de la jeunesse. 12. (7½ B.) Straßburg 844, Levrault'sche Buchh.

— kleines deutsch-französisches Gesprächbuch zum Gebrauch für die Jugend. A. u. d. T.: Petit livre de conversation allemand-français, à l'usage de la jeunesse etc. 10. durchges. Aufl. 854. — 14. ꝛc. Aufl. Strasbourg 856. Berger-Levrault. 36. (195 S.) 7½ ngr.

— kleines deutsch-französisches Gesprächbuch zum Gebrauch für die Jugend. — Petit livre de conversation allemand-français, à l'usage de la jeunesse. 15—33. durchgeseh. u. verm. Aufl. Straßburg 855—64. Berger-Levrault. 16. (195 S.) 7½ ngr.

Otto, Emil, kleines deutsch-französisches Gesprächbuch zum Gebrauche für die Jugend. — Petit livre de conversation allemand-français, à l'usage de la jeunesse. 34—37., durchgesch. u. verm. Aufl. Straßburg 865—66. Wwe. Berger-Levrault & Sohn. 16. (195 S.) cart. 7½ ngr.

—— kleines deutsch-französisches Gesprächbuch zum Gebrauch für die Jugend. 50.—52. durchges. und verm. Aufl. 16. (196 S.) Straßburg 877—79, Schultz und Comp. cart.

—— kleines deutsch-französisches Gesprächbuch zum Gebrauch für die Jugend. 53.—59. durchges. und verm. Aufl. 16. (196 S.) Straßburg 880—85, Schultz und Comp. cart. *

—— kleines deutsch-französisches Gesprächbuch zum Gebrauch für die Jugend. 60.—72. durchges. und verm. Aufl. gr. 16. (196 S.) Straßburg 885—88, Straßburger Druckerei und Verlagsanstalt. cart. *

— kleines deutsch-französisches Gesprächbuch zum Gebrauch f. die Jugend. 75. Aufl. 16. (196 S.) Straßburg i/E. 889. Straßburger Druckerei u. Verlagsanstalt. cart. n. — 60

—— kleines deutsch-französisches Gesprächbuch zum Gebrauch f. die Jugend. 80. Aufl. 16. (196 S.) Straßb. i. E. 892, Straßburger Druckerei u. Verlagsanstalt. cart. * — 60

— kleines deutsch-französisches Gesprächbuch zum Gebrauch f. die Jugend. 84. Aufl 16. (196 S.) Straßburg 894. Straßburger Druckerei u. Verlagsanstalt. Kart. n. — 60

— kleines deutsch-französisches Gesprächbuch zum Gebrauch f. d. Jugend. 88. u. 89. Aufl. gr. 16. (196 S.) Straßburg 896. Straßburger Druckerei u. Verlagsanstalt. Kart. n. — 60

— kleines deutsch-französisches Gesprächbuch zum Gebrauch f. die Jugend. 100. Aufl. gr. 16. (196 S.) Straßburg (902). Straßburger Druckerei u. Verlagsanstalt. Kart. n. — 60

— kleines deutsch-französisches Gesprächbuch zum Gebrauch f. die Jugend. 107. Aufl. (196 S.) 16. Straßburg (906). Straßburger Druckerei u. Verlagsanst. Kart. n. — 60

— Kleines deutsch-französisches Gesprächbuch zum Gebrauch f. die Jugend. 110. Aufl. (208 S.) 16. Straßburg (908). Straßburger Druckerei u. Verlagsanstalt. Kart. — 60

—— neues deutsch-französisches Gesprächbuch zum Schulgebrauch bearb. — Nouveau manuel de conversation allemand-français à l'usage des écoles. gr. 8. (VIII und 95 S.) Stuttgart 850, Ebner und Seubert.

— neues deutsch-französisches Gesprächbuch zum Schul- u. Privatgebrauch bearb. 2. verb. u. verm. Aufl. A. u. d. T.: Nouveau manuel de conversation allemand-français etc. Stuttgart 857. Metzler. 16. (XII, 124 S.) n. 10 ngr.

— neues englisch-deutsches Gesprächbuch zum Schul- und Privatgebrauch. Stuttgart 864. Metzler 16. (VIII, 119 S.) n. 10 ngr.

— neues englisch-deutsches Gesprächbuch zum Schul- u. Privatgebrauch bearb. 2. Aufl. Stuttgart 869. Metzler's Verl. 16. (VIII, 119 S.) cart. n. 10 ngr.

— neues englisch-deutsches Gesprächbuch zum Schul- u. Privatgebrauch bearb. 3. verb. Aufl. 16. (XII, 116 S.) Stuttgart 871. Metzler. n. 1. —

— neues englisch-deutsches Gesprächbuch zum Schul- u. Privatgebrauch. 5., verb. Aufl. 16. (XII, 116 S.) Stuttgart 880. Metzler's Verl. cart. n. 1. —

— neues englisch-deutsches Gesprächbuch zum Schul- u. Privatgebrauch. 6. Aufl. 12. (XII, 116 S.) Stuttgart 886. Metzler's Verl. cart. n. 1. —

— neues englisch-deutsches Gesprächbuch zum Schul- u. Privatgebrauch. 7. Aufl. 16. (XII, 116 S.) Stuttgart 891. Metzler's Verl. cart. n. 1. —

— neues englisch-deutsches Gesprächbuch zum Schul- u. Privatgebrauch. 8. Aufl. 16. (XII, 116 S.) Stuttgart 893. J. B. Metzler's Verl. Kart. n. 1. —

— neues englisch-deutsches Gesprächbuch z. Schul- u. Privatgebrauch. 9. Aufl. 12. (XII, 116 S.) Stuttgart 895. J. B. Metzler's Verl. Kart. n. 1. —

— neues englisch-deutsches Gesprächbuch, zum Schul- u. Privatgebrauch bearb. 11. Aufl. 12. (XII, 116 S.) Stuttgart 900. J. B. Metzler. Kart. n. 1. —

Otto, Emil, neues englisch-deutsches Gesprächbuch, zum Schul- u. Privatgebrauch bearb. 12. Aufl. (XII, 116 S.) kl. 8. Stuttgart (904). J. B. Metzler. Kart. n. 1. —

— Neues englisch-deutsches Gesprächbuch, zum Schul- u. Privatgebrauch bearb. 13. Aufl. (XII, 116 S.) kl. 8. Stuttgart 908. J. B. Metzler. Kart. 1. —

— neues französisch-deutsches Gesprächbuch zum Schul- und Privatgebrauch. 3. Aufl. 861. — 4. Aufl. Ebend. 864. 16. (XII, 124 S.) n. 10 ngr.

—— neues französisch-deutsches Gesprächbuch zum Schul- und Privatgebrauch bearb. 4. Aufl. 1864. und 5., unveränd. Aufl. 16. (XII und 124 S.) Stuttgart 867, Metzler's Verlag. cart. *

—— neues französisch-deutsches Gesprächbuch zum Schul- und Privatgebrauch. 6.—12. verb. Aufl. gr. 16. (XII, 124 S.) Ebendas. 868—74. cart. *

Otto, Emil, neues französisch-deutsches Gesprächbuch, zum Schul- und Privatgebrauch bearb. 16. Aufl. 16. (XII, 124 S.) Stuttgart 879, Metzler'sche Buchh. cart. *

—— neues französisch-deutsches Gesprächbuch zum Schul- und Privatgebrauch. 17.—19. Aufl. 12. (XII, 124 S.) Ebendas. 880—82. cart. *

—— neues französisch-deutsches Gesprächbuch zum Schul- und Privatgebrauch. 20.—24. Aufl. 12. (XII, 124 S.) Ebendas. 888. cart. *

Otto, Emil. Neues französisch-deutsches Gesprächbuch zum Schul- und Privatgebrauch. 26. Aufl. 16. (XII, 124 S.) Stuttg. 890, Metzler's Verlag. cart. * 1 —

Otto, Emil, neues französisch-deutsches Gesprächbuch zum Schul- u. Privatgebrauch. 27. Aufl. 12. (XII, 124 S.) Stuttgart 893. J. B. Metzler's Verl. Kart. n. 1. —

— neues französisch-deutsches Gesprächbuch zum Schul- u. Privatgebrauch. (28. Aufl.) 12. (XII, 124 S.) Stuttgart 896. J. B. Metzler's Verl. Kart. n. 1. —

— neues französisch-deutsches Gesprächbuch zum Schul- u. Privatgebrauch. 31. Aufl. 12. (XII, 124 S.) Ebd. (901). Kart. n. 1. —

— neues französisch-deutsches Gesprächbuch zum Schul- u. Privatgebrauch. 34. Aufl. (XII, 124 S.) kl. 8. Ebd. Kart. n. 1. —

— Neues französisch-deutsches Gesprächbuch, z. Schul- u. Privatgebrauch bearb. 38. Aufl. (XII, 124 S.) kl. 8. Stuttgart 909. J. B. Metzler. Kart. 1. —

— französische Gespräche (Conversations françaises) od. französ. Konversations-Schule. Eine method. Anleitg. zum Französisch-Sprechen. Durchgesehen v. H. Runge. 8. Aufl. 8. (VIII, 171 S.) Heidelberg 893. J. Groos. Geb. in Leinw. n. 1. 80

— französische Gespräche (conversations françaises) od. französ. Konversations-Schule. Eine method. Anleitg. z. Französisch-Sprechen. Neu bearb. v. H. Runge. 7. Aufl. gr. 8. (VII, 144 S.) Heidelberg 898. J. Groos. Geb. in Leinw. n. 1. 60

— französische Gespräche (conversations françaises) od. französ. Konversations-Schule. Eine method. Anleitg. zum Französisch-Sprechen. Neu bearb. v. H. Runge. (Methode Gaspey-Otto-Sauer) 8. Aufl. (VIII, 140 S.) 8. Heidelberg 905. J. Groos. Geb. n. 1. 60

— gramatica elemental de la lengua alemana. 3. ed. Reformada por Enrique Ruppert. gr. 8. (VII, 235 S. m. 1 Schrifttaf.) Ebd. 894. Geb. in Leinw. n. 2.

— Gramática elemental de la lengua alemana. Reformada por Enrique Ruppert. (Método Gaspey-Otto-Sauer.) 5. ed. Revisada por E. Runge. gr. 8. (VII, 222 S. m. 1 Schrifttaf., 1 Karte u. 1 Plan.) Heidelberg 902. J. Groos. Geb. in Leinw. n. 2. —

— Gramática elemental de la lengua alemana. Reformada por Enrique Ruppert. (Método Gaspey-Otto-Sauer.) 6. ed. (VIII, 232 S. m. 1 Schrifttaf., 1 Karte u. 1 Plan) 8. Ebd. 904. Geb. in Leinw. n. 2. —

—— Gramática sucinta de la lengua alemana acompañada de numerosos ejercicios de conversacion y de lectura para uso de los principiantes segun un método teórico y práctico. Arreglada para Españoles por Francisco Gassino. 8. (VIII, 166 S.) Heidelberg 878, J. Groos. cart. *

—— gramática sucinta de la lengua alemana acompañada de numerosos ejercicios de traduccion, conversacion y lectura para el uso de los principiantes segun un método teórico y práctico. Segunda edicion corregida y aumentada por G. C. Kordgien. 8. (VI, 168 S.) Heidelberg 886, J. Groos. *

—— Gramática sucinta de la lengua francesa acompañada de numerosos ejercicios de traduccion y lectura para el uso de los principiantes, segun el método teórico y práctico. Por G. C. Kordgien. gr. 8. (VI, 176 S.) Heidelberg 884, J. Groos. cart. *

— gramática sucinta de la lengua francesa, acompañada de numerosos ejercicios de traduccion y lectura para el uso de los principiantes segun el método teorico y práctico de E. O. por Gust. Kordgien. 2. ed. gr. 8. (VI, 176 S.) Ebd. 894. Geb. in Leinw. n. 2. —

— y Gust. Kordgien, Gramática sucinta de la lengua francesa, acompañada de numerosos ejercicios de traducción y lectura, para el uso de los principiantes. 3. ed. Revisada par F. Tanty. (Método Gaspey-Otto-Sauer.) gr. 8. (VII, 212 S.) Ebd. 900. Geb. in Leinw. n. 2. —

— y Gust. Kordgien, Gramática sucinta de la lengua francesa, acompañada de numerosos ejercicios de traducción y lectura, para el uso de los principiantes. 4. ed. Refundida por F. Tanty. (Método Gaspey-Otto-Sauer.) (VII, 210 S. m. 1 Karte u. 1 Plan.) 8. Ebd. 904. Geb. in Leinw. n. 2. —

— y Gustavo Kordgien, gramática sucinta de la lengua francesa acompañada de numerosos ejercicios de traduccion y lectura para el uso de los principiantes. (Método Gaspey-Otto-Sauer.) 5. ed., enteramente rehecha por F. Tanty. (VI, 185 S. m. 1 farb. Karte u. 1 farb. Plan.) 8. Ebd. 910. Geb. in Leinw. 2. —

Otto, Emil, Gramática sucinta de la lengua inglesa acompañada de numerosos ejercicios de traduccion y lectura, segun el método de las gramáticas de E. O. arreglada para el uso de los principiantes par G. C. Kordgien. gr. 8. (V, 163 S.) Heidelberg 884, J. Groos. cart. *

— gramática sucinta de la lengua inglesa acompañada de numerosos ejercicios de traduccion y lectura segun el método de las gramáticas de E. O., arreglada para el uso de los principiantes por Gust. Kordgien 2. ed. gr. 8. (V, 163 S.) Ebd. 894. Geb. in Leinw n. 2. -

— y Gust. Kordgien, Gramática sucinta de la lengua inglesa acompañada de numerosos ejercicios de traducción y lectura. 3. ed. gr. 8. (VI, 160 S.) Ebd. 898. Geb. in Leinw. n. 2. —

— grammaire allemande. Revue par A. Mauron. Corrigé des thèmes. Suivi d'un appendice, contenant des notes explicatives sur les poésies. 4. éd. gr. 8. (III, 78 S.) Ebd. 890. cart. n. 1. 60

— Grammaire allemande. Revue par A. Mauron. Corrigé des thèmes. Suivi d'un appendice contenant des notes explicatives sur les poésies. 5. éd. gr. 8. (III, 78 S.) Ebd. 897. Kart. n. 1. 60

—— nouvelle grammaire allemande. Contenant outre les principales règles de la langue allemande, des thèmes, des lectures et des conversations, d'après une méthode à la fois théoretique et pratique. 8. (XV und 480 S. mit 2 Stnt.) Heidelberg 857, J. Groos' Verlag. geb. *

— nouvelle grammaire allemande. Contenant outre les principales règles de la langue allemande, des thèmes, des lectures et des conversations, d'après une methode à la fois théorique et pratique. 2. édit. (XV, 493 u. 2 lith. S.) 865. n. 1 ₰ u. 3. u. 4. édit. Heidelberg 870—71. J. Groos' Verl. 8. (VI, 420 S. mit 2 Steintaff.) n. 1 ₰ 10 ngr.

— nouvelle grammaire allemande contenant outre les principales règles de la langue allemande, des thèmes, des lectures et des conversations d'après une méthode à la fois théorique et pratique. 9. éd. stéréotypée. gr. 8. (XVI, 422 S.) Heidelberg 874. J. Groos. geb. n. 4. —

—— nouvelle grammaire allemande, contenant outre les principales règles de la langue allemande, des thèmes, des lectures et des conversations, d'après une méthode à la fois théorique et pratique. 10e et 11e édit. stér. gr. 8. (XVI, 422 S. mit 2 Stnt.) Ebendas. 876,78. geb.

—— nouvelle grammaire allemande, contenant outre les principales règles de la langue allemande, des thèmes, des lectures et des conversations, d'après une méthode à la fois théorique et pratique. 12e édit. gr. 8. (422 S. mit 2 Stnt.) Ebendas. 882. geb.

— nouvelle grammaire allemande, contenant, outre les principales règles de la langue allemande, des thèmes, des lectures et des conversations d'après une methode à la fois théorique et pratique. Revue par A. Mauron. 13. éd. 8. (XVI, 422 S. m. 2 lith. Schrifttaf.) Heidelberg 888. J. Groos. geb. n. 4. —

— nouvelle grammaire allemande, contenant, outre les principales règles de la langue allemande, des thèmes, des lectures et des conversations d'après une méthode à la fois théorique et pratique. Revue par A. Mauron. 14. éd. gr. 8. (XVI, 422 S. m. 2 lith. Schrifttaf.) Ebd. 891. Geb. in Leinw. n. 4. -

— Nouvelle grammaire allemande, contenant outre les principales règles de la langue allemande des thèmes, des lectures et des conversations d'après une méthode à la fois théorique et pratique. Revue par A. Mauron. 15. éd. gr. 8. (XVI, 422 S. m. 1 Schrifttaf.) Ebd. 897. Geb. in Leinw. n. 4. —

— nouvelle grammaire allemande. Contenant outre les principales règles de la langue allemande, des thèmes, des lectures et des conversations d'après une méthode à la fois théorique et pratique. Revue par Marius Nicolas. (Méthode Gaspey-Otto-Sauer.) 2 Tle. in 1 Bde. 17. éd. gr. 8. (VI, 176 u. III, 119 u. 37 S. m. 1 Schrifttaf., 1 Karte u. 1 Plan.) Ebd. 902. Geb. in Leinw. n. 3. 60; corrigé. (94 S.) Kart. n. 1. 60

— Nouvelle grammaire allemande, contenant outre les principales règles de la langue allemande des thèmes, des lectures et des conversations d'après une méthode à la fois théorique et pratique. (Méthode Gaspey-Otto-Sauer.) Revue par Marius Nicolas. 18. éd. (XI, 379 S. m. 1 farb. Karte u. 1 farb. Plan.) 8. Ebd. 910. Geb. in Leinw. 3. 60; corrigé 7. éd. (92 S.) Kart. 1. 60

— petite grammaire allemande abrégée, accompagnée de nombreux exercices de conversation et de lecture à l'usage de commençants d'après une methode à la fois théorique et pratique. Ebend. 870. gr. 8. (VIII, 168 S. mit 2 Steintaff.) cart. n. 16 ngr.

Otto, Emil, petite grammaire allemande abrégée, accompagnée de nombreux exercices de conversation et de lecture, à l'usage des commençants, d'après une méthode à la fois théorique et pratique. 2. éd. gr. 8. (VIII, 174 S., wovon 2 lith.) Heidelberg 872. J. Groos. geb. n. 1. 60

—— petite grammaire allemande abrégée, accompagnée de nombreux exercices de conversation et de lecture, à l'usage des commençants, d'après une méthode à la fois théorique et pratique. 3e et 4e édit. gr. 8. (VIII, 172 S. mit 2 lithogr. Schrifttaf.) Ebendas. 875,76. cart. *

— petite grammaire allemande abrégée, accompagnée de nombreux exercices de conversation et de lecture, à l'usage des commençants, d'après une méthode à la fois théorique et pratique. 5. éd. gr. 8. (VIII, 172 S. m. 2 Steintaf.) Ebend. 881. cart. n. 2. —

—— petite grammaire allemande abrégée, accompagnée de nombreux exercices de conversation et de lecture, à l'usage des commençants, d'après une méthode à la fois théorique et pratique. Revue par A. Mauron. 6me édit. 8. (VIII, 172 S. mit 2 lithogr. Schrifttaf.) Ebendas. 888. geb. *

— petite grammaire allemande, accompagnée de nombreux exercices de conversation et de lecture, à l'usage des commençants, d'après une méthode à la foîs théorique et pratique. 7. éd., revue par Paul Verrier. gr. 8. (XI, 191 S.) Ebd. 896. Geb. in Leinw. n. 2. —

— petite grammaire allemande, avec de nombreux exercices de conversation et de lecture, à l'usage des commençants. 8. éd., revue par Paul Verrier. Avec un vocabulaire. (Méthode Gaspey-Otto-Sauer.) 8. (VIII, 202 S. m. 1 Schrifttaf.) Ebd. 900. Geb. in Leinw. n. 2.—

— petite grammaire allemande, avec de nombreux exercices de conversation et de lecture, à l'usage des commençants. 9. éd., revue par Paul Verrier. (Méthode Gaspey-Otto-Sauer.) (VIII, 192 S. m. 1 Karte, 1 Plan u. 1 Schrifttaf.) gr. 8. Ebd. 903. Geb. in Leinw. n. 2. —

—— an elementary Grammar of the German Language, combined with exercises, readings and conversations. 1st and 2d edit. gr. 8. (VIII, 174 S. mit 2 lithogr. Schrifttaf.) Ebendas. 876,77. cart. *

—— an elementary Grammar of the German Language, combined with exercises, readings and conversations. 3d edit. gr. 8. (VIII, 174 S. mit 2 Stnt.) Ebendas. 883. cart. *

—— an elementary grammar of the German language, combined with exercises, readings and conversations. 4th edit. gr. 8. (VIII, 174 S. mit 2 lithogr. Schrifttaf.) Ebendas. 886. geb. *

—— elementary German grammar combined with exercises, readings and conversations. Revised by J. Wright. 5th edit. gr. 8. (VIII, 175 S. mit 1 lithogr. Schrifttaf.) Ebendas. 889. geb. *

— elementary German grammar, combined with exercises, readings and conversations. Revised by J. Wright. 6. ed. with vocabulary. 8. (VIII, 196 S. m. 1 Schrifttaf.) Ebd. 893. Geb. in Leinw n. 2. —

— Elementary German grammar, combined with exercises, readings and conversations. Rev. by J. Wright. (Method Gaspey-Otto-Sauer.) 7. ed. gr. 8. (VIII, 196 S. m. 2 Schrifttaf.) Ebd. 900. Geb. in Leinw. n. 2. —

— Elementary German grammar combined with exercises, readings and conversations. Rev. by J. Wright. (Method Gaspey-Otto-Sauer.) 8. ed. (VIII, 196 S. m. 1 Schrifttaf., 1 Karte u. 1 Plan.) 8. Ebd. 904. Geb. in Leinw. n. 2. —

— Elementary German grammar, combined with exercises, readings and conversations, revised by J. Whright. (Method Gaspey-Otto-Sauer.) 9. ed. (VIII, 211 S. m. 2 Schrifttaf.) 8. Heidelberg 909. J. Groos. Geb. in Leinw. 2. —

Otto, Emil, Grammatica elementare della lingua tedesca, con temi, letture e dialoghi. Riveduta di Pietro Motti. 4. ed. gr. 8. (VIII, 199 S. m. 2 Schrifttaf.) Heidelberg 898. J. Groos. Geb. in Leinw n. 2. —

— e **Pietro Motti**, Grammatica elementare della lingua tedesca. Con temi, letture e dialoghi. (Metodo Gaspey-Otto-Sauer.) 5. ed. gr. 8. (VII, 196 S. m. 2 Schrifttaf., 1 Karte u. 1 Plan.) Ebd. 901. Geb. in Leinw. n. 2. —

— e Pietro **Motti**, grammatica elementare della lingua tedesca con temi, letture e dialoghi. (Metodo Gaspey-Otto-Sauer.) 6. ed. (VII, 220 S. m. 2 Schrifttaf. u. 2 Karten.) 8. Ebd. 909. Geb. in Leinw. 2. —

— **nova grammatica allemã, theorica e pratica contendo alem das principaes regras da lingua allemã, themas e exercicios de leitura e de conversação. Adaptada ao uso dos Portuguezes por José Prévôt. (Methodo Gaspey-Otto-Sauer.) 2. ed. gr. 8. (VIII, 427 S. m. 1 Karte u. 1 Plan.) Heidelberg 901. J. Groos.** Geb. in Leinw. n. 4. —

—— nuova grammatica elementare della lingua tedesca, con temi, letture e dialoghi, aggiustata ai bisogni degli allievi principianti. gr. 8. (VIII, 164 S. mit 2 lithogr. Schreibschrifttaf.) Ebendas. 878. cart. *

—— nuova grammatica elementare della lingua tedesca, con temi, letture e dialoghi. 2a ediz. gr. 8. (VII, 164 S.) Ebendas. 884. cart. *

—— **nuova grammatica elementare della lingua tedesca con temi, letture e dialoghi. Ediz. II. gr. 8. (VII, 164 S. mit 1 lithogr. Schrifttaf.) Ebendas. 888.** geb. *

— nuova grammatica elementare della lingua tedesca con temi, letture e dialoghi. Arricchita d'un' appendice e diligentemente rivoduta dal Prof Pietro Motti. 3. ed. 8. (VIII, 200 S. m. 1 Schrifttaf.) Ebd. 893. Geb. in Leinw. u. 2. —

— neue französische Grammatik mit Conversations-Uebungen zum Schul- u. Privat-Unterricht. Nach e. neuen pract. Methode bearb. 12—14. Aufl. Ebend. 866—68. gr. 8. (XX, 462 S.) n. 28 ngr.

— **Französische Conversations-Grammatik zum Schul- u. Privatunterricht. Nach der Methode von Dr. Gaspey's engl. Conversations-Grammatik bearb. 8. (XVI u. 384 S.) Heidelberg 851, Groos. 1 ₰**

— französische Conversations-Grammatik zum Schul- und Privatunterricht. Nach einer neuen practischen Methode bearb. 6. verb. Doppel-Aufl. 861. — 7. unveränd. Doppel-Aufl. Ebend. 862. 8. (XX, 462 S.) n. 28 ngr.

—— **französische Conversations-Grammatik zum Schul- und Privatunterricht. Nach einer neuen, pract. Methode bearb. 2., verb. und verm. Aufl. A. u. d. T.: Neues Lehrbuch der französ. Sprache mit beigefügten Conversationsübungen. 2., verb. und verm. Aufl. 8. (XX und 438 S.) Heidelberg 854, J. Groos' Verlag.** Thlr. *

—— französische Conversations-Grammatik zum Schul- und Privat-Unterricht. 8.—18. Aufl. 1864—75; 19. und 20. Ster.-Aufl. gr. 8. (XVI, 429 S.) Ebendas. 876,78. *

— französische Conversations-Grammatik zum Schul- u. Privat-Unterricht. 21. Aufl. Mit Gratiszugabe: Wörterverzeichnis der neuen deutschen Orthographie. gr. 8. (XV, 429 u. Gratiszugabe 27 S.) Heidelberg 881. J. Gross. n. 3. —

— französische Conversations-Grammatik zum Schul- u. Privatunterricht. 22. verb. Aufl. gr. 8. (XV, 432 S.) Ebend. 884. n. 3. —

—— **französische Konversations-Grammatik zum Schul- und Privatunterricht. 23. unveränd. Aufl. gr. 8. (XV, 432 S.) Ebendas. 887.** geb. *

—— Französische Konversations-Grammatik zum Schul- u. Privatunterricht. Neu bearb. v. H. Runge. 24. verb. Aufl. gr. 8. (VIII, 448 S.) Ebd. 891. geb. * 3 60

—— dass. — Schlüssel. 2. durchgeseh. Aufl. Bearb. v. H. Runge. gr. 8. (III, 79 S.) Ebd. 892. cart. * 1 60

— **französische Konversations-Grammatik z. Schul- u. Privatunterr. Neubearb. v. H. Runge. 25., verb. Aufl. gr. 8. (VIII, 448 S.) Ebd. 897.** Geb. in Leinw. n. 3. 60

Otto, Emil, französische Konversations-Grammatik z. Schul- u. Privatunterricht. Neubearb. v. H. Runge. (Methode Gaspey-Otto-Sauer.) 26. Aufl. gr. 8. (VIII, 448 S. m. 1 Plan u. 1 Karte.) Ebd. 901. Geb. in Leinw. n. 3.60; Schlüssel. 3. Aufl. (III, 79 S.) Kart. n. 1. 60

— **französische Konversations-Grammatik zum Schul- u. Privatunterricht. Neubearb. v. H. Runge. (Methode Gaspey-Otto-Sauer.) 2 Tle. in 1 Bde. 27. Aufl. (VII, 187; III, 147 u. 54 S. m. 1 Karte u. 1 Plan.) gr. 8. Ebd. 903. Geb. in Leinw. n. 3. 60**

—Französische Konversations-Grammatik z. Schul- u. Privatunterricht. (Methode Gaspey-Otto-Sauer.) 28. Aufl., neubearb. v. H. Runge. (VIII, 453 S. m. 1 Karte u. 1 Plan.) 8. Ebd. 908. Geb. in Leinw. 3. 60; Schlüssel. 5. Aufl. (110 S.) Kart. 1. 60

— **französisches Conversations-Lesebuch für die unteren u. mittleren Klassen. Mit Anmerkungen und einem vollständ. Wörterbuche.** Heidelberg 856. J. Groos. 8. (X. 390 S.) n. 20 ngr.

— — **Questionnaires.** Zum Schul- u. Privatunterricht. Heidelberg 854. J. Groos. 8. (VIII, 392 S.) n. 20 ngr.

— französisches Conversations-Lesebuch. Eine Auswahl stufenmässig geordneter Lesestücke mit Conversations-Uebungen, Anmerkungen und einem vollständigen Wörterbuche. 1 Abth. für die unteren und mittleren Klassen. 2. Aufl. Ebend. 859. 8. (XII, 355 S.) n. 14 ngr.

— — 2. Abth. für die oberen Klassen. 2. Aufl. Ebend. 859. 8. (VIII, 312 S.) n. 14 ngr.

— **französisches Conversations-Lesebuch. Eine Auswahl stufenmässig geordneter Lesestücke mit Conversations-Uebungen, Anmerkungen u. einem Wörterbuche. 1. Abthl. für die unteren u. mittleren Klassen. 5. Aufl. Ebend. 868. gr. 8. (XII, 312 S.)** n. 16 ngr.

— — 2. Abthl. für die oberen Klassen. 3. Aufl. Ebend. 867. 8. (VIII, 310 S.) n. 14 ngr.

— **französisches Conversations-Lesebuch. Eine Auswahl stufenmässig geordn. Lesestücke m. Conversations-Uebgn., Anmerkgn. u. e. Wörterbuche. 1. Abth. f. die unteren u. mittleren Klassen. 6. Doppel-Aufl. gr. 8. (XI, 324 S.) Ebend. 872. n. 1. 60**

— **dasselbe. 2. Curs., f. die oberen Klassen. 2. Doppel-Aufl. gr. 8. (VIII, 184 u. 83 S.) Ebend. 874. n. 2. —**

Otto, Emil, französisches Conversations-Lesebuch. Eine Auswahl stufenmässig geordneter Lesestücke mit Conversationsübungen, Anmerkungen u. einem Wörterbuche. 2 Abthlgn. 8. Heidelberg 878. J. Gross. à n. 2. —
1. Für die unteren u. mittleren Klassen. 7. Aufl. (XII, 240 u. 83 S.)
2. Für die oberen Klassen. 4. Doppel-Aufl. (VIII, 199 u. 83 S.)

— französisches Conversations-Lesebuch. Eine Auswahl stufenmässig geordneter Lesestücke m. Conversations-Übgn., Anmerkgn. u. e. Wörterbuche. 1. Abtlg. f. die unteren u. mittleren Klassen. 8. Aufl. gr. 8. (XII, 240 u. 86 S.) Ebend. 885. n. 2. —

— französisches Konversations-Lesebuch. E. Auswahl stufenmäß. geordn. Lesestücke m. Konversations-Übgn. u. e. Wörterbuche. Neu bearb. von H. Runge. 2 Abtlgn. gr. 8. Ebd. 898. Geb. in Leinw. à n. 2. 40
1. F. d. unt. u. mittl. Klassen. 9. Aufl. (VIII, 263 S.)
2. F. d. oberen Klassen. 5. Aufl. (VII, 287 S.)

— Französisches Konversations-Lesebuch. Eine Auswahl stufenmäßig geordneter Lesestücke m. Konversations-Übgn. u. e. Wörterbuche. Neubearb. v. H. Runge. (Methode Gaspey-Otto-Sauer.) 1. Abtlg. f. die unteren u. mittleren Klassen. 10. Aufl. (VIII, 279 S. m. 1 farb. Karte u. 1 farb. Plan.) 8. Ebd. 910. Geb. in Lw. 2. 40

— lectures allemandes. 1. partie. Petit recueil de versions allemandes, contenant des anecdotes, des descriptions, des fables etc., accompagnées de notes explicatives et d'un vocabulaire. 2. éd. gr. 8. (X, 178 S.) Ebend. 875. n. 2. 40

— lectures allemandes. Recueil de versions allemandes accompagnées de notes explicatives et d'un vocabulaire. 1. et 2. partie. gr. 8. Ebend. 884. cart. à n. 2. 40
1. 4. éd. (X, 199 S.) 883. — 2. 2. éd. (IX, 240 S.) 881.

— lectures allemandes. 3. partie. Choix de comédies allemandes accompagnées de notes explicatives et d'un vocabulaire. 2. éd. gr. 8. (VII, 208 u. 43 S.) Ebd. 887. geb. n. 2. 40

—— Lectures allemandes. 1. et 2. partie. Revue et corrigée par Jean Hoinville. gr. 8. Ebd. 892. geb. à partie * 2 40; * 4 80
1. Contenant des anecdotes, des descriptions, des fables, des historiettes, etc. Accompagnées de notes explicatives et d'un vocabulaire. 5. éd. (VIII, 158; 44 S.)
2. Versions allemandes accompagnées de notes explicatives et d'un vocabulaire. 3. éd. (VII, 190; 44 S.)

— Lectures allemandes. (Méthode Gaspey-Otto-Sauer.) 1.—3. partie. 8. Ebd. Geb. in Leinw. à n. 2. —
1. Contenant des anecdotes, des descriptions, des fables, des historiettes, etc., accompagnées des notes explicatives et d'un vocabulaire. Revue et corrigée par Jean Hoinville. 6. éd. (VIII, 158 u. 44 S.) 900.
2. Versions allemandes, accompagnées de notes explicatives et d'un vocabulaire. Revue et corigée par Jean Hoinville. 4. éd. (VII, 190 u. 44 S.) 900.
3. Choix de comédies allemandes, accompagnés de notes explicatives et d'un vocabulaire. 2. éd. (Neue [Titel-] Ausg.) (VII, 203 u. 43 S.) [878.] 900.

— Lectures allemandes. (Méthode Gaspey-Otto-Sauer.) 1. et 2. partie. 8. Ebd. Geb. in Leinw. à n. 2. —
1. Contenant des anecdotes, des descriptions, des fables, des historiettes, etc., accompagnées de notes explicatives et d'un vocabulaire. Revue et corrigée par Paul Verrier. 7. éd (VII, 202 S. m. 1 Karte u. 1 Plan.) 906.
2. Versions allemandes, accompagnées de notes explicatives et d'un vocabulaire. 5. éd. Revue par Paul Verrier et Marius Nicolas. (VII, 190 u. 50 S. m. 1 Karte u. 1 Plan.) 903.

Otto, Em., neues Lehrbuch der französischen Sprache mit beigefügten Conversationsübungen. A. u. d. T.: Französische Conversations-Grammatik zum Schul- u. Privatunterricht. Nach einer neuen pract. Methode bearb. 2. verb. Aufl. 854. (XXI, 438 S.) — 3. Aufl. 856. (XVII, 440 S.)

—— neues Lehrbuch der französischen Sprache mit beigefügten Conversationsübungen. A. u. d. T.: Französische Conversations-Grammatik zum Schul- und Privatunterricht. Nach einer neuen, pract. Methode bearb. 5. Aufl. 1858. und 6., verb. Doppel-Aufl. 8. (XX und 462 S.) Heidelberg 861, J. Groos Verlag. Thlr. *

—— Lehrbuch d. französischen Sprache f. Schulen u. z. Selbstunterricht. 1. Thl. Französ. Sprachlehre. gr. 12. (7 B.) Heidelberg 841, K. Winter. *

— deutsches Lesebuch. Eine Sammlg. deutscher Lesestücke m. erklärenden Noten u. e. Wörterbuch. — Lectures allemandes. — In 3 Thln. gr. 8. (X, 168; VI, 220 u. VII, 288 S.) Ebend. 871. 72. geb. à n. 2. 40

— deutsches Lesebuch. Eine Sammlg. deutscher Lesestücke m. erklärenden Noten u. e. Wörterbuch. — The german reader. — In 3 Thln. gr. 8. (VIII, 188; VI, 200 u. VII, 228 S.) Ebend. 871. 72. geb. à n. 2. 40

— dasselbe. 1. Thl. Leichte Lesestücke f. Anfänger u. Elementarklassen. 2. Aufl. gr. 8. (VI, 220 S.) Ebend. 874. n. 2. 40

— deutsches Lesebuch. Eine Sammlung deutscher Lesestücke mit erklärenden Noten u. einem Wörterbuch. In 3 Thln. A. u. d. T.: Lectures allemandes. 1. u. 2. Thl. gr. 8. Ebend. 881. cart. à n. 2. 40
1. Leichte Lesestücke für Anfänger u. Elementarklassen. 3. Aufl. (X, 193 S.)
2. 2. Aufl. (IX, 240 S.)

—— französisches Lesebuch f. untere Klassen. gr. 12. (10½ B.) Heidelberg 842, Karl Winter. *

— französisches Lesebuch, mit beigefügtem Questionnaire zu Sprech-Uebungen, nebst Anhang von ausgewählten Redensarten für untere und mittlere Klassen. 2. Ausgabe. Heidelberg 853. K. Winter. 12. (VIII, 202 S. u. Wörterverzeichniß 60 S.) n. 16 ngr.

— französisches Lesebuch mit Conversations-Uebungen für Töchterschulen u. andere weibliche Bildungsanstalten. Eine Auswahl stufenmässig geordneter Lesestücke mit Anmerkungen u. einem Wörterbuche. 1. Cursus für die unteren u. mittleren Classen. Ebend. 866. gr. 8. (X, 278 S.) n. 16 ngr.

— — 2. Cursus für die oberen Classen. Ebend. 868. 8. (VIII, 290 S.) n. 14 ngr.

— französisches Lesebuch m. Conversations-Uebungen f. Töchterschulen u. andere weibl. Bildungsanstalten. Eine Auswahl stufenmässig geordneter Lesestücke m. Anmerkgn. u. e. Wörterbuche. 1. Cursus f. die unteren u. mittleren Klassen. 2. Aufl. gr. 8. (XII, 288 S.) Ebend. 873. n. 2. —

— französisches Lesebuch m. Konversations-Übungen f. Töchterschulen u. andere weibl. Bildungsanstalten. Eine Auswahl stufenmässig geordneter Lesestücke m. Anmerkgn. u. e. Wörterbuche. 1. u. 2. Kurs. gr. 8. Ebend. à n. 2. —; Einbd. à n.n. — 25
1. Für die unteren u. mittleren Klassen. 3. Aufl. (XII, 290 S.) 885.
2. Für die oberen Klassen. 2. Aufl. (VIII, 207 S.) 886.

— französisches Lesebuch m. Konversations-Übungen f. Mädchenschulen u. andere weibliche Bildungsanstalten. Eine Auswahl stufenmäßig geordneter Lesestücke m. Anmerkgn. u. e. Wörterbuche. Neu bearb. v. H. Runge 1. Kurs. f. die unteren u. mittleren Klassen. 4. Aufl gr. 8. (XII, 364 S.) Ebd. 894. Geb. in Leinw. n. 2. 80

— französisches Lesebuch m. Konversations-Übungen f. Mädchenschulen u. and. weibl. Bildungsanstalten. E. Auswahl stufenmäß. geordn. Lesestücke m. e. Wörterbuche. Neu bearb. v. H. Runge. 2. Kurs. f. d. oberen Klassen. 3. Aufl. gr. 8. (VI, 272 S.) Ebd. 897. Geb. in Leinw. n. 2. 40

— französisches Lesebuch m. Konversations-Uebungen f. Mädchenschulen u. andere weibliche Bildungsanstalten. Eine Auswahl stufenmäßig geordn. Lesestücke m. Anmerkgn. u. e. Wörterbuche. Neu bearb. von H. Runge. 1. Kurs. f. die unteren u. mittl. Klassen. (Methode Gaspey-Otto-Sauer.) 5. Aufl. (VIII, 317 S. m. 1 Karte u. 1 Plan.) gr. 8. Ebd. 903. Geb. in Leinw. n. 2. 40

— letture tedesche. Piccola raccolta di traduzioni tedesche, contenente anneddoti, descrizioni, favole etc. coll'aggiunta di note esplicativo e d'un vocabolario. gr. 8. (XI, 178 S.) Ebend. 875. n. 2. 40

— letture tedesche. Piccola raccolta di traduzioni tedesche contenente aneddoti, descrizioni, favole, tratti di carattere, piccole storie, racconte di fato, parabole, racconte morali e poesie coll' aggiunta di note esplicativo e d' un vocabolario. 2. ed. 8. (XI, 178 S.) Heidelberg 886. J. Gross. cart. n. 2. —

letture tedesche. Proposte come esercizio graduato di traduzione con note spiegative e vocabolario speciale 3. ed. Riveduta dal Prof. C. Gorn. gr. 8. (VIII, 179 S.) Ebd. 891. Geb. in Leinw. n. 2. -

— Letture tedesche. Proposte come esercizio graduato di traduzione, con note spiegative e vocabolario speciale. Nuovamente annotate e rivedute da Pietro Motti. (Metodo Gaspey-Otto-Sauer.) 4. ed. gr. 8. (VIII, 174 S.) Ebd. 900. Geb. in Leinw. n. 2. —

Otto, Emil, Letture tedesche. Graduate con note spiegative e vocabolario speciale. Nuovamente annotate e rivedute da Pietro Motti. (Metodo Gaspey-Otto-Sauer.) 5. ed Migliorata e accresciuta. (VII, 184 S.) 8. Heidelberg 906. J. Groos. Geb. in Leinw. 2. —

—— petit livre de conversation allemand-français à l'usage de la jeunesse. — T. u. d. T.: Kleines deutsch-franzôs. Gesprächbuch, z. Gebr. f. d. Jugend. 12. (7¼ B.) Straßburg 840, Levrault'sche Buchh.

— petit livre de conversation allemand-français à l'usage de la jeunesse. 43. éd., revue et augmentée. 16. (195 S.) Strassburg 870. Schultz & Co. geb. — 75

Otto, Emil, nouveau manuel de conversation allemand-français à l'usage de la jeunesse. — Neues deutsch-französisches Gesprächbuch zum Schul- und Privatgebrauch. 2. Aufl 1857. und 3. Aufl. gr. 16. (XII und 124 S.) Stuttgart 861, Metzler'sche Buchh. Verlags-Conto. *

— Materialien zum Uebersetzen in's Englische f. vorgerücktere Schüler. Ein Supplement zu jeder engl. Grammatik. gr. 8. (VI, 171 S.) Heidelberg 874. J. Groos. n. 1. 60

Otto, Emil, Materialien zum Uebersetzen in's Englische f. vorgerücktere Schüler. Ein Suppl zu jeder engl. Grammatik. 2. verm. u. verb. Aufl. gr. 8. (VI, 152 u. 40 S.) Heidelberg 883. J. Groß. n. 1. 60

— Materialien zum Uebersetzen in das Englische f. vorgerücktere Schüler. Ein Suppl. zu jeder engl. Grammatik. 2., verm. u. verb. Aufl. (Neue Ausg.) 8. (VIII, 152 u. 40 S.) Ebd 893. Geb. in Leinw. n. 1 80

— Materialien zum Übersetzen ins Englische f. vorgerücktere Schüler. Ein Suppl. zu jeder engl. Grammatik. Neubearb. von Heinr. Runge. (Methode Gaspey-Otto-Sauer.) 3. Aufl. gr. 8. (VII, 182 S.) Ebd. 900. Geb. in Leinw. n. 1. 80

— Materialien zum Übersetzen ins Englische f. vorgerücktere Schüler. Ein Suppl. zu jeder engl. Grammatik Neubearb. v. Heinr. Runge. (Methode Gaspey-Otto-Sauer.) 4. Aufl. (VI, 210 S.) 8. Ebd. 909. Geb. in Leinw. 1. 80

— Materials for French prose composition. 5. ed. Revised by C. Talbut Onions. (Method Gaspey-Otto-Sauer.) (VII, 193 S.) 8. Ebd. 906. Geb. in Leinw. n. 2. 40

— Materials for translating English into French with grammatical notes and a vocabulary. Ebend. 866. 8. (VIII, 167 S.) cart. n. 24 ngr.

— materials for translating english into french with grammatical notes a. a vocabulary. 2. ed. gr. 8. (VIII, 160 S.) Ebend. 872. n. 2. 40

— materials for translating english into french, with grammatical notes and a vocabulary. 3. ed. gr. 8. (VII, 199 S.) Ebend. 879. cart. n. 2. 40

— materials for translating English into French with grammatical notes and vocabulary. 4. ed., revised by A. Mauron. gr. 8. (VII, 200 S.) Ebd. 887. geb. n. 2. 40

— Materials for translating English into German with grammatical notes and a vocabulary. 1. et 2. édit. Ebend. 866, 70. 8. (VIII, 167 S.) cart. n. 24 ngr.

— materials for translating english into german with grammatical notes a. a vocabulary. 1. u. 2. part. 8. Ebend. 874. n. 4. 80

1. 3. ed. (164 S.)
2. A serie of english conversations on various subjects, adapted for translation into german. (213 S.)

— the same. Key. (1. part) gr. 8. (110 S.) Ebend. 875. n 1. 60

—— Materials for translating English into German, with grammatical notes and a vocabulary. 1st part. 4th edit. gr. 8. (VIII, 166 S.) Ebendas. 877. cart. *
2d part. Ebendas. 1874. *ℳ 2,40.

— materials for translating english into german, with grammatical notes and a vocabulary. 1. Part. 5. ed. gr. 8. (IV, 166 S.) Ebend. 882. cart. n. 2. 40

— materials for translating english into german, with indexes of words and explanatory notes. 2. part, containing a series of english conversations on various subjects, adapted for translation into german. 2. ed. gr. 8. (VIII, 243 S.) Ebend. 884. cart. n. 2 40; Key. 2. ed. (VIII, 116 S) cart. n. 1. 60

— materials for translating English into German, with grammatical notes and a vocabulary. Revised by J. Wright. 1. part. 6. ed. gr. 8. (VIII, 167 S. m. 1 lith. Schrifttaf.) Ebd. 889. geb. n. 2. 40

— materials for translating English into German with grammatical notes. Revised by J. Wright. 7. ed. gr. 8. (VIII, 175 S.) Ebd. 895. Geb. in Leinw. n. 2. 40

— Materials for translating English into German. (Method Gaspey-Otto-Sauer.) Key. 3. ed. (VIII, 110 S.) 8. Ebd. 903. Kart. n. 1. 60

Dr. E. Otto. Uber die Nachteile des zu frühzeitigen Unterrichts. Jahresber. S. 3—12. Mannheim, P 1846

—— die Neugestaltung der Volksschule mit besond. Rücksicht auf das Großherzogth. Baden. gr. 8. (25 S.) Karlsruhe 848, Braun.

— the german reader. A selection of readings in german literature with explanatory notes u. a vocabulary in 3 parts. 1. part, containing: Anecdotes, fables, descriptions, stories, parables, tales a. easy poems. 3. ed. gr. 8. (XI, 179 S.) Ebend. 876. n. 2. 40

— the german reader. A selection of readings in german literature with explanatory notes and a vocabulary in 3 parts. gr. 8. Ebend. 878–80. cart. à n. 2. 40
1. Anecdotes, fables, descriptions, fairy stories, parables, tales and easy poems. 4. ed. (X, 190 S.)
2. Select readings in german literature with explanatory notes and a complete vocabulary. 2. ed. (VIII, 184 u. 40 S.)
3. Select german comedies. 2. ed. (VI, 240 S.)

— the german reader. A selection of readings in german literature with explanatory notes and a vocabulary. [In 3 parts.] 1. and 2. part. gr. 8. Ebend. 884. cart. à n. 2. 40
1. 5. ed. (XI, 208 S.) — 2. 3. ed. (IX, 230 S.) 883.

— the German reader. A selection of readings in German literature with explanatory notes and a vocabulary, in 3 parts. 1. part, containing: anecdotes, fables, descriptions, fairy stories, parables, tales and easy poems. 6. ed. Revised by J. Wright. gr. 8. (VIII, 208 S.) Ebd. 891. geb. n. 2. 40

— the German reader. 2. part, containing select readings in German literature with explanatory notes and a complete vocabulary. Revised by H. Runge. 4. ed. gr. 8. (VII, 219 S.) Ebd. 895. Geb. in Leinw. n. 2. 40

— the German reader. (Method Gaspey-Otto-Sauer.) 2 Tle. gr. 8. Ebd. 901. Geb. in Leinw. à n. 2. 40
1. A selection of readings in German literature, with explanatory notes and a vocabulary in 3 parts. Revised by J. Wright. 1. part. Anecdotes, fables, descriptions, fairy-stories, parables, tales and easy poems. 7. ed. (VIII, 208 S. m. 1 Karte u. 1 Plan.)
2. Revised by H. Runge. 2. part. Select readings in German literature, with explanatory notes and a complete vocabulary. 5. ed. (VII, 219 S. m. 1 Karte u. 1 Plan.)

— the German reader. (Method Gaspey-Otto-Sauer.) 1. Tl. 8. Ebd. 906. Geb. in Leinw. n. 2. 40
A selection of readings in German literature, with explanatory notes and a vocabulary in 3 parts. Revised by C. Kemshead, B. A. 1. part. Anecdotes, fables, descriptions, fairy stories, parables, tales, and easy poems. 8. ed. (VIII, 206 S. m. 1 Karte u. 1 Plan.)

—— petit recueil des mots les plus usités dans le discours familier, à l'usage de la jeunesse. — A. u. d. T.: Kleine Sammlung d. gebräuchlichsten Wörter in d. Umgangssprache, z. Gebr. f. d. Jugend. 12. (9½ B.) Straßburg 840, Levrault'sche Buchh.

— petit recueil des racines allemandes, précédé de tableaux des déclinaisons et des conjugaisons. 12. la même 844. relié ¼ ℛ

— kleine Sammlung der gebräuchlichsten Wörter in der Umgangssprache zum Gebrauch für die Jugend. — Petit recueil des mots les plus usités dans le discours familier. 4. Aufl. Straßburg 862. Berger-Levrault. 18. (214 S.) 7½ ngr.

— Schillerblüthen. Eine Gabe zur Erinnerung an das Heidelberger Schillerfest am 10. November 1859. Heidelberg 859. J. Groos. gr. 8. (9 S.) n. 2 ngr

—— der Schullehrer des XIX. Jahrhunderts, s. Schullehrer, der.

— französ. Sprachbuch, oder erster Unterricht in der französ. Sprache. gr. 12. Heidelberg 842, K. Winter. ¼ ℛ

— französ. Sprachkunst oder Anleitung zum Französischschreiben. gr. 12. Ebend. 843. n. ½ ℛ

— kleine englische Sprachlehre für Anfänger. Nach dem Plan der „kleinen französ. Sprachlehre" u. der „Conversations-Grammatik" bearb. Ebend. 866. 8. (VII, 182 S.) n. 12 ngr.

— kleine englische Sprachlehre f. Anfänger, besonders f. untere Klassen v. höheren Bürger- u. Töchterschulen. Nach dem Plan der „Kleinen franz. Sprachlehre" u. der „Conversations-Grammatik" bearb. 2. verb. Aufl. gr. 8. (X, 170 S.) Ebend. 874. n. 1. 60

— kleine englische Sprachlehre, besonders f. Elementarklassen v. Real- u. Töchterschulen, sowie f. erweiterte Volks-, Fortbildungs- u. Handelsschulen. Neu bearb. v. H. Runge. 3., umgearb. Aufl. 8. (VIII, 208 S.) Ebd. 889. geb. n. 1. 60

— kleine englische Sprachlehre bes. f. Elementarklassen v. Real- u. Töchterschulen, sow. f. erweit. Volks-, Fortbildungs- u. Handelsschulen. Neu bearb. v. H. Runge. 4., durchgeseh. Aufl. gr. 8. (VIII, 227 S.) Ebd. 895. Geb. in Leinw. n. 1. 60

— u. H. Runge, kleine englische Sprachlehre, besonders f. Elementarklassen v. Real- u. Töchterschulen, sowie f. erweiterte Volks-, Fortbildungs- u. Handelsschulen. 5. neubearb. Aufl. (Methode Gaspey-Otto-Sauer.) gr. 8. (VIII, 191 S. m. 2 Karten.) Ebd. 901. Geb. in Leinw. n. 1. 60

— u. H. Runge, kleine englische Sprachlehre, besonders f. Elementarklassen v. Real- u. Töchterschulen, sowie f. erweiterte Volks-, Fortbildungs- u. Handelsschulen. (Methode Gaspey-Otto-Sauer.) 6. neubearb. Aufl. (VIII, 194 S. m. 2 Karten) 8. Ebd. 905. Geb. n. 1. 60

— u. E. Runge, kleine englische Sprachlehre besonders f. Elementarklassen v. Real- u. Töchterschulen, sowie f. erweiterte Volks-, Fortbildungs- u. Handelsschulen. (Methode Gaspey-Otto-Sauer.) 7. neubearb. Aufl. (VIII, 224 S. m. 2 Karten.) 8. Ebd. 909. Geb. in Leinw. 1.80; Schlüssel (54 S.) Kart. —80

— kleine französische Sprachlehre, besonders für Elementarklassen, erweit. Volks- u. Fortbildungs-Schulen. Nach dem Plan der „französ. Conversations-Grammatik" bearb. 1. u. 2. verb. Aufl. Ebend. 865, 70. 8. (VIII, 183 S.) n. 12 ngr.

— kleine französische Sprachlehre, besonders f. Elementarklassen, erweiterte Volks- u. Fortbildungsschulen. Nach dem Plan der „französ. Conversations-Grammatik" bearb. 3. verb. Aufl. gr. 8. (VIII, 164 S. m. 1 Steintaf.) Ebend. 872. n. 1. 20

—— kleine französische Sprachlehre, besonders für Elementarklassen von Real- und Töchterschulen, sowie für erweiterte Volks- und Fortbildungsschulen. Nach dem Plan der „französ. Conversations-Grammatik" bearb. 4. verb. Aufl. gr. 8. (VIII, 164 S.) Ebendas. 876. Heidelberg *

—— kleine französische Sprachlehre, besonders für Elementarklassen von Real- und Töchterschulen, sowie für erweiterte Volks-, Fortbildungs- und Handelsschulen. Neu bearb. von H. Runge. 5. Aufl. 8. (VIII, 196 S.) Ebendas. 888. geb. *

— kleine französische Sprachlehre, bes. f. Elementarklassen v. Real- u. Töchterschulen, sow. f. erweit. Volks-, Fortbildungs- u. Handelsschulen. Neu bearb. v. H. Runge. 6., verb. Aufl. M. Vokabular. gr. 8. (VIII, 240 S.) Ebd. 896. Geb. in Leinw. n. 1 80

— — kleine französische Sprachlehre, besonders f. Elementarklassen v. Real- u. Töchterschulen, sowie f. erweiterte Volks-, Fortbildungs- u. Handelsschulen. 7. neubearb. Aufl. (Methode Gaspey-Otto-Sauer.) gr. 8. (VII 218 S. m. 1 Karte u. 1 Plan.) Ebd. 901. Geb. in Leinw. n. 1.80

— kleine französische Sprachlehre besonders f. Elementarklassen v. Real- u. Töchterschulen, sowie f. erweiterte Volks-, Fortbildungs- u. Handelsschulen. (Methode Gaspey-Otto-Sauer.) 8. Aufl., neubearb. v. H. Runge. (VII, 224 S. m. 1 Karte u. 1 Plan.) 8. Ebd. 906.
Geb. n. 1. 80; Schlüssel. (21 S.) Kart. n. — 80

Kleine französ. Sprachlehre besonders f. Elementarklassen v. Real- u. Töchterschulen, sowie f. erweiterte Volks-, Fortbildgs.- u. Handelsschulen. (Methode Gaspey-Otto-Sauer.) 9. Aufl., neubearb. v. H. Runge. (VII, 230 S. m. 1 Karte u. 1 Plan.) 8. Ebd. 909.
Geb. in Leinw. 1. 80

— Supplementheft zu jeder Französischen Grammatik. (Aus der 2. Aufl. der „Conversations-Grammatik abgedr.) Heidelberg 854. J. Groos. 8. (2 Bl., 44 S.) n. 4 ngr.

— ausgewählte französische Theaterstücke. Zum Schulgebrauch bearb. u. mit erläut. Anmerkungen versehen. 2. (Titel-)Aufl. Mannheim (846) 864. Bensheimer. gr. 8. (IV, 112 S.) 7½ ngr.

—— französische Theaterstücke, s. Theaterstücke.

— Wildbad und seine Heilquellen. Ein beschreibendes Gedicht in 7 Gesängen. Stuttgart 862. Sonnewald. 16. (40 S.) n. 8 ngr.

—— kleines Wörterbuch d. franzöf. Stammwörter nach ihrer latein. Etymologie, nebst e. Einleit. üb. d. Bildungsweise d. französ. Sprachformen aus deren latein. Elementen. gr. 12. (5 B.) Karlsruhe 840, Müller'sche Hofbuchh.

Otto, Ernst, s.a. Otto, Ernst Julius

Otto, Ernst v., Additamente zur Flora des Quadergebirges in der Gegend um Dresden und Dippoldiswalde, enthaltend meist noch nicht oder wenig bekannte fossile Pflanzen. Fol. (IV und 29 S. mit 7 Stnt.) Dippoldiswalde 852. (Meissen, Goedsche'sche Buchh.) *

—— dass. — 2. (letztes) Heft, enthaltend meist noch nicht oder wenig bekannte fossile Pflanzen. Imp.-4. (X und 53 S. mit 9 lithogr. Doppeltaf. in qu. Fol.) Leipzig 854, G. Mayer. *

Otto, Ernst [app. Arzt, aus Wiesbaden]: Ueber diffuse, multiple Angiolipombildung mit Endothelwucherungen ... Berlin, C. Vogts Buchdr., *1895;* 30 S., 1 Bl. 8.
Freiburg i. B., Med. Fak., Inaug.-Diss. v. 1895

Otto, Ernst v., Chrysis. Eine dramat. Dichtg. in 4 Akten. Nach Pierre Louys' Aphrodite. 8. (VII, 112 S.) München 899. (Leipzig, L. Staackmann.) n. 2. —

Otto, Ernst, appr. Arzt a. Nürnberg: Ein Fall von Hypoplasie der linken Lunge. Ansbach 1904: C. Brügel & Sohn. (21 S.) 8°
München, Med. Fak., Ref. v. Bollinger, Diss. v. 24. Okt. 1904
[Geb. 9. Sept. 79 Nürnberg; Wohnort Nürnberg, Staatsangeh.: Bayern, Vorbildung Neues Gymn. Nürnberg Reife Juli 99 Studium Erlangen 3, Berlin 1, Heidelberg 1, München 5 S., Coll. 12. Okt. 04, Approb. 13. Juli 04.]

Die lebenden Geburtstagsgrüße, s.: Kinderfestspiele f. Schule u. Haus.

Der Hochzeits-Toast, s.: Zwie- u. Dreigespräche.

Otto, E. v., der Jagdspaniel, s.: Löns, Rud.

Der alte Leiermann, s.: Kinderfestspiele f. Schule u. Haus.

Otto, Ernst, typische Motive in dem weltlichen Epos der Angelsachsen. gr. 8. (VIII, 99 S.) Berlin 902. Mayer & Müller. n. 2. 40

Otto, Ernst, Referendar: Die Obliegenheiten des Aufsichtsrats der Aktiengesellschaft und die Verantwortlichkeit seiner Mitglieder. Merseburg 1910: Stollberg. VIII, 80 S. 8°
Leipzig, Jur. Diss. v. 3. Aug. 1910
[Geb. 19. Jan. 82 Münster i. W.; Wohnort: Halle a. S.; Staatsangeh.: Preußen; Vorbildung: Städt. Gymn. Dortmund Reife M. 02; Studium: München 2, Berlin 1, Halle 4 S.; Rig. 3. Aug. 10.] [U 10. 2824

Otto, Ernestus [Wisibadanus]: De Demosthenis quae fertur adversus Phormionem oratione. . Aquis Mattiacis, typ. expr. L. Schellenberg, 1889; 40 S. 8°
Heidelberg, Phil. Fak., Inaug.-Diss. v. [19. Dez.] 1888

Otto, Ernst, Alexei Petrowitsch. Ein Trauersp. in 5 Aufz. 8. (8¼ B.) Leipzig 843, (Teubner.) -

Otto, Ernst: Typische Schilderungen von Lebewesen, Gegenständlichem u. Vorgängen im weltlichen Epos der Angelsachsen. *Berlin: Mayer & Müller 1901.* (39 S.) 8° ¶(Erscheint vollst. im gleichen Verl.)
Berlin, Phil. Diss. v. 18. Mai 1901

Otto, Ernst. Die Schriften des ersten kursächsischen Oberhofpredigers Hoe von Höenegg, kritisch gesammelt und geordnet. *Dresden 1898: B. G. Teubner.* (3—53 S.) 4°
• [= Inauguraldissertation v. Leipzig 1898.]
Dresden, Vitzthumsches G., OP 1898 (559)

— Schuld u. Sühne, s.: Glaser's, Conr., Theaterbibliothek.

Otto, E. v., Tragoedie e. Tsarenbraut, nach Solowiew bearb., s. Bibliothek russischer Romane.

Otto, Ernst: Ueber das Verhalten von Salzlösungen im Magen. Leipzig 1905 J. B. Hirschfeld. (23 S.) 8°
Heidelberg, Med. Fak., Ref. Gottlieb, Diss. v. 17. März 1905
[Geb. 13. Juni 79 Frankfurt, Wohnort Cöln, Staatsangeh. Preußen, Vorbildung: Gymn. Elberfeld Reife O. 99. Studium. Gießen 1, München 1, Heidelberg 8 S., Coll. 29. Juli 04, Approb. März 04.]

Was d. Weihnachtsglocken künden, s.: Glaser's, Conr., Theaterbibliothek.

— Am Weihnachtsabend, s.: Glaser's, Conr., Kinderbibliothek.

Das Weihnachtsfest, s.: Glaser's, Conr., Kinderbibliothek.

Otto, Ernst, Aschenbrödel's Weihnachtsfest, s.: Mädchenbühne.

Das Wunderhorn, s.: Kinderfestspiele f. Schule u. Haus.

Otto, Ernst Julius

Otto, (Ernst) Jul., Ernst und Scherz, s. Ernst und Scherz.

Otto, Ernst Jul., [† d. 6. Novbr. 1849], Gedichte. [Nach seinem Tode hrsg.] Mit dem Porträt des Dichters (in Stahlst.). 16. (XX u. 295 S.) Schleusingen 850, Glaser. 1⅙ ℛ

—— Gesellenfahrten, s. Gesellenfahrten.

Otto, Ern. Julius (geb. Dobrau bei Oppeln 10. 5. 1817) De marasmo senili. Berolini (1843) (28 S.) 8°
Berlin, Med. Diss. v 27 Apr 1843

— Soldatenleben. Dichtung. (Textbuch zum 31 u. 32. Hft. v.: Ernst u. Scherz.) 8. (32 S.) Ebd. 849. 1/12 ℛ

Maurerischer Nachlass des Br: Ernst Waldemar Otto, hrsg. im Auftr. seiner Gattin, der Schw. Louise Otto, von der Loge Eugenia z. gekrönten Löwen [in Danzig]. Mit einem Lebensbilde. Danzig 1905: Sauer. 188 S. 8°
Enth. Reden z. Joh.fest, z. Trauer ▭, Sylvester▭, patriot. Reden, Vorträge, Trinksprüche.

— **Ernst Wilhelm** (Dresden), De hydrope cerebri acuto. Diss. med. Präs. Friedrich Schwaegrichen. Leipzig (Staritz) 20. IV. 1827. 31 S. (3.75) 25722
Gew: Gottlob Heinrich Ohle, Johann Caspar Sahlfelder.

Otto, Ewald, die Phantasie, s.a. Lehrer-Prüfungs- u. Informations-Arbeiten. 5. Hft.

Otto, E., die Phantasie, s.a. Lehrer-Prüfungs-Arbeiten u. Konferenz-Vorträge.

Die Phantasie. Ihr Wesen, ihre Wichtigkeit u. ihre Ausbildung in d. Volksschule von Ewald Otto. 2 verb. Aufl. *Minden: A. Hufeland 1899* (S. 26–39.) 8° [F.]
= Lehrer-Prüfungs- u. Informations-Arbeiten. H. 5, 2 [99. 3057

Otto, F., s.a. Otto, J. C. F.

Otto, F., nordwestliche Bilder. Schwerin 854. Oertzen u. Schloepke. 8. (IV, 172 S.) n. 20 ngr.

Otto, F., Diesseits u. Jenseits des Oceans. 12. (VI u. 114 S.) Schwerin 852, Oertzen & Schloepke. n. ½ ℛ

Otto,
Die richtigen Grundlagen über Steuerauflagen und Steuern.
Schwerin, 1846.

Otto, F. (H.), die rechtlichen Grundsätze üb. Staatsauflagen u. Steuern od. Beherzigungen zur bevorstehenden Reform des Steuerwesens in Mecklenburg. gr. 8. (2 B.) Schwerin 846, Kürschner'sche Buchh. *

Otto, F., die Heimlichkeiten u. Krankheiten der Frauen. Aerztliche Belehrgn. f. Mütter u. Jungfrauen üb den Eintritt der Blüte, die Perioden u. die Krankheiten derselben. — Von der Ehe u. ihren Folgen. — Vom Verhalten während der Schwangerschaft, v. der schmerz- u. gefahrlosen Entbindg u. den ersten Mutterpflichten. Nebst e. Anh.: Die Unfruchtbarkeit u. ihre Heilg. 12 (VI, 124 S.) Berlin 892. L. Waldau. 1 50

Otto, F., die Heimlichkeiten u. Krankheiten d. Frauen. Aerztl. Belehrgn. f. Mütter u. Jungfrauen üb. d. Eintritt d. Blüte, d. Perioden u. die Krankheiten derselben. — Von d. Ehe u. ihren Folgen. — Vom Verhalten währ. d. Schwangerschaft, v. d. schmerz- u. gefahrlosen Entbindg. u. d. ersten Mutterpflichten. Nebst e. Anh.: Die Unfruchtbarkeit u. ihre Heilung. 3. Aufl. gr. 8. (87 S.) Leipzig 897. M. Spohr. n. 1. 50

— unentbehrliches Hülfsbuch f. junge Eheleute u. Verlobte. Vollständiger Ratgeber in Ehegeheimnissen. 12. (75 S.) Ebd. 891. 1. 50

— unentbehrl. Hülfsbuch f. junge Eheleute u. Verlobte. Vollständ. Ratgeber in Ehegeheimnissen. M. Schwangerschaftskalender. (Neue Aufl.) 8. (75 S. m 1 Taf.) Leipzig 898. W. Radestock. 1. —

— s.: Necrologium, das des Klosters Clarenthal.

Otto, F., Sendschreiben zu allen Landen, Völkern u. Sprachen, zu allen Geschlechtern u. zu allen Orten der Erde 2c., enthalt. ein ewiges Evangelium. 8. Frkf. a. M. 794. Gebhard u. K. 3 gℓ

Otto, F. A., das Schieferdach v. deutschem Schablonenschiefer, u. Anleitung, v. demselben Schiefer Mustereindeckungen zu fertigen. Ein Handbuch. 8. (20 S. m. 14 Steintaf.) Halle 885. Kaemmerer & Co. n. 1. 50

Otto, F. A., der praktische Schieferdecker. Ausführliche Beschreibg. aller vorkomm. Schieferdeckerarbeiten, altdeutsches Schieferdach inbegriffen, nebst Anleitg. v. 6eck. Schablonenschiefer Mustereindeckgn. zu liefern, m. den erforderl. Vorlagen. Hand- u. Lehrbuch speciell f. das Schieferdeckergewerbe. Mit 57 lith. Abbildgn. u. 34 Mustervorlagen. gr. 8. (50 S.) Halle a/S. 893. C. A. Kaemmerer & Co. n. 3. —

Otto, F H [Dr app Arzt] Ein seltener Fall von Verwirrtheit. München, Buchdr v M Ernst, 1889, 58 S. 8°
München. Med. Fak., Inaug.-Diss. v 1889

Otto, F. H., Sammlung ausgewählter Eröffnungsreden v. Lehrer- u. Prediger-Konferenzen. Nebst e. Anh. gr. 8. (VI, 146 S.) Leipzig 888. Fr. Richter. n. 2. 50

Otto, F W., s.a. Otto, Johann Friedrich Wilhelm

Otto, Felix von

Otto, F. v. Geschichte des Jäg.-Batl. von Neumann <1. Schles.> Nr. 5 u. seiner Stammtruppen, des Schles. Schützen-Batl. sowie der Schles. National-Schützen- und Jäger-Kompagnien. Mit Abb., Krt. u. Pl.
Berlin 1903. 393 S.

Geschichte des 2. Schlesischen Jäger-Bataillons Nr. 6 und seiner Stammtruppen, des Schles. Schützen-Bataillons u. d. Schles. National-Schützen- u. Jäger-Kompagnien. Bearb. von (Felix) v. Otto, Hauptm. Mit Abb., Karten u. Pl. *Berlin: E. S. Mittler & Sohn 1903.* (VIII, 310 S.) 8° [F.] [03. 1681

Otto, Fel., Autler Schwennicke, s.: Glaser's, Conr., Theater-Bibliothek.

Otto, Fel., „trübes Wasser". Eine Komödie in 3 Aufzügen u. e. Vorspiel „Vivant feriae". (VII, 102 S.) gr. 8. Leipzig 907. [Teutonia-Verlag.] Leipziger Verlags- u. Kommissionsbuchh. 1.—

Otto, Ferdinand

Otto, Ferd., Auswahl deutscher Gedichte f. höhere Mädchenschulen. gr. 8. (178 S.) Berlin 890. Herbig. n. 1. 20; geb. n.n. 1. 40

Otto, F., Auswahl deutscher Gedichte f. die unteren u. mittleren Klassen höherer Knabenschulen gr. 8. (VIII, 94 S.) Berlin 891. Herbig. Kart. n. — 90

Otto, Ferd., Auswahl deutscher Gedichte f. d. Mittel- u. Oberstufe höh. Mädchenschulen. 2., gemäß d. neuen allgem. Verfüggn. f. die höh. Mädchenschulen veränd. Aufl. gr. 8. (IV, 199 S.) Berlin 894. F. A. Herbig. n. 1. 40; Leinw.-Einbd. n.n.n. — 25

Otto, Ferd., Auswahl deutscher Gedichte f. die Mittel- u. Oberstufe höh. Mädchenschulen. 3., verm. Aufl. gr. 8. (X, 236 S.) Berlin 902. F. A. Herbig. Geb. in Leinw. n. 2. —

—— Hohenzollern. Vaterländische Dichtgn. f. Schule u. Haus, ausgewählt v. F. O. 8. (VIII, 176 S.) Berl. 892, Besser. cart. * 1 20

Otto, Ferd., u. P. Siemon, Lehr- u. Übungsbuch der Arithmetik u. Algebra f. höh. Mädchenschulen. Nach d. ministeriellen Bestimmgn. v. 18. VIII. u. 12. XII. 1908 bearb. Pensum f. Klasse IV—I. 5., verb. Aufl. (208 S. m. 34 Fig.) 8. Leipzig 910. F. Hirt & Sohn. Geb. 2.25; Ergebnisse (47 S.) 909. — 75

— — dasselbe der Geometrie f. höh. Mädchenschulen. Nach den ministeriellen Bestimmgn. v. 18. VIII. u. 12. XII. 1908 bearb. Pensum f. Klasse IV bis I. 2. verb. Aufl. (152 S. m. 167 Fig.) gr. 8. Ebd. 910. Geb. 1.60; Ergebnisse (7 S.) 909. — 25

— Märchenblüten. Die schönsten u. besten Märchen, f. Schule u. Haus ausgewählt. Mit 5 Tondr.-Bildern nach Orig.-Zeichngn. v. Colmar Schmidt. gr. 8. (VIII, 304 S.) Berlin 888. Janke. n. 3. —; geb. n. 4. —

Otto, F., Rechenaufgaben f. höhere Mädchenschulen. Auf Grund d. Rechenaufgaben v. A. Büttner u. E. Kirchhoff bearb. 7 Hfte. gr. 8. Leipzig 898. F. Hirt & Sohn. n.n. 2. 20

I. Die Zahlenreihen v. 1–10 u. von 1—20. Einführg. in die Zahlenreihe bis 100. (32 S. m. Fig.) n.n. — 20
II. D. Zahlenreihe v. 1—100. (32 S.) n.n. — 20
III. I. Zahlenreihe v. 1 1000. II. Zahlenreihe v. 1—1000000. Anfänge d. Bruchrechnens. (48 S.) n.n. — 25
IV. D. Rechnen m. benannten Zahlen. Durchschnitts- u. Zeitrechng. Leichte Aufgaben aus der Regelbetri. (48 S. m. 1 Fig.) n.n. — 25
V. D. unbegrenzte Zahlenreihe. D. Decimal- u. gemeine Bruchrechng. u. deren Anwendg. in der einfachen Regelbetri u. Durchschnittsrechng. — Zeitrechng. (72 S.) n.n. — 40
VI. Einfache u. zusammenges. Regelbetri. Leichte Aufgaben aus d. Prozent- u. Verteilungsrechng., aus d. Raumlehre, Geographie u. Geschichte. (40 S.) n.n. — 25
VII. 1. Tl. Abschluß d. bürgerl. Rechnungsarten. 2. Tl. Aufgabengruppen aus wichtigen Gebieten d. prakt. Lebens zur Wiederholg. u. Anwendg. d. erlernten Rechnungsarten, sow. zur Vermittelg. volkswirtschaftl. Kenntnisse. (127 S. m. Fig.) Kart. n.n. — 65

— dasselbe. Facitbuch z. 3.—7. Hft. gr. 8. (81, 32, 40, 20 u. 40 S.) Ebd. 898. à n.n. — 35

40*

— Rechenaufgaben f. höhere Mädchenschulen. Auf Grund der Rechenaufgaben v. A. Büttner u. E. Kirchhoff bearb. 7 Hfte. gr. 8. Leipzig, F. Hirt & Sohn. n. 2.35

I. Die Zahlenreihen von 1—10. u. von 1—20. Einführung in die Zahlenreihe bis 100. 6.—10. Taus. (32 S. m. Fig.) 901.
II. Die Zahlenreihe von 1—100. 6.—10. Taus. (32 S.) 901. n. — 20
III. 1. Zahlenreihe v. 1—1000. 2. Zahlenreihe von 1—1,000,000. Anfänge des Bruchrechnens. 6.—10. Taus. (48 S.) 901. n. — 25
IV. Das Rechnen m. benannten Zahlen. Durchschnitts- u. Zeitrechnung. Leichte Aufgaben aus der Regelbetri. 11.—15. Taus. (48 S. m. Fig.) 902. n. — 25
V. Die unbegrenzte Zahlenreihe. Die Decimal- u. gemeine Bruchrechng. u. deren Anwendg. in der einfachen Regelbetri u. Durchschnittsrechng. — Zeitrechng. 11.—15. Taus. (72 S.) (902.) n. — 40
VI. Einfache u. zusammengesetzte Regelbetri. Leichte Aufgaben aus der Prozent- u. Verteilungsrechng., aus der Raumlehre, Geographie u. Geschichte. 11.—15. Taus. (40 S. m. Fig.) 902. n. — 25
VII. I. Tl. Abschluß der bürgerl. Rechnungsarten. II. Tl. Aufgabengruppen aus wichtigen Gebieten des prakt. Lebens zur Wiederholg. u. Anwendg. der erlernten Rechnungsarten, sowie zur Vermittlg. volkswirtschaftl. Kenntnisse. 9.—11. Taus. (127 S. m. Fig.) (901.) Kart. n. — 80

Otto, Ferd., Rechenaufgaben f. höhere Mädchenschulen. Auf Grund der Rechenaufgaben v. A. Büttner u. E. Kirchhoff bearb. 7 Hefte. 8. Leipzig, F. Hirt & Sohn. n. 2. 60

I. (1. Schulj.) Die Zahlenreihen von 1—10 u. v. 1—20. Einführung in die Zahlenreihe bis 100. 16.—20. Taus. (32 S.) 905. n. — 20
II. (2. Schulj.) Die Zahlenreihe von 1—100. 16.—20. Taus. (32 S.) 905. n. — 20
III. (3. Schulj.) I. Zahlenreihe von 1—1000. II. Zahlenreihe von 1—1000000. Anfänge des Bruchrechnens. 21.—25. Taus. (48 S.) 905. n. — 25
IV. (4. Schulj.) Das Rechnen mit benannten Zahlen. Durchschnitts- u. Zeitrechnung. Leichte Aufgaben aus der Regelbetri. 26.—30. Taus. (48 S.) 906. n. — 25
V. (5. u. 6. Schulj.) Die unbegrenzte Zahlenreihe. Die Dezimal- u. gemeine Bruchrechng. u. deren Anwendung in der einfachen Regelbetri u. Durchschnittsrechng. — Zeitrechnung. 31.—35. Taus. (80 S.) 906. n. — 50
VI. (7. Schulj.) Einfache u. zusammengesetzte Regelbetri. Leichte Aufgaben aus der Prozent- u. Verteilungsrechng., aus der Raumlehre, Geographie u. Geschichte. Krankenversicherung. Vermischte Aufgaben. 26.—30. Taus. (48 S.) 906. n. — 30
VII. (8. u. 9. bez. 10. Schulj.) 1. Tl. Abschluß der bürgerlichen Rechnungsarten. 2. Tl. Aufgabengruppen aus wicht. Gebieten des prakt. Lebens zur Wiederholg. u. Anwendg. der erlernten Rechnungsarten, sowie zur Vermittlg. volkswirtschaftl. Kenntnisse. Ergänzungen. 22.—26. Taus. (144 S. m. Fig.) 906. Kart. n. — 90; Fazitbuch (48 S.) n. — 35

Otto, Ferd., Rechenaufgaben f. höh. Mädchenschulen. Auf Grund d. Rechenaufgaben v. A. Büttner u. E. Kirchhoff bearb. 7 Hefte. 8. Leipzig, F. Hirt & Sohn. 2. 60

I. (1. Schulj.) Die Zahlenreihen v. 1—10 u. von 1 bis 20. Einführg. in die Zahlenreihe bis 100. 26.—30. Taus. (32 S. m. Fig.) 908. — 20
II. (2. Schulj.) Die Zahlenreihe v. 1 bis 100. 26.—36. Taus. (32 S.) 908. — 20
III. (3. Schulj.) 1. Zahlenreihe von 1 bis 1000. 2. Zahlenreihe von 1 bis 1000000. Anfänge des Bruchrechnens. 31.—39. Taus. (48 S.) 908. — 25
IV. (4. Schulj.) Das Rechnen m. benannten Zahlen. Durchschnitts- u. Zeitrechnung. Leichte Aufgaben aus der Regelbetri. 36.—44. Taus. (48 S.) 908. — 25
V. (5. u. 6. Schulj.) Die unbegrenzte Zahlenreihe. Die Dezimal- u. gemeine Bruchrechng. u. deren Anwendung in der einfachen Regelbetri u. Durchschnittsrechng. — Zeitrechng. 50.—54. Taus. (80 S.) 909. — 50
VI. (7. Schulj.) Einfache u. zusammengesetzte Regelbetri. Leichte Aufgaben aus der Prozent- u. Verteilungsrechng., aus der Raumlehre, Geographie u. Geschichte. Krankenversicherung. Vermischte Aufgaben. 36.—40. Taus. (48 S.) 909. — 30
VII. (8. u. 9. Schulj.) Abschluß der bürgerlichen Rechnungsarten. Raumberechnungen. Aufgabengruppen aus wicht. Gebieten des prakt. Lebens zur Anwendung der erlernten Rechnungsarten, sowie zur Vermittlg. volkswirtschaftlicher Kenntnisse. Ergänzungen. 32.—37. Taus. (144 S. m. Fig.) 909. Kart. — 90

Rechenbuch f. Mädchenmittelschulen, s.: Wietasch, G.

·· Rechenbuch f. zehnklassige höh. Mädchenschulen. Auf Grund d. Rechenaufgaben v. A. Büttner u. E. Kirchhoff nach den ministeriellen Bestimmgn. vom 18. VIII. u. 12. XII. 1908 bearb. Neubearbeitung. 7 Hefte. 3. Aufl. 8. Leipzig, F. Hirt & Sohn. nn 2. 55
1. (Klasse X.) (32 S. m. Abb.) 910. — 20
2. (Klasse IX.) (32 S.) 910. — 20
3. (Klasse VIII.) (40 S.) 910. — 30; Fazitbuch (20 S.) 909. nn — 50
4. (Klasse VII.) (48 S.) 910. — 30; Fazitbuch (24 S.) 909. nn — 50
5. (Klasse VI.) (48 S.) 910. — 30; Fazitbuch (24 S.) 909. nn — 50
6. (Klasse V.) (64 S.) 910. — 40; Fazitbuch (31 S.) 909. nn — 50
7. (Klasse IV—I.) (112 S.) 910. Geb. nn — 85; Fazitbuch (38 S.) 909. nn 50

Otto, Ferd., der Unterrichtsstoff f. das erste Schuljahr, nach Wochen u. Stunden methodisch geordnet. gr. 8. (106 S.) Berlin 886. Grote. n. 1. 20; geb. n. 1. 60

— der Unterrichtsstoff f. das 1. u. 2. Schuljahr, methodisch geordnet. 2. Aufl. gr. 8. (IV, 116 S.) Berlin 890. G. Grote. n. 1. 20; geb. n. 1. 60

Otto, Ferdinand Gerhard Karl

Otto, F., Abbildung u. Beschreibung e. neu erfund. Maschinenwerkes, um alle Quadrat- u. Bandeisen zu schneiden u. nicht, wie bisher, zu walzen. gr. 8. (4½ B. u. 4 Stnt.) Quedlinburg 840, Basse.

Otto, Ferd. Gerh. Carl, Hand- u. Hülfsbuch f. Böttcher. Od. gründl. Anweisung z. Verfertig. aller Arten v. Fässern u. z. Berechnung ihres Inhalts auf d. Genaueste, nebst d. Angabe, wie man sie nach e. bestimmt. Inhalte verfertigt. M. 19 Taf. Abbild. (auf 2½ Bog. Fol.) 8. (9 B.) Quedlinburg 834, Basse.

Otto, Ferd. Gerh. Carl, Hülfsbuch für Böttcher oder Küfer, um alle Arten von Fässern nach irgend einem bestimmten Quart-Inhalte anzufertigen, nebst Tabellen zur leichten Auffindung des Quart-Inhalts der verschiedenen im Verkehre vorkommenden Gefäße. 2. (Titel-)Aufl. Mit 19 (lith.) Taf. Abbildgn. Quedlinburg (834.) 858. Basse. 8. (IV, 154 S.) 25 ngr.

Otto, Frz., Abenteuer u. Irrfahrten von Fritz Stromer. Oder: Eine Reise um die Welt in 180 Tagen. Ein kurzweilig-lehrreiches Büchlein für lebhafte Buben, die erfahren wollen, wie es einem Kameraden erging, der dem Elternhause entlief u. schließlich sehr froh war, dahin wieder zurückkehren zu dürfen. Unter Benutzung der 178. Ausg. von L. Desnoyer's „Jean Paul Chopport". In Umarbeitung hrsg. 2. durchgeseh. Aufl. Mit 110 (eingedr.) Abbildungen nach G. Giacomelli u. A., nebst einem Titelbilde. gr. 8. (VIII, 216 S.) Leipzig 882. Spamer. n. 2. —; cart. n. 2. 50

Otto-Album. Sämmtliche Lieder und Gesänge für vier Männerstimmen von Frz. Otto. 1. Gesammt-Ausg. Partitur. qu. gr. 4. (VI, 169 S.) Regensburg 877, Coppenrath. *
4 Stimmen dazu (à IV, 236 S.) *
Einzelne Stimmen à *

—— dass. — Hrsg. von Frz. Espagne. Partitur. 2. unveränd. Abdr. (Titel-Ausg.) qu. gr. 4. (VI, 169 S.) Ebendas. 879. *
geb. in Halbfrzbd. *
4 Stimmen dazu. 2. unveränd. Abdr. (à IV, 236 S.) *
geb. in Halbleinw. * ℳ 6,60.; in Leinw. *
Einzelne Stimmen à *

†Otto, Frz. [Franz Otto Spamer], Alruna. Der Jugend Lieblings-Märchenschatz. Familienbuch der schönsten Haus- und Volksmärchen, Sagen und Schwänke aus aller Herren Länder. 4. verm. und verb. Aufl. Mit 150 Text-Abbild. und 1 bunten Titelbilde. Nach Zeichnungen von L. Bechstein, Rob. Kretschmer, B. Mörlins. u. A. gr. 8. (XIV, 608 S.) Ebendas. 880. *
geb. *

Otto, Frz., Alruna. Der Jugend Lieblings-Märchenschatz. Familienbuch der schönsten Haus- u. Volksmärchen, Sagen u. Schwänke aus aller Herren Länder. 4., verm. u. verb. Aufl. Mit 150 Text-Abbildungen u. einem bunten Titelbilde. Nach Zeichnungen von L. Bechstein, Rob. Kretschmer, B. Mörlins u. A. gr 8. (XIV, 608 S.) Leipzig 881 Spamer n. 5. —, geb. n. 6. —

Otto, Frz., Alruna. Der Jugend Lieblings-Märchenschatz. Familienbuch der schönsten Haus- u. Volksmärchen, Sagen u. Schwänke aus aller Herren Ländern. 5. verm. u. verb. Aufl. Mit 170 Text-Abbildgn. u. buntem Titelbilde. Nach Zeichngn. v. L. Bechstein, Konr. Ermisch, Rob. Kretschmer rc. gr. 8. (XVI, 672 S.) Leipzig 883. Spamer. n. 6. —; geb. n. 7. —

Otto Franz: Anschauungen der Griechen und Römer über Erdbeben und Vulkanismus. (21). Budweis R. 03.
Progr.

Otto, Frz., Ernst Wilh. Arnoldi, der „Vater des deutschen Versicherungswesens." Lebensbild eines deutschen Kaufmanns u. Patrioten aus der 1. Hälfte des 19. Jahrh. Festgabe zum 50jähr. Jubiläum der Innungshalle u deren Handelsschule zu Gotha. Zugleich ein Beitrag zur Geschichte des deutschen Versicherungswesens. Nach handschriftlichen Mittheilungen. Mit 5 Abbildungen (in ein gedr. Holzschn.). [Aus: „Buch berühmter Kaufleute." 1 Sammlung.] Leipzig 868. Spamer. gr. 8. (IV, 60 S) n. 10 ngr.

—— s. Bade, Th., der Skalpjäger.

Städt. Museum f. Kunst u. Kunstgewerbe zu Halle a. S. Bericht uber das funfjährige Bestehen 1885-1900 von Franz Otto, Curator d. Mus. Mit 16 Lichtdr *Halle a. S.: M. Niemeyer 1900.* (39 S.) 8° [[illegible] 3

Otto, Frz. (Frz. Otto Spamer), das Buch vom alten Fritz, s.a. Spamer's, Otto, neue Volksbücher.

— das Buch vom alten Fritz. Leben u. Thaten des großen Preußenkönigs Friedrichs II., genannt der Einzige, des Helden des 18. Jahrhunderts. Der Jugend u. dem Volke erzählt. Mit 66 Text-Abbildungen (in eingedr. Holzschn.), einem bunten (chromolith.) Titel- u. 3 Tondruckbildern (in Holzschn.). Ebend. 871 br. 8. (VI, 214 S.) n. 20 ngr.; geb. n. 25 ngr.

Otto, Frz., das Buch vom Alten Fritz. Leben u. Thaten d. großen Preußenkönigs Friedrich II., genannt der Einzige, d. Helden d. 18. Jahrh. Der Jugend u. dem Volke erzählt. 2. Aufl. Mit 66 Text-Abbildgn., e. bunten Titel- u. 3 Tonbildern. gr. 8. (VI, 214 S.) Leipzig 877. Spamer. n. 2. —; cart. n. 2. 50

— das Buch vom Alten Fritz. Leben u. Thaten d. großen Preußenkönigs Friedrich II., genannt der Einzige. Der Jugend u. dem Volke erzählt. 3. durchgeseh. Aufl. Mit Text-Abbildgn., e. bunten Titel- u. e. Tonbild. gr. 8. (VI, 210 S) Ebend. 884. n. 2. —; cart. n. 2. 50

†Otto, Frz. [Frz. Otto Spamer], das Buch vom Alten Fritz. Leben und Thaten des großen Preußenkönigs Friedrich II., genannt der Einzige. Ein Gedenkbuch. 4. durchges. Aufl. Auszug aus dem größeren Werke. 8. (VIII, 152 S. mit 67 Text-Abbild. und Titelbild.) Leipzig 886. Spamer. *

Otto, Franz (Hrsg.), s.a. Buch, Das, berühmter Kaufleute

Otto, Frz., das Buch berühmter Kaufleute rc., s.a. Gallerie hervorragender Kaufleute rc

Otto F Buch berühmter Kaufleute u Förderer des Handels, sowie Erfinder u Meister auf dem Gebiete der Industrie, Technik u Gewerbthätigk. 2 Bde Leipzig 1868-69

— das Buch berühmter Kaufleute, oder: der Kaufmann zu allen Zeiten. 1. Sammlung. 2. sehr verm. Abdr. (In 18 Liefgn.) 1—16. Liefg. Leipzig 870. Spamer. gr. 8. (S. 1—800 mit eingedr. Holzschn. u. 4 Holzschntaff.) Jede Liefg. n. 5 ngr.

— das Buch merkwürdiger Kinder, s.a. Jugend- u. Hausbibliothek, neue.

— das Buch merkwürdiger Kinder, s.a. Kinderbuch, das, illustrirte goldne.

— das Buch merkwürdiger Kinder. Lebensbilder aus der Jugendzeit u. den Entwicklungsjahren merkwürdiger Menschen. Hrsg. in Verbindung mit M. Schlimpert, B. Schuhmann, W. Wägner u. A. 4. verb., gänzlich umgestalt. Aufl. Mit 80 in den Text gedr. (Holzschn.-) Abbildungen, einem Titelbilde (in Farbendr.), sowie 4 Tonbildern. gr. 8. (VIII, 304 S.) Ebend. 878. n. 4. —; cart. n. 4. 50

— das Buch merkwürdiger Kinder. Lebensbilder aus der Jugendzeit u. d. Entwickelungsjahren denkwürd. Menschen. Hrsg. in Verbindg. m. M. Schlimpert, B. Schuhmann, W. Wägner u. a. 5. Aufl. Mit 102 Text-Abbildgn., sowie 2 Buntbildern. 8. (VIII, 826 S.) Ebend. 884. n. 4. —; cart. n. 4. 50

— vier große Bürger, die Wohlthäter u. Helden ihres Volks, s.: Jugend- u. Hausbibliothek, illustrirte.

Otto, J. G. Gh. Fr., die Buschjäger, s.a. Jugend- u. Hausbibliothek, neue.

—— die Buschjäger oder die geprüfte Familie. Erlebnisse, Fahrten und Abenteuer, Natur- und Sittenschilderungen aus dem afrikan. Jagd-, Reise- und Buschleben, vornehmlich im Lande der Boers. 3. verm. Aufl. gr. 8. (X, 472 S. mit 140 Text-Abbild., 5 Tonbildern und 1 bunten Titelbilde.) Ebendas. 882. *M 4,50.; cart. *

— die Buschjäger od. die geprüfte Familie. Erlebnisse, Fahrten, Streifzüge u. Abenteuer, Natur- u. Sittenschildergn. aus dem afrikan. Jagd-, Reise- u. Buschleben, vornehmlich im Lande der Boers. 4. Aufl. Mit 140 Text-Abbildgn. u. e. bunten Titelbilde. gr. 8. (X, 404 S.) Ebend. 885. n. 4. 50; cart. n 5. 50

Otto, Frz. (Frz. Otto Spamer), d. Buschjäger od. d. geprüfte Boerenfamilie. Erlebnisse, Fahrten, Jagdzüge u. Abenteuer im Süden Afrikas. 4., gänzlich umgearb. Aufl Wohl. [Titel-] Ausg. gr. 8. (X, 404 S. m. 140 Abb. u. 1 Farbendr.) Leipzig (885) 896. O. Spamer. n. 3. —; geb. in Leinw. n. 3. 60

— der Cäsar des 19. Jahrhunderts. Leben u. Thaten von Napoleon Bonaparte, dem Soldaten-Kaiser. Unter Benutzung eines Mscr. von M. O. Mohl der reiferen Jugend erzählt u. hersg. Mit über 70 Text-Abbildungen (in Holzschn.), einem bunten (lith.) Titel- u. 3 Tondruckbildern (in Holzschn.). Ebend. 870. gr. 8. (154 S.) n. 15 ngr; cart. n. 20 ngr.

— der Cäsar des 19. Jahrhunderts. Leben u. Thaten von Napoleon Bonaparte, dem Soldaten-Kaiser. Der reiferen Jugend erzählt. 2., gänzlich umgearb. Aufl. Mit über 70 Text-Abbildungen u. einem bunten Titelbilde. gr. 8. (IV, 177 S.) Ebend. 880. n. 2. —; cart. n. 2. 50

Otto, Frz., neues vollständ. Choralbuch, zu der allgem. Gesangbuche des Alumnatsrektors Franz. gr. 8. Bresl. 784.

— illustrirte Chronik d. Kriegsjahres 1870, s.: Schramm, H.

— deutsche Dichter, Denker u. Wissensfürsten im 18. u. 19. Jahrh. In Lebensbildern f. Jugend u. Volk. In Verbindg. m. Otto Banck, H. Birnbaum, G. Höcker rc. In 2 sehr verm. Aufl. hrsg. Mit 110 Text-Illustr. (in Holzschn.), e. Frontispice u. 8 Tonbildern. gr. 8. (X, 360 S.) Leipzig 877. Spamer. n. 7. —; cart. n. 8. 50

— s.: Ehrenbuch, vaterländisches.

Otto, Frz., vaterländisches Ehrenbuch, s.a. Grosse, E.

— vaterländisches Ehrenbuch, s.a. Jugend- u. Hausbibliothek.

— u. Osk. Höcker, vaterländisches Ehrenbuch. III. Das große Jahr 1870. Gedenkbuch aus der Zeit d. Nationalkrieges gegen Frankreich im Jahre der deutschen Einigg. Ehrentage aus Deutschlands neuester Geschichte. 4. Aufl. Mit 190 Text-Abbildgn., 6 Tonbildern u. 1 bunten Titelbilde. gr. 8. (XX, 474 S.) Ebend. 886. n. 4. 50; geb. n. 6. —

— vaterländisches Ehrenbuch. 2. Bd. 50 Jahre aus Preußens u. Deutschlands Geschichte. Bilder u. Schilderungen aus Krieg u. Frieden während der J. 1816—1870. 4., verb. Aufl. Mit 90 Text-Abbildgn. u. 1 Titelbild. Nach Zeichngn v. A. Beck, L. Burger, H. Leutemann u. A. gr. 8. (XII, 361 S.) Leipzig 892. O. Spamer. n. 4. —; geb. in Leinw. n. 5. 50

—— neues Fabelbuch, s. Lausch, E.

— Feste der wehrhaften Jugend, s. Welt, die, der Jugend.

— im Geisterkreis d. Ruhe- u. Friedlosen, s.: Michael, E.

—— das Geisterschiff oder die Sage vom „Fliegenden Holländer" nach deutscher, skandinavischer und orientalischer Auffassung. In drei Erzählungen. Nach E. Michael, D. Waldner, W. Hauff mitgetheilt. 8. (VI, 118 S. mit 16 Text-Abbild. und 1 bunten Titelbilde.) Leipzig 881, Spamer. * geb. *

— dasselbe. s.a. Spamer's, O., neue Volksbücher.

— Preußens Geschichte in Wort u. Bild, s.: Schmidt, Ferd.

— ältere deutsche Geschichten. Von Hermann dem Befreier bis z. Ende d. Mittelalters. Hrsg. unt. Mitwirkg. v. C. Vogel u. R. Volkmar. 7., verb. Aufl. gr. 8. (XII, 414 S. m. 195 Abb.) Leipzig 898. O. Spamer. n. 3. 50; geb. in Leinw. n. 4. 50

Otto, Frz. (Frz. Otto Spamer), ältere deutsche Geschichten. Von Hermann dem Befreier bis zum Ende des Mittelalters. Hrsg. unter Mitwirkg. v. C. Vogel u. R. Volkmar. 8., verb. Aufl. (XII, 414 S. m. 195 Abb.) 8. Leipzig 908. O. Spamer. 3.50; geb. in Leinw. 4.50

— deutsche Geschichten. 3 Sammlgn. gr. 8. Leipzig 889. Spamer. à n. 3. 50; geb. à n. 4. 50

1 Aeltere deutsche Geschichten. 6., verb. Aufl. (XIV, 434 S. m. 231 Abbildgn. u. 1 Buntbilde.)
2. Neuere deutsche Geschichten v. der Reformation bis zum goldenen Zeitalter der deutschen Dicht- u. Tonkunst. 4., umgearb. Aufl. (VIII, 288 S. m. 120 Abbildgn., 1 Tonbilde u. 1 Buntbilde.)
3. Neueste deutsche Geschichten aus dem 19. Jahrh. bis zur Wiederaufrichtg. d. Deutschen Reichs. 4., verb. Aufl. Mit über 140 Text-Abbildgn., 3 Tonbildern u. e Titelbilde in Farbendr (VIII, 448 S.)

—— deutsche Geschichten für die Kinderstube, s. Kinderbuch, das illustrirte goldene.

— deutsche Geschichten f. die Kinderstube. 1—3. Sammlg. gr. 8. Ebend. 876. n. 11. —; cart. n. 14. —
1. Aeltere deutsche Geschichten. Hrsg. unter Mitwirkg. v. weil. Dir. C. Vogel u. Schuldir. R. Volkmar. 4. gänzlich umgearb. u. verm. Aufl. Mit 222 Text-Abbildgn. (in Holzschn.), 5 Tonbildern, sowie e. Buntbilde, nebst e. Zeittafel der wichtigsten Begebenheiten aus der deutschen Geschichte. (XVI, 432 S.) n. 4. —; cart. n. 5. —
2. Neuere deutsche Geschichten v. der Reformation bis zum goldenen Zeitalter der deutschen Dicht- u. Tonkunst. 2. umgearb. Aufl. Mit 95 Text-Abbildgn. (in Holzschn.), 5 Tonbildern u. e. Titelbilde in Farbendr. (XIV, 288 S.) n. 3. —; cart. n. 4. —
3. Neueste deutsche Geschichten aus dem 19. Jahrh. bis zur Wiederaufrichtg. d. deutschen Reichs. 2. stark verm. u. verb. Aufl. Mit üb. 100 (eingedr.) Text-Abbildgn. (in Holzschn.), 4 Tonbildern u. 1 Titelbilde in Farbendr. (VIII, 496 S.) n. 4. —; cart. n. 5. —

— deutsche Geschichten für die Kinderstube. 3 Sammlungen. gr. 8. Leipzig 883. Spamer. à n. 3. 50; cart. à n. 4. 50
1. Aeltere deutsche Geschichten. Hrsg. unter Mitwirkung von C. Vogel u. R. Volkmar. 5., umgearb. u. verm. Aufl. Mit 250 Text-Abbildungen u. 1 Buntbilde, nebst einer Zeittafel der wichtigsten Begebenheiten aus der deutschen Geschichte. (XVI, 452 S.)
2. Neuere deutsche Geschichten von der Reformation bis zum goldenen Zeitalter der deutschen Dicht- u. Tonkunst. 3., gänzlich umgearb. Aufl. Mit 120 Text-Abbildungen, 1 Tonbilde u. 1 Titelbilde in Farbendr. (XIV, 296 S.)
3. Neueste deutsche Geschichten aus dem 19. Jahrhundert bis zur Wiederaufrichtung des Deutschen Reichs. 3., stark verm. u. verb. Aufl. Mit über 140 Text-Abbildungen, 2 Tonbildern u. 1 Titelbilde in Farbendr. (VIII, 452 S.)

— dasselbe, s. a. Jugend- u. Hausbibliothek, neue.

— neue u. neueste deutsche Geschichten, s. Geschichten, deutsche.

Otto, Frz. (Frz. Otto Spamer), neuere deutsche Geschichten von der Reformation bis zum goldenen Zeitalter der deutschen Dicht- u. Tonkunst. 5., verb. Aufl. gr. 8. (VI, 320 S. m. 127 Abbildgn.) Leipzig 901. O. Spamer. n. 3. 50; geb. in Leinw. n. 4. 50

— Neuere deutsche Geschichten von der Reformation bis zum goldenen Zeitalter der deutschen Dicht- u. Tonkunst. 6. [Titel-]Aufl. (VII, 320 S. m. 127 Abbild.) 8. Ebd. [901] (910). 3.45; geb. in Leinw. 4.50

—— neuere und neueste deutsche Geschichten, s. a. Geschichten, deutsche.

— neueste deutsche Geschichten aus dem 19. Jahrh. bis zur Wiederaufrichtg. d. Deutschen Reichs. 5., verb. Aufl. gr. 8. (VIII, 448 S. m. 111 Abb.) Ebd. 898. n. 3. 50; geb. in Leinw. n. 4. 50

Otto, Frz. (Frz. Otto Spamer), neueste deutsche Geschichten aus dem 19. Jahrh. bis zur Wiederaufrichtung des Deutschen Reichs. 6. [Titel-]Aufl. (VIII, 448 S. m. 111 Abb.) 8. Leipzig [898] 905. O. Spamer. n. 3. 50; geb. in Leinw. n. 4. 50

— Neueste deutsche Geschichten aus dem 19. Jahrh. bis zur Wiederaufrichtung des Deutschen Reichs. 7. Aufl. (VIII, 448 S. m. 112 Abb.) 8. Ebd. 909. 3.50; geb. in Leinw. 4.50

— das Goldmacherdorf, nach H. Zschokke, s.: Spamer's Otto, neue Volksbücher.

—— Richard Hartmann, der große Chemnitzer Maschinenbauer. gr. 8. (23 S. mit 4 Text-Abbild. in Holzschn.) Leipzig 870, Spamer. *
Aus: Das Buch berühmter Kaufleute. 2. Sammlung, besonders abgedruckt.

— u. O. Höcker, das große Jahr 1870, s. a. Ehrenbuch, vaterländisches.

— das große Jahr 1870, s. a. Höcker, O.

— u. O. Höcker, das große Jahr 1870. Gedenkbuch aus der Zeit d. Nationalkrieges gegen Frankreich im Jahre der deutschen Einigg. Ehrentage aus Deutschlands neuester Geschichte. 5., verb. Aufl. Mit 163 Text-Abbildgn., 5 Tonbildern u. e. bunten Titelbilde. gr. 8. (XX, 422 S.) Ebd. 889. n. 4. 50; geb. n. 6. —

— u. Osk. Höcker, das große Jahr 1870, 6. Aufl., s.: Höcker, Osk., d. Nationalkrieg geg. Frankreich.

—— 50 Jahre aus Preußens und Deutschlands Geschichte, s. Ehrenbuch, vaterländisches.

— u. Hugo Schramm, 100 Jahre in der Entwicklung der großen transatlantischen Republik. Vier große Bürger der neuen Welt: George Washington u. Benjamin Franklin, die Begründer der Unabhängigkeit u. d. Staatswesens der nordamerikan. Union; Friedrich Wilhelm v. Steuben, der Organisator ihrer Streitkräfte; Abraham Lincoln, der Wiederhersteller d. Vereinigten Staaten-Bundes. Lebensläufe im Gewande der Geschichte, der Jugend u. dem Volke erzählt. 2., bis zur Gegenwart fortgeführte Ausg. Mit üb. 50 Text-Illustr. (in Holzschn.), 4 Ton-, 2 Buntbildern u. 1 Frontispice. gr. 8. (XLVIII, 74; 56 u. 82 S.) Ebend. 876. n. 3. —; geb. n. 4. —

—— —— Vor fünfzig Jahren, s. Grosse, Ed.

— Jugendstreiche u. Abenteuer von Fritz Stromer, genannt „Bummelfritze". Ein kurzweilig-lehrreiches Büchlein für lebhafte Knaben, die erfahren wollen, was einem Kameraden begegnete, der es unternahm eine Reise um die Welt in 180 Tagen zu machen. Unter Benutzung der 178. Ausg. von L. Desnoyer's „Jean Paul Choppart" umgearb., erweitert u. hrsg. Mit 110 Abbildungen (in eingedr. Holzschn.) nach H. Giacomelli u. A., nebst einem (bunten) Titelbilde. gr. 8. (VIII, 216 S.) Leipzig 879. Spamer. n. 2. 50; cart. n. 3. 50

— unser Kaiser. Ein Lebensbild zum 25jähr. Königs-Jubiläum d. Kaisers Wilhelm. Unter Benutzg. e. Manuskriptes v. W. Wägner bearb. Mit e. Portr. d. Kaisers u. 43 Text-Abbildgn. gr. 8. (142 S.) Leipzig 886. Spamer. cart. n. 1. 50

— dasselbe. (3. [Volks-]Ausg.) Mit e. Portr. d. Kaisers u. üb. 40 Text-Abbildgn. 8. (104 S.) Ebend. 886. n. — 60

— unser Kaiser. Ein Lebensbild zum 90. Geburtstage d. Kaisers Wilhelm. Unter Benutzg. e. Manuskriptes v. W. Wägner bearb. 12. [Volks-]Ausg. Mit e. Portr. d. Kaisers u. üb. 40 Text-Abbildgn. 8. (104 S.) Ebd. 887. n. — 60

— unsere Klassiker während der Blüte deutschen Schriftthums im 18. Jahrh. u. beim Uebergang zum 19. In Lebensbildern f. Jugend u. Volk. In Verbindg. m. Otto Banck u. Aug. Werner hrsg. Winckelmann u. Lessing. Klopstock u. Herder. Goethe u. Schiller. 2. Wiederabdr. aus „Deutsche Dichter, Wissensfürsten u. Denker". Mit zahlreichen Text-Illustr. (in Holzschn.), e. Titelbilde (in Holzschn.), 1 Frontispice u. 3 Tonbildern. gr. 8. (VIII, 158 S.) Leipzig 877. Spamer. n. 2. —; cart. n. 3. —

— unter Koboldeu u. Unholden, s. a. Spamer's, Otto, neue Volksbücher.

— unter Kobolden u. Unholden. Sagen u. Märchen aus dem Reiche der Riesen u. Zwerge, Gnomen, Wichte, Kobolde, Elfen u. Nixen. Dem deutschen Volke u. der Jugend erzählt. Mit einer Einführung von Villamaria. Mit 42 in den Text gedr. Illustr. u. einem bunten Titelbilde. gr. 8. (X, 228 S.) Ebend. 882. n. 2. 50; cart. n. 3. —

— der große König und sein Rekrut, s. a. Jugend- und Hausbibliothek.

— der große König u. sein Rekrut. Lebensbilder aus der Zeit d. siebenjähr. Krieges. Unter theilweiser Benutzg. e. histor. Romans v. A. H. Brandrupp, f. Volk u. Heer, insbesondere f. die reifere Jugend bearb. 5. durchgeseh. Aufl. 2 Thle. in 1 Bd. Mit 8 Ton- u. Buntdr.-Bildern, sowie 120 in den Text gedr. Illustr. gr. 8. (XXXII, 208 u. IV, 176 S.) Ebend. 877. n. 5. 50; geb. n. 7. —

— der große König u. sein Rekrut. Lebensbilder aus der Zeit des siebenjährigen Krieges. Unter theilweiser Benutzung eines historischen Romans von A. H. Brandrupp, für Volk u. Heer, insbesondere für die reifere Jugend bearb. 6., vielfach verb. u. verm. Aufl. Mit 6 Ton- u. Buntdr.-Bildern, sowie 130 Text-Illustr. gr. 8. (XII, 434 S.) Leipzig 882. Spamer. n. 5. —; geb. n. 6. —

— der große König u. sein Rekrut. Lebensbilder aus der Zeit d. 7jähr. Krieges. Unter teilweiser Benutzg. e. histor. Romans v. A. H. Brandrupp, f. Volk u. Heer, insbesondere f. die reifere Jugend bearb. 7. verb. u. verm. Aufl. Mit 6 Ton- u. Buntdr.-Bildern, sowie 130 Text-Illustr. gr. 8. (XII, 468 S.) Ebend. 886. n. 5. —; geb. n. 6. —

— der große König u. sein Rekrut. Lebensbilder aus der Zeit des 7jähr. Krieges. Für Volk u. Heer, insbesondere f. die reifere Jugend bearb. 8., neu bearb. Aufl. Mit 4 Buntbildern, sowie 88 Text-Illustr. gr. 8. (XII, 358 S.) Ebd. 890. n. 5. —; geb. n. 6. —

— der große König u. sein Rekrut. Lebensbilder aus der Zeit d. 7jähr. Krieges. Für Volk u. Heer, insbesondere f. die reifere Jugend bearb. 9., verb. Aufl. Mit 8 Vollbildern nach Zeichngn. v. Rich. Knötel, sowie 77 Text-Illustr. gr. 8. (VIII, 355 S.) Leipzig 895. O. Spamer n. 5. —; geb. in Leinw. n. 6. —

— d. große König u. s. Rekrut. Lebensbilder aus der Zeit d. 7jähr. Krieges. Für Volk u. Heer, insbes. f. d. reif. Jugend bearb. 10., verb. [Titel-]Aufl. Mit 8 Vollbild. nach Zeichngn. v. Rich. Knötel, sow. 77 Text-Illustr. gr. 8. (VIII, 355 S.) Leipzig (895) 897. O. Spamer. n. 5. —; geb. in Leinw. n. 6. —

OTTO, FRANZ. *Der Große König und sein Rekrut.* Lebensbilder a. d. Z. d. Siebenjähr. Krieges. 11. verbess. Aufl. Leipzig 1901. 16 teilw. farb Taf. v. RICH. KNÖTEL u. 77 Textillustr., teilw. nach MENZEL. 8°. Orlwd. 9.—

— der große König u. sein Rekrut. Lebensbilder aus der Zeit des 7jähr. Krieges. Für Volk u. Heer, insbesondere f. die reifere Jugend bearb. 13. Aufl. Mit 8 Farbendr.-Bildern u. 8 Vollbildern v. Rich. Knötel, sowie 77 Text-illustr. (VIII, 388 S.) gr. 8. Ebd. 906. n. 5. —; geb. in Leinw. n. 6. —

— Der große König u. sein Rekrut. Lebensbilder aus der Zeit des 7jährigen Krieges. Für Volk u. Heer, insbesondere f. die reifere Jugend bearb. 15. [Titel-]Aufl. Mit 8 Farbendr.-Bildern u. 8 Vollbild. v. Rich. Knötel, sowie 77 Text-Illustr. (VIII, 388 S.) gr. 8. Ebd. [907] (910). 5.—; geb. in Leinw. 6. —

Otto, Frz., der Jugend Lieblings-Märchenschatz, s. a. Jugend- u. Hausbibliothek, illustrirte.

— der Jugend Lieblings-Märchenschatz. Familienbuch der schönsten Haus- u. Volksmärchen. Sagen u. Schwänke aus aller Herren Länder. 3. verm. u. verb. Aufl. Mit 110 Text-Abbildgn. (in Holzschn.), 8 Tonbildern u. e. bunten Titelbilde. Nach Zeichngn. v. L. Bechstein, R. Kretschmer, B. Mörlins u. A. gr. 8. (XVI, 548 S.) Leipzig 875. Spamer. n. 5. —; geb. n. 6. —

— der Jugend Lieblings-Märchenschatz. Familienbuch der schönsten Haus- u. Volksmärchen aus aller Herren Ländern. Mit 8 Farbendr.-Bildern nach Aquarellen von Frank Kirchbach, sowie 82 Textabbildgn. nach Zeichngn. v. L. Bechstein, Konr. Ermisch, Rob. Kretschmer u. a. 6., verb. Aufl. gr. 8. (VIII, 480 S.) Ebd. (900). n. 6. —; geb. in Leinw. n. 7. —

— der Jugend Lieblings-Märchenschatz. Familienbuch der schönsten Haus- u. Volksmärchen aus aller Herren Ländern. Mit 8 Farbendr.-Bildern nach Aquarellen v. Frank Kirchbach, sowie 82 Textabbildgn. nach Zeichngn. v. L. Bechstein, Konr. Ermisch, Rob. Kretschmer u. a. 7. Aufl. (VIII, 480 S.) gr. 8. Ebd. (904). n. 6. —; geb. in Leinw. n. 7. —

— Der Jugend Lieblings-Märchenschatz. Familienbuch d. schönsten Haus- u. Volksmärchen aus aller Herren Ländern. Mit 8 Farbendr.-Bildern nach Aquarellen v. Frank Kirchbach, sowie 82 Textabb. nach Zeichnungen v. L. Bechstein, Konr. Ermisch, Rob. Kretschmer u. a. 9. Aufl. (VIII, 480 S.) gr. 8. Ebd. (910). 6. —; geb. in Leinw. 7. —

— Männer eigner Kraft. Lebensbilder verdienstvoller, durch Thatkraft u. Selbsthülfe emporgekommener Männer. Der Jugend u. dem Volke in Verbindg. m. Gleichgesinnten zur Aneiferg. vorgeführt. Mit üb. 100 Text-Abbildgn. u. 4 Tonbildern (Holzschntaf.) gr. 8. (XXIV, 368 S.) Leipzig 875. Spamer. n. 4. —; geb. n. 5. —

Otto, Frz., Männer eigener Kraft. Lebensbilder durch Hochsinn, Thatkraft u. Selbsthülfe gehobener Männer: hervorragender Künstler, Dichter, Werkleute, Kriegshelden 2c. Der Jugend u. dem Volke in Verbindung mit Gleichgesinnten zur Aneiferung vorgeführt. 2 Bde. 2., verb. u. verm. Aufl. gr. 8. Ebend. 881. cart. à n. 3. 50; in 1 Bd. geb. n. 6. 50

1. Helden der Arbeit. Mit 75 Text-Abbildungen u. 1 Titelbilde. (XXIV, 280 S.)
2. „Hilf Dir selbst!" Mit 65 Text-Abbildungen u. 2 Tonbildern. (X, 296 S.)

— Männer eigner Kraft. Vorbilder an Hochsinn, Thatkraft u. Selbsthilfe f. Jugend u. Volk In 3. verm. Aufl. vollständig neu bearb. v. Rich. Roth. Mit (6) Vollbildern nach Orig.-Zeichngn. v. Rob Leinweber. gr. 8. (VIII, 283 S) Ebd. 892. n. 5. —; geb. in Leinw. n.n. 6. —

— Männer eigner Kraft. Vorbilder v. Hochsinn, Thatkraft u. Selbsthilfe f. Jugend u. Volk. Neu bearb. v. Rich. Roth. 5. Aufl. M. Vollbild. nach Orig.-Zeichngn. v. Rob. Leinweber. gr. 8. (VIII, 283 S.) Ebd. 899. n. 5. —; geb. in Leinw. n.n. 6. —

— Männer eigner Kraft. Vorbilder v. Hochsinn, Thatkraft u. Selbsthilfe f. Jugend u. Volk. Neu bearb. v. Rich. Roth. 6. [Titel-]Aufl. Mit Vollbildern nach Orig.-Zeichnungen v. Rob. Leinweber. gr. 8. (VIII, 283 S.) Ebd. [899.] 900. n. 5. —; geb. in Leinw. n.n. 6. —

Otto, Franz. Männer eigner Kraft. Vorbilder von Hochsinn, Thatkraft und Selbsthilfe für Jugend und Volk. Neu bearb. von Richard Roth. 7. Aufl. Mit Vollbildern [6 Tafeln] nach Originalzeichnungen von Robert Leinweber. VIII + 283 S. 8. Leipzig, Otto Spamer, 1904. [geb. M. 6. —]

Darin S. 191—202: Matthias Näf, der Toggenburger Fabrikherr. ⟨1792—1846.⟩

— Männer eigner Kraft. Vorbilder v. Hochsinn, Tatkraft u. Selbsthilfe f. Jugend u. Volk. 8. verm. Aufl. (VIII, 302 S. m. 8 Vollbildern.) 8. Ebd. 906. n. 5. —; geb. in Leinw. n.n. 6. —

Otto, Franz. Männer eigner Kraft. Vorbilder von Hochsinn, Tatkraft und Selbsthilfe für Jugend und Volk. 9. Aufl. Mit 8 Vollbildern [*d. i.* 5 Textbildern und 6 Tafeln]. VIII + 302 S. 8. Leipzig, Otto Spamer, [1908]. [geb. M. 6. —]

Darin S. 172—183: Matthias Näf, der Toggenburger Fabrikherr. ⟨1792—1846.⟩

— der Menschenfreund auf dem Throne, s.a. Jugend- und Hausbibliothek.

— der Menschenfreund auf dem Throne. Leben und Wirken des edlen Kaisers Josef des Zweiten. Unter Benutzung einer Lebensskizze von W. Wägner dem Volke und der Jugend erzählt. 3. verb. und stark erweit. Aufl. gr. 8. (VI, 138 S. mit 48 Text-Illustr. und 1 Titelbilde.) Ebendas. 884. * cart. *

— aus Onkels Reisemappe, s. Welt, die, der Jugend.

— Reisen im Finstern, s.: Spamer's, O., neue Volksbücher.

— s. Schmidt, Ferd. Preußens Geschichte in Wort u. Bild.

Otto, Frz., der Skalpjäger, s.: Bade, Th.

— der Skalpjäger, s. Jugend- und Hausbibliothek.

— der Sohn des Schwarzwaldes, neue Ausg., s.a. Hebel, Joh. Pet., Geschichten aus dem rheinischen Hausfreunde.

— der Sohn d. Schwarzwaldes. Johann Peter Hebel u. der rhein. Hausfreund, s.a. Spamer's, Otto, neue Volksbücher.

— der Sohn des Schwarzwaldes. Johann Peter Hebel u. der rheinische Hausfreund. Hrsg. unter Zugrundelegung einer hinterlassenen Lebensskizze v. Ernestine Diethoff. Mit 58 Text-Illustr. u. einem (color.) Titelbilde nach Zeichnungen v. W. Claudius, C. H. Schmolze, T. Stauber u. a. 8. (VI, 170 S.) Leipzig 882. Spamer. n. 1. 25; cart. n. 1. 50

— der Sohn d. Schwarzwaldes Johann Peter Hebel u. der rheinische Hausfreund. Hrsg. unter Zugrundelegg. e. hinterlassenen Lebensskizze v. Ernestine Diethoff. Mit 58 Text-Illustr. u. e. Titelbilde nach Zeichngn. v. W. Claudius, C. H. Schmolze, T. Stauber u. a. gr. 8. (VI, 170 S.) Leipzig 883. Spamer. n. 3. —; cart. n. 3. 50

— d. Sohn d. Schwarzwaldes. Johann Peter Hebel u. d. rhein. Hausfreund. Hrsg. unt. Zugrundelegg. e. hinterlass. Lebensskizze v. Ernestine Diethoff. Wohlf. [Titel-] Ausg. Mit 58 Text-Abb. u. e. Titelbilde nach Zeichngn. v. W. Claudius, C. H. Schmolze, T. Stauber u. a. gr. 8. (VI, 170 S.) Ebd. (883) 898. n. 1. 50; geb. in Leinw. n. 2. —

— aus dem Tabakskollegium u. der Zopfzeit, s.a. Jugend- u. Hausbibliothek, illustrirte.

— dasselbe. s.a. Spamer's, O., neue Volksbücher.

— das Tabakskollegium u. die Zeit des Zopfes oder: Wie man vor 150 Jahren lebte u. es trieb. Erzählung aus der Regierungszeit des Königs Friedrich Wilhelm I. von Preußen. Unserm Volke u. der deutschen Jugend gewidmet. Ein Vorläufer zu seiner histor. Erzählung „Der große König u. sein Rekrut“. 3., sehr verb. Aufl. Mit 70 Text-Abbildungen, einem Tonbilde u. 2 Buntbildern. Nach Zeichnungen v. Albert Kretschmer u. A. gr. 8. (X, 318 S.) Ebend. 882. n. 4. 50; geb. n. 5. 50

— das Tabakskollegium. Erzählung aus der Zeit des Zopfes. 5. [Titel-]Aufl. Mit 8 Farbendr.-Bildern nach Aquarellen von Rich. Knötel. gr. 8. (310 S.) Ebd. [900.] 903. n. 3. 50; geb. in Leinw. n. 4. 50

— das Tabakskollegium. Eine Geschichte aus der Zeit des Zopfes für das deutsche Volk u. die reifere Jugend unter Benutzg. der Erzählg. v. M. Ant. Niendorf „Der König e. Maler“. 6. [Titel-]Aufl. Mit 8 Farbendr.-Bildern nach Aquarellen von Rich. Knötel. (310 S.) 8. Leipzig [900] 904. O. Spamer. n. 3. 50; geb. in Leinw. n. 4. 50

— große Tage aus der Zeit der Befreiungskriege, s.: Große, Ed.

– auf hohen Thronen, s.a. Jugend- u. Haus- bibliothek

— auf hohen Thronen. Große Herrscher u. Kriegsfürsten im 18. u. 19. Jahrh. In Lebens- u. Geschichtsbildern unserer Jugend u. dem deutschen Volke vorgeführt. Enth.: Geschichte vom alten Fritz. Kaiser Josef, der Menschenfreund auf dem Throne. Der Cäsar des 19. Jahrh. 2., gänzlich umgearb. Aufl. Mit 7 Ton- u. Buntbildern u. 180 Text-Abbildungen. gr. 8. (X, 214, 96 u. XII, 177 S.) Leipzig 880. Spamer. n. 4. —; geb. n. 6. —

— das deutsche Volkslied u. seine Bedeutung f. die neuhochdeutsche Kunstdichtung. gr. 8. (30 S.) Ebend. 885. n. — 60

— Vorbilder der Vaterlandsliebe, s. Jugend- und Hausbibliothek, neue.

– Vorbilder der Vaterlandsliebe, s. Schlimpert, M.

— der Marschall Vorwärts u. sein getreuer Piepenmeister. Historische Erzählg. in Schildergn. u. Lebensbildern aus Blüchers Leben u. aus der Zeit der deutschen Befreiungskriege. Dem Volke u. d. Heere, insbesondere der deutschen Jugend gewidmet. Hrsg. unter Zugrundelegg. e. Erzählg. v. Osk. Höcker. 2. Ausg. Mit 130 Text-Abbildgn., 1 Tonbilde u. 1 bunten Titelbilde, nach Zeichngn. v. A. Beck, H. Lüders u. a. gr. 8. (X, 570 S.) Ebend. 884. n. 7. 50; geb. n. 8. 50

— Der Marschall Vorwärts. 3. Aufl., s. Höcker, Gust.

— Waterloo, s. Grosse, Ed.

— Kaiser Wilhelm, s.: Schmidt, F.

[F.] Unser Kaiser Wilhelm I. E. Lebensbild f. d. deutsche Volk. Unter Benutzung e. Ms. v. W[ilh.] Wägner bearb. v. Franz Otto. 15. Ausg. M. 1 Portr. d. Kaisers u. üb. 40 Text-Abb. *Leipzig O. Spamer [1891]* (104 S., 1 Portr.) 1 Bd 8. [99-1431

— Wohlthäter der Menschheit, s. Jugend- u. Hausbibliothek, neue.

— Wohlthäter der Menschheit. Vorbilder d. Hochsinns, der Duldg. u. Menschenliebe. Hrsg. in Verbindg. m. Th. Arnim, Ed. Grosse, C. F. Lauckhard, K. L. F. Mezger, K. Roth, M. Schlimpert u. in neuer Aufl. der Jugend u. dem Volke vorgeführt. 2. verb. Aufl. Mit 75 Text-Abbildgn. (in Holzschn.), 1 (chromoxylogr.) Titelbilde, sowie mehreren Tonbildern. gr. 8. (VIII, 276 S.) Leipzig 876. Spamer. n. 3. —; geb. n. 4. 50

— Wohlthäter der Menschheit. Hochsinnige Bekenner der Duldg., Barmherzigkeit u. Menschenliebe. Vorbilder f. Jung u. Alt. Ursprünglich hrsg. in Verbindg. m. Th. Arnim, Ed. Grosse, C. F. Lauckhard ꝛc. In 3. erweit. Aufl. vielfach verbessert der Jugend u. dem Volke vorgeführt. Mit 108 Text-Abbildgn. u. e. Titelbilde. gr. 8. (XII, 324 S.) Ebend. 887. n. 4. 50; geb. n. 6. —

— Wunderglaube u. Wirklichkeit. In Rücksicht auf seltsame Erscheingn. der Tierwelt, sowie unerklärte Vorgänge im Menschenleben. Fabelhafte Gestalten d. Wahns in Volksglauben, Sage u. Dichtg. In Bildern u. Schildergn. aus Vergangenheit u. Gegenwart. Unter Mitwirkg. v. C. Michael gemeinverständlich dargestellt. Mit über 130 Text-Abbildgn. u. e. Titelbilde. gr. 8. (XII, 378 S.) Ebend. 885. n. 6. 50; geb. n. 8. —

— Wunderglaube u. Wirklichkeit. Seltsame Erscheingn. der Tierwelt sowie unerklärte Vorgänge im Menschenleben, fabelhafte Gestalten des Wahns im Volksglauben, Sage u. Dichtg. Unter Mitwirkg. von C. Michael gemeinverständlich dargestellt. Wohlf. [Titel-]Ausg. gr. 8. (XII, 378 S. m. üb. 130 Abbildgn. u. 1 Titelbild.) Ebd. [885.] (899). n. 3. —; geb. in Leinw. n. 4. —

(Otto, Franz.) Heinrich Zschokke, deutscher Dichter und Volksbildner Geboren zu Magdeburg am 22 März 1771; gestorben zu Aarau am 27 Juni 1848. (Unter Zugrundlegung eines Manuskriptes von Ernestine Diethoff geschrieben von F' O' [Illustriert A]) 8. (Leipzig und Berlin 1881)

OTTO, Franz Heinrich: Ein seltener Fall von Verwirrtheit.- München: Ernst 1889. 58 S. 31.7.1889 -Chr 1889/90,27; Jv 1889/90,227
Diss. Ingolst.-Landsh.-Mchn.

Otto, Franz von Paula

— Neue theoretisch-practische Schule . . . Leipzig, Pilsen. [quer 8°.]

Otto, Friedrich

Otto, Fr. II., Abbildung u. Beschreibung blühender Cacteen, s. L. Pfeiffer.

—— und L. Pfeiffer, Abbildung u. Beschreib. blühender Cacteen. — Figures des Cactées en fleur, peintes et lithogr. d'après nature. 1—5. Lfg. ½ Fol. (à 5 ill. Taf. u. 5 Bl. deutscher u. franz. Text.) Cassel 838—42, Fischer. à *
Mit ill. Stamm à *

Otto, Friedr (II.), u. L. Pfeiffer, Abbildung u. Beschreibung blüh. Cacteen. 6—9. Lfg. (od. I. Bd. 6. u. II. Bd. 1—3. Lfg.) Imp.-4. (à 5 ill. Stnt. u. 7 Bl. deutscher u. französ. Text.) Cassel 843—47, Fischer. à L. 1 Thlr. Vollständig ill. à *
1—5. Lfg. Ebendas. 1838—42. à Lfg. * 1 Thlr., ill. à * 3 Thlr.

Otto, Fr. II., Abbild. auserles. Gewächse ꝛc., s. H. F. Link.

Otto, Fr (Mitarb), s. Abbildungen d fremden in Deutschland ausdauernden Holzarten.

Otto, neuntägige Andacht zu Unserer Lieben Frau von Lourdes m. Gebeten zur Hebg. d. Andacht u. Weckg. d. Vertrauens. 16. (32 S.) Paderborn 895. Bonifacius-Druckerei. n. — 10

Otto, neuntägige Andacht zu Unserer Lieben Frau v. Lourdes, m. Gebeten zur Hebg. der Andacht u. Weckg. des Vereins. 5. verm. Aufl. (32 S.) 16. Paderborn 909. Bonifacius-Druckerei. — 10

— u. F. Schramm, Anleit. zum Bau d. Gewächshäuser, s. Verhandll. des Vereins zur Beförder. des Gartenbaues.

— u. Schramm, F , kurze Anleit. z. Bau d. Gewächshäuser, nebst Angabe d. innern Einrichtung ders. u. d. Construktion d. einzelnen Theile. (Aus d. 5. Lief. d. Verhandl. d. Vereins z. Beförder d. Gartenbaues in Preussen.) Mit 6 Kpf. gr. 4. Berlin, 1826. (Nicolai.) 2. 10

Otto, Friedr., Anleitung, das Lese-Buch als Grundlage und Mittelpunkt eines bildenden Unterrichts in der Muttersprache zu behandeln. 4., zu einem völlig neuen Buche umgestaltete Aufl. gr. 8. (XV und 336 S.) Erfurt 853, Otto. *

Otto, Friedr., Anleitung, das Lese-Buch als Grundlage und Mittelpunkt eines bildenden Unterrichts in der Muttersprache zu behandeln. 4. Aufl. 853. (XV, 336 S.) — 5. verm. ꝛc. Aufl. Erfurt 857. Körner's Verlag. gr. 8. (XII, 295 S.) n. 1 ℳ.

Otto, Frdr., Anleitung, das Lesebuch als Grundlage und Mittelpunkt eines bildenden Unterrichts in der Muttersprache zu behandeln. 6., zum Theil umgeänd. Aufl. Erfurt 863. Körner's Verlag. gr. 8. (XVI, 290 S.) n. 1 ℳ.

Otto, Frdr., Anleitung, das Lese-Buch als Grundlage u. Mittelpunkt e. bildenden Unterrichts in der Muttersprache zu behandeln. 7., wesentlich erweit. u. zum Theil umgearb. Aufl. gr. 8. (XVI, 348 S.) Leipzig 872. G. W. Körner. n. 3. 60

Otto, Frdr., Anleitung, das Lesebuch als Grundlage u. Mittelpunkt e. bildenden Unterrichts in der Muttersprache zu behandeln. 8. Aufl. Neu hrsg. v. H. O. Zimmermann. gr. 8. (XII, 304 S.) Leipzig 890. Amelang. n. 3. 60

Otto, Frdr., Anleitung, das Lesebuch als Grundlage u. Mittelpunkt e. bildenden Unterrichts in der Muttersprache zu behandeln. 9. Aufl. Neu hrsg. v. H. O. Zimmermann. gr. 8. (XII, 304 S.) Leipzig (901). C. F. Amelang. n. 2.40

Otto, Frdr., Armee-Remontierung u. Pferde-Aushebung. Vorschläge zur Bildg. e. Kriegs-Reserve v. Militärpferden. 2., neubearb. Aufl. (III, 84 S.) gr. 8. Leipzig 903. [F. Luckhardt] O. Gracklauer. 1. —

Otto, Frdr., Theobald Bacher, e. elsässischer Diplomat im Dienste Frankreichs, s. Beiträge, Straßb., zur neueren Geschichte. III, 1.

Otto, Friedrich [Clemens]: Theobold Bacher, ein elsäßischer Diplomat im Dienste Frankreichs 1748—1813. Straßburg i. E. 1907: M. DuMont Schauberg. (VIII, 43 S.) 8° ¶ (Erscheint vollst. als: Straßburger Beiträge z. neueren Geschichte Bd 3 H. 1, 1908.)
Straßburg, Phil. Fak., Ref. Spahn, Diss. v. 1. Aug. 1906
[Geb. 5. Mai 81 Straßburg i. E.; Wohnort: Gebweiler; Staatsangeh.: Elsaß-Lothringen; Vorbildung: Gymn. Gebweiler Reife O. 02; Studium: Straßburg 8 S.]

Otto, Friedrich. Theobald Bacher, ein elsässischer Diplomat im Dienste Frankreichs ⟨1748—1813⟩. II + X + 111 S. 8. Strassburg i. E., Herder, 1910. (M. 3. 20)
Strassburger Beiträge zur neueren Geschichte, hrg. von Professor Dr. Martin Spahn.. Band 3, Heft 1.

Otto, Friedr. (I.), über die Behandlung des öffentl. Unterrichts. Bemerkungen gesammelt im preuß. Regierungsbezirk Erfurt. 8. (10½ B.) Mühlhausen 843, Heinrichshofen. -

Otto, Frdr., über die Behandlung des öffentlichen Unterrichts. Bemerkungen, gesammelt im Preuß. Regierungsbezirke Erfurt. 2. Bdchn. 8. (XII u. 200 S.) Erfurt 850, Körner. 18 ngr (1. 2.: 1 ₰ 6¾ ngr)

Otto, Friedrich: Beitrag z. Lehre v. Relativpronom. bei Homer. Wiesbaden 27 S. 4°
Schul-/Univ.-Schrift 1864.

Otto, Friedrich: Bayerische Belagerungsartillerie vor Belfort 1870/71. Von Friedrich Otto, Gen. Major z. D. (Mit 1 Übersichtsskizze.) München. Lindauer 1909. S. 29-153. 8°
(Darstellung aus d. Bayer. Kriegs- u. Heeresgeschichte. H. 18,[2.])

—— Briefe für Mädchen zum Uebers. ins Englische, s. Briefe.

Otto, Frdr., Briefe zum Uebersetzen ins Englische. Mit einem Anhang über die engl. Titularen. Für Gymnasien u. Realschulen. Aus dem Engl. übers. u. mit grammatikal. Erläuterungen verseh. gr. 8. (IV u. 48 S.) Breslau 850, Kern. 6 ngr

— der deutsche Bürgerstand u. die deutsche Bürgerschule. Eine culturhistor. Erörterg. gr. 8. (VI, 140 S.) Leipzig 871. Merseburger. 1. 50

—— und Alb. Dietrich, allgem. Gartenzeitung, s. Gartenzeitung.

Otto, Gebete bei der Abendandacht in der Universitäts-Kirche um 8 Uhr vor ausgesetztem hochwürdigsten Gute zur Erflehg. d. göttl. Segens in dem gegenwärt. furchtbaren Kriege. 16. (64 S.) Paderborn 870. Junfermann. n. — 20

Otto, Friedrich, aus Hannover: Der Gebrauch des Substantivums an Stelle anderer Konstruktionen im Französischen. *Hannover 1903: Hartmann & Co.* (XVI, 153 S.) 8°
Göttingen, Phil. Diss. v. [13. Nov.] 1903

Otto, Frdr., der Gebrauch des Substantivums an Stelle anderer Konstruktionen im Französischen. Diss. (XVI, 153 S.) gr. 8 Hannover 903. (Göttingen, Vandenhoeck & Ruprecht.) n. 3. —

— — Gefecht zwischen Hausen und Teugen am 19. April 1809. Mit Krtskz.
Landshut 1909. 16 S.

Otto, Friedr., das Geheimniß Stotternde u. Stammelnde zu heilen; f. Eltern, Erzieher, Lehrer u. Aerzte offenkundig u. mit Berücksichtig. aller bis jetzt üb. Heilung dies. Sprachgebrechen bekannt geword. Theorieen zum allgem. Gebr. dargelegt, nebst e. Fibel f. Stotternde. Bevorw. v. W. Harnisch. 8. (12½ B.) Halle 832, Anton.

Otto, F., das älteste Gerichtsbuch d. Stadt Wiesbaden, s.: Veröffentlichungen der historischen Commission f. Nassau. II.

Otto, Fried. (II.), die Gesammtliteratur Niederlands, s. Gesammtliteratur etc.

Otto, Fr. Geschichte der Friedrichsschule zu Wiesbaden. 24 S. G. *Wiesbaden* 1880.
Progr.

Otto, Frdr., Geschichte der Stadt Wiesbaden. Mit einem histor. (lith.) Plane der Stadt. 8. (XII, 179 S.) Wiesbaden 877. Niedner. n. 2. 50

— Grundlagen für den Muttersprach-Unterricht in der Mittelklasse einer Bürgerschule. Erfurt 854. Körner's Verlag. gr. 8. (62 S.) n. 6 ngr

— Handbuch d. span. Sprache. Mit e. spanisch-deutsch. u. deutsch-span. Wörterbuche u. e. span.-deutschen Verzeichniß v. Namen u. Orten. 8. Münch. 823. Fleischmann. 2 ₰

—— Handelsbriefe z. Uebersetzen ins Italienische. Mit italien. Phraseologie. gr. 8. (9½ B.) Nürnberg 841, Endter'sche Bh.

Otto, F. Brennende Heeresfragen. Lösungsvorschläge u. Gutachten. Berlin 1905. 226 S.
Darin: Pflege des soldat. Geistes. — Taktik. — Armeeremontierung u. Pferde-Aushebung. — Neue Feldgeschütze. (Schutzschilde; Rohrrücklauf; kleinkalibrige Maschinenwaffen.) — Festungsangelegenheiten. (Neue deutsche Festung am Oberrhein; Festungsgeneralstab: Führerschaft i. Fest.-Kriege.) — Verkehrstechnik i. Landkriege. — Kriegsgeschichtliches. (Belagerung v. Belfort u. Paris; Beschießung v. Paris 1870/71; Sachsenklemme 1809.)

Otto, die Heuchelei nach ihrem Wesen u. in ihrer Erfolglosigkeit. Philosophisch-histor. Abhandlg. 8. (139 S.) Paderborn 885. Junfermann. n. 1. 20

Otto, Friedr. (III.), Icones plantarum rariorum etc., s. Icones.

Otto, justitia est fundamentum regnorum. Rede gehalten zur Vorfeier des Geburtsfestes des Königs Wilhelm am Gymnasium Theodorianum zu Paderborn den 20. März 1869. Paderborn 869. Schöningh. gr. 8. (48 S.) n. 5 ngr

— — Das Kriegerdenkmal in der Sachsenklemme. Augsburg 1902. 4 Bl. 4°

Otto, F., aus d. Kriegsleben e. Feldbatterie, s. Darstellungen aus der bayer. Kriegs- u. Heeresgeschichte.

Otto. Aus dem Kriegsleben einer Feldbatterie. Dargestellt an dem Antheil der VI. sechspfündigen Feldbatterie „Anselm Bauer" später „Jamin" des k. bayer. 4. Artillerie-Regiments „König" (jetzt 11 fahrende Batterie des k. bayer. Feld-Artill.-Reg. „König") im deutsch-französischen Kriege 1870—1871. Aus: „Darstellungen aus der bayer Kriegs- und Heeresgeschichte" Heft 4. — München 1895.

Otto, Friedr. (II.), Lehrbuch, d. russischen Literatur. gr. 8. (20⅓ B.) Riga 837, [Kymmel.] Thlr.

—— neues theoret.-prakt. Lehrbuch d. holländ. Sprache u. Literatur, zum Schul- u. Selbstunterr. 2 Bde. gr. 8. Erlangen 839, Palm'sche Verlagsbuchh.
A. u. d. Titln.:
Bd. 1. Müller, Phil. Ludw. Stat., Anleitung z. holländ. Sprache. 3., gänzl. umgearb. Ausg., v. Fr. Otto. (17½ B.) 20 Gr.
„ 2. Kampen, van, Geschichte d. niederländ. Literatur. Frei n. d. Holländ. v. Fr. Otto. (10 B.) 16 Gr.

Otto, Friedr., Lehrgang für den Muttersprach-Unterricht auf der Fibelstufe. Aus dem schriftl. Nachlasse seines Vaters hrsg. von H. M. Friedr. Otto. gr. 8. (VIII, 83 S.) Langensalza 879. Beyer und Söhne.

— Lehrgang für den Muttersprach-Unterricht in einer Mittelklasse einer Bürgerschule. Erfurt 854. Körner's Verlag. gr. 8. (X, 146 S.) n. 15 ngr

Otto, F. Leitung des Festungskrieges. Berlin 1902. 4 S. 2°
Angeb.: 1. Wagner, R. Leitung des Festungskrieges. Eine Erwiderung.
2. Frobenius, H. Leitung des Festungskrieges.

Otto, Fr. I., engl. Lesebuch f. Schul- u. Privat-Unterr. Prof. Theil. gr. 8. Münch. 822. Fleischmann. 18 gl

—— das Lese-Buch als Grundlage u. Mittelpunkt eines bildenden Unterrichts in d. Muttersprache. Eine Anleitung f. Lehrer in einer Reihe sprachunterrichtl. bearb. Lesestücke. 1. Aufl. (21¼ B.) 844. u. 2., verb. Aufl. gr. 8. (21 B.) Erfurt 846, Körner. à *

— das Lese-Buch als Grundlage u. Mittelpunkt eines bildenden Unterrichts in der Muttersprache. Eine Anleitung für Lehrer in einer Reihe sprachunterrichtlich bearb. Lesestücke. 3. verb. Aufl. gr. 8. (XXVIII u. 298 S.) Ebd. 849. n. 1 ℛ

—— das Lese-Buch als Grundlage und Mittelpunkt eines bildenden Unterrichts in der Muttersprache. 3. Aufl. (XXVIII und 298 S.) 1849. und 4., neu umgearb. Aufl. 2 Lfgn. gr. 8. Erfurt 852(53,) Otto. *

Otto, Friedr. (I.), Lese-, Sprach- u. Musteraufsatzbuch f. Sonntags-Schulen. Zunächst f. d. Sonntags-Schule in Erfurt bearb. 2., verm. Aufl. 8. (5½ B.) Erfurt 839, (Müller'sche Buchh.) *

— Englische Lesestücke für Real- u. höhere Töchterschulen, Prosa u. Poesie. Mit einer Tabelle über die Formlehre der englischen Grammatik (in Fol.). 8. (VI u. 188 S.) Breslau 848, F. Aderholz. n. ⅔ ℛ

— die Lesestücke, welche in der Anleitung zur Behandlung des Lesebuches sprachlich bearb. sind. Zum Handgebrauch f. Schüler. 8. (45 S.) Ebd. 849. — 2. unveränd. Aufl. 8. (45 S.) Ebd. 849. 3 ngl

Otto, Fr., das Merkerbuch der Stadt Wiesbaden. Ein Beitrag zur Geschichte der Stadt im 13. und 14. Jahrh. 8. Wiesbaden 882, Stuttgart, Greiner und Pfeiffer. *

Das Merkerbuch der Stadt Wiesbaden ein Beitrag zur Geschichte der Stadt im 14. und 15. Jahrhundert von FRIEDRICH OTTO. Gabe für die Mitglieder des Vereins für Nassauische Altertumskunde und Geschichtsforschung. Wiesbaden. 1882. Julius Niedner. 8°.

—— allgem. Methodik d. geograph. Unterr. u. spezielle Anleit. z. Unterr. in d. Provinzkunde u. z. Gebr. d. Schul-Atlas v. Preußen. 8. (10¼ B.) Erfurt 839, Müller'sche Buchh.

— der Muttersprachunterricht in den ersten Schuljahren. Aus dem schriftl. Nachlasse seines Vaters hrsg. v. Frdr. Otto. gr. 8. (VII, 42 S.) Ebend. 879. — 60

Otto, Friedrich, Wie ist einer im Ernste Atheist oder Gottesleugner gewesen. Paderborn, Junfermann, 1889, 8°, 111 S., 1 Mk.

Otto, Fr., der amerikanische Pasteten-Bäcker od. instruktive Anweisg. zur Anfertigg. aller Arten Pasteten, Torten u. Eierrahme. (Deutsch u. Englisch.) 16. (IV, 72 S.) Philadelphia 874. (Schäfer & Koradi.) n. 1. —

— u. Pfeiffer, L., s. Pfeiffer, L.

Otto, Fr., systematischer Richtunterricht zur Ausbildung der Richtmeister bei der Fuß-Artillerie zu prakt. Gebrauch. 32. (IV, 43 S.) Ingolstadt 873. Krüll. n. — 40

Otto, Frdr., systematischer Richtunterricht zur Ausbildung der Richtkanoniere bei der Feld-Artillerie. Unter Benützg. der neuesten Feld-Artillerie-Vorschriften f. den prakt. Gebrauch. 16. (63 S.) Ingolstadt 875. Krüll. n. — 50

Otto, F. Schlacht bei Landshut am 21. April 1809. Landshut 1886. 10 S.

Otto, Friedrich. Osteologische Studien zur Geschichte des Torfschweins (Sus scrofa palustris Rütimeyer) und seiner Stellung innerhalb des Genus Sus. Diss. Phil. Bern. [Mit 7 Doppel-Tafeln nebst Figurenerklärung.] (Extrait de la Revue suisse de Zoologie. T. 9, 1901.) IV S. + S. 43—130. 8. Genève, W. Kündig & Sohn. 1901.

Otto, F. Die Theilnahme der brandenb. Truppen an der Expedition Wilhelm III. v. England. Progr. Wiesbaden 1873. 8°.

— Thesen üb. die schulmäßige Gestaltung u. Behandlung d. deutschen Sprachunterrichts, erörtert im deutschen evangel. Schulvereine. Aus den Verhandlgn. d. Vereins hrsg. v. H., M. Frdr. Otto. gr. 8. (XII, 160 S.) Eisenach 875. Bacmeister. n. 2. 50

Otto, Friedr., Vernunftbeweis für die Notwendigkeit der Unfehlbarkeit des Papstes. Paderborn, Junfermann, 1870, 8°, 50 S., 25 Pf.

Reich an Belegstellen aus ältern u. neuern Autoren u. für „Nichttheologen von gutem Willen" berechnet. Litt. Handw. 1870, S. 435.

Otto, Frdr., zur Wahl der Sommerfrische. Eine hygien. Plauderei. (32 S.) kl. 8. Innsbruck 904. (Wagner.) — 50

Sonderabdr. aus: „Bote f. Tirol u. Vorarlberg".

—— das Wesen der amerikanischen Schreibmethode als eine Anleitung f. Volksschullehrer. 2. Aufl. qu. gr. 8. (¾ B. u. 8 Stnt.) Erfurt 840, Otto. *

— das Wesen der amerikanischen oder Tact-Schreibmethode als eine Anleitung für Volksschullehrer. 3. mehrfach erweiterte Aufl. Mit 8 lith. Taf. qu. gr. 8. (16 S.) Erfurt 852, Otto. 6 ngl

—— wie der kleine Schüler sich seine Fibel selbst schreibt. Eine Sprech-, Schreib- und Lesefibel. Aus dem schriftl. Nachlasse seines Vaters hrsg. von H. M. Friedr. Otto. 8. (62 S., wovon 8 lithogr.) Langensalza 879, Beyer und Söhne. geb. *

— Wilhelm II. Graf v. Holland, s.: Bibliothek, mystische, 2. Publikation.

—— pädagog. Zeichenlehre, od. Anweis., den Zeichen-Unterricht als e. wesentl. Theil d. allgem. Schul-Unterr. zu behandeln. 8. (15 B. u. 24 Stnt. auf 6 Bog.) Erfurt 837, Müller'sche Buchh.

Die 24 lith. Tafeln apart 8 Gr.

Otto's, Fr., pädagogische Zeichenlehre. Neu bearb. u. hrsg. v. Wilh. Rein. 3. Aufl. gr. 8. (XII, 120 S.) Weimar 885. Böhlau. n. 1. 60

Otto's, Fr., pädagogische Zeichenlehre f. Volks-, Mittel- u. höhere Schulen auf Grund der allgem. Bestimmgn. d. königl. preuß. Ministers der geistl., Unterrichts- u. Medicinal-Angelegenheiten vom 15. Oktbr. 1872 neu bearb. u. hrsg. v. Wilh. Rein. Mit 20 (eingedr.) Holzschn. gr. 8. (VIII, 112 S.) Weimar 873. Böhlau. n. 1. 50

—— das Zeichnen selbsterfundener Formen als wesentlicher Theil eines allgemein bildenden Zeichnenunterrichts in 32 anregenden Vorbildern, auch nutzbar als Ideen-Magazin neu inventirter Rosetten u. Ornamente. 4. (32 Stnt. u. 1 B. Text.) Weimar 844, Voigt.

Otto, Friedrich August

Otto, Frdr. Aug., die Auflösung der Gleichungen m. Berücksicht. d. neuesten Fortschritte. 4. Aufl. (63 S.) 8. Düsseldorf 904. F. A. Otto. Kart. 3. —; erm. Pr. n. 2. —

Otto, Frdr. Aug., die Cardanische Formel u. die Auflösg. des irreduziblen Falles. (III, 16 S.) gr. 8. Essen 906. F. A. Otto. 1. —

Otto, Frdr. Aug., d. rechnende Geometrie. (System Otto.) E. unerschöpfl. Fundgrube f. mathemat. Forschg. M. Anh.: D. geometr. Problem d. 20. Jahrh. (Otto's Problem.) 12. (36 S. m. 6 Fig.) Tegel 895. F. A. Otto, Problem-Verlag. n. 1. —

Die Rechnende Geometrie. '(System Otto.)' Hrsg. v. Friedr. Aug. Otto. 2. Aufl. *Tegel: F. A. Otto 1896.* (115 S., 1 Bl.) 1 Bd 8. [96. 6325

Die Polynomischen Lehrsätze. Neues Verfahren z. Berechnung von Potenzen u. Wurzeln u. z. Bildung u. Lösung von Gleichungen von Friedr. Aug. Otto. Essen (Ruhr): F. A. Otto 1906. (16 S.) 8° [06. 10689

... Die Lösung des Fermat'schen Problems von Friedr Aug. Otto. 3. Aufl. Essen (Ruhr) Otto 1908. 16 S. 8° [Text autogr.]

Preis 100000 Mark. Die Lösung des Fermat'schen Problems von Friedr. Aug. Otto. 4. Aufl. Essen (Ruhr): F. A. Otto 1909. 16, 8 S. 8° [Text autogr.] [10. 10167

Ein Problem der Rechenkunst. Rationelle Methode z. Auflösg v. numerischen Gleichgn m. einer Unbekannten. '(Beliebiger Grad u. jede Form.)' Hrsg. v. Friedr. Aug. Otto. 2. Aufl. *Tegel: Problem-Verl. 1895.* (32 S.) 1 Bd 8. [96. 6326

Otto, Frdr. Aug., ein Problem der Rechenkunst. Allgemeines Verfahren zur Bildg. u. Auflösg. v. Gleichgn. m. e. Unbekannten. (Beliebiger Grad u. jede Form.) 3. Aufl. gr. 8. (56 S.) Düsseldorf 902. F. A. Otto. — 50; erhöht. Pr. n. 1. —

Vereinigte deutsche Stenographie. Vereinfachtes System Stolze-Gabelsberger. Bearb. u. hrsg. von Friedr. Aug. Otto. H. 1. Essen (Ruhr): F. A. Otto 1906. 8° [06. 3978

Otto, Friedr. Aug.: Vereinigte deutsche Stenographie Stolze-Gabelsberger Bearb. u. hrsg. von —. 4. Aufl. Essen (Ruhr) Otto 1908. 16 S. 8°

— **Friedrich Ernst** (Kulmbach/Bayreuth), Theoria e principiis suis eruta ad stabiliendam methodum naturalem atque compendiariam explicandi syllogismorum doctrinam diss. prima continens artificium convertendi indeque substituendi propositiones. Präs. Georg Peter Zenckel. Jena (J. Chr. Croeker) 13. X. 1741. 32 S. (5.—) 25723
Gew.: Johann Philipp Erb. — Widm. v.: Georg Peter Zenckel.

Otto, Friedrich Gottlob

— — (Jena), De indifferentia actionum hominis moralium. Diss. jur. natur. Präs. Johann Andreas Grosch. Jena (Chr. Fr. Buch) 1. X. 1746. 25 S. (5.—) 25725
Widm. v.: Joachim Georg Daries, Johann Andreas Grosch, Gottlieb Friedrich Amandus Trautmann (Oppon., dtsch.), Georg Wilhelm Gerding (Oppon., dtsch.).

— **Friedrich Gottlob** (Dresden), De natura arthritidis. Diss. med. Leipzig (Staritz) 26. V. 1818. 34 S. (3.75) 25724

— **Friedrich Hermann** (Herzberg), De vulneribus per primam intentionem sanandis. Diss. med. Halle (Orphanotroph.) 22. III. 1856. 29 S. mit Biogr. (M.: A. Dietze). (3.50) 25726
Adversar. part. suscep.: H. Bekel, E. Paetsch.

Otto, Friedrich Julius

Otto, Fr. Jul., Anleitung zur Ausmittelung der Gifte. Ein Leitfaden bei gerichtlich-chem. Untersuchungen u. in chem. Laboratorien zur Ausmittelung des Arsens, Kupfers, Bleis, Quecksilbers, Antimons etc. so wie die Erkennung der Blutflecken. Für Apotheker, Medicinalbeamte, Juristen, Chemiker u. Studirende. Mit in den Text gedr. Holzschn. 856. (VII, 104 S.) — 2., durch einen Nachtrag verm. Aufl. Braunschweig 857. Vieweg. gr. 8. (XIII, 111 S.) n. 20 ngr.

Otto, Fr. Jul., Anleitung zur Ausmittelung der Gifte u. zur Erkennung der Blutflecken bei gerichtlich-chemischen Untersuchungen. Unter Mitwirkung von Rob. Otto. Für Chemiker, Apotheker, Medicinalbeamte. 3. u. 4.. umgearb. u. verm. Aufl. Braunschweig 867,70. Vieweg & Sohn. gr. 8. (XIII, 131 S. mit in den Text eingedr. Holzst.) n. 20 ngr.

Otto, Fr. Jul., Anleitung zur Ausmittelung der Gifte u. zur Erkenng. der Blutflecken bei gerichtlich-chem. Untersuchgn. 5. Aufl., bearb. v. Rob. Otto. Für Chemiker, Apotheker, Medicinalbeamte u. Juristen; Leitfaden in Laboratorien u. bei Vorträgen. Mit in den Text eingedr. Holzst., e. farb. Spectraltaf. (in qu. 4.) u. e. farb. (lith.) Taf., Blutkörperchen darstellend. gr. 8. (XII, 180 S.) Braunschweig 875. Vieweg & Sohn. n. 5. —

Otto's, Fr. Jul., Anleitung zur Ausmittelung der Gifte u. zur Erkennung der Blutflecken bei gerichtlich-chemischen Untersuchungen. 6. Aufl., neu bearb. v. Rob. Otto. Für Chemiker, Apotheker, Medicinalbeamte u. Juristen. Leitfaden in Laboratorien u. bei Vorträgen. Mit Holzst. gr. 8. (XVII, 261 S.) Braunschweig 883. 84. Vieweg & Sohn. n. 7. —

Otto, Fr. Jul., Anleitung zur Ausmittelung der Gifte u. zur Erkennung der Blutflecken bei gerichtlich-chemischen Untersuchungen. 6. Aufl., neu bearb. v. Rob. Otto. Für Chemiker, Apotheker, Medicinalbeamte u. Juristen. Leitfaden in Laboratorien u. bei Vorträgen. Mit in den Text eingedr. Holzst. u. e farb. Taf., Blutkörperchen darstellend. 2. Abdr. gr. 8. (XVII, 261 S.) Braunschweig 892. F. Vieweg & Sohn. n. 7. —

OTTO, FRIEDRICH JULIUS.
Anleitung zur Ausmittelung der Gifte und zur Erkennung der Blutflecken bei gerichtlichchemischen Untersuchungen. Siebente Auflage, neubearbeitet von R. Otto. Braunschweig, 1896. 8vo. Ill.

—— die Bierbrauerei, die Branntweinbrennerei und die Liqueurfabrikation, s. Handbuch der chemischen Technologie.

Otto FJ. die Bierbrauerei, Branntweinbrennerei und Liqueurfabrikation. (Handbuch der chemischen Technologie von Bolley IV, 1) Braunschweig 1865

—— die Essig-, Zucker- und Stärke-Fabrikation, s. Handbuch der chemischen Technologie.

Otto FJ. Essig-, Zucker- und Stärkefabrikation. (Handbuch der chemischen Technologie von Bolley IV, 2) Braunschweig 1867

—— s. Graham-Otto's Lehrbuch der Chemie.

— ausführliches Lehrbuch der anorganischen Chemie, s. Graham-Otto's ausführliches Lehrbuch der Chemie.

Otto, Fr. Jul., ausführliches Lehrbuch der Chemie. Mit Benutzung des allgemeinen Theiles von Thom. Graham's „Elements of chemistry" 3., umgearb. Aufl. (In 3 Bdn.) 2. Bd. 1. Abthl. gr. 8. (LXI und 894 S. mit eingedr. Holzschn.) Braunschweig 853, Vieweg und Sohn. Thlr.*
Der 1. Bd. erschien zur Zeit noch nicht.

— — Mit Benutzung des allgemeinen Theiles von Th. Graham's „Elements of chemistry". 3. umgearb. Aufl. Mit in den Text eingedr. Holzschn. II. Bd. 2. Abth. 1—9. Liefg. u. 3. Abth. 1—9. Liefg. (oder 2. Bds. 9—26. Liefg.) Braunschweig 853—55. Vieweg. gr. 8. (2. Bd. 2. Abth.: 928 S.; 3. Abth.: 936 S. u. Nachträge zu 2. Bds. 1. Abth. S. 879—890.) Jede Liefg. n. 15 ngr.
Vgl.: Kolbe, Lehrbuch d. organ. Chemie.

— ausführliches Lehrbuch der Chemie. 3. umgearb. Aufl. 1. Bd. A. u. d. T.: Lehrbuch der physikal. u. theoret. Chemie von H. Buff, H. Kopp u. F. Zamminer. Mit 500 in den Text eingedr. Holzschn. Braunschweig 857. Vieweg. gr. 8. (XI, 860 S.) n. 4 Thlr. 15 ngr.

Otto, Fr. Jul., ausführliches Lehrbuch der Chemie. Mit in den Text eingedr. Holzst. 2 Bde. 4. umgearb. Aufl. Braunschweig 863. Vieweg & Sohn. gr. 8.
1. Bd.: Lehrbuch d. physikal. u. theoret. Chemie von H Buff, H. Kopp u. F. Zamminer. 2 Abthlgn. n. 5 Thlr.
1. Abth.: Physikalische Lehren; von H. Buff, H Kopp u. F. Zamminer (IX, 553 S.) n. 3 Thlr.
2. Abth.; Theoretische Chemie, u. Beziehungen zwischen chem. u. physikal. Eigenschaften; von Herm Kopp. (VII, 386 S.) n. 2 Thlr.
2. Bd.: Ausführliches Lehrbuch d. anorganischen Chemie von Fr. Jul. Otto. 1. Abth. 1. u. 2. Liefg. 2. Abth. 1—4. Liefg. 3. Abth. 1—12. Liefg. (1.: S. 1—192; 2.: S. 1—368.; 3.: VIII, 1116 S.) Jede Liefg. n. 15 ngr.
Vgl.: Kolbe, H.

Otto F. J.: Ausführliches Lehrbuch d. anorganischen Chemie. 3. umgearb. Aufl. 3 Abth. Braunschw. 1853-55. Fig.
(= Graham-Otto's Ausführl. Lehrb. d. Ch. 3. umgearb. Aufl. Bd. 2). 43.

Otto, Fr. Jul., Lehrbuch der Chemie, s. a. Thom. Grahams.

Otto, Fr. Jul., Lehrbuch der Chemie. Zum Theil auf Grundlage von Thom. Grahams Elements of Chemistry bearb. 2., umgearb. u. verm. Aufl. Mit zahlreichen Holzschnitten. 1. Bd. 7 Lfgn. gr. 8. (44¾ B.) Braunschweig 844, 47, Vieweg u. Sohn. à Lfg. * 15 Ngr. *

—— dass. 2., umgearb. u. verm. Aufl. Mit zahlreich. eingedr. Holzschn. 2. Bd. 1—15. Lfg gr. 8. (89½ B.) Ebds. 844—47. à Lfg. * 15 Ngr. *

Otto, Fr. Jul., Lehrbuch der Chemie. Zum Theil auf Grundlage von Thom. Graham's elements of chemistry bearb. 2., umgearb. und verm. Aufl. 2. Bd. 16—23. (letzte Lfg. der anorgan. Chemie) Lfg. gr. 8. (XII und S. 721—1430. mit eingedr. Holzschn.) Braunschweig 848—49, Vieweg und Sohn. à Lfg. * 15 Ngr. *
1. Bd. und 2. Bd. 1—15. Lfg. Ebendas. 1844—47. * 11 Thlr.

—— Lehrbuch d. Essigfabrikation. gr. 8. (14¾ B. u. 1 Kpfrt.) Braunschweig 840, Vieweg u. Sohn.

— Lehrbuch der Essigfabrikation. Enthltd.: die Anleitung zur rationellen Bereitung aller Arten von Essig, sowohl nach der älteren langsamen Methode, als auch nach der neueren schnellen Methode; zur Darstellung der Kräuteressige; zur Prüfung des Essigs auf seinen Säuregehalt und zur Anlage von Essigfabriken. Für Essigfabrikanten, Kaufleute, Landwirthe, Cameralisten u. Techniker. 2. umgearb. Aufl. Mit in den Text eingedr. Holzschn. Braunschweig 857. Vieweg. 8. (XII, 279 S.) n. 1 Thlr. 10 ngr.

Otto, Fr. J., Lehrbuch der rationellen Praxis der landwirthschaftlichen Gewerbe, s. a. Birnbaum, K.

— Lehrbuch der rationellen Praxis d. landwirthschaftl. Gewerbe, enthaltend die Bierbrauerei, Branntweinbrennerei, Hefe-, Liqueur-, Essig-, Stärke-, Stärkezucker- u. Runkelrübenfabrikation. Mit 5 Steintafeln. gr. 8. Braunschweig 838. Vieweg. 3½ Thlr. — 2e stark verm. Aufl. (2 Abthll.) Mit eingedruckten Holzschn. gr. 8. Ebd. 840. n. 4 Thlr.

— Lehrbuch der rationellen Praxis der landwirthschaftlichen Gewerbe. Die Bierbrauerei u. Branntweinbrennerei, die Hefe-, Liqueur-, Essig-, Stärke-, Stärkezucker- u. Runkelrübenzuckerfabrikation, die Kalk-, Gyps- u. Ziegelbrennerei, Potaschesiederei, Oelraffinerie, Butter- u. Käsebereitung, das Brotbacken u. Seifensieden umfassend. Zum Gebrauch bei Vorlesungen u. zum Selbstunterrichte für Landwirthe, Techniker u. Cameralisten. 3. umgearb. u. sehr verm. Aufl., bearb. unter Mitwirkung von Carl Siemens. Mit zahlr. eingedr. Holzschn. 10 Lfgn. gr. 8. (XVIII u. 971 S.) Braunschweig 849. 50, Vieweg & Sohn. (à n. ½ Thlr.) n. 5 Thlr. — 4. durch Zusätze verm. Aufl., bearb. unter Mitwirkung von Carl Siemens. Mit Stahlstichtaf. u. zahlr. in den Text eingedr. Holzschn. 2 Abthlgn. gr. 8. (1. Abth. XII u. 771 S. m. 6 Holzschn.- u. 4 Stahl-Taf. in qu. Fol.) Ebd. 852. n. 5 Thlr.

—— Nachträge zur 3. Aufl. vom Lehrbuche der rationellen Praxis der landwirthschaftlichen Gewerbe, enthaltend die Fortschritte in den wichtigsten landwirthschaftlichen Gewerben vom J. 1851 bis Ende des J. 1854. Unter Mitwirkung von Carl Siemens. gr. 8. (VI und 138 S. mit zahlreichen in den Text eingedr. Holzschn.) Braunschweig 855, Vieweg und Sohn. *

— Lehrbuch der rationellen Praxis der landwirthschaftlichen Gewerbe. Die Bierbrauerei und Branntweinbrennerei, die Hefe-, Liqueur-, Essig-, Stärke-, Stärkezucker- und Runkelrübenzuckerfabrikation etc. umfassend. Zum Gebrauche bei Vorlesungen etc. und zum Selbstunterrichte für Landwirthe, Techniker u. Cameralisten. 4. durch Zusätze verm. Aufl., bearb. unter Mitwirkung von Carl Siemens. Mit 4 Stahlstichtaf. u. 255 in den Text eingedr. Holzschn. 2. Abth. Braunschweig 855. Vieweg. gr. 8. (XVI, S. 773—942. u. 1 Holzschnitttaf. in Fol.) 1. u. 2. Abth.: n. 5 Thlr.

— Lehrbuch der rationellen Praxis der landwirthschaftlichen Gewerbe. Die Bierbrauerei und Brantweinbrennerei, die Sprit-, Hefe-, Liqueur-, Essig-Fabrikation etc. umfassend. Zum Gebrauche bei Vorträgen über die landwirthschaftlichen Gewerbe und zum Selbstunterrichte für Landwirthe, Fabrikanten, Architekten und Ingenieure. 5. umgearb. u. verm. Aufl. Mit 342 in den Text gedr. Holzst. 2 Bde. Ebend. 862. gr. 8. (IV, 1116 S.) n. 6 Thlr. 12 ngr.

— Lehrbuch der rationellen Praxis der landwirthschaftl. Gewerbe. Die Bierbrauerei u. Branntweinbrennerei, die Sprit-, Hefe-, Liqueur- etc. Fabrikation, die Cider- oder Obstmostbereitung etc. Zum Gebrauche bei Vorträgen über die landwirthschaftl. Gewerbe u. zum Selbstunterricht für Chemiker, Landwirthe, Fabrikanten etc. 6., revid. Aufl. 2 Bde. Mit zahlreichen in den Text eingedr. Holzst. Braunschweig, Vieweg & Sohn. gr. 8. [1. Bd. (III, 653 S. mit 3 Holzschntaff. in gr. 8. u. qu. Fol.) 865. n. 3 Thlr. 10 ngr., 2. Bd. (XIV, 735 S. mit 12 Holzschntaff. in gr. 8. u. qu. 4.) 868. n. 3 Thlr. 20 ngr.] n. 7 Thlr.

Otto-Birnbaum, Lehrbuch der rationellen Praxis der landwirthschaftlichen Gewerbe. Zugleich als 7. Aufl. v. Friedr. Jul. Otto's Lehrbuch der landwirthschaftlichen Gewerbe. Hrsg. in Gemeinschaft m. Anthon, Bronner, Fleischmann etc. u. red. v. K. Birnbaum. Mit zahlreichen in den Text eingedr. Holzst. 1—18. Lfg. gr. 8. Braunschweig 875. 76. Vieweg & Sohn. n. 74. —
1. u. 18. Lfg. 1. Bd. Lehrbuch der Bierbrauerei. Nach dem heut. Standpunkte der Theorie u. Praxis unter Mitwirkg. der angesehenen Theoretiker u. Praktiker bearb. v. Carl Lintner. 1. u. 2. Lfg. (320 S.) n. 7. 80

2., 4., 6., 9. u. 10. Lfg. 2. Bd. Die Branntweinbrennerei u. deren Nebenzweige. Ein Lehrbuch der Spiritus-, Branntwein-, Likör- u. Preßhefen-Fabrikation v. K. Stammer. (XVIII, 830 S.) n. 20. —
3., 5., 8., 11., 13. u. 15. Lfg. 3. Bd. Lehrbuch der Zuckerfabrikation. Von K. Stammer. (XXII, 988 S.) n. 27. —
7. u. 14. Lfg. 4. Thl. Das Molkereiwesen. Von Wilh. Fleischmann. 1. u. 2. Lfg. (320 S.) à n. 3. 60
16. Lfg. 7. Thl. Lehrbuch der Essigfabrikation m. Einschluß der Holzessigfabrikation u. der Darstellung der essigsauren Salze [Acetate]. Von Paul Bronner. (X, 214 S.) n. 4. 80
17 u. 18. Lfg. 5. Thl. Die Stärkefabrikation in Verbindung m. der Dextrin- u. Traubenzuckerfabrikation. Nach dem heut. Standpunkte der Theorie u. Praxis, auf Grund eigener Studien u. prakt. Erfahrgn., sowie m. Benutzg. d. vorhandenen literar. Materials u. unter Mitwirkg. hervorrag. Theoretiker u. Praktiker verf. von Ladisl. v. Wagner. 1. u. 2. Lfg. (VII, 320 S.) à n. 3. 60

Otto-Birnbaum, Lehrbuch der rationellen Praxis der landwirthschaftlichen Gewerbe. Zugleich als 7. Aufl. von Frdr. Jul. Otto's Lehrbuch der landwirthschaftlichen Gewerbe. Hrsg. in Gemeinschaft mit E. Birnbaum, Bronner, Dahlen ꝛc. u. red. von K. Birnbaum. Mit zahlreichen in den Text eingedr. Holzst. 19—38. Lfg. gr. 8. Braunschweig 877—82. Vieweg & Sohn. n. 111. — (1—38: n. 185. —)
19. 24. 28. 31. 4. Thl. Das Molkereiwesen. Ein Buch für Praxis u. Wissenschaft. Von Wilh. Fleischmann. 3—6. (Schluß-)Lfg. (XVI u. S. 321—1074.) n. 17. 80 (cplt.: n. 25. —)
20. 21. Die Stärke-, Dextrin- u. Traubenzuckerfabrikation. Von Ladisl. v. Wagner. 3. u. 4. (Schluß-) Lfg. (XIX u. S. 321—729.) n. 10. 40 (cplt.: n. 17. 60)
22. 13. Thl. Die Kalk-, Cement-, Gyps- u. Ziegelfabrikation, vom landwirthschaftlichen Standpunkt aus bearb. von J. F. Kühne (VI, 223 S.) n. 8. —
23. Lehrbuch der Düngerfabrikation u. Anleitung zur chemischen Untersuchung der Handelsdünger von Paul Wagner. (IX, 198 S.) n. 5. 20
25. 26. Die Industrie der Fette, enth. die Gewinnung u. Reinigung der Fette, sowie die Darstellung der Seifen, der Talg- u. Wachslichte, der Wagenfette u. anderer Schmiermaterialien u. der Kunstbutter. Von C. Deite. (X, 357 S.) n. 9. —
27. 32. 34. 36. 38. Die Weinbereitung. Von Heinr. Wilh. Dahlen. (XVI, 1050 S.) n. 26. —
29. Das Brotbacken. Eine Besprechung der Grundlagen für den rationellen Betrieb des Bäckergewerbes von K. Birnbaum. Mit zahlreichen in den Text gedr. Holzst. (IX, 330 S.) n. 8. 40
30. Lehrbuch der Bierbrauerei. Nach dem heutigen Standpunkte der Theorie und Praxis unter Mitwirkung der angesehensten Theoretiker u. Praktiker bearb. von C. Lintner. 3. (Schluß-)Lfg. (XII, S. 321—669.) n. 9. — (cplt.: n. 16. 50)
33. Die Torf-Industrie u. die Moor-Cultur. Eine Besprechung der Grundlagen für die rationelle Benutzung des Torfes, sowie für die Urbarmachung von Moorflächen von E. Birnbaum u. K. Birnbaum. (X, 278 S.) n. 6. 80
35. Die Gewinnung der Gespinnstfasern. Von H. Richard. Mit 154 in den Text eingedr. Holzst. (IX, 204 S.) n. 5. 60
37. Kurzes erläuterndes Wörterbuch zu der 7. Aufl. von Otto-Birnbaum's Lehrbuch der landwirthschaftlichen Gewerbe von K. Birnbaum. Mit 77 in den Text eingedr. Holzst. (VIII, 181 S.) n. 4. 80

Otto-Birnbaum, Lehrbuch der rationellen Praxis der landwirthschaftlichen Gewerbe. Zugleich als 7. Aufl. von Frdr. Jul. Otto's Lehrbuch der landwirthschaftl. Gewerbe. Hrsg. in Gemeinschaft m. E. Birnbaum, Bronner, Dahlen ꝛc. u. red. v. K. Birnbaum. 39. (Schluß-) Lfg. gr. 8. Braunschweig 884. Vieweg & Sohn. n. 2. — (cplt.: n. 187. —)
General-Register. Zusammengestellt v. K. Birnbaum. (VI, 58 S.)

Otto, Friedrich Oskar, s. Otto, Oskar

Otto, Friedrich Wilhelm

Otto, F. W., Arbeit u. Christenthum. Eine zeitgeschichtl. Studie. 8. (IV, 147 S.) Gütersloh 871. Bertelsmann. n. 1. 20

Otto, Fr. Wlh., s. *Cicero*, Cato major — de finibus bonor. et malorum.

Otto, Frid. Guil., Commentarii critici in codd. Bibliothecae Academ. Gissensis Graecos et Latinos philol. et medii aevi histor. ac geograph. Cum Appendice critica var. lect. et quorundam carminum Latinorum medii aevi nunc primum e codic. editorum. hoch 4. (49½ B. u. 2 Stnt.) Giessen 842, Heyer's Vrlgsh. *

Otto, Frider. Vilelm., Divinationes Livianae e cod. max. vestigiis petitae. 8maj. (7 B.) Karlsruhe 839, Groos.

Otto, F. W., Entwickelung. Woher? Wohin?, s. a. Zeitfragen des christlichen Volkslebens. Nr. 228.

Entwickelung. Woher? Wohin? Von F[riedrich] W[ilhelm] Otto, P. em. Stuttgart Ch. Belser 1905. (60 S.) 8° [F.]
— Zeitfragen d. christl. Volkslebens. Bd 30, H 4 [05. 9311]

— die Freiheit d. Menschen, ihr Wesen u. ihre Schranke. Eine philosophisch-theolog. Untersuchg. in 4 Kapiteln. gr. 8. (VIII, 240 S.) Ebend. 872. n. 3. 60

Otto, Friedr. Wilh., Grammatik d. latein. Sprache f. d. unt. Klassen d. Gymnasien, nach d. heutig. Standpunkte d. latein. Sprachwissenschaft auf e. leicht faßl. Art bearb. gr. 8. (24 B.) Leipzig 834, [Berger's Vrls.-Buchh.]

—— Grammatik d. latein. Sprache f. d. unt. Klassen d. Gymnasien, nach d. heut. Standpunkte d. latein. Sprachwissenschaft auf e. leicht faßl. Art bearb. 2. Ausg. gr. 8. (24¾ B.) Leipzig 836, [Berger's Buchh.] *

— ist der Mensch frei?, s. a. Zeitfragen des christlichen Volkslebens.

Ist der Mensch frei? Von F[riedrich] W[ilhelm] Otto, P. em. *Stuttgart: Ch. Belser 1903.* (61 S.) 8° [F.]
— Zeitfragen d. christlichen Volkslebens. Bd 28, H. 5. [03. 9646]

Otto, F. W., der Kampf Luthers und der lutherischen Kirche gegen Romanismus und Libertinismus. Vortrag, gehalten auf der Pastoralversammlung zu Dresden am 5. Septbr. 1883. gr. 8. (IV, 47 S.) Leipzig 883, Dörffling und Franke. *

Otto, Fridericvs Gvilelmvs (geb. am 25 Mai 1819 in Sohlbach Westf.): De Henrici II Germanorvm imperatoris in artes litterasqve meritis ... Bonnae, form. F. P. Lechneri 1848. 1 Bl., 52 S., 1 Bl. 8.
Bonn, Phil. Fak., Diss. v. 11 März 1848

Otto, F. G., Observationes criticae in nonnullos Taciti locos. Gel. 1843. 10 S. 4°.

Otto, Fr. W., Grammatici incerti de generibus nominum opusculum, s. Grammatici.

Otto, Fr. Wilh. Pauca de Ciceronis Laelio. 12 S. *Paderborn* 1883. Progr.

Otto, Themistocles *μηδισμοῦ* quem vocant falso accusatus est. Fasc. I u. II. 1865, 24, 41 S. 4°.
Paderborn, Progr.

Otto, Fritz [app. Arzt aus Höhnstedt (Prov. Sachsen)]. Ueber bandförmige Hornhauttrübungen. Kiel, Druck v. Schmidt & Klaunig, 1889; 21 + 1 S. + 1 Bl. 8°
Kiel, Med. Fak., Inaug.-Diss. v. 28. Febr. 1889

Otto, Fritz. Über bandförmige Hornhauttrübungen. Diss. gr. 8. (22 S.) Kiel 889, (Lipsius u. Tischer). * — 80

Otto, Fritz, aus Altendorf a. d. Ruhr: Ueber die **Mahlabfälle** des Roggens und Weizens. *Göttingen 1901: Dieterich.* (48 S.) 8°
Göttingen, Phil. Diss. v. [7. Febr.] 1902

Otto, Fritz, üb. die Mahlabfälle des Roggens u. Weizens. Diss. Lex.-8. (48 S. m. 2 Taf.) Göttingen 901. (Vandenhoeck & Ruprecht.) n. 1. 60

Otto, G., 20 Bücherzeichen. Mit e. Vorwort v. F. Warnecke. gr. 8. (VI S. u. 20 Blatt.) Berlin 894. J. A. Stargardt. n. 4. —

Otto, G., Erinnergn. an d. Gefangenschaft Kaiser Napoleon III. auf Wilhelmshöhe nach mündl. u. schriftl. Mitteilgn. v. Personen s. nächsten Umgebung, verf. im Febr 1871. (D. Gefangene v. Wilhelmshöhe) 2. u. 3. Aufl. gr. 8. (16 S.) Cassel 895. Gebr. Gotthelft. n. — 30

Otto, G. C., s. Otto, Georg Karl

Otto, G. E., s. Otto, Georg Ernst

Otto, Georg

Otto, Geo. (G. O. Kellerbauer), die Begründung der lutherischen Tamulen-Mission 1706. 1906. (12 S. m. Abbildgn.) 8. Zwickau 906. J. Herrmann. n. — 15
Sonderabdruck aus: „Ev.-luth. Hausfreund".

Otto, Geo., Camillo, oder: Treue Liebe und fürchterliche Rache. Räuber-Gemälde. 2 Bde. 8. Nordhausen 838. Fürst. 2⅙ ₰

— die Ritter Hugo von Hartenberg u. Konrad von Steinbach. Ritter- u. Räubergeschichte. 8. Nordhausen 837. Fürst. 1 ₰

—, Markitta, die Räuberbraut, od.: Feretto u. seine gefürchtete Bande. Räuber-Gemälde. 2 Bde. 8. (26 B.) Nordhausen 836, Fürst.

—, Mourreaur, Frankreichs Schrecken, od. Thaten u. Ende d. größten Bösewichts. Schauder-Gemälde aus d. 2. Hälfte d. vorigen Jahrh. 8. (13 B.) Nordhausen 836, Fürst.

Otto, Geo. (G. O. Kellerbauer), Simon Petrus. Gedichte. 12. (III, 48 S.) Zwickau 902. J. Herrmann. n. 1. —; geb. in Leinw. m. Goldschn. n. 1. 50

—, Piontello, Zögling d. mordlust. Herigo. Räuber-Gemälde aus d. ersten Hälfte d. vorigen Jahrh. 2 Bde. 8. (29 B.) Nordhausen 837, Fürst.

— Sanguinato, oder Graf Miraldi und sein Beschützer. Räubergeschichte. 8. Ebd. 836. 1 ₰

Otto, Geo. Chr., († d. 6. Febr. 1828.) s. Georgius, auch Magazin f. die Handlung u. Handelsgesetzgebung Frankreichs.

Otto, Ge. Chrn.,] **Metamorphosen des Germanischen Adels. Von Georgius.** Nürnberg 1810. 8. . . . . (D.)

Otto, Geo. Ernst, Beiträge zur modernen Geldwissenschaft. In zwanglosen Heften. 1—3. Heft. Leipzig 857, 58. Thomas in Comm. 8. n. 11½ ngr.
1. Heft. Die gegenwärtige Muthlosigkeit der Börsen. 1. u. 2. Aufl. (23 S.) n. 4 ngr.
2. Heft. Die Banknotenfrage. (32 S.) n. 4 ngr.
3. Heft. Welche Art der Industrie eignet sich zur Förderung durch die Creditanstalten? (23 S.) n. 3½ ngr.

Otto, Geo. Er., († ...) Geschichte u. Topographie v. Weißenfels in Sachsen. gr. 8. Weißenf. 796. Böse. 1 ₰ 12 gr

Otto, Geo. Ernst, Grundzüge einer philosophischen Kosmologie. Mit 3 lith. Taf. (in 4.) Freiberg 860. Engelhardt. (Leipzig, Felix.) gr. 8. (V, 196 S.) n. 1 ₰ 6 ngr.

— Studien auf dem Gebiete des Bergrechtes. Freiberg 856. Engelhardt. gr. 8. (95 S.) n. 15 ngr.

— vom Versuch der Verbrechen. Eine jurist. Abhandlung. gr. 8. (VIII und 103 S.) Leipzig 854, Teubner.

Otto, Georg Karl

— Anweis. alle gewöhnl. Rechnungsfälle auf allgem. Ausdrücke u. Formeln zu bringen. 8. Leipz. 809. (Joachim). 18 gr

Otto, G. C., Beiträge z. chem. Statik. 1r Bd. gr. 8. Wiesbaden, Schellenberg. 813.

— Lehrbuch der allgem. Arithmetik f. d. prakt. Unterricht in d. Buchstaben-Rechnung u. der Algebra. gr. 8. Dresd. 826. (Wagner). 1 ₰

Otto, Geo. Carl, Lehrbuch d. allgem. Arithmetik f. d. prakt. Unterr. in d. Buchstaben-Rechnung u. d. Algebra od. Gleichheits-Lehre, den Funktionen u. ihren Veränderungen, od. Differenzial- u. Integral-Rechnung u. d. höheren Gleichungen. 2., wohlf. Ausg. gr. 8. (18½ B.) Dresden 834. Arnold

Otto, Geo. Karl, Lehrbuch d. niedern Arithmetik, ein vollständ. Rechenbuch, welches alle Fundamentalregeln mit 1775 Uebungsbeispielen aufstellt. gr. 8. Dresd. 820. 2e A. 829. Arnold. 18 gr

— Lehrbuch der niedern Arithmetik, ein prakt. Rechenbuch, welches alle Fundamentalregeln enthält. 3e verb. u. wohlf. Ausg. gr. 8. Ebd. 834. ½ ₰

Otto, G. C., gesetzmäßige Schranken der Zeugeneide und Urpheden. 4. Frft. 748.

— Theorie z. Untersuchung d. finanziellen Vermögens-Zustandes eines Principals, bei Anschaffung eines Waarenlagers durch d. Faktor. 4. Leipz. 822. (Fr. Fleischer). 14 gr (A. u. d. T.: Beweisschrift, daß sich ein Rechnungsführer bei Ablegung seiner rc. 18jähr. Rechnungen keiner Veruntreuung v. 13,343 ₰ hat zu Schulden kommen lassen rc.)

Otto, Geo. Sigm., libellus scholasticus. 8. Berl. 712.

Otto, Georg Theodor Emil Karl Eduard, s. Otto, Eduard

Otto, Gottlieb

Otto, G., Neue Praxis der Declination und Conjugation. Cothen 786. 8. 9 gr.

Otto, G., neue Praxis der Declination. und Conjugation. 8. Cothen, Aue. 787.

Otto, Gli. († ...) Versuch e. neuen weit vortheilhaftern Praxis Conjugationum et Declinationum, mit Anführung d. Hauptregeln aus allen eingeführten Grammatiken. 8. Königsb. 787.

— der beste Weg, Ebräisch zu lernen rc. Mit Tabb. 4. (Lpz.) 789.

Otto, Gottlieb Fr

Otto, Gli. Fr., († d. 8. Jan. 1815.) altes u. neues von Friedersdorf bei d. Landskrone. 4. Görl. 795. (Schöps in Zittau). 6 gr

— Lexicon der seit d. 15. Jahrh. verstorb. u. jetzt lebenden Oberlausitz. Schriftsteller. 3 Bde à 2 Abtheill. gr. 8. Görl. 800—806. Anton in Halle. 8 rf — Ergänzungsband v. Jh. Dn. Schulze. gr. 8. Ebd. 821. Zobel. 2 rf 8 gr

— s. M. Luthers Sendschreiben an e. Oberpfarrer.

— kurze Nachr. von denjen. Rathmannen zu Görlitz, die seit 1701 im Rathsstuhle theils ihrer Väter, theils ihrer Großväter Aemter bekleidet haben. 4. Görl. 808.

— Nachr. von den seit der Reformation bis auf die gegenwärt. Zeit gewes. Offizialen u. nachgehends Generalsuperintendenten in Lübben. gr. 8. Zittau 814. (Schöps). 4 gr

— Nachr. von den Stadt- u. Landpredigern in d. Oberlausitz, die sich dreimal verehelicht haben. 4. Görl. 805.

Otto, (G. F.,) Oberlausitz. Schriftsteller-Lexicon. Ergänz.-Band v. J. D. Schulz. gr. 8. Görlitz 827, Zobel.

Otto, Glo. Arn., († 1813.) Versuch e. philoseph. Examens üb. d. Fragen: Was bin ich? — Warum bin ich? — Was werde ich seyn? 8. Wittenb. 789. Kühne. 3 gr

Otto, Gualt., s.: Otto, Walt.

Otto, Gustav, Kurlander, Beitrage zur Lehre von der Eclampsie. Diss. Dorpat. 8°. 45 pp. 1866.

Otto, Gustav: Der Einfluss des Roman de Thebes auf die altfranzösische Literatur. Gottingen 1909. Rossteutscher, Coburg. XI, 131 S. 8°

Gottingen, Phil. Diss. v. 13. Nov. 1909, Ref. Stimming

[Geb. 21 Febr. 84 Koburg; Wohnort Koburg, Staatsangeh. Sachsen-Koburg-Gotha, Vorbildung Gymn. Koburg Reife O 03, Studium: Heidelberg 3, München 1, Gottingen 7 S., Rig. 28 Juli 09.] [U 10. 1450

Otto, G., u. A. Hasselblatt, v. den 14,000 Immatriculirten Dorpats Streifzüge in das „Album Academicum" der Kaiserl. Universität Dorpat. gr. 8. (VIII, 151 S.) Dorpat 891. (Leipzig, K. F. Koehler.) n. 2. 50

Otto, Gust., Karte der sächsisch-böhm. Schweiz. Fol. Lith. u. color. Dresden 848, Adler & Dietze. — (Neue Ausg. m. 3 S. Text.) Ebd. 851. n. 1/3 rf

Otto, Gust., Karte der sächsisch-böhmischen Schweiz. Lithogr. und ill. (3 S. Text.) Fol. Dresden 853, Adler und Dietze. *

Otto, G. Die evangelischen Kirchen u. Prediger Kurlands, s. Kallmeyer, Thdr.

Otto, Gust., das Medicinalwesen Kurlands unt. d. Herzögen u. währ. d. ersten Decennien russischer Herrschaft bis z. J. 1825. Hrsg. v. d. kurländ. Gesellschaft f. Literatur u. Kunst. [Aus: „Sitzungsber. d. kurländ. Gesellsch. f. Lit. u. Kunst".] gr. 8. (136 S.) Mitau 898. (F. Besthorn.) n. 3. —

Otto, Gust., zwei Reform-Vorschläge f. das Invaliditäts- u. Alters-Versicherungsgesetz. 8. (11 S. m. 19 S. Formularen.) Berlin 894. L. Abel. n. — 60

Otto, G[ustav]: Die öffentl. Schulen Kurlands zu herzogl. Zeit 1567—1806. Hrsg von der Kurländischen Ges. für Literatur und Kunst. — Mitau: Steffenhagen 1904. CXIX S.

[Otto, Gust.]: Gegen die Schwurgerichte. Von dem Verf. von „Die Verbrecherwelt von Berlin". [Unterz.:] L. Σ. Berlin u. Leipzig 1886.

Otto, die preußische Staatsanwaltschaft. Aus Anlaß ihres 50jähr. Bestehens als historisch-krit. Studie nach amtl. Quellen bearb. gr. 8. (VI, 210 S.) Berlin 899. J. Guttentag. n. 4. —; geb. in Leinw. n. 4. 60

[Otto, Gust.]: Die Verbrecherwelt von Berlin. Von L. Σ. Berlin u. Leipzig 1886.
(S.-A. a.: Zeitschrift f. d. ges. Strafrechtswiss.)

Otto, Gustav Karl Anton

--- Gustav Carl Anton (Erfurt/Wolfenbüttel/Braunschw.), De methodo diuretica. Diss. med. Berlin (Brüschcke) 30. III. 1829. 36 S. mit Biogr. (M.: Thieme.) (3.75) 25728
Oppon.: J. Brevis, A. Moormann, G. Holthoff.

Otto, H., De fabula Oedipodea apud Sophoclem. Diss. 1879. 44 S.

Otto, H., s.a. Fortbildungsschule, die ländliche, im Dienste der Wohlfahrtsarbeit.

Otto, H., die ländliche Fortbildungsschule. Mit e. Anh.: Ministerialerlasse für das ländl. Fortbildungsschulwesen. (61 S.) gr. 8. Berlin 905. P. Parey. n. 1. 20

Otto, H., Schalkauer Geschichten. Roman in 9 Büchern. 3 Bde Glogau 867. Flemming. 8. (1002 S.) 4 rf

— Unsere Landbevölkerung. Lesebuch f. ländl. Berufskreise u. Bildungsanstalten in der Prov. Posen. 2. Aufl. (VIII, 421 S.) 8. Leipzig 910. H. Voigt. Geb. in Leinw. 2. 40

Otto, H., Lehrplan f. gewerbliche Fortbildungsschulen. Auf Grund der Vorschriften des Hrn. Ministers für Handel u. Gewerbe v. 5. VII. 1897 f. die Aufstellg. von Lehrplänen u. das Lehrverfahren im Deutschen u. Rechnen an den vom Staate unterstützten gewerbl. Fortbildungsschulen bearb. gr. 8. (31 S.) Leipzig 901. J. Klinkhardt. n. — 60

— Lehrplan f. ländliche Fortbildungsschulen. I.—III. Jahr. (Je 1 Bl.) Je 56×44,5 cm. Lissa (910). O. Eulitz. à — 40; auf Pappe à — 80

— Lesebuch f. ländliche Fortbildungsschulen im Königr. Preußen. Bearb. unter Zugrundelegg. d. landwirtschaftl. Fortbildungsschullesebuches v. Kälker u. Rodig. (X, 348 S.) 8. Leipzig 905. H. Voigt. Geb. in Leinw. n.n. 2.20

Notwendigkeit obligatorischer Fortbildungsschulen in Stadt und Land. Von H. Otto, Rektor in Perleberg. Vortrag zu Brandenburg a. H. *Liegnitz [1902]: C. Seyffarth.* (16 S.) 8° [Umschlagt. J.] [03. 5059

— Rechenbuch f. ländliche Fortbildungsschulen, s.: Knak, P.

Otto, H., das deutsche Riesen-Scheckenkaninchen, s.: Poppe's, F., Bibliothek f. Kaninchenzüchter.

— s.: Sprachlehre u. Rechtschreibung f. die Oberstufe.

Otto, H., die antiken Thongefässe in ihrer Bedeutung für die moderne Gefässindustrie, s. Stockbauer, J.

Otto, H., ein anderes besseres Wahlrecht, d. Forderung aller gut völkisch denkenden Deutschen! Offene Eingabe an den deutschen Reichstag. (10 S.) gr. 8. Dresden-Blasewitz (903). Arnold & Gröschel. — 40

— Wortwiederholungen bei Sophokles. Pr. 1896. 26 S. 4°.

Otto, H. C., üb. die äusseren Formen d. schriftlichen Verkehrs. Die Titulaturen der Würdenträger, Behörden, Beamten, Militär- u. Privatpersonen. Verzeichniss der Wörter, die nach der neuen Rechtschreibg. e. Änderg. ihrer Schreibweise erfahren haben. Zur Handhabe f. Schule u. Haus hrsg. 8. (23 S.) Berlin 884. F. Rosenthal. n. — 30

— Leitfaden f. den Schreibunterricht im Anschluss an die neue Berliner Schreibschule. Eine entwickelnde Darstellg. der deutschen Kurrent- u. der latein. Kursivschrift. gr. 8. (68 S.) Leipzig 884. Klinkhardt. n. 1. 50

Otto, H. C., Post-Heft für Schule u. Haus, nebst Anh.: Verzeichniss u. Erklärungen häufig im geschäftlichen Leben gebrauchter Fremdwörter, sowie weltl. u. geistl. Titulaturen m. Angabe der Personen, für die sie bestimmt sind. Bearb. unter gewissenhafter Benutzung der betr. gesetzlichen Bestimmungen etc. 21. Hft. der Neuen Berliner Schreibschule. Nach Massgabe der Bestimmungen des Normal-Lehrplans der Berliner Schulen bearb. u. hrsg. (2. Aufl.) gr. 4. (16 S. m. 32 Steintaf.) Berlin 880. Chun. — 75

Otto, C. H., Post-Heft f. Schule, Haus und Geschäft. Mit 32 Taf., enth. Muster für alle Arten v. Postsachen, z. Tl. auf Postformularen in den Originalfarben. Nebst Anh.: Weltliche u. geistl. Titulaturen m. Angabe der Personen, f. die sie bestimmt sind, sowie vergleich. Tabellen üb. Münzen, Gewichte u. Längenmasse. 3., neu bearb. Aufl. gr. 4. (16 S. m. 32 Taf.) Berlin, 889 Winckelmann & Söhne. n. — 80

Otto, H. C., die Rundschrift in genetischer Stufenfolge. [Neue Berliner Schreibschule, 22. Hft.] qu. Fol. (32 S.) Leipzig 882. Klinkhardt. n. — 50

— die Rundschrift, in genet. Stufenfolge bearb. [Neue Berliner Schreibschule, 22. Hft.] qu. gr. 4. (32 lith. S.) Ebend. 885. n. — 50

Otto, H. C., die Rundschrift, in genet. Stufenfolge bearb. Neue Berliner Schreibschule. 22. Hft. qu. Lex. 8. (32 S.) Berlin (900). M. Rockenstein. n. — 50

Otto, H. C. Schreibschule. Geschäftsaufsätze 1—3, bearb. v. E. Horn. Berlin (903). M. Rockenstein. n.n. — 75
1. (40 S.) 4. n. — 20. — 2. (40 S.) gr. 4. n.n. — 25
3. (40 S.) Fol. n.n. — 30

— dasselbe, Postheft, s.: Zebler, B.

— dasselbe. Rockenstein's Rundschriftheft. (32 S.) 4. Berlin (903). M. Rockenstein. n. — 20; Uebungsheft. (32 S.) n.n. — 10

Otto, H. C., Schreibschule, Ergänzg., s.: Zebler, B., Postheft.

— neue Berliner Schreibschule. Nach Maßgabe der Bestimmungen des Normal-Lehrplans der Berliner Schulen bearb. u. hrsg. 1—21. Hft. qu. 4. (à 20 S.) Berlin 878. Chun. n.n. 2. 90
1—16., 18. u. 20. à n.n. — 10. — 17. n. — 15. — 19. n.n. — 20. — 21. Post-Heft für Schule u. Haus mit 32 Tab.: Postformulare in den Originalfarben nebst Anhang: Verzeichniss u. Erklärungen häufig im geschäftl. Leben gebrauchter Fremdwörter, sowie weltliche u. geistliche Titulaturen mit Angabe der Personen, für die sie bestimmt sind. Bearb. unter gewissenhafter Benutzung der betr. gesetzlichen Bestimmungen etc. (16 S. m. 31 lith. Taf.) n.n. — 75

— dasselbe. Schulheft Nr. 1—3. (à 24 S.) qu. 4. Ebend. 878. à n.n. — 10

— neue Berliner Schreibschule. Nach Maßgabe der Bestimmgn. des Normal-Lehrplans der Berliner Schulen bearb. u. hrsg. Hft. 1—13, 13a, 14, 14a, 15, 15a, 16, 16a u. 17—20. qu. gr. 8. Ebd. (901). n.n. 2. 60
1—13, 13a, 14, 14a, 15, 15a, 16, 16a. (à 20 S.) à n.n. — 10. — 17. (24 S.) n. — 20. — 18. Geschäftsaufsätze. (20 S.) n.n. — 10. — 19. Geschäftsaufsätze u. abgekürzte Bezeichnungen der Münzen, Maße u. Gewichte des Deutschen Reiches. (28 S.) n. — 20. — 20. Geschäftsaufsätze III. (20 S.) n.n. — 10.

— Schreibschule f. Schule u. Haus. 16 Schulhefte (m. Vorschriften u. Anweisgn.). (Je 24 S.) qu. kl. 8. Ebd. à n.n. — 15

Otto's, H. C., Schreibschule f. Schule u. Haus. 16 Hfte. qu. 4 (à 28 S. m. Vorschriften.) Berlin 892. P. Moedebeck. à n.n. — 15

— dasselbe. Uebungsheft I—IV qu. 4. (à 32 S. ohne Vorschriften.) Ebd. 892 à n.n — 15

— Schreibschule f. Schule u. Haus. Uebungsheft 5 u. 6. qu. 4. (à 32 S. ohne Vorschriften.) Ebd. (899). à n.n. — 15

— dasselbe, Ergänzungsheft, s.: Zebler, B., Postheft

— dasselbe. Rundschrift. I u. II. qu. gr. 4. (à 32 S.) Berlin (901. 902). M. Rockenstein. n. — 55; (I n. — 25; II n. — 30)
Übungshfte. (à 32 S.) n.n. — 45; (I n.n. — 20; II n.n. — 25)

— Schreibschule zum Selbstunterricht. Methodische Anweisg. zur Erzielg. e. schönen, leicht lesbaren u. gewandten Handschrift. Stufengemäß geordnete Übungsaufgaben f. die deutsche Kurrent- u. die latein. Kursivschrift, m. Angabe üb. Einteilg., Länge-, Breite- u. Höhenverhältnisse der Schrift. 10 Hfte. qu. 4. (à 28 S.) Ebd. 893 In Mappe. n.n. 3. —

—— und J. Sack, Tabelle der deutschen Münzen, Masse und Gewichte. Mit Abbild. der Masse und Gewichte in Orig.-Grösse; sowie der officiellen Schreibweise der Masseinheiten. 2. verb. und verm. Aufl. Imp.-Fol. Berlin 880, [Chun.] Klinkhardt.

— Ubungsheft zur Rundschrift. [Neue Berliner Schreibschule, 23. Hft.] qu. gr. 4. (24 S.) Ebend. 885. n. — 30

— u. J. Sack,

— — Wandtabelle der deutschen Münzen, Masse u. Gewichte. Imp.-Fol. Ebend. 879. — 75

Otto, H. J., zwei physikalische Abhandlungen. I. Beseitigung der bisher. Eintheilung der Flüssigkeiten in tropfbare und ausdehnsame. II. Nachweis der wahren Luftspiegelung im Gegensatze zur Kimmung (fata morgana). gr. 8. (16 S.) Nordhausen 851, Büchting.

Otto, H. J., Pallas Athene. Eine mythologische Abhandlung. Nordhausen 858. Büchting. gr. 8. (IV, 70 S.) n. 15 ngr.

Otto, H. J., Zur Theorie der Wärme. gr. 8. (VI und 64 S.) Nordhausen 853, Büchting. *

Otto, H. M. Frdr., das Abendmahlsopfer der alten Kirche. Ein Beitrag zum Verständniß u. Ausbau des Altarlebens der Kirche Jesu Christi. Gotha 868. F. A. Perthes. gr. 8. (VIII, 119 S) n. 16 ngr.

—— Gesammeltes und Eigenes aus dem Tagebuche eines alten Schulmannes. 8. (XI, 142 S.) Bielefeld [Eisenach] 874. Baemeister. *ℳ 1,20.; geb. *

Otto, H. W , s. O t t o , Hermann

Otto, Hans: Die Beschuppung der Brevilinguier und Ascalaboten. Mit 28 Fig. im Text. Jena: Fischer 1908. 61 S. 8° ¶ (Aus: Jenaische Zeitschr. f. Naturwiss. Bd 44. N. F. 37, H. 1.)
Jena, Phil. Diss. v. 19. Okt. 1908, Ref. Ziegler
[Geb. 11 Sept. 83 Oeslau; Wohnort: Oeslau; Staatsangeh.: Sachsen-Koburg-Gotha; Vorbildung: Oberrealsch. Koburg Reife M. 03; Studium: München 2, Jena 7 S.; Rig. 15. Mai 08.] [U 09. 2207

Otto, Hans, Arzt aus Grabow a. O. Historische und kritische Darstellung unserer Kenntnis von den parametritischen Abscessen. *Greifswald 1904: H. Adler.* (49 S.) 8°
Greifswald, Med. Diss. v. 17 März 1904

Otto, Hans, aus Müncheberg (Mark Brandenb.), Assist.-Arzt im Feld-Art.-Reg. Prinz August von Preußen (1 Lith.) No. 1 Ein Fall von Atresia hymenalis congenita. *Berlin (1903): G. Schade.* (29 S.) 8°
Berlin, Med. Diss. v. 21 März 1903

Otto, Hans, aus Halle a. S. Über die Kondensationsprodukte des Citrals und Citronellals mit Malonsäure. *Halle a. S. 1903 (vielm.: 1904): C. A. Kaemmerer & Co.* (27 S.) 8°
Halle, Phil. Diss. v 1904

Otto, Hans L. W. [aus Perleberg]. Kritische Studie über das anonyme Jeu saint Löys, roy de France ... Greifswald, Druck v. F. W. Kunike, 1897; 2 Bl., 62 S. 8.
Greifswald, Phil. Fak., Inaug.-Diss. v. 6. Juli 1897

Otto, Heino, s. O t t o , Heinrich

Otto, Heinr., s.: Aktenstücke, ungedruckte, a. d. Zeit Karls IV.

Otto H.: Über den Antheil der Stadt Budweis an den Kriegsereignissen des J. 1683. 32. Budweis R. 84.
Progr.

Otto, Heinr., üb. den Antheil der Stadt Budweis an den Kriegsereignissen d. J. 1683. gr. 8. (34 S.) Budweis 885. (Wien, Pichler's Wwe. & Sohn.) n. — 70

Otto, Heinrich [aus Homburg v. d. H.]: Die Beziehungen Rudolfs von Habsburg zu Papst Gregor x ... (Soll vollst. ersch.) Wiesbaden, Druck v. R. Bechtold & C., 1893; 46 S., 1 Bl. 8.
Erlangen, Phil. Fak., Inaug.-Diss. v 1893

Otto, Heinr., die Beziehungen Rudolfs v. Habsburg zu Papst Gregor X. gr. 8. (VII, 99 S.) Innsbruck 895. Wagner. n. 2. 40

Otto, Heinr., eine Briefmarkensammlung vornehmlich zur Geschichte italienischer Kommunen in der 2. Hälfte des Mittelalters. (70 S.) gr. 8. Rom 908. Loescher & Co. nn 2. —

Otto, Heinr., im Dorfe, s.: Steinzeichnungen deutscher Maler.

- Die Eide u. Privilegien Heinrichs VII. u. Karls IV. Mit ungedr. Aktenstücken. (65 S.) Lex. 8. Ebd. 906. nn 1. 60
2 Sonderabdrucke aus: „Quellen u. Forschgn. a. italien. Archiven u. Bibliotheken".

Otto, Heinr., Erlebtes u. Erdachtes. 12. (VIII, 91 S.) Graz 887. Pechel. n. 2. 40

Otto, Heinr., der Gehsport, bearb. unter Mitwirkg. v. Herm. Müller, Emerich Rath u. George H. Allen, s.a. Miniatur-Bibliothek f. Sport u. Spiel.

Otto, H Der Gehsport. Training, Technik und Taktik des Schnell-, Gepack u. Dauergehens. Leipzig 1910. 124 S. m. Abb. (Miniaturbibl. f Sport u. Spiel. 24.)

Otto, Heinr., Hadamar in der Franzosenzeit. (95 S. m. Abbild. u. 1 Taf.) 8. Limburg 909. Limburger Vereinsdruckerei. 1. —

—— Handbuch der kirchlichen Kunst-Archäologie des Deutschen Mittelalters. 3. Aufl. Mit eingedr. Holzschn., Stahlst., Kupferst. (u. a. Ill.) Leipzig 1854. 8. (MöA.; D.)
——, —— 4. umgearb. Aufl. Ebda 1863. 8.
——, —— 5. Aufl. In Verbindung mit dem Verfasser bearb. von E. Wernicke. Bd. 1 2. Mit Holzschn. u. Kupfert. Ebda 1883—84. gr. 8. . . . . . . (D.)

Otto, Heinr., das Avignoneser Inventar d. päpstlichen Archivs vom J. 1366 u. die Privilegiensammlungen des Fieschi u. des Platina. Ein Beitrag zur Geschichte des vatikan. Archivs im 14. u. 15. Jahrh. (Mit Konkordanztab. v. F. Schillmann.) (60 S.) gr. 8. Rom 909. Loescher & Co. nn 2. 40
Sonderabdr. a.. „Quellen d. Forschgn. a. ital. Archiven".

– d. St. R K a t a l o g der Lehrerbibl. 98. 99 v Heinrich Otto. 30. 44. Progr. Budweis

– Archäologischer Katechismus. Kirchliche Kunstarchäologie des deutschen Mittelalters. 2. Auflage. Leipzig 1873

— s.: Landschaft, deutsche.

Otto, Heinr., Landschaftsstudien. Kohlenzeichnungen nach der Natur. Photographirt von Gust. Jägermayer. 1. Lfg. qu. Fol. (5 Blatt.) Wien 864, Jägermayer und Comp. *

Otto, Heino, Skizzen üb. Holzarchitektur. 1. Lfg. Fol. (10 autogr. Taf.) Dresden 897. Gewerbebuchh. E. Schürmann. n. 5. —

Otto, Heinr., Skizzen üb. Holzarchitektur 2. Lfg. Fol. (10 autogr. Taf.) Dresden (899). Gewerbe-Buchh. n. 5. —

Otto, Heinrich, Dr Das Streben der Konige von Frankreich nach der romischen Kaiserkrone *Hadamar 1899: J. W. Horter.* (S. 1 9.) 4°
Hadamar, k. G, P 1899 (415)

—— das deutsche Volkslied und seine Bedeutung für die neuhochdeutsche Kunstdichtung. gr. 8. (30 S.) Budweis 885. (Wien, Pichler's Wwe. und Sohn.) *

— **Heinrich Eduard** (Meißen), Descriptio morborum epidemicorum qui mensibus Dec. 1808 et Januar 1809 Lipsiae grassati sunt. Diss. med. Leipzig (Fr. Richter) 5. I. 1810. 36 S. (4.—) 25729
Gew.: Jo. Christ. Rosenmueller.

— **Heinrich Friedrich** (Gotha), Brevis commentatio de ingeniis, moribus et studiis praecipuarum gentium Europae publicae luci exposita curante. Frankfurt u. Leipzig (Chr. D. Werther) 1718. 39 S. (4.50) 25730
Gew.: Johann Theodor Schulthes.

Otto, Henr. Frid.: Tractatio jur. de testimonio fraterno testamentario. Lipsiae 1724.

Otto, Henr Guil. (geb Danzig 8. 12. 1773) De febre flava Americanorum. Berolini (1818). (40 S.) 8°
Berlin, Med. Diss. v 8 Dez. 1818

— **Heinrich Jakob** (Quedlinburg/Sachsen), Positiones practicas circa materiam probationis. Exercit. jur. Präs. Jo. Balthas. Wernher. Wittenberg (Gerdes) 8. III. 1710. 56 S. (5.—) 25731

Otto, Heinrich Richard, s. Otto, Richard

— **Heinrich Theodor** (Breitingen), De haemorrhagia neonatorum intestinali. Diss. med. Leipzig (A. Edelmann) 5. IV. 1856. 16 S. mit Biogr. (M.: A. Wagner). (2.50) 25732
Gew.: Heinrich Otto (Vater) u. Traugott Otto (Oheim).

Otto, Hnr. Thdr. Fd., Anstands-Tabelle, enthalt. die nothwend. Regeln e. anständ. Betragens rc. Fol. Lpz. 815. Barth. 1⅓ ℛ

Otto, H. T, F., Anstands-Tabellen. Fol. Leipzig, Barth. 816. —

Otto, H. Th. F. Ueber Bildung überhaupt und Bildung durch die Schule insbesondere. 24 S. 8. . . . .
Progr. Sobernheim 1826

Otto, Hnr. Thdr. Fd., christl. Haustafel. Fol. Leipz. 816. Barth. 1¼ ℛ

— — die heilige Woche, oder Geschichte der letzten Reden, Thaten und Schicksale Jesu Christi auf Erden. 8. Leipzig, Hinrichs. 817. —

Otto, Helene, Aneis. In der Sprache der Zehnjährigen erzählt. (III, 130 S.) gr. 8. Leipzig 904. K. G. Th. Scheffer. Geb. in Leinw. n. 2.—

— Ilias. In der Sprache der Zehnjährigen erzählt. Mit 6 Vollbildern v. E. Bertling. 1.—3. Tauf. (IV, 114 S.) gr. 8. Ebd. 904. Geb. in Leinw. n. 2.25

— die Nibelungensage. In der Sprache der Zehnjährigen erzählt. 2 Bde. 1.—3. Tauf. gr. 8. Ebd. 904. Geb. in Leinw. à n. 2.—
1. Sigfridsage. (IV, 110 S.) — 2. Hildebrantsage. (IV, 103 S.)

— Odyssee. In der Sprache der Zehnjährigen erzählt. Mit 10 Vollbildern v. Frdr. Preller u. e. Vorrede an Eltern, Lehrer u. Erzieher v. Berth. Otto. 1.—3. Tauf. (VII, 102 S.) gr. 8. Ebd. 903. Geb. in Leinw. n. 2.25

— Sagen u. Märchen, in der Sprache der Achtjährigen erzählt. (119 S. m. Abbildgn.) gr. 8. Ebd. 904. Geb. in Leinw. n. 2.50

Abnormitäten. Von Signor Saltarino [d. i. Hermann Otto]. Düsseldorf. E. Lintz 1900. (XXXII, 89 S.) 8°

Artisten-Geschichten von Signor Saltarino [d. i. Hermann Otto]. 3./7. Aufl. Berlin & Leipzig: Seemann [1910]. 128 S. 8°
(Siesta. 13.) [10. 16481

Otto's, H. W., internationaler Artisten-Kalender pro 1898/99. Ein unentbehrl. Rathgeber u. Nachschlagebuch f. Artisten im Engagement u. auf Reisen. Bearb. v. Leop. G. Neelsgar. gr. 16. (176 S.) Düsseldorf, E. Lintz. Geb. in Ldr. n. 2.—

— internationaler Artisten-Kalender f. d. J. 1900 m. Engagements-Tabellen u. 1 Eisenbahn-Karte. 3. Jahrg. gr. 16. (184 S.) Düsseldorf, E. Lintz. Geb. in Leinw. n. 2.—
Fortsetzung, s.: Artisten-Kalender, intern.

Otto, H[erm.]. W. **Artisten-Lexikon. Biographische Notizen üb. berühmte Kunstreiter, Dompteure, Gymnastiker, Acrobaten, Clowns etc. aller Länder u. Zeiten. 12. (VIII, 128 S. m. Abbildgn.) Düsseld. 891, [Kraus]. Lintz. geb. * 5 —**

Artisten-Lexikon. Biogr. Notizen über Kunstreiter, Dompteure, Gymnastiker, Clowns, Akrobaten, Specialitäten etc. aller Länder u. Zeiten. '(2. verm. u. verb. Aufl.)' Von Signor Saltarino [d. i. Herm. Otto]. *Düsseldorf: E. Lintz 1895.* (4 Bl., 316 S.) 1 Bd 8. [96. 4029

Otto, Hermann, Bezirkstierarzt in Neubrandenburg
Beiträge zur Kenntnis der pathologisch begründeten Unterscheidungsmerkmale bei Taubenrassen. ⟨Aus dem zootechnischen und veterinärhygienischen Institute der Universität Bern. Professor Duerst.⟩ Berlin 1910. 52 S. und eine Tafel. 8° [5. III. 10.]
Bern, Vet med. Diss. 1909 10.

Otto, Hermann. Beiträge zur Kenntnis der pathologisch begründeten Unterscheidungsmerkmale bei Taubenrassen. Aus dem zootechnischen und veterinärhygienischen Institute der Universität Bern... Diss. Vet.-Med. Bern. Mit [1 Figur und] 1 Tafel. 52 S. 8. Berlin, Richard Schoetz, 1910.

– (Hrsg.), s. Sonntags-Post

[F.] Die Strasse entlang. Vagantengeschichten v. Signor Saltarino [d. i. Herm. Otto]. *Berlin: R. Eckstein Nf. [1897].* (136 S.) 1 Bd 8.
= Reisebibliothek, Ecksteins. No 171. [98. 7630

Otto, Herm., die Trichinenkrankheit u. ihre Heilung. gr. 8. (21 S.) Magdeburg 884. Rathke. n. 1. —

Otto, Herm., d. Verschiedenheiten d. neuen deutschen vom geltenden sächsischen, bürgerlichen Rechte. I. Allgem. Tl. u. Forderungsrecht. gr. 8. (176 S.) Dresden 897. 98. C. Weiske. n.n. 4.05; kart. n.n. 4.50
Erschien auch in 6 Lfgn.

Otto, Herm., die Verschiedenheiten des neuen deutschen vom geltenden sächsischen bürgerlichen Rechte. II. Bd. 4 Lfgn. u. III. Bd. 4. u. 5. Lfg. gr. 8. Dresden, C. Weiske. à n. — 70; (kplt. geb. in Leinw. n. 11.—)
II. Sachenrecht. 4 Lfgn. (III, 113 S.) 899.
III. Familienrecht u. Erbrecht. Bearb. v. Bernh. Nitsche. 4. u. 5. Lfg. (S. 97—165.) 898. 899.

Fahrendes Volk. Skizzen u. Novellen aus d. Zirkusleben von Signor Saltarino [d. i. Hermann Otto] u. M[artin] Behrend. *Mülheim a. d. R.: J. Bagel [1898].* (132 S.) 8° [F.] [00. 7366

Otto, Herm., Wort u. Bild, od. wie wird d. lieben Kleinen das Lesenlernen leicht u. angenehm gemacht? gr. 4. (390 ill. Bild. u. 1¾ B.) Wien 835, Müller.

Otto, Hermann W., s. Otto, Hermann

Der Krammetsvogel. Seine Jagd mit besond. Berücks. d. Vogelherdes. Von Hugo Otto. Mit 33 Abb. Neudamm: Neumann 1910. 58 S. 8°
(J. Neumanns Jagdlich-kynologische Büchersammlung.) [10. 6938

Otto, Hugo, s. a. Luise Henriette Kurfürstin v. Brandenburg.

Luise Henriette Kurfürstin v Brandenburg. Festschrift z. Andenken an d. Enthullung d. Denkmals dieser Furstin durch Se. Kgl. H. Prinz Eitel Friedrich v. Preußen 1904 zu Moers. (Vert H Otto.) Moers Spaarmann (1904). 24 S. 8° [Umschlagt.] [05. 16347

Otto, Hugo, a. Sachsendorf ⟨Brandenburg⟩: Untersuchungen über die Entwicklung von Paludina vivipara. Marburg 1906: (Breitkopf & Härtel, Leipzig). (60 S.) 8° ¶(Die vollst. Arbeit erschien in der Zeitschrift für wissenschaftliche Zoologie Bd 80.)

Marburg, Phil. Fak., Ref. Korschelt, Diss. v. 9. Febr. 1906

[Geb. 2. Juni 80 Braunschweig; Wohnort: Sachsendorf; Staatsangeh.: Preußen; Vorbildung: Gymn. Marburg Reife für Prima O. 98; Studium: Marburg 2, Breslau 1, Marburg 8 S.; Rig. 11. Juni 04.]

Untersuchungen über die Entwicklung von Paludina vivipara. Von H[ugo] Otto u. K[arl] Tönniges. Mit 6 Taf. u. 29 Fig. Leipzig: W Engelmann 1906. (S. 411–514.) 8° [Umschlagt.]
Aus. Zeitschrift f. wiss. Zool. Bd 80,3. [06. 5635 4

— im Wald u. auf der Heide. Bilder aus der heim. Natur. (VIII, 135 S. m. Abbildgn.) 8. Mörs (904). J. W. Spaarmann. n. 1. 50

Otto, Hugo, im Wald u. auf der Heide. Bilder aus der heimischen Natur. (IV, 135 S. m. Abbild.) 8. Moers (909). Aug. Steiger. Geb. in Leinw. 1.50.

Otto, J., kurzer u. gründl. Beweis der Auferstehung von d. Todten, d. Seligkeit derer, die vollendet sind rc. 8. Frkf. 812. Guilhaumann. 6 gr

— allgem. Lehrbuch d. alten, bei d. Aposteln übl. gewesenen, u. von dort an bis hierher von so vielen Menschen u. auch selbst sogenannt. Christen mißverstand. wahren christl. Religion, od. ächten apostol. Lehre rc. 2r A. 8. Frkf. 812. Guilhaumann. 18 gr

Otto, J., Sprachlehre u. Rechtschreibung f. die Mittelstufe. Lehrerheft. 2. Aufl. (X, 90 S.) 8. Gebweiler, 906. J. Boltze. Kart. n. 1. 50

— dasselbe. Oberstufe. (VIII, 126 S.) gr. 8. Ebd. 904. Kart. n.n. 1. 50
Schülerhefte, s.: Sprachlehre u. Rechtschreibung.

Otto, J.

Otto's böhmisch-deutsches Taschenwörterbuch. Auszug aus den großen, v. J. V. Sterzinger u. J. Herzer zusammengestellten Wörterbüchern. (231 S.) kl. 8. Prag (910). J. Otto. Geb. in Leinw. nn 5. —

Otto, J., Tugendsteg und Lasterweg über die Evangelia. 4. Nrnb. 728.

Otto, J. C. F.

— — Abhandlung über die allgemeinen Gleichungen für das Gleichgewicht und die Bewegung sowohl der festen elastischen Körper als auch der Fluida, von Poison. 2. Fortsetzung zu obigem Werke. 1. Abth. enthaltend: Die auf nebenstehendem Titel genannte Abhandlung Poisson's in der Uebersetzung und eine Vorrede, in welcher das Verhältniss jener Abhandlung zur Mechanik überhaupt und der Zusammenhang zwischen ihr und dem obenbezeichneten artilleristischen Gegenstande insbesondere dargelegt wird. 4. Neisse 1847.

Otto, J. C. F. Artilleristische Ansichten. Berlin 1859. 8°.

Otto, F., Beitrag zu den Anleitungen für die Integration der Differenzial- oder Ableitungs-Gleichungen in unendlichen Reihen erläutert an einigen verwickelten Beispielen für Anfänger. A. u. d. T.: Erste Fortsetzung der Bemerkungen über den Einfluss der Umdrehung der Artillerie-Geschosse auf ihre Bahn. gr. 4. (XXII u. 283 S.) Neisse 847, Müller. $4\frac{1}{3}$ ₰

Otto, J. C. F., Beitrag zu den Anleitungen für die Integration der Differenzial- oder Ableitungs-Gleichungen in unendlichen Reihen erläutert an einigen verwickelten Beispielen für Anfänger. A. u. d. T.: Erste Fortsetzung der Bemerkungen über den Einfluss der Umdrehung der Artillerie-Geschosse auf ihre Bahn. 2. (Titel-)Ausg. gr. 4. (XXII und 283 S.) Neisse (847)66, Graveur.

Otto, F. (I.), Bemerkungen über den Einfluss der Umdrehung der Artillerie-Geschosse auf ihre Bahn im Allgemeinen, so wie über die Unzulänglichkeit der desfallsigen Untersuchungen des Hrn. Poisson insbesondere. 4. ($14\frac{1}{2}$ B. u. 2 Stnt.) Berlin 843, Behr's Buchh. *

—— Bemerkungen üb. den Einfluss der Umdrehung der Artillerie-Geschosse auf ihre Bahn. Nachtrag. 4. (4 B.) Neisse 846, Hennings. *

—— erste Fortsetzung der Bemerkungen üb. d. Einfluss der Umdrehung der Artillerie-Geschosse etc. A. u. d. Ttl.: Beitrag zu den Anleitungen f. die Integration der Differential- od. Ableitungs-Gleichungen in unendl. Reihen, erläutert an einigen verwickelten Beispielen f. Anfänger. gr. 4. ($38\frac{3}{4}$ B.) Neisse 847, Müller.

— — Nachtrag zu den Bemerkungen über den Einfluss der Umdrehung der Artillerie-Geschosse auf ihre Bahn. (Beigeb. dem Werke von 1843.) 4 Neisse und Frankenstein 1846.

Otto, J. C. F., Hilfsmittel für ballistische Rechnungen. (Ein Auszug aus größeren Arbeiten.) 1—4. Liefg. Berlin 855—57. Mittler u. Sohn. 8. (275 S.) 1 ₰ $13\frac{1}{2}$ ngr.

Otto, J. C. F., ballistische Tafeln, nebst e. Anleit., vermittelst ders. einige Hauptfälle d. ballist. Problems in Zahlen aufzulösen, f. quadrat. Luftwiderstand. gr. 4. . . . Berlin 834, Dümmler.

— — Tafeln für den Bombenwurf. Berlin 1842. 202 S.

Otto, J. C. F., Tafeln f. d. Bombenwurf. gr. 8. (Mit 1 Steintaf.) Berlin, Posen u. Bromberg 842, Mittler. n. $1\frac{1}{3}$ ₰

—— neue ballistische Tafeln. 2 Abthlgn. 4. (XI und 250 S mit eingedr. Holzschn.) Berlin 857, Decker'sche geheime Ober-Hofbuchdruckerei.

—— mathemat. Theorie d. Ricoschettschusses. gr. 8. (9 B. u. 1 Stnt. gr. 4.) Berlin 833, Jonas's Vrls.-Buchh.

— Umdrehung der Artillerie-Geschosse. 2. Fortsetzg. 1. Abth., siehe a. Poisson, Abhandlung.

Otto, J. C. F über die Umdrehung d Artillerie-Geschosse. Mit Taf Berlin 1843. 114 S

Otto, J. C. T., s. Otto, Johann Karl Theodor von

Otto, J. Chr., das Haus der Bourbonen von seinem Ursprunge bis Ludwig Philipp I., König der Franzosen. 16. (62 S.) Crefeld 847, Klein.

Otto, J. F., de concionum salubri mensura. Hal. 1739. 4.

Otto, J. G., die Schloß- u. Domkirche zu Merseburg, ihre Denkmäler u. Merkwürdigkeiten. M. 1 Ansicht d. Doms (gr. 4.). 8. (4 B.) Merseburg 834, Nulandt.

Otto, J G Ch. Fr., s. O t t o , Franz

Otto, J. Karl, die Behandlung der Dezimalbruchrechnung in der Volksschule. gr. 8. (60 S.) Leipzig 886, Siegismund und Volkening. *M 1.20.: cart. *
—— dass. — s. Sammelmappe, pädagogische, Heft 95.

Otto, J. O., Adress-Buch sämmtlicher Kunstgärtnereien, Samen- und Pflanzenhandlungen Frankreichs etc., s. Adress-Buch.

Otto, I. O., Adressbuch sämmtlicher Kunstgärtnereien, Samen- u. Pflanzenhandlungen Deutschlands und der Schweiz mit genauer Angabe aller ihrer Geschäftszweige. Ein Hand- u. Hülfsbuch für Kunst- u. Handelsgärtner Jhg. 1. Erfurt 1863. gr 4

—— Post-Handbuch, enth. das Nothwendige der preuss. Post-Porto-Tarife und Postgesetze. Zum Gebrauche bei der Correspondenz sowohl als bei der Packetversendung nach amtl. Quellen übersichtlich zusammengestellt. 2., unveränd. Aufl. gr. 8. (VIII und 72 S.) Erfurt 864, F. W. Otto.

Otto, J. S. G., Feinbuch, oder allgemein vollständige und ausführliche Tabellen zur Regulirung und Legirung d. Goldes rc. 12. Berlin, Unger in Commission. 809.

Otto, (J. S. G.) Fein Buch od. allgem. vollständ. u. ausführl. Tabellen zur Reducirung u. Legirung des Goldes u. Silbers nach dem feinen Gehalt in der rohen Masse. Neue Ausg. gr. 12. Berlin 822, Christiani.

Otto, J. S. G., Feinbuch, od. allgem. vollständ. u. ausführl. Tabellen zur Reducirung u. Legirung des Goldes u. Silbers nach d. feinen Gehalt u. in d. rohen Masse rc. 12. Berl. 809. N. A. 822. (Steinacker in Leipz.) 2 ₰

— vollständ. u. ausführl. Münz- u. Wechselcours-, Reductions- u. Arbitrage-Tabellen f. Berlin u. Leipzig, Königsberg u. Danzig, Hamburg u. Amsterdam, in Verbindung mit allen See- u. Handelsstädten Europa's. Nebst e. Anh. der Zins- u. Disconto-Tabellen f. jede Summe u. Zeit mit deren Erläuter. gr. 8. Berl. 822. Herbig. 8 ₰ Die Zins- u. Disconto-Tabellen einzeln. 1 ₰ 16 gr

— s. J. C. Nellenbrechers Taschenbuch rc.

— ausführl. Zinsen- u. Disconto-Tabellen zu 1 bis 12 Proc. pro Anno, in der neuen Preuß. Münze à 30 Silbergr. u. zwar v. 1 bis 100,000 Thaler Capital für jede Zeit v. 1 Tag bis 12 Monat rc. 2e Ausg. gr. qu. 4. Berl. 825. Th. Enslin. 1 ₰

— **Jakob** (Anklam / Pommern), Examen doctrinae de notorio. Diss. jur. Präs. Jo. Samuel Strykius. Halle/Magdeburg (J. Montag) 11. VIII. 1706. 56 S. (5.—) 25733

— — Dasselbe. Halle/Magdeburg (J. Montag) 11. VIII. 1706. 56 S. (5.—) 25734
Gew.: Magnus von Lagerström.

— — Dasselbe. 11. VIII. 1706. [Halle/Magdeburg] (Hendel) 1746. 62 S. (5.—) 25735

OTTO, Jacob: Freyer Pürsch-Beschreibung. In sich begreiffende Zehen Marck- und Freyungs-Stein. I. Vorbericht über solche Beschreibung. II. Woher die Freye Pürsch also genennet worden? etc. . . - Neue Aufl. Ulm 1725. 2, 101 S., Reg., 216 S. Beil.

Otto, Jac., v. der freyen Pürschbeschreib. 4. Ulm. (J. Wolff in Augsb.) 725.

Otto, Jak. Aug., über den Bau d. Bogeninstrumente, u. üb. die Arbeiten d. vorzügl. Instrumentenmacher, z. Belehrung f. Musiker. Nebst Andeutungen z. Erhalt. d. Violine in gutem Zustande. 8. (6½ B.) Jena 828. Bran.

Otto, Jac. Aug., üb. den Bau der Bogen-Instrumente u. üb. die Arbeiten der vorzüglichsten Instrumentenmacher. Zur Belehrg. f. Musiker. Nebst Andeutgn. zur Erhaltg. der Violine in gutem Zustande. 2. Aufl. 8. (VI, 93 S.) Jena 873. Bran'sche Buchh. n. 1. —

Otto, Jac. Aug., üb. den Bau der Bogeninstrumente u. üb. die Arbeiten der vorzüglichsten Instrumentenmacher. Zur Belehrg. f. Musiker. Nebst Andeutgn. zur Erhaltg. der Violine in gutem Zustande. 3. Aufl. 8. (VII, 93 S.) Jena 886. Mauke. n. 1. —

— über d. Bau u. die Erhaltung d. Geige u. aller Bogeninstrumente. 8. Halle 817. Reinicke u. C. 8 gr

Otto, J. A., über den Bau und die Erhaltung der Geige und aller Bogeninstrumente. Nebst einer Uebersicht der vorzüglichsten Künstler und der sichersten Kennzeichen ihrer Arbeiten. 8. Halle, Ruff. 817. —

— **Jakob Friedrich** (Anklam/Pommern), De medico effectu affectuum animi. Diss. med. Präs. Michael Alberti. Halle/Magdeburg (J. Chr. Hendel) Aug. 1735. 48 S. (5.—) 25736

— **Jakob Georg** (Anklam/Pommern), De genesi materiae purulentae sine praevia inflammatione. Präs. Philipp Adolph Boehmer. Halle/Magdeburg (Hendel) 10. X. 1767. 32 S. (4.75) 25737
Gew.: Christian Andreas Cothen, Jakob Friedrich Otto (Vater).

Otto, Jo., Diss. de morbis ab intumescentia et pressione nervorum per foramina ossium egredientium. Erf. 4°. 1799

Otto, Jo. Chr. De p a s s i o n e cholerica,
s. A d o l p h i , Christian Michael [Praes.]

Otto, Jo. Christoph [Praes.] , s. H o l t z a p f f e l , Benjamin: Dissertationem de latini sermonis usu maturius exercendo.

Otto, Jo. Karl Gottfried

— **Jo. Carl Gottfried** (Dresden), De rerum singularium legatarum vel praeceptarum dominio etiam in Saxonia ante investituram acquisito. Diss. jur. Präs. Jo. Tobias Richter: Leipzig (Langenheim) 10. III. 1762. 31 S. (4.75) 25741
Widm. v.: Jo. Tobias Richter.

Otto, Johanne, [von Peine, Preussen]: Aus der Medicinischen Klinik des Herrn Prof. Eichhorst in Zürich. Das Ausschliessungsverhältniss zwischen Herzklappenfehlern und Lungenschwindsucht. (S. A. aus Virchow's Archiv für pathol. Anatome und Physiologie, Bd 144 S. 159–197]). Berl. (G. Reimer) 1896. 41 S. 8°.
Zürich, Med. Diss. [v. 18. Juli 1896].

Otto, Jh. Ad., († d. 10. Febr. 1814.) Ihm schreibt Meusel auch das Buch: Aristides, oder über gleiche Vertheilung d. Reallasten rc. zu, welches bereits auch d. Chr. A. Arndt zugeschrieben ist.

— s. 1) Cicero Orationes Selectae. 2) Cornelius Nepos, teutsch.

Otto, J. A., de stilo N. T. hellenistico. Magdeb. 1774. 4.

— **Johann Adolph** (Nossen / Meißen), De mulierum restitutione in integrum, propter absentiam reipublicae causa. Diss. jur. Präs. Conr. Wilhelm Strecker. Erfurt (Hering) 23. I. 1739. 23 S. 25739
Gew.: Heinrich Gotthelff Koehler, Joh. Gottfr. Otto (Bruder).

Otto, Jh. Andr., von d. Verschiedenheit d. Unterrichts auf Schulen u. Universitäten. 1r u. 2r Versuch. 4. Magdeb. 773, 75.

— **Johann August** (Dresden), De effectu pacti sine domini consensu initi, quo simul investitus in liberam, inter vivos et mortis causa, de feudo dispositionem, simultanea investitura reservata, consentit. Diss. jur. Präs. Jo. Tobias Richter. Leipzig (Langenheim) 26. V. 1752. 35 S. (4.75) 25740
Widm. v.: Jo. Tobias Richter.

Otto, Johann Christian

— — u. **Christian Sigismund Otto** (Brüder, Nitschwitz/Meißen), Ignem incentii febrilis causam esse. Diss. med. Präs. Abraham Vater. Wittenberg (Schweder) 20. VI. 1724. (5.25) 25745
Widm. v.: Abraham Vater.

— **Johann Christian** (Dresen), De justitia filiae in petenda gerada materna contra vitricum statuto Weissenfelsensi haud mutata. Spec. interpretationis jur. statutarii. Präs. Christian Hanaek. Wittenberg (Schlomach) 27. IV. 1750. 37 S. (4.75) 25743

— — Dasselbe. Wittenberg (Schlomach) 27. IV. 1750. 40 S. (5.—) 25744
Angebd.: Epistola gratulatoria patris, qua filio, Johann Christian Otto, munere advocati et notarii cingendo, salutem plurimam dicit et exoptat v. Johann Gottlob Otto. (Lockwitz 21. III. 1750).

— **Johann Christian Gottlob** (Zörbig), Disput. jur. decima nona selectiora juris principiaad ordinem digestorum exposita libri XII. spec. III. continens. Präs. Jo. Tobias Richter. Leipzig (Langenheim) 9. II. 1752. 16 S. (4.50) 25746

Otto, Johann Christoph

— — (Hildburghausen), De aestimanda veterum ac recentiorum eruditione. Altera vice. Leipzig (Schede) 11. III. 1716. 28 S. (4.75) 25750

Otto, Joh.Daniel: De operis novi n u n c i a t i o n e et interdicto quod vi aut clam. 18 S.–
Basel, Jur.Diss.v. 7.April 1809.

— Johann Ernst (Dresden), Quomodo icti Romani de delictis eorumque poenis philosophati sint? Präs. Carl Salomon Zacharias. Wittenberg (Chr. Ph. Meltzer) 14. IX. 1799. 16 S. (4.—) 25751
Gew.: Johann von Spillner. — Widm. v.: Carl Salomon Zacharias.

Otto, Johann Fr.

Otto, Jh. Fr. U., vollständ. Anweis. zur prakt. Geometrie für Feldmesser, Oekonomen ꝛc. Mit 19 Kpf. 8. Leipz. 804. N. A. 807. (Gotha, Steudel). 1 ℛ 12 g.

Otto, Jh. Fr. L., s. Entdeckung d. Waidtpflanzen.

Otto, J. F., Lehrbuch der Geometrie für Oekonomen, Landleute, Maurer ꝛc. m. K. 8. Lpz. Junius. 8o3.

Otto, Jh. Fr., s. A. J. Zechel, von d. Convulsionen d. Kinder.

— **Johann Friedrich** (Elstra/Lausitz), De eo, quod dicatur, nempe sui medicus quilibet esse potest. Theses med. Präs. Hieronymus Ludolff. Erfurt (Groschl) 6. II. 1723. 17 S. (4.—) 25752
Gew.: Jo. Joachim Hahn. — Widm. v.: Johann Friedrich von Pre.

— — (Zörbig), De tutore aneclogisto et quando rationes tutelae reposci nequeant ad L. V. § VII. D. de administr. et periculo tutor. Präs. Christoph Ludw. Crell. Wittenberg (Scheffler) Juni 1741. 36 S. (5.50) 25753

Otto, Joan Frid. (geb. Coln a. Rh. 29. 9. 1815). De vi ac natura contagii syphilitici. Berolini (1840) (26 S.) 8°
Berlin, Med. Diss. v. 9. Sept 1840

Johann Friedrich Christian Otto

De Erroribus quibusdam in cura fracturarum ossium frequenter commissis. Gottingae (1775:) Dieterich. 32 S. 8°

Göttingen, Med. Diss. v. 8. Jul. 1775

Otto, Johann Friedrich Wilhelm

— Abriß e. Naturgeschichte des Meeres; e. Beitr. zur physikal. Erdbeschreibung. 2 Bdchn. 8. Berl. 792—94. 2e Aufl. 809. Franke. 1 ℛ 8 g.

— s. 1) Beitrr. zur physikal. Erdbeschreib. 2) Mannichfaltigkeiten, neueste u. allerneueste. 3) F. H. Martini, Geschichte d. Natur.

Otto, F. W., Naturgeschichte des Meeres, Beytr. zur physikalischen Erdbeschreibung. 2 Bdchen. 8. Berlin, Franke. 808–9., (à 16 gr.)

Otto, F. W. System einer allgem. Hydrographie des Erdbodens. Berlin, 1800. 8. Auch unter dem Titel: Versuch einer physischen Erdbeschreibung. 1. Vol. Hydrographie

Otto, Jh. Fr. Wlh., Versuch e. physikal. Erdbeschreibung. 1r Thl. Hydrographie. Mit 1 Kpft. gr. 8. Berl. 800. Nauck. 2 ℛ 4 g (Auch u. d. T.: System e. allgem. Hydrographie d. Erdbodens.)

Otto, Johann Gottfried

Otto, J. G., medic. und chirurgische Bemerkungen. gr. 8. Lpz. Bohme. 793.

Otto, Jh. Gf., medicin. u. chirurg. Bemerkk. gr. 8. Leipz. 793. (Gnobloch). 16 g.

— s.a. Lilienfeld, e. wahre Geschichte.

LILIENFELD. Eine wahre Geschichte (von *Joh. Gottfried Otto*). Theil 1 (einz.). Eisenach, Bärecke, 1782. 8°. (1/2 Rthl.)
Anon.-Lex III p. 78 (nach Kayser u. Meusel)

HANS v Metebach. Eine interessante Geschichte aus dem Jahre 1781 (von *Joh. Gottfr Otto*). Eisenach, Wittekind, 1781. 8° (1/2 Rthl.)
Anon.-Lex. II. p. 264 (nach Kayser u. Meusel).

– s.a. **Preller, Fritz**

PRELLER, Fritz, ein Liebesroman (in zahmen Briefen), wie sich noch täglich unterm Monde welche zutragen (von *Joh. Gottfr. Otto*). Eisenach, Wittekindt, 1782 (Auch tit. „Ganymed". Th. 3.) 8° (44 Mk Auktion Boerner [Meyer's Goethe-Bibl.], Oskar Rauthe, 1910. 22 Mk)

— — Dasselbe, tit. Fritz Preller Ein Liebesroman. Nebst einigen andern Erzählungen. Neue Ausgabe O. O. (Ebd.) 1805. 8° Titel u. 108 S.

— Versuch e. auf die Ordnung u. den Stand der Lamellen gegründ. Anordnung u. Beschreib. der Agaricorum. gr. 8. Leipz. 816. Er. Fleischer. 12 gr.

Otto, (J. G.,) Versuch e. auf d. Ordnung u. d. Stand d. Lamellen gegründeten Anordnung u. Beschreibung d. Agaricorum. gr. 8. Leipz. 826, G. Fleischer.

Otto, Joan. Guil. (geb. Stettin 2. 2. 1798) De arsenico. Berolini 1821. (38 S.) 8°
Berlin, Med. Diss. v. 30. Nov. 1821

Otto, Johann Heinrich

— — (Reinsdorf), De febre nervosa acuta. Diss. med. Leipzig (Fr. Andraei) 24. VII. 1840. 20 S. (2.50) 52755
Gew.: Christian Friedrich Freitag.

— Johann Heinrich (Eichsfeld/Preußen/Heiligenstadt), De ossium genesi pathologica. Diss. med. Berlin (Nietack) 12. IX. 1837. 32 S. mit Biogr. (M.: C. Klee.) (3.—) 25754
Oppon.: L. Gunkel, G. Muermann, H. Meyer. — Gew.: J. A. Elsholz, C. H. G. Scheibler.

Otto, Johann Jakob David

Otto, J. J. D. — Aus dem Tagebuch eines alten Kriegers der Großherzogl. S. Polizei-Wachtmeisters Joh. Jac. Dav. Otto in Jena. (Zur Geschichte der Feldzüge des Weimar. Militärs 1806—1810.) Mit Vor- und Schlußwort hrsg. von Johs. Günther. gr. 8. (16 S.) Jena 863, (Neuenhahn.) *

Otto, Johann Karl Theodor von

— s. Baumgarten-Crusius, L. F. O., exeget. Schriften.

Otto, Jo. C. Th. de, s. Corpus apologetarum christianorum saeculi secundi.

— Johann Carl Theod. (Jena), De epistola ad Diognetum S. Justini philosophi et martyris nomen prae se ferente. Comment. Jena (Fr. Mauke) 27. XI. 1844. 1845. 92 S. (4.75) 25742
Gew.: Christ. Wilh. Schweitzer.

Otto, Joann. Car. Theod., de epistola ad Diognetum S. Justini philosophi et martyris nomen prae se ferente. Commentatio. 8maj. (6 B.) Jenae 845, Mauke. *

Otto, Jo. Karl Th. Ritter v. Geschichte der Reformation im Erzherzogth. Oesterreich unter Kaiser Maximilian II. [1564—1576]. Mit Benutzg. archival. Quellen. gr. 8. (60 S.) Wien 889, Braumüller. * 1 50
Aus: Jahrb. d. Gesellsch. f. d. Geschichte d. Protestantismus in Oesterr., besonders abgedruckt.

Otto, Joann. Carol. Theod., de gradibus in theologia. Oratio in c. r. facultatis evangelico-theologicae Vindobonensis sacris semisaecularibus d. 25. m. April. a. 1871 publice habita. Accedit adnotatio historica. gr. 8. (28 S.) Wien 871. Braumüller. n. 1. —

– s. **Justini, S., Opera.**

Otto, J. C. T., des Patriarchen Gennadios von Konstantinopel Confession. Kritisch untersucht und hrsg. Nebst einem Excurs über Arethas' Zeitalter. 8. (III und 35 S.) Wien 864, Braumüller. *

—— de Victorino Strigelio liberioris mentis in ecclesia Lutheria vindice. Accedunt adnotationes ad vitam et controversias Strigelii illustrandas et librorum ab eo confectorum catalogus. 8maj. (6 B.) Jenae 843, Mauke. -

Otto, Jo. Car. Theod., de Justini Martyris scriptis et doctrina. Comment. praem. primario ornata. 8maj. (13 B.) Jenae 841, Mauke.

Otto, Johann Michael

Otto, J. M., bibl. Spruchregister nach alphabet. Ordnung aus d. Schriften d. Alt. u. N. Testaments; hrsgg. v. J. G. Rubner. gr. 8. Sulzb. 823. v. Seidel. 2 fl 16 kr

Otto, Joh. Mich., biblisches Spruch-Register, nach alphabet. Ordnung, aus den heil. Schriften des Alten u. Neuen Testaments, deren Geschichten, Lehren u. Vorschriften bequem aufzufinden, mit Fleiß zusammengetragen. Nach dessen Tode hrsg. v. Joh. Georg Rübner. 2., unveränd. wohlf. Ausg. Lex.-8. (42 B.) Sulzbach 842, v. Seidel'sche Buchh. Thlr.

Otto, Joh. Sebastian (Straßburg) Dicast. Giss. Adv. et Proc. Ord. Dissertatio inauguralis juridica de favore defensionis reorum in processu criminali.
Giessae 30. Okt 1708: Joh. Reinh. Vulpius. (4), 24 S. 4°
pro licentia summos in utroque jure honores et privilegia doctoralia rite et legitime consequendi

Otto, Johs., s. Jacobi, Johs.

Otto, Johannes, bacc. jur., Referendar: Der Erwerb des Kommissionärpfandrechts bei Nichtberechtigung des Kommittenten. Borna-Leipzig 1909: Noske. IX, 58 S. 8°
Leipzig, Jur. Diss. v. 19. April 1909
[Geb. 24. Juli 83 Dittmannsdorf b. Flöha; Wohnort: Werdau i. S.; Staatsangeb.: Sachsen; Vorbildung: Fürstensch. Grimma Reife O. 03; Studium: Leipzig 8 S.; Rig. 25. Jan. 08.] [U 09. 2624

Otto, Johs., Ulrich v. Hutten. Ein Säculardrama. Festgabe für das deutsche Volk zur Erinnerung an die 400jähr. Wiederkehr des Geburtstages Ulrich's v. Hutten am 21. April 1888. 1. Aufl. (VII, 162 S.) [Bremen] 1887; 2. und 3. Aufl. gr. 8. (XII, 160 S.) Leipzig 888, Rocco's Verlagsh. * geb. *

OTTO, Johannes: Versuche über die direkte Gewinnung von Aceton (Ketonen) aus Holzabfällen unter besonderer Berücksichtigung der dabei auftretenden Gase. - Weida i. Thür 1911. 93 S., 1 Bl. - Diss. Techn. Hochsch. Dresden 1910

Otto, Josef

Otto, J., Aufzug-Maschinen, Zugorgane, Flaschenzüge. i. Text. Leipzig 1877. 8°. brosch. (61 S.)

Otto, Jos., Geschichte des Zweikampfes aller Völker und Zeiten, nebst der Schilderung der nationalen Kampfspiele und bezüglichen gymnast. Uebungen. gr. 8. (VIII und 258 S.) Olmütz 855, (Hölzel.) *

Otto, Jos., die Sperr- und Bremswerke, s.a. **Taschenbibliothek**, deutsche bautechnische.

Otto, J: Die Sperr- und Bremswerke. Leipzig 1876

—— das System der Fechtkunst à la contrepointe für den Stoß und Hieb. Zum Unterricht in Fechtschulen, sowie zur Selbstbildung, nebst den Verhaltungen im Zweikampfe, General-Assaut, Duell oder Wettkampf, mit Rechts-, Links-, Kunst- und Naturfechtern, und einem Anhang „Geschichte des Duells." 3 Bücher. 1. Aufl. 1852. * 3 Thlr. und 2. (Titel-)Aufl. gr. 8. (XXIV und 383 S. mit 90 Stnt.) Olmütz 852, (Hölzel.) *

Otto, J., s.: Templeton's Taschenbuch f. praktische Mechaniker.

Otto d. j., Jul., Burschenfahrten. Cyclus von 12 Bildern aus dem deutschen Studentenleben. Für Männergesang componirt von Jul. Otto. 3. Abdr. gr. 8. (31 S.) Schleusingen 850, Glaser.

Fest-Gesang am Tage Johannis des Täufers, für die Loge Minerva zu den drei Palmen comp. von Jul. Otto. [Unterz.:] G. Leipzig o. J.: Leiner. 2 Bl. 8° [Umschlagtit.]

Kantate ohne Noten: „Laue, linde Lüfte kosen, . . ."

Otto, Jul., Kinderfeste, s. Hofmann, Friedr.

Otto, Jul., das Scharlachfieber in Chicago, hauptsächlich die Epidemie in den Jahren 1876—77. Inaugural-Dissertation. gr. 8. (22 S.) Göttingen 879. (Vandenhoeck & Ruprecht.) n. — 60

—— und Carl Thieme, der Spinnabend. (Přaza.) Cyclus von Bildern aus dem wendischen Bauerleben. Lieder. Declamation von Carl Thieme. Mit freier Benutzung wend. Originalmelodieen componirt von Ernst Jul. Otto. gr. 8. (48 S.) Schleusingen 851, Glaser.
Vgl.: Otto (Ernst) Jul.

Otto, Jul., s. Teutone. Literarisch-krit. Blätter.

Otto, K. A., Anleitung zur Buchstabenrechnung u. Algebra nebst einer großen Anzahl von Beispielen u. Uebungsaufgaben für Schüler der ersten Classen von höhern Bürgerschulen, Selecten u. Privatschulen 2c. Leipzig 867. Wöller. 8. (IV, 64 S.) n. 8 ngr.
Facitbuch dazu (24 S.) n. 4 ngr.

Otto, Karl

Otto, Karl, kleines ABC-Buch, s. Hnr. Schmidt.

Otto, Carl, Zur Charakteristik des heil. Justinus, Philosophen und Martyrers. Lex.-8. (20 S.) Wien 852, (Gerold's Sohn.) *
Aus: Sitzungsberichte der k. Akademie der Wissenschaften 1852, besonders abgedruckt.

— Johannes Cochlaeus der Humanist. gr. 8. (VIII, 199 S.) Breslau 874. Aderholz. n. 4. —

Otto, Carl, Edelstahlbereitung, s.a. Sammlung berg- und hüttenmännischer Abhandlungen.

Edelstahlbereitung Von Carl **Otto**. Kattowitz Bohm **1909**. 17 S. 8°
Aus Berg- u. Hüttenmännische Rundschau.
(Sammlung berg- u. hüttenmännischer Abhandlungen. H 37) [09. 10167

— **Eisenreduktion im Puddelofen**, s.a. Sammlung berg- u. hüttenmännischer Abhandlungen.

Eisenreduktion im Puddelofen. Von Carl **Otto**. Kattowitz O.-S. **Böhm** 1909. 15 S. 8°
Aus Berg- u. Hüttenmänn. Rundschau.
(Sammlung Berg- u. Hüttenmännischer Abhandlungen. H 43.) [09. 12528

Otto, Karl [aus Rudolstadt]: Vier Fälle von Sarcom des retinirten Hoden. . . Halle a. S., Druck v. Beyer & Rennger, 1886; 32 S. 8°.
Halle, Med. Fak., Inaug. Diss. v. 25. März 1886.

Otto, Karl, vier Fälle von Sarkom des retinirten Hoden. Diss. Halle 1886, Lippertsche Buchh. 8°. 32 S.

Fibel und erstes Lesebuch für die Schulen Deutsch-Südwest-Afrikas. Bearb. von K **Otto**, in Windhoek. *Berlin: C. Heymann 1901* (IV, 76 S.) 8° [F.] [01. 11690

Otto, Carl, Führer für Bad-Elgersburg nebst Bade-Ordnung. Mit einer (lith.) Ansicht u. einer (lith.) Karte von Elgersburg (in Fol.). Jena 869. F. Mauke. gr. 16. (IV, 112 S.) n. 15 ngr.

—Thüringens Giftpflanzen, zur Selbstbelehrung für die Jugend, so wie zum Schulgebrauche dargestellt. Mit 26 Abbildd. .. Rudolstadt ... Fröbel. 1/4 ₰ illum. 1/2 ₰

Otto, C., die Giftpflanzen Thüringens mit besond. Rücksicht auf ihren Standort im Fürstenth. Schwarzburg-Rudolstadt z. Selbstbelehrung u. zum Schulgebr. dargestellt. 2., verb. Aufl. 8. (2 B. u. 26 lith. Abbild.) Rudolstadt 845, Renovanz. * 7½ Ngr. ill. *

Otto, Karl Ritter v., evangelischer Gottesdienst in Wien vor der Toleranzzeit. gr. 8. (14 S.) Wien 886, (Braumüller.) *
Aus: Jahrbuch der Gesellschaft für die Geschichte des Protestantismus in Oesterreich, besonders abgedruckt.

Otto, Karl, Handball, Barlauf, Schleuderball, m. Abb., 2. Tauf., Stuttgart, 120 S., 8°.

— - Handbuch f. angehende Mediciner u. Chirurgen. M. einer Vorrede von W. Seerig. Neue Ausg. 8 Lfgn. 8. (48⅛ B.) Leipzig 844, Voigt u. Fernau. à Lfg. 5 Ngr.

—Handbuch für angehende Wundärzte. Mit e. Vorrede von W. Seerig. 1r Bd. A. u. d. T.: Die Anatomie des menschl. Körpers. Ein Leitfaden für angeh. Mediciner u. Chirurgen 2c. gr. 8. Leipzig 839. Franke. 1¼ ₰

Otto, Carl, Handbuch f. angeh. Wundärzte. Mit e. Vorr. v. W. Seerig. 1—4. Bd. gr. 8. Leipzig, [Voigt u. Fernau.]
A. u. d. Ttln.:
Bd. 1. Die Anatomie d. menschl. Körpers. Ein Leitfaden f. angeh. Mediciner u. Chirurgen, sowie auch z. Gebr. bei Vorless. (19½ B.) 839. 1 Thlr. 6 Gr.
- 2. Grundzüge d. Physiologie. (8¾ B.) 840. 12 Gr.
- 3. Die Arzneimittellehre f. Wundärzte. (16¼ B.) 841. 1 Thlr. 4 Gr.
- 4. Anleitung zur Formularlehre od. ärztl. Receptirkunst. (4¾ B.) 843. 8 Gr.

Otto, C. De J o h a n n e V. Turzone, episcopo Wratislaviensi commentatio. Breslau. 64 S. Schul-/Univ -Schrift 1865

Otto, Carol., de Johanne V. Turzone, episcopo Wratislaviensi commentatio. Breslau 865. Maruschke & Berendt. gr. 8. (64 S.) n. 12 ngr.

Otto, Carl, die Familie Kalckstein. Geschichtliches Trauerspiel in 5 Aufzügen. Den Bühnen gegenüber Mscr. 8. (155 S.) Berlin 876. Schneider & Co. n. 2. 40

Otto, Carl, der schlesische Clerus im Kriegsjahre 1813 u. die Errichtg. d. Landsturms. Eine Festschrift im Namen d. fürstbischöfl. theolog. Convicts gr. 4. (VII, 42 S.) Breslau 875. Aderholz. n. 1. 20

Otto-Reventlow, mnemotechnischer Commentar zur allgemeinen Weltgeschichte oder Anweisung, sich die wichtigsten in derselben vorkommenden Zahlen in wenigen Tagen einzuprägen. Mit besond. Rücksicht auf Dr. Heinr. Dittmar's Weltgeschichte für den Schul- und Selbstunterricht ausgearb. gr. 8. (80 S.) Stuttgart 861, Metzler'sche Buchh. Verlags-Conto. *

Otto-Reventlow, mnemotechnischer Commentar zu allen Lehrbüchern der Geographie, oder Anweisung, sich die wichtigsten geograph. Zahlen in wenigen Stunden einzuprägen. Mit besond. Rücksicht auf Dr. Otto Hübner's statist. Tafel ausgearb. Frankfurt a. M. 869. Boselli. gr. 16. (38 S.) n. 4 ngr.

Otto, Carl, Künstlerblut u. andere Novellen. (88 S.) kl. 8. Stuttgart 906. Strecker & Schröder. n. 1. —

K. Otto (pseud. K. O. Reventlow): prakt. Lehrb. d. Mnemotechnik, od. Gedächtnisskunst, ungefähr 9000 Anwendungen auf d. verschied. Schuldisciplinen enthaltend. *Stuttg.*, Cotta. B. (843.) 2e völl. umgearb. A. 847. gr8° 1 ß 18 gl

Otto, Carl, († Carl Otto Reventlow,) praktisches Lehrbuch der Mnemotechnik oder Gedächtnisskunst. Ungefähr 9000 Anwendungen auf die verschied. Schuldisciplinen enthaltend. 2., völlig umgearb. Aufl. gr. 8. (XIV und 400 S.) Stuttgart 847, Cotta'sche Buchh.

Otto, Carl, († C. O. Reventlow.) Leitfaden d. Mnemotechnik f. Schulen. 8. (10⅛ B.) Stuttgart 846, Cotta'sche Buchh. *

— **Naturgeschichte für Kinder. Mit viel. lithogr. Abbildd. u. 4 Steintaf. 1e—3e Lfrg. gr. 8. Rudolstadt 840. Hofbuchh. à ¼ ß color. à n. ⅓ ß**

— Naturgeschichte für Kinder. Mit vielen fein color. Abbild. 4.—14. (Schluß-) Liefg. gr. 8. (Mit à 1 lith. Taf.) Saalfeld 842, 43, Riese. à n. ¼ ß — compl. mit 16 Taf. color. Abbild. geb. 3⅔ ß

—— **Naturgeschichte f. Kinder. (12 Lfgn.) gr. 8. (36 B. u. 16 ill. Stnt.) Saalfeld 840—43, Riese.**

—— Naturgeschichte f. Kinder. 13. u. 14. Lfg. (Schluß.) gr. 8. (9¼ B. u. 3 ill. Stnt.) Saalfeld 843, Riese. à *
1—12. Lfg. Ebendas. 1840—43. * 3 Thlr. 20 Ngr.

Otto, Karl, das bürgerliche Recht des Deutschen Reiches auf der Grundlage von Pöhlmanns Gedächtnislehre, s.: Pöhlmann's juristische Handbücher. I.

Otto, K(arl): Reise durch die Schweiz, Italien, Frankreich, Großbritannien und Holland, mit besonderer Rücksicht auf Spitäler, Heilmethoden und den übrigen medicinischen Zustand dieser Länder. Th.1 - 2, gbd.

Hamburg: Campe 1825

JB 5.645

Otto, K., Die neuesten Resultate in bezug auf Gewinnung der Nebenprodukte bei Koksöfen. Düsseldorf, 1884. 7 S. mit 4 Taf.

Otto (C.). Der Schluessel zur Botanik. . . . Rudolstadt, 1831. 12°. Ed. 2. 1842.

— der Schlüssel zur Botanik, oder kurze u. deutliche Anleitung zum Studium d. Gewächskunde, für angeh. Mediciner, Pharmaceuten zc. Mit Jüssieu u. Linné u. 373 lithogr. Abbildd. auf 18 Taf. breit 12. Rudolstadt 835. Hofbuchh. 1¼ ß

—— der Schlüssel zur Botanik, od. kurze u. deutl. Anleit. z. Studium d. Gewächskunde zc. Nebst e. vollständ. Anweis., ein Herbarium anzulegen, u. ein. Blüthenkalender einiger d. pflanzenreichsten Gegenden Deutschlands. Breit 12. (18⅔ B., 18 Stnt., Linné's u. A. L. de Jussieu's Portr.) Rudolstadt 835. [Leipzig, Voigt u. Fernau.]

OTTO, Karl: Der Schlüssel zur Botanik oder kurze und deutliche Anleitung zum Studium der Gewächskunde für angehende Forstmänner, Ökonomen. Nebst Anweisung ein Herbarium anzulegen - Rudolstadt 1842. 373 S.

Otto gen. Reventlow [Übers.]
s. Schwartz, Marie Sophie: Die Emancipations-Manie. 1864.

Otto gen. Reventlow [Übers.]
s. Schwartz, Marie Sophie: Zwei Familienmütter. 1863.

Otto gen. Reventlow [Übers.]
s. Schwartz, Marie Sophie: Geburt und Bildung. 1863.

Otto gen. Reventlow [Übers.]
s. Schwartz, Marie Sophie: Gold und Name. 1864.

Otto gen. Reventlow [Übers.]
s. Schwartz, Marie Sophie: Die Leidenschaften. 1865.

Otto gen. Reventlow [Übers.]
s. Schwartz, Marie Sophie: Mathilde ... 1864.

Otto gen. Reventlow [Übers.]
s. Schwartz, Marie Sophie: Die Schutzlosen. 1864.

Otto gen Reventlow [Übers.]
s. Schwartz, Marie Sophie: Die Tochter des Edelmanns. 1863-64.

— Südwest-Afrika. Wohin steuern wir? Ein nationaler Notschrei u. anderes. (XII, 112 S.) gr. 8. Berlin (906). O. Dreyer. n.n. 1. 50

Otto, Carl, Verbesserung der Gasfeuerungen durch Einführung einer Verbrennung unter constantem Volumen. Eine Beleuchtung des neuesten Fortschrittes der Feuerungstechnik. gr. 8. (22 S. mit Abbild. und 1 Taf.) Berlin 888, C. Heymanns Verlag. *

Otto, Carl, Verbesserung der Gasfeuerungen durch Einführung e. Verbrennung unter constantem Volumen. Eine Beleuchtg. d. neuesten Fortschrittes d. Feuerungstechnik. 2., verm. u. verb. Aufl. m. e. ergänz. Beitrage üb. Korund v. C. Doelter. gr. 8. (39 S. m. Abbildgn. u. 1 Taf.) Berlin 893. C. Heymanns Verl. n. — 80

Otto, Carl, u. Helene Otto, die Wahrheit üb. Jesus v. Nazareth, s.a. Sammlung reformatorischer Streitschriften. I.

Die Wahrheit über Jesus von Nazareth. Eine krit. Studie von Carl u. Helene Otto. Dresden: Pierson 1909. 73 S. 8°
(Sammlung reformator. Streitschriften. 1.)

Otto, Karl A. F., der medicin. Blutegel. 8. (14½ B. u. 7 Stnt.) Weimar 835, Voigt.

Otto, Karl A. F., Skeletogenie, Inaugural-Abhandlung. M. 4 lith. Taf. (qu. gr. Fol.) gr. 4. (5 B.) Würzburg 831, (Stahel.)

— Carl Christian (Meißen), De peripneumonia febris symptomate. Diss. med. Leipzig (Klaubarth) 2. VI. 1797. 48 S. (4.—) 25706
Gew.: Jo. Wilhelm Friedrich von der Jahn, Johann Ehrenfried Pohl.

Otto, Karl Ed., Diss. de Atheniensium actionibus forensibus. Spec. I et II. 4. Leipz. 820. Reclam. 12 gr

— — De Atheniensium actionibus forensibus spec. II. Diss. jur. histor. Leipzig (C. Tauchnitz) 17. VIII. 1820. 55 S. (4.—) 25708

— — u. (Soz.) Friedrich Wilhelm Stockmann (Luckau/Lausitz), De Atheniensium actionibus forensibus spec. I. Comment. grammat. et histor. Leipzig (C. Tauchnitz) 16. VIII. 1820. 42 S. (4.—) 25709
Gew.: Johann Ernst von Globig, Peter Carl Wilhelm von Hohenthal, Gottlob Adolph Ernst von Nostiz u. Jaenkendorf, Heinrich Viktor August von Ferber.

— Carl Eduard, De Atheniensium actionibus forensibus. Spec. III. Comm. Jur. histor. Leipzig (Richter) 15. IX. 1827. 27 S. (4.—) 25707

Otto, Car. Ed., de Atheniensium actionibus forensibus publicis liber singularis. (Academiae Caes. Dorpatensi sacra semisecularia diebus 12. et 13. m. Dec. a. 1852 pie celebranda gratulatur.) 4maj. (78 S.) Dorpati 852, (Glaeser's Verlag.) *

— s. 1) J. F. Eisenhart, Grundsätze. 2) R. Jannasch, röm. Rechtsgeschichte.

— Nekrolog d. Domherrn Dr. Haubold. (Aus d. Leipz. Litt. Zeitung abgedr.) gr. 8. Leipz. 824. Reclam. 4 gr

Otto, K. Ed.: Tentt. ad Gajum. *Lpz.*, Reclam. 821. gr. 8.

Otto, Karl Emmerich: Die französische Verwaltung in Sachsen im Jahre 1806 mit besonderer Berücksichtigung der Stadt Leipzig. *Leipzig [1904]: C. Grumbach.* (85 S.) 8°
Leipzig, Phil. Diss. v [1904]

Otto, Karl Friedrich

Otto, Carl Fr., Anweisung, die abgezogenen Branntweine ohne Blase zu machen rc. 8. (16 S.) Oschatz 847, Oldecop's Erben.

— s. Chr. A. Günther, Leipz. Magazin u. neues Leipz. Magazin.

— Carl Friedrich (Gera), De necessitate praemiorum in civitate bene constituta. Leipzig (Buschel) (8. X. 1778.) 24 S. (4.—) 25710
Gratulationsschrift für Heinrich Michael Hebenstreit u. Widm. v.: Carl Adolph Caesar.

Otto, Karl Heinr., die Harmonie der Gegensätze als Grundlage der Kunst im Leben. Laienworte m. Buchschmuck v. Herm. Bek-gran. gr. 8. (59 S.) Darmstadt 902. Hauskunst-Verlag. n. 1. 50

— Feige Väter — Herzlose Mütter. Mahnworte u. befreiende Worte. Mit Buchschmuck: Das ABC des Lebens v. Herm. Bek-gran. gr. 8. (60 S.) Ebd. 902. n. 1.—

Otto, Karl Heinrich Gottfried

— Carl Heinrich Gottfried (Hubertusburg/Meißen), Observationes juris Romani et Saxonici. Präs. Georg Stephan Wiesand. Spec. II. Wittenberg (C. Chr. Dürr) 27. X. 1775. 8 S. (4.—) 25711

Otto, Karl Johann August: Epistola ad...Ioannem Christfridum Weidlerum, medicinae doctorem...de foetu puerpera sive de foetu in foetu, qua demonstratur impraegnationem fieri ab aura seminali virili, secessionem vero ovuli ex ovario per inflammationem et suppurationem. 23 S., gbd.

Weissenfelsae: typ.Richter (1748)

JB 6.519

Otto, Karl Ottomar

— Carl Ottomar (Saxo-Boruss.), Observatio de trismo atque tetano ex refrigerio oborto. Diss. med.

Leipzig (Richter) 12. VIII. 1825. VIII, 40 S. (3.50) 25712
Gew.: Johann Christian August Clarus, Johann August Gottlob' Schramm.

Otto, Karl Wilhelm

— wider die Abrenuntiation bei der Kindertaufe. Ein Conferenzvortrag, mit nachträglichen Bemerkungen und einer exegetisch-dogmatischen Abhandlung über 1. Cor. 7, 14 versehen. Zwickau 864. Buchhdlg. des Volksschriften-Vereins. gr. 8. (114 S.) n. 20 ngr.

Otto, Carl Wilh., Abschieds-Predigt, am zweiten heil. Osterfesttage 1880 vor seiner lieben Gemeinde zu Glauchau nach fast 25jähr. Amtswirksamkeit gehalten. Hrsg. vom Vorstande der Kleinkinder-Bewahranstalten zu Glauchau. gr. 8. (11 S.) Glauchau 880, (Peschke.) *

Otto, C. W., Ansprache zur Eröffnung der 1. Diöcesanversammlung der Ephorie Glauchau am 16. Juni 1869. Glauchau 869. Ackermann. gr. 16. (14 S.) n. 2 ngr.

Otto, Carl Wilh., der Apostel und Hohepriester unsres Bekenntnisses. Eine exegetische Studie über Hebr. 3, 1—6. Leipzig 861. Teubner. gr. 8. (VIII, 112 S.) n. 24 ngr.

– Festpredigt zur Jubelfeier der Leipziger Völkerschlacht. In der Stadtkirche zu Glauchau am 18. October 1863 gehalten. Glauchau, Moritz. gr. 8. (15 S.) n. 2½ ngr.

— gedenket an den Tag von Sedan! Predigt, am 2. Septbr. 1877 in der Stadtkirche zu Glauchau geh. gr. 8. (11 S.) Glauchau 877. Burow. — 30

Otto, (Karl Wilh.), die kirchliche Gemeinde-Ordnung. Ein Vortrag, in der Generalconferenz der Luther. Provinzialvereine zu Wittenberg am 10. Septbr. 1851 gehalten. [Abgedr. aus der Monatsschrift f. die Luther. Kirche Preußens.] gr. 8. (47 S.) Stettin 851, Weiß. n. 1/6 ₰

—— haben die Reformatoren wirklich dafür gehalten, daß die Kirche unter allen Umständen den Zusammenhang mit einem andersgläubigen Kirchenregiment aufzulösen habe? Ein Beitrag zur Auslegung des 28. Artikels der augsburg. Confession, sowie zur Reformationsgeschichte. 8. (103 S.) Stettin 849, Weiß.
[Abdr. aus der Monatsschrift f. die evangel.-luther. Kirche Pommerns.]

Otto, Carl Wilh., Commentar zum Römerbrief. 1. u. 2. Thl. Capp. 1—16. gr. 8. (VIII, 462 u. IV, 508 S) Glauchau 886. Peschke. à n. 9. —

Otto, Carl Wilh., Commentar zum Römerbrief. 2. (Titel-) Ausg. 2 Thle. in 1 Bd. gr. 8. (VIII, 462 u. IV, 501 S.) Glauchau 891. A. Peschke. n. 6. —

— Meditationen u. Predigtskizzen zu den Episteln des sächsischen Perikopenbuchs unter Berücksichtigung der altkirchlichen Auswahl. gr. 8. (IV, 336 S.) Leipzig 882. Teubner. 3. 60

— siehe: Monatsschrift für die evangel.-luther. Kirche. — Recht, das, der Pommerschen Kirche.

— Predigt über 2. Könige 17, 39. Am 3. Aug. 1870. in der Stadtkirche zu Glauchau gehalten. Glauchau 870. (Burow.) gr. 8. (11 S.) 3 ngr.

— Predigt über 1. Petri 2, 9 zur Jahresfeier des Receßherrschaftlich-Schönburg'schen Zweigvereins der Gustav-Adolphstiftung an d. 7. p. Trinit. 1865 in der Stadtkirche zu Lößnitz gehalten. Glauchau 865. (Moritz.) Lex.-8. (16 S.) n.n. 2½ ngr.

Otto, C. W., Predigt üb. 1. Sam. 7, 11. 12 Am 18. Juni 1871, als am deutschen Friedensfeste, geh. 8 (16 S.) Glauchau 871. Burow. — 25

Otto, Unions-Verfassung und lutherische Kirche. Verantwortung auf das Rescript des hochw. Ober-Kirchenraths vom 27. Octbr. 1851. 8. (64 S.) Stettin 852, Weiß. *

—, decalogische Untersuchungen nebst einem Anhang über die Todtentaufe in Corinth. gr. 8. (206 S.) Halle 857, Schmidt's Verlagsh. *

— die geschichtlichen Verhältnisse der Pastoralbriefe aufs Neue untersucht. Leipzig 860. Teubner. gr. 8. (XVI. 408 S.) n. 2 ₰ 20 ngr.

Otto, Caroline, praktische Anleitung zur Kochkunst. Ein treuer Rathgeber für jede bürgerl. Haushaltung. (Alphabetisch geordnet.) 3., unveränd. u. wohlf. Ausg. 8. (13½ B. u. Titkpfr.) Leipzig 842. [Quedlinburg, Ernst'sche Buchh.]

Otto, Karoline, prakt. Anleitung zur Kochkunst. Ein treuer Rathgeber für jede bürgerliche Haushaltung. (Alphabetisch geordnet.) 3. unveränd. u. wohlf. Ausg. Mit Titelkupfer. 8. Leipzig 842, Melzer. ¼ ₰

Otto, Caroline, Taschen-Wörterbuch f. angeh. junge Hausfrauen, zur Selbsterlern. u. Ausübung d. einfachen bürgerl. Kochkunst. 8. (13½ B. u. Titkpfr.) Leipzig 832, [Franke'sche Vrls.-Expedition.]

Otto, Karoline, Taschen-Wörterbuch für angehende junge Hausfrauen, zur Selbsterlernung und Ausübung der Einfachen bürgerlichen Kochkunst. Mit Titelkpfr. 8. Leipzig u. Naumburg 832. Franke. ⅔ ₰ **jetzt Melzer, u. d. Pr.** ½ ₰

Lebensbilder und Sagen aus der Provinz Pommern bearb. von Katharine **Otto.** Leipzig·Hirt 1910. 12 S. 8° [II. 6364 B

Otto Klemens, Handels- und Wechselkunde für höhere Handelslehranstalten. 2., vermehrte Auflage. Wien 1904. Alfred Hölder. Preis, gebunden 2 K 40 h.

Otto, Clemens *Reinhold Paul* [aus Berlin]: Zur Kenntniss des klinischen Verlaufes der Aktinomykose des Menschen ... Berlin, Buchdr. v. G. Schade, *1892;* 29 S., 1 Bl. 8.
Berlin, Med. Fak., Inaug.-Diss. v. 13. Aug. 1892

Otto, Clemens, aus Seebad Heringsdorf Hermann **Lotze** über das Unbewusste. *Labes 1900: A. Straube.* (VI, 57 S.) 8°
Erlangen, Phil. Diss. v. 5. Dez. 1899

Otto, Clem., quaestiones Sophocleae criticae. Dissertatio philologica. Münster 869. (Mitsdörffer.) gr. 8. (50 S.) n. 5 ngr.

Otto, Klemens Quaestiones sophocleae criticae. 24 S. Apost. *Cöln* 1876. **Progr.**

Otto, Konrad, Secretair Geschichte der letzten Kämpfe Napoleon's. Revolution und Restauration. 1 und 2 Theil. (2 Bde.) 8. Leipzig 1843.

Otto, Conr., Wie ist, nach Eröffnung des Konkursverfahrens zum Vermögen des Pfandschuldners, von dem Hypothekengläubiger der Anspruch auf abgesonderte Befriedigung geltend zu machen? Bemerkungen zu §§ 3, 39 der Konkursordnung mit besond. Berücksicht. der Landesgesetzgebung im Königr. Sachsen. 8. (31 S.) Leipzig 883, Roßberg'sche Buchh. *

Otto, Kurt, prakt. Arzt a. Berlin, Unterarzt b. Inf.-Reg. Graf Schwerin (3. Pommersches) Nr. 14. Ein Beitrag zu den traumatischen Kniegelenksluxationen. Berlin (1907): G. Schade. (27 S.) 8°
Berlin, Med. Fak., Ref. Hildebrand, Diss. v. 5. Jan. 1907
[Geb. 7 Okt. 80 Berlin; Wohnort: Berlin; Staatsangeh.: Preußen; Vorbildung: Gymn. Königsberg N.-M. Reife M. 00; Studium: Berlin K. W. A. 9 S.; Coll. 19. Nov 06; Approb. 31 Dez. 06.]

Otto, L., Geschichte der mediatisirten deutschen Fürstenhäuser Hannover, Kurhessen, Nassau, Thurn u. Taxis, Hohenzollern-Sigmaringen und -Hechingen, Ansbach, Baireuth und Arenberg. Mit 8 Wappentfln. Leipzig 1868. 8.

Otto, L., Leitfaden zum theoretischen u. praktischen Unterricht der Damenschneiderei. 16. Aufl. (47 S. m. Fig. u. 1 Taf.) Lex.-8. Straßburg 907. L. Beust. Geb. n. 2. 60

Otto, L., Materialien zum Religionsunterricht wie zur Selbstbelehrung für christkathol. Gemeinden. 1. und 2. Heft. 8. (137 S.) Liegnitz 847, Reisner'sche Buchh. à Heft * 5 Ngr. *

Otto, L. C., über die Kompetenz des Ober-Tribunals zu Berlin zur Versetzung in den Anklagestand. gr. 8. (27 S.) Hamm 850, Grote. ¼ ₰

Otto, Leonhard

— — Damen vom Theater. Indiscretionen. Berlin 1873. 8°.
M. Glogau jr., Hamburg, 68. [1906.] no. 3712, Beibd.

Otto, Leonh., Damen vom Theater. Indiskretionen. 2. Aufl. gr. 16. (140 S.) Leipzig 876. Fest. n. 1. —
— die Universal-Pepi od. Gastrollen e. Soubrette. 2. Aufl. gr. 16. (159 S.) Ebend. 875. n. 1. —

Otto, Leop. v., Beitrag zur Geschichte der evangelisch-augsburgischen Gemeinde zu Warschau in den Jahren 1650—1781. Nach den ältesten Quellen zusammengestellt. gr. 8. (344 S. m. 1 Photogr.) Warschau 882. Gebethner & Wolff. n. 4. —

Otto, Louise, neue Bahnen, s. Album. Bibliothek deutscher Originalromane.

Otto[-Peters,] Louise: Neue Bahnen. Roman. Th. 1. 2. — Wien: Markgraf 1864. 8° (Album. Bibliothek deutscher Originalromane. Jg. 19, Bd 12. 13.) 220 s.

Otto, Louise, ein Bauernsohn. Eine Erzählung für das Volk aus der neuesten Zeit. 8. (IV u. 342 S.) Leipzig 849, Wienbrack. 1½ Thlr.

Otto, Louise, zwischen den Bergen. Erzählungen u. Zeitbilder. 2 Bde. 8. (378 u. 406 S.) Bremen 873. Kühtmann & Co. n. 10. 50

Otto, Louise, zwischen den Bergen. Erzählungen u. Zeitbilder. 2 Bde. 2. Ausg. 8. (378 u. 406 S.) Norden 883. Fischer Nachf. n. 8. —

Otto, Louise, aus der Börsenwelt, s. Eisenbahn-Unterhaltungen.

— Buchenheim. Roman. 3 Thle. 8. (255. 264 u. 268 S.) Leipzig 851, Wienbrack. 3 Thlr.

— die Dioskuren. Roman. Altona 868. Verlags-Bureau. 8. (355 S.) 1 Thlr. 15 ngr.

— die Erben von Schloß Ehrenfels. Roman in 3 Bdn. Leipzig 860. Hübner. (Plauen, Schröter.) 8. (IX, 691 S.) 3 Thlr.

Otto[-Peters], Luise: Einflussreiche Frauen aus dem Volke. — Leipzig: Matthes 1869. 243 S. 8° (Otto-Peters: Privatgeschichten d. Weltgeschichte. Bd 4.)

Otto, Louise: Frauenleben im deutschen Reich. Erinnerungen aus der Vergangenheit mit Hinweis auf Gegenwart und Zukunft. — Leipzig: Schäfer 1876. X, 528 S. 8°

— Vide: Frauen-Zeitung.

Otto, Louise, die Freunde. Roman. 3 Bde. 8. Leipzig 845, Wienbrack. 3½ Thlr.

— zerstörter Friede. Roman in 3 Abthlgn. Jena 866. Hermsdorf. 8. (273 S.) 1 Thlr. 10 ngr.

Otto, L., Gedichte. gr. 16. (XII und 108 S.) Halle 866, Schroedel und Simon. *

— Gedichte. Leipzig 868. Zander. 16. (IV, 264 S.) n. 1 Thlr.; herabges. Preis n. 7½ ngr.

— ein bedenkliches Geheimniß. Erzählung aus der Gegenwart. 8. (227 S.) Leipzig 875. Theile. n. 3. —

Otto, Louise, zwei Generationen. Roman. 3 Thle. Leipzig 856. Hübner. 16. (216; 222; 235 S.) 2 Thlr.

— der Genius des Hauses, s. Frauenwelt, deutsche.

— Der Genius des Hauses. Eine Gabe f. Mädchen u. Frauen. — Pest, Wien, Leipzig: Hartleben 1869. 309 S. 8° (Deutsche Frauenwelt. Bd 4.)

— der Genius der Menschheit, s. Frauenwelt, deutsche.

Otto[-Peters], Louise: Der Genius der Menschheit. Frauenwirken im Dienste der Humanität. Eine Gabe f. Mädchen u. Frauen. — Pest, Wien, Leipzig: Hartleben 1870. 279 S. 8° (Deutsche Frauenwelt. 5.)

— der Genius der Natur, s. Frauenwelt, deutsche.

Otto, Louise, Der Genius der Natur. Harmonien der Natur zu dem Frauenleben der Gegenwart. Eine Gabe für Mädchen und Frauen. (Deutsche Frauenwelt, 7 Bd.) 8. (271 S.) Wien, Hartleben's Verl. 2 fl. In Lwdbd. 1870. 2 fl. 50 kr.

—— vier Geschwister. Roman. 2 Bde. 8. (551 S.) Dessau 851(52,) Gebr. Katz.

[**Otto**-Peters, Luise:] Einige deutsche Gesetz-Paragraphen über die Stellung der Frau. Hrsg. vom Allg. deutschen Frauen-Verein. — Leipzig: M. Schäfer 1876. 29 S. 8°

Otto, Louise, Der Gewinn der Menschheit. Frauenwirken im Dienste der Humanität. 8°. Wien, Pest, Leipzig 1870.

— eine Grafenkrone. Roman. 3 Bde. Leipzig 857. Hübner. 16. (267; 284; 247 S.) 2 Thlr.

— Andreas Halm. Roman. 3 Bde. Plauen 856. Schröter. 8. (905 S.) 3 Thlr. 15 ngr.

— Heimische und Fremde. Ein Gemälde aus der Schweiz. Roman. 3 Bde. Leipzig 858. Hübner. 16. (214; 215; 225 S.) 2 Thlr.

— drei verhängnißvolle Jahre. Zeit-Roman. 2 Bde. Altona 867. Verlags-Bureau. 8. (480 S.) 2 Thlr.

— aus vier Jahrhunderten. Historische Erzählgn. in 2 Bdn. 8. (283 u. 277 S.) Ebend. 883. n. 8. —

— die Idealisten. Roman. 4 Bde. Jena 867. Hermsdorf. 8. (III, 883 S.) 4 Thlr. 15 ngr.

Otto, Louise, Jesuiten u. Pietisten od. Cäcilie Telville. Zeitroman. 2., durchgeseh. Aufl. 3 Bde. 8. (224, 231 u. 232 S.) Altona 871. Verlags-Bureau. 7. 50

—— Kathinka. Ein Roman. 2 Bde. 8. (39 B.) Leipzig 844, Wienbrack.

— Theodor Körner. Große vaterl. Oper in 5 Acten u. 1 Vorspiel: Des Königs Aufruf. Musik von Wendelin Weißheimer. (Den Bühnen gegenüber Mscr.) Leipzig 867. Matthes. 8. (79 S.) 6 ngr.

— Kunst und Künstlerleben. Novellen. Bromberg 863. Roskowski. 8. (221 S.) 22½ ngr.

— die Kunst u. unsere Zeit. gr. 8. (X u. 109 S.) Großenhain 852, Haffner. ½ ₰

Otto, Louise. Zwei geistliche Kurfürsten aus dem 16. Jahrh. Historische Erzählgn. 2. (Titel-)Aufl. v. „Aus 4 Jahrhunderten". 8. (283 S.) Norden 889, Fischer Nachf. * 4 —

— Gräfin Lauretta. Historische Erzählg. aus dem 14. Jahrh. 8. (III, 199 S.) Leipzig 884. Reißner. 1. —

— Mein Lebensgang. Gedichte aus fünf Jahrzehnten. — Leipzig: Schäfer 1893. VIII, 322 S. 8⁰

— Lieder eines deutschen Mädchens. 16. (VI u. 226 S.) Leipzig 847, Wienbrack. In Engl. Einb. m. Goldschn. 1½ ₰

— Ludwig der Kellner. Roman. 2 Bde. 8. Ebd. 843. 2¼ ₰

— Mädchenbilder aus der Gegenwart. Novellen. — Leipzig: Colditz 1864. 205 S. 8⁰

— die Mission der Kunst mit besonderer Rücksicht auf die Gegenwart. Leipzig 861. Matthes. gr. 8. (VIII, 271 S.) 1 ₰ 15 ngr.

Otto-Peters, Louise. Vide: Morgenstern, Lina.

—— Musiker-Leiden und Freuden, s. Lese-Cabinet, neuestes belletristisches.

Otto, Luise, die Nachtigall von Werawag. Kulturhistorischer Roman in 4 Bdn. 8. (244; 226; 199; 191 S.) Freiburg i. Br. 887, Kiepert. *

Otto-Peters, Luise. Die Nachtigall v. Werawag. Kulturhistorischer Roman in 4 Bdn. Billige (Titel-)Ausg. 8. (244; 226; 199; 191 S.) Freib. i. Br. 890, Kiepert. * 6 —

— Nebeneinander, s. Novellen-Bibliothek.

— die Nibelungen. Text zu einer großen heroischen Oper in 5 Acten. [Manuscr.] 8. (48 S.) Gera 852. (Illgens Erben.) n. ⅓ ₰

—— Nürnberg, s. Album. Bibliothek deutscher Originalromane.

Nürnberg. Culturhistor. Roman von Louise Otto. Bd 1—3. Prag: Kober & Markgraf 1859. 8⁰
1. 274 S.; 2. 259 S.; 3. 263 S.
(Album. Bibliothek deutsch. Orig.-Romane. Jg. 14, Bd 15—17.)
[N. Ausg. u. d. Tit.:]
⁰ Die Schultheissentöchter von Nürnberg. Culturhistor. Roman. Von Louise Otto. Bd 1—3. Prag [Wien: Markgraf & Co.] 1861. 16⁰
1. 2. 431 S.; 3. VII, 200 S.
(Album. Bibliothek deutsch Orig.-Romane. Jg. 16, Bd 18—20.)
TB. 334.

— Nürnberg. Culturhistorischer Roman aus dem 15. Jahrh. 2. durchgeseh. Aufl. 3 Bde. 8. (XII, 287; 268 u. 272 S.) Bremen 875. Kühtmann & Co. n. 10. 50

— Nürnberg. Culturhistorischer Roman aus dem 15. Jahrh. 3. Ausg. 3 Bde. 8. (XII, 287; 268 u. 272 S.) Norden 883. Fischer Nachf. n. 10. 50

– Quelle des Vergnügens, s. Wilhelm, K.

— Privatgeschichten der Weltgeschichte. 5 Bde. Leipzig 868—70. Matthes. 8. Jeder Bd. 1 ₰
1. Geschichte mediatisirter deutscher Fürstenhäuser: Hannover, Kurhessen, Nassau, Thurn u. Taxis ꝛc. (V, 216 S. mit 8 lith. Wappentaf. in Tondr.)
2. Merkwürdige u. geheimnißvolle Frauen. (II, 210 S.)
3. Geistliche Fürsten u. Herren in Deutschland bis zur Säkularisation 1803. (III, 227 S.)
4. Einflußreiche Frauen aus dem Volke. (III, 244 S.)
5. Neufranzösisches u. Altdeutsches. Ein Beitrag zu den Ereignissen von 1870. (XIV, 244 S.)

— Privatgeschichten der Weltgeschichte. 6. Bd. Seltene Charaktere aus deutschen Adelsgeschlechtern. 8. (VII, 206 S.) Leipzig 872. Matthes. (à) 3. —

— Das Recht der Frauen auf Erwerb. Blicke auf das Frauenleben der Gegenwart. M. e. Vorw. v. Joseph Heinrichs. — Hamburg: Hoffmann u. Campe 1866. X, 165 S. 8⁰

—— Rittersporn, s. Novellenstrauß.

— Rom in Deutschland. Zeit-Roman in 3 Bdn. 8. (XII, 194; III, 186 u. III, 186 S.) Bremen 873. Kühtmann & Co. 10. 50

— Rom in Deutschland. Zeit-Roman in 3 Bdn. 2. Ausg. 8. (194, 186 u. 186 S.) Ebend. 883. n. 8. —

— Römisch u. Deutsch. Roman. 4 Bde. 8. (VIII, 248. 240. 224 u. 208 S.) Leipzig 847, Wienbrack. 4½ ₰

—— Schloß u. Fabrik. Roman. 3 Bde. 8. (38⅓ B.) Leipzig 846, Wienbrack.

— Schloß u. Fabrik. Roman. 2. Aufl. 3 Bde. Leipzig 869. Matthes. 8. (V, 195; 193 u. 159 S.) 3 ℛ

— die Schultheißentöchter von Nürnberg, s. Album. Bibliothek deutscher Originalromane.

—— die Schultheißentöchter von Nürnberg. Culturhistorischer Roman. 3 Thle. in 1 Bde. 16. Wien 861, Markgraf. [1. Bd. (220 S.) 2. (211 S.) 3. (200 S.)]

Otto-Peters, Luise, die Stellung der Frau im Leben, s.: Schriften, deutsche, s. nationales Leben.

— die Stiftsherren v. Straßburg. Historischer Roman aus dem 13. Jahrh. 2 Bde. 8. (X, 233 u. V, 214 S.) Leipzig 872. Schlicke. 8. —

— Cäcilie Telville. Roman. 3 Bde. 8. (230. 235 u. 237 S.) Leipzig 852, Hinze. n. 3 1/2 ℛ

— Victoria regia, s. Novellenstrauß.

Otto-Peters, Louise: Das erste Vierteljahrhundert des Allgemeinen deutschen Frauenvereins, gegründet am 18. Okt. 1865 in Leipzig. Auf Grund d. Protokolle mitgeteilt. — Leipzig: M. Schäfer in Komm. 1890. 103 S. 8°

— Weihe d. Lebens. Ein Buch zur Erhebg. u. Erbaug. des Geistes u. Herzens. 16. (VIII, 288 S.) Leipzig 873. M. Schäfer. n. 2. —

—— Westwärts! Lieder. 16. (39 S.) Meißen 849, Klinkicht und Sohn. *

— deutsche Wunden. Zeitroman [1864—1871]. 4 Bde. 8. Bremen 872. Kühtmann & Co. 15. —
1. Kleinstaatliches. (318 S.)
2. Verbrüderungsfeste. (332 S.)
3. Deutscher Bruderkrieg. (275 S.)
4. Alldeutschland. (247 S.)

—— aus der alten Zeit. Historische Erzählungen. 2 Bde. 8. (VII und 400 S.) Leipzig 860, Hübner.

Otto, Louise, aus der neuen Zeit. Novellen u. Erzählungen. 8. (16 1/2 B.) Leipzig 845, Wienbrack.

Otto, Ludovicus, Dettelbacensis: De anaphora. In exemplum adhibita sunt carmina Vergilii et Ovidii. Marpurgi Cattorum 1907: F. Staudenraus, Würzburg. (83 S.) 8°
Marburg, Phil. Fak., Ref. Birt, Diss. v. 18. Dez. 1907
[Geb. 28. April 79 Dettelbach a. M.; Wohnort: Würzburg; Staatsangeh.: Bayern; Vorbildung: Progymn. St. Ottilien b. München, Gymn. Dillingen Reife Juli 00; Studium: Würzburg 8, Marburg 6 S.; Rig. 1. Mai 07.]

Otto, Ludw., Anleitung zur Beurtheilung der Feuergefährlichkeit der Versicherungen, insbesondere der industriellen Etablissements. gr. 16. (127 S.) Essen 868, Radke. *

Otto, Ludw., Endzweck des Menschheits-Daseins. Beiträge zur Lösg. der Welträtsel. (63 S.) 8. Berlin 904. (L. Simion Nf.) n. 1. —

— zweckmässige Fragestellung über Wirthschafts-Verhältnisse bei Regulirung landwirthschaftlicher Brandschäden. Ebend. 868. 8. (29 S. mit 1 Tab. in qu. 4.) n. 12 ngr.

Otto, Ludw. Ernst, Rosa Violetta. Eine humoristisch-trag. Erzählg. 8. (143 S.) Dresden 901. E. Pierson. n. 2.50; geb. n. 3.50

Otto, M., einfache landwirtschaftliche Buchführung in gemeinverständlicher Form. Zum Selbstunterricht. (79 S.) 8. Guben 906. A. Koenig. n. — 60

Otto, M., u. R. O. Neumann, Studien über das gelbe Fieber in Brasilien während der auf Veranlassung d. Instituts f. Schiffs- u. Tropenkrankheiten in Hamburg im Sommer 1904 ausgeführten Gelbfieberexpedition. Mit 55 Karten, Skizzen, Bildern u. Plänen u. 7 Taf. in Farbendr. (154 S.) gr. 8. Leipzig 906. Veit & Co. n. 15. —
Sonderabdruck aus: „Ztschr. f. Hygiene u. Infektionskrankh."

Otto, Maria, Erika. Roman. (III, 174 S.) 8. Dresden 904. E. Pierson. n. 2. —; geb. n. 3. —

Otto, Maria, Glück u. Glas. Novellen. (IV, 249 S.) kl. 8. Leipzig 907. Verlag f. Literatur, Kunst u. Musik. 3.—; geb. n 4. —

Otto, Marie, Heideprinzeßchen. Mit teilweiser Benutzg. v. E. Marlitt's Erzählg. f. die deutsche Mädchenwelt bearb. 8. (215 S.) Berlin 889. Norddeutsches Verlags-Institut, J. Jolowicz. geb. 3. —

Otto, Martin [app. Arzt, aus Nürtingen]: Beiträge zur vergleichenden Anatomie der Glandula thyreoidea und thymus der Säugethiere. Nebst Bemerkgn über d. Kehlsäcke v. Lemur varius u. Troglodytes niger ... (Aus: Ber. d. Naturf. Ges. in Freiburg i. B., Bd x Heft 1.) Freiburg i. B., C. A. Wagner's Univ.-Buchdr., 1897; 2 Bl., 58 S., 1 Bl., 1 kl. Bl. 8.
Freiburg i. B., Med. Fak., Inaug.-Diss. v. 1897

Otto, Martin: Vergleichende magnetische Untersuchungen an Ringen aus Eisen und Eisensiliziumlegierungen. Halle a. S. 1909: Kaemmerer. 43 S. 8°
Halle, Phil. Diss. v. 10. Sept. 1909, Ref. Dorn
[Geb. 27 April 86 Moys; Wohnort: Moys, Staatsangeh.: Preußen; Vorbildung. Gymn. Görlitz Reife O. 04, Studium: Heidelberg 2, Jena 1, Berlin 1, Halle 6 S.; Rig. 8. Juli 09.] [U 10. 1782

Otto, Martin Heinrich

Otto, Mart. H., elementa juris nat. et gent. c. delineatione juris posit. univers. 8. Halae, Renger, 738.

— **Mart. Heinr.** (Trebsdorf/Thür.), De marito, tutore et curatore uxoris legitimo. Diss. jur. Präs. Johann Gottlieb Heinecke. Halle/Magdeburg (J. Fr. Grunert) 6. VIII. 1734. 64 S. (4.75) 25757
Widm. v.: Johann Gottlieb Heinecke.

— praecognita ex ontologia, psychol. et theol. nat. 8. ibid. 738.

Otto, Max [aus Northeim]: Ueber die elektrolytische Reduktion von Nitro-, Dinitro- und Nitroamidokörpern ... Heidelberg, Univ.-Buchdr. v. J. Hörning, 1896; 34 S., 2 Bl. 8.
Heidelberg, Naturw.-math. Fak., Inaug.-Diss. v. [18. Apr.] 1896

Otto, Max, appr. Arzt a. Nürnberg Über primäre multiple Tumoren der Pleura. Ansbach 1904: C. Brügel & Sohn. (30 S.) 8°
München, Med. Fak., Ref. v. Bollinger, Diss. v 18. Aug. 1904
[Geb. 28. Febr. 75 Nürnberg, Wohnort Nürnberg Staatsangeh Bayern, Vorbildung Gymn. Freienwalde a O. Reife M 96, Studium: Erlangen 4 ur, München 1 jur, München 1 Erlangen 2, Berlin 1, München 5 S.; Coll. 14. Juli 04; Approb. 19. Nov 03.]

Otto, Maximilian

Otto, Max, der Gesangshumorist. Urkomische Vorträge f. fidele Kreise. Gesammelt u. hrsg. 16. (62 S.) Köln 891. A. Püttmann. — 30

Otto, Max, der Gesangs-Humorist. Urkomische Vorträge f. fidele Kreise. 3. verm. Aufl. gr. 16. (94 S.) Köln (900). J. Püttmann. — 30

Der Gesangs-Humorist. Urkomische Vorträge f. fidele Kreise. Gesammelt u. hrsg. von Maximilian Otto. 3. verm. Aufl. *Köln: J. Püttmann [1903].* 92 S.) 8° [F.] [04. 7739

[F.] **Otto,** Moriz [aus Coburg]: Über Geschichte, Wesen und Aufgaben der Genealogie als Einl. u. Schluss e. Schrift über d. krieger. Eigenschaften d. Welfengeschlechtes in genealog. Verfolg ... (Soll vollst. ersch.) Gräfenhainichen, Druck v. C. H. Schulze & C., 1895; 59 S., 1 Tab. 8.
Jena, Phil. Fak., Inaug.-Diss. v [18. Mai] 1895

Otto, Moriz *Erich Hans* [app. Arzt aus Hamburg]: Aus d. medicin. Klinik zu Kiel Über syphilitischen Ikterus ... Hamburg, Druck v. Gebr. Gimmerthal, 1894; 35 S., 1 Bl. 8.
Kiel, Med. Fak., Inaug.-Diss. v. [28. Aug.] 1894

Otto, O. [O. Wenzel], Märchen für den Weihnachtstisch. 8. (159 S.) Posen 869, Leitgeber und Comp. *

Otto, O
In zwei Welten. Roman. Berlin 1879.
In: Roman-Zeitung, Deutsche. Bd 1.

Otto, O
Am Ziel. Novelle. Stuttgart 1862.
In: Hausblätter. Bd 2.

[Umschlagt.:] **Otto,** *Friedrich* Oskar: Ein Attraktionsproblem. (Bestimmung der freien Bewegung eines materiellen Punktes unter dem Einflusse einer nach einem festen Centrum hin gerichteten Kraft von der Form: $P = \frac{A}{r^2} + \frac{B}{r^3} + \frac{C}{r^4}$.) *Werdau, Druck v. J. Booch, 1896;* 64 S., 1 Taf. 8.
Werdau, R, P 1896 (592)

— **Oskar (Eduard Oskar) (Theissen), Ueber Blutkörperchenzählungen in den ersten Lebensjahren. Diss. med.-chir. Ref.: Eberth. Halle/S. (Plötz (R. Nietschmann)) 22. IX. 1883. 30 S. u. Biogr. (2.50)** 25758
Oppon.: H. Eberius, C. Dorn. — Seinen Eltern gew.

— **Otto Gottlob** (Tennst./Thür.), De tacita locatione, conductione. Diss. jur. Präs. Johann Hartmann. Jena (Heller) Juni 1724. 27 S. (4.75) 25759

Otto, P. C., Beitrr. z. chem. Statik, od. Versuch e. krit.-philosoph. Commentars üb. Berthollets u. a. neue chem. Theorien. 3 Thle. gr. 8. Wiesbaden 814—17. Schellenberg. 3 ₰ (A. u. d. T.: Einleitung in die wissenschaftl. Chemie).

Otto, P. C.
Einleitung in die wissenschaftliche Chemie im Geiste von Kant's und Berthollet's Lehren und mit kritisch-philosophischer Berücksichtigung der damit im Widersprüche stehenden Hypothesen. Mit einer Vorrede begleitet von C. W. Snell. Wiesbaden, 1816. 8vo.

Otto, Paul [aus Chemnitz]. Ueber die Einwirkung von Chlorkohlenoxyd auf einige Chlorhydrine Rostock, Univ.-Buchdr. v. Adler's Erben, 1888; 36 S. + 1 Bl. 8°
Rostock, Phil. Fak., Inaug.-Diss. v. 10. März

Otto, Paul, Festrede, gehalten bei der Feier des 10. Stiftungsfestes der „Vereinigten Riegen", 28. 11. 1890, Leipzig 1890, 16 S., 8°.

Otto, Paul, d. deutsche Gesellschaft in Göttingen (1738—1758), s.a. Forschungen zur neueren Litteraturgeschichte, VII.

Otto, Paul Die deutsche Gesellschaft in Göttingen. 1. T.: Historisches. *München: C. Haushalter 1898.* (45 S.) 8°
¶ (Erscheint vollständig in den Forschungen zur neueren Litteraturgeschichte.)
Göttingen, Phil. Diss. v [23. Juni] 1898

Die deutsche Gesellschaft in Göttingen '(1738—1758)'. Von Dr Paul Otto. *München: C. Haushalter 1898.* [Seite 1 45 erschien als Göttinger Diss. 1898.] (VI S., 1 Bl., 92 S.) 1 Bd 8.
= Forschungen z. neueren Litteraturgeschichte. [H.] VII. [98. 11385

Otto, Paul [aus Schlaube i. Schles.]: Ueber die m-Oxychlorphosphine des Diphenylamins und des p-Chloranilins ... Rostock, Univ.-Buchdr. v. Adler's Erben, 1895; 57 S. 8.
Rostock, Phil. Fak., Inaug.-Diss. v [14. März] 1895

Otto, Paulus, Rhenanus: Quaestiones selectae ad libellum qui est περὶ ὕψους spectantes. Fuldae 1906: Societas typographica. (61 S.) 8°
Kiel, Phil. Fak., Ref. Wendland, Diss. v. 3. Aug. 1906
[Geb. 21 Aug. 79 Cöln, Wohnort: Cöln; Staatsangeh.: Preußen; Vorbildung: Gymn. Heiligenstadt Reife O. 99; Studium: Freiburg i. B. 1, Berlin 4, Münster 1, Kiel 4 S.; Rig. 10. Febr. 06.]

Otto, Paulus [Lipsiensis]: Quaestiones Straboniannae ... (Aus: Leipz. Studien z. class. Phil. Suppl.-Bd. 11.) Lipsiae, typ. I. B. Hirschfeldi, 1889; 2 Bl. + S 225—294 + 1 Bl. 8°
Leipzig, Phil. Fak., Inaug.-Diss. v 30. Dez. 1889

Otto, Paul, Register, s.: Creizenach, W., Geschichte d. neueren Dramas.

*Otto, Paul Zur Würdigung der unter Plutarchs Namen überlieferten Schrift de liberis educandis. S. 3—9. 8.
Zur Gedächtnisfeier für den Senator Phil. Ferd. Ad. Just
Gymn. Zittau 1902.
Progr

Otto, Pauline, neueste Blumensprache, d. Liebe u. Freundschaft geweiht. 32. (24 ill. Abbild. u. 48 Seit.) Neu-Ruppin 837, Oehmigke u. Riemschneider.

Otto, R., pharmacologische Studien über Amylnitrit, Aethylnitrit, Nitropentan, Nitromethan, Pikrinsäure, Ortho- u. Paranitrophenol. Inaugural-Dissertation. gr. 8. (128 S.) Dorpat 881. (Karow.) n. 2. —

OTTO, Reinhard (Wiesbaden): Ueber einen Epignathus. Mit 1 lithogr. Taf.- Leipzig: Engelhardt 1878.
16 S., Taf.
12.3.1878 - Urk (Titel: De epignatho.); Chr 1877/78,10
Diss.Ingolst.-Landsh.-Mchn.

Otto, Reinhard, Lieder ohne Melodieen. 16. (VIII u. 99 S.) Cassel 852, Hotop. 1/3 ₰

Otto, Rhard., Untersuchungen üb. Sehnervenveränderungen bei Arteriosclerose. Mit 4 Taf. in Lichtdr. nach Mikrophotogrammen. gr. 8. (IV, 132 S.) Berlin 893. J. Springer. n. 5. —

Otto, *Heinrich* Richard [Amtsthierarzt aus Dahlen]: Beiträge zur Anatomie und Histologie der Amphistomeen. Gastrothylax gregarius Looss, Gastrothylax crumenifer Creplin, Amphistomum conicum Rudolphi, Amphistomum bothriophoron Braun, Amphistomum gigantocotyle Brandes, Amphistomum subtriquetrum Rudolphi, Gastrodiscus polymastos Leuckart ... M. 30 in d. Text gedr. Abb. (Aus: Deutsche Zeitschr. f. Thiermed. u. vergl. Pathol., Bd XXII.) Leipzig, Druck v. J. B. Hirschfeld, 1896, 2 Bl., 78 S., 1 Bl. 8.
Leipzig, Phil. Fak., Inaug.-Diss. v. [11. März] 1896

Bodenkunde. Zum Gebr. an landwirtsch., gärtnerischen, forstwirtsch. etc. Lehranstalten, sowie z. Selbststudium. Von Dr **Richard Otto**, Proskau. Mit 22 Textabb. *Berlin: P. Parey 1900.* (VII, 150 S.) 8° [F.]
— **Unterrichtsbücher**, Landwirtschaftliche [39.] [00. 9746]

[F.] **Die Düngung der Gartengewächse mittelst künstlicher Düngemittel.** Prakt. Anleitg z. rationellen Verwendg kunstl. Düngemittel. Z. Gebrauche an gärtnerischen u. ähnl. Lehranst. f. Gärtner, Gartenbesitzer, Blumenzüchter usw., sowie z. Selbstunterr. M. 7 i. d. Text gedr. Abb. Bearb. v. Dr **Richard Otto**, Lehrer zu Proskau. *Proskau, O., Schles.: A. Kalesse 1897* (3 Bl., 62 S.) 1 Bd 8. [98. 8050 Br]

— die Düngung gärtnerischer Kulturen, insbes. d. Obstbäume. E. Leitfaden f. d. Unterricht an gärtner. u. ähnl. Lehranst., sow. z. Gebrauche f. Gärtner, Gartenliebhaber, Lehrer, Baumwärter, Baumgärtner &c. gr. 8. (VI, 60 S.) Stuttgart 896. E. Ulmer. Kart. n. 1. 30

Otto, R., prüfungstechnische Erfahrungen bei d. Wertbestimmung des Tuberkulins. Aus dem königl. Institut f. experimentelle Therapie zu Frankfurt a. M. (Direktor: P. Ehrlich.) (6 S.) gr. 8. Jena 904. G. Fischer. n. — 50
Sonderabdruck aus: „Klin. Jahrb."

Otto, Rich., evangelische Erziehung in e. Los v. Rom-Gemeinde, s.: Schriften des Luthervereins.

Otto, Richard [aus Zerbst i./Anh.]: Zur Geschichte des Cyanurchlorids .... Berlin, Druck v. Julius Feiertag, 1888; 45 + 1 S. 8°
Erlangen, Phil. Fak., Inaug. Diss. v. 1888

Otto, Rich., 50 Gesellschafts- u. Tanzspiele für Zimmer u. Garten. 12. (38 S.) Grossenhain 895. H. Starke. n. — 50

[F.] **Grundzüge der Agrikulturchemie.** F. land- u. forstwirtschaftl. sowie gärtnerische Lehranst. u. z. Selbstunterr. bearb. v. Dr **Richard Otto**, Lehrer d. Chemie in Proskau O.-S. Tl 1. *Berlin: P. Parey 1898.* 8.
— **Unterrichtsbücher**, Landwirtschaftliche [Bd 33.] [98. 9339]

Grundzüge der Agrikulturchemie. Für land- u. forstwirtschaftl. sowie gärtner. Lehranstalten u. z. Selbstunterr. bearb. v. Dr **Richard Otto**, Lehrer in Proskau. Mit 44 Textabb. *Berlin: P. Parey 1899* (VIII, 356 S.) 8° [F.]
— **Unterrichtsbücher**, Landwirtschaftliche [33.] [99. 9458]

Otto, Rich., s.: Jahresbericht, kritischer, üb. die Fortschritte d. roman. Philologie.

Otto, Richard Der portugiesische Infinitiv bei Camões. (Aus: Roman. Forsch., Bd. 6). Erlangen, Druck d. Univ.-Buchdr. v. Junge & Sohn, 1888; 104 S. + 1 Bl. 8°
Leipzig, Phil. Fak., Inaug.-Diss. v. 31. Dez. 1888

Ueber die Dorpater Kloster und ihre Kirchen. Von Richard **Otto.** Dorpat 1910: Mathiesen. 65 S. 8°
(Verhandlungen d. Gelehrten Estnischen Gesellschaft. Bd 22, H. 2.) [10. 10634 7]

OTTO, RICHARD. Ueber einige Körper der Safranin und Indaminreihe (Basel) Wiesbaden, 1888.

Otto, R., über die Lebensdauer u. Infektiosität der Pestbazillen in den Kadavern v. Pestratten, s.: Festschrift zum 60. Geburtstage v. Robert Koch.

— altlothringische geistliche Lieder. Abdruck nach e. Münchener Handschrift. [Aus: „Roman. Forschgn."] gr. 8. (88 S.) Erlangen 890. Junge. n. 1. 20

— die staatliche Prüfung d. Heilsera, s. a. Arbeiten aus d. königl. Institut f. experim. Therapie zu Frankfurt a. M.

(Stabsarzt Dr.) R[ichard] **Otto**, Die staatliche Prüfung der Heilsera. Mit 8 Fig. Jena: G. Fischer 1906. (86 S.) 8°
— **Arbeiten** aus d. Kgl. Institut f. experiment. Therapie zu Frankfurt a. M. H. 2. [06. 10685]

Otto, Richard *Ernst Wilhelm* [aus Zimmerhausen in Pomm.]: Ueber Sclerodermie ... Berlin, C. Vogts Buchdr., *1895*; 35 S., 2 Bl. 8.
Berlin, Med. Fak., Inaug.-Diss. v. 6. Dez. 1895

Otto, Rich., 100 botanische Wandtafeln. qu. gr. Fol. (25 Steintaf.) Mit Text. gr. 8. (25 S.) Neumünster 879. Brumby. n. 10. —

Otto, Rob., Anleitg. zur Ausmittelg. d. Gifte u. zur Erkenng. d. Blutflecken bei gerichtl.-chem. Untersuchgn. 7. Aufl. Neu bearb. Für Chemiker, Apotheker, Medizinalbeamte u. Juristen, Leitfaden in Laboratorien u. bei Vorträgen. 2 Hlftn. gr. 8. (VIII, 299 S. m. Holzst. u. 1 farb. Taf.) Braunschweig 896. F. Vieweg & Sohn. à n. 4. —

Otto, Rob., chemische Untersuchung der Hroswithaquelle u. Wilhelmsquelle des Herzog-Ludolfsbades bei Gandersheim. gr. 8. (24 S.) Halle 881. Buchh. d. Waisenh. n. — 50

OTTO, ROBERT Ueber einige Zersetzungsproducte der Hippursäure. (Greifswald) Braunschweig, 1862.

Otto, Rose, über Fabrikarbeit verheirateter Frauen, s. a. Studien, Münchener volkswirtschaftliche. 104. Stück

Otto, Rose: Über Fabrikarbeit verheirateter Frauen. — Stuttgart & Berlin: Cotta 1910. X, 299 S. 8° (Münchener volkswirtschaftl. Studien. 104.)

— — München, Staatswirtsch. Diss. v. 6. Juli 1910.

Otto, Rud., d. Anschauung v. hl. Geiste bei Luther. E. historisch-dogmat. Untersuchg. gr. 8. (V, 106 S.) Göttingen 898. Vandenhoeck & Ruprecht. n. 2. 80

Otto, Rudolf (Hrsg.), s. Apelt, Friedrich: Metaphysik.

Die historisch-kritische **Auffassung** vom Leben und Wirken Jesu. Sechs Vorträge, im März 1901 in Hannover veranst. von Freunden kirchl. Fortentwicklung, geh. von lic. **Rudolf Otto**, Privatd. in Göttingen. Als Ms. gedr. *Göttingen: (Dietrich in Komm.) 1901.* (66 S.) 8° [F.] [01. 8869 7]

Otto, Rudolf: **Geist und Wort nach Luther.** *Göttingen 1898: E. A. Huth.* (36 S.) 8° [Erschien vollständig 1898 u. d. T.: Die Anschauung vom heiligen Geiste bei Luther.]
Göttingen, Theol. Diss. u. zugl. Hab.-Schr. v. [9. Juli] 1898

Otto, Rud., Goethe u. Darwin. Darwinismus u. Religion. (40 S.) gr. 8. Göttingen 909. Vandenhoeck & Ruprecht. — 75
Sonderabdruck aus: „Bayer. Schulzeitg." u. Abhandlgn d. Fries'schen Schule"

Otto, Rud., Leben u. Wirken Jesu nach historisch-kritischer Auffassung. Vorträge. 8. (76 S.) Göttingen 902. Vandenhoeck & Ruprecht. In Leinw. kart. n. 1. 35

Otto, Rud., Leben u. Wirken Jesu nach historisch-kritischer Auffassung. Vorträge. 4. Aufl. (4.—6. Tauf.) (86 S.) kl. 8. Göttingen 905. Vandenhoeck & Ruprecht. n. 1. —

— Kantisch-Fries'sche Religionsphilosophie u. ihre Anwendung auf die Theologie. Zur Einleitg. in die Glaubenslehre f. Studenten der Theologie. (XIV, 200 S.) Lex. 8. Tübingen 909. J. C. B. Mohr 3. 50

Naturalistische u. religiöse Weltansicht, s. a. Lebensfragen. 2.

— naturalistische u. religiöse Weltansicht. (Lebensfragen, Schriften u. Reden, hrsg. von Heinr. Weinel.) (VIII, 296 S.) 8. Tübingen 904. J. C. B. Mohr. n. 3. —; geb. n. 4. —

Otto, Rudolf, Lic. theol. a. Peine: Naturalistische und religiöse Weltansicht. Tübingen 1905: H. Laupp jr. (65 S.) 8° [F.]
Tübingen, Phil. Fak., Ref. Adickes, Diss. v. 7. März 1905
[Geb. 25 Sept. 69 Peine; Wohnort: Göttingen; Staatsangeh.: Preußen; Vorbildung Gymn. Hildesheim Reife O. 88; Studium: Erlangen 5, Göttingen 3 S.; Rig. 7 März 05]

Otto, Saint, s. *Saint-Otto*.

Otto, Thdr., ein Pensionsstreich, s.: Universal-Biblioth.

Otto, Thdr., die Pflege der Haare im gesunden und kranken Zustande. Ein Beitrag zur Schönheits- und Gesundheitspflege. Leipzig 863. Jacowitz in Comm. 16. (68 S.) n. 5 ngr

Otto, Theodor Albert [pr. Arzt aus Magdeburg-Buckau]: Über Darmverschluss durch Gallensteine ... Leipzig, Druck v. A. Edelmann, Univ.-Buchdr., *1893;* 17 S., 1 Bl. 8.
Leipzig, Med. Fak., Inaug.-Diss. v. 11. Mai 1893
(Nicht für den Austausch)

Otto, Thilo [aus Meineweh]: Über Nitro- und Amido-Cumarine ... Berlin, Druck d. Buchdr. v. L. Kell in Weissenfels, 1892; 42 S., 1 Bl. 8.
Berlin, Phil. Fak., Inaug.-Diss. v. 22. Juli 1892

Otto, Vict., die Anfechtung v. Rechtshandlungen, welche ein Schuldner, zu dessen Vermögen Konkurs nicht eröffnet ist, zum Nachtheile seiner Gläubiger vornimmt, nach gemeinem, sächs. u. deutschem Reichsrechte. gr. 8. (VIII, 264 S.) Leipzig 881. Roßberg. n. 5. —

Otto, Vikt., die königl. sächsische Notariatsordnung vom 5. Septbr. 1892, nebst der Kostenordng. f. Notare vom 6. Septbr. 1892 u. der Ausführungsverordng. vom 7. Septbr. 1892, erläutert. gr. 8. (VIII, 227 S.) Leipzig 893. Roßberg. n. 7. 50; geb. in Halbfrz. n. n. 9. —

Otto, V., das Recht der Lehngüter in den Erblanden d. Königr. Sachsen. gr. 8. (V, 150 S.) Leipzig 888. Breitkopf & Härtel n. 4. —

Otto, Victor, approb. Arzt aus Edwahlen: **Ueber die Resorption von Jodalkalien, Natriumsalicylat, Chloralhydrat und Strychnin im Magen.** *Erlangen 1902.* (24 S.) 8° ¶ **(Aus:** Archiv f. Verdauungskrankh., Bd 8, H. 4—5.)
Erlangen, Med. Diss. v. 19. Juni 1902

Otto, W., s. Cholera, die epidemische, in Stettin.

Otto, W., neues französisch-deutsches u. deutsch-französisches Taschenwörterbuch, s.: Weisely, J. E.

Otto, W (Oekonomierath), welchen Einfluss wird ein *neues Branntweinsteuer-Gesetz* auf den *Branntweinbrennerei-Betrieb u. die Spiritusfabrikation Bayerns* ausüben? Vortrag, gehalten in der Monats-Versammlung d. landwirthschaftl. Bezirksvereines d. Stadt München, am 10. Dezbr. 1879. München 1879. Druck d. Dr. Wild'schen Buchdr. (Gebr. Parcus). 8°. 29 S. Cart.

Otto, Walter: Anleiheübernahme-, Gründungs- und Beteiligungsgeschäfte der deutschen Grossbanken in Uebersee. Bln '11. 245 S.

— — Jur. Diss. Würzburg '10.

Otto, Walter, Justizrefer.: Die strafrechtlichen Bestimmungen des Nahrungsmittelgesetzes vom 14. Mai 1879. Stuttgart 1909: Kohlhammer. 55 S. 8° ¶ (Ersch. auch als Buch ebd.)
Heidelberg, Jur. Diss. v. 10. Dez. 1909, Ref. v. Lilienthal
[Geb. 23. Sept. 84 Frickenhausen; Wohnort: Stuttgart; Staatsangeh. Württemberg, Vorbildung: Realgymn. Ulm Reife 02, Studium: Tübingen 7, Leipzig 1, Berlin 1 S., Rig. 3. Nov 09.] [U 10. 1965

Otto, Walter: Über die Genese der genuinen Cysten der **Milz.** Rudolstadt 1904: F. Mitzlaff. (14 S.) 8° ¶ **(Aus: Arbeiten aus dem pathol.-anatom. Institut zu Tübingen 5.)**
Tübingen, Med. Fak., Ref. v. Baumgarten, Diss. v. 22 Sept. 1904
[Geb. 20. Febr. 80 Luckenwalde; Wohnort: Tübingen; Staatsangeh.: Preußen; Vorbildung: Gymn. Dessau Reife O. 99; Studium: Tübingen 7, München 1, Berlin 1 S.; Coll. 2. Mai 04; Approb. 27. Juni 04.]

Otto, Walter: Juno. Beiträge zum Verständnisse der ältesten und wichtigsten Thatsachen ihres Kultes. (161—223 S.) 8° [Kopftitel.] ¶ (Aus Philologus, Bd LXIV ⟨N. F. Bd XVIII⟩, H. 2 [Leipzig 1905].
München, Phil. Hab.-Schr. v. 1905
(Nicht für den Austausch)

Otto, Walter, Dr. phil.: Die wirtschaftliche Lage und die Bildung der Priester im hellenistischen Ägypten. ⟨Abschnitt 1 und 2a des VII. Kapitels aus: „Priester und Tempel im hellenistischen Ägypten", II. Bd, Verl. v. B. G. Teubner in Leipzig.⟩ Leipzig 1907: B. G. Teubner. (S. 168—238.) 8°
Breslau, Phil. Fak., Hab.-Schr. v. 27. Febr. 1907
(Nicht für den Austausch)

Otto, Gualterus, Stuttgartiensis: **Nomina Latina oriunda a participiis perfecti.** Particula 1. *Bonnae 1897: C. Georgi.* (S. 745—777, 4 S.) 8° ¶ (Aus Jahrbücher f. class. Philol., Suppl.Bd 24.) [Erschien vollst. ebenda.] — [Vgl. 1896/97 Bonn No 89.]
Bonn, Phil. Diss. v. [7 Aug.] 1897

Otto, Gvaltervs *Fridericus* [Stvttgartiensis]. Nomina Latina orivnda a participiis perfecti. Part. 1 ... Bonnae, typ. C. Georgii typogr. acad., 1897; [nur Titelbl., Vita u. Thesen.] 4 S., 1 Bl. 8.
Bonn, Phil. Fak., Inaug.-Diss. v. 7. Aug. 1897

Otto, Walt. (Gualt.), nomina propria latina oriunda a participiis perfecti. gr. 8. (S. 743—932.) Leipzig 899. B. G. Teubner. n. 5. 60
Sonderabdruck aus: „Jahrbücher f. class. Philologie".

Otto, Walter: Die **Organisation** der griechischen Priesterschaft im hellenistischen Ägypten. ⟨Kap. 2, Abschn. 3 aus: Priester und Tempel im hellenistischen Ägypten.⟩ *Breslau 1903: H. Fleischmann.* (2 Bl.) 8° ¶ [Nur Titelblatt, Vita u. Thesen. — Die Dissertation erscheint später.]
Breslau, Phil. Diss. v. 24. Juli 1903
(Nicht für den Austausch)

Otto, Walter: Die **Organisation** der griechischen Priesterschaft im hellenistischen Ägypten ⟨2. Abschnitt des II. Kapitels aus d. Abhandl. Priester und Tempel im hellenistischen Ägypten.⟩ *Leipzig 1904: B. G. Teubner.* (S. 134—199.) 8° ¶ [Vgl. 1902/1903 Breslau 103.] (Erscheint vollst. ebenda.)
Breslau, Phil. Diss. v. 24. Juli 1903

Otto, Walt., Priester u. Tempel im hellenistischen Aegypten. Ein Beitrag zur Kulturgeschichte d. Hellenismus. 1. Bd. (XIV, 418 S.) gr. 8. Leipzig 905. B. G. Teubner. n. 14. —; geb. n. 17. —

Otto, Walt., Priester u. Tempel im hellenist. Agypten. Ein Beitrag zur Kulturgeschichte des Hellenismus. 2. (Schluss-)Bd. (VI, 417 S.) gr. 8. Leipzig 908. B. G. Teubner. 14.—; geb. 17. —
Bd. I. Ebd. 905. 14.—; geb. 17. —.

Otto, Walther, aus Leipzig-Reudnitz William Cullen Bryants Poetische Werke und Übersetzungen. *Leipzig 1903: J. J. Weber.* (62 S.) 8°
Leipzig, Phil. Diss. v. [24. Juli] 1903

Otto, Werner, Geschichte des herzogl. Braunschweigischen Infanterie-Regiments Nr. 92 seit dem Eintritt in den Norddeutschen Bund bis zur Jetztzeit [1867—1877]. Mit 2 (lith.) Karten. gr. 8. (IX, 437 S.) Braunschweig 878. Hafferburg. n. 5. 25

Otto, Wilhelm

Otto, Wilh. (III.), zur Begriffsbestimmung der Predigt. 2. Stück. Als Denkschrift des herzogl. nassauischen evangelisch theolog. Seminars zu Herborn für das J. 1849. 4. (87 S.) Wetzlar 849, Rathgeber. *

Otto, Wilh., Blätter zur Frage über liturgische Gottesdienste. [Denkschrift d. Herzogl. Nassauischen evangelisch-theolog. Seminars zu Herborn f. das J. 1852.] 4. (92 S.) Dillenburg 852, Pagenstecher. n. 12 ngr.

Otto, Wilh., der göttl. Dulder u. seine Verherrlichung. Eine Reihe Passions- u. Osterpredigten. gr. 8. (9¼ B.) Nürnberg 829, Stein. 9 Gr., f. Pap.

Otto, Wilh., über die Einsegnung der Leichen. (Denkschrift d. Herzogl. Nass. ev.-theol. Seminars zu Herborn f. 1858.) Wetzlar 858. Rathgeber. 4. (80 S.) 15 ngr.

Otto, Wilh. (I.), die Entdeckung v. Amerika. Ein Heldengedicht. 1. Thl.: Columbus. gr. 12. (1¾ B.) Leipzig 837, (Festsche Vrlsbuchh.)

— christliche Feierstunden. Predigten auf alle Sonn- und Festtage des Kirchenjahres. I. (Bd.) Das Halbjahr des Herrn. — II. (Bd.) Das Halbjahr der Kirche. Dillenburg 854, 55. Jacobi. gr. 8. (VIII, 424; 2 Bl., 371 S.) Jeder Bd. n. 1 rf.

Otto, Wilh., Grundzüge der evangelischen praktischen Theologie. Dillenburg 866. Seel. gr. 8. (III, 115 S.) n. 18 ngr.

—— Handbuch d. besond. Kirchenrechts d. evangel.-christl. Kirche im Hrzgth. Nassau. gr. 8. (30 B. u. 3 B. Tab.) Nürnberg 828, Stein.

— der Hauptmann zu Kapernaum, ein Bild für den Gustav-Adolph-Verein. Predigt in dem Gottesdienste bei der Versammlung des Nassauischen Hauptvereins der G.-Ad.-Stiftung zu Kirberg am 6. Juni 1855 gehalten. Frankfurt a. M. 855. Auffarth. 8. (16 S.) nn. 3 ngr.

Otto, Wilh., Kaufmann u. Aristokrat. Roman. 2 Thle. Berlin 869. Wegener. 8. (241 u. 285 S.) 2 rf

Otto, Wilhelm [aus Braunschweig] Zur Kenntniss der Sulfonketone .., Berlin, Buchdr v. C Berg, 1887, 32 S. + 1 Bl. 8°
Rostock, Phil Fak., Inaug.-Diss. v. 2. Jul. 1887

Otto, Wilhelm, zur Kenntuiss der Sulfonketone. Diss. Rostock 1887, G. B. Leopolds Univ.-Buchh. 8°. 32 S.

Otto, Guil. (geb. Stettin 22. 3. 1830) De labio et palato dupliciter fisso cum prominentibus ossibus intermaxillaribus atque utriusque operandi methodis. Berolini (1856). (28 S.) 4°
Berlin, Med. Diss. v. 19. März 1856

—— die Lehre v. d. Behandlung bibl. Lehrtexte in Predigten. 1. u. 2. Stck. 4. Herborn, Kempf. (Frankfurt a. M., Streng.) [1. (6¼ B.) 832. 6 Gr., 2. (9 B.) 834. 8 Gr.]

Otto, Wlh., die Lehre von den Volksschulen, nebst einer Darstellung aller im Herzogth. Nassau in Betreff der Volksschulen bestehenden Gesetze u. Verordnungen. gr. 8. Dillenburg 845, Pagenstecher. 1 rf

Otto, Wilh. (II.), Predigten üb. auserles. Stellen in d. Apostelgeschichte rc., s. Heydenreich, A. L. Chr.

—— das Recht der pommerschen Kirche, s. Recht.

Otto, Wilh. (I.), Rede bei der Fahnenweihe zu Sudenburg gehalten am 30. Juli 1848. gr. 8. (8 S.) Sudenburg-Magdeburg 848. (Magdeburg, Quednow.)

— der kirchliche Religions-Unterricht der Jugend. (Denkschrift des evangel. theolog. Seminars zu Herborn für 1845.) 4. Ebend. 845. 5/12 rf

— Rückblicke auf die Jubelfeier des evangel. luther. Seminars in Herborn am 11. u. 12. Oktbr. 1843 u. die Geschichte desselben. Denkschrift des Herzogl. Nassauischen evangel. theol. Seminars in Herborn für 1844. 4. Herborn 844. (Dillenburg, Pagenstecher.) n. 1 rf

— evangelische praktische Theologie. 1. Bd. Einleitung u. 1 Buch: Die erbauenden Thätigkeiten. Gotha 869. F. A. Perthes. gr. 8. (XVI, 590 S.) n. 3 rf
— — 2. Bd. 2. Buch: Die ordnenden Thätigkeiten. Ebend 870. gr. 8. (XII, 388 S.) n. 2 rf

Otto, Wilh. (II.), Hannes v. Uchtenhagen der letzte Herr von Freienwalde a/O. Eine Sage aus der Zeit des 16. Jahrh., bearb. zu einem romant. Gedichte in 23 Gesängen nebst einem Anhange kleinerer Gedichte. gr. 12. (VIII und 243 S.) Berlin 849, (Schneider und Comp.) *

— Versuch einer Verständigung über Kirchenzucht in der evangelischen Kirche. 1. Stück. (Als „Denkschrift des Herzoglich Nassauischen evang.-theol. Seminars zu Herborn f. 1854.") Dillenburg 854. Jacobi. 4. (76 S.) 12½ ngr.
— — 2. Stück. (Als „Denkschrift des Herzogl. Nassauischen evang.-theolog. Seminars zu Herborn für 1855.") Ebend. 855. 4. (136 S.) 18 ngr.

—— über d. Werth u. d. Behandlung histor. Texte in Predigten. (Denkschr. d. Hrzgl.-Nassau. evangel.-theolog. Seminariums in Herborn f. d. J. 1830.) 4. (8¾ B.) Herborn, Kempf. (Frankfurt a. M., Streng.)

-- **Wilhelm** (Herborn / Nassau), Denkschrift des Herzoglich Nassauischen evangelisch-theolog. Seminars zu Herborn für das Jahr 1850. — Enthält: Apologetische Würdigung der Kindertaufe, v. Wilhelm Bauer. Seminar-Reden v. Wilhelm Bauer u. Chr. Lex. Nachschrift zur Geschichte des Seminars. Herborn (J. M. Beck) 1850. 96 S. mit Namen. (4.—) 25761

Otto-Arndt, Marga, Tot sein heißt — leben! Der Menschheit zugerufen. (VIII, 88 S.) 8. Leipzig (905). O. Mutze. n. 1. —; geb. n. 2. —

Otto-Graham, ausführliches Lehrbuch der Chemie, s. Graham-Otto.

Otto-Kreckwitz, Ernst v., der Kriegshund, dessen Dressur u. Verwendung. 8. (IV, VIII, 71 S. m. Abbildgn.) München 894. J Schön. n. 2 —

Otto-Kreckwitz, E. v., s. Rassen, die, des Hundes.

Otto v. Ottenthal, s. a. : v. Ottenthal.

Otto von Ottenthal, P

Ders.: Der Hausirhandel in Oesterreich. *Linz.* 828. 8. (12 Gr.)

— der Comerzial-Stämpel in Oesterreich. gr. 8. Wien 822, Wallishauser.

Otto v. Ottenthal, (P.,) der Zehent, nach canonischen u. österreich. Rechte. gr. 8. Linz 823, Academ. B.

Otto-Peters, Louise, s. Otto

Otto-Reventlow, s. Otto, Karl

Otto-Walster, A., Ein verunglückter Agitator oder die Grund- und Bodenfrage. Lustspiel in 2 Akten. Hrsg. in St. Louis 1877. Druck von der „Volksstimme der Westens".

— Das rothe Gespenst und die Cäsaren. Ein Zeitgedicht. Dem tapfern Freiheitskämpfer Joh. Phil. Becker in Genf gewidmet. 2. Aufl. 8⁰. Dresden, Selbstverlag, Druck v. W. Brunner, s. a.

Otto-Walster, A., kranke Herzen. Gesammelte Novellen Leipzig 864. O. Voigt. 16. (267 S.) n. 25 ngr.

— Kranke Herzen. Zwei Novellen. 1) Der Traum im Walde. 2) Die letzten Walzer eines Wahnsinnigen. 2. Aufl. 8⁰. Braunschweig, W. Bracke jr., 1876. (232 S.)

— eine mittelalterliche Internationale. Historische Novelle. 8. (128 S.) Ebend. 875. 1. 50

— Ein Ostergruss an die deutschen Arbeiter. 8⁰. Leipzig, Selbstverlag, Druck von Bär u. Hermann, 1866.

Otto-Walster, A., ein Ostergruß an die deutschen Arbeiter. 1—9. Aufl. Leipzig 866. (Priber.) 8. (16 S.) 1 ngr.

Otto-Walster, A., allerhand Proletarier. Eine Hausgeschichte. 8. (129 S.) Leipzig 874. Genossenschaftsdr. — 80

— Rienzi. Historisches Trauerspiel in 5 Aufzügen. 8. (74 S.) Ebend. 875. — 60

Otto-Walster, A., Der Schutz des Arbeiters in den internationalen Arbeiter-Gewerksgenossenschaften. Ein Mahnruf an alle deutschen Arbeiter. 3. gänzl. umgearb. Aufl. 8⁰. Dresden 1871.

Otto-Walster, A., Braunschweiger Tage. Historischer Roman. 8. (619 S.) Braunschweig 874. Bracke jr. 4. —

— die Wahrheitsliebe des Braunschweiger Tageblattes u. meine Wirksamkeit in Nassau. Eine Streitschrift zur Abwehr gegen Verleumdung. Braunschweig 866. (Graff.) gr. 8. (15 S.) n. 3 ngr.

— am Webstuhl der Zeit. Social-polit. Roman in 3 Büchern. (216, 247 u. 256 S.) Braunschweig 873. 74. Bracke jr. n. 4. 50

— Am Webstuhl der Zeit. Sozialpolitischer Roman in 3 Büchern. 8⁰. Braunschweig, W. Bracke, 1873. Neue Aufl. Ebenda 1877. 3 Bde. 8⁰. Braunschweig, A. Günther, 1892.

Otto-Warschauer, Die Reorganisation des Aufsichtsratswesens in Deutschland. (61 S.) gr. 8. Berlin, Freier Verlag. 1902. 1. —

Otto-Album, s. Otto, Franz

Ottocar, s. Ottokar

Ottokapelle, die, bei Kiefersfelden, als Nationaldenkmal des Abschiedes Königs Otto von Griechenland vom bayer. Vaterlande am 1. Juni 1834. Mit Abbildung. gr. 4. München 834. Finsterlin. 1/4 ℔

Ottokar

Ottokar, König. Trauerspiel in 5 Aufzügen vom Verf. der Reimchronik „das belagerte Wien." Berlin 863. Lassar. 8. (126 S.) n. 20 ngr.

— König von Böhmen. Ein tragisches Schausp. in 5 Handlungen. 8. Lpz. Joachim.

Ottocar König von Böhmen. Ein tragisches Schauspiel in fünf Handlungen. Augsb. 1790. V: *Hemmerde, Carl Hermann.* (schr) (Ky) (GGr) (BrMm)

— König von Böhmen. Trag. Schspl. in 5 Handl. (v. Karl Herm. Hemmerde). 8. Augsb. 790. (Leipz., Central-Compt.) 12 gr

Ottokar, König von Böhmen. Trspl. (v. Fr. Ochs). 8. Straßb. 790. Treuttel u. W. 12 gr

Ottokar u. Lorette. Dornen u. Blüthen, s. Wanderer, die, von Salem.

Ottokar u. Lorette. Dornen und Blüten (!) im Lebensgarten. Karlsruhe, bei Gottlieb Braun. 1818. 8⁰. Tit. u. 278 S.

Ottokar's österreichische Reimchronik, s. Monumenta Germaniae historica.

Hirtenbrief. Ottokar Maria, durch Gottes Erbarmen Fürstbischof von Seckau und Verweser des Bisthums Leoben, Doktor der heiligen Theologie, Graf von Attems, meinen vielgeliebten Gläubigen der beiden Kirchensprengel Seckau und Leoben Heil und Segen von unserm Herrn und Heiland Jesus Christus. Der Brief beginnt: „Als im verflossenen Jahre unser Aller gemeinsamer Vater Papst Pius IX. rc. . . . . . Gratz am Feste Mariä Verkündigung den 25 März 1855. Gratz. Gedruckt bei J. A. Kienreich. (10 S. 4.)

Hirtenbrief. Ottocarus Maria, divina miseratione princeps Episcopus Seccoviensis nec non administrator episcopatus Leobiensis S. Theologiae Doctor etc. Comes ab Attems. Venerabili Clero saeculari et regulari Dioecesis Seccoviensis et Leobiensis salutem et benedictionem a Domino nostro Jesu Christo! „Intimo replemur gaudio et laetitia etc. Datum Graecii feria 2da majoris Hebdomadae 2. Aprilis. 1855. Typis J. A. Kienreich. (16 S. 4.)

Ottokar, Amadeus, Anti-Satan. Sendschreiben an Prof. Eschenmayer, betreff. dess. Entgegnung auf die Schrift, „Entdeckung eines Complots wider Religion u. Christenthum." gr. 8. (1½ B.) Nürnberg 838, Bauer u. Raspe.

— Entdeckung eines Complotts wider Religion u. Christenthum, gemacht durch Eschenmayer's Schrift: „Conflict zwischen Himmel u. Hölle an dem Dämon eines besessenen Mädchens." 8. Nürnberg 837. Bauer u. Raspe. (Merz.) ¼ ℛ

Ottolengui, Rodrigues, an artist in crime, s.: Library, the English. Vol. 182.

Ottolengui, Rodrigues, d. Kameenkopf (An artist in crime), s.: Engelhorn's Romanbibliothek, 12. Jahrg.

Ottomar, Gespräche üb. d. Augustinus Lehre rc. s. Marheineke, Ph.

Ottomar, G., Fehltritte. Ein wahrer Roman aus dem Leben höherer Stände, enthüllt v. einem Eingeweihten. (84 S.) 8. Leipzig 908. F. Schnackenburg. 2.—

Ottomars Geist, oder Rudolph von Ruhburgs Prüfung und Lohn, 2 Theile 8. Altona, 796-97. Verlags-Gesellsch. 1 Rthl. 8 sgl.

Ottomeyer, L., Sherlock Holmes, s. a. Hillger's, Herm., Sammlung illustr. Kriminalromane. 5. Bd.

Sherlock Holmes. Eine Detektiv-Komödie in 3 Handlungen nach Conan Doyle's Erzählungen von L. Ottomeyer. Mit Ill. von Arthur Lewin. Berlin & Leipzig: H. Hillger 1907 (124 S.) 8° [F.]
— Sammlung, Hillgers, illustrierter Kriminalromane. Bd 5. [07. 13630]

Ottonis vita, vide Vita.

Otto's Missionsbüchse u. andere Geschichten. Nach dem Engl. 16. (127 S. m. e. Holzschntaf.) Cleveland 871. (Philadelphia, Schäfer & Koradi.) geb. n. 1. 20

Otto's Universal-Haus-Lexikon. Ein prakt. Hand- u. Nachschlagebuch f. alle Fälle des Lebens. Ratgeber in Haushalts-, Wohnungs-, Küchen-, Garten- u. Rechts-Angelegenheiten, bei Festlichkeiten u. in Krankheitsfällen. Anstands- u. Schönheitsregeln. Toilettengegenstände u. kosmet. Mittel. Pflege der Haustiere. (In 50 Hftn.) 1.-5. Hft. gr. 8. (1. Bd. S. 1—160.) Berlin 894. Verlag des Universal-Haus-Lexikon. (O. Hemsler.) à — 20

Otto's, Universal-Haus-Lexikon. E. prakt. Hand- u. Nachschlagebuch f. alle Fälle des Lebens. Ratgeber in Haushalts-, Wohnungs-, Küchen-, Garten- u. Rechts-Angelegenheiten, bei Festlichkeiten u. in Krankheitsfällen. Anstands- u. Schönheitsregeln. Toilettengegenstände u. kosmet. Mittel. Pflege d. Haustiere. 6.—30. (Schluß-) Hft. gr. 8. (1. Bd. S. 161—480 u. 2. Bd. 472 S.) Berlin 895—898. Verlag des Universal-Haus-Lexikon. à Hft. — 20

Ottow, A. M., die Grundrechte des deutschen Volkes, s. a. Grundrechte.

Ottow, A. M., Mitglied der deutschen Nationalversammlung, Die Grundrechte des deutschen Volkes, nebst den Entwürfen zu dem Gesetze und Hinweisungen auf andere Verfassungen. Frankfurt a. M., J. D. Sauerländer, 1849. 54 S. 8°.

Ottow, Franz Eduard Georg (geb. Belgard in Pomm 1. 5. 1835)
De aneurysmate spontaneo Berolini (1859). (30 S.) 8°
Berlin, Med. Diss. v. 13. Dez. 1859

Ottow, Hans [aus Stolp i/Pomm.]: Über den Glycogengehalt der Leber nach Kohlenoxydvergiftung Würzburg, Druck d. Bonitas-Bauer'schen k. b. Hofbuchdr., 1893; 20 S. 8.
Würzburg, Med. Fak., Inaug.-Diss. v. 1893

Ottow, Mutius, Uebersichten einzelner Materien des preuß. Rechts. 1. Hft. A. u. d. Ttl.: Die gemeine Erbfolge-Ordnung nach preuß. Landrechte. Uebersichtlich dargestellt. gr. 8. (1 B.) Breslau 844, Hirt's Verl.

Ottow, Wilhelm Martin, Stabs-Apotheker 1. Kl. d. Niederl.-Indischen Armee aus Haag (Holland): Chemische Untersuchungen über Phyllanthus Niruri L. und über Euphorbon. *Marburg 1902: H. Bauer* (85 S.) 8°
Marburg, Phil. Diss. v. [18. Dez.] 1902

Oettrich, Eduard

Oettrich, Ed., Mittel zur schleunigsten Abhülfe unserer jetzigen Noth. gr. 8. (31 S.) Berlin 848. Lassar in Comm. n. ⅙ ℛ

Otto, P. R., d. Buch v. gesunden u. kranken Protz. 1. u. 2. Aufl. schmal gr. 8. (à 118 S.) Zürich 898. Th. Schröter. n. 1. 50

Ottz, P. R., das Buch vom gesunden u. kranken Protz. 3. [Titel-]Aufl. schmal gr. 8. (118 S.) Zürich [898.] (900). Th. Schröter. n. 1. 50

Ottsen, die Heimat. Landeskunde v. der Rheinprovinz u. Hohenzollern. s. Heimatkunden des Deutschen Reiches. 12. Heft.

— Rhein u. Ruhr bei Duisburg-Ruhrort. Ein Beitrag zur engeren Heimatkunde. (16 S.) 8. Moers 910. A. Steiger. — 40

Ottsen, Otto, Wesen u. Bedeutung des Helfersystems in d. Schulen, s. a. Abhandlungen, pädag. N. F. VIII. 3.

Wesen und Bedeutung des Helfersystems in den Schulen. Von Otto Ottsen. Bielefeld A. Helmich [1902]. (14 S.) 8° [F.]
— Abhandlungen, Pädagogische. N. F Bd 8, H. 3. [03. 9299]

Ottsen, Otto Lausten

Die Nordseeinsel Sylt Erdkundliche und geschichtliche Betrachtungen v **Ottsen.** Westerland-Sylt 1909 (1910) 8°

Ottsen, der Kreis Tondern. Bilder aus der Erdkunde u. Geschichte des Kreises. (VIII, 232 S. m. Abbildgn., 1 Taf. u. 1 Karte.) gr. 8. Tondern 906. S. Matthiesen. n.n. 3. 50

(8) -- Der Kreis Tondern. 906. (KBL 34.) Jetzt: Tondern, H. Nissen.

Ottsen, Peter Jürgen

Ottsen, P. G., De rerum inventione ac dispositione, que est in Lysiae atque Antiphontis orationibus. Pr. 1847. 84 S. 4°.

Ottumwa Freie Presse : 1878?—1880?

Democratic weekly Merged with OTTUMWA JOURNAL Edited & published by Theodore Danquard, 1878 80.
Ottumwa, IA

Ottumwa Journal Dec 1871 -1912?

Democratic weekly supported Tilden. Absorbed OTTUMWA FREIE PRESSE. Title varies JOURNAL UND FREIE PRESSE Circulation 1875, 480 (est.). 1880, 550; 1890, 800; 1900, 956 1910, 946. Edited & published by A. Danquard, 1871–81, by A. & Theo. Danquard, 1881 by Danquard & Wagner. 1882–86, by John A. Wagner, 1887–1912.
Ottumwa, IA

Ottur von Waldburg

Ottur von Waldburg. Der Templer. Ritterroman aus dem 1. Zehntheil des 14. Jh. 1827
s. **Falckh, Josef Alois** [Verf.]

Ottway, Thomas, s. Otway

Ottweiler [Schlagwort]

Ottweiler, s.a Preussen. Messtischblätter -- Trier, Reg.-Bez.

Ottweiler. Ludt, A., Handkarte des Kreises Ottweiler. Bearb. u. gezeichnet unter Benutzg. seiner von der königl. Reg. zu Trier vom 12. I. 1897 genehm. u. empf. Wandkarte des Kreises u. der von der königl. Kataster-Insp. Trier hrsg. Entfernungs- u. Reisekarte des Kreises. 1 : 80,000. 84×38 cm. Farbdr. Trier (903). F. Lintz. n. — 40

Ottweiler, Ludt, A., Wandkarte d. Kreises Ottweiler. 1 : 25,000. 4 Blatt à 62,5 × 68,5 cm. Farbdr. Trier 897. H. Stephanus. Auf Leinw. m. Stäben n.n. 18. 50

Ottweiler [Verfasser]

Ottweiler, Emil, a. Altenkirchen ⟨Rheinland⟩: Die Niederschlagsverhältnisse von Deutsch-Südwestafrika. Berlin 1906: E. S. Mittler & Sohn. (S. 35—51.) 4° ¶ (Erscheint vollst. in: Mitteilungen aus den deutschen Schutzgebieten Jg. 1907.)
Münster, Phil. Fak., Ref. Lehmann, Diss. v 20. Sept. 1906
[Geb. 14. Juni 82 Altenkirchen, Wohnort: Münster i. W.; Staatsangeh.: Preußen; Vorbildung. Friedrich-Wilhelms-Gymn. Cöln a. Rh. Reife O. 01; Studium: Bonn 4. Marburg 2, Münster 3 S.; Rig. 19. Dez. 05.]

Die Niederschlags-Verhältnisse von Deutsch-Südwestafrika, mit e. Niederschlagskarte von Deutsch-Südwestafrika, 2 Kartons Verteilung d. Regentage nebst 24 Tab., 54 Diagrammen u. 1 Profilkarte d. Regenhöhen von West nach Ost. Von Dr. Emil **Ottweiler**. Berlin: E. S. Mittler & Sohn 1907. (84 S.) 4°
= Mitteilungen aus d. Deutschen Schutzgebieten. Bd 20, H. 1.
= **Kolonialblatt,** Deutsches. Wiss. Beihefte. 1907. (07. 9515 4

Ottzenn, Kurt

Ottzenn, Curt, Telemann als Opernkomponist, s.a. Studien, musikwissenschaftl. 1.

Ottzenn, Curt, aus Berlin. **Telemann als Opernkomponist.** Ein Beitrag zur Geschichte d. Hamburger Oper. T. 1. *Berlin 1902: E. Ebering.* (33 S.) 8° ¶ [Erschien vollst. 1902 als Musikwiss. Studien, H 1]
Berlin, Phil. Diss. v. 2. Juli 1902

Telemann als Opernkomponist Ein Beitrag z. Gesch. d. Hamburger Oper. Von Curt **Ottzenn,** Dr phil. Mit 1 Bde Noten-Beil. *Berlin: E. Ebering 1902* 1 Bd 8°, 1 Bd 4°
[Ein Teil erschien als Inaug.-Diss. Berlin 1902]
= Studien, Musikwissenschaftliche H 1 (03. 13558

Otwarte Wyznanie Wiary gminy chrzesciansko-apostolsko-katolickiej w miescie Pile, co do artykułow, w ktorych odstepuje od kościoła rzymsko-katolickiego, t. j. hierarchii. 8. We. Wschowie 845. (Fraustadt, Neustadt. — Posen, Lambeck u. Grosse.) n. 3 ngl

Otway, Thom., Monimia. Trspl. in 5 Abtheil., bearb. v. Fr. H. Bothe. 8. Manh. 822. Löffler. 16 gr

Otway, Th., Venedig's Rettung, s.: Gätschenberger, S.

Otway, Thom., die Verschwörung gegen Venedig. Tragödie in 5 Akten. Ins Deutsche übertr. u. m. e. Einleitg. vers. v. Paul Hagen. 12. (VII, 91 S.) Leipzig 898. E. Avenarius. n. 2. —

Otway, Thomas. Die Waise und das gerettete Venedig. Zwei Trauerspiele a. d. Engl. Langensalze 1767. Ü: *Böttger, Friedrich Conrad.* (ML) (Ky)

—die Waise und das gerettete Venedig; zwei Trauerspiele, aus d. Engl. (v. Chr. Hnr. Böttger). 8. Langensalza 767. Martini. 10 gr

Ottway, Thom., 2 Trauerspiele, die Waise und das gerettete Venedig. 8. Langensalza, Schneider. 767.

Otway, Thom., select dramatic works, s. Poets, the standard.

Oetwein, Arth., Ausbau der Wasserstrassen in Mittel-Europa. Zwei Vorträge, gehalten am 6. Decbr. 1881 und am 31. Jan. 1882 im Club österreich. Eisenbahn-Beamten. gr. 4. (35 S. mit 1 Stnt.) Wien 882, [Lehmann und Wentzel.] Spielhagen und Schurich. *

Ots: Die Bedeutung der Gerätübungen im Turnunterricht im allgemeinen u. der Barrenübungen im besonderen. Basel 1900. 23 S. Sonderdr aus: Monatsbl. f. d. Schulturnen. 1899. Nr. 11 u. 12, 1900. Nr 1

Otz, Hans Victor. Ueber Retroversio uteri und ihre Operative Behandlung durch die Laparotomie ⟨Fixation der ligamenta rotunda an die vordere Bauchwand⟩. Diss. Med. Bern. ***Kopftitel:*** **Aus der gynækologischen Klinik zu Bern. 52 S. 8. Bern, Haller, 1902.**

Oetzbach, Fritz, s.a Fritz, Bruder.

'Bruder Fritz'. Ein Lebensbild nach eigenen Aufzeichnungen des Entschlafenen ⟨Fritz **Oetzbach**⟩. Hrsg. von H[edwig] v. Redern. 7. Aufl. Barmen: Müller 1910. V, 128 S. 8° (11. 9406

O'Etzel, Friedrich August

— Atlas v. Europa z. Selbstübung u. f. Schulen. 17 Bl. Berl. 823. Dümmler. 1 ₰ 8 gr

O'Etzel, F. A., Erdkunde für d. Unterricht. 1r Thl: Erdbeschreibung nebst e. Einleitung in d. Verhältniß-Erdkunde, mit 2 Abbildd. gr. 8. Berl. 817. Dümmler. 16 gr 2r Thl.: Länder- u. Völkerkunde. 1e u. 2e Abthl. Europa, Asia u. Afrika, nebst d. Vorbegriffen der Sternkunde u. Naturerdkunde enthaltend. gr. 8. Ebd. 821 u. 22. (1e 1 rf 8 gr 2e 20 gr) 2 rf 4 gr Mit 2 Karten 2 rf 14 gr

O'Etzel, Ueber Messung der Entfernungen mittelst Blitz und Schall. Berlin. December 1822. Autographie.

O'Etzel, Friedr. Aug., Terrainlehre, s.a. Handbibliothek f. Offiziere, IX. Bd.

— Terrainlehre. Mit 10 Taf. Abbildd. gr. 12. Berl. 829. Herbig. 1 rf 14 gr (Vergl. Handbibl. f. Offiziere 9r Bd.)

O'Etzel, F A. Terrainlehre. 2. vermehrte Auflage. Mit 9 Kupfertafeln. Berlin 1834 XLIV 472 S 8°

OETZEL, Georg: Neue Formeln zur Berechnung des Rauminhaltes voller und abgestutzter Baumschäfte entwickelt insbesondere an Stelle derjenigen bei dergleichen Schaftkubirungen bisher in Anwendung gekommenen, dazu jedoch ganz ungeeigneten Formeln, welche mit der (fast immer unregelmäßigen und im Verhältnis zu den anderen Schaftstärken in der Regel zu großen) Stockabschnittsflächen rechnen; nebst einem Beitrage zur Lehre der Baumschaft-Formzahlen. - Wien, Leipzig 1892. IV, 86 S., 4 Tab.

Oetzelt-Newin, Dr. Anton, Ueber sittliche Dispositionen. Gr.-8 (92 S.) 1.50
Graz: Leuschner & Lubensky 1892

Oetzelt-Newin, Anton, Die Unlösbarkeit der ethischen Probleme. gr 8. (46 S.) Wien, Wilb. Braumüller 60 kr 1883

Otzen, über Grundsätze der Formsteinverwendung. Vortrag, gehalten in der 23. Generalversammlung des Deutschen Vereins für Fabrikation von Ziegeln, Thonwaaren, Kalk und Cement. 8. (14 S.) Berlin 887, (Funcke und Naeter.) *

Otzen, Johs., s.a. Baukunst des Mittelalters.

Otzen J, Baukunst des Mittelalters. Entwürfe von Studierenden der Königlich Technischen Hochschule zu Berlin. Jahrgang 1-3. fol Berlin 1881-83

Otzen J, Baukunst des Mittelalters. Entwürfe von Studierenden der Königlich Technischen Hochschule zu Berlin. Jahrg. 1-3. (45, 31, 45 T) fol Berlin -1883

Otzen, Johs., gothische Bauornamente. Fol. (20 Lichtdr.-Taf. mit 1 Bl. Text.) Berlin 888, Wasmuth. In Mappe *

Otzen, Johs., gothische Bauornamente. 2. u. 3. (Schluss-) Lfg. (20 Lichtdr.-Taf.) 50×33,5 cm. Berlin (895. 904). E. Wasmuth. In Mappe à 20. —

— ausgeführte Bauten. 1. u. 2. Lfg. Fol. Ebd. In Mappe. à n. 25. —
1. (20 Lichtdr.-Taf.) 889. — 2. (12 Lichtdr.- u. 2 farb. Doppel-Taf.) 890.

Otzen, Johs., ausgeführte Bauten. (1. Bd.) 3. u. 4. (Schluss-) Lfg. gr. Fol. (37 Taf. in Lichtdr., Lith. u. Farbendr. m. 11 S. Text.) Berlin 891. 894. E. Wasmuth. In Mappe. à Lfg. n. 25. — (kplt. in Mappe: n. 100. —)
Ein weiterer Bd. erscheint nicht.

Otzen, Johs., ausgeführte Bauten. 5. Lfg. gr. Fol. (20 lith. u. Lichtdr.-Taf.) Berlin 896. E. Wasmuth. In Mappe n. 25. —

Otzen, Johs., ausgeführte Bauten. 6. u. 7. Lfg. gr. Fol. (40 lith. u. Lichtdr.-Taf.) Berlin 899. E. Wasmuth. In Mappe à n. 25. —

Otzen, Johs., ausgeführte Bauten. 8. Lfg. (20 lith. u. Lichtdr.-Taf. m. Text. 2. Bd. V, 7 S.) gr. Fol. Berlin (904). E. Wasmuth. In Mappe n. 25. —

— Festrede zur Feier der silbernen Hochzeit Ihrer kaiserl. u. königl. Majestäten, am 24. II. 1906 in der öffentl. Sitzung der königl. Akademie der Künste geh. (15 S.) gr. 8. Berlin 906. E. S. Mittler & Sohn. n. — 50

— üb. Grundsätze der Formsteinverwendung. Vortrag. 8. (14 S.) Berlin 887. (Funcke & Naeter.) n. 1. —

Otzen, Johannes. Der evangelische Kirchenbau. Rede zur Feier des Allerhöchsten Geburtstages Seiner Majestät des Kaisers und Königs am 27. Januar 1892, veranstaltet von der Königlichen Akademie der Künste in Berlin. 4°.

— das Moderne in der Architektur der Neuzeit Rede zur Feier des allerhöchsten Geburtstages Sr Maj. des Kaisers u. Königs am 27. I. 1904 in der öffentl. Sitzg. der königl. Akademie der Künste. (26 S. gr. 8. Ebd. 904. n. — 80

Otzen, Jos., die St. Johannis-Kirche nebst Pfarrgebäude zu Altona. Mit 10 Kpfrtaf. (wovon 1 chromolith.). gr. Fol. (4 S. m. 1 eingedr. Holzschn.) Berlin 878. Ernst & Korn. cart. n. 16. —

Wider die Schleswig-Holsteiner und für Dänemark v. Peter Otzen. Flensburg. 1850. 8°

Otzen, Rob., praktische Winke zum Studium der Statik u. zur Anwendung ihrer Gesetze. Ein Handbuch f. Studierende u. praktisch tät. Ingenieure. (155 S. m. 95 Abbildgn.) 8. Wiesbaden 911. C. W. Kreidel. Geb. 4. 40

— Zahlenbeispiele zur statischen Berechnung v. Brücken u. Dächern. Bearb. in 1. Aufl. v. F. Grages, durchgesehen v. G. Barkhausen. 2. umgearb. u. verm. Aufl. Mit 329 Abbildgn. im Texte u. auf 3 lith. Taf. (XVI, 344 S.) Lex. 8. Ebd. 908. 12. —

— dasselbe, s.a. Barkhausen, G.

Oetzman, J. G., s. Oetzmann, Johann Theophil

Oetzmann, Johann Theophil (Düben / Sachsen), De fistula ani. Diss. med.-chir. Jena (Prager) 30. VI. 1812. 68 S., 1 Taf. (4.50) 25171

Oetzman, J. G., de Fistula ani. Lpz. 817. Mag. f. Ind. 12 gr

Oetzthal [Sachliches OW]

Oetzthal und Stubai. Auf Grundlage der Originalaufnahmen des k. K. Militär-geograph. Instituts neu bearbeitet von S. Simon. Hrsg. vom Deutschen und Oesterr. Alpenverein. 1 50000. 1893. (Blatt IV Weisskugel 1 Bl. c. L NC

Oetzthal [Schlagwort]

— s. a.: Alpen, Artaria.

Oetzthal. Simon, S., Karte vom Oetzthal u. Stubai. Auf Grundlage der Orig.-Aufnahmen des k. u. k. militärgeograph. Instituts. Hrsg. vom deutschen u. österreich. Alpen-Verein. 1:50,000. 4 Blatt à 63,5×51,5 cm. Lith. München (J. Lindauer). à n. 4. —
1. Pitzthal. 894. — 2. Sölden-Ranald. 896. — 3. Gurgl. 897. — 4. Weisskugel. 893.

Oetzthaler-Alpen, s.: Alpen. Artaria.

Ötzthaler Alpen, s: Alpen, Detailkarten; Waltenberger, A.

Ötztaler Gruppe, s.: Tirol. Thöni.

Où en sommes-nous? ou l'Europe sauvée dans l'Inde. 8. Berl. 808. Unger. 8 ℊ

Où est né le pape saint Léon IX.? ... Strasbourg 1884. V: *Brucker*, *Peter*. (so)

Ouarck

— die nächsten Aufgaben e. deut. Arbeiterschutz-Reform. Frankf. a/M 890.

Oubert, A., Arbeitsbedingungen bei Submissionen. (Die zu Gunsten der Arbeiter aufgestellten Bedinggn., denen die Behörden bei Vergebg. öffentl. Arbeiten die Unternehmer unterwerfen.) Übers. v. Fr. Hauptvogel. (VI. 161 S.) gr 8. Leipzig, Dieterich. 1902 3. —; geb. 3. 80.

Oudama, Gerh., s. a.: Knoop, Gerh. Oudama.

Oudama, Gerh., die Dekadenten. Psycholog. Roman. 8. (316 S.) München 898. Piloty & Loehle. 3. —; geb. n. 4. —

— die Karburg. Fremde Erlebnisse, eigene Betrachtgn. Aus e. Tagebuche. 8. (283 S.) Ebd. 897. 3. —; geb. in Leinw. n. 4. —

— Outsider. Novellen. 8. (III, 160 S.) Dresden 901. E. Pierson. n. 2. 50; geb. n. 3. 50

— die erlösende Wahrheit. Eine einfache Geschichte. 8. (196 S.) München 899. Piloty & Loehle. 3. —

Oudalrichs Leben, s.: Geschichtschreiber, die, der deutschen Vorzeit.

Oudemann, N., de venarum praecip. meseraic. fabrica et actione. 8. Lingen 794. Jülicher. 8 ℊ

Oudemans A., d. specif. Gewicht d. Essigsäure u. ihre Gemische m. Wasser 1860 1 08

Oudemans, A. C., Bijdrage tot een middel- en oudnederlandsch woordenboek. Uit vele glossaria en andere bronnen bijeengezameld. 1. Aflevering. A. Arnhem 869. Leipzig, T. O. Weigel. gr. 8. (XI, 272 S.) cart. n. 1 ₰ 10 ngr.

Oudemans, A. C. Bijdrage tot een middel- en oudnederlandsch Woordenboek. Uit vele glossaria en andere bronnen bijeengezameld. 5. Deel. O.—R. gr. 8. (927 S.) Arnhem 874. Leipzig, T. O. Weigel. n. 13. 20

Oudemans sr., A. C., Bijdrage to een middel- en oudnederlandsch woordenboek. Uit vele glossaria en andere bronnen bijeengezameld. 6. en 7. deel. gr. 8. Arnhem 878. 81. (Leipzig, T. O. Weigel.) cart. n. 24. 80
6. 8. (714 S.) n. 10. 40. — 7. T—W. (983 S.) n. 14. 40

Oudemans, A. C., das spezifische Gewicht der Essigsäure und ihre Gemische mit Wasser. Lex.-8. (III und 60 S. mit 1 Stnt. in gr. 4.) Bonn 866, Cohen und Sohn. cart.

Oudemans, C. A. J. A., Annotationes criticae in Cupuliferas nonnullas Javanicas. Cum 12 tabb. (lithogr.) gr. 4. (24 S.) Amstelodami 865. (Leipzig, Fr. Fleischer.) cart. * *

Oudemans, C. A. J. A., über den Sitz der Oberhaut bei den Luftwurzeln der Orchideen. gr. 4. (32 S. mit 3 Stnt.) Amsterdam 861. (Leipzig, Fr. Fleischer.) * *
Aus Abhandlungen der k. Akademie der Wissenschaften zu Amsterdam, besonders abgedruckt.

Oudemans, J T

Oudemans, J. T., Beiträge zur Kenntniss des Chiromys Madagascariensis Cuv. Veröffentlicht durch die königl. Akademie der Wissenschaften zu Amsterdam. gr. 4. (32 S. mit 3 Taf.) Amsterdam 888, Joh. Müller. *
Aus: Verhandlungen der k. Akademie der Wissenschaften, besonders abgedruckt.

— Beiträge zur Kenntniss der Thysanura u. Collembola. [Aus: „Bijdragen tot de Dierkunde".] Imp.-4. (83 S. m. 3 Taf.) Amsterdam 888. (Berlin, Dames.) n. 12. —

Oudemans, J. Th., **Eidechsen u. Schildkröten aus Australien u. dem malayischen Archipel**, s.: Denkschriften der medicinisch-naturwissenschaftlichen Gesellschaft zu Jena.

— die accessorischen Geschlechtsdrüsen der Säugethiere Vergleichend-anatom. Untersuchg. [Aus: „Natuurkundige Verhandelingen van de Hollandsche Maatschappij der Weetenschappen".] gr. 4. (96 S. m. 16 Taf. u. 16 Bl. Erklärgn.) Haarlem 892. de Erven Loosjes. Kart. n. 12. —

Oudemans, Johann Abraham Christiaan

Oudemans, J. A. C., Zweijährige Beobachtungen der meisten jetzt bekannten veraenderlichen Sterne. Aus den Abhandlungen der mathematisch-physischen Classe der königlich niederländ. Akademie der Wissenschaften. 4. (2 und 72 S. mit 1 Stnt.) Amsterdam 856, C. G. van der Post.

Oudemans, Joh. Abrah. Chrst., Beschrijving en Afbeelding van een Universal-Instrument van Repsold. Programm. gr. 4. (38 S. m. 2 lith. Taf. in Fol. u. qu. Fol.) Leiden 852, J. G. La Lau. (Brill) n. ²/₃ ₰

Oudemans, J. A. C., die Triangulation von Java, ausgeführt vom Personal des Geographischen Dienstes in Niederländisch Ost-Indien. 1. Abth. Vergleichung der Maassstäbe des Repsold'schen Basis-Mess-Apparates mit dem Normalmeter. Fol. (VII, 84 S. m. 3 Steintaf.) Batavia 875. (Haag, Nijhoff.) cart. n. 6. —

Die Triangulation von Java, ausgeführt vom Personal des Geographischen Dienstes in Niederländisch Ost-Indien . v. Dr J[oh.] A[brah.] C[hristiaan] Oudemans Haupt-Ing. u. Chef d. Geogr. Dienstes.. (2 v. Oudemans ., E[mil] Metzger u. C. Woldringh, Ing. d. Geogr. Dienstes; 3 Im Auftr d. Minist. d. Kolonien u. unter Mitw. v. J. C. A. van Asperen, Geogr Ing. in O.-Indien a. D., M. L. J. van Asperen, Kpt. z. See a. D., W. G. Teunissen, Assist. bei d. Geogr. Dienst in O.-Indien a. D., u. A. A. Nijland, Cand. phil.; 4: . . unter Mitw. v J. C. A. van Asperen, . . M. L. J. van Asperen . . W. G. Teunissen 5: unter Mitw. v J. C. A. van Asperen . . . M. L. J. van Asperen . W. G. Teunissen u. E. Engelenburg, Civil-Ing.) Abth. 1—5. *Batavia. Staats-Dr.* (2 f. *Haag: M. Nijhoff*) **1875—97.** 5 Bde 2.(4.)

1. Vergleichg d. Maassstäbe d. Repsoldschen Basis-Mess-Apparates m. d. Normalmeter 1875. (VI S., 1 Bl., 84 S., 3 Taf.)
2. Die Basismessg bei Simplak 1878 (3 Bl., 31 S., 1 Kt., 2 Taf.)
3. Ergänzgn zu d. beiden ersten Abth. 1891 (2 Bl., III, 180 S., 7 Taf., 2 Kt.)
4. Das primäre Dreiecknetz 1895. (2 Bl., III, 224 S., 2 Taf.)
5. Ergebnisse d. Triangulation zweiter Ordng 1897. (2 Bl., 257 S., 1 Bl., 21 Taf.)

Fe. 4993

Oudemans, J. A. C., die Triangulation von Java, ausgef. v. Personal d. geograph. Dienstes in Niederländisch Ost-Indien. II. u. III. Abth. Fol. Haarlem. Haag, M. Nijhoff. à n.n. 5. —
II. D. Basismessg. bei Simplak v. E. Metzger u. C. Woldringh. (VI, 34 S. m. 3 Taf.) 895.
III. Ergänzgn. zu d. beid. ersten. Abtheilgn. Genaue Bestimmg. d. Verhältnisses zwischen d. Normalmeter u. d. Metre des archives. D. Basisnetz v. Simplak. D. Basismessgn. bei Logantong u. bei Tangsil, sowie die beiden dazu gehör. Basisnetze. Im Auftr. d. Ministeriums der Kolonien u. unt. Mitwirkg. von J. C. A. van Asperen, M. L. J. van Asperen, W. G. Teunissen u. A. A. Nijland bearb. v. O. (III, 180 S. m. 9 Taf.) 891. Kart.

Oudendorp, Franz

Oudendorp, Fr. (Hrsg.), s. Apuleius Madaurensis: Metamorphosis lib.

Oudendorp, Franc., Dictatorum in selectas M. T. Ciceronis epistolas particula edita ab Io. Aenoth. Liebmanno. Acced. Annales Gymnasii Halensis inde ab a. 1833 usque ad a. 1834. 4maj. (8¼ B.) Halae, libr. Orphanotrophei. Thlr.

Oudendorpii, Franc., epistolae criticae cum annotationibus a F. Handio adjectis. gr. 4. (18 S.) Jenae 850, Bran. n. 4 ngr

Francisci Oudendorpii de locis quibusdam poetarum Latinorum epistolae criticae. Jenae (1850.) 4° k

Oudendorpii, Franc., Scholia in selectas quasdam Ciceronis ad diversos epistolas nunc primum ed. Io. Aenoth. Liebmann. 8maj. (23 B.) Lipsiae 839, Friese. Thlr.

Oudinus, Casim., Commentar. de scriptorib. eccles. antiq. illorumq. scriptis etc. a Bellarmino Possevino, etc. ad ann. 1460. III Vol. fol. Lps. Weidmann. 722.

Oufle, Hist. d. seltf. Einbildung. 8. Danzig. 712.

Oeufs, mes, de Pâques. 8. Mainz 820. (Frankf., Guilhaumann.) 42 ℛ

Ouglou, Zoraia Tochaire Ctesse d'
L'Indien en Europe, ou l'enthousiasme de la patrie. T. 1-3. Par Madame la Comptesse d'Ouglou. Paris: Mongie 1821. 8°

Ouida [Autorname] s.a. La Ramée, Mlle Louise de.

Ouida. An Altruist, and four essays, s.a. Collection of British authors.

An Altruist, and four essays. By Ouida [d. i. Louisa de La Ramée]. Copyright ed. Leipzig: Tauchnitz 1897. 286 S. 8°
(Collection of British authors. Tauchnitz Ed. Vol. 3236.) [11. 8187

Ouida, Ariadnê, s.a. Collection of british authors.
— dasselbe. Roman. Aus dem Englischen. Autoris. Ausg. 3 Bde. 8. (274, 220 u. 239 S.) Berlin 879. Janke. n. 10. —

Ouida, (Mad. L. de la Ramée), Bebée. Die schöne Favette, s. Kürschner's, Jos., Bücherschatz.

— Bimbi, s.: Collection of british authors.

†Ouida [Louise de la Rame], s. Collection of
—— Held in bondage, British Authors.

—— a Branch of Lilac, s. Asher's Continental Library.

Ouida, Chandos, s. Romane, moderne, des Auslandes.

Ouida,
— the silver Christ and other stories, s.a Collection of British authors.

The silver Christ, and other stories. By Ouida [d. i. Louisa de La Ramée]. Copyright ed. Leipzig Tauchnitz 1894. 256 S. 8°
(Collection of British authors. Tauchnitz Ed. Vol. 2999.) [11. 8019

†Ouida, [Louise de la Rame], a Dog of Flanders, s. Authors, English Contemporary.
—— dass. — s. Asher's Continental Library.

Ouida, e. Dorfgemeinde. Roman. Frei nach dem Engl. 2 Bde. 8. (280 u. 258 S.) Berlin 884. Janke. n. 9. —

Ouida (Louise de la Ramée), politisches u. sociales Elend in Italien. (Berechtigte deutsche Uebersetzg. aus dem Engl.) 8. (III, 51 S.) Zürich 900. C. Schmidt. n. — 50

— Farnmor, s.: Erzählungen, klassische, der Weltlitteratur. 3. Bd

— Farnmor, s.: Universal-Bibliothek.

— Folle-Farine, } s.: Collection of brit. auth.

— Frescoes and other tales, s.: Collection of British authors.

— Fresken. Umilta, s.a. Kürschner's, Jos., Bücherschatz.

Fresken. Roman. Umilta. Novelle. Von Ouida [d. i. Louisa de La Ramée]. Genehmigte Uebers. von Arthur Röhl. Mit Ill. von E. Ranzenhofer. *Berlin, Eisenach, Leipzig: H. Hillger [1900]* (126 S.) 8° [F.]
— Bücherschatz, Kürschners No 207 [01 14043

— Freundschaft, s.: Britannia-Bibliothek.

— friendship, s.: Collection of british authors.

Ouida, Cecil Castlemaine's gage, s.: Collection of brit. authors.

— Gardereiter, s.a. Eckstein's Reise-Bibliothek.

— Gardereiter, s.a. Weichert's Wochen-Bibliothek.

Gardereiter. Roman von Ouida [d. i. Louise de La Ramée]. Aus d. Engl. übers. von Arthur Roehl. Mit 3 Vollbildern. *Berlin: A. Weichert [1902].* (87 S.) 8° [F.]
— Wochen-Bibliothek, Weichert's. Bd 125. [02. 8531

†Ouida [Louise de la Rame], Lady Dorotheas Gäste, s. Engelhorn's allgemeine Roman-Bibliothek.

Ouida. Don Gesualdo, s.a. Eckstein's 50 Pfennig-Bibliothek.

— Don Gesualdo. A sketch. Copyright ed. 12. (88 S.) Leipzig 886. B. Tauchnitz. n. — 60

— Guilderoy, s.: Collection of British authors.

Ouida, Helianthus, s.a. Collection of British authors.

Helianthus. A novel. By **Ouida** [d. i. Louisa de La Ramée]. Copyright ed. In 2 vol. Vol. 1. 2. Leipzig: Tauchnitz 1909. 8°
(Collection of British authors. Tauchnitz Ed. Vol. 4098/9.) [11. 6324

— ein Paar Holzpantöffelchen. Eine Erzählg. Aus dem Engl. v. Julie Dohmke. Autoris. Ausg. 8. (257 S.) Leipzig 876. E. J. Günther. n. 3. —

— a house party, s.: Collection of British authors.

—— Idalia, s.a. Collection of British authors.

— Idalia. Roman. Aus dem Engl. 3 Bde. 8. (232, 288 u. 292 S.) Berlin 876. Janke. n. 10. —

— a rainy June. A novelette. Copyright ed. 12. (86 S.) Leipzig 885. B. Tauchnitz. n. — 60

— a leaf in the storm, s.: Asher's collection of english authors.

— die Leiden e. Anstandsdame od. Verfehlte Spekulationen, s.a. Romane, moderne, aller Nationen. Nr. 9.

Ouida [d. i. Louisa de la Ramée]. Die Leiden einer Anstandsdame. *Stuttgart, Berlin, Leipzig: Union [1900].* (220 S.) 8° [F.]
— Romane, Moderne, aller Nationen. 9. [00. 13079

Ouida: Le Selve and Tonia, s.a. Collection of British authors.

Le Selve, and Tonia. By **Ouida** [d. i. Louisa de La Ramée]. Copyright ed. Leipzig: Tauchnitz 1897. 264 S. 8°
(Collection of British authors. Tauchnitz Ed. Vol. 3187.) [11. 8130

—— Herzogin v. Lira, s. Universal-Bibliothek Nr. 2458 — 2460.

—— in Maremma, s. Collection of British Authors.

— in den Maremmen. Roman. Frei nach dem Engl. 3 Bde. 8. (284, 287 u. 278 S.) Berlin 883. Janke. n. 10. —

— Madame la Marquise a. other novelettes, } s.a. Collection of british authors.

— Madame la Marquise u. andere Erzählungen. Aus dem Englischen von Jenny Piorkowska. Autorisirte Ausg. 2 Bde. 8. (300 u. 203 S.) Leipzig 877. (Berlin, Vorstell & Reimarus.) n. 5. —

— The Massarenes, s.a. Collection of British authors.

The Massarenes. A novel. By **Ouida** [d. i. Louisa de La Ramée]. Copyright ed. In 2 vol. Vol. 1. 2. Leipzig: Tauchnitz 1897. 8°
(Collection of British authors. Tauchnitz Ed. Vol. 3203/4.) [11. 8161

—— Moths, s. Collection of British Authors.

— Motten. Roman. Frei nach dem Englischen. 3 Bde. 8. (274, 262 u. 268 S.) Berlin 881. Janke. n. 10. —

— Princess Napraxine, s.: Collection of British authors.

— Fürstin Napraxine. Roman. 2 Bde. 8. (308 u. 279 S.) Jena 886. Costenoble.

Gesammelte Novellen von **Ouida**. (Bdch. 1.) *Berlin Internat. Verl. Anst. 1900.* 8°
(Internationale Bibliothek.) [02. 430

— gesammelte Novellen. 1. u. 2. Bdchn. 2. Aufl. (96 S. m. Titelbild u. 126 S.) 8. Berlin (903). Internationale Verlagsanstalt. à — 50

— the Nürnberg stove, hrsg. v. Heinr. Saure, s.: Authors, modern English. X.

— two offenders, s.a. Collection of British authors.

Two Offenders. By **Ouida** [d. i. Louisa de La Ramée]. Copyright ed. Leipzig: Tauchnitz 1894. 279 S. 8°
(Collection of British authors. Tauchnitz Ed. Vol. 2958.) [11. 7990

—— Othmar, s.a. Collection of British Authors.

—— dass. — Roman. Autoris. Ausg. Aus dem Engl. übers. von Th. Osterloh. 3 Bde. 8. (292; 290; 298 S.) Leipzig 887, Bergmann. *

— Pascarèl. Roman. Aus dem Engl. v. Jenni Piorkowska. Autoris. Ausg. 4 Bde. 8. (220, 221, 238 u. 220 S.) Leipzig 874. E. J. Günther. n. 12. —

— Pipistrello and other stories, s.: Collection of british authors.

— die neue Priesterschaft. Berechtigte Übersetzg. v. M. Quidde. 8. (83 S.) Dresden 899. E. Pierson. n. 1. —

(B) — Die neue Priesterherrschaft. 899. (KVL 82.) Jetzt: Berlin, Verlag Berlin-Wien.

— Puck, s. Collection of British Authors.

—— a Provence Rose, s. Asher's Continental Library.

— Ruffino, s.a. Kürschner's, Jos., Bücherschatz.

Ruffino. Roman von **Ouida** (d. i. Mme Louise de la Ramée). Aus d. Engl. *Berlin, Eisenach, Leipzig. H. Hillger [1902].* (109 S.) 8° [F.]
— Bücherschatz, Kürschners No 303. [03. 6..

— Ruffino and other stories, s.: Collection of British authors.

— Santa Barbara, s.a. Collection of British authors.

— Santa Rosalia. Gemma, s.a. Kürschner's, Jos., Bücherschatz.

Santa Rosalia. Roman aus d. Engl. Gemma. Erzählung. Von **Ouida** [d. i. Louise de La Ramée]. Deutsch von A[rthur] Roehl. Mit Ill. von W Roegge. Berlin, Leipzig: H. Hillger [1906]. (95 S.) 8° [F.]
— Bücherschatz, Kürschners. No 534. [07. 13351

—— two little wooden shoes, } s. Collection of British Authors.

—— Signa, s.a. Collection of British Authors.
—— dass. — Aus dem Engl. Autoris. Uebersetzung. 3 Bde. 8. (239; 232; 240 S.) Berlin 877, Janke. *

— Verfehlte Spekulationen, s. XVIII. Bd. 1. Abthl. S. 288: Collection Spemann.

†Ouida [Louise de la Rame], Strathmore, s.a.Collection of British Authors.

— Strathmore, s.a.Romane, moderne, des Auslandes.

— Strathmore. Roman. Aus dem Engl. übers. v. A. Eltze. 2. Aufl. 4 Thle. 8. (215, 212, 208 u. 237 S.) Berlin 872. Janke. 6. —

— Street dust and other stories, s.a.Collection of British authors.

Street Dust, and other stories. By Ouida [d. i. Louisa de La Ramée]. Copyright ed. Leipzig: Tauchnitz 1901. 264 S. 8°
(Collection of British authors. Tauchnitz Ed. Vol. 3487.) [11. 8368

— la Strega and other stories, s.a.Collection of British authors.

La Strega and other stories. By Ouida [d. i. Louisa de La Ramée]. Copyright ed. Leipzig: Tauchnitz 1899. 262 S. 8°
(Collection of British authors. Tauchnitz Ed. Vol. 3335.) [11. 8059

— critical studies, s.a.Collection of British authors.

Critical Studies. By Ouida [d. i. Louisa de La Ramée]. Copyright ed. Leipzig: Tauchnitz 1901. 296 S. 8°
(Collection of British authors. Tauchnitz Ed. Vol. 3500.) [11. 8378

— zwei Sünder, s.: Engelhorn's allgemeine Roman-Bibliothek. XIX. 8.

— Syrlin, s.a.Collection of British authors.

— Syrlin. Roman. 2 Bde. 8. (379; 424 S.) Stuttg. 891, Deutsche Verlags-Anstalt. * 5 —; geb. * 7 —

— Syrlin. Roman. (Neue [Titel-]Ausg.) 2 Bde. 8. (379 u. 424 S.) Stuttgart [891.] (902). Deutsche Verlags-Anstalt. n. 1. 50; geb. n. 2. —

— des Teufels Tochter. [Folle Farine.] Roman. Aus dem Engl. 3 Bde. 8. (286, 266 u. 295 S.) Berlin 873. Janke. 12. —

— the tower of Taddeo, s.: Library, the English.

– Toxin and other papers, s. a. Collection of British authors.

Toxin, and other papers. By Ouida [d. i. Louisa de La Ramée]. Copyright ed. Leipzig: Tauchnitz 1890. 294 S. 8°
(Collection of British authors. Tauchnitz Ed. Vol. 3101.) [11. 8093

— treu bis in den Tod. Ein regnerischer Juni, s.a.Kürschner's, Jos., Bücherschatz.

Treu bis in den Tod. Roman. Ein regnerischer Juni. Novelle Von Ouida [d. i. Louisa de La Ramée]. Mit Ill. von E. Ranzenhofer *Berlin, Eisenach, Leipzig: H. Hillger [1900].* (128 S.) 8° [F.]
= Bücherschatz, Kürschners. No 227 [02. 14073

— Tricotrin, s.a.Collection of British Authors.

— Tricotrin, od. die Herzogin de Lirà. Roman. Aus dem Engl. 4 Bde. 8. (256, 256, 246 u. 252 S.) Ebend. 872. 12. —

— a village commune, s.: Collection of british authors.

— Wanda, } s.a.Collection of British authors.

— Wanda, s.a.Universal-Bibliothek Nr. 2171—2174.

— Wanda. Roman. Frei nach dem Engl. 3 Bde. 8. (252, 263 u. 256 S.) Berlin 884. Janke. n. 10. —

— the waters of Edera, s.a.Collection of British Authors.

The Waters of Edera. By Ouida [d. i. Louisa de La Ramée]. Copyright ed. Leipzig: Tauchnitz 1900. 278 S. 8°
(Collection of British authors. Tauchnitz Ed. Vol. 3407.) [11. 8311

— in a Winter City, s. Collection of British Authors.

— Fürstin Zouroff, s.: Universal-Bibliothek.

Ouitzmann, E. Üb. Sanitätskompagnien u. milit. Krankentransp. Nürnbg 1864. 12.

Oukhtanès d' Ourha, s.: Historiens, deux, arméniens.

Oulibicheff, Alex., Beethoven, ses critiques et ses glossateurs. Lex.-8. (XV und 352 S.) Leipzig 857, Brockhaus. *

— Beethoven, seine Kritiker und seine Ausleger. Aus dem Französischen übersetzt von Ludwig Bischoff. Leipzig 1859.

Oulibicheff, Alex., nouvelle biographie de Mozart suivie d'un aperçu sur l'histoire générale de la musique et de l'analyse des principales oeuvres de Mozart. III Vol. Lex.-8. (75 B.) Moscou 843. (Leipzig, Hartmann.) *

Oulibicheff, Alex., Mozart's Leben, nebst einer Uebersicht der allgem. Geschichte der Musik und einer Analyse der Hauptwerke Mozart's. Deutsch von A. Schraishuon. 3 Thle. gr. 16. (XXVIII und 1392 S.) Stuttgart 847, Becher's Verlag.

— Mozart's Leben und Werke. 2. Aufl. Neu herausg. von Ludw. Gantter. (In 8 Halbbdn.) 1. Halbbd. Stuttgart 858. Becher. 16. (1. Bd.: S. 1—192.) 12 ngr.

— Mozart's Leben und Werke. 2. Aufl. Neu hrsg. von Ludw. Gantter 4 Bde. gr. 16. Stuttgart 858. 59, Becher's Verlag. [1. Bd. (XX und 332 S.) 2. (328 S.) 3. (392 S.) 4. (350 S. mit einer lithogr. Notenbeilage 11 S.) à Bd. 24 Ngr.]
Vgl.: Ulibischeff, Alex.

— Mozart's Opern. Kritische Erläuterungen. Aus dem französ. Originale übers. von C. Koßmaly. Mit einer Einleitung und Nachrichten über den Verfasser von A. Kahlert. gr. 8. (XXVI und 392 S.) Leipzig 848, Breitkopf und Härtel.

Oulmann, Ludwig: Beitrag zur Kenntnis der Glossitis luetica. *Würzburg 1897: Berlinger.* (46 S. mit Tab.) 8°
Würzburg, Med. Diss. v. 1897

†Oulot, B., s. Suttner, B. v.

Oumanetz, Th., l'éducation publique en Russie. (In russ. Sprache.) Dresden 867. (L. Wolf's Buchh.) 8. (III, 211 S.) n. 1 ℳ

Oumann, M. J., (Hamb. 1706 8.) Wichmannshausen, J. C., (Viteb. 1716. 4.) de lotione manuum

Oupnek'hat, s. Berichtigungen zu Dr. Franz Mischel's deutscher Uebersetzung.

Oupnek'hat, das. Die aus den Veden zusammengefaßte Lehre von dem Brahm. Aus der sanskrit.-pers. Uebersetzung des Fürsten Mohammed Daraschekoh in das Lateinische von Anquetil Duperron, in das Deutsche übertragen von Frz. Mischel. gr. 8. (XXVII, 591 S.) Dresden 882. Heinrich in Comm. n.n. 8. —

Oupnek'hat, das. Die aus den Veden zusammengefaßte Lehre v. dem Brahm. Aus der sanskrit-pers. Uebersetzg. des Fürsten Mohammed Daraschekoh in das Lat. v. Anquetil Duperron, in das Deutsche übertr. v. Frz. Mischel. Berichtigungen zur deutschen Uebersetzg. Aus e. hinterlassenen Mskr. d. Verf. gr. 8. (V, 70 S.) Dresden 887. (E. Heinrich.) n. 1. — (Hauptwerk u. Berichtiggn. n.n. 9 —)

***Oupnek'hat*, (id est, secretum tegendum): opus ipsa in India rariss., continens antiquam et arcanam, seu theologicam et philosophicam, doctr. e quatuor sacris Indorum libris, Rack beid, Djedjr beid, Sam beid, Athrban beid, excerptum; ad verbum e persico idiomate samskreticis vocabulis intermixto in latin. conversum, cum dissert. difficiliora explanant. illustr. Studio et opera Anquetil du Perron. II Voll. Strassb. 801. Levrault 12 ß 20 gr**

— Versuch einer neuen Darstellung der uralten indischen All-Eins-Lehre; od. der berühmten Sammlung τῶν Oupnek'hatων 16 Stück, Oupnek'hat Tschehandouk genannt. Nach d. latein. Texte d. Hrn. Anquetil du Perron frei ins deutsche übersetzt u. mit erläut. Anmerkk. versehen v. Thdd. A. Rixner. 8. Nürnb. 808. Stein. 18 gr

Ouragans, les, des 20 févr., 25 juin et 5 décbre. 1879 et leurs ravages dans les forêts de la Suisse. Elaboré et publié sur la demande du Département fédéral du Commerce et de l'Agriculture. Avec 3 petites cartes (lith.). gr. 8. (57 S.) Born 880. Jent & Reinert. n. 2. —

Ourednicek, Ed., Lehrgang d. böhm. Sprache, s.: Charvát, Karl.

Ouri, Alphonse, prakt. Ornamentik (Ornamentation pratique). E. Sammlg. ausgef. Werkzeichngn. Fol. (58 Lichtdr.-Taf. m. 1 Bl. Text.) Stuttgart (894). J. Hoffmann. In Mappe n. 30. —

Ourika. Berlin 1824. V: *Duras, Claire de Durfort Duchesse de.* (Ky)

***Ourika*, (par Mad. la Duch. de Duras). gr. 12. Berl. 824. Duncker u. H. 16 gr**

— le même. 8. Wien 825, (Leipz., Liebeskind.)

Ourika, et: Edouard, romans. (Par Mme. de Duras.), s. a. Duras, Mme. de.

— le même, — et Eduard. 16. Suttg. 828. Hoffmann. 10 gr

— le même. 16. Stuttg. 828. Scheible. 5 gr

Ourliac, Ed., Prinz Almansor und sein Kammerdiener Mustapha. Oder: Dem Verdienste seinen Lohn. Eine ebenso lehrreiche als unterhalt. Geschichte für Alt und Jung. Nach dem Französ. bearb. von Frz. Maria Brug. 8. (84 S. und 1 Stahlst.) Augsburg 847, Kollmann'sche Buchh.

Ourliac, E., Erzählungen aus der Vendée, s. a. Bibliothek f. die reifere christliche Jugend.

Ourliac, Ed., Erzählungen aus d. Vendée, mit e. histor. Gemälde d. ersten Kriege d. Vendée. Aus d. Franz. frei übers. v. Frz. Maria Brug. 12. ($10\frac{1}{2}$ B.) Augsburg 846, Fahrmbacher.

Ourliac, Ed., Erzählungen aus der Vendée. Mit einem historischen Gemälde der ersten Kriege der Vendée. Mit einem Vorworte von Louis Veuillot. Nach dem Franz. von Frz. Maria Brug. 2. Aufl. Mit 1 Stahlst. 8. (252 S.) Regensburg 877. Manz. 1. 80

Ouroussow, Fürstin M., üb. erste Erziehung. 8. (176 S.) Straßburg i/E. 891. Trübner, Verl. n. 3. —

Phil. Ouseel (Louseel) de lepra cutis Hebraeorum. Francof 1709. (Cfr *Rouille Chamseru recherches sur le véritable caractère de la lèpre des Hebreux* in Mem. de la Soc. méd. d'émulation de Paris, T. 3. An VIII, 1800. p 335 sq. et *Ejusd. Reflexions sur la maladie de Job, ibid.* T 2 An VII, 1799, p. 501 sq.)

Ouseley, W., s. Bibliothek, neue, d. Reisebeschreibb. 54r Bd.

Ouseley, Will., s. J. L. Burckhardt, arab. Sprüchwörter.

Oustalet, F., Mélanges de Littérature médicale. 12. Paris et Strasbourg 836. Levrault. $1/_2$ ß

Oustrialof, N. O., le procès du tsarevitch Alexis Pétrowitch, s. Procès, le.

Outarde, M., album pour timbres-poste. Illustré avec 37 portraits, 41 armoiries de pays, et environ 1800 types de timbres-poste. 3. éd. gr. 8. (78 S.) Leipzig 884. Gebr. Senf. geb. 1. 50

Outcasts, the, s.: Collection of British authors.

Outfitter, the juvenile. Illustrating in colors & tints the latest fashions for girls', boys', little folks' and infants' wear. Published by the Butterick Publishing Co. (limited), London & New York. (Text in engl., span. u. deutscher Sprache.) Vol. II. 4 nrs. hoch 4. (à Nr. ca. 80 S. m. Abb. u. 8 farb. Taf.) New York 896. (Barmen, Blank & Co.) à Nr. 1. 20

Outline, an, of the naval History of England, s. Sammlung gediegener Werke der engl. Literatur.

Outrein, J. de, Entwurf der göttlichen Wahrheiten. 8. Hannover, Helwing. 749. Rthlr.

— Erklärung des Briefs Pauli an die Ebräer. 4 Thle. 4. Cassel. 713-18.

Outrein, J. de, Erklärung des Briefs Pauli an die Colosser. 4. Frft. 718.

— Gemüthsbeschäft. b. d. Nachtmahl des Herrn. 8. St. Gallen. 738.

— gülden. Kleinod d. Lehre der Wahrh. verf. in d. Heidelb. Katechism. etc. 4. Bremen. 735.

Outremann, Phil. de, paedagogus christian. II Tmi. 8. Augsb. Wolf. 706.

— rechte Unterweisung eines Christen a. göttl. und heil. Väter Schr. 4. Celle. (Wolf in Augsb.) 700.

d'Outrepont, J., s. *D'Outrepont.*

Outrepont J. d': Belehrung d. Landvolkes üb. die Schutzblattern. Nebst einem kurzen Unterrichte üb. die Impfung derselben f. die Wundärzte. 3. verm. u. verb. Aufl. Salzb. 1803. 48 S. 1 kol. Tvl. P.

Outrepont, Jos. v., von der Selbstwendung und der Wendung auf den Kopf. 8. Bamberg, Göbhardt, 817. —

d'Outrepont. ..., s. Zeitschrift für Geburtskunde.

Outrepont, Joseph de (Hrsg.):

s.: Zeitschrift, Neue, für Geburtskunde. Bd 1-25, 30-32. Berlin: 1834-52.

JB 6.133

Outzen, Erasm., Predigten. 8. Schlesw. 800.

— s. Psalmen, zum gottgew. Leben.

Outzen, Nikolaus

Glossarium der friesischen Sprache, besonders in nordfriesischer Mundart zusammengetragen v **N. Outzen.** Hrgg. v L. Engelstoft und C. Molbech. Kopenhagen. 1837. 4ºk.

— s. Preisschriften, die Dän. Sprache betr.

Outzen, (N.,) Untersuchungen d. denkwürdigsten Alterthümer Schleswigs u. d. Dannemarks. gr 8. Alt. 826, Hammerich.

Ouvaroff, M., s. Ouwaroff, S. von

Ouvert, Adolphe, Arbeitsbedingungen bei Submissionen. (Die zu Gunsten der Arbeiter aufgestellten Bedinggn., denen die Behörden bei Vergebg. öffentl. Arbeiten die Unternehmer unterwerfen.) Autoris. Übersetzg. v. Frz. Hauptvogel. gr. 8. (VI, 161 S.) Leipzig 902. Dieterich. n. 3. —; geb. n. 3,80

Ouverture de la Navigation sur l'Escant, état de la question agitée entre Sa Majest. Imperiale et les Provinces-Unies à ce Sujet. gr. 8. Wien 784. Trattner. 4 gf

Ouvrage complet, de la théorie du tailleur, s. Schnittlehre.

Ouvrage de Pénélopé, ou Machiavel en Médecine par Aletheus Demetrius. III Vol. 12. Berl. 748.

Ouvrages divers sur les belles lettres, l'architecture civile et militaire . . . Berlin et Gött. 1747. V: *Humbert, Abraham de.* (Milchs)

Oeuvres complètes de Napoleon, s. Napoleon.

Oeuvres Françoises de Mr. d'E. . . . O. O. 1726. H: *Loën, Joh. Michael von.* (MI.)

Oeuvres mêlees du St. C. D. B. 8. Hannover, Helwing, 715.

— du Philosophe bienfaisant. IV Tms. gr. 12. Paris. 769.

Oeuvres du philosophe de Sanssouci, s. Friedrich II.

Oeuvres . . . du Philosophe de Sansouci. Berlin 1760—87. Deutsch. Erfurt 1762. V: *Friedrich II. König von Preussen.* Ü: *Adelung, Joh. Chph.* (ML) »1764—74« (Grisebach, Weltlitteraturkat. Berlin 1898—1900. I, 120.)

Oeuvres poétiques. Berlin 1849—50. V: *Friedrich II. König v. Preussen.* (EB)

Oeuvres posthumes de N*******. . . . Leipsick 1781. V: *Restif de la Bretonne, Nicolas Edme.* (BrMm)

Ouvrier: L'Ouvrier (Be)
① Journal économique et social chrétien, organe de l'union ouvrière catholique (14. 1. 1905—5. 12. 1908 ajouté: et la Revue populaire); Organe de l'Association populaire catholique Suisse et des Unions ouvrières catholiques de la Suisse romande (dès le 7 1 1905) ④ L'Union des Travailleurs (Ge) ⑤ 15. 12. 1902—25. 5. 1912 (le journal est cité dans BGSZ 18 jusqu'en 1915/16) ⑥ in-2º ⑦ hebdomadaire ⑧ Porrentruy Société typographique (gérant G. Moritz), Petitjean & Frossard (plus tard Frossard à la tête d'un consortium, dès 13. 3. 1909) ⑪ Ali Froidevaux, Abbé René Braichet (Fontenais) ⑫ neutre en politique ⑬ BGSZ 959, 973 ⑭ Be L ⑮ La feuille défend les intérêts tant matériels que spirituels de l'ouvrier et travaille à l'organisation catholique de la société sur les bases fixées dans les encycliques du Pape Léon XIII. Le 7. 2. 1905 fusion de «l'Ouvrier» avec la «Revue populaire», organe de l'ancienne Fédération romande et de l'Association catholique.

Ouvrier: L'ouvrier sur bois
v **Holzarbeiter-Zeitung** — L'ouvrier sur bois.

Ouvrier: L'ouvrier des communes et des Etats
v Der Gemeinde- und Staatsarbeiter - L'ouvrier des communes et des Etats.

Ouvrier: L'Ouvrier horloger
④ Solidarité horlogère ⑤ 1889—1893 ⑦ hebdomadaire ⑧ Bienne ⑬ BGSZ 12, p. 201

L'Ouvrier horloger. Organe officiel des syndicats ouvriers horlogers. - Der Uhrenarbeiter. Offizielles Organ der Uhrenarbeiter-Syndikate. 3e année. 1891. (52 Nos). Réd. par *G. Reimann.* No 1. Gr. in-fol. 4 p. Bienne, Syndicats des remonteurs et faiseurs d'échappements.
Par an 4 —

L'Ouvrier horloger. Organe officiel des syndicats ouvriers horlogers. — Der Uhren-Arbeiter. Offizielles Organ der Uhrenarbeiter-Syndikate. 4e année. 1892. (52 Nos). Réd. par *G. Reimann.* No 1. Gr. in-fol. 4 p. Bienne, Syndicats des remonteurs et faiseurs d'échappements.
Par an 4 —

L'Ouvrier horloger. Organe officiel des syndicats ouvriers horlogers. — Der Uhren-Arbeiter. Offizielles Organ der Uhrenarbeiter-Syndikate. 5e année. 1893. (52 Nos). Réd. par *G. Reimann.* No 1. Gr. in-fol. 4 p. Bienne, Syndicats des remonteurs et faiseurs d'échappements.
Par an 4 —

Ouvrier de l'Industrie Textile Chimie Papier — STFV — FOTF
v. Der Textilarbeiter.

Ouvrier: L'ouvrier du vêtement et sur cuir
v. Schweiz. Schuhmacherfachblatt.

Bruderlied. Der Hochw. St. Johannes-Loge „Zur Heissen Quelle" im Or. Hirschberg geweiht am achtundzwanzigsten Oct. 1864 von **Ouvrier.** Breslau [1864]: Jungfer. 2 Bl. 8° [Umschlagtit.]
Ohne Noten: „Vereinet hier in dieser Festesstunde . . ."

Ouvrier, Jean, die politische Giftmischerei in der Arbeiter-Frage. Berlin 863. Beck. gr. 8. (18 S.) n. 3 ngr.

Ouvrier, Johann Friedrich

Ouvrier, Jh. Fr., der Komet, od. einige Erinnerungen u. Bemerkk. über Schulz Religionsprozeß. 8. Berl. 793. Maurers B. 6 gr.

– s. Communionbuch f. christl. Eheleute.

– s.a. Mittel z. Beförderung des Fleißes.

Ouvrier, Johann Friedrich „Ueber die Mittel zur Beförderung des Fleisses, der Betriebsamkeit, der Sitten ", Berlin 1788.

— über die wirksamen Mittel zur Beförderung des Fleißes, der Betriebsamkeit ꝛc. d. Volks. 8. Berlin, Maurer. 788.

– s.a. Untersuchung üb. d. Lehrsätze.

— Untersuchung üb. die Lehrsätze d. Christenthums, auf Veranlassung d. neuern theolog. Streitigkeiten. 8. Berl. 773.

Ouvrier, Karl Sigismund

Ouvrier, Carl Sigismund (Rakschutz / Schlesien) u. (Soz.) **Friedrich Joseph Grulich** (Jena), Idealismi sic dicti transcendentalis examen accuratius novumque genus demonstrationis, quo Deum esse docetur. Leipzig (Solbrig) 10. X. 1789. 57 S. (4.50) 25766

— idealismi sic dicti transcendentalis examen etc. 4. maj. Lps. Crusius. (F. C. W. Vogel.) 789.

— s. Loke, über Erziehung d. Jugend.

— Theorie d. Parallelen, als Ankündigung e. neuen Versuchs üb. d. Erkenntnißvermögen. 8. Leipz. 808. (Dresd., Arnold). 4 gr.

Ouvrier, Karl Siegm., († d. 31. Juli 1819.) Basedowisch Verfahren gegen Wolke, mit e. Nachtr. 8. Dessau 783. Gel.-Buchh. 5 gr.

Ouvrier, Ludwig Benjamin

— Anleit. zum Predigen u. Katechisiren. 8. Marb. 777. Krieger. 4 gr.

Ouvrier, Erklärungen des Katechismus Lutheri. 8. Marb. Krieger.

– s. Gesangbuch, Darmstädtisches.

— Geschichte d. Religionen, nebst ihren Gründen u. Gegengründen. 2 Thle. gr. 8. Lpz. 780, 81. (Aue in Altona). 1 ℛ 6 gr.

— Geschichte der Religionen ꝛc. 2 Thle. gr. 8. Leipzig, Jacobäer. 781.

— Glaubensbekenntniß d. Erbprinzen v. Darmstadt. 8. Berl. 771. Mylius. 4 gr.

— Glaubensbekenntniß d. Fürstin Friederika Angelika, Landgräfin zu Hessen, d. 7. Sept. 1767 abgelegt. Nebst e. Rede. 8. Darmst. u. Frankf. 767.

Ouvrier, Ldw. Benj., († im Oct. 1792.) Hinsichten auf die Ewigkeit. 2 Thle. 8. Marb. 791. Dass., mit d. Leben d. Verf. v. R. K. v. Senkenberg. Ebd. 793. Krieger. 1 ℛ

– s. Morgen- u. Abendgeschäfte, ärztl. u. setze hinzu: (v. L. B. Ouvrier).

Ouvrier, Ludw. Benj. [Präs.] u. Friedr. Ernst Ludw. Gerland (Hohensolms) [Resp.]
Dissertatio theologica inauguralis de necessitate satisfactionis a Paullo Rom. VIII, 3 asserta.
Gissae [6.] Febr. 1777: Joh. Jac. Braun. (4), 52 (2) S. 4°
publice disceptanda.

— Religionsunterricht für die Jugend. 8. Marburg 792. Krieger. 3 gr.

— Samml. einiger (12) Predigten. 8. Frankf. 767. (W. Nauck in Leipz.) 8 gr.

— Samml. einiger Predigten. 8. Frft. (Sommer in Lpz.) 767.

— Selbstprüfung u. fromme Entschließung. 8. Marb. 780. Krieger. 18 gr.

Ouwaroff, M., s. Ouwaroff, S von

Ouwaroff, S von (Ouwarow, von, auch Uwarov, Sergei Semenowič Graf von)

Ouwarof, Graf, s. Alexander, Kaiser, u. Bonaparte.

v. **Ouwarow,** . . ., s. Betrachtt. üb. d. Koncordat.

Ouvaroff, M., Etudes de philologie et de critique. Lex.-8. (23¾ B.) St.-Pétersbourg 843, l'Imprimerie de l'Académie imper. des Sciences. (Leipzig, Voss.) **

Ouwaroff, M., Examen critique de la Fable d'Hercule. 4. 820.

Ouwaroff, Nonnos von Pannopolis der Dichter, ein Beytrag zur Geschichte der griechischen Poesie. 4. Petersburg. 817. (Leipzig, Cnobloch in Comm.) 818.

Ouwaroff, S. von, Rede, gehalt. in d. Versamml. d. pädagog. Central-Instituts. Aus d. Ruß. von v. Hauenschild. gr. 8. St. Petersburg. (Halle, Hemmerde und S. in Comm.) 819.

— Rede, gehalten in d. Versamml. d. pädagog. Central-Instituts; aus d. Russ. von v. Hauenschild. gr. 8. St. Petersb. 819. (Halle, Schwetschke u. S.) 20 gr.

Ouwaroff, S. von, Über das Vor-Homerische Zeitalter. Ein Anhang zu den Briefen über Homer und Hesiod, von G. Hermann und Creuzer. St. Petersburg 819. 8. 9 gr. Ebend. 820. 8.

(Ouwaroff), Über das Vor-Homerische Zeitalter. Ein Anhang zu den Briefen über Homer und Hesiod von Gottfried Hermann u. Friedrich Creuzer. 2. Ausg. St. Petersburg (Kaiserl. Akad. d. Wissensch.) 1821. 33 S. (4.—) 25767
Gew.: G. Hermann u. F. Creuzer.

v. Ouwaroff, (F.) üb. d. Vorhomerische Zeitalter. Ein Anh. zu Hermann u. Creuzer's Briefen über Homer. 2te Aufl. gr. 8. St. Petersburg 821, (Hemmerde in Halle.)

Ováry, Clem., s.: Corpus juris hungarici.

Óváry, Leop., la quistione daco-romana e lo stato ungherese. (Letto all'associazione della stampa il 31 agosto 1894.) gr. 8. (71 S.) Roma 894. (Budapest, B. Nagel's Nachf.) n. 1.—

— les Roumains de Hongrie et l'état hongrois. gr. 8. (64 S.) Paris 895. Ebd. n. 1.—

Oven, A. H. E. von

Oven, v., u. Becker, die Kapelle der heil. Katharina auf der Mainbrücke zu Frankfurt mit gleichartigen Stiftungen des christlichen Mittelalters zusammengestellt, s.: Neujahrs-Blatt d. Vereins f. Geschichte u. Alterthumskunde zu Frankfurt a/M.

Oven, A. H. E. v., s.a. Sammlung, neue, von Gesetzen, Statuten und Verordnungen für Frankfurt a. M.

Oven, neue Sammlung v. Gesetzen, Statuten u. Verordngn. für Frankfurt a/M. 10 Bde. Frankfurt 867—98.
Bd. I. Gemeindeverfassungs- u. Organisationsgesetze. 867.
II. Polizeiverordnungen von 1867—72.
III. Baugesetze u. Baupolizeiverordngn. 1809—79. 2. Aufl. 879.
IV. 1. Neue Bauordnung (vergriffen, wird ersetzt durch Bd. 6, 8, 9, 10).
2. Feuerwehr und Fuhrwesen. Anstellungs- und Pensionsverhältnisse, Wittwen- u. Waisenversorgung. Gehalt der Beamten und Lehrer.
V. Neue Verwaltungsgesetze f. die Prov. Hessen-Nassau u. Frankfurt.
VI. Neue Bauordnung u. andere Polizeiverordnungen.
VII. Gemeindesteuer-Vorschriften, Sonntagsruhe etc.
VIII. Neue Bauordnung, Grundbuchordnung, Landwirthschaftskammern etc.
IX. Neue Bauordnung, Gemeindebeamte, Lehrer, Gemeindesteuern etc.
X. Neue Bauordnung u. Polizeiverordnungen v. 1897—98.

Oven, A. H. E. v., neue Sammlung von Gesetzen, Statuten u. Verordnungen für Frankfurt a/M. III. A. u. d. T.: Baugesetze u. Baupolizei-Verordnungen für Frankfurt a/M. 1809—1879. 2., mit den neuen Gesetzen u. Verordnungen bis 1879 verm. Aufl. 8. (X, 249 S.) Frankfurt a/M. 879. Rommel. n. 3. 20

Oven, A. H. E. v., neue Sammlung v. Gesetzen, Statuten u. Verordnungen f. Frankfurt a. M. 4. Bd. 1. u. 2. Hft. 8. Frankfurt a/M. Rommel. n. 3. 20
1. Neue Bauordnung u. andere Gemeindestatuten u. Verordnungen f. Frankfurt a. M. 1873—84. (V, 90 S.) 884. n. 1. 20
2. Neuere Gemeinde-Statuten u. Regulative, sowie Gesetze f. Frankfurt a. M. 1873—1886. 2. Hft. Regulative üb. die Feuerwehr u. das Fuhrwesen, die Anstellungs- u. Pensionsverhältnisse, die Wittwen- u. Waisenversorgg. u. den Gehalts-Etat der Beamten, Lehrer u. Lehrerinnen, sowie die Gemeindesteuern. (IX, 154 S.) 885. n. 2.—

Oven, A. H. E. v., neue Sammlung v. Gesetzen u. Verordnungen f. Frankfurt a/M. 4. Bd. 1. Hft. 8. Frankfurt a/M. 889. Rommel. n. 2.—
Bauordnung u. andere Gemeindestatuten u. Verordnung auf das Bauwesen bezüglich f. Frankfurt a/M. 1873—1889. 2., verm. Aufl. (VIII, 184 S.)

Oven, A. H. E. v., neue Sammlung v. Gesetzen, Statuten u. Verordnungen f. Frankfurt a. M. VI. Bd. 8. Frankfurt a/M. 893. W. Rommel. n. 2.— (I—VI.: n. 17. 70)
Neue Bauordnung f. die Außenstadt u. andere Gemeindestatuten, Verordnungen u. Gesetze f. Frankfurt a/M. aus den J. 1888—1893. (XII, 190 S.)

Oven, A. H. E. v., neue Sammlg. v. Gesetzen, Statuten u. Verordnungen f. Frankfurt a. M. 7.—10. Bd. 8. Frankfurt a/M., W. Rommel. n. 8.— (1.—10. n. 25. 70)
7. D. neuen Gemeindesteuer-Vorschriften, d. Eingemeindung v. Bockenheim u. dar. anschließ. neue Verordngn., sow. Verordngn. üb. Sonntagsruhe, Firmen, Feuerwehr, Fischerei, Feldpolizei, Schornstein-Reinigg., Armenpflege, Stadtbibliothek-Ordng., Bauen in der Außenstadt, Wasserleitung u. a. m. aus den J. 1892—1895. (VIII, 183 S.) 895. n. 2.—
8. Neue Bauordng. v. 1896, Grundbuchordng., Güterkonsolidation, Kommunalabgaben, neue Begräbniß-Ordng., Landwirthschaftskammern, Gerichtskosten u. a. m. aus den J. 1895 u. 1896. (VIII, 174 S.) 896. n. 2.—
9. Neue Bauordng. f. d. Außenstadt, neue Ordngn. f. die Gehalte, Dienstpflichten u. Wittwen- u. Waisenversorgung der Gemeindebeamten u. d. Lehrer, d. Anstalten f. Geisteskranke, f. Börsenmakler, Aerzte u. Zahnärzte, Radfahrer, Gemeindesteuern u. a. m. aus den J. 1896 u. 1897. (VIII, 227 S.) 897. n. 2.—
10. Bauordng. v. 1896 bez. 1898 u. andere Polizei-Verordngn., Statute u. Gesetze aus den J. 1897 u. 1898, nebst Uebersicht üb. d. seither erschien. Bände. (VIII, 212 S.) 898. n. 2.—

Oven, A. H. E. v., das erste städtische Theater zu Frankfurt a. M., s.a. Neujahrsblatt d. Vereins f. Geschichte u. Alterthumskunde zu Frankfurt a. M.

Oven, A. H. E. v. Das erste städtische Theater zu Frankfurt a. M. (Neujahrs-Blatt des Vereins für Geschichte und Alterthumskunde für das Jahr 1872.) Frankfurt a. M. 1872.

Oven, A. H. E. v., neue Verwaltungsgesetze und Ausführungsverordnungen für die Provinz Hessen-Nassau und Frankfnrt a. M. 1885—1886. Vollständige Ausg. 8. (XII, 320 S.) Frankfurt a. M. 886, Rommel. *

[F.] Taktische Ausbildung der Sanitäts-Offiziere. Von [Adolf] v. **Oven**, Major im 3. Garde-Reg. z. F. Th. [I.] II. *Berlin: R. Eisenschmidt 1898. 99.* 2 Bde 8.
[I.] M. 2 Kt. 1898. (64 S., 2 Kt.)
II. M. Skizzen im Text u. 1 farb. Signaturentaf. 1899. (50 S., 1 Doppeltaf.) 99. 2399

Taktische Ausbildung der Sanitäts-Offiziere. Von [Adolf] v. **Oven**, Oberstlt. Mit Skizzen, 1 Taf. u. 2 Karten. 2. verb. Aufl. *Berlin: R. Eisenschmidt 1901.* (112 S.) 8° [F.] 01. 11417

Taktische Ausbildung der Sanitäts-Offiziere. Von Gen. Lt. [Adolf] v. **Oven**. Mit Skizzen u. 2 Karten. 3. verb. Aufl. Berlin R. Eisenschmidt 1908. (117 S.) 8° [F.] 08. 11349

Oven, C. H. E. v., hymnologische Beiträge. A. u. d. Ttl.: Die evangel. Gesangbücher in Berg, Jülich, Cleve u. Grafschaft Mark seit der Reformation bis auf unsere Zeit. gr. 8. (8¾ B.) Düsseldorf 843. [Leipzig, Friedr. Fleischer.] —

Oven, C. H. E. v., über die Entsteh. u. Fortbildung d. evangel. Cultus in Jülich, Berg, Cleve u. Mark. Ein geschichtl. Versuch. Nebst einig. Entwürfen zu Sonntags-Liturgien. gr. 8. (10 B.) Essen 828, Bädeker.

— Entwurf e. Agende f. d. Synodalbereich d. Grafsch. Mark, s. **Bäumer**, ...

—— Gebetbuch f. evangel. Christen. Eine Samml. älterer Gebete. 8. (11¼ B. u. 1 Stndr.) M. Gladbach 833, [Schmachtenberg.]

— Gebetbuch f. evangel. Christen. Eine Samml. Gebete aus älteren bewährten u. beliebten Gebetbüchern. 8. Mühlh. 833. Schmachtenberg n. St. 12 gl.

Oven, C. H. E. v., Gebetbuch f. evangel. Christen. Eine Samml. älterer Gebete. (2., verb. u. verm. Aufl. 4 Hfte.) 8. (13 B.) Duisburg 836, Schmachtenberg. *

Oven, C. H. E. v., Gebetbuch für evangelische Christen. Eine Sammlung älterer Gebete. In 3. Ausg. neu durchgesehen und empfohlen von Benno Rilke. 8. (IV, 204 S.) M.-Gladbach 878, Schellmann. geb.
geb. in Leinw. mit Goldschn.

—— die Presbyterial- u. Synodalverfassung in Berg, Jülich, Cleve u. Mark, geschichtl. vertheidigt gegen d. Schrift: „Ueber d. bischöfl. Recht in d. evangel. Kirche in Deutschland." Zugleich e. kurze Geschichte d. Kirchenverfass. in d. genannt. Provinzen. gr. 8. (6½ B.) Essen 829, Bädeker.

— s. J. B. v. Recklingshausen, Reformationsgeschichte d. Länder Jülich rc.

Oven, Carl von, s. O v e n , Karl von

Oven, E. v., Die Finalsätze bei Xenophon. Diss. 1882. 63 S.

Oven, Ernst von, aus Rogasen (Prov Posen) **Beiträge zur Anatomie der Cyclanthaceae.** Mit 1 Taf. *Jena: G. Fischer 1903.* (52 S.) 8°
Heidelberg, Naturw.-math. Diss. v. 1903

Oven, Karl v., Der Rentenkauf, sein Wesen und seine Bedeutung für den Grundbesitz, nebst Vorschlägen zur Umwandlung der kündbaren Hypothekenschulden in unkündbare Renten durch einen Rentenverein der Grundbesitzer. Lex.-8°. Berlin, Heinicke in Comm., 1861. (48 S.)

Oven, W., alphabetisches Sachregister, s.: Dienstanweisung, allgemeine, f. Post u. Telegraphie.

Ovenson, Miß, St. Clair. Roman, s. Frhrr. O. C. v. Budberg.

Ovenstedt, s.a. Q u e n s t e d t

Ovenstedt, Johann Andreas [Praes.], s. R i t t e r , Johann Christoph: De aqua ex Christi latere profluente. Ex. Joh. XIX, 34 Diss. theol.

Over, Heinrich, Referendar in Essen a. d. Ruhr: **Die japanische Staatsverfassung und die sie ergänzenden Gesetze.** Borna-Leipzig 1908: R. Noske. (VI, 85 S.) 8° [J.]
Leipzig, Jur. Fak., Diss. v. 19. Juni 1908
[Geb. 28. Nov. 80 Sulzbach (Bayern, Oberfranken); Wohnort: Essen a. d. Ruhr; Staatsangeh.: Preußen; Vorbildung: Städt. Gymn. mit Oberrealsch. Bonn Reife O. 02; Studium: Genf 2, Bonn 1, Berlin 1, Bonn 2 S.; Rig. 23. Juni 05.]

Over, Klaas, geboren in Oude Niedorp (Holland) U n t e r s u c h u n g e n über die fötale Circulation. Utrecht 1904. 104 S. 8°. + 4 Tabellen. [15. VII. 04.]
Bern Vet.-med. Diss 1904/1905

Over, Klaas. Untersuchungen über die fötale Circulation. Diss. Vet.-Med. Bern. [Mit Illustrationen und 4 Tabellen.] VIII + 104 S. 8. Utrecht, P. den Boer, 1904.

Overbeck, Friedrich. Sein Leben und Schaffen, s. Horvitt, M.

Overbeck, Johs. Festschrift f. Johannes Overbeck. Aufsätze seiner Schüler, zur Feier seines 40jähr. Professoren-Jubiläums dargebracht. gr. 4. (III, 206 S. m. 29 Fig. u. 6 Lichtdr.-Taf.) Leipzig 893. W. Engelmann. n. 24. —

[Lied.] Dem Br. M. H. Petersen so wie dem Br. J. G. Lantz am Stiftungstage der ehrw. Loge zu den 3 Rosen in Liebe gewidmet von ihren ihnen treu verbundenen Brüdern. [Verf. von Overbeck.] Hamburg, den 29. Jan. 1845. [Hamburg 1845]: Appel. 2 Bl. 8° [Umschlagtit.]
Ohne Noten: „Dem schönsten Tag, der segensvoll erscheint . . ."

Overbeck, wie kam Metz zu der Wassernot? Auf Grund amtl. Materials. Mit 2 (farb.) Kartenskizzen. (85 S.) gr 8. Metz 903. P. Müller. n. 1. 50

Overbeck, A., Brüderchen u. Schwesterchen, s. a. Goepfart, O.

Overbeck, A., Brüderchen u. Schwesterchen. Ein Lieder-Cyklus m. verbind. Deklamation, frei nach dem gleichnam. Grimm'schen Märchen gedichtet. Komponiert f. ein- u. mehrstimm. Kinderchor u. 2 Solostimmen m. Pianoforte-Begleitg. v. O. Goepfart. Op. 5. Deklamation u. Liedertexte. 8. (19 S.) Leipzig 893. C. Merseburger. n. — 30

Overbeck, A. Zur Kenntniss der Fettfarbstoff-Production, s. Acta, nova, academiae caesareae Leopoldino-Carolinae.

Overbeck, A., zur Kenntniss der Fettfarbstoff-Production bei Spaltpilzen. [Aus: „Nova acta d. ksl. Leop.-Carol. deut. Akad. d. Naturf."] gr. 4. (20 S. m. 1 farb. Taf.) Halle a/S. 891. (Leipzig, W. Engelmann.) n. 3. —

Overbeck, A., Über die sogenannte Magnetisirungskonstante 1868 8.
Diss. Berlin

Overbeck, A., s. G. J. Plank, Geschichte d. christkirchl. Verfassung.

Overbeck, A., s. Z e i t u n g des norddeutschen Apotheker-Vereins.

Overbeck, Alfr. Frhr. v., **die Erscheinungsformen des Verbrechens im Lichte der modernen Strafrechtsschule,** s. a. B e i t r ä g e, kritische, zur Strafrechtsreform. 4.

Overbeck, Alfred von. Die Erscheinungsformen des Verbrechens im Lichte der modernen Strafrechtsschule. Mit besonderer Berücksichtigung der Versuchslehre. VIII + 60 S. 8. Leipzig, Wilhelm Engelmann, 1909. (M. 2.—)
Kritische Beiträge zur Strafrechtsreform. Hrg. ... von Prof. Dr. [Carl] Birkmeyer ... und Prof. Dr. [Johannes] Nagler... Heft 4.

Overbeck, Alfr. Frhr. v., Hauch d. Stille. 8. (40 S.) Dresden 899. E. Pierson. n. — 75

— Niederlassungsfreiheit u. Ausweisungsrecht, s. a. A b h a n d l u n g e n, Freiburger, aus dem Gebiete des öffentlichen Rechts. 10. Heft.

Overbeck, Alfred Freiherr von. Niederlassungsfreiheit und Ausweisungsrecht. Dargestellt auf der Grundlage des deutsch-schweizerischen Vertrages vom 31. Mai 1890. Eine Untersuchung über die öffentlichrechtliche Stellung des Ausländers. XII + 143 S. 8. Karlsruhe i. B., G. Braun, 1907. [M. 3.—]
Freiburger Abhandlungen aus dem Gebiete des öffentlichen Rechts, hrg. von Woldemar von Rohland — Heinrich Rosin — Richard Schmidt. Heft 10.

Overbeck, Alfr. Frhr. v., das Strafrecht der französischen Encyclopädie, s.a. Abhandlungen, Freiburger, aus dem Gebiete des öffentlichen Rechts. 1.

Overbeck, Alfred Frh. von, Rechtspraktikant aus Stuttgart, Württbg. Das **Strafrecht** der französischen Encyclopädie. Ein Beitrag zur Geschichte d. Aufklärung im 18. Jh. *Karlsruhe 1902: G. Braun.* (127 S.) 8°
Freiburg i. B., Rechts- u. staatswiss. Diss. v. 1902

Das Strafrecht der französischen Encyclopädie. Ein Beitrag z. Gesch. d. Aufklärung im 18. Jh. Inaug.-Diss. vorgelegt d. Univ Freiburg i. B. von Alfred Frh. v Overbeck. *Karlsruhe: G. Braun 1902* (127 S.) 8°
— Abhandlungen, Freiburger, aus d. Geb. d. öffentl. Rechts. H. 1
(02. 1906)

Overbeck, August Wilhelm

— s. Meditationen.

Overbeck, A. W. u. Bh. L.: Meditationen üb. verschied. Rechts-Materien. 1—5r B. (1—2e A. 780 u. f. J.) 3e A. *Hann.* Hahn. 1—3r B. 796—803. (à 16 Gr.) 4—5r B. 800. 6r. B. m. e. Hauptreg. üb. d. ersten 6 Bde. (796.) 802. 7r B. 796. 8—11r B. 801—7. 8. (alle 11 Bde. 9 Thl. 16 Gr.)

Overbeck, Aug. Wlh., († d. 12. Nov. 1817.) u. Brnh. Ldw., mosaisch-peinl. Recht; nebst e. Vergleichung d. heutigen peinl. Rechts mit demselben. 8. Braunschw. 788.

Overbeck, Bonav., reliquiae antiq, roman. III Vol. fol. Königsb. Kanter. 763.

Overbeck, C. F. W., Beispiele u. Aufgaben aus allen Theilen d. Elementar-Mathematik. 1. u. 2. Hft. Arithmetik. gr. 8. Hannover, Hahn'sche Hofbuchh. [1. (4½ B.) 837. ¼ Thlr., 2. (9 B.) 842. ½ Thlr.]

—— dass. — Auflösungen. 1. u. 2. Hft. gr. 8. Ebds. [1. (3 B.) 837. ⅙ Thlr., 2. (8¼ B.) 842. ½ Thlr.]

Overbeck, C. G., de collocatione depositi tam regularis quam irregularis in concursu creditorum. 4. Heidelberg 806. Mohr. 10 gr.

Overbeck, C. G.: Ueb. d. Fortdauer d. Gültigk. ält. Hypotheken-Wechsel auf Mobilien, nach neuer. Rechte. *Hamb.* (Perthes-Besser u. Mauke.) 812. 8. (9 Gr.)

Overbeck, Christian Adolf

— s. Anacreon u. Sappho.

— Lehrgedichte u. Lieder f. junge empfindsame Herzen. 8. Lindau 786. Gutsch. 9 gr.

Overbeck, Chr. Ad., († d. 9. Mai 1821.) Fritzchens Lieder. 8. Hamb. 781. 2e A. 831. (Campe). 8 gr.

Overbeck, Chr. Ad., Fritzchens Lieder. Neue Ausg. 16. (9 B.) Hamburg 831, A. Campe.

— Lieder u. Gesänge, mit Claviermelodien. 4. Hamburg 781. (Campe). 1 Thlr. 12 gr.

Overbeck, C. A. *Sammlung Vermischter Gedichte.* Von Christian Adolf Overbeck. Lübeck und Leipzig bey Friedrich Bohn und Compagnie 1794. 4 Bl. 256 S. Kl.-8°. Pappbd. d. Z. m. Rsch. 18.—
Goed. IV, I. 1093, 6. ★ Erste Sammelausgabe, auch „Fritzchens Lieder" und die berühmten „Kinderlieder" (Komm, lieber Mai, und mache; Blühe, liebes Veilchen usw.) enthaltend. — Kleiner Fleck am Unterrande der ersten Bll.

— Samml. vermischter Gedichte. 8. Lübeck 794. (Dyck in Leipz.) 16 gr. Velinp. 1 Thlr.

Overbeck, Franz

Overbeck, Fr. Ueber die Auffassung des Streits des Paulus mit Petrus bei den Kirchenvätern. Basel 1877. 4.

Overbeck, Franz [app. Arzt aus Bremen] Aus d. patholog. Institute zu Kiel. Beitrag zu den feineren Veränderungen bei Nierenverletzungen. Kiel, Druck v. L. Handorff, 1891, 22 S., 1 Bl. 8°
Kiel, Med. Fak., Inaug. Diss. v. [13. Jul.] 1891

Overbeck, Frz., Beitrag zu den feineren Veränderungen der Nierenverletzungen. Diss. gr. 8. (22 S.) Kiel 891. (Gnevkow & v. Gellhorn.) n. 1.—

Overbeck, Franz: Die Bischofslisten und die apostolische Nachfolge in der Kirchengeschichte des Eusebius. Programm zur Rektoratsfeier der Universität Basel. Basel 1898. 44 S. 4°.
Basel. Univ.-Schr. 1898/99.

Overbeck, F., Ueb. d. pseudojustin. Brief. an Diognet. Pr. 1872. 44 S. 4°.

Overbeck, Franz. Briefe ([von] Professor O' in Basel) an (den Musiker Heinrich Köselitz, alias) Peter Gast (Jan. 1889 — April 90. [Beitrag zu Friedrich] Nietzsches Biographie. [Hrg. von] Carl Albr[echt] Bernoulli). kl.-4
In: Die neue Rundschau. Jahrg. 17 der Freien Bühne Heft 1 Januar 1906. Berlin, S. Fischer. M. 2.50. S. 26—51.

Overbeck, F., Aus d. Briefwechsel des Augustin mit Hieronymus. S.-A. 1876. 39 S.

Overbeck, Frz., üb. die Christlichkeit unserer heutigen Theologie. Streit- u. Friedensschrift. gr. 8. (VII, 102 S.) Leipzig 873. Chemnitz, Schmeitzner. n. 3.—

Overbeck, Frz., über die Christlichkeit unserer heutigen Theologie. 2., um e. Einleitg. u. e. Nachwort verm. Aufl. (XV, 217 S.) gr. 8. Leipzig 903. C. G. Naumann. n. 3. 50; geb. in Leinw. n. 4. 50

— über Entstehung u. Recht e. rein historischen Betrachtung der neutestamentlichen Schriften in der Theologie. Antritts-Vorlesg., geh. in der Aula zu Basel am 7. Juni 1870. 2. Ausg. gr. 8. (34 S.) Basel 874. Schweighauser. n. — 80

Overbeck, Frz., zur Geschichte des Kanons. Zwei Abhandlgn. gr. 8. (IV, 142 S.) Chemnitz 880. Tübingen, J. C. B. Mohr. n. 5.—
Auch desselb. Verfassers „Studien z. Gesch. d. alten Kirche" u. „Ueber d. Christlichkeit uns. heut. Theologie" sind in obigen Verlag übergegangen.

Overbeck, Frz., zur Geschichte des Kanons. 2 Abhandlungen. gr. 8. (IV, 142 S.) Chemnitz 880. Schmeitzner. n. 10.—

Overbeck, Frz., Studien zur Geschichte der alten Kirche. 1. Hft. gr. 8. (VIII, 230 S.) Chemnitz 875. Schmeitzner. n. 5. 60

Overbeck, Franz Camillus, Quaestionum Hippolytearum specimen. Jena (Schreiber) Leipzig (H. Fritzsche) 4. VIII. 1864. 110 S. (4.50) 25770

Overbeck, Friedrich

Overbeck's Altargemälde der Greveradenkapelle im Dom zu Lübeck. Gezeichnet von Otto und Erwin Speckter und C. Jul. Milde. Hamburg 1825. Fol.

Basre'efs des Bildhauers Albert Thorwaldsen. Nach den Zeichnungen von Friedr. Overbeck in Rom in Kupfer gestochen von P Bettelini und D. Marchetti. Frankfurt a. M. Fol.

— Darstellungen aus den Evangelien. Nach 40 Originalzeichnungen im Besitze des Frhrn. Alfr. v. Lotzbeck auf Weihern, gest v. B. Bartoccini, Jos. Keller, Frdr Keller, F Ludy u. A 1—7. Lfg. qu Fol. (à 4 Bl Text u. 4 Stahlst.) Düsseldorf 850—52, Schulgen. (à n. 2 ₰) n 14 ₰

(**Overbeck**, Friedr.,) Darstellungen aus den Evangelien nach 40 Originalzeichnungen. Im Besitze des Freiherrn Alfred von Lotzbeck auf Weihern, gest. von B. Bartoccini, Jos. Keller, Fr. Keller, F. Ludy, F. Massau, H. Nüsser, F. A. Pflugfelder, Filippo Severati, X. Steifensand u. A. 8—10. (letzte) Liefg. Düsseldorf (853, 54.) Schulgen. qu. Fol. Jede Liefg. von 4 Bl. mit 4 Bl. Erklärung n. 2 ₰.; chines. Pap. n. 3 ₰.; chines. Pap. vor der Schrift n. 6 ₰.

Overbeck, Friedr., sinnbildliche Darstellungen des alten und neuen Bundes. Knechtschaft, Gefangenschaft, Furcht, Freiheit, Kindschaft, Glaube. Nach den Orig.-Zeichnungen lithogr. von A. Frey. gr. Fol. (6 Stnt. in Tondr.) Carlsruhe 851, Veith.

Overbeck, Frdr., der hl. Kreuzweg. Bilder v. O. (Handzeichnungen im kunsthistor. Hofmuseum zu Wien.) Text v. Tillmann Pesch, S. J. gr. 16. (82 S.) Stuttgart 900. München, J. Roth. n.n. — 85

Overbeck, Frdr., das Leben U. H. Jesu Christi. Originalzeichnungen. 1. Serie. Düsseldorf 860. Schulgen. 16. (20 lith. Bl. in Farbendr.) n. 15 ngr.

—— Sammlung ausgewählter Studien-Köpfe, s. Sammlung.

Overbeck's, Friedr., Triumph d. Religion in d. Künsten. Oelgemälde, im Besitz d. Städel'schen Kunstinstituts zu Frankfurt a. M. — Erklär. v. Meister selbst. 8. (1 B.) Frankfurt a. M. 840. [Leipzig, Kersten.] *

Overbeck's, Fr., Triumph der Religion in den Künsten. Oelgemälde, im Besitz des Städel'schen Kunstinstituts zu Frankfurt am Main. — Erklärung vom Meister selbst. 8. Frankfurt a. M. 840. Schmerber. n. 1/4 ℛ

Overbeck, Fritz, s.: Aus Worpswede.

[F.] **Overbeck**, Fritz *Wilhelm* [Referendar]: Erstreckt sich das gesetzliche Pfandrecht des Vermiethers nach gemeinem Recht auch auf die eingebrachten Sachen des Miethers, welche nach § 715 C. P. O. der Zwangsvollstreckung nicht unterworfen sind? . . Plettenberg, Druck v. E. Schmidt, 1895; VII, 19 S. 8
Greifswald, Jur. Fak., Inaug.-Diss. v. 1895

— s.: Vom Weyerberg.

Overbeck, Georg Ludolph Robert, s. Overbeck, Robert

Overbeck, H. C. A., die Glocke, s. Glocke.

Overbeck, H. C. A., Unser Carneval. Briefl. Mittheill. an eine Dame am Neckar. 8. Lübeck 829. (v. Rohden). 3 ℛ

Overbeck, Heinr. (geb. Witten in Westf. 5. 1853) Ueber Parotitis. Berlin (1877) (26 S.) 8°
Berlin, Med. Diss. v. 4. Aug. 1877

Overbeck, J. H., de sapientia Dei, qua Chr. homini non longior aetas in his terris concessa fuit. Lubec 1765. 4.

Overbeck, J. J., die orthodoxe katholische Anschauung im Gegensatz zum Papstthum und Jesuitismus, sowie zum Protestantismus. Nebst einem Rückblick auf die päpstl. Encyklika und den Syllabus vom 8. Decbr. 1864. gr. 8. (VII und 159 S.) Halle 865, Schmidt's Verlag. *

Overbeck, J. J., der einzige sichere Ausweg für die liberalen Mitglieder der römisch-katholischen Kirche. Offener Brief an den Staats-Minister Grafen Dmitry Tolstoy. Halle 870. Schmidt. gr. 8. (180 S.) n. 15 ngr.

—— die rechtgläubige katholische Kirche. Ein Protest gegen die päpstl. Kirche und eine Aufforderung zur Gründung kathol. National-Kirchen. gr. 8. (22 S.) Ebendas. 869. *

Overbeck, J. J., libellus invitatorius ad clerum laicosque romano-catholicos, qui antiquam occidentis ecclesiam catholicam ad pristinam puritatem et gloriam restauratam videre cupiunt. Additum est decretum unionis Florentinum nunc primum e diptycho musei britanici editum. gr. 8. (51 S. m. 1 Taf. in qu. 4.) Halle 870. Schmidt. n. 1. 20

Overbeck, J. J., Quae via ac ratio sequenda sit in explicandis Veteris Testam. libris, disquisitio. Münster, 1850, 64 S.

— die providentielle Stellung des orthodoxen Russland u. sein Beruf zur Wiederherstellung der rechtgläubigen katholischen Kirche des Abendlandes. Ebend. 869. gr. 8. (60 S.) n. 10 ngr.

—— Autorisirte russ. Uebersetzung von W. Ladinsky. Leipzig 870. Kasprowicz. 8. (100 S.) n. 15 ngr.

— die Bonner Unions-Conferenzen, od. Altkatholicismus u. Anglikanismus in ihrem Verhältniss zur Orthodoxie. Eine Appellation an die Patriarchen u. heil. Synoden der orthodox-kathol. Kirche. gr. 8. (122 S.) Ebend. 876. n. 1. 60

— die Wiedervereinigung d. morgen- u. abendländischen Kirche. Ein Rückblick auf den Münchener Altkatholiken-Congress, u. e. Vorblick auf die zu lös. Aufgabe. Offener Brief an den Grafen Dmitry Tolstoy. gr. 8. (50 S.) Ebend. 872. n. 1. —

Overbeck, J. Carl L., Predigten über die neuen Texte f. alle Sonn- u. Festtage des Kirchenjahres. 1. u. 2. Lfg. 8. (3 3/8 B.) Linz 846. (Salzburg, Duyle'sche Buchh.) à *

Overbeck, J Karl L., Predigten über die neuen Texte für alle Sonn- u. Festtage des Kirchenjahres. 2 Thle. 2. wohlfeile (Titel-) Ausg. 8. (XXIV u. 1234 S.) Salzburg (845) 849, Duyle. n. 3 ₰

Overbeck, J. Carl L., Predigten über die neuen Texte für alle Sonn- und Festtage des Kirchenjahres. 2 Thle. 2., wohlf. (Titel-)Ausg. 8. (XXIV und 1234 S.) Salzburg 849, [Glonner.] *

Overbeck, Jh. Ad., († ...) glossarium melliturgicum, oder Bienenwörterbuch, in welchem die bisher bei d. Bienenpflege bekannt gewordenen u. gebräuchl. Kunstwörter u. Redensarten erklärt werden. 8. Bremen 765. Förster. 8 ℊ

Overbeck, Jh. Dan., († d. 3. Aug. 1802.) Abhandl. v. dem deutschen Namen d. heil. Weihnachtsfestes. Fol. Lübeck 757.

— s. Bibliotheca Lubecensis.

— s. Cicero Paradoxa — Rede f. d. Marcellus — v. d. Pflichten — Rede f. d. Archias — 1e u. 2e Rede f. d. Catilina.

— **Johann Daniel** (Lübeck), Orationem Votivam de meritis Augustissimae domus Austriacae in rempublicam Lubecensem indicturus. — De enthusiasmo primorum regum Romanorum Romuli et Numae Pompilii prima causa Romanae magnitudinis. Lübeck (J. N. Green) 27. III. u. 3. IV. 1764. 32 S. (4.25) 25771
Vorgebdn.: Hymnus Ambrosianus cuius pars prior ante orationem votivam habendam pars altera eadem finita ad symphoniam canetur. Modos fecit quondam Carl Heinrich Graun (Berlin). Lübeck (Green) 24. V. 1764.

— epitome prosedica, regulas de quantitate syllabar. in latina lingua comprehendens. 8. Lübeck 755.

Overbeck, I. Dan., Orationes in festo coronationis Christiani IV. 8. Lub. Schmidt. 745.

Overbeck, J. D, de scriptis Pauli. Lueb. 1750. 4.

— synopsis fundamentorum grammaticalium Graecae linguae potiorum. 8. Lübeck 764.

– s. Virgil, Hirtengedichte.

Overbeck, Joh. Friedr., die sieben Sakramente in Bildern. Photogr. von Jos. Albert. 2 Lfgn. Imp.-Fol. (7 Blatt und 6 S. Text in qu. Fol.) Dresden 866, Gaber. [1. Lfg. * 24 Thlr., 2. Lfg. * 16 Thlr.] *
2. Ausg. in Fol. [1. Lfg. * 5 Thlr., 2. Lfg. * 3 Thlr.] *

— — Nach den Cartons in Holzschn. ausgef. von Aug. Gaber. Leipzig 869. Brauns. qu. Fol. (7 Bl. mit 2 S. Text.) n. 2 ₰ 20 ngr.

Overbeck, Joh. Friedr., die sieben Sacramente. Nach den Cartons in Holzschn. ausgef. von Aug. Gaber. Die Taufe. Die Firmung, die Confirmation. Die Busse. Die Eucharistie. Die Priesterweihe. Die Ehe. Die letzte Oelung. qu. Fol. (7 Bl. mit 2 S. Text.) Leipzig 869, Brauns. *

Overbeck, Joh. Frdr., die sieben Sacramente. Nach den Cartons in Holzschn. ausgeführt v. Aug. Gaber. Die Taufe, die Firmung, die Confirmation. Die Busse. Die Eucharistie. Die Priesterweihe. Die Ehe. Die letzte Oelung. 2. Aufl. qu. gr. Fol. (7 Holzschntaf. m. 4 S. Text.) Leipzig 870. F. Voigt. In Mappe. n. 9. —

Overbeck, Joh. Frdr., die sieben Sacramente in Bildern. Ausgabe II. 7 Blätter, in Photographie ausgeführt. (Kleine Ausg.) qu. Fol. (4 S.) Regensburg 882. Manz. In Mappe. n. 24

— dasselbe. Ausg. III. Nach den Cartons in Holzschn. ausgeführt. 3. Aufl. qu. Fol. (4 S.) Ebend. 882. In Mappe. n. 9. —

Overbeck, Jh. Geo., neue Versuche üb. d. Evangelium Johannis. gr. 8. Gera 784. (Kummer in Leipz.) 10 gr.

Overbeck, Johs., Abbildungen aus der Geschichte der griechischen Plastik. Zum Gebrauche bei Vorlesungen zusammengestellt. Fol. (IV S. und 18 Holzschntaf. in qu. gr. Fol.) Leipzig 870, Hinrichs' Verlag. *

Overbeck, J., Abbildungen aus der Geschichte der griechischen Plastik. Zum Gebrauche bei Vorlesgn. zusammengestellt. (7) Ergänzungstafeln (in Holzschn.) nach der 3. Aufl. qu. gr. Fol. Leipzig 883. Hinrichs' Verl. n. 2. 50 (Hauptwerk u. Ergänzg.: n.: 7. —)

Overbeck, J., Abbildgn. aus der Geschichte der griechischen Plastik. Zum Gebrauche bei Vorlesgn. zusammengest. 3. Hft.: Ergänzungstafeln aus d. 4. Aufl. Fol. (9 Taf.) Leipzig 895. J. C. Hinrichs' Verl. n. 3. — (1.—3 : n. 10. —)

— Analekten zur Kritik und Erklärung der Parthenonskulpturen. 2. Theseus. 3. Th[…] schwestern. 4 Poseidon. 5. Flügelfragm. Michaelis. 6. Kolossale Hand mit Fackelfrag[…] 7 Ob im Friese selbständige Formen darstellende Malerei über plastische Formen gefü[…] gewesen ist. S.-A. 1880. 40 S. u. 8 Taf. 2

— Analekten zur Kunstmythologie des Zeus. S.-A. 1871. 16 S. u 2 T.

— Ueber einige Apollonstatuen berühmter griechischer Künstler. S.-A. 1886. 27 S. 8 Taf 1.

Overbeck, Johs., Atlas der griechischen Kunstmythologie. Mit Unterstützg. d. königl. sächs. Ministeriums d. Cultus u. öffentl. Unterrichts. (In 10 Lfgn.) 1—3. Lfg. Imp.-Fol. (13 Steintaf. m. 6 S. Text.) Leipzig 872—75. Engelmann. n. 124. —

Overbeck, Johs., Atlas der griechischen Kunstmythologie. 4. Lfg. Imp.-Fol. (5 Steintaf. mit 2 S. Text.) Leipzig 878. Engelmann. n. 48. — (1—4.: n. 172. —)

Overbeck, J., Atlas der griech. Kunstmythologie. 5. Lfg. Apollon. gr. Fol. (8 Taf. m. 1 Bl. Text.) Leipzig 887. Engelmann. In Mappe. n. 60. — (1—5.: n. 232. —)

— Ueb. die Bedeutung d. griech. Götterbildes und die aus derselben fliessenden ku[…] geschichtl. Consequenzen. Ak. 1864. 26 S. —

— Ueb. die Bedeutung der knieenden Jünglingsfigur der Münchener Glyptothek. 1868. 22 S. 1

Overbeck, Johs., Beiträge zur Erkenntniss und Kritik der Zeusreligion. hoch 4. (110 S.) Leipzig 861, Hirzel. *
Aus: Abhandlungen der k. sächs. Gesellschaft der Wissenschaften, besonders abgedruckt.

Overbeck, Johannes. Die Bildwerke zum thebischen und troischen Heldenkreis. Mit 33 Tafeln. Stuttgart 1857 4° und 8°.

Ueber eine Erzstatuette, welche den rosselenkenden Poseidon darstellt. S.-A. 18[…] 7 S. m. 1 Photogr. u. 1 Taf. 1

Overbeck, Johs., Gallerie heroischer Bildwerke der alten Kunst. 1. Bd. 1—3. Lfg. gr. 8. (S. 1—352 mit 15 Stnt. in Fol.) Halle, [Braunschweig] 852, Schwetschke und Sohn. *

—— dass. — 1. Bd. 4—8. Lfg. A. u. d. T.: Die Bildwerke zum thebischen und troischen Heldenkreis. 4—8. Lfg. gr. 8. (XXVI und S. 353—819 mit 18 Stnt. in Fol.) Ebds. 853. *

– Zeus' Geburt u. Kindheitspflege in antiken Kunstdarstellungen. Ak. 1866. 28 S.

—— Geschichte der griechischen Plastik für Künstler und Kunstfreunde. Mit Illustr. gez. von H. Streller, geschnitten von J. G. Flegel. 2 Bde. in 8 Lfgn. Lex.-8. Leipzig 857. 58, Hinrichs'sche Verlagsh. [1. Bd. (X und 354 S. mit eingedr. Holzschn., 12 Holzschnt. in Lex.-8., qu. Imp.-4. und qu. gr. Fol.) 2. Bd. (336 S. mit eingedr. Holzschn. und 20 Holzschnt. in Lex.-8., qu. Fol. und qu. Imp.-Fol.)]
Subscr.-Pr. à Lfg. * 22½ Ngr. *
Ladenpr. geb. *
Mit Goldverzierungen *
Mit Goldverzierungen und Goldschn. *

Overbeck, J., Geschichte der griechischen Plastik für Künstler und Kunstfreunde. Mit Illustr. gez. von H. Streller, geschn. von J. G. Flegel. 2. (Titel-)Ausg. 2 Bde. in 10 Lfgn. Lex.-8. (X und 354 S., VIII und 336 S., mit eingedr. Holzschn. und 32 Holzschntaf. in Lex.-8., gr. 4., Fol. und qu. gr. Fol.) Leipzig (858)63, Hinrichs'sche Verlagsh. à Lfg. 15 Ngr.
compl. geb. mit Blinddr. ** 6 Thlr. 5 Ngr.; mit Golddr. **
In rothem Lwdbd. mit Golddr. und Goldschn. **

Overbeck, Johs., Geschichte der griechischen Plastik für Künstler und Kunstfreunde. 2. umgearb. und verm. Aufl. 2 Bde. Mit Illustr. gezeichnet von H. Streller und Jul. Koch, geschn. von J. G. Flegel (eingedr. und auf 7 Taf. in qu. 4. und qu. gr. Fol.). Lex.-8. (XVI, 398; VIII, 438 S.) Leipzig 869,70, Hinrichs' Verlag.
à Bd. *ℳ 10. *
geb. in 1 Bd. *

Overbeck, Johs., Geschichte der griechischen Plastik. 3. umgearb. und verm. Aufl. 4 Halbbde. Lex.-8. Leipzig, Hinrichs'sche Buchh. [1. Halbbd. (1. Bd. I—X, S. 1—242 mit 53 Holzschn., eingedr. und auf 3 Taf.) 880. *ℳ 7.; 2. Halbbd. (XI—XIV, S. 243—448 mit 43 Holzschn., eingedr. und auf 10 Taf.) 881. *ℳ 8.; 3. Halbbd. (2. Bd. S. 1—185 mit 1 Titelblatt in Lichtdr. und 27 eingedr. Holzschn.) 881. *ℳ 7.; 4. Halbbd. (VI, S. 187—502 mit 37 eingedr. Holzschn. und Holzschntaf.) 882. *ℳ 9.] *
geb. in Halbfrz. *
geb. in Halbsaffian *

Overbeck, Johs., Geschichte der griechischen Plastik. 4., umgearb. u. verm. Aufl. 2 Bde. in 4 Halbbdn. Lex.-8. Leipzig, J. C. Hinrichs' Verl. n. 35. —; geb. n. 43. —
1. Bd. (XII, 565 S. m. 149 Abbildgn.) 892. 893. n. 16. —; geb. n. 20. —
2. Bd. (XIII, 670 S. m. 246 Abbildgn.) 893. 894. n. 19. —; geb. n. 23. —

— Ueber die Grundlagen des idealen griech. Götterbildes. Gel. 1875. 17 S. 4°.

Overbeck, J., De Ione telluris non lunae dea. Pr. 1872. 24 S.

Overbeck, Johs., Katalog des königl. rheinischen Museums vaterländischer Alterthümer. gr. 8. (IV und 156 S.) Bonn 851, Henry und Cohen.

— Der Kopf des phidias'schen Zeus. S.-A. 1866. 18 S. u. 1 Taf.

— Ueber das Cultusobject bei den Griechen in seinen ältesten Gestaltungen. S.-A. 1864. 52 S. 1.20

— Die Künstlerinschrift und das Datum der Aphrodite von Melos. M. Abb. S.-A. 1881. 25 S. 1.50

— griechische Kunstmythologie. 2. Bd. Besonderer Theil. 1—3. Buch. gr. 8. Ebend. 871—75. n. 41. —
1. Zeus. Mit 14 lith. Taf. u. 17 (eingedr.) Holzschn. (XIV, 602 S.) n. 19. —
2. Hera. Mit 5 lith. Taf. u. 6 (eingedr.) Holzschn. (XII, 205 S.) n. 11. —
3. Poseidon. Mit 7 lith. Taf. u. 5 (eingedr.) Holzschn. (S. 207—406.) n. 11. —
Der 1. Bd. erscheint später.

—— griechische Kunstmythologie. Besonderer Thl. 3. Bd. 5. Buch: Apollon. 1. Lfg. Lex.-8. (VI, 320 S. mit 5 Lichtdr.-Taf. [Münzen] und 19 Fig. im Text.) Ebendas. 887. *
1. Bd. [1. Buch]: Zeus. 1871. *ℳ 19.—.; 2. Bd. [2.—4. Buch]: Hera. 1873. *ℳ 11.—.; Poseidon. 1875. *ℳ 11.—.; Demeter und Kora. 1878. *ℳ 12.—. Ebendas. *ℳ 53.—.

— griechische Kunstmythologie. Besonderer Thl. 3. Bd. 5. Buch: Apollon. 1. u. 2. Lfg. Lex.-8. Ebd. n. 17. — (I—III, 1. 2.: n. 70. —)
1. Lfg. (VI, 320 S. m. 19 Fig. im Text u. 5 Lichtdr.-Taf. [Münzen].) 887. n. 10. —
2. Lfg. (VIII u. S. 321—524 m. 5 Fig. im Text, 1 lith. u. 1 Lichtdr.-Taf.) 889. n. 7. —

—— über die Lade des Kypselos. hoch 4. (III und 86 S. mit 1 Stnt. in qu. Imp.-Fol.) Leipzig 865, Hirzel. *
Aus: Abhandlungen der philologisch-historischen Classe der k. sächs. Gesellschaft der Wissenschaften, besonders abgedruckt.

— Ueber eine Marmorstatue der Athene Parthenos in der Villa Borghese in Rom und die Parthenos des Phidias. S.-A. 1860. 17 S. u. 2 T. 1.—

— Miscellanea archaeologica. Pr 1886. 35 S. 4°.

Ex ordinis philosophorum mandato renuntiantur philosophiae doctores . . inde a die primo m. Nov. a. 1886 usque ad diem ultimum m. Oct. a. 1887 creati. Praemissa sunt Ioannis Overbeckii Miscellanea archaeologica patrio sermone scripta. Lipsiae, typ. A. Edelmanni, typogr acad (1887); 46 S. 4°

— Vier archäologische Miscellen. S.-A. 1862. 18 S. u. 1 Taf.

— Das grosse Mosaik auf der Piazza della Vittoria in Palermo. S.-A. 1875. 89 S. u. 1 Taf. 1.20

—— Pompeji in seinen Gebäuden, Alterthümern und Kunstwerken für Kunst- und Alterthumsfreunde dargestellt. Mit einer Ansicht und einem Plane von Pompeji, 2 chromolith. Blättern und gegen 300 (eingedr.) Holzschn. Lex.-8. (XVIII und 438 S. mit 14 lithogr. und lithochrom. Taf. in Lex.-8., qu. gr. 4. und Fol.) Leipzig 855, Engelmann. *

— Pompeji in seinen Gebäuden, Alterthümern u. Kunstwerken für Kunst- u. Alterthumsfreunde dargestellt. 2., verm. u. verb. Aufl. mit 331 Illustr. 2 Bde. Leipzig 866. Engelmann. Lex.-8. Jeder Bd. n. 3 ℛ; cplt. geb. n. 6 ℛ 20 ngr.
1. Bd. Allgemeines, die öffentlichen Gebäude u. die Wohnhäuser enthltd. (XVIII, 346 S. mit eingedr. Holzschn., 14 Holzschntaff. u. 1 Steintaf. in qu. Fol.)
2. Bd. Des antiquar. Theils 4—6. Cap. u. den artist. Thl. enthltd. (IX, 261 S. mit eingedr. Holzschn., 4 Holzschn.- u. 2 Steintaff., wovon 1 in Buntdr., in Lex.-8. u. qu. gr. 4. u. 1 lith. Plane von Pompeji in gr. Fol.)

— Pompeji in seinen Gebäuden, Alterthümern u. Kunstwerken f. Kunst u. Alterthumsfreunde dargestellt. 3., abermals durchgearb. u. verm. Aufl. Mit 26 grösseren, zum Theil farb. Ansichten (in Holzschn. u. Lith. in Lex.-8. u. qu. gr. 4.) u. 315 Holzschn. im Texte, sowie e. grossen (lith.) Plane (in qu. Fol.). Lex.-8. (XVI, 508 S.) Ebend. 875. n. 20. —; geb. n. 22. —

— Pompeji, in seinen Gebäuden, Alterthümern u. Kunstwerken dargestellt. 4. im Vereine m. Aug. Mau durchgearb. u. verm. Aufl. m. 30 grösseren zum Thl. farb. Ansichten u. 320 Holzschn. im Texte, sowie e. grossen (lith.) Plane. Lex.-8. (XVI, 676 S.) Leipzig 884. Engelmann. n. 20. —; geb. n. 22. —; in Liebhabereinbd. n.n. 25. —

— Ueber ein in Eleusis aufgefundenes Relief, welches des Triptolemos Aussendung darstellt. S.-A. 1860. 32 S. u. T. 1.80

— Das eleusinische Relief nochmals. S.-A. 1861. 12 S. u. 1 T.

— Ueber das ehemals Giustianische Relief mit der Pflege des Zeuskindes. S.-A. 1861. 25 S. 1.20

— Ueb. die in Mantinea gef. Reliefe mit Apollon Marsyas u. Musen. S.-A. 1888. 12 S. u. 1 Taf. 1.—

Overbeck, Johs., die archäologische Sammlung der Universität Leipzig. gr. 8. (VI und 106 S.) Leipzig 859, Hinrichs'sche Verlagsh. Thlr. *

— die antiken Schriftquellen zur Geschichte der bildenden Künste bei den Griechen. Ebend. 868. gr. 8. (XX, 488 S.) n. 2 ₰ 25 ngr.

— Ueber eine Statue, welche Laodamia, und eine solche, welche Penelope darstellt. S.-A. 1861. 49 S. u. 8 Taf. 1 80

— s.a. : Villa, die Römische, bei Weingarten.

(——) die römische Villa bei Weingarten. Einladungs-Programm zu der am Geburtstage Winckelmann's, den 9. Decbr. 1851 stattfindenden Generalversammlung des Vereines von Alterthumsfreunden im Rheinlande. gr. 8. (18 S. und 1 Stnt. in Fol.) Bonn 851, (Marcus.) *

—— kunstarchäologische Vorlesungen im Anschluss an das Kunstmuseum in Bonn. gr. 8. (VIII und 220 S.) Braunschweig 853, Schwetschke und Sohn.

Overbeck, Joh. A., offener Brief zunächst an die Bonner Studenten bei Beginn des neuen Semesters. gr. 8. (16 S.) Bonn 848, Henry & Cohen. 3 ngr.

Overbeck, I[oannes] A[dolphus] (geb. am 27 März 1826 in Antwerpen): De indagandi argvmenta carminvm epici cycli ratione, deqve eorvm vi et efficacia in monvmentis conspicva ... Bonnae, form. F. P. Lechneri 1848. 2 Bl., 70 S., 1 Bl. 8.

Bonn, Phil. Fak., Diss. v. 12 Aug. 1848

Overbeck. Iosephus Iulianus: • Commentarius grammatico-litteralis in Geneseos cp. III 1—7 32 S. 8° (4°)

Halle-Wittenberg, Phil. Diss. v 8. Juni 1848

Geb. [Kleve 24. 4. 1821]

Ein Specimen philologico-theologicum de tertio Geneseos capite des Verf war eine 1844 in Münster gekrönte Preisschrift.

Overbeck, Jus, ein Liederstrauß. (144 S.) 8. Dortmund 904. Koeppen. n. 1. 50; geb. n. 2. —

Ein zweiter Strauß Lieder und Gedichte von Jus Overbeck. Dortmund: Koeppen 1906. (102 S.) 8° [F.] (07. 6271 6

Overbeck, K. Karte vom Fürstenthum Lippe. 1 80000. Lemgo 1867. 1 Bl. 1 Ff.

Overbeck, Karl August [app. Arzt aus Lemgo]: Ein Fall von Hautkrebs auf luetischer Basis. München, Buchdr v. M. Ernst, 1888; 22 S. 8°

München, Med. Fak., Inaug.-Diss. v. 1888

Overbeck, L., Harmonie der vier Evangelien in Luthers Uebersetzung. Mit Berücksichtig. der neuesten chronolog. Forschungen geordnet. Lex.-8. (12½ B.) Bielefeld 843, Velhagen u. Klasing. —

Overbeck, L., die Herrlichkeit der heil. Schrift. Predigt gehalten in der Dreifaltigkeitskirche am 48. Jahresfest der Preuß. Haupt-Bibelgesellschaft. gr. 8. (16 S.) Berlin 862, Beck. *

Overbeck, L., Leben Friedrich Wilhelm's III., s. Sonntags-Bibliothek.

Overbeck, L., Leben Friedrich Wilhelms III., Königs v. Preußen. 3. Aufl. gr. 8. (180 S.) Bielefeld 883. Velhagen & Klasing. n. 1. —

— sechszehn geistliche Lieder aus alter und neuer Zeit, für 4 Stimmen in Musik gesetzt. Ebend. 861. gr. 8. (32 S.) n. 10 ngr.

Overbeck, L., zehn geistliche Lieder nebst vierstimmigen Melodieen. Verfaßt u. componirt. 2. verb. Aufl. Ebend. 861. Lex.-8. (22 S.) n. 10 ngr.

—— Predigt gehalten am Bußtage 1862. gr. 8. (16 S.) Berlin 862, Beck. *

— Predigt gehalten am 15. Februar 1863, am Tage der Jubelfeier des Hubertsburger Friedens und der Freiheitskriege. Ebend. gr. 8. (16 S.) 1½ ngr.

Overbeck, Otto, das königlich preußische Kriegsheer. Seine Eintheilung, Uniformirung u. Geschichte. Nach amtlichen Quellen. Berlin 862. Beck. gr. 8. (72 S.) n. 7½ ngr.

Overbeck, Otto, approb. Arzt aus Allerde i. Westf. (Aus d. chirurg. Klinik zu Bonn.) Über Radikaloperation incarcerierter Hernien von October 1895 bis April 1901. *Bonn 1901: C. Georgi.* (37 S.) 8°

Bonn, Med. Diss. v [17 Dez.] 1901

Overbeck, Paul *Carl Wilhelm Christian* [app. Arzt aus Schwerin] Zum mechanischen Verschluss der Darmfisteln. (Nebst Angabe einer pneumatischen Pelotte). Marburg, Univ.-Buchdr. (R. Friedrich), 1891, 36 S., 1 Bl. 8°

Marburg, Med. Fak., Inaug.-Diss. v. 8. Juni 1891

Overbeck, Rob., über den Eiweissharn nach Unterbrechung des Blutstromes. Lex.-8. (40 S.) Wien 863, (Gerold's Sohn.) **

Aus: Sitzungsberichte der k. Akademie der Wissenschaften, besonders abgedruckt.

Overbeck, Georg Ludolph Rob. (geb. Lemgo 1827) De plantarum exanthematibus ac nonnulla ad pathologiam comparatam. Berolini (1851) 30 S. 8°

Berlin, Med. Diss. v. 27 Mai 1851

Overbeck, Rob., Mercur und Syphilis. Physiologisch-chem. und patholog. Untersuchungen über das Quecksilber und über die Quecksilber-Krankheiten. gr. 8. (XXI und 351 S.) Berlin 861, A. Hirschwald. *

Overbeck, (Rudolf), Prof. Dr. Beiträge zur Klimatologie Meissens. Meissen 1906: C. E. Klinkicht & S. (49 S., 4 Taf.) 4°

Meißen, Fürsten- u. Landes-S St. Afra P 1906 (679)

Overbeck, (Rudolf), Dr. [Das Ecce der Fürsten- und Landesschule St. Afra in Meissen, geh. am 25. November 1899.] *Meissen 1900: C. E. Klinkicht & Sohn.* (S. 46—47.) 4° ¶Nach Mitteilungen von Prof. Lic. Gustav Türk. — Ausführlicheres s. im 'Afranischen Ecce 1899, H. 4, bearb. v. Erwin Pollack'.)

Meissen, Fürsten- u. Landes-S St. Afra, MP 1900 (580)

Overbeck, *Rudolf* [Oberl. Dr.]: Untersuchungen über den Einfluss der Belastung und Erwärmung auf die elastische Nachwirkung von Silberdrähten. Döbeln, Druck v. J. W. Thallwitz, 1892; I—XX S. 4.

Döbeln, k. RG. u. Landwirtschafts-S, OP 1892 (549)

Overbeck, Th. Kriegserinnerungen aus den Jahren 1870/71. 8. (192 S.) Harb. 891, (Elkan). geb. 3 —

Overbecke, Jobst von (Hrsg.), s. Bedenken – Eingeholtes rechtliches Bedenken d. theol. Facultät zu Wittenberg ..

Overbeck's Album der neuesten Werke Düsseldorfer Künstler in Photographien mit begleit. Text redig. von Ludw. Bund. 1. Jahrg. Mai 1867 bis April 1868. 12 Hefte (à 3 Blatt mit 4 S. Text.). Düsseldorf, Gebr. Overbeck. Fol. In Mappe. Jedes Heft 2 ₰ 15 ngr.

Overbeck's Biographie, s.: Valentin, V.

— Weihnachts-Album, enthltd. 12 Photographien nach Orig.-Gemälden von A. u. O. Achenbach, Frl. C. Friedrichsen, S. Jacobsen u. A. mit begleit. Text von Ludw. Bund. Ebend. 867. Fol. (9 S. Text.) Carton mit Goldschn. n. 12 ₰

Overbeek, Adam Adolf. Die Aetiologie und die Bekämpfung des Schweinerotlaufes. Diss. Vet.-Med. Bern. *Kopftitel*. Arbeit aus dem Reichsseruminstitut zu Rotterdam. Director Dr. J Poels. VI + 163 S. 8. Groningen, M. De Waal, 1907.

Overberg, Lehrer d. Normalschule, Dechant, Ritter rc., Bernard, in seinem Leben u. Wirken dargestellt v. einem seiner Angehörigen (J. Reinermann). Mit Overbergs Bildn. gr. 8. (7½ B.) Münster 829, Theissing.

Overberg, Bernhard, in seinem Leben und Wirken dargestellt . . . Münster 1830. V: *Reinermann, Joseph.* (Ky) (AarK) (Schmal) (Th) (ADB 25, 17)

Overberg, Bernh. Heinrich. Bearb. v. Al. Knöppel, s.: Greßler's, F. G. L., Klassiker der Pädagogik. 22. Bd.

Overberg, Bernhard

— neues ABC-, Buchstabier- u. Lesebuch, nach d. im Hochstifte Münster eingeführten Lehrart. 8. Münst. 788. N. Aufl. 822. Aschendorf. 1½ ggr

—— neues ABC-Buchstabier- u. Lesebuch, nach der im Hochstift Münster eingeführten Lehrart. 8. ... Münster 831, Aschendorff

— Abhandl. v. Belohnen u. Strafen. (Aus d. Anweis. z. zweckmäßigen Schulunterricht besonders abgedr.) 8. Münst. 796. Aschendorf. 6 ggr

Overberg's, Bernard, Anweisung zum zweckmäßigen Schulunterricht. In Verbindung mit mehreren Schulmännern neu hrsg. und überarb. von W. Erdmann. 8. (VIII, 536 S.) Münster 888, Aschendorff'sche Buchh. *

Overberg's, B., Anweisung zum zweckmäßigen Schulunterricht für die Schullehrer im Fürstenth. Münster. Neu hrsg. von F. W. Bürgel. 8. (288 S.) Osnabrück 888. Wehberg. n. 2.—

Overberg's, Bernh., Anweisung zum zweckmäß. Schulunterricht, s.a. Sammlung der bedeut. pädagog. Schriften. 1.

Bernhard **Overbergs** Anweisung zum zweckmäßigen Schulunterricht. Für d. Schul- u. Selbstgebr. bearb. u. mit e. Einl. vers. von Dr J[ohannes] Gansen, weil. Schulrat. 3. Aufl. *Paderborn: F. Schöningh 1902.* (XXVIII, 329 S.) 8° [F.]
— **Sammlung** d. bedeutendsten pädagog. Schriften. Bd 1. [02. 6055

Bernhard **Overbergs** Anweisung zum zweckmäßigen Schulunterricht. Ausgewählt u. mit e. Einl. u. mit Anm. versehen von J[osef] Nießen, Seminarl. Breslau: F Hirt 1905. (116 S.) 8° [F.]
= **Schriften** hervorragender Pädagogen. H. 9. [06. 9936

Bernhard **Overbergs** Anweisung zum zweckmäßigen Schulunterricht. Für d. Schul- u. Selbstgebr. bearb. u. mit e. Einl. vers. von Dr J[ohannes] Gansen, weil. Schulrat. 4. Aufl. Mit Portr. Overbergs. Paderborn: F Schöningh 1905. (XXVIII, 392 S.) 8° [F.]
— **Sammlung** d. bedeutendsten pädag. Schriften. Bd 1. [06. 934

— dasselbe, s.a. Schriften hervorragender Pädagogen. 9.

Bernhard **Overbergs** Anweisung zum zweckmäßigen Schulunterricht Für d. Schul- u. Selbstgebr. bearb. u. mit e. Einl. versehen von Dr J[ohannes] Gansen, weil. Schulrat. 5. Aufl. Paderborn Schöningh 1908. XXX, 340 S. 8°
(Sammlung d. bedeutendsten pädag. Schriften. Bd 1.) [09. 9372

Overberg, B. Der Basilikenbau u. die Kirche San Clemente in Rom. (Programm der Realschule etc. zu Münster 1866-67.) Münster 1867. 4. 15 S.

Overberg, Bernard, sechs Bücher von dem Priesterstande. Betrachtungen gehalten in dem bischöfl. Clerical-Seminario zu Münster. Nach einer von dem sel. Verf. nachgelassenen, von ihm selbst corrigirten Handschrift hrsg. von einem Priester der Diöcese Münster 8. (VII und 237 S. mit dem lithogr. Portr. des Verf.) Münster 858, [Aschendorff'sche Buchh.]

—— s. Engeln, Jos., Geschichte des alten und neuen Testamentes.

— biblische Geschichte, e. Haus- u. Familienbibel in Wort u. Bild, nebst e. kurzen Abriß der Kirchengeschichte. Zur Belehrg. u. Erbaug. f. christkathol. Familien, hrsg. v. Verlage u. Scheuffgen. gr. 8. (XXX, 704 S. m. Abb. u. Titelbild.) Münster 899. Aschendorff. n. 2.—

— biblische Geschichte des alten u. neuen Testamentes. Aufs neue f. Volksschulen bearb. v. Wilh. Erdmann. 17. Aufl. 8. (VIII, 480 S. m. 5 Taf. u. Karten.) Münster 893. Aschendorff. n. 1.—; geb. n.n. 1. 40
s. a.: Engeln, Jos.

Overberg, Bernh., Geschichte des A. u. N. Testaments, z. Belehrung u. Erbauung, besond. f. Lehrer größ. Schüler. 2 Thle. 8. Münst. Aschendorf. 815.

Overberg, B., Geschichte des alten und neuen Testaments zur Belehr. und Erbauung. 2 Thle. 6te Aufl. 8. Münster, Aschendorf. 821.

—— Haussegen, od. gemeinschaftl. Hausandacht, welche besond. nützlich ist, den Segen Gottes zu erhalten. 12. ... Münster 830, Aschendorff.

Overberg, B. Kleiner Katechismus der Christkatholischen Lehre . . . St. Louis 1850. H: *Seisl, Martin.* (Jes)

— — Katechismus der christkathol. Lehre, zum Gebrauch der größern Schulen, nach Anleit. des Religionshandb. 12te Aufl. 8. Ebend. 819.

Overberg, Bernhard: Kathechismus der christkatholischen Lehre

— derselbe, zum Gebr. d. größern Schüler. 14e Aufl. 8. Ebd. 821, Ebd. 8 gr. Schreibpap.

Overberg, Bern., Katechismus der christkatholischen Lehre, zum Gebrauche der größern Schüler, nach Anleitung des Religions-Handbuchs. 28e Aufl. 8. Münster 834. Aschendorff. ¼ rℓ

Overberg, Bernard, Katechismus der christkathol. Lehre zum Gebrauche der größern Schüler, (welche den kleinen Katechismus gelernt haben) nach Anleitung des Religions-Handbuchs. Stereot.-Ausg. 8. (336 S.) Münster 849, Aschendorff'sche Buchh.

— Katechismus d. christkathol. Lehre, z. Gebrauch d. kleinen Schüler, nach Anleit. d. Religions-Handbuchs. 8. Münst. 804. N. Aufl. 830. Aschendorf. 1¼ ggr

—— ders., e. vollständ. Auszug aus d. großen u. kleinen Katechismus. 12. ... Münster 830, Aschendorff.

Overberg, (B.) Katechismus d. christkathol. Lehre, zum Gebrauch d. kl. Schüler, nach Anleitung d. Religions-Handbuchs. 8. Münster 824, Aschendorf.

—— Katechismus d. christkathol. Lehre zum Gebr. d. kleinern Schüler, nach Anleitung d. „Religions-Handbuchs." 1. Aufl. 830. u. neue Ausg. (à 4 B.) 12. Münster 834, Aschendorff à

—— Katechismus der christkathol. Lehre zum Gebrauche der kleineren Schüler, nach Anleitung des Religions-Handbuches. (Stereot.-Ausg.) 12. (96 S.) Münster 848, Aschendorff'sche Buchh.

Overberg's, Bernh., Katechismus d. christkathol. Lehre, z. Gebr. f. d. Stadt- u. Landjugend, nach Anleit. d. 3. Thls. d. Anweis. z. zweckmäß. Schulunterr. f. d. Schullehrer. Ein vollständ. Ausz. aus dess. größ. u. klein. Katechismus, worin sämmtl. Schriftstellen nur nach d. vom heil. Vater approb. Bibelübersetzung Allioli's, allegirt sind. 18. (144 Seit.) Köln 840, Mathieur'sche Buchh. *

Overberg's, Bernh., Katechismus der christkathol. Lehre zum Gebrauche f. die Stadt- u. Landjugend. Ein vollständ. Auszug aus dessen größerm u. kleinerm Katechismus. 12. (5½ B.) Köln 843, Mathieur. *

— Katechismus für die Stadt- u. Landjugend. 12. Cöln, 806. Verlags-Handl. 3 gr.

— s. B. F. Pieper, Predigten.

— christkatholisches Religions-Handbuch um sich und andere zu belehren. 2 Bde. 7. Aufl. Münster 854. Aschendorff. 8. (22, 496 S. u. 1 Stahlst.; 6, 600 S.) 1 ℛ. 20 ngr.

Overberg, Bhrd., († ...) sammtl. Schriften für Schulen. 6 Thle. Mit d. Verf. Bildn. u. 3 Kpf. 8. Münst. 799. N. A. 807 u. 825. Aschendorf. 5 ℛ Schrbp. 6 ℛ (1r Thl. A. u. d. T.: Anweis. z. zweckmäß. Schulunterricht f. Schullehrer. 793. 6e A. 825. 1 ℛ 8 gr. Schrbp. 1 ℛ 12 gr. 2r u. 3r. A. u. d. T.: Geschichte d. alten u. neuen Testam. 1r u. 2r Thl. 799. 10e A. 830. 1 ℛ 8 gr. Schrbp. 1 ℛ 12 gr. 4r u. 5r Thl. A. u. d. T.: christkathol. Religionshandb. rc. 1r u. 2r Thl. 804. 3e A. 827. 2 ℛ Schrbp. 2 ℛ 12 gr. 6r Thl. A. u. d. Tit.: Katechismus der christkathol. Lehre rc. 24e Aufl. 831. 8 gr. Schrbp. 12 gr.

— -- sämmtl. Schriften für Schulen. 1r Thl.
Auch unter dem Titel:
Anweisung zum zweckmäßig. Schulunterricht für Schullehrer. 5te Aufl. 8. Ebend. 817.

— — derselben 2r und 3r Theil.
Auch unter dem Titel:
Geschichte des alten und neuen Testaments zur Belehrung und Erbauung besond. für Lehrer, größere Schüler und Hausväter. 2 Thle. Neue Aufl. 8. Ebend. 820.

Overberg, Bernard, sämmtl. Schriften f. Schulen. 1. Thl. — A. u. d. T.: Anweisung z. zweckmäß. Schulunterr. f. d. Schullehrer im Fürstenth. Münster. 6., mit e. dritten Zugabe verm. Aufl. 8. (52½ B.) Münster 825, Aschendorff.
1 Thlr. 8 Gr., Schrbp.

—— ders. 2. u. 3. Thl. — A. u. d. T.: Geschichte d. alt. u. neuen Testaments, z. Belehr. u. Erbauung besond. f. Lehrer, größere Schüler u. Hausväter. Aus d. heil. Schrift gezogen u. mit einig. Anmerkn. begl. 2 Thle. 10. Aufl. 8. (60 B. u. 2 Kpfr.) Ebds. 830. 1 Thlr. 8 Gr., Schrbp.

—— ders. 4. u. 5. Thl. — A. u. d. T.: Christkathol. Religions-Handbuch um sich und andere zu belehren. 2 Thle. 3. Aufl. 8. (... u. 1 Titkpfr.) Ebds. 827. 2 Thlr., Schrbp.

—— ders. 6. Thl. — A. u. d. T.: Katechismus d. christkathol. Lehre zum Gebr. d. größeren Schüler, nach Anleitung d. „Religions-Handbuchs." 25—28., verm. Aufl. (à 21¼ B.) 8. Ebds. 831—34. à 8 Gr., Schrbp.

—— sämmtliche Schriften f. Schulen. 1. Thl. A. u. d. Ttl.: Anweisung zum zweckmäß. Schulunterricht f. die Schullehrer im Fürstenthum Münster. 8. Aufl. 8. (49 B.) Münster 844, Aschendorff'sche Buchh.

Overberg's, Bernard, sämmtliche Schriften für Schulen. 4. und 5. Thl. A. u. d. T.: Christkatholisches Religions-Handbuch um sich und andere zu belehren. 2 Bde. 7. Aufl. 8. (XXVIII und 1000 S.) Münster 854, Aschendorff'sche Buchh.

— von der Schulzucht, s.a. Neudrucke pädagogischer Schriften.

Bernard Overberg Von der Schulzucht Mit e. Einl. hrsg. von Albert Richter *Leipzig R Richter* [aufgekl. *F Brandstetter*] *1893*. (91 S.) 8°
= Neudrucke pädagogischer Schriften 13 [04. 3:31]

La Reforme de l'Enseignement d'après le premier congrès international d'expansion mondiale ⟨Mons 1905⟩. Par Cyr van **Overbergh.** Vol. 1 2. Bruxelles: O. Schepens & Cie, Berlin R Friedländer & Sohn 1906. 2 Bde 4°(8°) [06. 8076

Overburp, Sir Thomas,. Trauersp. von Gera. 8. Füneb. Lemke. 787.

Overdieck, H., englische Tabellen zur Einübung der Aussprache, nebst einigen nach Walker's Methode bezifferten Lesestoffe und Proben des Ellis'schen phonetischen Alphabets. gr. 8. (52 S.) Lüneburg 857, Herold und Wahlstab'sche Buchh. *

Overdiek, Dr. Friederike. Beitrag zur Kenntnis des Alkoholismus u. seiner nationalen Behandlung. Auf Grund der Statistik der in der Irrenanstalt Burghölzli 1879—1894 behandelten Fälle. 54 S. 8°. Berlin (?) 1896.

Overdüyn, Carl, appr. Arzt a. Schleswig Aus der Kgl. chirurgischen Klinik zu Kiel. Zur Casuistik der primären akuten Osteomyelitis der Wirbelsäule. Kiel 1905: H. Fiencke. (22 S.) 8°
Kiel, Med. Fak., Ref. Helferich, Diss. v. 5. Juni 1905
[Geb. 16. Febr. 79 Schleswig; Wohnort: Schleswig; Staatsangeh Preußen; Vorbildung: Kgl. Domschule Schleswig Reife M. 99; Studium. Kiel 10 S; Coll. 12. Mai 05; Approb. 15. Aug. 04.]

Overesch, Joseph [aus Ennigerloh]: Vergleichung der Grundsätze des römischen Rechts über den Schiedsvertrag '(Compromissum)' mit den civilrechtlichen Vorschriften der §§ 851—872 der C. P. O. ... Göttingen, Druck d. Univ.-Buchdr. v. W. F. Kaestner, 1891; 53 S. 8.
Göttingen, Jur Fak., Inaug.-Diss. v [22. Jan.] 1892

Overesch, Jos., Vergleichung der Grundsätze d. römischen Rechts üb. den Schiedsvertrag [Compromissum] m. den civilrechtlichen Vorschriften der §§ 851—872 der C. P. O. Diss. gr 8. (53 S.) Göttingen 891. (Vandenhoeck & Ruprecht.) n. 1. 20

Overhage, Carl, s. O v e r h a g e , Karl

Overhage, Heinrich

—— die heilige Adelheid. 8. (89 S. mit 1 Stahlst.) Münster 853, Theissingsche Buchh.

Overhage, Heinr., geistlicher Blumengarten. Religiöse Lieder u. Gedichte aus dem Nachlasse. Hrsg. v. E. Siering. (In 4 Bdn.) 1.—3. Bd. 12. Frankfurt a/M. 894. A. Foesser Nachf. Geb. in Leinw. m. Goldschn. Subskr.-Preis f. 4 Bde. n. 8.—; Einzelpr. à n. 2. 40
1. Das Kirchenjahr. (XII, 104 S. m. Bildnis)
2. Marienklänge, Engel- u. Patronsgesänge u. geistliche Anmuthungen. (IX, 164 S.)
3. Legenden u. Geschichten. (VIII, 156 S.)

Overhage, Heinr., geistlicher Blumengarten. Religiöse Lieder u. Gedichte aus d. Nachlasse. Hrsg. v. E. Siering. 4. (Schluß-) Bd. Natur u. Leben. 12. (VIII, 136 S.) Frankfurt a/M. 894. P. Kreuer.
Geb. in Leinw. m. Goldschn n 2.40

—— Graf Gottfried v. Cappenberg. 8. (116 S. mit 1 Stahlst.) Münster 854, Theissingsche Buchh.

—— der Einsiedler von St. Just. Eheliche Liebe. 8. (89 S.) Münster 854, Theissingsche Buchh.

Overhage, Heinr., katholische Erzählungen. 1.—10. Bdchn. 8. Münster 863—68, Theissing'sche Buchh.

Inhalt:

Bdchn. 1. Geistliches und Weltliches. 2., verb. Aufl. (VII und 253 S mit 1 Stahlst.) 12½ Ngr.
- 2. Nützliches und Angenehmes. 2., verb. Aufl. (272 S. mit 1 Stahlst.) 12½ Ngr.
- 3. Volksthümliches. 2., verb. Aufl. (256 S. mit 1 Stahlst.) 12½ Ngr
- 4. Graf Gottfried v. Cappenberg nebst einigen Erzählungen aus dem Volksleben. 2. Ausg. (295 S. mit 1 Stahlst.) 15 Ngr.
- 5. Für das Volk. 2. Ausg. (272 S. mit 1 Stahlst.) 12½ Ngr.
- 6. Vom Lande. 2. Ausg. (272 S. mit 1 Stahlst.) 12½ Ngr.
- 7. Für Stadt und Land. 1. und 2. Ausg. (250 S. mit 1 Stahlst.) 12½ Ngr.
- 8. Zwölf Erzählungen im Volkstone. 1. und 2. Ausg. (256 S. mit 1 Stahlst.) 12½ Ngr.
- 9. Neue Erzählungen aus dem Münsterlande. (244 S. mit 1 Stahlst.) 12½ Ngr.
- 10. Eustachius nebst verschiedenen Erzählungen aus dem Volksleben. (258 S. mit 1 Stahlst.) 12½ Ngr.

Overhage, Heinrich, (Dr. med.), approb. Arzt aus Ahlen i. W.: Ein Fall von Carcinom der Niere. *Ahlen 1889 [vielm. 1901/02]: Th. Zumbusch.* (23 S.) 8°
Würzburg, Med. Diss. v. 1889

(Overhage, Heinr.,) Die hl. röm.-kath. Kirche. Glaubensworte, gesprochen am Ostermontage von einem röm.-kath. Priester Münster, Theißing. 1845. gr. 8°. 26 S.

—— münsterländische Kirchspiels- und Dorfgeschichten. 2. Bdchn. 8. (579 S. mit 2 Stahlst.) Münster 856, Theissingsche Buchh.

— münsterländische Kirchspiels- und Dorfgeschichten. 3. Bdchn Mit 1 Stahlst. (Abgedr. aus des Verf. „Katholischen Erzählungen.") Ebend. 863. 8. (288 S.) 15 ngr.

—— die Märtyrer. Heinrich v. Eichenfels II. Die Kapelle. 8. (65 S.) Münster 855, Theissingsche Buchh.

— Pater Pius. Der heilige Franciscus und das Lamm. Ripoche, der Vendeer. Ebend. 853. 8. (1 Bl., 83 S.) 5 ngr.

— der Proletarier vom Lande. Ein großer Verdruß. Ebend. 854. 8. (93 S. u. 1 Stahlst.) 6 ngr.

— Verbrechen und Strafe. Die Macht der Leidenschaft. Ebend. 854. 8. (77 S.) 5 ngr.

— das Waisenkind. Mit 1 Stahlst. Ebend. 854. 8. (68 S.) 5 ngr.

— der Weihnachtsabend. Die letzten Tage der Charwoche u. das Osterfest. Ebend. 854. 8. (81 S.) 5 ngr.

Overhage, Karl

Overhage, Carl [Apotheker aus Ahlen i/W.]: Anatomische Untersuchung und Keimungsgeschichte der Samen von Canna und Musa nebst Bemerkungen über einige verwandte Samen . . . Ahlen, Th. Zumbusch'sche Buchdr., 1887; 27 + 1 S. 8°
Erlangen, Phil. Fak., Inaug. Diss. v. 1887

Overhamm, Benedictus (geb. Werden im Rheinl. 27 10. 1835) De genesi partium formatarum. Berolini (1858). (32 S.) 8°
Berlin, Med. Diss. v. 5. Nov. 1858

Overhamm, Bernhard [approb. Arzt aus Werden (Rheinpr.)]: Beiträge zur Autoplastik der Geschwüre . . . . Würzburg, Becker's Univ.-Buchdr., 1886; 29 + 1 S. 8°.
Würzburg, Med. Fak., Inaug.-Diss. v. 1886.

Overhamm, Bernhard, Beiträge zur Autoplastik der Geschwüre. Diss. Würzburg 1886, Stahelsche Univ.-Buchh. 8°. 29 S.

Overhamm, Johannes (geb. am 3 Okt. 1845 in Werden a. d. Ruhr): Ueber Tabes dorsualis ... Bonn, Buchdr. v. P. Neusser 1871. 29 S., 1 Bl. 8.
Bonn, Med. Fak., nachträgl. erschienene Diss. v. 18 Juli 1870

Overhof, Gustav, a. Bickern in Westfalen: Beiträge zur Kenntnis der Derivate der Cumalinsäure. Marburg 1905: H. Bauer. (41 S.) 8°
Marburg, Phil. Fak., Ref. Zincke, Diss. v. 10. Okt. 1905
[Geb. 1 Okt. 76 Bickern; Wohnort Bickern; Staatsangeh.: Preußen; Vorbildung: Gymn. Recklinghausen Reife 97; Studium: Marburg 13 (?) S.; Rig. 19. Juli 05.]

Overhof, Heinrich, approb. Arzt aus Wanne i. W.: Zur Therapie des Uterus-, speciell des Portiocarcinoms. *Leipzig 1901: B. Georgi.* (28 S.) 8°
Leipzig, Med. Diss. v. (14. Dez.) 1901

Overhof, Otto, du u. ich. Roman. Mit e. Wiedergabe des Gemäldes „Mondaufgang im Moor" v. Otto Modersohn (auf dem Umschlag). (294 S.) 8. Berlin 910. O. Janke. 3. —

Overholthaus, Gust. Zur Lektüre lateinischer Dichter an Realgymnasien. 18 S. Progr. *Papenburg* 1885.

Overholthaus, Gustav [Dir. Dr.]: Rückblick auf die 25jährige Geschichte der Anstalt als Festschrift z. Jubiläumsfeier. Papenburg, gedr. bei J. J. Lauscher, 1895; 3—16 S. 4.
Papenburg, st. RPG, OP 1895 (341)

Overholthaus, Gust., syntaxis Catullianae capita II. Dissertatio inauguralis philologica. gr. 8. (36 S.) Papenburgi 875. (Göttingen, Vandenhoeck & Ruprecht. n. — 80

Overhues, Ernst, Gerichtsass.: Das mandatum post mortem in der Auffassung des gemeinen Rechts und des bürgerlichen Gesetzbuches für das Deutsche Reich. Dortmund 1908: Lensing. V, 33 S. 8°
Heidelberg, Jur. Diss. v. 27. Dez. 1908, Ref. Endemann
[Geb. 22 Dez. 77 Salzbergen, Wohnort: Recklinghausen, Staatsangeh.: Preußen; Vorbildung: Gymn. Rheine Reife O. 98; Studium: Marburg 2, Kiel 1, Berlin 1, Göttingen 2 S.; Rig. 24. Juli 08.] [U 09. 1871

Overkamp, Carl Guil., s. Overkamp, Christian Wilhelm

Overkamp, Christian Wilhelm

Overkamp, C. W., argum. chirurgici praesert. ophthalmologici libell. 4. Berl. Lange. 788.

Christian Wilhelm Overkamp

Argumenti chirurgici seorsum ophthalmologici libellus. Delectus recensus difficultatum et commodorum graviorum commemorabiliorumque utriusque suffusioni medendi methodi per depressionem et per extractionem,... Scripsit Christ[ianus] Wilh[elmus] Overkamp. P.1. Grypesvaldae 1788: Röse. 8°

P.1: Insunt praeterea quaedam alia affinia vel cum proposita materia conjuncta, vel quae locus sic quidem opportune tulit. 1788.

Overkamp, Christian Wilhelm, Inclutae litterarum universitati Vitebergensi Sacra saecularia tertium redeuntia rite gratulatus. — Inest narratio de consilio condendae universitatis studiorum Vitebergensis a dissidio duumvirorum medicorum vel profecto vel certe tamen adjuto. Greifswald (Eckhardt) o. J. 63 S. (4.50) 25773

Car Guil. Overkamp narratio de consilio condendae universitatis studiorum Vitebergensis a dissidio duumvirorum medicorum vel profecto vel certe tamen adjuto. Gryphiswald. 1802. 4. (Martini Pollichii de Mellerstadt, professoris med. Lipsiensis, cum collega Simone Pistoris dissensus circa naturam syphilidis originem dedisse fertur condendae Universitatis Vitebergensis et Francofurto-Viadrinae; cfr. Möhsen Medaill. Samml. II. 365 et Gebhardt Beiträge zur Geschichte d. Kultur in Sachsen, Dresd. 1823. 8. p. 31.)

Overkamp, G., s. Overkampf, Georg Wilhelm

Overkamp, Heidenreich, s. Overkamp, Heydentryk

Overkamp, Heinrich: Ueber Divertikel des Oesophagus. Halle (1872): Lipke. 30 S. 8°
Halle-Wittenberg, Med. Diss. v 9. Aug. 1872
Geb. Recke (Westf.) 31. 10. 1848. V

— **Heinrich** (Rheinae/Westfalen), De variis tineae capitis speciebus. Diss. med. Berlin (Nietack) 28. III. 1837. 31 S. mit Biogr. (M.: Chr. Schulz). (3.50) 25774
Oppon.: H. Eulenberg, E. Liese, E. Steilberg. — Gew.: F. L. Truestedt, Georg Egbert Brons.

Overkamp, Heydentryk

Overkamp, Heidenr., medicin. chir. Schriften. 4. Leipz. 705.

Overkamp, Heydentryk: Medicinische und chirurgische Schrifften, nemlich: I. Oeconomia animalis, oder Unterricht von der Geburt, Nahrung und Wachsthum des Menschen. II. Neuerfundene Heyl-Kunst oder Chirurgie. III. Von den Spanischen Pocken, oder Frantzosen-Kranckheit, und derselben Cur. Alles auff Cartesii Lehr-Sätze gegründet. (Alle de medicinale, chirurgicale en philosophische Werken. Dt.) 800 S., gbd.

Leipzig: Fritsch 1705

JB 1.757

— **Timotheus Christian Wilhelm,** Diss. acad. sistens succinctas aliquas animadversiones medicas circa potiora quaedam momenta in passione optimi maximi servatoris occurrentia. Präs. Andreas Westphal. Greifswald (A. F. Röse) 16. VI. 1761. 21 S. (4.50) 25775
Gew.: Christian von Nettelbla, Philipp Ernst von Horn.

— — (Greifswald), Diss. nosolog. potissima summa genera morborum simplicium qui fluida corporis humani afficiunt demonstrata proponens. Präs. Carl Friedr. Rehfeld. Greifswald (Röse) (16.) Mai 1766. 50 S. (5.—) 25776
Gew.: Christian Gottlieb Ludwig.

Ovorkamp, Thim. Chr. Guil., Pr. quo praelectiones suas indicit simulquo do miranda admodum corporis mentisque tam in secunda quam adversa valotudino consontiono pauca praefatur. 12 pp. Gryph. 4°.
1752

— — **De nonnullorum philosophorum principium sic dictum indiscernibilium demonstrandi ratione commentatio philosophica. Greifswald (Röse) 1770. 62 S. (4.25) 25777**

Overkamp, Tim. Chr. G., resp. L. Chr. **Tingstadius,** Do duplici ritu expositionis aegrotorum in vias publicas ot incubationis, seu ἐγκοιμήσεως, oorundom in tomplis medelao adipiscendao causa olim practao colobrataeque nonnulla exponens commontatio. 32 pp. Gryph. 4°. 1768

Overkampf, Georg Wilhelm

Overkampf, G. W., de Judaeis, primariis christ. nominis hostibus. Jen. 1736 4.

Overkampf, Georg Wilh., De ratione status curiae Romanae circa usum Latinae linguae in sacris cultuque publico. Comment. histor.-theol. Jena (Ritter) 1732. 76 S. (5.—) 25778
Titelbl. rot u. schwarz. — Gew.: David Georg Gerdes, Jakob Droysen, Georg Bunsow, Michael Christoph Cummerow, Johann Matthias Gesterding, Caspar Trendlenburg, Fried. Dethl. Wild, Johann Kruger, Jakob Witton, Christian Stoltz, Johann Gust. Balthasar, Emanuel Engelbrecht.

Overlach, E., Die Theologie des Lactantius. Pr 1858. 40 S. 4°

OVERLACH, K.: Ueber die Inhaltsstoffe der Rosskastanie (Aesculus hippocast.) und Versuche zu ihrer Gehaltsbestimmung. - Hamburg 1860. 123 S., 11 Abb.

Overlach, M. Über Chinin und seine Ester. Leipzig 1901

Overlach, Martin, approb. Arzt, Assist. a. d. Kgl. Univ.-Frauenklinik zu München]: Die pseudomenstruirende mucosa uteri nach akuter Phosphorvergiftung (Aus d. Archiv f. mikrosk. Anatomie Bd. 25.) (Bonn 1885); S. 191—235 u. 2 Taf. 8°
München, Med. Fak., Inaug.-Diss. v 1885.

Overlack, Alex. Matth. (Illustr. Dicast. Giss. Advoc. et Proc. Ord.)
Dissertatio juridica inauguralis de jure consolidationis.
Gissae Juli 1707: Joh. Reinh. Vulpius. 36 S. 4°
pro licentia summos in utroque jure honores rite ac legitime consequendi.

Overmann, Paul *Alfred* [aus Köln a. Rh.] Aus d. chirurg. Klinik zu Bonn. Syndaktylie, ihr Wesen und ihre Behandlung. . . . Kölner Verlagsanst. u. Druckerei, *1891*; 36 S., 1 Bl. 8°
Bonn, Med. Fak., Inaug.-Diss. v [14.] März 1891

Overmann, s. Overmann, Fr

Overmann, Alfr., die Abtretung des Elsass an Frankreich im westfälischen Frieden. (VI, 121 S.) gr. 8. Karlsruhe 905. Braunsche Hofbuchdr. n. 2 40
Sonderabdruck aus: „Ztschr. f. d. Gesch. d. Oberrheins".

Overmann, Alfred [aus Bergheim] Die Besitzungen der Grossgräfin Mathilde von Tuscien nebst Regesten ihrer Urkunden (Erscheint vollst. u. d T) Geschichte des mathildischen Gutes. Berlin, Mayer & Müller, 1892, 2 Bl., 87 S , 1 Bl., 8°
Berlin, Phil. Fak., Inaug.-Diss. v 17 Dez. 1892

Overmann, Alfr., die Besitzungen der Grossgräfin Mathilde v. Tuscien, nebst Regesten ihrer Urkunden. gr. 8. (87 S.) Berlin 893. Mayer & Müller. n. 2. —

Hamm bearb. von Dr. A(lfred) **Overmann**, Stadtarchivar in Erfurt. Mit 1 Facs. d. ältesten Stadtrechts, d. Merianschen Stadtansicht von etwa 1647 u. 1 Stadtpl. *Münster i. W : Aschendorff in Komm. 1903.* (VI, 72*, 128 S.) 8° [F.]
= Stadtrechte d. Grafschaft Mark. 2.
= Veröffentlichungen d. Hist. Kommission d. Prov Westfalen. Westf. Stadtrechte. Abt. 1, H. 2 [04. 4384 4

Overmann, Alfr., die ersten Jahre der preußischen Herrschaft in Erfurt, 1802—1806. (Festschrift zur Feier der 100jähr. Zugehörigkeit Erfurts zu Preußen. Veranlaßt u. unterstützt v. der Stadt Erfurt.) gr. 8. (VIII, 145 S. m. 6 Abbildgn.) Erfurt 902. Keyser. n. 2. —

Overmann, A., die Stadtrechte v. Hamm, s.: Veröffentlichungen der historischen Kommission f. Westfalen. 2. Hft.

— die Stadtrechte v. Lippstadt, s.: Veröffentlichungen der histor. Kommission f. Westfalen. I. 1.

Overmann, Alfr., Gräfin Mathilde v. Tuscien. Ihre Besitzgn. Geschichte ihres Gutes v. 1115—1230 u. ihre Regesten. M. 1 Kartenskizze. gr. 8. (X, 277 S.) Innsbruck 895. Wagner. n. 6. —

Overmann, Ant., die Entwickelung der Leinen-, Woll- u Baumwollindustrie in der ehemaligen Grafsch Mark unter brandenburg-preussischer Herrschaft, s.a. Beiträge, Münstersche, zur Geschichtsforschung. XIX.

Overmann, Anton: Die Entwickelung der Leinen-, Woll- und Baumwollindustrie in der ehemaligen Grafschaft Mark unter der Regierung Brandenburg-Preussens besonders im 18. Jahrhundert. Münster i. W.: Coppenrath 1908. 50 S. ¶(Ersch. vollst. als: Münstersche Beiträge z. Geschichtsforschung. N. F. 19.)
Münster, Phil. Diss. v 20. Nov. 1908, Ref. Meister
[Geb. 31 Mai 84 Rheine; Wohnort: Münster i. W.; Staatsangeb.: Preußen; Vorbildung Gymn. Rheine Reife O. 05; Studium: Freiburg i. B. 1, München 1, Münster 4, Berlin 1 S., Rig. 24 Juli 08.] [U 09. 3607

Die Entwickelung der Leinen-, Woll- und Baumwollindustrie in der ehemaligen Grafschaft Mark unter brandenburg-preussischer Herrschaft Ein Beitrag z. Wirtschaftspolitik d. preuss. Könige i. 18. Jh. Von Dr Anton **Overmann**. Münster Coppenrath 1909. 128 S. 8°
(Münstersche Beiträge z. Geschichtsforschung N F 19.) [09. 431

Overmann, Fr

Overmann, die Bereitung und Verarbeitung des Stahls, s.a. Hartmann, C.

(Overmann.) Die Bereitung und Verarbeitung des Stahls. Ein unentbehrliches Handbuch für Eisen- u. Stahlarbeiter jedes Faches, namentlich für Grob-, Zeug- u. Waffenschmiede, Schlosser, Maschinenbauer rc. insbesondere aber auch für Gewerbvereine u. polytechnische Anstalten. Nach dem englischen Werke des Ingenieurs Overmann deutsch bearb. von Carl Hartmann. Mit 26 in den Text gedr. Abbildgn. (Holzschn.) 853. (VIII, 313 S.) — 2. verm. u. ergänzte Aufl. Frankfurt a. M. 856. Jügel's Verlag. 8. (IX, 365 S.) 26¼ *ngr.*

Overmann, Fr., über das Frischen d. Roheisens, nebst Anweis. Stabeisen u. Stahl v. bester Qualität aus d. verschiedenart. Erzen zu erzeugen, u. auf d. wohlfeilste Art zu gewinnen. Nach vielfält. prakt. Erfahrn. dargestellt. gr. 8. (7¼ B. u. 10 Stnt.) Brünn 838, Seidel u. Comp. •

Overmann, Gttfr., s. Conscience, Gesch. Graf Hugo v. Craenhove. — Wörterbuch, neues holländ.-deutsches.

Overmann, Jos[ef]: Das Eisenbahnwesen in Holland mit besonderer Berücksichtigung des Personenverkehrs. Mit 1 Eisenbahnkt. Münster i. W.: Coppenrath 1910. X, 228 S., 1 Kt. 8° ¶(Im Buchh. ebd.)
Münster, Rechts- u. staatsw. Diss. v. 30. Okt. 1910, Ref. Schmöle, v. Heckel
[Geb. 16. Juni 86 Rheine; Wohnort. Münster i. W.; Staatsangeh.: Preußen; Vorbildung. Gymn. Rheine Reife O. 05; Studium: Freiburg i. B. 1, München 1, Münster 4 S.; Rig. 31 Mai 10.] [U 11. 3921

Overmann, Jos., das Eisenbahnwesen in Holland. Mit besond. Berücksicht. des Personenverkehrs. Mit 1 (farb.) Eisenbahnkarte v. Holland. (VII, 228 S.) gr. 8. Münster 910. Universitäts-Buchh. F. Coppenrath. 4. —

Overmann, Joseph, aus Wolbeck Joachim **Ringelberg, ein** humanistischer Pädagoge des 16. Jahrhunderts. *Münster i. W. 1903: Westf. Vereinsdr.* (46 S.) 8°
Erlangen, Phil. Diss. v 19. Dez. 1902

Overmann, Leo: Geschichtliche und wirtschafts-geographische Studien über den Flachsbau insbesondere Deutschlands. Dusseldorf 1910 Richter 63 S. 8°
Bonn, Phil. Diss. v. 29. Jan. 1910, Ref. Rein
[Geb. 7 April 85 Düsseldorf, Wohnort Dusseldorf, Staatsangeb.: Preußen; Vorbildung Kgl. Gymn. Dusseldorf Reife O. 04; Studium: Münster 3, Bonn 10 S Rig 15. Juli 09.] [U 10. 408

Overmars, H., die Theiss-Ueberschwemmungen. Vorschläge zu deren Abwendung. gr. 8. (56 S.) Budapest 879. Grill. n. 1. —

van Overscheide Felix Franz: Ist im französischen Unterrichte die alte oder die neue Methode vorzuziehen? (11). Krems R 90.
Progr.

Overskou, Thomas

Overskou, Th., Diamantkorset. Syngespil i 3 Acter. Musiken af Siegfr. Saloman. 8. (114 S.) Kopenhagen 847, Bing. ½ ₰

Preussen und der deutsche Bund gegen Dänemark [v. Thomas **Overskou**]. Leipzig. 1848. 8°. = Skandinavisches Portfolio, Nr. 2

— Selskabstheatret. En Skuespilsamling med Anviisning til Forberedelsen og Udførelsen af Dilettant-Forestillinger, samt Indretningen af et Selskabstheater. 1. Hefte. gr. 8. (117 S.) Ebd. 847. ½ ₰

Overthun, August [aus Waltrop (Westf.)]: Aus d. Univ.-Frauenklinik zu Bonn. Hernia ventralis nach Laparatomie ... Bonn, Druck v. E. Heydorn, *1894*; 27 S. 8.
Bonn, Med. Fak., Inaug.-Diss. v [10. März] 1894

Overton, Ernst

Overton, E., Beitrag zur Kenntniss der Entwickelung u. Vereinigung der Geschlechtsproducte bei Lilium Martagon. Untersuchung aus dem botan. Laboratorium der Universität Zürich. [Aus: „Festschr. zur Feier d. 50jähr. Doctor-Jubiläums der Herren v. Nägeli u. v. Kölliker".] Imp.-4. (11 S. m. 1 Taf.) Zürich 891. A. Müller's Verl. n. 3. —

Overton, E[rnst], [von Stretton, England]: Beitrag zur Kenntniss der Gattung Volvox. S. A. aus: Botanisches Centralblatt, Bd XXXIX [S. 65—72, 113—118, 145—150, 177—182, 209—214, 241—246, 273—277]. Cassel Gebr. Gotthelft Dr. (1889). 39 S., Taf. 1, II, III, IV. 8°.
Zürich, Phil. Diss. [v. 4. März 1889].

Overton, Dr. C. E[rnst]. Beiträge zur Histologie u. Physiologie der Characeen. S. A. (Bot. Centralblatt 1890, Bd XLIV [S. 1—10, 33—38]). Cassel Gebr. Gotthelft Dr. 1890. 16 S., 1 Bl., 1 Taf. 8°
Zürich, Phil. Fac. II. S., Habilitationsschrift.

Overton, E[rnst]. Studien über die Narkose, zugleich ein Beitrag zur allgemeinen Pharmakologie von Dr E. Overton, Privatdocent ... an der Universität Zürich. X + 196 S. 8. Jena, Gustav Fischer, 1901. [M. 4. 50]

Neununddreißig Thesen über die Wasserökonomie der Amphibien und die osmotischen Eigenschaften der Amphibienhaut. ⟨Vorläufige Mitteilung.⟩ Von E[rnst] **Overton**. *Würzburg: A. Stuber 1904.* (S. 278–295.) 8°
— **Verhandlungen** d. physikal.-medic. Gesellschaft zu Würzburg. N. F. Bd 36, No 5. [04. 4585

Overton, H. Bernard, von Skidby, England: Ueber Stereoisomerie von Hydrazonen. Uster-Zür. A. Diggelmann Dr. 1893. 34 S., 1 Bl. 8°.
Zürich, Phil. Diss. [v 13. Febr 1893].

Overweg, Adolfus ⟨geb. am 24 Juli 1822 in Hamburg⟩: De compositione et origine trium collium ad urbem Siegburgum sitorum ... Bonnae, typ. C. Georgii 1847. 2 Bl., 32 S., 2 Bl. 8.
Bonn, Phil. Fak., Diss. v. 6 Aug. 1847

Overweg, C., s. Overweg, Karl

Overweg, Karl, Denkschrift. Der jetzt schon vorhandene industrielle Nothstand und Arbeitsmangel in Deutschland, während des Bestandes von Schutzzöllen, gegenüber dem für die Folge von England projectirten Freihandelssysteme, beleuchtet ... Naumburg o. J.

Overweg, C.. Der vorhandene Notstand u. Arbeitermangel in Deutschland während des Bestehens von Schutzzöllen gegen die in England projektirten sog. Freihandelssysteme. 8°. Naumburg,

Overweg, Carl, Ursachen der jetzt so oft wiederkehrenden, und lange anhaltenden Theuerungen, und praktische Mittel dagegen. Naumburg 855. (Leipzig, Whistling.) gr. 8. (X, 83 S.) 15 ngr.

Overweg, Max Gust. (geb. Camburg a. S. 8. 6. 1851) Ueber d Einfluss der Intermittens, des Ileotyphus, Typhus exanthematicus u Recurrens auf die Schwangerschaft. Berlin (1877). (30 S.) 8°
Berlin, Med. Diss. v. 20. Dez. 1877

Overweg, Rob., Abgründe, s.: Diamant-Bibliothek. 6.

Overweg, Rob., der Befehl des Fürsten. Ein Lustspiel in e. Vorspiel u. 8 Akten. (115 S.) 8. Berlin (909). E. Bloch. 2. —

Overweg, Rob., **Brüderchen.** Ein Kadettendrama in 8 Akten. (119 S.) 8. Leipzig (906). „Deutscher Kampf"-Verlag. n. 2. —; geb. n. 3. 50

Overweg, Rob., das moderne Drama u. wie bringe ich es unter? Ein Beitrag f. Talentierte u. Untalentierte. (31 S.) gr. 8. Leipzig (906). „Deutscher Kampf"-Verlag. n. 1.20

— **die Elfenwiese.** Das Märchen v. Leipziger Palmengarten. 3. Taus. gr. 16. (40 S.) Leipzig (899). C. F. Tiefenbach. Kart. n. 1. —

Overweg, Rob., **auf der Haidemühle.** Roman. 12. (109 S.) Leipzig 897. C. F. Tiefenbach. n. 1. —; in Damast geb. n. 2. —

— Hubertus, s.: Mehratter.

— **Traum u. Leben.** Gedichte. 8. (X, 58 S.) Dresden 899. E. Pierson. n. 2. 50

Overwinnings-Liederen ter cere van het Lam Verzameld en vertaald door L. G. 2. Dr. Düsseldorf Grubé 1904 (64 S.) 8° [07. 4610

Overzichtskaart der Residentie **Wester-Afdeeling** van Borneo. Schaal 1 1,000,000. Opgenomen $^{4}/_{m}$ 1886 $^{1}/_{m}$ 1895. *Batavia Top. Bur. 1896* 1 Ktnbl. quer-gr 2 (5/3) [98. 11386

Overzier, Hermann [aus Köln]: Aus d. Univ.-Frauenklinik zu Bonn. Ueber die Grenzen der vaginalen Enucleation der Uterusmyome ... Köln, Druck v. Greven & Bechtold, 1897; 32 S. 8.
Bonn, Med. Fak., Inaug.-Diss. v [20. Febr] 1897

Overzier, Ludwig

Overzier L., Die Ueberschwemmungen im November und Dezember 1882, wesentlich eine Folge der atmosphärischen Ebbe und Fluth. Köln 1883.

Overzier, Ludwig ⟨geb. am 15 Febr. 1845 in Köln⟩: Die topographisch geognostischen Verhältnisse der Strecke Bonn bis Brühl ... Bonn, Druck v. F. Krüger 1868 2 Bl., 38 S., 1 Bl. 8.
Bonn, Phil. Fak., Diss. v. [14 März] 1868

Overzier, Ludw., Wetterprognose f. jeden Tag d. Monate Januar—April 1884, auf Grundlage der Berechng. der atmosphär. Gezeiten u. der Einfügg. der Werte f. Wärme, Druck u. Feuchtigkeitsgehalt der Luft f. ganz Deutschland ausgearb. 16. (19 S.) Köln 884. Lengfeld. à n. 1. —

Ovial, E. W., einige Tagesfragen, vom landwirthschaftlichen Standpunkt aus beleuchtet. gr. 8. (13 S.) Berlin 893. (R. v. Decker.) — 25

d'Ovidio, Francesco, u. Wilh. **Meyer-Lübke,** Grammatik der italienischen Sprache. 2., verb. u. verm. Aufl. Neubearb. v. Wilh. Meyer-Lübke. (III u. S. 637—711.) Lex.-8. Strassburg 905. K. J. Trübner. n. 1. 60; geb. n. 2. 50
Sonderabdr. aus: Gröber's Grundriss der roman. Philologie".

Ovidius redivivus s. comm. philos. de arte amandi. 8. Angolae. 755. Wittekind. 2 gr

Ovidius, s. Krueger, Fridericus.

—— s. Zingerle, Ant.
Vgl.: Galanterien des Olymps.

Ovidius Naso, Publius. Amatoria e recensione Pet. Burmanni ... Helmstadii 1788. H: *Wernsdorf, Chn Gottlieb.* (ErschDL) (Ky) (Ebert)

— *Amatoria.* E rec. Burmannii cum variis lectt. ed. C. G. Wernsdorf. Helmst. 788. 2 Partes. 8. 1 rthlr. 8 gr. Ib. 802. 2 P. 8. 1 rthl. 8 gr. (P. I. Heroides et Sabini Epist. P. II. Amorum L. 3. Ars amatoria. Remedia amoris Medicamina faciei.)

— Amatoria, (s. Heroid. epist., amatores, de arte amandi, de remedio amoris etc.) e recens. R. Burmanni, c. var lect. praec. (cur. Ch. Gli. Wernsdorf.) II Tmi. 8maj. Helmst. 788. Ed. n. 802. Fleckeisen. 1 ℛ 8 gr

—— **Amores.** Ed. Gruppe, s. Gruppe, O. F., die röm. Elegie, 2. Bd.

— *Amorum* L. 3. Ad optim. libr. fidem. Tubing 819. 8. 8gr.
— — Lat. u. Deutsch. Metr. neu verdeutscht. Tub. 819. 8. 22gr.

— Amorum libri III, ad opt. libror. fidem accurate editi. 8. Tübing. 820. Osiander. 8 gl

§ * — — Amorum libri III Liebesergüsse (Lat. u deutsch.) Leipzig. W Engelmann. 1859. 8°
Ovid's Werke. Berichtigt, übers. u. erläut. von Heinr. Lindemann. Bd. 4.

— amorum elegias sex relegit et svecice convertit Elias Janzon. [Aus: „Göteborgs högskolas årsskrift".] gr. 8. (21 S.) Gothenburg 897. Wettergren & Kerber. n.n. — 55

— amores. Ed., adnotationibus exegeticis et criticis instruxit Geyza Némethy. (Editiones criticae scriptorum graecorum et romanorum a collegio philologico classico academiae litterarum hungaricae publici iuris factae.) (296 S.) 8. Budapest 907. Verlagsbureau der ungar. Akademie der Wissenschaften. 6. —

— Proben aus Ars amandi und Amores, in Stanzen übersetzt v. O. John. Pr. 1904. 18 S. 4°. 1.—

§ * — — Artis amatoriae libri III. Remediorum amoris liber. Medicaminum faciei fragmentum. (Lat. u. deutsch.) Ibid. 1861 8°. VI—334 SS.
Ovid's Werke . . . von Heinr. Lindemann. Bd. 5.

— l'art d'aimer, traduit du Latin. Par. (Sommer, Lpz.) 795.

— de arte amatoria libri tres. Erklärt v. Paul Brandt. 2 Abtlgn. in 1 Bde. gr. 8. (XXIII, 255 S.) Leipzig 902. Dieterich. n. 8. —; geb. in Halbfrz. n. 10. —; 1. Abtlg. Text u. Kommentar. (S. 1—199) allein n. 6. 40; 2. Abtlg. Anh.: Zusätze u. Ausführgn. zum Kommentar. (S. 201—255) allein n. 1. 60

Auswahl aus den Gedichten des Publius Ovidius Naso. Von Dr. [August] Tegge, Prof. zu Ratibor. 1 : 2. *Berlin: Weidmann 1902–04.* 4 Bde 8°
1 Text. 1902 Kommentar 1902
2 Text 1904. Kommentar Mit e Plan von Rom z Zeit d. Kaise. 1904
(Griech. u. lat. Schulschriftsteller mit Anm.) [04 ...]

— Auswahl, s. a. Bone, Heinr., lateinische Dichter.

Ovidius Naso, P., eine Auswahl aus seinen Werken, hrsg. von Heinr. Bone, s. a. Dichter, lateinische.

Ovid [Publius Ovidius Naso]. E. Auswahl aus s. Werken Metamorphosen, Fasten, Tristien u. Episteln. Von Heinrich Bone Neubearb. v. Dr. Karl Bone. 5. Aufl. *Köln: M. Du Mont-Schauberg 1897.* (VIII, 198 S.) 1 Bd 8.
— Dichter, Lateinische. T. 1. [97. ...]

— — *Publii Ovidii Nasonis* Des berühmten Römischen Poeten Brieffe der Heldinnen, Jetzo zum Ersten mahl Ihrer ungemeinen Anmuth und Vortrefflichkeit halber in ungezwungene Teutsche Verse übersetzet (von Caspar Abel). Und Mit Dero beygefügten Liebes- und Leidens-Geschichten, Wie auch allerhand curieusen Anmerckungen erläutert. Leipzig, im Jahre 1704. 8°. 4 Bll. u. 264 S. (In Göttingen: Auct. cl. lat. 1268.) Rar!
Wegen des Uebersetzers s. Temme, J. Fr., Casp. Abel. Blankenburg 1765. 4°; Allg D. Biogr. 1, 12.

* — — *Publii Ovidii Nasonis* Briefe der Heldinnen, metrisch übersetzt mit Anmerkungen von J. G. Carl Schlüter. Leipzig, Schwickert, 1795. 8°.
Degen 2, 189—194.

— Briefe der Heroiden. Deutsch im Versmaße der Urschrift v. A. Koch. gr. 8. (107 S.) Bamberg 889. Buchner. n. 1. 50

— Briefe aus d. Pontus v. Eichhoff, s. Ovidius Sämtliche Werke

— Versuch e. Uebersetzung d. Briefe aus d. Ponto, nebst Anmerkk. v. Jh. Hnr. Kirchhoff. 8. Hamb. 778. Reuß. 10 gl

— vier Bücher der Br. an den Pontus, metr. übers. v. Schlüter. gr. 8. Lpz. Schwickert. 797.

Ovidius Naso, P., Carmina ed. Alex. *Riese.* Vol. 1—3. Lipsiae 1871—1891, 8°.

— Carmina ed. Alex. Riese. Ed. stereot. 3 vol. 8. Leipzig, B. Tauchnitz. *
Prachtausg. in gr. 8. *
Inhalt:
Vol. 1. Heroides. Amores. Med. formae. Ars amatoria. Remedia amoris. Poetae Ovidiani. (XVI, 239 S.) 871. *M 1.; Prachtausg. in gr. 8. *M 2,70.
» 2. Metamorphoses. (XXVII, 304 S.) 872. 90 Pf.; Prachtausg. in gr. 8. M 2,70.
» 3. Fasti. Tristia. Ibis. Ex Ponto. Halieutica. Fragmenta. (XXXI, 326 S.) 874. *M 1.; Prachtausg. in gr. 8. M 3.

— Carmina, ediderunt H. St. Sedlmayer, A. Zingerle, O. Güthling. Vol. I—III. 8. Leipzig 884, Freytag. *
Inhalt:
Vol. I. Carmina selecta. Scholarum in usum edidit H. Steph. Sedlmayer. (XVIII, 139 S.) 883. * 80 Pf.
» II. Metamorphoseon libri XV. Scholarum in usum edidit Ant. Zingerle. (XXX, 334 S.) 884. *M 1,25.
» III. Fasti, Tristium libri, Ibis, Epistulae ex Ponto, Halieutica, fragmenta. Scholarum in usum edidit Otto Güthling. (LXVI, 354 S.) 884. *M 2.

— carmina, edd. H. St. Sedlmayer, A. Zingerle, O. Güthling. Vol. II et III. 8. Leipzig 884. Freytag. n. 3. 25
II. Metamorphoseon libri XV. Scholarum in usum ed. Ant. Zingerle. (XXX, 334 S.) n. 1. 25
III. Fasti, Tristium libri, Ibis, epistulae ex Ponto, Halieutica, fragmenta. Scholarum in usum ed. Otto Güthling. (LXVI, 354 S.) n. 2. —
Vol. I ist noch nicht erschienen.

— carmina, ed. A. Riese. Vol. II: Metamorphoses. Ed. ster. iterum recognita. gr. 8. (XLIX, 304 S.) Leipzig 889. B. Tauchnitz. — 90

Ovidii Nasonis, P., carmina amatoria. Luc. Mueller recognovit. Berlin 861. Gaertner. 16. (214 S.) n. 25 ngr.

— carmina in exilio composita, tristium libri, Ibis, epistulae ex Ponto, halieutica. Rec. Otto Güthling. Accedunt carminum deperditorum fragmenta. 8. (XLIV, 215 S.) Ebend. 884. n. 1. 40

Ovidii, Publ. Nasonis, Carmina selecta. Acced. Carminum delectus ex Albio Tibullo, Sex. Aurelio Propertio, C. Valerio Catullo. 8 maj. (20½ B. u. Titlvign.) Monachii 840, libr. scholar. regia. (Ratisbonae, Manz.) Thlr. *

— Carmina selecta. 8maj. München 841. (Landshut, Thomann.) ⅓ gl

Ovidii Nasonis, P., carmina selecta. In usum scholarum edid. C. J. Grysar. 854. (XII, 243 S.) — Edit. II. Vindobonae 856. Gerold. 8. (XLIV, 243 S.) n. 12 ngr.

Ovidius Naso, P. — Carmina selecta. In usum scholarum iterum edidit C. J. Grysar. Editio tertia. Vindobonae, 1857. Sumptibus et typis Caroli Gerold filii. (XLIV. 243 S. 8)

— carmina selecta. In usum scholarum edidit C. J. Grysar. 4. Aufl. 8. (XLIV und 244 S.) Wien 860, Gerold's Sohn.

— — carmina selecta. In usum scholarum edidit C. J Grysar Editio nona. kl. 8 (XLIV u. 243 S.) Wien, Gerold 1867. 65 kr

— carmina selecta. Zum Schulgebrauche hersg. von Otto Gehlen. Wien 867. Meyer. gr. 8. (IV, 196 S.) n. 14 ngr.

— Carmina selecta zum Schulgebrauch hrsg. von Otto Gehlen. 2. verb. Aufl. gr. 8. (194 S.) Wien 874, F. Meyer. [Bermann und Altmann.] *

— carmina selecta, mit erläut. Anmerkungen zum Schulgebrauche hrsg. von Otto Gehlen u. Karl Schmidt. 2. verb. Aufl. 8. (IV, 195 S.) Wien 879. Bermann u. Altmann. n. 1. 52

— Carmina selecta. Mit erläut. Anmerkungen zum Schulgebrauche hrsg. von Otto Gehlen und Karl Schmidt. 3. verb. Aufl. 8. (III, 191 S.) Wien 883, Bermann und Altmann. geb. *

Ovidi Nasonis, P., carmina selecta, scholarum in usum ed. Henr. Steph. Sedlmayer. Edit. II. correctior. 8. (XVI, 159 S.) Leipzig 887, Freytag. * 80 Pf.; geb. **

– [1 Aufl.] XVIII, 139 S. Ebd. 1883.

— carmina selecta, m. erläut. Anmerkgn. zum Schulgebrauch hrsg. v. O. Gehlen u. K. Schmidt. 4., verb. Aufl. 8. (IV, 192 S.) Wien 888. Bermann & Altmann. geb. n. 1. 50

— dasselbe, in usum scholarum ed. C. J. Grysar. Recogn. et auxit C. Ziwsa 8. (XXII, 296 S.) Wien 888. Gerold's Sohn. n. 1. 40

— dasselbe, für den Schulgebrauch hrsg. v. J. Golling. 8. (XVIII, 230 S.) Wien 888. Hölder. n. 1. 50

— carmina selecta. In usum scholarum ed. C. J. Grysar. Recognovit et auxit Carol. Ziwsa. 8. (XXII, 296 S.) Wien 890, Gerold's Sohn. cart. * 1 50

P. Ovidii Nasonis carmina selecta. In usum scholarum edidit C. J. Grysar. Recognovit et auxit Carolus Ziwsa. Editio altera non mutata. Wien 1890. C. Gerold's Sohn. (Min.-Erl. 27. März 1890. Z. 4940.) Cartonnirt —.75

Ovidius Naso, P., carmina selecta. In usum scholarum ed. C. J. Grysar. Recognovit et auxit Carolus Ziwsa. Ed. III. non mutata. 12. (XXII, 296 S.) Wien 893. C. Gerold's Sohn. Kart. n. 1. 50

— dasselbe, f. den Schulgebrauch hrsg. v. Jos. Golling. 2. durchgeseh. unveränd. Aufl. 8. (XVI, 230 S.) Wien 893. A. Hölder. n. 1.60; geb. in Leinw n. 1. 90

Ovidii, P. N., Carmina selecta für den Schulgebrauch herausgegeben von Josef Golling. 2., durchgesehene und revidirte Auflage. 8. (XVI, 230 S.) —.80, geb. —.95
Wien: Hölder 1893.

— carmina selecta. In usum scholarum ed. C. J. Grysar. Recogn. et auxit Carol. Ziwsa. Ed. IV non mutata. 12. (XXII, 296 S.) Wien 897. C. Gerold's Sohn. Kart. n. 1. 50

— dasselbe. Für d. Schulgebrauch hrsg. v. Jos. Golling. 3., verb. Aufl. 8. (XVI, 230 S.) Wien 898. A. Hölder. n. 1. 60; geb. n. 1. 92

P. Ovidii Nasdois carmina selecta. In usum scholarum edidit C. J. Grysar. Recognovit et auxit Carolus Ziwsa. Wien 1903. K. Gerold's Sohn. Preis, kartoniert 1 K 70 h. 5. Aufl.
(Min.-Erl. vom 26. August 1903, Z. 28537)

— Carmina selecta. Für den Schulgebrauch hrsg. v. Jos. Golling. 4., verb. Aufl. (XVI, 271 S.) 8. Wien 904. A. Hölder. Geb. in Leinw. n. 2. —

Golling J., P Ovidii Nasonis carmina selecta. Für den Schulgebrauch herausgegeben. 5., im wesentlichen unveränderte, sonach gemäß Min.-Erl. vom 15 Dezember 1903, Z. 41405, allgemein zulässige Auflage. Wien 1908. A. Hölder Geh. K 1.80, geb. K 2.20

— carmina selecta, Schulwörterbuch dazu, s.: Jurenka, H.

– Metamorphoseon Chrestomathia,
s. Ovidius· Metamorphoses

Chrestomathia Ovidiana. Curante J. Diefendinger, cum notis. Magont. 784. 8. 20 gr. Ist meistens aus den Metamorphosen.

– Metamorphoseon delectus Siebelisianus,
s. Ovidius: Metamorphoses

Ovidius Naso, P., s.: Dichter, lateinische.

— ausgewählte Dichtungen. Erklärt von W. Gross. Mit metr. Vorübungen. 1. Bds. 1. u. 2. Heft. Bamberg 870. Buchner. 8. n. 1 ₰
1. Tristia. Ex Ponto. (XXIV, 200 S.) n. 16 ngr.
2. Fasti. (V u. S. 201—378.) n. 14 ngr.

— — 2. Bd. Metamorphoses. Index nominum. Ebend. 871. 8. (IV, 334 S.) n. 25 ngr.

Eclogae Ovidianae, oder aus dem Ovid gesammelte Stücke mit Einleitung und einem Register, von A. C. Meinecke. Goth. 738. 8. 16 gr. Diese enth. nichts aus den Metamorphosen.

– Amorum elegiae sex,
s. Ovidius· Amores.

— Elegien mit Anmerkungen, s. A. H. Brillowski, Auswahl von Fabeln.

— *Elegieen der Liebe.* Lateinisch und Deutsch, metrisch. Tubing 819. 8. 22 gr.

Ovidius Naso, P. Elegieen der Liebe metrisch neu verdeutscht . . . Tübingen 1820. Ü: *Batz, August Frdr. von.* (Ebert) (Ky)

— — Elegien der Liebe. Metrisch neu verdeutscht (von August Frhrn. von Batz). (Lat. u. deutsch.) Mit gestoch. Titel u. Vignette. Tübingen, Osiander, o. J (c. 1820). 8° 400 S. u. 1 Bl. (2 Mk. 50 Pfg. Edm. Meyer, Berlin, 1909, 6 Mk. O Rauthe, Friedenau-Berlin, 1911)
Anon.-Lex. III p. 246 hat „1820" (nach Ebert u. Kayser).

Ovids Elegien der Liebe. Deutsch von Herm. Oelschläger. 1. und 2. Aufl. 12. (VII, 183 S.) Leipzig 880,81, Teubner. * geb. *

— Elegien der Liebe. Deutsch v. Herm. Oelschläger. 2. Aufl. 12. (VII, 183 S.) Leipzig 880. Teubner. n. 2. 40; geb. n. 3. 20

Ovidius Naso, P.. s. a: Elegiker, römische.

— epist. s. elegiae de Ponto libri IV. 8. Fulda u. Würzb. 779. Stahel. 4 gr

– Epistolae heroidum.

— — — ab omni obscoenitate purgatae etc. 8. Budae, Typograph.

Ovidius Naso, P. Epistolae **heroidum oder Briefe der Heldinnen . . . Quedlinb. u. Aschersleben 1723. Ü:** *Abel, Caspar.* **(Ebert) (BGE)**

Pvblii Ovidii 'Nasonis, Des berühmten Römischen Poeten Epistolae Heroidvm, Oder Brieffe Der Heldinnen, Jetzo insgesamt, Nebst denen noch übrigen Drey Antwort-Schreiben Des *Avli-Sabini,* Ihrer ungemeinen Anmuth und Vortrefflichkeit halber in ungezwungene teutsche Verse übersetzet und mit Dero beygefügten Liebes- und Leidens-Geschichten Herausgegeben (von Casp. Abel). (2 Thle.) Qvedlinburg und Aschersleben, Verlegts Gottlob Ernst Struntz, Buchh. 1723. 8°. (Auch in Göttingen.) Tit., 5 Bll. Vorr., 160 u. 93 SS.

— epistolae heroidum cum annotatt. J. Pontani. 8. Ingolst. 729. ed. III. 8. Münch 764. (Krüll in Landsh.) 8 gr

— epistolae heroidum ab omni obscoenitate purgatae etc. 8. Ofen 760. Typ. 12 gr

— epistolae heroidum s. not. lib. IV. 8. Würzb. 779. Stahel. 4 gr

— epistolae heroidum ex emend. N. Heinsii, P. Burmanni et Jak. Fr. Heusingeri. 8. Braunschw. 786. Schulbuchh. 8 gr

— *Epistolae ex Ponto.* Cum notis ed. Kromayer. Lips. et Francof. 728. 12. 6 gr.

— — eaed. et. eiusd. Ibis ad mod. Minellii a I. H. Komayer 12. Lps. Weidmann. 728.

— epistolae ex Ponto. 8. Münch. 754 u. 765.

— epistolae ex Ponto 12. Halle 756, 776. Waisenh.-B. 3 gr

— epistolae ex Ponto libr. IV. c. not. H. Braun. 8. Augsb. 763. Lotter. 8 gr

— — eaed. c. Comm. Pontan. 8. Ingolstadt. Krüll. 765.

— epistolae ex Ponto libri IV. et ejusd. Ibis sine notis. 12. Halle ... Ed. II. 766. Waisenh.-B. 2 gr

— — eaed. sine notis. 12. Halae, Waisenh. 776.

— epistolae ex Ponto libr. IV. et Ibis ex recens. P. Burmanni. 8. Nürnb. 777. 787. in 12. 810. Riegel u. W. 4 gr

— epist. ex Ponto. 8. Kopenh. 799. (Villaume in Hamb.) 6 gr

— — eaed. s. n. 8. Nrnb. Riegel. 802.

— Epistolae ex Ponto, libri IV. 8. Norimb. Riegel et W 810.

— epistolae selectae ex Ponto cum vita Ovidii et Walchii diatribe crit. de latinitate poetica. Ad usum gymnas. Trevirensium. 8. Cobl. 778. Huber.

— fabulae ex P. Ovidii Nasonis metamorphoseon libris XV. in us. adolescent. selectae et expurgatae, ceterum editae e recens. P. Burmann. cur. Th. P. Chr. Kaisero. 8. Hof 808. Grau. 12 gr

— fabulae ex libris Metamorphoseon Ovidii selectae. 8. Düsseld. 818.

— Fasten. s. a. Bibliothek, kleine.

— Fasten. Ausgewählte Abschnitte. Mit erläut. Anmerkgn. v. W. Groß. 2. Aufl., besorgt v. Cl. Hellmuth. (VI, 128 S.) 8. Bamberg 890. C. C. Buchner's Verl. Geb. 2. --

Ovidii, *Fasti.*

— — Cum variis lectt. et indice philolog. ed. Taubner. Lips. 747-49. 2 Vol. 8. 1 rthl. (Vol. 2. ist der Index philol.)

— — iid. c. indice a G. C. Taubner. 8. Laub. Wirthgen, 747-49.

— fastorum libri VI priores, qui supersunt, Germanico Caesari inscripti. 12. Halle 766 u. 815. Waisenh.-B. 4 gr

— fastorum. 12. Nürnb. 777, 787, 807. Riegel u. W. 5 gr

— fastorum libr. VI. s. notis. 8. Manh. 792. Löffler. 10 gr Postp. 16 gr

— — iid. 8. Nrnb. Rieger. 807.

— fastorum recens. et not. instr. C. E. Gierig. 8maj. Leipz. 812. Schwickert. 1 rthl 8 gr Index rerum et verborum, s. *Index.*

— fastorum libri VI ex recens. Burmanni. In usum schol. curavit, varias lect. cod. Frankofortensis integras adj. F. C. Matthiae. 8. Frankf. a. M. 813. Hermann. 20 gr Hbg. Pr. 10 gr

Ovidii, P. N., Fastorum. libri VI. 8. Halae, Waisenhausbuchh. 815.

— fastorum libri VI. Ad opt. libr. fidem recens. lect., diversit. et alias observat. adj. J. Ph. Krebsius. In usum schol. 8maj. Wisbad. 826. Schellenberg. 1 rthl 8 gr

—— Fastorum lib. VI. — Zum Schul- u. Privatgebr. hrsg. u. mit erklär. Anmerkn. u. e. Namenregister vers. v. Jul. Conrad. gr. 8. (24½ B.) Leipzig 831, Lehnhold.

— Fastorum libri sex. Zum Schulgebrauch rc., von M. Jul. Conrad. Wohlf. Ausg. gr. 8. Leipzig 839. Lehnhold. 2/3 rthl

—— Fastorum lib. VI. edit. et interpr. R. Merkelio. 8maj. (38½ B. in 2 Abthl.) Berolini 841, Geo. Reimer.

—— Fastorum libri VI. Recogn. Rud. Merkelii. 8. (138 S.) Lipsiae 851, Teubner.

—— Fastorum libri VI. Ex recognitione R. Merkelii. 8. (138 S.) Leipzig 872, Teubner.

— fastorum libri VI. Für die Schule erklärt v. Herm. Peter. 1. u. 2. Abth. gr. 8. Leipzig 874. Teubner. 3. 60

1. Text u. Commentar enth. (XI, 276 S.) 2. 70

2. Kritische u. exeget. Ausführgn. u. Zusätze zum Commentar enth. (64 S.) — 90

—— fastorum libri VI. Für die Schule erklärt von Herm. Peter. 2 Abthlgn. 2. verb. Aufl. gr. 8. Leipzig 879, Teubner.

Inhalt:

Abthl. 1. Text und Commentar. (XII, 277 S.) ℳ 2,70.

» 2. Kritische und exegetische Ausführungen und Zusätze zum Commentar. (92 S.) 90 Pf.

— fasti. Scholarum in usum ed. Otto Güthling. 8. (XXIV, 141 S.) Leipzig 884. Freytag. n. — 75

— fastorum libri VI ex iterata R. Merkelii recognitione. 8. (143 S.) Leipzig 884. Teubner. — 60

— fastorum libri VI. Für die Schule erklärt v. H. Peter. 2 Abtlgn. 3., verb. Aufl. gr. 8. Leipzig 889. Teubner. 3. 60

1. Text u. Kommentar. (XII, 288 S.) 2. 70

2. Kritische u. exegetische Ausführungen u. Zusätze zum Kommentar. (106 S.) — 90

— fastorum libri sex. Für die Schule erklärt v. Herm. Peter. 1. Abtlg., Text u. Kommentar enth. 4. überarb. Aufl. (XII, 296 S.) 8. Leipzig 907. B. G. Teubner. 2.80; geb. 3. 20

— fasti, tristia, epistulae ex Ponto. Für den Schulgebrauch ausgewählt u. m. knappen Erläutergn. versehen v. Paul Brandt. (VIII, 148 S.) gr. 8. Leipzig 908. Dieterich. Geb. 1. 80

— Index Rerum et Verborum, quae Publii Ovidii Nasónis Fastis continentur. 8maj. ibid. 814.

—— Festkalender, metrisch übertr. von E. F. Metzger, s. Dichter, römische.

— Festkalender v. Krebs, s. Ovidius Sämtliche Werke.

— Festkalender, s. a. Sammlung griech. u. röm. Classiker.

— Festkalender, s. a. Volksbibliothek, deutsche, der griechischen u. römischen Classiker.

— Festkalender, od. Zeitbücher, aus d. Latein. v. B**. 8. Lüneb. 782 u. 797. (Herold u. W.) 3 ℛ

— Festkalender, oder Zeitbücher, a. d. Lat. von B. 8. Lüneb. Lemke. (Herold u. W.) 797.

Ovidius Naso, Publ., Festkalender. Im Versmaße d. Orig. übers. u. mit Anmerkn. begl. v. † K. Geib. 8. (20 B.) Erlangen 828, Palm'sche Brlsh. Thlr.

— Proben einer Uebersetzung des Ovidischen Festkalenders v. E. Klussmann. Pr. 1865. 28 S. 4°. 1.—

—— Festkalender (Fasti). Uebers. von E. Klußmann. 5 Lfgn. 12. [Stuttgart, Nübling.] Berlin, Langenscheidt'sche Verlagsh. [1.—3. Lfg. 3. Aufl. (VIII, S. 1—112.) 882; 4. und 5. Lfg. 2. Aufl. (S. 113—208.) 867.] à Lfg. * 35 Pf. *

– Metamorphoseon fragmenta, s. Codices Graeci et Latini.

— Gedichte. Auswahl. Von Tegge. 1. Tl. Text u. Kommentar. 8. Berlin 902. Weidmann. Geb. in Leinw. n. 3. 60

Text. (XII, 158 S.) n. 1. 60. — Kommentar. (III, 216 S.) n. 2. —.

— Gedichte. Auswahl. Von Tegge. 2. Tl. Text u. Kommentar. gr. 8. Berlin 904. Weidmann. Geb. in Leinw. n. 4. 80

Text. (VIII, 216 S.) n. 2. 20. — Kommentar. Mit e. Plan v. Rom zur Zeit der Kaiser. (IV, 274 S.) n. 2. 60.

— dasselbe. Auswahl. Textausg. f. den Schulgebrauch v. Otto Stange. (XIII, 278 S.) 8. Leipzig 905. B. G. Teubner. Geb. n. 2. —

— ausgewählte Gedichte, m. Erläutergn. f. den Schulgebrauch v. Herm. Günther. gr. 8. (XVI, 128 S.) Leipzig 885. Teubner. 1. 50

– ausgewählte Gedichte. Für den Schulgebrauch hrsg. von H. S. Sedlmayer. 4., umgearb. Aufl. 8. (XXII, 224 S.) Leipzig 889. Freytag. n. 1. 20; geb. n. 1. 50

— ausgewählte Gedichte. Für d. Schulgebrauch hrsg. v. Heinr. Steph. Sedlmayer. 5., unveränd. Aufl. 8. (XXII, 224 S.) Leipzig 894. G. Freytag. n. 1. 20; geb. n. 1. 50

— ausgewählte Gedichte. Für den Schulgebrauch hrsg. v Heinr. Steph. Sedlmayer. 6., umgearb. Aufl. 8. (XXX, 220 S. m. 13 Abb.) Leipzig 902. G. Freytag. Geb. n. 1. 80

– Dass. Wien Tempsky 1902.

— ausgewählte Gedichte. Für d. Schulgebrauch hrsg. v. Heinr. Steph. Sedlmayer. 7. Aufl. (XXX, 220 S. m. 13 Abb.) 8. Leipzig 907. G. Freytag. Geb. 1. 80

– Dass. Wien · Tempsky 1907

— ausgewählte Gedichte aus d. Metamorphosen u. Elegien. Für d. Schulgebrauch hrsg. v. Karl Hoeber. I. Text. 8. (VIII, 144 S.) Münster 896. Aschendorff. Geb. n. 1. —

— ausgewählte Gedichte aus den Metamorphosen u. Elegien. Für den Schulgebrauch hrsg v. Karl Hoeber. II. Kommentar. 8. (116 S.) Münster 898 Aschendorff. n. 1 —

I. Text. Ebd. 896. n. 1.—.

(Aschendorffs Sammlung lat. u. griech. Klassiker.)

— Ausgewählte Gedichte aus den Metamorphosen u. Elegien. Für d. Schulgebrauch hrsg. v. Karl Hoeber. 2 Tle. 8. Münster, Aschendorff. 2. 25

I. Text. 3. Aufl. (VIII, 152 S.) Geb. 1. —

II. Kommentar. 2. Aufl. (164 S.) 904. Geb. 1. 25

— *Erotische Gedichte.* Metrisch übers. von J. J. v. Gerning. Frankf. 815. 8. 1 rthlr. 4 gr. (Enthält 12 Liebeselegieen, die Schönheitsmittel, die Kunst zu lieben und die Heilmittel — alle sehr abgekürzt.)

— — Erotische Gedichte. Metrisch übersetzt von (Joh. Isaak Frhrn. v. Gerning. Frankfurt, in der Hermannischen Buchhandlung, 1815. Kl. 8° XX, 2 Bll., 199 S. (9 Mk., saub. Expl. in Ppb. m. Goldschn., Lipsius & Tischer, Kiel, 1907.)

Vgl. Allg. Lit.-Ztg. 1816. St. 53. Sp. 421, 4. (Goedeke VII, 618, 11.)

—— Halieutica, Gratii et Nemesiani Cynegetica ex rec. Maur. Hauptii. Acced. inedita lat. 8. (10½ B. u. 1 Stnt.) Lipsiae 838, libr. Weidmann.

—Heilmittel d. Liebe, in d. Versart d. Orig. übers. mit Anmerkk. v. F. K. v. Strombeck. Mit 1 Kpf. gr. 8. Braunschw. 791. Mit neuem Tit. Leipz. 821. (W. Nauck). 16 gr 2e verm. A. gr. 8. Braunschw. 829. Vieweg. 16 gr

— — Heilmittel der Liebe in der Versart des Originals mit erläut. Anmerkungen und einer Skizze von dem Leben des Dichters begleitet von Friedr. Karl von Strombeck. Mit Titelkpfr (Meil del., Henne fec.). Braunschweig, Thomas, 1796. 8⁰. XXIV, 119 S. (3 Mk. Friedr. Klüber, München, 1905; 4 Mk. Max Jaeckel, Potsdam, 1908.)
Allg. Lit.-Ztg 1796. Nr. 348. Sp. 325 ff = A. W v. Schlegel's sämmtl. Werke. 1846. 10, 306—8.
— — Dasselbe (nur neuer Titel). Leipzig 1821.
* — — Dasselbe, tit. 2., sehr veränderte Ausgabe. Braunschweig, Vieweg u. Sohn, 1829. Gr. 8⁰.

— — metr. übersetzt v. Schlüter. 8. Leipz. Schwickert. 796.

— — übers. mit Anm. v. Strombeck. gr. 8. Gött. Deuerlich. 808.

Ovids Heilmittel der Liebe. Übersetzt mit Anmerk. Leipz. 820. 8. 16 gr.

— — Heilmittel der Liebe. Uebers. u. mit Anmerkungen. gr. 8. Leipzig, Sommer. 821.

—— Heilmittel der Liebe, übers. v. Friedr. Karl v. Strombeck. 2., sehr veränd. Ausg. gr. 8. (7 B.) Braunschweig 829, Vieweg.

— — dies. übers. mit Anm. v. Kirchhoff. 8. Hamb. Reuß. 778.

* — — Des vortrefflichen Dichters *Ovidius* Heldenbriefe in's Deutsche übersetzet von Paul Benj. Nassgot (d. i. Paul Benj. Sonntag). Frankfurt u. Leipzig (Augsb., Doll) 1779. 8⁰. (Schon 1769 erschienen?) 342 SS. incl. 4 Bll. Vorst.

—Heldenbriefe, übers. von Paul Benj. Naßgott. 8. Frankf. u. Leipz. 779. (Doll; auch Wolf in Augsb.) 12 gr

— — von Noßgoth übers. 8. Const. (Doll, u. Wolf in Augsb.) 779.

* — — *Ovids* Heldenbriefe. Aus d. Latein. übers. von V*** (Ep. I—X.). Lüneburg 1782—87. 8⁰.
Engelmann-Preuß[2] 2, 455.
* — — Dasselbe. 2 Thle. Ibid. 1797. 8⁰. (l. c.)

—Heldenbriefe; aus d. Latein. übers. v. V** 2 Thle. 8. Lüneb. 782—87. (Herold u. W.) 10 gr

—Heldenbriefe, nach Auswahl travestirt. 8. Leipz. 789. Barth. 12 gr (Münch., Fleischmann). 9 gr

* — — *Ovids* Heldenbriefe nach Auswahl travestirt. Mit drast Titelvignette (unsign.). Leipzig, in der Haugischen Buchhandlung. 1789. 8⁰. (Auch in Darmstadt.) (3 Mk. K. Th. Völcker, Frf. a. M., 1909.)

— — metr. übers. m. Anmerk. von Schlüter. 8. Lpz. Schwickert. 795.

— Heldenbriefe, a. d. Lat. übs. 2 Thle. 8. Lüneb. Lemke. (Herold und W.) 797.

— — übers. in jamb. Versen, mit Anm. v. A. F. W. Thyme. gr. 8. Sorau. (Beygang in Lpz.) 797.

—7e Heroide. Dido an d. Aeneas, übers. von P. L. Haus. 8. Frankf. 791.

—10e Heroide, Ariadne u. Theseus, übersetzt mit Einleit. u. Anmerkk. von C. F. Becher. gr. 8. Görlitz 796. Anton in Halle. 7 gr

—— Heroiden, s. a. Sedlmayer, Heinr. Steph.

—— dass. — s. a. Universal-Bibliothek Nr. 1359 und 1360.

§ * — — Des *Publii Ovidii Nasonis* Heroiden aus dem Lateinischen in iambischen Versen übersetzt und mit erklärenden Anmerkungen begleitet (von Georg Frdr. Wilh. Thyme). Sorau b. Ackermann und Leipzig in Commission b. Beygang. 1797. 8⁰. 168 S.
Vorr unterz. G. F W Thyme. — Allg. Lit.-Ztg. 1798. Nr. 175. Sp. 564—66; Degen, Nachtr. S. 193—195.

—Heroiden, übers. in jamb. Versen mit erklär. Anmerkk. von A. F. W. Thieme. gr. 8. Sorau 797. (Fr. Fleischer in Leipzig). 16 gr

—Heroiden, übers. v. N. G. Eichhof, s. a. Ovidius Sämtliche Werke.

* — — Des *P. Ovidius Naso* Heroiden, nebst den drey Briefen des *A. Sabinus*, übers. von N. G. Eichhoff. Frankfurt a. M., Hermann, 1798. 8⁰ 312 S.
Werke, übersetzt, Bd. 2. (Allg. Litt.-Ztg 1800. Nr. 308. Sp. 231 ff.)

—— Heroiden. Erster bis funfzehnter Brief metrisch übertragen v. Jul. Henning. 8. (6¼ B.) Hamburg 841, Meißner.

- - , Heroides, verdeutscht durch C. Abel, Leipzig (1704) siehe Caspar Abel.

— — et A. Sabini epistolae. 8. Vien. Pichler.

— — eaed. 12. Laus. Pott. 739.

* — Heroides, sive Epistolae J. H. Kromayerus recens. et notis ad mod. Jos. Minellii, nec non Indice necessario instruxit. 12. Lips. Weidmann. 739.

— — eaed. cum notis I. Minellii. 8. Frcf. Hermann. 745.

— — Cum notis Pontani. Aug. Vind. 764. 8. 8 gr.

Ovidius Naso, P. Heroides et A. Sabini epistolae . . . Brunsvigae 1786. H: *Heusinger, Conrad.* (Ebert) (ErschDL) (Gi)

— — ex recens. C. Heusinger. 12. maj. Braunschw. Schulb. 786.

—heroides ex recens. P. Burmanni. 12. Nürnb. 793 u. 802. Riegel u. W. 4 gr

— Heroides e recens. P. Burmanni. 8. maj. Helmstaedt, Fleckeisen. 802.

— — Heroides. Lat. u. deutsch. 2 Thle. Wien 1807. 8⁰

— heroides et A. Sabini epistolae, c. F. X. Schönberger. 8. Wien 807. Pichler. 12. Gr. Mit deutscher Uebersetz. II Voll. 8. ibid. 807. 1 Thlr. 12 Gr.

— heroides et A. Sabini epistolae ex rec. Burmanni editae cura D. J. v. Lennep. 12. Amsterd. 809.

— — et A. Sabini epistolae ex. rec. Burmanni editae cura D. I. v. Lennep. 12. Gothae, Ettinger. 809.

— id. lib. Editio ult. priore auctior et emendat. 12. ibid. 812. (Leipz., Weigel). 1 Thlr. 16 Gr.

—— id. et A. Sabini Epistolae. E veter. libror. fide et viror. doct. annotationibus recensuit, var. lect. codd. et nonnullar. edit. apposuit, commentariis, in quibus etiam annotat. Nic. Heinsii, P. Burmanni, Dav. Jac. van Lennep alior. viror. doct. partim integrae partim expletae atque emend. cont. instrux., de his carminibus praefatus est et indices addid. Vitus Loers. Insunt var. lect. XII codd. separatim excusae. II Pts. 8 maj. (24 u. 25½ B.) Coloniae 829, 30, DuMont-Schauberg. à 1 Thlr. 16 Gr.

— Heroides et A. Sabini Epistolae. E veter. libror. fide et viror. doct. annotationibus recens., varias lect. cod. et nonnullar. edit. apposuit, commentariis, in quibus etiam annotat. Nic. Heinsii, P. Burmanni, D. Jac. van Lennep, alior. viror. doct. partim integrae partim carminibus, praefatus est et indices addid. V. Loers. Insunt variae lect. XII codd. separatim excusae. Pars I. et II. 8maj. Cöln 829—31. Du-Mont-Schauberg. 3 Thlr. 8 Gr.

—— Heroides, in literar. stud. juvent. us., cum varior. et suis adnotationibus edid. W. Terpstra. Indices adjec. J. Terpstra. 8 maj. (41 B.) Lugd. Bat. 829, Luchtmans. (Lipsiae, Weigel.)

§ * — — Heroides. (Lat. u. deutsch.) Leipzig, W Engelmann, 1867. 8°
X—382 pp. Ovid's Werke . . von Heinr Lindemann. Bd. 6.

— dasselbe. Ed. Henr. Steph. Sedlmayer. 8. (XXI, 100 S.) Prag 886. Tempsky. — Leipzig, Freytag. n. — 80

— heroides. Apparatu critico instruxit et ed. Henr. Steph. Sedlmayer. gr. 8. (XVII, 177 S.) Wien 886. Konegen. n. 5. —

— *Ibis.* Übers. mit Anm. von Schluter. Leipz. 793. 8. 8 gr.

— Ibis, e. Schmähschrift; metr. übers. u. mit Anmerkk. v. J. G. K. Schlüter. gr. 8. Leipz. 796. Schwickert. 4 Gr.

— Ibis ex novis codicibus ed., scholia vetera, commentarium cum prolegomenis, appendice, indice addidit R. Ellis. gr. 8. (LXIII, 264 S.) Oxonii 881. Leipzig, T. O. Weigel in Comm. n.n. 7. —

— Klagegesänge übers. v. Eichhof, s.a. Ovidius Sämtliche Werke.

— Klaggesänge in 5 Büch. übers. v. Eichhof. 8. Frkf. Hermann. 803.

—— Klaggesänge, im Versmaaße d. Urschrift verteutscht v. M. Siegharbt. gr. 8. (14 B. u. 1 Tab.) Straubing 830, Schorner.

Ovidius Nas., Publ., Klaggesänge im Versmaaße d. Urschrift verteutscht v. Mart. Sieghart. Neue Ausg. gr. 8. (14 B.) Straubing 835, Schorner. Thlr.

— Klagelieder, s.a. Sammlung griechischer u. römischer Classiker.

—— Klagelieder, Briefe aus Pontus rc., s. Volks-Bibliothek, deutsche, der griechischen und römischen Classiker.

— Klagelieder. Uebers. u. erläut. v. H. Ch. Pfitz. gr. 12. Münch. 826. Fleischmann. 18 Gr.

—— Klagelieder. Uebers. von Alex. Berg. 3 Lfgn. 12. [Stuttgart, Hoffmann'sche Verlagsh.] Berlin, Langenscheidt'sche Verlagsh. [1. Lfg. 3. Aufl. (S. 1—32.) 882; 2. und 3. Lfg. 2. Aufl. (S. 33—126.) 874.] à Lfg. * 35 Pf. *

— — Klagelieder und Liebesgesänge. Uebers. u. erläutert von Alexander Berg. Stuttgart, o. J. (c. 1868). 8° (⅓ Rthl.) (50 Pfg. Edmund Meyer, Berlin, 1908.)

— — *Ovids* Kunst der Liebe (Ars Amandi). In deutsche Verse übertragen und eingeleitet von Alexander von Gleichen-Rußwurm. Mit Titelzeichnung von Franz Christophe. Berlin, Julius Bard, 1907. (Hortus Deliciarum, Bd. VIII.) 8° (Preis kartoniert 3 Mark, in biegsamem Lederband 4,50 Mark, einmalige Luxusausgabe in 50 handschriftlich numerierten Exemplaren auf van Gelder-Bütten, gebunden in biegsamen Ganzpergamentband, Preis 10 Mark.)

* — — Die Kunst zu lieben, ein lyrisch-didaktisches Gedicht in drei Gesängen. Metrisch verdeutscht u. mit Anmerk. erläutert (von Andreas Christian Nitz, damals cand. phil.). Mit (3) schönen Vignetten (nach Schubert von Dornheim gestoch.). Leipzig 1790, in der Gräffschen Buchhandlung. Kl. 8° (6 Mk. Otto, Lpz., 1907)
Allg. dtsch. Bibl. 106, 287 ff; Anon.-Lex. p. 246 (nach Degen, Meusel, Kayser).

— Kunst zu lieben; ein lyr.-didakt. Gedicht in 3 Gesängen, verdeutscht u. mit Anmerkk. erläut. (v. A. C. Nitz). 8. Leipz. 790. (Wienbrack). 1 Thlr.

§ — — Kunst zu lieben. Ein Gedicht in drey Gesängen metrisch übersetzt von J G. Carl Schlüter. Leipzig, im Schwickertschen Verlage 1793. 8°. VIII, 136 S. (Auch in der Berliner Magistrats-Bibl.)
Allg. dtsch. Bibl. 106, 287 ff., Anon.-Lex. III. p. 246.

— — Kunst zu lieben. In der Versart des Originals übersetzt von Friedrich Carl von Strombeck. Mit schönem Titelkpfr von J. W. Meil. Göttingen, Dieterich, 1795. 8° 94 S. (2 Mk. 50 Pfg. E. Frensdorff, 1909.)
Allg. Lit.-Ztg 1796. Nr 127, Sp. 184, 1796. Nr 134, Sp. 239 ff; Degen 2, 207—9. (Goedeke VII, 617, 4 d.)

— — Die Kunst zu lieben. Systematisch und mit besonderer Rücksicht auf Ovid's ars amandi dargestellt. Aus den Papieren des Grafen von S. Berlin 1825. 8°. 150 S. (½ Rthlr. Lesser, Breslau.)

—— Kunst zu lieben, übers. v. Friedr. Karl v. Strombeck. 2., ganz neue Arbeit. gr. 8. (8 B.) Braunschweig 831, Vieweg.

— — Dasselbe. 2. ganz umgearb. Aufl. Braunschweig, Vieweg, 1832. Gr. 8°.
Probe vorher in Seebode's Krit. Bibl. 1820. S. 957—68. (Goedeke, l. c.)

—— dass. in 3 Gesängen. Von Ferd. Torney. 12. (7 B.) Göttingen 834, Deuerlich.

— — Drei Bücher von der Kunst zu lieben. Alte Weisheit in neuem Kleid von H. Criepen (d. i. Pernice) u. F. Tschack. (Frei nach *Ovid's* ars amatoria.) Mit Tit.-Holzschnitt. Leipzig 1856. 16° (1 Rthl.) (1 Mk. 25 Pfg., eleg. Hlwdbd., L. Meder's Nachf., Heidelb., c. 1900.)

(—) zwei Bücher von der Kunst zu lieben. Alte Weisheit in neuem Kleid von H. Criepen. Leipzig 856. Barth. 16. (VI, 146 S. u. 1 Holzschn.) 22½ ngr.

—— die Kunst zu lieben. 3 Lfgn. 2. Aufl. 12. (136 S.) [Stuttgart 880, Nübling.] Berlin, Langenscheidt'sche Verlagsh. à Lfg. * 35 Pf. *

— — Dasselbe. Ebd. 1881. 16⁰. (1 Mk. 25 Pfg., l. c.)

— — Kunst zu lieben. — Liebesgesänge. Deutsch v A. Berg. Berlin 1895. 8⁰ (Mk. 2,10.) (1 Mk. 50 Pfg. O. Schönhuth's Nachf., München, 1911.)

— Kunst zu lieben. In freier metr. Übertragg. v. Hugo Blümner. 8. (XIX, 1878.) Berlin 902. Concordia. n. 3. —

* — — Von der Liebe, Buch I—III. Uebersetzt (in Prosa) von Joh. Bapt. v. Knoll. Mit 3 reizenden Vignetten. Frankfurth u. Leipzig (Augsb., v Jenisch u. Stage) 1777 8⁰ (2½ Mk.) Bielefeld.)
52, 110 u. 168 SS., 3 Bll. Reg. u. 3 Bll. Anh.

§ * — — Von der Liebe, in einer freyen Uebersetzung (von J. B. v. Knoll). 2. verbess. Aufl. Ibid. 1785. 8⁰. 126 S.

§ * — — Dasselbe. 3. Aufl. Ibid. 1791. 8⁰

—— drei Bücher d. Liebe, übers. v. Friedr. Karl v. Strombeck. gr. 8. (9¼ B.) Braunschweig 832, Vieweg.

— Liebesbüchlein, s.: Bibliothek der Gesamt-Litteratur d. In- u Auslandes

—— Liebeselegieen, übers. von W. A. B. Hertzberg, s. a. Classiker des Alterthums.

§ * — — Liebeselegien. Kunst zu lieben. Heilmittel gegen die Liebe u. Schönheitsmittel. Uebers. von W Herzberg. Stuttgart, Metzler. 1854. 16⁰
Werke. Bdchn. 11—13. (Auch tit.: Römische Dichter in neuen metrischen Uebersetzungen, hrsg. von Tafel, Osiander u. Schwab.)

— Liebeskunst, s. a. Ettlinger, Karl.

—— die Liebekunst, s. a. Liebekunst.

— — Die Liebekunst. Drei Bücher. Dem *Publius Ovidius Naso* nachgedichtet von Dr Chrn. Frdr Adler Leipzig F A. Brockhaus. 1843. Kl. 8⁰. (16 Sgr. Scheible; 2 Mk. 50 Pfg. Adolf Weigel, 1906.)
LVIII S. (philologisch wichtige Einleitg.) u. 192 S.

Ovids [Publius **Ovidius** Naso] Liebeskunst [Ars amandi] ins Deutsche übertr. von Alexander Frh. v. Gleichen-Russwurm. Berlin: J. Bard (1906). (122 S.) 8⁰
= **Hortus** Deliciarum. [8.] [illegible]

— Liebeskunst, ins Deutsche übertr. von Alex. v. Gleichen-Russwurm. (Titelzeichng. v. Frz. Christophe, Einbandzeichng. v. Const. Somoff.) (Hortus deliciarum.) (122 S.) kl. 8. Berlin (907). J. Bard. Kart. 3. —; geb. in Ldr. 4.50; Luxusausg. 10. —

— — Lieder der Liebe. Metrisch verdeutscht (von Ernst Ludw. Posselt). Mit TVign. Leipzig 1786. 8⁰ (1½ Mk. Bielefeld.)

Ovidius Naso, P. Lieder der Liebe, metrisch verdeutscht. Leipz. 1789. Ü: *Posselt, Ernst Ludwig.* (Ky) (GGr)

— Lieder der Liebe, metr. verdeutscht (v. E. L. Posselt). 8. Leipz. 789. (Aue in Altona). 12 gr.

Ovids, P., N. Lieder der Liebe, metr. verdeutscht v. E. L. Posselt. 8. Lpz. Jacobder. 789. Vitblr.

§ — — Dasselbe. 3. Aufl. Frankfurt u. Leipzig 1791 8⁰

§ — — Lieder der Liebe, in drey Büchern, metrisch übers. u. mit Anmerk. von J. G. Carl Schlüter . . . Leipzig, Im Schwickertschen Verlage. 1796. 8⁰. VI, 148 S. (Auch in der Berliner Magistrats-Bibl.)
Allg Lit.-Ztg 1796. Nr. 351 Sp. 347 ff = A. W v. Schlegel's sämmtl. Werke 1846. 10, 312—14. (Goedeke VII, 616, 141 d.)

— — Lieder der Liebe in deutsche Reime übertragen (von Carl Ferd. Dräxler-Manfred). Leipzig 1827.
Anon.-Lex. III p. 247 (nach Czikann u. Gräffer, Oest. National-Enc. Wien 1837 I, 745).

— Lieder d. Liebe. Neue Uebersetz. in Jamben. 16 Bdchn. 16. Leipz. 828. Magaz. f. Ind. 8 gr.

— libellus de medicamine faciei. Ed., Ovidio vindicavit Ant. Kunz. Praemissa est de codicibus Ovidianis disputatio. gr. 8. (92 S.) Wien 881. Gerold's Sohn. n. 2. 80

— Metamorphosen

—— Ausgewählte Stücke aus den Metamorphosen, s. Dichter, latein., übers. u. erläut.

— s. auch G. E. Siebelis, latein. Chrestomathie.

— dasselbe, s. a. Sammlung Göschen.

—— Metamorphosen, übers. v. J. Nürnberger, s. Uebersetzungsbibliothek d. griech. u. röm. Klassiker, III. Abthl.

— — s. a. Volksbibliothek, deutsche, der griechischen u. römischen Classiker.

— dasselbe, s. a. Wächter's Schülerfreund.

Ovidius Naso, P. Metamorphosen . . . Halle 1785. Ü: *Schulze, Joh. Ernst Ferd.* (MGT) (Ky)

— Metamorphosen, d. i. Verwandlungen. Dieses weiland wohlbestallten röm. Hofpoeten Latinität mit echt französ. Freiheit übersetzt u. dabei v. allen Obscönitäten sorgsam laxirt u. purgirt durch A. Holzbirn. 2 Bde. 8. (Grätz). 792—95. Ferstl. 1 ß

Ovid's Metamorphosen im Auszuge v. G. K. F. Seidel. Berl. 794. 8. Neu besorgt von J. H. C. Barby. Berlin 814. 8. 10 gr.

— Metamorphosen f. Schulen in einem Auszuge, v. G. Seidel. 3te Aufl. 8. Berl. 822, Nauck.

P. **Ovidius Naso.** Metamorphosen, übersetzt von Joseph Nürnberger. 2 Bde. Prenzlau 1831—1834. 8⁰.

— Metamorphosen, in deutsche Jamben übers. v. J. Nürnberger. 1r Thl. 16. Prenzlau 831. Ragoczy. Subscr. Pr. 4 gl

— Metamorphosen, für Schulen in einem Auszuge herausg. von G. K. F. Seidel. 4e durchgängig verb. Ausg. bearbeitet von Jul. Ludw. Ideler. 8. Berlin 837. Nauck. 5/12 ßp

— Das II. Buch d. Metamorphosen metrisch übers. v. J. Borscht. Pr. 1850. 22 S. 4°.

—— die Metamorphosen. Erklärt von Mor. Haupt. 1. Bd. gr. 8. (XII und 253 S.) Leipzig 853. [Berlin,] Weidmann'sche Buchh.

— Proben einer Uebersetzung der Metamorph. Ovids v M. Fertig. Pr. 1857. 4 S. 4°.

—— Metamorphosen. Erklärt von Mor. Haupt. 1. Bd. 2. Ausg. gr. 8. (265 S.) Berlin 857, Weidmann'sche Buchh.

— Einige grössere Stücke aus den Metamorphosen übers. v. M. Fertig. Pr. 1861. 14 S. 4°. —.80

— Metamorphosen. Erklärt von Mor. Haupt. 1. Bd. 3. Ausg. Berlin 862. Weidmann. 8. (265 S.) 16 ngr.

Ovidius Naso, P., Metamorphosen. Erklärt von Mor. Haupt. 1. Bd. 3. Ausg. 1862. 16 Ngr. und 4. Aufl. gr. 8. (264 S.) Berlin 867, Weidmann'sche Buchh.

— Einige Stellen aus den Metamorphosen übers. v. M. Fertig. Pr. 1869. 15 S. 4°.

— Metamorphosen, übers. von Suchier, s. a. Sammlung, neueste, ausgew. griech. u. röm. Classiker.

—— dass. — Uebers. und erläutert von R. Suchier. 12 Lfgn. 12. [Stuttgart, Nübling.] Berlin, Langenscheidt'sche Verlagsb. [1. und 2. Lfg. 5. Aufl. (VIII, S. 1—80.) 882; 3. und 4. Lfg. 4. Aufl. (S. 81—168.) 879; 5.—12. Lfg. 3. Aufl. (179; 180 S.) 870,72.] à Lfg. * 85 Pf. *

Ovidius Naso, P., die Metamorphosen erklärt v. Mor. Haupt. 1. u. 2. Bd. gr. 8. Berlin 871. Weidmann. 4. 20
1. Bd. 5. Aufl. (264 S.) 1. 80.
2. Bd. bearb. v. Otto Korn. (IV, 280 S.) 2. 40

— Metamorphosen in 15 Büchern im Versmasse der Urschrift verdeutscht u. m. e. erklär. Namen- u. Sachreg. versehen von Wilh. v. Tippelskirch. 8. (XXXII, 354 S.) Berlin 873. Peters. n. 4. —

— dasselbe. Auswahl f. den Schulgebrauch m. sachl. Einleitg., erläut. Anmerkgn. u. e. Register der Eigennamen v. J. Meuser. 8. (X, 215 S.) Paderborn 873. F. Schöningh. n. 1. 60

— dasselbe. Auswahl f. Schulen m. erläut. Anmerkgn. u. e. mythologisch-geograph. Register versehen v. Johs. Siebelis. 1. u. 2. Hft., besorgt v. Frdr. Polle. gr. 8. Leipzig 875. 76. Teubner. à 1. 50
1. Buch I—IX u. die Einleitg. enth. 9. Aufl. (XIX, 186 S.)
2. Buch X—XV u. das mythologisch-geograph. Register enth. 8. Aufl.

—— dass. — erklärt von Mor. Haupt. 2 Bde. Bearb. von Otto Korn. gr. 8. Berlin, Weidmann'sche Buchh. [1. Bd. 6. Aufl. (264 S.) 878. ℳ 2,25.; 2. Bd. (IV, 280 S.) 876. ℳ 2,40.]

— Metamorphosen. Für den Schulgebrauch ausgewählt u. erklärt von L. Englmann. 8. (114 S.) München 878. Englmann. n. 1. 20

— dasselbe. Schulausg. v. Siebelis u. Polle. Mythologisch-geographisches Register. gr. 8. (37 S.) Leipzig 879. Teubner. — 30

Ovid's Metamorphosen. Erklärt von L. Englmann. 2. Aufl. gr. 8. München 879, Englmann. * 1 60

— dasselbe. Auswahl für den Schulgebrauch, m. sachl. Einleitung, erläut. Anmerkungen u. einem Register der Eigennamen von J. Meuser. 2., verb. Aufl. 8. (X, 215 S.) Paderborn 880. F. Schöningh. n. 1. 60

—— die Metamorphosen, erklärt von Mor. Haupt. 2. Bd.: Buch VIII—XV. 2. Aufl. von Otto Korn. gr. 8. (IV, 295 S.) Berlin 881, Weidmann'sche Buchh.
1. Bd. Ebendas. 1878. ℳ 2,25.

—— dass. — Auswahl für Schulen. Mit erläut. Anmerkungen und einem mythologisch-geograph. Register versehen von Johs. Siebelis. Besorgt von Friedr. Polle. 2 Hefte. gr. 8. Leipzig, Teubner. à Heft ℳ 1,50.
Inhalt:
Heft 1. Buch I—IX und die Einleitung enthaltend. 11. und 12. Aufl. (XX, 186 S.) 881,82.
» 2. Buch X—XV und das mythologisch-geograph. Register enthaltend. 10. und 11. Aufl. (IV, 210 S.) 881,84.

—— dass. — Auswahl für den Schulgebrauch, mit sachl. Einleitung, erläut. Anmerkungen und einem Register der Eigennamen von J. Meuser. 2. verb. Aufl. 8. (X, 215 S.) Paderborn 881, F. Schöningh. *

Die Metamorphosen des P Ovidius Naso. Bd 1. 2. *Berlin: Weidmann 1885—98.* 2 Bde 8.
1 Buch I—VII erkl v Moritz Haupt 7 Aufl. v H[erm.] J[oh] Muller, Dir zu Berlin. 1885. (VI, 273 S.)
2 Buch VIII—XV Im Anschl. an M Haupt's Bearb. d. Bucher I—VII erkl. v Otto Korn, in 3. Aufl neubearb. v R[udolf] Ehwald. 1898. (1 Bl., IV 420 S.)
(Sammlung griech. u. lat. Schriftsteller m. deutschen Anm.) (St. 10797

—— dass. — 1. Bd.: Buch I—VII. Erklärt von Mor. Haupt. 7. Aufl. von H. J. Müller. gr. 8. (VI, 273 S.) Berlin 885, Weidmann'sche Buchh.
2. Bd. Ebendas. 1881. * ℳ 2.40.

Ovid, die Metamorphosen. Für den Schulgebrauch erklärt von Hugo Magnus. 3 Bdchn. Ausg. a.: Kommentar unterm Text.; Ausg. b.: Text und Kommentar getrennt in je 2 Heften. gr. 8. Gotha, F. A. Perthes. à Bdchn. in jeder Ausg. ℳ 1.80.
Inhalt:
Bdchn. 1. Buch I—V. Ausg. a. (XIII, S. 1—176.); Ausg. b. (VI, S. 1—110; S. 1—62.) 885.
» 2. Buch VI—X. Ausg. a. (S. 177—356.); Ausg. b. (S. 111—224; S. 63—124.) 885.
» 3. Buch XI—XV. Ausg. a. (S. 357—535.); Ausg. b. (IV, S. 225—341; S. 125—182.) 886.
(Bibliotheca Gothana)

—— dass. — Anhang: [Ovids Leben, allgemeine Bemerkungen über den Sprachgebrauch der röm. Dichter, mythologisch-geograph. Register.] gr. 8. (66 S.) Ebendas. 885.

—— dass. — Für den Schulgebrauch ausgewählt und erklärt von L. Englmann. 3. verm. Aufl. gr. 8. (IV, 192 S.) Bamberg 886, Buchner'sche Buchh. *

— Metamorphosen in ausgewählten Erzählungen, übers. v. H. Berton. 1., 3. u. 4. Hft. [Buch 1, 2, 5—8.] 16. (47, 40 u. 53 S.) Falkenberg O.-Schl. 887. Bartelt. à n. — 30

— ausgewählte Stücke aus den Metamorphosen, s. a. Dichter, lateinische.

Ausgewählte Stücke aus Ovids Metamorphosen H. 1 2. [Mehr nicht erschienen.] Paderborn: Junfermann 1891 (96 S.) 8°
= Dichter, Lateinische, übers. u. erläut. 1

— dasselbe. Für den Schulgebrauch erklärt v. Hugo Magnus. I. Bdchn. Buch I—V. 2. Aufl. Ausg. A, Kommentar unt. Text. gr. 8. (XV, 181 S.) Gotha 892. F. A. Perthes. 1.80; Ausg. B, Text u. Kommentar getrennt in 2 Hftn. (XV, 110 u. 69 S.) 1.80

— Metamorphosen. Auswahl f. den Schulgebrauch, bearb. u. erläutert v. Frz. Harder. Text u. Kommentar. 8. Bielefeld 894. Velhagen & Klasing. Kart. 2.70
Text. (XVII, 164 S.) 1.20. — Kommentar. (185 S.) 1.50

— dasselbe (in Auswahl), nebst einigen Abschnitten aus seinen eleg. Dichtgn., hrsg. v. Mart. Fickelscherer. Text. gr. 8. (IV, 123 S.) Leipzig 894. B. G. Teubner. Kart. n. 1.—

— dasselbe (in Auswahl), nebst ein. Abschnitten aus s. eleg. Dichtgn. Hrsg. von Mart. Fickelscherer. Hilfsheft. gr. 8. (VI, 113 S.) Leipzig 895. B. G. Teubner. Kart. n. 1.—; m. d. Kommentar in 1 Bd. u. d. T.: Erklärgn., kart. n. 1.80
(Text, Kommentar u. Hilfsheft: n. 3.20)

— dasselbe. Kommentar. gr. 8. (IV, 144 S.) Ebd. 895. Kart. n. 1.20

— dasselbe in Auswahl von L. Englmann. 4. Aufl., besorgt v. Cl. Hellmuth. gr. 8. (VI, 221 S.) Bamberg 896. C. C. Buchner Verl. Geb. in Leinw. n. 2.40

— dasselbe in Auswahl. F. d. Schule. Nach d. grössere Ausg. von Hugo Magnus. 2 Abtlgn. Text u. Kommentar. gr. 8. (XIV, 117 u. IV, 115 S.) Gotha 896. F. A. Perthes. Kart. n. 2.80

— dasselbe, hrsg. v. Ant. Zingerle. Schulausg., bearb. v K. A. Schwertassek. 8. (XVII, 436 S.) Leipzig 896. G. Freytag. n. 1.50; geb. n. 1.90

— dasselbe. Nach d. Text v. Ant. Zingerle zum Schulgebrauche hrsg. v. K. A. Schwertassek. 8. (XXXI, 184 S.) Ebd. 896. n. —85; geb. n. 1.15

— Metamorphosen. Auswahl f. den Schulgebrauch, bearb. u. erläutert v. Frz. Harder. Text. 8. (XVII, 164 S.) Bielefeld 897. Velhagen & Klasing. Kart. 1.20; Kommentar. (185 S.) 897. Kart. 1.50

— Metamorphosen. 2. Bd. Buch VIII—XV. Im Anschluss an Mor. Haupts Bearbeitg. d. Bücher I—VII erklärt v. Otto Korn, in 3. Aufl. neu bearb. v. R. Ehwald. 8. (IV, 429 S.) Berlin 898. Weidmann. 4.50

Ovids [Publius **Ovidius** Naso] Metamorphosen ⟨in Auswahl⟩ nebst einigen Abschnitten aus s. eleg. Dichtungen hrsg. von Dr Martin Fickelscherer, Oberl. Nebst Kommentar, Hilfsheft, Wörterbuch. 3. Aufl. Text (A). Leipzig & Berlin: B. G. Teubner 1900–1906. 4 Bde 8°
Text. 1900. Komm. 1901. Wörterbuch. 1905. Hilfsh. 1906.
(B. G. Teubner's Schülerausgaben griech. u. lat. Schriftsteller.) [07. 10338

— Metamorphosen (in Auswahl), nebst einigen Abschnitten aus seinen eleg. Dichtgn., hrsg. v. Mart. Fickelscherer. Text. 3. Aufl. gr. 8. (V, 154 S.) Leipzig 900. B. G. Teubner. Geb. n. 1.20

— dasselbe. Text B. 3. Aufl. gr. 8. (V, III—XXI, 154 S. m. Abbildgn.) Ebd. 900. Geb. n. 1.35

— dasselbe. Kommentar. 3. Aufl. gr. 8. (IV, 165 S.) Ebd. 901. Kart. n. 1.40

— dasselbe. Erklärungen. 2. Aufl. gr. 8. (VI, 53 S.) Ebd. 899. Geb. n. 2.20

— dasselbe. Hilfsheft, 2. Aufl., u. Wörterbuch. gr. 8. (VI, 72 u. 53 S. m. Abb.) Ebd. 899. 897. Geb. n. 1.20

Die **Metamorphosen** des P[ublius] **Ovidius** Naso erkl. von Moriz Haupt. Nach d. Bearbeitungen von O. Korn u. H. J. Müller in 8. Aufl. hrsg. von R[udolf] Ehwald. Bd 1 *Berlin: Weidmann 1903.* 8°
(Sammlung griech. u. lat. Schriftsteller mit deutschen Anm.) [04. 1903

— dasselbe. Nach Text u. Kommentar getrennte Ausg. (B) f. den Schulgebrauch v. Hugo Magnus. II. Bdchn. Buch VI–X. 2 Hefte. 2. Aufl. (VI, 114 u. 76 S.) gr. 8. Gotha 903. F. A. Perthes. n. 1.80

Ovidius Naso. Die **Metamorphosen**. Lfg 1. *Halle a. S.: L. Nebert 1903.* 8°
— **Wächter**, Gustav: Schülerfreund. T. 3. [03. 7048 3

Ovids Metamorphosen ⟨in Auswahl⟩ nebst e. Reihe von Abschnitten aus s. eleg. Dichtungen. Hrsg. von Dr. Martin Fickelscherer, Prof. 4. Aufl. Text B. [nebst] Kommentar [&] Wörterbuch. Leipzig & Berlin: Teubner 1903-08. 8°
Text 1903. Kommentar 1905. Wörterbuch. 1908.
(B. G Teubners Schülerausgaben griech. u. lat. Schriftsteller)

Metamorphosen des P. **Ovidius** Naso. Für d. Schulgebr ausgew. u. erkl. von J[osef] Meuser, weil. Oberl. zu Bochum. 8., verb. Aufl., bes. von Dr. Alfons Egen, Oberl. zu Münster i. W *Paderborn: F Schöningh 1903.* (VI, 235 S.) 8°
(Schöninghs Ausgaben lat. u. griech. Klassiker.) [04. 1699

— dasselbe. Auswahl f. Schulen. Mit Anmerkgn. u. e. mythologisch-geograph. Register. 1. Heft. Buch I–IX enth. Nach Johs. Siebelis u. Frdr. Polle in 17. Aufl. besorgt v. Otto Stange. (XVIII, 207 S.) 8. Leipzig 904. B. G. Teubner. n. 1.50; geb. n. 2.—

— dasselbe (in Auswahl). Nebst e. Reihe v. Abschnitten aus seinen eleg. Dichtgn. hrsg. v. Mart. Fickelscherer. Text B. 4. Aufl. (XXII, 154 S.) gr. 8. Ebd. 903. Kart. n. 1.35; Kommentar. 4. Aufl. (IV, 165 S.) Geb. n. 1.40; m. dem Hilfshefte in 1 Bd. geb. n. 2.20

— dasselbe. Hilfsheft, 3. Aufl., u. Wörterbuch. 3. Aufl. (VI, 72 u. 54 S. m. Abb.) 8. Ebd. 906. Geb. n. 1.20

— dasselbe. Auswahl f. den Schulgebrauch, bearb. u. erläutert v. Frz. Harder. (Neudr.) Text. (XVII, 164 S.) 8. Bielefeld 905. Velhagen & Klasing. Geb. n. 1.50; Kommentar (185 S.) Geb. n. 1.50

— dasselbe in Auswahl v. L. Englmann. 5. Aufl., besorgt v. Cl. Hellmuth. (VI, 215 S.) 8. Bamberg 907. C. C. Buchner's Verl. Geb. 2.40

[Publius] **Ovid[ius** Naso] Metamorphosen ⟨in Auswahl⟩, nebst e. Reihe von Abschnitten aus elegischen Dichtungen. Hrsg. von Dr. Martin Fickelscherer, Prof. 5. Aufl. Text. Leipzig & Berlin. B. G. Teubner 1907 8°
(B. G. Teubner's Schülerausgaben griech. u. latein. Schriftsteller.) [07. 7713

[Publius] **Ovid[ius** Naso] Metamorphosen ⟨in Auswahl⟩ nebst e. Reihe von Abschnitten aus elegischen Dichtungen. Hrsg. von Dr. Martin Fickelscherer, Prof. 5. Aufl. TextB. Leipzig & Berlin. B. G. Teubner 1907 8°
(B. G. Teubner's Schülerausgaben griech. u. latein. Schriftsteller.) [07. 7714

Metamorphosen des P[ublius] **Ovidius** Naso. Für d. Schulgebr. ausgewählt u. erkl. von J[osef] Meuser. 9., verb. Aufl. besorgt von Prof. Dr Alfons Egen. Paderborn F Schöningh 1908. (VI, 237 S.) 8°
(Schöninghs Ausgaben lat. u. griech. Klassiker) [08. 8200

Die Metamorphosen des P[ublius] **Ovidius** Naso. In Ausw. mit e. Einl. u. Anm. hrsg. von Dr Julius Ziehen. Leipzig Göschen 1909. 19 S. 8°
(Sammlung Göschen 442) A 12. 13011

— dasselbe. Nebst e. Reihe v. Abschnitten aus seinen eleg. Dichtgn., hrsg. v. Mart. Fickelscherer. Text. 6. Aufl. (V, 154 S.) 8. Leipzig 910. B. G. Teubner. Kart. 1. 20

– Dasselbe. Text B. 6. Aufl. (XXII, 154 S.) Ebd. 1910. 8°

— dasselbe. Kommentar. 5. Aufl. (IV, 165 S.) 8. Ebd. 908. Geb. 1. 40

—— dass. — Präparation, s. Freund's Schüler-Bibliothek.

—— dass. — s. Präparationen nebst Übersetzung zu den Schulklassikern.

— dasselbe, kleines Schulwörterbuch dazu, s.: Eichert, O.

— dasselbe. Wörterbuch dazu, s.: Siebelis, J.

— dasselbe, Wörterschatz dazu, s.: Sachs, H.

– Metamorphoses.

— Metamorphoseon fragmenta, s.: Codices graeci et latini.

— metamorphos. im Auszuge v. A. Chr. Meineke u. Köppen, s. Encyklopädie der latein. Klassiker. 3r Thl.

— — eosd. Walch. rec, emend. et illustr. comment. ad mod. Minellii. 12. Lips. Weidmann. 714.

— — iid. c. not. germ. ac ind. lat. germ. 8. Halae, Renger. 738.

— metamorphoseon libri XV. 12. Halle 754. 774. 784. 793. 812. 819. Ed. XV. 825. Waisenhaus-B. 6 gr.

— metamorphos. libri XV. mit deutschen Noten. 8. Augsb. 757. (Sammer in Wien). 1 Thlr.

— Metamorphos. Lib. XV. mit deutsch. Noten. 8. Nrnb. (Sammer, Wien.) 757.

— — edit. I. Iuvencio. 8. maj. Mannheim, Loeffler. 759.

— metamorphos. libri XV. expurgati. Cum interpretat., not. et append. de diis et heroibus poeticis, auctore Jos. Juvencio. 8maj. Münch. u. Ingolst. 759. Crätz, (Krüll). 20 gr.

— metamorphos. libri XV. c. annot. posthum. Jh. Minelli, quas magna ex parte supplevit atque emend. P. Rabus. 8. Kopenh. 766. (Schubothe). 20 gr.

– – Kopenhagen: Pelt 1766.

— metamorphos. ex rec. P. Burmanni. 8. Nürnb. 777. 798. 806. 817. Riegel u. W. 14 gr.

Ovid, P. N., metamorphos. libr. XV. ex recens. P. Burmanni var. lect. et notis perpet. illustr. G. E. Gierig. II Tomi. 8maj. Leipz. 784, 787. Ed. II. 804, 7. Ed. III. emend. et aucta c. J. C. Jahn. 8maj. ibid. 821—23. Schwickert. 5 Thlr. 8 gr.

— metamorphos. libri XV. ad fidem optim. cod. recens. in scholasticae juventutis usum. 8. Nürnb. 784. Schneider u. W. 10 gr.

— — iid. ex ed. Burmanni. 8. Norimb. Weigel. 784.

— metamorphoses im Auszuge, f. Schulen, hrsgg. v. K. F. Seidel. 8. Berl. 794. Nauck. 8 gr. N. Ausg. v. J. H. Chr. Barby. 8. Ebd. 814. 3e A. 822. Ebd. 10 gr.

— — l. XV. u Thle. m. Anm. u. Wörterb. v. A. C. Meinecke. 8. Lemgo, Meyer. 801-8. (Ir 1 Rthlr. 4 gr. IIr 1 Rthlr. 8 gr. Wörterb. 8 gr.)

— metamorphoseon chrestomathia, in us. juventutis conscripta ab etc. Winding-Brorson. 8. Kopenh. 802. Arntzen et H. 14 gr. auch 8. Frankf. a. M. 807. Varrentrapp. 10 gr.

— — iid. sine notis. 12. Halae, Waisenh. 805.

— metamorphos. recens. Frz. X. Schönberger. II Tomi. (idem sub titulo: Ovidii opera Vol. I. II.) 8. Wien 805. Pichler. 1 Thlr. 4 gr. Schrbp. 1 Thlr. 16 gr. Velinp. 2 Thlr. 8 gr. id. libr., mit gegenüberstehender deutscher Uebersetz. 5 Thle. 8. Wien 805. Pichler. 2 Thlr. 12 gr. Schrbp. 3 Thlr. 8 gr. Velp. 5 Thlr.

— metamorphos. c. not. germ. ac. ind. lat. germ. edidit J. J. Bellermann. 8. Erf. 806. Ed. II. Ebd. 820. Keyser. 10 gr.

— metamorphoseon libri XV des Ovidius 15 Bücher d. Verwandlungen, mit Anmerkk. z. Nutzen d. Jugend. Hrsgg. v. A. Chr. Meinecke. 2 Thle., nebst e. Wörterbuch. 8. Lemgo 807, 8. 2 Thlr. 20 gr. 2e A. 825. Meyer. 2 Thlr. Das Wörterbuch apart. 8 gr.

— — iid. ex recensione Burmanni cur. Keisero. 8. Hof, Grau. 808.

— metamorphoseon. Lib. XV. expurgati, et explanati cum appendice de Diis, et Heroibus poeticis cum notis Juvencii. 8. Edit. corr. et nitid. Ofen 810. Typ. 1 Thlr. 20 gr.

— — iid. Lib. XV. Edit. X. 8. Halae, Waisenhausbuchh. 812.

Ovidius Naso, P. Metamorphoseon libri XV ad fidem optimorum librorum. Berolini 1814. H: *Nolte, Joh. Wilh. Hnr.* (Ky)

— metamorphoseon libri XV. ad fidem optim. libror. (c. H. Nolte) 8. Berl. 814. Ed. II. 824. Nauck. 14 gr.

— — dies. f. Schulen, im Auszuge v. G. K. F. Seidel. 2te Auflage. verbess. von J. H. C. Barby. 8. Berlin, Nauck. 814.

— Metamorphoses ad optimas editiones collatae, tironum institutioni accommodatae. Studio J. J. Bellermanni. 8. Erfurt, Keyser. 816.

— — iid. ex rec. Burmanni. Ed. nova. 8. Nürnberg, Riegel und W. 817.

Ovidius Naso, P. Metamorphoseon libri XV ad optimas novissimas editiones recusi. Mannheim 1818. H: *Bothe, Frdr. Heinrich.* (Ky)

— metamorphos. libr. XV. ad opt. noviss. edit. recusi (cur. F. H. Bothe). 8. Manh. 818. Löffler. 16 gr. Schrbp. 20 gr. Postp. 1 ß 4 gr.

— — Metamorphos. libri XV. Editio 12a. 8. Halle, Waisenhaus. 819.

— — iid. libri XV. cur. F. H. Bothe. 8. Manheim, Löffler. 819.
Charta scriptor.

— — iid. ad optimas editiones collatae, tironum institutioni accommodatae ed. J. J. Bellermann. 8. Erfurt, Keyser. 820.

— metamorphos. libr. XV. ad exemplar Burmannianum accurat. expressi in usum scholar. 8. Hannov. 820. Hahn. 6 gr.

— Metamorphoses, recens, varietate lect. notisque instruxit G. E. Gierig. Edit. IIIa emend. et aucta cura J. C. Jahn, Tom. I et II. 8 maj. Lipsiae 821 — 23, Schwickert.

— Metamorphoseon libri XV. ad fidem optimorum librorum cura N. 8. 2e editio. Berlin 824, Nauck.

— Metamorphoseon, libri IV. Edit. XV. diligent. expressa. 8. Halae 825, Waisenhaus-B.

— Metamorphoseon libri XV. des Ovidius XV Bücher d. Verwandlungen, mit Anmerk. z. Nutzen d. Jugend. Herausg. v. A. Chr. Meineke. 2 Thle, nebst einem Wörterbuche. 2e Aufl. 8. Lemgo 825, Meyer.
(Das Wörterbuch auch apart zu 8 gr.)

— id. lib. I XV. ad exemplar Burmanianum accurat. expressi. 8. Hannov. 827, Hahn.

— metamorphos. Im Auszuge für Schulen v. J. D. W. Glöckner. 8. Tilsit 829.

—— id. — Mit krit. u. erläut. Anmerkn. v. E. C. Chr. Bach. I. Bd. I—VII. gr. 8. (25½ B.) Hannover 831. Hahn.

—— id. — quos ex edit. sua majore in us. scholar. accuratiss. describendos cur. Jo. Chr. Jahn. 8 maj. (19 B.) Lipsiae 832, Vogel.

—— Metamorphoses. Recens. et perpetua annotatione illustr. D. C. G. Baumgarten-Crusius. 12 maj. (27⅓ B.) Lipsiae 834, Teubner. 2 Thlr. 15 Gr., f. Pap.

—— id. — Brevi annotat. illustr. Detl. C. G. Baumgarten-Crusius. 8. (...) Lipsiae 835, Teubner. ½ Thlr., Vlnp.

—— Metamorphoseon lib. XV. Mit krit. u. erläut. Anmerkn. v. Ernst Carl Chr. Bach. 2. Bd. VIII—XV. Nebst nachträgl. Bemerkn. d. Prof. Ochsner, Register üb. d. Anmerkn., u. e. Uebersicht d. abweich. Lesarten in Jahn's Ausg. gr. 8. (40 B.) Hannover 836, Hahn'sche Hofbuchh.
1. Bd. Ebendas. 1831. 1 Thlr. 8 Gr.

—— id. — Mit Inhaltsanzeigen u. Varianten d. Gierig-Jahnschen u. Bothe'schen Textes vers. v. Ernst Carl Chr. Bach. Nebst Uebersicht d. abweich. Lesarten d. Jahn'schen Ausg. v. J. 1832. 8. (23 B.) Hannover 836, Hahn'sche Hofbuchh.

—— id. — Nach Vossens Auswahl. Mit erklär. Einleitn. u. mit e. mytholog. u. geograph. Register. Zum Gebr. f. Schulen hrsg. v. Fel. Seb. Feldbausch. Lex.-8. (24⅛ B.) Carlsruhe 836, Müller'sche Hofbuchh.

—— dass. — für Schulen in e. Ausz. hrsg. v. G. K. F. Seidel. 4., durchgäng. verb. Ausg. bearb. v. Jul. Ludw. Ideler. 8. (17 B.) Berlin 837, Nauck'sche Buchh.

—— id. — Zum Schulgebr. hrsg. u. mit erklär. Anmerkn. vers. v. Vitus Loers. gr. 8. (32 B.) Trier 837, Lintz'sche Bh.

— — Metamorphoseon libri XV. Recens., variis script. omnium cod. adhuc collatorum et vetustiss. edit. apposuit, comment. instruxit, praefatus est et indicem addidit Vitus Loers. 8maj. (44 B.) Lipsiae 843, Friedr. Fleischer.

— **Metamorphoseon Libri XV. Edit. XVII. ad vulgatam lectionem proxime revocata. 8. Halae 841, impensis Orphanotrophei. ⅓ ß**

—— Metamorphoses. Nach Vossens Auswahl. Mit erklärenden Einleitungen u. m. e. mytholog. u. geograph. Register. Zum Gebrauche f. Schulen hrsg. v. Felix Seb. Feldbausch. Neue Ausg. gr. 8. (24⅛ B.) Carlsruhe 844, Müller'sche Hofbuchh.

— metamorphoses. Nach Voss'ns Auswahl. Mit erklärenden Einleitungen u. mit einem mytholog. u. geograph. Register. Zum Gebrauch für Schulen herausg. von Felix Seb. Feldbausch. 3. verb. Ausg. Mit einem Anhang von Lesestücken in elegischem Versmasse. gr. 8. (XLIV u. 306 S.) Carlsruhe 848, Müller. 18 ngr.

— metamorphoses. Eine Auswahl für Schulen mit erklärenden Anmerkungen u. einem mythologisch-geograph. Register von Otto Eichert. gr. 8. (VIII u. 261 S.) Breslau 850, Gosohorsky. n. 16 ngr.

— metamorphoseon libri XV. Ad fidem librorum manu scriptorum recensuit et in usum scholarum ed. Geo. Aenotheus Koch. Editio stereot. [Bibliotheca classica Latina IX.] 8. (305 S.) Lipsiae 851, Ph. Reclam jun. n. ¼ ß

—— id. — ex recognitione Rud. Merkelii delectus. 8. (148 S.) Lipsiae 852, Teubner.

Ovidii Nasonis, P., metamorphoses. Eine Auswahl für Schulen mit erklärenden Anmerkungen und einem mythologisch-geographischen Register von Otto Eichert. 2. mit einer Theorie d. Hexameters verm. Ausg. Breslau 853. Gosohorsky. Lex.-8. (4 Bl., VI, 261 S.) n. 15 ngr.

—— metamorphoses. Auswahl für Schulen mit erläut. Anmerkungen und einem mythologisch-geograph. Register versehen von Johs. Siebelis. 1. Heft. Buch I—IX und die Einleitung enthaltend. gr. 8. (XXIV und 8. 1—203.) Leipzig 853, Teubner.

—— id. — 2. Heft. Buch X—XV und das Register enthaltend. gr. 8. (IV und S. 205—432.) Ibid. 854.
Vgl.: Dichter, römische. — Eclogae Ovidianae.

—— metamorphoses. Auswahl für Schulen. Mit erläut. Anmerkungen und einem mythologisch-geograph. Register versehen von Johs. Siebelis. 1. Heft, Buch I—IX und die Einleitung enthaltend. 2., mehrfach verb. Aufl. gr. 8. (XXIV und 206 S.) Leipzig 858, Teubner.

—— dass. — 2. Heft. Buch X—XV und das mythologisch-geograph. Register enthaltend. 2., mehrfach verb. Aufl. gr. 8. (IV und S. 207—436.) Ebendas. 858.

—— metamorphoses. Auswahl für Schulen. Mit erläut. Anmerkungen und einem mythologisch-geograph. Register versehen von Johs. Siebelis. 3.—5. Aufl. 2 Hefte. gr. 8. Leipzig 862—68, Teubner. à Heft 15 Ngr.
Inhalt:
Heft 1. Buch I—IX und die Einleitung enth. (XXIII und 186 S.)
» 2. Buch X—XV und das mythologisch-geograph. Register enth. (IV und 226 S.)

— metamorphoses. Auswahl für Schulen. Mit erläut. Anmerkungen u. einem mythologisch-geograph. Register versehen von Johs. Siebelis. 4—6. Aufl. 2 Hefte. Leipzig 865—69. Teubner. gr. 8. Jedes Heft 15 ngr.
1. Heft. Buch I—IX u. die Einleitung enthltd. (XXIII, 186 S.)
2. Heft. Buch X—XV u. das mythologisch-geograph. Register enthltd. (IV, 226 S.)

— — Eine Auswahl für Schulen mit erklär. Anmerkungen u. einem mythologisch-geograph. Register von Otto Eichert. 3., verb. Aufl. 1. Heft: Buch I—XI. u. eine Theorie des Hexameters enthltd. Breslau 866. Gosohorsky's Buchh. 8. (XIV, 186 S.) n. 12 ngr.

—— dass. — Auswahl für Schulen mit erläut. Anmerkungen und einem mythologisch-geograph. Register versehen von Johs. Siebelis. 2 Hefte besorgt von Friedr. Polle. 6.—8. Aufl. gr. 8. Leipzig 869—75, Teubner. à Heft ℳ 1,50.
Inhalt:
Heft 1. Buch I—IX und die Einleitung enth. (XIX, 186 S.)
» 2. Buch X—XV und das mythologisch-geograph. Register enth. (IV, 216 S.)

—— Metamorphoses. Auswahl für den Schulgebrauch mit sachl. Einleitung, erläut. Anmerkungen und einem Register der Eigennamen von J. Meuser. 8. (X, 215 S.) Paderborn 873, Schöningh. *

—— Metamorphoseon ex recognitione Rud. Merkelii delectus. 8. (200 S.) Leipzig 874, Teubner.

Ovidii Nasonis, P., metamorphoses. Auswahl für Schulen. Mit erläut. Anmerkungen und einem mythologisch-geograph. Register versehen von Johs. Siebelis. 2 Hefte. gr. 8. Leipzig, Teubner. à Heft ℳ 1,50.
Mythologisch-geographisches Register (37 S.) allein
Inhalt:
Heft 1. Buch I—IX und die Einleitung enth. 9. Aufl. Besorgt von Friedr. Polle. (XX, 186 S.) 1876; 10. Aufl. Besorgt von Friedr. Polle. (XXIII, 188 S.) 878.
» 2. Buch X—XV und das mythologisch-geograph. Register enth. 9. Aufl. Besorgt von Friedr. Polle. (IV, 210 S.) 878.

— metamorphoses. Auswahl f. Schulen. Mit erläut. Anmerkgn. u. einem mythologisch-geograph. Register versehen von Johs. Siebelis. 1. u. 2. Hft. gr. 8. Leipzig 881. 82. Teubner. à 1. 50
1. Buch I—IX u. die Einleitung enth. 12. Aufl. Besorgt v. Frdr. Polle. (XXIII, 188 S.)
2. Buch X—XV u. das mythologisch geograph. Register enth. 10. Aufl. Besorgt v. Frdr. Polle. (IV, 210 S.)

Ovidius. — Collatio cod. Harleiani 2610 Ovidii Metam. I, II, III 1—622 ed. R. Ellis. 1885.

— dasselbe. 1. Bd. Buch I—VII. Erklärt v. Mor. Haupt. 7. Aufl. v. H. J. Müller. gr. 8. (VI, 273 S.) Berlin 885. Weidmann. 2. 25

— dasselbe. Für den Schulgebrauch erklärt v. Hugo Magnus. 3 Bdchn. Buch I—XV. Ausg. A. Kommentar unterm Text. gr. 8. (XIII, 535 S.) Gotha 885. 86. F. A. Perthes. à 1. 80; Ausg. B. Text u. Kommentar getrennt in 2 Hftn. (VI, 341 u. 182 S.) à 1. 80

— dasselbe. Anh. [Ovids Leben, allgemeine Bemerkgn. üb. den Sprachgebrauch der röm. Dichter, mythologisch-geograph. Register.] gr. 8. (66 S.) Ebend. 885. — 60

— dasselbe. Auswahl f. Schulen. Mit erläut. Anmerkgn. u. e. mythologisch-geograph. Register v. Johs. Siebelis. 1. u. 2. Hft. gr. 8. Leipzig, Teubner. à 1. 50
1. Buch I—IX u. die Einleitg. enth. 13. Aufl. Besorgt v. Frdr. Polle. (XX, 189 S.) 885.
2. Buch X—XV u. das mythologisch-geograph. Register enth. 11. Aufl. Besorgt v. Frdr. Polle. (IV, 210 S.) 884.

— metamorphoses. Auswahl f. den Schulgebrauch, m. sachl. Einleitg., erläut. Anmerkgn. u. e. Register der Eigennamen v. J. Meuser. 3. Aufl., besorgt v. B. Barkholt. 8. (XI, 219 S.) Paderborn 885. F. Schöningh. n. 1. 60

— dasselbe. Für den Schulgebrauch ausgewählt u. erklärt v. L. Englmann. 3. Aufl. gr. 8. (IV, 192 S.) Bamberg 886. Buchner. n. 2. —

— metamorphoseon delectus Siebelisianus, seorsum ed. Frdr. Polle. 8. (IV, 224 S.) Leipzig 886. Teubner. — 60

— dasselbe. Auswahl f. Schulen. Mit erläut. Anmerkgn. u. e. mythologisch-geograph. Register v. J. Siebelis. 2 Hfte. Besorgt von F. Polle. gr. 8. Leipzig 888. Teubner. à 1 50
1. Buch I—IX u. die Einleitung. 14. Aufl. (XX, 189 S.)
2. Buch X—XV u. das mythologisch-geographische Register. 12. Aufl. (IV. 211 S.)

— metamorphoses. Auswahl f. den Schulgebrauch m. sachl. Einleitg., erläut. Anmerkgn. u. e. Register der Eigennamen v. I. Meuser. 4. Aufl., besorgt v. A. Egen. 8. (XI, 200 S.) Paderborn 889. F. Schöningh n. 1. 60

— dasselbe. Textausg. 8. (111 S.) Ebd. 889. geb. n. 1. —

— metamorphoses. Auswahl f. Schulen. Mit erläut Anmerkgn u. e. mythologisch-geograph. Register versehen v. Johs. Siebelis. 1. Hft, Buch I—IX u. die Einleitg. enth. 15. Aufl., besorgt v. Frdr. Polle gr. 8. (XXII, 192 S.) Leipzig 892. B. G Teubner. 1. 50

— dasselbe. Auswahl f. den Schulgebrauch m sachl. Einleitg., erläut. Anmerkgn. u. e. Register der Eigennamen v J. Meuser. 5. Aufl, besorgt v. Alf Egen 8. (IV, 208 S.) Paderborn 893. F. Schöningh. n. 1 60

— Metamorphoses. Auswahl f. Schulen. Mit erläut. Anmerkgn. u. e. mythologisch-geograph. Register vers. v. Johs. Siebelis. 2. Hft. Buch X—XV u. d. mythologisch-geograph. Register enth. 13. Aufl., besorgt v. Frdr. Polle. gr. 8. (IV, 218 S.) Leipzig 896. B. G. Teubner. 1. 50

— dasselbe. Auswahl f. den Schulgebrauch m. sachl. Einleitg., erläut. Anmerkgn. u. e. Register d. Eigennamen v. J. Meuser. 6. Aufl., besorgt v. Alf. Egen. 8. (VI, 207 S.) Paderborn 896. F. Schöningh. n. 1. 60

— metamorphoses. Auswahl f. den Schulgebrauch m. sachl. Einleitg., erläut. Anmerkgn. u. e. Register der Eigennamen v. J. Meuser. 7. Aufl., besorgt von Alf. Egen. 8. (VI, 240 S.) Paderborn 899. F. Schöningh. n. 1. 60

— metamorphoses. Auswahl f. Schulen. Mit erläut. Anmerkgn. u. e. mythologisch-geograph. Register versehen v. Johs. Siebelis. 2. Hft., Buch X—XV u. das mythologisch-geogr. Register enth. In 6. bis 13. Aufl. besorgt v. Frdr. Polle. 14. Aufl. v. Otto Stange. gr. 8. (VIII, 178 S.) Leipzig 902. B. G. Teubner. 1. 50; geb. n. 2. —

metamorphoseon. Delectus Siebelisianus seorsum ed. Frider. Polle. Ed. ster. (IV, 260 S.) kl. 8. Leipzig 902. B. G. Teubner. — 75; geb. 1. —

P[ublii] Ovidii Nasonis Metamorphoses Auswahl f Schulen mit Anm. u. e. mytholog.-geogr. Reg. Nach Johannes Siebelis u Friedrich Polle in 17. Aufl. besorgt von Dr Otto Stange, Prof zu Dresden. H. 1 Leipzig & Berlin B G Teubner 1904. 8°
(Teubners Schulausgaben griech. u lat. Klassiker.)

P Ovidii Nasonis Metamorphoseon delectus Siebelisianus. Seorsum ed. Fridericus Polle. Ed. ster Lipsiae Teubner 1908 (1907). IV, 260 S. 8°
(Bibliotheca scriptorum Graec. et Rom. Teubneriana.)

— Metamorphoses. Auswahl f. Schulen m. Anmerkgn. u. e. mythologisch-geograph. Register. Nach Johs. Siebelis u. Frdr. Polle in 18. Aufl. besorgt v. Otto Stange. 1. Heft. Buch I—IX enth. Mit 1 Karte. (XVIII, 213 S.) 8. Ebd. 909. 1.50; geb. 2.—

—— dass. — Präparationen, s. Freund's, Wilh., Schüler-Bibliothek. — Krafft u. Ranke.

—— dass. — Wörterbuch dazu, s. Eichert, Otto.

—— dass. — Wörterschatz, s. Sachs, Herm.

—— id. — selectae, quas notis in loca difficiliora exegeticis et indice nomina mytholog., histor. et geograph. illustr. instrux. et in us. scholar. edid. H. L. Nadermann. 8. (13¼ B.) Monasterii 828, Coppenrath.

—— id. — selectae quas notis in loca difficiliora exegeticis et indice nomina mythologica, historica et geographica illustrante instrux. et in usum scholar. edid. H. L. Nadermann. Edit. II. 12maj. (IV und 234 S.) Monasterii 847, libr. Coppenrath.

— metamorphoses selectae quas notis in loca difficiliora exegeticis et indice nomina mythologica historica et geographica illustrante instruxit et in usum scholarum edid. H. L. Nadermann. Editio III. Monasterii 855. Coppenrath. 8. (2 Bl., 227 S.) 12½ ngr.

Ovidii Nasonis, P., metamorphoseon selectarum, quas in usum scholarum ed. H. L. Nadermann, edit. V. 8. (III, 132 S.) Münster 888, Coppenrath'sche Buchh. *

Ovidius Naso, P. Metamorphosis in ungebundener Rede, nebst hin und wieder untermischten Versen ... Strassb. 1711. Ü: *Schmid, Joh. Georg.* (Degen)

* — — Mittel wider die Liebe, metrisch übers., mit erläut. Anmerk., von J. G. Carl Schlüter. Leipzig, Schwickert, 1796. 8° 48 S.
Allg. Lit.-Ztg. 1800. Nr. 136. Sp. 352.

- Opera.

— — cura Heinsii. 24. Amstelod. 737. — 18

Ovidii, P. N., Opera. Acced. chrestomathia, historiam poeticam etc. c. Jh. Pt. Miller. IV Tom. 8. Berl. 757. Haude u. Sp. 2 ₰ 16 gl

Ovidii, P. N., Opera, ed. Miller. IV Tom. 8. jetzt Thome in Berlin. 1⅓ ₰

Ovidii, *Opera*. E rec. N. Heinsii cum ejusd. commentario ed. J. F. Fischer. Lips. 758. 4 Part. (2 Vol.) 8. 5 rthlr. Ib. 773. 4 Part. (2 Vol.) 8. 5 rthlr.

— Opera, ad us. scholar. 8. Würzburg 780. Stahel. 12 gl Schrbpap. 15 gl (Tristium l. V. — epistola heroidum. — epist. s. elegiae de ponto. à 4 gl)

— Opera ad opt. editt. collata. Praemittitur vita ab Aldo Paulo Manutio collecta cum notitia litteraria. III Voll. 8maj. Bip. 783. (Treuttel u. W. in Strassb.) 2 ₰ 18 gl Ed. II. III Voll. 8maj. ibid. 807. 6 ₰ Schrbp. 7 ₰

— Opera. II Tmi. 8. Manh. 792, (Löffler). 1 ₰

— — II Tmi. 8. Manh. Schwan. 792.

— — c. rec. Burmanni, c. C. Guil. Mitscherlich. II Tmi. 8. maj. Goett. Dieterich. 796—98. (à 1 Rthlr. 8 gr.)

— Opera. III Voll. 8. Wien 803. Degen. (Armbruster). 1 ₰ 16 gl Schrbp. 2 ₰ 12 gl Velinp. 12 gl

— Opera. III Tmi. 8. Vien. Degen. 804.
Schreibp.
Velinp. 1

— — Opera. 6 Vol. in Charta Vel. Fol. maj. Parmae et Mediolani. 806 — 808. (Viennae, Volke.)

— — III Vol. 8. maj. Biponti. (Treuttel et W. Strasb.) 807.

— Opera quae supersunt. Ad opt. libror. fidem accurate edita. III Tom. Editio stereotypa. 16. Leipz. 812, 815, 826. — Ad opt. libror. fidem accurate edita. Cur. Ant. Richter. III Tom. 16. ibid. 825 et 29. Tauchnitz. 1 ₰ 12 gl Hbg. Pr. 18 gl fein Pap. 2 ₰ 6 gl

— — Opera quae supersunt. Ad opt. libror. fidem accurate editi. III Tomi. Editio stereotypa. 12. Lipsiae, Tauchnitz. 820.
Fein Pap.

— Opera. Ad opt. edit. coll. not. brevior. illustr. L. Tencé. Vol. I. 8. Brüssel 830. (Leipz., Barth). 1 ₰

Ovidii Nasonis, P., Opera, Text. ad Codic. Lipsiensium Aldinarumque fidem accurate recogn. C. H. Weise. Nova edit. stereot. 3 Vol. 16. Leipzig 845, K. Tauchnitz. ¾ ₰ Velinp. 1⅛ ₰

— opera. Ad optima exemplaria recognovit H P. Vol. II. Metamorphoseon. [Bibliotheca classica Latina X.] 8. (312 S.) Brunae 849, Winiker. ¼ ₰

§ — — Opera. Werke. Berichtigt, übers. u. erläutert von Heinr. Lindemann. (Lat. u. deutsch.) 6 Bde. Leipzig, W Engelmann, 1853—67. 8°. (In München: A. lat. a. 1035.)

Ovidii Nasonis, P., opera. Ovids Werke. Berichtigt, übers. und erklärt von Heinr. Lindemann. 1—3. Thl. A. u. d. T.: P. Ovidii Nasonis Metamorphoseon libri XV, Ovids Verwandlungen. 1—3. Bdchn. (Buch 1—15.) 8. Leipzig, Engelmann. [1. (XXXIV und 372 S.) 853., 2. (404 S.) 854., 3. (454 S.) 855. à Thl. 1 Thlr.]

— opera. — Ovids Werke. Berichtigt, übersetzt und erklärt von Heinr. Lindemann. 1—3. Thl. A. u. d. T.: Publii Ovidii Nasonis Metamorphoseon libri XV. — Ovids Verwandlungen. Berichtigt rc. 1—3. Bdchn. Buch 1—15. Leipzig 853—56. (1. Thl.: XXXIV, 372 S.; 2. Thl.: 2 Bl., 404 S.; 3. Thl.: 2 Bl., 454 S.) Jeder Thl. 1 ₰.

— opera. — Ovid's Werke. Berichtigt, übers. und erklärt von Heinr. Lindemann. 4. u. 5. Thl. Leipzig 859, 61. Engelmann. 8. 1 ℛ 27½ ngr.
4. Thl.: Amorum libri III. — Liebesergüsse. (VIII, 272 S.) 27½ ngr.
5. Thl.: Artis amatoriae libri III. Remediorum amoris liber. Medicaminum faciei fragmentum. — Liebeskunst, Heilmittel der Liebe u. Schönheitsmittel. (VI, 334 S.) 1 ℛ

— opera. Ovid's Werke. Berichtigt, übersetzt u. erklärt von Heinr. Lindemann. 6. Thl. A. u. d. T.: Heroides. Heroiden. Leipzig 867. Engelmann. 8. (X, 381 S.) 1 ℛ

— — omnia in IV Vol. comprehens. c. not. var. c. P. Burmanni, qui et suas notas adjec. 4. Amsterd. 727. 16 —

Ovidii, P., N. opera omnia, quae supersunt ad. exempl. Heinsii et Burmanni, castigat. cum praef. I. G. Walch. 12. Lps. 739. Rthlr. — 16

— Opera omnia, e recens. Nic. Heinsii, cum ejusd. notis integris. Praef. est Jh. A. Ernesti. Curav. et indic. adj. Jh. Fr. Fischer. III Tmi. 8. Leipz. 758. Weidmann. 5 ℛ Mit n. Tit. 773. 1 ℛ 8 gℛ

— Opera omnia e recens. Burmanni. Curavit indicesque rer. et verbor. adj. Ch. W. Mitscherlich. II Tom. 8maj. Götting. 796—98. Dieterich. 2 ℛ 16 gℛ Ed. II. II Voll. 8maj. ibid. 819. 2 ℛ 16 gℛ Schrbp. 4 ℛ Velinp. 5 ℛ 12 gℛ

— Opera omnia. Edidit, curavit, brevem annotat. criticam adj. C. G. Baumgarten-Crusius. III Tom. 12maj. Leipz. 824. Teubner. 1 ℛ 8 gℛ Engl. Pap. 2 ℛ 2 gℛ

— quae supersunt Opera omnia. Ad opt. MSS. fidem edidit et var. lect. indicibusque instruxit J. Ch. Jahn. Vol. I et II, Pts. I et II. 8maj. Lpz. 827—32. W. Vogel. 5 ℛ 10 gℛ Schrbp. 7 ℛ Velinp. 8 ℛ 8 gℛ

Ovidii Nas., P., quae supersunt Opera omnia. Ad Cod. Mss. et edit. fidem recogn., var. lect. subjunxit et Clavem Ovidianam addidit Jo. Chr. Jahn. Vol. II. Tom. I et II. — E. s. t.: Metamorphoseon lib. XV. Ad Cod. Mss. et edit. fidem recogn., et c. var. lect. ed. II Ti. 8 maj. (67½ B.) Lipsiae 832, Vogel.
8 Thlr. 16 Gr., Schrbp. 4 Thlr. 12 Gr., Vlnp.
Vol. I.: Heroides, Amores, ars amatoria medicamina faciei et remedia amoris. Acced. Sabini epistolae. Ebendas. 1828. 2 Thlr., Schrbp. 2 Thlr. 12 Gr., Vlnp. 3 Thlr. 8 Gr.

Ovidii Nasonis, P., opera omnia. Textum ad codicum Lipsiensium Aldinarumque fidem accurate recognovit Carol. Herm. Weise. Nova editio ster. C. Tauchnitiana. Nova impressio. Tom. 1—3. 16. Leipzig 864, 67, Holtze. à Tom. 7½ Ngr.

Inhalt:
Tom. 1. Heroides. Amores. Ars amatoria. Remedia amoris. Halieuticon fr. Consolatio ad Liviam. Nux elegia. Sabini epistolae III. (VI und 350 S.)
» 2. Metamorphoseon libri XV. (384 S.)
» 3. Fasti. Tristia. Epistolae ex Ponto. Ibis. Fragmenta. (VI und 404 S.)

Ovidii Nasonis, Publ., Opera omnia. Ex recognitione R. Merkelii. 3 vol. 8. Leipzig, Teubner.
Inhalt:
Vol. 1. Amores. Epistulae. De medicamine faciei. Ars amatoria. Remedia amoris. (XXII, 251 S.) 873. ℳ 1.
» 2. Metamorphoses. Ex iterata R. Merkelii recognitione. Cum emendationis summario. (XLVI, 329 S.) 875. 90 Pf.
» 3. Tristia. Ibis. Ex Ponto libri. Fasti. Halieutica. (X, 342 S.) 873. ℳ 1.

— dass. — Textum ad Codicum Lipsiensum Aldinarumque fidem accurate recognovit C. H. Weise. Nova edit. stereot. C. Tauchnitiana. Nova impressio. 3 vol. 16. Leipzig 873, Holtze. à vol. 90 Pf.
Inhalt:
Vol. 1. Heroides. Amores. Ars amatoria. Remedia amoris. Halieuticon Fr. Consolatio ad Liviam. Nux Elegia. Sabini Epistolae tres. (VI, 350 S.)
» 2. Metamorphoseon libri XV. (384 S.)
» 3. Fasti. Tristia. Epistolae ex Ponto. Ibis. Fragmenta. (VI, 404 S.)

— Opera omnia. Textum ad codicum Lipsiensium aldinarumque fidem accurate recognovit Carol. Herm. Weise. Nova ed. ster. C. Tauchnitiana. Tom. I et III. gr. 16. Leipzig, O. Holtze's Nachf. à — 90
I. Heroides. Amores. Ars amatoria. Remedia amoris. Halieuticon Fr. consolatio ad Liviam. Nux elegia. Sabini epistolae tres. Nova impressio. (VI, 350 S.) 902.
III. Fasti, Tristia, Epistolae ex Ponto. Jbis. Fragmenta. Nova impressio. (VI, 404 S.) 896.

— Oeuvres galantes et amoureuses. II Vol. gr. 12. Londr (König, Strasb.) 771.

Ovidius Naso, P. Ex recognitione Rud. Merkelii. 3 Tomi. 8. Lipsiae, Teubner.
Tom. 1. Amores. Epistolae. De medic. fac. Ars amat. Remedia amoris. (XXII und 251 S.) 852. 10 Ngr.
- 2. Metamorphoses. (XIV und 317 S.) 850. 7½ Ngr.
- 3. Tristia. Ibis. Ex Ponto libri. Fasti. Halieutica. (X und 342 S.) 851. 10 Ngr.
Vgl.: Bibliotheca classica latina.

Daraus apart:
— Fastorum libri VI. 8. (138 S.) Ebd. 851. ⅙ ℛ
— Metamorphoseon ex recognitione Rud. Merkelii delectus. 8. (148 S.) Ebd. 852. ⅙ ℛ
— Tristium libri V. 8. (95 S.) Ebd. 851. ⅙ ℛ

Ovidius Naso, P., ex iterata R. Merkelii recognitione. Vol. II. Metamorphoses cum emendationis summario. 8. (XLVI, 329 S.) Leipzig 875. Teubner. — 90
Vol. I. erscheint später.

Ovidius Naso, P., rec. Otto Korn. Tom. II. Metamorphoseon libri XV. gr. 8. (XII, 382 S.) Berlin 880. Weidmann. 2. 40
Tom. I. erscheint später.

Ovidius Naso, P., ex iterata R. Merkelii recognitione. Vol. III. Tristia. Ibis. Ex Ponto libri. Fasti. 8. (XLI, 355 S) Leipzig 884. Teubner. n. 1. —

Ovidius Naso, P., ex Rud. Merkelii recognitione ed. R. Ehwald. Tom. I. 8. Leipzig 888. Teubner. n. 1. —
Amores. Epistulae. Medic. fac. fem. Ars amat. Remedia amoris. (XLI, 257 S.)

P[ublius] Ovidius Naso. Ex Rudolphi Merkelii recogn. ed. R[udolphus] Ehwald. Ed. ster. T 1 Lipsiae: Teubner 1907. 8°
(Bibliotheca scriptorum Graec. et Rom. Teubneriana.)

— der von Rom Abschied nehmende Ovidius, Trist. libr. I. Eleg. 3. übers. v. Jh. Geo. Götz. 4. Schweinfurt 773.

— Poesie scelte. Pubblicate per le scuole da Enr. S. Sedlmayer e ridotte ad uso dei ginnasi italiani da A. Casagrande secondo la IV. ed. tedesca. 8. (XX, 227 S.) Prag 889. Tempsky. — Leipzig, Freytag. n. 1. 20

— ex Ponto libri IV. Ad codd. fidem emend. adparatu crit. instruxit Otto Korn. Leipzig 868. Teubner. gr. 8. (XXXII, 213 S. mit 1 Steintaf.) n. 1 ℛ 20 ngr.

— Probe einer Ovidübersetzung v. H. Meichelt. Pr. 1882. 14 S. 4°.

— **remedia amoris.** Altfranzösische Uebersetzg. [Ein Thl. d. allegorisch-didact. Epos „les échecs amoureux."] Nach der Dresdener Handschrift hrsg. v. Gust. Koerting. gr. 8. (XXVI, 101 S.) Leipzig 871. Fues. n. 2. 40

— — Schule der Liebe (,) d. i., dessen (Ovid's) Liebeshändel, Kunst, und Arzney der Liebe. Neueste freye (Prosa-) Uebersetzung Mit gestoch. Titel, 1 freien Kpf u. 1 Schlussvignette Berlin u. Leipzig (Wien, Mösle) 1786. 8° 2 Bl Inh., 9 Bl. („Uiber Ovidius Naso") u. 399 S. (In Wien, Stadtbibl. Secr. A 138.) (7 Kr. Halm & Goldmann, 1904, 3 Mk. Gust. Fock, Lpz., 1907)

— Schule der Liebe, d. i. dessen Liebeshändel, Kunst u. Arzney d. Liebe. 8. Berl. 787. (v. Mösle in Wien). 1 ℔ 8 gr.

§ — — Dasselbe. Ibid. 1788. 8°

—— fünf Bücher d. Trauer, übers. v. Fr. Karl v. Strombeck. gr. 8. (12½ B.) Braunschweig 835, [Vieweg u. Sohn.]

— Probe e. Uebersetz. d. Ovid. Trauerbücher v. Sella: (Hermbstädt). 8. Hersf. 773. Hermstädt.

Ovidius Naso, Publius, Versuch einer Uebersetzung der fünf Trauerbücher nebst Anmerkungen und der Lebensbeschreibung des Dichters von Joh. Heinr. Kirchhof. Hamburg. 1777.

— fünf Trauerbücher; übers. u. mit Anmerkk. vers. v. J. H. Kirchhoff. 8. Hamb. 777. Reuß. 16 gr.

— fünf Trauerbücher; aus d. Latein. mit Anmerkk. (v. J. J. Sell), gr. 8. Halle 780. Gebauer. 12 gr.

— fünf Trauerbücher; übers. u. mit Anmerkk. begl. v. J. G. K. Schlüter. 8. Leipz. 798. Schwickert. 16 gr.

— Trauerbücher; aus d. Latein. u. mit erläut. Anmerkk. v. K. Sonnleithner. 8. Wien 819. Wimmer. 1 ℔

—— fünf Trauer-Bücher. Travestirt, s. a. Wagemann, v.

— fünf Trauer-Bücher, travestirt v. Dr. v. Wagemann. (Mit allegor. latein. Texte). 8. Ludwigsb. 830. Nast. 1 ℔

— fünf Trauerbücher, travestirt mit allegirten latein. Texte. Von Dr. v. Wagemann. 8. Ludwigsburg 829. jetzt Berendsohn in Hamburg. 1 ℔

— dass. übersetzt von Fr. Karl von Strombeck. gr. 8. Braunschweig 835. Vieweg. 1 ℔

Ovidius Naso, P. Fünf Bücher Trauergedichte, a. d. Lat. . . . Halle 1780. Ü: *Sell, Joh. Jac.* (Ebert) (MGT) (Ky)

— Trauerlieder; aus d. Latein. in deutsche Verse gebracht von Mich. Lori. 8. Augsb. 758 u. 62.

— Die Trennung. 8. Lied a. d. I. Buche der Klagegesänge Ovids. Metrisch übersetzt mit Bemerk. v. J. P. Krieger. Pr. 1829. 18 S. 4°. —.90

– Tristia et Epistolae ex Ponto.

— — — Notis illustr. Verporteen. Coburg 712. 8. 10 gr.

— — iid. de Ponto et in Ibin. 12. Basel. Thurneisen 713

— Tristia. Mit deutschen Anmerkk. 12. Halle 718. N. A. 752. Renger. 10 gr.

— — iid. c. praef. Iac. Pontani et comment. in compend. red. ad us. Schol. Societ. Iesu. 8. Ingolst. 728—731. 1 —

— Tristium, c. not. novis ac perpet. ad mod. J. Minelli op. et stud. Erdm. Uhsei. 12. Leipz. Ed. V. 736. Ed. VI. 752. Ed. VII. 763. Ed. VIII. 787. Weidmann. 6 gr.

— Tristium, libri V. c. not. J. Minellii. Coppenh. 740 u. 765. Pelt. 10 gr.

— Tristia, c. Comment. Jak. Pontani. 8. Ingolst. 752. Kräll. 8 gr. Ed. IV. 8. Münch. 764.

— Tristium, libri V. 12. Halle 756, 769. Ed. V. 824. Waisenh.-Buchh. 3 gr.

— Tristium, ex recens. P. Burmanni. 8. Nürnb. 756, 776, 782. in 12. 802, 817. Riegel u. W. 4 gr.

— Tristia et ex Ponto libri omnes, mit deutschen Noten v.... Gottschling. 8. Nürnb. 758. (Linz, Haslinger). 12 gr.

— — et ex Ponto Libri omnes, mit deutschen Noten. 8. Nrnb. (Sammer, Wien.) 758.

— Tristia, c. notis Hnr. Braun. 8. Augsb. (Wien) 762. Lotter. 10 gr.

Ovidii, *Tristia* et *Epistolae ex Ponto*. Cum commentario Iac. Pontani. Acc. Hortuli Ovidiani. Ingolst. 610. 8. Oft wiederholt. Ib. 765. 8. 8 gr.

— — iid. c. not. Minellii. 8. Copenh. (Sommer, Lips.) 765.

— — iid. L. IV. ex rec. Burmanni ed. Harles. 8. maj. Erl. Walther (Breuning). 772.

— libri Tristium libri V, ex Ponto libri IV, ex recens. P. Burmanni, cum suis et alior. excerptis animadvers. G. C. Harless. 8maj. Erlang. 772. Walther. (Heyder). 1 ℔

— Tristium libri V, ex Ponto libri IV, et Ibis. Lect. variet. erudit. conject. et clavem, adj. J. J. Oberlin. 8. Strassb. 776. Mit n. Titel u. Vorrede 778. Treuttel u. W. 1 ℔ 4 gr.

— — eosd. ed. Oberlin. II Tmi. 8. Strasb. Stein. 776-778.

Ovidii, P. N., Tristium, libri V. 8. Würzb. 779. Stahel. 12 gr. Schrbp. 15 gr. ibid. s. n. 8. ibid. 779. 4 gr.

— — iid. c. not. ad m. Minellii et stud. Erdm. Uhsei. 12. Lps. Weidmann. 787.

* — — iid. etc. Lipsiae, Weidmann. 787. ist hinzuzufügen: Editio octava. Accessit index locupletissimus.

— Tristium libri V, Epist. ex Ponto lib. IV, et Ibis. 8. Manh. 791. Löffler. 14 gr Postp. 21 gr

Ovidius Naso, P. Tristium libri. Mit Anmerkungen und einem doppelten Register ... Leipzig 1793. H: *Boysen, Frdr. Eberhard.* (Ky) H (2. Aufl.): *Jahn, Johann Christian.* (Ky)

— Tristium libri. Mit Anmerkk. u. e. doppelten Register zum Gebr. der Schulen, (v. F. E. Boysen). gr. 8. Leipz. 793. Schwickert. 12 gr 2e ganz umgearb. A. gr. 8. Ebd. 829. 16 gr

— Tristium, et de Ponto cum notis Pontani. Editio corr. et altid. Ofen 809. Typogr. 1 ℔ 11 gr

— Tristia a. P. Burmanni recens. 12. Amsterd. 810.

— Tristium libri V. et Epistolarum ex ponto libri IV. captui studiosae juventutis accommodati; mit deutschen Anmerkungen des C. Sincerus. Neue Auflage. 8. Frankf. am M. Brönner. 811. -

— Tristium, libri V et Ibis. 12. Basel 813. Thurneisen. 5 gr

— — iid. Edit. tertia. 8. Halae, Waisenhausbuchhandl. 814. -

— — Tristium libri V. Editio 4a. 8. Halle, Waisenhaus. 819.

Ovidii, (P. Nas.,) Tristium libri V. Editio V. 8. Halae 824, Waysenhaus-B. Rthlr.

— Tristium, libri V ex recens. J. Jak. Oberlini. Lect. variet. enotav. textumque recogn., notis perpet. in usum scholar. illustr. Fr. Gli. Platz. 8maj. Hannov. 825. Hahn. 16 gr

— Tristium, libri V. Textum in tironum gratiam recogn. Fr. Gli. Platz. 8. Hannov. 825. Hahn. 4 gr

— Tristium libri V. Contextum verbor. recogn. et annotat. tum criticam et thesauris Heinsiorum et P. Burmanni depromptam tum exeget. apposuit F. N. Klein. 8 maj. Coblenz 826, Hoelscher.

— Tristium, libri V. cum notis gallicis novissima editio accuratissim. emendatas 12. Brüssel 829. de Mat. 14 gr

—— libri tristium. — Zum Schulgebr. hrsg. u. mit erklär. Anmerkn. u. e. Namen-Register vers. 2., ganz neu gearb. Aufl. gr. 8. (14½ B.) Leipzig 829, Schwickert.

—— Tristium lib. V et Ibis. Ad libros manu scriptos rec., schedis idiographis Nic. Heinsii, Io. Schraderi, alior. excussis annotavit et praef. est Rud. Merkelius. 8maj. (33 B.) Berolini 837, Geo. Reimer.

—— Tristium lib. V. ad. veter. libror. fidem rec., varias scripturas omnium cod. a superioribus editor. collator., imprimis Heinsianorum, e Burmanni et Heinsii schedis idiographis et aliunde auctas, correctas, expletas, quibus V novae collationes accesserunt, itemque varias scripturas VIII edit. saeculi XV. apposuit, commentariis instr., praef. est, et indic. addidit Vitus Loers. 8maj. (36¾ B.) Treviris 839, libr. Lintz. * 2⅚ Thlr., Vlnp. *

—— Tristium libri V. Ex recognitione Rud. Merkelii. 8. (95 S.) Lipsiae 851, Teubner.

—— Tristium libri V. Ex recensione Rud. Merkelii. 8. (95 S.) Leipzig 875, Teubner.

—— Tristia. Ibis. Ex Ponto libri. Fasti. Ex iterata R. Merkelii recognitione. 8. (XLI, 355 S.) Leipzig 884, Teubner. *

— tristium libri V ex iterata R. Merkelii recognitione. 8. (102 S.) Ebend. 884. — 45

— Tristien, s.: Bibliothek, kleine.

— Tristien, metrisch übers., s. J. P. Krieger, Gedichte eines Zweibrückers.

— Uebersetzungen aus Ovid in Stanzen mit Anmerkungen v. K. Thiele. Pr. 1887. 12 S. 4°.

— Uebersetzungen aus Ovid in achtzeiligen jambischen Strophen mit Anmerk. v. K. Th[illegible] Pr. 1882. 18 S. 4°.

— Verwandlungen.

— dasselbe, s. a. Bibliothek der Gesamt-Litteratur d. In- u. Auslandes.

— dasselbe, s. a. Bibliothek griech. u. röm. Klassiker in wortgetreuen deutschen Uebersetzgn., 14.—18. Hft.

— Verwandlungen, s. a. Bibliothek, kleine.

— Verwandlungen übersetzt, s. a. Dichter, römische.

— Verwandlungen in Kupfern, s. auch Hauptgötter, die, der Fabel.

— Verwandlungen, übers. v. Heynemann, s. Ovidius Sämtliche Werke.

— Verwandlungen, s. a. Universal-Bibliothek.

P. Ovidii Nasonis XV. Bücher Der Verwandlungen In das Teutsche übersetzt Dergestalt Daß die Gemüths-Reden der Götter, Göttinnen, Helden etc. Meistens in Reimen, Die übrigen Erzählungen aber in ungebundener Rede vorgetragen werden, Nebst Außlegung der darinnen enthaltenen Fabeln, Verfertiget und zusammen getragen von Johann Georg Schmidt. Straßburg, J. F. Spoorn Wittib, 1712. Kl. 8°. *Titelkupfer (Amor über dem Olymp u. einige Szenen d. Metamorphosen),* 19 Bl. 656 S. 10 Bl. 429 S. 6 Bl. Pgt. d. Z.

Schweiger III. 669. Kat. Slg. V Manheimer Nr. 367. Erstausgabe. Selten! Der Übersetzer — nicht identisch mit dem Zwickauer Johann Georg Schmidt (dem Verfasser der „gestriegelten Rocken-Philosophie") stammte aus Straßburg. Die Vereinigung von Versübersetzung, Prosaübertragung und Kommentar gibt dem Ganzen eine eigene Note. Die gereimten Stellen sind etwas schwülstig. Titel in Rot und Schwarz.

— Verwandlungen, (in gereimte Verse) übers. v. Jh. Balth. Sedlezky. 2 Thle. Mit Kpf. 8. Augsb. 763. Rieger. 1 ℔ 16 gr

— Verwandlungen, ins Deutsche übers. (in Prosa) mit Anmerkk. v. J. Sam. Saft. &c. Berl. 766. Mylius. 2 ℔ 8 gr

— sämmtl. 15 Bücher d. Verwandlungen durch Herrn du Rier mit 124 annehmlichen Kupfern geziert u. mit e. mytholog. Einleitung versehen, nunmehr mit e. Anh. vermehrt, z. Erklärung d. lateinischen sowohl als deutschen Ausgg. d. Ovid u. a. Dichter. 8. Frankf. 767. v. Düren. 3 ℔

— Versuch e. poet. Uebersetzung e. Theiles d. zwei ersten Bücher d. Ovid. von den Verwandlungen, gewagt u. mit Anmerkk. vers. v. J. Chr. Gf. Harmann. 4. Dresd. 772. Gerlach. 4 gr

— Verwandlungen aus d. Ovid, (übers. v. J. G. Bremer). 12. Leipz. 781. Schwickert. 2 gr

— Verwandlungen aus d. Ovid, übers. (in Prosa v. Jh. Eph. Bremer.) 12. Leipz. 781. Schwickert. 2 gr

— Verwandlungen aufs neue verteutscht. 8. Esen. 783?

— Verwandlungen, 15 Bücher, frei übers. v. Ferd. S**. (J. E. Schulze). 8. o. O. 785. N. A. gr. 8. Halle 787. Waisenhaus-B. 16 gr

— Verwandlungen, metr. übers. v. J. G. K. Schlüter. Mit 15 Kpf. 8. Leipz. 786. Schwickert. 4 ℛ ohne Kpf. 2 ℛ die Kpf. apart. 2 ℛ

Ovidius Naso, P. Verwandlungen, metrisch übersetzt. Dresden 1789—91. Ü: *Krome, Friedrich Wilhelm.* (Ky) (MGT)

— — dies. metr. übers. 1s — 10s Buch. 8. Dresd. Gerlach. 789—93.

— Verwandlungen, (metr.) übers. 1s bis 10s Buch. 8. Dresd. 789—94. Gerlach. 1 ℛ 16 gr

— Verwandlungen, (metr.), neu verdeutscht. 1r Thl. (1s—5s Buch). 8. Berl. 791. Maurers B. 12 gr

Ovid, P. N., Verwandlungen, (in Prosa), übers. mit Anmerkk. von Aug. Rode. 2 Thle. gr. 8. Berl. 791. N. A. 816. Mylius. 2 ℛ 12 gr

— Verwandlungen, hrsgg. v. einer Gesellschaft Gelehrter. Mit 104 Kpft. u. nöthigen Erläuterr. 3 Bde. 4. Wien 791 u. 817. (Gerold). 16 ℛ Hbg. Pr. 6 ℛ 18 gr fein P. 24 ℛ

— — dies. in Kupf. vorgest. mit Erl. 3 Bde. 4. Wien, Schaumb. 791. Fein P.

— — dies. übers. von A. Holzbirn 1s u. 2s. 8. Grätz, Ferstl. 792 — 95. (1s 5 gr. 2s 11 gr.)

— Verwandlungen, f. Schulen, im Auszuge, mit Anmerkk. u. Register, v. G. K. F. Seidel. 8. Berl. 794. 2e A. verb. von J. H. C. Barby. 8. Ebd. 814. 3e A. 822. Nauck. 10 gr

Ovidius Naso, P. Verwandlungen neuntes und zehntes Buch. Teutsch. Friedrichsstadt 1794. Ü: *Haymann, Chph Joh. Gfr.* (MGT) (Ky) (Kläbe, Neuest. Gel. Dresden. Leipzig 1796.)

— Verwandlungen, 9s u. 10s Buch (übers. v. J. Chr. Gf. Haymann). 8. Friedrichst. (Dresd.) 794.

— dasselbe v. J. H. Voß, s. a. Museum.

— Verwandlungen, v. J. H. Voß I. 2 Thle. gr. 8. Berl. 798. Vieweg in Braunschweig. 2 ℛ 16 gr Schweiz. Pap. 4 ℛ 8 gr 2e mit e. Anh. verm. Aufl. 2 Thle. gr. 8. Braunschw. 829. Ebd. 2 ℛ 16 gr

— Verwandlungen in 160 Kpf. v. d. besten Künstlern Deutschlands vorgestellt u. mit nöthigen Erläuterr. versehen, 3 Bde. n. Supplem. gr. 8. Augsb. 802—4. Bürglen. (Joachim in Leipz.) (A. u. d. T.: die Hauptgötter d. Fabel rc.) 1r—3r Bd. 8 ℛ Supplem. 2 ℛ 16 gr 10 ℛ 16 gr

— Verwandlungen, travest. v. Gli. Müller. 1—15s Buch in 12 Heften. Mit 12 Kpf. 12. Wien 803—7. Rehms Wwe. 4 ℛ

— — dies. 1s—3s Buch. 8. Kempten, Kösel. 805.

— Verwandlungen, travest. v. Bdkt. v. Wagemann. 1r Bd. (1s—3s Buch). 8. Frankf. u. Leipz. 806. Heinsius. 9 gr

— — dies. in Kupf. gest. v. Bauer u. a. m. erläut. Text, n. d. Franz. herausgeg. von e. Gesellsch. 3 Bde. 4. Wien, Schalbacher. 808.

— — Verwandlungen, a. d. Latein. neu übersetzt von A. v. Rode. 2 Thle. Neue Aufl. gr. 8. Berlin, Mylius'sche Buchhandl. 1817.

— — Verwandlungen, herausgeg. von einer Gesellschaft Gelehrter. Mit 140 Kupf. und nöthigen Erläuterungen. 3 Bde. 4. (Wien, Gerold in Comm.) 817.

—— Verwandlungen, von J. H. Voss. 2., durchges. u. mit e. Anh. verm. Aufl. 2 Thle. gr. 8. (46 B.) Braunschweig 829, Vieweg.

— Verwandlungen in einer Auswahl. Im Versmaße des Originals übers. von Karl Uschner. Berlin 857 Klemann. 16. (XI, 336 S.) 1 ℛ
Vgl.: Classiker des Alterthums. — Dichter, römische, in neuen metr. Uebersetzungen. — Eclogae Ovidianae.

—— Verwandlungen. 1.—15. Buch. Wortgetreu in deutsche Prosa übersetzt von H. R. Mecklenburg. 16 Hefte. 32. (922 S.) Berlin 870, H. R. Mecklenburg. à Heft * 25 Pf. *

—— Verwandlungen. 15 Bücher. Wortgetreu in deutsche Prosa übers. von H. R. Mecklenburg. 16 Hefte. 32. (922 S.) Berlin 877, H. R. Mecklenburg. à Heft * 25 Pf. *

— Verwandlungen, metrisch übers. v. J. Dieckmann. gr. 8. (VIII, 498 S.) Hamburg 889. (Kloss.) n. 3. —

— Verwandlungen. Die Hauptgötter der Fabel. Die vier Jahreszeiten. In Kupfern vorgestellt v. J. Stöber u. Anderen. Wien 1791—1793. 1. u. 2. Serie. Neu-Ausg. in Lichtdr. hoch 4. (à 30 Bl.) Wien 889. Schroll & Co. In Mappe. à Serie n. 10. —

— dasselbe. Übers. v. Rob. Zwirnmann. gr. 8. (VIII, 815 S.) Gotha 895. F. A. Perthes. n. 4. —

[P] Ovids Verwandlungen [Metamorphoses], in deutsche Hexameter übertragen von Hamelbeck. H. 1–4. [Mehr nicht erschienen.] *Mülheim a. Rh., Selbstverl. 1896–97* (139 S.) 8° [Umschlagt]

— Verwandlungen. In Stanzen übers. v. Const. Bulle. gr. 8. (XVI, 587 S.) Bremen 898. Leipzig, M. Heinsius Nachf. n. 6. —; geb. n. 7. 50

—— desgl. — Bilder-Atlas, s. Engelmann, R.

— Verwandlungen. Index dazu, s. Lindemann.

—— dass. — Wörterbuch dazu, s. Eichert, Otto.

—— dass. — Wörterbuch, s. Siebelis, J.

— verwandelte Ovid. Verwandlungen, ad modum Blumaueri. 15 Bücher, mit Anmerkk. (v. C. F. Hübner). 8. Stuttg. 791 —95. Löflund. 3 ℛ 6 gr

—— dass. — übers. von Suchier, Klußmann und Alex. Berg, s. Bibliothek, Langenscheidt'sche, sämmtlicher griechischen und römischen Klassiker.

– Werke.

—— Werke, s.a. Collection Spemann.

— dasselbe, s.a. Dichter, römische, in neuen metrischen Uebersetzungen.

Ovid's *Werke*. Übersetzt. Francof. 796-803. 4 Thle. 8.
Th. I. *Verwandlungen*. Übers. v. Haynemann. 796. 1 rthl. 12gr
Th. II. *Heroiden*. Übers. mit Anm. von Eichhoff. 798. 20gr.
Th. III. *Festkalender*. Übers. m. Anm. v. J. P Krebs. 799. 20gr.
Th. IV. *Klaggesänge*. Übers. m. Anm. v. Eichhoff. 803. 20gr.

— Werke. 1r Band, die Verwandlungen, übers. v. Heynemann. 8. Frkf. Hermann. 797.
Schrbv.

— — 2r Bd. d. Heroiden, übers. von Eichhof. 8. Ebend. 799.
Schrbv.

— — 3r Bd. d. Festkalender, übers. von Krebs. 8. Ebend. 799.
Schrbv.

— — 4r Bd. Klaggesänge, übersetzt von Eichhof. 8. Ebend. 799.
— 20
Schrbv. 1 —

P. Ovidius Naso's Werke, übersetzt von Heinrich Christian Pfitz, E. F. Metzger, W. Hertzberg und H Wölffel. 3 Bde. Stuttgart 1833—1857. 8°.

OVIDIUS Naso, Publius (geb. 20. März 43 v. Chr [710 post urb. cond.] zu Sulmo im Lande der Peligner, † 17 n. Chr. in Verbannung zu Tomi am Schwarzen Meere).

— — Werke. 14 Bdchn. Stuttgart, Metzler, 1833—47 16°.
Bdchn. XI—XIII (1854, 54, 55) übers. von W Hertzberg: Liebeselegien, Kunst zu lieben, Heilmittel gegen die Liebe und Schönheitsmittel. — Bdchn. XIV Die Heroiden, nebst 3 Briefen des A. Sabinus . übers. von Dr E. F Metzger. Ebd. 1855. (XI—XIV = S. 1303—1821)

Ovid's Werke. 1.—8. Bdchn. 1.—5. Bdchn.: Verwandlungen, metrisch übers. von H. Chr. Pfitz. — 6.—8. Bdchn.: Festkalender, übers. von E. F. Metzger. 16. Stuttgart ..., Metzler. à 1/4 ꝛß

— Werke. 1s—8s Bdchen. (1s—5s) übersetzt von Hnr. Chr. Pfitz. (6s—8s) übers. v. E. F. Metzger. 16. Stuttgart 833—38. Metzler. (à 1/4 ꝛß) 2 ꝛß

— Werke. 9 u. 10. Bdchn. Festkalender, übertr. mit Inhalts-Anzeigen u Anmerkungen v. E. F. Metzger. 4 u. 5. Bdchn. (Römische Dichtungen in neuen metrischen Uebersetzungen. Hrsg. von E N v. Osiander u. G. Schwab. 40 u. 41. Bdchn.) 16. (132 u. 146 S.) Stuttgart 848, Metzler. à 1/4 ꝛß (1 10: 2 1/2 ꝛß)

— — Werke, im Versmasse der Urschrift übers. u. erläutert von Suchier, Klussmann u. Berg 8 Thle Stuttgart 1858—66. 8° (Ldpr 12 Mk.) (6 Mk. Koebner)

— **Werke.** Deutsch im Versmaße der Urschrift. 1., 2., 13—15. u. 18. Lfg. 8. Stuttgart 882. Werther. à n. — 35
1. Metamorphosen, übersetzt u. erläutert von Reinhart Suchier. 1. Lfg. 6. Aufl. (VIII, 32 S.)
2. Dasselbe. 2. Lfg. 5. Aufl. (S. 33—80.)
13—15. Festkalender. Von E. Klußmann. 1—3. Lfg. 3. Aufl. (VIII, 112 S.)
18. Klagelieder. Von Alex. Berg. 1. Lfg. (32 S.)

Ovid's Werke. Deutsch im Versmaße der Urschrift. 3., 5.—7., 16., 19.—24. Lfg. 8. Berlin 885,86, Langenscheidt'sche Verlagsb. à Lfg. *
Inhalt:
Lfg. 3. 5—7. Metamorphosen. Übers. und erläutert von Reinhart Suchier. 3. Lfg. 5. Aufl. (S. 81—128.); 5.—7. Lfg. 4. Aufl. (3. Bd. S. 1—128.)
„ 16. Festkalender. Übers. und erläutert von E. Klußmann. 4. Lfg. 3. Aufl. (S. 113—160.)
„ 19. 24. Klagelieder. [Tristia.] Deutsch von Alex. Berg. 2. und 3. Lfg. 3. Aufl. (S. 33—126.)
„ 20. Ibis. Übers. und erläutert von Alex. Berg. 2. Lfg. 2. Aufl (2. Bd. S. 129—164.)
„ 21—23. Briefe aus Pontus. Übers. und erläutert von Alex. Berg 1.—3. Lfg. 2. Aufl. (S. 1—128.)

— Werke. Deutsch im Versmaße der Urschrift. 3—7. 16. 19. 20—24. Lfg. 8. Berlin 886. Langenscheidt. à n. — 35
3. 4. Metamorphosen. Uebers. u. erläut. v. Reinh. Suchier. 3. Lfg. 5. Aufl. 4. Lfg. 4. Aufl. (2. Bd. S. 81—168.)
5—7. Dasselbe. 5—7. Lfg. 4. Aufl. (3. Bd. S. 1—128.)
16. Festkalender. Uebers. u. erläut. v. E. Klußmann. 4. Lfg. 3. Aufl. (S. 113—116.)
19. 24. Klagelieder. (Tristia.) Deutsch v. Alex. Berg. 2. u. 3. Lfg. 3. Aufl. (S. 33—160.)
20. Ibis. Übers. u. erläutert v. Alex. Berg. 2. Lfg. 2. Aufl. (2. Bd. S. 129—164.)
21—23. Briefe aus Pontus. Uebers. u. erläut. v. Alex. Berg. 2. Aufl. 1—3. Lfg. (S. 1—128.)

— — Dasselbe. 3 Bde. Berlin, Langenscheidt, 1893. 8° (Mk. 18—.) (6 Mk., eleg. gebd., W. Jacobsohn & Co., Breslau, 1910.)

Ovidius Naso Werke. 1., 2., 4., 8., 9., 14., 17., 25.—27. Lfg. 8. Berlin 891—893. Langenscheidt. à n. — 35
1. 2. 4. 8. 9. Metamorphosen. Deutsch im Versmaße der Urschrift. Übers. u. erläut. v. Rhart. Suchier. 1. Lfg. 7. Aufl.; 2. Lfg. 6. Aufl.; 4. Lfg. 5. Aufl.; 8. Lfg. 4. Aufl.; 9. Lfg. 4. Aufl. (1. Bd. VIII u. S. 1—80; 3. Bd. S. 129—174; 4. Bd. S. 1—48.)
14. 17. Festkalender. Deutsch im Versmaße der Urschrift. Übers. u. erläut. v. E. Klußmann. 2. Lfg. 4. Aufl.; 5. Lfg. 3. Aufl. (S. 17—64 u. S. 161 214)
25—27. Liebesgesänge. (Elegiae) Deutsch im Versmaße der Urschrift v. Alex. Berg. 1.—3. Lfg. 2. Aufl. (130 S.)

Ovidius Naso, P., Werke. 10., 15., 18. u. 21. Lfg. 8. Berlin, Langenscheidt. à Lfg. n. — 35
10. Metamorphosen. Deutsch im Versmaße d. Urschrift. Uebers. u. erläut. v. Rhart. Suchier. 10. Lfg. 4. Aufl. (3. Bd. S. 49—96.) 89..
15. Festkalender. Deutsch im Versmaße der Urschrift übers. u. erläut. v. E. Klußmann. 3. Lfg. 4. Aufl. (S. 65—112.) 898.
18. Klagelieder. Deutsch im Versmaße d. Urschrift v. Alex. Berg. 1. Lfg. 4. Aufl. (S. 1—32.) 895.
21. Briefe aus Pontus. Deutsch im Versmaße d. Urschrift von Alex. Berg. 1. Lfg. 3. Aufl. (S. 1—32.) 895.

— Werke. 11., 14. u. 28.—32. Lfg. 8. Berlin, Langenscheidt's Verl. à n. — 35
11. Metamorphosen. Deutsch im Versmaße der Urschrift. Übers. u. erläutert v. Rhart. Suchier. 11. Lfg. 4. Aufl. (3. Bd. S. 97—144.) (902.)
14. Festkalender. Deutsch im Versmaße der Urschrift. Übers. u. erläutert v. E. Klußmann. 2. Lfg. 5. Aufl. (S. 17—64.) (900.)
28—30. Kunst zu lieben. (Ars amandi.) Deutsch im Versmaße der Urschrift. Übers. u. erläutert von Alex. Berg. 1.—3. Lfg. 3. Aufl. (2. Bd. S. 1—136.) (899. 900.)
31. 32. Briefe der Heroiden. Deutsch im Versmaße der Urschrift v. Alex. Berg. 1. u. 2. Lfg. 2. Aufl. (S. 1—96.) (901. 902.)

— Werke. 5., 12., 15., 16., 20., 22., 23. u. 25.—29. Lfg. kl. 8. Berlin-Schöneberg, Langenscheidt's Verl. à n. — 35
5. Metamorphosen. Deutsch im Versmaße der Urschrift. Uebers. u. erläutert v. Rhart. Suchier. 5. Lfg. 5. Aufl. (3. Bd. S. 1—32.) (904.)
12. Dasselbe. 12. Lfg. 4. Aufl. (3. Bd. S. 145—181.) (904.)
15. Festkalender. Deutsch im Versmaße der Urschrift. Uebers. u. erläutert v. E. Klußmann. 3. Lfg. 5. Aufl. (S. 65—112.) (905.)
16. Dasselbe. 4. Lfg. 4. Aufl. (S. 113—160.) (903.)
20. Klagelieder. Deutsch im Versmaße der Urschrift v. Alex. Berg 3. Lfg. 4. Aufl. (S. 81—126.) (903.)
22. 23. Briefe aus Pontus, Halieutika, Ibis. Deutsch im Versmaße der Urschrift Uebers. u. erläutert v. Alex. Berg. 2. u. 3. Lfg. 3. Aufl (2. Bd. S. 33—128.) (903. 905.)
25.—27. Liebesgesänge. Deutsch im Versmaße der Urschrift v. Alex. Berg. 1.—3. Lfg. 3. Aufl. (S. 1—130.) (903.)
28. 29. Kunst zu lieben (Ars amandi.) Deutsch im Versmaße der Urschrift. Uebers. u. erläutert v. Alex. Berg. 1. u. 2. Lfg. 4. Aufl. (S. 1—96.) (905. 906.)

Ovidius Naso, P., Werke. 1. 3. 8.—11. 13. 14. 16. 17. 19.—22. 24. 26. 27. 30. u. 31. Lfg. kl. 8. Berlin-Schöneberg, Langenscheidt's Verl. à — 35
1 Metamorphosen. Deutsch im Versmaße der Urschrift übers. u. erläutert v. Rhart Suchier. 1. Lfg. 8. Aufl. (1. Bd VIII u. S. 1—32.) (908).
3. Dasselbe 3. Lfg. 7. Aufl. (S. 81 128.) (907.)
8–11 Dasselbe 8.—11. Lfg. 5. Aufl. (2. Bd. S. 128- 174 u 3. Bd. S. 1—144.) (909. 08. 10.)
13. Festkalender. Deutsch im Versmaße der Urschrift. Übers. u erläuter v. E. Klußmann. 1. Lfg. 5. Aufl (XVI u. S. 1 16) (907.)
14. Dasselbte. 2. Lfg. 6. Aufl. (S. 17—64.) (908.)
16. Dasselbe 4. Lfg. 5. Aufl. (S. 118—160.) (910.)
17 Dasselbe. 5. Lfg. 4. Aufl. (S. 161—214.) (907.)
19. 20. Klagelieder. Deutsch im Versmaße der Urschrift v. Alex. Berg. 2 u 3. Lfg. 5. Aufl. (S. 33—126.) (909.)
21. 22. Briefe aus Pontus. Deutsch im Versmaße der Urschrift, übers. u. erläutert v. Alex. Berg. 1 u. 2. Lfg. 4. Aufl. (S 1—80.) (908. 10.)
24. Ibis. Deutsch im Versmaße der Urschrift, übers. u. erläutert v. Alex. Berg. 2. (Schluß-)Lfg. 3. Aufl. (S. 129—164.) (908.)
26. 27. Liebesgesänge. Deutsch im Versmaße der Urschrift, übers. u. erläutert v. Alex. Berg. 2. u. 3. (Schluß-)Lfg. 4. Aufl. (S. 49—130) (909. 10.)
30. Kunst zu lieben. (Ars amandi.) Deutsch im Versmaße der Urschrift. Übers. u. erläutert v. Alex. Berg. 3. Lfg. 4. Aufl. (1 Bd. S. 97—136.) (907.)
31. Briefe der Heroiden. Deutsch im Versmaße der Urschrift v. Alex Berg. 1. Lfg. 3. Aufl. (1. Bd. S. 1—48.) (910.)

—— dass. — Präparation, s. Freund's Schüler-Bibliothek.

— in Auswahl. Metamorphosen u. eleg. Dichtgn. Für die Schule. Mit erklär. Anmerkgn. v. Hugo Magnus. 2. Aufl. 2 Tle. 8. Gotha 910. F. A. Perthes. Geb. 3. 10
1. Text. (XIII, 142 S.) Geb. 1. 30
2. Kommentar. (V, 164 S.) Geb. 1. 80

— erotische Werke, s. Sammlung griechischer u. römischer Classiker.

— — Erotische Werke, übers. von (Alexander) Berg 3 Thle. Stuttgart 1866. 8°. (1 fl. 20 xr. Haerpfer, Prag, vor 1885.)

— Werke von der Liebe, nach Blumauer travest. v. Schaber. 3 Bdch. 8. Brönner. 794.

— Werke von d. Liebe, nach Art Blumauers, travest. v. Karl Wlh. Fr. Schaber. 3 Bdchen. 8. Berl. u. Lpz. 795. (Brönner in Frankf. a. M.) 2 ₰

— sämmtl. Werke, 5 Bde. 8. Frankf. a. M. 797—825. Hermann. 5 ₰ 20 gl Hbg. Pr. 2 ₰ 22 gl (1r Bd., die Verwandll., übers. v. Heynemann. 1 ₰ 12 gl Hbg. Pr. 18 gl Schrbp. 1 ₰ 20 gl — 2r Bd. Die Heroiden, übers. v. N. G. Eichhof. 798. 20 gl Hbg. Pr. 10 gl Schrbp. 1 ₰ — 3r Bd. die Festkalender, übersetzt v. J. P. Krebs. 799. 20 gl Hbg. Pr. 10 gl Schrbp. 1 ₰ — 4r Bd. Klagegesänge, übersetzt v. N. G. Eichhof. 799. 20 gl Schrbp. 1 ₰ — 5r Bd. Briefe aus d. Pontus, übersetzt v. N. G. Eichhof. 823. 1 ₰ Hbg. Pr. 12 gl)

— lehrreicher Zeitvertreib in Ovidian. Verwandlungen, s. Jh. Gli. Lindner.

Ovids Schicksale während seiner Verbannung, m. K. 8. Riga, Hartmann. 809.

Ovin, J. Herm., vom Abendmahl. 12. Elberfeld. 718.

— dreyfache Krone der Heiligen. 8. Ebend. 720.

— heilige Siegeskränze: oder Leichenpredigten. 8. Ebend. 718.

— hieroglyph. oder Sinnbilderpredigten. 8. Ebend. 718.

Ovsjannikov, Filip Vasil'evic

Owsiannikow, Ph., üb. das 3. Auge bei Petromyzon fluviatilis, nebst einigen Bemerkgn. üb dasselbe Organ bei anderen Thieren, s.: Mémoires de l'académie impériale des sciences de St.-Pétersbourg.

Owsjannikow, Ph., ein Beitrag zur Kenntniss der Leuchtorgane von Lampyris noctiluca, s. Mémoires de l'académie impér. des sciences de St.-Pétersbourg. 7. Série, Tome XI. Nr. 17.

Owsjannikow, Phil., disquisitiones microscopicae de medullae spinalis textura, imprimis in piscibus factitatae. Dissertatio inauguralis. Accedunt tab. III cupro expressae. Dorpati Liv. 854. (Glaeser.) gr. 8. (51 S.) n. 18 ngr

— über das Gehörorgan von Petromyzon fluviatilis, s. Mémoires de l'académie impér. des sciences de St.-Pétersbourg.

Über die **Nervenelemente** und das Nervensystem des Flusskrebses (Astacus fluviatis[!]/ Von Ph. Owsiannikow [Filip Vasil'evič **Ovsjannikov**]. Mit 1 Taf. *St.-Pétersbourg Acad. Imp. d. Sciences 1900.* (29 S.) 4°
= **Mémoires** de l'Académie Impériale d. sciences de St.-Pétersbourg Ser 8. Classe physico-mathem. Vol. 10, No 2 (04. 1908

Owsjannikow, Ph., über die Rinde des Grosshirns beim Delphin und einigen anderen Wirbelthieren, s. Mémoires de l'Académie impériale des sciences de St.-Pétersbourg.

Owsjannikow, Ph., das Rückenmark u. das verlängerte Mark des Neunauges. (32 S. m. 1 Taf.) gr. 4. St.-Pétersbourg 903. (Leipzig, Voss' Sort.) n. 2. —
Sonderabdruck aus: „Mémoires de l'acad. des sciences de St.-Pétersb."

Owsiannikow, Ph., Studien üb. das Ei, hauptsächlich bei Knochenfischen, s.: Mémoires de l'académie impériale des sciences de St. Pétersbourg.

—— und A. Kowalevsky, über das Centralnervensystem und das Gehörorgan der Cephalopoden, s. a. Mémoires de l'académie impér. des sciences de St.-Pétersbourg. 7. Série, Tome XI. Nr. 3.

Owsjannikow, P. u A. **Kowalevsky,** über das Centralnervensystem und das Gehörorgan der Cephalopoden. St. Petersb. 4. *36 p m 5 Kupfertafeln u. eingedr Holzschn.* 1867
Schul-/Univ.-Schrift

Ow, Ant. Frhr. v., Hom, der falsche Prophet aus noachitischer Zeit. Eine religionsgeschichtl. Studie. (XVI, 527 u. 8 S.) gr. 8. Leutkirch 906. (J. Bernklau.) n. 9. —

Ow, Ant. Casimir Nikol. v., Cäcilia oder die Tradition der sixtinischen Kapelle in Rom. Historischer Roman. Eine Reliquie. München 862. Lentner. 12. (2 Bl., 104 S.) $7\frac{1}{2}$ ngr

— katholische Erzählungen. Neue Ausg. München 863. J. A. Finsterlin. 8. (IV, 118 S.) 6 ngr

Ow, Ant. Casimir Nikol. Frhr. v., Gleichnisse u. Schilderungen. Katholisches Lesebuch für deutsche Schulen. 2. (Titel-)Ausg. München (859) 66. J. A. Finsterlin. 8. (IV, 118 S.) cart. 4 ngr

Ow, Baron, katholisches Lesebuch für Landschulen und Landvolk. 1. Bdchn. 8. (IV und 118 S.) München 859, J. A. Finsterlin. *

Ow, Josef von

Ow, J. Bar., die Abstammung der Griechen und die Irrthümer und Täuschungen des Dr. Ph. Fallmerayer. Mit einem Anhange über Sprache, Volk und Fremdherrschaft in Griechenland. gr. 8. (IV und 240 S. mit 1 lithogr. Karte des nordwestl. Theiles von Attika in gr. 4.) München 847, Franz.

Ow, J. Bar., Aufzeichnungen eines Junkers am Hofe zu Athen, s. Aufzeichnungen.

Ow, J. Bar. — Aufzeichnungen eines Junkers am Hofe zu Athen. Nach seinem Tode herausgegeben von — —. 1. Band. (VI, 260 S.) 2. Band. (2 Blätter, 216 S.) 8. Wien. Gedruckt bei Leop. Sommer. Pesth, Wien und Leipzig. Hartlebens Verlags-Expedition. 1854.

Ow, Josef Baron, k. k. Rittm. Geschichte des k. k. Erzherzog Ferdinand 3. Husaren-Regiments. Auf Befehl des k. k. Generals der Cavallerie und zweiten Regiments-Inhabers August Grafen v Veesey-Hainacskeö, aus den Feldacten des Kriegs-Archives zusammengestellt und bearbeitet. 8. Saros Patak 1843.

Ow, J. Bar. v. Geschichte des k. k. Erzherzog Ferdinand 3. Hus.-Reg.
o. O. 1852. 156 S. 4°

Ow, Jos., Mesolonghi. Trauerspiel in 4 Akten. Innsbruck 860. (München, J. A. Finsterlin.) gr. 8. (VIII, 85 S. u. 2 lith. Taf.) n. 1 Thlr

Ow v. M. (Freiherr auf Wachendorf,) Uebersicht d. Verhandlungen des landwirthschaftlichen Bezirks-Vereins zu Rottenburg a. Neckar in den Jahren 1818 bis Ende 1822. 8. Rotweil 823, Herder.

Ow, Sigm. Frhr. v., das Walten der göttlichen Vorsehung im Laufe der 50 Bischofs-Jahre unseres hl. Vaters Leo XIII. Rede bei der Festfeier im St. Erhardihause zu Regensburg am 5. März 1893. 12. (32 S.) Regensburg 893. J. Habbel. n. -- 20

Ow-Wachendorf, Wernher Frhr. v., koloniale Minenunternehmgn. Ein kurzer Überblick üb. Technik u. Bewertg. f. Kolonialfreunde u. Kapitalisten. Mit 1 Erläuterungstaf. (28 S.) gr. 8. Berlin (909). Verlag f. Börsen- u. Finanzliteratur. 1.50

Owczynnikow, Piotr. Nachrichten aus Bielokernitza. Czernowitz: Pardini 1898.

Oewel, J. Maria, er ist fort, der gefährliche Dr. Schütte! Eine Triumphrede auf seinen Fortgang und der Geschichte Rückgang. gr. 8. (4 S.) Wien 848, Sallmayer und Comp.

Owen, Ashford, Georgy Sandon. Histoire d'un amour perdu. Traduit de l'anglais par E. D. Forgues. (Bibliothèque choisie. Vol. 312.) 16. (152 S.) Paris 859. [Naumburg, Paetz.]

Owen: — a waif, s. Collection of British authors.

Owen, Ch.

— — Schauplatz der Betrügereyen. Leipz. 715. 8.

Owen, D. Report of the geological society of Kentucky. Frankfurt. 1861

Owen, F R. S. Report on the Archetype and Homologies of the Vertebrate Skeleton. (Aus d. Report of the Brit. Assoc. for the Advancement of Sc.)

Owen, H. Ernst, Lust am Gesetz des Herrn, od. Erkl. d. 5 B. Mosis. 4. Brem. Jäger. 730.

Owen, John

— Betracht. üb. die Herrlichkeit Christi. 8. Königsb. Zeise. 747.

— epigrammatum delectum fecit et acutis ingeniis etc. (C. P. Fröbel.) 32. Rudolst. 820. Hofbuchhandl. 16 Ngr

— Epigrammata. Ed. postrema Breslau, Fellgibel. 1705. 12° *Gestochenes Porträt, Kupfertitel*, 235 S. HPgt. d. Z.Titel mit 2 kl. Besitzvermerken. Etwas gebräunt.

— — 8. Strasb. Levrault.

Owen, I., Epigrammata. 12. Bresl. 743.

Oweni, Jh., epigrammata; edit. nova posth. quibusd. adaucta. 8. Basel 781. Schweighäuser. 15 Ngr

— epigrammata. 8. Amberg 811. Uhlmann. 6 Ngr

— Epigrammata selecta: mit den vorzüglichsten deutschen Uebersetzungen u. Nachahmungen verschiedener Verfasser, hrsgg. v. K. H. Jördens. 8. Leipz. 813. (Brockhaus). 16 Ngr

Oweni Epigrammata selecta; mit den vorzüglichsten deutschen Uebersetzungen und Nachahmungen verschiedener Verfasser, herausg. v. K. H. Jördens. 8. Leipz. Gleditsch. 813. —

Owen, Joa., epigrammata selecta CCCLXX. 870 ausgewählte Sinngedichte. Verdeutscht nach der Weise Friedr. v. Logau's durch J. L. B. gr. 8. (XIII und 106 S.) Nördlingen 863, Beck'sche Buchh.

— epigrammata ad usum juventutis stud. selecta cum annotationibus. Cöln. Imhoff-Schwarz. Postp. 10 Ngr

Oweni, (Jo.,) libellus epigrammatum ad Fridericum Ulricum Ducem Brunsvic. Acced. P. Flemmingii carmina aliq. ined. Ex authographis edid. Fr. A. Ebert. 8. Lips. 824, Steinacker. 8 gr. Velinp.

Owen, Jh., Reisen durch Europa; aus d. Engl. gr. 8. Leipz. 797. Weygand. 1 Thlr 20 Ngr

Owen, Jones

— — Grammatik der Ornamente, illustrirt mit Mustern von den verschiedenen Stylarten der Ornamente in 112 Tfln. London (Day u. Sohn). Leipzig (L. Denicke). Fol. (Goldschnitt.)

Owen, Rich., Abhandlung üb. d. Perlboot (Nautilus pompil. L.), mit Beleuchtungen sein. äußern Gestalt u. d. innern Baues. 4. (7 B. u. 4 Stnt.) Leipzig 836, Brockhaus. *
Aus: Isis v. Oken, Jahrg. 1835. 1. Hft., besond. abgedruckt.

Owen, Rich., Odontography; or, a treatise on the comparative anatomy of the teeth; their physiological relations, mode of developement, and microscopic structure, in the vertebrate animals, Illustrated by upwards of 150 Plates. Part. I. Cont.: Seven sheets of letter-press and fifty Plates, from drawings by Mr. J. Dinkel and engraved by Mr. L. Aldous. gr 4. London 840. Leipzig, T. O. Weigel In Mappe mit Bändern n. 21 1/6 Thlr — dass. in Lex.-8. Ebd. In Mappe mit Bändern n. 12 5/6 Thlr

Owen, Rob., eine neue Auffassg. v. der Gesellschaft. 4 Aufsätze über die Bildung des menschl. Charakters, als Einleitg. zu der Entwicklg. e. Planes, die Lage der Menschheit allmählich zu verbessern. Nach der 3. im J. 1817 in London erschienenen Ausg. übers. u. erklärt. von Osw. Collmann. gr. 8. (111 S.) Leipzig 900. C. L. Hirschfeld. n. 2. 50

Owen, Rob., das Buch d. neuen moral. Welt, enth. d. Grundsätze e. vernünft. Systems d. Gesellschaft, auf beweisbare Thatsachen begründet u. d. Constitution u. Gesetze d. menschl. Natur u. d. Gesellschaft enthüllend. N. d. 8. engl. Orig.-Aufl. übers. 16. (9 1/2 B.) Nordhausen 840, Fürst.

Owen, Rob. Dale, das streitige Land. [In 2 Thln.] Mit Autoris. d. Verf. übers. v. Greg. Const. Wittig u. hrsg. v. Alex. Aksákow. gr. 8. Leipzig 876. Mutze. à n. 6. —
1. Eine kritische u. experimentelle Untersuchung üb. den Beweis d. Uebernatürlichen. (XXXI, 338 S.)
2. Eine Adresse an die protestantische Geistlichkeit aller Länder u. Confessionen üb. den Verfall d. Protestantismus. (XI, 216 u. Anh. 130 S.)

Owenon, O'Donnel, ou l'Irlande, histoire nationale. III Vol. 12. Strasbourg, Treuttel et W. 815. Rthlr.

Owenson, Sidney. Glorwina, das wilde Mädchen in Ireland; a. d. Engl. Leipz. 1809. Ü: *Lindau, Wilhelm Adolph.* (NN) (GGr)

Owerlipp, J., Zobel a. D., s.: Dilettanten-Bühne.

O'Wickedone, P. R., Emporgepeitscht! Einschmelzen od. Totschlagen? Germania Gouvernante bei Israels? Zur arisch-jüd. Pantomime. 8. (III, 91 S.) Zürich 898. Verlags-Magazin. n. 1.—

Owinsk [Schlagwort]

Owinsk, s.. Geologische Karten. Preussen. 88.

Owitch, Alex, Welt-Briefmarkenhändler-Adressbuch. (Deutsch, französisch und englisch.) gr. 8. (XIV, 89 S.) Hamburg 878, (Kriebel.) cart. *

Das mittelenglische Streitgedicht Eule und Nachtigall [The Owl and the nightingale]. Nach beiden Hss. neu hrsg. zum Gebrauch in Vorlesungen u. Übungen (Textausg.) von Wilhelm Gadow. Berlin: Mayer & Muller 1909. 119 S. 8° [09. 14331

Owlglaß (Pseud.), s.a. Blaich, Hans Erich

Owlglaß, der saure Apfel, s.: Bibliothek Langen, kleine. 7x. Bd.

Owlglaß, (Hans Erich Blaich), Gottes Blasbalg. Verse. (88 S.) 8. München (910). A. Langen. 1.50; geb. 2. 50

Owmannii, M. M. L., Lotio manuum Iudaeis usitata. 8. Hamb. Bohn. 706.

O'Wohaus, des Otahiten, Reise durch Athen. 8. Dresd. 780. Hilscher. 8 gr.

O Wohaus Reisen, s. Reisen.

Owöžny, Alois, (Schneidermstr.,) die Maaßnehmekunst, oder die Kunst, sich ohne fremde Beihülfe das Kleidermaaß regelrecht u. gründlich nach einer ganz neuen, höchst einfachen u. leicht faßlichen Methode selbst nehmen zu können. 12. (Mit 2 Tab.) Znaim 843. (Wien, Jasper'sche B.) n. 1/6 Rthlr.

Owsepian, Garegin

Owsepian, Garegin: Die Entstehungsgeschichte des Monotheletismus nach ihren Quellen geprüft und dargestellt. *Leipzig 1897: Breitkopf & Härtel.* (56 S.) 8°
Leipzig, Phil. Diss. v. [15. Sept.] 1897

Die Entstehungsgeschichte des Monotheletismus nach ihren Quellen geprüft u. dargest. v Dr G. **Owsepian,** Archidiak. in Etschmiadzin. *Leipzig: Breitkopf & Hartel 1897.* (56 S.) 1 Bd 8. [97. 1368

Owsiannikow, Phil., s. Ovsjannikov, Filip Vasil'evic

Or, Karl, Richard Ollen, s.: Theater, neues Wiener.

Oxé, Augustus [Crucenacensis]: Prolegomena de carmine adversus Marcionitas. Lipsiae, apud Gustavum Fock, 1888; 64 S. 8°
Bonn, Phil. Fak., Inaug.-Diss. v. 9. Jun. 1888

Oxé, A., prolegomena de carmine adversus Marcionitas. gr. 8. (51 S.) Leipzig 888. Fock. n. 1. —

Oxé, *J. G.* Aug. [Dr.]: Der evangelische Religionsunterricht in Unter- und Obertertia
in **Lehrpläne** f. d. verschied. Unterrichtsfächer an d. Realgymn. zu Trier. Heft V Trier 1891

[Umschlagt.:] **Oxé,** *August* [Dr.]: Victorini Versus de lege domini. Ein unedierter Cento aus dem Carmen aduersus Marcionitas. Crefeld, Druck v. Kramer & Baum, *1894*, 3—20 S. 4.
Crefeld, G, OP 1894 (435)

Oxé, C. E. L., s. Oxe, K. Ed. Ludwig

Oxé, Ed. Ludw., s. Oxe, K. Ed. Ludwig

Oxé, Johann Georg August, s. Oxé, August

Oxé, K. Ed. Ludwig

Oxé, C. E. L. M. Terent. Varronis librorum de lingua latina argumentum percensuit. 36 S. 4° – Kreuznach, Progr. 1871

Oxe De M. Terent. Varronis etymis quibusdam commentatio. 29 S. 4°
Kreuznach, Progr. 1859

Oxé, K. E. L., observations sur Cinna, tragédie de Pierre Corneille. Progr. des Gymn. Kreuznach 1849. 4°. 26 S.

Oxé. De Sophoclis Trachiniis. 20 S. 4°
Kreuznach, Progr. 1851

Oxé, Ludwig

Oxé, L., s.a. Reden u. Aufsätze, maurerische.

Oxe, Ludw., Maurerische Reden und Aufsätze. Herausgegeben von Adolph von Jüterbogk. Erstes Heft. Neue ausgewählte hinterlassene Reden, gehalten in der ger. u. vollk. Loge z. d. „drei Verbündeten“ im Or. Düsseldorf von Redner Ludwig Oxé. Wiesbaden, Gestewitz. 1879. 8. 2 Bl. 64 S.
Kurze, mitunter auch anziehende Reden. Mittelgut. Weitere Hefte sind nicht erschienen

Oxé, L., neun ausgewählte hinterlassene Reden, s.a. Reden und Aufsätze, maurerische.

Neun ausgewählte hinterlassene Reden, gehalten in der ger. u. vollk. Loge zu den drei Verbündeten im Or.·. Düsseldorf von Ludw. **Oxé**. Wiesbaden: Gestewitz 1879. 64 S. 8°
(Maurerische Reden u. Aufsätze hrsg. von A. v. Jüterbogk. 1.)

[Dasselbe.] 2. Aufl. Ebendas. 1879. 64 S. 8°
Recens: FZ. 33 (1879) S. 14–15.

[3. Aufl. u. d. Tit.:]
Neun köstliche maurerische Reden von Ludw. Oxé. Gehalten in der ger. und vollk.·. Loge zu den „Drei Verbündeten" im Or.·. Düsseldorf. 3. Aufl. Frankfurt a. M.: Gestewitz 1886. 64 S. 8°

Oxenden, A., das Gebet im Kämmerlein. 95 Stn. 16. Basel, C. F. Spittler. 1874. —. 40

Oxenden, Ashton, der aufrichtige Communikant. Vorbereitg. auf das hl. Abendmahl. Uebers. v. Hedw. Medem. 2. Aufl. 12. (45 S.) Elbing 894. (Marienwerder, F. Bochnke.) Geb. in Halbleinw. m. Goldschn. n.n. 1. —

Der aufrichtige Kommunikant [The earnest communicant]. Vorbereitung auf d. heil. Abendmahl von Rev Ashton **Oxenden**. Uebers. von Hedwig Medem. 3. Aufl. Berlin: Schriftenvertriebsanst. [1903]. (47 S.) 8° [F.]
[03. 15543

Oxenden, Ashton, der gewissenhafte Communikant. Vorbereitung auf das heil. Abendmahl. Aus dem Engl. übertragen von Hedwig Medem. Marienwerder 869. Max. gr. 16. (75 S.) In engl. Einb. n. 10 ngr.

Oxendorf, Dan. Heinr., des Kindes erstes Schulbuch. gr. 8. (68 S., wovon 26 lith.) Bernburg 852, Gröning. n. 6 ngr.

Oxenford, John, Esq., my fellow clerk, s.: Theatre, modern English comic.

Oxenford, J., a quiet Day, s. Theatre, modern English comic.

Oxendorf, J., a day well spent, s. Behnsch.

Oxenford, John, a day well spent, s. Theatre, modern english comic.

Oxenford, John, a day well spent. A farce, in 1 act. Ein Beitrag zur Kenntniß der englischen Umgangssprache mit erläuternden Bemerkungen herausg. von Behnsch. Breslau 855. Kern. 16. (47 S.) 5 ngr.

— die beiden Waisen. Drama in 8 Bildern u. 6 Akten. Aus dem Engl. 8. (90 S.) Budapest 877. Grill. n. 3. —

Oxenius, Richard: Ueber nervöse Nachkrankheiten nach unvollkommener Erstickung. *Kiel 1897: P. Peters.* (25 S.) 8°
Kiel, Med. Diss. v. [20. Dez.] 1897

Oxenstierna, Gabriel Thureson Graf von

— kurzer Begriff, od. Auszug d. Gedanken. 8. Nürnb. 755. Lochner. 20 gr.

Oxenstierna, Graf v., Betrachtungen u. Aussprüche üb. versch. Gegenstände der Moral, Lebensklugheit u. Menschenkenntniß. Zur Belehr. f. Jedermann. A. d. Franz. 8. (5½ B.) Quedlinburg 830, Ernst.

Oxenstierna, Gabriel Thureson comte de. Gedanken über verschiedene Gegenstände; a. d. Franz. . . . Zeitz 1800. Ü: *Bernewitz, Friedrich Wilh. von.* (MGT)

Oxenstierna, Graf von, Gedanken über versch. Gegenst. a. d. Frz. 2 Bde. 16. Zeiz, Webel. 800. Rthlr.

— Gedanken über verschied. Gegenstände. 2 Bde.; aus d. Französ. 16. Zeitz. 808. Webel. 1 ℛ

— Lobrede auf Gustav III.; aus d. Schwed. v. K. G. Gröning. 8. Leipz. 795. (Wienbrack). 1 ℛ

— Pensées sur divers sujets de morale. II Tom. 8. Frankf. a. M. 754. Varrentrapp. 1 ℛ 4 gr.

[**Oxenstirn**, Graf Gabriel Tureson von] Der rabbinische Rationalismus. Eine Unterredung des Grafen Gabriel Tureson von Oxenstirn mit dem Rabbiner Isai Vita Cantarini aus Padua (169.) Aus dem Französischen mit Textbeilagen. Mit Vorwort, Einleitung und Anmerkungen von Samuel Müllinger. Wien 1889

Oxenstierna, J G,
s. Oxenstierna, Gabriel Thureson Graf von

Oxenstirn, Gabriel Thureson von, s. Oxenstierna

Oxhöft [Schlagwort]

Oxhöft, s.: Preussen. Messtischblätter.

Oexle, G. J., neueste u. vollständig. Billard-Regeln. 1 Tabelle in gr. Imper.-Fol. Augsb. 826. v. Jenisch u. St. 1 ℛ

Oxley, John, neueste Forschungsreisen im Innern u. an der Küste v. Neu-Südwallis, auf Befehl der Britt. Regierung in d. J. 1817, 1818 u. 1819 unternommen. Im Ausz. bearb. nach d. Englischen. gr. 8. Jena 821. Bran. 15 gr.

Oexmann, Heinr., Barzahlung u. Kreditverkehr in Handel u. Gewerbe im rheinisch-westfälischen Industriebezirk, s. a. Studien, Münchener volkswirtschaftliche. 78.

Oexmann, Heinrich Barzahlung und Kreditverkehr in Handel und Gewerbe im rheinisch-westfälischen Industriebezirk. Stuttgart 1906: Union. (VIII, 67 S.) 8° ¶ (= Münchener volkswirtsch. Studien Stück 78.)
München, Staatswirtsch. Fak., Ref. Lotz, Diss. v. 16. Febr. 1906
[Geb. 30. Juli 82 Stolp, Pomm., Wohnort: Dortmund, Staatsangeh.: Preußen; Vorbildung: Realgymn. Chemnitz Reife O. 03, Studium: Münster 4, München 2 S., Rig. 16. Febr. 06.]

Barzahlung und Kreditverkehr in Handel und Gewerbe im rheinisch-westfälischen Industriebezirk von Heinrich **Oexmann**. Stuttgart & Berlin J. G. Cotta Nachf. 1906. (X, 67 S.) 8°
— **Studien,** Münchener Volkswirtschaftliche. Stück 78. [06. 8071 8

Oxner, Mieczyslaw, aus Ruda-Guzowska, Russisch-Polen: Ueber die Kolbenzellen in der Epidermis der Fische, ihre Form, Verteilung, Entstehung und Bedeutung. Mit 5 Tafeln und 1 Figur im Text. Jena 1905. 60 S. 8°. S.-A a. „Jenaische Zeitschr." Bd. 40. Heft 3. [13. XI. 05.]
Zürich Phil Diss. II. S. 1905/1906.
Exemplare mit Tafeln nicht für den Austausch.

Oxyrhynchia, hellenica, cum Theopompi et Cratippi fragmentis. Recognoverunt brevique adnotatione critica instruxerunt Bernardus P. Grenfell et Arturus S. Hunt. (VIII, 171 S.) 8. Oxford (909). Clarendon Press. nn 4. —

Oyamada, Motoi: Ueber Gastrostomien aus der Chirurgischen Klinik zu München ⟨1903—1909 incl.⟩ München 1910: Kastner & Callwey. 73 S. 8°
München, Med. Diss. v. 8. Nov. 1910, Ref. v. Angerer
[Geb. 7 Mai 82 Chiba, Wohnort Chiba, Staatsangeh Japan; Vorbildung: Kinjochugakko Tokio Reife April 99, Studium Kanazawa Med. Akad. 8, Tokio u. Kioto 9, München 1 S., Rig 8 Nov 10.] [U 11 3705

Oybin, der, mit 12 malerischen Ansichten des Berges, der Kloster-, Kirchen- u. Burgruinen nach der Natur aufgenommen u. lith. von C W Arldt, nebst einer von demselben lith. älteren Ansicht der Kloster- u. Kirchenruinen, einer Abbildg. der Kirchensiegel ꝛc mit Hinzufügung einer geschichtlich-topograph. Erläuterung von Ed. Sommer. qu. gr 4. (13 lith. Taf., 1 lith Titel u 24 S. Text) Dresden 847, Grimm. 5/6 ₰; Chines Pap. 1 1/6 ₰

Oyé, C. W., der junge Deutsche in Amerika, f. d. Jugend-Bibliothek, herausg. von Nieritz.

Oyé, C. W., der junge Deutsche in Amerika. Eine Erzählung für die Jugend. 8. (170 S.) Leipzig 855, Voigt und Günther.

Oyen Johannes Über die Betonung der deutschen Wörter und die Quantität ihrer Silben 4 XIV S.) **Progr.** Rg Tarnowitz 1887 (208)

Oyen: Ueber die neuhochdeutsche Schriftsprache 8 S – Tarnowitz R I Od, Progr 1871

OYEN, Joseph (Hildesheim): Profectus doctrinae christianae num sit et qualis. (Titel nach der Urkunde)
20.3.1858 - Urk; F 44
Diss. Ingolst.-Landsh.-Mchn.

Oyen, Leonhard, pract Tierarzt aus Reichthal i. Schl Der chordotonale **Sinnesapparat** des Bacillus Rossi. *Leipzig 1901: O. Schmidt.* (31 S.) 8
Leipzig, Phil. Diss v [29. Jan.] 1901

Versuch einer glacial-geologischen Systematik Von P[eter] A[nnaeus] **Øyen.** Christiania J. Dybwad in Comm. 1904. (20 S.) 8°
— **Forhandlinger** i Videnskabs-Selskabet i Christiania. 1904, No 7 [06. 13807

Oyex-Delafontaine, E., nouveau vocabulaire français-allemand avec phraséologie. 8. (VIII, 401 S.) Wien 883, Manz'sche Hofverlagsh. *

Bad Oeynhausen, Westfalen. 10. völlig umgearb. Aufl. Mit vielen Abb., 1 Pl. d. Stadt Oeynhausen, 1 Übersichtskarte d. Bahnverbindungen u. 1 Karte d. Umgebung d. Bades. Hrsg von d. Kgl. Badeverwaltung. (Oeynhausen Kgl. Badeverwaltung) 1908. (77, 40 S.) 8° [08. 17230

Oeynhausen u. seine Indicationen. Festschrift, bei Gelegenheit d. 50jähr. Jubiläums d. Bades hrsg. v. d. Aerzten d. Bades: Cohn, Huchzermeyer, Koch, Lehmann, Lehmann jun., Oetker, Reckmann, Rinteln, Rohdon, Sauerwald, Voigt. gr. 8. (32 S.) Oeynhausen 895. G. Ibershoff. n. — 50

Oeynhausen, A. v., während Mamas Badereise u. andere Geschichten f. die Jugend. 8. (VII, 174 S.) Hanau 903. Clauß & Feddersen. Geb. n. 3. —

Oeynhausen, B. v., Beitrag zur Lösung der Frage üb. Landespferdezucht. 8. (IV, 75 S.) Wien 874. F. Beck. n. 2. —

Oeynhausen, B. v., Einiges aus dem Gebiete der Reitkunst und Pferdekenntniß Ein nützliches Hilfsbuch für alle Nichtfachmänner; ganz besonders berechnet für berittene Offiziere der Infanterie. 2., neu durchgesehene Aufl. Mit 1 lithogr Tafel. gr 8 (IV 87 S.) Wien, Gerold 1861. 1 fl.

Oeynhausen, B. v., Fragen und Antworten zur Abrichtung des Reiters und Pferdes für den Militärgebrauch. gr. 4. (67 S.) Wien 865, (Seidel und Sohn.) *

Oeynhausen, B. v., Gang des Pferdes und Sitz des Reiters. qu. gr. 4. **Wien 869. Kassel, Klaunig.** cart. *

— Gang des Pferdes und Sitz des Reiters. Als Fortsetzung des: „Der Pferdeliebhaber". Orig.-Zeichnungen mit erläut. Texte. qu. gr. 4. (30 S. mit 53 Stnt., wovon 1 in Buntdr. und 52 in Tondr.) Wien 869, Seidel und Sohn. cart. *

Oeynhausen, B. v., Leitfaden zur Abrichtung von Reiter und Pferd, nebst der Zäumungslehre und einem Anhange über Schulreiterei. 2. Aufl. 1851. * 1 Thlr. 20 Ngr. und 3., unveränd. Aufl. gr. 8. (XI und 143 S. mit 5 Stnt. in 4.) Wien 852, (Heubner.) Thlr. *

v. Oeynhausen, B., Leitfaden zur Abrichtung von Reiter u. Pferd, nebst der Zäumungslehre u. einem Anhang üb. Schulreiterei. Zum Behufe seiner theoret. Vorträge am k. k. Militär-Central-Equitations-Institute. 2. verm. u. verb. Aufl. gr 8. (XII u. 145 S. m. 5 lith. Taf. in 4. u. gr. 4.) Wien 851, Heubner in Comm. n. 1 2/3 ₰ — 3. unveränd. Aufl. gr. 8. (XII u. 143 S. m. 5 lith. Taf. in 4.) Ebd. 852, in Comm. n. 1 1/3 ₰

— Leitfaden zur Abrichtung v. Reiter u. Pferd, nebst der Zäumungslehre u. e. Anh. üb. Schulreiterei. 4. unveränd. Aufl. gr. 8. (X, 141 S. m. 5 Taf. in gr. 8. u. qu. 4.) Wien 873. Seidel & Sohn. n. 4. —

Oeynhausen, B. v Sichere Methode für jedes Pferd eine passende Zäumung zu finden nebst Anwendung derselben für Militärpferde. Mit 1 Taf. Wien 1863. 38 S

— der Pferdeliebhaber Ein Handbuch über Pferdekenntniss im weiteren Sinne. Für Besitzer, Züchter u. Liebhaber der Pferde in allen Ständen u. Ländern. Ebend. 865. gr. 8. (IV, 419 S. mit 9 Steintafl. in Tondr. in 4. u. 2 Blatt Erklärungen.) n. 3 ₰ 10 ngr

Oeynhausen, C von, s. Oeynhausen, Karl von

Oeynhausen, Frhr. Frdr. Adph. Ludw. v., Gedichte aus seinem Nachlaß. Ein Angedenken f. seine Freunde. Mit (photolith.) Portrait u. Nekrolog d. Verf. 8. (XI, 223 S.) Paderborn 872. F. Schöningh. n. 3. —

Oeynhausen, Hans Frhr von, Med.-Prakt.: Aus d. Frauenklin. d. Univ. Göttingen., Ueber einen Fall von Thoracopagus tetrabrachius. Mit 1 Taf Berlin 1908 Schumacher. 19 S 8° (Aus Archiv f Gynäkol. Bd 80, H. 1.)
Göttingen, Med. Diss. v. 14. Febr. 1909, Ref. Runge
[Geb. 9. Aug 74 Hildesheim, Wohnort. Hannover, Staatsangeh. Preußen; Vorbildung Gymn. Hannover Reife O. 92, Studium Marburg 4, Rostock 1, Göttingen 10 S, Coll 20. Dez. 07, Approb 18 Jan 09.] [U 09. 1319

Oeynhausen, Julius von

Oeynhausen, Jul. Graf v., fürstlich Blut. Ein Beitrag zur Genealogie d. Hauses der Welfen. gr. 8. (41 S.) Berlin 873. Mitscher & Röstell. n. — 75

Oeynhausen, Jul. Graf v., Geschichte des Geschlechts v. Oeynhausen. Aus gedr. u. ungedr. Quellen bearb. 1. Thl. Regesten u. Urkunden von 1036—1605. Mit 4 (lith.) Siegeltaff. u. 2 (lith.) Abbildgn. Paderborn 870. Schöningh. gr. 8. (VIII, 271 S. mit 5 Tabb. in qu. 4.) n. 2 ₰

Oeynhausen, Jul. Graf v., Geschichte d. Geschlechts von Oeynhausen. Aus gedruckten u. ungedruckten Quellen bearb. 2.—4. Thl. gr. 8. Frankfurt a/M., Rommel. n. 18.— (1—4.: n. 24.—)

2. Regesten u. Urkunden von 1616 bis 1832, nebst Nachträgen zum 1. Thl. (XV, 318 S., m. 2 Siegeltaf.) 887. n. 6.—
3. Biographische Bearbeitg., hrsg. v. Grotefend. (VI, 472 S. m. 2 Farbendr.- u. 1 Stammtaf.) 889. n. 8.-
4. Stammtafeln, nach der biographischen Bearbeitung aufgestellt v. Grotefend. (V S. mit 23 Stammtaf.) 890. n. 4.—

Oeynhausen, Graf J. v., Die Raben von Papenheim und von Canstein. Berlin 1873. 8. S.-A.

Oeynhausen, Karl von

Bemerkungen auf einer mineralogischen Reise durch Vor- u. Neu-Pommern. (Aus Karsten's Archiv für Bergbau und Hüttenwesen.) Vol. XV. Berlin. 1827. 8.

Oeynhausen, Carl von: „Beschreibung der gebräuchlichen Förderungs-Methoden auf den Kohlengruben im Bezirk des königlich preussischen märkischen Bergamts rücksichtlich der Verfahrungsweise und des Effects", handschriftlich, nebst Zeichnungen, 2 Bände, 1822. — Vorh. Preuß. Oberbergamt Dortmund — Text F. f. 31; Atlas N. d. 7

— s. die Berggeister.

(Oeynhausen, C. v.,) **die Berg-Geister. — Glück auf! Der Kgl. Preuss. gesammt. edeln Bergknappschaft zum neuen J. 1832. Alten Bergmannes treuer Anhänglichkeit erneutes Zeichen. (Gedicht. — M. 1 Stndr.) gr. 4. (4¼ B. ohne Pag.) Paderborn, (Wesener.)**

Oeynhausen (C. v.), Erläuterungen zu der geognostisch-geographischen Karte der Umgegend des Laacher Sees. Berlin 1847. 4.

Geognostische Karte von Oberschlesien und den angrenzenden Ländern. (Zu dessen geognostischer Beschreibung von Oberschlesien.) Essen 1822.

Oeynhausen, Karl von, H. v Dechen und De la Roche, Geognostische Karte der Rheinländer zwischen Basel und Mainz. — Carte géognostique des bords du Rhin, de Bâle à Mayence; 2 feuilles, avec une feuille de profils. Berlin 1825. (Br. Mus.)

Oeynhausen, C. v., geognostisch-orographische Karte der Umgebung des laacher See's. Fol. (8 lithogr. und ill. Bl. nebst: Erläuterungen dazu in gr. 4., 64 S.) Berlin 847, Schropp und Comp. *

v. Oeynhausen, C., geognostisch-orographische Karte der Umgebung des Laacher See's. Fol. (8 lith. u. color. Bl. nebst: Erläuterungen dazu in gr. 4., 64 S.) Berlin 848, Schropp & Co. n. 12 ₰

—— und H. v. Dechen, über Schienenwege in England. Bemerkungen, gesamm. auf e. Reise in den J. 1826 u. 1827. gr. 8. (16 B. u. 6 Stnt.) Berlin 829, Reimer.
Aus d. „Archiv f. Bergbau rc., hrsg. v. C. J. B. Karsten" besond. abgedruckt.

— H. v. Dechen u. H. v. La Roche, geognost. Umrisse d. Rheinländer zwischen Basel u. Mainz, mit besonderer Rücksicht auf das Vorkommen d. Steinsalzes. Nach Beobachtungen entworfen auf einer Reise im J. 1823. 2 Thle. mit geognost. Profilr. gr. 8. Essen 825. Bädecker. 4 ₰

von Oeynhausen, Carl. Versuch einer geognostischen Beschreibung von Oberschlesien und den nächst angrenzenden Gegenden von Polen, Galizien und Oestreichisch-Schlesien. Nebst einer geognostischen Charte und drei Specialabrissen. Essen 1822. XXXIV. 472 S. 8° Bädecker.

v. Oeynhausen, Wilhelmine, s. Worte mütterlicher Liebe.

v. Oeynhausen, Wilhelm., Freifrau, geb. v. Mengersen, Worte mütterlicher Liebe an meine Tochter. Eine Gabe für christl. Jungfrauen. Aus deren Nachlasse. Bearb. u. herausgeg. von Aug. Huth. 2. Aufl. 8. Frankfurt a/M. 845, Brönner. n. 1⅙ ₰

Oeynhausen, Wilhelmine v., Worte mütterlicher Liebe an meine Tochter. Eine Gabe für christliche Jungfrauen. Bearb. u. herausg. von Aug. Huth. 3. Aufl. Frankfurt a. M. 857 Brönner. 8. (XVI, 332 S.) n. 1 ₰.

Oeynhausen, Wilhelmine v., Worte mütterlicher Liebe an meine Tochter. Eine Gabe für christliche Jungfrauen. Aus dem Nachlasse der Verf. Bearb. u. herausg. von Aug. Huth. 4 Ausg. Frankfurt a. M. 864. Brönner. 8. (XVI, 332 S.) n. 1 ₰

d'Oyré. Rechenschaft über d. Vertheidigung u. Uebergabe von Mainz. Aus d. Franz. 4. Frankfurt 1793. — Ueb. d. Vertheidigung u. Uebergabe der Stadt u. Festung Mainz. A. d. Frz. 4. Mainz 1793. 3,00.

Ozanam's, Friedrich, Biographie, s. Hardy, E.

Anweilung, wie die geradlinichten Figuren nach einer gegebenen Verhältniſs ohne Rechnung blos Geometriſch auszutheilen ſind. Aus Herrn *Ozanams* Tractat de la diviſion des camps genommen. Nürnberg, Fleiſchmann. 4 Bog. Text. 3 Kupf. 1767.

Ozanam, ..., Feldmeßkunst, sowohl auf d. Feld als auf d. Papier. Französ. u. deutsch. 8. Berl. 779. (Haller in Bern). 8 ₰

Ozanam, A. F., die Begründung des Christenthums in Deutschland u. die sittl. u. geistige Erziehung der Germanen. Aus d. Franz. 8. (18¾ B.) München 845, Lit.-artist. Anstalt. *

Ozanam, A. F., Dante rc., s. Sammlung wichtiger philos. Werke aus d. kathol. Literatur der Franzosen.

Ozanam, A. F. Dante und die katholische Philosophie des 13. Jahrhunderts. Aus dem Französ. Münster 1844. Ü: *Lombard, Karoline.* (RASS I, 203) (Zeitschr. f. Büch. N. F. 15, 1923, S. 118)

Ozanam, A. F., Dante und die kathol. Philosophie des 13. Jahrhunderts. Aus dem Französ. Münster, Deiters, 1844, XXII, 379 S., gr. 8°, 4,50 Mk.
Recenss. Kuhn, Theol. Quartalschr. 1844, S. 292—303. Clemens, (Bonner) Kathol. Ztschr. f. Wiss. u. Kunst. Bd. 2 (1845), S. 371—84. Lutterbeck, Über Dantes Philosophie. Zu „Hermenien", unten, 10. Abhandlung. (Würzburger) Religions- u. Kirchenfreund 1846, Littbl. Nr. 12.

— Italiens Franciskaner-Dichter im 13. Jahrhunderte. Deutsch mit Zusätzen herausg. von Nikol. Heinr. Julius. Münster 853. Theissing. gr. 8. (XX, 301 S.) n. 1 ₰. 10 ngr.

Ozanam, J. A. F., allgem. mediz. Geschichte der epidem. ansteckenden u. epizoot. Krankheiten, die in Europa seit d. frühesten Zeiten, besonders seit dem 14. Jahrh. bis auf unsere Tage geherrscht haben; aus d. Französ. v. H. Brandeis. 1r Bd. gr. 8. Stuttg. 821. v. Cotta. 1 ₰ 4 gr

Ozanne, Fernand, conversations françaises de la vie pratique. 1 : **Lagarde, Louis.**

— Französische Gespräche aus d. tägl. Leben, s.: **Lagarde, Louis.**

Ozar Chochma. אוצר חכמה. Thesaurus scientiarum in lingua hebraica continens fundamenta omnium scientiarum. Sectio philosophica, in qua dicitur de logica, de metaphisica, de psichologia, de ethica, de aesthetica, de jure naturae et de philosophia religionis. *Wien* 1857. Gedruckt bei *J. Holzwarth.* 242 S. 8°.

Ozar Nechmad. אוצר נחמד Briefe und Abhandlungen, jüdische Literatur betreffend, von den bekanntesten jüdischen Gelehrten. Herausg. von *Ignatz Blumenfeld. Wien* 1856 u. 1857. Verl. von *J. Knöpfelmacher's* Buchhandl., vorher *Anton Edler v. Schmid*, Seitenstettengasse Nr. 495. I. u. II. Jahrg. 1856 und 57. 182 u. 245 S. 8°.
INHALT. **Erster Jahrg.** Briefe und Gedichte von *J. Reggio, S. L. Luzzato, J. Wahrmann, S. Bloch, S. Gentilomo, S. Vita Loll, Dr. Geiger, Della Torre, H. Wesel,* Rabbi *J. Halewy,* Rabbi *Moses ben Esra, Almanzi, Salomon Cohn, Is. Erter* — **Zweiter Jahrg.** Enthält Aufsatze, Briefe und Gedichte uber jüdische Geschichte und Literatur, Biographien einiger alten jüdischen Autoren, als Rabbi M., Kimchi, Don Isak Abarbanel, Rabbi D. Kimchi, verfasst von *Geiger, Luzzatto, Steinschneider, Reggio, L. Dukes* etc.

Ozar Nechmad. Briefe und Abhandlungen jüdische Literatur betreffend von den bekanntesten jüdischen Gelehrten. Herausg. von Ign. Blumenfeld. (In hebr. Sprache.) 3. Jahrg. 1860. Wien. (Leipzig, Haessel.) gr. 8. (VI, 188 S.) n. 20 ngr.

Ozar Richmod. Briefe und Abhandlungen. jüdische Literatur betreffend, von den bekanntesten jüdischen Gelehrten; herausgeg. von Ig. Blumenfeld. (In hebr. Sprache.) 3. Jahrg. 1860. gr. 8. (VI u. 188 S.) Wien. Knöpfelmacher geb. 1 fl. 20 kr.

Ozar Tob, hebräische Beilage zum Magazin f. d. Wissenschaft d. Judenthums, hrsg. v. A. Berliner u. D. Hoffmann. gr. 8. (45 S.) Berlin 886. (C. Boas Nachf.) n. 2. —

Ozean [Sachliches OW]

Ozean, atlantischer. Ein Atlas von 36 (lith. u. chromolith.) Karten, die physikal. Verhältnisse u. die Verkehrs-Strassen darstellend, m. einer erläut. Einleitung u. als Beilage zum Segelhandbuch für den atlant. Ozean. Hrsg. von der Direktion der Deutschen Seewarte. Fol. (IV, 11 S.) Hamburg 882. Friederichsen & Co. geb. n. 20. —

Atlantischer Ozean. Africa — Westküste. Hrsg. von der Nautischen Abtheilung des Reichs-Marineamts. Berlin.
Kamerun-Mündung. 1 100000. (No. 101
1890, 1 Bl. c. L., 1893, 1 Bl. c. A., 1896, 1 Bl. K.
Wallisch-Bai. 1 30000. (No. 115). 1891. 1 Bl. c. L.
Der Hafen von Kamerun und seine nördliche Fortsetzung. 1 : 15000. No. 119. 1892. 1 Bl. Photolith.
Die Küste von Kamerun von der Kamerun- bis zur Nyong-Mündung. 1 100000. (No. 134). 1897. 1 Bl. c. L.

Deutsche Seewarte. Atlantischer Ozean. Ein Atlas von 39 Karten, d. physikal. Verhältnisse u. d. Verkehrs-Strassen darstellend, mit e. erl. Einl. u. als Beilage z. Segelhandbuch f. d. Atlant. Ozean. Hrsg von d. Direktion. (Vorr: Dr [Georg] v. Neumayer.) **2. Aufl.** *Hamburg: L. Friederichsen & Co. 1902.* (VI, 9 S., 39 Taf.) gr 2°

Indischer Ozean. Ein Atlas von 35 Karten, die physikalischen Verhältnisse und die Verkehrs-Strassen darstellend, hrsg. von der Direction der Deutschen Seewarte. Hamburg 1891. 1 Bd. c. L. mit Text.

Indischer Ozean. Afrika — Ostküste. Hrsg. von der Nautischen Abtheilung des Reichs-Marineamts. Berlin.
Hafen von Dar es Salaam. 1 : 7 500. (No. 110). 1888 u. 1893. Je 1 Bl. c. Photolithogr.
Moa-Bai. 1 : 20 000. (No. 120). 1893. 1 Bl. c. L.
Mansa-Bai. 1 : 20 000. (No. 121). 1894. 1 Bl. c. L.
Hafen von Tanga. 1 : 7 500. (No. 124). 1894. 1 Bl. c. K.
Mwambani-Bai. 1 : 25 000. (No. 123). 1894. 1 Bl. c. L.
Pangani-Mündung. 1 : 12 500. (No. 118). 1895. 1 Bl. c. L. Ff.
Pemba-Kanal. 1 : 150 000. (No. 122). 1895. 1 Bl. K. Ff.
Lindi-Bucht. 1 : 25 000. (No. 125). 1896. 1 Bl. K. Ff.
Lindi-Bucht bis Cap Delgado. 1 : 150 000. (No. 131). 1897. 1 Bl. K.
Zanzibar-Kanal. Nördlicher Theil. 1 : 150 000. (No. 126). 1897. 1 Bl. K.
Zanzibar-Kanal. Südlicher Theil. 1 : 150 000. (No. 127). 1897. 1 Bl. K.

Stiller Ozean. Hrsg. von der Nautischen Abtheilung des Reichs-Marineamts. Berlin.
Samoa-Inseln. Mittlerer Theil der Nordküste von Upolu. 1 . 50000. (No. 106). 1888. 1 Bl. c. L.
Samoa-Inseln. Upolu. Satatu-Bucht. 1 20000. (No. 108). 1888. 1 Bl. c L.
Samoa-Inseln. Upolu. Hafen von Apia. 1 10000. (No. 107). 1888.
Desgl. Ausgabe von 1895. 1 7500.
Je 1 Bl. c. L.
Bismarck-Archipel. Herbertshöh. 1 4000. (No. 116) 1891. 1 Bl. L. NC.
Kaiser Wilhelms-Land. Nordost-Küste. 1 500000. (No. 112). 1889. 2 Bl. Photolithogr
Kaiser Wilhelms-Land, Bismarck-Archipel und Salomons-Inseln. Uebersichtskarte. 1 2000000. (No. 100) 1891 1 Bl. K Sch.
Kaiser Wilhelms-Land. Berlin Hafen. 1 25000. (No. 130). 1898. 1 Bl. c. Photolithogr

Deutsche Seewarte. **Stiller Ozean.** E. Atlas v. 31 Kt., die physikal. Verhältnisse u. Verkehrsstrassen darstellend, m. e. erläut. Einleitg Hrsg v.d. Direktion. *Hamburg: S. Friederichsen & C. 1896.* (14 S., 31 Taf.) 1 **Bd** quer-2.
— **Segelhandbuch** f. d. Stillen Ozean. Beilage.

Ozean [Schlagwort]

Atlantischen Oceans — Karte des — Herausgegeben vom Herrn F. A. Schraembl 1788. 1: 18,000,000. 1 Bl.

Ozeanien [Schlagwort]

Ozeanien, s.: Australien.

Ożegowski, Andr., die Quadratur des Kreises. 8. (14 S. m. 1 Taf.) Ostrowo 893. (W. Niesiolowsky.) n.n. 1. 50

Ozegowski, Stefan, appr. Arzt: Über Thymustod. Greifswald [1910]: Adler. 21 S. 8°
Greifswald, Med. Diss. v. 17. Jan. 1910, Ref. Grawitz
[Geb. 4. Aug. 81 Posen; Wohnort: Ostrowo; Staatsangeh.: Preußen; Vorbildung: Gymn. Ostrowo Reife O. 02; Studium: Breslau 5, Greifswald 5 S.; Coll. 14. Aug. 07; Approb. 25. Jan. 09.] [U 10. 1581

Ozeki, Saikichi, Dr med., aus Hiroshimaken (Japan): Die Tuberculose der Tonsilla palatina. *Würzburg 1899: Memminger.* (92 S.) 8°
Würzburg, Med. Diss. v. 1899

Ozl, E. Neue Fagot-Schule. Leipzig.

Ozlberger, Carl, s. Ozlberger, Karl

Ozlberger, Fr. Carolus, Dissertatio inauguralis medica, de morbo maculos haemorrhagico werlhofii. Vindobonae 1825: A. Pichler. 31 S.

Ozlberger, Karl

Ozlberger, Carl, die medicinisch-chirurgische Lehranstalt zu Salzburg. Ihre Entwicklung aus der vormaligen Universität, und ihr gegenwärtiger Bestand. Salzburg 864. (Mayr.) gr. 8. (55 S.) n. 6 ngr.

— die landesfürstlichen Stiftungen zu Salzburg. Nach urkundl. und amtl. Quellen dargestellt. gr. 8. (56 S.) Salzburg 861, (Oberer sel. Wwe.) **

—— daſſ. — gr. 8. (56 S.) Salzburg 864, (Mayriſche Buchh.) *

— — Dasſelbe, ſ. a. Album, Bibliothek deutſcher Originalromane.

OZONA (ps.), Humoristische novellen (sol). 1884.
Weller, Lex. Ps. p. 406. — Selten!

Ozorovitz, Naftaly: Zur Kenntnis der Dioxyfluoresceïne. 1903. 60 S. 8°
¶ Vgl. Berichte d. Deutschen Chem. Gesellschaft. Jg. 36.
Berlin, Dr.-Ing.-Diss. v. 24. 4. 1903

Ozrot Chajim. Katalog der Michaelschen Bibliothek, hrsg. v. den Michael'schen Erben. Nebst e., vielfache Berichtiggn. u. Excerpte enth. Register zum Verzeichniss der Handschriften v. M. Steinschneider u. e. Vorworte v. L. Zunz. Hamburg 848. (Berlin, L. Lamm.) n. 1. 50

Ozvald, K[arl] Zur Phonetik des Dialektes von Polstrau [Slovenischer Markt der östlichen Steiermark]. 16 S. 8.
Progr. K. k. Staatsgymn. *Görz* 1904.

Ozvald, K[arl] Psychologische Untersuchungen über den logisch-formalen Bildungswert des altklassischen Sprachenunterrichtes. S. 3—22. 8. **Progr.** K. k. Staatsgymn. *Görz* 1908

OZYNULA, Augustin Ex argumento secundae ad Timotheum epistolae probatur captivitatem, in qua epistola scripta est, non posse esse eam, quae in Actibus Apostolorum refertur — (1902) 101 S. 4° (Handschr.)
Diss. Wien, Univ. Diss. 828

Ozzola, Leandro, vita e opere di Salvator Rosa, s.: Zur Kunstgeschichte des Auslandes. 60. Heft.

Kolibri 360 GmbH
Ferdinand-Jühlke-Straße 7
99095 Erfurt, Deutschland
produktsicherheit@kolibri360.de